König ▪ Liebich

# Anatomie der Haussäugetiere

4. Auflage

# Anatomie der Haussäugetiere

## Lehrbuch und Farbatlas für Studium und Praxis

4., überarbeitete Auflage

Herausgegeben von Horst Erich König
Hans-Georg Liebich

Unter Mitarbeit von Hermann Bragulla, Klaus-Dieter Budras, Cenek Červeny, Gerhard Forstenpointner, Johann Maierl, Christoph Mülling, Alexander Probst, Sven Reese, Jesus Ruberte, Péter Sótonyi, Gerald Weissengruber

Mit 1088 Abbildungen, davon 1023 in Farbe, und 53 Tabellen

Schattauer Stuttgart New York

**Herausgeber:**

**O. Univ. Prof. Dr. Dr. habil. Dr. h.c. Horst Erich König**
Institut für Anatomie, Veterinärmedizinische Universität Wien,
Veterinärplatz 1, A-1210 Wien
Horst.Koenig@vu-wien.ac.at

**Univ.-Prof. Dr. Dr. h.c. mult. Hans-Georg Liebich**
Institut für Tieranatomie, Ludwig-Maximilians-Universität München,
Veterinärstraße 13, D-80539 München
h-g.liebich@anat.vetmed.uni-muenchen.de

**Lizenzausgaben der »Anatomie der Haussäugetiere«** sind bisher in englischer, italienischer, japanischer, polnischer, portugiesischer, spanischer und tschechischer/slowakischer Sprache erschienen.

**Bibliografische Information der Deutschen Nationalbibliothek**
Die Deutsche Nationalbibliothek verzeichnet diese Publikation in der Deutschen Nationalbibliografie; detaillierte bibliografische Daten sind im Internet über http://dnb.d-nb.de abrufbar.

**Besonderer Hinweis:**
Die Medizin unterliegt einem fortwährenden Entwicklungsprozess, sodass alle Angaben, insbesondere zu diagnostischen und therapeutischen Verfahren, immer nur dem Wissensstand zum Zeitpunkt der Drucklegung des Buches entsprechen können. Hinsichtlich der angegebenen Empfehlungen zur Therapie und der Auswahl sowie Dosierung von Medikamenten wurde die größtmögliche Sorgfalt beachtet. Gleichwohl werden die Benutzer aufgefordert, die Beipackzettel und Fachinformationen der Hersteller zur Kontrolle heranzuziehen und im Zweifelsfall einen Spezialisten zu konsultieren. Fragliche Unstimmigkeiten sollten bitte im allgemeinen Interesse dem Verlag mitgeteilt werden. Der Benutzer selbst bleibt verantwortlich für jede diagnostische oder therapeutische Applikation, Medikation und Dosierung.
In diesem Buch sind eingetragene Warenzeichen (geschützte Warennamen) nicht besonders kenntlich gemacht. Es kann also aus dem Fehlen eines entsprechenden Hinweises nicht geschlossen werden, dass es sich um einen freien Warennamen handelt.

E-Mail: info@schattauer.de
Internet: http://www.schattauer.de
Printed in Germany

Layout: Univ.-Prof. Dr. Dr. h.c. mult. Hans-Georg Liebich,
D-80539 München
Illustrationen: Diplomtierärztin Magister Dr. Eva Polsterer,
A-2431 Enzersdorf/Fischa
Digitale Kolorierungen: Christel Schura, D-80539 München
Satz, Druck und Einband: Mayr Miesbach, Druckerei und Verlag GmbH,
Am Windfeld 15, D-87437 Miesbach

ISBN 978-3-7945-2650-5

# Vorwort zur 4. Auflage

Die »Anatomie der Haussäugetiere« als Lehrbuch-Farbatlas-Kombination für Studium und Praxis herauszugeben, hat sich seit ihrer ersten Auflage vor knapp 9 Jahren als außergewöhnlich erfolgreiches Konzept erwiesen. Davon zeugen die seitdem erschienenen, viel beachteten und renommierten drei Neuauflagen, die in erstaunlich kurzer zeitlicher Abfolge erschienen sind. Auch sprechen die zahlreichen Übersetzungen in ganz unterschiedliche Sprachen für die internationale Akzeptanz unseres Konzepts.

In den vergangenen Jahren stellten kontinuierlich verbesserte anatomische Präparationen die Grundlage dar für brillante Farbabbildungen und digitalkolorierte schematische Illustrationen, die beständig in unsere Lehrbuch-Farbatlas-Kombination integriert wurden. In gleicher Weise wurde ständig aktualisiertes und durch neueste Erkenntnisse aus Literatur und eigenen Forschungsergebnissen untermauertes Wissen in die jeweiligen Neuauflagen eingebracht, sodass der wissenschaftlich fundierte Lehr- und Lernstoff für die Studierenden den steigenden und differenzierteren Ansprüchen in Studium, Klinik und Praxis angepasst werden konnte.

Studierende und in der Praxis Tätige konnten mit diesem fächerübergreifenden Konzept eines modernen Anatomiebuchs begeistert werden, da von Anfang an und mit jeder neuen Auflage zunehmend klinische Aspekte mit interdisziplinären Ansätzen zu angrenzenden Fachgebieten der Veterinäranatomie verknüpft wurden – jeweils eingebunden in notwendige Grundkenntnisse für Studium und Praxis und eine zukunftsweisende, praxisorientierte Anatomie mit modernen bildgebenden Verfahren. Die anwendungsorientierten, anatomisch-klinischen Anknüpfungsbereiche sollten jedoch stets auf einem in die Breite angelegten anatomischen Grundwissen basieren, das auf einem systematischen Lernen und vertieften Verstehen aufbaut. Eine übermäßige Anhäufung von Einzelwissen wurde immer bewusst vermieden und soll nach wie vor weitergehenden Fachbüchern vorbehalten bleiben.

Aus den genannten Gründen und erneut bestärkt durch viele konstruktive Impulse von Kolleginnen und Kollegen aus der Praxis und einem großen Kreis von engagierten Studierenden haben wir diese überarbeitete 4. Auflage erstellt.

Auch für diese Auflage konnten wir neue Autoren gewinnen, die jeweils ihr Fachwissen und ergänzende wissenschaftliche Inhalte mit in dieses Buch einbrachten. So danken wir insbesondere Herrn Prof. Dr. Péter Sótonyi, Vorstand des Instituts für Anatomie und Histologie der Fakultät für Veterinärwissenschaft, Szent István Universität Budapest, für seine zahlreichen konstruktiven Verbesserungsvorschläge und Fachbeiträge. Unser Dank gilt auch Herrn a.o. Univ. Prof. Dr. Gerald Weissengruber, Veterinärmedizinische Universität Wien, der durch seine Beiträge auch neue Gesichtspunkte zum Bewegungsablauf bei Carnivoren einfügte. Auch danken wir ein weiteres Mal Frau Kollegin Dr. Eva Polsterer für die Erstellung neuer und überarbeiteter schematischer Abbildungen. Unser Dank gilt weiterhin Frau Christel Schura, München, die mit künstlerischem wie technischem Geschick nahezu sämtliche Abbildungen überarbeitete und digital kolorierte.

Ein besonderer Dank gilt auch den Studierenden, Kolleginnen und Kollegen, die entscheidend mit dazu beigetragen haben, Verbesserungen und Korrekturen im Text oder in den Abbildungen einzubringen und uns viele wertvolle Hinweise gaben.

Eine besondere Freude ist es für uns, ein weiteres Mal auch den Mitarbeiterinnen des Schattauer Verlags, Frau Heidrun Rieble und Frau Eva Wallstein, für ihre kompetente, äußerst konstruktive und erfolgreiche Unterstützung zu danken. Auch ist es uns ein besonderes Anliegen, Herrn Dieter Bergemann als Verleger für seine jahrelange wohlwollende Förderung – von der Entstehung bis zur heutigen Fortentwicklung dieses veterinärmedizinischen Anatomiebuchs – unseren herzlichen Dank auszusprechen. Gerade sein persönlicher Einsatz, die Veterinärmedizin so nachdrücklich zu fördern, trug wieder einmal mit dazu bei, dass auch diese Auflage großzügig gestaltet und die drucktechnische Qualität nochmals verbessert werden konnte.

Wien und München,
im Herbst 2008

**Horst Erich König**
**Hans-Georg Liebich**

# Aus den Vorworten zur 1. bis 3. Auflage

Das Studium der Veterinärmedizin konfrontiert alle Studierenden vom ersten Tag bis zum Ende ihrer akademischen Ausbildung mit der »Anatomie«. Als Grundlagenfach prägt dieses Fachgebiet entscheidend den erfolgreichen Einstieg in den Beruf und trägt maßgeblich zum notwendigen Wissen für die spätere Praxis bei.

So erschien der langjährig vorgetragene Wunsch von Studierenden und in der Klinik Tätigen nach einem zeitgemäßen Buch der »Anatomie der Haussäugetiere« berechtigt und veranlasste die Herausgeber zu einem neuen Konzept: Der didaktische Charakter eines Lehrbuchs sollte mit dem informativen Charakter eines Farbatlas kombiniert werden. Moderne bildgebende Verfahren und zahlreiche neu konzipierte schematische Darstellungen sollten dabei wesentlich zur Veranschaulichung des anatomischen Wissens beitragen.

Europaweit werden die Stundenzahlen in den vorklinischen Fächern reduziert. Diese Entwicklung wird als Weg in die falsche Richtung gesehen. Es wird völlig vernachlässigt, dass v.a. im Fach Anatomie zukünftige Tierärztinnen und Tierärzte zusätzlich zu einem fundierten Wissen über den Körperbau auch lernen müssen, in größeren Zusammenhängen medizinisch-biologisch zu denken und sich in einer Fachterminologie auszudrücken. So wurde mit dem Konzept dieses Buches auch dieser negativen Entwicklung durch Hervorhebung fächerübergreifender Ansätze entgegengewirkt, ohne dabei anatomisches Basiswissen zu vernachlässigen.

Die Beteiligung von Wissenschaftlern aus mehreren europäischen Universitäten und veterinärmedizinischen Hochschulen an diesem Lehrbuch sollte auf eine zukünftige Perspektive hinweisen; bei aller Bewahrung der Eigenständigkeit bestehender veterinärmedizinischer Ausbildungsstätten sollte dem Studierenden fächer- und länderübergreifend die Möglichkeit eröffnet werden, sein Studium und seinen Beruf in einem Ort seiner Wahl anzustreben.

Die beiden ersten Auflagen umfassten achtzehn »klassische« Kapitel zur Anatomie der Haussäugetiere in damals noch 2 Bänden, die 3. Auflage erschien zusammengefasst in einem Band. Auch wurde der Umfang inhaltlich durch neue Kapitel zur »Geschichte der Anatomie«, zur »Allgemeinen Anatomie« und zur »Topographischen Anatomie« deutlich erweitert. Als neuer Mitautor konnte Herr Prof. Dr. Gerhard Forstenpointner, Präsident der Weltvereinigung für Geschichte der Veterinärmedizin, gewonnen werden, dem wir auch an dieser Stelle für seine Mitarbeit herzlich danken.

Im Kapitel »Topographische Anatomie« wurden vor allem praxisrelevante und prüfungsbezogene Regionen am Tierkörper hervorgehoben und beschrieben. Die zahlreichen neuen, nach Präparaten angefertigten Zeichnungen sollten das Erkennen und Begreifen morphologischer Strukturen weiter fördern. Für die Erstellung dieser schematischen Darstellungen gilt unser Dank Frau Diplomtierärztin Magister Dr. Eva Polsterer, Wien, die durch ihre Fachkenntnisse und ihr herausragendes künstlerisch-zeichnerisches Können Außergewöhnliches geschaffen hat. Dabei beschränkte sich ihre Aufgabe bei der Erstellung der Zeichnungen nicht nur auf wissenschaftliche Exaktheit, sie brachte vielmehr als Kollegin zusätzliche praxisbezogene Informationen in die Abbildungen mit ein, die vor allem für Studierende von besonderem Wert sind.

Besonders herzlich sei an dieser Stelle auch Frau Maria Koch, Wien, für die dort geleisteten Manuskriptarbeiten gedankt. Auch danken wir Herrn Dr. Rudolf Macher, Herrn Präparatormeister H. Dier, Herrn L. Hnilitza sowie den Herren L. Habeler, H. P. Jany und F. Lembacher für ihre wertvolle Mitarbeit.

Erstmalig lag mit der 3. Auflage ein Lehrbuch der Veterinäranatomie vor, in dem wissenschaftliche Inhalte ausschließlich mit farbigen Abbildungen dokumentiert wurden. Hierfür wurden sämtliche schematischen Darstellungen mit Computer und Mausstift digital »aqualisiert«. Für die Erstellung der »digitalen Aquarelle« und die Weiterentwicklung dieser Computertechnik danken wir Frau Christel Schura, München, die sich in besonderer Weise um die Kolorierung sämtlicher Auflagen verdient gemacht hat.

Auch wurden in der 3. Auflage zahlreiche Röntgenbilder früherer Auflagen durch neue, mit Digitaltechnik erstellte Aufnahmen ersetzt. Dafür danken wir Frau Univ.-Prof. Dr. Ulrike Matis, Vorstand der Chirurgischen Tierklinik, Universität München, und Herrn Univ. Prof. Dr. Christian Stanek, Vorstand der Universitätsklinik für Orthopädie für Huf- und Klauentiere, Veterinärmedizinische Universität Wien, ganz herzlich. Auch konnten magnetresonanztomographische Bilder aufgenommen werden, für deren Erstellung wir Frau Dr. Isa Foltin, Heidelberg, sehr danken. Mit der konsequenten Präsentation bildgebender Verfahren im anatomischen Unterricht, erweitert durch Grundkenntnisse in der Schnittanatomie, sollte der Studierende frühzeitig an die modernen, für die Diagnostik heute verwendeten digitalen Techniken herangeführt werden.

Für viele neue Schnittpräparate, die mit modernen Plastinationstechniken hergestellt wurden, danken wir herzlich Herrn Dr. Mircea Constantin Sora, Präsident der Internationalen Gesellschaft für Plastination, Institut für Anatomie der Medizinischen Universität Wien. Auch gilt unser besonderer Dank Herrn Präparator Hermann Obermayer, München, für die Erstellung weiterer Scheibenplastinate. Abbildungen dieser Präparate erleichtern den Studierenden den Zugang zur Schnittanatomie und bilden eine Brücke zu den klinisch-angewandten bildgebenden Darstellungstechniken.

Wir danken auch den Studierenden der Veterinärmedizin, die durch die Herstellung neuer anatomischer Präparate unter Leitung von Frau Dr. Jutta Friker, München, am Gelingen der 3. Auflage mitgewirkt hatten. Unser Dank gilt ebenfalls Herrn Dr. Tim Lassak, München, für die wertvollen Korrekturarbeiten am Manuskript.

Die »Anatomie der Haussäugetiere« wäre ohne die großzügige Unterstützung und nachdrückliche Förderung durch Herrn Verleger Dieter Bergemann nicht entstanden. Gerade ihm sind wir zu besonderem Dank verpflichtet, gab er doch entscheidende Impulse bei der Drucklegung dieser Auflagen.

Wien und München

**Horst Erich König**
**Hans-Georg Liebich**

# Autoren

**Associate Prof. Dr. Hermann Bragulla**
Department of Biological Sciences, 202 Life Science Building, Louisiana State University, Baton Rouge, LA 70803-1715, USA

**Prof. Dr. Klaus-Dieter Budras**
Institut für Veterinär-Anatomie, Fachbereich Veterinärmedizin, Freie Universität Berlin, Koserstraße 20, D-14195 Berlin

**Prof. MVDr. Cenek Červeny, C. Sc.**
Institut für Anatomie, Histologie und Embryologie, Veterinär- und Pharmazeutische Universität Brno, Palackeho 1–3, CS-61242 Brno

**a.o. Univ. Prof. Dr. Gerhard Forstenpointner**
Institut für Anatomie, Veterinärmedizinische Universität Wien, Veterinärplatz 1, A-1210 Wien

**O. Univ. Prof. Dr. Dr. habil. Dr. h.c. Horst Erich König**
Institut für Anatomie, Veterinärmedizinische Universität Wien, Veterinärplatz 1, A-1210 Wien

**Univ.-Prof. Dr. Dr. h.c. mult. Hans-Georg Liebich**
Institut für Tieranatomie, Ludwig-Maximilians-Universität München, Veterinärstraße 13, D-80539 München

**Priv.-Doz. Dr. Johann Maierl**
Institut für Tieranatomie, Ludwig-Maximilians-Universität München, Veterinärstraße 13, D-80539 München

**Prof. Dr. Christoph Mülling**
Department of Comparative Biology & Experimental Medicine, Faculty of Veterinary Medicine, University of Calgary, 3330 Hospital Drive NW, Calgary, AB T2N 4N1, Canada

**a.o. Univ. Prof. Dr. Alexander Probst**
Institut für Anatomie, Veterinärmedizinische Universität Wien, Veterinärplatz 1, A-1210 Wien

**Priv.-Doz. Dr. Sven Reese**
Institut für Tieranatomie, Ludwig-Maximilians-Universität München, Veterinärstraße 13, D-80539 München

**Prof. Dr. Jesus Ruberte**
Departamento de Patologia y Producciones Animales, Facultad de Veterinaria, Universidad Autonoma de Barcelona, E-08193 Bellaterra, Barcelona

**Prof. Dr. Péter Sótonyi**
Department of Anatomy and Histology, Faculty of Veterinary Science, Szent István University, István u. 2, H-1078 Budapest

**a.o. Univ. Prof. Dr. Gerald Weissengruber**
Institut für Anatomie, Veterinärmedizinische Universität Wien, Veterinärplatz 1, A-1210 Wien

# Abkürzungen

| | |
|---|---|
| A., Aa. | Arteria, Arteriae |
| Art., Artt. | Articulatio, Articulationes |
| Flfr. | Fleischfresser |
| For., Forr. | Foramen, Foramina |
| Ggl., Ggll. | Ganglion, Ganglia |
| Gl., Gll. | Glandula, Glandulae |
| Hd. | Hund |
| Ktz. | Katze |
| Lc. | Lymphocentrum |
| Lig., Ligg. | Ligamentum, Ligamenta |
| Ln., Lnn. | Lymphonodus, Lymphonodi |
| M., Mm. | Musculus, Musculi |
| N., Nn. | Nervus, Nervi |
| Pfd. | Pferd |
| Proc., Procc. | Processus (Sing. u. Pl.) |
| R., Rr. | Ramus, Rami |
| Rec., Recc. | Recessus (Sing. u. Pl.) |
| Schw. | Schwein |
| V., Vv. | Vena, Venae |
| Wdk. | Wiederkäuer |

| | |
|---|---|
| ant. | anterior, -ius |
| caud. | caudalis, -e |
| cran. | cranialis, -e |
| dext. | dexter, -tra, -trum |
| dist. | distalis, -e |
| dors. | dorsalis, -e |
| ext. | externus, -a, -um |
| inf. | inferior, -a, -um |
| int. | internus, -a, -um |
| lat. | lateralis, -e |
| med. | medialis, -e |
| post. | posterior, -ius |
| prof. | profundus, -a, -um |
| prox. | proximalis, -e |
| sin. | sinister, -tra, -trum |
| sup. | superior, -a, -um |
| supf. | superficialis, -e |
| ventr. | ventralis, -e |

# Inhalt

# Einführung und allgemeine Anatomie

H.-G. Liebich, G. Forstenpointner und H. E. König

## Geschichte der Tieranatomie

Die Morphologie als Lehre von der Form der Dinge wurde bereits von **Aristoteles**, ihrem Begründer, als die auf strikten methodischen Vorgaben basierende Suche nach den Bauprinzipien aller erfassbaren Strukturen definiert, die immer auch nach den funktionellen Ursachen für die festgestellten Befunde zu fragen hatte. Dieser wissenschaftliche Zugang, mit dem sich der große Schüler Platons grundlegend von den früheren griechischen Naturphilosophen abhob, hat bis heute als Richtschnur für alle Bereiche der Grundlagenforschung volle Gültigkeit bewahrt.

Aristoteles hat zweifellos selbst anatomische Forschungen betrieben; sein **»Buch über die Anatomie«** (eigentlich über das »Zerteilen«) ist zwar verloren, aber eine Reihe von Verweisen in der »historia animalium« gibt nicht nur Aufschluss über die inhaltlichen Schwerpunkte des Werkes, das sich vor allem mit den Verdauungs- und Geschlechtsorganen auseinandersetzte, sondern belegt auch, dass Aristoteles seine Befunde durch schematische Abbildungen illustrierte. Viele seiner Beobachtungen waren natürlich unvollständig und wurden deshalb von ihm auch falsch interpretiert, manche funktionelle Überlegungen, wie z.B. die Gedanken »zur Fortbewegung der Lebewesen«, sind aber auch heute noch lesenswert. Für den Lehrer Aristoteles war der erzielbare Wissenszuwachs Grund genug für seine Forschungen, diese Motivation ist auch bei seinem direkten Epigonen **Theophrastos von Eresos** oder den römischen Naturforschern wie **Plinius** und **Aelian** noch fassbar.

Fast zweitausend Jahre mussten aber vergehen, ehe von den Humanisten des 15. und 16. Jahrhunderts die morphologische Forschung und damit auch die Auseinandersetzung mit der Tieranatomie im aristotelischen Sinn wieder aufgenommen wurde. Vor allem in Italien führte das Studium des tierischen und menschlichen Körpers zu einer Fülle bemerkenswerter neuer Erkenntnisse für die vergleichende Anatomie, deren Beschreibungen sich nicht nur durch äußerste Akribie, sondern auch durch die künstlerische Qualität ihrer Abbildungen auszeichneten.

Unter den Forscherpersönlichkeiten der frühen Neuzeit genießt der universell interessierte **Leonardo da Vinci** den bei weitem höchsten Bekanntheitsgrad, hervorragende Arbeiten stammen aber auch von **Fabrizio d'Acquapendente**, der das erste vergleichend embryologische Werk vorlegte (»De formatu foetu«, 1600) oder von **Marcello Malpighi**, der sich unter anderem mit der Entwicklung des Hühnerembryos im Ei auseinandersetzte (»Opera omnia«, 1687). Anfänglich durch die Restriktionen einer politisch instabilen Umwelt und auch von Seiten der Kirche immer wieder behindert, leitete diese Entwicklung letztendlich das »goldene Zeitalter« der vergleichenden Morphologie ein, das von der Mitte des 18. bis zum ausgehenden 19. Jahrhundert durch die bemerkenswerte Produktivität einiger außergewöhnlicher Naturforscher geprägt wurde.

Der große englische Anatom **Richard Owen** zählte ebenso zu den Protagonisten dieser wissenschaftlichen Zielrichtung wie die deutschen Gelehrten **Johann Friedrich Meckel** und **Caspar Friedrich Wolff**. Die seit Anfang des 20. Jahrhunderts zunehmend fassbare Umorientierung der zoologischen Forschung führte einerseits zur Formulierung wesentlicher neuer Fragestellungen und damit auch zur Entwicklung neuer Forschungszweige, andererseits aber zu einer Abkehr von anatomischen Inhalten, die in mancher Hinsicht bedauerlich ist und wohl auch nicht den Intentionen des Begründers der Morphologie entspricht.

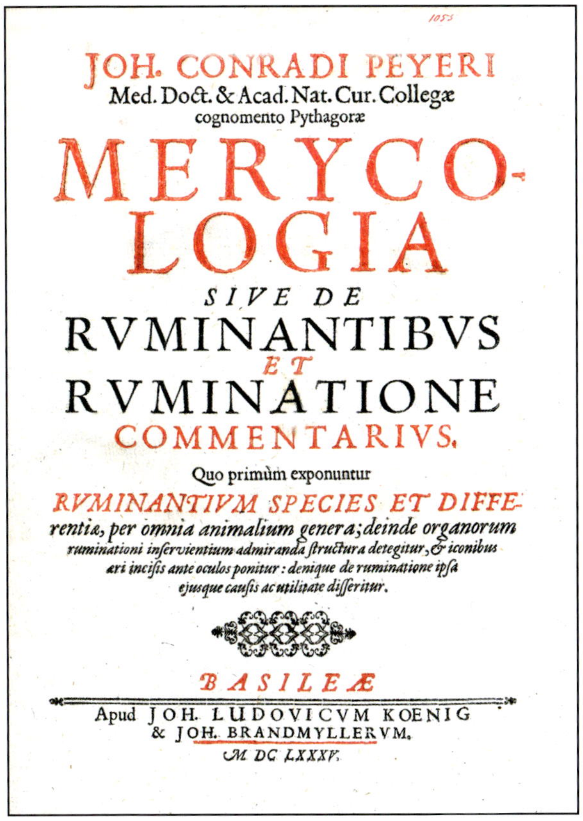
JOH. CONRADI PEYERI
Med. Doct. & Acad. Nat. Cur. Collegæ
cognomento Pythagoræ
MERYCO-
LOGIA
SIVE DE
RVMINANTIBVS
ET
RVMINATIONE
COMMENTARIVS.
Quo primùm exponuntur
RVMINANTIVM SPECIES ET DIFFE-
rentiæ, per omnia animalium genera; deinde organorum
ruminationi inservientium admiranda structura detegitur, & iconibus
æri incisis ante oculos ponitur: denique de ruminatione ipsa
ejusque causis ac utilitate differitur.
BASILEÆ
Apud JOH. LUDOVICVM KOENIG
& JOH. BRANDMYLLERVM.
M DC LXXXV.

**Abb. E-1.** Titelblatt zur »Merycologia« von Johann Konrad Peyer, Basel, 1685.

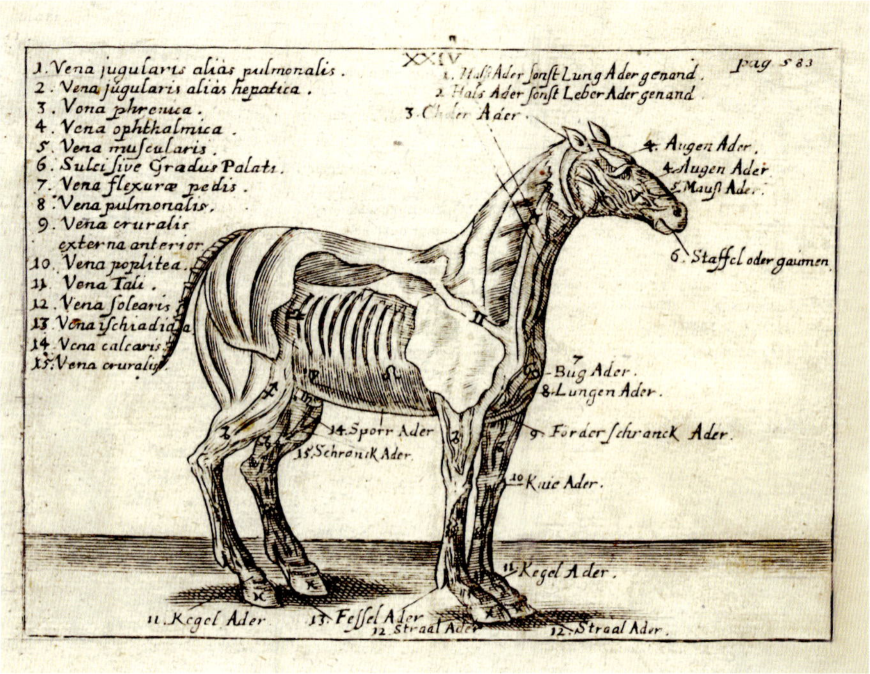


**Abb. E-2.** Frühe Darstellung der Körperregionen mit Benennung von Gefäßen des Pferdes, Valentin Trichter, 1757.

Anatomische Kenntnisse stellen aber nicht nur eine Bereicherung des allgemeinen Wissensschatzes dar, sondern gehören auch zu den wesentlichen Voraussetzungen für erfolgreiches ärztliches Handeln. Während der ganzen Antike und noch bis in das ausgehende Mittelalter war jedoch die anatomische Erforschung des menschlichen Körpers aus religiösen und ethischen Gründen äußersten Einschränkungen unterworfen und meistens dezidiert verboten. Auch Aristoteles selbst scheint seine einzigen Befunde zur menschlichen Anatomie aus der Untersuchung einer Fehlgeburt im Embryonalstadium gewonnen zu haben. Ausnahmen von diesem Rechtszustand sind nur selten überliefert, wobei die hellenistische Schule von Alexandria vor allem deshalb einen hohen Bekanntheitsgrad erlangte, weil unter Herophilus und Erasistratos sehr wesentliche neue Erkenntnisse zur Neuroanatomie durch die Vivisektion verurteilter Sträflinge ermöglicht wurden.

**Abb. E-3.** Darstellung der Muskulatur eines Pferdes, aus »Dell'Anatomia e dell'Infirmitá del Cavallo«, Carlo Ruini, Venetia, 1598.

Die Tieranatomie schien deshalb eine Möglichkeit zu bieten, grundsätzliche Aufschlüsse zu den Bauprinzipien eines lebenden Körpers zu erhalten und diese auf deduktivem Weg auf die menschliche Physis in Anwendung zu bringen. **Claudius Galenus**, der unter den Kaisern Marc Aurel und Commodus zum bekanntesten und einflussreichsten Arzt Roms aufstieg, verfolgte diesen Weg in derart konsequenter und überzeugender Form, dass seine Lehren für die darauf folgenden 1500 Jahre in weitgehend unverändertem Wortlaut die unhinterfragte Grundlage des anatomischen Wissens darstellten. Galen verstand sich selbst in erster Linie als Arzt, aber er hatte seinen Aristoteles genau gelesen, und sein Zugang zum anatomischen und physiologischen Verständnis basierte weitgehend auf der »Natur der Dinge« im aristotelischen Sinne. Die daraus resultierende Verständlichkeit und Rationalität seiner Lehren mag als wesentlicher Grund für ihren nachhaltigen Erfolg gelten. Galens Anatomie ist in sich schlüssig, krankt aber einerseits an der falschen Interpretation wesentlicher Systeme, wie zum Beispiel des Herzens und der großen Gefäße, andererseits an der direkten Anwendung tieranatomischer Befunde auf die Verhältnisse des menschlichen Körpers. So wird mangels eigener Erkenntnismöglichkeit beim Menschen das eigentlich für Paarzeher typische Rete mirabile epidurale, ein Blinddarmformat wie bei Herbivoren und ein Uterus mit Kotyledonen vermutet.

Ganz in der Tradition Galens stehend, ist der um 1100–1150 in Salerno verfasste Text zur Anatomie des Schweines (»Anatomia porci«, einem Copho oder Kopho zugeschrieben) keineswegs als erste veterinäranatomische Publikation zu bezeichnen, sondern diente einzig und allein als Lehrbehelf für den Anatomieunterricht von Humanmedizinern. Die in diesem Text enthaltene und auch heute noch in sehr unkritischer Weise tradierte Aussage, dass Schweine

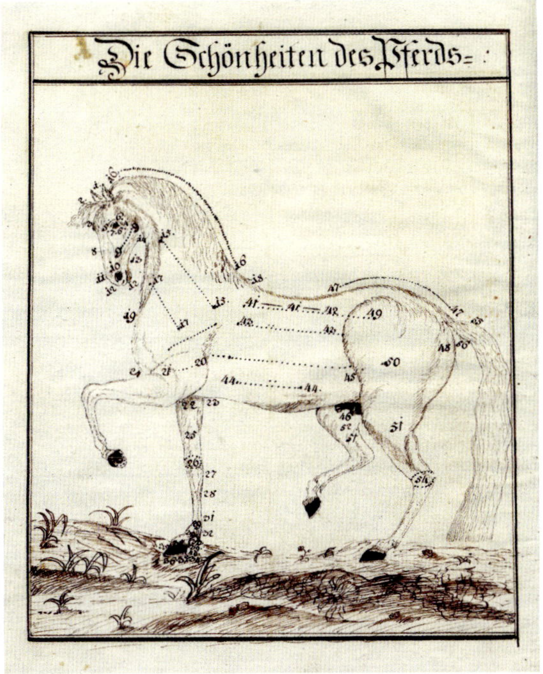


**Abb. E-4.** Darstellung der Körperregionen des Pferdes, Originalzeichnung aus einer Mitschrift der Vorlesung von Ludwig Scotti, Kaiserlich-Königliche Pferd-Curen und Operationsschule, Wien, 1770.

von allen Tierarten dem Menschen am ähnlichsten seien, resultiert wohl nicht nur aus den durchaus vergleichbaren Ernährungsgewohnheiten, sondern auch aus der höchst unproblematischen Verfügbarkeit derartigen Studienmaterials.

Das Zeitalter der Renaissance brachte die Enttabuisierung von anatomischen Untersuchungen an menschlichen Leichen mit sich und **Andreas Vesalius** steht mit seinem monolithischen Werk (»De humani corporis fabrica«, 1543) am Beginn einer anfangs zögerlich einsetzenden, letztlich aber die Sicht des menschlichen Körpers revolutionierenden Entwicklung. Die Anatomen der frühen Neuzeit, die sich meist auch als Naturforscher sahen, betrieben aber weiterhin Tieranatomie und erarbeiteten grundlegende Erkenntnisse zu verschiedensten morphologischen Fragestellungen. Vesalius selbst erkannte, dass das Rete mirabile epidurale eine für die Wiederkäuer typische Formation darstellte. **Johann Conrad Peyer**, der Entdecker der nach ihm benannten Peyer-Platten (Lymphonoduli aggregati der Darmschleimhaut) beschrieb in eindrucksvoller Weise Form und Funktion der Wiederkäuermägen (»Merycologia sive de ruminantibus et ruminatione commentarius«, 1685) (Abb. E-1). Die vergleichende Anatomie stellte dementsprechend seit ihrer Frühzeit und vermehrt noch nach der Hinwendung der zoologischen Forschung an nicht morphologisch geprägte Fragestellungen immer auch eine Domäne humananatomisch orientierter Forschungsstätten dar.

Während der letzten Jahrzehnte des 20. Jahrhunderts haben Versuchstiermodelle zur Optimierung therapeutischer Ansätze enorm an Bedeutung gewonnen, wobei die zur Umsetzung dieser experimentellen Konzepte notwendige morphologische Grundlagenforschung mehrheitlich von Humananatomen durchgeführt wird. Aus historischer Sicht bemerkenswert erscheint die Tatsache, dass sich ähnlich wie im deduktiven Zeitalter der anatomischen Forschung die Auswahl der als Modell herangezogenen Tierarten eher nach deren Verfügbarkeit als nach der tatsächlichen morphologischen Vergleichbarkeit ausrichtet.

Die Veterinäranatomie im eigentlichen Sinne, als Grundlage und Voraussetzung für die Ausübung des tierärztlichen Berufes, ist erst seit wenigen Jahrhunderten als Lehr- und Forschungsfach fassbar. Aus den antiken und mittelalterlichen Texten zur Tierheilkunde lässt sich ableiten, dass viele Autoren über mehr oder weniger genaue Kenntnisse der Tier-, im Besonderen der Pferdeanatomie verfügten, systematische Darstellungen der wesentlichen morphologischen Verhältnisse fehlen aber zur Gänze.

Den in der Tradition des **Jordanus Ruffus** verfassten spätmittelalterlichen und frühneuzeitlichen Handbüchern zur Stallmeisterkunde wurden meistens einige unsystematisch gegliederte Angaben zum Körperbau und zur Anatomie des Pferdes vorangestellt, manchmal auch illustriert durch mehr oder weniger unbeholfene Abbildungen. Ohne erkennbaren fachspezifischen Vorläufer, zweifellos aber inspiriert durch Vesals Anatomie, publizierte **Carlo Ruini** 1598 ein für seine Zeit ganz außergewöhnliches Werk unter dem Titel »Dell'Anatomia e dell'Infirmitá del Cavallo« (Abb. E-3).

Ruini, der aus reicher Bologneser Familie stammte, war selbst nicht als Stallmeister tätig und hatte auch kein Universitätsstudium absolviert. Angetrieben durch seine Leidenschaft für Pferde und durch großes naturwissenschaftliches Interesse und darüber hinaus ausgestattet mit den nötigen finanziellen Mitteln brachte er es aber zustande, die erste umfassende Darstellung der Pferdeanatomie vorzulegen. Ruinis anatomische Beschreibungen sind natürlich unvollständig und vielfach auch fehlerhaft, und der anschließende Text zur Pferdeheilkunde beschränkt sich auf die unkritische Wiedergabe älterer Literatur. Die besondere Bedeutung des Werkes beruht aber auf der bislang nur von **Leonardo da Vinci** oder **Vesalius** bekannten Qualität der bildlichen Darstellung. Trotz der schnellen und weiten Verbreitung von Ruinis Anatomie in Form vielfältiger

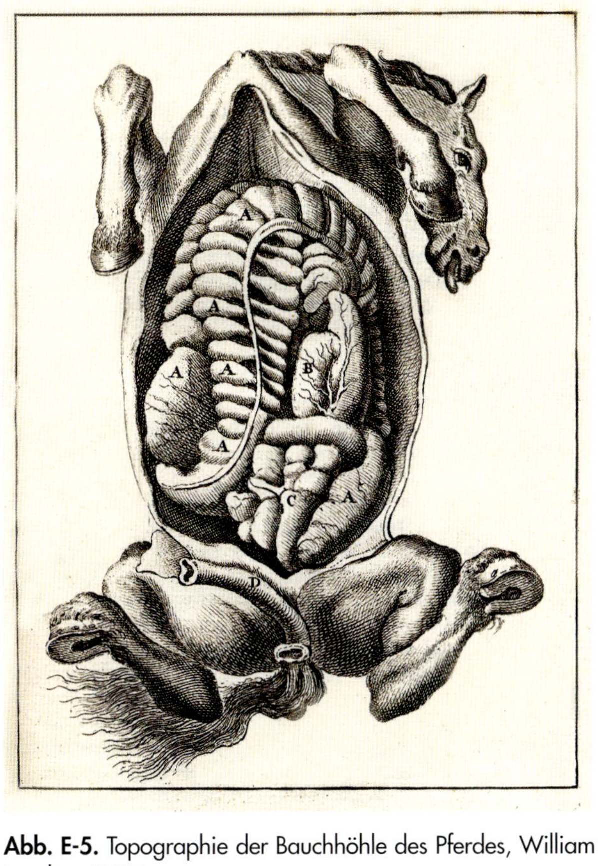

**Abb. E-5.** Topographie der Bauchhöhle des Pferdes, William Gibson, London, 1754.

Lehrbuch
der
Anatomie der Hausthiere.

Von
Dr. Konrad Ludwig Schwab,
Königl. Baier. Rath und ordentl. öffentl. Professor an der Königl. Central-Veterinär-Schule in München ꝛc.

München.
Karl Thienemann.
1821.

Abb. E-6. Titelblatt des ersten originären deutschsprachigen »Lehrbuchs der Anatomie der Hausthiere«, Konrad Ludwig Schwab, München, 1821.

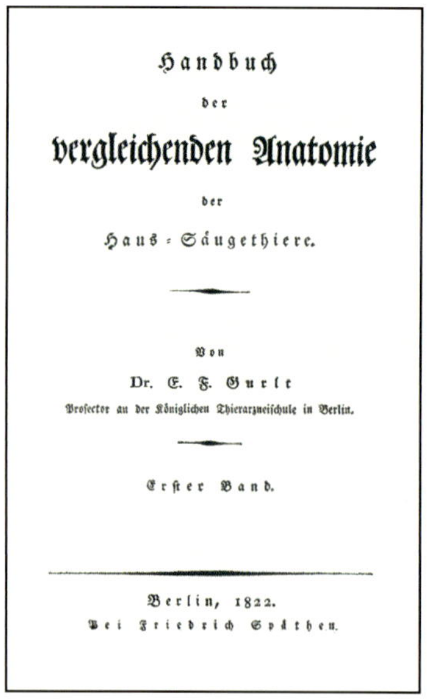
Handbuch
der
vergleichenden Anatomie
der
Haus-Säugethiere.

Von
Dr. E. F. Gurlt
Prosector an der Königlichen Thierarzneischule in Berlin.

Erster Band.

Berlin, 1822.
Bei Friedrich Enslin.

Abb. E-7. Titelblatt zur 1. Auflage des »Handbuches der vergleichenden Anatomie der Haus-Säugethiere«, Ernst Friedrich Gurlt, Berlin, 1822.

Neuauflagen, Übersetzungen und Nachahmungen (Abb. E-5) war die Zeit aber noch nicht reif für das Einsetzen einer veterinäranatomischen Wissenschaftstradition, die erst 150 Jahre später, mit der Begründung tierheilkundlicher Ausbildungsstätten, in anfänglich sehr zögerlicher Weise zu blühen begann.

Als »Vater« der wissenschaftlichen Tieranatomie gilt **Philippe Etienne Lafosse**, der sich als Betreiber einer privaten Veterinärschule in Paris zwar nicht durchsetzten konnte, mit seinem 1772 veröffentlichten Hauptwerk, dem »Cours d'Hippiatrique«, aber erstmals eine nach Organsystemen gegliederte Tieranatomie präsentierte, die in ihren Grundzügen der noch heute üblichen systematischen Einteilung entspricht. Auch der für die klinische Ausbildung sehr wesentliche topographische Zugang wurde schon bald in die anatomische Lehre integriert.

Eine der frühesten Darstellungen, das so genannte Regionenpferd (Abb. E-4), findet sich 1770 in einer in Buchform gestalteten Mitschrift der Vorlesung von **Ludwig Scotti**, des ersten Leiters der 1767 gegründeten Wiener »Pferd-Curen und Operationsschule«. Die Veterinäranatomie als eigenständige Disziplin innerhalb der wissenschaftlichen Veterinärmedizin etablierte sich jedoch nur langsam an den neu gegründeten europäischen Tierarzneischulen und die ersten breit angelegten Lehr- und Handbücher zur Anatomie der Haustiere sind dementsprechend nicht vor 1820 fassbar. Mit dem von **Konrad Ludwig Schwab** in München 1821 erstmals aufgelegten originären »Lehrbuch der Anatomie der Hausthiere« und dem 1822 in Berlin erschienenen »Handbuch der vergleichenden Anatomie der Haus-Säugethiere« von **Ernst Friedrich Gurlt** (Abb. E-6 u. 7) setzte eine deutschsprachige Tradition veterinärana-

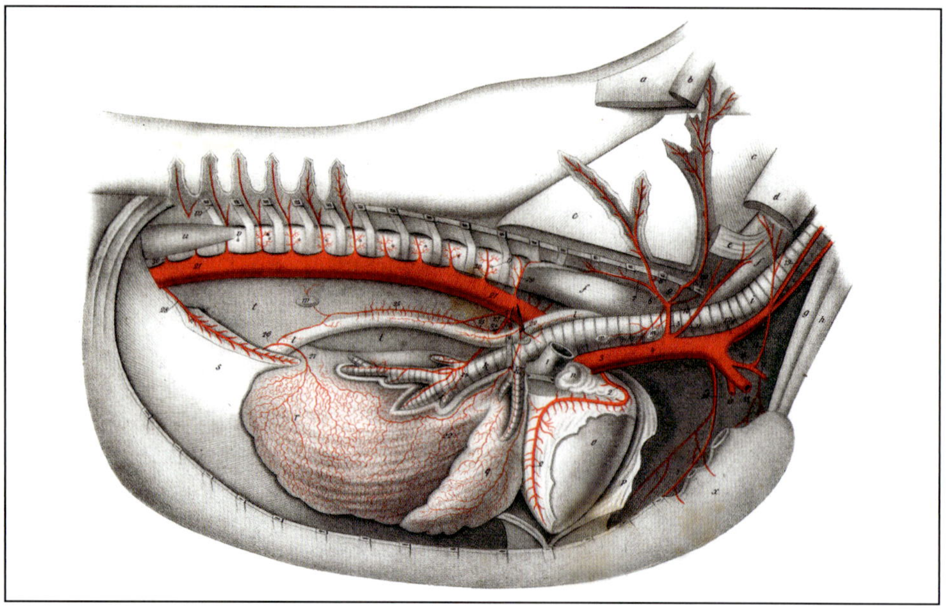

Abb. E-8. Kolorierte Darstellung der Brusthöhle eines Pferdes, aus »Hand-Atlas zu dem Handbuch der vergleichenden Anatomie der Haus-Säugethiere«, Ernst Friedrich Gurlt, Berlin, 1860.

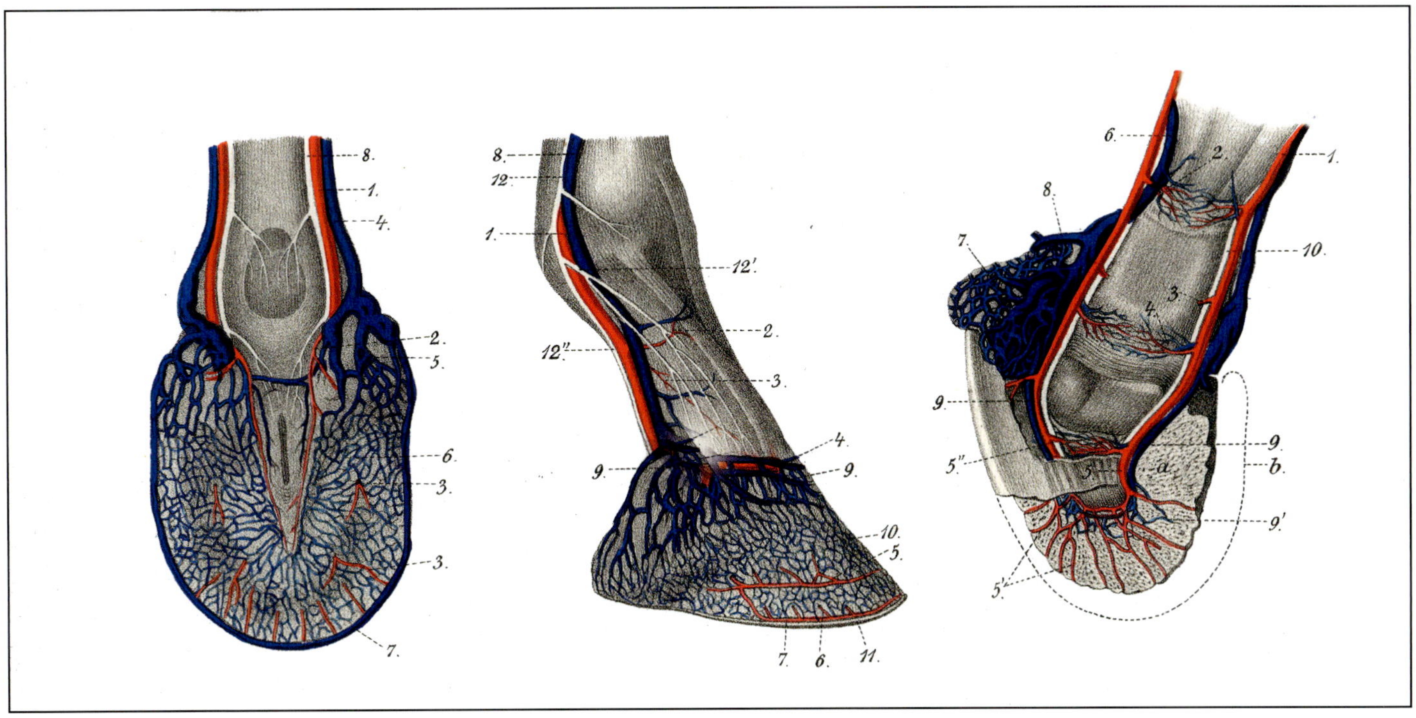

**Abb. E-9.** Darstellung der Gefäßversorgung des Hufes eines Pferdes, aus »Leiserings Atlas der Anatomie des Pferdes und der übrigen Haustiere«, Wilhelm Ellenberger unter Mitarbeit von Hermann Baum, Leipzig, 1899.

tomischer Forschungstätigkeit ein, die bis weit in das 20. Jahrhundert hinein Weltgeltung behalten sollte. Gurlts Werk wurde bis 1943 achtzehnmal in immer wieder erweiterter und revidierter Form neu editiert, wobei die Betreuung der 9.–17. Auflage durch **Wilhelm Ellenberger** und **Hermann Baum** diesem immer noch überaus weit verbreiteten Lehrbuch seine endgültige Form verlieh (Abb. E-8 u. 9). Eine breite Fülle weiterer veterinäranatomischer Druckwerke, die um die Mitte und in der zweiten Hälfte des 19. Jahrhunderts in Deutschland, der Schweiz und Österreich publiziert wurden, unterstreicht das Ansehen und die Wertigkeit, die diesem Fach damals zugebilligt wurde.

Eine für die jüngste Geschichte der Veterinäranatomie richtungweisende Entwicklung stellt die Gründung des Internationalen Komitees für die Veterinäranatomische Nomenklatur dar, das mit der 1968 erfolgten Veröffentlichung der ersten Auflage der »Nomina Anatomica Veterinaria« in Anlehnung an die Zielsetzungen der humananatomischen Nomina Anatomica der veterinäranatomischen Forschungsgemeinschaft ein weltweit gültiges Verständigungsmittel in die Hand geben wollte. Die daraus resultierende Standardisierung ihrer fachspezifischen Terminologie ist für die Tieranatomie in all ihren Sparten ein wichtiges Instrument, um ihren Stellenwert in einer sich immer schneller entwickelnden medizinischen Forschungslandschaft aufrechterhalten zu können.

Die Anatomie ist bis heute die Wissenschaft, die sich als Teil der **Morphologie (Formenlehre)** mit dem Bau, der Form, der Lage und dem funktionellen Zusammenwirken der Körperkonstruktionen beschäftigt. Auch heute ist das Zergliedern toter Tiere die wichtigste und effizienteste Methode, Anatomie zu erlernen und zu verstehen. Schon frühzeitig haben sich von der makroskopischen Anatomie die allgemeine Gewebelehre, die **Histologie**, einschließlich der mikroskopischen Anatomie sowie die Entwicklungslehre, die **Embryologie**, getrennt. Diese Trennung ist durch den ständig wachsenden Wissensstand des Gesamtfaches zu erklären. Mit dieser Teilung in anatomische Fachdisziplinen sollte der Zugang zum Wissensstoff erleichtert werden, wohlwissend, dass makroskopische und mikroskopische Anatomie im Zusammenhang mit der Embryologie eine untrennbare Einheit bilden.

Die **systematische Anatomie** beschäftigt sich mit »Systemen«, d. h. mit Strukturen und Organen, die eine gemeinsame Aufgabe erfüllen. So dienen beispielsweise die Organe des Atmungssystems dem Gasaustausch, die des Nervensystems der Informationsaufnahme, der Nachrichtenleitung, der Umschaltung von Impulsen und der Informationsantwort. Dabei werden Unterschiede zwischen einzelnen Tierarten deutlich, die miteinander verglichen werden, sodass aus veterinärmedizinischer Sicht eine »Systematische Anatomie« in der Lehre gleichzeitig auch eine vorzugsweise auf Haussäugetiere und Nutzgeflügel eingeschränkte **»Vergleichende Anatomie«** darstellt.

Von ausschlaggebender Bedeutung bleibt die Tatsache, dass das Studium der systematischen Anatomie ein fundiertes Grundwissen vermittelt, aus dem sich übergreifende Zusammenhänge in Hinblick auf die Struktur und die Funktion der Organsysteme des tierischen Körpers ableiten lassen. Kenntnisse der systematischen Anatomie sind nach wie vor die essentielle Grundlage für die **»Topographische Anatomie«**, die sich vor allem mit Organen und Strukturen einzelner Körperregionen und deren funktionellem Zusammenwirken beschäftigt. Ohne profunde Kenntnisse der systematischen Anatomie wird auch in Zukunft das Betreiben einer topographischen Anatomie nicht möglich sein. Systematische und topographische Anatomie als Ganzes sollen schlussendlich den Grundstein für klinisches Handeln legen.

Neue Untersuchungstechniken wie Röntgen, Ultraschall, Computertomographie und Magnetresonanztomographie fordern in diesem Zusammenhang immer mehr topographisch-anatomische Kenntnisse, die anhand von anatomischen Schnitten gewonnen werden können. **»Schnittanatomie«** setzt damit neue Zeichen in der veterinäranatomischen Lehre und Forschung und sollte in keinem modernen Lehrbuch fehlen.

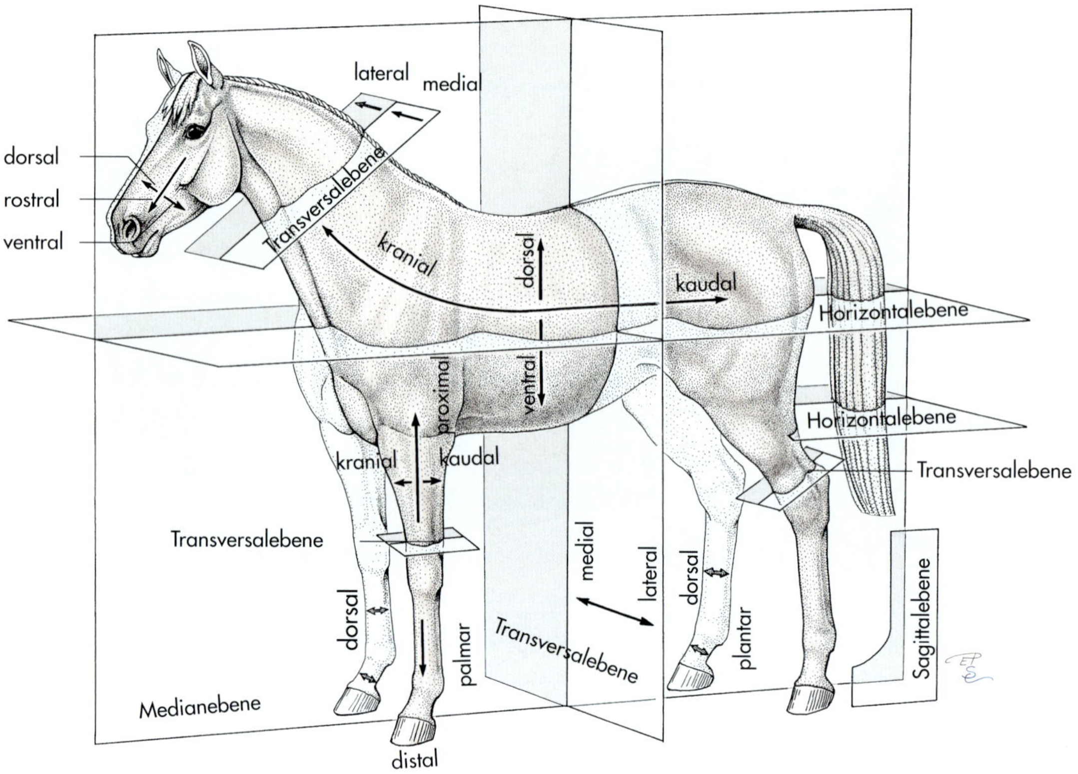


**Abb. E-10.** Lage- und Richtungsbezeichnungen am Tierkörper, nach Dyce, Sack und Wensing, 2002.

# Lage- und Richtungsbezeichnungen am Tierkörper

Die Benennung von Lage- und Richtungsbezeichnungen ermöglicht eine unmissverständliche Beschreibung von Einzelteilen des tierischen Körpers. Die wichtigsten Bezeichnungen können der Abbildung E-10 und der Tabelle E-1 entnommen werden.

Der Tierkörper wird in Abschnitte gegliedert, die von außen deutlich voneinander zu unterscheiden sind. So sind der Kopf (Caput), der Hals (Collum), der Rumpf (Truncus), der Schwanz (Cauda) und die Gliedmaßen (Membra) zu nennen. Jeder dieser Körperteile wird zudem in Regionen unterteilt, die Gegenstand der Beschreibung innerhalb der topographischen Anatomie sind. (Näheres s. Kap. 19 »Topographisch-klinische Anatomie«.)

# Einteilung des Tierkörpers in Organe und Organsysteme

Strukturell und funktionell übereinstimmende Zellen und Gewebe sind im Sinne übergeordneter gemeinschaftlicher Aufgaben im Körper zu einzelnen Organen oder Organsystemen zusammengefügt, die synergistisch wirken und die Funktion des Organs oder des Gesamtorganismus prägen (Tab. E-2). Die verschiedenen Organsysteme sind stets aus unterschiedlichen Geweben zusammengesetzt.

Man unterscheidet in einem Organ:

- Parenchym und
- Interstitium.

Das **Parenchym** bestimmt in der Regel die Funktion eines Organs (z.B. Leberzellen die Leber, Nierenzellen die Niere, oder Drüsenzellen die Speicheldrüse). Das **Interstitium** stellt den bindegewebigen Anteil eines Organs dar. Dieses umfasst z.B. kleinere Funktionseinheiten des Parenchyms oder trennt größere Bereiche eines Organs, beispielsweise in Läppchen (Lobuli) oder Lappen. Das Interstitium ist eng mit den stoffwechselaktiven Transportvorgängen eines jeden Organs verbunden, es schließt die Versorgungsbahnen des Körpers ein. Darunter versteht man die Gefäße des Blutkreislauf- und Lymphsystems und die peripheren Nervenbahnen des Nervensystems, die gemeinsam als organübergreifende Systeme entscheidend den strukturellen und funktionellen Charakter eines Organs beeinflussen. Die **systematische Anatomie** beschäftigt sich im Einzelnen mit jedem dieser Organsysteme, die tabellarisch angesprochen werden (Tab. E-2).

Die Tierarten, die in der Veterinäranatomie schwerpunktmäßig Gegenstand der systematischen und topographischen Anatomie sind, werden zoologisch wie folgt benannt: Hund (Canis lupus f. familiaris), Katze (Felis silvestris f. catus), Schwein (Sus scrofa f. domestica), Rind (Bos primigenius f. taurus), Schaf (Ovis ammon f. aries), Ziege (Capra aegagrus f. hircus) und Pferd (Equus przewalskii f. caballus). Die Veterinäranatomie schließt auch die Vögel,

**Tab. E-1.** Lage- und Richtungsbezeichnungen[1] am Tierkörper.

| Ausdruck | Bedeutung | Verwendung |
|---|---|---|
| kranial | kopfwärts | an Rumpf und Schwanz |
| rostral | nasenspitzenwärts | am Kopf |
| kaudal | schwanzwärts | an Kopf und Rumpf |
| dorsal | rückenwärts | am Rumpf, am Kopf entsprechend oben, an den Gliedmaßen distal des Handwurzel- bzw. Sprunggelenks für vorne-oben |
| ventral | bauchwärts | am Rumpf, am Kopf entsprechend unten |
| medial | zur Mitte hin | an Rumpf, Kopf und Gliedmaßen |
| lateral | zur Seite hin | an Rumpf, Kopf und Gliedmaßen |
| median | in der Symmetrieebene | an Rumpf und Kopf |
| proximal | zum Rumpf hin | vor allem an den Gliedmaßen und bei Strukturen, die vom Körper weg stehen sowie nahe am Zentralorgan liegen |
| distal | vom Rumpf weg | vor allem an den Gliedmaßen und bei Strukturen, die vom Körper weg oder vom Zentralorgan entfernt stehen |
| palmar | zur Handfläche | an den Vordergliedmaßen ab dem Karpalgelenk |
| plantar | zur Fußsohle | an den Beckengliedmaßen ab dem Tarsalgelenk |
| axial | zur Hand- bzw. Fußknochenachse hin | an den Zehen |
| abaxial | von der Hand- bzw. Fußknochenachse weg | an den Zehen |
| externus | außen gelegen | an den Körperteilen und Organen |
| internus | innen gelegen | an den Körperteilen und Organen |
| superficialis | oberflächlich gelegen | an den Körperteilen und Organen |
| profundus | tief gelegen | an den Körperteilen und Organen |
| temporal | zum Schläfenbein hin | am Auge |
| nasal | zur Nase hin | am Auge |
| superior | oben | am Augenlid |
| inferior | unten | am Augenlid |
| apikal | zur Spitze hin | an der Nase, an der Zehe und am Schwanz |
| oral | zum Mund hin | am Kopf |
| Medianebene | gedachte Ebene, die den Körper in zwei Hälften teilt | |
| Paramedianebenen | Ebenen, die in der Nähe der Medianebene parallel dazu verlaufen | |
| Sagittalebenen | Ebenen, die parallel zur Medianebene weiter außen verlaufen | |
| Dorsalebenen | Ebenen, die parallel zur dorsalen Oberfläche liegen | |
| Transversalebenen | Ebenen, die senkrecht zur Längsachse verlaufen | |

[1] Richtungsbezeichnungen verwendet man nicht mit dem Wort »nach«, dieses schließt bereits die Endung »al« mit ein (z.B. zieht ein Nerv »distal« und nicht »nach distal«).

**Tab. E-2.** Organsysteme.

| Name | Wichtigste Aufgaben |
|---|---|
| Äußere Haut | Decke und Schutz des gesamten Tierkörpers |
| Skelett und Gelenke | stützendes Gerüst des Körpers |
| Skelettmuskulatur | Mobilität des Körpers |
| Verdauungssystem | Nahrungsaufnahme, Zerkleinerung und Resorption |
| Atmungssystem | Sauerstoffversorgung, Elimination von Kohlendioxyd und Lautgebung |
| Harn- und Geschlechtssystem | Ausscheidung und Reproduktion |
| Kreislaufsystem | Stofftransport und Stoffaustausch |
| Nervensystem | Steuerung, Nachrichtenübermittlung, Reaktion auf Umwelt |
| Sinnesorgane | Umweltwahrnehmung |
| Inkretorische Drüsen | Steuerung von Zellfunktionen auf hormonellem Weg |
| Immunsystem | Körperabwehr |

ausgehend vom Haushuhn (Gallus gallus f. domestica), als wichtige systematische Gruppe mit auch wirtschaftlich bedeutenden Vertretern ein. Sie werden in einem eigenen Band, ergänzt um klinisch-propädeutische Kapitel, umfassend dargestellt (s. »Anatomie der Vögel – Klinische Aspekte und Propädeutik«, König, Korbel u. Liebich, 2009).

# Bewegungsapparat

Der Bewegungsapparat ist ein **komplexes Organsystem**, dessen zentrale Funktion vorrangig eine mechanische Leistung ist. Die originären Bauelemente des Bewegungsapparates, das Skelett und die Muskeln, dienen zum einen der Formung und der Erhaltung der individuellen Körpergestalt, zum anderen der Lokomotion einzelner Teilbereiche des Körpers oder des Gesamtorganismus.

Das **Skelett** setzt sich aus einzelnen Elementen, den Knochen (Ossa), den Knorpeln (Cartilagines), den Bändern (Ligamenta) und den Gelenken (Articulationes) zusammen, die erst in ihrer Gesamtheit das System des Körpergerüstes, das **Skelettsystem (Systema skeletale)**, bilden. Das Skelettsystem stellt den **passiven Bewegungsapparat** des Körpers dar. Demgegenüber wird der aktiv an der Lokomotion beteiligte Teil des Bewegungsapparates, das **Muskelsystem (Systema musculare)**, als **aktiver Bewegungsapparat** bezeichnet. Beide Systeme sind untrennbar in das Kreislauf-, Lymph- und Nervensystem des Körpers eingebunden.

Der Bewegungsapparat erfüllt auch zellspezifische Stoffwechselleistungen und unterliegt während seines Auf-, Um- und Abbaus hormonellen Steuermechanismen.

Unter diesen funktionellen Aspekten muss der Begriff »Bewegungsapparat« zutreffender als »Bewegungs-, Halte- und Stützapparat« bezeichnet werden.

Störungen bzw. Erkrankungen des »Bewegungs-, Halte- und Stützapparates« sind auch in der praktischen Tiermedizin die mit am häufigsten gestellten Diagnosen. Die Bedeutung anatomischer Grundkenntnisse wird dabei meist unterschätzt.

# Skelettsystem (Systema skeletale)

## Knochenlehre (Osteologia)

Die Knochenlehre befasst sich mit den Knochen (Ossa), die sich zu tierartlich unterschiedlichen Skeletten zusammenfügen. **Knochen** bestehen aus:

- **Knochengewebe**, das von einer
- **äußeren** und **inneren Knochenhaut** (Periosteum bzw. Endosteum) überzogen wird und das
- **Knochenmark** (Medulla ossium) sowie versorgende
- **Gefäße** und **Nerven** einschließt.

Damit wird der Knochen zu einem **Organ**.

Die Gestalt eines jeden Knochens ist genetisch festgelegt, sie unterliegt durch Zug- und Druckbelastungen ständigen Anpassungsvorgängen, ohne dabei seine individuelle Grundstruktur zu verlieren. Durch den hohen Gehalt an **Mineralstoffen** (60–70%) unterliegt dieser keinen postmortalen Veränderungen (siehe archäologische Skelett- und Knochenfunde). Werden dem Knochen künstlich durch heiße und schwache Laugen **organische** Bestandteile (30–40%) entzogen, spricht man von **Mazeration eines Knochens**. Derartig vorbehandelte Knochen liegen in der Regel dem Studierenden als Unterrichtsmaterial vor. Entfernt man durch Säure die **anorganischen (mineralisierten)** Komponenten des Knochens, spricht man von **Entkalkung eines Knochens**.

### Bau des Skeletts

#### Bindegewebige Grundlagen des Skeletts

Grundlage sämtlicher Bestandteile des Skelettsystems ist das **mittlere Keimblatt (Mesoderm)** des Embryos, das sich bereits während der Entwicklung des Keimlings in ein embryonales, ein retikuläres und ein faseriges Bindegewebe differenziert. Diese Gewebearten bestehen aus:

- **Zellen** (z.B. Faserzellen = Fibrozyten),
- **ungeformten, flüssigkeitsgefüllten Zwischenzellräumen (Interzellularräumen)** und
- **geformten, faserigen Bestandteilen (kollagenen** und **elastischen Fasern)**.

Mit weitergehender Entwicklung des Fetus nimmt der faserig-bindegewebige Anteil dieser Gewebe zu, an genetisch determinierten Organabschnitten entwickeln sich Sehnen, Faszien und Bänder. Im Bereich der Anlagen für den Stamm und die Gliedmaßen führen ebenfalls bereits embryonal einsetzende Differenzierungsschritte zu strukturellen und funktionellen Umbauvorgängen. Diese lassen aus einem **lockeren, faserarmen Bindegewebe** (Textus connecticus collagenosus laxus) die beiden Elemente des Stützgewebes, den **Knorpel** und den **Knochen**, entstehen.

Gemeinsam ist diesen Stützgeweben ihr Ursprung im mesenchymalen Gewebe aus Vorläuferzellen, den **knorpel-** bzw. **knochenbildenden Zellen (Chondro-** bzw. **Osteoblasten)**. Aus diesen fetalen Vorstufen entwickeln sich die **reifen Knorpelzellen (Chondrozyten)** bzw. die **reifen Knochenzellen (Osteozyten)**. Diese Zellen synthetisieren kollagene Bindegewebsfasern und ungeformte Interzellularsubstanzen als Zwischenmatrix.

#### Bildung des knorpeligen Skeletts

Das herausragende Merkmal des Knorpelgewebes liegt in der besonderen Struktur der **ungeformten Grundsubstanz**, der **Interzellularsubstanz**. In dieser lagern sich **Kollagenfasern** als strukturelle Grundelemente zueinander, eingespannt in eine ungeformte Grundsubstanz mit einem hohen Gehalt an **Glykosaminoglykanen**. Diese Strukturbesonderheit verleiht dem Knorpelgewebe seine herausragende Festigkeit und zudem die Fähigkeit, Wasser zu binden. Dadurch wird zusätzlich die Elastizität und die Verformbarkeit des Knorpelgewebes erhöht.

Das Knorpelgewebe bleibt weitgehend gefäßlos und schließt keine Nerven ein. Seine Ernährung erfolgt durch Diffusion aus dem lockeren Bindegewebe, aus Gelenkspalträumen oder durch die Gefäße des unterlagerten Knochens. Aufgrund der **unterschiedlichen Qualität** der geformten Knorpeleinlagerungen, der **Fasern**, unterteilt man das Knorpelgewebe in einen hyalinen, elastischen und kollagenfaserigen Knorpel. **Hyalinen Knorpel** findet man im adulten Organismus z.B. an den meisten Gelenkflächen (Cartilagines articulares), als Rippenknorpel (Cartilago costae), in der Wand des Kehlkopfes (Cartilagines laryngis), der Luftröhre (Cartilagines tracheales) und in der Lunge (Cartilagines bronchiales). **Elastische Knorpel** treten z.B. im Kehldeckel und in der Ohrmuschel auf. Aus **kollagenfaserigem Knorpel** sind die Zwischenwirbelscheiben, die

Menisken im Kniegelenk und die Zwischenscheiben (Disci) im Kiefergelenk. Im Alter kann der Knorpel verkalken, beispielsweise im Rippenknorpel oder den Menisken im Kniegelenk der Katze.

Die **Knorpelbildung (Chondrogenese)** basiert auf dem mesenchymalen Bindegewebe (s.o.). Dieses liegt in einem höher entwickelten Stadium als **Knorpelhaut (Perichondrium)** außen dem Knorpel manschettenartig an, seine Zellen differenzieren sich als perichondrale **Faserbildner (Fibroblasten)** zu **Knorpelbildnern (Chondroblasten)**. Chondroblasten scheiden die Knorpelmatrix (Knorpelgrundsubstanz, Interzellularsubstanz) aus, die überwiegend aus Wasser (70%), aus kollagenen oder elastischen Fasern und aus Glykosaminoglykanen besteht.

Das **Wachstum des Knorpels** erfolgt primär durch die Vermehrung von Vorläuferzellen des Knorpels (Chondroblasten) in der Knorpelhaut (Perichondrium), ein kontinuierlicher Vorgang, der den Knorpel nach außen hin vergrößert **(appositionelles Knorpelwachstum)**. Diesem Wachstum steht das **interstitielle Knorpelwachstum** gegenüber, bei dem sich differenzierte Knorpelzellen vornehmlich in der noch nicht verfestigten Knorpelmatrix teilen und nachfolgend vermehrt neue Knorpelgrundsubstanz bilden: Der Knorpel wächst von innen.

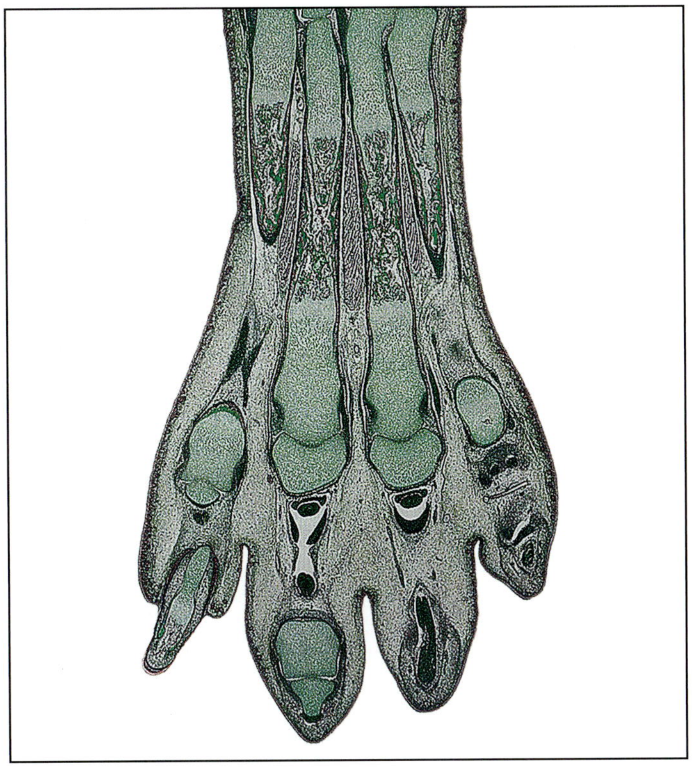

**Abb. E-11.** Histologischer Schnitt durch den distalen Abschnitt der Gliedmaße einer jungen Katze im Stadium der chondralen Ossifikation (Goldner-Färbung, Vergr. 20fach).

## Knochenformen

Knochen unterscheiden sich in ihrer Form, Größe und Stärke erheblich. Dies gilt innerhalb eines Tieres, aber auch im tierartlichen Vergleich. Dabei spielen beispielsweise neben der genetischen Determination der embryonalen Knochenanlage auch statisch-dynamische Gesichtspunkte oder ernährungsbedingte Strukturänderungen während der juvenilen und adulten Differenzierung eines Knochens eine entscheidende Rolle. Vorzugsweise durch den mechanischen Kräftezug flächenhafter Muskelplatten oder strangförmiger Endsehnen an punktuellen Ansatzstellen entwickeln sich am Knochen Fortsätze, Einziehungen, Höcker, raue Flächen, Kämme oder Gräten. Auch vermögen Blutgefäße, Nervenbahnen oder Organe (z.B. das Gehirn, das Auge, die Schnecke im Innenohr) die Oberfläche eines Knochens mitzugestalten.

Trotz der erheblichen Variabilität von Knochen können diese nach gemeinsamen Strukturmerkmalen gegliedert werden. Man unterscheidet:

- Röhrenknochen oder lange Knochen (Ossa longa),
- Kurze Knochen (Ossa brevia),
- Platte Knochen (Ossa plana),
- Lufthaltige Knochen (Ossa pneumatica) und
- Unregelmäßige Knochen (Ossa irregularia).

**Röhrenknochen** kennzeichnet ein **Körper (Corpus, Mittelstück, Schaft)**, die **Diaphyse**, die oberflächlich von einem dichten **Knochenmantel (Substantia compacta)** begrenzt wird und innen eine **Markhöhle (Cavum medullare)** einschließt (Abb. E-12).

Röhrenknochen weisen zwei Endstücke auf, die **Epiphysis proximalis** und die **Epiphysis distalis**, die jeweils mit einer dünnen Knochenrinde **(Substantia corticalis)** überzogen sind. Die Epiphysen schließen ein inneres Bälkchenwerk ein, das vergleichbar einem feinporigen, verknöcherten Schwamm **(Substantia spongiosa)** aufgebaut ist (Abb. E-13 u. 14). Röhrenknochen bilden die Grundlagen der Gliedmaßen. Als Beispiel für einen Röhrenknochen kann der Oberarmknochen (Humerus), das Schienbein (Tibia) oder ein Mittelhandknochen (Os metacarpale) angeführt werden.

Als **Apophyse** werden Knochenfortsätze benannt, die während der Knochenbildung aus separaten Knochenkernen gebildet werden. Diese dienen Muskeln und Bändern als Ansatz, beispielsweise an den Dornfortsätzen der Wirbel (Processus spinosi) oder der große Umdreher am Oberschenkel (Trochanter major femoris).

**Kurze Knochen (Ossa brevia)** weisen eine große Formenvielfalt auf, sie sind zylindrisch, würfelförmig oder rundlich. Im Inneren schließt diese Knochenform ein ausgeprägtes Netzwerk von Spongiosa ein, in die hämoretikuläres Gewebe eingelagert ist. Kurze Knochen sind z.B. die Knochen der Wirbelsäule und der Fußwurzelgelenke.

**Platte** und **breite Knochen (Ossa plana)** bestehen aus zwei meist kompakten Knochentafeln (Tabulae), die als Platten zwischen sich spongiosagefüllte Hohlräume (Diploe) oder belüftete Höhlen (Sinus) einschließen. Platte Knochen sind beispielsweise das Schulterblatt, das Darmbein, die Rippen. Am Schädel sind manche Knochen als platte Knochen luftgefüllt (pneumatisiert).

Diese **lufthaltigen Knochen (Ossa pneumatica)** schließen durch Pneumatisation entstandene Knochenhohlräume ein, die sich erst nachträglich durch Resorption von Knochensubstanz entwickelt haben. Eine Schleimhaut kleidet diese lufthaltigen Räume oder Hohlsysteme aus, als Beispiele kann der Oberkiefer (Maxilla) oder das Siebbein (Os ethmoidale) angeführt werden. **Ossa irregularia** sind z.B. die Keilbeine am Schädel.

**Sehnen-** oder **Sesambeine (Ossa sesamoidea)** liegen in Gelenknähe (z.B. an den Gelenken des Fußes), entweder in einer Sehne oder sie unterlagern diese (z.B. die Kniescheibe) (Abb. E-31).

**Organknochen** stehen nicht in Zusammenhang mit dem Bewegungsapparat, solche Knochen sind im Penis des Katers und des Rüden sowie im Herzskelett des Rindes vorhanden.

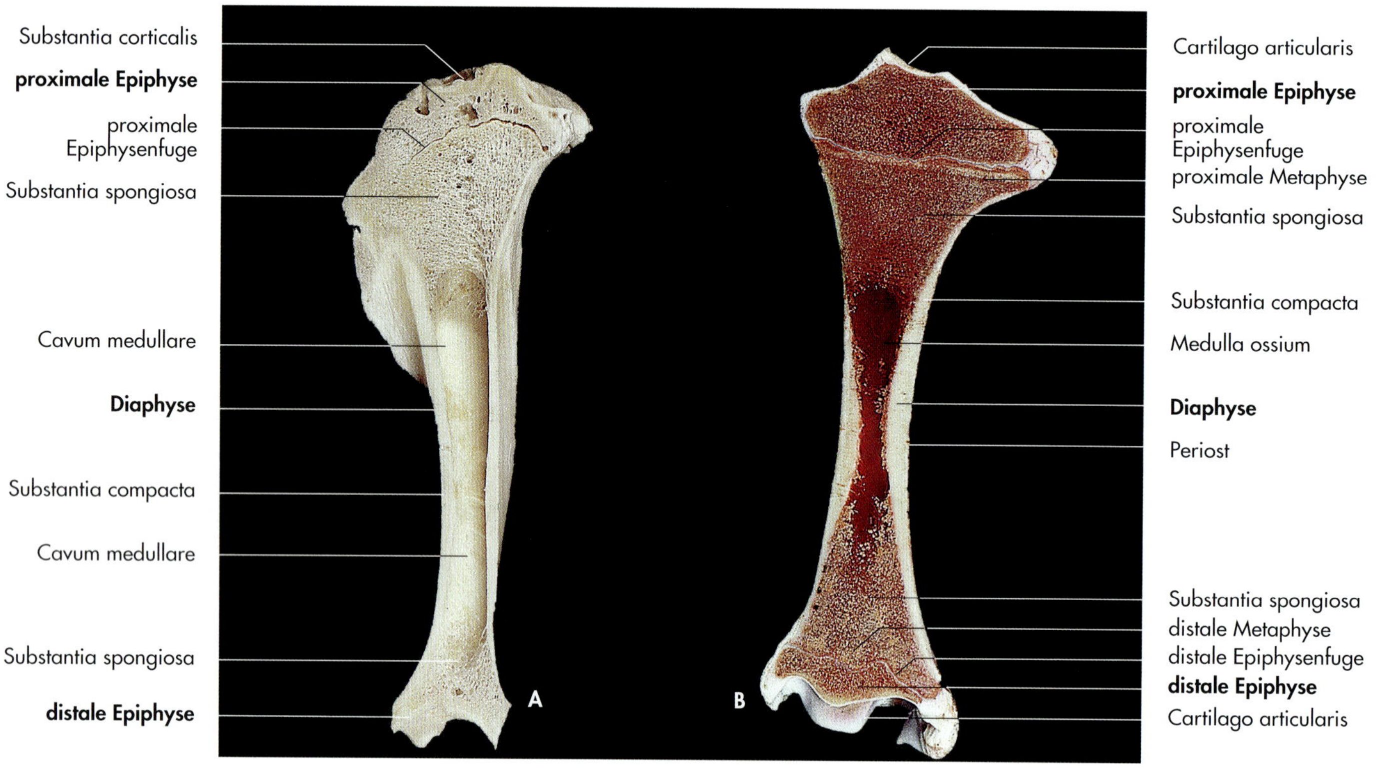


**Abb. E-12.** Längsschnitt durch einen mazerierten Röhrenknochen **(A)**, Längsschnitt durch einen frischen Röhrenknochen mit Gelenkknorpel und rotem Knochenmark **(B)**.

Übersichtshalber werden in den Abbildungen E-25–29 die Skelette von Katze, Hund, Schwein, Rind und Pferd schematisiert dargestellt, um ein Gesamtbild der Lage und Anordnung der Knochen zueinander und vergleichend anatomisch zu gewinnen. Die einzelnen Knochen werden in den entsprechenden Kapiteln des Bewegungsapparates eingehend behandelt.

## Knochenarchitektur

Das Knochengewebe verleiht dem Knochen eine bemerkenswert hohe Stabilität, die keinesfalls auf eine homogen-massive Konstruktion zurückzuführen ist. Vielmehr weist jeder einzelne Knochen eine spezifische Architektur auf. Diese wird beeinflusst durch:

- den Wandbau der äußeren **Kompakta** (Substantia compacta),
- die Architektur der inneren **Spongiosa** (Substantia spongiosa),
- den Bau der zentralen **Markhöhle** (Cavum medullare),
- das Prinzip von **Zug-** und **Druckspannung**,
- die **trajektorielle Bauweise** seiner Innenstrukturen und
- die **Biegungsbeanspruchung** des Gesamtknochens.

Die oberflächennahen Schichten des Knochens liegen als kompakte Lamellen vor und bilden die knöcherne Grundlage der sog. **Kompakta**. Dieser stabilen Außenschicht steht im Knocheninneren ein feines Maschenwerk aus Knochenbälkchen und -lamellen, die **Spongiosa**, gegenüber. Dieses Netzwerk ist strukturell Ausdruck einer funktionellen Anpassung des Knochens an von außen wirkende maximale **Druck-** und **Zugspannungen**. Diese verlaufen senkrecht zueinander. Die daraus resultierenden Kraftlinien sind **Trajektorien**, die sich in den gegebenen Kurvenscharen unter konstanten Winkeln schneiden **(trajektorielle Bauweise)**. Man unterscheidet eine:

- Substantia tubulosa,
- Substantia trabeculosa,
- Substantia lamellosa (Abb. E-13 u. 14).

In den Diaphysenenden langer Röhrenknochen treten, ohne Beeinträchtigung der Stabilität, **Biegungsspannungen** auf, die in der konkaven Fläche **Druck-**, an der konvexen Knochenseite **Zugspannungen** erzeugen. Im Zentrum des Knochens, der Spannungsachse, besteht keine Spannung. Dies bedeutet, dass unter mechanisch optimierten Gesichtspunkten ein Knochenstab durch ein Rohr ersetzt werden kann. Dieses Konstruktionsprinzip wird durch die »offene« Diaphyse eines Röhrenknochens in vollem Umfang erfüllt.

Im Bereich der Diaphyse, also im Körper eines Röhrenknochens, liegt an Stelle der Spongiosa die **zentrale Markhöhle (Cavum medullare)**, hier wird die Knochenwand außen durch verdickte Schichten des Lamellenknochens verstärkt (Abb. E-12). Die Spongiosa und die zentrale Markhöhle schließen das Knochenmark ein und werden damit zu Bildungsstätten des Blutes **(Hämopoese)**.

Die Architektur des Knochens als Rohr sowie die konsequente Leichtbauweise durch die Spongiosa dienen der Einsparung von Material und Gewichtsminimierung sowie der Kraftersparnis nach dem Prinzip einer Maximum-Minimum-Optimierung. Darüber hinaus passt sich die Wandstärke eines Röhrenknochens den tatsächlich einwirkenden Beanspruchungsmaxima an. So sind stärker belastete Innenwandabschnitte der Extremitäten deutlich im Wandbau verdickt. Ebenso weisen platte Knochen (z.B. das Schulterblatt) in den Randbereichen deutliche Verdickungen, bei entsprechender Ausdünnung zentraler Abschnitte, auf.

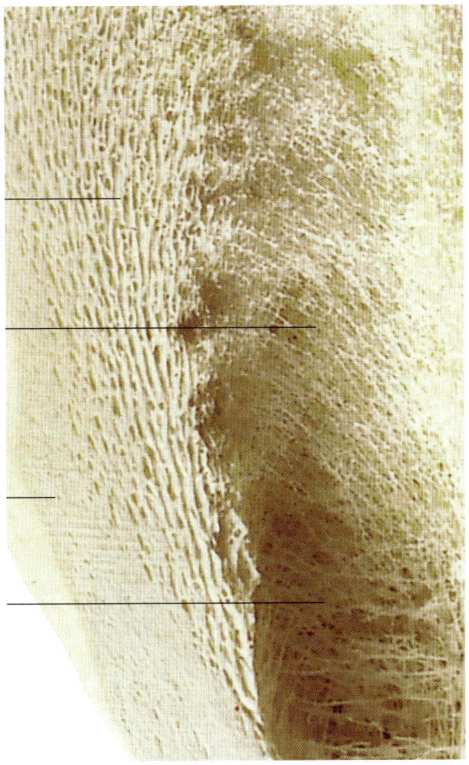


**Abb. E-13.** Wandbau eines Röhrenknochens mit Bälkchenwerk.

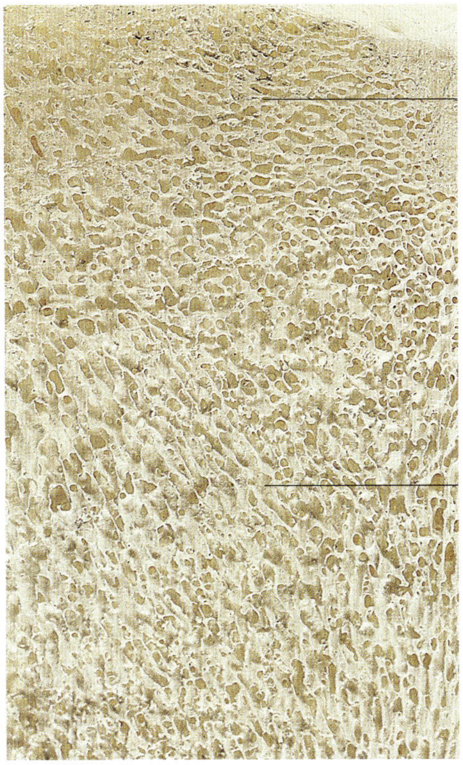


**Abb. E-14.** Spongiosa lamellosa eines Röhrenknochens (Ausschnitt).

## Knochenhaut (Periosteum, Endosteum)

Die Knochen sind an ihren äußeren und inneren Oberflächen vollständig von einer bindegewebigen Hüllschicht, der **Knochen-** oder **Beinhaut**, strumpfartig überzogen. Entsprechend ihrer Lage unterscheidet man eine äußere Hüllschicht, das **Periost** (Periosteum), und eine innere Schicht, das **Endost** (Endosteum), das die Markhöhle auskleidet und die Knochenspongiosa überzieht. Das Endost bildet die Grenzschicht zum Knochenmark (Abb. E-22). Allein der Gelenkknorpel und zahlreiche Sehnenansätze bleiben frei von diesem bindegewebigen Überzug. Im Bereich der Gelenke geht die Beinhaut in die **Gelenkkapsel** über und findet im Periost des anschließenden Knochens seine Fortsetzung. Auch setzt sich die Beinhaut an knorpeligen Skelettteilen fort (z.B. an Rippenknorpeln) und wird dann als Perichondrium bezeichnet.

Das **Periost** ist für die Blutversorgung, das Wachstum, die Regeneration, die Bruchheilung sowie die muskuläre Kraftübertragung von herausragender Bedeutung. An der Knochenhaut (Abb. E-22) unterscheidet man eine:

- innere, **knochenbildende Schicht (Stratum osteogenicum**, früher **Stratum cambium)**,
- äußere **Faserschicht (Stratum fibrosum)**.

Das **Stratum osteogenicum (cambium)** liegt dem Knochen unmittelbar auf und ist die **knochenbildende Schicht**. Diese schließt in großer Zahl sensible Nervenfasern mit Schmerzsensoren sowie ein enges Netz von Blut- und Lymphgefäßen zur metabolischen Versorgung des Knochens ein.

Zelluläre Bestandteile dieser Schicht sind sog. **Osteoprogenitorzellen** (lat. progenitor = Erzeuger), die sich zu knochenbildenden Zellen (Osteoblasten) (s.u.) differenzieren können. Diese dienen dem **appositionellen Dickenwachstum** des Knochens. Diese Schicht ist zeitlebens in der Lage, Knochengewebe neu zu bilden. Dies gilt vorzugsweise auch für sämtliche physiologischen Knochenumbauvorgänge und für die Knochenneubildung nach Knochenbrüchen (»Frakturheilung«). Das Stratum osteogenicum bildet den **Knorpelkallus** und den **Knochenkallus**, mechanische Reize am Periost lassen Überbeine entstehen.

Das **Stratum fibrosum** besteht aus straffem, zugfestem Bindegewebe, in das auch elastische Fasern eingewoben sind. Von dieser Schicht ziehen Kollagenfaserbündel als **Fibrae perforantes** zur Knochenoberfläche und verbinden sich mit der äußeren Grundlamelle der Knochenmatrix **(Sharpey-Fasern)**. Durch diese Fasern wird das Periost fest mit dem Knochen verankert. Diese Schicht vermittelt auch die Befestigung von Muskeln, Sehnen und Bändern am Knochen. Dabei fächern sich die Endsehnen im Stratum fibrosum auf und gehen über die Sharpey-Fasern eine feste Verbindung zum Knochen ein.

Das **Endost** (Abb. E-22) besteht aus einer einfachen Schicht abgeplatteter Bindegewebszellen (Knochendeckzellen), die ihrer Funktion nach als Progenitorzellen und als knochenbildende oder knochenabbauende Zellen angesprochen werden können. Das Endost grenzt an das Kapillarnetz des Knochenmarks und trägt, ebenso wie das Periost, **osteogenetische Potenzen**.

## Regeneration des Knochens

Die **Osteoprogenitorzellen** des Periosts und des Endosts sind für sämtliche Regenerationsvorgänge des Knochengewebes verantwortlich. Voraussetzung bleibt jedoch die permanente Bereitstellung **mesenchymaler Zelllinien** und die Proliferation determinierter **Osteo-**

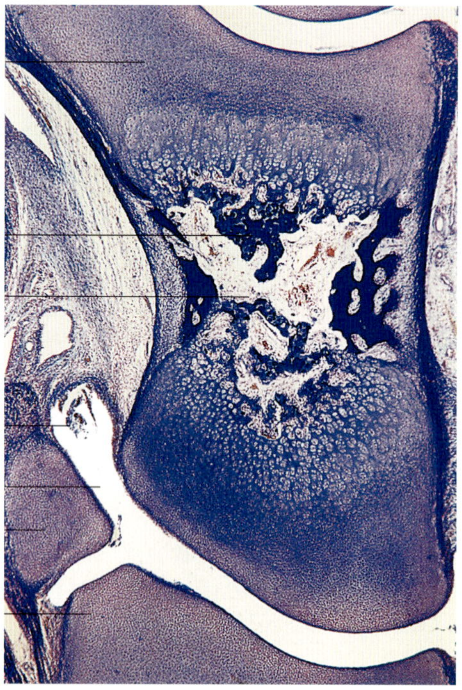


**Abb. E-15.** Histologischer Schnitt durch die fetale Anlage des Kronbeins eines Pferdes (Azan-Färbung, Vergr. 25fach).

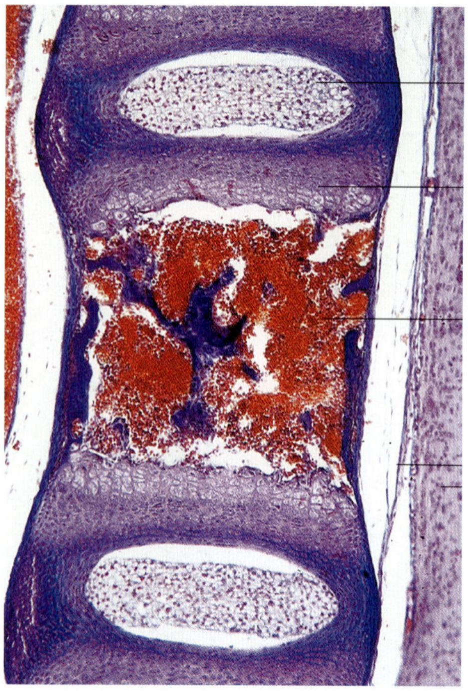


**Abb. E-16.** Histologischer Schnitt durch die fetale Anlage eines Wirbelkörpers (Azan-Färbung, Vergr. 25fach).

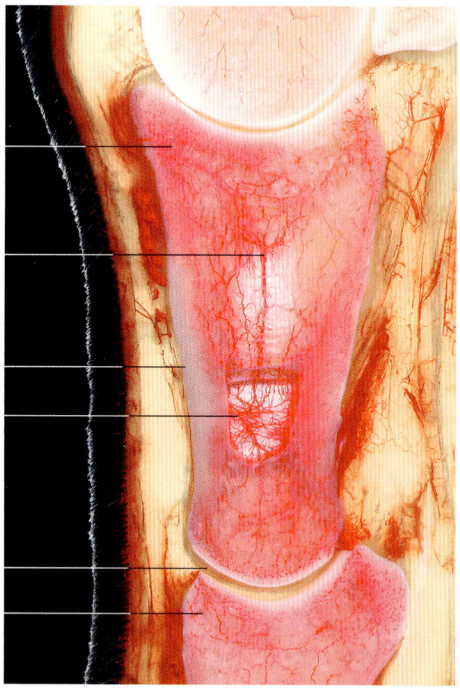


**Abb. E-17.** Gefäßversorgung eines Röhrenknochens am Beispiel des Fesselbeins eines Pferdes, injiziertes Plastinat, Präparat H. Obermayer, München.

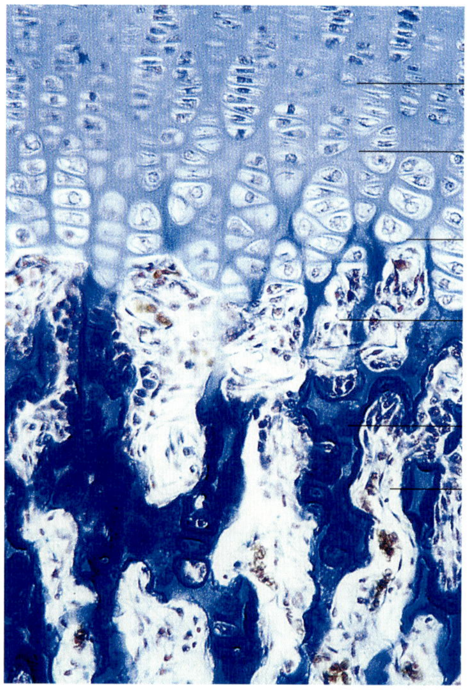


**Abb. E-18.** Histologischer Schnitt durch die Epiphyse eines Röhrenknochens mit chondraler Ossifikation (Azan-Färbung, Vergr. 40fach).

**blastenvorläuferzellen**. Bei einer **Knochenfraktur** wird der entstandene Knochenspalt durch neugebildetes Knochengewebe überbrückt. Eine **»primäre Knochenheilung«** liegt dann vor, wenn angrenzende Frakturenden optimal zueinander liegen und diese direkt durch Bildung von Lamellenknochen zusammenwachsen. Unter **»sekundärer Frakturheilung«** versteht man die vorübergehende Überbrückung des Knochenspaltraumes durch faserknorpeliges Narbengewebe **(Kallusgewebe)**, das nachfolgend erst in länger andauernden Umbauprozessen durch Knochengewebe ersetzt wird.

## Gefäß- und Nervenversorgung des Knochens

Der Knochen ist in auffälligem Maß besonders gut vaskularisiert. Ein dichtes Gefäßnetz dient der Versorgung des Knochengewebes an sich, des Knochenmarks sowie bindegewebiger Grenzschichten, dem Periost und dem Endost. Es ist Ausdruck einer extremen Stoffwechselleistung. Eine Unterbrechung der Vaskularisation durch Traumata oder Frakturen kann auch Störungen in der Versorgung bis hin zum Absterben des Gewebes führen **(Knochennekrose)**.

Die Vaskularisation des Knochengewebes erfolgt nach einem besonderen Verteilungssystem. Danach treten an der Diaphyse eines Röhrenknochens durch Knochenöffnungen **(Foramina nutritia)** arterielle **Versorgungsgefäße (Aa. nutriciae)** von außen anliegenden größeren Weichteilgefäßen in das Stratum compactum ein, durchziehen dieses und treten in die Markhöhle über. Sie verzweigen sich in auf- und absteigenden Ästen und versorgen die Epi- und Metaphysen der Knochenenden (Abb. E-17). Unter dem Gelenkknorpel bilden diese **schleifenförmige Endarterien**, die durch die subchondrale Kompakta bis zur verkalkten Zone des Gelenkknorpels ziehen und diesen versorgen. Die Substantia compacta wird von innen, unmittelbar von der Markhöhle aus, über die Volkmann-Kanäle (s.u.) vaskularisiert. Die Spongiosabälkchen des Knochengewebes bleiben hingegen gefäßlos, sie werden durch Diffusion direkt über das Knochenmark versorgt. Der venöse Abfluss erfolgt über das axiale System des Knochenmarks.

Das Knochengewebe ist frei von Lymphgefäßen. Allein im Periost kann ein dichtes Lymphgefäßnetz nachgewiesen werden. Das Knochengewebe ist schmerzunempfindlich. Über die Gefäße treten perivaskulär allein vegetative Nervenfasern bis in die Havers-Kanäle (s.u.) vor.

## Knochen als Organ

Der Knochen bildet ein organartiges System, das sich aus folgenden Bestandteilen zusammensetzt:

- knöchernes Element,
- Gelenkknorpel (falls vorhanden),
- Periost und Endost,
- Knochenmark und
- Leitungsbahnen.

Die Knochen stellen die stabilisierende Komponente des passiven Bewegungs-, Halte- und Stützapparates dar, deren Wirksamkeit auf der extrazellulären Matrix (organisches und anorganisches Material) sowie auf der Architektur des Knochenbaus beruht. Hierbei sind insbesondere die Strukturanordnung der Kollagenfasern Typ I sowie die durch Mineralisation entstandene interfibrilläre Knochenmatrix, einschließlich der Struktur des Knochengewebes, von Bedeutung.

Mechanische Belastung, Körpergewicht, Muskelkräfte oder Beschleunigungskräfte wirken innerhalb bestimmter Grenzwerte als Druck-, Zug-, Biegungs-, Dreh- und Schub- bzw. Scherkräfte auf die betroffenen Knochen, ohne dass diese brechen. Ein Dauerdruck auf Knochengewebe führt jedoch, im Gegensatz zu wechselnden Druckbelastungen, zum Knochenabbau. Dauerzug stimuliert hingegen den Knochenaufbau.

Der Bau eines Knochens unterliegt zeitlebens den Einwirkungen funktioneller Beanspruchungen und passt sich ständig durch Umbau der Architektur seiner Kompakta und seiner Spongiosa den biomechanischen Bedürfnissen an. Diese funktionellen Umbauvorgänge werden durch die Zellen des Endost bewirkt, sie laufen nach den physiologischen Gesetzmäßigkeiten der Knochenbildung- und des Knochenabbaus ab (siehe Knochenbildung).

## Bildung des knöchernen Skeletts (Osteogenesis)

Während der fetalen Entwicklungsphase formt primär ein **knorpeliges Stützskelett** die Gestalt des Keimlings **(Primordialskelett)**. Für die späteren Entwicklungsprozesse bis zur Bildung des knöchernen Skeletts ist die Tatsache entscheidend, dass dieses Knorpelstützskelett durch rasch aufeinanderfolgende mitotische Teilungen das Wachstum und damit die Gestalt des gesamten Körpers prägt. Ferner dient in vielen Fällen jedes einzelne dieser Knorpelstücke als Platzhalter für nachfolgend sich differenzierendes Knochengewebe.

Die Knochenbildung wird durch **induktive Mediatoren** (»Bone Morphogenetic Protein«, Mitogene) positiv beeinflusst.

Ab einem gewissen Entwicklungsstadium des heranwachsenden Keimlings setzen erste **Umbauvorgänge** ein, in deren Verlauf weite Teile des knorpeligen Skeletts wieder abgebaut und allmählich durch ein **knöchernes Skelett** ersetzt werden. Man spricht in diesen Fällen von einer **chondralen (sekundären)** oder **indirekten Verknöcherung (Ossifikation)**.

Durch diese Umbauvorgänge entsteht der sog. »unreife« **Geflechtknochen**, der während der nachfolgenden Knochenentwicklung erneut abgebaut und durch einen »reifen« **Lamellenknochen** ersetzt wird **(Ersatzknochen)**. Der weitaus größere Teil des adulten knöchernen Skeletts (z.B. die Wirbel und die Knochen der Gliedmaßen) entsteht durch chondrale Ossifikation.

Die Umwandlung von Knorpel- in Knochengewebe setzt vielfach in **punktförmigen Ossifikationszentren** ein, von denen aus die Verknöcherungsprozesse gesteuert werden. Diese Umbauvorgänge beginnen während der mittleren Fetalperiode und finden in einzelnen Knochen oftmals erst im Erwachsenenalter ihren Abschluss. Radiologisch können gerade bei juvenilen Tieren vielfach noch unverknöcherte Knorpelreste nachgewiesen werden und bei Nichterkennen zu fehlerhaften Interpretationen Anlass geben.

Neben der chondralen Ossifikation kann Knochen auch direkt aus dem mesenchymalen Bindegewebe **ohne knorpelige Zwischenstufen** entstehen. Man spricht dann von einer **desmalen (primären)** oder **direkten Ossifikation**. Diese Knochenbildung führt zur Entstehung des Bindegewebsknochens (z.B. einzelne Deckknochen des Schädels, die perichondralen Knochenmanschetten der Röhrenknochen). Die Heilung eines Knochenbruchs verläuft über die Differenzierungsschritte einer desmalen Verknöcherung.

## Ossifikation

Unter Ossifikation versteht man die Bildung von Knochengewebe, man unterscheidet 2 Formen, nämlich eine:

- **desmale** oder **bindegewebige** oder **direkte Ossifikation**,
- **chondrale** oder **indirekte Ossifikation**,
  die man weiter unterteilen kann in eine:
  - **perichondrale** und
  - **enchondrale Ossifikation**.

### Desmale Ossifikation

Die **desmale Ossifikation** ist im Wesentlichen auf die direkte Umwandlung von mesodermalen Bindegewebszellen in Zellen des Knochens zurückzuführen, die vielfältig sind und in unterschiedlichen Formen auftreten (Abb. E-19 u. 20). Dabei entwickeln sich aus **undifferenzierten Mesenchymzellen Präosteoblasten** als Vorläuferzellen der knochenbildenden Zellen **(Osteoblasten)**. Während der Ossifikation produzieren die Osteoblasten eine organische, **unverkalkte Knochenmatrix**, das **Osteoid**, in die sie sich selber einbauen.

Das Osteoid enthält überwiegend **Kollagen Typ I** (95%) sowie in kleinen Anteilen Glykosaminoglykane und Proteoglykane sowie

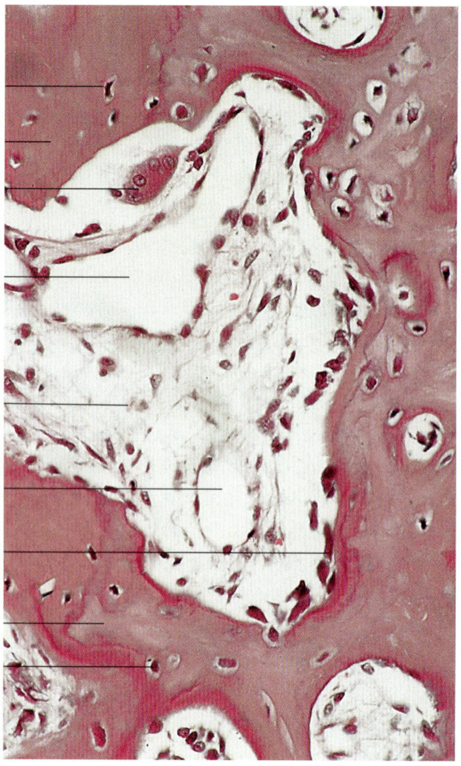


**Abb. E-19.** Desmale Ossifikation mit zentraler Kapillare im lockeren Bindegewebe mit Osteoblasten und Osteozyten (histologischer Schnitt, H.E.-Färbung, Vergr. 400fach).

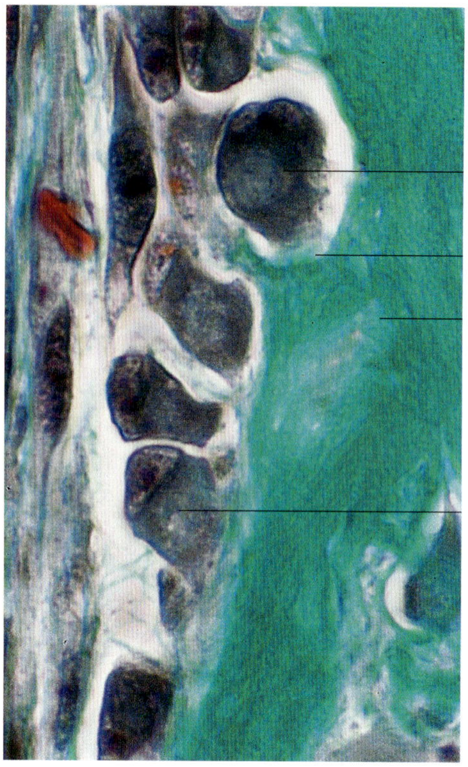


**Abb. E-20.** Desmale Ossifikation mit Osteoblasten, Osteoid und Ossein (histologischer Schnitt, Goldner-Färbung, Vergr. 800fach).

Chondroitin-4-sulfat, Chondroitin-6-sulfat und Keratansulfat, Osteonektin und Osteokalzin als ergänzende Knochenproteine. Für die Bildung von Osteoid ist Vitamin C erforderlich. Kollagen Typ I dient bei der nachfolgenden Mineralisierung des Knochens als Leitstruktur (Kristallisationskern) für die appositionelle Anlagerung der kristallinen Kalzium-Phosphat-Verbindungen. Zusammen mit Lipiden (5–10%) bilden die Strukturproteine der Kollagenfasern ca. ein Drittel der Trockensubstanz des Knochengewebes. Durch Ausglühen wird die organische Substanz zerstört, es bleiben als brüchige Reste die **Knochenerden**, auch **Knochenasche** genannt, zurück.

Das Osteoid wandelt sich innerhalb von 8–10 Tagen durch **Mineralisierung** in Knochengrundsubstanz **(Ossein)** um. Dieser Umbauprozess wird durch Wachstumshormone und Vitamin-D-Metaboliten gefördert.

Während der Mineralisation werden **anorganische Knochenbestandteile** wie Kalziumphosphat (85–90%), Kalziumkarbonat (8–10%), Magnesiumphosphat (1,5%) und Kalziumfluorid (0,3%) über das Blutgefäßsystem in das Osteoid eingelagert. Durch den Vorgang der Mineralisierung entsteht aus dem unverkalkten Osteoid das verkalkte **Ossein** (Abb. E-19 u. 20).

Der Anteil anorganischer Stoffgruppen am Trockengewicht des Knochens beträgt etwa zwei Drittel. Nach Säureeinwirkung können anorganische Bestandteile herausgelöst werden, es bleiben organische Substanzen übrig, der Knochen wird biegsam. **Osteoblasten** werden im Verlauf der raumgreifenden Matrixbildung auseinander gedrängt und allseitig von sich mineralisierendem Knochengewebe eingebettet. Dadurch wandeln sich Osteoblasten zu **Knochenzellen (Osteozyten)** um. Im Zuge von funktionsbedingten Um- und Abbauvorgängen wird Knochengewebe auch wieder abgebaut. Diese knochenzerstörenden Zellen werden als **Osteoklasten** bezeichnet (Abb. E-19 u. 20). Die durch desmale Ossifikation entstandenen Knochen werden daher auch als **»Bindegewebsknochen«** bezeichnet. Sie können als sog. Deck- oder Belegknochen angeführt werden (z.B. die meisten Schädelknochen).

## Chondrale Ossifikation

Die **chondrale Ossifikation** basiert auf dem **hyalinen Knorpel**, der als Platzhalter und als Ausgangsmaterial für das **Längenwachstum des Knochens** dient. Dabei wird der hyalinhaltige Knorpel als vorläufiges (fetales) Stützskelett angelegt, durch die Vorgänge der chondralen Ossifikation schrittweise wieder abgebaut und durch permanentes Knochengewebe ersetzt **(»Ersatzknochen«)**. Durch Ersatzknochen werden die Wirbelsäule, die Rippen, das Brustbein, die Extremitäten und die Schädelbasis gebildet.

Bereits frühfetal setzt die Bildung des knorpeliger Stützskeletts ein, das schon die Form des späteren Knochens aufweist. Man spricht dann vom **Primordialskelett**.

Die Neubildung von Knochengewebe auf der Grundlage eines hyalinen Knorpels wird als **chondrale Osteogenese** zusammengefasst. Man unterscheidet während dieser chondralen Knochenbildung eine perichondrale und eine enchondrale Ossifikation (Abb. E-15, 18 u. 21).

## Perichondrale Ossifikation

Die **perichondrale Ossifikation** entspricht einer desmalen Knochenbildung mit Ausscheidung von Osteoid und anschließender Mineralisation. Zellen mit knochenbildenden Potenzen **(Osteoprogenitorzellen)** des **Knorpelmantels (Perichondrium)** differenzieren sich in die Vorläuferzellen zur Knochenbildung, die **Osteoblasten (primäre Ossifikation)**. Diese Umwandlung von Zellen des Stratum chondrogenicum des Knorpelmantels in Knochengewebe setzt in der Mitte der späteren Diaphyse des Röhrenknochens **(Kno-**

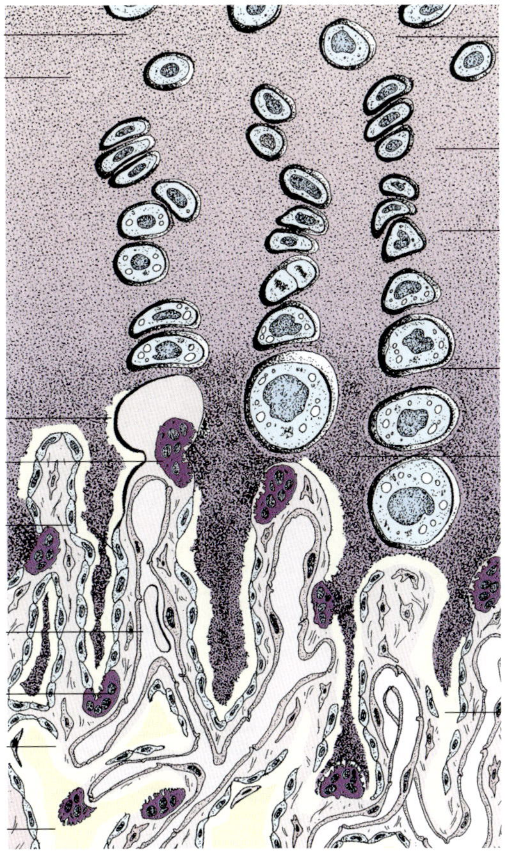


**Abb. E-21.** Schematische Darstellung der strukturellen Umbauvorgänge während der chondralen Ossifikation eines Röhrenknochens, Liebich, 2004.

**chenmanschette)** ein. Aus dem Knorpelmantel entwickelt sich die knöcherne **Beinhaut**, das **Periost**. Die Verknöcherung der Diaphyse schreitet in Richtung auf die Knochenenden, die **Epiphysen**, fort. Die perichondrale Ossifikation führt an den langen Röhrenknochen zur Bildung der diaphysären Knochenmanschette.

Während der perichondralen Ossifikation hemmt der Knochenmantel den Stoffwechsel des hyalinen Knorpels, die Knorpelmatrix **verkalkt**. Gleichzeitig sprossen durch die Knochenmanschette Gefäße in den Knorpel. Mit diesen gelangen knorpelauflösende Zellen, die **Chondroklasten**, in die verkalkte Knorpelmatrix und zerstören den Knorpel.

In die freiwerdenden Räume dringen nachfolgend kleinste Blutgefäße (Kapillaren) und Bindegewebe, sie füllen diese aus und dienen der Versorgung des neuzubildenden Gewebes. Knochenbildende Zellen **(Osteoblasten)** erreichen mit den Gefäßen die Markhöhle des Knochens und beginnen von innen mit der desmalen Verknöcherung des vormaligen Knorpels **(enchondrale Ossifikation)**. Durch ständige Auf- und Abbauvorgänge von Knochengewebe entwickelt sich unter Bildung einer knöchernen, schwammähnlichen Binnenstruktur die **primäre Markhöhle** (Bildung der Substantia spongiosa).

Durch Umwandlung des lockeren Bindegewebes zu hämoretikulärem (= blutbildendem) Gewebe differenziert sich die primäre zur **sekundären Markhöhle (Cellulae medullares)** (Abb. E-16). Diese ist ein vielgekammertes Hohlraumsystem, in dem ab der späteren fetalen Entwicklungsphase die **Blutbildung (Hämopoese)** stattfindet. Man spricht dann vom **roten Knochenmark (Medulla ossium rubra)**.

Das **Knochenmark (Medulla ossium)** bleibt in Form des roten Knochenmarks als blutbildendes Organ zeitlebens in den Markhöhlen der Epiphysen erhalten (Abb. E-12B). Mit zunehmendem Alter wandelt sich das blutbildende Mark, vorzugsweise in den mittleren Abschnitten des Knochens, in gelbliches **Fettmark (Medulla ossium flava)**, das im hohen Alter oder nach schweren Krankheiten in das **Gallertmark (Medulla ossium gelatinosa)** übergeht.

## Enchondrale Ossifikation

Die Vorgänge der **enchondralen Ossifikation** sind durch den inneren Umbau des Knorpelgewebes zwischen der Diaphyse und der Epiphyse eines Röhrenknochens an den **Epiphysenplatten (Wachstumszone, Wachstumsplatte)** besonders ausgeprägt (Abb. E-12B). Die Wachstumsplatte wird auch als Epiphysenscheibe oder **Epiphysenfuge (Cartilago epiphysialis)** bezeichnet, die für das Längenwachstum eines jeden Skeletts von höchster Bedeutung ist.

Unter **Metaphyse** versteht man den verknöchernden Anteil des Knorpels zwischen Diaphyse und Epiphyse.

In dieser Knochenzone umfasst peripher die perichondrale (desmale) Knochenmanschette der Beinhaut gürtelartig den Röhrenknochen und engt das allseitige Knorpelwachstum ein. **Knorpelzellen (Chondrozyten)** werden angeregt, sich unter gleichzeitiger mitotischer Vermehrung säulenartig anzuordnen, der Knorpel verlängert sich. Dieses **Längenwachstum des Knorpels** ist wesentliche Voraussetzung für das Wachstum des späteren Knochens.

Diese Umbauvorgänge des Knorpels spiegeln sich in verschiedenen Zonen wider (Abb. E-18 u. 21). In den knorpeligen Enden

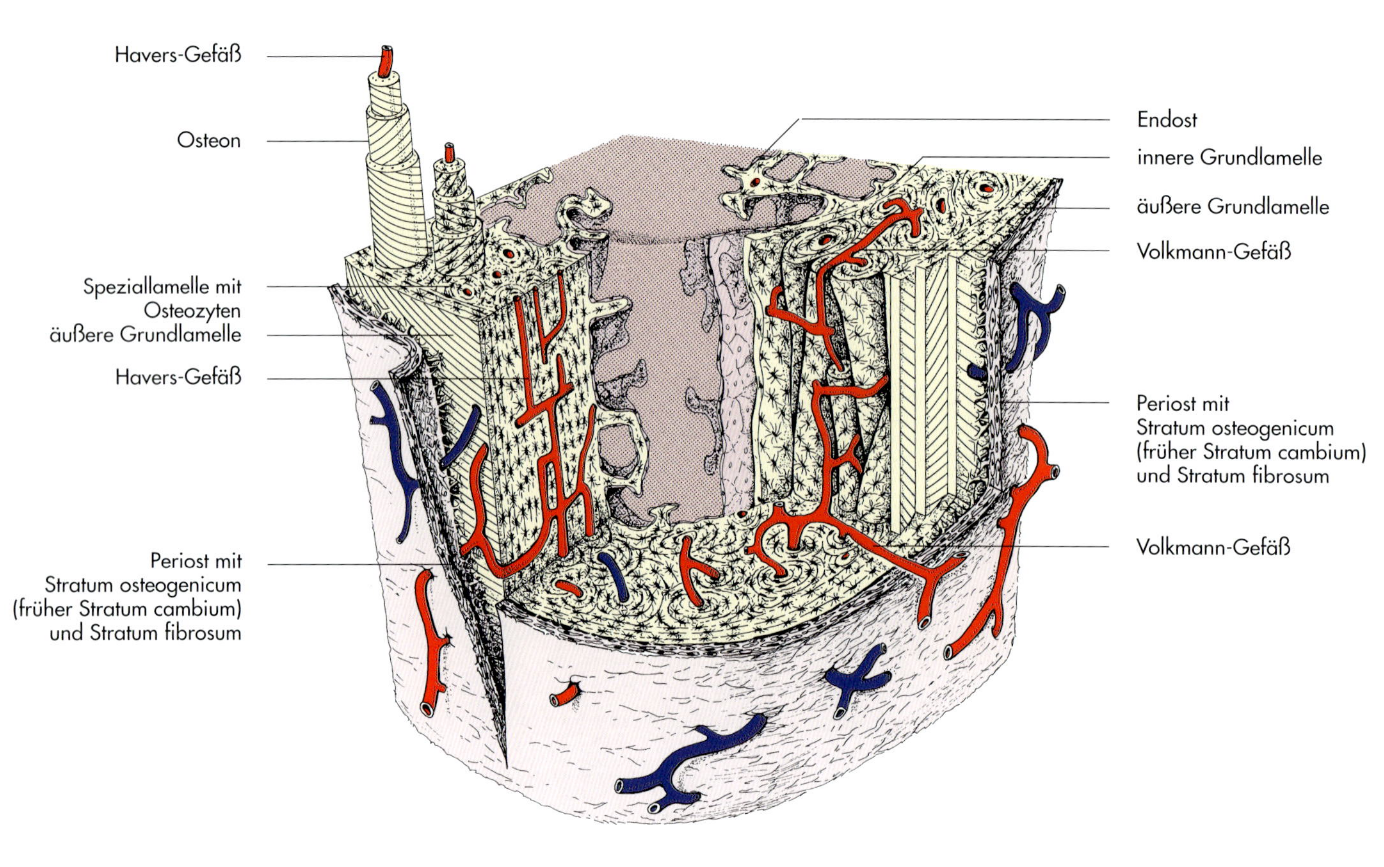


**Abb. E-22.** Schematische Darstellung eines Abschnitts aus der Substantia compacta der Diaphyse eines Röhrenknochens, Liebich, 2004.

des Knochens liegen im Bereich der Epiphysen die Chondrozyten des hyalinen Knorpels diffus ungeordnet (Reserveknorpel). In Richtung Markhöhle schließt sich eine breite **Zone der Proliferation** von Knorpelzellen an, die sich vermehrt teilen. Die räumliche Begrenzung durch die periphere knöcherne Manschette des Periostes induziert die Knorpelzellen, sich zu Säulen zu ordnen **(Zone des Säulenknorpels)**. Nachfolgend degenerieren Knorpelzellen unter Wasseraufnahme blasenartig, die Interzellularsubstanz beginnt zu verkalken **(Zone des Blasenknorpels)**.

Durch Umbauvorgänge in der anschließenden **Verknöcherungszone** wird die Kalzifizierung der Knorpelmatrix abgeschlossen. Der Knorpelabbau wird durch die Aktivitäten von knorpelabbauenden Zellen, den Chondroklasten, fortgeführt **(Eröffnungszone)**. Chondroklasten gelangen über die Blutgefäße und das Bindegewebe aus der Markhöhle bis an die Verknöcherungszone und lösen enzymatisch die Reste der verkalkten Knorpelmatrix auf. Damit ist der Abbau des Knorpelgewebes abgeschlossen (Abb. E-18 u. 21).

Mit den eindringenden Gefäßen gelangen sekundär Knochenbildner (Osteoblasten) in die Eröffnungszone und beginnen mit der Neubildung von Knochengrundsubstanz (Osteoid) durch desmale Ossifikation. Der anfänglich gebildete Geflechtknochen wird nachfolgend durch den permanenten Lamellenknochen (s. u.) ersetzt.

## Arten des Knochengewebes

Man unterscheidet den Geflecht- oder Faserknochen und den Lamellenknochen. Der **Geflecht-** oder **Faserknochen (Os membranaceum reticulofibrosum)** ist der entwicklungsgeschichtlich einfachere, er wird als verknöchertes Bindegewebe angesehen. Diese Knochenform tritt bei jeder Knochenneubildung auf, sie wird während der embryonalen Entwicklung angelegt und nach der Geburt durch den höher differenzierten Lamellenknochen ersetzt. Geflechtknochen bleibt zeitlebens im knöchernen Labyrinth des Ohres, im äußeren Gehörgang und an den Ansatzstellen größerer Sehnen am Knochen erhalten.

Der **Lamellenknochen (Os membranaceum lamellosum)** ist durch die streng parallel oder konzentrisch geschichtete Ordnung der Kollagenfasern (Knochenlamellen) gekennzeichnet. Diese Knochenart ist die im adulten Körper am häufigsten auftretende, sie ist Grundlage der Röhrenknochen sowie der platten und kurzen Knochen. Die strukturelle Grundlage des Lamellenknochens ist das Osteon (Havers-System).

Das **Osteon** (Abb. E-22) besteht in seinem Inneren aus einem Zentralkanal **(Havers-Kanal)**, der mit lockerem Bindegewebe gefüllt ist und ein zentrales Gefäß **(Havers-Gefäß)** und vegetative Nerven führt. Dieser zentrale Bereich wird von konzentrischen Knochenlamellen **(Havers-Lamellen, Speziallamellen)** aus kollagenen Fasern und der mineralisierten Knochenmatrix umgeben. Die Kollagenfasern sind spiralförmig und stets gegensinnig angeordnet. Durch Querverbindungen treten anliegende Lamellensysteme untereinander in Verbindung. Dadurch entsteht ein Konstruktionsprinzip, das den Knochen bei Zug- und Druckbelastungen stabilisiert (Abb. E-22–24).

Im Lamellenknochen liegen die Knochenzellen zwischen den konzentrisch geschichteten Lamellen um den Zentralkanal. Sie stehen durch lange, radiär in **Knochenkanälchen (Canaliculi ossei)** ver-

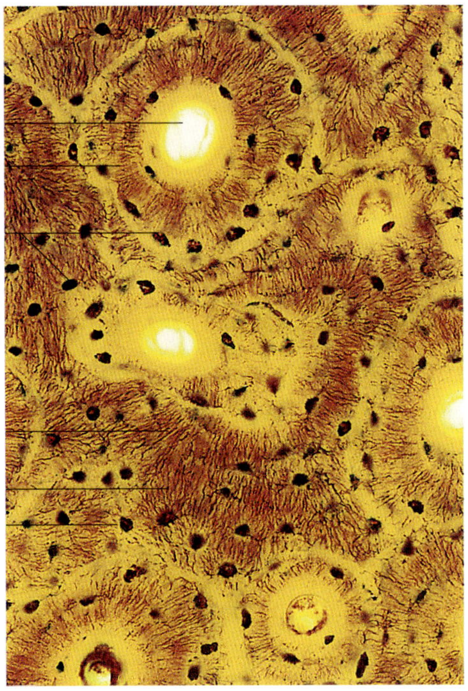


**Abb. E-23.** Histologischer Schnitt durch die Substantia compacta eines Röhrenknochens (Querschnitt, Schmorl-Färbung, Vergr. 100fach).

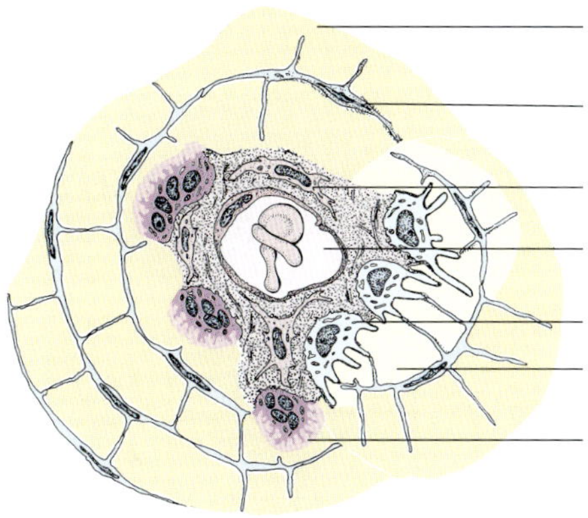


**Abb. E-24.** Schematische Darstellung eines Querschnitts durch ein Havers-System im Stadium des Umbaus, Liebich, 2004.

laufende Zytoplasmafortsätze in Verbindung (Abb. E-23). Dieses innige Kontaktsystem zwischen Osteozyten ermöglicht einen intensiven Stofftransport aus dem Havers-Gefäß zur Knochenmatrix. Die Zentralgefäße der Osteone sind durch querverlaufende Gefäße (Volkmann-Gefäße) mit der äußeren und inneren Knochenhaut in Kontakt (Abb. E-22). Durch dieses dichte Netz von Gefäßen wird der Knochen zu einem stark vaskularisierten Gewebe.

Jede Änderung der statisch-mechanischen Belastung des Knochens führt zu einer funktionellen Adaptation der Knochenbinnenstruktur. Osteone ohne funktionelle Aufgaben werden abgebaut. Diese werden als **Schaltlamellen** bezeichnet (Abb. E-23).

An der äußeren Knochenoberfläche sind die Lamellen plattenartig zu einer **äußeren Grundlamelle** geschichtet, der das Periost außen aufliegt. Entsprechend ist eine **innere Grundlamelle** ausgebildet, der eine flache Innenschicht, das **Endost**, anliegt (Abb. E-22). In die äußere Grundlamelle strahlen Kollagenfasern ein, die das Periost straff mit dem Knochen verbinden **(Fibrae perforantes, Sharpey-Fasern)**. Diese stellen Endabschnitte der Sehnen dar und dienen der Kraftübertragung auf den Knochen.

## Funktionen des Knochens

Knorpel und Knochen übernehmen gemeinsame Aufgaben im Sinne einer Stützung des Körpers, sie stellen die Lokomotion des Körpers sicher und übernehmen eine herausragende Schutzfunktion für die Weichteile im Brust- und Beckenbereich sowie des zentralen Nervensystems (Gehirn und Rückenmark). Der Knochen schließt zusätzlich **blutbildende Organe (rotes Knochenmark, Hämopoese)** und Teile des **Mineralstoffhaushaltes** des Körpers ein (Abb. E-12).

Dem Knochen kommen damit zwei wesentliche Aufgaben zu, eine **Stütz-** bzw. **Schutz-** und eine **Stoffwechselfunktion**. Durch enge Wechselbeziehungen beider wird entscheidend die Struktur eines jeden einzelnen Knochens und damit die **Architektonik des gesamten Körpers** geprägt. Der Knochenbau passt sich durch metabolische Stoffwechselleistungen der erforderlichen mechanischen Statik an. Diese Anpassungsvorgänge kommen vorzugsweise im wechselweisen Auf- und Abbau eines Knochens zum Ausdruck.

Jeder Knochen unterliegt zeitlebens adaptiven Umgestaltungsvorgängen. Änderungen der physiologischen Druck-, Zug- und Scherkräfte führen nach kurzer Zeit zum Umbau des Knochengewebes. Die Extremitäten, die Wirbelsäule oder die Beckenknochen unterliegen intensiveren Strukturveränderungen als z.B. die Knochen des Schädels. Physiologischerweise führen permanent wirkende mechanische Kräfte zu einer Verstärkung der Knochenwand, meist im stark belasteten mittleren Abschnitt des Knochens, der **Diaphyse**. An den Knochenenden, den **Epiphysen**, nimmt die Wandstärke in der **Rindenschicht** des Knochens **(Substantia corticalis)** wieder ab (Abb. E-12).

Eine herausragende Funktion des Knochens ist die **Speicherung** von **Kalzium** und **Phosphat**. So ist in der Substantia spongiosa (Abb. E-12) zahlreicher Knochen ein »mobiles« Kalziumdepot angelegt, das bei Bedarf rasch Kalzium für die Aufrechterhaltung der lebensnotwendigen Funktionen des Körpers ins Blut freisetzen kann. Endogene und exogene Regulationsmechanismen steuern diese Stoffwechselvorgänge. Das Hormon der **Nebenschilddrüse (Parathormon)** erhöht durch Aktivierung **knochenabbauender Zellen (Osteoklasten)** den Kalziumspiegel im Blut. Zusätzlich wird die Aufnahme von Kalzium aus der Nahrung im Darm durch Vitamin $D_3$ (1,25-Dihydroxycholecalciferol) gefördert, die Kalziumabgabe durch die Niere gehemmt. Die Funktion des Hormons der **C-Zellen in der Schilddrüse (Calcitonin)** aktiviert die **knochenbildenden Zellen (Osteoblasten)** und steigert damit den Kalziumeinbau in den Knochen. Das Knochenwachstum wird ergänzend durch das somatotrope Hormon (STH), durch das adrenocorticotrope Hormon (ACTH), das thyreotrope Hormon (TSH) und durch männliche und weibliche Geschlechtshormone positiv beeinflusst.

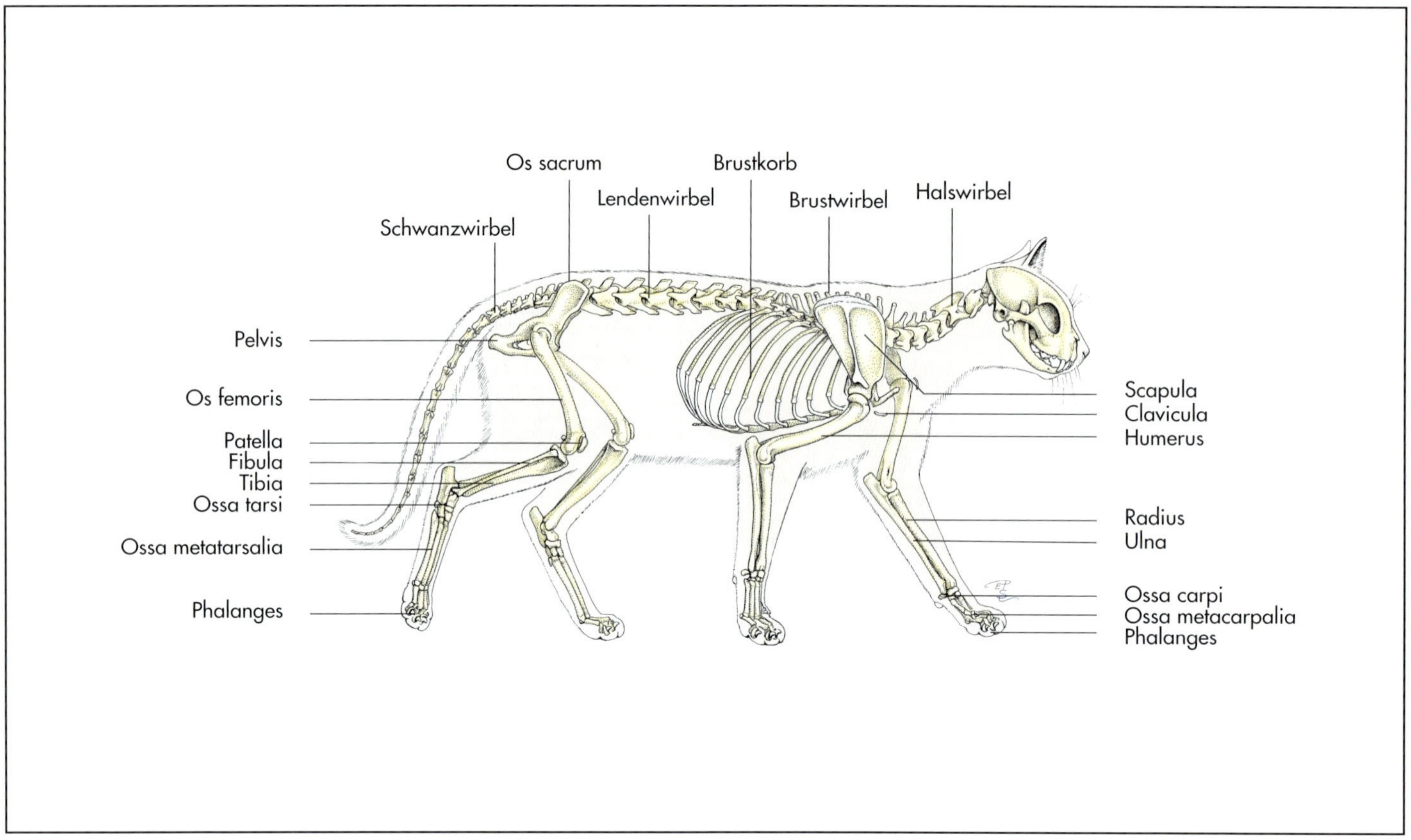


**Abb. E-25.** Skelett der Katze.

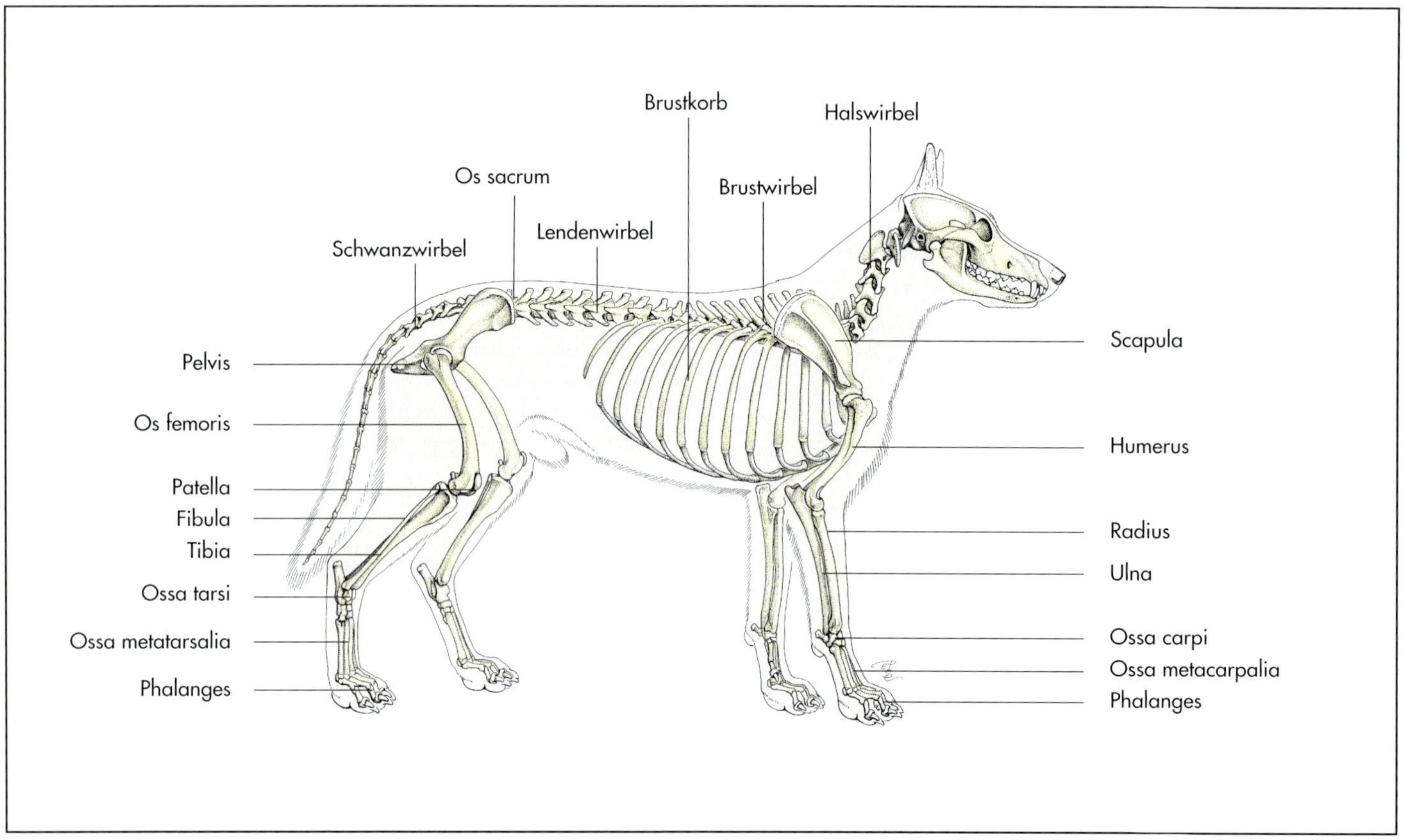


**Abb. E-26.** Skelett des Hundes.

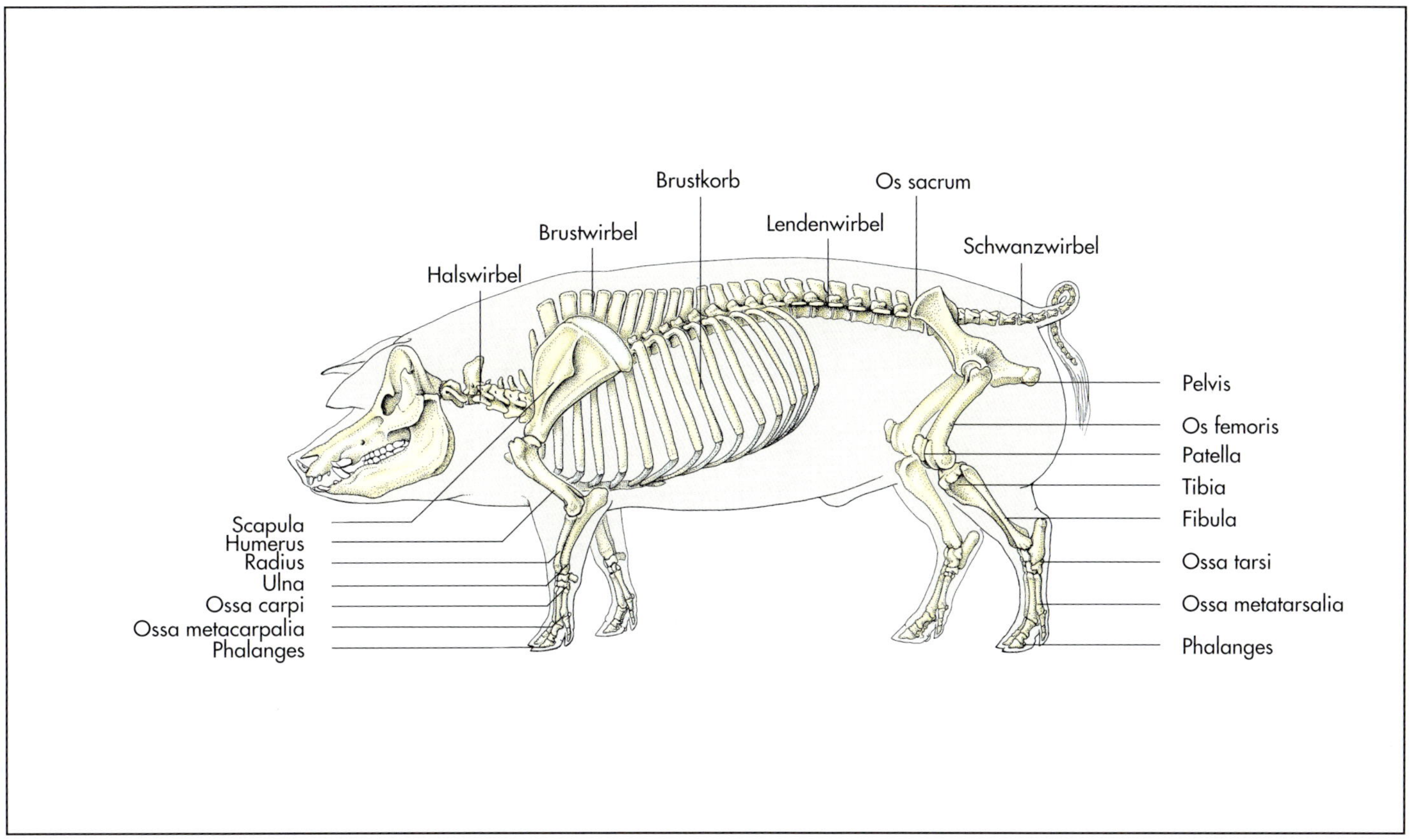


**Abb. E-27.** Skelett des Schweines.

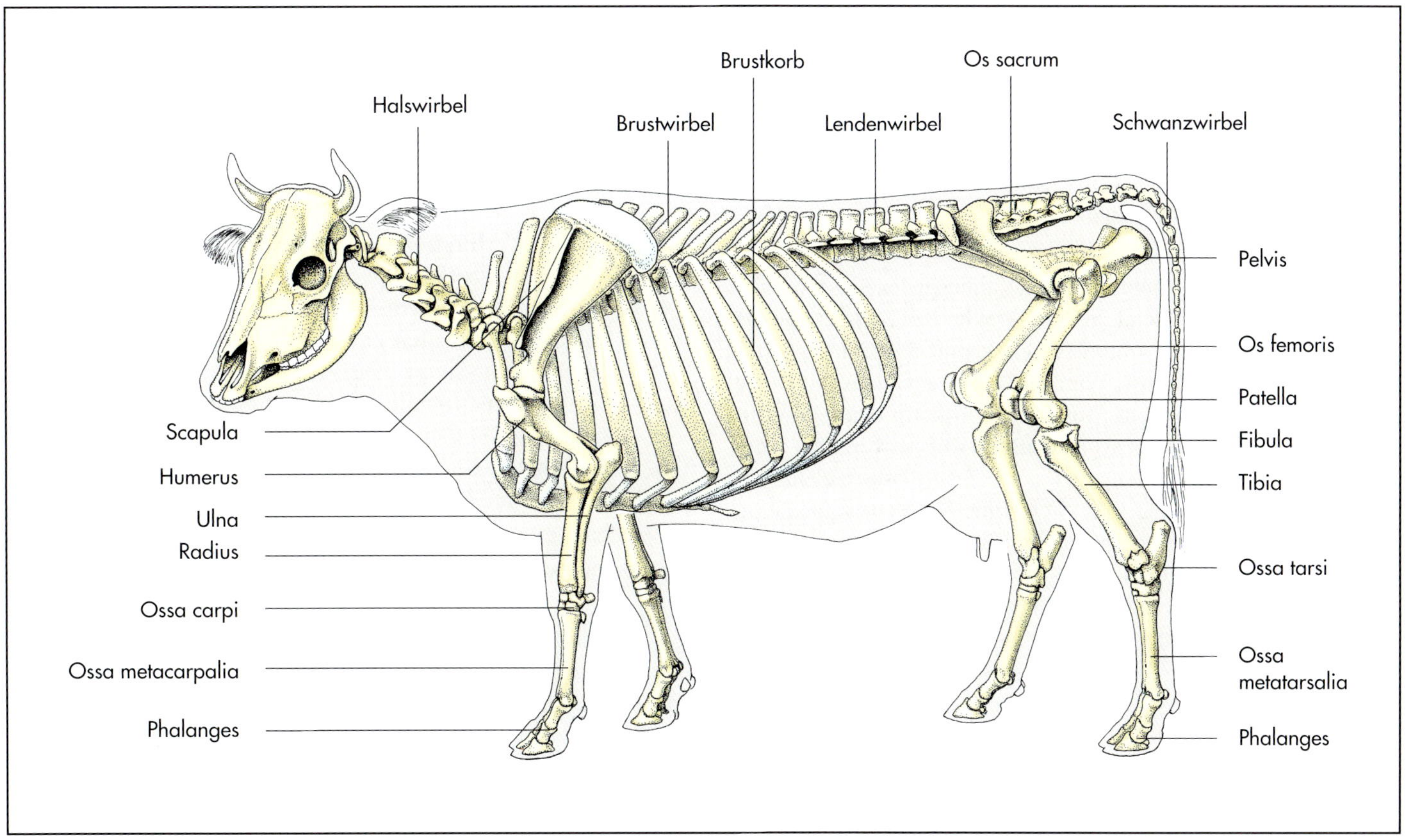


**Abb. E-28.** Skelett des Rindes.

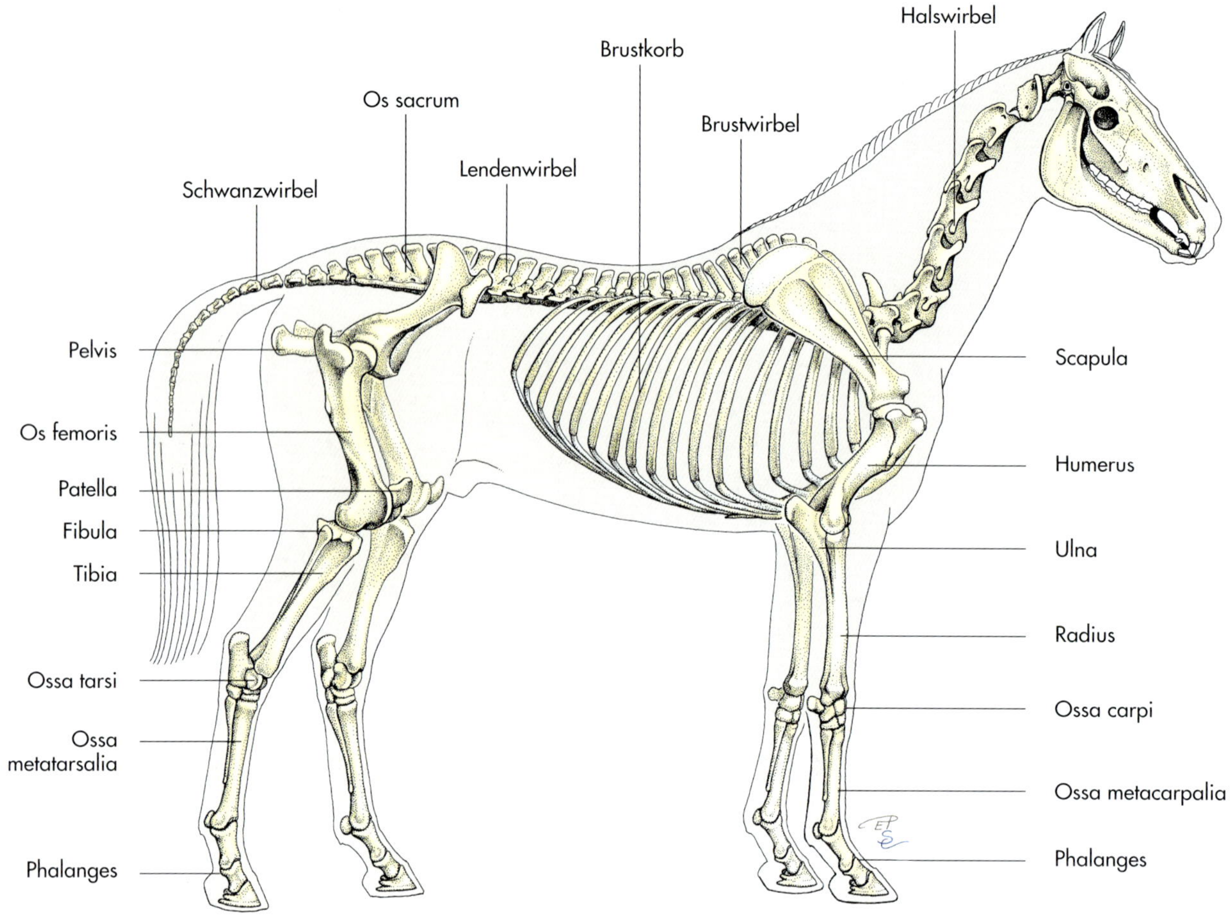


**Abb. E-29.** Skelett des Pferdes.

## Gelenklehre (Arthrologia)

Der Freiheitsgrad der Mobilität zweier anliegender Knochen bzw. Knorpel hängt entscheidend von der Struktur des Zwischenraumes ab. Ist dieser permanent **ohne Zwischenspalt** überbrückt, spricht man von einer **Synarthrose**. Wird das spaltfreie Gelenk mit Bindegewebe ausgefüllt, liegt eine Verbindung in Form einer **Junctura fibrosa** oder eines Gelenks als **Articulatio fibrosa** vor. Füllt Knorpel die spaltfreie Verbindung aus, nennt man dieses Gelenk eine **Articulatio cartilaginea**. Eine Steigerung der Beweglichkeit anliegender Skelettstücke wird dann erreicht, wenn ein **spalthaltiges Gelenk (Diarthrose)** entwickelt ist. Echte Gelenkverbindungen (**Juncturae synoviales** seu **Articulationes synoviales**) entwickeln eine Gelenkhöhle (Cavum articulare) mit einer darin eingeschlossenen Gelenkflüssigkeit (Synovia).

### Spaltfreie Knochenverbindungen, Synarthrosen

**Bindegewebige Verbindungen (Juncturae fibrosae)** können untergliedert werden in:

- **Bandhafte Verbindungen (Syndesmoses)**, z.B. Verbindungen der Afterzehen des Rindes am Skelett,
- **Knochennähte (Suturae)** am Schädel:
  - Zahnnaht (Sutura serrata),
  - falsche Naht (Sutura plana),
  - Schuppennaht (Sutura squamosa),
  - Blattnaht (Sutura foliata) und
- **Einkeilungen (Gomphoses)**, z.B. die Verbindungen der Zahnwurzel im Zahnfach durch straffes Bindegewebe.

**Knorpelige Verbindungen (Juncturae cartilagineae)** sind:

- **Verbindungen durch hyalinen Knorpel (Synchondroses)**, z.B. zwischen der Schädelbasis und dem Zungenbein,
- **Verbindungen durch Faserknorpel (Symphyses)**, z.B. an der Beckensymphyse.

Darüber hinaus treten **knöcherne Verbindungen (Synostoses)** zwischen 2 anliegenden Knochen auf, z.B. zwischen der Speiche und der Elle beim Pferd.

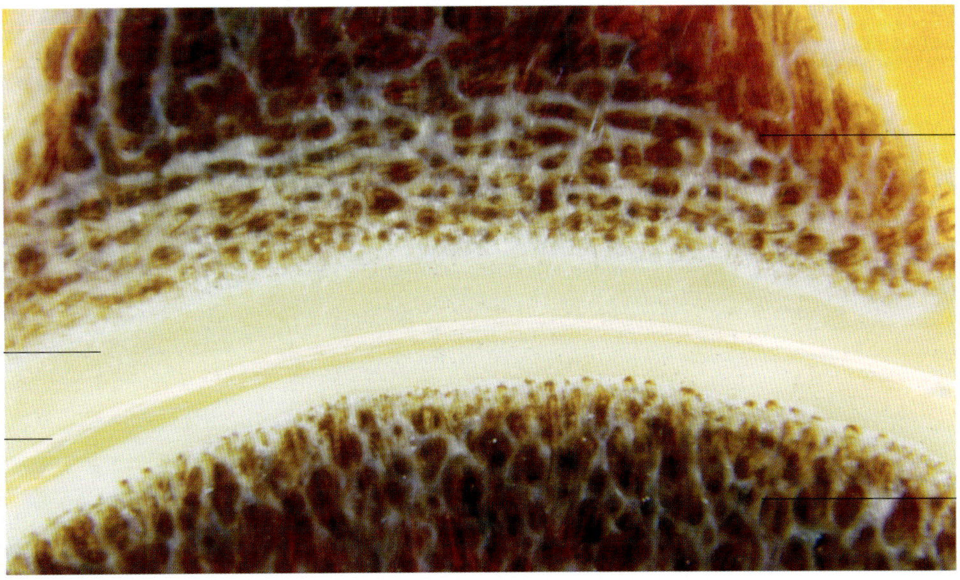


**Abb. E-30.** Schnitt durch das Schultergelenk eines Hundes mit angrenzenden Knochenenden (plastiniertes Präparat).

## Echte Gelenkverbindungen (Articulationes synoviales)

Die gelenkigen Verbindungen unterscheiden sich in der Anzahl der gelenkbildenden Knochen, im Grad ihrer Bewegungsmöglichkeiten oder nach der Form der Gelenkflächen. Trotz dieser zum Teil erheblichen Unterschiede stimmen Gelenke in ihrem Grundbauplan grundsätzlich überein (Abb. E-30 u. 31). Man unterscheidet an einer gelenkigen Verbindung:

- die umfassende **Gelenkkapsel (Capsula articularis)**,
- die **Gelenkhöhle (Cavum articulare)** sowie
- den hyalinen **Gelenkknorpel (Cartilago articularis)**, der die freien Enden zweier oder mehrerer Knochen überzieht.

Die **Gelenkkapsel** (Abb. E-31) setzt sich aus einer äußeren, derbfaserigen Schicht, dem **Stratum fibrosum**, und einer inneren zell-, gefäß- und nervenreichen Schicht, dem **Stratum synoviale (Synovialmembran)**, die die Gelenkhöhle auskleidet, zusammen. Die Faserschicht der Gelenkkapsel setzt sich in das angrenzende Perichondrium bzw. in das Periost fort (Abb. E-31).

Die **Faserschicht (Stratum fibrosum)** kann durch kapsuläre Bänder verstärkt sein, die sich in der Regel der Kapselwand außen anlegen. Die fibrilläre Kapsel variiert erheblich im Grad ihrer Entwicklung und Wandstärke, diese richtet sich allein nach der mechanischen Belastung an der jeweiligen Stelle. Schäden an der Kapsel benötigen lange Heilungszeiten, da die Durchblutung dieser Schicht äußerst gering ist. Dagegen erscheint die sensible (nervale) Versorgung dieser Wandschicht ausgeprägt. Bei Erkrankungen der Kapsel oder nach Überdehnung der Wand durch vermehrte Synoviabildung sind erhebliche Schmerzen meist unvermeidlich.

Die **Synovialmembran (Stratum synoviale)** erscheint weissgelblich, sie bildet **Synovialzotten (Villi synoviales)** bzw. **Synovialleisten (Plicae synoviales)** aus, die in Zahl, Größe, Form und Verteilung innerhalb ein und desselben Gelenks differieren. Die Synovialmembran lässt eine innere Deckschicht (Intima synovialis, Synoviozytenschicht) von einem unterlagernden Gewebe, dem Stratum subsynoviale (Subsynovialis), unterscheiden (Abb. E-32 u. 33).

Die Intima synovialis schließt in ihrer Deckzellschicht **Synoviozyten** ein, die zum einen der Stoffaufnahme durch Phagozytose (A-Synoviozyten), zum anderen der Stoffabgabe, der Sekretion von Proteinen (B-Synoviozyten), dienen.

Die Synovialmembran scheidet die **Gelenkschmiere (Synovia)** in die Gelenkhöhle ab, eine blassgelbliche, klare Flüssigkeit von visköser Konsistenz, die auch in Sehnenscheiden und in Schleimbeuteln auftritt (s. dort). Die Synovialflüssigkeit reduziert den Reibungswiderstand anliegender Gelenkflächen, sie dient in geringem Maß auch der Ernährung des Knorpels. Hierfür enthält die Synovia Hyaluronsäurekomplexe, Zucker, Elektrolyte und Enzyme. Gelenkgallen sind vermehrte Zubildungen an Synovia.

Freie Gelenkkörper, sogenannte **Gelenkmäuse**, können als Folge pathologischer Veränderungen aus verkalkten Synovialzotten oder aus Absprengungen intraartikulärer Knorpel entstehen, sie können sehr schmerzhaft sein.

Der **Gelenkknorpel** liegt über einer schmalen verkalkten Fläche der unterlagerten Epiphyse des Knochens fest an, er ist nicht von Perichondrium bedeckt, sondern zur Gelenkhöhle hin glatt (Abb. E-30 u. 31). Der Gelenkknorpel erscheint an konkaven Flächen in der Mitte dünner, an der konvexen Gelenkerhöhung dagegen verdickt. Bei Huftieren weichen in zahlreichen Gelenken die knorpeligen Grenzflächen stellenweise zurück, es entstehen **Synovialgruben (Fossae synoviales)**.

Die Textur der kollagenen Faserbündel in der Knorpelmatrix ist streng nach den mechanischen Gesetzmäßigkeiten von Druck- und Zugspannungen orientiert. Die hyaline Knorpelmatrix wirkt stoßbrechend, sie ist verformbar und viskoelastisch. Der Knorpel enthält keine Nerven und ist mit wenigen Ausnahmen gefäßlos.

Der Gelenkknorpel erscheint als ein aus mehreren Zonen zusammengesetztes Gewebe. Man unterscheidet eine:

- Tangentialzone,
- Übergangszone,
- Radiärzone und
- Verkalkungszone.

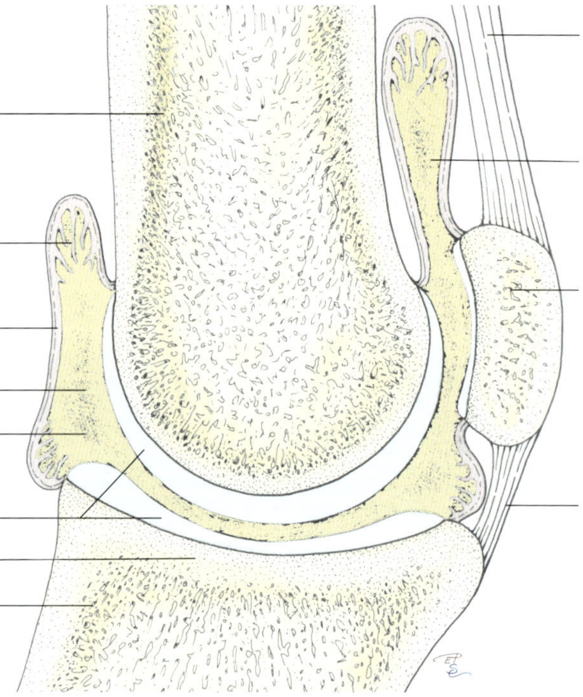


**Abb. E-31.** Schematische Darstellung eines Gelenks mit anliegendem Sesambein und Halteapparat.

Die **Tangentialzone** schließt als eine der Oberfläche naheliegende Zone tangential verlaufende, eng verwobene Kollagenfasern ein. Diese Fasern verlaufen bogenförmig zur Knorpeloberfläche und orientieren sich dort zu einer weitgehend **parallelen Faserausrichtung**. Diese Anordnung der Kollagenfasern verstärkt die oberflächennahe Stabilität des Gelenkknorpels.

Mittlere Abschnitte des Knorpels sind dagegen strukturell homogen **(Übergangszone)**. Die **Radiärzone** umfasst in der Tiefe gelegene Kollagenfasern, die sich zu teilweise radiär angeordneten Bündeln vereinigen. In der **Verkalkungszone** verankern sich Kollagenfasern über eine kalzifizierte Zwischenschicht im unterlagerten Knochen. Hierdurch wird eine feste Verbindung von Gelenkknorpel und Knochen gewährleistet.

Dem Gelenkknorpel unterlagert ist eine **subchondrale Knochenplatte**, die Teile der kalzifizierten Zwischenschicht des Gelenkknorpels und lamelläre Knochenschichten umfasst (Abb. E-31). Diese Platte (Corticalis) unterstützt die dynamischen Funktionen des Gelenkes, schützt den Knorpel als mechanischen Stoßdämpfer vor axialen Belastungen und fördert die metabolische Stoffwechselversorgung tieferer Knorpelschichten.

Der Gelenkknorpel weist einen anaeroben Stoffwechsel auf. Die **Ernährung** erfolgt **bradytroph durch Diffusion**, seltener über die Synovialflüssigkeit aus den Spalträumen der Gelenkhöhle oder über die Markgefäße des Knochens. Der hohe Gehalt an Proteoglykanen und die damit verbundene hohe Wasserbindungskapazität erleichtern den intrachondralen Transport von Stoffwechselprodukten.

Gelenke werden durch intrakapsuläre, kapsuläre oder extrakapsuläre **Gelenkbänder (Ligamenta articularia)** in ihrer Verbindung gehalten. Einige Gelenke enthalten zusätzlich faserknorpeliges **Zwischengewebe (Menisci articulares** im Kniegelenk bzw. **Disci articulares** im Kiefergelenk), die dem Ausgleich inkongruenter Gelenkflächen und der Gelenkstabilisierung dienen. Ferner können Fettpolster intraartikulär eine Pufferfunktion übernehmen.

Die synovialen Gelenke werden nach verschiedenen Gesichtspunkten eingeteilt:

**Nach Anzahl der gelenkbildenden Knochen**:
- **Articulatio simplex**, an der zwei Knochen beteiligt sind (z.B. das Schultergelenk),
- **Articulatio composita**, an der mehrere Knochen beteiligt sind (z.B. das Handwurzelgelenk).

**Nach den Bewegungsmöglichkeiten** (Abb. E-34):
- **einachsige Gelenke**:
  - Scharniergelenk (Ginglymus), bei dem die Gelenkachse quer zur Längsachse des Knochens liegt (z.B. das Fesselgelenk),
  - Zapfengelenk (Articulatio trochoidea), bei dem die Gelenkachse parallel zur Längsachse des Knochens liegt (z.B. das Atlantoaxialgelenk zwischen dem 1. und 2. Halswirbel),
- **zweiachsige Gelenke**:
  - Sattelgelenk (Articulatio sellaris), z.B. zwischen den Zehenknochen,
  - Ellipsoidgelenk (Articulatio ellipsoidea), z.B. das Atlantookzipitalgelenk zwischen dem Hinterhauptsbein und dem 1. Halswirbel,
- **vielachsige Gelenke**:
  - Kugelgelenk (Articulatio sphaeroidea), z.B. das Schultergelenk oder das Hüftgelenk,
- **straffe Gelenke (Amphiarthroses)**: z.B. das Kreuzbein-Darmbein-Gelenk.

**Abb. E-32.** Fadenförmige Synovialzotten in der Gelenkhöhle mit Synovia (Lupenpräparat), Präparat Dr. Margit Teufel, Wien.

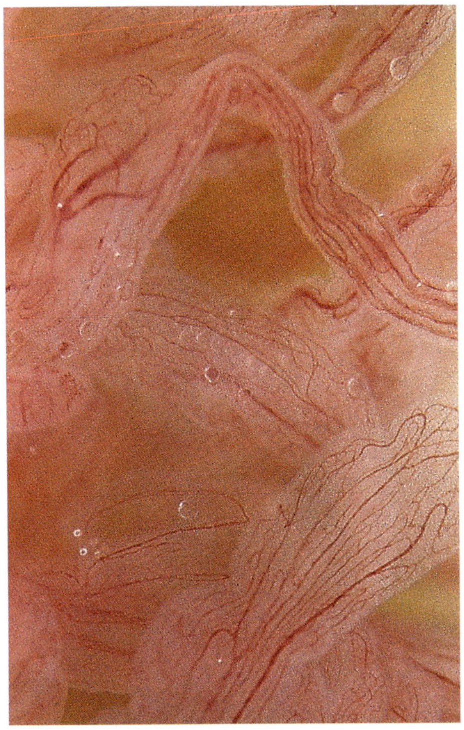

**Abb. E-33.** Synovialzotten in der Gelenkhöhle mit injizierten Kapillaren (Lupenpräparat), Präparat Dr. F. Teufel, Wien.

**Nach der Form der Gelenkflächen:**

- **Kugelgelenk (Articulatio sphaeroidea)**, z.B. das Schultergelenk oder das Hüftgelenk,
- **Nussgelenk (Articulatio cotylica)**, als Sonderform des Kugelgelenks, bei dem die Gelenkpfanne mehr als die Hälfte der Kugel umfasst (Hüftgelenk der Vögel),
- **Ellipsoidgelenk (Articulatio ellipsoidea)**, z.B. zwischen dem Hinterhauptsbein und dem 1. Halswirbel,
- **Sattelgelenk (Articulatio sellaris)**, z.B. zwischen den Zehenknochen, und
- **Walzengelenk (Articulatio condylaris)**, z.B. das Kniekehlgelenk.
- **Spiralgelenk (Articulatio spiralis)**, bei dem die Seitenbänder unter der Drehachse inserieren (sie sind in der mittleren Stellung am wenigsten gespannt, bei Streckung oder Beugung tritt eine Bremswirkung ein), z.B. das Kniegelenk des Pferdes,
- **ebenes Gelenk (Articulatio plana)**, ein Schiebegelenk, z.B. die Wirbelbogengelenke, und
- **inkongruente Gelenke**, bei denen die Gelenkflächen nicht ineinander passen, z.B. das Kniekehlgelenk oder das Kiefergelenk; diese Inkongruenz wird von faserknorpeligen Scheiben, den Menisci im Kniegelenk und den Disci articulares im Kiefergelenk, ausgeglichen.

Aufgrund **funktioneller Merkmale** werden darüber hinaus unterschieden:

- **Scharniergelenk (Ginglymus)**, z.B. das Fesselgelenk,
- **Schraubengelenk (Articulatio cochlearis)**, z.B. das Sprunggelenk beim Pferd,
- **Schnappgelenk**, ein federndes Gelenk, gleichzeitig ein Scharnier- und Schraubengelenk, bei dem die Seitenbänder über der Drehachse ansetzen, z.B. das Ellbogen- und das Sprunggelenk beim Pferd,
- **Schlittengelenk (Articulatio delabens)**, z.B. das Kniescheibengelenk,

# Muskelsystem (Systema musculare)

## Muskellehre (Myologia)

In höher entwickelten Organismen vermögen sich **Zellen des mittleren Keimblattes (Mesoderm)** in Somiten und deren Abkömmlinge zu spezialisieren, die die Fähigkeit der Kontraktion kennzeichnet. Diese Zellpopulationen differenzieren sich zu Muskelgewebe, das chemische Energie in mechanische Energie bzw. Wärmeenergie umwandelt. Der funktionellen Spezialisierung folgend können auch nach morphologischen Gesichtspunkten **zwei Arten von Muskelgewebe** (Abb. E-35 u. 36) unterschieden werden:

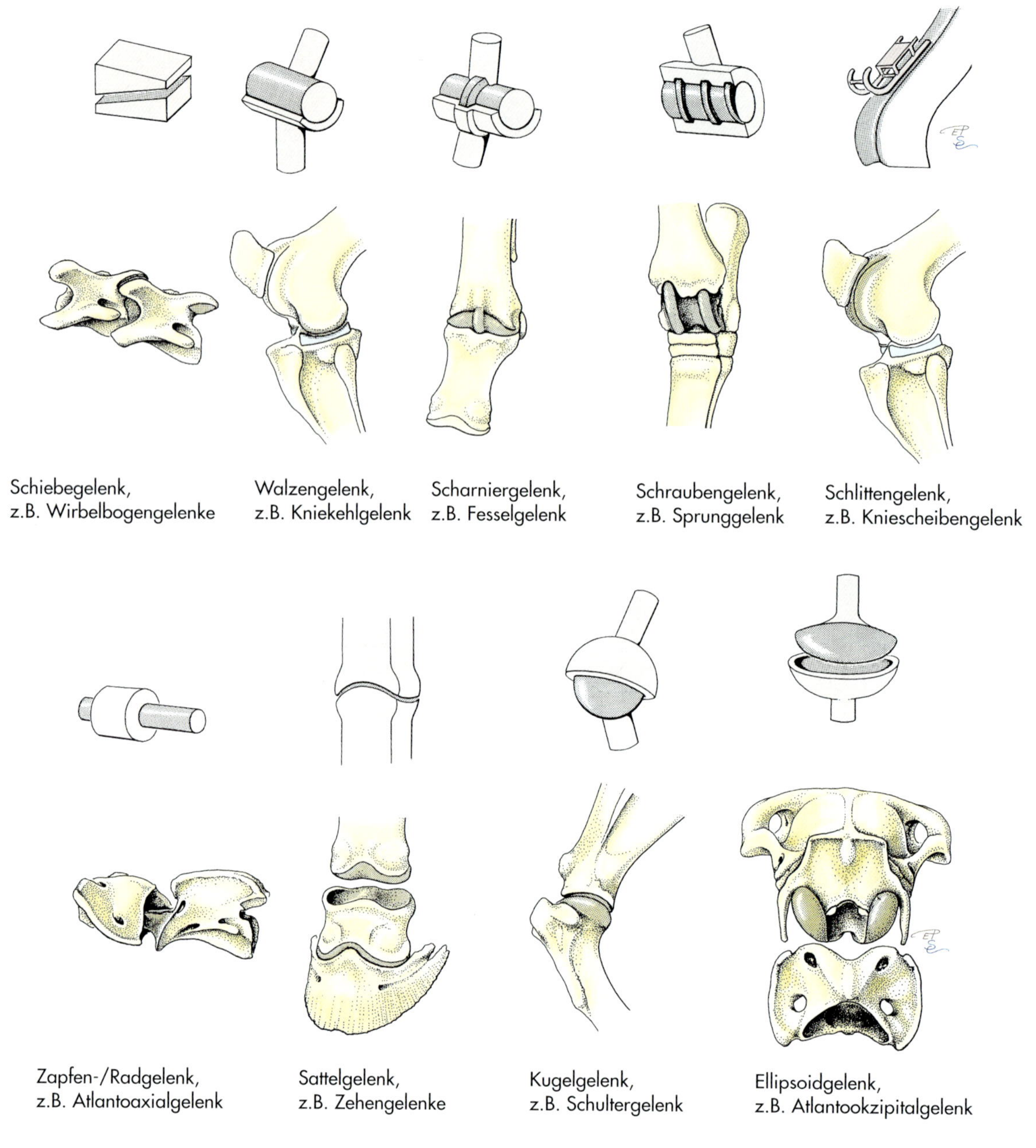


**Abb. E-34.** Schematische Darstellung der verschiedenen Gelenktypen.

- das **glatte Muskelgewebe**, das kontraktile Funktionen u.a. in inneren Organen übernimmt, Ausführungsgänge von Körperdrüsen umhüllt und die Wände von Blut- und Lymphgefäßen bildet, und
- die sogenannte **quergestreifte Muskulatur**, die sich in die **Skelett-** und in die **Herzmuskulatur** untergliedern lässt.

Die **Skelettmuskulatur** stellt den aktiven Teil des Bewegungsapparates dar, sie wird im herkömmlichen Sprachgebrauch als »Muskulatur« oder Muskeln (Musculi) bezeichnet. Diese Muskulatur ist stark durchblutet und von zerebrospinalen (sensiblen und motorischen) und vegetativ autonomen (sympathischen und parasympathischen) Nerven innerviert, die in ihrem physiologischen Zusammenwirken eine untrennbare funktionelle Einheit bilden.

Flächenhaft ausgebreitete bindegewebige Hüllen, die Faszien bzw. Aponeurosen, sowie Sehnenscheiden und Schleimbeutel unterstützen diese Muskulatur in ihren unterschiedlichsten Funktionen.

Skelettmuskulatur liefert die Kraft zur Bewegung von Skelettteilen, sie setzt stets an Knorpeln oder Knochen an. Damit wird die Bewegung einzelner Körperabschnitte oder die Lokomotion des Gesamtorganismus (s. auch Kap. 5 »Statik und Dynamik«) ermög-

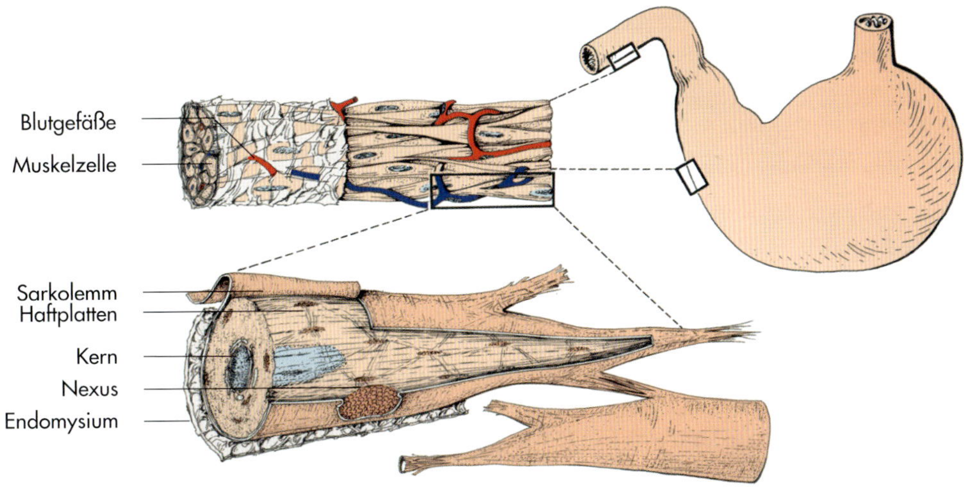


**Abb. E-35.** Schematische Darstellung des glatten Muskelgewebes, Liebich, 2004.

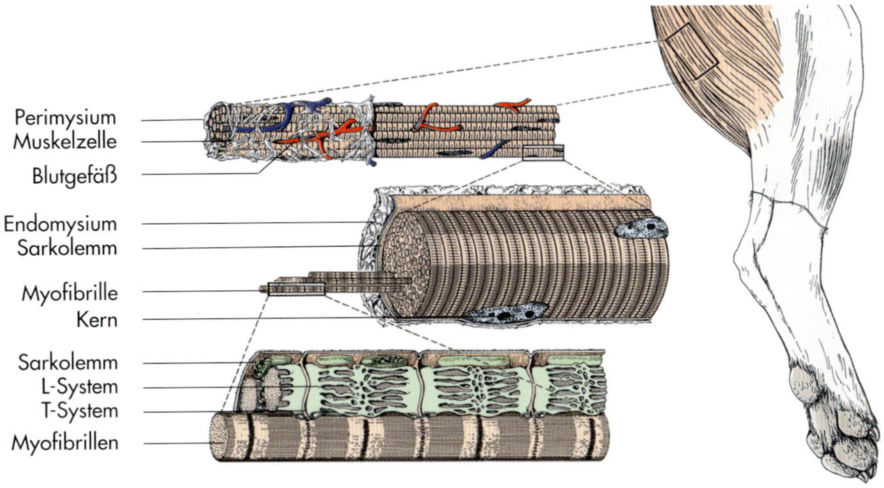


**Abb. E-36.** Schematische Darstellung des quergestreiften Skelettmuskelgewebes, Liebich, 2004.

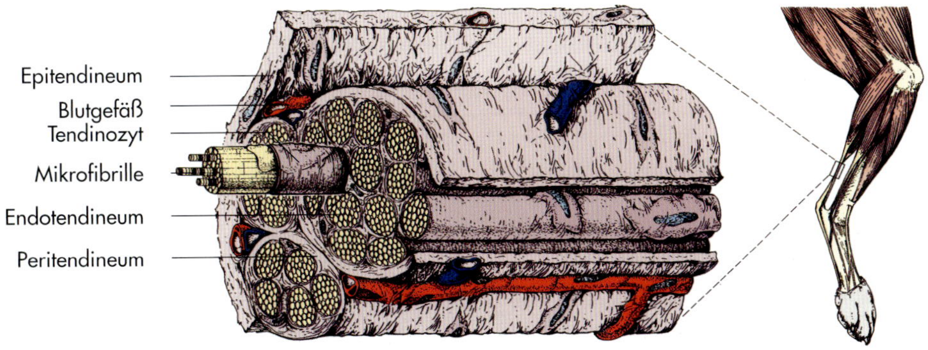


**Abb. E-37.** Schematische Darstellung des Aufbaus einer Sehne, Liebich, 2004.

licht. Diese Muskeln tragen auch Teile der Körperlast, bilden die Brust- und Bauchwand mit und unterstützen die Aktivitäten innerer Organe (z.B. Atmungsmuskulatur, Zwerchfell).

## Entwicklung, Degeneration, Regeneration und Adaptation von Muskelfasern

Die embryonale Entwicklung von Muskelzellen setzt mit der Differenzierung von **mesenchymalen Stammzellen** aus Somiten des mittleren Keimblattes über **Prämyoblasten** zu kontraktilen **Myoblasten** ein. Diese lagern **Myosin-** und **Aktinfilamente** als die für die Kontraktion verantwortlichen Zytoplasmaproteine in der zellspezifischen Anordnung als **Querstreifung** ein. Durch Verschmelzung anliegender Myoblasten entstehen langgestreckte Muskelzellen bzw. Muskelfasern, die im adulten Stadium eine Länge von über 10 cm und einen Querdurchmesser von über 100 µm erreichen können.

Undifferenzierte Stammzellen bleiben als sog. **Satellitenzellen** zeitlebens erhalten und spielen bei der Muskelregeneration eine wichtige Rolle. Verschiedene Einflüsse (u.a. Durchblutungsstörungen, mangelnde nervale Impulse, Druck, Gifte) führen zu lokaler Degeneration des Muskels, ein Neuaufbau ist im Wesentlichen von der Aktivität und der Anzahl ungeschädigter Satellitenzellen abhängig. Die Stärke eines Muskels und damit der Grad der Bemuskelung hängt entscheidend vom Trainingszustand ab. Ein Einstellen der Bewegung, verbunden mit einer vollständigen Unterbrechung der Innervation, führt zur Muskelatrophie, eine andauernde Belastung durch Training zu einer Zunahme der Muskelmasse (Hyperplasie) durch Verstärkung der bindegewebigen Hüllen, der Faserdicke und der Durchblutung.

## Bau der Skelettmuskulatur und der Sehne

Die Muskeln des Skeletts bestehen aus einem aktiv zur Kontraktion befähigten **Muskelbauch** und seinen, die Kraft übertragenden **Ursprungs-** und **Endsehnen** (Abb. E-37 u. 38). Diese Muskeln weisen aufgrund der regelmäßigen und parallelen Anordnung der Aktin- und Myosinfilamente innerhalb einer jeden Muskelfaser eine mikroskopisch nachweisbare **Querstreifung** auf. Sie bilden zusammen mit den bindegewebigen Hüllen und dem eingelagerten Fettgewebe das **Muskelfleisch**.

Muskelzellen schließen in unterschiedlicher Zahl und Dichte kontraktile Myofilamente ein. Überwiegen diese Einlagerungen, so vermag das Zytoplasma der Muskelfaser (Sarkoplasma) nur geringfügig den roten Muskelfarbstoff Myoglobin zu speichern, die Muskulatur erscheint heller (»weißer Muskeltyp«). Dieser Muskeltyp ermüdet rasch, die Kontraktionsfähigkeit einer jeden Faser ist jedoch erhöht. Von »rotem« Muskeltyp (»rotem Fleisch«) spricht man dann, wenn wenig Myofibrillen, jedoch vermehrt der rote Muskelfarbstoff Myoglobin im Sarkoplasma der Zellen eingelagert ist (z.B. bei älteren Haussäugetieren und Wildtieren). (Näheres s. Lehrbücher der Physiologie und der Histologie.)

Die **Innervation des Muskels** erfolgt über myonervale Verknüpfungen. Muskel und Nerv stellen eine funktionelle Einheit dar. Dabei wird jede Muskelfaser von mindestens einem Axon eines **motorischen Nerven** des **Zentralnervensystems (zerebrospinaler Nerv)** versorgt. Die Kontaktstelle zur Muskelzelle wird von einer Sonderform einer synaptischen Verbindung, der **motorischen Endplatte**, gebildet, die der Erregungsübertragung des **Neurotransmitters (Acetylcholin)** dient.

Neben den motorischen Endplatten treten im Muskel in Gruppen **Muskelspindeln** auf, die, in eine Kapsel gehüllt, **sensible Nervenendigungen** besitzen. Diese dienen als **Rezeptoren der Tiefensensibilität** und liefern durch Mechanorezeptoren Informationen über den Muskeltonus und den Spannungszustand der Sehne und der Gelenkkapsel. Darüber hinaus dienen diese der Wahrnehmung von Bewegungsabläufen und der Änderung von Lagebeziehungen einzelner Körperteile zueinander. **Sehnenspindeln** wirken als Dehnungsrezeptoren, die den Spannungszustand des Muskel-Sehnen-Systems wahrnehmen.

Die Wand der intramuskulären Leitungsbahnen, der Blut- und Lymphgefäße, wird durch **vegetative Nerven** sympathisch und/oder parasympathisch versorgt. Dadurch wird die funktionsgerechte Durchblutung des Muskels sowie das interstitielle Lymphgefäßsystem nerval-autonom gesteuert.

Große Muskelbäuche werden, makroskopisch erkennbar, an ihrer Oberfläche von einer straffen, flächenhaft sich überkreuzenden Bindegewebsschicht überzogen, dem **Epimysium,** das sich als **Epitendineum** um die Sehne fortsetzt. Diese äußerste Muskelhülle grenzt anliegende Muskeln gegenseitig ab, sie dient als Verschiebeschicht und Träger größerer Leitungsbahnen. Eintritts- und Austrittspforte dieser Leitungsbahnen werden als **Hilus** eines Muskels benannt. Größere Muskelbündel werden innerhalb eines Muskelbauches durch intramuskuläres Bindegewebe **(Perimysium)** in mehr oder weniger kleinere funktionelle Untereinheiten gegliedert (Abb. E-36). Durch feinmaschige Quervernetzung stehen diese scherengitterartig geschichteten Kollagenfasergeflechte untereinander in Verbindung, sie dienen der Feinabstimmung während der Muskelkontraktion und der Aufnahme kleinerer Gefäße und Nerven. Jede einzelne Muskelfaser wird für sich von einem feinen kollagenen Fibrillennetz **(Endomysium)** überzogen. Dieses bildet einen »Gitterfaserstrumpf«, der anliegende Bindegewebszellen, kleinste Blutgefäße und Nervengeflechte mit einschließt (Abb. E-36). Die genannten Bindegewebshüllen sind von an Größe zunehmenden Primär-, Sekundär- und Tertiärbündeln ineinander geordnet, sie bilden eine funktionelle Einheit und finden unmittelbar Anschluss an den inneren Aufbau der Sehne.

Die **Übertragung der Muskelkraft** auf die **Sehne** erfolgt am Muskelfaserende durch **fingerförmige Verzahnungen** von Muskelzellen und kraftübertragenden kollagenen Sehnenfibrillen.

Die **Sehne (Tendo)** ist ein parallelfaseriger, weißer Strang von unterschiedlichem Querdurchmesser und Länge, der sich aus den bindegewebigen Hüllen des Innenaufbaus der Muskelbäuche ableitet (Abb. E-37 u. 38). Durch diese Verknüpfung werden die Haftflächen zwischen der Muskulatur und der Sehne nachdrücklich verstärkt. So findet man in den Sehnen eine **Aufteilung in Sehnenfaserbündel** (Primär-, Sekundär- und Tertiärbündel), die als **Epitendineum** bzw. **Peritendineum** die funktionell-strukturelle Untergliederung der Gesamtsehne widerspiegeln. Flächenhaft ausgebreitete oder platte Muskeln entlassen Sehnenplatten **(Aponeurosen)**, deren Faseranordnung ebenso wie bei strangartigen Sehnen in Richtung des mechanischen Zugs ausgerichtet ist. Die Sehne weist aufgrund des hohen Anteils an Kollagenfasern, bei geringfügiger Einlagerung von elastischen Elementen, einen erheblichen Grad an **Zug-** und **Reißfestigkeit** auf, die deutlich die des Muskelgewebes übersteigt.

Lange Sehnen an der Gliedmaßenspitze besitzen allerdings auf ihrer Gesamtlänge eine erhebliche Elastizität, die sich bei Belastung in einer Federwirkung äußert. Eben diese Wirkung erreicht im extremen Fall beispielsweise der Fesselträger (M. interosseus medius)

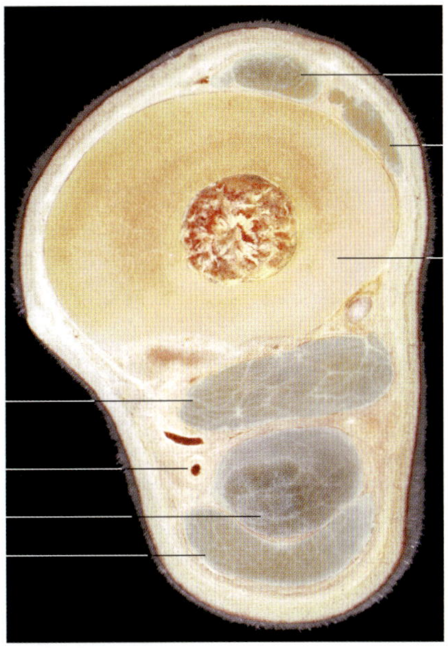


**Abb. E-38.** Querschnitt durch die Regio metacarpi des Röhrbeins eines Pferdes in dessen mittlerem Drittel (plastiniertes Präparat).

beim Pferd (Abb. E-38), wobei bei starker Belastung das Fesselgelenk den Boden berühren kann.

Beim Ansatz der Sehne am Knochen (oder Knorpel) strahlen die Sehnenfasern in das **Periost** oder das **Perichondrium** ein und setzen sich als **Sharpey-Fasern** in den Knochen fort. Die Anheftung des Knochens kann flächenhaft verteilt oder punktförmig in einem spitzen oder stumpfen Winkel erfolgen. Sehnen, die in die Haut oder die Zungenmuskulatur einstrahlen, besitzen zahlreiche elastische Fasern, die die Spannung dieser Organe erhöhen.

Bei makroskopischer Betrachtung wird bereits deutlich erkennbar, dass die Muskelfasern oftmals staffelförmig unter einem mehr oder minder wechselgroßen Winkel am Sehnenblatt oder mit einer kurzen oder langen Sehne am Knochen ansetzen. Durch diese Ausbreitungsform des Sehnengewebes erscheinen sämtliche Muskeln dann mehr oder weniger gefiedert **(Sehnenspiegel)**. Die Sehnenspiegel können sich extrem aufgliedern, wodurch eine stark sehnige Binnenstruktur des Muskels entsteht.

Nach **Struktur** und **Faserverlauf** unterscheidet man verschiedene **Muskel** (Abb. E-39):

- **einfach gefiederter Muskel (M. unipennatus)** mit zwei parallel verlaufenden Sehnenspiegeln,
- **zweifach gefiederter Muskel (M. bipennatus)** mit doppeltem Sehnenspiegel,
- **mehrfach gefiederter Muskel (M. multipennatus)** mit mehrfachen Sehnenspiegeln.

An einem Muskel werden der **anatomische Querschnitt**, der quer durch den Muskelbauch verläuft, und der **physiologische**, der senkrecht zum Faserverlauf gerichtet erscheint, unterschieden. Die **Kraft** eines Muskels ist um so größer, je mehr Fasern von seinem physiologischen Querschnitt getroffen werden. Die **Arbeit** eines Muskels (Kraft mal Weg) ist vom Faserquerschnitt und von der Hubhöhe abhängig. Die **Hubhöhe** des Muskels ist der Änderung seines Ansatzwinkels und der Länge der Muskelfaserbündel proportional. Die **Leistung** eines Muskels entspricht der Schnelligkeit der Kontraktion (Kraft mal Hubhöhe pro Zeit).

Die Muskelfasern kräftiger Muskelbäuche setzen vorzugsweise spitzwinklig am Sehnenblatt oder an der Knochenfläche an, sodass der Muskel Raum für die mit der Kontraktion einhergehende Umfangsvermehrung gewinnt. Der Ansatzwinkel vermag sich zu vergrößern. Durch diese strukturelle Besonderheit wird die **Durchblutung** des Muskelgewebes verbessert und der **muskuläre Stoffwechsel** gefördert. Das Wechselspiel zwischen Muskelkontraktion und Muskelerschlaffung spielt als aktiver Regelmechanismus für den **gesamten Kreislauf** eine herausragende Rolle.

## Muskelformen

Muskeln unterscheiden sich in ihrer Form, Lage und Größe. Vorzugsweise an spindelförmigen Muskeln kann ein **Kopf (Caput)** im Bereich der passiven Ursprungssehne, in der Mitte der aktive **Muskelbauch (Venter)** und als passive Endsehne der **Schwanz (Cauda)** differenziert werden. Dementsprechend unterscheidet man den **Muskelursprung (Origo)** von seinem **Ansatz (Insertio)**. Ursprung und Ansatz sind konventionell festgelegt. Gewöhnlich wird das proximale, das der Körpermitte oder der Körperachse näher liegende Muskelende als Ursprung bezeichnet, das distale Ende als Ansatz. Nach der **Form der Muskeln** (Abb. E-39) unterscheidet man einen:

- spindelförmigen Muskel (M. fusiformis),
- breiten Muskel (M. planus), dessen Sehne eine Aponeurose bildet,
- zweiköpfigen Muskel (M. biceps),
- dreiköpfigen Muskel (M. triceps),
- vierköpfigen Muskel (M. quadriceps),
- zweibäuchigen Muskel (M. biventer bzw. digastricus),
- ringförmigen Muskel (M. orbicularis) und
- Schließmuskel (M. sphincter).

# Bewegungsabläufe

An den natürlichen Bewegungsabläufen sind stets mehrere Muskeln gleichzeitig oder nacheinander beteiligt. Wirken Muskeln

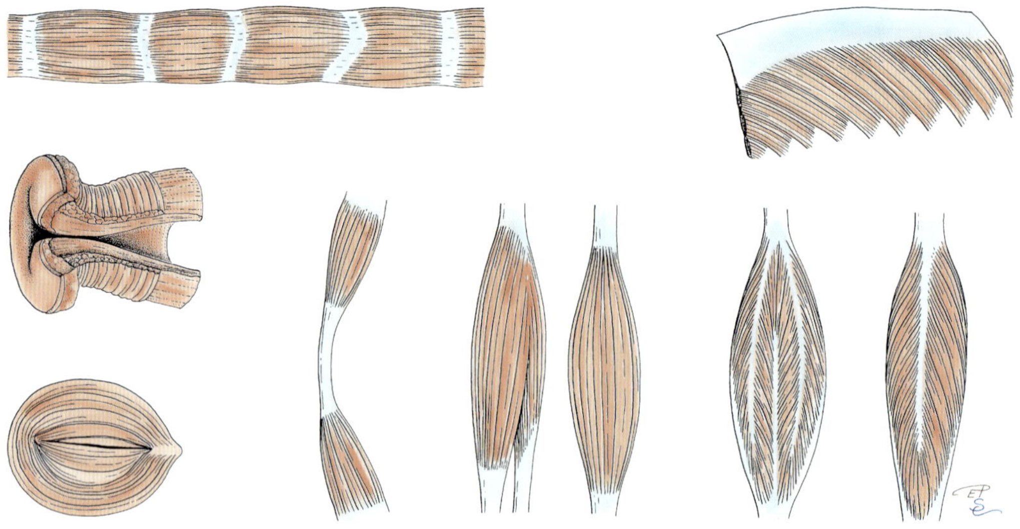


**Abb. E-39.** Schematische Darstellung der Einteilung von Skelettmuskulatur in verschiedene Arten, nach Putz und Pabst, 1993.

gleichsinnig, so spricht man von **Synergisten**, wirken sie gegensinnig, von **Antagonisten**. Während eines Bewegungsvorgangs können ein **Punctum fixum** und ein **Punctum mobile** unterschieden werden. Dabei stellt das Punctum fixum jenen Teil dar, der in der Regel in bezug auf eine feste Unterlage oder den Rumpf des Körpers unbeweglich bleibt. Das Punctum mobile ist aufgrund der geringeren Masse der bewegte Anteil. Die tatsächliche Wirkung eines Muskels ist allein aus seinem Ursprung, seinem Verlauf und seinem Ansatz einerseits und aus seinem **Drehpunkt**, dem **Hypomochlion**, abzuleiten.

Die meisten natürlichen Bewegungen (z.B. Atmen, Schritt, Trab, Galopp) laufen rhythmisch unter abwechselnder Kontraktion und Erschlaffung antagonistisch wirkender Muskelgruppen ab. Dabei befindet sich der Muskel in Ruhe in einem Spannungszustand, dem **Muskeltonus**, der aufgrund einer reflektorischen Dauererregung durch die Muskelspindeln verursacht wird. Wird der Muskeltonus beispielsweise bei einer Narkose erniedrigt, spricht man von **Hypotonus**. Zahlreiche Muskeln erfüllen durch die Aufrechterhaltung eines bestimmten Muskeltonus eine **besondere Haltefunktion**. Sie können durch sehnige Einlagerungen passiv unterstützt werden.

Eine sichtbare Bewegung beginnt, wenn ein anfänglicher Widerstand gegen den Muskeltonus des Antagonisten und gegen die Schwerkraft überwunden wird. Der einsetzenden Erhöhung des Spannungszustandes (**isometrische Kontraktion**) folgt in einem kontinuierlichen Ablauf die eigentliche Kontraktion des Muskelbauches unter Verkürzung der Muskelfibrillen (**isotonische Kontraktion**).

Die Mechanik des Muskels an Gelenken vollzieht sich nach dem Hebelgesetz. Je nach **Anzahl der bewegten Gelenke** werden die Muskeln eingeteilt in:

- eingelenkige Muskeln,
- zweigelenkige Muskeln,
- mehrgelenkige Muskeln.

In Anlehnung an diese Gesetzmäßigkeit ergibt sich, dass Gelenke ausgebildet sind, von denen sich einige bei einer Muskelkontraktion immer gemeinsam bewegen (»obligat kombinierte Gelenke«), und andere, die nur gelegentlich gemeinsam bewegt werden (»fakultativ kombinierte Gelenke«).

Nach der **funktionellen Wirkung der Muskeln** an Gelenken kann eine Spezifizierung vorgenommen werden, nämlich in:

- Strecker (M. extensor),
- Beuger (M. flexor),
- Einwärtszieher (M. adductor),
- Auswärtszieher (M. abductor),
- Dreher (M. rotator):
  - Einwärtsdreher (M. pronator),
  - Auswärtsdreher (M. supinator),
- Schließer (M. sphincter),
- Erweiterer (M. dilatator),
- Heber (M. levator) und
- Niederzieher (M. depressor) u.a.

Aus didaktischen Gründen erscheint es sinnvoll, am Ende des allgemeinen Kapitels zur Einführung in die allgemeine Muskellehre übersichtshalber die oberflächlichen Muskeln von Katze, Hund, Schwein, Rind und Pferd in ihrer Gesamtheit darzustellen (Abb. E-41–45). Auf Einzelheiten zu Lage, Bau und Funktion der Muskulatur wird in den Spezialkapiteln zum Bewegungsapparat näher eingegangen.

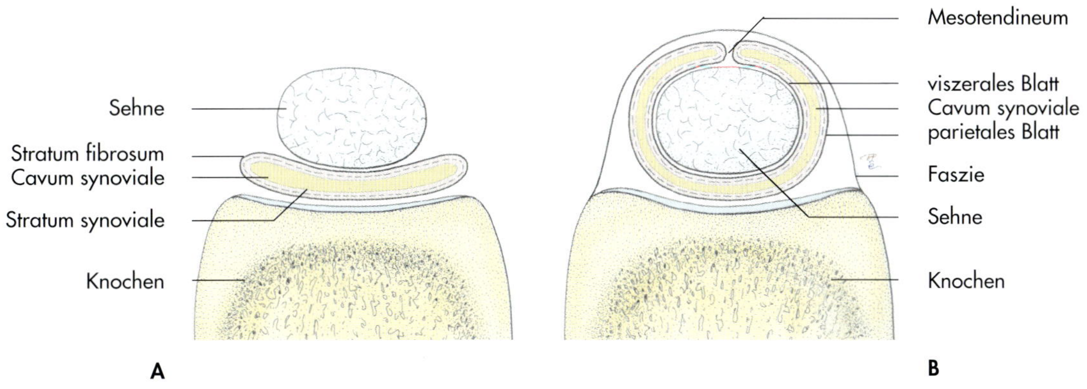


**Abb. E-40.** Schematische Darstellung von Hilfseinrichtungen der Muskeln, Schleimbeutel **(A)** und Sehnenscheide **(B)**.

## Hilfseinrichtungen der Muskeln

Die Muskeln werden in der Vielfalt ihrer Funktionen durch passive Einrichtungen des Bewegungsapparates unterstützt, man unterscheidet:

- Faszien oder Muskelbinden (Fasciae),
- Schleimbeutel (Bursae synoviales),
- Sehnenscheiden (Vaginae synoviales tendinum).

**Faszien** oder **Muskelbinden** umhüllen die Muskeln großflächig strumpfartig. Sie bestehen als geflechtartiges Bindegewebe aus kollagenem und teilweise elastischem Gewebe, das in seiner Verlaufsrichtung nach Zug und Druck orientiert ist. Die scherengitterartige Anordnung der Fasern gewährleistet eine funktionell erforderliche Anpassung an die unterschiedlichen Kontraktionszustände der Muskeln. Faszien dienen als Verschiebeschicht anliegender Muskeln sowie oftmals als deren Ursprungs- bzw. Ansatzfläche. Als Sonderformen treten diese in Form von **Septa intermuscularia** zwischen Muskeln auf und sind am Periost verankert. Als bindegewebig-bandartige Verstärkungen dienen Faszien auch als Haltebänder in der Streck- bzw. Beugefläche von Gelenken **(Retinacula tendineum)**.

Faszien überziehen den gesamten Körper, sie lassen aufgrund ihrer Lage eine dünnere **oberflächliche Faszie (Fascia superficialis)** und eine kräftigere **tiefe Faszie (Fascia profunda)** unterscheiden. Die oberflächliche Faszie schließt an manchen Körperregionen die **Hautmuskeln (Mm. cutanei)** ein, die tiefe kann besonders beim Pferd durch gelbliche, elastische Fasern großflächig verstärkt sein (Tunica flava der ventralen Bauchwand).

**Schleimbeutel** werden von einer Bindegewebskapsel umgeben (Abb. E-40). Sie sind unterschiedlich groß, gelegentlich gekammert und stets mit Synovia gefüllt. Schleimbeutel sind kleinen Wasserkissen vergleichbar, die den Druck aufliegender Sehnen verteilen. Der Wandaufbau eines Schleimbeutels ähnelt dem eines Gelenks. Danach kann ein innen anliegendes **Stratum synoviale** und ein äußeres **Stratum fibrosum** unterschieden werden.

Schleimbeutel trifft man an Körperstellen, an denen Muskeln, Sehnen oder Bänder über Knochen gleiten. Fakultativ können Schleimbeutel auch unter der Haut an mechanisch besonders belasteten Stellen entstehen.

Entsprechend ihrer **Lage** unterscheidet man:

- subtendinäre Schleimbeutel (Bursae synoviales subtendinosae),
- submuskuläre Schleimbeutel (Bursae synoviales submusculares),
- subligamentäre Schleimbeutel (Bursae synoviales subligamentosae) und
- subkutane Schleimbeutel (Bursae synoviales subcutaneae).

**Sehnenscheiden** (Abb. E-40) sind Schleimbeuteln vergleichbare schlauchförmige Hüllen um Sehnen, die die Reibung und den Druck auf das darunterliegende Gewebe vermindern und der Sehne die erforderliche Gleitfähigkeit verleihen. Im Gegensatz zum subtendinären Schleimbeutel umgibt eine Sehnenscheide die strangförmige Sehne vollständig. Sehnenscheiden entstehen häufig aus **Aussackungen (Recessus)** der Gelenkkapsel.

Der Innenraum einer Sehnenscheide **(Synovialraum, Cavum synoviale)** ist mit **Synovia** gefüllt. An der inneren **Wandfläche (Stratum synoviale)** unterscheidet man ein der Sehne aufliegendes **viszerales Blatt**, das über ein dünnes **doppelblättriges Gekröse (Mesotendineum)** in das äußere **parietale Blatt** übergeht. Das Mesotendineum (Mittelblatt) schließt Gefäße und Nervengeflechte ein und kann stellenweise unterbrochen sein **(Vincula tendinum)**.

## Funktionen der synovialen Wandflächen

Durch die Wand der Sehnenscheide erfolgen die Filtration von Flüssigkeiten, die Diffusion von gelösten Stoffen und sämtliche aktiven makromolekularen Transportprozesse. Hydrostatische und osmotische Kräfte regulieren das Austreten von Flüssigkeiten aus

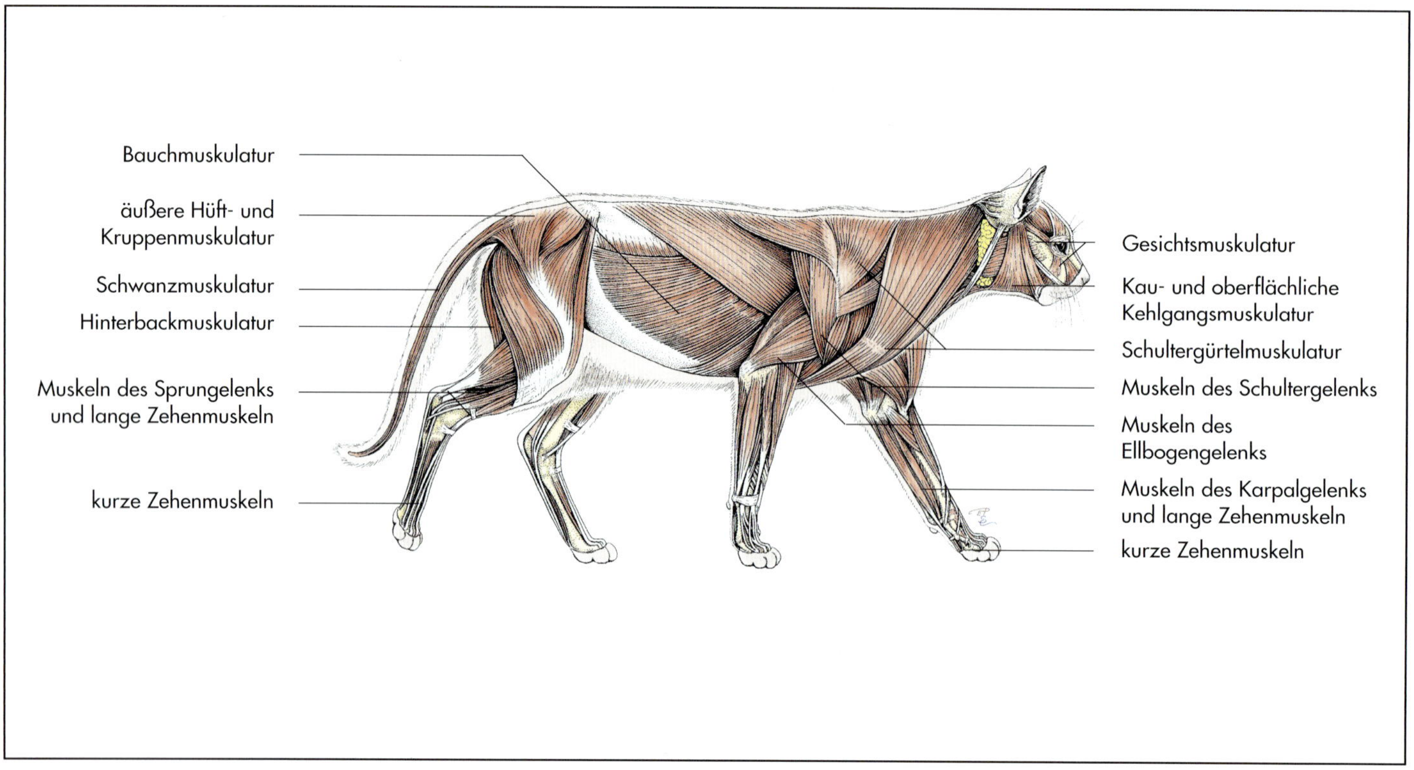


**Abb. E-41.** Schematische Darstellung der oberflächlichen Skelettmuskulatur der Katze und Benennung der Muskelgruppen.

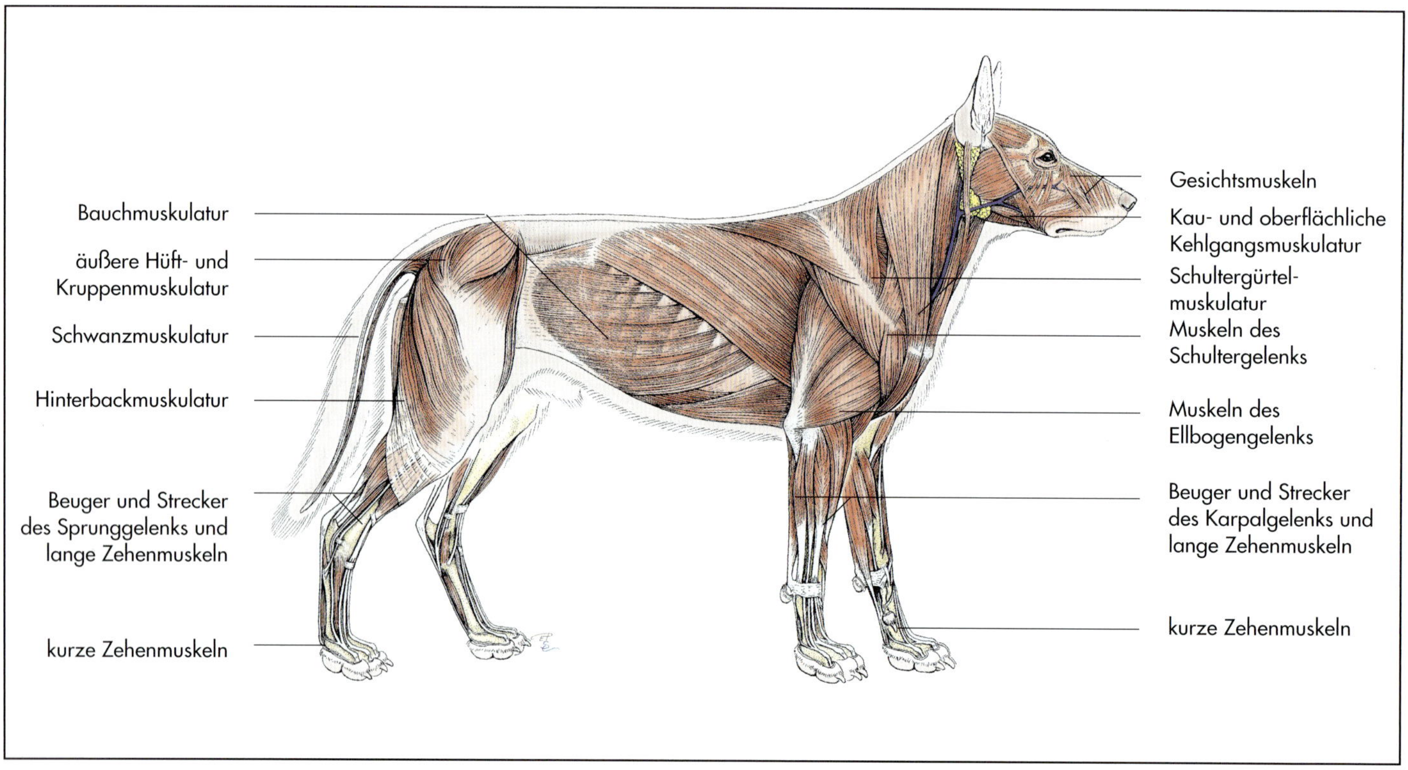


**Abb. E-42.** Schematische Darstellung der oberflächlichen Skelettmuskulatur des Hundes und Benennung der Muskelgruppen.

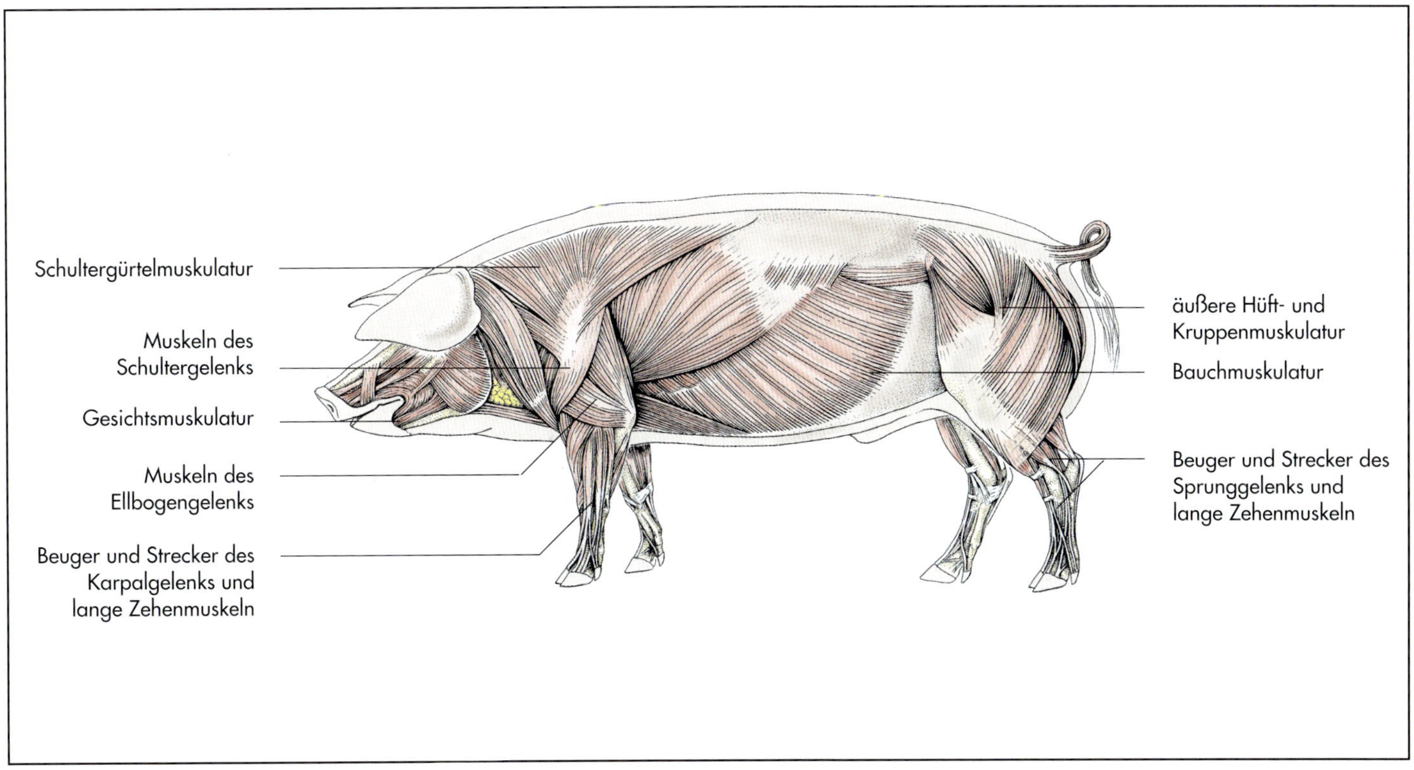


**Abb. E-43.** Schematische Darstellung der oberflächlichen Skelettmuskulatur des Schweines und Benennung der Muskelgruppen.

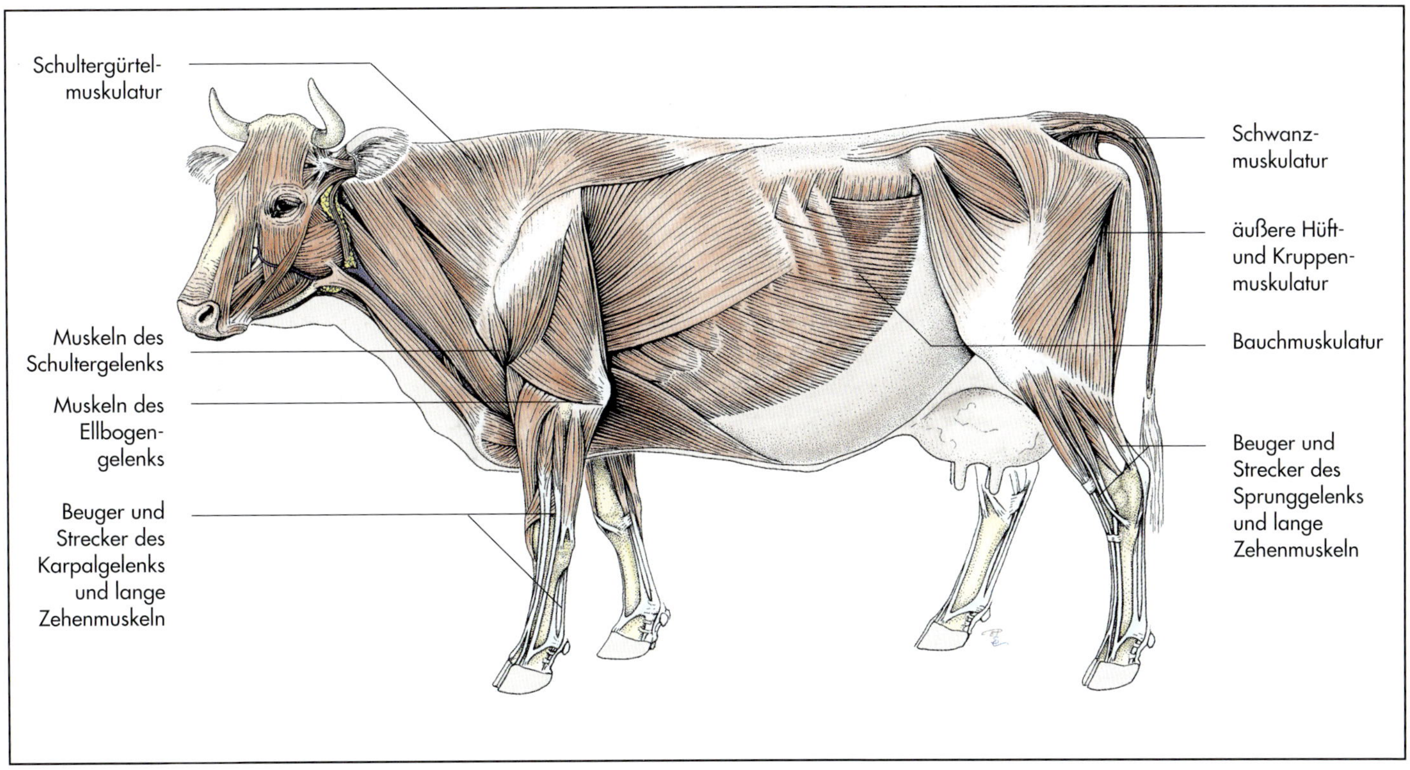


**Abb. E-44.** Schematische Darstellung der oberflächlichen Skelettmuskulatur des Rindes und Benennung der Muskelgruppen.

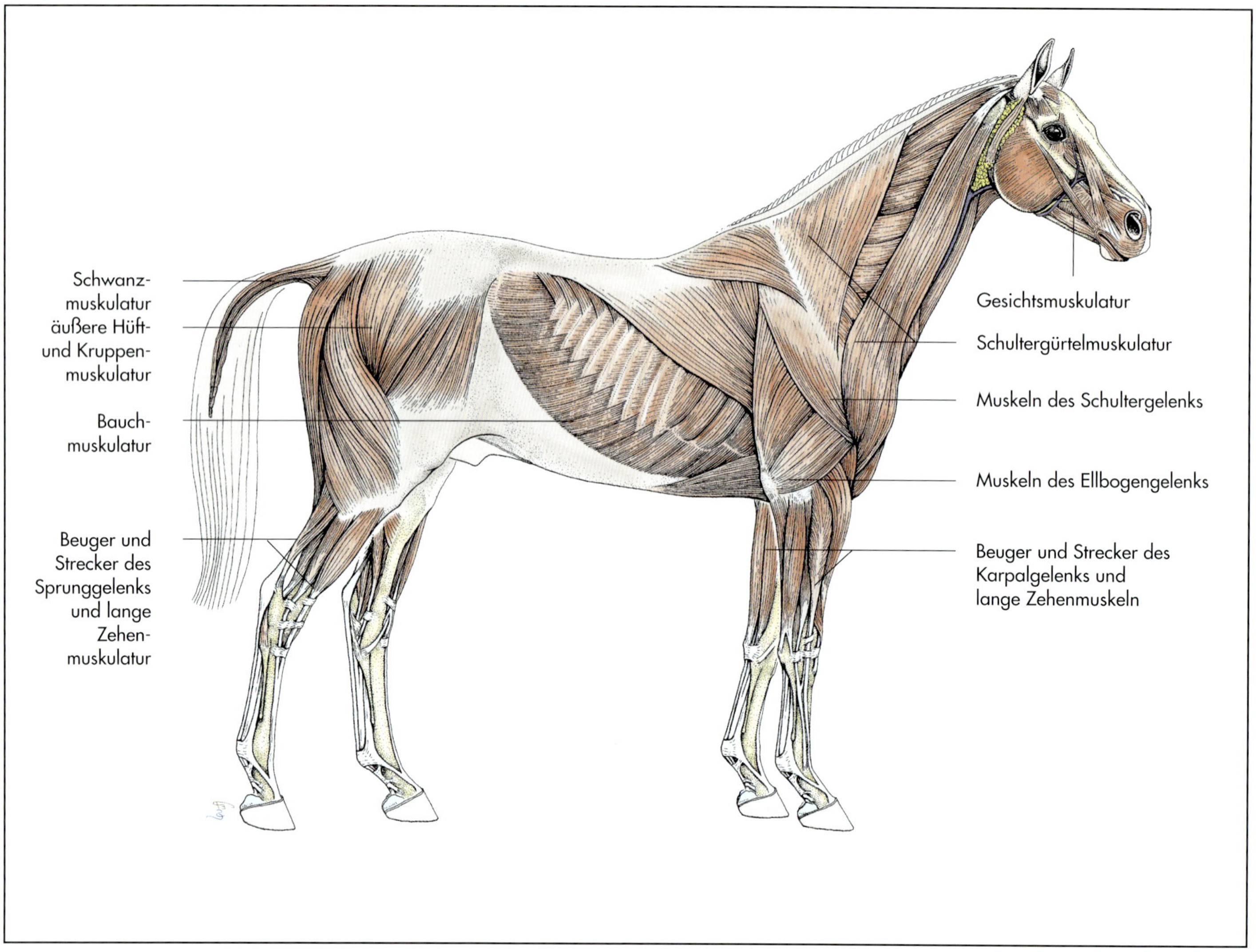


**Abb. E-45.** Schematische Darstellung der oberflächlichen Skelettmuskulatur des Pferdes und Benennung der Muskelgruppen.

dem Synovialraum der Sehnenscheide in das Bindegewebe und umgekehrt. Hierfür weisen die in den synovialen Raum der Sehnenscheide ragenden Falten und Synovialzotten spaltförmige Öffnungen auf, die aus unterschiedlichen Zwischenräumen zwischen den synovialen Deckzellen resultieren. Das unterlagerte Bindegewebe schließt zahlreiche Blut- und Lymphgefäße ein, die entscheidend die Funktion der Sehnenscheide mitbeeinflussen. Ein physiologisches Gleichgewicht herrscht vor, wenn die filtrierte Flüssigkeitsmenge der resorbierten gleicht.

Treten in diesem Gleichgewicht Störungen auf, so sind z.B. Stauungen und ein Anschwellen der Sehnenscheide, verbunden mit eventuellen Entzündungen der Wand, oftmals die klinische Folge. Dem Lymphgefäßsystem kommt bei der Regulation des Flüssigkeitsdruckes eine besondere Bedeutung zu, da durch dessen Wände bei rhythmischen Kontraktionen der Muskulatur überschüssige Synovia abgeleitet werden kann. In diesem Sinne wird zudem die bewegungsinduzierte Synoviapumpe in Gelenken wirksam.

**Klinische Ausdrücke**, die mit anatomischen Benennungen zusammenhängen: Osteopathia, Ostitis, Osteomyelitis, Periostitis, Osteosynthese, Osteoklastom, Osteolyse, Osteomedullographie, Osteom, Osteomyelofibrose, Osteonekrose, Osteoperiostitis ossificans, Osteopetrose, Osteoplastik, Osteoporose, Osteochondrosis, Spina bifida, Osteosarkom, Abduktorenfraktur, Adduktorenlähmung, Arthropathia, Arthritis, Arthrose, Arthroskopie, Arthrolyse, Nucleus-pulposus-Prolaps, Hüftgelenksdysplasie (HD), Myopathia, Myodystrophie, Myofibrosis, Myometritis, Myocarditis, Myom, Myospasmen, Tendopathia, Tendinitis, Bursitis, Synovitis, Synovialhernie, Achillobursitis, Achillotenotomie, Insertionstendinose etc.

# Allgemeine Anatomie des Kreislaufs

Der Kreislauf stellt ein in sich geschlossenes Röhrensystem dar, in dem Blut durch sämtliche Organe und die peripheren Körperabschnitte kontinuierlich zirkuliert, das Herz wirkt hierbei als Kreislaufpumpe. Der Kreislauf ist das Integrationssystem des Körpers, in dessen An- und Abtransportwegen (**Strombahnen**) Stoffe zu Zellen und Geweben bzw. wieder zurück gelangen können. Dabei werden Nährstoffe, Blutgase, Enzyme, Elektrolyte, Vitamine, Hormone, Stoffwechselprodukte, Wärme, Abwehrstoffe, Wasser und Blutzellen transportiert. Als Transportmittel dient das **Blut (Haema, Sanguis)**.

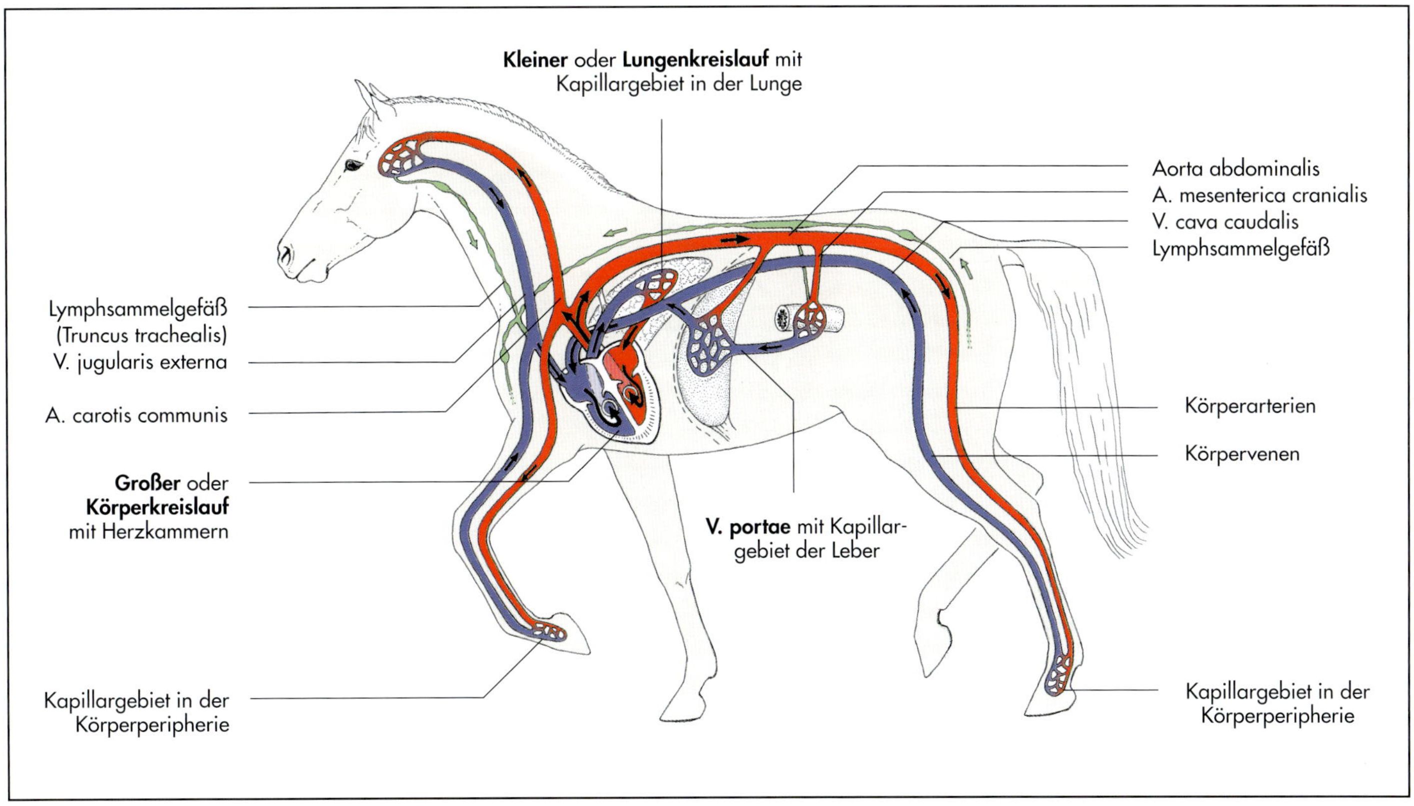


**Abb. E-46.** Schematische Darstellung des adulten Kreislaufs.

Das **Blutvolumen** der Haussäugetiere beträgt 6–8% des Körpergewichts. Die einzige Tierart, die hiervon eine Ausnahme macht, ist die Katze, bei der das Blutvolumen lediglich 4% ihres Körpergewichts beträgt. Die Katze ist deshalb anämieanfälliger als andere Spezies.

Die **Zirkulationszeit**, die ein Blutkörperchen benötigt, um im Körper den Weg vom Herzen hin und zurück zu legen, beträgt für Großtiere ca. 30 Sekunden, für mittelgroße Tiere ca. 15 Sekunden und für die Katze ca. 7 Sekunden.

## Organisation der Strombahn

Der Begriff **Blutkreislauf (Systema cardiovasculare)** schließt das mit **Blut** gefüllte Röhrensystem ein. Diesem ist das **System der Lymphgefäße (Systema lymphaticum)** beigefügt, das als ein **Drainagesystem** angelegt ist und die Körperflüssigkeit in Form der **Lymphe** aus dem Interstitium ins Blut zurückleitet. Mit eingebunden in die Blutstrombahn ist das Knochenmark als die Stätte der Blutbildung **(Haemopoese)** sowie die Milz als Organ der »Blutkontrolle«.

Die Tatsache, dass sämtliche Organe und Gewebe ständig über die Blutgefäße mit Blut versorgt sein müssen, setzt eine besondere Organisation der Blutstrombahn voraus. Danach muss diese permanent den lokalen Besonderheiten des Körpers nachkommen (z.B. Verdauungstätigkeit im Darm, Muskelarbeit, Durchblutung des Herzens und des Gehirns).

Hierfür wird das Blut nach Verlassen des **Herzens** als **Kreislaufpumpe** in einem **Hochdruck-Verteilersystem** über größere Arterien und kleinere Arteriolen (»Hochdruckgefäße«) in die Peripherie gepresst. In diesen Gefäßen wird das sauerstoffangereicherte (oxygenierte) Blut in die Peripherie transportiert. Dort verzweigen sich diese Gefäße in unzählige kleine und extrem dünnwandige **»Haargefäße« (Kapillargefäße, Vasa capillaria)**, durch deren Wand der Gasaustausch, der Transport niedermolekularer Stoffe und Wasser sowie die Wanderung der Blutzellen erfolgt.

In diesen peripheren Kapillaren tritt ein hoher Strömungswiderstand auf, der zu einem signifikanten Abfall des Blutdruckes führt. Dieser setzt sich in den Rücklaufgefäßen fort. Die nachfolgende Blutstrombahn stellt demzufolge ein **Niederdruck-Sammelsystem** dar, deren vaskuläre Bahnen **Venolen** und **Venen** sind. Die venösen Strombahnen führen sauerstoffarmes (desoxygeniertes) Blut, sie können zusätzlich die Funktionen eines Blutspeichers übernehmen, aus dem bei Bedarf Blut wieder in Zirkulation abgegeben werden kann (z.B. Haut, Unterhaut, Lunge, Milz). Die Venen münden wieder in das **Herz** (s. Kap. 12 »Organe des Herz-Kreislauf-Systems«).

### Kreislaufpumpe

Grundlage des Kreislaufs ist das Herz als Pumpe, ein **vierkammeriger Muskelschlauch**, der sich rhythmisch kontrahiert und seinen Inhalt, das Blut, in weiterführende Gefäße presst. Durch den Einbau von Ventilen, die **Herzklappen**, wird eine Strömungsrichtung vorbestimmt, und ein Rückfluss verhindert.

Das Herz besteht aus **zwei Hauptkammern (Ventriculi cordis)**, denen jeweils **eine Vorkammer (Atrium cordis)** vorgeschaltet ist. Letztere dienen als Sammelraum zur rascheren Füllung der Hauptkammern.

Jede der beiden Hauptkammern besitzt an ihren Enden je eine Klappe. Die eine verhindert beim **Zusammenziehen der Kammer** (**Systole**, griech. = zusammenziehen) das Rückströmen in das zuführende venöse Gefäß, die andere, dass Blut aus den abführenden arteriellen Gefäßen nach **Erschlaffen der Kammer** (**Diastole**,

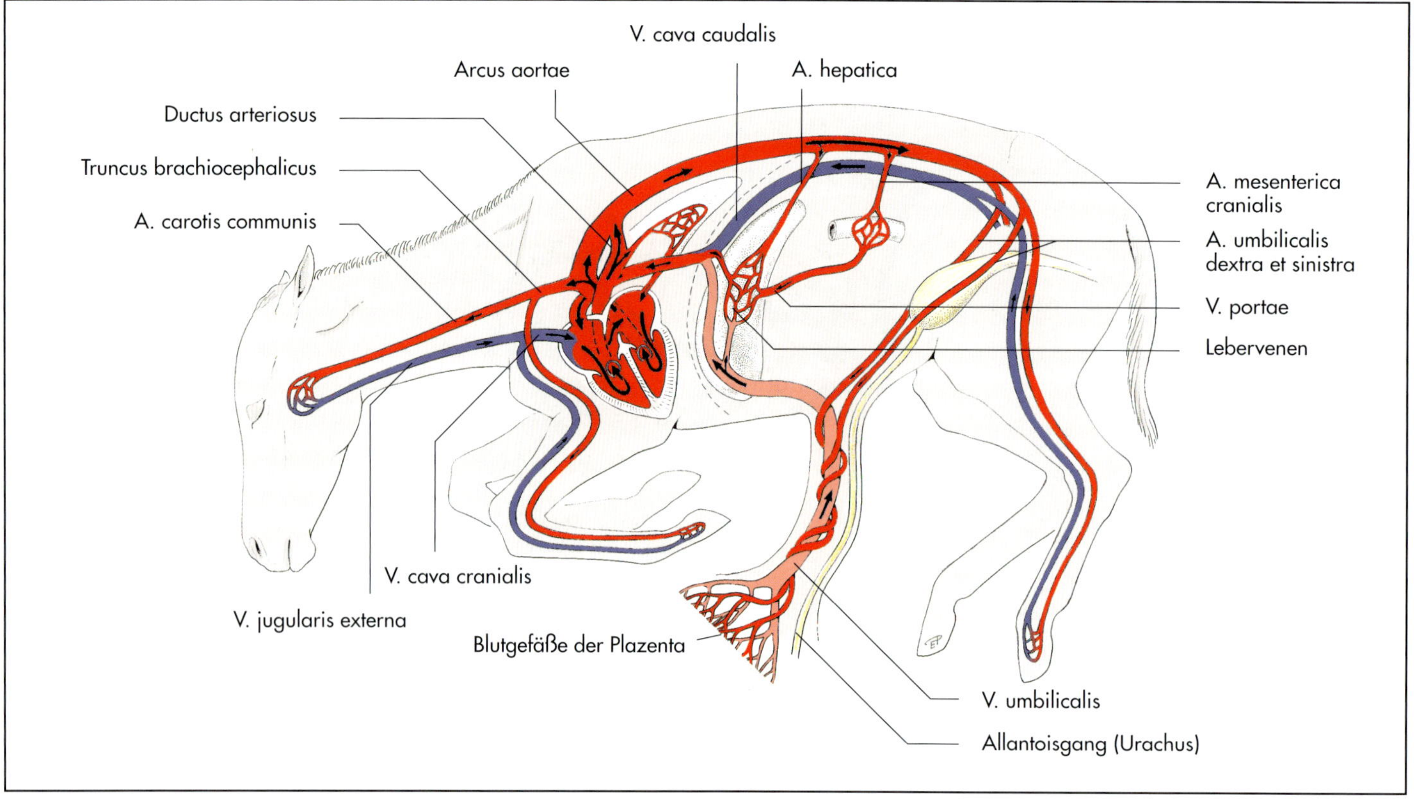


**Abb. E-47.** Schematische Darstellung des fetalen Kreislaufs mit Nabelstrang am Beispiel des Fohlens.

griech. = auseinanderziehen) in die Kammer zurückfließt. Während der Diastole strömt Blut in die Kammern, die nachfolgenden Systolen und Diastolen können in raschen Wechseln ablaufen.

Man unterscheidet ein **»rechtes Herz«**, das das Blut durch das Kapillargebiete der Lunge presst und spricht dabei vom **kleinen Kreislauf** oder **Lungenkreislauf**. Demgegenüber steht das **»linke Herz«**, das das Blut im übrigen Körper verteilt. Dieser Kreislaufbogen wird als **großer Kreislauf** oder **Körperkreislauf** bezeichnet.

»Rechtes« und »linkes Herz« sind durch eine Scheidewand vollständig getrennt, anatomisch nach außen hin jedoch zu einem einheitlichen Herz vereint. (Näheres s. Kap. 12 »Organe des Herz-Kreislauf-Systems«.)

## Großer und kleiner Kreislauf

Der große und der kleine Kreislauf sind zwei hintereinander liegende Teile eines gemeinsamen Kreislaufs (Abb. E-46 u. 47). Beide Herzanteile pumpen das gleiche Blutvolumen, allein die Wegstrecke zwischen der rechten Herzkammer und der Lunge ist deutlich verkürzt gegenüber der des Blutes aus der linken Herzkammer in die peripheren Körperteile. Der **kleine Kreislauf** beginnt im **rechten Vorhof**, von wo das Blut in die rechte Herzkammer strömt. Diese presst das Blut in den **Truncus pulmonalis** und in die **Lungenarterien** bis ins **Kapillargebiet der Lunge**. Die **Lungenvenen (Vv. pulmonales)** leiten das mit **Sauerstoff** angereicherte (oxygenierte) Blut in den **linken Vorhof** zurück.

Im **großen Kreislauf** beginnt der Weg des Blutes im **linken Vorhof des Herzens**, von wo das Blut in die linke Herzkammer gelangt. Von hier wird es durch die Kontraktion der Herzkammer in die **Körperschlagader (Aorta)** gepresst und erreicht über die Arterien und Arteriolen des Körpers die **Kapillargebiete der Gewebe** und **Organe**. Aus den Beckengliedmaßen und der kaudalen Rumpfhälfte fließt das Blut über die **hintere Hohlvene (V. cava caudalis)**, aus dem Kopf, den Vordergliedmaßen und der kranialen Rumpfhälfte über die **vordere Hohlvene (V. cava cranialis)** in den **rechten Vorhof des Herzens** zurück.

## Pfortaderkreislauf

Der Pfortaderkreislauf ist ein Seitschluss des großen Körperkreislaufs. Danach wird aus einem **ersten Kapillargebiet** des Magen-Darm-Kanals und den übrigen unpaarigen Organen der Bauchhöhle (Milz und Bauchspeicheldrüse) das **venöse Blut** zunächst von der **Pfortader (V. portae)** gesammelt und unter Umgehung der hinteren Hohlvene in der Leberpforte unmittelbar der Leber zugeführt. Die muskelstarke Wand der Pfortader verstärkt durch rhythmische Kontraktionen den »portalen Druck« auf das durchströmende Blut.

In der Leber durchströmt das venöse Blut ein **zweites Kapillarbett**. Nachfolgend sammelt sich das Blut an der Vorderseite der Leber über die Lebervenen in der **kaudale Hohlvene** und gelangt über diese in den rechten Vorhof des Herzens.

Ein weiteres Pfortadersystem ist in der Hirnanhangsdrüse (Hypothalamus-Hypophysen-System) ausgebildet.

## Periphere Strombahn

Das periphere Kreislaufsystem unterliegt funktionsbedingt einer Vielzahl von Anpassungsvorgängen, die sich auch im Bau der einzelnen Gefäße ausdrücken. So werden die Organe und Gewebe in der Regel von sogenannten Gefäß-Nerven-Bündeln versorgt, bei denen Arterien, Venen (»Begleitvenen«), Lymphgefäße und Nerven gemeinsam in **bindegewebigen Leitungsbahnen** verlaufen. In den Gliedmaßen liegen die Hauptstämme meist an der Beugeseite der Gelenke, um Überdehnungen und Verletzungen vorzubeugen.

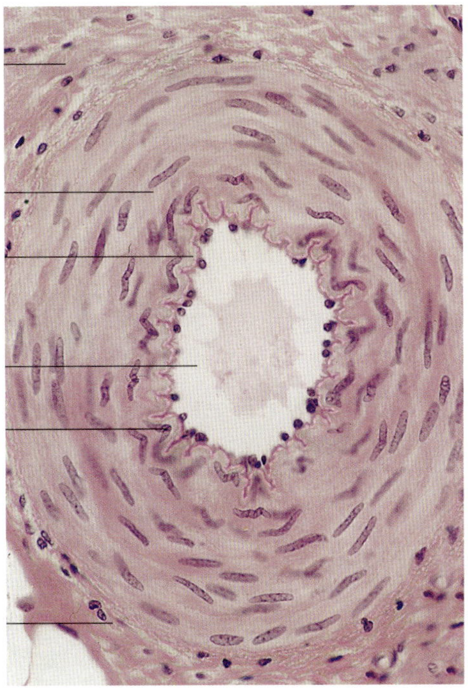


**Abb. E-48.** Histologischer Schnitt durch eine Arterie.

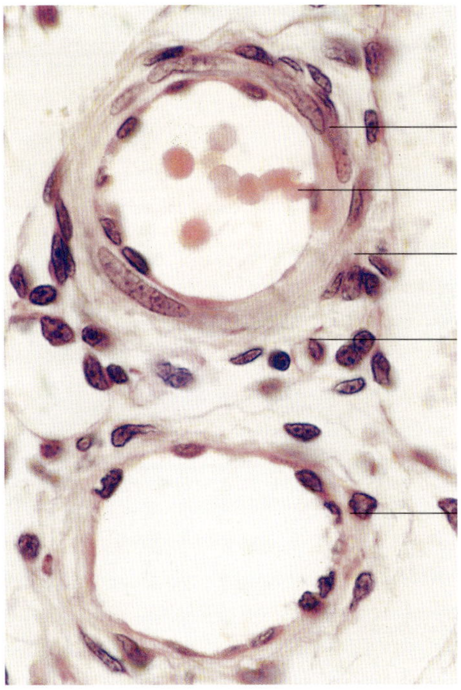


**Abb. E-49.** Histologischer Schnitt durch eine Arteriole und eine Venole.

### Kollateralarterien, Endarterien und Wundernetze

**Kollateralarterien** begleiten mit zunehmender Verzweigung häufig die Hauptarterien, sie erreichen dasselbe Versorgungsgebiet. Sie treten untereinander in direkte Verbindung, bilden **periphere Anastomosen** (s. u.) und können gemeinsam in ein umfangreiches **Blutgefäßnetz (Rete arteriosum)** einmünden. Fehlt diese Form einer arteriellen Doppelversorgung, werden einfache Arterien als **Endarterien** bezeichnet.

Wird ein derartiges Gefäß unterbunden, bleibt eine ausreichende Versorgung dieses Gebietes aus, das Gewebe stirbt ab (Nekrose). Insbesondere im Gehirn, im Herzen oder der Lunge, Leber, Niere, Netzhaut und der Milz sind Endarterien ausgebildet. Ein Ausfall dieser Gefäße kann z.B. zu Hirnschlag oder Lungenembolie führen.

Eine vaskuläre Sonderbildung ist das sogenannte **Wundernetz (Rete mirabile)**. Ein Wundernetz entsteht dadurch, dass eine Arterie sich in eine Vielzahl von kleineren Arterien aufteilt, die anschließend wieder zu einer Arterie zusammenfinden.

Ist einem definierten Kapillargebiet ein weiteres Kapillarsystem vorgeschaltet, spricht man von einem **arteriellen Wundernetz**.

Wundernetze werden vorwiegend an der Schädelbasis angetroffen. Ihre Funktion ist nicht restlos geklärt. Sicherlich sind sie wegen ihrer engen Koppelung an die Venen als Förderer des venösen Rückflusses tätig **(arteriovenöse Koppelung)**. Sie sollen auch zur geringfügigen Absenkung der Temperatur des Blutes, das zum **Gehirn** fließt, beitragen. Wahrscheinlich setzen sie die Pulsation der Gehirnarterien herab. Feine arterielle Wundernetze sind auch in der **Niere** als **Kapillarknäuel (Glomerula)** zu finden.

### Anastomosen, Sperrarterien und Drosselvenen

Besondere Bedeutung erlangen sogenannte **arteriovenöse Anastomosen**, in denen Arteriolen durch präkapilläre Kurzschlüsse direkt unter Umgehung des Kapillargebietes an Venolen Anschluss finden. **Präkapilläre Schließmuskeln** (Sphinkteren) regulieren den Blutstrom und steuern damit die periphere Zirkulation in den Organen (z.B. Haut, Darm, Nasenschleimhaut). Die Bedeutung der arteriovenösen Anastomosen liegt vornehmlich auch in der Wärmeregulation der Organe.

In **Sperrarterien** wird der arterielle Zufluss eines Kapillargebietes temporär durch Kontraktion der Gefäßwand vollständig unterbrochen, ein anliegendes hingegen umso mehr durchblutet.

Zuweilen sind Venen ebenfalls mit starken Sphinkteren ausgestattet. Da diese den Blutfluss durch das vorgeschaltete Kapillargebiet steuern können, werden sie als **Drosselvenen** bezeichnet (z.B. in den Genitalorganen).

## Gefäße (Vasa)

Die **Lehre von den Gefäßen** (Angiologia, »Angion«, griech. = Gefäß) kann nur verstanden werden, wenn man grundsätzliche Kenntnisse über den Bau, die Funktion und die klinische Bedeutung der verschiedenen Gefäße verknüpft. Die vergleichende anatomische Beschreibung des Verlaufs sämtlicher Gefäße bis hin zu den kleinsten Abzweigungen, Ästen (Rami), und deren Endgebieten ist vorzugsweise Aufgabe der Forschung und wird in Handbüchern der Anatomie ausführlich dargestellt. Für Studium und Praxis ist hingegen das Wissen der Hauptbahnen der Blutgefäße von Bedeutung. (Näheres s. Kap. 12 »Organe des Herz-Kreislauf-Systems«.)

### Bau der Blutgefäße (Vasa sanguinea)

Die Blutgefäße bilden ein **geschlossenes, stark verzweigtes Röhrensystem**. Würden sämtliche Blutgefäße eines Menschen aneinandergereiht, entstünde eine Strecke von über 40000 km. Die Gefäße sind nach einem einheitlichen Strukturprinzip gebaut (Abb. E-48ff.). Dieses variiert jedoch in Anpassung an die unterschiedlichen

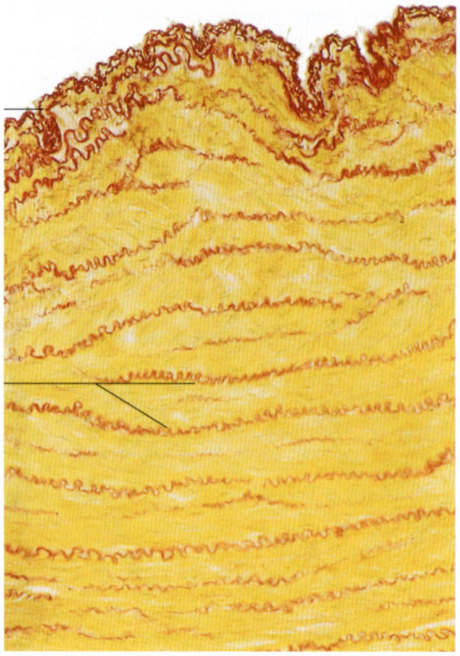


**Abb. E-50.** Histologischer Schnitt durch die Wand einer Arterie mit elastischen Fasern.

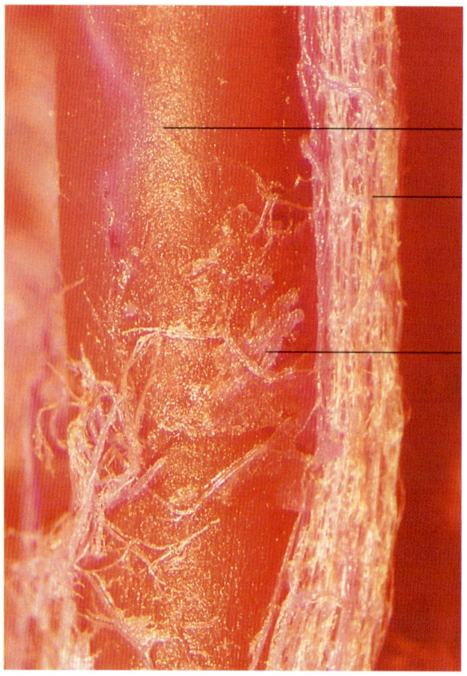


**Abb. E-51.** Aufsicht auf den Ausguss eines Gefäßes mit Vasa vasorum, anliegend das Gefäßnetz eines Nervs (Vasa nervorum) (Korrosionspräparat).

funktionellen Anforderungen z.T. erheblich. Grundsätzlich kann in Richtung des Blutstroms unterschieden werden zwischen:

- **Arterie**, ein größeres Gefäß mit Strömungsrichtung vom Herzen weg, ohne Austauschfunktion,
- **Arteriole**, kleinere Arterie (Weite 20–100 μm),
- **Kapillare**, extrem dünnwandig mit Stoffaustausch,
- **Venole (Venule)**, kleinere Vene, und
- **Vene**, ein größeres Gefäß mit Strömungsrichtung zum Herzen.

Größere Gefäße werden innen von einer **Tunica intima** ausgekleidet. Diese besteht aus einer Lage von einschichtigen **Endothelzellen (Angiothel)** und einem bindegewebigen **Stratum subendotheliale** mit einer Basalmembran. Sie dient hauptsächlich dem Stoffaustausch, ermöglicht den Übertritt von Blutzellen in das angrenzende Gewebe und fördert die Fließgeschwindigkeit des Blutes bzw. der Lymphe. Nach außen schließt sich die **Tunica media** an, die im Wesentlichen aus glatten Muskelzellen und elastischen Netzen gebildet wird. Sie bewirkt vorwiegend die pulsatorische Kontraktion der Gefäßwand und damit die **Hämodynamik**. Die äußere Schicht **(Tunica adventitia)** enthält vorwiegend lockeres Bindegewebe. Sie dient der Verbindung mit der Umgebung, führt vegetative Nervengeflechte und bei großen Gefäßen die Vasa vasorum für die Ernährung der Gefäßwand. (Näheres zum Bau der Blutgefäße siehe Lehrbücher der Histologie.)

## Arterien (Arteriae)

Die Arterien und Arteriolen leiten das Blut **vom Herzen weg** in die Peripherie. Man unterscheidet Arterien vom **elastischen** und **muskulären Typ** (Abb. E-48 u. 50). Die **Hauptschlagader (Aorta)** und **herznahe Arterien** schließen in ihrer Gefäßwand vorzugsweise elastische Fasern ein. Diese Fasern sind verantwortlich für die **Windkesselfunktion** dieser Gefäße. Bei Kontraktion der linken Herzkammer (= Ausströmphase = Systole) werden diese postkardialen Gefäßabschnitte gedehnt, während der nachfolgenden Erweiterung dieser Kammer (= Einströmphase = Diastole) ziehen sich diese passiv zusammen. Damit wird ein Übergang von einer diskontinuierlichen in eine kontinuierliche Strömung des Blutes in den großen Gefäßen des Körpers sichergestellt.

Elastische Arterien sind u.a. die Aorta, der Aortenbogen, der Truncus brachiocephalicus und die Lungenarterien.

**Herzferne** Arterien besitzen in der Tunica media vorwiegend **glatte Muskelzellen**, es sind daher Arterien vom **muskulösen Typ** (Abb. E-48). Diese und die Arteriolen können durch Änderung ihres Lumens den Blutdruck und die periphere Durchblutung beeinflussen. Dieser Gefäßtyp besitzt eine verstärkte **Tunica media** aus glatten Muskelzellen, ergänzt ggf. durch elastische Fasern. Außen legt sich eine **Tunica adventitia** an, die von kollagenen und elastischen Fasernetzen durchzogen wird. Diese Mantelschicht bindet das Gefäß in die Umgebung ein.

### Gefäß- und Nervenversorgung

Die Blutgefäßwand wird teilweise durch Diffusion aus dem Gefäßinneren (transendothelial) ernährt. Zusätzlich erfolgt bei muskelstarken Arterien mit einer dicken Wand von außen durch kleinere Gefäße eine weitere Versorgung (**»Gefäße der Gefäße«**, **Vasa vasorum**). Diese bilden in der Wand kleinere Kapillarnetze (Abb. E-51).

Die Gefäßwand wird von **vegetativen Nervengeflechten** durchzogen. Diese wirken vasokonstriktorisch (adrenerg) bzw. vasodilatorisch (cholinerg) auf die glatten Muskelzellen. An besonderen Gefäßabschnitten treten in der Wand **Druck-** oder **Barosensoren** (z.B. im Sinus caroticus) auf, die in Form von Sensorenfeldern auf die Spannung der Gefäßwand autoregulatorisch einwirken. Sie erreichen als Blutdruckregulatoren besondere funktionelle Bedeutung.

Der **Blutdruck** wird bei der Katze im Oberarmbereich, beim Hund am Unterarm und oberhalb des Sprunggelenks, aber auch an der Schwanzbasis gemessen.

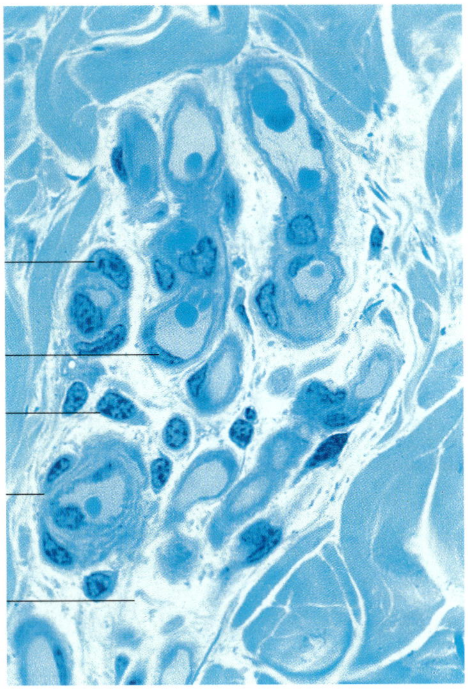


**Abb. E-52.** Histologischer Schnitt durch ein Kapillarknäuel mit umgebendem Bindegewebe.

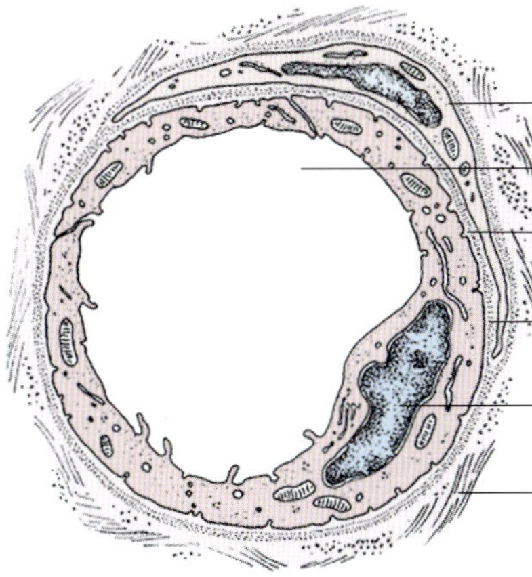


**Abb. E-53.** Schematische Darstellung einer Kapillare im ultrastrukturellen Bild, Liebich, 2004.

## Arteriolen

Arteriolen sind entscheidend für den peripheren Strömungswiderstand unter Absenkung des arteriellen Blutdruckes sowie der Erniedrigung der Strömungsgeschwindigkeit verantwortlich. Ihre muskuläre Wandschicht ist gegenüber den Arterien deutlich reduziert, ebenso deren lichte Weite. Diese Gefäßabschnitte wirken als arterielle **Druckregulatoren**.

Funktionell eng mit Arteriolen sind die präkapillären Sphinkteren, die **Metarteriolen**, verbunden (Abb. E-49). Diese vermögen durch Kontraktion ihrer Ringmuskulatur die Gefäße oftmals völlig zu verschließen. Sie treten meist am **Übergang** von **Arteriolen** zum **Kapillarnetz** auf und sorgen dafür, dass der Blutfluss zum Kapillarnetz verringert wird. Im präkapillären Bereich ermöglichen bisweilen kurzgeschaltete **arteriovenöse Anastomosen** die Umgehung des Kapillargebietes, um beispielsweise den Abbau eines Stoffwechselproduktes zu vermeiden.

## Blutkapillaren (Vasa capillaria)

Die Kapillaren (»Haargefäße«) dienen dem **Stoff-** und **Gasaustausch** zwischen Blut und Gewebe. Damit dieser optimal erfolgen kann, verlangsamt sich die **Fließgeschwindigkeit** des Blutes von 400–900 mm/s in der Aorta auf ca. 0,3 mm/s in den Kapillaren, der **Blutdruck** nimmt ebenfalls erheblich ab. Ihr Durchmesser beträgt 5–15 µm. Sie entstehen durch **Aufteilung der Arteriolen**, bilden dreidimensionale Netze und finden sich zu Venolen wieder zusammen. Kapillaren fehlen u.a. in der Hornhaut, der Linse, im Knorpel und im Zahnschmelz.

Die **Kapillarwand** besteht aus einer **Endothelzellschicht** und der außen liegenden **Basalmembran** (Abb. 12-52 u. 53). Die Endothelzellschicht ist im Allgemeinen lückenlos. Es gibt aber Kapillaren, bei denen mehr oder weniger große Poren zwischen den Endothelzellen vorhanden sind. Ähnliche Verhältnisse können auch an der Basalmembran gefunden werden.

In der Leber, im roten Knochenmark und in der Milz sind sog. **Sinuskapillaren** (Sinusoide, Vasa capillaria sinusoidea) entwickelt, die einen sehr viel weiteren Durchmesser (ca. 40 µm), interzelluläre Lücken und eine diskontinuierliche Basalmembran zeigen. Ihre Wandzellen sind mit der Fähigkeit zur Phagozytose ausgezeichnet.

Blutkapillaren weisen organspezifische Strukturmerkmale auf, die Ausdruck funktionell unterschiedlicher Organe und Gewebe sind. Sie unterscheiden sich auch in der Dichte der Kapillarisierung (»Vaskularisation«) oder im Grad der Durchblutung. So sind, in Abhängigkeit vom Sauerstoffbedarf, beispielsweise das Herzmuskelgewebe und das Gehirn extrem stark durchblutet, hingegen bleiben im Knorpel oder in der Hornhaut weite Gewebsabschnitte gefäßfrei (bradytrophe Gewebe).

Kapillaren wirken als biologisch hochwirksame Transport- und Barriereschicht (Blut-Gewebe-Schranken) – beispielsweise in Lunge, Niere und Gehirn –, sie fördern u. a. die Filtration und die Reabsorption oder bilden eine blutgerinnungshemmende Schicht.

Kapillargebiete, die von anastomosierenden Arterien versorgt werden, sind bei Verschluss einer kleineren zuführenden Arterie weniger gefährdet als solche, denen das Blut von einer einzigen **Endarterie** zugeführt wird, da bei einemVerschluss dieses Gefäßes das betroffene Gewebe zugrunde gehen muss. Man spricht von einem **Infarkt**. Die **Kapillardichte** ist in manchen Organen sehr hoch, beispielsweise im Herzmuskel, in der grauen Substanz des Zentralnervensystems und in endokrinen Drüsen. In anderen Organen, z.B. in den Funktionsgebilden des Eierstocks, kommt es periodisch zur Bildung und Rückbildung von äußerst dichten Kapillarnetzen.

## Venolen

Venolen sind kleinste Venen, die sich durch ein geringeres Lumen, eine dünnere Wand und das Fehlen elastischer Fasern von Venen unterscheiden (Abb. E-49). Sie überbrücken die vaskuläre Wegstrecke zwischen dem Kapillargebiet und den Venen. Man unterscheidet **postkapilläre Venolen**, die ähnlich den Kapillaren Spalträume zum Austritt von Blutzellen **(Diapedese)** zulassen. Ferner sind Sammelvenolen und muskuläre Venolen mit einer Muskelschicht bis zu 100 µm zu unterscheiden. Als **venöser Sinus (Sinus venosus)** werden **postkapilläre Blutleiter** bezeichnet, die beispielsweise als Milzsinus (rote Milzpulpa) auftreten.

### Venen (Venae)

Die Venen (griech. Phleb, lat. Vena) sammeln das Blut aus den Kapillargebieten, postkapillären Venolen und kleineren Venen und leiten es im Allgemeinen zum Herzen, während die Arterien das Blut vom Herzen weg zu den Organen bringen. Der intravaskuläre Blutdruck ist im venösen Abschnitt des Niederdrucksystems nach Passage des Kapillargebiets auf ein Achtel des arteriellen Hochdrucksystems abgefallen. Hierzu trägt neben einer maximalen Steigerung des Gesamtquerschnitts der Gefäße im Kapillargebiet auch die Ausbildung **venöser Blutspeicher (venöse Sinus)** bei. Diese können etwa die dreifache Menge an Blut gegenüber dem arteriellen System aufnehmen.

Die veränderten Blutdruckverhältnisse im postkapillären System drücken sich unmittelbar im Wandbau der Vene aus. Der Durchmesser einer Vene ist gegenüber der Begleitarterie größer, die Stärke der Venenwand jedoch auffällig geringer. (Näheres s. Kap. 12 »Organe des Herz-Kreislauf-Systems«.)

#### Bau der Venen

Die Venen sind im Prinzip ähnlich wie die Arterien gebaut, ihre Tunica media ist allerdings wegen des herrschenden **Niederdruck-Systems** wesentlich dünner. Meist ist die Außenschicht (Tunica adventitia) die stärkste Schicht der Venenwand, diese steht mit kollagenen Fasergeflechten mit dem Nachbargewebe in Verbindung. Damit wird ein Offenhalten der Venen sichergestellt.

Im Gliedmaßenbereich verlaufen des Öfteren zwei Venen mit einer Arterie gemeinsam in einer Bindegewebsscheide, sodass die Pulsation der Arterie zusätzlich zur Muskelkontraktion das Blut zum Herzen treibt (siehe unten). Die distalen Gliedmaßenvenen besitzen in Hinblick auf den hydrostatischen Druck eine verhältnismäßig starke Tunica media.

#### Venöser Rückstrom

Für den Rücktransport des venösen Blutes sind besondere Pumpmechanismen erforderlich, die das Blut über weite Strecken in einer Richtung zum Herzen weiterbefördern.

#### Venenklappen

Um einen Rücklauf des venösen Blutes ins Kapillargebiet zu verhindern, sind **Venenklappen** in der Tunica interna der Gefäßwand ausgebildet, die sich bei Strömung des Blutes in Richtung Herz der Wand anlegen und bei Rückstau schließen. Venenklappen sind schwalbennestartige Ausstülpungen der inneren Gefäßwand, meist sind zwei bis drei gegenüberliegend ausgebildet. Venenklappen sichern die Strömungsrichtung des Blutes.

Die Venen in der Schädelhöhle und im Wirbelkanal sind **klappenlos**. Sie werden dort als **Blutleiter (Sinus durae matris)** bezeichnet. Diese Venen in der Schädelhöhle besitzen keine eigene Wand, sondern verlaufen in Duplikaturen der Dura mater, die lediglich von Endothel ausgekleidet sind.

#### Muskelpumpe

Die Kraft für den Weitertransport des Blutes muss von außen auf die Venenwand wirken, da diese im Niederdruck-System eine nur schwache Eigenmuskulatur aufweist. Druckdifferenzen im venösen System werden durch die Kontraktion anliegender Muskeln ausgeglichen. Unter dem Begriff **Muskelpumpe** werden diejenigen Druck- und Saugmechanismen zusammengefasst, die durch die Kontraktionsvorgänge der anliegenden Muskulatur des Bewegungsapparates entstehen. Danach wird bei Verdickung des Muskels Druck auf die Venenwand ausgeübt, die Venenwand wird komprimiert. Nachfolgend wird der Blutstrom in Verbindung mit dem Mechanismus der Venenklappen richtungsorientiert zum Herzen geleitet. Allgemein kann man davon sprechen, dass sämtliche Körperbewegungen den venösen Rückstrom des Blutes beeinflussen. Auch werden beim Fußen der Zehen die terminalen Gefäße ebenso be- und entlastet (**»Sohlenpumpe«**) wie die parallel an den Extremitäten verlaufenden Arterien und Begleitvenen durch die **arterielle Pulswelle** rhythmisch komprimiert werden. Auch das Herz selber wirkt als **Druckpumpe**.

#### Zusammensetzung des venösen Blutes

Die Zusammensetzung des venösen Blutes hängt wesentlich vom **Wurzelgebiet** der Vene ab. Venöses Blut aus dem Darm kann mit energiereichen Stoffen, aus der Milz mit weißen Blutkörperchen, aus inkretorischen Drüsen mit Hormonen angereichert sein. Das Blut der Nierenvenen ist arm an Stoffwechselprodukten. Venen transportieren mitunter Gewebshormone, z.B. Prostaglandine, die im Falle der weiblichen Geschlechtsorgane im Uterus gebildet werden. Sie übergeben diese beim Rind transmural, an Stellen enger arteriovenöser Koppelung, an die A. ovarica, sodass sie auf kürzestem Wege die Luteolyse des Gelbkörpers einleiten können. Venen der Muskeln und der Leber transportieren erwärmtes Blut und leisten ihren Beitrag zum Erhalt der Körpertemperatur.

#### Benennung von Venen

Venen werden in der Regel nach den begleitenden Arterien benannt. Veraltete Beschreibungen der Venen in der Literatur **»entgegen des Blutflusses«** (= retrograd) führen oftmals zu Missverständnissen. Venen haben **Wurzelgebiete**, schließen sich zu **größeren Venen** zusammen und münden schließlich in den **rechten Vorhof des Herzens**. Bei retrograder Beschreibung der Venen können die Wirkung einer intravenösen Injektion, der Blutfluss, die arteriovenöse Koppelung und die Orientierung der Venenklappen nicht verstanden werden.

Es gibt aber auch Organe wie Leber und Hypophyse, die außer von Arterien auch von Venen versorgt werden. Der Ausdruck **Entsorgung** eines Gebietes durch Venen, der oft auch in Lehrbüchern gebraucht wird, ist deshalb falsch. Unter Entsorgung würde man nur den Abtransport von Abfallprodukten aus den Geweben verstehen. Venen tragen aber genauso wie Arterien zur **Versorgung** des Organismus bei.

## Lymphgefäßsystem (Vasa lymphatica)

Neben dem Blutkreislauf ist im Körper ein zweites Gefäßsystem ausgebildet, das Lymphgefäßsystem, das als charakteristischen Inhaltsstoff die **Lymphe** einschließt.

Das Lymphgefäßsystem ist ein wesentlicher Bestandteil des lymphatischen Systems. Dieses dient im Wesentlichen der Erhaltung der Unversehrtheit des Körpers, es wirkt innerhalb des **unspezifischen** und **spezifischen Abwehrapparats (Immunsystem)**. (Näheres s. Kap. 13 »Immunsystem und lymphatische Organe«.)

## Lymphatische Organe

Lymphatische Organe übernehmen vielfältige Aufgaben, die von den Immunzellen des lymphatischen Systems getragen werden. Man unterscheidet spezifische oder unspezifische Immunzellen.

Die funktionell bedeutendsten Immunzellen sind die **Lymphozyten** (T- und B-Lymphozyten). Sie werden im Knochenmark und in den lymphatischen Organen gebildet und gelangen mit der Lymphe über die Lymphgefäße in das Blut. Mit Hilfe von Oberflächenrezeptoren erkennen sie körperfremde Stoffe und lösen über eine **spezifische Reaktionskette** eine **Immunantwort** aus. Die Lymphozyten werden in ihren Aufgaben von den **unspezifisch** wirkenden **Makrophagen** unterstützt. Diese besitzen die Fähigkeit, Antigene zu inkorporieren, intrazellulär histokompatibel umzubauen (Histokompatibilitätskomplex) und an ihrer Oberfläche zu präsentieren (Antigenpräsentation). (Näheres siehe Lehrbücher der Physiologie und der Immunologie.)

Diese unspezifischen Immunzellen gehören dem im Organismus weit verbreiteten »Mononukleären Phagozytosesystem« (MPS), frühere Bezeichnung »Retikuloendotheliales System« (RES), an. Dieses umfasst beispielsweise die Gewebsmakrophagen, das Endothel der Leber-, Milz- und Knochenmarksinusoide, die Alveolarmakrophagen der Lunge, die Langerhans-Zellen der Haut sowie die Mesoglia. Lymphatische Organe können in Geweben auftreten als:

- Einzelzellen (diffuses lymphatisches Gewebe, Lymphknötchen),
- in aggregierter Form (Mandeln) oder als
- komplexe Organe (Thymus, Lymphknoten und Milz).

Ansammlungen von **Lymphknötchen** (nicht Lymphknoten!) treten z.B. in der Darmwand (Peyer-Platten) als darmassoziiertes lymphatisches Gewebe auf (GALT = gut associated lymphatic tissue). Ebenso sind im Lungengewebe lymphatische Reaktionszentren anzutreffen (BALT = bronchus associated lymphatic tissue). In der Schleimhaut spricht man in diesem Zusammenhang vom MALT (= mucosa associated lymphatic tissue).

Dem **Thymus** kommt als übergeordnetem Immunorgan (primäres lymphatisches Gewebe) für die Entwicklung der zellulären Immunität besondere Bedeutung zu, indem dieser aktive Immunisierungsvorgänge steuert und das Wachstum anderer, sog. sekundärer lymphatischer Organe (Lymphknoten, Mandeln) während der körperlichen Entwicklung beeinflusst.

## Funktionen des Lymphgefäßsystems

Das Lymphgefäßsystem dient dem Transport von Stoffen, die vor Eintritt in die Blutbahn in regionalen Lymphknoten gefiltert werden müssen. Dies schließt insbesondere Staub (Lunge) oder Keime (Haut, Magen-Darm-Kanal, Atemwege) ein. Ferner dient das Lymphgefäßsystem auch dem Transport von im Darm resorbierten Fetten. Als Träger fungiert in jedem Fall die Lymphe als Inhaltsstoff dieser Gefäße.

**Lymphe** ist eine **eiweißhaltige Flüssigkeit**, deren Zusammensetzung der des verdünnten Blutplasmas entspricht. Die Lymphe schließt auch die **Lymphzellen** mit ein, die nach Durchströmen der Lymphknoten in diese Gefäße übertreten. Die Lymphe des Darms ist wegen des erhöhten Fettgehalts milchig-trüb **(Darmlymphe** oder **Chylus)**. Von hoher physiologischer Bedeutung ist die Tatsache, dass Bestandteile der Körpergrundflüssigkeiten, die nicht über das Blutkapillarsystem aufgenommen werden können, durch das Drainagesystem der Lymphgefäße abtransportiert werden. Dieser Transportmechanismus ist in hohem Maß flexibel, er kann kurzfristig um das 10-Fache gesteigert werden. Störungen dieses Drainagesystems können zu Lymphstau (Lymphödem) führen.

## Bau der Lymphgefäße (Vasa lymphatica)

Das System der Lymphgefäße beginnt in der Köperperipherie als blind endendes Rohrsystem und mündet im Venenwinkel in das venöse Gefäßsystem ein. Man unterscheidet:

- Lymphkapillaren (Vasa lymphocapillaria),
- Leitgefäße,
- Transportgefäße,
- zentrale Lymphstämme und
- Lymphgänge.

Die **Lymphkapillaren** sind ähnlich den Blutkapillaren gebaut, in ihrer Wand jedoch deutlich schwächer. Lymphkapillaren schließen sich nahe der Blutkapillaren zu Gefäßnetzen zusammen **(Retia lymphocapillaria)** und haben keine Klappen. Lymphkapillaren vereinigen sich zu **Leitgefäßen**, die als Sammelgefäße oder als Lymphkollektoren wirken. Lymphkollektoren weisen Taschenklappen (Valvulae lymphaticae) auf, sie sind dünnwandig und vernetzen sich (Plexus lymphaticus).

**Transportgefäße** weisen eine Mediamuskulatur auf, die die Lymphe nach Kontraktion von Klappensegment zu Klappensegment in proximaler Richtung weitergibt. Diese Transport-Lymphgefäße verlaufen paralell zu den Venen. Sie treten in der Regel als zuführende Gefäße (Vas afferens) von außen in die Rindenzone eines **tributären (regionalen) Lymphknotens** ein, ihre Lymphe durchströmt dieses Organ und verlässt den Lymphknoten am Hilus als efferentes Lymphgefäß (Vas efferens). Eine Ausnahme stellen die Lymphknoten des Schweines dar, in denen die Vasa afferentia den Lymphknoten am Hilus erreichen und ihn über die Rindenzone verlassen. Häufig schließt sich nachfolgend ein zweiter Lymphknoten als weiteres Filter- und Sammelorgan mehrerer Lymphgefäße an, das **Lymphozentrum**. **Zentrale Lymphgefäße** sammeln die Lymphe größerer Regionen der Bauch- und Brusthöhle. Nach Durchlaufen des intestinalen Sammelraumes **(Cisterna chyli)** wird die Lymphe der Bauchhöhle im **Milchbrustgang (Ductus thoracicus)** gesammelt und weitergeleitet.

Der **Ductus thoracicus** durchtritt zusammen mit der Aorta das Zwerchfell, verläuft hoch dorsal in der Brusthöhle und mündet im linken Venenwinkel in das venöse Kreislaufsystem. Dieser Venenwinkel liegt an der Vereinigung der V. jugularis interna und der V. subclavia sinistra. Die Lymphe aus der Kopf- und Halsregion wird im paarigen **Truncus trachealis** zusammengeführt, der ebenfalls im Venenwinkel ins venöse System übertritt. Lymphgefäße fehlen im Epithelgewebe, im Zentralnervensystem, in der Zahnpulpa, in Knochen, Knorpeln, im Knochenmark und in der Plazenta.

# Allgemeine Anatomie des Nervensystems

Das Nervensystem steuert gemeinsam mit den inkretorischen Drüsen, dem Immunsystem und den Sinnesorganen das Zusammenspiel von

Reiz und Reaktion. Das Nervensystem sammelt dabei Informationen, die auf die äußere Körperoberfläche und das Innere des Körpers wirken. Die aufgenommenen Impulse werden weitergeleitet, verarbeitet und durch passive oder aktive Reaktionen beantwortet. Damit verleiht das Nervensystem dem Körper die Fähigkeit, sich in der Umwelt zurechtzufinden, sich dieser anzupassen oder mit dieser zu reagieren.

Bei einfachsten Lebewesen wird diese Funktion von einzelnen Sinneszellen übernommen. Sie werden von der Umwelt erregt und leiten die Erregung direkt zu einer Muskelzelle oder Drüsenzelle weiter. Sinneszellen mit Fortsätzen, die allein der Erregungsleitung dienen, findet man bei den Haussäugetieren beispielsweise noch im Riechepithel. In den übrigen Körperbereichen ist zwischen der Sinneszelle (Rezeptorzelle) und dem Erfolgsorgan (z.B. einer Muskelzelle oder Drüsenzelle) die **Nervenzelle** (Neurozyt, Neuron) mit ihrer **Begleitglia (Gliazellen, Gliozyten)** eingeschaltet.

Der Organismus wird von einem **Nervennetz** durchzogen, das sämtliche Organe des Körpers umfasst. Diesem Netzwerk liegt das Nervengewebe zugrunde, das sowohl nach funktionellen als auch nach morphologischen Gesichtspunkten untergliedert werden kann. Jede Einteilung des Nervensystems hat nur didaktischen Wert, faktisch bildet es **ein untrennbares Ganzes**.

Nach morphologischen Aspekten und damit nach der Lage der Nervenstrukturen unterscheidet man zwischen einem **zentralen Nervensystem (Systema nervosum centrale)** und einem **peripheren Nervensystem (Systema nervosum periphericum)**. Ersteres umfasst das Gehirn (Encephalon) und das Rückenmark (Medulla spinalis). Letzteres stellt die Vernetzung zwischen dem zentralen Nervensystem und sämtlichen Teilen des Organismus her.

Funktionell kann man ein **animalisches (zerebrospinales, somatisches) Nervensystem**, das der bewussten Wahrnehmung und der **willkürlichen Bewegung** dient, von einem **autonomen (vegetativen) Nervensystem** unterscheiden. Letzteres dient der Innervation der Eingeweide, der Blutgefäße und der Drüsen. Es wirkt **unwillkürlich** und übernimmt Aufgaben der Steuerung und Koordination innerer Organe. (Näheres s. Kap. 14 »Nervensystem«.)

## Funktionen des Nervensystems

Die Funktionen des Nervensystems werden wie folgt eingeteilt:

**Sensible Funktionen**:

- **exterozeptive Sensibilität (Exterozeptoren**, die Reize der Außenwelt aufnehmen, z.B. Hören, Sehen, Schmecken, Wärme, Kälte, Druck, Schmerz etc.),
- **propriozeptive Sensibilität (Propriozeptoren**, die Informationen über die Lage von Gelenken, Muskeln oder Körperhaltung vermitteln),
- **Enterozeptoren**, die auf Dehnungsreize von Hohlorganen, Blutdruck (Barorezeptoren) oder Blut-pH-Werte (Chemorezeptoren) reagieren,
- **vegetative (viszerale) Sensibilität**.

**Motorische Funktionen**:

- Somatomotorik = Körpermotorik sowie
- Viszeromotorik = Eingeweidemotorik.

Die **sensiblen Funktionen** des Nervensystems bestehen darin, Empfindungen unterschiedlicher Art wahrzunehmen und darauf zu reagieren. Stammen diese Empfindungen aus der Umwelt und werden diese über die Haut bzw. die Schleimhaut oder die Sinnesorgane aufgenommen und weitergeleitet, so spricht man von der **exterozeptiven Sensibilität**. Die Lage und Stellung des Körpers wird hingegen über die **propriozeptive Sensibilität** erfasst. Die hierfür notwendigen Rezeptoren liegen in Form von **Dehnungsrezeptoren** in Sehnen und Muskeln. Reizort und Erfolgsorgan sind in diesem Fall identisch (Beispiel: Mechanismus der Muskelspindeldehnung). Werden Reize aus Rezeptoren des Blutgefäßsystems oder der Eingeweide an vegetative Zentren weitergeleitet, spricht man von der **vegetativen (viszeralen) Sensibilität**.

Die **motorischen Funktionen** des Nervensystems bestehen darin, Bewegungsabläufe zu koordinieren. Unter der **Somatomotorik** versteht man die umweltbezogenen, **willkürlich beeinflussbaren Bewegungsvorgänge** der quergestreiften Muskulatur. Dagegen handelt es sich bei der **Viszeromotorik** um die vom **Willen nicht beeinflussbaren Bewegungsvorgänge** der glatten Muskulatur.

Diese **Funktionen** des Nervensystems sind aufs Engste miteinander verknüpft. So werden beispielsweise Reize aus der Umwelt (exterozeptive Reize) über **sensible afferente Nervenfasern** zum Zentralnervensystem (ZNS) geleitet und dort in zentralen Kerngebieten koordiniert. Nervale Impulse beantworten diese Reize und erregen ihrerseits in der Peripherie über **motorisch efferente Fasern** die Muskulatur. Zur Kontrolle und Regulation der muskulären Reaktion erfolgt von Sinneszellen in der Muskulatur eine **Rückmeldung (propriozeptiver Reiz)** über sensible Fasern zum ZNS.

Das Individuum reagiert aber nicht nur auf die Umwelt, sondern geht auch spontan auf diese ein. Die über efferente Nerven vom ZNS ausgelöste Aktion wird durch Sinnesorgane registriert, die Information über den Erfolg der Aktion an das ZNS zurückgeben. Diese Rückmeldung nennt man **Referenz**. Je nachdem, ob das Resultat dem gewünschten Ziel entspricht oder nicht, werden vom ZNS weitere Impulse zur Förderung oder Hemmung der Aktion abgegeben. Eine Vielzahl solcher Erregungskreise bildet die Grundlage des nervösen Geschehens.

## Bauprinzip des Nervensystems

Um das Nervensystem in seinem Bauprinzip zu verstehen, müssen einige grundlegende Begriffe erläutert werden. Weitergehende Einzelheiten sollten Lehrbüchern der Histologie, der Neurophysiologie oder der neuroanatomischen Spezialliteratur vorbehalten bleiben.

Das Nervensystem weist einen einheitlichen Grundbauplan auf, der funktionell und strukturell in Abschnitte untergliedert werden kann, in denen unterschiedliche Aufgaben lokalisiert sind, nämlich:

- Aufnahme eines Signals (Sinnesrezeptoren),
- Weiterleitung eines Signals (afferente Nervenbahn, Afferenz),
- zentrale Informationsverarbeitung,
- Übermittlung der nervalen Antwort (efferente Nervenbahn, Efferenz) und
- Reaktion am Erfolgsorgan (Muskeln oder Drüsen).

**Sinnesrezeptoren** treten als Makromoleküle auf der Oberfläche von Rezeptorzellen auf, sie können durch mechanische, chemische oder thermische Reize erregt werden. Ebenso spielen Lichtreize oder elektrochemische Impulse eine wichtige Rolle **(Rezeptorpotenziale)**. Demzufolge unterscheidet man zwischen **Mechano-, Chemo-** und **Photorezeptoren**. Die große Vielfalt der unterschiedlichen Reizqualitäten lässt sich anatomisch auf ein breites Spektrum von **Sinneszellen** übertragen, oftmals ohne dass direkte Äquivalente zu funktionellen Eigentümlichkeiten nachgewiesen werden können. Man unterscheidet zwei Typen von Sinneszellen:

- **primäre Sinneszellen**, bei denen die Rezeptoren auf der Oberfläche von **Nervenzellen** lokalisiert sind, und
- **sekundäre Sinneszellen**, die Rezeptoren auf **modifizierten Epithelzellen** tragen (z.B. Haarzellen im Innenohr, Sinneszellen in Geschmacksknospen).

Primäre Sinneszellen treten beispielsweise im Riechepithel, als Stäbchen und Zapfen in der Netzhaut, als freie Nervenendigungen sowie als einfache oder geschichtete Endkörperchen (Meißner-Tastkörperchen, Ruffini-Körperchen, Vater-Pacini-Lamellenkörperchen) in der Haut und ihren Unterschichten auf.

Ebenso sind die Rezeptoren der Tiefensensibilität an Sehnen, Muskeln oder Bändern und der Eingeweide stets primäre Sinneszellen. Sind Rezeptorzellen (Sinneszellen) mit anderen Rezeptorzellen zu einem Organ und zu einer Funktionseinheit verbunden, spricht man von einem **Sinnesorgan** (Sehorgan, Hör- und Gleichgewichtsorgan, Geschmacks- und Geruchsorgan).

## Nervengewebe (Textus nervosus)

Grundelement der oben benannten differierenden Teile des Nervensystems ist in jedem Fall das Nervengewebe. Dieses ist **neuroektodermaler Herkunft**. Die zellulären Bestandteile des Nervengewebes sind:

- **Nervenzellen (= Ganglienzellen, Neurocyti, Neurone)** als Sinnes- oder Rezeptorzellen und
- **Gliazellen (Gliocyti)** als Stützzellen und stoffwechselaktive, erregungsleitende Ammenzellen der Nervenzellen.

### Nervenzelle

Nervenzellen (Neurone) sind nicht einheitlich, sie unterscheiden sich innerhalb des nervalen Netzverbandes strukturell und funktionell. Man unterscheidet:

- **multipolare Nervenzellen**: sie senden Impulse an nicht-neurale Effektorzellen (z.B. Muskelzellen oder Drüsenzellen) und induzieren deren Aktivität **(efferente, motorische Neurone, Motoneurone)**,
- **pseudounipolare Nervenzellen**: sie nehmen Reize wahr und leiten diese zu übergeordneten Zentren **(afferente, sensible Neurone)** und
- **bipolare Nervenzellen**: sie vermitteln Informationen zwischen Nervenzellen über nahe und weitere Entfernungen **(Schaltneurone, Interneurone)**.

Die **Nervenzelle** ist die kleinste funktionelle Einheit des Nervensystems. Ihr **Zellleib (Neuroplasma, Soma, Perikaryon)** besitzt eine wechselnde Anzahl von **Fortsätzen (Dendriten** und **Axone)** verschiedener Länge und unterschiedlicher Verzweigungen. **Dendriten** leiten die Erregung zum Zellkörper (afferente Erregungsleitung, Afferenz), das **Axon** von diesem in die Peripherie (efferente Erregungsleitung, Efferenz) (Abb. E-54 u. 55).

**Interneurone** bilden die Hauptmasse des nervalen Gewebes im zentralen Nervensystem. Zusätzlich treten allein im Gehirn noch zahlreiche andere Nervenzelltypen auf, beispielsweise sollen nur die **Purkinje-Zellen** im Kleinhirn benannt werden. Aufgrund der hohen Dichte nervaler Vernetzungen im Gehirn liegen die Nervenzellen dort weiter auseinander als in der Peripherie. Der Zwischenraum zwischen den Perikaryen der Nervenzellen, in dem Dendriten und Axone verlaufen, wird als **Neuropil** bezeichnet.

Nervenzellen können einzeln, meist jedoch als vernetzte Nervenzellverbände auftreten. **Ganglien** sind derartige Nervenzellanhäufungen, die in der Peripherie einzelne Körperabschnitte nerval versorgen und sich mit höherrangigen Zentren vernetzen. Bei Vertebraten trat phylogenetisch eine **komplexe Zentralisierung der Ganglienbildung** ein, die zur Entwicklung des Zentralnervensystems (ZNS) als übergeordnetes Leit- und Koordinationssystems des Körpers führte.

### Gliazelle (Gliozyten, Neuroglia)

Die Nervenzelle benötigt zur Aufrechterhaltung des eigenen Stoffwechsels Ammen- und Stützzellen. Diese Aufgaben übernehmen **Gliazellen**, die im Zentralnervensystem trophische Funktionen übernehmen. Gliazellen stehen zwischen Kapillare und Nervenzelle.

Im Gehirn dienen **Makrogliazellen (Astrozyten)** (Abb. E-56) der Ernährung und dem Stoffaustausch von Nervenzellen, sie unterstützen die Erregungsleitung, andere Gliazellen übernehmen als Sonderbildungen Aufgaben des unspezifischen zellulären Abwehrsystems **(Mikroglia)**. Gliazellen bilden die Blut-Hirn-Schranke. Im Rückenmark bilden besondere Mikrogliazellen, die **Oligodendroglia**, die Nervenhüllen (Myelinscheide) in der weißen Substanz. Als **Ependymzellschicht** kleiden Gliazellen die Binnenräume (Ventrikel) des Gehirns und den Zentralkanal (Canalis centralis) des Rückenmarks aus.

Im peripheren Nervensystem (s. unten) übernehmen **Schwann-Zellen** und **Mantelzellen** die Funktionen von Gliazellen und bilden die Axonscheiden peripherer Nervenfasern.

# Zentrales Nervensystem (Systema nervosum centrale, ZNS)

Das Zentralnervensystem besteht aus dem **Rückenmark (Medulla spinalis)** und dem **Gehirn (Encephalon)**, beide entwickeln sich aus dem Neuralrohr. (Näheres s. Kap. 14 »Nervensystem«.)

Während der Embryonalentwicklung differenzieren sich im 3-Bläschen-Stadium das **Vorderhirn (Prosencephalon)**, das **Mittelhirn (Mesencephalon)** und das **Hinterhirn (Rhombencephalon)**. In der weiteren Entwicklung stülpt sich das Vorderhirnbläschen zum **Endhirn (Telencephalon)** mit den Seitenventrikeln und dem dahinterliegenden **Zwischenhirn (Diencephalon)** aus. Das Hinterhirnbläschen differenziert sich zum **Nachhirn (Metencephalon)** mit dem Kleinhirn und zum **Markhirn (Myelencephalon, Medulla oblongata)** aus. Das Gehirn ist bilateralsymmetrisch aufgebaut, seine Bestandteile werden durch spezifische Skelettbildungen, die Hinschädelkapsel und die Wand des Wirbelkanals, geschützt.

Das Gehirn schließt ein Hohlraumsystem von vier Ventrikeln und einem Aquädukt ein, deren Binnenräume mit **Gehirnflüssigkeit (Liquor cerebrospinalis)** gefüllt sind.

Das ZNS steuert als übergeordnetes Kontrollzentrum sämtliche willkürlichen und unwillkürlichen Funktionen der Organe.

Schätzungsweise 100 Milliarden Neurone liegen im ZNS, sie bilden die Gesamtheit der Interneurone sowie der Perikaryen der Motoneuronen des zerebrospinalen (somatischen) Nervensystems

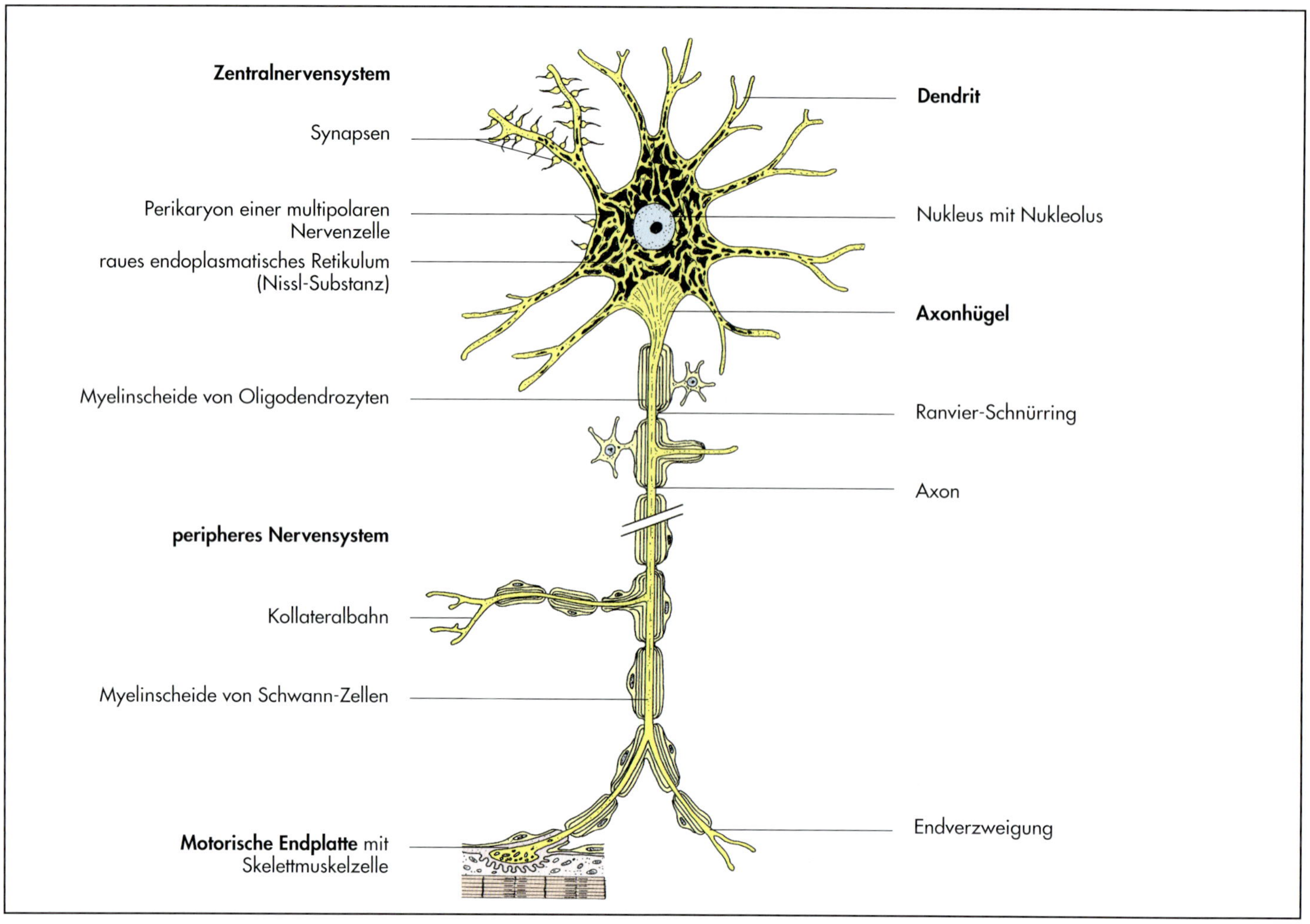


**Abb. E-54.** Schematische Darstellung eines motorischen Neurons nach Nissl-Färbung mit zentralem Perikaryon und peripherer Nervenfaser mit motorischer Endplatte an einer Skelettmuskelzelle, Liebich, 2004.

des Körpers. Diese Neurone sind strukturell und funktionell in hohem Maß spezialisiert, als reife Nervenzellen haben sie ihre **Teilungsfähigkeit verloren**. Eine Neubildung von Nervenzellen kann über Neuroblasten als Vorläuferzellen erfolgen.

Einmal zerstörte Neurone sind in der Regel nicht mehr ersetzbar, es tritt der Verlust ihrer Funktionen ein. Durch intensives Training und bei nur kleineren Verletzungen ist jedoch eine Teilregeneration durch Neubildung nervaler Netzwerke möglich.

Die Interneurone sind synaptisch teils mit dem Soma eines Neurons, teils mit den Dendriten verbunden. Die hohe Zahl interneuraler Vernetzungen (bis zu 10 000 pro Neuron) verbindet nahezu sämtliche Regionen des Gehirns. Damit muss die lange Zeit geltende Meinung, wonach ausgewiesene Hirnzentren oder Kerngebiete (Nuclei) ausschließlich spezielle Aufgaben erfüllen, revidiert werden. Auch diese Zentren unterliegen innerhalb der komplexen nervalen Vernetzung übergeordneten Funktionkreisen.

Das ZNS besteht aus Nervengewebe; dieses schließt ein die:

- Gesamtheit aller **Interneurone**,
- **Motoneurone** des zerebrospinalen, willkürlichen Nervensystems,
- zentralen Anteile der Axone **sensibler Neurone** und
- **präganglionären Motoneurone** des unwillkürlichen, vegetativen Nervensystems.

Im ZNS lagern sich die Interneurone zu funktionellen Komplexen **(Kerngebiete, Nuclei)** zusammen, in denen das Soma von Nervenzellen mit afferent leitenden Dendriten über eine Vielzahl von Synapsen verknüpft wird. Im anatomischen Schnittbild erscheinen diese Abschnitte eines frischen Gehirns oder eines frischen Rückenmarks **graurosa**. Diese Bereiche werden deshalb als **graue Substanz (Substantia grisea)** benannt.

Zwischen den unterschiedlichen Zentren des ZNS verlaufen axonale Leitungsbahnen, deren Fortsätze von einer Markscheide umhüllt (myelinisiert) sind. Diese verleiht dem Axon in seiner Gesamtheit eine **weißliche Farbe**, man spricht daher von der **weißen Substanz (Substantia alba)**.

## Graue Substanz

Die **graue Substanz** tritt als **Kerngebiet (Nucleus)** im Inneren des Gehirns sowie als Rinde **(Cortex)** von Groß- und Kleinhirn auf. Die graue Substanz liegt im Rückenmark zentral säulenförmig. In einem Querschnittsbild erscheint diese vergleichbar mit einer »Schmetterlingsfigur«. Die Kerngebiete in der grauen Substanz können nach unterschiedlichen Kriterien gegliedert werden:

- **Form der Nervenzelle** (z.B. multipolare Pyramidenzellen oder Körnerzellen und Purkinje-Zellen im Kleinhirn),

- **Intrinsische Neurone** als kurze, nicht myelinisierte Axone innerhalb eines Kerngebiets,
- **Projektionsneurone** als lange, myelinisierte Axone von Leitungsbahnen der weißen Substanz,
- **Art der Erregungsübertragung** als exzitatorische oder inhibitorische Neurone und
- **Art der Neurotransmitter** bzw. **Neuromodulatoren** (z.B. cholinerge Neurone, noradrenerge Neurone).

Der Begriff Nucleus für ein nervales Kerngebiet des ZNS wird auch ersetzt durch Bezeichnungen wie **Substantia** (Substantia nigra), **Formatio** (Formatio reticularis) oder **Corpus** (Corpus mammillare). Im ZNS treten weit mehr Gliazellen als Nervenzellen auf. Man schätzt, dass etwa die 10fache Menge an zentraler Glia den vorherrschenden Zelltyp dieses Nevengewebes repräsentiert. Gliazellen bleiben zeitlebens teilungsfähig, sodass sich Volumenvermehrungen (z.B. Tumoren) im ZNS meist auf diese Zellpopulationen zurückführen lassen.

Die graue Substanz steht über die flächenhaft ausgebreitete Grenzschicht der Ependymzellen mit den Ventrikeln in Verbindung.

**Sternförmige (protoplasmatische) Astrozyten** treten in der grauen Substanz mit ihren weitverzweigten Fortsätzen an die Nervenzellen heran und nehmen über lange Ausläufer Kontakt zu den Kapillaren. Astrozyten dienen der Stoffwechselversorgung der Neurone, sie speichern Transmittervorstufen und kontrollieren das extravasale Ionenmilieu. Astrozyten bilden die äußere Schicht der Hirnrinde **(Glia limitans)**. **Oligodendrozyten** bilden im ZNS die Markscheiden (Myelinscheiden) um die Nervenfortsätze, diese sind dann der weißen Substanz zuzurechnen.

## Weiße Substanz

Die weiße Substanz schließt Leitungsbahnen ein, die der Vernetzung zentraler Kerngebiete dienen und zentrale Abschnitte des Nervensystems mit der Peripherie verbinden. Die weiße Substanz wird überwiegend von interneuronalen Axonen gebildet, zusätzlich fügen sich diesen sensible Neurone an. Ihr »weißes« Erscheinungsbild ist auf die Bildung von **Markscheiden (Myelin)** durch **Oligodendrozyten** zurückzuführen. Daneben sind in der weißen Substanz **Faserastrozyten (fibrilläre Astrozyten)** ausgebildet, die neben ihrer Stützfunktion im ZNS durch zahlreiche längere und dünnere Fortsätze die Verbindung zwischen den Neuronen und den Blutkapillaren herstellen. Zentrale Leitungsbahnen werden unterschiedlich bezeichnet. Man unterscheidet:

- **Bahn (Tractus)**, eine zentrale Leitungsbahn mit einem definierten Anfang und Ende (Tractus corticospinalis),
- **Strang (Funiculus)**, eine kompakte Bahn,
- **Bündelchen (Fasciculus)**, eine schmalere Bahn,
- **Kommissur (Commissura)**, eine Bahn, die gleichartige Strukturen der rechten und linken Hälfte des ZNS verbindet,
- **Schleifenbahn (Lemniscus)**, eine Bahn mit schleifenförmigem Verlauf,
- **Kreuzung (Decussatio)**, eine zentrale Leitungsbahn, die ganz oder teilweise die Körperseite wechselt, und
- **Radiatio**, eine Bahn, die sich strahlenförmig ausbreitet.

Die weiße Substanz umgibt im Rückenmark außen das zentrale Grau, sie besteht aus Leitungsbahnen zum und vom Gehirn.

# Peripheres Nervensystem (Systema nervosum periphericum, PNS)

Das periphere Nervensystem stellt die Verbindung zwischen dem zentralen Nervensystem und den Organen her. Es schließt die **paarig angeordneten Gehirn-** und **Spinalnerven** ein, die als Rückenmarknerven den jeweiligen Rückenmarksegmenten der Hals-, Brust-, Lenden- und Kreuzwirbelsäule entspringen. Auch das PNS besteht aus Neuronen und Ganglien. Die **Leitungsbahnen des peripheren Nervensystems sind die Nerven**.

## Nerven (Nervi, Neurone)

Nerven sind die **Zellausläufer von Nervenzellen**, deren Perikaryen (Soma) im ZNS (Gehirn oder Rückenmark) oder in den anliegenden Spinal- bzw. Hirnnervenganglien liegen. (Näheres s. Kap. 14 »Nervensystem«.) **Jede Nervenfaser** ist in ihrer gesamten Länge der Fortsatz **einer einzigen Nervenzelle (Neuron)**. Eine Nervenzelle kann damit eine Länge von über 2 m erreichen (z.B. linker N. laryngeus recurrens des Pferdes). Nerven vernetzen die Organe und das ZNS untereinander. Man unterscheidet an den Nerven:

- efferente (axonale, motorische) Nervenforsätze,
- afferente (dendritische, sensible) Nervenfortsätze und
- periphere Gliazellen (Schwann-Zellen) als Bildner der Myelinscheiden.

Nervenfortsätze leiten die Erregung stets nur in **eine** Richtung. Ein **efferenter** (lat. efferre = herausbringen) **Nerv** sendet nervale Impulse von höheren (ZNS) zu niederen (PNS) Zentren (zentrifugal). Diese Nervenfasern werden, da sie die Erregung an Muskeln leiten, als **motorische Neurone** bezeichnet. Die Kerngebiete der motorischen Neurone liegen für die peripheren Nerven im Ventralhorn des Rückenmarks oder für die Gehirnnerven im Hirnstamm, jeweils innerhalb der grauen Substanz. Dabei steht jede Muskelzelle mit nur einem einzigen Neuron in Verbindung.

**Afferente** (lat. afferre = hinbringen) **Nerven** leiten von Nervenendigungen oder Sinneszellen (Rezeptorzellen) in umgekehrter Richtung, von niedrigeren (PNS) zu höheren (ZNS) Zentren (zentripetal). Im ZNS wird der nervale Reiz als Empfindung bewusst, man spricht daher von einem **sensiblen Neuron**. Die Bezeichnung **sensorisches Neuron** wird heute noch vielfach für die Sinneswahrnehmung des Geruchs-, Geschmacks- oder Tastsinnes verwendet. Diese Unterteilung erscheint hinfällig, da keine Unterschiede in der Reizverarbeitung zwischen sensiblen und sensorischen Neuronen bestehen.

Die meisten Nerven sind sog. **gemischte Nerven**, da diese neben motorischen und sensiblen Faserqualitäten auch Nervenfasern des vegetativen, autonomen (sympathischen und parasympathischen) Nervensystems einschließen. Nervenfasern unterscheiden sich in ihren Durchmessern, in der Dicke ihrer Myelinscheiden und im Abstand der Ranvier-Schnürringe.

Nervenfaserbündel werden außen von **bindegewebigen Hüllen** ummantelt (Endo-, Peri- und Epineurium). Diese Hüllschichten sind gleichzeitig Leitschienen für die Blutgefäße (Vasa nervorum).

### Motorische und sensible Wurzeln

Als **motorische Wurzeln** werden diejenigen efferenten Nervenfasern angesprochen, die in der Ventralwurzel das Rückenmark ver-

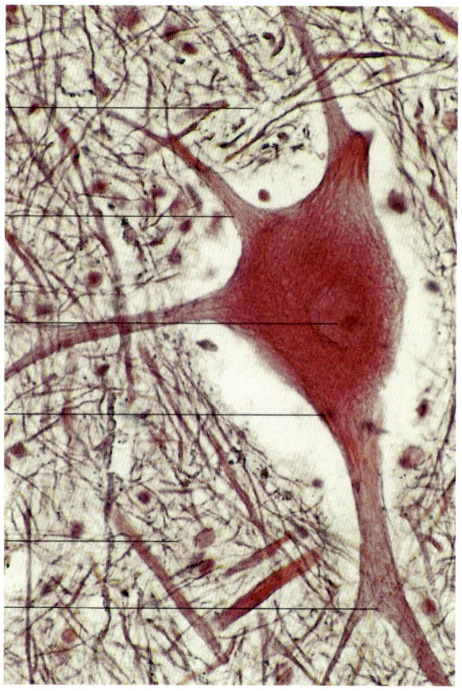


**Abb. E-55.** Histologischer Schnitt durch eine multipolare Nervenzelle aus dem Rückenmark mit Darstellung neurofibrillärer Einschlüsse (Neurotubuli und Neurofilamente).

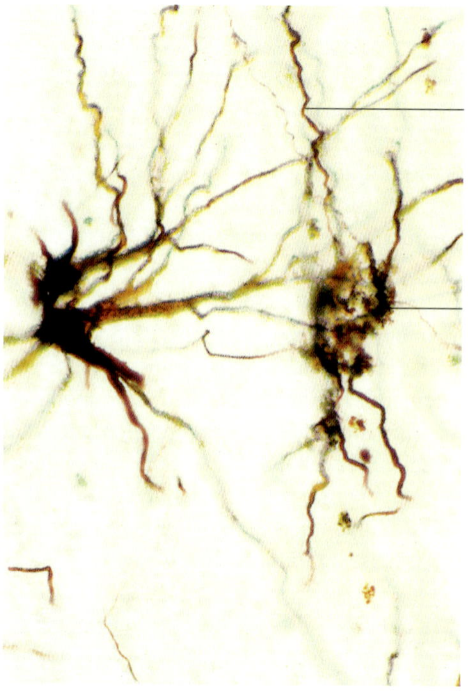


**Abb. E-56.** Histologischer Schnitt durch die Makroglia aus dem Rückenmark (Astrozyten, Langstrahler), Liebich, 2004.

lassen und deren Impulse an die Muskulatur geleitet werden. Demgegenüber verlaufen sämtliche sensiblen Impulse der Körperoberfläche oder tieferer Organe über die Dorsalwurzel des Rückenmarks in das ZNS. Diese Nervenbündel durchlaufen vor Eintritt in das Rückenmark stets ein **sensibles Ganglion (Ganglion spinale)** und treten nachfolgend als sensible Wurzel in das ZNS ein.

Bei einem Reflex werden Erregungen unmittelbar von sensiblen Leitungsbahnen auf motorische umgeschaltet, ohne dass Impulse das Gehirn erreichen. Es können in der Regel mono- und polysynaptische Reflexbögen unterschieden werden.

## Ganglien (Ganglia)

Ganglien sind Ansammlungen von Nervenzellen (Nervenknoten), die sich außerhalb des ZNS befinden. Man unterscheidet:

- **sensible Ganglien**, diese schließen die Perikaryen der sensiblen Neurone ein, und
- **vegetative Ganglien**, die die postganglionären Motoneurone des vegetativen Nervensystems beinhalten.

Sensible Ganglien sind alle Spinalganglien. Diese sind, der segmentalen Gliederung des peripheren Nervensystems folgend, in die sensiblen Dorsalwurzeln (Radices dorsales) eingelagert. Sie liegen beidseitig im Bereich der Zwischenwirbellöcher. Auch treten im Kopfbereich sensible Ganglien (Spinalganglienäquivalente) auf, die mit den Gehirnnerven (V und VII–X) in Verbindung stehen. Meist bilden pseudounipolare Nervenzellen die nervale Grundlage, außen liegen diesen Nervenzellen Mantelzellen als Glia an.

**Vegetative Ganglien** treten im unwillkürlichen Nervensystem als postganglionäre Motoneurone auf. Man unterscheidet:

- **Grenzstrangganglien** (Truncus sympathicus),
- **prävertebrale Ganglien** (2. Neuron der sympathischen Bahnen für die Bauchorgane),
- **parasympathische Ganglien** im Kopfbereich und
- **intramurale Ganglien** in der Wand des Magen-Darm-Kanals (Plexus nervorum submucosus, Plexus nervorum myentericus).

Die vegetativen Ganglien repräsentieren nervale Netzwerke, deren multipolare Neurone synaptisch mit Motoneuronen oder Kollateralbahnen afferenter Faserbündel und inneren Organen verknüpft sind. Dort versorgen diese glatte Muskelzellen der Organe und Gefäße sowie organspezifische Drüsen.

## Somatisches (willkürliches) Nervensystem

Im somatischen Nervensystem, auch als willkürliches oder animalisches Nervensystem bezeichnet, leiten sensible Neurone nervale Impulse der Körperoberfläche und aus dem Bewegungsapparat zum ZNS. Die Reizbeantwortung erfolgt auf sehr unterschiedliche Art und Qualität. Man unterscheidet als Antwort den:

- unbedingten Reflex und den
- bedingten Reflex.

Beim **unbedingten Reflex** erfolgt der nervale Impuls durch einen afferenten, sensiblen Reiz, der beispielsweise durch Dehnung eines Muskels oder einer Sehne (Sensoren) ausgelöst wird. Die Beantwortung dieses Reizes erfolgt über einen einfachen Reflexbogen (Dehnungsreflex, »Sehnenreflex«) auf ein efferentes, motorisches Neuron. Dabei handelt es sich um einen **monosynaptischen Reflex (Eigenreflex)**, der unbewusst, schnell und gleichförmig abläuft (Kniesehnen-, Patellarsehnen- und Achillessehnenreflex).

**Polysynaptische Reflexbögen** treten dann auf, wenn mehrere Neurone, und damit Synapsen, an der Impulsbeantwortung beteiligt sind **(Fremdreflex)**. **Bedingte Reflexe** sind erlernte, erworbene Reflexe (z.B. Pawlow-Hund).

## Vegetatives Nervensystem

Das vegetative Nervensystem dient der Anpassung von Organen und Versorgungssystemen an physiologische Bedingungen und Bedürfnisse und hält damit das innere Milieu des Körpers konstant. Als Beispiele können die Atmung, die Verdauung, das Herz-Kreislauf-System oder die Sexualfunktionen angeführt werden. Darüber hinaus werden Druck- oder Temperaturänderungen wahrgenommen sowie der Sauerstoffgehalt im Blut über viszerosensible Ganglien (Glomus caroticum, Glomus aorticum) erfasst. (Näheres s. Kap. 14 »Nervensystem«.)

Das vegetative Nervensystem kann unterteilt werden in das:

- sympathische Nervensystem (Pars sympathica, Sympathicus),
- parasympathische Nervensystem (Pars parasympathica, Parasympathicus) und
- intramurale (enterische) Nervensystem.

Die Vielfalt der unterschiedlichen Funktionen des vegetativen Nervensystems beruht auf dem Zusammenwirken der beiden **antagonistisch wirkenden Anteile**, dem Sympathicus und dem Parasympathicus.

Der **Sympathicus** hat seine Kerngebiete ausschließlich im **Rückenmark** (thorakolumbale Abschnitte), seine Axone treten gemeinsam mit den motorischen Neuronen aus dem Ventralhorn des Rückenmarks aus und ziehen zum Grenzstrang.

Der **Grenzstrang** (Truncus sympathicus, paarige paravertebrale Grenzstrangganglien) besteht aus Ganglien des Sympathicus beidseitig der Wirbelkörper im **Brust-Lenden-Bereich**. Von dort ziehen sympathische, noch markhaltige Nervenfaserbündel an unpaarige prävertebrale Ganglien und nach Umschaltung auf noradrenerge Neuronen zu den Erfolgsorganen.

Der **Sympathicus** dient der Aktivierung der Lebensfunktionen **(ergotrope, katabole Funktion)**:

- Erhöhung des Blutdrucks,
- Erhöhung der Atem- und Herzfrequenz,
- Verengung der Gefäße (Vasokonstriktion),
- Gewinnung von Glucose (Glykolyse),
- Steigerung der Schweißsekretion, Aufstellen der Haare und Erweiterung der Pupille sowie
- Reduzierung der Verdauungsprozesse.

Als Neurotransmitter wirkt Noradrenalin, als Kotransmitter Neuropeptid Y. Pharmakologisch dienen Sympathomimetika der Reizverstärkung, Sympatholytika heben die Wirkung am Rezeptor weitgehend auf. β-Blocker vermindern die Herzfrequenz und senken durch Gefäßerweiterung den Blutdruck.

Der **Parasympathicus** ist der Gegenspieler des Sympathicus, der größte Teil seiner Fasern verläuft im **Gehirnnerv X (N. vagus)**. Der Parasympathicus hat zwei räumlich weit von einander getrennte Kerngebiete, im **Hirnstamm (kranialer Parasympathicus)** und im **Sakralmark (pelviner Parasympathicus)**.

Die postganglionären Neurone liegen in den parasympathischen Kopfganglien sowie in den prävertebralen und intramuralen Ganglien der Organe. Der **Parasympathicus** wirkt hemmend auf den Energieverbrauch im Körper **(trophotrope Funktionen)** und dient u.a. der:

- Absenkung der Atem- und Herzfrequenz bis auf Basiswerte,
- Verengung der Bronchen,
- Verengung der Pupille,
- Steigerung der Verdauungsprozesse und
- Steigerung des Stoffwechsels.

Als Neurotransmitter wirkt Acetylcholin, als Kotransmitter z.B. »vasoaktives intestinales Peptid« (VIP). Das bekannteste Parasympatholytikum ist das Alkaloid Atropin, dieses erweitert, lokal appliziert, die Pupille.

Das **intramurale System** liegt in der Wand des Magen-Darm-Trakts, es ist unabhängig vom sympathischen und parasympathischen Nervensystem. Man unterscheidet zwischen zwei Plexus:

- Plexus nervorum submucosus (Meissner-Plexus) in der Tela submucosa,
- Plexus nervorum myentericus (Auerbach-Plexus) in der Tunica muscularis.

Der Meissner-Plexus steuert zusammen mit den sympathischen und parasympathischen Nervengeflechten die Resorption und die Sekretion der Magen-Darm-Wand, der Auerbach-Plexus die Darmmotilität.

In diesen Plexus sind multipolare Nervenzellen zu Ganglien vernetzt (Plexus entericus), nichtmyelinisierte Fasern werden zu Interneuronen ($10^7$ bis $10^8$) verknüpft. Als Neurotransmitter dienen u.a. Noradrenalin, Serotonin und Acetylcholin.

## Nervale Informationsübertragung

### Synapsen

Entscheidend für die Funktionsfähigkeit komplexer nervaler Zellsysteme ist die Ausbildung von Verbindungsstellen zwischen Nerven-, Muskel- und Drüsenzellen, sogenannte **Synapsen**. Darunter versteht man die Kontaktstelle zwischen zwei Neuronen oder die zwischen einem Neuron und einer anderen Zelle (Muskel- oder Drüsenzelle). Eine Nervenzelle kann über nur wenige hunderte oder viele tausende von Synapsen verfügen: Über eine Synapse können Informationen anliegender Zellen ausgetauscht werden, sie können hemmend (inhibitorisch) oder erregend (exzitatorisch) wirken.

An einer Synapse unterscheidet man:

- das präsynaptische Neuron (synaptisches Endknöpfchen, Endkolben, Bouton) mit präsynaptischer Membran,
- den synaptischen Spalt,
- das postsynaptische Neuron mit postsynaptischer Membran.

Die synaptischen Endkolben sind in den verschiedenen Gewebsarten unterschiedlich differenziert. Man unterscheidet:

- neurosensorische Synapsen (im Gehör- oder Geschmackssinn),
- neuroglanduläre Synapsen (z.B. in endo- und exokrinen Organen),
- interneuronale Synapsen zwischen Soma, Dendriten oder Axonen eines Neurons und
- neuromuskuläre Synapsen (motorische Endplatten).

**Neuroglanduläre Synapsen** werden auch als neuroepitheliale Synapsen bezeichnet. Diese fördern bzw. hemmen zusammen mit Hormonen die Drüsensekretion. Parasympathische Nervenfasern fördern, sympathische hemmen beispielsweise die Speichelsekretion.

**Neuromuskuläre Synapsen** sind für die Erregungsübertragung auf die Skelettmuskulatur von besonderer Bedeutung. Bei diesem Rezeptortyp wirkt als Neurotransmitter Acetylcholin, das am postsynaptischen Rezeptor eine Depolarisation hervorruft **(exzitatorische Synapse)**. Dabei verzweigt sich das axonale Motoneuron in kleinere Äste und bildet **terminale Endknöpfchen (Boutons)** aus. Die Abgabe des Neurotransmitters erfolgt durch Exozytose in den synaptischen Spalt. Der Neurotransmitter bewirkt – durch die Bindung an den Rezeptor der postsynaptischen Membran – einen depolarisierenden Ioneneinstrom in die Muskelzelle. Toxine können diese spezifischen Interaktionen hemmen (z.B. Tetanustoxin, Botulinum-Neurotoxine).

Die Signalübertragung zwischen Zellen erfolgt generell entweder durch Herabsetzung des Membranwiderstands auf elektrischem Weg (»elektrische« Synapsen, kommunizierende Verbindungen, Nexus) oder chemisch durch Freisetzung von Neurotransmittern (z.B. Acetylcholin, Noradrenalin, Dopamin, Serotonin).

**Acetylcholin (cholinerge Rezeptoren)** und **Noradrenalin (adrenerge Rezeptoren)** sind die wichtigsten Neurotransmitter.

**Cholinerge Rezeptoren** treten in den motorischen Endplatten, sämtlichen parasympathischen Synapsen, den postganglionären Synapsen der Schweißdrüsen und der arteriovenösen Anastomosen sowie im Zentralnervensystem auf. Durch Blockade des cholinergen Rezeptors in der motorischen Endplatte, beispielsweise durch Curare, tritt eine Erschlaffung der gesamten Skelettmuskulatur ein, ein Mechanismus, der auch zur Narkose verwendet werden kann.

**Adrenerge Rezeptoren** lassen sich in Alpha- und Betarezeptoren untergliedern, sie wirken als $\alpha_1$-Rezeptoren vasokonstriktorisch, als $\alpha_2$-Rezeptoren vasodilatatorisch. $\beta_1$-Rezeptoren beschleunigen die Herz- und Darmtätigkeit, $\beta_2$-Rezeptoren wirken hemmend an den Bronchien und an der glatten Muskulatur. Besetzt man Rezeptoren mit nicht erregenden Substanzen (»Rezeptorblocker«), so können Neurotransmitter nicht wirksam werden. Sog. »Betarezeptorenblocker« hemmen die akzelerierende Wirkung der $\beta_1$-Rezeptoren am Herzen, sie werden seit längerem beim Menschen pharmakologisch zur Behandlung von Bluthochdruck eingesetzt.

**Neuromodulatoren** (Kotransmitter) beeinflussen (z.B. Substanz P, Endorphine, Neuropeptid Y, Somatostatin) längerfristig die nervale Erregbereitschaft. Nach Ablauf einer Erregung muss der Neurotransmitter so rasch wie möglich inaktiviert werden. Andernfalls tritt eine unkontrollierte Dauerdepolarisation des postsynaptischen Neurons durch Akkumulation des Transmitters ein, das im Fall der neuromuskulären Endplatte zu einer Lähmung des Erfolgsorgans führen kann. Die Inaktivierung der synaptischen Erregung erfolgt durch enzymatischen Abbau des Transmitters im Synapsenspalt, beispielsweise durch Acetylcholinesterase, oder durch Recycling der Transportvesikel oder durch Abbau und Inaktivierung durch angrenzende Gliazellen.

## Schranken im Zentralnervensystem

Im Zentralnervensystem sind biologische Schranken ausgebildet, die ein Überteten von Bestandteilen des Blutes in das Nervengewebe kontrollieren. Hirnwasser (Liquor cerebrospinalis) und Blutserum unterscheiden sich in ihrer Zusammensetzung, ein selektiver Stoffaustausch zur Ernährung und Entgiftung angrenzender Gewebe ist jedoch für die Erhaltung nervaler Funktionen unabdingbar. Man unterscheidet:

- Blut-Hirn-Schranke,
- Blut-Liquor-Schranke.

Die **Blut-Hirn-Schranke** wird von den Endothelzellen der Kapillaren gebildet, die ungehindert allein die Passage fettlöslicher Stoffe zulassen. Wasserlösliche Stoffe (Glucose oder Aminosäuren) werden, rezeptorvermittelt an Transportmoleküle gebunden, transendothelial weitergegeben.

Die **Blut-Liquor-Schranke** wird von den Ependymzellen des Adergeflechts (Plexus choroideus) in den Binnenräumen des Gehirns (Ventriculi cerebri) gebildet. Die Ableitung des Hirnwassers erfolgt über die Subarachnoidalräume der Gehirnhäute. Die Barriere-Funktion entspricht der Blut-Hirn-Schranke.

Im peripheren Nervensystem tritt ebenfalls eine Schranke auf, die **Blut-Nerven-Schranke**. Diese stellt als Diffusionsbarriere eine semipermeable Grenzschicht zwischen der inneren, bindegewebigen Schicht, dem Endoneurium, und dem perinervalen Bindegewebe dar.

# 1 Skelett des Stammes (Skeleton axiale)

H.-G. Liebich und H. E. König

Das Skelett des Stammes setzt sich zusammen aus:

- den **knöchernen Teilen des Kopfes (Kopfskelett)**, d.h. dem **Schädel**, mit seinen Hauptbestandteilen:
  - Hirnschädel (Cranium, Neurocranium) und
  - Gesichtsschädel (Facies, Viscerocranium),
- der **Wirbelsäule (Columna vertebralis)** und
- dem **Brustkorb (Skeleton thoracis)**.

## Knöcherne Teile des Kopfes (Kopfskelett, Schädel)

Der Schädel fügt sich aus einer Vielzahl meist paariger Einzelknochen zu einem in sich starren Hohlraumsystem zusammen, welches das Gehirn, den Gesichts-, Hör- und Gleichgewichtssinn sowie den Geruchs- und Geschmackssinn einschließt. Zusätzlich umfasst der Schädel obere Teile des Atmungs- und Verdauungsapparats. Freie Knochenflächen dienen der Kau- und Gesichtsmuskulatur als Ursprung und Ansatz. Die Einzelknochen des Kopfes sind vorzugsweise durch Knochennähte (Suturae) fest miteinander zum **Oberschädel** (Schädel im eigentlichen Sinn) verbunden; diesem sind der **Unterkiefer (Mandibula)** und der **Zungenbeinapparat (Apparatus hyoideus)** beweglich angelagert (Abb. 1-1, 2, 26ff. u. 30ff.).

Nur der kleinere Teil der Schädelknochen gehört dem **Achsenskelett** an, während die Mehrzahl den auf den Kopf beschränkten Überrest eines Hautskeletts bildet. Bei den Haussäugetieren bilden durch chondrale Ossifikation die dem Achsenskelett zugeordneten Knochen (**Primordial-** oder **Ersatzknochen**) vorzugsweise die basalen Teile der Schädelhöhle, reichen jedoch auch in den Gesichtsschädel. Durch desmale Ossifikation wird die ganze Schädeldecke gebildet (**Deck-** oder **Belegknochen**).

Die **Einzelknochen** entwickeln sich aus unabhängigen Ossifikationszentren, die bei jungen Tieren meist bindegewebig, seltener knorpelig miteinander verbunden sind. Dieses Konstruktionsprinzip ermöglicht eine dynamische Anpassung des Schädels während des postnatalen Wachstums. Der Gesichtsschädel ist wegen des beim Neugeborenen noch unentwickelten Kauapparats, der geringen Ausdehnung der Nebenhöhlen und der Nasenhöhlen noch relativ klein. Bereits frühzeitig setzen jedoch harmonisch ablaufende Entwicklungsvorgänge ein, die sich nach unterschiedlichen Gesetzmäßigkeiten vollziehen. Diese umfassen primär die Entwicklung des Schädeldachs, ferner die Ausprägung der Eigenform der Einzelknochen, das Wachstum des Schädels, vielfach geprägt durch die Entwicklung der Zähne und die Ausbildung der Nebenhöhlen sowie die Streckung der Schädelbasis nach den für jede Tierart charakteristischen Merkmalen. Der Prozess der Umformung der Einzelknochen ist langwierig und dauert in kleinsten Bereichen funktionsbedingt lebenslang an.

## Wirbelsäule

Die knöchernen Teile der Wirbelkörper gehen aus dem axialen, perichondralen Mesenchym der **Stammzone (Sklerotom)** hervor, das in umgewandelter Form in Restabschnitten als **Zwischenwirbelscheiben (Disci intervertebrales)** erhalten bleibt. Dorsal schließt sich die Mesenchymanlage der Wirbelkörper zu einem knöchernen Bogen und bildet unter Einschluss des Rückenmarks das zentrale **Wirbelloch (Foramen vertebrale)**.

Die Wirbel stehen untereinander durch Gelenkfortsätze und Bänder in Verbindung. Durch das segmentale Aneinanderreihen der Wirbel vom großen **Hinterhauptsloch des Schädels (Foramen magnum)** bis zum Ende des **Wirbelkanals des Kreuzbeins (Canalis sacralis)** baut sich ein durchgehender **Wirbelkanal (Canalis vertebralis)** auf, der neben dem Rückenmark (Medulla spinalis) und seinen Hüllen (Meninges) auch austretende Rückenmarksnerven (Nervi spinales), Gefäße und Bindegewebe einschließt. Die einzelnen Wirbel liegen einander jedoch nicht geschlossen an, sondern lassen zum Durchtritt der Rückenmarksnerven seitlich in Zwischenräumen Spalten (Spatia intervertebralia) offen.

Die Wirbelsäule weist in ihrem Verlauf **drei Krümmungen** auf, nämlich die:

- dorsal-konvexe Kopf-Hals-Krümmung,
- dorsal-konkave Hals-Brust-Krümmung,
- dorsal-konvexe Brust-Lenden-Krümmung.

Die Wirbelsäule unterstützt die Körperachse und nimmt im Mechanismus des Bewegungsapparats als Wirbelbrücke mit der Funktion eines Brückenbogens eine zentrale Stellung zwischen den als Pfeilerpaare wirkenden Schulter- und den Beckengliedmaßen ein. Im Bereich der ersten Brustwirbel ist die Wirbelsäule über die Rippen bis zum Brustbein gestützt, die ihrerseits zusammen mit der seitlichen Brustwand zur Schulterextremität durch Muskeln und Sehnen in Verbindung treten. Dieses Prinzip gewährleistet der Wirbelsäule bei großer Stabilität ein hohes Maß an Elastizität und Beweglichkeit. Im Beckenbereich steht dagegen die Wirbelsäule über die **Kreuzbeinflügel (Alae sacrales)** mit dem **Darmbein (Os ilium)** in

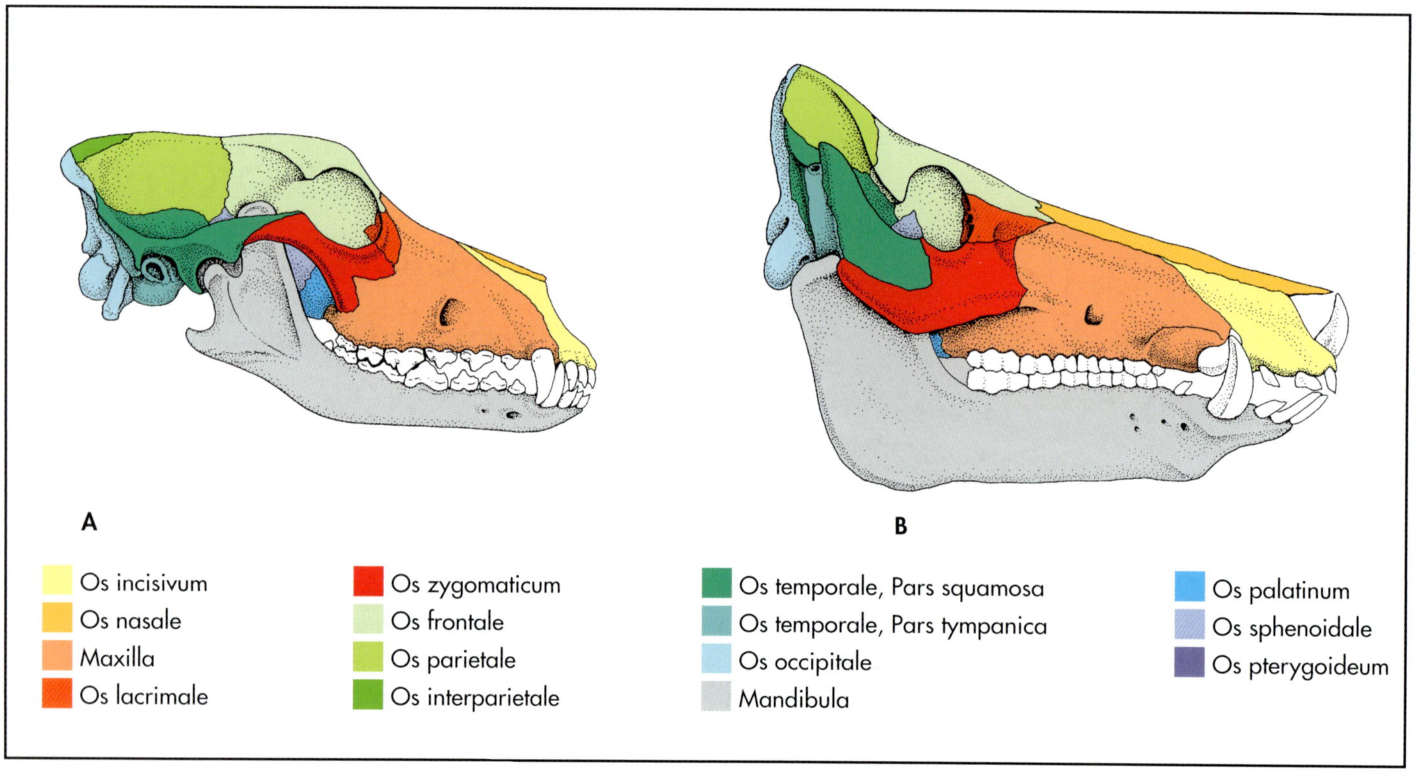


**Abb. 1-1.** Schematische Darstellung der Knochen des Schädels und des Unterkiefers von rechts (**A** Hund und **B** Schwein), nach Ellenberger und Baum, 1943.

fester Verbindung; die Kraft wird hier durch das Hüftgelenk und durch die starke Bemuskelung des Beckens und der Kruppen direkt auf die Beckengliedmaße übertragen.

Die Wirbelsäule erfüllt unter funktionellen Aspekten darüber hinaus eine Vielzahl weiterer Aufgaben. Zur Beibehaltung der Körperhaltung übernimmt sie statische Funktionen, bei der die einzelnen Wirbelkörper gegeneinander zeitweise sehr wenig bewegt werden. Andererseits bilden sie die Grundlagen für die Mobilität des Rückens und erfüllen damit kinematische und dynamische Funktionen, einschließlich der Dämpfung und Weiterleitung von mechanischen Stößen beim Gehen, Laufen oder Springen. Dabei stellt die kleinste statische und dynamische Funktionseinheit das »Bewegungssegment« dar, bestehend aus dem funktionellen Zusammenwirken zweier benachbarter Wirbelkörper, den Zwischenwirbelscheiben, den Wirbelbogengelenken und den anliegenden Bändern einschließlich der Muskulatur. Kleinste strukturelle Veränderungen dieses Mechanismus können bereits zu erheblichen Funktionsstörungen des gesamten Bewegungsablaufs führen.

Die Beweglichkeit ist in den einzelnen Abschnitten der Wirbelsäule sehr verschieden. Während die Wirbelsäule im Bereich des Kreuzbeins nahezu unbeweglich ist, bleiben die Schwanzwirbel relativ flexibel. Im Bereich der Brust- und Lendenwirbel (»Wirbelbrücke«) sind Bewegungen nach drei Seiten möglich. Dabei wird in der Medianebene ein augenscheinliches Krümmen und Einbiegen des Rückens sowie eine Seitenbewegung trotz geringer Beweglichkeit der Einzelgelenke in derselben Richtung summiert. Die Halswirbelsäule ist dagegen in der Medianebene und nach der Seite sehr beweglich.

## Brustkorb (Thorax)

Der Brustkorb (knöcherner Thorax) wird von den **Brustwirbeln (Vertebrae thoracicae)**, den **Rippen (Costae)** und dem **Brustbein (Sternum)** gebildet. Diese stellen den knöchernen Anteil der Thoraxwand dar, sie werden funktionell von einer Reihe von Bändern, Knorpelverbindungen und Gelenken verbunden und durch Muskeln in Spannung gehalten. Die Rippen sind mit einem Spanngerüst vergleichbar, die einen Raum, die **Brustkorbhöhle (Cavum thoracis)**, seitlich begrenzen. Der Thorax der Haussäugetiere weist die Form eines bilateral abgeplatteten Kegels auf, dessen Spitze kranial und dessen Basis kaudal weist, er besitzt eine **vordere** und **hintere Öffnung (Apertura thoracis cranialis** et **caudalis)**.

# Skelett des Kopfes, Schädel

## Knochen des Hirnschädels (Ossa cranii)

Die Knochen des Hirnschädels umfassen die **Schädelhöhle (Cavum cranii)**, die das Gehirn mit seinen Hüllen und die zur Versorgung notwendigen Gefäße einschließt. Diese knöcherne Wand setzt sich aus zahlreichen Einzelknochen zusammen, die in tierartlich z.T. sehr unterschiedlicher Weise ausgebildet sind. Dies gilt sowohl für die verschiedenen Haussäugetiere (Spezies und Rasse) als auch in Hinblick auf differierendes Alter und Geschlecht. Nachfolgend soll ein allgemein gültiges Bauprinzip dargestellt werden, wobei entscheidende tierartliche Besonderheiten gesondert hervorgehoben werden. Die Wände der Schädelhöhle bestehen bei allen Haussäugetieren aus verschiedenen Knochen:

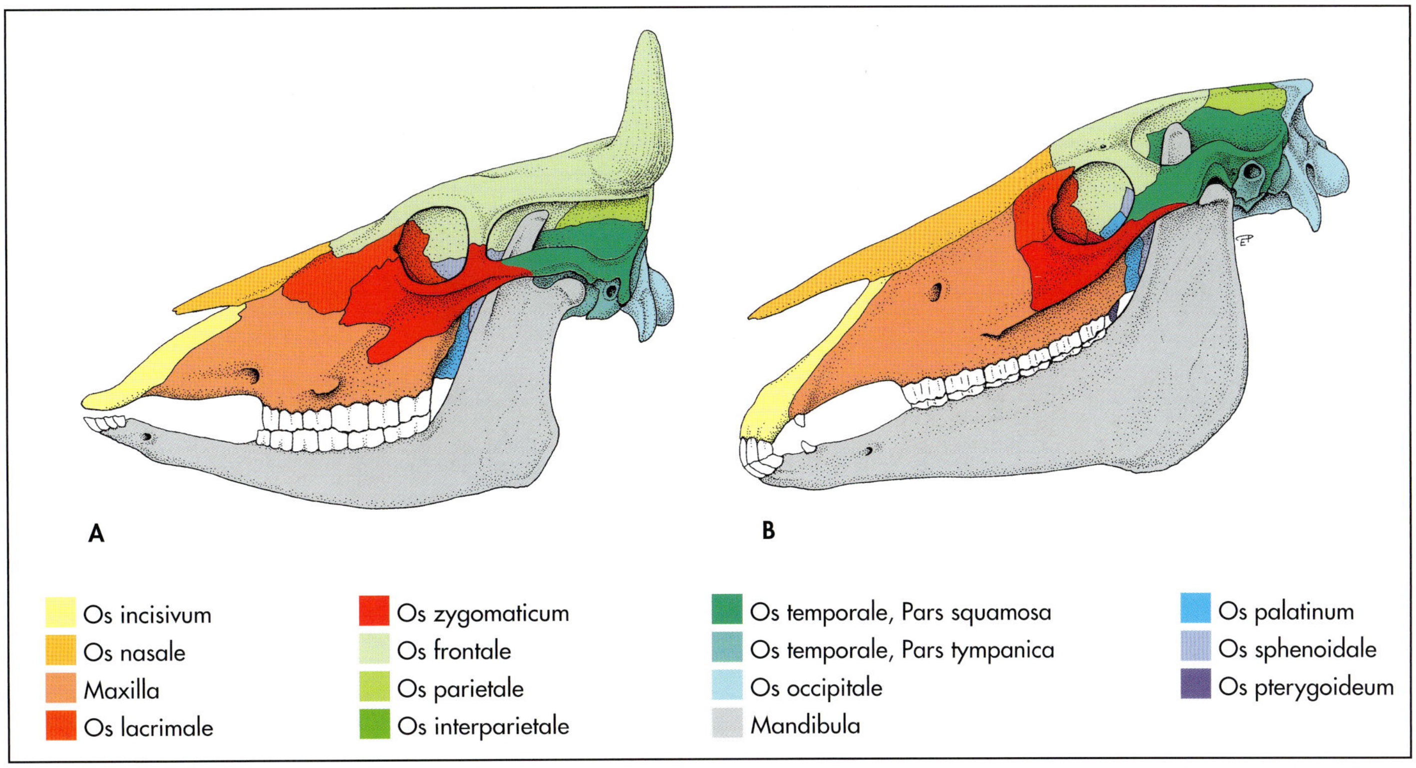


**Abb. 1-2.** Schematische Darstellung der Knochen des Schädels und des Unterkiefers von links (**A** Rind und **B** Pferd), nach Ellenberger und Baum, 1943.

- die **Bodenwand** aus:
  - dem unpaarigen Hinterhauptsbein (Os occipitale) mit seinem basalen Teil (Pars basilaris) und
  - den unpaarigen Keilbeinen (Os basisphenoidale und Os praesphenoidale),
- die **Genickwand** aus:
  - dem unpaarigen Hinterhauptsbein (Os occipitale) mit seiner Schuppe (Squama occipitalis) und seinen Seitenteilen (Partes laterales),
- die **Seitenwände** aus:
  - dem paarigen Schläfenbein (Os temporale),
- die **Dachwand** aus:
  - dem paarigen Stirnbein (Os frontale),
  - dem paarigen Scheitelbein (Os parietale) und
  - dem unpaarigen Zwischenscheitelbein (Os interparietale) und
- die **Nasenwand** aus:
  - dem unpaarigen Siebbein (Os ethmoidale).

## Hinterhauptsbein (Os occipitale, Okziput, Hinterhaupt)

Das Hinterhauptsbein bildet die Nackenwand des Schädels, es können an ihm der basale Körper, die Schuppe und die beiden Seitenstücke unterschieden werden (Abb. 1-1 bis 4). Das Okziput umschließt das große Hinterhauptsloch (For. magnum), den Ausgang der Schädelhöhle in den Rückenmarkskanal.

Der **Körper (Pars basilaris)** liegt rostral des Foramen magnum (Abb. 1-4), er ist mit dem Keilbein (Basisphenoid) durch eine knorpelige Naht verbunden und bildet den hinteren Abschnitt der Schädelbasis. Die Außenfläche bietet paarig mit je einem **Tuberculum musculare** ausgeprägte Ansatzstellen für Kopfbeugemuskeln, die Innenfläche weist in der **hinteren Schädelgrube (Fossa cranii caudalis)** Vertiefungen (Impressiones pontinae et medullares) für die Brücke (Pons) des Gehirns und für das verlängerte Mark (Medulla oblongata) auf (Abb. 1-5). Seitlich der Pars basilaris an der Grenze zur Bulla tympanica öffnet sich das **Foramen jugulare**. Bei Schwein und Pferd bildet der scharfe Seitenrand des Körpers mit der Pars petrosa des Schläfenbeins die tiefe Fissura petro-occipitalis sowie das Foramen lacerum (Abb. 1-44 u. 45).

Die **Schuppe (Squama occipitalis)** liegt oberhalb des Foramen magnum den beiden **Gelenkknorren (Condyli occipitales)** und den **paarigen Seitenstücken (Partes laterales ossis occipitalis)** dorsal auf und schließt den Schädel nuchal ab (Abb. 1-3 u. 4). An seiner **Außenfläche (Lamina externa)** ist meist ein scharf begrenzter, leistenartiger **Genickkamm (Crista nuchae)** (Abb. 1-4, 11 u. 12), bei Wiederkäuern hingegen eine ausgeprägte **Nackenlinie (Linea nuchae)** ausgebildet. Die Crista nuchae ist gut palpierbar und dient in Verbindung mit dem 1. Halswirbel der Orientierung zur Gewinnung von Liquor cerebrospinalis (Cisterna cerebellomedullaris).

Aus dem Genickkamm zieht in der Medianen des Schädels bei Fleischfressern und Pferd ein markanter **Scheitelkamm (Crista sagittalis externa)** (Abb. 1-4, 11 u. 12). Zur Schädelbasis hin breitet sich keilförmig flächenhaft der **Hinterhauptsstachel (Protuberantia occipitalis externa)** zur Anheftung des **Nackenbands (Lig. nuchae)** bei Wiederkäuern und Pferd aus (Abb. 1-15), von welchem zum Foramen magnum bei Fleischfressern eine undeutliche Crista occipitalis externa zieht (Abb. 1-4).

An seiner **Innenfläche (Lamina interna)** treten flache Vertiefungen als Abdrücke des Kleinhirns (Impressiones vermiales) oder von basalen Blutgefäßen (Sulci sinus transversi) auf, zusätzlich ist eine raue **Erhebung (Protuberantia occipitalis interna)** bei Schwein

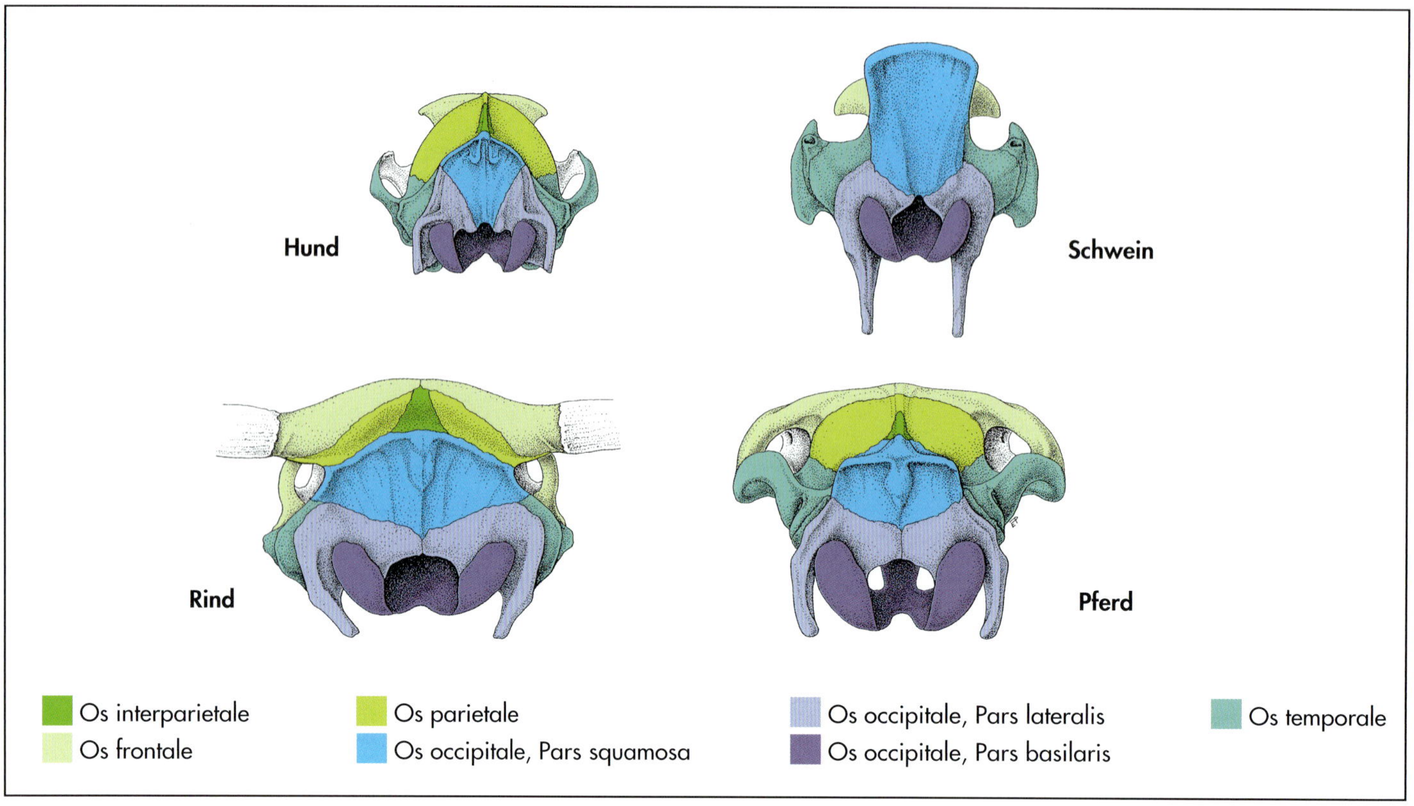


**Abb. 1-3.** Schematische Darstellung der Nackenwand des Schädels von Hund, Schwein, Rind und Pferd, nach Ellenberger und Baum, 1943.

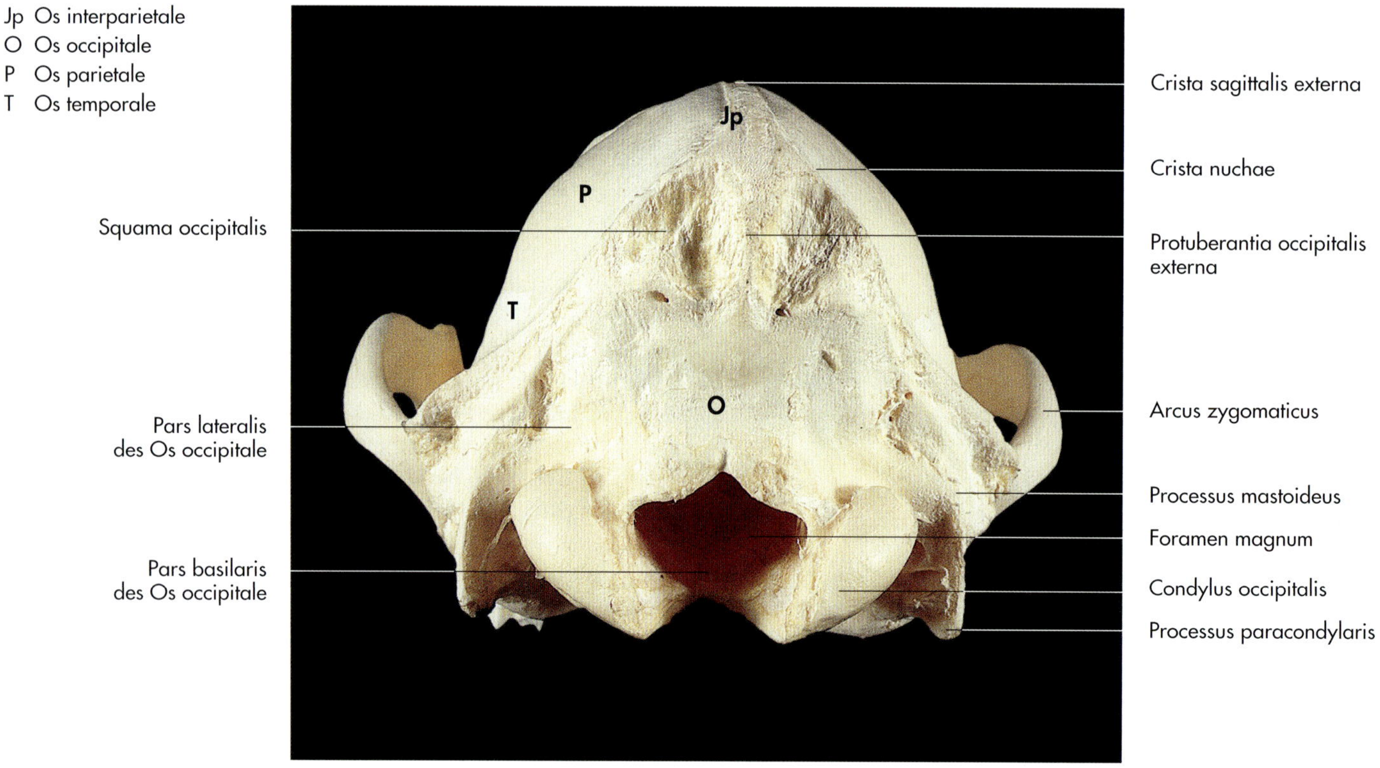


**Abb. 1-4.** Nackenwand des Schädels eines Hundes (Kaudalansicht).

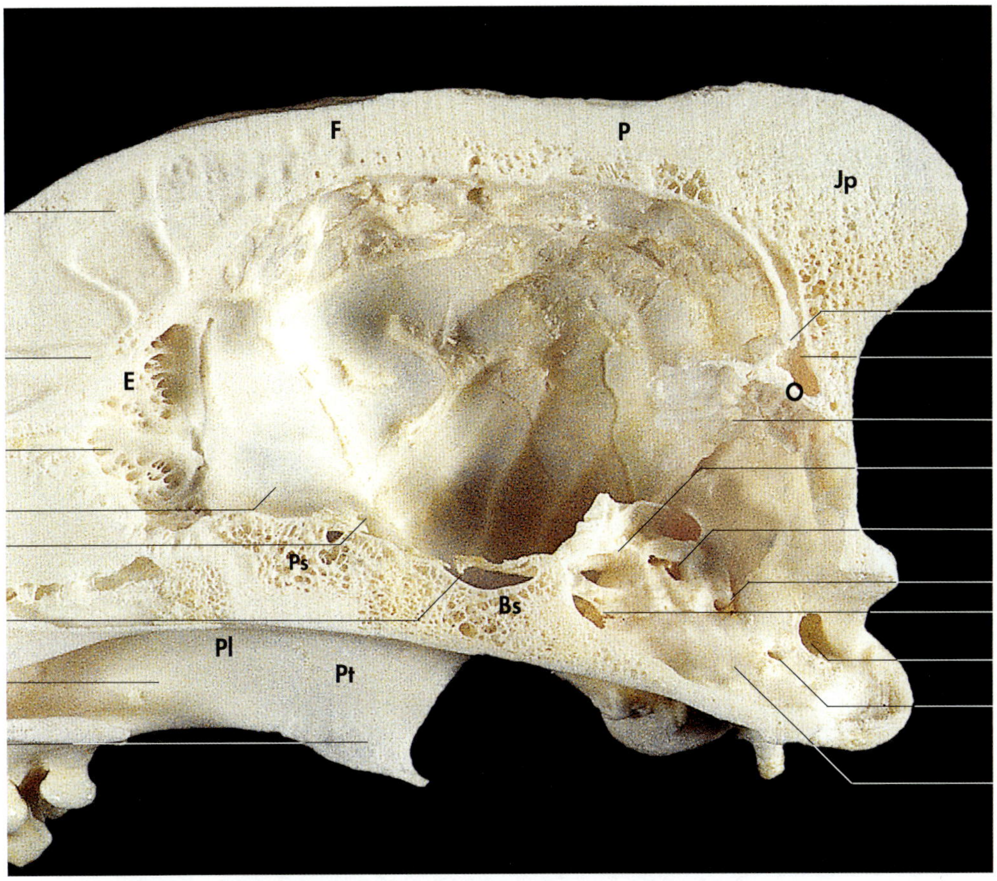


Bs Os basisphenoidale
E Os ethmoidale
F Os frontale
Jp Os interparietale
O Os occipitale
P Os parietale
Pl Os palatinum
Ps Os praesphenoidale
Pt Os pterygoideum

**Abb. 1-5.** Knochen des Hirnschädels eines Hundes (Medialansicht der rechten Hälfte).

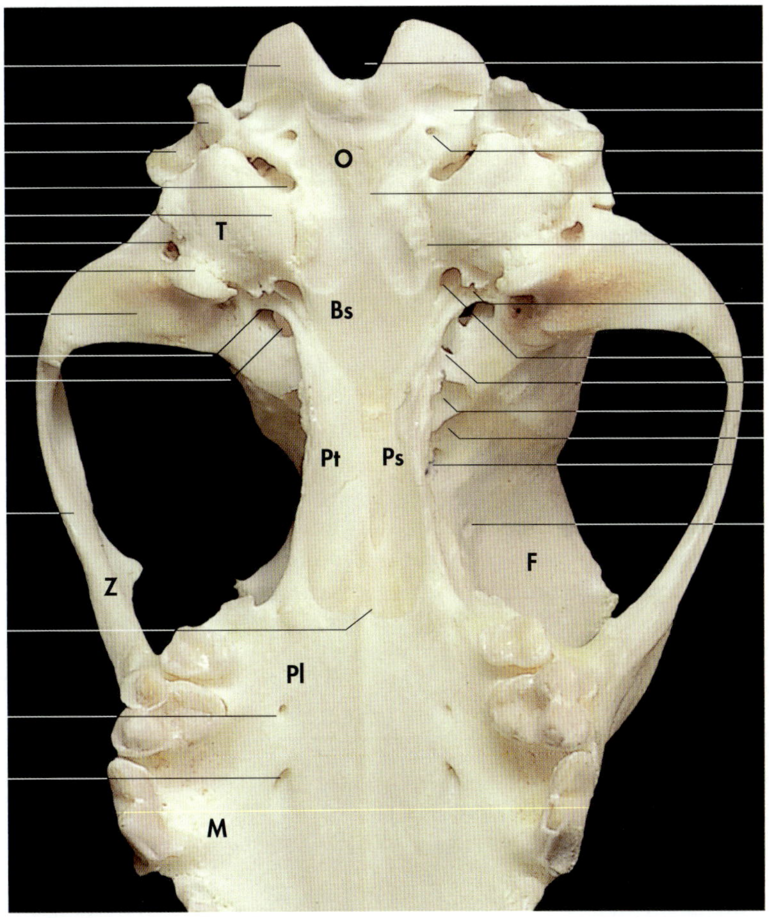


Bs Os basisphenoidale
F Os frontale
M Maxilla
O Os occipitale
Pl Os palatinum
Ps Os praesphenoidale
Pt Os pterygoideum
T Os temporale
Z Os zygomaticum

**Abb. 1-6.** Knochen des Hirnschädels eines Hundes (Ventralansicht).

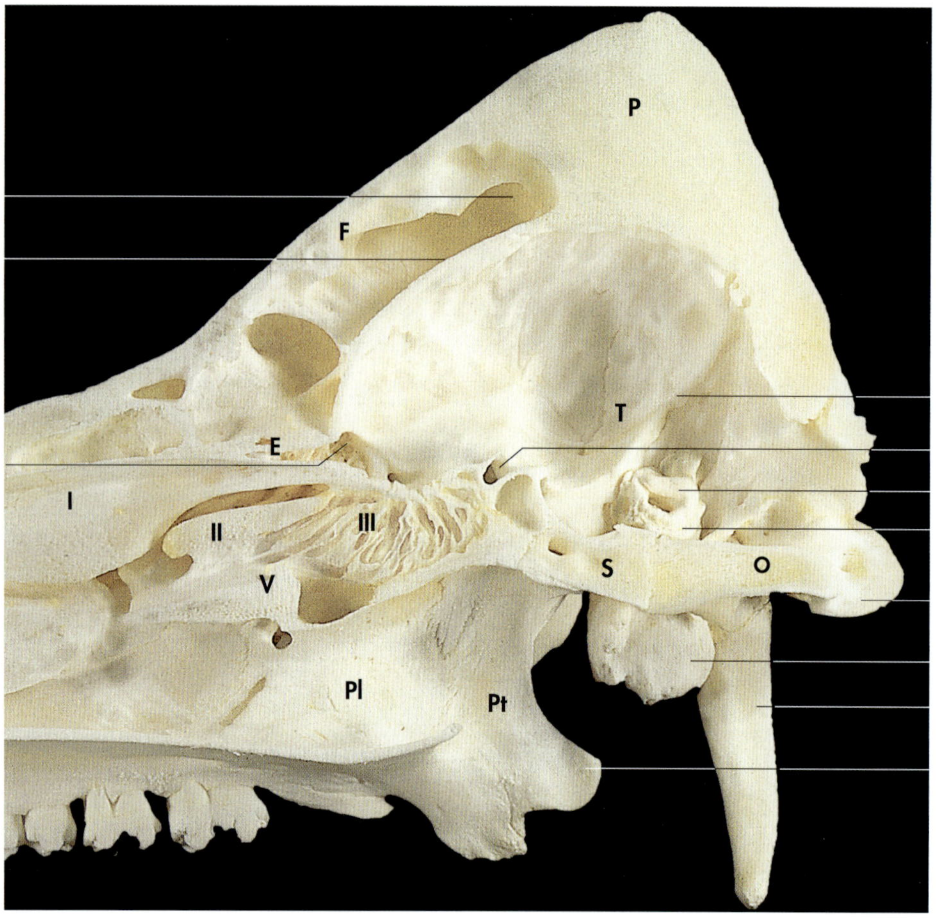


**Abb. 1-7.** Knochen des Hirnschädels eines Schweines (Medialansicht der rechten Hälfte).

und Wiederkäuern oder bei Fleischfressern und Pferd der ausgeprägte **Sichelfortsatz (Processus tentoricus)** als Teil des **knöchernen Kleinhirnzelts (Tentorium cerebelli osseum)** entwickelt (Abb. 1-5 u. 13). Die **Seitenstücke (Partes laterales)** liegen dem Hinterhauptsloch seitlich mit den **Gelenkknorren (Condyli occipitales)** an, die die Artikulationsflächen zu den kranialen Gelenkgruben des 1. Halswirbels am Atlantookzipitalgelenk bilden (Abb. 1-4, 6 u. 7).

Seitlich der Gelenkknorren sind paarig kräftige **Fortsätze (Processus paracondylares)** als Ansatzstellen für die Muskulatur der Beweger des Kopfes entwickelt, die v.a. beim Schwein lang ausgeprägt sind, kürzer bei Wiederkäuern und Pferd und knopfartig bei Fleischfressern (Abb. 1-4, 6 u. 7). Der **Drosselfortsatz (Processus paracondylaris)** entspricht rudimentär einem transversalen Wirbelfortsatz. Zwischen dem Gelenkknorren und dem Proc. paracondylaris liegt die tiefe Fossa condylaris ventralis (Abb. 1-6, 8 u. 14), von der aus der Zugang zum **Canalis nervi hypoglossi** als Durchtritt des N. hypoglossus erfolgt. Dorsal des Foramen magnum schließt sich plattenartig die Fossa condylaris dorsalis an.

## Keilbein (Os sphenoidale)

Das Keilbein bildet die vorderen Abschnitte des Bodens der Schädelhöhle und ist zusammengesetzt aus zwei gleichartigen Segmenten, dem **nasalen vorderen Keilbein (Os praesphenoidale)** und dem **nuchalen hinteren Keilbein (Os basisphenoidale)** (Abb. 1-1, 2, 6 u. 8). Beide Knochen bestehen median jeweils aus dem **Körper (Corpus ossis sphenoidalis)** und seitlich jeweils aus den **Flügeln (Alae ossis sphenoidalis)**. Beim Menschen verbinden sich diese beiden Knochen bereits in frühen Jahren zu einem einheitlichen Keilbein. Bei den Haussäugetieren bleiben diese anfänglich durch eine knorpelige Naht getrennt, die erst später verknöchert. Sie werden daher als zwei getrennte Knochen angesehen.

### Vorderes Keilbein (Os praesphenoidale)

Der Körper des vorderen Keilbeins (Corpus ossis praesphenoidalis) formt zusammen mit seinen Flügeln die knöchernen Teile der **vorderen Schädelgrube (Fossa cranii rostralis)** und überragt am Schädelboden das Basisphenoid (Abb. 1-9). Der Körper ist pneumatisiert, er enthält die durch ein Septum unvollständig getrennten **paarigen Keilbeinhöhlen (Sinus sphenoidales)** (Abb. 1-13). Rostral entlässt der Keilbeinkörper einen **schnabelartigen Fortsatz (Rostrum sphenoidale),** der sich bis zum Siebbein vorschiebt. Im kaudalen Bereich liegt die **Rinne für die Sehnervenkreuzung (Sulcus chiasmatis)**, von der aus jeweils über die beidseitigen Flügel des Keilbeins der knöcherne **Canalis opticus** für den Durchtritt des Sehnerven zur Augenhöhle führt (Abb. 1-7 u. 9).

Die **Flügel des vorderen Keilbeins (Alae ossis praesphenoidalis)** sind mit ihren Außenflächen am knöchernen Teil der Augenhöhle und des Canalis opticus, mit ihren Innenflächen an der Bildung der Schädelhöhle beteiligt.

### Hinteres Keilbein (Os basisphenoidale)

Der Körper des hinteren Keilbeins (Corpus ossis basisphenoidalis) formt zusammen mit seinen Flügeln die **mittlere Schädelgrube**

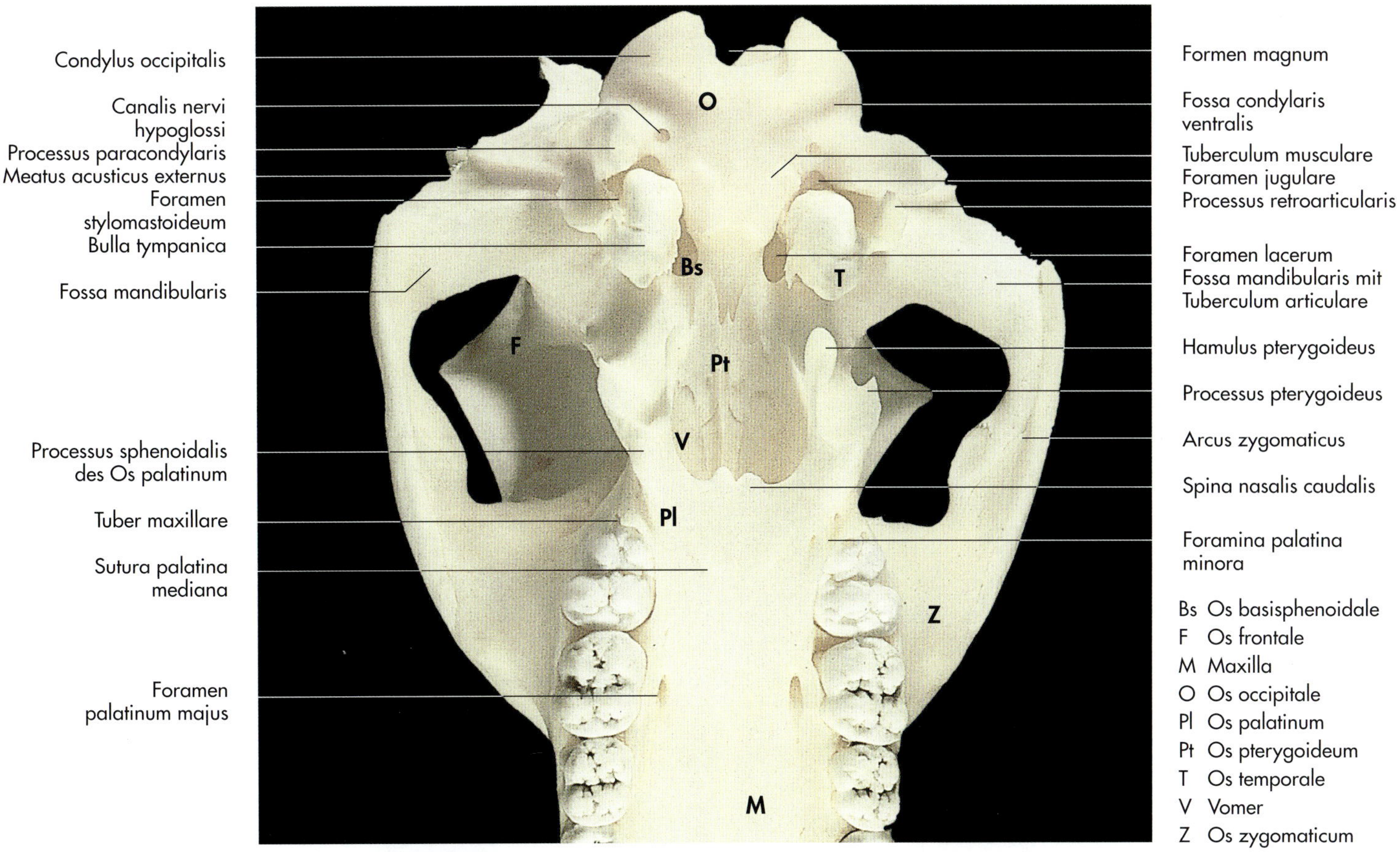


**Abb. 1-8.** Knochen des Hirnschädels eines Schweines (Ventralansicht).

**(Fossa cranii media),** die den rostral gelegenen Türkensattel (Sella turcica), die Hirnanhangsgrube (Fossa hypophysialis) und kaudal (Ausnahme Pferd) die erhöhte Sattellehne (Dorsum sellae turcicae) einschließt (Abb. 1-9).

Die **Flügel des hinteren Keilbeins (Alae ossis basisphenoidalis)** weisen flächige Anteile zum Gehirn (Facies cerebralis), zum Schläfenbein (Facies temporalis), zum Oberkieferbein (Facies maxillaris) und zur Augenhöhle (Facies orbitalis) auf. Die Fossa piriformis nimmt die Lobi piriformes des Gehirns auf.

Der kaudale Rand eines jeden Flügels ist tierartlich unterschiedlich mit an der Bildung von Spalten bzw. Löchern beteiligt, die dem Durchtritt von Nerven und Gefäßen dienen. Beim Pferd wird der Vorderrand des **Foramen lacerum** in eine medial gelegene **Incisura carotica** zum Durchtritt der A. carotis interna, eine lateral folgende **Incisura ovalis** für den N. mandibularis und eine **Incisura spinosa** für die A. meningea media unterteilt (Abb. 1-45). Bei Fleischfressern ist an Stelle des For. lacerum ein **Foramen ovale**, ein **Canalis caroticus** und ein **Foramen spinosum** ausgebildet, bei Wiederkäuern allein ein Foramen ovale (Abb. 1-6 u. 15).

Rostral des Basisphenoids entspringt beidseitig der **Flügelfortsatz (Processus pterygoideus)** (Abb. 1-8), der rostroventral verlaufend in Verbindung mit dem Gaumen- und Flügelbein den **knöchenern Rachenraum (Choane)** (Abb. 1-5) begrenzt. Der Flügelfortsatz schließt an seiner Basis bei Fleischfressern und Pferd einen Flügelkanal (Canalis alaris) ein, der mit dem Foramen alare caudale beginnt und im Foramen alare rostrale endet. Er schließt die A. maxillaris ein.

## Schläfenbein (Os temporale)

Das Schläfenbein entsteht aus der Verschmelzung mehrerer Einzelknochen, die beim Neugeborenen noch getrennt angelegt sind (Abb. 1-1 u. 2). Man unterscheidet:

- die **Schläfenbeinschuppe (Pars squamosa,** Squama temporalis),
- den **Felsenteil (Pars petrosa, Petrosum)** mit einem Warzenfortsatz (Processus mastoideus) und
- einen **Paukenteil (Pars tympanica)**.

Die **Schläfenbeinschuppe (Pars squamosa, Squama temporalis, Squamosum)** trägt mit ihrer **Schädelhöhlenfläche (Facies cerebralis)** mit zur Wand der seitlichen Schädelhöhle bei und grenzt mit festen Knochennähten an das Scheitelbein, das Stirnbein und das Keilbein an. Die **Außenfläche der Schuppe (Facies temporalis)** entlässt lateral und rostral den markanten **Jochfortsatz (Processus zygomaticus)**, der mit dem Schläfenfortsatz des Jochbeins (Os zygomaticum) durch eine Schuppennaht den **Jochbogen (Arcus zygomaticus)** bildet (Abb. 1-4, 6 u. 8).

An der Basis des Jochfortsatzes wölbt sich die Gelenkfläche für das **Kiefergelenk (Articulatio temporomandibularis)** zur gelenkigen Verbindung zum Unterkiefer vor. Bei den Haussäugetieren ist hierfür in unterschiedlicher Ausbildung rostral eine **quergestellte Walze (Tuberculum articulare)**, in der Mitte eine **Gelenkgrube (Fossa mandibularis)** mit der Facies articularis und kaudal der **Processus retroarticularis** entwickelt (Abb. 1-8). Den Fleisch-

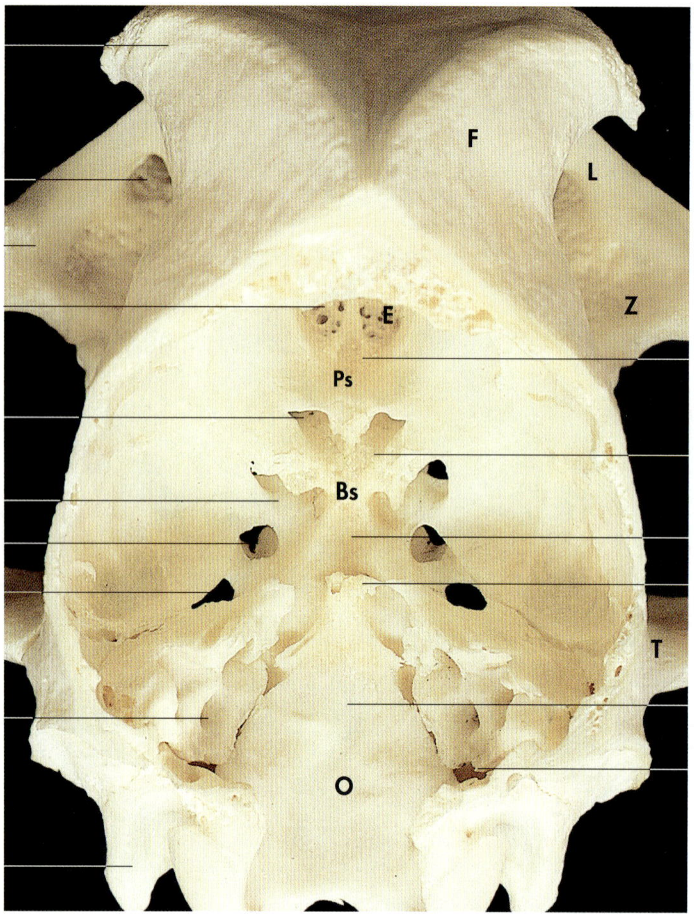


**Abb. 1-9.** Schädelhöhle eines Hundes (dorsokaudale Ansicht nach Eröffnung der Schädeldecke).

fressern fehlt die Gelenkwalze, diese besitzen jedoch einen ausgeprägten Processus retroarticularis (Abb. 1-6). Kaudal entlässt die Schuppe einen Processus occipitalis sowie ventral den Processus retrotympanicus, der den äußeren Gehörgang kaudal umgreift. Hinter diesem Fortsatz liegt im Foramen retroarticulare der Zugang zum **Schläfengang (Meatus temporalis)** (Abb. 1-11), der bei Katze und Schwein rudimentär bleibt.

Der **Felsenteil (Pars petrosa, Petrosum)** wird zusammen mit der **Pars tympanica** auch als **Felsenbeinpyramide** bezeichnet und verschmilzt bei Fleischfressern und Rind mit dem Squamosum, bleibt bei den anderen Haussäugetieren jedoch von diesem getrennt. Das Petrosum bildet den kaudoventralen Abschluss des Schläfenbeins und schließt das Innenohr mit der **Schnecke (Cochlea)**, dem **Vorhof (Vestibulum)** und den **Bogengängen (Canales semicirculares)** ein. Es liegt zwischen dem Tympanikum und der Squama temporalis in der Tiefe eingekeilt. Seine der Schädelhöhle zugewandte **Innenfläche (Facies medialis)** schließt den **Eingang (Porus acusticus internus)** zum **inneren Gehörgang (Meatus acusticus internus)** (Abb. 1-5 u. 7) ein, durch den der Nerv des Angesichts (N. facialis) und des Gleichgewichts- und Gehörsinnes (N. vestibulocochlearis) eintritt. Zwischen der rostralen und medialen Fläche des Petrosum erhebt sich bei Fleischfressern und Pferd die deutlich ausgebildete Crista partis petrosae.

Der kaudale Anteil des Petrosum erreicht über den ventral gerichteten **Warzenfortsatz (Processus mastoideus)** die Schädeloberfläche. Letzterer ist vorzugsweise beim Pferd knollenartig verdickt, bei den anderen Haussäugetieren jedoch eher unauffällig. Beachtung muss der **Ansatz des Zungenbeins** finden. So setzt dieses bei Wiederkäuer und Pferd am zylindrisch geformten **Griffelfortsatz (Processus styloideus)** rostroventral des äußeren Gehörganges der Pars tympanica an (Abb. 1-14 u. 16). Bei Fleischfressern setzt, wegen des Fehlens dieses Fortsatzes, das Zungenbein am **Processus mastoideus des Petrosum** (Abb. 1-6) an, beim Schwein am **Processus nuchalis der Squama temporalis**, nahe der Basis des Processus paracondylaris. Zwischen dem Paukenteil und dem Processus mastoideus (Fleischfresser) bzw. dem Processus styloideus und dem Processus mastoideus liegt das **Foramen stylomastoideum** als der Zugang zum Canalis facialis, der den N. facialis einschließt (Abb. 1-42 u. 44).

Der **Paukenteil (Pars tympanica, Tympanicum),** rostroventral an der Basis des Schläfenbeins gelegen, schließt in der **Paukenblase (Bulla tympanica)** die **Paukenhöhle (Cavum tympani)** des Mittelohrs ein (Abb. 1-6, 8, 15 u. 16). Bei der Katze, bei der die Paukenhöhle in zwei Abschnitte unterteilt ist, wird die mediale Wand der Paukenblase aus einer knorpeligen Anlage der gesonderten Pars endotympanica gebildet. Dorsolateral öffnet sich der **äußere Gehörgang (Meatus acusticus externus)**, der mit dem Porus acusticus externus endet (Abb. 1-16). Für die Befestigung des **Trommelfells (Membrana tympani)** ist ein meist nicht geschlossener Ring (Anulus tympanicus) ausgebildet. In der Dorsalbucht der Paukenhöhle liegen die **Gehörknöchelchen (Ossicula auditus)**, der **Hammer (Malleus)**, der **Amboss (Incus)** und der **Steigbügel (Stapes)**.

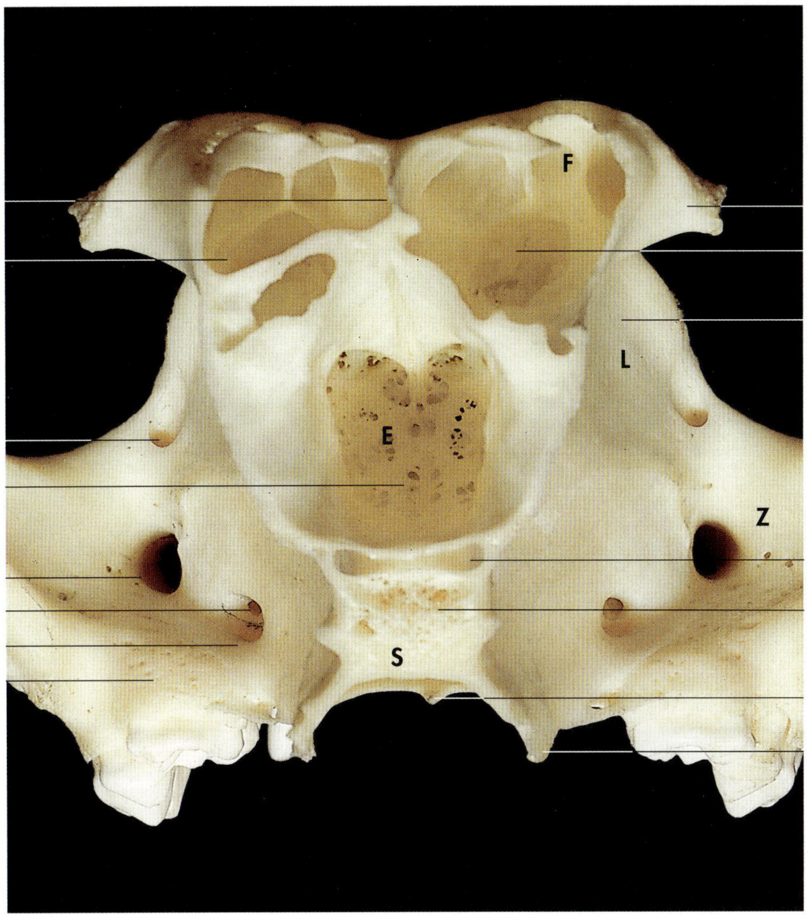


**Abb. 1-10.** Querschnitt durch die Schädelhöhle eines Hundes kaudal des Processus zygomaticus des Os frontale (Kaudalansicht).

Mediorostral der Paukenblasenwand liegt der Processus muscularis, besonders ausgebildet bei Wiederkäuern und Pferd. Medial dieses Muskelfortsatzes verläuft im Canalis musculotubarius die rinnenförmige knöcherne Hörtrompete (Semicanalis tubae auditivae) zusammen mit dem Semicanalis musculi tensoris veli palatini. Gemeinsam verbinden diese die Paukenhöhle mit dem Nasenraum.

## Stirnbein (Os frontale)

Das Stirnbein liegt beidseitig zwischen Scheitel und Nase, verbunden in der Sutura interfrontalis (Abb. 1-1 u. 2). Jedes Stirnbein schließt eine oder mehrere **Stirnhöhlen (Sinus frontales)** ein, die tierartlich differieren. Der Lage einzelner Abschnitte des Stirnbeins nach können unterschieden werden:

- Stirnbeinschuppe (Squama frontalis),
- Nasenabschnitt (Pars nasalis),
- Augenhöhlenplatte (Pars orbitalis) und
- Schläfenfläche (Facies temporalis).

Die **Stirnbeinschuppe** liegt bei Schwein und Wiederkäuern langgezogen, keilförmig zwischen dem Nasen- und dem Tränenbein, weniger ausgeprägt beim Pferd. Beim Fleischfresser begrenzt sich die Squama frontalis auf den Augenhöhlenrand. Der keilförmige, rostrale Nasenabschnitt wird auch als Pars nasalis bezeichnet.

Seitlich entspringt zur Bildung des **oberen Augenbogenrandes (Margo supraorbitalis)** (Abb. 1-11) der **Jochfortsatz (Processus zygomaticus)** (Abb. 1-10, 11 u. 12). Dieser weist tierartliche Besonderheiten auf. Beim Wiederkäuer verbindet er sich knöchern mit dem **Stirnfortsatz des Jochbeins (Processus frontalis ossis zygomatici),** beim Pferd mit dem **Jochfortsatz des Schläfenbeins (Processus zygomaticus ossis temporalis)**. Bei Fleischfressern und Schwein schließt das **Ligamentum orbitale** bindegewebig den oberen Augenhöhlenrand. Dieses Band verknöchert oft bei der Katze. Der Processus zygomaticus bzw. das Lig. orbitale wird von der Tränendrüse unterlagert, die in der knöchernen Orbitalfläche die **Tränendrüsengrube (Fossa glandulae lacrimalis)** ausspart.

Zwischen der Stirnbeinschuppe und der Schläfenfläche ist bei Hund, Rind und Pferd eine deutliche **Linea temporalis** ausgebildet, die in der Crista sagittalis externa ihre Fortsetzung findet (Abb. 1-11 u. 12). Bei den anderen Haussäugetieren ist die Linea temporalis eher unauffällig entwickelt. Bei gehörnten Wiederkäuern liegen hier die charakteristischen paarigen knöchernen Grundlagen für die **Hornfortsätze (Processus cornuales)**.

Die **Augenhöhlenplatte (Pars orbitalis)** bildet die mediale Wand der Augenhöhle, an deren unterem Rand das **Foramen ethmoidale** lokalisiert ist (Abb. 1-11 u. 18). Dieses liegt beim Pferd allerdings an der Grenze zum Keilbein. Die Fovea trochlearis vertieft sich medial des Ursprungs des Jochfortsatzes für den Ansatz des schrägen dorsalen Augenmuskels. Die Augenhöhlenplatte geht in eine kleine, konkave Fläche, die **Schläfenfläche (Facies temporalis)**

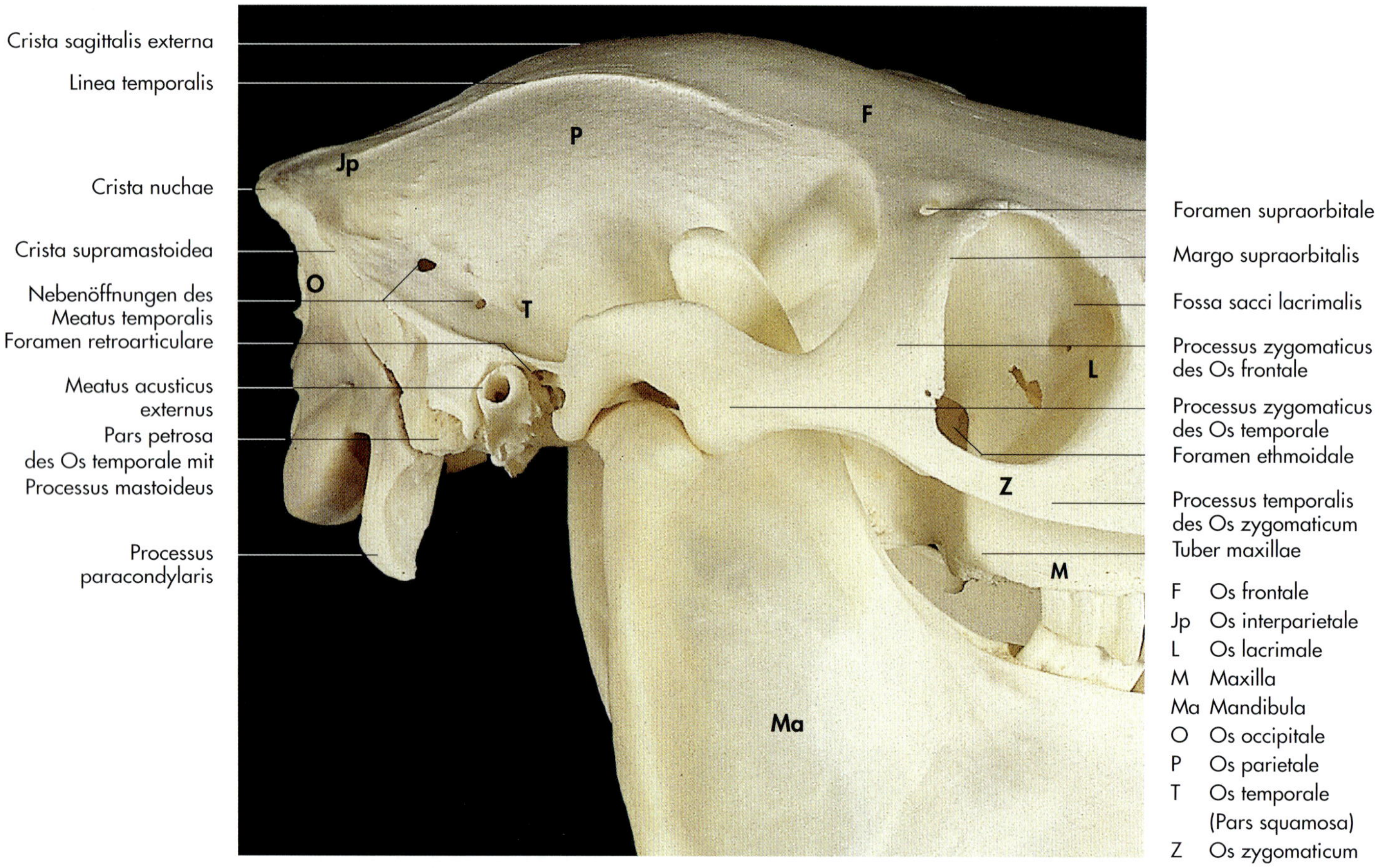


**Abb. 1-11.** Knochen des Hirnschädels eines Pferdes (Lateralansicht von rechts).

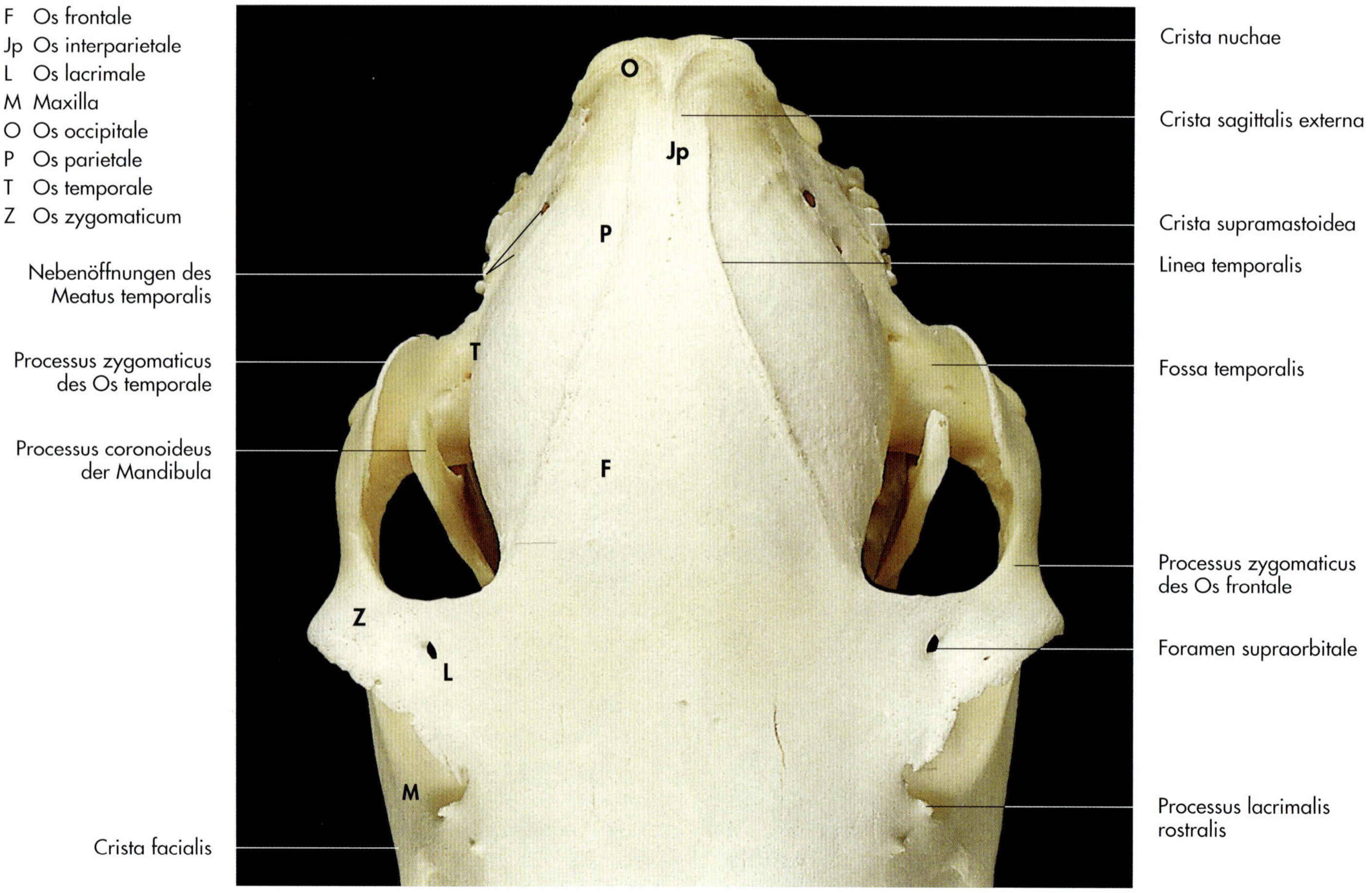


**Abb. 1-12.** Knochen des Hirnschädels eines Pferdes (Dorsalansicht).

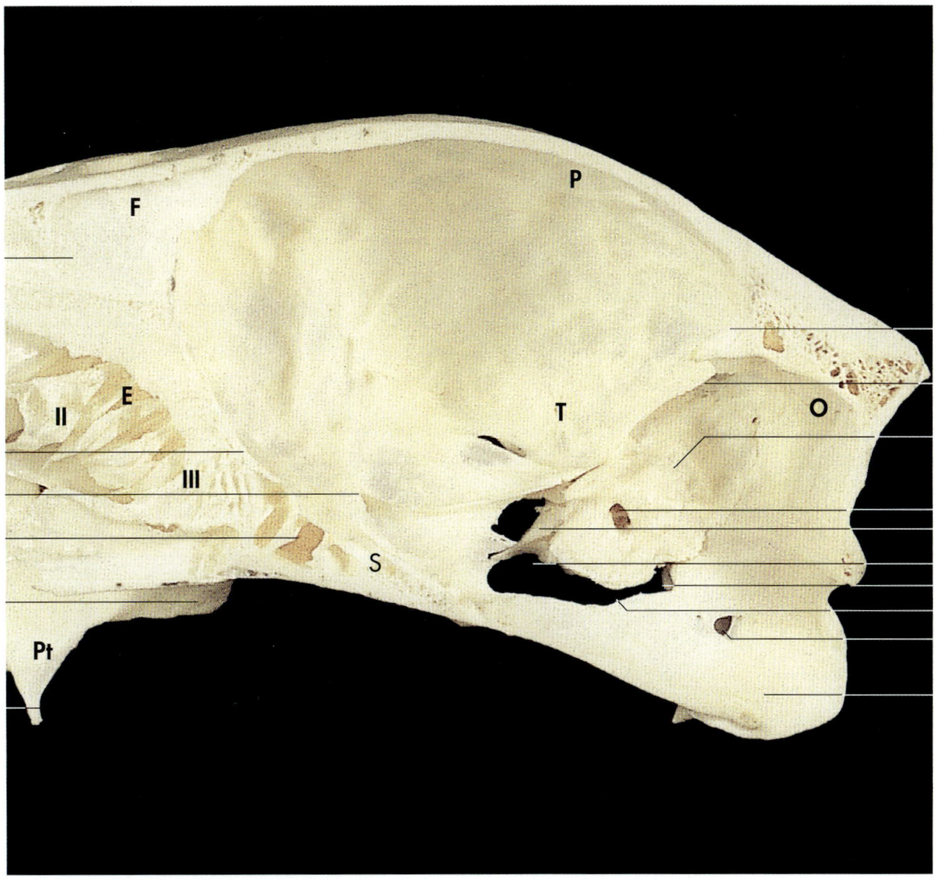


**Abb. 1-13.** Knochen des Hirnschädels eines Pferdes (Medialansicht der rechten Hälfte).

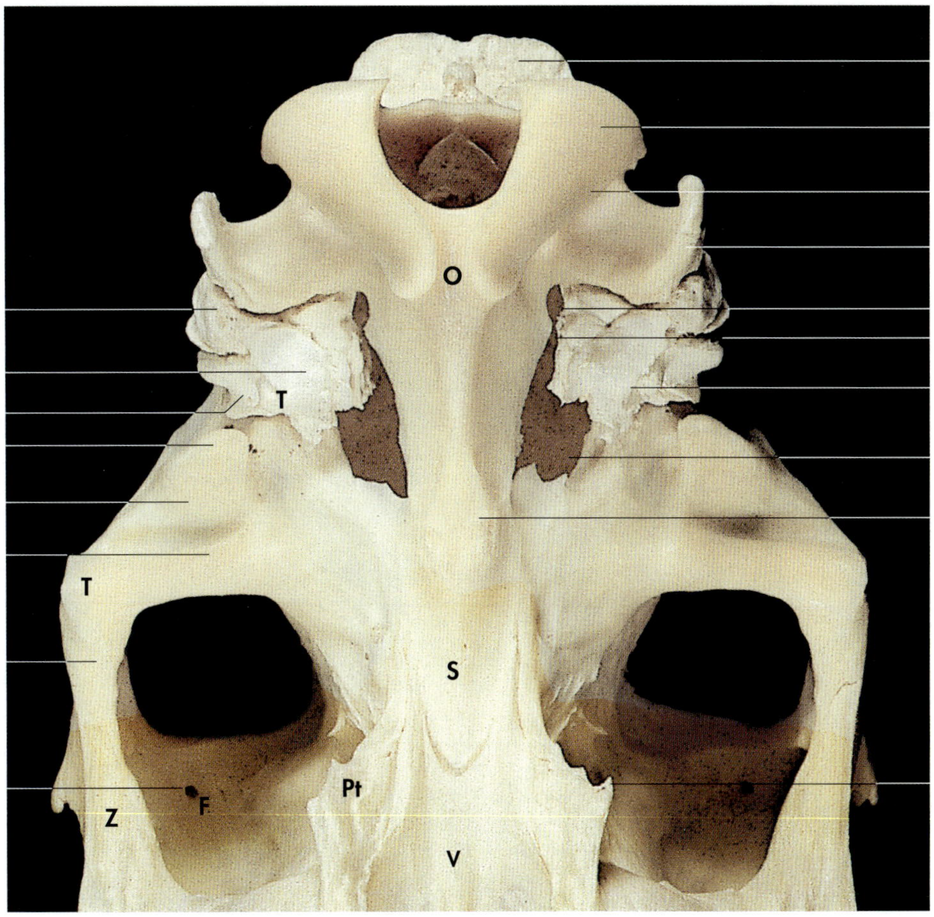


**Abb. 1-14.** Knochen des Hirnschädels eines Pferdes (Ventralansicht).

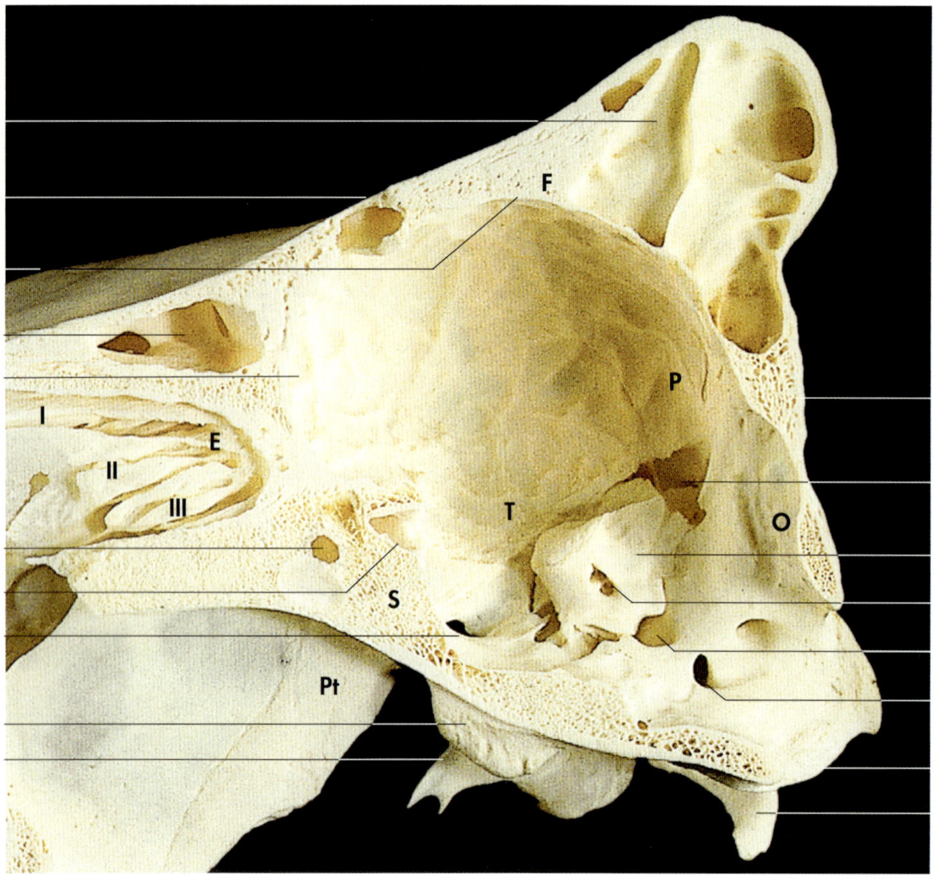


**Abb. 1-15.** Knochen des Hirnschädels eines Rindes (Medialansicht der rechten Hälfte).

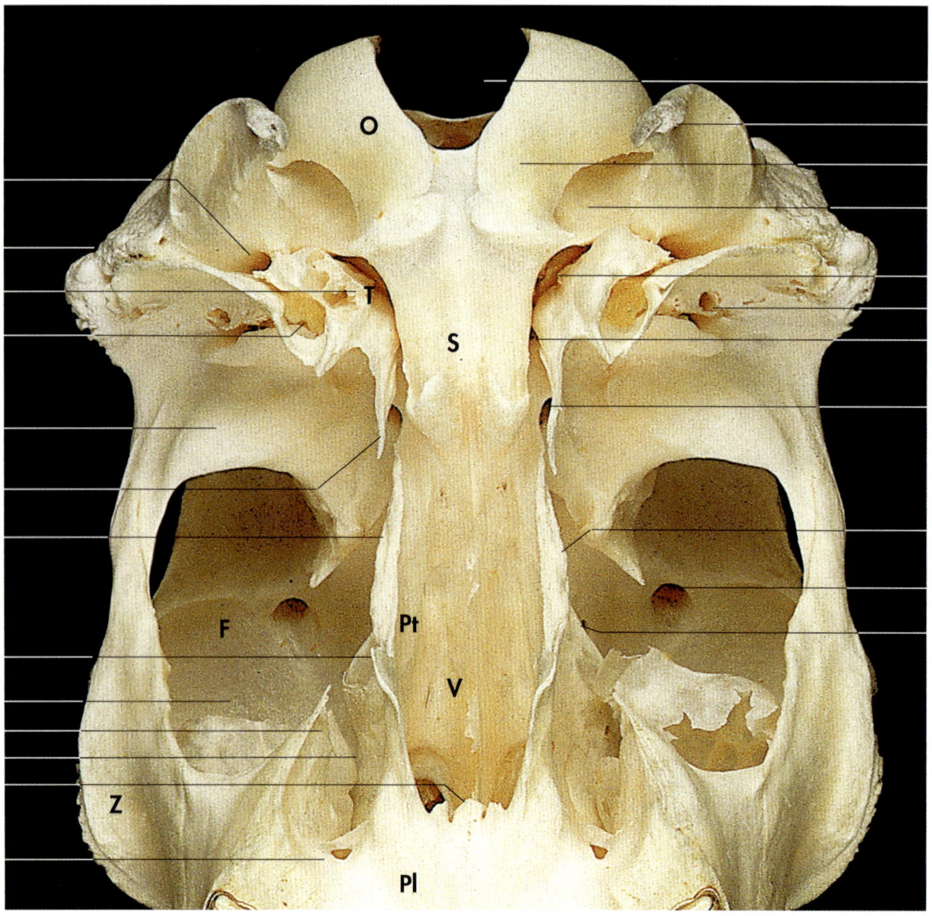


**Abb. 1-16.** Knochen des Hirnschädels eines Rindes (Ventralansicht).

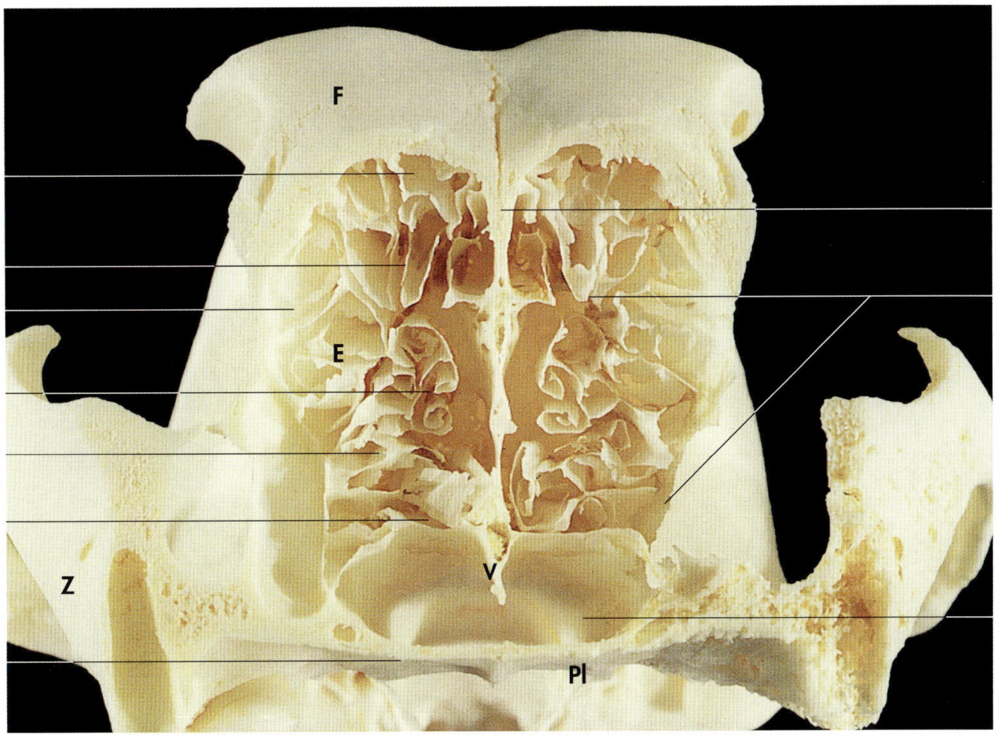


**Abb. 1-17.** Nasenhöhle eines Hundes (Querschnitt durch die Nasenmuscheln).

des Stirnbeins, über, die rostale Abschnitte der Fossa temporalis bildet und damit Ansatzfläche für den Schläfenmuskel (M. temporalis) bietet (Abb. 1-12).

## Scheitelbein (Os parietale)

Das Scheitelbein ist paarig angelegt und bildet zwischen dem Hinterhauptsbein und dem Stirnbein Dach- und Seitenflächen, beim Rind zusätzlich noch Anteile der Nackenfläche des Schädels (Abb. 1-1 u. 2). Die Außenflächen (Facies externae) lassen demzufolge ein Planum parietale am Dach (Rind: Planum nuchale) und ein Planum temporale an der Seitenwand erkennen. Die Schädelinnenfläche (Facies interna) ist durch Gefäßrinnen, Vertiefungen und Erhabenheiten der Gehirnoberfläche unregelmäßig gestaltet. Bei Pferd und Schwein liegt in der Medianen die **Crista sagittalis interna**, die von einem Sulcus sinus sagittalis dorsalis begleitet sein kann. In die Schädelhöhle springt der **Sichelfortsatz (Processus tentoricus)** vor und formt bei Fleischfressern und Pferd mit jenem des Hinterhauptsbeins und des Zwischenscheitelbeins das **knöcherne Kleinhirnzelt (Tentorium cerebelli osseum)** (Abb. 1-5 u. 13).

## Zwischenscheitelbein (Os interparietale)

Das Zwischenscheitelbein entsteht ebenfalls paarig und liegt in der Medianen zwischen den Scheitelbeinen und dem Hinterhauptsbein (Abb. 1-1 u. 2). Dieser Knochen verwächst im späteren Leben mit dem Okziput und dem Scheitelbein, allein bei der Katze bleibt eine Naht bestehen. Es bildet an seiner Innenfläche bei Fleischfressern und Pferd den bereits angesprochenen Sichelfortsatz (Processus tentoricus) aus und ist damit an der Gestaltung des **knöchernen Kleinhirnzeltes (Tentorium cerebelli osseum)** beteiligt (Abb. 1-5 u. 13).

## Siebbein (Os ethmoidale)

Das Siebbein liegt im Nasengrund zwischen den Augenhöhlen und besteht aus der frontal gerichteten **Dachplatte (Lamina tectoria)**, den paarigen papierdünnwandigen **Seitenplatten (Lamina orbitalis)** und der **Bodenplatte (Lamina basalis)**, die, zu einem liegenden Rohr zusammengefügt, die **Außenwand (Lamina externa)** formen (Abb. 1-1 u. 2). Zur Schädelhöhle hin ist das Siebbein durch eine quergestellte **Siebplatte (Lamina cribrosa)** begrenzt. In der Medianen trennt eine knöcherne **Scheidewand (Lamina perpendicularis)** den äußerlich einheitlichen Zylinder in zwei Doppelrohre, von deren Dach- und Seitenplatten paarig das **Siebbeinlabyrinth (Labyrinthus ethmoidalis)** in das Innere ragt. Aus diesem entwickeln sich die aufgerollten **Siebbeinmuscheln (Ethmoturbinalia)**, die zwischen sich die Siebbeingänge (Meatus ethmoidales) für die durchströmende Atmungsluft frei lassen (Abb. 1-18).

Die **Siebbeinplatte (Lamina cribrosa)** (Abb. 1-5, 9 u. 10) trennt die Nasenhöhle von der Schädelhöhle und wird von zahlreichen Foramina durchbohrt, durch welche die Nervenfortsätze der Riechschleimhaut zum Riechkolben des Gehirns durchtreten. Die mediale Scheidewand setzt sich bogenförmig in die Schädelhöhle fort und teilt durch die **Crista galli** die Siebplatte in zwei **Siebbeingruben (Fossae ethmoidales)**, in denen die Riechkolben lokalisiert sind (Abb. 1-9).

In das **Siebbeinlabyrinth (Labyrinthus ethmoidalis)** ragen von den Dach- und Seitenplatten die **Siebbeinmuscheln (Ethmoturbinalia)**, die in der Regel in zwei (beim Pferd in drei) Reihen angeordnet sind (Abb. 1-18). Eine Siebbeinmuschel besteht aus einer an der Außenwand und an der Siebplatte ansetzenden Basallamelle, die sich in das Innere der Siebbeingänge vorschiebt und sich dort als Spirallamelle meist ventral einrollt. Ist dieses Blatt gespalten, so ist zusätzlich ein dorsales Einrollen möglich. Darüber hinaus

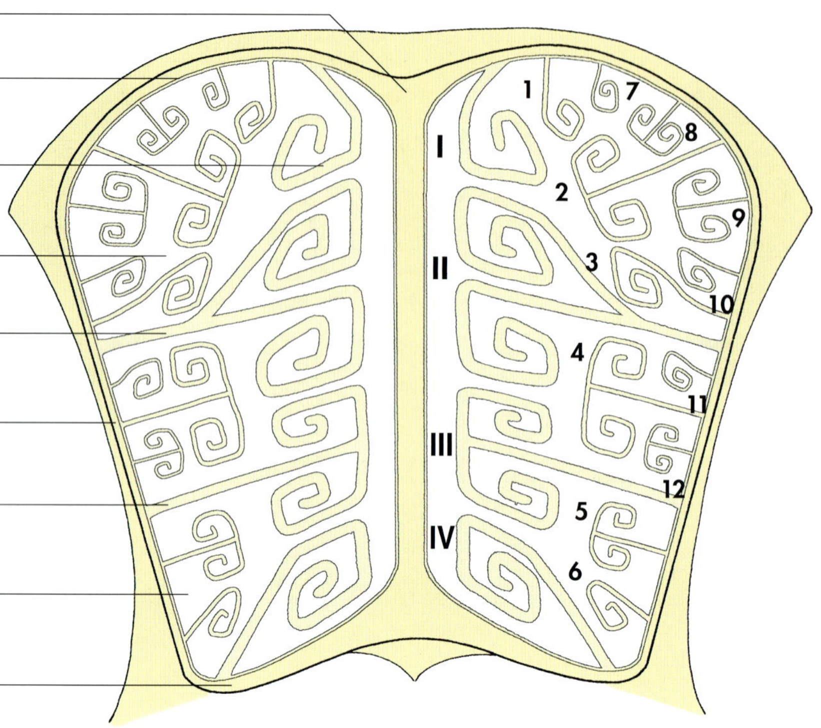


**Abb. 1-18.** Schematische Darstellung des Siebbeinlabyrinths des Pferdes (Querschnitt), nach Nickel, Schummer und Seiferle, 1992.

sind, vorzugsweise beim Hund, auch weitere Nebenlamellen ausgebildet.

Größere, weit in das Innere reichende Ethmoturbinalia werden als **Endoturbinalia**, kleinere, außen anliegende als **Ectoturbinalia** bezeichnet. Ectoturbinalia liegen bei den meisten Haussäugetieren in einer Reihe (Ausnahme: beim Pferd in zwei Reihen). Die Anzahl der Endoturbinalia zu Ectoturbinalia pro Seite ist tierartlich unterschiedlich – Hund: 4 zu 6, Schwein: 7 zu 20, Wiederkäuer: 4 zu 18 und Pferd: 6 zu 25.

Das **Endoturbinale I** liegt am weitesten dorsal und ragt als die längste Siebbeinmuschel weit in die Nasenhöhle. Es bildet die knöcherne Grundlage der **oberen Nasenmuschel (Concha nasalis dorsalis)** und setzt an der **Crista ethmoidalis** des Nasenbeins an. Das **Endoturbinale II**, das dem Endoturbinale I unten folgt, bildet die Grundlage für die **mittlere Nasenmuschel (Concha nasalis media)** (Abb. 1-18).

Die anderen Endoturbinalia nehmen zunehmend an Ausdehnung ab. Eine Ausnahme tritt beim Hund auf, bei dem die II. bis IV. Endoturbinalia extrem lang entwickelt sind und die III. meist noch ausgeprägter als die IV. ist. Wichtig ist die Tatsache, dass die **ventrale Nasenmuschel (Concha nasalis ventralis)** eine eigenständige Bildung des **Oberkieferbeins** ist und nicht zu den Ethmoturbinalia gerechnet wird.

Die knöchernen Grundlagen für die Muschelbeine (Ossa conchae) werden nachfolgend zusammenfassend dargestellt:

- **Endoturbinale I** für die dorsale Nasenmuschel,
- **Endoturbinale II** für die mittlere Nasenmuschel,
- **Maxilloturbinale** für die untere Nasenmuschel.

Die Muschelbeine ragen in den Nasengang vor und tragen so zur Bildung der drei Nasengänge bei. Man unterscheidet:

- den **oberen Nasengang (Meatus nasi dorsalis)** zwischen Nasendach und der oberen Nasenmuschel,
- den **mittleren Nasengang (Meatus nasi medius)** zwischen beiden Nasenmuscheln und
- den **unteren Nasengang (Meatus nasi ventralis)** zwischen der unteren Nasenmuschel und dem Nasenboden.

## Knochen des Gesichtsschädels (Ossa faciei)

Die Knochen des Gesichtsschädels bilden die **Nasenhöhlen**, deren ventrale Flächen gleichzeitig das Dach der Mundhöhle formen, unterlagert vom **Unterkiefer (Mandibula)** und dem **Zungenbein (Os hyoideum)**. Die Wände des Gesichtsschädels lassen bei allen Haussäugetieren unterscheiden:

- das **Nasendach (Dorsum nasi)**, bestehend aus:
  - paarigem Stirnbein (Os frontale),
  - paarigem Nasenbein (Os nasale),
- die **Seitenwände**, bestehend aus:
  - paarigem Tränenbein (Os lacrimale),
  - paarigem Jochbein (Os zygomaticum),
  - paarigem Oberkieferbein (Maxilla),
  - paarigem Zwischenkieferbein (Os incisivum),

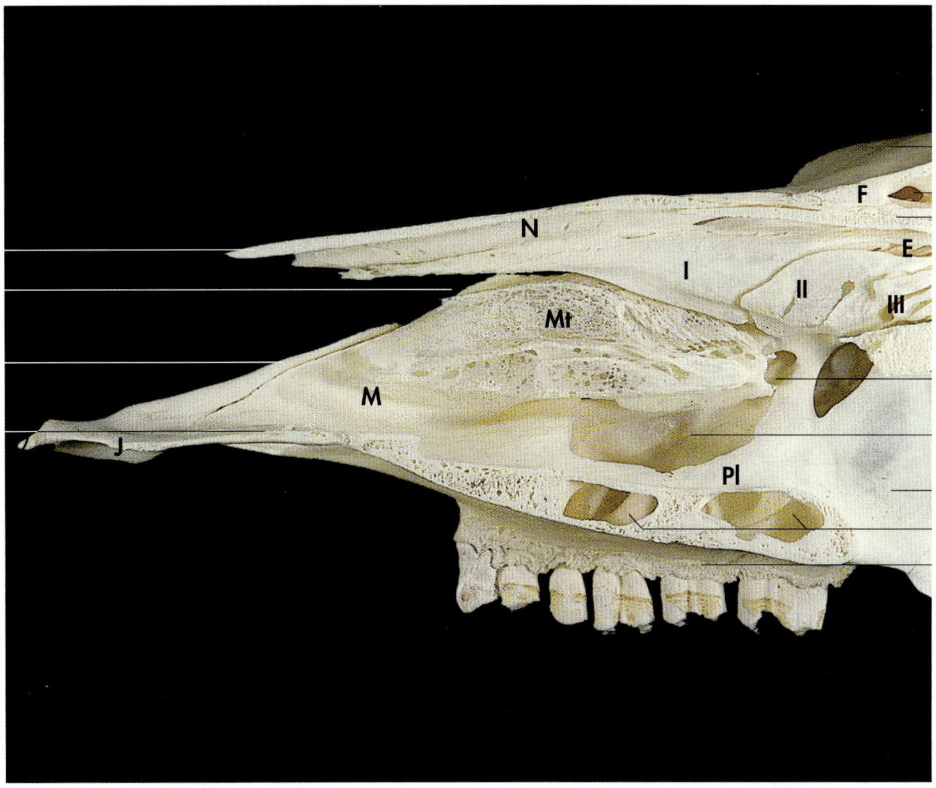


**Abb. 1-19.** Schädel eines Rindes (Paramedianschnitt durch den vorderen Teil, Medialansicht der rechten Hälfte).

- die **Bodenwand der Nasenhöhle** bzw. die **Dachwand der Mundhöhle**, bestehend aus:
  - paarigem Gaumenbein (Os palatinum),
  - paarigem Oberkieferbein (Maxilla),
  - paarigem Zwischenkieferbein (Os incisivum),
  - unpaarigem Pflugscharbein (Vomer) und
- das **Dach** bzw. die **Seitenwand der Schlundkopfhöhle**, bestehend aus:
  - paarigem Flügelbein (Os pterygoideum),
  - paarigem Gaumenbein (Os palatinum),
  - paarigem Keilbein (Os sphenoidale) und
  - Teilen des Pflugscharbeins (Vomer).

Tief im Nasengrund trennt das quergestellte **Siebbein (Os ethmoidale)** die Nasenhöhle von der Schädelhöhle. Vom Siebbein aus schieben sich die Muschelbeine (Ossa conchae) als Endoturbinalia I und II zusammen mit dem Os conchae nasalis ventralis (Maxilloturbinale) weit rostral in die Nasenhöhle vor. Eine mediane **Scheidewand (Septum nasi)** trennt die Nasenhöhle in eine rechte und linke Höhle (Abb. 1-17).

## Nasenbein (Os nasale)

Das Nasenbein bildet die knöcherne Grundlage des Nasenrückens und zeigt eine flach konkav gewölbte **Außenfläche (Facies externa)**, die vorzugsweise bei der Katze, dem Schwein und bei rammsköpfigen Pferden jedoch auch leicht konvex sein kann (Abb. 1-1 u. 2). Die **Innenfläche (Facies interna)** bietet an der Crista ethmoidalis der **dorsalen Nasenmuschel (Endoturbinale I)** Ansatz. Die beiden Nasenbeine, medial verbunden durch einen stumpfen Rand (Sutura plana), entlassen zur Spitze einen **Processus rostralis** (Abb. 1-19 u. 23). Dieser endet bei Schwein, Schaf und Pferd mit einer medialen, beim Fleischfresser mit einer lateralen und beim Rind mit einer medialen und einer lateralen Spitze. Beim Fleischfresser entspringt nach innen der Processus septalis, dieser ist Teil der Nasenscheidewand. In seiner Gesamtheit überragt, außer beim Fleischfresser, der Processus rostralis ventrale Knochenanteile, wodurch ein deutlicher Ausschnitt zwischen dem Nasenbein und dem Zwischenkiefer entsteht **(Incisura nasoincisiva)** (Abb. 1-19).

## Tränenbein (Os lacrimale)

Das Tränenbein ist ein kleiner, nahe dem medialen Augenwinkel zum Teil an der Seitenfläche des Gesichts, zum Teil in der Orbita gelegener Knochen, der sich mit dem Stirnbein, dem Jochbein und dem Oberkieferbein verbindet (Abb. 1-1 u. 2). Bei Wiederkäuern und Pferd bestehen zusätzliche Kontaktränder zum Nasenbein, beim Fleischfresser zum Gaumenbein.

Die **Außenfläche (Facies lateralis)** lässt eine **Augenhöhlenfläche (Facies orbitalis)** und eine **Angesichtsfläche (Facies facialis)** unterscheiden. Die Facies orbitalis, die von der Facies facialis durch den **Margo supra-** bzw. **infraorbitalis** geschieden wird, besitzt mit Ausnahme des Schweines nahe diesem die trichterförmige **Fossa sacci lacrimalis (Tränentrichter)** (Abb. 1-11) und kaudal davon eine Fossa muscularis für den Ursprung des M. obliquus bulbi ventralis. Beim Wiederkäuer ist die Orbitalfläche sehr groß und blasig zur **Bulla lacrimalis** aufgetrieben, deren Hohlraum in die Kieferhöhle einbezogen ist. Die Facies facialis ist bei Wiederkäuern und Schwein großflächig, bei Fleischfressern klein und trägt beim Pferd einen **Processus lacrimalis rostralis** (Abb. 1-12).

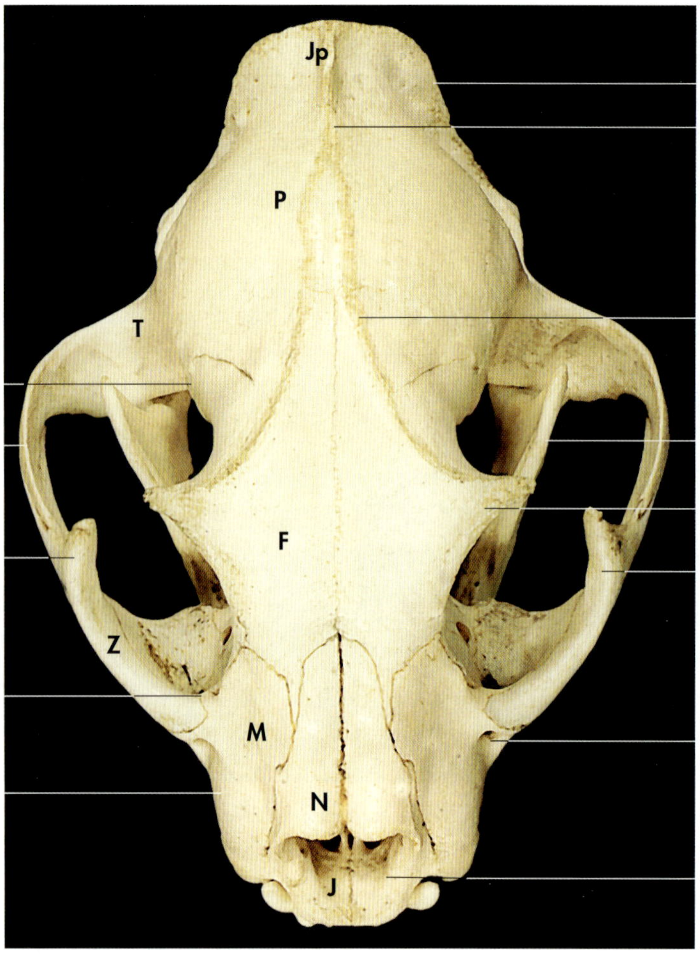


**Abb. 1-20.** Schädel eines Puma (Dorsalansicht).

Die **Innenfläche (Facies nasalis)** ist ungefähr in der Mitte durch den längsverlaufenden knöchernen **Tränenkanal (Canalis lacrimalis)** unterteilt. Sie ist beteiligt an der Begrenzung zur Kieferhöhle oder nimmt Teile der Tränenbeinhöhle auf (Wiederkäuer). Zusätzlich bestehen noch Aussackungen zur Stirnbeinhöhle (Schwein und kleine Wiederkäuer) sowie zur Kieferhöhle (Pferd).

## Jochbein (Os zygomaticum)

Das Jochbein liegt ventrolateral des Tränenbeins (Abb. 1-1 u. 2). Es hilft mit, die knöcherne Augenhöhle und den **Jochbeinbogen (Arcus zygomaticus)** (Abb. 1-4, 6, 8 u. 20) zu bilden. Dieser knöcherne Bogen ist zusammengesetzt aus dem **Schläfenfortsatz (Processus temporalis)** des Os zygomaticum und dem **Jochbeinfortsatz (Processus zygomaticus)** des Os temporale (Abb. 1-11). Er spaltet, außer beim Pferd, einen stirnwärts gerichteten Fortsatz (Processus frontalis) ab, der sich allein beim Wiederkäuer mit dem Processus zygomaticus des Stirnbeins verbindet. Hieraus entsteht die knöcherne Begrenzung des oberen **Augenhöhlenrandes (Margo supraorbitalis)** (Abb. 1-11). Das Pferd weist ebenfalls eine knöcherne obere Begrenzung des Augenhöhlenrands auf, diese setzt sich jedoch aus Anteilen des Jochfortsatzes des Os temporale mit dem Jochfortsatz des Os frontale zusammen.

Bei Fleischfressern und Schwein hingegen ist der Augenhöhlenrand durch das Ligamentum orbitale bindegewebig geschlossen. Dieses Band verknöchert des öfteren bei der Katze. Die Augenhöhlenfläche (Facies orbitalis) und die lateral gelegene Angesichtsfläche (Facies lateralis) stoßen im **Margo infraorbitalis** aneinander.

Die Facies lateralis trägt beim Pferd nahe dem ventralen Rand eine längsverlaufende markante **Gesichtsleiste (Crista facialis)**, die sich auf die gleichnamige des Oberkieferbeins fortsetzt. Beim Wiederkäuer ist diese S-förmig geschwungen, beim Schwein und bei Fleischfressern undeutlich ausgeprägt (Abb. 1-33 u. 41). Das Jochbein ist tierartlich unterschiedlich pneumatisiert und damit am System der Kieferhöhlen beteiligt.

## Oberkieferbein (Maxilla)

Das paarige Oberkieferbein bildet die knöcherne Grundlage für den größten Teil des Gesichtsschädels, formt die Seitenwände des Gesichts, die Nasen- und Mundhöhle und das Gaumendach mit und verbindet sich mit allen anderen Knochen des Gesichts (Abb. 1-1, 2, 20, 21 u. 25). Man unterscheidet:

- **Körper (Corpus maxillare)** mit:
  - Außenfläche (Facies facialis),
  - Innenfläche (Facies nasalis),
  - Flügelgaumenfläche (Facies pterygopalatina),
  - Augenhöhlenfläche (Facies orbitalis) bei Katze und Pferd,

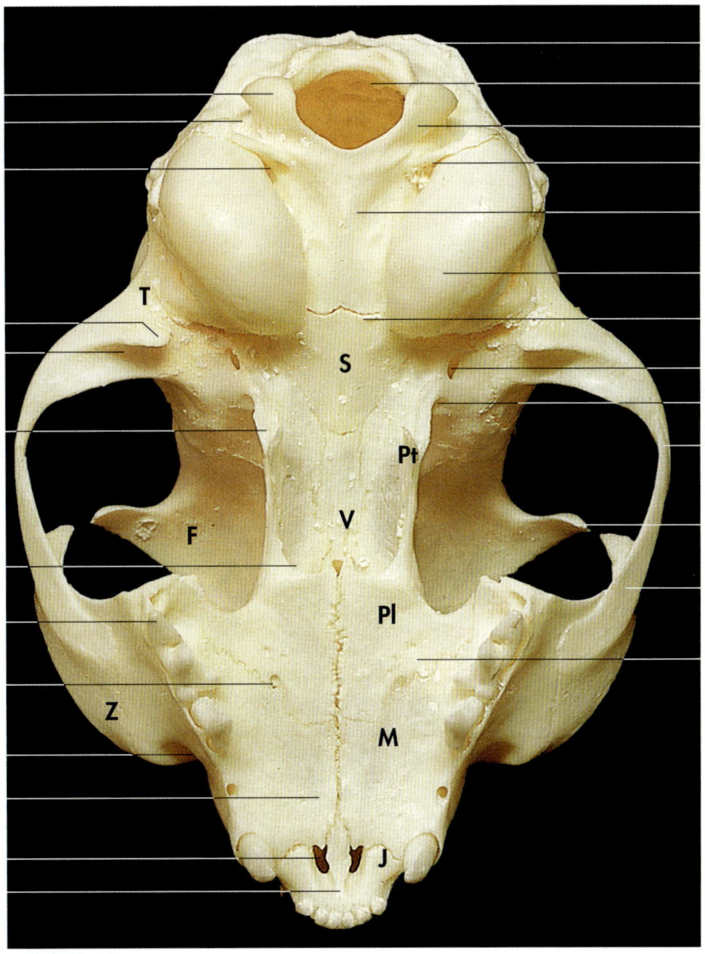


**Abb. 1-21.** Schädel einer Katze (Ventralansicht).

- **Zahnfachfortsatz (Processus alveolaris)**,
- **Gaumenfortsatz (Processus palatinus)**,
- **Stirnbeinfortsatz (Processus frontalis)** bei Fleischfressern und
- **Jochbeinfortsatz (Processus zygomaticus)**.

Die Maxilla ist, mit Ausnahme der Fleischfresser, in ihrem Körper pneumatisiert und schließt als Nasennebenhöhle gemeinsam mit dem Tränenbein und dem Jochbeinkörper die **Kieferhöhle (Sinus maxillaris)** ein. Beim Wiederkäuer ist auch der Gaumenfortsatz gekammert, er findet Anschluss an die Horizontalplatte des Gaumenbeins und bildet die **Gaumenhöhle (Sinus palatinus)**.

Der **Körper (Corpus maxillare)** gestaltet mit seiner seitlich aufgerichteten Wand die Außenfläche des **Gesichts (Facies facialis)** (Abb. 1-20 u. 25). Markantes Merkmal ist hier die **Gesichtsleiste (Crista facialis)**, die besonders beim Pferd ausgeprägt ist (Abb. 1-33 u. 41). Bei Wiederkäuern beginnt diese Leiste erst am Tuber faciale in Höhe des 4. Backenzahns und bleibt kaudal nur schwach entwickelt, beim Schwein zieht sie als deutliche Crista rostral zur Fossa canina, bei Fleischfressern bleibt sie unbedeutend.

Ein weiteres Merkmal, das von großer Bedeutung für die Durchführung einer Leitungsanästhesie ist, bestimmt die Außenfläche: das **Foramen infraorbitale** (Abb. 1- 20, 25, 33 u. 41). In dieser seitlichen Knochenöffnung des Gesichtsschädels tritt der **Canalis infraorbitalis** nach außen, ein Kanal, der ventral der Orbita beginnend im **Foramen maxillare** der Fossa pterygopalatina neben der A. und V. infraorbitalis die sensiblen Nervenfasern des N. infraorbitalis einschließt (Abb. 1-42). Kurz vor seinem Austritt, noch vor dem Foramen infraorbitale, entlässt dieser Kanal einen weiteren in die **Alveolartaschen (Canalis alveolaris)** der Schneidezähne des Zwischenkieferbeins, der ebenfalls sensible Nervenfasern und Gefäße führt.

Das **Foramen infraorbitale** ist tastbar und liegt beim Pferd auf einer Verbindungslinie zwischen der Incisura nasoincisiva und dem Beginn der Crista facialis, beim Rind zwei Finger breit dorsal des 1. Oberkieferbackenzahns und beim Hund dorsal fingerbreit vom 3. Oberkieferbackenzahn.

Die **Innenfläche (Facies nasalis)** bildet eine deutliche Crista conchalis aus, die mit einer Basallamelle der Anheftung der **unteren Nasenmuschel (Concha nasalis ventralis = Maxilloturbinale)** dient (Abb. 1-19, 22–24 u. 49). Diese ist beim Pferd mit einer Spirallamelle dorsal zum mittleren Nasengang (Meatus nasi medius) aufgerollt und umschließt kaudal eine tütenförmige **Nebenhöhle (Sinus conchae nasalis ventralis)**, die über die **rostrale Kieferhöhle (Sinus maxillaris rostralis)** mit der Nasenhöhle in Verbindung steht. Bei den anderen Haussäugetieren ist die Spirallamelle doppelt aufgerollt, eine dorsale Spirale zum mittleren und eine ventrale zum unteren Nasengang. Oberhalb der Crista conchalis öffnet sich beim Pferd im Foramen lacrimale der knöcherne **Tränenkanal (Canalis lacrimalis)**, bei allen anderen Haussäugetieren liegt dieser darunter.

E Os ethmoidale
F Os frontale
Mt Maxilloturbinale
N Os nasale
O Os occipitale
Pl Os palatinum
S Os sphenoidale

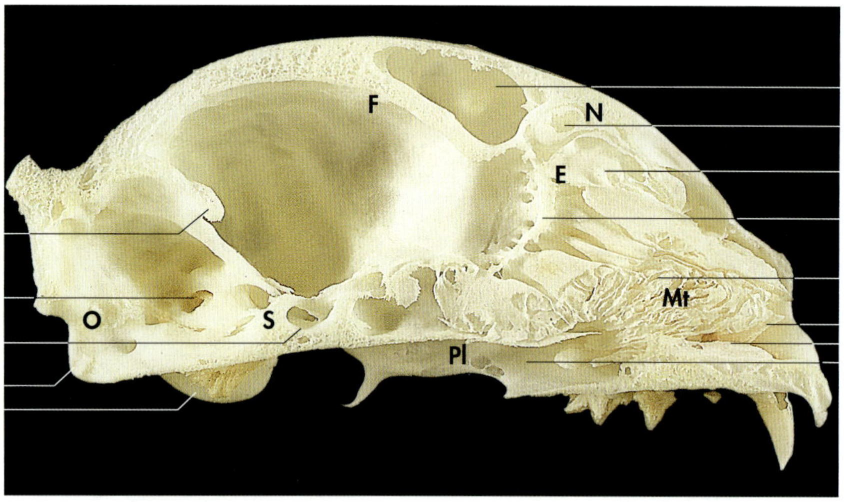


Tentorium cerebelli osseum
Meatus acusticus internus
Sinus sphenoidalis
Foramen magnum
Condylus occipitalis

Sinus frontalis
Ectoturbinale II
Concha nasalis dorsalis
Lamina cribrosa des Os ethmoidale
Concha nasalis media
Concha nasalis ventralis
Vomer
Meatus nasopharyngeus

**Abb. 1-22.** Schädel einer Katze (Paramedianschnitt, Medialansicht der linken Hälfte).

E Os ethmoidale
F Os frontale
J Os incisivum
M Maxilla
Mt Maxilloturbinale
N Os nasale
O Os occipitale
Pl Os palatinum
Pt Os pterygoideum
S Os sphenoidale

I Endoturbinale I
II Endoturbinale II
III Endoturbinale III
IV Endoturbinale IV

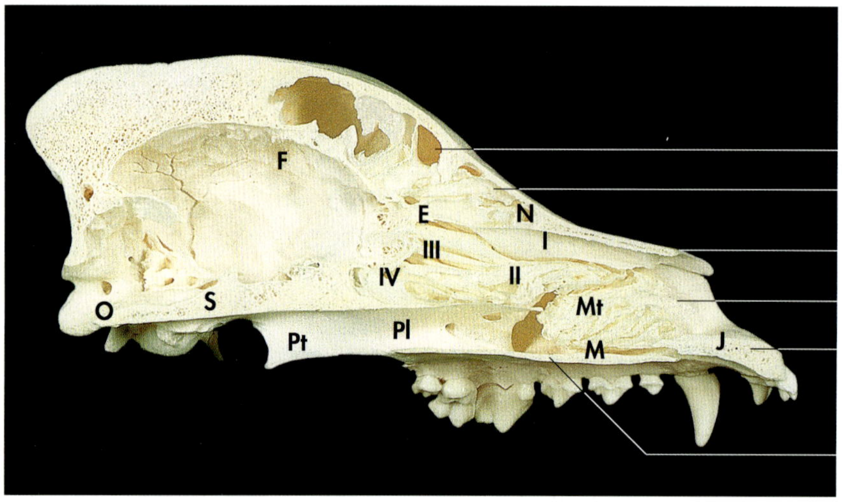


Sinus frontalis
Processus septalis des Os nasale
Processus rostralis des Os nasale
Processus nasalis des Os incisivum
Processus palatinus des Os incisivum
Processus palatinus der Maxilla

**Abb. 1-23.** Schädel eines Hundes (Paramedianschnitt, Medialansicht der linken Hälfte).

Sinus frontalis
Sinus sphenoidalis

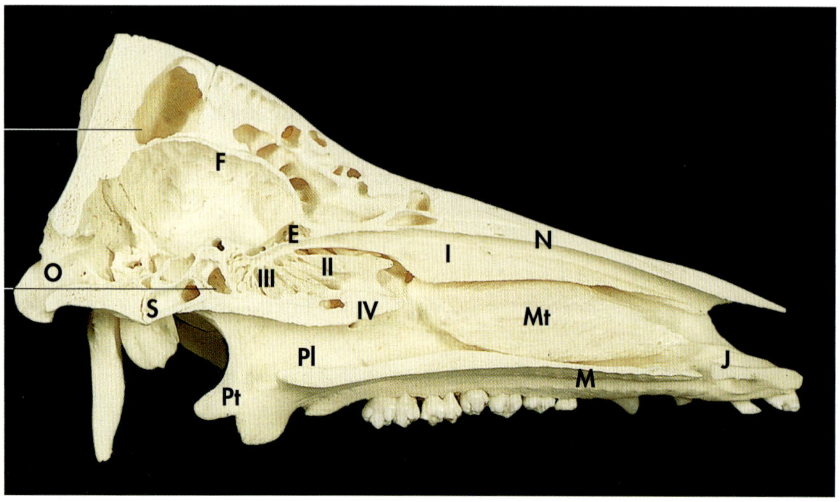


E Os ethmoidale
F Os frontale
J Os incisivum
M Maxilla
Mt Maxilloturbinale
N Os nasale
O Os occipitale
Pl Os palatinum
Pt Os pterygoideum
S Os sphenoidale

I Endoturbinale I
II Endoturbinale II
III Endoturbinale III
IV Endoturbinale IV

**Abb. 1-24.** Schädel eines Schweines (Paramedianschnitt, Medialansicht der linken Hälfte).

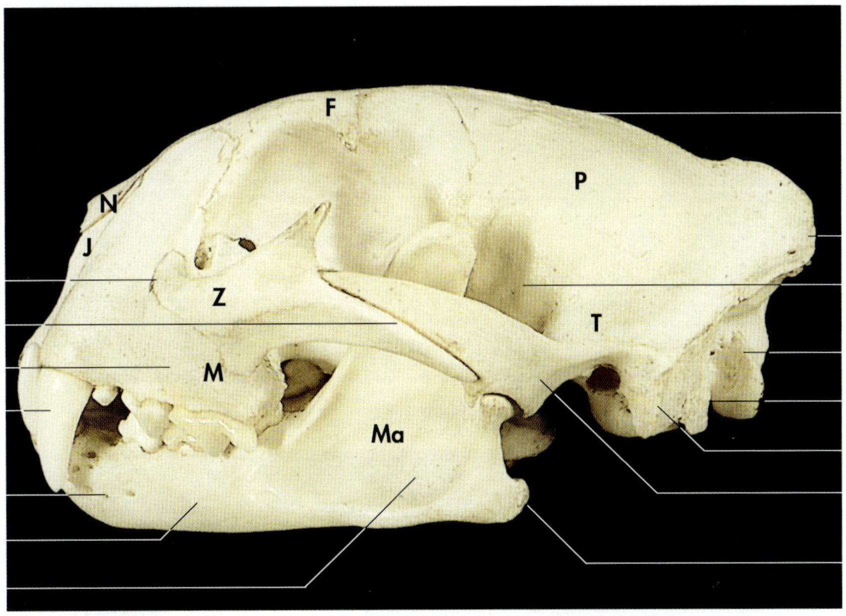


**Abb. 1-25.** Schädel eines Puma (Lateralansicht von links).

Die **Flügelgaumenfläche (Facies pterygopalatina)** nimmt die kaudale Fläche des Kiefers bis zur **Oberkieferbeule (Tuber maxillae)** (Abb. 1-33 u. 41) ein und begrenzt die medial gelegene **Flügelgaumengrube (Fossa pterygopalatina)**. In dieser liegen das **Foramen maxillare**, das **Foramen sphenopalatinum** und das **Foramen palatinum caudale** (Abb. 1-10 u. 42).

Der **Zahnfachfortsatz (Processus alveolaris)** (Abb. 1-19 u. 33) bildet an seinem **freien Rand (Margo alveolaris)** die **Zahnfächer (Alveoli dentales)** für die Backen- oder Eckzähne, getrennt durch Scheidewände (Septa interalveolaria), aus. Zwischen Backen- und Eckzahn bleibt ein **zahnfreier Abschnitt (Margo interalveolaris)** (Abb. 1-33), die Zahnwurzeln drücken sich als **Leisten (Juga alveolaria)** nach außen vor.

Der **Gaumenfortsatz (Processus palatinus)** verläuft, als horizontale Platte dem Processus alveolaris entspringend, medial und stösst in der Medianen mit dem der anderen Seite als Sutura palatina mediana zusammen (Abb. 1-21). Kaudal setzt sich diese Horizontalplatte in die des Gaumenbeins fort, rostral bildet dieser Fortsatz mit Teilen des Zwischenkieferbeins die knöcherne **Gaumenspalte (Fissura palatina)** (Abb. 1-21 u. 48).

In ihrer paarigen Gesamtheit bilden diese Horizontalplatten mit dem Inzisivum den Boden der Nasenhöhle und gleichzeitig das Dach der Mundhöhle. An der Nasenfläche dient die Crista nasalis der Anheftung des **Pflugscharbeins (Vomer)** (Abb. 1-24), die Mundfläche weist das **große Gaumenloch (Foramen palatinum majus)** tierartlich unterschiedlich lokalisiert auf. Auch der Gaumenfortsatz des Oberkiefers ist mit einem **Sinus palatinus** pneumatisiert (Abb. 1-19).

## Zwischenkieferbein (Os incisivum)

Das paarige Zwischenkieferbein setzt sich aus dem **Körper (Corpus ossis incisivi)** (Abb. 1-1, 2 u. 20), dem **Nasenfortsatz (Processus nasalis)**, dem **Gaumenfortsatz (Processus palatinus)** und dem **Zahnfachfortsatz (Processus alveolaris)**, der dem Wiederkäuer fehlt, zusammen. Diese Anteile bilden als geschlossener Knochen die Spitze des Gesichtsschädels und sind mit an der Form des Naseneingangs und des Gaumendachs beteiligt.

Am Körper des Inzisivums ist der freie Rand der Lippen- und der Gaumenflächen zu **Zahnfächerfortsätzen (Processus alveolares)** geformt, die unterkieferwärts die Fächer für die drei Schneidezähne jeder Seite einschließen. Eine Ausnahme findet sich hier für die Wiederkäuer, die am Zwischenkieferbein zahnlos sind. Ihnen fehlen diese Zähne ebenso wie der Hakenzahn in der Maxilla.

Kaudal setzt sich dieser Fortsatz bei allen Haussäugetieren in den Margo interalveolaris fort, der beim Pferd relativ lang, bei Fleischfressern und Schwein nur kurz ist. In der Medianen treffen sich die beiden Incisiva jeweils mit ihrem Processus palatinus in einer festen Naht (Fleischfresser und Pferd) oder in einer engen Spalte. Sie begrenzen dadurch die Fissura palatina von medial.

Beim Menschen ist das Inzisivum nur bis zum 4. Lebensjahr als separater Knochen zu erkennen (»Goethe-Knochen«). Er verschmilzt dann mit der Maxilla.

## Gaumenbein (Os palatinum)

Das paarige Gaumenbein, zwischen dem Oberkieferbein, dem Keilbein sowie dem Flügelbein gelegen (Abb. 1-21 bis 24), beteiligt sich durch seine **Horizontalplatte (Lamina horizontalis)** (Abb. 1-17) mit an der Bildung des harten Gaumens und mit seiner sagittal stehenden **Perpendikularplatte (Lamina perpendicularis)** an der Seiten- und der Dachwand des **Nasen-Rachen-Gangs (Meatus nasopharyngeus)** sowie am **Nasenrachen (Choane)** (Abb. 1-19). In der Tiefe des Gesichtsschädels gelegen, verbindet das Gaumenbein damit die Nasenhöhle über den Nasen-Rachen-Gang mit dem Nasenrachen. Die meist breite **Lamina horizontalis** bildet mit ihrem freien Rand (Margo liber) am Choanenrand den knöchernen Abschluss des Gaumendaches und gibt dort dem Gaumensegel Ansatz. In der Medianen ist der **Choanenstachel (Spina nasalis caudalis)** entwickelt (Abb. 1-48). Diese Horizontalplatte enthält beim Rind

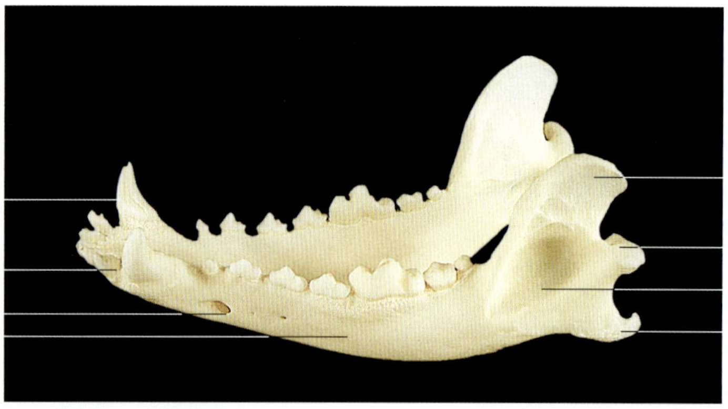


**Abb. 1-26.** Mandibula eines Hundes (Lateralansicht von links).

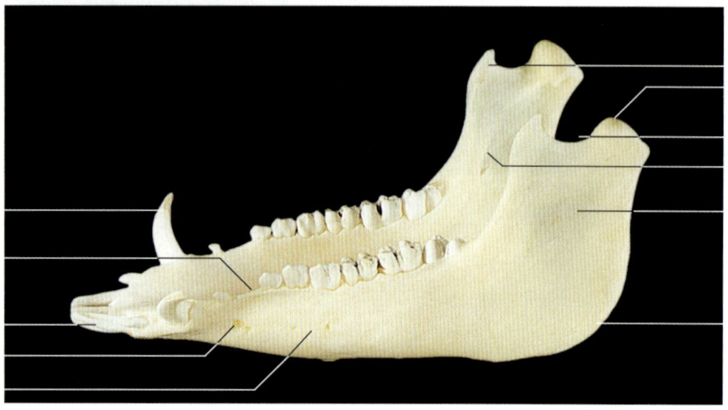


**Abb. 1-27.** Mandibula eines Schweines (Lateralansicht von links).

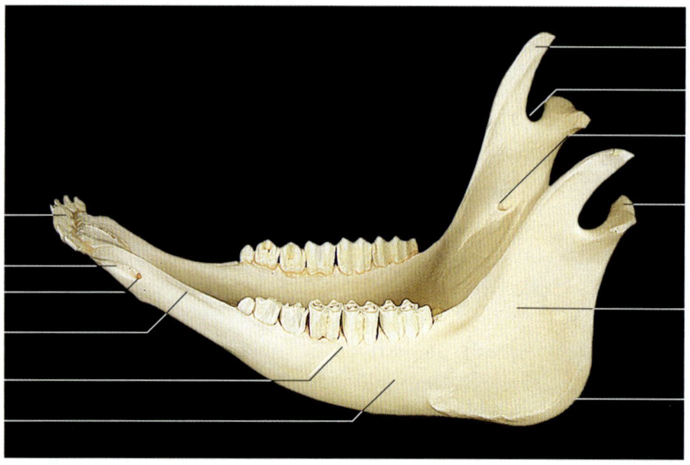


**Abb. 1-28.** Mandibula eines Rindes (Lateralansicht von links).

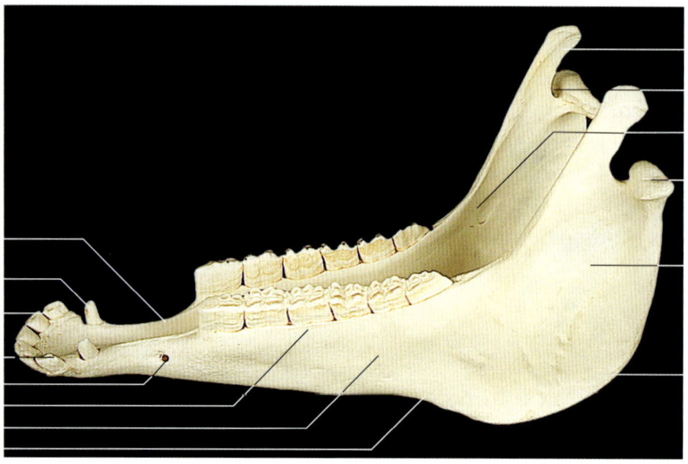


**Abb. 1-29.** Mandibula eines Hengstes (Lateralansicht von links).

zusammen mit dem Gaumenfortsatz des Oberkiefers die **Gaumenhöhle (Sinus palatinus)** (Abb. 1-19). Die Platte schließt den **Gaumenkanal (Canalis palatinus major)** ein.

Die **Lamina perpendicularis**, senkrecht zur Horizontalplatte stehend, reicht kaudal bis an das Keil- und Flügelbein sowie mit einem Fortsatz bis in die Augenhöhle. Medial entlässt diese die Lamina sphenoethmoidalis, die sich mit dem Vomer und der Bodenplatte des Ethmoids verbindet. Der freie Rand ergänzt seitlich den Rand der Choane. Die Perpendikularplatte schließt beim Pferd die **Gaumenhöhle (Sinus palatinus)** ein.

## Pflugscharbein (Vomer)

Das unpaarige Pflugscharbein liegt in der Tiefe des Gesichtsschädels, es durchzieht den Nasenraum und liegt in der Medianen der Nasenhöhle der Crista nasalis auf (Abb. 1-17). Mit seiner Bodenplatte ist der Vomer über die Crista nasalis mit der Horizontalplatte des Os palatinum (Fleischfresser) bzw. am Gaumenfortsatz der Maxilla (Wiederkäuer) verbunden, er setzt sich kaudal in die Crista vomeris fort. Die beiden Seitenplatten bilden zusammen mit der Bodenplatte den Sulcus septalis, der die Nasenscheidewand aufnimmt.

## Flügelbein (Os pterygoideum)

Das paarige Flügelbein schiebt sich als platter Knochen zwischen Keilbein und Lamina perpendicularis des Gaumenbeins und bildet das **Dach** bzw. die **Seitenwand des Nasen-Rachen-Raumes** mit. An seinem freien Rand ist ein besonders beim Pferd auffälliges **Häkchen (Hamulus pterygoideus)** ausgebildet, das weit über den Choanenrand ragt (Abb. 1-49).

## Unterkiefer (Mandibula)

Der Unterkiefer entwickelt sich paarig aus den vorderen mesodermalen Anlagen des 1. Kiemenbogens und verwächst rostral in der Medianen im **Kinnwinkel (Angulus mentalis)** durch eine Synchondrosis et Sutura intermandibularis (Abb. 1-1 u. 2). Diese Verbindung ist bei Schwein und Pferd nach dem ersten Lebensjahr fest. Bei Fleischfressern und Wiederkäuern tritt dieser Schluss erst später ein oder kann auch völlig fehlen. Am Unterkiefer sind zu unterscheiden:

- zähnetragender **Unterkieferkörper (Corpus mandibulae)**,
- **Unterkieferast (Ramus mandibulae)**.

Beide Unterkiefer umschließen den **Kehlgang (Spatium mandibulae)**. Am Unterkieferkörper können ein **rostraler Schneidezahnanteil (Pars incisiva)** und ein **kaudaler Backenzahnanteil (Pars molaris)** unterschieden werden (Abb. 1-26 bis 29). Die Pars incisiva stellt eine horizontale Platte mit einer konvexen **Lippenfläche (Facies labialis)** und einer konkaven **Zungenfläche (Facies lingualis)** dar, verbunden im Arcus alveolaris. Auf diesem sind in den Zahnfächern die sechs Schneidezähne verankert. Bei Fleischfressern und Wiederkäuern schließt sich unmittelbar das Zahnfach für den Eckzahn an, bei Schwein und Pferd erst nach einem geringen Abstand.

An der Pars molaris kann eine seitliche **Backenfläche (Facies buccalis)** und eine mediale **Zungenfläche (Facies lingualis)** mit einem **unteren Rand (Margo ventralis)** unterschieden werden. Am dorsalen Rand sind kaudal im Margo alveolaris die Fächer für die Backenzähne (drei bei der Katze, sieben bei Hund und Schwein, sechs beim Wiederkäuer und sechs bis sieben beim Pferd) lokalisiert. Rostral schließt sich das **Diastema (Margo interalveolaris)** an, das bei Wiederkäuern und Pferd besonders lang ist.

Der Unterkieferkörper (Corpus mandibulae) wird von einem Kanal, dem **Canalis mandibulae**, durchzogen, der den sensiblen N. alveolaris mandibularis einschließt. Er beginnt mit dem Foramen mandibulae auf der hinteren Medialfläche, zieht unterhalb der Zahnfächer rostral und mündet auf der Lateralfläche in Höhe des Margo interalveolaris (Diastema) im Foramen mentale. Dieses besteht bei Wiederkäuern und Pferd aus einer einfachen Öffnung, bei Fleischfressern aus zwei bis drei, beim Schwein aus bis zu fünf. Der Canalis mandibulae entlässt zu den Fächern der Schneidezähne und des Eckzahns den Canalis alveolaris. Der Ventralrand des Corpus mandibulae zeigt, außer bei Fleischfressern, die **Incisura vasorum facialium** (Abb. 1-29). Beim Pferd kann hier der Puls gefühlt werden.

Die Lage des Foramen mentale ist ebenso wie die des Foramen mandibulae für die **Leitungsanästhesie** von Bedeutung.

- Das **Foramen mentale** liegt beim Hund in der Mitte der Lateralfläche unterhalb des 1. Backenzahns, beim Rind fingerbreit hinter und unter dem Eckschneidezahn und beim Pferd auf der Lateralfläche fingerbreit unter dem Margo interalveolaris in Höhe des Lippenwinkels.
- Das **Foramen mandibulae** findet man beim Hund 2 cm kaudal des hinteren Alveolarrandes des letzten Unterkieferbackenzahns. Es liegt bei Pferd und Rind an der Medialfläche in der Mitte einer Verbindungslinie vom Processus condylaris schräg rostral bis zum vorderen Rand der Incisura vasorum facialium.

Der **Unterkieferast** (Abb. 1-26–29) verläuft als platter Knochen in Richtung auf den Jochbogen und schließt auf seiner Lateralfläche die **Fossa masseterica** zur Anheftung des M. masseter, medial die **Fossa pterygoidea** für den Ansatz des M. pterygoideus medialis ein. Im **Kieferwinkel (Angulus mandibulae)**, der am unteren Rand des Körpers und am Kaudalrand des Unterkieferastes liegt, ist bei Fleischfressern ein deutlicher **Processus angularis** ausgebildet. Das freie Ende des Unterkieferastes entlässt kaudal den **Processus condylaris** mit einer querkonvexen **Gelenkwalze (Caput mandibulae)** zur Artikulation mit dem Os temporale. Rostral schließt sich der hohe und breitausladende **Processus coronoideus** zum Ansatz des Schläfenmuskels (M. temporalis) an. Die beiden Fortsätze sind durch die **Incisura mandibulae** getrennt (Abb. 1-26–29).

## Zungenbein, Apparatus hyoideus (Os hyoideum)

Das Zungenbein geht aus Teilen des zweiten und dritten Kiemenbogens hervor, deren Einzelknorpel frühzeitig verknöchern und eng miteinander verbunden zwischen den Unterkieferästen, rostral im Zungengrund, liegen. Das Zungenbein artikuliert mit dem Schläfenbein. Man unterscheidet zwei Anteile, das Hyoid im engeren Sinn, seitlich der Zunge gelegen, und den Aufhängeapparat.

Das **Hyoid im engeren Sinn** setzt sich zusammen aus:

- Zungenbeinkörper (Corpus ossis hyoidei = Basihyoideum),
- Kehlkopfhorn (Thyrohyoideum),
- Zungenhorn (Ceratohyoideum).

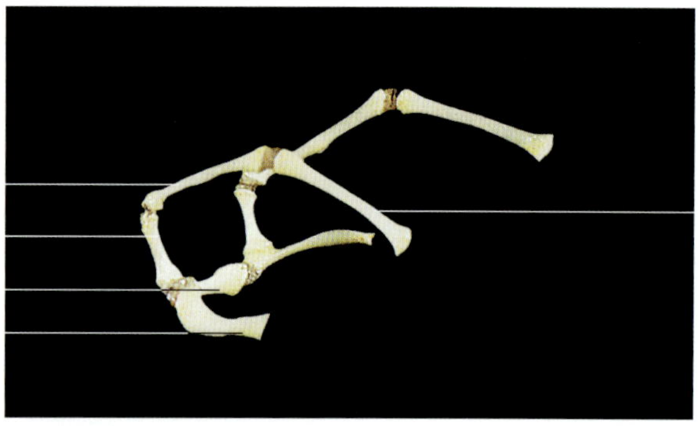


**Abb. 1-30.** Zungenbein einer Katze (Kaudolateralansicht von links).

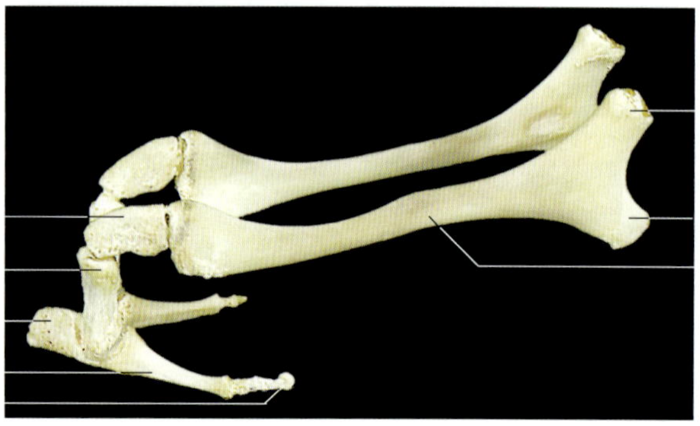


**Abb. 1-31.** Zungenbein eines Rindes (Lateralansicht von links).

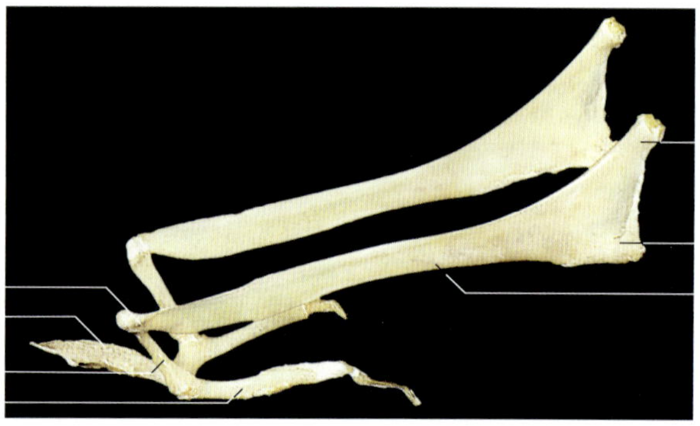


**Abb. 1-32.** Zungenbein eines Pferdes (Lateralansicht von links).

Der Zungenbeinkörper liegt im Zungengrund, formt das Querstück des Zungenbeins und weist einen kurzen (Wiederkäuer) bzw. langen (Pferd) Zungenfortsatz (Processus lingualis) auf. An beiden Seiten entlässt dieser je ein beweglich artikulierendes Kehlkopfhorn (Thyrohyoideum) zum Schildknorpel. Das Thyrohyoid verwächst bei Wiederkäuern und Pferd mit dem Basihyoid. Das Zungenhorn ist mit dem Basihyoid durch ein schwaches Gelenk verbunden und dient der Anheftung des Aufhängeapparats am Schläfenbein. Bei Wiederkäuern und Pferd erfolgt diese mit dem Processus styloideus, bei Fleischfressern mit dem Processus mastoideus des Os petrosum, beim Schwein mit dem Processus nuchalis der Schläfenbeinschuppe (Abb. 1-30 bis 32). Der Aufhängeapparat besteht aus dem:

- proximalen Zungenbeinast (Tympanohyoideum),
- mittleren Zungenbeinast (Stylohyoideum),
- distalen Zungenbeinast (Epihyoideum).

Das **Tympanohyoideum** ist meist knorpelig, bei Fleischfressern bindegewebig. Das **Stylohyoideum** ist bei Wiederkäuern und Pferd ein abgeplatteter Knochenstab, der bei Fleischfressern und Schwein im distalen Bereich knorpelig bleibt. Das **Epihyoideum** ist bei Fleischfressern stabförmig und verknöchert, am Ende knorpelig, beim Schwein rein bindegewebig (Lig. epihyoideum) und beim Pferd frühzeitig mit dem Stylohyoid knöchern verschmolzen.

## Nebenhöhlen der Nase (Sinus paranasales)

Die Nebenhöhlen der Nase stellen pneumatisierte Hohlräume zwischen Lamina externa und interna der Schädelknochen dar, deren Zugang durch die Nasenhöhle erfolgt (Abb. 1-7, 10, 15, 19, 22 bis 24, 40, 46 u. 47). Man unterscheidet beidseitig in den Schädelknochen:

- Kieferhöhle (Sinus maxillaris),
- Stirnhöhle (Sinus frontalis),

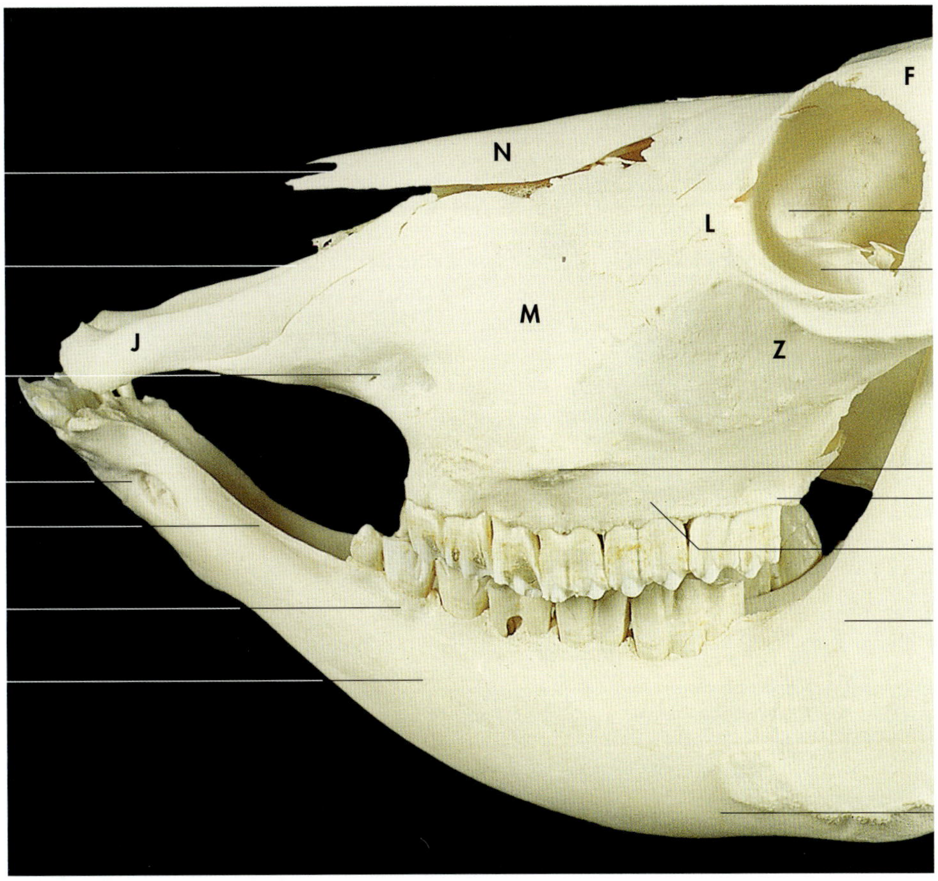


**Abb. 1-33.** Schädel eines Rindes (vorderer Teil, Lateralansicht von links).

- Gaumenhöhle (Sinus palatinus),
- Keilbeinhöhle (Sinus sphenoidalis),
- Tränenbeinhöhle (Sinus lacrimalis) nur bei Schwein und Wiederkäuern,
- dorsale Muschelhöhle (Sinus conchae dorsalis),
- ventrale Muschelhöhle (Sinus conchae ventralis) bei Schwein, Rind und Pferd sowie
- Cellulae ethmoidales bei Schwein und Wiederkäuern.

Diese Nebenhöhlen weisen z.T. erhebliche tierartliche Unterschiede auf, die bei den einzelnen Tierarten gesondert angesprochen werden.

# Schädel als Ganzes

## Schädel der Fleischfresser

Die **Form des Schädels** von Fleischfressern weist vergleichend zwischen Hund und Katze strukturelle Unterschiede auf, die insbesondere bei den verschiedenen Hunderassen von erheblichem Ausmaß sind. So sind langköpfige (dolichozephale) und kurzköpfige (brachyzephale) von intermediären (mesozephalen) Hunderassen zu unterscheiden.

**Langköpfige Hunderassen** weisen einen ausgeprägten Gesichtsschädel und eine markante Crista sagittalis ext. am meist nur schmalen Hirnschädel für den Ursprung der starken Temporalismuskulatur auf (Abb. 1-36). Die Stirn fällt flach zur Nase ab, die Jochbögen sind weniger stark lateral gewölbt (z.B. Dobermann, Collie oder Windhunde).

**Kurzköpfige Hunderassen** kennzeichnet ein, gegenüber dem Gesichtsschädel vergrößerter Hirnschädel und die meist gedrungenere, kugelige Form des Gesamtschädels bei stark reduzierter oder fehlender Crista sagittalis externa. Die Augenhöhlen liegen weit auseinander (z.B. Pekinese, Mops, Zwergspitz, Zwergspaniel). Manche dieser Rassen besitzen Dauerfontanellen. Einige brachyzephale Rassen weisen eine **Prognathia inferior** auf, bei der das Wachstum des Unterkiefers das des Gesichts übertroffen hat.

Bei **mesozephalen Hunderassen** ist die Länge und die Breite des Schädels ausgewogen, der Hirnschädel mehr rundlich (z.B. Beagle, Teckel).

Trotz der Unterschiede, die durch alters- und geschlechtsspezifische Merkmale ergänzt werden, stimmen die Schädel der Hunde in ihrem Grundbauplan weitestgehend überein. Danach besitzen Hunde relativ große Schädel; dies ist für jagende Tiere zur Unterbringung ausgeprägter Sinnesorgane (z.B. Gesichts-, Gehör- und Geruchssinn) und des Gehirns von lebenswichtiger Bedeutung. Dieser Schädeltypus zeichnet sich durch einen gut entwickelten Gesichtsteil, dominante Augenhöhlen und Schläfengruben, einen unvollständigen, bindegewebigen Augenbogen und ausgeprägte Bullae tympanicae aus.

Bei der Katze ist der Gesichtsbereich kürzer als bei mesozephalen Hunden, die Schädel von Katern sind massiver als die weiblicher Tiere, die Augenhöhlen relativ groß und mehr nach vorne gerichtet als beim Hund. Damit ist bei der Katze das binokuläre Gesichtsfeld erweitert.

**Tab. 1-1.** Öffnungen und hindurchtretende Strukturen am Schädel.

| Öffnung | Knochen | Hindurchtretende Strukturen | Besonderheiten |
|---|---|---|---|
| Canalis nervi hypoglossi | Os occipitale | N. hypoglossus (XII), A. u. V. condylaris | Rind: oft doppelt, Pferd: Foramen |
| Canalis opticus | Os praesphenoidale | N. opticus (II) | liegt über dem Sinus sphenoidalis |
| Fissura orbitalis | Os praesphenoidale | N. ophthalmicus ($V_1$), III., IV. u. VI. Gehirnnerv | bei Flfr. u. Pferd |
| Foramen rotundum | Os praesphenoidale | N. maxillaris ($V_2$) | Wdk. u. Schwein: Foramen orbitorotundum |
| Foramen alare caudale | Os basisphenoidale | A. maxillaris | beim Pferd: auch Foramen alare parvum |
| Foramen alare rostrale | | A. maxillaris | beim Hund: auch N. maxillaris ($V_2$) |
| Foramen lacerum | Os basioccipitale, Os temporale, Os basisphenoidale | | Pferd u. Schwein |
| Foramen jugulare | | IX., X. u. XI. Gehirnnerv, Hund: A. carotis interna | kaudaler Teil Foramen lacerum |
| Foramen ovale | Os basisphenoidale | N. mandibularis ($V_3$) | Pferd: Incisura ovalis im Foramen lacerum |
| Canalis caroticus | Os basisphenoidale | A. carotis interna (exkl. Flfr.), N. caroticus interna | Pferd: Incisura carotica, Foramen lacerum |
| Foramen spinosum | Os basisphenoidale | N. trochlearis (IV), A. meningea media | Pferd: Incisura spinosa, Foramen lacerum |
| Foramen supraorbitale | Os frontale | N. frontalis ($V_1$), A. u. V. frontalis | fehlt bei Flfr. |

Die Nackenfläche beim Schädel der Fleischfresser wird von der Schuppe, den beiden Seitenstücken des Okziputs und schmalen Randabschnitten des Felsenbeinteils des Os temporale (Hund) geformt. Gegen das Schädeldach ist diese durch die Protuberantia occipitalis externa und durch die Crista nuchae, beides Ansatzflächen für die Nacken- und Halsmuskulatur, und deren laterale Fortsetzung gegen die Seitenflächen durch die Crista supramastoidea abgegrenzt. An der Nackenbasis öffnet sich das große Hinterhauptsloch (For. magnum) für den Durchtritt des verlängerten Marks des Gehirns (Medulla oblongata), beidseitig begleitet von je einem Gelenkfortsatz (Condylus occipitalis), die dem 1. Halswirbel als Artikulationsflächen (Atlantookzipitalgelenk) dienen. Die Procc. paracondylares und die beiden Tubercula nuchalia sind beim Hund deutlich ausgebildet und dienen, wie sämtliche anderen Rauigkeiten und Fortsätze, ebenfalls dem Ansatz von Hals- und Nackenmuskulatur.

Die **Dachfläche** des Schädels gliedert sich in die **Hirnschädelabschnitte** und die **Nasenschädelabschnitte** (Nasenrücken). Der Hirnschädel wird im Scheitel von den paarigen Außenblättern (Laminae externa) des nur sehr schmalen Hinterhauptsbeins, des Scheitelbeins und des Zwischenscheitelbeins gebildet und setzt sich rostral ebenfalls paarig in das Stirnbein fort. Die Crista sagittalis externa ist nur bei dolichozephalen Hunderassen und bei der Katze ausgeprägt, sie setzt sich beim Hund im Os parietale als Linea temporalis fort. In Höhe des Augenhöhlenrands erfährt die Dachfläche ihre größte Breite, hier setzt am Processus zygomaticus des Os frontale das Ligamentum orbitale zur bindegewebigen Begrenzung des Margo supraorbitalis an.

Die **Nasenschädelabschnitte (Nasenrücken)** des Schädeldachs werden vorzugsweise durch die paarigen Nasenbeine, aber lateral auch durch rostrale Anteile des Oberkiefers und durch die Procc. nasales des Zwischenkieferbeins geformt. Das rostrale Ende des Nasenrückens wird allein durch die lateralen Spitzen der paarigen Nasenbeine gebildet, diese formen zusammen eine scharfe, konkave Grenzlinie.

Die **Seitenflächen des Hirnschädels** werden bei den verschiedenen Hunderassen sehr unterschiedlich entwickelt. Sie setzen sich aus mehreren Anteilen zusammen, dem Jochbogen, der Schläfengrube, dem Ohrausschnitt, der knöchernen Augenhöhle und der Flügelbein-Gaumen-Grube.

Der **Jochbogen (Arcus zygomaticus)** ist bei brachyzephalen Hunderassen und der Katze weitausladend, bei dolichozephalen Tieren weniger ausgeprägt. Er zieht in einem konvexen Bogen unterhalb der Orbita rostral zum Gesichtsschädel und wird aus der Schuppe

**Tab. 1-1.** Öffnungen und hindurchtretende Strukturen am Schädel (Fortsetzung).

| Öffnung | Knochen | Hindurchtretende Strukturen | Besonderheiten |
|---|---|---|---|
| Foramen ethmoidale | Os frontale | N. ethmoidalis ($V_1$), A. ethmoidalis externa, V. ethmoidalis | |
| Fissura petro-occipitalis | Os temporale/Os occipitale | N. petrosus major (VII), Chorda tympani (VII) | |
| Foramen retroarticulare | Squama temporalis | Emissarium für Sinus temporalis | |
| Area nervi facialis | Pars petrosa | N. facialis (VII) | Meatus acusticus internus |
| Area cochleae | Os temporale | N. cochlearis (VIII) | Meatus acusticus internus |
| Area vestibularis dorsalis | Os temporale | N. vestibularis (VIII) | Meatus acusticus internus |
| Area vestibularis ventralis | Os temporale | N. vestibularis (VIII) | Meatus acusticus internus |
| Foramen stylomastoideum | Petrosum/Tympanicum | N. facialis (VII) | |
| Foramen maxillare | Maxilla | N. infraorbitalis ($V_2$), Arterie u. Vene | Fossa pterygopalatina |
| Foramen palatinum caudale | Maxilla | N. palatinus major ($V_2$), Arterie u. Vene | Fossa pterygopalatina |
| Foramen sphenopalatinum | Maxilla | N. nasalis caudalis ($V_2$), Arterie u. Vene | Fossa pterygopalatina |
| Foramen infraorbitale | Maxilla | N. infraorbitalis ($V_2$), Arterie u. Vene | |
| Canalis interincisivus | Os incisivum | A. palatina major | |
| Foramen mandibulae | Mandibula | N. mandibularis ($V_3$), Arterie u. Vene | |
| Foramen mentale | Mandibula | N. mentalis ($V_3$), Arterie u. Vene | |

des Schläfenbeins und dem Os zygomaticum gebildet, verbunden mit einer festen Sutur. Der Proc. frontalis des Os zygomaticum und der Proc. zygomaticus des Os frontale treffen sich nicht zu einem knöchernen Bogen, sondern werden an ihren freien Enden durch das **Ligamntum orbitale** als dorsale Begrenzung der Augenhöhle überbrückt. An der kaudalen Basis des Jochbeinfortsatzes des Os temporale ist die transversale Gelenkfläche für das Kiefergelenk (Articulatio temporomandibularis) zur gelenkigen Verbindung mit der Mandibula durch eine Fossa mandibularis mit einer Facies articularis und einem deutlichen Proc. retroarticularis entwickelt.

Die **Schläfengrube** dient dem Schläfenmuskel als Ansatz. Sie ist sehr flach und wird vom Schläfenbein, vom Scheitelbein und der Flügelplatte des Basisphenoids gebildet. Die Seitenfläche schließt auch äußere Teile des **Ohres** ein. Markantes Kennzeichen ist der knöcherne äußere Gehörgang (Meatus acusticus ext.), der als kurzes Rohr Ansatz für den knorpeligen Gehörgang und die Ohrmuscheln bietet, er fehlt der Katze. Der äußere Gehörgang ist in der Tiefe durch das bindegewebige Trommelfell geschlossen. Er liegt über der Bulla tympanica, die einen Teil der Mittelohrhöhle umfasst, und rostral der Öffnung für den Canalis nervi facialis, dem Foramen stylomastoideum, dessen gleichnamige Arterie und Nerv zusammen mit dem N. facialis das Mittelohr durchziehen.

Die **knöcherne Augenhöhle (Orbita)** ist die herausragendste Struktur der Dach- und Seitenansicht. Sie bildet mit die Grenze zum Gesichtsschädel und ist beim Hund lateral, bei der Katze dagegen mehr frontal orientiert. Die Winkel zur Orbitaachse betragen beim Hund 79° und bei der Katze 49°.

Der **Margo supraorbitalis** wird in vivo bindegewebig vom **Ligamentum orbitale** gebildet, das bei der Katze oft verknöchert. Der **Margo infraorbitalis** ist als Bestandteil des Jochbogens stets knöchern. Die rostromediale Wand entspringt dem Tränenbein und schließt als Zugang zum Tränennasenkanal (Canalis nasolacrimalis) die Fossa sacci lacrimalis für den Tränensack ein, eine Fovea trochlearis ist dorsomedial ebenso deutlich.

An der medialen Orbita sind folgende Öffnungen zur Schädelhöhle sichtbar: der Canalis opticus, die Fissura orbitalis und das Foramen alare rostrale. Die Öffnung zum Canalis opticus ist Eintrittspforte für die Sehnerven. Die Fissura orbitalis dient als Durchtrittsstelle für die A. und V. ophthalmica externa und den N. ophthalmicus sowie die Nn. oculomotorius, trochlearis und abducens, die die Augenmuskeln versorgen.

Durch das **Foramen alare rostrale** zieht der N. maxillaris, der aus der Schädelhöhle austretend zusammen mit der A. maxillaris durch den Canalis alaris verläuft.

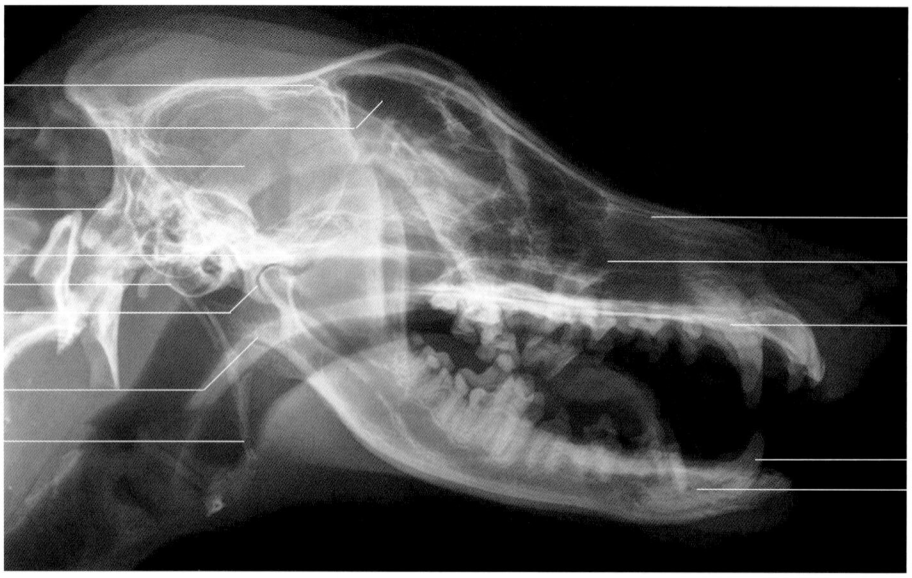


**Abb. 1-34.** Hundeschädel (Röntgenbild, laterolateraler Strahlengang), Aufnahme Prof. Dr. Ulrike Matis, München.

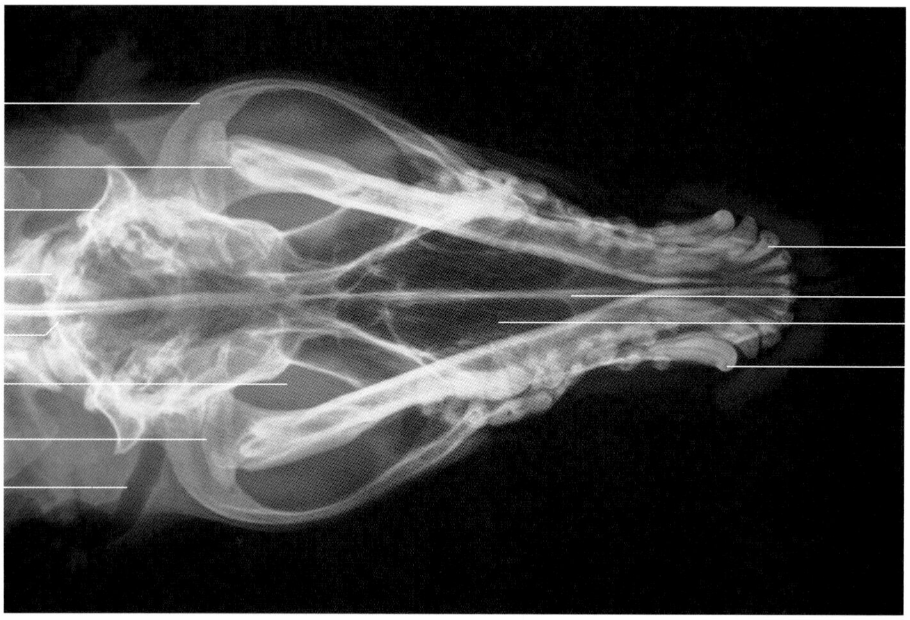


**Abb. 1-35.** Hundeschädel (Röntgenbild, ventrodorsaler Strahlengang), Aufnahme Prof. Dr. Ulrike Matis, München.

Die **Fossa pterygopalatina** schließt sich unmittelbar ventral an und beinhaltet das Foramen maxillare als Eintrittsöffnung zum Canalis infraorbitalis für die A. maxillaris und den N. maxillaris. Ferner liegen hier das Foramen sphenopalatinum zur Nasenhöhle und das For. palatinum caudale zum Canalis palatinus (Abb. 1-10).

Die **Seitenfläche des Gesichts** wird vom Oberkieferbein und dem Zwischenkieferbein, zusätzlich beim Hund auch noch vom Jochbein und dem Tränenbein gebildet. Das hervorstehendste Merkmal der Seitenfläche ist das **Foramen infraorbitale**. Aus diesem tritt der N. infraorbitalis aus dem Canalis infraorbitalis aus, der bei der Katze sehr kurz ist. Das For. infraorbitale ist leicht tastbar und liegt beim Hund dorsal fingerbreit vom 3. Oberkieferbackenzahn ($P_3$), während dieses bei der Katze, nicht fühlbar, im Winkel zwischen Jochbogen und Oberkiefer liegt.

Die **basale Schädelfläche** lässt drei Bereiche unterscheiden, die Schädelbasis, das harte Gaumendach und die Choanen zwischen Nasenhöhlen und Rachenraum.

Die **Schädelbasis (Basis cranii externa)** wird von den beiden Condyli occipitales und vom Körper des Hinterhauptsbeins, den Körpern der beiden Keilbeine und den Flügelplatten bzw. Fortsätzen des Flügelbeins gebildet. Die genannten Anteile liegen etwa in einer Ebene, allein die paarigen Processus paracondylares überragen beim Hund mehr als bei der Katze ventral die Basalfläche. Rostral dieser kaudal gelegenen Fortsätze ist die Schädelbasis flach, in der Media-

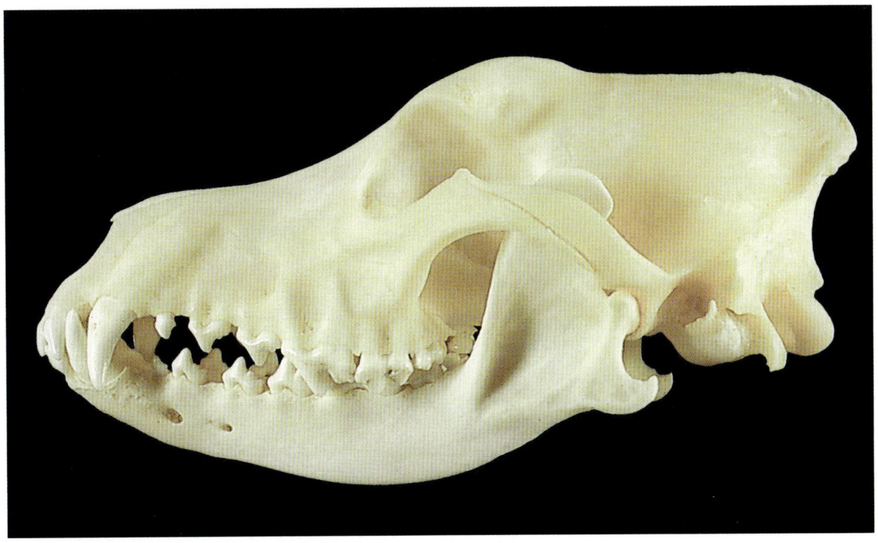

**Abb. 1-36.** Schädel eines fünfjährigen Husky (Lateralansicht von links).

nen liegen Anheftungsstellen für Muskeln, die den Kopf im Genick beugen. Zahlreiche Öffnungen sind in diesem Bereich ausgebildet, die dem Übertritt von Gefäßen und Gehirnnerven dienen. Vor dem Gelenkknorren öffnet sich der Canalis nervi hypoglossi als Durchtritt für den gleichnamigen XII. Gehirnnerven. Zwischen dem Okziput und der Bulla tympanica liegt das Foramen jugulare, durch das der N. glossopharyngeus (IX), der N. vagus (X), und der N. accessorius (XI) übertreten. Am Rand des Okziputs und des Basisphenoids liegt die Austrittsstelle für den N. mandibularis (Foramen ovale).

Das **Gaumendach (Palatum osseum)** ist in seinem hinteren Abschnitt weit und verengt sich rostral. Dieses wird von Zahnfächern (Alveoli dentales) umrahmt, die in den Processus alveolares der Ober- und Zwischenkieferbeine liegen. Das Palatum osseum wird größtenteils von den Horizontalplatten des Gaumenbeins, weniger von denen des Zwischenkiefers gebildet. In Höhe der Nahtstelle zwischen Gaumenbein und Oberkieferbein liegen paarig die Foramina palatina majora, durch die sich der Canalis palatinus für den Durchtritt des N. palatinus major und gleichnamiger Gefäße öffnet.

Die **Choanen (Choanae)** führen von den Nasenhöhlen zum Rachenraum, sie sind damit gerade bei langköpfigen Hunderassen lang und schmal. Die Seitenwände werden von den Perpendikularplatten des Gaumenbeins und des Flügelbeins gebildet, im Choanendach verbinden sich diese mit dem Keilbein und dem Pflugscharbein. Am Choanenrand entlässt die horizontale Gaumenplatte den Choanenstachel, die Spina nasalis caudalis, sowie rostral am Flügelbein das Häkchen (Hamulus pterygoideus).

Der **Unterkiefer (Mandibula)** bleibt mit seinen beiden Körpern im Kinnwinkel (Angulus mentalis) meist durch eine Articulatio intermandibularis fest verbunden. Das Corpus mandibulae entlässt kaudal den Processus angularis, sein Margo ventralis ist konvex, eine bei anderen Hausäugetieren typische Incisura vasorum facialium fehlt den Fleischfressern. Der Unterkieferkörper schließt in seinen Alveolarfächern (Margo alveolaris) sieben (Hund) bzw. drei (Katze) Backenzähne, den Eckzahn und die drei Schneidezähne ein, der Margo interalveolaris (Diastema) ist kurz. Der Unterkieferast (Ramus mandibulae) senkt sich an seiner Lateralfläche tief zur Fossa masseterica ein, die von einer Crista mandibularis rostralis bzw. caudalis begrenzt wird. Die quergestellte Gelenkwalze des Kiefergelenks (Caput mandibulae) sitzt einem kurzen Processus condylaris auf und wird von einem ausgeprägten Processus coronoideus zum Ansatz des M. temporalis überragt.

Der Unterkieferast schließt den Canalis mandibulae ein, der den sensiblen N. alveolaris mandibularis führt. Beginnend an der Medialfläche des Ramus mandibulae mit dem Foramen mandibulare zieht dieser im Knochen bis zum Margo interalveolaris (Diastema) und tritt auf der Lateralfläche im Foramen mentale nach außen. Letzteres besteht bei Fleischfressern aus zwei bis drei Öffnungen. Der Canalis mandibulae setzt sich zu den Fächern der Schneidezähne und des Eckzahns als Canalis alveolaris rostral fort. Die Lage des größten Foramen mentale ist beim Hund in der Mitte der Lateralfläche unterhalb des 1. Backenzahns, das des Foramen mandibulare 2 cm kaudal des hinteren Alveolarrands des letzten Unterkieferbackenzahns.

## Zungenbein (Os hyoideum)

Das Zungenbein besteht aus dem **querverlaufenden Basihyoideum**, das gelenkig rostrodorsal das **paarige Ceratohyoideum** als Verbindung zum Aufhängeapparat entlässt. Kaudal zieht ebenfalls gelenkig das **paarige Thyrohyoideum**, von dem aus Verbindungen zum Schildknorpel abgehen. Der Aufhängeapparat des Zungenbeins besteht, untereinander knorpelig verbunden, seinerseits aus dem knöchernen Epihyoideum, dem ebenfalls knöchernen Stylohyoideum und dem knorpeligen Tympanohyoideum. Letzteres findet am Processus mastoideus der Pars petrosa, kaudal des Meatus acusticus externus, syndesmotisch seine Anheftung an die Schädelbasis. Durch die aufgezeigten bindegewebigen Knorpel-Knochen-Verbindungen ist ein beweglicher Mechanismus entwickelt, der den Zungengrund, die Schädelbasis und den Kehlkopf flexibel verbindet. Röntgenologisch lassen sich die einzelnen Knochenabschnitte darstellen, wobei die Verknöcherung des Zungenbeins im engeren Sinn erst ein bis zwei Monate nach der Geburt erfolgt.

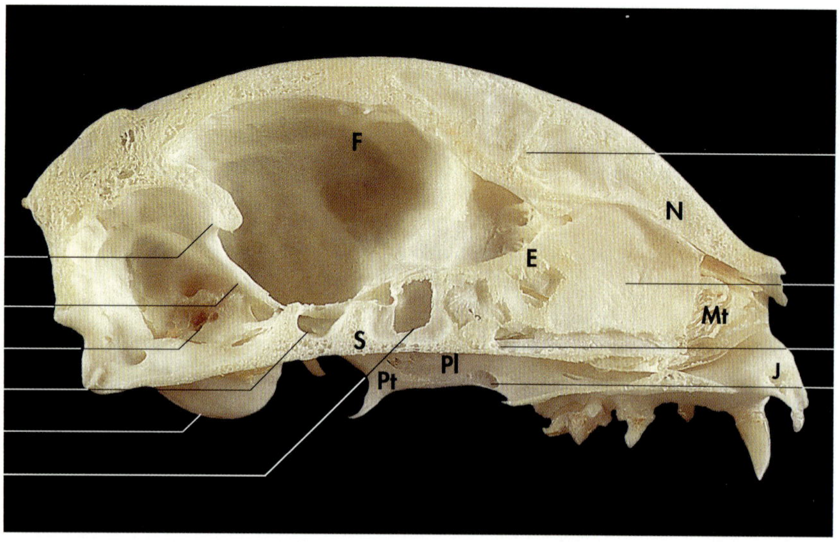


**Abb. 1-37.** Schädel einer Katze (Paramedianschnitt, Medialansicht der linken Hälfte).

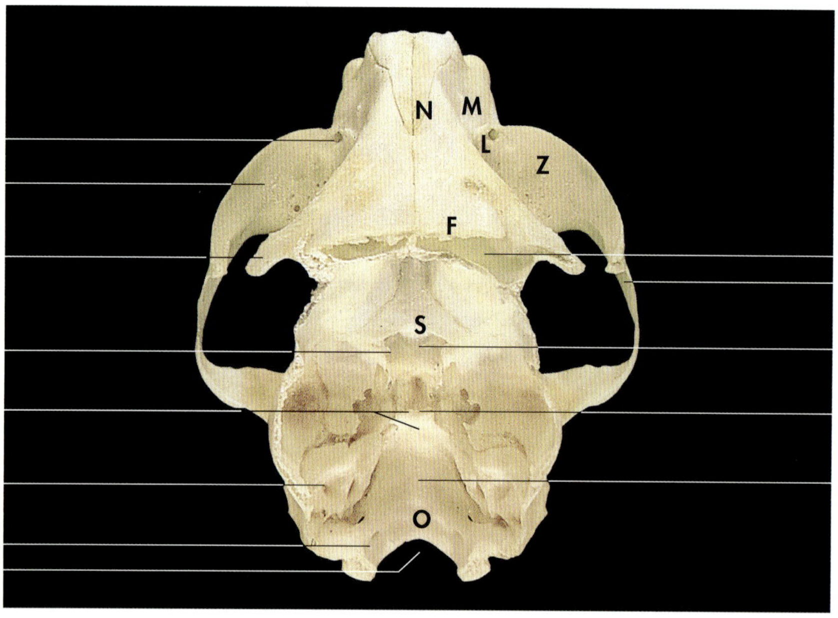


**Abb. 1-38.** Schädel einer Katze (Dorsalansicht mit eröffneter Schädelhöhle).

# Höhlen des Kopfes bei Fleischfressern

## Schädelhöhle (Cavum cranii)

Die Schädelhöhle wird in eine rostral größere, das Großhirn aufnehmende Abteilung und in eine kleinere, für das Rautenhirn, unterteilt. Die Grenze zwischen beiden ist durch das von dorsal einziehende Tentorium cerebelli osseum, die lateral gelegenen paarigen Cristae partis petrosae und das basale Dorsum sellae turcicae markiert.

Das **Schädeldach (Calvaria)** lässt eine Außenplatte (Lamina externa) von einer Innenplatte (Lamina interna) unterscheiden, die nur in den rostralen zwei Dritteln durch den Sinus frontalis zu Nebenhöhlen pneumatisiert sind (Abb. 1-23). Die Innenfläche ist durch Eindrücke des Gehirnoberflächenreliefs (Impressiones digitatae) und durch niedrige Leisten (Juga cerebralia) sowie durch Sulci und Gyri gegliedert. In der Medianen liegt die wenig ausgeprägte Crista sagittalis interna, die der Hirnsichel Ansatz bietet. Diese Leiste wird beidseitig vom Sulcus sinus sagittalis dorsalis als Träger des gleichnamigen Blutleiters begleitet. Diese Blutsinusräume treten durch das Foramen sinus sagittalis in das knöcherne Kleinhirnzelt und in den Canalis sinus transversi über, münden in den Meatus temporalis und treten aus dem Foramen retroarticulare nahe dem äußeren Gehörgang wieder aus. Der Katze fehlt der Meatus temporalis.

Die nasenseitige Wand wird durch die quergestellte Fläche der Lamina cribrosa des Siebbeins (Siebbeinplatte) und Teile der Innenplatte des Stirnbeins gebildet. Die in der Medianen lokalisierte Crista galli ragt nur dorsal vor und lässt so ventral eine weitgehend einheitliche Siebbeingrube (Fossa ethmoidalis) für den Übertritt der Fila olfactoria und der Blutgefäße durch die Siebbeinplatte entstehen. Beidseitig schließen sich die Foramina ethmoidalia (Hund) zur Aufnahme des N. ethmoidalis und der A. und V. ethmoidalis externa an. Dieses Foramen ist bei der Katze nur einfach entwickelt.

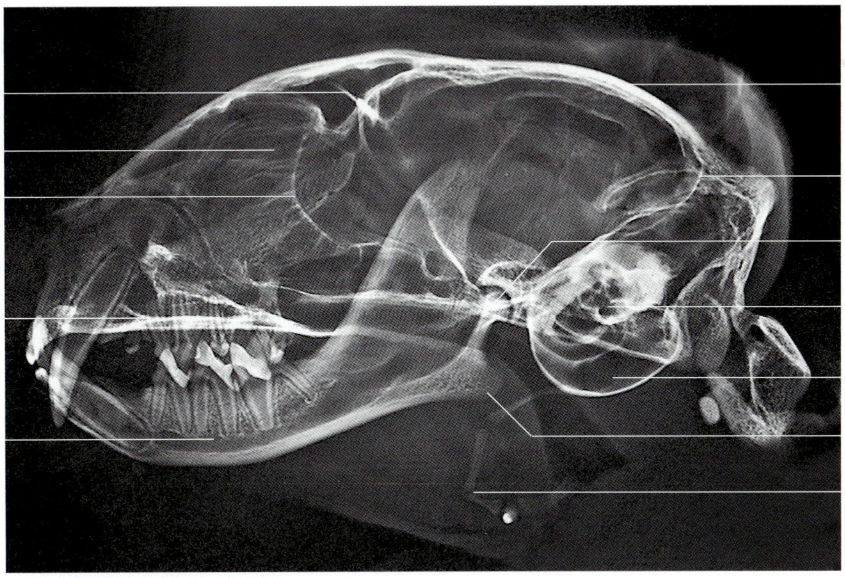


**Abb. 1-39.** Schädel einer Katze (Röntgenbild, laterolateraler Strahlengang), Aufnahme Prof. Dr. Cordula Poulsen Nautrup, München.

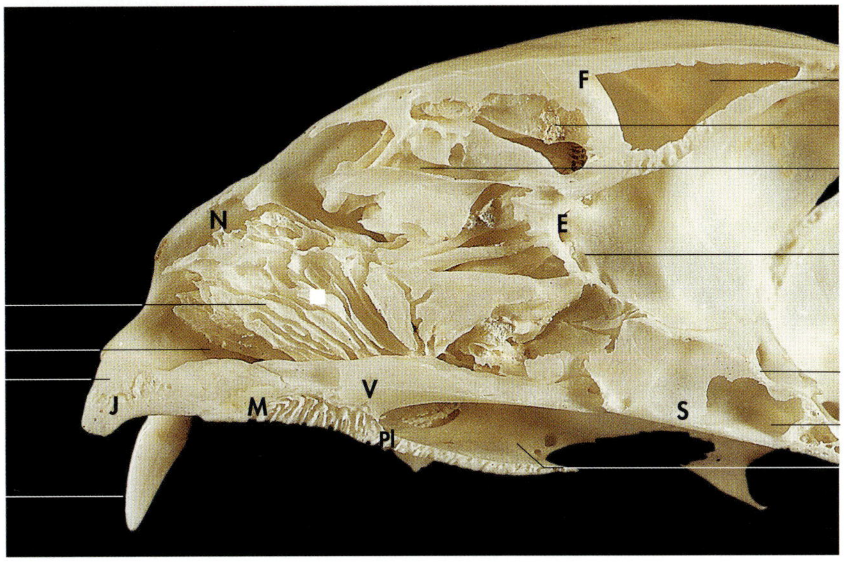


**Abb. 1-40.** Schädel einer Katze (Paramedianschnitt, Medialansicht der rechten Hälfte).

Die **Schädelbasis (Basis cranii interna)** (Abb. 1-9) lässt drei Schädelgruben unterscheiden. Die **vordere Schädelgrube (Fossa cranii rostralis)** überdacht das Praesphenoid, ist relativ lang und reicht von der Siebbeinplatte bis zur Crista orbitosphenoidalis. Sie bedeckt den Sulcus chiasmatis der Sehnervenkreuzung und schließt paarig den Canalis opticus für den Sehnerv ein. Die **mittlere Schädelgrube (Fossa cranii media)** ist von der **hinteren Schädelgrube (Fossa cranii caudalis)** durch die steil aufragende Sattellehne (Dorsum sellae turcicae) getrennt. Rostral von dieser liegt die Grube des Türkensattels (Sella turcica), der sich die Fossa hypophysialis und seitlich je eine tiefe Fossa piriformis zur Aufnahme des Lobus piriformis des Gehirns anschließen.

In die **mittlere Höhle (Fossa cranii media)** treten zahlreiche Nerven und Gefäße über, deren Durchtrittsöffnungen sehr unterschiedlich ausgebildet sind (Abb. 1-9):

- rostral die **Fissura orbitalis** für den Durchtritt des N. oculomotorius, des N. trochlearis, des N. abducens sowie beim Hund des Ramus anastomoticus mit der A. carotis interna,
- in der Mitte das **Foramen rotundum** für den Durchtritt des N. maxillaris und
- kaudal das **Foramen ovale** für den Durchtritt des N. mandibularis und der A. meningea media.

Die knöcherne Grundlage der **hinteren Schädelgrube (Fossa cranii caudalis)** (Abb. 1-9) bildet das Basiokzipitale, seitlich begrenzt durch den Felsenteil des Schläfenbeins. Diese reicht bis zum **großen Hinterhauptsloch**, dem **Foramen magnum**. Die innere Fläche ist durch zwei Vertiefungen (Impressio pontina und Impressio

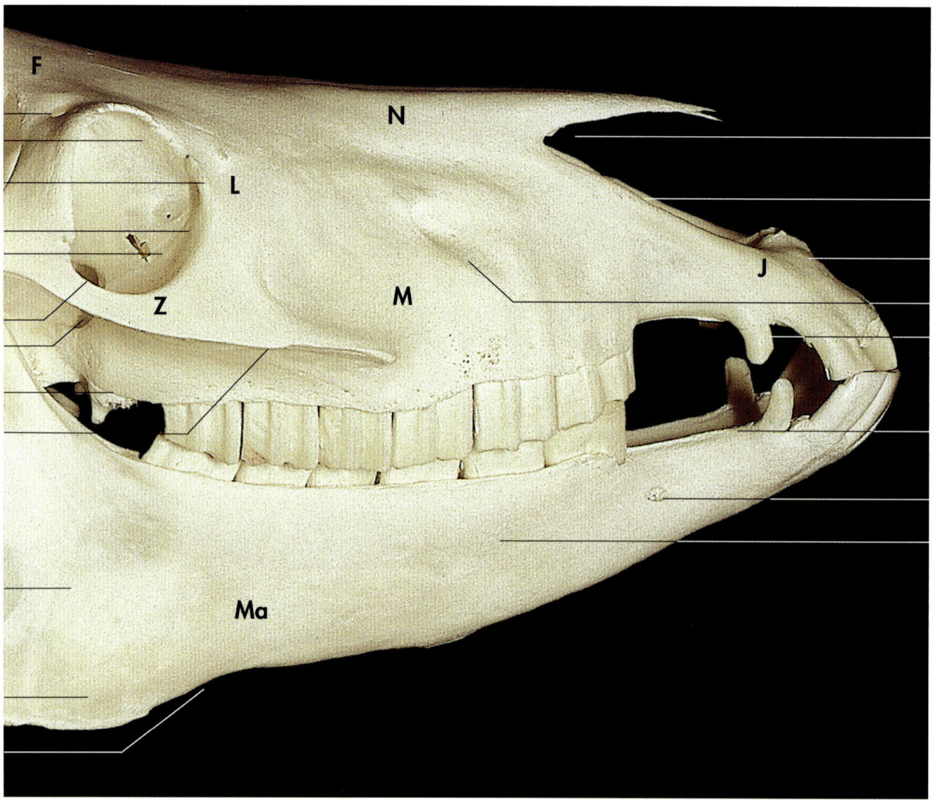


**Abb. 1-41.** Schädel eines Pferdes (vorderer Abschnitt, Lateralansicht von rechts).

medullaris) eingesenkt. Nahe der Sutura occipitotympanica treten durch das **Foramen jugulare** (Abb. 1-5 u. 6) der N. glossopharyngeus, der N. vagus und der N. accessorius hindurch.

## Nasenhöhle (Cavum nasi)

Die Nasenhöhle erstreckt sich von der knöchernen Nasenöffnung (Apertura nasi ossea) bis zur Lamina cribrosa, der quergestellten Siebbeinplatte, getrennt durch die mediane Scheidewand (Septum nasi). Kaudal setzt sich diese Trennwand in die Lamina perpendicularis des Siebbeins, rostral in die knorpeligen, beweglichen Abschnitte (Pars mobilis septi nasi) der Nase fort.

Beidseitig in den Nasenhöhlen befinden sich die Muschelbeine (Ossa conchae). Der blind endende Nasengrund (Fundus nasi) schließt die Siebbeinmuscheln (Ossa ethmoturbinalia) ein. Die Nasenhöhle geht in den Nasen-Rachen-Gang (Meatus nasopharyngeus) über, der zum Nasenrachen (Pars nasalis pharyngis) führt.

Die Nasenmuscheln werden mit einer Basallamelle vom Endoturbinale I für die dorsale Nasenmuschel, mit zwei Spirallamellen vom Endoturbinale II für die mittlere Nasenmuschel und vom Maxilloturbinale für die untere Nasenmuschel gebildet.

Die Ethmoturbinalia sind an den Dach-, Sieb- und Seitenplatten befestigt und schieben sich als tütenförmige Rollen in die geräumige Nasenhöhle vor. Man unterscheidet beim Hund vier größere Endoturbinalia und bis zu sechs kleinere Ectoturbinalia. Das Endoturbinale I liegt am weitesten dorsal und entspringt mit seiner Basallamelle an der Lamina perpendicularis des Siebbeins. Es bildet die knöcherne Grundlage der oberen Nasenmuschel, setzt an der Crista ethmoidalis des Nasenbeins an und ragt weit in die Nasenhöhle rostral. Das Endoturbinale II ist sehr lang und bildet mit seinen beiden Spirallamellen (dorsal und ventral) die Grundlage für die mittlere Nasenmuschel (Concha nasalis media). Das II. bis IV. Endoturbinale ist beim Hund extrem lang entwickelt, wobei das III. meist noch ausgeprägter ist als das IV.

Die ventrale Nasenmuschel (Concha nasalis ventralis) entspringt beim Hund an der Innenfläche des Oberkieferbeins in Höhe des 3. Backenzahns bis zum Nasenfortsatz des Zwischenkieferbeins. Von der Basallamelle aus spalten sich dorsal und ventral Spirallamellen ab, die jeweils kleinere Lamellen abgeben, die ein extrem stark gefaltetes Lamellensystem entstehen lassen.

Durch das Hervortreten der Nasenmuscheln in den gemeinsamen Nasengang wird dieser gegliedert in den **oberen Nasengang** zwischen Nasendach und oberer Nasenmuschel, den **mittleren Nasengang** zwischen der dorsalen und den hintereinander liegenden mittleren und ventralen Nasenmuscheln und den **unteren Nasengang** zwischen der ventralen und mittleren Nasenmuschel und dem Nasenboden.

## Nebenhöhlen der Nase (Sinus paranasales)

In Höhe der mittleren Nasenmuschel ist eine **Kieferbucht** ausgebildet, die beim Hund vom Oberkieferbein, vom Tränenbein, vom Gaumenbein und vom Siebbein außen begrenzt wird. Die weite **Apertura nasomaxillaris** in Höhe des mittleren Nasengangs ermöglicht hierfür den Zugang.

Beim Hund sind als **Stirnhöhlen** die rostralen zwei Drittel des Stirnbeins mit einem Sinus frontalis lateralis, medialis und rostralis pneumatisiert. Zugänge bestehen zwischen dem 2. und 3. Ektoturbinale. Bei der Katze ist die Stirnhöhle jederseits einheitlich sowie eine rechte und linke Keilbeinhöhle entwickelt.

## Schädel des Pferdes

Der Schädel des Pferdes (Abb. 1-41) ist nach Alter, Geschlecht und Rasse arttypisch ausgebildet. Das Schädeldach des Fohlens ist der Gestalt des Gehirns angepasst, der Gesichtsschädel kurz und flach. Das Wachstum des Gebisses und die Entwicklung der Nebenhöhlen beeinflussen entscheidend die Veränderungen zur adulten Schädelform. So führt die Vergrößerung der Stirnhöhlen zu einer dorsalen Vorwölbung des Gesichts- und Hirnschädels zum Ramskopf (z.B. Kladruber) oder eine konkave Einziehung des Schädels zum Hechtkopf (z.B. Araber) als rassespezifische Merkmale.

Die **Nackenfläche** beim Schädel des Pferdes wird von der Schuppe und den beiden Seitenstücken des Os occipitale geformt, deutlich abgegrenzt zum Schädeldach durch die Crista nuchae bzw. die Protuberantia occipitalis externa, beides Ansatzflächen für die Nacken- und Halsmuskulatur, und deren laterale Fortsetzung gegen die Seitenflächen, die Crista supramastoidea. An der Nackenbasis öffnet sich zwischen den beiden Condyli occipitales das große Hinterhauptsloch (For. magnum) für den Durchtritt des verlängerten Marks (Medulla oblongata). Die **Dachfläche** des Schädels gliedert sich in die **Hirnschädelabschnitte** und die **Nasenschädelabschnitte** (Nasenrücken).

Der **Hirnschädel** wird paarig vom Hinterhauptsbein, dem Scheitelbein und dem Zwischenscheitelbein gebildet, die fest miteinander verwachsen sind. Rostral schließt sich, durch eine Knochennaht getrennt, das Stirnbein an. Die Crista sagittalis externa ist unpaarig ausgeprägt, sie teilt sich und setzt sich rostral zur Begrenzung des Augenhöhlenrands als paarige Lineae temporales fort. In Höhe des For. supraorbitale, an der Basis des Processus zygomaticus des Os frontale, erfährt die Dachfläche ihre größte Breite. Der Jochfortsatz verbindet sich mit dem Processus frontalis des Os zygomaticum zum knöchernen Margo supraorbitalis.

Die **Nasenschädelabschnitte** (Nasenrücken) des Schädeldachs werden durch die paarigen Nasenbeine, aber lateral auch durch Anteile des Oberkiefers und durch die Processus nasales des Zwischenkieferbeins gebildet. Am vorderen Ende des Nasenrückens entspringt zur Medianen die Spitze des paarigen Nasenbeins (Processus rostralis).

Die **Seitenflächen** lassen sich ebenfalls in einen **Hirnschädelabschnitt** und einen **Nasenschädelabschnitt** (Nasenrücken) unterteilen, von denen ersterer besonders gegliedert ist in:

- Jochbogen (Arcus zygomaticus),
- Schläfengrube (Fossa temporalis),
- Ohrausschnitt (Incisura otica),
- knöcherne Augenhöhle (Orbita) und
- Flügelbein-Gaumen-Grube (Fossa pterygopalatina).

Der **Jochbogen (Arcus zygomaticus)** (Abb. 1-42) ist stark ausgeprägt, er zieht in einem leicht geschwungenen, auswärts gerichteten Bogen rostral zum Gesichtsschädel und überdeckt lateral basale Anteile der Fossa temporalis und der Orbita. Er setzt sich aus dem Processus zygomaticus des Os frontale und dem Processus zygomaticus des Os temporale zusammen. An seiner Basis ist der Jochbeinfortsatz des Os temporale von der transversalen Gelenkfläche des **Kiefergelenks (Articulatio temporomandibularis)** unterlagert, dessen Gelenkwalze (Tuberculum articulare) liegen kaudal die Gelenkgrube (Fossa mandibularis) mit einer Facies articularis und der Processus retroarticularis an (Abb. 1-43).

**Die Schläfengrube (Fossa temporalis)** (Abb. 1-43) wird in einem Halbbogen von rostral über laterobasal durch den Arcus zygomaticus und die Crista supramastoidea bis zur Crista nuchae in der Nackenregion begrenzt. Sie dient dem M. temporalis als Ursprung.

Die Seitenfläche schließt im kaudalen Bereich äußere Teile des **Ohres (Auris)** ein (Abb. 1-42 u. 43). Kaudal des Kiefergelenks liegt die breite Incisura otica, in deren Spaltraum der knöcherne äußere Gehörgang als auffälliges Rohr mit seiner Öffnung zieht. Rostral des äußeren Gehörgangs öffnet sich in der Tiefe das Foramen retroarticulare als Zugang zum Meatus temporalis, basal zu diesem ragt der Processus styloideus zur Anheftung des Zungenbeins vor. Kaudal zu diesem liegt als Öffnung für den Canalis nervi facialis das Foramen stylomastoideum, dessen gleichnamige Arterie und Vene zusammen mit dem VII. Gehirnnerven (N. facialis) das Mittelohr durchziehen.

Die **knöcherne Augenhöhle (Orbita)** (Abb. 1-41) wird vom Frontale, dem Lakrimale, dem Zygomatikum, dem Temporale mit seinem Jochfortsatz und dem basalen Keilbein gebildet. Sie ist extrem lateral orientiert, der Winkel zur Orbitaachse beträgt 115°.

Der Margo supraorbitalis ist scharf begrenzt und entlässt rostral den Processus lacrimalis rostralis bzw. caudalis. Im rostromedialen Augenwinkel der Orbita senken sich die Fossa sacci lacrimalis und die Fossa musculi obliqui ventralis ein. Kaudomedial dieser Gruben liegt unter dem Ansatz des Jochbogenfortsatzes die Fovea trochlearis neben der Fossa glandulae lacrimalis.

An der medialen Orbitawand sind rostral der Flügelleiste (Crista pterygoidea) von oben nach unten folgende Öffnungen zur Schädelhöhle sichtbar (Abb. 1-42):

- **Foramen ethmoidale** nahe der knöchernen Naht zwischen Stirnbein und Flügel des Praesphenoids,
- **Canalis opticus** zum Durchtritt des N. opticus,
- **Fissura orbitalis** und das **Foramen rotundum** als Durchtrittsstelle für die V. ophthalmica externa und den N. ophthalmicus sowie den N. oculomotorius, den N. trochlearis und den N. abducens zur Versorgung der Augenmuskeln,
- **Foramen alare rostrale** und
- **Foramen alare caudale**.

Durch das **Foramen alare rostrale** tritt die A. maxillaris aus dem Canalis alaris rostral in die Fossa pterygopalatina über.

Die **Fossa pterygopalatina** (Abb. 1-42) schließt sich basal an die Orbita an und weist rostral das mächtige For. maxillare als Eintrittsöffnung zum Canalis infraorbitalis für die A. maxillaris und den N. maxillaris auf. Dorsomedial davon gelegen sind das Foramen sphenopalatinum zur Nasenhöhle und das For. palatinum caudale zum Canalis palatinus, beide führen Abzweigungen der A. und V. bzw. des N. maxillaris. Die Flügelgaumenhöhle wird lateral durch das Tuber maxillare, medial durch die Lamina perpendicularis des Palatinum begrenzt.

Die **Seitenfläche des Gesichts** wird vom Oberkiefer-, dem Zwischenkiefer- und Nasenbein sowie dem Joch- und Tränenbein gebildet. Die markanten Merkmale der Seitenfläche sind das Foramen infraorbitale und die Crista facialis (Abb. 1-41). Durch das Foramen infraorbitale tritt der N. infraorbitalis aus dem Canalis infraorbitalis aus, dieses ist leicht tastbar drei Finger breit dorsal und zwei Finger breit vor dem rostralen Ende der Crista facialis, bedeckt von Haut- und Lippenmuskeln (M. levator labii superioris und M. levator nasolabialis). Die Crista facialis wird als markante Leiste von der Maxilla und vom Os zygomaticum gebildet und geht kaudal in den Jochbogen über.

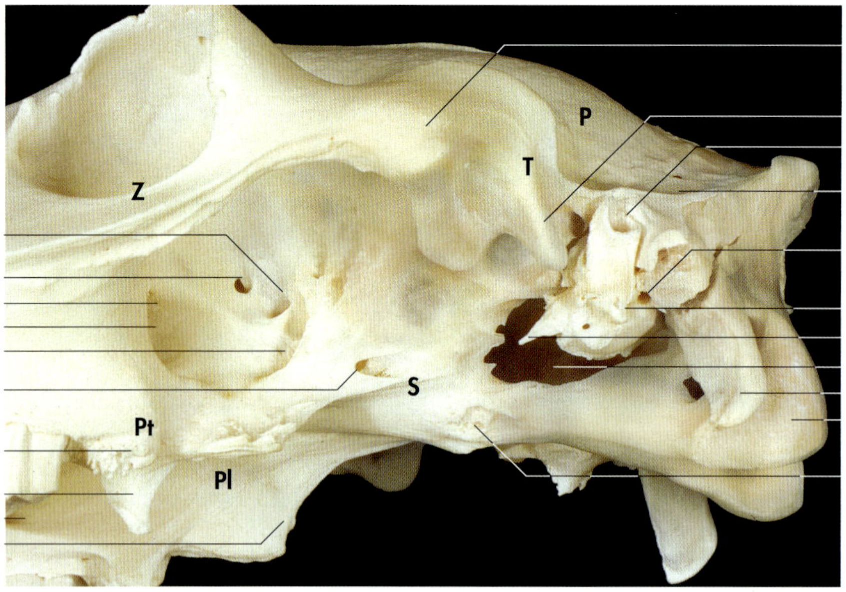


**Abb. 1-42.** Schädelbasis eines Pferdes (Ventrolateralansicht von links).

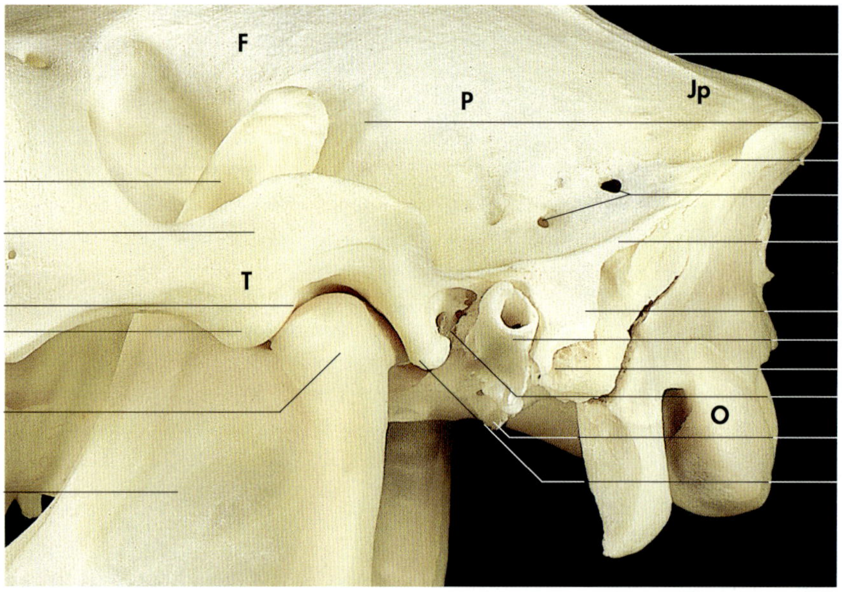


**Abb. 1-43.** Schädel eines Pferdes (kaudaler Abschnitt, Lateralansicht von links).

Die **basale Schädelfläche**, bestehend aus der Schädelbasis, dem harten Gaumendach und den Choanen zwischen Nasenhöhlen und Rachenraum, liegt weitgehend auf einer Ebene.

Die **Schädelbasis (Basis cranii externa)** (Abb. 1-44 u. 45) wird kaudal von den beiden Condyli occipitales, getrennt durch die Incisura intercondylaris, abgeschlossen. Diese führt an ihrer Basis den weiten Canalis nervi hypoglossi als Durchtritt für den gleichnamigen XII. Gehirnnerv. Rostral der Kondylen schließen sich beidseitig die hakenförmigen und abgeplatteten Processus paracondylares an, abgesetzt durch die tiefe Fossa condylaris ventralis. Rostral der Basis des Os occipitale, an der Grenze zum Basisphenoid, liegen in der Medianen am Tuberculum musculare die Anheftungsstellen für die Kopf- und Genickbeuger.

Weitere Öffnungen, die dem Übertritt von Gefäßen und Gehirnnerven dienen, sind an der Schädelbasis ausgebildet. Zwischen der Basis des Okziputs und der Bulla tympanica liegt kaudal der Fissura petro-occipitalis das Foramen jugulare als Teil des Foramen lacerum, durch das der N. glossopharyngeus (IX), der N. vagus (X) und der N. accessorius (XI) übertreten (Abb. 1-45). Rostral davon, vom weitausladenden Flügel des Basisphenoids scharf begrenzt, liegt der rostrale Abschnitt des Foramen lacerum, das beim Pferd in mehrere Inzisuren unterteilt wird (Incisura carotica, ovalis und spinosa) (Abb. 1-45).

Das **Gaumendach (Palatum osseum)** ist relativ schmal und langgezogen (Abb. 1-48). Es wird durch die Zahnfächer für die sechs bis sieben Backenzähne umrahmt, die aus den Processus alveolares der Oberkiefer- und Zwischenkieferbeine entspringen. Rostral schließen sich die Zahnfächer für die drei Schneidezähne an, im Margo interalveolaris ist das Zahnfach für den Eckzahn entwickelt. Das Palatum osseum wird zum geringen Teil von den schmalen Horizontalplatten des Gaumenbeins, meist jedoch von der Pars ho-

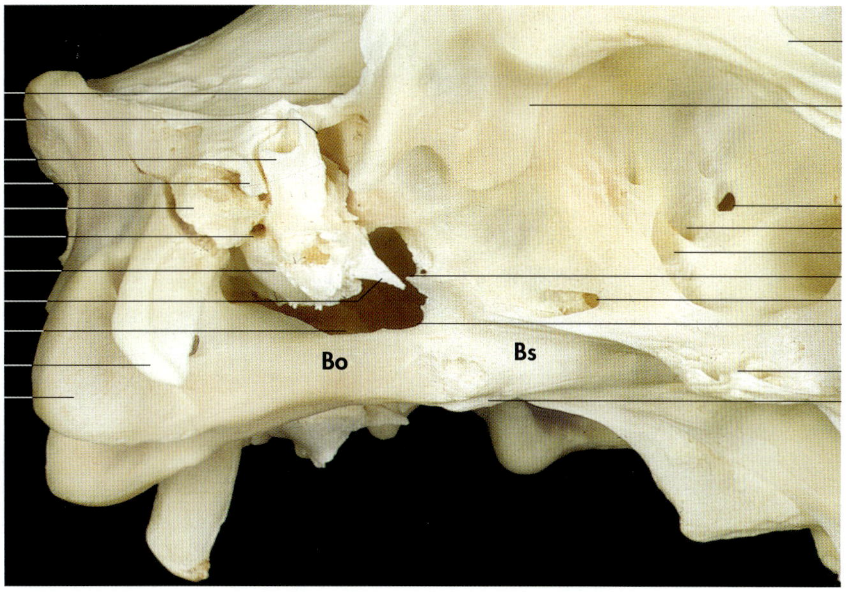


**Abb. 1-44.** Schädel eines Pferdes (kaudaler Abschnitt, ventrolaterale Ansicht von rechts).

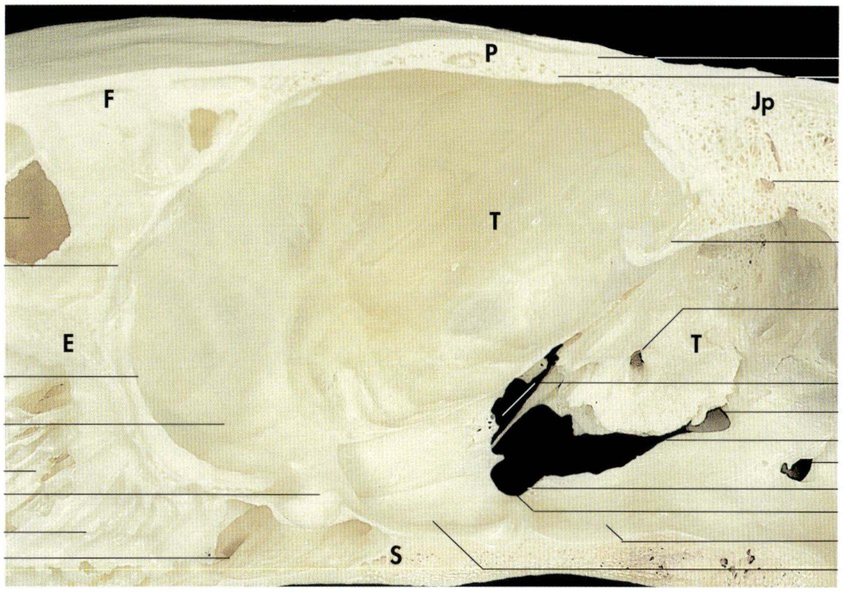


**Abb. 1-45.** Schädelhöhle eines Pferdes (Medialansicht der rechten Hälfte).

rizontalis der Maxilla und des Zwischenkieferbeins gebildet. In Höhe der Nahtstelle zwischen dem schmalen Gaumenbein und dem Oberkieferbein liegt paarig das Foramen palatinum majus, durch das sich der Canalis palatinus für den Durchtritt des N. palatinus major und des gleichnamigen Gefäßes öffnet.

Die **Choanen (Choanae)** (Abb. 1-48) führen von den Nasenhöhlen zum Rachenraum. Die Seitenwände des Rachenraums werden von den Perpendikularplatten des Gaumenbeins und den Flügelbeinen gebildet, sein knöchernes Dach aus Anteilen des Keilbeins und des Pflugscharbeins geformt. Am Choanenrand entlässt die horizontale Gaumenplatte den Choanenstachel (Spina nasalis caudalis) sowie am Flügelbein das Häkchen. Die beiden **Unterkiefer** (Abb. 1-29) sind ab dem zweiten Lebensjahr mit ihren Körpern im Kinnwinkel fest verbunden. Das Corpus mandibulae zeigt kaudodorsal des Angulus mandibulae die Tuberositas musculi sternomandibularis und schließt in seinen Alveolarfächern (Margo alveolaris) sechs Backenzähne, im Margo interalveolaris den Eckzahn und in der Pars incisiva die drei Schneidezähne ein. Das **Caput mandibulae** (Abb. 1-29) des Processus condylaris steht als Gelenkwalze quer zur Längsachse, sein Processus coronoideus zieht weit in die Schläfengrube. Der Zugang zum Canalis mandibulae im Unterkieferast liegt im Foramen mandibulae, das durch eine Verbindungslinie vom Processus condylaris schräg über den M. masseter bis zum rostralen Rand der **Incisura vasorum facialium** erreichbar ist (Abb. 1-41). Der Unterkiefernerv tritt aus der Lateralfläche der Mandibula im Foramen mentale wieder aus. Dieses ist fingerbreit unter dem Margo interalveolaris in Höhe des Lippenwinkels tastbar.

F Os frontale
J Os incisivum
L Os lacrimale
M Maxilla
N Os nasale
Z Os zygomaticum

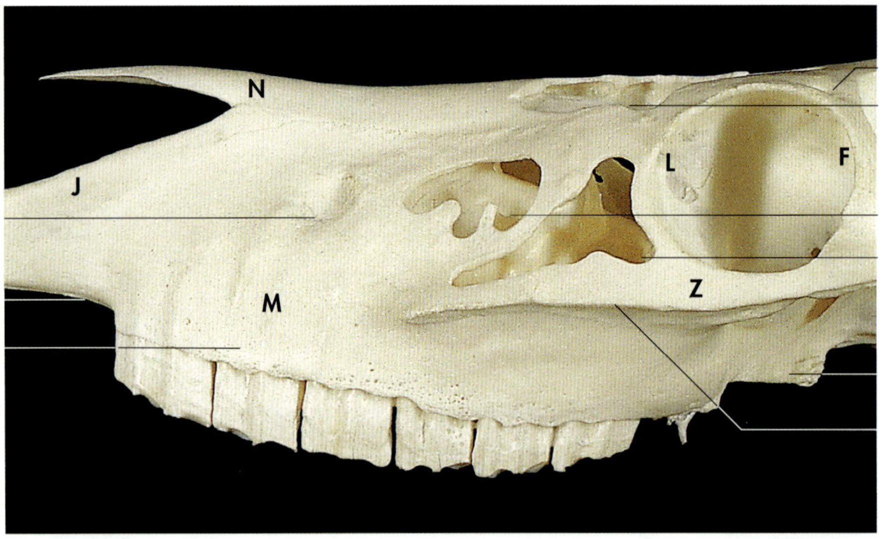


**Abb. 1-46.** Stirnhöhle und Kieferhöhle des Gesichtsschädels eines Pferdes (Lateralansicht von links, eröffnet).

F Os frontale
L Os lacrimale
M Maxilla
N Os nasale
Z Os zygomaticum

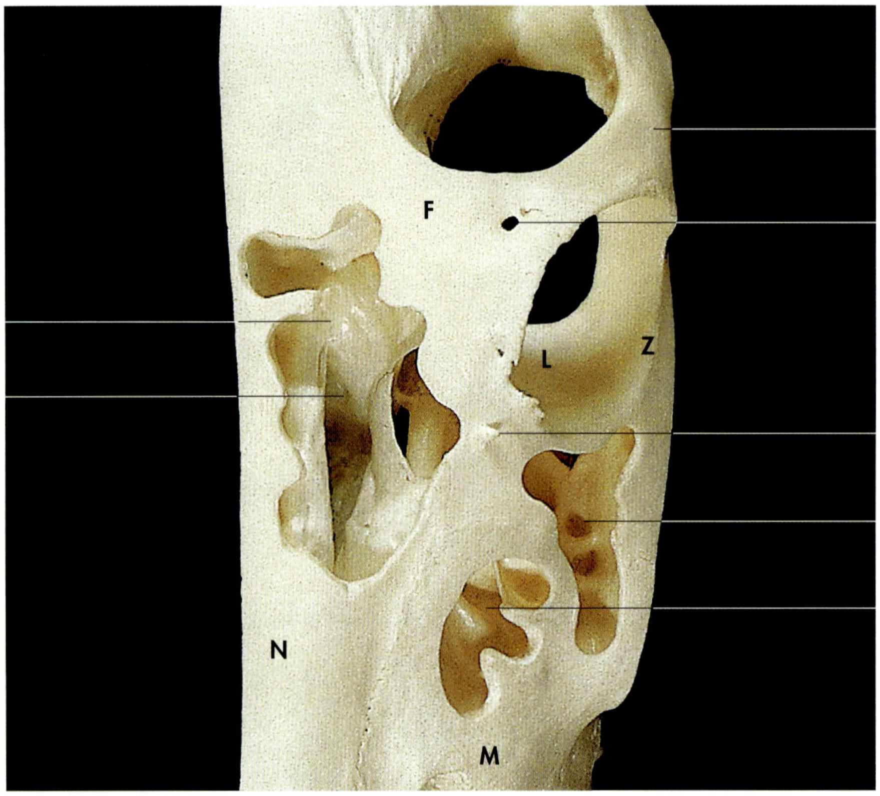


**Abb. 1-47.** Stirnhöhle und Kieferhöhle des Gesichtsschädels eines Pferdes (Dorsalansicht der linken Seite, eröffnet).

# Höhlen des Kopfes beim Pferd

## Schädelhöhle (Cavum cranii)

Die Schädelhöhle wird in einen rostral größeren, das Großhirn aufnehmenden Abschnitt und in einen kleineren für das Rautenhirn unterteilt. Die Grenze zwischen beiden wird durch das rostral in einem Halbbogen ziehende Tentorium cerebelli osseum gezogen, das sich lateral in den paarigen Cristae partes petrosae fortsetzt.

Das **Schädeldach (Calvaria)** (Abb. 1-45) ist zwischen der Außenplatte (Lamina externa) und der Innenplatte (Lamina interna) im vordersten Drittel zum Sinus frontalis pneumatisiert. Die Innenfläche ist durch Impressiones digitatae, Jugae cerebralia sowie durch Sulci und Gyri gegliedert. In der Medianen liegt die Crista sagittalis interna, die der **Hirnsichel (Falx cerebri)** Ansatz bietet; sie wird vom Sulcus sinus sagittalis dorsalis als Träger des gleichnamigen Blutleiters begleitet. Dieser Sinus tritt in den Canalis sinus transversi über, mündet in den Meatus temporalis und öffnet sich im Foramen retroarticulare nahe dem äußeren Gehörgang. Die nasenseitige Wand wird durch die Lamina cribrosa des Siebbeins (Siebbeinplatte) und Teile der Innenplatte des Stirnbeins gebildet (Abb. 1-45). In der Medianen trennt eine ausgeprägte Crista galli die beiden

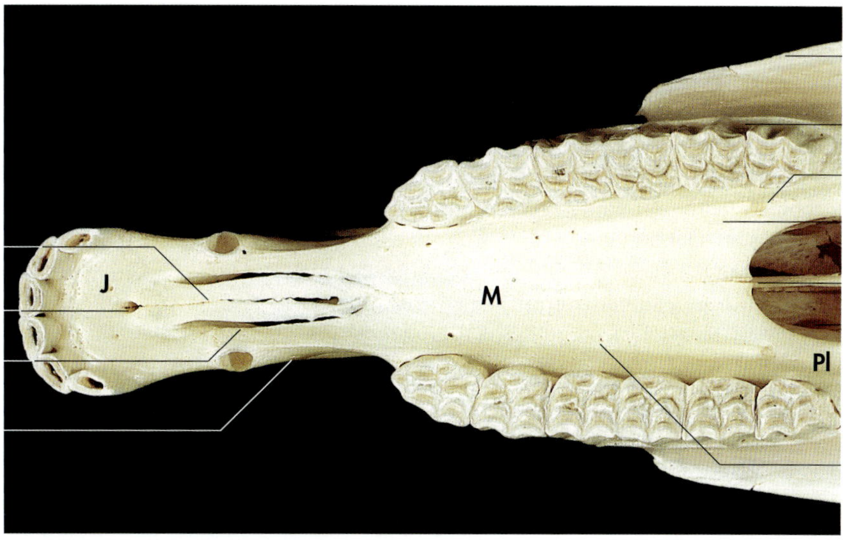


**Abb. 1-48.** Knochen des harten Gaumens eines Pferdes (Ventralansicht).

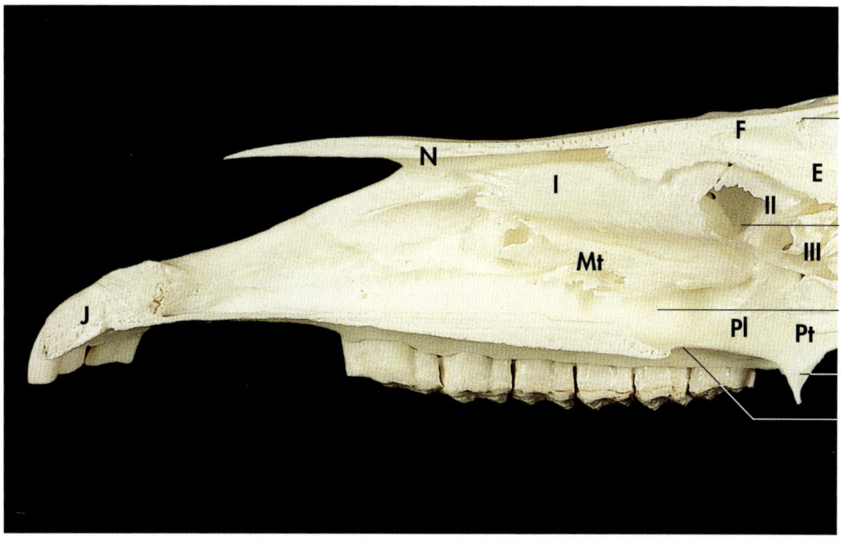


**Abb. 1-49.** Gesichtsschädel eines Pferdes (Paramedianschnitt, Medialansicht der rechten Hälfte).

tiefgebuchteten Siebbeingruben (Fossae ethmoidales) in zwei Hälften. Diese dienen der Aufnahme der Fila olfactoria und schließen die Forr. ethmoidalia zum Durchtritt des N. ethmoidalis und der A. und V. ethmoidalis externa ein.

Die **Schädelbasis (Basis cranii interna)** (Abb. 1-45) lässt drei Schädelgruben unterscheiden.

Die **vordere Schädelgrube (Fossa cranii rostralis)** überragt die nachfolgende mittlere und reicht von der Siebbeinplatte bis zur Crista orbitosphenoidalis, die den Sulcus chiasmatis mit dem Canalis opticus der Sehnervenkreuzung bedeckt.

Die **mittlere Schädelgrube (Fossa cranii media)** ist von der **hinteren Schädelgrube (Fossa cranii caudalis)** nur undeutlich zur Fossa hypophysialis, andeutungsweise zur Fossa piriformis zur Aufnahme des Lobus piriformis des Gehirns vertieft.

In die mittlere Schädelgrube treten Nerven und Gefäße über. Deren Durchtrittsöffnungen sind:

- medial die **Fissura orbitalis** mit einem Sulcus nervi ophthalmici (N. ophthalmicus, N. oculomotorius und N. abducens),
- lateral das **Foramen rotundum** mit einem Sulcus nervi maxillaris für den N. maxillaris und
- das **Foramen trochleare** für den N. trochlearis.

Das Basiokzipitale und der Felsenteil des Schläfenbeins bilden die knöcherne Grundlage der **hinteren Schädelgrube (Fossa cranii caudalis)** (Abb. 1-45). Sie reicht bis zum großen Hinterhauptsloch, dem Foramen magnum. Die innere Fläche ist durch flache Vertiefungen eingesenkt. In der laterobasalen Schädelwand liegen das Foramen lacerum und dessen Einziehungen sowie dessen kaudaler Teil, das Foramen jugulare, für den N. glossopharyngeus (IX), den N. vagus (X) und den N. accessorius (XI). Die Basis schließt auch den Canalis nervi hypoglossi ein.

## Nasenhöhle (Cavum nasi)

Die **Nasenmuscheln (Conchae nasales)** des Pferdes (Abb. 1-18 u. 49) unterscheiden sich wesentlich von denen anderer Haussäugetiere. So bildet das Endoturbinale I eine Spirallamelle, die einen rostralen, ventral eingerollten Abschnitt ausbildet und einen kaudalen, der sich mit der Stirnhöhle vereint. Der vordere Abschnitt grenzt den Recessus conchae dorsalis ab. Der hintere ist ein in sich geschlossener Hohlraum (Sinus conchae dorsalis), der sich mit der Stirnhöhle zur **Stirnmuschelhöhle (Sinus conchofrontalis)** verbindet, der Zugang erfolgt allein über die große Kieferhöhle. Die Maxilla formt die knöcherne Grundlage für das Os conchae nasalis ventralis. Sie ist dorsal aufgerollt und bildet den Meatus nasi medius. Hieraus entwickelt sich eine ventrale Bucht (Recessus conchae ventralis), die kaudal als Sinus conchae ventralis mit der kleinen Kieferhöhle in Verbindung steht. Man unterscheidet beim Pferd sechs Endoturbinalia und 25 kleinere Ectoturbinalia.

Das Endoturbinale I überragt alle anderen in der Tiefe liegenden Endoturbinalia am weitesten rostral. Das Endoturbinale II bleibt kurz und kommuniziert mit der kaudalen Kieferhöhle über den Sinus conchae mediae. Die Ectoturbinalia stehen in zwei Reihen, einer lateralen mit kleineren und einer medialen mit größeren Siebbeinmuscheln.

## Nebenhöhlen der Nase (Sinus paranasales)

Beim ausgewachsenen Pferd können folgende Nebenhöhlen der Nase (Abb. 1-45, 46, 47 u. 49) unterschieden werden, eine:

- große Kieferhöhle (Sinus maxillaris caudalis),
- kleine Kieferhöhle (Sinus maxillaris rostralis),
- Stirnmuschelhöhle (Sinus conchofrontalis) mit einer dorsalen Muschelhöhle (Sinus conchae dorsalis) und einer Stirnhöhle (Sinus frontalis),
- Gaumenkeilbeinhöhle (Sinus sphenopalatinus) und
- untere Muschelhöhle (Sinus conchae nasalis ventralis).

Die **große Kieferhöhle (Sinus maxillaris caudalis)** liegt im kaudalen Teil der Maxilla, im Jochbein und im Tränenbein. Die **kleine Kieferhöhle (Sinus maxillaris rostralis)** liegt lediglich im rostralen Abschnitt der Maxilla. Die Kieferhöhlen sind voneinander durch eine knöcherne Scheidewand getrennt. Dieses **Septum sinuum maxillarium** liegt etwa 4–6 cm kaudal des vorderen Endes der Crista facialis. Am Boden der beiden Kieferhöhlen ragen die Alveolarfortsätze der letzten drei Backenzähne vor. Durch eine weiter medial gelegene Knochenplatte, die an ihrem freien Rand den Canalis infraorbitalis einschließt, werden beide Höhlen in eine laterale und eine mediale Bucht unterteilt.

Beide Kieferhöhlen öffnen sich über die spaltförmige **Apertura nasomaxillaris** in den Meatus nasi medius. Diese Öffnung liegt in Höhe des 5. Oberkieferbackenzahns (Abb. 1-49). Die große Kieferhöhle steht mit den übrigen Nasennebenhöhlen in direkter Verbindung, eine Tatsache, die für eine ungehinderte Ausbreitung von Infektionen von Bedeutung sein kann. Die große Kieferhöhle ist mit der Stirnmuschelhöhle durch die Apertura frontomaxillaris, eine Öffnung in Höhe des Ductus lacrimalis osseus und des entsprechenden Teils der medialen Orbitawand, in Verbindung.

Die **Stirnmuschelhöhle (Sinus conchofrontalis)** umfasst die **dorsale Muschelhöhle (Sinus conchae dorsalis)** und die **Stirnhöhle (Sinus frontalis),** deren Zugang über die Apertura frontomaxillaris erfolgt. Die **Gaumenkeilbeinhöhle (Sinus sphenopalatinus)** entsteht aus der Vereinung der Keilbein- und der Gaumenhöhle. Der kleinen Kieferhöhle nachgeschaltet ist die untere Muschelhöhle (Sinus conchae ventralis), deren Öffnung (Apertura conchomaxillaris) über den Canalis infraorbitalis zu erreichen ist.

# Wirbelsäule (Columna vertebralis)

Die Wirbelsäule setzt sich aus **Wirbeln (Vertebrae)** zusammen, deren Anzahl bei den verschiedenen Tierarten variiert. Trotz der unterschiedlichen Funktionsvielfalt, der die einzelnen Wirbel innerhalb der verschiedenen Regionen des Stammes unterliegen, besitzen die Wirbel eine gemeinsame Grundform (Abb. 1-50). Wirbel sind **Ossa brevia**, die zentral mit einer **Spongiosa** ausgefüllt sind und marginal von einer **Substantia compacta** ummantelt werden. Man unterscheidet an ihnen:

- einen Wirbelkörper (Corpus vertebrae),
- einen Wirbelbogen (Arcus vertebrae),
- zahlreiche Wirbelfortsätze (Processus vertebrae).

Der **Wirbelkörper (Corpus vertebrae)** ist der nahezu dreiseitig prismatische oder auch zylindrische, ventrale Grundbestandteil eines jeden Wirbels, den eine **kraniale konvexe Endfläche (Extremitas cranialis** oder **Caput vertebrae)** und eine **kaudale konkave Endfläche (Extremitas caudalis** seu **Fossa vertebrae)** kennzeichnen (Abb. 1-50). Diese Terminalflächen werden mit einer hyalinen Knorpelplatte, dem unverknöcherten Anteil der Wirbelbeinkörperepiphyse, bedeckt. Mit diesen Flächen verbinden sich spaltfrei die benachbarten Wirbel durch knorpelige **Zwischenwirbelscheiben (Disci intervertebrales)**. Die Dorsalfläche des Wirbelkörpers wird von Längsrinnen und Foramina nutritia für Blutgefäße und einer Bandleiste durchzogen, die Ventralfläche nimmt die Crista ventralis ein, die in den verschiedenen Abschnitten der Wirbelsäule unterschiedlich ausgeprägt ist.

Der **Wirbelbogen (Arcus vertebrae)**, auch **Neuralbogen** genannt, überspannt die Dorsalfläche des Wirbelkörpers und bildet mit seinem ventralen (Pediculus arcus vertebrae) und seinem dorsalen Anteil (Lamina arcus vertebrae) das **Wirbelloch (Foramen vertebrale)** (Abb. 1-50). Die einzelnen Foramina vertebralia reihen sich zum **Wirbelkanal (Canalis vertebralis)**, der das Rückenmark, dessen Hüllen, Segmentalnerven, Blutgefäße, Bänder, Fett- und lockeres Bindegewebe aufnimmt.

Der Durchmesser des Wirbelkanals ist im Bereich des 1. und 2. Halswirbels am größten, er verjüngt sich in der Halsregion, wächst im Bereich der Schultergliedmaße wieder an, um sich kaudal im Brustbereich wieder zu verengen. In der Lendenregion erweitert sich dieser erneut und verengt sich bis zu seinem Ende am ersten Schwanzwirbel. Dem Wirbelkörper ventral aufgesetzt erstreckt sich der **Hemalbogen (Arcus hemalis)** (Abb. 1-50). Dieser ist als Rest nur noch an den Schwanzwirbeln des Rindes, der Katze und des Hundes ausgebildet.

Die Wirbelbögen sind kranial und kaudal zu **Einschnitten (Incisura vertebralis cranialis** bzw. **caudalis)** eingezogen, die mit dem Einschnitt des nachfolgenden Wirbels aneinandergereiht das **Zwischenwirbelloch (Foramen intervertebrale)** bilden (Abb. 1-52 u. 53). Aus diesen Öffnungen treten die Segmentalnerven des Rückenmarks aus dem Wirbelkanal aus. Weite Abschnitte der Wirbelsäule

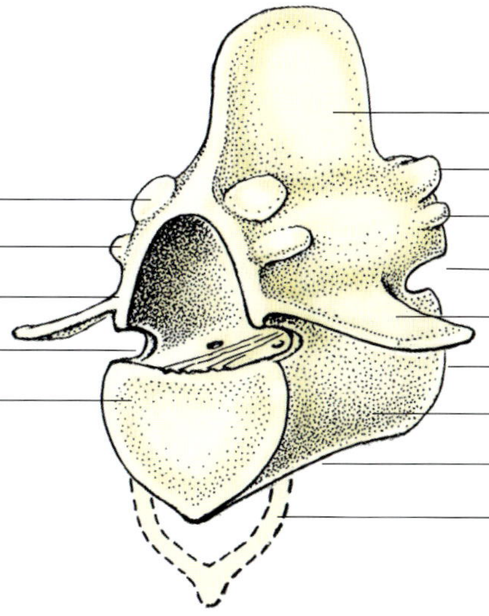


**Abb. 1-50.** Schematische Darstellung eines idealen Wirbels.

sind dorsal meist eng verbunden, nur an prädestinierten Stellen erweitert sich diese bewegliche Verbindung zu einem breiten **Zwischenbogenspalt (Spatium interarcuale)** (Abb. 1-51 u. 53), zum:

- **Spatium atlanto-occipitale** zwischen dem Okziput und dem 1. Halswirbel,
- **Spatium atlantoaxiale** zwischen dem 1. und 2. Halswirbel und
- **Spatium lumbosacrale** zwischen dem letzten Lendenwirbel und dem Kreuzbein.

Diese Räume sind für Injektionen bzw. Punktionen von besonderer klinischer Bedeutung.

Die **Wirbelfortsätze (Processus vertebrae)** dienen der Anheftung von Muskeln und ggf. auch von Bändern sowie der gelenkigen Verbindung der Wirbelkörper im Bereich der Zwischenwirbelscheiben. Man unterscheidet an Wirbeln (Abb. 1-50):

- **einen Dornfortsatz (Processus spinosus)** in der Medianen des Wirbelbogens,
- **zwei Querfortsätze (Processus transversi)** lateral an der Basis des Wirbelbogens,
- **vier Gelenkfortsätze (Processus articulares craniales** bzw. **caudales)** kranial bzw. kaudal des Ansatzes des Dornfortsatzes,
- **zwei Zitzenfortsätze (Processus mamillares)** nur kranial an den Brust- und Lendenwirbeln zwischen den Quer- und den kranialen Gelenkfortsätzen.

Zusätzlich sind bei einigen Tierarten ausgebildet:

- **zwei Hilfsfortsätze (Processus accessorii)** nur an den letzten Brustwirbeln (Fleischfresser und Schwein) und an sämtlichen Lendenwirbeln (Fleischfresser) zwischen den Quer- und den kaudalen Gelenkfortsätzen.

Jeder Abschnitt der Wirbelsäule hat für die einzelne Tierart eine charakteristische Zahl an Wirbeln (Tab. 1-2).

## Halswirbel (Vertebrae cervicales)

Der **1. Halswirbel (Atlas)** dient zusammen mit dem **2. Halswirbel (Axis)** der Bewegung des Kopfes (Kopfträger) (Abb. 1-51–57). Ihm fehlt ein eigenständiger Körper, sodass allein ein knöcherner Ring entwickelt ist, der aus einem **dorsalen Bogen (Arcus dorsalis)** mit einem **Tuberculum dorsale** und einem **ventralen Bogen (Arcus ventralis)** mit einem **Tuberculum ventrale** zusammengesetzt ist. Dieser Knochenring entlässt an seinem dorsalen **Seitenteil (Massa lateralis)** jederseits einen breit ausladenden **Querfortsatz (Processus transversus)**, der seiner Form wegen auch als **Atlasflügel (Ala atlantis)** bezeichnet wird. Auf seiner Unterseite beult sich die **Atlasgrube (Fossa atlantis)** ein. An seiner Basis ist der Atlasflügel vom **Flügelloch (Foramen alare)** durchbohrt, das beim Fleischfresser als Inzisur ausgebildet ist. Neben dem Flügelloch öffnet sich das **seitliche Wirbelloch (Foramen vertebrale laterale)**. Am kaudalen Rand des Atlasflügels schließt sich (außer bei Wiederkäuern) das **Foramen transversarium** an (Abb. 1-54, 55 u. 57).

Am ventralen Bogen sind kopfseitig tief die **Foveae articulares craniales** eingezogen, die mit den **Gelenkknorren des Okziputs (Condyli occipitales)** artikulieren. Kaudal stülpt sich in der Medianen zur Artikulation mit dem **Zahn (Dens)** des 2. Halswirbels die **Fovea dentis** ein, beidseitig lateral sind die flachen **Gelenkfortsatzflächen (Foveae articulares caudales)** zur Verbindung mit den kranialen Gelenkfortsätzen des 2. Halswirbels entwickelt (Abb. 1-56 u. 57).

Die Form des Atlas erklärt sich aus dessen Funktion. Der 1. Halswirbel dient mit seinen weitausladenden Flügeln (Alae atlantis) zum einen der Anheftung der ventralen und dorsalen Kopfnickmuskulatur; diese stellt die kraniale muskuläre Verbindung zur Nackenfläche des Os occipitale her. Die kaudale Artikulationsfläche des Atlas verbindet sich zum anderen mit dem 2. Halswirbel; die paari-

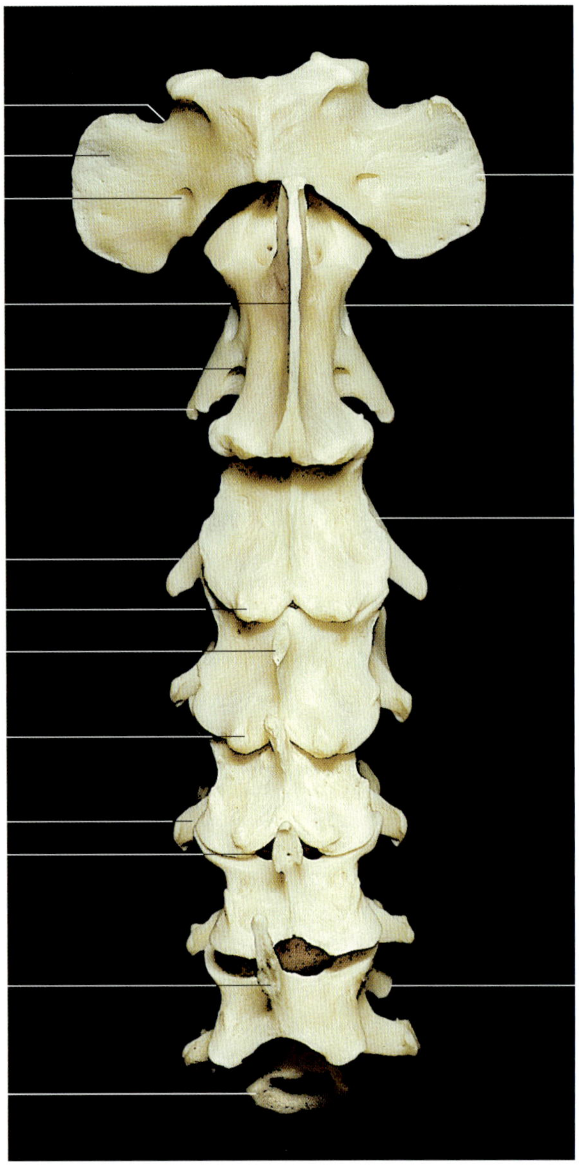


**Abb. 1-51.** Halswirbelsäule eines Hundes (Dorsalansicht).

gen Atlasflügel mit ihren breiten Seitenrändern bieten hierbei großflächig Ansatz für die Kopfdrehmuskulatur. Die freien Bewegungsabläufe der Nick- und Drehbewegungen im Kopf-Hals-Bereich werden durch die geräumigen Gelenkspalten des Atlantookzipital- und des Atlantoaxialgelenkes unterstützt.

Der **2. Halswirbel (Axis, Epistropheus)** dient vorzugsweise der Drehbewegung des Kopfes (Abb. 1-58–61). Der **Körper (Corpus vertebrae)** ist meist zylindrisch, dieser entlässt ventral eine ausgeprägte Crista ventralis. Das kraniale Ende ist durch die Gestaltung des **Zahns (Dens)** hervorgehoben, der sich entwicklungsgeschichtlich aus dem Körper des Atlas ableitet. Dieser ist beim Pferd schaufelförmig abgeplattet, der Form der Fovea dentis des Atlas angepasst, beim Rind ist er dorsal konkav. Die Gelenkfläche des **Dens (Facies articularis ventralis dentis)** geht bei Rind und Pferd fließend in die **Facies articulares craniales** über, während sie bei den anderen Tierarten getrennt ist.

Die **Facies articularis caudalis** ist konkav, sie dient der Zwischenwirbelscheibe zur Anlagerung. Der **Wirbelbogen (Arcus vertebrae)** entlässt einen breitflächigen, **kammförmigen Fortsatz (Processus spinosus)**, der bei Fleischfressern den Wirbelkörper deutlich kranial und kaudal, beim Schwein nur kaudal überragt, beim Rind ist er rechteckig, beim Pferd kaudal gespalten. Entsprechend ausgeprägt erscheint bei allen Haussäugetieren eine **Incisura vertebralis caudalis**. Dieser Dornfortsatz schließt kaudal bei Fleischfressern und Pferd die Processus articulares caudales mit den Gelenkflächen ein, während diese bei Schwein und Rind getrennt als selbstständige Flächen angelegt sind.

Die paarigen **Querfortsätze (Processus transversi)** sind an ihrer Basis jeweils von einem **Foramen transversarium** durchbohrt. Eine breite Incisura vertebralis cranialis ist nur bei Fleischfressern ausgebildet, sonst ist diese Einziehung durch einen Knochensteg zum **Foramen vertebrale laterale** geschlossen.

Die Form des 2. Halswirbels ist auch hier Ausdruck besonderer Funktionsleistungen. Der **Zahn (Dens)** ist die Achse, um die sich der 1. Halswirbel und durch diesen der Kopf dreht. Grundlage hierfür bieten die beidseitig breiten Ansatzflächen des Procesus spinosus zur elastisch-muskulären Anheftung von Bändern (elastisches Nackenband) und Muskeln.

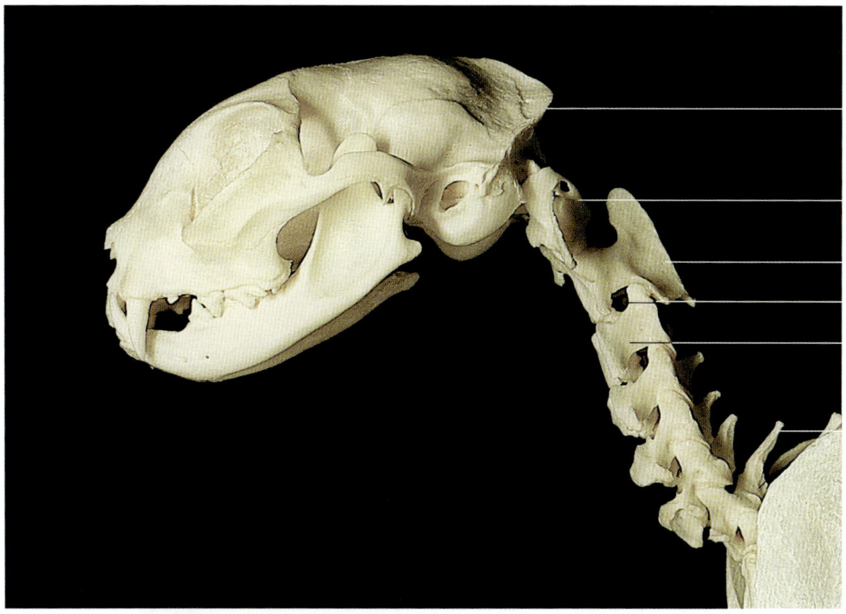


**Abb. 1-52.** Schädel und Halswirbelsäule einer Katze (Lateralansicht von links).

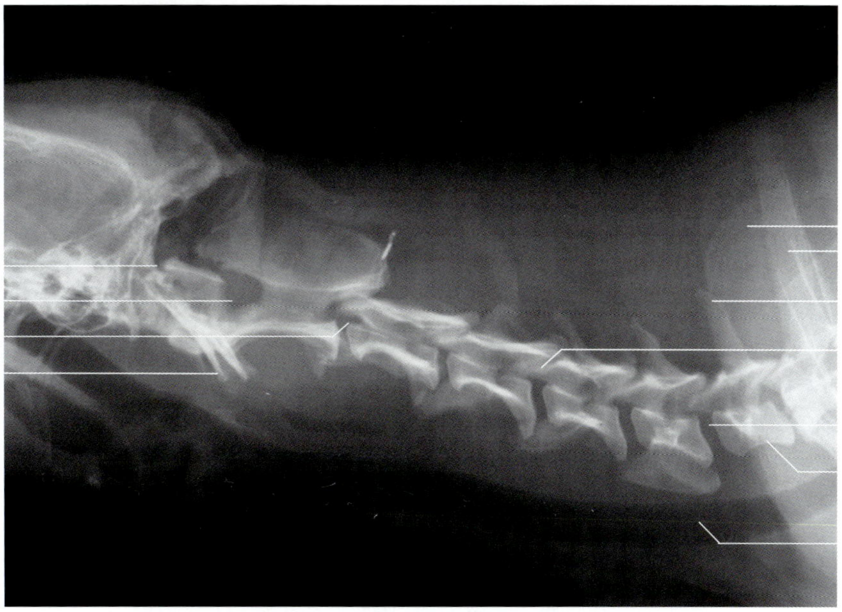


**Abb. 1-53.** Halswirbelsäule eines Hundes mit Schädelanschnitt (Röntgenbild, laterolateraler Strahlengang), Aufnahme Prof. Dr. Ulrike Matis, München.

Die Körper des **3.** bis **7. Halswirbels** nehmen kaudal an Länge ab, an ihren Ventralflächen ist bis zum 5. Wirbel jeweils eine kräftige Crista ventralis entwickelt, die ab dem 6. Wirbel fehlt oder undeutlich bleibt (Abb. 1-51, 62 u. 63). Die Extremitas cranialis ist halbkugelförmig ausgebildet, die Extremitas caudalis entsprechend tief konvex eingezogen (Ausnahme Fleischfresser und Schwein).

Die **Dornfortsätze (Processus spinosi)** sind bei den meisten Haussäugetieren niedrig, leistenförmig, sie nehmen kaudal allmählich an Länge zu, beim Pferd besitzt allein der 7. Halswirbel diesen Spinalfortsatz. Die **Quer-** und **Gelenkfortsätze** sind stets kräftig entwickelt. Die Procc. transversi werden mit Ausnahme des 7. Halswirbels an ihrer Basis von einem Foramen transversarium durchbohrt. Aus der Summe der einzelnen transversalen Wirbelöffnungen ergibt sich beidseitig an der Halswirbelsäule ein durchgehender **Canalis transversarius** zur Aufnahme der A. vertebralis, der V. vertebralis und des N. vertebralis. Peripher teilen sich die Querfortsätze in einen kranialen ventralen und einen kaudalen dorsalen Vorsprung (Tuberculum ventrale bzw. dorsale), die als Rippenanlagen bzw. als Querfortsatz eines Brustwirbels angenommen werden.

Das **Tuberculum ventrale** wird am 6. Halswirbel in charakteristischer Weise durch eine **Lamina ventralis** ersetzt. Die **Gelenkfortsätze (Processus articulares craniales** bzw. **caudales)** sind kräftig ausgebildet, sie stehen meist horizontal und tragen abgeflachte Gelenkflächen. Die Wirbelbögen weisen beidseitig kranial und kau-

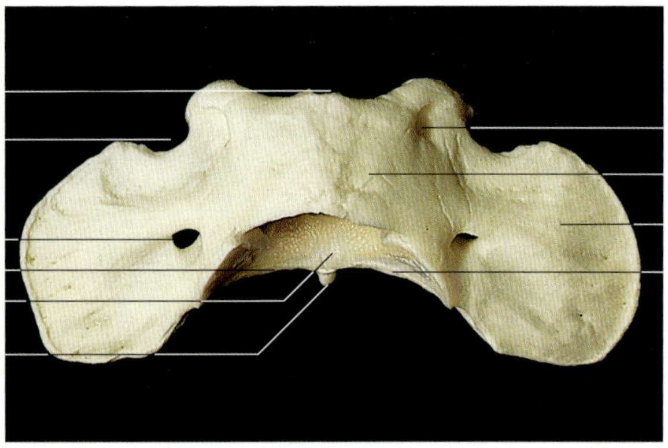


**Abb. 1-54.** 1. Halswirbel eines Hundes (Dorsalansicht).

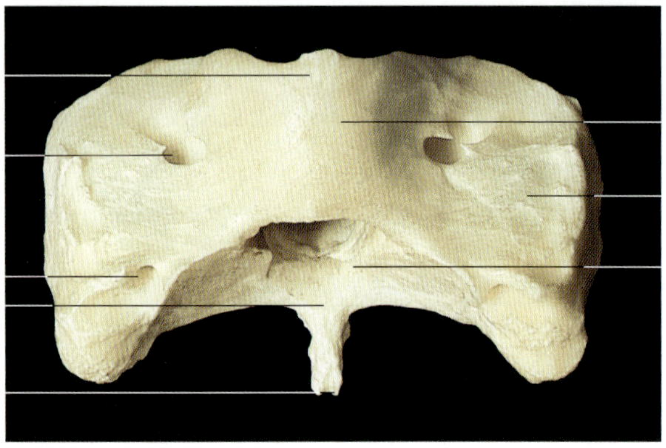


**Abb. 1-55.** 1. Halswirbel eines Schweines (Dorsalansicht).

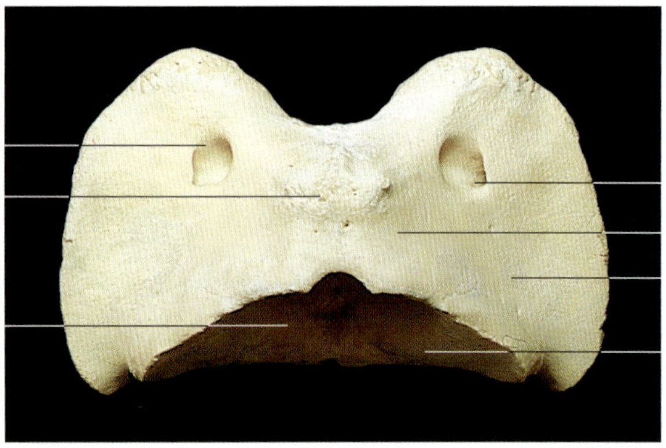


**Abb. 1-56.** 1. Halswirbel eines Rindes (Dorsalansicht).

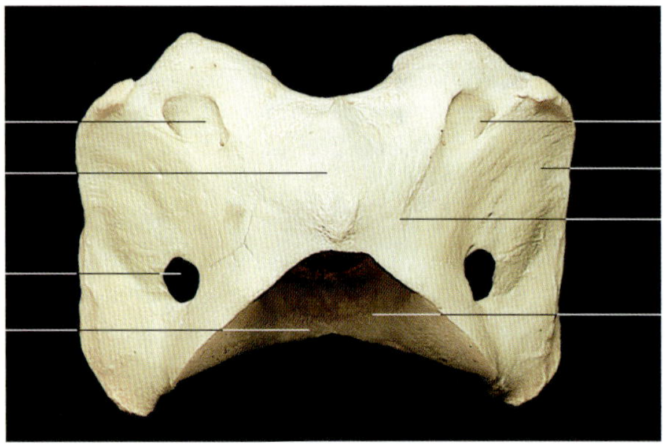


**Abb. 1-57.** 1. Halswirbel eines Pferdes (Dorsalansicht).

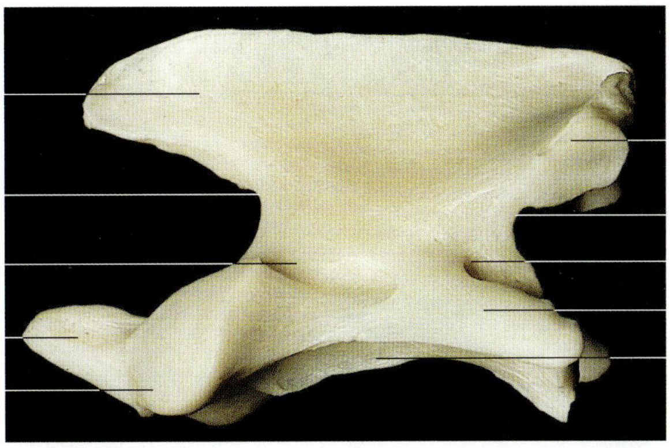


**Abb. 1-58.** 2. Halswirbel eines Hundes (Lateralansicht).

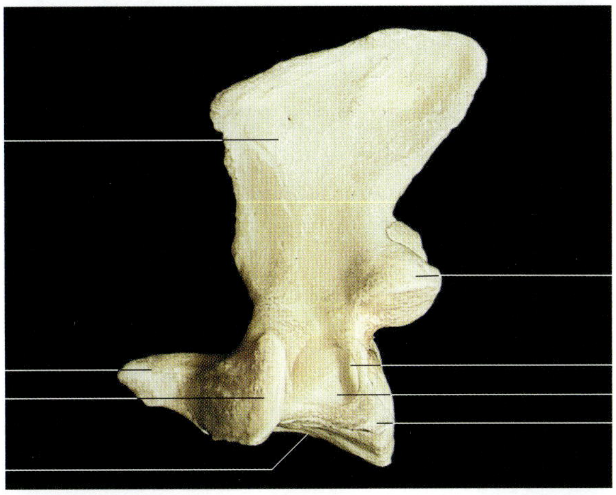


**Abb. 1-59.** 2. Halswirbel eines Schweines (Lateralansicht).

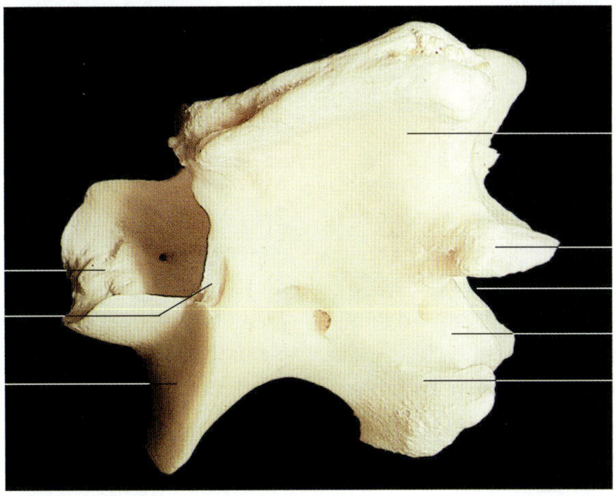


**Abb. 1-60.** 2. Halswirbel eines Rindes (Ansicht von dorsolateral).

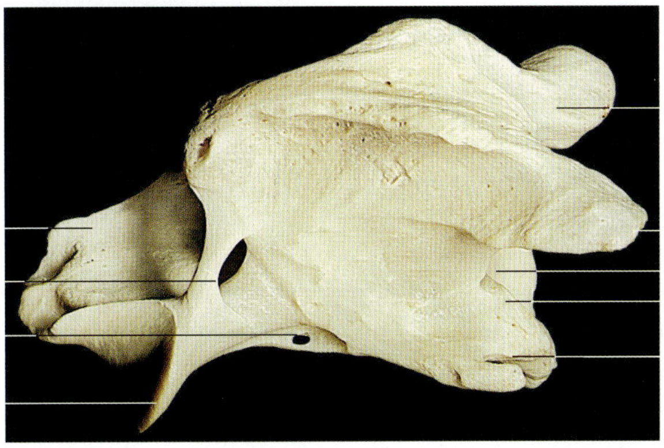


**Abb. 1-61.** 2. Halswirbel eines Pferdes (Ansicht von dorsolateral).

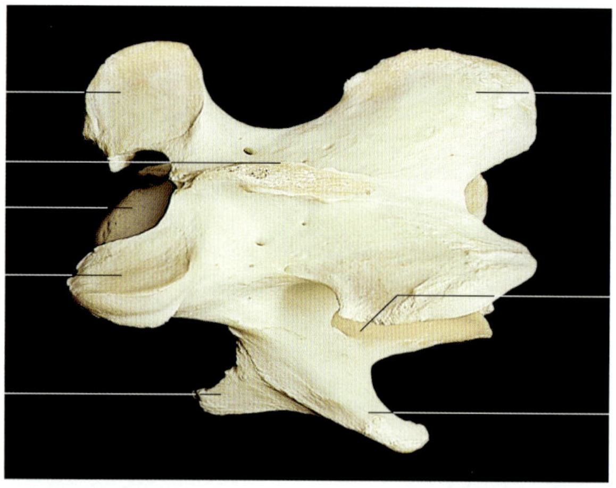


**Abb. 1-62.** 3. Halswirbel eines Pferdes (Ansicht von dorsolateral).

**Abb. 1-63.** 6. Halswirbel eines Schweines (Ansicht von kraniolateral).

dal ausgeprägte **Einziehungen (Incisurae vertebrales craniales** bzw. **caudales)** auf, die mit denen des vorhergehenden bzw. des nachfolgenden Wirbels stark erweiterte Foramina intervertebralia entstehen lassen. Der Wirbelkanal verengt sich in der Mitte des Halses.

Der **siebte Halswirbel** weist besondere Merkmale auf. So kennzeichnet ihn das Fehlen der Crista ventralis (Ausnahme Hund), die Ausbildung eines spitzen Processus spinosus und das meist fehlende Foramen transversarium bei schwach ausgebildetem Processus transversus. Am kaudalen Rand des Wirbelkörpers liegt paarig eine Fovea costalis caudalis, die mit der Gelenkgrube des 1. Brustwirbels eine gemeinsame Gelenkpfanne für das Köpfchen der 1. Rippe formt.

## Brustwirbel (Vertebrae thoracicae)

Die Brustwirbel bilden aneinandergereiht und z.T. ineinander verzahnt die strukturellen Grundlagen für die Brustwirbelsäule, die, einem leicht dorsokonvexen Knochenstab vergleichbar, nur geringe Biegsamkeit kennzeichnet. Funktionsbedingt sind ferner bei Pflanzenfressern und beim Schwein zur Anheftung der ausgeprägten Kopf- und Halsmuskulatur Sonderbildungen in Form langer Dornfortsätze an den Wirbeln entwickelt. Die vorderen Brustwirbel übernehmen darüber hinaus als Teil der Gesamtwirbelsäule die Aufgabe der Lastübertragung auf die Schultergliedmaße und, unter Einbeziehung der Rippen, die Verankerung der Brust-Rippen-Schulter-Muskulatur. Die Brustwirbel sind mit den Rippen gelenkig verbunden, sie stimmen mit diesen in ihrer Zahl überein. Rasse- und tierartspezifisch sind hiervon geringfügige Abweichungen ausgebildet, diese werden durch entsprechende Anpassungen im Lendensegment ausgeglichen. Die einzelnen Brustwirbel stimmen in ihrem Grundbauplan meist überein (Abb. 1-64 bis 71), ihre gemeinsamen Merkmale sind:

- kurze Wirbelkörper mit abgeflachten Enden (Extremitates),
- kurze Gelenkfortsätze (Processus articulares),
- aneinanderliegende Wirbelbögen (Arcus vertebrae),
- dorsal langgezogene Dornfortsätze (Processus spinosi),
- Gelenkflächen zur Artikulation mit den Rippen (Foveae costales) an beiden Wirbelenden für die Rippenköpfchen und an den Querfortsätzen für die Rippenhöcker.

Die Wirbelkörper sind bis zur Mitte der Wirbelsäule schwächer entwickelt, sie nehmen kaudal wieder an Größe zu und tragen dann eine Crista ventralis. Die Extremitates craniales und caudales sind kaudal zur Verbindung mit den Zwischenwirbelscheiben abgeflacht, wodurch die Beweglichkeit aneinanderpassender Wirbelkörper deutlich reduziert wird. Die Gelenkfortsätze sind an kranialen Brustwirbeln nur an flachen Gelenkflächen erkennbar.

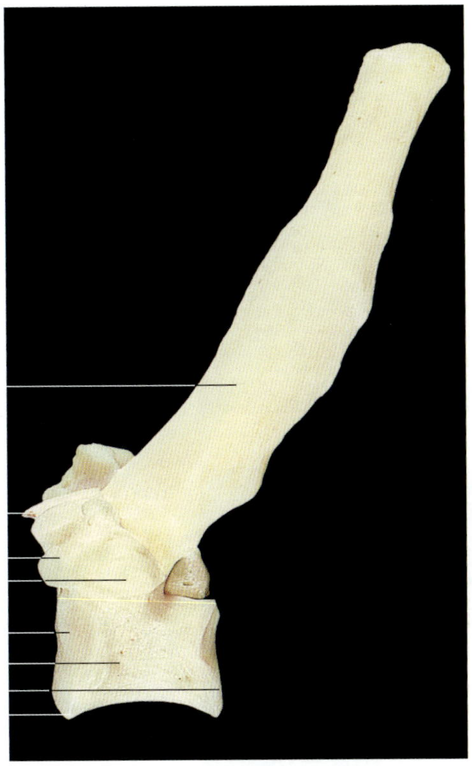


**Abb. 1-64.** Brustwirbel eines Schweines (Lateralansicht von links).

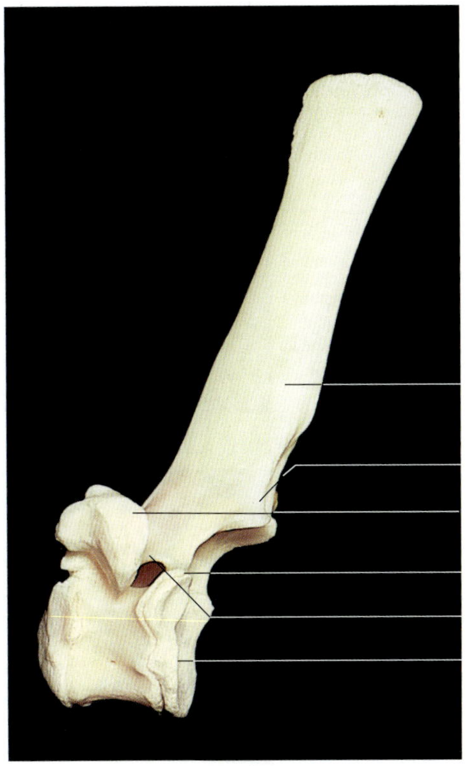


**Abb. 1-65.** Brustwirbel eines jungen Rindes (kaudolaterale Ansicht von links).

Die **Foveae articulares craniales** liegen kraniodorsal an der Basis des Dornfortsatzes, tangential zum Wirbelbogen; die **kaudalen Gelenkflächen (Foveae articulares caudales)** liegen ebenfalls am Grund des Spinalfortsatzes, sagittal zum Wirbelbogen. Die Anordnung der Gelenkflächen ist Grundlage für die freiere Rotationsbewegung vorderer Wirbel, im Gegensatz zur eingeschränkten dorsoventralen Beweglichkeit hinterer Brust- und der Lendenwirbel.

Am Wirbelkörper sind kranial die **Incisurae vertebrales craniales** flach eingezogen, tief hingegen die kaudalen. Das **Foramen intervertebrale** ist für den Durchtritt der Segmentalnerven und der Blutgefäße ausgeprägt, beim Wiederkäuer meist zweigeteilt.

Die **Dornfortsätze (Processus spinosi)** sitzen dem Wirbelbogen auf, sie sind an den vorderen Brustwirbeln sehr hoch (Abb. 1-64 u. 65). Bei Fleischfressern nehmen die langen Fortsätze allmählich an Höhe ab; beim Schwein und Wiederkäuer steigen die Processus spinosi bis zum 3. Brustwirbel an, fallen bis zum 11. (Schwein) bzw. bis zum 12. (13.) beim Wiederkäuer langsam ab und bilden bis in die Lendengegend ein gleich hohes Plateau.

Beim Pferd nimmt die Länge der Dornfortsätze vom ersten bis zum vierten zu und verkürzt sich ebenfalls bis zum 12. bis 13. Wirbel.

Die **hohen Dornfortsätze** der ersten drei bis vier Brustwirbel sind die knöcherne Grundlage für den **Widerrist**. Die kranialen Dornfortsätze sind darüber hinaus leicht kaudodorsal geneigt. Die der hinteren Brustwirbel wie auch die der Lendenwirbel richten sich dagegen kraniodorsal (Abb. 1-66 u. 69). Den Brustwirbel, dessen Dornfortsatz in senkrechter Stellung steht, bezeichnet man als den

**Tab. 1-2.** Vergleich der Anzahl der Wirbel.

| Wirbel | Fleischfresser | Schwein | Rind | Kleine Wiederkäuer | Pferd |
|---|---|---|---|---|---|
| Halswirbel | 7 | 7 | 7 | 7 | 7 |
| Brustwirbel | 12–14 | 13–16 | 13 | 13 | 18 |
| Lendenwirbel | (6) 7 | 5–7 | 6 | 6 | 5–7 |
| Kreuzwirbel | 3 | 4 | 5 | (3) 4–5 | 5 |
| Schwanzwirbel | 20–23 | 20–23 | 18–20 | 13–14 | 15–21 |

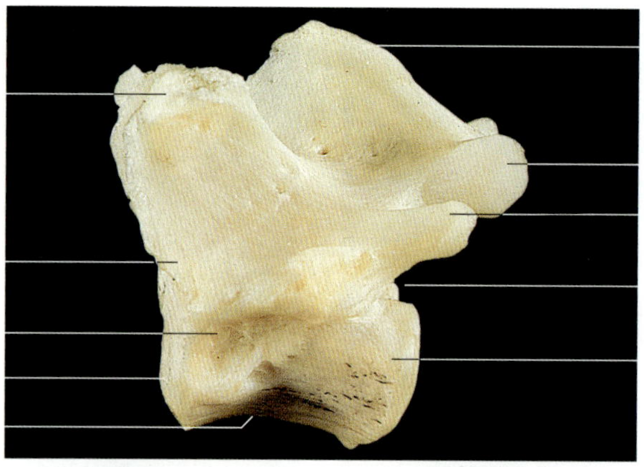


**Abb. 1-66.** 13. Brustwirbel eines Hundes (Lateralansicht).

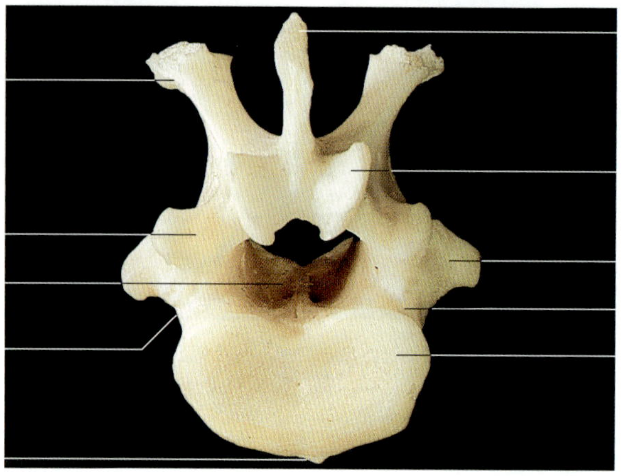


**Abb. 1-67.** 13. Brustwirbel eines Hundes (Kaudalansicht).

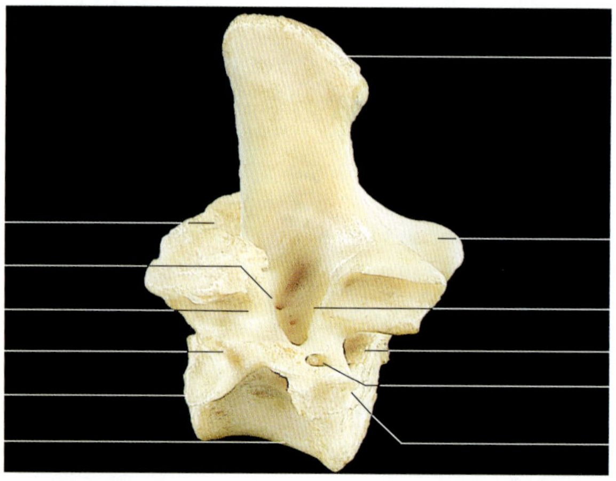


**Abb. 1-68.** 13. Brustwirbel eines Schweines (Lateralansicht).

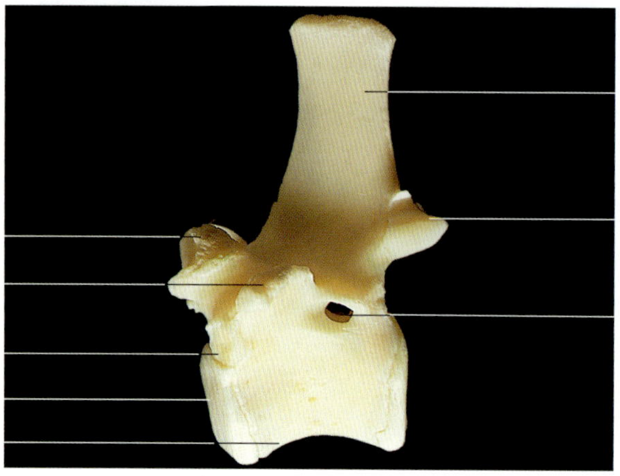


**Abb. 1-69.** 13. Brustwirbel eines Rindes (Lateralansicht).

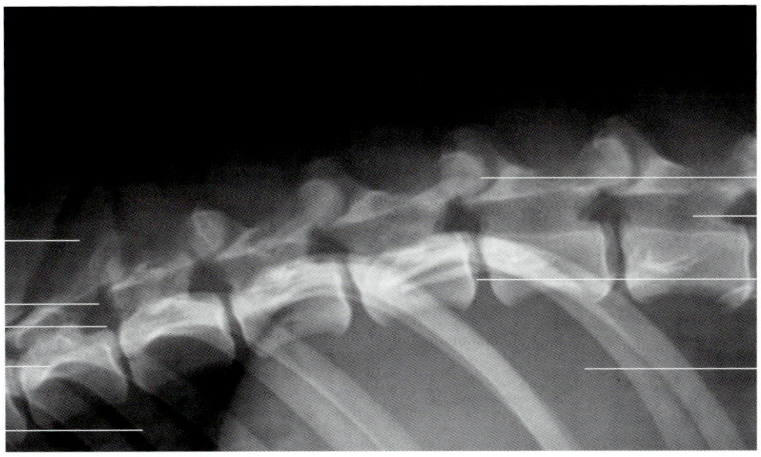


**Abb. 1-70.** Kaudaler Abschnitt der Brustwirbelsäule eines Hundes (Röntgenbild, laterolateraler Strahlengang), Aufnahme Prof. Dr. Ulrike Matis, München.

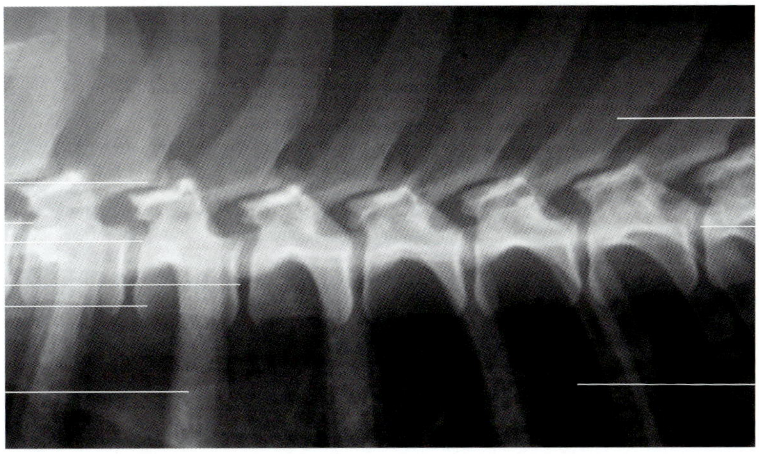


**Abb. 1-71.** Kranialer Abschnitt der Brustwirbelsäule eines Hundes (Röntgenbild, laterolateraler Strahlengang), Aufnahme Prof. Dr. Ulrike Matis, München.

**diaphragmatischen Brustwirbel (Vertebra anticlinalis)**; beim Hund ist dies der 10. (Abb. 1-70), bei Schwein und Ziege der 12., beim Rind der 13. und beim Pferd der 16. Brustwirbel. **Zitzenfortsätze (Processus mamillares)** sind allein an Brust- und Lendenwirbeln entwickelt, sie liegen bis zum diaphragmatischen Wirbel kranial, den Querfortsätzen benachbart. Kaudal von diesem nähern sich die Zitzenfortsätze den Gelenkfortsätzen und verschmelzen zu **Processus mamilloarticulares**.

Die **Brustwirbelkörper** bilden seitlich an der Basis des Arcus vertebrae **Gelenkgruben (Foveae costales craniales** und **caudales)** zur Artikulation mit den Rippenköpfchen. Die Artikulationsgrube wird durch die Zwischenwirbelscheibe benachbarter Wirbelkörper ergänzt. Zusätzlich sind kraniolateral **Querfortsätze (Processus transversi)** entwickelt, deren freie **Gelenkgruben (Foveae costales processus transversi)** der gelenkigen Verbindung der Rippenhöcker dienen.

Die Gelenkgruben für Rippenköpfchen bzw. Rippenhöcker liegen an vorderen Brustwirbeln relativ weit voneinander getrennt, die Gelenkgruben sind tief ausgehöhlt. Dies bedingt eine erhebliche Stabilität der kranialen Brustrippen. Bei hinteren Rippen sind diese Gelenkgruben angenähert und flach; damit ist die Beweglichkeit der Rippen erhöht.

## Lendenwirbel (Vertebrae lumbales)

Die Lendenwirbel zeichnen sich gegenüber den Brustwirbeln durch ihre größere Länge und einheitlichere Form ihrer Körper aus (Abb. 1-72 bis 79). Es fehlen die Gelenkflächen für die Rippen, die Spinalfortsätze sind niedriger und meist kraniodorsal geneigt, die Querfortsätze sind lang, weitausladend und abgeplattet.

Die **Wirbelkörper** sind, insbesondere beim Rind, sehr kräftig ausgebildet, deren **Wirbelköpfe (Extremitates craniales)** und **Wirbelpfannen (Extremitates caudales)** kennzeichnen nur flache Gelenkflächen. Die Wirbelbögen umschließen einen deutlich erweiterten **Kanal (Canalis vertebralis)** zur Aufnahme der Lendenschwellung **(Intumescentia lumbalis)** des Rückenmarks. Die **Dornfortsätze** sind meist gleich lang und kranial geneigt. Nur beim

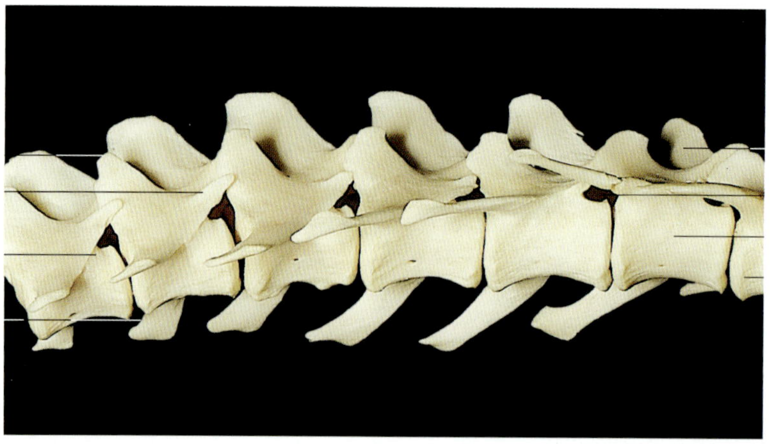


**Abb. 1-72.** Lendenwirbelsäule eines Hundes (Ansicht von lateroventral).

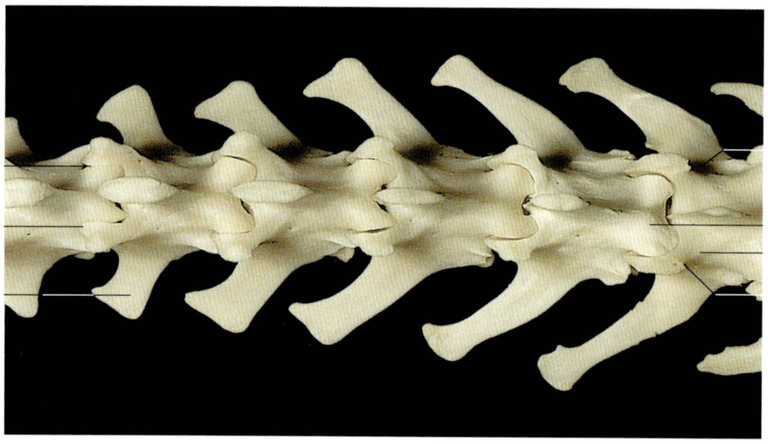


**Abb. 1-73.** Lendenwirbelsäule eines Hundes (Dorsalansicht).

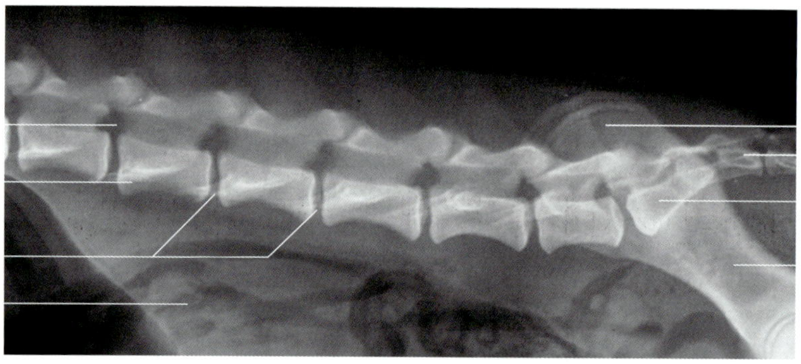


**Abb. 1-74.** Lendenwirbelsäule eines Hundes (Röntgenbild, laterolateraler Strahlengang), Aufnahme Prof. Dr. Ulrike Matis, München.

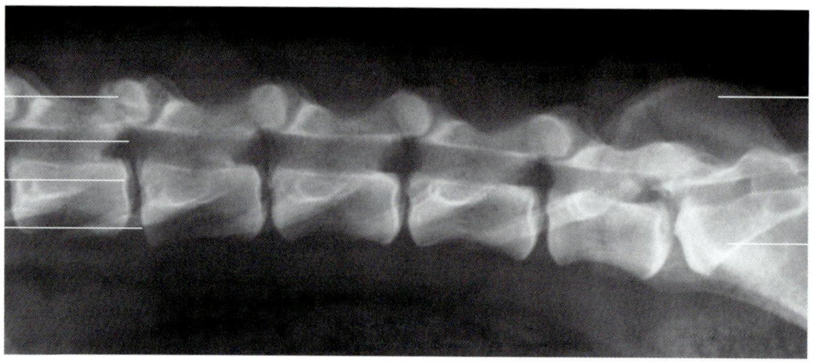


**Abb. 1-75.** Lendenwirbelsäule eines Hundes (Röntgenbild, laterolateraler Strahlengang), Aufnahme Prof. Dr. Ulrike Matis, München.

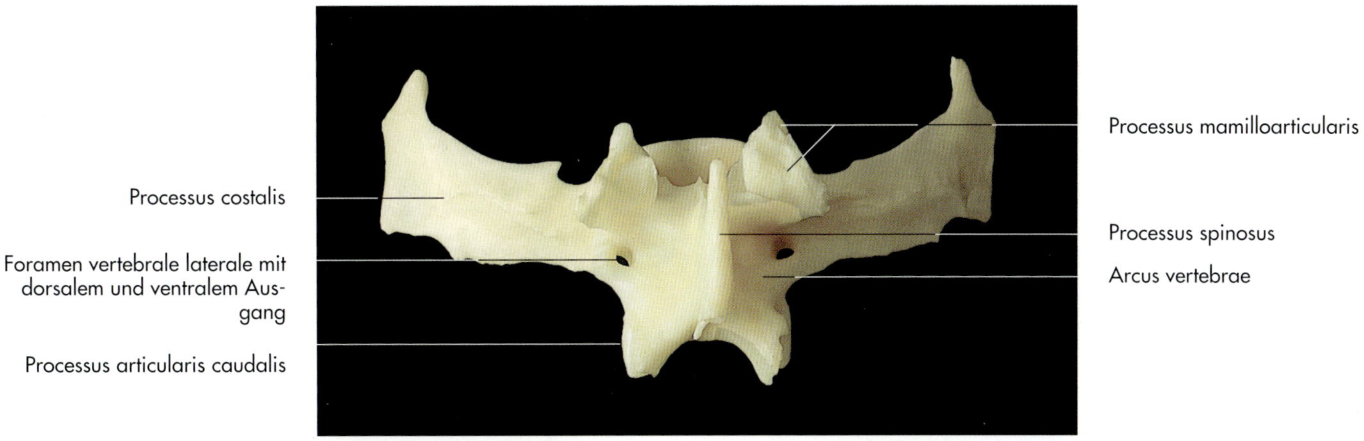


**Abb. 1-76.** Lendenwirbel eines Schweines (Dorsalansicht).

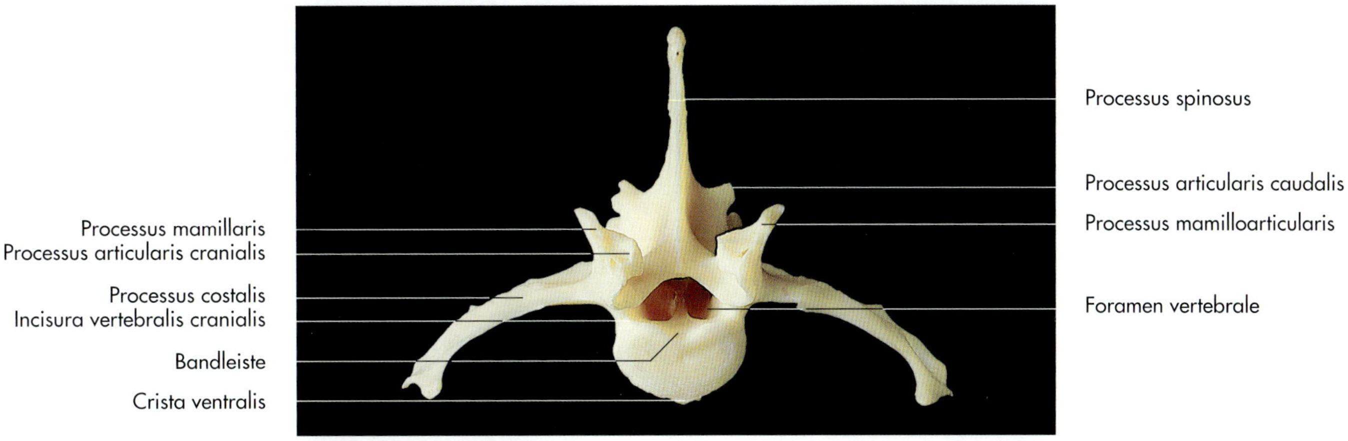


**Abb. 1-77.** Lendenwirbel eines Schweines (Kranialansicht).

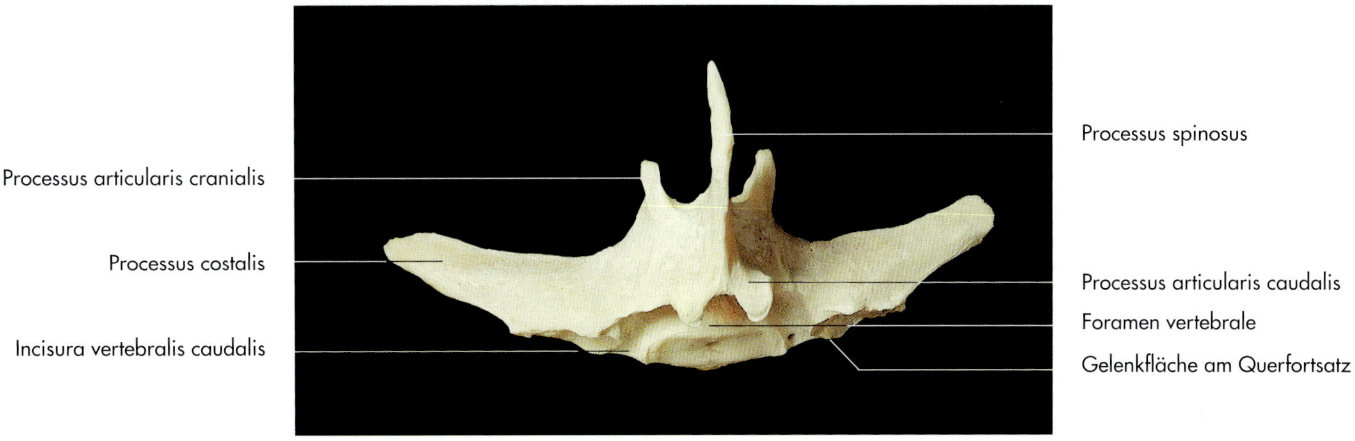


**Abb. 1-78.** 5. Lendenwirbel eines Pferdes (Ansicht von kaudodorsal).

Fleischfresser nehmen diese bis zum 4. bis 5. Lendenwirbel an Höhe zu. Allein beim Rind zeigen diese kaudal, beim kleinen Wiederkäuer stehen sie senkrecht.

Die **Querfortsätze (Processus costales)** stellen als Rudimente der Rippen das markante Strukturmerkmal der Lendenwirbel dar. Diese sind weit ausladend, beim Fleischfresser und Schwein kranioventral, bei Wiederkäuer und Pferd horizontal gerichtet (Abb. 1-76 bis 79). Der 1. Lendenwirbel bleibt allgemein der mit dem kürzesten Querfortsatz, der längste ist meist der des 3. oder 4. Lendenwirbels. Bei Fleischfressern ist der 5. oder 6. der längste. Als Besonderheit artikulieren beim Pferd die beiden letzten Querfortsätze miteinander, ebenso wie der letzte mit dem ersten Kreuzwirbel; auch sind demzufolge die Foramina intervertebralia an dieser Stelle in einen dorsalen und einen ventralen Ausgang unterteilt.

Die **Quer-** und **Dornfortsätze** sowie die ausgeprägte **Crista ventralis** geben der inneren Lenden- bzw. der Bauch-, Stammes- und Beckenmuskulatur breite Ansatzflächen. Die **Gelenkfortsätze (Processus articulares craniales** und **caudales)** lassen auf Grund ihrer sagittalen Stellung nur ein Aufkrümmen der Lendenwirbelsäule zu, seitliche Bewegungen sind beinahe unmöglich. Diese Gelenk-

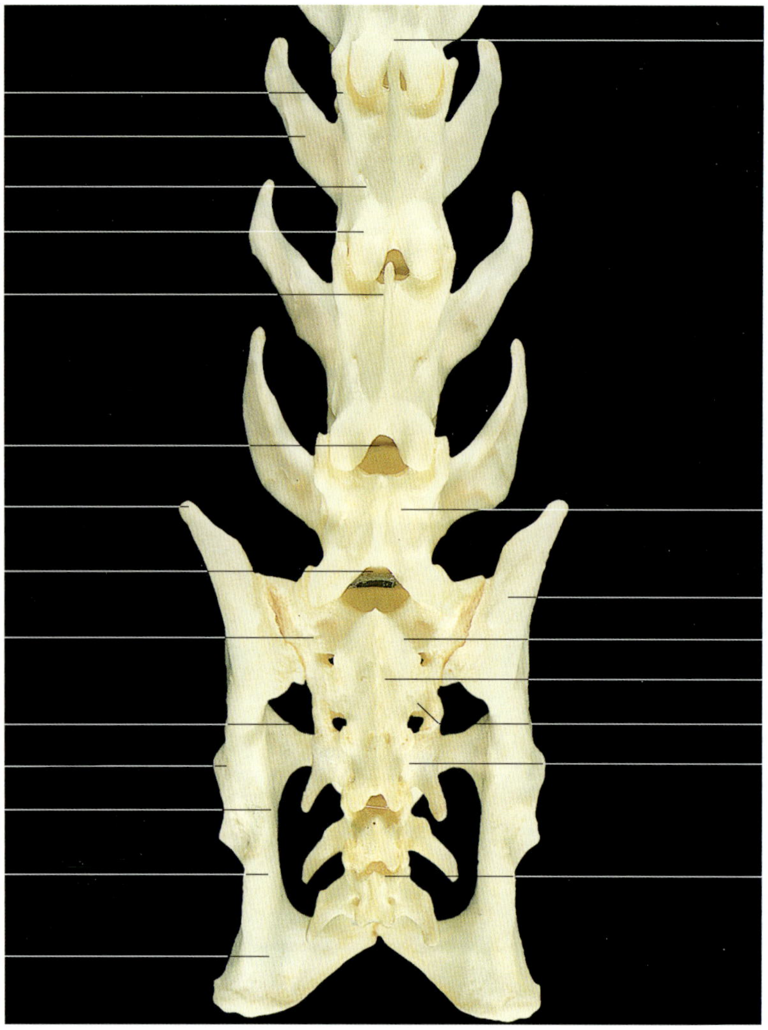


**Abb. 1-79.** Letzte Lendenwirbel, Kreuzbein und Becken einer Katze (Dorsalansicht).

flächen sind weitgehend mit den Zitzenfortsätzen meist beulenartig zu **Processus mamilloarticulares** verschmolzen. Die **Spatia interarcualia** sind eng, allein der zwischen dem letzten Lenden- und dem ersten Kreuzwirbel bestehende Spaltraum (**Spatium interarcuale lumbosacrale**) ist bei allen Tieren für Injektionen und Punktionen zugänglich, bei der Katze auch der davor liegende.

## Kreuzwirbel (Vertebrae sacrales)

Die Wirbel des Kreuzbeins sind bei allen Haussäugetieren zu einem **einheitlichen Kreuzbein (Os sacrum)** unter Verknöcherung auch der Zwischenwirbelscheiben verwachsen (Abb. 1-79 bis 86). Diese Verschmelzung einzelner Wirbel ist bei Fleischfressern und Schwein nach eineinhalb, beim Wiederkäuer nach drei bis vier und beim Pferd nach vier bis fünf Jahren abgeschlossen. Die Verknöcherung führt zum Verlust der Beweglichkeit der Kreuzwirbelsäule. Die damit verbundene Steigerung der Stabilität im Kreuzbein erhöht jedoch entscheidend die Fortbewegungskraft der Hinterhand über das Becken auf die Wirbelsäule ohne nennenswerten Kraftverlust. Die Kraftübertragung des Beckengürtels auf das Kreuzbein erfolgt dabei durch ein straffes Gelenk, an dem immer der erste Sakralwirbel durch die Ausbildung einer breiten Flügelfläche beteiligt ist. Die kaudalen Kreuzbeinwirbel sind nicht in die Kraftübertragung eingebunden, diese beteiligen sich allein an der Dorsalbegrenzung der Beckenhöhle. Die Einschränkung der Funktionsvielfalt der Kreuzwirbel, vorzugsweise auf kraftübertragende Momente, drückt sich auch in einer vereinfachten Struktur des Kreuzbeins aus.

Das **Kreuzbein (Os sacrum)** ist meist dreiseitig (Ausnahme Fleischfresser: vierseitig) (Abb. 1-79, 80 u. 81). An ihm unterscheidet man kranial eine verbreiterte **Basis (Basis ossis sacri)** und zwei durch die Kreuzbeinflügel vergrößerte **Seitenflächen (Partes laterales)**, die kaudal in die **Kreuzbeinspitze (Apex ossis sacri)** einmünden. Das Kreuzbein weist darüber hinaus eine **dorsale Fläche (Facies dorsalis)** mit Dornfortsätzen oder deren Rudimenten und verschiedenen Leisten und eine ventrale, dem Becken zugewandte Fläche **(Facies pelvina)** mit **Querlinien (Lineae transversae)** auf. Die Facies dorsalis dient der Hüft- und Kruppenmuskulatur und der Hinterbackenmuskulatur als Anheftungsfläche sowie dem Austritt der dorsalen Äste der Segmentalnerven des Plexus lumbosacralis. Die ventrale Facies pelvina ist glatt und leicht konkav, auf ihr treten in parallel angeordneten Öffnungen die ventralen Äste der Sakralnerven aus. Der **Wirbelkanal des Kreuzbeins (Canalis sacralis)** verengt sich bis zur Kreuzbeinspitze auf die Hälfte seines anfänglichen Durchmessers. Die **Basis ossis sacri** nimmt die **kraniale Endfläche (Extremitas cranialis)** zur Artikulation mit dem letzten Lendenwirbel auf, einschließlich der Incisura vertebralis cranialis. Am Ventralrand springt die vordere Endfläche

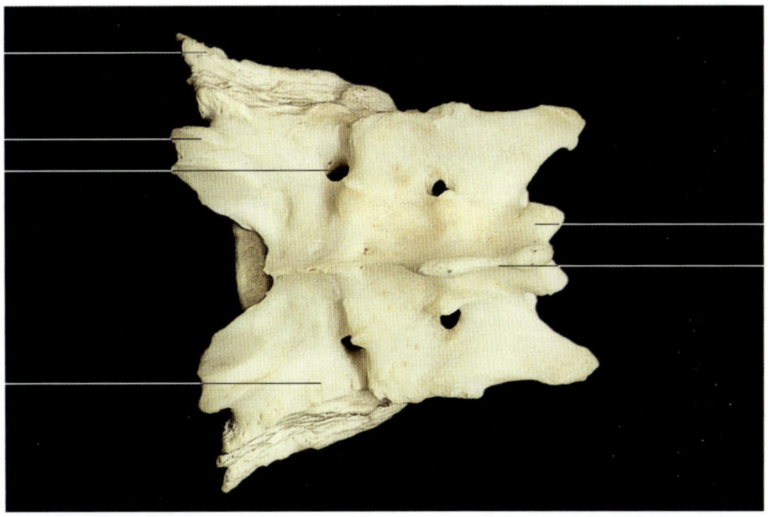


**Abb. 1-80.** Kreuzbein eines Hundes (Dorsalansicht).

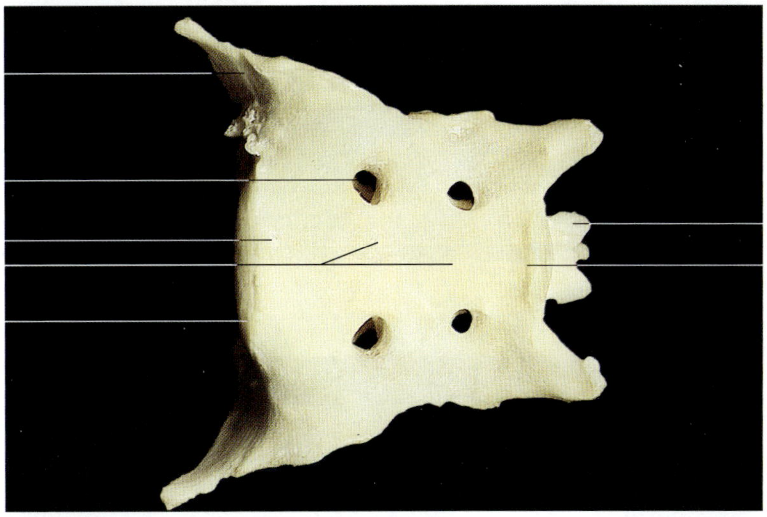


**Abb. 1-81.** Kreuzbein eines Hundes (Ventralansicht).

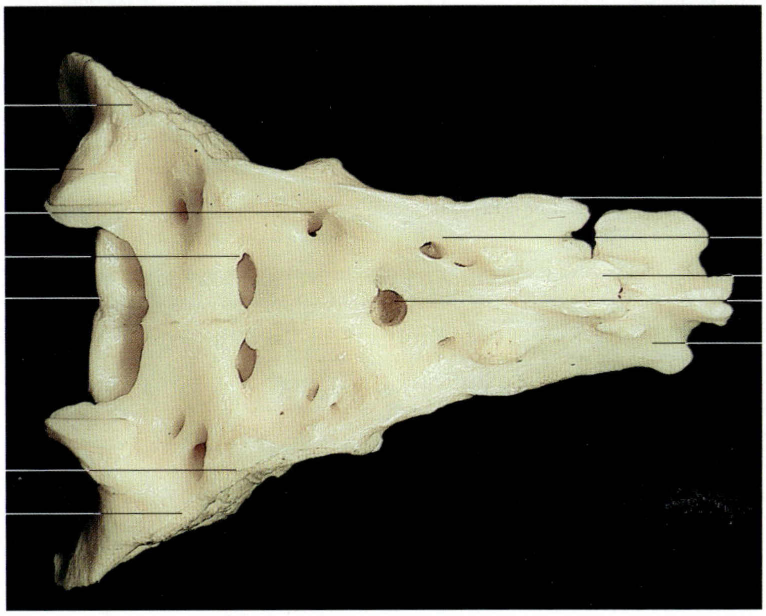


**Abb. 1-82.** Kreuzbein eines älteren Schweines (Dorsalansicht).

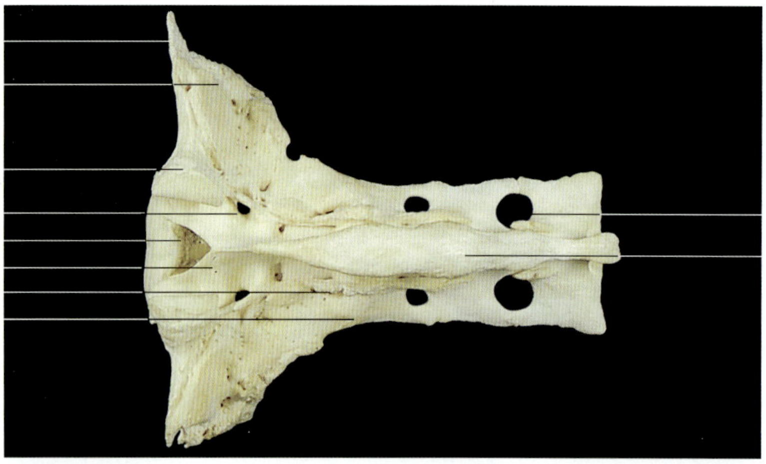


**Abb. 1-83.** Kreuzbein eines Rindes (Dorsalansicht).

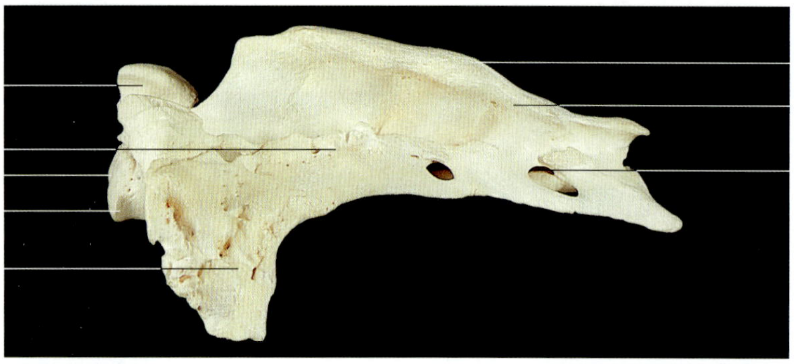


**Abb. 1-84.** Kreuzbein eines Rindes (Lateralansicht).

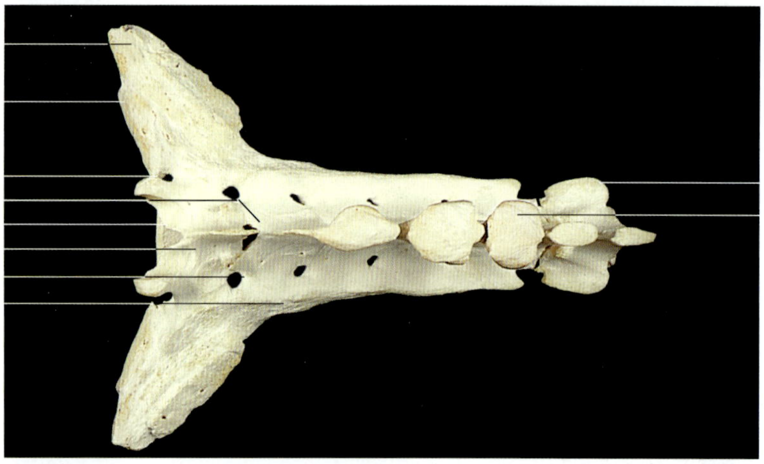


**Abb. 1-85.** Kreuzbein eines Pferdes (Dorsalansicht).

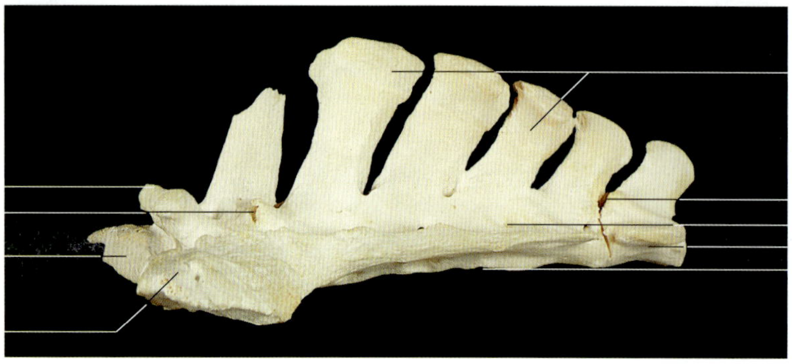


**Abb. 1-86.** Kreuzbein eines Pferdes (Lateralansicht).

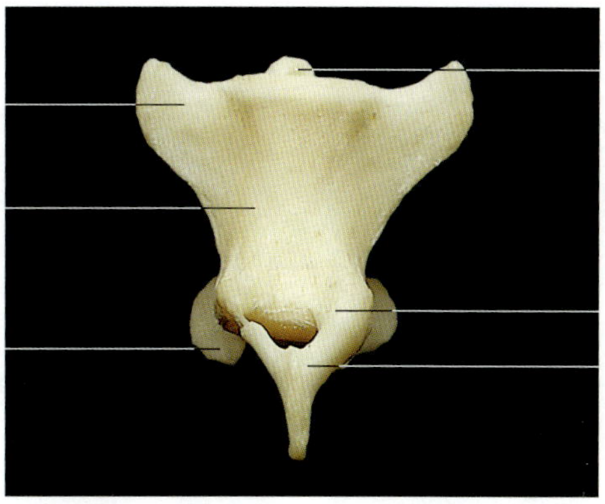


**Abb. 1-87.** 4. Schwanzwirbel eines Hundes (Ventralansicht).

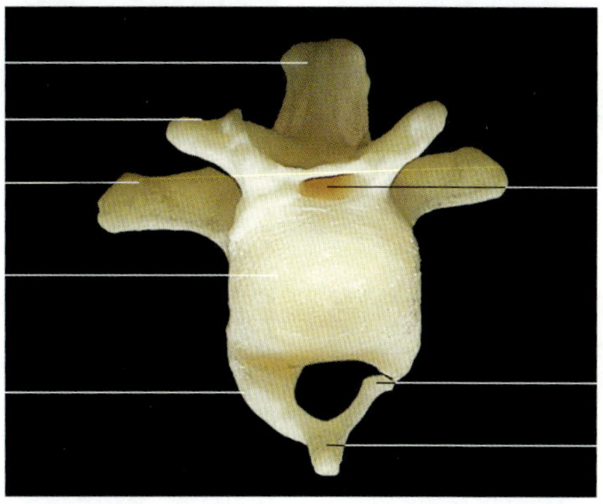


**Abb. 1-88.** 5. Schwanzwirbel eines Hundes (Kranialansicht).

vor und formt das **Promontorium**, dorsal sind die Processus articulares craniales schwach entwickelt.

Die **Seitenfläche (Pars lateralis)** ist aus der Verschmelzung der Querfortsätze entstanden, an ihr ragt beidseitig jeweils ein kräftiger **Kreuzbeinflügel (Ala sacralis)** weit lateral, der in der Regel aus dem 1. Kreuzwirbel entspringt (Abb. 1-83ff.). Bei Fleischfressern, Schwein und kleinen Wiederkäuern nimmt an der Bildung auch der 2. Kreuzwirbel teil. Die **dorsale Fläche des Flügels (Facies auricularis)** ist überknorpelt und mit dem Darmbeinflügel durch ein straffes, synoviales Gelenk verbunden. Der dorsale Rand des Kreuzbeinflügels dient mit seiner **Tuberositas sacralis** der Anheftung der Kreuz-Darmbein-Bänder.

Die **Dorsalfläche** entlässt die kaudal schräg stehenden **Dornfortsätze**, die jedoch tierartlich sehr unterschiedlich entwickelt sind (Abb. 1-79, 80, 82 u. 83). So sind diese bei älteren Pferden noch als eigenständige Spinalfortsätze erkennbar, meist jedoch an der Basis verschmolzen. Beim Wiederkäuer besteht in der Medianen eine kräftige, in sich geschlossene **dorsale Leiste (Crista sacralis mediana)**, bei Fleischfressern verwachsen diese Fortsätze an der Wurzel, die freien Fortsätze sind schmal und kurz. Beim Schwein ist hier eine undeutliche Leiste erkennbar.

Die **Querfortsätze** sind auf jeder Seite zur **Crista sacralis lateralis** verwachsen, die besonders beim Schwein und beim Pferd ausgeprägt ist, sonst nur angedeutet erscheint. Die rudimentären Gelenkfortsätze bleiben beim Wiederkäuer als **Crista sacralis intermedia** vorhanden, sonst bilden sie nur kleine Erhebungen.

Zum Durchtritt der Nerven des **Plexus lumbosacralis** aus dem Wirbelkanal treten, wie oben erwähnt, **ventral Öffnungen (Foramina sacralia ventralia)** auf, denen an der Facies dorsalis die **Foramina sacralia dorsalia** gegenüberstehen.

## Schwanzwirbel (Vertebrae caudales)

Die Schwanzwirbel nehmen bis zur knöchernen Schwanzspitze kontinuierlich an Größe ab, gleichzeitig verlieren diese auch die charakteristischen Merkmale eines Wirbels, die Wirbelkörper, -bögen und -fortsätze. Der letzte Schwanzwirbel ist nur noch sanduhrförmig eingeschnürt.

Die **ersten Schwanzwirbel** weisen noch alle Struktureigentümlichkeiten von Wirbeln auf, verlieren diese jedoch allmählich, vorzugsweise die Fortsätze. So deutet sich beim Pferd eine Spaltung der Dornfortsätze (Processus spinosi) bereits ab dem zweiten Schwanzwirbel an, ab dem dritten ist dieser schon offen. Damit eröffnet sich auch der Canalis vertebralis. Die Querfortsätze sind auf kurze Höcker reduziert, ab dem siebten Wirbel fehlen alle Fortsätze, leistenartige Erhebungen deuten deren Lage noch an. Die Ausbildung von **Hemalfortsätzen (Processus hemales)**, paramedian an der Ventralfläche der Wirbelkörper, ist beim Rind (1. bis 8. Wirbel), beim Hund und bei der Katze (5. bis 15. Wirbel) zu erwähnen. Diese Fortsätze können sich zu einem **Bogen (Arcus hemalis)** schließen (Rind: 2. und 3. Wirbel, Hund und Katze: 3. bis 8. Wirbel) (Abb. 1-87 u. 88). Die Hemalfortsätze nehmen die ventralen Schwanzgefäße auf. Die Spatia intervertebralia zwischen dem Kreuzbein und dem 1. Schwanzwirbel sind ebenso erweitert wie die ersten nachfolgenden Zwischenräume und damit zur Injektion geeignet.

**Abb. 1-89.** Rippe eines Hundes (Kaudalansicht).

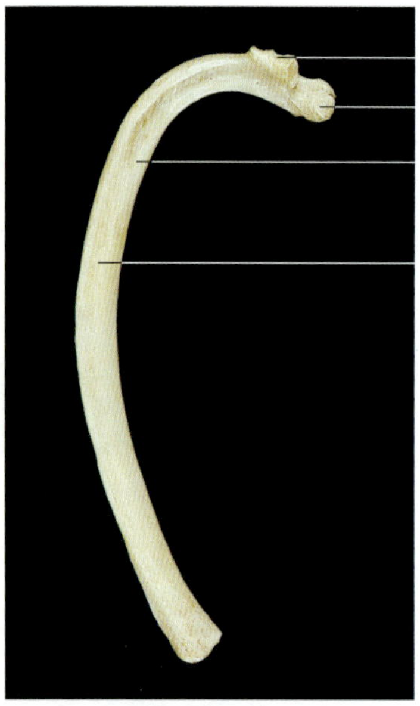


**Abb. 1-90.** Rippe eines Schweines (Kaudalansicht).

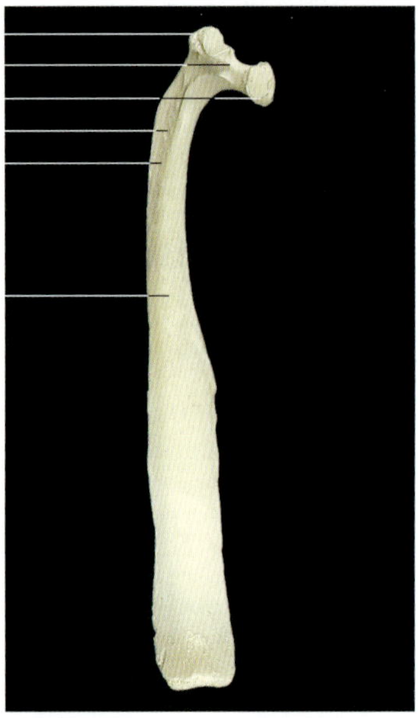


**Abb. 1-91.** Rippe eines Rindes (Kaudalansicht).

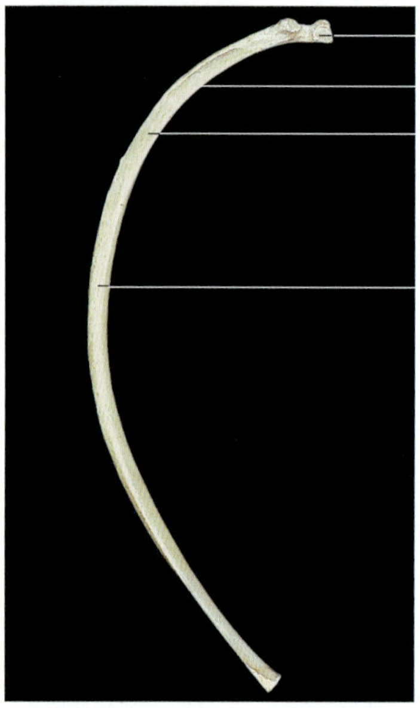


**Abb. 1-92.** Rippe eines Pferdes (Kaudalansicht).

# Knochen des Brustkorbs (Skeleton thoracis)

Zu den Knochen des Brustkorbs (Thorax) zählen die **Brustwirbel (Vertebrae thoracicae)**, die **Rippen (Costae)** und das **Brustbein (Sternum)** (Abb. 1-93 u. 94). Der vom Thorax umgebene Raum, die **Brustkorbhöhle (Cavum thoracis)**, ist kranial durch die Öffnung zwischen den beiden ersten Rippen, die **Apertura thoracis cranialis**, von vorne zugänglich. Die hintere Öffnung **(Apertura thoracis caudalis)** liegt zwischen den Rippenbögen. An der Wand des Thorax unterscheidet man den **Rippenbogen (Arcus costalis)**, die **Rippenzwischenräume (Spatia intercostalia)** und den **Angulus arcuum costalium**, der den Winkel zwischen dem rechten und linken Rippenbogen bildet. Bei den Pflanzenfressern stellt der Thorax einen seitlich zusammengedrückten, spitz zulaufenden Raum dar, bei Fleischfressern ist dieser eher gedrungener und ventral tiefer.

## Rippen (Costae)

Die Rippen formen die seitliche knöcherne Brustwand, sie sparen zwischen sich Zwischenräume (Spatia intercostalia) aus und sind paarweise angeordnet. Jede Rippe besteht aus einem proximalen knöchernen **Abschnitt (Os costale)**, der Rippe im eigentlichen Sinn und einem distalen knorpeligen Teil **(Cartilago costalis)**, dem **Rippenknorpel** (Abb. 1-93).

Sämtliche Rippen artikulieren dorsal mit den Brustwirbeln, ventral hingegen unterscheiden sie sich in ihrer Verbindung zum **Brustbein (Sternum)** (Abb. 1-93 u. 94). Die kranialen ersten sieben bis

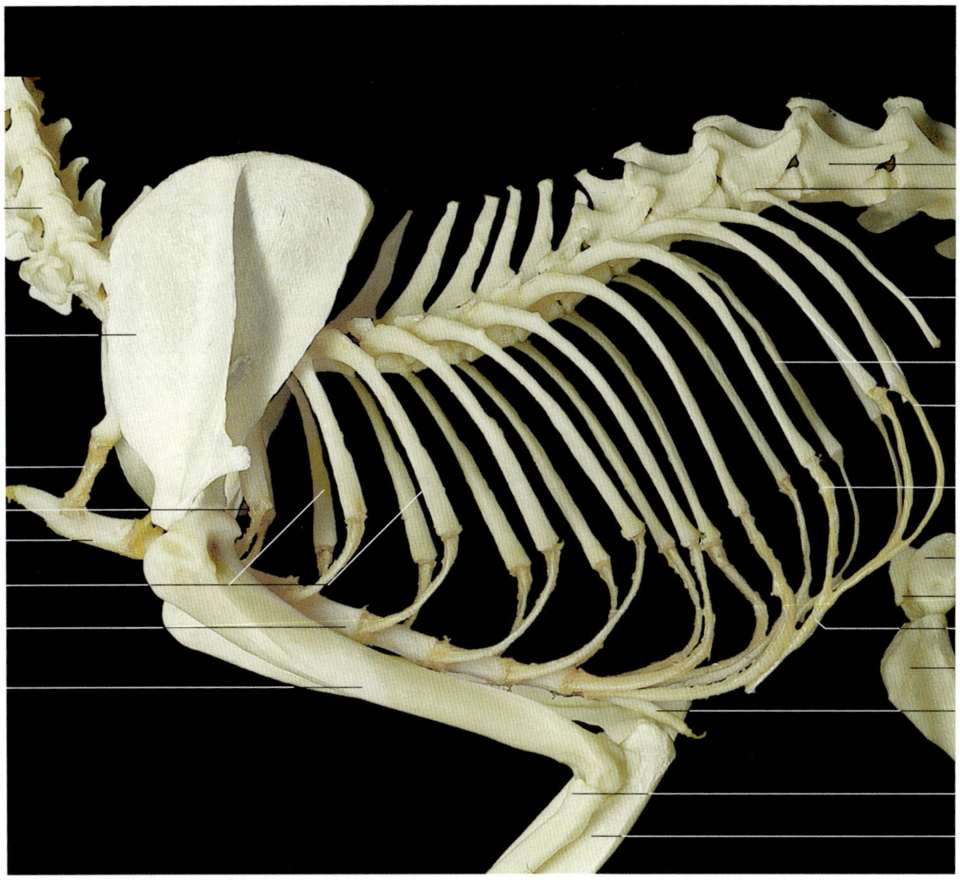


**Abb. 1-93.** Knochen des Brustkorbs einer Katze (Lateralansicht).

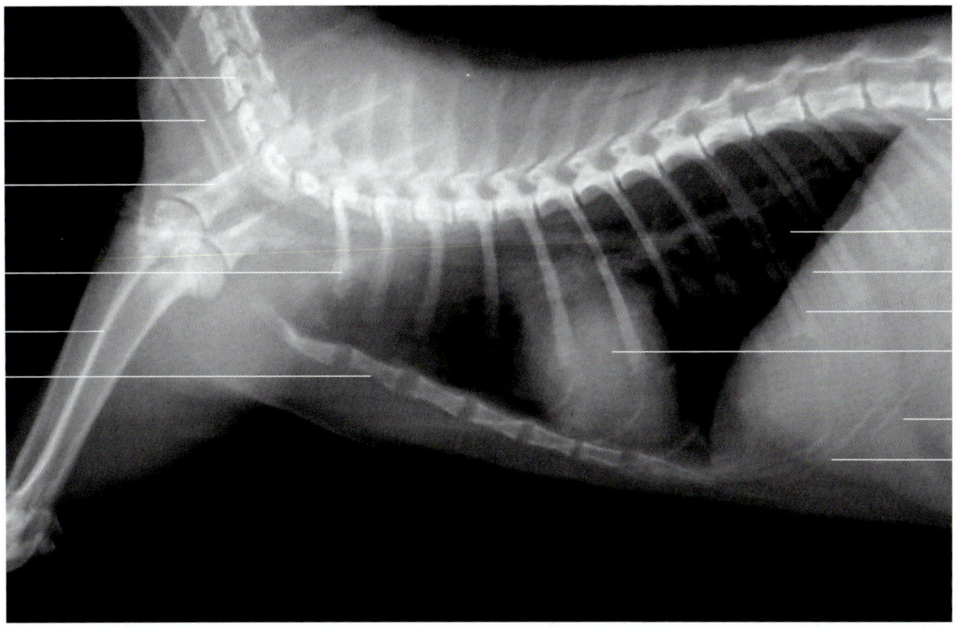


**Abb. 1-94.** Brustkorb einer Katze (Röntgenbild, laterolateraler Strahlengang), Aufnahme Prof. Dr. Ulrike Matis, München.

neun Rippen sind über ihren distalen knorpeligen Anteil direkt mit dem Sternum verbunden und werden daher echte oder **sternale Rippen (Costae sternales)** genannt. Demgegenüber werden kaudale Rippen, die nur indirekt über den knorpeligen **Rippenbogen (Arcus costalis)** Anschluss an das Brustbein finden, als falsche oder **asternale Rippen (Costae spuriae** bzw. **asternales)** bezeichnet. Endet das letzte Rippenpaar, wie bei Hund und Katze, ohne ventrale knorpelige Anbindung frei in der seitlichen Körperwand, so sind dies **Fleischrippen (Costae fluctuantes)**.

Die **Anzahl der Rippen** entspricht der Zahl der Brustwirbel. Danach hat der Fleischfresser 12 bis 14, das Schwein 13 bis 16, die Wiederkäuer 13 und das Pferd 18 Rippen. Das Verhältnis sternaler

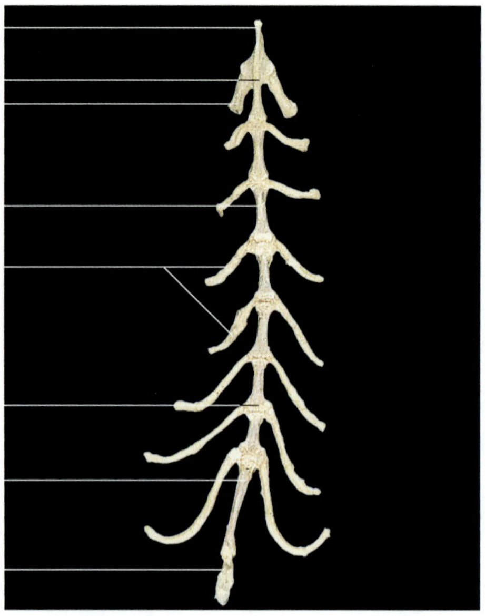


**Abb. 1-95.** Brustbein einer Katze (Dorsalansicht).

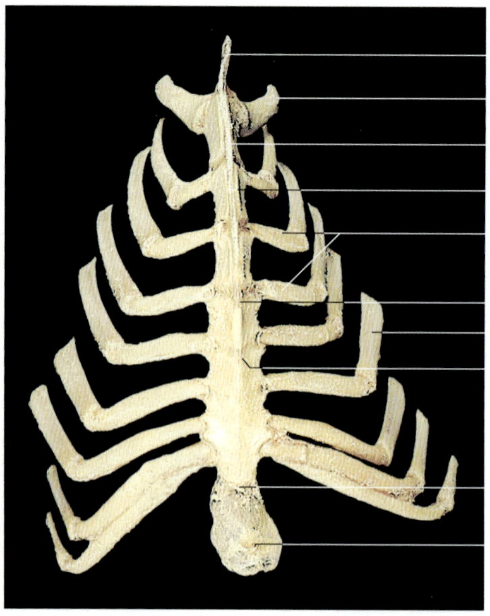


**Abb. 1-96.** Brustbein eines Pferdes (Ventralansicht).

zu asternalen Rippen beträgt für die Fleischfresser 9:4, für das Schwein 7:7 (8), für die Wiederkäuer 8:5 und für das Pferd 8:10. Auch hier gilt eine Varianz, die von der Zahl der tatsächlichen Brustwirbel abhängt.

Die Rippen kennzeichnet eine gemeinsame Grundstruktur (Abb. 1-89 bis 92), man unterscheidet:

- Rippenkopf (Caput costae) mit seinen Gelenkflächen (Facies articularis capitis costae craniales et caudales),
- Rippenhals (Collum costae),
- Rippenhöcker (Tuberculum costae) mit seiner Gelenkfläche (Facies articularis tuberculi costae) und
- Rippenkörper (Corpus costae).

Der beinahe kugelige **Rippenkopf (Caput costae)** liegt am proximalen Ende der Rippe und trägt eine kraniale und eine kaudale **Gelenkfläche (Facies articularis capitis costae)**, die mit den **Rippenkopfgruben (Fovea costalis cranialis** und **caudalis)** zweier anliegender Wirbelkörper artikulieren. Zwischen den Rippenkopfgelenkflächen ist der Sulcus capitis eingesenkt. Der Rippenkopf ist durch einen deutlichen **Rippenhals (Collum costae)** abgesetzt, dieser entlässt am Übergang zum Rippenkörper den **Rippenhöcker (Tuberculum costae)**, dessen **Gelenkfläche (Facies articularis tuberculi costae)** mit dem Processus transversus des gleichzähligen Brustwirbels gelenkig in Verbindung steht. Die Länge des Rippenhalses nimmt, mit Ausnahme vom Rind, in Richtung auf den Rippenbogen kaudal kontinuierlich ab, sodass sich sekundär Rippenköpfchen und Rippenhöcker nähern, um sich schließlich zu vereinigen. Das Zusammenwachsen der Gelenkflächen bedingt im hinteren Brustraum eine Erhöhung der Beweglichkeit dieser Rippenpaare. Vom Rippenkopf durch den **Rippenwinkel (Angulus costae)** abgesetzt, schließt sich distal als Mittelstück der Rippenkörper an.

Der **Körper der Rippen (Corpus costae)** bietet den Muskeln des Stammes, vorzugsweise den Atmungsmuskeln, Anheftungsflächen und schließt an seinem kaudalen Rand Rinnen (Sulci costae) zur Aufnahme von Interkostalgefäßen und Segmentalnerven ein.

Die Rippenkörper weisen tierartlich z.T. erhebliche Unterschiede auf (Abb. 1-89 bis 92). So sind die Rippen von Fleischfressern stärker gekrümmt als die anderer Haussäugetiere. Die Länge der Rippen nimmt bis zur 10. Rippe zu, dann erst verkürzen sich diese. Die kranialen Rippenflächen sind abgeplattet, die kaudalen hingegen rund. Beim Schwein sind die 2. bis 4. Rippen platt und auffällig breit, kaudal werden diese schmaler. Die 1. Rippe ist beim Schwein am sternalen Ende stark verdickt und artikuliert mit der der anderen Seite über einem nur schwachen Rippenknorpel gemeinsam in einer einheitlichen sternalen Gelenkfläche. Die Rippen des Rindes sind platt, beidseitig scharf begrenzt und sternal verbreitert. Die 6. bis 8. Rippen sind die breitesten, die 7. bis 10. Rippen die längsten. Beim Pferd nimmt die Rippenkrümmung bis zur 11. Rippe ständig zu, dann aber bei zunehmender Schrägstellung wieder ab. Die Rippen nehmen von vorne nach hinten an Breite ab und an Dicke zu.

Das distale Ende des Rippenkörpers verbindet sich in einer Rippenfuge in Form einer Symphyse mit dem Rippenknorpel. Dabei findet gleichzeitig auch ein Abbiegen der seitlichen Brustwand zum Sternum in der Rippenfuge statt, es entsteht das **Rippenknie (Genu costae)**. Bei Fleischfressern liegt diese Umbiegung in den Rippenknorpeln des asternalen Rippen.

Der **Rippenknorpel (Cartilago costalis)** endet bei den sternalen Rippen mit einer Walze gelenkig am Brustbein, Knorpelpaare fügen sich dabei zwischen anliegende Brustbeinsegmente (Abb. 1-93). Eine Ausnahme macht dabei die 1. Rippe, die direkt mit dem Manubrium sterni artikuliert. Die asternalen Rippenknorpel fügen sich halbbogenförmig kaudoventral zum **Rippenbogen (Arcus costalis)** zusammen. Die beiden Rippenbögen lassen ventral den **Angulus arcuum costalium** entstehen, in den der Processus xiphoideus des Brustbeines ragt.

## Brustbein (Sternum)

Das Brustbein besteht aus mehreren **Knochenstücken (Sternebrae)**, die allmählich unter Verknöcherung auch der dazwischenliegenden **Fugenknorpel (Synchondroses sternales)** zum größten

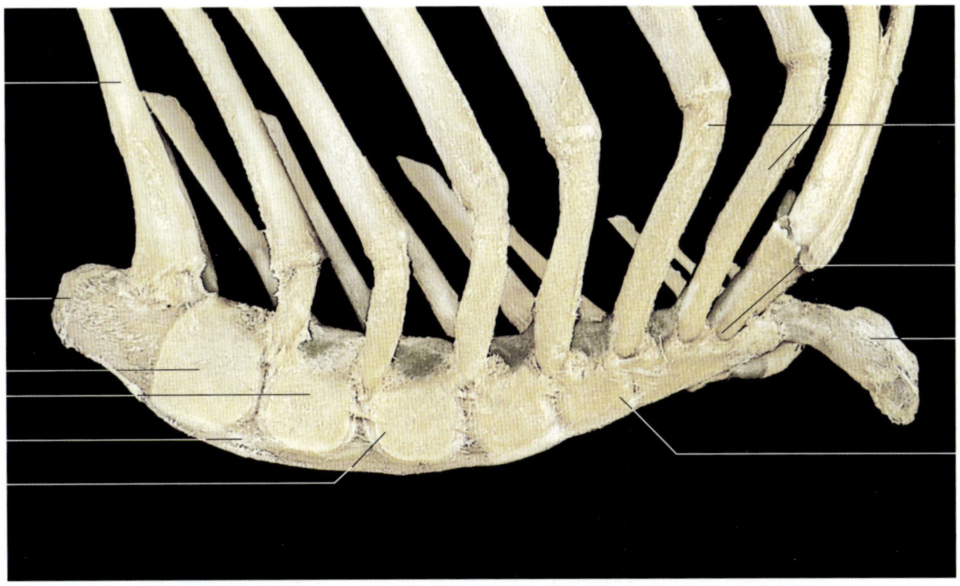


**Abb. 1-97.** Brustbein eines Pferdes (Lateralansicht).

Teil miteinander verschmelzen (Abb. 1-95 bis 97). Man unterscheidet am Sternum:

- das Manubrium sterni (Praesternum),
- den Körper (Corpus sterni, Mesosternum),
- den Processus xiphoideus (Xiphosternum).

Das **Manubrium sterni (Praesternum)** überragt den kranial vom 2. Rippenknorpel-Brustbein-Gelenk gelegenen Teil des Brustbeins, es ist bei den Haussäugetieren im Hinblick auf deren nur rudimentäres Schlüsselbein schwach entwickelt. Es trägt die Gelenkgruben für das 1. Rippenpaar und wird von einem weit kranial reichenden **Knorpel (Cartilago manubrii, Habichtsknorpel)** überragt, der an der Halsbasis palpierbar ist. Dieser ist bei Fleischfressern zapfenförmig stumpf, beim Pferd lang, dorsal aufgebogen und bilateral komprimiert. Beim Wiederkäuer fehlt ein eigenständiger Knorpel oder überzieht als nur dünner Knorpelbelag das freie Ende des Manubrium.

Der **Körper des Brustbeins (Corpus sterni)** ist bei Fleischfressern zylinderförmig, beim Wiederkäuer breit und flach und beim Pferd ventral mit einem kielförmigen Vorsprung versehen **(Crista sterni)** (Abb. 1-95 bis 97). Der Körper besteht aus 4 bis 6 Sternebrae (Hund: 6, Wiederkäuer und Pferd: 5, Schwein: 4) und ist bei der Katze zylinderförmig, beim Hund vierkantig und höher als breit. Beim Schwein und beim Wiederkäuer ist der Körper dorsoventral abgeflacht, beim Pferd ist eine kielartig bilateral komprimierte Form entwickelt. Der dorsolaterale Rand des Körpers trägt eine Reihe von Einziehungen (Incisurae costales) zur Aufnahme der Rippenknorpel sternaler Rippen. Die kaudal gelegenen Einziehungen liegen dichter zusammen und bieten mehreren Knorpelpaaren Ansatz.

Der **Processus xiphoideus (Xiphosternum)** besteht aus einem flachen, schwertförmigen Knorpel, dem sich kaudal der **Schaufelknorpel (Cartilago xiphoidea)** anlagert. Dieser ragt in den von den beiden Rippenbogen begrenzten Raum, die Regio xiphoidea. Der Schaufelknorpel ist bei Wiederkäuern und Pferd breit und abgeplattet, ansonsten schmal. Er stützt die ventrale Bauchwand und dient der sehnigen Linea alba abdominis zur flächenhaften Anheftung.

# Verbindungen der Knochen des Kopfes und des Stammes

## Verbindungen des Hirnschädels (Synchondroses cranii)

Die Schädelknochen sind untereinander durch **Knochennähte (Suturae capitis)** verbunden, die beim juvenilen Tier als **knorpelige Verbindungen (Synchondroses)** angelegt sind und unterschiedlich lang erhalten bleiben. Zeitlebens ausgebildet und radiologisch erkennbar bleiben einige knorpelige Verbindungen an der Schädelbasis, wobei ihre Benennung der Lage zu benachbarten Knochen entspricht (z.B. Synchondrosis spheno-occipitalis, Synchondrosis sphenopetrosa). Der weitaus größte Teil der Knochennähte verknöchert und wird damit unbeweglich. Einige anliegende Knochen an der Stirn und am Hinterhaupt bleiben in seltenen Fällen (bei manchen brachyzephalen Hunderassen) als **Dauerfontanellen** erhalten.

Am Schädel sind drei gelenkige Verbindungen angelegt:

- Articulatio intermandibularis,
- Articulatio temporohyoidea,
- Articulatio temporomandibularis (Kiefergelenk).

Die **Articulatio intermandibularis** stellt die knöcherne Verbindung der Körper des rechten und des linken Unterkiefers in der Medianen dar **(Sutura intermandibularis)**, die bei Schwein und Pferd zu einer Synostose wird. Eine kleinere Fläche bleibt knorpelig durch eine Synchondrosis verbunden.

Die **Articulatio temporohyoidea** stellt die Verbindung des aus dem Epi-, Stylo- und Tympanohyoid bestehenden Aufhängeapparats des Zungenbeins zur Schädelbasis dar. Dabei ist das Tympanohyoid syndesmotisch bzw. synchondrotisch beim Wiederkäuer und Pferd mit dem Processus styloideus, beim Fleischfresser mit dem Processus mastoideus des Felsenbeins und beim Schwein mit dem Processus nuchalis der Schläfenbeinschuppe verbunden. Auf die Verbindungen der Zungenbeinanteile untereinander wurde bereits hingewiesen.

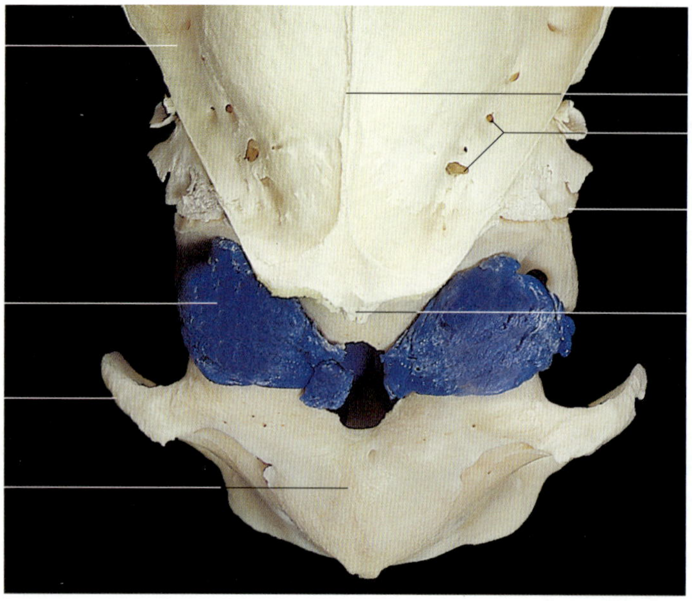


**Abb. 1-98.** Schädel und 1. Halswirbel mit Ausguss der Articulatio atlanto-occipitalis eines Pferdes (Dorsalansicht).

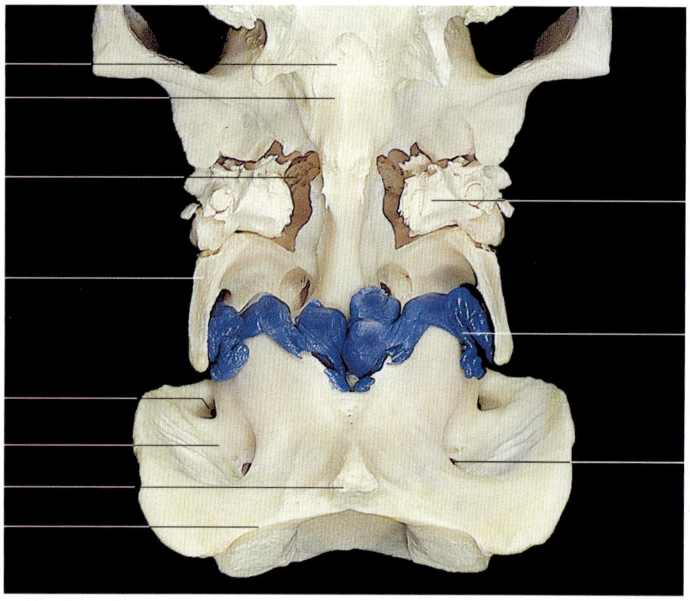


**Abb. 1-99.** Schädelbasis und 1. Halswirbel mit Ausguss der Articulatio atlanto-occipitalis eines Pferdes (Ventralansicht).

Das **Kiefergelenk (Articulatio temporomandibularis)** ist die gelenkige Verbindung des Ramus mandibulae mit der Pars squamosa des Os temporale (Schläfenbein). Dieses Gelenk stellt ein **inkongruentes Walzengelenk (Articulatio condylaris)** dar, dessen Gelenkflächen durch den **Discus articularis** ausgeglichen werden. Bei Hund und Katze ist das Kiefergelenk nahezu kongruent.

Im Kiefergelenk artikulieren einerseits das Tuberculum articulare, die Fossa mandibularis mit ihrer Facies articularis bzw. dem Processus retroarticularis als quergestellte Gelenkfläche des Os temporale mit andererseits dem Caput mandibulae des Processus condylaris. Die **Gelenkkapsel (Capsula articularis)** entspringt an den freien Gelenkrändern und inseriert am Diskus. Das innere **Stratum synoviale** der Gelenkkapsel teilt eine größere dorsale von einer engeren ventralen Gelenkhöhle ab. Das **Stratum fibrosum** wird seitlich durch das straffe **Ligamentum laterale** und das elastische **Ligamentum caudale** zwischen dem Processus retroarticularis und der Basis des Processus coronoideus verstärkt, letzteres Band fehlt dem Fleischfresser und dem Schwein. Das Kiefergelenk ermöglicht Öffnungs- bzw. Schließbewegungen und evtl. auch seitliche Kau- oder Vor- und Rückbewegungen der Mandibula. Die tierartlichen Besonderheiten werden im Wesentlichen durch die Kaumuskulatur mitbestimmt.

## Verbindungen der Wirbelsäule, des Brustkorbs und des Schädels (Articulationes columnae vertebralis, thoracis et cranii)

Die Verbindungen der Wirbelsäule, des Brustkorbs und des Schädels lassen sich unterteilen in:

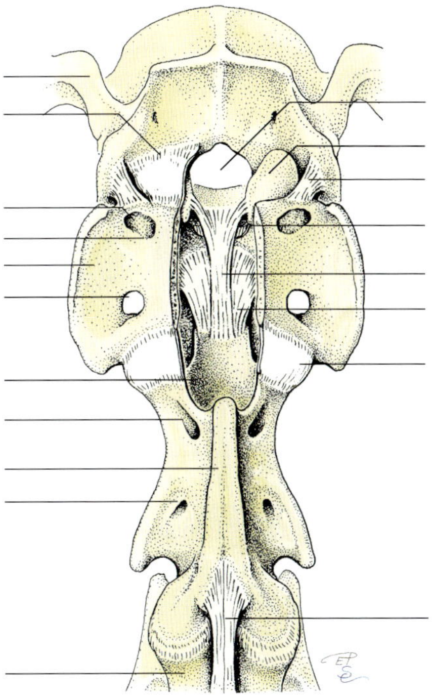


**Abb. 1-100.** Schematische Darstellung der Bänder und der Gelenkkapsel des 1. und 2. Kopfgelenks des Pferdes (Dorsalansicht), nach Ellenberger und Baum, 1943.

- **Verbindungen des Hirnschädels mit der Wirbelsäule**:
  - das erste Kopfgelenk (Articulatio atlanto-occipitalis),
  - das zweite Kopfgelenk (Articulatio atlantoaxialis),
- **Verbindungen der Wirbel untereinander** (Articulationes columnae vertebralis),
- **Verbindungen der Rippen mit den Wirbeln** (Articulationes costovertebrales):
  - Rippenkopfgelenk (Articulatio capitis costae),
  - Rippenhöckergelenk (Articulatio costotransversaria),
- **Verbindungen des Brustkorbes** (Articulationes thoracis):
  - Verbindungen zwischen dem Brustbein und den Rippen (Articulationes sternocostales),
  - Verbindungen von Rippen und Rippenknorpeln (Articulationes costochondrales),
  - Verbindungen der Rippenknorpel (Articulationes interchondrales) und
  - Verbindungen der Sternebrae zum Brustbein (Synchondroses sternales).

Die Verbindungen der Wirbelsäule mit dem Schädel, die Kopfgelenke, dienen der Bewegung des Kopfes; diese lassen sich funktionell in eine kraniale gelenkige Verbindung zwischen dem ersten Halswirbel und dem Hinterhauptsbein **(Articulatio atlanto-occipitalis, erstes Kopfgelenk)** und eine kaudale zwischen dem ersten und dem zweiten Halswirbel **(Articulatio atlantoaxialis, zweites Kopfgelenk)** unterteilen (Abb. 1-100). Die Bewegungen der beiden Gelenke können nicht isoliert voneinander betrachtet werden. Der Atlas wird als ein knöchernes Zwischensegment zwischen Axis und Okziput gesehen, der in seinem Bewegungsablauf von Bändern geführt wird. Die Wirbelfolge Atlas – Axis stellt eine funktionell in sich geschlossene Bewegungsregion zwischen dem Schädel und dem 3. Halswirbel dar.

Das **erste Kopfgelenk (Articulatio atlanto-occipitalis)** ist aus zwei **Ellipsoidgelenken (Articulationes ellipsoideae)** zusammengesetzt, in diesen artikuliert der jeweilige Condylus occipitalis des Os occipitale mit der jeweiligen Fovea articularis cranialis des Atlas (Abb. 1-98 bis 100). Jede der beiden Gelenkflächen wird von einer eigenständigen Gelenkkapsel (Capsula articularis) umgeben, die an den jeweiligen Gelenkrändern inseriert. Ventral kommunizieren die beiden Gelenkhöhlen bei Fleischfressern und Wiederkäuern stets, beim Schwein und Pferd erst im Alter. Zusätzlich treten bei Fleischfressern diese Gelenkhöhlen mit der des zweiten Kopfgelenks in Verbindung. Dorsal bestehen wegen der weiten Ausdehnung der Kapsel keine Verbindungen untereinander.

Dieses Gelenk wird in seiner Funktion durch Gelenkbänder (Ligamenta articularia) geführt. Als Seitenbänder (Ligamenta lateralia) überbrücken diese den Gelenkspalt zwischen der medialen Fläche der Processus paracondylares des Hinterhauptsbeins und der Basis der Atlasflügel (Alae atlantis). Als eigenständige, flächenhafte, bindegewebige Verstärkung der Gelenkkapsel werden die **Membrana atlanto-occipitalis ventralis** und die **Membrana atlanto-occipitalis dorsalis** gesehen, die gemeinsam den erweiterten **Gelenkspalt (Spatium atlanto-occipitale)** verschließen. Die Form der Gelenkflächen lässt für das erste Kopfgelenk vorzugsweise eine Streck- und Beugebewegung zu, andere Richtungsänderungen im Raum können nur angedeutet werden.

Das **zweite Kopfgelenk (Articulatio atlantoaxialis)** ist ein **Zapfengelenk (Articulatio trochoidea)**, gekennzeichnet durch die gelenkige Verbindung zwischen dem Zahn (Dens) des 2. Halswirbels (Axis) und der Fovea dentis des Atlas (Abb. 1-100). Dieses Gelenk weist als erweiterte Gelenkflächen zusätzlich lateral und teilweise auch ventral die Foveae articulares craniales des Axis und die Foveae articulares caudales des Atlas auf. Sämtliche Gelenkflächen werden von einer gemeinsamen Gelenkkapsel umgeben, damit ist allein eine Gelenkhöhle ausgebildet. Die Form der zapfenförmigen

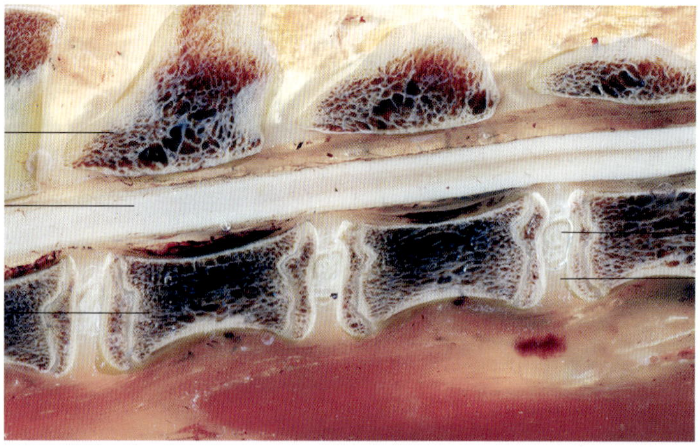


**Abb. 1-101.** Längsschnitt durch die Lendenwirbelsäule eines Hundes mit Zwischenwirbelscheiben (Medianschnitt, E-12-Scheibenplastinat), Präparat Dr. M.-C. Sora, Wien.

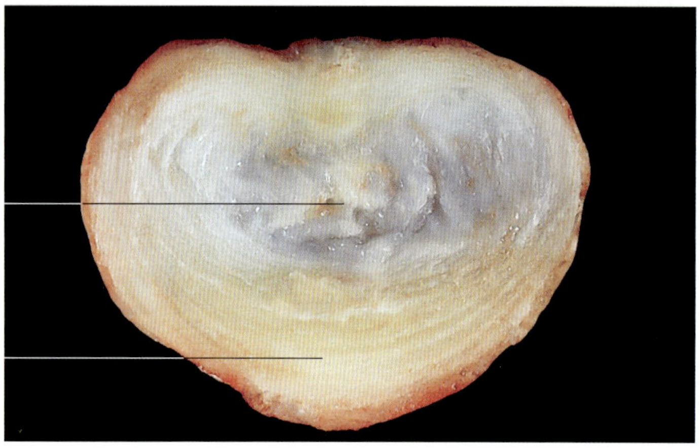


**Abb. 1-102.** Zwischenwirbelscheibe aus dem Lendenbereich eines Hundes.

Gelenkfläche des Zahns lässt im zweiten Kopfgelenk vorzugsweise eine Drehbewegung um die Längsachse des Dens zu. Die Gelenkbänder sind z.T. tierartlich unterschiedlich ausgebildet.

Gemeinsam ist allen Haussäugetieren die kollagenfaserige Verstärkung der Gelenkkapsel durch die **Membrana atlantoaxialis dorsalis** zwischen den Wirbelbögen und, mit dieser eng verbunden, das elastische **Ligamentum axiale dorsale** zwischen den Dornfortsätzen der beiden Wirbel des Gelenks. Zusätzlich sind **Ligamenta alaria** entwickelt, die bei allen Haussäugetieren am Dens axis entspringen und beim Wiederkäuer und Pferd an der Innenfläche des ventralen Wirbelbogens des Atlas, bei Fleischfressern an der Medialfläche der Kondylen und beim Schwein am Foramen magnum inserieren.

Als ventrale Verstärkung des Gelenks wirkt das **Ligamentum atlantoaxiale ventrale**, das, allein beim Wiederkäuer und Pferd ausgebildet, das Tuberculum ventrale des Atlas und die Crista ventralis des Axis verbindet. Im Wirbelkanal liegt, ebenfalls nur beim Wiederkäuer und Pferd, das **Ligamentum longitudinale dentis**, das von der Dorsalfläche des Dens flächig verbreitert an der Hinterhauptsbeinbasis und an den Condyli occipitales inseriert. Bei Schwein und Fleischfressern stabilisiert zusätzlich das **Ligamentum transversum atlantis** als ein dorsales Querband den Zahn zum Atlas. Damit wird verhindert, dass der Zahn gegen den Wirbelkanal bewegt werden kann, gleichzeitig wird, bei fehlendem Nackenband, das verlängerte Mark (Medulla oblongata) des Gehirns als lebenswichtiges Zentrum vor mechanischen Schäden geschützt.

## Verbindungen der Wirbel untereinander (Articulationes columnae vertebralis)

Die Wirbelsäule erfüllt eine Vielzahl von Funktionen, die im Wesentlichen auf das synergistische Ineinandergreifen bindegewebiger, knorpeliger und knöcherner Strukturen zurückzuführen sind. So stellt beispielsweise die Kraftübertragung auf die Wirbelsäule während des Bewegungsablaufs ein zusammenhängendes Geschehen dar, an dem der gesamte Bereich zweier benachbarter Wirbel als knöcherne Grundlagen, die faserknorpeligen Zwischenwirbelscheiben, die Wirbelbogengelenke und eine Reihe von Bändern beteiligt sind (**»Bewegungssegment«**).

Ergänzt wird diese funktionelle Einheit durch die Zwischenwirbellöcher mit ihrem Inhalt, den Nervenstämmen der Rückenmarksnerven und den Blutgefäßen. In den Bewegungsablauf mit eingeschlossen ist die außen anliegende Muskulatur der Hals-, Brust-, Lenden- und Kreuzbeinregion.

Die **Verbindungen der Wirbel untereinander (Articulationes columnae vertebralis)** sind im Bereich der Wirbelkörper nicht gelenkig, sondern erfolgen durch **Zwischenwirbelfugen (Symphyses intervertebrales)** mit **Zwischenwirbelscheiben (Disci intervertebrales)** (Abb. 1-101 u. 102). Diese sind zwischen den kranialen Endflächen (Extremitates craniales, Capita vertebrae) und den kaudalen Endflächen (Extremitates caudales, Fossae vertebrales) lokalisiert. Gelenkig verbunden sind allein die kranialen und kaudalen Gelenkfortsätze der Wirbelbögen (Articulationes proces-

**Abb. 1-103.** Nacken- und Rückenband eines Hundes (Lateralansicht).

sus articularium), die als Schiebegelenke (Articulationes planae) wirken. Die einzelnen Wirbel stehen an der gesamten Wirbelsäule durchgehend durch kurze und lange Bänder in Verbindung, unterstützt durch das Nackenband (außer Katze und Schwein) bzw. das Rückenband (s. unten).

**Form und Länge der Wirbelsäule** werden entscheidend vom Bau der Zwischenwirbelscheiben mitbestimmt, sie tragen wesentlich zur Krümmung der Wirbelsäule bei. Die Breite der Scheiben verringert sich innerhalb der Brust- und Lendenwirbelsäule, in der Halswirbelsäule sind diese ventral breiter als dorsal. Am stärksten verjüngt sind die Disci intervertebrales im Lendenbereich.

Jede **Zwischenwirbelscheibe (Discus intervertebralis)** besteht aus einem **Gallertkern (Nucleus pulposus)**, der von einem **faserknorpeligen Faserring (Anulus fibrosus)** umgeben wird (Abb. 1-101 u. 102). Diesem liegt außen faseriges Bindegewebe auf. Juvenile Disci intervertebrales verlieren ihre Blutgefäße und werden später allein durch Diffusion ernährt (**»bradytrophes Gewebe«**). Die scheibenförmigen Kontaktflächen der Disci intervertebrales gehen kontinuierlich in die Endflächen der Gelenke über, wobei sich die Kollagenfasern des Anulus fibrosus straff mit der chondralen Interzellularsubstanz vernetzen (**Synchondrose**). Die Kollagenfasern des Faserknorpels verlaufen schräg-spiralig zur Längsachse der Wirbel und kreuzen sich in aufeinanderfolgenden Schichten (»Lamellenschichtung«). Diese Anordnung der Fasern verleiht der Zwischenwirbelscheibe eine erhöhte Stabilität und hemmt entscheidend die Bewegungsfreiheit anliegender Wirbel.

Die Mittelwerte der Stärke der Zwischenwirbelscheiben beim Pferd liegen zwischen 2 und 3 mm im thorakalen Bereich, allein zwischen dem 1. und 2. Brustwirbel ist bei dieser Tierart der **Anulus fibrosus** fast doppelt so dick wie bei den nachfolgenden Zwischenwirbelscheiben.

Das Innere des Discus intervertebralis, der **Gallertkern (Nucleus pulposus)**, liegt im Zentrum der Bewegungsachse der Wirbelsäule, er weist einen erhöhten Binnendruck auf; bei Belastung verlagert sich dieser Druck gleichmäßig nach allen Seiten (**»Wasserkissenfunktion«**) und versetzt den Faserring und die dorsal und ventral aufliegenden langen Bänder in Spannung. Dabei kommt es auf der Druckseite des Ringes zur Kompression, auf der Zugseite wird dieser gedehnt. Ein **Nucleus pulposus** ist beim Pferd im Brustbereich nicht entwickelt.

Erst das **physiologische Zusammenwirken** von Gallertkern und Faserring lässt die Wirbelsäule funktionell zu einem »elastischen Stab« werden. Treten im Anulus fibrosus regressive Veränderungen auf, drängt der unter Druck stehende Gallertkern den geschwächten Faserring nach außen (Protrusion oder Diskushernie, bis hin zum Prolaps). Vorgelagertes Material kann nachfolgend das Rückenmark, den Inhalt des Foramen intervertebrale, die Nervenwurzeln und die Begleitgefäße komprimieren.

## Bänder der Wirbelsäule

Man unterscheidet zwischen **kurzen Bändern**, die allein benachbarte Wirbel verbinden, und **langen Bändern**, die über längere Wegstrecken die Wirbelsäule zu einer funktionellen Einheit verbinden (Abb. 1-103, 104 u. 105). Kurze Bänder sind:

- **Zwischenbogenbänder (Ligamenta flava)**, die die Spatia interarcualia als elastische Platten bedecken; sie wirken dem Gewicht des Körpers und der Rumpfmuskulatur entgegen und entlasten die Rückenmuskulatur.
- **Zwischendornenbänder (Ligamenta interspinalia)**, die zwischen den Dornfortsätzen liegen; sie sind beim Pferd im kranialen Bereich der Wirbelsäule elastisch, beim Rind im kaudalen, bei Fleischfressern im Brust- und Lendenbereich muskulär; sie verhindern eine Dorsalverschiebung der Wirbelkörper und begrenzen die Ventralflexion.
- **Zwischenquerbänder (Ligamenta intertransversaria)** zwischen den Querfortsätzen der Lendenwirbel; sie werden bei Seitenneigung und Drehung gespannt.

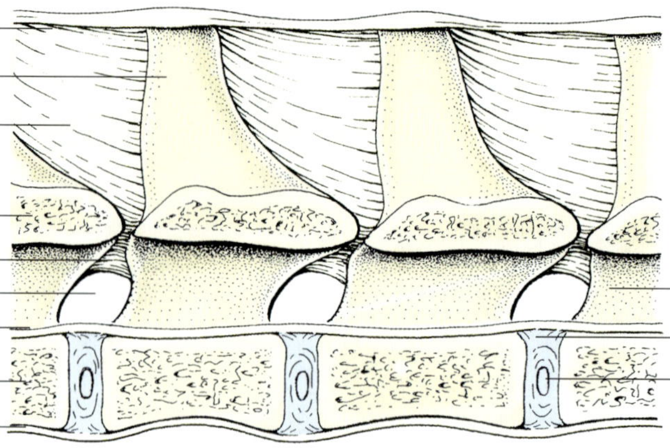


**Abb. 1-104.** Schematische Darstellung der langen und kurzen Bänder der Lendenwirbelsäule (Paramedianschnitt), nach Ghetie, 1954.

Gelenkübergreifende lange Bänder sind:

- **Dorsales Längsband (Ligamentum longitudinale dorsale)**, es liegt im Wirbelkanal vom Dens axis bis zum Kreuzbein auf der Dorsalfläche des Wirbelkörpers und heftet sich den Bandleisten und den Zwischenwirbelscheiben an.
- **Ventrales Längsband (Ligamentum longitudinale ventrale)**, es verbindet sich vom 8. Brustwirbel bis zum Kreuzbein mit der Ventralfläche der Wirbel und den Disci intervertebralia.
- **Nackenband (Ligamentum nuchae)**, bestehend aus:
  - dem **Nackenstrang (Funiculus nuchae)** und
  - der **Nackenplatte (Lamina nuchae)**.
- **Rückenband (Ligamentum supraspinale)**.

Das Nackenband wird durch die Last des Kopfes stets im Zustand der Spannung gehalten, es entlastet die Kopf-Hals-Muskulatur. Die kräftige Entwicklung dieses Bandes und der Nackenmuskulatur hat auch eine entsprechend verstärkte Ausbildung ihrer Insertionsflächen an den Dornfortsätzen der Brustwirbel induziert.

Das Nackenband entspringt beim Hund am Axis und bei Wiederkäuern und Pferd an der Squama occipitalis und geht kaudal in das **Rückenband** über (Abb. 1-103 u. 105). Das Nackenband fehlt der Katze und dem Schwein, diese besitzen allein das Ligamentum supraspinale. Beim Hund ist allein ein **Nackenstrang (Funiculus nuchae)** ausgebildet, der kaudal am Axis entspringt und am Dornfortsatz des 1. Brustwirbels ansetzt, um von dort in das Ligamentum supraspinale überzugehen. Dieses zieht an den freien Enden der Dornfortsätze bis zum 3. Kreuzwirbel.

Beim Wiederkäuer ist das Ligamentum nuchae als **runder Nackenstrang (Funiculus nuchae)** paarig angelegt, dieser entspringt an der Protuberantia occipitalis externa, verbreitert sich kaudal ab dem 2. Halswirbel zu einer Doppelplatte, die seitlich an den freien Dornfortsätzen der ersten Brustwirbel flächig ansetzt (**Widerristkappe**). Von dort zieht dieses Band als Ligamentum supraspinale bis zum Kreuzbein. Beim Wiederkäuer tritt zusätzlich eine **Nackenplatte (Lamina nuchae)** auf, die kranial paarig aus dem 2. bis 4. Halswirbeldornfortsatz entspringt und von ventral flächig in den Nackenstrang einstrahlt. Der kaudale Abschnitt der Nackenplatte ist unpaarig und zieht von den Dornfortsätzen des 5. bis 7. Halswirbels unter der Widerristkappe zum Processus spinosus des 1. Brustwirbels.

Beim Pferd besteht das Nackenband aus dem **Nackenstrang (Funiculus nuchae)** und der **Nackenplatte (Lamina nuchae)**, beide unpaarig angelegt. Der Nackenstrang verbindet die Protuberantia occipitalis externa, nimmt in Höhe des 3. Halswirbels die Nackenplatte auf und inseriert am Processus spinosus des 4. Brustwirbels. Von dort ab verläuft das paarige Rückenband (Lig. supraspinale) auf den Dornfortsätzen bis zu den Kreuzbeindornen. Im Widerristgebiet verbreitert sich das Nackenband zur Widerristkappe. Die Nackenplatte entspringt am Kamm des Axis und an den Tubercula dorsalia der nachfolgenden Halswirbel sowie an den Processus spinales der letzten Halswirbel und strahlt kaudal in den Nackenstrang ein, um letztlich am Dorn des 1. Brustwirbels zu inserieren.

Die Nackenplatte wird zwischen der Widerristkappe und dem Dornfortsatz des 2. (3.) Brustwirbels vom **Widerristschleimbeutel (Bursa subligamentosa supraspinalis)** unterlagert. Dieser liegt in einer Senkrechten über dem Tuber spinae scapulae. Als **inkonstante Schleimbeutel** sind die **Bursa subligamentosa nuchalis cranialis** in Höhe des Atlas und die **Bursa subligamentosa nuchalis caudalis** in Höhe des Axis bekannt (Abb. 1-105).

## Verbindungen der Rippen mit den Wirbeln (Articulationes costovertebrales)

Verbindungen der Rippen mit den Wirbeln sind funktionell **Wechselgelenke**, sie dienen gemeinsam der Erweiterung und Verengung des Brustkorbs. Je kürzer der Abstand der beiden Gelenke zueinander, um so größer wird die Bewegungsfreiheit dieser Verbindungen. Dies ist vorzugsweise bei den letzten Atmungsrippen der Fall.

Das **Rippenkopfgelenk** ist ein Kugelgelenk, in ihm artikulieren die beiden Gelenkflächen des Rippenkopfs jeweils mit den Gelenkgruben zweier anliegender Brustwirbel, im ersten Rippenkopfgelenk auch mit der kaudalen Gelenkfläche des letzten Halswirbels (Abb. 1-106). Die Zwischenwirbelscheibe steht dabei dem Sulcus capitis costae gegenüber. Das Gelenk umfasst wegen der zwei ge-

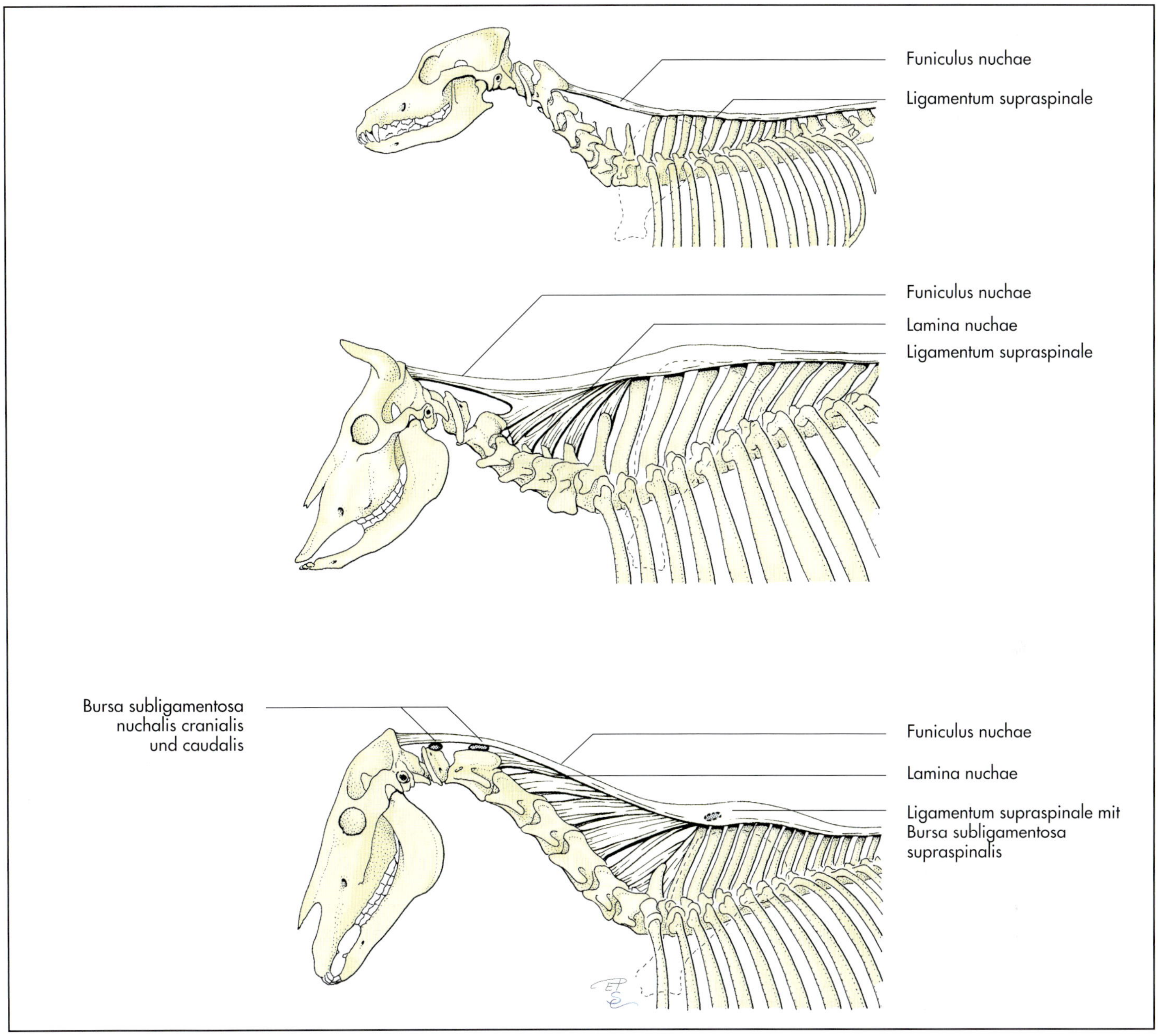


**Abb. 1-105.** Schematische Darstellung des Nacken- und Rückenbandes von Hund, Rind und Pferd (Lateralansicht), nach Ellenberger und Baum, 1943.

trennten Gelenkhöhlen auch zwei eigenständige Gelenkkapseln. Verstärkungen dieser Kapseln werden als Ligamentum capitis costae radiatum bezeichnet (Abb. 1-106). Zwischen zwei gegenüberliegenden Rippenköpfchen verkehrt das **Ligamentum intercapitale**. Es scheint an den letzten Rippen und auch bei chondrodystrophischen Hunden schwächer zu sein, sodass es hier vermehrt zum Bandscheibenvorfall (Discus prolaps, »Teckellähme«) mit der Folge von Lähmungserscheinungen kommen kann. Das **Ligamentum intercapitale** entspringt im **Sulcus capitis costae**. Es verbindet sich mit dem der gegenüberliegenden Seite, bedeckt vom **Ligamentum longitudinale dorsale**. Zwischen dem Ligamentum intercapitale und der Zwischenwirbelscheibe findet sich eine synoviale Bandscheide. Das Ligamentum longitudinale dorsale wird vom Ligamentum intercapitale durch einen Schleimbeutel getrennt. Das **Rippenhöckergelenk** ist ein straffes Gelenk, in ihm artikulieren die Gelenkflächen des Rippenhöckers mit jeweils einem Querfortsatz des gleichzähligen Brustwirbels.

## Verbindungen des Brustkorbs (Articulationes thoracis)

Die Verbindungen von **Rippen und Rippenknorpeln (Articulationes costochondrales)** sind bei Fleischfressern und Pferd als **Symphysen** ausgebildet, beim Schwein und Rind vorzugsweise als **straffe Gelenke**. Die Verbindungen zwischen dem **Brustbein und den Rippengelenken (Articulationes sternocostales)** sind direkt, während sich die Knorpel der falschen Rippen in kaudaler Folge von ventral aneinanderlegen und durch elastisches Bindegewebe zum **Rippenbogen (Arcus costalis)** verbinden.

Die **Brustbein-Rippen-Gelenke** sind **Walzengelenke** mit der Funktion als **Wechselgelenke**, das Knorpelgelenk der wahren Rippe trägt eine Gelenkwalze, das Sternum die Gelenkgrube. Allein das 1. Rippenpaar artikuliert mit dem Manubrium sterni beim Schwein und Pferd in einer gemeinsamen Gelenkgrube. Die übrigen wahren Rippen verbinden sich beidseitig mit dem Corpus sterni in den Gelenk-

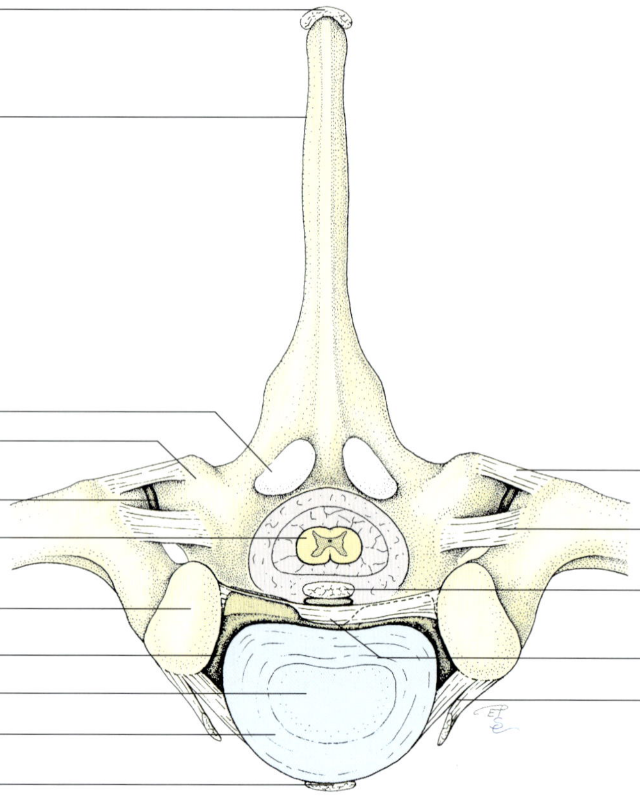


**Abb. 1-106.** Schematische Darstellung der Bänder der Rippengelenke des Hundes (Kranialansicht), nach Prof. Dr. Sabine Breit und Prof. Dr. W. Künzel, Wien.

gruben (Incisurae costales), überzogen von straffen Gelenkkapseln. Die **Verbindungen der Sternebrae zum Brustbein (Synchondroses sternales)** bleiben im juvenilen Alter erhalten und bilden eine **Synchondrosis manubriosternalis** sowie **Synchondroses intersternales** und **Synchondroses xiphosternales** aus, die allmählich verknöchern (Abb. 1-95 bis 97). Beim Schwein und Wiederkäuer bleibt als Wechselgelenk eine Articulatio synovialis manubriosternalis erhalten. Dem Sternum liegt dorsal das **Ligamentum sterni** auf, das kaudal vom 1. Rippenpaar ansetzt und sich nach hinten verbreitert. Es kann bei den Fleischfressern fehlen, ist beim Schwein und Wiederkäuer bis auf den Schaufelknorpel leicht gefächert und endet beim Pferd mit drei Schenkeln an den letzten wahren Rippen bzw. am Schaufelknorpel.

## Wirbelsäule als Ganzes

Die **Beweglichkeit der Wirbelsäule** ist im Bereich der Halswirbel groß. Kräftige und meist horizontal gestellte Gelenkflächen und weite Gelenkkapseln ermöglichen erweiterte Dreh-, Seiten-, Hebe- und Senkwinkel. In der Brust- und Lendenregion nimmt an der Wirbelsäule die Beweglichkeit kaudal kontinuierlich ab. Im kranialen Bereich der Brustwirbelsäule können noch Rotationsbewegungen stattfinden. Diese gehen kaudal verloren, dort ist nur noch eine dorsoventrale Krümmung **(Kyphose** bzw. **Lordose)** möglich. Eine seitliche Bewegung der Wirbelsäule **(Skoliose)** bleibt unverändert auch kaudal, wenn auch eingeschränkt, erhalten (beim Pferd: Articulationes intertransversariae lumbales).

Im Lenden-Kreuzbein-Gelenk (Articulatio lumbosacralis) artikuliert unter Einschluss der Zwischenwirbelscheibe der letzte Lendenwirbel mit dem Kreuzbein. Die Gelenkfortsätze werden vom Lig. iliolumbale funktionell unterstützt und beim Pferd durch die Articulatio intertransversaria lumbosacralis ergänzt.

Die Wirbel des Kreuzbeins sind unter Einbeziehung der Zwischenwirbelscheiben, der Reduktion der Fortsätze und Verschmelzung der Körper zu einem einheitlichen Ganzen verknöchert, ein Vorgang, der weitgehend der unmittelbaren Übertragung der Kraft der Beckengliedmaße auf den Rumpf dient. Die Schwanzwirbelsäule ist beweglich, ihre Wirbelkörper sind durch Zwischenwirbelscheiben verbunden.

# 2 Faszien und Muskeln des Kopfes und des Stammes

H.-G. Liebich, J. Maierl und H. E. König

## Faszien (Fasciae)

Die Oberfläche des Kopfes und des Stammes wird unter der Haut von Faszien ummantelt, die als straffe, flächenhaft ausgebreitete Bindegewebshäute Muskeln zum Ursprung oder Ansatz dienen, aber auch mit zu deren Verschiebbarkeit gegeneinander beitragen. Sie bilden auch Hüllen für eingelagerte Organe (z.B. am Hals für die Speiseröhre, die Luftröhre, die Speicheldrüsen).

Darüber hinaus schließen sie neben den Gefäßen und Nerven in der Tiefe oberflächlich auch quergestreifte Hautmuskulatur (Mm. cutanei) in ihren Spalträumen ein. Man unterscheidet entsprechend der Lage am Körper:

- **oberflächliche Kopf-, Hals- und Rumpffaszien**:
  - Fascia capitis superficialis,
  - Fascia cervicalis superficialis,
  - Fascia trunci superficialis,
- **tiefe Kopf-, Hals-, Rumpf- und Schwanzfaszien**:
  - Fascia capitis profunda,
  - Fascia cervicalis profunda,
  - Fascia trunci profunda,
  - Fascia thoracolumbalis,
  - Fascia spinocostotransversalis und
  - Fascia caudae profunda.

## Oberflächliche Kopf-, Hals- und Rumpffaszien

Die **Fascia capitis superficialis (oberflächliche Kopffaszie)** überzieht bei Fleischfressern leichtverschieblich den gesamten Kopf, beim Pferd und Wiederkäuern liegt diese dem Nasenrücken und der Stirnhaut fest an. Diese Faszie ist am Schädel an der Crista facialis, am Arcus zygomaticus und an der Crista sagittalis externa fixiert. Sie bedeckt die Ohrspeicheldrüse, den M. masseter und den M. temporalis. Zusätzlich schließt diese Faszie die Hautmuskeln des Kopfes sowie Teile der oberflächlichen Ohrmuskulatur ein. Rostral strahlen in diese die Backen- und Nasenmuskeln ein, ventral schließt sie den Kehlgang ab. Kaudal setzt sie sich in der Halsfaszie fort.

Die **Fascia cervicalis superficialis (oberflächliche Halsfaszie)** lässt sich in ein **oberflächliches** und ein **tiefes Blatt** teilen. Das oberflächliche schließt die oberflächlichen Muskeln des Halses (Hautmuskel, M. brachiocephalicus, M. trapezius) ein, das tiefe Blatt bedeckt den M. serratus ventralis in seinem Halsteil und den M. splenius und inseriert am Nackenband. Diese Faszie umhüllt die A. carotis communis **(Karotisscheide)**. Sie setzt sich kaudal in die Schulter- und Rumpffaszie fort.

Die **Fascia trunci superficialis (oberflächliche Rumpffaszie)** umhüllt bei allen Haussäugetieren großflächig den Bauchhautmuskel (M. cutaneus trunci). Sie strahlt im Rücken- und Lendengebiet in die Fascia thoracolumbalis ein, beim Wiederkäuer und Pferd ist sie an den Dornfortsätzen der Wirbelkörper fixiert. Bei Fleischfressern verbindet sich die Faszie der einen Seite mit der der anderen, oftmals unterlagert von reichen Fettpolstern. Ventral verschmilzt sie mit der Brustmuskulatur und der Linea alba und geht in die Faszienblätter der Vorder- und Hintergliedmaße über.

## Tiefe Kopf-, Hals-, Rumpf- und Schwanzfaszien

Die **Fascia capitis profunda (tiefe Kopffaszie)** überzieht als **Fascia buccopharyngea** weite Anteile der Außenfläche des Unterkiefers, sie verschmilzt stellenweise mit der oberflächlichen Kopffaszie. Ein tiefes Blatt der tiefen Kopffaszie verbindet sich mit der Backenschleimhaut, während eine oberflächlicher gelegene Schicht unter den M. masseter tritt und über die Gesichtsmuskulatur hinweg zur Crista facialis zieht und an dieser ansetzt. Einzelne Gesichtsmuskeln (z.B. der M. buccinator oder der M. caninus) werden von ihr umhüllt. Im Bereich des Nasenrückens strahlt die tiefe Faszie in die oberflächliche ein. Halswärts geht die tiefe Kopffaszie in die **Fascia pharyngobasilaris (Rachenfaszie)** über, die am Flügelbein entspringt und dorsal am Mandibularand bzw. am Stylo- und Thyrohyoid ansetzt. Die tiefe Kopffaszie liegt stets unter den größeren Kopfgefäßen. Als **Fascia temporalis** überzieht sie den Schläfenmuskel und inseriert am Augen- und Jochbogen. Bei Fleischfressern verbindet sich diese Faszie mit dem Periost des Planum parietale und der Stirnfaszie.

Die **Fascia cervicalis profunda (tiefe Halsfaszie)** ist zweiblättrig. Das oberflächliche Blatt nimmt seinen Ursprung am Atlasflügel, am M. longus capitis und an den Mm. scaleni, zieht ventral und umfasst dort die Speiseröhre, den N. laryngeus recurrens, den Truncus vagosympathicus sowie die A. carotis communis. Diese Faszie inseriert kranial am Zungenbein und in der Rachenfaszie, kaudal am 1. Rippenpaar und am Brustbein. Das tiefe Blatt entspringt aus den Mm. intertransversarii und schließt den M. longus colli und den M. longus capitis ein. Beim Pferd reicht dieses Blatt kranial zwischen die Luftsäcke.

Die **Fascia trunci profunda (tiefe Rumpffaszie)** ist meist kräftig, oftmals sehnig verstärkt und dient großflächig zahlreichen Muskeln des Stammes als Beginn ihrer Ursprungsaponeurosen. Die in der Rücken-Lenden-Region ausgebreitete Portion findet als **Fascia thoracolumbalis** ihren Ursprung an den Dornfortsätzen der Brust-, Lenden- und Kreuzwirbel, am Lig. supraspinale, am Tuber sacrale, an der Crista iliaca und am Tuber coxae. Aus dieser Faszie entwickelt sich die Aponeurose des M. latissimus dorsi und des M. serratus dorsalis caudalis. Sie setzt sich kranioventral in die Fascia axillaris, kaudal in die Fascia glutaea fort. Ventral bildet diese die bei großen Pflanzenfressern vorwiegend aus **elastischen Fasern** bestehende **gelbe Bauchhaut (Tunica flava abdominis)**. Unmittelbar neben der Linea alba spaltet paramedian die tiefe Rumpffaszie das Aufhängeband für den Penis (**Lig. suspensorium penis**) und die Haltebänder für das Euter (**Apparatus suspensorius mammarius**) ab.

Die tiefe Rumpffaszie entlässt in der Widerrist- und Schulterregion die beim Pferd dreiblättrige **Fascia spinocostotransversalis**. Diese nimmt ihren Ursprung zwischen den Dornfortsätzen (**Spinal-Anteil**) der ersten fünf Brustwirbel und der ersten acht Rippen und den entsprechenden Querfortsätzen (**Kostotransversal-Anteil**). Das **oberflächliche Blatt** ist funktionell zu den unermüdlichen Einrichtungen des Körpers zu rechnen, die der stoßdämpfenden Aufhängung des Rumpfes dienen. Dieses Blatt verbindet sich sehnig mit dem M. serratus ventralis. Das **mittlere Blatt** umhüllt und trennt die einzelnen Muskelportionen des lateralen Systems der Rückenmuskulatur (M. longissimus, M. iliocostalis). Das **tiefe Blatt** teilt die Muskeln des medialen Systems und dient diesen vielfach als Ansatzfläche (M. semispinalis).

Diese Rumpffaszie setzt sich auch in der Tiefe fort und wird hier als **innere Rumpffaszie** bezeichnet. Die innere Rumpffaszie kleidet die Brust-, Bauch- und Beckenhöhle aus und verschmilzt mit dem wandständigen Blatt der Serosaflächen. Als **Fascia endothoracica** liegt sie der Brusthöhle, als **Fascia transversalis** der Bauchhöhle und als **Fascia iliaca** den inneren Lendenmuskeln an. In der Beckenhöhle wird sie als **Fascia pelvis** bezeichnet.

Die **Fascia caudae profunda (tiefe Schwanzfaszie)** setzt sich aus der tiefen Fascia glutaea fort und verschmilzt distal mit der oberflächlichen Schwanzfaszie. Diese zieht meist zwischen die Stränge der Schwanzmuskeln und setzt diese voneinander ab. Sie inseriert an den Schwanzwirbeln.

# Hautmuskeln (Musculi cutanei)

Die Hautmuskeln bilden zusammen mit den oberflächlichen und tiefen Faszien eine strumpfartige, kontraktile **Spannfläche**, der besondere funktionelle Bedeutung zukommt. So ermöglicht diese insbesondere bei Fleischfressern und Pferden die Verstärkung mimischer Reaktionen an den Lippen und den Nasenöffnungen oder die Feinabstimmung der Stellung der Ohrmuscheln. Auch dienen die Hautmuskeln dem Anspannen der Haut oder deren Faltenlegen.

## Hautmuskeln des Kopfes (Musculi cutanei capitis)

Die Hautmuskeln des Kopfes liegen in der oberflächlichen Faszie eingebettet und werden als Teil der oberflächlichen Fazialismuskulatur ausschließlich vom N. facialis innerviert.

Man unterscheidet:

- M. sphincter colli superficialis,
- M. cutaneus faciei,
- M. sphincter colli profundus und
- M. frontalis.

Der **M. sphincter colli superficialis** wirkt nur bei Fleischfressern als Spanner der Faszie am Kehlgang und erstreckt sich als schmales, querverlaufendes Muskelband vom Kehlkopf ventral am Hals entlang kaudal. Der **M. cutaneus faciei** stellt eine großflächige Muskelplatte auf dem M. masseter dar. Er zieht den Mundwinkel zurück und wirkt als Spanner und Beweger der Kopfhaut. Der **M. sphincter colli profundus** liegt unter dem Platysma bzw. dem M. cutaneus faciei auf der Seitenfläche von Hals und Kopf. Dieser Hautmuskel spannt die oberflächliche Faszie in der Kehlkopfgegend.

Der **M. frontalis** ist bei Schwein und Wiederkäuern, zuweilen auch beim Fleischfresser, als ein Runzler und Beweger der Stirnhaut ausgebildet.

## Hautmuskeln des Halses (Musculi cutanei colli)

Die Hautmuskeln des Halses werden nach ihrer Lage und Funktion benannt. Sie werden vom Ramus colli des N. facialis innerviert.

Man unterscheidet:

- M. sphincter colli superficialis,
- Platysma,
- M. sphincter colli profundus und
- M. cutaneus colli.

Der **M. sphincter colli superficialis** tritt nur beim Fleischfresser als eine schwache, transversal verlaufende Muskelplatte auf, die dem Hals ventral aufliegt und vom Kehlgang bis zur Brust reicht (Näheres siehe auch oben). Das **Platysma** ist eine bei Fleischfressern und Schwein gut entwickelte Muskelplatte, die in den Gesichtsmuskel einstrahlt und als Spanner und Beweger der Haut in der Nacken- und seitlichen Kopfregion dient. Der **M. sphincter colli profundus** wird als Hautmuskel des Kopfes dort beschrieben (siehe oben). Der **M. cutaneus colli** (fehlt den Fleischfressern) ist eine Muskelplatte an der ventralen Fläche des Halses, die am Manubrium sterni entspringt und die Drosselrinne überzieht.

## Hautmuskeln des Rumpfes (Musculi cutanei trunci)

Die Hautmuskeln des Rumpfes lassen sich untergliedern in:

- M. cutaneus trunci,
- M. cutaneus omobrachialis,
- Mm. praeputiales und
- Mm. supramammarii.

Der **M. cutaneus trunci** (Rumpf- oder Bauchhautmuskel) tritt bei allen Haussäugetieren als ein mächtiger, großflächiger Hautmuskel auf, der die seitliche Rumpfwand und die gesamte Kruppen- und seitliche Oberschenkelregion überzieht. Bei Fleischfressern stehen dorsal seine Endfasern mit denen der anderen Seite in Verbindung. Im Widerrist legen sich diese dem M. latissimus dorsi auf und bilden mit diesem den muskulösen Achselbogen. Die ventralen Flächen konvergieren zur Schaufelknorpelgegend und verschmelzen. Aus diesem Ansatz entwickeln sich kaudal die Mm. praeputiales beim Rüden und die Mm. supramammarii bei der Hündin.

Die Ausdehnung des Rumpfhautmuskels reduziert sich bei Wiederkäuern und Pferd vorzugsweise auf kaudoventrale Wandabschnitte, deren dorsale Begrenzung schräg auf die Kniefalte zuläuft. Dieser Hautmuskel ist der wichtigste Spanner und Beweger der Rumpfhaut, der in seiner Funktion von der oberflächlichen Rumpffaszie unterstützt wird.

Der **M. cutaneus omobrachialis** (Schulterhautmuskel) ist ein Spanner und Beweger der Schulterhaut. Nur bei Wiederkäuern und Pferd ausgebildet, liegt dieser vom Schulterblatt bis zum Ellbogengelenk dem Oberarm als Muskelplatte auf. Er ist als Fortsetzung des Rumpfhautmuskels auf die Vordergliedmaße anzusehen.

Die **Mm. praeputiales** (Vorhautmuskeln) sind beim Bullen am kräftigsten ausgebildet. Sie lassen Mm. praeputiales craniales als Vorwärtszieher und Mm. praeputiales caudales als Rückwärtszieher des Praeputium unterscheiden.

Die **Mm. supramammarii** treten allein bei der Hündin und der Katze auf. Sie entspringen aus der Regio xiphoidea und ziehen als dünne Muskelstränge über das Gesäuge kaudal. Sie wirken als Spanner und Beweger der Bauchhaut in der Gegend des Gesäuges.

# Muskeln des Kopfes (Musculi capitis)

Die Muskeln des Kopfes lassen sich in Hinblick auf ihre embryonale Entwicklung, ihre Innervation oder ihre Funktionen unterschiedlich gruppieren. Nachfolgend erscheint eine Gliederung nach ihrer Herkunft aus den Kiemenbögen und deren Beziehungen zu entsprechenden Kiemenbogennerven am geeignetsten.

Aus den ersten und zweiten Kiemenbögen geht die Gesichts- und Kaumuskulatur hervor, aus den dritten und vierten entwickeln sich die lateralen und ventralen Wände des Schlundkopfes und deren Organe. Die sie begleitenden Kiemenbogennerven, der fünfte, der siebte, der neunte und der zehnte Kopfnerv, bleiben zeitlebens mit diesen Muskeln verbunden.

Im Nachfolgenden wird allein auf die Gesichts- und Kau- sowie Kehlgangsmuskulatur eingegangen. Die anderen Muskelgruppen (Kehlkopfmuskulatur und intraorbitale Augenmuskeln) werden nach Lage und Funktion Organmuskeln zugerechnet und daher in den entsprechenden Kapiteln im Zusammenhang näher geschildert.

## Gesichts- oder Fazialismuskulatur

Die Gesichts- oder Fazialismuskulatur lässt sich in eine oberflächliche und eine tiefe Schicht unterteilen, die beide grundsätzlich vom N. facialis versorgt werden (Abb. 2-1 u. 2, Tab. 2-1).

Die **oberflächliche Schicht** schließt die Hautmuskulatur des Kopfes und des Halses sowie eine Vielzahl von kleineren Muskeln ein, die für die Bewegung der Lippen, Nüstern, Nasenrücken, Augenlider und der Ohrmuscheln verantwortlich sind. Diese oberflächliche Muskelgruppe kann im weitesten Sinn auch als **mimische Muskulatur** zusammengefasst werden.

Die **tiefere Schicht** umfasst am Kopf verteilt liegende Muskeln, die mit dem Zungenbein verbunden sind, als Teil des M. digastricus verstanden werden oder in das Mittelohr (M. stapedius) verlagert sind. Die tiefe Gesichtsmuskulatur wird von tiefer gelegenen Ästen des VII. Gehirnnervs, des N. facialis, innerviert.

Man untergliedert die Gesichts- oder Fazialismuskulatur in:

- **Muskeln der Lippen und Backen**:
  - M. orbicularis oris,
  - Mm. incisivi,
  - M. levator nasolabialis,
  - M. levator labii superioris,
  - M. caninus,
  - M. depressor labii superioris,
  - M. depressor labii inferioris,
  - M. mentalis,
  - M. zygomaticus,
  - M. buccinator,
- **Muskeln der Nase**:
  - M. dilatator naris apicalis,
  - M. dilatator naris medialis,
  - M. lateralis nasi,
  - M. transversus nasi,
- **extraorbitale Muskeln der Augenlider**:
  - M. orbicularis oculi,
  - M. levator anguli oculi medialis,
  - M. retractor anguli oculi lateralis,
  - M. malaris,
- **Muskeln der Ohrmuschel**:
  - M. scutularis,
  - M. parotidoauricularis,
  - Mm. auriculares caudales,
  - Mm. auriculares dorsales,
  - Mm. auriculares rostrales,
  - Mm. auriculares profundi und
  - M. styloauricularis.

### Muskeln der Lippen und Backen (Musculi labiorum et buccarum)

Der **M. orbicularis oris (Lippenschließmuskel)** umgibt als ein in sich kreisförmig geschlossener Ringmuskel die Mundöffnung und formt die Lippen (Abb. 2-1). Er setzt sich aus einer Vielzahl von Faserbündeln zusammen, deren Einzelfasern isoliert in die Lederhaut einstrahlen. Eng mit der Lippenschleimhaut verwachsen, strahlen in diesen Muskel die übrigen Lippen- und Backenmuskeln ein.

Beim Hund lässt sich ein stärkerer Oberlippenanteil von einer schwächeren Unterlippenportion unterscheiden, die in der Medianen unterbrochen bleibt. Tiefreichende Sinushaare (Schnurrhaare) sind mit diesem Kreismuskel verbunden und werden durch diesen bewegt. Bei Wiederkäuern sind die Oberlippenanteile nicht geschlossen, woraus eine gewisse Unbeweglichkeit dieses Lippenabschnittes erklärbar wird.

Die **Mm. incisivi (Schneidezahnmuskeln)** liegen dicht unter der Schleimhaut und strahlen als schwache Muskelplatten aus dem Bereich der Schneidezahnfächer des Ober- und Unterkiefers in den

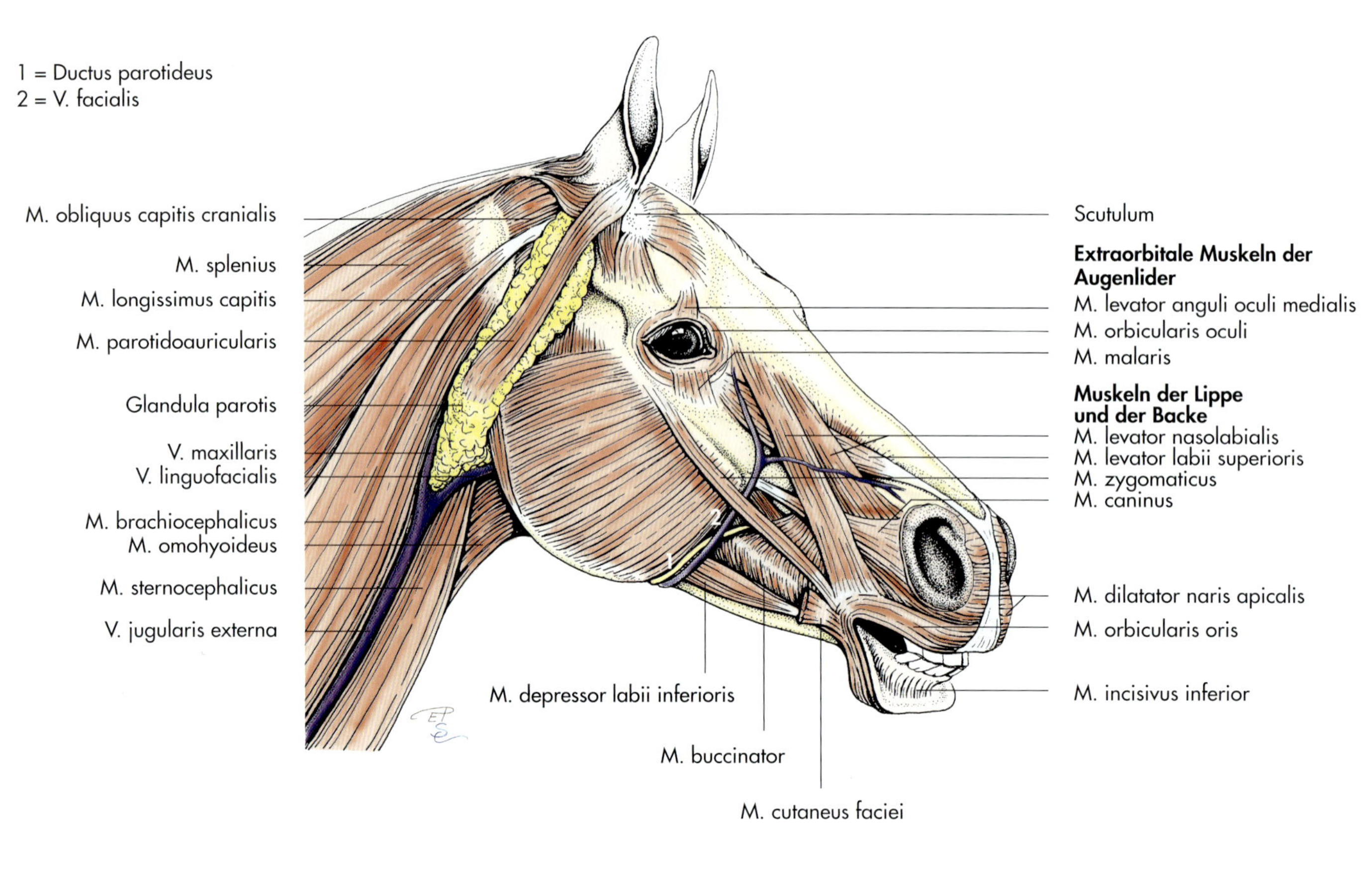


**Abb. 2-1.** Schematische Darstellung der oberflächlichen Gesichts- oder Fazialismuskulatur des Pferdes (Lateralansicht), nach Ghetie, 1954.

M. orbicularis oris (Abb. 2-1). Sie drücken auf die Lippendrüsen, heben die Oberlippe und drücken die Unterlippe nieder.

Der **M. levator nasolabialis (Nasenlippenheber)** entwickelt sich aus der Faszie der Stirn- und Nasenregion (Abb. 2-1). Mit Ausnahme des Pferdes ist dieser platte Muskel bandförmig verbreitert. Er zieht beim Pferd zweigespalten, beim Wiederkäuer unter den M. caninus in die Oberlippenportion des M. orbicularis oris und zur lateralen Wand des Nasenloches. Er hebt die Oberlippe und erweitert das Nasenloch.

Der **M. levator labii superioris (Heber der Oberlippe)** ist der kräftigste Gesichtsmuskel, er entspringt tierartlich unterschiedlich am medialen Augenwinkel (Abb. 2-1). Unter Verzweigung in mehrere Endsehnen inseriert dieser Muskel seitlich am Nasenloch und in der Oberlippe (Fleischfresser, Schwein, Wiederkäuer). Beim Pferd setzt er als derbe Endplatte in der Medianen der Oberlippe an.

Bei Fleischfressern entspringt dieser meist kleine Muskel an der Facies facialis des Oberkieferbeins, kaudal des Foramen infraorbitale, und strahlt, feinsehnig verzweigt, in den Rand der seitlichen Nasenöffnung und in die Oberlippe.

Beim Schwein füllt er die Fossa canina aus und zieht mit zahlreichen kleineren Einzelsehnen in die Rüsselscheibe. Beim Rind läuft dieser Muskel in Form von mehreren dünnen Sehnen in den dorsolateralen Rand der Nasenöffnung und in die Oberlippe aus.

Beim Pferd liegt der M. levator labii sup. mit einem langgestreckten Bauch breitflächig dem Oberkieferbein auf, z.T. auch noch dem Tränen- und dem Jochbein. Als Heber der Oberlippe geht er in Höhe des Nasen-Kiefer-Winkels, von einer Sehnenscheide umhüllt, in eine rundliche Sehne über und strahlt gemeinsam mit der Sehne der anderen Seite als mediane Sehnenplatte in die Oberlippe ein.

Der **M. caninus (Eckzahnmuskel)** wird bei den meisten Haussäugetieren vom M. levator labii sup. bedeckt, allein bei Fleischfressern wird er seinem Namen gerecht und strahlt in Höhe des Eckzahnes in die Oberlippe. Beim Wiederkäuer entspringt er ventral des Hebers der Oberlippe und z.T. mit diesem gemeinsam am Tuber faciale, tritt unter den M. levator nasolabialis und inseriert seitlich an der Nasenöffnung und anliegenden Portionen der Oberlippe. Beim Pferd liegt dieser platte, dünne Muskel zwischen dem rostralen Ende der Crista facialis und dem Seitenrand der Nasenöffnung (Abb. 2-1).

Der **M. depressor labii superioris (Niederzieher der Oberlippe)** tritt nur beim Schwein und Wiederkäuer auf. Er entspringt rostral vom Tuber faciale, ventral vom M. caninus. Vor seiner Insertion geht er beim Schwein in eine langgezogene Endsehne über, die nahe der Mundspalte in die Rüsselscheibe einstrahlt und sich mit der der anderen Seite verbindet. Beim Rind spaltet er sich in zahlreiche dünne Endfasern auf, die sich im Bereich der Oberlippe und des Flotzmauls verflechten.

Der **M. depressor labii inferioris (Niederzieher der Unterlippe)** fehlt den Fleischfressern, bei Wiederkäuern tritt er aus der Pars molaris des M. buccinator hervor. Er bleibt schmal und dünn und strahlt außen am Unterkiefer in die Muskulatur der Unterlippe ein. Beim Pferd, bedeckt vom M. masseter, entspringt er am Tuber maxillae und aus dem M. buccinator, verläuft rostral unter der flächenhaften Ausdehnung des M. cutaneus faciei und zieht mit der Zahnreihe des Unterkiefers bis zur Unterlippe (Abb. 2-1).

**Tab. 2-1.** Muskeln der Lippe und der Backe.

| Name<br>Innervation | Ursprung | Ansatz | Funktion |
|---|---|---|---|
| **M. orbicularis oris**<br>N. facialis, Rami buccolabiales | Kreismuskel | | Schließen der Mundspalte |
| **Mm. incisivi:**<br>N. facialis, Rami buccolabiales<br>**– M. incisivus superior**<br>**– M. incisivus inferior** | <br><br>Arcus alveolaris<br>Arcus alveolaris | <br><br>M. orbicularis oris<br>M. orbicularis oris | <br><br>Heben der Oberlippe<br>Anziehen der Lippen |
| **M. levator nasolabialis**<br>N. facialis, Ramus zygomaticus | Stirn- und Nasenrücken | M. orbicularis oris, seitlich am Nasenloch | Heben der Oberlippe, Erweitern des Nasenlochs |
| **M. levator labii superioris**<br>N. facialis, Rami buccolabiales | variabel an der Maxilla | Oberlippe | Heben und Rückziehen der Oberlippe und des Nasenspiegels |
| **M. caninus**<br>N. facialis, Rami buccolabiales | rostral an der Crista facialis bzw. am Tuber faciale | seitlich am Nasenloch | Erweitern des Nasenlochs bzw. Rückwärtsziehen der Oberlippe |
| **M. depressor labii superioris** (exkl. Pferd)<br>N. facialis, Rami buccolabiales | Tuber faciale | Oberlippe | Niederziehen der Oberlippe |
| **M. depressor labii inferioris**<br>N. facialis, Rami buccolabiales | Tuber maxillae | Unterlippe | Niederziehen der Unterlippe |
| **M. mentalis**<br>N. facialis, Rami buccolabiales | seitlich an der Pars incisiva mandibulae | Kinn | Kinnbewegungen |
| **M. zygomaticus**<br>N. facialis, Ramus zygomaticus | Jochbogen | M. orbicularis oris | Rückwärtsziehen des Mundwinkels |
| **M. buccinator**<br>N. facialis, Rami buccolabiales | Kieferränder | Mittelsehne | Verengen des Backenvorhofs |

Der **M. mentalis (Kinnmuskel)** erscheint bei allen Haussäugetieren schwach und bindegewebig durchsetzt. Er kann auch als Abspaltung des M. buccinator gesehen werden. Vorzugsweise beim Pferd bildet dieser Muskel das deutlich vorspringende Kinn, das bei den anderen Haussäugetieren weit undeutlicher ausgebildet ist.

Der **M. zygomaticus (Jochmuskel)** entspringt beim Pferd als ein meist bandartiger, flacher Muskel rostral aus der Gegend der Crista facialis (Abb. 2-1), beim Wiederkäuer aus der Fascia masseterica. Er strahlt nahe dem Mundwinkel in den M. orbicularis oris ein. Bei Fleischfressern fächert er sich, vom Schildchen des Ohrknorpels kommend, rostral zum Mundwinkel, halswärts in die Kehlgangsfaszie auf.

Der **M. buccinator (Backenmuskel)** bildet die muskuläre Grundlage der Backe (Abb. 2-1). Als flächenhaft verbreiterter Muskel spannt er sich zwischen die Alveolarfortsätze des Ober- und des Unterkiefers und schließt damit seitlich die Mundhöhle ab. Dieser Muskel vermag durch Kontraktion das Vestibulum oris zu verengen. Man unterscheidet vorzugsweise bei Wiederkäuern und Pferd eine oberflächliche **rostrale Pars buccalis** und eine **tiefe kaudale Pars molaris**. Bei den Fleischfressern lässt er sich in einen Oberkiefer- und einen Unterkieferabschnitt gliedern (Abb. 2-1).

Beide Anteile des M. buccinator formen bei Fleischfressern eine dünne Platte, die in Höhe der beiden letzten Backenzähne an den Alveolarfortsätzen des Ober- und des Unterkiefers ihren Ursprung nimmt. Am Vorderrand des M. masseter tritt er mit seinem stärkeren **Oberkieferabschnitt** hervor, verläuft bogenförmig nach vorne und oben, unterkreuzt die oberflächliche Portion des Unterkieferanteils und inseriert rostral des For. infraorbitale am Oberkiefer. Sein schwächerer **Unterkieferanteil** weist einen entgegengesetzten Faserverlauf auf. Dieser zieht aus der Unterlippe und dem Alveolarrand der ersten drei prämolaren Zähne nach hinten und oben und findet am Oberkiefer seinen Ansatz.

Beim Rind, und vergleichbar ähnlich beim Pferd, sind eine **Pars buccalis** und eine **Pars molaris** deutlich isolierbar. Sein oberflächlicher Anteil bildet mit vorwiegend senkrechtem Faserverlauf die oberflächliche Schicht der Backe. Die Einzelfasern laufen in einer Mittelsehne zusammen und lassen einen kräftigeren dorsalen von einem schwächeren ventralen Teil unterscheiden. Die **Pars molaris** entspringt am Rand der Zahnalveolen kaudal bis zum Processus coronoideus des Unterkiefers und strahlt in den Oberlippenteil des M. orbicularis oris ein. Zur Mundhöhle liegen diesem Muskel die Backendrüsen und die Backenschleimhaut an.

## Muskeln der Nase (Musculi nasi)

Die Muskeln der Nase sind bei Fleischfressern und Schwein rudimentär ausgebildet, allein beim Wiederkäuer und Pferd finden diese Beachtung. Ihre jeweilige Bezeichnung drückt bereits deren Funk-

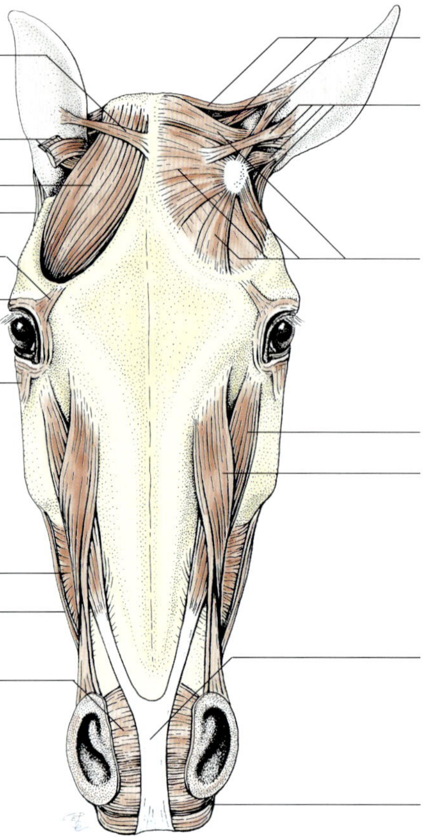


**Abb. 2-2.** Schematische Darstellung der Nasen-, Ohren- und anderen Kopfmuskeln des Pferdes (Frontalansicht), nach Ghetie, 1971.

tion aus. Diese Muskeln wirken als Erweiterer des Nasenloches bis hin zum Blähen der Nüstern beim Pferd (Abb. 2-1 u. 2).

Im Einzelnen unterscheidet man beim Pferd:

- M. dilatator naris apicalis (vorderer Nasenerweiterer),
- M. lateralis nasi (Nasenseitenmuskel),
- M. dilatator naris medialis (seitlicher Nasenerweiterer).

## Extraorbitale Muskeln der Augenlider (Musculi extraorbitales)

Der **M. orbicularis oculi (Augenringmuskel)** stellt eine weitgehend in sich geschlossene Kreismuskelplatte dar, die als Schließmuskel der Lidspalte ringförmig anliegt (Abb. 2-1 u. 2, Tab. 2-2). Der tiefere kräftigere Anteil (Pars orbitalis) liegt dem Orbitalrand direkt auf, dieser bewirkt ein »Zukneifen« der Augen. Der oberflächlichere Anteil (Pars palpebralis) ist schwächer, strahlt in die Augenlider ein und dient dem Lidschluss.

Der **M. levator anguli oculi medialis (Heber des Oberlids)** bildet eine schwache, nur bei Fleischfressern kräftigere Muskelplatte, die aus der Stirnfaszie hervortritt und dorsomedial in das Oberlid einstrahlt (Abb. 2-2). Beim Hund bewirkt dessen Kontraktion den oftmals so »mitleiderregenden Augenausdruck«. Der nur bei Fleischfressern auftretende **M. retractor anguli oculi lateralis** entwickelt sich aus der Schläfenfaszie und zieht am seitlichen Augenwinkel das Augenlid zurück.

Der **M. malaris (Wangenmuskel)** wird als Lidabspaltung des M. sphincter colli profundus angesehen und ist mit Ausnahme der Wiederkäuer meist schwach entwickelt (Abb. 2-1 u. 2). Beim Hund entspringt dieser Muskel, teilweise bedeckt vom Platysma, mit einzelnen, isolierten Faserbündeln, die mit dorsoventralem Verlauf vom Unterkieferrand von ventral in den M. orbicularis oculi und in die Oberkiefergegend ziehen. Bei Wiederkäuern ist sein Faserverlauf beinahe senkrecht zum M. zygomaticus. Er setzt stark gefächert in der Gegend des medialen Augenwinkels am Tränenbein an. Beim Pferd entwickelt sich dieser schwache Muskel nahe der Crista facialis aus der tiefen Gesichtsfaszie und strahlt in den Unterlidteil des M. orbicularis oculi ein.

## Muskeln der Ohrmuschel (Musculi auriculares)

Die Haussäugetiere besitzen eine große Zahl kleinerer Ohrmuskeln, die teilweise an einer drei- oder viereckigen Knorpelplatte, dem **Schildchen (Scutulum),** entspringen oder direkt am Schädel ihren Ursprung nehmen und mit radiärem Faserverlauf sternförmig an der Ohrmuschel inserieren (Abb. 2-3). Topographisch und funktionell unterscheidet man **N**iederzieher, **A**uswärtszieher, **H**eber und **E**inwärtszieher der Ohrmuschel (zusammengefasst in dem Hilfswort **»NAHE«**) sowie Schildspanner, Dreher und den Gehörgangsmuskel. Zusätzlich zu den angeführten Muskeln treten noch kleinere Faserzüge auf, die der Ohrmuschel unmittelbar anliegen, das Knorpel-

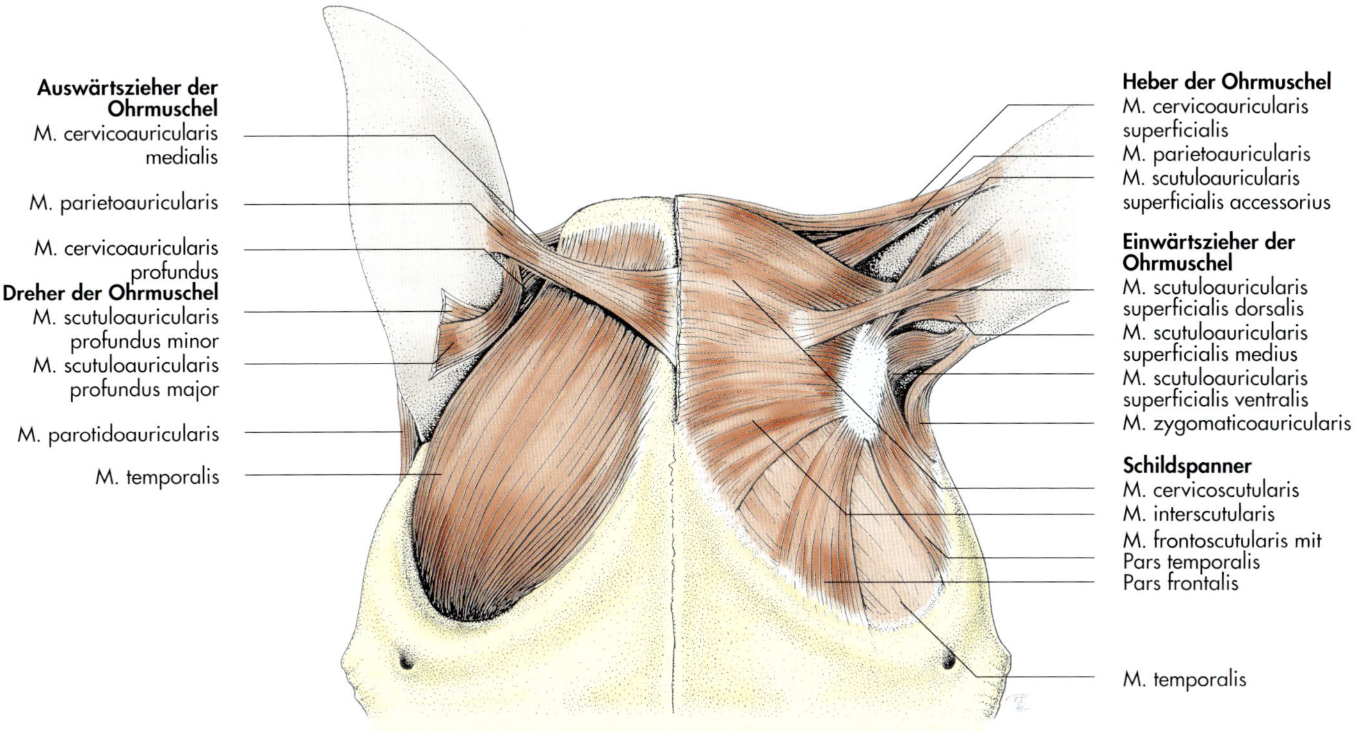


**Abb. 2-3.** Schematische Darstellung der Ohrmuskulatur des Pferdes (Frontalansicht), nach Ghetie, 1971.

grundgerüst der Ohrmuschel gegenseitig verschieben und den Gehörgang erweitern bzw. verengen.

Der **M. scutularis (Schildspanner)** stellt eine dünne Muskelplatte dar, die die Anheftung des knorpeligen Schildchens am Schädel vermittelt und seine Stellung verändern kann. Man unterscheidet nach deren Lage den M. frontoscutularis, den M. interscutularis und den M. cervicoscutularis (Abb. 2-3).

Der **M. parotidoauricularis (Niederzieher der Ohrmuschel)** ist ein langes Muskelband aus der vorderen Hals- und Ohrspeicheldrüsengegend, das zum ventralen Muschelwinkel verläuft und die Ohrmuschel nieder- und zurückzieht (Abb. 2-1 u. 3).

**Die Mm. auriculares caudales (Auswärtszieher der Ohrmuschel)** lassen einen langen (M. cervicoauricularis medius) und einen kurzen (M. cervicoauricularis profundus) Auswärtszieher unterscheiden, die beide von der Hinterhauptsbein- und der vorderen Nackengegend kommen und lateral an der Ohrmuschel enden (Abb. 2-3). Beide Muskeln stellen die Ohrmuscheln nach außen und vermögen diese auch zurückzuziehen.

Die **Mm. auriculares dorsales (Heber der Ohrmuscheln)** stellen eine Gruppe von drei Muskeln dar, die aus der Nackenregion (M. cervicoauricularis superficialis), vom Schädeldach (M. parietoauricularis) und dem Skutulum (M. scutuloauricularis superficialis accessorius) entspringen und zur Dorsalfläche der Ohrmuschel ziehen (Abb. 2-3). Neben der Funktion als Heber der Ohrmuschel vermögen diese Muskeln auch die Ohrmuschel nach rückwärts oder nach vorwärts zu ziehen.

Die **Mm. auriculares rostrales (Einwärtszieher der Ohrmuschel)** sind eine Gruppe von vier kleineren Einzelmuskeln, die ihrer Lage nach unterteilt werden (Abb. 2-3). Man unterscheidet einen oberen Einwärtszieher (M. scutuloauricularis superficialis dorsalis), einen mittleren Einwärtszieher (M. scutuloauricularis superficialis medius), einen unteren Einwärtszieher (M. scutuloauricularis superficialis ventralis) und einen äußeren Einwärtszieher (M. zygomaticoauricularis). Sämtliche Muskeln treten von vorne an den rostromedialen Rand der Ohrmuschel heran und beteiligen sich an der Aufrichtung der Ohrmuschel. Der äußere Einwärtszieher dreht den Muschelgrund nach vorne.

Die **Mm. auriculares profundi (Dreher der Ohrmuschel)** nehmen ihren Ursprung an der Ventralseite des Schildchens und inserieren am Grund der Ohrmuschel (Abb. 2-3). Ihrer Ausdehnung nach unterscheidet man einen langen Dreher (M. scutuloauricularis profundus major) und einen kurzen Dreher (M. scutuloauricularis profundus minor).

Der **M. styloauricularis (Gehörgangsmuskel)** ist ein schmales Muskelband, das zum medialen Muschelrand zieht und den Gehörgang verkürzt.

Die Innervation der Muskeln an der Ohrmuschel erfolgt durch zwei Äste des N. facialis. Diese zweigen nach Austritt aus dem Foramen stylomastoideum ab und ziehen rostral und kaudal der Ohrmuschel dorsal (N. auriculopalpebralis, N. auricularis caudalis).

## Kau- und oberflächliche Kehlgangsmuskulatur

Die Kau- und oberflächliche Kehlgangsmuskulatur wird vom N. mandibularis, dem 3. Hauptast des 1. Kiemenbogennervs, dem N. trigeminus, innerviert **(Mandibularismuskulatur)**. Diese Muskel-

**Tab. 2-2.** Extraorbitale Muskeln der Augenlider.

| Name<br>Innervation | Ursprung | Ansatz | Funktion |
|---|---|---|---|
| **M. orbicularis oculi**<br>N. facialis, R. zygomaticus | Kreismuskel des Auges | | Verengen der Lidspalte |
| **M. levator anguli oculi medialis**<br>N. facialis, R. zygomaticus | Stirnfaszie | medial am Augenlid | Heben des medialen Abschnitts des Augenlids |
| **M. retractor anguli oculi lateralis**<br>N. facialis, R. zygomaticus | Schläfenfaszie | seitlicher Augenwinkel | Rückziehen des seitlichen Abschnitts des Augenlids |
| **M. malaris**<br>N. facialis, Rr. buccolabiales | Gesichtsfaszie | unteres Augenlid | Niederziehen des unteren Augenlids |

gruppe dient der Bewegung des Unterkiefers gegenüber dem Oberschädel sowie der muskulösen Abdeckung des Kehlgangs und der unteren Zungenmuskulatur von ventral. Diese Muskeln bewirken als die wichtigsten Beweger des Unterkiefers ein Hochziehen, Anpressen, Seitwärtsziehen und Mahlen der Mandibula gegenüber dem Oberkiefer.

Die Kau- und oberflächliche Kehlgangsmuskulatur wird unterteilt in:

- **Kaumuskulatur**:
  - M. masseter,
  - Mm. pterygoideus lateralis et medialis,
  - M. temporalis und
- **oberflächliche Kehlgangsmuskulatur**:
  - M. digastricus,
  - M. mylohyoideus.

## Kaumuskeln

Kaumuskeln stellen grundsätzlich kräftige Muskelportionen dar, die im Hinblick auf die tierartlich unterschiedliche Ausbildung des Gebisses, des Kiefergelenks und der Kaumechanik erhebliche tierartspezifische Besonderheiten aufweisen (Abb. 2-4 bis 7, Tab. 2-3).

Der **M. masseter (äußerer Kaumuskel)** ist ein stark gefiederter, breiter Muskel, der, sehnig durchzogen, am Ventralrand des Jochbogens und an der Crista facialis entspringt und langgezogen von der Incisura vasorum facialium bis zum Kiefergelenk außen am Unterkiefer inseriert.

Bei Fleischfressern lassen sich durch breitflächige Sehnenplatten am M. masseter drei Portionen unterscheiden, von denen die oberflächliche am stärksten entwickelt ist (Abb. 2-4). Diese entspringt vom Tuber maxillae bis zur Mitte des Arcus zygomaticus, zieht kaudoventral über den Unterkieferast und umfasst als ausgeprägter Muskelstrang ventral den Unterkiefer und den Processus angularis. Seine freie Portion bedeckt den M. digastricus und setzt medial an der Mandibula an. Die mittlere Portion dieses Kaumuskels bleibt dünn, entspringt medial der oberflächlichen Anteile ventral am Jochbogen bis hin zum Kiefergelenk und endet lateral am Unterkieferast. Die tiefe Portion nimmt kaudal ihren Ursprung an der Innenfläche des Jochbogens, rostrale Abschnitte verschmelzen mit dem M. temporalis.

Beim Schwein verschmelzen die einzelnen Portionen, eine Trennung ist erschwert. Beim Rind ist dieser Muskel besonders ausgeprägt gefiedert, man unterscheidet 5 Ursprungs- und 5 Ansatzsehnenspiegel. Diese lassen im Verlauf ihrer einzelnen Muskelfasern unterschiedliche Verlaufsrichtungen erkennen, die in ihrer Gesamtheit den mechanischen Druck der Kaubewegungen erhöhen. Beim Rind entspringt die oberflächliche Portion am Tuber faciale und verläuft horizontal zum Unterkieferwinkel bzw. zum kaudalen Unterkieferrand. Die tiefe Portion zieht von der Crista facialis und dem Arcus zygomaticus mit kaudoventralem Faserverlauf zur Außenfläche des Unterkieferastes.

Beim Pferd ist die Fiederung dieses Muskels durch bis zu 15 verschieden starke, sagittal verlaufende Sehnenspiegel auffällig geschichtet. Die oberflächlichen Schichten entspringen im gesamten Verlauf der Crista facialis, ziehen kaudoventral und inserieren am kaudalen Rand der Mandibula von der Incisura vasorum facialium bis ventral des Kiefergelenks. Die tiefe Portion zieht vom Jochbogen mit beinahe horizontalem Faserverlauf und verschmilzt mit oberflächlichen Fasern bis zum Ansatz außen am Unterkieferast.

Dieser Kaumuskel vermag bei beidseitiger Kontraktion den Unterkiefer gegen den Oberkiefer hochzuziehen und anzupressen, bei einseitigen Kontraktionen sind bei Pflanzenfressern Mahlbewegungen möglich.

Die **Mm. pterygoidei (Flügelmuskeln)** nehmen ihren Ursprung am Gaumen-, Keil- und Flügelbein und setzen großflächig innen am Unterkieferast an (Abb. 2-5). Man unterscheidet einen schwächeren **M. pterygoideus lateralis**, der am Processus pterygoideus des Keilbeins entspringt, kaudoventral verläuft und an der Innenfläche des aufsteigenden Unterkieferastes nahe des Gelenkfortsatzes inseriert. Demgegenüber entspringt der stärkere mediale **M. pterygoideus medialis** an der vertikalen Knochenplatte und endet als kräftiger Synergist des M. masseter breitflächig am Unterkieferrand und an der Innenfläche des Ramus mandibulae.

Bei Fleischfressern sind beide Anteile in ihrem Ursprungsgebiet verschmolzen. Die kräftigere mediale Portion entspringt an der Lateralfläche des Flügelbeins, am Orbitalflügel des Keilbeins und lateral an der Lamina perpendicularis des Gaumenbeins. Ihre Fasern inserieren ventral des For. mandibulae an der Innenfläche des Unterkiefers und verbinden sich durch eine sehnige Naht mit dem freien Rand des M. masseter.

Beim Pferd werden beide Anteile durch den N. mandibularis getrennt, der laterale Flügelmuskel wird von den medialen Portio-

**Tab. 2-3.** Kaumuskulatur.

| Name<br>Innervation | Ursprung | Ansatz | Funktion |
|---|---|---|---|
| **M. masseter**<br>N. massetericus des N. mandibularis | Crista facialis und Jochbogen | Lateralfläche des Unterkiefers und des Kehlgangrandes | Anziehen und Seitwärtsziehen des Unterkiefers |
| **M. pterygoideus lateralis**<br>N. pterygoideus lateralis des N. mandibularis | Processus pterygoideus des Keilbeins | Medialfläche des Unterkiefers, Processus condylaris | Anziehen, Vorschieben und Vorwärtsziehen des Unterkiefers |
| **M. pterygoideus medialis**<br>N. pterygoideus medialis des N. mandibularis | Processus pterygoideus des Keilbeins, Flügelbein, Lamina perpendicularis | Medialfläche des Unterkiefers | Anziehen des Unterkiefers |
| **M. temporalis**<br>N. temporalis profundus des N. mandibularis | Schläfengrube | Processus coronoideus des Unterkiefers | Anziehen des Unterkiefers |

nen überdeckt (Abb. 2-5). Der kräftigere M. pterygoideus medialis entspringt an den vertikalen Knochenplatten des Flügel-, Gaumen- und Keilbeins, breitet sich fächerförmig aus und endet medial am Unterkieferast.

Die Flügelmuskeln unterstützen als innere Kaumuskeln den M. masseter, darüber hinaus vermag die laterale Portion den Unterkiefer, insbesondere bei geöffneter Mundspalte, vorzuziehen.

Der **M. temporalis (Schläfenmuskel)** füllt die ganze Fossa temporalis aus und ist entsprechend der Größe der Schläfengrube bei den einzelnen Haussäugetieren unterschiedlich stark ausgebildet (Abb. 2-3 u. 4). Dieser Muskel entspringt entlang des Randes der Schläfengrube sowie aus der Fascia temporalis, meist bedeckt von den Ohrmuskeln, und inseriert am Processus coronoideus des Unterkiefers.

Bei Fleischfressern ist dieser der stärkste Kopfmuskel. Er entspringt, einer Ansatzlinie folgend, an der Linea temporalis, der Crista nuchae, der Crista temporalis, medial am Processus zygomaticus des Schläfenbeins sowie an der medialen Fläche der Fossa temporalis. Die mächtig entwickelten Faserbündel verlaufen kranioventral unter dem Jochbogen und dem Lig. orbitale und umfassen fleischig im Ansatz vollständig den Processus coronoideus der Mandibula. Ein sehnig durchsetzter Seitenzweig dieses Muskels verbindet sich mit dem tiefen Bauch des M. masseter. Bei langschädeligen Hunderassen ragt dieser Muskel über den Sagittalkamm, wodurch eine mediane Furche entsteht. Bei kurzschädeligen Rassen tritt diese mediane Einziehung, wenn überhaupt, nur andeutungsweise im Bereich des Zwischenscheitelbeins auf. Der M. temporalis wird beim Hund als »der Schnappmuskel« bezeichnet.

Bei Wiederkäuern bleibt der Schläfenmuskel ohne Vorwölbung nach außen schwach entwickelt. Anders verhält es sich hingegen beim Pferd, bei dem sich der M. temporalis deutlich durch die Haut abzeichnet. Im Vergleich zu den anderen beiden Kaumuskeln bleibt er jedoch relativ schwach ausgebildet. Seine Ansatzlinie verläuft am Rande der Fossa temporalis von der Linea temporalis, der Crista sagittalis externa, der Crista nuchae über die Crista pterygoidea. In

**Tab. 2-4.** Oberflächliche Kehlgangsmuskeln.

| Name<br>Innervation | Ursprung | Ansatz | Funktion |
|---|---|---|---|
| **M. digastricus:**<br>N. mylohyoideus des N. mandibularis<br>**– rostraler Bauch**<br>Ramus digastricus des N. facialis<br>**– kaudaler Bauch** | Processus paracondylaris | medial am Corpus mandibulae | Rückwärtsziehen des Unterkiefers, Öffnen der Mundspalte |
| **Pars occipitomandibularis** (Pfd.)<br>Ramus digastricus des N. facialis | Processus paracondylaris | Angulus mandibulae | Öffnen der Mundspalte |
| **M. mylohyoideus**<br>N. mylohyoideus des N. mandibularis | Linea mylohyoidea | mediane Raphe | Tragen und Heben der Zunge |

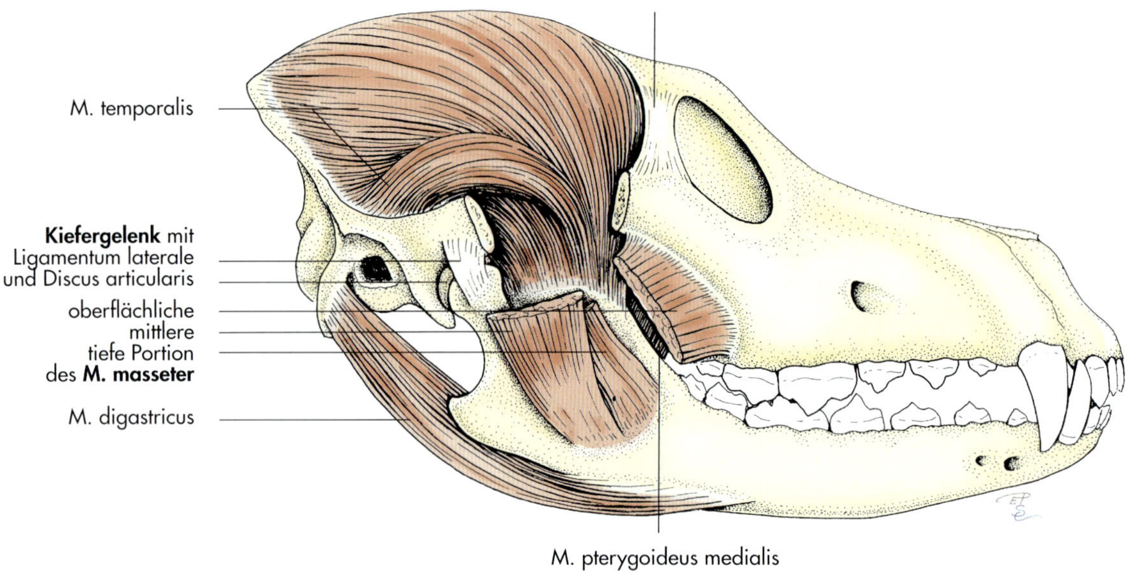


**Abb. 2-4.** Kau- und oberflächliche Kehlgangsmuskulatur des Hundes (Lateralansicht, Jochbogen entfernt).

seiner tieferen Ursprungsfläche füllt er die Fossa temporalis vollständig aus. Der M. temporalis verbindet sich z.T. mit dem M. masseter und inseriert auch beim Pferd am Processus coronoideus der Mandibula. Funktionell drückt der M. temporalis den Unterkiefer an den Oberkiefer.

## Oberflächliche Kehlgangsmuskeln

Die oberflächlichen Kehlgangsmuskeln unterstützen in ihrer Funktion die Kaumuskeln, sie liegen im Kehlgang der tiefen Zungenmuskulatur auf (Abb. 2-4 bis 7, Tab. 2-4).

Der **M. digastricus (zweibäuchiger Muskel)** wird nur beim Pferd seinem Namen gerecht, setzen sich doch allein bei diesem Tier zwei Muskelbäuche durch eine Zwischensehne voneinander ab. Bei den anderen Haussäugetieren wird diese Trennung nur durch eine bindegewebige Einlagerung angedeutet. Der M. digastricus zieht vom Processus paracondylaris des Hinterhauptbeins an die Innenfläche des Unterkiefers (Abb. 2-4). Der **rostrale Bauch** des M. digastricus wird vom N. mylohyoideus des N. mandibularis innerviert, sein kaudaler vom Ramus digastricus des N. facialis.

Bei Fleischfressern ist dieser Muskel einbäuchig und kräftig, feine Sehnenfasern trennen die beiden Muskelanlagen. Im Gegensatz zu den anderen Haussäugetieren inseriert er bei Carnivoren lateral und medial am Ventralrand des Unterkiefers in Höhe des Reißzahns.

Bei Wiederkäuern wird der M. digastricus sehnig nur andeutungsweise in zwei Bäuche geteilt, er entspringt am Processus paracondylaris und endet muskulös an der Innenseite der Mandibula. Mit einem querverlaufenden Muskelzug in Höhe des Processus lingualis verbinden sich die beiden Muskelbäuche einer jeden Seite.

Beim Pferd entspringt der **kaudale Bauch** muskulös am Processus paracondylaris, unmittelbar danach gibt er die **Pars occipitomandibularis** als lateralen Seitenast zum Unterkieferwinkel ab (Abb. 2-5). Der mediale Seitenast zieht als abgeplatteter Muskelbauch rostromedial, legt sich dem M. pterygoideus medialis an und durchbohrt mit einem runden Sehnenstrang die Sehne des M. stylohyoideus. Nachfolgend geht diese Sehne unter dem Basihyoid in den **rostralen Bauch** über und inseriert an der Innenseite der Mandibula, nahe der Incisura vasorum facialium bis gegen den Kinnwinkel.

Der M. digastricus zieht den Unterkiefer nieder und rückwärts, er öffnet damit die Mundspalte.

Der **M. mylohyoideus (Kieferzungenbeinmuskel)** ist im weiteren Sinn ein Hilfsmuskel der Zunge, er wird in Hinblick auf seine Innervation durch den N. mylohyoideus des N. mandibularis auch als Hilfskaumuskel angesehen. Dieser Muskel liegt vergleichbar einer Hängematte zwischen den beiden Innenflächen der Unterkieferkörper. Dabei ziehen von der Ansatzlinie der Linea mylohyoidea die flächenhaft ausgebreiteten Muskelfasern ventral und medial und vereinigen sich median in einer bindegewebigen Naht. In dieser Muskeldecke liegt die Zunge, die bei Kontraktion dieses Muskels gegen das Gaumendach gedrückt wird (Abb. 2-5 u. 6).

# Besondere Beweger des Kopfes

Die besonderen Beweger des Kopfes könnten als Muskelgruppe systematisch auch zu den Muskeln des Stammes gerechnet werden, sind diese doch funktionell als Verlängerung der Halsmuskulatur in Richtung zum Kopf zu sehen (Abb. 2-7 u. 9, Tab. 2-5).

Die besonderen Beweger des Kopfes dienen der Feinabstimmung von Richtungsänderungen, vorzugsweise des Atlantookzipital- und des Atlantoaxialgelenks. Hierzu gehören beispielsweise Nick- und Schüttelbewegungen, aber auch das Schrägstellen des Kopfes bis hin zum Nach-hinten-Wenden des Kopfes zur Körper-

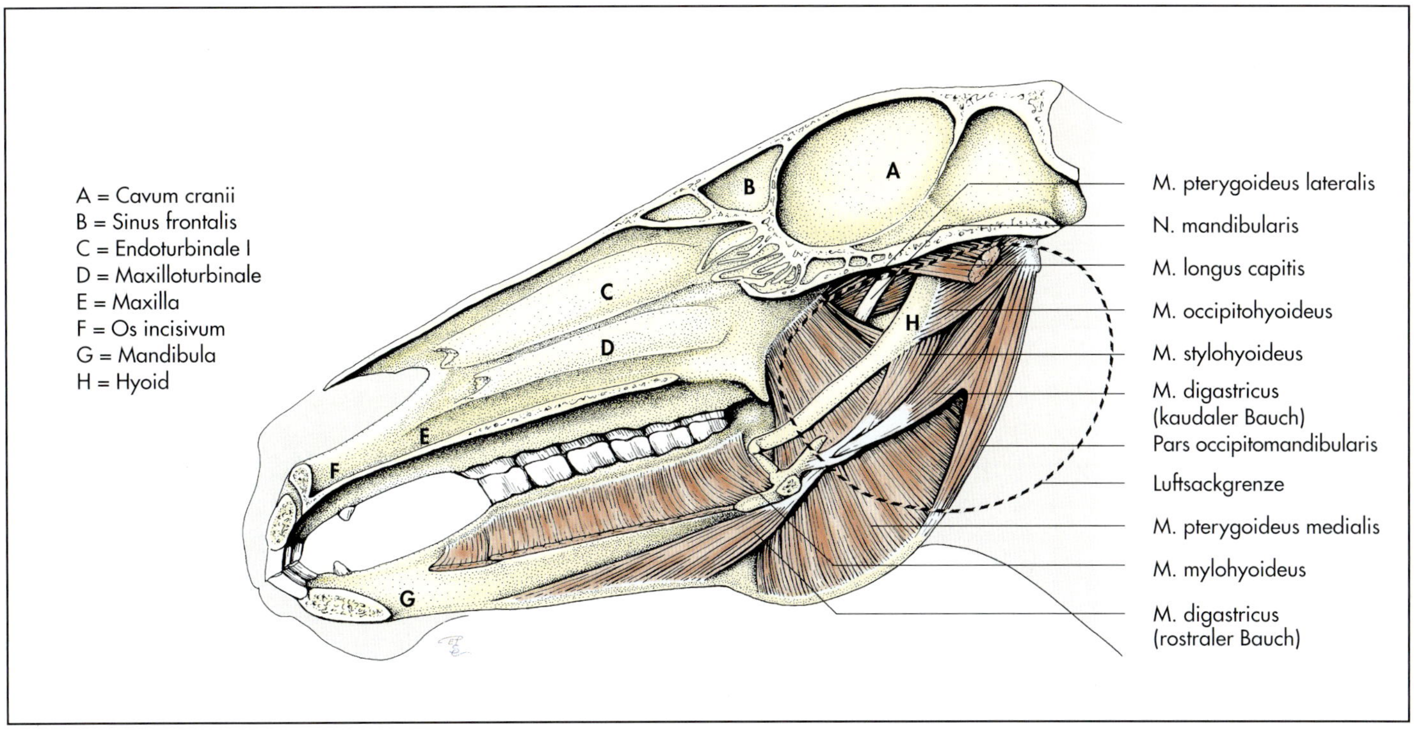


**Abb. 2-5.** Schematische Darstellung der tiefen Lagen der Kau- und oberflächlichen Kehlgangsmuskulatur des Pferdes (Medialansicht), nach Ellenberger und Baum, 1943.

pflege. Beim Schwein ist in Hinblick auf das bekannte Wühlen dieser Tiere und beim Wiederkäuer für das Stoßen mit den Hörnern diese Muskelgruppe besonders entwickelt. Die besonderen Beweger des Kopfes werden entsprechend ihrer Lage von den Rami dorsales et ventrales des 1. und 2. Halsnervs innerviert (Ausnahme: der M. longus capitis vom 1. bis 6. Halsnerv).

Der **M. rectus capitis dorsalis major (großer gerader Kopfmuskel)** verkehrt zwischen dem Dornfortsatz des Axis und der Hinterhauptsschuppe. Dieser Muskel lässt eine oberflächliche und eine tiefe Portion erkennen, die, wie bei Fleischfressern und Schwein, in der Medianen Verbindung aufnehmen oder, wie beim Wiederkäuer und Pferd, sich seitlich an das Nackenband anlegen (Abb. 2-12). Bei Fleischfressern verläuft er, bedeckt vom M. semispinalis capitis, über den Atlas bis zur Crista nuchae.

Der **M. rectus capitis dorsalis minor (kleiner gerader Kopfmuskel)** liegt der Membrana atlanto-occipitalis dorsalis auf. Bedeckt vom großen geraden Kopfmuskel verbindet dieser den Atlas und das Hinterhauptsbein. Bei Fleischfressern, aber auch beim Pferd, zieht er vom Arcus dorsalis des Atlas zum Os occipitale über dem Foramen magnum. Die beiden geraden Kopfmuskeln wirken als Strecker des Atlantookzipitalgelenks und damit als Heber des Kopfes.

Der **M. rectus capitis lateralis (seitlicher gerader Kopfmuskel)** liegt als schwaches Muskelband in der Flügelgrube des Atlas und zieht vom Arcus ventralis zum Processus paracondylaris (Abb. 2-7). Er beugt das Atlantookzipitalgelenk und stellt den Kopf schief.

Der **M. rectus capitis ventralis (ventraler gerader Kopfmuskel)** liegt zwischen dem Arcus ventralis des Atlas und dem Basiokzipitale, an dem er zwischen dem Tuberculum musculare und der Bulla tympanica inseriert (Abb. 2-7). Er beugt das Atlantookzipitalgelenk.

**Der M. obliquus capitis cranialis (vorderer schiefer Kopfmuskel)** ist ein weiteres kurzes Muskelbündel, das zwischen dem Atlas und dem Hinterhauptsbein verkehrt, bedeckt vom M. splenius und Anteilen des M. brachiocephalicus (Abb. 2-7 u. 12). Bei Fleischfressern entspringt seine Hauptportion ventral und lateral am Atlasflügel und inseriert am Processus mastoideus des Schläfenbeins und an der Crista nuchae. Daneben ist eine schwächere Portion ausgebildet. Dieser Muskel wirkt als Strecker des Kopfes und vermag bei einseitiger Kontraktion den Kopf schiefzustellen.

Der **M. obliquus capitis caudalis (hinterer schiefer Kopfmuskel)** kann als kraniale Fortsetzung der tiefen Schicht der Stammesmuskulatur betrachtet werden, er verläuft mit kraniolateraler Anordnung der Fasern vom Kamm des Axis zur Ala atlantis (Abb. 2-9 u. 12). Bei einseitiger Kontraktion vermag dieser den Kopf um den Zahn des Axis zu drehen, während nach beidseitiger Kontraktion das Atlantoaxialgelenk fixiert wird.

Der **M. longus capitis (langer Kopfmuskel)** wirkt in Verlängerung des M. longus colli als kräftiger Beuger des Atlantookzipitalgelenks und als Niederzieher bzw. Seitwärtszieher des Kopfes (Abb. 2-7). Dieser Muskel liegt bei Fleischfressern dem 6. bis 2. Halswirbel ventral und medial als ein kräftiger, muskulöser Strang auf. Er entspringt an den kaudalen Ästen der Querfortsätze, verläuft ventrolateral an der Halswirbelsäule und inseriert am Tuberculum musculare des Basiokzipitale. Beim Pferd ist dieser Muskel geringfügig kürzer (4. bis 2. Halswirbel), er verbindet sich vor seiner Ansatzstelle am Tuberculum musculare mit dem der anderen Seite und liegt zwischen den beiden Luftsäcken. Der lange Kopfbeuger vermag auch den Hals seitwärts zu biegen. Er wird von den Rami ventrales des 1. bis 4. (Pferd) bzw. des 1. bis 6. Halsnervs bei den anderen Haussäugetieren innerviert.

**Tab. 2-5.** Besondere Beweger des Kopfes.

| Name<br>Innervation | Ursprung | Ansatz | Funktion |
|---|---|---|---|
| **M. rectus capitis dorsalis major**<br>Ramus dorsalis des 1. Halsnervs | Processus spinosus des Axis | Crista nuchae | Strecken des Kopfes |
| **M. rectus capitis dorsalis minor**<br>Ramus dorsalis des 1. Halsnervs | dorsal am Atlas | dorsal des For. magnum | Strecken des Kopfes |
| **M. rectus capitis lateralis**<br>Ramus ventralis des 1. Halsnervs | ventral am Atlas | Processus paracondylaris | Beugen des Kopfes |
| **M. rectus capitis ventralis**<br>Ramus ventralis des 1. Halsnervs | ventral am Atlas | Schädelbasis | Beugen des Kopfes |
| **M. obliquus capitis cranialis**<br>Ramus dorsalis des 1. Halsnervs | Ala atlantis | Crista nuchae | Strecken und Seitwärtsbiegen des Kopfes |
| **M. obliquus capitis caudalis**<br>Ramus dorsalis des 2. Halsnervs | Processus spinosus des Axis | Ala atlantis | Drehen des Kopfes, Feststellen des Alantoaxialgelenks |
| **M. longus capitis**<br>Rami ventrales der Halsnerven | Querfortsätze der 2.–6. Halswirbel | Schädelbasis | Beugen und Seitwärtsziehen des Kopfes und kranialer Halsabschnitte |

# Muskeln des Stammes (Musculi trunci)

Der Stamm des Tierkörpers gliedert sich in den Hals, den Rumpf und den Schwanz; nach vorne schließt sich der Kopf an, seitlich die Gliedmaßen. Vom Stamm aus ziehen Muskeln zum Kopf, aber auch zu den Extremitäten, und dienen dabei deren Befestigung am Rumpf. Weitaus bedeutender ist ihr wechselseitiges Zusammenwirken in der Statik und der dynamischen Bewegung des Tieres.

Nach systematisch-topographischen Gesichtspunkten unterscheidet man:

- Muskeln des Halses (Mm. colli),
- Muskeln des Rückens (Mm. dorsi),
- Muskeln der Brustwand (Mm. thoracis),
- Muskeln der Bauchwand (Mm. abdominis) und
- Muskeln des Schwanzes (Mm. caudae).

## Muskeln des Halses (Musculi colli)

Die Muskeln des Halses liegen am Nacken und an der Seitenfläche des Halses, einige von diesen sind mit dem Zungenbeinapparat assoziiert. Auffälligster Muskel ist zweifelsohne der **M. brachiocephalicus** mit seinen wesentlichen Portionen, dem **M. cleidobrachialis** und dem **M. cleidocephalicus**, sowie der **M. sternocephalicus**. Auf diese Muskeln wird in Hinblick auf deren funktionelle Bedeutung für den Bewegungsablauf der Vorderextremität im Kapitel 3 »Vorder- oder Schultergliedmaßen« eingegangen (s. Abschnitt »Schultergürtelmuskulatur«, S. 178). Die Gruppe der Halsmuskeln (Abb. 2-7ff., Tab. 2-6) wird vervollständigt durch:

- **M. splenius** mit seinen Anteilen:
  - M. splenius cervicis,
  - M. splenius capitis,
- **M. longus colli**,
- **Mm. scaleni** mit ihren Anteilen:
  - M. scalenus ventralis,
  - M. scalenus medius,
  - M. scalenus dorsalis
- **Mm. hyoidei** mit ihren Anteilen:
  - den besonderen Zungenbeinmuskeln und
  - den langen Zungenbeinmuskeln:
    - M. sternohyoideus,
    - M. sternothyroideus und
    - M. omohyoideus.

Der **M. splenius (Riemenmuskel)** liegt als kräftiger, langgezogener Muskel zwischen dem Hinterhauptsbein und dem Widerrist seitlich und dorsal dem Hals an (Abb. 2-9). Er wird großflächig seitlich bedeckt von den oberflächlichen Halsmuskeln und liegt seinerseits den langen Bewegern des Halses auf. Dieser Muskel entspringt aus der Fascia spinocostotransversalis und am Nackenband, bei den Wiederkäuern auch direkt an den Dornfortsätzen der ersten vier Brustwirbel.

Dieser Muskel endigt als **M. splenius cervicis** an den Querfortsätzen der mittleren Halswirbel (3. bis 5. Wirbel). Den Fleischfressern fehlt dieser Muskel. Als **M. splenius capitis** setzt er sich bis zur Crista nuchae des Hinterhauptsbeins und zum Processus mastoideus des Schläfenbeins (Pferd) fort. Beim Pferd ist er besonders kräftig entwickelt und setzt sich durch die Haut ab.

Der Riemenmuskel streckt beidseitig den Hals und hebt Hals und Kopf, er vermag Hals und Kopf seitlich zu biegen. Während

**Tab. 2-6.** Oberflächliche Hals- und Nackenmuskulatur.

| Name<br>Innervation | Ursprung | Ansatz | Funktion |
|---|---|---|---|
| **M. splenius:**<br>Rami dorsales der Hals- und Brustnerven | | | Strecken und Seitwärtsbiegen des Kopfes und des Halses |
| **– M. splenius cervicis** | Fascia spinocostotransversalis, Lig. nuchae, Dornfortsätze der Brustwirbel | Querfortsätze der 3.–5. Halswirbel | |
| **– M. splenius capitis** | | Os occipitale, Processus mastoideus | |
| **M. longus colli**<br>Rami ventrales der Halsnerven | 5.–6. Brustwirbel | bis 1. Halswirbel | Beugen des Halses |
| **Mm. scaleni:**<br>Rami ventrales der 5.–8. Halsnerven und der 1.–2. Brustnerven | | | |
| **– M. scalenus medius** | 1. Rippe | Querfortsätze der 7.–3. Halswirbel | Feststellen, Niederziehen und Seitwärtsbiegen des Halses, Hilfsinspirator |
| **– M. scalenus ventralis**<br>(exkl. Fleischfresser) | 1. Rippe | 7. Halswirbel | Feststellen, Niederziehen und Seitwärtsbiegen des Halses, Hilfsinspirator |
| **– M. scalenus dorsalis**<br>(exkl. Pferd) | 3.–8. Rippe | Querfortsätze der 6.–3. Halswirbel | Feststellen, Niederziehen und Seitwärtsbiegen des Halses, Hilfsinspirator |

des Galoppsprungs dient er mit dazu, im Bewegungsablauf das Gleichgewicht auszubalancieren.

Der **M. longus colli** und die **Mm. scaleni** sind wesentliche Bestandteile der Gruppe von Muskeln, die die Halswirbelsäule niederziehen bzw. abwärtsbiegen. Diese Funktionen übernehmen auch einige Muskeln des Schultergürtels, die an anderer Stelle angesprochen werden.

Der **M. longus colli** liegt den Halswirbeln und kranialen Brustwirbeln ventral an, kopfwärts reihen sich diesem, gleichsam als seine Fortsetzung, die besonderen Beweger des Kopfes an. Der lange Halsmuskel reicht von den ersten Brustwirbeln bis zum Atlas. Sein Brustteil entspringt an den Körpern der ersten fünf bis sechs Brustwirbel und endet an denen der letzten beiden Halswirbel. Der Halsteil besteht aus einzelnen Bündeln, die ventral an den 3. bis 7. Querfortsätzen der Halswirbel entspringen, schräg kraniomedial verlaufen und median an den Wirbelkörpern bis zum Tuberculum ventrale des Atlas inserieren. Dieser Muskel biegt die Halswirbelsäule nach unten.

Die **Mm. scaleni** sind zwei bis drei Muskeln, die von der ersten Rippe bzw. den Seitenflächen der 8. bis 3. Rippe zu den Querfortsätzen des 7. bis 3. Halswirbels ziehen, im Weiteren sich jedoch unterscheiden (Abb. 2-8). Übereinstimmend ist allein, dass der Plexus brachialis die an der 1. Rippe entspringenden Mm. scaleni in einen **M. scalenus ventralis** und eine dorsal gelegene Portion, den **M. scalenus medius,** teilt. Allein bei Fleischfressern ist der Plexus brachialis so weit ventral angelegt, dass eine Unterteilung der Mm. scaleni unterbleibt. Ihnen fehlt daher der M. scalenus ventralis.

Der **M. scalenus dorsalis** entspringt an der 3. Rippe (Schwein) bzw. an der 4. (5.) Rippe beim Wiederkäuer und ist bei Fleischfressern zweiköpfig von der 5. bis 3. bzw. 9. bis 8. Rippe. Dieser Muskel fehlt dem Pferd, er endet bei den anderen Haussäugetieren am 3. bis 6. Halswirbel.

Die Gruppe der **Mm. hyoidei** umfasst sämtliche Muskeln, die mit dem Zungenbeinapparat assoziiert sind. Die **besonderen Zungenbeinmuskeln** schließen den **M. stylohyoideus** am Basihyoid, den **M. mylohyoideus** aus dem Unterkieferausschnitt und den **M. geniohyoideus,** zwischen dem Kinnwinkel der Mandibula und dem Zungenbein verlaufend, ein. Ebenso sind der **M. thyrohyoideus**, der **M. occipitohyoideus**, der **M. ceratohyoideus** und der **M. hyoideus transversus** zu dieser Grupppe zu zählen. Sie werden in ihrer Gesamtheit im Hinblick auf ihre Funktionen als Beweger des Zungenbeins im Kapitel 7 »Verdauungsapparat« angesprochen.

Die **langen Zungenbeinmuskeln** unterstützen durch ihre Anbindung an das Basihyoid und an den Kehlkopf direkt oder indirekt die Bewegung der Zunge. Sie stellen einen Teil der ventralen Muskeln des Halses dar und liegen ventral und lateral der Luftröhre an. Meist sind sie vom M. brachiocephalicus und dem M. sternocephalicus bedeckt, sie entspringen am Manubrium sterni.

Die langen Zungenbeinmuskeln ziehen das Zungenbein und damit die Zunge zurück.

Der **M. sternohyoideus (Brustbein-Zungenbein-Muskel)** liegt als relativ kräftiger Muskelstrang der Trachea ventral auf (Abb. 2-6). Er nimmt seinen Ursprung am Manubrium sterni und an der 1. Rippe (Fleischfresser) und legt sich in der Medianen mit dem der anderen Seite sowie mit dem M. sternothyreoideus zusammen. Er endet am Zungenbeinkörper.

Der **M. sternothyroideus (Brustbein-Schildknorpel-Muskel)** trennt sich in der Halsmitte vom M. sternohyoideus und inseriert am Schildknorpel (Abb. 2-6).

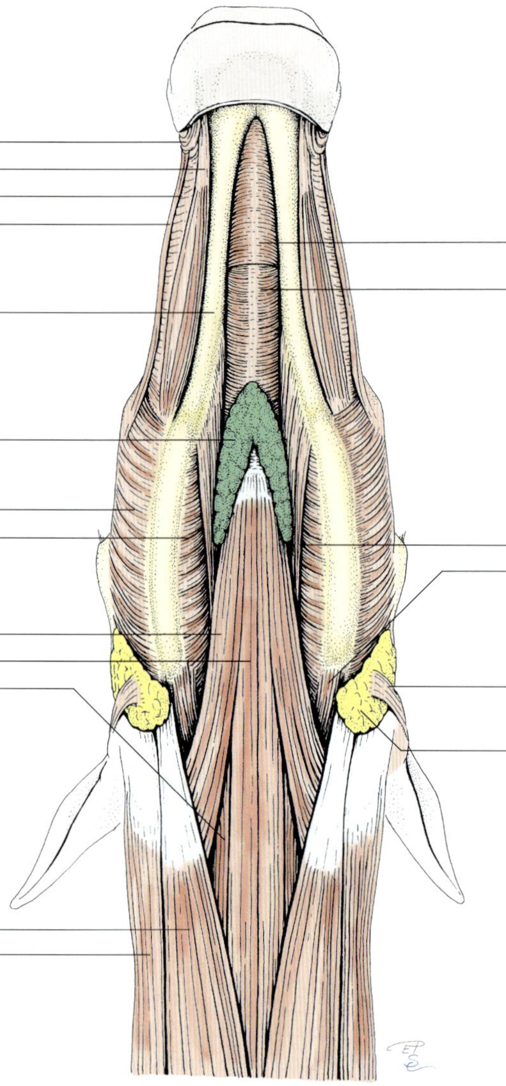


**Abb. 2-6.** Schematische Darstellung der oberflächlichen Muskulatur des Kopfes und kranial am Hals des Pferdes (Ventralansicht), nach Popesko, 1979.

Der **M. omohyoideus (Schulter-Zungenbein-Muskel)** ist beim Pferd am stärksten entwickelt (Abb. 2-6), er fehlt den Fleischfressern. Er entspringt aus der Fascia subscapularis (Pferd) nahe dem Schultergelenk bzw. der tiefen Halsfaszie (Wiederkäuer) und endet am Zungenbeinkörper. Beim Pferd vereinigt sich dieser Muskel mit dem der anderen Seite in der Halsmitte und inseriert zusammen mit dem M. sternohyoideus am Processus lingualis des Zungenbeins. Im oberen Halsbereich legt er sich zwischen die V. jugularis externa und die A. carotis communis und schützt damit letztere z.B. vor Verletzungen der Gefäßwand als Folge einer zu tief eingeführten Kanüle während einer intravenösen Injektion.

## Muskeln des Rückens (Musculi dorsi)

Die Rückenmuskeln schließen sämtliche Muskeln ein, die der Hals-, Brust- und Lendenwirbelsäule außen anliegen und an ihren Wirbelkörpern bzw. an deren Fortsätzen, am Beckenrand und/oder aus regionalen Faszien entspringen. Die Muskeln des Rückens können in zwei Portionen, eine oberflächliche und eine tiefe Muskelgruppe, unterteilt werden, die sich z.T. funktionell ergänzen, in ihrer Lage zur Wirbelsäule jedoch unterscheiden.

Die **oberflächliche Muskelgruppe** liegt außen und seitlich dem Rumpf an und wird entsprechend ihrer embryonalen Herkunft von den Rami ventrales der zugehörigen Segmentalnerven versorgt. Zu dieser Muskelgruppe am Rücken gehören Muskeln, die der aktiv-beweglichen Fixierung der Schultergliedmaße am Rumpf dienen. Diese Muskeln entspringen an den Rippen oder den entsprechenden Faszien und ziehen meist zu den Knochen des Schultergürtels. Auf sie wird gesondert und zusammenhängend im Kapitel 3 »Vorder- oder Schultergliedmaßen« näher eingegangen, sie sollen hier der Vollständigkeit wegen nur benannt werden. Es handelt sich im Einzelnen um den:

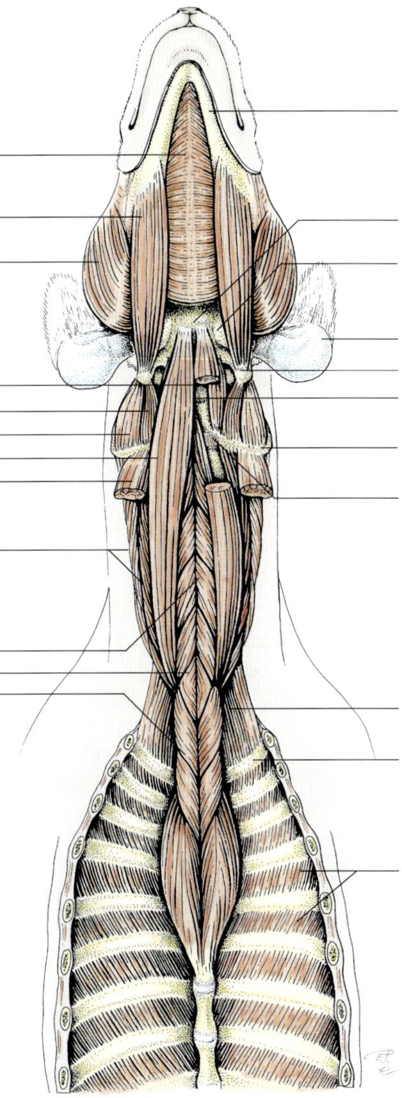


**Abb. 2-7.** Schematische Darstellung der oberflächlichen Muskulatur des Kopfes, der besonderen Beweger des Kopfes und der tieferen Halsmuskulatur beim Hund (Ventralansicht).

- M. trapezius,
- M. sternocleidomastoideus:
  - M. sternocephalicus,
  - M. brachiocephalicus,
- M. omotransversarius,
- M. latissimus dorsi und die
- Mm. pectorales superficiales.

Aus embryologischer und systematischer Sicht ebenfalls der Gruppe der oberflächlichen Rückenmuskeln zuzuordnen sind einige weitere Muskeln der seitlichen Brustwand (**Mm. serrati dorsales**), die auch von Rami ventrales der Spinalnerven versorgt werden (Abb. 2-9). Diese werden jedoch aufgrund ihrer besonderen Funktion im Zusammenhang mit den Atmungsmuskeln abgehandelt (Näheres s. unten). Die **tiefe Muskelgruppe** geht aus den dorsalen Myotomanlagen der Somiten hervor, entwickelt sich ortsständig und wird dementsprechend von den Rami dorsales der segmentalen Spinalnerven vom Hals bis zum Kreuzbein innerviert.

Diese tiefe Muskelgruppe setzt sich aus einer großen Anzahl von kurzen und langen Muskeln zusammen, deren synergistisches Wirken erst die Beweglichkeit der Wirbelsäule ermöglicht. So ist die freie Seit- und Drehbewegung des Kopfes und des Halses, vorzugsweise bei Fleischfressern, wesentlich auf oftmals feinste Muskelbäuche bei entsprechender Beweglichkeit auch des Wirbelskeletts zurückzuführen. Im Gegensatz dazu stehen die mächtigen Muskelpartien im nahezu stabilen Lendenbereich.

Diese Muskelgruppe wird in ihrer Gesamtheit funktionell auch als die **besonderen Beweger der Hals-**, **Brust-** und **Lendenwirbelsäule** zusammengefasst. Ihrer Lage nach und in Hinblick auf den Verlauf der Muskelportionen kann systematisch auch eine Unterteilung in **lange** und **kurze Hals-** und **Rückenmuskeln** vorgenommen werden.

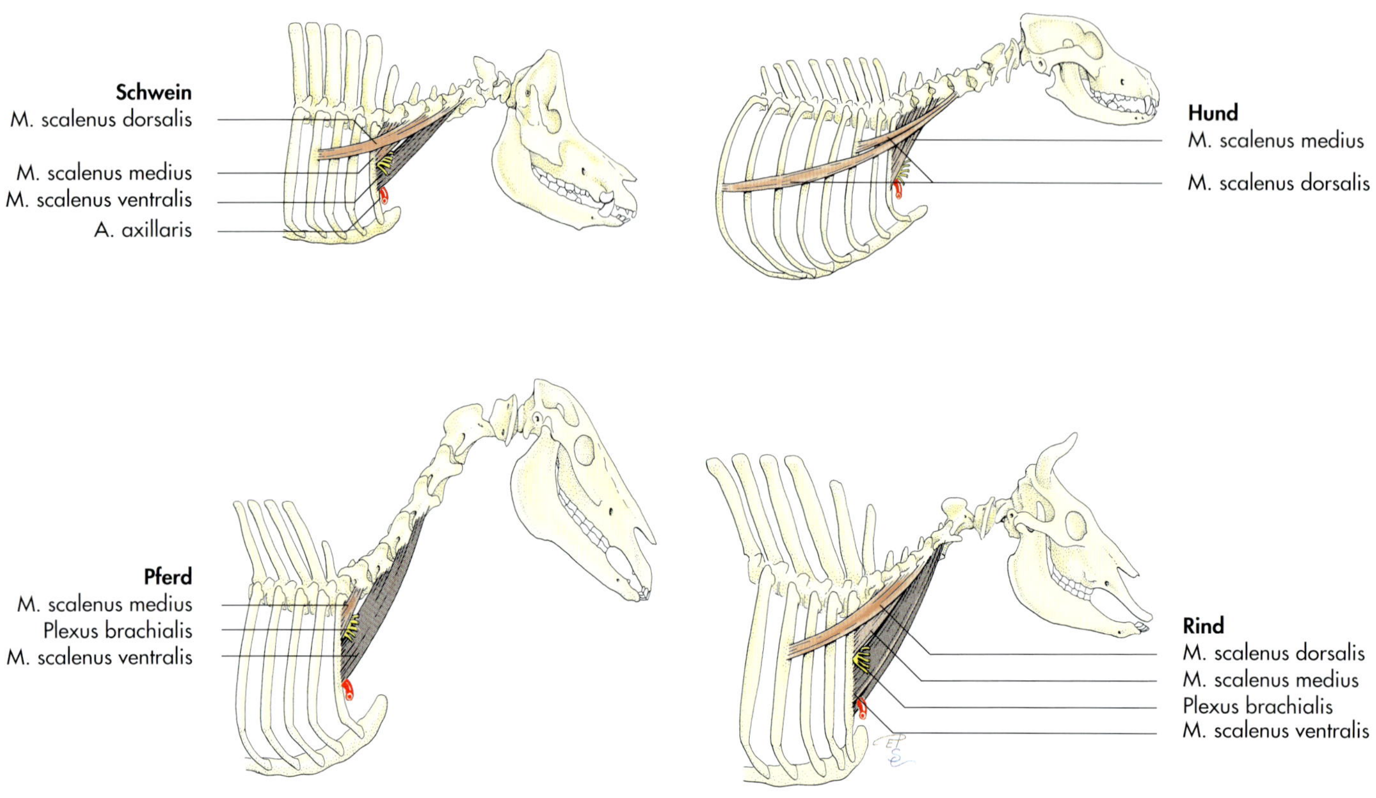


**Abb. 2-8.** Schematische Darstellung der Mm. scaleni, vergleichend bei Schwein, Hund, Pferd und Rind, nach Ellenberger und Baum, 1943.

Die **tiefen Hals-** und **Rückenmuskeln** sind in Form zweier langgezogener kräftiger Muskelstränge angeordnet, die in ein sog. **laterales** und ein **mediales System** unterteilt werden. Diese Muskelsysteme sind in den seitlichen Winkeln zwischen den Dorn- und Querfortsätzen der Hals-, Brust- und Lendenwirbel eingebettet. Wesentliche Teile dieser Muskelstränge werden unter der Bezeichnung **Mm. erectores spinae** zusammengefasst, eine Benennung, die bei der relativ stabilen Wirbelsäule von Wiederkäuer und Pferd nur eine untergeordnete Funktion ausdrückt. Sie trifft weit besser für Hund und Katze zu. Die Einzelmuskeln der Mm. erectores spinae unterscheiden sich nach Aufbau, Lage und Funktion z.T. erheblich, sodass eine klare systematische Zuordnung erschwert wird.

Ergänzt wird dieses System durch die **Mm. transversospinales**, **Mm. interspinales** und die **Mm. intertransversarii**, die im Wesentlichen die kurzen Hals- und Rückenmuskeln repräsentieren.

## Lange Hals- und Rückenmuskeln

Die **Muskeln des lateralen Systems** überspringen in ihrem Ursprung zunächst einen, nachfolgend mehrere Wirbel. Sie bestehen aus hintereinander geschalteten, verschmolzenen Segmenten, die letztendlich langgestreckte Muskelbäuche bilden. Entsprechend ihrer Lage am Hals und am Rücken erfolgt die Innervation der einzelnen Muskelabschnitte aus verschiedenen, jeweils anliegenden dorsalen Ästen der Segmentalnerven.

Die Muskeln des lateralen Systems werden im Halsbereich zwischen Widerrist und Hinterhauptsbein oberflächlich von den Schichten der Halsmuskulatur bedeckt. Diese Muskeln entspringen am Os sacrum und am Os ilium sowie lateral an den Wirbeln des Rumpfskeletts und ziehen zu den Rippen und bis zum Kopf **(sakrospinales System)**.

Das **laterale System** (Abb. 2-11, Tab. 2-7) lässt sich systematisch in nachfolgende Muskeln des Stammes unterteilen:

- **M. iliocostalis** mit seinen Anteilen:
  - M. iliocostalis lumborum,
  - M. iliocostalis thoracis,
- **M. longissimus** mit seinen Anteilen:
  - M. longissimus lumborum,
  - M. longissimus thoracis,
  - M. longissimus cervicis,
  - M. longissimus atlantis und
  - M. longissimus capitis.

Der **M. iliocostalis (gemeinschaftlicher Rippenmuskel)** ist ein schmaler, langgezogener Muskel, der aus einer Vielzahl von Einzelfaserbündeln besteht (Abb. 2-11). Dieser überspringt in kranioventralem Faserverlauf von innen nach außen mehrere Wirbelsegmente. Er liegt dem M. longissimus lateral an. Der M. iliocostalis findet seinen Ursprung an der Crista iliaca des Darmbeinflügels und

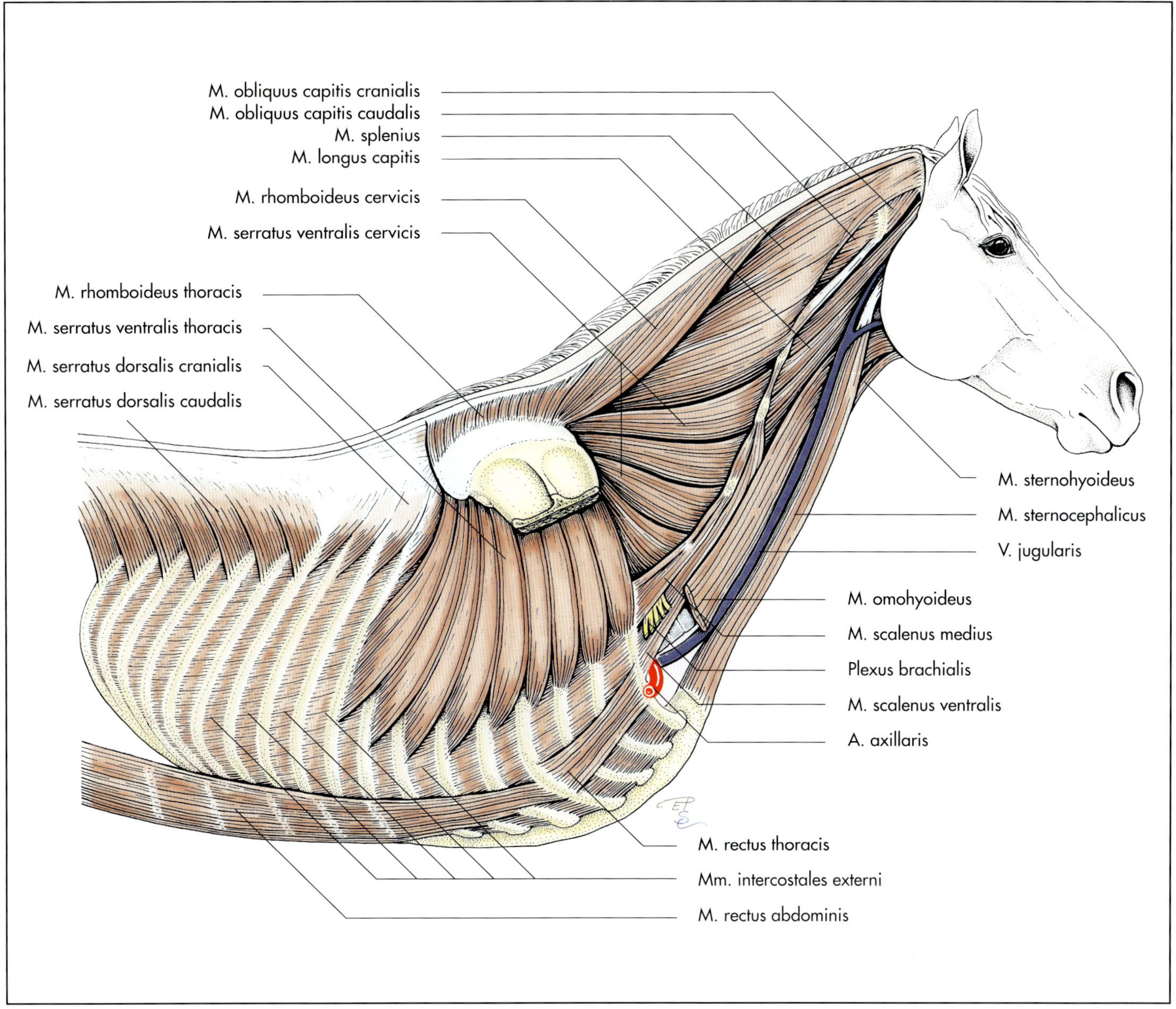


**Abb. 2-9.** Schematische Darstellung der oberflächlichen Schicht der Stammesmuskulatur des Pferdes, nach Ghetie, 1954.

den Querfortsätzen der Lendenwirbel sowie einer gemeinsamen sehnigen Ursprungsplatte mit dem M. longissimus dorsi (Bogorozky-Zwischensehne) und zieht dorsal über den Rippenwinkel bis zum letzten Halswirbel. Hier inseriert er in einer gemeinsamen Endsehne.

Aufgrund ihrer Lage können die einzelnen Muskelbäuche unterschiedlichen Abschnitten zugeordnet werden. Man unterscheidet eine **Lenden-** und eine **Brustportion** des M. iliocostalis.

Der **M. iliocostalis lumborum** ist als selbstständiger Muskel bei Fleischfressern besonders ausgeprägt. Dieser setzt an den freien Enden der 7. bis 1. Lendenwirbelquerfortsätze an und gibt Muskelzacken an die 13. bis 11. Rippe ab. Bei den Wiederkäuern inseriert die Endsehne allein an der letzten Rippe. Beim Pferd ist die Lendenportion mit der Sehne des M. longissimus verschmolzen, ein kurzer Lendenteil zieht nur bis zu den mittleren Lendenwirbelquerfortsätzen.

Der **M. iliocostalis thoracis** (Abb. 2-11) liegt lateral dem M. longissimus an und verlängert kranial den M. iliocostalis lumborum. Die einzelnen, meist glänzenden Endsehnen gehen ohne scharfe Abgrenzung aus dem Lendenteil hervor. Sie inserieren kaudal an der 12. bis 1. Rippe (Tuberositates musculi iliocostalis) bis zum Querforsatz des letzten Halswirbels (Fleischfresser). Beim Pferd setzen diese am Hinterrand der 15. bis 1. Rippe und am 7. Halswirbelquerfortsatz an und mit medialen tieferen Sehnenplatten auch am kranialen Rand der 18. bis 4. Rippe. Mit ebenfalls kranioventralem Faserverlauf überspannen die einzelnen Muskelbäuche dabei meist zwei bis vier Zwischenrippenräume.

Die Mm. iliocostales stabilisieren die Wirbelsäule in der Brust- und Lendenregion und unterstützen, vorzugsweise bei Fleischfressern, die Vorwärtsbewegung. Durch den Ansatz an den Rippen wirkt dieser Muskel auch als Exspirator.

Der **M. longissimus (langer Rücken-, Hals- und Kopfmuskel)** bildet wesentliche Anteile der paraxialen Muskulatur des Stammes (Abb. 2-11). Er ist gleichzeitig der längste Muskel des Körpers, überspannt er doch vom Kreuz- und Darmbein ausgehend den gesamten Rücken über den Hals bis zum Kopf.

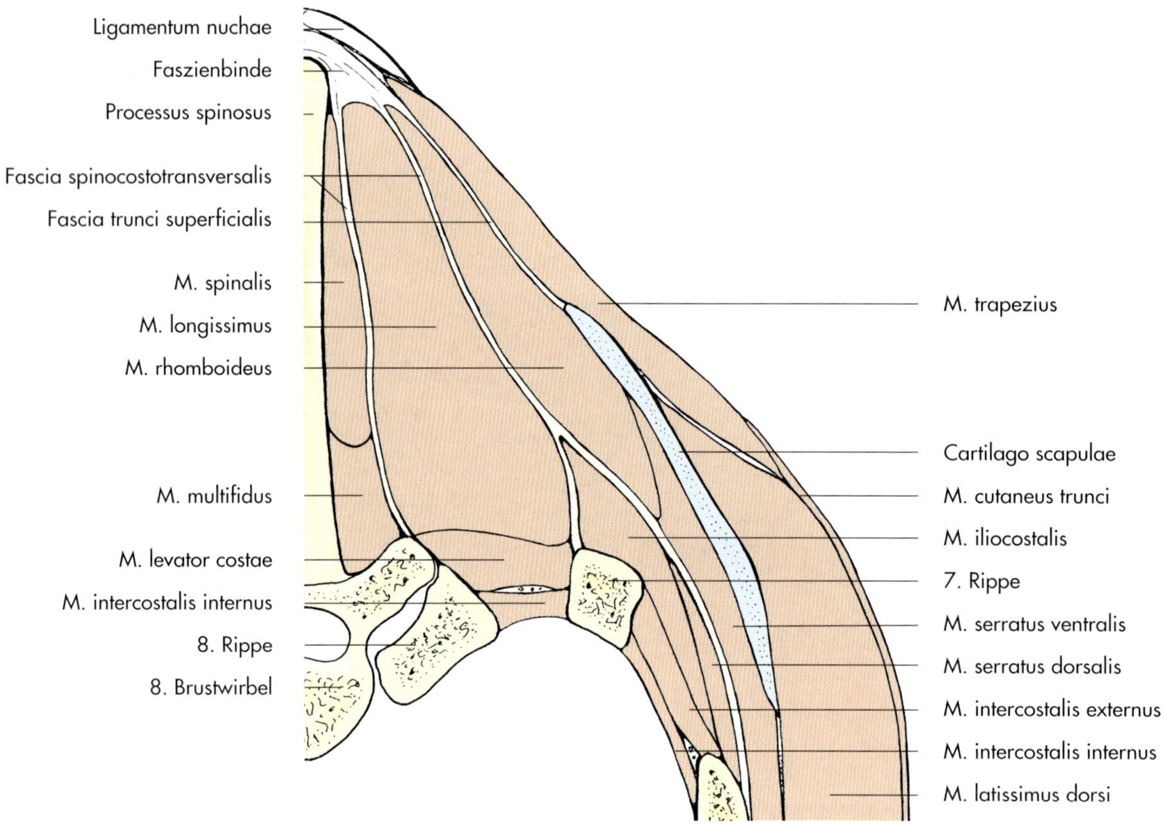


**Abb. 2-10.** Schematische Darstellung des Querschnitts durch die Rückenmuskulatur in Höhe des 8. Brustwirbels beim Pferd, nach Ellenberger und Baum, 1943.

Der M. longissimus bewahrt weitgehend seine segmentale Gliederung, die sich im Ansatz der Einzelmuskelbäuche ausdrückt. Er entspringt segmental am Kreuz- und Darmbein, an den Zitzen- und Dornfortsätzen der Lenden- und Brustwirbelsäule, seine Muskelbäuche verlaufen kulissenartig hintereinander versetzt von kaudodorsal und medial nach vorne unten und lateral. Dieser Muskel ist insbesondere im Lendenbereich kräftig entwickelt. Hier ist er von der Fascia thoracolumbalis überzogen, an deren Innenfläche er auch entspringt. Die einzelnen Endsehnen inserieren an den Zitzen- und Querfortsätzen sowie an den Rippen (Tuberositates musculi longissimi). Nach Lage und Ansatz sind nachfolgende Portionen zu unterscheiden: **M. longissimus lumborum** und **M. longissimus thoracis** liegen den Querfortsätzen der Lendenwirbel bzw. den Wirbelenden der Rippen und medial dem M. iliocostalis an und ziehen vom Becken bis zum 7. Halswirbel. Im Halsbereich breiten sie sich als **M. longissimus cervicis** fächerartig zwischen den Querfortsätzen der 5 bis 8 ersten Brustwirbel und der letzten Halswirbel aus und setzen sich kranial im **M. longissimus atlantis** und im **M. longissimus capitis** fort. Ihre Ursprungssehnen entspringen den Querfortsätzen des 2. bis 3. Brustwirbels und den 4 bis 5 letzten Halswirbeln und enden am Atlasflügel bzw. am Processus mastoideus des Schläfenbeins.

Der **M. longissimus** überträgt die Bewegungsabläufe der Beckengliedmaße in der Schwingphase auf den Rücken, er steht über die Lendenzacke des M. glutaeus medius mit dem Becken in funktionellem Zusammenhang. Bei gut trainierten Pferden kann er die freien Enden der Dornfortsätze beidseitig überragen, sodass diese in einer flachen Einziehung in der Medianen des Rückens erkennbar liegen.

Der M. longissimus stellt die Wirbelsäule beim Vorwärts- und Rückwärtstreten fest und dient ihrer Streckung. Eine beidseitige Kontraktion ermöglicht bei fixierter Nachhand ein Aufbäumen des Tieres, bei fixierter Vorhand ein Durchbiegen des Rückens und damit ein Ausschlagen der Nachhand. Die größte Dehnung des Muskels erfolgt während der Vorwärts-Schwingphase der Beckengliedmaße. Eine einseitige Kontraktion führt zur Seitwärtsbewegung der Wirbelsäule des Stammes (z.B. beim Zirkelreiten) bis hin zum Wenden des Kopfes unter gleichzeitiger Dehnung des Muskels der Gegenseite.

Die **Muskeln des medialen Systems** bilden die tiefe Schicht der langen Hals- und Rückenmuskulatur. Diese Muskelgruppe behält ihre embryonale, metamere Gliederung weitgehend bei, indem sie in tiefster Lage direkt dem Skelett anliegt und von Wirbel zu Wirbel ziehende Muskelzüge ausbildet. Diese Muskeln füllen die Räume zwischen den Processus spinosi und den Wirbelbögen bis zu den Processus transversi aus. Die Muskeln des medialen Systems verlaufen entweder von Dornfortsätzen zu Dornfortsätzen **(spinales System)** oder schrägkranial von Querfortsätzen zu Dornfortsätzen **(transversospinales System)**.

**Tab. 2-7.** Lange Hals- und Rückenmuskulatur – laterales System.

| Name<br>Innervation | Ursprung | Ansatz | Funktion |
|---|---|---|---|
| **M. iliocostalis:**<br>Rami dorsales der Nn. thoracici und Nn. lumbales | | | |
| **– M. iliocostalis lumborum** | Crista iliaca und Querfortsätze der Lendenwirbelsäule | Kaudalrand der letzten Rippe | Feststellen von Lende und Rippen |
| **– M. iliocostalis thoracis** | oberes Ende des vorderen Randes der Rippen | Kaudalränder der Rippen und Querfortsätze des letzten Halswirbels | Seitwärtsbewegen der Wirbelsäule |
| **M. longissimus:**<br>Rami dorsales der Nn. cervicales, Nn. thoracici bzw. Nn. lumbales | | | |
| **– M. longissimus lumborum et thoracis** | Processus spinosi des Kreuzbeins, der Lenden- und Brustwirbel, am Darmbein | Gelenk-, Zitzen- und Querfortsätze der Brustwirbelsäule und proximal an Rippen | Feststellen und Strecken der Wirbelsäule, Aufrichten des Vorderkörpers |
| **– M. longissimus cervicis** | Querfortsätze der ersten 5–8 Brustwirbel | Querfortsätze des 3.–7. Halswirbels | Heben und Seitwärtsbiegen des Halses |
| **– M. longissimus capitis et atlantis** | Querfortsätze der ersten Brust- und letzten Halswirbel | Atlasflügel bzw. Pars mastoidea der Felsenbeinpyramide | Heben und Seitwärtsbiegen des Kopfes, Wenden des Kopfes |

Der Verlauf der Muskelfasern ist von kaudoventral und lateral nach vorne oben und medial und steht damit im Gegensatz zu den Muskeln des lateralen Systems. Diese Muskelgruppe wird von den Rami dorsales der segmentalen Spinalnerven versorgt.

Kranial setzen sich einzelne Muskeln als eine eigene Gruppe bis zum Kopf fort, die im funktionellen Zusammenwirken mit anderen Muskeln als besondere Beweger die Feinabstimmung der Bewegung des Kopfes bewirken. Diese kleinere Gruppe wird aufgrund ihrer heterogenen embryonalen Herkunft im funktionellen Zusammenhang im Kapitel »Muskeln des Kopfes« besprochen (s. S. 111).

Das **mediale System** (Abb. 2-12 u. 13, Tab. 2-8) lässt sich systematisch in nachfolgende Muskeln unterteilen:

- **M. spinalis** mit seinen Anteilen:
  - M. spinalis thoracis,
  - M. spinalis cervicis,
- **Mm. transversospinales** mit ihren Anteilen:
  - M. semispinalis thoracis et cervicis,
  - M. semispinalis capitis,
  - M. biventer cervicis,
  - M. complexus,
- **Mm. multifidi** und
- **Mm. rotatores**.

Die zuerst genannte Muskelgruppe kann topographisch und funktionell, wenn auch in tierartlich unterschiedlicher Weise, als eine Einheit gesehen werden. Diese liegt zwischen dem M. longissimus und der tiefsten Schicht der langen Hals- und Rückenmuskeln, den Mm. multifidi und den Mm. rotatores. Man spricht daher von einem M. spinalis bzw. spinalis et semispinalis thoracis et cervicis.

Der **M. spinalis (Dornmuskel)** verkehrt ausschließlich zwischen den Dornfortsätzen, oftmals mehrere Segmente überspringend (Schwein und Pferd). Bei diesen beiden Spezies ist topographisch als einheitliche Muskelplatte ein **M. spinalis thoracis et cervicis** ausgebildet. Der Ursprung des Dornmuskels erfolgt beim Pferd an den Dornfortsätzen des 6. bis 1. Lendenwirbels und an denen der letzten sechs Brustwirbel (Abb. 2-12). Bei meist horizontaler Verlaufsrichtung inseriert er an den Dornfortsätzen des 6. bis 1. Brustwirbels sowie in der Medianen am 7. bis 3. Halswirbel.

Werden zusätzliche Muskelzacken von den Zitzen- und Querfortsätzen zu den Dornfortsätzen entwickelt **(Mm. transversospinales)**, spricht man von einem M. semispinalis.

Die Einzelmuskeln verschmelzen bei Fleischfressern und Wiederkäuern gewöhnlich mit dem M. spinalis. Deshalb spricht man bei diesen von einem gemeinsamen **M. spinalis et semispinalis thoracis et cervicis**, da Rückenportionen dieses Muskels auch auf das Halsgebiet überspringen. Dieser ausgedehnte Muskel setzt sich aus einer Vielzahl von Einzelmuskeln zusammen, die von den Lendenwirbeln

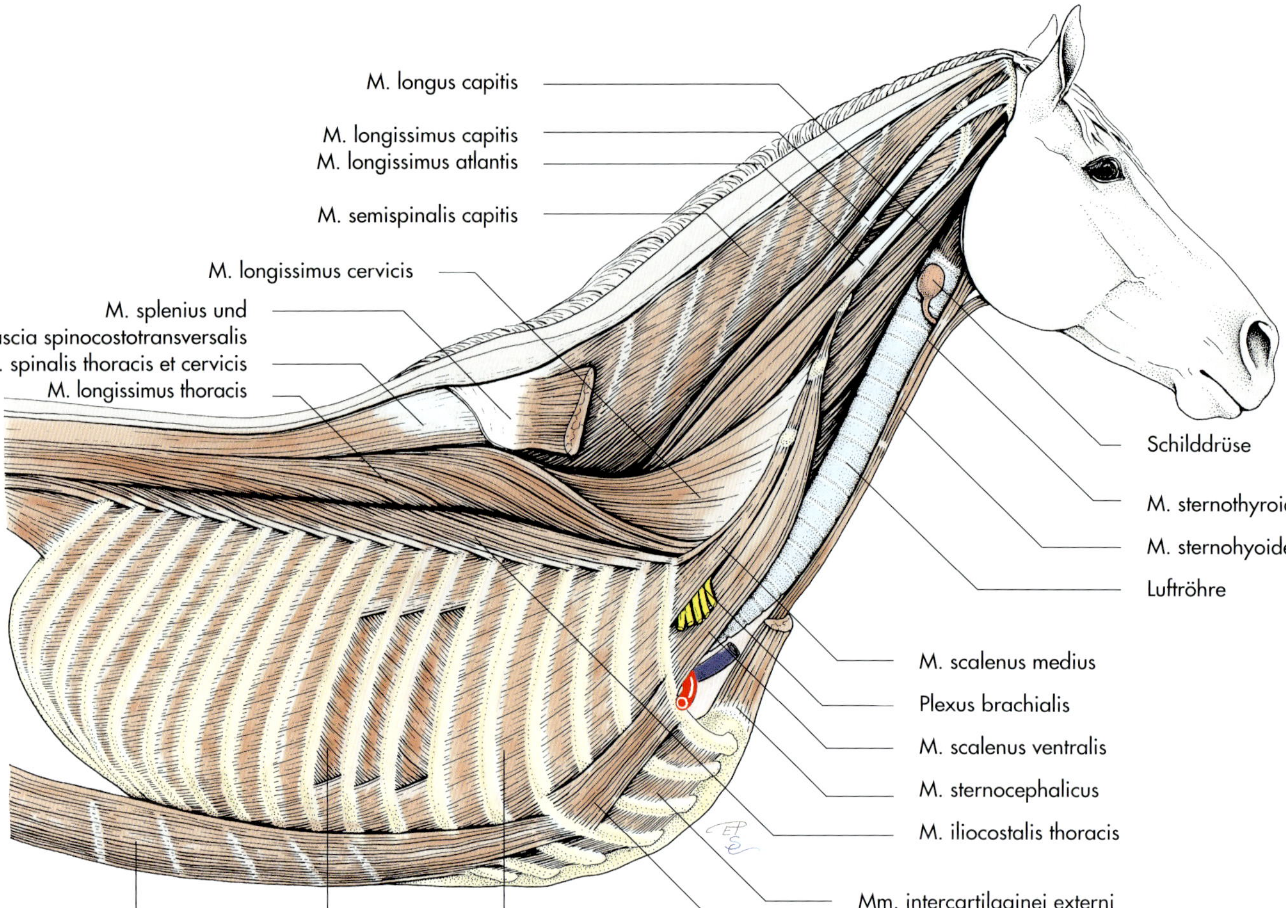


**Abb. 2-11.** Schematische Darstellung der oberflächlichen und mittleren Schicht der Stammesmuskulatur des Pferdes, nach Ghetie, 1954.

und den 5 bis 6 letzten Brustwirbeln bis zu den vorderen Halswirbeln reichen. Die Muskelgruppe dient bei beidseitiger Kontraktion der Fixation des Rückens und dem Heben des Halses, bei einseitiger Kontraktion werden Rücken und Hals zur Seite gebogen.

Der **M. semispinalis capitis (durchflochtener Muskel)** ist als Fortsetzung des M. spinalis et semispinalis thoracis et cervicis auf das Nacken- und Kopfgebiet zu sehen, lateral überlagert vom M. longissimus und M. splenius. Diese kräftige Muskelplatte füllt den Raum zwischen dem Hinterhauptsbein, der Halswirbelsäule und dem Nackenband. Seiner Lage nach kann eine dorsomediale Portion als **M. biventer cervicis** und eine ventrolaterale als **M. complexus** unterschieden werden. Der M. semispinalis capitis dient bei beidseitiger Kontraktion der Aufrichtung des Kopfes, einseitig können der Hals und der Kopf zur Seite bewegt werden.

Die **Mm. multifidi (vielästige Muskeln)** bilden die tiefste Schicht der langen Hals- und Rückenmuskeln (Abb. 2-13). Sie setzen sich aus zahlreichen Einzelzacken zusammen, die in segmentaler Anordnung von den Gelenk- und Zitzenfortsätzen, im Brustbereich auch von den Querfortsätzen, der kaudalen zu den Dornfortsätzen der vorausliegenden Wirbel ziehen. Sie verlaufen dorsokranial von der Lendenregion bis in das Halsgebiet und vermögen im Brustbereich bis zu 5 Wirbel zu überspringen. Kranial gehen diese Muskeln in die Mm. obliqui capitis, kaudal in die Schwanzmuskulatur über. Die Funktion der Mm. multifidi liegt in der Feinabstimmung von Bewegungsabläufen der langen Hals- und Rückenmuskulatur.

Die **Mm. rotatores (Dreher)** können auch zu den kleinen Hals- und Rückenmuskeln gerechnet werden (Abb. 2-13). Diese treten ausschließlich an Brustwirbeln auf und zwar nur in den Bereichen, die Drehbewegungen erlauben (1. bis 10. Brustwirbel bei Fleischfressern und Schwein, bis 12. bei den Wiederkäuern und bis 16. beim Pferd). Man unterscheidet kurze Muskelbündel, die zwischen den Querfortsätzen und Dornfortsätzen des vorausgehenden Wirbels verkehren (Fleischfresser), und die langen Dreher, die bei allen Haussäugetieren über zwei Segmente hinwegziehen.

**Tab. 2-8.** Lange Hals- und Rückenmuskulatur – mediales System.

| **Name**<br>**Innervation** | **Ursprung** | **Ansatz** | **Funktion** |
|---|---|---|---|
| **M. spinalis thoracis et cervicis** (Schwein/Pferd)<br>Dorsaläste der Hals-, Brust- und Lendennerven | Dornfortsätze eines oder mehrerer Wirbel | | Feststellen des Rückens und des Halses |
| **M. spinalis et semispinalis thoracis et cervicis** (Fleischfresser/Wiederkäuer)<br>Dorsaläste der Hals-, Brust- und Lendennerven | Dornfortsätze, Zitzen- und Querfortsätze der ersten Lenden- und hinteren Brustwirbel | Dornfortsätze des 1.–6. Brustwirbels und des 6./7. Halswirbels | Feststellen und Strecken des Rückens, Heben des Halses, einseitig: Seitwärtsbiegen des Rückens und des Halses |
| **M. semispinalis capitis**<br>Dorsaläste der Halsnerven | Fascia spinocostotransversalis, Querfortsätze der ersten 5–8 Brustwirbel, Gelenkfortsätze des 2.–7. Halswirbels | Squama occipitalis | Heben bzw. Seitwärtsbiegen des Kopfes |
| **M. multifidus**<br>Dorsaläste der Hals-, Brust- und Lendennerven | Gelenk- und Zitzenfortsätze vom Kreuzbein bis zum 3. Halswirbel | Dornfortsätze bzw. Dorsalbogen der vorausgehenden Wirbel, im Brustbereich auch Querfortsätze der Wirbel | Feststellen und Drehen der Wirbelsäule, Heben des Halses |
| **Mm. rotatores**<br>Rami dorsales der Brustnerven | Processus transversi | Processus spinosi | Feststellen und Drehen der Brustwirbelsäule |

## Kurze Hals- und Rückenmuskeln

Das laterale und mediale System der langen Hals- und Rückenmuskeln wird durch intersegmentale, kurze Abspaltungen ergänzt. Diese Gruppe spannt sich zwischen den Querfortsätzen der Wirbel (**intertransversales System**) und deren Spinalfortsätzen (**interspinales System**) (Tab. 2-9).

Man unterscheidet:

- Mm. interspinales,
- Mm. intertransversarii.

Die **Mm. interspinales (Zwischendornmuskeln)** verlaufen von den hinteren Wirbelkörpern der Halswirbelsäule bis zu den ersten Lendenwirbeln zwischen den jeweiligen Dornfortsätzen, bei den Huftieren meist sehnig durchsetzt, als kurze flächenhafte Bänder (Ligamenta interspinalia). Allein bei Fleischfressern sind diese muskulös und unterstützen das Durchbiegen der Wirbelsäule.

Die **Mm. intertransversarii (Zwischenquerfortsatzmuskeln)** verkehren zwischen den Querfortsätzen oder zwischen den Quer- und Gelenkfortsätzen bzw. den Mamillar- und Hilfsfortsätzen der Wirbelsäule. Vorzugsweise bei Fleischfressern und Pferd unterscheidet man **Mm. intertransversarii lumborum** als mediale Muskelbündel zwischen den Processus mamillares und den Processus transversi und **Mm. intertransversarii thoracis** als kraniale Fortsetzung im Brustbereich. Im Halsbereich spannen sich **Mm. intertransversarii dorsales et ventrales cervicis** zwischen den Transversalfortsätzen (Abb. 2-13).

Diese Muskelgruppe wirkt bei der Feinabstimmung des Bewegungsablaufs der Hals- und Lendenwirbelsäule mit. Sie hilft diese zu fixieren und zur Seite zu führen.

# Muskeln der Brustwand (Musculi thoracis)

Die Muskeln der Brustwand umfassen zwei unterschiedliche Gruppen, die zum einen der oberflächlichen bzw. der tiefen Schicht der **Schultergürtelmuskulatur** zugerechnet werden. Sie liegen als Mm. pectorales superficialis und als M. pectoralis profundus (oberflächliche und tiefe Brustmuskeln), als M. subclavius und als M. serratus ventralis thoracis im Brustbereich der Stammesmuskulatur außen auf. Diese Muskelgruppe wird im funktionellen Zusammenhang mit der Vordergliedmaße im Kapitel »Muskeln der Vorder- oder Schultergliedmaße« (s. S. 177) besprochen. Zum anderen bildet der folgende Teil dieser Muskelgruppe die Atmungsmuskeln.

## Atmungsmuskeln

Die Atmungsmuskeln setzen grundsätzlich am **Brustkorb (Thorax)** an, also an den beweglichen Rippen und Rippenknorpeln. Es sind dies Muskeln, die die Interkostalräume überspannen, sowie kleinere Muskeln, die lateral den Rippen anliegen (Tab. 2-10). Der wichtigste Atmungsmuskel ist darüber hinaus das **Zwerchfell (Diaphragma)**, das die Brusthöhle von der Bauchhöhle trennt.

Funktionell unterscheidet man Atmungsmuskeln, die die **Erweiterung des Brustraumes** bewirken, wodurch Luft in die Lunge einströmen kann. Sie bewirken die **Inspiration**. Andere dienen der

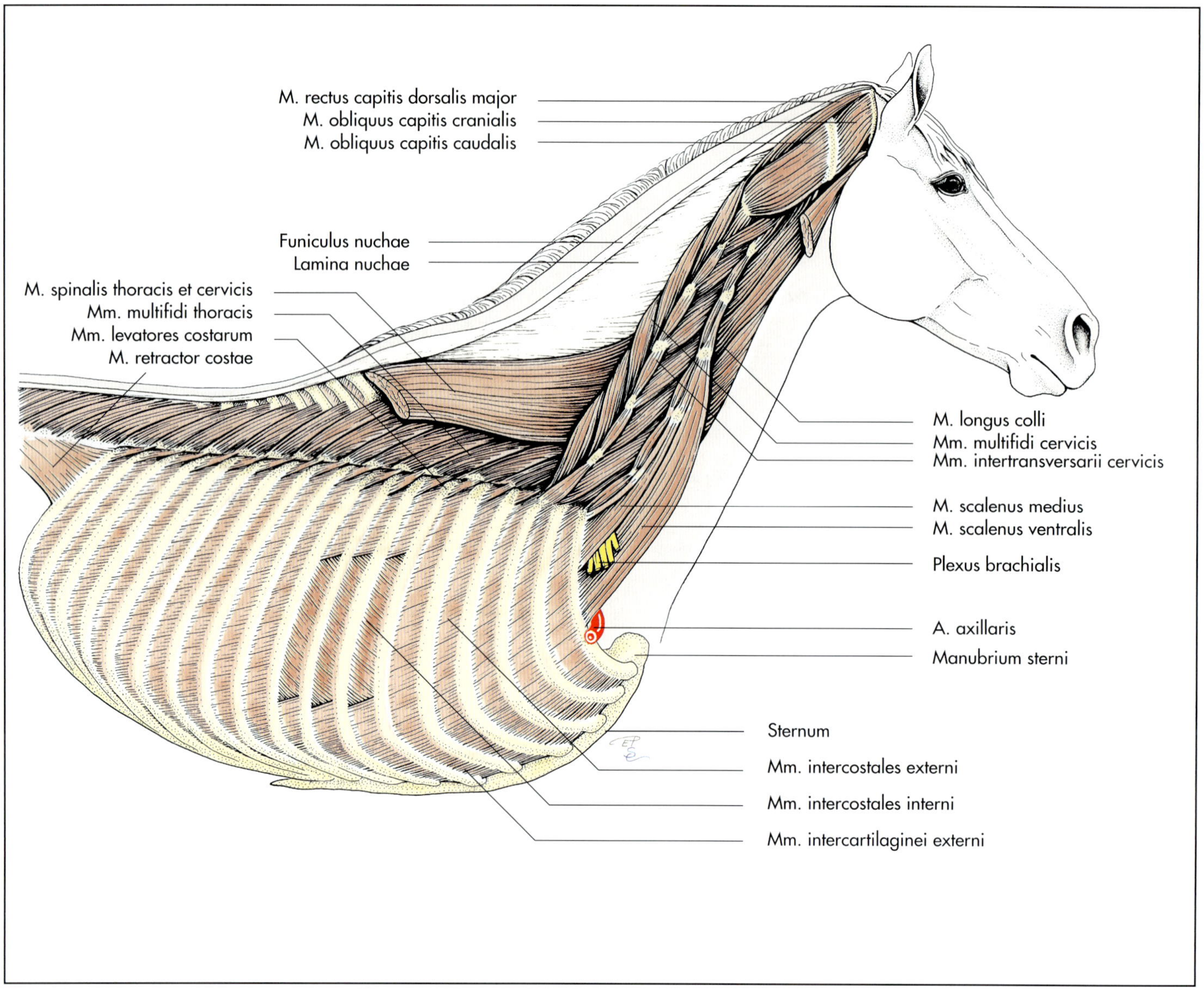


**Abb. 2-12.** Schematische Darstellung der tiefen Schichten der Stammesmuskulatur des Pferdes, nach Ellenberger und Baum, 1943.

**Verengung des Brustraumes** und pressen damit die Luft aus der Lunge und den Luftwegen. Diese Muskeln unterstützen die **Exspiration**. Inspiratoren drehen die Rippen nach vorne und außen, Exspiratoren nach hinten und innen. Die Interkostalmuskeln sind **metamere Muskeln**, in denen sich die embryonale Myotomgliederung widerspiegelt und die sich als kurze, ebenfalls metamere Wirbelsäulenmuskeln fortsetzen. Demzufolge werden sie auch von den entsprechenden segmentalen Interkostalnerven innerviert.

Nachfolgende Muskeln werden den **Atmungsmuskeln** zugeordnet:

- **Mm. serrati dorsales** mit ihren Anteilen:
  - M. serratus dorsalis cranialis,
  - M. serratus dorsalis caudalis,
- **Mm. intercostales** mit ihren Anteilen:
  - Mm. intercostales interni,
  - Mm. intercostales externi,
  - Mm. subcostales,
  - M. retractor costae,
- **Mm. levatores costarum**,
- **M. transversus thoracis**,
- **M. rectus thoracis**,
- **Diaphragma (Zwerchfell, Phren)** mit seinen Anteilen:
  - Pars lumbalis,
  - Pars costalis,
  - Pars sternalis und
  - Centrum tendineum.

Die **Mm. serrati dorsales (dorsale gezahnte Muskeln)** entspringen aponeurotisch aus der Fascia spinocostotransversalis, in der Medianen aus dem Lig. supraspinale und kaudal aus der Fascia thoracolumbalis und inserieren lateral der Mm. iliocostales an den Rippen. Entsprechend dem Verlauf ihrer Muskelfasern unterscheidet man einen **M. serratus dorsalis cranialis** und einen **M. serratus dorsalis caudalis** (Abb. 2-9).

Der **kraniale Teil** zieht an den Rippen von kraniodorsal in kaudoventraler Richtung, bei seiner Kontraktion dreht dieser Muskel die

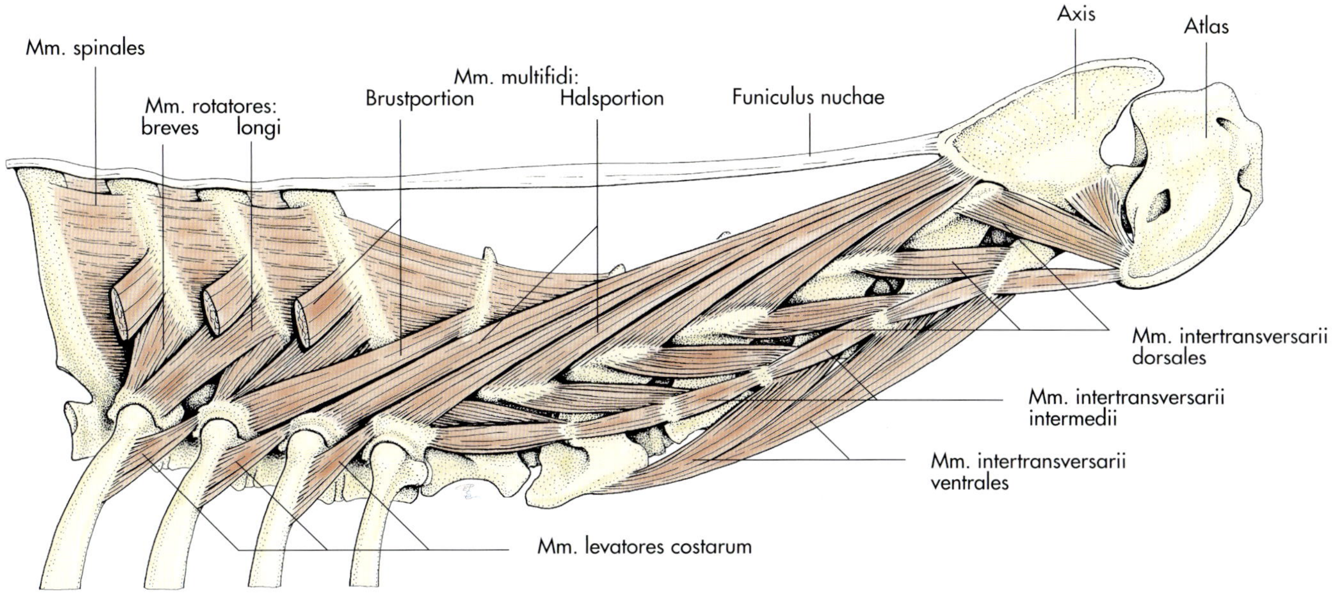


**Abb. 2-13.** Schematische Darstellung der tiefen Halsmuskulatur des Hundes.

Rippen nach außen, er dient damit der Inspiration. Bei Fleischfressern nimmt er von den ersten 6 bis 8 Brustwirbeln bis zur Fascia thoracolumbalis seinen Ursprung und zieht mit kräftigen Endzacken an den Vorderrand und die Seitenfläche der etwa 3. bis 10., beim Pferd bis zur 12. Rippe.

Der **kaudale Teil** zeigt einen entgegengesetzten Faserverlauf. Dieser ist von kaudodorsal nach vorne unten gerichtet und bewirkt demzufolge eine Drehung der Rippen nach hinten und innen. Der Muskel wird daher zu einem Exspirator. Bei Hund und Katze nimmt der M. serratus dorsalis caudalis seinen Ursprung aus der Fascia thoracolumbalis und setzt an der 9. bis 13. Rippe, beim Pferd am Hinterrand der 12. bis 18. Rippe an.

Die **Mm. intercostales (Zwischenrippenmuskeln)** lassen mindestens zwei Schichten unterscheiden, deren meist sehnige Fasern nahezu rechtwinklig zueinander verlaufen (Abb. 2-12). Die **Mm. intercostales interni** liegen tiefer im Interkostalraum und ziehen kranioventral vom Vorderrand der nachfolgenden Rippe zum Hinterrand der voranstehenden. Diese inneren Zwischenrippenmuskeln verlaufen lateral des N. intercostalis, sie unterstützen die Exspiration.

Oberflächlich von diesen gelegen, überspannen die **Mm. intercostales externi** die einzelnen Interkostalräume mit kaudoventraler Verlaufsrichtung (Abb. 2-12). Die äußeren Zwischenrippenmuskeln wirken als Inspiratoren. Sie füllen die Räume vom Ende der Wirbel bis zur Rippenfuge aus, ohne das Brustbein zu erreichen. Distal setzen sie sich als **Mm. intercartilaginei** zwischen den Rippenknorpeln fort. Im Bereich der letzten Rippe sind vorzugsweise bei Fleischfressern zwei bis drei Muskelbündel isolierbar, die, medial der Nn. intercostales gelegen, als **Mm. subcostales** bezeichnet werden. Diese Unterrippenmuskeln wirken ebenso wie der M. retractor costae als Exspiratoren.

Der **M. retractor costae** entspringt an den Querfortsätzen der ersten Lendenwirbel bzw. der Fascia thoracolumbalis und inseriert an der letzten Rippe.

**Tab. 2-9.** Kurze Hals- und Rückenmuskeln.

| Name<br>Innervation | Ursprung | Ansatz | Funktion |
|---|---|---|---|
| **Mm. interspinales**<br>Rami dorsales der Brustnerven,<br>Rami dorsales der Lendennerven | Processus spinosi | Processus spinosi | Feststellen und Durchbiegen der Brust- und Lendenwirbel |
| **Mm. intertransversarii**<br>Rami dorsales der Hals-, Brust- und Lendennerven | Processus transversi,<br>Processus mamillares | Processus transversi,<br>Processus articulares | Feststellen und Seitwärtsbiegen des Halses und der Lendenwirbelsäule |

Die **Mm. levatores costarum (Rippenheber)** erscheinen als muskulöse Verstärkung der äußeren Zwischenrippenmuskeln und sind von diesen auch schlecht zu trennen (Abb. 2-12). Sie nehmen ihren Ursprung an den Quer- und Zitzenfortsätzen des 1. bis vorletzten Brustwirbels und verlaufen schräg kaudoventral zum Winkel der nachfolgenden Rippe, an deren Vorderrand die einzelnen Muskelbündel inserieren. Der 1. Rippe fehlt demnach dieser Muskel. Diese Heber der Rippen werden von den Rami dorsales der segmentalen Brustnerven (Nn. thoracici) innerviert, sie liegen bedeckt vom M. iliocostalis und vom M. longissimus dorsi. Funktionell wirkt diese Muskelgruppe als Inspirator.

Der **M. transversus thoracis (Brustbeinmuskel)** liegt innen dem Brustbein und den Knorpeln der wahren Rippen an. Er stellt eine dreieckige Muskelplatte dar, die am Lig. sterni entspringt und an den Rippenknorpelsynchondrosen der 2. bis 8. Rippe inseriert. Seine Lage weist diesen Muskel als Einwärtszieher der Rippen und damit als Exspirator aus.

Der **M. rectus thoracis (gerader Brustkorbmuskel)** liegt platt, rechteckig außen den ersten drei bis vier Rippenknorpeln auf (Abb. 2-11). Er entspringt an der 1. Rippe und geht bei kaudoventralem Faserverlauf in eine flächenhafte Endsehne über, die sich in der Aponeurose des geraden Bauchmuskels fortsetzt. Dieser Muskel wirkt als Inspirator.

Das **Diaphragma (Zwerchfell, Phren)** tritt nur beim Säuger auf und ist eine in den Brustraum kuppelartig gewölbte Muskelplatte, die als sehnig-muskuläre Scheidewand die Brust- von der Bauchhöhle trennt (Abb. 2-14). Es wölbt sich mit seiner Kranialfläche so weit in den Brustkorb, dass ein großer Teil der Brustkorbhöhle noch zur Bauchhöhle als deren intrathorakaler Anteil gerechnet werden muss. Der am weitesten kranial reichende Teil wird als Zwerchfellscheitel **(Cupula diaphragmatis)** bezeichnet.

Das Zwerchfell wird brusthöhlenseitig von der **Fascia endothoracica** und dem **Brustfell** überzogen und ist mit Herz und Lunge durch seröse Häute verbunden. Bauchhöhlenseitig von der **Fascia transversalis** und dem **Bauchfell** überzogen, liegt dem Diaphragma die Leber an, verbunden mit Haltebändern. Dorsal steht das Zwerchfell durch kräftige Muskelpfeiler mit der Lendenwirbelsäule in Verbindung.

In der Medianen wird dorsal das Diaphragma im **Hiatus aorticus** von der Aorta, der V. azygos und dem Milchbrustgang (Ductus thoracicus) durchbohrt. Links und ventral von diesem liegt der Durchtritt der Speiseröhre **(Hiatus oesophageus)**. Rechts der Mittelebene zieht die hintere Hohlvene im sehnigen Teil durch das Zwerchfell **(Foramen venae cavae)**. Das Zwerchfell wird vom N. phrenicus versorgt, der von den Ventralästen der kaudalen Halsnerven abstammt.

Das Zwerchfell besteht aus einem peripheren Muskelring, der innen an der Wand des Brustkorbes entspringt **(muskulöser Teil)**, und aus rädiar angeordneten Fasern, die aus diesem in eine großflächige, zentrale Sehnenplatte einstrahlen **(sehniger Teil, Centrum tendineum, Zwerchfellspiegel)**.

Der **muskulöse Teil** kann unterteilt werden in eine:

- Pars lumbalis,
- Pars costalis,
- Pars sternalis.

Die **Pars lumbalis (Lendenteil)** setzt sich ihrerseits aus zwei Muskeln zusammen, die als rechter und linker Zwerchfellpfeiler (Crus dextrum und Crus sinistrum) bezeichnet werden. Beide Muskeln entspringen jederseits ventral an den 3. oder 4. Lendenwirbelkörpern, ziehen ventrokranial und nehmen in ihrem Verlauf im Hiatus aorticus die Aorta und den Ductus thoracicus zwischen sich auf. Vorzugsweise bei Fleischfressern ist der Lendenteil besonders muskulös ausgebildet (Abb. 2-14).

Der **rechte Zwerchfellpfeiler (Crus dextrum)** ist stärker ausgeprägt als der linke. Er teilt sich fächerförmig in einen Seitenschenkel, der rechtsseitig zum Centrum tendineum zieht, und zwei Ventralschenkel. Letztere verlaufen als ausgeprägte Muskelstränge kranioventral tief in den zentralen Sehnenspiegel und umgreifen schleifenartig die schlitzförmige Durchtrittsöffnung für die Speiseröhre und die Nervi vagi. Sie bilden den **Hiatus oesophageus**. Bei Fleischfressern ist die Unterteilung dieses Schenkels durch die Ausbildung von dorsalen, lateralen oder Seitenschenkeln und einem Zwischenschenkel sowie zwei medialen Ventralschenkeln weitergehender.

Der **linke Zwerchfellpfeiler (Crus sinistrum)** bleibt, mit Ausnahme der Fleischfresser, ungeteilt. Bei diesen ist neben dem Seitenschenkel auch ein Zwischenschenkel ausgebildet. Als Ganzes verläuft dieser Zwerchfellpfeiler am dorsalen Rand des Diaphragmas nach links und strahlt ins Centrum tendineum ein. Am dorsolateralen Rand der beiden Seitenschenkel **(Arcus lumbocostalis)**, ventral der Psoasmuskeln, liegen Brust- und Bauchfell direkt an.

Die **Pars costalis (Rippenteil)** des Zwerchfellmuskels entspringt dorsal an der Innenfläche der drei bis vier letzten Rippen beidseitig am Brustkorb und senkt sich bogenförmig entlang den Rippenknorpelverbindungen bis zur 8. Rippe bzw. in gleicher Höhe bis zum Schaufelknorpel. Die Endfasern strahlen radiär in das Centrum tendineum.

Die **Pars sternalis (Brustbeinteil)** des Zwerchfellmuskels entspringt dem Schaufelknorpel und strahlt von ventral in die beiden Rippenteile ein (Abb. 2-14).

Der **sehnige Teil**, das **Centrum tendineum (Zwerchfellspiegel)**, bildet mit der **Cupula diaphragmatis** als Scheitel den am weitesten kranial gelegenen Teil des Zwerchfells. Dieser liegt beim Hund während der »neutralen« Stellung zwischen tiefer Inspiration und voller Exspiration auf dem Niveau des ventralen Teils der sechsten Rippe bzw. des darauffolgenden Interkostalraums. Dies entspricht beim stehenden Tier etwa der Transversalebene durch das Olecranon.

Der Zwerchfellspiegel setzt sich bauchhöhlenseitig aus radiär einstrahlenden Endsehnen der Muskelfasern zusammen, die brusthöhlenseitig in der Tiefe durch zirkulär verlaufende Sehnenfasern geflechtartig verstärkt werden. Beide Lagen werden durch eine Zwischenschicht mit unregelmäßiger Faseranordnung verbunden. Das Centrum tendineum weist bei Fleischfressern in Hinblick auf die langen Schenkel eine Y-Form auf, es ist bei Huftieren hufsohlenförmig. Beidseitig der Zwerchfellpfeiler können demnach zwei dorsal ziehende Schenkel und ein ventraler unpaariger Körper unterschieden werden (Y-Form). Diese Schenkel schieben sich bis zum Dorsalrand des Diaphragmas und teilen die beiden Muskelanteile. Allein bei Fleischfressern ist diese Teilung unvollständig, da hier die Pars costalis und die Pars lumbalis verbunden bleiben.

Die **Zwerchfellkuppel (Cupula diaphragmatis)** wird vom Foramen venae cavae geformt, mit dessen Rand die hintere Hohlvene fest und unverschieblich verwachsen ist. Bei der Einatmung verschiebt sich dieser Fixpunkt geringfügig um einen Interkostalraum kaudoventral, beim Ausatmen kraniodorsal. Damit kann die Lage der Zwerchfellkuppel konstant zwischen dem dorsalen und mittleren Drittel des Vertikaldurchmessers der Brusthöhle im Bereich des 7. (Schwein und Wiederkäuer) bzw. des 7. oder 8.

**Tab. 2-10.** Muskeln der Brustwand.

| Name<br>Innervation | Ursprung | Ansatz | Funktion |
|---|---|---|---|
| **M. serratus dorsalis cranialis**<br>Nn. intercostales | Fascia spinocostotransversalis | Brustzacken ab der 2.–4. Rippe | Vorziehen der Rippen, Erweiterung des Brustkorbs |
| **M. serratus dorsalis caudalis**<br>Nn. intercostales | Fascia thoracolumbalis | ab der 9.–12. Rippe | Zurückziehen der Rippen, Verengung des Brustkorbs |
| **Mm. intercostales externi**<br>Nn. intercostales | Kaudalrand der Rippen | Kranialrand der folgenden Rippen | Vorziehen der Rippen, Erweiterung des Brustkorbs |
| **Mm. intercostales interni**<br>Nn. intercostales | Kranialrand der Rippen | Kaudalrand der vorhergehenden Rippen | Zurückziehen der Rippen, Verengung des Brustkorbs |
| **Mm. levatores costarum**<br>Rami dorsales der Nn. thoracici | Quer- und Zitzenfortsätze des 1. bis vorletzten Brustwirbels | Kranialrand des proximalen Teils der nachfolgenden Rippen | Vorziehen der Rippen, Erweiterung des Brustkorbs |
| **Mm. subcostales**<br>Nn. intercostales | schwache Muskelbündel zwischen den oberen Enden der Rippen | | Unterstützung der Mm. intercostales interni |
| **M. retractor costae**<br>N. costoabdominalis (Evans)<br>N. iliohypogastricus | Fascia thoracolumbalis | letzte Rippe | Rückziehen der Rippen |
| **M. rectus thoracis**<br>Nn. intercostales | 1. Rippe | 2.–4. Rippenknorpel | Vorziehen der ersten 3 Rippen, Erweiterung des Brustkorbs |
| **M. transversus thoracis**<br>Nn. intercostales | Ligamentum sterni | Articulationes costochondrales | Verengung des Brustkorbs |

(Fleischfresser und Pferd) Interkostalraums festgelegt werden. Von diesem Scheitel des Zwerchfells aus liegt das Diaphragma beim Pferd extrem schräg im Brustraum, bei den anderen Haussäugetieren weit steiler. Das Zwerchfell fällt kranial rasch zum Sternum ab und verläuft lateral und dorsal flach gewölbt an die Brustwand und an die Wirbelsäule.

Während der **Inspiration** spannt sich das Centrum tendineum durch die anliegenden Muskeln, die Form des Zwerchfells wird stumpf-kegelförmig. Unter Abflachung der seitlichen Brustwand werden die Bauchorgane kaudal verlagert, die Bauchwand beidseitig vorgewölbt. Durch diese Verlagerung wird die Brusthöhle kurzfristig kaudal erweitert, die Lunge sekundär gedehnt.

Während der **Exspiration** entspannt sich das Zwerchfell, die Bauchorgane schieben sich, unterstützt durch die Bauchmuskeln, wieder in die Brusthöhle und verengen so indirekt den Luftraum der Lunge.

## Muskeln der Bauchwand (Musculi abdominis)

Die Muskeln der Bauchwand stellen großflächig ausgebreitete, relativ dünne Muskelplatten dar, die zusammen mit ihren Endaponeurosen die muskulös-sehnige Grundlage der Bauchdecke bilden. Diese Muskeln liegen als Einzelmuskeln in **drei Schichten** übereinander, deren einzelne Lagen gegenläufig sich kreuzende Faserverläufe ihrer Muskelbündel erkennen lassen.

Die Bauchmuskeln entspringen am kranialen Beckenrand, in der Lendenregion sowie kaudal am Brustkorb, sie bilden die seitliche und ventrale Bauchwand. Diese geschichteten Muskelplatten inserieren bindegewebig aponeurotisch in sehnigen Einrichtungen, nämlich in der Medianen an der Linea alba sowie am Tendo praepubicus und am Leistenband (Lig. inguinale) (Abb. 2-17). Die Bauchmuskeln werden von Ventralästen der Thorakal- und Lumbalnerven versorgt.

Die **Linea alba** ist eine schmale Sehnenplatte (Abb. 2-16). Diese erstreckt sich von der Cartilago xiphoidea zum kranialen Rand der Beckensymphyse und inseriert hier in der Medianen als sehniger Strang am **Tendo praepubicus**. Sie wird in ihrem Verlauf paramedian von einem kräftigen, mit sehnigen Querstreifen versehenen Muskel, dem M. rectus abdominis, begleitet. Zu beiden Seiten des Tendo praepubicus spannt sich das **Leistenband (Lig. inguinale)** aus, das als Verstärkung der Fascia iliaca von der Eminentia iliopubica zum lateralen Darmbeinwinkel zieht (Abb. 2-15). Diese Spannsehne lässt in Verbindung mit der Fascia iliaca zum kranialen Beckenrand einen spaltförmigen Raum ausgespart, durch den Muskeln aus der Bauch- und Beckenhöhle zum Oberschenkel ziehen. Diese Übertrittszone wird als **Muskelpforte (Lacuna musculorum)** bezeichnet, durch sie treten der M. psoas major und die Mm. iliaci zusammen mit dem M. sartorius (Ausnahme: Fleischfresser) über.

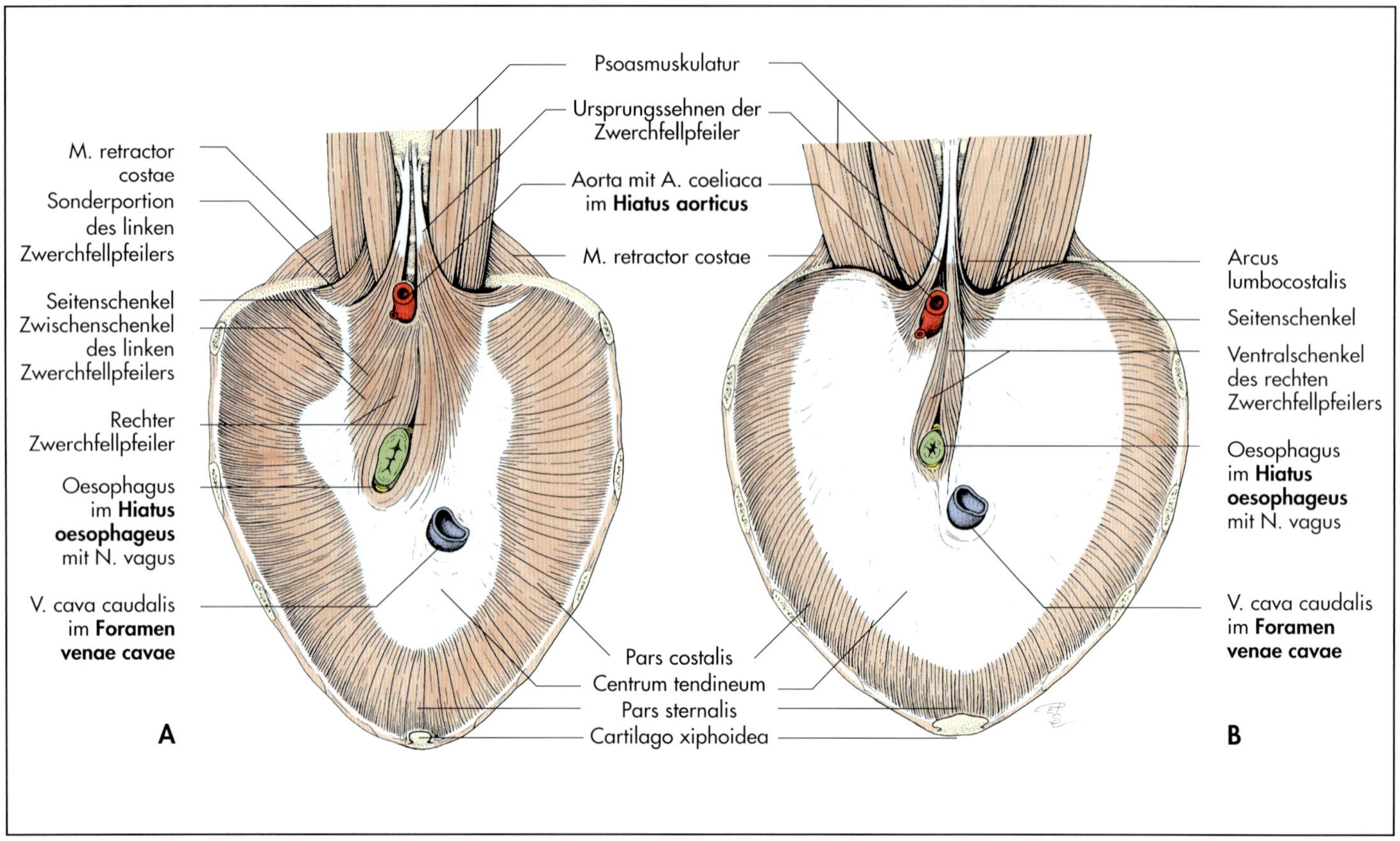


**Abb. 2-14.** Schematische Darstellung des Zwerchfells des Hundes **(A)** und des Pferdes **(B)** (Kaudalansicht).

In diesen vom Leistenband und der Darmbeinsäule begrenzten Raum miteingeschlossen liegt ventromedial die **Gefäßpforte (Lacuna vasorum)**, durch die die A. und V. iliaca externa und die A. und V. profunda femoris, der N. saphenus sowie Lymphgefäße ziehen.

Die **Linea alba** entwickelt sich bei der Entstehung der Leibeshöhlen embryonal aus der medianen Vereinigungslinie der beidseitigen Anteile des Mesoderms der Seitenzone (Abb. 2-16 u. 17). Im zentralen Bereich bleibt zum Durchtritt des embryonalen Harnsackes (Urachus) und der Nabelgefäße der **Nabelring (Anulus umbilicalis)** ausgespart, der sich postnatal zum **Nabel (Umbilicus, Omphalos)** schließt.

Die Linea alba dient der Verstärkung der Bauchdecke. Funktionell unterstützt wird diese Sehnenplatte durch die tiefe Rumpffaszie, mit der sie in der Medianen verschmilzt. Die **Fascia trunci profunda** ist ventral bei Großtieren mit starken Geflechten elastischer Fasern von gelblicher Eigenfarbe durchsetzt. Sie wird daher in diesem Bereich als **gelbe Bauchhaut (Tunica flava abdominis)** bezeichnet.

Die Bauchmuskeln weisen **vielfältige Funktionen** auf. Grundsätzlich übernehmen diese als Teil der Rumpfkonstruktion des Körpers statisch-dynamische Halte-, Stütz- und Tragefunktionen für die Eingeweide. Diese Muskeln unterstützen ferner aktiv die Endphase der Exspiration, vorzugsweise bei angestrengter Atmung. Dabei drücken sie die Baucheingeweide brustwärts. Kontrahieren sich die Bauchmuskeln gegen ein gespanntes Zwerchfell, spricht man von der Bauchpresse. Die damit verbundene Zunahme des intraabdominalen Drucks wirkt sich verstärkend auf die Kontraktion der Eingeweidemuskulatur aus und wird positiv während des Geburtsablaufes (Wehen), aber auch beim Absetzen von Harn und Kot genutzt.

Die Bauchmuskeln sind wesentlich auch an der **Fortbewegung** des Tieres beteiligt. Vorzugsweise bei Wiederkäuern und Pferd dienen sie während des Bewegungsablaufs der Feststellung der Wirbelsäule, bei einseitiger Kontraktion der Biegung des Rumpfes, bei beidseitiger Anspannung der Krümmung des Rückens (Untertreten der Nachhand im Galopp). Dieses Weitausgreifen der Hintergliedmaße ist bei Fleischfressern besonders ausgeprägt, dementsprechend ist bei diesen Tieren auch der muskulöse Anteil der Bauchmuskulatur gegenüber sehnigen Einlagerungen erheblich verstärkt. Nach **Lage** und **Bau** können an der Bauchwand vier Muskeln (Abb. 2-15, Tab. 2-11) unterschieden werden:

- M. obliquus externus abdominis,
- M. obliquus internus abdominis,
- M. transversus abdominis und
- M. rectus abdominis.

Der **M. obliquus externus abdominis (äußerer schiefer Bauchmuskel)** wird nach außen von der Fascia trunci profunda, der Tunica flava abdominis, der Fascia trunci superficialis und dem M. cutaneus trunci bedeckt (Abb. 2-15, 16 u. 17). Er ist der oberflächlichste der vier Bauchmuskeln. Der äußere schiefe Bauchmuskel nimmt flächig seinen Ursprung von der 4. bis 5. Rippe, verzahnt mit den Ursprungszacken des M. serratus ventralis. Seine Ursprungslinie steigt bogenförmig dorsal an und geht kaudal in die Fascia thoracolumbalis über. Entsprechend der Lage und Ausdehnung kann ein größerer **Brustanteil** bei Fleischfressern bis zur 12. Rippe, beim Pferd bis zur 18. Rippe unterschieden werden. Ein kaudal folgender kleinerer **Lendenteil** nimmt Ursprung an der letzten Rippe und der Fascia thoracolumbalis, beim Pferd zusätzlich noch am Tuber coxae.

**Tab. 2-11.** Muskeln der Bauchwand.

| Name<br>Innervation | Ursprung | Ansatz | Funktion |
|---|---|---|---|
| **M. obliquus externus abdominis**<br>Rami ventrales der Brust- und Lendennerven | Ursprungszacken an den letzten 8–10 Rippen an der Fascia thoracolumbalis | Linea alba und Ligamentum inguinale | Bauchpresse und Exspirationsmuskel, Tragen der Eingeweide |
| **M. obliquus internus abdominis**<br>Rami ventrales der Brust- und Lendennerven | Tuber coxae, Querfortsätze der Lendenwirbel, Fascia thoracolumbalis | Linea alba und letzte Rippe, Rippenbogen | Bauchpresse und Exspirationsmuskel, Tragen der Eingeweide |
| **M. transversus abdominis**<br>Rami ventrales der Brust- und Lendennerven | Querfortsätze der Lendenwirbel, Rippenknorpel | Linea alba | Bauchpresse und Exspirationsmuskel, Tragen der Eingeweide |
| **M. rectus abdominis**<br>Rami ventrales der Brust- und Lendennerven | Sternum, sternale Rippenknorpel ab der 4. Rippe | Tendo praepubicus und Pecten ossis pubis | Bauchpresse und Exspirationsmuskel, Tragen der Eingeweide |

Der größte Teil seiner Fasern verläuft fächerförmig kaudoventral, wobei die mehr dorsal gelegenen Muskelbündel eine eher horizontale Verlaufsrichtung einnehmen. Der **muskulöse Anteil** dieses Bauchmuskels geht etwa im unteren Viertel der Bauchwand (Fleischfresser) bzw. auf einer Verbindungslinie vom Ventralrand des Hüfthöckers zum Knorpelende der 5. Rippe (Pferd) in seinen **sehnigen Anteil,** die **Aponeurose,** über.

Die großflächige Aponeurose verschmilzt mit derjenigen des M. obliquus internus abdominis zum äußeren Blatt der **Rektusscheide (Vagina m. recti abdominis)** und inseriert zweigeteilt an der Linea alba und dem Tendo praepubicus (Bauchsehne) und dem Ligamentum inguinale (Beckensehne). In der Leistengegend weichen die bis dort einheitlichen Endsehnen auseinander und bilden zwischen sich einen oberflächlich gelegenen Spalt, den **äußeren Leistenring (Anulus inguinalis superficialis)** (Abb. 2-15 u. 17). Die Aponeurose der Bauchsehne formt hier als **Crus mediale** den kraniomedialen Rand, die Aponeurose der Beckensehne als **Crus laterale** den kaudolateralen Rand des äußeren Leistenrings.

Die Öffnung des Leistenrings ist dem Faserverlauf des Muskels entsprechend schlitzförmig von kraniolateral in Richtung kaudomedial. Der äußere Leistenring ist der äußere Anteil und Zugang zum **Leistenspalt (Canalis inguinalis** oder **Spatium inguinale)**, der bei männlichen Tieren den Scheidenhautfortsatz **(Processus vaginalis)** einschließlich Gefäßen und Nerven aufnimmt. Diesem ist außen der M. cremaster aufgelagert. Die Beckensehne gibt am lateralen Rand des Leistenrings an die Fascia medialis femoris ein **Schenkelblatt (Lamina femoralis)** ab, das den Schenkelspalt überzieht.

Bei Fleischfressern verschmilzt die **Bauchsehne** nach außen mit der Fascia trunci profunda, nach innen mit der Aponeurose des inneren schiefen Bauchmuskels zum äußeren Blatt der Rektusscheide. Diese Scheide verbindet sich mit sehnigen, transversal verlaufenden Faserbündeln des M. rectus abdominis **(Intersectiones tendineae)**. Die **Beckensehne** gibt das Crus laterale ab und vereinigt sich mit dem Crus med. zum Angulus caudalis des äußeren Leistenrings.

Beim Pferd geht die meist **kräftige Bauchsehne** in der Medianen in die Linea alba über, verstärkt durch die Tunica flava abdominis als Teil der tiefen Rumpffaszie. Ihre Endsehne legt sich als Crus mediale dem äußeren Leistenring medial an und setzt sich bis zum Tendo praepubicus als Insertionsstelle fort. Beim Pferd erreicht der äußere Leistenring eine Länge von ca. 10–12 cm, er liegt etwa 2 cm paramedian der Linea alba und gleich weit vor dem Tendo praepubicus.

Die Aponeurose der **kleineren Beckensehne** formt mit ihrem hinteren Rand das **sehnige Leistenband (Arcus inguinalis** oder **Ligamentum inguinale)**, das vom Tuber coxae zur Eminentia iliopubica und zum Tendo praepubicus zieht (Abb. 2-15 u. 17).

Der **M. obliquus internus abdominis (innerer schiefer Bauchmuskel)** liegt medial dem äußeren schiefen Bauchmuskel an, er entspringt am Tuber coxae sowie proximal am Leistenband und, mit Ausnahme des Pferdes, an den Lendenwirbelquerfortsätzen und aus der Fascia thoracolumbalis (Abb. 2-15, 16 u. 17). Von diesen Ursprungsstellen strahlt er fächerförmig kranioventral und weist damit dem äußeren schiefen Bauchmuskel gegenüber einen rechtwinklig kreuzenden Faserverlauf auf. Dieser Muskel geht in Höhe des Lateralrands des geraden Bauchmuskels in seine großflächige Aponeurose über, vereinigt sich mit der Sehnenplatte des M. obliquus externus abdominis, tierartlich unterschiedlich, zum **Außenblatt der Rektusscheide** und verbindet sich in der Linea alba mit der Aponeurose der anderen Körperseite.

Proximal lässt sich ein **Crus costocoxale** abspalten, das an der letzten Rippe und fortlaufend am Rippenbogen inseriert. Der innere schiefe Bauchmuskel bildet mit seinem kaudalen Rand die **vordere Begrenzung des inneren Leistenrings (Anulus inguinalis profundus)**. Den hinteren Rand stellt das **Leistenband (Arcus inguinalis** oder **Ligamentum inguinale)** dar. Die schlitzförmige Öffnung des inneren Leistenrings ist vorwiegend transversal gelegen, sie bildet den inneren Zugang zum **Leistenspalt (Canalis inguinalis** oder **Spatium inguinale)**. Aus dem Kaudalrand des M. obliquus internus abdominis spaltet sich bei männlichen Tieren ein schmales Muskelband, der **M. cremaster**, ab, der lateral dem Processus vaginalis anliegt und mit ihm durch den Leistenspalt zieht.

Der **M. transversus abdominis (Querbauchmuskel)** liegt medial vom inneren schiefen Bauchmuskel und ist der kleinste der

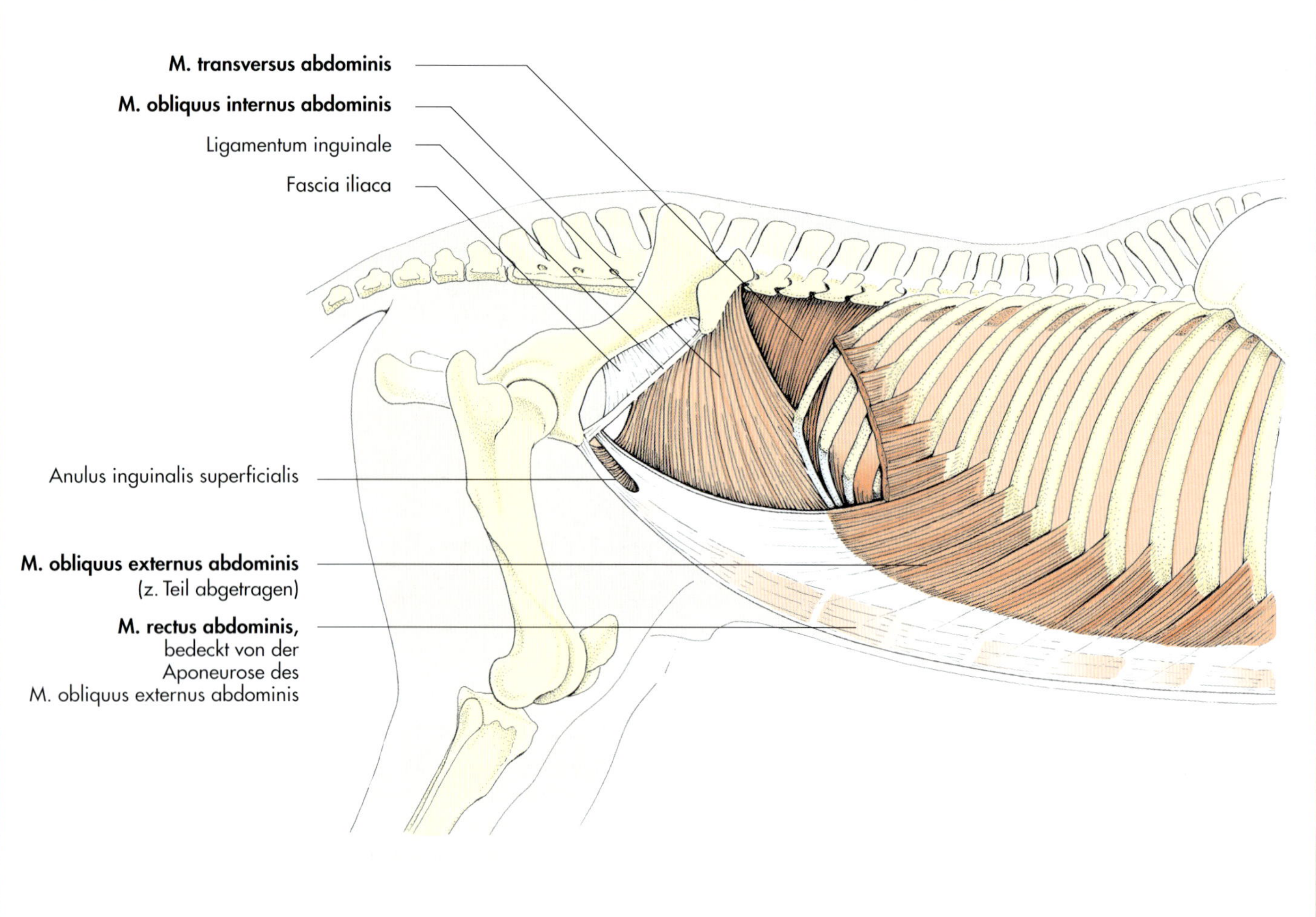


**Abb. 2-15.** Schematische Darstellung der Muskulatur der seitlichen Bauchwand des Pferdes (Lateralansicht).

Bauchmuskeln, weist jedoch einen breiten Ursprungsbereich auf (Abb. 2-15). Kranial schieben sich beim Pferd Muskelzacken innen an die Knorpel der 12 letzten Rippen (nur 12. und 13. Rippe beim Hund), verzahnt mit denen des Zwerchfells. Kaudal entspringen dünne Muskelbündel an den Querfortsätzen der Lendenwirbel. Seine hintere Begrenzung liegt etwa in Höhe des Tuber coxae.

Der Übergang vom muskulösen in den sehnigen Teil des Muskels erfolgt entlang des lateralen Randes des M. rectus abdominis. Seine Aponeurose bildet beim Pferd in ihrer gesamten Ausdehnung das **Innenblatt der Rektusscheide**. Da der Ansatz des M. transversus abdominis nur bis in Höhe des Tuber coxae reicht, fehlt das Innenblatt der Rektusscheide im kaudalen Bereich. Ebenso dehnt sich die Aponeurose dieses Muskels nicht bis in die Gegend des Leistenkanals aus. Gut genährte Pferde können zwischen der Fascia transversalis und diesem Muskel ein dickes Fettpolster (Panniculus adiposus internus) einschließen. Bei Fleischfressern tritt die Aponeurose kaudal des Nabels mit dem Außenblatt der Rektusscheide in Verbindung.

Der **M. rectus abdominis (gerader Bauchmuskel)** stellt gegenüber den angeführten drei Muskelschichten insofern eine Ausnahme dar, als dieser nicht in einer eigenständigen Aponeurose ausläuft (Abb. 2-15 u. 16). Der gesamte Muskel liegt ventral der Bauchwand an und wird tierartlich unterschiedlich von den Aponeurosen der anderen Bauchmuskeln umhüllt. Diese sehnige Scheide um den M. rectus abdominis wird als **Rektusscheide (Vagina musculi recti abdominis)** bezeichnet. Der M. rectus abdominis entspringt sehnig an den sternalen Rippenknorpeln und an benachbarten Anteilen des Brustbeins und zieht mit ausschließlich **sagittalem Faserverlauf** bis zum **Tendo praepubicus**, an dem er inseriert. Beim Pferd zweigt die Endsehne einen Sehnenstrang ab, der als Ligamentum accessorium ossis femoris zum Hüftgelenk zieht und am Femurkopf inseriert. Dieses Band verbindet sich mit dem Ligamentum capitis ossis femoris und wirkt im Hüftgelenk als Fixationsband.

## Rektusscheide (Vagina musculi recti abdominis)

Die Rektusscheide umhüllt außen und innen den M. rectus abdominis im Bauchbereich mit **Sehnenplatten,** an denen die **Fascia trunci profunda** sowie die Aponeurosen der **übrigen drei Bauchmuskeln** beteiligt sind (Abb. 2-16). Unter Vernachlässigung tierartlicher und regionaler Unterschiede kann ein allgemeiner Bauplan festgehalten werden. Danach bilden die Aponeurosen der beiden schiefen Bauchmuskeln das **äußere Blatt der Rektusscheide (Lamina externa)**, das dem M. rectus abdominis ventral anliegt. Die Aponeurose des M. transversus abdominis überzieht unter Bildung des **Innenblattes der Rektusscheide (Lamina interna)** dorsal den geraden Bauchmuskel. Beide Blätter verschmelzen in der Linea alba. Die geschilderte Ausdehnung trifft für die Wiederkäuer und das Pferd im Bereich der gesamten ventralen Bauchwand zu, ebenso wie für die Fleischfresser und das Schwein in der Nabelregion.

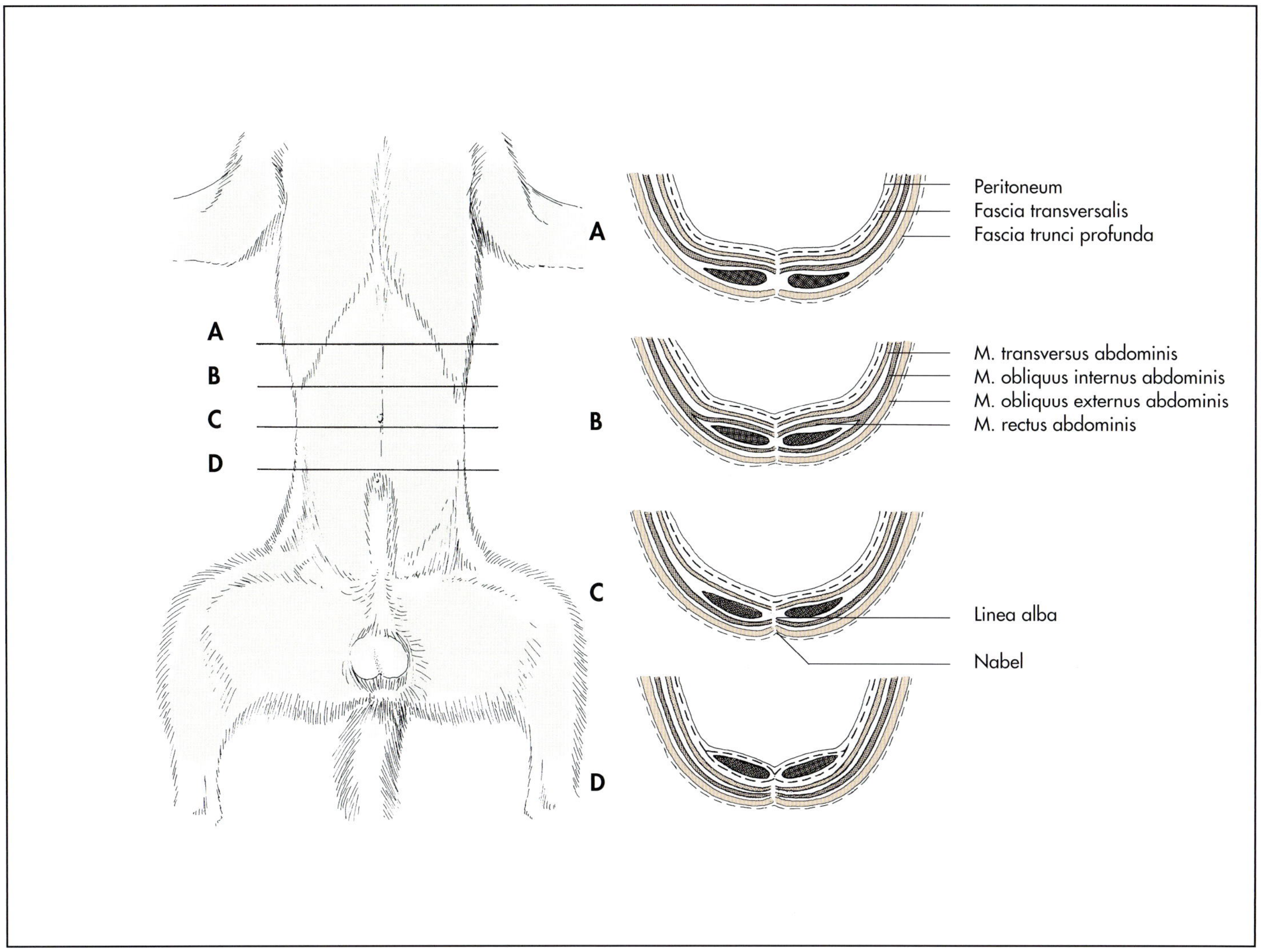


**Abb. 2-16.** Schematische Darstellung der Rektusscheide an Querschnitten durch die ventrale Bauchwand des Hundes, nach Budras, 1996.

Bei Fleischfressern spaltet sich im kranialen Bauchbereich die Aponeurose des inneren schiefen Bauchmuskels und gibt ein Blatt an das innere Blatt der Rektusscheide ab. Im Beckenbereich tritt die Aponeurose des M. transversus abdominis allmählich nach außen über und bildet mit den beiden schiefen Bauchmuskeln das Außenblatt der Rektusscheide, unterstützt von der Fascia transversalis. Damit wird bei Fleischfressern im Beckeneingang der M. rectus abdominis zur Bauchhöhle hin nur von der Fascia transversalis und dem Bauchfell überzogen.

## Leistenkanal (Canalis inguinalis)

Der Leistenkanal wird bereits embryonal in der Leistenregion angelegt, durch ihn gleitet bei männlichen Tieren und der Hündin vor oder kurz nach der Geburt der Scheidenhautfortsatz (Processus vaginalis).

Die **äußere Öffnung des Leistenkanals**, auch Ausgang oder **äußerer Leistenring (Anulus inguinalis superficialis)** benannt, liegt beim Pferd etwa 4–5 cm seitlich der Medianen (Linea alba) und zwei Finger breit kranial des Pecten ossis pubis (Abb. 2-15 u. 17). Der äußere Leistenring ist bei einem mittelgroßen Pferd etwa 10–12 cm lang, deutlich abgesetzt, mit einer schlitzförmigen Öffnung von vorne außen nach hinten innen. Seine ventromediale Begrenzung wird vom medialen Schenkel der Bauchsehne des äußeren schiefen Bauchmuskels gebildet (Crus mediale), seine dorsolaterale entsteht durch die Beckensehne ebendieses Bauchmuskels (Crus laterale). Der ventromediale Rand des äußeren Leistenrings kann beim Pferd durch die Haut zwischen Bauchwand und Oberschenkel getastet werden. Die dorsolaterale Begrenzung wird durch das Schenkelblatt (Lamina femoralis) bedeckt und ist damit nicht tastbar.

Die **innere Öffnung des Leistenkanals,** auch Eingang oder **innerer Leistenring (Anulus inguinalis profundus)** genannt, liegt beinahe transversal zur Körperlängsachse (Abb. 2-17). Der Kaudalrand des M. obliquus int. abdominis begrenzt kraniomedial zusammen mit dem lateralen Rand des M. rectus abdominis den inneren Leistenring. Kaudolateral wird er vom Leistenband begrenzt, das die verdickte kaudale Verstärkung der Beckensehne des äußeren schiefen Bauchmuskels darstellt. Das Leistenband zieht vom Hüfthöcker bis zur Eminentia iliopubica und zum Tendo praepubicus.

Durch den Leistenkanal tritt beim adulten männlichen Tier vom lateralen Winkel des inneren Leistenrings zum kaudomedialen des äußeren Leistenrings der Scheidenhautfortsatz (Processus vaginalis). Dieser schließt den Samenstrang sowie den außen anliegenden M. cremaster ein. Der Samenstrang kann beim Pferd durch die Haut und den Processus vaginalis hindurch gefühlt werden.

Unmittelbar kaudal des Processus vaginalis treten im kaudomedialen Winkel des äußeren Leistenrings verschiedene Blut- und

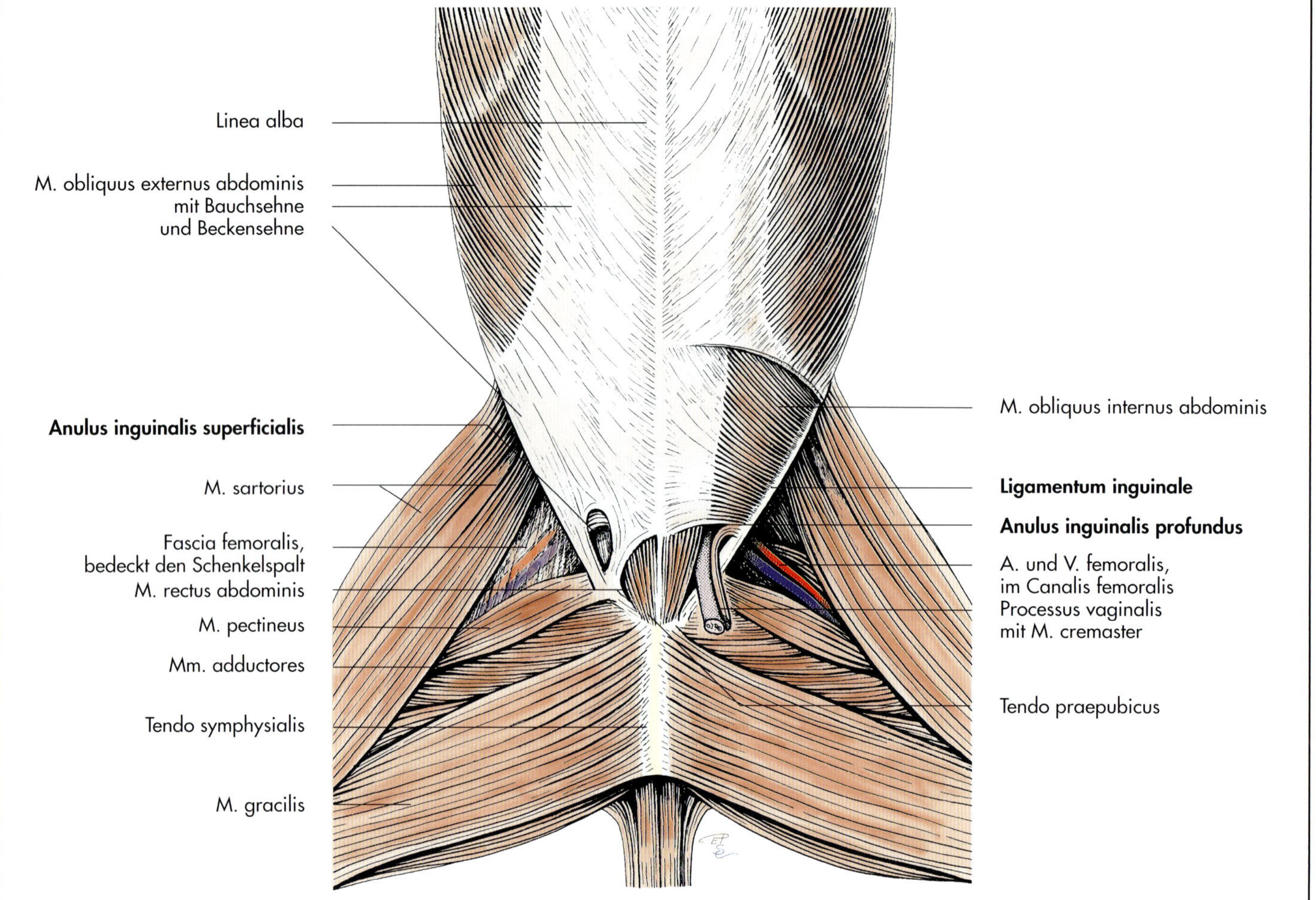


**Abb. 2-17.** Schematische Darstellung der Muskulatur der Bauchwand und medial am Oberschenkel des Hundes (Ventralansicht).

Lymphgefäße (A. und V. pudenda externa, Vasa efferentia der oberflächlichen Leistenlymphknoten) und der N. genitofemoralis durch den Leistenkanal. Bei weiblichen Tieren, mit Ausnahme der Hündin, ist kein Processus vaginalis vorhanden, durch den engen Leistenkanal treten die A. und V. pudenda externa sowie der N. genitofemoralis hindurch. Der bei ca. 80% der Hündinnen vorkommende Processus vaginalis enthält das dem Hodenleitband entsprechende Ligamentum teres uteri.

Der Leistenregion kommt besondere klinische Bedeutung in Hinblick auf Kastration, Leistenbrüche oder Kryptorchismus zu.

## Muskeln des Schwanzes (Musculi caudae)

Der Schwanz übernimmt bei den Haussäugetieren unterschiedliche Funktionen, ist dieser doch über den Rumpf hinausreichend frei beweglich. Er kann den Bewegungsablauf des Körpers mit beeinflussen. Darüber hinaus sind arttypische Haltung und Bewegungen oftmals Ausdruck individuell-psychischer Motivationen. Die Muskeln des Schwanzes sitzen in regelmäßiger Anordnung rings um die Schwanzwirbel, sie entspringen aus Muskeln der Wirbelsäule oder denen des Beckens und werden als deren Fortsetzung in den Schwanz gesehen.

Man unterscheidet als Wirbelsäulen-Schwanz-Muskeln nach Lage und Funktion:

- **Heber des Schwanzes**:
  - M. sacrococcygeus dorsalis medialis,
  - M. sacrococcygeus dorsalis lateralis,
- **Niederzieher des Schwanzes**:
  - M. sacrococcygeus ventralis medialis,
  - M. sacrococcygeus ventralis lateralis,
- **Seitwärtszieher des Schwanzes**:
  - Mm. intertransversarii caudae,
- **Becken-Schwanz-Muskeln**:
  - M. coccygeus,
  - M. iliocaudalis und
  - M. pubocaudalis.

Die **Wirbelsäulen-Schwanz-Muskeln** liegen dorsal, seitlich und ventral der Schwanzwirbelsäule an, sie überspannen die einzelnen Wirbel und deren Zwischenwirbelscheiben (Abb. 2-18, Tab. 2-12). Die Heber des Schwanzes verlaufen dorsal auf den Schwanzwirbeln und ziehen vom Kreuzbein (bei Fleischfressern vom letzten Lendenwirbel) bis zu den mittleren bzw. letzten Schwanzwirbeln.

**Tab. 2-12.** Muskeln des Schwanzes.

| Name<br>Innervation | Ursprung | Ansatz | Funktion |
|---|---|---|---|
| **M. sacrococcygeus dorsalis lateralis**<br>Kreuz- und Schwanznerven | Kreuzbein | mittlere und letzte Schwanzwirbel | Heben des Schwanzes |
| **M. sacrococcygeus dorsalis medialis**<br>Kreuz- und Schwanznerven | Kreuzbein | mittlere und letzte Schwanzwirbel | Heben des Schwanzes |
| **M. sacrococcygeus ventralis lateralis**<br>Kreuz- und Schwanznerven | ventral am Kreuzbein | mittlere und letzte Schwanzwirbel | Niederziehen des Schwanzes |
| **M. sacrococcygeus ventralis medialis**<br>Kreuz- und Schwanznerven | ventral am Kreuzbein | mittlere und letzte Schwanzwirbel | Niederziehen des Schwanzes |
| **Mm. intertransversarii caudae**<br>Kreuz- und Schwanznerven | verbindet die Querfortsätze der Schwanzwirbel | | Seitwärtsziehen des Schwanzes |
| **M. coccygeus**<br>Kreuz- und Schwanznerven | Spina ischiadica und Ligamentum sacrotuberale | Querfortsätze der ersten Schwanzwirbel | Seitwärtsziehen des Schwanzes |
| **M. iliocaudalis**<br>(nur Fleischfresser)<br>Kreuz- und Schwanznerven | medial an der Darmbeinsäule | Hämalfortsätze der ersten Schwanzwirbel | Niederziehen des Schwanzes |
| **M. pubocaudalis**<br>(nur Fleischfresser)<br>Kreuz- und Schwanznerven | Beckensymphyse | Hämalfortsätze der ersten Schwanzwirbel | Niederziehen des Schwanzes |

Der **M. sacrococcygeus dorsalis medialis (kurzer Heber des Schwanzes)** verkehrt zwischen den Dorn- und Zitzenfortsätzen der Schwanzwirbel in Form kurzer Einzelsegmente (Abb. 2-18). Er liegt bei Fleischfressern vom 6./7. Lendenwirbel dorsal der Medianen bis zum letzten Schwanzwirbel. Man unterscheidet tiefe, kurze Muskelfaserbündel, die stark segmentiert vom Dornfortsatz des vorausgehenden zum Zitzenfortsatz des nachfolgenden Wirbels ziehen. Oberflächliche, lange Faserbündel überspringen 4 bis 5 Wirbel bis zum 5. Schwanzwirbel und laufen spitzenwärts allmählich aus.

Der **M. sacrococcygeus dorsalis lateralis (langer Heber des Schwanzes)** liegt lateral des kurzen Hebers und wird als Verlängerung des M. longissimus kaudal auf die Schwanzwirbel gesehen (Abb. 2-18). Er entspringt beim Hund aus der Aponeurose des M. longissimus und sehnig an den Zitzenfortsätzen des 2. bis 7. Lendenwirbels, den Gelenkfortsätzen des Kreuzbeins und den Rudimenten der Zitzenfortsätze der ersten 8 Schwanzwirbel. Dieser Muskel ist aus Einzelportionen zusammengesetzt, die vom 2. Kreuzwirbel bis zum 14. Schwanzwirbel ziehen. Die Endsehnen laufen als zarte Stränge schräg gestellt, spitz zulaufend bis zum Schwanzende allmählich aus, eingebettet in die tiefe Schwanzfaszie. Bei Wiederkäuern und beim Pferd sind zusätzlich Ursprungssehnen an der Pars lateralis des Kreuzbeins erkennbar.

Der **M. sacrococcygeus ventralis medialis (kurzer Niederzieher des Schwanzes)** liegt vom letzten Kreuzwirbel bis zur Schwanzspitze der Wirbelsäule ventral an (Abb. 2-18). Dieser strangartige Muskel formt paramedian mit dem der anderen Seite eine Rinne, die die A. und V. coccygea mediana aufnimmt. Seine Sehnen vereinigen sich mit denen des M. sacrococcygeus ventralis lateralis.

Der **M. sacrococcygeus ventralis lateralis (langer Niederzieher des Schwanzes)** nimmt seinen Ursprung bei den Fleischfressern in Form zahlreicher Einzelmuskeln lateral und ventral des kurzen Niederziehers vom letzten Lendenwirbelkörper und dem Kreuzbein sowie ventral und an den Wurzeln der Querfortsätze der ersten 11 Schwanzwirbelkörper (Abb. 2-18). Die langen Niederzieher inserieren am ventrolateralen Höcker des kranialen Wirbelendes vom 6. bis letzten Schwanzwirbelkörper.

Bei den Huftieren entspringt er als kräftiger Muskelstrang vom 2. bis 3. oder letzten Kreuzwirbel und an den Querfortsätzen des ersten Schwanzwirbels.

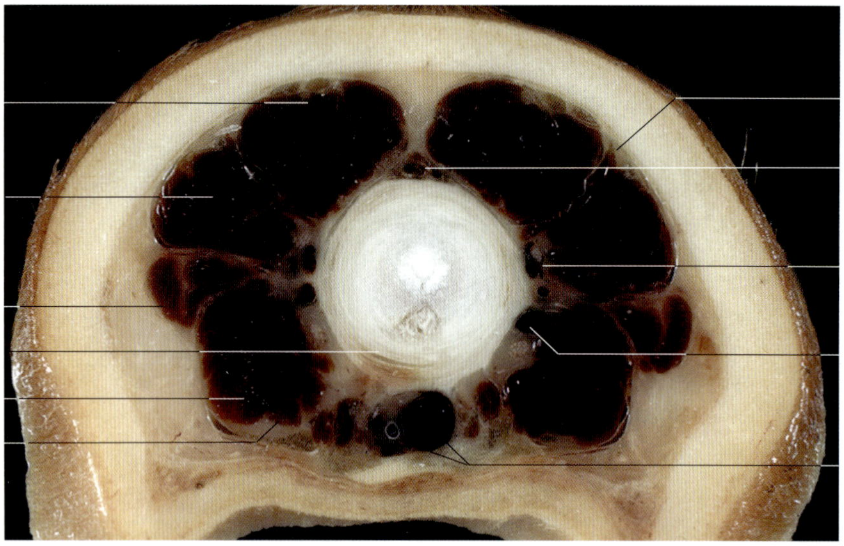


**Abb. 2-18.** Querschnitt an der Schwanzbasis eines Rindes (S-10-Plastinat), Präparat L. Hnilitza, Wien.

Die **Mm. intertransversarii caudae (Zwischenquerfortsatzmuskeln)** wirken als Seitwärtszieher des Schwanzes. Sie liegen zwischen dem langen Heber und dem langen Niederzieher des Schwanzes seitlich der Schwanzwirbelsäule an (Abb. 2-18). Diese Muskelgruppe ist zwischen die Querfortsätze der Schwanzwirbel ausgespannt, sie ist bei Wiederkäuern und beim Pferd besonders ausgeprägt.

Bei Fleischfressern können dorsale und ventrale Faserbündel unterschieden werden. Der **M. intertransversarius dorsalis caudae** entspringt in Einzelbündeln am Ligamentum sacroiliacum dorsale und kaudal am Kreuzbein. Sein anfänglich kräftiger Muskelbauch nimmt in Höhe der Processus transversi der ersten Schwanzwirbel Verstärkungsbündel auf und inseriert beim Hund am Querfortsatz des 5. Schwanzwirbels. Der **M. intertransversarius ventralis caudae** zieht vom 3. Schwanzwirbel bis in die Schwanzspitze.

Die **Becken-Schwanz-Muskeln** sind eigenständige Muskeln, die vom Becken an die Quer- und Hämalfortsätze der ersten Schwanzwirbel zwischen die Heber und Niederzieher einstrahlen.

Der **M. iliocaudalis (Darmbein-Schwanz-Muskel)** und der **M. pubocaudalis (Schambein-Schwanz-Muskel)** treten nur bei Fleischfressern auf, beide sind Bestandteile des M. levator ani. Seine Darmbeinanteile (M. iliocaudalis) beginnen medial an der Darmbeinsäule, die Schambeinportion (M. pubocaudalis) am Boden des Beckens über die gesamte Ausdehnung der Beckensymphyse. Beide Portionen, zwischen denen der N. obturatorius hindurchtritt, enden in der Schwanzfaszie und an den Hämalfortsätzen des 1. bis 3. (Katze) bzw. des 4. bis 7. (Hund) Schwanzwirbels.

Der **M. coccygeus (langer Seitwärtszieher des Schwanzes)** nimmt beim Schwein, bei Wiederkäuern und beim Pferd seinen Ursprung an der Innenseite des breiten Beckenbands. Bei Fleischfressern entspringt er vor dem M. obturatorius internus an der Spina ischiadica und inseriert an den Querfortsätzen der ersten Schwanzwirbel zwischen Anteilen des M. intertransversarius caudae. Er bewirkt neben einem Seitwärtsziehen bei beidseitiger Kontraktion das Einklemmen des Schwanzes.

# 3 Vorder- oder Schultergliedmaßen (Membra thoracica)

H.-G. Liebich, J. Maierl und H. E. König

## Knochen der Schultergliedmaße (Ossa membri thoracici)

### Schultergürtel (Cingulum membri thoracici)

Der Schultergürtel (Abb. 3-2) setzt sich aus dem **Rabenschnabelbein (Os coracoideum)**, dem **Schlüsselbein (Clavicula)** und dem **Schulterblatt (Scapula)** zusammen, er verbindet die Schultergliedmaße mit dem Rumpf.

Das **Rabenschnabelbein** ist bei den Haussäugetieren rudimentär, es bildet medial an der Scapula einen zylindrischen Fortsatz (Processus coracoideus) aus. Das **Schlüsselbein** fehlt den Haussäugetieren in der beim Menschen ausgeprägten knöchernen Form und Funktion. Allein bei der Katze tritt die Clavicula als ein stäbchenförmiges oder plattes, leicht gebogenes Knöchelchen von 2–5 cm Länge, beim Hund als ein Knochenstückchen von etwa 1 cm ohne Verbindung mit dem Skelett auf. Bei den Huftieren wird an dessen Stelle ein bindegewebiger Streifen ausgebildet. Die Clavicula liegt in jedem Fall im Verschmelzungsbereich des M. brachiocephalicus und ist bei den Fleischfressern radiologisch nachweisbar (Abb. 3-1).

### Schulterblatt (Scapula)

Das Schulterblatt ist ein dreieckiger, platter Knochen, der bilateral in kranioventraler Richtung dem vorderen Thoraxbereich anliegt und allein durch Muskeln **(Synsarcosis)** und nicht gelenkig mit dem Rumpf verbunden ist. Sein proximaler **Rand (Margo dorsalis)** weist zur Wirbelsäule, ihm liegt der **Schulterblattknorpel (Cartilago scapulae)** auf. Bei den Huftieren verlängert dieser als eine halbmondförmige Knorpelplatte die Oberfläche der Scapula und ermöglicht der Muskulatur den Ansatz, er dient auch der Stoßbrechung. Der Knorpel verkalkt mit zunehmendem Alter und wird brüchig. Beim Pferd überragt der Schulterblattknorpel den Rückenwinkel und reicht bis an den Widerrist. Bei Fleischfressern ist dieser nur als schmaler Knorpelsaum entwickelt. Das Auftreten und der Zeitpunkt der Verschmelzung der Ossifikationskerne sind in Tab. 3-1 dargestellt.

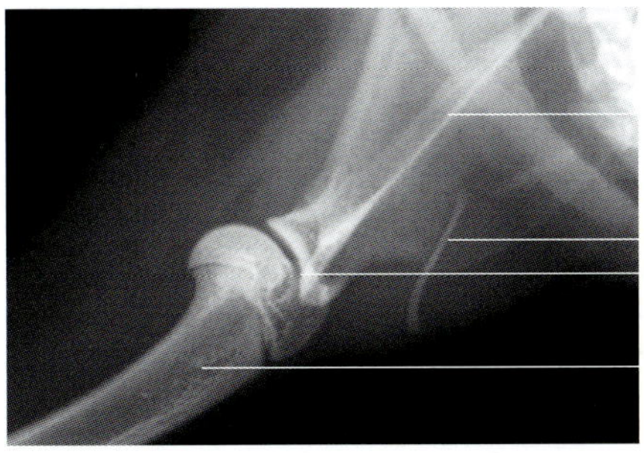


**Abb. 3-1.** Schultergelenk einer Katze mit Clavicula (Röntgenbild, dorsoventraler Strahlengang), Aufnahme Prof. Dr. Ulrike Matis, München.

Die Scapula weist eine **Lateralfläche (Facies lateralis)** mit markanten Knochenprofilen zur Anheftung von Muskulatur auf, ihre den **Rippen zugewandte Fläche (Facies costalis** seu **medialis)** ist demgegenüber flach vertieft und bietet ebenfalls der Muskulatur Ansatz. Die **Lateralfläche (Facies lateralis)** wird durch die prominente Schulterblattgräte **(Spina scapulae)** in eine meist kleinere **kraniale Grätengrube (Fossa supraspinata)** und eine größere **kaudale Grätengrube (Fossa infraspinata)** unterteilt (Abb. 3-4, 6 u. 7). Die Grätengruben dienen gleichnamigen Muskeln als Ursprungsfläche. Die Spina scapulae erstreckt sich vom Dorsalrand bis zum Angulus ventralis, nimmt in ihrem Verlauf flach an Höhe zu und bildet kurz vor der Mitte die **Grätenbeule (Tuber spinae scapulae)** aus. Diese fehlt den Fleischfressern. Nahe dem Gelenkwinkel ist bei Fleischfressern und bei Wiederkäuern ein **Gräteneck (Acromion)** als markante Erhebung ausgebildet. Beim Hund ist dieses zum Processus hamatus, bei der Katze zusätzlich zum Processus suprahamatus ausgezogen. Bei Schwein und Pferd läuft die Spina scapulae flach aus.

Die **Rippenfläche (Facies costalis** seu **medialis)** ist zentral zu einer **seichten Grube (Fossa subscapularis)** vertieft, die vom Ursprungsgebiet des M. subscapularis ausgefüllt wird (Abb. 3-6 u. 7). Am proximalen Rand grenzt sich eine **Facies serrata** als angeraute Dorsalfläche ab, die dem M. serratus ventralis zum Ansatz dient. Diese Fläche wird umrandet von teilweise scharfen Knochenrändern, die zueinander in Winkeln stehen. Man unterscheidet, beginnend am Margo dorsalis, gegen den Uhrzeiger einen:

- Nackenwinkel (Angulus cranialis),
- Halsrand (Margo cranialis),
- Gelenkwinkel (Angulus ventralis),
- Achselrand (Margo caudalis),
- Rückenwinkel (Angulus caudalis) und
- wirbelseitigen Rand (Margo dorsalis).

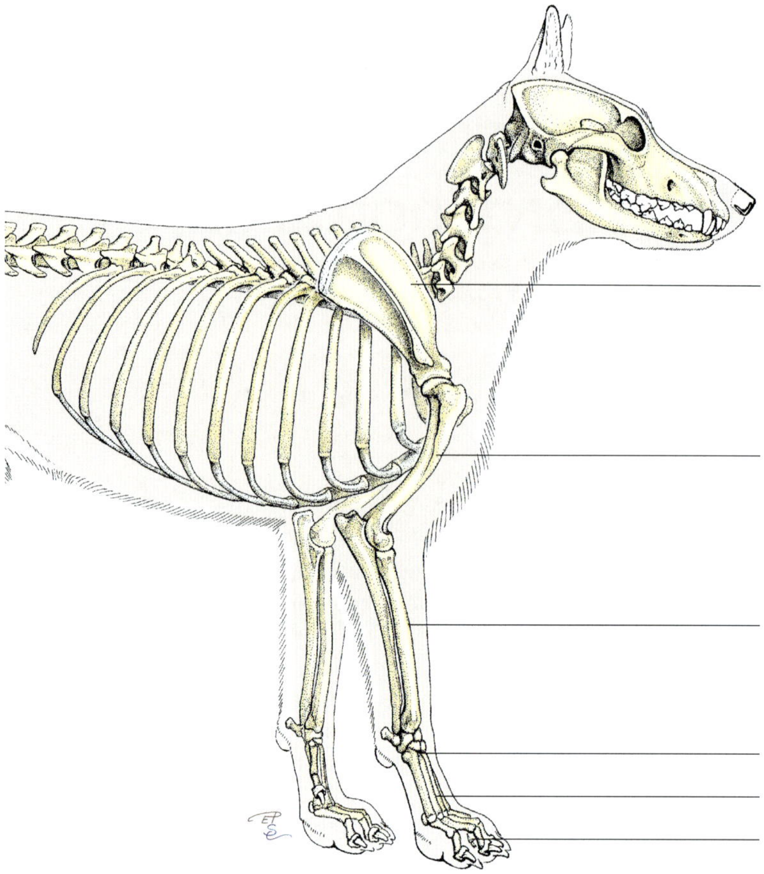


**Abb. 3-2.** Schematische Darstellung des Skeletts der Vordergliedmaße des Hundes mit Benennung der Gliedmaßenabschnitte.

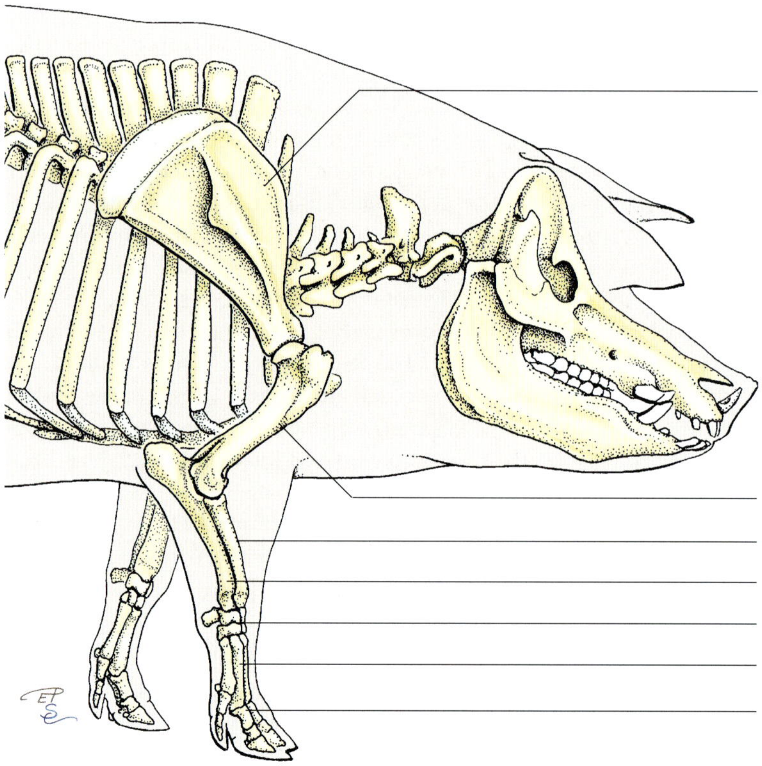


**Abb. 3-3.** Schematische Darstellung des Skeletts der Vordergliedmaße des Schweines mit Benennung der Knochen.

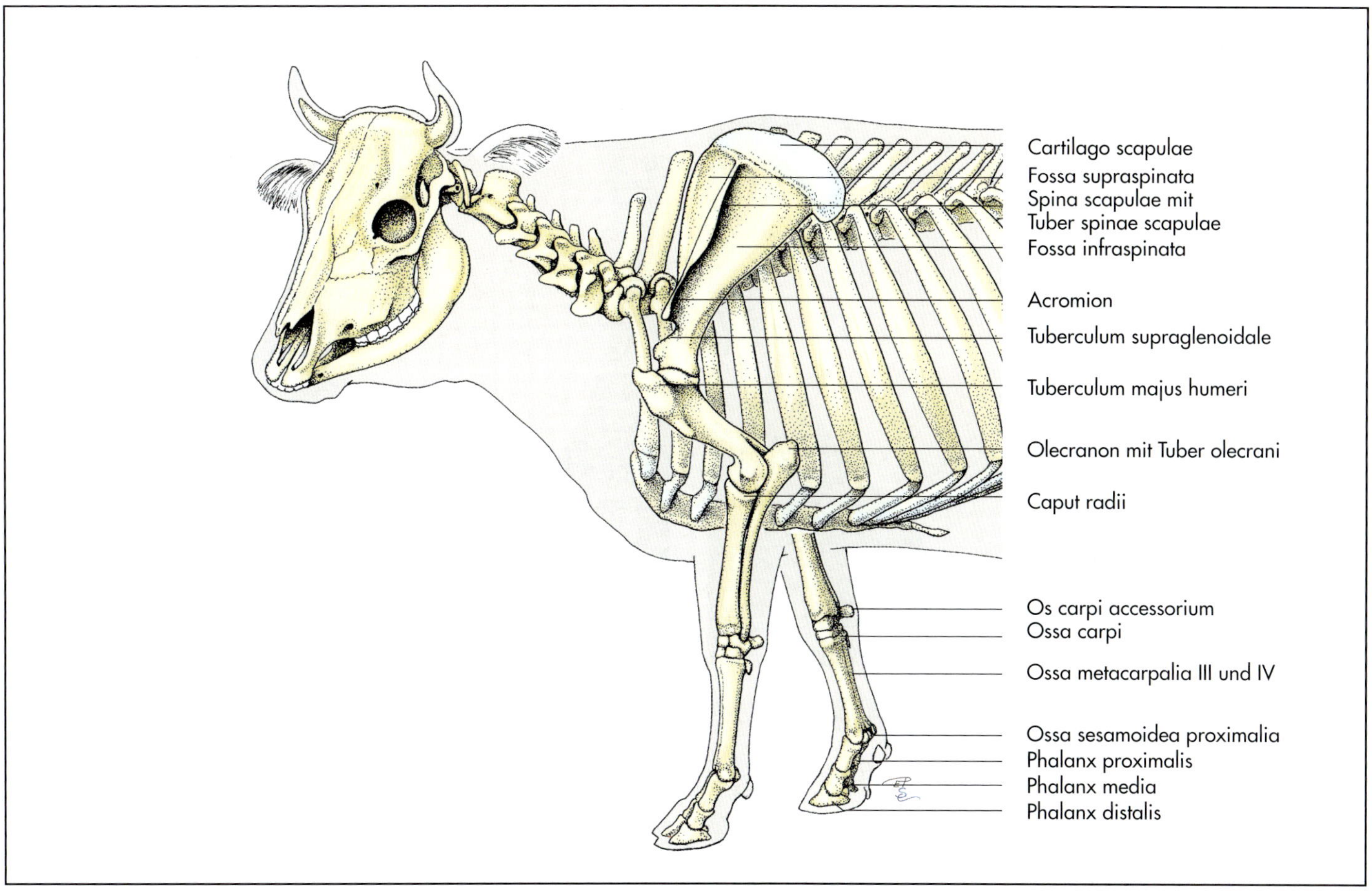


**Abb. 3-4.** Schematische Darstellung des Skeletts der Vordergliedmaße des Rindes mit Benennung einzelner Knochenteile.

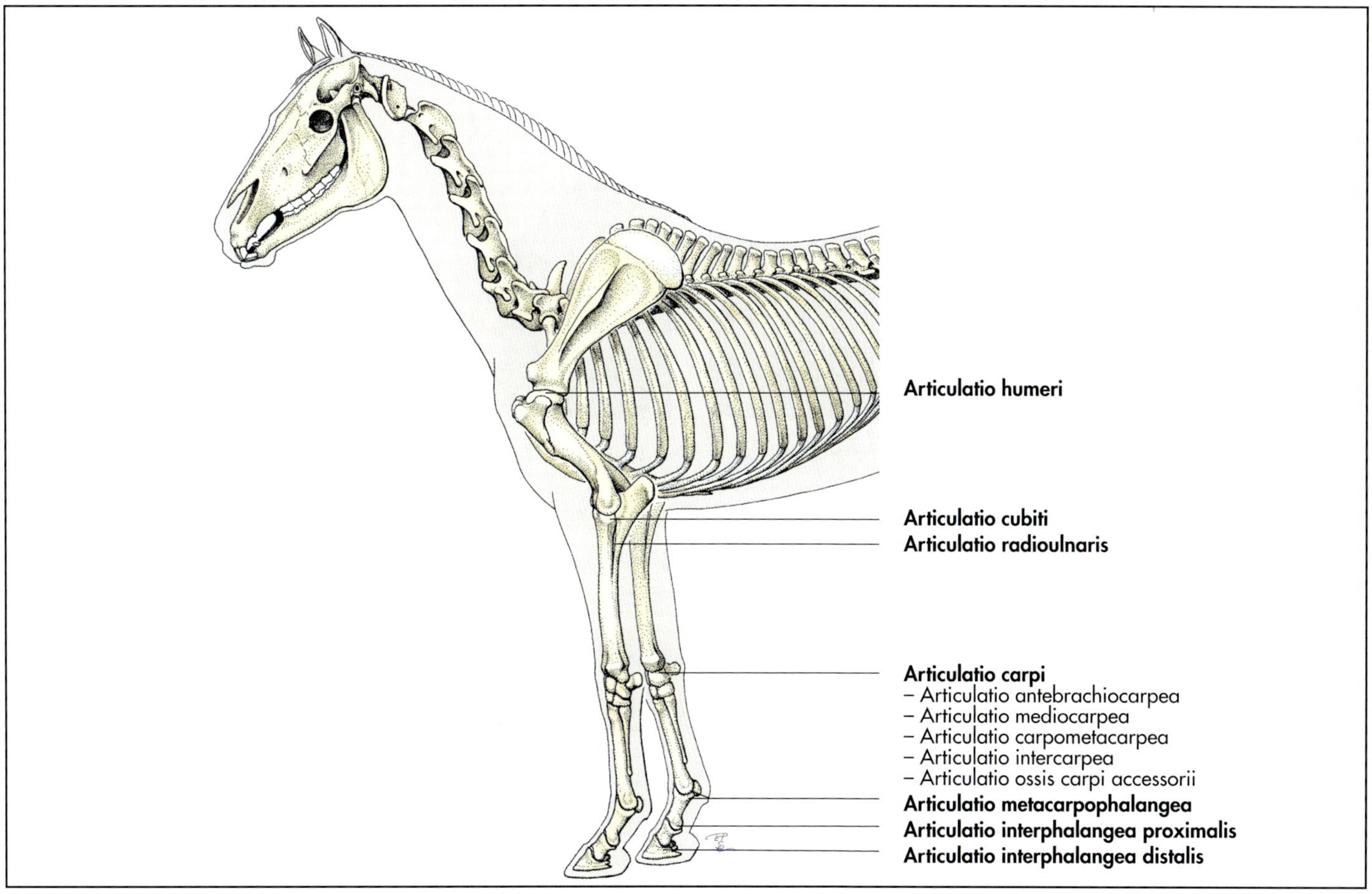


**Abb. 3-5.** Schematische Darstellung des Skeletts der Vordergliedmaße des Pferdes mit Benennung der Gelenke.

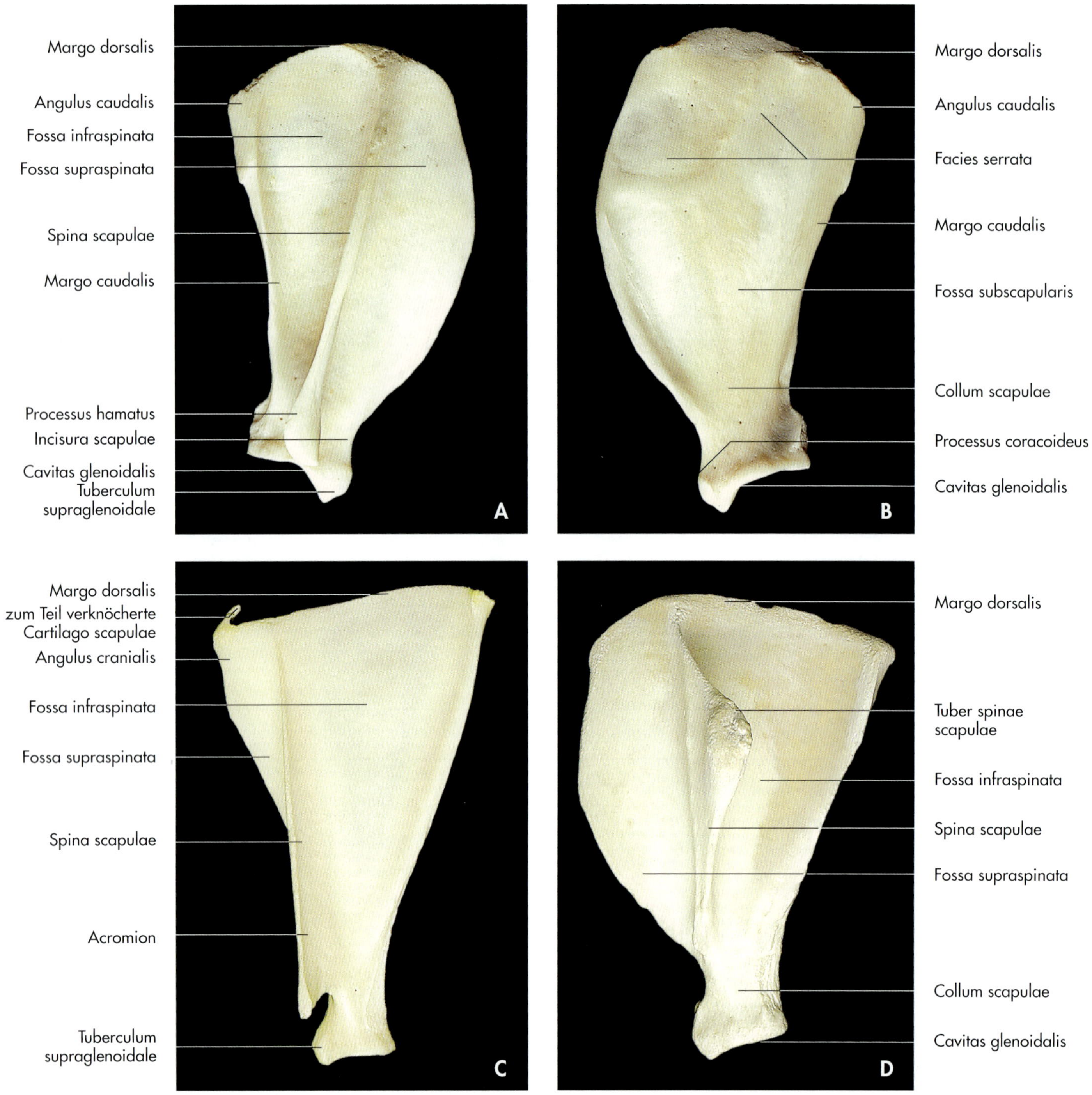


**Abb. 3-6.** Rechtes Schulterblatt eines Hundes (**A** Lateralansicht, **B** Medialansicht), **C** linkes Schulterblatt einer Ziege (Lateralansicht) und **D** linkes Schulterblatt eines Schweines (Lateralansicht).

**Tab. 3-1.** Auftreten und Verschmelzung der Ossifikationskerne am Schulterblatt, nach Ghetie, 1971.

| Tierart | Hauptkern Auftreten | Processus coracoideus | | Tuber spinae | |
|---|---|---|---|---|---|
| | | Auftreten | Verschmelzung | Auftreten | Verschmelzung |
| **Pferd** | 2. Monat d. Trächtigkeit | 7. Monat d. Trächtigkeit | 10.–12. Monat nach Geburt | nach Geburt | 4. Jahr |
| **Rind** | 2. Monat d. Trächtigkeit | 7. Monat d. Trächtigkeit | 7.–10. Monat nach Geburt | nach Geburt | 4. Jahr |
| **Fleischfresser** | 4. Monat d. Trächtigkeit | 2. Monat d. Trächtigkeit | 5.–8. Monat nach Geburt | – | – |

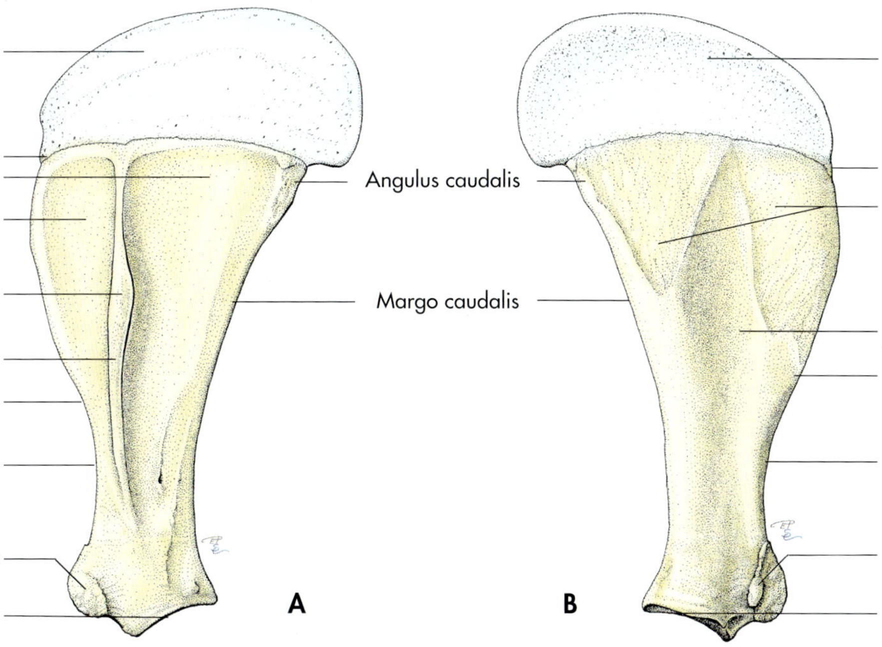


**Abb. 3-7.** Schematische Darstellung des linken Schulterblattes des Pferdes (**A** Lateralansicht und **B** Medialansicht).

Der **vordere Nackenwinkel (Angulus cranialis)** geht meist rechtwinklig in den dünnen und leicht konkav gebogenen **Halsrand (Margo cranialis)** über, der distal im **Hals des Schulterblattes (Collum scapulae)** zu einer Incisura scapulae für den N. suprascapularis eingekerbt ist. Der anschließende **ventrale Gelenkwinkel (Angulus ventralis)** nimmt die seichte **Gelenkpfanne (Cavitas glenoidalis)** für die Artikulation **(Articulatio humeri)** mit dem Oberarmbein (Humerus) auf. Kranial am Schultergelenk ragt die **Schulterblattbeule (Tuberculum supraglenoidale)** als kräftige Ursprungsfläche für den M. biceps brachii vor. Medial der Schulterblattbeule ist der **Rabenschnabelfortsatz (Processus coracoideus)** ausgebildet.

Der **kaudale Achselrand (Margo caudalis)** ist verdickt und von Muskelrinnen zum Ursprung des M. triceps brachii durchzogen. Der **hintere Rückenwinkel (Angulus caudalis)** ist ebenfalls verdickt und tastbar.

## Skelett des Oberarms (Skeleton brachii)

Das Skelett des Oberarms (Brachium) ist der proximale Abschnitt (Stylopodium) der Gliedmaßensäule der freien Schultergliedmaße, es wird allein von einem Knochen, dem **Oberarmbein (Humerus)**, gebildet (Abb. 3-2 u.3). Das Auftreten und der Zeitraum der Verschmelzung der Ossifikationskerne des Humerus sind in Tab. 3-2 tierartlich vergleichend zusammengefasst. Der Humerus übernimmt für den Bewegungsablauf der Schultergliedmaße eine zentrale Funktion; dementsprechend ist die Oberfläche dieses Knochens durch z.T. kräftige Muskulatur und deren Sehnen, von hervorstechenden Knochenvorsprüngen und Leisten in charakteristischer Weise geprägt (Abb. 3-3). Man unterscheidet, trotz tierartlicher Besonderheiten, einheitlich drei wesentliche Abschnitte (Abb. 3-8 u. 9):

- proximales Endstück mit dem Humeruskopf,
- Körper des Humerus (Corpus humeri) mit Armbeinhöcker und
- distales Endstück mit Gelenkknorren.

Das **proximale Endstück des Humerus (Extremitas** oder **Epiphysis proximalis)** trägt kaudal den **Gelenkkopf (Caput humeri)**, der eine nahezu kugelkappenförmige Gelenkwalze ausbildet (Abb. 3-8 u. 9). Der Kopf ist größer als die Gelenkpfanne an der Scapula, mit

**Tab. 3-2.** Auftreten und Verschmelzung der Ossifikationskerne an der Epiphyse des Oberarms, nach Ghetie, 1971.

| Tierart | Auftreten | Verschmelzung | |
|---|---|---|---|
| | | distal | proximal |
| Pferd | Mitte des 2. Monats d. Trächtigkeit | 15.–18. Monat | 3½ Jahre |
| Rind | Mitte des 2. Monats d. Trächtigkeit | 15.–18. Monat | 3½ Jahre |
| Fleischfresser | 4. Woche d. Trächtigkeit | 6.–8. Monat | 1–1½ Jahre |

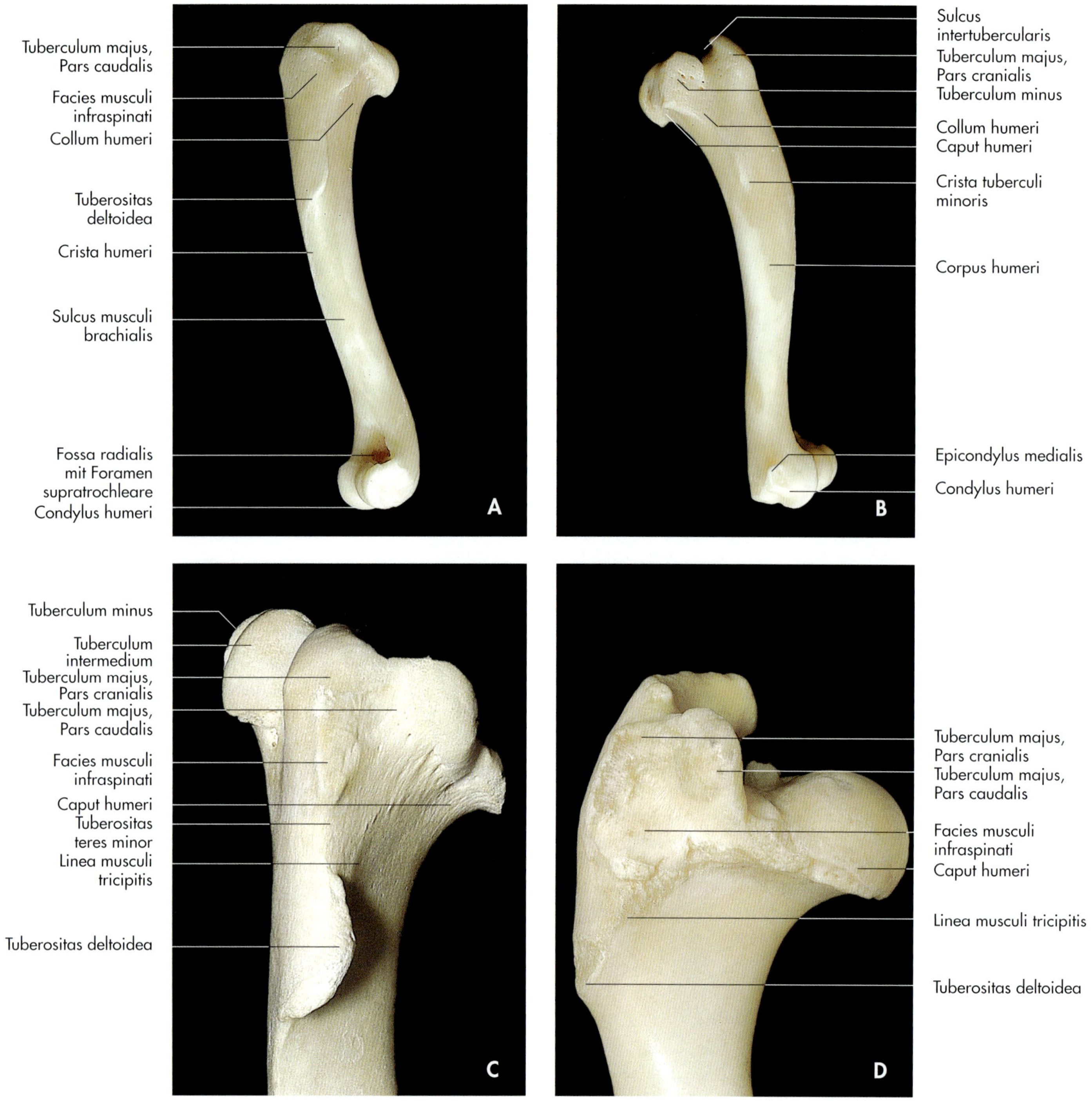


**Abb. 3-8.** Linker Oberarm eines Hundes (**A** Lateral- und **B** Medialansicht) und proximale Endstücke des linken Oberarms eines Pferdes (**C** Lateralansicht) und eines Schweines (**D** Lateralansicht).

der er artikuliert (Abb. 3-10). Das Caput humeri wird durch die Einziehung des **Halses (Collum humeri)** vor allem bei Hund und Katze deutlich abgesetzt. Kraniolateral des Gelenkkopfes erhebt sich das **Tuberculum majus**, kraniomedial das **Tuberculum minus**. Beide sind durch den Sulcus intertubercularis getrennt, durch den die Ursprungssehne des M. biceps brachii zieht. Diese Sehnenrinne wird bei Wiederkäuern durch eine flache Erhebung, beim Pferd durch einen auffälligen Kamm **(Tuberculum intermedium)** zweigeteilt.

Das Tuberculum majus ist, außer bei der Katze, zusätzlich in eine Pars cranialis und eine Pars caudalis unterteilt. Das Tuberculum minus erfährt eben diese Untergliederung bei Wiederkäuern und Pferd. Tuberculum majus und minus bieten Muskeln des Schulterblatts (Mm. infra- und supraspinatus) Ansatz, die das Schultergelenk (Articulatio humeri) umgeben und führen (Abb. 3-5 u. 10).

Der **Körper (Corpus humeri)** ist das **Mittelstück (Diaphyse)** oder der Schaft des Oberarms; dieser wird durch einen breiten, spiralförmig über die Lateralseite verlaufenden Sulcus musculi brachialis charakteristisch geformt. In dieser flächenhaften Einziehung verläuft der M. brachialis zusammen mit dem N. radialis.

Lateral liegt an der oberen Schaftmitte der **Armbeinhöcker (Tuberositas deltoidea)**, an dem der M. deltoideus inseriert. Die

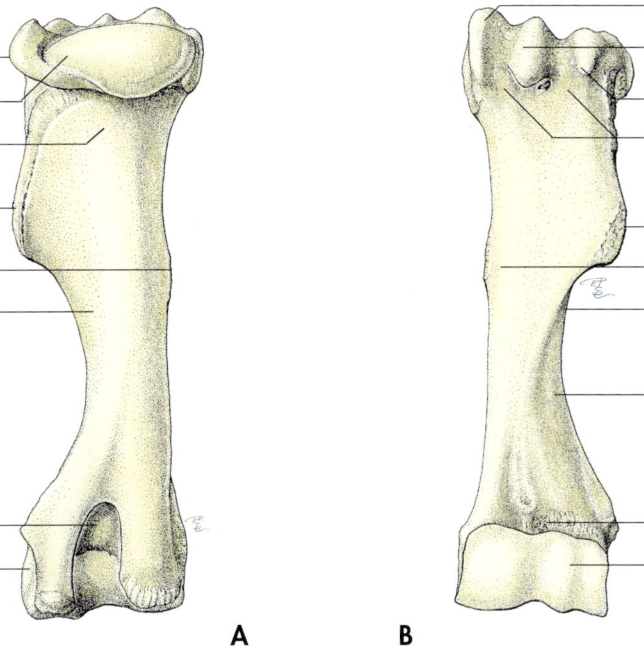


**Abb. 3-9.** Schematische Darstellung des linken Oberarms des Pferdes (**A** Kaudalansicht und **B** Kranialansicht).

Tuberositas deltoidea setzt sich distal als **Armleiste (Crista humeri)** und proximal über die **Linea musculi tricipitis** (Ansatzlinien für den M. triceps brachii) bis zur **Tuberositas teres minor** (Ansatzfläche für M. teres minor) fort (Abb. 3-8 C). Medial am Humeruskörper liegt in der Mitte der Diaphyse bei Wiederkäuern und Pferd die **Oberarmbeinnarbe (Tuberositas teres major)** (Abb. 3-9); diese wird bei Fleischfressern durch eine Crista tuberculi minoris ersetzt.

Das **distale Endstück (Extremitas** oder **Epiphysis distalis)** des Humerus trägt im rechten Winkel zur Diaphysenachse einen **Gelenkknorren (Condylus humeri)** (Abb. 3-8 u. 9). Der Gelenkknorren bildet mit den Knochen des Unterarms, der Elle (Ulna) und der Speiche (Radius), das **Ellbogengelenk (Articulatio cubiti)** (Abb. 3-5 u. 13). Bei Hund und Katze ist der Gelenkknorren geteilt in eine größere mediale Gelenkrolle **(Trochlea humeri)** (Abb. 3-11 A u. B) für die Artikulation mit der Ulna und in ein laterales **Köpfchen (Capitulum humeri)** zum Radius. Bei den Huftieren sind Führungskämme ausgebildet.

Bilateral des Kondylus sind kräftige Muskelknorren **(Epicondyli)** als Anheftungsstellen für die Muskulatur der distalen Schultergliedmaße entwickelt. Kaudolateral gelegen ragt der

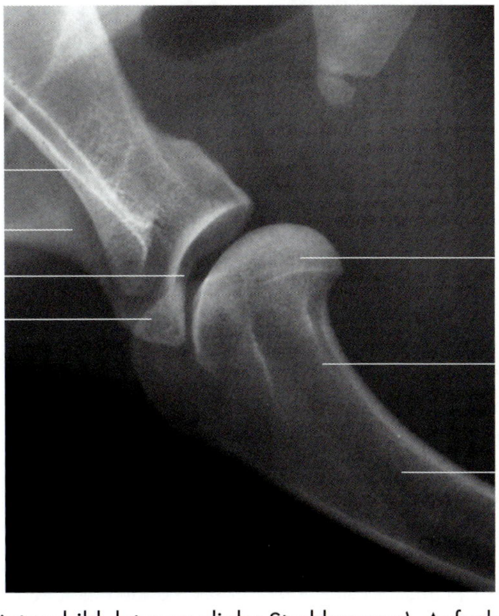


**Abb. 3-10.** Schultergelenk eines Hundes (Röntgenbild, lateromedialer Strahlengang), Aufnahme Prof. Dr. Ulrike Matis, München.

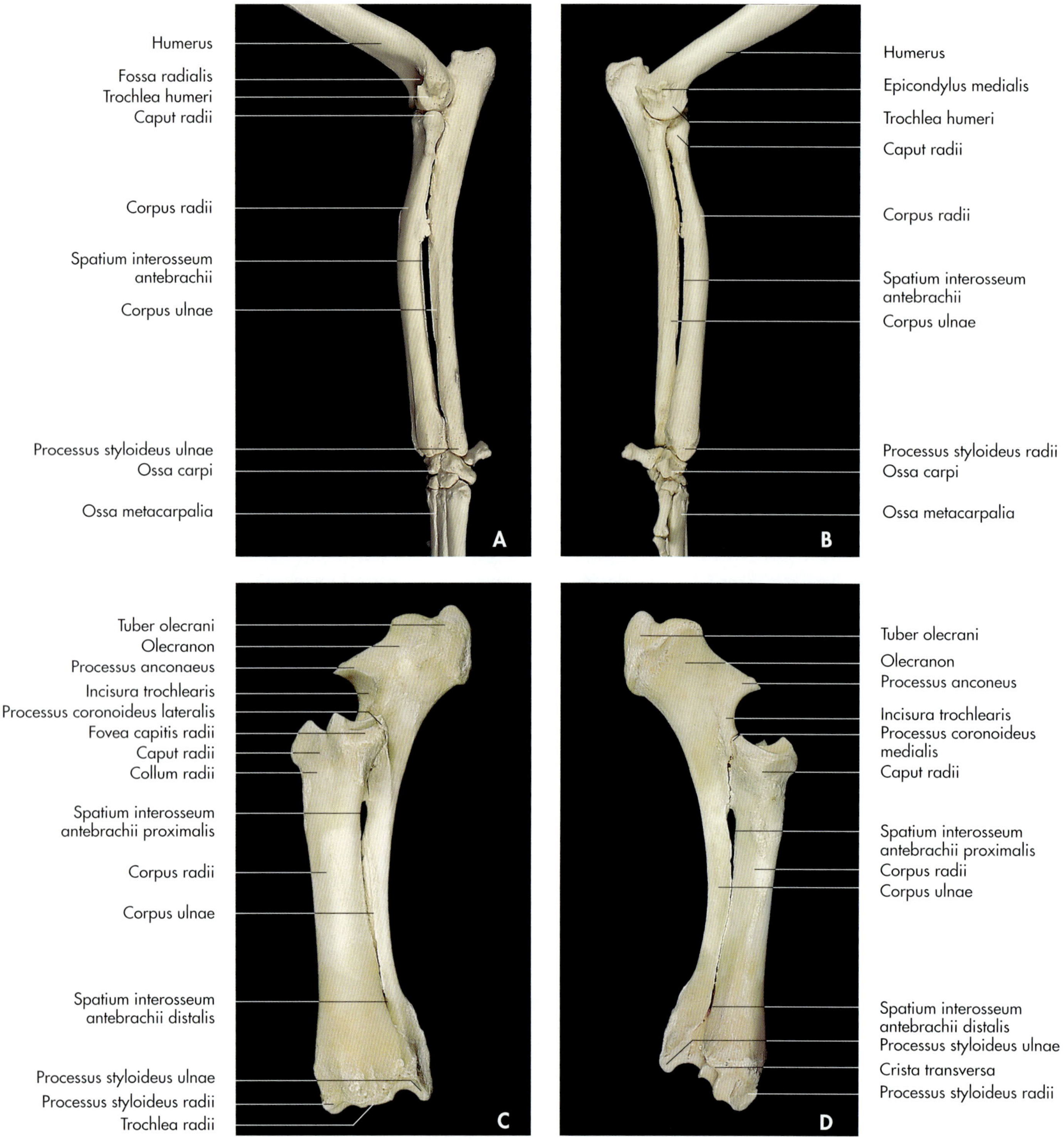


**Abb. 3-11.** Skelett des linken Unterarms eines Hundes (**A** Lateralansicht und **B** Medialansicht) und eines Rindes (**C** Lateralansicht und **D** Medialansicht).

schwächere Streckknorren **(Epicondylus lateralis)** für die Karpal- und Zehengelenkstrecker, kaudomedial der stärkere Beugeknorren **(Epicondylus medialis)** für die Karpal- und Zehengelenkbeuger über die Seitenflächen vor (Abb. 3-11 B). An beide Gelenkknorren heften zusätzlich die Seitenbänder (Ligg. collateralia) des Ellbogengelenks an. Zwischen die beiden Muskelknorren schiebt sich bei allen Tierarten die **Fossa olecrani**, die Teile des Ellbogenkopfs aufnimmt. Kranial des Kondylus stülpt sich die **Fossa radialis** ein (Abb. 3-9). Ein **Foramen supratrochleare** verbindet meist beim Hund die beiden Gruben. Bei der Katze ist über dem medialen Epikondylus das **Foramen supracondylare** zu finden.

## Skelett des Unterarms (Skeleton antebrachii)

Das Skelett des Unterarms (Antebrachium) ist der distale Abschnitt (Zeugopodium) der Gliedmaßensäule, er wird von zwei Knochen,

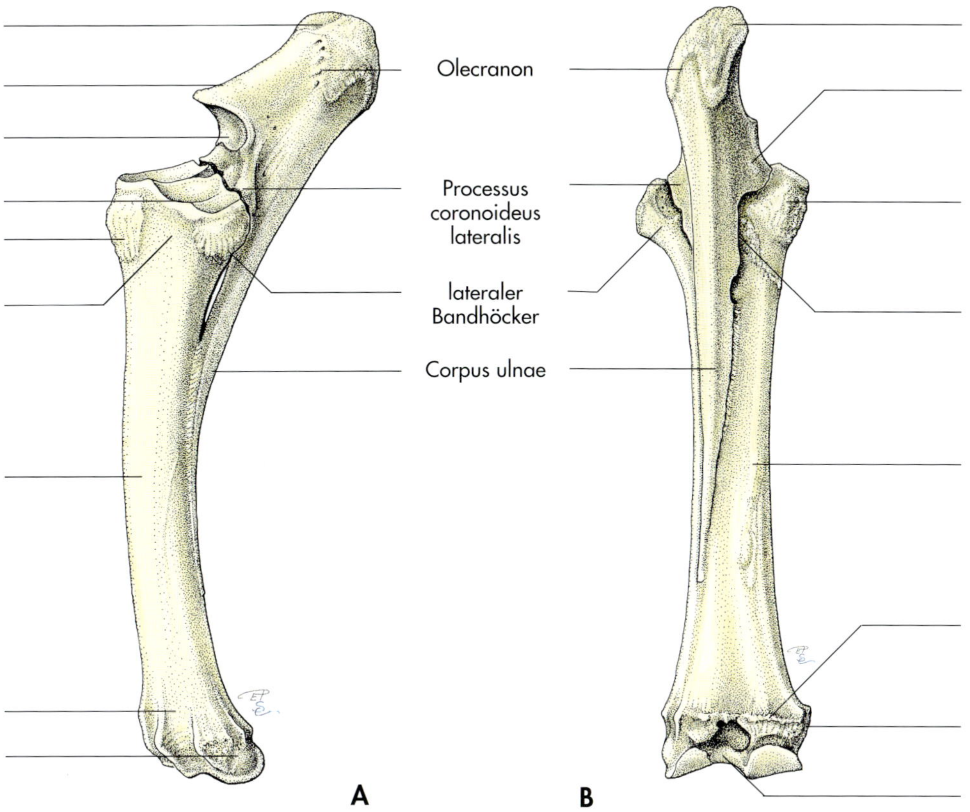


**Abb. 3-12.** Schematische Darstellung der linken Speiche und der linken Elle des Pferdes (**A** Lateralansicht und **B** Kaudalansicht).

der **Speiche (Radius)** und der **Elle (Ulna)**, gebildet (Abb. 3-2, 3, 11 u. 12). Die Ulna liegt am proximalen Ende des Unterarms dem Radius kaudal bis kaudolateral an und zieht bis zum distalen Ende auf die laterale Seitenfläche des Radius. Phylogenetisch unterlagen diese beiden Knochen bei den Haussäugetieren unterschiedlichen Entwicklungsprozessen, die von einer eingeschränkten Beweglichkeit des Unterarms bei Fleischfressern bis hin zur vollständigen Immobilität unter gleichzeitiger Reduktion der Elle im distalen Bereich beim Pferd führten. Das Auftreten und der Zeitpunkt der Verschmelzung der Ossifikationskerne an der Speiche und der Elle sind in Tab. 3-3 u. 4 dargestellt.

Beim Menschen ist die hohe Drehbeweglichkeit der Speiche um die Elle bei gekreuzter Stellung der Unterarmknochen (**Pronationsstellung** = Handrücken dorsal = Einwärtsdrehung) und deren paralleler Lage zueinander (**Supinationsstellung** = Handrücken ventral = Auswärtsdrehung) hinreichend bekannt. Bei der Katze ist ein derartiges Drehen der beiden Unterarmknochen eingeschränkt, beim Hund geringgradig noch möglich. Dabei dreht sich der Radius mit seinem proximalen Ende in der Incisura radialis ulnae, das distale Ende um die Circumferentia articularis ulnae. Beim Hund beträgt die Supination 45°, diese wird durch die Rotationsmöglichkeiten in den Vorderfußgelenken in erheblichem Maß erweitert. Beim Schwein verhindert straffes Bindegewebe im Spatium interosseum oder eine partielle Ossifikation der beiden Unterarmknochen bereits jedes Drehvermögen, bei Wiederkäuern und Pferd sind Radius und Ulna knöchern verwachsen.

**Tab. 3-3.** Auftreten und Verschmelzung der Ossifikationskerne an der Speiche, nach Ghetie, 1971.

| Tierart | Hauptkerne | Nebenkerne | | | |
|---|---|---|---|---|---|
| | | proximal | | distal | |
| | Auftreten | Auftreten | Verschmelzung | Auftreten | Verschmelzung |
| **Pferd** | 2. Monat d. Trächtigkeit | 8.–9. Monat d. Trächtigkeit | 5.–18. Monat | 8. Monat | 3 Jahre |
| **Rind** | 2. Monat d. Trächtigkeit | 7.–8. Monat d. Trächtigkeit | 12.–18. Monat | 7. Monat | 3½ – 4 Jahre |
| **Fleischfresser** | 4. Woche d. Trächtigkeit | Ende d. 1. Monats | 8.–9. Monat | Ende d. 1. Monats | 1–1½ Jahre |

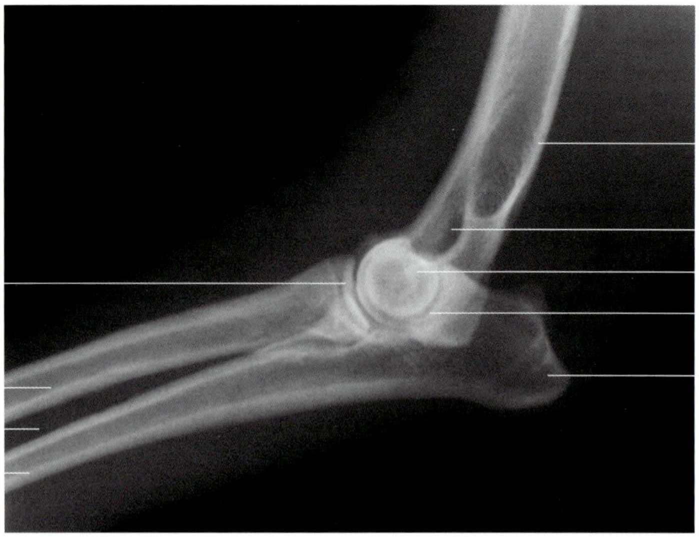


**Abb. 3-13.** Rechtes Ellbogengelenk eines Hundes (Röntgenbild, mediolateraler Strahlengang), Aufnahme Prof. Dr. Ulrike Matis, München.

Die Einschränkung der Rotationsmöglichkeit geht einher mit einer Rückbildung der Ulna distal zugunsten einer z. T. erheblichen Verstärkung des Körpers und des distalen Endes des Radius (Pferd).

## Speiche (Radius)

Man unterscheidet an der Speiche drei Abschnitte:

- proximales Endstück mit dem Speichenkopf (Caput radii),
- Körper der Speiche (Corpus radii),
- distales Endstück mit der Speichenwalze (Trochlea radii).

Der Radius ist ein stabförmiger Knochen, der bei den Huftieren stärker entwickelt ist als bei den Fleischfressern (Abb. 3-11 u. 12). Sein **proximales Ende** ist durch den **Speichenkopf (Caput radii)** transversal und flächenhaft zur **Fovea capitis radii** erweitert, die zusammen mit der Incisura trochlearis des Ellbogenhöckers mit der distalen Gelenkfläche des Humerus (Condylus humeri) in tierartlich unterschiedlicher Weise das **Ellbogengelenk (Articulatio cubiti)** bildet (Abb. 3-5 u. 13). Bei den Huftieren erfolgt die Unterstützung des Gelenkknorrens des Humerus allein durch den meist kräftig ausgebildeten Radius, bei den Fleischfressern medial ergänzt durch die Ulna. Beidseitig der Fovea capitis radii erheben sich Bandhöcker, dorsomedial am Radiuskopf die **Speichenbeule (Tuberositas radii)**, die dem M. biceps brachii Ansatz bietet. Proximokaudal am Radius ist darüber hinaus eine gelenkige Verbindung zur Ulna angelegt **(Circumferentia articularis)**, die bei Fleischfressern die Supination des Unterarms unterstützt. Diese ist auch bei Wiederkäuern und beim Pferd vorhanden, jedoch ohne Funktion.

Der **Körper (Schaft, Corpus radii)** ist kraniokaudal komprimiert und auf seiner gesamten Länge leicht gebogen. Seine kraniale Fläche (Facies cranialis) ist glatt, die kaudale (Facies caudalis) auffällig rau (Hund und Schwein), sonst mit der Ulna weitgehend verwachsen. Der mediale Rand bleibt ohne Bedeckung durch Muskulatur des Unterarms, er ist nur von Haut überzogen und tastbar.

Das **distale Ende** ist an seiner kranialen Fläche zumeist durch Einziehungen der Strecksehnen gefurcht, während die Kaudalfläche den Beugemuskeln Ursprungsmöglichkeiten bietet. Die Distalfläche ist durch eine quergestellte **Speichenwalze (Trochlea radii)** gekennzeichnet, die der Artikulation mit dem nachfolgenden Karpalgelenk **(Facies articularis carpea)** dient. Proximal dieser

**Tab. 3-4.** Auftreten und Verschmelzung der Ossifikationskerne an der Elle, nach Ghetie, 1971.

| Tierart | Hauptkerne | Nebenkerne | | | |
|---|---|---|---|---|---|
| | | proximal | | distal | |
| | Auftreten | Auftreten | Verschmelzung | Auftreten | Verschmelzung |
| **Pferd** | 2. Monat d. Trächtigkeit | kurz vor Geburt | 3½ Jahre | 8.–9. Monat d. Trächtigkeit | 2.–3. Monat mit Radius |
| **Rind** | 2. Monat d. Trächtigkeit | 7.–8. Monat d. Trächtigkeit | 3½ – 4 Jahre | 7. Monat d. Trächtigkeit | 3½ – 4 Jahre |
| **Fleischfresser** | 4. Woche d. Trächtigkeit | 2. Monat nach d. Geburt | | 10.–14. Monat | 2. Monat nach d. Geburt |

Gelenkfläche verläuft die **Crista transversa**. Medial ist zur Anheftung medialer Gelenkbänder bei allen Haussäugetieren ein Bandhöcker (Processus styloideus radii) ausgeprägt, lateral ist bei Fleischfressern und Schwein eine **Incisura ulnaris radii** vorhanden. Bei Wiederkäuern ist der Radius mit dem distalen Ende der Ulna verschmolzen, beim Pferd ein **Processus styloideus ulnae** lateral zur Bandanheftung ausgebildet.

### Elle (Ulna)

Man unterscheidet an der Elle drei Abschnitte:

- proximales Endstück mit dem Ulnakopf (Olecranon),
- Körper der Elle (Corpus ulnae),
- distales Endstück (Caput ulnae).

Die Elle ragt mit ihrem hohen **Kopf (Olecranon)** und dessen terminalem Fortsatz, dem **Ellbogenhöcker (Tuber olecrani)**, weit über die Gelenkfläche zum Humerus hinaus (Abb. 3-11 u. 12). Dieser Vorsprung stellt einen markanten Orientierungspunkt dar, zudem dient das Olecranon dem kräftigen M. triceps brachii als Ansatz.

Das **Olecranon** weist an seiner Basis die stark ausgeprägte **Incisura trochlearis** zur Unterstützung der Gelenkbildung auf. Diese Inzisur zieht dorsal einen **schnabelförmigen Fortsatz (Processus anconaeus)** aus, der in die Fossa olecrani des Humerus ragt. Paarig lateral und medial gelegen sind **Processus coronoidei** ausgebildet. Zwischen diesen Fortsätzen ist die Incisura radialis ulnae zur Artikulation mit der Circumferentia articularis radii angelegt. Diese bleibt bei Wiederkäuern und Pferd ohne Funktion.

Der **Körper der Ulna (Corpus ulnae)** ist dreikantig, er liegt dem Radius hinten an, ist kleiner und mit diesem durch bindegewebige Membranen oder knöchern verbunden und lässt zu diesem ein Spatium interosseum antebrachii bzw. Spatia interossea frei. Diese Verknöcherung ist besonders unter erheblicher Reduktion seiner Länge beim Pferd ausgebildet.

Sein **distales Endstück (Caput ulnae)** setzt sich als **lateraler Bandhöcker (Processus styloideus)** deutlich ab und ist bei Fleischfressern und beim Schwein mit dem Radius durch die **Circumferentia articularis ulnae** gelenkig verbunden. Beim Pferd ist der distale Anteil durch Verschmelzung mit dem Radius im **Processus styloideus lateralis** aufgegangen. Die distale Gelenkfläche artikuliert mit der proximalen Reihe der Karpalknochen.

## Skelett des Vorderfußes (Skeleton manus)

Das Skelett des Vorderfußes bildet die knöcherne Grundlage der **Gliedmaßenspitze (Autopodium)** der Schultergliedmaße (Abb. 3-2). Es besteht von proximal ausgehend aus:

- Basipodium mit den Vorderfußwurzelknochen (Ossa carpi),
- Metapodium mit den Vordermittelfußknochen (Ossa metacarpalia) und
- Acropodium mit den Vorderzehenknochen (Ossa digitorum manus).

Die am Zeugopodium der Schultergliedmaße während der phylogenetischen Entwicklung bei den Haussäugetieren abgelaufenen Umbauvorgänge werden auch am Autopodium deutlich sichtbar. Die Aufrichtung des Fußes von einem plantigraden Fuß des Sohlengängers (Mensch) über den digitigraden Fuß des Zehengängers (Fleischfresser) bis hin zum unguligraden Fuß des Zehenspitzengängers (Huftiere) geht unter Zunahme der Größe mit einer Reduzierung der Anzahl der Strahlen einher. Danach bleiben die beim Menschen phylogenetisch angelegten 5 Strahlen nur bei Fleischfressern erhalten, sie reduzieren sich beim Schwein auf vier (2. bis 5. Strahl) und bei Wiederkäuern auf zwei (3. und 4. Strahl) Strahlen, beim Pferd gar nur auf einen (3.) Strahl (Abb. 3-14).

### Vorderfußwurzelknochen (Ossa carpi)

Die Vorderfußwurzelknochen liegen bei den Haussäugetieren in einer **proximalen**, **antebrachialen** und einer **distalen**, **metakarpalen Reihe**, die, in zwei Ebenen angeordnet, grundsätzlich aus jeweils vier Einzelknochen bestehen (Abb. 3-14). Die proximale Reihe artikuliert proximal im Unterarm-Vorderfußwurzel-Gelenk (Articulatio antebrachiocarpea) mit dem Radius und der Ulna, die metakarpale Reihe distal im Vorderfußwurzel-Mittelfuß-Gelenk (Articulatio carpometacarpea) mit den Metakarpalknochen (Abb. 3-5).

Grundsätzlich unterscheidet man (Abb. 3-14):

- in der **antebrachialen Reihe** von medial nach außen:
  - Os carpi radiale,
  - Os carpi intermedium,
  - Os carpi ulnare und
  - Os carpi accessorium,
- in der **metakarpalen Reihe** von medial nach außen:
  - Os carpale primum (I),
  - Os carpale secundum (II),
  - Os carpale tertium (III) und
  - Os carpale quartum (IV).

Das Os carpale quintum (V) fehlt den Haussäugetieren.

Die einzelnen Karpalknochen sind tierartlich unterschiedlich ausgebildet (Abb. 3-14). Beim **Menschen** und beim **Schwein** sind alle **acht Karpalknochen** in ihrer ursprünglichen Anzahl angelegt, beim **Pferd sieben bis acht**, da das Os carpale primum (CI) häufig nicht vorhanden ist. Bei den **Fleischfressern** sind **sieben Karpalknochen** ausgebildet, da das Os carpi radiale mit dem Os carpi intermedium zum Os carpi intermedioradiale verschmilzt. Zusätzlich können ein bis zwei Sesambeine angelegt sein. Bei den **Wiederkäuern** sind **sechs Karpalknochen** angelegt, es fehlt das Os carpale primum. Os carpale secundum und Os carpale tertium sind vereint. Das Os carpale quintum fehlt immer, es ist entweder im Os carpale quartum aufgegangen oder nicht angelegt.

### Vordermittelfußknochen (Ossa metacarpalia)

Die Vordermittelfußknochen bestehen in ihrer phylogenetischen Anlage aus fünf einzelnen Strahlen, dem Skelett des Metakarpus. An ihm können von medial nach außen fünf langgestreckte Röhrenknochen, das Os metacarpale primum (Mc I) bis zum Os metacarpale quintum (Mc V), unterschieden werden (Abb. 3-14).

Den Metakarpalknochen ist ein einheitlicher Grundbauplan zu eigen, nämlich ein:

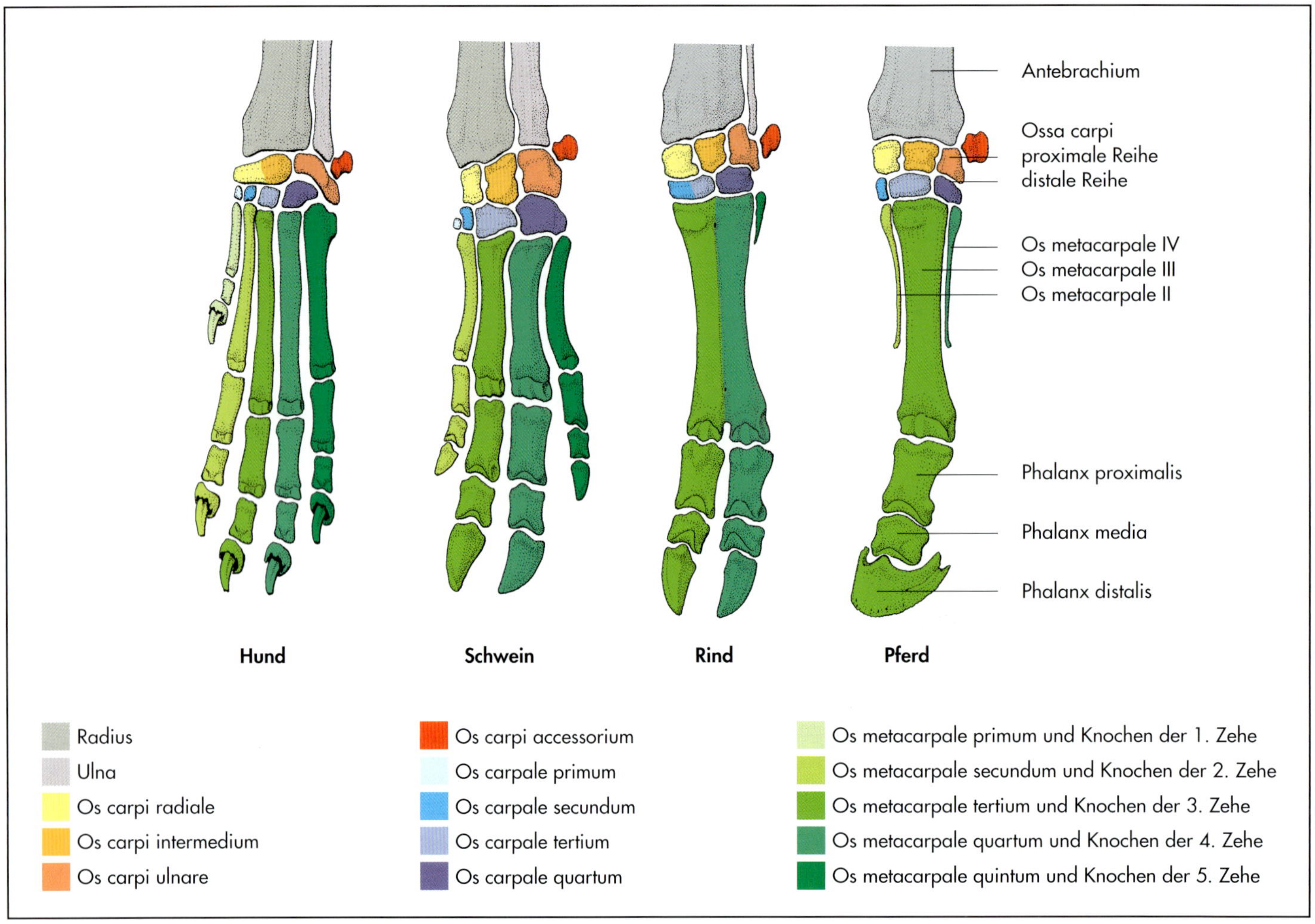


**Abb. 3-14.** Schematische Darstellung des Skeletts des Vorderfußes, nach Ellenberger und Baum, 1943.

- **proximales Ende (Basis)** mit einer Gelenkfläche zur distalen Reihe der Karpalknochen und einer zur Artikulation mit benachbarten Metakarpalknochen,
- langgestreckter, tierartlich verschieden dick ausgeprägter **Körper (Corpus)**,
- **distales Ende (Caput)** mit einer Gelenkwalze **(Trochlea)** zur gelenkigen Verbindung mit dem ersten Zehenglied und
- **unterschiedliche Rauigkeiten** zur Insertion von Bändern proximal und distal.

Die phylogenetische Rückbildung der Anzahl der Metakarpalknochen geht einher mit einer Dickenzunahme der verbliebenen Einzelknochen. Der einzige Metakarpalknochen des Pferdes, der dritte Strahl, stimmt in seiner Achse mit der Gliedmaßenachse überein (mesoaxonisch, perissodaktyler Typ). Er allein trägt die gesamte Last des Körpers. Reste der zweiten bzw. vierten Metakarpalknochen bleiben als **Griffelbeine** ausgebildet und flankieren den kräftigen dritten Metakarpalknochen, das **Röhrbein**, ohne tragende Funktionen zu übernehmen.

Anders stellt sich die Ausbildung der Mittelfußknochen beim Hund dar, dessen Gewicht nur auf den Zehen ruht. Hier bleiben alle 5 Metakarpalknochen erhalten, wenn auch das Os metacarpale primum verkürzt vorhanden ist. Bei Fleischfressern ist der dritte und vierte Strahl als Paar am längsten und stärksten ausgebildet. Die einzelnen Metakarpalknochen liegen eng aneinander, sie formen proximal flache Gelenkflächen zueinander, die beiden mittleren sind im Querschnitt viereckig, die beiden äußeren eher dreieckig.

Die Metakarpalknochen sind **tierartlich unterschiedlich** ausgebildet (Abb. 3-14):

- Bei **Fleischfressern** sind die beiden mittleren Metakarpalknochen (Hauptmittelfußknochen, Mc III und Mc IV) die längsten, Mc II und Mc V sind kürzer (Nebenmittelfußknochen), das Mc I ist stark reduziert (Abb. 3-15 u. 16).
- Beim **Schwein** als Paarzeher sind Mc III und Mc IV kräftig entwickelt, Mc II und Mc V geringer (Afterzehen), das Mc I fehlt.
- Bei **Wiederkäuern** als Paarzeher sind Mc III und Mc IV größtenteil zu einem einheitlichen Hauptmittelfuß verschmolzen (Röhrbein). Die distalen Gelenkköpfe bleiben getrennt und artikulieren einzeln mit dem 1. Zehengelenk, es fehlen Mc I und Mc II, Mc V bleibt rudimentär.
- Beim **Pferd** als Unpaarzeher ist nur Mc III als Hauptmittelfußknochen entwickelt und allein zehentragend, Mc II und Mc IV sind als Griffelbeine rudimentär zurückgebildet, Mc I und Mc V fehlen.

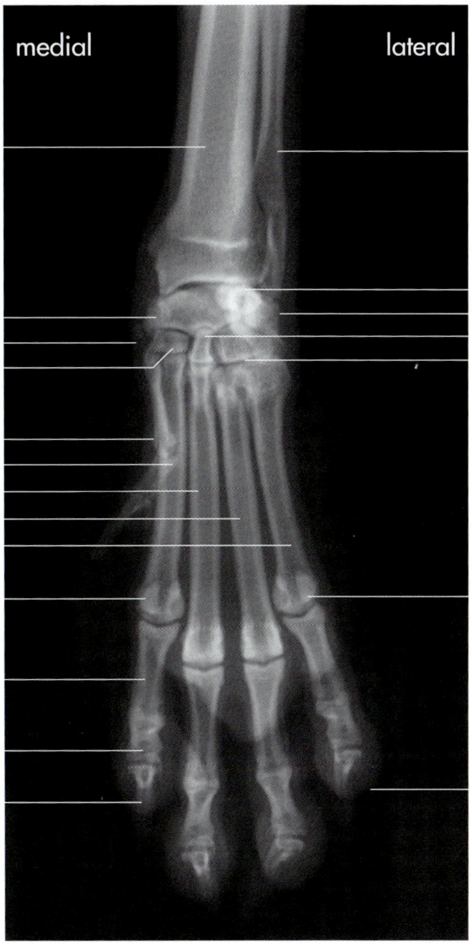


**Abb. 3-15.** Skelett des linken Vorderfußes eines Hundes (Röntgenbild, dorsopalmarer Strahlengang), Aufnahme Prof. Dr. Ulrike Matis, München.

## Vorderzehenknochen (Ossa digitorum manus)

Die Vorderzehenknochen bestehen im Hinblick auf ihre phylogenetische Entwicklung aus fünf Vorderzehen (Digiti manus), die von medial (1. Zehe) lateral (5. Zehe) jedoch in tierartlich typischer Weise zurückgebildet sind (Abb. 3-14). So sind bei den Fleischfressern alle 5 Zehen vorhanden, beim Schwein vier (2. bis 5.), bei den Wiederkäuern zwei (3. und 4.) bei zusätzlich zwei Afterzehen (2. und 5.) und beim Pferd nur eine Zehe (3.).

Die Vorderzehenknochen lassen sich gliedern in:

- **Grundphalange (Phalanx proximalis)**: Das **Fesselbein** bei Wiederkäuern und Pferd, bestehend aus dem Proximalende (Basis), dem Körper (Corpus) und dem distalen Ende (Caput). Es trägt beidseitig Gelenkflächen und lateral Bandhöcker.
- **Mittelphalange (Phalanx media)**: Das **Kronbein** bei Wiederkäuer und Pferd, ähnelt der Grundphalange.
- **Endphalange (Phalanx distalis)**: Diese lässt eine Gelenkfläche, eine Wandfläche und eine Sohlenfläche unterscheiden. Die Zehenendphalange wird, der jeweiligen Tierart angepasst, im allgemeinen Sprachgebrauch als **Nagelbein**, **Krallenbein**, **Klauenbein** oder **Hufbein** bezeichnet. Das Klauenbein des Rindes besitzt eine Markhöhle.

Zusätzlich sind an Gelenken der Vorderzehen **Gleichbeine (Ossa sesamoidea)** in einer proximalen und einer distalen Gelenklage (Zehengrundgelenk bzw. Zehenendgelenk) auf der palmaren Fläche der Zehen vorhanden.

# Skelett des Vorderfußes der Fleischfresser

## Vorderfußwurzelknochen (Ossa carpi)

Die Vorderfußwurzelknochen bilden eine proximale, antebrachiale Reihe, in der medial das Os carpi radiale mit dem Os carpi intermedium verschmolzen ist. Seine drei Ossifikationszentren verwachsen etwa nach dem 3. bis 4. Lebensmonat, der zusammenliegende Knochen artikuliert dann mit dem distalen Ende des Radius (Abb. 3-14 u.16). Das Os carpi ulnare erscheint durch einen distal gerichteten Fortsatz unregelmäßig geformt und überlagert in der dorsopalmaren Röntgendarstellung das Os carpi accessorium (Abb. 3-15). Das Os carpi accessorium verschmilzt mit seiner Epiphyse zwischen dem 4. und 5. Lebensmonat, es ist palmar gerichtet und gelenkig mit dem Radius, der Ulna und dem Os carpi ulnare verbunden.

In der distalen metakarpalen Reihe sind alle vier Einzelknochen vorhanden, sie nehmen von medial nach außen an Größe zu und artikulieren untereinander in gleicher Ebene sowie proximal und distal. Palmar des Os carpale primum (C I) liegt in der Endsehne des M. abductor pollicis longus ein Sesambein, das röntgenologisch nach-

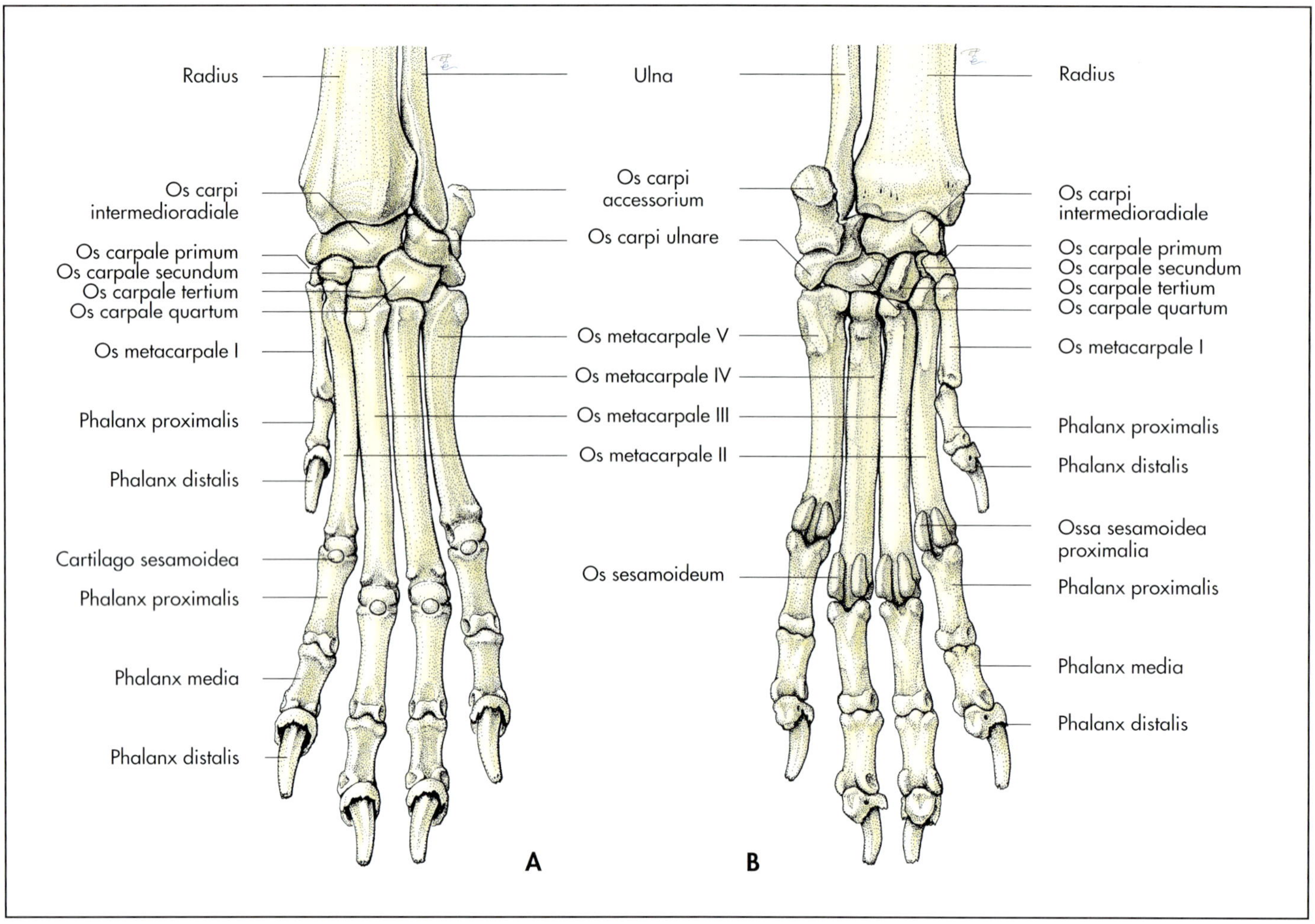


**Abb. 3-16.** Schematische Darstellung des Skeletts des linken Vorderfußes des Hundes (**A** Dorsalansicht und **B** Palmaransicht).

weisbar ist. Zwei weitere kleine Sesambeine sind fakultativ palmar zwischen den Karpalreihen auffindbar.

## Vordermittelfußknochen (Ossa metacarpalia)

Die Vordermittelfußknochen sind vollzählig mit fünf Knochen ausgebildet und tragen sämtlich Zehen (Abb. 3-16). Das medial gelegene Os metacarpale I ist der kürzeste Mittelfußknochen, er ist beim Hund auffällig schlank, bei der Katze deutlich kräftiger. Die mittleren Paare, die Hauptmittelfußknochen, sind die längsten, vierkantig beim Hund, rundlich bei der Katze. Proximale Bandhöcker sind nur lateral und an der Basis von Mc II und Mc III vorhanden, distale finden sich an beiden Seiten aller Metakarpalknochen. Die distalen Gelenkwalzen tragen palmar scharfe Kämme zur Verbindung mit den Sesambeinen.

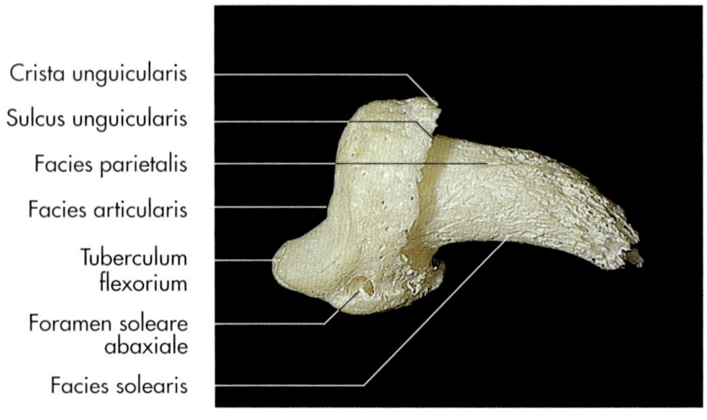


**Abb. 3-17.** Krallenbein eines Hundes (Lateralansicht).

## Vorderzehenknochen (Ossa digitorum manus)

Die Vorderzehenknochen sind in ihrer vollen Anzahl von fünf Vorderzehen (Digiti manus) vorhanden (Abb. 3-16). Bei Hund und Katze sind die 3. und 4. Zehe am längsten, die anliegenden Zehen, die 2. und 5. Zehe sind kürzer. Am kürzesten ist die 1. Zehe, der Daumen oder Pollex, ihr fehlt die mittlere Phalanx.

Die **Phalanges distales (Ossa unguiculares)** sind als Krallenbeine seitlich zusammengedrückten, spitz zulaufenden Haken vergleichbar, an denen tütenartig die Hornkappe der Kralle aufsitzt (Abb. 3-17). An der knöchernen Kralle unterscheidet man eine Wandfläche (Facies parietalis) mit dem Rückenabschnitt, zwei Seitenabschnitten und eine Sohlenfläche (Facies solearis). Palmar treten ein Ballenhöcker (Tuberculum flexorium), seitlich und dorsal eine Krallenleiste (Crista unguicularis) und distal ein Krallenfalz (Sulcus unguicularis) auf. Beidseitig ist am Krallenhöcker ein Foramen soleare axiale und abaxiale vorhanden. Palmar am Zehengrundgelenk der 2. bis 5. Zehe liegen Sesambeine, jeweils ein Paar für eine Zehe, meist knöchern, selten auch knorpelig.

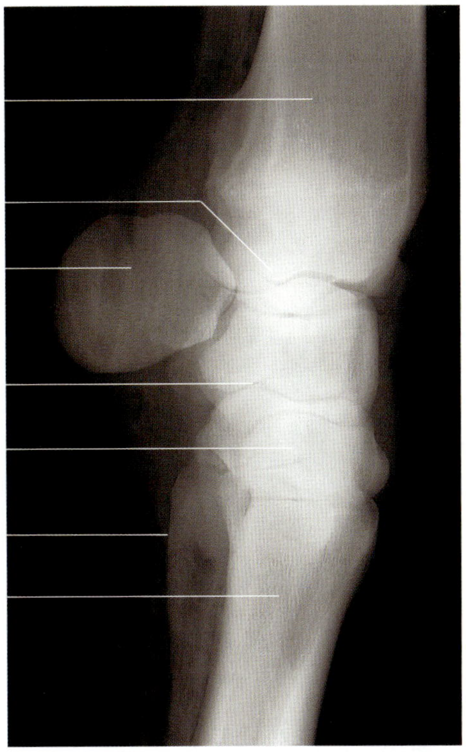


**Abb. 3-18.** Rechtes Vorderfußwurzelgelenk eines Pferdes (Röntgenbild, mediolateraler Strahlengang), Aufnahme Prof. Dr. W. Künzel, Wien.

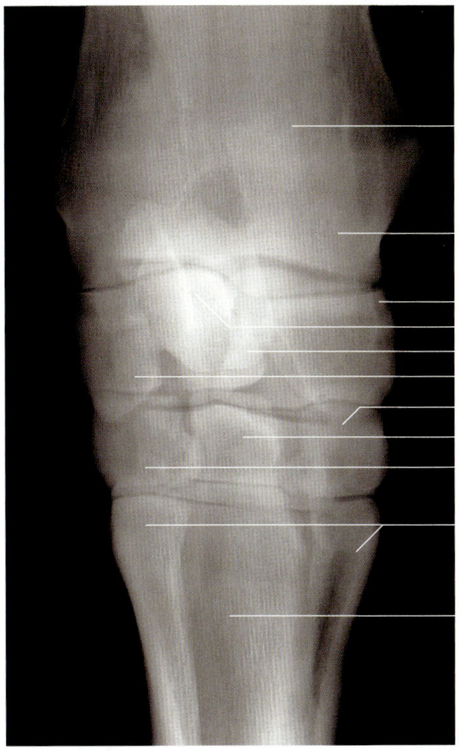


**Abb. 3-19.** Rechtes Vorderfußwurzelgelenk eines Pferdes (Röntgenbild, dorsopalmarer Strahlengang), Aufnahme Prof. Dr. W. Künzel, Wien.

# Skelett des Vorderfußes des Pferdes

## Vorderfußwurzelknochen (Ossa carpi)

Die Vorderfußwurzelknochen sind in der proximalen Reihe vollständig mit vier Karpalknochen ausgebildet, wobei das medial gelegene Os carpi radiale der größte Knochen dieser Reihe ist (Abb. 3-14, 18 u. 19). Die Einzelknochen artikulieren mit Nachbarknochen der gleichen Reihe bzw. anliegender Ebenen. Die distalen Karpalknochen sind unvollständig, meistens fehlt das mediale Os carpale primum. Ist es ausgebildet, so liegt dieses, vom Skelett abgetrennt, häufig im angrenzenden Lig. carpi palmare, hinter dem Os carpale tertium. Auffällig ist die breite Artikulationsfläche des Os carpale secundum zum Röhrbein (Os metacarpale III), wodurch die Körperlast in der Senkrechten weitergegeben wird. Die medial und lateral anliegenden Karpalknochen (C II bzw. C IV) stehen mit den proximalen Gelenkflächen der Griffelbeine in gelenkiger Verbindung.

## Vordermittelfußknochen (Ossa metacarpalia)

Die Vordermittelfußknochen bestehen beim Pferd als Unpaarzeher aus dem allein zehentragenden Os metacarpale tertium (Mc III) als Hauptmittelfußknochen sowie den rudimentären Mc II und Mc IV als Griffelbeinen (Nebenmittelfußknochen). Das Mc I fehlt ebenso wie das Mc V (Abb. 3-20).

Der **Hauptmittelfußknochen (Röhrbein)** ist der alleinige Träger der Körperlast, er ist demzufolge besonders stark in der dorsalen und medialen Knochenwand. Der Querschnitt durch den Schaft des Röhrbeins ist queroval, mit einer gegliederten Facies dorsalis und Facies palmaris, im Gegensatz zum runden Querschnitt des Röhrbeins der Hintergliedmaße. Die Artikulationsfläche (Facies articularis carpea) liegt in der Mitte, schwerpunktmäßig zur Verbindung mit dem Os carpale III der Metakarpalreihe; beidseitig grenzen kleinere Flächen an. An beiden Seiten sind Gelenkflächen zu den Köpfchen der Griffelbeine ausgebildet, dorsomedian die Mittelfußbeule (Tuberositas ossis metacarpalis). Die Trochlea am distalen Ende des Röhrbeins ist durch einen Sagittalkamm in eine medial geringfügig größere und eine kleinere laterale Artikulationsfläche unterteilt.

Die **Nebenmittelfußknochen (Ossa metacarpalia II** und **IV**, **Griffelbeine)** ziehen bis zum distalen Drittel des Mittelfußes, sie verdicken sich an ihrer proximalen **Basis** zum **Köpfchen** (Abb. 3-20). Die Griffelbeinköpfchen stehen einerseits mit dem Röhrbein in gelenkiger Verbindung, andererseits artikulieren die proximalen Gelenkflächen mit der distalen Reihe der Karpalknochen und unterstützen das Gelenk. Das distale Ende verjüngt sich und endet mit einem gut tastbaren kleinen **Knöpfchen (Caput)**.

## Vorderzehenknochen (Ossa digitorum manus)

Die Vorderzehenknochen des Pferdes sind allein nur auf **eine Zehe**, die des 3. Strahls, reduziert (Abb. 3-21ff.).

Danach sind ausgebildet:

- Fesselbein (Os compedale, Phalanx proximalis),
- Kronbein (Os coronale, Phalanx media),
- Hufbein (Os ungulare, Phalanx distalis) und zusätzlich
- 3 Sesambeine (Ossa sesamoidea).

Das **Fesselbein (Os compedale, Phalanx proximalis)** entspricht der Form eines dorsopalmar komprimierten Zylinders, dessen proximale Basis gegenüber dem distalen Caput verstärkt ist (Abb. 3-21).

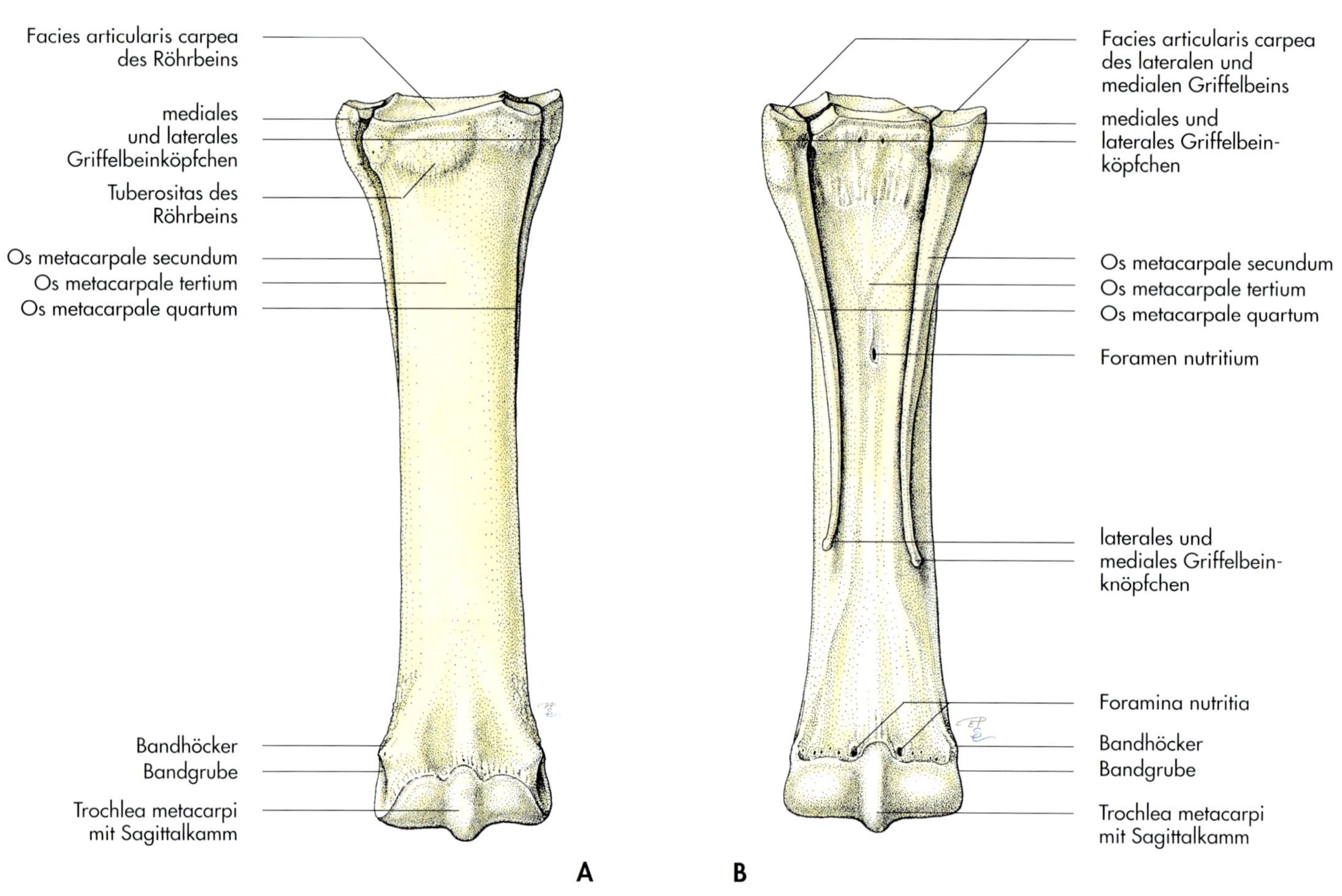


**Abb. 3-20.** Schematische Darstellung der linken Vordermittelfußknochen II–IV des Pferdes (**A** Dorsalansicht und **B** Palmaransicht).

Auf der Palmarfläche begrenzen markante Fesselbeinleisten das Fesselbeindreieck (Trigonum phalangis proximale), die Fovea articularis ist durch eine paramediane Sagittalrinne in eine kleinere laterale und eine größere mediale Fläche unterteilt. Die distale Trochlea passt sich konkav der Artikulationsfläche zum Kronbein an.

Das **Kronbein (Os coronale, Phalanx media)** ähnelt dem Fesselbein (Abb. 3-21). Die dorsale Fovea articularis passt sich ein in die Krümmungsfläche der Gelenkwalze des Fesselbeins, unterteilt durch einen Sagittalkamm in zwei Gruben. Der **Kronbeinfortsatz (Processus extensorius)** ist weit ausgezogen, die palmar gelegene **Kronbeinlehne (Tuberositas flexoria)** verstärkt.

Dem **Hufbein (Os ungulare, Phalanx distalis)** ist seitlich jeweils ein **Hufknorpel** und proximopalmar als **Sesambein** das **Strahlbein** angelagert (Abb. 3-21, 26 u. 27). Man unterscheidet eine Wand-, Sohlen- und eine Gelenkfläche, einen **Tragrand (Margo solearis)**, in dem Wand- und Sohlenfläche zusammenstoßen, und einen **Kronrand (Margo coronalis)**, in dem sich Wand- und Gelenkfläche treffen. Am Kronrand ragt dorsoaxial ein **Streckfortsatz (Processus extensorius)**, die Hufbeinkappe, vor (Abb. 3-24). Der Tragrand zieht in der Medianen die Tragrandkerbe (Crena marginis solearis) ein. Palmar tritt beidseitig je ein **Hufbeinast (Processus palmaris medialis** bzw. **lateralis)** vor, der durch eine Incisura processus palmaris in einen proximalen und einen distalen Astwinkel geteilt wird. Oftmals ist hier auch nur ein Foramen ausgebildet.

Die **Wandfläche (Facies parietalis)** formt eine konvexe, durch zahlreiche Rauigkeiten untergliederte Rücken- und eine Seitenfläche, die von einer Vielzahl an Öffnungen (Foramina vascularia) durchbohrt ist. Blutgefäße verlaufen zusätzlich in Wandrinnen (Sulcus parietalis medialis bzw. lateralis).

Die **Sohlenfläche (Facies solearis)** ist durch die Linea semilunaris in ein vorderes Planum cutaneum und in eine palmare Facies flexoria zum Ansatz der tiefen Beugesehne unterteilt (Abb. 3-21). Die Gelenkfläche (Facies articularis) artikuliert mit der Kronbeinwalze und palmar mit dem Sesambein. Eine deutlich ausgeprägte Sohlenrinne setzt sich in das Foramen soleare und in den **Hufbeinkanal (Canalis solearis)** fort.

**Zwei Gleichbeine (Ossa sesamoidea proximalia)** sind proximal am Fesselgelenk ausgebildet, sie sind dreiseitig, pyramidenförmig, spitz und stehen durch straffe Bänder untereinander und mit dem Fesselbein in Verbindung (Abb. 3-21). Die dorsale Facies articularis ergänzt mit ihrer konkaven Fläche die Pfanne des Fesselgelenks von palmar. In die abaxiale Fläche strahlt die Endsehne des M. interosseus medius ein, ihre Palmarflächen bilden für die Beugesehnen eine Gleitfläche (Scutum proximale).

Das **Strahlbein (Os sesamoideum distale)** hat die Form eines Weberschiffchens (Abb. 3-21 u. 26). Sein konvexer distaler Rand (Margo distalis) ist über ein Band mit dem Hufbein fest verbunden, seine dorsale Gelenkfläche ergänzt die des Hufbeins palmar. Der

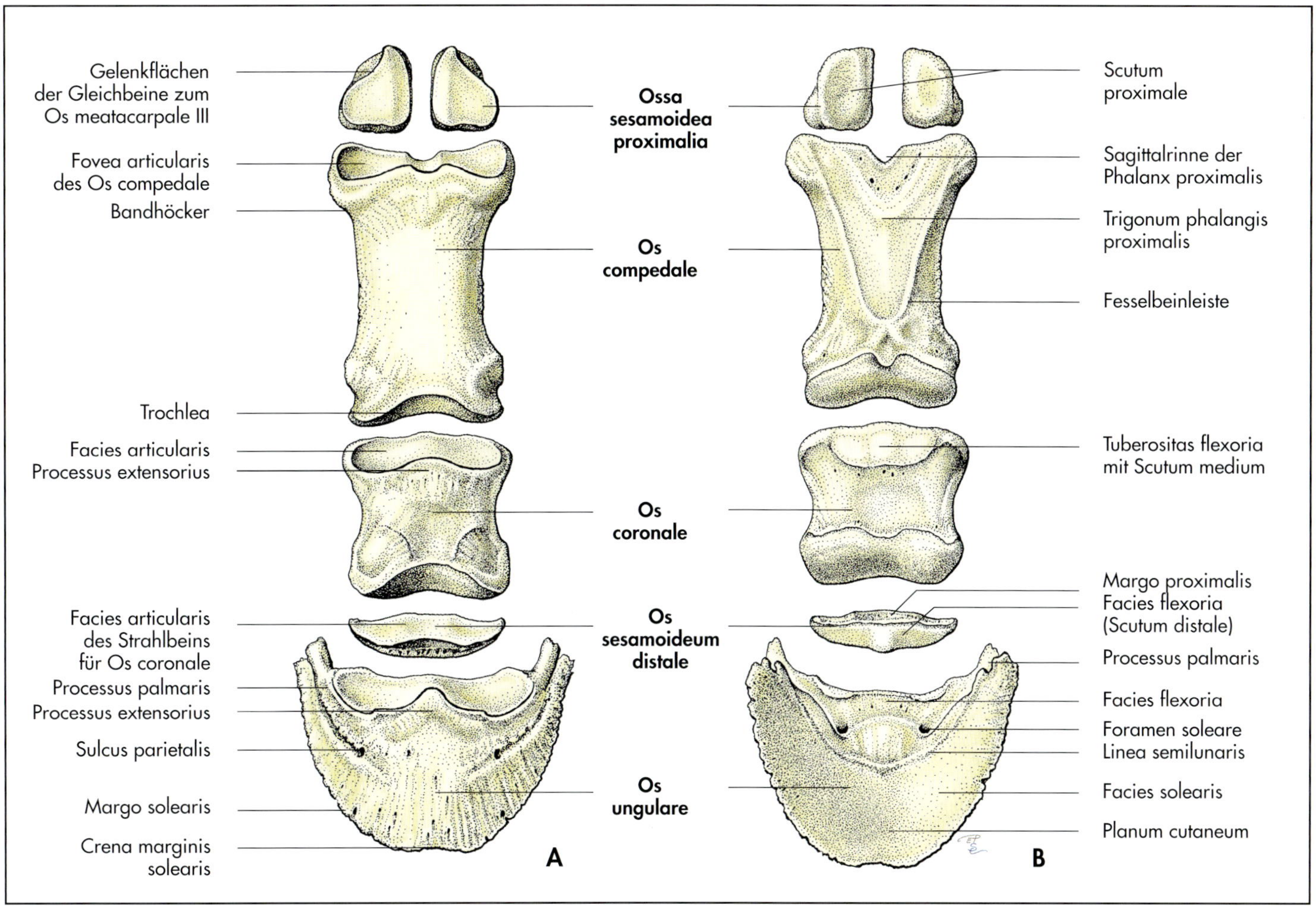


**Abb. 3-21.** Schematische Darstellung der linken Vorderzehenknochen des Pferdes (**A** Dorsalansicht und **B** Palmaransicht).

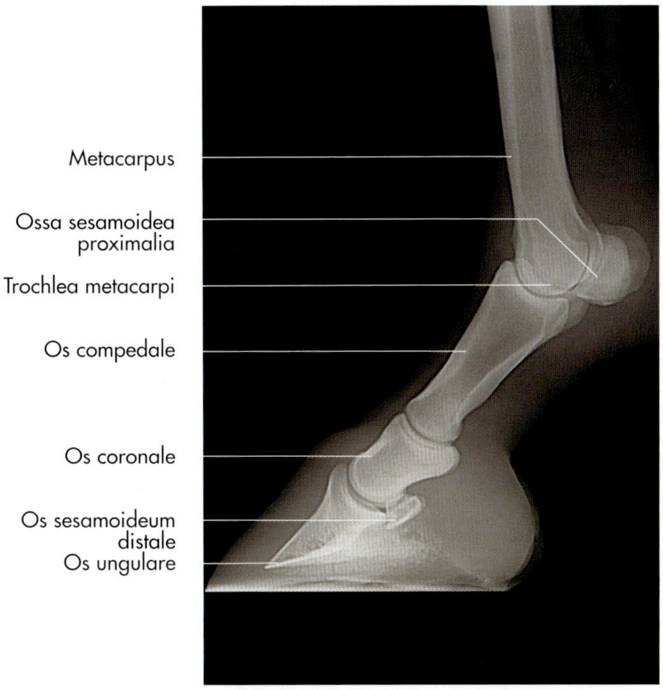


**Abb. 3-22.** Vorderzehenknochen eines Pferdes (Röntgenbild, lateromedialer Strahlengang), Aufnahme Prof. Dr. Chr. Stanek, Wien.

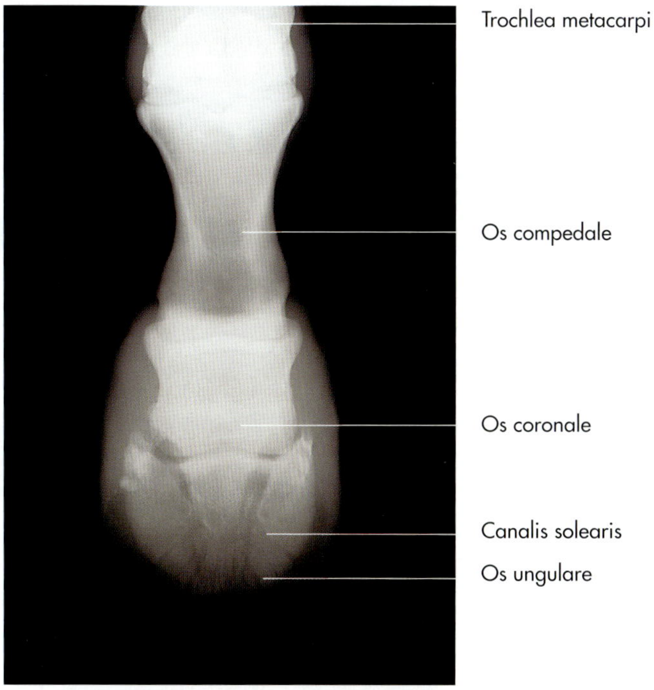


**Abb. 3-23.** Vorderzehenknochen eines Pferdes (Röntgenbild, dorsopalmarer Strahlengang), Aufnahme Prof. Dr. Sabine Breit, Wien.

**Abb. 3-24.** Hufbein eines Pferdes (Sagittalschnitt).

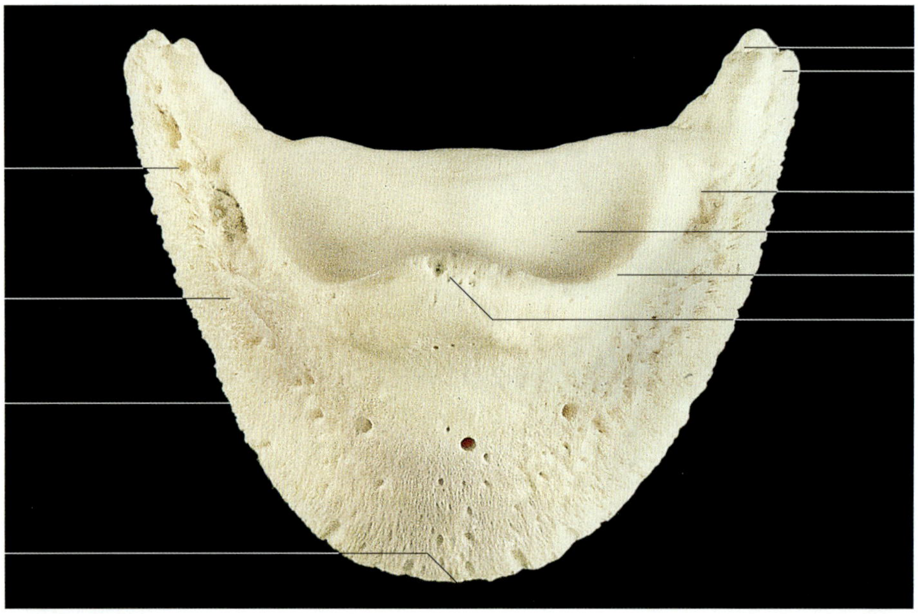


**Abb. 3-25.** Hufbein eines Pferdes (Aufsicht von dorsoproximal).

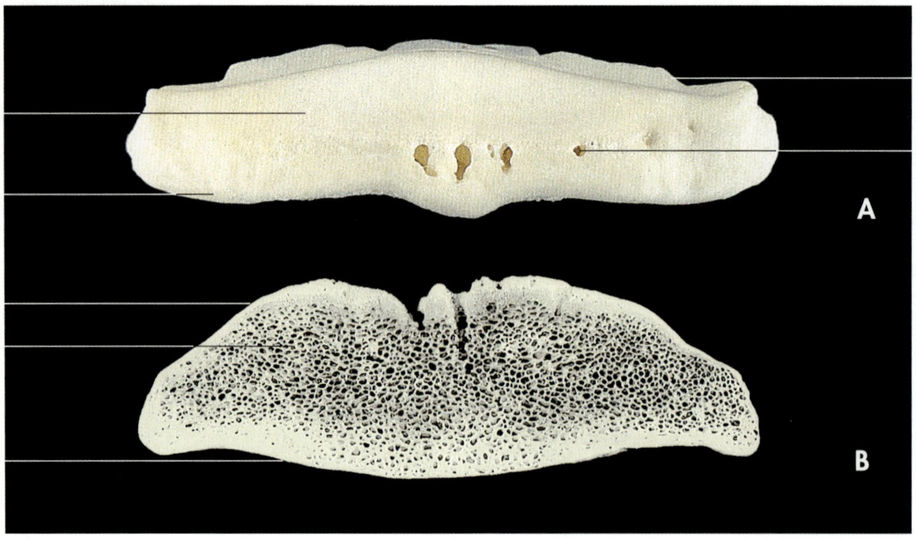


**Abb. 3-26.** Strahlbein eines Pferdes (**A** Distalansicht und **B** Horizontalschnitt).

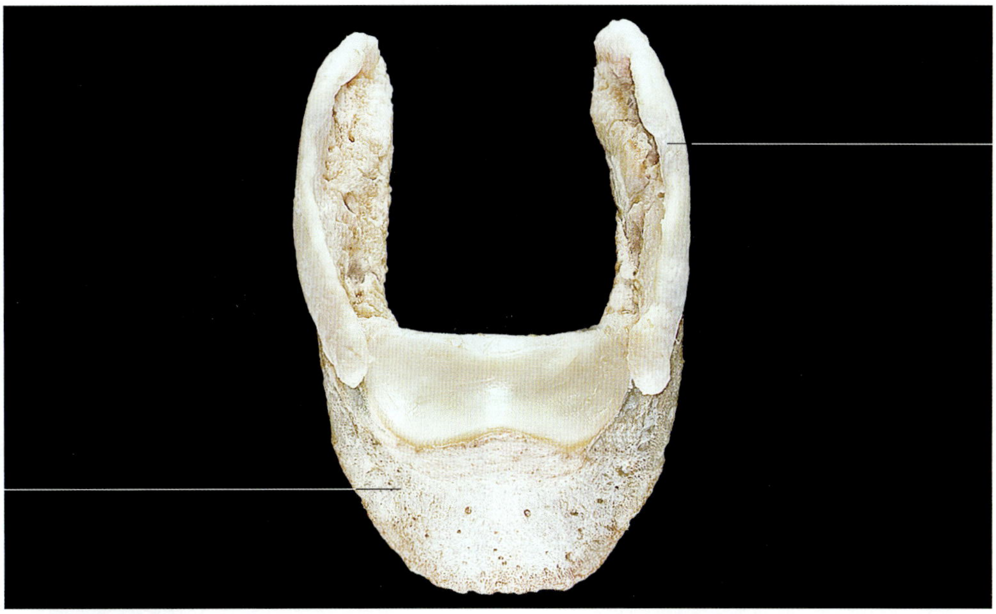


**Abb. 3-27.** Hufbein eines Pferdes mit Hufknorpel (Ansicht von dorsoproximal).

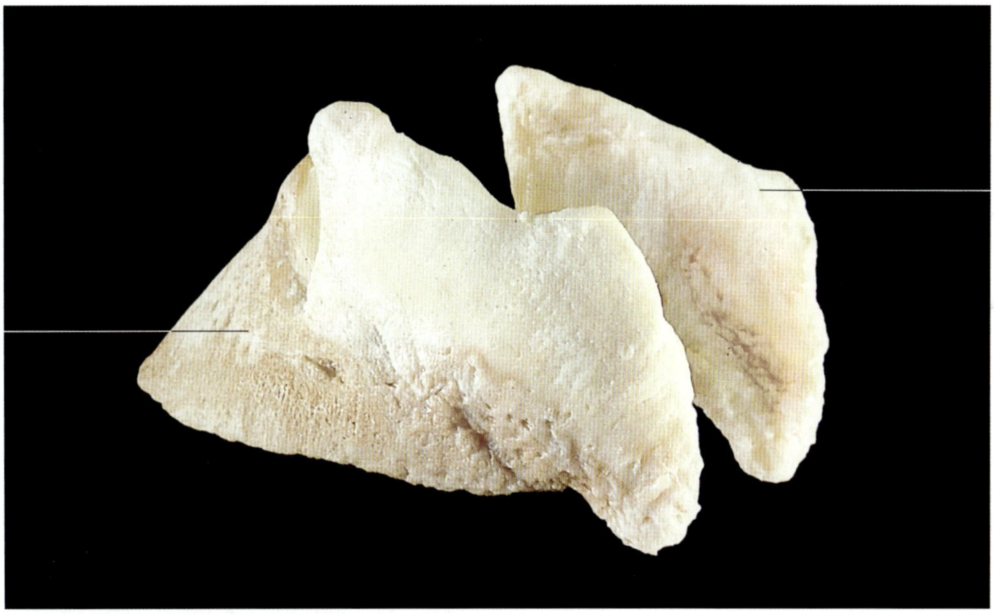


**Abb. 3-28.** Hufbein eines Pferdes mit Hufknorpel (Ansicht von lateropalmar).

proximale Rand ist geradlinig, die Palmarfläche dient der tiefen Beugesehne als Gleitfläche (Scutum distale).

Der **Hufknorpel (Cartilago ungulae medialis** bzw. **lateralis)** ist paarig und stellt eine faserige Knorpelplatte dar, an der eine lange Kante proximal und distal, eine kurze dorsal und palmar unterschieden wird (Abb. 3-27 u. 28). Die Platte schließt eine konvexe abaxiale und eine konkave axiale Fläche ein.

Der Hufknorpel ist mit dem Hufbeinast verwachsen, palmar überragt er frei das Hufbein. Die distale Hälfte schiebt sich in die Hufkapsel vor, die proximale überragt deren Kronrand und reicht bis zur Mitte des Kronbeins.

# Verbindungen der Knochen der Schultergliedmaße (Articulationes membri thoracici)

## Verbindungen der Schultergliedmaße mit dem Rumpf

Die Vordergliedmaße ist mit dem Rumpf mit Hilfe von Muskeln, Sehnen und Faszien verbunden (**Synsarkose**).

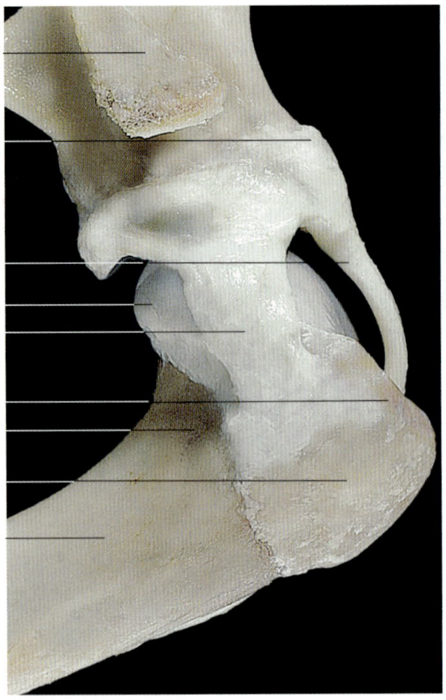


**Abb. 3-29.** Rechtes Schultergelenk eines Hundes (Lateralansicht), Präparat Dr. R. Macher, Wien.

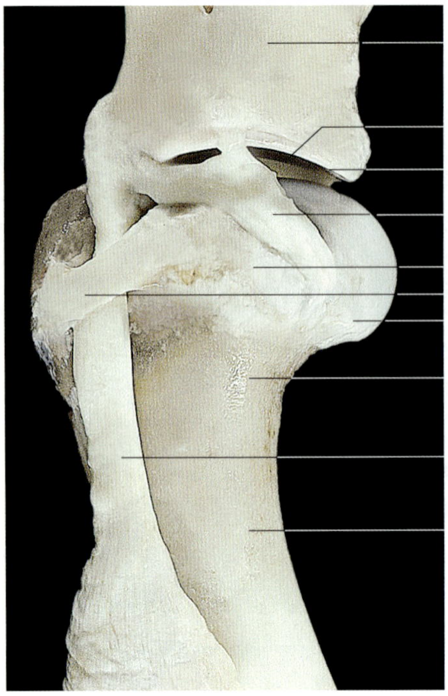


**Abb. 3-30.** Rechtes Schultergelenk eines Hundes (Medialansicht), Präparat Dr. R. Macher, Wien.

## Schultergelenk (Articulatio humeri)

Das Schulter- oder Buggelenk ist der Form nach ein freies oder **Kugelgelenk (Articulatio sphaeroidea)**, in dem die deutlich kleinere **Cavitas glenoidalis** der Scapula mit dem konvexen **Caput humeri** artikuliert (Abb. 3-29 u. 30). Ein faserknorpeliger Saum **(Labrum glenoidale)** vergrößert den freien Rand der knöchernen Cavitas glenoidalis. Die Bewegungsfreiheit des Gelenks wird jedoch durch anliegende Muskulatur soweit eingeschränkt, dass es nur als **Wechsel-** oder **Walzengelenk** funktioniert. Beuge- und Streckbewegungen sind bei Fleischfressern bis zu 120°, Außenrotation bis 45° und Innenrotation bis 35° möglich, ein seitliches Abspreizen der Gliedmaße bis zu 60°.

Beim Pferd werden durch die Walzenform des Humeruskopfes Seitenbewegungen des Gelenks beinahe unmöglich. Seitliche Gelenkbänder fehlen, ihre Funktionen übernehmen die Endsehnen medialer bzw. lateraler Schulterblattmuskeln im Sinne von kontraktilen Spannbändern. Das mediale Seitenband wird durch die Sehne des M. subscapularis ersetzt, das laterale durch die des M. infraspinatus.

Bei allen Haussäugetieren ist eine geräumige **Gelenkkapsel (Capsula articularis)** ausgebildet, oftmals verbunden mit den Sehnen der umgebenden Muskeln (M. subscapularis). Die Gelenkkapsel stülpt sich beim Rind und beim Pferd mit drei kranialen und zwei kaudolateralen Ausbuchtungen (Volumen beim adulten Rind bis zu 80 ml), bei Fleischfressern neben zwei kranialen mit einer ausgedehnten kaudolateralen vor (Abb. 3-31 u. 32).

Als Unterstützung der Kapselwand werden kollagene und elastische **Faserverstärkungen (Ligamenta glenohumeralia laterale** und **mediale)** gesehen, die vorzugsweise bei Fleischfressern und Pferd auftreten. Das Ligamentum glenohumerale mediale verläuft im Gelenk. Es ist mit der Membrana synovialis der Gelenkkapsel durch ein Gekröse verbunden. Ebenfalls bei Fleischfressern ist ein **Ligamentum transversum humeri** als Halteband für die Ursprungssehne des M. biceps brachii entwickelt. Bei Ungulaten ist die Gelenkkapsel zusätzlich durch das **Ligamentum coracohumerale** zwischen dem Tuberculum supraglenoidale und dem Tuberculum majus humeri verstärkt.

Die Ursprungssehne des M. biceps brachii zieht bei Fleischfressern, beim Schwein und beim Schaf in Höhe des Sulcus intertubercularis tief in die Gelenkkapsel und formt eine **Kapselsehnenscheide (Vagina synovialis intertubercularis)**, die beim Pferd und beim Rind nicht mehr mit dem Gelenk in Verbindung steht. Bei diesen Großtieren liegt hier ein **Schleimbeutel (Bursa intertubercularis)**.

**Punktionsstellen am Schultergelenk**

- **Hund**
  Der Hund wird auf die Seite gelegt und das Gelenk ein wenig gebeugt. Die Injektion erfolgt direkt kaudal und proximal des Tuberculum majus humeri. Die Kanüle wird in einer horizontalen Ebene in mediokaudaler Richtung eingestochen.
- **Katze**
  Die Katze wird auf die Seite gelegt, das Gelenk ist geringgradig gebeugt. Die Kanüle wird kranial der Sehne des M. infraspinatus, leicht distal zum Processus suprahamatus, eingestochen und circa 1 cm vorgeschoben, bis die Cavitas glenoidalis erreicht wird.
- **Schwein**
  Das Schwein wird auf die Seite gelegt und das Gelenk geringgradig gebeugt. Die Kanüle wird kranial der Sehne des M. infraspinatus in Höhe des Tuberculum majus humeri eingestochen und in mediokaudaler und leicht distaler Richtung vorgeschoben.

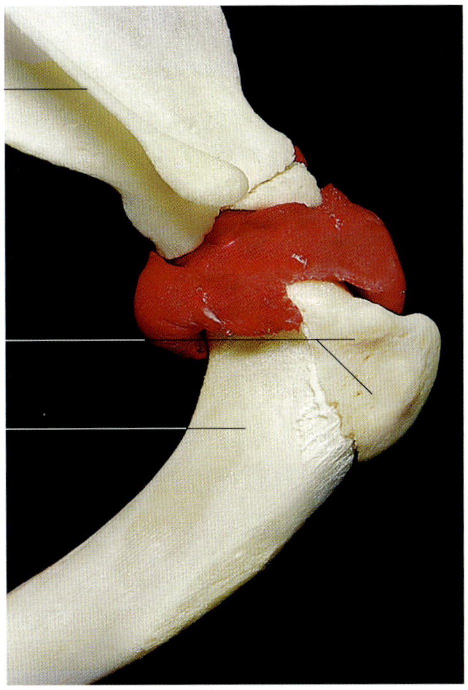


**Abb. 3-31.** Rechtes Schultergelenk eines Hundes mit Gelenksack (Ausgusspräparat, Lateralansicht), Präparat Dr. K. Ganzberger, Wien.

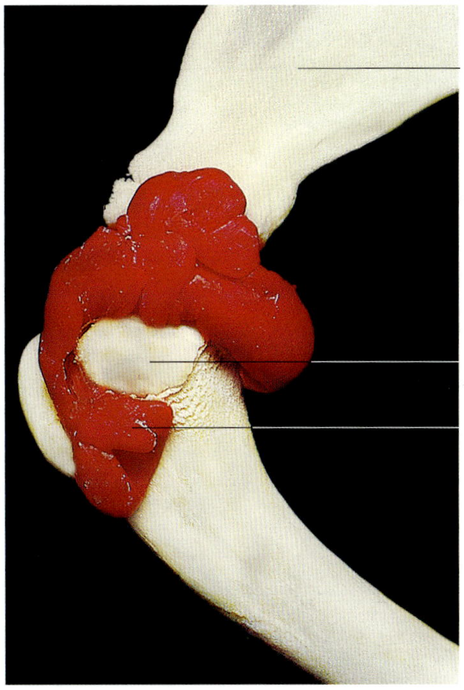


**Abb. 3-32.** Rechtes Schultergelenk eines Hundes mit Gelenksack (Ausgusspräparat, Medialansicht), Präparat Dr. K. Ganzberger, Wien.

- **Rind und Pferd**
  Eine 10 cm lange Kanüle wird in die tastbare Mulde zwischen der Pars cranialis und caudalis des Tuberculum majus humeri eingestochen. Die Kanüle wird horizontal in eine kaudale und leicht mediale Richtung vorgeschoben.

## Ellbogengelenk (Articulatio cubiti)

Das Ellbogengelenk ist ein **zusammengesetztes Walzengelenk**, das seiner Funktion nach ein vollkommenes **Wechsel-** oder **Scharniergelenk** darstellt. Exzentrische Insertionsstellen der Seitenbänder gegenüber der Drehachse lassen beim Pferd, abgeschwächt auch bei Fleischfressern und beim Rind, dieses Gelenk darüber hinaus als ein Schnappgelenk wirken.

Die ausgeprägten Führungskämme und -rinnen der Gelenkwalze sowie das tiefe Einsenken des Olecranon in die Fossa olecrani des Humerus lassen allein ein Strecken und Beugen des Gelenks zu und verhindern fast vollständig seitliche Bewegungsabläufe. Bei der Katze ist eine Streck-Beuge-Winkelung von bis zu 140° und rasseabhängig beim Hund zwischen 100° und 140° möglich. Im Ellbogengelenk artikuliert die Trochlea humeri zweifach, einerseits mit der Incisura trochlearis ulnae, andererseits mit der Fovea capitis radii. Damit setzt sich dieses Gelenk aus der **Articulatio humeroulnaris** und der **Articulatio humeroradialis** zusammen.

Die **Gelenkkapsel** umfasst beide Gelenke und schließt auch die Gelenkhöhle der Articulatio radioulnaris proximalis mit ein. Die Gelenkhöhle ist verhältnismäßig eng, sie stülpt sich unter den M. extensor digitorum communis bzw. den M. biceps brachii (Fleischfresser) vor und zieht kaudal bis zum proximalen Rand der Fossa olecrani. Auf der Beugeseite sind Faserverstärkungen festzustellen.

**Punktionsstellen am Ellbogengelenk**

- **Hund und Katze**
  Das Tier wird auf die Seite gelegt und das Gelenk im 90°-Winkel gebeugt. Die Kanüle wird zwischen dem Epicondylus lateralis und dem Olecranon eingestochen und in kraniomedialer Richtung vorgeschoben.
- **Schwein**
  Die Kanüle wird in die tastbare Mulde kaudal des Epicondylus lateralis in kraniomedialer Richtung eingestochen.
- **Rind**
  Eine 6 cm lange Kanüle wird zwischen dem lateralen Ligamentum collaterale und der Ursprungssehne des M. extensor carpi ulnaris horizontal eingestochen.
- **Pferd**
  Eine 4 cm lange Kanüle wird von der Seite, leicht kranial oder kaudal des lateralen Ligamentum collaterale des Gelenks und auf halbem Wege zwischen dem Epicondylus lateralis humeri und der lateralen Seite des Caput radii, eingestochen. Die Kanüle wird horizontal in einer leicht proximomedialen Richtung vorgeschoben.

Die **Seitenbänder** des Gelenks sind stark entwickelt und verbinden beidseitig die Bandgruben bzw. -höcker des Epicondylus lat. und med. humeri mit denen des Radius bzw. der Ulna (Abb. 3-33 u. 37).

Man unterscheidet ein:

- **Ligamentum collaterale cubiti laterale**, das am Epicondylus lateralis humeri entspringt und in der Regel mit einem kräftigeren kranialen Schenkel am Radius und mit einem schwächeren kaudalen an der Ulna inseriert. Beim Pferd fehlt der kaudale ulnare Anteil.

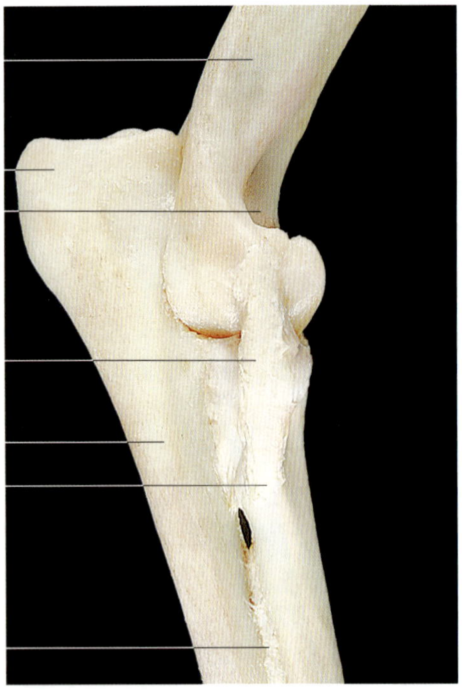


**Abb. 3-33.** Rechtes Ellbogengelenk eines Hundes (Lateralansicht), Präparat Dr. R. Macher, Wien.

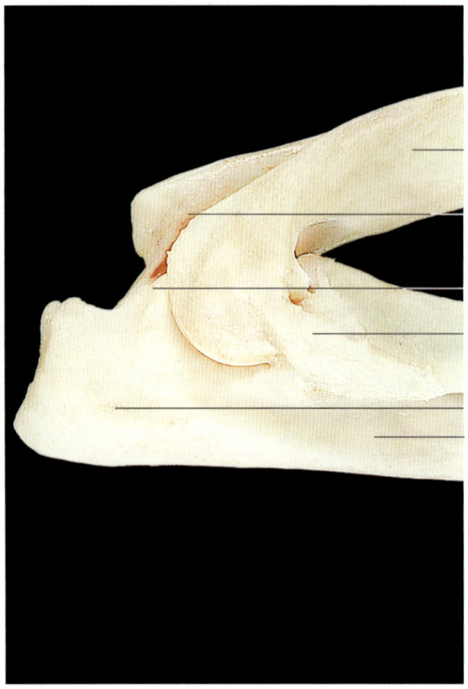


**Abb. 3-34.** Rechtes Ellbogengelenk eines Hundes (Lateralansicht, stark gebeugt), Präparat Dr. R. Macher, Wien.

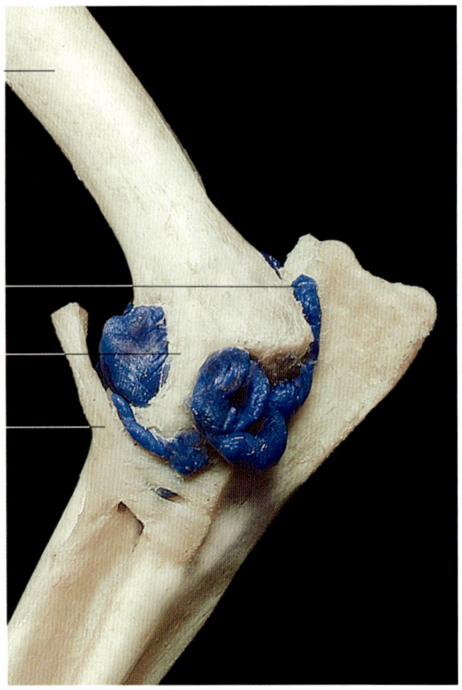


**Abb. 3-35.** Rechtes Ellbogengelenk eines Hundes mit injiziertem Gelenksack (Medialansicht), Präparat Dr. R. Macher, Wien.

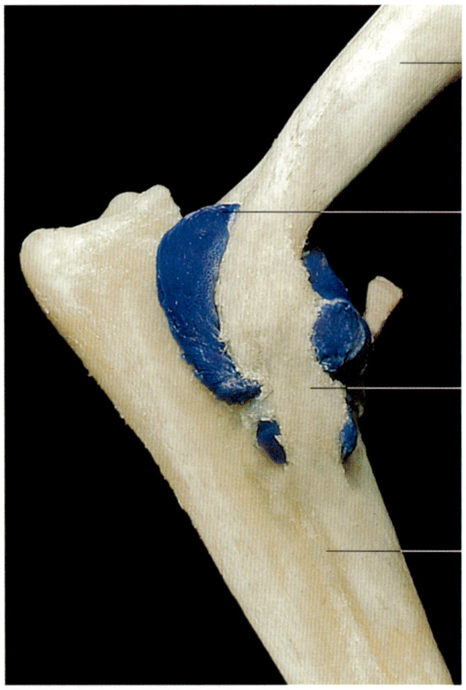


**Abb. 3-36.** Rechtes Ellbogengelenk eines Hundes mit injiziertem Gelenksack (Lateralansicht), Präparat Dr. R. Macher, Wien.

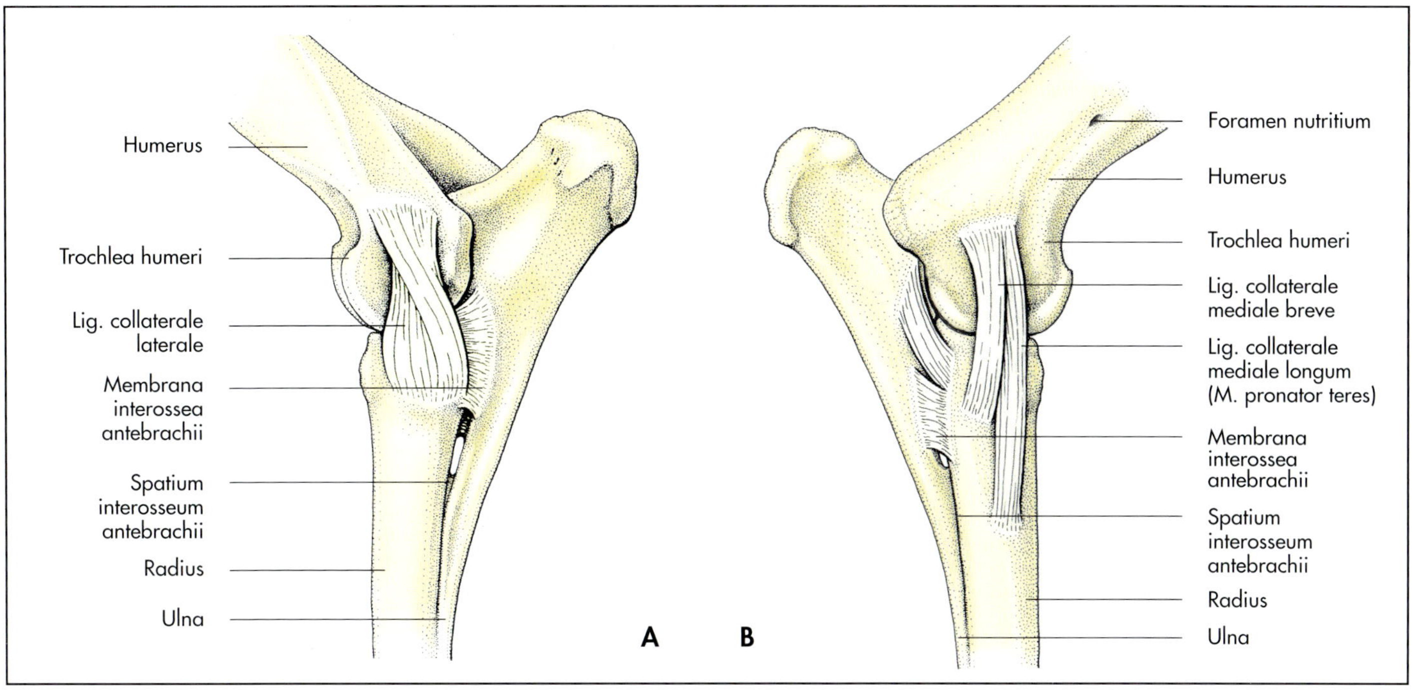


**Abb. 3-37.** Schematische Darstellung des linken Ellbogengelenks des Pferdes (**A** Lateral- und **B** Medialansicht).

- **Ligamentum collaterale cubiti mediale**, das am Epicondylus mediialis humeri entspringt und, ebenfalls zweigeteilt, mit einem kranialen Schenkel medial am Bandhöcker des Radius bzw. kaudal an dem der Ulna inseriert. Beim Rind und Pferd ist der vordere, lange Anteil als Rudiment des M. pronator teres bei jungen Tieren teilweise mit Muskelfasern durchzogen.
- **Ligamentum olecrani**, das als elastisches Band am medialen Epikondylus des Humerus entspringt und unter Straffung der Gelenkkapsel zum Processus anconeus zieht. Es tritt nur bei Hund und Katze auf (Abb. 3-34).

## Verbindungen des Radius mit der Ulna (Articulatio radioulnaris proximalis und Articulatio radioulnaris distalis)

Als Folge der tierartlich unterschiedlichen Reduktion des Ellbogens sind Rotationsbewegungen zwischen Radius und Ulna fast nicht mehr möglich, allein bei Fleischfressern ist eine geringgradige Pronation und Supination des Radius um die Ulna erkennbar **(Drehgelenk)**. Bei der Katze ist dabei eine Supination aktiv bis zu 100°, beim Hund nur passiv bis 50° durchführbar. Beim Schwein sind proximal und distal **straffe Gelenke (Amphiarthrosen)** ausgebildet, bei Wiederkäuern und beim Pferd sind lediglich proximal unbewegliche Synchondrosen vorhanden. Man unterscheidet eine:

- **Articulatio radioulnaris proximalis**, in der die Circumferentia articularis proximalis des Radius mit der Incisura radialis der Ulna artikuliert, und
- **Articulatio radioulnaris distalis**, die sich aus einer konvexen Circumferentia articularis der Ulna und einer ebenfalls konkaven Incisura ulnaris des Radius zusammensetzt.

Bänder des **proximalen Gelenks (Art. radioulnaris proximalis)** sind:

- **Ligamentum anulare radii** (nur bei Flfr.): Es umfasst in der Beugeseite den Radiuskopf, unterkreuzt die Seitenbänder des Ellbogengelenks und inseriert an der Incisura radialis ulnae.
- **Ligamentum interosseum antebrachii**: Es verbindet Radius und Ulna in der proximalen Hälfte des Spatium interosseum antebrachii (nur beim Hund) und liegt als Verstärkung lateral der **Membrana interossea antebrachii** an, die bei Fleischfressern als kollagenbindegewebige Membran den Radius und die Ulna verbindet. Sie verknöchert bei Huftieren.

Als Band des **distalen Gelenks (Art. radioulnaris distalis)** existiert – nur bei Fleischfressern – das:

- **Ligamentum radioulnare**: Es entlässt kranial Fasern zwischen dem distalen Ende des Radius und dem Processus styloideus. Beim Hund ist es straff, bei der Katze fibrillär.

Die von der **Gelenkkapsel** umschlossene Gelenkhöhle des proximalen Radioulnargelenks steht mit der des Ellbogengelenks, die Gelenkhöhle des distalen Gelenks mit der weiträumigen Ausstülpung des Unterarm-Vorderfußwurzel-Gelenks (Articulatio antebrachiocarpea) (Fleischfresser und Schwein) in Verbindung.

# Verbindungen des Vorderfußes (Handgelenke, Articulationes manus)

## Vorderfußwurzelgelenk (Karpalgelenk, Articulatio carpi)

Das Karpalgelenk ist ein zusammengesetztes, unvollkommenes Wechsel- oder Walzengelenk, dessen einzelne Gelenkflächen unter-

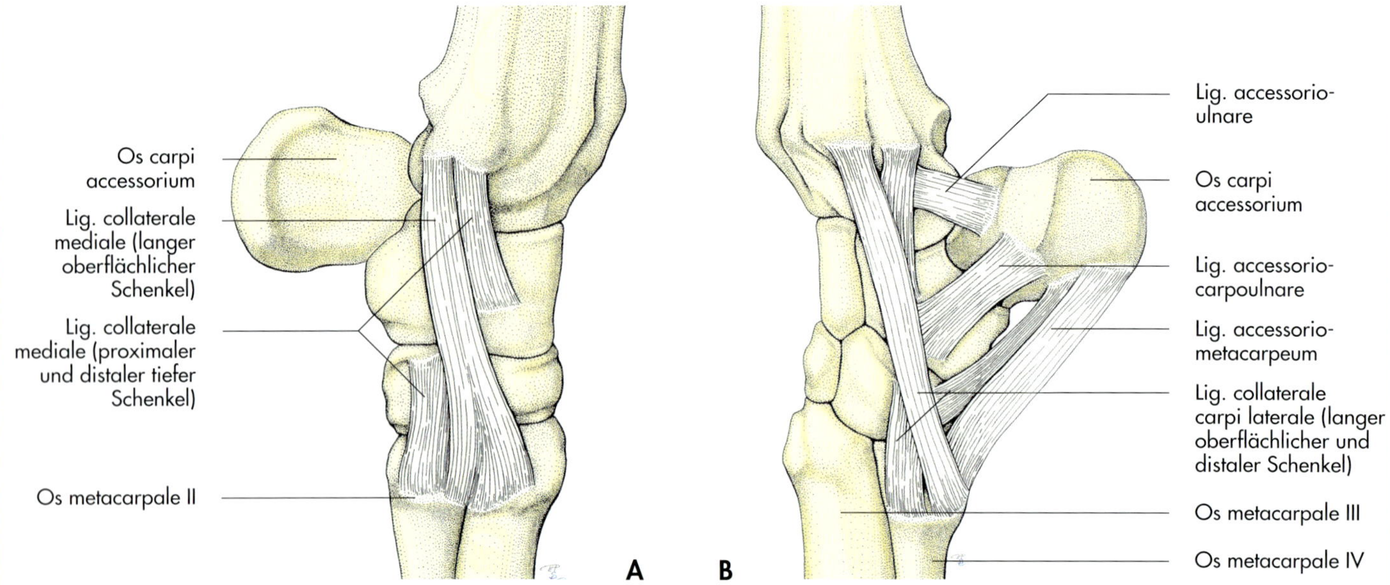


**Abb. 3-38.** Schematische Darstellung der langen Seitenbänder des linken Vorderfußwurzelgelenks des Pferdes (**A** Medialansicht und **B** Lateralansicht mit Haltebändern des Os carpi accessorium), nach Dr. Susanne Wagner, Wien, 1996.

schiedliche Bewegungsgrade zulassen (Abb. 3-38). Im Karpalgelenk verbinden sich die Knochen des Unterarms, der Vorderfußwurzel und des Mittelfußes. Man unterscheidet am Karpalgelenk proximale, mittlere und distale Gelenke:

- **Unterarm-Vorderfußwurzel-Gelenke** (Articulationes antebrachiocarpeae) zwischen dem distalen Ende des Radius (und der Ulna) und der proximalen Reihe der Karpalknochen,
- **Vorderfußwurzel-Mittelgelenke** (Articulationes mediocarpeae) mit den Articulationes ossis carpi accessorii zwischen den beiden Reihen der Karpalknochen,
- **Vorderfußwurzel-Zwischengelenke** (Articulationes intercarpeae) und
- **Vorderfußwurzel-Mittelfuß-Gelenke** (Articulationes carpometacarpeae), in denen die distale Reihe der Karpalknochen mit den Metakarpalknochen artikuliert.

Das **Unterarm-Vorderfußwurzel-Gelenk** ist ein **zusammengesetztes Walzengelenk (Articulatio radiocarpea** und **Articulatio ulnocarpea),** das vorzugsweise bei Fleischfressern ein **Ellipsoidgelenk** darstellt. Die Anordnung der Gelenkflächen lässt gerade bei dieser Tierspezies eine ausgeprägte Streckung und Beugung des Gelenks, aber auch eine Abduktion und Adduktion, ohne Rotation, zu. Bei Wiederkäuern ist dieses Gelenk ein **Schraubengelenk**, das beim Pferd als **Scharniergelenk** noch eine Bewegungsfreiheit von 90° erlaubt. Die Gelenkkapsel (Capsula articularis) ist weit und, dem jeweiligen Bewegungsgrad des Gelenks angepasst, dorsal ausgestülpt.

Das **Vorderfußwurzel-Mittelgelenk** mit der Articulatio ossis carpi accessorii ist ebenfalls ein **zusammengesetztes Walzengelenk**, in dem die Knochen der proximalen Karpalreihe (Os carpi radiale, intermedium und ulnare) gelenkig mit den Knochen der distalen Karpalreihe (Ossa carpalia I–IV bzw. deren Verschmelzungen) artikulieren. Die Bewegungsfreiheit dieser Gelenkreihe ist gegenüber der proximalen eingeschränkt. Die Gelenkhöhle ist eng und steht mit dem Gelenksack der distalen Reihe in Verbindung.

Zusätzlich tritt das **Vorderfußwurzel-Zwischengelenk (Articulatio intercarpea)** auf, das ein **zusammengesetztes Gelenk** darstellt. In diesem Gelenk artikulieren die aneinandergrenzenden Gelenkflächen derselben Reihe. Es sind stets straffe Gelenke, die nur eine stark eingeschränkte Bewegungsfreiheit zulassen.

Das **Vorderfußwurzel-Mittelfuß-Gelenk (Articulatio carpometacarpea)** ist ebenfalls ein zusammengesetztes Gelenk mit **straffen Gelenkverbindungen** und extrem eng anliegenden Gelenkkapseln. Der **Bandapparat** des Karpalgelenks besteht, unterstützt durch Faszienverstärkungen, aus einer Vielzahl von Einzelbändern (Abb. 3-38 bis 41). Diese lassen sich unterscheiden in:

- **lange laterale** und **mediale Seitenbänder** (Ligamenta collateralia carpi), die vom Unterarm zum Mittelfuß ziehen, und
- **kurze Bänder**, die entweder zwei Knochen einer Reihe oder Knochen benachbarter Reihen verbinden.

Als Verstärkung des Stratum fibrosum der Gelenkkapsel tritt auf der Streckseite des Karpus das **Retinaculum extensorum** auf, in das die Strecksehnen eingeschlossen sind. Auf der Beugeseite des Karpalgelenkes ist als Halteband das **Retinaculum flexorum** entwickelt, das flächenhaft verbreitert den Canalis carpi überspannt und Beugesehnen, Nerven und Gefäße aufnimmt. Das Retinaculum flexorum zieht schräg vom freien Ende des Os carpi accessorium zur medialen Seite des Karpus und setzt sich distal in die Mittelfußfaszie fort.

Die **langen Seitenbänder** überbrücken lateral und medial alle drei Etagen des Karpalgelenks. Das **laterale Seitenband (Liga-**

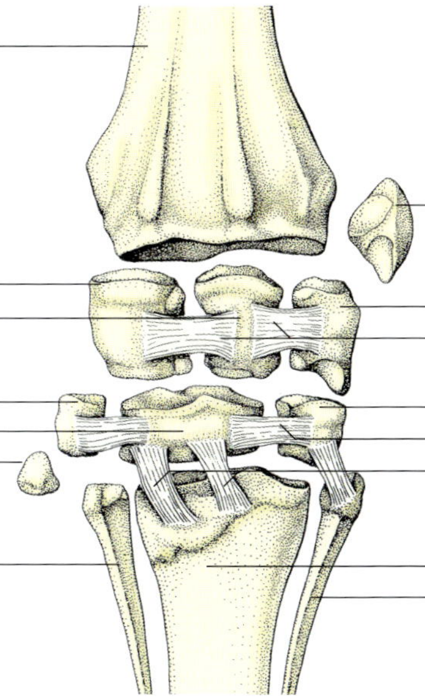


**Abb. 3-39.** Schematische Darstellung der kurzen Bänder des linken Vorderfußwurzelgelenks des Pferdes (Dorsalansicht, Gelenkspalten artifiziell erweitert dargestellt), nach Dr. Susanne Wagner, Wien, 1996.

**mentum collaterale carpi laterale)** entspringt am Processus styloideus lateralis ulnae, nimmt mit je einem tiefen Schenkel Kontakt auf zum Os carpi ulnare und zum Os carpale quartum und endet am seitlichen Metakarpalknochen.

Das **mediale Seitenband (Ligamantum collaterale carpi mediale)** ist stärker ausgeprägt, es entspringt am Processus styloideus medialis und inseriert am proximalen Ende des medialen Mittelfußknochens, nach Verbindung zum Os carpale II. Den Fleischfressern fehlen die langen Seitenbänder über drei Gelenketagen, bei diesen ist nur der erste Gelenkspalt überbrückt.

Die **kurzen Seitenbänder** lassen grundsätzlich **Längs-** und **Querbänder** unterscheiden (Abb. 3-39). Längsbänder überbrücken nur einen Gelenkspalt, Querbänder verbinden Knochen innerhalb einer Reihe. Die detaillierte Behandlung der kurzen Bänder im einzelnen muss Spezialwerken vorbehalten bleiben. Dennoch sollte hier das Prinzip des Bandapparates am Karpalgelenk angesprochen werden. Grundsätzlich treten kurze Bänder auf, die

- die **Gelenketagen** auf der **Dorsal-** bzw. auf der **Palmarseite** überspannen und
- die **Karpalknochen innerhalb einer Reihe** verbinden;
- ferner **Haltebänder des Os carpi accessorium**, die lateral und medial entwickelt sind und jeweils als Einzelband proximal zur Ulna, in der Mitte zum Os carpi ulnare und Os carpale quartum und distal zum Os metacarpale IV und V ziehen.

Die Artikulationsflächen der Einzelknochen innerhalb und zwischen den drei Gelenketagen sowie die Anordnung der langen bzw. kurzen Bänder machen deutlich, dass diese in ihrer Gesamtheit die Bewegungsfreiheit des Karpalgelenks bestimmen. Auf die eingeschränkte Beweglichkeit bei den Huftieren wurde bereits eingegangen. Bei Fleischfressern ist diese durch einen Streck-Beuge-Umfang von bis zu 195° gekennzeichnet, bei einem Abduktions-Adduktions-Winkel von bis zu 30°.

**Punktionsstellen am Karpalgelenk**
(Articulatio antebrachiocarpea und mediocarpea sowie Articulationes intercarpeae und carpometacarpeae)

- **Hund und Katze**
  Art. antebrachiocarpea und mediocarpea: Das Tier wird auf die Seite gelegt und das Gelenk im 90°-Winkel gebeugt. Die Kanüle wird von dorsolateral in die proximale Gelenkaussackung zwischen der Endsehne des M. extensor digitorum communis und des M. extensor carpi radialis in Höhe des Gelenkspalts eingestochen. Eigene Punktionsstellen für das karpometakarpale Gelenk sind unnötig, da dieses mit dem mediokarpalen Gelenk kommuniziert.
- **Schwein**
  Das Schwein wird auf die Seite gelegt und das Gelenk gebeugt. Um das antebrachiokarpale Gelenk zu injizieren, wird die Kanüle in die dorsale Gelenkaussackung der Gelenkskapsel lateral des M. extensor carpi radialis in horizontaler und palmarer Richtung eingestochen. Das mediokarpale und karpometakarpale Gelenk wird dorsal des medialen Ligamantum collaterale im tastbaren Gelenkspalt punktiert.
- **Rind**
  Eine 4 cm lange Kanüle wird auf der dorsolateralen Seite zwischen dem lateralen Ligamantum collaterale und dem M. extensor carpi radialis in den gebeugten Karpus eingestochen. Die Kanüle wird horizontal vorgeschoben.
- **Pferd**
  Art. antebrachiocarpea und mediocarpea: Der Karpus wird gebeugt und das Gelenk mit einer 3 cm langen Kanüle punktiert. Dabei wird die Kanüle horizontal in die tastbaren Mulden zwischen der Endsehne des M. extensor carpi radialis und der des M. extensor digitorum communis von dorsal auf Höhe der Artikulation eingestochen. Eigene Punktionsstellen für das karpometakarpale Gelenk sind wegen der Verbindung zum mediokarpalen Gelenk unnötig.

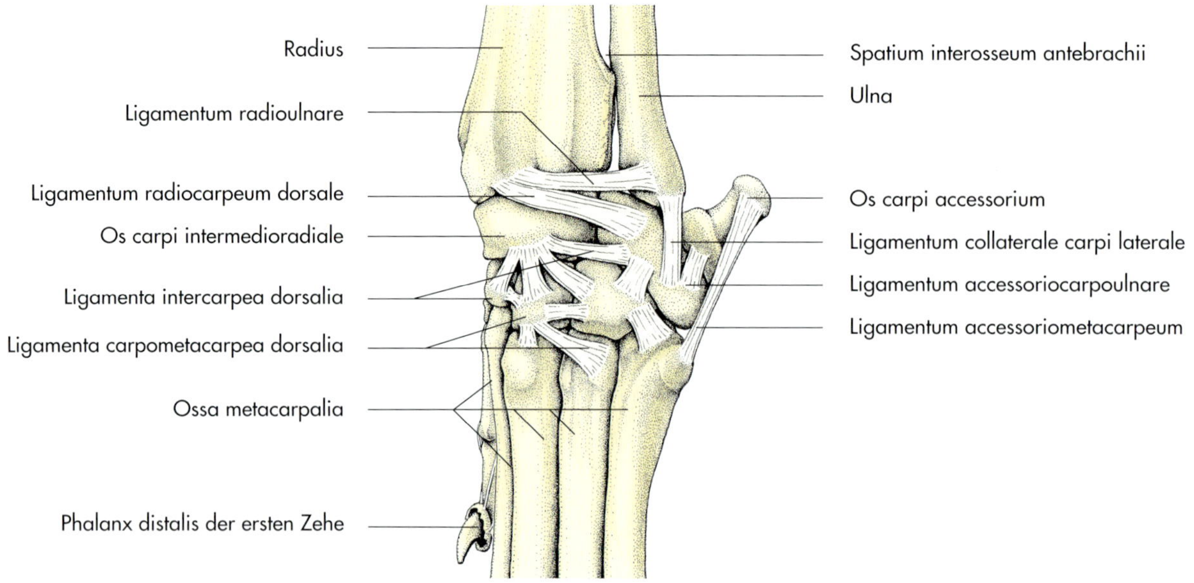


**Abb. 3-40.** Schematische Darstellung der Bänder des linken Vorderfußwurzelgelenks eines Hundes (Lateralansicht), nach Ghetie, 1954.

Die **Funktion** des Karpalgelenks ist, vorzugsweise unter Beteiligung der ersten und zweiten Gelenkreihe, in einer Streck- und Beugebewegung zu sehen, die bei maximaler Streckung des Unterarms zusammen mit der Mittelhand eine Gerade entstehen lässt. Bei extremer Beugung kann der Mittelfuß bis nahe zum Unterarm geführt werden. Zusätzlich sind eingeschränkt Dreh- und Seitwärtsbewegungen möglich, die auf die geringgradige Verschiebbarkeit einzelner Knochen zueinander zurückzuführen sind. Das funktionelle Zusammenspiel der zahlreichen Einzelknochen bewirkt darüber hinaus unter Beteiligung der meist straffen Bänder distaler Verbindungen ein hohes Maß an Stoß- und Federdämpfung des gesamten Gelenks.

## Verbindungen der Metakarpalknochen (Articulationes intermetacarpeae)

Die **Mittelhandknochen (Ossa metacarpalia)** sind allein bei Fleischfressern und beim Schwein noch gelenkig verbunden und beweglich. Demgegenüber besteht bei den Wiederkäuern zwischen den verwachsenen Metacarpalia III und IV keine Beweglichkeit. Beim Pferd ist nur noch eine stark eingeschränkte Beweglichkeit zwischen dem Hauptmittelfußknochen III und den ihm anliegenden Griffelbeinen II und IV möglich. Schmale Articulationes intermetacarpeae bilden hierfür die Grundlagen, Ligamanta metacarpea verbinden die einzelnen Metakarpalknochen.

## Verbindungen der Zehen

An jeder Zehe sind grundsätzlich **drei Gelenke** ausgebildet, die entsprechend der Anzahl der Strahlen stets in der Mehrzahl auftreten. Man unterscheidet:

- **Zehengrundgelenke** (Articulationes metacarpophalangeae),
- **Zehenmittelgelenke** (Articulationes interphalangeae proximales manus),
- **Zehenendgelenke** (Articulationes interphalangeae distales manus).

Die **Zehengrund- oder Fesselgelenke** stellen ihrer Form nach **Scharniergelenke** dar, sie wirken als Wechselgelenke und weisen dorsal und palmar Ausbuchtungen ihrer Gelenkkapseln auf (Recessus dorsales und Recessus palmares) (Abb. 3-42 u. 43). Der Bandapparat dieser Gelenke besteht aus Seitenbändern sowie bei Haussäugetieren mit mehreren Zehen aus Zwischenzehenbändern sowie aus mittleren und distalen Haltebändern der Sesambeine. Die Funktion proximaler Haltebänder der palmaren Sesambeine übernehmen bei Fleischfressern und Schwein die Mm. interossei, bei Wiederkäuern und Pferd der rein sehnige M. interosseus medius.

Die **Zehenmittel- oder Krongelenke** sind aufgrund ihrer kongruenten Gelenkflächen **Sattelgelenke** mit bevorzugter Streck-Beuge-Winkelung bei schwacher Seitwärtsbeweglichkeit (Abb. 3-42 u. 43). Die Gelenkhöhlen weisen dorsale und palmare Ausbuchtungen auf, als Bandapparat sind Seitenbänder (Pferd) und an den Hauptzehen auch palmare Bänder (Schwein und Wiederkäuer) vorhanden.

Die **Zehenendgelenke** sind **Sattelgelenke** mit ausgeprägter Streck- und Beugewinkelung bei eingeschränkten seitlichen Bewegungsmöglichkeiten (Abb. 3-42 u. 43). Die Gelenkkapseln stülpen sich dorsal und palmar vor; Seitenbänder, Haltebänder der Sesambeine und beim Pferd Haltebänder für die Hufknorpel vervollständigen den Gelenkmechanismus.

### Zehengelenke der Fleischfresser

#### Zehengrundgelenke (Articulationes metacarpophalangeae)

Das Zehengrundgelenk ist an jeder der fünf Zehen ausgebildet, es artikulieren jeweils die Trochlea des distalen Endes des Os metacarpale mit der Facies articularis der Phalanx proximalis zusammen mit den beiden palmar anliegenden Sesambeinen.

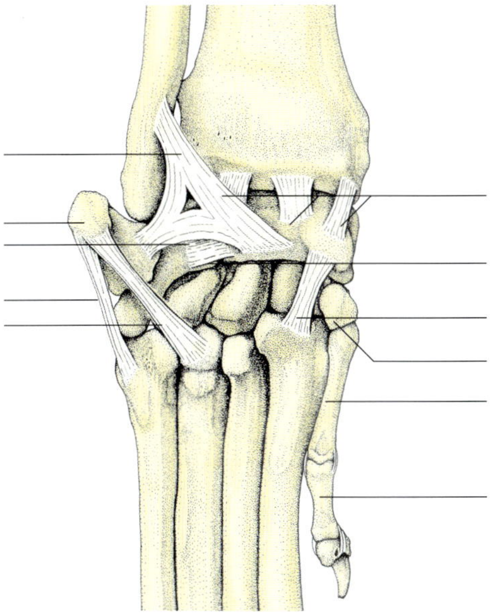


**Abb. 3-41.** Schematische Darstellung der Bänder des linken Vorderfußwurzelgelenks eines Hundes (Palmaransicht), nach Ghetie, 1954.

Die **Zehengrundgelenke** der 2. bis 5. Zehe sind Wechselgelenke, die auch Adduktions- und Abduktionsbewegungen zulassen. Aus einer übermäßigen Dorsalbeugung heraus können Beugungen des Gelenks bis zu 20° erfolgen. Das 1. Zehengrundgelenk wirkt als Schraubengelenk.

Die **Gelenkkapsel** eines jeden Zehengrundgelenks ist weiträumig. Der Recessus dorsalis wird in seiner Wand knorpelig verstärkt. Dem palmaren Recessus liegen die Mm. interossei an, seine Kapselwand schließt die beiden Sesambeine ein. Der **Bandapparat** besteht aus den:

- **Seitenbändern (Ligamenta collateralia mediale** und **laterale)** zwischen dem distalen Metakarpus und der Phalanx proximalis und
- **Sesambeinbändern**, die sich, ihrer Lage nach, unterteilen in:
  - **proximale Bänder**, ersatzweise für die Mm. interossei,
  - **mittlere Bänder** als feste Querbänder zwischen beiden Sesambeinen (Ligamenta palmaria) und deren seitliche Anheftungen (Ligamenta sesamoidea collateralia) am Metakarpus bzw. an der Phalanx proximalis und
  - **distale Bänder**, die als kurze und als gekreuzte Bänder **(Ligamenta sesamoidea brevia** bzw. **cruciata)** die Sesambeine mit der Phalanx proximalis verbinden.

## Zehenmittelgelenke (Articulationes interphalangeae proximales manus)

Die Zehenmittelgelenke sind nur an der 2. bis 5. Zehe ausgebildet, es artikulieren die Gelenkwalzen der Phalanx proximalis mit den Gelenkgruben der Phalanx media. Es sind Sattelgelenke, die eine Beugung von bis zu 60° und eine Streckung von bis zu 90° ermöglichen. Die Gelenkkapsel weist dorsal und palmar Aussackungen auf, dorsal stets knorpelig verstärkt. Der Bandapparat beschränkt sich jeweils auf ein **mediales** bzw. **laterales Seitenband (Ligamentum collaterale mediale** bzw. **laterale)**.

## Zehenendgelenke (Krallengelenke, Articulationes interphalangeae distales manus)

Die Zehenend- oder Krallengelenke sind an der 1. bis 5. Zehe als Sattelgelenke zwischen der Trochlea der Phalanx media und der Gelenkgrube der Phalanx distalis ausgebildet. Beim Hund sind die Krallen stets sichtbar. Bei der Katze liegen im Stand unter maximaler Dorsalbeugung die Krallenbeine der 2. bis 5. Kralle den Metakarpalknochen an, die Krallen sind in Hauttaschen zurückgezogen. Die Gelenkkapsel der jeweiligen Einzelgelenke weist Recessus dorsales und Recessus palmares als Ausstülpungen auf, deren palmare Wand durch einen bindegewebigen Sesambeinknorpel flächenhaft verstärkt ist.

Der **Bandapparat** wird zum einen von medialen und lateralen Seitenbändern (Ligamenta collateralia mediale und laterale) gebildet, zum anderen aber auch von elastischen Dorsalbändern.

Beim Hund treten paarig Ligamenta dorsalia longa zwischen der Phalanx media und der Seitenfläche des Krallenbeins auf. Bei der Katze werden diese zusätzlich durch ein unpaares Ligamentum dorsale breve unterstützt, das von der Seitenfläche der Mittelphalanx zum Processus extensorius des Krallenbeins zieht.

Von funktioneller Bedeutung ist dabei, dass bei der Katze durch Kontraktion des tiefen Zehenbeugers unter Dehnung der Bänder eine **Beugung des Krallengelenks** und damit ein **Ausfahren der Kralle** erfolgt. Der Bewegungsablauf dieser Gelenkbeugung verläuft dabei spiralförmig, ein Hinweis darauf, dass gerade die Vorderpfote der Katze hervorragend für den Beutefang ausgebildet ist.

## Zehenspannbänder

In Höhe der proximalen Sesambeine der Zehengrundgelenke umgreifen an der 2. bis 5. Zehe Ringbänder (Ligamenta anularia palmaria) die oberflächlichen und tiefen Beugesehnen. An diesen Ringbändern inserieren **querverlaufend tiefe Spannbänder (Ligamenta metacarpea transversa profunda)**, die die einzelnen Zehen untereinander verbinden. Ein mittlerer Faserzug setzt sich distal als

Aufhängeband des Sohlenkörpers bis in den Ballenkörper fort. Die tiefen Spannbänder werden durch das **oberflächliche Zehenspannband (Ligamentum metacarpeum transversum superficiale)** ergänzt, das sich als Querstrang zwischen dem distalen Ende des 2. bis 5. Metakarpus erstreckt.

## Zehengelenke der Wiederkäuer

### Zehengrundgelenke (Articulationes metacarpophalangeae)

In den Zehengrundgelenken artikulieren die selbstständigen distalen Enden der Hauptmittelfußknochen (Os metacarpale III und IV) in Form einer Trochlea mit der Facies articularis des Fesselbeins und den palmar anliegenden beiden Sesambeinen (Abb. 3-42 u. 43). Die beiden Zehengrundgelenke sind **Scharniergelenke** und wirken als **Wechselgelenke**.

**Gelenkkapseln** umfassen als eigenständige Hohlräume jeweils ein Gelenk, dabei verschmelzen axial anliegende Kapselwände miteinander. Auf der palmaren Gelenkseite stehen die beidseitigen Gelenkhöhlen proximal des Interdigitalschenkels des M. interosseus in Verbindung. Die Gelenkkapseln bilden dorsale und palmare Ausbuchtungen, nämlich die:

- **Recessus dorsales**: Diese überragen proximal das Fesselgelenk um ca. 5 cm, sie werden überlagert von der lateralen und der medialen Endsehne des gemeinsamen Zehenstreckers (M. extensor digitorum communis) und der Sehne des seitlichen Zehenstreckers (M. extensor digitorum lateralis). In Höhe der Endsehnen ist die Kapselwand knorpelig verstärkt und jeweils mit einem Schleimbeutel versehen, die Endsehnen werden ihrerseits von einer Sehnenscheide umhüllt.
- **Recessus palmares**: Diese reichen, unter dem M. interosseus und den Endsehnen der oberflächlichen und tiefen Beugesehnen liegend, bis zu 8 cm proximal. Die beiden Beugesehnen ihrerseits sind von einer gemeinsamen Sehnenscheide umgeben, die der Gelenkkapsel anliegt.

**Punktionsstellen der Gelenke**
Die Gelenkhöhlen des Fesselgelenks können, da miteinander verbunden, über die dorsale Ausbuchtung von medial oder lateral einen Fingerbreit oberhalb des Gelenks am Rand der medialen oder lateralen Strecksehne unter horizontalem Einstich injiziert werden. Ebenso kann die Injektion in die palmare Ausbuchtung von medial bzw. lateral zwischen den Mittelfußknochen und den Seitensträngen des M. interosseus zwei Fingerbreit oberhalb des Gelenks mit horizontalem Einstich erfolgen.

Am **Bandapparat des Fesselgelenks** (Abb. 3-44, 45 u. 46) unterscheidet man:

- das **proximale Zwischenzehenband (Ligamentum interdigitale proximale)**, das die Fesselbeine und die axial gelegenen Sesambeine verbindet,
- die **axialen** und **abaxialen Seitenbänder (Ligamenta collateralia)** an jedem Fesselgelenk und
- **proximale**, **mittlere** und **distale Sesambeinbänder**.

Der **Halteapparat der Sesambeine** wird in seinem proximalen, teilweise auch im distalen Abschnitt allein von den sehnigen Anteilen des **M. interosseus medius** gebildet. Der M. interosseus medius liegt palmar und entspringt distal an den Karpalknochen und den Karpalbändern und liegt dem Metakarpus bis zum distalen Drittel auf (Abb. 3-44, 45 u. 46).
Der **M. interosseus** teilt sich in:

- eine Mittelplatte,
- zwei Seitenstränge und
- eine Verbindungsplatte.

Die **Mittelplatte** entlässt ihrerseits zwei Seitenschenkel an die beiden axialen Sesambeine und je einen Interdigitalschenkel zu jeder Zehe.

Der Interdigitalschenkel inseriert an der 3. Zehe mit der medialen Sehne des gemeinsamen Zehenstreckers, an der 4. Zehe mit der des seitlichen Zehenstreckers. Die letzten beiden Sehnen werden als besondere Zehenstrecker bezeichnet.

Die **beiden Seitenstränge** inserieren an den abaxialen Sesambeinen, an denen ein tiefer Schenkel endet. Ein oberflächlicher Schenkel zieht distal und vereinigt sich abaxial mit den gleichen Sehnen, mit denen der Interdigitalschenkel verschmilzt.

Die **Verbindungsplatte** zieht zur Sehne des oberflächlichen Zehenbeugers und spaltet sich dabei in einen medialen und einen lateralen Schenkel. Sie bildet mit dem oberflächlichen Zehenbeuger eine **Manschette**, durch die die Sehne des tiefen Zehenbeugers hindurchzieht.
Die **mittleren Sesambeinbänder** (Abb. 3-45 u. 46) sind:

- **Ligamentum palmare mediale** bzw. **laterale**, das die Sesambeinpaare der 3. bzw. 4. Zehe miteinander verbindet,
- **Ligamentum intersesamoideum interdigitale**, das die beiden axialen Sesambeine verbindet,
- **Ligamenta sesamoidea collateralia**, die das abaxiale Sesambein der 3. und 4. Zehe vorzugsweise mit dem Fesselbein befestigen.

Die **distalen Sesambeinbänder** (Abb. 3-46) sind:

- **Ligamenta sesamoidea cruciata**, die an der Basis der beiden Sesambeine entspringen und sich kreuzend an den Seitenrand des dazugehörigen Fesselbeins ziehen,
- **Ligamentum phalangosesamoideum interdigitale**, das von der Basis eines axialen Gleichbeins an das Fesselbein der anderen Zehe zieht,
- **Ligamentum sesamoideum obliquum**, das distal die abaxialen Sesambeine am Fesselbein verankert.

Der **proximale Anteil des M. interosseus medius** übernimmt die Aufgabe proximaler Haltebänder der Sesambeine.

### Zehenmittelgelenke (Krongelenke, Articulationes interphalangeae proximales manus)

Das Zehenmittelgelenk wirkt als Sattelgelenk, die knöcherne Grundlage bilden die Trochlea des Fesselbeins und die Facies articularis des Kronbeins. An den Gelenkkapseln sind Ausbuchtungen entwickelt, nämlich die:

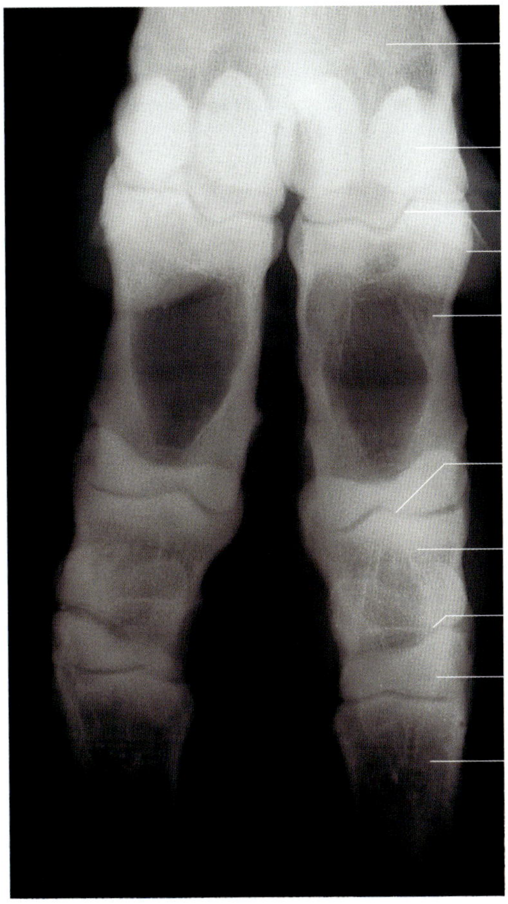

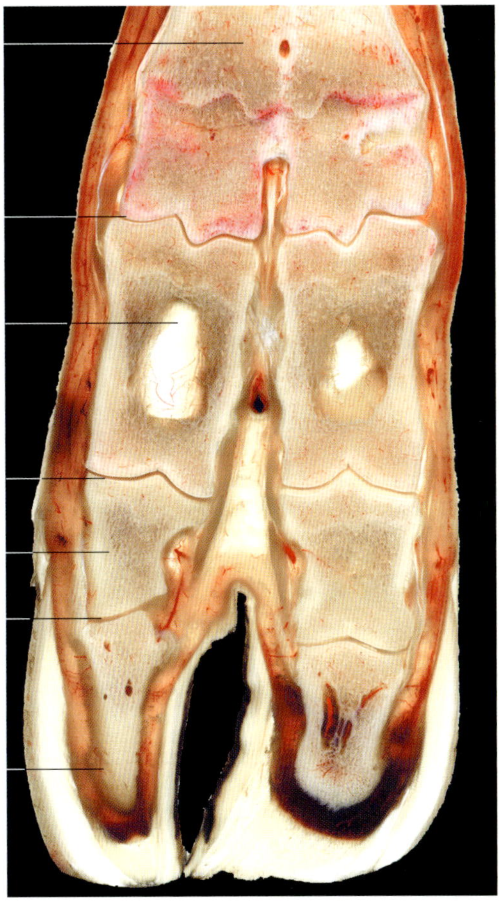


**Abb. 3-42.** Zehengelenke eines Rindes (Röntgenbild, dorsopalmarer Strahlengang), Aufnahme Prof. Dr. Sabine Breit, Wien.

**Abb. 3-43.** Zehengelenke eines Rindes (E-12-Scheibenplastinat), Präparat H. Obermayer, München.

- **Recessus dorsales**: Diese werden an der Dorsalfläche von den Endsehnen der beiden Zehenstrecker überlagert und eingebuchtet und entlassen zur Interdigitalfläche proximal und distal gerichtete Aussackungen. Ferner sind an den abaxialen Flächen Vorwölbungen ausgebildet, die proximal bis über die Mitte des Fesselbeins ziehen und den gemeinsamen Sehnenscheiden der Zehenbeuger anliegen.
- **Recessus palmares**: Diese sind schwach entwickelt und werden von den Beugesehnen überlagert.

Als **Bandapparat** dienen je Zehe axiale und abaxiale Seitenbänder (Ligamenta collateralia), die dorsal noch von einem axialen gemeinsamen Seitenband des Kron- und Klauengelenks unterstützt werden. Als Palmarbänder (Ligg. palmaria) fungieren ein rein palmar gelegenes sowie je ein axiales und ein abaxiales Band (Abb. 3-46).

## Beugesehnenhaltebänder an der Zehe

Diese Bänder sind Verstärkungen der Zehenfaszie und umfassen palmar die Beugesehnen, jeweils an den Seitenrändern der Fesselbeine inserierend (Abb. 3-47, 48 u. 49). Man unterscheidet:

- Fesselringband (Ligamentum anulare palmare),
- proximales und distales Ringband an der Fessel (Ligamentum anulare digiti),
- distales Zwischenzehenband (Ligamentum interdigitale distale).

## Zehenendgelenke (Klauengelenke, Articulationes interphalangeae distales manus)

Im Zehenendgelenk artikuliert die Trochlea des Kronbeins mit dem Klauenbein. Palmar schließt sich das distale Sesambein an, es wirkt als **Sattelgelenk**, die Gelenkkapsel bildet dorsale und palmare Ausbuchtungen. Man unterscheidet die:

- **Recessus dorsales**, die, überlagert von den Endsehnen des gemeinsamen Zehenstreckers, proximal sich fingerbreit über den Kronrand des Klauenhornschuhs vorschieben und der Gelenkkapsel des Krongelenks eng anliegen.
- **Recessus palmares**, die bis zur Mitte des Kronbeins ziehen und von der tiefen Beugesehne überlagert werden.

Als Bandapparat (Abb. 3-44 u. 46) dienen:

- das **distale Zwischenzehenband (Ligamentum interdigitale distale)**, das proximal des Klauenspalts die Hauptzehen verbindet; dieses unpaarige Band wird durch eine ausgeprägte Hautbrücke unterstützt, die mit einer palmaren Verstärkungsplatte über die tiefe Beugesehne auf die abaxiale Zehenfläche zieht;
- das **elastische Band des Klauengelenks (Ligamentum dorsale)**, das vom distalen axialen Bandhöcker des Kronbeins zum Streckfortsatz des Klauenbeins zieht;

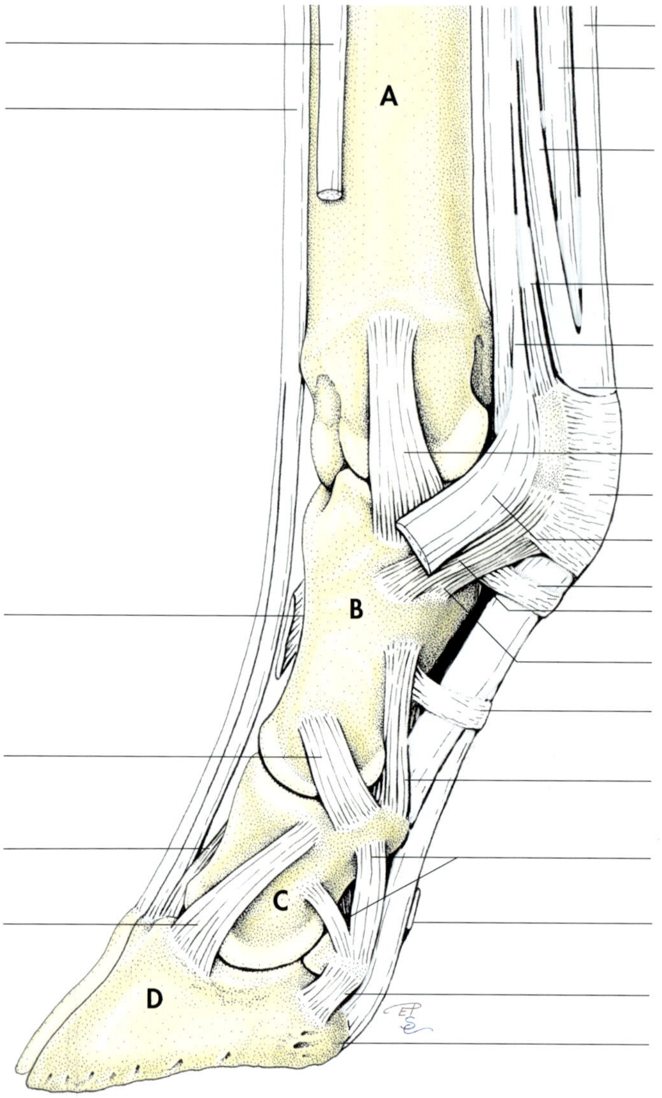


**Abb. 3-44.** Schematische Darstellung der Bänder und Sehnen der lateralen Zehe des linken Vorderfußes des Rindes (Lateralansicht) (**A** Metakarpus, **B** Fesselbein, **C** Kronbein, **D** Klauenbein), nach Ellenberger und Baum, 1943.

- die **axialen** und **abaxialen Seitenbänder (Ligamenta collateralia)**;
- ferner bestehen die **Bänder des distalen Sesambeins**, an denen axiale und abaxiale elastische Sesambein-Kronbein-Bänder und Sesambein-Klauenbein-Bänder (Ligamenta collateralia) unterschieden werden.

### Verbindungen der Afterzehen

Die Afterzehen sind rein bindegewebig durch Faszien, proximal zum Mittelfuß, distal zu den Zehen, verbunden. Sie bilden proximale und distale Haltebänder der Afterzehen aus, die ihrerseits untereinander durch Querbänder in ihrer Lage fixiert werden.

## Zehengelenke des Pferdes

### Zehengrundgelenk (Fesselgelenk, Articulatio metacarpophalangea)

Das Zehengrundgelenk wird gebildet von der Trochlea des Os metacarpale III und der proximalen Fovea articularis des Fesselbeins zusammen mit den Gelenkflächen der beiden Gleichbeine (Ossa sesamoidea proximalia) (Abb. 3-47 u. 48). Das Fesselgelenk ist damit ein **zusammengesetztes Gelenk**, funktionell ein **vollkommenes Scharniergelenk**, das vorzugsweise nur in der Beugestellung bewegt werden kann, Seitwärtsbewegungen sind eingeschränkt.

Die **Gelenkkapsel** buchtet sich dorsal und palmar aus (Abb. 3-49 u. 50). Man unterscheidet den **Recessus dorsalis**, der, überlagert von einem Schleimbeutel und der gemeinsamen Strecksehne, sich zwei Finger breit proximal vorschiebt und den **Recessus palmaris**, der sich etwa 4 bis 5 cm proximal zwischen den Metakarpus und den M. interosseus verlagert.

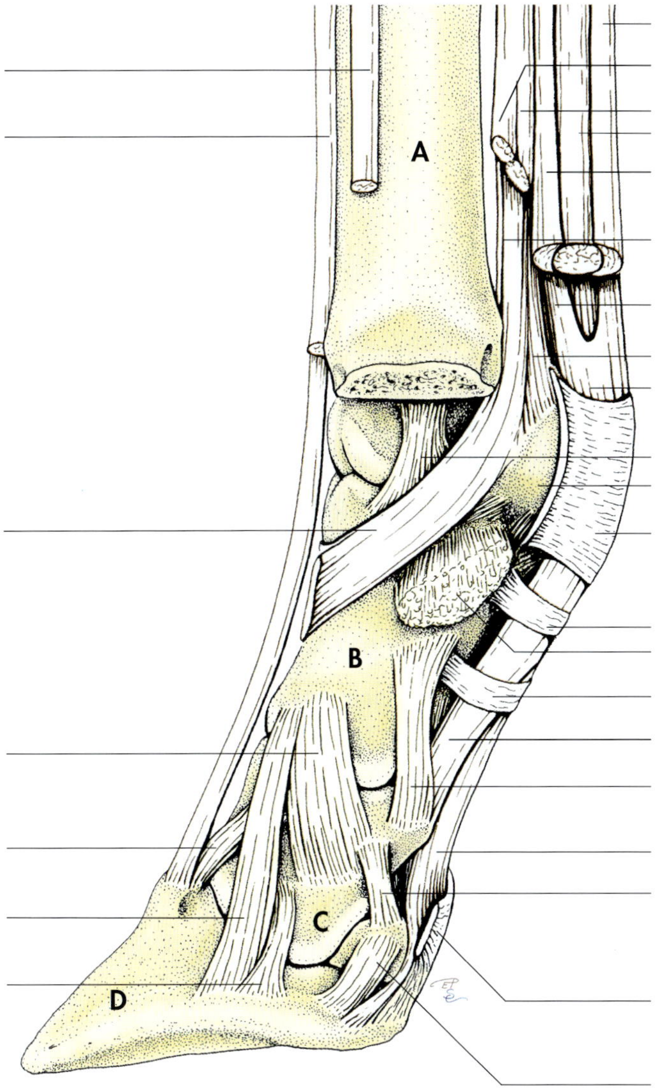


**Abb. 3-45** Schematische Darstellung der Bänder und Sehnen der medialen Zehe des linken Vorderfußes des Rindes (Axialansicht) (**A** Metakarpus, **B** Fesselbein, **C** Kronbein, **D** Klauenbein), nach Ellenberger und Baum, 1943.

Als **Bandapparat** (Abb. 3-56 u. 57) sind entwickelt:

- **Seitenbänder (Ligamenta collateralia)**, die, medial und lateral fest der Gelenkkapsel anliegend, an der Bandgrube des Os metacarpale III entspringen und am Bandhöcker des Fesselbeins inserieren, und
- **proximale**, **mittlere** und **distale Haltebänder** der Gleichbeine.

Als **proximale Haltebänder** der Gleichbeine wirken vorrangig die Sehnenstränge des M. interosseus medius, die sich, palmar dem Mittelfußknochen zwischen den Griffelbeinen anliegend, am distalen Ende des Metakarpus in einen medialen und einen lateralen Schenkel teilen, um proximal mit ihren Endschenkeln an den paarigen Gleichbeinen zu inserieren. Ergänzt werden diese Bänder durch das **Ligamentum metacarpointersesamoideum**, das palmar am distalen Ende des Metakarpus entspringt, distal zieht und sich mit dem **Ligamentum palmare** zwischen den Sesambeinen flächenhaft verbindet.

**Mittlere Haltebänder** der Sesambeine sind:

- Das **faserknorpelige Ligamentum palmare**, das die beiden Sesambeine verbindet, sich proximal großflächig ausbreitet und zusammen mit den Sesambeinen den **proximalen Gleitkörper (Scutum proximale)** für die Beugesehnen formt.
- Die **medialen** und **lateralen Seitenbänder (Ligamentum collateralia)**, die die Gleichbeine mit dem Metakarpus bzw. dem Fesselbein verbinden.

**Distale Haltebänder** der Sesambeine sind mehrfach ausgebildet. Man unterscheidet das kräftige **gerade Sesambeinband (Ligamentum sesamoideum rectum)**, das zweigeteilt mit einem stärke-

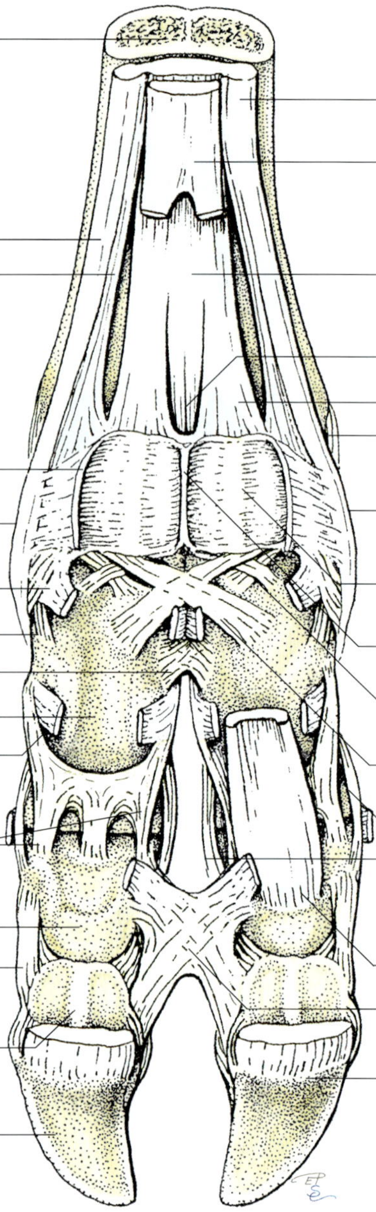


**Abb. 3-46.** Schematische Darstellung der Bänder und Sehnen der Zehen des linken Vorderfußes des Rindes (Palmaransicht), nach Ellenberger und Baum, 1943.

ren Schenkel von der Basis der Sesambeine zur Kronbeinlehne und mit einem schwächer entwickelten zur Spitze des Fesselbeindreiecks zieht. **Schiefe Sesambeinbänder (Ligamenta sesamoidea obliqua)** liegen diesen beidseitig an, sind ebenfalls kräftig und inserieren an der Fesselbeinleiste.

Schwache **gekreuzte Sesambeinbänder (Ligamenta sesamoidea cruciata)** sind von den genannten distalen Bändern bedeckt, diese entspringen an der Basis eines Sesambeins und ziehen, sich kreuzend, zum Bandhöcker der entgegengesetzten Seite des Fesselbeins. Zusätzlich ziehen **kurze Sesambeinbänder (Ligamenta sesamoidea brevia)** zum Rand des Fesselbeins und die distalen Verbindungsschenkel des M. interosseus zur gemeinsamen Strecksehne auf der Dorsalfläche des Fesselbeins als distale Sesambeinbänder.

Das **Fesselgelenk** wird in seiner Funktion durch einen **Trageapparat** unterstützt. Dieser wirkt als eine Spannbandeinrichtung und dient der passiven Fixation des Gelenks. Der **Fesseltrageapparat** setzt sich zusammen aus:

- proximal dem **sehnigen Mittelabschnitt** des **M. interosseus medius (Fesselträger)**,
- in der Mitte dem **Ligamentum palmare** als Verbindungsband zwischen den beiden Gleichbeinen sowie
- distal den **geraden** und **schiefen Sesambeinbändern** und den Verbindungsschenkeln des **M. interosseus medius** zur gemeinsamen Strecksehne.

Der M. interosseus medius wird auch **Fesselträger** genannt.

Die Möglichkeit zur **Punktion des Fesselgelenks** besteht in halber Höhe zwischen dem Griffelbeinknöpfchen und den Sesambeinen medial und lateral.

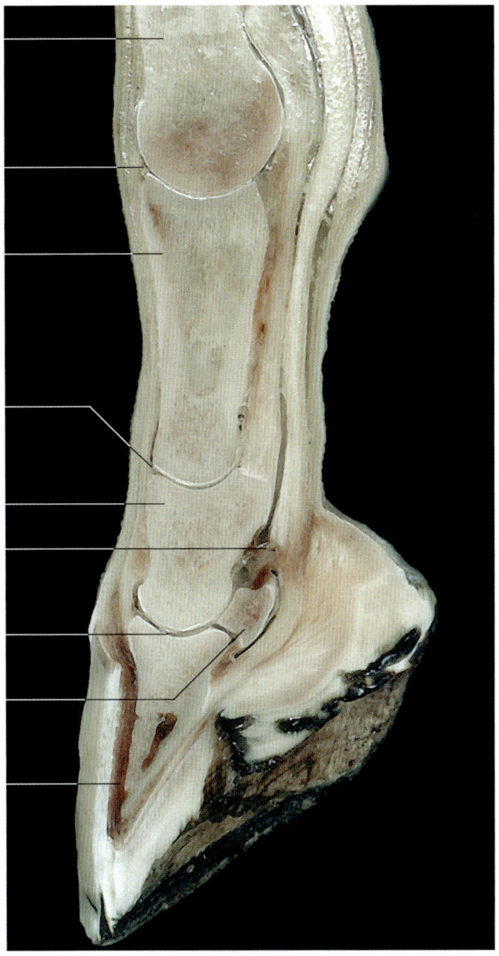


**Abb. 3-47.** Zehe eines Pferdes (Sagittalschnitt, S-10-Plastinat), Präparat L. Hnilitza, Wien.

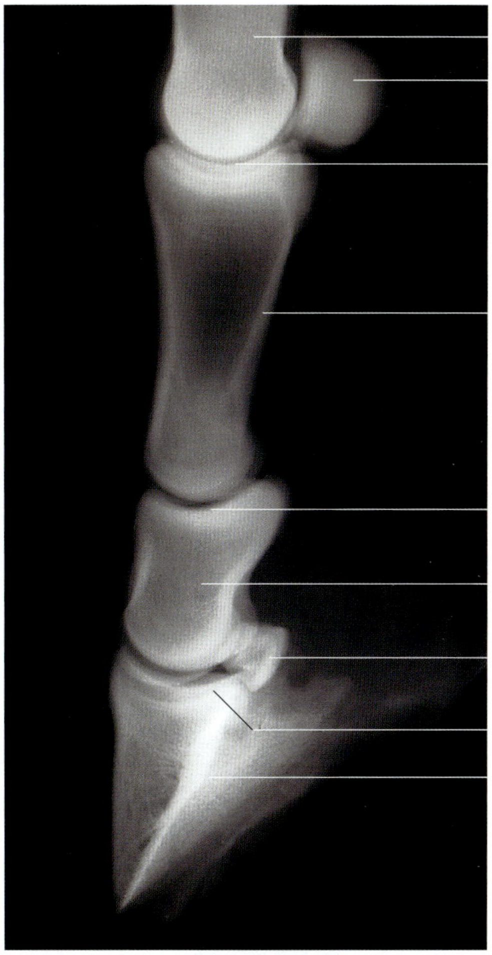


**Abb. 3-48.** Zehe eines Pferdes (Röntgenbild, lateromedialer Strahlengang), Aufnahme Prof. Dr. Sabine Breit, Wien.

## Zehenmittelgelenk (Krongelenk, Articulatio interphalangea proximalis manus)

Das Zehenmittelgelenk ist ein **Sattelgelenk**, das als **einfaches, unvollkommenes Wechselgelenk** bei geringer Beuge- bzw. Streckwinkelung und eingeschränkter Dreh- und Seitwärtsbewegung funktioniert. Es artikuliert die Trochlea des Fesselbeins mit der Kronbeingrube. Die **Gelenkkapsel** verbindet sich mit der Strecksehne, zusätzlich mit den beiden Seitenbändern und dem geraden Sesambeinband. Die Gelenkhöhle stülpt sich dorsal aus (Recessus dorsalis), liegt unter der gemeinsamen Strecksehne und reicht proximal.

Eine **Punktion** in die Gelenkhöhle des Krongelenks ist etwa daumenbreit proximal des lateralen oder medialen Bandhöckers am distalen Fesselbeinende, fingerbreit von der Medianen am Seitenrand des gemeinsamen Zehenstreckers, bei schräg distaler Einstichrichtung möglich.

Als **Bandapparat** dienen **mediale** und **laterale Seitenbänder (Ligamenta collateralia)** zwischen dem Fesselbein und dem Kronbein (Abb. 3-56 u. 57). Von besonderer funktioneller Bedeutung sind die palmaren **Krongelenkbänder (Ligamenta palmaria)**. Man unterscheidet zwei **mittlere (axiale)** und zwei **seitliche (abaxiale) Bänder**. Die mittleren Palmarbänder liegen an der Kronbeinlehne neben dem geraden Sesambeinband und inserieren an der Fesselbeinleiste. **Seitliche Palmarbänder** entspringen ebenfalls der Kronbeinlehne, inserieren aber proximal der Seitenrandmitte des Fesselbeins. Die mittleren Bänder formen zusammen mit dem geraden Sesambeinband und der Kronbeinlehne, beide überknorpelt, den **mittleren Gleitkörper (Scutum medium)** für die tiefe Beugesehne.

## Zehenendgelenk (Hufgelenk, Articulatio interphalangea distalis manus)

Das Zehenendgelenk ist ein **zusammengesetztes, unvollkommenes Sattelgelenk**, das als **Wechselgelenk** funktioniert. Es artikulieren die Trochlea des Kronbeins mit den Gelenkgruben des Hufbeins und dem Strahlbein. Vorzugsweise kann dieses Gelenk gebeugt bzw. gestreckt werden, doch sind auch Dreh- und Seitwärtsbewegungen möglich. Die **Gelenkkapsel** besitzt zwei Ausbuchtungen (Abb. 3-51, 52 u. 55), nämlich den **Recessus dorsalis**, der sich im Bereich der Hufbeinkappe vorschiebt, und einen **Recessus palmaris**, unter der tiefen Beugesehne.

Eine **Punktion** in das Hufgelenk kann in den dorsalen Recessus erfolgen (Abb. 3-55). Hierzu wird bei aufgehobenem Fuß zwei Finger breit proximal des Hornschuhrandes und 2 cm medial bzw. lateral der Medianen durch die Endsehne des gemeinsamen Streckers schräg distomedian injiziert.

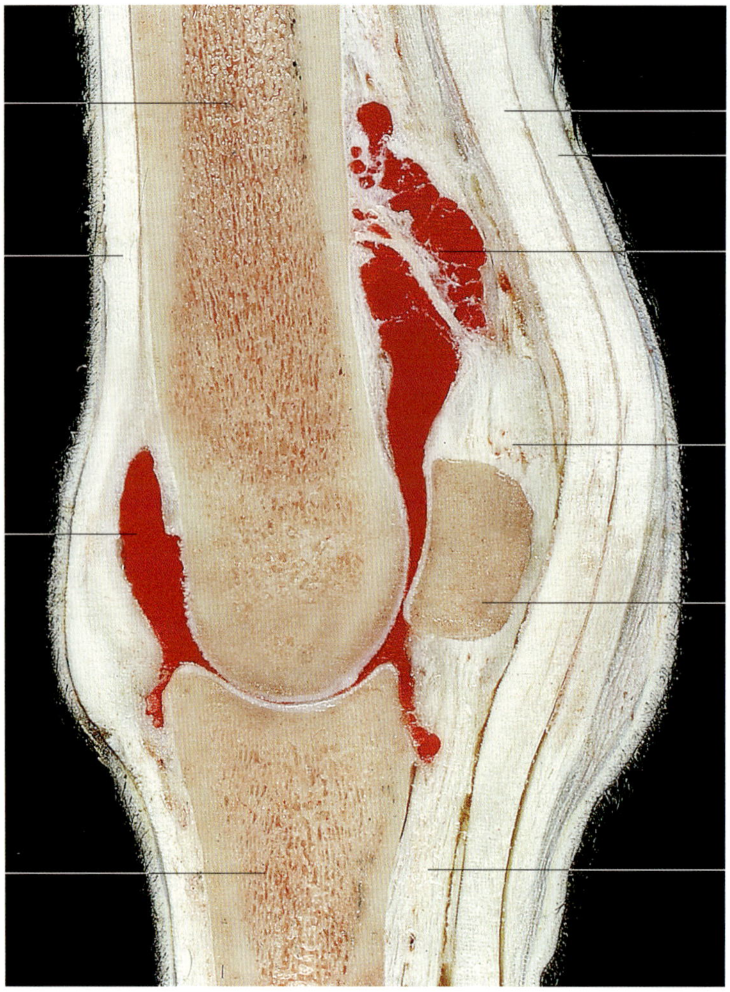


**Abb. 3-49.** Sagittalschnitt durch das Fesselgelenk eines Pferdes (Ausgusspräparat), Präparat Dr. Astrid Stiglhuber, Wien.

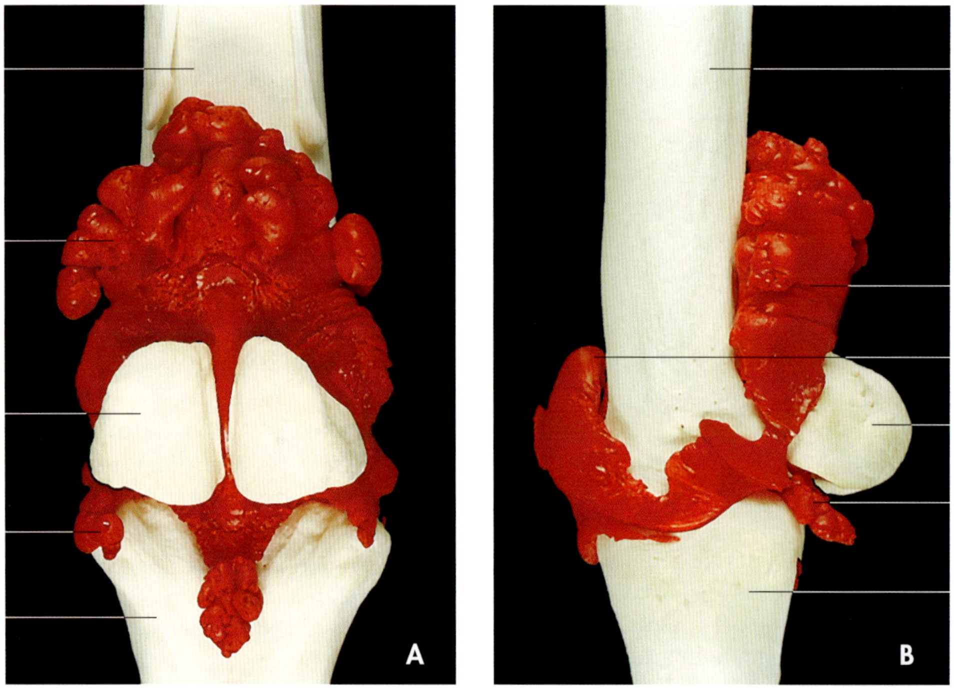


**Abb. 3-50.** Gelenksack des Fesselgelenks eines Pferdes (Ausgusspräparat, **A** Palmar- und **B** Lateralansicht), Präparat Dr. Astrid Stiglhuber, Wien.

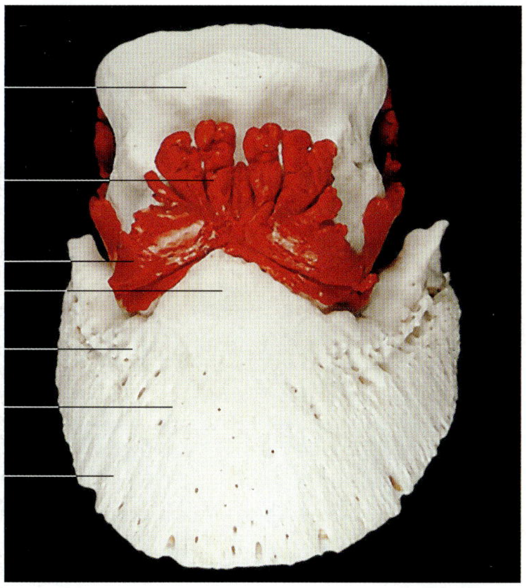


**Abb. 3-51.** Gelenksack des Zehenendgelenks eines Pferdes (Ausgusspräparat, Dorsalansicht), Präparat Prof. Dr. Sabine Breit, Wien.

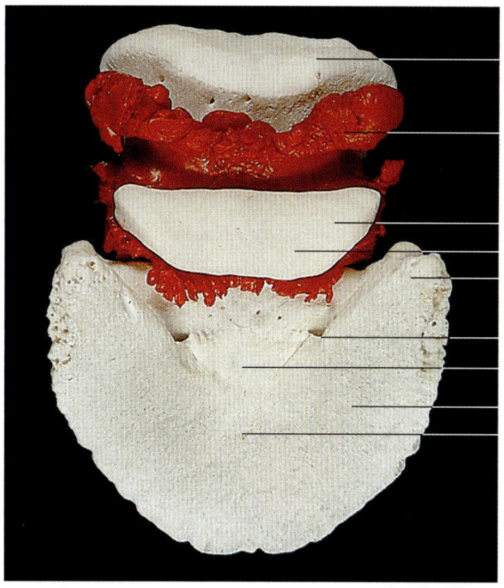


**Abb. 3-52.** Gelenksack des Zehenendgelenks eines Pferdes (Ausgusspräparat, Palmaransicht), Präparat Prof. Dr. Sabine Breit, Wien.

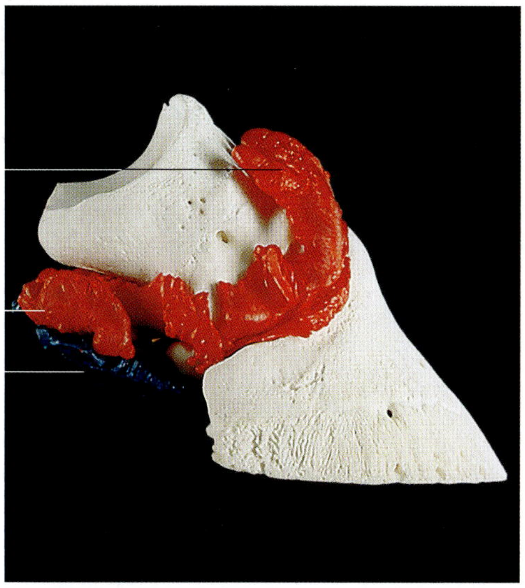


**Abb. 3-53.** Gelenksack (rot) des Zehenendgelenks und Bursa podotrochlearis (blau) eines Pferdes (Ausgusspräparat, Lateralansicht), Präparat Prof. Dr. Sabine Breit, Wien.

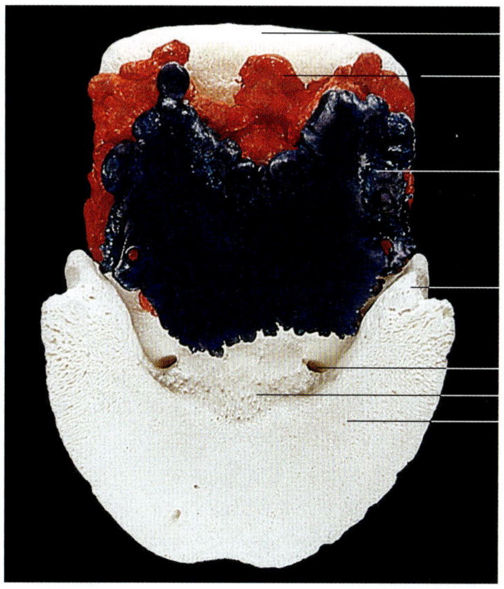


**Abb. 3-54.** Gelenksack (rot) des Zehenendgelenks und Bursa podotrochlearis (blau) eines Pferdes (Ausgusspräparat, Palmaransicht), Präparat Prof. Dr. Sabine Breit, Wien.

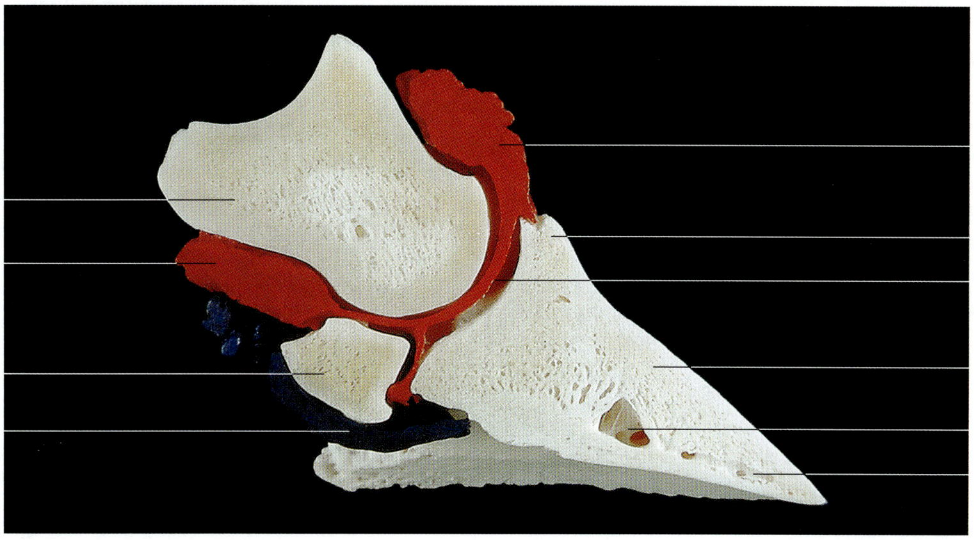


**Abb. 3-55.** Paramedianschnitt durch das Zehenendgelenk eines Pferdes (Ausgusspräparat), Präparat Prof. Dr. Sabine Breit, Wien.

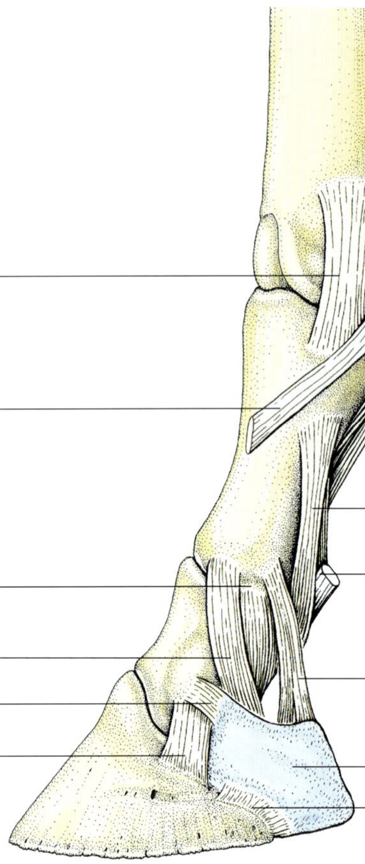


**Abb. 3-56.** Schematische Darstellung der Bänder der linken Zehengelenke des Pferdes (Lateralansicht), nach Ghetie, 1954.

Als **Bandapparat** dienen:

- **mediale** und **laterale Seitenbänder (Ligamenta collateralia)** zwischen Kron- und Hufbein, die mit der Gelenkkapsel verbunden sind und in den Hufknorpel und in das Hufknorpel-Kronbein-Band einstrahlen,
- **Strahlbeinbänder**.

**Strahlbeinbänder** ziehen zum einen als **Strahlbein-Hufbein-Band (Ligamentum sesamoideum distale impar)** vom Margo distalis des Strahlbeins bis zum hinteren Rand der Hufbeingelenkfläche (Abb. 3-57). Zum anderen verbinden die **Fesselbein-Strahlbein-Hufbein-Bänder (Ligamenta sesamoidea collateralia mediale** und **laterale)** als elastischer Bandapparat die distale Bandgrube des Fesselbeins unter schrägem distopalmarem Faserverlauf mit dem Hufknorpel und nachfolgend das Hufbein und das Strahlbein. Die palmare Fläche des Strahlbeins bildet für die tiefe Beugesehne den **distalen Gleitkörper (Scutum distale)**, der glatt und mit Knorpel überzogen ist. Zwischen dem Strahlbein und der tiefen Beugesehne liegt ein geräumiger **Schleimbeutel**, die **Bursa podotrochlearis** (Abb. 3-53, 54 u. 55). Ein Stoffaustausch zwischen Hufgelenk und Bursa podotrochlearis durch Diffusion wird nicht ausgeschlossen.

## Hufknorpelbänder

**Hufknorpelbänder** sind vielfältig ausgebildet, ihre funktionelle Anordnung trägt entscheidend mit zum Bewegungsablauf des Fußes bei (Abb. 3-56 u. 57). Die Hufknorpel verbinden sich mit den benachbarten Strukturen. Man unterscheidet:

- **Hufknorpel-Hufbein-Fesselbein-Bänder (Ligamenta chondroungulocompedalia)**, sie entspringen proximopalmar des Hufknorpels und des Hufbeins und ziehen an das distale Ende des Fesselbeins,
- **Hufknorpel-Kronbein-Bänder (Ligamenta chondrocoronalia mediale** und **laterale)**, sie entspringen am dorsalen Hufknorpelrand und enden am Seitenrand des Kronbeins und am Seitenband des Hufgelenks,
- **Hufknorpel-Hufbein-Bänder (Ligamenta chondroungularia collaterale mediale** und **laterale)**, sie verbinden den distalen Rand des Hufknorpels mit dem Hufbeinast,
- **Hufknorpel-Strahlbein-Bänder (Ligamenta chondrosesamoidea mediale** und **laterale)**, sie verlaufen zwischen dem Hufknorpel und der jeweiligen Strahlbeinseite,
- **gekreuzte Hufknorpel-Bänder (Ligamenta chondroungularia cruciata)**, sie ziehen von der Axialfäche des Hufknorpels zum hinteren Ende des Hufbeinastes der anderen Seite, und
- **Hufknorpel-Hufkissen-Band (Ligamentum chondropulvinale)**, es strahlt mit Faserzügen der Axialfläche des Hufknorpels in das Hufkissen ein.

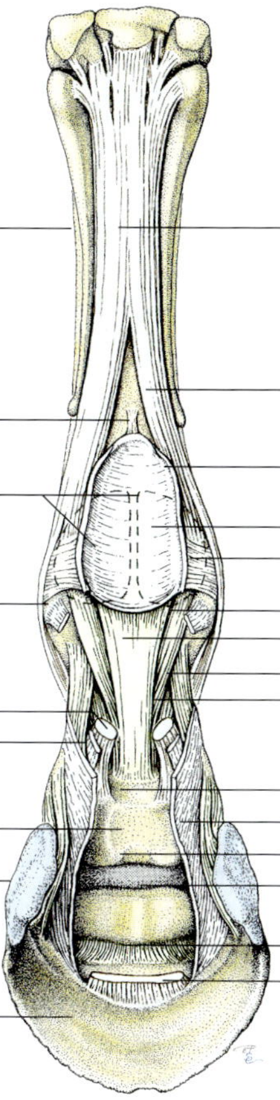


**Abb. 3-57.** Schematische Darstellung der Bänder der linken Zehengelenke des Pferdes (Palmaransicht), nach Ellenberger und Baum, 1943.

# Muskeln der Vorder- oder Schultergliedmaße (Musculi membri thoracici)

Die Vereinfachungen des Gliedmaßenskeletts bei den verschiedenen Haussäugetieren als Folge der phylogenetischen Rückbildungen ziehen auch markante Umstrukturierungen der Bemuskelung der Gliedmaßen (Mm. membrorum) nach sich. Mit zunehmender Spezialisierung von Greif- oder Kletterorganen zu vornehmlich Gliedmaßen, deren Hauptfunktionen zum kraftvollen Vorwärtsbewegen, zum Springen oder Laufen verwendet werden, sind Teile der Extremitäten auffallend reich mit Muskulatur versehen (z.B. Becken- und Oberschenkelmuskulatur). Andere Abschnitte von Extremitäten hingegen, deren Aufgabe im Auffangen oder Abstützen von Bewegungsabläufen liegt, sind zunehmend sehnig durchsetzt. Dies kommt vorzugsweise in den langen Endsehnen der Muskeln zum Ausdruck, die an der Vorder- und an der Hintergliedmaße bis an die Extremitätenenden ziehen.

Die Muskeln der Vorder- oder Schultergliedmaßen lassen sich in die **Schultergürtelmuskulatur** zwischen dem Stamm und der Gliedmaße und die **Schultereigenmuskulatur** untergliedern (Abb. 3-61, 62, 63 u. 64). Letztere wirkt allein zwischen einem oder mehreren Gelenken der gleichen Gliedmaße. Die Schultergürtelmuskulatur dient der **gelenkfreien Aufhängung** des Stammes zwischen den beiden vorderen Gliedmaßen durch **Synsarkose**. Dabei bilden kräftige Muskelgruppen einen **zusammengesetzten Trageapparat** in Form eines dynamisch-federnden Gurtes, der sowohl die statische Fixation der Schultergliedmaße als auch den raumgreifenden Bewegungsablauf eines Galoppsprungs oder einer kraftvollen Seitenbewegung ermöglicht.

## Tiefe Faszien der Schultergliedmaße

Die Funktionen der Muskulatur werden auch an der Vordergliedmaße durch flächenhaft ausgedehnte Faszien unterstützt. So setzt sich die **Fascia cervicalis profunda** der Halsregion und die **Fascia trunci profunda** des Rumpfes in die **Fascia profunda** der Schultergliedmaße fort. Diese umhüllt strumpfartig die Extremität und verläuft zwischen den einzelnen Muskelbäuchen in die Tiefe. Man benennt die Faszien an der Schultergliedmaße nach ihrer Lage.

Die **Fascia axillaris** überzieht als dünnes Faserblatt die mediale Schultermuskulatur und läuft in die Unterfläche des M. latissimus dorsi. Beim Pferd füllt diese das Spatium subscapulare aus und schließt größere Gefäße, Nerven und Lymphknoten mit ein. Distal setzt sie sich in die **Fascia brachii** fort, die die Muskeln des Oberarms umhüllt. Diese Faszie umgibt die Muskeln lateral an der Schulter. Sie entsendet in die Tiefe Septa zwischen die Muskelbäuche des M. deltoideus, des M. brachialis, des M. triceps brachii oder des M. biceps brachii und heftet an der Scapula und am Humerus (Crista humeri) an.

Die distal folgende **Fascia antebrachii** ist stark ausgebildet und mehrblättrig, sie überzieht am Unterarm die Muskelbäuche der

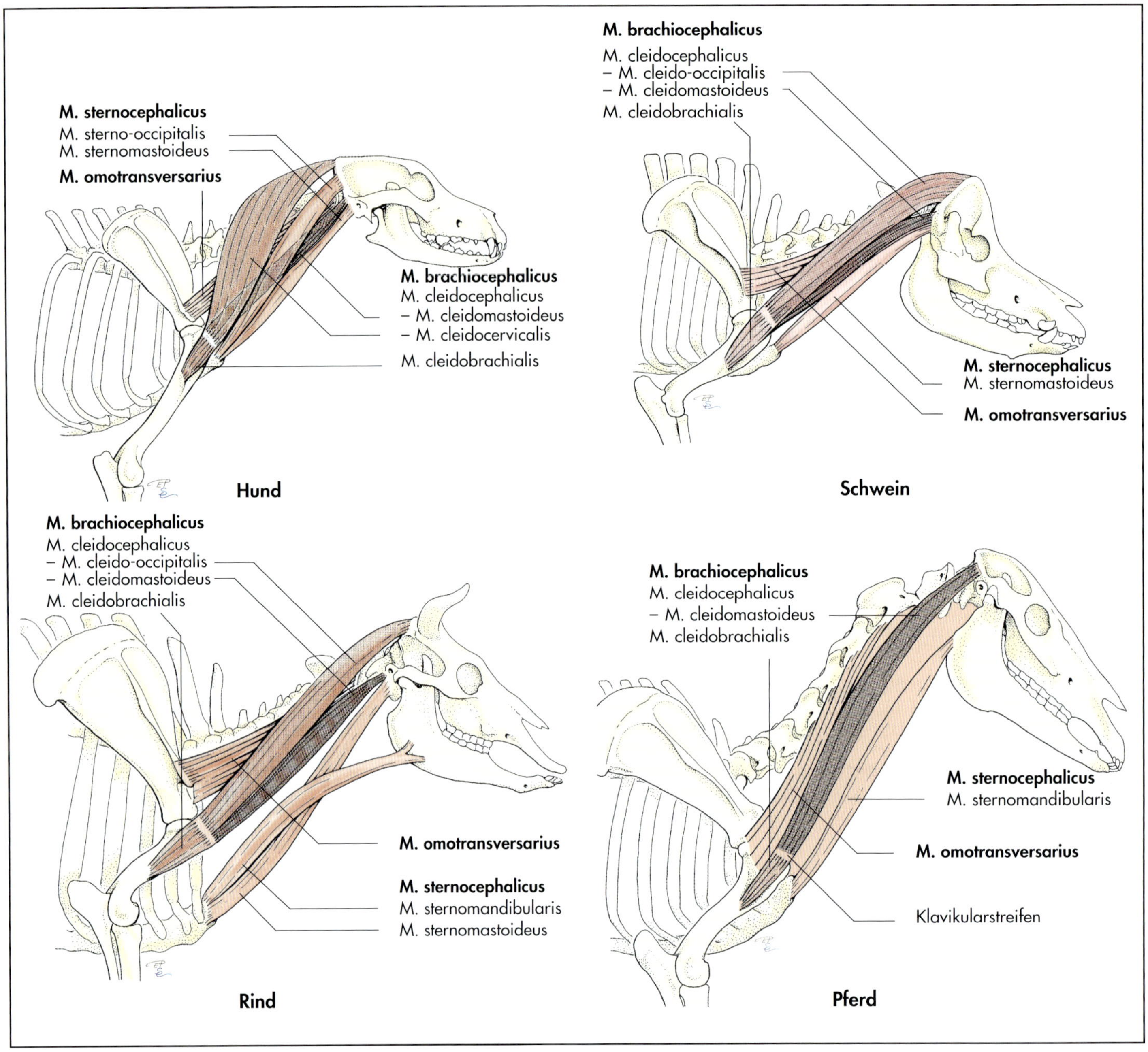


**Abb. 3-58.** Schematische Darstellung des M. sternocleidomastoideus, nach Ellenberger und Baum, 1943.

Strecker und Beuger des Ellbogengelenks und der Zehen. Diese Faszie ist am Humerus, an den Seitenbändern des Ellbogengelenks und am Olecranon befestigt. An den muskelfreien Flächen des Unterarms verschmilzt sie mit dem Periost, ferner mit dem Unterstützungsband der oberflächlichen Beugesehne.

Distal schließt sich die **Fascia dorsalis manus** an, die wesentlich an der Bildung des kräftigen Haltebands der Strecksehnen am Karpus, dem **Retinaculum extensorum**, beteiligt ist. Die **Fascia palmaris** bildet an der palmaren Fläche des Karpus das **Retinaculum flexorum** und distal nachfolgend die Teile der palmaren Zehenfaszie (beim Pferd das Fesselringband am Fesselgelenk, die vierzipfelige Fesselplatte und die Sohlenbinde).

## Schultergürtelmuskulatur

Die Muskeln des Schultergürtels entspringen in der Hals- und Rückenregion sowie der Seiten- und Unterbrust des Stammes und inserieren am Schulterblatt und am Oberarm (Stammgliedmaßenmuskeln). Sie bedecken die Stammesmuskulatur der genannten Körperregionen und bestimmen das Exterieur des Hals- und Brustgebiets. Ihrer Lage nach werden die **Muskeln des Schultergürtels** in eine **oberflächliche** und eine **tiefe Schicht** eingeteilt.

### Oberflächliche Schicht der Schultergürtelmuskulatur

Die oberflächlichen Muskeln des Schultergürtels verbinden die Gliedmaße mit dem Stamm, sie bewegen vorrangig im funktionellen Wechselspiel die Extremitäten, den Rumpf, den Hals und den Kopf (Abb. 3-59ff. und Tab. 3-5 u. 6).

**Tab. 3-5.** M. brachiocephalicus: Innervation durch N. accessorius, Nn. cervicales und N. axillaris.

| Tierart | Name | Ursprung | Ansatz | Funktion |
|---|---|---|---|---|
| **Pferd** | **M. cleidomastoideus** | Processus mastoideus des Os temporale und Crista nuchae | als **M. cleidobrachialis** an der Tuberositas deltoidea, Crista humeri, Schulterfaszie | Zurück- und Niederzieher von Hals und Kopf bei Fixation der Schultergliedmaße und beidseitiger Kontraktion; Seitwärtszieher von Kopf, Oberarmfaszie und Hals |
| **Rind** | **M. cleido-occipitalis** | Os occipitale, Ligamentum nuchae | als **M. cleidobrachialis** an der Crista humeri | dito |
| | **M. cleidomastoideus** | Processus mastoideus, Mandibula | | dito |
| **Hund** | **M. cleidocervicalis** | Medianlinie des Nackenbandes und Os occipitale | Rudiment der Clavicula als **M. cleidobrachialis** | dito |
| | **M. cleidomastoideus** | Processus mastoideus des Os temporale | | dito |

**Tab. 3-6.** M. sternocephalicus: Innervation durch Ramus ventralis des N. accessorius.

| Tierart | Name | Ursprung | Ansatz | Funktion |
|---|---|---|---|---|
| **Pferd** | **M. sternomandibularis** | Praesternum | halsseitiger Rand der Mandibula | Beuger des Kopfes und des Halses bei beidseitiger, Seitwärtszieher bei einseitiger Kontraktion; Feststeller des Kopfes während des Schluckaktes |
| **Rind** | **M. sternomandibularis** | Praesternum und 1. Rippe | Rostralrand des M. masseter, Fascia buccalis | dito |
| | **M. sternomastoideus** | Praesternum | Schläfenbein | dito |
| **Hund** | **M. sterno-occipitalis** | Praesternum | Crista nuchae | dito |
| | **M. sternomastoideus** | Praesternum | Processus mastoideus | dito |

Man unterscheidet:

- M. trapezius,
- M. sternocleidomastoideus:
  - M. sternocephalicus,
  - M. brachiocephalicus,
- M. omotransversarius,
- M. latissimus dorsi und
- Mm. pectorales superficiales.

Der **M. trapezius (Trapezmuskel)** ist ein breitflächiger, platter Muskel, der, oberflächlich gelegen, dorsomedian am Nacken **(Pars cervicalis)** und, getrennt durch einen Sehnenstreifen, am Widerrist bzw. in der vorderen Rückenregion **(Pars thoracica)** entspringt und an der Scapula inseriert. Bei Fleischfressern ist dies ein dünner Muskel, der insgesamt vom 3. Halswirbel bis zum 9. Brustwirbel am Nacken und am Lig. supraspinale seinen Ursprung nimmt. Die Pars cervicalis setzt am freien Rand der Spina scapulae an, verschmilzt nahe dem Akromion mit dem M. omotransversarius. Die Pars thoracia steht mit der Fascia thoracolumbalis in Verbindung, die flächenhafte Endsehne inseriert proximal an der Spina scapulae. Beim Rind zeichnet sich vorzugsweise die kaudoventrale Portion der Pars cervicalis durch die Haut ab. Beim Pferd ist dieser Muskel flach und dünn, er wird nicht nach außen sichtbar.

Der **M. sternocleidomastoideus** ( Abb. 3-58 und Tab. 3-5 u. 6) besteht bei den Haussäugetieren, in Abweichung zum Menschen, aus einem **M. sternocephalicus** und einem **M. brachiocephalicus**. Die anatomische Benennung der Muskeln entspricht den tierartlich unterschiedlichen Ursprungs- und Ansatzstellen.

Der **M. sternocephalicus** zieht vom Sternum zum Kopf und teilt sich dort tierartlich verschieden in eine Ansatzstelle am Mastoid

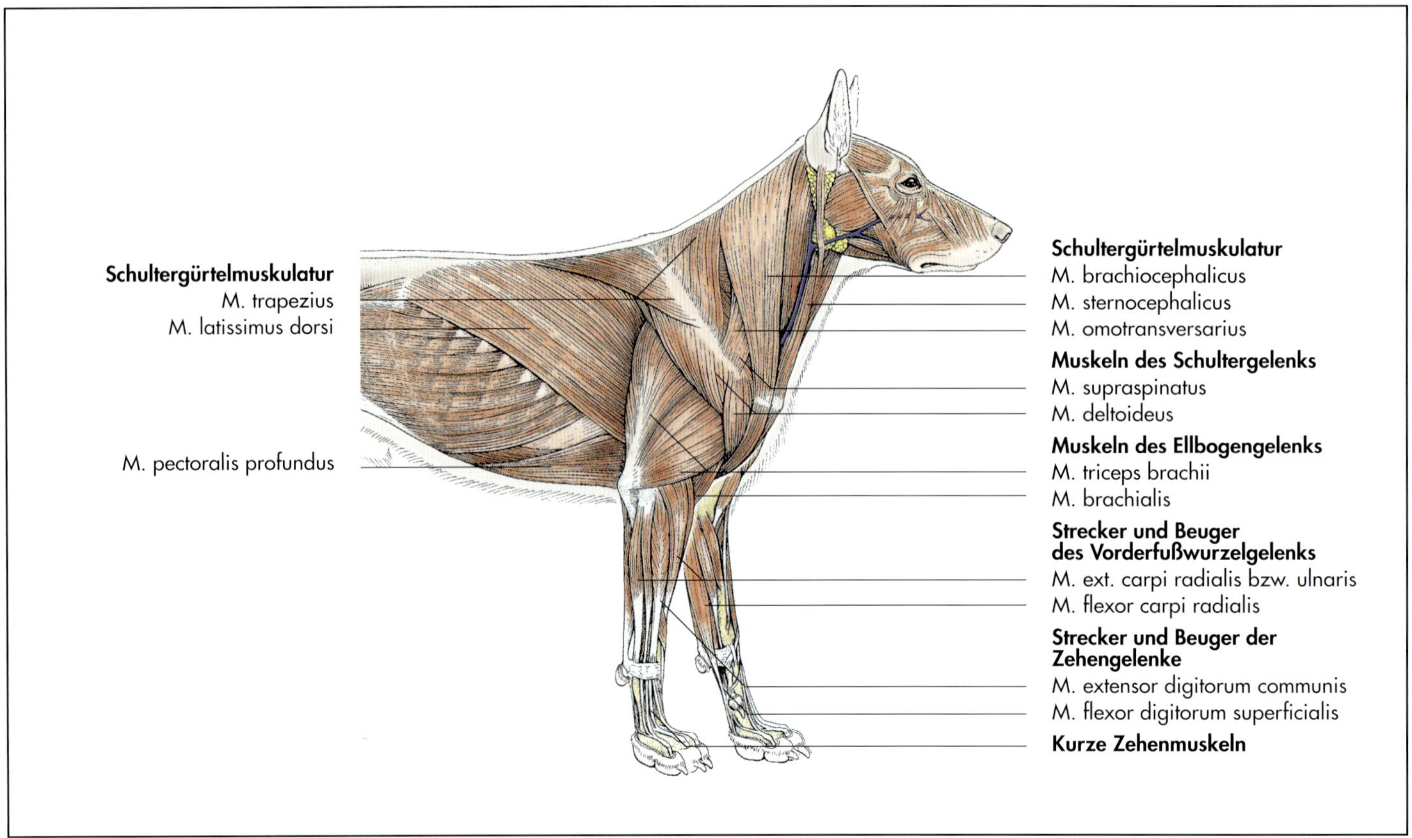


**Abb. 3-59.** Schematische Darstellung der oberflächlichen Schultergürtel- und Schultergliedmaßeneigenmuskulatur des Hundes.

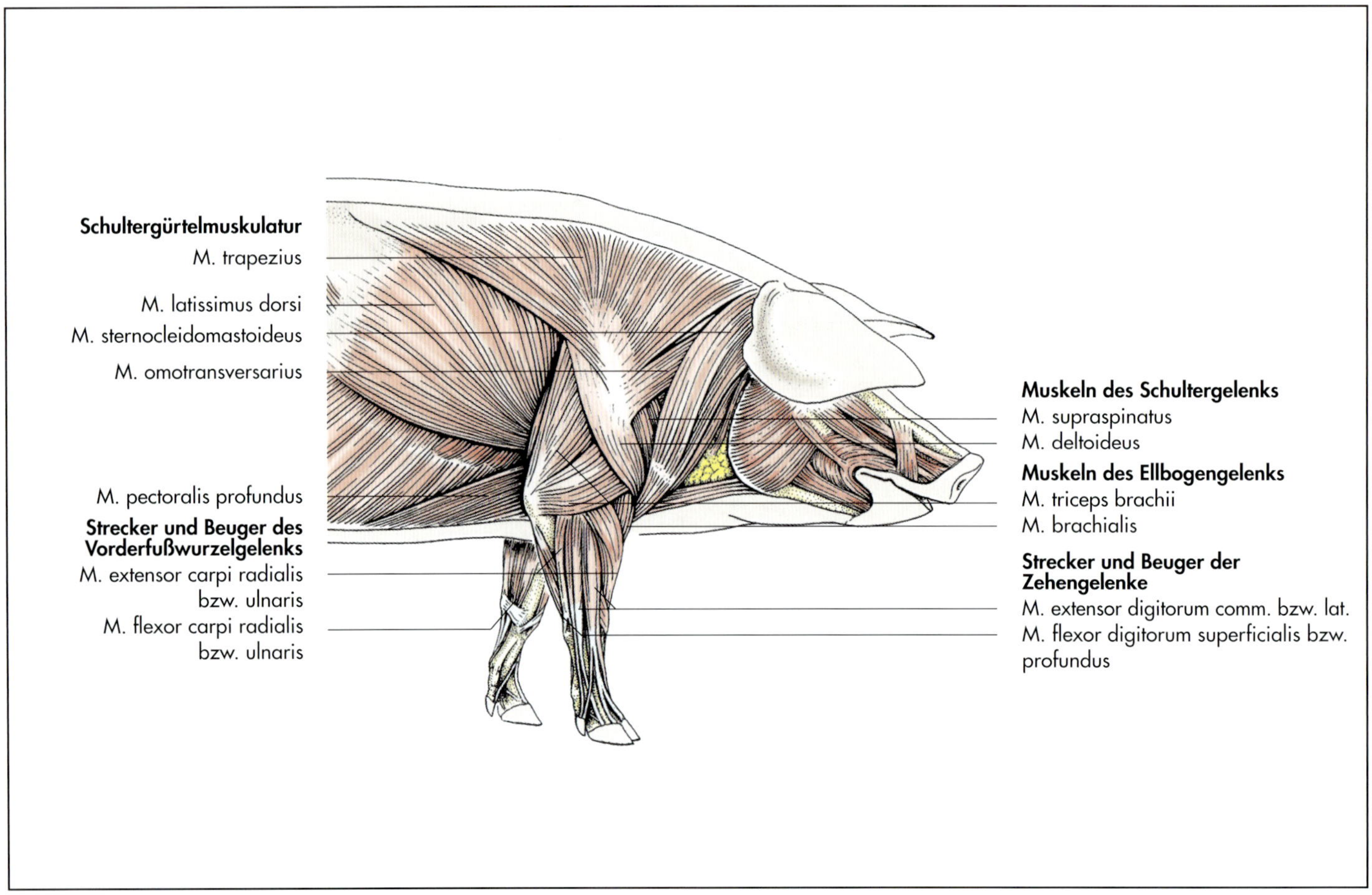


**Abb. 3-60.** Schematische Darstellung der oberflächlichen Schultergürtel- und Schultergliedmaßeneigenmuskulatur des Schweines.

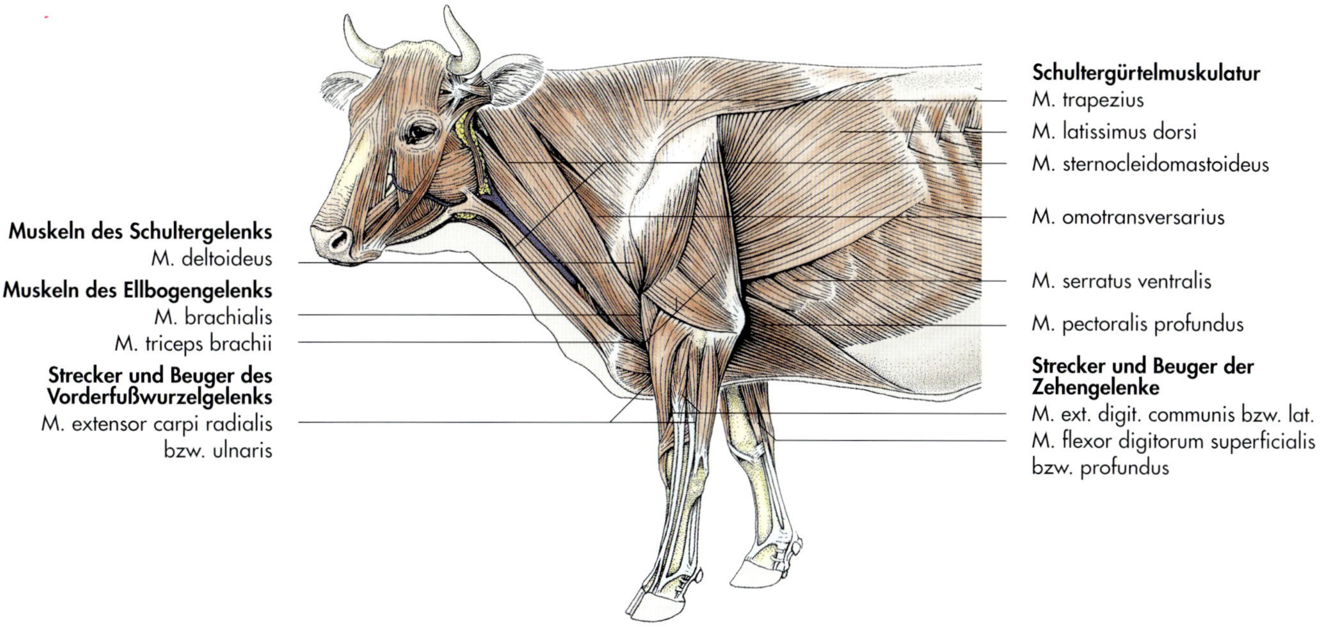


**Abb. 3-61.** Schematische Darstellung der oberflächlichen Schultergürtel- und Schultergliedmaßeneigenmuskulatur des Rindes.

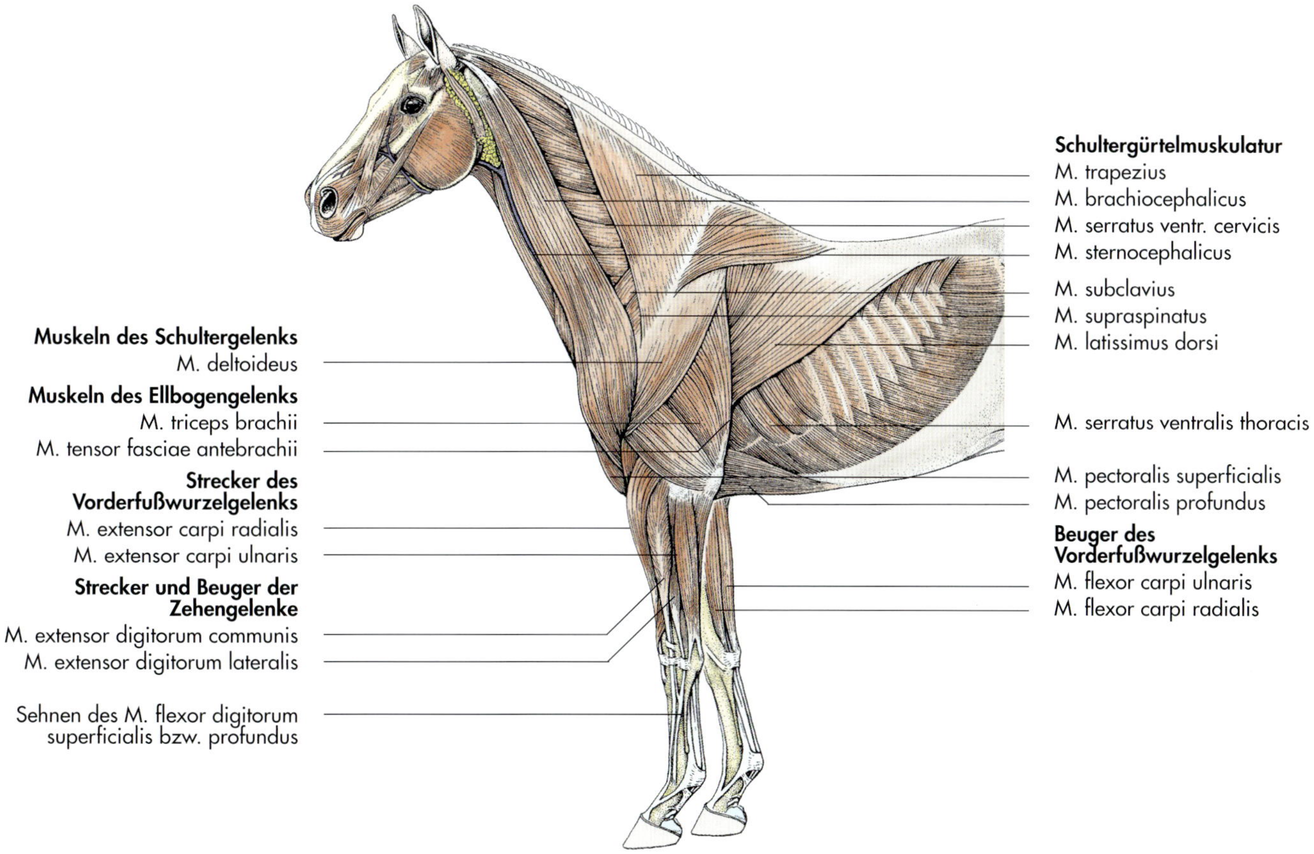


**Abb. 3-62.** Schematische Darstellung der oberflächlichen Schultergürtel- und Schultergliedmaßeneigenmuskulatur des Pferdes.

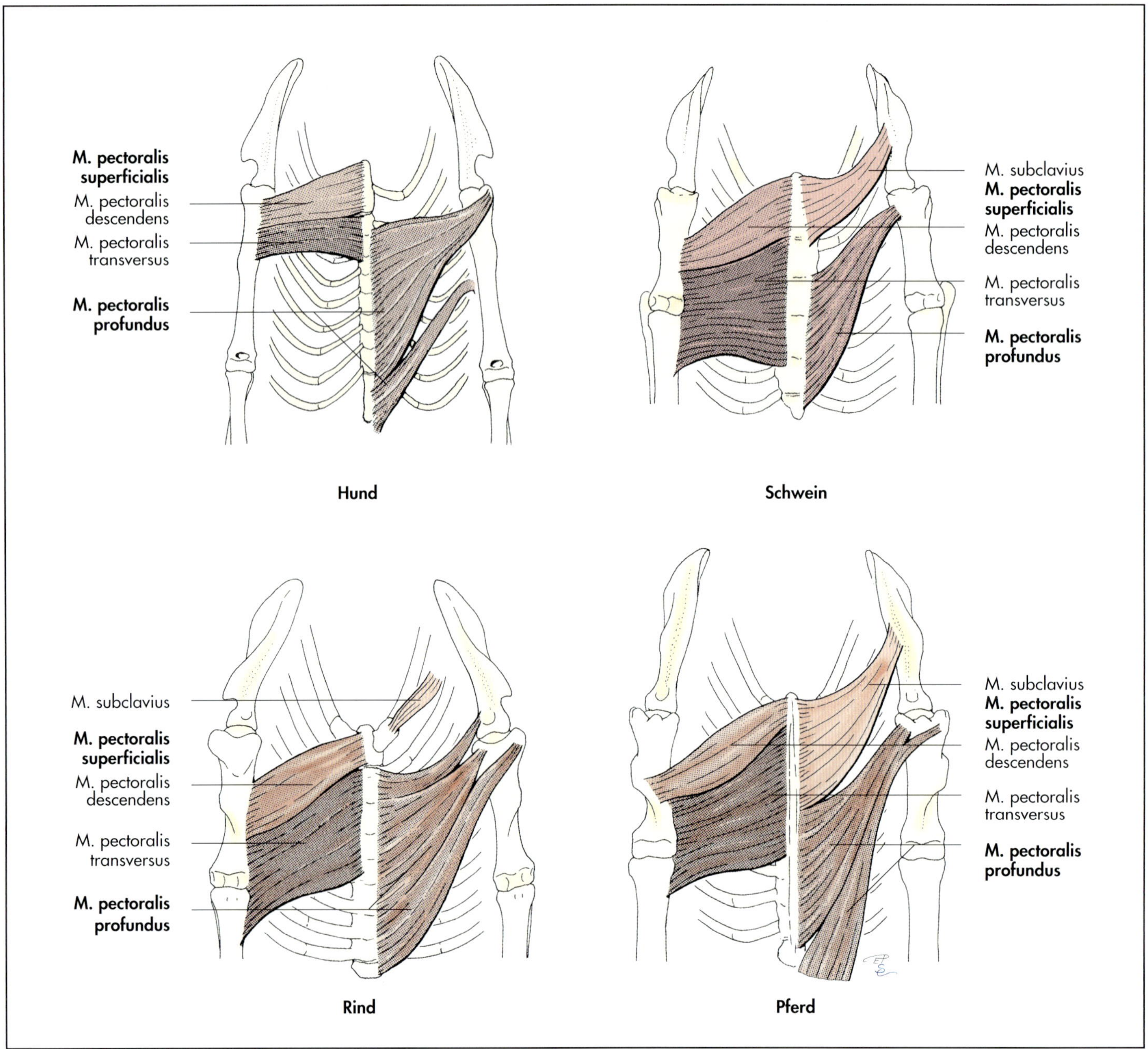


**Abb. 3-63.** Schematische Darstellung der Brustmuskulatur, nach Ellenberger und Baum, 1943.

oder am Os occipitale oder an der Mandibula. Einen **M. sternomastoideus** besitzen die Fleischfresser, das Schwein und die Wiederkäuer. Ein **M. sterno-occipitalis** tritt nur bei Fleischfressern auf, ein **M. sternomandibularis** beim Rind, bei der Ziege und beim Pferd.

Bei Fleischfressern entspringen der **M. sternomastoideus** und der **M. sterno-occipitalis** gemeinsam mit dem der anderen Körperseite am Manubrium sterni, diese weichen etwa in der Mitte des Halses auseinander. Der kräftigere M. sternomastoideus inseriert zusammen mit der Sehne des M. cleidomastoideus am Processus mastoideus des Schläfenbeins, der schwächere M. sterno-occipitalis setzt nachfolgend mit einer dünnen Sehne an der Crista nuchae des Os occipitale an.

Bei Rind und Ziege nimmt am Manubrium sterni und an der 1. Rippe oberflächlich und lateral der **M. sternomandibularis** seinen Ursprung, tiefer und medial von diesem der **M. sternomastoideus**. Der M. sternomandibularis zieht als mächtiger Muskelstrang ventral der Drosselrinne kopfwärts, liegt der Unterkieferspeicheldrüse auf und inseriert rostral des M. masseter aponeurotisch an der Mandibula. Der M. sternomastoideus zieht medial von diesem trachealwärts, unterkreuzt den M. sternomandibularis und inseriert mit dem M. cleidomastoideus am Processus mastoideus des Schläfenbeins.

Beim Pferd entspringt der M. sternomandibularis am Manubrium sterni, begrenzt ventral und seitlich die Trachea und die Drosselrinne und zieht als flache Sehne unter der Gl. parotis zur Mandibula.

Der **M. brachiocephalicus** (Abb. 3-58 u. Tab. 3-5) ist geteilt und verbindet mit seinem distalen Anteil als **M. cleidobrachialis** bei allen Haussäugetieren den sehnigen Schlüsselbeinstreifen und den Humerus. Der proximale, kopfwärts verlaufende Anteil, der **M. cleidocephalicus**, ist entsprechend den unterschiedlichen Ansatzstellen nochmals geteilt. Bei allen Haussäugetieren tritt ein **M. cleido-**

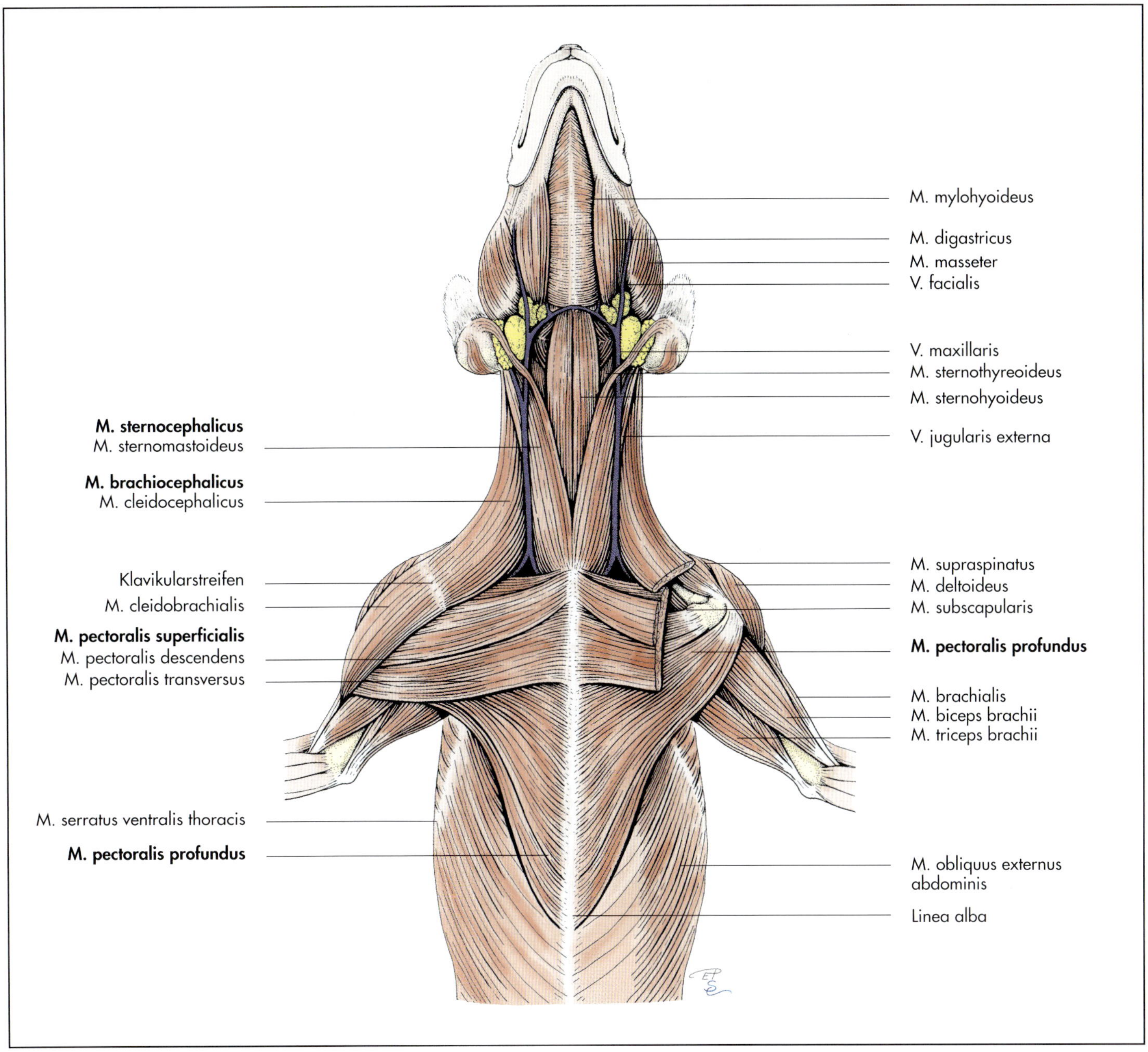


**Abb. 3-64.** Schematische Darstellung der Brust- und ventralen Halsmuskulatur des Hundes (Ventralansicht), nach Anderson und Anderson, 1994.

**mastoideus,** bei Fleischfressern zusätzlich ein **M. cleidocervicalis** und beim Schwein und bei den Wiederkäuern ein **M. cleidooccipitalis** auf.

Bei Fleischfressern verläuft der **M. cleidobrachialis** vom sehnigen Schlüsselbeinstreifen bzw. vom rudimentären Schlüsselbein über das Schultergelenk zwischen dem M. brachialis und dem M. triceps brachii an die Crista humeri. Dieser Muskel setzt sich kranial im M. cleidomastoideus bis zum Proc. mastoideus des Schläfenbeins fort. Der **M. cleidocervicalis** liegt oberflächlich unter der Hautmuskulatur, entspringt aponeurotisch aus der Medianen des Nackens und mündet sich verschmälernd in den M. cleidobrachialis ein (Abb. 3-64).

Beim Pferd ist neben dem **M. cleidobrachialis** der **M. cleidomastoideus** entwickelt. Als Teil des M. brachiocephalicus entspringt letzterer am Schläfenbein und steht mit dem M. splenius capitis und dem M. longissimus capitis in Verbindung. In der Hals-Schulter-Furche verbindet er sich mit dem M. omotransversarius, beide überdecken als kräftige, flächenhafte Muskeln kraniolateral das Schultergelenk. Als M. cleidobrachialis inseriert dieser Muskel distal der Tuberositas deltoidea an der Crista humeri (Abb. 3-66). Er begrenzt mit seinem ventralen Rand von dorsal die **Drosselrinne** und formt an der Vorderbrust als laterale Begrenzung die **seitliche Brustfurche**.

Der **M. omotransversarius (Schulter-Hals-Muskel)** verbindet als kräftiges Muskelband den Atlasflügel bzw. den Querfortsatz des 2. Halswirbels mit der Spina scapulae (Abb. 3-58). Zusätzlich strahlt er in die Faszie lateral des Schultergelenks ein. Sein ventraler Rand verbindet sich mit der Pars cervicalis des M. trapezius. Beim Pferd verschmilzt er mit dem M. cleidomastoideus (Abb. 3-58).

Der **M. latissimus dorsi (breiter Rückenmuskel)** geht großflächig aus der Fascia thoracolumbalis hervor, dem Thorax und der

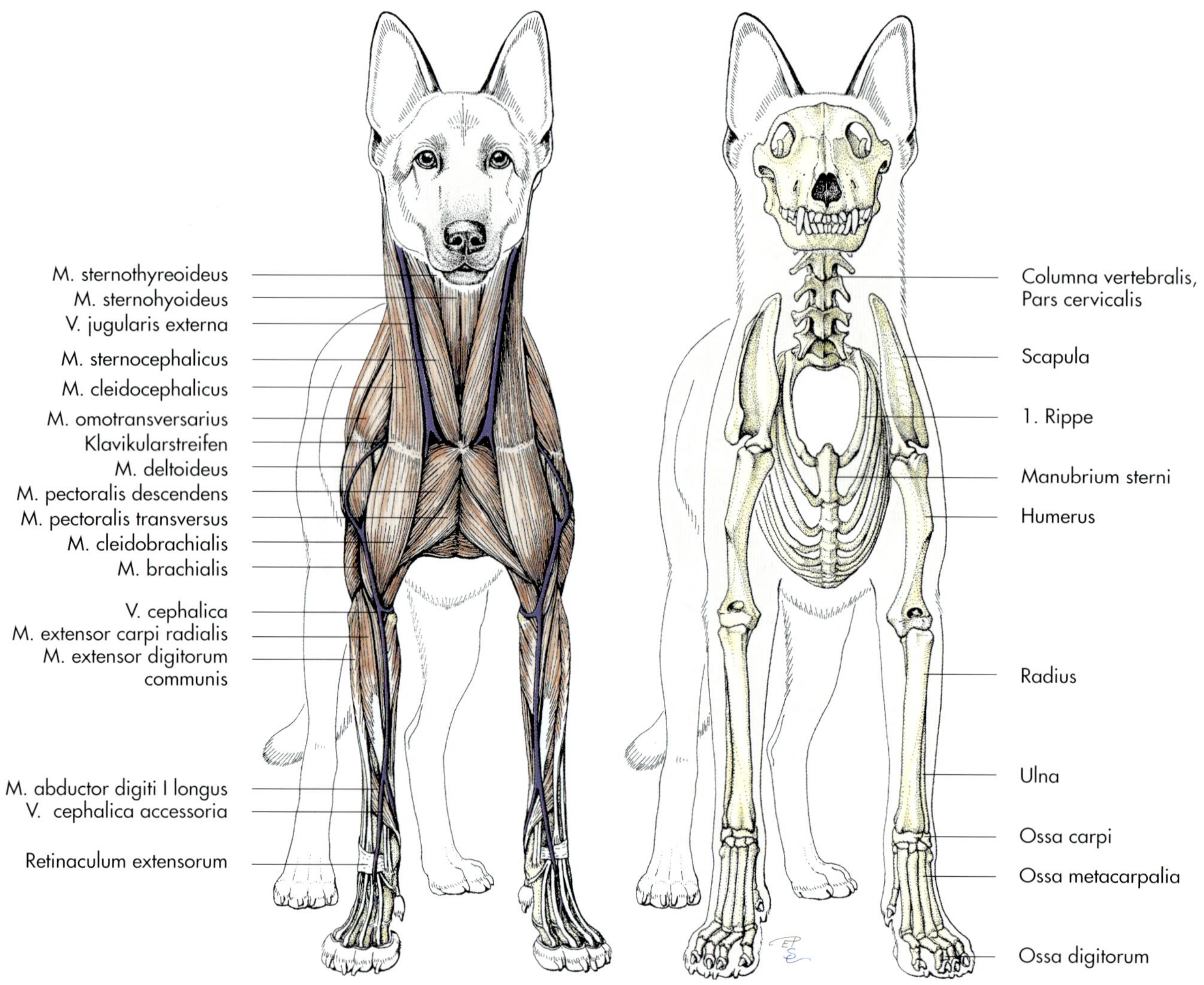


**Abb. 3-65.** Schematische Darstellung der oberflächlichen Hals-, Brust- und Eigenmuskulatur der Schultergliedmaße sowie des Skeletts des Hundes (Frontalansicht).

seitlichen Rumpfwand aufliegend (Abb. 3-59ff.). Mit kranioventraler Faserrichtung verläuft er am kaudalen Rand der Scapula nahezu senkrecht zur Crista tuberculi minoris bzw. zur Tuberositas teres majus des Humerus. Bei den Fleischfressern bestehen zusätzlich noch über die Fascia thoracolumbalis Ansatzstellen an den Lenden- und letzten Brustwirbeln sowie an den Rippen. Seine kranioventralen Endfasern ziehen unter den M. triceps brachii, die Aponeurose verschmilzt mit der Endsehne des M. teres major und setzt an der Tuberositas teres major an. Durch die Einbindung von Muskelbündeln auch zur tiefen Brustmuskulatur findet der M. latissimus dorsi auch Ansatz an der Crista tuberculi majoris. Beim Pferd ist dieser ein kräftiger, dicker Muskel, der aus dem Ligamentum supraspinale der vorderen Brustwirbel bis hin zu den letzten Lendenwirbeln und aus der Fascia thoracolumbalis entspringt. Sein kranialer Rand bedeckt kaudal den Rückenwinkel des Schulterblatts, teilweise dessen Knorpel. Die Endsehne verbindet sich mit dem M. tensor fasciae antebrachii und mit der Sehne des M. teres major und inseriert mit dieser an der medialen Oberarmbeinnarbe.

Die **Mm. pectorales superficiales (oberflächliche Brustmuskeln)** bilden einen Teil der kräftig muskulösen Verbindung zwischen Rumpf und Vordergliedmaße, zwischen ventraler Brustwand und oberer Schultergliedmaße (Abb. 3-63 bis 66). Sie formen in ihrer Gesamtheit die Achselhöhle von ventral. Man unterscheidet einen **M. pectoralis descendens**, der am Manubrium sterni, und einen **M. pectoralis transversus**, der ventral am Brustbein (1. bis 3. Rippenknorpel) entspringt. Der M. pectoralis descendens inseriert an der Crista tuberculi majoris humeri, der M. pectoralis transversus strahlt in die Unterarmfaszie ein. Bei Fleischfressern ist der schmale, bandartige M. pectoralis descendens undeutlich vom dickeren transversalen Brustmuskel zu trennen, gemeinsam verlaufen diese über den M. biceps brachii zur Crista tuberculi majoris humeri.

Beim Pferd wölbt sich der kräftigere M. pectoralis descendens deutlich an der Vorderbrust vor und bildet zusammen mit dem der anderen Seite die **mittlere Brustfurche**. Sein lateraler Rand formt zusammen mit dem M. brachiocephalicus die **seitliche Brustfurche** (Abb. 3-66). Er zieht vom Manubrium sterni zusammen mit dem M. brachiocepha-

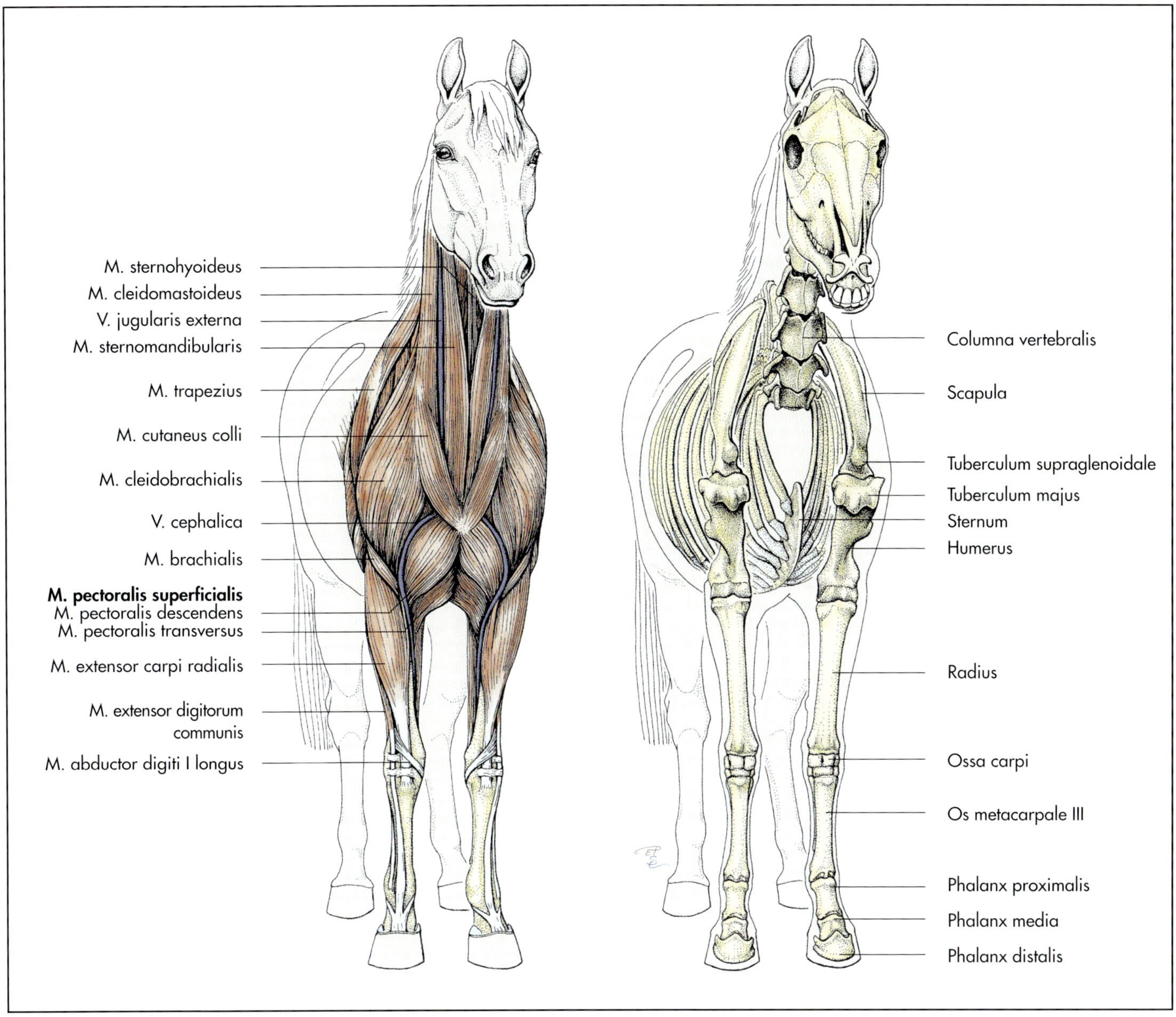


**Abb. 3-66.** Schematische Darstellung der oberflächlichen Hals-, Brust- und Eigenmuskulatur der Schultergliedmaße sowie des Skeletts des Pferdes (Frontalansicht).

licus an die Crista humeri. Der M. pectoralis transversus entspringt an den ersten 6 Rippenknorpeln sowie am Sternum und strahlt über die mediale Fläche des Ellbogengelenks in die Fascia antebrachii.

## Tiefe Schicht der Schultergürtelmuskulatur

Die tiefen Muskeln des Schultergürtels dienen als muskulöser Trageapparat, durch den der Rumpf zwischen den beiden Vordergliedmaßen gehalten wird (Tab. 3-7). Gleichzeitig sind diese Muskeln wesentlich an der Bewegung der Extremität und des Halses mitbeteiligt.

Man unterscheidet:

- M. pectoralis profundus,
- M. subclavius,
- M. rhomboideus und
- M. serratus ventralis.

Der **M. pectoralis profundus (tiefer Brustmuskel)** ist ein kräftiger Muskel, der am Sternum, an den Rippenknorpeln und der Gegend des Schaufelknorpels entspringt (Abb. 3-63). Tierartlich unterschiedlich inseriert er medial oder lateral proximal am Humerus.

Bei Fleischfressern ist eine tiefe Haupt- und eine oberflächliche Nebenportion ausgebildet, die gemeinsam am gesamten Brustbein und zusätzlich noch aus der Fascia trunci profundus entspringen. Die Muskelfasern verlaufen kraniolateral und inserieren medial am Humerus, bedeckt vom M. pectoralis transversus, am Tuberculum minus.

Ein lateraler Endast strahlt in die Aponeurose des M. biceps brachii und endet am Tuberculum majus humeri. Die Nebenportion strahlt in die mediale Oberarmfaszie ein.

Beim Pferd ist dieser Muskel sehr kräftig, er nimmt seinen Ursprung seitlich am Brustbein, an den Knorpeln, den mittleren Rippen und der gelben Bauchhaut. Er inseriert medial am Rollhöcker des Humerus und am Tuberculum supraglenoidale des Schulterblatts, sein lateraler Schenkel am lateralen Rollhöcker.

**Tab. 3-7.** Schultergürtelmuskulatur.

| Name<br>Innervation | Ursprung | Ansatz | Funktion |
|---|---|---|---|
| **Oberflächliche Schicht der Schultergürtelmuskulatur** | | | |
| **M. trapezius**<br>Ramus dorsalis des N. accessorius | Ligamentum nuchae,<br>Ligamentum supraspinale | Spina scapulae | Feststeller der Schulter, Vorführer,<br>Heber und Abduktor der Gliedmaße |
| **M. omotransversarius**<br>N. accessorius | Ala atlantis bzw.<br>2. Halswirbelquerfortsatz | distales Ende<br>der Spina scapulae | Seitwärts- und Niederzieher des<br>Halses, Vorführer des Schulterblatts |
| **M. latissimus dorsi**<br>N. thoracodorsalis | Fascia thoracolumbalis,<br>Brust- und Rumpfwand | Tuberositas teres major | Rückwärtsführer der Gliedmaße |
| **M. pectoralis superficialis:**<br>Nn. thoracici craniales u. caudales<br>**– M. pectoralis transversus** | Sternum vom<br>1.–6. Rippenknorpel | Unterarmfaszie | Vor- und Rückwärtsführer der<br>Gliedmaße, Seitwärtszieher des Rumpfes |
| Nn. thoracici craniales u. caudales<br>**– M. pectoralis descendens** | Manubrium sterni | Crista humeri | dito |
| **Tiefe Schicht der Schultergürtelmuskulatur** | | | |
| **M. pectoralis profundus**<br>Nn. pectorales craniales u. caudales | Sternum ab<br>4. Rippenknorpel | Tuberculum minus<br>humeri | Rückführer der Gliedmaße, Tragen<br>und Nachziehen des Rumpfes,<br>Strecker des Schultergelenks |
| **M. subclavius**<br>Nn. pectorales craniales u. caudales | 1.–4. Rippenknorpel | Epimysium des<br>M. supraspinatus | Feststeller des Schulterblatts |
| **M. rhomboideus**<br>Rami dorsalis u. ventralis<br>der Hals- und Brustnerven | Lig. nuchae<br>vom 2.–6. Halswirbel<br>bzw. 7. Brustwirbel | Medialfläche der<br>Basis scapulae bzw.<br>des Schulterblattknorpels | Feststeller und Vorführer der Schulter,<br>Heber der Gliedmaße und des Halses |
| **M. serratus ventralis**<br>Ramus dorsalis u. ventralis der<br>Halsnerven, N. thoracicus longus | 1.–7. Rippe und<br>Halswirbelquerfortsätze | Facies serrata scapulae | Aufhängeapparat des Stammes,<br>Beweger des Schulterblatts und des Rumpfes |

Der **M. subclavius** stellt bei Wiederkäuern ein schmales Muskelband dar, das vom 1. Rippenknorpel an den sehnigen Ansatz des M. brachiocephalicus zieht. Beim Schwein und Pferd entspringt dieser kräftigere Muskel am 2. bzw. 4. Rippenknorpel, verläuft über das Schultergelenk und verschmilzt mit der Aponeurose des M. supraspinatus. Er zeichnet sich beim Pferd durch die Haut ab und lässt die Hals-Schulter-Furche abgeflacht erscheinen. Dieser Muskel fehlt den Fleischfressern.

Der **M. rhomboideus (Rautenmuskel)** nimmt, bedeckt vom M. trapezius, mit einer **Halsportion (M. rhomboideus cervicis)** an den Dornfortsätzen der Halswirbel und mit einer **Brustportion (M. rhomboideus thoracis)** bis zum 6. (9.) Dornfortsatz der Brustwirbel seinen Ursprung. Er formt die Nacken- und Widerristregion des Stammes und setzt medial am Knorpel und am Dorsalrand des Schulterblatts an. Bei Fleischfressern ergänzt ein M. rhomboideus capitis aus der Crista nuchae den Rautenmuskel. Beim Pferd entspringt die Pars cervicis ventral des Nackenstrangs in Höhe des 2. Halswirbels und vereinigt sich kurz vor seinem medialen Ansatz am Schulterblattknorpel mit dem M. trapezius (Abb. 2-9).

Der **M. serratus ventralis (ventraler gezahnter Muskel)** bildet bei allen Haussäugetieren den wichtigsten Muskel zur Aufhängung des Stammes zwischen den beiden Schultergliedmaßen. Der Gesamtmuskel fächert sich breitflächig auf und lässt einen kranialen **M. serratus ventralis cervicis** und einen **M. serratus ventralis thoracis** unterscheiden. Die Halsportion entspringt an den Querfortsätzen der Halswirbel, sein thorakaler Abschnitt an den ersten 7 (bis 10) Rippen. Die kräftigen, beim Pferd sehnig durchsetzten Muskelbäuche konvergieren zur medialen Fläche des Schulterblatts und inserieren flächig an der Facies serrata und medial am Schulterblattknorpel (Abb. 2-9).

## Eigenmuskulatur der Schultergliedmaße

Die Eigenmuskulatur der Schultergliedmaße dient im funktionellen Zusammenwirken mit den Bändern und Gelenken der Bewegung einzelner Abschnitte der Vorderextremität. Dabei wirken diese Muskeln vor allem als Strecker und Beuger der Gelenke, teilweise können von diesen aber auch eingeschränkte Rotations-, Adduktions- und Abduktionsbewegungen durchgeführt werden. Grundsätzlich ist festzustellen, dass die Strecker und Beuger des Schulter- bzw. des Ellbogengelenks am Schulterblatt und am Oberarm als besonders kräftige Muskeln entspringen bzw. inserieren und lateral und medial der Scapula und des Humerus gelegen sind. Die Strecker und Beuger der Vorderfußwurzelgelenke und der Zehen hingegen finden ihren Urspung am distalen Ende des Humerus bzw. am proximalen Ende des Radius und der Ulna. Sie verlieren in ihrem distalen Verlauf ihren muskulären Charakter und überspannen als lange Endsehnen, insbesondere bei Ungulaten, distale Abschnitte der Schultergliedmaße. Man unterscheidet:

- Muskeln des Schultergelenks,
- Muskeln des Ellbogengelenks,
- Muskeln der Radioulnargelenke,
- Muskeln der Vorderfußwurzelgelenke und
- Muskeln der Vorderzehen.

## Muskeln des Schultergelenks

Die Muskeln des Schultergelenks finden sämtlich ihren Ursprung am Schulterblatt und heften proximal am Oberarm an. Funktionell sind diese nicht allein Strecker bzw. Beuger, sie dienen vielmehr, sehnig durchsetzt, auch als kontraktile Spannbänder des Gelenks und nehmen damit entscheidend Anteil an der Funktion des Schultergelenks als **Wechselgelenk** (Tab. 3-8).

### Laterale Schultermuskeln

Als laterale Muskeln der Schulter werden unterschieden (Abb. 3-72):

- M. supraspinatus,
- M. infraspinatus,
- M. deltoideus und
- M. teres minor.

Der **M. supraspinatus (oberer Grätenmuskel)** entspringt breitflächig in der Fossa supraspinata, füllt diese vollständig aus und überragt teilweise den Margo cranialis scapulae (Abb. 3-67 u. 69). Distal zieht er über die Streckseite des Schultergelenks und inseriert am Tuberculum majus humeri tierartlich unterschiedlich. Bei Fleischfressern ist die Endsehne einschenkelig, kräftig und kurz, beim Schwein und den Wiederkäuern zweischenkelig zum Tuberculum majus und minus gegabelt. Zwischen die beiden Endsehnen schiebt sich im Sulcus intertubercularis die Ursprungssehne des M. biceps brachii. Beim Pferd ist dieser Muskel käftig, er zeichnet sich nach außen ab, sein Ursprung ist die Cartilago scapulae, die Fossa supraspinata, der Margo cranialis und die Spina scapulae. Er teilt sich in Höhe des Tuberculum supraglenoidale in zwei muskuläre Schenkel, die die Urspungssehne des M. biceps brachii aufnehmen, verbindet sich fest mit der Gelenkkapsel und inseriert am medialen und lateralen Rollhöcker des Oberarms. Er wirkt als Strecker und Feststeller des Schultergelenks.

Der **M. infraspinatus (unterer Grätenmuskel)** hat seinen flächenhaften Ursprung in der Fossa infraspinata und an der Spina scapulae, er füllt sie vollständig aus, zieht sehnig durchsetzt lateral über das Buggelenk und inseriert distal des Tuberculum majus humeri an der Facies musculi infraspinati (Abb. 3-67 u. 69).

Bei Fleischfressern und vergleichbar auch beim Schwein überragt der Muskel kaudal den hinteren Rand der Scapula, er erscheint stark sehnig durchsetzt und gefiedert, seine Ansatzsehne ist von einem Schleimbeutel (Bursa subtendinea musculi infraspinati) unterlagert. Bei Wiederkäuern inseriert ein tiefer Ast kaudal an der medialen Fläche des Tuberculum majus humeri, ein oberflächlicher sehniger Schenkel an der lateralen Seite an der Facies musculi infraspinati, ebenfalls unterlagert von einem Schleimbeutel.

Beim Pferd ist er kräftig entwickelt, sehnig und von der Ursprungsaponeurose des M. deltoideus überzogen. Sein tiefer schwächerer Schenkel setzt am lateralen Muskelhöcker des Humerus an, sein oberflächlicher stärkerer Schenkel zieht als kräftige Sehnenplatte an die Lateralfläche distal des Tuberculum majus humeri. Dieser Ast wird von der geräumigen Bursa subtendinea musculi infraspinati unterlagert, die am vorderen Rand der Endsehne punktiert werden kann.

Der M. infraspinatus ersetzt als kontraktiles Spannband das laterale Seitenband des Buggelenks und unterstützt die Beugung dieses Gelenks. Darüber hinaus ermöglicht er, vorzugsweise bei Fleischfressern, auch Abduktions- und Supinationsbewegungen.

Der **M. deltoideus (Deltamuskel)** ist ein flächig ausgebreiteter Muskel, der unmittelbar unter der Haut bzw. der Schulterhautmuskulatur liegt (Abb. 3-67 u. 69); er ist zwischen der Spina scapulae und der Tuberositas deltoidea gespannt. Bei Fleischfressern und bei Wiederkäuern ist der Ursprung in eine Pars scapularis und eine Pars acromialis zweigeteilt. Beim Hund beginnt die Pars scapularis als schillernde Aponeurose an der Spina scapulae, sie tritt distal vom Buggelenk sehnig an die Pars acromialis. Die Pars acromialis, kräftig bei der Katze, entspringt am Acromion, überquert kaudolateral das Schultergelenk und inseriert zusammen mit der Pars scapularis an der Tuberositas deltoidea. Beim Schwein und beim Pferd entspringt der M. deltoideus aponeurotisch einheitlich an der Spina scapulae und am kaudalen Schulterblattrand und inseriert an der Tuberositas deltoidea. Beim Pferd ist dieser Muskel in seinem Ursprung zusätzlich mit dem M. infraspinatus aponeurotisch verbunden.

Der Deltamuskel beugt das Schultergelenk und ist vor allem bei Fleischfressern an der Abduktion und Rotation der Schultergliedmaße beteiligt.

Der **M. teres minor (kleinerer runder Muskel)** ist nur bei Fleischfressern rund, er liegt, bedeckt vom M. deltoideus, kaudolateral vom Schultergelenk (Abb. 3-69 u. 71). Der M. teres minor entspringt am distalen Drittel des Margo caudalis scapulae, zieht über die Beugeseite des Gelenks und endet an der Tuberositas teres minor. Bei den Fleischfressern liegt dieser Muskel zwischen dem M. infraspinatus und dem Caput longum des M. triceps brachii. Er beugt das Schultergelenk.

### Mediale Schultermuskeln

Als mediale Muskeln der Schulter werden unterschieden (Abb. 3-74):

- M. teres major,
- M. articularis humeri,
- M. subscapularis und
- M. coracobrachialis.

Der **M. teres major (größerer runder Muskel)** ist ein langer, abgeplatteter Muskel, der vom Angulus caudalis und vom Margo caudalis scapulae über die Beugeseite des Schultergelenks zur Tuberositas teres major (Schwein, Wiederkäuer, Pferd) bzw. zur Crista tuberculi minoris (Fleischfresser) zieht (Abb. 3-68, 69 u. 74). Bei der Katze ist dieser kräftiger als beim Hund, er vereinigt sich mit der Endsehne des M. latissimus dorsi.

Er beugt das Schultergelenk und wirkt geringgradig auch als Adduktor der Gliedmaße.

Der **M. articularis humeri (Kapselmuskel)** tritt in der Regel nur beim Pferd, selten beim Schwein auf. Er liegt an der Beugeseite direkt der Gelenkkapsel auf und spannt diese.

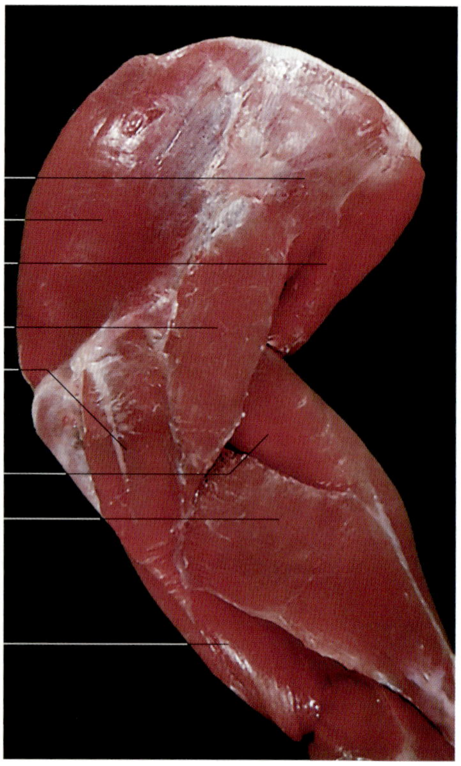


**Abb. 3-67.** Muskeln des linken Schulter- und Ellbogengelenks einer Katze (Lateralansicht), Präparat Dr. Jutta Klawiter-Pommer, München.

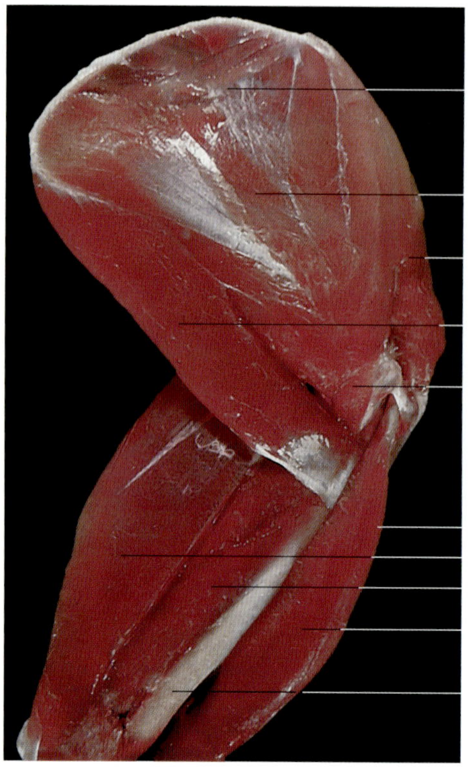


**Abb. 3-68.** Muskeln des linken Schulter- und Ellbogengelenks einer Katze (Medialansicht), Präparat Dr. Jutta Klawiter-Pommer, München.

Der **M. subscapularis (Unterschultermuskel)** ist ein weitgehend sehnig durchsetzter, großflächiger Muskel, der in der Fossa subscapularis entspringt, medial das Buggelenk überspannt und, den M. coracobrachialis unterkreuzend, am Tuberculum minus humeri inseriert (Abb. 3-68, 69 u. 74). Er füllt die Fossa subscapularis vollständig aus, überragt am Margo cranialis und am Margo caudalis die Scapula und steht mit dem M. teres major in Verbindung. Er ist, wie auch bei den anderen Haussäugetieren, auffällig durch Sehnenplatten mehrfach gefiedert.

Der M. subscapularis ersetzt als kontraktiles Spannband das mediale Seitenband des Buggelenks und ist gleichzeitig Strecker dieses Gelenks, er kann auch dessen Beugung unterstützen.

Der **M. coracobrachialis (Rabenschnabel-Armmuskel)** ist ein platter Muskel, der am Processus coracoideus scapulae entspringt, medial dem Schultergelenk anliegt und sich bis zu seinem Ansatz fächerartig verbreitert (Abb. 3-68, 69 u. 70). Er endet an der kraniomedialen Fläche des Humerus, proximal und distal der Tuberositas teres major. Die Ursprungssehne tritt, unterlagert von einem Schleimbeutel, zwischen dem M. supraspinatus und dem M. subscapularis hervor und zieht kaudodistal. Bei den Wiederkäuern endet der Muskel in zwei Portionen getrennt an der Tuberositas teres major, verlängert sich aber auch medial bis gegen das distale Ende des Humerusschafts. Bei der Katze und beim Hund ist der M. coracobrachialis schwach.

Er wirkt als Einwärtsführer und Auswärtsdreher des Oberarms.

## Muskeln des Ellbogengelenks

Die Muskeln des Ellbogengelenks liegen meist am Oberarm, sie entspringen an der Scapula oder am Humerus, überbrücken das Gelenk und inserieren am proximalen Ende von Radius und Ulna. Demzufolge sind diese ein- bzw. zweigelenkig. Grundsätzlich dienen diese Muskeln der Streckung und Beugung des Ellbogengelenks, sie tragen jedoch auch zur Stabilisierung der Gliedmaße während der Stützbeinphase bei. Man unterscheidet am Ellbogengelenk (Tab. 3-9) den:

- M. brachialis,
- M. biceps brachii,
- M. triceps brachii,
- M. anconaeus und
- M. tensor fasciae antebrachii.

Der **M. brachialis (Oberarmmuskel)** entspringt an der hinteren Humerusfläche, dicht unter dem Collum humeri. In seinem Verlauf windet er sich im Sulcus musculi brachialis (Huftiere) bzw. entlang der Crista tuberculi majoris (Fleischfresser) von der Hinterseite über lateral zur Vorderfläche (Abb. 3-69ff.). Dort kreuzt er die Beugeseite des Ellbogengelenks und inseriert medioproximal an der Tuberositas radii und mit einem Seitenschenkel an der Ulna. Bei Fleischfressern und kleinen Wiederkäuern endet die Sehne am Processus coronoideus medialis ulnae.

Beim Pferd inseriert der M. brachialis medial unterhalb der Bizepssehne am Radius, ein zweiter Schenkel, nach Unterquerung des medialen Seitenbands, an der Membrana interossea antebrachii des Ellbogengelenks.

Der M. brachialis ist ein Beuger des Ellbogengelenks mit großer Hubhöhe, jedoch relativ geringer Hubkraft.

Der **M. biceps brachii (zweiköpfiger Oberarmmuskel)** ist ein spindelförmiger und sehr kräftiger Muskel, der zwei Gelenke, das

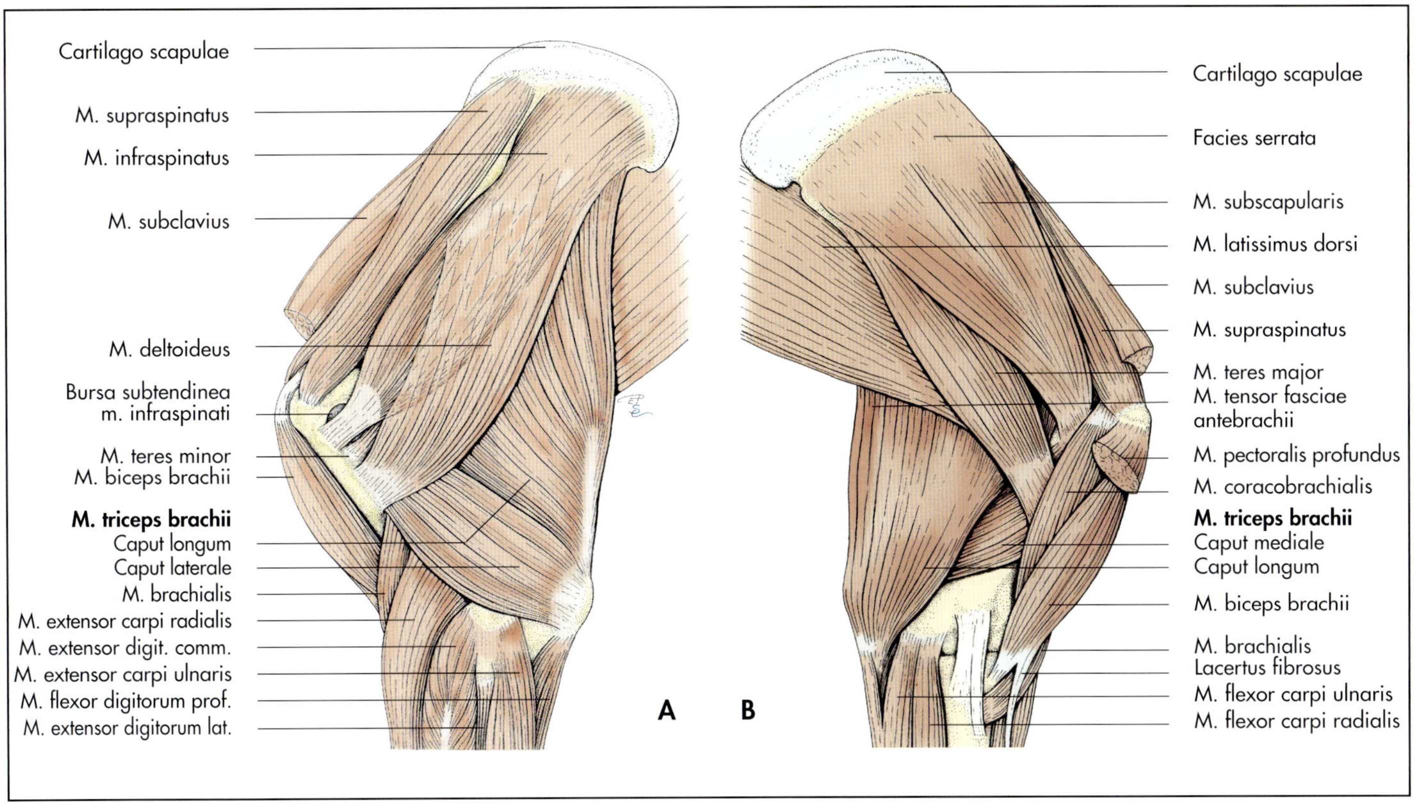


**Abb. 3-69.** Schematische Darstellung der Muskeln des linken Schulter- und Ellbogengelenks des Pferdes (**A** Lateralansicht und **B** Medialansicht).

Schulter- und das Ellbogengelenk, überspannt (Abb. 3-69 bis 72). Im Gegensatz zum Menschen ist dieser bei den Haussäugetieren einköpfig, er entspringt sehnig am Tuberculum supraglenoidale, überzieht die Streckseite des Schultergelenks und liegt im weiteren Verlauf dem Humerus kraniomedial auf. Der M. biceps brachii spaltet sich in der Ellbogenbeuge in zwei Schenkel, von denen der eine als Hauptsehne an der Tuberositas radii, der andere proximal an der Ulna endet.

Bei den Fleischfressern schiebt sich die Ursprungssehne des M. biceps brachii an der Streckseite des Schultergelenks von vorne in die Gelenkkapsel und formt eine Kapselsehnenscheide. Im Sulcus intertubercularis wird diese Sehne zwischen dem Tuberculum majus und dem Tuberculum minus durch ein Querband **(Ligamentum transversum humeri)** in ihrer Position gehalten (Abb. 3-30 u. 70). Beim Hund spaltet sich in der Ellbogenbeuge die Endsehne in einen stärkeren Ast zum Processus coronoideus medialis und einen schwächeren zur Tuberositas radii. Die Endsehne entlässt nach distal einen **Sehnenzug**, der vor allem beim Pferd als **Lacertus fibrosus** zum M. extensor carpi radialis (Abb. 3-69, 85 u. 86) zieht und in die Fascia antebrachii einstrahlt.

Bei den Wiederkäuern ist die Ursprungssehne von einer Bursa intertubercularis unterlagert, seine Endsehne inseriert zweischenkelig medial mit einem kräftigen Schenkel an der Tuberositas radii und am medialen Seitenband, lateral kranial am Radius. Auch bei den Wiederkäuern setzt sich der Lacertus fibrosus sehnig an den M. extensor carpi radialis und in der Unterarmfaszie fort.

Beim Pferd ist der M. biceps brachii kräftig, stark gefiedert und sehnig durchsetzt. Die Ursprungssehne wird von einer bis zu 10 cm langen Bursa intertubercularis unterlagert, begrenzt durch den M. supraspinatus und den M. pectoralis profundus. Die Bursa intertubercularis dehnt sich bis zu den Seitenrändern der Sehne des M. biceps brachii aus und zieht auf seine Oberseite. Hier ist eine Punktion dieses Schleimbeutels in Höhe der Tuberositas deltoidea am seitlichen Rand der Sehne bei proximalem Einstich entlang des Knochens möglich.

In der Tiefe spaltet der laterale Muskelbauch einen sehnigen Faserzug ab, der zusammen mit dem Lacertus fibrosus dem Muskel eine statische Funktion vermittelt, während der laterale Muskelbauch dynamisch den Bewegungsablauf unterstützt. Der mediale Hauptast des M. biceps brachii endigt an der Tuberositas radii, der laterale Schenkel setzt sich als **Lacertus fibrosus** über die Sehne des M. extensor carpi radialis bis an dessen Ansatz am Röhrbein fort. Der mediale Hauptast verlängert sich als kleinerer Nebenast unter dem medialen Seitenband des Ellbogengelenks und setzt am proximalen Rand des Radius, z.T. auch der Ulna an. Dort wird dieser von einem Schleimbeutel unterlagert.

Der M. biceps brachii ist ein Beuger des Ellbogengelenks mit großer Hubkraft und geringer Hubhöhe und ein Strecker des Schultergelenks. Ferner wirkt er durch den sehnigen Lacertus fibrosus als kontraktiles Spannband (Pferd) bei gestrecktem Ellbogengelenk, aber auch als Fixator des Schulter- und Karpalgelenks. Der Lacertus fibrosus ist wichtiger Bestandteil im Gelenkfixationsmechanismus.

Der **M. triceps brachii (dreiköpfiger Oberarmmuskel)** füllt das Dreieck zwischen dem Schulterblatt, dem Oberarm und dem Ellbogenhöcker aus (Abb. 3-67, 68, 696, 72 u. 74). Seine kaudale Begrenzung bildet der Margo tricipitalis (Ankoneuslinie), der vom Olecranon in Richtung Widerrist verläuft und sich nach außen deutlich durch die Haut abzeichnet.

Wie der Name schon ausdrückt, setzt er sich aus **drei Köpfen** zusammen. Man unterscheidet ein **Caput longum**, das am Margo

**Tab. 3-8.** Muskeln des Schultergelenks.

| Name<br>Innervation | Ursprung | Ansatz | Funktion |
|---|---|---|---|
| **Laterale Schultermuskeln** | | | |
| **M. supraspinatus**<br>N. suprascapularis | Fossa supraspinata | Tuberculum majus u. minus | Strecker des Schultergelenks |
| **M. infraspinatus**<br>N. suprascapularis | Fossa infraspinata | Facies m. infraspinati | Hilfsbeuger des Schultergelenks, kontraktiles Spannband |
| **M. deltoideus**<br>N. axillaris | Spina scapulae, Margo caudalis | Tuberositas deltoidea | Beuger des Schultergelenks, Abduktor des Oberarms |
| **M. teres minor**<br>N. axillaris | Margo caudalis scapulae | Tuberositas teres minor | Beuger des Schultergelenks |
| **Mediale Schultermuskeln** | | | |
| **M. teres major**<br>N. axillaris | Margo caudalis scapulae | Tuberositas teres major | Beuger des Schultergelenks |
| **M. articularis humeri**<br>N. axillaris | Pfannenrand der Scapula | Collum humeri | Spanner der Kapsel des Schultergelenks |
| **M. subscapularis**<br>Nn. subscapulares | Fossa subscapularis | Tuberculum minus | Strecker oder Beuger, kontraktiles Spannband |
| **M. coracobrachialis**<br>N. musculocutaneus | Processus coracoideus | mediale Fläche des Humerus | Einwärtsführer, Auswärtsdreher des Oberarms |

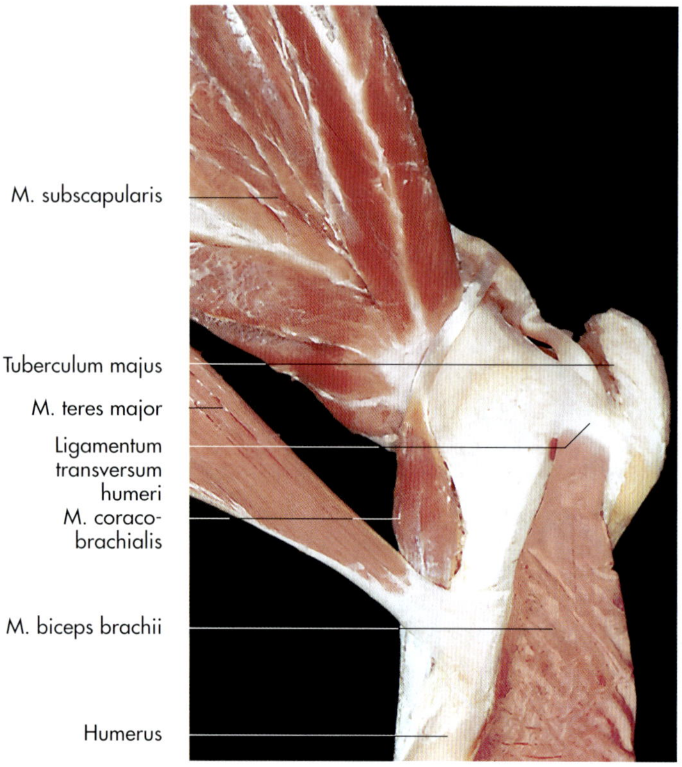


**Abb. 3-70.** Muskeln des linken Schultergelenks eines Hundes (Medialansicht).

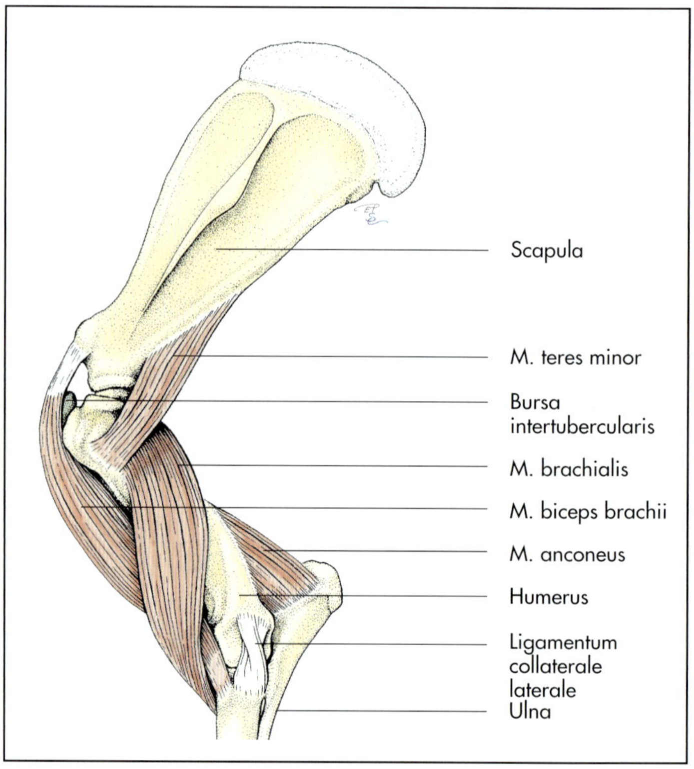


**Abb. 3-71.** Tiefe Schulter- und Ellbogengelenksmuskeln des Pferdes (linke Lateralansicht), nach Ellenberger und Baum, 1943.

**Tab. 3-9.** Muskeln des Ellbogengelenks.

| Name<br>Innervation | Ursprung | Ansatz | Funktion |
|---|---|---|---|
| **M. brachialis**<br>N. musculocutaneus,<br>N. radialis | kaudal am Collum humeri | medial Radius und Ulna | Beuger des Ellbogengelenks |
| **M. biceps brachii**<br>N. musculocutaneus | Tuberculum supraglenoidale | Tuberositas radii | Hilfsstrecker des Buggelenks,<br>Beuger des Ellbogengelenks,<br>Fixator des Schulter- und Karpalgelenks |
| **M. triceps brachii**<br>N. radialis | | | Fixator des Ellbogengelenks,<br>zusätzlich Strecker des Schultergelenks in der Hangbeinphase |
| **– Caput longum** | Margo caudalis scapulae | Olecranon | Strecker des Ellbogen- und Hilfsbeuger des Buggelenks |
| **– Caput laterale** | lateral am Humerus | Olecranon | Strecker des Ellbogengelenks |
| **– Caput mediale** | medial am Humerus | Olecranon | Strecker des Ellbogengelenks |
| **M. anconeus**<br>N. radialis | distal am Humerus,<br>Fossa olecrani | lateral am Olecranon | Strecker des Ellbogengelenks |
| **M. tensor fasciae antebrachii**<br>N. radialis | Margo caudalis scapulae | Fascia antebrachii | Spanner der Unterarmfaszie,<br>Strecker des Ellbogengelenks |

caudalis des Schulterblatts entspringt, ein **Caput laterale** und ein **Caput mediale**, die ihren Ursprung lateral bzw. medial am Humerus nehmen. Sämtliche drei Muskelanteile inserieren am Olecranon.

Beim Pferd ist dieser Muskel mit seinem Caput longum und dem Caput laterale besonders kräftig entwickelt. Das Caput laterale entspringt an der Linea musculi tricipitis, der Tuberositas deltoidea und lateral an der Armfaszie und inseriert zusammen mit der Endsehne des Caput longum lateral am Olecranon.

Das schwächere Caput mediale beginnt nahe der Tuberositas teres und setzt medial am Olecranon an, unterlagert von einem Schleimbeutel. Zusätzlich ist in der Tiefe, außer beim Pferd, ein **Caput accessorium** entwickelt, das dem Humerus kaudal anliegt und ebenfalls am Olecranon anheftet.

Der M. triceps brachii ist ein Strecker und ausgeprägter Fixator des Ellbogengelenks innerhalb des Spannbandapparats, der darüber hinaus durch das Caput longum in der Hangbeinphase das Schultergelenk zu beugen vermag.

Der **M. anconeus (Ellbogenhöckermuskel)** ist ein kurzer, aber kräftiger Muskel, der, überdeckt von den Muskelbäuchen des M. triceps brachii, kaudal über der Fossa olecrani liegt (Abb. 3-71). Er überspannt diese Grube, entspringt an der distalen Humerusfläche bis seitlich zu den Epikondylen und setzt lateral am Ellbogenhöcker an. Beim Rind und Pferd verschmilzt er mit dem Caput laterale des M. triceps brachii, bei den anderen Haussäugetieren bleibt er selbstständig.

Er wirkt als Strecker des Ellbogengelenks.

Der **M. tensor fasciae antebrachii (Spanner der Unterarmfaszie)** liegt dem M. triceps brachii als Muskelplatte medial auf. Beim Rind und Pferd entspringt er flächenhaft sehnig am Margo caudalis scapulae und aus dem M. latissimus dorsi (Fleischfresser) oder dem Bauchhautmuskel und strahlt in die Unterarmfaszie ein.

Er spannt, wie der Name schon sagt, die Unterarmfaszie und ist gleichzeitig ein Strecker des Ellbogengelenks.

## Muskeln der Radioulnargelenke

Die Muskeln des Radioulnargelenks (Abb. 3-76 u. 77) sind nur bei Fleischfressern funktionsfähig. Man unterscheidet:

- als **Supinatoren des Unterarms**:
  - M. brachioradialis,
  - M. supinator und
- als **Pronatoren des Unterarms**:
  - M. pronator teres und
  - M. pronator quadratus.

Der **M. brachioradialis (Oberarmspeichenmuskel)** ist ein schmales Band, das von der Crista supracondylaris lateralis über die Beugeseite des Ellbogengelenks und den M. extensor carpi radialis an den Processus styloideus radii zieht (Abb. 3-78 u. 79).

Der **M. supinator (kurzer Auswärtsdreher)** (Abb. 3-76) findet sich außer bei den Fleischfressern auch beim Schwein. Er ist ein platter Muskel, der, vom M. extensor carpi radialis und vom gemeinsamen Zehenstrecker bedeckt, der Gelenkkapsel in der Ellbogenbeuge direkt anliegt. Er entspringt am Epicondylus lateralis, zieht mit spiraligem Verlauf mediodistal und inseriert medial am Radius.

Der **M. pronator teres (runder Einwärtsdreher)** kommt bei Fleischfressern (Abb. 3-76, 77 u. 80), Schwein und Wiederkäuern

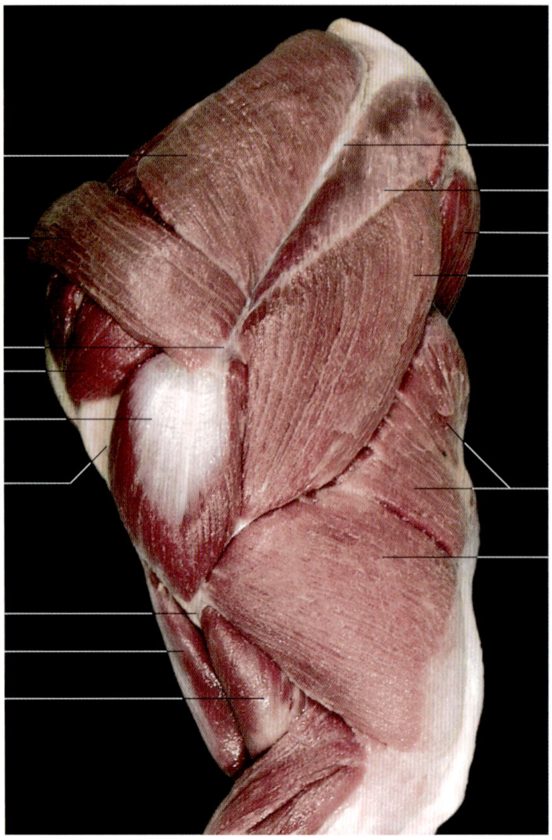


**Abb. 3-72.** Muskulatur der Schultergliedmaße eines Hundes (Lateralansicht, proximaler Abschnitt), Präparat Andrea Köllensperger, München.

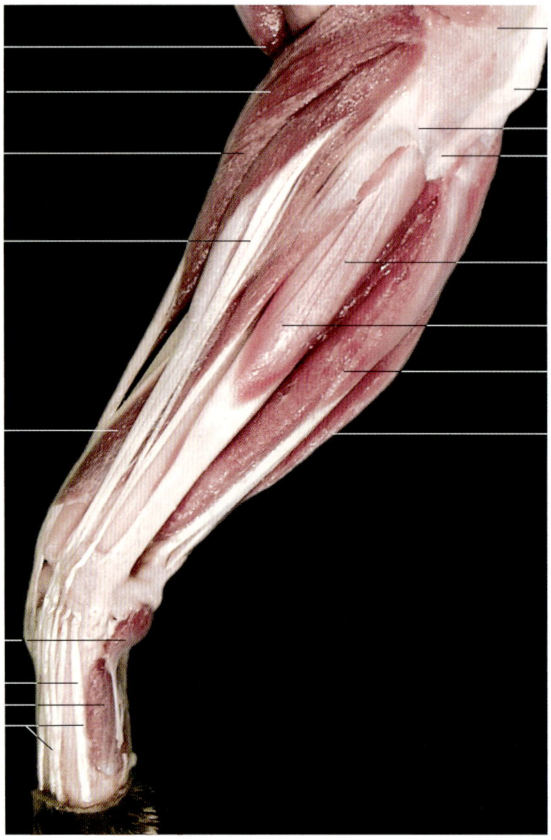


**Abb. 3-73.** Muskulatur der Schultergliedmaße eines Hundes (Lateralansicht, distaler Abschnitt), Präparat Andrea Köllensperger, München.

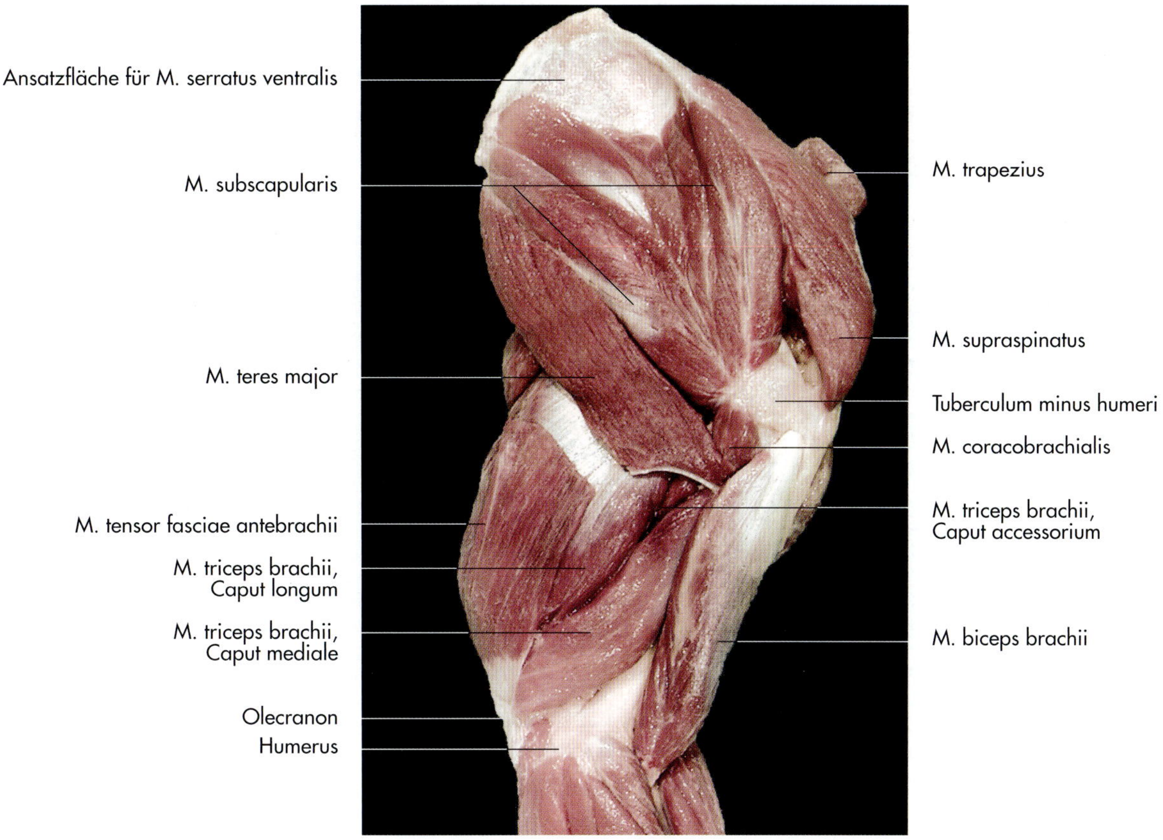


**Abb. 3-74.** Muskulatur der Schultergliedmaße eines Hundes (Medialansicht, proximaler Abschnitt), Präparat Andrea Köllensperger, München.

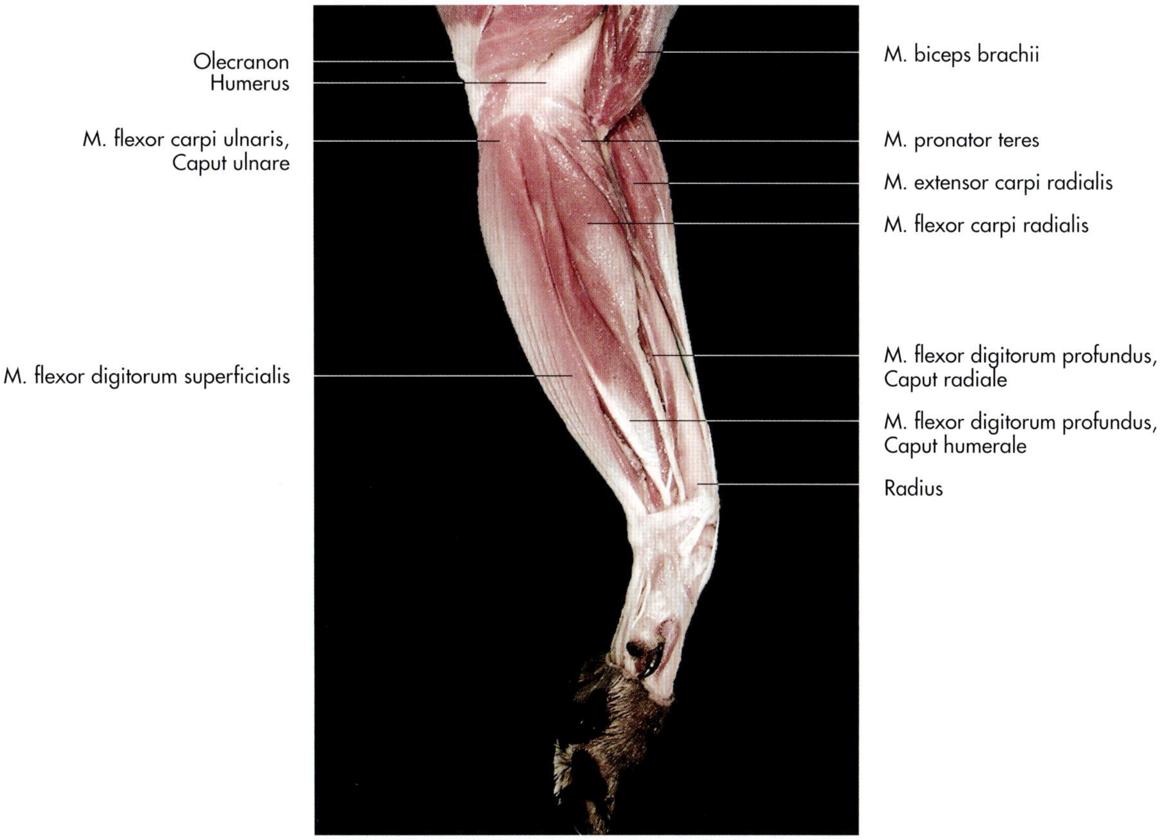


**Abb. 3-75.** Muskulatur der Schultergliedmaße eines Hundes (Medialansicht, distaler Abschnitt), Präparat Andrea Köllensperger, München.

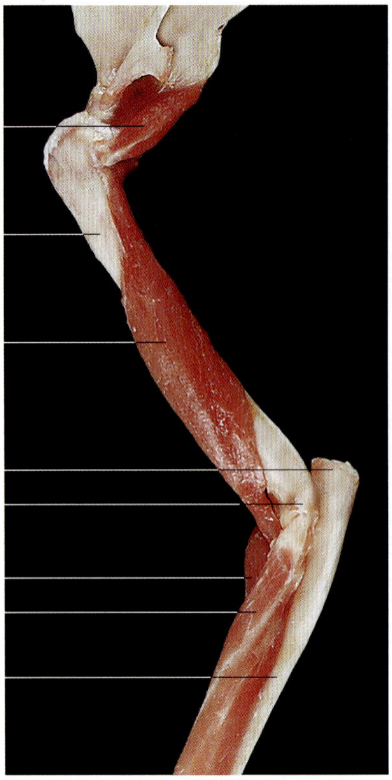


**Abb. 3-76.** Tiefe Muskeln des linken Schulter- und Ellbogengelenks einer Katze (Lateralansicht), Präparat Dr. R. Macher, Wien.

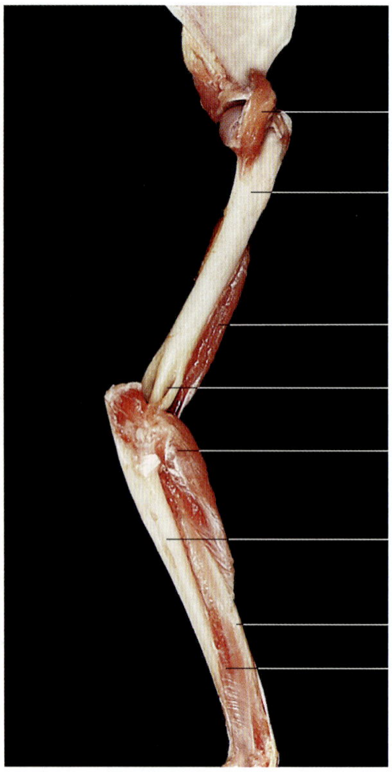


**Abb. 3-77.** Tiefe Muskeln des linken Schulter- und Ellbogengelenks einer Katze (Medialansicht), Präparat Dr. R. Macher, Wien.

vor, beim Pferd rudimentär als Band. Dieser zieht vom Epicondylus medialis humeri zur kraniomedialen Fläche des Radius.

Der **M. pronator quadratus (viereckiger Einwärtsdreher)** tritt nur bei Fleischfressern auf, er liegt in den mittleren Abschnitten der Membrana interossea antebrachii und der Ulna medial auf, füllt das Spatium interosseum antebrachii aus und setzt medial und kaudal am Radius an (Abb. 3-77).

## Muskeln des Vorderfußwurzelgelenks (Karpalgelenk)

Die Muskeln des Vorderfußwurzelgelenks liegen am Unterarm, sie bilden lange, spindelförmige Muskelbäuche. Diese Muskeln sind zweigelenkig, sie entspringen oberhalb des Ellbogengelenks am Humerus und inserieren distal am Karpalgelenk oder am Metakarpus.

In Hinblick auf die eingeschränkte Bewegungsmöglichkeit des Karpalgelenks bei den Haussäugetieren wirken diese Muskeln als Strecker und Beuger. Grundsätzlich ist festzuhalten, dass die **Streckmuskeln des Karpalgelenks** und die **Strecker der Zehengelenke** an der **dorsolateralen Fläche** des Unterarms liegen, während die **Beuger kaudal** angeordnet sind (Abb. 3-78). Gemeinsam werden sie von der Unterarmfaszie bedeckt.

Die Strecker des Karpus und der Zehen entspringen am Epicondylus lateralis, die Beuger am Epicondylus medialis des Humerus. Man unterscheidet als Beweger des Karpalgelenks (Abb. 3-72 bis 75ff., 78ff. u. Tab. 3-10):

- M. extensor carpi radialis,
- M. extensor carpi ulnaris,
- M. flexor carpi radialis und
- M. flexor carpi ulnaris.

Der **M. extensor carpi radialis (äußerer Speichenmuskel)** ist der wichtigste und stärkste Strecker des Karpalgelenks (Abb. 3-78ff.). Er entspringt am Epicondylus lateralis humeri bzw. an der Crista supracondylaris lateralis, zieht als vordere Begrenzung des Unterarms distal und inseriert am proximalen Ende des 3. bzw. 2. und 3. Metakarpalknochens (Mc).

Bei der Katze ist dieser Muskel zweigeteilt in einen M. extensor carpi radialis longus, der in der Mitte des Radius in eine schlanke Sehne übergeht und proximal am Os metacarpale secundum (Mc II) ansetzt. Der zweite Muskelbauch (M. extensor carpi radialis brevis) liegt lateral von diesem und endet am Mc III. Beim Hund ist nur noch die Endsehne zweigeteilt. Der einheitliche Muskelbauch legt sich medial dem gemeinsamen Zehenstrecker an, im distalen Drittel des Radius spaltet der Muskelbauch zwei Sehnen ab, die gemeinsam über die mittlere Sehnenrinne zur Streckseite des Karpus verlaufen und getrennt am Mc II und am Mc III inserieren.

Die Endsehne wird distal am Radius von einer Sehnenscheide umhüllt, die distal am Karpus oder proximal am Metakarpus endet (Abb. 3-83ff.). Beim Pferd erhält die Sehne eine kräftige Abspaltung des M. biceps brachii (**Lacertus fibrosus**), mit der sie verschmilzt (Abb. 3-85). Die Sehne verläuft über die mittlere Gleitrinne des Karpus, liegt der Gelenkkapsel an und inseriert, unterlagert von einem Schleimbeutel, an der Tuberositas proximalis des Metakarpus (Mc III). Dieser Muskel ist ein Strecker und Feststeller des Karpalgelenks.

Der **M. extensor carpi ulnaris (äußerer Ellbogenmuskel)** liegt am Übergang von der lateralen zur kaudalen Seitenfläche des Radius (Ausnahme Fleischfresser). Er hat seinen Ursprung am Epicondylus lateralis humeri und inseriert tierartlich unterschiedlich an lateralen Karpalknochen bzw. am Metakarpus.

Bei Fleischfressern entspringt dieser kräftige, platte Muskel hinter dem lateralen Seitenband des Ellbogengelenks am Epicondylus lateralis humeri, seine Endsehne überquert lateral den Karpus und

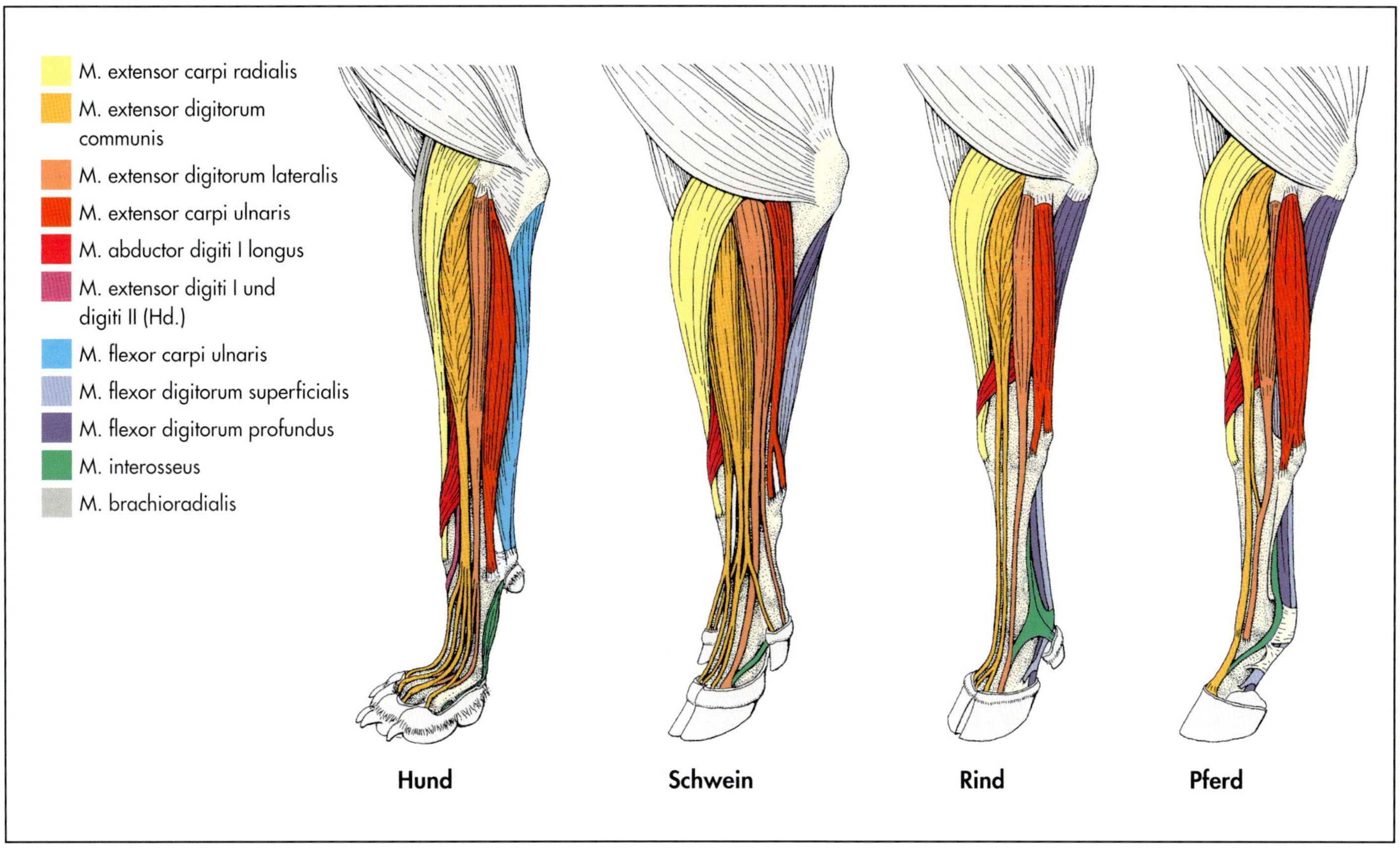


**Abb. 3-78.** Schematische Darstellung der Muskeln des Unterarms, nach Ellenberger und Baum, 1943.

setzt proximal am Mc V an (Abb. 3-78ff.). Mit Hilfe von Faserzügen vom Os carpi accessorium ersetzt die Endsehne das fehlende Ligamentum collaterale carpi laterale. Ein schwacher Schenkel spaltet sich zum Retinaculum extensorum und zum Retinaculum flexorum ab.

Bei Rind und Pferd setzt die Endsehne mit einem Hauptast am Os carpi accessorium an, beim Rind mit einem zusätzlichen Nebenast am Rudiment vom Mc V (Abb. 3-84). Beim Pferd zieht dieser zum lateralen Griffelbein.

Mit dieser Lageveränderung wechselt auch die Funktion dieses Muskels, er wird bei Pflanzenfressern zum Beuger des Karpalgelenks. Beim Fleischfresser wirkt der Muskel bei gebeugtem Karpus als Beuger, in Streckstellung unterstützt er die Streckung. Zusätzlich abduziert er den Unterarm.

Der **M. flexor carpi radialis (innerer Speichenmuskel)** ist ein spindelförmiger Muskel, der oberflächlich und medial an der Kaudalfläche des Radius liegt (Abb. 3-81). Er entspringt am Epicondylus medialis humeri, zieht über die Beugeseite des Karpus, umhüllt von einer Sehnenscheide, und inseriert an der Palmarfläche des Metakarpus, bei Fleischfressern am Mc II und III, beim Schwein und Wiederkäuer am Mc III und beim Pferd am Mc II (Abb. 3-83). Er beugt das Karpalgelenk.

Der **M. flexor carpi ulnaris (innerer Ellbogenmuskel)** ist stark sehnig durchsetzt, er liegt den Zehenbeugern oberflächlich mediokaudal am Unterarm an und bedeckt diese. Sein Ursprung ist in das kräftigere **Caput humerale** (Epicondylus medialis humeri) und in das schwächere **Caput ulnare** (Olecranon) zweigeteilt (Abb. 3-78ff.). Beide Anteile vereinigen sich und gehen in eine Endsehne über, die am Os carpi accessorium ansetzt. Beim Pferd wird das Caput humerale von einem Schleimbeutel unterlagert, der mit dem Ellbogengelenk in Verbindung steht und sich zwei Finger breit bis unter das Caput humerale der tiefen Beugesehne ausdehnt (Abb. 3-83 u. 84ff.).

Dieser Muskel beugt das Karpalgelenk, bei Fleischfressern wirkt er auch geringfügig als Supinator.

## Muskeln der Vorderzehen

Die Muskeln der Vorderzehen liegen am Unterarm, sie sind meist kräftig, stark sehnig durchsetzt und stets mehrgelenkig. Sie entspringen oberhalb des Ellbogengelenks am Humerus, teils auch noch am Skelett des Unterarms, ziehen mit langen Sehnen über das Karpalgelenk und den Mittelfuß und inserieren an den einzelnen Zehengliedern.

Die phylogenetische Entwicklung der Gliedmaße zum Geh- und Stützorgan zog auch eine Einschränkung der Bewegungsmöglichkeit der Vorderzehen nach sich. So sind bei den Haussäugetieren im Bereich der Zehen vorzugsweise einachsige Wechselgelenke bzw. seltener zweiachsige Sattelgelenke ausgebildet, die meist nur Streck- bzw. Beugebewegungen erlauben. Ab- und Adduktionsmöglichkeiten sind eingeschränkt. Die Streckmuskeln der Zehengelenke liegen an der kraniolateralen Fläche des Unterarms, während die Beuger kaudal angeordnet sind, überzogen von der Unterarmfaszie. Die Strecker der Zehen entspringen am Epicondylus lateralis, die Beuger am Epicondylus medialis des Humerus (Abb. 3-78ff. u. 84ff., Tab. 3-11).

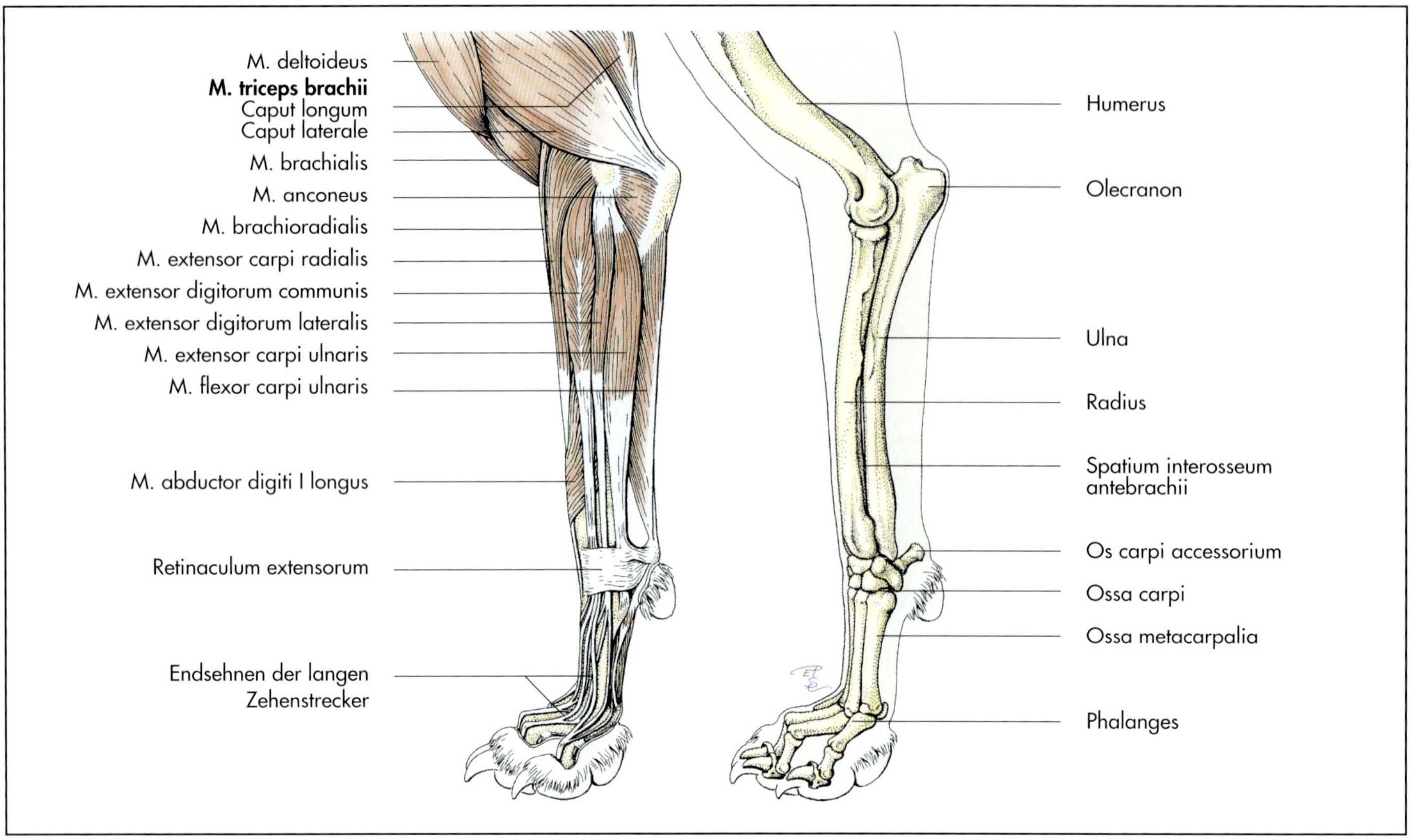


**Abb. 3-79.** Schematische Darstellung der Muskeln des Vorderfußwurzelgelenks und der Vorderzehen sowie des Skeletts des Hundes (Lateralansicht).

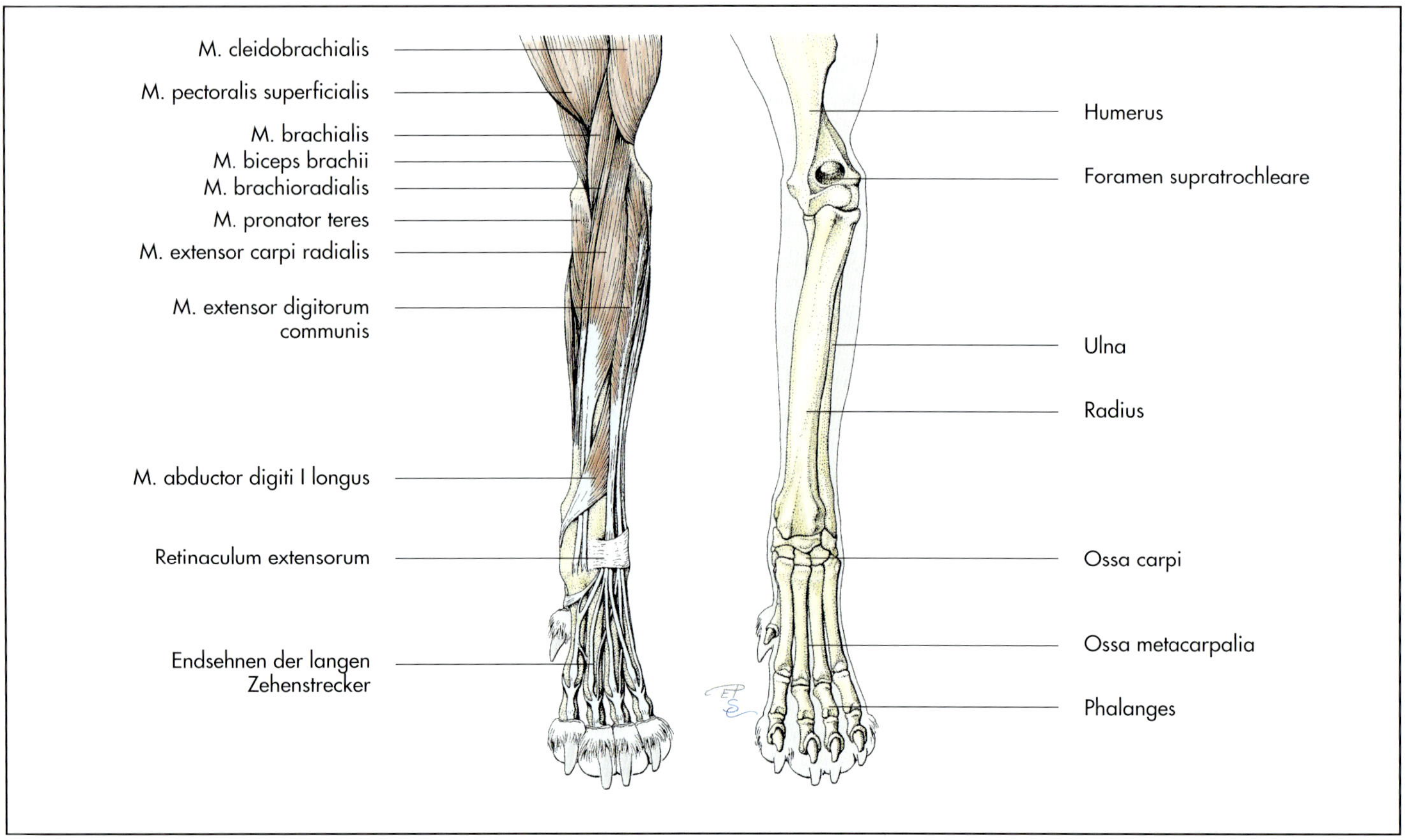


**Abb. 3-80.** Schematische Darstellung der Muskeln des Vorderfußwurzelgelenks und der Vorderzehen sowie des Skeletts des Hundes (Kranialansicht).

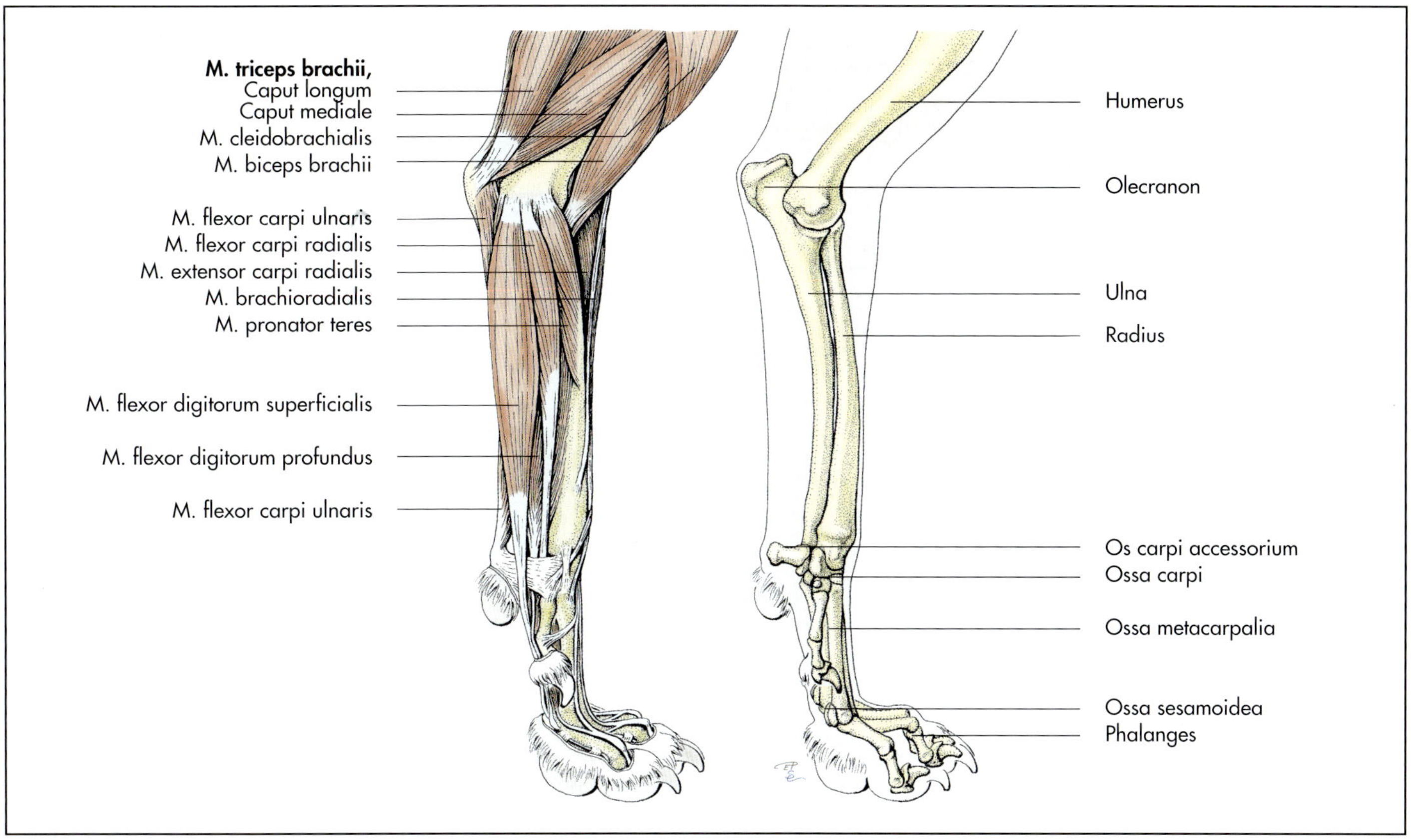


**Abb. 3-81.** Schematische Darstellung der Muskeln des Vorderfußwurzelgelenks und der Vorderzehen sowie des Skeletts des Hundes (Medialansicht).

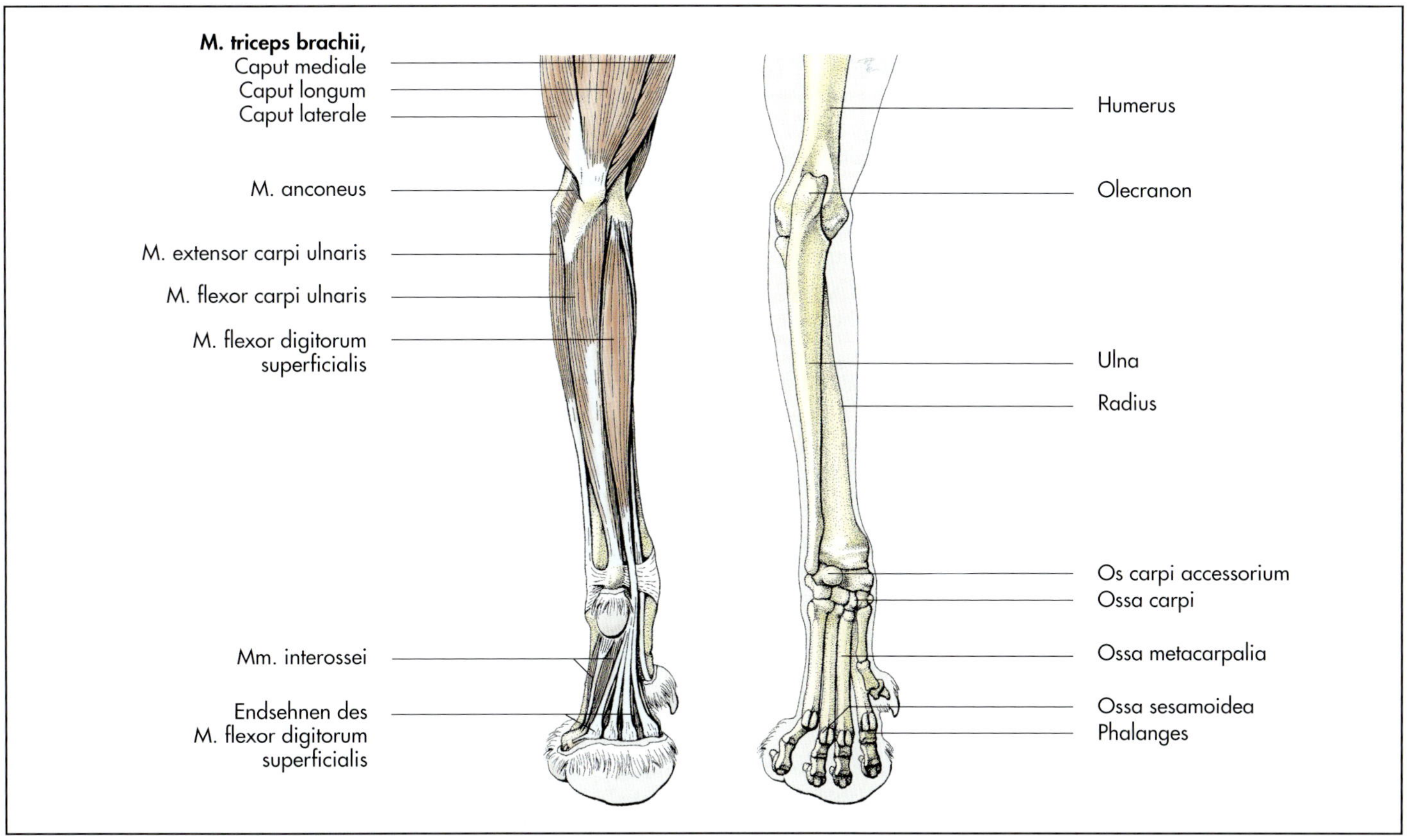


**Abb. 3-82.** Schematische Darstellung der Muskeln des Vorderfußwurzelgelenks und der Vorderzehen sowie des Skeletts des Hundes (Kaudalansicht).

**Tab. 3-10.** Muskeln des Vorderfußwurzelgelenks.

| Name<br>Innervation | Ursprung | Ansatz | Funktion |
|---|---|---|---|
| **M. extensor carpi radialis**<br>N. radialis | Epicondylus lateralis humeri | proximal am Mc III | Strecker und Feststeller des Karpalgelenks |
| **M. extensor carpi ulnaris**<br>N. radialis | Epicondylus lateralis humeri | Mc V bzw. Mc IV oder Os carpi accessorium | Beuger des Karpalgelenks |
| **M. flexor carpi radialis**<br>N. medianus | Epicondylus medialis humeri | Mc II bzw. Mc III | Beuger des Karpalgelenks |
| **M. flexor carpi ulnaris**<br>N. ulnaris | | | |
| **– Caput humerale** | Epicondylus medialis humeri | Os carpi accessorium | Beuger des Karpalgelenks |
| **– Caput ulnare** | Olecranon | Os carpi accessorium | Beuger des Karpalgelenks |

Man unterscheidet an Muskeln der Vorderzehen:

- als **Strecker**:
  - M. extensor digitorum communis,
  - M. extensor digitorum lateralis,
  - M. extensor digiti I und digiti II,
  - M. abductor digiti I longus,
- als **Beuger**:
  - M. flexor digitorum superficialis,
  - M. flexor digitorum profundus und
  - Mm. interflexorii.

Der **M. extensor digitorum communis (gemeinsamer Zehenstrecker)** liegt dem M. extensor carpi radialis seitlich an, er ist kräftig und gefiedert (Abb. 3-78ff. u. 84ff.). Er entspringt am Epicondylus lateralis humeri, teilweise auch am lateralen Seitenband des Ellbogengelenks, mit mehr oder weniger getrennten Bäuchen (Fleischfresser: 4, Schwein: 3, Wiederkäuer: 2) und inseriert mit einer langen Endsehne am Processus extensorius der Phalanx distalis einer jeden Zehe (Abb. 3-79, 80 u. 85). Demzufolge spaltet sich die Endsehne tierartlich unterschiedlich nach der Anzahl der Zehen auf. Allein beim Pferd bleibt diese einheitlich.

Bei Fleischfressern nimmt dieser Muskel am lateralen Epikondylus des Oberarms und am lateralen Seitenband des Ellbogengelenks gemeinsam mit dem M. extensor carpi radialis seinen Ursprung und teilt sich distal rasch in vier Endsehnen (Abb. 3-80). Diese ziehen, innerhalb einer gemeinsamen Sehnenscheide, dorsolateral über den Karpus, bedeckt vom Retinaculum extensorum, trennen sich auf der Dorsalfläche des Metakarpus und inserieren bei Hund und Katze an den vier Stützzehen der Phalanx distalis. Bei der Katze ist zusätzlich noch eine Anbindung an die Phalanx media entwickelt. Sämtliche vier Endsehnen erhalten Unterstützungsäste von den Mm. interossei und vom seitlichen Zehenstrecker an die 3. bis 5. Zehe in Höhe der Phalanx proximalis.

Beim Schwein besteht dieser Muskel aus drei Bäuchen, von denen der mediale am stärksten ausgebildet ist und dessen Hauptsehne an das Klauenbein der dritten, Zehe zieht. Der mittlere Muskelbauch gabelt sich in seiner Endsehne und inseriert an der 3. und 4. Zehe. Sämtliche Endsehnen geben kleine Seitenäste an die Afterklauen ab.

Bei Wiederkäuern sind ein lateraler und ein medialer Muskelbauch mit je einer eigenständigen Endsehne ausgebildet, die zusammen die gemeinsame Strecksehne darstellen. Der laterale Anteil entspringt oberflächlich am Epicondylus lateralis humeri und in der Tiefe an der Ulna, beide ziehen gemeinsam über den Karpus und spalten sich in Höhe des Fesselgelenks in zwei Schenkel, die am Processus extensorius der 3. und 4. Zehe ansetzen (Abb. 3-88). Der mediale Anteil entspringt ebenso am Epicondylus lateralis humeri und inseriert ungeteilt dorsomedial an der Phalanx media der 3. Zehe, unterstützt von axialen und abaxialen Ästen des M. interosseus.

Beim Pferd ist der gemeinsame Zehenstrecker stark sehnig durchzogen, er entspringt über dem Condylus humeri zwischen der Fossa radialis und dem lateralen Bandhöcker des Humerus und des Radius und am lateralen Seitenband, bedeckt vom M. extensor carpi radialis und dem seitlichen Zehenstrecker (Abb. 3-84 u. 85). Mit einer kräftigen Sehne zieht er in der lateralen Sehnenrinne über den Karpus, fixiert durch das Retinaculum extensorum, verläuft auf der Dorsalfläche des Metakarpus und inseriert flächenhaft verbreitert am Processus extensorius des Hufbeins. Vor dem Ansatz gibt die Endsehne Schenkel an das Kronbein und einzelne Fasern an den Hufknorpel ab.

Diese Sehne nimmt die beiden Unterstützungsäste des M. interosseus medius, unterlagert von einem bohnengroßen Schleimbeutel, auf.

Der gemeinsame Zehenstrecker spaltet proximal vom Spatium interosseum antebrachii einen an der Ulna entspringenden tiefen Anteil ab, der mit der Endsehne über den Metakarpus zieht und sich bis zum Fesselbein verfolgen lässt. Dieser bedeutungslose Muskelstrang wird als das Rudiment des M. extensor indicis angesehen und als **Thiernesse-Muskel** bezeichnet.

Darüber hinaus setzt sich ein am Radius entspringender, ebenso unbedeutender oberflächlicher Anteil von der gemeinsamen Strecksehne ab, zieht mit dieser gemeinsam über den Karpus und vereinigt sich mit der Sehne des M. extensor digitorum lateralis. Dieser radiale Anteil des gemeinsamen Zehenstreckers wird **Philipp-Muskel** genannt (Abb. 3-83).

Die gemeinsame Strecksehne wird zusammen mit der Endsehne des Philipp-Muskels von einer Sehnenscheide umhüllt, die 10–12 cm oberhalb des Karpus beginnt und proximal am Metakarpus endet.

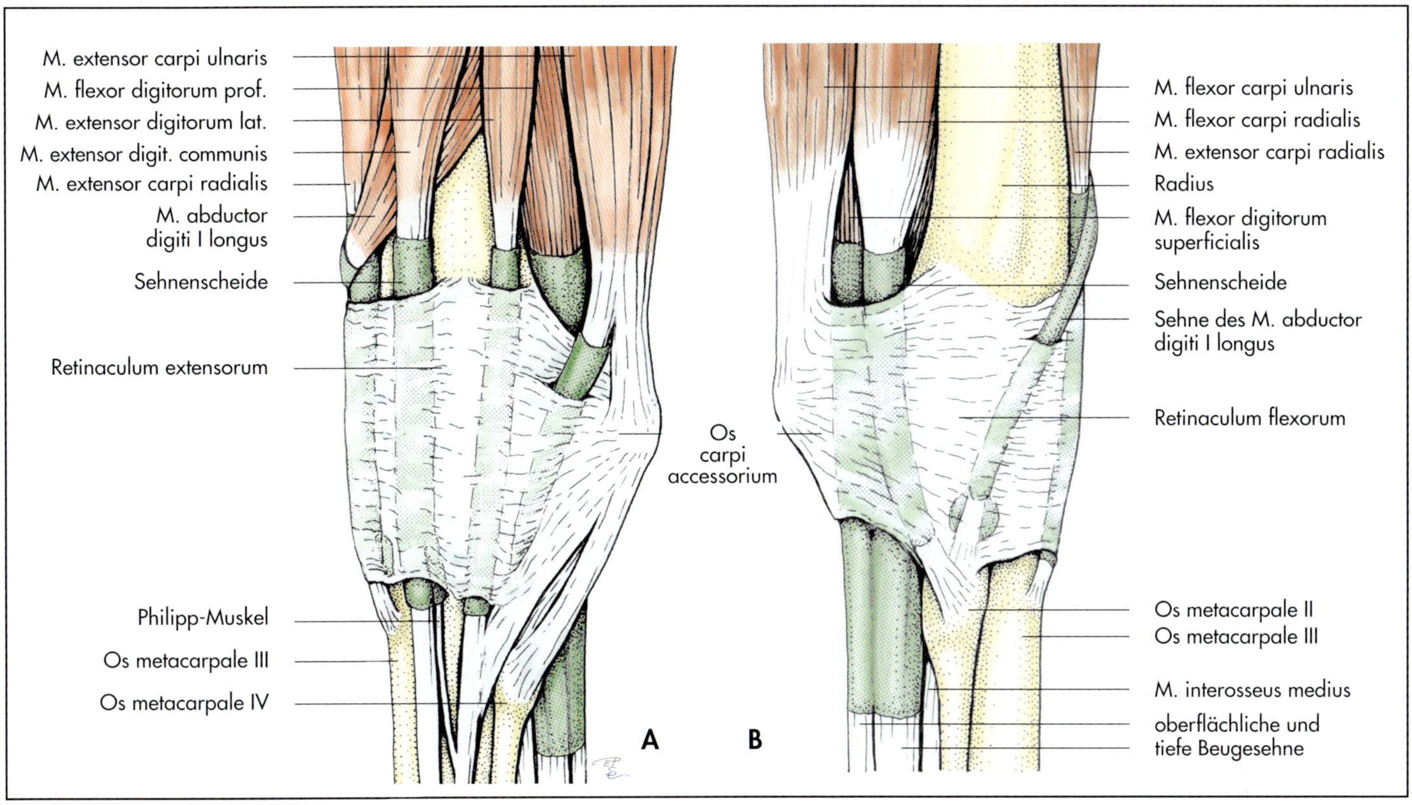


**Abb. 3-83.** Schematische Darstellung der Sehnen und Sehnenscheiden des Pferdes im Bereich des linken Karpalgelenks (**A** Dorsolateralansicht und **B** Kaudomedialansicht), nach Ellenberger und Baum, 1943.

Dieser Muskel ist ein Strecker der Zehengelenke und des Karpalgelenks.

Der **M. extensor digitorum lateralis (seitlicher Zehenstrecker)** liegt dem M. extensor digitorum communis kaudal an der Seitenfläche des Unterarms an (Abb. 3-78, 79 u. 84). Er entspringt am lateralen Seitenband des Ellbogengelenks, am lateralen Bandhöcker des Radius und lateral an der Ulna und bildet bei der Katze drei, beim Hund zwei Muskelbäuche aus. Beim Schwein entstehen zwei vollständig getrennte Muskeln, bei Wiederkäuern und Pferd allein ein Muskel. Die einzelnen Endsehnen verzweigen sich und inserieren tierartlich unterschiedlich an den Phalangen.

Bei der Katze entspringt der seitliche Zehenstrecker an der Crista supracondylaris lateralis des Humerus und teilt sich in drei Bäuche, die sich nachfolgend in drei bis vier Sehnen aufzweigen und dorsolateral am 5. bis 3. Metakarpus verlaufen. In Höhe der Phalanx proximalis verschmelzen sie mit den Sehnen des gemeinsamen Zehenstreckers und nehmen Unterstützungsäste der Mm. interossei auf.

Beim Hund verhält sich der seitliche Zehenstrecker vergleichbar dem der Katze (Abb. 3-78 u. 79). Es werden jedoch nur zwei Muskelbäuche angelegt, deren gemeinsame Sehne im Bereich des Karpus von einer einheitlichen Sehnenscheide bis in Höhe des proximalen Drittels des Metakarpus umgeben wird. Die stärkere laterale Endsehne verbindet sich in Höhe der Phalanx proximalis der 5. Zehe mit dem Ast der gemeinsamen Strecksehne. Der schwächere mediale Ast gabelt sich und verbindet sich ebenfalls in Höhe der Phalanx proximalis der 3. und 4. Zehe mit der gemeinsamen Strecksehne und den Mm. interossei.

Beim Schwein besteht der seitliche Zehenstrecker aus zwei unabhängigen Muskelbäuchen. Der stärkere entspringt am Epicondylus lateralis des Humerus und am lateralen Seitenband und inseriert, nach Aufnahme eines Astes des M. interosseus, an der Phalanx media und distalis der lateralen Hauptzehe. Der schwächere Muskelbauch entspringt lateral von diesem größtenteils an der Ulna und zieht zur Phalanx media und distalis der lateralen Afterzehe.

Bei Wiederkäuern ist der seitliche Zehenstrecker einheitlich. In Höhe des Karpus wird seine Sehne von einer Sehnenscheide umhüllt, er zieht lateral am Karpus vorbei, liegt der gemeinsamen Strecksehne an, erhält abaxial und axial je einen Unterstützungsast vom M. interosseus und inseriert dorsolateral am Kronbein der 4. Zehe (Abb. 3-88).

Beim Pferd entspringt der seitliche Zehenstrecker am lateralen Seitenband des Ellbogengelenks, am lateralen Bandhöcker des Radius und der Ulna und zieht mit seiner Endsehne in einer Rinne des Proc. styloideus lateralis, bedeckt von der tiefen Faszie, über die Außenfläche des Karpus, eingeschlossen von einer Sehnenscheide (Abb. 3-83).

In Höhe des Metakarpus erhält die Endsehne ein fasziales Unterstützungsband, verbindet sich mit der Sehne des Philipp-Muskels, verläuft über das Fesselgelenk und inseriert dorsolateral am Fesselbein (Abb. 3-84 u. 85).

Der seitliche Zehenstrecker streckt bei Fleischfressern und beim Schwein alle Zehengelenke der lateralen Zehen (3. bis 5. Zehe), bei den Wiederkäuern die Fessel- und Krongelenke der 4. Zehe und beim Pferd das Fesselgelenk.

Der **M. extensor digiti I et digiti II (besonderer Strecker der 1. und 2. Zehe)** tritt nur bei Fleischfressern als eigenständiger Muskel auf (Abb. 3-78). Bei der Katze entspringt er am kraniolateralen Rand der Ulna, wird in seinem distalen Verlauf bedeckt von der

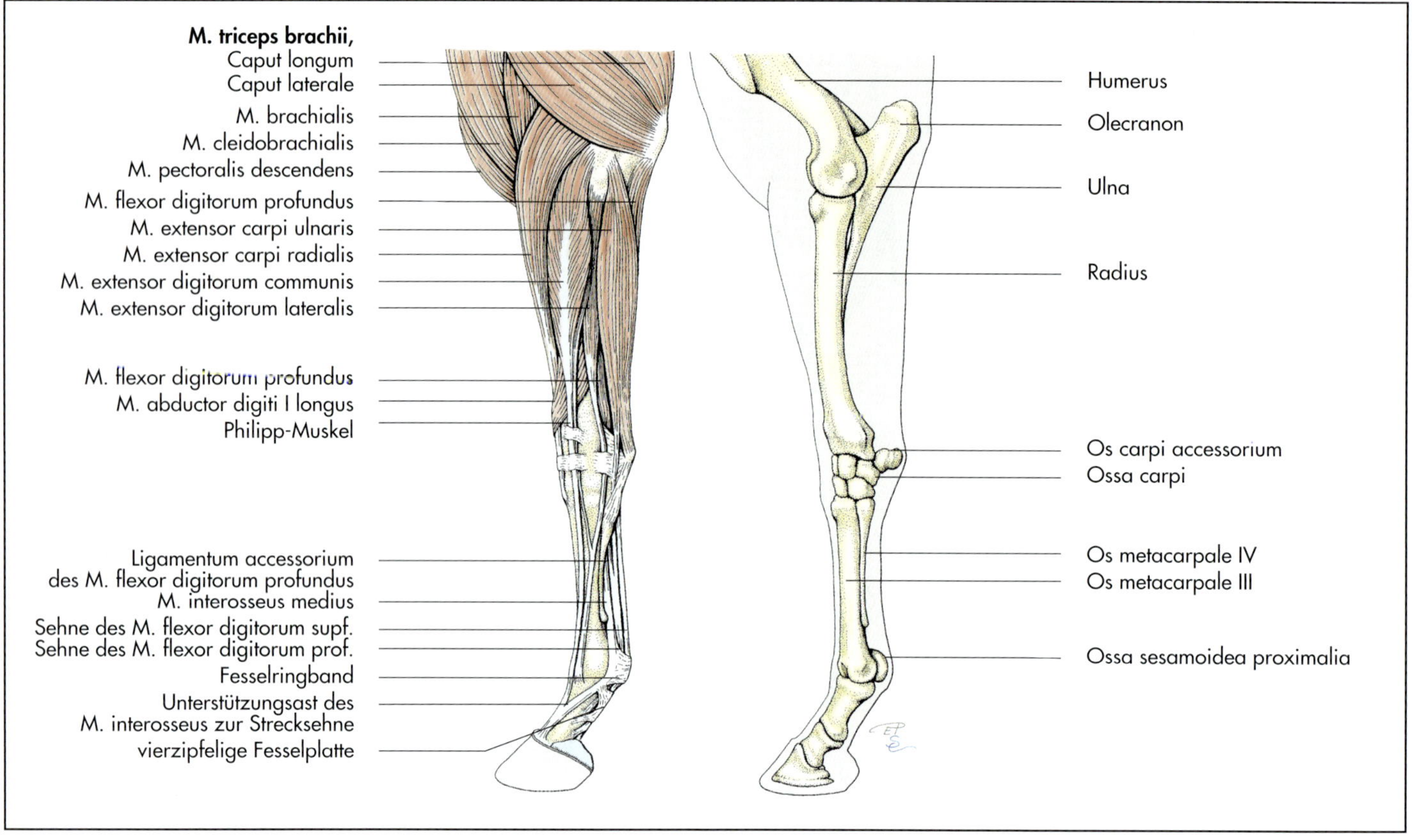


**Abb. 3-84.** Schematische Darstellung der Muskeln des Vorderfußwurzelgelenks und der Vorderzehe sowie des Skeletts des Pferdes (Lateralansicht).

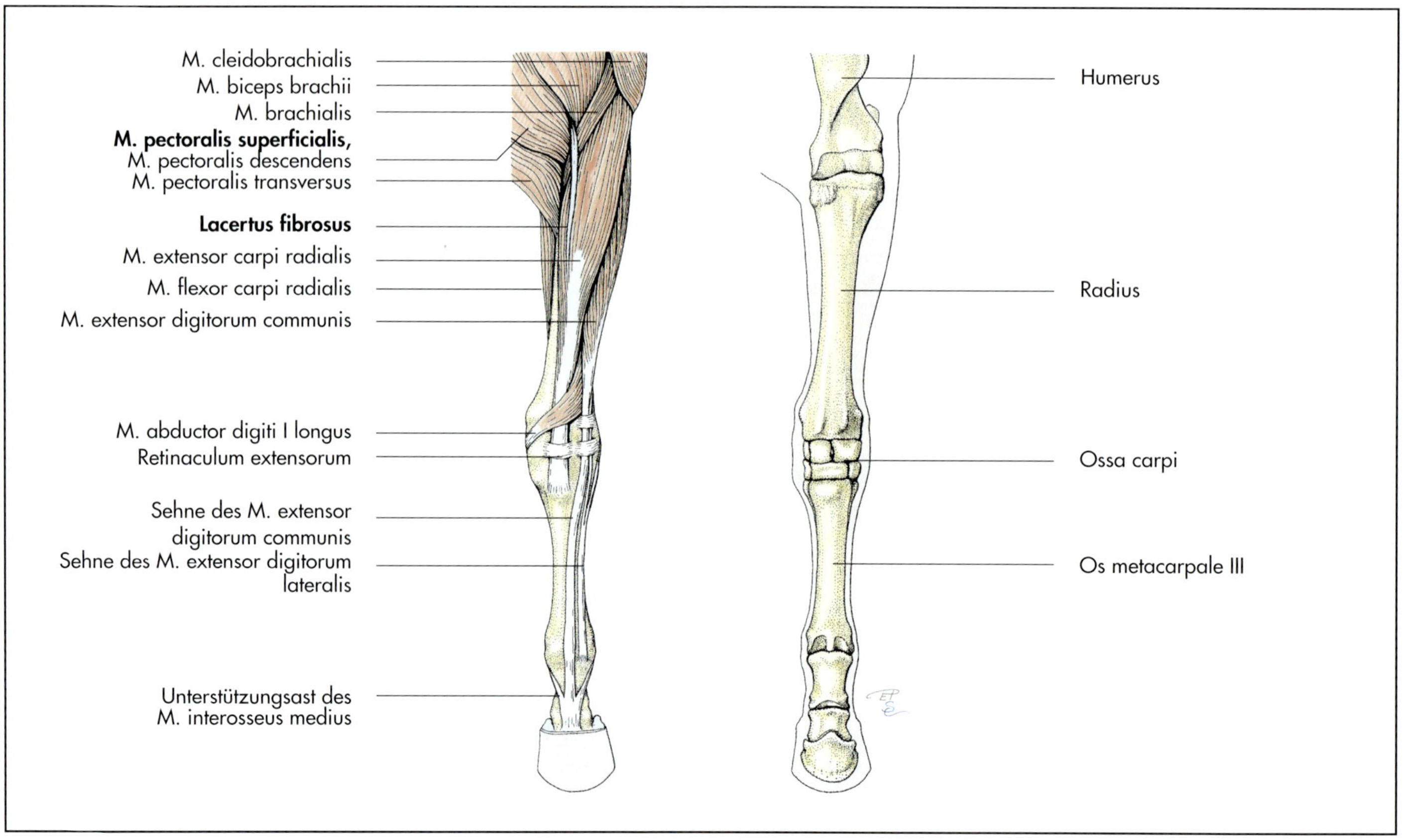


**Abb. 3-85.** Schematische Darstellung der Muskeln des Vorderfußwurzelgelenks und der Vorderzehe sowie des Skeletts des Pferdes (Kranialansicht).

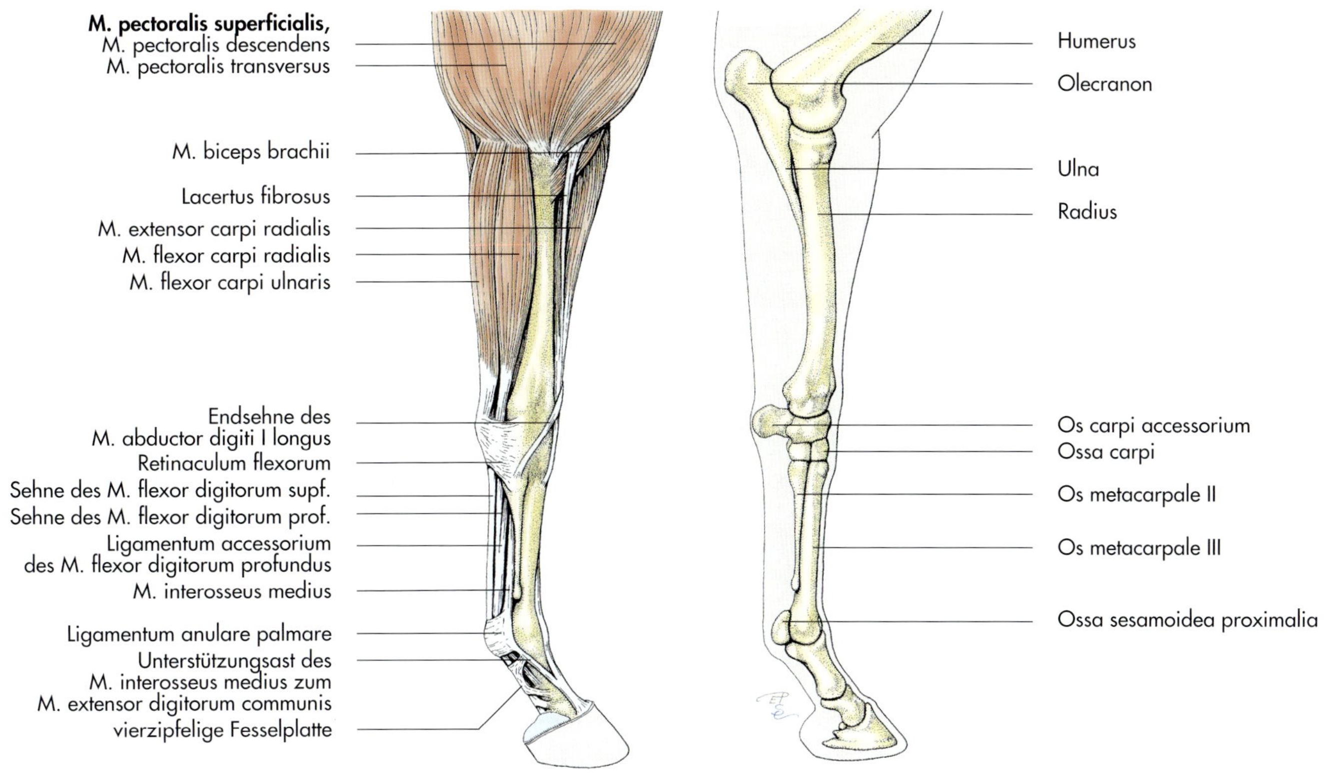


**Abb. 3-86.** Schematische Darstellung der Muskeln des Vorderfußwurzelgelenks und der Vorderzehe sowie des Skeletts des Pferdes (Medialansicht).

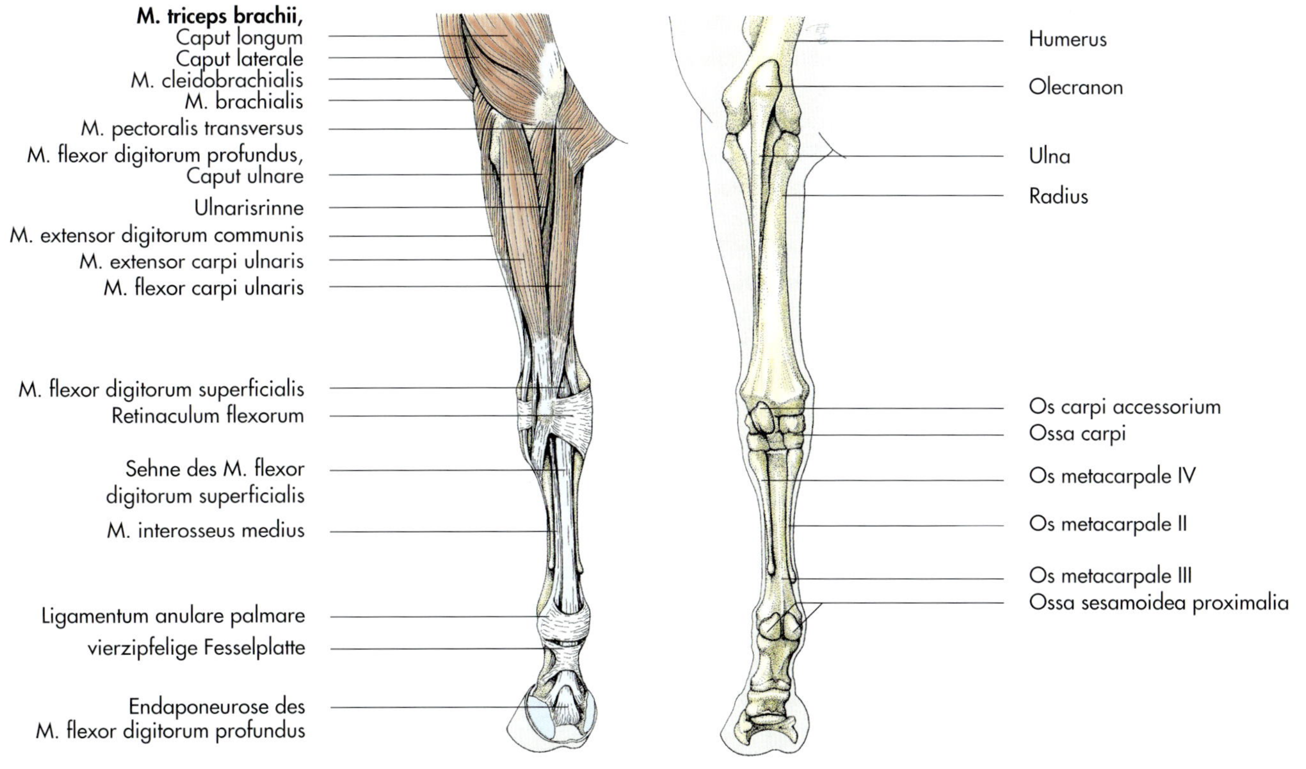


**Abb. 3-87.** Schematische Darstellung der Muskeln des Vorderfußwurzelgelenks und der Vorderzehe sowie des Skeletts des Pferdes (Kaudalansicht).

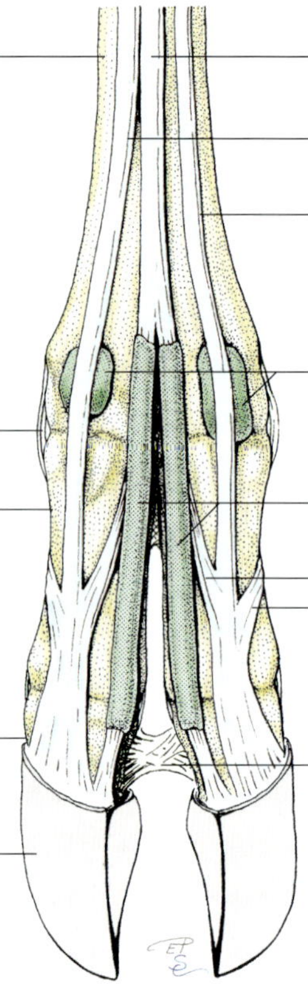


**Abb. 3-88.** Schematische Darstellung des linken Vorderfußes des Rindes mit Sehnen und synovialen Einrichtungen (Dorsalansicht).

Sehne des seitlichen Zehenstreckers, teilt sich in drei Schenkel und zieht schräg unter der Sehne des gemeinsamen Zehenstreckers nach medial. Er inseriert an der 1. Zehe, die beiden anderen Sehnen setzen lateral und medial an der 2. Zehe an. Beim Hund liegt dieser Muskel in der Tiefe, bedeckt von den Streckern des Karpus und der Zehen. Seine Endsehne unterkreuzt in Höhe des Karpus die gemeinsame Strecksehne und zieht medial über den Karpus. Sie gabelt sich in einen medialen Ast zum Mc I und einen lateralen zur Verbindung mit der gemeinsamen Strecksehne zur 2. Zehe.

Bei den anderen Haussäugetieren ist dieser Muskel mit dem gemeinsamen Streckmuskel verschmolzen, beim Pferd entspricht er dem Thiernesse-Muskel. Er ist bei den Fleischfressern ein Strecker der 1. und 2. Zehe und Adduktor der 1. Zehe.

Der **M. abductor digiti I longus (langer Auswärtszieher des Daumens)** nimmt seinen Ursprung im mittleren Drittel des Unterarms am lateralen Rand des Radius und der Ulna und fächert sich als Muskelplatte kraniolateral auf dem Skelett des Unterarms auf. Seine Sehne zieht unter den Sehnen der langen Zehenstrecker über die Endsehne des M. extensor carpi radialis und den Karpus medial und inseriert bei Fleischfressern am 1. Metakarpalknochen – unterlagert von einem Sesambein –, beim Schwein am 2., bei Wiederkäuern am 3. und beim Pferd am medialen Griffelbein (Abb. 3-83 u. 85).

Der Funktion nach muss dieser Muskel den Streckern des Karpalgelenks zugeordnet werden, der Bezeichnung nach den Zehenstreckern, bei Fleischfressern zusätzlich den Abduktoren der 1. Zehe.

Der **M. flexor digitorum superficialis (oberflächlicher Zehenbeuger)** ist ein beim Wiederkäuer und Pferd meist sehnig durchsetzter Muskel (Abb. 3-87, 90 u. 91). Er entspringt am Epicondylus mediales des Humerus, seine Sehne spaltet sich tierartlich unterschiedlich in mehrere Schenkel (Ausnahme Pferd) und findet an der Phalanx media der Stützzehen ihren Ansatz, nachdem sie in Höhe der Phalanx proximalis von der tiefen Beugesehne durchbohrt worden ist.

Bei Fleischfressern ist dieser Muskel platt und rein fleischig, er liegt oberflächlich mediokaudal am Unterarm (Abb. 3-78 ff.). Er nimmt seinen Ursprung zwischen den Humerusköpfen des tiefen Zehenbeugers und des M. flexor carpi ulnaris am Epicondylus medialis humeri und entlässt in Höhe des Karpus die oberflächliche Beugesehne. Die Sehne zieht medial vom Os accessorium über die Karpalbeuge, unterlagert von einem Schleimbeutel, und spaltet im proximalen Drittel des Metakarpus bei der Katze fünf, beim Hund vier Schenkel ab, die zur 1. bis 5. bzw. 2. bis 5. Zehe ziehen.

Proximal des Zehengrundgelenks umfassen die Schenkel der oberflächlichen Beugesehne die Äste der tiefen Beugesehne manschettenartig und lassen diese palmar an die Oberfläche treten. Die Endsehnen der oberflächlichen Beugesehne inserieren am proximalen Rand der Phalanx media der vier Stützzehen. Diese Endsehnen werden in Höhe des Zehengrundgelenks sowie an der Phalanx proximalis und media durch je ein Ringband in ihrer Lage gehalten.

Beim Schwein ist ein schwächerer oberflächlicher Bauch und ein stärkerer tiefer Bauch zu unterscheiden, die gemeinsam am Epicondylus medialis humeri ihren Ursprung nehmen. Die Sehne des oberflächlichen Bauches verläuft über das Retinaculum flexorum hinweg zum Metakarpus und umfasst in Höhe des Fesselgelenks röhrenartig die Endsehne der tiefen Beugesehne. Die oberflächliche Endsehne inseriert zweischenkelig proximal an der Phalanx media der 4. Zehe. Die Sehne des tiefen Bauches tritt unter dem Retinaculum flexorum hindurch. Durchbohrt von der Sehne des tiefen Zehenbeugers, setzt sie an der Phalanx media der medialen Hauptzehe (3. Zehe) an.

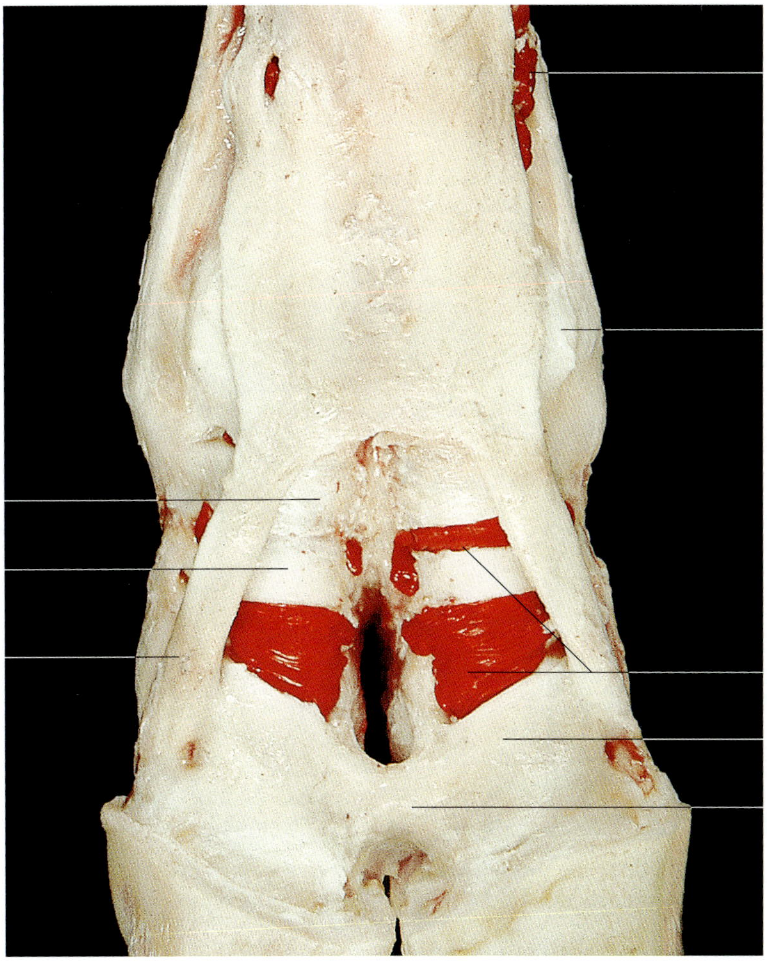


**Abb. 3-89.** Fesselbeugesehnenscheide eines Rindes (Ausgusspräparat, Palmaransicht), Präparat H. Dier, Wien.

Bei Wiederkäuern verhält sich dieser Muskel im proximalen Abschnitt vergleichbar dem des Schweines. Danach ist der oberflächliche Zehenbeuger ebenfalls zweibäuchig, sein oberflächlicher Anteil überquert das Retinaculum flexorum bis zum Metakarpus, während der tiefe Anteil unter dieses Hilfsband zieht, in einer Rinne der tiefen Beugesehnen liegend. Beide Anteile vereinigen sich in der Mitte des Metakarpus zu einer gemeinsamen oberflächlichen Beugesehne, die sich nachfolgend in einen medialen und einen lateralen Ast gabelt. Jeder dieser Äste formt im Bereich des Fesselgelenks je eine Manschette um die tiefe Beugesehne (Abb. 3-90). Nahe diesem Gelenk verbindet sich die jeweilige Endsehne mit der kräftigen Platte des M. interosseus medius. Jeder der beiden Sehnenschenkel inseriert dreiteilig palmar am Kronbein, die beiden schwächeren seitlichen Äste an den Bandhöckern des Gelenkrands, der stärkere mittlere Ast an der Facies flexoria des Kronbeins (**»Kronbeinbeuger«**).

Die beiden Endschenkel der oberflächlichen und der tiefen Beugesehne werden in Höhe des Fesselgelenks von einer gemeinsamen Sehnenscheide, der **Fesselbeugesehnenscheide**, umgeben und durch das Fesselringband am Fesselbein in ihrer Lage gehalten (Abb. 3-89 u. 90).

Beim Pferd ist ein einheitlicher oberflächlicher Beugemuskel der Zehen ausgebildet, der dem tiefen Beuger aufliegt und mit ihm zum Teil verwachsen ist (Abb. 3-86 u. 87). Er entspringt am Epicondylus medialis humeri, seine kräftige oberflächliche Beugesehne zieht in der Karpalgegend, unterstützt durch ein **Ligamentum accessorium**, mediopalmar zusammen mit der tiefen Beugesehne an die Palmarfläche des Metakarpus. Auf dieser Wegstrecke werden beide Sehnen gemeinsam von einer proximalen Sehnenscheide (**Karpalbeugesehnenscheide**) umhüllt (Abb. 3-83).

Im distalen Abschnitt des Metakarpus ummantelt die oberflächliche Endsehne die tiefe Beugesehne, zieht innerhalb der gemeinsamen Fesselbeugesehnenscheide über das Fesselgelenk und spaltet sich in der Fesselbeuge in zwei Schenkel, zwischen denen die tiefe Beugesehne hindurchtritt (Abb. 3-91 u. 93). Die Endsehne inseriert medial und lateral an der Kronbeinlehne (**»Kronbeinbeuger«**) und gibt noch einen schwächeren Ast seitlich an das Fesselbein ab. Dieser Muskel ist ein Beuger der Phalanx proximalis und media der Stützzehen, aber auch Beuger des Vorderfußes und Stabilisator des Fesselgelenks.

Der **M. flexor digitorum profundus (tiefer Zehenbeuger)** liegt in der Tiefe der Kaudalfläche des Unterarmskeletts, er ist größtenteils von den Beugern des Karpalgelenks und der oberflächlichen Beugesehne bedeckt (Abb. 3-84ff., 90 u. 93). Der tiefe Zehenbeuger entspringt bei allen Haussäugetieren aus drei Köpfen, nämlich einem **Caput humerale**, das am Epicondylus medialis humeri seinen Ursprung nimmt, einem **Caput radiale** und einem **Caput ulnare**. Das Caput humerale seinerseits ist nicht einheitlich, sondern lässt sich in drei Bäuche unterteilen. Damit entspringt die tiefe Beugesehne aus insgesamt fünf Bäuchen, die sich am distalen Ende des Unterarms in einer einheitlichen Endsehne vereinigen (**tiefe Beugesehne**).

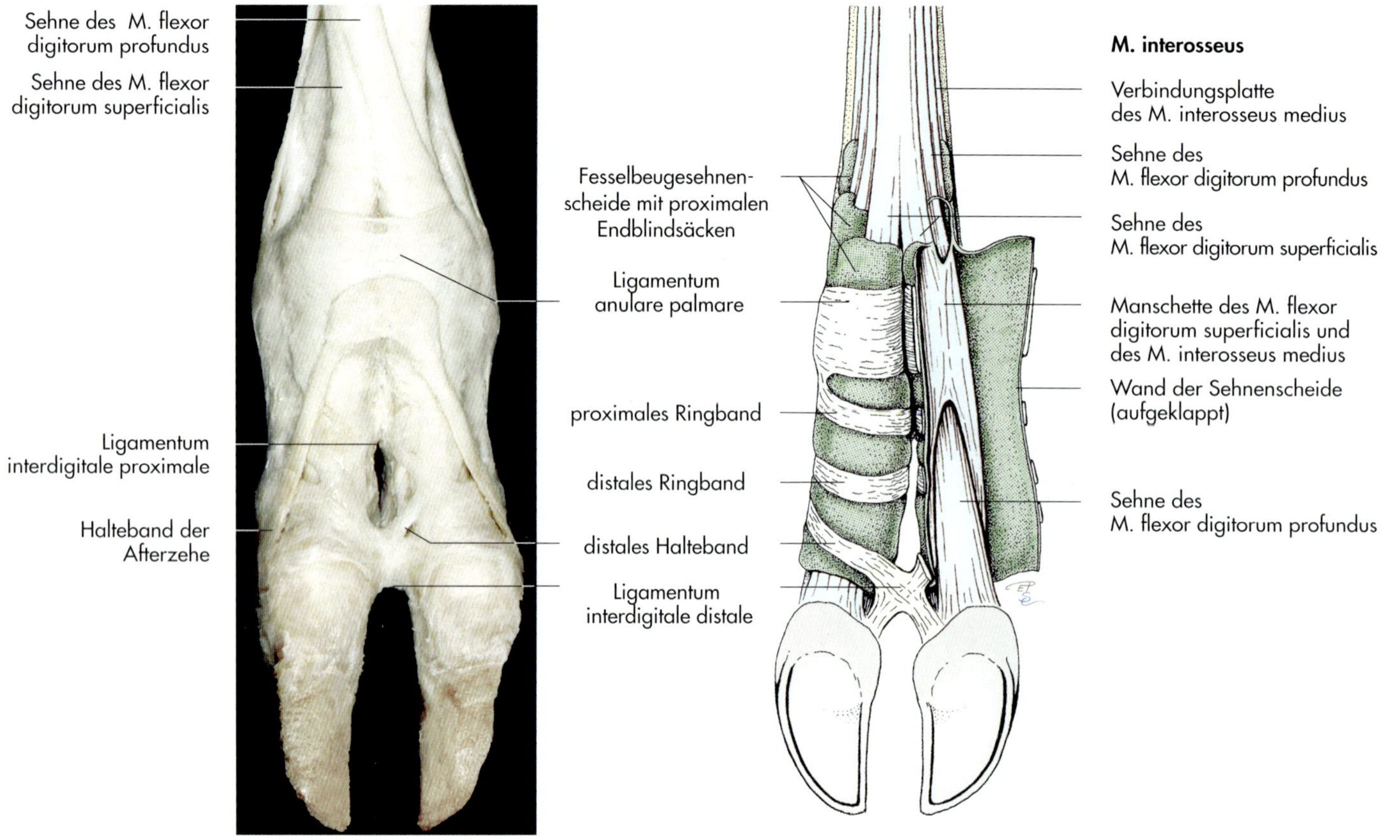


**Abb. 3-90.** Oberflächliche Bänder und Sehnen am rechten Vorderfuß eines Rindes (linke Abbildung) und schematische Darstellung der Fesselbeugesehnenscheide des linken Vorderfußes des Rindes (rechte Abbildung), (Palmaransicht).

Diese Sehne überkreuzt die Karpalbeuge medial des Os accessorium und teilt sich am Metakarpus in Endsehnen, deren Anzahl der tierartlich unterschiedlichen Reduzierung der Zehen entspricht. Danach gliedert sich die tiefe Beugesehne bei Fleischfressern in fünf, beim Schwein in vier und bei den Wiederkäuern in zwei Schenkel auf, sie bleibt beim Pferd einheitlich ungespalten.

In Höhe des Zehengrundgelenks (Phalanx proximalis) durchbohrt die tiefe Beugesehne die oberflächliche und findet palmar an der Phalanx distalis (Tuberculum flexorium) der Stützzehen ihren Ansatz. Bei Fleischfressern sind die drei Köpfe vollständig getrennt. Das Caput humerale entspringt beim Hund als ein mehrfach gefiederter Muskelbauch, bei der Katze aus drei eigenständigen Bäuchen, am medialen Epikondylus des Humerus unter dem M. flexor carpi radialis (Abb. 3-78 ff.). Die Muskelbäuche liegen mediokaudal am Unterarm, ihre Endsehnen vereinigen sich oberhalb des Karpus mit den Sehnen des Caput radiale und des Caput ulnare. Das Caput radiale entspringt kaudomedial am Radius und liegt diesem auf, zieht über den Karpus und vereinigt sich mit der Hauptsehne, proximal des Metakarpus trennt sich diese wieder und inseriert an der 1. Zehe. Das Caput ulnare entspringt am Olecranon und an weiten Abschnitten der Ulna.

Die drei Köpfe vereinigen sich zu einer gemeinsamen tiefen Beugesehne, die die Karpalbeuge in einer Rinne des Ligamentum carpi radiatum unter dem Retinaculum flexorum überquert. Eine medial abzweigende Endsehne inseriert an der 1. Zehe. Die gemeinsame tiefe Beugesehne teilt sich in Höhe des Metakarpus in vier rundliche Endsehnen, die über das Zehengrundgelenk ziehen. Hier werden diese jeweils von der oberflächlichen Beugesehne umfasst und liegen, verstärkt durch Knorpeleinlagerungen, den Sesambeinen auf. Diese Einrichtung wird durch das proximale Ringband an der Phalanx proximalis fixiert. Der distale Teil der tiefen Beugesehne wird von dem mittleren und distalen Ringband gehalten. Sie inserieren am Tuberculum flexorium eines jeden Krallenbeins.

Der an der 1. Zehe inserierende Schenkel besitzt vom Metakarpus bis zur Insertion eine eigenständige Sehnenscheide, während die für die 2. bis 5. Zehe bestimmten Endsehnen mit der oberflächlichen Beugesehne von einer gemeinsam Sehnenscheide umhüllt werden.

Bei Wiederkäuern ist das stark sehnige Caput humerale dreigeteilt, dieses entspringt am Epicondylus medialis humeri, verbindet sich mit den Sehnen des Caput radiale und des Caput ulnare zu einer gemeinsamen tiefen Beugesehne, zieht auf dem Ligamentum carpi radiatum über die Karpalbeuge und spaltet sich am distalen Ende des Metakarpus in zwei Endsehnen für die 3. und 4. Zehe. Die tiefe Beugesehne wird proximal des Fesselgelenks von der oberflächlichen Beugesehne und der Verbindungsplatte des M. interosseus medius umfasst, überquert das distale Sesambein und inseriert am Tuberculum flexorium des Klauenbeins der 3. und 4. Zehe.

Die tiefe Beugesehne wird an jeder Zehe von Ringbändern (Ligg. anularia digiti) gehalten, die sich in das Zwischenzehenband (Lig. interdigitale distale) fortsetzen. Zwischen den Endschenkeln der tiefen Beugesehne und den distalen Sesambeinen ist an jeder Zehe eine **Bursa podotrochlearis** ausgebildet.

Die oberflächliche und tiefe Beugesehne der 3. und der 4. Zehe werden im Bereich des Fesselgelenks und der proximalen und mitt-

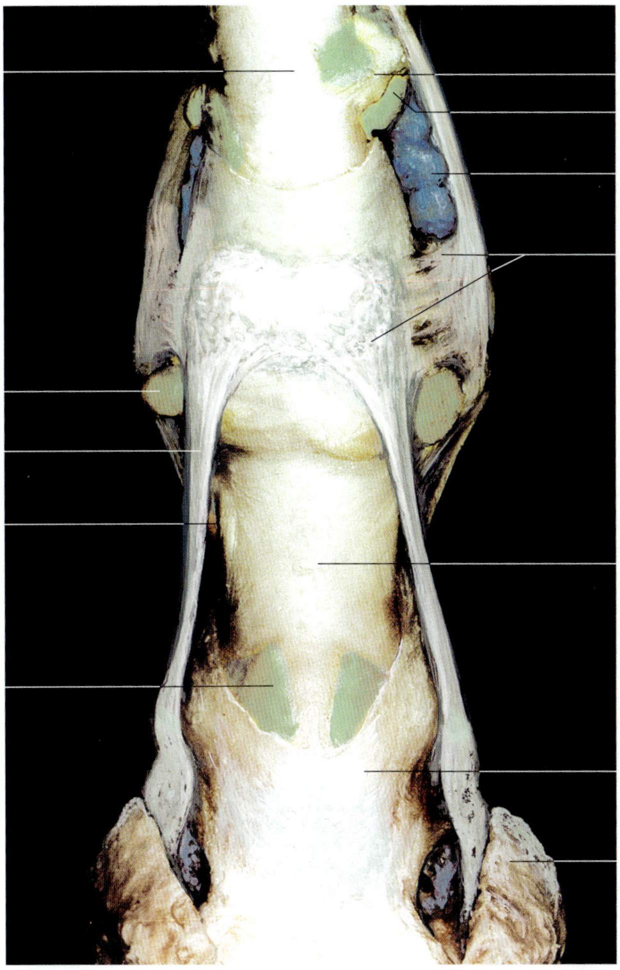


**Abb. 3-91.** Fesselbeugesehnenscheide eines Pferdes (Ausgusspräparat, Palmaransicht), Präparat H. Dier, Wien.

leren Zehe jeweils von einer gemeinsamen Sehnenscheide, der **Fesselbeugesehnenscheide (Vagina synovialis tendineum digitorum manus)**, umfasst (Abb. 3-89 u. 90). Diese gemeinsame Sehnenscheide der Beugesehnen weist proximale und distale Ausstülpungen in Form von Endblindsäcken auf. Die proximalen Aussackungen ziehen bis ins distale Drittel des Metakarpus, schieben sich zwischen den M. interosseus medius und seine Verbindungsplatte und umfassen die Endschenkel der oberflächlichen und tiefen Beugesehne. Die einzelnen proximalen Endblindsäcke stehen untereinander in Verbindung. Distal stülpt sich die Fesselbeugesehnenscheide bis zum Klauenbein einer jeden Zehe vor, zwischen den beiden Ringbändern und den beiden Schenkeln des distalen Zwischenklauenbands schieben sich kleinere Endblindsäcke vor.

Die Injektion der Fesselbeugesehnenscheide erfolgt 2 cm proximal der Afterklauen an der vorderen Begrenzung der Beugesehnen bei horizontalem Einstich.

Beim Pferd besteht das Caput humerale des M. flexor digitorum profundus aus **drei gefiederten Muskelbäuchen**, die gemeinsam am medialen Epicondylus des Humerus entspringen, der kaudalen Fläche des Radius anliegen und sich proximal des Karpus zu einer Sehne vereinen. Das schwächere Caput radiale entspringt muskulös in der Mitte des Unterarms und vereinigt sich rasch mit der Hauptsehne. Das Caput ulnare zieht vom hinteren Rand des Olecranon, oberflächlich zwischen den Mm. flexor und extensor carpi ulnaris in der Ulnarisrinne gelegen, als schmale Sehne über den Karpus und verbindet sich dort mit der tiefen Hauptsehne (Abb. 3-87).

Die tiefe Beugesehne zieht medial vom Os carpi accessorium auf dem Lig. carpi radiatum über die Karpalbeuge und wird im mittleren Drittel des Metakarpus durch ein kräftiges **Unterstützungsband (Ligamentum accessorium)** ergänzt. Die oberflächliche und die tiefe Beugesehne sind in ihrer Lage und in ihrem Verlauf durch die Haut sichtbar, sie lassen sich palpieren.

Im weiteren Verlauf wird distal in Höhe des Fesselgelenks die tiefe Beugesehne von der oberflächlichen manschettenartig **(Manica flexoria)** umfasst und liegt den Gleitflächen der beiden proximalen Sesambeine auf. In der Fesselbeuge tritt die Sehne zwischen den Endschenkeln der oberflächlichen Beugesehne hervor, zieht palmar über das Strahlbein und inseriert an der Facies flexoria des Hufbeins. Die verbreiterte Endsehne des tiefen Zehenbeugers wird in Höhe des Strahlbeins von einem geräumigen Schleimbeutel, dem **Fußrollenschleimbeutel (Bursa podotrochlearis)**, unterlagert, der sich proximal, distal und seitlich über die Gleitfläche hinaus ausdehnt (Abb. 3-53, 54, 55, 92 u. 95).

Die tiefe Beugesehne wird gemeinsam mit der oberflächlichen im Bereich des Fesselgelenks und der Fesselbeuge durch die **Zehenfaszie** in ihrer Lage fixiert (Abb. 3-91, 92 u. 93). Die Zehenfaszie lässt sich unterteilen in:

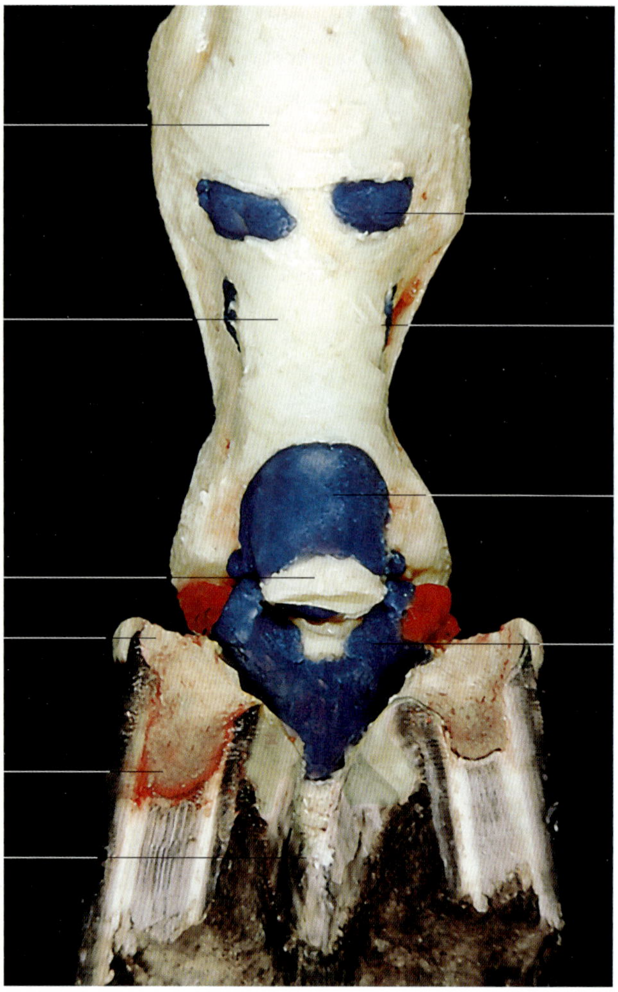


**Abb. 3-92.** Fesselbeugesehnenscheide und Fußrollenschleimbeutel eines Pferdes (Ausgusspräparat, Palmaransicht), Prof. Dr. Sabine Breit, Wien.

- **Fesselringband** (Ligamentum anulare palmare),
- **vierzipfelige Fesselplatte** (Pars cruciformis vaginae fibrosae) und
- **Sohlenbinde** (Ligamentum anulare digiti).

Das etwa drei Finger breite **Fesselringband** umgibt die oberflächliche Beugesehne und verschmilzt großflächig mit dieser, sodass hier die Sehnenscheide letztere nicht vollständig umgibt.

Die **vierzipfelige Fesselplatte** setzt im oberen Teil des Fesselbeins an, medial und lateral sowie dorsal des Ligamentum sesamoideum obliquum. Die beiden distalen Anteile ziehen ebenfalls an das Fesselbein, die Zwischenräume zwischen den Ansätzen bleiben faszienfrei. Der mittlere Teil dieser Platte ist zum Teil fest mit der oberflächlichen Beugesehne verwachsen, sodass diese nicht immer von Synovia umflossen wird.

Die **Sohlenbinde** ist palmar der verbreiterten Endsehne des tiefen Zehenbeugers ausgespannt und verbindet sich mit dieser bindegewebig. Die Sohlenbinde trennt die tiefe Beugesehne vom Hufkissen. Sie entlässt proximal zwei Schenkel zur gemeinsamen Anheftung mit den distalen Armen der vierzipfeligen Fesselplatte am Fesselbein.

Die tiefe Beugesehne weist zusammen mit der oberflächlichen eine **proximale gemeinsame Karpalbeugesehnenscheide** und eine **distale gemeinsame Fesselbeugesehnenscheide** auf.

Die **Karpalbeugesehnenscheide** dehnt sich etwa handbreit proximal des Karpus aus und setzt sich auf dem Metakarpus bis zur Vereinigungsstelle des Unterstützungsbands mit der tiefen Beugesehne fort. Die Injektion erfolgt in Höhe des proximalen Drittels des Metakarpus von lateral.

Die **Fesselbeugesehnenscheide** dehnt sich flächenhaft über das Fesselgelenk und die Fesselbeuge aus. Sie beginnt proximal in Höhe der Griffelbeinknöpfchen und reicht distal bis zur Mitte des Kronbeins (Abb. 3-92 u. 95).

An der Fesselbeugesehnenscheide unterscheidet man eine palmare Wand, eine dorsale Vorderwand und sieben Aussackungen.

Die palmare Wand stellt die Zehenfaszie dar, diese wurde bereits oben beschrieben. Die dorsale Vorderwand der Fesselbeugesehnenscheide liegt proximal der Gleichbeine zwischen den Ästen des M. interosseus medius der Palmarfläche des Röhrbeins bindegewebig verbunden an. In den mittleren Abschnitten wird die Vorderwand von den proximalen und mittleren Gleitkörpern (Scutum proximale und medium) sowie den distalen Sesambeinbändern (Ligamenta sesamoidea distalia) gebildet. Distal endet die Vorderwand dieser Sehnenscheide in halber Höhe der Palmarfläche des Kronbeins. Hier wird die Fesselbeugesehnenscheide bindegewebig-elastisch von der Bursa podotrochlearis und der Gelenkhöhle des Hufgelenks getrennt.

**Aussackungen** der Fesselbeugesehnenscheide treten stets als **Blindsäcke** an den Stellen auf, die nicht von Anteilen der Zehenfaszien bedeckt sind (Abb. 3-91, 92 u. 94). Allein bei Überproduk-

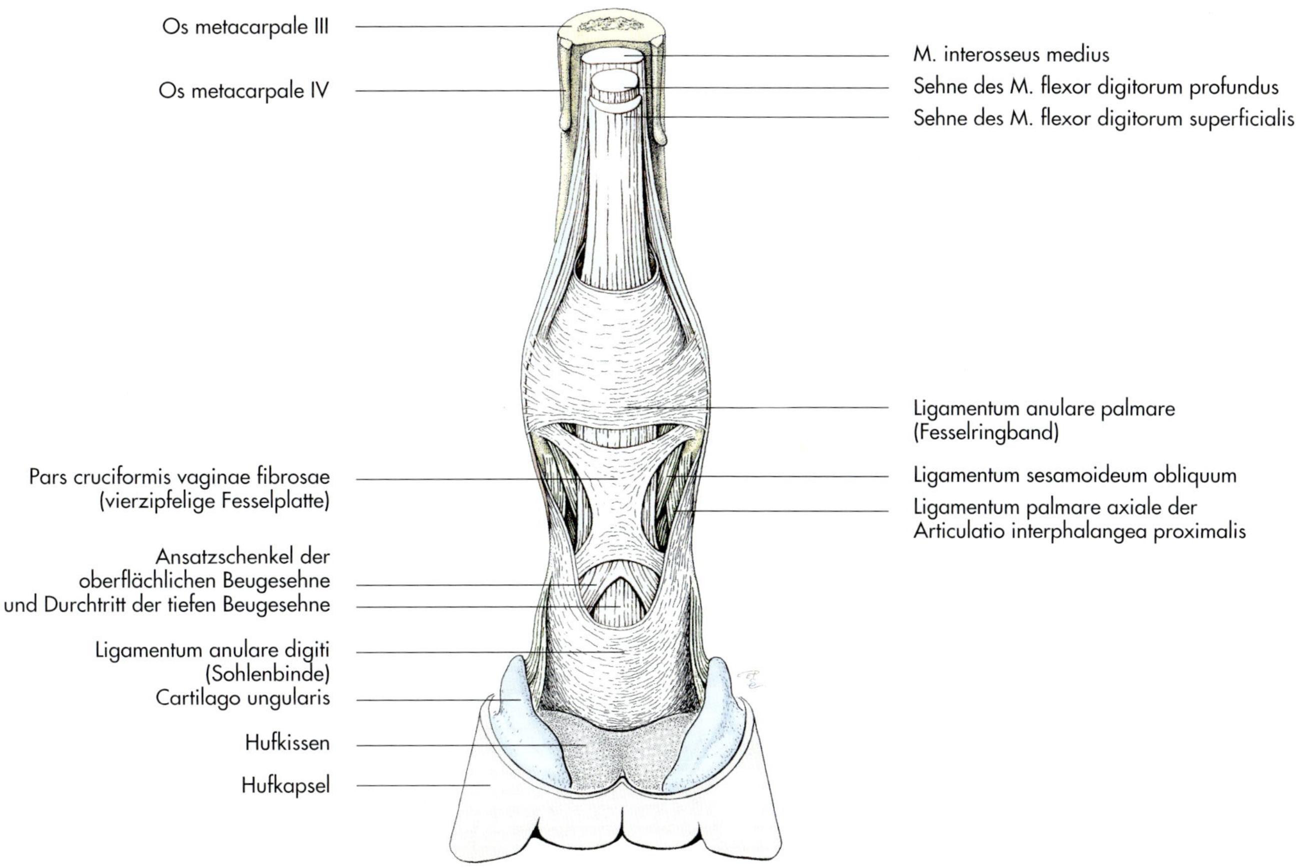


**Abb. 3-93.** Schematische Darstellung der Zehenfaszien des Pferdes (Palmaransicht).

tion der Synovialflüssigkeit (z.B. sog. Gallen oder entzündlichen Veränderungen) treten diese hervor und lassen sich palpatorisch eindeutig abgrenzen.

Man unterscheidet beim Pferd drei proximale paarige Aussackungen und eine distale unpaarige.

Die **beiden proximalen Aussackungen** befinden sich über dem Fesselringband palmar der Schenkel des M. interosseus medius. An jeder dieser Ausbuchtungen tritt eine **vordere** und eine **hintere Bucht** auf. Das **zweite Aussackungspaar** liegt seitlich zwischen dem Fesselringband und den beiden proximalen Armen der vierzipfeligen Fesselplatte. Das **dritte Paar** liegt zwischen den proximalen und distalen Armen der vierzipfeligen Fesselplatte. Die Fesselbeugesehnenscheide findet distal als **unpaarige Ausstülpung** zwischen den beiden distalen Armen der vierzipfeligen Fesselplatte und dem oberen Rand der Sohlenbinde ihren Abschluss.

Die Injektion kann von lateral ca. drei Finger breit oberhalb der Gleichbeine zwischen dem M. interosseus medius und der tiefen Beugesehne erfolgen.

Der tiefe Zehenbeuger wirkt als Beuger des Vorderfußes, vorzugsweise der Phalanx distalis aller Zehen.

Die **Mm. interflexorii (Zwischenbeugemuskeln)** liegen als kleine Muskeln oder sehnige Einlagerungen zwischen den Muskeln und Sehnen der oberflächlichen und tiefen Zehenbeuger und unterstützen diese funktionell. Entsprechend ihrer Lage unterscheidet man zwischen **Mm. interflexorii proximales** und **Mm. interflexorii distales**. Bei Fleischfressern treten nur die distalen Zwischenbeugemuskeln auf, die am distalen Viertel des Unterarms des Caput humerale der tiefen Beugesehne entspringen und beim Hund mit einer, bei der Katze mit zwei bis drei Sehnen die Karpalbeuge überqueren, sich teilen und mit der jeweiligen Endsehne der oberflächlichen Beugesehne an der 2. bis 4. Zehe inserieren. Beim Schwein entspringen zwei bis vier Bäuche, die sich distal mit den beiden Beugemuskeln verbinden. Bei Wiederkäuern liegen die Muskelbäuche zwischen den beiden Zehenbeugern, diese meist verbindend, und strahlen distal mit zwei bis drei dünnen Sehnen in die Endschenkel der oberflächlichen Beugesehne ein. Die Muskeln fungieren als Hilfsbeuger der Zehengelenke. Beim Pferd fehlen diese Muskeln.

## Gemeinsame kurze Zehenmuskeln

Die gemeinsamen kurzen Zehenmuskeln dienen der Bewegung mehrerer Zehen und treten gleichzeitig mit mehreren Strahlen in Verbindung. Als kurze Zehenmuskeln sind diese vorzugsweise bei Fleischfressern am besten entwickelt, weniger stark beim Schwein. Beim Wiederkäuer und Pferd übernehmen sie passive Tragefunktionen.

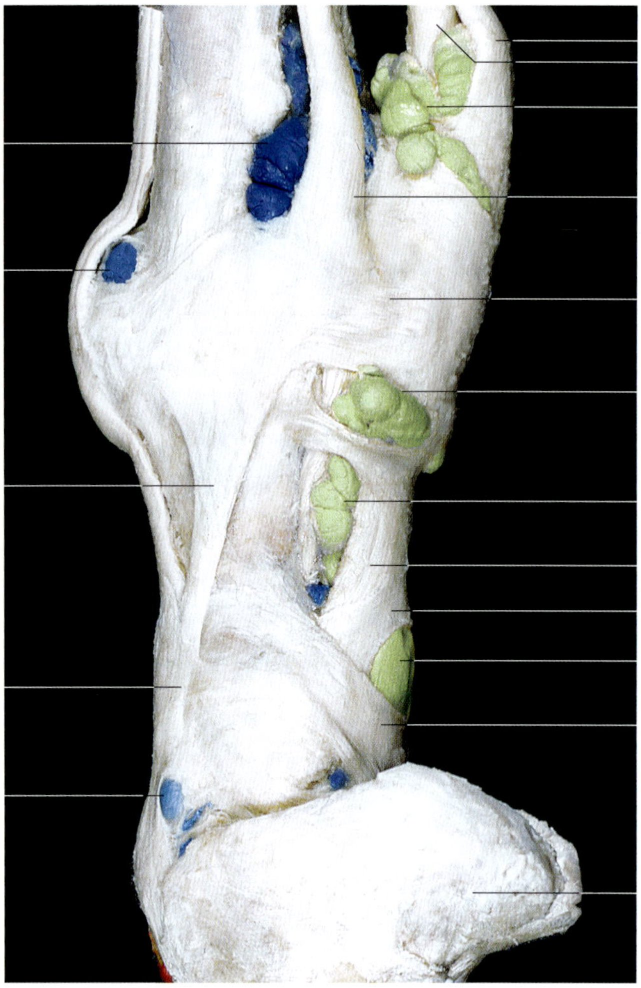


**Abb. 3-94.** Ausstülpungen der Fesselbeugesehnenscheide eines Pferdes (Dorsolateralansicht), Präparat H. Dier, Wien.

Man unterscheidet:

- Mm. interossei,
- Mm. lumbricales,
- M. flexor digitorum brevis.

Die **Mm. interossei (Zwischenknochenmuskeln)** liegen den Metakarpalknochen palmar unmittelbar auf, sie entspringen an deren proximalen Abschnitten und aus dem Ligamentum carpi radiatum und inserieren an den Sesambeinen des Zehengrundgelenks. Bei Fleischfressern und beim Schwein sind diese rein muskulös, bei Wiederkäuern im Alter zunehmend sehnig, beim Pferd stets sehnig. Bei Fleischfressern sind vier Mm. interossei (II, III, IV und V) entwickelt, die sich jeweils in zwei Schenkel für die Sesambeine des Metakarpophalangealgelenks teilen. Diese geben seitlich einen schwachen Ast an den entsprechenden Sehnenschenkel des M. extensor digitorum communis ab.

Bei Wiederkäuern spalten die proximal verschmolzenen Mm. interossei III und IV im distalen Drittel des Metakarpus fünf sehnige Schenkel ab, von denen die beiden lateralen und die beiden medialen an die Sesambeine der beiden Hauptzehen herantreten. Der mittlere Schenkel zieht durch den Zwischenrollenspalt des Hauptmittelfußknochens, gabelt sich und verbindet sich mit den Endsehnen der besonderen Zehenstrecker der 3. und 4. Zehe. Das Pferd besitzt drei Mm. interossei (II, III und IV). Allein der mittlere Anteil ist als M. interosseus medius funktionell von Bedeutung. Die beiden anderen bleiben rudimentär. Der M. interosseus medius entspringt rein sehnig am Metakarpus und aus dem Ligamentum carpi radiatum, legt sich als Sehnenplatte zwischen die beiden Griffelbeine und spaltet sich distal in zwei Schenkel. Jede dieser Abspaltungen inseriert an einem Sesambein und gibt zusätzlich einen hufwärts und dorsal ziehenden Unterstützungsast an die gemeinsame Strecksehne ab.

Distal vom Fesselgelenk bildet der M. interosseus medius zusammen mit den Ligamenta sesamoidea obliquua und dem Ligamentum sesamoideum rectum den **Fesseltrageapparat**, der wesentlich zur **Fixation des Fesselgelenks** beiträgt. Dieser setzt sich zusammen aus:

- den proximalen sehnigen Anteilen des M. interosseus (proximale Gleichbeinbänder),
- den mittleren Gleichbeinbändern,
- dem distalen Unterstützungsast des M. interosseus und
- den distalen Gleichbeinbändern.

Die **Mm. lumbricales (wurmförmige Muskeln)** sind bei Fleischfressern am besten ausgebildet, sonst ohne Bedeutung. Sie entspringen als schmale Muskelbündel an den Endschenkeln der tiefen Beu-

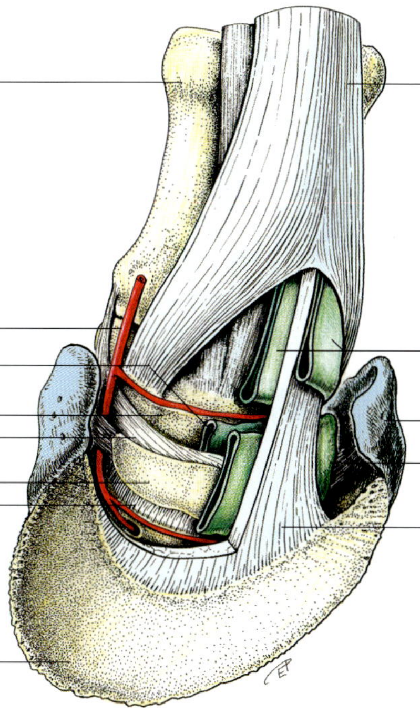


**Abb. 3-95.** Räumlich-schematische Darstellung synovialer Einrichtungen an der Zehe des Pferdes (Kaudalansicht).

**Tab. 3-11.** Muskeln der Vorderzehen.

| **Name**<br>**Innervation** | **Ursprung** | **Ansatz** | **Funktion** |
|---|---|---|---|
| **M. extensor digitorum communis**<br>N. radialis | Epicondylus lateralis humeri | Processus extensorius der Phalanx distalis | Strecker des Karpalgelenks, Strecker der Zehengelenke |
| **M. extensor digitorum lateralis**<br>N. radialis | Epicondylus lateralis humeri | Phalanx media | Strecker der Zehengelenke |
| **M. extensor digiti I et digiti II**<br>N. radialis | mittleres Drittel der Ulna | 1.–2. Zehe | Strecker der 1. u. 2. Zehe (nur Fleischfresser) |
| **M. abductor pollicis longus**<br>N. radialis | lateral am Radius | Fleischfresser: Mc I,<br>Pferd und Schwein: Mc II,<br>Wiederkäuer: Mc III | Strecker des Karpalgelenks, Abduktor der 1. Zehe (Fleischfresser) |
| **M. flexor digitorum superficialis**<br>N. ulnaris, N. medianus | Epicondylus medialis humeri | proximal der Phalanx media | Beuger der Stützzehen,<br>Beuger des Vorderfußes,<br>Stabilisator des Fesselgelenks |
| **M. flexor digitorum profundus**<br>N. ulnaris, N. medianus | Epicondylus medialis humeri, Radius, Ulna | Facies flexoria der Phalanx distalis | Beuger des Vorderfußes |
| **Mm. interflexorii proximalis et distalis**<br>N. ulnaris, N. medianus | distal am Unterarm | zusammen mit oberflächlicher Beugesehne | Hilfsbeuger der Zehengelenke |

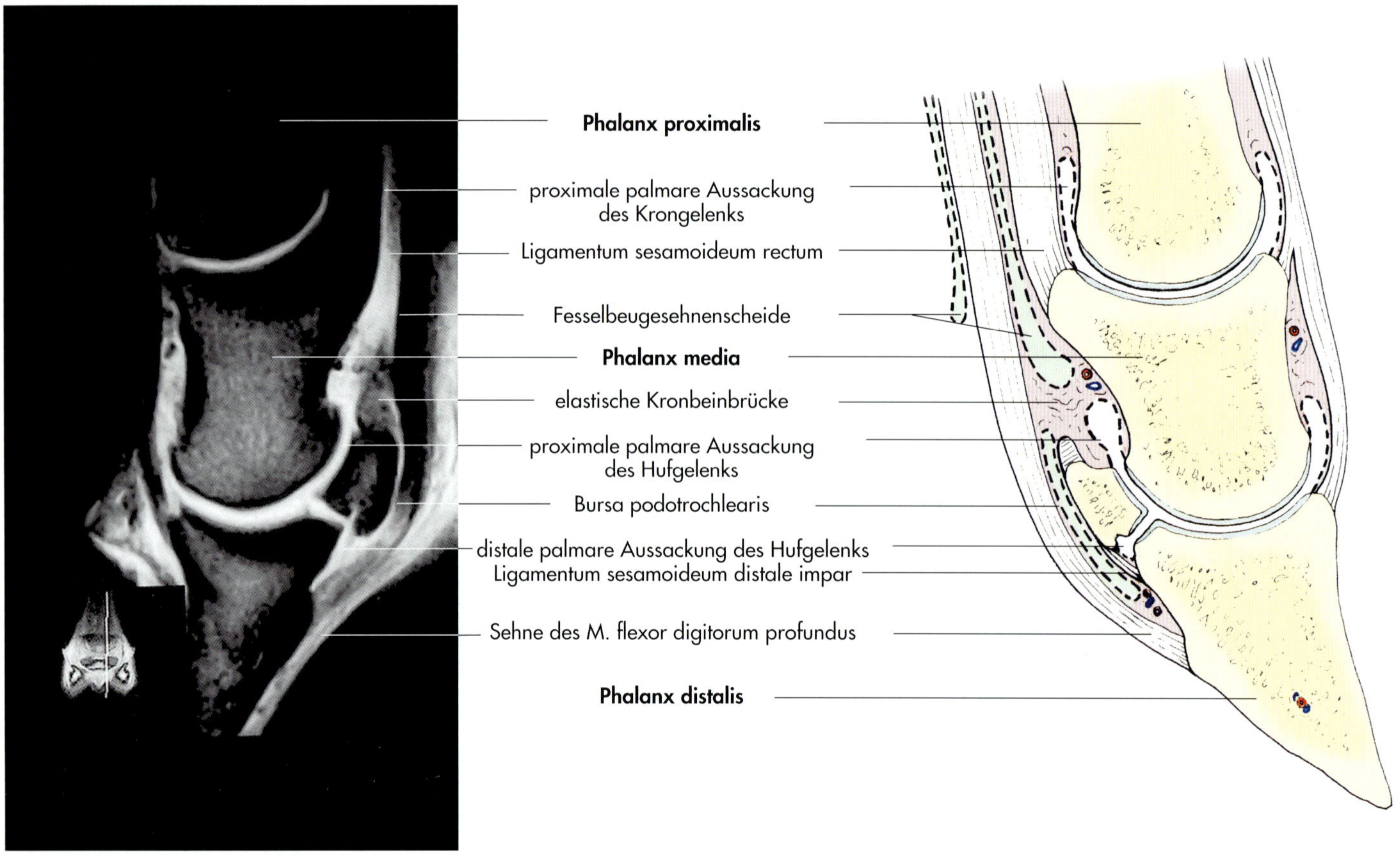


**Abb. 3-96.** Vorderzehe eines Pferdes (kernspintomographische Aufnahme, Paramedianschnitt), Aufnahme Dr. Sybille Kneissl, Wien, und schematische Darstellung der Gelenke und synovialer Einrichtungen.

gesehnen und inserieren zwischen ihnen an der Phalanx proximalis der 2. bis 5. Zehe. Beim Pferd laufen die Mm. lumbricales distal jeweils in eine fadendünne Endsehne aus, die in den Sporn einstrahlt. Ihre Funktion wird in der Unterstützung des Muskeltonus der Beugesehnen gesehen, die den Streckern der Zehen entgegenwirken. Beim Pferd dienen sie als Halteapparat für den Sporn.

Der **M. flexor digitorum brevis (kurzer Zehenbeuger)** ist nur bei Fleischfressern entwickelt. Er entspringt an der Sehne des oberflächlichen Zehenbeugers in Höhe des Karpus und inseriert am Ringband der tiefen Beugesehne der 5. Zehe.

## Besondere kurze Zehenmuskeln

Die besonderen kurzen Zehenmuskeln sind nur bei Fleischfressern und hier bei der Katze besonders ausgeprägt. Sie dienen der Feinabstimmung des Bewegungsablaufes, zum Klettern und zum Fangen der Beute. Man unterscheidet eine Vielzahl kleiner Muskeln, deren genaue Darstellung weitergehenden Lehrbüchern oder der Spezialliteratur vorbehalten bleiben muss. Grundsätzlich ist anzumerken, dass die kurzen Muskeln der Flexion, der Ab- und der Adduktion meist der 1., 2. und 5. Zehe dienen.

# 4 Hinter- oder Beckengliedmaßen (Membra pelvina)

H.-G. Liebich, H. E. König und J. Maierl

## Knochen der Beckengliedmaße (Ossa membri pelvini)

### Beckengürtel (Cingulum membri pelvini)

Der Beckengürtel wird von den **beiden Hüftbeinen (Ossa coxae)** gebildet, die ventral in der **Beckenfuge (Symphysis pelvina)** zusammenstoßen und dorsal mit dem Kreuzbein beidseitig in einem straffen Gelenk verbunden sind. Die Hüftbeine formen zusammen mit dem **Kreuzbein (Os sacrum)** und den **ersten Schwanzwirbeln (Vertebrae caudales)** einen flächenhaften Ring, das **knöcherne Becken (Pelvis)**, das die Beckenhöhle umgibt (Abb. 4-1ff.).

Die Einbeziehung viszeraler Organe der Beckenhöhle, und vorzugsweise auch der Geburtswege, in den knöchernen Beckengürtel macht eine besondere funktionell-dynamische Rahmenkonstruktion erforderlich. Dies gilt um so mehr, als dem Beckengürtel darüber hinaus die Aufgabe zukommt, Bewegungsabläufe der Hintergliedmaße unmittelbar und ohne Kraftverlust auf den Körper zu übertragen.

Jedes **Hüftbein** besteht aus drei Knochen, die aus drei getrennten Ossifikationszentren hervorgehen und beim Jungtier an ihren Grenzen als Knorpelstreifen lange Zeit erkennbar bleiben. Von diesen Knorpelzonen geht das juvenile Knochenwachstum aus, das erst nach Abschluss des Körperwachstums sein Ende findet. Das Hüftbein setzt sich zusammen aus:

- Darmbein (Os ilium),
- Schambein (Os pubis),
- Sitzbein (Os ischii).

Diese drei Knochen vereinigen sich mit ihren Körpern in der **Beckenpfanne (Acetabulum)** nach Verknöcherung der letzten knorpeligen Verbindungen zu einem in sich starren Knochen.

Die Scham- und Sitzbeine einer jeden Körperseite vereinigen sich ventral in der Medianen zur knorpelig-bindegewebigen **Beckenfuge (Symphysis pelvina)**. Die Beckenfuge wird in Hinblick auf die beteiligten Knochen in eine kraniale **Schambeinfuge (Symphysis pubica)** und eine kaudale **Sitzbeinfuge (Symphysis ischiadica)** unterteilt. Diese stellt eine feste, jedoch nicht starre Verbindung dar. Sie kann bei weiblichen Tieren unter hormoneller Beeinflussung auseinanderweichen, ein Vorgang, der beispielsweise mit zur Erweiterung des Geburtswegs beiträgt.

Die Beschreibung der drei Knochen als getrennte Einheiten wird nachfolgend allein aus didaktischen Gründen beibehalten.

#### Darmbein (Os ilium)

Das Darmbein ist der dorsokraniale Anteil des Hüftbeins, der sich schräg von der Beckenpfanne zur Artikulation mit dem Kreuzbein ausdehnt (Abb. 4-1ff. u. 5ff.). Das Os ilium besteht aus dem kranial ziehenden großflächigen **Darmbeinflügel (Ala ossis ilii)** und der kaudal zur Beckenpfanne weisenden abgerundeten **Säule**, dem **Corpus ossis ilii**. Das Corpus ossis ilii bildet zusammen mit dem Corpus ossis pubis und dem Corpus ossis ischii die **Gelenkpfanne (Acetabulum)** des Beckens.

Die Stellung der **rechten** und **linken Darmbeinflügel** zueinander ist tierartlich unterschiedlich ausgeprägt, sie bestimmt entscheidend die Maßverhältnisse und die Gestalt des Beckens. Beim Pferd und Rind stehen sie nahezu horizontal, bei kleinen Wiederkäuern drehen sich die Darmbeinflügel schräg dorsolateral und weisen bei Schwein und Fleischfressern mit ihren Flächen ausschließlich zur Seite.

Die Darmbeinflügel (Abb. 4-5 u. 6) kennzeichnen markante Knochenpunkte, Kämme, Flächen und Einschnitte. Herausragend ist bei allen Haussäugetieren der **Hüfthöcker (Tuber coxae)**, der den lateralen Darmbeinwinkel bildet. Dieser ist beim Rind und Pferd ein sichtbarer Knochenpunkt, beim Hund tastbar. Bei Fleischfressern wird dieser durch eine ventrale **Flügelgräte (Spina alaris)** ergänzt. Der mediale Darmbeinwinkel wird durch den **Kreuzhöcker (Tuber sacrale** seu **Spina iliaca dorsalis)** verdickt, der bei Fleischfressern und kleinen Wiederkäuern in eine vordere und eine hintere **Flügelgräte (Spina iliaca dorsalis cranialis** bzw. **caudalis)** unterteilt wird. Der Kreuzhöcker ist nur tastbar. Hüfthöcker und Kreuzhöcker werden durch den **Darmbeinkamm (Crista iliaca)** verbunden, der bei Fleischfressern und beim Schwein konvex und abgerundet, beim Pferd und Rind konkav und scharf begrenzt ist (Abb. 4-7 u. 8).

Die Darmbeinflügel bilden eine **Außen-** oder **Gesäßfläche (Facies glutaea)**, die großflächig konkav der Kruppenmuskulatur als Ansatzfläche dient. Diese Fläche wird bei den Fleischfressern durch drei **Muskelleisten (Lineae glutaeae)** geteilt, bei den anderen Haussäugetieren nur durch eine einfache Linie. Die **Innenfläche** der Darmbeinflügel **(Facies sacropelvina)** ist zweigeteilt. Ihre laterale Fläche gewährt an der Facies iliaca der Lendenmuskulatur Ansatz. Die medialen Anteile bilden mit der Tuberositas iliaca und der flächenhaft verbreiterten und überknorpelten Facies auricularis den beckenseitigen Anteil des **straffen Kreuz-Darmbein-Gelenks**. An dieser Stelle schließen sich das Becken und das Kreuzbein zu einem stoßdämpfenden, gleichzeitig aber kräfteübertragenden Beckenring.

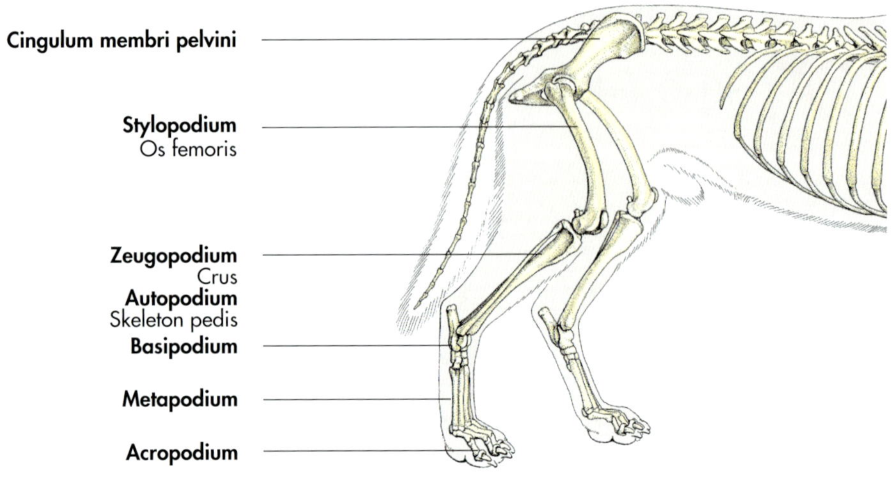


**Abb. 4-1.** Schematische Darstellung des Skeletts der Hintergliedmaße des Hundes mit Benennung der Gliedmaßenabschnitte.

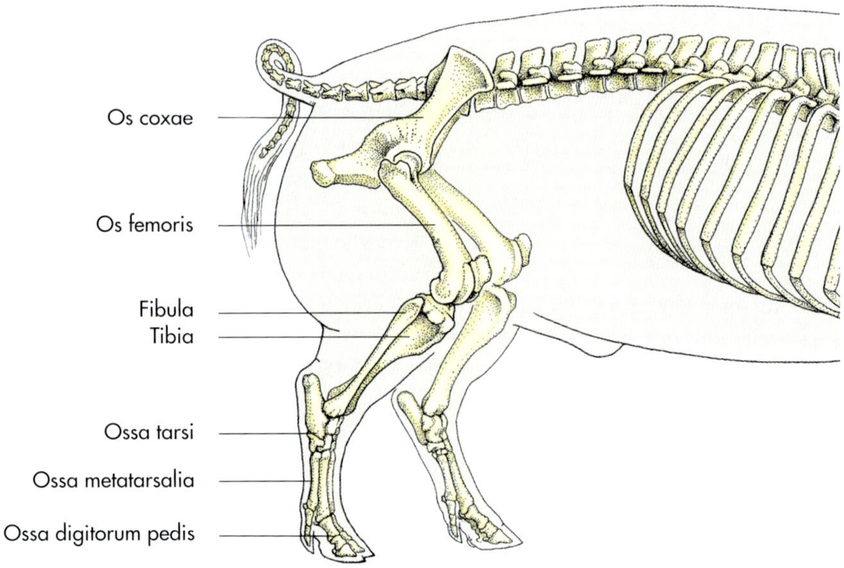


**Abb. 4-2.** Schematische Darstellung des Skeletts der Hintergliedmaße des Schweines mit Benennung der Knochen.

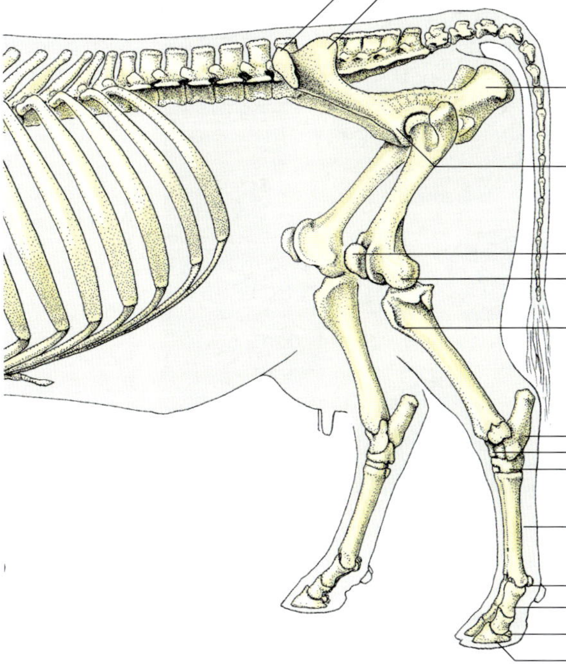


**Abb. 4-3.** Schematische Darstellung des Skeletts der Hintergliedmaße des Rindes mit Benennung einzelner Knochenteile.

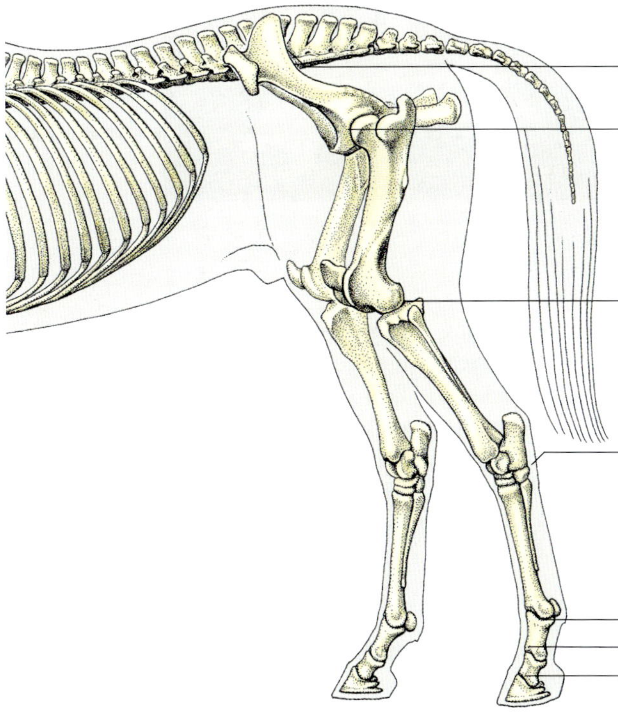


**Abb. 4-4.** Schematische Darstellung des Skeletts der Hintergliedmaße des Pferdes mit Benennung der Gelenke.

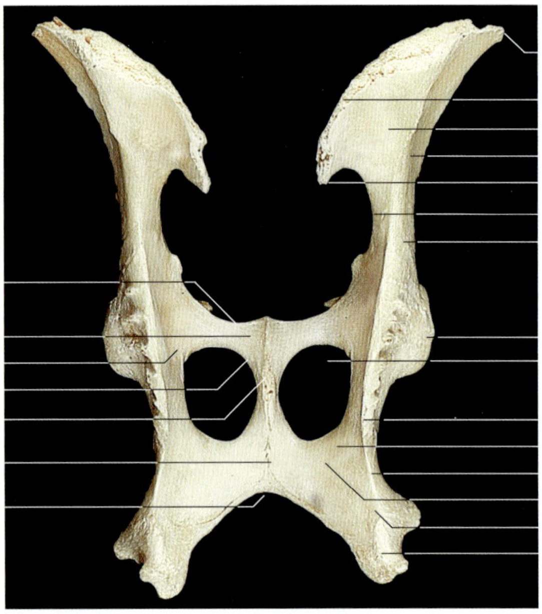


**Abb. 4-5.** Hüftbeine eines Schweines (Dorsalansicht).

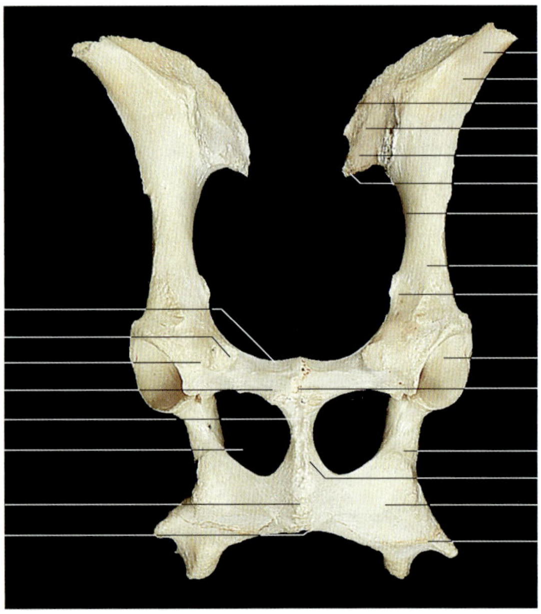


**Abb. 4-6.** Hüftbeine eines Schweines (Ventralansicht).

Distal des Kreuzbeinhöckers wird der dorsomediale Rand des Beckens durch den großen **Beckenausschnitt (Incisura ischiadica major)** eingezogen, über den der N. ischiadicus zur Beckengliedmaße verläuft. Der Ventralrand der Darmbeinsäule verlängert sich in der Darmbein-Schambein-Leiste (Linea arcuata), in dessen Mitte sich das Tuberculum musculi psoas minoris als Ansatzfläche für den gleichnamigen Muskel erhebt.

## Schambein (Os pubis)

Das Schambein ist L-förmig und setzt sich aus dem **Körper (Corpus ossis pubis)**, dem querverlaufenden azetabularen **Pfannenast (Ramus cranialis ossis pubis)** und dem sagittalen symphysialen Ast, dem **Fugenast (Ramus caudalis ossis pubis)**, zusammen (Abb. 4-5ff.). Das herausragende Merkmal ist das **verstopfte Loch (Foramen obturatum)**, eine große Öffnung am Beckenboden, durch das der N. obturatorius austritt. Dieses Foramen ist mit Muskulatur und Bindewebe geschlossen und wird von Schambeinanteilen mitbegrenzt. Der kraniale Rand des Pfannenastes bildet den **Schambeinkamm (Pecten ossis pubis)** mit der lateral der Medianen vortretenden **Kammbeule (Eminentia iliopubica)** zum Ansatz der Bauchmuskulatur. An seiner Unterfläche ist beim Pferd eine zusätzlich Bandrinne (Sulcus ligamentum accessorii ossis femoris) eingezogen, die zum Acetabulum führt. Ventral in der Medianen schiebt sich die von beiden Schambeinen gebildete **Schambeinbeule (Tuberculum pubicum ventrale)** vor, beim Hengst ergänzt durch eine dorsale Schambeinbeule. In der Medianebene beteiligen sich kraniale Teile des Schambeins mit einer Facies symphysialis an der **Symphysis pubica** als kranialem Teil der **Symphysis pelvina**.

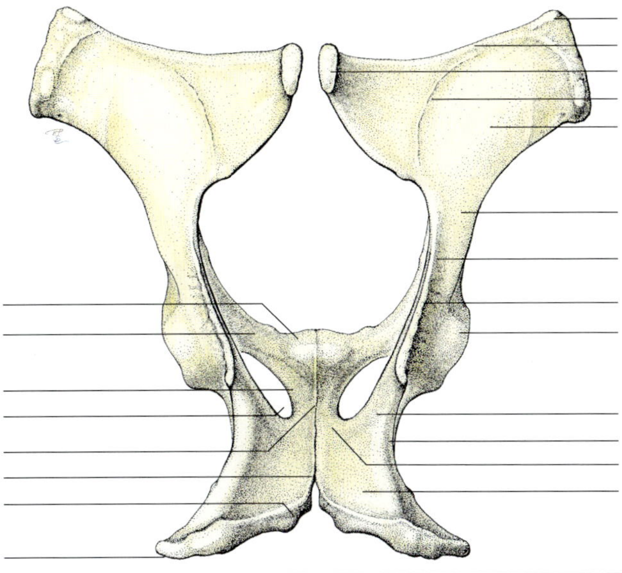


**Abb. 4-7.** Schematische Darstellung der Hüftbeine des Pferdes (Dorsalansicht).

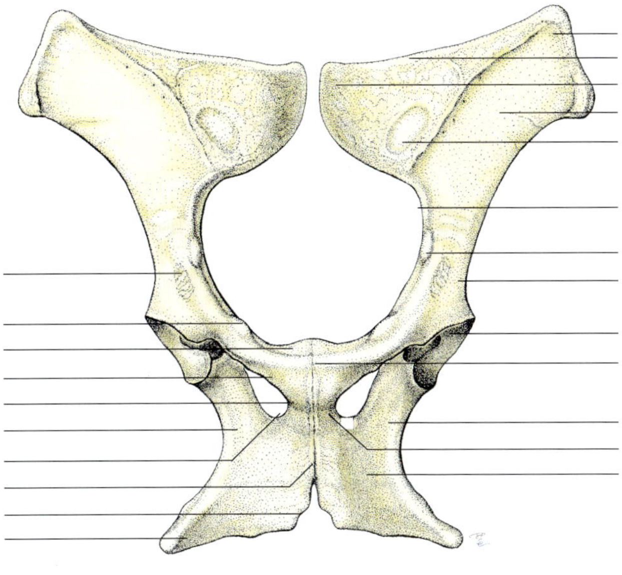


**Abb. 4-8.** Schematische Darstellung der Hüftbeine des Pferdes (Ventralansicht).

## Sitzbein (Os ischii)

Das Sitzbein besteht aus dem **Körper (Corpus ossis ischii)**, der flächenhaft verbreiterten kaudalen **Sitzbeinplatte (Tabula ossis ischii)** und dem paramedian liegenden **Fugenast (Ramus ossis ischii)** (Abb. 4-5ff.). Die Sitzbeinplatte umfasst mit einem Ramus symphysialis und einem Ramus acetabularis von kaudal das Foramen obturatum. Der Fugenast bildet zusammen mit dem der anderen Seite an der Facies symphysialis die **Symphysis ischiadica** als kaudalen Teil der Symphysis pelvina.

Der **Körper** trägt mit seinem Ramus acetabularis mit zur Bildung der **Beckenpfanne (Acetabulum)** bei und formt zusammen mit dem Darmbein eine markante **Leiste (Spina ischiadica)**, die kaudal im **kleinen Beckenausschnitt (Incisura ischiadica minor)** ausläuft. Die Sitzbeinplatte erhebt sich kaudolateral zu einem ausgeprägten **Sitzbeinhöcker (Tuber ischiadicum)**, der bei Fleischfressern und beim Pferd eine wulstige Verdickung darstellt, beim Rind und Schwein hingegen dreihöckerig ist. Das Tuber ischiadicum liegt als Orientierungspunkt meist nach außen sichtbar. Die Seitenplatten beider Sitzbeine fügen sich zur Kaudalbegrenzung, dem konkaven **Sitzbeinausschnitt (Arcus ischiadicus)**, zusammen, der in der Regel breit und tief angelegt ist. Beim Pferd ist dieser ein flacher unregelmäßiger Halbbogen.

## Beckenpfanne (Acetabulum)

Das Acetabulum ist eine halbkugelig vertiefte Gelenkpfanne, an der alle drei Beckenknochen einschließlich ihrer Fugenknorpel beteiligt sind (Abb. 4-7, 8, 11 u. 12). Dabei schieben sich der Darmbeinkörper von kraniolateral, der Sitzbeinkörper von kaudolateral

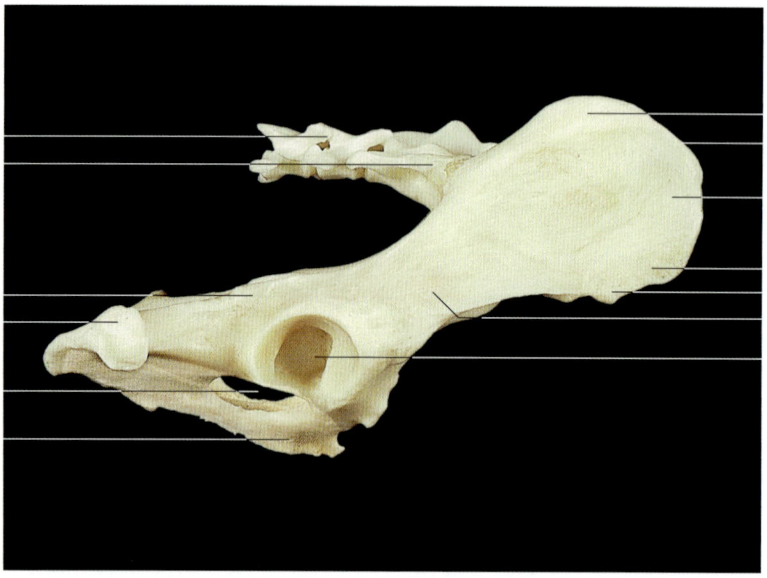


**Abb. 4-9.** Hüftbeine eines Hundes mit Kreuzbein und Schwanzwirbel (Lateralansicht von rechts).

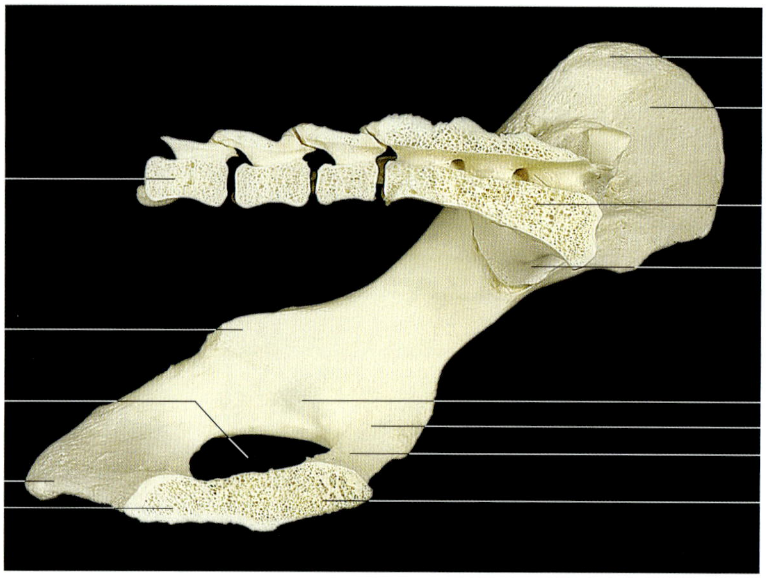


**Abb. 4-10.** Linkes Hüftbein eines Hundes mit Kreuzbein und Schwanzwirbel (Paramedianschnitt, Medialansicht).

und der Schambeinkörper von medial zur Bildung der Wandabschnitte der Beckenpfanne zusammen. Allein bei Fleischfressern fügt sich zusätzlich ein **Os acetabuli** in die Pfanne ein und verschmilzt in dessen Zentrum.

Die Beckenpfanne passt sich in ihrer Form dem Gelenkkopf des Oberschenkels, dem Caput ossis femoris, und dessen Bändern an, sodass ein **Kugelgelenk** entsteht. Zur Artikulation ist die **Facies lunata** ausgebildet, die sichelförmig die periphere Randzone der Pfanne darstellt. Diese wird durch die faserknorpelige **Pfannenlippe (Labrum acetabulare)** überhöht und gleichzeitig flächenhaft vergrößert. Facies lunata und Labrum acetabulare umgreifen lediglich beim Vogel den Gelenkkopf des Oberschenkels über dessen Äquator, sodass ein **Nussgelenk** entsteht.

Der Rand des Acetabulum wird medial zwischen dem Körper des Scham- und des Sitzbeins durch einen tiefen **Pfannenausschnitt (Incisura acetabuli)** unterbrochen, durch den das Ligamentum capitis ossis femoris zum Femurkopf zieht, beim Pferd verstärkt durch ein Hilfsband. In der Tiefe der Pfanne ist die Fossa acetabuli als Grube für den Ursprung der genannten Bänder ausgespart. Beim Rind wird die Facies lunata durch einen kranioventralen Einschnitt in eine Pars major und in eine Pars minor unterteilt.

## Becken (Pelvis)

Das **knöcherne Becken** wird von einem flächenhaft ausgebreiteten **Knochenring** gebildet, dessen Bau, Struktur und Oberflächenrelief sein breites Funktionsspektrum widerspiegeln. So nimmt das Acetabulum bei der Übertragung der Kraft bzw. der Last von der Hintergliedmaße auf die Wirbelsäule über die Knochen des Beckens als dessen zentraler Dreh- und Angelpunkt eine herausragende Stellung ein (Abb. 4-13ff.).

Das knöcherne Becken formt die Wand des Geburtswegs und kann im negativen Sinn Ursache eines Geburtshindernisses werden. Dabei kommt dem gesamten Beckenraum von dessen dorsaler knö-

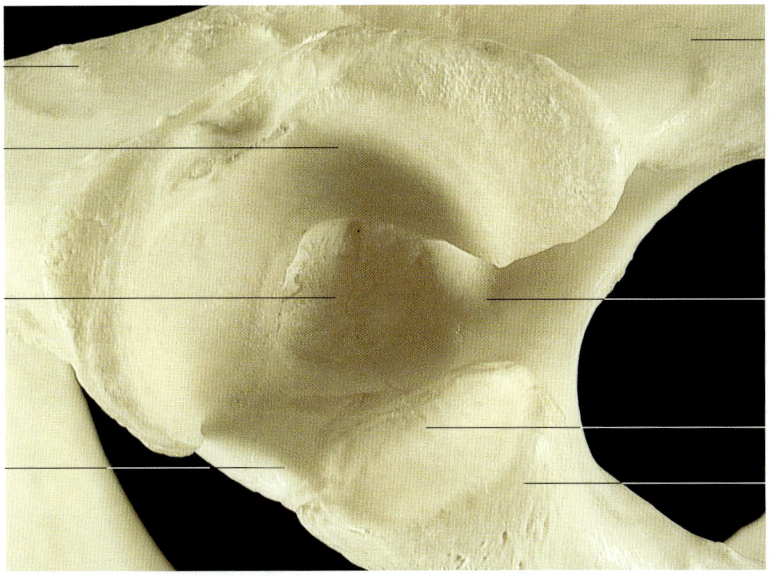


**Abb. 4-11.** Linke Beckenpfanne eines Rindes (Lateralansicht).

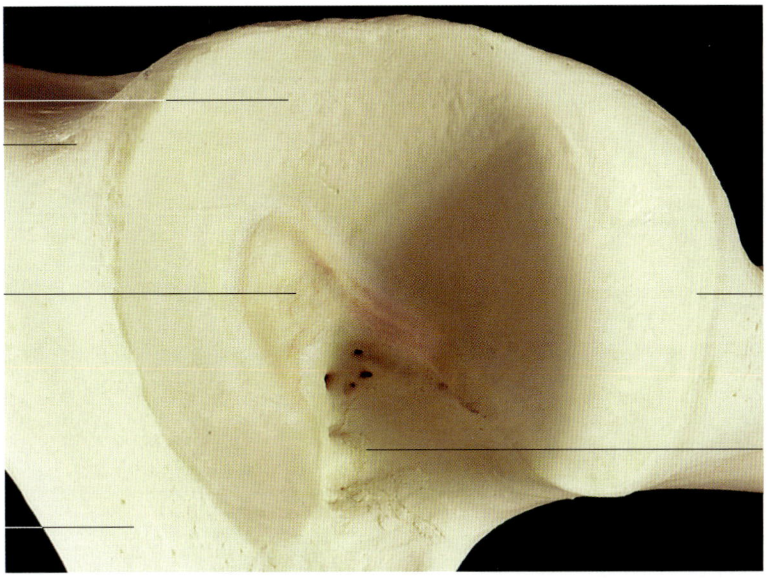


**Abb. 4-12.** Linke Beckenpfanne eines Pferdes (Lateralansicht).

cherner Begrenzung bis zum Beckenboden besondere Bedeutung zu. Das knöcherne Becken dient einer Vielzahl von Muskeln der Beckengliedmaße als Ursprungs- bzw. Ansatzfläche, ebenso den Muskeln, die von außen an das Becken herantreten oder innerhalb des Beckenraums verkehren. Ferner dient das knöcherne Becken auch als Anheftungsfläche für Teile der Bauchwandmuskulatur und deren Endsehnen. Demzufolge gestalten in tierartlich unterschiedlicher Weise gerade die Ursprungs- und Ansatzflächen mächtiger Muskeln die Struktur und den Bau des knöchernen Beckenrahmens mit.

Die **Begrenzung des knöchernen Beckens** liegt dorsal im Kreuzbein und den ersten drei bis vier Schwanzwirbeln, ventral in der flächenhaften Ausbreitung des Schambeins und des Sitzbeins und im Beckenboden (Solum pelvis osseum), lateral jeweils im Darmbein, im Sitzbein und in der steil aufragenden Spina ischiadica. Weit ausgespannte Beckenbänder vervollständigen in der Regel, außer bei Fleischfressern, die seitliche Begrenzung des Beckens. Das knöcherne Becken gestaltet entscheidend die knöcherne Wand der Beckenhöhle.

Die **Beckenhöhle (Cavum pelvis)** hat einen **kranialen Eingang (Apertura pelvis cranialis)**, der von der **Linea terminalis** umrahmt wird. Diese Grenzlinie verläuft vom Promontorium des Kreuzbeins seitlich über die Kreuzbeinflügel, überspringt das Kreuz-Darmbein-Gelenk, folgt der Linea arcuata und endet in der Medianen entlang des Pecten ossis pubis. Diese Umrisslinie zeigt beim weiblichen Tier nahezu eine Kreisform, während sie sich beim männlichen ventral eiförmig zuspitzt. Die kaudale Begrenzung der Beckenhöhle wird als **Beckenausgang (Apertura pelvis caudalis)** bezeichnet und wird knöchern durch den Arcus ischiadicus mit den beiden Sitzbeinhöckern und dorsal durch die ersten drei bis vier Schwanzwirbel bzw. seitlich durch die hintere Begrenzung des breiten Beckenbands bzw. des strangförmigen Ligamentum sacrotuberale (Hund) gebildet. Es fehlt bei der Katze.

Der **Beckenboden (Solum pelvis osseum)** gestaltet entscheidend die Beckenhöhle, prägt dieser doch den knöchernen Geburtsweg mit. Er ist beim Pferd flach, horizontal, bei Wiederkäuern zwar

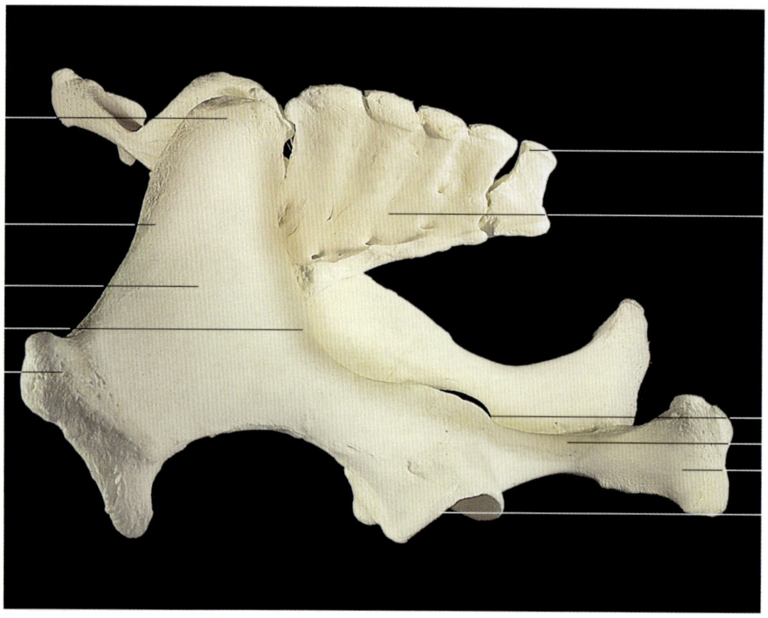


**Abb. 4-13.** Hüftbeine eines Pferdes mit Kreuzbein (Lateralansicht von links).

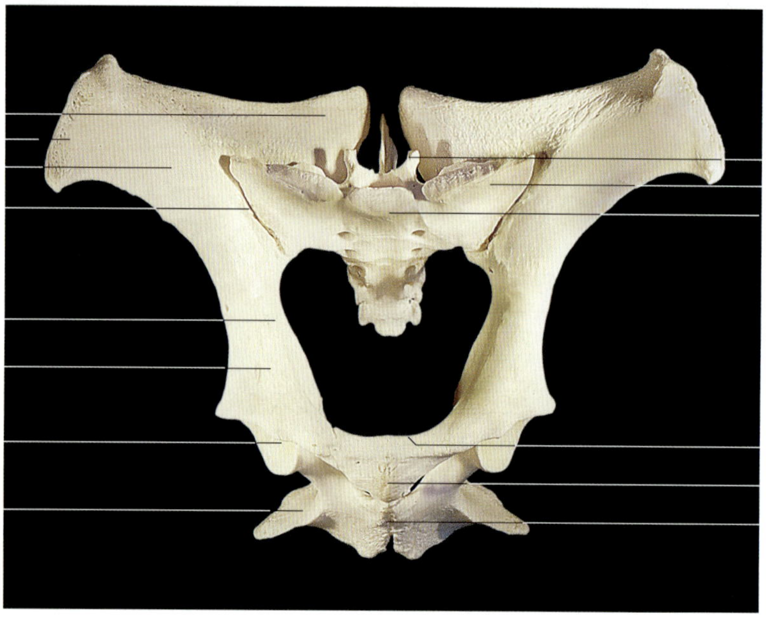


**Abb. 4-14.** Hüftbeine eines Pferdes mit Kreuzbein (Ventrokranialansicht).

ebenfalls fast eben, jedoch senkt sich der Beckenboden in eine tiefe, quergestellte Aushöhlung ein, die kaudal in Längsrichtung bis zum Beckenausgang stark ansteigt. Bei Fleischfressern ist diese Aushöhlung geringgradiger und kaudal geneigt.

Der **Beckenraum** kann durch **freie Verbindungslinien (Diameter)** zwischen festen Knochenpunkten morphometrisch beurteilt werden. Hierfür sind Parameter entwickelt worden, die in der Geburtshilfe oder in der Tierzucht praktische Nutzanwendung finden. Die **Beckenachse (Axis pelvis)** liegt in der Mitte aller in der Medianen verlaufenden Verbindungslinien zwischen dem Kreuzbein und der Beckensymphyse. Man unterscheidet folgende Messlinien:

- **Diameter conjugata (Conjugata vera)** zwischen dem Medianpunkt des Promontoriums und dem kranialen Ende der Beckenfuge, sie gibt den Durchmesser des Beckeneingangs wieder.
- **Conjugata diagonalis** zwischen dem Promontorium und dem kaudalen Ende der Beckenfuge.
- **Diameter verticalis (Pektenvertikale)** als senkrechte Verbindungslinie zwischen der Ventralfläche des Kreuzbeins bzw. des Schwanzwirbels und dem kranialen Ende der Beckenfuge.

Dieser letztgenannten Messlinie kommt erhebliche praktische Bedeutung zu, gibt sie doch den tatsächlichen Höhendurchmesser des Beckenraums an. Beim Pferd, Rind und beim adulten Schwein liegt diese Verbindungslinie zwischen zwei Knochen, dem Kreuzbein und dem ventralen Beckenboden. Eine dorsale Erweiterung der Beckenhöhle ist daher nur eingeschränkt möglich, im Gegensatz zum juvenilen Schwein, bei dem die Kreuzbeinknochen noch nicht verwachsen sind. Bei Fleischfressern ist wegen der auffälligen Kürze des Kreuzbeins eine Erweiterung möglich, da die Pekten-

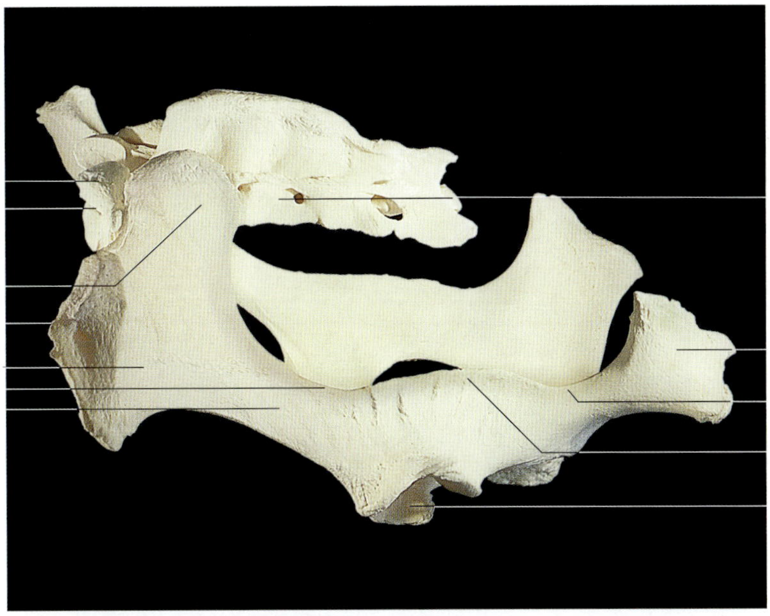


**Abb. 4-15.** Hüftbeine eines Rindes mit Kreuzbein (Lateralansicht von links).

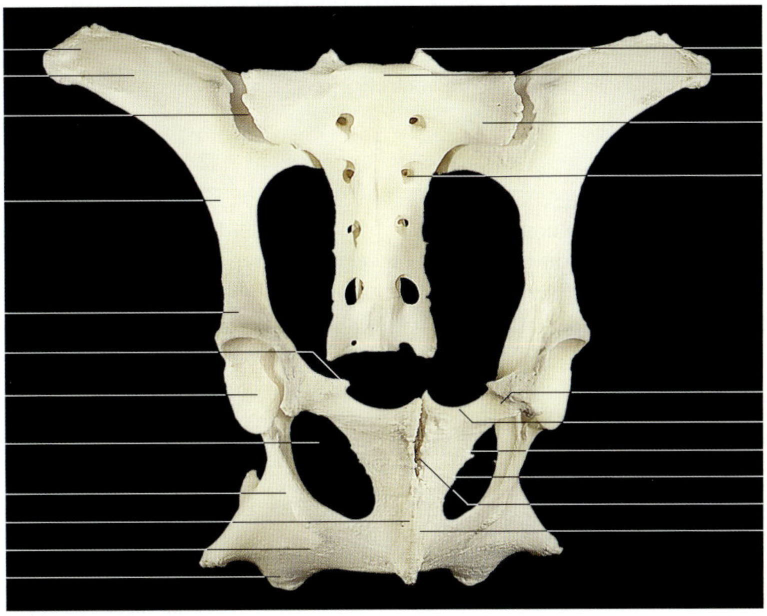


**Abb. 4-16.** Hüftbeine eines Rindes mit Kreuzbein (Ventrokranialansicht).

vertikale auf die Schwanzwirbel trifft. Der zwischen dem Diameter conjugata und dem Diameter verticalis gelegene Winkel gibt die Neigung des Beckens, die Inclinatio pelvis, an.

Von erheblicher geburtshilflicher Bedeutung sind auch die **Querdurchmesser des Beckenraums**. Man unterscheidet zum einen den **Diameter transversa** als mittleren Durchmesser des Beckeneingangs, gemessen am größten Querdurchmesser der Linea terminalis bzw. als Abstand zwischen den beiden Tubercula musculi psoas minoris in der Mitte der Linea arcuata am Ventralrand der Darmbeinsäule. Zum anderen kann der **Diameter spinatransversa** als Querdurchmesser der Beckenhöhle (Abstand zwischen der Mitte der beiden Pfannenkämme) gemessen werden sowie der **Diameter transversa tuber ischiadici** als mittlerer Durchmesser des Beckenausgangs (Abstand zwischen den medialen Enden der beiden Sitzbeinhöcker).

## Beckenhöhle als Ganzes

Die Beckenhöhle als Ganzes lässt tierartlich z.T. erhebliche Unterschiede erkennen, die für die Ausbildung des knöchernen Geburtswegs von besonderem Interesse sind (Abb. 4-5, 10 u. 17).

Beim Hund ist die Linea terminalis als Beckeneingang extrem kaudal gestellt, der Schambeinrand kommt auf bzw. oftmals hinter der senkrechten Linie des Kreuzbeins **(Diameter verticalis)** zu liegen. Die Darmbeinkörper stehen nicht parallel zueinander, sie sind im Beckeneingang am breitesten, dorsal am schmalsten. Der Beckenausgang ist beim Hund weit und kann durch Anheben der Schwanzwirbel bei extrem kurzem Kreuzbein zusätzlich erweitert werden. Die Achse der insgesamt kurzen Beckenhöhle ist annähernd gerade. Die Beckenhöhle stellt im Hinblick auf ihre knöcherne Struktur für den Geburtsweg kein Hindernis dar. Beim Schwein können trotz der oftmals starken Bemuskelung das Tuber coxae und

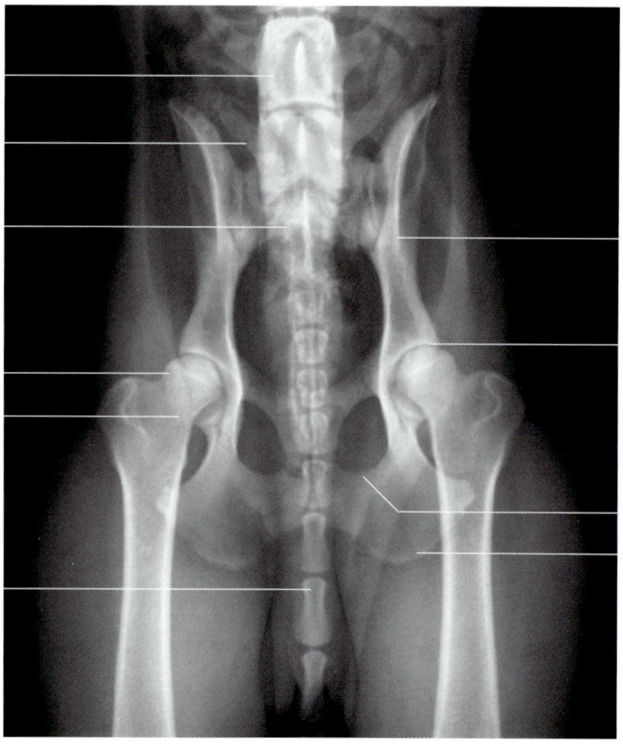


**Abb. 4-17.** Becken und Hüftgelenke eines Hundes (Röntgenbild, ventrodorsaler Strahlengang), Aufnahme Prof. Dr. Ulrike Matis, München.

das Tuber ischiadicum getastet werden. Von Bedeutung ist die Tatsache, dass der Sitzbeinhöcker über Jahre nicht mit dem Corpus ossis ischii verwächst. Das Kreuzbein ist schwach gebogen, der Beckenboden weit zurückgesetzt, flach und kaudal mäßig abfallend.

Daraus ergibt sich eine lange Verbindungslinie zwischen dem Promontorium und dem Pecten ossis pubis **(Diameter conjugata)**, der Beckeneingang erscheint damit schräggestellt und verengt. Ebenso ist der mittlere Querdurchmesser der Beckenhöhle **(Diameter spinatransversa)** durch die schräg nach innen stehenden Spinae ischiadicae ebenfalls reduziert. Der knöcherne Geburtsweg des Schweines beträgt etwa nur 8–9 cm in allen Richtungen der knöchernen Begrenzung.

Beim Rind verengt sich das Dach der Beckenhöhle kaudal, das Kreuzbein stellt dabei flächenmäßig den größten Anteil (Abb. 4-15). Es wölbt sich leicht konkav in Längsrichtung, die ersten Schwanzwirbel nehmen diese Krümmung auf. Die seitliche Beckenwand wird durch die ausladende Spina ischiadica knöchern begrenzt, das Tuber ischiadicum erhebt sich seitlich vom Beckenboden und kann den Beckenausgang verengen. Die Schrägstellung der Linea terminalis zeigt den Schambeinkamm senkrecht unter dem Dach des Kreuzbeins in Höhe des zweiten Intersakralgelenks gelegen **(Diameter verticalis)**. Dies bedeutet, dass der Beckeneingang vergleichsweise eng ist, eine Erweiterung des Höhendurchmessers ist wegen der Stabilität des Kreuzbeins unmöglich. Der Beckenausgang ist ebenso auffällig eng. Die hohen, nach innen geneigten Spinae ischiadicae beengen den Geburtsweg **(Diameter spinatransversa)** ebenso wie die beiden äußerst markanten Sitzbeinhöcker **(Diameter transversa tuber ischiadici)**. Zusätzlich ist die Führungsachse des knöchernen Geburtswegs durch die beschriebene Senkung des Beckenbodens bei quergestellter Aushöhlung zweigeteilt.

Beim Pferd wird das Beckendach vom Kreuzbein und den beiden ersten Schwanzwirbeln geformt, es senkt sich leicht kaudal. Gegenüber dem Rind sind Spina ischiadica und Tuber ischiadicum unauffällig, das breite Beckenband als bindegewebiger Bestandteil der Beckenhöhle ist relativ vergrößert (Abb. 4-13). Der Beckenboden ist horizontal und flach. Die bei jungen Pferden in der Medianen des Os pubis auftretende Verdickung verschwindet bei adulten Stuten.

Die Linea terminalis des Beckeneingangs erreicht den Schambeinkamm in Höhe des 3. bis 4. Sakralwirbels bei der Stute, beim Hengst hinter dem zweiten. Der Beckeneingang bei der Stute ist weit und rund, der des Hengstes ventral eckiger. Die Beckenhöhle besitzt damit einen weiten Eingang **(Diameter transversa)**, ihr Ausgang **(Diameter transversa tuber ischiadici)** ist nicht verengt, die Beckenhöhe ist geräumiger als beim Rind, die Längsachse als Führungslinie des Geburtswegs ohne Abknickung: die Stute kennzeichnet ein knöchernes Becken ohne strukturelle Hindernisse.

Das Auftreten und der Zeitraum der Verschmelzung der Ossifikationszentren der Ossa coxae wird in Tab. 4-1 wiedergegeben.

## Skelett des Oberschenkels (Skeleton femoris)

Das Skelett des Oberschenkels ist der proximale Abschnitt (Stylopodium) der Gliedmaßensäule der freien Beckengliedmaße, es wird nur von einem Knochen, dem **Oberschenkelbein (Os femoris)**, gebildet (Abb. 4-1ff.). Das Os femoris, auch Femur genannt, ist der kräftigste aller langen Röhrenknochen. Zusätzlich können am Skelett des Oberschenkels bis zu **vier Sesambeine** ausgebildet sein, die jeweils in Sehnen eingelagert sind. Das bekannteste Sesambein bei allen Haussäugetieren ist die **Kniescheibe (Patella)**, sie liegt in der Endsehne des M. quadriceps femoris. Zwei weitere sind bei Fleisch-

**Tab. 4-1.** Auftreten und Verschmelzung der Ossifikationszentren in den Knochen des Beckens, nach Ghetie, 1971.

| Tierart | Primäre Ossifikationszentren | | | | Sekundäre Ossifikationszentren (Crista iliaca, Spina iliaca ventrokranial, Tuber ischiadicum, Epiphysenrand des Os ischii) | | |
|---|---|---|---|---|---|---|---|
| | Auftreten | | | Verschmelzung | Auftreten | | Verschmelzung |
| | Os ilium | Os ischii | Os pubis | | Os ilium | Os ischii | |
| **Pferd** | 2. Monat der Trächtigkeit | 3. Monat der Trächtigkeit | 5.–6. Monat der Trächtigkeit | 10–12 Monate nach der Geburt | 6–8 Monate nach der Geburt | 3–5 Monate nach der Geburt | 4½ – 5 Jahre |
| **Rind** | 2. Monat der Trächtigkeit | 3. Monat der Trächtigkeit | 4.–5. Monat der Trächtigkeit | 7–10 Monate nach der Geburt | 6–8 Monate nach der Geburt | 3–5 Monate nach der Geburt | 5 Jahre |
| **Schwein** | 7. Woche der Trächtigkeit | 2. Monat der Trächtigkeit | 2. Monat der Trächtigkeit | 1 Jahr nach der Geburt | 6–8 Monate nach der Geburt | 3–5 Monate nach der Geburt | 6–7 Jahre |
| **Hund** | 4. Woche der Trächtigkeit | 5. Woche der Trächtigkeit | 5. Woche der Trächtigkeit | 6 Monate nach der Geburt | 4–6 Monate nach der Geburt | 4–6 Monate nach der Geburt | 1½ – 2 Jahre |
| **Katze** | 4. Woche der Trächtigkeit | 5. Woche der Trächtigkeit | 5. Woche der Trächtigkeit | 6 Monate nach der Geburt | 4–6 Monate nach der Geburt | 4–6 Monate nach der Geburt | – |

fressern in der Ursprungssehne des Wadenmuskels, ein kleineres in der des Kniekehlmuskels gelegen.

Das **Oberschenkelbein** ist am Bewegungsablauf des Körpers ebenso beteiligt wie er wesentliche Last- und Stützfunktionen übernimmt. Vergleichbar mit der Gestaltung des Humerus ist auch die Oberfläche dieses Knochens durch Ursprungs- und Ansatzflächen großer Muskelpartien und deren Sehnen geformt und durch markante Knochenvorsprünge, -leisten und -gruben gekennzeichnet (Abb. 4-20, 21 u. 22). Man unterscheidet, unter Berücksichtigung tierartlicher Besonderheiten, drei wesentliche Abschnitte:

- proximales Endstück mit dem **Gelenkkopf (Caput ossis femoris)**,
- Mittelstück als **Körper (Corpus ossis femoris)** und
- distales Endstück mit den **Gelenkknorren (Condylus lateralis** und **medialis)**.

**Tab. 4-2.** Auftreten und Verschmelzung der Ossifikationszentren des Oberschenkelbeins, nach Ghetie, 1971.

| Tierart | Auftreten des Diaphysenkernes | Auftreten in der Epiphyse | | | | Verschmelzung in der Epiphyse | |
|---|---|---|---|---|---|---|---|
| | | proximal | | | distal | proximal | distal |
| | | Caput ossis femoris | Trochanter major | Trochanter minor | | | |
| **Pferd** | 2. Monat der Trächtigkeit | 7. Monat der Trächtigkeit | 9. Monat der Trächtigkeit | 12 Monate nach der Geburt | 6. Monat der Trächtigkeit | 3 Jahre | 3½ Jahre |
| **Rind** | 2. Monat der Trächtigkeit | 7. Monat der Trächtigkeit | 8. Monat der Trächtigkeit | 11–12 Monate nach der Geburt | 6. Monat der Trächtigkeit | 3 Jahre | 3½ Jahre |
| **Schwein** | 6. Woche der Trächtigkeit | 10. Woche der Trächtigkeit | kurz vor der Geburt | kurz vor der Geburt | kurz vor der Geburt | 3 Jahre | 3½ Jahre |
| **Fleischfresser** | 4. Woche der Trächtigkeit | 3–4 Wochen nach der Geburt | 5 Wochen nach der Geburt | 5 Wochen nach der Geburt | 3 Wochen nach der Geburt | 1–1½ Jahre | 1–1½ Jahre |

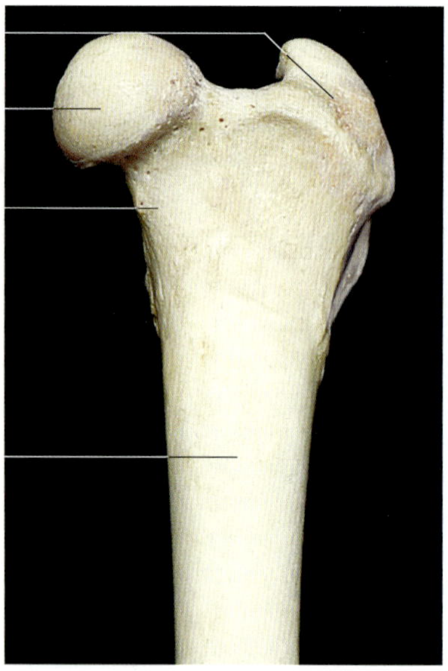


**Abb. 4-18.** Linkes Oberschenkelbein eines Hundes (proximales Ende, Kranialansicht).

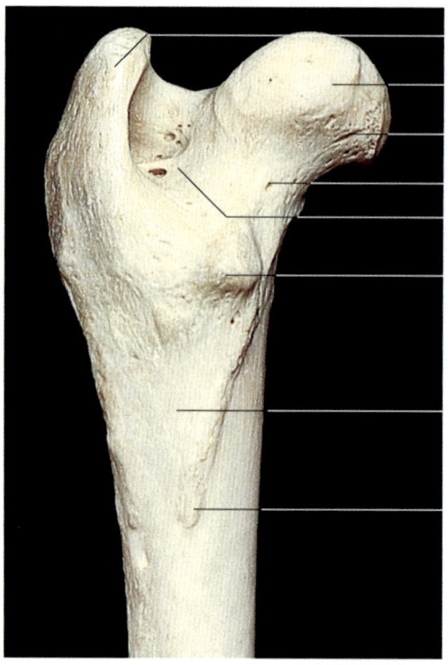


**Abb. 4-19.** Linkes Oberschenkelbein eines Hundes (proximales Ende, Kaudalansicht).

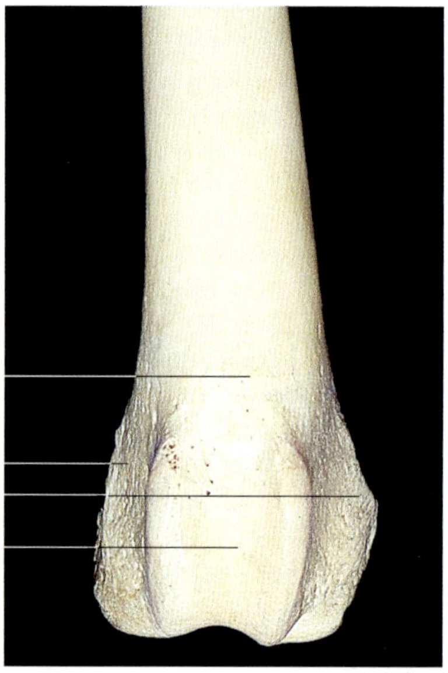


**Abb. 4-20.** Linkes Oberschenkelbein eines Hundes (distales Ende, Kranialansicht).

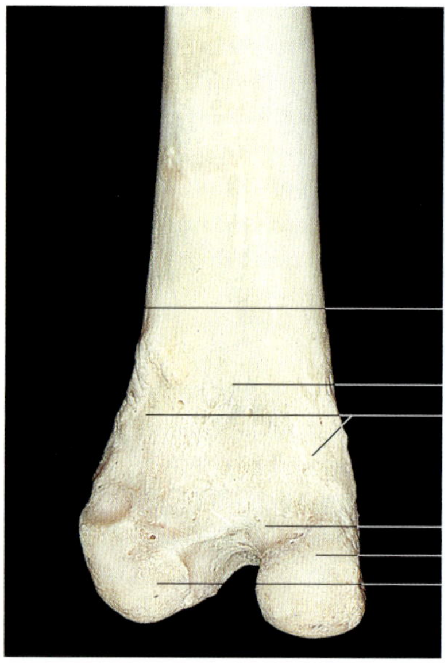


**Abb. 4-21.** Linkes Oberschenkelbein eines Hundes (distales Ende, Kaudalansicht).

Das **proximale Endstück** krümmt sich medial und weist als markantes Merkmal den **Gelenkkopf (Caput ossis femoris)** auf, der mit seiner halbkugelig gewölbten Gelenkfläche den Körper des Femurs weit überragt. Durch diese mediale Drehung wird die Gelenkfläche zur Längsachse des Körpers versetzt angeordnet. Der Gelenkkopf schließt eine gelenkknorpelfreie **Bandgrube (Fovea capitis)** für den Ansatz des Femurkopfbands ein, die beim Hund rund und zentral gelegen, beim Pferd keilförmig offen ist. Das Caput femoris ist bei Fleischfressern und Schwein mit dem Körper durch ein abgesetztes **Collum ossis femoris** verbunden. Lateral liegt der **größere Umdreher (Trochanter major)**, an dem, wie an einem verlängerten Hebelarm, Muskeln der Kruppe als Strecker des Hüftgelenks ansetzen. Dieser Umdreher ist beim Pferd in einen vorderen und hinteren Abschnitt (Pars cranialis und caudalis) geteilt. Der Trochanter major überragt bei Wiederkäuern und beim Pferd das Caput femoris deutlich, beim Schwein und Hund kaum und bei der Katze nicht. Zwischen dem Trochanter major und dem Oberschenkelhals senkt sich tief die **Umdrehergrube (Fossa trochanterica)** zum Ansatz der tiefen Hüftgelenksmuskulatur ein.

Medial liegt der **kleinere Umdreher (Trochanter minor)** als Ansatzfläche für den M. iliopsoas, lateral nur beim Pferd zusätzlich ein kräftiger **dritter Umdreher (Trochanter tertius)**; dieser dient dem M. glutaeus superficialis zur Insertion.

Das **Mittelstück** wird vom **Körper (Corpus ossis femoris)** gebildet. Dieser weist kaudal eine raue Oberfläche (Facies aspera) auf, begrenzt durch ein ausgeprägtes **Labium mediale** und **laterale**, an der die Adduktorenmuskulatur anheftet. Die Lippen setzen sich streifenartig distal fort und begrenzen die **Kniekehlfläche (Facies poplitea)**. Beim Hund begrenzen die Lippen proximal das **Planum trochantericum**. Im kaudoproximalen Teil des Os femoris des

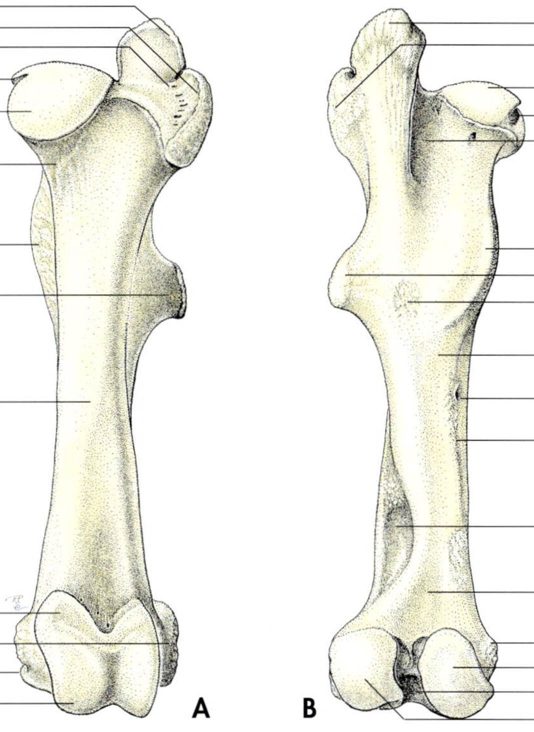


**Abb. 4-22.** Schematische Darstellung des linken Oberschenkelbeins des Pferdes (**A** Kranialansicht, **B** Kaudalansicht).

Pferdes findet sich eine kreisrunde Rauigkeit, die **Tuberositas musculi bicipitis**.

Der kaudodistale Abschnitt des Körpers weist ebenfalls nur beim Pferd eine tiefe **Fossa supracondylaris** auf, die die Ursprungsfläche des oberflächlichen Zehenbeugers vergrößert. Bei den anderen Haussäugetieren dient eine Rauigkeit (**Tuberositas supracondylaris lateralis**) als Ursprungsfläche für das Caput laterale des M. gastrocnemius. Medial ist eine Tuberositas supracondylaris medialis ausgebildet, ebenfalls für den genannten Wadenmuskel.

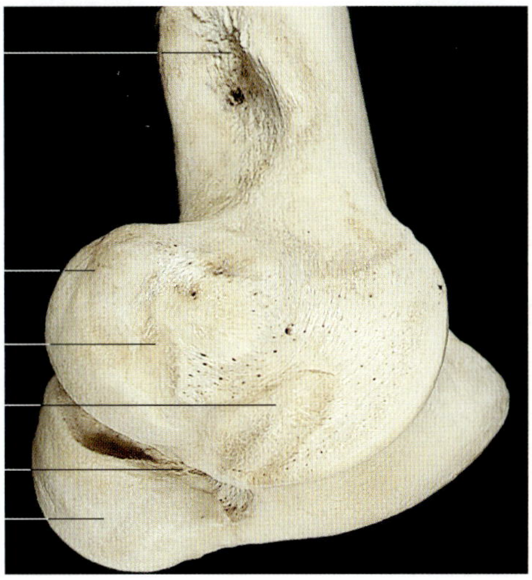


**Abb. 4-23.** Distales Ende des rechten Oberschenkelbeins eines Pferdes (Ansicht von distolateral).

Das **distale Endstück** trägt die **Gelenkknorren (Condylus lateralis** und **medialis)** (Abb. 4-23, 24, 26 u. 28). Diese artikulieren mit der Tibia unter Einbezug der beiden Kniegelenkmenisken im **Kniekehlgelenk (Articulatio femorotibialis)** und mit der Kniescheibenrolle, die mit der Patella im **Kniescheibengelenk (Articulatio femoropatellaris)** gelenkig in Verbindung stehen. Die beiden Kondylen sind durch eine tiefe Zwischenknorrengrube (Fossa intercondylaris) voneinander getrennt, abgegrenzt zur Facies poplitea durch die horizontal verlaufende Linea intercondylaris. Die beidseitigen abaxialen Flächen der Kondylen sind als kleine **Bandhöcker (Epicondylus lateralis** und **medialis)** als Ansatz für die Seitenbänder (Ligamenta collateralia) angeraut. Der laterale Kondylus zieht dicht am Gelenkrand zwei Muskelgruben ein, kranial eine Fossa extensoria als Urprungsgebiet des M. extensor digitorum longus und des M. fibularis tertius. Kaudal davon gelegen dellt sich die **Fossa musculi poplitei** als Ursprungsfläche für den M. popliteus, den Kniekehlmuskel, ein. Bei Fleischfressern ist die kaudale Fläche eines jeden Kondylus von kleinen, ebenen Gelenkflächen besetzt, die der Artikulation mit zwei kleinen Sesambeinen **(Ossa sesamoidea musculi gastrocnemii, Fabellae)** dienen und einzeln in der jeweiligen Ursprungssehne des gleichnamigen Muskels liegen (Abb. 4-25).

Kranial ragt die **Kniescheibenrolle (Trochlea ossis femoris)** mit zwei Rollkämmen vor, die durch eine mittlere Furche getrennt sind. Die Rollkämme sind niedrig und beim Hund mehr oder weniger gleich groß. Beim Pferd und Rind sind diese asymmetrisch vergrößert. Dabei überragt der mediale Rollkamm den lateralen. Beim Pferd ist zudem medial ein **Tuberculum trochleae ossis femoris** ausgebildet, beim Hund befindet sich proximal der Rollgrube die **Fossa suprapatellaris**.

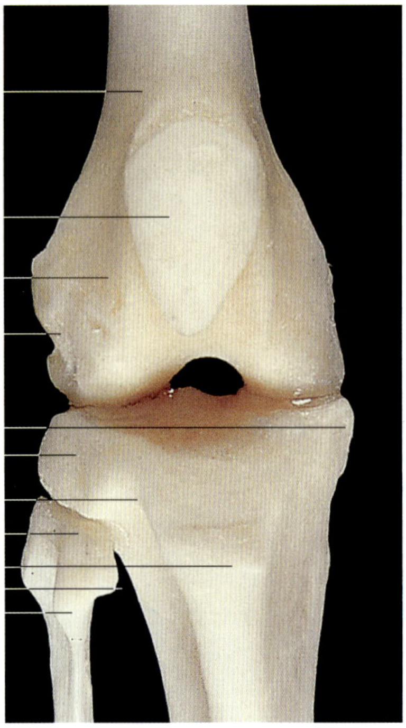


**Abb. 4-24.** Knochen des rechten Kniegelenks eines Hundes (Kranialansicht).

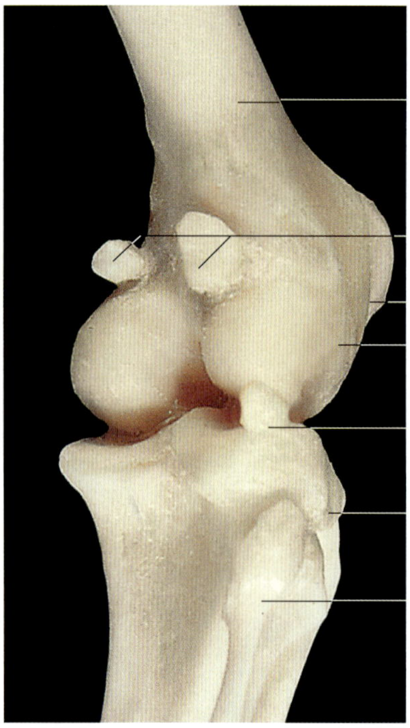


**Abb. 4-25.** Knochen des rechten Kniegelenks eines Hundes (Kaudolateralansicht).

## Kniescheibe (Patella)

Die Kniescheibe liegt als **Sesambein** in der Endsehne des M. quadriceps femoris und weist mit ihrer Gelenkfläche (Facies articularis) zum Femur. Ihre freie Oberfläche (Facies cranialis) ist der Haut zugekehrt, die Basis dient proximal als Muskelansatzfläche, die Spitze weist distal. Bei Rind und Pferd ist die mediale Fläche zum Processus cartilagineus als Ansatzrand für den **Knorpel (Fibrocartilago parapatellaris medialis)** ausgezogen (Abb. 4-53, 57 und 60).

## Skelett des Unterschenkels (Skeleton cruris)

Das Skelett des Unterschenkels ist der distale Abschnitt (Zeugopodium) der Gliedmaßensäule (Abb. 4-1ff., 31ff. u. 40). Es setzt

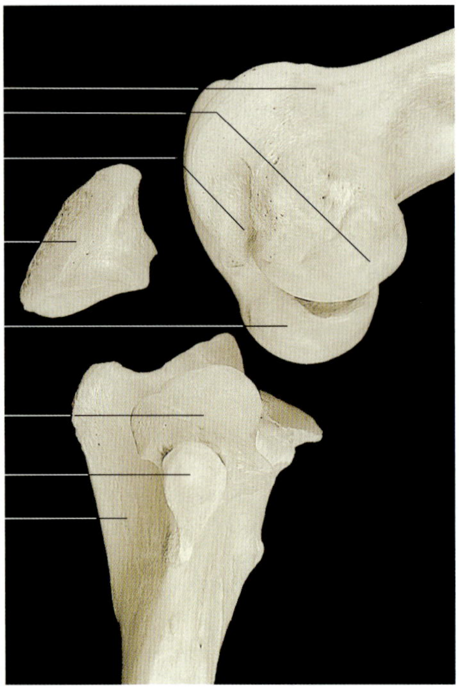


**Abb. 4-26.** Distales Ende des linken Oberschenkelbeins, Kniescheibe und proximales Ende des Schienbeins eines Pferdes (Lateralansicht).

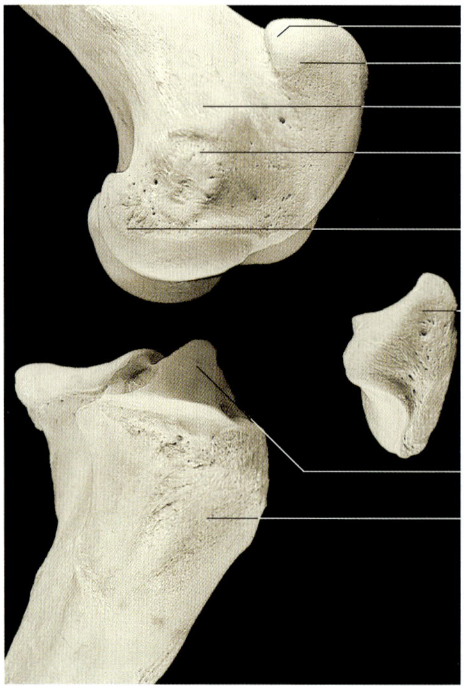


**Abb. 4-27.** Distales Ende des linken Oberschenkelbeins, Kniescheibe und proximales Ende des Schienbeins eines Pferdes (Medialansicht).

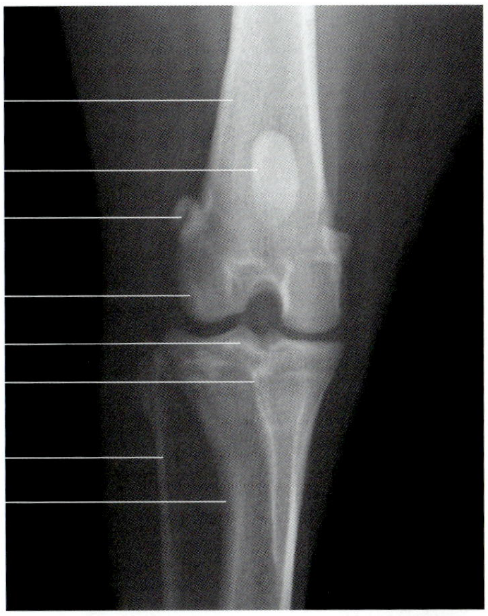


**Abb. 4-28.** Rechtes Kniegelenk eines Hundes (Röntgenbild, kraniokaudaler Strahlengang), Aufnahme Prof. Dr. Ulrike Matis, München.

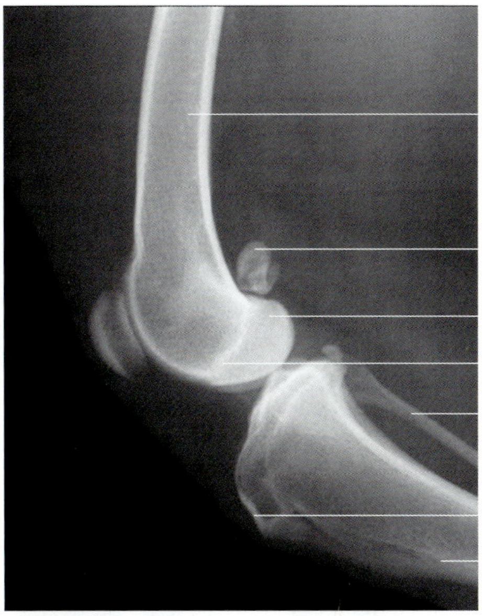


**Abb. 4-29.** Rechtes Kniegelenk eines jungen Hundes (Röntgenbild, mediolateraler Strahlengang), Aufnahme Prof. Dr. Ulrike Matis, München.

sich, vergleichbar mit dem Unterarm, aus zwei ungleich stark ausgebildeten Knochen, dem kräftigeren **Schienbein (Tibia)** und dem schwächeren **Wadenbein (Fibula)**, zusammen. Die Fibula liegt der Tibia lateral an und verläuft zu dieser weitgehend parallel. Die Fibula erreicht nicht die distalen Gelenkknorren des Oberschenkels, sodass die gesamte Körperlast allein von der Tibia getragen wird. Demzufolge ist diese in ihrem Wandbau verstärkt.

Die phylogenetische Rückbildung an der Fibula ist vergleichsweise weiter fortgeschritten als an der Ulna. So ist die Fibula beim Rind rudimentär, beim Pferd ist ihr distales Ende vollständig in der Lateralwand der Tibia aufgegangen. Bei Fleischfressern und beim Schwein erreicht die Fibula die Länge der Tibia, sie bleibt jedoch erheblich schwächer.

## Schienbein (Tibia)

Das Schienbein ist wesentlich an der Bildung des Kniegelenks beteiligt (Abb. 4-24, 26 u. 35). Demzufolge ist vorzugsweise das proximale Ende besonders profiliert. Dieses Knochenende schließt Artikulationsflächen für die Kondylen des Femurs bzw. der Menisken, aber auch

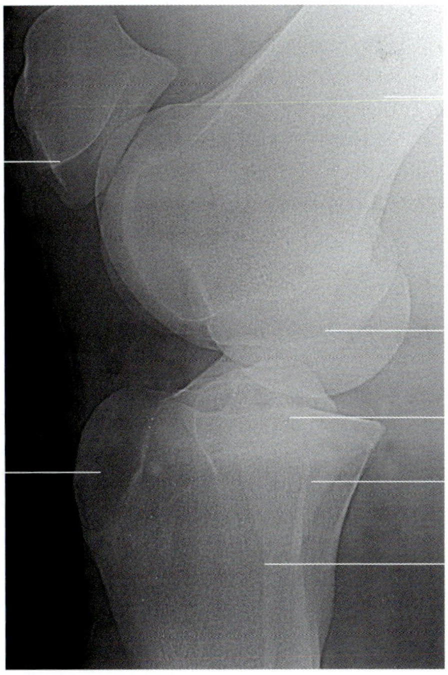


**Abb. 4-30.** Kniegelenk eines Pferdes (Röntgenbild, mediolateraler Strahlengang), Aufnahme Prof. Dr. Chr. Stanek, Wien.

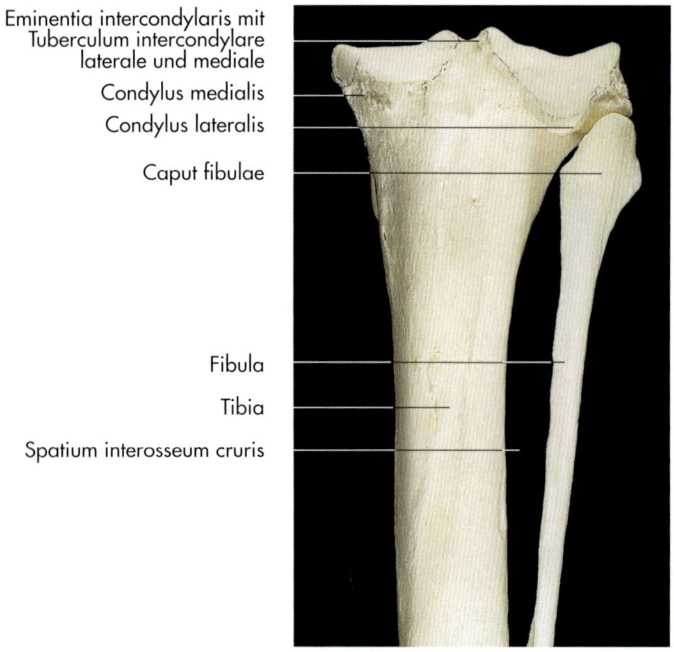


**Abb. 4-31.** Rechtes Schien- und Wadenbein eines Hundes (Kaudalansicht, proximales Ende).

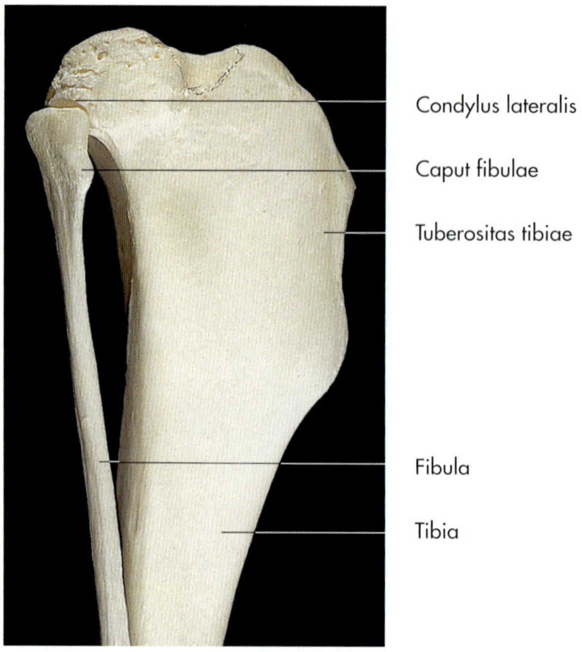


**Abb. 4-32.** Rechtes Schien- und Wadenbein eines Hundes (Kraniolateralansicht, proximales Ende).

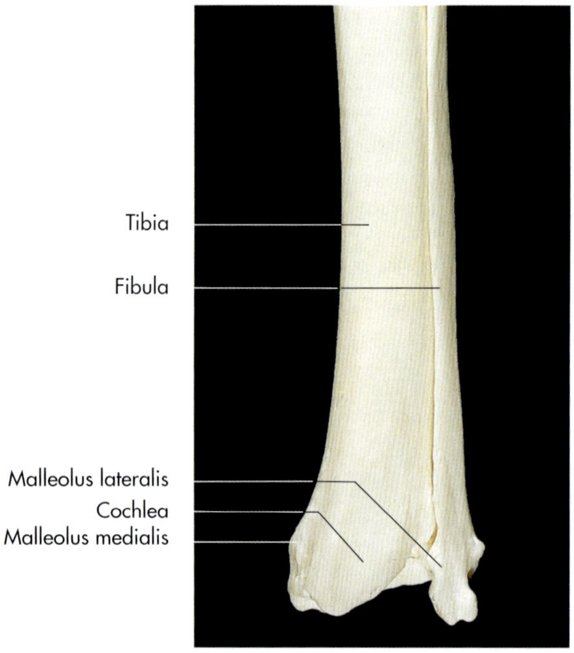


**Abb. 4-33.** Rechtes Schien- und Wadenbein eines Hundes (Kaudalansicht, distales Ende).

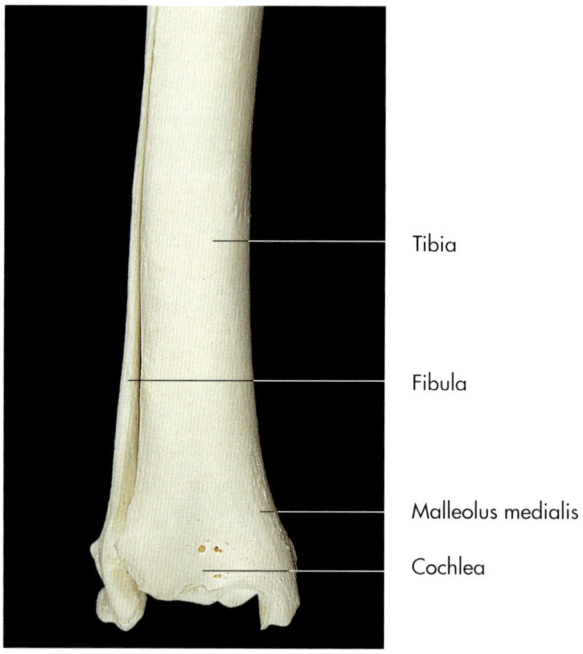


**Abb. 4-34.** Rechtes Schien- und Wadenbein eines Hundes (Kranialansicht, distales Ende).

Insertionsflächen für deren Haltebänder und für die Kreuzbänder ein. Zusätzlich überspannt kaudal der Kniekehlmuskel dieses Gelenk, sodass auch eine tiefe Inzisur das proximale Ende formt.

Man unterscheidet an der Tibia zwei unterschiedliche terminale Abschnitte, die durch einen langen **Körper (Corpus tibiae)** verbunden sind:

- **proximales Endstück** mit der Gelenkfläche (Facies articularis) zum Kniekehlgelenk,
- **distales Endstück** mit der Gelenkschraube (Cochlea tibiae) zum Tarsalskelett.

Das **proximale Endstück (Extremitas proximalis)** kennzeichnet eine dreiseitige Grundstruktur, es weist zwei verbreiterte **Schienbeinknorren (Condylus lateralis** und **medialis)** auf, die kaudal durch den **Kniekehlausschnitt (Incisura poplitea)** als Einziehung für den gleichnamigen Muskel eingekerbt sind. Jeder Kondylus ist durch eine flache Facies articularis proximalis eingezogen, die den entsprechenden Kondylus des Femurs bzw. die faserknorpelig distale Meniskusfläche aufnimmt (Abb. 4-35 u. 36). Zwischen den beiden Gelenkflächen erhebt sich zentral der **Zwischenknorrenfortsatz (Eminentia intercondylaris)**, der seinerseits durch eine kleine **Zwischenfläche (Area intercondylaris centralis)** in das Tuberculum intercondylare laterale und mediale geteilt wird. Kranial

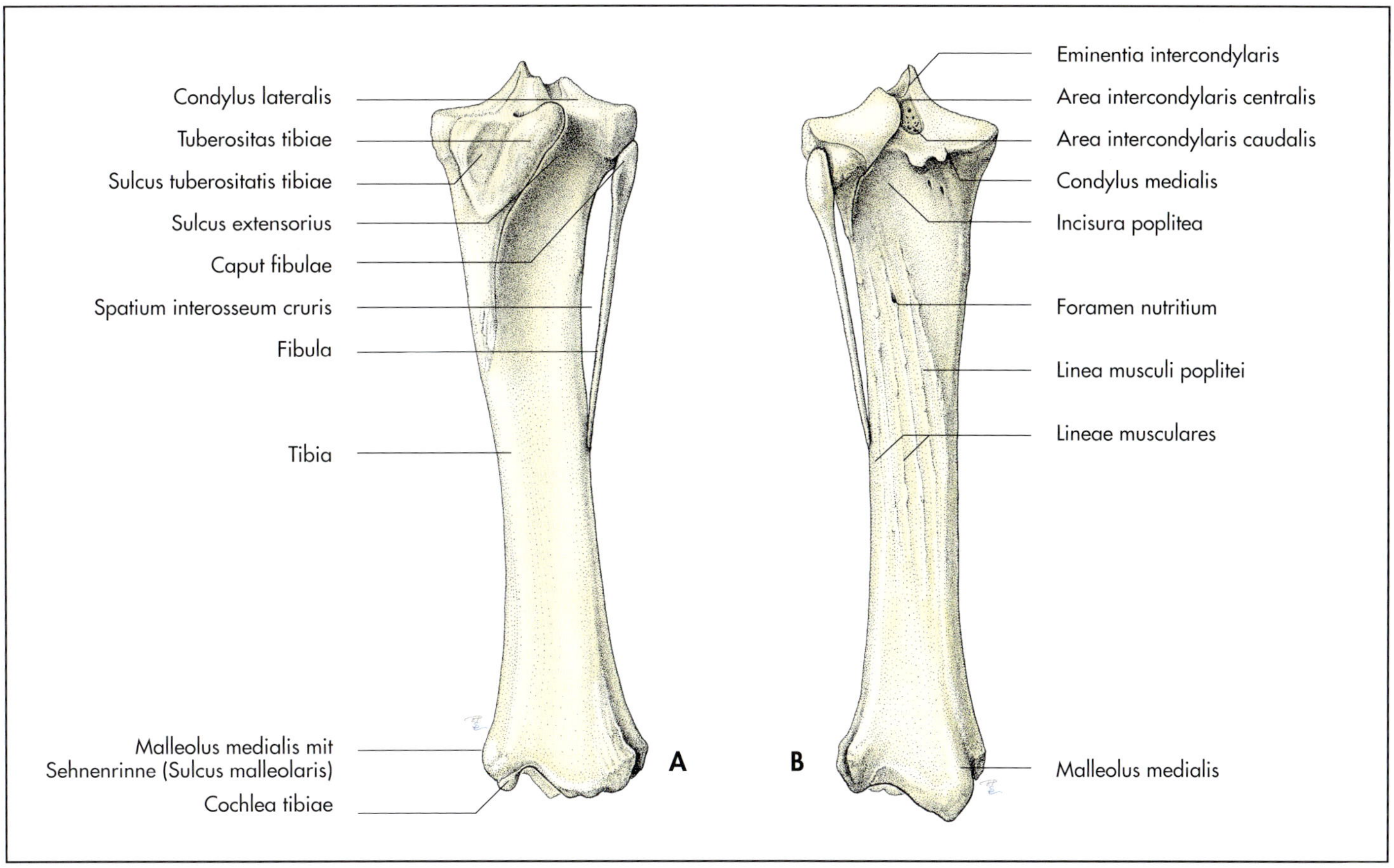


**Abb. 4-35.** Schematische Darstellung des linken Schien- und Wadenbeins des Pferdes (**A** Kranialansicht, **B** Kaudalansicht).

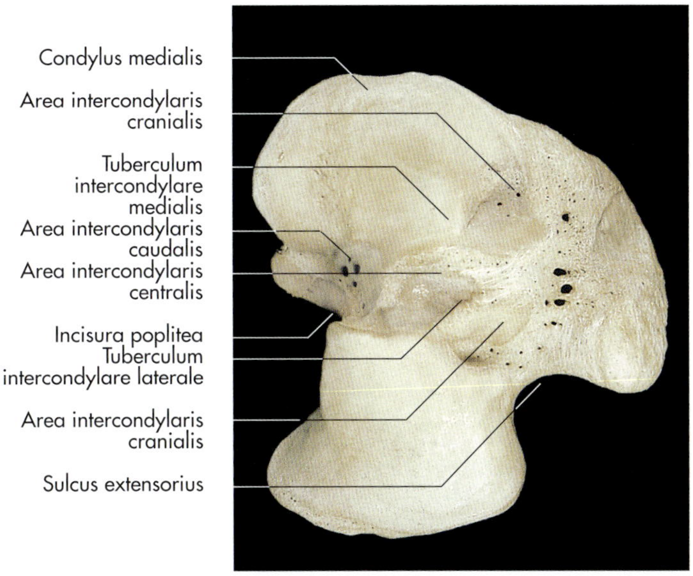


**Abb. 4-36.** Proximales Endstück eines rechten Schienbeins eines Pferdes (Aufsicht).

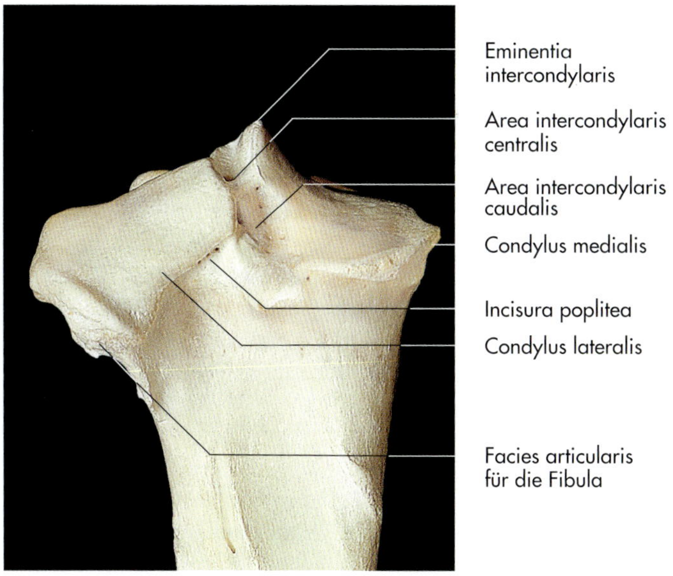


**Abb. 4-37.** Proximales Endstück eines linken Schienbeins eines Pferdes (Kaudalansicht).

dieser zentralen Erhebung vertiefen sich die **Area intercondylaris cranialis**, kaudal die **Area intercondylaris caudalis**. Sämtliche zuletzt angesprochenen Flächen dienen Bändern des Kniekehlgelenks als Ansatz. An der **Lateralseite des Kondylus** ist die Facies articularis fibularis ausgebildet, bei den Wiederkäuern ist diese Artikulationsfläche mit dem Fibularudiment verwachsen. Kraniolateral zieht sich der **Sulcus extensorius** als Einkerbung für den langen Zehenstrecker tief in das proximale Endstück ein. Der **Körper der Tibia (Corpus tibiae)** ist kraniokaudal komprimiert und weist zwei markante Strukturen auf. An der Vorderseite zieht in leicht geschwungenem Verlauf die **Schienbeinleiste (Margo cranialis)**. Diese ist in ihrem Verlauf tastbar, sie teilt das Schienbein in eine laterale, muskeltragende und in eine mediale, muskelfreie Fläche. Proximal verdickt sich der Margo cranialis zur auffälligen, ebenfalls tastbaren **Schienbeinbeule (Tuberositas tibiae)**. Die kaudale Fläche ist beim Pferd in Längsrichtung von stark ausgeprägten

**Tab. 4-3.** Auftreten und Verschmelzung der Ossifikationszentren des Schienbeins, nach Ghetie, 1971.

| Tierart | Auftreten des Diaphysenkernes | Auftreten in der Epiphyse | | | Verschmelzung in der Epiphyse | |
|---|---|---|---|---|---|---|
| | | proximal | | distal | proximal | distal |
| | | Condylus | Tuberositas | | | |
| **Pferd** | 2. Monat der Trächtigkeit | 7. Monat der Trächtigkeit | 9. Monat der Trächtigkeit | 9. Monat der Trächtigkeit | 3½ Jahre | 2 Jahre |
| **Rind** | 2. Monat der Trächtigkeit | Mitte des 6.–7. Monats der Trächtigkeit | 9. Monat der Trächtigkeit | Mitte des 7.–8. Monats der Trächtigkeit | 3½–4 Jahre | 2–2½ Jahre |
| **Schaf** | 6.–8. Woche der Trächtigkeit | 4. Monat der Trächtigkeit | um die Geburt | 3. Monat der Trächtigkeit | 3½ Jahre | 15–20 Monate |
| **Schwein** | 2. Monat der Trächtigkeit | kurz vor der Geburt | einige Wochen nach der Geburt | kurz vor der Geburt | 3½ Jahre | 2 Jahre |
| **Fleischfresser** | 4. Woche der Trächtigkeit | Ende des 1. Monats nach der Geburt | einige Wochen nach der Geburt | Ende des 1. Monats nach der Geburt | 12. Monat | 12.–13. Monat |

Muskelrinnen (Lineae musculi poplitei) und nachfolgenden Lineae musculares durchzogen, an denen neben dem M. popliteus die Zehenbeuger entspringen. Das **distale Endstück** wird durch die zweigeteilte **Gelenkschraube (Cochlea tibiae)** gekennzeichnet, die mit der **Gelenkrolle (Trochlea)** des **Sprungbeins (Talus)** artikuliert (Abb. 4-33 u. 35). Ein mittlerer Gelenkkamm passt sich in seinem Verlauf der meist sagittalen Ausrichtung der Trochlea an, kann aber auch, wie beim Pferd, kraniolateral gewinkelt sein. An seiner medialen Seite wird der **mediale Knöchel (Malleolus medialis)** als Vorsprung ausgebildet, dem bei Fleischfressern und beim Schwein lateral die Incisura fibularis zur Artikulation des **lateralen Knöchels (Malleolus lateralis)** mit dem distalen Ende der Fibula gegenübersteht. Bei Wiederkäuern ist an dieser Stelle für das **Os malleolare** als distales Relikt der Fibula ebenfalls eine Gelenkfläche ausgebildet.

## Wadenbein (Fibula)

Das Wadenbein lässt einen **Kopf (Caput fibulae)**, einen **Hals (Collum fibulae)**, das **Mittelstück (Corpus fibulae)** und das **distale Ende**, den **lateralen Knöchel (Malleolus lateralis)**, unterscheiden (Abb. 4-31 u. 35). Die Fibula ist sehr einfach gebaut und bei den verschiedenen Tierarten unterschiedlich stark zurückgebildet.

Bei Fleischfressern und beim Schwein bleibt das Wadenbein als Gesamtknochen erhalten, erfüllt als Ansatzfläche für Muskulatur und zur Unterstützung des Sprunggelenks dennoch nur eingeschränkte Funktionen. Die Fibula wird von der Tibia durch ein langes, mit Bindegewebe gefülltes **Spatium interosseum cruris** getrennt, das bei Fleischfressern nur proximal entwickelt ist. Die Fibula grenzt auf der Lateralseite des Unterschenkels die kraniale von der kaudalen Unterschenkelmuskulatur ab. Bei mageren Hunden ist die Fibula über ihre ganze Länge tastbar, bei gut bemuskelten Tieren nur der Fibulakopf und der obere Teil des Körpers. Bei Wiederkäuern und beim Pferd ist das Wadenbein unterschiedlich stark als Einzelknochen rudimentär bzw. als Anhang oder Bestandteil mit dem distalen Knöchel der Tibia verbunden. Bei den Wiederkäuern ist der Wadenbeinkopf mit dem lateralen Kondylus der Tibia verwachsen, bei den anderen Haussäugetieren in der **Facies articularis capitis** gelenkig verbunden.

Beim Pferd ist allein die obere Hälfte der Fibula ausgebildet, der Fibulakopf ist mit der Tibia im Condylus lateralis durch ein straffes Gelenk verbunden. Bereits embryonal verwächst das distale Ende der Fibula mit der Tibia zum **Malleolus lateralis**, röntgenologisch ist bei jungen Tieren noch das Ossifikationszentrum erkennbar.

# Skelett des Hinterfußes (Skeleton pedis)

Das Skelett des Hinterfußes bildet die knöcherne Grundlage der Gliedmaßenspitze (Autopodium) der Beckengliedmaße (Abb. 4-1ff.). Es besteht von proximal zehenspitzenwärts aus dem:

- **Basipodium** mit den Hinterfußwurzelknochen (Ossa tarsi),
- **Metapodium** mit den Hintermittelfußknochen (Ossa metatarsalia),
- **Acropodium** mit den Hinterzehenknochen (Ossa digitorum pedis).

## Hinterfußwurzelknochen (Ossa tarsi)

Die Hinterfußwurzelknochen liegen bei den Haussäugetieren in einer **proximalen** oder **kruralen**, einer **mittleren** oder **intertarsalen** und einer **distalen** oder **metatarsalen Reihe** (Abb. 4-38ff.). Man unterscheidet:

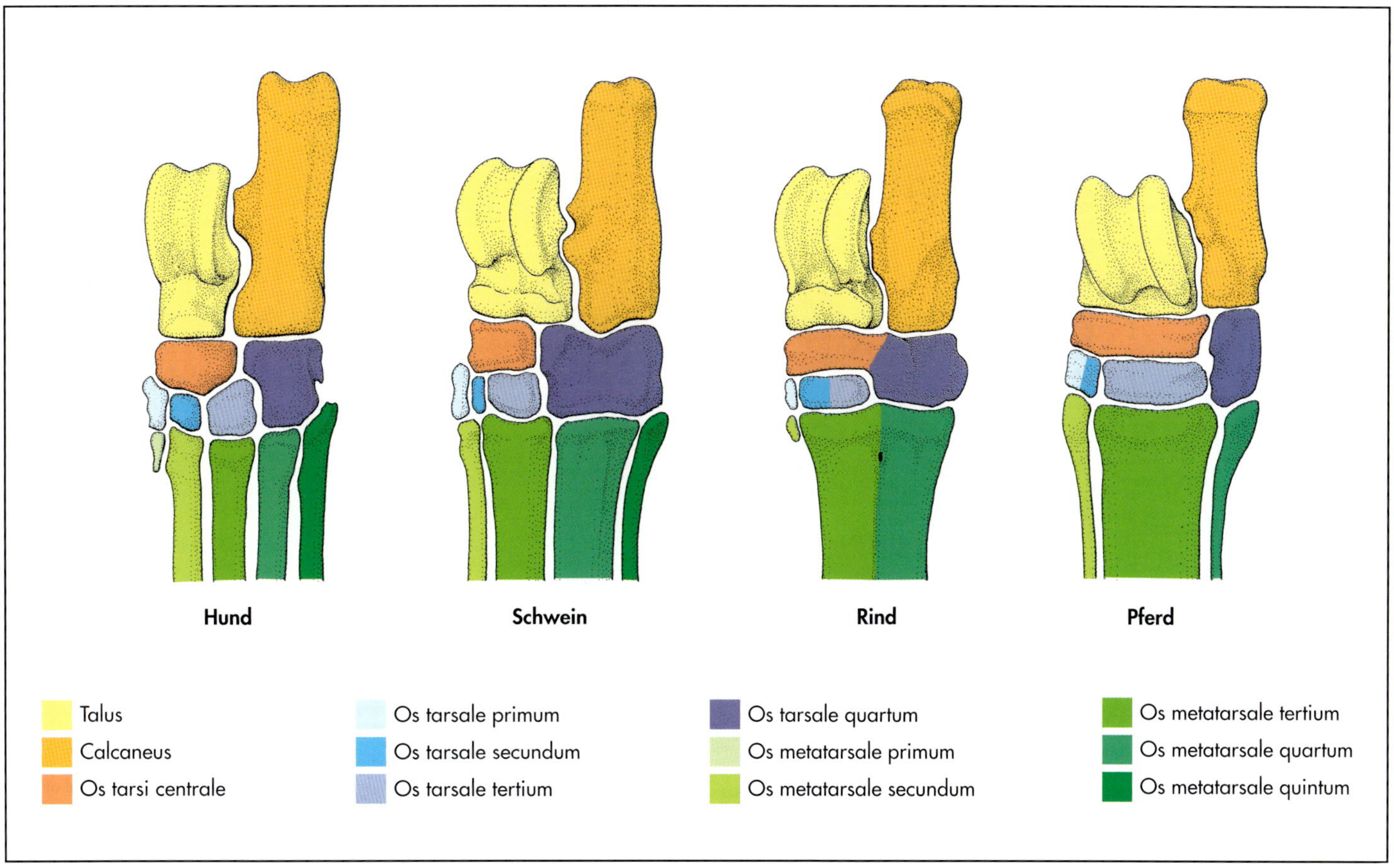


**Abb. 4-38.** Schematische Darstellung der Knochen des Sprunggelenks, nach Ellenberger und Baum, 1943.

- in der **proximalen** oder **kruralen Reihe** von medial beginnend das:
  - Os tarsi tibiale (Talus oder Sprungbein) und
  - Os tarsi fibulare (Calcaneus oder Fersenbein);
- in der **intertarsalen Reihe** medial ausgebildet das:
  - Os tarsi centrale;
- in der **distalen** oder **metatarsalen Reihe** von medial beginnend das:
  - Os tarsale primum,
  - Os tarsale secundum,
  - Os tarsale tertium und
  - Os tarsale quartum.

Die proximale Reihe artikuliert im Hinterfußwurzelgelenk (Articulatio tarsocruralis) mit der Cochlea der Tibia. Ebenso wird die distale metatarsale Reihe in den Hinterfußwurzel-Mittelfuß-Gelenken (Articulationes tarsometatarseae) mit den Metatarsalknochen gelenkig verbunden. Darüber hinaus artikulieren die einzelnen Hinterfußwurzelknochen der gleichen Reihe und anliegender Reihen untereinander über eine große Zahl eigenständiger Gelenkflächen, auf die bei der Besprechung der Gelenke eingegangen wird (Abb. 4-65 u. 71). Die Tarsalknochen sind tierartlich unterschiedlich ausgebildet (Abb. 4-38).

Bei Fleischfressern und beim Schwein sind alle **sieben Tarsalknochen** in ihrer ursprünglichen Anzahl angelegt. Bei den Wiederkäuern sind **fünf Tarsalknochen** vorhanden. Bei dieser Tierart ist das Os tarsi centrale mit dem Os tarsale quartum zum Os centroquartale ebenso verschmolzen wie zusätzlich das Os tarsale secundum mit dem Os tarsale tertium verwachsen ist. Beim Pferd sind **sechs Tarsalknochen** vorhanden, da das Os tarsale primum mit dem Os tarsale secundum verschmilzt.

## Sprungbein (Talus)

Das Sprungbein liegt medial in der kruralen Reihe der Hinterfußwurzelknochen und wird durch ein kompaktes, in sich geschlossenes Mittelstück, den **Körper (Corpus)**, gekennzeichnet, der diesem Tarsalknochen auch die Bezeichnung **Roll-** oder **Würfelbein** eintrug (Abb. 4-38). Das Sprungbein bildet zusammen mit dem Fersenbein das Kernstück **proximaler Anteile des Sprunggelenks**. Man unterscheidet am Talus neben dem Körper die **Gelenkrolle (Trochlea tali)** mit auffälligen Sagittalkämmen. Distal am Corpus tali schließt sich das walzenförmige **Caput tali** an. Am Sprungbein artikuliert die **Gelenkrolle des Talus (Trochlea tali)** in zwei parallel gestellten Kämmen mit der Cochlea tibiae. Bei Fleischfressern bleiben diese Rollkämme relativ flach, sie liegen in der Sagittalebene und reichen weit distal, strukturelle Voraussetzung für die bekannt große Beweglichkeit dieses Gelenks. Die Trochleafläche artikuliert auch mit der Fibula und dem medialen Knöchel (Abb. 4-39 u. 40).

Bei Wiederkäuern sind die Rollkämme in der medianen Bewegungsachse des Gelenkes. Die Trochlea artikuliert medial mit dem Malleolus medialis, lateral mit dem Os malleolare. Beim Pferd

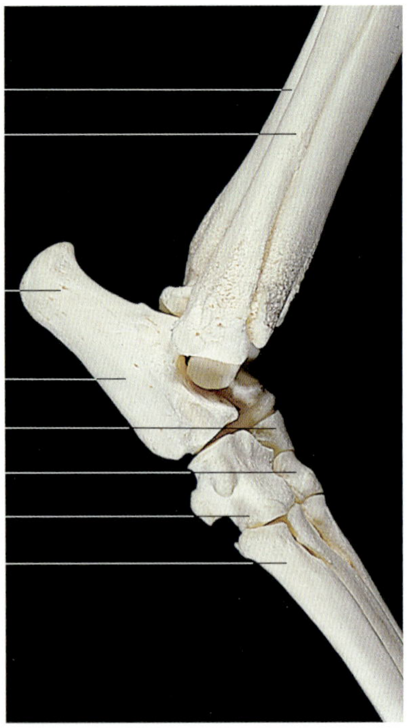


**Abb. 4-39.** Knochen des rechten Sprunggelenks eines Hundes (Lateralansicht).

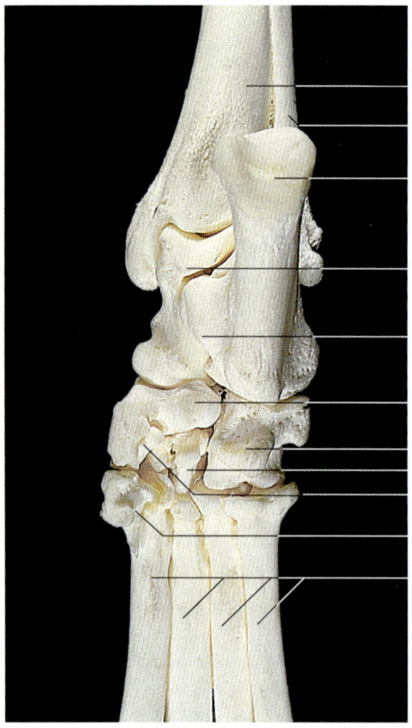


**Abb. 4-40.** Knochen des rechten Sprunggelenks eines Hundes (Plantaransicht).

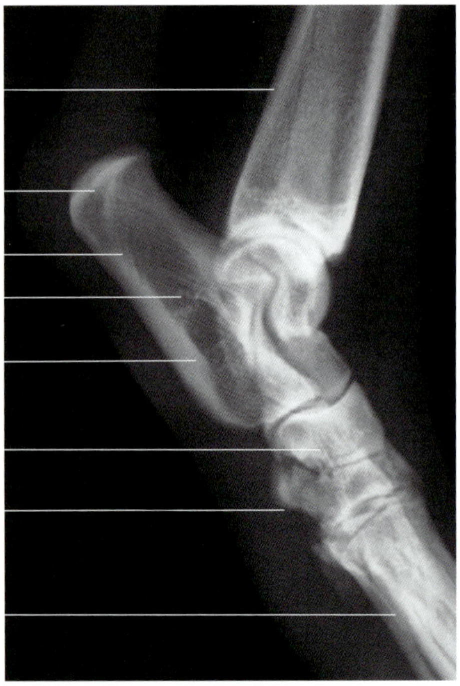


**Abb. 4-41.** Knochen des rechten Sprunggelenks eines Hundes (Röntgenbild, laterolateraler Strahlengang), Aufnahme Prof. Dr. Ulrike Matis, München.

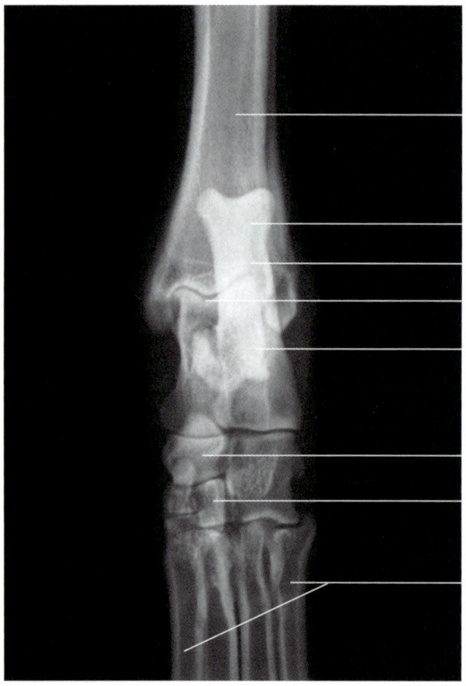


**Abb. 4-42.** Knochen des rechten Sprunggelenks eines Hundes (Röntgenbild, plantodorsaler Strahlengang), Aufnahme Prof. Dr. Ulrike Matis, München.

reichen die Rollkämme weit distal, diese sind schräg lateral gerichtet. Diese Schrägstellung der Gelenkkämme und -rinnen ist Ursache dafür, dass der distale Teil der Gliedmaße bei Beugung des Sprunggelenks nach vorne und seitlich nach außen bewegt wird (Abb. 4-43 u. 44).

Das **Caput tali** ist distal mit dem Os tarsi centrale durch eine Gelenkwalze verbunden, die beim Pferd allerdings durch eine annähernd ebene, weitgehend unbewegliche Gelenkfläche ersetzt wird. Bei Fleischfressern wird das Caput tali durch ein Collum vom Corpus abgesetzt und zieht zapfenförmig zehenwärts. Die nur schwache Wölbung der Gelenkfläche zum Os tarsi centrale des Caput schränkt deren Beweglichkeit ein. Bei Wiederkäuern ist das Caput tali kräftig entwickelt und besitzt zur Artikulation mit dem Os centroquartale eine Trochlea tali distalis. Die Plantar- und Lateralflächen artikulieren mit dem anliegenden Fersenbein in den Facies articulares calcaneae.

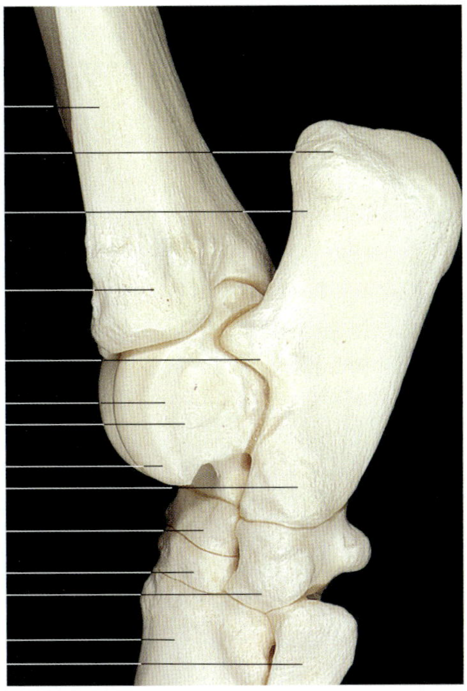


**Abb. 4-43.** Knochen des linken Sprunggelenks eines Pferdes (Lateralansicht).

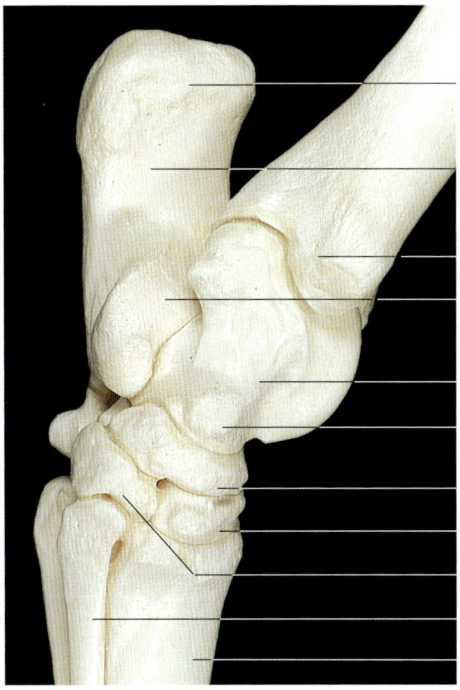


**Abb. 4-44.** Knochen des linken Sprunggelenks eines Pferdes (Medialansicht).

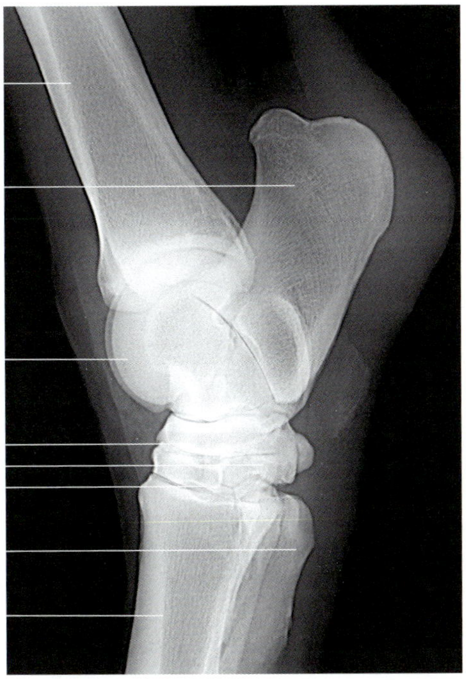


**Abb. 4-45.** Knochen des linken Sprunggelenks eines Pferdes (Röntgenbild, lateromedialer Strahlengang), Aufnahme Prof. Dr. Chr. Stanek, Wien.

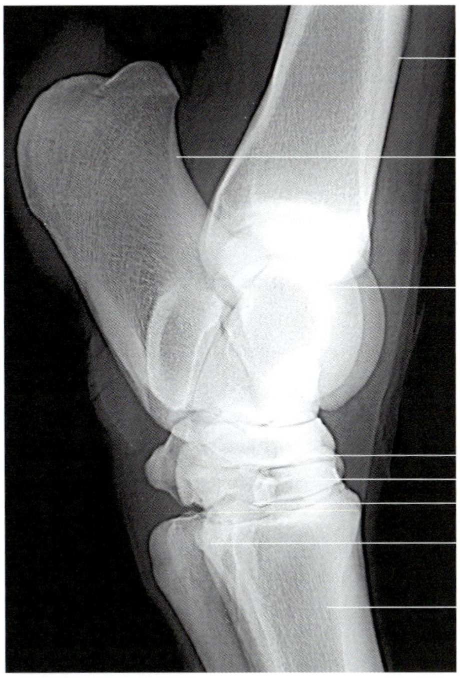


**Abb. 4-46.** Knochen des linken Sprunggelenks eines Pferdes (Röntgenbild, mediolateraler Strahlengang), Aufnahme Prof. Dr. Chr. Stanek, Wien.

## Fersenbein (Calcaneus)

Das Fersenbein ragt mit seinem proximalen Anteil plantar weit über den Tarsus hinaus und formt die Grundlage der **Ferse (Calx)** (Abb. 4-43 bis 46). Das Fersenbein unterstützt als Hebelarm und Ansatzfläche für die Muskulatur die Streckung des Sprunggelenks. Es liegt dem Talus, mit dem es dorsal und medial durch Facies articulares talares verbunden ist, plantar und lateral an. Distal bildet es die Gelenkflächen zum Os tarsale quartum aus. An seinem freien Ende liegt der **Fersenhöcker (Tuber calcanei)**, ein tastbarer Knochenpunkt. Der Calcaneus weist einen medial gerichteten, ebenfalls tastbaren Fortsatz auf, die **Sprungbeinstütze (Sustentaculum tali)**, die plantar eine Gleitfläche für zwei der drei Endsehnen des tiefen Zehenbeugers (M. flexor digitorum lateralis und M. tibialis cauda-

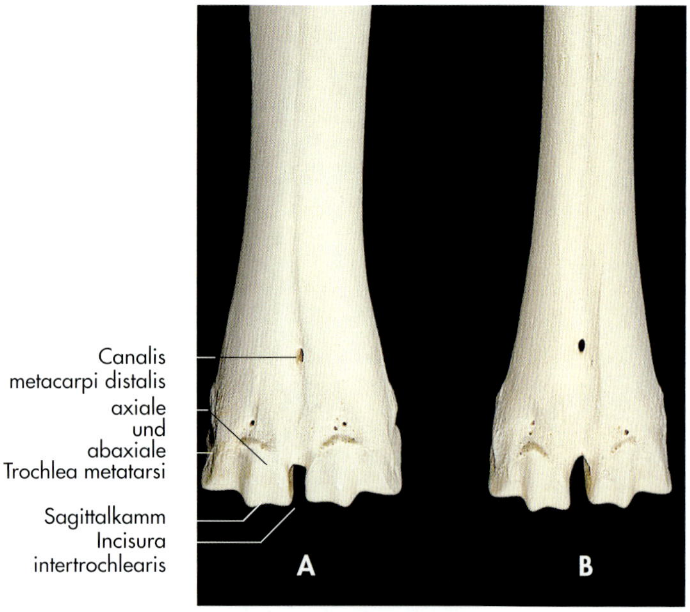


**Abb. 4-47.** Rechter Vordermittelfußknochen (**A**) und rechter Hintermittelfußknochen (**B**) eines Rindes (distale Abschnitte, Dorsalansicht).

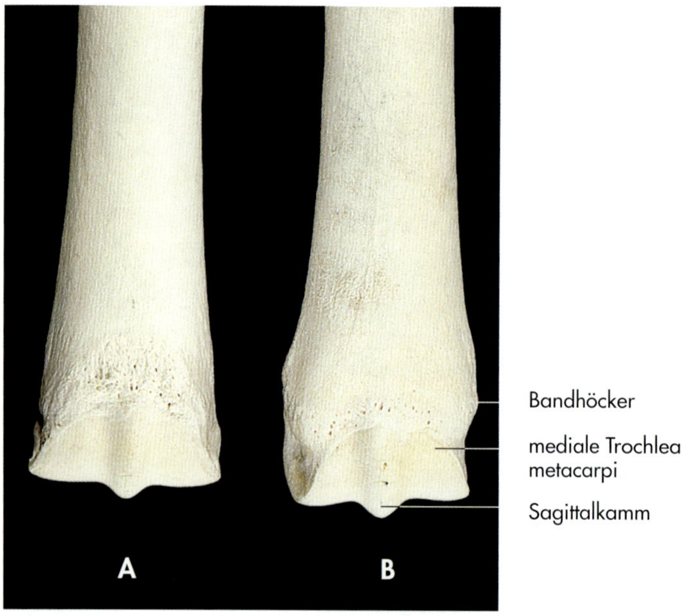


**Abb. 4-48** Rechter Hintermittelfußknochen (**A**) und rechter Vordermittelfußknochen (**B**) eines Pferdes (distale Abschnitte, Dorsalansicht).

**Tab. 4-4.** Auftreten der Ossifikationskerne und Verschmelzung an den Hinterfußwurzelknochen.

| Tierart | proximale Reihe | | Os tarsi centrale | distale Reihe | | | |
|---|---|---|---|---|---|---|---|
| | **Calcaneus** | **Talus** | | **Os tarsale IV** | **III** | **II** | **I** |
| **Pferd** | 4. Monat der Trächtigkeit | 4. Monat der Trächtigkeit | 6. Monat der Trächtigkeit | Ende des 5. Monats der Trächtigkeit | 7. Monat der Trächtigkeit | 10. Monat der Trächtigkeit Verschmelzung von Os tarsale I und II | |
| **Rind** | 4. Monat der Trächtigkeit | 4. Monat der Trächtigkeit | 6. Monat der Trächtigkeit<br>kurz nach der Geburt Verschmelzung von Os tarsi centrale und Os tarsale IV | Ende des 5. Monats der Trächtigkeit | 7. Monat der Trächtigkeit Verschmelzung von Os tarsale II und III | | 8. Monat der Trächtigkeit |
| **Schwein** | kurz vor der Geburt | | | um den Zeitpunkt der Geburt | kurz nach der Geburt | | |
| **Fleischfresser** | um den Zeitpunkt der Geburt | am Ende des ersten Monats nach der Geburt | | | | | |

lis) ausbildet. Bei Wiederkäuern ist das freie Ende des Tuber calcanei flach eingezogen und aufgeraut, das Sustentaculum tali stärker ausgeprägt. Beim Pferd ist der Fersenbeinhöcker stark aufgetrieben und mit einer Querrinne versehen.

An seiner Basis entlässt das Fersenbein einen spitz ausgezogenen **Processus coracoideus**, der meist mit dem Os tarsale quartum artikuliert.

## Hintermittelfußknochen (Ossa metatarsalia) und Hinterzehenknochen (Ossa digiti pedis, Phalanges)

Das **Skelett des Hintermittelfußes** und der **Hinterzehen** entspricht im Wesentlichen dem der Vordergliedmaße. Kleinere Unterschiede können allerdings festgehalten werden. Die Knochen des

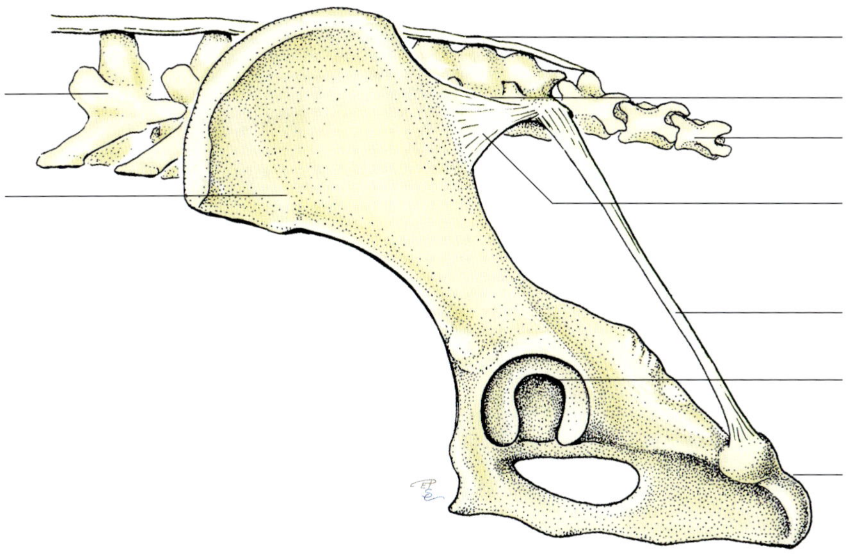


**Abb. 4-49.** Schematische Darstellung des Beckenbandes des Hundes.

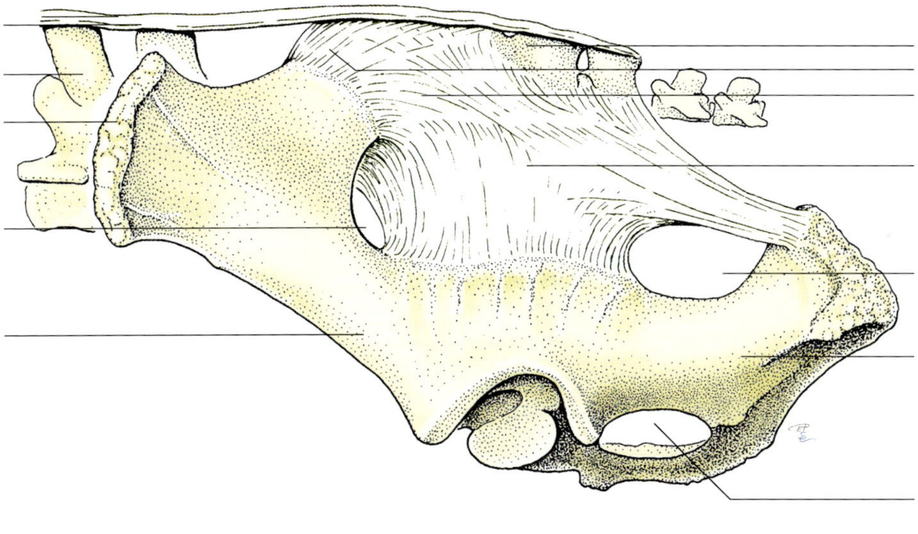


**Abb. 4-50.** Schematische Darstellung der Beckenbänder des Rindes, nach Červeny, 1980.

Metatarsus sind gegenüber der Vorderhand schlanker, länger und in ihrem Wandbau stärker entwickelt. Auch hat der Mittelfußknochen der Hintergliedmaße des Pferdes einen längsovalen bis rundlichen Querschnitt, im Gegensatz zu einem mehr querovalen des Metakarpus (Abb. 4-47 u. 48). Zusätzlich kann beim Rind ein Sesambein (Os sesamoideum metatarsale) proximal am Hintermittelfuß (Mt III) auftreten.

Ebenso nahezu identisch verhalten sich die Phalanx proximalis, Phalanx media und Phalanx distalis der Hinter- und der Vordergliedmaße sowie die Sesambeine. Beim Pferd ist das Hufbein der Hintergliedmaße spitzer und schmaler, die seitlichen Wandflächen sind steiler als an der Vordergliedmaße gestellt.

# Verbindungen der Knochen der Beckengliedmaße (Articulationes membri pelvini)

Die Beckengliedmaße wird mit dem Rumpf durch den **Beckengürtel (Cingulum membri pelvini)** verbunden, der aus dem Zusammenschluss des **Darmbeins**, des **Schambeins** und des **Sitzbeins** zu den beidseitigen **Hüftbeinen** entsteht.

Die **Hüftbeine (Ossa coxae)** sind ventral in der medianen **Beckenfuge (Symphysis pelvina)** knorpelig-faserig verwachsen, ihr Schambeinanteil verknöchert im Laufe des Lebens, während die Sitzbein-

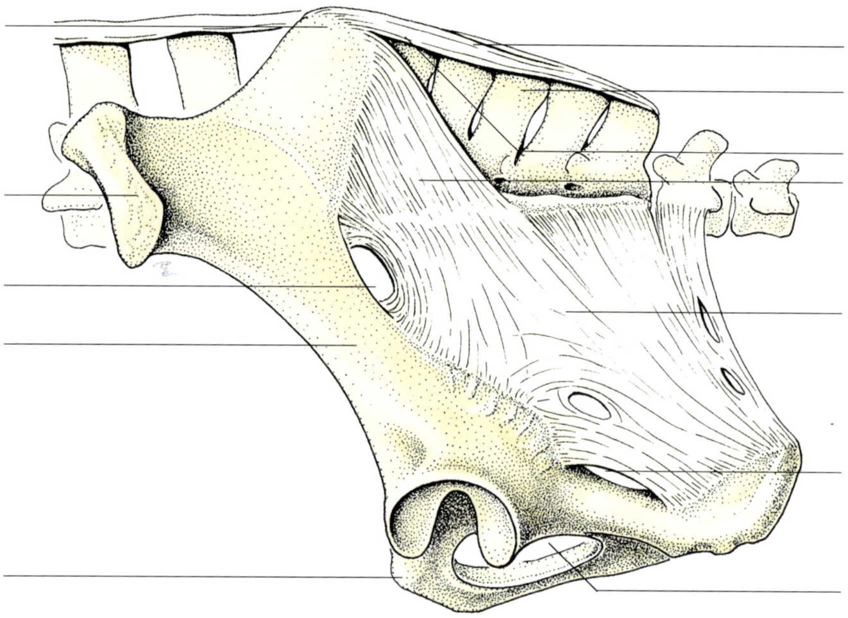


**Abb. 4-51.** Schematische Darstellung der Beckenbänder des Pferdes, nach Ghetie, Pastea und Riga, 1955.

symphyse meist knorpelig ausgebildet bleibt. Dorsal ist der Beckengürtel mit dem Rumpf durch das straffe **Kreuz-Darmbein-Gelenk** zwischen dem Os sacrum und dem Os ilium verbunden. **Darmbein-** und **Kreuzbeinflügel** fügen sich mit den seitlichen Abschnitten der **Hüftbeine** und dem **Beckenboden** zu einem **Beckenring** zusammen. Bindegewebige Verbindungen an den Hüftbeinen sind zum einen das **Ligamentum pubicum craniale**, das die Schambeine an ihrem freien Rand verbindet, zum anderen die **Membrana obturatoria**, die das Foramen obturatum mit lockerem Füllgewebe ausfüllt.

## Kreuz-Darmbein-Gelenk (Articulatio sacroiliaca)

Das Kreuz-Darmbein-Gelenk ist ein synoviales, **straffes Gelenk**, in dem die knorpeligen **Facies auriculares** der **Darmbein- und Kreuzbeinflügel** miteinander artikulieren. Die Gelenkkapsel liegt dem Gelenk eng an. Als Bandapparat sind **Gelenkbänder (Ligamenta sacroiliaca)** in tierartlich unterschiedlicher Art ausgebildet. Man unterscheidet:

- **ventrale Kreuz-Darmbein-Bänder (Ligamenta sacroiliaca ventralia)**, die allein die Kapsel ventral verstärken,
- **innere Kreuz-Darmbein-Bänder (Ligamenta sacroiliaca interossea)**, die zwischen der Tuberositas iliaca des Darmbeinflügels und der Dorsalfläche des Kreuzbeinflügels ausgebildet sind, und
- **dorsale Kreuz-Darmbein-Bänder (Ligamenta sacroiliaca dorsalia)**, mit einer **Pars brevis** zwischen dem Tuber sacrale des Darmbeinflügels und den Zitzenfortsätzen (Fleischfresser und Schwein) (Abb. 4-49) bzw. den Enden der Dornfortsätze des Kreuzbeins (Wiederkäuer und Pferd) und einer **Pars longa**, die am Tuber sacrale kaudomedial entspringt und kaudal an der Pars lateralis des Kreuzbeins endet (Abb. 4-50 u. 51).

Zusätzlich zu den Gelenkbändern ist das **Beckenband (Ligamentum sacrotuberale)** ausgebildet, das der Katze fehlt und beim Hund einen Strang darstellt, der sich zwischen dem Querfortsatz des letzten Kreuzwirbels und dem Sitzbeinhöcker spannt (Abb. 4-49). Bei Huftieren ist dieses Band großflächig, es wird daher als **breites Beckenband (Ligamentum sacrotuberale latum)** bezeichnet. Dieses entspringt am lateralen Rand der Pars lateralis des Os sacrum (Rind), bei Pferd und Schwein zusätzlich noch an den Querfortsätzen der ersten Schwanzwirbel (Abb. 4-50 u. 51). Das breite Beckenband inseriert an einer Anheftungslinie beginnend an der Spina ischiadica bis zum Tuber ischiadicum. Entsprechend kann ein **Pfannenkammanteil** und ein **Sitzbeinanteil** unterschieden werden. Die großflächige Ausdehnung dieses Bandes ist an zwei Stellen unterbrochen, im **Foramen ischiadicum majus (Incisura ischiadica major)** und im **Foramen ischiadicum minus (Incisura ischiadica minor)**, zum Durchtritt von Gefäßen, Nerven und Sehnen. Die kaudale Begrenzung dieses Bandes ist beim Rind durch die Haut als freie Kante sichtbar, beim Pferd und Schwein durch die kräftige Sitzbeinmuskulatur vollständig überdeckt.

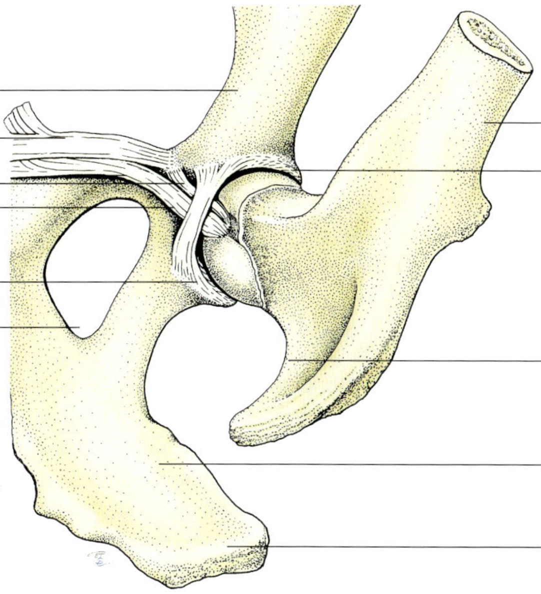


**Abb. 4-52.** Schematische Darstellung des Hüftgelenks des Pferdes, nach Ghetie, 1967.

# Hüftgelenk (Articulatio coxae)

Das Hüftgelenk ist ein **Kugelgelenk**, in dem der **Femurkopf** mit der **Beckenpfanne** artikuliert. Der knorpelfaserige **Pfannenrand (Labrum acetabulare)** erhöht den knöchernen Rand, ohne aber den Femurkopf über den Äquator zu umgreifen. Bei den Huftieren ist bei eingeschränkter Seitwärts- und Drehbewegung vorzugsweise nur eine Streck- und Beugebewegung möglich, die sich auch in der Walzenform des Femurkopfs ausdrückt (Abb. 4-52). Bei Fleischfressern lassen die Gesäßmuskulatur bzw. Bänder und die mediale Oberschenkelmuskulatur zusätzlich eine größere Seit- und Drehbewegungsfreiheit zu. Die **Gelenkkapsel** setzt am **Labrum acetabulare** an, diese ist weiträumig und wird durch das **Ligamentum capitis ossis femoris** von außen eingestülpt.

**Punktionsstellen am Hüftgelenk**

- **Hund**: Der Hund wird auf die Seite gelegt. Die Winkelung zwischen Femur und Wirbelsäule soll 90° betragen. Die Kanüle wird am kraniodorsalen Rand des Trochanter major eingestochen und parallel zum Femurhals kaudal vorgeschoben.
- **Rind**: Das Tier soll stehen und alle Gliedmaßen gleichmäßig belasten. Eine 20 cm lange Kanüle wird kranial des Trochanter major eingestochen und in einer leicht kaudoventralen Richtung vorgeschoben.
- **Pferd**: Das Pferd soll stehen und alle vier Gliedmaßen gleichmäßig belasten. Eine 15 cm lange Kanüle wird kaudal des palpierbaren Trochanter major in die Fossa trochanterica eingeführt. Die Kanüle wird dann in einer horizontalen Ebene kraniomedial in einem 45°-Winkel zur langen Achse des Pferdes vorgeschoben.

Der Bandapparat des Hüftgelenks (Abb. 4-49) besteht aus dem:

- **Femurkopfband (Ligamentum capitis ossis femoris)**, das von der Fossa acetabuli, umgeben von der Membrana synovialis der Gelenkkapsel, zur Fovea capitis ossis femoris zieht.
- **Verstärkungsband (Ligamentum accessorium ossis femoris)**, das nur beim Pferd ausgebildet und als eine Abspaltung des M. rectus abdominis anzusehen ist; es entspringt mit diesem Muskel zusammen am Ligamentum pubicum craniale, zieht durch die Incisura acetabuli und endet, mit dem Ligamentum capitis ossis femoris eine enge Verbindung bildend, in der Fovea capitis des Femurkopfs.
- **Ergänzungsband (Ligamentum transversum acetabuli)**, das die Incisura acetabuli überbrückt und die beiden anderen Gelenkbänder in ihrer Lage hält.

# Kniegelenk (Articulatio genus)

Das Kniegelenk ist ein zusammengesetztes, inkongruentes und unvollkommenes **Wechselgelenk** (Abb. 4-53ff.). Man kann an diesem unterscheiden:

- **Kniekehlgelenk (Articulatio femorotibialis)** zwischen dem Os femoris und der Tibia,
- **Kniescheibengelenk (Articulatio femoropatellaris)** zwischen dem Os femoris und der Patella.

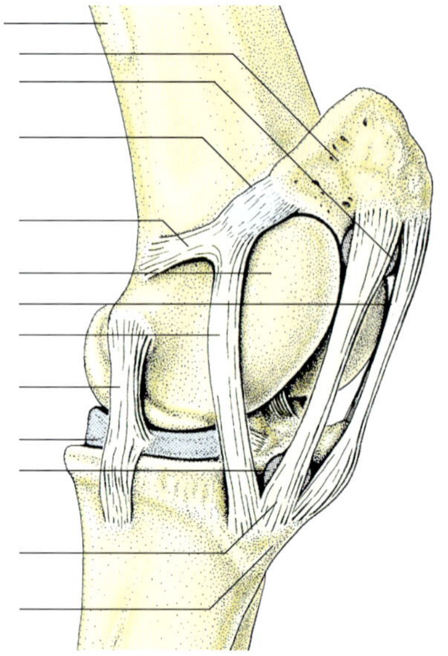


**Abb. 4-53.** Schematische Darstellung der Bänder des linken Kniegelenks des Pferdes (Medialansicht), nach Ghetie, Pastea u. Riga, 1955.

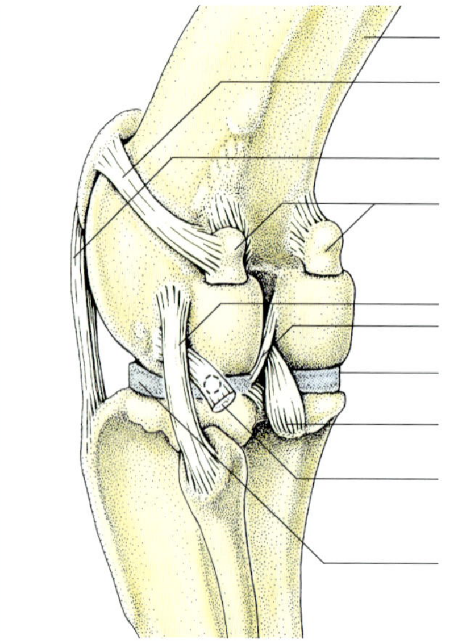


**Abb. 4-54.** Schematische Darstellung des linken Kniegelenks des Hundes (Kaudolateralansicht).

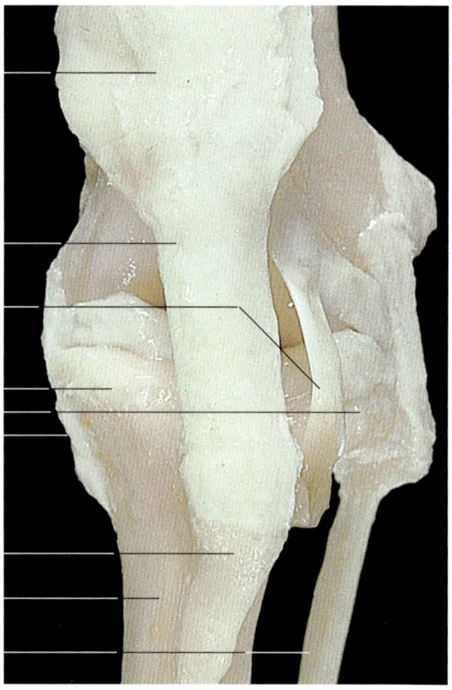


**Abb. 4-55.** Bänder des linken Kniegelenks eines Hundes (Kranialansicht), Präparat Dr. R. Macher, Wien.

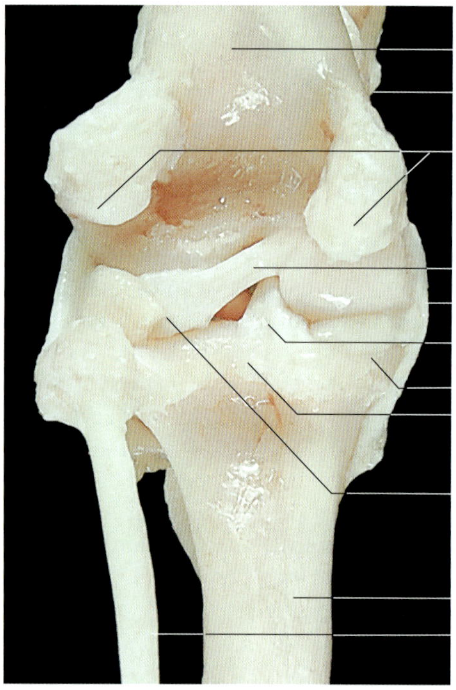


**Abb. 4-56.** Bänder des linken Kniegelenks eines Hundes (Kaudalansicht), Präparat Dr. R. Macher, Wien.

## Kniekehlgelenk (Articulatio femorotibialis)

Das Kniekehlgelenk ist ein **inkongruentes**, **unvollkommenes Wechselgelenk**, in dem die stark gekrümmten **Kondylen des Oberschenkelknochens** der nahezu ebenen **proximalen Gelenkfläche des Schienbeins** gegenüberstehen. Die **Inkongruenz** gegenüberliegender Gelenkflächen wird im Falle des Kniekehlgelenks zu jedem Kondylus durch je einen **Meniskus (Meniscus articularis)** ausgeglichen. Neben der vorherrschenden Streck- und Beugebewegung sind durch die Verschiebbarkeit der Menisken auch Drehbewegungen möglich (**unvollkommenes Wechselgelenk**).

**Menisken** weisen die Form von Apfelsinenscheiben auf mit einem scharfen, konkaven Innenrand und einem dicken, konvexen Außenbereich. Die Menisken bestehen aus **Faserknorpel**, sie sind in ihrer Artikulationsfläche mit den Kondylen des Oberschenkels ausgehöhlt und, zur Tibia gerichtet, plan (Abb. 4-57 u. 63).

Das Gelenk vermag vorzugsweise Streck- und Beugebewegungen auszuführen. Die Seitenbänder sind exzentrisch zur Drehachse

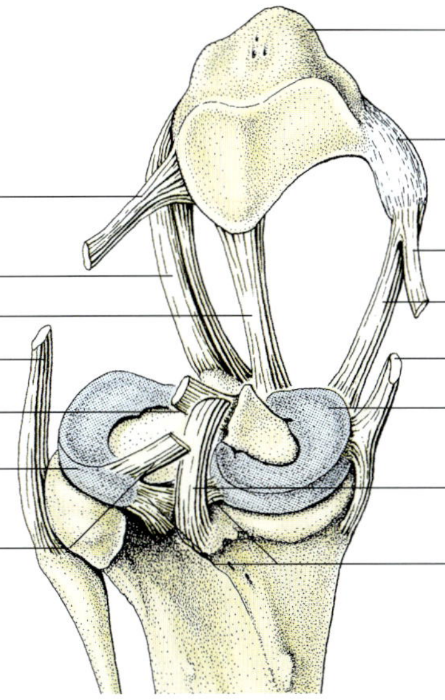


**Abb. 4-57.** Schematische Darstellung der Bänder des linken Kniegelenks des Pferdes mit Menisken (distales Ende des Oberschenkelbeins entfernt, Kaudalansicht), nach Ghetie, 1967.

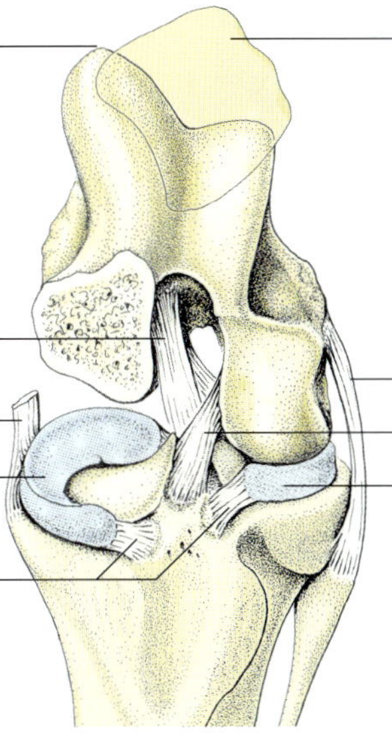


**Abb. 4-58.** Schematische Darstellung von Bändern des linken Kniegelenks und Haltebändern der Menisken des Pferdes (medialer Rollhöcker abgetrennt, Dorsalansicht), nach Červeny, 1980.

angeheftet (**Spiralgelenk**). Dabei nehmen die Seitenbänder in mittlerer Stellung des Gelenks den kleineren Radius dieses Spiralgelenks ein. In Beuge- oder Streckstellung hingegen vergrößert sich der Radius, die Spannung auf die kollagenfaserigen Seitenbänder nimmt bis zur Hemmung des Bewegungsablaufs (Bremswirkung) zu. Die **Gelenkkapsel** ist weit, sie heftet sich mit ihrem **Stratum fibrosum** an den Gelenkrändern und an den Außenrändern der Menisken an und umschließt damit vollständig die beiden Kondylen (Abb. 4-61). Das Innenblatt der Gelenkkapsel, das **Stratum synoviale**, trennt sich vom Außenblatt, schiebt sich zwischen die Gelenkfortsätze und bildet so für jeden Kondylus eine **eigene Synovialhöhle**.

Die beiden Synovialsäcke stehen beim Pferd selten in Verbindung, bei Wiederkäuern meist und bei Fleischfressern stets. Die Gelenkhöhlen werden durch die Einlagerung der Menisken in eine proximale und eine distale Abteilung unterteilt, die untereinander jedoch kommunizieren.

Der **laterale Gelenksack** weist zwei Ausbuchtungen auf. Die eine Exkavation zieht in den Sulcus extensorius und umfasst dort in der Funktion eines Schleimbeutels die Ursprungssehne des M. extensor digitorum pedis longus, die andere umschließt die Sehne des M. popliteus (Abb. 4-61 u. 62).

Der **mediale Gelenksack** steht dorsal mit der Gelenkhöhle des Kniescheibengelenks in Verbindung, beim Pferd seltener der laterale.

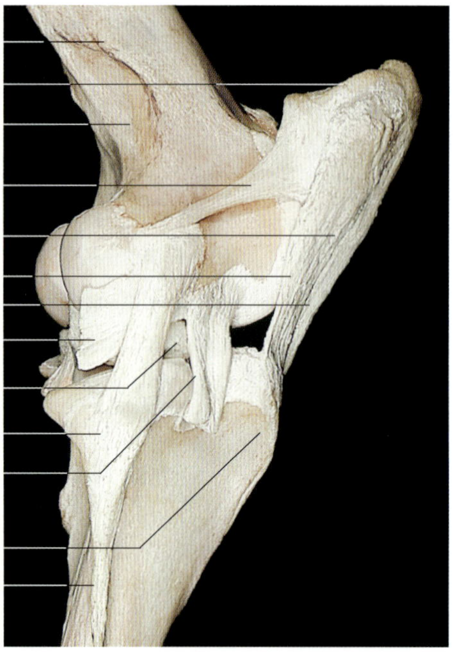


**Abb. 4-59.** Rechtes Kniegelenk eines Pferdes mit Bändern (Lateralansicht), Präparat Dr. F. Teufel, Wien.

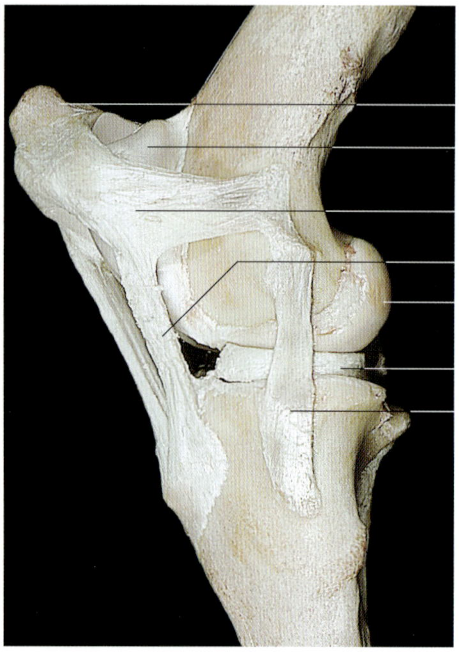


**Abb. 4-60.** Rechtes Kniegelenk eines Pferdes mit Bändern (Medialansicht), Präparat Dr. F. Teufel, Wien.

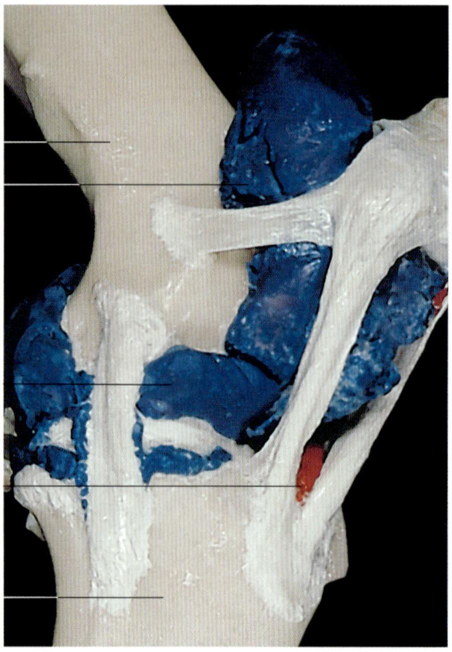


**Abb. 4-61.** Gelenksäcke des linken Kniegelenks eines Pferdes mit Bändern (Ausgusspräparat, Medialansicht), Präparat Dr. F. Teufel, Wien.

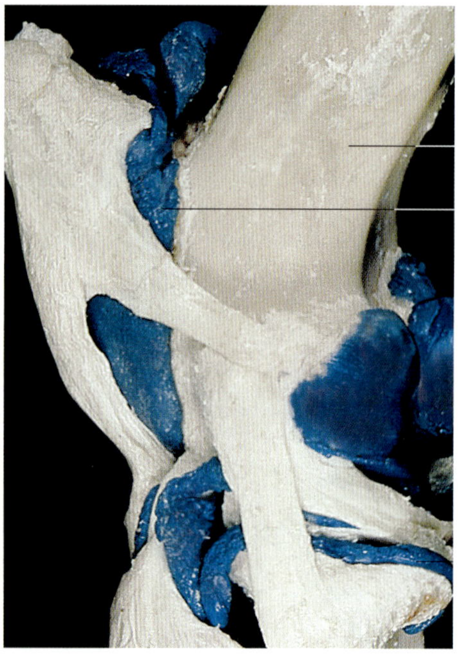


**Abb. 4-62.** Gelenksäcke des linken Kniegelenks eines Pferdes mit Bändern (Ausgusspräparat, Lateralansicht), Präparat Dr. F. Teufel, Wien.

Bei Fleischfressern schließt die Gelenkkapsel auch die beiden Sesambeine (Vesalii) in den Ursprungssehnen des M. gastrocnemius ein.

Man unterscheidet am Kniekehlgelenk:

- Bänder der Menisken,
- Bänder des Kniekehlgelenks.

Die beiden Menisken sind an der Tibia jeweils durch kraniale und kaudale Bänder fixiert. Der laterale Meniskus wird zusätzlich mit dem Oberschenkel verbunden.

Die **Bänder der Menisken** (Abb. 4-57, 58, 63 u. 64) sind:

- die **kranialen Tibialbänder** der Menisken (**Ligamentum tibiale craniale menisci lateralis** bzw. **medialis**), die den kranialen Rand des Meniskus mit der lateralen bzw. medialen Area intercondylaris cranialis tibiae verbinden,
- die **kaudalen Tibialbänder** der Menisken (**Ligamentum tibiale caudale menisci lateralis** bzw. **medialis**), die am kaudalen Rand des Meniskus entspringen und vom lateralen Meniskus in die Incisura poplitea ziehen, die vom medialen Meniskus in die Area intercondylaris caudalis tibiae reicht,

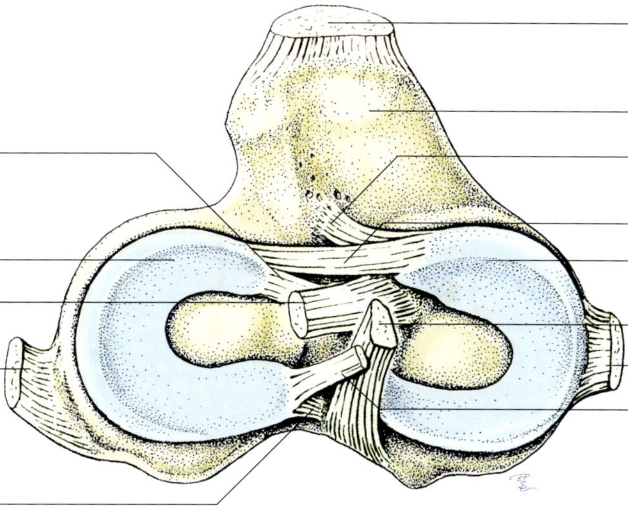


**Abb. 4-63.** Schematische Darstellung der distalen Abschnitte des linken Kniegelenks des Hundes (Aufsicht), nach Červeny, 1980.

- das **Ligamentum meniscofemorale**, das vom kaudalen Rand des lateralen Meniskus zur medialen Fläche des medialen Kondylus zieht, und
- das **Ligamentum transversum genus** (nur bei Hund und Katze, manchmal beim Rind), das kranial die beiden Menisken verbindet.

Die **Bänder des Kniekehlgelenks** (Abb. 4-53, 54 u. 57) sind:

- die **Seitenbänder (Ligamentum collaterale laterale** bzw. **mediale)**, die zwischen den Bandhöckern des Oberschenkelbeins und des Schienbeins bzw. des Wadenbeins verkehren; das laterale Seitenband inseriert, ohne Verbindung zum lateralen Meniskus, am Condylus lateralis tibiae und mit einem starken Schenkel auch am Caput fibulae; das mediale Seitenband nimmt Kontakt zum medialen Meniskus auf und inseriert am medialen Kondylus der Tibia,
- die **gekreuzten Bänder (Ligamenta cruciata genus)**, die zwischen den beiden Synovialhöhlen zentral im Gelenk liegen,
- das **Ligamentum cruciatum craniale**, es entspringt an der Area intercondylaris des lateralen Condylus ossis femoris und endet in der Area intercondylaris centralis der Tibia,
- das **Ligamentum cruciatum caudale**, das von der Area intercondylaris des medialen Condylus femoris zur Incisura poplitea tibiae zieht, und
- Kapselverstärkungen, die von lateral oben mediodistal verlaufen und als **schräges Kniekehlband (Ligamentum popliteum obliquum)** bezeichnet werden.

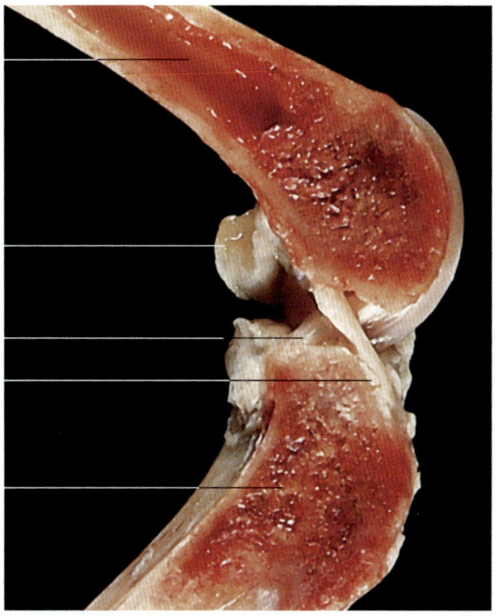


**Abb. 4-64.** Kreuzbänder am rechten Kniegelenk einer Katze (Paramedianschnitt), Präparat Dr. Sabine Langer, Wien.

## Kniescheibengelenk (Articulatio femoropatellaris)

Das Kniescheibengelenk ist ein **Schlittengelenk**, in dem die Kniescheibe großflächig mit der Kniescheibenrolle des Oberschenkels artikuliert. Dabei gleitet die Patella synchron zu jedem Bewegungsablauf des Kniekehlgelenks auf der **Trochlea ossis femoris**. Die Gelenkkapsel ist weitausladend, sie schiebt sich beidseitig proximal unter die Endsehne des M. quadriceps femoris. Distal grenzt diese an die Kniekehlgelenkhöhle, mit der sie in Verbindung steht.

Man unterscheidet am Kniescheibengelenk Bänder, die der Fixation der Kniescheibe am Oberschenkel dienen, und Bänder der Endsehne des M. quadriceps femoris, in die die Kniescheibe als Sesambein eingelagert ist. Die **Bänder des Kniescheibengelenks** (Abb. 4-53, 57 u. 59) sind:

- Faszienverstärkungen (Retinacula patellae),
- Kniescheibenseitenbänder (Ligamentum femoropatellare laterale bzw. mediale),
- Kniescheibenbänder (Ligamenta patellae).

Die **Faszienverstärkungen (Retinacula patellae)** breiten sich breitflächig zwischen der Sehne des M. quadriceps femoris, der Seitenfläche sowie der Basis der Patella und dem Oberschenkel bzw. den Kondylen des Unterschenkels aus.

Die **Kniescheibenseitenbänder (Ligamentum femoropatellare laterale** bzw. **mediale)** sind als hervorgehobene Abschnitte des Retinaculum anzusehen. Das laterale Band ist kräftiger als das mediale, es entspringt am entsprechenden Bandhöcker des Oberschenkelknochens und zieht zum lateralen Winkel der Kniescheibe. Das mediale Seitenband verbindet die Patella mit dem medialen Bandhöcker des Femurs.

Die **Kniescheibenbänder (Ligamenta patellae)** sind die Endsehnen des M. quadriceps femoris, sie überspannen das Kniekehlgelenk und inserieren proximal an der Tuberositas tibiae. Die Ligamenta patellae unterscheiden sich tierartlich beträchtlich.

Bei Fleischfressern, Schwein und kleinen Wiederkäuern ist allein **ein Kniescheibenband (Ligamentum patellae)** zwischen der Patella und dem proximalen Ende der Tibia ausgebildet (Abb. 4-55). In Höhe des Kniescheibengelenks ist dem Band ein **Kniefettkörper (Corpus adiposum infrapatellare)**, proximal der Insertionsstelle der **Bursa infrapatellaris**, unterlagert.

Beim Rind und Pferd wird das **Ligamentum patellae** durch ein **Ligamentum patellae laterale** und ein **Ligamentum patellae mediale** als bandartige Verdichtungen des Retinaculum ergänzt. Das Ligamentum patellae führt auch die Bezeichnung **Ligamentum patellae intermedium**. Die drei Kniescheibenbänder entspringen lateral, in der Mitte und medial **(Fibrocartilago parapatellaris)** an der Kniescheibe und inserieren unterschiedlich an der Tibia (Abb. 4-57).

Beim Rind inseriert das Ligamentum patellae lateralis lateral des Margo cranialis an der Tuberositas tibiae und nimmt die plattenartig verbreiterte Endsehne des M. biceps femoris auf. Das Ligamentum patellae intermedium setzt proximal des Margo cranialis der Tuberositas tibiae an, unterlagert von einer Bursa infrapatellaris distalis. Dieses Band ist als **mittleres Kniescheibenband** in direkter Verlängerung des Schienbeins tastbar. Das Ligamentum patellae mediale inseriert medial an der Tuberositas tibiae, deutlich vom mittleren Band getrennt.

Beim Pferd inseriert das **Ligamentum patellae laterale** proximal des Margo cranialis an der Tuberositas tibiae und ist in direkter Fortsetzung des Schienbeins tastbar. Das Ligamentum patellae intermedium endet im Sulcus tuberositatis tibiae. Dieses Band ist wie beim Rind an seinem Ursprung von einer Bursa infrapatellaris proximalis an seiner Ansatzstelle von einer Bursa infrapatellaris distalis unterlagert. Das Ligamentum patellae mediale inseriert medial an der Tuberositas tibiae. Das **mittlere** und das **mediale Kniescheibenband** formen mit der Kniescheibe und deren medialem Ansatzknorpel eine **Schlaufe**, die bei Kontraktion des M. quadriceps femoris über die Trochlea des Femur gehoben und fixiert werden kann (Einhaken der Patella) (Abb. 4-57 u. 59).

Bei Fleischfressern und beim Schwein kommunizieren die beiden Synovialsäcke des Kniekehlgelenks stets untereinander und mit dem des Kniescheibengelenks. Bei Wiederkäuern stehen in der Regel die Synovialsäcke untereinander in Verbindung, darüber hinaus verbindet sich der mediale Synovialsack des Kniegelenks mit dem Femoropatellargelenksack. Beim Pferd sind in der Regel keine Verbindungen zwischen den Synovialsäcken vorhanden, jedoch kann der mediale Kniekehlgelenksack häufiger mit dem Femoropatellargelenksack kommunizieren als der laterale. Bei den Haussäugetieren (außer Pferd und Wiederkäuern) steht der laterale Kniekehlgelenksack mit dem Gelenk der Articulatio tibiofibularis proximalis zwischen dem Caput fibulae und dem Condylus lateralis tibiae in Verbindung.

**Punktionsstellen am Kniegelenk**

- **Hund**: Der Hund wird so auf die Seite gelegt, dass das Gelenk leicht gebeugt dem Tisch aufliegt. Die Kanüle wird am medialen Rand des Lig. patellae, in der Mitte zwischen Patella und Tuberositas tibiae, eingestochen und in proximokaudaler Richtung vorgeschoben.
- **Schwein**: Das Schwein wird auf die Seite gelegt. Die Kanüle wird am lateralen Rand des Ligamentum patellae distal der Patella eingestochen.
- **Rind**: **Femoropatellargelenk**: Eine 12 cm lange Kanüle wird zwischen der medialen und der mittleren Patellarsehne, 3 cm proximal der Tuberositas tibiae, eingestochen und proximal vorgeschoben. **Femorotibialgelenk**: Eine 6 cm lange Kanüle wird in die laterale Gelenkaussackung am kranialen oder kaudalen Rand des M. extensor digitorum longus zwischen der Tuberositas tibiae und dem Condylus lateralis eingestochen und proximal vorgeführt.
- **Pferd**: Um die Anästhesie aller drei Gelenkkompartimente sicherzustellen, sollte jedes Gelenk einzeln injiziert werden. Das **Femoropatellargelenk** wird am stehenden Pferd mit einer 3 cm langen Kanüle distal der Spitze der Patella, zwischen der medialen und der mittleren Patellarsehne, in einer horizontalen Ebene und kraniokaudaler Einstichrichtung injiziert. Das **mediale Femorotibialgelenk** wird am stehenden Pferd mit einer 3 cm langen Kanüle, 2 cm proximal des medialen Kondylus der Tibia, zwischen der medialen Patellarsehne und dem medialen Kollateralband in einer horizontalen Ebene mit lateraler Einstichrichtung injiziert. Das **laterale Femorotibialgelenk** wird am stehenden Pferd mit einer 8 cm langen Kanüle, proximal der Tuberositas tibiae, kranial oder kaudal der Sehne des M. extensor digitorum longus, in medioproximaler Einstichrichtung injiziert.

## Verbindungen der Fibula mit der Tibia

Die Verbindungen der Fibula mit der Tibia sind entsprechend dem Ausbildungsgrad der Rückbildung des Wadenbeins tierartlich unterschiedlich. Gemeinsam ist bei den meisten Haussäugetieren eine **Articulatio tibiofibularis proximalis** (außer Wiederkäuern) und eine **Articulatio tibiofibularis distalis** (Ausnahme Pferd) ausgebildet. Zwischen den Körpern der Tibia und der Fibula ist eine bindegewebige **Membran (Membrana interossea cruris)** ausgespannt.

Die **Articulatio tibiofibularis proximalis** ist ein **straffes Gelenk**, dessen Gelenkhöhle mit Ausnahme des Pferdes mit dem lateralen Kniekehlgelenksack kommuniziert. Bei Wiederkäuern ist das rudimentäre Caput fibulae mit dem Condylus lateralis tibiae knöchern verwachsen. Die **Articulatio tibiofibularis distalis** ist ebenfalls ein **straffes Gelenk**, in dem das distale Ende der Tibia und der Fibula artikulieren, bei Wiederkäuern jedoch mit dem Os malleolare. Beim Pferd ist das distale Ende der Fibula im Malleolus lateralis mit der Tibia verschmolzen. Der distale Gelenksack steht mit dem des Tarsokruralgelenks in Verbindung.

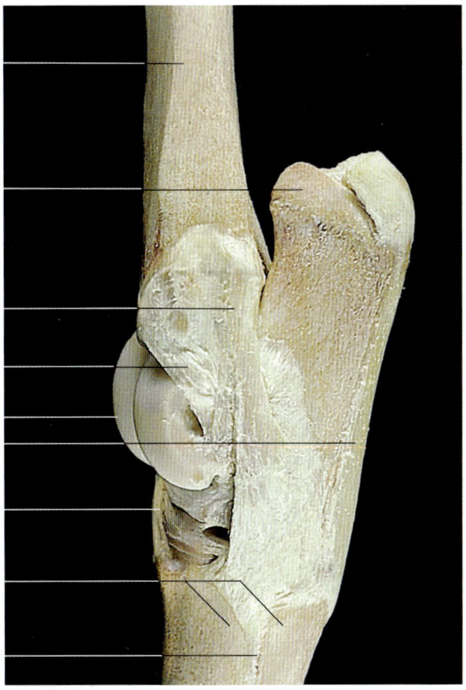


**Abb. 4-65.** Bänder am linken Sprunggelenk eines Pferdes (Lateralansicht), Präparat Dr. R. Macher, Wien.

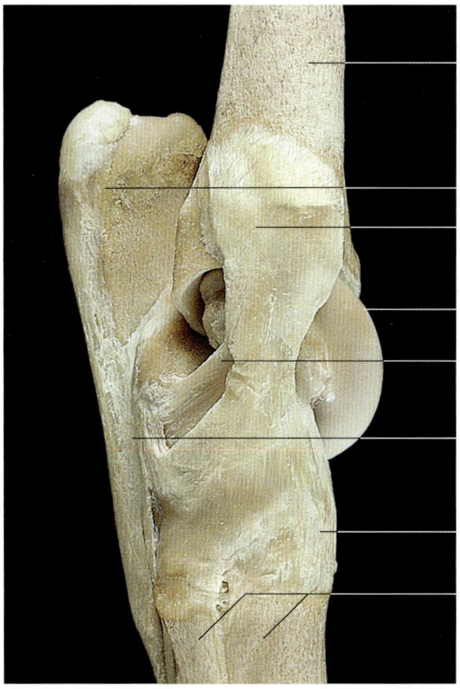


**Abb. 4-66.** Bänder am linken Sprunggelenk eines Pferdes (Medialansicht), Präparat Dr. R. Macher, Wien.

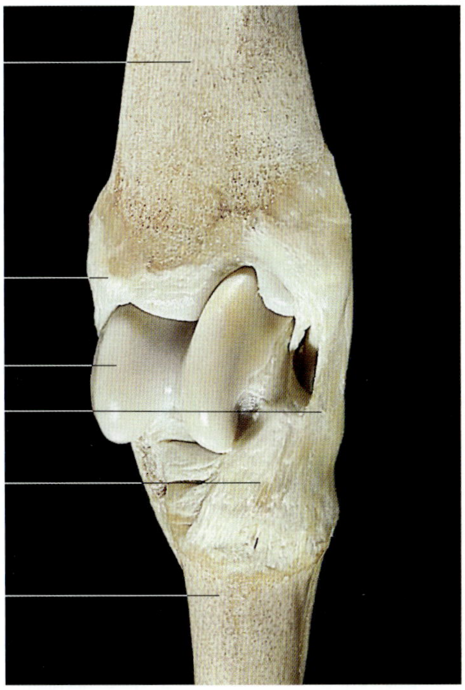


**Abb. 4-67.** Bänder am Sprunggelenk eines Pferdes (Dorsalansicht), Präparat Dr. R. Macher, Wien.

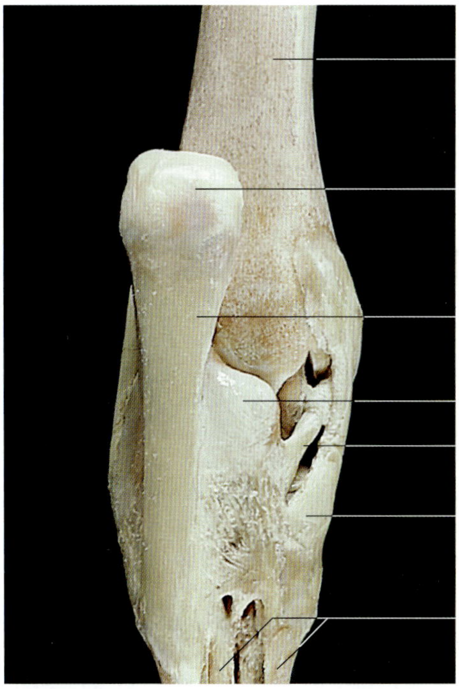


**Abb. 4-68.** Bänder am Sprunggelenk eines Pferdes (Plantaransicht), Präparat Dr. R. Macher, Wien.

## Hinterfußverbindungen (Articulationes pedis)

Das **Hinterfußwurzel-** oder **Sprunggelenk (Articulatio tarsi, Tarsalgelenk)** ist ein **zusammengesetztes Gelenk**, in dem die Knochen des Unterschenkels, die Tarsalknochen und die Knochen des Metatarsus artikulieren (Abb. 4-65). Die Gelenkkapsel entspringt mit ihrem **Stratum fibrosum** an den Unterschenkelknochen und überzieht das gesamte Sprunggelenk bis zu den Metatarsalknochen. Das **Stratum synoviale** spaltet sich ab und bildet **vier Gelenksäcke**. Man unterscheidet demzufolge in vier Gelenkebenen:

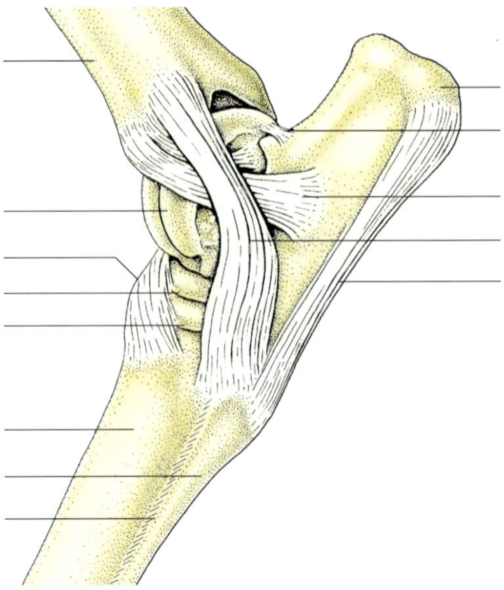


**Abb. 4-69.** Schematische Darstellung der Bänder des Sprunggelenks des Pferdes (Lateralansicht), nach Červeny, 1980.

- **Unterschenkel-Hinterfußwurzel-Gelenk** (Articulatio tarsocruralis),
- **obere Hinterfußwurzel-Mittelgelenke** (Articulatio talocalcaneocentralis und Articulatio calcaneoquartalis),
- **unteres Hinterfußwurzel-Mittelgelenk** (Articulatio centrodistalis),
- **Hinterfußwurzel-Zwischengelenke** (Articulationes intertarseae) und
- **Hinterfußwurzel-Mittelfuß-Gelenke** (Articulationes tarsometatarseae).

Das **Unterschenkel-Hinterfußwurzel-Gelenk (Articulatio tarsocruralis, Tarsokruralgelenk, Rollgelenk)** ist ein **vollkommenes Schraubengelenk**, funktionell ein **Wechselgelenk**, in dem die ausgeprägte Trochlea tali mit der Cochlea tibiae sowie die distale Gelenkfläche der Fibula (Ausnahme Wiederkäuer, Os malleolare) mit dem Calcaneus (Ausnahme Pferd) artikulieren. Beim Pferd ist dieses Gelenk zusätzlich noch ein **federndes Schnappgelenk**. Die Gelenkhöhle ist großräumig ausgedehnt und beim Pferd durch eine dorsale und zwei plantare Ausbuchtungen erweitert. Die dorsale Bucht erstreckt sich proximal der medialen Endsehne des M. tibialis cranialis, die plantare proximal des medialen und lateralen Malleolus (Abb. 4-71).

Das **obere Hinterfußwurzel-Mittelgelenk** ist geteilt in eine **Articulatio talocalcaneocentralis** und eine **Articulatio calcaneoquartalis**, in denen das Sprungbein und das Fersenbein mit dem Os tarsi centrale bzw. der Calcaneus mit dem Os tarsale quartum artikulieren. Bei Fleischfressern sind im Hinterfußwurzel-Mittelgelenk in erheblichem Umfang Dreh- und Seitwärtsbewegungen möglich. Bei Schwein und Wiederkäuern ist dieses Gelenk ein **vollkommenes Walzengelenk**, beim Pferd ein **straffes Gelenk**. Die Gelenkhöhle ist demzufolge tierartlich unterschiedlich weit bzw. eng, sie steht mit der der proximalen Reihe in Verbindung.

Das **untere Hinterfußwurzel-Mittelgelenk (Articulatio centrodistalis)** ist ein **straffes Gelenk**, es artikulieren die Tarsalknochen der distalen Reihe mit dem Os tarsi centrale unter Ausschluss des Os tarsale quartum.

Die **Hinterfußwurzel-Zwischengelenke (Articulationes intertarseae)** sind **straffe Gelenke**, in denen die Knochen einer Reihe untereinander in Verbindung treten.

Die **Hinterfußwurzel-Mittelfuß-Gelenke (Articulationes tarsometatarseae)** sind ebenfalls straffe Gelenke, in denen die Tarsalknochen der distalen Reihe mit den Metatarsalknochen artikulieren.

Der **Bandapparat des Tarsalgelenks** setzt sich aus Seitenbändern, proximalen bzw. distalen Fußwurzelbändern und Faszienverstärkungen zusammen (Abb. 4-65ff., 69 u. 70).

Man unterscheidet **Seitenbänder (Ligamenta collateralia)**, die sich entsprechend ihrer Lage und Ausdehnung nochmals ordnen lassen in das:

- **laterale lange Seitenband (Ligamentum collaterale tarsi laterale longum)**, das am Malleolus lateralis entspringt und zum lateralen Metatarsalknochen zieht,
- **laterale kurze Seitenband (Ligamentum collaterale tarsi laterale breve)**, das am lateralen Malleolus seinen Ursprung hat und bei Hund und Pferd mit einem Schenkel am Calcaneus, mit dem anderen am Talus inseriert,
- **mediale lange Seitenband (Ligamentum collaterale tarsi mediale longum)**, das am Malleolus medialis entspringt und in Verbindung zu den medial gelegenen Tarsalknochen zum medialen Metatarsalknochen zieht, und
- **mediale kurze Seitenband (Ligamentum collaterale tarsi mediale breve)**, das am medialen Malleolus seinen Ursprung hat und sich zum Ansatz am Talus bzw. am Calcaneus spaltet; bei Hund und Rind verlängert sich dieses Seitenband fächerförmig bis zu den medialen Metatarsalknochen.

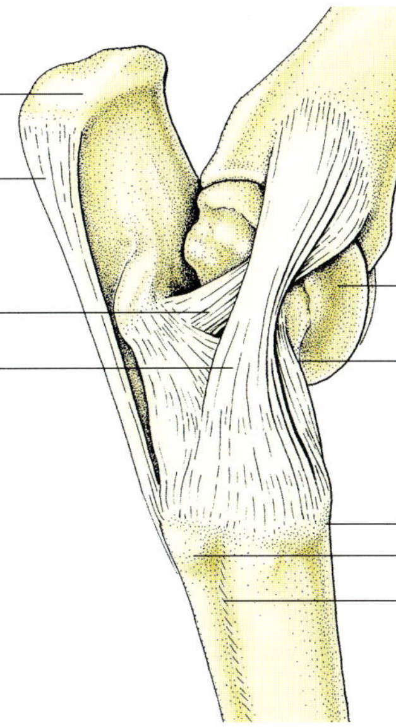


**Abb. 4-70.** Schematische Darstellung der Bänder des Sprunggelenks des Pferdes (Medialansicht), nach Červeny, 1980.

Bei der Katze treten, im Gegensatz zu anderen Haussäugetieren, keine langen Bänder auf, die mehr als zwei Gelenkspalten überspringen. Diese werden durch die Endsehnen des M. tibialis caudalis bzw. des M. fibularis (Näheres s. Abschnitt »Muskeln am Unterschenkel« in diesem Kapitel, s. S. 263) ersetzt, die in Höhe des Sprunggelenks stabilisierende Funktionen übernehmen.

Darüber hinaus treten **Faszienverstärkungen (Retinacula)** auf, die Haltebänder für Sehnen darstellen, durch die auch Nerven und Gefäße hindurchtreten.

**Dorsale** und **plantare Fußwurzelbänder** sind in großer Zahl ausgebildet und überbrücken längs, quer oder schräg verlaufend eine oder mehrere Gelenkspalten des Tarsalgelenks. Hervorzuheben sind nur einige wenige:

- Das **dorsale Fächerband (Ligamentum tarsi dorsale** oder **Ligamentum talocentrodistometatarseum)** stellt ein breitgefächertes Band dar, das am medialen Bandhöcker des Talus entspringt und nach schiefem Verlauf am Metatarsus (Mt II, Mt III, Os tarsi centrale und Os tarsale tertium) inseriert.
- Das **lange Sohlenband (Ligamentum plantare longum)** ist das wichtigste der plantaren Tarsalbänder. Dieses Band nimmt bei Fleischfressern seinen Ursprung distal am Fersenbein, bei den anderen Haussäugetieren am Tuber calcanei und inseriert über die lateral gelegenen Tarsalknochen (T4 und Tc) am Metatarsus (Mt III und Mt IV).
- Die **Ligamenta tarsi interosseae** spannen sich zwischen den Artikulationsflächen anliegender Tarsalknochen derselben bzw. benachbarter Reihen.

Die **Fußwurzel-Mittelfuß-Bänder** stellen bindegewebige dorsale und ggf. plantare Verbindungen zu den Metatarsalknochen dar, soweit diese nicht phylogenetisch rückgebildet sind.

Die **Verbindungen der Metatarsal- und Zehenknochen** stimmen mit geringfügigen Unterschieden mit den entsprechenden Verbindungen an der Schultergliedmaße überein und sind dort beschrieben.

**Punktionsstellen am Sprunggelenk**

- **Hund**: Der Hund wird auf die Seite gelegt und das Sprunggelenk gestreckt. Die Kanüle wird distal des distalen Ende der Fibula und dorsal der palpierbaren Sehne des M. fibularis longus eingestochen und distoplantar vorgeschoben.
- **Schwein**: Das Tarsokruralgelenk wird injiziert, indem die Kanüle am dorsalen Rand des lateralen Malleolus horizontal eingestochen und in mediale Richtung vorgeschoben wird.
- **Rind**: Eine 6 cm lange Kanüle wird zwischen dem lateralen Kollateralband und der Endsehne des M. tibialis cranialis horizontal eingestochen und vorgeschoben.
- **Pferd**: Die Injektionen des **Tarsokrural-** und **proximalen Intertarsalgelenks** werden von mediodorsal mit einer 3 cm langen Kanüle am stehenden Pferd durchgeführt. Die Kanüle wird in die palpierbare Mulde distal des medialen Malleolus horizontal eingestochen und lateral gerichtet vorgeschoben. Dabei muss beachtet werden, dass der kraniale Ast der V. saphena medialis nicht verletzt wird.
  Die Injektion des **distalen Intertarsalgelenks** wird von medial mit einer 3 cm langen Kanüle am stehenden Pferd durchgeführt. Eine Mulde ist oft in Höhe des distalen Teils der Fersenbeinsehne des M. biceps femoris und entlang einer gedachten Linie zwischen dem tastbaren distalen Ende des Talus und des 2. und 3. Metatarsalknochens zu palpieren. Die Kanüle wird in einer horizontalen Ebene in leicht kaudaler Richtung eingestochen.
  Das **Tarsometatarsalgelenk** wird am stehenden Pferd von der lateralen Seite mit einer 2 cm langen Kanüle injiziert. Die Kanüle wird 1 cm proximal des Kopfes des IV. Metatarsalknochens in dorsaler und leicht kaudaler Richtung eingestochen.

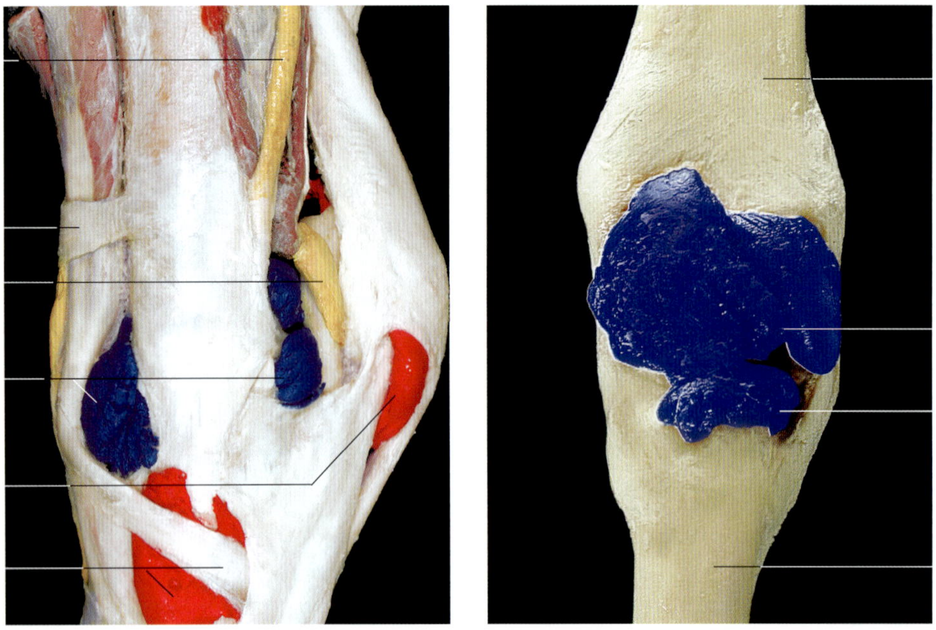


**Abb. 4-71.** Gelenksäcke und synoviale Einrichtungen am Sprunggelenk des Pferdes (Korrosionspräparate, linke Abb. Medialansicht und rechte Abb. Dorsalansicht), Präparat Dr. Margit Teufel, Wien.

# Muskeln der Beckengliedmaße (Musculi membri pelvini)

Die Muskeln der Hinter- oder Beckengliedmaße werden funktionell in die **Beckengürtelmuskulatur** und die **Eigenmuskulatur** unterteilt.

## Faszien des Beckens und der Beckengliedmaße

Die innere Rumpffaszie, in der Bauchhöhle als **Fascia transversalis** bekannt, setzt sich in der Beckenhöhle mit der **Fascia iliaca** fort. Diese bildet die Lacuna musculorum (Durchtritt für den M. iliopsoas), die Lacuna vasorum (Durchtritt für die A. und V. femoralis) und das Ligamentum inguinale. In Höhe des Beckenausgangs geht sie in die **Fascia diaphragmatis pelvis** über.

Außen, an der Kruppe und an der Beckengliedmaße, werden die Muskeln von breitflächigen, teils mehrblättrigen Faszien umgeben, die Septa muscularia ausbilden. An der Kruppe ist die **Fascia glutaea**, am Oberschenkel medial die **Fascia (Lamina) femoralis**, lateral die **Fascia lata** zu erwähnen. Die Oberschenkelfaszien gehen in die mehrblättrige **Fascia genus** und die **Fascia cruris** über. In Höhe des Kniegelenks entstehen als Faszienverstärkungen **Retinacula**, die die Funktion von Gelenkbändern übernehmen. Am Sprunggelenk sind Retinacula als **Sehnenhaltebänder** ausgebildet.

## Beckengürtelmuskulatur

Die Beckengürtelmuskulatur wird traditonell auf die innere Lendenmuskulatur begrenzt, sie liegt ventral der Lendenwirbelsäule an und zieht zum Becken bzw. Oberschenkel. Die Beckengürtelmuskulatur dient der Stabilisierung und Verspannung der Wirbelsäule und des Beckens, aber auch der Feinabstimmung bei Krümmung oder Durchbiegen des Rückens während eines statisch-dynamischen Bewegungsablaufs. Aus funktioneller Sicht erscheint es daher sinnvoll, auch die Glutaeusmuskulatur in diese Muskelgruppe mit einzubeziehen. Die Muskeln des Beckengürtels werden ihrer Lage wegen auch als **innere Lendenmuskulatur** benannt, diese sind in Hinblick auf die nahezu feste Verbindung des Kreuzbeins zum Becken schwach ausgebildet (Abb. 4-72, 73 und Tab. 4-5). Man unterscheidet:

- M. psoas minor,
- M. iliopsoas,
- M. quadratus lumborum.

Der **M. psoas minor (kleinerer Lendenmuskel)** entspringt ventral an den letzten 2 bis 3 Brust- und den ersten 4 (5) Lendenwirbeln und inseriert meist mit einer kräftigen Endsehne am Tuberculum musculi psoas minoris der Darmbeinsäule (Abb. 4-73).

Bei Fleischfressern ist er, wie auch die anderen Muskeln des Beckengürtels, muskulös und kräftig entwickelt. Die Muskelbäuche beider Körperseiten schließen die Ursprungssehnen der Zwerchfellpfeiler ein, sie liegen dem M. psoas major auf. Seine platte Endsehne verschmilzt mit der Fascia iliaca und setzt an der Linea arcuata bis hin zur Eminentia iliopubica an. Bei den Wiederkäuern und beim Pferd ist dieser Muskel stark sehnig durchsetzt. Er stellt bei festgestellter Wirbelsäule das Becken steiler, bei fixiertem Becken wird die Lendenwirbelsäule stabilisiert und ein dorsokonvexes Aufbiegen ermöglicht.

Der **M. iliopsoas (Darmbein-Lenden-Muskel)** ist der stärkste Muskel dieser Gruppe, er kann – außer bei den Fleischfressern – in zwei Portionen aufgetrennt werden:

- M. psoas major als Lendenportion,
- M. iliacus als Darmbeinportion.

Der **M. psoas major** entspringt neben dem kleinen Lendenmuskel seitlich an den Körpern der Lendenwirbel, an deren Querfortsätzen, an den letzten zwei Brustwirbeln und an den Rippen (Abb. 4-73). In

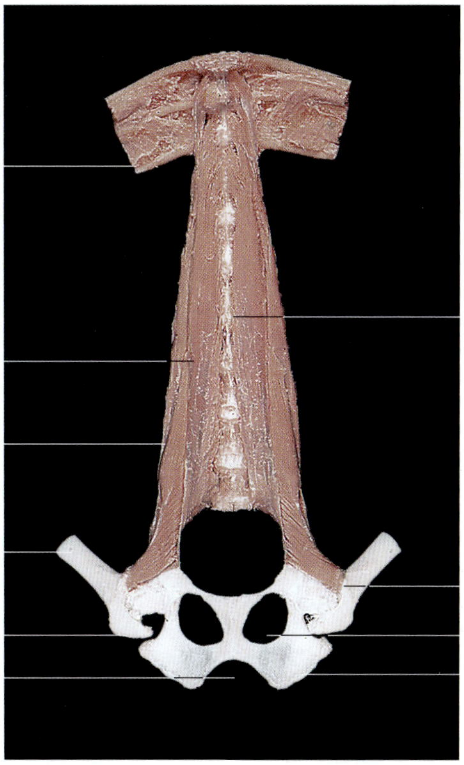


**Abb. 4-72.** Beckengürtelmuskulatur eines Hundes (Ventralansicht).

**Tab. 4-5.** Beckengürtelmuskulatur.

| **Name**<br>**Innervation** | **Ursprung** | **Ansatz** | **Funktion** |
|---|---|---|---|
| **M. psoas minor**<br>Hund: Rami ventrales der 4.–5. Lendennerven<br>Pferd: Interkostalnerven, Rami ventrales der Lendennerven, N. genitofemoralis, N. femoralis | letzte 3 Brustwirbel, 1.–4. Lendenwirbel | Tuberculum musculi psoas minoris, Darmbeinsäule | Feststeller, Aufbieger der Lendenwirbelsäule |
| **M. iliopsoas:**<br>Hund: Rami ventrales der 4.–5. Lendennerven<br>Pferd: Interkostalnerven, N. femoralis | | | Beuger des Hüftgelenks, Vorführer der Hintergliedmaße |
| **– M. psoas major** | letzte Brustwirbel, Lendenwirbel | Trochanter minor ossis femoris | |
| Lendennerven, N. genitofemoralis, N. femoralis | | | |
| **– M. iliacus** | Fascia iliaca, Ala ossis ilii | Trochanter minor ossis femoris | |
| **M. quadratus lumborum**<br>Hund: Rami ventrales der 4.–5. Lendennerven<br>Pferd: Interkostalnerven, Rami ventrales der Lendennerven, N. genitofemoralis, N. femoralis | ventral an Querfortsätzen der Lendenwirbel | Querfortsätze der Lendenwirbel, Kreuzbeinflügel, Darmbeinflügel | Feststeller der Lendenwirbelsäule |

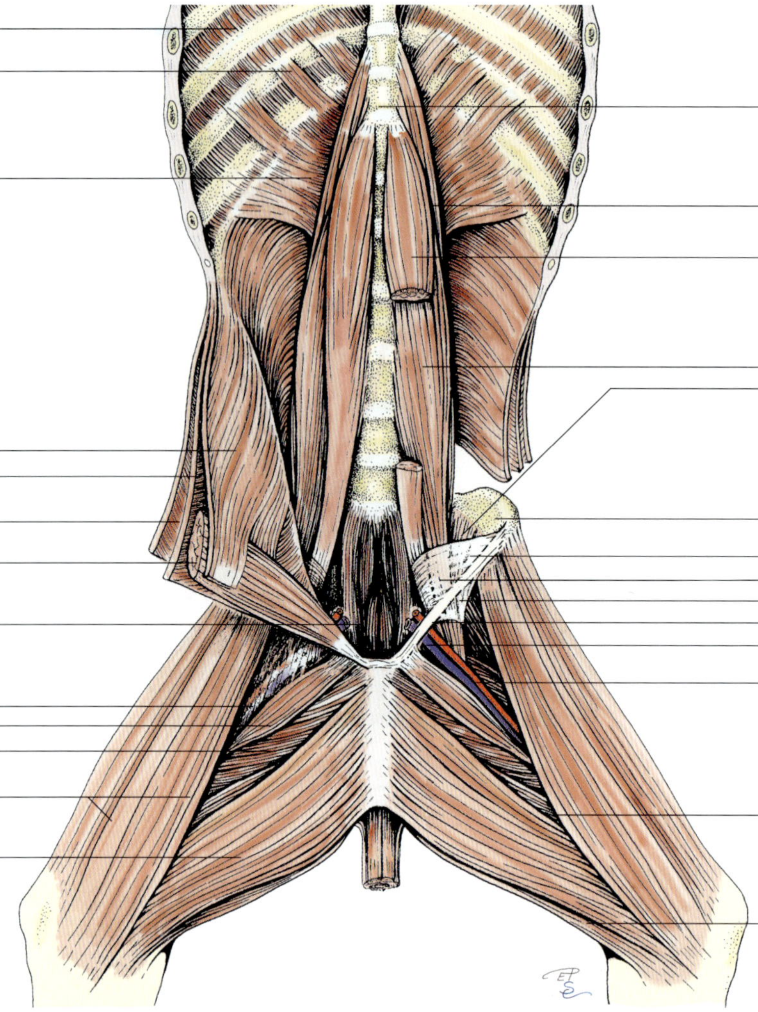


**Abb. 4-73.** Schematische Darstellung der Beckengürtelmuskulatur, der Muskulatur medial am Oberschenkel und der Bauchmuskulatur (getrennt) des Hundes (Ventralansicht), nach Ellenberger und Baum, 1943.

seinem Verlauf liegt er dem M. quadratus lumborum ventral auf, durchzieht die Muskelpforte und inseriert am Trochanter minor ossis femoris. Seine zweite Portion, der **M. iliacus**, zieht von der Facies iliaca des Darmbeinflügels und der Darmbeinsäule ebenso zum Trochanter minor. Bei Fleischfressern sind diese beiden Muskeln zum M. iliopsoas verschmolzen. Beim Wiederkäuer und Pferd ist der M. iliacus ein starker, rein fleischiger Muskel, dessen Querschnitt anfangs platt, beckenwärts rundlich ist. Der M. psoas major liegt zwischen den Bäuchen des M. iliacus, sein stärkerer lateraler Teil entspringt der Fascia iliaca, sein schwächerer medialer der Darmbeinsäule und dem Kreuzbein. Beide Bäuche vereinigen sich und enden am Trochanter minor.

Der M. iliopsoas führt die Hintergliedmaße unter Beugung des Hüftgelenks nach vorne, gleichzeitig wird das Kniegelenk nach außen gedreht. Bei feststehender Gliedmaße wird die Wirbelsäule fixiert, bei rückwärtsgestellter Extremität der Rumpf nach hinten gezogen.

Der **M. quadratus lumborum (viereckiger Lendenmuskel)** liegt den proximalen Enden der Rippen und den Querfortsätzen der Lendenwirbel ventral auf und setzt am Kreuzbeinflügel und am Darmbein an (Abb. 4-73). Bei Fleischfressern ist dieser Muskel eine vergleichbar kräftige Muskelplatte, die beim Hund von den Körpern des 10. bis 13. Brustwirbels ihren Ursprung nimmt (intrathorakaler Teil). Die Endsehnen überspringen 2 bis 3 Segmente und inserieren an den Querfortsätzen der ersten 3 Lendenwirbel. Von dort setzt er sich mit seinem lumbalen Teil fort, der am Ventralrand des Kreuz- und Darmbeinflügels inseriert.

Bei Wiederkäuern und beim Pferd ist dieser Muskel sehnig, er entspringt feinfaserig ventral am proximalen Ende der letzten Rippe und lateral an den Querfortsätzen der Lendenwirbel. Sein Ansatz sind die Processus transversi der Lendenwirbel und der Kreuzbeinflügel.

Der M. quadratus lumborum dient der Versteifung der Lendenwirbelsäule, vermag diese aber auch dorsokonvex aufzubiegen. Bei Tieren mit noch beweglicherer Wirbelsäule (Fleischfresser und Schwein) dient dieser Muskel auch dazu, das Becken steiler zu stellen.

## Eigenmuskulatur der Beckengliedmaße

Die Eigenmuskulatur der Beckengliedmaße dient vorzugsweise der Vorwärtsbewegung des Körpers, sie wirkt dynamisch in Form von Kräfteschüben, die stets durch Streckung aller Gelenke der Hinterextremität ausgelöst werden. Um den Tierkörper aus einer statischen

**Tab. 4-6.** Äußere Hüft- und Kruppenmuskeln.

| Name<br>Innervation | Ursprung | Ansatz | Funktion |
|---|---|---|---|
| **M. glutaeus superficialis**<br>N. glutaeus caudalis | Fascia glutaea<br>bzw. Kreuzbein | Trochanter tertius<br>bzw. major | Beuger und Strecker des Hüftgelenks |
| **M. glutaeofemoralis**<br>N. glutaeus caudalis | 2.–4. Schwanzwirbel | Fascia lata, Patella | Aus- und Rückwärtszieher der Gliedmaße,<br>Seitwärtszieher des Schwanzes |
| **M. glutaeus medius**<br>N. glutaeus cranialis | Darmbeinflügel,<br>Kreuzbein u. Lendenzacke | Trochanter major | Strecker des Hüftgelenks,<br>Aus- und Rückwärtszieher der Gliedmaße |
| **M. piriformis**<br>N. glutaeus cranialis | letzter Kreuzwirbel und<br>Ligamentum sacrotuberale | Trochanter major | Strecker des Hüftgelenks,<br>Aus- und Rückwärtszieher der Gliedmaße |
| **M. glutaeus profundus**<br>N. glutaeus cranialis | Spina ischiadica | Trochanter major | Aus- und Rückwärtszieher der Gliedmaße |
| **M. tensor fasciae latae**<br>N. glutaeus cranialis | Tuber coxae | Fascia lata | Vorführer der Gliedmaße,<br>Spanner der Faszie |

Ruhephase während des Standes in Phasen aktiver Mobilitätsabläufe zu bewegen, sind an der Hinterextremität die Muskeln kräftiger und komplizierter entwickelt als vergleichsweise an der Vordergliedmaße. So ist die Eigenmuskulatur vornehmlich an der Ausbildung der Kruppe mitbeteiligt, sie greift aber auch kranial auf die Muskeln des Stammes über. Die Eigenmuskulatur setzt sich distal auf die Oberschenkel und als Hinterbackenmuskeln fort. Vergleichbar zu den Muskeln der Schultergliedmaße geht auch an der Hinterextremität in distalen Abschnitten der mächtige und muskuläre Charakter der Eigenmuskulatur verloren. Lange Sehnenstränge setzen nachfolgend an den Sprung- und Zehengelenken an und übernehmen dort meist streckende oder beugende Funktionen (Abb. 4-74ff.). Man unterscheidet als **Eigenmuskulatur der Beckengliedmaße**:

- Muskeln des Hüftgelenks,
- Muskeln des Kniegelenks,
- Muskeln des Sprunggelenks und
- Muskeln der Hinterzehen.

Die **Muskeln des Hüftgelenks** sind vorzugsweise beim Pferd mächtig ausgebildet, sie prägen entscheidend das Exterieur der Kruppe. Diese Muskelgruppe dient vor allem der Streckung des Hüftgelenks, teilweise wird aber auch bei Kontraktion gleichzeitig das Kniegelenk und bei einzelnen Tierarten sogar das Sprunggelenk mitgestreckt. Man unterscheidet nach **Lage der Hüftgelenksmuskeln**:

- äußere Hüft- und Kruppenmuskeln,
- Hinterbackenmuskeln,
- mediale Oberschenkelmuskeln und
- tiefe Hüftgelenksmuskeln.

## Äußere Hüft- und Kruppenmuskeln

Die äußeren Hüft- und Kruppenmuskeln verkörpern bei den Haussäugetieren die Kruppenmuskeln im engeren Sinn und sind z.T. mit den Gesäßmuskeln des Menschen vergleichbar (Abb. 4-74ff., 78, 79, 87 und Tab. 4-6). Zu dieser Muskelgruppe gehören:

- M. glutaeus superficialis,
- M. glutaeofemoralis,
- M. glutaeus medius,
- M. piriformis,
- M. glutaeus profundus und
- M. tensor fasciae latae.

Der **M. glutaeus superficialis (oberflächlicher Kruppenmuskel)** ist tierartlich unterschiedlich entwickelt. So besitzen allein die Fleischfresser einen selbstständigen, abgeflachten M. glutaeus superficialis (Abb. 4-78). Dieser entspringt aus der Fascia glutaea, an der Spina iliaca dorsalis, an der Pars lateralis des Kreuzbeins, proximal am Ligamentum sacrotuberale und seitlich am 1. Schwanzwirbel. Sein Muskelbauch bildet die hintere Begrenzung der Kruppe mit und zieht kaudodistal. Seine Endsehne verläuft über den Trochanter major und inseriert distal von diesem lateral am Femur (Labium laterale).

Beim Schwein setzt sich der M. glutaeus superficialis aus zwei Portionen zusammen, deren kleinere, oberflächlich gelegene in die Fascia glutaea und in die Fascia lata einstrahlt. Die ausgeprägteren tieferen Anteile ziehen vom Kreuzbein und den ersten Schwanzwirbeln zur Mitte des M. biceps femoris und verschmelzen mit diesem zum M. glutaeobiceps.

Bei kleinen Wiederkäuern verschmilzt dieser Muskel zum Teil, beim Rind vollständig mit kranialen Abschnitten des M. biceps femoris zum **M. glutaeobiceps**. Beim Pferd tritt diese Verschmelzung mit dem M. biceps femoris nicht auf, hingegen verbindet sich

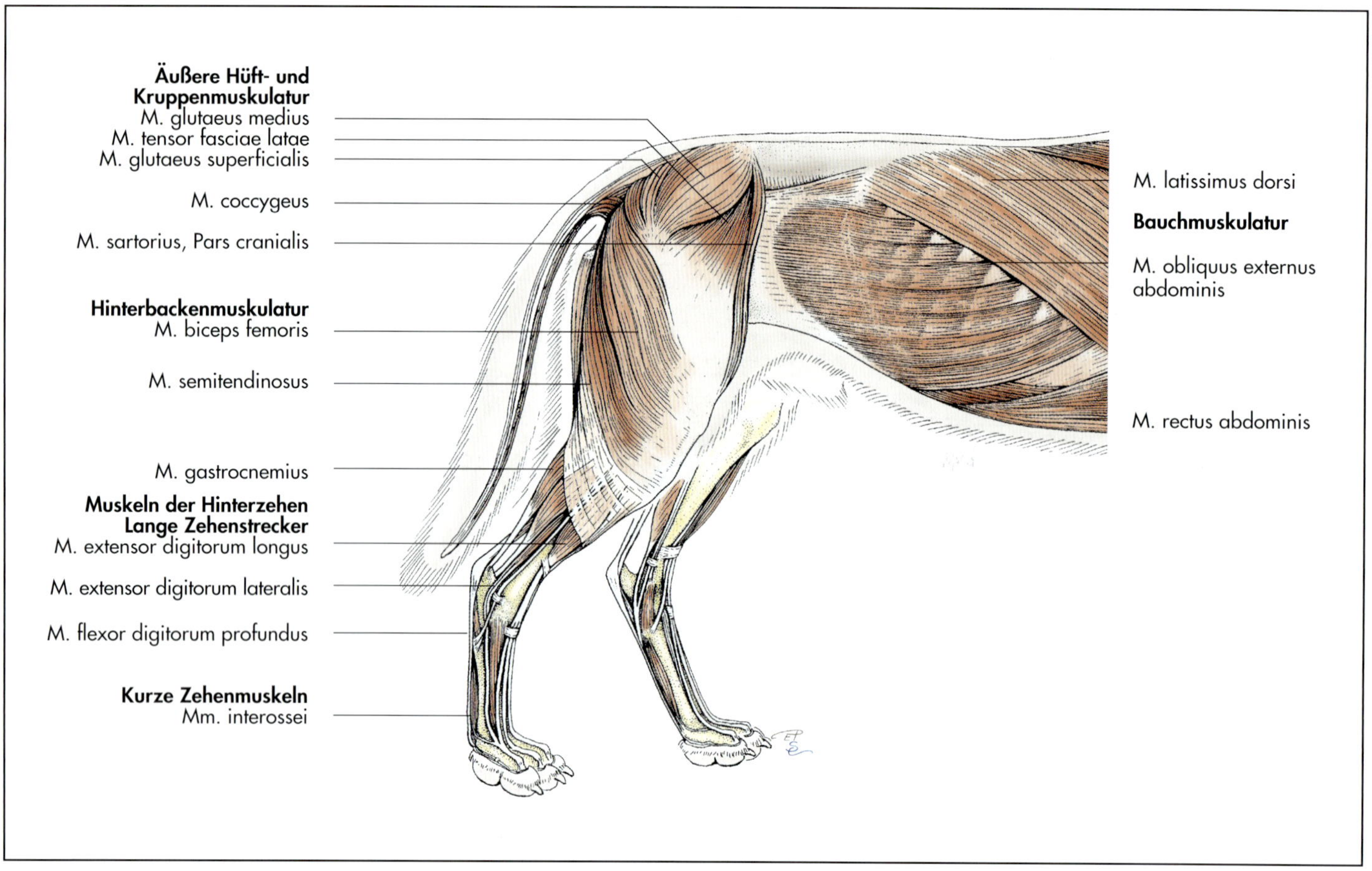


**Abb. 4-74.** Schematische Darstellung der Bauchmuskulatur und der oberflächlichen Muskeln der Beckengliedmaße des Hundes.

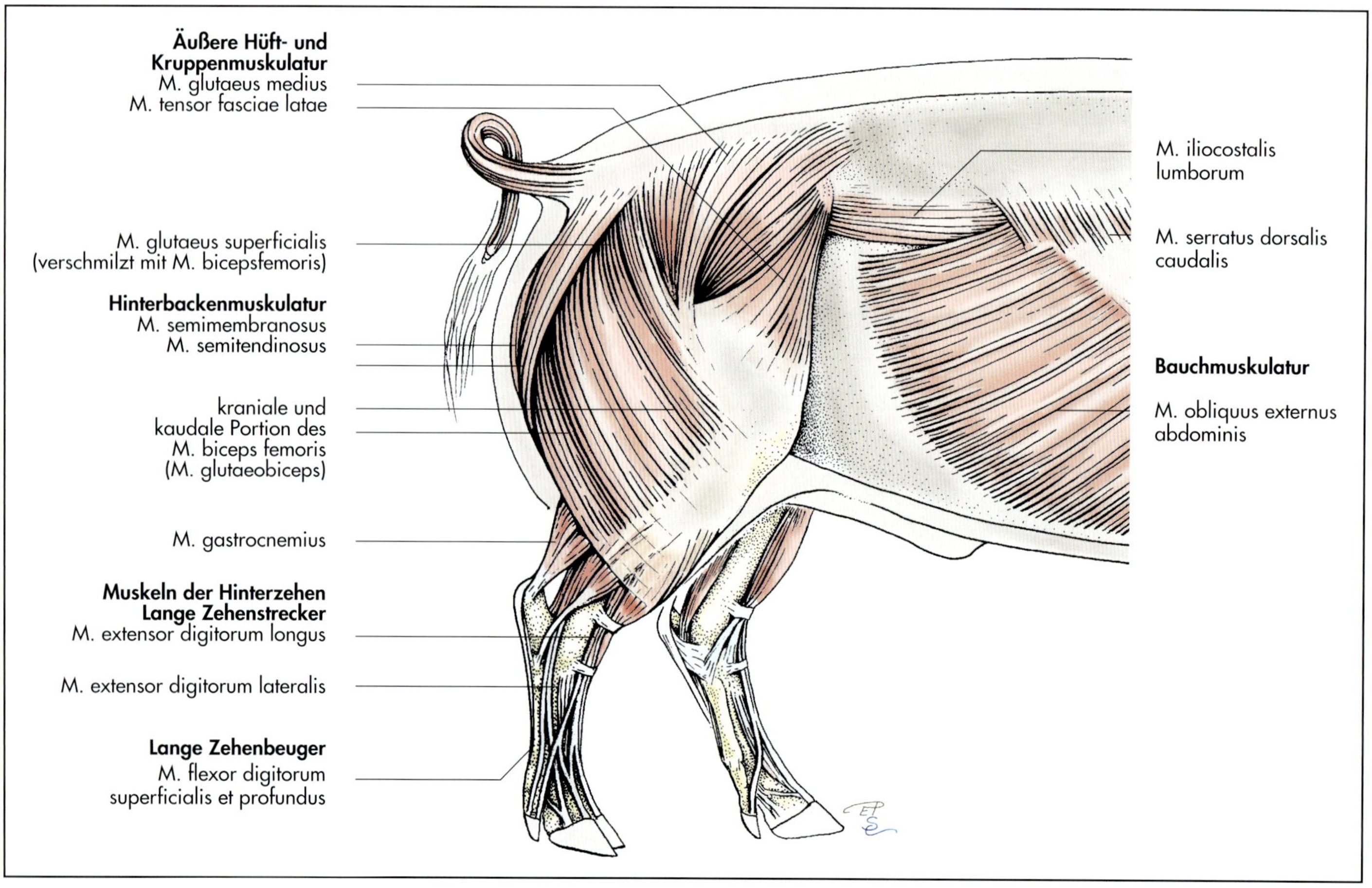


**Abb. 4-75.** Schematische Darstellung der Bauchmuskulatur und der oberflächlichen Muskeln der Beckengliedmaße des Schweines.

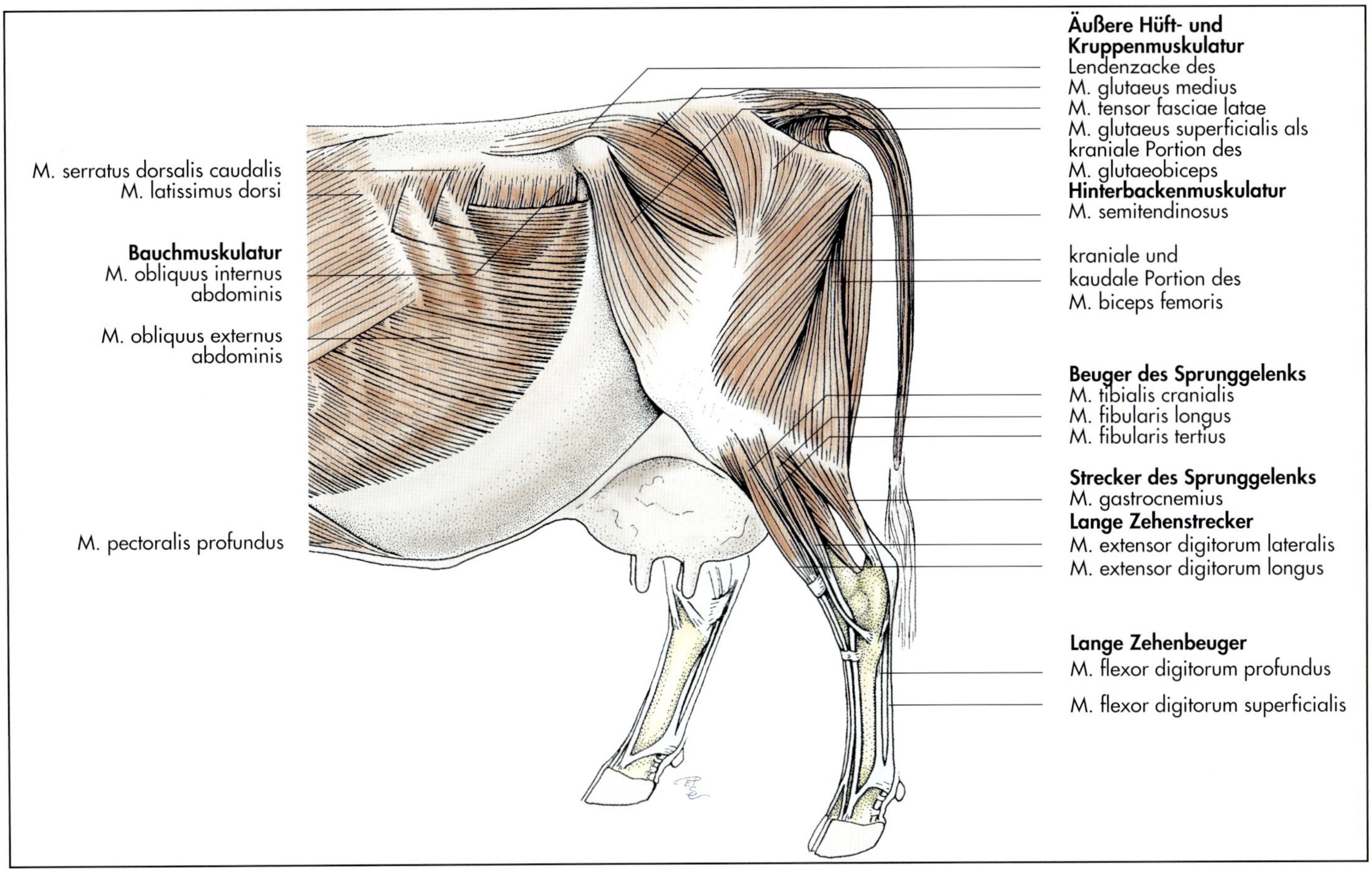


**Abb. 4-76.** Schematische Darstellung der Bauchmuskulatur und der oberflächlichen Muskeln der Beckengliedmaße des Rindes.

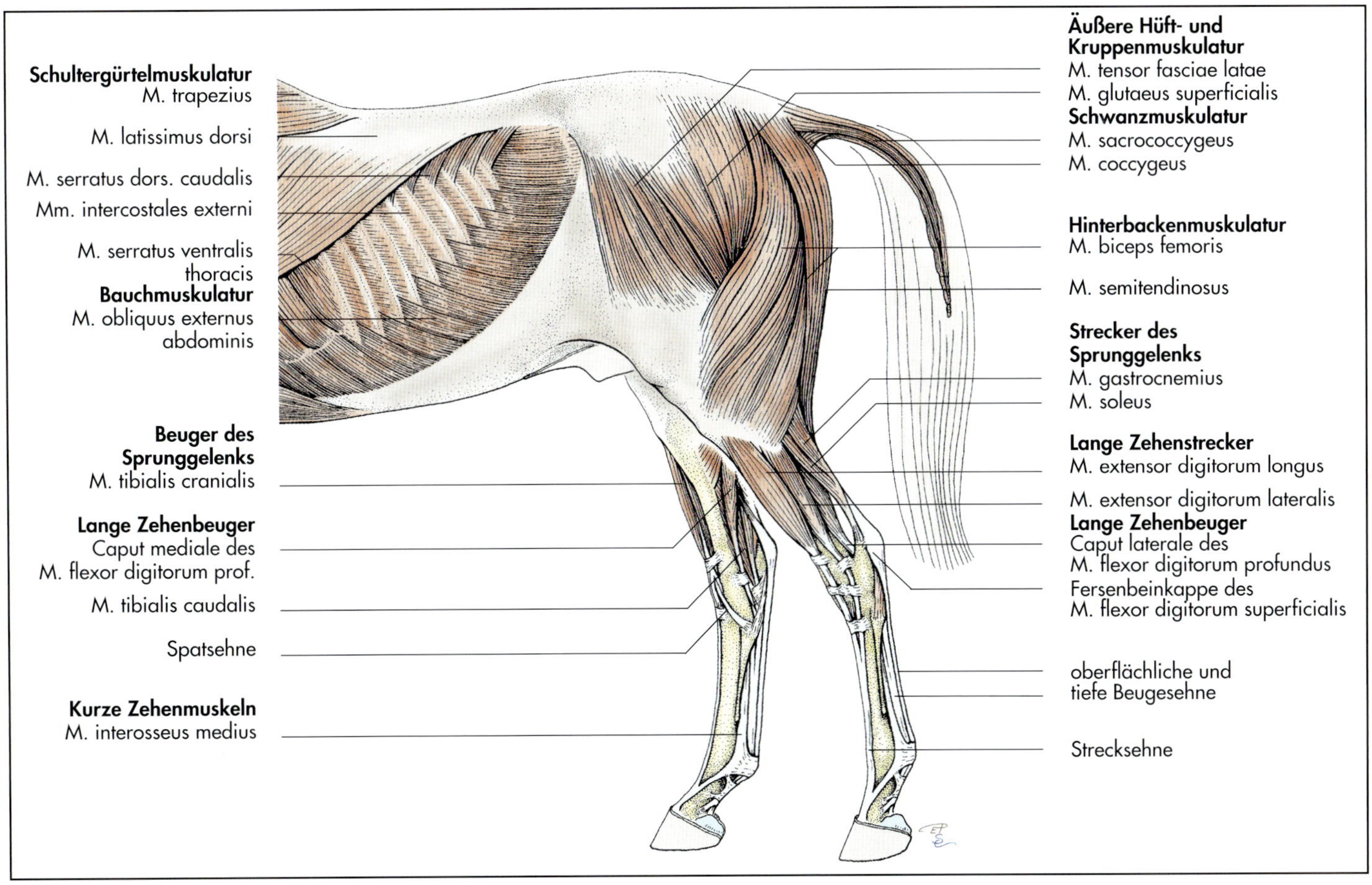


**Abb. 4-77.** Schematische Darstellung der Bauchmuskulatur und der oberflächlichen Muskeln der Beckengliedmaße des Pferdes.

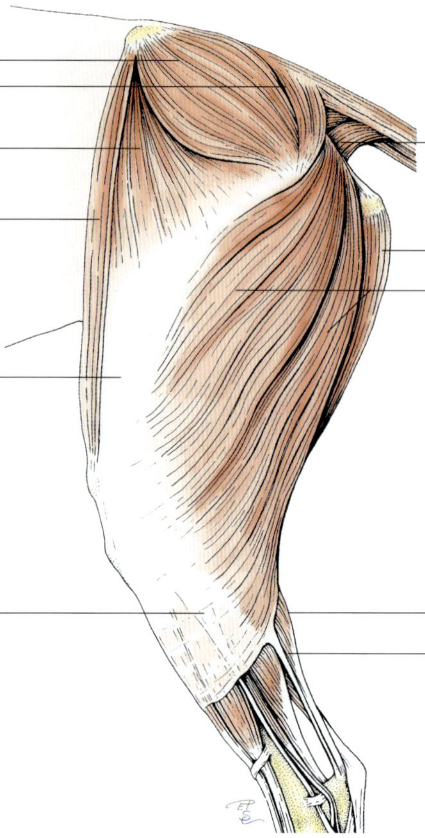


**Abb. 4-78.** Schematische Darstellung der oberflächlichen Muskulatur an der Beckengliedmaße des Hundes (Lateralansicht), nach Schaller, 1992.

der oberflächliche Kruppenmuskel distal des Hüftgelenks mit kaudalen Endabschnitten des M. tensor fasciae latae (Abb. 4-79). Der M. glutaeus superficialis entspringt aus der Fascia glutaea, liegt dem M. glutaeus medius auf, zieht über den Trochanter major und inseriert, unterlagert von einem Schleimbeutel, am Trochanter tertius und an der Fascia femoris.

Dieser Muskel dient der Streckung des Hüftgelenks und führt die Gliedmaße zurück, z.T. aber auch nach außen.

Der **M. glutaeofemoralis (Schwanz-Oberschenkel-Muskel)** tritt nur bei der Katze auf. Er legt sich als Muskelband zwischen den M. glutaeus superficialis und den M. biceps femoris. Er entspringt am 2. bis 4. Schwanzwirbel und endet aponeurotisch in der Fascia lata und lateral an der Kniescheibe. Der M. glutaeofemoralis hilft mit, bei festgestellter Schwanzwirbelsäule die Gliedmaße nach außen und rückwärts zu führen, er unterstützt die Streckung der Hüfte. Bei festgestellter Extremität dient er der seitlichen Bewegung des Schwanzes.

Der **M. glutaeus medius (mittlerer Kruppenmuskel)** stellt, mit Ausnahme des Rindes, einen sehr kräftig entwickelten Muskel dar, der vom M. glutaeus superficialis, der Fascia glutaea und der Fascia thoracolumbalis überzogen wird (Abb. 4-78). Beim Rind ist dieser Muskel meist flach eingezogen, sodass sich hieraus die arttypische Einziehung der Kruppe ableitet (Abb. 3-76). Der M. glutaeus medius liegt bei allen Haussäugetieren dem Darmbeinflügel lateral auf.

Beim Hund entspringt der mittlere Kruppenmuskel lediglich zwischen der Crista iliaca und der Linea glutaea, beim Schwein und Pferd zusätzlich noch mit einer meist kräftigen Lendenzacke am 1. Lendenwirbel, aus der Aponeurose des M. longissimus lumborum, vom Kreuzbein und dem breiten Beckenband. Beim Rind ist die Lendenzacke aus dem M. longissimus flach, die Crista iliaca des Darmbeinflügels daher palpierbar. Bei den Huftieren verschmilzt der M. glutaeus medius mit dem M. piriformis. Er lässt eine oberflächliche und eine tiefe Portion erkennen. Seine meist fleischige, oberflächliche Hauptzacke inseriert mit einer kurzen Endsehne am Trochanter major. Von der oberflächlichen Portion abgetrennt, kann, tierartlich unterschiedlich ausgeprägt, in der Tiefe der meist sehnige Anteil als **M. glutaeus accessorius** unterschieden werden. Dieser entspringt lateral am Darmbeinflügel und endet mit einer Sehne am Trochanter major, mit einer anderen, bedeckt vom M. vastus lateralis des M. quadriceps, distal und medial am Vorderrand des großen Umdrehers (Rind) bzw. an der Crista intertrochanterica (Pferd). Diese Endsehnen werden in Höhe des Trochanter major von einem Schleimbeutel unterlagert.

Der M. glutaeus medius ist der stärkste Strecker des Hüftgelenks sowie Rückwärts- und Auswärtsführer der Hintergliedmaße. Seine kräftige Lendenzacke ermöglicht durch die direkte Kraftübertragung auf die Muskeln des Stammes (M. longissimus) vorzugsweise beim Pferd ein Anheben der Vorderhand auf der Nachhand (Levade).

Der **M. piriformis (birnenförmiger Muskel)** ist nur bei Fleischfressern selbstständig, bei den Huftieren ist er mit dem M. glutaeus medius verwachsen. Bei Fleischfressern liegt er dem M. glutaeus medius kaudal an, bedeckt vom oberflächlichen Kruppenmuskel. Er entspringt am letzten Kreuzwirbel und am Lig. sacrotuberale, zieht über den Trochanter major und inseriert distal von

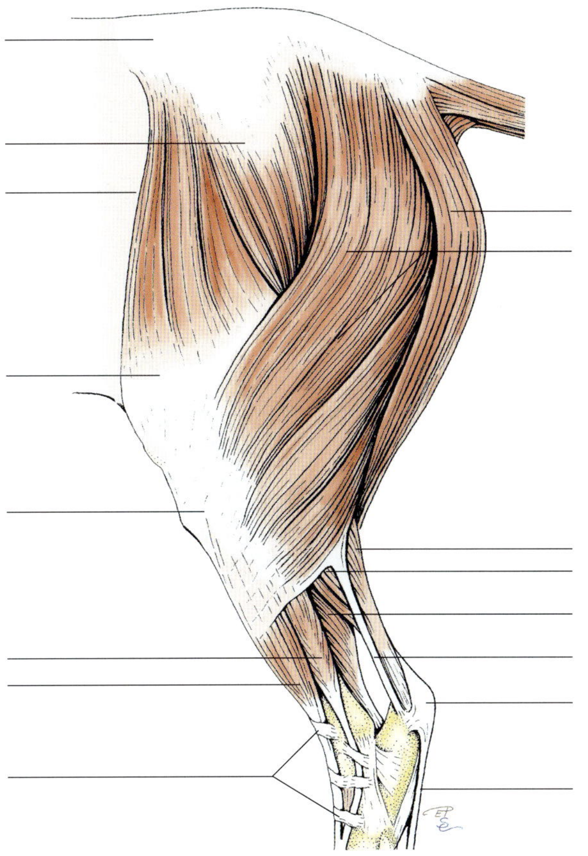


**Abb. 4-79.** Schematische Darstellung der oberflächlichen Muskulatur an der Beckengliedmaße des Pferdes (Lateralansicht), nach Ghetie, 1955.

diesem am Femur. Beim Pferd spaltet er sich vom kaudalen Teil des M. glutaeus medius ab, zieht ebenfalls über den Trochanter major und endet sehnig an der Hinterfläche des Oberschenkelbeins. Funktionell dient er der Streckung des Hüftgelenks, er ist auch ein Auswärtsführer der Gliedmaße.

Der **M. glutaeus profundus (tiefer Kruppenmuskel)** ist ein kurzer, kräftiger, sehnig durchsetzter Muskel, der in der Tiefe dem Hüftgelenk direkt aufliegt (Abb. 4-86). Er entspringt an der lateralen Fläche der Darmbeinsäule und an der Spina iliaca sowie am breiten Beckenband (Wiederkäuer) und endet sehnig medial an der Pars cranialis des Trochanter major (Pferd) bzw. distal vom M. glutaeus accessorius an der kraniolateralen Fläche des Oberschenkelbeins (Wiederkäuer). Er unterstützt den M. glutaeus medius in seiner Funktion als Abduktor der Gliedmaße.

Der **M. tensor fasciae latae (Spanner der Schenkelfaszie)** überspannt das Dreieck zwischen dem lateralen Darmbeinwinkel und dem Kniegelenk als fächerförmiger, pyramidenähnlicher Muskel. Er bildet die vordere Begrenzung des Oberschenkels (Ausnahme Fleischfresser). Bei Fleischfressern entspringt er an der Spina iliaca ventr. und aus der Endaponeurose des M. glutaeus medius und verbreitert sich dreizipfelig fächerförmig in die Fascia lata (Abb. 4-78). Seine kraniale Begrenzung legt sich kaudal dem M. sartorius an, sein dorsaler Rand dem M. glutaeus medius. Distal setzt er sich in die Fascia lata fort, über die er sich bis zum Kniegelenk spannt.

Bei Wiederkäuern und beim Pferd entspringt der M. tensor fasciae latae am Hüfthöcker und liegt distal dem M. quadriceps kranial auf. Er verschmilzt flächenhaft mit der Fascia lata und setzt an der Patella, dem lateralen Kniescheibenband und am vorderen Rand der Tibia an. Eine kaudodorsale sehnige Abspaltung verbindet sich mit dem M. glutaeus superficialis und inseriert mit diesem am Trochanter major (Abb. 4-79).

Funktionell ist dieser Muskel ein Beuger des Hüftgelenks, er ist auch Vorführer der gesamten Gliedmaße im Hangbein und Strecker des Kniegelenks durch Anspannen der Fascia lata (breite Schenkelfaszie).

## Hinterbackenmuskeln

Die Hinterbackenmuskeln füllen den kaudalen Bereich des Oberschenkels aus, sie erstrecken sich als Beckenköpfe vom Sitzbein bis zum Unterschenkel (lange Sitzbeinmuskeln), sehnige Anteile setzen sich als Bestandteile des **Tendo calcaneus communis** bis zum Fersenbein fort (Abb. 4-80, 81, 87, 89 u. Tab. 4-7). Diese Muskelgruppe überspannt damit **mehrgelenkig** das Hüft- und das Kniegelenk und zieht z.T. bis zum Sprunggelenk. In tierartlich unterschiedlicher Ausprägung werden bei Ungulaten die Beckenköpfe der Hinterbackenmuskeln in Form von zusätzlichen Ursprüngen am Kreuzbein und am 1. Schwanzwirbel ergänzt. Diese als Wirbelköpfe benannten Muskelbäuche sind am besten beim Pferd entwickelt, sie tragen bei dieser Tierart entscheidend zur Formung der Kruppe und der Hinterbacke bei. Als Hinterbackenmuskeln können unterschieden werden:

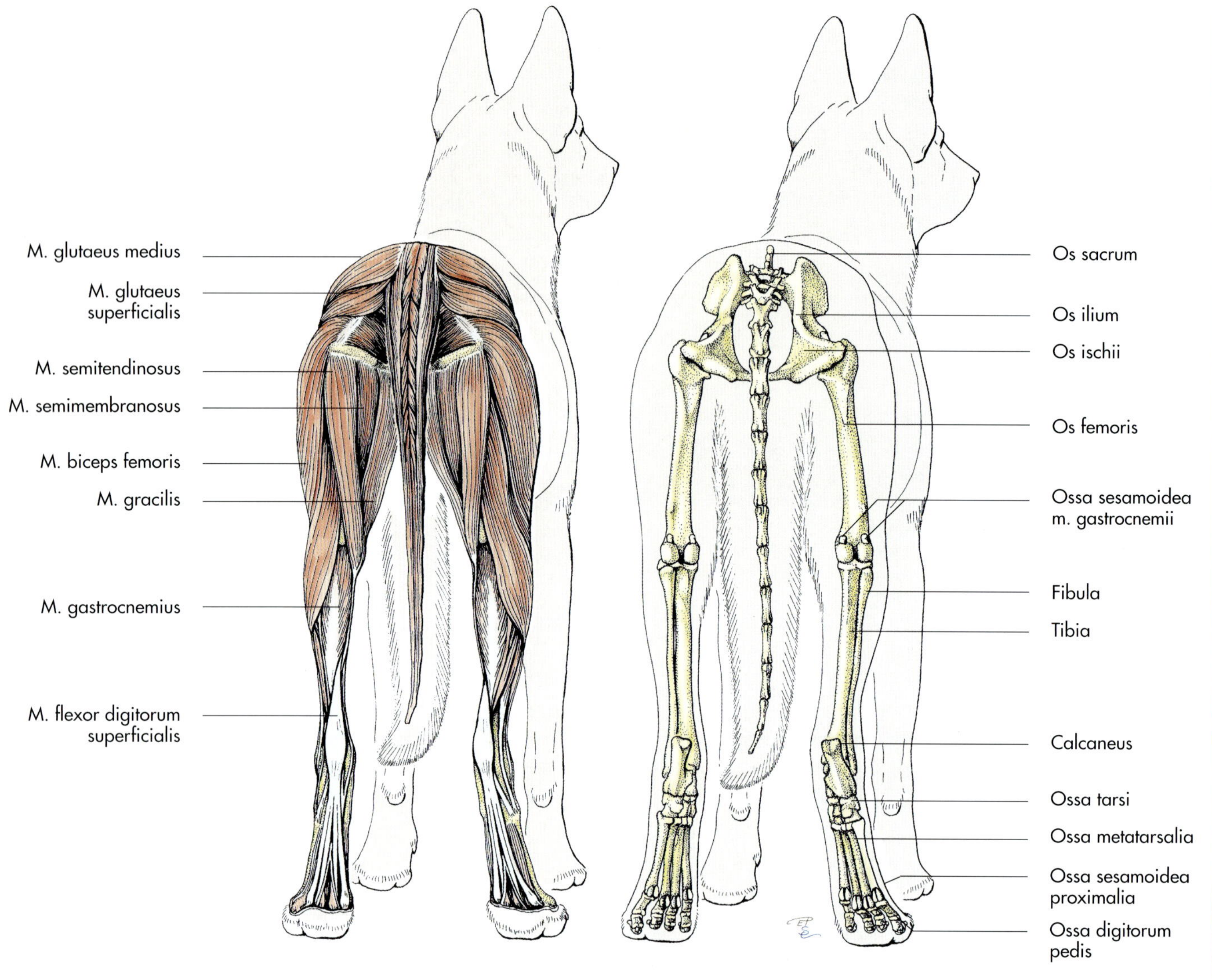


**Abb. 4-80.** Schematische Darstellung der Hinterbackenmuskulatur und des Skeletts der Beckengliedmaße des Hundes (Kaudalansicht).

- M. biceps femoris,
- M. abductor cruris caudalis,
- M. semitendinosus und
- M. semimembranosus.

Der **M. biceps femoris (zweiköpfiger Oberschenkelmuskel)** ist ein sehr kräftiger Muskel. Er liegt lateral der Hinterbacke und dem Oberschenkel auf, bedeckt von Haut und Faszien. Der M. biceps femoris besteht aus einer ausgeprägten kranialen Portion, die am Kreuzbein und am breiten Beckenband ihren Ursprung nimmt **(Wirbelkopf)**, und aus einer schwächeren kaudalen Portion, die am Sitzbein entspringt **(Beckenkopf)**. Der Wirbelkopf verschmilzt bei Schwein und Wiederkäuern mit dem M. glutaeus superficialis zum M. glutaeobiceps. Distal spaltet sich dieser Oberschenkelmuskel in zwei Äste (Fleischfresser, Schwein und Wiederkäuer) bzw. in drei beim Pferd. Nahe dem Kniegelenk und im oberen Bereich des Unterschenkels gehen die flächenhaften Endsehnen in die Fascia lata, die Fascia genus und die Fascia cruris über und verbinden sich mit dem (lateralen) geraden Kniescheibenband sowie mit der Tibia. Als Fersenbeinsehne setzt eine Endsehne am Tuber calcanei an.

Beim Hund entspringt der M. biceps femoris undeutlich zweigeteilt in einem Haupt- und einem Nebenkopf am Ligamentum sacrotuberale und lateral am Sitzbeinhöcker (Abb. 4-80). Der oberflächliche, stärkere Hauptkopf zieht als kraniale Portion knie- und unterschenkelwärts, der tiefere, schwächere Nebenkopf tritt als kaudaler Anteil auf der lateralen Seite der Hinterbacke an die Oberfläche. Beide Muskelportionen verbreitern sich in ihren Endsehnen aponeurotisch und verbinden sich flächenhaft mit den Knie- und Unterschenkelfaszien, sie ziehen zur Patella, zum geraden Kniescheibenband und zur Tuberositas tibiae. Aus distalen Muskelanteilen spaltet sich beim Hund ein Sehnenstrang ab, der kaudal des M.

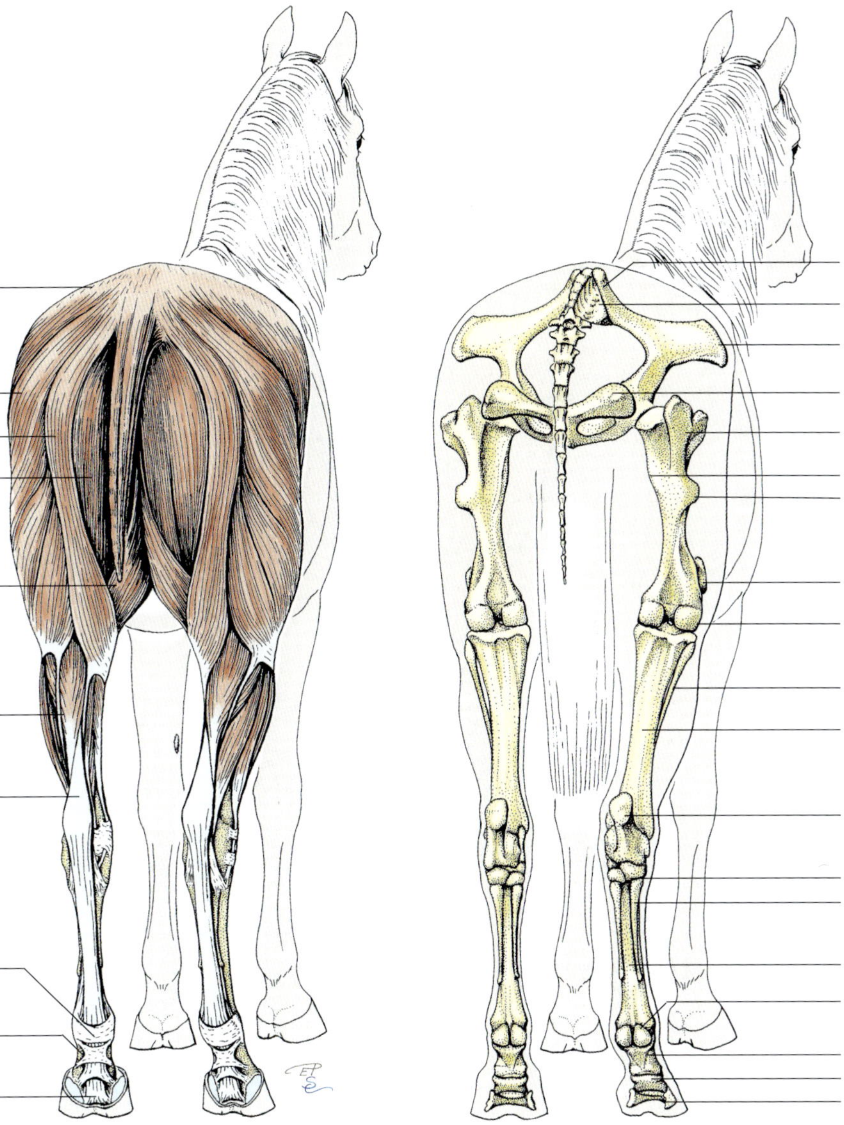


**Abb. 4-81.** Schematische Darstellung der Hinterbackenmuskulatur und des Skeletts der Beckengliedmaße des Pferdes (Kaudalansicht).

abductor cruris caudalis als Fersenbeinsehne hervortritt, lateral des M. gastrocnemius zieht, sich unter die Achillessehne legt und mit einer ähnlichen Sehne des M. semitendinosus am Fersenbein inseriert.

Bei Wiederkäuern, vergleichbar auch beim Schwein, erscheint am Ursprung die Trennung in zwei Portionen undeutlich. Der kraniale Anteil (Wirbelkopf) entspringt an den letzten Kreuzbeinwirbeln, kaudal am breiten Beckenband sowie dorsolateral am Sitzbeinhöcker und ist mit dem M. glutaeus superficialis zum **M. glutaeobiceps** verschmolzen.

Der kaudale Anteil (Beckenkopf) nimmt seinen Ursprung ventrolateral am Sitzbeinhöcker bis zum Foramen obturatum. In mittlerer Höhe des Unterschenkels teilt sich der M. glutaeobiceps und zieht mit einem kranialen Ast aponeurotisch an die Fascia lata bzw. Fascia cruris, an die Patella, an das laterale gerade Kniescheibenband und an den Margo cranialis der Tibia. Sein kaudaler Ast setzt als Fersenbeinsehne des M. glutaeobiceps am Calcaneus an. In Höhe des Condylus lateralis ossis femoris wird diese Endsehne von einem ausgeprägten Schleimbeutel unterlagert, der als **»Liegebeule«** klinische Bedeutung erlangen kann.

Beim Pferd sind die kraniale und kaudale Portion deutlich trennbar, die kaudale spaltet zusätzlich einen dritten Ast ab (Abb. 4-81). Die stärkere kraniale Portion entspringt an den Dorn- und Querfortsätzen der drei letzten Kreuzwirbel, am kaudalen Rand des breiten Beckenbands und dorsolateral am Sitzbeinhöcker (Wirbelkopf). Die schwächere, kaudale Portion nimmt ihren Ursprung am hinteren Rand und an der Ventralfläche des Sitzbeins. Distal lassen sich ein kranialer, ein mittlerer und ein kaudaler Ast (3 Bizepsäste) unterscheiden, die in Höhe des Kniegelenks in flächenhafte Aponeurosen und Faszien übergehen. Der kraniale Ast inseriert distal des Trochanter tertius an einer kreisrunden Rauigkeit der Kaudalfläche des Femurs, an der Patella sowie am lateralen geraden Kniescheibenband. Der mittlere Ast setzt am lateralen geraden Kniescheibenband, am Margo cranialis der Tibia und in der Fascia cruris an. Der kaudale Ast strahlt in die Fascia cruris ein und gibt eine kräftige

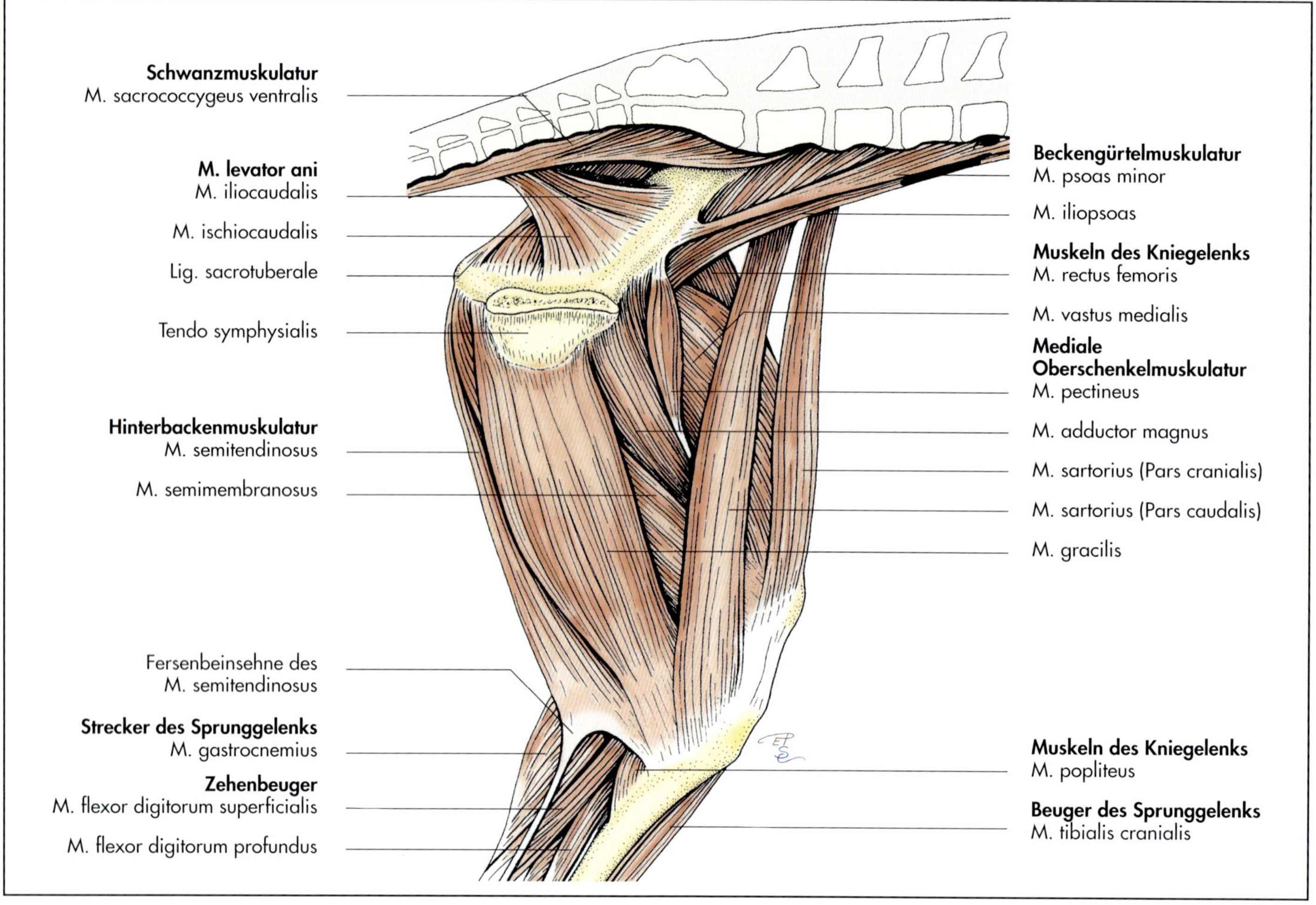


**Abb. 4-82.** Schematische Darstellung der Beckengürtelmuskulatur und der Muskulatur der Beckengliedmaße des Hundes (Medialansicht), nach Ellenberger und Baum, 1943.

Fersenbeinsehne ab. Diese tritt unter die Achillessehne, vereinigt sich mit der Fersenbeinsehne des M. semitendinosus zum Tendo accessorius und inseriert am Tuber calcanei.

Der Wirbelkopf des M. biceps femoris wirkt als Strecker des Hüft- und Kniegelenks, während sein Beckenkopf der Beugung des Kniegelenks dient. Durch die Ausbildung der Fersenbeinsehne wird das Sprunggelenk gestreckt. In seiner Gesamtheit dient dieser Muskel als starker Strecker der Gliedmaße und als Abduktor. In der Stützbeinphase geht vom M. biceps femoris ein kräftiger Vorwärtsschub auf den Gesamtkörper aus.

Der **M. abductor cruris caudalis (hinterer Auswärtsführer des Unterschenkels)** tritt nur bei Fleischfressern auf. Er erscheint als ein schmales Band, das distal am Ligamentum sacrotuberale entspringt, kaudal des M. biceps femoris am Unterschenkel auf die laterale Fläche übertritt und in die Unterschenkelfaszie einstrahlt. Dieser Muskel unterstützt die Wirkung des M. biceps femoris als Abduktor.

Der **M. semitendinosus (halbsehniger Muskel)** formt die hintere Kontur des Oberschenkels, er ist ein kräftiger, fleischiger Muskel (Abb. 4-80 u. 81). Er entspringt ventral am **Sitzbeinhöcker (Beckenkopf)**, beim Schwein und Pferd zusätzlich noch an den Dorn- und Querfortsätzen des Kreuzbeins und den ersten Schwanzwirbeln sowie am **breiten Beckenband (Wirbelkopf)**. Die Insertion erfolgt medial am Margo cranialis der Tibia zusammen mit den Endsehnen des M. gracilis und des M. sartorius. Er entlässt eine Fersenbeinsehne an das Fersenbein.

Bei Fleischfressern entspringt er zwischen dem M. biceps femoris und dem M. semimembranosus kaudal und ventrolateral am Tuber ischiadicum, legt sich kaudal dem M. biceps femoris an und tritt in Höhe der Kniekehle auf die mediale Seite des Unterschenkels (Abb. 4-83). Er entlässt eine kräftige Fersenbeinsehne, die medial über den M. gastrocnemius zur Achillessehne zieht, sich mit der Fersenbeinsehne des M. biceps femoris und der Fascia cruris verbindet und zum Tendo accessorius wird.

Beim Wiederkäuer ist nur ein Beckenkopf ausgebildet, der als flacher Muskel zwischen dem Beckenkopf des M. biceps femoris und dem M. semimembranosus zur Kniekehle zieht und, medial über den medialen Kopf des M. gastrocnemius hinweg, proximal am Margo cranialis der Tibia inseriert. Zusätzlich spaltet sich eine Fersenbeinsehne (Tendo accessorius) mit Ansatz am Tuber calcanei ab, außerdem strahlt hier die Endsehne des M. gracilis aponeurotisch in die Fascia cruris ein.

Beim Pferd und vergleichbar auch beim Schwein ist neben dem Wirbelkopf auch ein Beckenkopf ausgebildet (s.o.), beide vereinigen sich und formen den kaudalen Rand der Hinterbacke (Abb. 4-81). Die einheitliche Endsehne plattet sich ab, tritt auf die mediale Schenkelfläche über, strahlt teilweise in die Unterschenkelfaszie ein und inseriert medial am Margo cranialis tibiae. Auch beim Pferd ist, zusammen mit der Endsehne des M. biceps femoris, eine Fersenbeinsehne entwickelt, die zum Tendo accessorius wird. Der M. semitendinosus wirkt im Stützbein als Strecker des Hüft-, Knie- und Sprung-

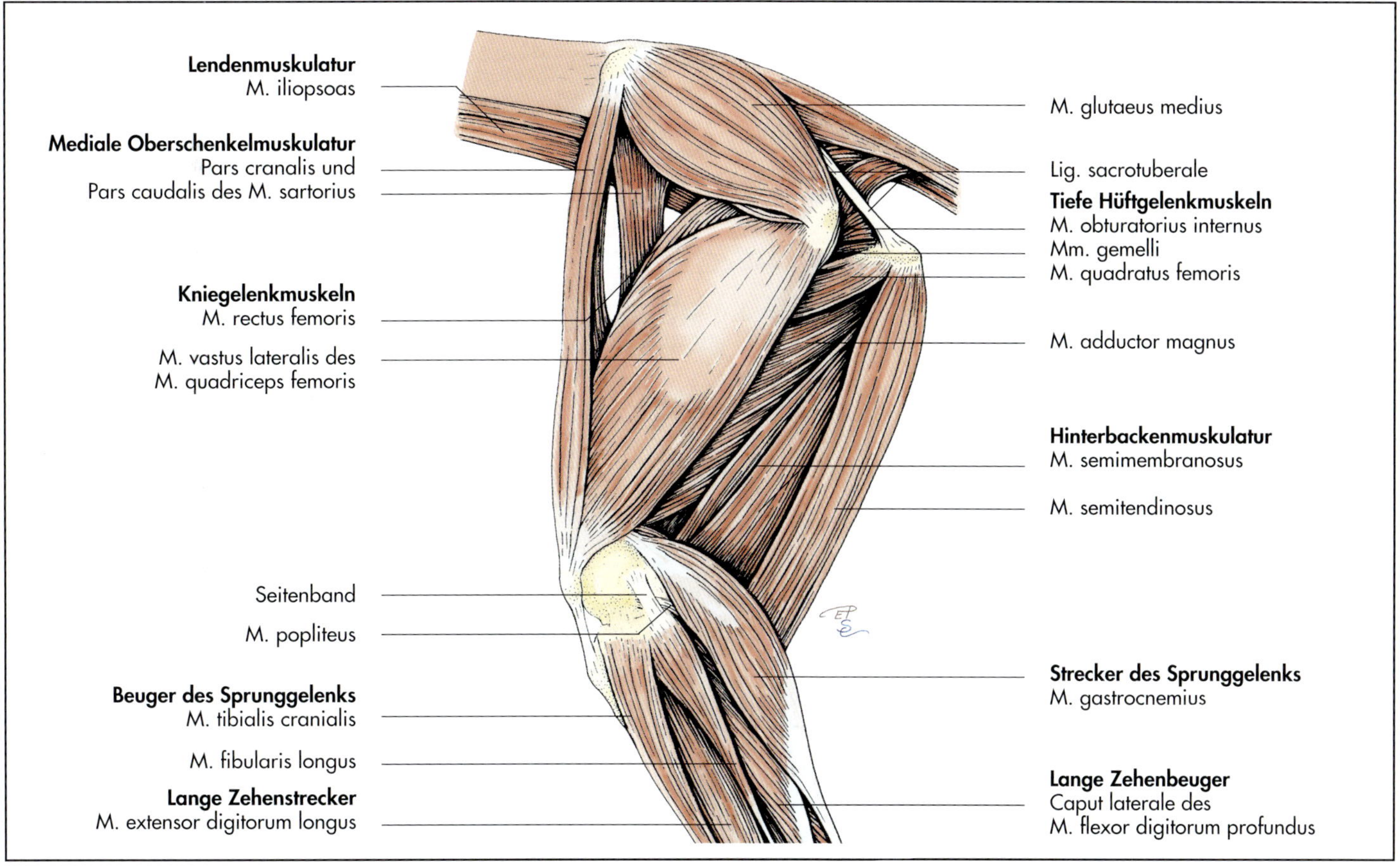


**Abb. 4-83.** Schematische Darstellung der tiefen Muskulatur der Beckengliedmaße des Hundes (Lateralansicht), nach Anderson und Anderson, 1994.

gelenks, er bewegt damit den Rumpf nach vorne. Im Hangbein beugt dieser Muskel das Knie und führt die Gliedmaße nach innen und rückwärts.

Der **M. semimembranosus (halbhäutiger Muskel)** ist entgegen seinem Namen bei den Haussäugetieren rein muskulös, er liegt am weitesten medial an der Hinterbacke (Abb. 4-82 bis 85). Er entspringt mit einem Beckenkopf ventral am Sitzbein. Zusätzlich ist beim Pferd ein **Wirbelkopf** ausgebildet. Die Muskelbäuche bzw. Sehnen (Pferd) spalten sich distal in zwei Äste und inserieren medial am Condylus ossis femoris und medial proximal am Condylus der Tibia.

Bei Fleischfressern liegt der kraniale Muskelbauch dem M. adductor magnus kaudal an, größtenteils vom M. gracilis bedeckt.

**Tab. 4-7.** Hinterbackenmuskeln.

| **Name**<br>**Innervation** | **Ursprung** | **Ansatz** | **Funktion** |
|---|---|---|---|
| **M. biceps femoris**<br>N. glutaeus caudalis | Kreuzbein und Becken | Patella, Fascia cruris | Beuger des Kniegelenks, Strecker des Tarsus |
| **Beckenkopf**<br>N. tibialis | | Fersenbeinsehne | Abduktion der Gliedmaße |
| **M. abductor cruris caudalis**<br>N. fibularis | Ligamentum sacrotuberale | Fascia cruris | Auswärtszieher der Gliedmaße |
| **M. semitendinosus**<br>N. glutaeus caudalis,<br>N. tibialis | Wirbel- und Beckenkopf | Margo cranialis tibiae, Fersenbeinsehne | Beuger des Kniegelenks, Strecker der Hüfte |
| **M. semimembranosus**<br>N. glutaeus caudalis,<br>N. tibialis | Beckenkopf, Wirbelkopf (nur Pferd) | Condylus medialis femoris und tibiae | Strecker des Kniegelenks, Einwärtsdreher |

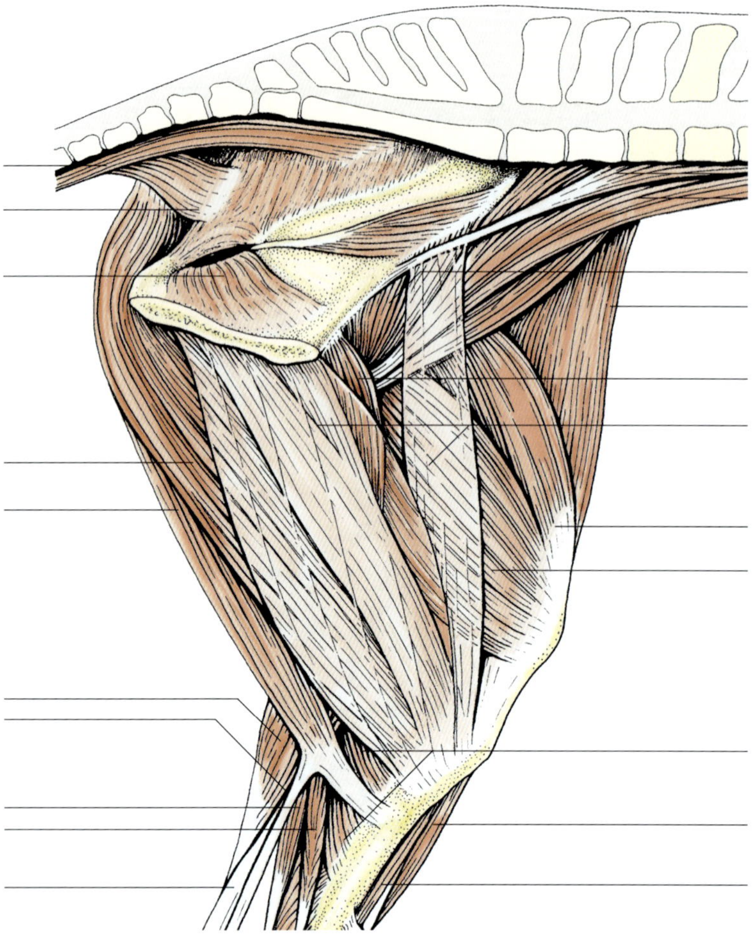


**Abb. 4-84.** Schematische Darstellung der Beckengürtelmuskulatur und der Muskulatur der Beckengliedmaße des Pferdes (Medialansicht), nach Ellenberger und Baum, 1943.

Seine Endsehne strahlt in die Ursprungsaponeurose des M. gastrocnemius ein und inseriert medial am distalen Ende vom Femur. Der kaudale Bauch zieht mit seiner Endsehne unter das mediale Seitenband des Kniegelenks und setzt ebenfalls medial am Femur an (Abb. 4-82 u. 83).

Beim Pferd formt der Wirbelkopf zusammen mit dem M. semitendinosus die hintere Kontur der Kruppe und der Hinterbacke (Abb. 4-84). Der Wirbelkopf entspringt an den ersten Schwanzwirbeln sowie aponeurotisch aus dem breiten Beckenband. Der Beckenkopf ist stärker ausgeprägt. Er entspringt ventral am Arcus ischiadicus des Sitzbeinhöckers und zieht zusammen mit dem Wirbelkopf an die Unterseite des M. gracilis. Der M. semimembranosus inseriert mit einer kurzen Sehne am Condylus medialis ossis femoris, am medialen Seitenband des Kniegelenks und aponeurotisch am medialen Condylus der Tibia.

Der M. semimembranosus wirkt in der Stützbeinphase als Strecker des Hüft- und Kniegelenks, er unterstützt die Vorwärtsbewegung des Rumpfes. Im Hangbein führt dieser Muskel die Gliedmaße einwärts und rückwärts.

## Mediale Oberschenkelmuskeln

Die medialen Oberschenkelmuskeln sind vorzugsweise an der Adduktion der Beckengliedmaße beteiligt und verhindern zusätzlich das unphysiologische Abspreizen der beiden Hinterextremitäten. Diese Muskelgruppe liegt zwischen Beckenboden und Oberschenkel (Abb. 4-82, 83, 84, 89 u. Tab. 4-8). Man unterscheidet:

- M. sartorius,
- M. gracilis,
- M. pectineus und
- Mm. adductores.

Der **M. sartorius (Schneidermuskel)** liegt oberflächlich als ein schmales Muskelband kraniomedial dem Oberschenkel an (Abb. 4-82). Er entspringt, beim Hund zweigeteilt, mit einem kranialen Bauch oberhalb des Hüfthöckers an der Crista iliaca und liegt vor dem M. tensor fasciae latae als vordere Begrenzung des Oberschenkels. Dieser Muskel zieht medial und verschmilzt mit der Oberschenkelfaszie und der des Knies. Sein kaudaler Bauch entspringt an der Spina iliaca ventralis, liegt parallel zum ersteren und inseriert gemeinsam zusammen mit der Endaponeurose des M. gracilis medial am Vorderrand der Tibia. Bei den Fleischfressern bedeckt der M. sartorius den Schenkelspalt nicht, sodass hier der Puls gefühlt werden kann.

Bei den Wiederkäuern sind an seinem Ursprung zwei Köpfe ausgebildet, die die Gefäße des Schenkelspalts aufnehmen. Beim Pferd entspringt ein einheitlicher Muskelbauch aus der Fascia iliaca und

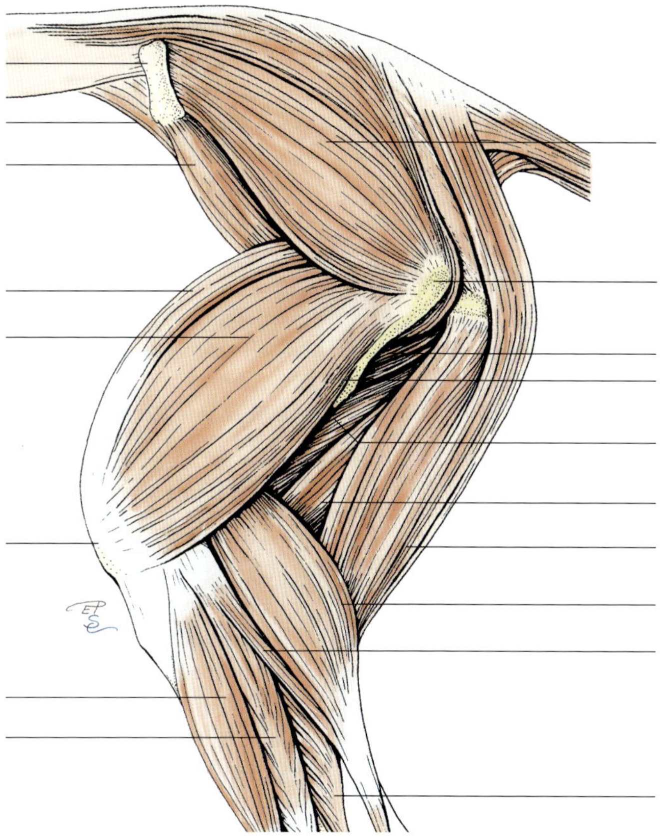


**Abb. 4-85.** Schematische Darstellung der tiefen Muskulatur der Beckengliedmaße des Pferdes (Lateralansicht), nach Ellenberger und Baum, 1943.

aus der Sehne des M. psoas minor (Abb. 4-84). Dieser tritt zusammen mit dem M. iliopsoas durch die Muskelpforte, verläuft medial am Femur zusammen mit dem M. gracilis und dem M. vastus medialis, verschmilzt mit dem medialen geraden Kniescheibenband und endet über die Unterschenkelfaszie proximal an der Tibia.

Der M. sartorius wirkt als Beuger der Hüfte, er führt die Gliedmaße nach vorne und innen und streckt durch seine Verschmelzung mit der Knie- und Unterschenkelfaszie auch das Kniegelenk.

Der **M. gracilis (schlanker Schenkelmuskel)** stellt eine breitflächige, dünne Muskelplatte dar, die kaudale Anteile der Innenfläche des Oberschenkels bildet (Abb. 4-82). Er entspringt mit einer Aponeurose entlang der Beckensymphyse und den Endsehnen des M. rectus abdominis, beim Pferd zusätzlich noch am Lig. accessorium ossis femoris. In der Medianebene der Symphysis pelvina verbinden sich die beiden Ursprungsaponeurosen zu einer gemeinsamen unpaaren Sehnenplatte (Tendo symphysialis), die zusätzlich

**Tab. 4-8.** Mediale Oberschenkelmuskeln.

| **Name**<br>**Innervation** | **Ursprung** | **Ansatz** | **Funktion** |
|---|---|---|---|
| **M. sartorius**<br>N. femoralis | Tuber coxae, Darmbeinsäule oder Sehne des M. psoas minor | Fascia cruris | Vorführer, Adduktor der Gliedmaße |
| **M. gracilis**<br>N. obturatorius | Aponeurose an der Symphyse | Fascia cruris | Adduktor der Beckengliedmaße |
| **M. pectineus**<br>N. obturatorius,<br>N. femoralis | Eminentia iliopubica | Labium mediale | Adduktor der Gliedmaße |
| **Mm. adductores**<br>N. obturatorius | an der Ventralseite des Beckens und an der Sehne des M. gracilis | Medialrand des Os femoris | Adduktoren |

beidseitig den Mm. adductores zum Ansatz dienen. Die Insertion des M. gracilis erfolgt ebenfalls aponeurotisch in Höhe des Kniegelenks in die Fascia cruris und über diese an der Crista tibiae. Dieser Muskel unterscheidet sich bei den Haussäugetieren nur geringfügig. Der M. gracilis ist ein kräftiger Adduktor der Beckengliedmaße. Bei festgestellter Extremität vermag er aber auch den Rumpf seitwärts zu ziehen; ferner unterstützt er durch seine Einbindung in die Knie- und Unterschenkelfaszien die Streckung des Kniegelenks.

Der **M. pectineus (Kammuskel)** stellt einen kleinen, spindelförmigen Muskel dar, der sich zwischen dem Pecten ossis pubis und der Eminentia iliopubica des Beckenbodens einerseits und dem Labium mediale ossis femoris andererseits erstreckt (Abb. 4-84). Beim Hund liegt dieser kranial des M. adductor magnus und entspringt sehnig am Tendo praepubicus, muskulös an der Eminentia iliopubica. Die Ursprungssehne schließt in Höhe des äußeren Leistenrings einen Knorpel ein, der auch verknöchern kann. Distal läuft er als Sehnenplatte aus, schiebt sich zwischen den M. vastus medialis und den M. adductor magnus und inseriert am Labium mediale und der Facies poplitea des Oberschenkels.

Der M. pectineus ist ein Beuger des Hüftgelenks, er wirkt auch als Adduktor und vermag die Gliedmaße nach außen zu drehen (Supinator). Der M. pectineus kann beim Hund im Falle der Hüftgelenksdysplasie durchtrennt werden, demzufolge entfällt die Adduktionswirkung dieses Muskels und das Caput ossis femoris passt sich besser in das Acetabulum ein.

Die **Mm. adductores (Einwärtszieher)** entspringen als Muskelgruppe an der Ventralseite des Beckens und an der Aponeurose des M. gracilis (Tendo symphysialis) und inserieren an der Facies aspera des Os femoris sowie an den Faszien und den Bändern der Medialfläche des Kniegelenks. Bei den Haussäugetieren ist diese Muskelgruppe unterschiedlich verschmolzen. So tritt bei der Katze ein M. adductor longus als selbstständiger Muskel auf, der beim Hund mit dem M. pectineus verschmilzt. Die Fleischfresser bilden einen **M. adductor brevis** aus, der am Tuberculum pubicum entspringt und zum Labium laterale der Facies aspera zieht. Der **M. adductor magnus** ist kräftig, er zieht vom unpaarigen Tendo symphysialis, bedeckt vom M. gracilis, dem M. vastus medialis eng anliegend, bis zur Tuberositas supracondylaris lateralis und zur Fascia poplitea (Abb. 4-82).

Beim Schwein sind die Mm. adductores magnus und brevis zu einem kräftigen Muskel verwachsen. In ihrem Ursprungsgebiet am Tendo symphysialis erscheinen beim weiblichen Tier diese Muskeln am gespaltenen Schlachtkörper oval, beim männlichen dreieckig. An paramedianen Längsschnitten durch Schlachttierkörper sind diese geschlechtsspezifischen Merkmale von Bedeutung.

Beim Pferd ist die Adduktorengruppe in einen vorderen **M. adductor brevis** und einen hinteren **M. adductor magnus** trennbar. In ihrer Gesamtheit liegen diese Muskeln zwischen dem M. pectineus und dem M. semimembranosus, bedeckt vom M. gracilis. Sie inserieren medial vom Trochanter minor bis zum Condylus medialis am Oberschenkel und am medialen Seitenband des Kniegelenks. Die Adduktoren ziehen die Gliedmaße einwärts und rückwärts, sie schieben den Rumpf nach vorne und ziehen diesen zur Seite.

## Tiefe Hüftgelenksmuskeln

Die tiefen Hüftgelenksmuskeln stellen eine heterogene Gruppe von schwächeren Muskeln dar, die in unmittelbarer Nähe zum Hüftgelenk liegen. Ihre Bedeutung ist als nicht allzu groß einzustufen, sie liegt vorzugsweise in der Feinabstimmung des Bewegungsablaufs. Mit Ausnahme des M. articularis coxae werden sämtliche Muskeln als **kleine Beckengesellschaft** zusammengefasst, die stets zwischen Hüftbein und der Fossa trochanterica verkehren. Folgende Muskeln gehören zu dieser Gruppe:

- M. obturatorius internus,
- M. obturatorius externus,
- Mm. gemelli,
- M. quadratus femoris und
- M. articularis coxae.

Der **M. obturatorius internus (innerer Verstopfungsmuskel)** tritt nur bei Fleischfressern und Pferd auf (Abb. 4-86, 87 u. 91). Bei Fleischfressern entspringt er am Scham- und Sitzbein sowie am Arcus ischiadicus, bedeckt das For. obturatum von innen, zieht über die Incisura ischiadica minor, verläuft sehnig zwischen den beiden Mm. gemelli und dem M. quadratus femoris und inseriert in der Fossa trochanterica. Beim Pferd entspringt eine dünne kleinere

**Tab. 4-9.** Tiefe Hüftgelenkmuskeln.

| **Name**<br>**Innervation** | **Ursprung** | **Ansatz** | **Funktion** |
|---|---|---|---|
| **M. obturatorius internus**<br>N. ischiadicus | Innenseite des Foramen obturatum | Fossa trochanterica | Auswärtsdreher |
| **M. obturatorius externus**<br>N. obturatorius | Außenseite des Foramen obturatum | Fossa trochanterica | Auswärtsdreher |
| **Mm. gemelli**<br>N. ischiadicus | Sitzbein | Fossa trochanterica | Auswärtsdreher |
| **M. quadratus femoris**<br>N. ischiadicus | Sitzbein | Fossa trochanterica | Auswärtsdreher |
| **M. articularis coxae**<br>N. ischiadicus | Hüftgelenkkapsel | | Kapselspanner |

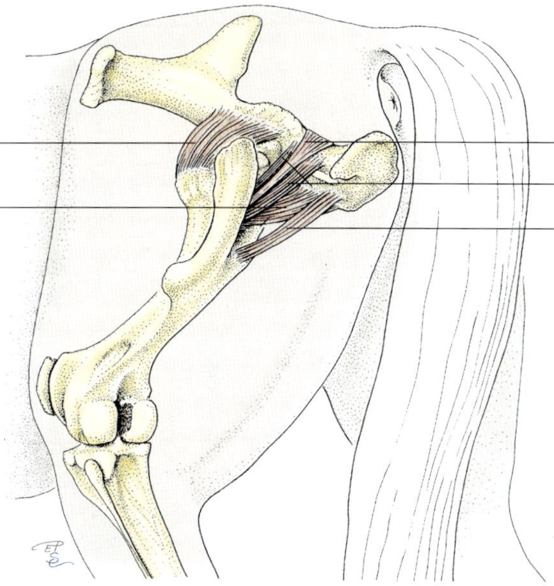


**Abb. 4-86.** Schematische Darstellung der tiefen Hüftgelenksmuskulatur des Pferdes (Lateralansicht), nach Ghetie, 1967.

Schambeinportion am vorderen und medialen Rand des Foramen obturatum, an der Beckenfuge und am Sitzbein.

Der größere muskulös gefiederte Anteil entspringt fächerförmig an der Facies pelvina der Darmbeinsäule, verlässt als Sehne über die Incisura ischiadica minor die Beckenhöhle und inseriert zusammen mit den Mm. gemelli in der Fossa trochanterica. Dieser Muskel wirkt als Auswärtsdreher des Oberschenkels und als Hilfsstrecker der Hüfte.

Der **M. obturatorius externus (äußerer Verstopfungsmuskel)** ist ein kräftiger Muskel, der nahe dem For. obturatum entspringt und zur Fossa trochanterica zieht (Abb. 4-86, 87 u. 91). Beim Schwein und bei den Wiederkäuern weist er eine Pars intrapelvina mit einer Scham-Sitzbein- und einer Darmbeinsäulenportion auf. Funktionell wirkt er als Supinator des Femurs und Adduktor der Gliedmaße.

Die **Mm. gemelli (Zwillingsmuskeln)** sind bei der Katze als zwei kleine Muskeln ausgebildet, sonst lagern sie sich der Sehne des M. obturatorius internus an (Abb. 4-86, 87 u. 91). Sie entspringen an der Incisura ischiadica und ziehen zur Fossa trochanterica. Sie sind ebenfalls Auswärtsdreher der Gliedmaße.

Der **M. quadratus femoris (viereckiger Schenkelmuskel)** entspringt an der Ventralfläche des Sitzbeins (Abb. 4-86 u. 91). Er ist ein schmaler, schwacher Muskel, der kaudal am Os femoris nahe der Fossa trochanterica inseriert. Er wirkt als Hilfsstrecker des Hüftgelenks und als Rückwärtsführer der Gliedmaße.

Der **M. articularis coxae (Kapselmuskel)** tritt nur bei Fleischfressern und beim Pferd auf. Er liegt als dünner Muskel der Kapsel des Hüftgelenks kraniolateral auf (Abb. 4-91), er spannt die Kapselwand und schließt möglicherweise Dehnungsrezeptoren ein.

**Tab. 4-10.** Muskeln des Kniegelenks.

| **Name**<br>**Innervation** | **Ursprung** | **Ansatz** | **Funktion** |
|---|---|---|---|
| **M. quadriceps femoris**<br>N. femoralis | | | |
| **– M. rectus femoris** | Darmbeinsäule | Patella, Tuberositas tibiae | Strecker des Kniegelenks,<br>Beuger des Hüftgelenks |
| **– M. vastus lateralis** | laterale Fläche des Femur | Patella, Tuberositas tibiae | Strecker des Kniegelenks |
| **– M. vastus medialis** | mediale Fläche des Femur | Patella, Tuberositas tibiae | Strecker des Kniegelenks |
| **– M. vastus intermedius** | kraniale Fläche des Femur | Patella, Tuberositas tibiae | Strecker des Kniegelenks |
| **M. popliteus**<br>N. tibialis | Condylus lateralis des Femur | medialer Rand der Tibia | Beuger des Kniegelenks,<br>Einwärtsdreher |

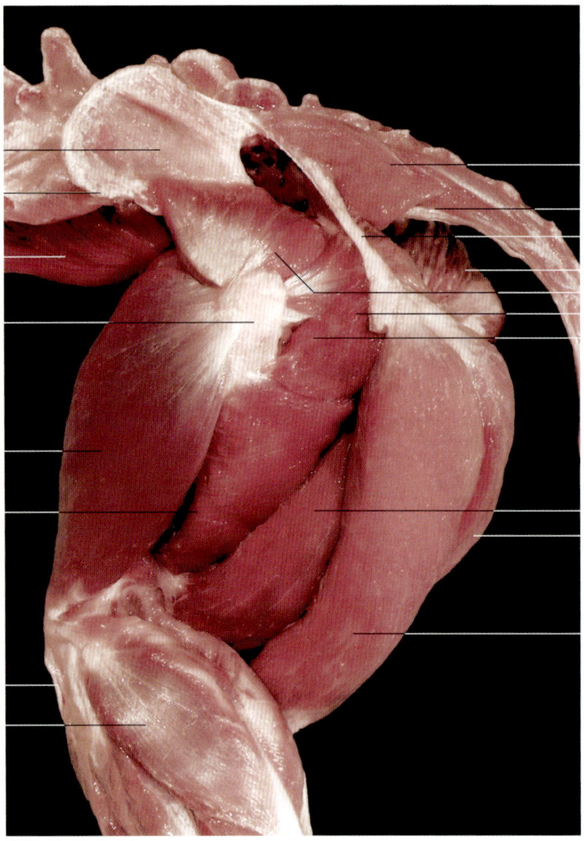


**Abb. 4-87.** Tiefe Muskulatur der linken Hintergliedmaße eines Hundes (proximaler Abschnitt, Lateralansicht), Präparat Christine Bretscher, München.

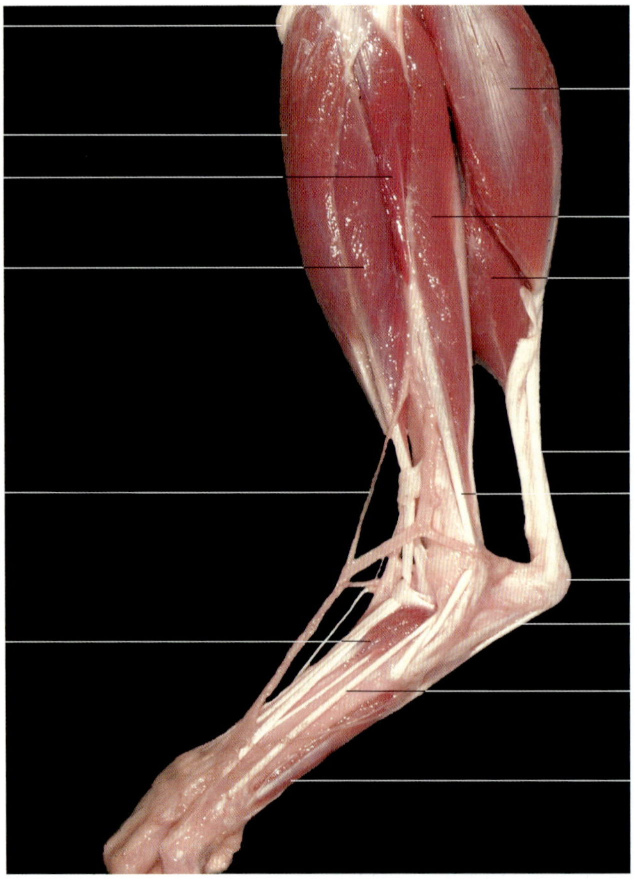


**Abb. 4-88.** Muskulatur der linken Hintergliedmaße eines Hundes (distaler Abschnitt, Lateralansicht), Präparat Insa Biedermann und M. Heiden, München.

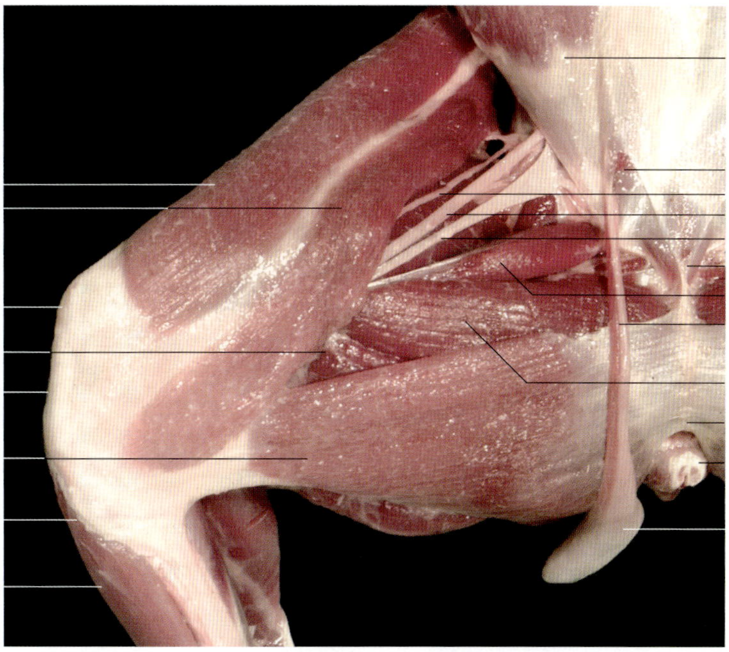


**Abb. 4-89.** Muskulatur der rechte Hintergliedmaße eines Hundes mit oberflächlichen Gefäßen und Processus vaginalis mit Hoden (proximaler Abschnitt, Medialansicht), Präparat Sandra Draaisma und Caroline Hofbeck, München.

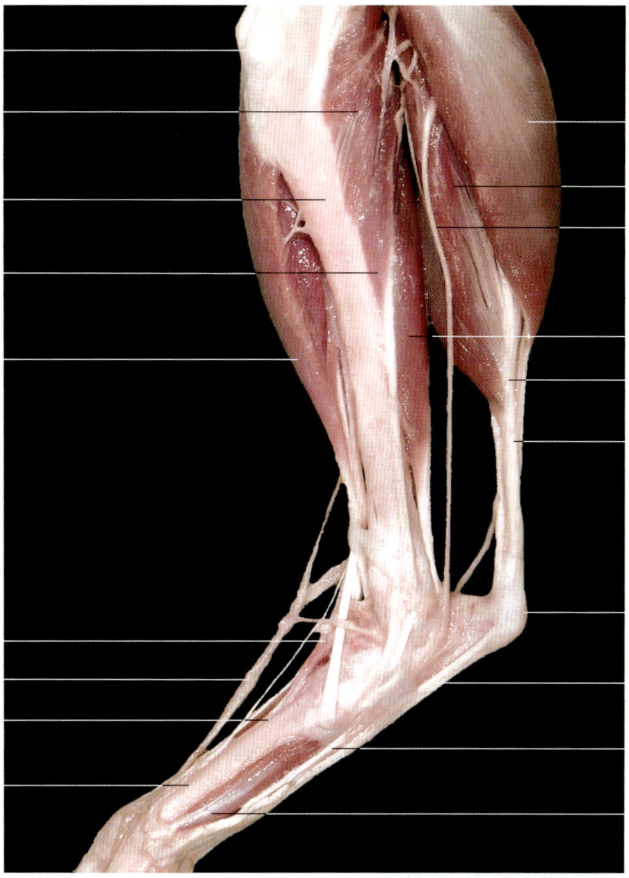


**Abb. 4-90.** Muskulatur der rechten Hintergliedmaße eines Hundes (distaler Abschnitt, Medialansicht), Präparat Insa Biedermann und M. Heiden, München.

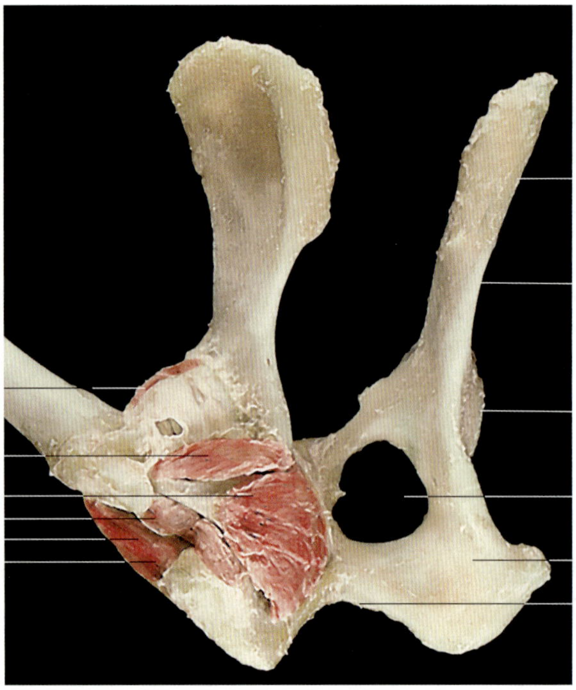


**Abb. 4-91.** Tiefe Hüftgelenksmuskulatur eines Hundes (Ansicht von dorsolateral).

## Besondere Muskeln des Kniegelenks

Das Kniegelenk wird durch eine Vielzahl von Hüftgelenkmuskeln, vorzugsweise den Hinterbackenmuskeln, bewegt, die aufgrund ihrer meist mehrfach gelenküberspannenden Verläufe auch nur sekundär wirken. Dagegen existieren nur zwei Muskeln, die primär die Streckung und Beugung des Kniegelenks bewirken, nämlich;

- M. quadriceps femoris,
- M. popliteus.

Der **M. quadriceps femoris (vierköpfiger Kniegelenkstrecker)** stellt die Hauptmasse der Muskeln an der Vorderseite des Oberschenkels (Abb. 4-82, 83, 84, 85, 87 u. Tab. 4-10). Diesem Muskel liegen der M. tensor fasciae latae, der M. sartorius, die Fascia lata und die mediale Oberschenkelfaszie auf. Der M. quadriceps femoris besteht aus **vier Portionen**, deren Köpfe mehr oder weniger separate Ursprünge aufweisen, jedoch in ihrem Verlauf distal verschmelzen und gemeinsam an der Tuberositas tibiae inserieren. Die Endsehne überspannt das Kniegelenk und bildet das mittlere gerade Kniescheibenband. Die eingelagerte Kniescheibe stellt ein Sesambein dar.

Allen Haussäugetieren ist gemeinsam: **drei Köpfe** entspringen direkt am **Femur**, der **vierte** an der **Darmbeinsäule**. Die femoralen Muskelanteile lassen sich entsprechend ihrer Lage am Femur einteilen in:

- M. vastus lateralis,
- M. vastus medialis,
- M. vastus intermedius.

Der vierte, an der Darmbeinsäule entspringende Kopf liegt den genannten drei anderen kranial auf, er wird als **M. rectus femoris** bezeichnet (Abb. 4-82, 84 u. 85). Bei der Katze ist die Unterteilung in vier Muskelbäuche deutlich, beim Hund weniger ausgeprägt.

Der **M. vastus lateralis** entspringt kraniolateral proximal am Femur sowie am Labium laterale und strahlt ebenso in die Endsehne des geraden Oberschenkelmuskels ein. Der **M. vastus medialis** beginnt kraniomedial und am Labium mediale des Femurs, seine distalen flächigen Endsehnen verbinden sich proximal der Patella mit dem M. rectus femoris (Abb. 4-82 u. 84). Der **M. vastus intermedius** ist schwach entwickelt, er entspringt zwischen dem M. vastus lateralis und dem M. vastus medialis an der Vorderfläche des Os femoris.

Der **M. rectus femoris** entspringt oberhalb des Pfannenrands am Darmbein, er liegt zwischen den Mm. vastus lateralis und medialis auf der Vorderfläche des Oberschenkels und inseriert als gerades Kniescheibenband an der Tuberositas tibiae.

Beim Pferd ist der **M. rectus femoris** besonders stark ausgeprägt, er bedeckt die Vorder- und Seitenflächen des Oberschenkels. Er entspringt mit zwei kräftigen Sehnen am kranialen Pfannenrand der Darmbeinsäule, liegt zwischen den Mm. vastus lateralis und medialis, den M. vastus intermedius bedeckend. Die Oberfläche ist von einer Aponeurose überzogen, die sich distal verbunden mit der Kniefaszie zu einer Sehne bündelt, die über das gerade mittlere Kniescheibenband in die Endsehne zur Tuberositas tibiae führt. Der M. vastus lateralis entspringt an der kaudalen und lateralen Fläche des Femurs, der M. vastus medialis vom Caput femoris an der medialen Seite des Oberschenkels. An der Insertionstelle, der Tuberositas tibiae, wird die Endsehne von einem großen **Schleimbeutel** unterlagert.

Der M. quadriceps femoris ist der stärkste Strecker des Kniegelenks. Bei Kontraktion schiebt er den Rumpf nach vorne, er fixiert aber auch das Kniegelenk. Der M. rectus femoris unterstützt durch seinen Ansatz an der Darmbeinsäule auch die Beugung des Hüftgelenks.

Der **M. popliteus (Kniekehlmuskel)** überspannt die kaudale Seite des Kniegelenks und liegt der Kapsel des Kniekehlgelenks direkt auf (Abb. 4-92). Er entspringt in der Fossa musculi poplitei des Condylus lateralis ossis femoris. Seine Ursprungssehne zieht

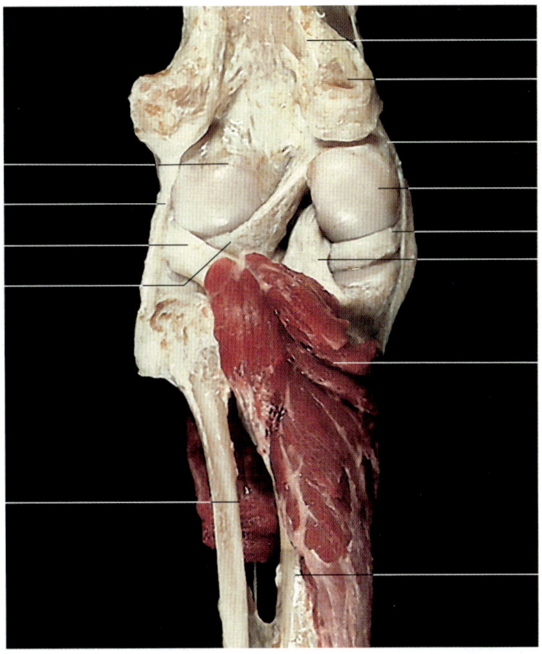


**Abb. 4-92.** Linkes Kniegelenk eines Hundes mit M. popliteus (Kaudalansicht), Präparat Dr. R. Macher, Wien.

unter das laterale Seitenband, zwischen dieses und den lateralen Meniskus, verbreitert sich danach fächerartig über kaudal auf die mediale Seite der Tibia und inseriert am Unterschenkel im proximalen Drittel und an der Kaudalfläche.

Bei Fleischfressern ist in der Ursprungssehne ein **Sesambein** eingelagert, seine Muskelfasern verlaufen zum medialen Tibiarand und inserieren an der Linea musculi poplitei. Beim Pferd ist der M. popliteus dreieckig und platt, er ist in der Tiefe des M. gastrocnemius gelegen und wird von der oberflächlichen Beugesehne bedeckt. Seine Ursprungssehne wird durch eine längliche Aussackung des Kniekehlgelenks sehnenscheidenähnlich umfasst. Der M. popliteus ist ein Beuger des Kniegelenks und Pronator des Unterschenkels.

## Muskeln am Unterschenkel

Die Muskeln dieser Gruppe wirken als Strecker und Beuger des Sprunggelenks und als Strecker und Beuger der Zehengelenke. Aufgrund der Lage ihrer Muskelbäuche können Muskeln kraniolateral und Muskeln kaudal am Unterschenkel unterschieden werden, die mediale Fläche der Tibia bleibt als Planum cutaneum von Muskeln unbedeckt.

Die offene Winkelung des Sprunggelenks zieht es nach sich, dass **kraniolateral** gelegene Muskeln der **Beugung des Sprunggelenks** und der **Streckung der Zehengelenke** dienen. In dieser Hinsicht liegen gegensätzliche Verhältnisse zur Vordergliedmaße vor, bei der die Muskeln an der kranialen Fläche des Unterarms gleichzeitig die Karpalgelenke und die Zehengelenke strecken. Die **kaudal** am Unterschenkel lokalisierten Muskeln wirken als **Strecker des Sprunggelenks** und **Beuger der Zehengelenke**.

### Muskeln kraniolateral am Unterschenkel

Die Muskeln kraniolateral am Unterschenkel weisen meist langgezogene, fleischige Bäuche auf, deren Ursprungsflächen entweder am distalen Ende des Femurs oder proximal an der Tibia bzw. an der Fibula liegen (Abb. 4-88, 90 u. 93). Die Endsehnen sind stets mehrgelenkig, spalten sich entsprechend der tierartlich unterschiedlichen Zehenzahl auf und inserieren am Metatarsus bzw. an den Zehenendgliedern. Gemeinsam ist dieser Muskelgruppe die Innervation durch den N. fibularis.

Man unterscheidet kraniolateral am Unterschenkel folgende Muskelgruppen:

- als **Beuger des Sprunggelenks**:
  - M. tibialis cranialis,
  - M. fibularis longus,
  - M. fibularis brevis,
  - M. fibularis tertius und
- als **Strecker der Zehengelenke**:
  - M. extensor digitorum longus,
  - M. extensor digitorum lateralis,
  - M. extensor hallucis longus.

Der **M. tibialis cranialis (vorderer Schienbeinmuskel)** ist der am weitesten medial lokalisierte Muskel dieser Gruppe, er liegt der Vorderfläche der Tibia auf und wird beim Schwein teilweise, bei Rind und Pferd vollständig vom M. fibularis tertius und dem M. extensor digitorum longus bedeckt (Abb. 4-90, 93 u. Tab. 4-11). Allein bei Fleischfressern verläuft dieser Muskel oberflächlich, direkt unter der Fascia cruris und der Haut gelegen. Der M. tibialis cranialis entspringt am Condylus lateralis der Tibia, proximal an der Tibia und an der Fibula und inseriert medial am Tarsus bzw. proximal am Metatarsus.

Bei Fleischfressern geht dieser Muskel im distalen Drittel der Tibia in eine schräg über die Beugeseite des Sprunggelenks verlaufende Sehne über, unterquert ein Querband (Retinaculum extensorum cruris) und inseriert medial am Rudiment des Os metatarsale I oder am Os tarsale I sowie am Metatarsale II. In Höhe des Sprung-

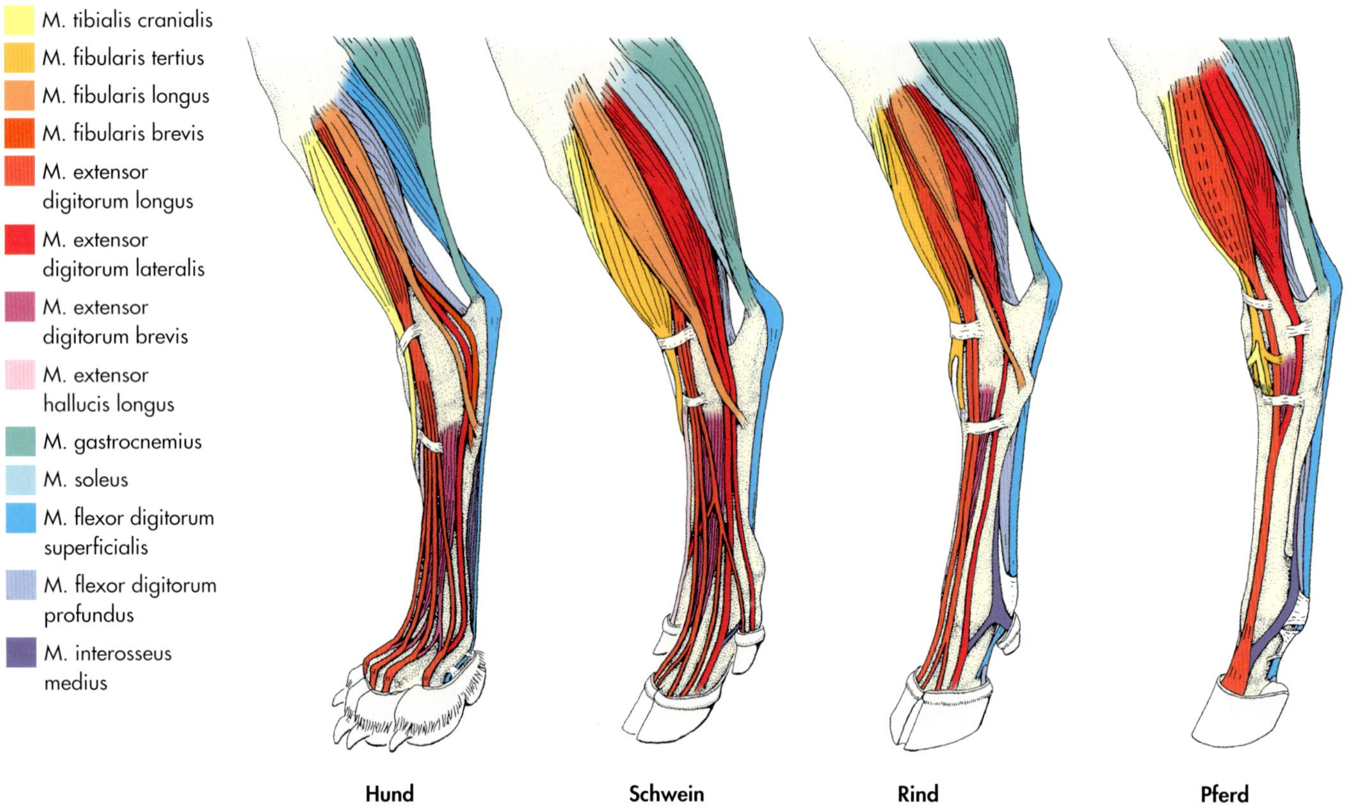


**Abb. 4-93.** Schematische Darstellung der Muskulatur am Unterschenkel (Lateralansicht), nach Ellenberger und Baum, 1943.

gelenks wird die Endsehne gemeinsam mit der Sehne des M. extensor hallucis longus von einer Sehnenscheide umhüllt (Abb. 4-88f. u. 95ff.).

Beim Pferd verläuft der M. tibialis cranialis in Höhe der Mitte der Tibia mit dem M. fibularis tertius und geht über dem Tarsus in eine kräftige Endsehne über. Diese tritt zwischen dem mittleren und medialen Ast der Endsehne des M. fibularis tertius hindurch, umhüllt von einer Sehnenscheide, und spaltet sich in zwei Schenkel. Der laterale, gerade Schenkel inseriert proximal am Metatarsus. Der mediale, stärkere Schenkel verläuft schräg mediodistal über den medialen Ast des M. fibularis tertius und setzt am verschmolzenen Os tarsale I und II sowie am medialen Griffelbeinköpfchen an (**»Spatsehne«**). Dieser Sehnenschenkel wird von einem geräumigen Schleimbeutel unterlagert (Abb. 4-101ff.).

Der **M. fibularis longus (langer Wadenmuskel)** ist ein schwacher, lateral am Unterschenkel gelegener Muskel (Abb. 4-93). Er entspringt an der Fibula, am Condylus lateralis tibiae und am lateralen Seitenband des Kniegelenks. Seine lange Sehne verläuft lateral über die Beugeseite des Sprunggelenks durch eine Rinne zwischen dem Os tarsale IV und dem Mt IV auf die plantare Seite und inseriert am Os tarsale I (II) oder am Os metatarsale I. Er fehlt dem Pferd.

Bei Fleischfressern ist dieser Muskel der kräftigste des Unterschenkels (Abb. 4-88 u. 95ff.). Seine dünne Sehne kreuzt auf der Lateralfläche des Sprunggelenks die Sehnen des seitlichen Zehenstreckers und des M. fibularis brevis und zieht über medial auf die Plantarseite des Mittelfußes, um dort proximal am medialen Mittelfußknochen anzusetzen.

Beim Wiederkäuer geht der M. fibularis longus bereits in der proximalen Hälfte des Unterschenkels zwischen dem seitlichen und gemeinsamen Zehenstrecker in eine Sehne über. Diese überkreuzt in ihrem distalen Verlauf die lange Sehne des seitlichen Zehenstreckers, zieht unter dem lateralen Seitenband des Sprunggelenks über die plantare zur medialen Fläche, um am Os tarsale I zu inserieren.

Der **M. fibularis brevis (kurzer Wadenmuskel)** tritt beim Hund und bei der Katze auf (Abb. 4-95). Er entspringt in der unteren Hälfte der Fibula, beim Hund zusätzlich noch an der Tibia. Seine Sehne verläuft kaudal des seitlichen Zehenstreckers unter dem langen Seitenband des Sprunggelenks und der Sehne des M. fibularis longus zum proximalen Ende des Os metatarsale V.

Der **M. fibularis tertius (dritter Wadenmuskel)** ist beim Pferd ein rein sehniger Strang, bei den Wiederkäuern sehr kräftig und an seinem Ursprung mit dem M. extensor digitorum longus verschmolzen (Abb. 4-93). Er fehlt den Fleischfressern. Der M. fibularis tertius entspringt in der Fossa extensoria des lateralen Condylus ossis femoris und setzt nach unterschiedlicher Aufspaltung seiner Endsehne distal am Tarsus und proximal am Metatarsus an.

Beim Pferd wirkt der M. fibularis tertius (Tendo femorotarseus) im Spannbandapparat derart, dass er das Kniegelenk mit dem Sprunggelenk funktionell verbindet. Diese Koppelung ist in Hinblick auf Statik und Dynamik der Hintergliedmaße von besonderer Bedeutung (s. Kap. 5 »Statik und Dynamik«). Diese Sehne nimmt zusammen mit dem M. extensor digitorum longus und von diesem bedeckt in der Fossa extensoria ossis femoris ihren Ursprung

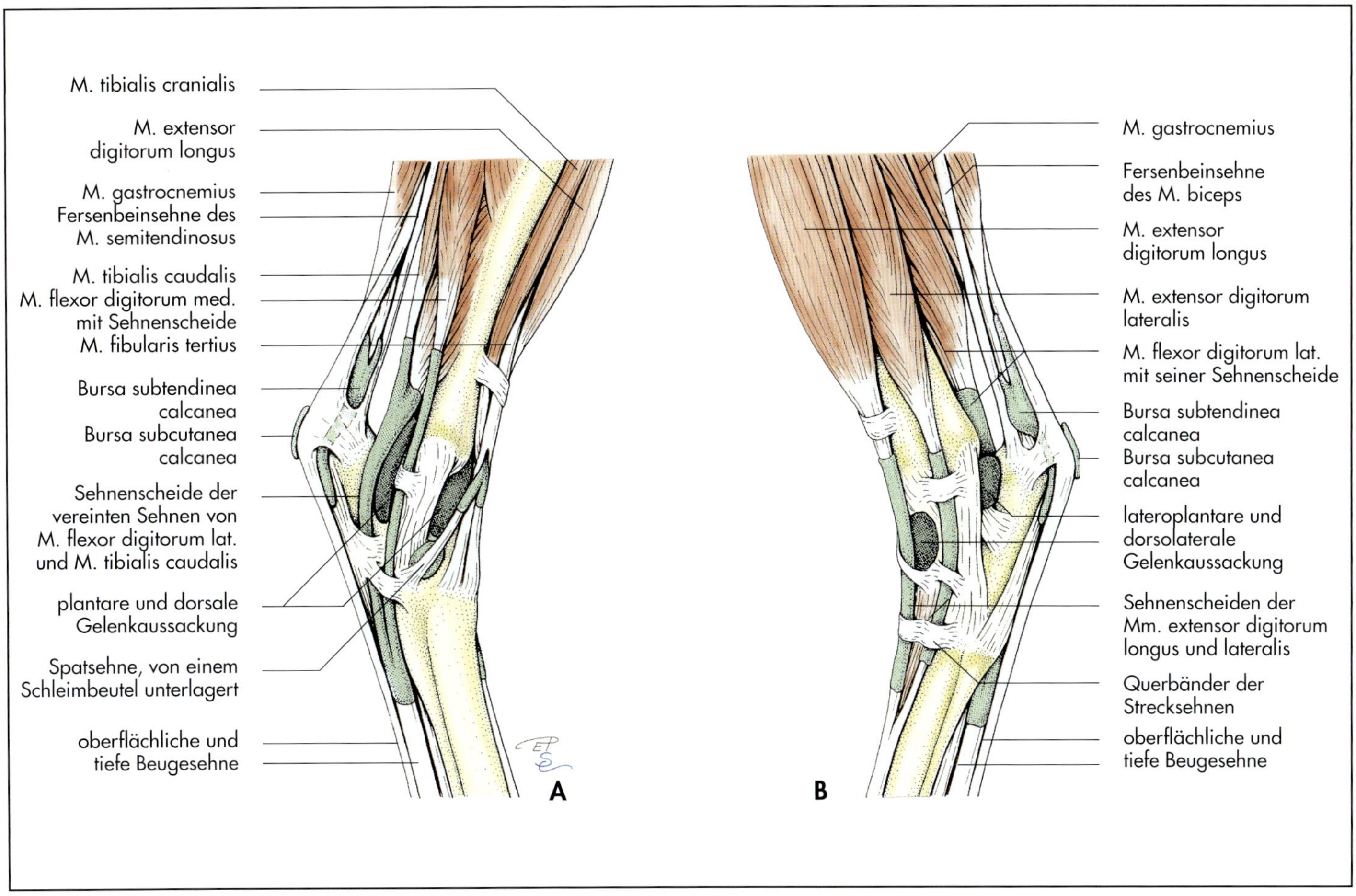


**Abb. 4-94.** Schematische Darstellung der Sehnenscheiden und Schleimbeutel am linken Sprunggelenk des Pferdes (**A** Medialansicht, **B** Lateralansicht), nach Ellenberger und Baum, 1943.

und zieht im Sulcus extensorius der Tibia, unterlagert von einer Aussackung des lateralen Kniekehlgelenksacks, in der Tiefe sprunggelenkwärts.

Der M. fibularis tertius verläuft distal am Unterschenkel mit dem M. tibialis cranialis, unterkreuzt zusammen mit der Sehne des langen Zehenstreckers das proximale Retinaculum und spaltet sich in drei Schenkel. Der laterale Schenkel verläuft laterodistal und inseriert am Fersenbein und am Os tarsale IV. Der mittlere, breite Schenkel zieht parallel zur lateralen Endsehne des M. tibialis cranialis und setzt am Os tarsi centrale, am Os tarsale III und am Os metatarsale III an. Der mediale Schenkel inseriert fächerförmig ebenso am Os tarsi centrale, am Os tarsale III und am Os metatarsale III.

Der M. fibularis tertius wirkt als Beuger des Sprunggelenks. Er ist beim Pferd als rein sehniges Spannband ein wesentliches funktionelles Element der **»Spannsägenkonstruktion«** der Hintergliedmaße (s. Kap. 5 »Statik und Dynamik«).

Der **M. extensor digitorum longus (langer Zehenstrecker)** entspringt gemeinsam mit dem M. fibularis tertius in der Fossa extensoria des Condylus lateralis ossis femoris und geht etwa in Höhe der Sprunggelenksbeuge in eine Sehne über (Abb. 4-90, 93 u. 94). Die Endsehne spaltet sich nachfolgend entsprechend der tierartlich unterschiedlichen Ausbildung der Zehen und inseriert bei allen Haussäugetieren am Processus extensorius der Phalanx distalis (Krallenbein, Klauenbein oder Hufbein).

Bei Fleischfressern liegt der Muskelbauch zwischen dem M. tibialis cranialis und dem M. fibularis longus meist oberflächlich und ist in seinem Ursprungsgebiet von einer Ausstülpung des lateralen Kniekehlgelenksacks (Recessus subextensorius) unterlagert (Abb. 4-95ff.). Seine kräftige Sehne teilt sich in vier Schenkel, die, von einer gemeinsamen Sehnenscheide umhüllt, in der Gelenkbeuge durch zwei Querbänder in ihrer Lage gehalten werden. Die aufgeteilten Endsehnen liegen nachfolgend der Mittelhand und den Zehengliedern dorsal auf, erhalten oberhalb des 2. Zehengelenks jeweils die Unterstützungsäste des M. interosseus und setzen am Krallenbein der vier Stützzehen an.

Beim Wiederkäuer ist der M. extensor digitorum longus mit dem M. fibularis tertius verbunden und von diesem bedeckt. Er spaltet sich in zwei Muskelbäuche. Die Endsehne des medialen Bauches zieht zur medialen Zehe, erhält in Höhe des Fesselbeins einen Unterstützungsast des M. interosseus und inseriert an der Phalanx media (Kronbein). Die Endsehne des lateralen Bauches spaltet sich in Höhe des Fesselgelenks und inseriert an der Phalanx distalis (Klauenbein) einer jeden Hauptzehe. Die Sehnen des lateralen Bauches sind von Sehnenscheiden umgeben.

Beim Pferd liegt der lange Zehenstrecker oberflächlich am Unterschenkel, seine Ursprungssehne wird gemeinsam mit der Sehne des M. fibularis tertius von einem 12–15 cm langen Recessus subextensorius des Kniekehlgelenks unterlagert (Abb. 4-94 u. 101ff.). Die einheitliche Endsehne wird durch proximale, mittlere und distale Querbänder in der Beugefläche des Sprunggelenks gehalten. In diesem Bereich wird sie von einer Sehnenscheide umgeben, die sich distal des Sprunggelenks ca. 3–4 cm ausdehnt. Etwa handbreit

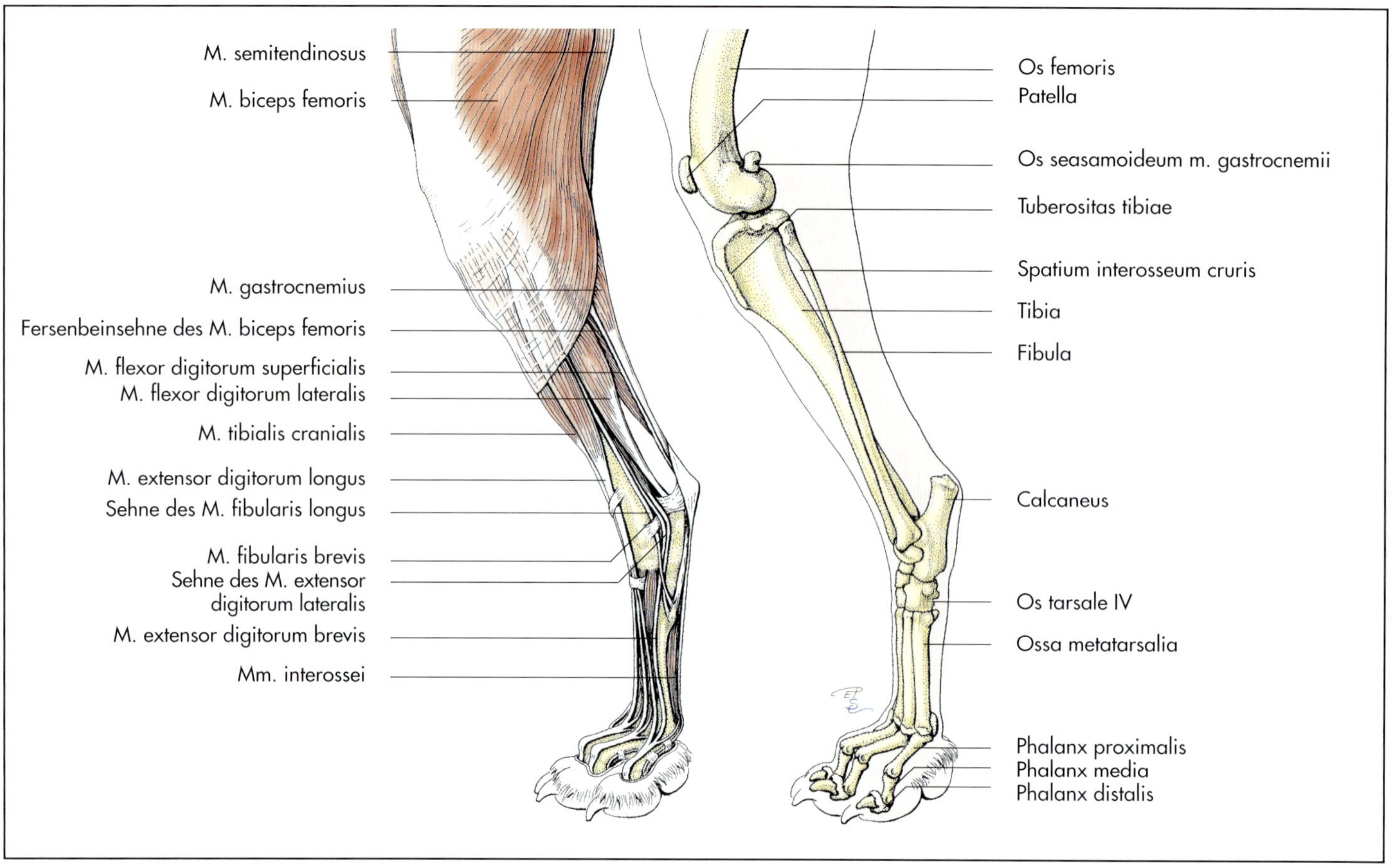


**Abb. 4-95.** Schematische Darstellung der Muskulatur und des Skeletts der Beckengliedmaße des Hundes (Lateralansicht).

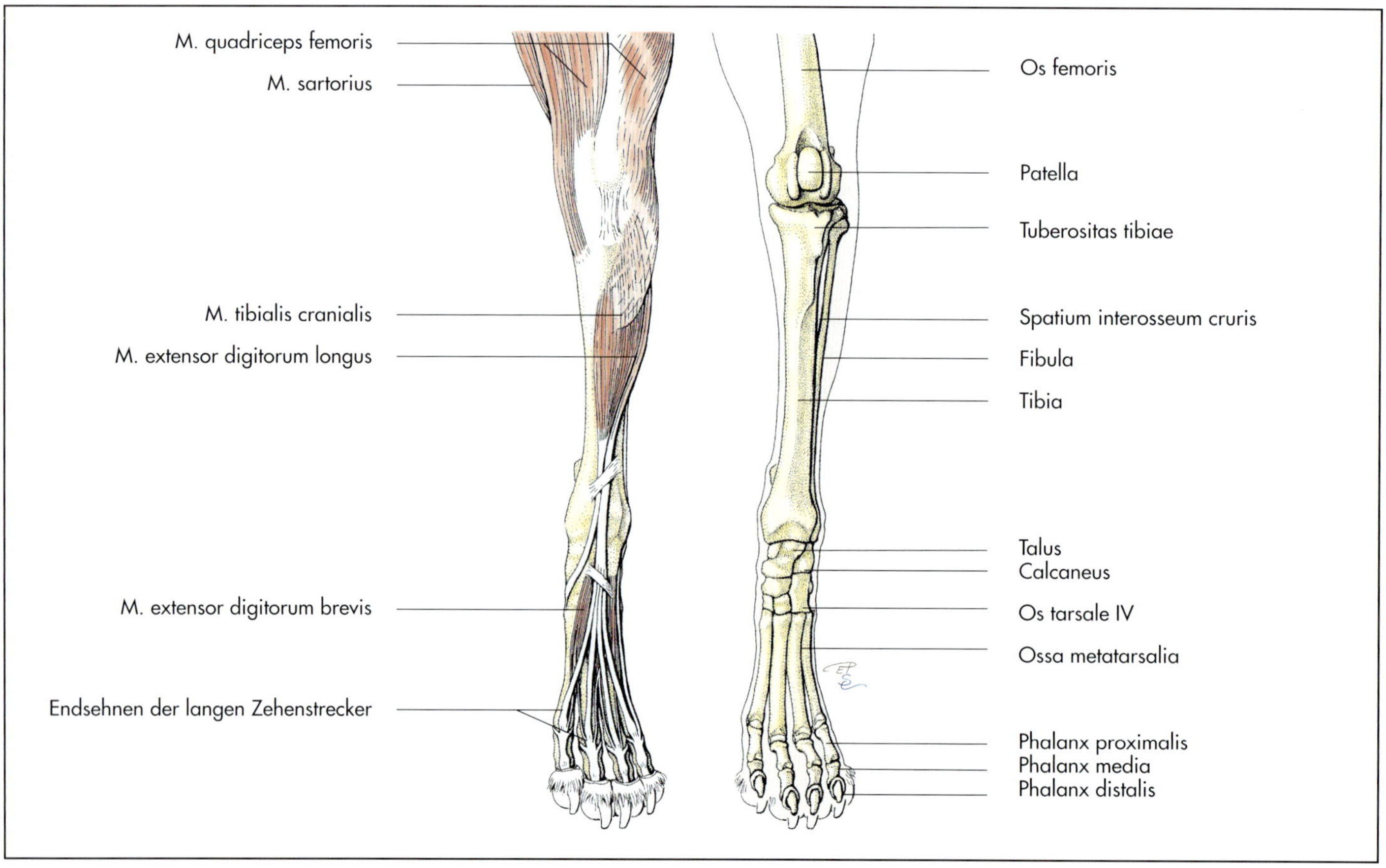


**Abb. 4-96.** Schematische Darstellung der Muskulatur und des Skeletts der Beckengliedmaße des Hundes (Kranialansicht).

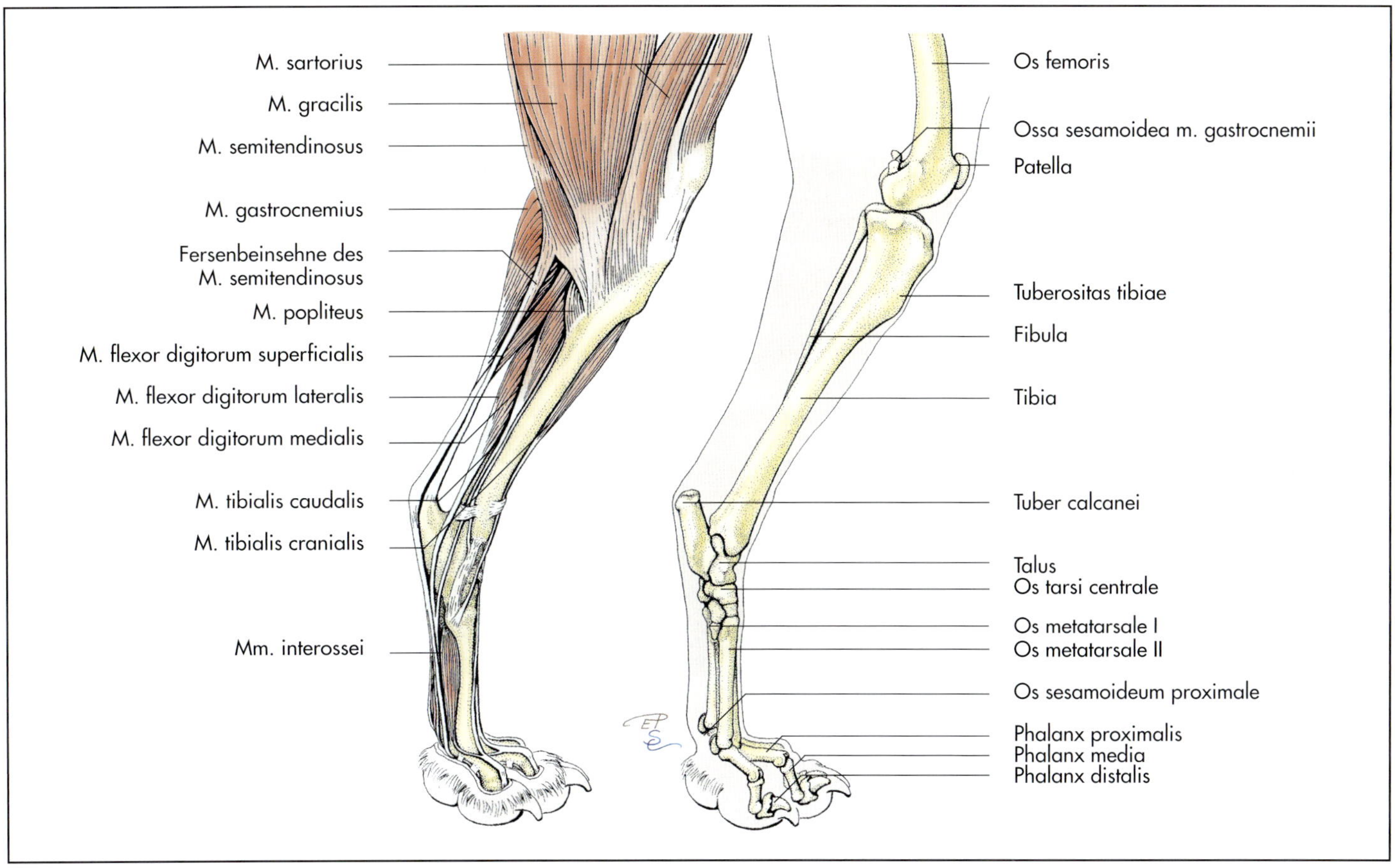


**Abb. 4-97.** Schematische Darstellung der Muskulatur und des Skeletts der Beckengliedmaße des Hundes (Medialansicht).

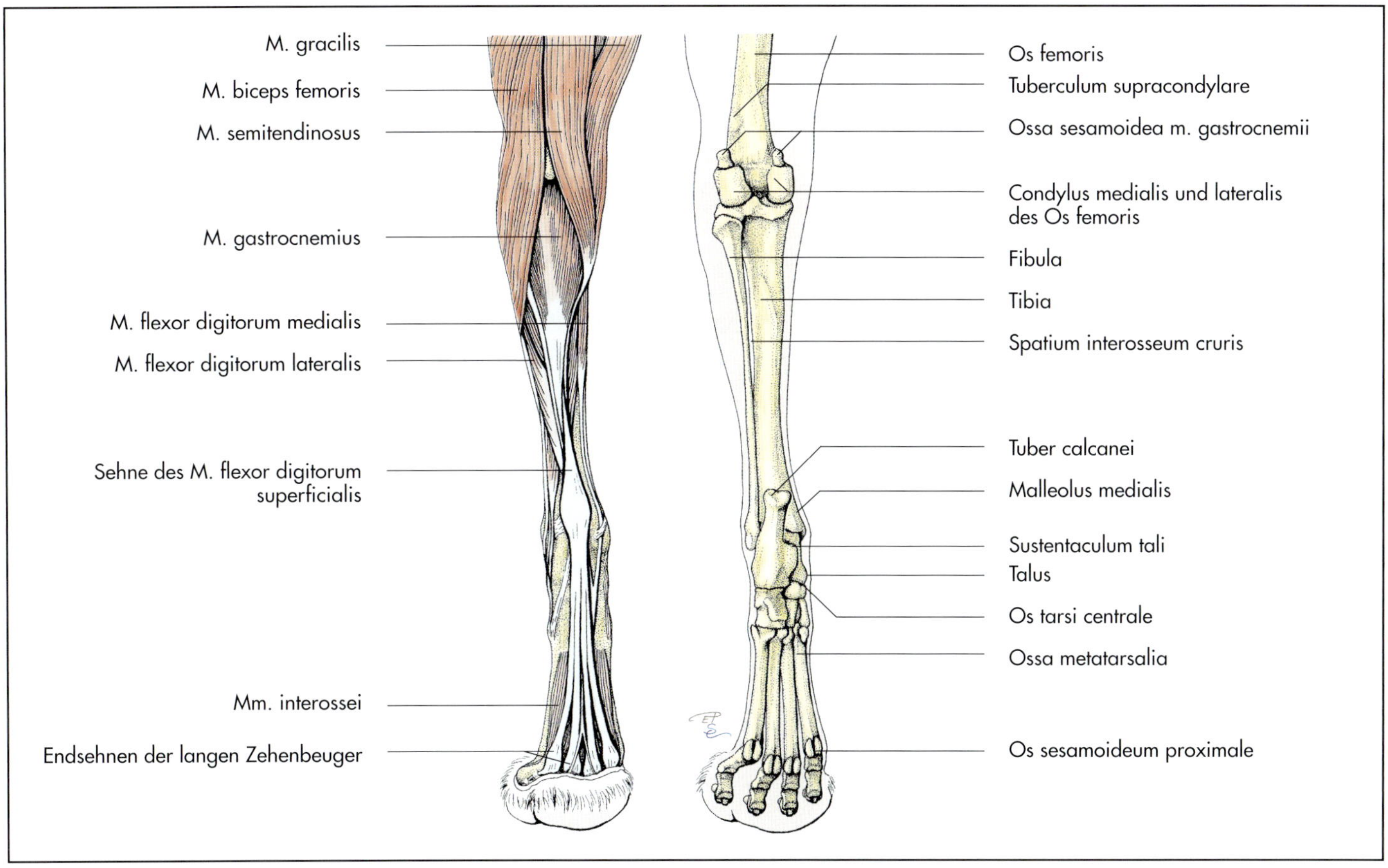


**Abb. 4-98.** Schematische Darstellung der Muskulatur und des Skeletts der Beckengliedmaße des Hundes (Kaudalansicht).

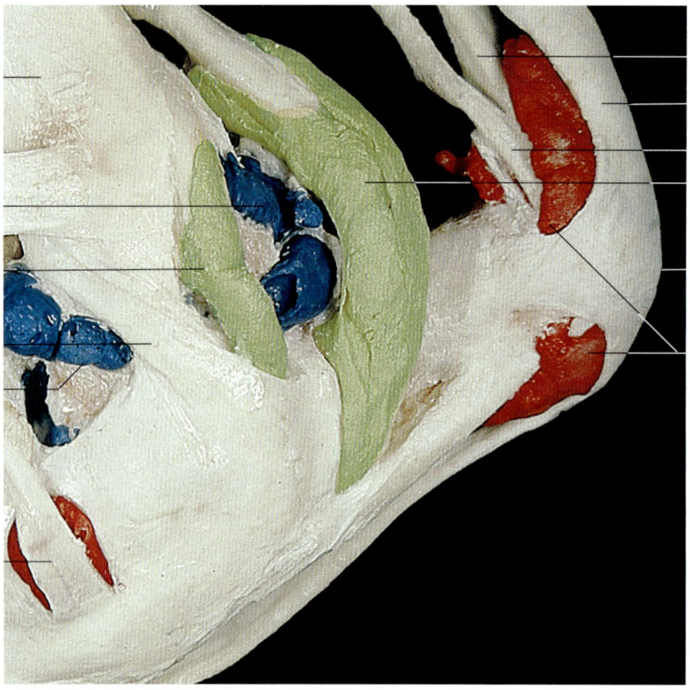


**Abb. 4-99.** Synoviale Einrichtungen am Sprunggelenk des Pferdes (Ausgusspräparat, Medialansicht), Präparat H. Dier, Wien.

distal des Sprunggelenks vereinigt sich die Endsehne des langen Zehenstreckers mit der Sehne des M. extensor digitorum lateralis. In Höhe des Fesselgelenks nimmt die Endsehne die beiden Unterstützungsäste des M. interosseus auf und inseriert am Processus extensorius der Phalanx distalis (Hufbein). Der M. extensor digitorum longus ist ein Strecker der Zehen und ein Hilfsbeuger des Sprunggelenks.

Der **M. extensor digitorum lateralis (seitlicher Zehenstrecker)** nimmt seinen Ursprung an der Fibula und am lateralen Seitenband des Kniegelenks. Er liegt bei Fleischfressern bedeckt vom M. fibularis longus in der Tiefe, bei den anderen Haussäugetieren oberflächlich. Bei Fleischfressern geht sein schwacher Muskelbauch in eine dünne Sehne über, die im Sprunggelenk über den Malleolus lateralis zieht,

**Tab. 4-11.** Beuger des Tarsalgelenks und Strecker der Zehengelenke.

| Name<br>Innervation | Ursprung | Ansatz | Funktion |
|---|---|---|---|
| **M. tibialis cranialis**<br>N. fibularis | Condylus lateralis tibiae | medial am Tarsus und proximal am Metatarsus | Beuger des Tarsus |
| **M. fibularis longus**<br>(fehlt dem Pferd)<br>N. fibularis | Fibula, Condylus lateralis tibiae | T1 bzw. Mt 1 | Beuger des Tarsus, Einwärtsdreher |
| **M. fibularis brevis**<br>(nur bei Fleischfressern)<br>N. fibularis | Fibula | Mt 5 | Beuger des Tarsus |
| **M. fibularis tertius**<br>(fehlt den Fleischfressern)<br>N. fibularis | Fossa extensoria ossis femoris | Ossa tarsalia, Metatarsalia | Beuger des Tarsus, Strecker des Kniegelenks |
| **M. extensor digitorum longus**<br>N. fibularis | Fossa extensoria ossis femoris | Processus extensorius der Phalanx III | Zehenstrecker, Strecker des Kniegelenks |
| **M. extensor digitorum lateralis**<br>N. fibularis | Fibula, Condylus lateralis tibiae | Phalanx II der 5. bzw. 4. Zehe, Processus extensorius des Hufbeins | Zehenstrecker |
| **M. extensor hallucis longus**<br>N. fibularis | Fibula | 2. Zehe | Strecker der 2. Zehe |

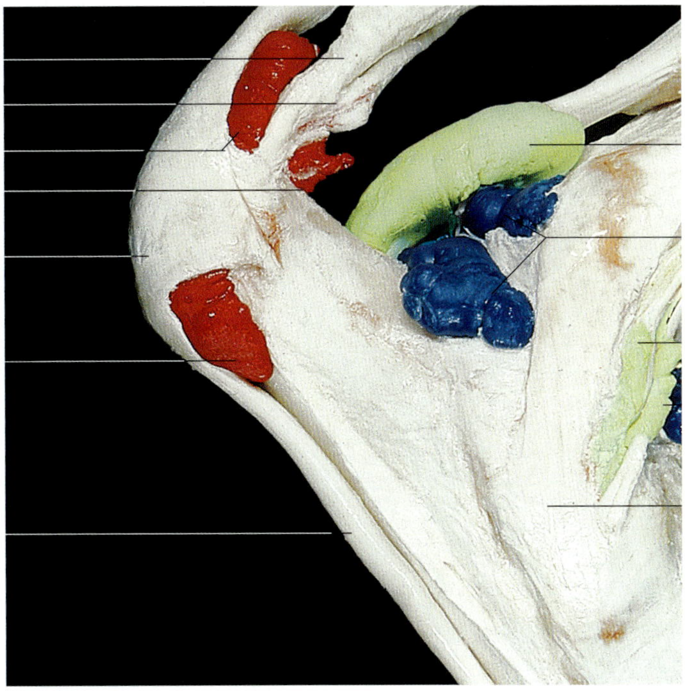


**Abb. 4-100.** Synoviale Einrichtungen am Sprunggelenk des Pferdes (Ausgusspräparat, Lateralansicht), Präparat H. Dier, Wien.

das lange Seitenband unterkreuzt und dorsolateral am Metatarsus verläuft. Nach Vereinigung mit der Endsehne des langen Zehenstreckers für die 5. Zehe inserieren dort beide an der Phalanx distalis.

Beim Schwein endet je eine Sehne an der Haupt- und Nebenzehe. Beim Wiederkäuer entspringt dieser Muskel am lateralen Seitenband des Kniegelenks und am lateralen Condylus der Tibia. Seine starke Sehne zieht unter dem M. fibularis longus auf die laterale Seite des Sprunggelenks, verlängert sich dorsolateral auf den Mittelfußknochen, nimmt den Unterstützungsast des M. interosseus auf und inseriert lateral an der Phalanx media (Kronbein) der 4. Zehe.

Beim Pferd ist der M. extensor digitorum lateralis oberflächlich zwischen dem langen Zehenstrecker und dem M. flexor hallucis

**Tab. 4-12.** Strecker des Sprunggelenks und Beuger der Zehengelenke.

| **Name**<br>**Innervation** | **Ursprung** | **Ansatz** | **Funktion** |
|---|---|---|---|
| **M. gastrocnemius**<br>N. tibialis | distal am Os femoris | Tuber calcanei (Achillessehne) | Strecker des Tarsus, Beuger des Knies |
| **M. soleus**<br>N. tibialis | Fibula | Achillessehne | Strecker des Tarsus |
| **M. flexor digitorum superficialis**<br>N. tibialis | Fossa supracondylaris, Tuberositas supracondylaris lateralis | Phalanx media | Beuger des Knies, Zehenbeuger, Strecker des Tarsus |
| **M. flexor digitorum profundus**<br>N. tibialis | | | |
| **– M. tibialis caudalis** | Fibula und Tibia | tiefe Beugesehne, Phalanx distalis | Zehenbeuger |
| **– M. flexor digitorum medialis** | Tibia | tiefe Beugesehne, Phalanx distalis | Zehenbeuger |
| **– M. flexor digitorum lateralis** | Fibula und Tibia | tiefe Beugesehne, Phalanx distalis | Zehenbeuger |

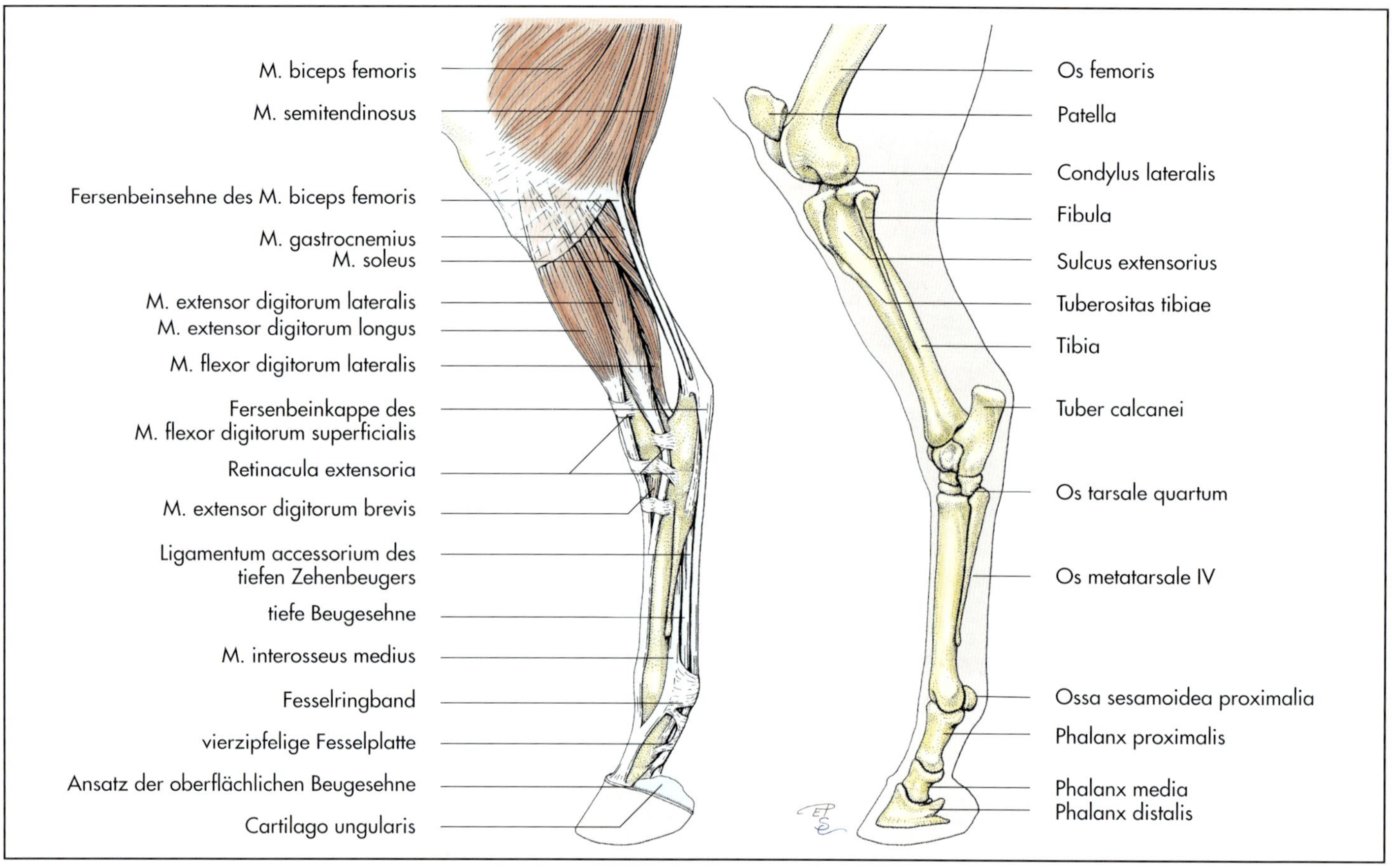


**Abb. 4-101.** Schematische Darstellung der Muskulatur und des Skeletts der Beckengliedmaße des Pferdes (Lateralansicht).

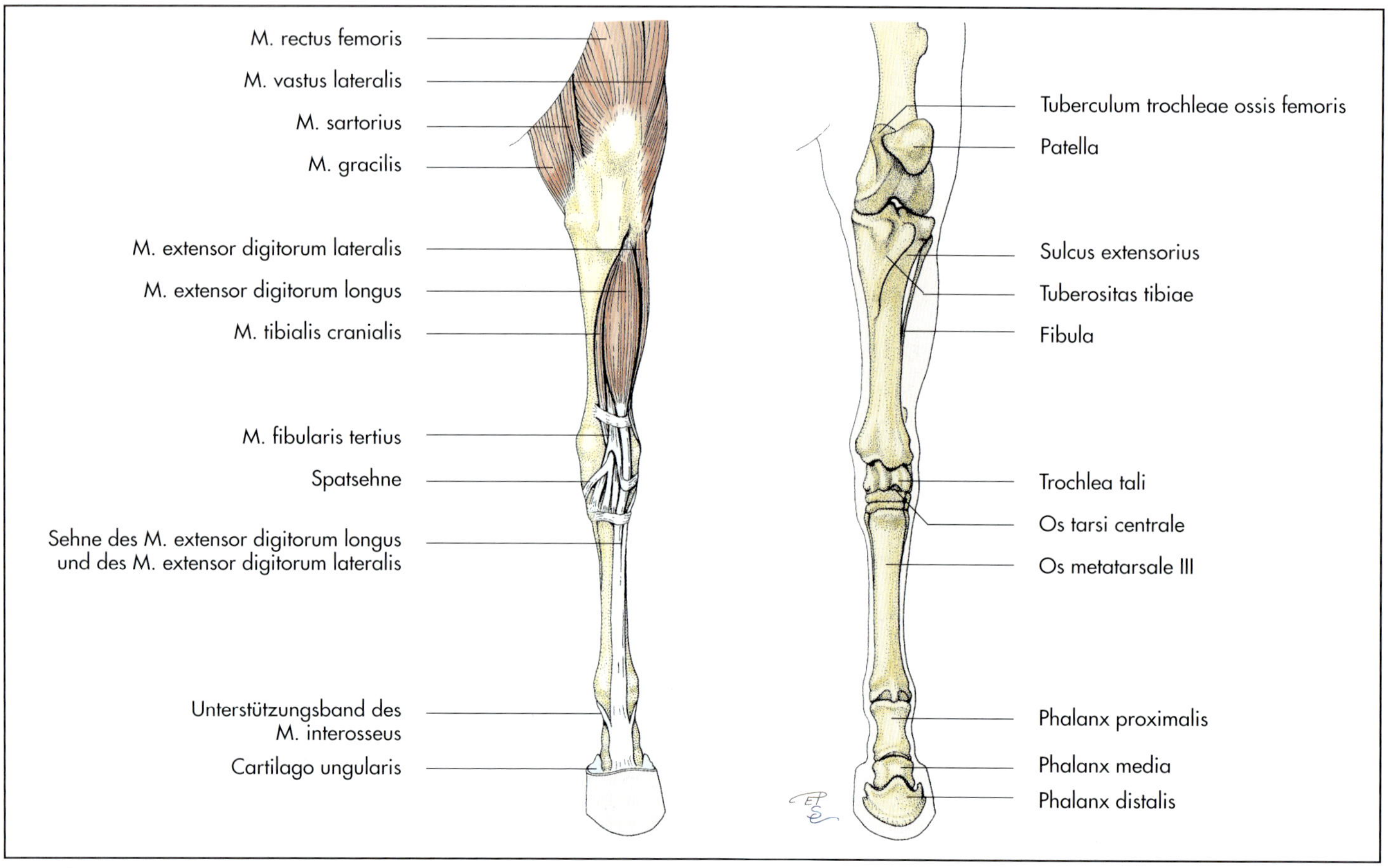


**Abb. 4-102.** Schematische Darstellung der Muskulatur und des Skeletts der Beckengliedmaße des Pferdes (Kranialansicht).

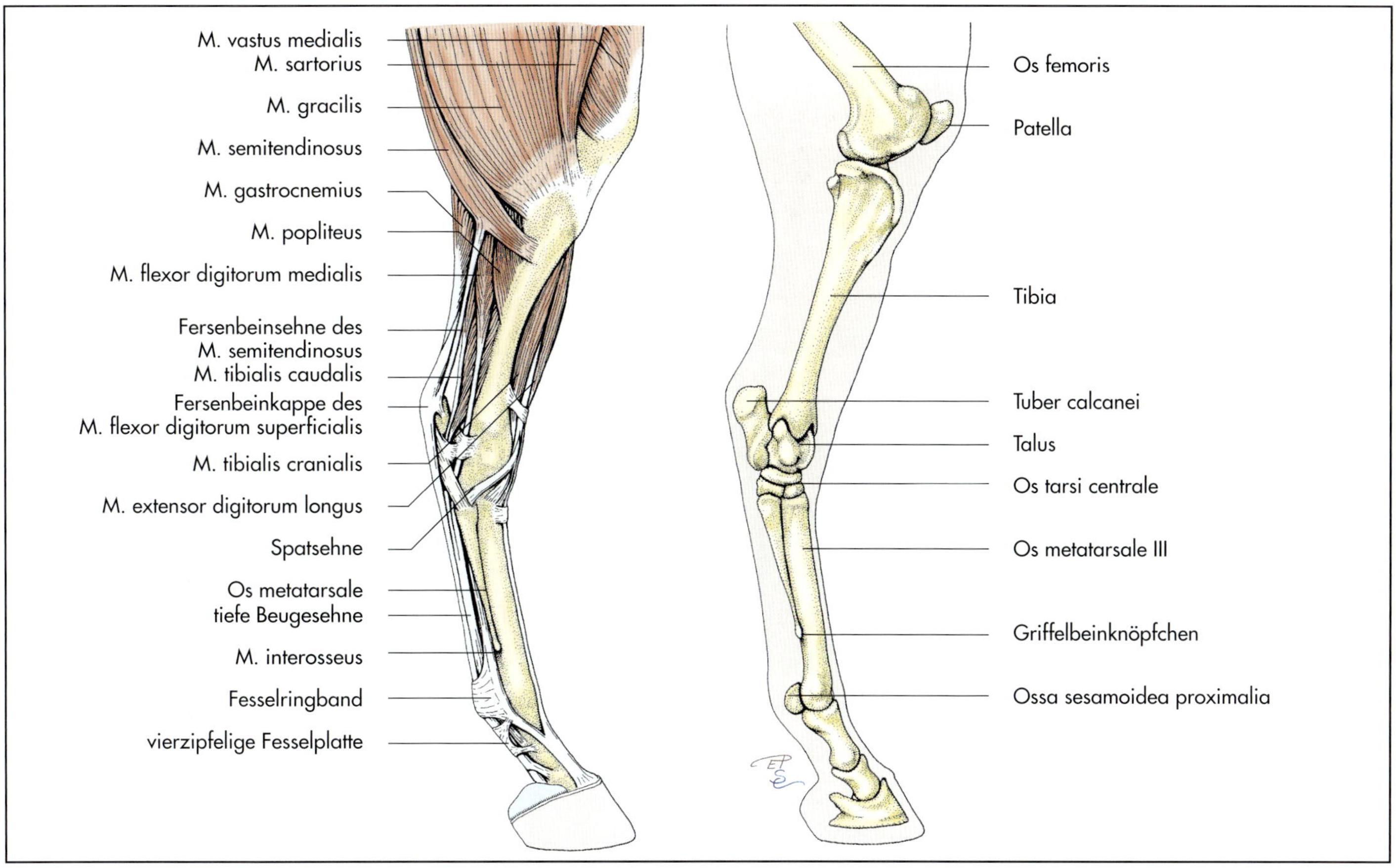


**Abb. 4-103.** Schematische Darstellung der Muskulatur und des Skeletts der Beckengliedmaße des Pferdes (Medialansicht).

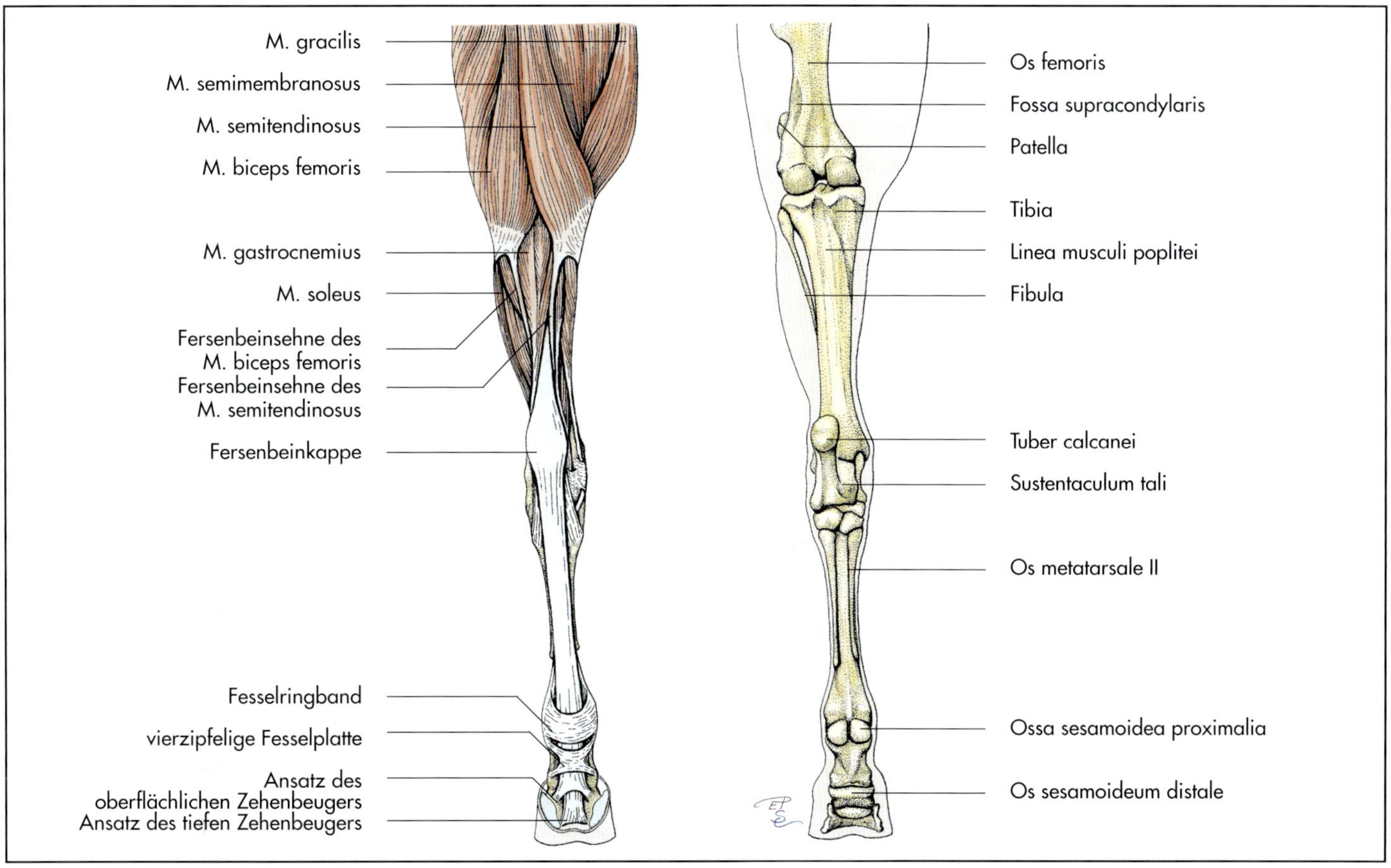


**Abb. 4-104.** Schematische Darstellung der Muskulatur und des Skeletts der Beckengliedmaße des Pferdes (Kaudalansicht).

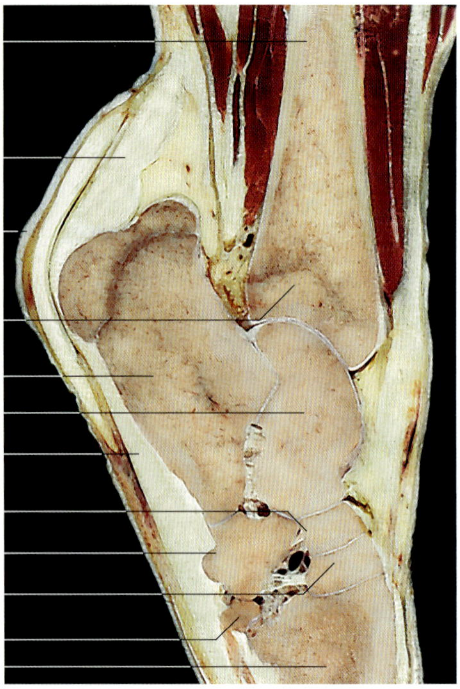


**Abb. 4-105.** Paramedianschnitt durch das Sprunggelenk eines Pferdes (lateral), Präparat Dr. Margit Teufel, Wien.

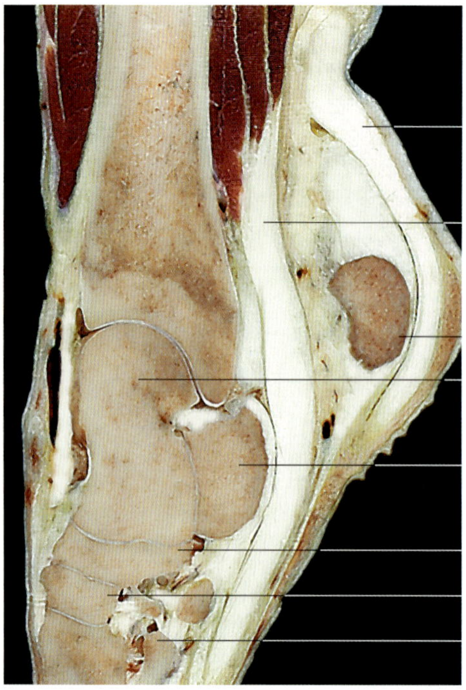


**Abb. 4-106.** Paramedianschnitt durch das Sprunggelenk eines Pferdes (medial), Präparat Dr. Margit Teufel, Wien.

longus gelegen. Seine kräftige, rundliche Sehne verläuft über den Malleolus lateralis des Sprunggelenks, fixiert durch proximale und distale Retinacula, zur lateralen Fläche des Sprunggelenks und verbindet sich distal des Tarsus mit der Sehne des M. extensor digitorum longus. Die seitliche Strecksehne ist in Höhe des Sprunggelenks von einer Sehnenscheide umgeben, die etwa zwei Finger breit proximal bzw. distal des Tarsus endet.

Der M. extensor digitorum lateralis ist ein Strecker der Zehen und Hilfsbeuger des Sprunggelenks.

Der **M. extensor hallucis longus (langer Strecker der 1. Zehe)** ist nur bei Fleischfressern, Schwein und Schaf als eigenständiger Muskel ausgebildet, bei Ziege, Rind und Pferd verschmilzt er mit dem M. tibialis cranialis und inseriert am Mt III.

Bei Fleischfressern liegt dieser Muskel, vom langen Zehenstrecker und vom M. fibularis longus überdeckt, dem Unterschenkel auf, er entspringt an proximalen Abschnitten der Fibula und der Membrana interossea cruris. Seine schmale Endsehne zieht, oftmals aponeurotisch sich verbreiternd, am Metatarsalknochen II entlang bis zum Zehengrundgelenk der 2. (1.) Zehe.

Der M. extensor hallucis longus ist ein Strecker der 2. (1.) Zehe und Hilfsbeuger des Sprunggelenks.

## Muskeln kaudal am Unterschenkel

Die Muskeln kaudal am Unterschenkel wirken als Strecker des Sprunggelenks und als Beuger der Zehen. Sie nehmen ihren Ursprung am distalen Ende des Oberschenkelknochens und proximal an der Tibia und der Fibula. Die Strecker des Sprunggelenks inserieren am Fersenbein. Die Endsehnen der langen Zehenbeuger sind mehrgelenkig und setzen entsprechend der tierartlich unterschiedlichen Anzahl von Zehen an den mittleren bzw. distalen Phalangen der Haupt- und Nebenzehen an. Gemeinsam ist dieser Muskelgruppe die Innervation durch den N. tibialis (Tab. 4-12). Man unterscheidet kaudal am Unterschenkel:

- als **Strecker des Sprunggelenks** den:
  - M. gastrocnemius,
  - M. soleus und
- als **Beuger der Zehen (lange Zehenbeuger)** den:
  - M. flexor digitorum superficialis,
  - M. flexor digitorum profundus mit seinen drei Köpfen, dem:
    - M. tibialis caudalis,
    - M. flexor digitorum lateralis und
    - M. flexor digitorum medialis.

Der **M. gastrocnemius (Wadenmuskel)** ist ein kräftiger, doppelköpfiger Muskel, dessen **Caput laterale** und **Caput mediale** proximal der Kondylen des Oberschenkelbeins entspringen. Die gemeinsame Sehne formt die **Achillessehne (Tendo gastrocnemius)** und setzt am Fersenbein an (Abb. 4-93). Bei Fleischfressern nehmen die beiden Gastroknemiusköpfe am Labium laterale und mediale des Femurs ihren Ursprung, wobei das Caput laterale bei der Katze besonders ausgeprägt zusätzlich noch an der Patella und an der Fascia lata entspringt (Abb. 4-95ff.). Beide Ursprungssehnen schließen je ein Vesalius-Sesambein ein. Getrennt durch eine Sehnenplatte sind die Gastroknemiusköpfe eng mit der oberflächlichen Beugesehne verbunden. Distal entwickelt sich aus den sehnigen Anteilen eine einheitliche **Endsehne (Achillessehne)**. Diese zieht von oberflächlich kaudal über lateral unter die oberflächliche Beugesehne und setzt unter ihr am Tuber calcanei an. Zwischen dem Ende der Achillessehne, dem Fersenbeinhöcker und den Endsehnen der Mm. biceps femoris und semitendinosus ist ein **Schleimbeutel** lokalisiert.

Beim Pferd sind die beiden Muskelbäuche des M. gastrocnemius kräftig, spindelförmig und sehnig durchsetzt, bedeckt von den Hinterbackenmuskeln (Abb. 4-101ff.). Sie entspringen beidseitig der Fossa supracondylaris ossis femoris und schließen mit ihren Köpfen die oberflächliche Beugesehne ein. Die aus ihren Endsehnen geformte starke Achillessehne inseriert nach Drehung von kaudal über lateral proximal am Tuber calcanei, überlagert von der Fersenbeinkappe des M. flexor digitorum superficialis. Der M. gastrocnemius streckt das Sprunggelenk und hilft das Kniegelenk beugen.

Der **M. soleus (Schollenmuskel)** ist bei den meisten Haussäugetieren ein schwaches Muskelband, das dem Hund fehlt, bei der Katze jedoch gut entwickelt ist. Beim Wiederkäuer und Pferd entspringt er am proximalen Rudiment der Fibula, fächert sich in distokaudaler Verlaufsrichtung auf und verschmilzt mit dem lateralen Kopf des M. gastrocnemius. Beim Pferd geht die Endsehne dieses Muskels als Tendo solei in den Tendo gastrocnemius ein. Er ist ein Synergist des M. gastrocnemius (Abb. 4-93 u. 101).

Der **M. flexor digitorum superficialis (oberflächlicher Zehenbeuger)** nimmt seinen Ursprung in der Fossa supracondylaris ossis femoris, eingebettet zwischen die beiden Köpfe des M. gastrocnemius (Abb. 4-93). Seine in der Tiefe gelegene Sehne tritt in Höhe des Unterschenkels über medial auf die plantare Seite und liegt dann der Achillessehne am Fersenbeinhöcker großflächig auf **(»Fersenbeinkappe«)**. Diese verbreiterte Sehnenkappe wird beidseitig am Tuber calcanei durch das Retinaculum mediale bzw. laterale fixiert. Unter der Fersenbeinkappe ist stets eine **Bursa subtendinea calcanea** ausgebildet.

Die oberflächliche Beugesehne bildet in Höhe des Zehengrundgelenks eine röhrenartige Manschette um die Endsehne der tiefen Beugesehne (Manica flexoria) und inseriert an der Phalanx media der Stützzehen tierartlich unterschiedlicher Aufzweigung. Im Zehenendbereich verhalten sich die Endsehnen der beiden langen Beugesehnen wie an der Vordergliedmaße.

Bei Fleischfressern entspringt der M. flexor digitorum superficialis meist als kräftiger Muskel an der Tuberositas supracondylaris lateralis ossis femoris und am lateralen Sesambein, den Gastroknemiusköpfen benachbart (Abb. 4-95ff.). In der Mitte des Unterschenkels bündeln sich die kleineren Einzelsehnen zu einer abgeplatteten bis rundlichen oberflächlichen Beugesehne, die sich um die Achillessehne windet und verbreitert als Fersenbeinkappe am Tuber calcanei ansetzt.

Die oberflächliche Beugesehne setzt sich plantar des Tarsus fort und gabelt sich zweimal. Die vier Endschenkel verlaufen über die Metatarsalknochen und inserieren an der Phalanx media der 2. bis 5. Zehe. Bei Wiederkäuern setzt die Endsehne wie beim Schwein an der Phalanx media der 3. und 4. Hauptzehe an.

Beim Pferd ist der oberflächliche Zehenbeuger stark sehnig durchsetzt als ein kontraktiles Spannband ausgebildet, das einen wesentlichen Bestandteil des **Fersensehnenstrangs (Tendo calcaneus communis)** und der **»Spannsägenkonstruktion«** darstellt. Er entspringt in der Fossa supracondylaris ossis femoris, dem lateralen Gastroknemiuskopf eng anliegend, und zieht als **Tendo plantaris** unterschenkelwärts. Auch beim Pferd windet sich die oberflächliche Beugesehne über medial auf die kaudale Seite, verbreitert sich zur Fersenbeinkappe und besitzt hier medial und lateral einen Zwischenansatz. An dieser Stelle ist stets eine Bursa subtendinea calcanei ausgebildet, die von medial drei Finger breit kranial des Tuber calcanei injizierbar ist. Identisch zum Verhalten an der Vordergliedmaße inseriert die oberflächliche Beugesehne an der Phalanx media (Kronbein) der Zehe.

Der oberflächliche Zehenbeuger beugt vorrangig die Stützzehen, er streckt aber auch das Sprunggelenk und wirkt als Hilfsbeuger des Kniegelenks. Beim Pferd ist dieser wesentlicher Bestandteil des Fersensehnenstrangs und der Spannsägenkonstruktion.

Der **M. flexor digitorum profundus (tiefer Zehenbeuger)** (Abb. 4-93, 94, 95ff., 101ff.) besteht aus drei selbstständigen Köpfen, nämlich dem:

- M. tibialis caudalis,
- M. flexor digitorum lateralis,
- M. flexor digitorum medialis.

Diese drei Muskelbäuche entspringen an der Hinterfläche der Tibia und der Fibula (bzw. deren Rudiment) und am Condylus lateralis der Tibia. In der Mitte des Unterschenkels bzw. distal des Tarsus bündeln sich tierartlich unterschiedlich die Einzelsehnen zur tiefen Beugesehne, die plantar des Mittelfußes distal zieht und an der Facies flexoria der Phalanx distalis der jeweiligen Zehen inseriert. In Höhe des Sprunggelenks werden die Einzelsehnen stets von Sehnenscheiden umhüllt.

Bei Fleischfressern liegt der **M. flexor digitorum lateralis** kaudolateral am Unterschenkel. Seine starke Sehne vereinigt sich mit der des M. flexor digitorum medialis an der Plantarseite des Tarsus zur tiefen Beugesehne, die sich in Höhe der Mittelfußknochen in die vier Schenkel für die 2. bis 5. Zehe spaltet. Die einzelnen Sehnenschenkel verlaufen vergleichbar der Aufteilung an der Vordergliedmaße.

Der **M. flexor digitorum medialis** liegt medial des seitlichen tiefen Zehenbeugers. Dieser entspringt zusätzlich am Caput fibulae und an der Linea m. poplitei tibiae, seine dünne Sehne zieht mit dem M. tibialis caudalis zum Tarsus und verschmilzt dort mit der Sehne des M. flexor digitorum lateralis.

Der **M. tibialis caudalis** ist ein schwacher Muskel, der selbstständig der Tibia kaudal direkt aufliegt, seine dünne Sehne verliert sich in den medialen Seitenbändern des Tarsus. Bei Fleischfressern wird die tiefe Beugesehne deshalb nur aus M. flexor digitorum lateralis und medialis gebildet.

Beim Schwein, Wiederkäuer und Pferd verhalten sich die drei Muskeln vergleichbar ähnlich, da ihre Sehnen sich einheitlich zur tiefen Beugesehne vereinigen. Der **M. flexor digitorum lateralis** nimmt seinen Ursprung am Condylus lateralis und an der Kaudalfläche der Tibia. Im distalen Abschnitt des Unterschenkels zieht seine kräftige Sehne, vereinigt mit der Sehne des M. tibialis caudalis, über das Sustentaculum tali. Proximal am Metatarus verschmilzt sie mit der Sehne des M. flexor digitorum medialis.

Der **M. tibialis caudalis** bedeckt den M. flexor digitorum lateralis mit dessen Sehne er sich oberhalb des Sprunggelenks vereinigt. Der **M. flexor digitorum medialis** legt sich dem seitlichen tiefen Zehenbeuger medial an, seine rundliche Endsehne verläuft über die mediale Fläche des Sprunggelenks und verbindet sich plantar am Mittelfuß mit den anderen beiden Sehnen zur tiefen Beugesehne.

Die Insertion der tiefen Beugesehne an der Phalanx distalis (Klauen- oder Hufbein) verhält sich analog zur Vordergliedmaße, die Zahl der Endäste beträgt beim Schwein vier für die Haupt- und Nebenzehen, bei Wiederkäuern zwei allein für die Hauptzehen. Beim Pferd inseriert die tiefe Beugesehne verbreitert und ungespalten an der 3. Zehe (Hufbein). Sie gleitet auch hier, wie an der Vordergliedmaße, mit Hilfe der **Bursa podotrochlearis** plantar über das Strahlbein.

Der tiefe Zehenbeuger beugt vorrangig die Zehengelenke und ist Hilfsstrecker des Sprunggelenks.

## Kurze Zehenmuskeln

Die kurzen Zehenmuskeln verhalten sich wie die der Vordergliedmaße. Meist treten sie nur bei Fleischfressern auf, können jedoch, wie die Mm. interossei, auch bei allen Haussäugetieren voll entwickelt sein.

**Gemeinsame kurze Zehenmuskeln** sind:

- M. extensor digitorum brevis,
- M. flexor digitorum brevis,
- Mm. interflexorii,
- Mm. lumbricales,
- Mm. interossei und
- M. quadratus plantae.

Der **M. extensor digitorum brevis (kurzer Zehenstrecker)** liegt dem Mittelfußknochen dorsal auf und verläuft lateral der langen Strecksehne. Er ist bei den Wiederkäuern und beim Pferd schwach ausgebildet, kräftig bei Fleischfressern und Schwein. Bei Fleischfressern spaltet er drei Sehnen ab, die sich weitergehend aufteilen. Die Endsehnen nehmen jeweils die Unterstützungsäste des M. interosseus auf, sie inserieren zusammen mit dem langen seitlichen Zehenstrecker (Abb. 4-93, 95, 96 u. 101).

Der **M. flexor digitorum brevis (kurzer Zehenbeuger)** besteht beim Hund aus nur wenigen Muskelfasern, bei der Katze aus einer dünnen, breitflächigen Muskelplatte, die in die oberflächliche Beugesehne eingelagert ist.

Die **Mm. interflexorii (Zwischenbeugemuskeln)** ziehen aus dem Bereich der Aufzweigung der tiefen Beugesehne an Äste der oberflächlichen Beugesehne, bei der Katze in Form von drei, beim Hund mit zwei Faserbündeln.

Die **Mm. lumbricales (wurmförmige Muskeln)** und die **Mm. interossei** verhalten sich wie an der Vordergliedmaße.

Der **M. quadratus plantae (viereckiger Sohlenmuskel)** ist bei der Katze kräftiger entwickelt als beim Hund. Er entspringt lateral am Fersenbein, zieht mediodistal zur tiefen Beugesehne und strahlt in die Sehne des M. flexor digitorum medialis ein.

## Besondere kurze Zehenmuskeln

Diese Muskelgruppe findet sich nur bei Fleischfressern und beim Schwein, sie verhält sich wie die entsprechende Muskelgruppe an der Vordergliedmaße.

# 5 Statik und Dynamik

J. Maierl, G. Weissengruber und H. E. König

Die Statik beschäftigt sich mit den Konstruktionsprinzipien zur Erhaltung des Gleichgewichts im Stand der Ruhe und der Bewegung.

Die Dynamik dagegen untersucht die Abläufe, die sich während der Lokomotion abspielen. Diesen physikalischen Gesetzmäßigkeiten sind auch die Körper von Tieren unterstellt.

## Statik

Die Konstruktion des Körpers zeigt zwischen den Spezies eine große Variationsbreite. Diese spiegelt die spezifische Anpassung an die Anforderungen wider, die durch die natürliche Umgebung und die Art des Nahrungserwerbs an sie gestellt werden.

So müssen beispielsweise Carnivoren als Raubtiere oftmals hohe Geschwindigkeiten über eine kurze Strecke entwickeln, um ihre Beute zu fangen. Dagegen ist die Konstruktion des Körpers von Pflanzenfressern darauf spezialisiert, große Mengen schwer verdaulichen Futters zu transportieren. Dies erfordert statische Strukturen des Körpers, die eine eher ausdauernde Fortbewegung über lange Strecken ermöglichen.

Der Bewegungsapparat des Pferdes zeichnet sich deshalb nicht nur durch große Stabilität und Mobilität, sondern auch durch passive Einrichtungen aus, die es gestatten, eigene und zusätzliche Lasten zum großen Teil ohne zusätzlichen Aufwand von Muskelkraft zu tragen. Pferde können auch mit geringem Energieverbrauch stehen. Von seinem Körperbau her ist das Pferd daher bestens als Reit-, Zug- und Tragtier geeignet. Vergleichbare passive Einrichtungen fehlen den Fleischfressern.

Ihre volle Leistungsfähigkeit bewahren sich auch Tiere allerdings nur dann, wenn sie sich niederlegen und sich die Muskeln dabei vollständig entspannen.

## Rumpfkonstruktion

Im Gegensatz zu früheren Arbeiten zum Bau des Rumpfes gehen neuere Untersuchungen von einer sogenannten **»Bogen-Sehnen-Brücke«** aus (Abb. 5-1). Dabei bildet der thorakolumbale Abschnitt der Wirbelsäule als flexible Struktur den dorsal flach gewölbten **»Bogen«**. Dieser erhält seine Elastizität durch:

- die Gelenke und Zwischenwirbelscheiben,
- die Bänder (Ligamentum supraspinale, Ligamenta interspinalia und Ligamenta flava) und
- die Rückenmuskulatur (lange und kurze Beweger der Wirbelsäule).

Die **»Sehne«** wird gebildet von den Bauchmuskeln, insbesondere vom M. rectus abdominis, der als aktiv kontrahierbare Muskelplatte den Brustkorb mit dem Becken verbindet. Aus statischer Sicht übernimmt die Tunica flava abdominis an der »Sehnenkonstruktion« einen wesentlichen, passiv unterstützenden Anteil.

**»Bogen«** und **»Sehne«** stehen indirekt miteinander in Verbindung. Am kranialen Ende geschieht dies über den Brustkorb und verlängert sich über die Halswirbelsäule bis zum Kopf. Der kaudale Abschnitt der »Bogen-Sehnen-Konstruktion« ist über den letzten Lendenwirbel mit dem Kreuzbein und über dieses mit dem Becken verbunden. Die Kontraktion der Bauchmuskulatur bewirkt eine Beugung des Bogens, während die Rückenmuskulatur diesen streckt.

Das **Gewicht der Eingeweide**, die an der Wirbelsäule aufgehängt sind, bewirkt ein ventrales Durchbiegen der Wirbelsäule. Zum anderen spannt dieses Gewicht durch Aufliegen auf der ventralen Bauchwand die »Sehne«. Dies zieht ein dorsales Aufbiegen des »Bogens« nach sich.

Zusätzlich beeinflusst auch die **Gliedmaßenmuskulatur** die Statik der Wirbelsäule. Sämtliche Muskeln, die die Schultergliedmaße nach vorne und die Beckengliedmaße nach hinten ziehen, bewirken eine **Beugung** des »Bogens«. Muskulatur mit der jeweils entgegengesetzten Wirkung auf die Gliedmaßen **strecken** die Wirbelsäule. Dieser Effekt ist an der Schultergürtelmuskulatur deutlicher ausgeprägt als an der Muskulatur der Beckengliedmaße.

Die Elastizität des Rumpfes wird vervollständigt durch die aktive Arbeit anderer Muskeln. Dies wird offensichtlich beim Pferd, dessen Rücken in der »Versammlung« nicht unter dem Reiter nachgibt, sondern dorsal gebogen ist.

Das Prinzip der »Bogensehnenkonstruktion« setzt sich auch am Hals fort. Die Halswirbelsäule mit ihren gelenkigen Verbindungen stellt den »Bogen« dar, während das elastische Nackenband (Ligamentum nuchae) zusammen mit der dorsalen Wirbelsäulenmuskulatur die »Sehne« bildet.

Das Lig. nuchae besteht weitgehend aus elastischen Fasern und bildet einen energiesparenden Halte- und Rückstellmechanismus für den Kopf. Damit wird vergleichsweise wenig aktive Muskel-

**Abb. 5-1.** Schematische Darstellung der Bogen-Sehnen-Brücke an einem Pferd während der Levade. Die Muskeln sind rötlich eingezeichnet, nach Komarek, 1993.

arbeit benötigt, um den Kopf zu halten oder aus der gesenkten Stellung bei der Futteraufnahme zu heben. Die Muskulatur und auch Anteile des elastischen Nackenbands strahlen aus der Halsgegend über einen Ansatz an den Dornfortsätzen der ersten Brustwirbel in den Bereich der Rumpfbrücke ein. Dadurch wird funktionell eine Verbindung zwischen beiden Bogensystemen hergestellt. Das Eigengewicht und das aktive Senken des Kopfes strecken den »Bogen«, während die »Sehne« ihn beugt (Heben des Kopfes).

Die **Lage des Massenmittelpunkts (Körperschwerpunkt)** ist ein wesentlicher Aspekt bei der Betrachtung stehender Tiere. Diese hängt von der Tierart ab, variiert individuell und wird von der Konstitution und der Gewichtsverteilung beeinflusst. Werden Hals und Kopf gehoben, wandert der Schwerpunkt kaudal, wird der Kopf gesenkt, bewegt sich dieser kranial. Auch die Bewegung der Gliedmaßen kann den Schwerpunkt zur Seite und nach vorne oder nach hinten verschieben.

Bei einem Pferd mit neutraler Kopfhaltung liegt der **Schwerpunk**t zentral in einer Querebene durch den 12. Interkostalraum. Dieser Punkt befindet sich beim Pferd am Schnittpunkt der Medianebene mit einer Querebene unmittelbar kaudal des Schaufelknorpels in Höhe einer Horizontalebene zwischen ventralem und mittlerem Drittel des Rumpfes. Er liegt damit etwa in Höhe der **Mitte der 12. Rippe**.

Der Schnittpunkt des Lotes durch diesen Punkt auf die rechteckige Unterstützungsfläche, die durch die vier Hufe begrenzt wird, liegt näher an den Schultergliedmaßen. Das **Gleichgewicht** wird im Stand nur dann aufrechterhalten, wenn die Senkrechte auf den Körperschwerpunkt trifft. Der Körperschwerpunkt liegt näher an den Schulter- als an den Beckengliedmaßen. Deshalb ist das Körpergewicht nicht gleichmäßig auf alle vier Gliedmaßen verteilt. Die Schultergliedmaßen tragen 56%, die Beckengliedmaßen 44% des Körpergewichts. Dies resultiert vorwiegend daraus, dass Kopf und Hals mit ihrem erheblichen Gewicht weit vor den Vorderextremitäten gelagert sind.

## Gliedmaßenkonstruktion

Die »Bogen-Sehnen-Brücke« des Rumpfes stützt sich auf vier Gliedmaßen. Die Lage des Körperschwerpunkts zeigt, dass die Vordergliedmaße sowohl im Stand als auch in der Bewegung mehr belastet wird als die Beckengliedmaße. Erstere dient dem **Auffangen der Last**, die ihr von hinten zugeschoben wird. Die Beckengliedmaße liefert die **Schubkraft** zur Vorwärtsbewegung. Vergleicht man das Gewicht der Muskulatur der Vordergliedmaße mit jenem der Beckengliedmaße, so entfallen ca. 58% auf die Beckengliedmaße und ca. 42% auf die Vordergliedmaße.

Diese unterschiedlichen Funktionen der Gliedmaßen werden auch in deren Befestigung am Rumpf sichtbar. Während die Schultergliedmaße durch ihre muskulös-sehnige Aufhängung flexibel den Rumpf abstützt, ist die Beckengliedmaße für eine verlustfreie Übertragung des Bewegungsimpulses fest mit dem hinteren Ende der »Bogen-Sehnen-Brücke« im Iliosakralgelenk verbunden.

### Schultergliedmaße

Die Vordergliedmaße übernimmt vornehmlich eine **Tragefunktion**. Dies wird durch die Reduktion der Knochen des Schultergürtels deutlich, von denen bei den Haussäugetieren bekanntlich lediglich das Schulterblatt gut entwickelt ist. Die Scapula ist mit dem Rumpf am Vorderende des Brückenbogens allein durch sehnige und muskulöse Strukturen **(Synsarkose)** ähnlich einem Tragegurt verbunden.

Die tragende Funktion der Schultergliedmaße übernehmen vorrangig die beiden **Mm. serrati ventrales**, zwischen denen der Thorax aufgehängt ist. Vor allem deren **Brustportion** ist mit einem hohen Gehalt an sehnigen Strukturen bestens geeignet ein erhebliches Gewicht mit einem Minimum an Muskelarbeit zu tragen. Dieser besondere Muskelbau ermöglicht es die z.T. erheblichen Druck- und Stoßkräfte aufzufangen, die während des Standes, aber vor allem während der Bewegung auf die Vordergliedmaßen wirken. Die stärksten Kräfte wirken dabei beim Aufsetzen nach einem Sprung (Abb. 5-2).

Das **Drehfeld (Hypomochlion)** der Scapula liegt etwa in der Mitte der Facies serrata. Die Senkrechte, die durch das Drehfeld hindurchzieht, schneidet die Mitte der Fußungsfläche. Sie geht durch die Drehachse des Ellbogengelenks, den proximalen Abschnitt des Radius kranial vor das Karpalgelenk zur Mitte der Sohlenfläche. Das Karpalgelenk, der Hauptmittelfußknochen, das Zehengrundgelenk sowie das Krongelenk kommen hinter der Senkrechten der Schultergliedmaße zu liegen. Während des Stehens werden das Schulter-, das Ellbogen- und das Zehengrundgelenk in ihren physiologischen Winkeln fixiert, das Karpalgelenk wird in einer 180°-Position gehalten.

Die Winkelung der Gelenke macht es notwendig, dass die Muskulatur auf jeder Seite eines Gelenks den Tierkörper ständig durch Feinanpassung im Gleichgewicht halten muss. Um diese zusätzliche Belastung der Muskulatur zu reduzieren, sind in dieser die Anteile an unermüdlich-sehnigem Bindegewebe deutlich vermehrt. Die Bewegungsmöglichkeiten der Gelenke sind am Boden durch die Ausbildung von straffen Faszien und Bändern und Modifikationen der Gelenkflächen stark eingeschränkt.

Wo eine aktive Muskelleistung für die Statik unumgänglich ist (M. biceps brachii, medialer Kopf des M. triceps brachii, M. anco-

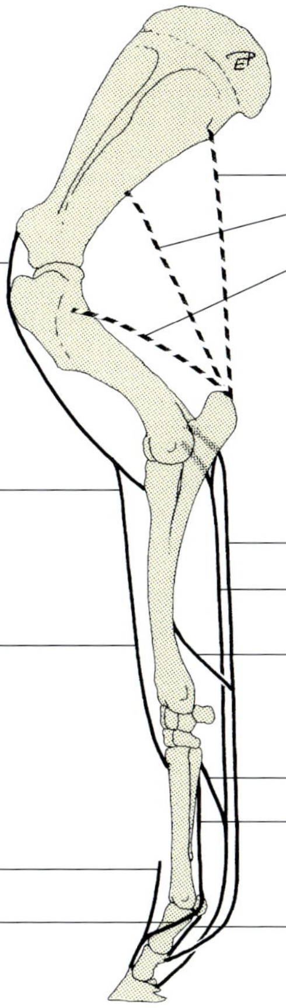


**Abb. 5-2.** Schematische Darstellung der Gelenkfixationsvorrichtungen an der Schultergliedmaße des Pferdes.

naeus, distaler Anteil des M. extensor carpi radialis) wird diese über sogenannte Typ-I-Fasern geleistet. Diese arbeiten aerob, kontrahieren sich relativ langsam und sind für ausdauernde Haltungskontraktionen gut geeignet.

Viele dieser strukturellen Besonderheiten tragen wesentlich dazu bei, dass bei Großtieren die Bewegungsmöglichkeiten der Gliedmaßengelenke weitgehend auf Beugung und Streckung reduziert sind. Eine Ausnahme davon bildet lediglich das Schultergelenk.

Beim Pferd ist an der Vordergliedmaße ein sehnig-bandartiger Halteapparat entwickelt, der es Equiden ermöglicht, das Körpergewicht mit einem Minimum an Muskelarbeit zu tragen. In seiner Gesamtheit wird dieser als **Gelenkfixationsmechanismus** oder **Spannbandapparat** bezeichnet. Das Pferd kann mit dieser effizienten Einrichtung lange Zeit stehen, ohne zu ermüden. Für eine nachhaltige Erholung ist es allerdings notwendig, dass sich das Pferd niederlegt und dadurch die Spannung von der Muskulatur genommen wird.

Ohne diesen Gelenkfixationsmechanismus würde das Körpergewicht das Schultergelenk beugen. Dem wirken die **isometrische Kontraktion** des M. supraspinatus und weit wichtiger jene des M. biceps brachii entgegen. Im letztgenannten Muskel steigt bei Beugung des Schultergelenks die Spannung an. Dies kann beim stehenden Tier aber nur dann geschehen, wenn auch einer Ellbogenbeugung entgegengewirkt wird.

Neben der isometrischen Kontraktion des M. triceps brachii sind es vor allem die bindegewebigen Anteile der beiden Zehenbeuger, die durch eine Überstreckung des Fesselgelenks unter Spannung geraten und mit ihren humeralen Köpfen das Ellbogengelenk in Normalstellung halten. Zusätzlich inserieren die Seitenbänder am Ellbogengelenk exzentrisch **(Schnappgelenk)**, was zur Folge hat, dass zum Beugen des Gelenkes erst ein Widerstand überwunden werden muss. Dadurch ist eine weitere passive Haltemöglichkeit geschaffen, die ohne Energieverbrauch die Winkelung der Gliedmaße aufrechterhalten hilft.

Radius und Metakarpus sind mit ihrer langen Achse vertikal übereinander angeordnet. Dadurch ist das Karpalgelenk im 180°-Winkel und kann ohne größeren Muskelaufwand in seiner Normalstellung gehalten werden. Ein Einknicken nach vorne wird durch den **Lacertus fibrosus** verhindert. Dieser tritt kurz vor dem Ansatz des M. biceps brachii als kräftiger, sehniger Strang aus dem Muskelbauch hervor und strahlt in die Faszie medial am M. extensor carpi radialis ein. Mit dessen Endsehne endet der Lacertus fibrosus am Hauptmittelfußknochen und fixiert dadurch das Karpalgelenk (Abb. 5-2). Eine Überstreckung des Karpalgelenks wird durch die Bänder kaudal am Karpus, die Bänder des Os carpi accessorium und die Unterstützungsbänder der beiden Beugesehnen verhindert. Diese werden durch die physiologische Hyperextension im Fesselgelenk unter Spannung gehalten.

Einen ganz wesentlichen Anteil am passiven Halteapparat des Beines hat der **Fesseltragapparat**, der an Vorder- und Hinterfuß gleichermaßen ausgebildet ist. Dieser besteht aus dem M. interosseus medius (proximale Sesambeinbänder), den Sesambeinen, den mittleren und den distalen Sesambeinbändern. Seine Aufgabe ist es, eine allzu große Hyperextension des Fesselgelenks während der Bewegung zu verhindern und Spitzenbelastungen auf die Gliedmaße federnd zu dämpfen.

Die Unterstützungsäste des M. interosseus medius verlaufen von palmar bzw. plantar über abaxial nach dorsal und verschmelzen dort mit der Endsehne des gemeinsamen bzw. langen Zehenstreckers. Dadurch entsteht über Kron- und Hufgelenk eine Sicherung gegen ein dorsales Ausweichen, die mit steigender Last noch mehr gespannt wird.

Die beiden Beugesehnen unterstützen den Fesseltragapparat in dieser Funktion. Durch das obere Unterstützungsband (oberflächliche Beugesehne) und das untere (tiefe Beugesehne) werden die Muskelbäuche der Zehenbeuger entlastet. Bei Streckung des Fesselgelenks werden der Fesseltragapparat, die oberflächliche und die tiefe Beugesehne unter Spannung gesetzt.

Auffällig ist in diesem Zusammenhang, dass praktisch die gesamte Muskelmasse nicht weiter als in die obere Hälfte des Unterarms bzw. Unterschenkels reicht. Dies führt dazu, dass die schweren, gut durchbluteten Muskelbäuche relativ rumpfnahe angeordnet sind. Dadurch wird das Beinpendel, das durch die Verlängerung einzelner Extremitätenabschnitte und dieAufrichtung zum Zehenspitzengang eine große Schrittlänge bewirkt, im distalen Teil leichter und kann in der Bewegung schneller vorgeführt werden.

## Beckengliedmaße

Die Bemuskelung der Beckengliedmaße ist kräftiger als die der Vordergliedmaße ausgebildet, sie dient vorzugsweise dem **Vorwärtsschub des Rumpfes**. Um eine effiziente Übertragung dieses Vorwärtsimpulses sicherzustellen, ist eine enge Verbindung zwischen der Hintergliedmaße und dem Rumpf entwickelt, die durch die straffe Articulatio sacroiliaca zwischen Kreuzbein und Becken gewährleistet wird.

Beim Pferd ist der **Spannbandapparat** an der Hintergliedmaße deutlich ausgebildet. Hierbei sorgen bandartig modifizierte Muskeln im Zusammenwirken mit Anpassungen des Skeletts für eine Reduzierung der Muskelarbeit, z.B. beim Tragen des Gewichts. Außerdem werden dadurch die Bewegungen des Knie- und des Sprunggelenks in gegenseitige Abhängigkeit gebracht. Für die Fixation des Hüftgelenkes fehlt eine Einrichtung, sodass hierfür aktive Muskelarbeit und damit Stoffwechselenergie eingesetzt werden muss.

Pferde, die längere Zeit stehen müssen, verlagern deshalb von Zeit zu Zeit das Gewicht von einer Beckengliedmaße auf die andere (Abb. 5-3).

Der Beckengliedmaße kommt nicht allein die Aufgabe zu, den Körper vorwärts zu bewegen, sie dient auch dazu, diesen im Stand zu tragen und zu unterstützen. Das Hüftgelenk bildet hierfür den Stützpunkt des Körpergewichts. Senkrecht unter diesem befindet sich der Huf. Eine Verbindungslinie zwischen dem Hüftgelenk und dem Huf verläuft kaudal des Kniegelenks und kranial des Sprung-, Fessel- und Krongelenks. Für die Fixation der distal des Hüftgelenks gelegenen Gelenke sind Sehnen ausgebildet, die während der Belastung im Stand unter Spannung gehalten werden.

Am Kniegelenk gleitet bei Beugung und Streckung die Patella auf der Trochlea femoris. Wird bei starker Streckung die Patella über den proximalen Rand der Gelenkfläche bewegt und gleichzeitig medial gezogen, kommt es zur **Fixation der Patella** am **medialen Rollkamm** der Trochlea. Diese mediale Bewegung der Kniescheibe wird durch die Kontraktion des M. sartorius, des M. gracilis und des M. semimembranosus bewirkt, die gemeinsam am medialen Kniescheibenband ansetzen. Die Fixation der Kniescheibe an der Trochlea femoris wird dabei durch die Ausbildung einer Schlaufe ermöglicht, die aus dem medialen und dem mittleren Kniescheibenband zusammen mit dem medialen Ansatzknorpel entsteht (**»Einhaken«**). Der Vorgang wird auch als **»Schildern«** bezeichnet.

Bei Beugung des Kniegelenks unter der Körperlast spannen sich die geraden Kniescheibenbänder, die Kniescheibe sitzt nachfolgend dem nasenartigen Vorsprung des medialen Rollkamms auf. Damit wird das Kniegelenk in **Streckstellung blockiert**.

Nach neueren elektromyographischen Untersuchungen ist dieser Halteapparat nicht komplett passiv. Der M. vastus medialis hält die Schlaufe aus mittlerem und medialem Kniescheibenband und Patella aktiv in Position. Die benötigte Muskelarbeit beträgt aber weniger als 2% dessen, was ohne den Mechanismus der Patellafixation nötig wäre.

Zur Lösung dieser Fixation muss die Gliedmaße entlastet und die Kniescheibe durch den M. quadriceps femoris hochgezogen werden. Gleichzeitig wird diese unter Mitwirkung des M. biceps femoris lateral bewegt und gelangt so wieder in die Trochlea ossis femoris zurück.

In engem funktionellem Zusammenhang mit der Feststellung des Kniegelenks steht die **Fixation des Sprunggelenks**. Dies wird erreicht durch zwei sehnige Stränge, die kranial und kaudal der Tibia verlaufen und jeweils am Oberschenkelbein und am Metatarsus bzw. Tarsus ansetzen. Kranial ist dies der rein sehnige **M. fibularis tertius (Tendo femorotarseus)**, der am lateralen Kondylus entspringt und distal am Tarsus und Metatarsus endet. Auf der kaudalen Unterschenkelseite übernimmt der stark sehnig durchsetzte **M. flexor digitorum superficialis** die Gegenverspannung. Dieser entspringt kaudal am Oberschenkel zwischen den Gastroknemiusköpfen in der Fossa supracondylaris und hat einen Zwischenansatz am Tuber calcanei. Durch die **Sehnen** des **Tendo femorotarseus** und des **Tendo plantaris** kommt es für die beiden Gelenke, Knie- und Sprunggelenk, während der Bewegung zu einer obligaten Koppelung. Beugung und Streckung sind nur gleichzeitig möglich. Die Bewegung der beiden Gelenke kann mit einem Treibriemen oder einer Spannsäge verglichen werden.

Der Ausdruck **»Spannsägenkonstruktion«** wird in diesem Zusammenhang des Öfteren verwendet. Die Bedeutung der Spannsägenkonstruktion ist in der Vorwärtsbewegung zu sehen, wonach die Verlängerung der Beckengliedmaße für den Vorwärtsschub schneller erfolgen kann. Demgegenüber spannen sich im Stand die Sehnen nach Fixation der Patella und widersetzen sich damit der Beugung des Knie- und Sprunggelenks.

Es ist hervorzuheben, dass im Gegensatz zur Vordergliedmaße das **Basipodium (Tarsalgelenk)** eine **Winkelstellung** einnimmt. Es bedarf deshalb einer stärkeren Fixationseinrichtung, die durch den sehnigen **M. flexor digitorum superficialis** erreicht wird. Die Stabilisierung des Zehengrundgelenks und der Zehengelenke erfolgt ähnlich wie an der Vordergliedmaße über den Fesseltragapparat und die Beugesehnen. Das Ligamentum accessorium des tiefen Zehenbeugers ist allerdings, wegen der insgesamt geringeren Belastung an der Beckengliedmaße, weniger kräftig.

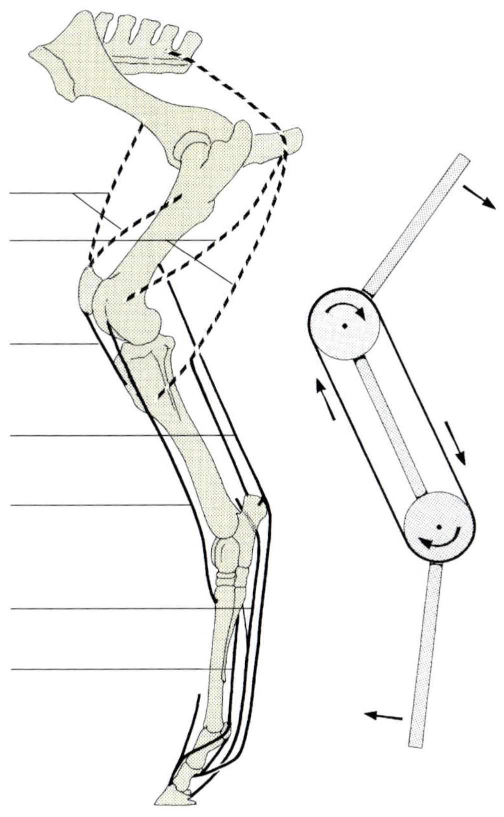


**Abb. 5-3.** Schematische Darstellung der »Spannsägenkonstruktion« an der Beckengliedmaße des Pferdes.

# Dynamik

Neben Bewegungen am Ort lassen sich Bewegungen mit Ortsveränderung unterscheiden. Zu den ersteren zählen das Ablegen, das Wälzen und das Aufstehen, Bewegungsvorgänge, die in ihrem Ablauf tierartlich sehr unterschiedlich verlaufen. Des Weiteren führen Pferde als Droh- und Abwehrbewegungen das Aufrichten auf der Nachhand und das Ausschlagen aus. Das Aufrichten oder Steigen wird durch das Heben des Kopfes eingeleitet, wodurch der Schwerpunkt kaudal verlagert wird (s. oben). Durch energisches Abstoßen mit den Vorderbeinen und kraftvolle Kontraktion der langen Rückenmuskeln wird die Last auf die Beckengliedmaße verlagert. Dadurch bleiben die Vordergliedmaßen für kurze Zeit in der Luft.

Für das Ausschlagen mit einer Gliedmaße wird das Gewicht auf die Gegenseite verlagert und dadurch das Bein zur Abwehrbewegung frei. Unter Beugen der Gliedmaße und zielgerichtetem Strecken schlägt dann das Tier aus. Zum Ausschlagen mit beiden Hintergliedmaßen muss der Kopf gesenkt werden, wodurch sich der Schwerpunkt kranial verlagert. Die lange Rückenmuskulatur wird angespannt, das Pferd stößt sich vom Boden ab und schleudert mit einer energischen Bewegung die Beine nach hinten.

Die Bewegungen mit Ortsveränderung sind durch regelmäßig wiederkehrende Bewegungsmuster gekennzeichnet. Dabei werden bestimmte Muskelgruppen im Ablauf zyklisch aktiviert. Grundsätzlich lässt sich an beiden Gliedmaßen eine **Stützbeinphase** (Bodenkontakt mit Abrollen im Hufgelenk) und eine **Hangbeinphase** (Vorwärtsschwingen des Beines) unterscheiden.

## Schultergliedmaße

Die Schultergliedmaße hat während der Bewegung vor allem die Aufgabe, den **Vorwärtsschub aus der Hintergliedmaße** abzustützen und den Rumpf zu tragen. Am Ende dieser Bewegungsphase ist das Bein weitgehend entlastet, es hebt ab und schwingt nach vorne **(Hangbeinphase)**. Zur Verkürzung wird die Gliedmaße im Schultergürtel leicht angehoben und die Gelenke werden gebeugt (Beugemuskeln aller Gelenke). Das verkürzte Bein schwingt unter der Wirkung des M. brachiocephalicus nach vorne. Der M. trapezius und M. omotransversarius unterstützen diese Bewegung durch Drehung des Schulterblatts um sein Drehfeld am Übergang vom proximalen zum mittleren Drittel. Dabei wird das distale Ende kraniodorsal, der kaudale Winkel kaudoventral bewegt. Gegen Ende des Pendelausschlags nach vorne werden die Gelenke wieder gestreckt (M. triceps brachii, M. extensor carpi radialis und Zehenstrecker).

Die Gliedmaße wird durch diesen Bewegungsablauf wieder verlängert und bekommt schräg nach vorne gerichtet Bodenkontakt. Auf diese Weise wird die **Stützbeinphase** eingeleitet, in der der Körper erneut mit der gestreckten Gliedmaße über dem Hufgelenk abrollt. Dieser zweite Teil der Bewegung kann mit einem umgekehrten Pendel, vergleichbar einem Metronom, aufgefasst werden. Die Streckung des Ellbogengelenks wird vornehmlich vom mächtigen M. triceps aufrechterhalten. Für das Schultergelenk ist der M. biceps verantwortlich, der über den Lacertus fibrosus auch das Karpalgelenk gestreckt hält.

Außerdem werden der stark gefiederte M. biceps brachii und der Lacertus fibrosus während der Standphase wie eine elastische Feder gespannt. Dadurch kann am Ende der Standphase, wenn die Gliedmaße in allen Gelenken gebeugt wird, eine große Menge an gespeicherter Energie freigesetzt werden. Aufgrund dieses katapultartigen Mechanismus kann die Schultergliedmaße erheblich energiesparender vorgeführt werden als dies bei einem Muskel möglich wäre, der nur über kontraktile Fasern diese Bewegung ausführen könnte.

Der Rumpf wird während des Vorwärtsschubes angehoben, das Fesselgelenk überstreckt.

Während der Stützbeinphase wird das Schulterblatt in die entgegengesetzte Richtung gedreht: Der M. latissimus dorsi und der M. pectoralis profundus einerseits sowie der M. rhomboideus andererseits ziehen das distale Ende kaudoventral bzw. den Dorsalrand kraniodorsal. Kurz vor dem Abheben der Zehen werden die oberflächliche Beugesehne und der M. interosseus medius entlastet, das Hufgelenk jedoch maximal gestreckt. Dadurch ist der tiefe Zehenbeuger mit seinem Ligamentum accessorium stark gespannt. Dies hat zur Folge, dass unmittelbar nach dem Abheben die Zehe gebeugt wird. Wie bereits oben beschrieben, geschieht dies während des Vorwärtsschwingens auch mit den übrigen Gelenken.

Der Fesseltrageapparat, insbesondere der M. interosseus medius, speichert im Zuge des Auffußens die kinetische Energie als Federenergie. Diese wird in der späten Standphase und beim Abfußen wieder freigesetzt. Dabei kann der Fesseltragapparat sehr stark gedehnt werden, sodass das Fesselgelenk annähernd rechtwinklig hyperextendiert ist. Dies tritt auch an der Beckengliedmaße auf, beispielsweise beim Absprung vor einem Hindernis.

Bemerkenswert ist in diesem Zusammenhang die Bedeutung der Zehenbeuger, die durch ihren Aufbau aus einem kurzen Muskelbauch und einer langen, mehrere Gelenke überspannenden Sehne

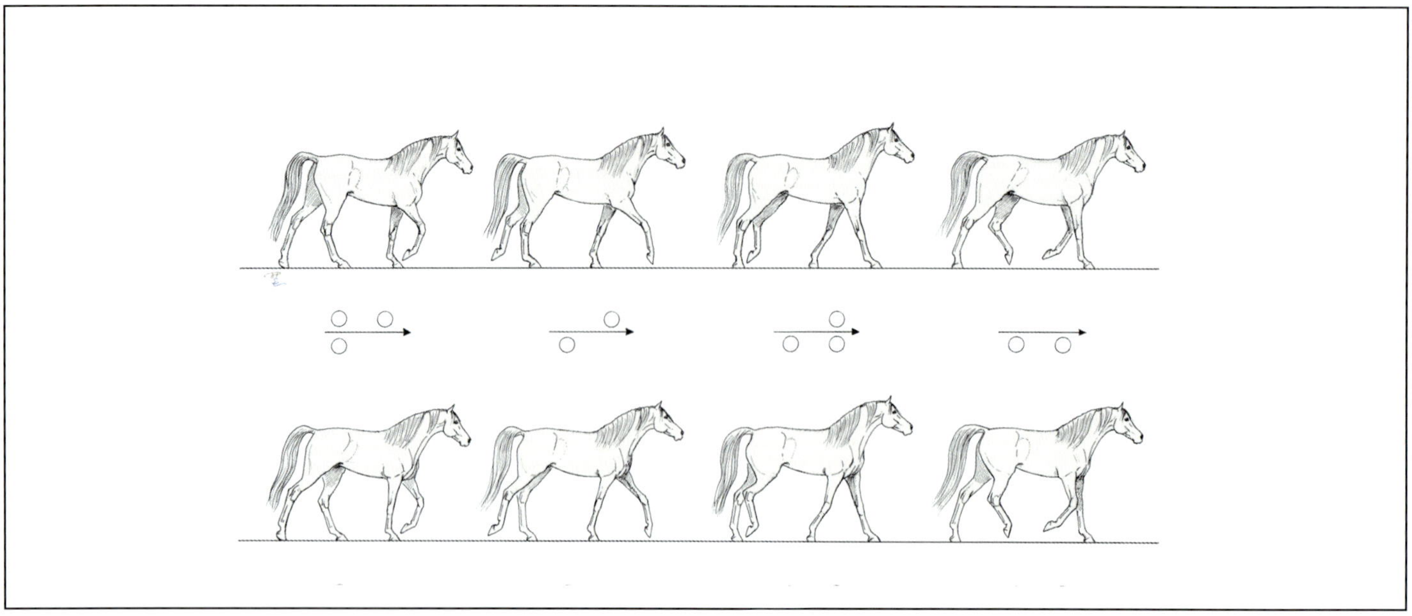

**Abb. 5-4.** Schematische Darstellung der Bewegungsphasen im Schritt.

wie elastische Federn funktionieren. Im optimalen Fall treten Längenveränderungen während der Bewegung vor allem als elastische Dehnungen der langen Sehnen auf, während sich der Muskelbauch kaum energetisch aufwändig verkürzen muss. Durch den aktiv kontrahierbaren Muskelbauch werden schnelle Schwingungen von 30–40 Hz gedämpft, die langfristig zu einer Ermüdung und Schädigung von Knochen und Gelenken führen würden. Damit bleiben die Frequenzen der Gliedmaßenschwingungen im biologisch verträglichen Bereich von etwa 2,5 Hz.

### Beckengliedmaße

Der Bewegungsablauf an der Beckengliedmaße entspricht grundsätzlich jenem der Schultergliedmaße. Schon die stärkere Bemuskelung weist darauf hin, dass das hintere Gliedmaßenpaar den größten Teil des Vorwärtsschub bewirkt.

Zu Beginn der **Hangbeinphase** werden beim Abheben der Zehen alle Gelenke gebeugt (Beugemuskeln der Beckengliedmaße). Anschließend schwingt das Bein durch den Zug des M. tensor fasciae latae, des M. glutaeus superficialis, des M. sartorius und des M. iliopsoas nach vorne. Der M. iliopsoas sowie die Muskeln der kleinen Beckengesellschaft führen die Gliedmaße schräg nach vorne und außen, ein Vorgang, der durch die Muskeln medial am Oberschenkel eingeschränkt wird (M. sartorius, M. pectineus, M. gracilis, M. adductor). Durch diesen Gegenzug der medialen Oberschenkelmuskeln bleibt der Aufsetzpunkt der sich streckenden Gliedmaße nahe der Mittelebene.

Diese Bewegungsabläufe dienen als Vorbereitung zum Fußen der Extremität, an der alle Streckmuskeln der Gliedmaße beteiligt sind. Dem M. quadriceps femoris kommt dabei als Fixator des Kniegelenks besondere Bedeutung zu.

Der **Vorwärtsschub** für die Bewegung des Körpers während der Stützbeinphase kommt durch energische Kontraktion der Strecker des Hüftgelenks (v.a. des M. glutaeus medius), des Kniegelenks (M. quadriceps femoris) und des Sprunggelenks (v.a. des M. gastrocnemius) zustande. Die Zehen werden durch den Zug des oberflächlichen und tiefen Zehenbeugers an den Boden gepresst. Kräftig unterstützend wirken die Hinterbackenmuskeln (M. biceps femoris, M. semitendinosus, M. semimembranosus), indem sie das Kniegelenk kaudal ziehen. Tatsächlich ist dies eine Relativbewegung, da der Huf auf griffigem Grund haftet, der Rumpf jedoch nach vorne geschoben wird. Diese Muskeln strecken nicht nur das Kniegelenk, sondern durch die Fersenbeinsehnen auch das Sprunggelenk. So kann, namentlich bei schnelleren Gangarten, der Körper nach vorne geschleudert werden.

## Gangarten

In diesem Abschnitt wird auf die bewegungsdynamischen Besonderheiten der drei Grundgangarten **Schritt**, **Trab** und **Galopp** vor allem beim Pferd eingegangen. Der oben beschriebene Ablauf der Bewegungsphasen einzelner Gliedmaßen ist bei einer Gangart zu einer Schrittfolge kombiniert. Dabei unterstützen zeitweise, je nach Gangart, ein bis drei Beine den Körper. Man spricht deshalb von der Ein-, Zwei- oder Dreibeinstütze.

In der Regel befindet sich jede der stützenden Gliedmaßen in einer anderen Bewegungsphase. Die Zweibeinstütze kann die Beine einer Körperseite (sagittale Zweibeinstütze) oder die diagonal gegenüberliegenden einschließen (diagonale Zweibeinstütze). Bei der vorderen Dreibeinstütze fußen die beiden Vorderbeine mit einem der Hinterbeine, bei der hinteren Dreibeinstütze verhält es sich umgekehrt.

Im **Schritt** (Abb. 5-4) liegt die Schrittlänge bei etwa 1,8 m. Dies entspricht einer Geschwindigkeit von 1,8 m/s oder einer Strecke von ca. 6,5 km in einer Stunde. Die Schrittfolge ist eine regelmäßige Kombination aus Zwei- und Dreibeinstützen. Vereinfacht kann man sich den Schritt des Pferdes mit zwei hintereinander gehenden Menschen vorstellen, von denen der hinten gehende eine halbe Schrittlänge »voraus« geht.

Beim **Trab** (Abb. 5-5) erreicht die Schrittlänge rund 3,2 m. Damit steigt die Geschwindigkeit auf rund 4,6 m/s oder 16,5 km/h. Als Schrittfolge tritt ein ständiger Wechsel zwischen den beiden diago-

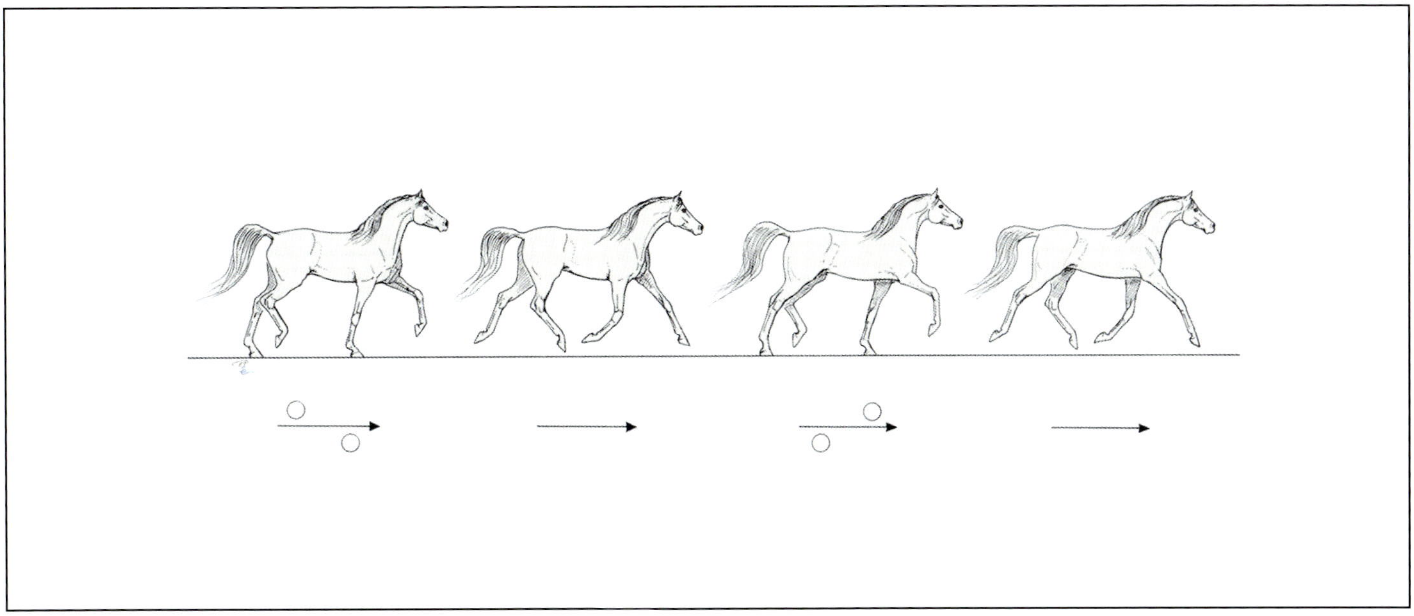

**Abb. 5-5.** Schematische Darstellung der Bewegungsphasen im Trab.

nalen Zweibeinstützen auf (vorne links – hinten rechts oder vorne rechts – hinten links). Man spricht in diesem Zusammenhang auch von einem **diagonalen Synchronismus**. Beim Abstoßen eines Beinpaars vor dem Wechsel auf das andere Gliedmaßenpaar wird der Rumpf zum Zeitgewinn nicht nur nach vorne, sondern auch nach oben gestoßen. Im vereinfachten Modell zweier hintereinander gehender Menschen läuft einer um einen Schritt versetzt.

Im **Galopp** (Abb. 5-6) als der schnellsten Gangart zeigen die Pferde eine durchschnittliche Schrittlänge von ca. 3,9 m. Daraus ergibt sich eine durchschnittliche Geschwindigkeit von 9,2 m/s oder theoretisch ca. 33 km/h. Im Renngalopp können deutlich höhere Werte erreicht werden (bis zu 7 m Schrittlänge und 19,4 m/s bzw. rund 70 km/h).

Im Galopp kommt der Vorwärtsschub stets von einer der beiden Hintergliedmaßen in Richtung auf die diagonale Vordergliedmaße. Dadurch ist die Körperachse leicht schräg zur Fortbewegungsrichtung gestellt. Das bezogen auf die Kreisbahn äußere Hinterbein schiebt den Körper über Kombinationen aus Zwei- und Dreibeinstützen auf die diagonale Vordergliedmaße, die als Einbeinstütze als letztes Bein abrollt. Aufgrund dieser letzten Fußung kann man zwischen einem Links- und einem Rechtsgalopp unterscheiden. Den Stammesmuskeln kommt die Aufgabe zu, den Bogen der Brücke (Brust-Lenden-Wirbelsäule) und der vorderen Konsole (Kopf-Hals) zu versteifen.

Im Galopp sind Atmung und Schrittzyklus am ehesten synchronisiert, da sich nur in dieser Gangart die beiden Schultergliedmaßen zumindest phasenweise in der Protraktion befinden. Dadurch wird der M. serratus ventralis thoracis unter Spannung gesetzt, die ersten 8 bis 9 Rippen werden dabei nach vorne und außen gezogen. Damit kann dieser Muskel bei der Erweiterung des Brustkorbs mithelfen. Entsprechend findet die Ausatmung statt, wenn die Schultergliedmaßen in Retraktionsstellung sind, vor allem in der Fußungsphase des im Galopp führenden Beins.

Die Wirkung des M. serratus ventralis thoracis ist am größten, wenn die Muskeln beider Körperseiten gleichzeitig aktiv sind. Das ist jedoch in den Gangarten Schritt und Trab nie der Fall, da sich die Schultergliedmaßen abwechselnd in Pro- und Retraktionsstellung befinden, weswegen keine synchronen Atem- und Beinbewegungen auftreten.

## Biomechanik der Gangarten

Der Bewegungsapparat und -ablauf beim Pferd zeigt eine synergistische Kombination aus hoher Ausdauer- und Sprintleistung. Dies hat für den Pflanzenfresser, der nahrungsbedingt stets eine große Last mit sich führt, eine besondere biologische Bedeutung, da im natürlichen Habitat oft erhebliche Distanzen zwischen Futter- und Wasserplätzen überwunden werden müssen. Dies macht ökonomische Fortbewegungsarten notwendig, die einen energiesparenden Einsatz der meist knappen Nahrungsenergie gestatten.

Vom Standpunkt der Biomechanik aus lassen sich die Beine bei den typischen Gangarten des Pferdes modellhaft als **Pendel** beschreiben, die beim Fußen unter der Bodenreaktionskraft wie Federn gestaucht werden. Neuere Untersuchungen gehen davon aus, dass die Pendelbewegung der Beine im Schritt mit der **Eigenschwingung (= Resonanzschwingung)** eines isolierten Pendels mit gleicher Massenverteilung übereinstimmt (Abb. 5-4). Diese Pendelbewegung ist eine energiesparende Art der Fortbewegung, da das Vorschwingen weniger Muskelarbeit und damit geringeren Energieaufwand erfordert als ohne dieses Resonanzphänomen.

Mit zunehmender Geschwindigkeit werden die Schwingzeiten der Gliedmaßen kürzer, das Pferd »verlässt« damit den günstigen Bereich der Resonanz. Damit würden Pendelschwingungen deutlich mehr Energie erfordern, da die Beine durch aktive Muskelarbeit zu schnellerem Schwingen gezwungen werden müssten. Deswegen kommen im Trab (Abb. 5-5) vor allem Federmechanismen zum Tragen, die deutlich höhere Resonanzfrequenzen aufweisen.

An der jeweiligen diagonalen Zweibeinstütze werden besonders die Zehenbeuger durch die Lastspitze beim Auffußen elastisch gedehnt und geben diese Energie beim Abfußen wieder als Bewegungsenergie zurück. Diese Muskeln verhalten sich vereinfacht wie Axialfedern. Im Trab sind funktionell zwei dieser Federn parallel

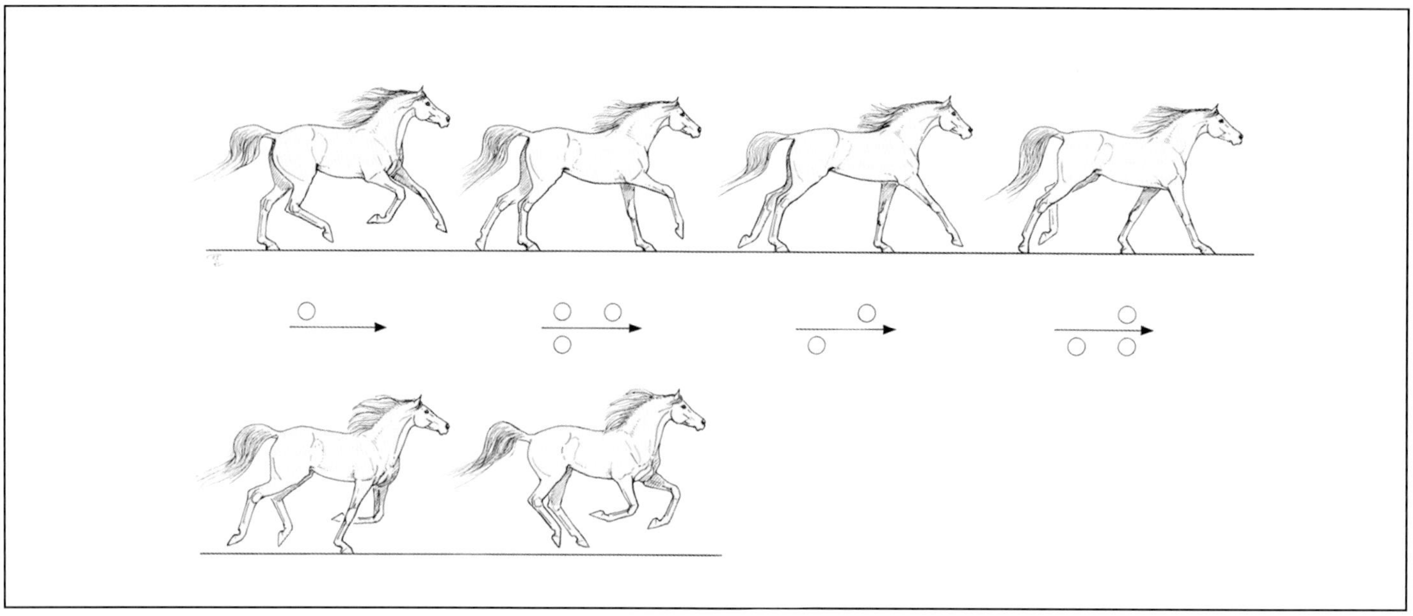

**Abb. 5-6.** Schematische Darstellung der Bewegungsphasen im Galopp (Rechtsgalopp).

geschaltet **(diagonaler Synchronismus**, s. oben) und legen damit die Schwingung der Resonanzfrequenz fest. Der Galopp (Abb. 5-6) ist in noch stärkerem Maße auf die Nutzung der Elastizität angewiesen. Durch die geänderte Bewegungsabfolge haben bis zu drei Beine gleichzeitig Bodenkontakt und wirken als Axialfedern. Dadurch wird der Federapparat noch »härter« und weist noch kürzere Eigenschwingungen auf.

Mit dem Wechsel von langsamen zu schnellen Gangarten wird die Dauer eines Schrittes stufenweise kürzer. Dieser Wert nähert sich von 1,2 s im Schritt über 0,7 s im Trab einem Grenzwert von etwa 0,3 s beim Renngalopp. Bei schnelleren Gangarten wird die höhere Geschwindigkeit vor allem durch die Verlängerung des Schritts erreicht. Dabei lassen sich die stufenweisen Änderungen der Schrittdauer (»Dreigang-Schaltgetriebe«) mit den Resonanzfrequenzen der entsprechenden Gangart begründen, die jeweils die energiesparendste Art der Fortbewegung vorgeben.

Zusätzlich zu den Federmechanismen in den Gliedmaßen kommt es zu einem rhythmischen Beugen und Strecken der Wirbelsäule im Brust-Lenden-Bereich. Neben den Gelenken der Wirbelsäule sind die Rücken- und Bauchmuskeln als wesentliche Bestandteile beteiligt.

Beim Hund und bei der Katze kann man ähnliche Fortbewegungsmuster wie beim Pferd beobachten; allerdings ist bei diesen Tierarten, die eine viel beweglichere Wirbelsäule besitzen, die Mobilität des Rumpfes ausgeprägter. Das weitgehende Unvermögen der Pferde und anderer Lauftiere, die Wirbelsäule während der Fortbewegung zu beugen und zu strecken, wird durch die größere Länge ihrer Gliedmaßen kompensiert.

Der Schritt der Fleischfresser ist sehr gut mit jenem des Pferdes zu vergleichen, wenn auch – vor allem beim Hund – in Abhängigkeit von der Geschwindigkeit Übergänge in den Trab oder Passgang häufig sind. Die Katze vollführt beim Klettern ähnliche Bewegungsmuster wie während des Schrittes am Boden.

Besonders Hunde bevorzugen den Trab als schnellere Gangart. Schlittenhunde können im Trab Geschwindigkeiten bis zu 23 km pro Stunde erreichen und diese auch über weite Distanzen aufrechterhalten. Der gewöhnliche Hundetrab unterscheidet sich vom Mitteltrab des Pferdes, welcher ausschließlich einen Wechsel von diagonalen Zweibeinstützen darstellt. Im Gegensatz dazu fußt beim Hund eine Vordergliedmaße eine kurze Zeitspanne vor der diagonalen Hintergliedmaße und die andere Vordergliedmaße hebt sich etwas vor der diagonalen hinteren vom Boden. Dadurch schiebt sich die auffußende Hinterpfote unter die sich hebende Vorderpfote der gleichen Körperseite und die vorderen und hinteren Trittsiegel kommen übereinander zu liegen. Diese Trabform des Hundes wird als »Schnüren« bezeichnet. Daneben existieren beim Hund rasseabhängige Trabformen, die in der Schrittfolge von diesem ursprünglichen Muster differieren. Auch im Trab kann der Hund leicht in verschiedene Passgangarten verfallen.

Beim Hund variieren die Geschwindigkeiten im Galopp je nach Rasse erheblich. Gut trainierte Rennhunde können Geschwindigkeiten bis zu 60 km in der Stunde erreichen. Für Hunde und andere kleinere Tiere, bei denen die Wirbelsäule sehr beweglich ist, ist eine besondere Art des Galopps, der sogenannte »Sprunggalopp« (auch als »Halfbound« bezeichnet), charakteristisch. Beim Sprunggalopp, der die schnellste Gangart dieser Tiere darstellt, ist die bewegliche Rumpfbrücke in erheblichem Maß an der Vorwärtsbewegung beteiligt. Die Tiere springen mit den Hintergliedmaßen ab und landen auf den Vordergliedmaßen. Während der freien Schwebephase wird die Brust- und Lendenwirbelsäule stark dorsalkonvex gekrümmt (bei Greyhounds wurde ein Winkel von 90 Grad beobachtet!), sodass die Hintergliedmaßen weit nach vorne schwingen und sogar vor den Vordergliedmaßen auffußen können. Die langen Rückenstrecker können nun ihre Wirkung entfalten und durch eine massive Streckbewegung der Wirbelsäule werden der Rumpf und die Vordergliedmaßen nach vorne geschleudert. Dabei entsteht eine zweite Schwebephase. Neben dem beschriebenen Sprunggalopp kommen beim Hund auch andere, langsamere Galoppformen vor, die eher dem Galopp des Pferdes ähneln.

Hunde und Katzen sind überdies in der Lage, Sprünge aus dem Stand auszuführen.

# 6 Eingeweide und Körperhöhlen

H. E. König und H.-G. Liebich

Als Eingeweide (Viscera) werden in engeren Sinn die in der Brust-, Bauch- und Beckenhöhle liegenden inneren Organe bezeichnet. Ergänzend werden die im Kopf- und Halsbereich lokalisierten Abschnitte der Verdauungs- und Atemorgane mit zu den Eingeweiden gerechnet, sodass man letztendlich zwischen Kopf-, Hals-, Brust-, Bauch- und Beckenorganen unterscheiden kann. In der Eingeweidelehre (Spanchnologia) werden diese vorzugsweise systematisch behandelt. In der topographischen Anatomie werden diese in Bezug auf die Körperregionen und deren funktionellem Zusammenwirken als Organsysteme betrachtet. Diese Kenntnisse dienen als Grundlage für die praktisch-angewandte Anatomie (s. auch Kap. 19 »Topographisch-klinische Anatomie«).

Die Verdauungs-, Atmungs-, Harn- und Geschlechtsorgane sind im weiteren Sinn Kanalsysteme, sie werden vielfach auch als Trakte (z.B. Verdauungstrakt) bezeichnet. Im Bereich der Mund- und Nasenöffnungen, des Afters, der Scheidenöffnung oder der Harnröhrenmündung stehen diese Organe mit der äußeren Körperoberfläche in direkter Verbindung. Über diese Körperöffnungen besteht die Möglichkeit, nicht-invasive Untersuchungen und Eingriffe an inneren Organen (Endoskopie) vorzunehmen.

Die einzelnen Organe unterscheiden sich bekanntermaßen in ihrer Lage und Struktur erheblich und erfüllen eine Vielzahl unterschiedlicher Funktionen. Trotz dieser Gegensätzlichkeiten treten strukturelle und funktionelle Gemeinsamkeiten auf, die eine übergreifende Betrachtung als zweckmäßig erscheinen lassen. Dabei geht es insbesondere um die Klärung von anatomischen Grundbegriffen wie:

- Schleimhaut der Eingeweide (Tunica mucosa),
- Bindegewebe der Eingeweide (Interstitium),
- Motorik der Eingeweide (Tunica muscularis) und
- Körperhöhlen und deren seröse Auskleidung (Tunica serosa).

## Schleimhaut der Eingeweide

Die innere Auskleidung zahlreicher Hohlorgane wird von einer Schleimhaut (Tunica mucosa, lat. tunica = Untergewand, Hülle) gebildet, deren Lichtung (Lumen) mit der Umwelt in Verbindung steht. Die Schleimhaut produziert in der Regel Schleim (Mucus). Eine Ausnahme bildet die Wandauskleidung des Kreislaufsystems sowie des Zentralnervensystems. Jede Schleimhaut besteht aus mindestens 2 Schichten:

- einer epithelialen Auskleidung des Organs zur inneren Oberfläche **(Deckepithel, Epithelium mucosae)** und
- einer unterlagerten Bindegewebsschicht **(bindegewebige Eigenschicht der Schleimhaut, Lamina propria mucosae**, lat. lamina = Platte, proprius = eigen).

Zusätzlich kann an bestimmten Organabschnitten eine dünne **Muskelschicht (Lamina muscularis mucosae)** der Schleimhaut unterlagert sein. Dies gilt beispielsweise für die Magen-Darm-Wand.

## Deckepithel

Funktionen des Schleimhautepithels sind Schutz (Protektion), Stoffaufnahme (Resorption) und Stoffabgabe (Sekretion). Die **protektiven Funktionen** sind beispielsweise:

- Schutz vor mechanischen, chemischen, thermischen oder osmotischen Einwirkungen (z.B. im Verdauungs- bzw. Harnapparat),
- Schutz vor Staubteilchen und Schwebestoffen in der Atmenluft,
- Schutz vor Keimen (z.B. Viren, Bakterien, Parasiten) und immunologische Abwehr.

Die Schleimhaut dient auch der **Stoffaufnahme**. Dabei kann zur Vergrößerung der Resorptionsflächen an bestimmten Organabschnitten die Schleimhaut als Zotte, Falte oder Leiste ausgebildet sein (z.B. Längs- und Querfalten der Darmschleimhaut, Darmzotten, Pansenzotten, Haubenleisten). Darüber hinaus treten zur Steigerung der Resorption auf der freien, apikalen Oberfläche der Organepithelien vielfach feinste Zellausstülpungen, sog. Mikrovilli, auf (z.B. in Dünndarm und Gallenblase). Sie dienen meist der Resorption von Wasser, kleinmolekularen Stoffen und Ionen.

Die Epithelien der Schleimhaut dienen der **Stoffabgabe**, sie bilden, speichern und sezernieren Schleim und Verdauungsenzyme in das Lumen z.B. des Magen-Darm-Trakts. Hierfür sind die Epithelien in besonderem Maß differenziert, sie bilden organspezifisch schleimbildende Einzelzellen, sog. Becherzellen, oder Magendrüsen (Glandulae gastricae) oder Darmeigendrüsen (Glandulae intestinales). Werden größere Mengen an Schleim, z.B. zur Vorverdauung der

Nahrung in der Mundhöhle benötigt, so übernehmen vielzellige Drüsen diese Funktion (Backen-, Lippen-, Rachen-, Nasen-, Luftröhrendrüsen etc.). Diese sind stets außerhalb des Epithels (exoepithelial) im Bindegewebe gelegen und mit der Organoberfläche durch ein einfaches oder verzweigtes Ausführungssystem verbunden.

Werden Stoffe an die innere oder äußere Körperoberfläche abgegeben, spricht man von einer **exokrinen Sekretion** (griech. éxo = außen, krínein = ausscheiden). Erfolgt die Abgabe hingegen in das Kapillarnetz oder lokal in das anliegende Bindegewebe, wird diese Form als **endokrin** (griech. éndon = innen) bezeichnet (»innersekretorische Drüsen«). Das Sekret (»Inkret«) nennt man Hormon (griech. hormán = anregen).

Die Drüsen lassen sich nach ihrem Bau, der Art der Sekretabgabe oder der Zusammensetzung ihres Sekretes weiter untergliedern. Dem **Bau** nach können unterschieden werden:

- **tubulöse Drüsen** (Schlauchdrüsen):
  - einfach tubulöse Drüsen (z.B. Darmeigendrüsen),
  - einfach geknäuelte tubulöse Drüsen (z.B. Schweißdrüsen),
  - einfach verzweigte tubulöse Drüsen mit Ausführungsgang (z.B. Magendrüsen),
  - zusammengesetzte tubulöse Drüsen mit Ausführungsgang (z.B. Duodenaldrüsen),
- **azinöse Drüsen** (beerenförmige Drüsen; lat. acinus = Weinbeere):
  - einfach verzweigte azinöse Drüsen (z.B. Talgdrüsen),
  - zusammengesetzte azinöse Drüsen (z.B. Bauchspeicheldrüse, Ohrspeicheldrüse) und
- **alveoläre Drüsen** (beerenförmige Drüsen mit weitem Lumen):
  - zusammengesetzte tubuloalveoläre Drüsen (z.B. Milchdrüse, akzessorische Geschlechtsdrüsen).

Nach der **Zusammensetzung des Sekretes** werden unterschieden:

- **muköse Drüsen** mit einem schleimigen Sekret (z.B. Backendrüsen),
- **seröse Drüsen** mit einem wässerigen Sekret (Ohrspeicheldrüse, Tränendrüsen) und
- **gemischte Drüsen** mit schleimigem und wässerigem Sekret (z.B. Unterzungendrüse).

Der **Transport des Sekrets** erfolgt durch den Sekretionsdruck, kontraktile Myoepithelien (Korbzellen) und anliegenden glatten Muskelzellen sowie die mechanischen Kräfte der Skelettmuskulatur (z.B. Kaumuskulatur für den Speicheltransport).

## Bindegewebige Eigenschicht

Jedem Epithel ist eine bindegewebige Eigenschicht (Lamina propria mucosae) unterlagert, die im Wesentlichen drei Funktionen übernimmt:

- Stofftransport,
- mechanische Schutzfunktion,
- spezifische und unspezifische Immunabwehr.

Die **bindegewebige Eigenschicht** schließt die Versorgungs- und Leitungsbahnen der Schleimhaut ein (Blut- und Lymphgefäße, sensible und vegetative Nerven). Diese Schicht besteht aus lockerem, feinfaserigem Bindegewebe (meist kollagenen Faserbündeln mit elastischen Einlagerungen), deren Zwischenräume mit ungeformter Interzellularsubstanz gefüllt sind. So dienen beispielsweise die Kapillaren der Stoffwechselversorgung des Epithels, das seinerseits stets frei von Gefäßen bleibt (Ausnahme: Wandabschnitte im Innenohr). Dieses Bindegewebe gilt als Transportstrecke resorbierter Stoffe im Darm (Aminosäuren, Kohlenhydrate) durch Blutkapillaren oder für langkettige Fettsäuren über die Lymphkapillaren. Ebenso sind nervale Rezeptoren der Sinneswahrnehmung (Tast- und Geschmackssinn) im lockeren Bindegewebe der Lamina propria mucosae lokalisiert. Diese bindegewebige Schicht dient auch der mechanischen Verankerung des Epithels, beispielsweise am Gaumen oder an der Zunge.

Besondere Bedeutung erfährt die Eigenschicht als Gewebe, in dessen Maschenräumen Immunzellen (Lymphozyten, Makrophagen) an spezifischen und unspezifischen Abwehrmechanismen beteiligt sind (mukosaassoziiertes lymphatisches System). Diese können diffus verteilt und einzeln als Solitärlymphknötchen auftreten. Erscheinen diese in aggregierter Form, spricht man von Mandeln (Tonsillen, z.B. des Rachenraums oder des Darms = Peyer-Platten).

## Schleimhauteigene Muskulatur

In einigen Wandabschnitten von Hohlorganen (z.B. Magen-Darm-Trakt) wird die Schleimhaut (Epithelium mucosae und Lamina propria mucosae) von einer dritten Schicht, der **Lamina muscularis mucosae**, unterlagert. Diese besteht aus glatter Muskulatur und dient der Eigenbeweglichkeit der Tunica mucosa.

# Bindegewebe der Eingeweide

Das Bindegewebe der Eingeweide erfüllt ein breites Spektrum funktioneller Aufgaben. Es dient als Kapsel der Umhüllung von Organen, als Stützgewebe der Stabilität von Binnenräumen oder als Träger von Leitungsbahnen (Gefäße und Nerven) der Aufrechterhaltung der Funktionsvielfalt des Körpers und seiner Organe. Die hohe Flexibilität dieses Gewebes dient auch der gegenseitigen Verschieblichkeit anliegender Organe oder der Anpassung eines Organs an unterschiedliche Füllungszustände. Damit erfährt, schon allein wegen seiner Masse, dieses Gewebe eine herausragende funktionelle und strukturelle Bedeutung, die meist erst nach funktionellen Ausfällen, wie Bindegewebserkrankungen oder Bindegewebsschwächen, deutlicher in Erscheinung tritt.

In einem Organ unterscheidet man zwei Anteile:

- den bindegewebigen (unspezifischen) Anteil, der als **Stroma (Organstroma)** oder als **interstitielles Bindegewebe (Interstitium)** bezeichnet wird, und
- das (organspezifische) **Parenchym (Organparenchym)**, das die Funktionen eines Organs bestimmt (Leberparenchym, Nierenparenchym).

Organe mit einem hohen Anteil an Organparenchym werden auch als parenchymatöse Organe bezeichnet.

Das **Stroma** umgibt die organspezifischen Parenchymanteile (Einzelzellen, Zellballen, Epithelstränge, Zellhaufen, Zellbalken oder -platten etc.) und schließt die Versorgungsbahnen ein. Als Lamina propria mucosae findet dieses auch Anschluss an das Epithelium mucosae, geht außen als Tunica adventitia auf Nachbarorgane über oder überzieht als **Organkapsel** (Nierenkapsel, Hodenkapsel, Leber- und Milzkapsel) bestimmte Organe und begrenzt diese. Die Kapsel erscheint meist straff, mit oftmals eingelagerten elastischen Fasern. Von der Kapsel aus strahlt das Bindegewebe in das Innere der Organe (z.B. Milztrabekel, bindegewebige Septen im Hoden).

In den Eintrittspforten von Organen **(Hilus)** tritt das bindegewebige Stroma in die **Gekröse (Mesenterien)** über, die ihrerseits wiederum fortführende Träger von Gefäßen und Nerven sind (Leitungsbahnträger).

## Motorik der Eingeweide

Die Motorik der Eingeweide steht vorrangig im Dienst des Transports von Inhaltsstoffen unterschiedlichster Organe sowie der Anpassung sich ändernder Füllungszustände. Durch Kontraktions- bzw. Dilatationsmechanismen erfolgt z.B. die Magen-Darm-Passage von Futter, der Transport der Gallenflüssigkeit, der Harntransport bzw. dessen Entleerung, der Transport des Samens oder die Kontraktion der Gebärmutterwand bei der Geburt.

Auch dient die Motorik der Eingeweide z.B. dem Verschluss am Magenausgang (Magenpförtner) oder der Harnblase. Auch können die Vorgänge der Diastole bzw. die Systole am Herzen als Motorik des Kreislaufsystems gesehen werden.

Die Muskulatur der inneren Organe ist in der Regel **glattes Muskelgewebe** (»Eingeweidemuskulatur«). Demzufolge werden diese Organe von symphatischen und parasymphatischen (vegetativ-autonomen) Nerven versorgt. Eng in diesem Zusammenhang steht der Begriff der **Peristaltik** innerer Organe, die auf dem unwillkürlichen Ablauf nervaler Impulse basiert. Dabei können hemmende und fördernde Einflüsse unterschieden werden. Als Ausnahme muss das Herzmuskelgewebe oder die Zunge gesehen werden, die beide aus quergestreiftem Muskelgewebe aufgebaut sind.

Das glatte Muskelgewebe ist in den Hohlorganen in charakteristischer Weise angeordnet.

Man unterscheidet eine:

- **Tunica muscularis** mit:
  - einer inneren zirkulären Schicht (Stratum circulare) und
  - einer äußeren Längsschicht (Stratum longitudinale).

## Körperhöhlen und deren seröse Auskleidung

In den Körperhöhlen liegt ein Großteil der Organe (Eingeweide, Viszera), die diese Hohlräume nahezu vollständig ausfüllen. Flüssigkeitsgefüllte, spaltförmige Zwischenräume und flexible Haltevorrichtungen der Organe gewährleisten, dass Organbewegungen, wie z.B. während der Atmung oder der Verdauung, erfolgen können, ohne dass gegenseitige Reibungsverluste auftreten. Dadurch können sämtliche Strukturen aneinander und an den Höhlenwänden unbehindert entlang gleiten.

Die Körperhöhlen sind Teil des **Körperstamms (Truncus)**. Dieser wird neben dem Rücken in drei Abschnitte gegliedert:

- Brustkorb (Thorax),
- Bauch (Abdomen),
- Becken (Pelvis).

Bereits frühembryonal wird die primär **einheitliche Körperhöhle** infolge der Entwicklung des Zwerchfells (Diaphragma) aus Antei-

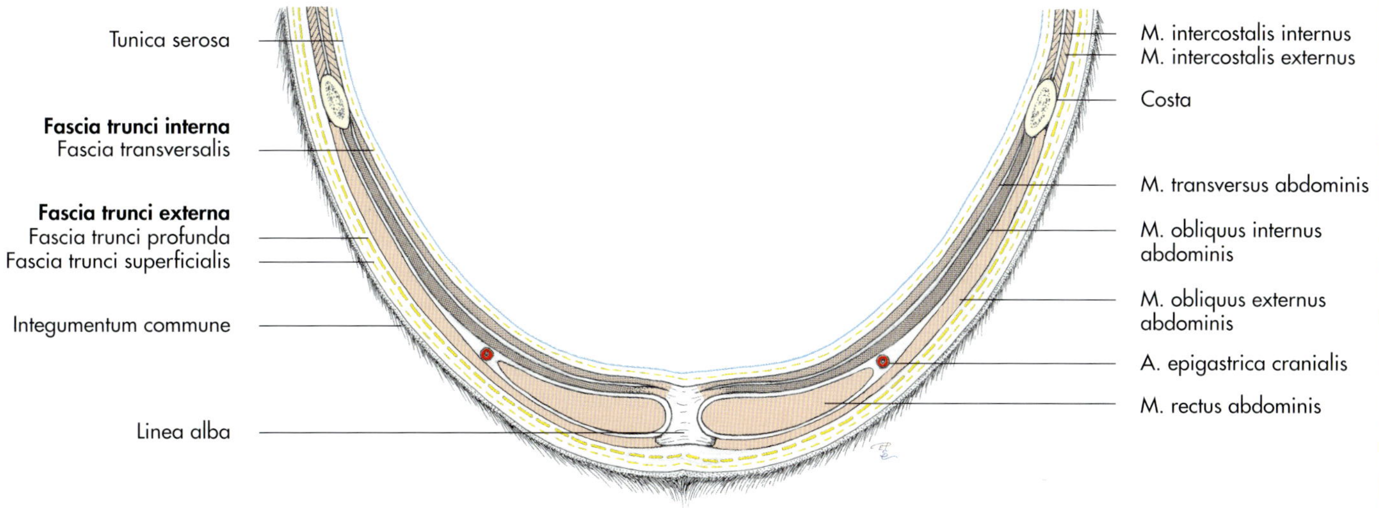


**Abb. 6-1.** Schematische Darstellung der Schichten der Bauchwand (Transversalschnitt).

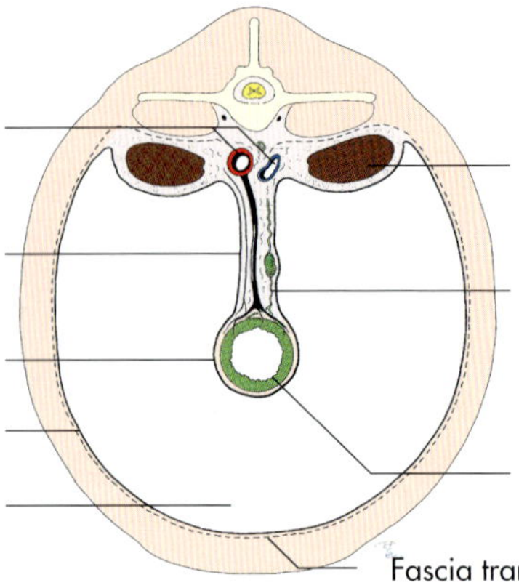


**Abb. 6-2.** Schematische Darstellung der serösen Häute (Tunicae serosae) am Beispiel der Bauchfellhöhle (Cavum peritonei).

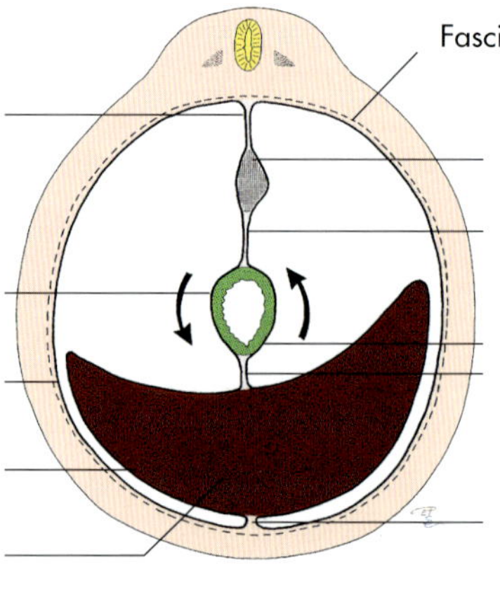


**Abb. 6-3.** Schematische Darstellung des dorsalen und ventralen Magengekröses im frühembryonalen Stadium.

len des quergestellten Septum transversum und angrenzender mesenchymaler Muskelanlagen unterteilt in eine:

- Brusthöhle (Cavum pectoris) und eine
- Bauchhöhle (Cavum abdominis) mit Verbindung zur Beckenhöhle (Cavum pelvis).

Brust- und Bauchhöhle stehen über **drei Öffnungen** im Zwerchfell, dem **Foramen venae cavae**, dem **Hiatus oesophageus** und dem **Hiatus aorticus**, miteinander in Verbindung. Zwischen den Dorsalrändern der Zwerchfellpfeiler und der Psoasmuskulatur bleibt ein mit Bindegewebe ausgefüllter Zwischenraum, der **Arcus lumbocostalis**, bestehen. Er stellt eine Schwachstelle zwischen Brust- und Bauchhöhle dar (Abb. 2-14).

Der Bauchhöhle schließt sich kaudal über eine offene Verbindung die **Beckenhöhle (Cavum pelvis)** an. Der Übergang zwischen diesen beiden Körperhöhlen wird durch die Beckeneingangslinie **(Linea terminalis)** markiert, die vom Promontorium ossis sacri, der Linea arcuata ossis ilii und dem Pecten ossis pubis gebildet wird.

Die **Wand** der genannten Körperhöhlen weist einen Grundbauplan auf, der in der Brust- bzw. Bauchhöhle Differenzierungen unterliegt (Abb. 6-1). Man unterscheidet von außen nach innen nachfolgende Schichten:

- allgemeine Körperdecke (Integumentum commune),
- äußere Rumpffaszie (Fascia trunci externa),
- skelettführende Muskelschichten,
- innere Rumpffaszie (Fascia trunci interna) und
- seröse Haut (»Fell«, Tunica serosa mit Tela subserosa).

Die serösen Häute kleiden die serösen Höhlen, die Körperhöhlen, weitgehend aus. Es lassen sich unterscheiden:

- die linke und rechte Brustfellhöhle (Cavum pleurae sinistrum bzw. dextrum),
- die Bauchfellhöhle (Cavum peritonei) und
- die Herzbeutelhöhle (Cavum pericardii) mit dem Herzbeutel (Pericardium).

Die **Tunica serosa** dieser Höhlen besteht aus einem **einschichtigen Plattenepithel (Mesothelium = Lamina epithelialis serosae)** und einer subepithelialen, bindegewebigen **Lamina propria serosae**. Die Serosa besitzt die Fähigkeit, wässerig-seröse Flüssigkeiten zu sezernieren und zu resorbieren und Luft oder Bestandteile derselben (z.B. Kohlendioxyd nach Laparoskopie) aufzunehmen. Die Serosa überzieht die Organe und die Innenseite der Wand der Körperhöhlen (Abb. 6-1ff.), sie erscheint **durchsichtig**, **feucht**, **glatt** und **glänzend**.

Die **serösen Körperflüssigkeiten** beinhalten neben physiologischen Puffersystemen Deckepithelzellen **(Mesothelien)** und unspezifische Immunzellen (**Pleural-** oder **Peritonealmakrophagen**), sie können aber auch Fremdpartikel mit einschließen. Die serösen Flüssigkeiten sind in Verbindung mit den Deckzellen der inneren Wandflächen der Körperhöhlen als funktionelle Barrieren klinisch von herausragender Bedeutung.

Die **Tunica serosa** wird von einer lockeren, bindegewebigen Schicht, der **Tela subserosa**, unterlagert. Diese schließt Blut- und Lymphgefäße sowie Fettgewebe ein. Ein feines, subepitheliales Netz sensibler Nervengeflechte in der Serosa parietalis trägt entscheidend zur sensiblen Wahrnehmung taktiler, mechanischer, thermischer und chemischer Reize dieser Serosaflächen bei.

Zwischen der Wand der serösen Höhlen und der Wand der Körperhöhlen bildet die Tela subserosa einen engen **retroserösen Spaltraum**. An der dorsalen Bauchwand und im Grund der Beckenhöhle ist dieser Raum zum sog. **Retroperitonealraum** erweitert, in dem beispielsweise die Nieren und die Harnleiter zu liegen kommen (Abb. 6-2).

**Retroperitoneal** bedeutet dabei im Retroperitonealspalt liegend und nur einseitig von Bauchfell überzogen. Der operative Zugang zu diesen Organen ist von außen daher ohne Eröffnung der Bauchfellhöhle möglich.

Demgegenüber wird die Lage von Bauchorganen, die vollständig von der Bauchfellhöhle umhüllt sind, als **intraperitoneal** und die Lage der Brustorgane im Verhältnis zur Brustfellhöhle als **intrapleural** bezeichnet.

Die Wand der serösen Höhlen (Abb. 6-2ff.) lässt sich allgemein in drei Abschnitte unterteilen:

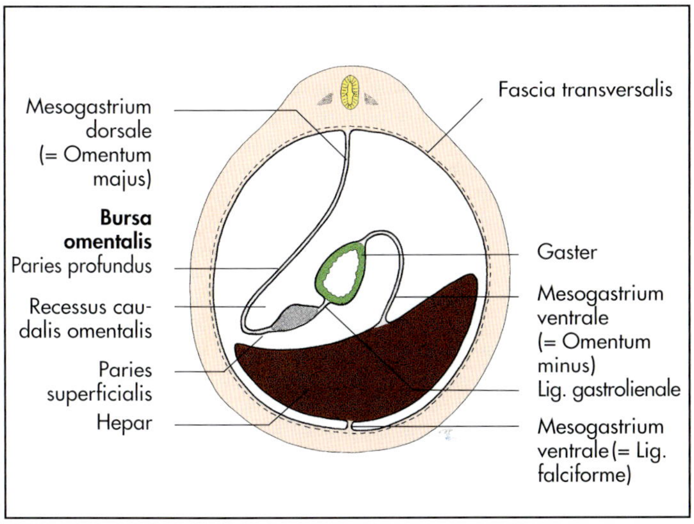


**Abb. 6-4.** Schematische Darstellung des dorsalen und ventralen Magengekröses im frühembryonalen Stadium mit Entwicklung des großen und des kleinen Netzes (späteres Stadium gegenüber Abb. 6-3).

- **Serosa** (oder **Lamina) parietalis** (= Wandblatt),
- **Serosa** (oder **Lamina) intermedia** (= Gekröse, Serosadoppellamelle) und
- **Serosa** (oder **Lamina) visceralis** (= Organblatt).

Unter der **Serosa parietalis** versteht man die Abschnitte der Wand der serösen Höhle, die der Körperwand innen anliegen. Spezielle Abschnitte der Serosa parietalis werden mit der Vorsilbe **»Peri«-** und dem griechischen Namen des Organs, das von diesem Teil der serösen Höhle umgeben wird, benannt (z.B. Pericardium, Periorchium) (Abb. 6-6).

Nur die Serosa parietalis ist im Gegensatz zu den übrigen Serosaabschnitten hochsensibel und sehr schmerzempfindlich. Durch lokale Anästhesie der Körperwand kann diese ausgeprägte Schmerzempfindlichkeit ausgeschaltet werden (z.B. bei operativen Eingriffen in die Bauchhöhle). Die Serosa parietalis der Seitenwände wird in den jeweiligen Körperhöhlen unterschiedlich bezeichnet. Man unterscheidet:

- **Pleura = Brustfell**:
  - Pleura parietalis,
  - Pleura visceralis und
- **Peritoneum = Bauchfell**:
  - Peritoneum parietale,
  - Peritoneum viscerale.

Das Wandblatt wird nach außen stets von der **inneren Körperfaszie (Fascia trunci interna)** unterlagert, mit der sie verbunden ist. Diese Faszie wird in der Wand der Brusthöhle als **Fascia endothoracica** (Abb. 6-5 u. 6), in der seitlichen und ventralen Bauchhöhle als **Fascia transversalis** (Abb. 6-1) und in der Wand des Processus vaginalis als **Fascia spermatica interna** (Abb. 10-14) bezeichnet.

Als **Serosa intermedia** werden diejenigen serösen Häute bezeichnet, die an der Bildung der **Gekröse** (Abb. 6-2) beteiligt sind. Für die spezielle Bezeichnung einzelner Gekröseabschnitte wird die Vorsilbe **»Meso«-** und der griechische Name des Organes, zu dem dieses Gekröse zieht, verwendet (z.B. Mesogastrium) (Abb. 6-3). In einzelnen Fällen werden Gekröse auch als **Ligamentum** oder als **Plica** bezeichnet. Die Serosa intermedia bildet die Fortsetzung der Serosa parietalis der linken und der rechten Seitenwand einer jeden Körperhöhle, sie ist zu einem gemeinsamen Serosadoppelblatt entwickelt. Man unterscheidet dorsale und ventrale Gekröse.

Primäre Gekröse können zur **Versorgung** der Organe die organspezifischen Arterien, Venen, Nerven und Lymphgefäße einschließen. Oftmals treten hier auch in unterschiedlich großer Anzahl Lymphknoten auf. Sekundäre Gekröse übernehmen **Halte-** und **Stabilisierungsfunktionen** für Organe (z. B. Plica duodenocolica, Ligamentum triangulare). Strukturelle Grundlage der Gekröse ist kollagenes Binde- und Fettgewebe. Bei der Katze sind des Öfteren Vater-Pacini-Lamellenkörperchen als Mechanorezeptoren eingelagert.

Das Gekröse zieht als dorsales Serosadoppelblatt ventral, teilt sich und bedeckt als **organspezifischer** Serosaüberzug die Eingeweide der Brust-, Bauch- und eines Teiles der Beckenhöhle. Diese Serosadeckschicht wird als **Serosa visceralis** bezeichnet (Abb. 6-3). Zur Benennung dieser Schicht wird auch die Vorsilbe **»Epi«-** in Kombination mit dem griechischen Namen des entsprechenden Organes verwendet (z.B. Epicardium, Epiorchium) (Abb. 6-6 u. 10-16).

Die **Serosa visceralis** (Abb. 6-3) setzt sich ventral als Lamina intermedia ventralis wiederum als doppelblättriges Gekröse fort und setzt ventral an der Brustwand und in kranialen Abschnitten der Bauchhöhle an. Mittlere und kaudale Darmabschnitte haben entwicklungsbedingt **kein ventrales Gekröse**.

Eine besondere Differenzierung erlangen das dorsale und ventrale **Gekröse des Magens** und **kraniale Abschnitte des Duodenum** einschließlich der Einbindung der Leber (Abb. 6-3 u. 4). So entwickelt sich aus dem **Mesogastrium dorsale (= dorsales Magengekröse)** das **große Netz (Omentum majus)** unter Bildung des **Netzbeutels (Bursa omentalis)** mit seinen beiden Anteilen, der viszeralen, tiefen und der parietalen, oberflächlichen Wand (Paries profundus bzw. superficialis). Die beiden Wände schließen die **Netzbeutelhöhle (Recessus caudalis omentalis)** ein.

Das **große Netz** hat seinen Ursprung an der dorsalen Bauchwand, verlängert sich, vorzugsweise bei Fleischfressern und bei Wiederkäuern, bis zum Beckeneingang, schlägt hier um und setzt nach rückläufigem Verlauf an der großen Kurvatur des Magens an. Zusätzlich entwickeln sich aus dem dorsalen Gekröse besondere Verbindungen zu anliegenden Organen. Diese schränken einerseits die Bewegungsfreiheit der Organe ein, andererseits führen sie auch zu Nischenbildungen, in die sich unphysiologischerweise auch Organe verlagern können (Milz-Nieren-Raum beim Pferd). (Näheres s. Kap. 7 »Verdauungsapparat«.)

Das **Mesogastrium ventrale** (Abb. 6-3 u. 4) wird durch die eingelagerte Darmanhangsdrüse **Leber** in zwei Abschnitte unterteilt. Zwischen der kleinen Kurvatur des Magens und der Leberpforte verkehrt der proximale Abschnitt des Mesogastrium ventrale, das **Lig. hepatogastricum**. Auf der Facies parietalis der Leber setzt sich das ventrale Magengekröse als **Lig. falciforme** fort und zieht zur Linea alba der ventralen Bauchwand. Das **Lig. hepatogastricum** bildet zusammen mit dem **Lig. hepatoduodenale**, dem einzigen ventralen Darmgekröse, das **kleine Netz (Omentum minus)**. (Näheres s. Kap. 7 »Verdauungsapparat«.)

Organe, die nahe der dorsalen Körperhöhlenwand liegen, werden nur auf einer Seite von Serosa überzogen. Ihre Lage wird allgemein als **retroserös** bezeichnet. Man spricht insbesondere im Bereich der Bauchhöhle dann von **retroperitoneal** (z.B. Lage der Niere oder des Harnleiters) (Abb. 6-2) oder in der Brusthöhle von **retropleural** (z.B. Lage des Truncus sympathicus). **Extraperitoneal** liegen tiefe Organe der Beckenhöhle.

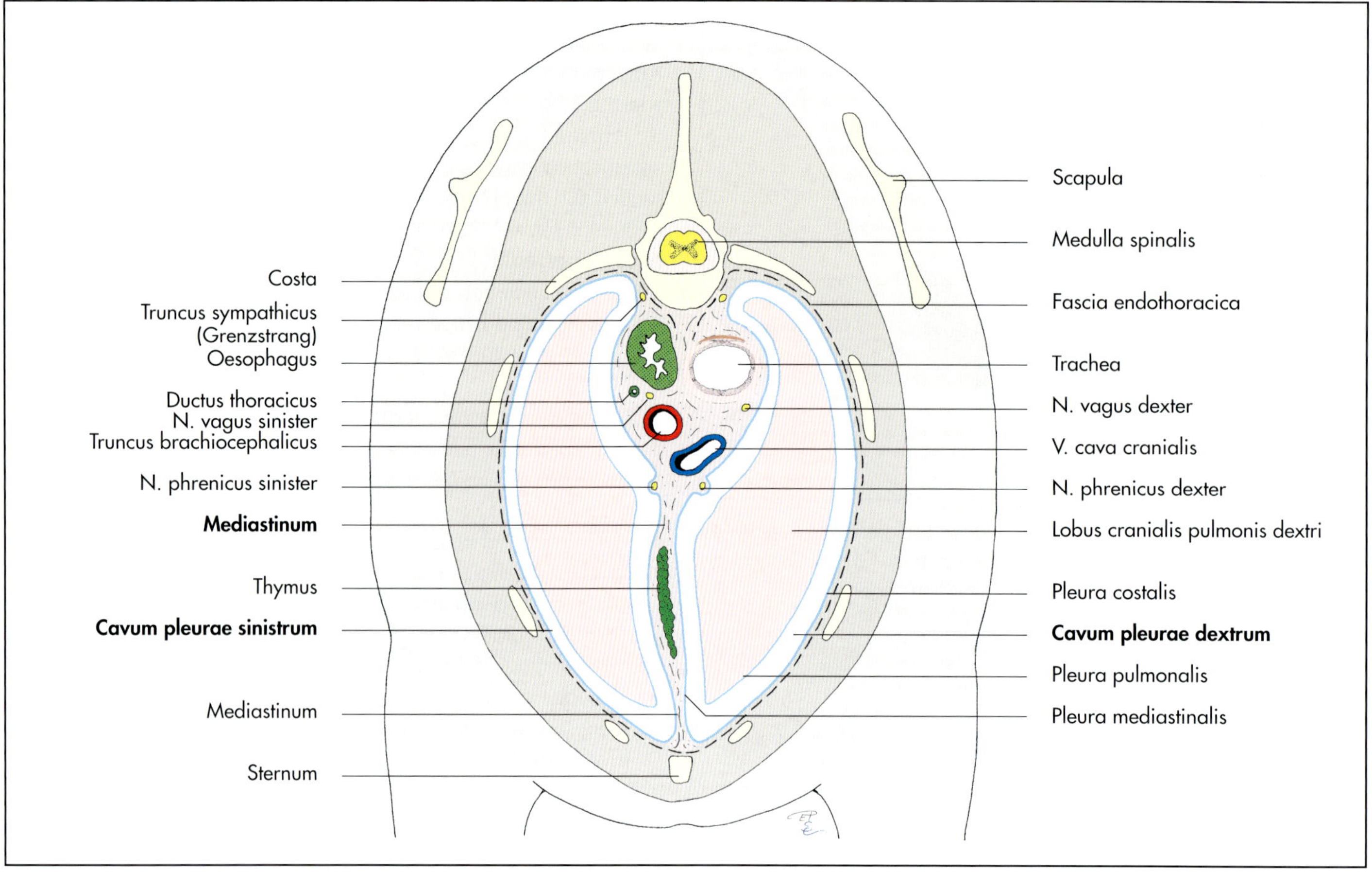


**Abb. 6-5.** Schematische Darstellung der Brusthöhle (Transversalschnitt in Höhe des vorderen Mittelfellspalts, Ansicht von kaudal, seröse Spalträume artifiziell erweitert).

## Brusthöhle (Cavum pectoris)

Die Brusthöhle liegt in der **Brustkorbhöhle (Cavum thoracis)**, wobei sie den Abschnitt vor dem Diaphragma einnimmt. In den kaudal des Zwerchfells gelegenen Abschnitt der Brustkorbhöhle erstreckt sich der **intrathorakale Teil** der **Bauchhöhle** (Abb. 6-12 bis 15).

Die Brustkorbhöhle beginnt kranial am **vorderen Brusteingang (Apertura thoracis cranialis)** und endet am **Brustausgang (Apertura thoracis caudalis)**.

In der Brusthöhle befinden sich **zwei Pleuralhöhlen (Cava pleurae)**, die rechts und links vom **Mittelfellspalt (Mediastinum)** liegen und die beiden Lungen umgeben (Abb. 6-5ff.).

Die Pleuralhöhlen werden von **Serosa (Pleura)** ausgekleidet, die vom Hilus pulmonis und über das Ligamentum pulmonale auf die Lungen übergeht. Zwerchfell und Mediastinum werden ebenfalls von Pleura bedeckt. Die **Pleura** wird außen von der **Fascia endothoracica** unterlagert, die auch in das Mediastinum eindringt. Man unterscheidet nach ihrer Lage verschiedene Abschnitte der Pleura (Abb. 6-5ff.):

- **Pleura parietalis**:
  - Pleura costalis (Rippenfell),
  - Pleura mediastinalis (mit Pleura pericardiaca),
  - Pleura diaphragmatica und
- **Pleura visceralis**:
  - Pleura pulmonalis (Lungenfell).

In der Brustfellhöhle sind folgende besonders benannte Nischen bzw. Räume entwickelt:

- Recessus mediastini,
- Recessus costodiaphragmaticus,
- Cupulae pleurae.

Der **Recessus mediastini** wird kranial vom Herzbeutel, kaudal vom Diaphragma, rechts von der kaudalen Hohlvene und deren Gekröse, der **Plica venae cavae**, und links vom Mediastinum begrenzt (Abb. 6-10).

Beim Übergang der Pleura costalis in die Pleura diaphragmatica entsteht ein Raum, der **Recessus costodiaphragmaticus**, in den sich bei Inspiration die Lunge ausdehnt. Kranial endet der jeweilige Pleuralsack blindsackartig als **Cupula pleurae**, der bei Fleischfressern und Wiederkäuern über die Apertura thoracis cranialis ca. 1–2 Fingerbreiten aus der Brusthöhle austritt.

### Mittelfellspalt (Mediastinum)

Der Mittelfellspalt ist der zwischen dem rechten und dem linken Blatt der Pleura mediastinalis gelegene Raum (Abb. 6-5, 6 u. 10). Man unterscheidet einen:

- kranialen oder präkardialen Mittelfellspalt,
- mittleren oder kardialen Mittelfellspalt,
- kaudalen oder postkardialen Mittelfellspalt.

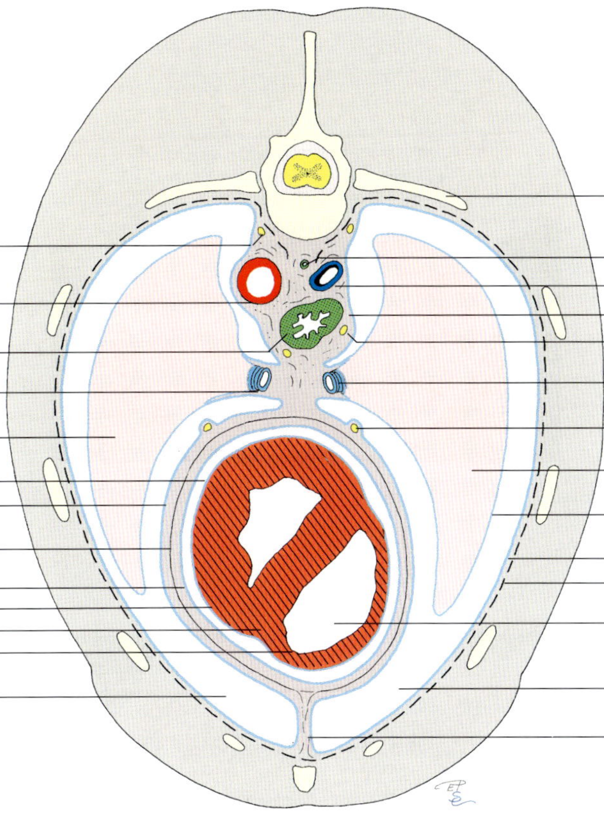


**Abb. 6-6.** Schematische Darstellung der Brusthöhle (Transversalschnitt in Höhe des mittleren Mittelfellspalts, Ansicht von kaudal, seröse Spalträume artifiziell erweitert).

Der **kraniale Mittelfellspalt (Mediastinum craniale)** beginnt an der **Apertura thoracis cranialis** (Abb. 6-5). In ihm verlaufen sämtliche Leitungsbahnen aus der Brusthöhle zum Hals, zum Kopf und zu den Vordergliedmaßen sowie zum vorderen Abschnitt der Brusthöhlenwand.

Man unterscheidet nachfolgende **Leitungsbahnen** im **kranialen Mittelfellspalt**:

- Truncus brachiocephalicus,
- A. und V. subclavia sinistra,
- A. und V. subclavia dextra,
- Truncus costocervicalis dexter et sinister,
- kaudale Anteile der Aa. vertebrales,
- Truncus bicaroticus,
- A. und V. thoracica interna dextra et sinistra,
- V. cava cranialis (deren Zuflüsse gemeinsam mit den gleichnamigen Arterien verlaufen),
- Truncus sympathicus dexter et sinister,
- Ganglion stellatum oder cervicothoracicum dextrum et sinistrum,
- N. vagus dexter et sinister,
- N. phrenicus dexter et sinister,
- N. laryngeus caudalis oder recurrens dexter et sinister,
- Ductus thoracicus (eventuell links sichtbar) und
- Mündung der Trunci jugulares.

Im kranialen Mittelfellspalt liegt an der Ventralfläche der ersten fünf bis sechs Brustwirbel der M. longus colli. Zusätzlich verlaufen hier Nerven, Lymphgefäße, Venen, die Luftröhre und die Speiseröhre. Bei jungen Tieren liegt auch der Thymus im kranialen Mittelfellspalt.

Der **mittlere Mittelfellspalt (Mediastinum medium** oder **cardiale)** enthält das Herz mit dem Herzbeutel, die großen Blutgefäße an der Herzbasis, den Ductus thoracicus, die Speiseröhre und die Luftröhre (Abb. 6-6 u. 10). Letztere teilt sich in Höhe des 5. Interkostalraumes in die beiden Hauptbronchien (Bifurcatio tracheae). Sie entlässt als Besonderheit beim Schwein und den Wiederkäuern vor ihrer Aufteilung nach rechts den **Bronchus trachealis**. Bei jungen Tieren liegt hier zusätzlich der Thymus. Man unterscheidet einzelne Leitungsbahnen im **mittleren Mittelfellspalt** (Abb. 6-6):

- Aorta ascendens mit Arcus aortae,
- Truncus pulmonalis,
- Vv. pulmonales,
- V. azygos (ihre Mündung),
- V. cava cranialis und V. cava caudalis (ihre Mündung),
- Truncus broncho-oesophageus,
- A. und V. thoracica interna dextra et sinistra,
- Ductus thoracicus,
- Truncus sympathicus dexter et sinister,
- N. vagus dexter et sinister (seine Aufteilung),
- N. laryngeus caudalis oder recurrens sinister und
- N. phrenicus dexter et sinister.

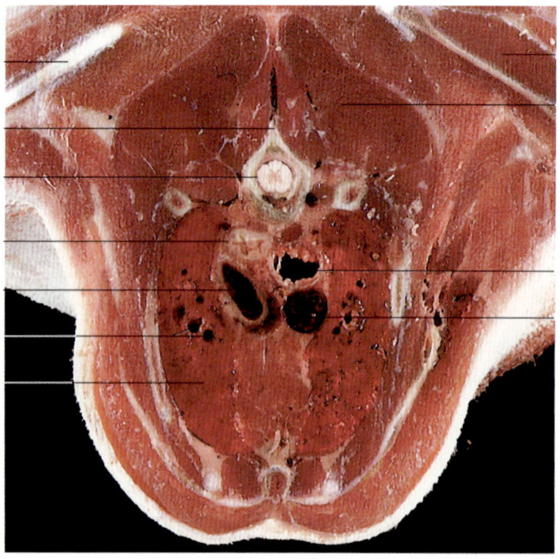


**Abb. 6-7.** Brusthöhle einer Katze (Transversalschnitt in Höhe des vorderen Mittelfellspalts, Ansicht von kaudal), König, 1992.

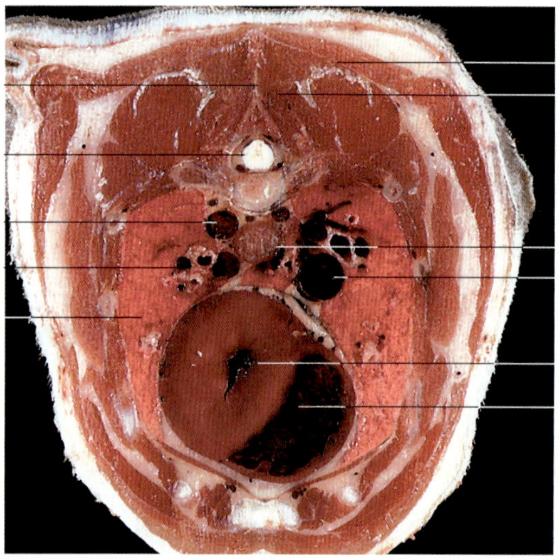


**Abb. 6-8.** Brusthöhle einer Katze (Transversalschnitt in Höhe des mittleren Mittelfellspalts, Ansicht von kaudal), König, 1992.

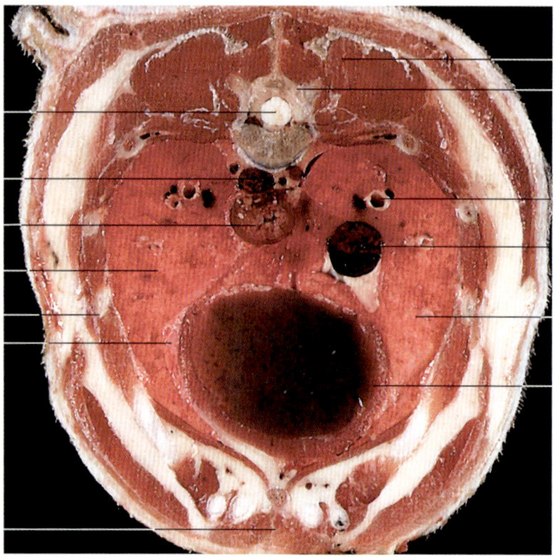


**Abb. 6-9.** Brusthöhle einer Katze (Transversalschnitt in Höhe des hinteren Mittelfellspalts, Ansicht von kaudal), König, 1992.

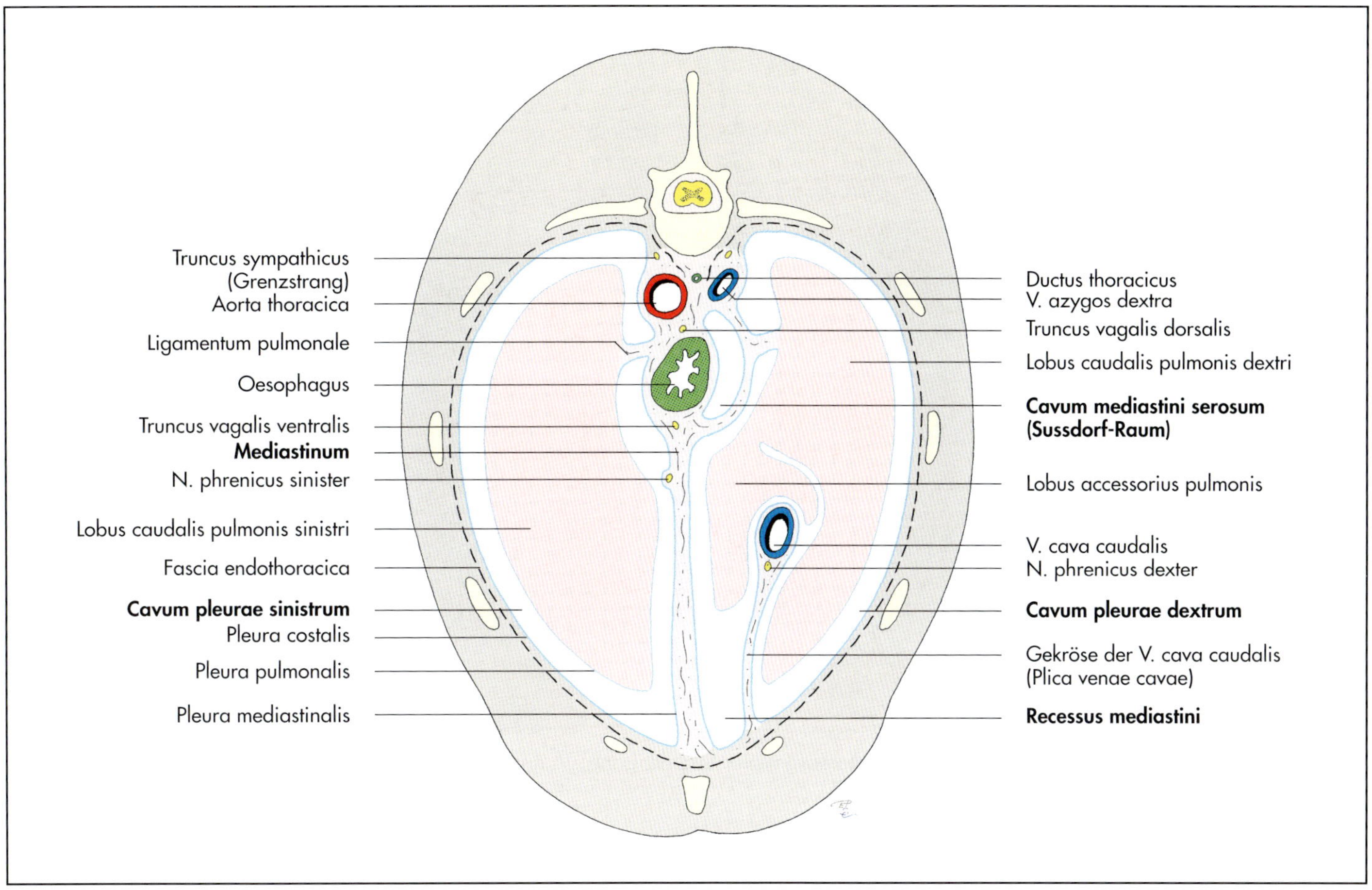


**Abb. 6-10.** Schematische Darstellung der Brusthöhle (Transversalschnitt in Höhe des hinteren Mittelfellspalts, Ansicht von kaudal, seröse Spalträume artifiziell erweitert).

Der **kaudale Mittelfellspalt (Mediastinum caudale)** spannt sich zwischen Herz und Diaphragma aus (Abb. 6-9 u. 10). Er wird dorsal von der Aorta durchzogen, die in Richtung Zwerchfell verläuft. Ventral davon liegt die Speiseröhre, begleitet vom Truncus vagalis dorsalis und ventralis. Unmittelbar am Mediastinum verläuft der linke **N. phrenicus** zum Zwerchfell.

Die Kaudallappen der Lunge sind am kaudalen Mediastinum und am Diaphragma mit Hilfe des **Ligamentum pulmonale** (Abb. 6-10) befestigt. Das kaudale Mediastinum ist beim Pferd und bei kachektischen Hunden fenestriert.

Im rechten Ligamentum pulmonale befindet sich das **Cavum mediastini serosum (Sussdorf-Raum)** (Abb. 6-10). Dieser ent-

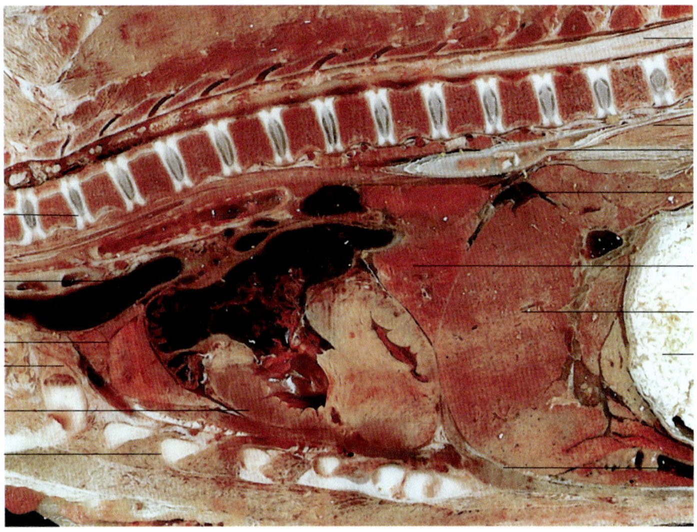


**Abb. 6-11.** Paramedianschnitt durch die Brusthöhle eines jungen Schweines.

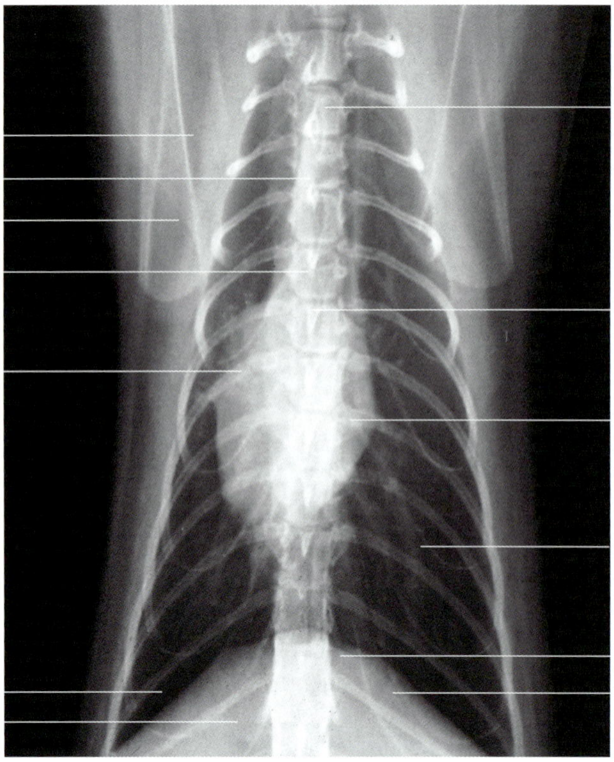


**Abb. 6-12.** Röntgenbild der Brusthöhle einer Katze (dorsoventraler Strahlengang), Aufnahme Prof. Dr. Ulrike Matis, München.

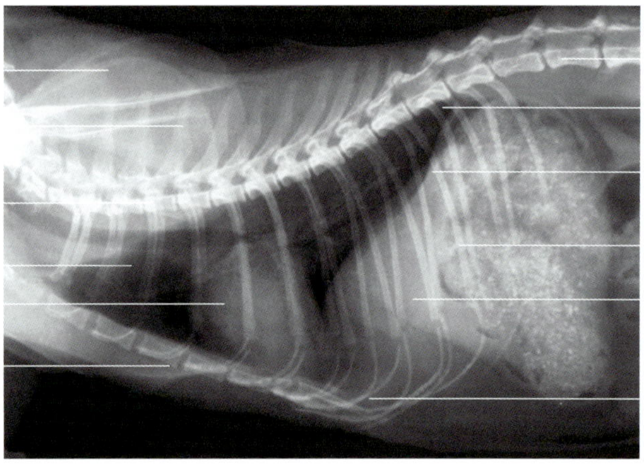


**Abb. 6-13.** Röntgenbild der Brusthöhle einer Katze (laterolateraler Strahlengang), Aufnahme Prof. Dr. Ulrike Matis, München.

wickelt sich während der fetalen Differenzierung aus dem kranial ziehenden **Recessus pneumatoentericus** der gemeinsamen Brust-Bauch-Höhle. Durch die Entwicklung des Zwerchfells aus Teilen des quergestellten Septum transversum und dessen nachfolgendem Auswachsen nach oben werden vordere, thorakale Anteile dieses Recessus von der Bauchhöhle abgetrennt. Dieser vordere Teil bleibt zeitlebens ein in der Brusthöhle gelagerter eigenständiger, mit **Peritoneum** ausgekleideter Raum (= Cavum mediastini serosum = Sussdorf-Raum). Er ist bei der Katze, beim Hund und beim Schwein geräumig.

Rechts vom Mediastinum caudale zieht die V. cava caudalis in einer eigenen **Gekrösefalte (Plica venae cavae)**, in der auch der rechte N. phrenicus verläuft (Abb. 6-10). Diese Gekrösefalte trägt zur Bildung einer mit Serosa ausgekleideten Bucht, dem **Recessus mediastini**, bei, in dem der **Lobus accessorius** der **rechten Lunge** Platz findet. Beim Hund, bei der Katze und beim Schwein ist der Lobus accessorius nur zum Teil im Recessus mediastini untergebracht.

Man unterscheidet nachfolgende Leitungsbahnen im **kaudalen Mittelfellspalt**:

- Aorta thoracica,
- V. azygos,
- Truncus sympathicus dexter et sinister,
- N. splanchnicus major und minor dexter et sinister,

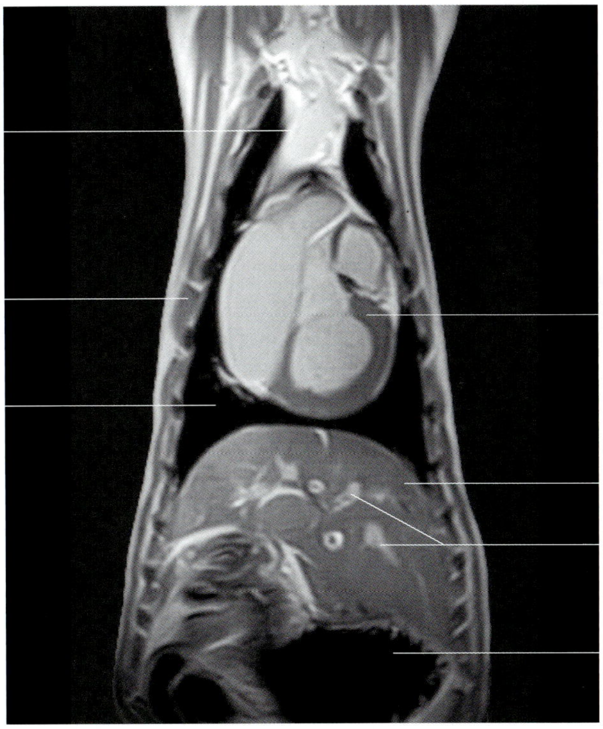


**Abb. 6-14.** Magnetresonanztomographische Darstellung der Brusthöhle mit intrathorakalem Teil der Bauchhöhle eines Hundes (koronaler Strahlengang), Aufnahme Dr. Isa Foltin, Heidelberg.

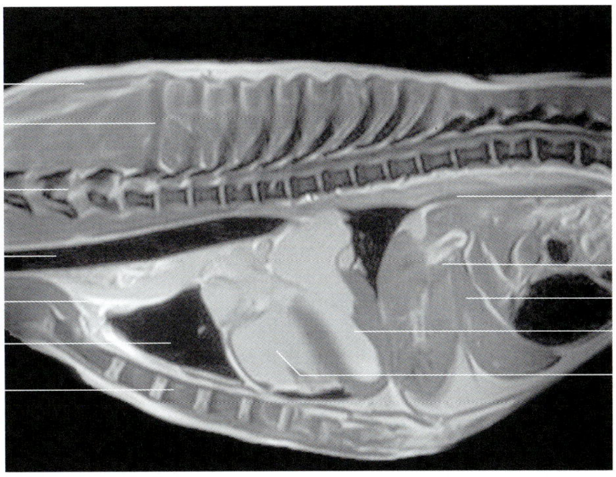


**Abb. 6-15.** Magnetresonanztomographische Darstellung der Brusthöhle mit vorderer Bauchhöhle eines Hundes (sagittaler Strahlengang), Aufnahme Dr. Isa Foltin, Heidelberg.

- Ductus thoracicus,
- Truncus vagalis dorsalis et ventralis,
- N. phrenicus sinister (der rechte verläuft in der Plica venae cavae),
- V. cava caudalis (rechts vom Mediastinum) und
- A. u. V. thoracica interna dextra et sinistra.

## Lymphknoten im Mediastinum

Die Lymphknoten im Mediastinum gehören zum **Lymphocentrum mediastinale**. Es sind **Lymphonodi mediastinales craniales**, **Lymphonodi mediastinales medii** (über der Herzbasis) und **Lymphonodi mediastinales caudales** zu erwähnen. Die kaudalen Mediastinallymphknoten fehlen dem Hund und der Katze. Sie sind beim Rind zu einem umfangreichen Paket zwischen Aorta und Speiseröhre zusammengelagert. Umfangsvermehrungen können hier zu Lumenverengung der Speiseröhre führen.

Am Hilus der Lunge liegt das **Lymphocentrum bronchale**, bestehend aus den **Lymphonodi tracheobronchales dextri**, **sinistri** und **medii**. Beim Schwein und bei den Wiederkäuern sind dem Bronchus trachealis die **Lymphonodi tracheobronchales craniales** angelagert. Die Lungenlymphknoten geben die Lymphe in die Mediastinallymphknoten weiter. (Näheres s. Kap. 8 »Atmungsapparat«.)

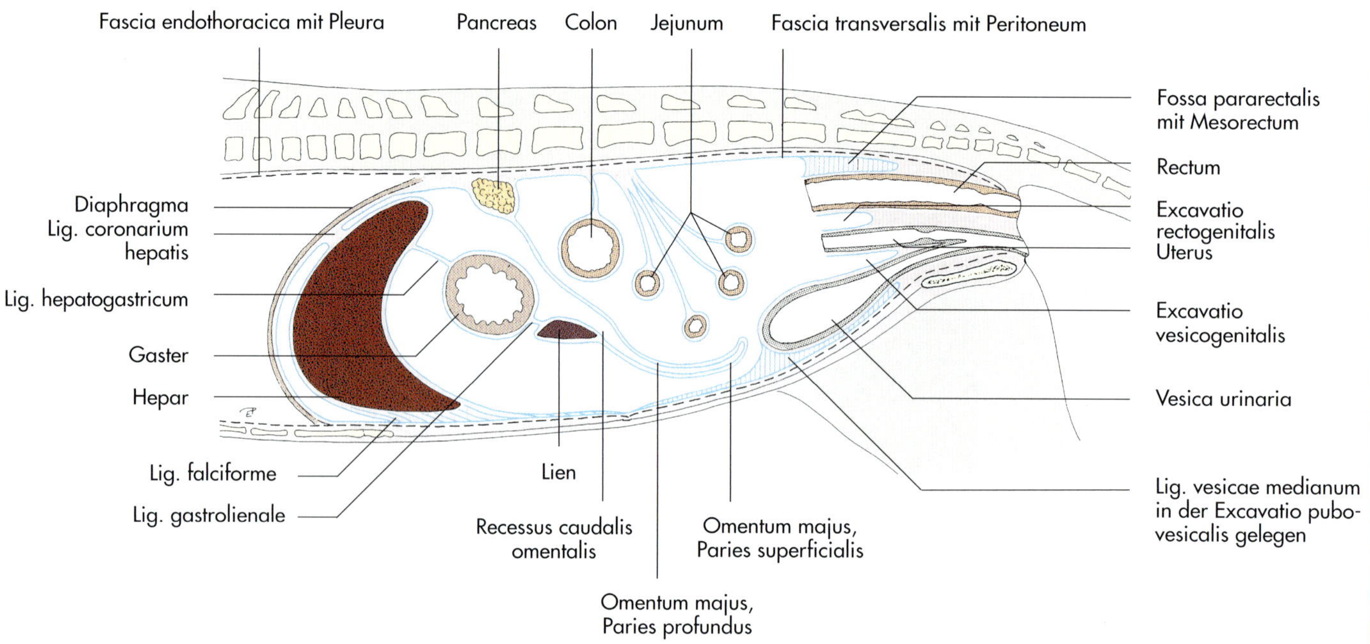


**Abb. 6-16.** Schematische Darstellung der Serosaverhältnisse in der Bauch- und Beckenhöhle der Katze (Längsschnitt).

## Bauch- und Beckenhöhle (Cavum abdominis et pelvis)

Die Bauchhöhle und der kraniale Teil der Beckenhöhle werden vom **Bauchfell (Peritoneum)** ausgekleidet. Es entsteht die **Bauchfellhöhle (Cavum peritonei)**, auch **Peritonealhöhle** genannt. Außerhalb des Bauchfells breitet sich die **innere Rumpffaszie (Fascia trunci interna)** aus. Bauch- und Beckenhöhle stehen in weit offener Verbindung (Abb. 6-16ff.). Die definierte Grenze zwischen beiden ist die **Linea terminalis**. Kranial endet die Bauchhöhle am **Zwerchfell (Diaphragma)**, wobei ein weiter intrathorakaler Teil der Bauchhöhle in die Brustkorbhöhle (Cavum thoracis) hineinragt.

Im **Zwerchfell** sind **drei Durchtritte** ausgebildet, die **Verbindungen zwischen Brust- und Bauchhöhle** darstellen:

- der **Aortendurchtritt (Hiatus aorticus)**, ventral der Wirbelsäule zwischen dem rechten und linken Zwerchfellpfeiler,
- der **Speiseröhrenschlitz (Hiatus oesophageus)** zwischen den Schenkeln des rechten Zwerchfellpfeilers, mit Durchtritt der Trunci nervi vagales, und
- das **Hohlvenenloch (Foramen venae cavae)** im Scheitelpunkt des Zwerchfells in dessen Centrum tendineum (Abb. 2-14).

Die kaudale Hohlvene ist mit dem Centrum tendineum fest verwachsen, während die Aorta und der Oesophagus an der Durchtrittsstelle von lockerem Bindegewebe umgeben werden. Mit der Aorta zieht der **Ductus thoracicus** als das zentrale Lymphsammelgefäß der Bauch- und Beckenhöhle. An seinem Anfang liegt zwischen den Zwerchfellpfeilern die **Lendenzisterne (Cisterna chyli)**.

Über den Zwerchfellpfeilern treten im Arcus lumbocostalis jeweils der rechte und linke **Truncus sympathicus**, begleitet vom **N. splanchnicus major** und **N. splanchnicus minor**, aus der Brusthöhle in die Bauchhöhle über.

Die ventrale Bauchwand wird beim Fetus in der Medianen von der **Nabelpforte** durchbrochen. Hierbei verlagern sich ventrale Darmabschnitte kurzfristig als sog. Nabelschleife außerhalb der embryonalen Körperhöhle (Zölomhöhle) (physiologischer Nabelbruch). Sie schließt sich in den ersten Tagen nach der Geburt zum **Nabel (Umbilicus** oder **Omphalos)**.

Nabelvene, Nabelarterien und Allantoisgang können bei Neugeborenen Wege zur Verbreitung von Krankheitskeimen bilden. Bei männlichen Tieren und des Öfteren bei der Hündin stülpen sich in der Leistengegend das **Bauchfell (Peritoneum)** und die **Fascia trunci interna** durch den Leistenspalt zum **Scheidenhautfortsatz (Processus vaginalis)** aus. Bei männlichen Tieren umgibt dieser den Hoden, bei der Hündin das Lig. teres uteri, das dem Hodenleitband entspricht. Beim männlichen Tier ist die Peritonealhöhle allseitig verschlossen.

Bei den weiblichen Tieren kommuniziert die Bauchhöhle über die Öffnungen der paarigen Eileiter und den Genitaltrakt mit der Außenwelt. In der Bauchfellhöhle sind besonders benannte seröse Ausstülpungen entwickelt (Abb. 6-16 u. 29):

- Processus vaginalis peritonei (Scheidenhautfortsatz),
- Excavatio pubovesicalis,
- Excavatio vesicogenitalis und
- Excavatio rectogenitalis (Douglas-Raum) mit der Fossa pararectalis.

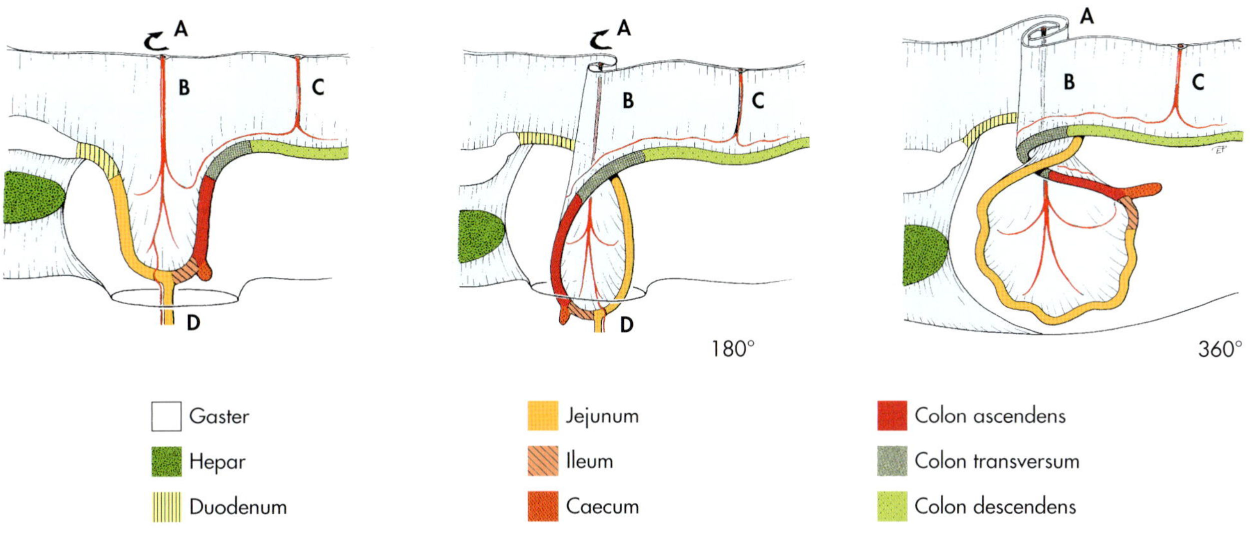


**Abb. 6-17.** Schematische Darstellung der Darmdrehung während der fetalen Entwicklung mit Ausbildung der Gekröseverhältnisse.

Das **Cavum mediastini serosum (Sussdorf-Raum)** ist ein mit Peritoneum ausgekleideter Raum, der nach dem Einwachsen des Zwerchfells im Mediastinum verbleibt.

## Bauchfellhöhle (Cavum peritonei)

Die Bauchfellhöhle **(Peritonealhöhle)** schließt den gesamten Magen-Darm-Kanal ein, mit Ausnahme des im retroperitonealen Teil der Beckenhöhle gelegenen Abschnitts des Rectum und des Anus. Sie umhüllt außerdem die Leber, die Bauchspeicheldrüse, die Milz und große Teile des Urogenitalapparats (Abb. 6-18ff.). Die Organe in der Bauchhöhle sind von Peritoneum überzogen **(viszerales Blatt)**, das mit Hilfe einer **Serosadoppellamelle** mit dem wandständigen, **parietalen Blatt** in Verbindung steht. In diese als **dorsales Gekröse** bezeichnete Serosaplatte sind Gefäße, Nerven, lymphatische Einrichtungen sowie Fett- und Bindegewebe eingelagert (s.u.). Man kann nachfolgende Lagebeziehungen von Organen zur Bauchfellhöhle unterscheiden:

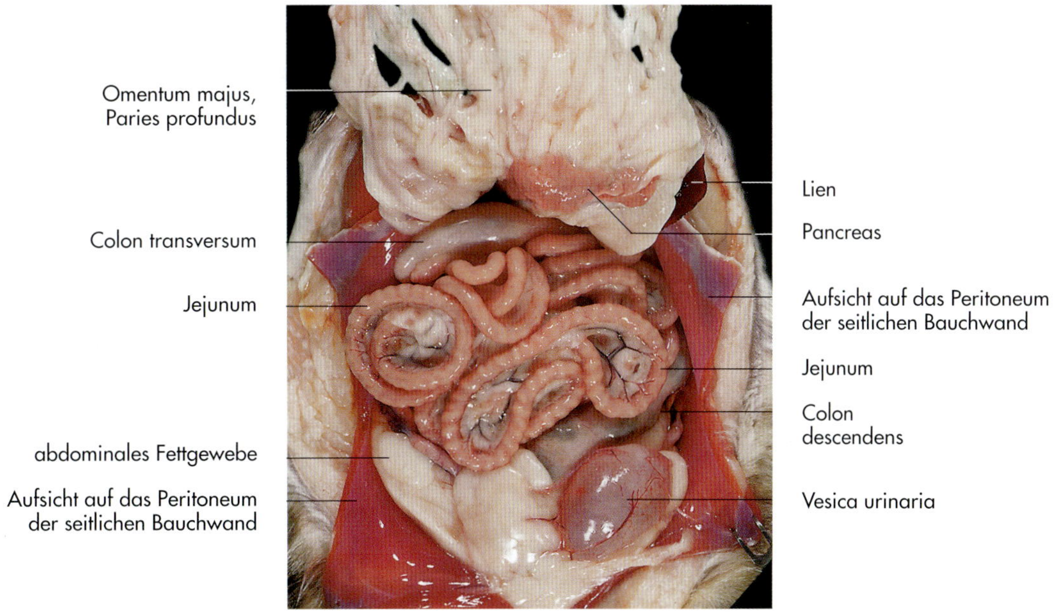


**Abb. 6-18.** Bauchhöhle einer Katze, König, 1992.

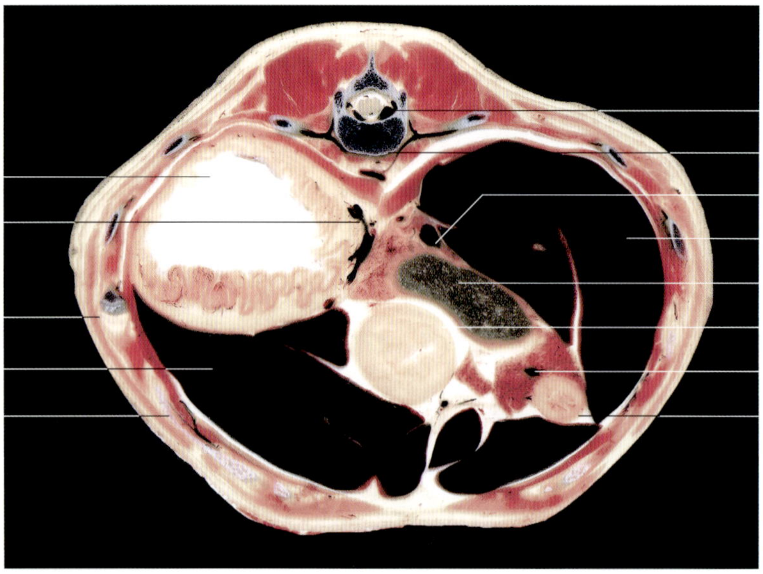


**Abb. 6-19.** Transversalschnitt durch den intrathorakalen Teil der Bauchhöhle eines Hundes (E-12-Scheibenplastinat), Präparat Dr. M.-C. Sora, Wien.

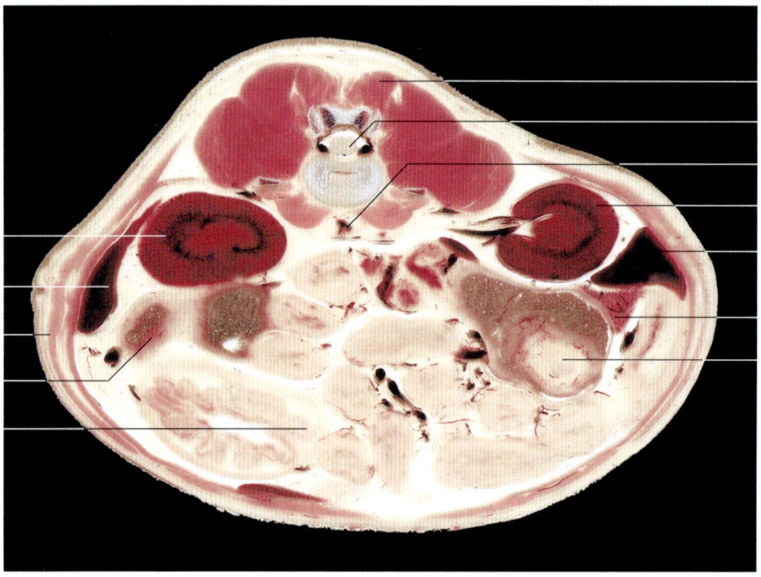


**Abb. 6-20.** Transversalschnitt durch die Bauchhöhle eines Hundes (E-12-Scheibenplastinat), Präparat Dr. M.-C. Sora, Wien.

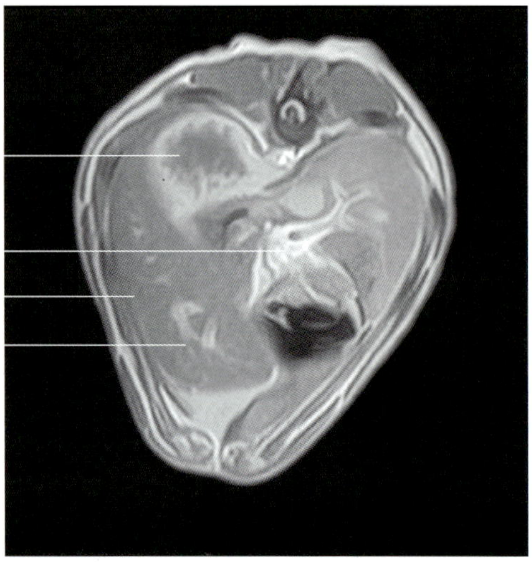


**Abb. 6-21.** Transversalschnitt durch die Bauchhöhle eines Hundes, (Magnetresonanztomographie), Aufnahme Dr. Isa Foltin, Heidelberg.

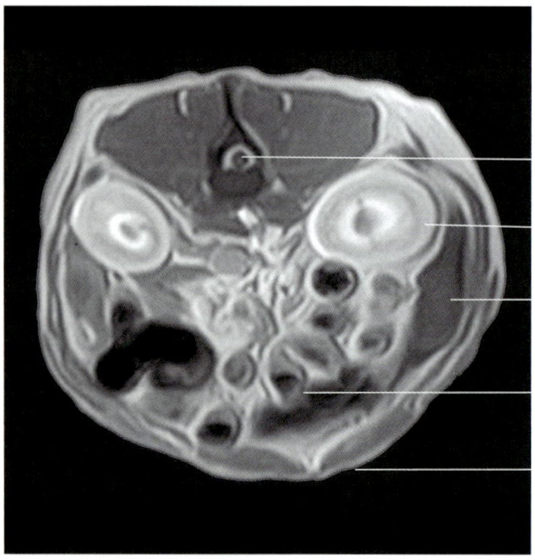


**Abb. 6-22.** Transversalschnitt durch die Bauchhöhle eines Hundes, (Magnetresonanztomographie), Aufnahme Dr. Isa Foltin, Heidelberg.

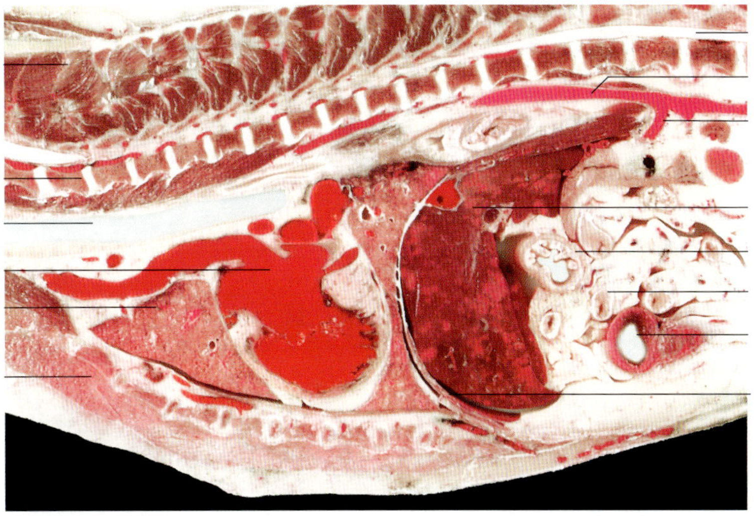


**Abb. 6-23.** Paramedianschnitt durch die Brust- und vordere Bauchhöhle eines Hundes (Injektionspräparat), H. Obermayer, München.

- intraperitoneal (z.B. Magen, Darm, Leber),
- retroperitoneal (z.B. Nieren, Nebennieren).

Die Gekröse des Magen-Darm-Trakts lassen sich aus der embryonalen Entwicklung ableiten. Danach wird das Darmrohr in seiner gesamten Länge **dorsal** mit der Leibeswand durch das **Mesenterium dorsale** verbunden. Ein **Mesenterium ventrale** ist über weite Abschnitte des Darmrohrs nicht ausgebildet, es ist allein im Bereich des Magens und vorderer Abschnitte des Zwölffingerdarms bis zur Einmündung des Gallengangs (Ductus choledochus) in den Darm entwickelt.

An den Organen der Peritonealhöhle werden die großen Serosadoppellamellen, die die Verbindung mit dem wandständigen Blatt herstellen, als die bereits oben angeführten **Gekröse** benannt. Die Gekröse dienen den Blutgefäßen, Lymphgefäßen und Nerven als Leitstrukturen. Auf die Gekröse und Bänder wird bei der Beschreibung der einzelnen Organe eingegangen. Einige Gekröseabschnitte dienen auch der Orientierung in der Bauchhöhle zur Identifizierung von Organteilen. Das fetale Längenwachstum des Darms zieht gleichzeitig eine Verlängerung des dorsalen Gekröses nach sich, in dessen zentralem Bereich die A. mesenterica cranialis verläuft (Abb. 6-17). Diese Längenzunahme wird begleitet durch Drehungen des Darmrohrs um die **A. mesenterica cranialis** um insgesamt 360 Grad, an deren Ende die einzelnen Abschnitte des differenzierten Darms ihre endgültige Lage in der Bauchhöhle erhalten (Abb. 6-17). Damit wird dieses Gefäß zur **Gekrösewurzel (Radix mesenterii)**. (Näheres siehe Lehrbücher der Embyrologie.)

Bei den großen Pflanzenfressern sind einzelne große und besonders schwere Abschnitte des Verdauungsapparats, beispielsweise der Dickdarm des Pferdes, unter Verkürzung des Gekröses durch festbindegewebige Verbindungen mit der dorsalen Bauchwand verklebt. Damit wird verhindert, dass Darmkonvolute mit ihrem vollen Gewicht auf der ventralen Bauchwand lasten. Gleiches gilt aber auch für die Verklebungsbezirke des dorsalen Pansensacks und die dorsale Hälfte der Milz der Wiederkäuer.

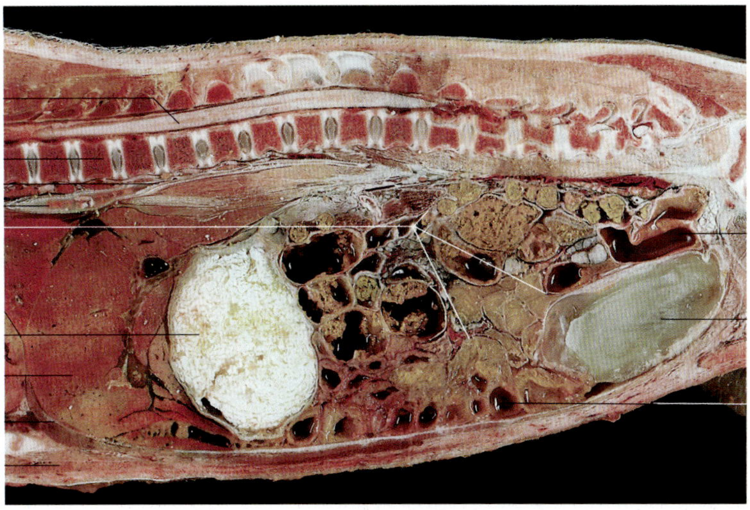


**Abb. 6-24.** Paramedianschnitt durch die Bauchhöhle eines jungen Schweines.

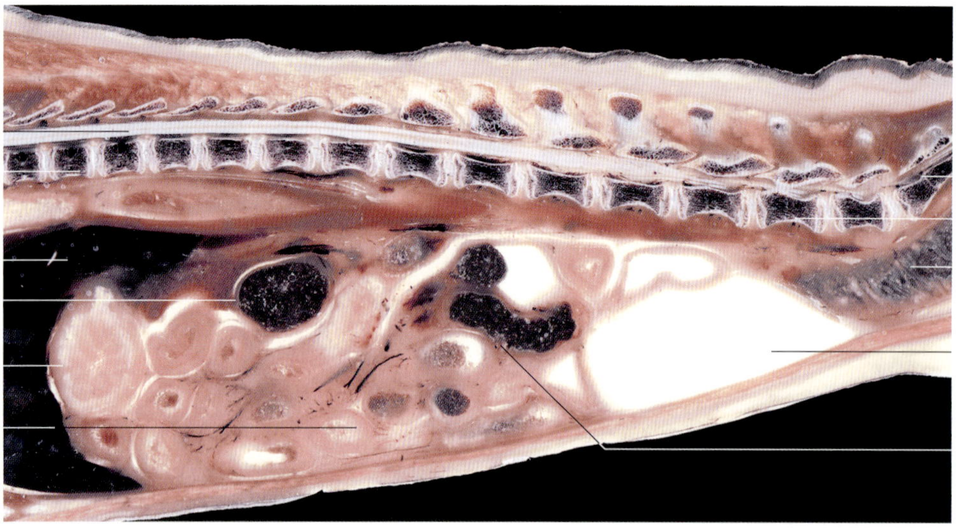


**Abb. 6-25.** Sagittalschnitt durch die Bauch- und Beckenhöhle eines Hundes (E-12-Scheibenplastinat), Präparat Dr. M.-C. Sora, Wien.

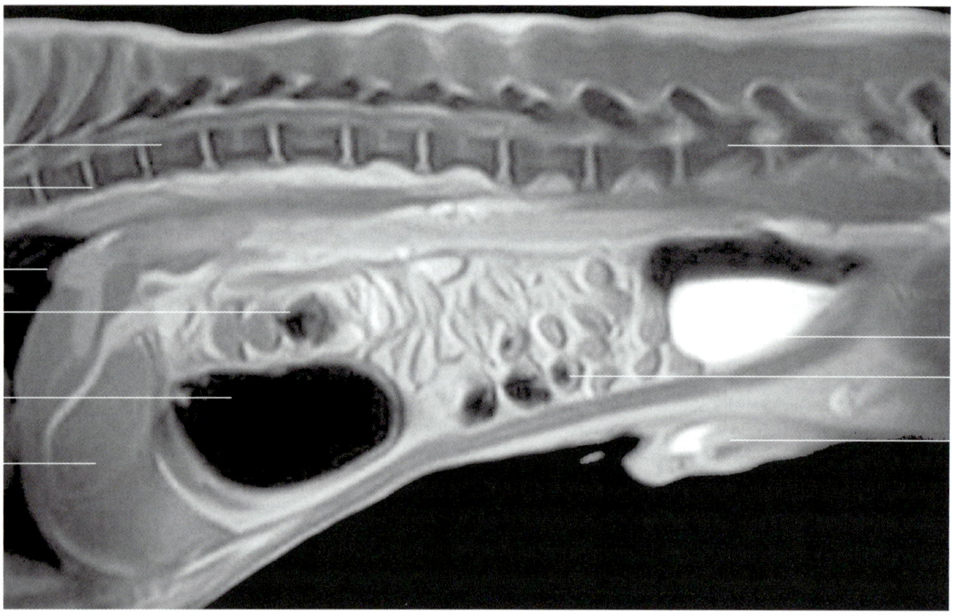


**Abb. 6-26.** Magnetresonanztomographischer Längsschnitt durch die Bauch- und Beckenhöhle eines Hundes, Aufnahme Dr. Isa Foltin, Heidelberg.

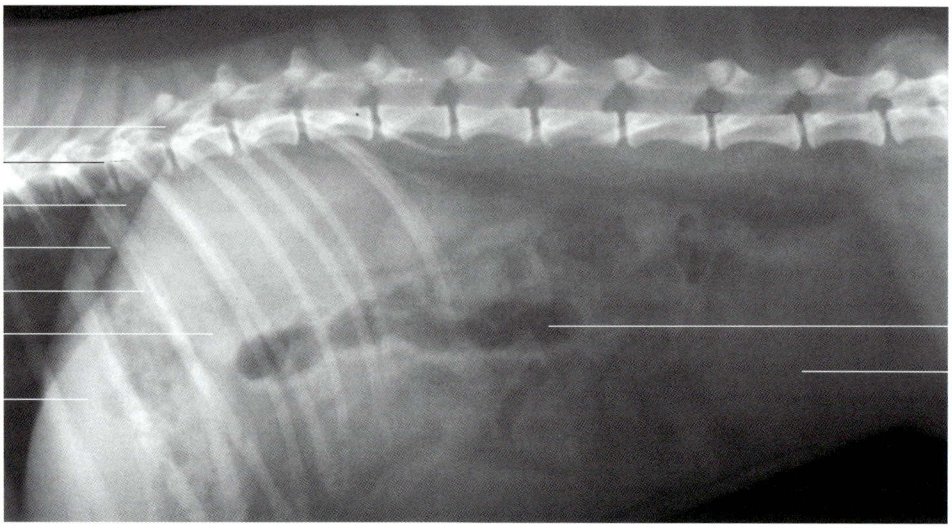


**Abb. 6-27.** Darstellung der Bauch- und Beckenhöhle einer Katze (Röntgenbild, laterolateraler Strahlengang), Aufnahme Prof. Dr. Ulrike Matis, München.

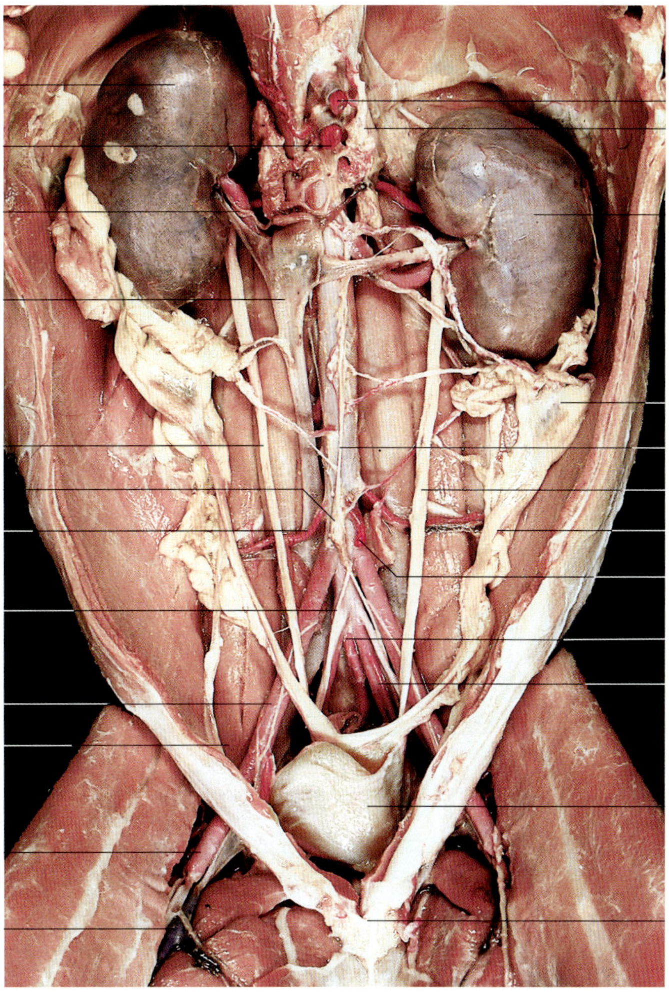


**Abb. 6-28.** Retroperitoneal gelegene Muskeln, Organe und Leitungsstrukturen an der Dorsalwand der Bauchhöhle und des Beckens einer Hündin (Ventralansicht), Präparat Dr. R. Macher, Wien.

## Beckenhöhle (Cavum pelvis)

Die Beckenhöhle wird vom Kreuzbein, einer tierartlich unterschiedlichen Anzahl von Schwanzwirbeln, und den in der Beckenfuge sich verbindenden Hüftbeinen umrahmt. Um den knöchernen Beckenring gruppieren sich die äußeren Hüft- und Kruppenmuskeln. Die Beckengürtelmuskeln ziehen von dorsal und lateral in die Beckenhöhle.

Der **Beckeneingang (Apertura pelvis cranialis)** wird bei allen Haussäugetieren von der **Linea terminalis** begrenzt, die Beckenhöhle endet hingegen dorsal tierartspezifisch in Höhe der Schwanzwirbel, ventral bei allen Haussäugetieren am **Arcus ischiadicus**. Bei der Katze, beim Hund, beim Schwein und bei den kleinen Wiederkäuern wird dem **Beckenausgang (Apertura pelvis caudalis)**, verschlossen durch das Diaphragma pelvis und durch die Beweglichkeit der Schwanzwirbel, eine Erweiterungsfähigkeit gewährt, die vor allem für den Geburtsvorgang bei weiblichen Tieren von Bedeutung ist. In der **Beckenhöhle** liegen das Rectum mit dem Anus (Abb. 6-16, 25, 26 u. 27), die Harnblase bzw. ihre kaudalen Teile, bei weiblichen Tieren die Harnröhre, Uteruskörper, Uterushals, Vagina und Vestibulum vaginae, bei männlichen Tieren das Beckenstück der Harnröhre, die Enden der Samenleiter und die akzessorischen Geschlechtsdrüsen.

Der **vordere Abschnitt** der Beckenhöhle wird von **Bauchfell (Peritoneum)** ausgekleidet und heißt deshalb **peritonealer Teil**. Die Serosa schlägt sich um und bildet Bauchfellbuchten, die **Excavationes** (Abb. 6-16 u. 29).

Die Harnblase besitzt zwei Seitenbänder, **Ligamenta vesicae lateralia** genannt, die jeweils eine verödete Nabelarterie enthalten **(Ligamentum teres vesicae)**. Ventral wird die Harnblase mit Hilfe des Ligamentum vesicae medianum fixiert. Die Gekröse des weiblichen Geschlechtsapparats mit den beiden Ovarien und dem Uterus sind Bestandteile der **Plica urogenitalis**, aus der sich das breite **Mutterband (Ligamentum latum uteri)** entwickelt.

Kaudal der Umschlagstellen werden die Organe von Bindegewebe umgeben, man spricht vom **retroperitonealen** Teil der Beckenhöhle. Letzterer endet kaudal am **Diaphragma pelvis**, das aus Muskeln und Faszien besteht und den **Beckenausgang** verschließt. Das **Diaphragma pelvis** setzt sich zusammen aus:

- paarig angelegten Mm. coccygei und levatores ani,
- Fascia externa und interna des Diaphragma pelvis,
- M. sphincter ani externus,
- M. bulbospongiosus,
- M. ischiocavernosus und
- M. sphincter urethrae.

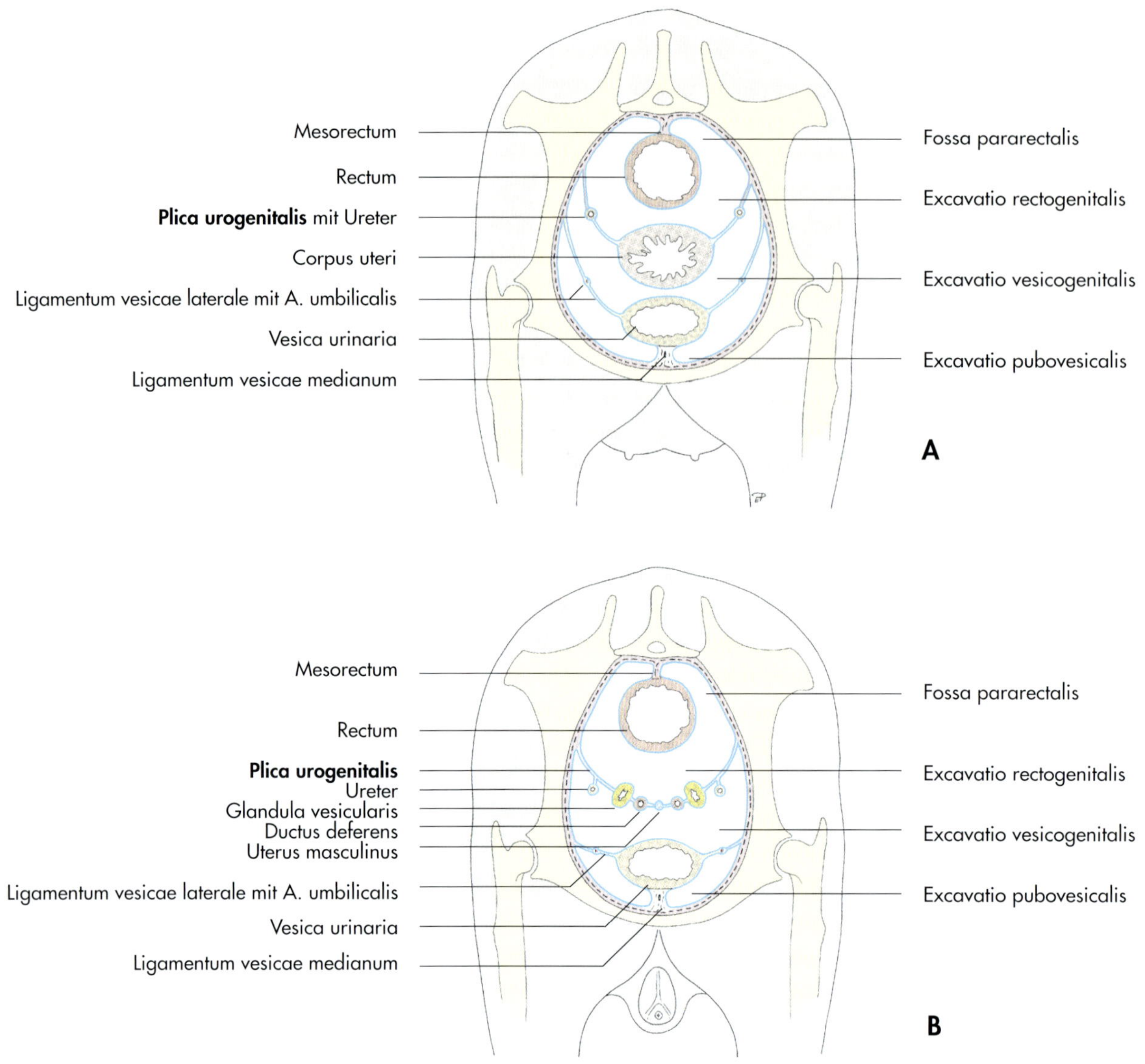


**Abb. 6-29.** Schematische Darstellung der Bauchfellbuchten (Excavationes) beim weiblichen Tier **(A)** und beim männlichen Tier **(B)**.

Zusätzlich begrenzen die beiden Mm. levatores ani das Levatortor, das als Durchtritt für den Anus und den Canalis urogenitalis dient.

Die Region zwischen Schwanzwurzel und Scrotum beim männlichen Tier und zwischen Schwanzwurzel und Vulva beim weiblichen Tier wird als **Mittelfleischgegend (Regio perinealis)** bezeichnet. Der hier gelegene **Damm (Perineum)** besteht aus einer fibrillär-muskulösen Hautbrücke.

Der Umschlag des Bauchfells am Übergang zum retroperitonealen Teil der Beckenhöhle führt zur Bildung von den, weiter oben erwähnten, taschenförmigen, blind endenden Ausbuchtungen **(Excavationes)** (Abb. 6-16 u. 29):

- Excavatio rectogenitalis,
- Excavatio vesicogenitalis,
- Excavatio pubovesicalis.

Die **Excavatio pubovesicalis** wird durch das mittlere Harnblasenband **(Ligamentum vesicae medianum)** in zwei Nischen unterteilt. Im mittleren Harnblasenband verläuft der Allantoisgang **(Urachus)**. Beim männlichen Tier steht die Excavatio rectogenitalis in weit offener Verbindung mit der Excavatio vesicogenitalis. Dorsolateral des Mastdarms entsteht neben dem Mesorectum jederseits eine Nische, die **Fossa pararectalis**.

# 7 Verdauungsapparat (Apparatus digestorius)

H. E. König, P. Sótonyi und H.-G. Liebich

Dem Verdauungsapparat obliegt die Aufgabe, die **Nahrung** so aufzubereiten, dass sie zum **Bau** bzw. **Ersatz von körpereigenen Zellen** und **Geweben** sowie zur **Bereitstellung von Energie** genutzt werden kann. Hierfür wird die Nahrung in den verschiedenen digestorischen Abschnitten zum einen **mechanisch** zerkleinert, zum anderen **chemisch** in ihre Bestandteile zerlegt. Zur Erfüllung seiner Aufgabe sind dem Verdauungsapparat darüber hinaus Zellen und Zellverbände mit inkretorischer Funktion beigeordnet, deren **Hormone Steuerfunktionen** im Verdauungsgeschehen innehaben. Außerdem ist Verdauung nicht ohne die **nervale Versorgung** der einzelnen Organe sowie die **Blut- und Lymphgefäße** denkbar, die für den **Transport** der aufgeschlüsselten Nahrungsbestandteile verantwortlich sind. Eng verbunden mit diesen Leitungsbahnen und Versorgungssträngen sind die **lymphatischen Einrichtungen** innerhalb des gesamten Verdauungstraktes.

Nicht verwertbare Reste werden von den Verdauungsorganen ausgeschieden.

Der Verdauungsapparat beginnt an der Mundöffnung und endet am After. Er ist embryonal als einfacher Schlauch angelegt und wird deshalb im engeren Sinn als **Verdauungskanal** bezeichnet. An verschiedenen Stellen geben **Anhangsdrüsen**, nämlich die großen Kopfdrüsen, die Leber und die Bauchspeicheldrüse, ihre Sekrete in den Verdauungskanal ab.

Der Verdauungskanal wird in fünf Abschnitte gegliedert (Abb. 7-1):

- Kopfdarm (Mund- und Schlundkopfhöhle),
- Vorderdarm (Speiseröhre und Magen),
- Mitteldarm (Dünndarm),
- Enddarm (Dickdarm) und
- Canalis analis mit dem After.

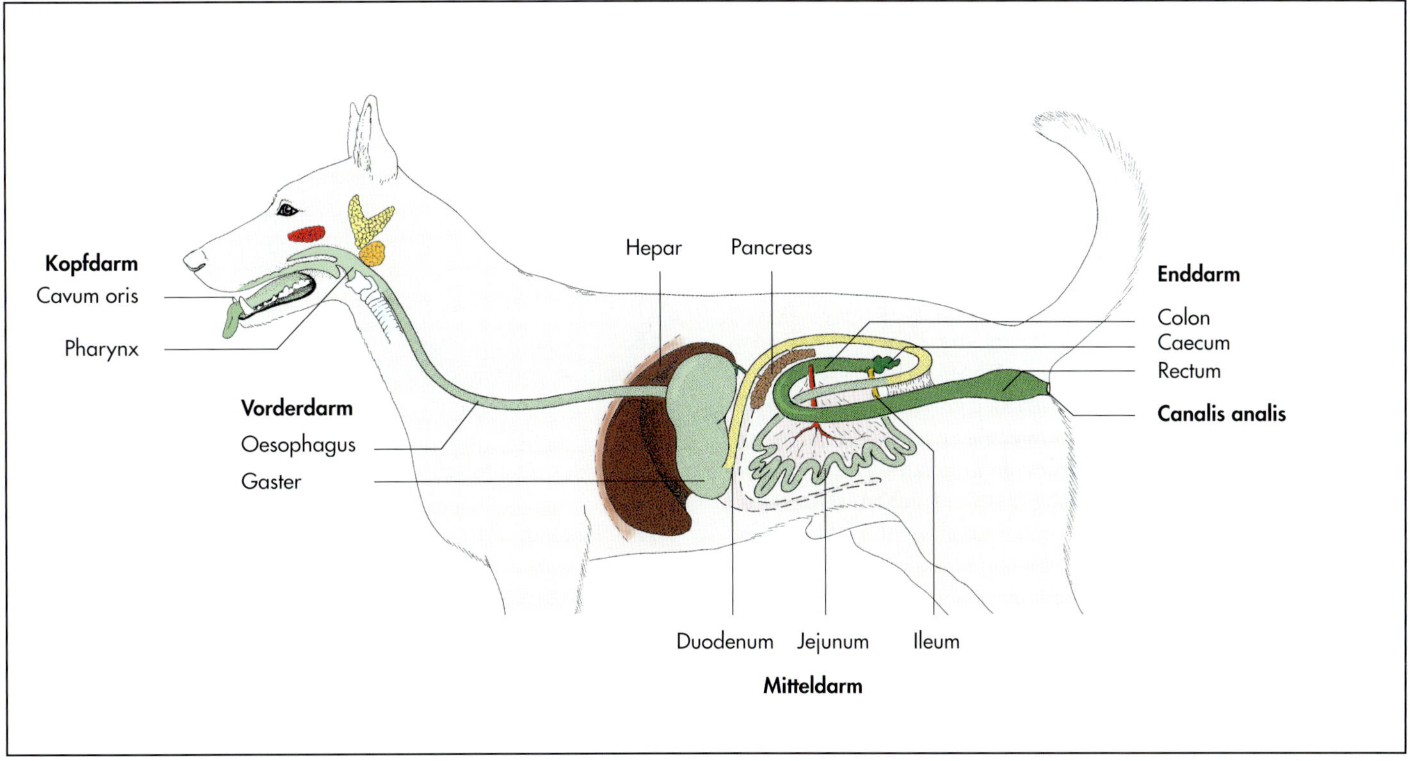


**Abb. 7-1.** Schematische Darstellung des Magen-Darm-Traktes des Hundes, nach Dyce, Sack und Wensing, 2002.

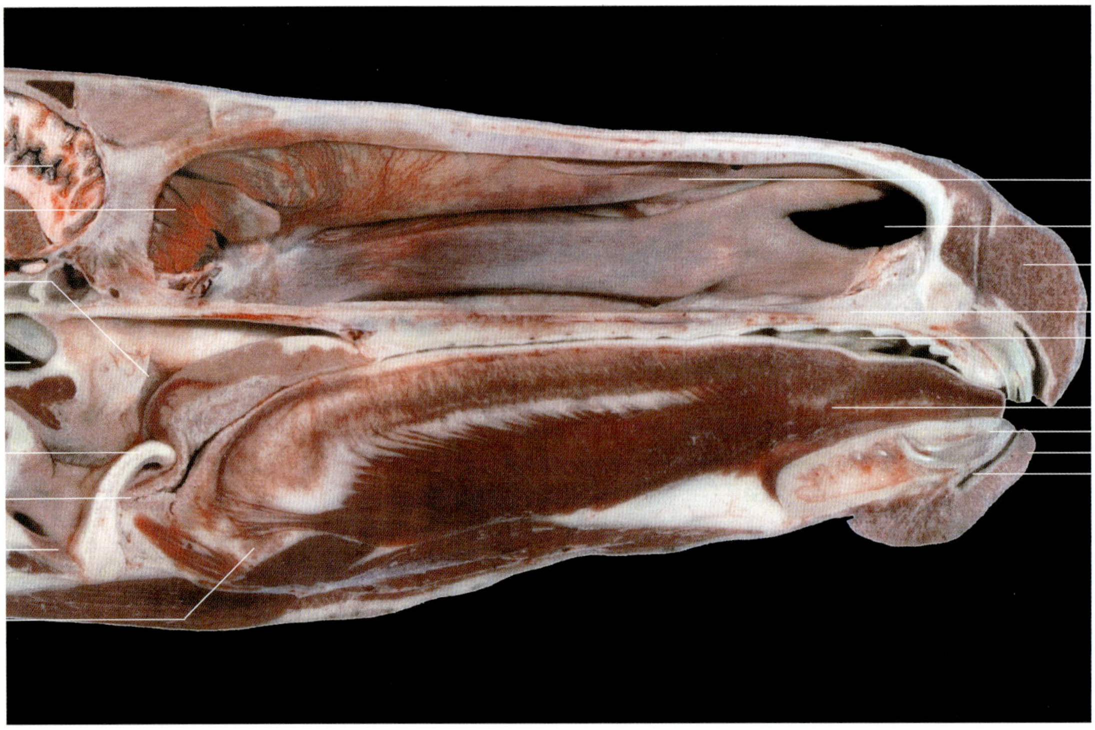


**Abb. 7-2.** Längsschnitt durch den Kopf eines Pferdes.

# Kopfdarm (Mund- und Schlundkopfhöhle)

## Mundhöhle (Cavum oris)

Die Mundhöhle schließt verschiedene Hilfseinrichtungen wie Zähne, Zunge und Speicheldrüsen ein, die zur Aufnahme, Zerkleinerung und Einspeichelung der Nahrung dienen. Die Größe der **Mundöffnung** hängt von der Ernährungsweise der Tiere ab. Bei Spezies, die ihre Zähne zum Erfassen der Beute oder im Kampf benützen, ist die Mundöffnung groß, bei Pflanzenfressern und Nagern hingegen relativ klein. Man unterscheidet an der Mundhöhle die **eigentliche Mundhöhle (Cavum oris proprium)** und den **Vorhof (Vestibulum oris)**, der von dieser durch die Zahnreihen des Ober- und des Unterkiefers getrennt wird.

Unter der **eigentlichen Mundhöhle** versteht man den Raum innerhalb des oberen und unteren Zahnbogens. Er wird dorsal vom Gaumen abgedeckt, lateral liegen die Zähne, den Boden bilden die Zunge und der Mundhöhlenboden (Abb. 7-2, 3 u. 13).

Am **Vorhof der Mundhöhle** lassen sich ein **Vestibulum labiale** zu den Lippen und ein **Vestibulum buccale** zu den Backen abgrenzen (Abb. 7-3). Das Vestibulum oris steht mit dem Cavum oris proprium bei geschlossener Mundhöhle über **Lücken (Diastema, Margo interalveolaris)** zwischen den Schneide- und Backenzähnen sowie hinter den letzten Backenzähnen in Verbindung.

Die Mundhöhle ist von einer Schleimhaut ausgekleidet, deren Epithelium mucosae aus einem **mehrschichtigen**, teilweise **verhornten Plattenepithel** besteht. Diese Schleimhaut wird meist von einer bindegewebigen Tela submucosa mit vorzugsweise **gemischten Drüsen** unterlagert. Im Bereich der Alveolarfortsätze des Ober- bzw. des Unterkiefers ist die Mundschleimhaut zum **Zahnfleisch (Gingiva)** modifiziert.

Die **Lippen (Labia oris)** dienen als Saug-, Greif- und Tastorgan. Bei der Katze, die die Nahrung mit den Zähnen oder mit der Zunge zu sich nimmt, sind die Lippen dünn und wenig beweglich. Beim Hund werden die Lippen nur im Falle von Drohgebärden von den Zähnen weggezogen, zweckgerichtete Bewegungen zum Ergreifen der Nahrung fehlen. Beim Rind sind sie verdickt **(Flotzmaul)**. Beim Pferd werden sie zum Ergreifen der Nahrung und zu ihrer Beförderung in die Mundhöhle verwendet, sind also dementsprechend empfindlich und beweglich. Die Oberlippe weist bei Fleischfressern und kleinen Wiederkäuern eine **mediane Lippenfurche (Philtrum)** auf. Beim Schwein ist sie zur **Rüsselscheibe** umgestaltet.

Die Lippen bestehen von außen nach innen aus der **Haut**, **Muskeln** (M. orbicularis oris, Mm. incisivi u.a.), **Drüsen** und der **Mundschleimhaut**. Die Lippenmuskeln sind Teile der mimischen Muskulatur und werden folglich vom **VII. Gehirnnerv**, dem **N. facialis**, innerviert.

Die relative Unempfindlichkeit der Lippen in Verbindung mit den kaudal gerichteten mechanischen Zungenpapillen (z.B. den Papillae conicae, s.u.) bedingt, dass beim Rind kaum eine strukturelle Selektion der Nahrung vorgenommen wird. So werden auch Fremdkörper, die in die Mundhöhle gelangen, von hier aufgrund der Richtung der Papillen kaudal befördert und abgeschluckt.

Die **Backen (Buccae)** bestehen aus den gleichen Wandschichten wie die Lippen und enthalten die **Backendrüsen (Glandulae buccales)**. Letztere lagern sich bei Katze und Hund zur **Glandula zygomatica** zusammen (s. S. 308). Die Backenschleimhaut trägt eine kleine Papille, auf der sich der **Ausführungsgang der Ohrspeicheldrüse** öffnet. Bei den Wiederkäuern ist die Schleimhaut der Backen mit größeren, kaudal gerichteten, spitzen **konischen Papillen** besetzt (Abb. 7-9).

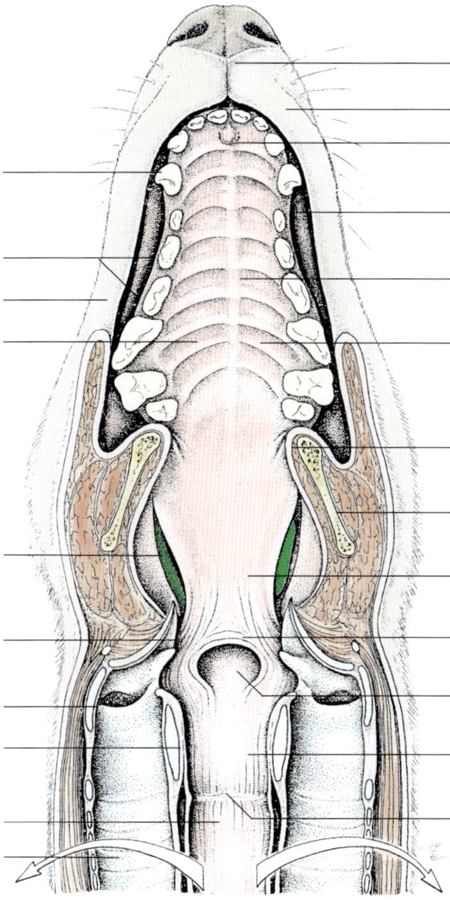


**Abb. 7-3.** Schematische Darstellung der Mund- und Rachenhöhle des Hundes mit eröffneter Kehlkopfhöhle, Luftröhre geteilt und zur Seite verlagert, nach Dyce, Sack und Wensing, 2002.

## Gaumen (Palatum)

Der rostrale Abschnitt des Gaumens wird als **harter Gaumen (Palatum durum)** bezeichnet. Er besitzt als knöcherne Grundlage die Gaumenfortsätze des Os incisivum und der Maxilla sowie die Lamina horizontalis des Os palatinum. Mundhöhlenwärts wird der harte Gaumen von einer dicken, mehr oder weniger verhornten Schleimhaut bedeckt, die quer verlaufende leistenförmige **Gaumenstaffeln (Rugae palatinae)** trägt. Bei den Wiederkäuern sind diese mit kaudal gerichteten **Papillen** besetzt, die die Nahrung pharynxwärts leiten. Median treffen die Gaumenstaffeln in der **Gaumennaht (Raphe palati)** aufeinander (Abb. 7-3 u. 6).

Hinter den mittleren Schneidezähnen liegt eine unpaarige Verdickung, die **Papilla incisiva** (Abb. 7-3 u. 6), die jeweils lateral von der Öffnung des paarigen **Ductus incisivus** flankiert wird. Die beiden Ductus incisivi verbinden, außer beim Pferd, bei dem sie mundhöhlenseitig geschlossen sind, die Mundhöhle mit der Nasenhöhle. Sie setzen sich kaudal mit einem blind endenden Kanal, dem **Organum vomeronasale (Jacobson-Organ)** fort. Dieses ist von Riechschleimhaut ausgekleidet und fungiert als Witterungsorgan.

Auffällig ist bei den Wiederkäuern die **Dentalplatte**, die die oberen Schneidezähne ersetzt (Abb. 7-6). Sie bildet während der Futteraufnahme das Gegenlager für die Schneidezähne des Unterkiefers. Das unter ihrem Epithel gelegene Bindegewebe ist fest und unverschieblich mit dem Periost verbunden. Darin verlaufen ausgedehnte **Venenplexus**.

Die Gaumenschleimhaut setzt sich im Bereich der Zähne mit dem drüsenlosen **Zahnfleisch (Gingiva)** fort. Dieses ist bindegewebig in der Lamina propria mucosae einerseits fest im Periost der Knochen, andererseits im Zement der Zähne verankert.

Kaudal geht der harte Gaumen in das **Gaumensegel (Velum palatinum)** über. Dieses, auch **weicher Gaumen (Palatum molle)** genannt (Abb. 7-3), grenzt den Atmungsrachen vom Mundrachen ab. Es stellt eine Falte dar, deren nasale Oberfläche von Atmungsschleimhaut und deren ventrale von einer mehrschichtigen Mundschleimhaut bedeckt ist. Sein kaudaler Rand, der **Arcus veli palatini**, hilft das **Ostium intrapharyngeum** zu begrenzen.

Das Gaumensegel kann durch Muskeln aktiv bewegt werden. Dabei wird es vom **M. palatinus** verkürzt, durch den **M. tensor veli palatini** gespannt und vom **M. levator veli palatini** angehoben.

Während der M. tensor veli palatini von einem Ast des N. mandibularis versorgt wird, erhalten die anderen beiden Muskeln ihre Innervation von einem Nervenplexus, der aus Ästen des N. vagus und des N. glossopharyngeus hervorgeht.

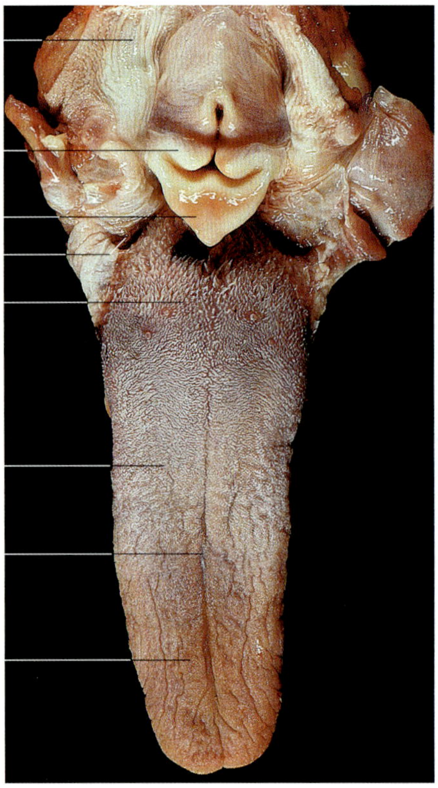


**Abb. 7-4.** Zunge mit Kehlkopf eines Hundes (Dorsalansicht).

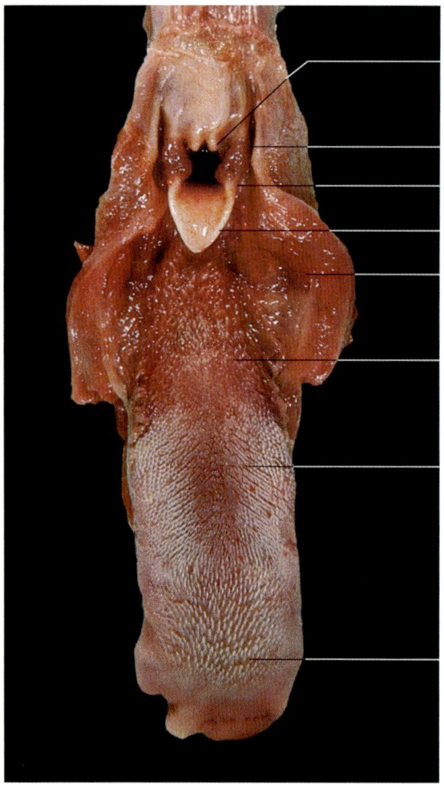


**Abb. 7-5.** Zunge mit Kehlkopf einer Katze (Dorsalansicht), König, 1992.

**Abb. 7-6.** Mundhöhlendach eines Rindes (Ausschnitt).

## Zunge (Lingua, Glossa)

Die Zunge ist ein muskulöses Organ. Sie füllt bei geschlossener Mundhöhle das Cavum oris proprium vollständig aus. Ihre Funktionen bestehen im Ergreifen der Nahrung, dem Belecken, der Wasseraufnahme und der Bewegung der Nahrung während des Kauvorgangs, sie ist auch an der Lautbildung beteiligt.

Die Zunge leitet auch den Schluckakt ein und fungiert als geschmacks-, tast-, schmerz- und temperaturempfindliches Organ. Sie wird beim Hund darüber hinaus zur Hitzeableitung beim Hecheln benutzt. Durch eine intensive Blutversorgung der Zunge und durch zahlreiche arteriovenöse Anastomosen wird diese physiologische Wärmeabgabe über die Verdunstung von Flüssigkeit gewährleistet.

Maßgeblich an der Kühlung beteiligt ist aber auch die Totraumventilation der Atmungswege (Kehlkopf, Luftröhre, größere Bronchien) mit der Verdunstung von Flüssigkeit.

Man unterscheidet die **Zungenspitze (Apex linguae)**, den **Zungenkörper (Corpus linguae)** und den **Zungengrund (Radix linguae)**. Die Spitze ist mit dem Mundhöhlenboden durch das **Zungenbändchen (Frenulum linguae)** verbunden. Die Zunge des Hundes besitzt dorsal in der Medianen einen markanten **Sulcus medianus** (Abb. 7-4 u. 7).

Die Zunge der Wiederkäuer trägt am **Zungenrücken (Dorsum linguae)** den **Zungenwulst (Torus linguae)**, vor dem sich das sog. **Futterloch (Fossa linguae)** einsenkt. In diese Vertiefung dringen gelegentlich Grannen oder andere feste Futterteile ein, die zu Beschwerden führen können. Im Zungenrücken des Pferdes ist der **Zungenrückenknorpel (Cartilago dorsi linguae)** eingelagert (Abb. 7-13).

Beim Hund und bei der Katze verläuft in der Tela submucosa, ventral in der Zungenmuskulatur, der **»Tollwurm« (Lyssa)**. Es handelt sich dabei um einen bindegewebigen, mit Fettgewebe gefüllten schlauchförmigen Strang, in den auch Muskelfasern und Knorpelinseln eingelagert sind. Die Lyssa beginnt median einige Millimeter vom Vorderrand der Zunge entfernt, läuft kaudal und endet in einem feinen Faden, ohne das Zungenbein zu erreichen. Der Name »Toll-

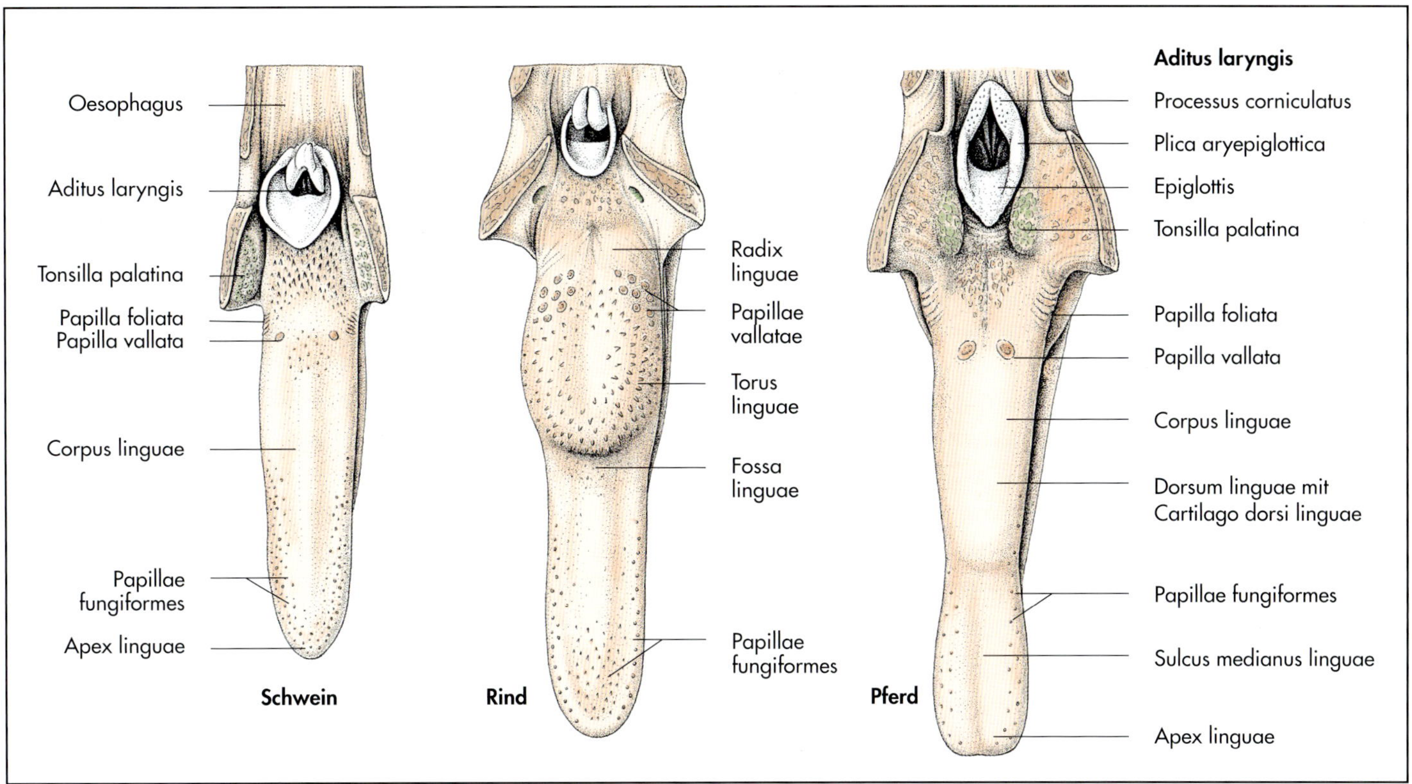


**Abb. 7-7.** Schematische Darstellung von Zunge (Dorsalansicht), Rachenhöhle und Speiseröhre (dorsal eröffnet).

wurm« ist auf den irrigen Glauben zurückzuführen, die Lyssa hätte etwas mit der Tollwut zu tun.

Die **Zungenschleimhaut** ist an der Dorsalfläche und an den Rändern widerstandsfähig und unverschieblich. Auf der Ventralfläche wird diese sehr viel weicher und ist etwas lockerer mit dem untergelagerten Bindegewebe verbunden.

Zu den besonderen Aufgaben der Zunge ist die Futteraufnahme und die sensorische Prüfung der Nahrung zu rechnen. Hierfür sind auf der Zungenoberfläche **Schleimhauterhebungen** in Form von **Zungenpapillen (Papillae linguales)** ausgebildet, die sich tierartlich in Größe, Anzahl und Verteilung unterscheiden (Abb. 7-8ff.).

Entsprechend ihrer Funktionen unterscheidet man:

- **mechanische Papillen (Papillae mechanicae)**:
  - fadenförmige Papillen (Papillae filiformes),
  - konische Papillen (Papillae conicae),
  - randständige Papillen (Papillae marginales) und
- **Geschmackspapillen (Papillae gustatoriae)**:
  - pilzförmige Papillen (Papillae fungiformes),
  - wallförmige Papillen (Papillae vallatae),
  - Blattpapillen (Papillae foliatae).

Am zahlreichsten sind mechanische Papillen (Papillae mechanicae) anzutreffen, die in der Mehrzahl fadenförmige Papillen (Papillae filiformes) darstellen. Zu dieser Gruppe gehören ebenfalls die etwas größeren konischen Papillen (Papillae conicae). Sie sind vor allem beim Rind an der Zungenbasis und bei der Katze verhornt auf der ganzen Dorsalfläche anzutreffen. Sie verleihen der Rinder- und der Katzenzunge ihren typisch rauen, raspelartigen Charakter. Zungenrandpapillen (Papillae marginales) sind bei neugeborenen Carnivoren und Ferkeln entwickelt, diese bilden einen seitlichen Abschluss der Zunge und unterstützen das Saugen der Jungtiere (Abb. 7-8).

Die übrigen Papillen der Zunge enthalten **Geschmackspapillen (Papillae gustatoriae)**. Sie werden nach ihrer Form als **pilzförmige Papillen (Papillae fungiformes)**, **umwallte Papillen (Papillae vallatae)** oder **blattförmige Papillen (Papillae foliatae)** bezeichnet. Geschmackspapillen sind ebenso wie die mechanischen Papillen Schleimhautmodifikationen. Sie schließen als Charakteristikum in ihrem Epithel **Geschmacksknospen** zur Rezeption sensorischer Reize ein. In unmittelbarer Nähe der Geschmackspapillen finden sich seröse **Spüldrüsen (Ebner-Spüldrüsen)**, die es ermöglichen, die in der Speichelflüssigkeit gelösten Nahrungsstoffe von der Zungenoberfläche zu entfernen, um neue Sinneseindrücke aufzunehmen. (Näheres siehe Lehrbücher der Histologie.)

Die Zunge zeichnet sich durch eine besondere Anordnung der **Muskulatur** aus, die diesem Organ die bekannte hohe Motilität verleiht. Die Zungenmuskeln setzen sich aus dem Binnenmuskel, dem **intralingualen System**, und den Außenmuskeln, dem **extralingualen System**, zusammen.

Der **Binnenmuskel (M. lingualis proprius)** besteht aus einer Vielzahl von Fasern, die in den drei Richtungen des Raumes verlaufen, ohne an einem der umliegenden Knochen anzusetzen (Abb. 7-13). Entsprechend ihrem Faserverlauf unterscheidet man:

- Fibrae longitudinales superficiales et profundae,
- Fibrae transversae,
- Fibrae perpendiculares.

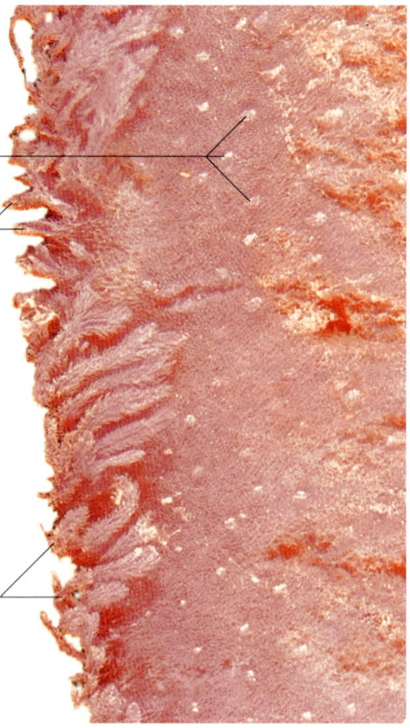


Abb. 7-8. Papillen an der Zungenoberfläche eines Ferkels (Korrosionspräparat).

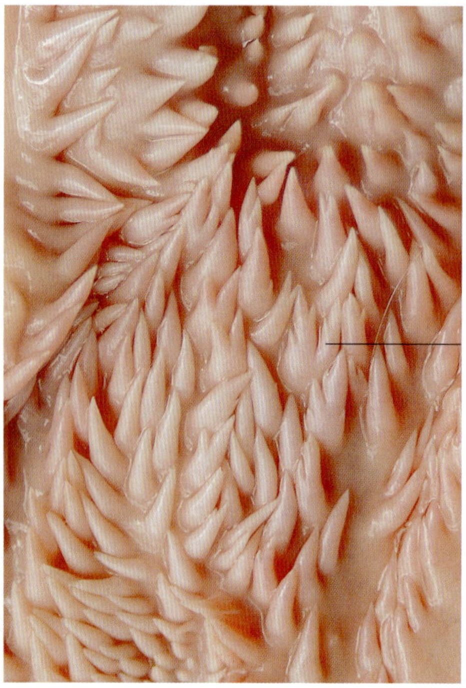


Abb. 7-9. Papillae conicae eines Rindes als Beispiel für mechanische Papillen.

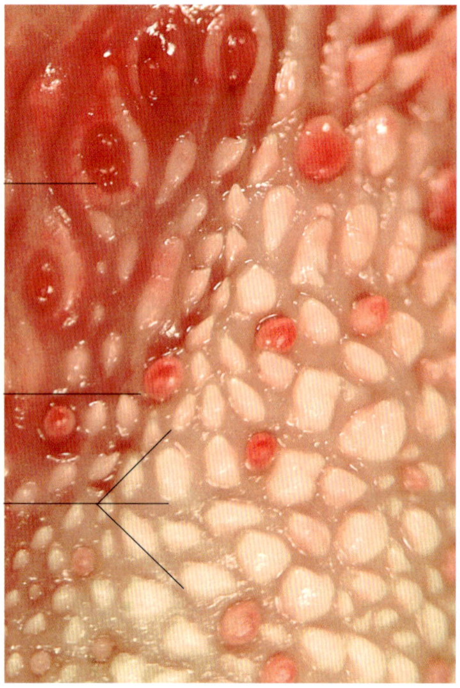


Abb. 7-10. Papillen am Zungengrund eines Rindes.

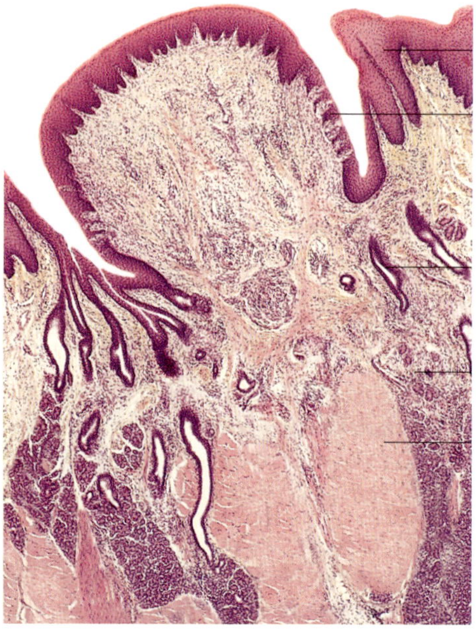


Abb. 7-11. Histologischer Schnitt durch die Zunge einer Ziege mit einer Papilla vallata.

Die Außenmuskeln (Skelettzungenmuskeln) besitzen knöchernen Ursprung und strahlen von hier in die Zunge ein (Abb. 7-13).

Es handelt sich um symmetrische Muskeln, die entsprechend ihrem Ursprung am Zungenbein bzw. am Kinnwinkel bezeichnet werden als:

- M. styloglossus,
- M. hyoglossus,
- M. genioglossus.

Die Zunge wird außerdem vom M. mylohyoideus gestützt, der sie zwischen den Unterkieferkörpern aufhängt und eine wichtige Rolle beim Einleiten des Schluckaktes spielt. Der M. geniohyoideus wird von manchen Autoren auch zur Zungenmuskulatur gezählt, er bewegt das Hyoid und damit auch die Zunge rostral (Abb. 7-13).

Die **Blutgefäße** der Zunge, die **A. lingualis** und die **A. sublingualis**, entstammen dem **Truncus linguofacialis**. Sie entlassen zahlreiche, zur Dorsalfläche der Zunge verlaufende Äste, die sich in der Lamina propria mucosae des Bindegewebes der Zunge verzweigen. Von den Venen erlangt die **V. sublingualis**

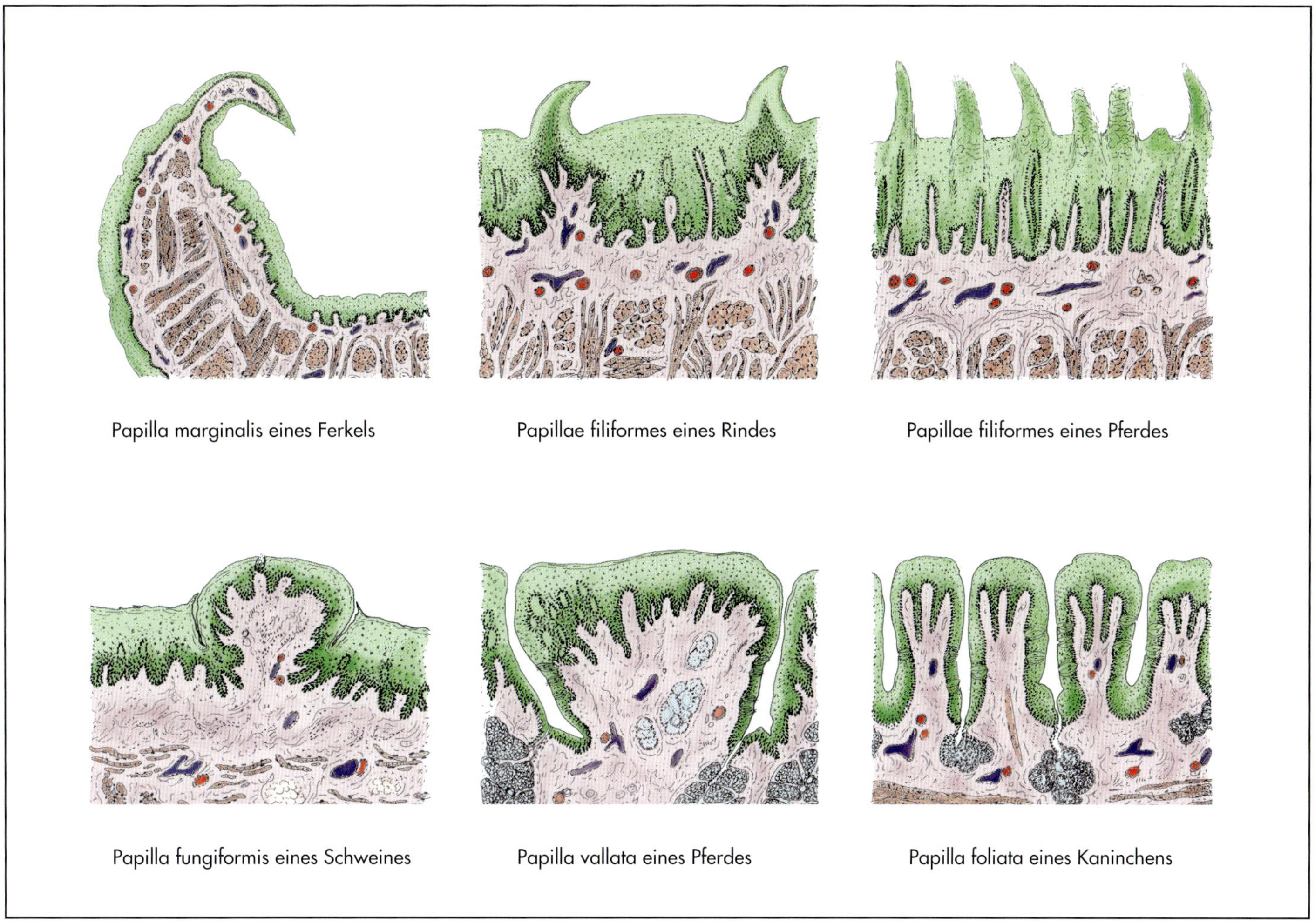


**Abb. 7-12.** Schematische Darstellung von Zungenpapillen, Liebich, 2004.

praktische Bedeutung. Sie ist an der Ventralfläche der Zunge deutlich sichtbar und eignet sich vor allem beim Hund und bei der Katze zur Punktion.

Die **Innervation** der Zunge erfolgt **vegetativ**, **sensibel**, **sensorisch** und **motorisch** über **fünf Gehirnnervenpaare**:

- N. mandibularis (N. trigeminus, $V_3$),
- N. facialis (VII),
- N. glossopharyngeus (IX),
- N. vagus (X) und
- N. hypoglossus (XII).

Die vorderen beiden Drittel der Zunge werden vom N. lingualis, einem Ast des V. Gehirnnervs (N. trigeminus, $V_3$), sensibel innerviert. Zum N. lingualis gesellt sich die Chorda tympani, ein Ast des VII. Gehirnnervs (N. facialis), der sensible und parasympathische Faserqualitäten enthält. Letztere gehen im Ganglion mandibulare Synapsen ein. Das kaudale Zungendrittel wird vom Ramus lingualis des IX. Gehirnnervs (N. glossopharyngeus) innerviert, während an die Radix linguae auch Äste des X. Gehirnnervs (N. vagus) herantreten (s. auch Kap. 14 »Nervensystem«).

Die **motorische** Innervation übernimmt **allein** der XII. Gehirnnerv, der **N. hypoglossus**. Eine **Schädigung** dieses Nervs führt zum Heraushängen der Zunge. Dieses Symptom wird im Zusammenhang mit der mastikatorischen Gesichtslähmung (bedingt durch Schädigung des V. Gehirnnervs) bei Tieren nach Traumata im Kopfbereich beobachtet. Luftsackentzündungen oder unsachgemäße Manipulationen am Luftsack beim Pferd können sich ebenfalls auf den N. hypoglossus (XII) und den N. glossopharyngeus (IX) auswirken, da diese Nerven in einer Falte der Luftsackschleimhaut verlaufen. Auch dadurch können Lähmungen der Zungenmuskulatur auftreten (s. auch Kap. 14 »Nervensystem« u. Kap. 19 »Topographisch-klinische Anatomie«).

## Mundhöhlenboden

Der Mundhöhlenboden gliedert sich in den rostral vom **Zungenbändchen (Frenulum)** gelegenen **präfrenulären Abschnitt** und dessen beidseits zwischen Zunge und Unterkiefer verlaufenden Fortsetzungen, den **Recessus sublinguales laterales**. Vor dem Frenulum liegen ebenfalls beidseits die sog. **Hungerwarzen (Carunculae sublinguales)**, die die Öffnungen des Ausführungsgangs der Unterkieferdrüse, den Ductus mandibularis, und der Unterzungendrüse, den Ductus sublingualis major (fehlt beim Pferd), enthalten.

Die Hungerwarzen können beim Schwein gelegentlich fehlen, sind bei Hund und Katze unscheinbar, beim Pferd gut entwickelt und bei den Wiederkäuern verhältnismäßig groß. Beim Rind sind sie breitflächig und besitzen einen gezackten freien Rand. In der Nähe der Hungerwarzen findet sich beim Pferd und bei der Ziege eine kleine **Mundhöhlenbodendrüse (Glandula paracaruncularis)**. Außerdem kann hier bei allen Tierarten lymphoretikuläres Gewebe vorkommen.

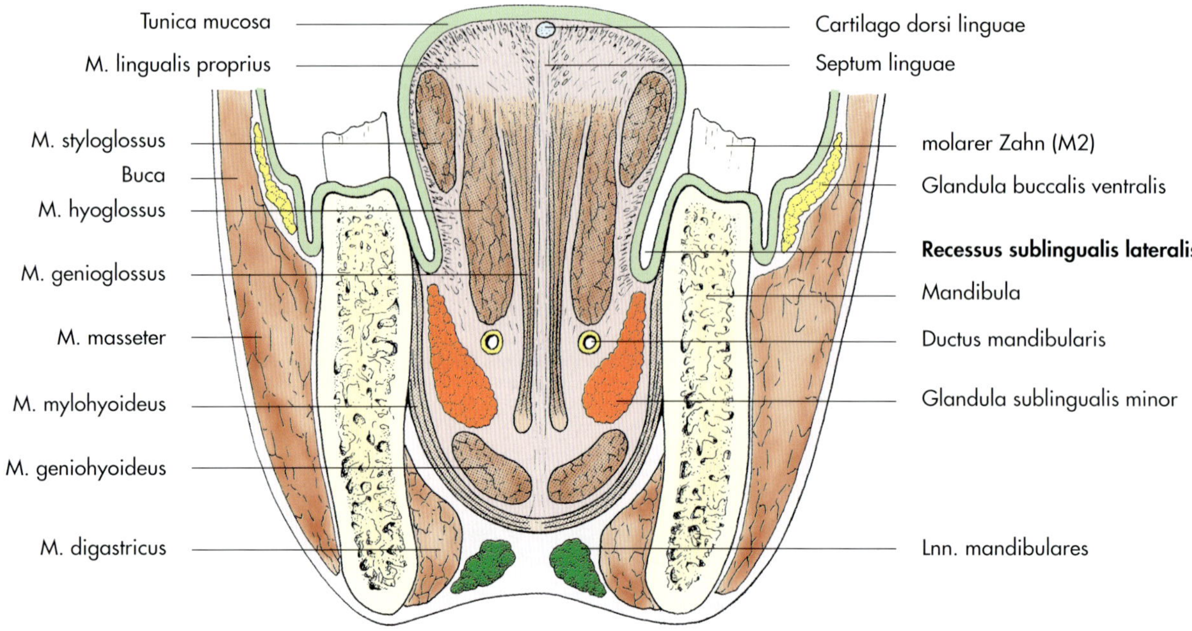


**Abb. 7-13.** Schematische Darstellung des Mundhöhlenbodens und der Zunge des Pferdes (Querschnitt).

Kaudal der mittleren Schneidezähne liegt im sublingualen Mundhöhlenboden das **paarige Organum orobasale (Ackerknecht-Organ)**. Es soll sich hierbei um Rudimente einer bei Reptilien vorkommenden vorderen Unterzungendrüse handeln.

Im **Recessus sublingualis lateralis** (Abb. 7-13) öffnen sich auf einer mehr oder weniger deutlichen Längsfalte (Plica sublingualis) die Ausführungsgänge der **Glandula sublingualis minor** oder **polystomatica** (s. unten). Ihre Öffnungen sind beim Rind auf den Spitzen einer Reihe von Papillae conicae zu finden. Beim Pferd wölbt die Glandula sublingualis polystomatica die Schleimhaut zu einem typischen Längswulst vor.

## Anhangsdrüsen der Mundhöhle: Speicheldrüsen (Glandulae salivariae)

Die Speicheldrüsen, auch Kopfdrüsen genannt, sondern ihr Sekret in die Mundhöhle ab (Abb. 7-14ff.). Sie sind paarig angelegt. Der **Speichel (Saliva)** wird der Nahrung während des Kauvorganges beigemischt, sodass diese abgeschluckt werden kann. Man unterscheidet:

- kleine Speicheldrüsen (Glandulae salivariae minores),
- größere Speicheldrüsen (Glandulae salivariae majores).

Kleine Speicheldrüsen finden sich in großer Zahl in der Schleimhaut der Lippen, der Backen, der Zunge, des Gaumens und des präfrenulären Mundhöhlenbodens. Diese sezernieren vorzugsweise ein muköses Sekret. Die Backendrüsen (Glandulae buccales) kommen als dorsales und ventrales Drüsenpaket vor. Bei den Wiederkäuern findet sich zusätzlich eine mittlere Gruppe. Seiner Lage wegen wird das relativ kompakte dorsale Paket der Backendrüsen bei Hund und Katze als **Glandula zygomatica** bezeichnet (Abb. 7-15).

Die Hauptmenge des Speichels stammt aus größeren Drüsen, die verlängerte Ausführungsgänge in die Mündhöhle besitzen. Sie geben vorwiegend einen dünnflüssigen, sog. »serösen« Speichel ab, aber auch gemischt seromuköse Sekrete. Der Speichel enthält, vor allem beim Schwein, ein Ferment, das **Ptyalin**, das bereits im Mund die Stärkeverdauung einleitet. Der Speichelfluss ist kontinuierlich.

Beim Pferd werden täglich ca. 40 l, beim Rind 110–180 l Speichel produziert. Beim Schwein beträgt die Menge ca. 15 l. Der Speichel enthält außer Muzin und geringen Mengen Ptyalin auch Salze, vor allem Natriumhydrogenkarbonat.

Die Speicheldrüsen werden **vegetativ** innerviert. **Parasympathische Fasern** der V., VII. und IX. Gehirnnerven stimulieren die Sekretion. Der Speichelfluss nimmt zu, wenn essbare Substanzen in den Mund gelangen oder wenn der Geruch von solchen wahrgenommen wird **(parasympathische Stimulation)**. Gleichzeitig kommt es zur Blutgefäßerweiterung. Die **sympathische Innervation** sämtlicher Speicheldrüsen erfolgt vom **Ganglion cervicale craniale**. Hier werden die Sympathikusfasern von den prä- auf die postsynaptischen Fasern umgeschaltet. Der Sympathikusnerv, dessen Innervation vor allem während Stresssituationen und bei Aufregung und Furcht vorherrscht, bewirkt eine **Verringerung des Speichelflusses** mit gleichzeitiger Gefäßverengung. Die postganglionären Fasern aus dem Ganglion cervicale craniale laufen meist in der Tunica adventitia der Arterien.

Der **Speichel** dient neben der positiven Beeinflussung der Verdauung und der Pufferung der aufgenommenen Nahrung

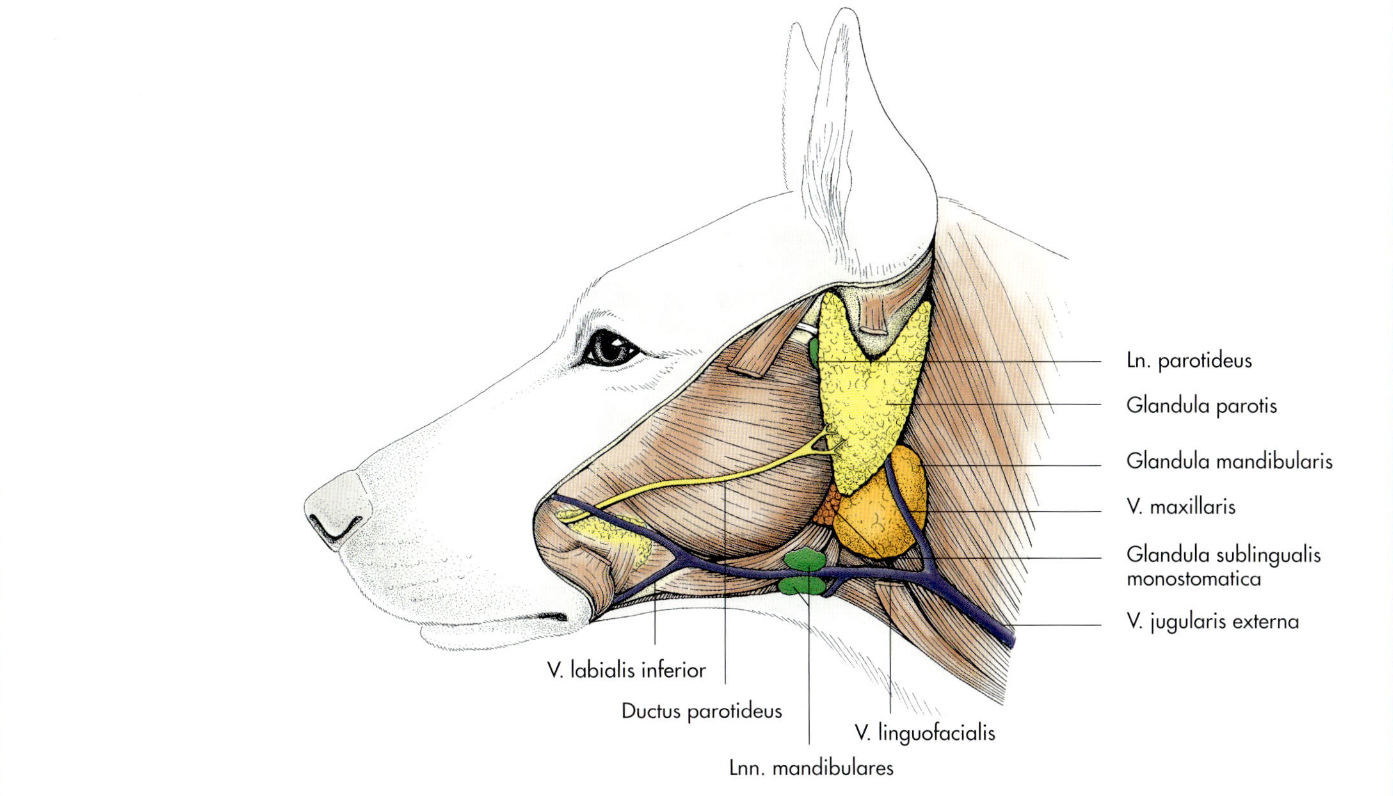


**Abb. 7-14.** Schematische Darstellung zur Topographie der Speicheldrüsen des Hundes.

auch als Ausscheidungsweg für verschiedene Substanzen. Einige davon können sich, vor allem bei nicht artgerechter Fütterung, als Zahnstein ablagern.

Die **größeren Speicheldrüsen (Glandulae salivariae majores)** lassen sich unterscheiden in die:

- Ohrspeicheldrüse (Glandula parotis),
- Unterkieferdrüse (Glandula mandibularis),
- Unterzungendrüsen (Glandulae sublinguales):
  - Glandula sublingualis monostomatica und
  - Glandula sublingualis polystomatica.

## Ohrspeicheldrüse (Glandula parotis)

Die Ohrspeicheldrüse ist paarig angelegt und liegt ventral des Ohres in der Fossa retromandibularis (Abb. 7-14ff.). Bei Pflanzenfressern ist sie besonders stark ausgeprägt. Sie gehört zu den zusammengesetzten, tubuloazinären serösen Drüsen, ihr **alkalisches Sekret** dient als Puffer. Die Glandula parotis tritt in engste nachbarliche Beziehung zu den Ästen der A. carotis externa und der V. maxillaris sowie zum N. facialis (VII) und N. trigeminus (V). Beim Pferd erreicht sie die Lateralwand des Luftsackes, liegt dem M. occipitohyoideus und dem M. occipitomandibularis sowie der Endsehne des M. sternomandibularis auf. Beim chirurgischen Zugang zum Luftsack muss diese Topographie berücksichtigt werden (s. auch Kap. 14 u. 19).

Der **Ausführungsgang** der Glandula parotis **(Ductus parotideus)** bildet sich durch die Vereinigung der interlobulären Sekretgänge (Ductus interlobares) am Vorderrand der Drüse. Bei den Fleischfressern und meist auch bei den kleinen Wiederkäuern zieht der Ductus parotideus quer über den M. masseter. Bei Pferd, Rind und Schwein verläuft er medial vom Kieferwinkel im Kehlgang rostral und schlägt sich in der Nähe der Incisura vasorum facialium um die Mandibula. Beim Pferd liegt er hier kaudal der A. und V. facialis. Er mündet tierartlich unterschiedlich auf einer kleinen Papille zwischen dem 3. und 5. Oberkieferbackenzahn im Mundhöhlenvorhof.

Die Ohrspeicheldrüse wird von Ästen der **A.** und **V. maxillaris** vaskularisiert und durch den **N. trigeminus (V)** und den **N. glossopharyngeus (IX)** innerviert. Dessen parasympathische Anteile gelangen über den **N. petrosus minor** zum **Ganglion oticum**. Mit den dort gelegenen Neuronen geht dieser Gehirnnerv synaptische Verbindungen ein, deren postganglionäre Fasern zur Speicheldrüse ziehen (s. auch Kap. 14 u. 19).

## Unterkieferdrüse (Glandula mandibularis)

Die Unterkieferdrüse liegt in der Gegend des Angulus mandibulae (Abb. 7-14ff.). Sie wird zum Teil von der Ohrspeicheldrüse bedeckt. Die Unterkieferdrüse produziert ein **gemischtes**, oftmals aber auch abwechselnd ein **muköses** oder **seröses Sekret**. Beim Hund und bei der Katze ist sie meist größer, bei den Wiederkäuern deutlich größer und tiefer gelegen als die Glandula parotis. Beim Hund und bei der Katze besitzt sie eine ovale Form, und liegt subkutan, kaudal der Glandula sublingualis monostomatica im Winkel zwischen der V. linguofacialis und der V. maxillaris (Abb. 7-14).

Ihre Topographie erlangt beim Hund praktische Bedeutung, da beide Drüsen, die Glandula sublingualis monostomatica und die Glandula mandibularis, bei Zystenbildung (Meliceris) operativ entfernt werden müssen.

Der **Ausführungsgang** der Unterkieferdrüse **(Ductus mandibularis)** verläuft unter der Schleimhaut des Mundhöhlenbodens

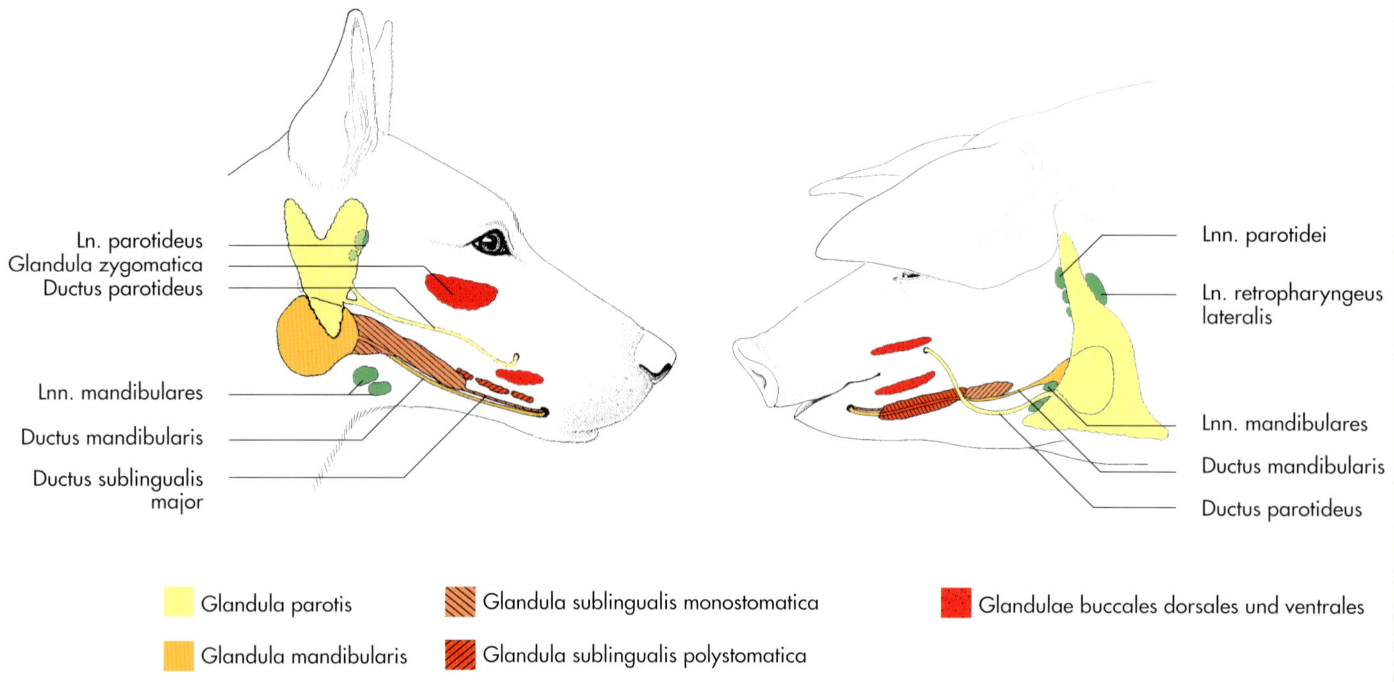


**Abb. 7-15.** Schematische Darstellung der Speicheldrüsen des Hundes und des Schweines, nach Dyce, Sack und Wensing, 2002.

im Kehlgang, am Frenulum linguae vorbei, um schließlich gemeinsam mit dem Ductus sublingualis major der gleichnamigen Drüse auf der Hungerwarze zu münden.

Die **Gefäßversorgung** der Unterkieferdrüse erfolgt über die **A.** und **V. linguofacialis**. Ihre parasympathische **Innervation** ist vom **N. facialis (VII)** abhängig, der die **Chorda tympani** entlässt und sich mit dem **N. lingualis des N. trigeminus (V)** verbindet. Die obligatorischen Synapsen gehen die präganglionären Fasern im **Ganglion mandibulare** ein.

## Unterzungendrüsen (Glandulae sublinguales)

Bei den Haussäugetieren treten, mit Ausnahme des Pferdes, auf jeder Seite zwei Unterzungendrüsen auf, die ein **gemischtes, vorwiegend muköses Sekret** abgeben (Abb. 7-14ff.). Man unterscheidet die weiter kaudal gelegene **Glandula sublingualis major** oder **monostomatica** und die **Glandula sublingualis minor** oder **polystomatica**, die rostral unter der Schleimhaut der Seitenflächen der Zunge bzw. des Recessus sublingualis lateralis liegt. Die Glandula sublingualis major seu monostomatica fehlt dem Pferd. Der **Ductus sublingualis major** mündet zusammen mit dem Ausführungsgang der Glandula mandibularis auf der **Hungerwarze** des präfrenulären Mundhöhlenbodens.

Beim Hund passt sie sich dem rostralen Ende der Glandula mandibularis an. Die zahlreichen Ausführungsgänge der Glandula sublingualis minor seu polystomatica münden auf der Längsleiste des Recessus sublingualis lateralis, beim Rind auf der Spitze der hier gelegenen Papillae conicae.

Die Blutgefäße für die Unterzungendrüsen entstammen der **A.** und **V. lingualis**. Die parasympathische Innervation erfolgt, wie auch die der Gl. mandibularis, durch die **Chorda tympani des N. facialis (VII)** und das **Ganglion mandibulare**.

# Kauapparat

Unter dem Begriff Kauapparat werden zusammengefasst:

- Zähne mit dem Zahnfleisch,
- Kiefergelenk,
- Kaumuskulatur.

## Zähne (Dentes)

Die Gesamtheit der Zähne bildet das **Gebiss**. Ihre Anzahl und ihre Form sind für jede Tierart charakteristisch. In den verschiedenen Gebissregionen besitzen sie je nach Funktion unterschiedliche Form, eine Tatsache, die als **Heterodontie** bezeichnet wird (griech. heteros = verschieden). Wie beim Menschen werden auch bei den Haussäugetieren die Zähne gewechselt. Die erste Generation von Zähnen, die **Milchzähne (Dentes decidui)**, ist bei der Geburt bereits durchgebrochen oder bricht kurz danach durch. Beim heranwachsenden Tier werden die Milchzähne ein einziges Mal durch die **bleibenden Zähne (Ersatzzähne, Dentes permanentes)** ersetzt.

### Bau der Zähne

Die Zähne weisen trotz einer Vielzahl tierartlicher Unterschiede ein **gemeinsames Bauprinzip** auf (Abb. 7-17ff.). Man unterscheidet am Zahn:

- Zahnkrone (Corona dentis),
- Zahnhals (Collum dentis),
- Zahnwurzel (Radix dentis).

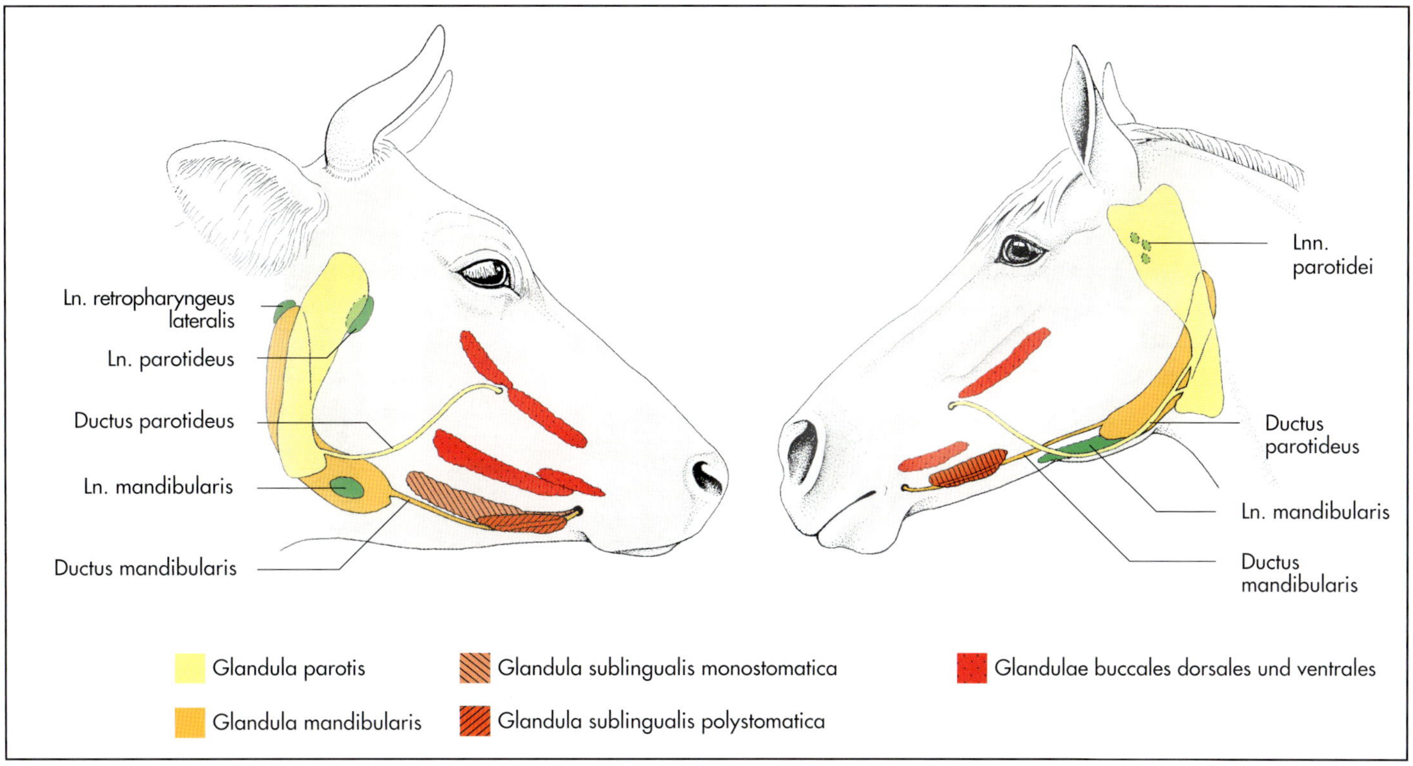


**Abb. 7-16.** Schematische Darstellung der Speicheldrüsen des Pferdes und des Rindes, nach Dyce, Sack und Wensing, 2002.

Die Zahnkrone sitzt als freier Teil des Zahnes dem Zahnhals auf, der in das Zahnfleisch (Gingiva) eingebettet ist. Die Zahnwurzel ist als proximaler Anteil des Zahnes in den knöchernen Zahnfächern (Alveolen) des Ober- bzw. Unterkiefers verankert (Abb. 7-19).

Klinische Belange erfordern eine genaue Beschreibung der **Zahnkrone**. Es werden für die zum Vestibulum buccale gerichteten Flächen Ausdrücke wie **labial** und **buccal**, und für die zum Cavum oris proprium zeigenden Flächen **lingual** gebraucht. Für die **Kontaktflächen (Facies contactus)** verwendet man für die kaudal zeigenden den Ausdruck **distal**, für die rostral gerichteten den Ausdruck **mesial**. Die eigentliche Kaufläche wird **Facies occlusalis** benannt.

Der Zahn umfasst mit seinen mineralisierten Wandteilen die **Pulpahöhle (Cavum dentis)**, die zentral die **Zahnpulpa (Pulpa dentis)** einschließt. Die Zahnpulpa besteht aus lockerem Bindegewebe, in dem Blutgefäße sowie zahlreiche sensible und wenige vasomotorische Nerven verlaufen. Die Reizung dieser Nerven verursacht Schmerzen, vor allem wenn durch entzündliche Prozesse oder lokale Schwellungen durch die starre Wand der Pulpahöhle der Druck auf die freien Nervenendigungen erhöht wird.

Zur proximalen Zahnspitze verjüngt sich die Zahnwurzel zu einem engen **Wurzelkanal (Canalis radicis dentis)**, der die **Wurzelöffnung (Foramen apicale dentis)** umgibt. Durch diesen Kanal treten Nerven und Blutgefäße ein, die sich im Bindegewebe der Zahnpulpa verzweigen (Abb. 7-19). Der Zahn (Dens) besteht aus drei **mineralisierten Substanzen** (Abb. 7-17, 18 u. 19):

- Schmelz, Email, Adamantin (Enamelum),
- Zahnbein, Elfenbein, Dentin (Dentinum),
- Zement (Cementum).

Die drei Gewebearten des Zahnes sind knochenähnlich verkalkt. Der Schmelz, die härteste Substanz des Körpers, wird von Adamantoblasten produziert, die dem ektodermalen Mundhöhlenepithel entstammen. Er ist nicht zellulär, kann sich nicht regenerieren und ist in der Regel von weißer Farbe (Abb. 7-17ff.).

Man unterscheidet **einfach kegelförmige**, **schmelzhöckrige** (mehrhöckrige) und **schmelzfaltige Zähne** (Abb. 7-19). Bei den einfachen oder mehrhöckrigen Zähnen besitzt die Zahnkrone einen oder mehrere Höcker. Ein typisches Beispiel für einfache kegelförmige Zähne sind die **Eckzähne (Dentes canini)** aller Haussäugetiere oder auch die **Schneidezähne (Dentes incisivi)** der Wiederkäuer.

Schmelzhöckrige Zähne sind die **Backenzähne (Dentes prämolares et molares)** der Fleischfresser und Schweine. Bei schmelzfaltigen Zähnen stülpt sich der Schmelz als Schmelzbecher oder in wellblechförmigen Falten in die Zahnkrone. Diese Form tritt bei den Backenzähnen der Pferde und Wiederkäuer (Ausnahme ist der einhöckrige erste Prämolare) und den Schneidezähnen der Pferde auf.

Das **Dentin** hat gelblich-weiße Farbe und ist härter als Knochen (Abb. 7-17ff.). Es formt die Pulpahöhle und liegt im Kronbereich dem Schmelz, im Wurzelbereich dem Zement innen an. Dentin ist von feinen Nervenfortsätzen, die in feinen Dentinkanälchen liegen, durchzogen. Die dentinproduzierenden Zellen, die **Odontoblasten**, ziehen sich aus dem neugeformten Dentin zurück und verbleiben als zusammenhängende Schicht an seiner inneren, der Pulpahöhle zugekehrten Seite erhalten. Sie bilden **lebenslang** Dentin, das sich als sog. **Ersatzdentin** in Richtung Zahnhöhle ablagert und diese entsprechend **verengt**. Das Ersatzdentin erkennt man an seiner etwas dunkleren Farbe. Es wird beispielsweise nach fortgeschrittenem Abrieb an den Schneidezähnen des Pferdes als **Zahnsternchen** sichtbar. Beim

**Abb. 7-17.** Paramedianschnitt durch einen Schneidezahn eines Pferdes.

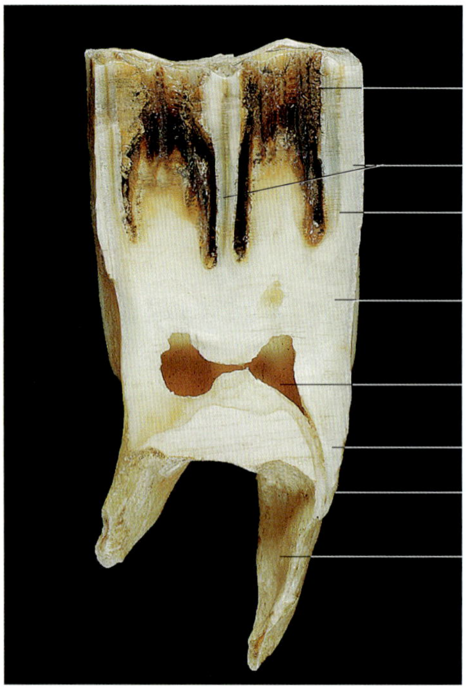


**Abb. 7-18.** Paramedianschnitt durch einen Backenzahn eines Pferdes.

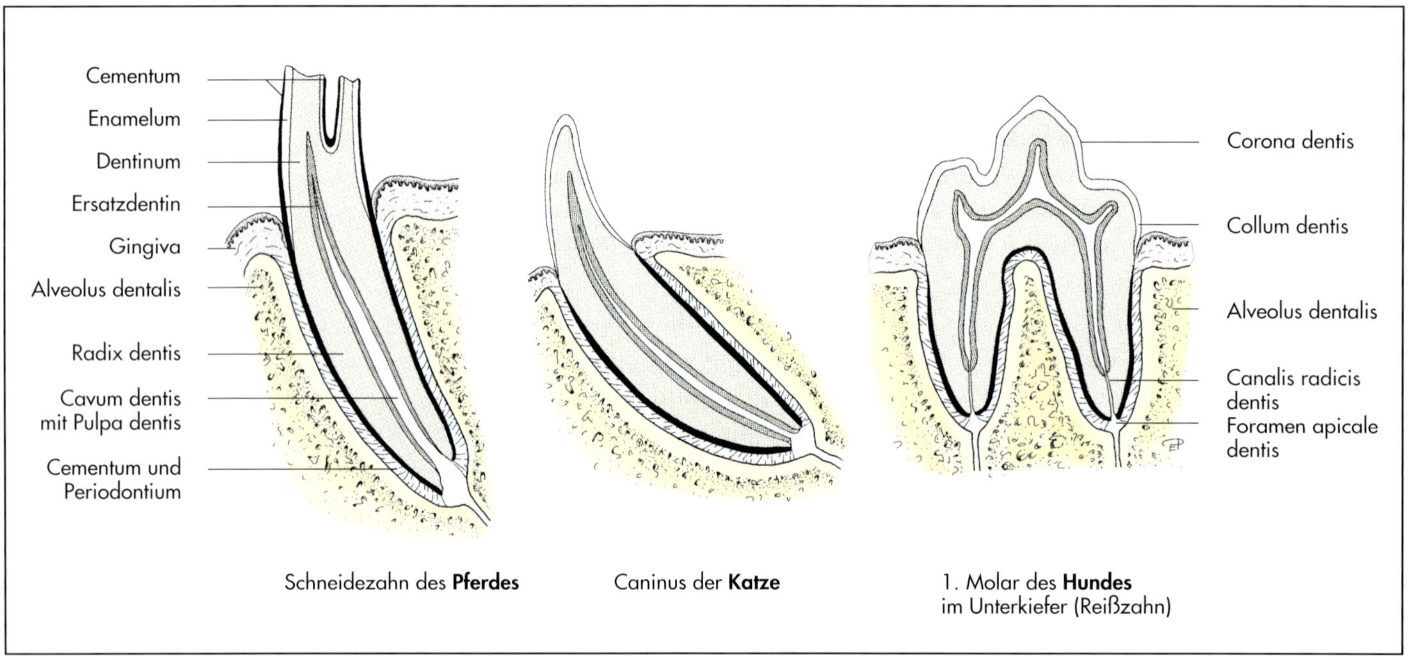


**Abb. 7-19.** Schematische Darstellung eines schmelzfaltigen (links), einfach kegelförmigen (Mitte) und schmelzhöckrigen (rechts) Zahnes.

Hund kann anhand von Röntgenbildern die progressive Verengung der Pulpahöhle zur Altersschätzung herangezogen werden.

Der **Zement** dient an der Zahnwurzel zusammen mit der faserreichen **Wurzelhaut (Periodontium)** der **Verankerung des Zahnes** in der **Alveolarwand (Alveolus dentalis)** der beiden Kiefer (Abb. 7-19). Zement und Wurzelhaut formen dabei ein mineralisiertes Kollagenfasergeflecht, in dem der Zahn wie in einer Schlinge hängt. Diese Einbindung in die Zahnfächer lässt während des Kaudrucks eine gewisse, wenn auch eingeschränkte Beweglichkeit oder ein leichtes Drehen und Kippen der Zähne zu.

Der Zement ist weniger hart als der Schmelz und dem Knochengewebe am ähnlichsten. Er bedeckt bei einfachen und schmelzhöckrigen Zähnen die **Zahnwurzel**, anfangs als dünne Schicht, wird jedoch mit zunehmendem Alter durch ständige

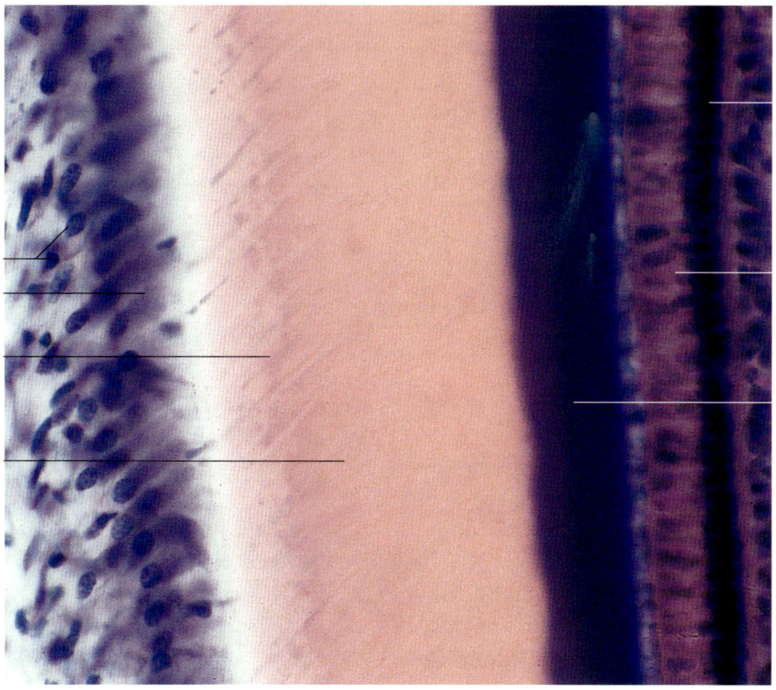


**Abb. 7-20.** Histologischer Schnitt aus der Wand eines Zahnes vor dem Durchbruch.

Anbildung dicker. Bei schmelzfaltigen Zähnen ist dagegen auch die Zahnkrone mit einer dünnen Zementschicht überzogen, die auch den Grund der Schmelzbecher ausfüllt. Vom Zement treten die **Fasern des Periodontium** an den Knochen der Alveole.

Der Zement ist im Gegensatz zum Knochen sehr viel resistenter gegen Druckerosion. Diese Eigenschaft macht man sich bei der Zahnkorrektur zunutze, indem man den Zahn durch Klammern an die Alveolarwand presst (z.B. Mandibula angusta beim Hund). Dabei kommt es durch den Druck zur Erosion des Kieferknochengewebes, während sich der Zahn unverändert in den so entstandenen Raum einfügt. (Näheres siehe Lehrbücher der Zahnheilkunde.)

Die **Alveolenfortsätze** der Kiefer werden vom **Zahnfleisch (Gingiva)** bedeckt, das auf bindegewebiger Grundlage eine kräftige mehrschichtige Schleimhaut trägt. Das Zahnfleisch umfasst den Zahnhals, während die Krone den freien Teil des Zahnes darstellt. Im Alter kann sich das Zahnfleisch zurückziehen, wodurch der Halsteil des Zahnes freigelegt wird. Bei zahlreichen Säugetieren wird im jugendlichen Alter ein Teil der Zahnkrone in Reserve gehalten, um allmählich, als Ausgleich für die Abnutzung auf der Kaufläche, herausgeschoben zu werden. Aus diesen Gründen unterscheidet man die »klinische Zahnkrone« von der »anatomischen«, wobei erstere sich auf den frei zugänglichen Teil des Zahnes, unabhängig von der Höhe der Gingiva, und letztere auf den schmelzbedeckten Abschnitt bezieht.

Man unterscheidet im rostralen Abschnitt des Zahnbogens die **Schneidezähne (Incisivi)**, es folgen seitlich die **Eckzähne (Canini)** und nachfolgend die **Mahlzähne (Praemolares** und **Molares)**. Zahl und Klassifizierung der Zähne einer Tierart werden durch eine Formel ausgedrückt, wobei für das Dauergebiss die Buchstaben I für Incisivi, C für Canini, P für Praemolares und M für Molares, gefolgt von einer Zahl in Bruchform für die Ober- und Unterkiefer einer Seite notiert werden.

Zur Kennzeichnung der Zähne des Milchgebisses wird zwischen die Buchstaben und die nachfolgende Zahl ein kleines »d« für deciduus eingefügt (z.B. Id3 für Milchinzisivus 3).

So lautet die **Ersatzzahnformel** z.B. des Pferdes:

- I3 C1 P3 M3 = 10 × 2 = 20
- I3 C1 P3 M3 = 10 × 2 = 20

} = 40 Zähne

**Zahnformeln**

| | Milchzähne | Ersatzgebiss |
|---|---|---|
| ● Katze | 3 1 3 | 3 1 3 1 |
| | 3 1 2 | 3 1 2 1 |
| ● Hund | 3 1 3 | 3 1 4 2 |
| | 3 1 3 | 3 1 4 3 |
| ● Schwein | 3 1 3 | 3 1 4 3 |
| | 3 1 3 | 3 1 4 3 |
| ● Wiederkäuer | – – 3 | – – 3 3 |
| | 3 1 3 | 3 1 3 3 |
| ● Pferd | 3 1 3 | 3 1 3 (4)3 |
| | 3 1 3 | 3 1 3 3 |

Der Zahnwechsel findet mit großer zeitlicher Regelmäßigkeit statt, sodass er zur Altersschätzung herangezogen werden kann. Bei erkrankten oder unterentwickelten Tieren verzögert sich der Zahnwechsel. Die Molaren sämtlicher Haussäugetiere sowie der erste

Prämolare des Hundes und des Schweines haben keine Vorgänger im Milchgebiss.

Bei zwei- bis vierjährigen Pferden können zur Zeit des Zahnwechsels am Ventralrand des Unterkiefers, gelegentlich auch im Oberkiefer, Umfangsvermehrungen auftreten. Diese Verdickungen wurden im ehemaligen Ostpreußen »Knäste« genannt. Im angelsächsischen Sprachraum werden sie als »Bumps« bezeichnet. Sie entstehen dadurch, dass Milchprämolaren nicht in dem Maße abgebaut werden, wie die bleibenden Zähne wachsen. Sie können die Kautätigkeit stören, im Oberkiefer sogar die Atmung beeinträchtigen.

## Gebiss des Pferdes

Das Gebiss des Pferdes ist an die Zerkleinerung von Raufutter angepasst. Der Zahnschmelz faltet sich an den Backenzähnen wellblechartig entlang des ganzen Zahnes ein **(schmelzfaltige Zähne)**, sodass sein Anteil an der Kaufläche vergrößert wird (Abb. 7-21ff.). An den Schneidezähnen findet sich eine äußere **mantelförmige Schmelzschicht**, die die Krone umgibt. Zusätzlich stülpt sich in der Mitte des Zahnes der **Schmelzbecher**, auch **Kunde (Infundibulum)** genannt, ein, der mit **Zement** gefüllt ist. Beim nichtabgeriebenen Schneidezahn ist der Schmelzmantel mit dem Schmelzbecher in Verbindung.

Die **Schneidezähne** des Pferdes werden von der Mitte zur Seite als **Zangen**, **Mittel-** und **Eckschneidezähne** bezeichnet. Die Ersatzschneidezähne werden pro Jahr ca. 2 mm abgerieben. Dieser Umstand, in Verbindung mit der Kenntnis des zeitlichen Ablaufes des Zahnwechsels, gestattet an den unteren Schneidezähnen bei jungen Tieren eine annähernd exakte Altersschätzung vorzunehmen. Diese wird mit zunehmendem Alter der Pferde jedoch unsicherer (s.u.).

Die **Eckzähne** sind bei männlichen Tieren entwickelt und schließen im Diastema, dem zahnlosen Abstand, an die Schneidezähne an. Sie besitzen kleine Kronen und große Wurzeln. Bei Stuten einiger Pferderassen Südamerikas sind die Eckzähne immer wie bei Hengsten entwickelt.

Der **P1**, der auch **Wolfs-** oder **Lückenzahn** genannt wird, ist rudimentär und kommt fast ausschließlich im Oberkiefer vor. Nachdem er im Unterkiefer keinen Gegenspieler besitzt, bleibt er ohne funktionelle Bedeutung. Er kann unter dem Druck des Bisses wandern und so zu Gaumenverletzungen führen. In diesem Fall muss er entfernt werden. Die folgenden **Backenzähne (P2–P4** und **M1–M3)** unterscheiden sich nach ihrer Form in Ober- und Unterkiefer. Die maxillaren Backenzähne weisen eine komplizierter gefaltete Schmelzschicht und zwei Schmelzbecher auf, während die mandibularen keine Schmelzbecher besitzen.

Die kaudal gelegenen **oberen Backenzähne** ragen mit ihren Wurzeln in die zweigeteilte Kieferhöhle hinein. Sie können bei Erkrankungen nach Trepanation des Sinus maxillaris caudalis aus ihrer Alveole getrieben werden. Es muss dabei berücksichtigt werden, dass mit zunehmendem Alter die Höhe der in den Sinus ragenden Zahnalveole abnimmt, der Sinus sich vergrößert und die Zähne sich zusätzlich rostral verlagern.

### Zahnaltersschätzung beim Pferd

Der Zahnwechsel, der Zahnabrieb und andere Veränderungen an den Zähnen gestatten beim Pferd, auf dessen Alter zu schließen (Abb. 7-24ff.). Eine einigermaßen genaue Schätzung kann nur bis zum 8. Lebensjahr vorgenommen werden. Hierfür benutzt man die Unterkieferschneidezähne.

Es brechen durch (Id = Incisivus deciduus):

- in den ersten 6 Lebenstagen: Id1 (er kann aber auch bei der Geburt bereits durchgebrochen sein),
- nach 6 Wochen: Id2,
- nach 6 Monaten: Id3.

Die Kunden verschwinden in den Schneidezähnen:

- nach 10 Monaten am Id1,
- nach 12 Monaten am Id2,
- nach 18–24 Monaten am Id3.

**Zahnwechsel in Jahren** (I = Incisivus)

| | Durchbruch Unterkiefer | tritt in Reibung | Kundenspur Unterkiefer |
|---|---|---|---|
| • I1 | 2½ | 3 | 6 |
| • I2 | 3½ | 4 | 7 |
| • I3 | 4½ | 5 | 8 |

Die Schätzung des Zahnalters in Hinblick auf die Dauer des Abriebs der Kunden in den unteren Schneidezähnen (3 Jahre; 6 mm tiefe Kunde, 2 mm pro Jahr) ist genauer. In den oberen dauert der Abrieb 6 Jahre (12 mm tiefe Kunde, 2 mm pro Jahr) und ist ungenauer. Mit 8, 9 und 10 Jahren erscheint labial der Kundenspur an den unteren Schneidezähnen das Sternchen (I1, I2, I3).

Bei jungen Tieren ist die in Reibung befindliche Zahnfläche **queroval** (mit 6–12 Jahren), anschließend wird sie **rundlich** (mit 12–17 Jahren) und im Alter erscheint sie **dreieckig** (mit 18–24 Jahren) bis längsoval (24–30 Jahre).

Mit 8 bis 9 Jahren bildet sich an den oberen Eckschneidezähnen der sog. **Einbiss**. Er kann mit 13 Jahren wieder auftreten.

Das **Auftreten der Furche**, ebenfalls an den oberen Eckschneidezähnen (englische Rinne oder Galvayne-Rinne) erfolgt:

- im oberen Viertel des Zahnes nach ca. 10 Jahren,
- in der oberen Hälfte nach ca. 15 Jahren,
- an der ganzen Länge nach ca. 20 Jahren,
- am unteren Viertel nach ca. 25 Jahren und
- an der unteren Hälfte nach ca. 30 Jahren.

Als Zahnfehler und Stellungsanomalien beim Gebiss des Pferdes sind das Karpfengebiss, das Hechtgebiss, das Koppergebiss und schief gestellte Schneidezähne zu erwähnen. Eine Zahnaltersschätzung ist bei derartigen Tieren nicht möglich.

## Gebiss der Katze

Die Katze besitzt **schmelzhöckerige Zähne** (Abb. 7-32). Die Backenzähne sind in ihrer Zahl reduziert. Es fehlen P1, M2 und M3 im Oberkiefer sowie P1, P2, M2 und M3 im Unterkiefer. Das Gebiss der Katze besitzt so nur noch **schneidende** Funktion. Die beiden Reißzähne, der P4 im Oberkiefer und der M1 im Unterkiefer, gleiten beim Kieferschluss scherenartig aneinander vorbei. Deswegen wird das Gebiss der Katze auch als **sekodontes Gebiss** bezeichnet.

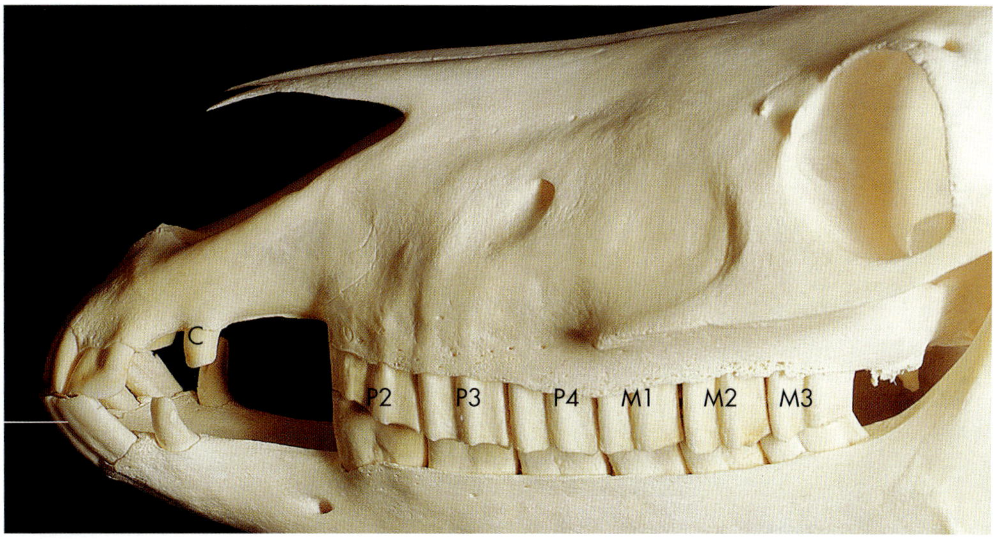


**Abb. 7-21.** Zahnreihe im Ober- und Unterkiefer eines Hengstes.

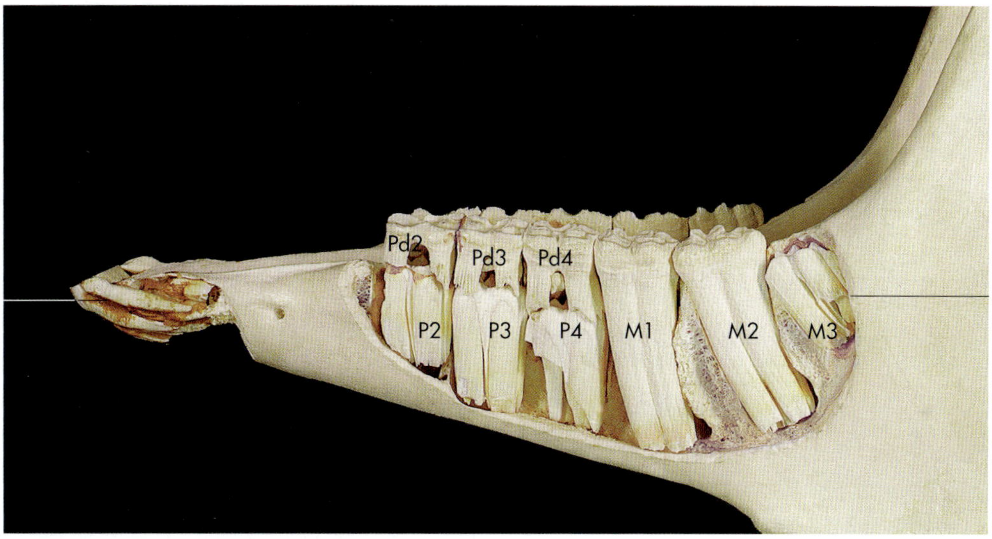


**Abb. 7-22.** Unterkiefer eines Pferdes im Zahnwechsel (Alveolen eröffnet).

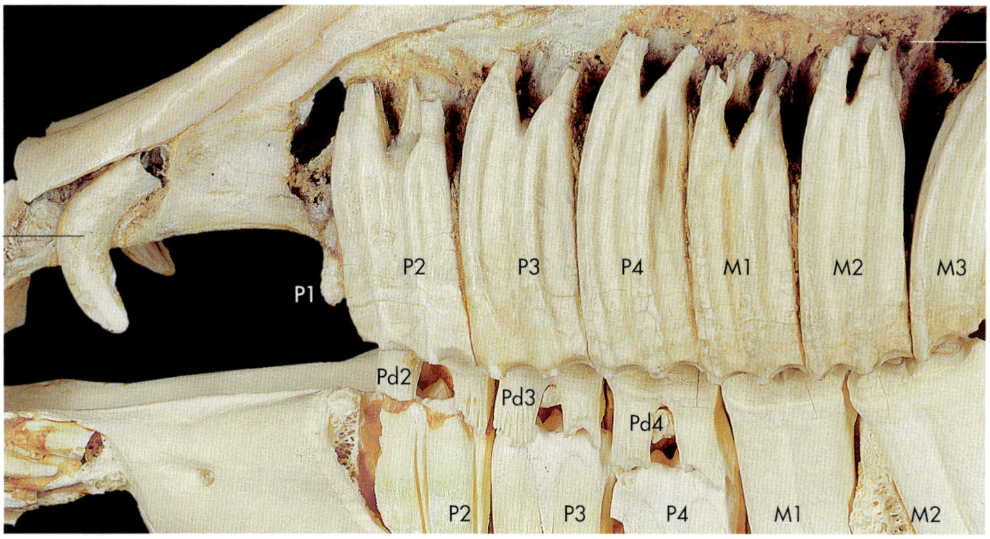


**Abb. 7-23.** Oberkiefer und Unterkiefer eines Pferdes im Zahnwechsel (eröffnet).

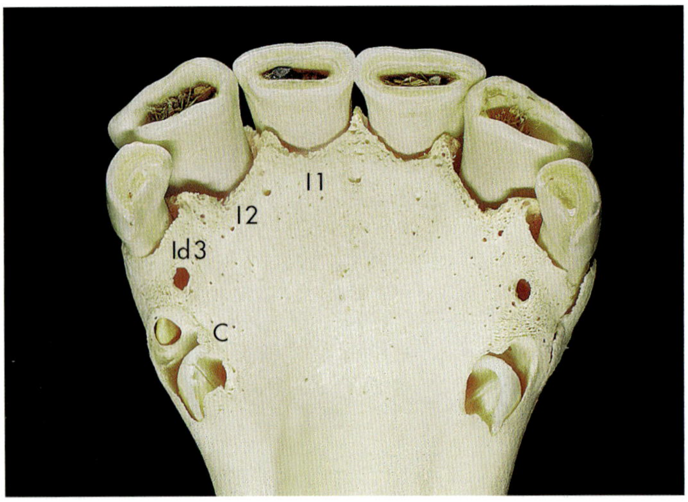


**Abb. 7-24.** Schneidezähne im Unterkiefer eines Pferdes im Alter von ca. 3½ Jahren (Ansicht von lingual, Okklusionsfläche).

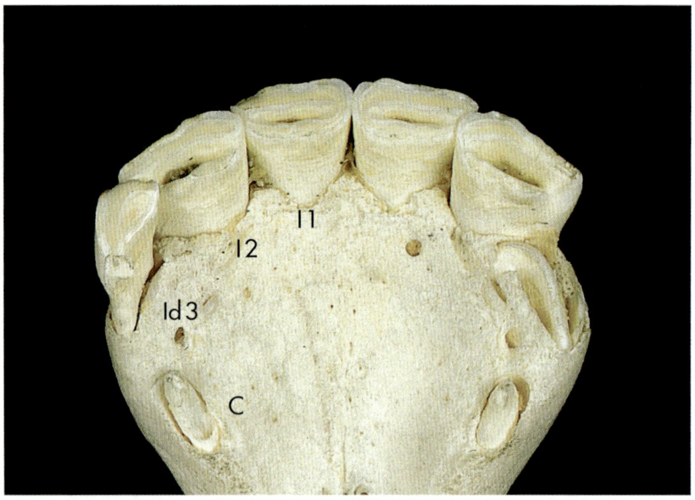


**Abb. 7-25.** Schneidezähne im Unterkiefer eines Pferdes im Alter von ca. 4½ Jahren (Ansicht von lingual, Okklusionsfläche).

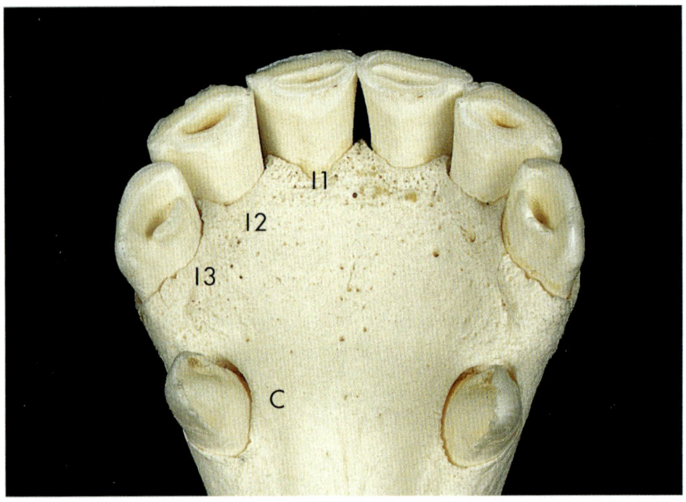


**Abb. 7-26.** Schneidezähne im Unterkiefer eines Pferdes im Alter von ca. 6 Jahren (Ansicht von lingual, Okklusionsfläche).

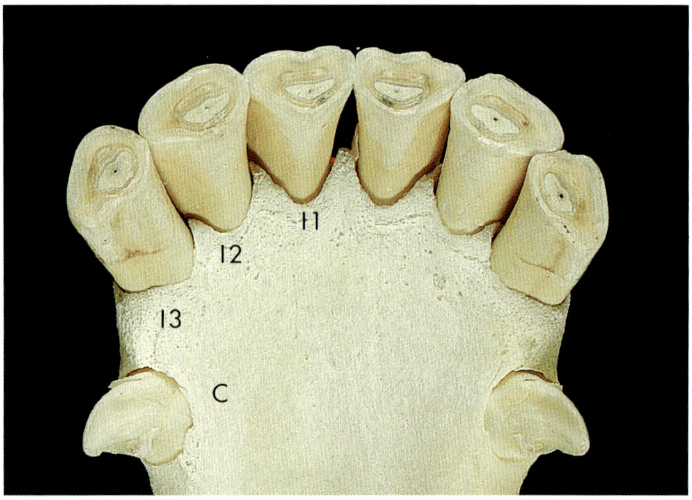


**Abb. 7-27.** Schneidezähne im Unterkiefer eines Pferdes im Alter von ca. 10 Jahren (Ansicht von lingual, Okklusionsfläche).

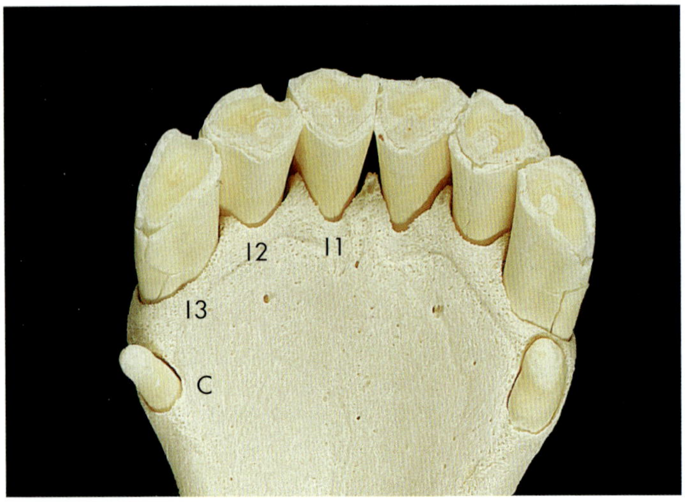


**Abb. 7-28.** Schneidezähne im Unterkiefer eines Pferdes im Alter von ca. 12 Jahren (Ansicht von lingual, Okklusionsfläche).

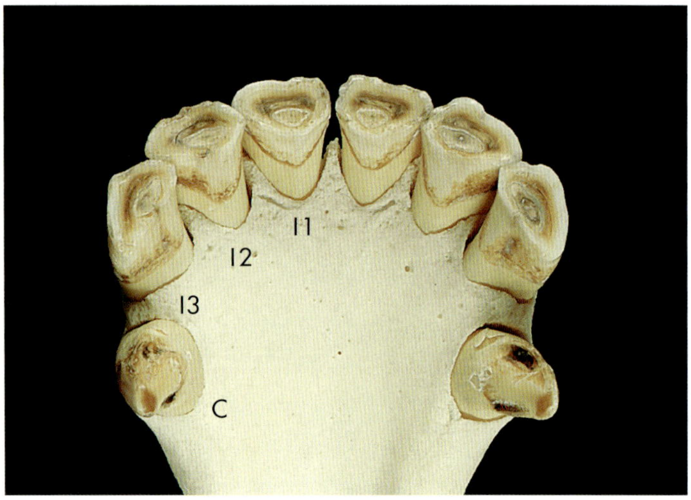


**Abb. 7-29.** Schneidezähne im Unterkiefer eines Pferdes im Alter von ca. 17 Jahren (Ansicht von lingual, Okklusionsfläche).

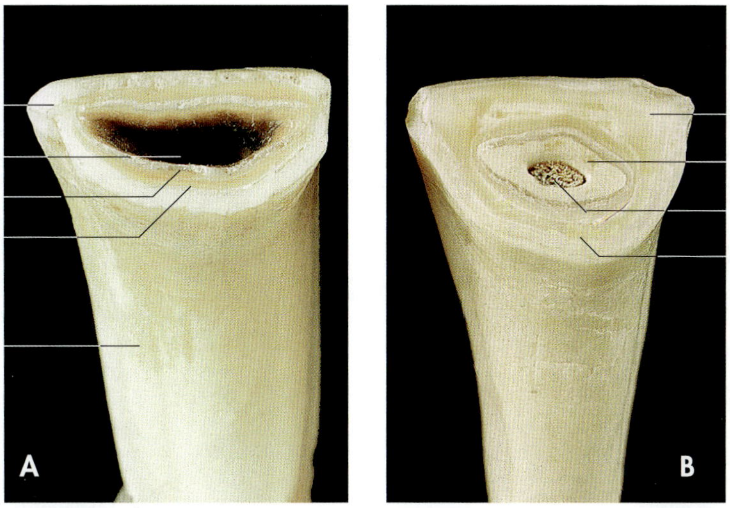


**Abb. 7-30.** Schneidezahn eines jüngeren **(A)** und älteren **(B)** Pferdes mit abgeriebener Kunde (Ansicht von lingual, Okklusionsfläche).

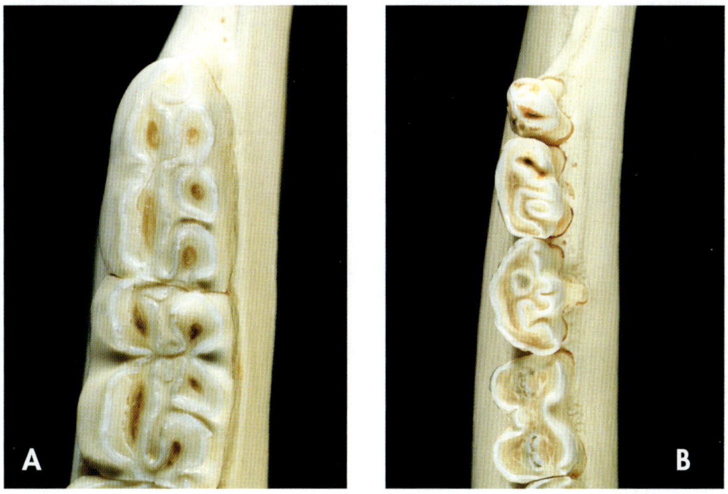


**Abb. 7-31.** Backenzähne eines Pferdes **(A)** und eines Rindes **(B)** (Aufsicht).

Die Zähne der Katze eignen sich wenig zur Altersschätzung. Die Milchschneidezähne sind am 15. Tag alle vorhanden. Zwischen dem 18. und 19. Tag erscheinen die Eckzähne, die Prämolaren zwischen dem 24. und 39. Tag. Der Zahnwechsel beginnt mit 3½ Monaten und ist mit 7 Monaten beendet.

## Gebiss des Hundes

Das Gebiss des Hundes eignet sich ebenfalls wenig zur Zahnaltersschätzung, da es hinsichtlich des Durchbruchs und Wechsels der Zähne zahlreiche individuelle und rassespezifische Variationen gibt (Abb. 7-33 u. 34).

Die **Schneidezähne** sitzen lose in den Alveolen. Die oberen besitzen an ihrer Krone einen Hauptlappen und mesial und distal je einen Nebenlappen. Die Unterkieferschneidezähne besitzen keinen mesialen Nebenhöcker. Die **Schmelzhöcker** der Incisivi werden mit zunehmendem Alter allmählich abgenutzt; es bleiben schließlich nur noch prismatische Stummel übrig. Bei Hunden, die Steine apportieren, geschieht diese Abnutzung sehr viel schneller.

Die **Wurzel des Caninus** ist mächtig und viel länger als seine Krone. Sie reicht kaudal unter die Wurzel des ersten Prämolaren. Die Prämolaren nehmen von rostral nach hinten an Größe zu. Im **Oberkiefer** ist der **P4** massig und dreiwurzelig und wird als **Reißzahn** (Dens sectorius) bezeichnet. Bei Erkrankung seiner Wurzel nach Zahnfrakturen kann es zu Fistelbildung ventral der Orbita kommen, sodass er entfernt werden muss. Die folgenden **Molaren** des Oberkiefers besitzen ebenfalls drei Wurzeln, sind aber bedeutend kleiner als der P4.

Im **Unterkiefer** ist der **M1** als **Reißzahn** kräftig ausgebildet. Er besitzt zwei große divergierende Wurzeln, die fast die gesamte Breite der Mandibula einnehmen. Die hinteren Molaren sind zusätzlich als mahlende Zähne entwickelt.

Wie bei der Katze ist auch das Gebiss des Hundes ein **sekodontes**, d.h. die beiden Reißzähne (P4 Oberkiefer, M1 Unterkiefer) haben beim Schließen der Kiefer eine scherenartige Wirkung.

Im Alter von etwa 4 Wochen brechen die Milchschneidezähne durch. Etwa gleichzeitig (3.–5. Lebenswoche) zeigt sich der Milcheckzahn und spätestens im Alter von 6 Wochen ist das Milchgebiss mit den Prämolaren (Pd2, Pd3, Pd4) vervollständigt. Der P1 hat keinen Vorläufer und bricht daher nur einmal durch (4.–5. Lebensmonat). In der Zeit vom 3. bis 7. Lebensmonat werden die Milchzähne gewechselt und die Molaren tre-

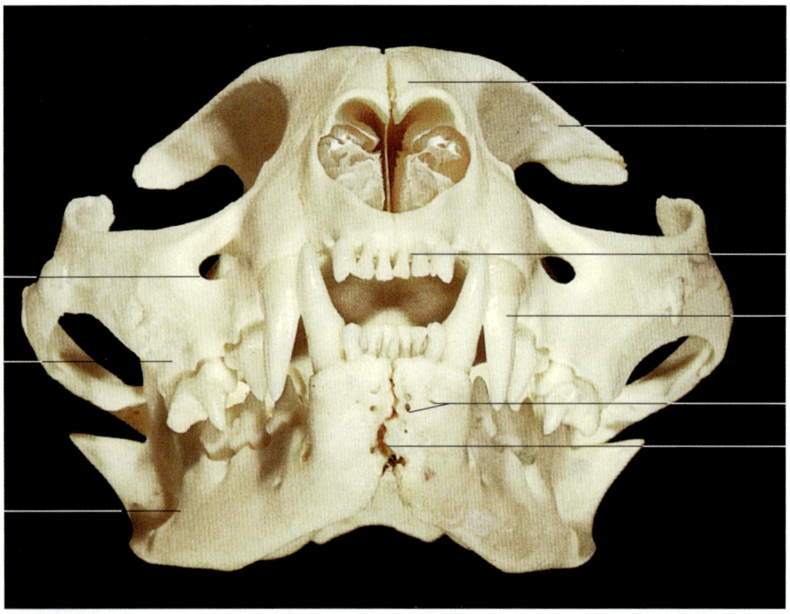


**Abb. 7-32.** Gebiss eines Pumas (Frontalansicht).

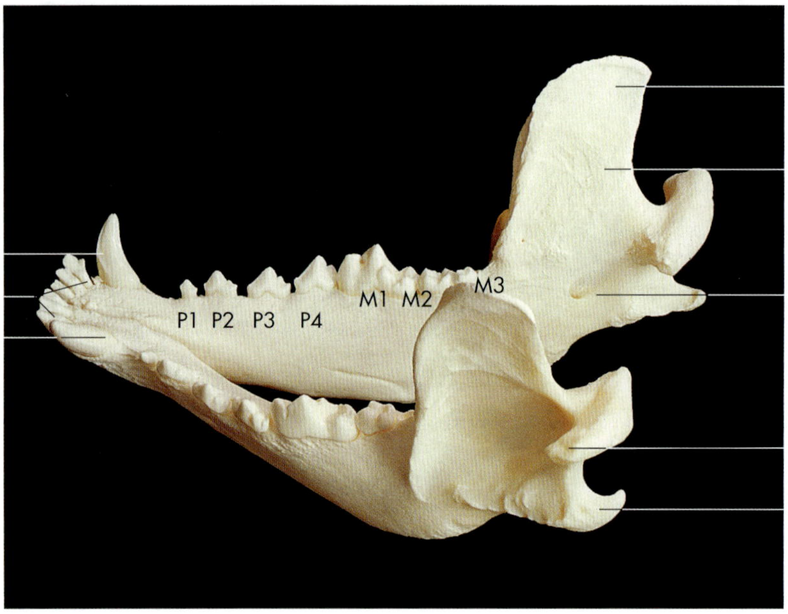


**Abb. 7-33.** Zähne im Unterkiefer eines Hundes (Kaudolateralansicht).

ten in Erscheinung. Die Altersschätzung nach diesem Zeitraum ist schwierig und unsicher.

## Gebiss des Rindes

Beim Rind **fehlen die oberen Schneidezähne**. Im Unterkiefer reicht der Caninus weit rostral und schließt sich, zum Schneidezahn modifiziert, diesen an. Die **Schneidezähne** besitzen **keine Kunden**. Sie werden als **Zangen (I1)**, **innere Mittelzähne (I2)**, **äußere Mittelzähne (I3)** und **Eckschneidezähne (C)** bezeichnet (Abb. 7-35ff.). Die schaufelförmigen Schneidezähne sitzen auch bei gesunden Tieren lose in den Alveolen. Manchmal sind die Zahnkronen der Schneidezähne älterer Tiere völlig abgerieben, es bleiben nur die schmalen, weit auseinander stehenden Wurzeln auf dem Alveolenrand stehen. Häufig fallen aber die Schneidezähne aus, bevor sie dieses Stadium erreicht haben. Durch das **große Diastema** kann man bei der Untersuchung der Mundhöhle die Zunge fassen, um das Tier zum Öffnen der Mundhöhle zu bewegen.

Der **Zahnwechsel der Schneidezähne** findet wie folgt statt und wird zur Altersschätzung herangezogen (Abb. 7-35ff.):

- Zangen: 1½ Jahre,
- innere Mittelzähne: 2¼ Jahre,
- äußere Mittelzähne: 3 Jahre und
- Eckschneidezähne: 3¾ Jahre.

Durch Abrieb entstehen an den Schneidezähnen Reibeflächen, die erst schmal sind und mit 7 bis 8 Jahren ca. die Hälfte, mit 9 bis 10 Jahren die gesamte labiale Fläche einnehmen. Die Mahlzähne besit-

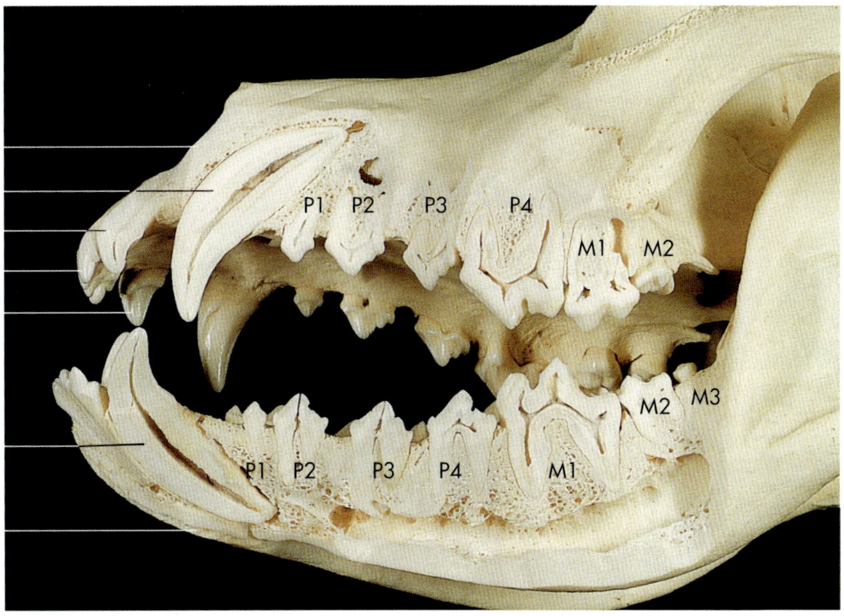


**Abb. 7-34.** Ober- und Unterkiefer eines Hundes mit Zahnreihen und Alveolartaschen, eröffnete Pulpahöhlen (Lateralansicht).

zen halbmondförmige Schmelzkunden, die Prämolaren je eine, die Molaren zwei.

### Gebiss des Schweines

Das Gebiss des Schweines fällt besonders durch die **andauernd wachsenden Eckzähne**, die die sog. **Hauer** bilden, auf (Abb. 7-41). Die Molaren sind mit stark differenzierten Schmelzhöckern bedeckt, die besonders zum Quetschen der Nahrung geeignet sind.

## Kiefergelenk (Articulatio temporomandibularis)

Im Kiefergelenk artikuliert der **Gelenkkopf der Mandibula**, der die Form einer quergestellten Walze besitzt, mit der **Fossa mandibularis des Os temporale**. Das Kiefergelenk ist ein Walzengelenk, das neben dem Öffnen und Schließen der Kiefer auch eine Schiebebewegung ermöglicht. Gerade den Pflanzenfressern mit ihrem anisognathen Gebiss ermöglicht dies eine mahlende Kaubewegung mit starker Seitwärtsbewegung des Unterkiefers. Beim Hund und vor allem bei der Katze ist die Beweglichkeit des Kiefergelenks dagegen funktionell stark eingeschränkt und ermöglicht weitgehend nur ein Öffnen und Schließen, jedoch keine Vorwärts-, Rückwärts- und Seitwärtsbewegung der Mandibula.

Bei Pflanzenfressern und beim Schwein ist ein deutlicher **faserknorpeliger Discus articularis** in das Gelenk eingebaut, der dieses in eine obere und untere Etage teilt. Der Discus articularis ermöglicht, dass zwischen ihm und der Mandibula eine Scharnierbewegung stattfindet, während es zwischen dem Discus und der Fossa mandibularis zu einer Gleitbewegung kommt. Beim Hund, bei dem die Kieferbewegungen einfach ablaufen, ist der Discus articularis dünn.

Bei der Katze ist hier ein perfektes einachsiges Wechselgelenk ausgebildet. Oft fehlt ein Discus, ist dieser vorhanden, dann nur in Form einer extrem dünnen Membran. Lateral wird der Gelenkspalt bei allen Haussäugetieren vom Ligamentum laterale überbrückt. Ein elastisches Ligamentum caudale kommt nur bei Wiederkäuern und Pferden vor (s. auch S. 102).

Bei pflanzenfressenden Tierarten, die Mahlbewegungen ausführen, liegt das Kiefergelenk erheblich über der Kauebene. Bei den nichtkauenden Tierarten nehmen Kauebene und Kiefergelenk annähernd die gleiche Höhe ein.

Die Symphyse zwischen beiden Unterkieferhälften im Kinnwinkel lässt beim Hund und bei den Wiederkäuern eine geringgradige Beweglichkeit in diesem Bereich zu. Bei den übrigen Tierarten verwachsen beide Unterkieferhälften fest miteinander.

## Kaumuskulatur

Die Muskeln, die beim Kauen wirksam werden, sind vor allem die Schließer der Mundhöhle. Ein Kauvorgang wäre jedoch ohne die Öffner der Mundspalte, die Backenmuskeln und die Zunge nicht möglich.

Die Niederzieher der Mandibula bewirken, dass die Nahrung mit Hilfe der Backen und der Zunge auf die Kauflächen der Mahlzähne gebracht wird, sodass nachfolgend die Heber der Mandibula diese an den Oberkiefer pressen können.

Die **Schließer der Mundhöhle** sind **Heber** der Mandibula, sie werden als **Kaumuskeln** bezeichnet. Man unterscheidet:

- M. masseter,
- M. pterygoideus medialis,
- M. pterygoideus lateralis und
- M. temporalis.

Alle Heber der Mandibula werden vom N. mandibularis, einem Ast des N. trigeminus (V), innerviert.

Der **M. masseter** entspringt an der Maxilla und am Arcus zygomaticus. Er setzt in der Fossa masseterica der Mandibula an, ist mehrfach gefiedert und von starken Sehnenplatten durchsetzt, die in verschiedenen Schichten (bis zu sieben) und nicht

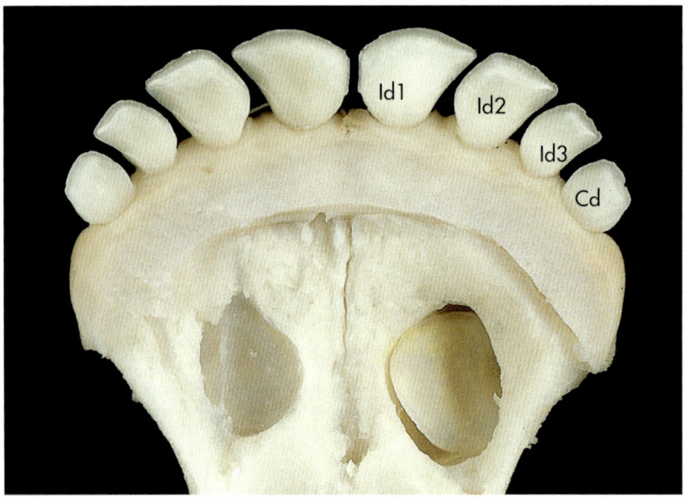


**Abb. 7-35.** Milchschneidezähne im Unterkiefer eines Rindes im Alter von einem Jahr (Ansicht von lingual, Okklusionsfläche).

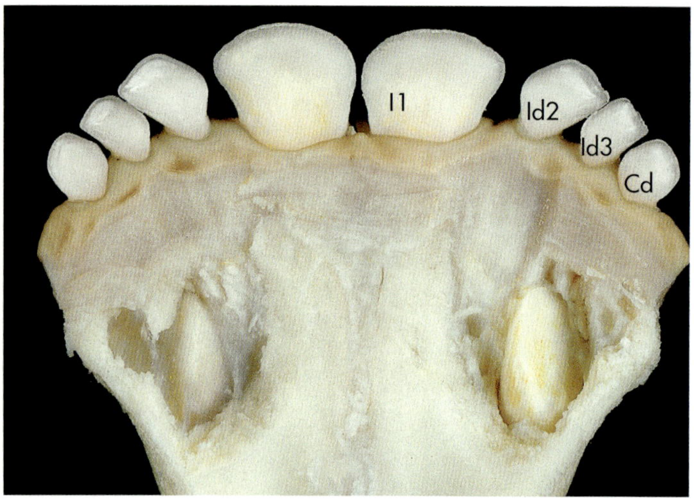


**Abb. 7-36.** Schneidezähne im Unterkiefer eines Rindes im Alter von 1½ Jahren (Ansicht von lingual, Okklusionsfläche).

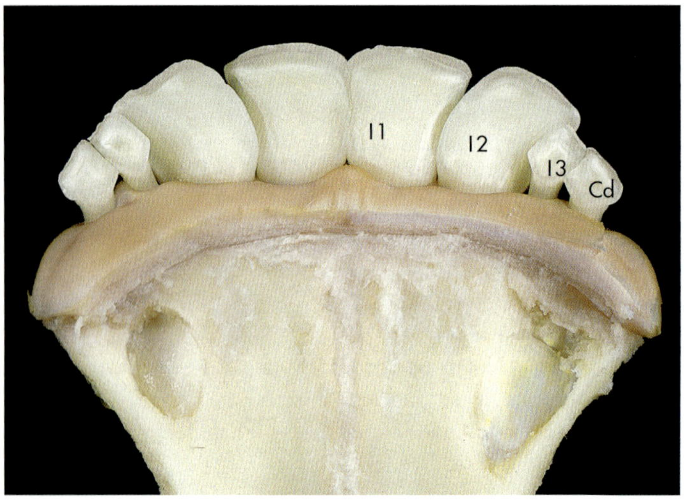


**Abb. 7-37.** Schneidezähne im Unterkiefer eines Rindes im Alter von 2½ Jahren (Ansicht von lingual, Okklusionsfläche).

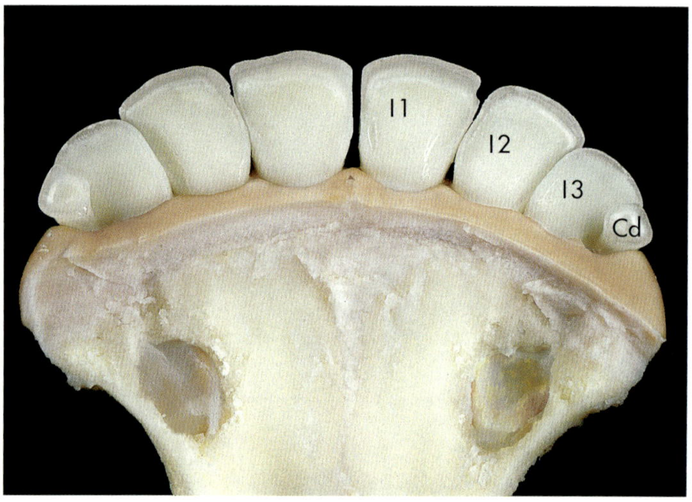


**Abb. 7-38.** Schneidezähne im Unterkiefer eines Rindes im Alter von 3½ Jahren (Ansicht von lingual, Okklusionsfläche).

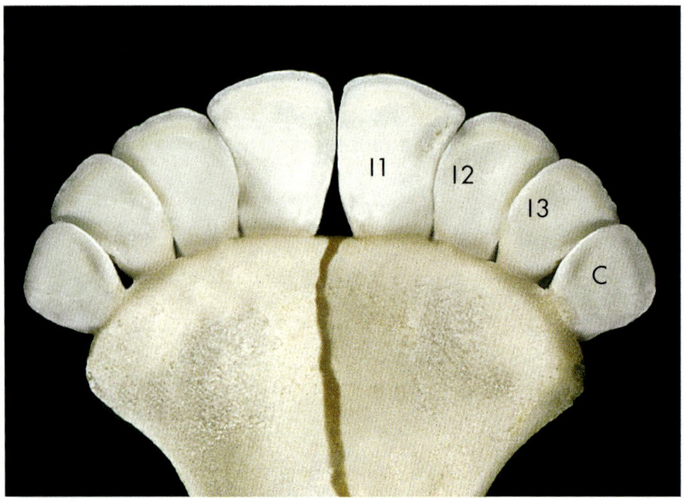


**Abb. 7-39.** Schneidezähne im Unterkiefer eines Rindes im Alter von 4½ Jahren (Ansicht von lingual, Okklusionsfläche).

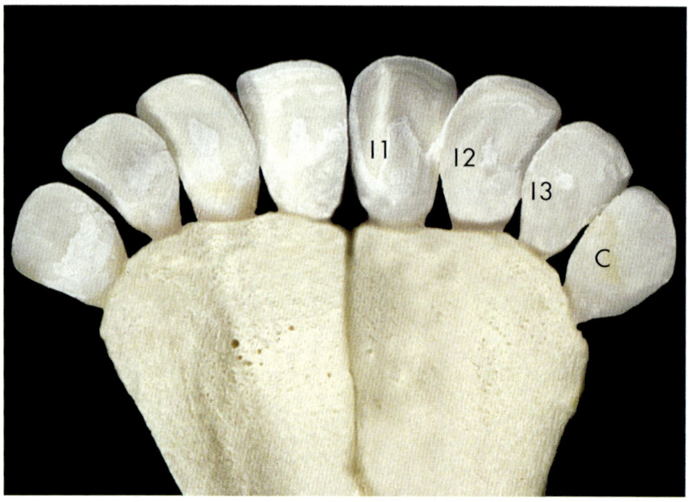


**Abb. 7-40.** Schneidezähne im Unterkiefer eines Rindes im Alter von 5½ Jahren (Ansicht von lingual, Okklusionsfläche).

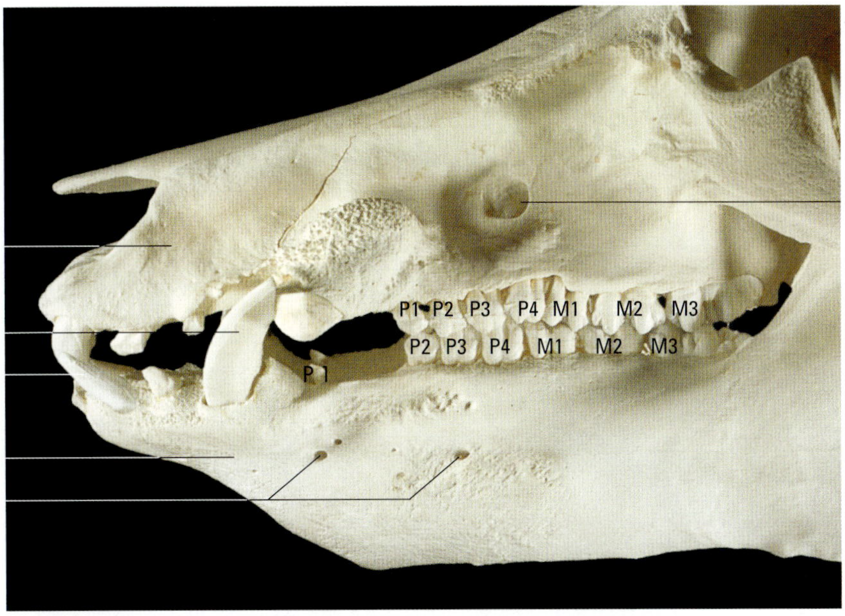


**Abb. 7-41.** Gebiss eines Schweines (Lateralansicht), Aufnahme PD Dr. S. Reese, München.

parallel verlaufen. Diesem Umstand ist Rechnung zu tragen, wenn beim Rind bei der Fleischuntersuchung die Finnenschnitte ausgeführt werden. Beim Hund, der kaum, und bei der Katze, die keine Kaubewegungen ausführt, ist der M. masseter nur schwach entwickelt.

Die **Mm. pterygoideus medialis** und **lateralis** entspringen an der Schädelbasis. Sie setzen medial an der Mandibula an und sind Synergisten des M. masseter, können aber die Mandibula auch zur Seite und nach vorne bewegen.

Der **M. temporalis** entspringt in der Fossa temporalis lateral am Neurocranium und konvergiert zu seiner Ansatzstelle am Proc. coronoideus der Mandibula. Beim Hund und bei der Katze ist er besonders stark **(Schnappmuskel)**.

Die **Niederzieher der Mandibula** sind **Öffner** der Mundspalte, sie sind **Teile des M. digastricus**. Bei Hund und Katze ist seine Zweibäuchigkeit scheinbar verlorengegangen; er erscheint als einheitlicher Muskel. Aber auch bei diesen Tierarten ist er abschnittsweise unterschiedlich innerviert (s. unten). Der M. digastricus entspringt am Processus paracondylaris des Os occipitale. Er besitzt eine Zwischensehne, die beim Pferd durch eine Schlaufe des M. stylohyoideus zieht. Sein rostraler Bauch setzt am Ventralrand des Corpus mandibulae an. Dieser Bauch wird vom N. mandibularis des **N. trigeminus (V)** innerviert, der kaudale vom **N. facialis (VII)**. Bei den Equiden spaltet sich von seinem kaudalen Bauch ein zusätzlicher Muskel ab, der **M. occipitomandibularis**. Der M. occipitomandibularis der Equiden ist kräftig und zieht an den Kaudalrand des Unterkieferastes.

## Schlundkopfhöhle (Cavum pharyngis)

Der Schlundkopf liegt als Kreuzungsstelle zwischen Luft- und Nahrungsweg, er ist einerseits zwischen Mundhöhle und Speiseröhre (Oesophagus), andererseits zwischen Choanen und Kehlkopf (Larynx) platziert (Abb. 7-42). Seine dorsale Begrenzung stellen die Schädelbasis und die beiden ersten Halswirbel dar, ventral liegen der Kehlkopf, lateral die Mm. pterygoidei, der Unterkieferast und der Aufhängeapparat des Zungenbeins (Abb. 7-43 u. 47).

Der Pharynx wird durch das **Gaumensegel (Velum palatinum)** in eine **dorsale** und eine **ventrale Etage** unterteilt. Dorsal des Gaumensegels liegt der **Nasen-** oder **Atmungsrachen (Pars nasalis pharyngis** seu **Pars respiratoria pharyngis)**, der mit respiratorischer Schleimhaut ausgekleidet ist. Der Atmungsrachen nimmt nicht am Schluckakt teil (Abb. 7-47).

Ventral des Gaumensegels befindet sich der **Schlingrachen (Pars digestoria pharyngis)**. Der freie Rand des Velum palatinum (Arcus veli palatini) umschließt zusammen mit dem beidseitig kaudal sich fortsetzenden Arcus palatopharyngeus das **Ostium intrapharyngeum**. Kaudodorsal buchtet sich bei den Ungulaten die Pars nasalis pharyngis zum **Recessus pharyngeus** aus. Beim Schwein ist über dem Anfang der Speiseröhre ein **Blindsack (Diverticulum pharyngeum)** ausgebildet.

Der **Schlingrachen** wird in drei weitere Abschnitte untergliedert:

- Mundrachen (Pars oralis pharyngis) mit Rachenenge (Isthmus faucium),
- Kehlrachen (Pars laryngea pharyngis) und
- Schlundrachen (Pars oesophagea pharyngis).

Der **Mundrachen** (Abb. 7-47) ist der rostrale, enge Teil des Schlingrachens. Er setzt sich definitionsgemäß hinter dem letzten Backenzahn der Mundhöhle fort und wird seitlich vom Arcus palatoglossus, ventral vom Zungengrund und dorsal vom Gaumensegel begrenzt.

Der **Kehlrachen** ist der folgende, seitlich des Kehlkopfs gelegene Abschnitt, er beinhaltet ventral jeweils einen **Recessus piriformis**, der vor allem flüssige Nahrung leitet (Abb. 7-47).

Der **Schlundrachen** ist der kaudal vom Kehlrachen gelegene Abschnitt des Schlingrachens, dieser mündet in die Speiseröhre (Oesophagus). Er wird beim Hund von einer deutlichen Schleimhautfalte (Limen pharyngo-oesophageum) begrenzt.

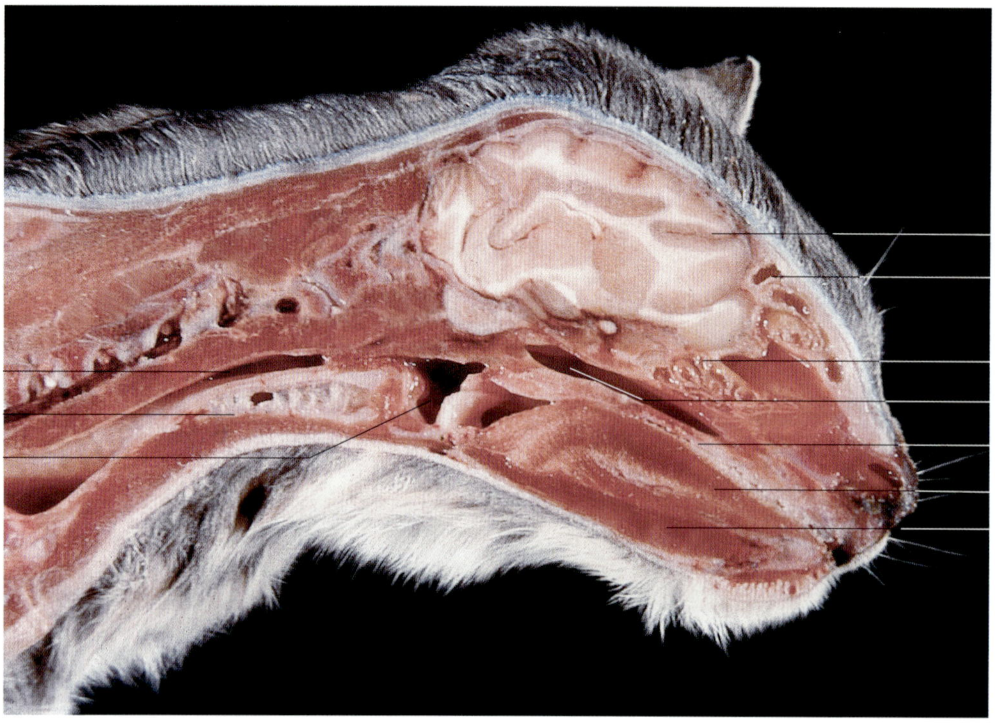


**Abb. 7-42.** Paramedianschnitt durch den Kopf und Hals einer Katze, König, 1992.

Die Rachenhöhle ist durch **Öffnungen** (Abb. 7-47) zugänglich:

- paarige Choanenöffnungen zwischen Nasenhöhle und Pars nasalis pharyngis;
- paariges Ostium pharyngeum tubae auditivae (Eustachi-Röhre) – Zugang zum Cavum tympanicum des Mittelohrs bzw. zum Luftsack des Pferdes;
- Isthmus faucium (Rachenenge) – Verbindung zur Mundhöhle;
- Aditus laryngis – Zugang zum Kehlkopf; und
- Aditus oesophageus – Zugang zur Speiseröhre.

Die Wand des Schlundkopfes bilden Muskeln **(Pharynxmuskulatur)**, die die Verengung bzw. Verkürzung des Pharynx während des Schluckakts bewirken (Schlundkopfschnürer) (Abb. 7-44). Jeder dieser Muskeln entspringt von Fixpunkten seitlich des Rachens; sie strahlen in das Pharynxdach ein, das von einer außen anliegenden Faszie (Fascia pharyngobasilaris) gebildet wird. Folgende Muskeln werden als **Schlundkopfschnürer** bezeichnet:

- **Rostrale Schlundkopfschnürer**:
  - M. pterygopharyngeus, der am Flügelbein entspringt, und der
  - M. palatopharyngeus, aus der Aponeurose des Gaumensegels.

Beide Muskeln besitzen auch längsverlaufende Muskelfasern, die den Schlundkopf verkürzen können. Weitere Schlundkopfschnürer sind:

- **Mittlerer Schlundkopfschnürer**:
  - M. hyopharyngeus, der am Zungenbein entspringt, und
- **Kaudale Schlundkopfschnürer**:
  - M. thyropharyngeus,
  - M. cricopharyngeus.

Beide letztgenannten Schlundkopfschnürer entspringen von den entsprechenden Kehlkopfknorpeln.

Der Muskelgruppe der Schlundkopfschnürer steht ein **einziger Erweiterer** gegenüber, der **M. stylopharyngeus caudalis**, der am Zungenbeinast entspringt und, sich fächerförmig verbreiternd, an der seitlichen Pharynxwand ansetzt.

## Schluckakt

Beim Abschlucken von fester Nahrung deckt die Epiglottis passiv den Eingang in den Kehlkopf ab, das Gaumensegel wird angehoben und die **Schlundkopfschnürer (Mm. constrictores pharyngis)** kontrahieren sich in schneller Reihenfolge von rostral nach hinten. Beim Schlucken wirkt der **Kehldeckel (Epiglottis)** als kranialer Verschluss des Kehlkopfes auch gegenüber **Flüssigkeiten**. In diesem Fall werden diese in den beidseitigen Recessus piriformes seitlich am Kehlkopf vorbeigeleitet. Während des Schluckakts kommt es bei geschlossener Glottis zu einer **Blockierung der Atmung**. Die Epiglottis muss allerdings nicht, wie immer angenommen, den Eingang in den Kehlkopf völlig abdecken.

Beim Abschlucken wirken **mehrere Faktoren** zusammen. Im ersten, aktiven, dem Willen unterstehenden Moment, heben die **Zungenmuskeln** in Verbindung mit **Muskeln des Zungenbeins** die **Zungenwurzel dorsal** und gleichzeitig den **Kehlkopf** an. Es folgt, ohne noch willentlich beeinflusst werden zu können, eine **reflektorische, wellenartige Kontraktion der Schlundkopfschnürer**.

# Lymphatischer Rachenring

Der Pharynx ist reich an **lymphoretikulärem Gewebe**, das sich meist zu **Lymphonoduli aggregati (Mandeln, Tonsillae)** verdichtet. Tonsillen entwickeln sich aus Zusammenlagerungen von **Einzellymphknötchen**, die, subepithelial gelegen, von einer bindegewebigen Kapsel umgeben werden und allein efferente Lymph-

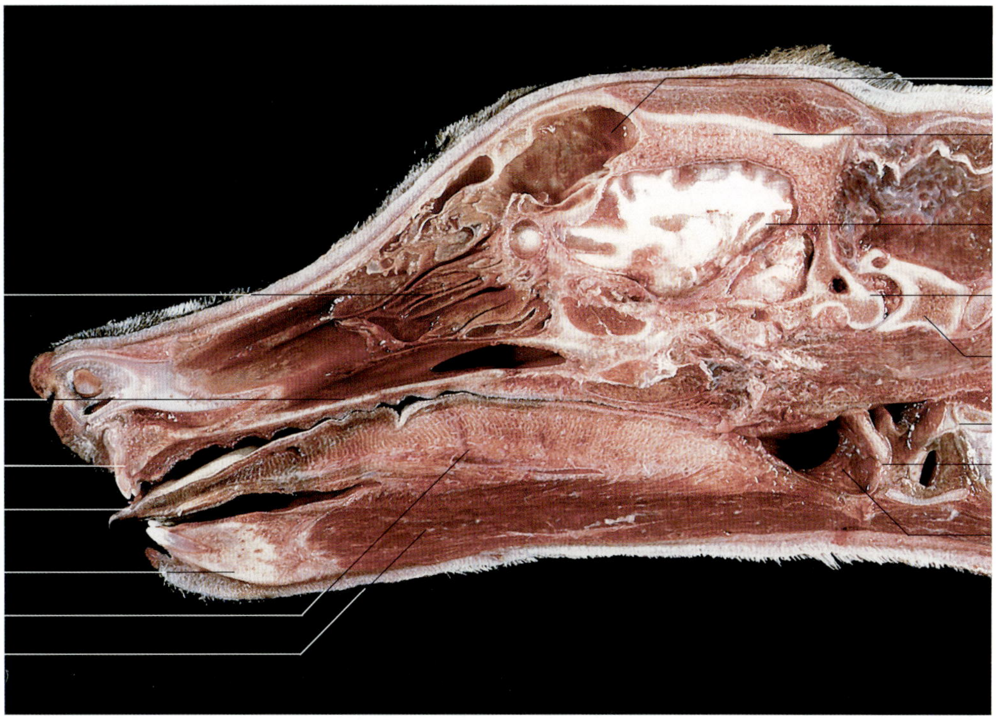


**Abb. 7-43.** Längsschnitt durch Kopf und Hals eines Hundes (Paramedianschnitt).

gefäße aufweisen. Die Tonsillen des Nasen-Rachen-Raums werden zum **lymphatischen** oder **Waldeyer-Rachenring** zusammengefasst. Dieser lymphatische Ring ist eine wichtige **immunzelluläre Abwehreinrichtung** für den Verdauungs- und Atmungsapparat.

In Hinblick auf die **Lage** der Mandeln unterscheidet man Gaumenmandeln, Rachenmandeln, Zungen-, Tuben-, Gaumensegel- und Choanenmandeln (Abb. 7-45ff.). Dem **Bau** nach können **Plattenmandeln** als die einfachere Form und **Grubenmandeln mit Schleimhautvertiefungen (Fossulae tonsillares)** differenziert werden. Die **Zungenmandel (Tonsilla lingualis)** liegt beidseitig am Zungengrund, sie ist beim Rind und beim Pferd besonders umfangreich. Die **Gaumenmandel (Tonsilla palatina)** liegt, ebenfalls beiderseitig, in der Wand des Mundrachens. Sie fehlt dem Schwein. Beim Hund und bei der Katze ist sie in einer Grube eingelagert und wird medial durch eine halbmondförmige Falte begrenzt. Sie kann operativ entfernt werden (Tonsillektomie).

Die **Gaumensegelmandel (Tonsilla veli palatini)** liegt mundrachenseitig in der Gaumensegelschleimhaut. Sie ist besonders beim Schwein und beim Pferd ausgeprägt.

Die **Rachenmandel (Tonsilla pharyngea)** liegt am Dach des Atmungsrachens. Die Mandel an der **Tubenöffnung (Tonsilla tubaria)** befindet sich bei den Wiederkäuern und beim Schwein nahe des Ostium pharyngeum tubae auditivae. Beim Pferd tritt an dieser Stelle unregelmäßig verteiltes lymphoretikuläres Gewebe auf.

## Muskeln des Zungenbeins

Die Muskeln des Zungenbeins sind funktionell eng mit denen der Zunge und des Pharynx verbunden. Sie sind mit am Schluckakt beteiligt, vor allem ziehen sie den Kehlkopf nach vorne und nach Beendigung des Schluckakts wieder kaudal. Es gibt obere und untere Zungenbeinmuskeln.

### Obere Zungenbeinmuskeln

Obere Zungenbeinmuskeln lassen sich einteilen in:

- M. mylohyoideus,
- M. geniohyoideus,
- M. stylohyoideus,
- M. occipitohyoideus,
- M. ceratohyoideus und
- M. hyoideus transversus.

Der M. mylohyoideus wurde bereits bei der Zunge angesprochen. Er liegt subkutan im Kehlgang. Seine querverlaufenden Fasern entspringen an der Linea mylohyoidea medial am Unterkieferkörper. Sie treffen median in einem Sehnenstreifen zusammen und setzen am Körper des Zungenbeins bzw. an dessen Processus lingualis an. Der Muskel hebt die Zunge (Abb. 7-13). Innervation: N. mandibularis des N. trigeminus (V).

Der **M. geniohyoideus** liegt über dem M. mylohyoideus. Er ist spindelförmig, entspringt im Kinnwinkel der Mandibula und endet kaudal am Zungenbein bzw. – wenn vorhanden – an dessen Processus lingualis. Er bewegt das Zungenbein und damit auch Zunge und Kehlkopf nach vorne (Abb. 7-13).

Der **M. stylohyoideus** entspringt am kaudalen Drittel des Stylohyoid, bei Hund und Katze am Schläfenbein. Er inseriert am Thyrohyoideum und bewegt das Zungenbein sowie den Kehlkopf kaudodorsal. Seine Ansatzsehne bildet beim Pferd eine Schlaufe, durch die die Zwischensehne des M. digastricus hindurchzieht.

Der **M. occipitohyoideus** ist ein platter Muskel. Er entspringt am Processus paracondylaris des Os occipitale und setzt am kaudalen Ende vom Stylohyoid an. Er senkt das rostrale Ende vom Stylohyoid und damit den Zungengrund und den Kehlkopf.

Der **M. ceratohyoideus** ist eine dünne, dreieckige Muskelplatte. Diese entspringt am rostralen Rand des Thyrohyoid und

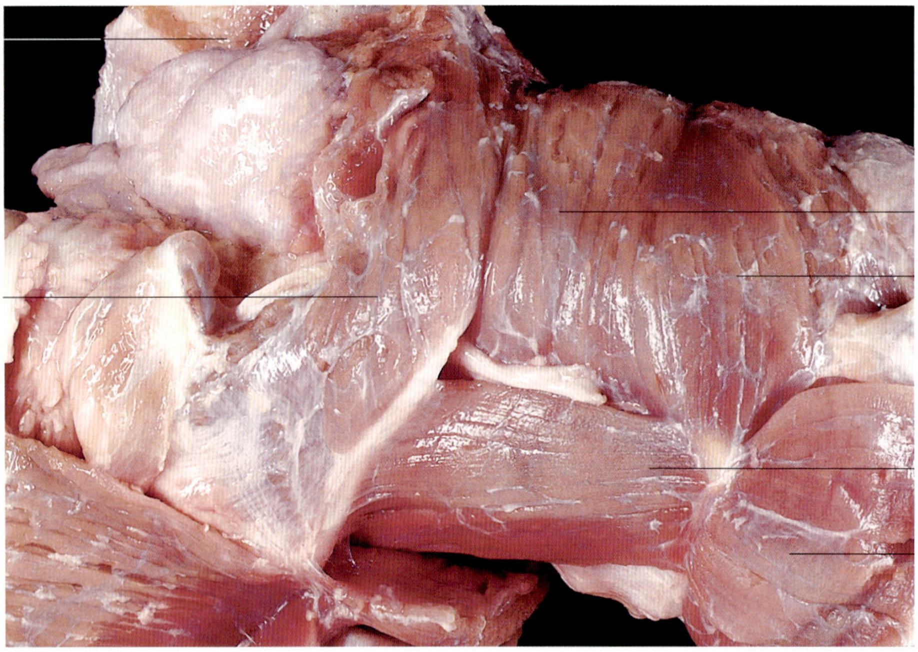


**Abb. 7-44.** Äußere Pharynxmuskulatur eines Rindes (Lateralansicht), Präparat Dr. R. Macher, Wien.

endet am Kaudalrand des Ceratohyoid. Er hebt das Thyrohyoid an und zieht den Kehlkopf nach vorne oben.

Der **M. hyoideus transversus** steht durch einen undeutlichen Sehnenstreifen mit dem der Gegenseite in Verbindung und verbindet das Ceratohyoid mit dem der Gegenseite. Er ist schwach und fehlt bei Hund, Katze und Schwein.

Die oberen Muskeln des Hyoid werden, abgesehen vom M. mylohyoideus, von **Ventralästen** der ersten **zwei Halsnerven**, aber auch vom **N. hypoglossus (XII)** innerviert.

## Untere Zungenbeinmuskeln

Die unteren Zungenbeinmuskeln lassen sich als kraniale Fortsetzung des M. rectus abdominis in drei Muskelpaare einteilen:

- M. sternohyoideus,
- M. sternothyroideus,
- M. omohyoideus.

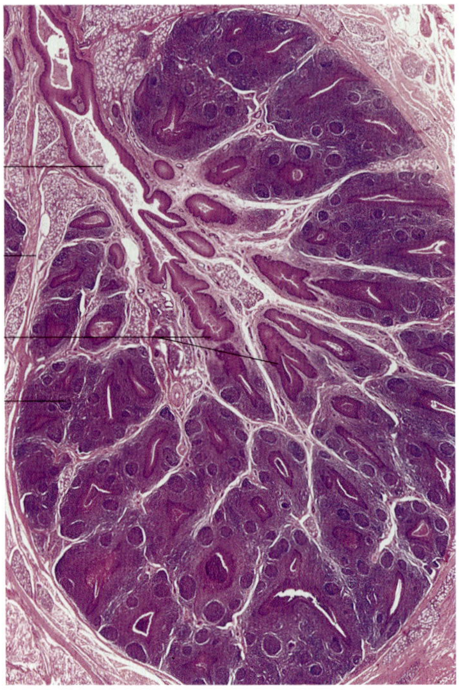


**Abb. 7-45.** Histologischer Schnitt durch die Gaumenmandel eines Rindes, Liebich, 2004.

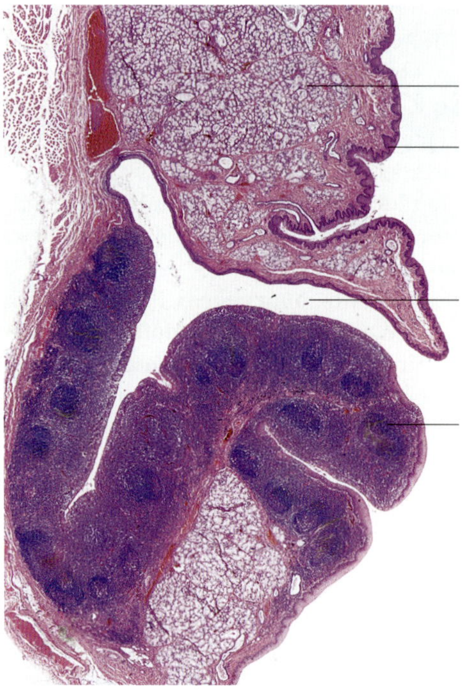


**Abb. 7-46.** Histologischer Schnitt durch die Gaumenmandel eines Hundes, Liebich, 2004.

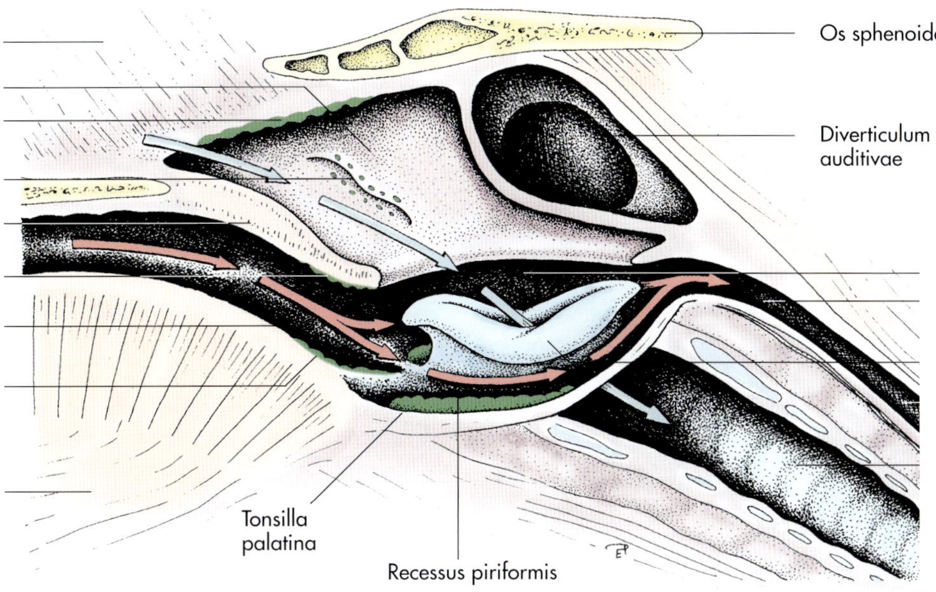


**Abb. 7-47.** Schematische Darstellung des lymphatischen Rachenrings des Pferdes mit Kreuzungswegen der Atemluft und der Nahrung (Längsschnitt).

Der M. sternohyoideus liegt mit dem M. sternothyroideus ventral der Trachea an, sie entspringen am Sternum. Im kaudalen Halsteil sind beide Muskeln verschmolzen. In der vorderen Halshälfte trennen sie sich voneinander, der M. sternohyoideus inseriert am Basihyoid, der M. sternothyroideus am Schildknorpel. Beide Muskeln ziehen das Zungenbein, den Kehlkopf und die Zunge während des Schluckakts kaudal.

Der **M. omohyoideus** entspringt aus der Fascia subscapularis sowie aus der tiefen Halsfaszie und inseriert am Basihyoid. Auch er zieht das Zungenbein kaudal. Der M. omohyoideus verläuft im mittleren und vorderen Halsdrittel unter der V. jugularis externa, er trennt damit den Sulcus jugularis **(Drosselrinne)** und die V. jugularis von der A. carotis communis. Venenpunktionen sollten deshalb nicht im kaudalen Halsdrittel vorgenommen werden, da sonst die Gefahr einer Verletzung der in der Tiefe verlaufenden Halsschlagader gegeben wäre. Er fehlt bei Hund und Katze.

Die drei unteren Zungenbeinmuskeln erweitern während der Kaudalverlagerung von Zungenbein, Zunge und Kehlkopf den Pharynx. Werden Tieren Kopf und Hals hochgehalten, um ihnen z.B. flüssige Medikamente einzugeben, versetzt man diese Muskeln und auch die Luftröhre in Spannung, sodass nachfolgend die frühe Phase des Schluckakts nicht eingeleitet werden kann; es unterbleibt dann das Anheben des Zungenbeins, des Zungengrundes und des Kehlkopfs. Das Tier verschluckt sich.

Die beiden ersten unteren Zungenbeinmuskeln werden von den zwei ersten **Ventralästen der Halsnerven** innerviert, der M. omohyoideus vom Ventralast des **ersten Halssegmentalnervs**.

# Vorderdarm (Speiseröhre und Magen)

## Speiseröhre (Oesophagus)

Die Speiseröhre, auch Schlund genannt, setzt den Speiseweg vom Pharynx in Richtung Magen fort. Sie beginnt dorsal des Ringknorpels des Kehlkopfs am Ende der Pars oesophagea pharyngis, verläuft anfangs dorsal der Luftröhre, zieht dann auf ihre linke Seite, um sich kurz nach Eintritt in den Brustkorb wieder auf die Luftröhre zu legen.

In medianer Position verläuft der Oesophagus im Bindegewebe des Mittelfellspalts (Mediastinum) in der Brusthöhle, über die Aufzweigung der Trachea (Bifurcatio tracheae) hinweg, über der Basis des Herzens.

Ventral der Aorta thoracica steigt der Oesophagus zum Hiatus oesophageus des Zwerchfells leicht auf. Begleitet vom Truncus vagalis dorsalis und Truncus vagalis ventralis zieht der Oesophagus in die Bauchhöhle und tritt über dem stumpfen Rand der Leber in den Magen ein (Cardia).

Entsprechend ihrer Lage gliedert sich die Speiseröhre in einen **Hals-**, einen **Brust-**, und einen kurzen **Bauchteil**. Im Halsteil kann sie, bei Verstopfung, getastet werden. Eine Engstelle kann im Bereich des kaudalen Mediastinum, bei Vergrößerung des umfangreichen **Ln. mediastinalis caudalis** vor allem beim Rind entstehen. Auch der Durchtritt durch das **Zwerchfell (Hiatus oesophageus)** kann als Engstelle größeren Nahrungsmittelteilen den Weitertransport verwehren. Daneben treten, vorzugsweise bei Fleischfressern, Erweiterungen der Speiseröhre vor dem Durchtritt durch das Zwerchfell auf (Ösophagusdilatation, Megaösophagus).

Beim Rind können sich im Bereich der Engstellen kompakte Futterbestandteile ebenso festsetzen wie beim Pferd, sodass eine Verstopfung der Speiseröhre beispielsweise nach Verfütterung trockener Rübenschnitzel auftreten kann.

### Bau der Speiseröhre

Die Speiseröhre besteht von innen nach außen aus einer:

- **Tunica mucosa**:
  - Epithelium mucosae,
  - Lamina propria mucosae,
  - Lamina muscularis mucosae,
- **Tela submucosa**,
- **Tunica muscularis**:
  - Stratum circulare,
  - Stratum longitudinale und
- **Tunica adventitia** in den zölomfreien Körperabschnitten des Halses.

Im Mediastinum der zölomhaltigen Brusthöhle wird der Oesophagus abschnittsweise von einer Tunica serosa, dem Brustfell (Pleura) bzw. in der Bauchhöhle vom Bauchfell (Peritoneum) bedeckt (Abb. 7-48).

Das **Epithelium mucosae** wird von einem mehrschichtigen Plattenepithel gebildet, das bei den Pflanzenfressern meist schwach verhornt ist. In der **Tela submucosa** sind beim Hund auf ganzer Länge, beim Schwein in der ersten Hälfte **muköse Drüsen** vorhanden. Bei den anderen Haussäugetieren finden sich diese nur am Anfang des Oesophagus.

Die Schleimhaut legt sich in **Längsfalten**, die zusammen mit der bindegewebigen, oftmals verdickten Unterschleimhaut dem Oesophagus seine Dehnungsfähigkeit verleihen. Im Röntgenbild, nach Kontrastmittelgabe, tritt diese Faltenbildung bei der Katze als sog. »Fischgrätenmuster« besonders in Erscheinung.

Die **Tunica muscularis** besteht aus einer äußeren Längs- und einer inneren Zirkulärmuskellage, die in Form langgestreckter spiraliger Schraubenzüge ineinander übergehen. Bei den Wiederkäuern und beim Hund ist die gesamte Muskulatur der Speiseröhre aus quergestreiften Muskelfasern aufgebaut.

Beim Schwein besteht der kaudale Abschnitt, beim Pferd und der Katze das letzte Drittel aus glatter Muskulatur. Aus der Speiseröhrenmuskulatur wird der **M. sphincter cardiae** des Mageneingangs gebildet. Im Oesophagus wird die Nahrung durch peristaltische Wellen der Muskulatur magenwärts bewegt. Bei den Wiederkäuern treten beim Ruktus sowie bei der Regurgitation, bei den anderen Haussäugetieren beim Erbrechen antiperistaltische Bewegungen auf.

Die **Tunica adventitia** besteht aus lockerem Bindegewebe, sie verbindet den Oesophagus im Halsteil mit den umgebenden Organen und Muskeln. Diese bindegewebige Schicht gewährleistet ein ausreichendes Verschieben dieser Organe zueinander. In der Brusthöhle ist sie teilweise von der **Pleura mediastinalis**, in der Bauchhöhle von **Peritoneum**, und damit von einer **Tunica serosa**, bedeckt. (Nähere Einzelheiten s. Lehrbücher der Histologie.)

Die **Gefäßversorgung** des Oesophagus erfolgt über die **A. broncho-oesophagea**, die aus dem Anfangsteil der Aorta thoracica entspringt. Die **V. broncho-oesophagea** mündet in die **V. azygos**. Die Ösophagusvenen anastomosieren mit denen des Magens, sie bilden daher eine **portokavale Verbindung** (s. auch Kap. 12 »Organe des Herz-Kreislauf-Systems«).

Die **Innervation** erfolgt durch vegetative Fasern des **N. vagus (X)** und des **Truncus sympathicus**. Die **Lymphgefäße** ziehen in die **Lymphonodi cervicales profundi** und in die **Lymphonodi mediastinales**.

## Magen (Gaster, Ventriculus)

Der Magen liegt zwischen Oesophagus und Duodenum. Er stellt einen erweiterten Teil des Verdauungskanals dar.

Die Mägen der verschiedenen Haussäugetiere unterscheiden sich in ihrer **Form**, **Lage** und in der **Verteilung** der **Schleimhauttypen**. Diese unterschiedlichen Schleimhautprofile lassen eine Unterscheidung in einfache und zusammengesetzte Mägen zu (Abb. 7-49). In **einfachen Mägen** kleidet einheitlich eine **drüsenhaltige Schleimhaut**, in **zusammengesetzten Mägen** eine **drüsenhaltige** und eine **drüsenlose Tunica mucosa** die gastrale Innenfläche aus.

Einen **einhöhlig einfachen Magen** besitzen Hund und Katze. Ein **einhöhlig zusammengesetzter Magen** ist bei Pferd und Schwein entwickelt. Bei Letzteren tritt neben einer großflächigen **Drüsenzone (Pars glandularis)** eine kranial vorgelagerte Magenabteilung mit **drüsenloser Schleimhaut (Pars nonglandularis)** auf.

Einen **mehrhöhlig zusammengesetzten Magen** besitzen die Hauswiederkäuer, dieser weist in den Vormägen (Haube, Pansen und Psalter) eine **drüsenlose Schleimhaut** auf und wird im Labmagen von einer **drüsenhaltigen Schleimhaut** ausgekleidet. (Näheres s. Lehrbücher der Histologie.)

### Einhöhliger Magen

Der einhöhlige Magen ist eine sackförmige Erweiterung des Verdauungskanals (Abb. 7-49ff. u. 54ff.). Sein Lumen wird am **Mageneingang (Kardia)** und am **Magenausgang (Pförtner, Pylorus)** durch Schließmuskeln verschlossen. Die Kardia liegt mehr links in der Bauchhöhle und stellt die Fortsetzung des Oesophagus dar. Der nach rechts gerichtete Magenausgang setzt sich mit dem **Zwölffingerdarm (Duodenum)** fort.

Am Magen werden verschiedene Abschnitte unterschieden. Dem **Magenkörper (Corpus ventriculi)** ist die **Magenblase (Fundus ventriculi)** vorgelagert. Sie überragt beim Pferd die Kardia, ist mit Gas gefüllt und heißt **Blindsack (Saccus caecus ventriculi)**. Im Fundus des Schweinemagens tritt als eine kleine Schleimhautbucht ein **Diverticulum ventriculi** auf.

Die Vorderfläche des Magens (Facies parietalis) ist der Leber und dem Zwerchfell zugekehrt, die Kaudalfläche (Facies visceralis) den kaudal anliegenden Baucheingeweiden.

Der Magen ist dorsal von einer konkaven **kleinen Kurvatur (Curvatura ventriculi minor)** eingezogen (Abb. 7-54 u. 59). Dieser steht ventral die **große Kurvatur (Curvatura ventriculi major)** gegenüber. Die kleine Kurvatur wird durch eine **Einziehung (Incisura angularis)** unterteilt, der gegenüber die hakenförmige Krümmung, das Magenknie, liegt.

Die Incisura angularis kann tief in das Organinnere hineinragen (vorzugsweise bei der Katze) und muss bei der Endoskopie des Magens umgangen werden. Die im Inneren des Organs gelegene, der kleinen Kurvatur entsprechende Verbindung zwischen Kardia und Pylorus, stellt das **Magenrinnengebiet (Sulcus ventriculi)** dar. Kaudal schließt sich die rechts gelegene

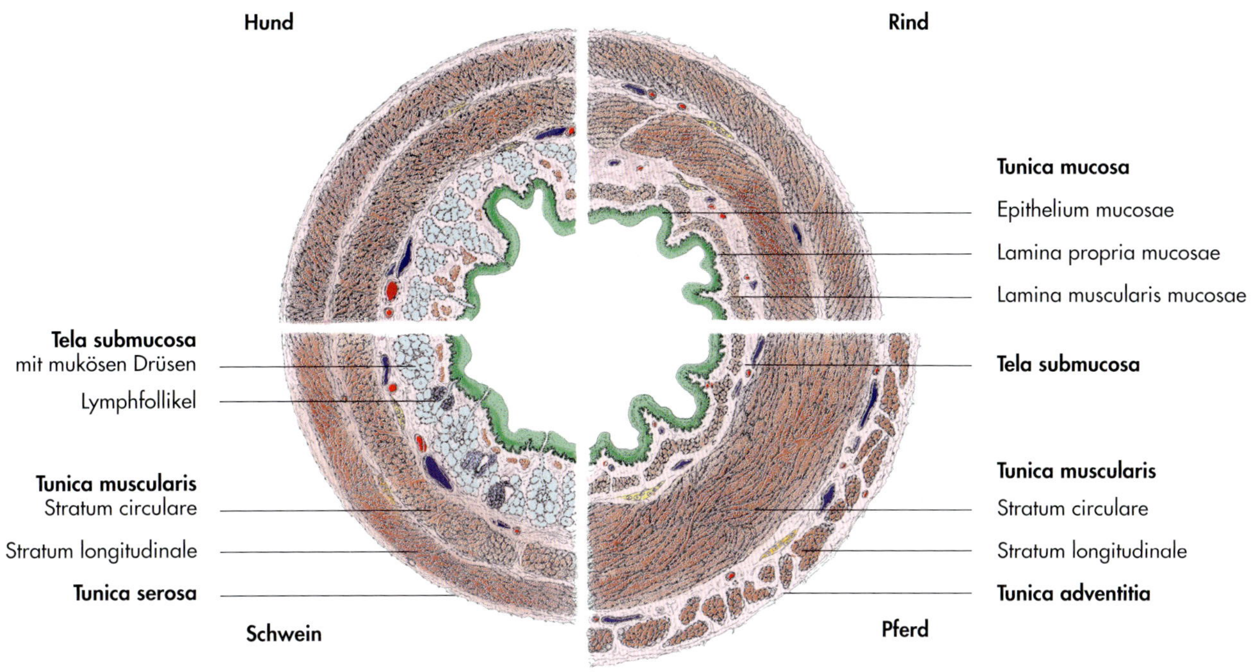


**Abb. 7-48.** Schematische Darstellung des Wandbaus der Speiseröhre innerhalb einer Zölomhöhle (links) bzw. außerhalb einer Zölomhöhle (rechts), Liebich, 2004.

schlauchförmige **Pars pylorica** des Magens an. Diese setzt sich aus dem **Antrum pyloricum** und dem **Canalis pyloricus** zusammen.

## Bau der Magenwand

Die Magenwand besteht von innen nach außen aus:

- Schleimhaut (Tunica mucosa),
- Unterschleimhaut (Tela submucosa),
- Muskelschicht (Tunica muscularis) und
- Bauchfellüberzug (Tunica serosa).

Im einhöhlig einfachen Magen breitet sich unmittelbar nach dem Einmünden des Oesophagus in den Magen eine Drüsenschleimhaut (Pars glandularis) aus. Man unterscheidet nach der flächenhaften Verteilung dieser Schleimhaut im Magen 3 Zonen (Abb. 7-49ff.):

- Kardiadrüsenzone mit Kardiadrüsen (Glandulae cardiacae),
- Fundusdrüsenzone mit Eigen- oder Fundusdrüsen (Glandulae gastricae propriae),
- Pylorusdrüsenzone mit Pylorusdrüsen (Glandulae pyloricae).

Die **Kardiadrüsenzone** liegt der drüsenlosen Schleimhaut am Mageneingang an und schließt die Kardiadrüsen ein (Abb. 7-50). Sie ist, außer beim Schwein, meist nur schmal und ringförmig ausgebildet. Flächenhaft und tierartlich unterschiedlich ausgebreitet ist hingegen die **Fundusdrüsenzone** mit den für die gastrale Schleimhaut charakteristischen Eigen- oder Fundusdrüsen (Glandulae gastricae propriae) (Abb. 7-51). Die **Pylorusdrüsenzone** liegt dem Magenausgang nahe und schließt die Pylorusdrüsen (Glandulae pyloricae) ein (Abb. 7-52). Diese sind stark geschlängelt.

Die **Glandulae cardiacae** und die **Glandulae pyloricae** geben ein schleimiges Sekret ab, das als Schleimschicht (**Mukusschicht**) die innere Magenwand großflächig überzieht und diese vor Andauung schützt (**Zytoprotektion**). Die schleimsezernierenden Zellen tragen wesentlich zur Alkalibarriere bei und puffern den niedrigen pH-Wert des Magensaftes ab.

Die **Eigen-** oder **Fundusdrüsen** des Magens beinhalten in ihren Schlauchdrüsen drei exkretorisch wirksame Zellarten. Im Drüsenhals liegen hauptsächlich Nebenzellen. Sie bilden einen neutralen Schleim und dienen als Ersatzzellen abgeschilferter Epithelzellen. Im Mittelstück der Schlauchdrüsen bis in den basalen Grund treten Haupt- und Belegzellen auf, die wesentliche Bestandteile des Magensaftes sezernieren. Die Hauptzellen bilden Pepsinogen, die Belegzellen geben $H^+$ und $Cl^-$ in dissoziierter Form ab (Salzsäure). Letztere sezernieren außerdem den »Intrinsic factor« zur Resorption von Vitamin $B_{12}$ im Ileum. (Näheres s. Lehrbücher der Histologie und der Physiologie.)

Die **Unterschleimhaut (Tela submucosa)** besteht aus lockerem Bindegewebe und wird von der Schleimhaut durch eine geschichtete Lamina muscularis mucosae getrennt. Sie enthält größere Blutgefäße, vegetative Nervengeflechte, Fettgewebe, lymphatische Einlagerungen und zahlreiche kollagene und elastische Fasern. Letztere unterstützen die Lamina muscularis mucosae in der Bildung von Schleimhautfalten im leeren Magen. Diese Falten sind vorwiegend längs angeordnet. Bis auf wenige verstreichen sie im gedehnten Magen.

Die **Muskelschicht (Tunica muscularis)** erfährt in Hinblick auf die Bedeutung für die Durchmischung und Weiterleitung des Mageninhaltes einen abschnittsweise differierenden Wandbau. Man unterscheidet grundsätzlich in der Tunica muscularis eine:

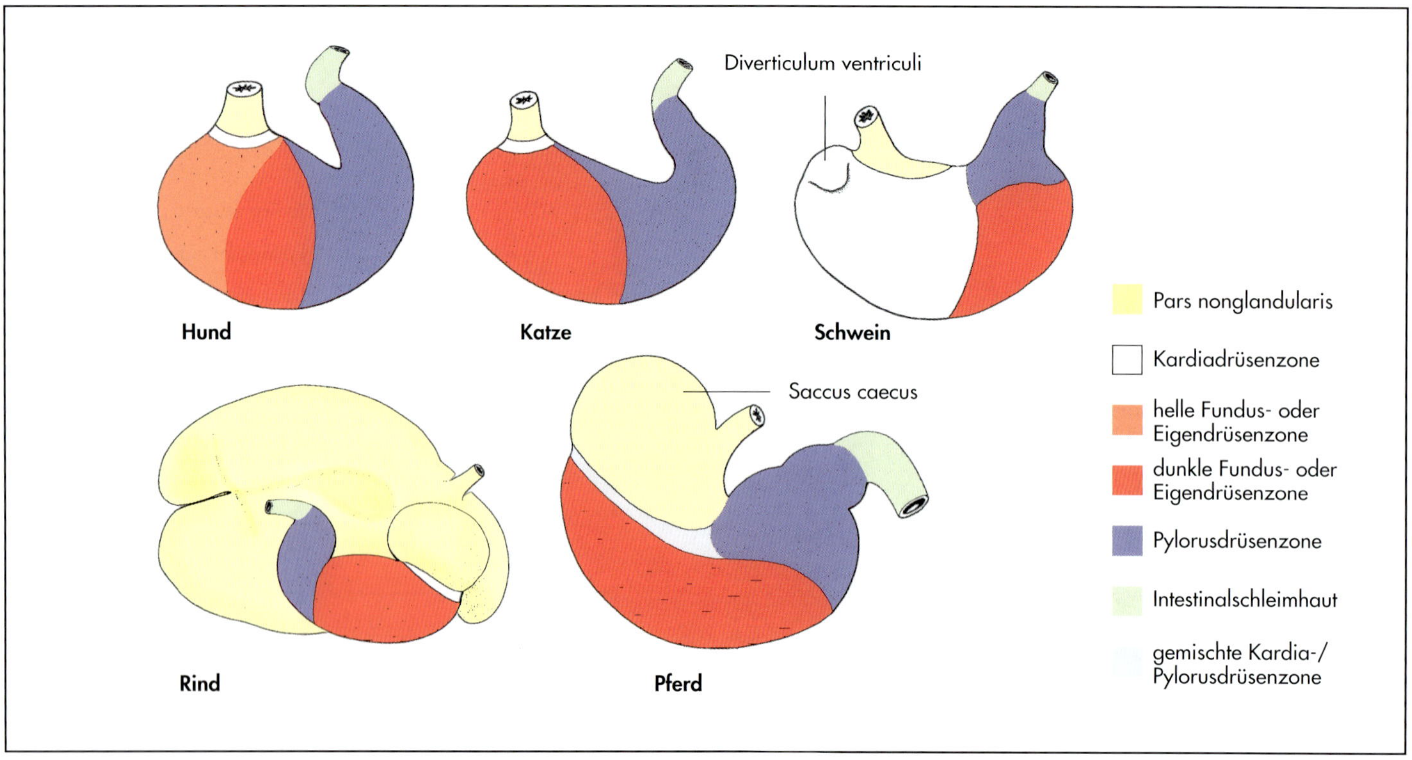


**Abb. 7-49.** Schematische Darstellung der Magenschleimhaut von Katze, Hund, Schwein, Pferd (Kaudalansicht) und Rind (Ansicht von rechts).

- **äußere Längsmuskelschicht (Stratum longitudinale)**:
  - Fibrae longitudinales,
  - Fibrae obliquae externae,
- **mittlere Ringmuskelschicht (Statum circulare)**:
  - M. sphincter cardiae,
  - M. sphincter pylori und
- **innere schiefe Schicht**:
  - Fibrae obliquae internae.

Die gastralen Muskelschichten bestehen aus mehreren Lagen, jede ist in sich selbst unvollständig, jedoch an ihren Fehlstellen durch die anderen ergänzt. Die äußere Längsmuskelschicht stellt die Fortsetzung der Außenlage des Oesophagus dar. Sie ist stärker im Bereich der Kurvaturen, zieht aber auch in die Pars pylorica (Abb. 7-53).

Die **mittlere Ringmuskelschicht** nimmt an der Kardia und am Pylorus eine sphinkterartige Form **(M. sphincter cardiae** bzw. **M. sphincter pylori)** an (Abb. 7-58). An der kleinen Kurvatur des Pylorus rücken die Muskelringe derart nahe aneinander, dass sie eine Art Muskelknoten bilden, der beim Schwein als **Torus pyloricus** ins Lumen vorspringt.

Die **innere Schicht (Fibrae obliquae internae)** (Abb. 7-53), deren Muskelbündel schief verlaufen, ist unvollständig. Sie gleicht die Fehlbereiche der Ringmuskelschicht aus. Besonders kräftige Muskelbündel bilden über der Kardia eine Schleife, die beim Pferd besonders effizient ist. Das Pferd kann daher physiologischerweise nicht erbrechen.

Der Magen wird außen von **Bauchfell (Peritoneum viscerale)**, der **Serosa visceralis peritonei**, überzogen, das über ein dorsales und ventrales Gekröse (**Mesogastrium dorsale** und **ventrale**) (s.u.) mit dem **Peritoneum parietale**, der **Serosa parietalis peritonei** der dorsalen und ventralen Bauchwand, verbunden ist (Abb. 6-3).

## Übersicht der tierartlichen Unterschiede des einhöhligen Magens

- **Hund**
  Die Kardia erscheint trichterförmig, weit, die drüsenlose Schleimhaut und die Kardiadrüsenzone als schmaler Ring. Die Mageneigendrüsenzone ist ausgedehnt, die Form des Magens ist die eines Sackes (Abb. 7-49, 59 u. 60).
- **Katze**
  Die Schleimhautzonen sind ähnlich wie beim Hund, das Lumen ist kleiner, die Hakenform akzentuierter und die Incisura angularis tief (Abb. 7-54).
- **Schwein**
  Die Kardia ist relativ eng, die drüsenlose Schleimhaut dehnt sich bis zum Diverticulum ventriculi aus. Dieses Diverticulum erhebt sich links am Fundus ventriculi (Abb. 7-49 u. 61). Am Pylorus findet sich der ebenfalls für diese Tierart spezifische **Torus pyloricus**.
- **Pferd**
  Die drüsenlose Schleimhaut ist ausgedehnt, sie nimmt einen großen Teil des Fundus ventriculi ein und wird durch einen scharfen, gezackten Rand **(Margo plicatus)** von der Mageneigendrüsenzone getrennt (Abb. 7-49, 57 u. 58). In der Pars nonglandularis finden sich oft Spuren der Larven von Magenbremsen. Die Kardiamuskelschleife ist äußerst kräftig und verhindert den rückläufigen Transport von Nahrung weitgehend (Erbrechen).

## Gefäßversorgung und Innervation

Die **Arterien** des einhöhligen Magens entstammen der **A. coeliaca**, die sich in drei Arterien und deren Aufzweigungen für die Versorgung des Magens aufteilt (Abb. 7-62, 12-26 u. 27):

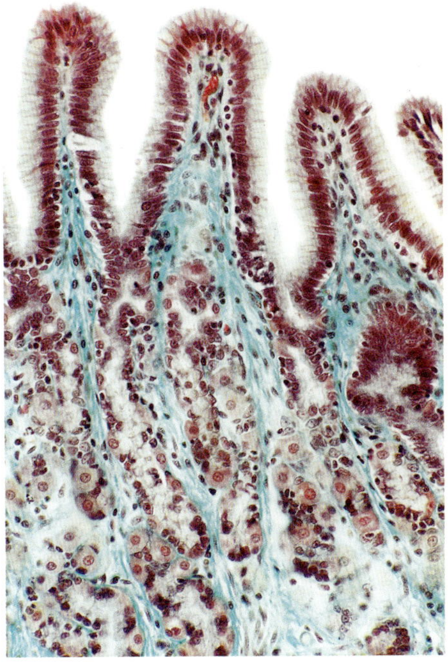

**Abb. 7-50.** Histologischer Schnitt durch die Kardiadrüsenschleimhaut eines Hundes mit oberflächlichen Magengrübchen (Foveolae gastricae) und wenig verzweigten Schlauchdrüsen in der Lamina propria mucosae.

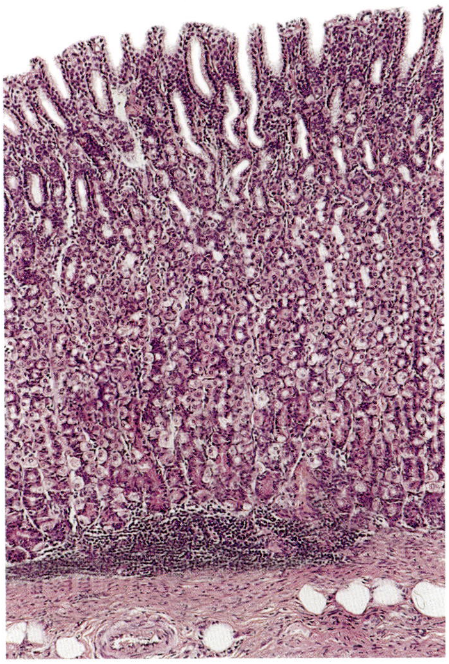

**Abb. 7-51.** Histologischer Schnitt durch die Fundusdrüsenschleimhaut eines Hundes mit zahlreichen, dichtgedrängten Schlauchdrüsen in der Lamina propria mucosae.

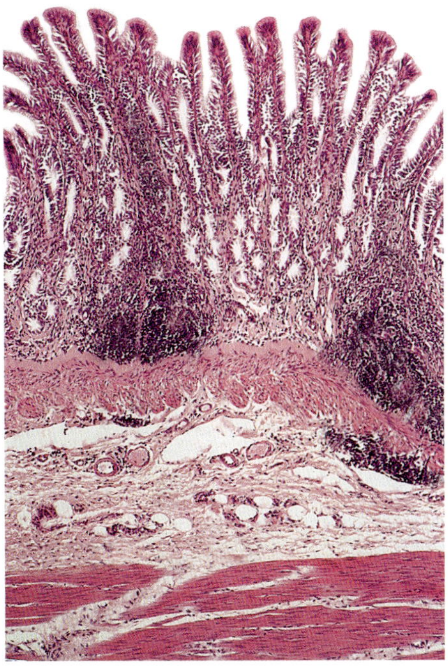

**Abb. 7-52.** Histologischer Schnitt durch die Pylorusdrüsenzone eines Hundes mit weitgestellten Magengrübchen und wenigen, verzweigten Schlauchdrüsen in der Lamina propria mucosae.

- **A. gastrica sinistra**,
- **A. hepatica** mit
  - A. gastrica dextra,
  - A. gastroepiploica dextra und
- **A. lienalis** mit
  - A. gastroepiploica sinistra.

Die **A. gastrica sinistra** ist die größte Magenarterie, sie erreicht die kleine Kurvatur, teilt sich zwingenartig auf beide Magenflächen auf und vaskularisiert den größten Teil des Magens. Ein rückläufiger Ast anastomosiert mit der A. oesophagea.

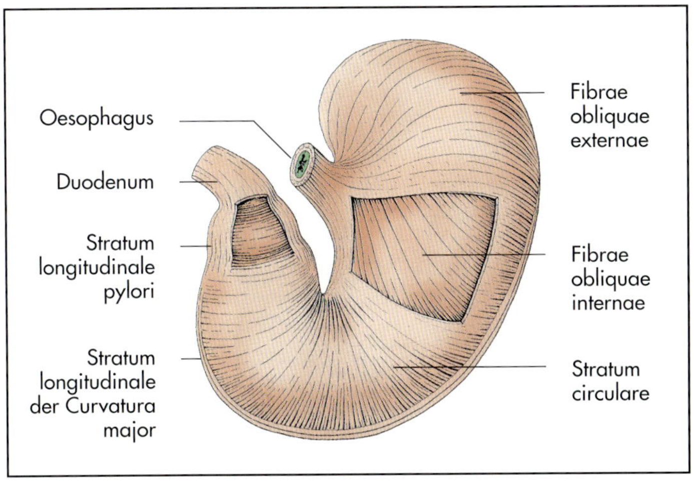


**Abb. 7-53.** Schematische Darstellung der Anordnung von Muskelschichten des Pferdemagens (Kranialansicht), Schaller, 1992.

Aus der **A. hepatica**, dem zweiten Ast der A. coeliaca, tritt die **A. gastrica dextra** ebenfalls an die kleine Kurvatur heran und anastomosiert hier mit der A. gastrica sinistra. Die A. hepatica versorgt die Leber und entlässt die entlang der großen Kurvatur verlaufende **A. gastroepiploica dextra**.

Die **A. lienalis**, der dritte Ast der A. coeliaca, entlässt ebenfalls Äste an die große Kurvatur des Magens. Sie setzt sich, nachdem sie die Milz versorgt hat, als **A. gastroepiploica sinistra** fort, die entlang der großen Magenkurvatur zieht und mit der A. gastroepiploica dextra anastomosiert. Durch die Anastomose **beider Aa. gastroepiploicae** und **beider Aa. gastricae** entsteht ein **perigastrischer Gefäßkreis**, der nur linksseitig den Fundus ventriculi nicht mit einschließt. Dieser wird direkt aus der A. lienalis über **Aa. gastricae breves** mit Blut versorgt, weshalb die A. lienalis bei einer chirurgischen Entfernung der Milz (Splenektomie) nicht zu großzügig ligiert werden darf. Von der A. lienalis und den beiden Aa. gastroepiploicae ziehen Äste an die große Kurvatur des Magens, die diese ebenfalls zwingenartig umgreifen.

Der Magen wird demnach von Arterien versorgt, die sich, von beiden Kurvaturen ausgehend, auf der Facies parietalis bzw. auf der Facies visceralis entgegenlaufen. In der Mitte der jeweiligen Magenfläche ist eine **gefäßärmere Zone** zu erwarten, in der die Inzision bei einer Gastrotomie ausgeführt wird. Zahlreiche arteriovenöse Anastomosen sind als Regulationsmechanismen für die Blutversorgung der Magenschleimhaut vorhanden, wonach bei leerem Magen das meiste Blut am Kapillargebiet vorbeigeleitet wird.

Die **Venen** des Magens verlaufen mit den Arterien und ziehen in die **Pfortader (V. portae)**. Anastomosen zwischen der **V. gastrica sinistra** und der **V. oesophagea** fungieren dabei als

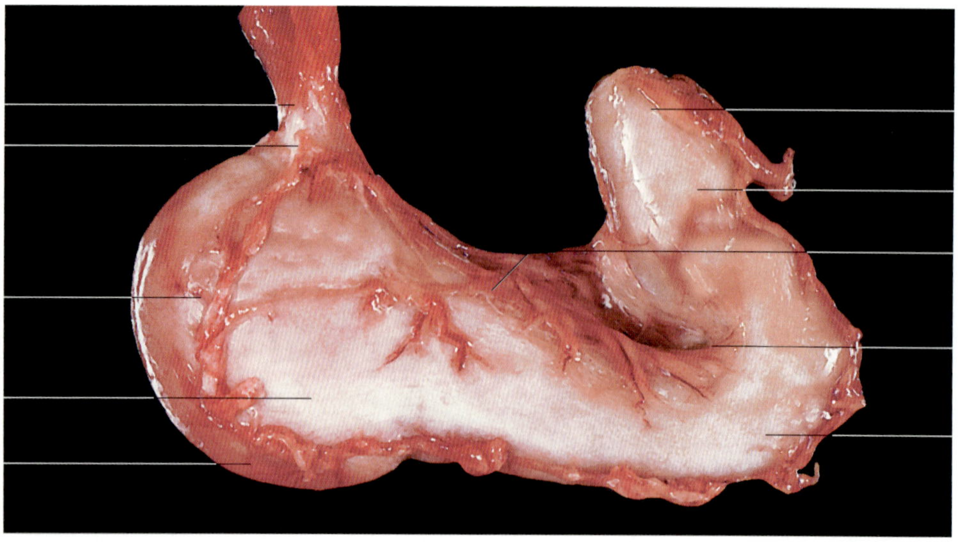


**Abb. 7-54.** Magen einer Katze (Kaudalansicht).

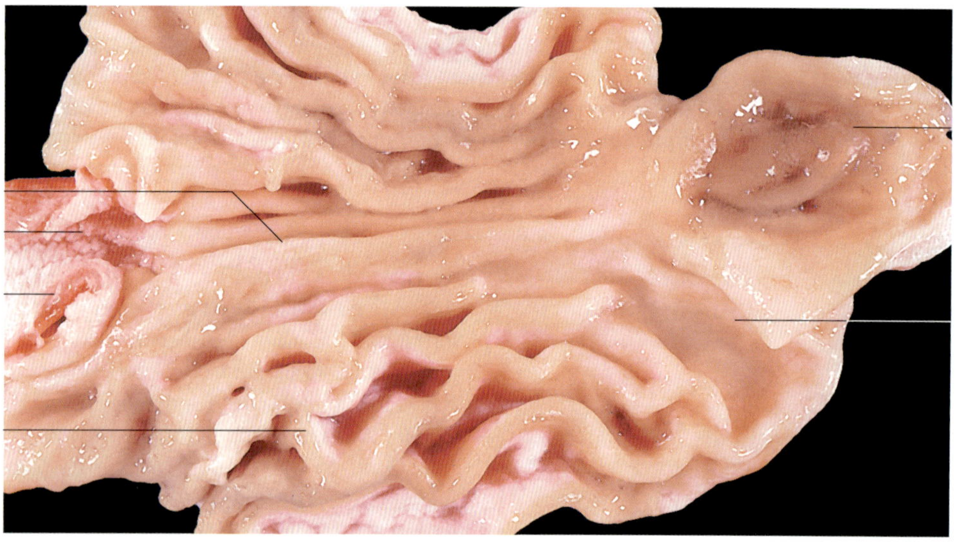


**Abb. 7-55.** Magen einer Katze (Innenansicht), König, 1992.

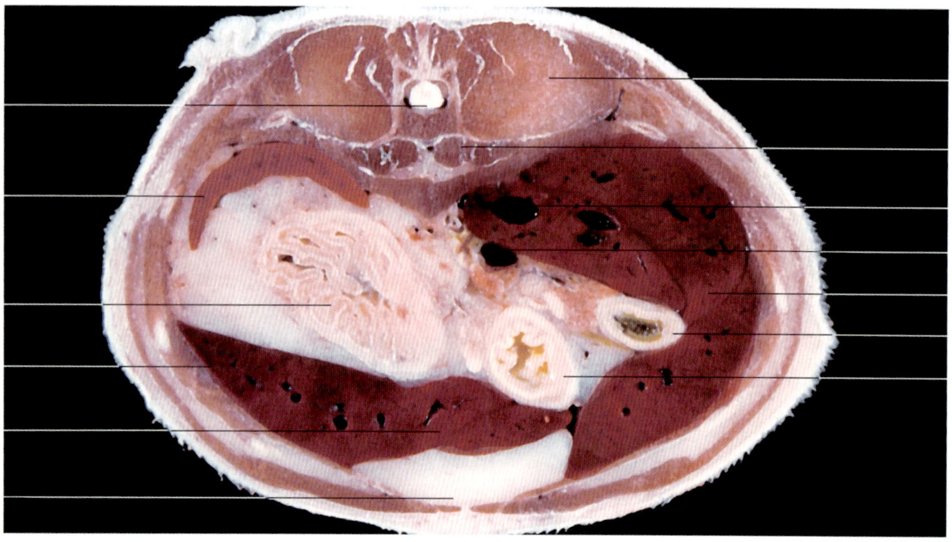


**Abb. 7-56.** Querschnitt durch das Abdomen einer Katze (Kaudalansicht), König, 1992.

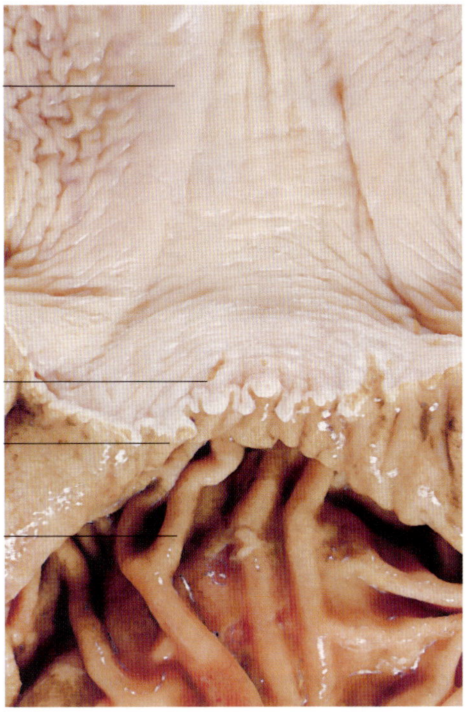


**Abb. 7-57.** Magen eines Pferdes (Innenansicht, Ausschnitt).

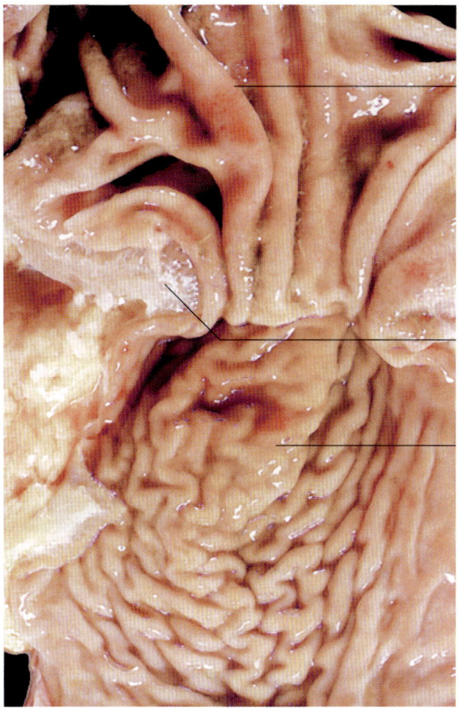


**Abb. 7-58.** Magen eines Pferdes (Innenansicht, Ausschnitt).

**portokavale Verbindung**. Bei Lebererkrankungen, die zu Stauungen in der V. portae führen, bilden sich am Oesophagus Varizen.

Die **Lymphgefäße** des Magens ziehen in die **Lymphonodi gastrici**, die in der Nähe der kleinen Kurvatur liegen. Jeder der Lymphknoten ist für einen umschriebenen Magenbereich zuständig. Die **Innervation** des Magens erfolgt vegetativ durch den **N. vagus** und den **Truncus sympathicus**. Der N. vagus stimuliert die Magensekretion.

## Lage des Magens

Die Lage des Magens steht eng mit der Entwicklung des **großen Netzes (Omentum majus)** und des **kleinen Netzes (Omentum minus)** in Verbindung. Aus diesen besonderen Gekröseverhältnissen leiten sich auch Verbindungen des Magens zu anliegenden Organen ab. Grundsätzlich können unterschieden werden:

- **Mesogastrium dorsale**:
  - Netzbeutel (Bursa omentalis) mit: (= großes Netz, Omentum majus)
    - viszeraler Wand (Paries profundus),
    - parietaler Wand (Paries superficialis),
  - Ligamentum gastrophrenicum,
  - Ligamentum phrenicolienale,
  - Ligamentum gastrolienale,
  - Ligamentum lienorenale beim Pferd und
  - Velum omentale (Segelnetz) bei Fleischfressern,
- **Mesogastrium ventrale**:
  - Ligamentum hepatogastricum, (= kleines Netz, Omentum minus)
  - Ligamentum hepatoduodenale,
  - Ligamentum falciforme hepatis,
  - Ligamentum coronarium hepatis,
  - Ligamentum triangulare sinistrum und
  - Ligamentum triangulare dextrum.

Das Mesogastrium dorsale hat seinen Ursprung, bei Fleischfressern gemeinsam mit dem Mesocolon transversum, an der dorsalen Bauchwand und setzt an der Curvatura ventriculi major an. Es ist stark verlängert und wird wegen seiner netzförmigen Fetteinlagerungen als großes Netz (Omentum majus, Epiploon) bezeichnet.

Der Ursprung des **großen Netzes** umschließt bei den Fleischfressern den linken Pankreasschenkel. Das große Netz zieht mit seiner **tiefen**, den **Eingeweiden zugewandten Wand (Paries profundus** oder **visceralis)** bis zum Beckeneingang. Dort schlägt es sich um und läuft als **oberflächliche**, der ventralen Bauchwand zugewandte **Wand (Paries superficialis** oder **parietalis)** bis zur großen Kurvatur des Magens, an dem es ansetzt, zurück.

Beiderseits lateral und kaudal sind diese beiden Wände an freien Umschlagkanten miteinander verbunden (Ausnahme Wiederkäuer, s.u.). Der **Paries superficialis** enthält auf der linken Körperseite die **Milz**, während der **Paries profundus** nahe dem Ursprung an der dorsalen Bauchwand den linken **Pankreasschenkel** einschließt.

Das **dorsale Magengekröse** buchtet sich während der Fetalentwicklung durch ein extremes Längenwachstum sackartig zur linken Körperseite aus. Diese Ausbuchtung wird als **Netzbeutel (Bursa omentalis)** bezeichnet. Gleichzeitig tritt eine Drehung der Magenanlage quer zur Körperlängsachse auf, dadurch bekommt der ursprünglich linksseitige Netzbeutel eine kraniokaudale Ausrichtung. Die Verlängerung dieses Gekröses und die Ausdehnung des Netzbeutels in der Bauchhöhle beckenwärts ist dabei speziesabhängig sehr unterschiedlich.

Bei Fleischfressern und Wiederkäuern (Besonderheiten beim Wiederkäuer, s.u.) dehnt sich der Netzbeutel bis zum **Beckeneingang** aus, unterlagert dabei das gesamte Darmkonvolut und bildet eine Verschiebeschicht zwischen der ventralen sowie lateralen Bauchwand und den Baucheingeweiden. Bei Pferd und Schwein liegt das große Netz dagegen unregelmäßig im **Darmkonvolut** verborgen, reicht dabei aber durchaus auch kaudal bis zum Leistenspalt.

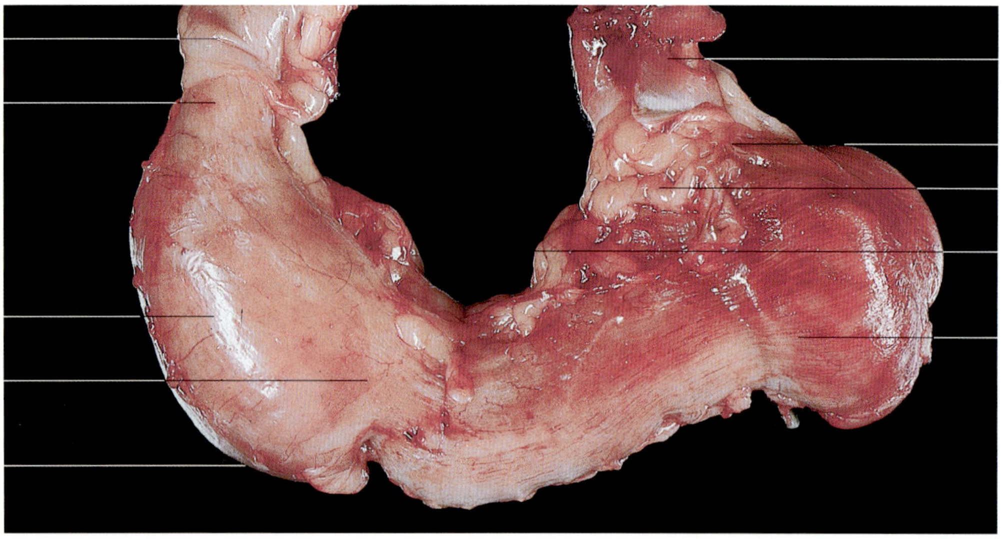


**Abb. 7-59.** Magen eines Hundes (Kaudalansicht).

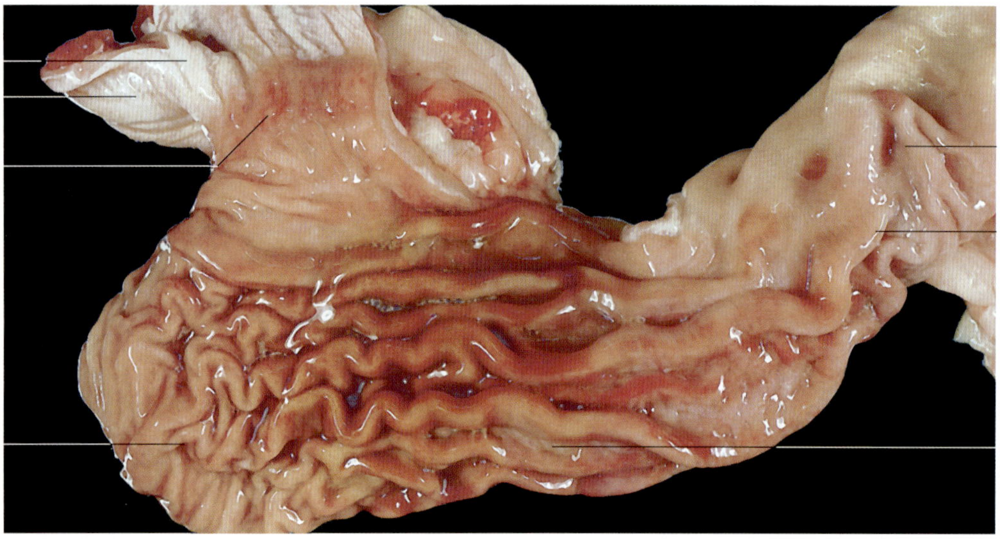


**Abb. 7-60.** Magen eines Hundes (Innenansicht).

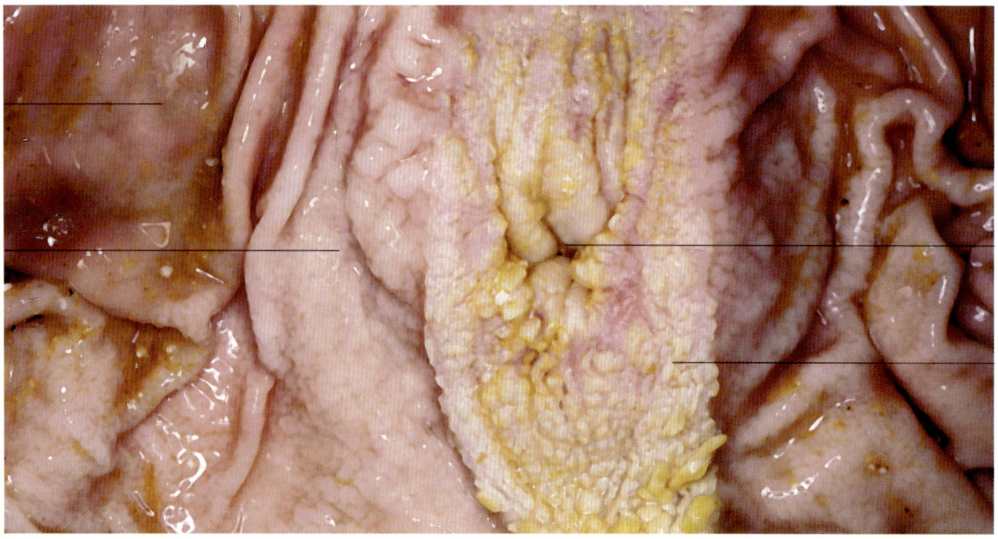


**Abb. 7-61.** Magen eines Schweines (Innenansicht, Ausschnitt).

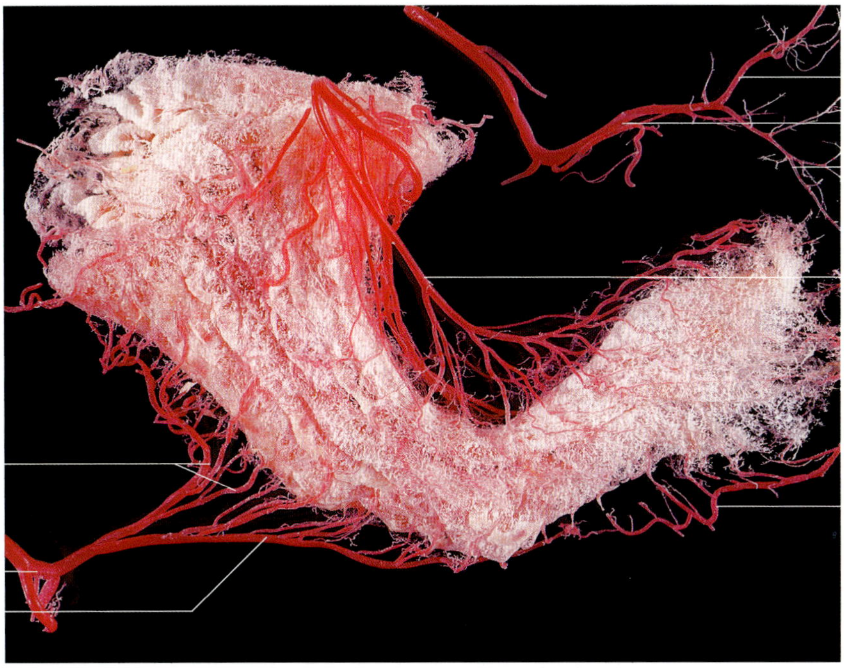


**Abb. 7-62.** Arterien des Magens eines Hundes (Korrosionspräparat, Kaudalansicht), König, 1992.

Der Netzbeutel schließt eine **Netzbeutelhöhle** ein, die sich zusammensetzt aus:

- Foramen omentale oder epiploicum (= Zugang in die Netzbeutelhöhle),
- Vestibulum bursae omentalis (Netzbeutelvorhof),
- Aditus ad recessum caudalem und
- Recessus caudalis omentalis.

Der Zugang in die Netzbeutelhöhle, das Foramen omentale seu epiploicum, liegt, von der rechten Körperseite erreichbar, ventral der V. cava caudalis und dorsal der V. portae (Abb. 7-63). Durch das Foramen epiploicum gelangt man in den Netzbeutelvorhof (Vestibulum bursae omentalis), der ventral vom Omentum minus begrenzt wird. Über die kleine Kurvatur des Magens erreicht man durch den Aditus ad recessum caudalem den Recessus caudalis omentalis. Dieser ist als ein spaltförmiger Raum zwischen Paries superficialis und profundus zu verstehen. Das **dorsale Magengekröse** schließt neben dem Netzbeutel noch weitere gesondert benannte Abschnitte mit ein, nämlich das:

- **Ligamentum gastrolienale** zwischen Milz und Magen,
- **Ligamentum gastrophrenicum**,
- **Ligamentum phrenicolienale** zwischen linkem Zwerchfellpfeiler und Magen sowie Milz, in deren ventraler Kante der kurze abdominale Abschnitt des Oesophagus verläuft, sowie das
- **Ligamentum lienorenale**, das beim Pferd als kräftiger Kaudalabschnitt des Ligamentum phrenicolienale ausgebildet ist.
- Das **Segelnetz (Velum omentale)** ist eine Besonderheit beim Fleischfresser, es spannt sich auf der linken Körperseite als dreieckige Gekrösefalte zwischen dem Paries profundus (nahe dem Milzhilus) und dem Mesocolon descendens auf.

Das **Mesogastrium ventrale** verkehrt zwischen der Curvatura ventriculi minor und der Medianen der ventralen Bauchwand, wobei die Ansatzlinie vom Zwerchfell bis zum **Nabel (Umbilicus)** reicht.

Das ventrale Magengekröse wird durch die eingelagerte Leber in einen proximalen Abschnitt, das **Lig. hepatogastricum**, zwischen Magen und Leberpforte und einen distalen Abschnitt, das **Lig. falciforme**, zwischen Leber und ventraler Bauchwand unterteilt. Der **Gallengang (Ductus choledochus)** als Ausführungsgang der Darmanhangsdrüse Leber verläuft in einer Gekrösefalte, dem **Lig. hepatoduodenale**, zum Duodenum und kennzeichnet damit den ontogenetischen Ursprungsort dieser Drüse. Das Lig. hepatoduodenale ist der Überrest des sonst vollständig zurückgebildeten ventralen Darmgekröses und wird in Vereinigung mit dem Lig. hepatogastricum als **kleines Netz (Omentum minus)** bezeichnet.

## Mehrhöhliger Magen

Der Magen der Hauswiederkäuer ist mehrhöhlig, er setzt sich aus **vier Kammern** zusammen (Abb. 7-65, 66 u. 68):

- Pansen (Rumen),
- Netzmagen oder Haube (Reticulum),
- Blättermagen, Buchmagen (Psalter, Omasum) und
- Drüsen- oder Labmagen (Abomasum).

Die ersten drei Mägen, auch **Vormagen (Proventriculus)** genannt, dienen der enzymatischen Spaltung und der Aufschlüsselung des Futters – vorzugsweise der Zellulose – durch die mikrobielle Flora und der Synthese kurzkettiger Fettsäuren (Essig-, Propion- und Buttersäure). Im Blättermagen erfolgt die Reabsorption von Wasser aus dem flüssigen Futterbrei. Die letzte Kammer, der Labmagen, ist mit dem einhöhligen Magen anderer Tierarten vergleichbar. (Näheres s. Lehrbücher der Physiologie und der Tierernährung.)

Alle vier Magenabschnitte stammen von der spindelförmigen embryonalen Magenanlage ab, ohne den Oesophagus mit einzubeziehen. Dabei entstehen aus der großen Kurvatur des kra-

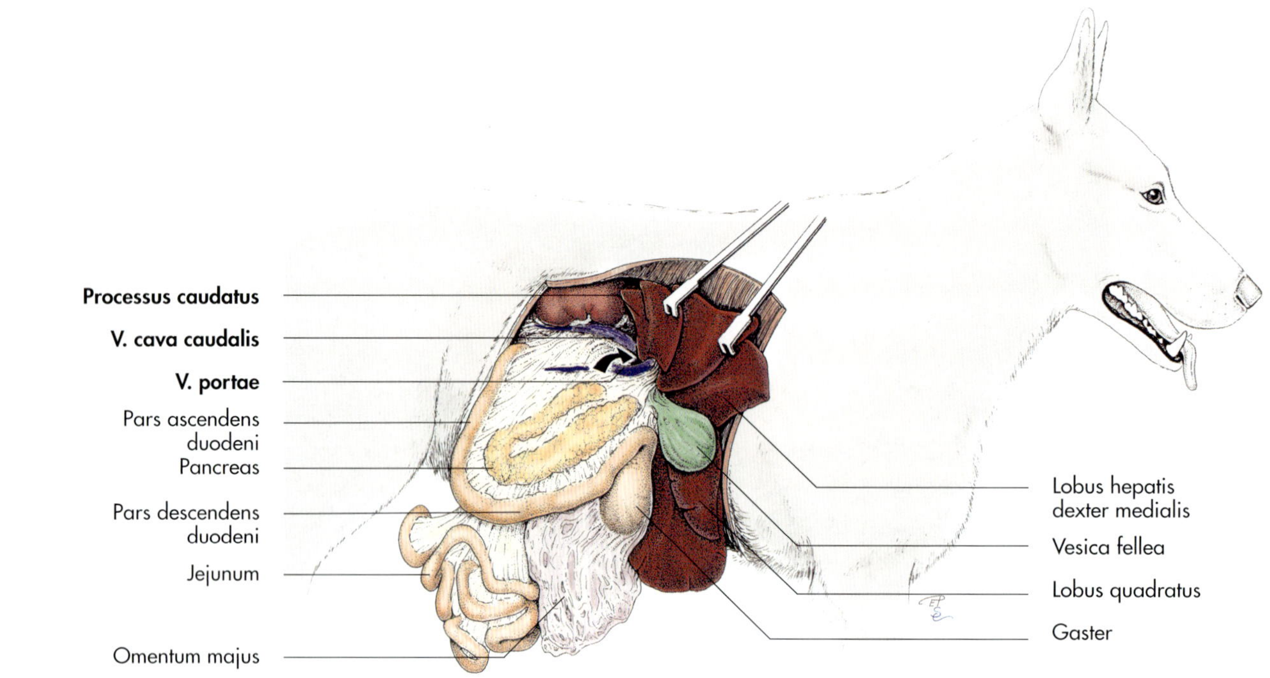


**Abb. 7-63.** Schematische Darstellung der Lage des Foramen omentale (= epiploicum) (Pfeil) beim Hund.

nialen Bereiches der spindelförmigen Magenanlage der Pansen und der Netzmagen, aus dem ursprünglich linken Abschnitt der kleinen Kurvatur der Blättermagen. Der übrige kaudale Abschnitt der Magenanlage wird zum Drüsenmagen.

Der Magen der Wiederkäuer nimmt die **gesamte linke Hälfte der Bauchhöhle** und einen **Teil der rechten Hälfte** in Anspruch. Der Pansen liegt links in der Bauchhöhle, die Haube kranial und der Blättermagen rechts. Das Fassungsvermögen des Magens des Rindes umfasst 60–100 l, wobei der Pansen allein 80% davon aufnehmen kann.

Während der **Entwicklung vor der Geburt** vergrößern sich die einzelnen Magenabschnitte unterschiedlich. In den letzten Monaten ante partum nimmt die Größe des Labmagens zu, sodass dieser zum Zeitpunkt der Geburt mehr als die Hälfte der Kapazität des Gesamtmagens ausmacht. Der **Labmagen** ist derjenige, der sofort post partum seine Funktion zur Verdauung der Milch aufnimmt. Seine Struktur ist der beim erwachsenen Tier schon sehr ähnlich, sein Fassungsvermögen kann bereits über 60% des Volumens adulter Rinder erreichen. Zunächst ist die Labmagenschleimhaut noch nicht völlig ausdifferenziert. Es vergehen noch einige Tage, bis die Fundusdrüsen ihre volle Aktivität aufnehmen. Damit soll die Resorption nativer Antikörper (Gammaglobuline) aus der Kolostralmilch während der ersten 24 Stunden nach der Geburt noch gewährleistet werden.

Erst im Alter von zwei bis drei Wochen setzen beim Kalb nach erster Aufnahme **fester Nahrungsbestandteile** im Pansen und im Netzmagen z.T. erhebliche **Proliferations-** und **Wachstumsvorgänge** ein. Von diesem Zeitpunkt an beginnt die Ausbildung des Innenprofils des Vormagens mit der Entwicklung der organspezifischen **Pansenzotten** bzw. der **Leisten des Netzmagens**. Die definitive Ausformung von Topographie und Proportionen der Magenkammern wird je nach Nahrungsangebot erst nach drei Monaten bis zu einem Jahr abgeschlossen.

Pansen und Netzmagen bilden einen **gemeinsamen Hohlraum**, in dem die Nahrung hin und her bewegt wird, bis sie genügend zerkleinert und aufgeschlossen ist, um nachfolgend in den Blätter- und in den Labmagen transportiert zu werden. Zwischen Pansen und Netzmagen erhebt sich ventral eine hohe, sichelförmige **Schleimhautfalte**, die **Plica ruminoreticularis**, die beide Hohlräume voneinander abgrenzt. Sie sind in Struktur und Funktion so eng miteinander verbunden, dass man von einem kombinierten **Ruminoreticulum** spricht (Abb. 7-65ff.).

## Pansen (Rumen)

Der Pansen ist ein großräumig erweiterter, seitlich abgeplatteter Sack, der vorzugsweise den **gesamten linken Bauchraum** ausfüllt und mit seinem kaudoventralen Anteil teilweise über die Mediane in die **rechte Bauchhöhlenhälfte** gelangt. Der Pansen erreicht kranial das Zwerchfell und zieht kaudal bis in den Beckeneingang.

Man unterscheidet am Pansen eine **eingeweideseitige Fläche (Facies visceralis)** und eine **körperwandseitige Fläche (Facies parietalis)**.

Die Unterteilung des Pansens in einen dorsalen und einen ventralen **Pansensack (Saccus dorsalis** und **Saccus ventralis)** geschieht durch die **seitlichen Längsfurchen (Sulcus longitudinalis dexter** bzw. **sinister)** (Abb. 7-65 u. 66). Diese setzen sich kranial bzw. kaudal in tiefe **Querfurchen (Sulcus cranialis** bzw. **caudalis)** fort.

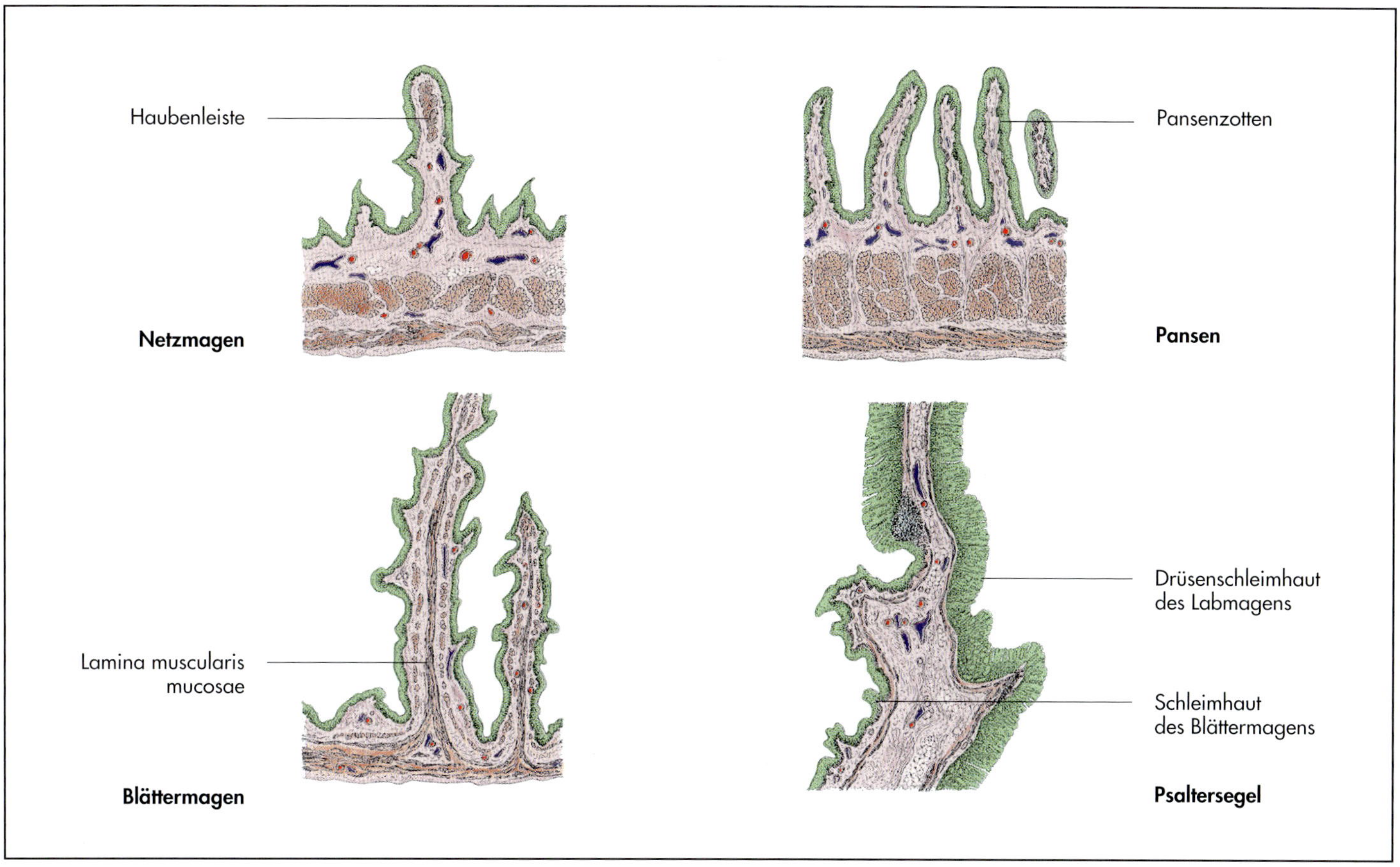


**Abb. 7-64.** Schematische Darstellung unterschiedlicher Wandabschnitte der Vormägen des Rindes, Liebich, 2004.

Eine dorsal bzw. ventral **verlaufende Kranzfurche (Sulcus coronarius dorsalis** bzw. **ventralis)** ist schwächer ausgebildet und trennt zusätzlich von beiden Pansensäcken jeweils einen entsprechenden **Blindsack (Saccus caecus caudodorsalis** bzw. **caudoventralis)** ab. Die genannten Einziehungen umgeben außen den Pansen ringförmig und entsprechen den sich nach innen vorwölbenden **Pansenpfeilern (Pilae ruminis)** (Abb. 7-67 u. 68).

Der **vordere Pansensack (Saccus cranialis)** wird als **Pansenvorhof (Atrium ruminis)** bezeichnet und übernimmt die für die Wiederkäuer arttypische Funktion eines **Schleudermagens**. Als kranioventraler Teil des Pansens befördert dieser Futter wieder zurück in den Netzmagen und ist damit entscheidend am Wiederkauakt dieser Tiere beteiligt. Der **ventrale Pansensack** ist kranial zur **Pansenbucht (Recessus ruminis)** erweitert (Abb. 7-68).

Der rechte Längspfeiler und die ihm außen entsprechende rechte Längsfurche sind in ihrem mittleren Abschnitt doppelt ausgebildet und umschließen so die **Panseninsel** (Abb. 7-66). Bei den kleinen Wiederkäuern ist der ventrale Pansensack größer als der dorsale.

Die **Schleimhaut** des Pansens wird oberflächlich von einem mehrschichtigen **drüsenlosen** Plattenepithel gebildet. Charakteristisch für die Pansenschleimhaut ist die Ausbildung von Zotten (Abb. 7-64). Die **Pansenzotten (Papillae ruminis)** sind bindegewebige Bildungen der Lamina propria und der Tela submucosa, die in ihrer Gesamtheit die Pansenoberfläche etwa um das Siebenfache vergrößern. Die Pansenpfeiler und beim Rind auch das Pansendach sind **zottenfrei.** Die Pansenzotten sind unterschiedlich gestaltet. Ihre Form variiert von **Warzen-** über **Zungen-** und **Faden-** bis zur **Blattform**. Sie enthalten ein **dichtes Gefäßnetz**. Durch die Pansenzotten werden vor allem die bei der Verdauung durch Mikroorganismen entstandenen kurzkettigen Fettsäuren (Essigsäure, Propionsäure und Buttersäure), aber auch Wasser, NPN-Verbindungen und Vitamin B und K resorbiert. (Näheres s. Lehrbücher der Tierphysiologie.) Die Höhe, Dichte und Form der Pansenzotten ist abhängig von der **energetischen Zusammensetzung des Futters**. Bei vermehrter Verabreichung von Raufutter oder während der Trockenstehzeit der Kühe verkürzen sich die Pansenzotten. Wird hingegen über längere Zeit mehr Kraftfutter verabreicht, beispielsweise während der Laktationsperiode, werden die Pansenzotten länger. Vergleichbar sind diese Adaptationsmechanismen mit den Proliferations- und Regressionsvorgängen an Pansenzotten im jahreszeitlichen Wechsel bei wildlebenden Ruminantiern (Trocken- bzw. Regenzeit oder Sommer- bzw. Wintermonate).

## Netzmagen, Haube (Reticulum)

Der Netzmagen gehört funktionell zum Pansen (Abb. 7-64ff., 69 u. 70). Dieser ist als kranialer Teil des Vormagens von kugeliger Gestalt und leicht abgeplattet.

Er liegt dem **Processus xiphoideus** des Sternum auf und steht mit der kaudalen Fläche des **Zwerchfells** in Kontakt. Der Netzmagen liegt unmittelbar ventral der Einmündung des **Oesophagus** in den Vormagen. In den Netzmagen gelangen nicht nur **feste Nahrungsbestandteile**, sondern auch gegebenenfalls **Fremdkörper** mit einem höheren spezifischen Gewicht. Von hier aus können letztere wegen der hohen Plica ruminoreticularis nicht mehr in den Pan-

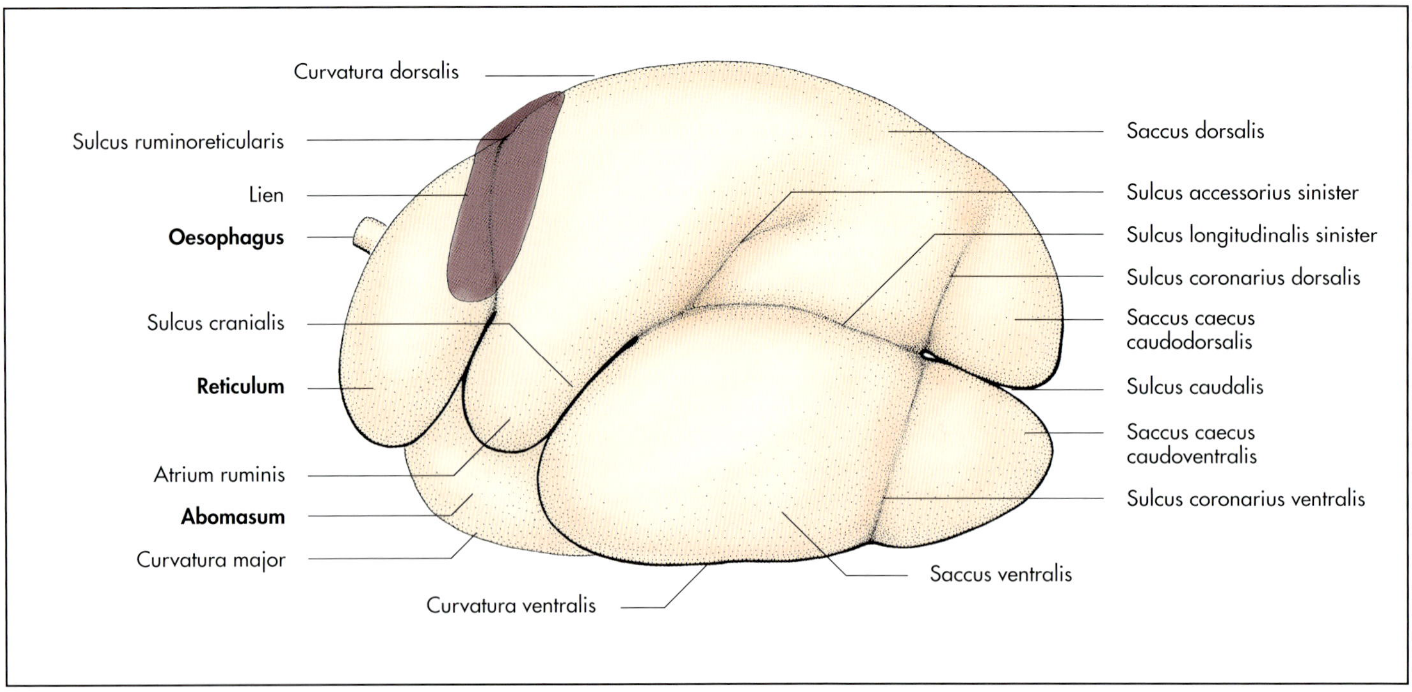


**Abb. 7-65.** Schematische Darstellung des mehrhöhligen Magens des Rindes (Ansicht von links), nach Schaller, 1992.

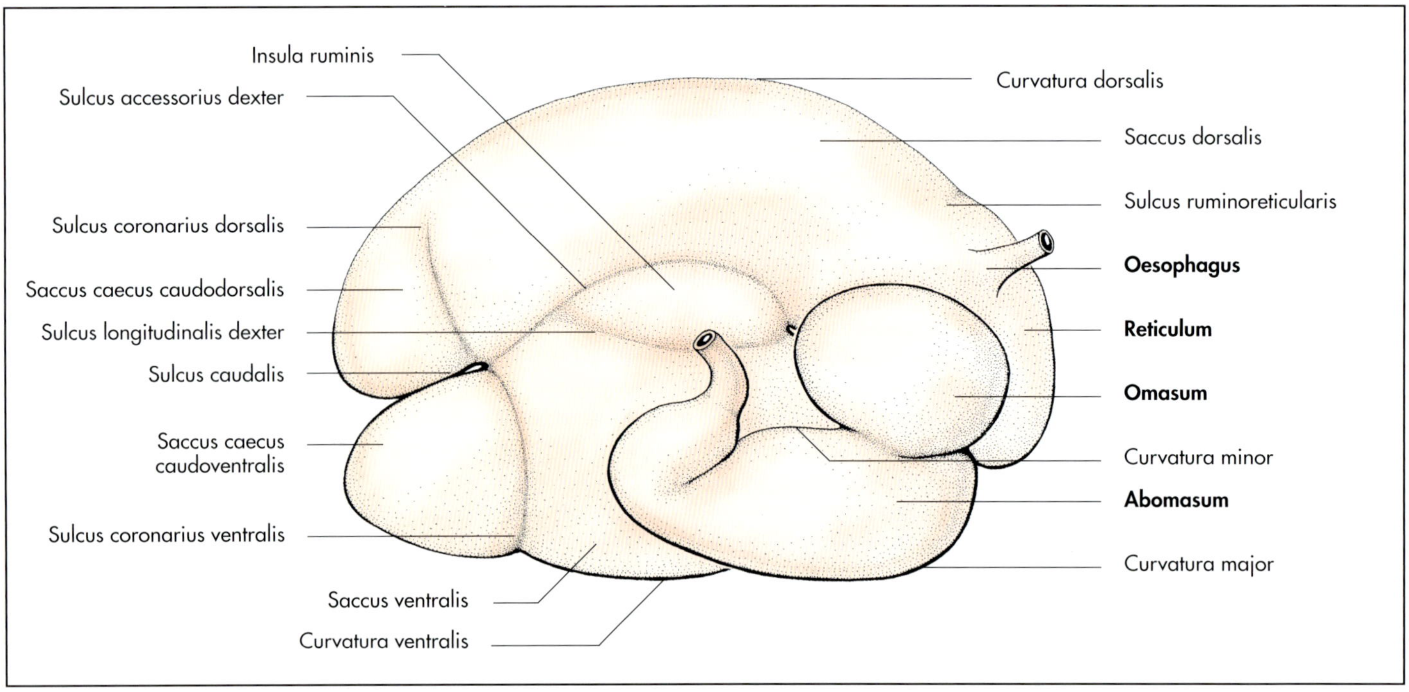


**Abb. 7-66.** Schematische Darstellung des mehrhöhligen Magens des Rindes (Ansicht von rechts), nach Schaller, 1992.

sen weitertransportiert werden. Dabei können infolge der heftigen Kontraktionen der Haube insbesondere spitze Gegenstände wie z.B. Nägel die Haubenwand durchbohren. Oft penetrieren sie dann auch das benachbarte Zwerchfell und können bis zum Herzbeutel bzw. bis zum Herz vordringen (Abb. 7-70).

Herzbeutelentzündungen, verursacht durch traumatische Einwirkung von Fremdkörpern, sind daher beim Rind nicht selten. Durch Druckausübung auf die ventrale Bauchwand in Höhe des Processus xiphoideus kann, bei schmerzhafter Reaktion des Tieres, die Diagnose einer Reticulitis bzw. einer Pericarditis traumatica erhärtet werden.

Die Schleimhaut der Haube wird von einem mehrschichtigen Plattenepithel gebildet, sie weist makroskopisch ein **netzartiges, wabenförmiges Relief**, sog. **Haubenleisten (Cristae reticuli)**, auf (Abb. 7-64 u. 70). Diese begrenzen vier- bis sechseckige, wabenförmige **Haubenzellen (Cellulae reticuli)**. Der freie Rand der Haubenleisten ist mit einem **Muskelzug** ausgestattet, der der **Lamina muscularis mucosae** entspricht. Die

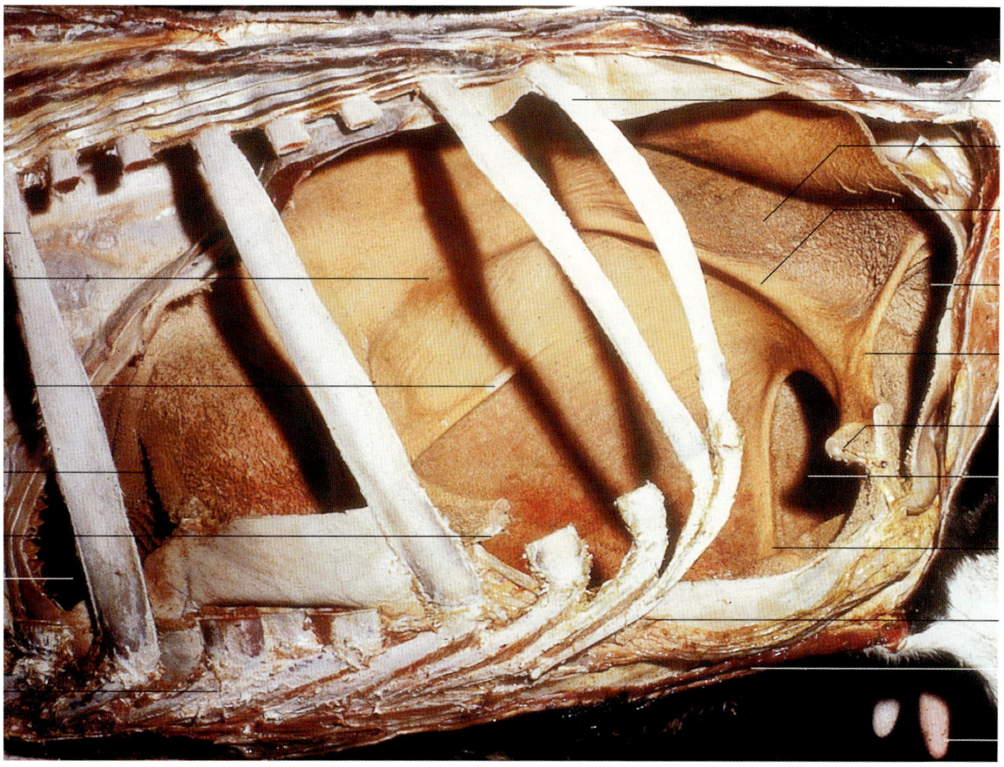


**Abb. 7-67.** Pansen eines Rindes in situ nach Entfernung von Teilen der linken Bauchwand, Absetzen einiger Rippen und Abtragen der seitlichen Pansenwand, der Panseninhalt ist entnommen (Ansicht von der linken Seite), Pavaux, 1983.

Schleimhaut ist zusätzlich mit **warzenförmigen Papillen (Papillae reticuli)** bedeckt. Zwischen Pansen und Haube wird die Nahrung über den Pansenvorhof hin und her bewegt. Über den Pansenvorhof gelangen gröbere Futtermassen beim Wiederkauakt zurück in den Oesophagus und in die Mundhöhle.

## Blättermagen, Psalter, Buchmagen (Omasum)

Die genügend zerkleinerte Nahrung wird aus der Haube durch das **Ostium reticulo-omasicum** in den Blättermagen weitertransportiert. Der Blättermagen ist kugelförmig und liegt kranial auf der **rechten Seite des Pansens** (Abb. 7-66). Von seinem Dach ragen zahlreiche **Blätter (Laminae omasi)** von unterschiedlicher Länge in das Lumen hinein. An seiner Basis bleibt eine **Rinne**, die **Psalterrinne (Sulcus omasi)**, frei. Durch das blattförmige Einstrahlen der zweischichtigen Tunica muscularis in die Blätter sowie durch das gleichzeitige Vorhandensein der schleimhauteigenen Muskelschicht, der Lamina muscularis mucosae, ergeben sich **drei Muskelzüge** in den Blättern (Abb. 7-64 u. 73ff.). Gegen den Labmagen wird der Blättermagen durch zwei bewegliche Falten **(Psaltersegel)** getrennt. Der Zugang zum Labmagen erfolgt durch das **Ostium omosoabomasicum**. Im Blättermagen wird dem Nahrungsbrei vor allem Wasser entzogen, es werden hier aber auch Mineralstoffe resorbiert.

Bei einem Überangebot von samenhaltigem Gras oder Unkraut kann es zu Verstopfungen des Blättermagens kommen. Die Erkrankung verläuft dramatisch akut und endet oft tödlich. Bei der Sektion erscheint der Blättermagen dann steinhart, sein Inhalt trocken.

## Labmagen (Abomasum)

Der Labmagen entspricht dem **einhöhligen Magen** der anderen Haussäugetiere (Abb. 7-66, 71 u. 77). Ähnlich wie bei diesen sind eine **große** und eine **kleine Kurvatur** zu unterscheiden. In sein Inneres ragen starke, spiralig verlaufende, **nicht verstreichbare Schleimhautfalten**, die **Plicae spirales**. Die Schleimhaut schließt vor allem **Mageneigendrüsen** und **Pylorusdrüsen** ein. Während der Ernährung mit Milch wird insbesondere **Labferment** zur Gerinnung der Milch gebildet. Die Muskulatur besteht aus einer äußeren Längs- und einer inneren Zirkulärschicht. Der Labmagen liegt auf der **rechten Seite** des Pansens. Sein Pylorusteil steigt auf der Kaudalfläche der Leber hoch und setzt sich mit dem Duodenum fort.

Zur **Labmagenverlagerung** bei Hochleistungsrindern (Holstein-Friesian-Rasse) kommt es relativ häufig, wobei dieser Magenabschnitt im Extremfall auf der linken Seite ventral der Hungergrube auskultiert werden kann.

## Magenrinne, Schlundrinne (Sulcus ventriculi)

Durch kräftige Muskelzüge wird von der Mündung des Oesophagus, an der Grenze zwischen Rumen und Reticulum, über den Blättermagen bis in den Labmagen eine **Rinne von zwei Lippen** (Sulcus ventriculi) geformt (Abb. 7-68 u. 72). Diese Rinne verläuft spiralig von dorsal medioventral, um durch das Reticulum und von hier an der Basis des Omasum entlang in den Labmagen zu gelangen. Bei Kälbern schließen sich die Lippen während des Trinkens reflektorisch zu einem Rohr, sodass die Milch direkt in den Labmagen gelangt. Bei ausgewachsenen Tieren gelingt es, durch Spülung der Mundhöhle mit Salzlösungen (Kupfersulfat) den Reflex kurzzeitig auszulösen. Damit können z.B. Medikamente direkt in den Labmagen gelangen.

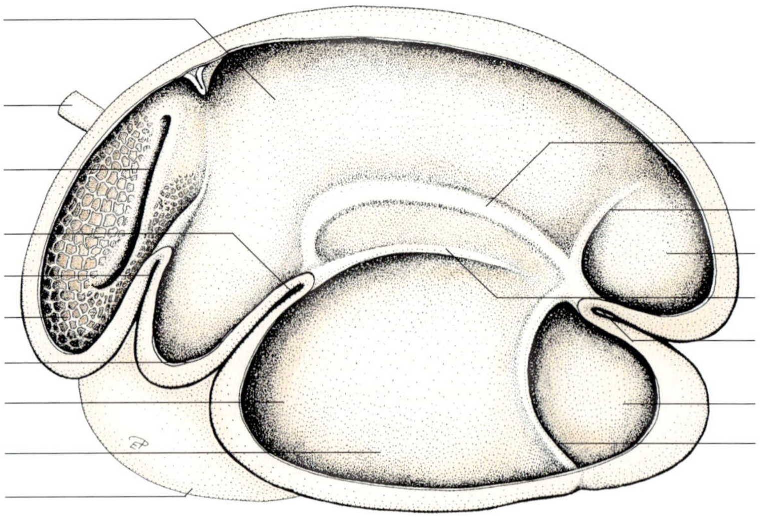


**Abb. 7-68.** Schematische Darstellung der Innenansicht des Pansens des Rindes (Innenansicht von links), nach Schaller, 1992.

## Gekröseverhältnisse am Wiederkäuermagen

Der mehrhöhlige Magen der Wiederkäuer ist entsprechend den Verhältnissen beim einhöhligen Magen über das ventrale und dorsale Magengekröse (**Mesogastrium ventrale** und **dorsale**) mit der ventralen und dorsalen Bauchwand verbunden. Nur der **dorsale Pansensack** liegt der dorsalen Bauchwand und den Zwerchfellpfeilern direkt an und ist mit diesen **großflächig verklebt**. Dieser Pansenabschnitt liegt damit retroperitoneal und besitzt kein dorsales Gekröse. Lockeres Bindegewebe befestigt auf diese Art den Pansen an der **dorsalen Bauchwand**. In diesen bindegewebigen Raum ragt die Milz zur Hälfte hinein, lediglich ihr ventral orientierter Abschnitt ist von Peritoneum bedeckt (Abb. 7-77).

Um die **Topographie** und die **Ansatzlinie** des großen und kleinen Netzes zu verstehen, wird auf die embryologische Entstehungsweise der Vormägen hingewiesen. Pansen und Netzmagen gehen als **Ausbuchtungen** aus der großen Kurvatur, der Blättermagen aus der linken Wand der spindelförmigen Magenanlage hervor.

Die **Ansatzlinie des kleinen Netzes (Omentum minus)** und somit des **ventralen Magengekröses** zieht entlang der kleinen Kurvatur des Labmagens und weiter über die Basis des Blättermagens. Letzterer wird dabei von der inneren Serosalamelle des kleinen Netzes überzogen. Wie bei den übrigen Haussäugetieren besteht das kleine Netz auch beim Wiederkäuer aus dem **Ligamentum hepatogastricum** und dem **Ligamentum hepatoduodenale**. Die **Ansatzlinie des großen Netzes (Omentum majus)**, das

**Abb. 7-69.** Netzmagen eines Rindes (Innenansicht).

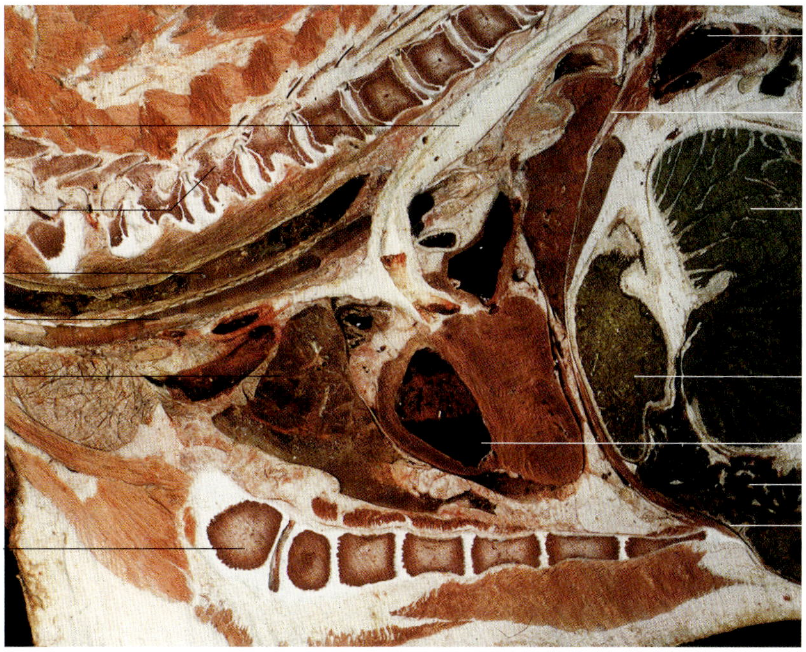


**Abb. 7-70.** Paramedianschnitt durch die Brusthöhle und den intrathorakalen Teil der Bauchhöhle eines Rindes, der die enge Nachbarschaft von Netzmagen und Herz verdeutlicht.

dem **Dorsalgekröse der Magenanlage** entspricht, verläuft vom Hiatus oesophageus entlang der rechten Pansenlängsfurche, über die kaudale Querfurche zur linken Pansenlängsfurche, weiter zur großen Kurvatur des Labmagens und zur Pars cranialis sowie zur Pars descendens des Duodenum.

Der **Netzbeutel (Bursa omentalis)** des **großen Netzes (Omentum majus)** (Abb. 7-76) besitzt bei den Wiederkäuern den gleichen Aufbau, wie er für den einhöhligen Magen schon beschrieben wurde. Der wesentliche Unterschied besteht nur in den Besonderheiten der beidseitigen lateralen Umschlagskanten, die bei Tieren mit einhöhligem Magen frei sind. Beim Wiederkäuer ist die rechte Umschlagskante mit dem Mesoduodenum descendens verklebt.

In den Bereich der linken Umschlagskante hat sich der Pansen, ausgehend von der großen Kurvatur der Magenanlage, hinein entwickelt. Hier gehen Paries profundus und superficialis also nicht mehr direkt ineinander über, sondern der Paries profundus setzt rechts im Sulcus longitudinalis dexter und der Paries superficialis links im Sulcus longitudinalis sinister am Pansen an. Im Sulcus caudalis ruminis gehen die Ansatzlinien vom Paries superficialis und profundus ineinander über.

Der sich weit in die Netzbeutelhöhle vorwölbende ventrale Pansensack beteiligt sich also an der Bildung der Netzbeutelwand. Durch die Fixierung der linken und rechten Kanten der Bursa omentalis ist diese wie eine Hängematte quer durch die Bauchhöhle aufgespannt. Der vom Paries profundus begrenzte

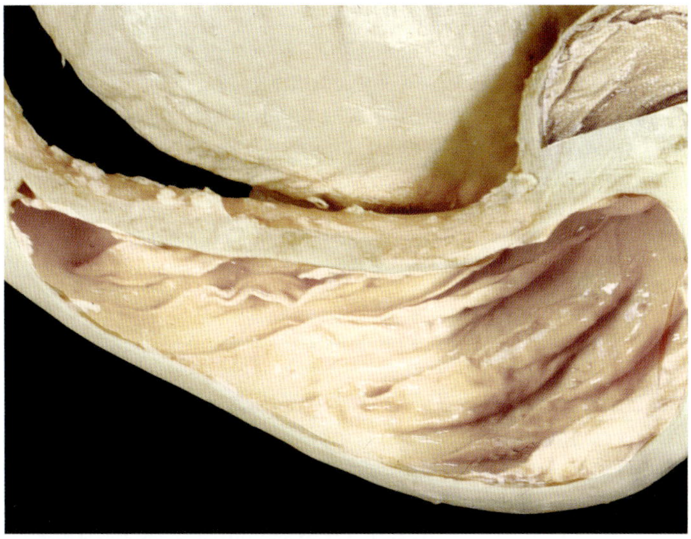

**Abb. 7-71.** Ansicht des eröffneten Labmagens eines Schafes mit angrenzendem Pansen, Psalter und Netzmagen.

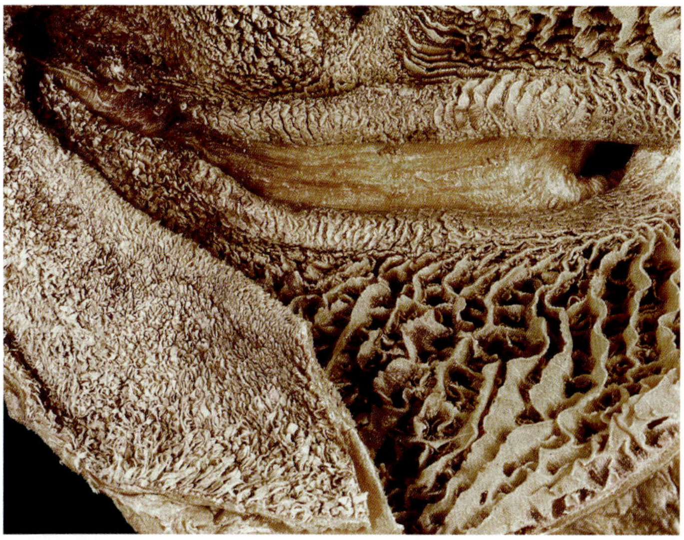

**Abb. 7-72.** Magenrinne eines Rindes mit eröffnetem Netzmagen und Pansen.

**Abb. 7-73.** Blättermagen eines Rindes.

**Abb. 7-74.** Blättermagen eines Rindes (Schnittbild).

**Abb. 7-75.** Histologischer Schnitt durch den Blättermagen eines Rindes.

Raum dorsal dieser Hängematte wird als **Recessus supraomentalis** bezeichnet, beherbergt das gesamte Darmkonvolut und ist nur von kaudal rechts vor dem Eingang in die Beckenhöhle weit offen zugänglich. Beim trächtigen Tier kann sich das gravide Uterushorn in den Recessus supraomentalis erstrecken (Abb. 7-76).

Der **Zugang zur Netzbeutelhöhle** erfolgt durch das **Foramen epiploicum** und führt zuerst in den **Netzbeutelvorhof**. Dieser steht dorsal über der kleinen Kurvatur des Labmagens mit der Netzbeutelhöhle in Verbindung.

Das spaltförmige **Foramen epiploicum** oder **Foramen omentale** befindet sich, wie bei anderen Haussäugetieren auch, kaudal vom **Processus caudatus der Leber**, **ventral der kaudalen Hohlvene** und **dorsal der Pfortader**. Aus Lage und Verlauf des großen Netzes beim Wiederkäuer ergibt sich, dass beim Öffnen der Bauchhöhle von rechts zunächst der Paries superficialis des großen Netzes sichtbar wird. Wird diese Serosadoppellamelle durchtrennt, gelangt man in die Netzbeutelhöhle und erblickt den Paries profundus. Wird dieser auch durchtrennt, gelangt man in den Recessus supraomentalis, der das Darmkonvolut enthält (Abb. 7-76).

## Blutversorgung

Die **Arterien** für die Abschnitte des Magens bei den Wiederkäuern stammen, wie auch bei den übrigen Haussäugetieren, aus der **A. coeliaca**. Außer den drei großen Ästen, der **A. lienalis**, der **A. gastrica sinistra** und der **A. hepatica** zweigen bei Wiederkäuern zusätzlich eine **A. ruminalis sinistra** und eine **A. ruminalis dextra** ab.

Die **A. lienalis** entlässt, bevor sie in der Milz endet, die **A. ruminalis dextra**. Diese verläuft in der rechten Pansenlängsfurche bis zur kaudalen Querfurche, die sie auch durchzieht. Sie gelangt nachfolgend zwischen den beiden Pansenblindsäcken auf die linke Seite. Die **A. ruminalis sinistra** verläuft auf der rechten Seite des dorsalen Pansensackes bis zur kranialen Querfurche. Sie zieht zwischen Netzmagen und Pansen durch die kraniale Querfurche auf die linke Seite des Pansens und verläuft in der linken Pansenlängsfurche kaudal. Aus dem Anfangsteil der A. ruminalis sinistra entspringt die **A. reticularis** für die Versorgung des Netzmagens.

Die **A. gastrica sinistra** zieht vorerst ebenfalls rechts vom Pansen, erreicht den Blättermagen und den Labmagen und verläuft anschließend entlang der kleinen Kurvatur des Labmagens, um schließlich mit der **A. gastrica dextra**, die aus der **A. hepatica** entspringt, zu anastomosieren. In Höhe des Blättermagens geht aus der **A. gastrica sinistra** die **A. gastroepiploica sinistra** hervor, die entlang der großen Kurvatur des Labmagens verläuft und mit der A. gastroepiploica dextra, die aus der A. hepatica stammt, anastomosiert.

Der Blättermagen, der aus dem linksseitigen Teil der kleinen Kurvatur des Magens entstanden ist, wird entsprechend von Ästen der A. gastrica sinistra mit Blut versorgt.

Bei den Wiederkäuern besteht damit ebenfalls ein **perigastrischer Gefäßkreis** um den Labmagen, der die A. gastrica sinistra mit der A. hepatica verbindet. Aus der A. gastrica sinistra gehen zudem Äste an den Blättermagen.

Die **Venen** des Wiederkäuermagens verlaufen parallel zu den Arterien und münden in die **Pfortader**.

## Innervation

Die Innervation des Wiederkäuermagens ist vegetativ. Die aus dem **Plexus coeliacus** stammenden **sympathischen Fasern** bilden einen **Plexus gastricus**, einen **Plexus ruminalis dexter** und einen **Plexus ruminalis sinister**. Letzterer gibt Äste auch an die Haube und die Milz ab. Die **parasympathischen Äste** stammen aus dem **N. vagus**. Bei den Wiederkäuern steht der Truncus vagalis dorsalis, bereits vor seiner Aufteilung, durch einen links vom Oesophagus gelegenen

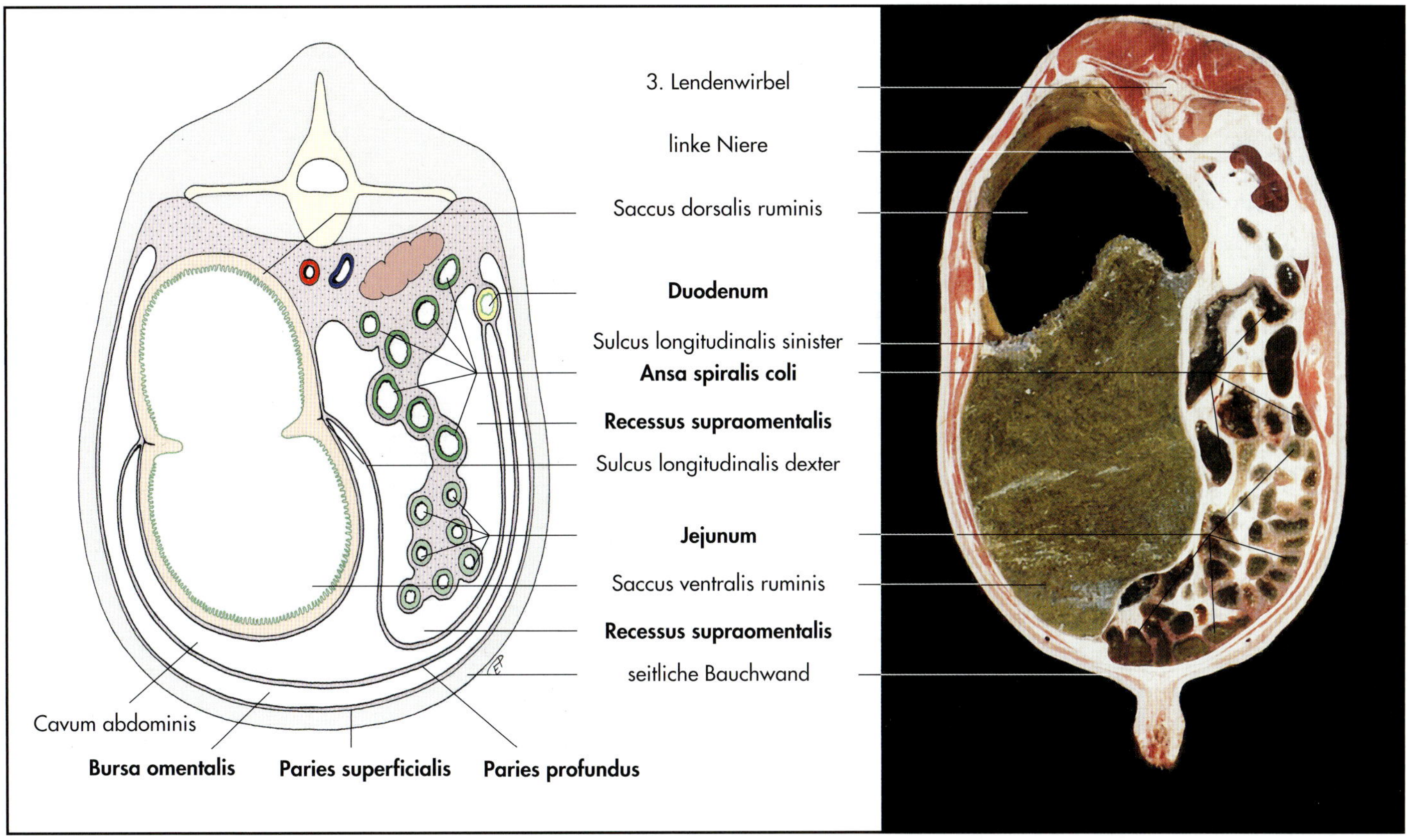


**Abb. 7-76.** Querschnitt durch den Rumpf eines Rindes in Höhe des 3. Lendenwirbels mit intrathorakal gelegenen Bauchorganen und Netzbeutel des großen Netzes (Kaudalansicht).

Ramus communicans mit dem Truncus vagalis ventralis in Verbindung. Aus dem **Truncus vagalis dorsalis** entstammt der **Ramus ruminalis dexter** und der **Ramus ruminalis sinister**. Zusätzlich werden Äste an den Schleudermagen, an den Netzmagen, an die Magenrinne, den Blättermagen und an den Labmagen abgegeben.

Der **Truncus vagalis ventralis** entlässt Äste an den Schleudermagen, an die Haube, an die Magenrinne, an die kleine Kurvatur des Labmagens und an den Pylorus. Ebenfalls aus dem ventralen Vagusstamm gelangen Rami an die Leber und an das Duodenum.

### Lymphknoten

Die Lymphknoten des Wiederkäuermagens sind vorwiegend auf der rechten Seite angeordnet. Sie gehören zum **Lymphocentrum coeliacum**. Die **Lymphonodi lienales**, die auch **Lymphonodi atriales** genannt werden, liegen in der Nähe der Milz und der Kardia. Sie sind Sammelstation der Lymphe aus sämtlichen Lymphknoten des Magens.

Die **Lymphonodi ruminales dextri** und **sinistri** befinden sich in der rechts- bzw. linksseitigen Pansenlängsfurche. Die **Lymphonodi ruminales craniales** liegen in der kranialen Pansenquerfurche verborgen. Die **Lymphonodi reticulares** befinden sich auf der dorsalen bzw. pansenseitigen Fläche des Netzmagens. Für den Blättermagen sind die **Lymphonodi omasiales** zuständig. Sie liegen an seiner großen Kurvatur. Die **Lymphonodi ruminoabomasiales** finden sich zwischen Netzmagen, Labmagen und Atrium ruminis. Die **Lymphonodi abomasiales dorsales** reihen sich entlang der kleinen Kurvatur des Labmagens. Ventrale Labmagenlymphknoten sind inkonstant und können an dessen großer Kurvatur vorkommen.

## Mittel- und Enddarm (Intestinum)

Der **Darm (Intestinum, griech. Enteron = Darm)** beginnt kaudal des Magenausgangs und endet mit dem Anus. Als **Dünndarm (Intestinum tenue)** wird der zwischen Pylorus und Blinddarm gelegene Abschnitt, als **Dickdarm (Intestinum crassum)** der vom Caecum bis zum Anus reichende Teil bezeichnet. Beide Abschnitte unterscheiden sich allerdings nicht immer in ihrem Kaliber, wie dies die Benennung vermuten ließe (Abb. 7-85ff.).

Die **Gesamtlänge** des Darms, die nach dem Tode und nach dessen Erschlaffung gemessen wird, entspricht nicht der beim lebenden Tier. Entsprechend der Ernährungsweise haben jedoch Hund und Katze einen wesentlich kürzeren Darm (das Drei- bis Vierfache der Körperlänge) als Pflanzenfresser (bis zum Fünfundzwanzigfachen der Körperlänge).

## Bau der Darmwand

Die Darmwand (Abb. 7-78) besteht, wie auch der Magen, von innen nach außen aus:

- Schleimhaut (Tunica mucosa),
- Unterschleimhaut (Tela submucosa),
- Muskelschicht (Tunica muscularis) und
- Bauchfellüberzug (Tunica serosa).

Das Epithelium mucosae der Darmschleimhaut (Tunica mucosa) ist einschichtig, hochprismatisch und von schleimsezernierenden Becherzellen durchsetzt. Im gesamten Darmrohr sind in der Lamina

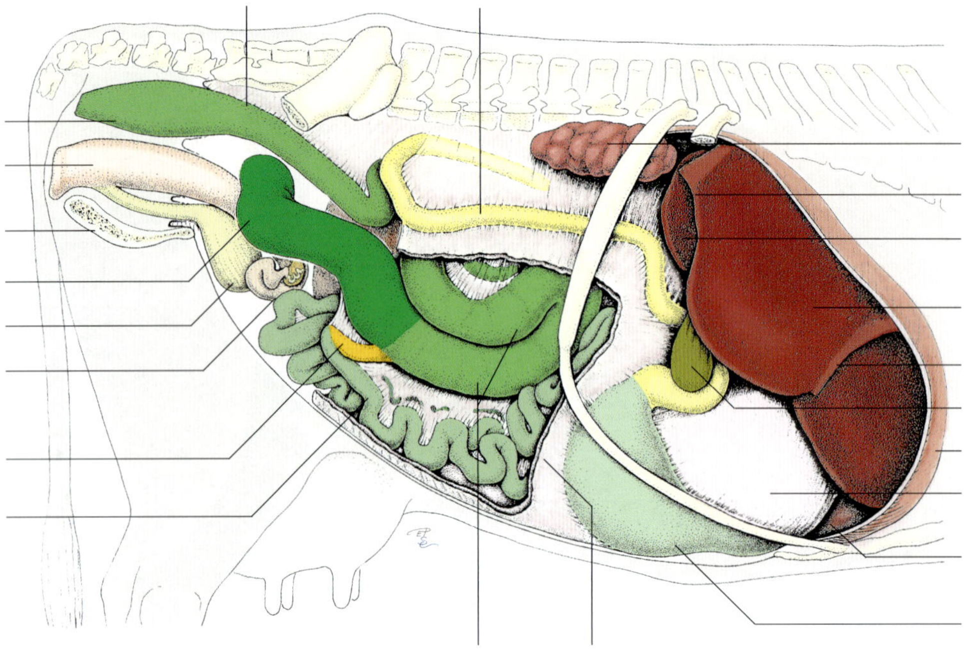


**Abb. 7-77.** Schematische Darstellung der Bauch- und Beckenorgane des Rindes (Lateralansicht, das großes Netz ist teilweise entfernt).

propria mucosae gerade, unverzweigte Schlauchdrüsen (Glandulae intestinales, Lieberkühn-Drüsen) eingesenkt (Abb. 7-79 u. 80).

Die Schleimhautoberfläche wird im **Dünndarm** durch fingerförmige Ausstülpungen, die **Darmzotten (Villi intestinales)**, erheblich vergrößert. Diese tragen entscheidend zur Oberflächenprofilierung der inneren Darmoberfläche und damit zur Vergrößerung der Resorptionsfläche bei. Für ihre Funktion ist die Vaskularisation von großer Bedeutung. In jede Darmzotte zieht eine **Arteriole**, die sich an der Spitze in ein **Kapillarnetz** auflöst. In Basisnähe münden die Kapillaren in eine **Venole**. Die in die Darmzotten hineinragenden **Lymphkapillaren** besorgen den Abtransport der Produkte der Fettverdauung.

In der Wand des **Dickdarms** sind **keine Darmzotten** vorhanden, **allein Darmkrypten** sind als **Schlauchdrüsen (Glandulae intestinales)** entwickelt. Die Kapillaren bilden hier, ähnlich wie im Bereich des Magens, ein subepitheliales wabenförmiges Netz. Im Dickdarm treten vermehrt schleimproduzierende **Becherzellen** auf, deren muzinhaltiges Sekret dem Darminhalt beigemengt wird und damit die Faezes gleitfähiger werden lässt. Der Dickdarm dient zusätzlich der **Rückresorption** von Wasser und damit der Eindickung des Kotes. (Näheres s. Lehrbücher der Histologie und der Physiologie.)

Die **lymphatischen Einrichtungen** der Darmwand sind für die Abwehr gegen eindringende Keime von großer Bedeutung. So finden sich in der gesamten Wand des Dünndarms eine große Anzahl von Einzellymphknötchen **(Lymphonoduli solitarii)** und zusätzlich **Peyer-Platten (Lymphonoduli aggregati)**. Letztere erscheinen im **Ileum** besonders ausgeprägt und ragen beim Pferd in das Caecum hinein.

Beim Rind können die Peyer-Platten hier Längen bis zu 25 cm erreichen. Sie zeichnen sich durch ihre unregelmäßige, siebförmige Oberfläche aus. Für gewöhnlich erstreckt sich eine dieser Peyer-Platten durch das Ostium ileale bis in den Dickdarm. Beim Schwein sind im Jejunum und Ileum große plattenartige Lnn. aggregati eingelagert. Eine Platte reicht über das Ostium ileale in das Colon ascendens. Bei der Katze ist eine auffallende Häufung von Lymphfollikeln in der Schleimhaut der Blinddarmspitze zu finden.

Die **Unterschleimhaut (Tela submucosa)** besteht aus lockerem Bindegewebe, sie führt Blut- und Lymphgefäße, z.T. Lymphknötchen sowie vegetative Nervengeflechte. In dieser Darmschicht liegen meist kettenartig verknüpft die Ganglien des **Plexus nervorum submucosus (Meissner-Plexus)** zur vegetativen, intramuralen Innervation der Darmdrüsen, der glatten Muskulatur und der Gefäßwände. Im Anfangsabschnitt des Duodenum liegen zudem verzweigte **Schlauchdrüsen (Glandulae duodenales, Brunner-Drüsen)**.

Die **Muskelschicht (Tunica muscularis)** besteht aus einer dickeren inneren Ringmuskelschicht und einer schwächeren äußeren Längsmuskelschicht. Die Ringmuskelschicht bildet im Bereich des Afters den M. sphincter ani internus. Die **äußere Längsmuskelschicht** ist bei einigen Tierarten wie z.B. beim Pferd und beim Schwein zu sog. **Bandstreifen (Tänien)** zusammengezogen, zwischen denen sich die Darmwand nach außen vorwölbt und zu sog. **Poschen (Haustra)** wird.

Die **Bauchfellschicht (Tunica serosa)** bildet die Auskleidung der **Bauchwand (Peritoneum)** und den **äußeren Überzug des Darms**. Sie stellt also die Fortsetzung des dorsalen Gekröses

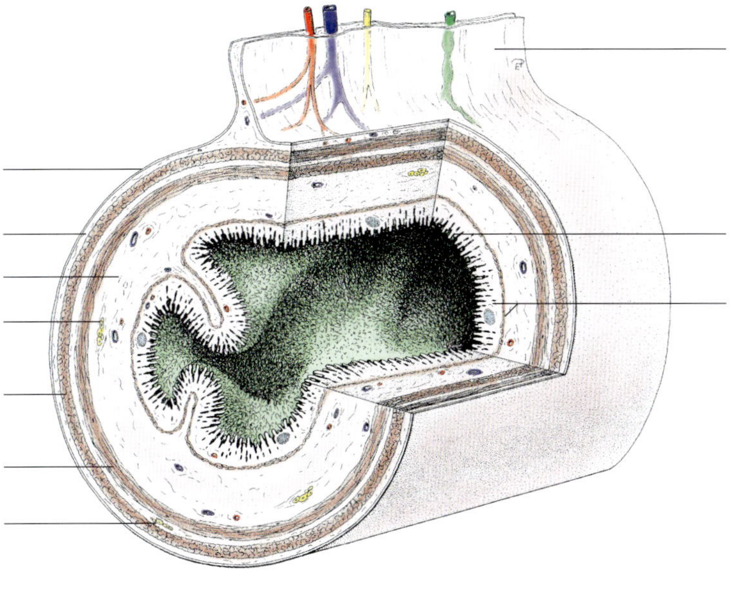


**Abb. 7-78.** Schematische Darstellung der Schichten des Darmrohrs mit dorsalem Gekröse.

**(Mesenterium)** dar, dessen beide Blätter in Darmnähe auseinanderweichen und das Darmrohr umgeben. Im Mesenterium verlaufen die Leitungsbahnen, die den Darm versorgen.

Die **Lymphgefäße des Darms** ziehen zu folgenden **Lymphknotengruppen**: Lnn. portales, pancreaticoduodenales, mesenterici craniales, caecales, jejunales, colici und anorectales.

## Innervation

Die Innervation des Darmrohrs erfolgt über das **vegetative Nervensystem**. **Intramural** gelegene Ganglien verbinden sich **plexusartig** in und zwischen den Schichten der Darmwand. Man unterscheidet in der Tela submucosa den **Plexus nervorum submucosus (Meissner-Plexus)** und den zwischen den Schichten der Muskelwand gelegenen **Plexus nervorum myentericus (Auerbach-Plexus)** (Abb. 7-78). Beide Plexus stehen über ein subseröses Nervengeflecht mit anderen vegetativen Geflechten und mit den **prävertebralen Ganglien** der Bauchhöhle in Verbindung. Übergeordnete Zentren im Zentralnervensystem beeinflussen die Darmaktivität. Aufgrund der zahlreichen Ganglienzellen und Nervenplexus, die lokal in die Darmwand eingelagert sind, bewahrt dieser eine gewisse funktionelle Autonomie.

# Dünndarm (Intestinum tenue)

Im Dünndarm finden **Verdauung** und **Resorption** statt. Verdauung ist der enzymatische Abbau der Nährstoffe in resorbierbare Bestandteile. Wichtigste Enzymquelle sind die Sekrete der **Bauchspeicheldrüse (Pancreas)**. Zur Fettverdauung müssen die Fette durch die **Gallensäuren** der Gallenflüssigkeit emulgiert werden.

Die **Schleimhaut** des Darms besitzt resorbierende und schleimbildende Zellen im Epithel sowie endokrine Zellen, die die Pankreassekretion sowie die Gallenblasen- und Darmmotorik steuern (Abb. 7-79 u. 80). Sie enthält abschnittsweise zahlreiche **Lymphfollikel (Noduli solitarii)**. Größere Ansammlungen lymphatischen Gewebes werden als **Noduli aggregati (Peyer-Platten)** bezeichnet. Letztere werden häufiger und im einzelnen auch flächenhaft ausgedehnter, je näher sie am Übergang zum Dickdarm liegen. Der Dünndarm setzt sich aus **drei Teilen** zusammen:

- Zwölffingerdarm (Duodenum),
- Leerdarm (Jejunum),
- Hüftdarm (Ileum).

Sämtliche Abschnitte sind über ein durchgehendes **dorsales Gekröse** mit der dorsalen Bauchwand verbunden. Dieses ist in den meisten Abschnitten auffällig lang und ermöglicht dem Dünndarm eine große Beweglichkeit. Lediglich das Duodenum ist bei Pferd und Wiederkäuern durch ein relativ kurzes dorsales Gekröse (Mesoduodenum) in seiner Position fixiert.

## Zwölffingerdarm (Duodenum)

Der Zwölffingerdarm ist an der dorsalen Bauchwand mit dem **Mesoduodenum** als dem vorderen Teil des Mesenterium dorsale befestigt. Dieses ist bei Pferd und Wiederkäuern kurz, bei Schwein, Hund und Katze lang (Abb. 7-85ff.). Lediglich die Pars cranialis duodeni besitzt mit dem Ligamentum hepatoduodenale einen Überrest des sonst vollständig zurückgebildeten ventralen Darmgekröses, in dem der Ausführungsgang der Leber – der **Gallengang (Ductus choledochus)** – verläuft.

Beim Hund ermöglicht ein relativ langes Mesoduodenum in Verbindung mit dem ebenfalls ausgedehnten kleinen Netz weit ausholende Verlagerungen des Magens. Bei gastraler Überladung und heftiger Bewegung des Tieres kann sich hieraus das äußerst gefähr-

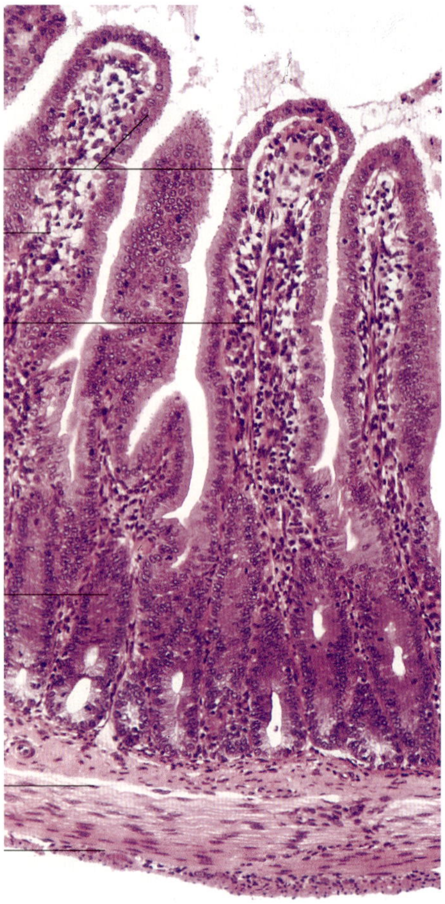


**Abb. 7-79.** Histologischer Schnitt durch die Wand des Jejunum einer Katze mit Darmzotten und Darmkrypten.

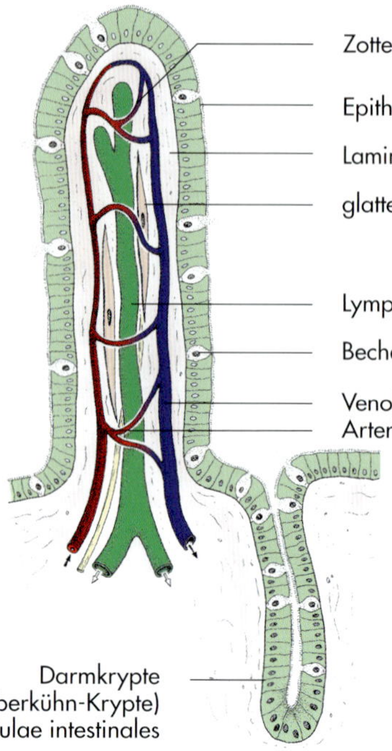


**Abb. 7-80.** Schematische Darstellung einer Darmzotte und einer Darmkrypte.

liche Bild einer **Torsio ventriculi**, vorzugsweise bei mittelgroßen und großen Hunderassen, entwickeln.

Aus dem **Pförtner (Pylorus)** des Magens zieht die Pars cranialis duodeni zur rechten Bauchwand, schlägt sich dort als **Flexura duodeni cranialis** kaudal um, zieht als **Pars descendens duodeni** bis zum Beckeneingang und schlägt sich dort zur Mitte hin um. Diese Umschlagstelle heißt **Flexura duodeni caudalis**. Sie umschließt kaudal die Gekrösewurzel. Als **Pars ascendens duodeni** läuft der Zwölffingerdarm nun ein kurzes Stück kranial und geht schließlich in der ventral gerichteten **Flexura duodenojejunalis** in das Jejunum über. Im **Gekröse** der **Pars descendens duodeni** findet sich stets der **rechte Schenkel des Pancreas**. Das Ende des Duodenum wird durch den kranialen Rand der **Plica duodenocolica** markiert.

Beim Menschen ist das Duodenum durch die Ausdehnung der **Duodenaldrüsen (Brunner-Drüsen)** begrenzt und definiert. Da diese Drüsen bei den Haussäugetieren tierartlich unterschiedlich weit in den Dünndarm reichen, wählte man in der Veterinäranatomie die **Plica duodenocolica** als Grenze für das Duodenum (Abb. 7-85ff.).

In den Anfangsteil des Duodenum münden die Ausführungsgänge der Bauchspeicheldrüse und der Ductus choledochus (Abb. 7-82). (Näheres s. Abschnitt »Anhangsdrüsen des Darms«, S. 355, in diesem Kapitel.)

## Leerdarm (Jejunum)

Die Darmschlingen des Leerdarms sind am **dorsalen Gekröse (Mesojejunum)** aufgehängt, das ihnen weite Beweglichkeit in der Bauchhöhle gestattet (Abb. 7-85ff. u. Kap. 19 »Topographisch-klinische Anatomie«).

Beim Hund und bei der Katze liegen die Leerdarmschlingen dem **Paries profundus des großen Netzes** auf. Sie nehmen den Raum zwischen Leber und Magen kranial und der Harnblase kaudal ein. Beim Schwein ist das Jejunum ebenfalls an einem langen Gekröse befestigt. Es nimmt zusammen mit dem Kolonkonvolut den **kaudoventralen Bereich** der Bauchhöhle ein. Das Jejunum verläuft bei dieser Tierart vorzugsweise im **rechten Teil** des Bauchraumes, da die linke Bauchraumhälfte, links der Gekrösewurzel, meist durch Schlingen des Dickdarms (Kolonkegel) ausgefüllt wird (Abb. 7-87). Nur einzelne Schlingen liegen kranial und kaudal vom Colon ascendens an der linken Bauchwand. Bei größerer Magenfüllung wird der Kolonkegel kaudal gedrückt, sodass Jejunumschlingen vermehrt auch auf die linke Seite gelangen können.

Bei den Wiederkäuern, bei denen der Pansen die gesamte linke Hälfte der Bauchhöhle einnimmt, gelangt das Jejunum mit den übrigen Darmteilen auf die **rechte Seite** (Abb. 7-76). Es liegt gemeinsam mit dem Colon ascendens im **Recessus supraomentalis** über dem Paries profundus des Omentum majus.

Die Ursprungslinie des Mesojejunum an der dorsalen Bauchwand ist sehr kurz, um die zentrale A. mesenterica cranialis

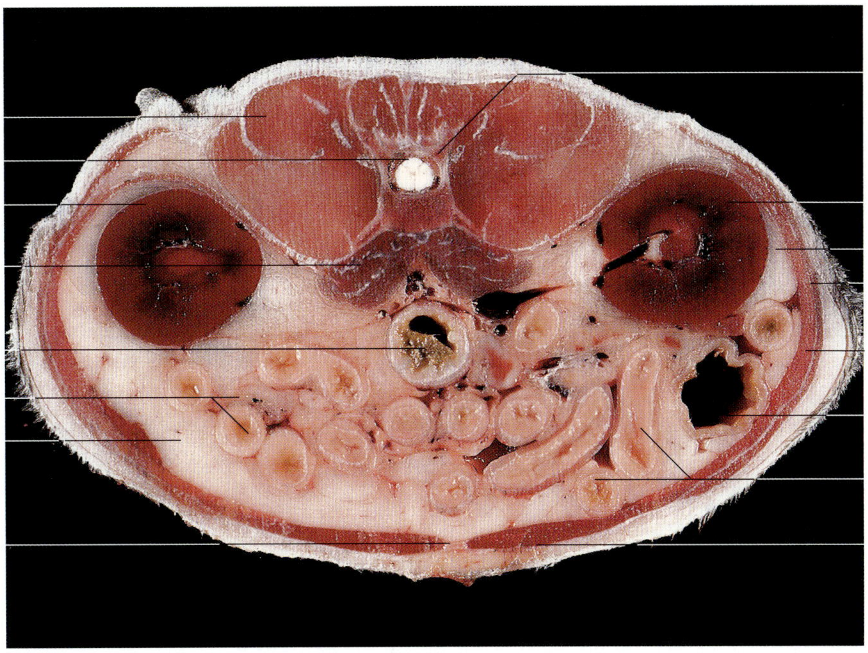


**Abb. 7-81.** Querschnitt durch die Bauchhöhle einer Katze (Kaudalansicht), König, 1992.

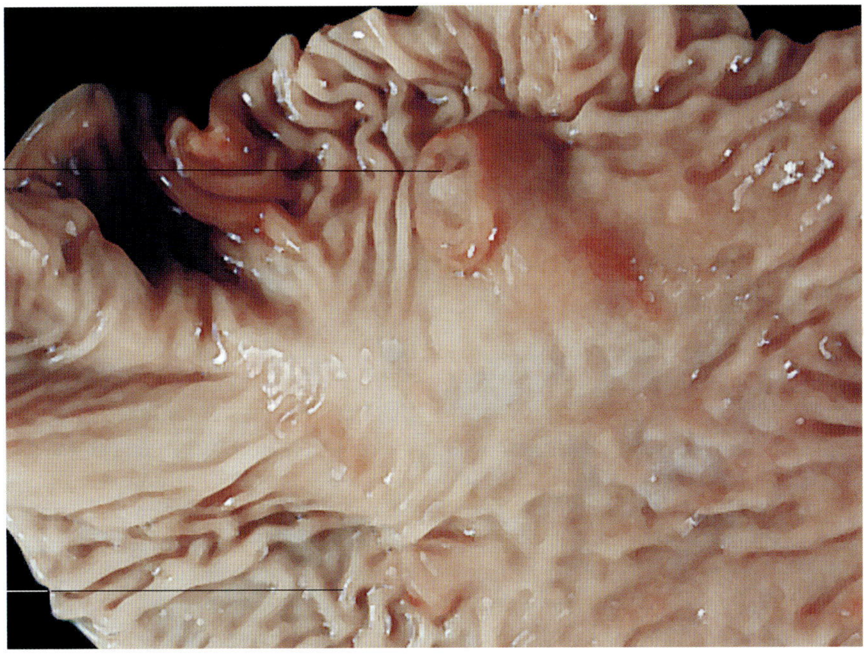


**Abb. 7-82.** Aufsicht auf die Duodenalschleimhaut eines Pferdes mit Faltenbildung.

gedreht und wird auch als **Gekrösewurzel (Radix mesenterii)** bezeichnet. Seine Ansatzlinie am Jejunum dagegen ist sehr lang, weshalb das Jejunalgekröse ausgebreitet fächerförmig ist. Das Jejunum setzt kranzartig dem Außenbogen dieses Fächers an und wird deshalb auch als **Kranzdarm** bezeichnet (Abb. 7-86 u. 87). Bei Wiederkäuern und Schweinen ist das zur Kolonscheibe bzw. dem Kolonkegel eingedrehte Colon ascendens flächig mit der linken Seite des Mesojejunum verklebt.

In der Schleimhaut ist reichlich lymphatisches Gewebe verteilt; es kommen sowohl **Lymphonoduli solitarii** als auch **Peyer-Platten** vor. Letztere können bis zu 25 cm Länge erreichen und zeichnen sich durch ihre unregelmäßig siebförmige Oberfläche aus. Eine dieser **Peyer-Platten** erstreckt sich des Öfteren durch das Ostium ileale bis in den Dickdarm.

Beim Pferd liegt das Jejunum im **linken dorsalen Quadranten** der Bauchhöhle. Das Mesojejunum ist auffällig lang und gestattet den Darmschlingen große Beweglichkeit (Abb. 7-88). Dadurch sind u.a. Verlagerungen in das **Foramen omentale (epiploicum)** über das Milz-Nieren-Band und in den **Processus vaginalis** möglich. Die Darmpassage und die Blutversorgung des Darms können auf diese Weise erheblich beeinträchtigt werden. Außerdem wird die »freie« Beweglichkeit des

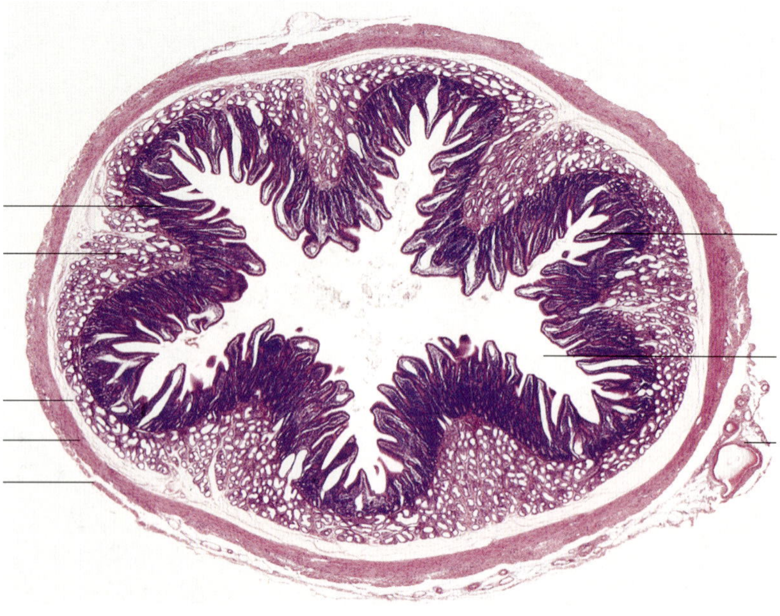


**Abb. 7-83.** Histologischer Schnitt durch den Zwölffingerdarm einer Katze, Liebich, 2004.

Mesenteriums als Ursache für Darminvaginationen, Darmverdrehungen und Darmverschlingungen verantwortlich gemacht.

## Hüftdarm (Ileum)

Der Hüftdarm ist ein relativ kurzer Darmabschnitt. Dieser zeichnet sich durch eine kräftige Muskelschicht und durch vermehrt auftretende **Peyer-Platten** aus (Abb. 7-84). Definitionsgemäß handelt es sich dabei um den Dünndarmabschnitt, an dem die **Plica ileocaecalis** antimesenterial befestigt ist. Die kräftige Muskelschicht sorgt gemeinsam mit einem submukösen Venenplexus dafür, dass der Darminhalt nur in Richtung Caecum, nicht aber zurücktransportiert wird (Abb. 7- 85ff.).

Dysfunktionen, die mit Störungen der vegetativen Innervation einhergehen, führen beim Pferd zu einer andauernden Kontraktur der Ileummuskulatur, deren Schmerzhaftigkeit sich als mögliche Form der Kolik äußert und zum Darmverschluss führt.

Bei der transrektalen Palpation erscheint in diesem Fall das Ileum des Pferdes als ein harter, glattwandiger von links unten nach rechts oben in der Flankengegend aufsteigender »Strang«. Das Ileum endet mit der **Papilla ilealis**, die an der Grenze zwischen Caecum und Colon ascendens liegt. Beim Pferd findet sich diese Öffnung auf der linken Seite der Basis caeci (Abb. 7-92).

# Dickdarm (Intestinum crassum)

Bei allen Haussäugetieren lassen sich folgende Abschnitte am Dickdarm unterscheiden, nämlich:

- **Blinddarm (Caecum)**,
- **Grimmdarm (Colon)**:
  - Colon ascendens,
  - Colon transversum,
  - Colon descendens und
- **Mastdarm (Rectum)**.

## Blinddarm (Caecum)

Der Blinddarm ist ein blind endendes Darmrohr, das durch die Einmündung des Ileum abgegrenzt wird (Abb. 7-85ff., 90 u. 91). Beim Hund ist der Blinddarm kurz und verläuft **korkenzieherartig**. Bei der Katze ist das Caecum noch kürzer als beim Hund und entspricht der Form eines **Kommas**.

## Blinddarm des Pferdes

Beim Pferd ist das Caecum auffallend groß (Fassungsvermögen bis zu 30 l). Es nimmt die **ganze rechte Flanke** ein und besteht aus **Kopf (Caput caeci)**, **Körper (Corpus caeci)** und **Spitze (Apex caeci)**. Der Blinddarmkopf ist rechts an der dorsalen Bauchwand in der Lendengegend bindegewebig verankert, also nicht vom Bauchfell bedeckt. Die Blinddarmspitze zieht ventral zwischen die beiden ventralen Kolonlagen nach vorne und zeigt, etwa in Höhe einer gedachten Ebene zum Ellbogen, leicht nach links (Abb. 7-88, 91 u. 93 u. Kap. 19 »Topographisch-klinische Anatomie«).

Der **Blinddarmkopf** gehört entwicklungsgeschichtlich bereits zum Colon ascendens. Deshalb spricht man auch beim Pferd von einem **Ostium ileale** (frühere Bezeichnung Ostium ileocaecale), obwohl sich das Ileum nicht wie bei den anderen Haussäugetieren auf der Grenze zum Colon ascendens öffnet, sondern in das Caecum mündet. Den Übergang vom Caecum in das Colon ascendens stellt das **Ostium caecocolicum** dar. Dieser Übergang befindet sich auf einer Querebene mit der **Papilla ilealis** (Abb. 7-92). Das Ostium caecocolicum hat die Form eines handbreiten transversalen Schlitzes. Beim toten Tier passen allerdings nur wenige Finger hindurch.

Die **Papilla ilealis** springt als zylindrischer Zapfen am Caput caeci vor (Abb. 7-92). Sie begrenzt das **Ostium ileale** und enthält den **M. sphincter ilei**. Ein hier eingelagerter Venenplexus kann in Abhängigkeit vom Muskeltonus durch Schwellung das Ostium ileale verschließen.

Die **Außenfläche** des Blinddarms wird von **vier Bandstreifen (Taeniae)** gegliedert, die zwischen sich **vier Poschenreihen (Haus-**

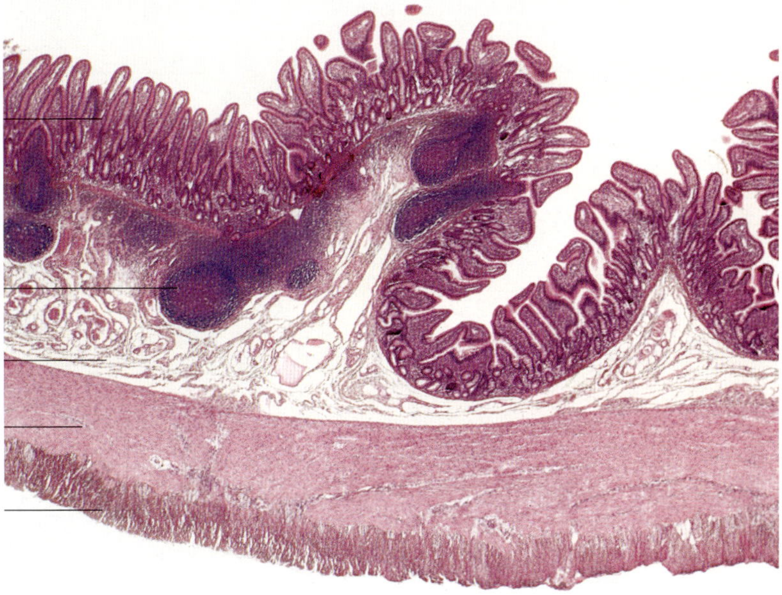


**Abb. 7-84.** Histologischer Schnitt durch den Hüftdarm eines Hundes.

**tra)** einschließen. Bei den Bandstreifen handelt es sich um gebündelte **Längsmuskelfaserzüge** der Tunica muscularis der Darmwand, die für die Peristaltik verantwortlich sind. (Abb. 7-91 u. 93).

Jede der vier Tänien weist eigene Charakteristika auf; so verlaufen mit dem lateralen und dem medialen Bandstreifen die großen **Leitungsbahnen**. Darüber hinaus sind an diesen zahlreiche **Blinddarmlymphknoten (Lymphonodi caecales)** gelegen.

Die **laterale Tänie** ist zudem durch die **Plica caecocolica** am Colon ascendens befestigt und so von der medialen zu unterscheiden. Die **dorsale Tänie** bietet der **Plica ileocaecalis** Ansatz, während die **ventrale frei** bleibt (Abb. 7-88 u. 93). Bei den **Haustra** handelt es sich um aufeinanderfolgende Aussackungen des Darmlumens, die nach innen jeweils von einer vorspringenden Falte begrenzt werden.

Das Caecum des Pferdes dient als **erste Gärkammer** für die **Zelluloseverdauung**. Sein Inhalt wird über die Öffnung zum Colon (Ostium caecocolicum) an dieses weitergegeben. Die **Papilla ilealis** verhindert den rückläufigen Transport. Störungen der Blinddarmfunktion mit Eindickung seines Inhaltes führen zu Blinddarmkoliken.

## Blinddarm des Schweines und der Wiederkäuer

Beim Schwein liegt der Blinddarm **links der Medianen**, dieser weist **drei Tänien** und **drei Poschenreihen** auf. Sein blindes Ende zeigt kaudal zum Eingang der Beckenhöhle (Abb. 7-86).

Bei den Wiederkäuern ist das Caecum **relativ klein** und **rechts der Mittelebene** gelegen. Es ist, wie beim Schwein, kaudal ausgerichtet und überschreitet geringfügig die Linea terminalis. Am Blinddarm der Wiederkäuer gibt es weder Tänien noch Poschen (Abb. 7-77 u. 87).

## Grimmdarm (Colon)

Der Grimmdarm ist der zweite Abschnitt des Dickdarms. Er gliedert sich in das rechte aufsteigende **Colon ascendens**, das vor der kranialen Gekrösewurzel querverlaufende **Colon transversum** und das links der Medianen absteigende **Colon descendens**. Diese Bezeichnungen sind allein von dem U-förmigen Verlauf dieses Darmabschnitts beim Menschen abgeleitet und treffen bei den Haussäugetieren nur für den Hund und die Katze zu. Bei allen anderen Haussäugetierarten ist vor allem das Colon ascendens großen Formveränderungen unterworfen (Abb. 7-85ff. u. 90).

## Grimmdarm des Pferdes

### Colon ascendens

Beim Pferd besitzt das Colon ascendens **doppelte Hufeisenform**, sodass **vier einzeln zu charakterisierende Längslagen** beschrieben werden können. Wegen seiner großräumigen Ausdehnung wird beim Pferd das Colon ascendens auch als »großes Kolon«, das Colon descendens hingegen als »kleines Kolon« bezeichnet (Abb. 7-88 u. 91). Der erste Teil des Colon ascendens geht vom **Ostium caecocolicum** aus und verläuft nahezu parallel zum **rechten Rippenbogen**, von hinten oben nach vorne unten in die **Regio xiphoidea**. Dort schlägt sich dieser Darmteil in den zweiten Abschnitt **nach links** um und zieht ventral an der Bauchwand entlang zur **Beckengegend**. Vor dem Eingang zur Beckenhöhle erfolgt ein dorsokranialer Umschlag um 180° **(Beckenflexur)**. Von hier aus zieht der dritte Anteil des Colon ascendens auf der **linken Seite** zum **Zwerchfell**.

Am Diaphragma biegt das Colon ascendens nochmals von links nach rechts und verläuft als vierter und letzter Abschnitt wieder kaudal. Noch intrathorakal geht das Colon ascendens anschließend in das vor der Gekrösewurzel gelegene sehr kurze

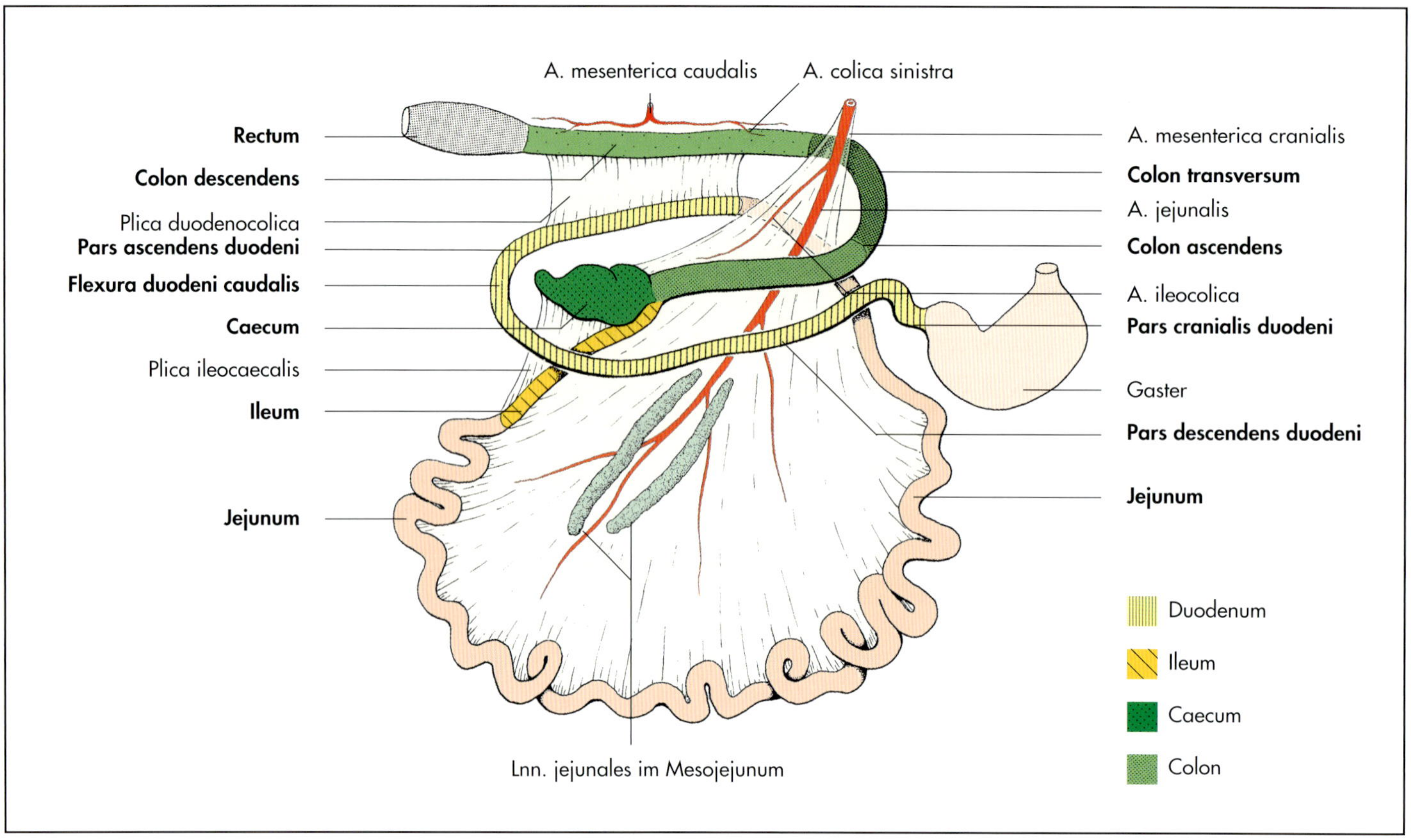


**Abb. 7-85.** Schematische Darstellung vom Darm des Hundes, nach Ghetie, 1958.

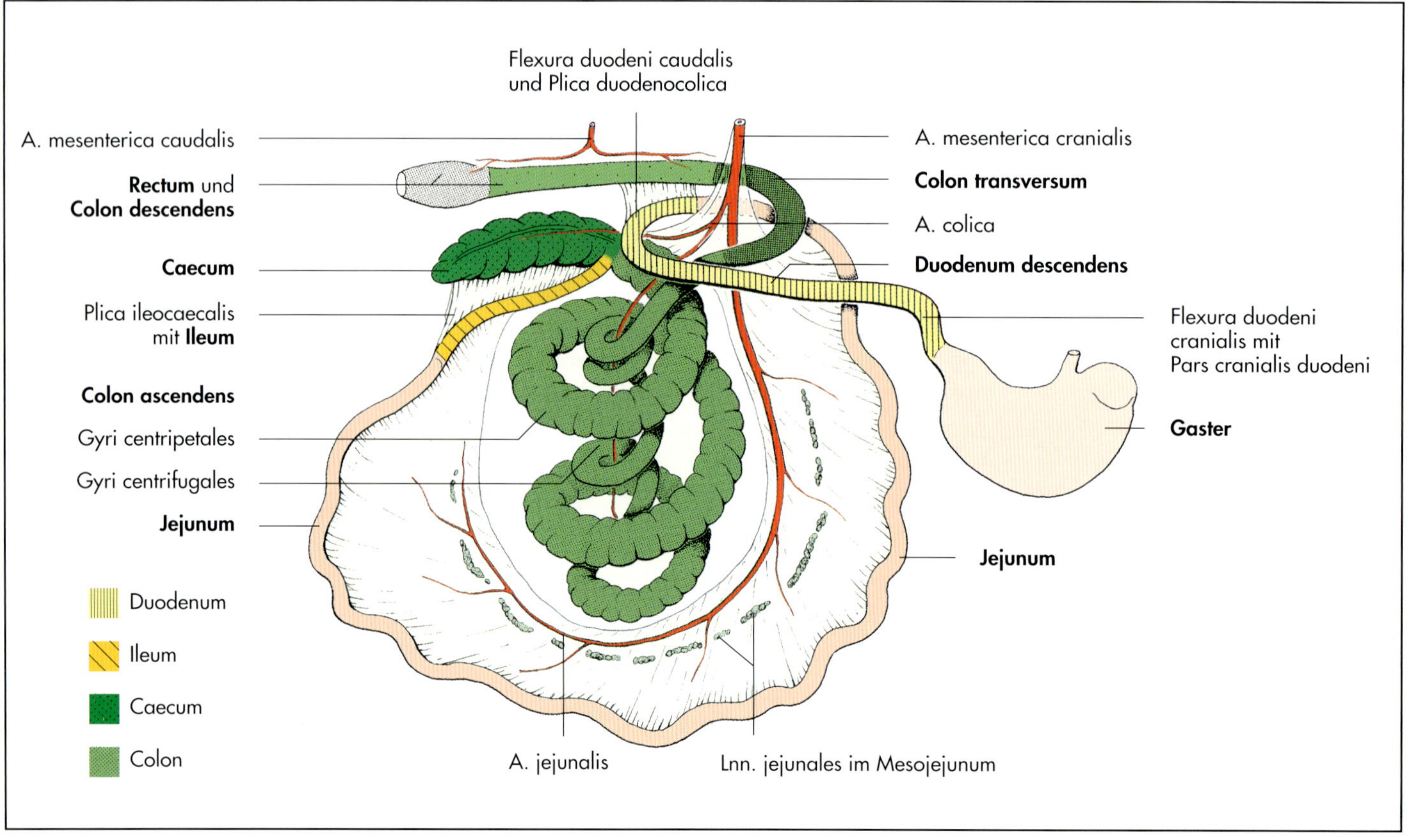


**Abb. 7-86.** Schematische Darstellung vom Darm des Schweines, nach Ghetie, 1958.

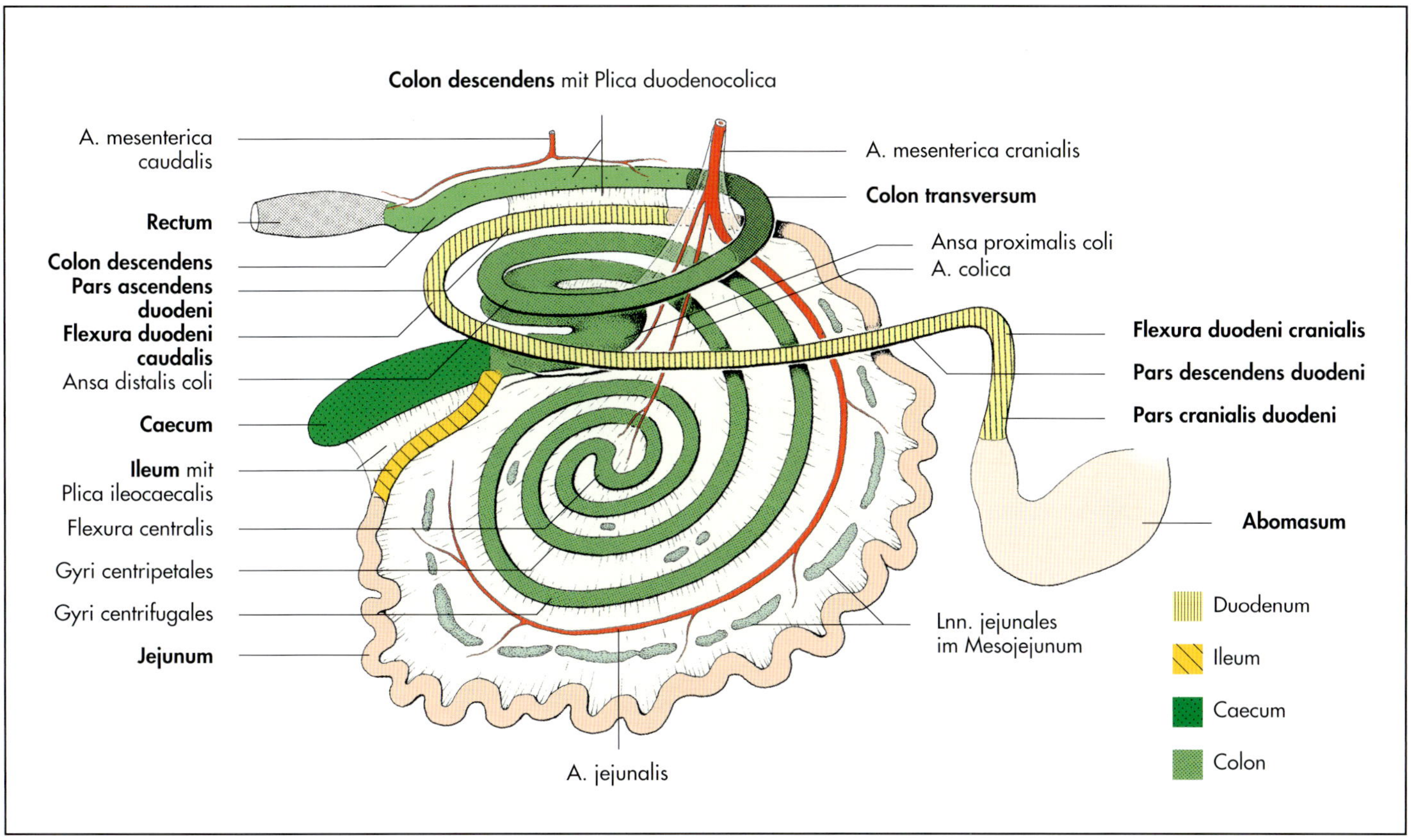


**Abb. 7-87.** Schematische Darstellung vom Darm des Rindes, nach Ghetie, 1958.

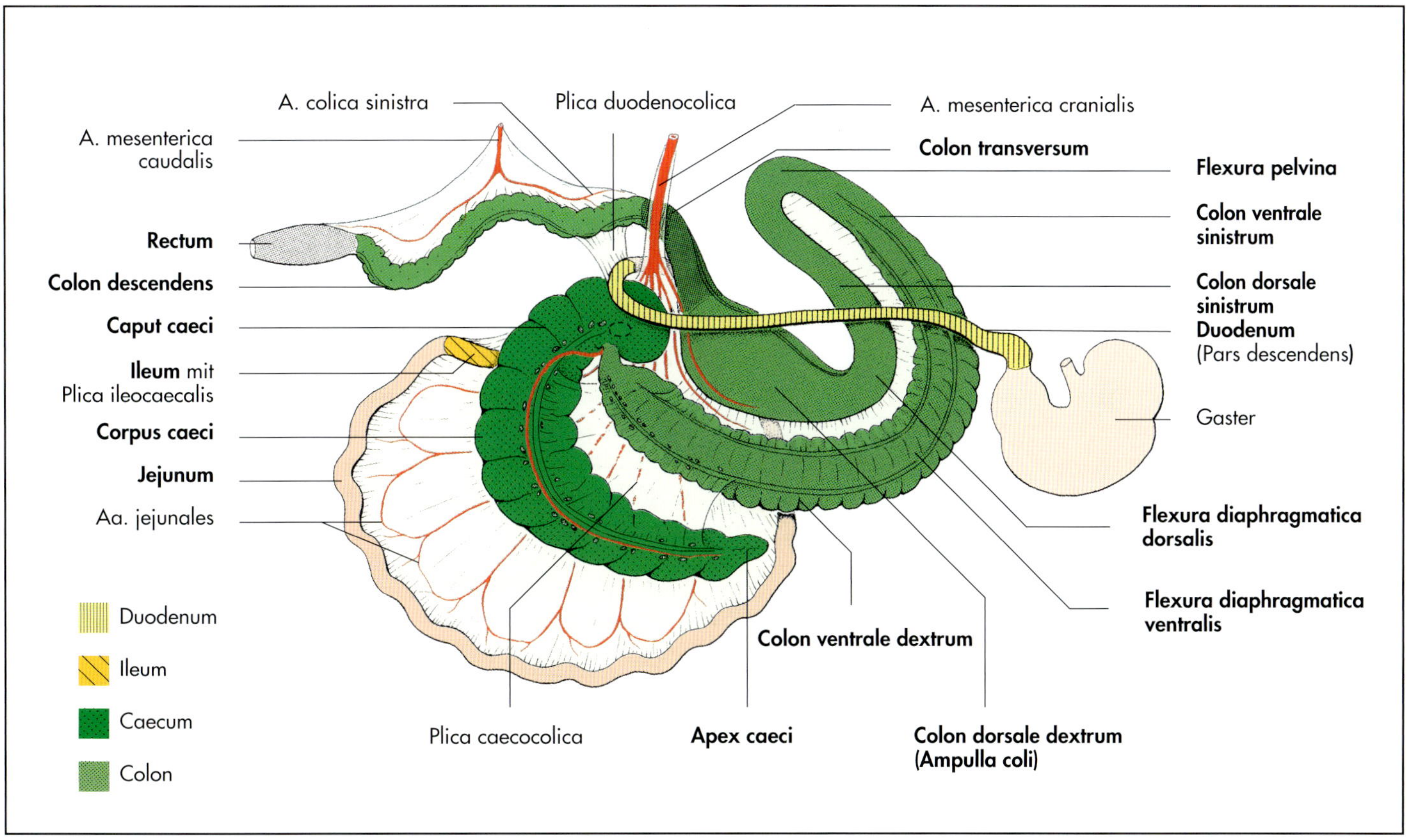


**Abb. 7-88.** Schematische Darstellung vom Darm des Pferdes, nach Ghetie, 1958.

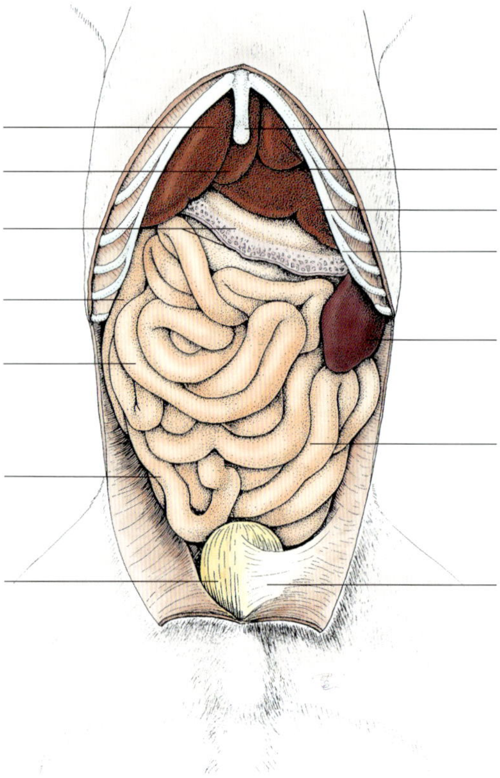


**Abb. 7-89.** Schematische Darstellung von Organen der Bauchhöhle des Hundes nach Entfernung des großen Netzes.

**Colon transversum** über. Entsprechend der Lage seiner Abschnitte teilt man das **Colon ascendens** folgendermaßen ein:

- rechte ventrale Längslage (Colon ventrale dextrum),
- ventrale Zwerchfellkrümmung (Flexura diaphragmatica ventralis),
- linke ventrale Längslage (Colon ventrale sinistrum),
- Beckenflexur (Flexura pelvina),
- linke dorsale Längslage (Colon dorsale sinistrum),
- dorsale Zwerchfellkrümmung (Flexura diaphragmatica dorsalis) und
- rechte dorsale Längslage (Colon dorsale dextrum).

Jede der vier Längslagen ist nach ihrer Topographie und baulichen Beschaffenheit einzeln zu charakterisieren (Abb. 7-93 u. 94).

Die **beiden ventralen Längslagen** besitzen **vier Tänien** und ebensoviele dazwischen liegende **Poschenreihen**. Dorsal liegen jeweils **eine Taenia mesocolica lateralis** und **eine Taenia mesocolica medialis**, die dem Mesocolon Ansatz gewähren. Ventral verlaufen entsprechend eine **Taenia libera lateralis** und eine **Taenia libera medialis**. An der Taenia mesocolica medialis verlaufen der arterielle und venöse Ramus colicus, vegetative Nervenbahnen und Lymphgefäße. Außerdem ist diesem Bandstreifen eine Vielzahl von **Lymphonodi colici** angelagert. Im kaudalen Teil der rechten ventralen Längslage setzt die **Plica caecocolica** an (Abb. 7-94).

Der Feinbau der Tänien der Ventrallagen erlaubt Rückschlüsse auf ihre **Funktion**. Die ventralen freien lateralen Tänien sind reich an Bindegewebsfasern, vor allem an elastischen. Die medialen ventralen freien Tänien beinhalten vorwiegend glatte Muskelfasern. In den Taeniae mesocolicae sind Muskel- und Nervenfasern vorherrschend. Daraus resultiert, dass die freien lateralen Tänien vor allem **Haltefunktion** besitzen, während die anderen Bandstreifen vorwiegend für die **Peristaltik** verantwortlich sein dürften.

Im Bereich der Beckenflexur gehen drei der Bandstreifen in eine relativ kräftige Längsmuskelschicht über, sodass nur die Taenia mesocolica bleibt. Der Längsmuskelschicht wird im Bereich der Beckenflexur eine **Sphinkterfunktion** zugesprochen, die selektierend auf den Weitertransport von Darminhalt wirkt (Abb. 7-94).

Die **Beckenflexur (Flexura pelvina)** stellt eine Grenze zwischen zwei funktionellen Einheiten des Colon dar (Abb. 7-93). Während in den Ventrallagen vorwiegend **Gärungsprozesse** stattfinden, dienen die dorsalen Lagen neben der Gärung hauptsächlich dem **Weitertransport**. Der »Knick« des Darmrohrs,

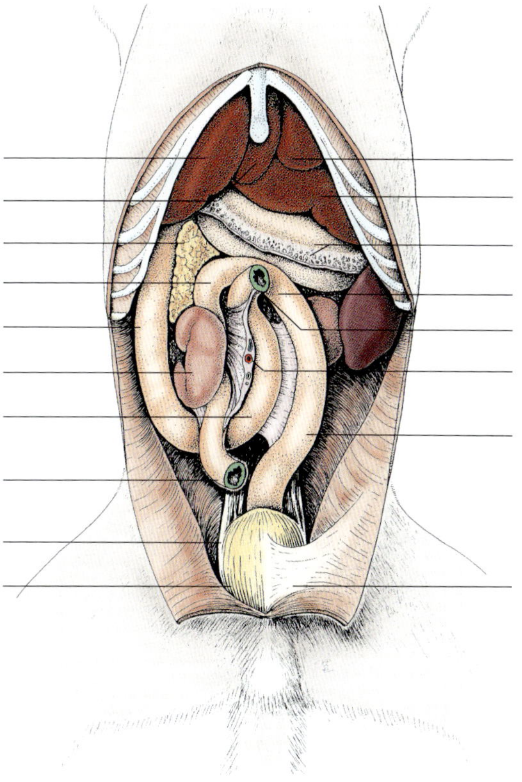


**Abb. 7-90.** Schematische Darstellung von Organen der Bauchhöhle des Hundes nach Entfernung des großen Netzes und der Jejunalschlingen, nach Dyce, Sack und Wensing, 2002.

das Ausmaß dieser physiologischen Darmverengung und die große Bewegungsfreiheit der Beckenflexur erklären die klinisch häufige Störanfälligkeit dieses Darmabschnitts. So sind Anschoppungen, aber auch Torsionen, die mit schmerzbedingten Koliken einhergehen, nicht selten.

Das **Colon dorsale sinistrum**, das der Beckenflexur folgt, ist eng und besitzt lediglich die **Taenia mesocolica**. An der **Flexura diaphragmatica dorsalis** läuft die äußere Längsmuskelschicht wieder zu drei undeutlichen Tänien auseinander, die den weitesten Abschnitt des Colon, das **Colon dorsale dextrum**, begleiten (Abb. 7-93 u. 94). Diese drei Bandstreifen befördern durch peristaltische Bewegungen den Darminhalt zum engen **Colon transversum**.

Die **rechte dorsale Längslage** wird aufgrund ihres Durchmessers auch **magenähnliche Erweiterung (Ampulla coli)** genannt (Abb. 7-94). Sie ist am Dach der Bauchhöhle, an der Basis caeci und an der kranialen Gekrösewurzel mittels einer bindegewebigen Verklebungszone befestigt. In der besonders weitlumigen rechten dorsalen Längslage bilden sich gelegentlich Konkremente, sog. **Kotsteine**, die durch ihre beachtliche Größe bisweilen den engen Übergang in das Colon transversum verschließen und dann Koliken hervorrufen können.

Das **Colon ascendens** ist insgesamt nur an einer Stelle befestigt, nämlich in Form einer **Verklebungszone** an der dorsalen Bauchwand, in die der Blinddarmkopf, die rechte dorsale Längslage und das Colon transversum einbezogen sind. In diese Verklebungszone sind auch Teile des Pancreas und die Gekrösewurzel integriert. Außerdem sind die **ventralen Längslagen** mit den **dorsalen** durch das **Mesocolon** miteinander verbunden, in dem die Leitungsbahnen und die Lymphonodi colici liegen.

Diese eingeschränkte dorsale Befestigung kann dazu führen, dass sich gelegentlich der ganze linke Abschnitt des Colon ascendens um die eigene Achse dreht (Torsio coli sinistra). Derartige pathologische Verlagerungen gehören zu den schwersten Erkrankungen der Bauchhöhle beim Pferd. Dabei werden das Darmlumen verschlossen, die Blutgefäße stranguliert und somit die Blutversorgung unterbrochen. Hieraus entwickelt sich in der Regel eine Darmnekrose. Hilfe ist nur bei frühem Öffnen der Bauchhöhle durch Reposition des Darmes möglich.

## Colon transversum

Das Colon transversum ist kurz, es verläuft **vor der Gekrösewurzel** von rechts nach links. Dieser Darmabschnitt verengt sich in Höhe der linken Niere auf den Durchmesser des anschließenden Colon descendens und besitzt **zwei Tänien** (Abb. 7-88).

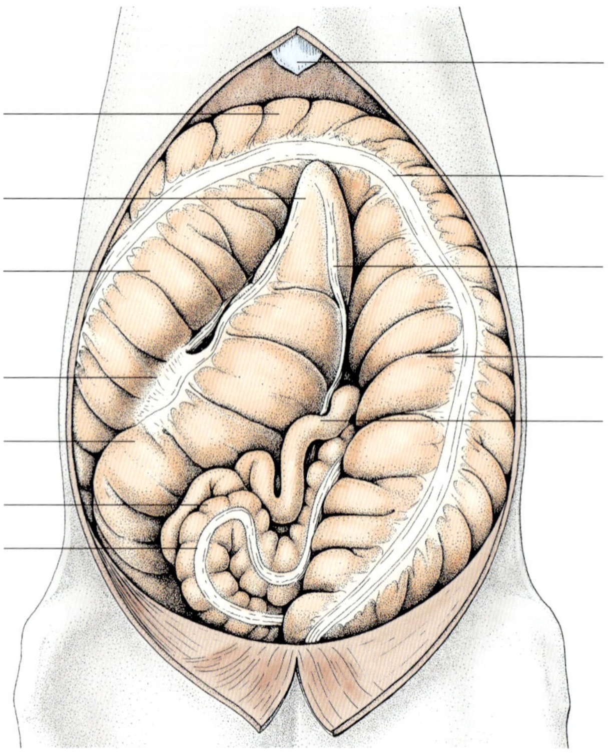


**Abb. 7-91.** Schematische Darstellung der Lage des Caecum und des Colon des Pferdes nach Öffnung der Bauchhöhle, Ghetie, Pastea und Riga, 1955.

## Colon descendens

Das Colon descendens ähnelt in seinem Durchmesser dem Jejunum. Auch hängt es wie dieses an einem langen **Mesenterium (Mesocolon descendens)**, das sich durch vermehrte Fetteinlagerungen vom Mesojejunum unterscheidet. Am Colon descendens sind **zwei Tänien**, eine **mesenteriale** und eine **antimesenteriale (Taenia libera)**, ausgebildet. Diesen stehen zwei seitlich sich ausbuchtende Poschenreihen gegenüber, in denen die für das Pferd typischen Kotballen geformt werden.

Die Länge des Colon descendens beträgt 2–4 m (Abb. 7-88, 91 u. 92). Die **dorsale Tänie** weicht im letzten Abschnitt des Colon descendens, am Übergang zum Rectum, lateral auseinander und verstreicht. Es entsteht so eine deltaförmige Schwachstelle, an der es zu Rupturen kommen kann.

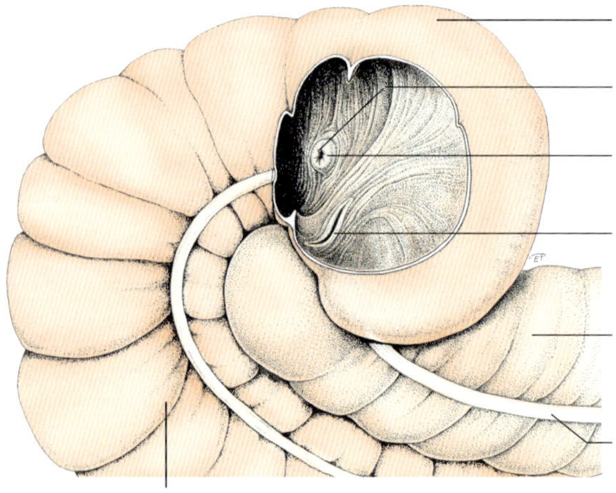


**Abb. 7-92.** Schematische Darstellung der Papilla ilealis und des Ostium caecocolicum des Pferdes.

## Grimmdarm des Schweines

Beim Schwein ist das **Colon ascendens** zum **mächtigen Kolonkegel** entwickelt. Außen, an der stumpf kegelförmigen Spirale, verlaufen die zentripetalen Windungen, die je **zwei Tänien** und **zwei Poschenreihen** besitzen (Abb. 7-86 u. Kap. 19). An der Kegelspitze gehen die **Gyri centripetales** in der **Flexura centralis** in die **Gyri centrifugales** über, die keine Tänien und Poschen besitzen und im Inneren des Kolonkegels verlaufen. Die Achse des Kolonkegels ist dorsoventral ausgerichtet. Die ventrale Spitze ist frei beweglich und verlagert sich je nach Magenfüllung. Das **Colon transversum** und das **Colon descendens** zeigen keine Besonderheiten.

## Grimmdarm des Wiederkäuers

Beim Wiederkäuer ist das **Colon ascendens** in **typisch spiraliger Weise** gewunden. Aus dem Caecum geht anfangs die **S-förmige Ansa proximalis coli** hervor. Ihre erste Flexur ist kranial, die zweite kaudal konvex. Letztere verengt sich und setzt sich mit der Doppelspirale der **Ansa spiralis (Gyri)** fort. Diese sog. **Kolonscheibe** ist der Gekröseplatte von links aufgelagert (Abb. 7-87).

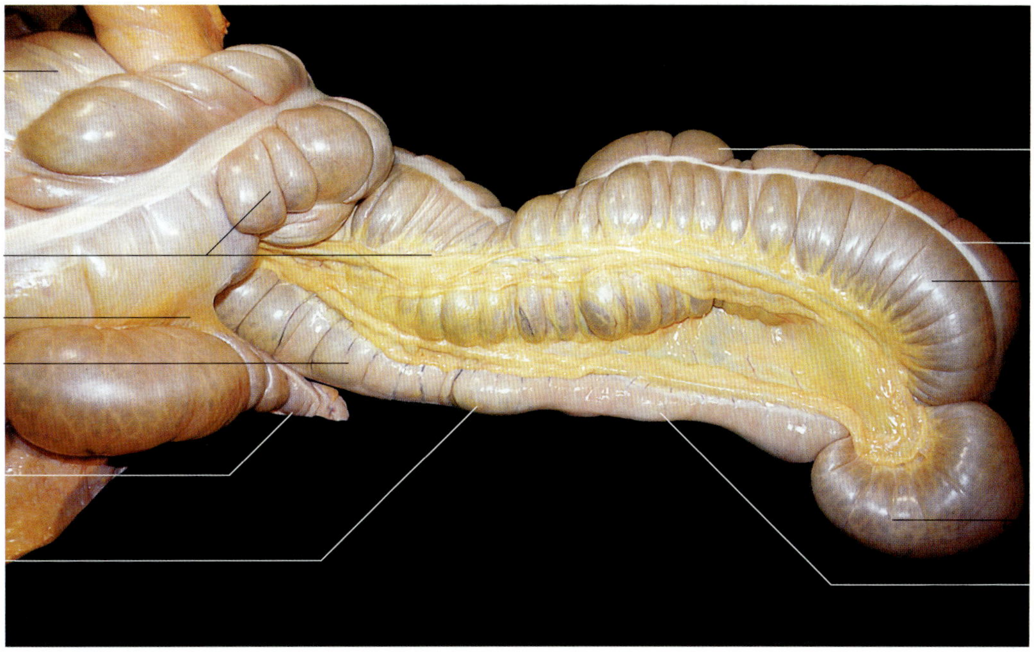


**Abb. 7-93.** Dickdarm eines Pferdes (exenteriert).

Beim Rind sind 1,5 bis 2 **Gyri centripetales** und ebensoviele **Gyri centrifugales** angelegt. Die letzte zentrifugale Windung verläuft nahe der Kolonscheibe. Die letzte Schleife des Colon ascendens wird als **Ansa distalis coli** bezeichnet. Diese setzt sich mit dem vor der kranialen Gekrösewurzel befindlichen **Colon transversum** und dieses mit dem meist in Fett eingelagerten **Colon descendens** fort. Am Übergang des Colon descendens zum Rectum findet sich eine **S-förmige Krümmung**, die die **transrektale Palpation** erleichtert und ausgedehnte Bewegungsfreiheit der Hand des Untersuchenden ermöglicht.

Bei Schaf und Ziege besteht die **Kolonscheibe** aus je 3 bis 4 zentripetalen und zentrifugalen Windungen. Die letzte zentrifugale Windung verläuft nahe am Jejunum, sodass die Jejunallymphknoten innerhalb dieser Windung zu liegen kommen. Diese letzte zentrifugale Windung ist auch an ihren, für kleine Wiederkäuer typischen Kotbällchen zu erkennen. Der weitere Verlauf des Dickdarms entspricht dem des Rindes.

## Orientierungsmöglichkeiten am Darm

Im **Mesoduodenum der Pars descendens duodeni** liegt immer der rechte Pankreasschenkel. Die **Flexura duodeni caudalis** umfasst die kraniale Gekrösewurzel von kaudal. Die **Plica duodenocolica** markiert das Ende vom Duodenum, sie zieht zum Colon descendens.

Die **Plica ileocaecalis** markiert die Länge des Ileum, sie zieht beim Pferd an die dorsale Tänie des Blinddarms. Das **Colon transversum** liegt immer **vor der kranialen Gekrösewurzel**.

## Mastdarm (Rectum)

Der Mastdarm ist in Höhe der A. mesenterica caudalis die Fortsetzung des Colon descendens in die Beckenhöhle. Er hängt am **Mesorectum** und verläuft nach dem Ende des Peritoneums durch den mit fettreichem Bindegewebe ausgefüllten **retroperitonealen Raum**. Dieser Darmabschnitt erweitert sich zunächst zur **Ampulla recti** und geht anschließend in den **Analkanal** über, der am **Anus** endet (Abb. 7-85ff.).

## Canalis analis und seine benachbarten Strukturen

Der Canalis analis mit dem **After (Anus)** bildet das Ende des Darmrohrs. Er sorgt mit dem **M. sphincter ani internus** aus **glatter Muskulatur** und dem **quergestreiften M. sphincter ani externus** für den Verschluss des Darms nach außen. Im Bereich des Anus geht die drüsenhaltige Schleimhaut des Darmrohrs in eine **mehrschichtige Schleimhaut** und in die **äußere Haut** über.

Bei Hund und Katze sind hier deutlich drei Zonen voneinander zu unterscheiden (Abb. 7-95):

- Zona columnaris,
- Zona intermedia,
- Zona cutanea.

Auf das Rectum folgt unmittelbar die Zona columnaris. Ihr Beginn ist durch die allerdings nur schwach angedeutete Linea anorectalis gekennzeichnet. Dieser Darmabschnitt trägt Längsfalten (Columnae anales), die Rinnen (Sinus anales) begrenzen und lymphoretikuläres Gewebe enthalten.

Die anschließende **Zona intermedia** weist ringförmig angeordnete Analkrypten auf. Beim Hund sind hier die **Zirkumanaldrüsen** gelegen. Die Zona intermedia endet an der **Linea anocutanea**, dem Übergang zur äußeren Haut.

In der **Zona cutanea** als äußere Zone münden bei Hund und Katze die Ausführungsgänge der **Analbeutel (Sinus paranales)**. Diese haselnussgroßen, kugeligen bis ovalen Gebilde entstehen als Ausbuchtungen des Enddarms. Ihre Ausführungsgänge verlagern sich sekundär in die Haut. Sie werden von glatter, zum Teil auch

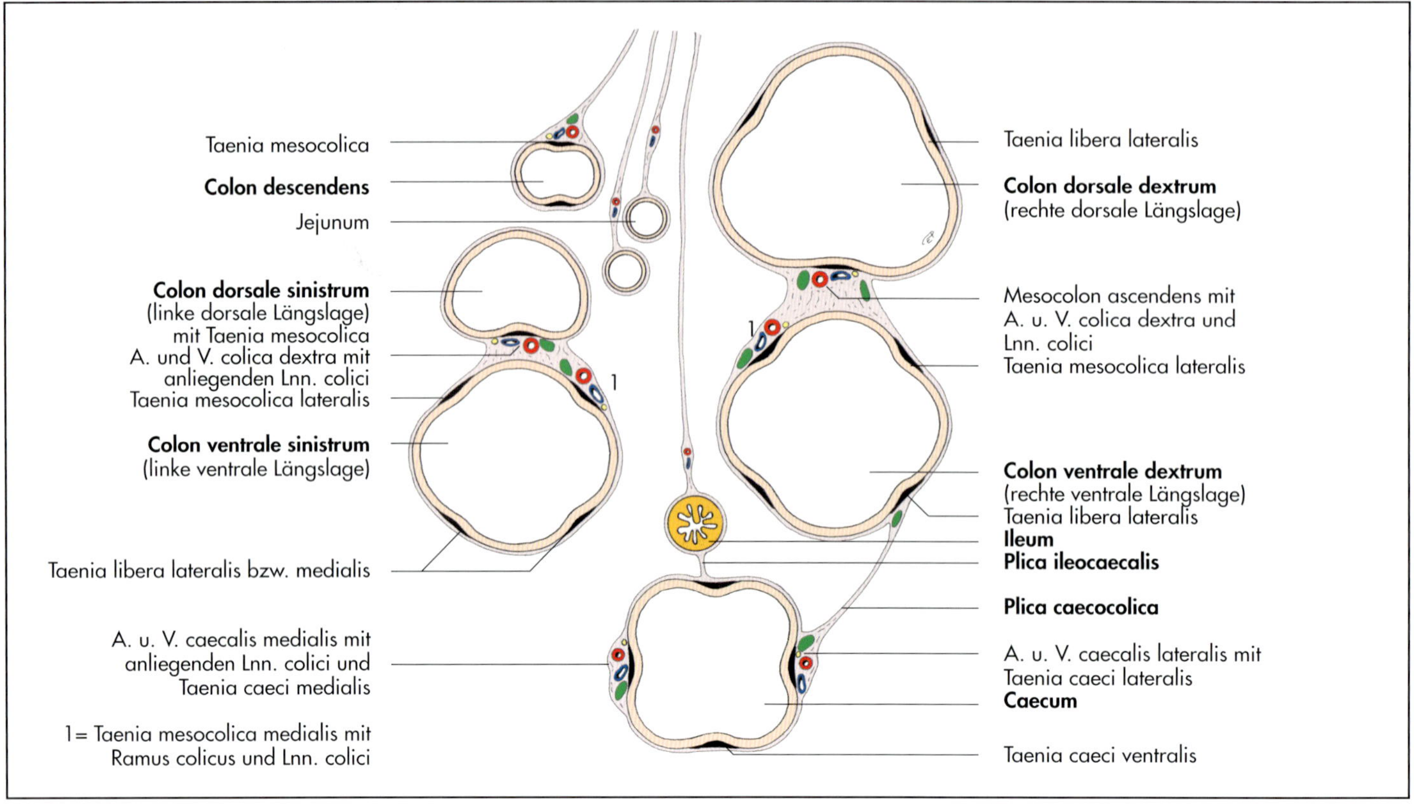


**Abb. 7-94.** Schematische Darstellung von Querschnitten des Dickdarms des Pferdes (Kaudalansicht), nach Habel, 1978.

von quergestreifter Muskulatur umhüllt. In ihr Lumen münden Talg- und apokrine **Schlauchdrüsen (Glandulae sinus paranales)**.

Der Inhalt der Analbeutel, bestehend aus serös fettigem Sekret und zerfallenen Epithelzellen, enthält Duftstoffe, die zur Erkennung des Individuums und zur Markierung dienen. Ihre Entzündung, die beim Hund öfter als bei der Katze auftritt, verursacht ein typisches Nachziehen des Hinterteiles in Sitzposition (»Schlitten fahren«). Die von Laien verwendete Bezeichnung »Analdrüsen« für Analbeutel ist falsch.

# Blutgefäße des Darms

## Arterien

Die arterielle Blutversorgung des Darms erfolgt über die **A. mesenterica cranialis** und die **A. mesenterica caudalis** (Abb. 7-85ff.). Zusätzlich wird der Anfangsteil des Duodenum von der **A. coeliaca**, der Kaudalteil des Rectum von der **A. pudenda interna** vaskularisiert.

Die **A. mesenterica cranialis** weist in ihrem Verzweigungsmodus individuelle und besonders tierartliche Unterschiede auf. Grundsätzlich lässt sich, am Beispiel Pferd, feststellen, dass sich die A. mesenterica cranialis in ein linkes, ein rechtes und ein mittleres Gefäß aufteilt. Man unterscheidet:

- A. jejunalis,
- A. ileocolica,
- A. colica media.

Die A. jejunalis teilt sich mit ihrem nach links ziehenden Stamm in eine Vielzahl von Aa. jejunales, die im Mesenterium verlaufen und in Darmnähe über Gefäßarkaden miteinander anastomosieren. Aus den Gefäßbögen gehen Rami an den mesenterialen Rand des Jejunum. Diese Gefäßanastomosen sind von klinischer Bedeutung, da sie auch im Falle einer lokalen Verlegung einer A. jejunalis die Blutversorgung aufrecht erhalten können.

Die erste A. jejunalis gibt die **A. pancreaticoduodenalis caudalis** ab, die letzte verbindet sich mit dem **Ramus ilei mesenterialis** der **A. ileocolica**. Die **A. ileocolica** zieht nach rechts und versorgt Ileum, Caecum und Colon ascendens mit nachfolgenden Ästen. Das Ileum wird über den **Ramus ilei mesenterialis** bzw. den **Ramus ilei antimesenterialis**, das Caecum über die **A. caecalis medialis** und die **A. caecalis lateralis**, die entsprechend an diesem Darmabschnitt verlaufen, versorgt.

Das Colon ascendens wird vom **Ramus colicus**, der für seinen Anfangsteil verantwortlich ist, bzw. über die **A. colica dextra**, die die weiter distal gelegenen Abschnitte erreicht, vaskularisiert.

Beim Pferd ist der Ramus colicus für die beiden Ventrallagen, die A. colica dextra für die Versorgung der beiden Dorsallagen zuständig. Diese beiden ausgeprägten Arterien anastomosieren an der Beckenflexur in einem Bogen miteinander. Die A. ileocolica anastomosiert mit der A. colica media (s. auch Abb. 12-28).

Die **A. colica media** zieht als dritter mittlerer Ast der A. mesenterica cranialis zum Colon transversum. Sie geht einerseits Anastomosen mit der A. colica dextra, andererseits mit der A. colica sinistra ein (s. auch Abb. 12-28).

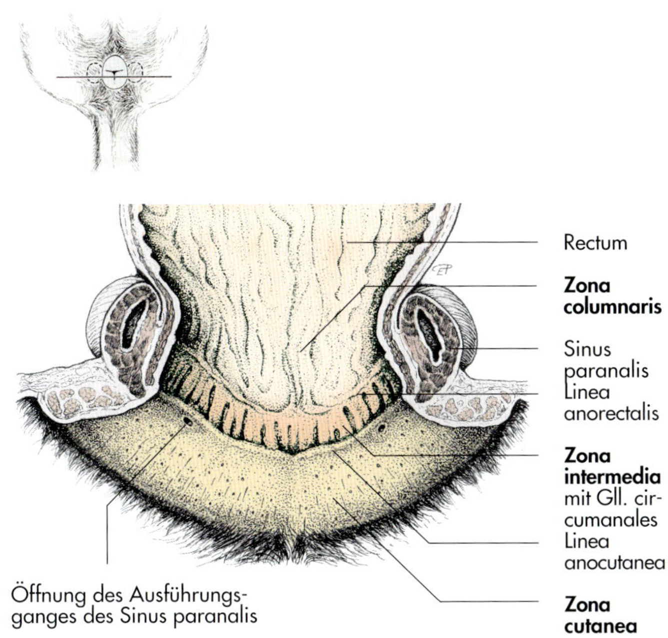


**Abb. 7-95.** Schematische Darstellung des Canalis analis des Hundes.

Die **A. mesenterica cranialis** umfasst ein umfangreiches Versorgungsgebiet und übernimmt zusätzlich eine wichtige **Halte- und Stützfunktion.** Dabei spielt nicht nur die bindegewebige Verankerung der Aorta mit der Wirbelsäule über deren Tunica adventitia eine herausragende Rolle, sondern vor allem die **permanente Gefäßinnenspannung (Binnendruck der Gefäße)**. Der **Blutdruck** lässt dabei die Darmarterien zu Röhren mit vorgeformten Biegungen werden, die wie ein unter Druck stehender Gartenschlauch die Organe in ihrer physiologischen Lage halten.

Vor allem der ausgedehnte Pferdedarm, der durch ein langes Gekröse große Beweglichkeit besitzt, stabilisiert seine Lage mit Hilfe dieser Gefäßinnenspannung permanent. Dies gilt insbesondere für das Jejunum und die Beckenflexur. Bei Störungen des Blutflusses verringert sich die Gefäßinnenspannung (beispielsweise aufgrund eines Wurmaneurysmas). Nachfolgend können unphysiologische Darmverlagerungen auftreten, die heftige Schmerzzustände im Abdomen (Kolik) verursachen.

Die **A. mesenterica caudalis** entspringt aus der **Aorta abdominalis** kurz vor ihrer Endaufteilung. Ihr Versorgungsgebiet erstreckt sich lediglich auf das Colon descendens und den Kranialabschnitt des Rectum. Sie teilt sich in die kranial verlaufende **A. colica sinistra**, deren kleine Äste an den mesenterialen Rand des Colon descendens gelangen, und in die **A. rectalis cranialis** auf. Die Äste der A. mesenterica caudalis erreichen das Colon descendens über das, im Verhältnis zum Mesojejunum, sehr viel fetthaltigere Mesocolon descendens. Große Gefäßarkaden, die für das Jejunum typisch sind, fehlen am Colon descendens.

### Venen

Die venösen Gefäße des Darmes, mit Ausnahme der des letzten Abschnittes des Rectum, führen in die **Pfortader (V. portae)** der Leber. Zusätzlich nimmt die Pfortader die Venen des Magens, des Pancreas und der Milz auf (s. auch Abb. 12-38).

Generell gilt die Regel: Die **Pfortade**r sammelt das **venöse Blut sämtlicher unpaariger Organe** der Bauchhöhle.

Die Pfortader wird in unterschiedlicher Weise aus drei Zuflüssen gebildet. Der venöse Zufluss aus der Milz entspricht dem Vaskularisationsgebiet der **A. coeliaca** (ohne deren Leberäste). Hier sammelt sich das Blut aus dem Ende der Speiseröhre, dem Magen, dem Duodenum, dem Pancreas und der Milz. Die beiden anderen Pfortaderzuflüsse, die **V. mesenterica cranialis** und die **V. mesenterica caudalis**, erhalten ihr Blut aus den Gebieten, die von den entsprechend benannten Arterien versorgt werden. Sie vereinigen sich im Allgemeinen zu einem gemeinsamen Stamm, bevor sie in die V. portae münden. Der **letzte Abschnitt des Rectum** und die **Analregion** entlassen das venöse Blut in die **V. cava caudalis**.

# Anhangsdrüsen des Darms

Die beiden Anhangsdrüsen des Darms sind die **Leber** und die **Bauchspeicheldrüse**. Beide Organe übernehmen eine zentrale Aufgabe bei der gastrointestinalen Verdauung. Die Leber dient zudem u.a. der Entgiftung des Blutes, als Speicherorgan für Glykogen, als Wärmequelle und für die fetale Blutbildung. Darüber hinaus hat der endokrine Teil des Pancreas durch die Produktion und Abgabe von Hormonen (Insulin und Glukagon) im Kohlenhydratstoffwechsel eine steuernde Funktion. (Näheres s. Lehrbücher der Physiologie und der Physiologischen Chemie.)

## Leber (Hepar)

Die Leber liegt im intrathorakalen Abschnitt der Bauchhöhle, unmittelbar hinter dem Diaphragma. Sie ist die größte Drüse des Körpers. Wegen ihrer zahlreichen lebenswichtigen Funktionen wird sie oft als **»Zentrallabor des Organismus«** bezeichnet. Wichtige Leistungen vollbringt die Leber als **größtes Stoffwechselorgan** im Kohlenhydrat-, Eiweiß- und Fettstoffwechsel sowie bei der Entgiftung von Schadstoffen aus dem Körper.

Am offensichtlichsten ist die Bildung der **Gallenflüssigkeit**. Die Gallensäuren dienen der Emulgierung der Fette im Darm, Gallenfarbstoffe sind Endprodukte des Hämoglobinabbaus. Die Gallenflüssigkeit wird in der Gallenblase gesammelt, eingedickt und bei Bedarf in das Duodenum abgegeben. Nicht alle Tierarten besitzen eine Gallenblase, **sie fehlt dem Pferd**.

### Gewicht

Es gibt große, speziesabhängige Gewichtsunterschiede. Die Mittelwerte liegen bei der Katze bei etwa 2%, beim Hund bei etwa 3–4%, beim Schwein bei etwa 2–3% und bei Pflanzenfressern nur bei 1–1,5% des Körpergewichts. Beim Fetus ist die Leber außergewöhnlich groß und füllt einen großen Teil des Bauchraums aus. Während der Entwicklungsperiode übernimmt die Leber die Aufgabe der Blutbildung (Hämatopoese). Bei Jungtieren ist sie relativ erheblich schwerer als bei Erwachsenen. Ihr Gewicht nimmt im Alter ab.

### Form, Lage und tierartliche Unterschiede

Die Leber weist eine **Facies diaphragmatica** auf, die auffallend konvex ist. Die dem Magen zugekehrte **Facies visceralis** ist konkav.

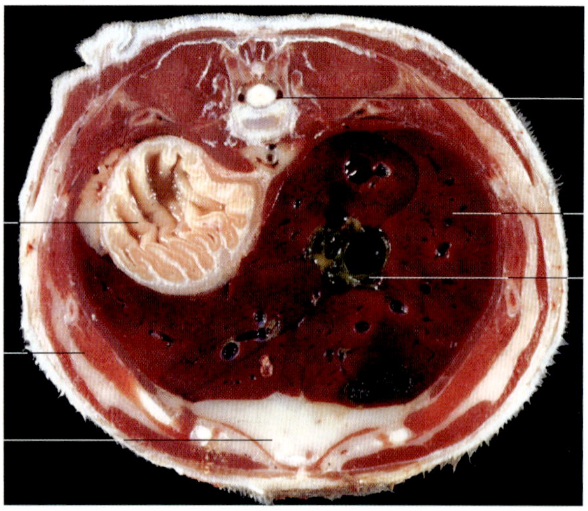


**Abb. 7-96.** Querschnitt durch den intrathorakalen Teil der Bauchhöhle einer Katze.

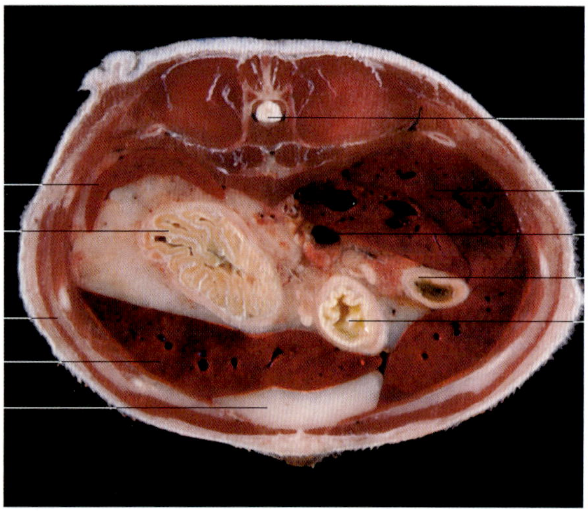


**Abb. 7-97.** Querschnitt durch den mittleren Teil der Bauchhöhle einer Katze.

Ihr **Hauptanteil** liegt bei allen Haussäugetieren in der **rechten Körperhälfte**. Bei den Wiederkäuern wird sie durch die Entwicklung des **Pansens** völlig in die **rechte Hälfte** der Bauchhöhle verschoben. Ventrolateral besitzt die Leber einen scharfen Rand (**Margo acutus**), während dorsal der **Margo obtusus** liegt.

Anhand von **drei Hilfslinien** wird die Leber in **vier Hauptabschnitte** unterteilt (Abb. 7-98). Die Hauptabschnitte der Leber können durch eine Reihe von **Fissuren**, die sich vom Ventralrand unterschiedlich weit nach innen erstrecken, abgeteilt und zusätzlich unterteilt werden. Bei Tierarten, deren Wirbelsäule sehr beweglich ist, ist die Leber maximal gegliedert. Die **Leberlappen** können sich bei extremer Beugung und Streckung der Wirbelsäule gegeneinander verschieben (Abb. 7-99, 103 u. 104).

So ist beim Hund, bei der Katze und beim Schwein der **rechte** und der **linke Hauptabschnitt** der Leber zusätzlich in einen **Lobus dexter** (bzw. **sinister) lateralis** und **medialis** unterteilt. Beim Hund und bei der Katze ist ein **Lobus caudatus** ausgebildet, der sich zusätzlich in einen **Processus papillaris** und einen **Processus caudatus** untergliedert (Abb. 7-99 u. 104).

Beim Pferd sind die Fissuren nicht so tief wie bei Fleischfressern, lediglich der **linke Hauptabschnitt** der Leber ist gegliedert. Bei den Wiederkäuern besitzt die Leber praktisch keine Fissuren, sie liegt ausschließlich rechts der Medianebene (Abb. 7-101 u. 102).

Intra vitam passt sich die Leber der Form der Nachbarorgane an. An der frischen Leber ist lediglich die **Impressio renalis** am **Processus caudatus** (Abb. 7-99 u. 101) und am **rechten Leberlappen** zu erkennen. Nachdem beim Schwein die rechte Niere weiter kaudal liegt und keinen Kontakt mit der Leber aufnimmt, fehlt ihr diese Impression. Die übrigen Abdrücke zum Magen und Duodenum sind nur an in situ fixierten Präparaten zu erkennen.

## Bau der Leber

Die Leber ist von **Peritoneum** überzogen, das von subserösem Bindegewebe, der **»Glisson-Kapsel«**, unterlagert wird. Das Bindegewebe zieht in Form von Septen in das Lebergewebe zwischen die **Leberläppchen (Lobuli hepatici)** und grenzt diese voneinander ab. Beim

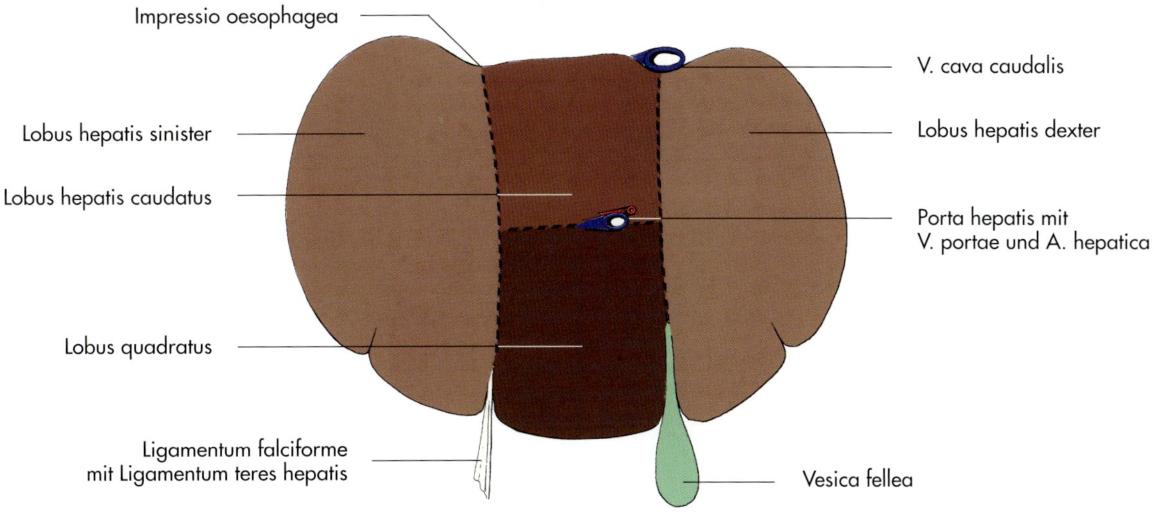


**Abb. 7-98.** Schematische Darstellung der Lebereinteilung.

Schwein sind diese Septen **besonders kräftig**, sodass der **Läppchenbau** deutlich hervortritt (Abb. 7-107). Auch bei Katze und Hund sind die Leberläppchen mit ca. 1 mm im Durchmesser gut zu erkennen. Leberläppchen bestehen aus **Leberzellen (Hepatozyten)** und **Sinuskapillaren**, die in Hinblick auf ihre Vaskularisation nach unterschiedlichen Gesichtspunkten definiert werden können (s.u.).

## Blutgefäße

Die Blutversorgung der Leber ist besonders reichlich. Die **A. hepatica**, ein Ast der **A. coeliaca**, führt der Leber als **nutritives Gefäß** sauerstoffreiches Blut zu. Die Äste der Leberarterie, die in die Leber selbst eintreten, sind Endarterien. Sie teilen sich gemeinsam mit den Ästen der **Pfortader (V. portae)** auf, versorgen die Bindegewebsstrukturen und münden in die **Lebersinusoide**, wo sie sich mit dem Pfortaderblut vermischen (Abb. 7-107ff.).

Das **funktionelle Gefäß** ist die **Pfortader (V. portae)**. Diese führt der Leber das Blut aus den unpaarigen Organen der Bauchhöhle, z.B. aus dem größten Teil des Darms, des Magens, der Milz und des Pancreas zu. Ihr Einzugsgebiet verbindet sich zusätzlich in der Peripherie mit Venen des kavalen Systems im kardioösophagealen und im rektoanalen Bereich. Diese Verbindungen stellen alternative Abflüsse für das Portalblut dar, falls der Blutstrom durch die Leber, beispielsweise bei einer Zirrhose, behindert wird. An beiden Stellen können in diesem Fall Varizen auftreten. Kenntnisse zur Aufteilung der Pfortader bzw. der in die kaudale Hohlvene mündenden Vv. hepaticae haben bei den Haussäugetieren keine große Bedeutung. Beim Menschen liefern sie dem Chirurgen wichtige Anhaltspunkte bei partiellen Leberexzisionen. Bei Ultraschalluntersuchungen und unter diagnostischer Anwendung der Magnetresonanztomographie können die Äste der V. portae und die Vv. hepaticae dargestellt werden (Abb. 6-21).

Von Bedeutung ist die Verbindung zwischen der V. portae und der V. cava caudalis, die postembryonal besonders beim Hund, aber auch bei der Katze als **Ductus venosus (Arantii)** persistieren kann. Dieser portokavale Shunt kann operativ eingeengt und dadurch beseitigt werden. Entscheidend für die Struktur und die Funktion der Leber ist das **intrahepatische Gefäßsystem**.

Detailliert betrachtet, tritt die V. portae im **Hilus** der Leber, der **Leberpforte** (Abb. 7-104 u. 105), in dieses Organ ein und verzweigt sich im interstitiellen Bindegewebe zu den **Vv. interlobulares**, begleitet von der **A. hepatica** und deren gleichlaufenden Ästen. Beide Gefäßnetze, die **Vv. interlobulares** und die Äste der **A. hepatica**, liegen außen den Leberläppchen an und bilden zusammen mit den abführenden **Gallengängen** die **Lebertrias (Trias hepatica)** (Abb. 7-107).

Die **Aa.** und **Vv. interlobulares** verzweigen sich zu Arteriolen bzw. Venolen und treten als **Kapillaren** in die Leberläppchen über. Unmittelbar nach diesem Übertritt vereinigen sich die arteriellen und venösen Gefäßsysteme zu **Sinuskapillaren (Lebersinusoide)**. Diese führen nachfolgend **arteriovenöses Mischblut** (Abb. 7-107). Dieses Blut fließt an den **Leberzellplatten (Laminae hepaticae)** vorbei und sammelt sich im Zentrum eines jeden Leberläppchens in der **Zentralvene (V. centralis)** (Abb. 7-107). Die Zentralvenen mehrerer Leberläppchen vereinigen sich über **Vv. sublobulares** zu **Vv. hepaticae**, die an der **Zwerchfellseite** aus der Leber austreten und in die **V. cava caudalis** einmünden.

Die **Leberläppchen** lassen sich nach unterschiedlichen strukturellen oder funktionellen Charakteristika definieren (Abb. 7-107). So unterscheidet man:

- periportale Leberläppchen mit einer zentralen Lebertrias (Arterie, Vene und Gallengang),
- terminale Gallengefäße mit Leberazini (Aa. und Vv. interlobulares) und
- polygonale Läppchen mit einer Zentralvene im Mittelpunkt.

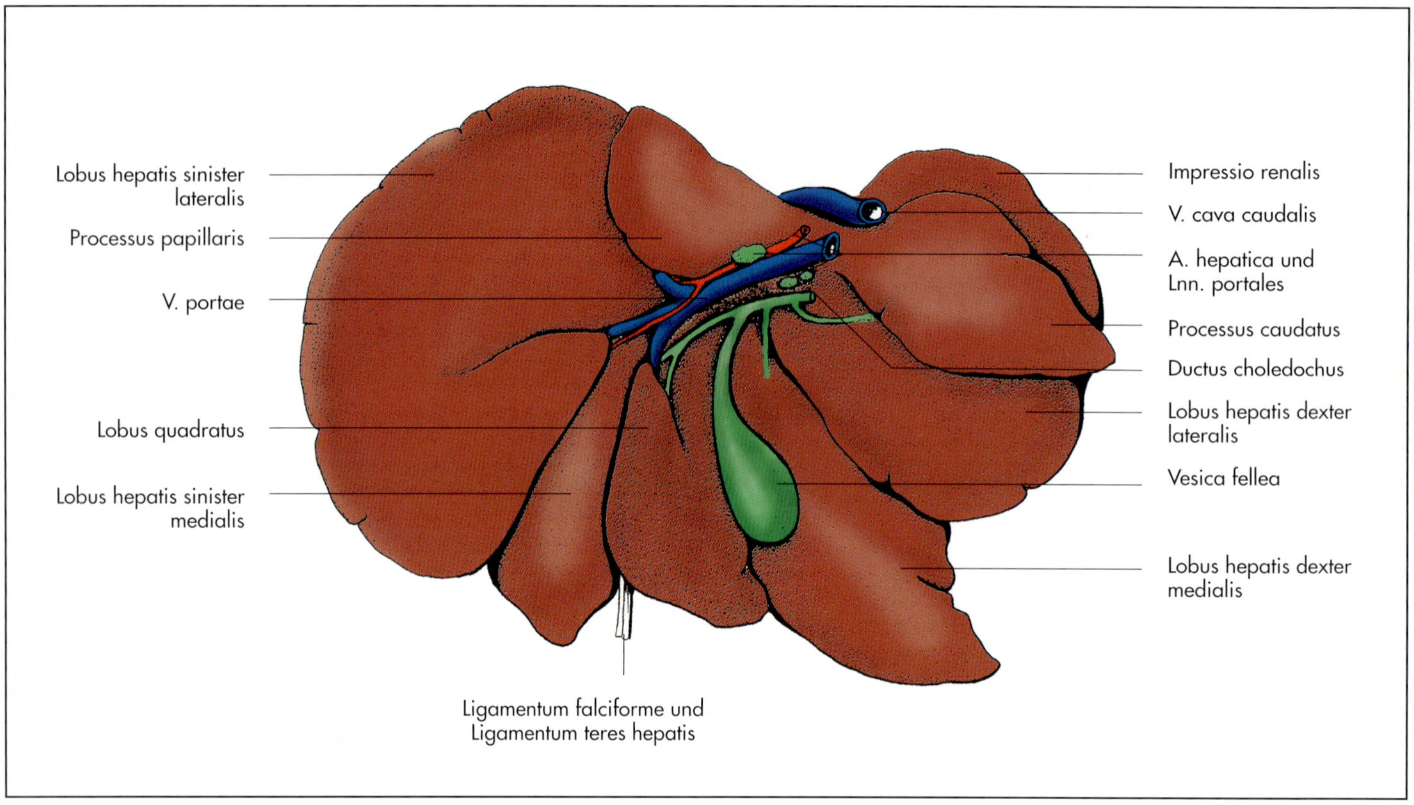


**Abb. 7-99.** Schematische Darstellung der Leber des Hundes (Facies visceralis).

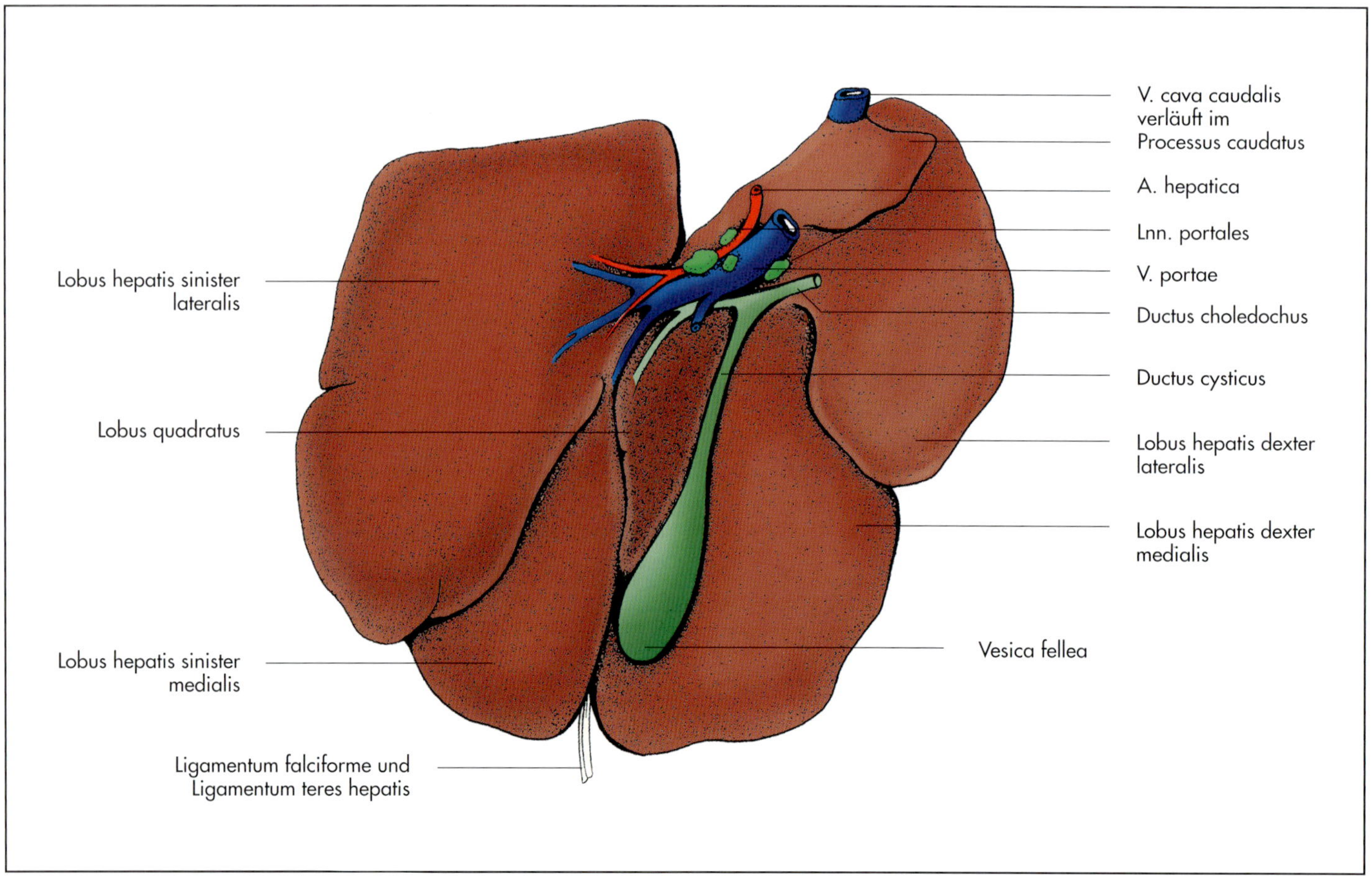


**Abb. 7-100.** Schematische Darstellung der Leber des Schweines (Facies visceralis).

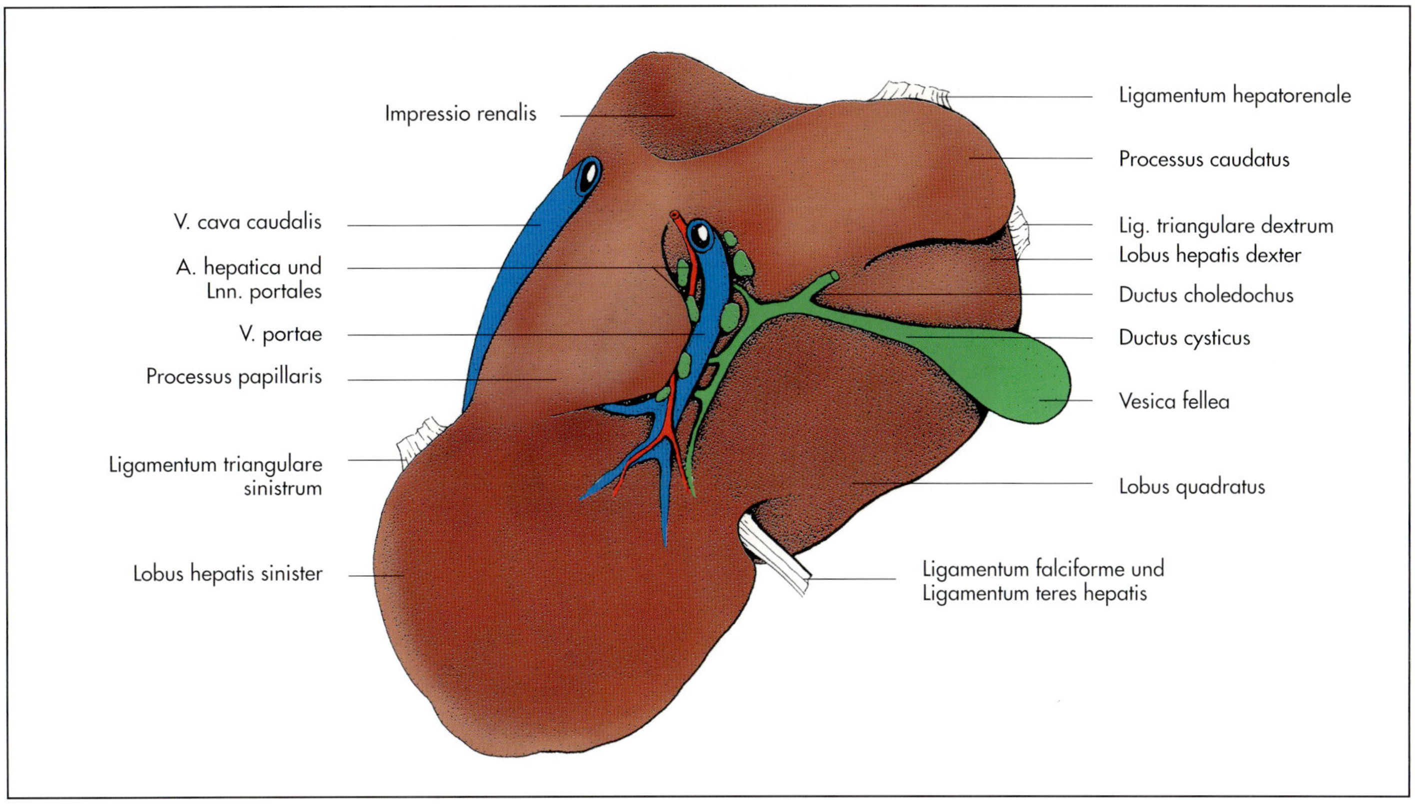


**Abb. 7-101.** Schematische Darstellung der Leber des Rindes (Facies visceralis).

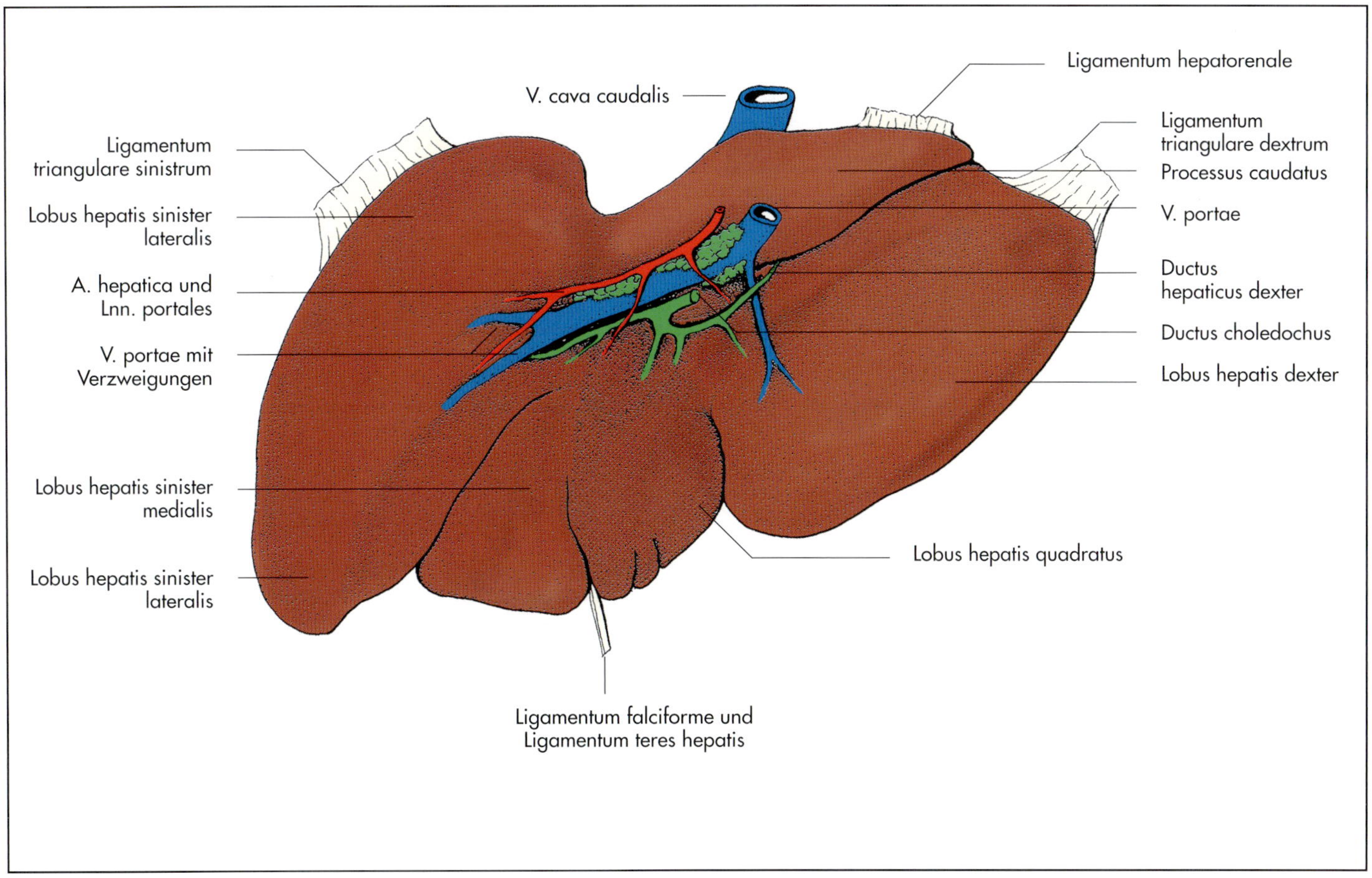


**Abb. 7-102.** Schematische Darstellung der Leber des Pferdes (Facies visceralis).

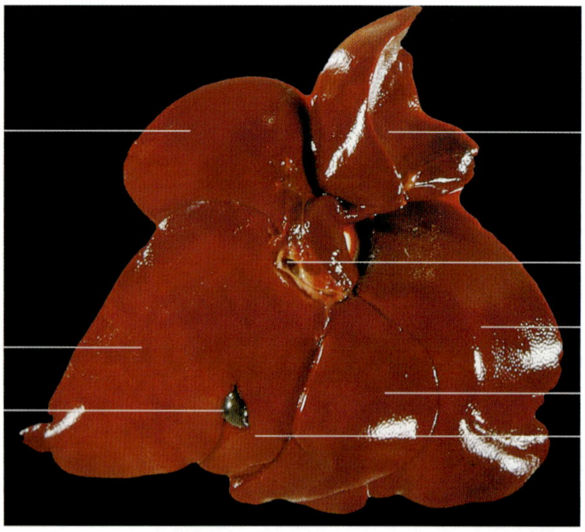


**Abb. 7-103.** Leber einer Katze (Facies diaphragmatica), König, 1992.

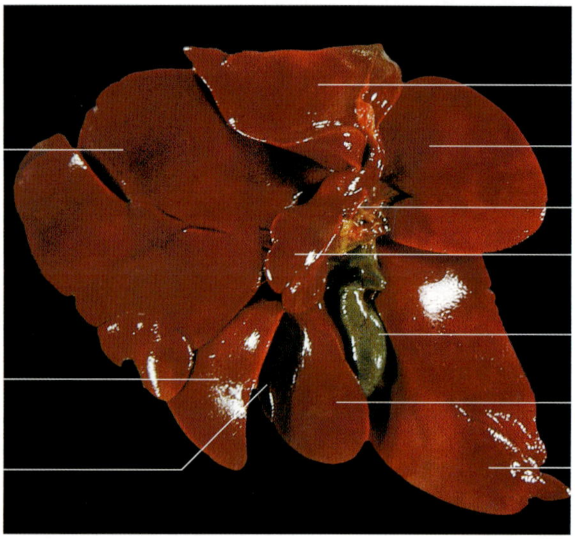


**Abb. 7-104.** Leber einer Katze (Facies visceralis), König, 1992.

## Innervation und Lymphknoten

Die Innervation der Leber ist **vegetativ**. Die sympathischen Fasern stammen aus dem **Ganglion coeliacum**, die parasympathischen aus dem **Truncus vagalis ventralis**. Die Lymphe aus der Leber gelangt in die **Lymphonodi portales**, die im kleinen Netz nahe der **Leberpforte** liegen.

## Gekröse und Haltebänder

Die Leber ist in das **ventrale Magengekröse** eingelagert, das als **primäres Gekröse** Leitungsstrukturen führt und keine Haltefunktion besitzt. Es lassen sich drei Abschnitte unterscheiden:

- Ligamentum falciforme,
- Ligamentum hepatogastricum,
- Ligamentum hepatoduodenale.

Das Ligamentum falciforme verläuft zwischen dem linken Hauptabschnitt der Leber und dem Lobus quadratus zum Zwerchfell und zur ventralen Bauchwand. Diese Gekrösefalte stellt den distalen Teil des ventralen Magengekröses dar. In seiner freien Kante zieht die Nabelvene (V. umbilicalis), die nach der Geburt zum **Ligamentum teres hepatis** obliteriert, zum Nabel (Umbilicus) (Abb. 7-98ff.).

Das **Ligamentum hepatoduodenale** und **Ligamentum hepatogastricum** ziehen von der Porta hepatis als **kleines Netz** zum Magen und Duodenum. In ihnen verlaufen der Gallengang zum Duodenum, die V. portae und die A. hepatica zur Leber sowie die A. gastrica sinistra und dextra entlang der kleinen Kurvatur des Magens.

Zusätzlich setzt sich das Peritoneum in Form von **Leberbändern** von der Leber auf das Zwerchfell fort. Bei diesen Bändern handelt es sich um **sekundäre** oder **Nebengekröse**, die keine Leitungsstrukturen führen und eine mechanische Haltefunktion erfüllen. Es werden drei Bänder unterschieden:

- Ligamentum triangulare dextrum und sinistrum,
- Ligamentum coronarium.

Die Ligamenta triangularia ziehen jeweils links und rechts an den Lobus hepatis dexter bzw. sinister und verbinden den jeweiligen

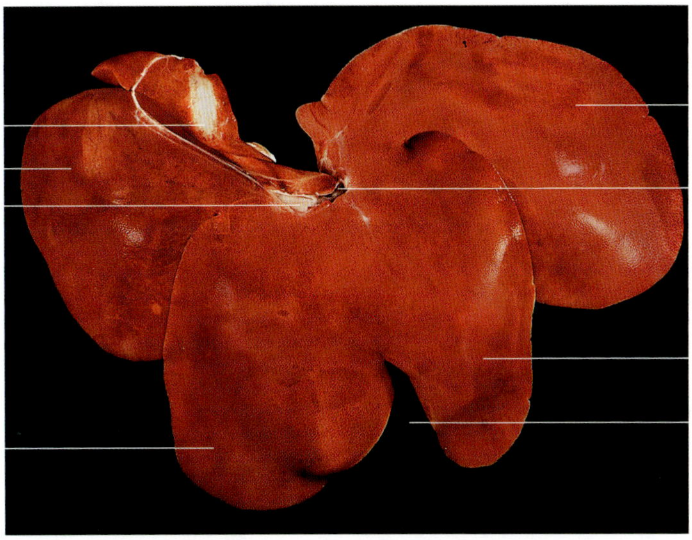


**Abb. 7-105.** Leber eines Schweines (Facies diaphragmatica).

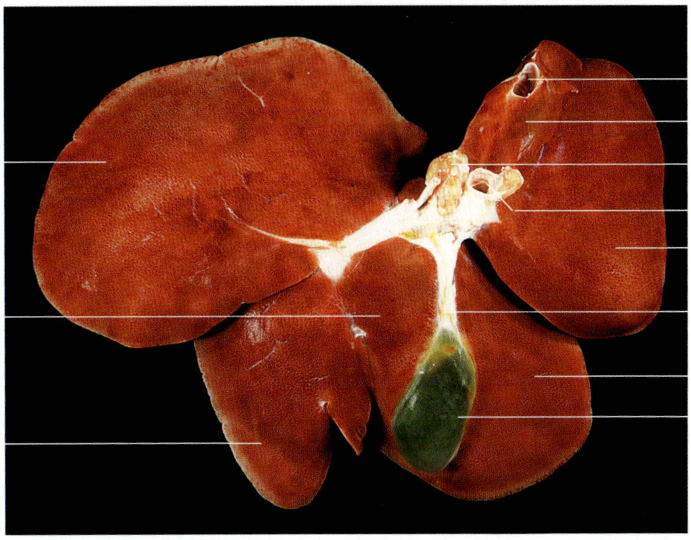


**Abb. 7-106.** Leber eines Schweines (Facies visceralis).

Lappen mit dem Zwerchfell (Abb. 7-101 u. 102). Das Ligamentum coronarium umgibt die kaudale Hohlvene an ihrem Übertritt vom stumpfen Rand der Leber auf das Zwerchfell und verbindet damit die Leber mit dem Diaphragma.

## Gallengangssystem

Das Gallengangssystem beginnt im Leberläppchen in Form von **Gallenkapillaren**, die ohne eigene Wand zwischen den Hepatozyten ihren Anfang nehmen. Jede Leberzelle hat auf einer Seite Kontakt zu einer Sinuskapillare und auf der anderen zu einem Gallenkanälchen. Die **Ductuli interlobulares** finden sich in der Lebertrias; um sie gruppiert sich ein **Leberazinus**. Sie vereinigen sich zu **Ductuli biliferi**. (Näheres s. Lehrbücher der Histologie.)

Beim Pferd und bei den Wiederkäuern vereinigen sich diese zum **Ductus hepaticus sinister** und zum **Ductus hepaticus dexter**, die beide zum **Ductus hepaticus communis** zusammenfließen.

Beim Schwein münden die Gallengänge der linken Leberlappen in einen **Ductus hepaticus sinister**, die der rechts gelegenen Lappen münden einzeln in den **Ductus hepaticus communis**. Beim Hund und bei der Katze fließen die Gallengänge der Leberlappen **einzeln** in den **Gallenblasengang (Ductus cysticus)**. Es fehlen ein Ductus hepaticus dexter, sinister und communis. Ab der Vereinigung des Ductus hepaticus communis oder des letzten Lappengangs mit dem Ductus cysticus spricht man vom **Ductus choledochus** (Abb. 7-110).

Der Ductus choledochus mündet auf der **Papilla duodeni major** in den Anfangsteil des Duodenum (Abb. 7-82).

# Gallenblase (Vesica fellea)

Die Gallenblase liegt auf der **Facies visceralis der Leber**. Sie hat beim Hund ein Fassungsvermögen von ca. 15 ml. Bei der Katze ist sie immer an der Facies diaphragmatica der Leber sichtbar. Ihre Schleimhaut zeigt viele Falten. Sie dickt die Gallenflüssigkeit (griech. chole) ein. Der **Ductus choledochus** mündet in das Duodenum. Der Ductus cysticus der Katze ist im Unterschied zu dem des Hundes stärker S-förmig gewunden. Eine Gallenblase **fehlt dem Pferd** (Abb. 7-99 bis 102, 106, 109 u. 110).

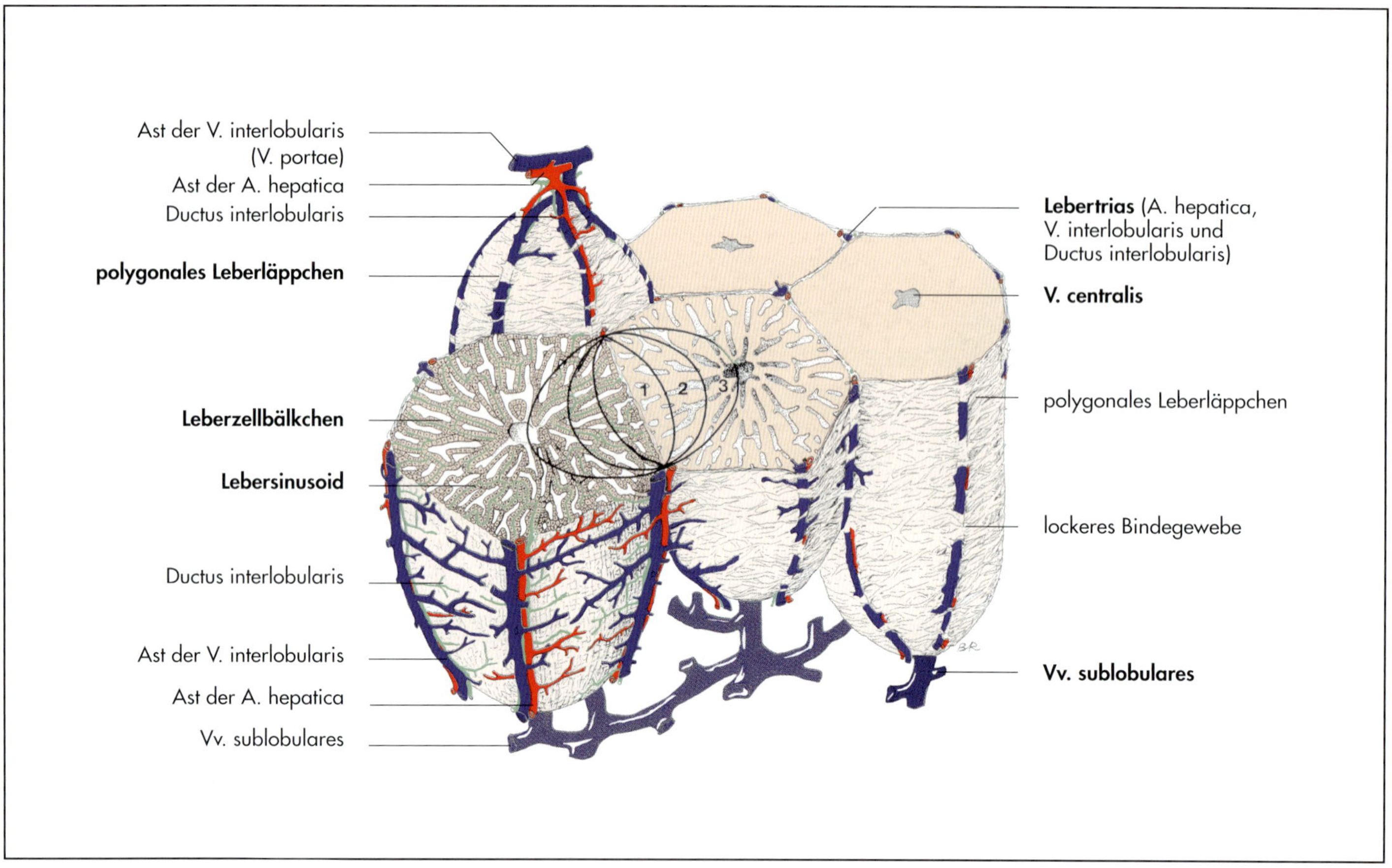


**Abb. 7-107.** Dreidimensionale schematische Darstellung der polygonalen Leberläppchen und deren Zuordnung zu den zu- und abführenden Gefäßen, Liebich, 2004.

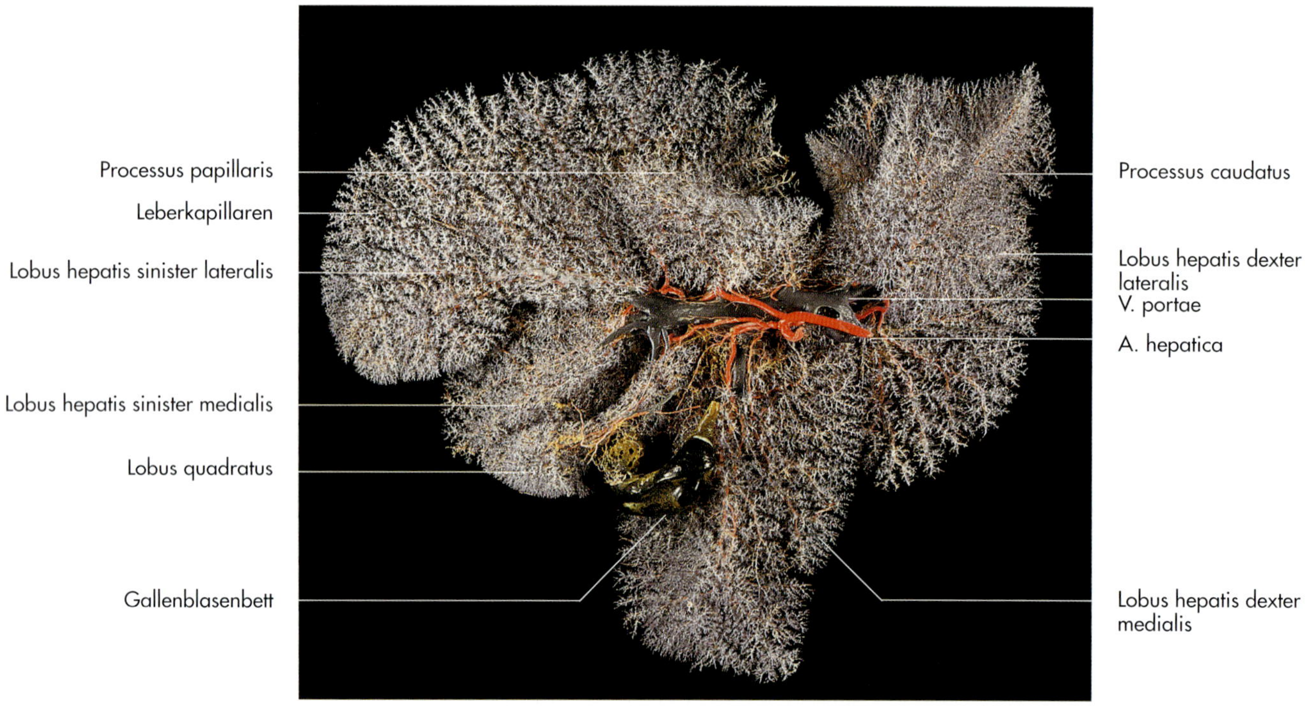


**Abb. 7-108.** Aufzweigung der A. hepatica und der V. portae in der Leber eines Hundes (Korrosionspräparat).

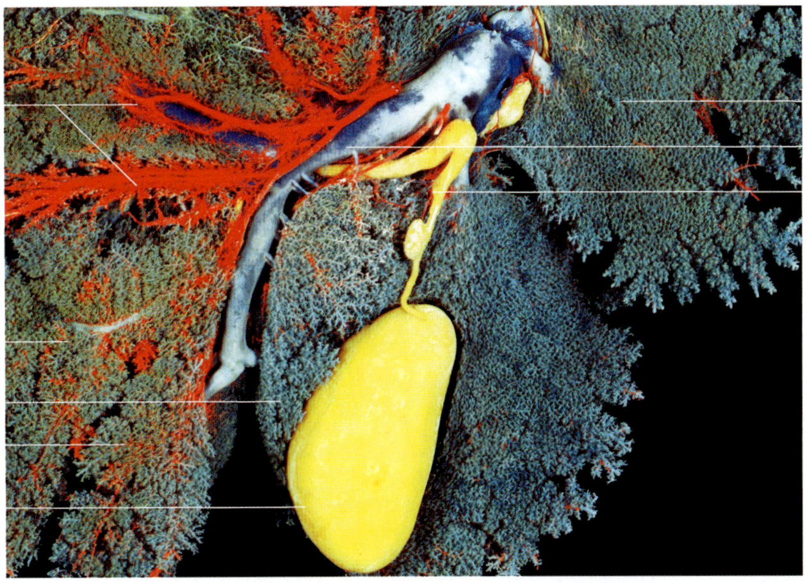


**Abb. 7-109.** Aufzweigung der A. hepatica und der V. portae in der Leberpforte und Lage der Gallenblase eines Schweines (Korrosionspräparat).

## Bauchspeicheldrüse (Pancreas)

Das Pancreas entwickelt sich aus einer dorsalen und zwei ventralen Anlagen des **hepatopankreatischen Ringes**. Dementsprechend werden auch mehrere Ausführungsgänge angelegt, die allerdings im Inneren des Organs miteinander in Verbindung stehen. Trotz der bei den verschiedenen Tierarten in unterschiedlicher Weise vorkommenden Rückbildung des einen oder anderen dieser Gänge bleibt der Sekretabfluss gewährleistet. In der dorsalen Anlage entsteht der **Ductus pancreaticus accessorius**, in den ventralen der **Ductus pancreaticus**.

Das Pancreas verbleibt im Gegensatz zur Leber nahe seines Entstehungs- und Mündungsorts und ist, bei enger Lagebeziehung zur Pars cranialis duodeni, in das Mesoduodenum und Mesogastrium dorsale eingelagert. Es werden an ihm ein mittlerer Körper **(Corpus pancreatis)** von einem **rechten Duodenalschenkel (Lobus pancreatis dexter)** und einem **linken Milzschenkel (Lobus pancreatis sinister)** unterschieden. Diese bilden ein kaudal offenes U, in dem die V. portae verläuft **(Incisura pancreatis)** (Abb. 7-113ff.). Beim Pferd umschließen der kompakte Pankreaskörper und dessen kurze Schenkel die Pfortader **(Anulus pancreatis)**.

Auch beim Schwein stehen die beiden Lobi miteinander in Verbindung, in diesem Fall durch einen gabelförmigen Abschnitt. Beim Rind sind Corpus und Lobus pancreatis sinister klobig verdickt. Hund und Katze weisen die einfache U-Form des Pancreas auf, wobei der linke, etwas kürzere Schenkel im Ursprung des Omentum majus an der dorsalen Bauchwand verläuft, während der rechte die Pars descendens duodeni begleitet (Abb. 7-113).

Die Ausführungsgänge sind tierartlich und darüber hinaus auch individuell unterschiedlich ausgebildet (Abb. 7-115). Im Allgemeinen jedoch gilt, dass Katze und kleine Wiederkäuer einen **Ductus pancreaticus**, Schwein und Rind einen **Ductus pancreaticus accessorius**, Hund und Pferd beide Ausführungsgänge besitzen.

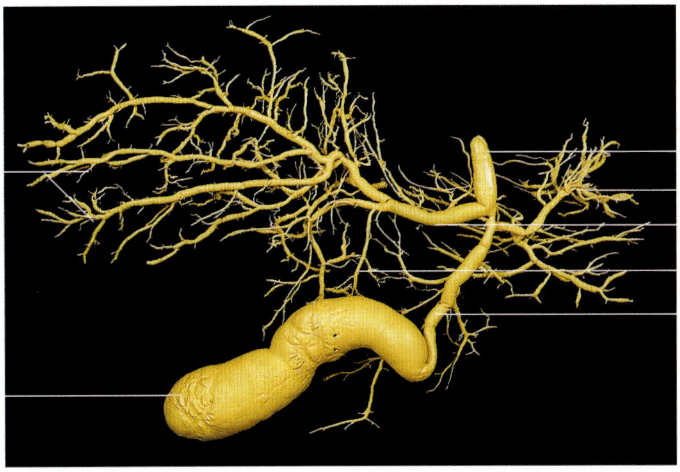


**Abb. 7-110.** Gallengangssystem eines Schafes (Korrosionspräparat), Präparat Prof. Dr. Ana Carretero, Barcelona.

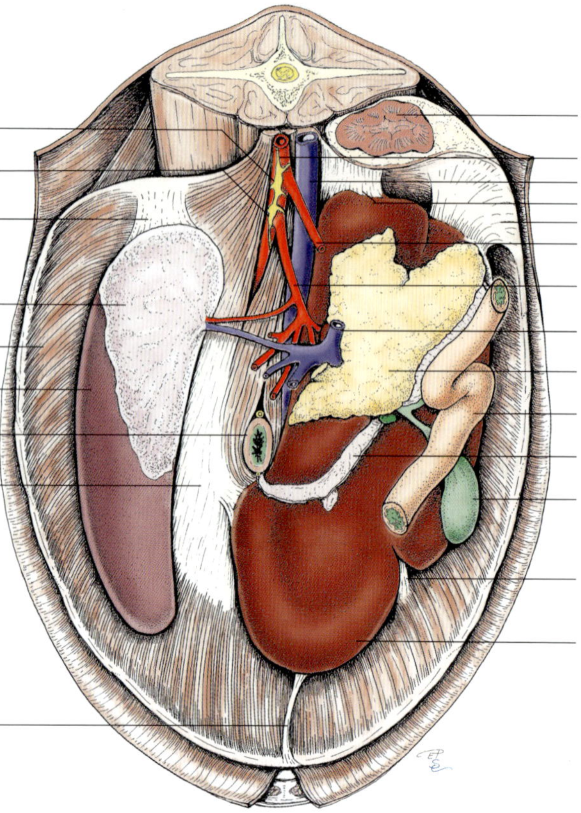


**Abb. 7-111.** Schematische Darstellung der intrathorakalen Bauchorgane eines Rindes (Ansicht von kaudal).

## Ausführungsgänge der Bauchspeicheldrüse

- **Katze**
  Ductus pancreaticus größer als der
  Ductus pancreaticus accessorius (klein, kann fehlen)
- **Hund**
  Ductus pancreaticus (klein, kann fehlen),
  Ductus pancreaticus accessorius (groß)
- **Schwein**
  Ductus pancreaticus accessorius
- **Pferd**
  Ductus pancreaticus (groß),
  Ductus pancreaticus accessorius (klein)
- **Rind**
  Ductus pancreaticus accessorius,
  Ductus pancreaticus (klein und selten)
- **Ziege**
  Ductus pancreaticus
- **Schaf**
  Ductus pancreaticus,
  Ductus pancreaticus accessorius (manchmal)

Der Ductus pancreaticus mündet mit dem Ductus choledochus auf der Papilla duodeni major in den Anfangsteil des Duodenum. Der Ductus pancreaticus accessorius mündet auf der Papilla duodeni minor, gegenüber der Papilla duodeni major, ebenfalls in der Pars cranialis duodeni.

In das **exokrine Pankreasgewebe** sind die sog. **Pankreasinseln** eingebettet. Sie stellen den **endokrinen Teil** der Bauchspeicheldrüse dar, dem die Produktion von **Hormonen (Insulin, Glukagon** und **Somatostatin)** obliegt. (Näheres s. Lehrbücher der Histologie.)

Die **Blutgefäße** des Pancreas stammen aus der **A. coeliaca** und der **A. mesenterica cranialis**. Die nach rechts verlaufende A. hepatica gibt die **A. pancreaticoduodenalis cranialis** für den rechten Schenkel des Pancreas ab. Das Corpus und der linke Schenkel werden über die **A. lienalis** und über die aus der A. mesenterica cranialis abzweigende **A. pancreaticoduodenalis caudalis** vaskularisiert. Die Venen des Pancreas ziehen in die Pfortader.

Die **Innervation** erfolgt **vegetativ**. Die sympathischen Fasern entstammen dem **Plexus solaris**, während sich die parasympathischen aus dem **Truncus vagalis dorsalis** ableiten.

Die **Lymphknoten**, die **Lymphonodi pancreaticoduodenales**, gehören zum **Lymphocentrum coeliacum**.

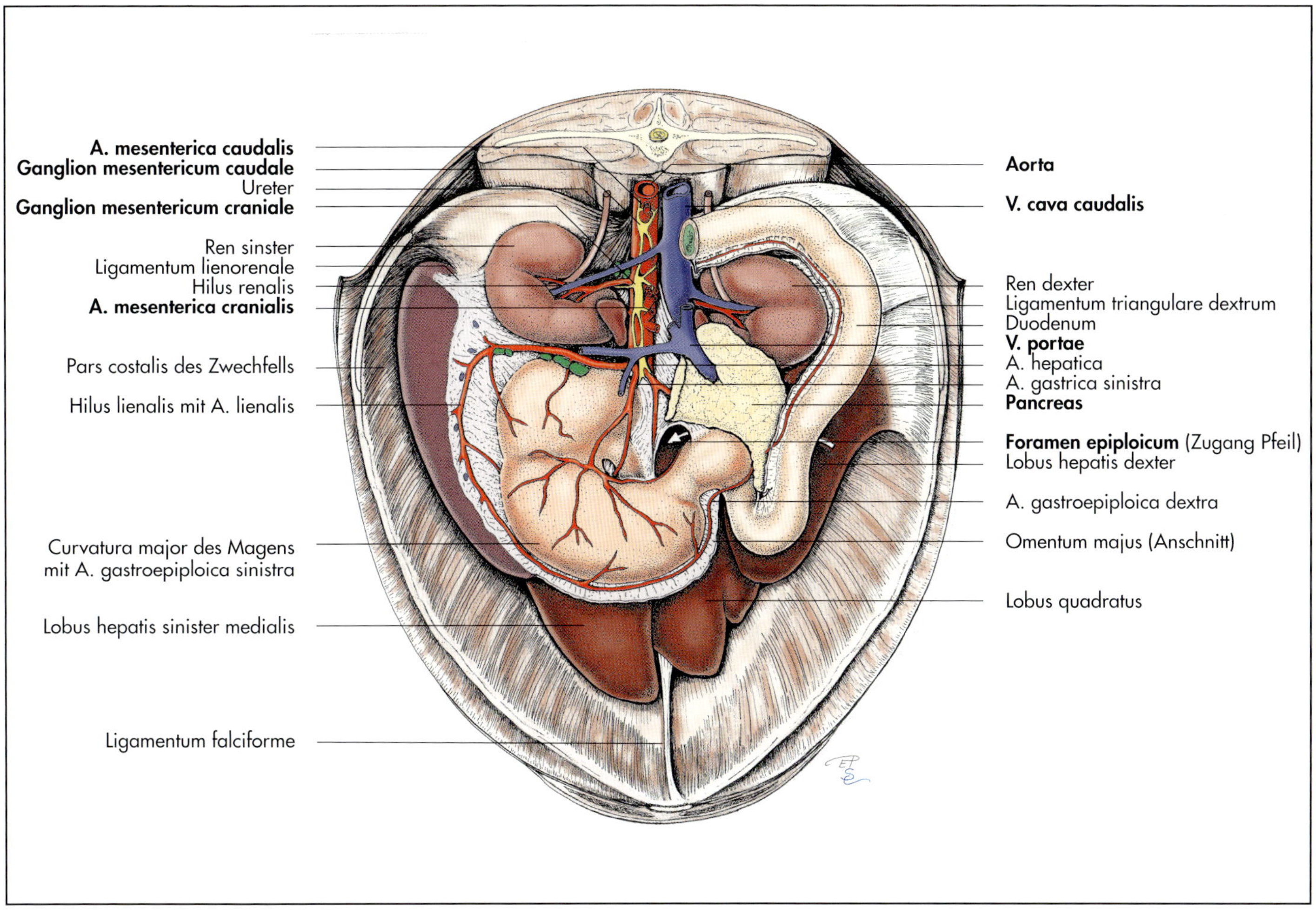


**Abb. 7-112.** Schematische Darstellung der intrathorakalen Bauchorgane eines Pferdes (Ansicht von kaudal).

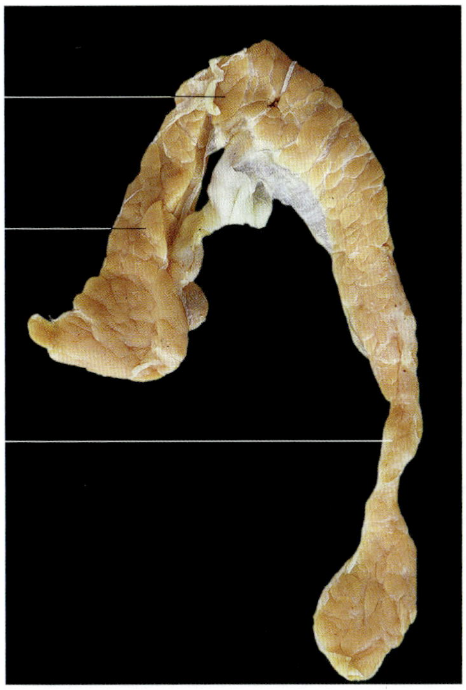


**Abb. 7-113.** Bauchspeicheldrüse eines Hundes (Dorsalansicht).

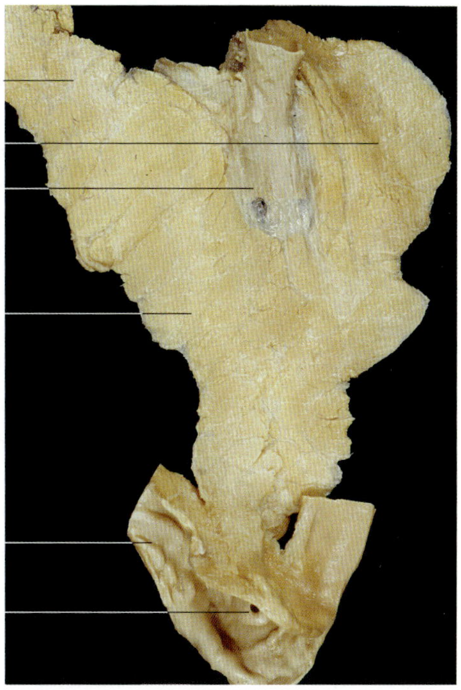


**Abb. 7-114.** Bauchspeicheldrüse eines Pferdes (Dorsalansicht).

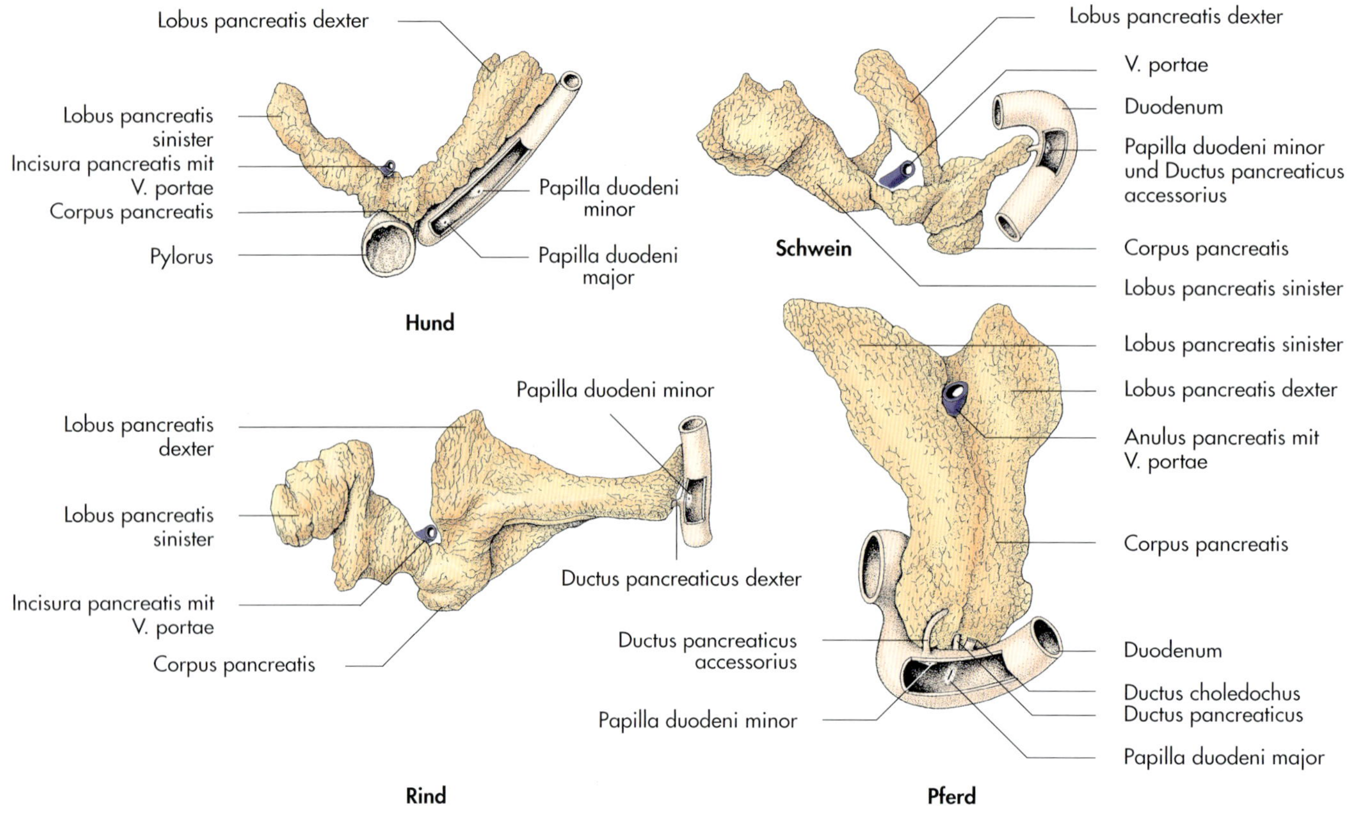


**Abb. 7-115.** Vergleichend-schematische Darstellung der Bauchspeicheldrüse, nach Nickel, Schummer und Seiferle, 1995.

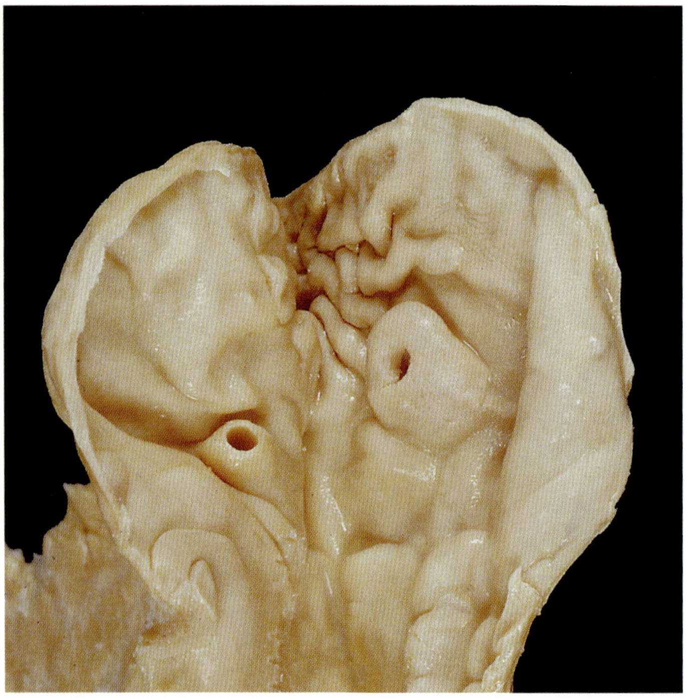

**Abb. 7-116.** Duodenum eines Pferdes mit Papilla duodeni minor (links) und Papilla duodeni major (rechts).

**Klinische Fachausdrücke**, die von anatomischen Namen abgeleitet werden: Glossitis, Parodontitis, Parodontose, Parotitis, Pulpitis, Pharyngitis, Tonsillitis, Tonsillektomie, Ösophagitis, Gastritis, Gastrotomie, Ruminotomie, Reticulitis, Reticulitis traumatica, Enteritis, Duodenitis, Jejunitis, Ileitis, Ileus, Colitis, Enterocolitis, Hepatitis, Pancreatitis etc.

# 8 Atmungsapparat (Apparatus respiratorius)

H. E. König und H.-G. Liebich

Der Atmungsapparat ermöglicht den **Gasaustausch** zwischen Blut und Luft. Unter **Atmung** versteht man sowohl den **Gastransport** zu und von den Zellen als auch **chemische Oxidationsvorgänge**, die mit Hilfe des Sauerstoffs in den Zellen ablaufen. Letztere sind der anatomischen Untersuchung nicht zugänglich und werden der physiologischen Chemie zugeordnet.

Die Luft gelangt über die Atemwege bis in die Lungen. Hier diffundiert Sauerstoff aus der Atemluft ins Blut und Kohlendioxid aus dem Blut in die Atemluft. Die **Inspirationsluft** enthält ca. 20,9% Sauerstoff, 0,03% Kohlendioxid und 79,4% Stickstoff, die **Exspirationsluft** dagegen etwa 16% Sauerstoff, 4% Kohlendioxid und 80% Stickstoff. Der Transport dieser Gase von den Lungen zu den Zellen der Organe und Gewebe und umgekehrt erfolgt über den Blutweg.

Der Atmungsapparat setzt sich aus luftleitenden und luftaustauschenden Organabschnitten zusammen.

Zu den **luftleitenden Atmungsorganen** zählen:

- Nase (Nasus externus),
- Nasenhöhle (Cavum nasi),
- Nasennebenhöhlen (Sinus paranasales),
- Kehlkopf (Larynx),
- Luftröhre (Trachea),
- Bronchien (Bronchi) und
- Lungen (Pulmo sinister et dexter).

Zu den **respiratorischen**, **luftaustauschenden** Atmungsorganen gehören drei Abschnitte innerhalb der Lunge, nämlich die:

- Bronchioli respiratorii,
- Ductus alveolares, Sacculi alveolares,
- Lungenbläschen, Alveolen (Alveoli pulmonis).

## Funktionen des Atmungsapparates

Die in die **Atmungsorgane** einströmende Luft wird von feinen Staubteilchen gereinigt, erwärmt und gleichzeitig befeuchtet.

Der Atmungsapparat erfüllt eine Vielzahl an Funktionen. So kontrolliert das in der Nasenhöhle gelegene **Geruchsorgan** die Luft, es dient der Orientierung in der Umwelt und zusammen mit der sensiblen Innervation der Schleimhaut dem Schutz vor äußeren Noxen. Im Kehlkopf erfolgt im Zusammenwirken mit anderen Kopforganen (z.B. der Zunge) die **Lautbildung**. Das luftleitende System führt in der **Lunge** in immer enger werdende Röhrchen, die letztlich in **Blindsäcken**, den respiratorischen **Lungenbläschen (Alveolen)**, enden. Die Alveolen sind die terminalen Abschnitte des Atmungsapparates **(respiratorisches System)**, in ihnen findet der **Gasaustausch (»Blut-Luft-Schranke«)** statt.

Die im Kopfbereich platzierten Atmungsorgane, nämlich Nase, Nasennebenhöhlen und Nasenrachen, fasst man unter dem Begriff **obere Luftwege** zusammen. Ihnen stellt man die **unteren Luftwege**, bestehend aus Kehlkopf, Luftröhre und Lungen, gegenüber. Aus klinischer Sicht wird oft auch die Mundhöhle als Teil der oberen Luftwege angesehen.

Die Organe des Atmungsapparates werden vorwiegend von einer **respiratorischen Schleimhaut** ausgekleidet. Als **Ausnahme** gelten allein vordere Bereiche des Naseneingangs, der Schlundkopf, der Kehldeckel und kleine Abschnitte der Innenauskleidung des Kehlkopfs. Diese sind mit einem mehrschichtigen Plattenepithel bedeckt. Zusätzliche Funktionen der Geruchswahrnehmung erfolgen über die **olfaktorische Schleimhaut**, die im Nasengrund lokalisiert ist. (Näheres s. Lehrbücher der Histologie.) Die Wandflächen der Sacculi alveolares und letztendlich die Lungenbläschen sind mit einem einschichtigen Plattenepithel **(Alveolardeckepithel)** ausgekleidet.

## Obere Luftwege

### Nase (Rhin, Nasus)

Der Begriff **Nase** umfasst sowohl die äußere Nase mit der Nasenspitze als auch die Nasenhöhle und die Nasennebenhöhlen (Abb. 8-1ff.). Die Nase wird dorsal von den **Nasenbeinen**, lateral von den **Oberkieferbeinen** und ventral von den **Gaumenfortsätzen** der **Zwischenkiefer-**, der **Oberkiefer-** und der **Gaumenbeine** begrenzt. Kaudal wird die Nasenhöhle durch die **Lamina cribrosa** des **Siebbeins** verschlossen. Ventral geht sie in den Atmungsrachen über. Die mediane **Nasenscheidewand (Septum nasi)** besteht aus hyalinem Knorpel und trennt die Nasenhöhle in **zwei Hälften**. Sie stellt die Fortsetzung der Crista galli des Siebbeins dar und verknöchert im Alter im kaudalen Bereich (Abb. 8-5ff.).

#### Nasenspitze (Apex nasi)

Die Nasenspitze ist bei den Haussäugetieren in die Kontur der Oberlippe integriert und wird tierartlich unterschiedlich benannt. Beim

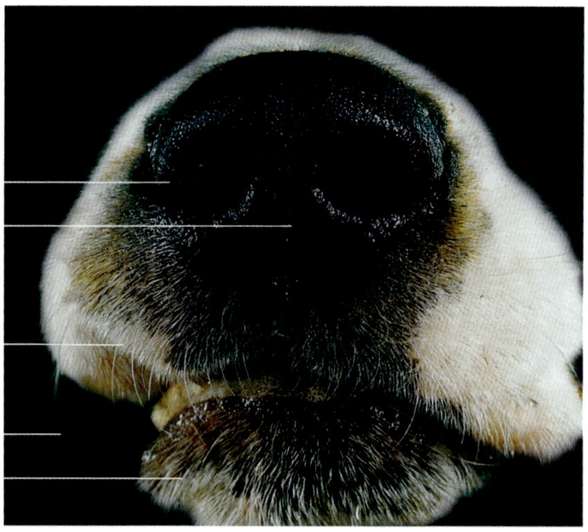


**Abb. 8-1.** Nasenspitze eines Hundes (Frontalansicht).

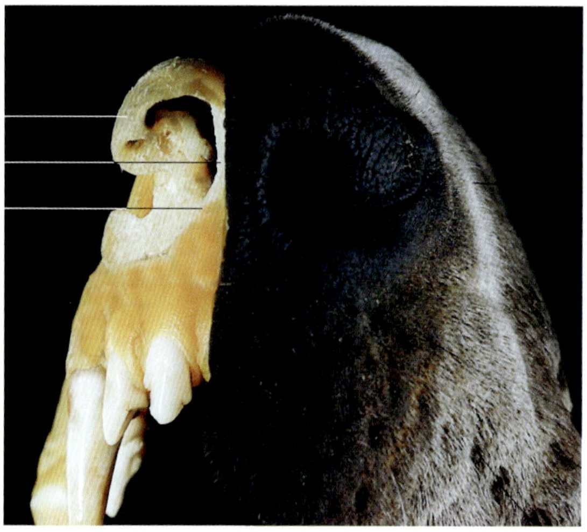


**Abb. 8-2.** Nasenspitze eines Hundes mit präparierten rechten Nasenknorpeln (Frontalansicht), Präparat Dr. R. Macher, Wien.

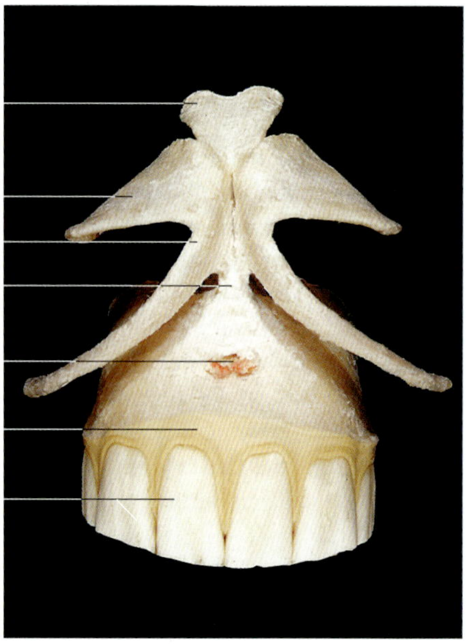


**Abb. 8-3.** Nasenknorpel eines Pferdes (Frontalansicht).

Rind spricht man vom **Flotzmaul (Planum nasolabiale)**, das von einer mehrschichtigen, verhornten Schleimhaut bedeckt ist und zahlreiche seröse Drüsen enthält.

Bei den kleinen Wiederkäuern, bei der Katze und beim Hund werden die **Nasenlöcher (Nares)** vom unbehaarten **Nasenspiegel (Planum nasale)** eingefasst, der in der Medianen durch die auf die Nasenspitze übergreifende **Lippenrinne (Philtrum)** geteilt wird (Abb. 8-1).

Das Schwein besitzt eine **Rüsselscheibe (Planum rostrale)** mit kurzen Haarstoppeln; sie wird von einem Knochen, dem **Os rostrale**, gestützt. Die **Nüstern** des Pferdes sind fein behaart.

Beim Rind und beim Schwein wird der Nasenspiegel durch eingelagerte **Drüsenpakete** feucht gehalten. Bei Hund und Katze stammt das dafür benötigte Sekret hauptsächlich aus der im **Recessus maxillaris** gelegenen **lateralen Nasendrüse** sowie zum geringeren Teil aus kleineren, in die Nasenschleimhaut eingebetteten Drüsen. Das Oberflächenrelief des Nasenspiegels ist individuell gestaltet und kann, ähnlich der Fingerkuppe des Menschen, zur Identifizierung der Tiere herangezogen werden (Nasolabiogramm).

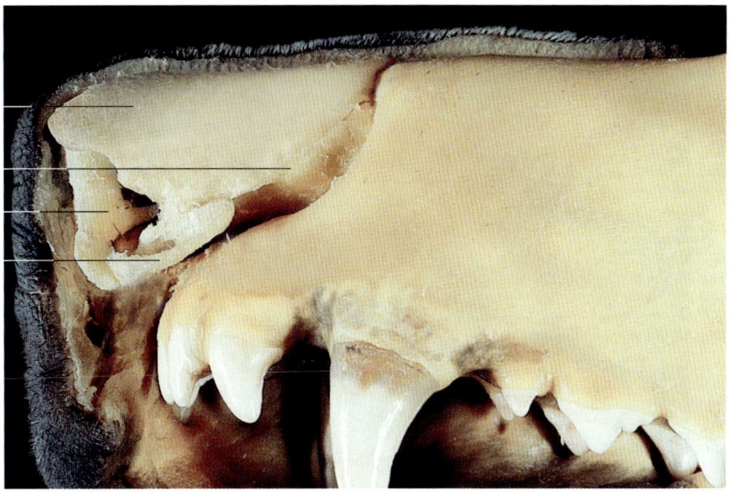


**Abb. 8-4.** Nasenknorpel eines Hundes (Lateralansicht), Präparat Dr. R. Macher, Wien.

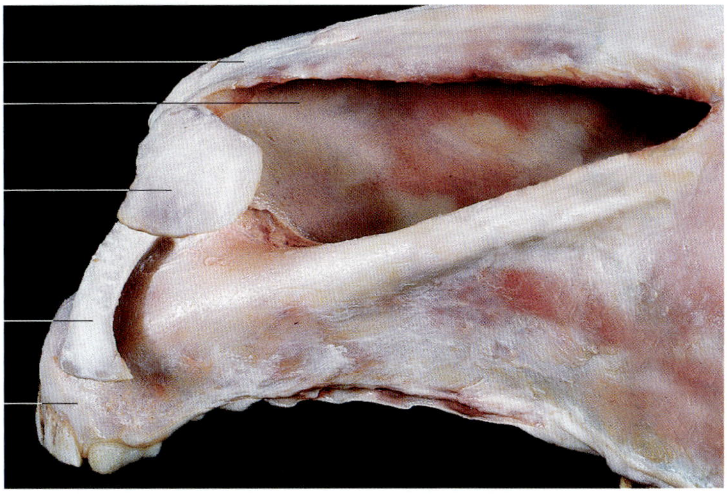


**Abb. 8-5.** Nasenknorpel eines Pferdes (Lateralansicht), Präparat Dr. R. Macher, Wien.

## Nasenknorpel (Cartilago nasi)

Die Nasenspitze und die beiden Anfangsteile der Nase, die **Nasenvorhöfe (Vestibula nasi)**, werden von mehreren **Knorpeln (Cartilagines nasi externi)** gestützt, die ventral und dorsal als sog. **Seitenwandknorpel** am Rostralende der Nasenscheidewand verankert sind (Abb. 8-2 u. 4). Sie bestimmen die **Form der Nasenöffnung**.

Die Seitenwandknorpel stellen dorsale und ventrale Verbreiterungen des Septum nasi dar **(Cartilago nasi lateralis dorsalis** und **Cartilago nasi lateralis ventralis)**. Die Seitenwandknorpel berühren sich seitlich bei allen Haussäugetierarten außer beim Pferd. An den Seitenwandknorpeln werden die Ansatzknorpel **(Cartilagines nasales accessoria)** beschrieben. Beim Schwein sitzt der Nasenscheidewand das Rüsselbein **(Os rostrale)** auf.

Neben dem schmalen dorsalen Seitenwandknorpel ist beim Pferd als Besonderheit der **Flügelknorpel (Cartilago alaris)** ausgebildet, der die Kommaform der Nüster prägt (Abb. 8-3 u. 5). Am Flügelknorpel unterscheidet man dorsal eine **Platte (Lamina)** und ventral ein **Horn (Cornu)**. Die Lateralwand des Nasenlochs ist nicht knorpelig gestützt. Daher ist ein Nüsternblähen beim Pferd möglich. Der ventrale Teil der Nüster führt in die Nasenhöhle. Über ihn wird auch die **Nasenschlundsonde** eingeführt. Der dorsale Teil der Nüster endet dagegen blind in der **Nasentrompete (Diverticulum nasi)**, einem behaarten Hautblindsack, der die **Incisura nasoincisiva** ausfüllt.

In der Antike wurde bei Fohlen die Nasentrompete gespalten. Von diesem sog. Nasenschlitzen erhoffte man sich erhöhte Ausdauer, vor allem bei Militärpferden. Dies wird heute noch in Südostasien, vom Iran über Pakistan bis nach Nordindien praktiziert.

## Nasenvorhof (Vestibulum nasi)

Die äußere pigmentierte Haut setzt sich im Nasenvorhof fort, dort geht sie an einer deutlichen Grenze in die Nasenschleimhaut über. Nahe dieser Grenze öffnet sich im Bereich der äußeren Haut beim Pferd schlitzförmig und gut erkennbar der **Tränen-Nasen-Gang (Ductus nasolacrimalis)**.

Beim Hund liegt diese Öffnung tiefer. Die Mündungen der **serösen lateralen Nasendrüsen** des Hundes, die ebenfalls in dieser Region liegen, sind undeutlich.

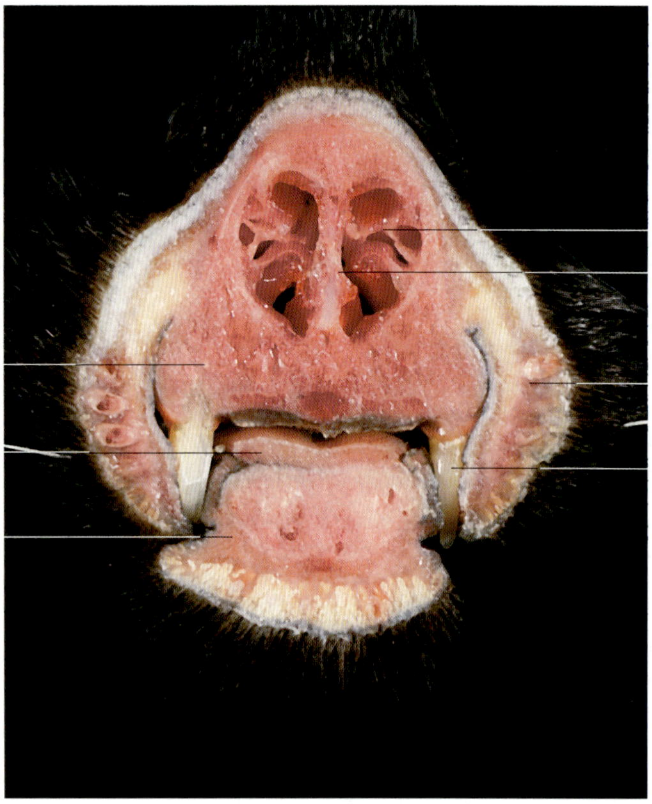


**Abb. 8-6.** Querschnitt durch den Kopf eines Hundes in Höhe des Eckzahns (Frontalansicht), Präparat PD Dr. J. Maierl, München.

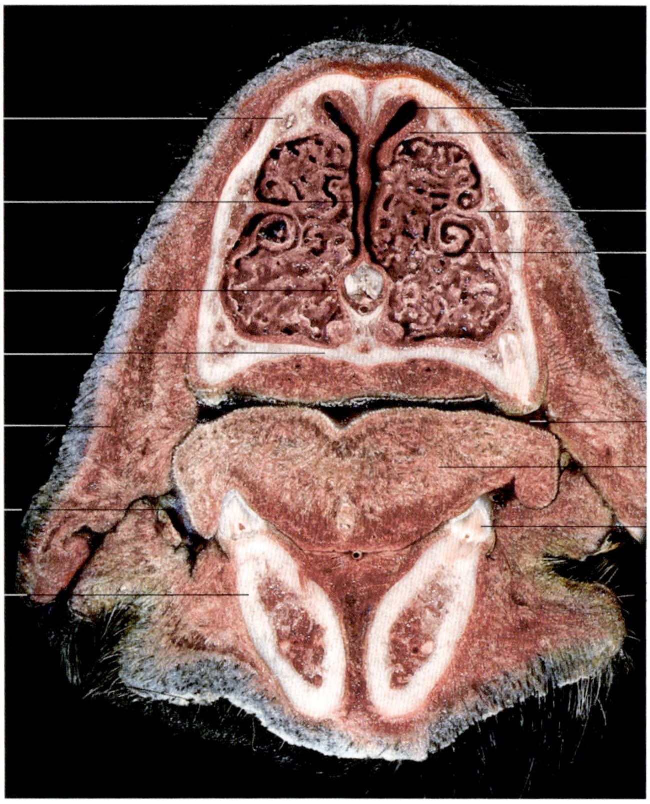


**Abb. 8-7.** Querschnitt durch den Kopf eines Hundes in Höhe des P2 (Frontalansicht), Präparat PD Dr. J. Maierl, München.

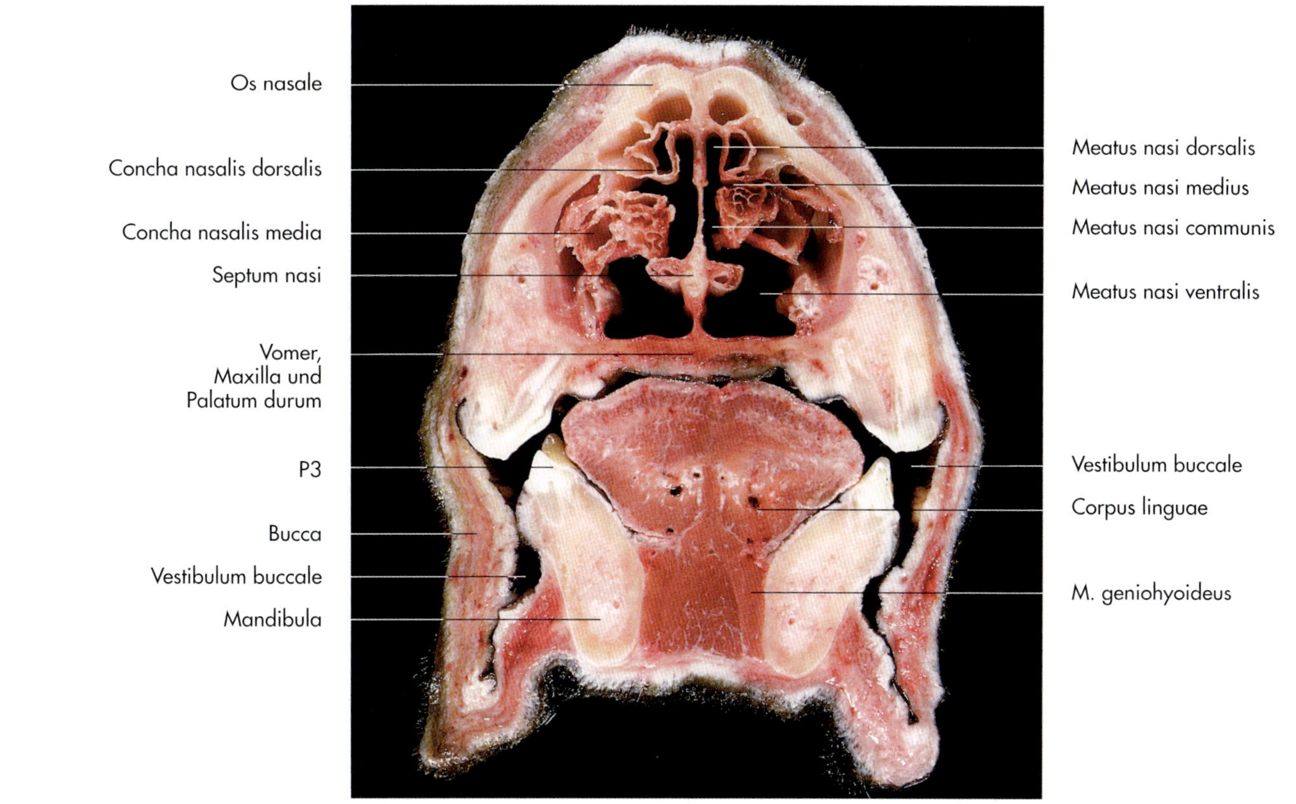


**Abb. 8-8.** Querschnitt durch den Kopf eines Hundes in Höhe des P3 (Frontalansicht), Präparat PD Dr. J. Maierl, München.

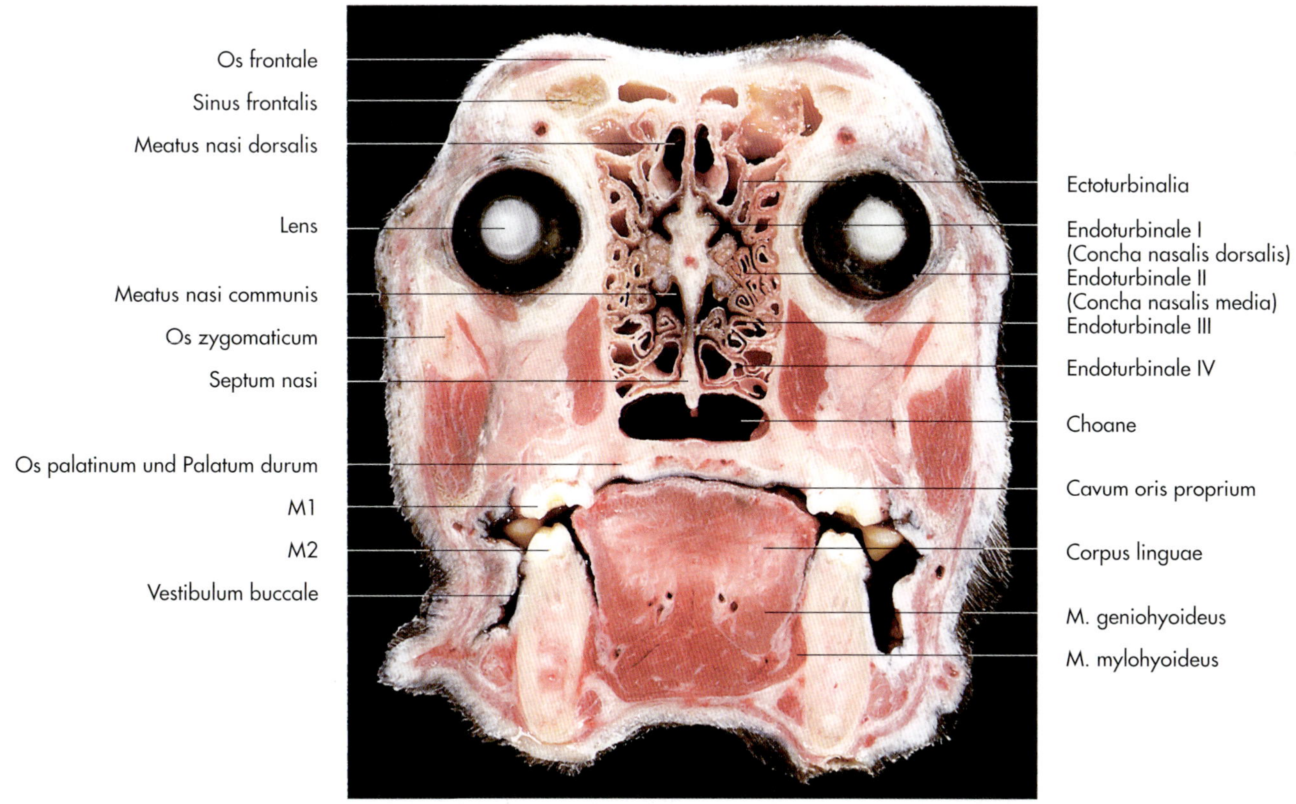


**Abb. 8-9.** Querschnitt durch den Kopf eines Hundes in Höhe des M2 (Frontalansicht), Präparat PD Dr. J. Maierl, München.

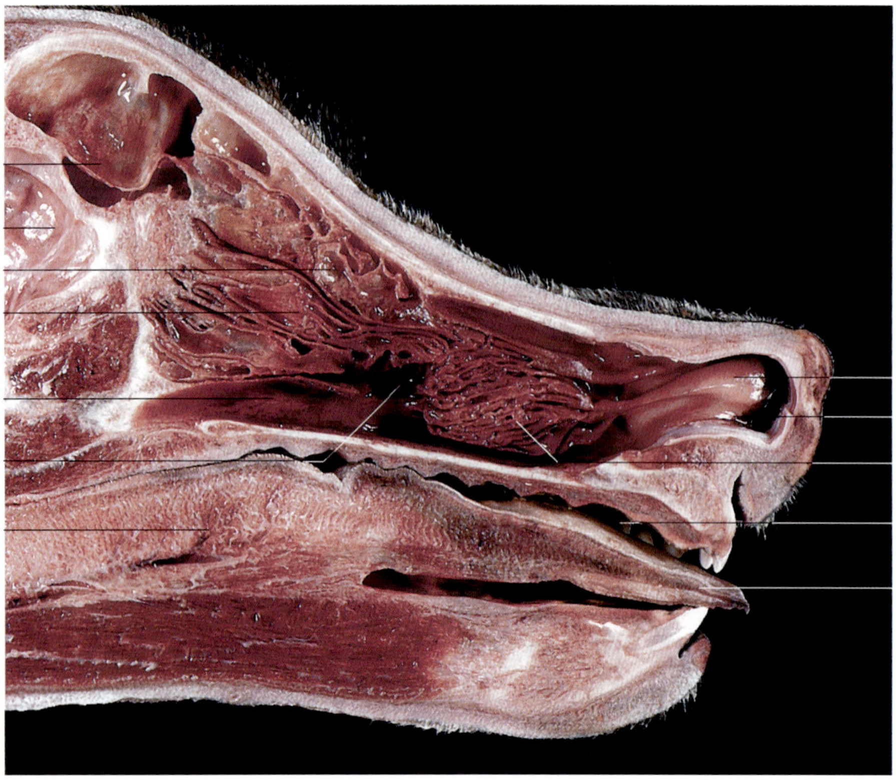


**Abb. 8-10.** Paramedianschnitt durch den Kopf eines Hundes (Medialansicht), Präparat Dr. J. Maierl, München.

# Nasenhöhlen (Cava nasi)

Die beiden Nasenhöhlen enden kaudal im **Fundus nasi** am Siebbein und werden median durch das **Septum nasi** voneinander getrennt. In das Lumen der Nasenhöhlen ragen die **Nasenmuscheln (Conchae nasales)** (Abb. 8-6ff.). Sie dienen der **Flächenvergrösserung** der **respiratorischen Schleimhaut**, bei makrosmatischen Tieren (mit stark ausgebildetem Riechvermögen), wie beim Hund, auch der **Riechschleimhaut**. Der beim Hund gegenüber dem Menschen um ein Vielfaches bessere Geruchssinn lässt sich auf die vergrößerte Gesamtfläche dieser Schleimhaut und auf die hohe Anzahl an Riechsinneszellen zurückführen. Die Nasenschleimhaut ist von **Gefäßplexus** unterlagert, in denen vermehrt arteriovenöse Anastomosen auftreten. Kaudoventral öffnet sich jede Nasenhöhle über die **Choane (inneres Nasenloch)** in den Pharynx.

## Nasenmuscheln (Conchae nasales)

Die Nasenmuscheln sind nur zum Teil **Bildungen des Siebbeins (Ethmoturbinalia)**. Das **Endoturbinale I** setzt sich als **dorsale Nasenmuschel (Concha nasalis dorsalis)** rostral in die Nasenhöhle fort. Das **Endoturbinale II** bildet die **mittlere Nasenmuschel (Concha nasalis media)**, die bei Hund und Katze besonders entwickelt ist und unter Faltenbildung weit rostral reicht (Abb. 8-6ff.). Beim Pferd und beim Schwein beschränkt sich die mittlere Nasenmuschel auf den kaudalen Teil der Nasenhöhle. Die **ventrale Nasenmuschel (Concha nasalis ventralis)** steht in keinem Zusammenhang mit dem Siebbein, sie ist eine **Bildung der Maxilla**.

Beim Hund zeigt diese Nasenmuschel quergestellte Sekundärfalten, bei der Katze ist sie klein. (Näheres zu den knöchernen Grundlagen der Nasenmuscheln s. »Schädel«, S. 59.)

## Nasengänge (Meatus nasi)

Die Zwischenräume zwischen den Nasenmuscheln bezeichnet man als **Nasengänge** (Abb. 8-8 u. 9).

Man unterscheidet an Nasengängen den:

- dorsalen Nasengang (Meatus nasi dorsalis),
- mittleren Nasengang (Meatus nasi medius),
- ventralen Nasengang (Meatus nasi ventralis).

Der **dorsale Nasengang** führt zur Riechschleimhaut im kaudal gelegenen Nasengrund und wird deshalb auch **Riechgang** genannt. Der **mittlere Nasengang** hat Verbindungen zu den **Nasennebenhöhlen (Sinus paranasales)** und führt deshalb den treffenden Namen **Sinusgang**.

Durch den **ventralen Nasengang** zieht der größte Teil der Atemluft, er wird deshalb auch als **Atmungsgang** bezeichnet. Durch den Atmungsgang wird bei Bedarf die **Nasenschlundsonde** eingeführt.

Die Nasengänge stehen **medial** nahe dem **Septum nasi** miteinander durch den **gemeinsamen Nasengang (Meatus nasi communis)** in Verbindung.

# Nasennebenhöhlen (Sinus paranasales)

Aus den Nasenhöhlen buchten sich in die Schädelknochen die Nasennebenhöhlen aus. (Näheres zu den knöchernen Grundlagen der Nasennebenhöhlen s. »Siebbein«, S. 68.) Sie sind beim Jungtier noch wenig entwickelt und vergrößern sich mit zunehmendem Alter. Die Nebenhöhlen der Nase reduzieren das spezifische Gewicht des Schädels, sie vergrößern die Schädeloberfläche für die Muskel-

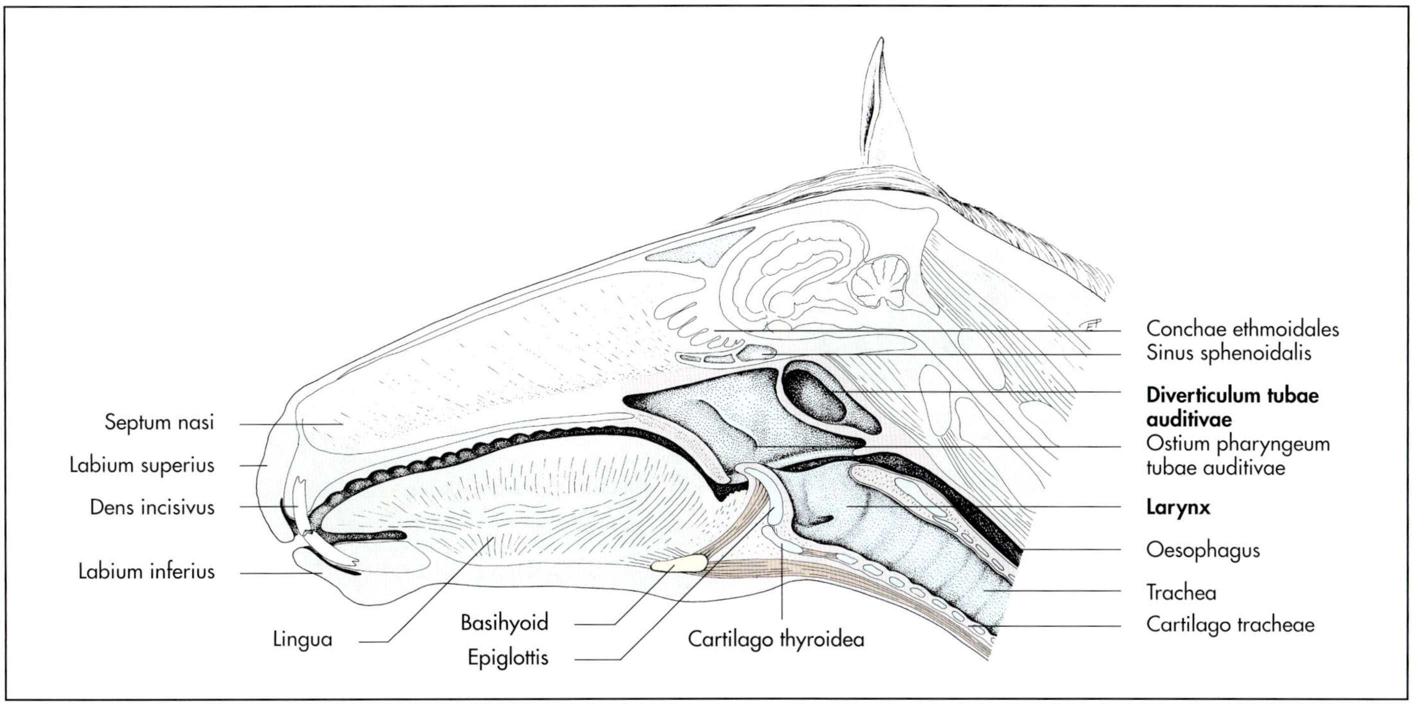


**Abb. 8-11.** Schematische Darstellung eines Längsschnitts durch den Kopf des Pferdes unter besonderer Berücksichtigung des Pharynx und des Larynx.

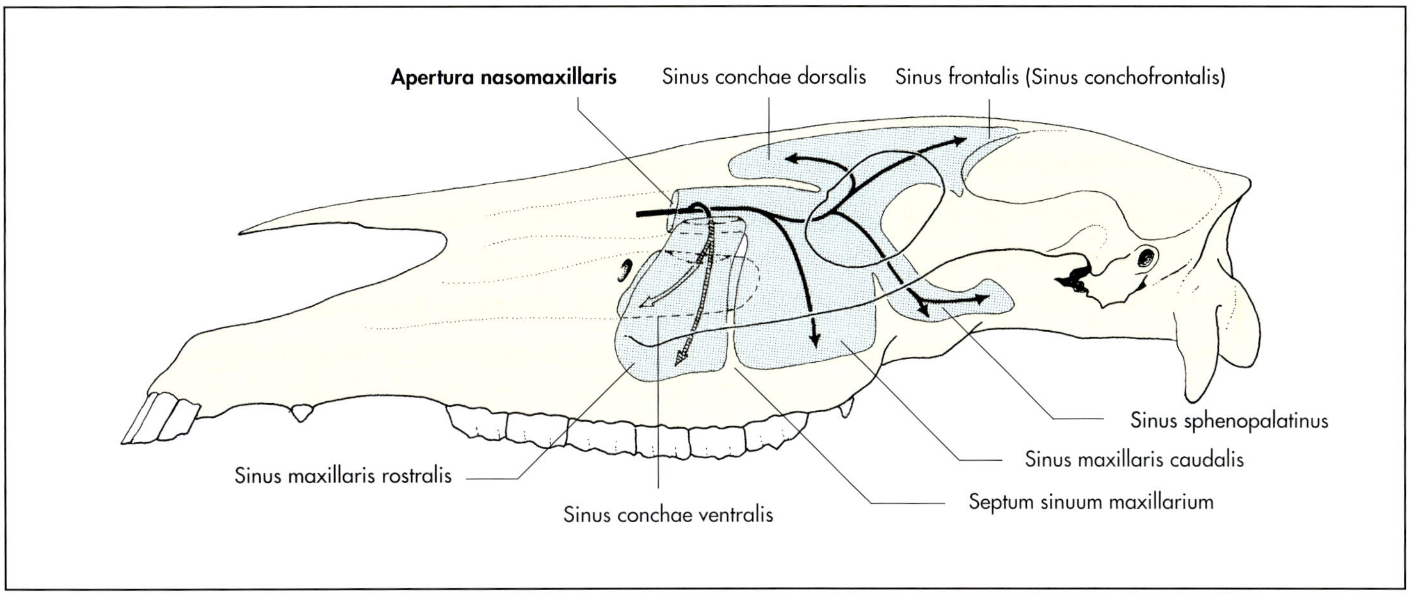


**Abb. 8-12.** Schematische Darstellung der Nasennebenhöhlen des Pferdes.

ansätze und dienen der Isolation von Augen-, Nasen- und Schädelhöhle. Die **Pneumatisierung** der Schädelknochen ist besonders beim Rind und beim Schwein auffällig.

Die Nasennebenhöhlen werden von einer **respiratorischen Schleimhaut** ausgekleidet, die äußerst dünn und wenig vaskularisiert ist. Infektionen in diesem Bereich zeigen deshalb eine schlechte Heilungstendenz, die Behandlung ist schwierig, da auch die natürlichen Zugänge mit Ausnahme der Kieferbucht von Hund und Katze eng sind und verstopfen können. Bei allen Haussäugetieren kommen symmetrisch angeordnete Stirn- und Kieferhöhlen vor.

Man unterscheidet tierartlich unterschiedlich in Ausbildung, Form und Kammerung:

- Kieferhöhle (Sinus maxillaris),
- Stirnhöhle (Sinus frontalis),
- Gaumenhöhle (Sinus palatinus),
- Keilbeinhöhle (Sinus sphenoidalis),
- Tränenbeinhöhle (Sinus lacrimalis) (nur bei Schwein und Wiederkäuer) und
- Siebbeinzellen (Cellulae ethmoidales) (nur bei Schwein und Wiederkäuer).

Die **Kieferhöhle** höhlt den Kaudalteil der **Maxilla** aus. Beim Pferd ist sie durch ein knöchernes Septum sinuum maxillarium in einen

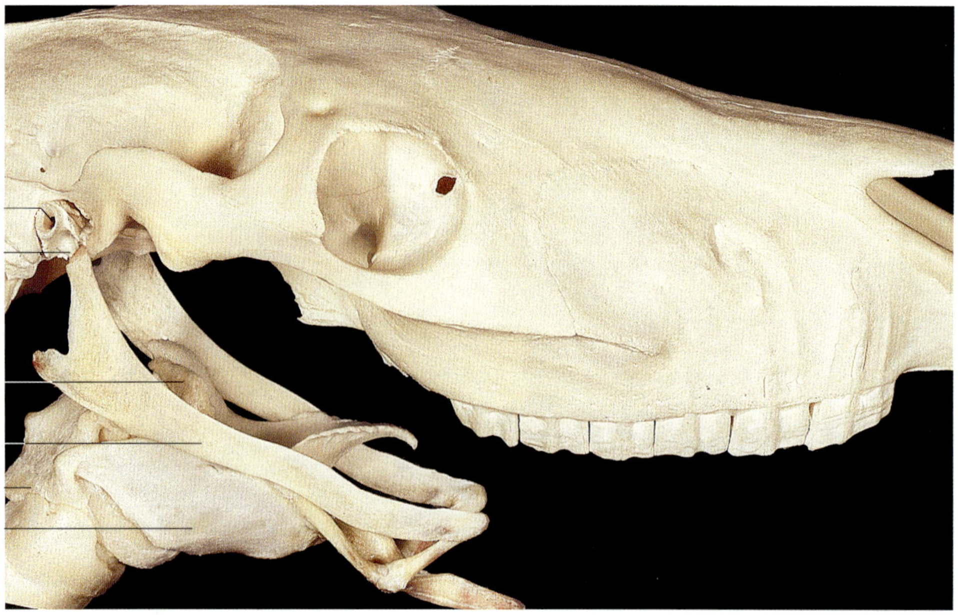


**Abb. 8-13.** Schädel eines Pferdes mit Lage des Zungenbeins und des Kehlkopfs.

**Sinus maxillaris rostralis** und einen **Sinus maxillaris caudalis** unterteilt (Abb. 8-12). Beide sind beim Pferd mit dem mittleren Nasengang über die **Apertura nasomaxillaris** verbunden. Von dieser einheitlichen Öffnung ausgehend führen zwei separate Gänge in die jeweilige Kieferhöhle.

Die Kieferhöhle wird beim Pferd vom **Canalis infraorbitalis** durchzogen und so in eine **laterale** und eine **mediale Bucht** unterteilt. Ihr Boden ist stellenweise nur durch eine dünne Knochenlamelle von den Wurzeln der Backenzähne getrennt, sodass über den Sinus maxillaris Zahnbehandlungen bzw. Zahnextraktionen vorgenommen werden können.

Bei der Katze und beim Hund ist keine Kieferhöhle ausgebildet, sondern nur eine flache **Kieferbucht (Recessus maxillaris)**, die in weit offener Verbindung mit der Nasenhöhle steht. In der Kieferbucht liegt die **laterale Nasendrüse (Glandula nasalis lateralis)**, die der Befeuchtung der Nasenspitze dient.

Die **Stirnhöhle** pneumatisiert das zwischen Nasen- und Schädelhöhle gelegene Os frontale und öffnet sich im Allgemeinen in den **mittleren Nasengang**. Beim Pferd kommuniziert die Stirnhöhle mit der Höhle der **oberen Nasenmuschel (Sinus conchofrontalis)** und steht mit der kaudalen Kieferhöhle in weit offener Verbindung **(Aditus frontomaxillaris)**. Beim Schwein und beim Rind ist die Stirnhöhle stark unterteilt und dehnt sich bis in die Genickgegend aus. Bei den Wiederkäuern erstreckt sie sich bis in den **Processus cornualis** des **Os frontale**, sodass Verletzungen der Hörner unter Umständen zu Stirnhöhleninfektionen führen können. Vor allem beim Pferd werden Stirn- und Kieferhöhle mittels Trepanation im Krankheitsfall eröffnet.

Das **Gaumenbein** und das **Keilbein** werden beim Pferd vom **Sinus sphenopalatinus** pneumatisiert. Er kommuniziert mit dem **Sinus maxillaris caudalis** (Abb. 8-12).

Über dem äußerst dünnen Dach der **Keilbeinhöhle** ist die **Sehnervenkreuzung** gebettet, sodass Nebenhöhlenerkrankungen auch auf den Sehnerv übergehen und Sehstörungen verursachen können.

# Untere Luftwege

## Kehlkopf (Larynx)

Der Kehlkopf ist ein röhrenförmig, bilateralsymmetrisch angelegtes **Hohlorgan**, das den Rachen mit der Luftröhre verbindet (Abb. 8-11, 13 u. 15ff.). Die Wand des Kehlkopfs wird im Wesentlichen von der Struktur der **Kehlkopfknorpel** bestimmt, die durch Bänder und Muskeln untereinander, rostral mit den Knorpeln des Zungenbeins und kaudal mit der Luftröhre in Verbindung stehen. Die Kehlkopfknorpel bilden das äußere Grundgerüst des Kehlkopfs. Das Innere des Kehlkopfs wird von der **Kehlkopfhöhle (Cavum laryngis)** eingenommen (Abb. 8-19). Diese wird durch die **Stimmfalten (Plicae vocales)** sanduhrförmig eingeengt.

Die **Kehlkopfhöhle** wird über weite Strecken von einem mehrschichtigen Plattenepithel ausgekleidet, das kaudal in eine respiratorische Schleimhaut übergeht. Seine pharynxseitige Öffnung wird beim Schluckakt durch die Verlagerung des Kehldeckels unvollständig verschlossen. Kaudal schließen sich ohne erkennbare Verengung die Knorpelspangen der Luftröhre (Trachea) an.

### Kehlkopfknorpel (Cartilagines laryngis)

Die Kehlkopfknorpel bilden das Skelett des Kehlkopfs (Abb. 8-16ff.). Mit Ausnahme des Stellknorpels sind es **unpaarige**, **bilateralsymmetrische Gebilde**. Im Einzelnen können unterschieden werden:

- Kehldeckel (Epiglottis) mit dem Kehldeckelknorpel (Cartilago epiglottica),
- Schildknorpel (Cartilago thyroidea),
- Stellknorpel (Cartilagines arytaenoideae) und
- Ringknorpel (Cartilago cricoidea).

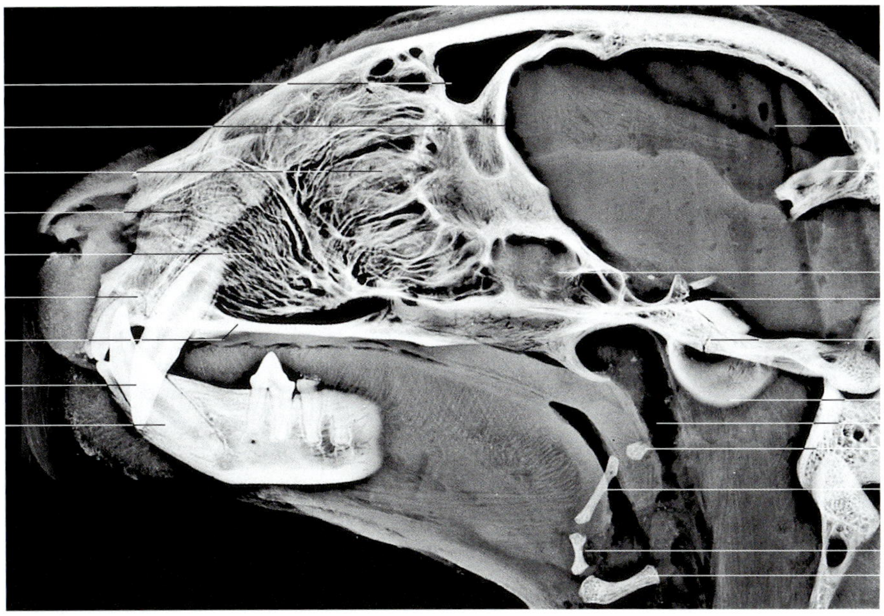


**Abb. 8-14.** Radiographische Darstellung des Kopfes einer Katze, Aufnahme Prof. Dr. Cordula Poulsen Nautrup, München.

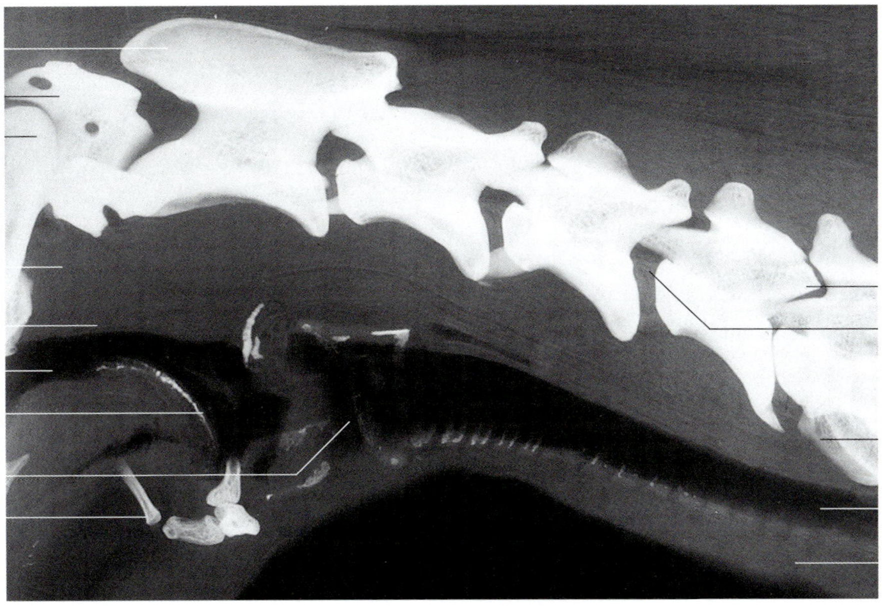


**Abb. 8-15.** Radiographische Darstellung der Halswirbelsäule und des Kehlkopfs einer Katze, Aufnahme Prof. Dr. Cordula Poulsen Nautrup, München.

## Kehldeckel (Epiglottis)

Der Kehldeckel wird vom **Kehldeckelknorpel (Cartilago epiglottica)** gestützt (Abb. 8-16 u. 18). Er ist blattförmig, sein **Stiel (Petiolus)** ist am Schildknorpel befestigt. Die blattförmige Platte liegt im Ruhezustand hinter dem Gaumensegel (retrovelar). Sie legt sich während des Schluckaktes kaudal auf den Kehlkopfeingang. Die Cartilago epiglottica besteht aus **elastischem Knorpel**. Der freie Rand des Kehldeckels läuft je nach Tierart spitz aus (Hund, Katze und Pferd) oder ist rundlich bis queroval geformt (Wiederkäuer und Schwein). Seitlich vom Stiel der Cartilago epiglottica kann ein paariger Knorpel, der **Processus cuneiformis**, vorkommen. Er liegt zwischen Kehldeckel und Stellknorpel in der Plica aryepiglottica und kann auch mit diesen in Verbindung treten.

## Schildknorpel (Cartilago thyroidea)

Der Schildknorpel bildet die Seitenwände und den Boden des Kehlkopfs (Abb. 8-16ff.). Er besteht aus **hyalinem Knorpel** und besitzt einen **ventralen Körper** und **zwei seitliche Platten (Lamina dextra** und **sinistra)**. Der Körper bildet bei allen Haussäugetieren, außer beim Pferd, einen **vollständigen Boden** der Kehlkopfröhre. Beim Pferd besteht er lediglich aus einem schmalen, rostral gelegenen Steg, dem die Epiglottis aufsitzt. Kaudal dieses Steges wird der Kehlkopfboden in der **Incisura thyroidea caudalis** durch eine Bindegewebsplatte verschlossen (Abb. 8-17). An dieser Stelle kann beim Pferd von ventral in die Kehlkopfhöhle, beispielsweise bei der Operation des **»Kehlkopfpfeifens«**, eingegangen werden. Die beiden seitlich befindlichen **Platten** des **Schildknorpels** besitzen dor-

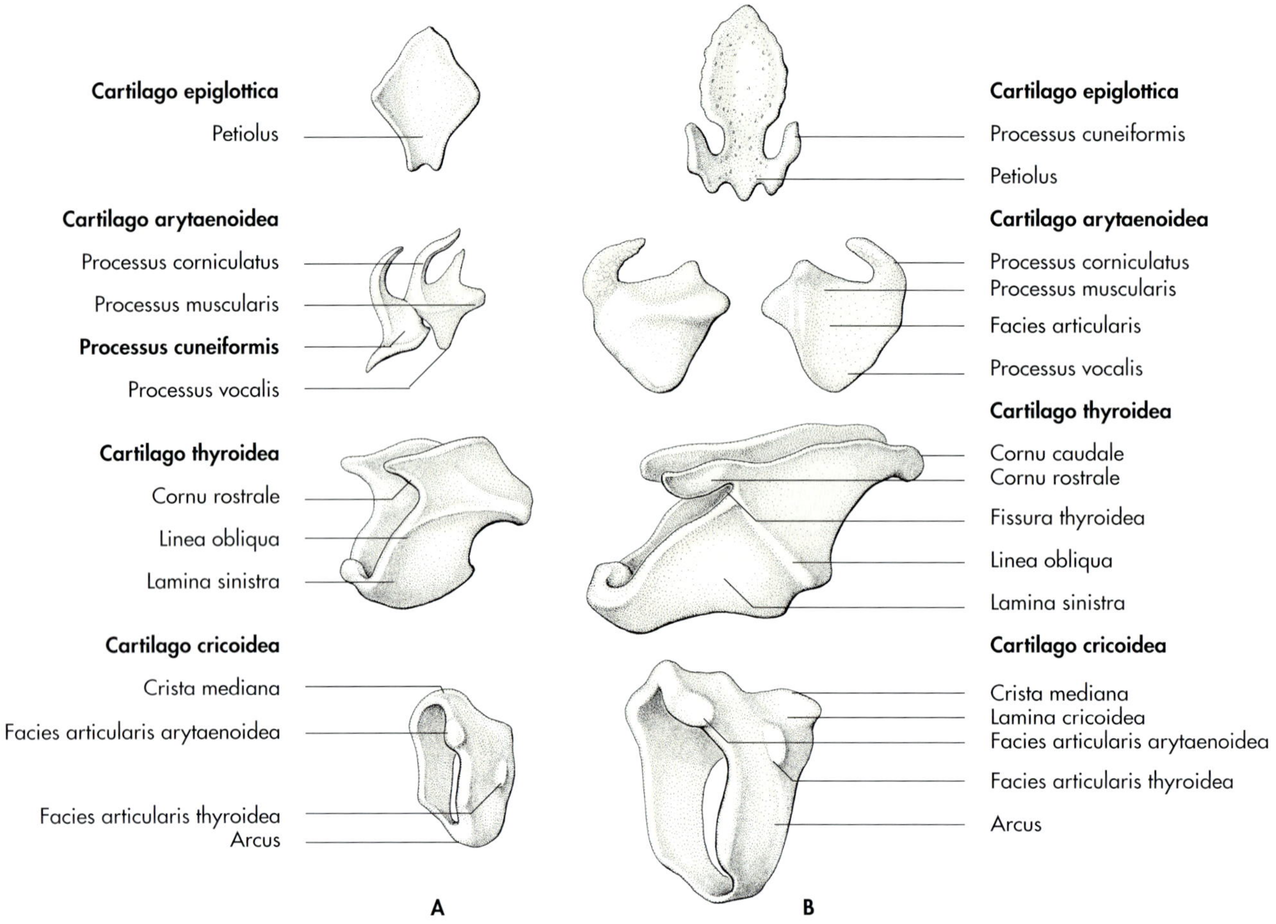


**Abb. 8-16.** Schematische Darstellung der Kehlkopfknorpel des Hundes **(A)** und des Pferdes **(B)**.

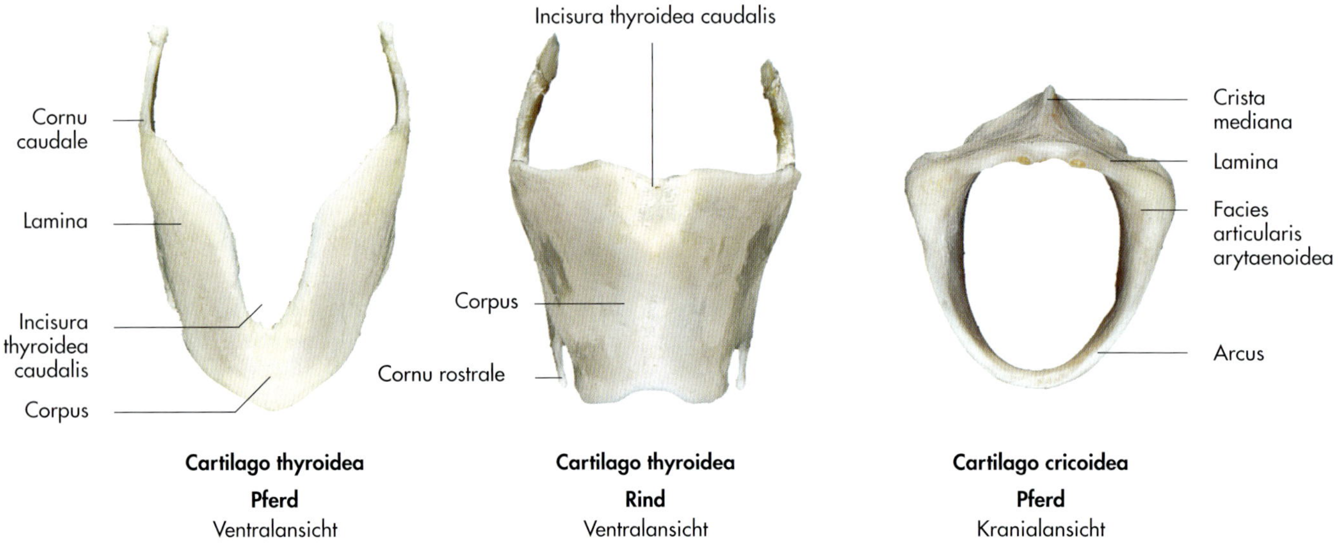


**Abb. 8-17.** Schild- und Ringknorpel.

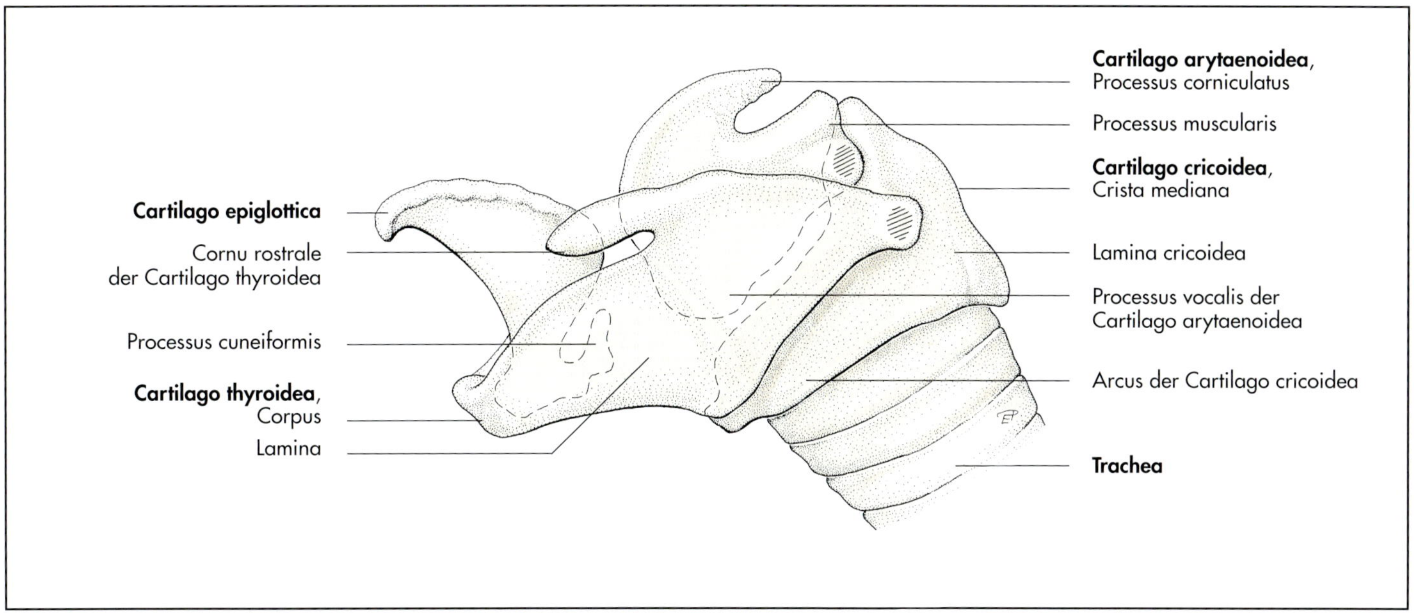


**Abb. 8-18.** Schematische Darstellung der Kehlkopfknorpel des Pferdes.

sal je einen rostralen und einen kaudalen, hornartigen **Fortsatz (Cornu)**. Im rostralen ist beim Pferd ein **Einschnitt (Fissura thyroidea)** vorhanden (Abb. 8-16). Der rostrale artikuliert mit dem Kehlkopfhorn des Zungenbeins, der kaudale mit dem Ringknorpel. Die Cartilago thyroidea verknöchert im Alter beim Pferd regelmäßig, bei anderen Haussäugetieren unterschiedlich und teilweise (Abb. 8-18).

### Stellknorpel (Cartilagines arytaenoideae)

Die Stellknorpel sind paarig, bestehen aus **hyalinem Knorpel** und decken die dorsale Lücke über den Laminae des Schildknorpels dachartig ab, indem sie sich median miteinander verbinden (Abb. 8-16ff.). Hier fügt sich gelegentlich eine **kleine Cartilago interarytaenoidea** ein. Die **Form** des Stellknorpels ist dreieckig, wobei eine Spitze ventral gerichtet ist. Die **rostrodorsale Ecke** trägt den **Processus corniculatus**. Dieser ist hornartig dorsal gerichtet und bildet mit dem der gegenüberliegenden Seite eine **Rinne**, ähnlich der eines Gießgefäßes, weshalb er auch als **Gießkannenknorpel** bezeichnet wird. Das **kaudale Ende** verbindet sich gelenkig mit der Platte des **Ringknorpels**. Die **ventrale Ecke** zieht sich zum **Stimmbandfortsatz (Processus vocalis)** aus und bietet dem **elastischen Stimmband (Ligamentum vocale)** Ansatz. Der dorsal gelegene Muskelfortsatz zeigt lateral; an ihm setzt der kräftigste Erweiterer des Kehlkopfs, der **M. cricoarytaenoideus dorsalis**, an.

### Ringknorpel (Cartilago cricoidea)

Der Ringknorpel umgibt reifenartig das Kaudalende des Kehlkopfs (Abb. 8-16ff.). Er besteht, wie der Schildknorpel, aus **hyalinem Knorpel** und besitzt die Form eines **Siegelringes**. Seine dorsale **Platte (Lamina)** trägt median eine Leiste. Der ventrale Bogen ist einer Trachealspange ähnlich und artikuliert mit den Kaudalhörnern des Schildknorpels, die dorsale Lamina jeweils mit dem Stellknorpel. Auch der Ringknorpel kann im Alter zum Teil verknöchern (Abb. 8-15).

## Kehlkopfhöhle (Cavum laryngis)

Der Eingang in die Kehlkopfhöhle wird von der **Kehlkopfkrone (Aditus laryngis)**, bestehend aus Epiglottis, Plica aryepiglottica und Cartilago arytaenoidea, gebildet (Abb. 8-19). Daran schließt sich der weite **Vorhof (Vestibulum laryngis)** an. In der Mitte des Kehlkopfes wird die **Kehlkopfhöhle** von der **Kehlkopfenge (Stimmritze, Rima glottidis)** eingeschnürt. Kaudal davon erweitert sie sich zum **Cavum infraglotticum**. Dieses geht seinerseits in die Trachea über. Das Innere des Kehlkopfs ist von einem **mehrschichtigen Epithel** ausgekleidet.

Bei Pferd und Hund ist eine **seitliche Kehlkopftasche (Ventriculus laryngis lateralis)** ausgebildet. Ihr Eingang wird rostral von der **Plica vestibularis** und kaudal von der **Stimmfalte (Plica vocalis)** begrenzt (Abb. 8-19). Bei Schwein und Pferd ist der Boden des Vorhofs kaudal der Epiglottis zur mittleren Kehlkopftasche **(Recessus laryngis medianus)** vertieft. Die **Stimmritze (Rima glottidis)** wird bei allen Haussäugetieren in die dorsal zwischen den Stellknorpeln gelegene **Pars intercartilaginea** und die ventral zwischen den Stimmfalten gelegene **Pars intermembranacea** unterteilt (Abb. 8-23). Beim Schwein ist die Stimmfalte gespalten. Zwischen beiden Anteilen liegt auch bei dieser Tierart eine kleine **seitliche Kehlkopftasche (Ventriculus laryngis lateralis)**.

### Gelenke und Kehlkopfbänder

Zwischen dem Kehlkopfhorn des Zungenbeins und dem Schildknorpel sowie zwischen den einzelnen Knorpeln des Kehlkopfes sind, mit Ausnahme der Verbindung der Epiglottis mit dem Schildknorpel, **spalthaltige, synoviale Gelenke** ausgebildet. Die **Articulatio cricoarytaenoidea** (Abb. 8-23) lässt zu, dass die beiden Aryknorpel durch eine seitliche Kippbewegung die **Stimmritze während des Einatmens erweitern**. Bei der Ausatmung nähern sich die beiden Stimmbandwinkel der Aryknorpel wieder einander. Bei körperlichen Anstrengungen wird die Stimmritze maximal erweitert. Dieser Mechanismus ist bei Pferden mit Lähmung des

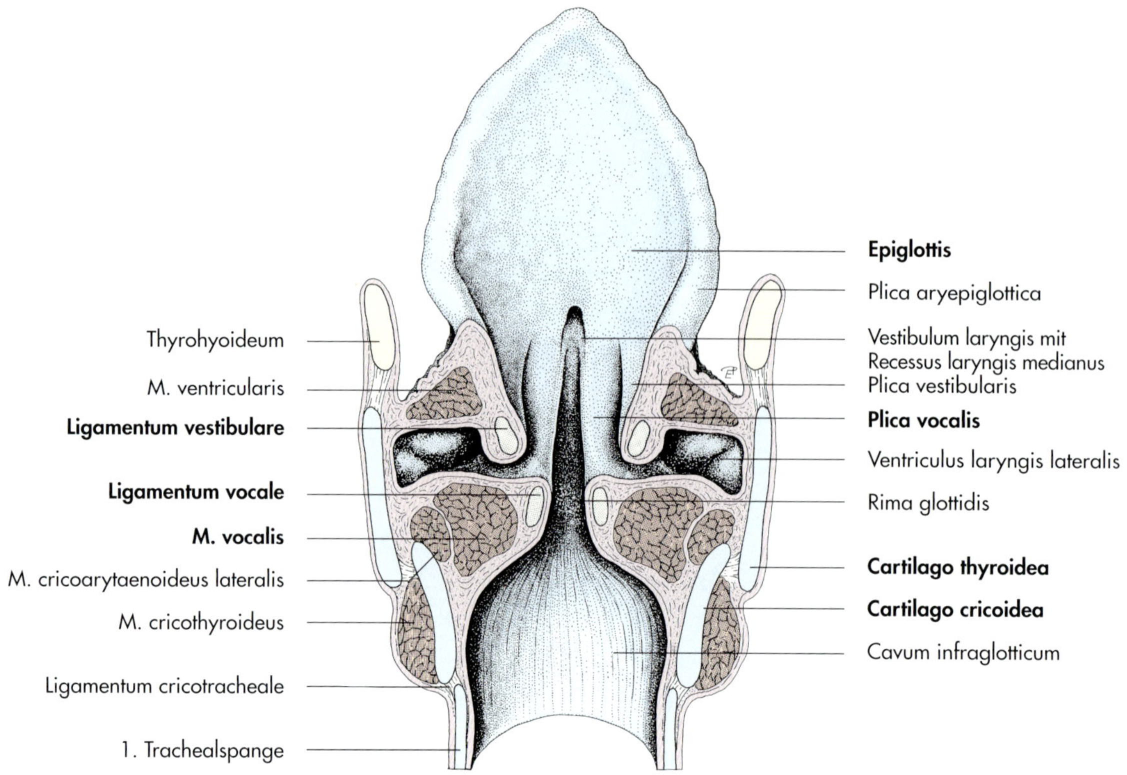


**Abb. 8-19.** Schematische Darstellung der Kehlkopfhöhle des Pferdes (Horizontalschnitt), nach Budras und Röck, 2004.

linken N. laryngeus recurrens (Hemiplegia laryngis, »Kehlkopfpfeifen«) auf der linken Seite gestört (Abb. 8-24 u. Kap. 19).

Die **Epiglottis** wird durch **elastische Fasern** mit dem Schildknorpelkörper und durch eine **elastische Membran** mit den Stellknorpeln verbunden.

Der **Schildknorpel** artikuliert kaudodorsal mit der Lamina des Ringknorpels **(Articulatio cricothyroidea)** (Abb. 8-20 u. 21). Ventral verbindet er sich mit dem Reif des Ringknorpels über das **Ligamentum cricothyroideum**. Es füllt beim Pferd die weite **Incisura thyroidea caudalis** aus und muss beim operativen Zugang in die Kehlkopfhöhle durchtrennt werden. Zwischen dem **Processus vocalis** des Stellknorpels und dem Körper des Schildknorpels spannt sich das **Ligamentum vocale** aus (Abb. 8-19). Es bildet die **Grundlage der Stimmfalte (Plica vocalis)**. Weiter rostral davon, allerdings nicht bei allen Tierarten, verläuft parallel das **Ligamentum vestibulare**. Der Kehlkopf als Ganzes wird rostral mit dem Basihyoid über die **Membrana thyrohyoidea** und kaudal über das **Ligamentum cricotracheale** mit der ersten Trachealspange verbunden.

## Kehlkopfmuskeln

Am Kehlkopf gibt es Muskeln, die:

- von außen herantreten, um ihn als Ganzes zu bewegen,
- zwischen den Knorpelteilen verlaufen oder
- an ihm entspringen, um den Pharynx zu verengen (s. Schlundkopfschnürer).

Von außen treten an den Kehlkopf die langen **Zungenbeinmuskeln**, die am Sternum entspringen und den Kehlkopf kaudal verlagern, sowie Muskeln, die ihren **Ursprung am Zungenbein** haben und den Kehlkopf nach vorne ziehen.

Die Muskeln, die zwischen den Kehlkopfknorpeln verlaufen, werden als die Gruppe der **»eigentlichen Kehlkopfmuskeln«** bezeichnet. Diese dienen zur Erweiterung und Verengung der Kehlkopfenge sowie zur Spannung bzw. Entspannung der Stimmbänder (Abb. 8-20, 21 u. 22).

Man unterscheidet nachfolgende Muskeln:

- M. cricothyroideus,
- M. cricoarytaenoideus dorsalis,
- M. cricoarytaenoideus lateralis,
- M. arytaenoideus transversus und
- M. thyroarytaenoideus.

Der **M. cricothyroideus** verkehrt seitlich zwischen dem Schildknorpel und dem Reif des Ringknorpels. Er trägt zur Spannung der Stimmbänder bei. Als einziger Kehlkopfmuskel wird er vom **N. laryngeus cranialis** innerviert, während alle anderen Muskeln dieser Gruppe von Ästen des **N. laryngeus caudalis** oder **recurrens** innerviert werden.

Der **M. cricoarytaenoideus dorsalis** ist der kräftigste Erweiterer der Stimmritze. Er entspringt breitflächig an der Platte des Ringknorpels und setzt rostral am Processus muscularis des Stellknorpels an. Sein Ausfall führt zum »Kehlkopfpfeifen«. In der Mehrzahl

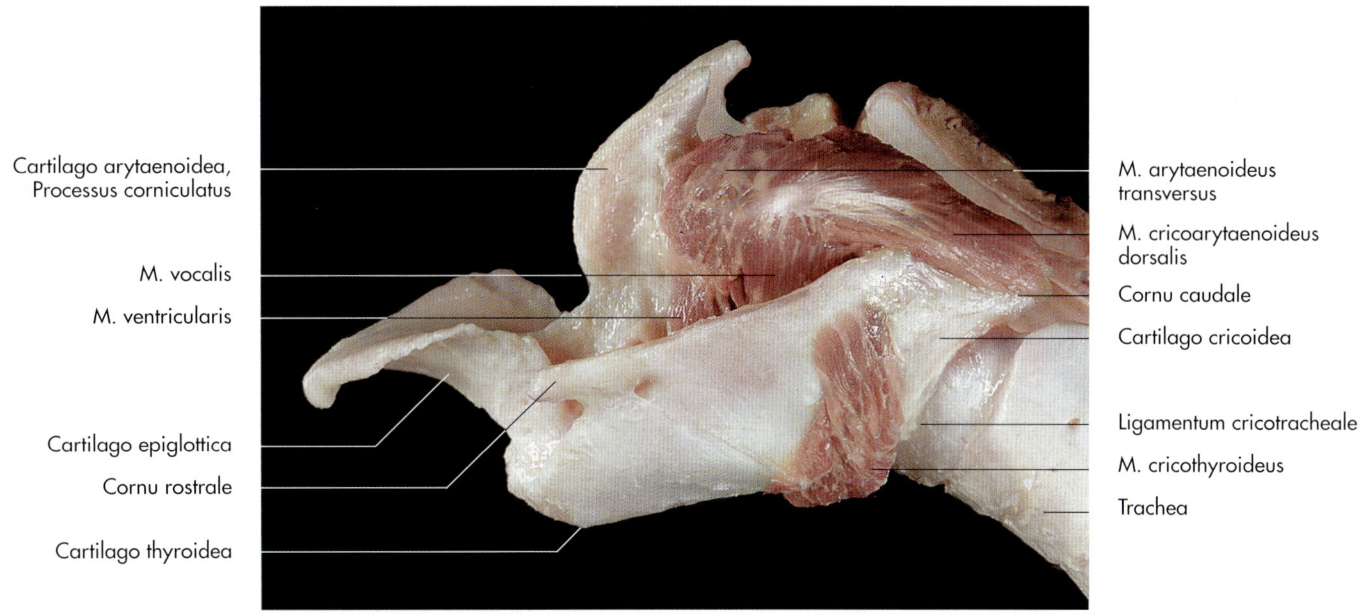


**Abb. 8-20.** Kehlkopf eines Pferdes mit Kehlkopfmuskulatur, Präparat Dr. R. Macher, Wien.

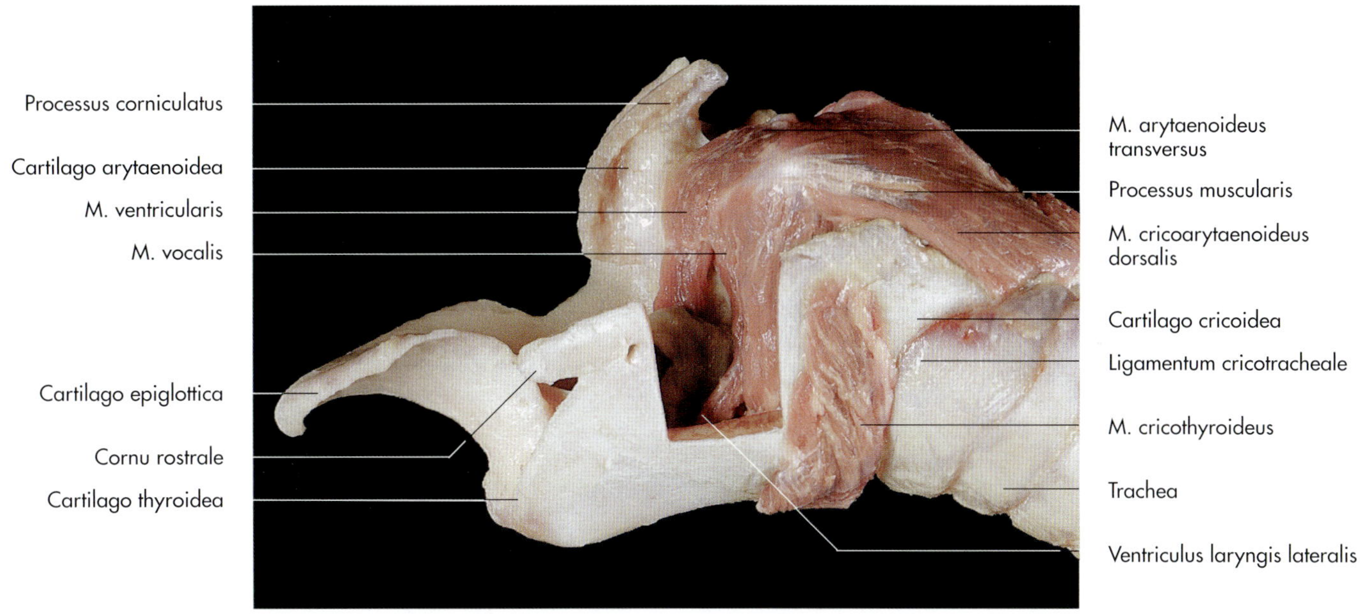


**Abb. 8-21.** Kehlkopf eines Pferdes, Schildknorpel gefenstert, Präparat Dr. R. Macher, Wien.

der Fälle ist der linke Muskel durch die Lähmung des **linken N. laryngeus caudalis** seu **recurrens** betroffen.

Der **M. cricoarytaenoideus lateralis** verkehrt zwischen dem Reif des Ringknorpels und dem Processus muscularis des Stellknorpels. Er verengt die Stimmritze.

Der **M. arytaenoideus transversus** ist schwach und zieht von einem Muskelfortsatz zum anderen. Er besitzt median einen Sehnenstreifen und fungiert als Stimmritzenverenger.

Der **M. thyroarytaenoideus** zieht von der Basis der Epiglottis und des Schildknorpels zum Muskel- und Stimmfortsatz des Stellknorpels. Bei Hund und Pferd ist er in den M. ventricularis und den M. vocalis gegliedert.

Der **M. vocalis** und der **M. ventricularis** verlaufen entsprechend in der **Plica vocalis** bzw. der **Plica vestibularis**. Sie erhöhen die Spannung des Stimmbandes und verengen die Stimmritze.

## Funktionen des Kehlkopfes

Während des **Schluckakts** schützt die Epiglottis vor dem Eindringen von Speise und Flüssigkeit in die Luftwege (s. »Schluckakt«, S. 322). Während der Atmung findet eine rhythmische **Erweiterung (Einatmen)** und **Verengung (Ausatmen)** der **Rima glottidis** statt. Die **Stimmritzenerweiterung** geschieht nach **Kontraktion** des **M. cricoarytaenoideus dorsalis**, die **Verengung** nach der des **M. cricoarytaenoideus lateralis**. Beide Muskeln werden vom **N. laryngeus caudalis** oder **recurrens** innerviert.

Diese Bewegungen sind mit einem Laryngoskop zu erkennen. Bei einem »Kehlkopfpfeifer« ist diese Bewegung nur rechts erkennbar.

Die Rima glottidis ist zudem am Zustandekommen von **Niesen** und **Husten** beteiligt. In beiden Fällen wird sie primär verschlossen

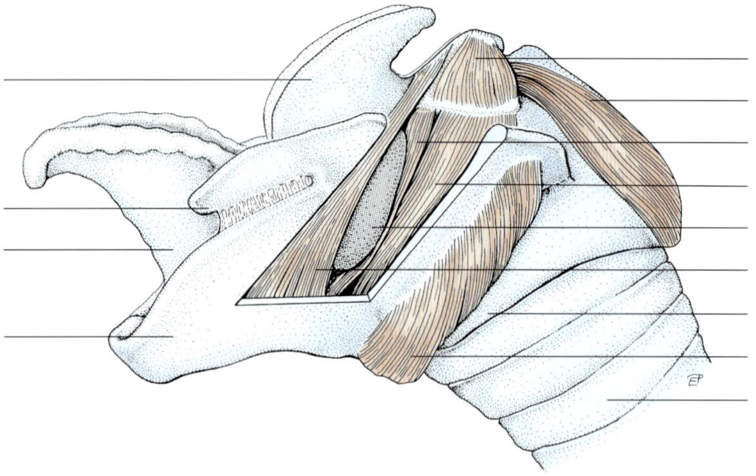


**Abb. 8-22.** Schematische Darstellung der Kehlkopfmuskulatur des Pferdes, die linke Lamina des Schildknorpels wurde gefenstert.

und nach Druckanstieg der exspiratorischen Luft plötzlich geöffnet. Die Glottis wird ferner beim Zustandekommen der Bauchpresse im Falle der Miktion, der Defäkation und vor allem während des Gebärvorganges ebenfalls zeitweise geschlossen.

Der Kehlkopf ist außerdem an der **Stimmbildung**, bei der Katze auch am Schnurren beteiligt. Beim Schnurren treten Kontraktionen des M. vocalis und auch der anderen Kehlkopfmuskeln zwischen 20- und 30-mal in der Sekunde sowie schnelles Zucken des Diaphragmas auf. Sie versetzen sowohl während des Einatmens als auch während des Ausatmens die Stimmfalten in Schwingungen, die als Vibration gefühlt werden können.

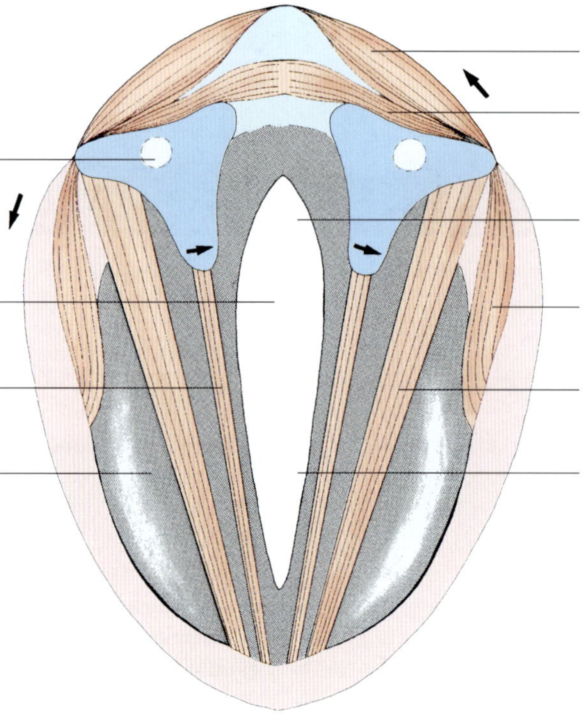


**Abb. 8-23.** Schematische Darstellung eines Querschnitts durch den Kehlkopf eines Pferdes, die Pfeile zeigen die Erweiterung und die Verengung der Kehlkopfenge, nach Budras u. Röck, 2004.

## Gefäßversorgung und Innervation des Kehlkopfes

Die **A. carotis communis** gibt an ihrem Kranialende die **A. thyroidea cranialis** ab, deren **Ramus laryngeus** für die Versorgung des Kehlkopfes zuständig ist. Nachdem die **Rami musculares** die Kehlkopfmuskeln versorgt haben, tritt die Kehlkopfarterie durch die **Fissura thyroidea** in das Kehlkopfinnere und verzweigt sich in die hier gelegenen Muskeln **(M. ventricularis** und **M. vocalis)** sowie in die Kehlkopfschleimhaut.

Die **Nerven** des Kehlkopfs stammen aus Ästen des **N. vagus**. Der **N. laryngeus cranialis** wird kaudal des **Ramus pharyngeus**, in Höhe des **Ganglion distale nervi vagi**, entlassen. Dieses Ganglion ist makroskopisch nicht in allen Fällen sichtbar, kann aber histologisch nachgewiesen werden.

Der **N. laryngeus cranialis** teilt sich in einen **Ramus externus** und einen **Ramus internus**. Der **Ramus externus** innerviert die Schlundkopfschnürer und den M. cricothyroideus. In seltenen Fällen geht er auch eine Verbindung mit dem N. laryngeus recurrens ein. Der **Ramus internus** zieht durch die Fissura thyroidea ins Kehlkopfinnere und innerviert die Schleimhaut. Vom Ramus internus zweigt der **Ramus communicans** ab, der sich mit dem N. laryngeus recurrens verbindet.

Die **Nn. laryngei caudales (Nn. laryngei recurrentes)** werden embryonal im Verlauf der Herzentwicklung kaudal gezogen und schlingen sich **rechts** um den **Truncus costocervicalis**, **links** um die **Aorta.** Sie kehren als **Nn. recurrentes** zum Kehlkopf zurück. Der N. laryngeus caudalis innerviert **sämtliche Kehlkopfmuskeln** mit **Ausnahme** des **M. cricothyroideus**.

Der **N. laryngeus caudalis** oder **recurrens** erlangt beim Pferd klinische Bedeutung, da seine Funktionsstörung zum sog. **»Kehlkopfpfeifen«** führt. Die Praxis zeigt meist die Schädigung des **linken N. laryngeus recurrens**. Danach kommt es durch **Lähmung** des **linken M. cricoarytaenoideus dorsalis** zum Ausfall der Stimmbandbewegung dieser Seite (Abb. 8-24 u. Kap. 14 »Nervensystem«).

Die Ursache für eine Erkrankung vorwiegend des linken N. laryngeus recurrens hängt möglicherweise mit seiner Länge und seinem Verlauf zusammen. Die **Pulsation der Aorta** (mechanischer Reiz) und die Nachbarschaft mit den **Lymphonodi tracheobronchales** (toxische Schädigung bei deren Entzündung) könnten die Lähmung bedingen.

Die **Lymphgefäße** des Kehlkopfs sammeln sich in den **Lymphonodi retropharyngei mediales** und in den **kranialen tiefen Halslymphknoten**.

# Luftröhre (Trachea)

Die Luftröhre schließt kaudal an den Ringknorpel des Kehlkopfs an. Sie besteht aus einer tierartlich unterschiedlichen Anzahl von dorsal offenen, **hyalinen Knorpelspangen (Trachealspangen, Cartilagines tracheales)**, die durch **Bänder (Ligamenta anularia tracheae)** untereinander verbunden sind. An ihren dorsalen Enden sind die Trachealspangen durch einen **M. trachealis** verbunden (Abb. 8-25). Die Form der Trachealspangen ist je nach Tierart verschieden (Abb. 8-25).

Die Trachea verläuft im Halsbereich ventral der Halswirbelsäule und des M. longus colli. Sie tritt durch die Apertura thoracis cranialis in die Brustkorbhöhle ein und teilt sich in Höhe des 5. Interkostalraums dorsal des Herzens in die beiden Hauptbronchien. Bei den Wiederkäuern und beim Schwein entlässt die Trachea auf der rechten Seite vor ihrer Teilung einen **Bronchus trachealis**, der den Lobus cranialis dexter der Lunge (s.u.) bei diesen beiden Tierarten belüftet. Die Anzahl der Trachealspangen bei den verschiedenen Haussäugetieren variiert zwischen 29 und 60:

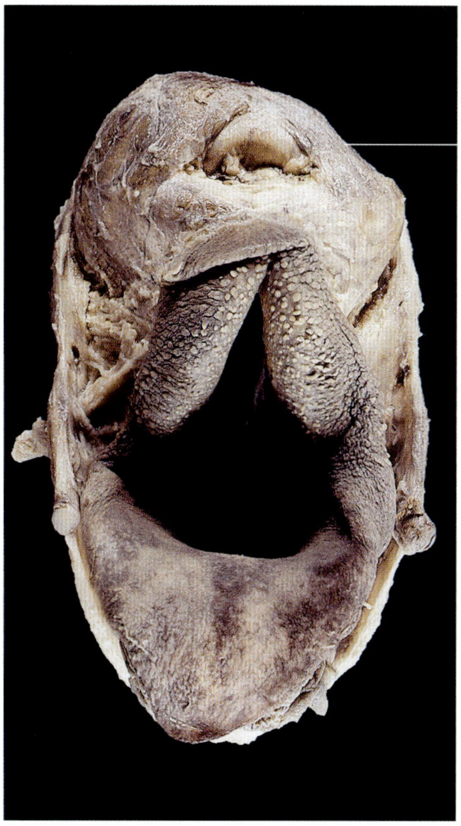


**Abb. 8-24.** Kehlkopf eines Pferdes mit Lähmung des N. laryngeus recurrens (»Kehlkopfpfeifer«) (Ansicht von kranial), Präparat Dr. Susanne Vrba, Wien.

- Pferd: 48–60
- Rind: 48–60
- Schaf: 48–60
- Ziege: 48–60
- Schwein: 29–36
- Hund: 42–46
- Katze: 38–43

Die Trachea ist durchgehend mit einer **respiratorischen Schleimhaut** ausgekleidet. Außen ist sie durch lockeres Bindegewebe (Adventitia) mit ihrer Umgebung verbunden. Unmittelbar in der Adventitia der Trachea verlaufen die **Nn. laryngei caudales** oder **recurrentes**.

Benachbart zur Trachea verlaufen auf beiden Seiten in einer eigenen Bindegewebsscheide die **A. carotis communis** mit dem **Truncus vagosympathicus** sowie, mit Ausnahme des Pferdes und der Ziege, die **V. jugularis interna**. Im mittleren Halsbereich liegt der **Oesophagus** links der Trachea. Ventral ist die Trachea von den **langen Zungenbeinmuskeln** bedeckt.

# Lunge (Pulmo)

Man unterscheidet **zwei Lungen**, eine rechte und eine linke **(Pulmo dextra** und **Pulmo sinistra)**, die über die Bifurcatio tracheae in

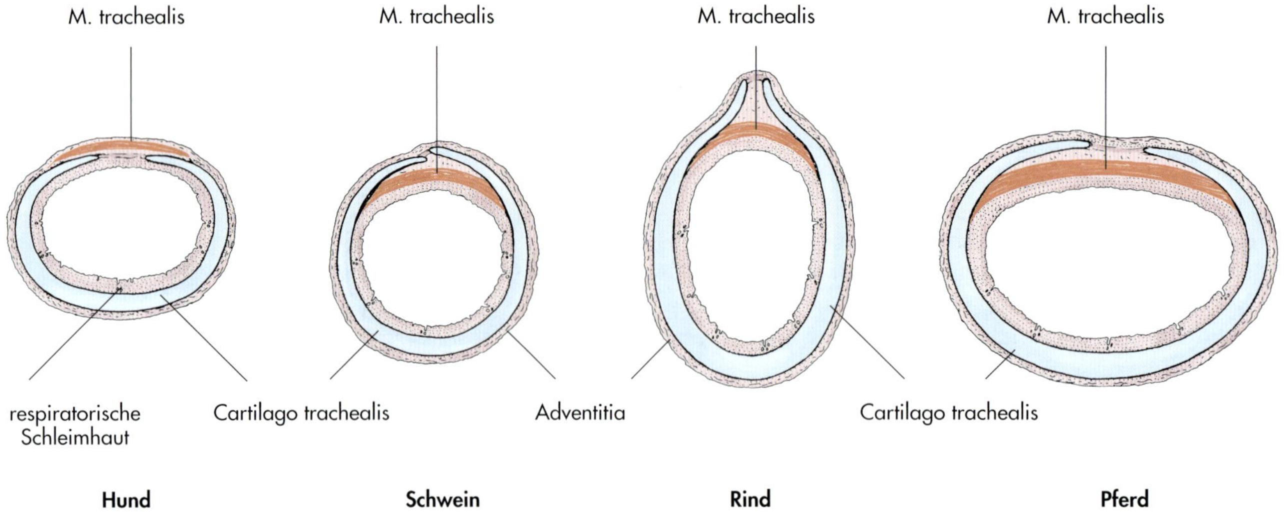


**Abb. 8-25.** Schematische Darstellung der Trachealspangen von Haussäugetieren (Querschnitte).

Verbindung stehen. Die Lungen sind schwammige, elastische und mit Luft (griech. Pneuma) gefüllte Organe, die den größten Teil der Brusthöhle einnehmen.

Die Lungen füllen die **beiden Pleuralsäcke** aus, die sie als **Pleura pulmonalis** oder **visceralis** überziehen. Zwischen der Pleura pulmonalis und der **Pleura parietalis** bleibt ein mit seröser Pleuralflüssigkeit gefüllter kapillarer Spalt bestehen, der die Reibung während der Atmung herabsetzt. Die Farbe der Lungen ist von deren Blutfülle abhängig, dunkelrosarot bei nicht ausgebluteten Tieren, blassrosa bis orangefarbig bei entbluteten.

Man unterscheidet an der Lunge eine der Rippenwand anliegende Fläche, die **Facies costalis**, eine dem Mediastinum zugewandte **Facies mediastinalis** und eine **Facies diaphragmatica**, die dem Zwerchfell aufliegt. Dem stumpfen dorsalen Lungenrand **(Margo dorsalis** oder **obtusus)** stehen der scharfe ventrale Rand **(Margo acutus)** gegenüber. Kranial schiebt sich der **Apex pulmonis** mit den Cupulae pleurae durch die Apertura thoracis cranialis wenige Fingerbreit in den Hals.

Die **Befestigung der Lunge** erfolgt im Wesentlichen über die **Trachea**, aber auch über das Mediastinum, die Blutgefäße (A. pul-

**Tab. 8-1.** Tabellarische Zusammenfassung der Lungenlappen verschiedener Haussäugetiere, nach Ellenberger und Baum, 1943.

| | **Linke Lunge** | **Rechte Lunge** |
|---|---|---|
| **Hund und Katze** | Lobus cranialis (zweigeteilt)<br>Lobus caudalis | Lobus cranialis<br>Lobus medius<br>Lobus caudalis<br>Lobus accessorius |
| **Schwein** | Lobus cranialis (zweigeteilt)<br>Lobus caudalis | Lobus cranialis<br>Lobus medius<br>Lobus caudalis<br>Lobus accessorius |
| **Rind, Ziege und Schaf** | Lobus cranialis (zweigeteilt)<br>Lobus caudalis | Lobus cranialis (zweigeteilt)<br>Lobus medius<br>Lobus caudalis<br>Lobus accessorius |
| **Pferd** | Lobus cranialis<br>Lobus caudalis | Lobus cranialis<br>Lobus caudalis<br>Lobus accessorius |

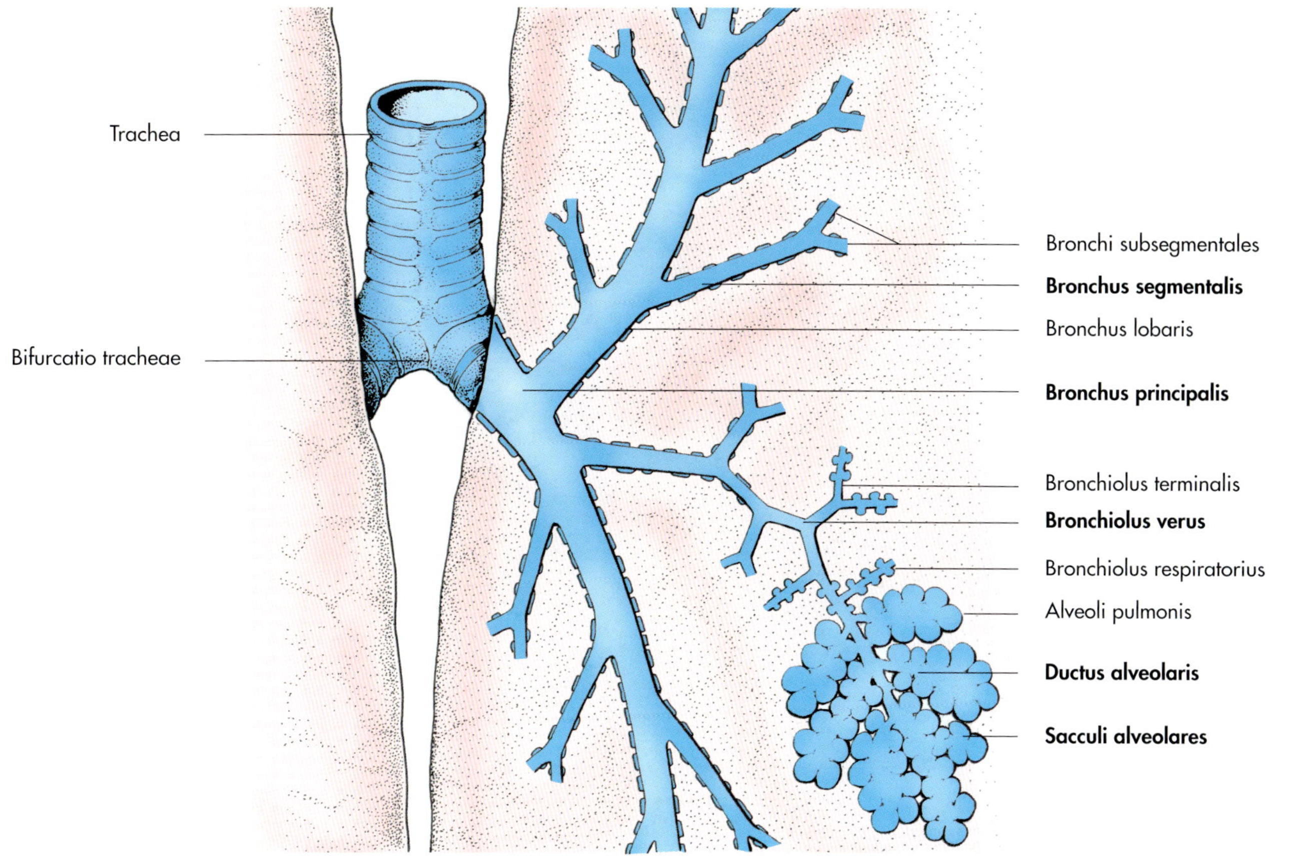


**Abb. 8-26.** Schematische Darstellung der Gliederung des Bronchialbaums.

monalis, Aorta, Vv. pulmonales etc.) und die Pleurafalte, die als **Ligamentum pulmonale** dorsomedial die Lunge mit dem Mediastinum und mit dem Zwerchfell verbindet. Die **Eintrittsstelle des Hauptbronchus** in die Lunge, begleitet von Gefäßen (Ästen der A. pulmonalis, A. und V. bronchiales, Vv. pulmonales, Lymphgefäße) und Nerven, wird als **Lungenwurzel (Radix pulmonis)** bezeichnet.

## Bau der Lunge

Die Lungen setzen sich aus **Lungenparenchym** und **Interstitialgewebe** zusammen. Das Lungenparenchym ist das organspezifische Gewebe und dient dem Gasaustausch. Dieses Parenchym wird von der **Gesamtheit** aller alveolentragenden Bronchiolen und deren Aufzweigungen bis hin zu den **Lungenbläschen (Alveolen)** gebildet. Das interstitielle Gewebe besteht aus elastischem und kollagenfaserigem Bindegewebe, das gemischte Drüsen, glatte Muskulatur, vegetative Nervenfasern, Blut- und Lymphgefäße sowie die Verästelungen des Bronchialbaums einschließt. Die Lunge wird oberflächlich von der **Pleura pulmonalis** überzogen. Subpleural schließt sich eine **Bindegewebskapsel** an, die je nach Spezies deutlichere (Rind) oder weniger deutliche (Pferd) **Septen** zwischen die **Lungenläppchen** entlässt. Kapsel und Septen bestehen aus kollagenen und elastischen Bindegewebsfasern, die mit für die **Retraktionsfähigkeit** der Lunge verantwortlich sind.

Beim **Lungenemphysem** (sog. »Dämpfigkeit« beim Pferd) sind diese Fasern überdehnt oder gerissen. Die Ausatmung ist in diesem Fall deutlich erschwert, was zu kräftigen Kontraktionen der Bauchmuskulatur führt. Zwischen der Aponeurose und dem hypertrophen Muskelanteil des M. obliquus externus abdominis entsteht die sog. **»Dampfrinne«**.

Die Lunge zeigt den Aufbau eines **tubuloalveolär zusammengesetzten Gangsystems**. Dabei teilen sich die beiden **Hauptbronchien (Bronchi principales)** in **Lappenbronchien (Bronchi lobares)**, deren Ausbildung sich bei den verschiedenen Haussäugetieren in der rechten und in der linken Lunge jedoch unterschiedlich verhält.

Die Verzweigungen der Bronchien bis zu den terminalen **Lungenbläschen (Alveolen)** erfolgt di- und trichotomisch und damit baumartig **(Bronchial-** oder **Lungenbaum)** (Abb. 8-26).

## Lungenlappen (Lobi pulmonis)

Die Aufzweigung des Bronchialbaums bildet die Grundlage zur Benennung der Lungenlappen. Die Differenzierung der Lungenlappen ist tierartlich unterschiedlich ausgebildet und wird in Abb. 8-27ff. und Tab. 8-1 zusammenfassend wiedergegeben. So gehört zu jedem »Bronchus« ein entsprechender »Lobus«: z.B. zum Bronchus cranialis ein Lobus cranialis, zum Bronchus accessorius ein Lobus accessorius etc. Der **Lobus accessorius** ist im **Recessus mediastini** eingebettet. Dieser liegt zwischen dem Mediastinum (links), der V. cava caudalis mit ihrem Gekröse, der Plica venae cavae (rechts), dem Herzbeutel (kranial) und dem Diaphragma (kaudal). Beim Hund und beim Schwein, noch häufiger bei der Katze, ist ein Teil des Lobus accessorius außerhalb des Recessus mediastini gelagert (s. auch Kap. 6 »Eingeweide und Körperhöhlen« u. Abb. 6-10).

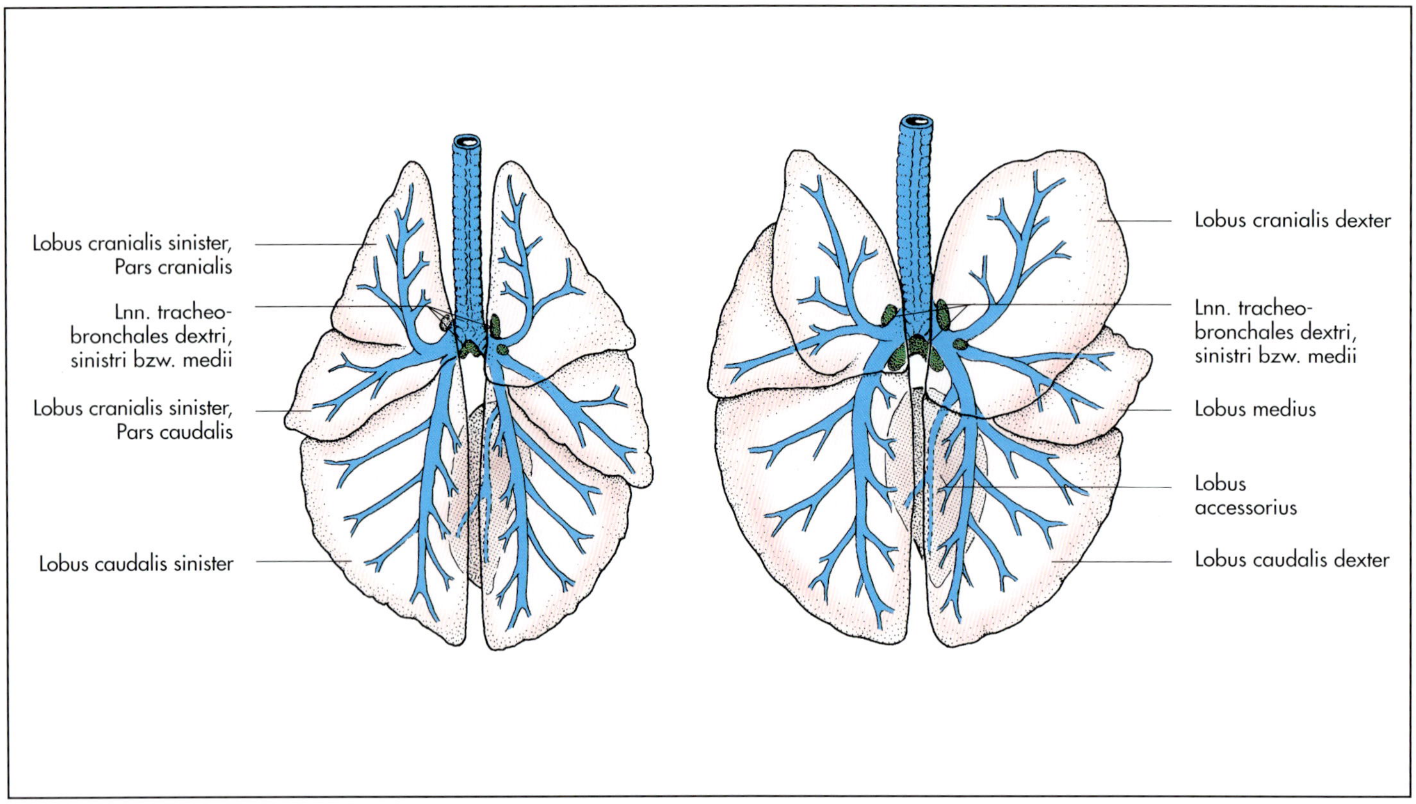


**Abb. 8-27.** Schematische Darstellung der Gliederung der Lungenlappen und des Bronchialbaums sowie der Lymphknoten der Katze (links) und des Hundes (rechts) (Dorsalansicht), nach Ghetie, 1958.

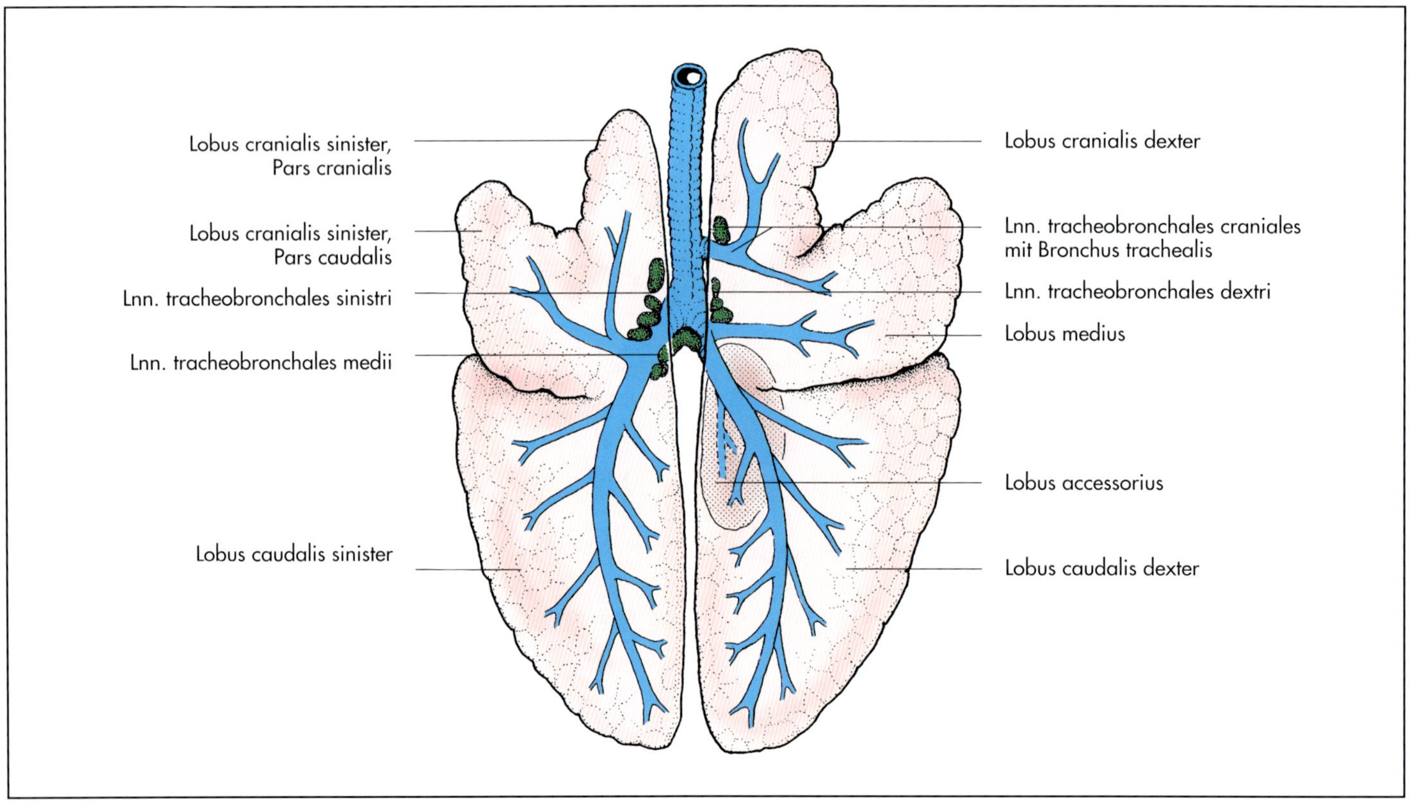


**Abb. 8-28.** Schematische Darstellung der Gliederung der Lungenlappen und des Bronchialbaums sowie der Lymphknoten des Schweines (Dorsalansicht), nach Ghetie, 1958.

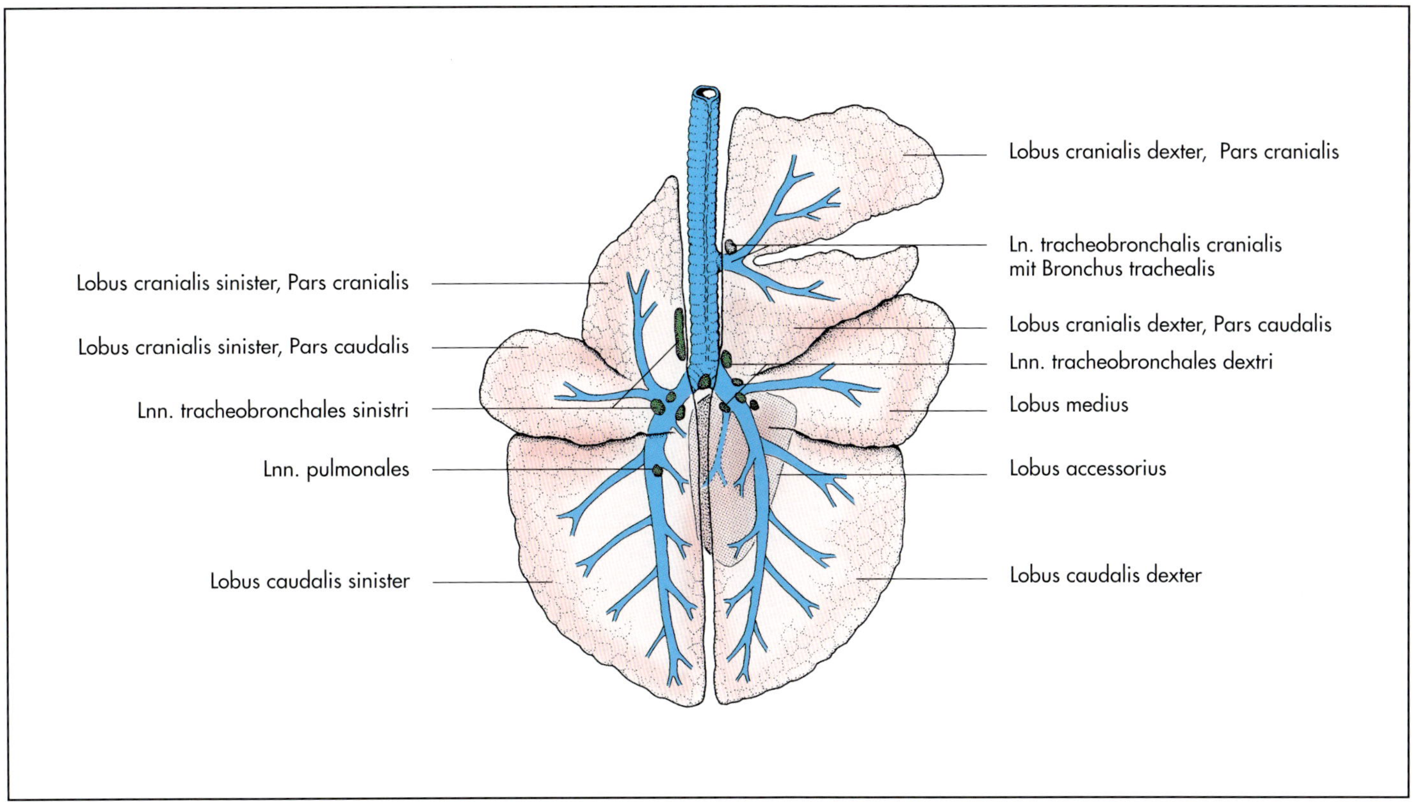


**Abb. 8-29.** Schematische Darstellung der Gliederung der Lungenlappen und des Bronchialbaums sowie der Lymphknoten des Rindes (Dorsalansicht), nach Ghetie, 1958.

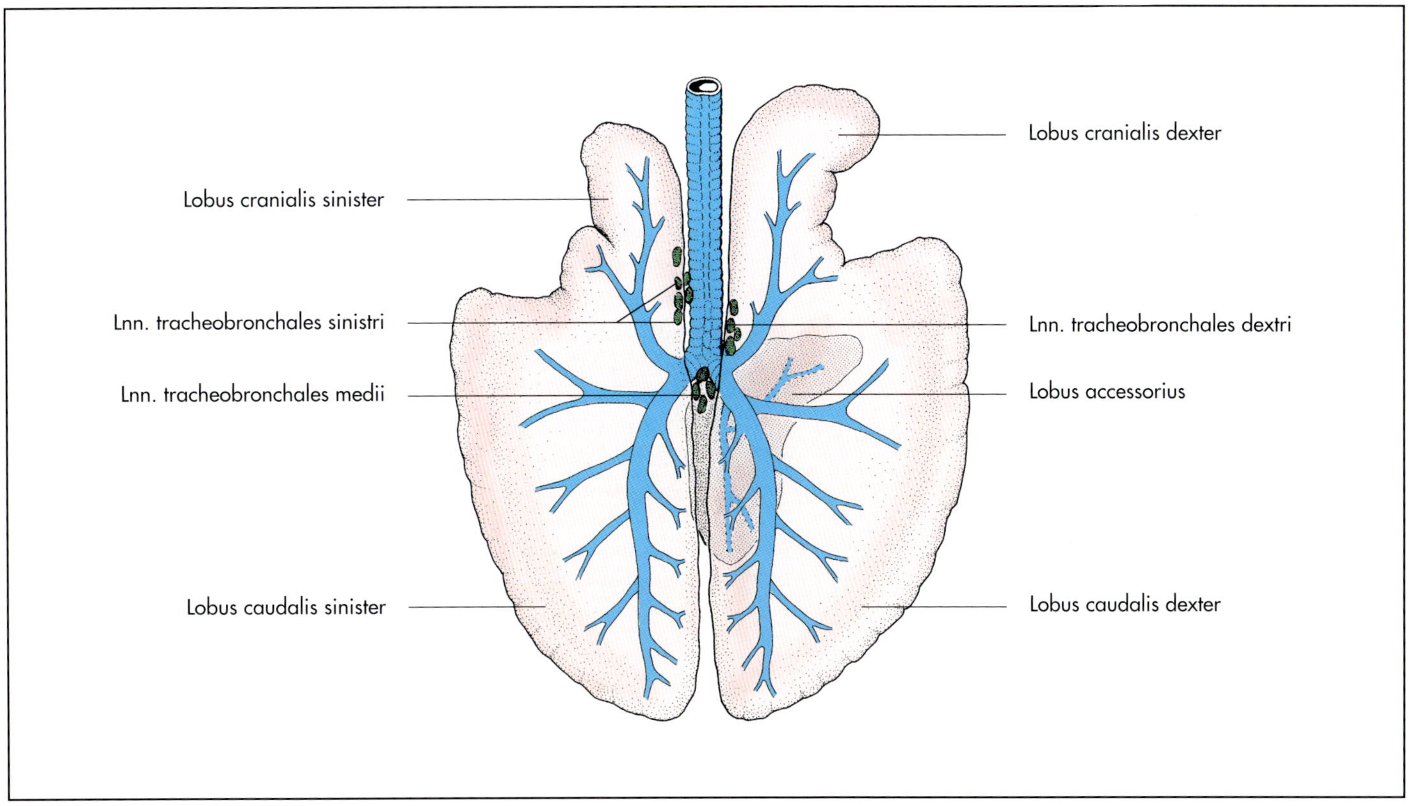


**Abb. 8-30.** Schematische Darstellung der Gliederung der Lungenlappen und des Bronchialbaums sowie der Lymphknoten des Pferdes (Dorsalansicht), nach Ghetie, 1958.

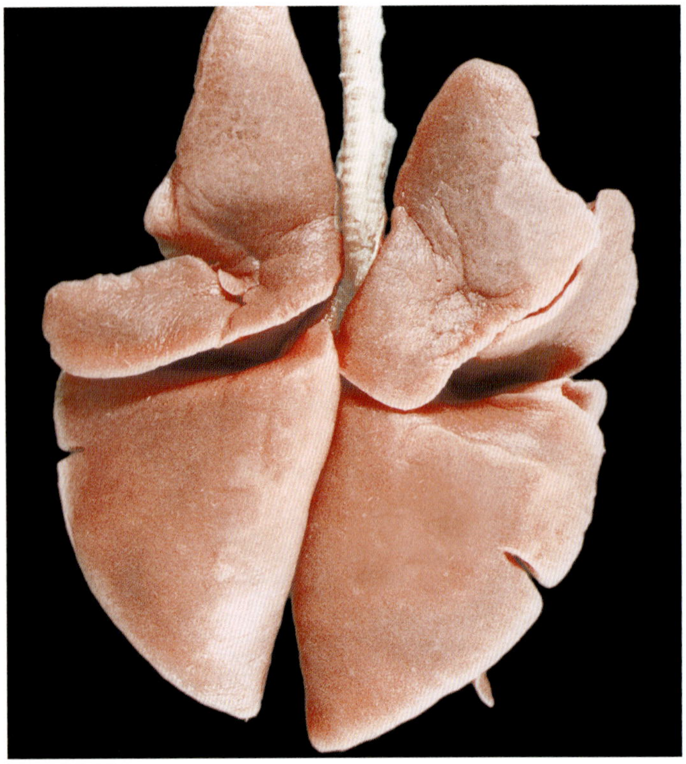

**Abb. 8-31.** Lunge einer Katze (plastiniertes Präparat, Dorsalansicht), Präparat H. Dier, Wien.

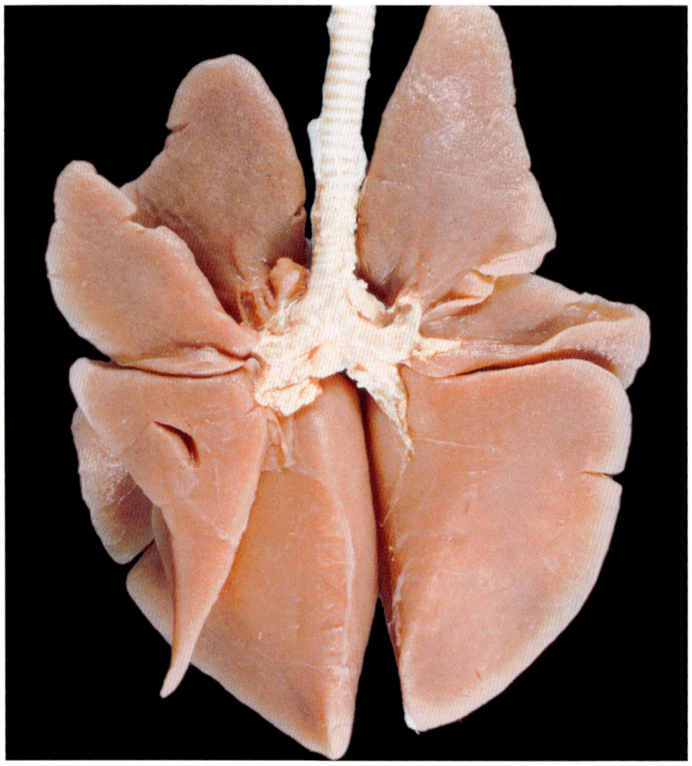

**Abb. 8-32.** Lunge einer Katze (plastiniertes Präparat, Ventralansicht), Präparat H. Dier, Wien.

Als Besonderheit ist für das **Schwein** und die **Wiederkäuer** die gesonderte Ausbildung eines rechtsseitigen **Bronchus trachealis** zu nennen, der als selbstständiger Lappenbronchus vor der Bifurcatio direkt aus der Trachea abzweigt (Abb. 8-33 u. 34).

## Bronchialbaum

Die **Bronchien** (Abb. 8-26) lassen sich im Lungengewebe unterteilen in das:

- **luftleitende Bronchialsystem**:
  - Hauptbronchien (Bronchi principales),
  - Lappenbronchien (Bronchi lobares),
  - Segmentbronchien (Bronchi segmentales),
  - Subsegmentbronchien (Bronchi subsegmentales),
  - Bronchioli veri und Bronchioli terminales und
- **respiratorische System**:
  - Bronchioli respiratorii,
  - Ductus alveolares und Sacculi alveolares,
  - Alveoli pulmonis.

Das **luftleitende System** des Bronchialbaums setzt sich aus der **Aufgabelung der Trachea (Bifurcatio tracheae)** in die kurzen, weitlumigen **Hauptbronchien (Bronchi principales)** fort. Diese teilen sich bereits nahe der Lungenwurzel in die jeweiligen **Lappenbronchien (Bronchi lobares)** der rechten und linken Lunge. Aus den Lappenbronchien gehen die **Segmentbronchien (Bronchi segmentales)** hervor, die ein umschriebenes Funktionsgebiet, das **Lungensegment (Segmentum bronchopulmonale)**, belüften.

Die Lungensegmente sind kegelförmig angeordnet, ihre Spitze liegt am Hilus der Lunge, ihre Basis unter der Lungenoberfläche. Sämtliche Bronchien sind von einer respiratorischen Schleimhaut ausgekleidet, sie schließen in ihrer Wand gemischte Drüsen, glatte Muskulatur und hyalinen Knorpel in Form von Knorpelspangen bzw. Knorpelscherben ein.

Nachfolgend teilen sich Subsegmentbronchien in **Bronchioli**, denen sowohl knorpelige Stützelemente als auch Drüsen fehlen, während die epitheliale Abdeckung durch ein respiratorisches Epithel und subepitheliale glatte Muskelzellen erhalten bleiben. **Bronchioli veri** sind die letzten Abschnitte des luftleitenden Systems ohne Lungenalveolen in ihren Wandabschnitten, sie teilen sich in **Endbronchiolen (Bronchioli terminales)**.

Das **respiratorische System** übernimmt die organspezifischen Aufgaben der Lunge durch Ausbildung von gaswechselnden Grenzflächen. Allein in diesen Abschnitten des Atmungsapparates ist ein **Gasaustausch** möglich. Die luminale Abdeckung durch ein respiratorisches Epithel nimmt im Verlauf der Aufzweigung allmählich ab und wird letztendlich durch ein einschichtiges Plattenepithel aus Deckzellen **(Alveolardeckzellen)** abgelöst.

Man unterscheidet bei der Endaufzweigung des Bronchialbaums als Fortsetzung der Bronchioli terminales drei Abschnitte, die **Bronchioli respiratorii**, die **Alveolargänge** und **-säckchen (Ductus alveolares** und **Sacculi alveolares)** und die **Lungenbläschen (Alveoli pulmonis)**. **Bronchioli respiratorii** teilen sich zweifach in **Bronchioli respiratorii I.–III. Ordnung** und bilden wandständig Ausbuchtungen aus, die mit einem flachen Alveolarepithel ausgekleidet sind. Diese Bronchioli sind bei Fleischfressern deutlich ausgebildet, beim Pferd gelegentlich, beim Schwein und bei den Wiederkäuern selten.

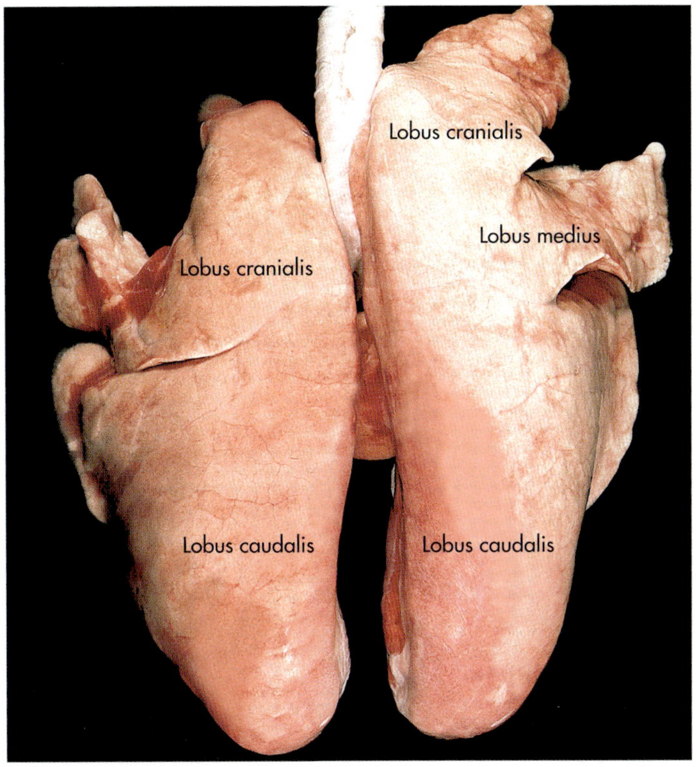


**Abb. 8-33.** Lunge eines Schweines (Dorsalansicht), Aufnahme PD Dr. J. Maierl, München.

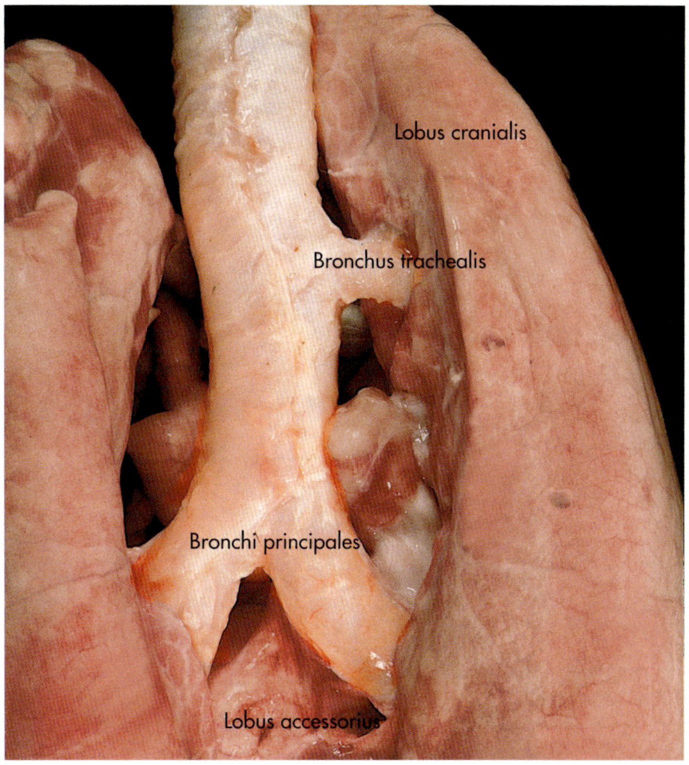


**Abb. 8-34.** Lunge eines Schweines (Dorsalansicht mit Hauptbronchien), Aufnahme PD Dr. J. Maierl, München.

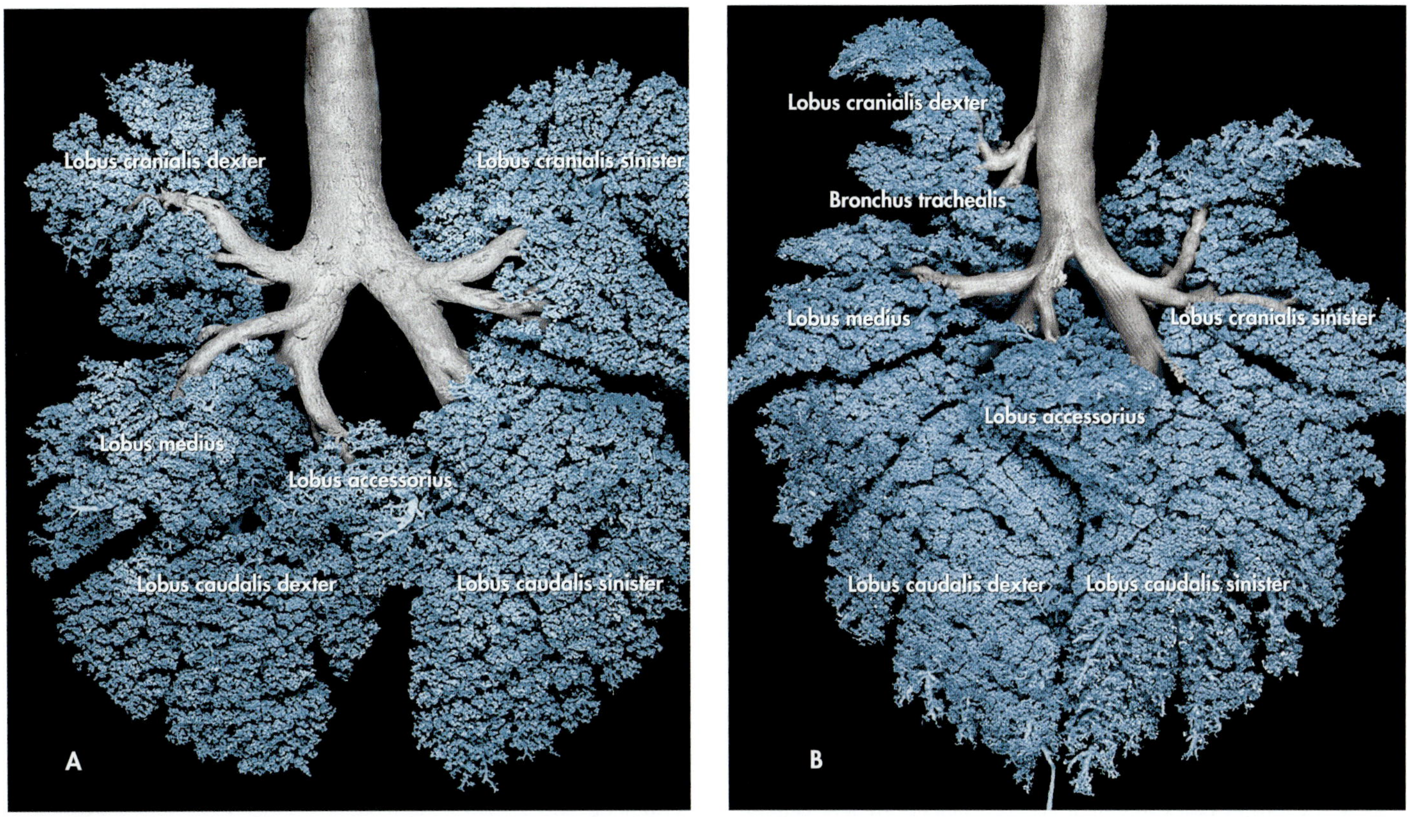


**Abb. 8-35.** Trachea und Bronchialbaum eines Hundes (**A**) und Schweines (**B**) (Korrosionspräparat, Ventralansicht), Präparat H. Dier, Wien.

Die **Ductus alveolares** tragen regelmäßig respiratorische Nischen, sie zweigen sich mehrfach auf und münden in den **Alveolen (Alveoli pulmonis)**. Ca. 200 Alveolen bilden einen traubenförmigen **Saccus alveolaris** (Abb. 8-36 u. 37). Die **Alveolen** werden von einschichtigen Deckzellen (**Pneumozyten Typ I und Typ II**) ausgekleidet, die von einer Basalmembran unterlagert sind. Die Alveolen

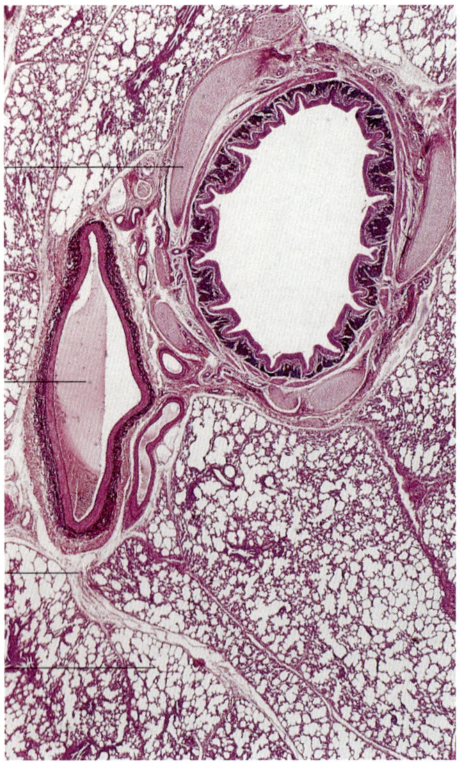


**Abb. 8-36.** Histologischer Schnitt durch eine Lunge mit einem Bronchus.

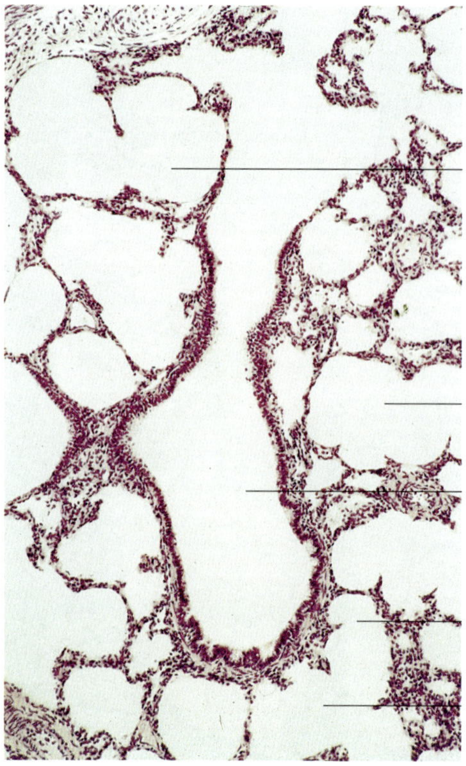


**Abb. 8-37.** Histologischer Schnitt durch eine Lunge mit Alveolen.

dienen dem **Gasaustausch**, sie werden von einem dichten Kapillarnetz umgeben. An den Kontaktflächen zwischen Kapillaren und Alveole kommt es stellenweise zu Verschmelzungen beider Basalmembranen. Die Gesamtheit der Strukturen der Alveolen einerseits und der Kapillaren andererseits bildet die **Blut-Luft-Schranke**. (Näheres zum mikroskopisch-anatomischen Bau der Lunge s. Lehrbücher der Histologie.)

## Blutgefäße

Die Lunge ist einerseits über den **Truncus pulmonalis** in das **funktionelle Gefäßsystem des kleinen Lungenkreislaufs** eingebunden (s. auch Kap. 12 »Organe des Herz-Kreislauf-Systems«, S. 451), andererseits erfolgt die nutritive Versorgung zusätzlich über das **Gefäßsystem** der **A.** und **V. broncho-oesophagea**.

Die Äste des **Truncus pulmonalis**, die **Aa. pulmonales**, führen venöses Blut, sie verzweigen sich mit der Aufteilung des Bronchialbaumes bis zu den Alveolen. Dort enden sie in **Kapillaren**, die die Alveolen körbchenartig umgeben. Jeder Alveole liegen ca. 10 Kapillarschlingen an. Kurze Kapillarschlingen, sog. **Ruhekapillaren**, werden permanent durchblutet, während längere **Arbeitskapillaren** für eine verstärkte Durchblutung erst bei größerem Sauerstoffbedarf sorgen.

Die **Vv. pulmonales** führen arterielles, sauerstoffangereichertes Blut in die linke Vorkammer des Herzens.

## Lymphknoten

Die Lymphknoten der Lunge, die **Lymphonodi tracheobronchales**, liegen an der **Bifurkation** der Trachea (Abb. 8-27ff.). Bei Tieren, die einen **Bronchus trachealis** besitzen (Wiederkäuer und Schwein), finden sich **Lymphonodi tracheobronchales craniales**, **Lymphonodi tracheobronchales dextri**, **Lymphonodi tracheobronchales sinistri** und **Lymphonodi tracheobronchales medii**. Bei den übrigen Haussäugetieren fehlen entsprechend die Lymphonodi tracheobronchales craniales. Beim Rind sind auch **Lymphonodi pulmonales** entlang der Hauptbronchien in der Lunge vorhanden.

Die Lymphknoten des **Lymphocentrum pulmonale** senden die Lymphe weiter an die **Lymphonodi mediastinales** und von dort zum **Ductus thoracicus**.

## Innervation

Die Innervation der Lunge ist **vegetativ**. **Sympathische Fasern** vom **Ganglion cervicale medium** und **caudale (Ganglion cervicothoracicum** oder **stellatum)** strahlen in das Mediastinum ein. Sie verbinden sich an der Basis des Herzens mit parasympathischen Ästen des N. vagus zum **Plexus cardiacus**, aus dem Geflechte zur Lunge ziehen, um dort den **Plexus pulmonalis** zu bilden. Die Lunge ist arm an **sympathischen Fasern**. Die vegetative Innervation ist für die Bronchialdrüsen, die Muskeln der Bronchien und die Blutgefäße zuständig. Afferente Fasern kommen von der Bronchialschleimhaut und von Dehnungsrezeptoren.

**Klinische Ausdrücke**, die von anatomischen Namen abgeleitet werden: Rhinitis, Sinusitis, Laryngitis, Laryngoskopie, Laryngostomie, Laryngotomie, Hemiplegia laryngis, Bronchitis, Bronchoskopie, Bronchographie, Bronchopneumonie, Pneumonie, Pleuritis etc.

# 9 Harnorgane (Organa urinaria)

H. E. König, J. Maierl und H.-G. Liebich

Die Harnorgane sind sowohl aus embryologischer Sicht als auch anatomisch eng mit den Geschlechtsorganen verbunden, sodass man beide Organsysteme zum **Urogenitalapparat (Apparatus urogenitalis)** zusammenfasst. Vor allem in der Beckenhöhle gelegene Abschnitte der Harnorgane gehören sowohl dem Urogenitalapparat als auch dem Harnapparat an.

Die **Niere (Ren)** ist paarig angelegt, sie dient der Herstellung und der Absonderung des Harns. Die Harnbereitung erfolgt dabei durch Filtration, Sekretion, Reabsorption und Konzentration. Nachfolgend übernehmen die harnableitenden Organe, nämlich das Nierenbecken (Pelvis renalis) bzw. der Harnleiter (Ureter), den Transport des Urins in die Harnblase (Vesica urinaria), wo dieser bis zur Ausscheidung über die Harnröhre (Urethra) gespeichert wird.

## Niere (Nephros, Ren)

In der Niere (griech. Nephros, lat. Ren) werden organische **Stoffwechselendprodukte** sowie nicht abbaubare exogene **Schadstoffe** aus dem Blut gefiltert und im Harn ausgeschieden. Hierfür filtriert die Niere große Flüssigkeitsmengen aus dem Blutplasma. In einem ersten Schritt wird als **Ultrafiltrat** der sog. **Primär-** oder **Vorharn**

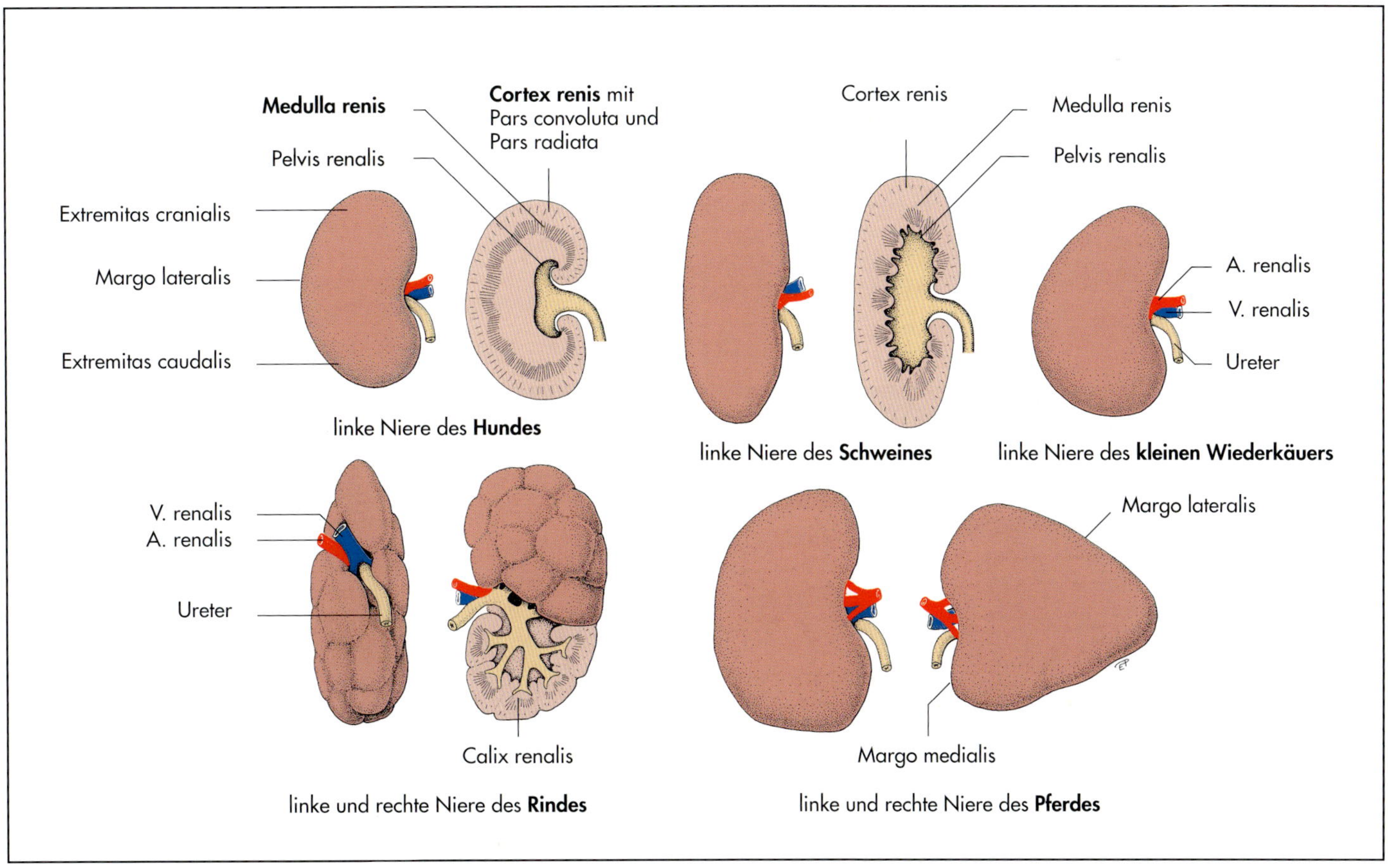


**Abb. 9-1.** Schematische Darstellung von Nieren in der Aufsicht und im Schnittbild mit Nierenbecken, Harnleiter und A. u. V. renalis.

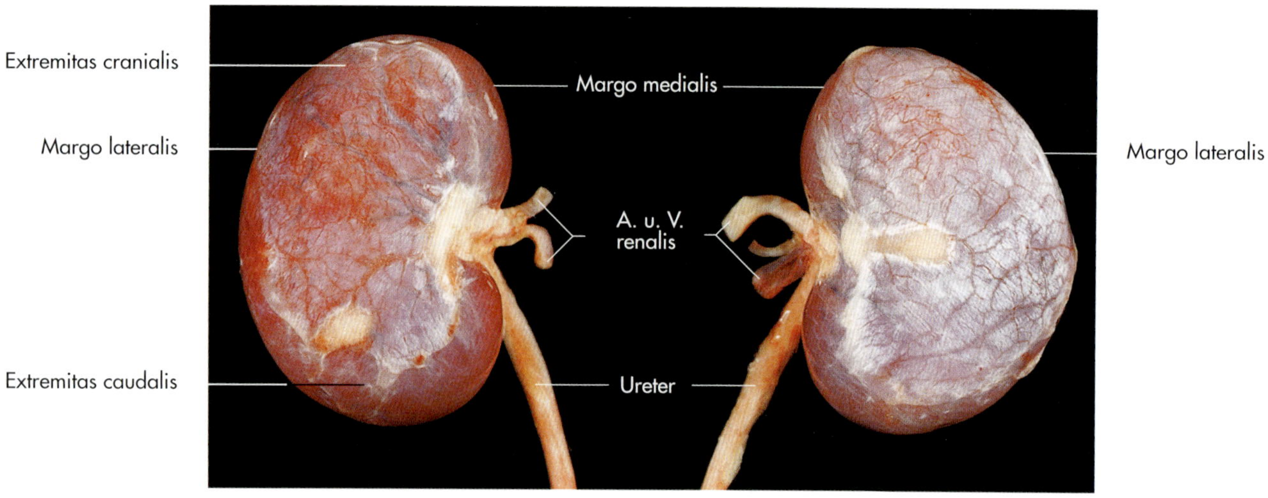


**Abb. 9-2.** Linke und rechte Niere eines Hundes mit Nierenkapsel (Dorsalfläche).

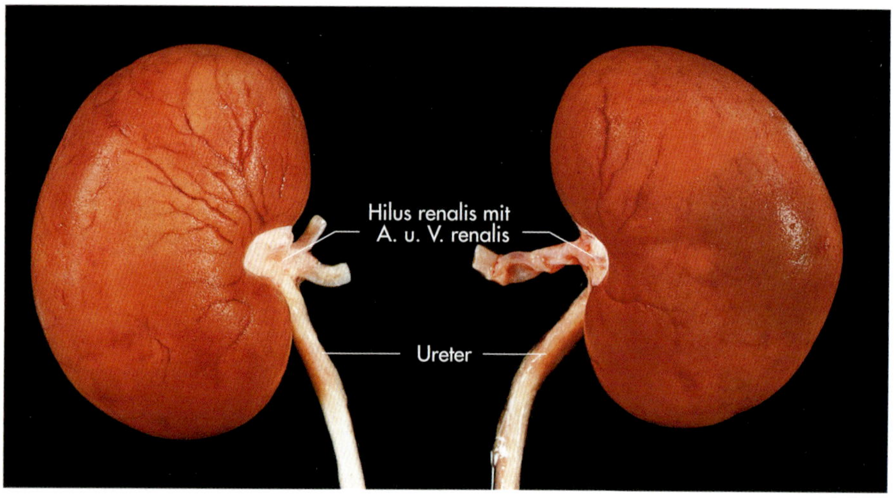


**Abb. 9-3.** Linke und rechte Niere eines Hundes ohne Nierenkapsel (Dorsalfläche).

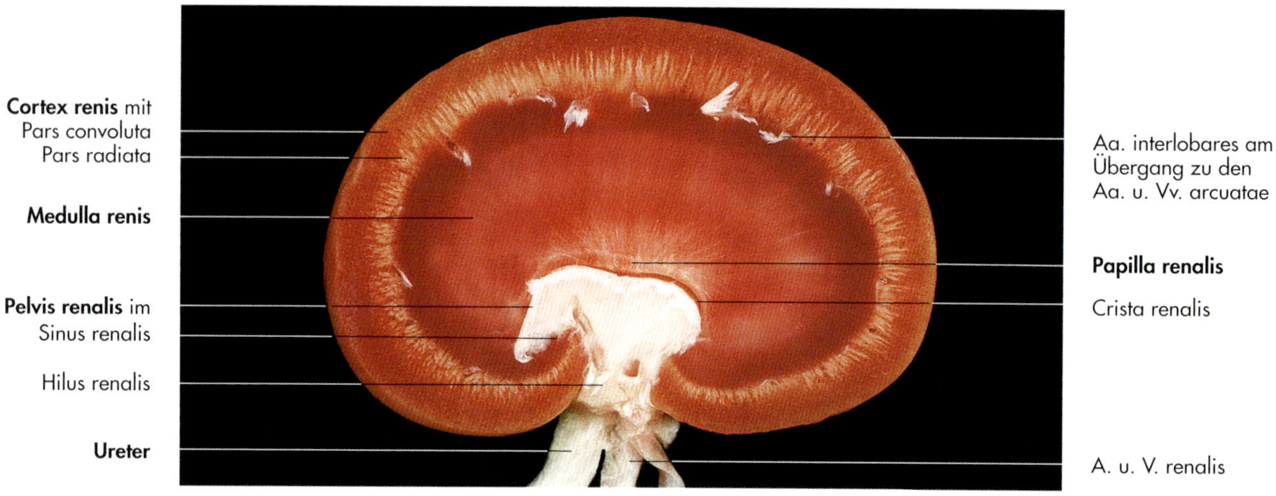


**Abb. 9-4.** Äquatorialschnitt durch die glatte, einwarzige Niere eines Hundes.

(isoosmotisch bzw. isoton) gebildet, der im Wesentlichen gelöste Stoffe in gleicher Konzentration wie im Blutplasma enthält, jedoch weitgehend frei von großmolekularen Proteinen ist. Nachfolgend wird das Filtrat durch **selektive Reabsorption** wiederverwertbarer Substanzen (z.B. Wasser, Glukose, Elektrolyte, Aminosäuren) und durch **Konzentration** und **spezifische Sekretion von Abfallprodukten** stark verändert. Im Weiteren entsteht dadurch der **Sekundär-** oder **Endharn**, der nur mehr etwa 1–2% des ursprünglich filtrierten Primärharns ausmacht. Durch diese Ausscheidungsvorgänge wird die Zusammensetzung des Blutplasmas innerhalb enger physiologischer Normen gehalten. Die Niere dient der **Aufrechterhaltung** des inneren Milieus **(homöostatische Funktion)**.

Der **Salz-Wasser-Haushalt** des Körpers wird in der Niere ausgeglichen und die **Wasserstoffionenkonzentration** konstant erhalten. So fließen beispielsweise bei einem großen Hund täglich 1000–2000 l Blut durch die Nieren, woraus 200–300 l Primär- oder Vorharn (Mensch 150 l) gefiltert werden. Durch Reabsorption wird diese Menge auf **1–2 l Harnflüssigkeit** reduziert und über die harnableitenden Wege ausgeschieden.

Die Nieren beeinflussen außerdem auf **endokrinem Wege** den **Blutdruck (Renin-Angiotensin-Komplex)** und die **Blutbildung (Erythropoetin)**. Sie bilden den Wirkstoff **Renin**, der aus dem Plasmaprotein Angiotensinogen das Dekapeptid **Angiotensin I** herstellt. Dieses wird durch ein weiteres Enzym zu **Angiotensin II** umgewandelt und kann die Arteriolen verengen. Damit steigt der Blutdruck. Die Substanz **Erythropoetin** fördert die Blutbildung. Das Enzym **Kallikrein** führt über weitere Wirkstoffe zu Gefäßerweiterung. In der Niere werden letztendlich auch **Prostaglandine** gebildet.

## Lage

Die Nieren sind paarig angelegt und liegen **retroperitoneal** an der **dorsalen Bauchhöhlenwand** beidseitig der Wirbelsäule. Sie reichen aus der vorderen Lendenregion bis in den **intrathorakalen Teil der Bauchhöhle** unter die letzten Rippen. Während der Bewegung des Zwerchfells werden sie bei jedem Atemzug um etwa eine halbe Wirbellänge verschoben.

Die **rechte Niere** liegt, mit Ausnahme des Schweines, etwas **weiter kranial** als die linke. Sie nimmt Kontakt auf mit dem Processus caudatus der Leber und dem rechten Leberlappen. Die rechte Niere drückt sich in die Leber ein (Impressio renalis) und gewinnt so an Lagestabilität im Vergleich zur linken Niere. Bei den Wiederkäuern wird die **linke Niere** durch die raumfüllende Ausdehnung des **Pansens** auf die **rechte Seite der Bauchhöhle** verlagert. Dort ist die linke Niere, weiterhin retroperitoneal gelegen, kaudal der rechten Niere fixiert. Die Nieren werden stets von einer **perirenalen Fettkapsel** umgeben, die sie vor schädigendem Druck der Nachbarorgane schützt.

## Form

Die Nieren sind rötlichbraune Organe, die je nach Tierart verschiedene Formen besitzen (Abb. 9-1ff.). Die Nierengrundform ist **bohnenähnlich** bei Hund, Katze, Ziege und Schaf. Beim Schwein sind die Nieren deutlich **abgeflacht**, beim Rind **unregelmäßig oval**, während beim Pferd die rechte Niere **herzförmig**, die linke mehr **pyramiden-** bis **bohnenförmig** aussieht. Bei den genannten Haussäugetieren mit Ausnahme des Rindes ist die Organoberfläche stets **glatt**. Die Nieren des Rindes hingegen weisen **Furchen** auf. Diese grenzen neben **einzelnen Nierenlappen** auch miteinander verschmolzene Nierenlappen (Lobi renales) oberflächlich ab. Eine vollständige Abgrenzung der Nierenlappen durch tiefe Furchen ist bei Meeressäugern zu finden, bei denen die Nieren deshalb traubenförmig erscheinen.

## Bau der Niere

Das **Nierenparenchym** wird von einer kollagenfaserhaltigen, derben **Kapsel (Capsula fibrosa)** umgeben, die sich leicht abziehen lässt. Sie haftet lediglich an Stellen, an denen feine Blutgefäße zur Versorgung der umgebenden **Fettkapsel (Capsula adiposa)** austreten. An der **Medialkontur (Margo medialis)** der Niere findet sich eine Einziehung **(Hilus renalis)**, die zu einem inneren **Hohlraum (Sinus renalis)** führt. Dieser beherbergt den dilatierten Anfang des **Harnleiters (Ureter)**, das **Nierenbecken (Pelvis renalis)**, Fettgewebe sowie ein- und austretende Gefäße und Nerven (Abb. 9-1ff.). Das Nierenparenchym (Abb. 9-10 u. 16) lässt sich gliedern in:

- **Nierenrinde (Cortex renis)**:
  - Pars convoluta (= Zona externa oder peripherica),
  - Pars radiata (= Zona interna oder juxtamedullaris),
- **Nierenmark (Medulla renis)**:
  - Zona externa mit Basis pyramidis und
  - Zona interna mit Papilla renalis.

Die Niere ist aufgrund ihrer embryonalen Entwicklung aus einer großen Zahl von **Nierenlappen (Lobi renales)** aufgebaut, die im Schnittbild eine **äußere Rinde (Cortex renis)** und ein **inneres Mark (Medulla renis)** erkennen lassen.

Die **Rinde** erscheint rötlichbraun und fein granuliert. Nach außen verlaufen Streifen, die Gebieten um die Aa. interlobulares (Aa. radiatae, s.u.) entsprechen. Sie werden als **Rindenläppchen (Lobuli corticales)** bezeichnet.

Das **Mark** besteht aus einer dunklen **äußeren Zone**, aus der eine radiär gestreifte **innere Zone** bis zum Sinus renalis reicht (Abb. 9-7 u. 9). Beim Rind und beim Schwein ist die Markzone in annähernd **pyramidenförmige Abschnitte** gegliedert, deren Spitze, die **Papille (Papilla renalis)** (Abb. 9-9), in eine kelchförmige Ausweitung **(Calix renalis)** des Nierenbeckens bzw. beim Rind in die Sammeläste des Ureters hineinreicht (Abb. 9-21).

Die **Nierenlappen** verschmelzen während der Embryonalentwicklung in tierartlich unterschiedlicher Weise sowohl in den terminalen Rindenzonen als auch im Sinus renalis.

Demzufolge unterscheidet man zwischen **glatten** und **gefurchten** bzw. **einwarzigen** und **mehrwarzigen** Nieren. Bildet sich ein einheitliches Organ, so entsteht eine **einfache Niere**, deren **Oberfläche vollständig** und damit **glatt** erscheint. Diese Entwicklung tritt bei sämtlichen Haussäugetieren, mit Ausnahme des Rindes, auf, bei dem die oberflächliche Verschmelzung **unvollständig** bleibt (Abb. 9-1 u. 2ff.). Man spricht beim Rind daher von einer **gefurchten Niere** (Abb. 9-8).

Verbinden sich auch die **Spitzen der Markpyramiden (Pyramides renales)** zu einer zusammenhängenden **Leiste (Crista renalis)**, so entwickelt sich eine **glatte, einwarzige Niere** (Hund, Katze, Schaf, Ziege, Pferd) (Abb. 9-2ff.). Beim Hund und bei der Katze weisen dorsal und ventral der Crista renalis gelegene Pseudopapillen auf ihren komplexen Ursprung hin. Zwischen den Pseudopapillen ragen aus dem Nierenbecken **Ausbuchtungen (Recessus pelvis)** (Abb. 9-7), die von den interlobaren Blutgefäßen (Aa. u.

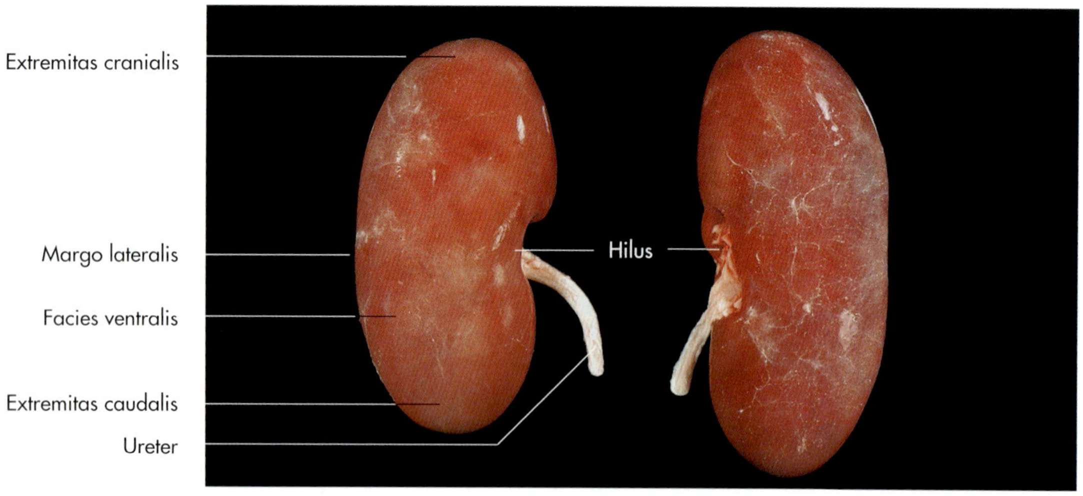


**Abb. 9-5.** Aufsicht auf die glatte, mehrwarzige rechte und linke Niere eines Schweines (Ventralfläche).

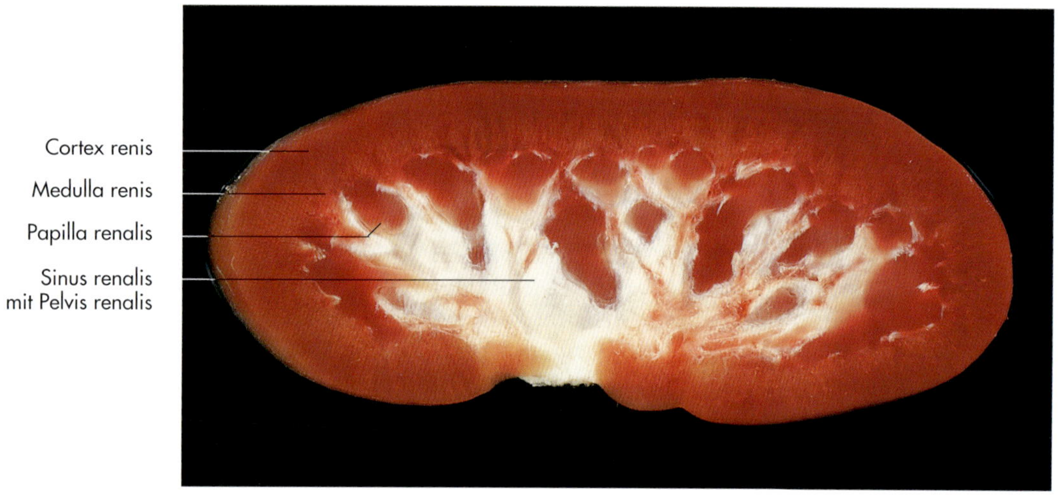


**Abb. 9-6.** Äquatorialschnitt durch die glatte, mehrwarzige Niere eines Schweines.

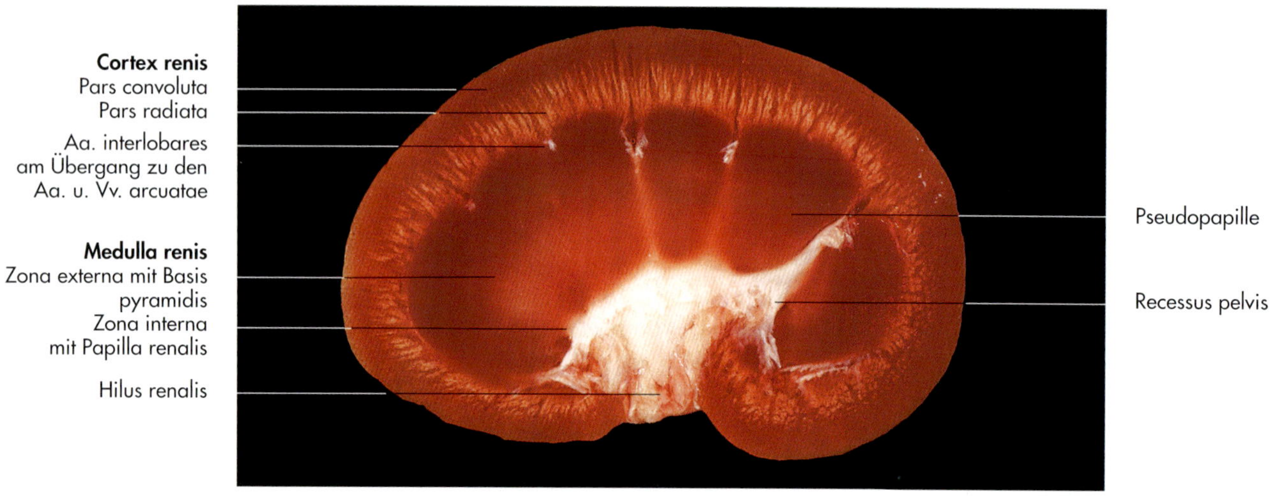


**Abb. 9-7.** Äquatorialschnitt durch die glatte, einwarzige Niere eines Hundes.

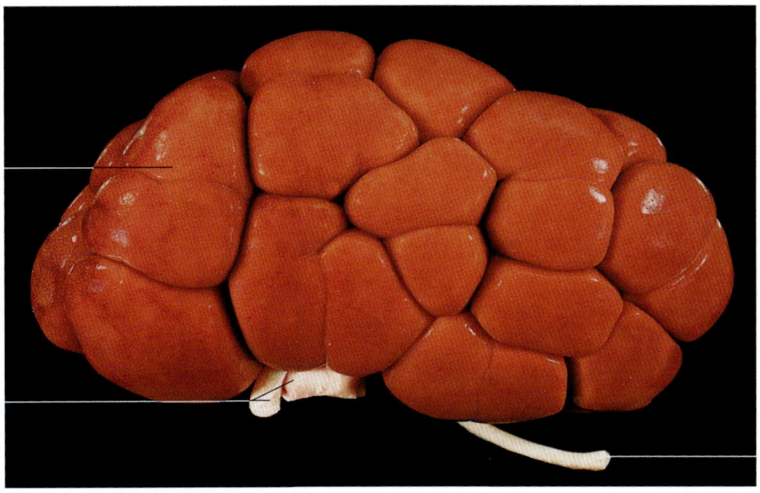


**Abb. 9-8.** Gefurchte, mehrwarzige Niere eines Rindes.

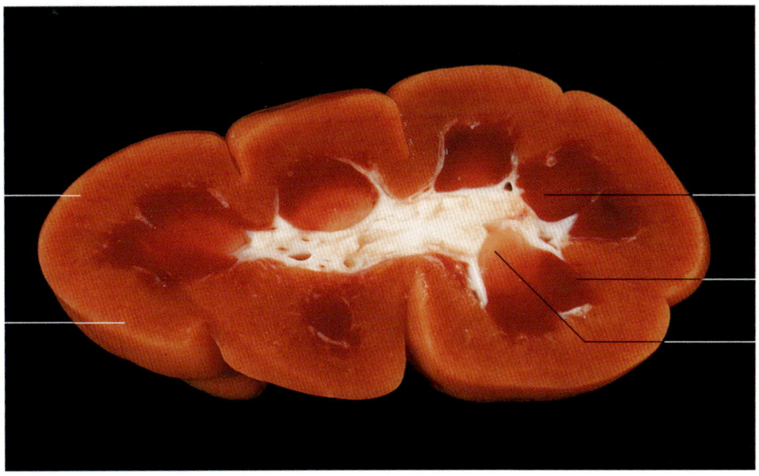


**Abb. 9-9.** Schnitt durch die gefurchte, mehrwarzige Niere eines Rindes.

Vv. interlobares) zweigeteilt werden (Abb. 9-18 u. 19). Jede **Markpyramide** mit dem außen dazugehörigen Rindenanteil stellt einen **Nierenlappen (Lobus renalis)** dar.

Bleiben die Spitzen der Markpyramiden selbstständig und ragen diese warzenförmig in den Sinus renalis, so spricht man von einer **mehrwarzigen Niere**. Das Schwein hat eine **glatte**, **mehrwarzige Niere**, das Rind eine **gefurchte**, **mehrwarzige Niere**. Nach dem **äußeren Aspekt der Nieren** und den nach innen vorragenden, verschmolzenen oder nichtverschmolzenen **Pyramidenspitzen** können zusammenfassend folgende **Nierentypen** unterschieden werden:

- glatte, einwarzige Nieren (Katze, Hund, kleine Wiederkäuer und Pferd),
- glatte, mehrwarzige Nieren (Schwein) und
- gefurchte, mehrwarzige Nieren (Rind).

Diese Einteilung ist rein deskriptiv, besondere funktionelle Eigenschaften können hieraus nicht abgeleitet werden.

## Funktionseinheit der Niere

Ein **Nephron (Nephronum)** ist aus **embryologischer Sicht** definiert als dasjenige tubuläre Kanälchensystem einschließlich der Bowman-Kapsel, das sich aus dem **metanephrogenen Gewebe** nach Induktion durch die Ureterknospe entwickelt. (Näheres s. Lehrbücher der Embryologie.)

Nephrone und Sammelrohre dienen der Harnbereitung und der Harnabsonderung. Sie werden durch ein bindegewebiges, gefäß- und nervenführendes **Interstitium** gestützt. Jedes Nephron erweitert sich in seinem proximalen Abschnitt blindsackähnlich und wird durch ein **Kapillarknäuel**, das **Glomerulum**, eingestülpt.

## Glomerulum, Bowman-Kapsel und Nierenkörperchen

Ein Glomerulum wird von **Kapillarschlingen (Rete capillare glomerulare)** gebildet, die sich als feinste Gefäßschlingen aus einer

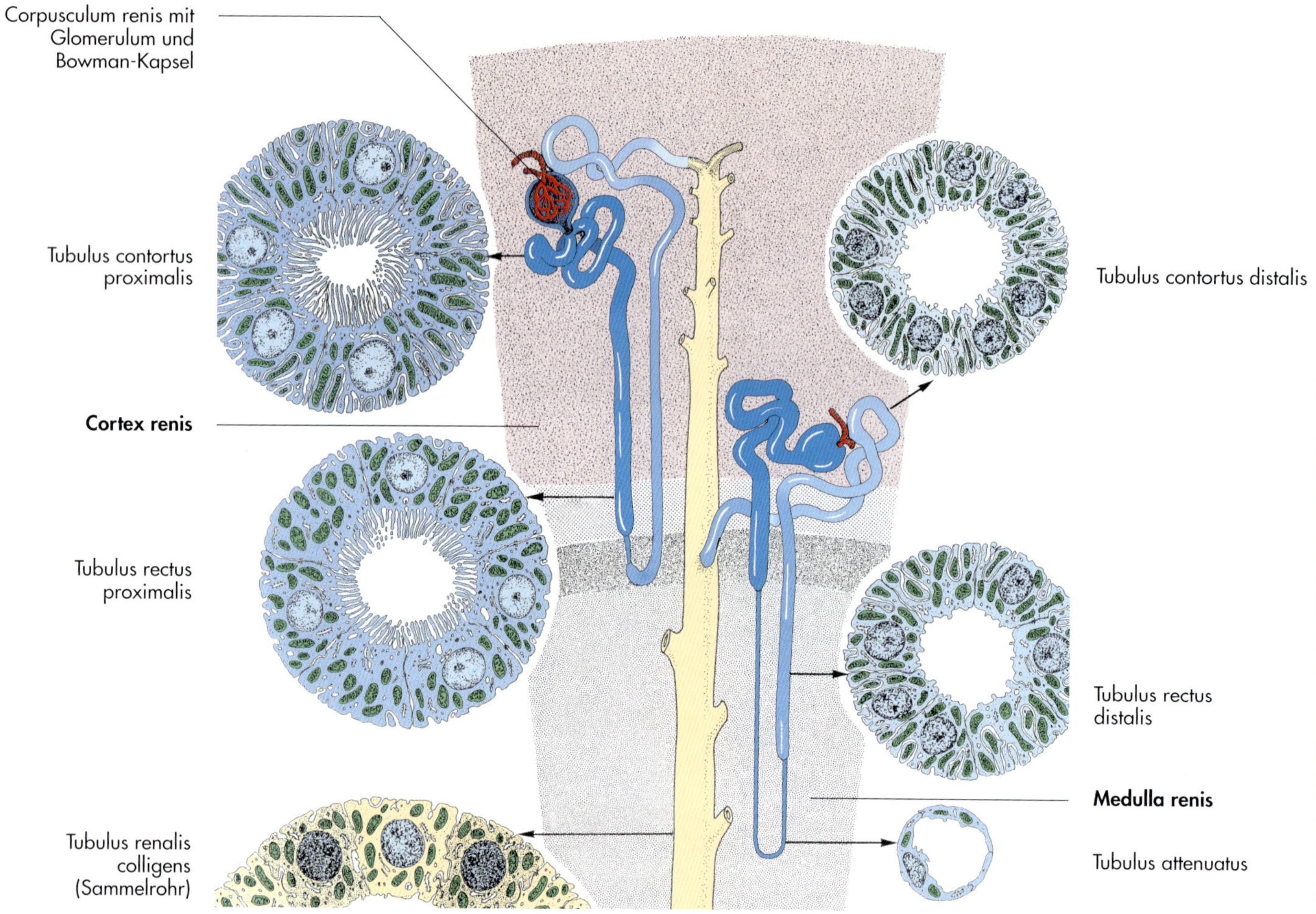


**Abb. 9-10.** Schematische Darstellung des Baus der Niere und Gliederung der harnbereitenden und harnleitenden Abschnitte der Nierenrinde und des Nierenmarks, Liebich, 2004.

kleinen zuführenden Arteriole **(Arteriola glomerularis afferens)** fortsetzen. Das Glomerulum stülpt den blindsackförmigen Anfangsteil des proximalen Abschnitts des Nephrons derart ein, dass eine **doppelwandige Kapsel (Capsula glomeruli, Bowman-Kapsel)** entsteht (Abb. 9-10 u. 16). Deren **äußere Wand** bildet das **Außenblatt (parietales Blatt)** der Bowman-Kapsel, während die **innere Wand (viszerales Blatt)** als Innenblatt in Form von abgeplatteten Deckzellen **(Podozyten)** den Glomerulumkapillaren aufliegt.

Das Glomerulum formt zusammen mit den beiden Blättern der Bowman-Kapsel ein **Nierenkörperchen (Corpusculum renis, Malpighi-Körperchen)** (Abb. 9-10 u. 16). Die Nierenkörperchen sind gleichmäßig über die ganze Nierenrinde verteilt und können als kleinste Erhabenheiten von bis zu 100–300 µm Durchmesser gerade noch mit bloßem Auge an einem Schnitt erkannt werden.

Zwischen den beiden Blättern der Bowman-Kapsel bildet sich ein **Spaltraum**, der den Primär- oder Vorharn aufnimmt und durch den das Ultrafiltrat im Harnpol in das proximale Tubulussystem des Nephrons weitergeleitet wird. Die endotheliale Wand der Glomerulum-Kapillare und die einschichtigen Deckzellen des Innenblattes der Bowman-Kapsel bilden zusammen mit der dazwischenliegenden semipermeablen Basalmembran die sog. **»Blut-Harn-Schranke«**.

Das **Nephron** schließt die **Capsula glomeruli**, bestehend aus einem Außen- und einem Innenblatt (Paries externus und Paries internus) (= Bowman-Kapsel), und das nachfolgende **Nieren-Tubulus-System (Tubuli renales)** ein.

## Nierentubuli (Tubuli renales) und Sammelrohre (Tubuli renales colligentes)

Die Tubuli renales werden in tierartlich unterschiedlicher Zahl in 3 bis 4 Segmente unterteilt. Man unterscheidet:

- Tubulus contortus proximalis,
- Ansa nephroni (Henle-Schleife):
  - Tubulus rectus proximalis,
  - Tubulus attenuatus,
  - Tubulus rectus distalis und
- Tubulus contortus distalis.

Das erste Segment des tubulären Kanälchensystems des Nephrons ist der **proximal gewundene Abschnitt (Tubulus contortus proxi-**

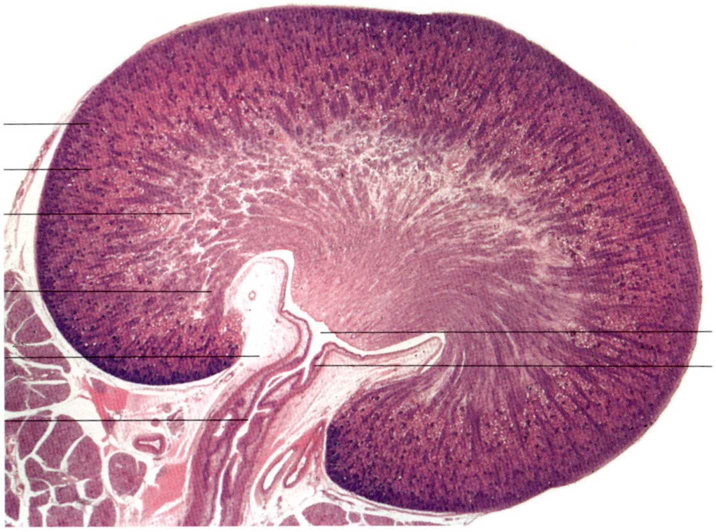


**Abb. 9-11.** Histologischer Schnitt durch die Niere eines Hundes, Liebich, 2004.

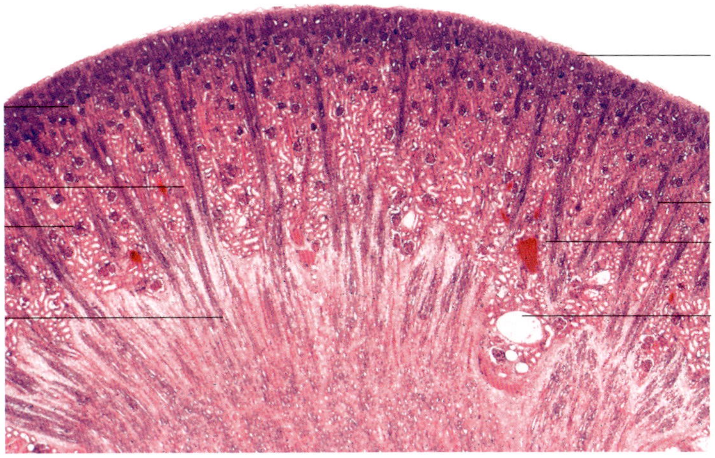


**Abb. 9-12.** Histologischer Schnitt aus der Rinden- und Markzone der Niere eines Hundes, Liebich, 2004.

**malis)**. Dieser liegt dem Nierenkörperchen dicht an und beginnt am Harnpol (Abb. 9-10 u. 16). Diesem gewundenen Teilabschnitt des Nephrons schließt sich als nachfolgendes Segment die **Ansa nephroni (Henle-Schleife)** an, die sich in ihrer äußeren Form durch eine charakteristische Schleifenbildung auszeichnet und sich in ihrem Verlauf unterteilen lässt.

Die **Ansa nephroni** setzt sich aus einem gestreckten, absteigenden Teil des Hauptstückes **(Tubulus rectus proximalis)** und einem nachfolgenden dünnen, engen Schleifenschenkel **(Tubulus attenuatus)** zusammen (Abb. 9-10 u. 16). Dieser Abschnitt des Nephrons bildet eine lange, haarnadelartige Schleife, die im Allgemeinen im Nierenmark liegt. Auf die enge Schleife mit niedrigem Epithel folgt ein dickerer, aufsteigender und gerade zur Rinde verlaufender Schenkel **(Tubulus rectus distalis)**, der die Ansa nephroni abschließt.

Die Henle-Schleife setzt sich in einem zweiten gewundenen Abschnitt **(Tubulus contortus distalis)** fort, der aus der Markzone zurücklaufend in die Rindenzone der Niere wieder dicht dem Nierenkörperchen anliegt. Ein kurzes Verbindungsstück zieht nachfolgend zum **Sammelrohr (Tubulus renalis colligens)**, das sich innerhalb eines Markstrahls befindet (Abb. 9-10 u. 16). Ein **Sammelrohr** dient mehreren Nephronen als Abfluss; es öffnet sich in einen großen, an der Pyramidenspitze gelegenen Gang, den **Ductus papillaris**. Mehrere Ductus papillares münden an der Area cribrosa über Foramina papillaria in das Nierenbecken.

Das Mündungsgebiet der Sammelrohrgänge liegt als siebartig **perforiertes Areal (Area cribrosa)** entweder an der Spitze einer Papille (Schwein und Rind) oder an der Crista renalis (Katze, Hund, Pferd und kleine Wiederkäuer) (Abb. 9-16 u. 23).

## Blutgefäße

Mehr als 20% des arteriellen Blutes, das von der linken Herzkammer in die Arterien gepumpt wird, durchläuft die Nieren. In Hinblick auf die Vielfalt der Verzweigungsmodi kleinerer und größerer Gefäße bei den verschiedenen Tierarten sei auf die Spezialliteratur verwiesen.

Nachfolgend soll allein das Grundprinzip angesprochen werden, wird die Nierenfunktion doch nur im Zusammenhang mit der Vaskularisation verständlich. Die Blutgefäße der Niere lassen sich ohne Berücksichtigung tierartlicher Besonderheiten in Richtung des Blutflusses folgendermaßen gliedern:

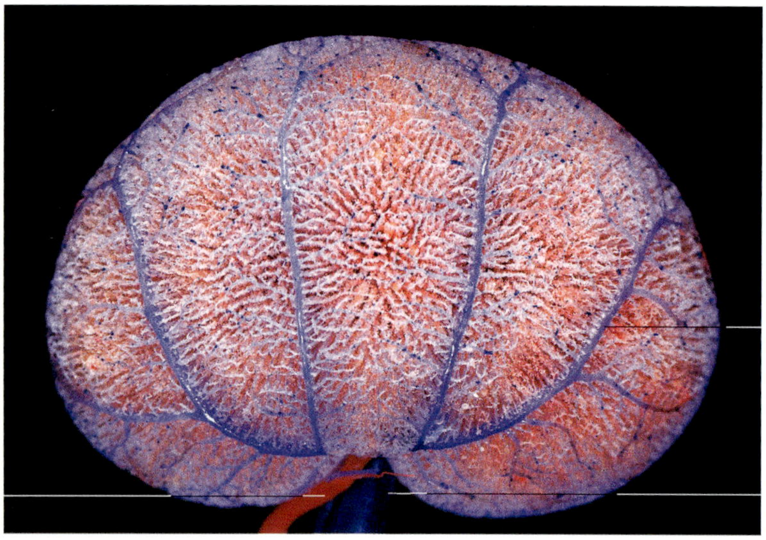


**Abb. 9-13.** Linke Niere einer Katze mit oberflächlichen Blutgefäßen (Korrosionspräparat).

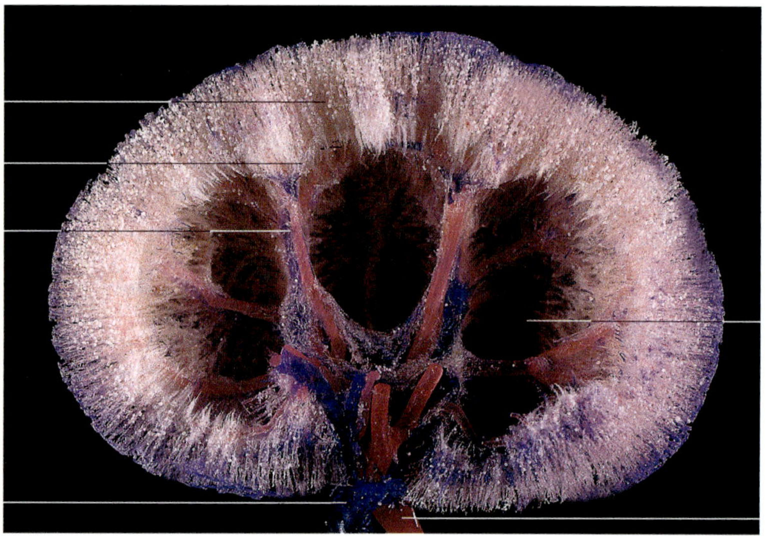


**Abb. 9-14.** Linke Niere einer Katze mit tiefen Blutgefäßen (Korrosionspräparat).

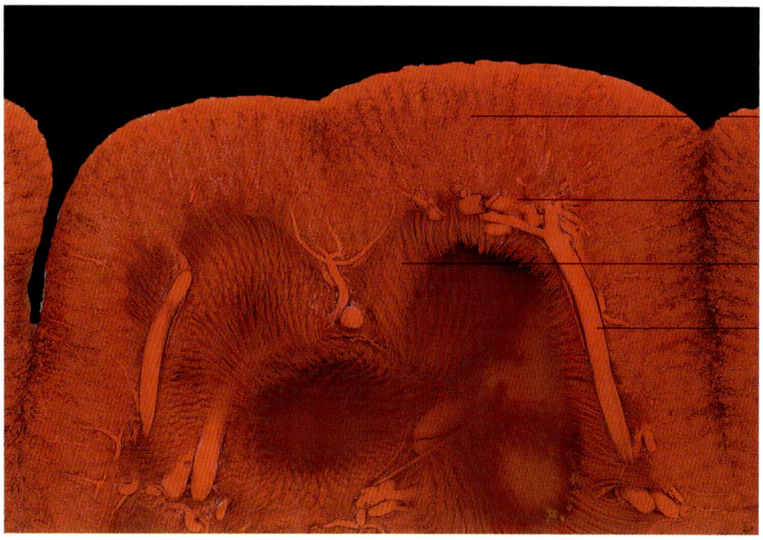


**Abb. 9-15.** Linke Niere eines Rindes mit tiefen Blutgefäßen (injiziertes Scheibenplastinat), Präparat Dr. M. C. Sora und H. Dier, Wien.

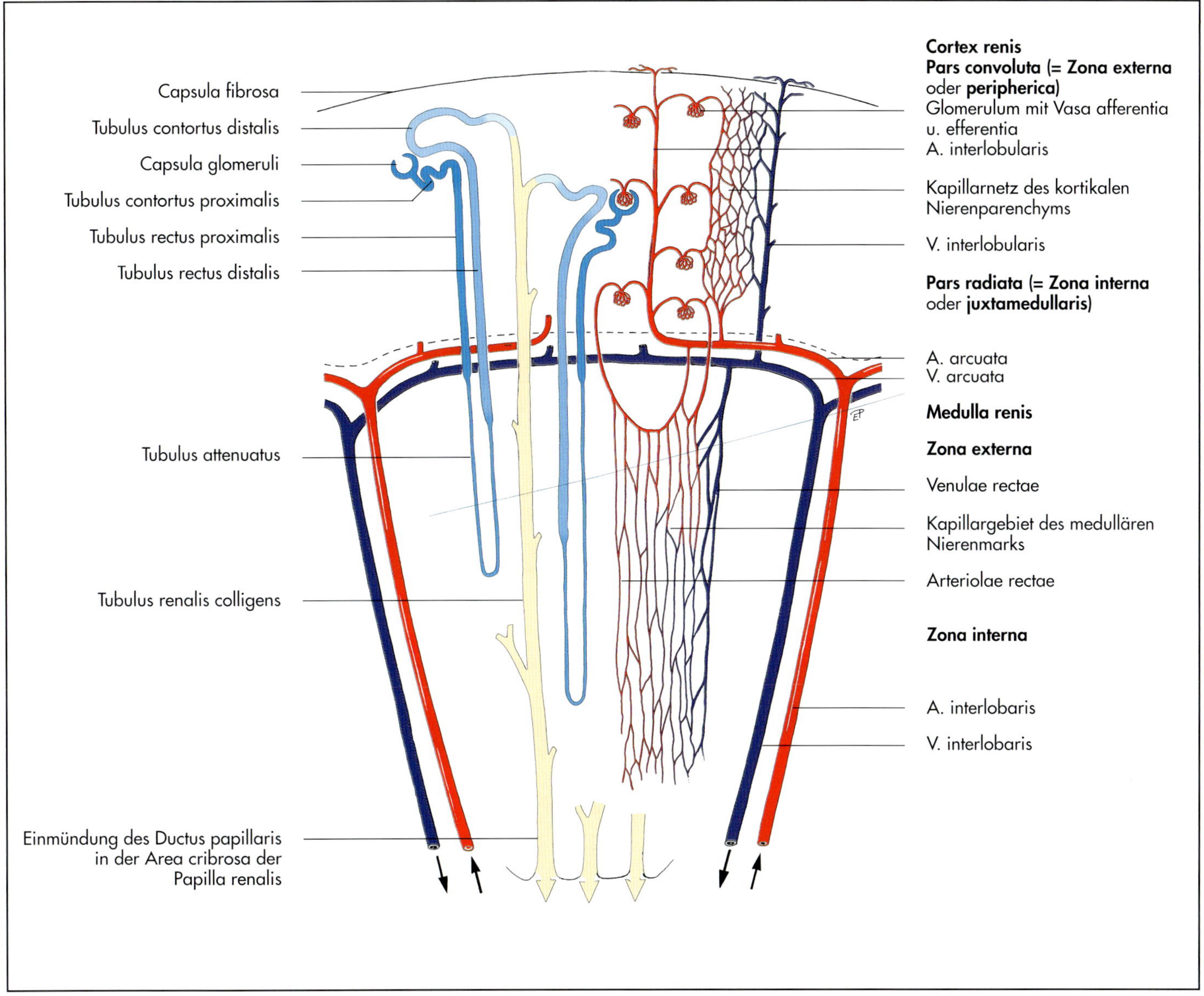


**Abb. 9-16.** Schematische Darstellung der Vaskularisation der Niere.

- **Arterien**:
  - Aorta abdominalis,
    - A. renalis,
      - A. interlobaris,
      - A. arcuata,
      - A. interlobularis,
        - Arteriola glomerularis afferens,
        - Glomerulum,
        - Arteriola glomerularis efferens,
      - R. capsularis,
- **Kapillargebiet** um den Tubulusapparat,
- **Venen**:
      - V. interlobularis,
      - V. arcuata,
      - V. interlobaris,
    - V. renalis und
  - V. cava caudalis.

Die **Aorta** abdominalis entlässt für jede Niere eine **Nierenarterie (A. renalis)** (Abb. 9-2ff.). Diese teilt sich am Hilus renalis in mehrere **Aa. interlobares renis**, die den Grenzen zwischen den Nierenpyramiden bis in den subkortikalen Bereich folgen (Abb. 9-13 bis 16). Ihre Äste, die bogenförmigen **Aa. arcuatae**, ziehen über die Basisabschnitte der Markpyramiden und entlassen ihrerseits zahlreiche, radiär in die Rinde ziehende **Aa. interlobulares**, die die Rindenläppchen versorgen (Abb. 9-14 bis 18).

Von ihnen entspringen in regelmäßigen Abständen **Vasa afferentia** oder **Arteriolae glomerulares afferentes**, die in den Gefäßpol der Nierenkörperchen eindringen, dort die **Kapillarschlingen des Glomerulum** bilden, wieder zu **Vasa efferentia** oder **Arteriolae glomerulares efferentes** zusammenfinden und den Gefäßpol des Nierenkörperchens verlassen.

Die **Arteriolae efferentes** verzweigen sich nachfolgend in einem Kapillarnetz um die schlauchförmigen **Nephrone**. Dieses Kapillarnetz führt das Blut aus der Nierenrinde über **Vv. interlobulares** in die **Vv. arcuatae** und **Vv. interlobares** (Abb. 9-14 bis 16 u. 18). Einige Aa. interlobulares schicken **Rami capsulares** in die

**Abb. 9-17.** Rechte Niere eines Pferdes mit oberflächlichen Blutgefäßen, blau = Vv. stellatae (Korrosionspräparat).

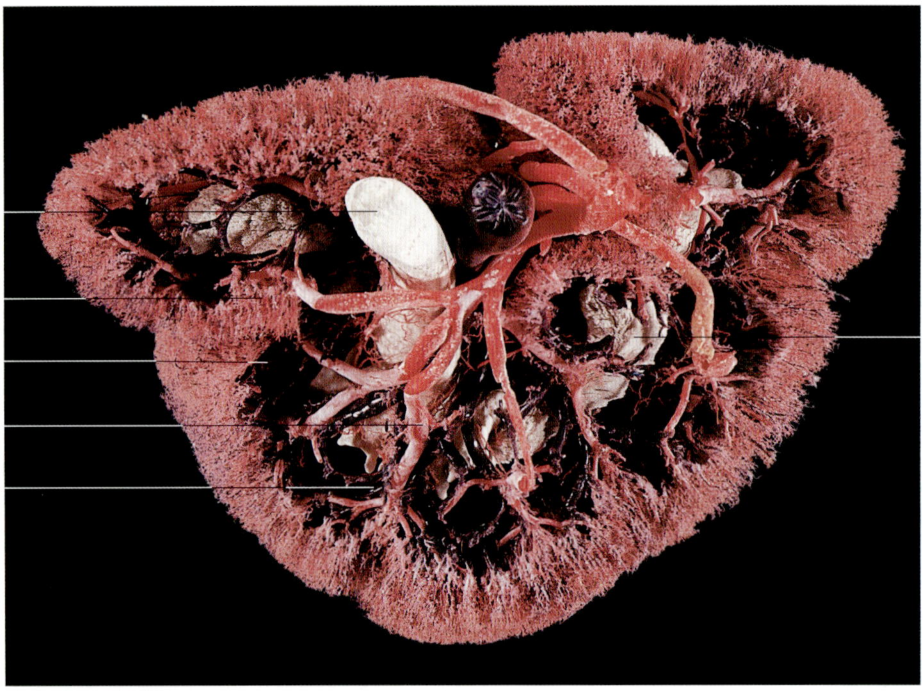


**Abb. 9-18.** Linke Niere eines Pferdes mit tiefen Blutgefäßen (Korrosionspräparat).

Nierenkapsel oder durch diese hindurch in die Fettkapsel. In der **Nierenkapsel** finden kleine Venenäste zu **Venulae stellatae** (Abb. 9-17) zusammen, die in die **Vv. interlobulares** münden. Aus dem Vas efferens marknaher Glomerula ziehen **Arteriolae rectae** radiär ins Mark. Das Blut fließt über Kapillaren in **Venulae rectae** und weiter in die **Vv. arcuatae** und **Vv. interlobares** (Abb. 9-16).

Die **Gefäßknäuel (Glomerula)** liegen in der **Rindenzone** der Niere. Sie dienen der Ultrafiltration des Primärharns aus dem Blut. Das **Mark** enthält die gestreckten Gefäße, die **Arteriolae** und **Venulae rectae**, die hauptsächlich bei der Rückresorption von Flüssigkeit und gelösten Stoffen aus dem Primärharn mitwirken. Bei diesen Vorgängen sind die Tubuli des Nierengewebes wesentlich beteiligt. Bei der Katze ist ein besonderes **kapsuläres Venennetz** vorhanden, in das peripher in der Nierenrinde verlaufende Vv. interlobulares münden. Es steht mit dem übrigen Venensystem der Niere nicht in Verbindung. Drei bis fünf größere **Vv. capsulares** verlaufen auf jeder Seite hiluswärts zur Nierenvene. Sie sind in seichte Furchen eingebettet und verleihen der Katzenniere ihr typisches Aussehen (Abb. 9-13). Die Venen der Niere münden letztendlich in die **V. cava caudalis**.

**Abb. 9-19.** Nierenbecken und arterielle Gefäßverzweigung eines Hundes (Korrosionspräparat).

**Abb. 9-20.** Nierenbecken eines Hundes (Korrosionspräparat), Präparat H. Dier, Wien.

## Lymphknoten

Die Lymphgefäße der Nieren stammen vor allem aus der Rinde des Organs. Sie gelangen zu den **Lymphonodi lumbales aortici**. Die direkt an der Niere gelegenen Lymphknoten werden **Lymphonodi renales** genannt.

## Innervation

Die Innervation der Niere erfolgt **vegetativ** über den **Plexus solaris**, dessen Fasern in der Adventitia der A. renalis zum Erfolgsorgan gelangen. Die **sympathischen Fasern** gehen Synapsen im **Ganglion coeliacum** und **mesentericum craniale** ein. Auch kleinere **Ganglia aorticorenalia** im **Plexus renalis** sind dafür zuständig. Der **N. vagus** übernimmt die **parasympathische** Innervation.

# Nierenbecken (Pelvis renalis)

Das Nierenbecken, auch Pyelon genannt, stellt den erweiterten Anfangsteil des Ureter dar, der im **Sinus renalis** liegt (Abb. 9-23). Es kleidet den Sinus renalis locker aus und ist nur im Bereich der

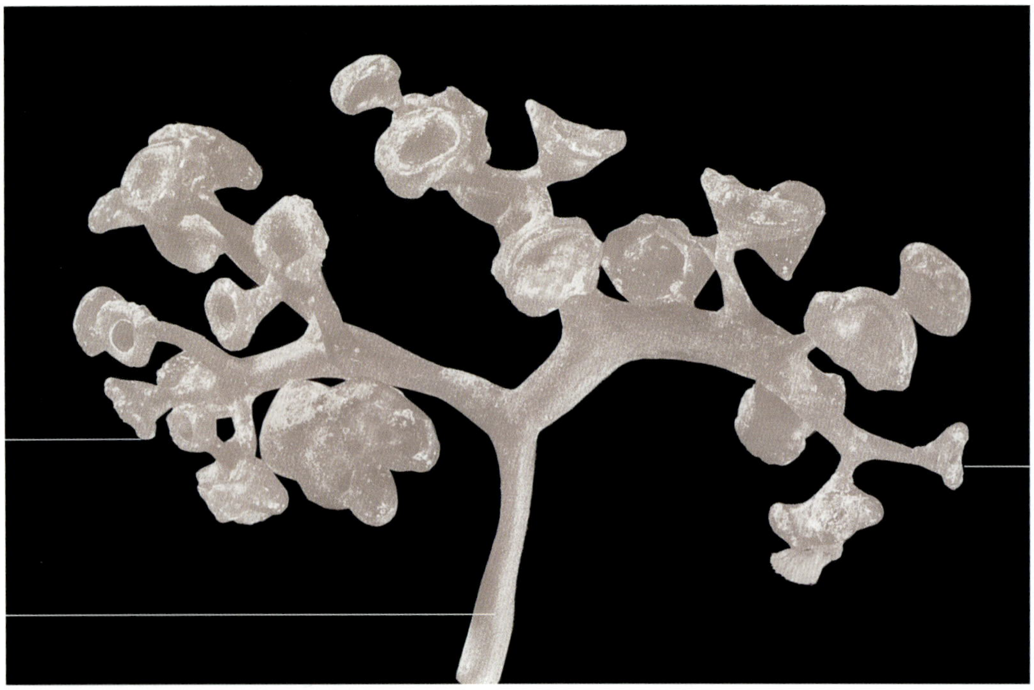


**Abb. 9-21.** Ureter eines Rindes mit seinen Sammelästen und Nierenkelchen (Korrosionspräparat).

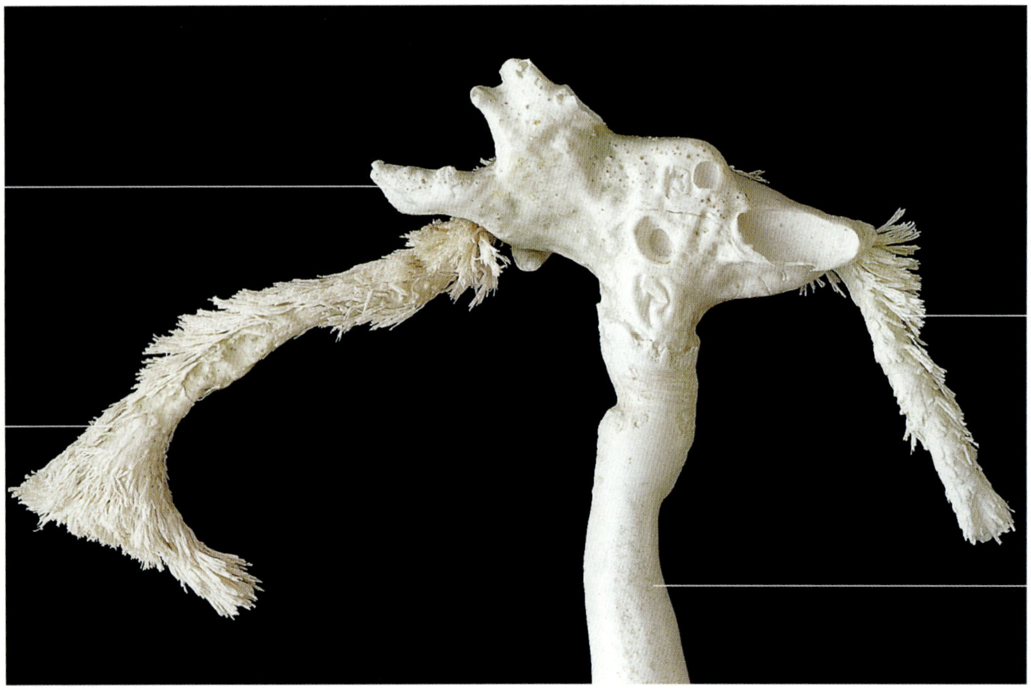


**Abb. 9-22.** Nierenbecken der linken Niere eines Pferdes (Korrosionspräparat), Präparat H. Dier, Wien.

Papillen fest mit dem Nierengewebe verwachsen. Bei der Katze und beim Hund gewinnt die Form des Nierenbeckens auf Röntgenbildern besondere Bedeutung. Dabei stößt das Nierenbecken auf die **Crista renalis** und entsendet dorsal und ventral die **Recessus pelvis**, die durch hineinragendes Nierengewebe **(Pseudopapillen)** voneinander getrennt sind. Zwischen benachbarten Recessus verlaufen die interlobaren Blutgefäße (Abb. 9-19 u. 20).

Beim Schwein entsteht um jede sich in das Nierenbecken vorstülpende Papille ein **Kelch (Calix)**, der einen kürzeren oder längeren Stiel besitzt. Beim Rind **fehlt ein eigentliches Nierenbecken**, der Harnleiter wird allein durch Zusammenfluss zweier größerer Gänge gebildet, auf denen die **Nierenkelche** mit kürzeren Gängen sitzen (Abb. 9-21).

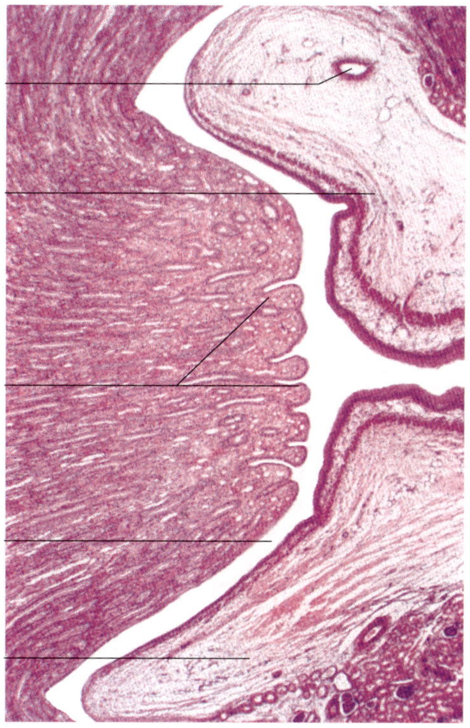


**Abb. 9-23.** Histologischer Schnitt durch die Nierenpapille mit Nierenbecken eines Hundes.

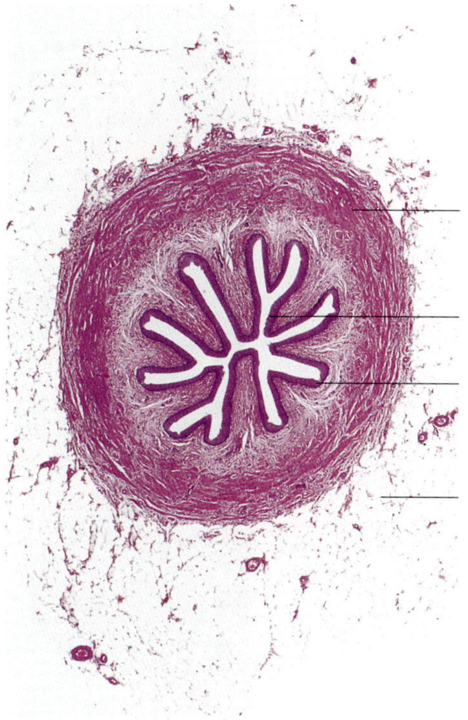


**Abb. 9-24.** Histologischer Schnitt durch den Harnleiter eines Schweines, Liebich, 2004.

Beim Pferd besteht das Nierenbecken aus **einer zentralen Erweiterung** am Ursprung des Ureter und **zwei Recessus terminales** gegen die Nierenpole (Abb. 9-22). Die meisten Ductus papillares öffnen sich in diese Recessus.

Die **Glandulae pelvis renalis** des Pferdes produzieren ein **schleimhaltiges Sekret**, weswegen im Pferdeharn physiologischerweise Proteine enthalten sind **(physiologische Albuminurie)**.

Papillen und Kelche bzw. Nierenbecken und Crista renalis werden bei Erkrankungen meist gemeinsam in Mitleidenschaft gezogen und deshalb vom Kliniker unter dem Begriff »pyelorenales Grenzgebiet« zusammengefasst.

# Harnleiter (Ureter)

Der Harnleiter ist ein häutig-muskulöser Schlauch (Abb. 9-5 u. 24), er verläuft **retroperitoneal** an der dorsalen Bauchwand kaudal. Man unterscheidet eine **Pars abdominalis** und eine **Pars pelvina**. Vereinzelt können scharfe Richtungsänderungen vorkommen. Vor dem Eintritt in die Beckenhöhle wendet sich der Ureter medial. Bei männlichen Tieren tritt er in den **Mesoductus deferens** und in das **laterale Harnblasenband**, bei weiblichen in das **Ligamentum latum uteri** über. Der **Harnleiter** erreicht die Dorsalfläche der Harnblase, überquert beim männlichen Tier dorsal den Ductus deferens und öffnet sich in die Harnblase.

Der Ureter durchdringt **schräg** die **Harnblasenwand**, verläuft vorerst ca. 20 mm intramural zwischen Muskelschicht und Schleimhaut, bevor er letztere im spitzen Winkel durchstößt und sich in der Harnleitermündung **(Ostium ureteris)** schlitzförmig öffnet (Abb. 9-26). Bei Druckanstieg in der Harnblase wird auf diese Weise ein Zurückfließen des Harnes verhindert. Währenddessen wird allerdings ein weiteres Füllen der Harnblase nicht verhindert, da der zufließende Harn durch peristaltische Kontraktionen der Harnleiterwand den Widerstand der Harnblase überwindet.

Sowohl das Nierenbecken als auch der Ureter besitzen außen eine bindegewebige Tunica adventitia, eine mittlere Muskelschicht und eine innen gelegene Schleimhaut, die **Übergangsepithel** trägt (Abb. 9-24). Allein beim Pferd treten im proximalen Abschnitt des Harnleiters **Schleimdrüsen (Glandulae uretericae)** auf.

Die **Blutgefäße** des Nierenbeckens entspringen aus den Nierengefäßen, der Nierenbeckenkreislauf ist aber trotzdem weitgehend vom Nierenkreislauf unabhängig. Die Blutgefäße des Ureter stammen aus denen der Nachbarschaft (A. renalis, A. vesicalis cranialis und A. prostatica bzw. vaginalis).

Die **Lymphgefäße** ziehen in die **Lymphonodi lumbales aortici** und in die **Lymphonodi iliaci mediales**.

Sowohl das Nierenbecken als auch der Ureter sind **vegetativ** und **sensibel** innerviert.

# Harnblase (Vesica urinaria)

Die Harnblase dient der Speicherung des Harns. In entleertem, kontrahierten Zustand ist sie klein und kugelförmig. Bei größeren Tierarten liegt sie in der Beckenhöhle und ruht auf dem Os pubis. Bei Füllung dehnt sie sich bei der Katze und beim Hund weit in die Bauchhöhle aus. Sie kann beim Hund die Nabelgegend erreichen. In gefülltem Zustand nimmt sie Birnenform an. Man unterscheidet kranial den **Scheitel (Apex** seu **Vertex vesicae)**, nachfolgend den **Körper (Corpus vesicae)** und kaudal den **Hals (Cervix vesicae)** (Abb. 9-26). Die Harnblase wird durch **Bänder** in ihrer Lage gehalten. Es sind dieses **zwei Seitenbänder (Ligamenta vesicae lateralia)** und ein **medianes Band (Ligamentum vesicae medianum)**, in dem sich der obliterierte **Urachus (Allantoisgang)** befindet. Letz-

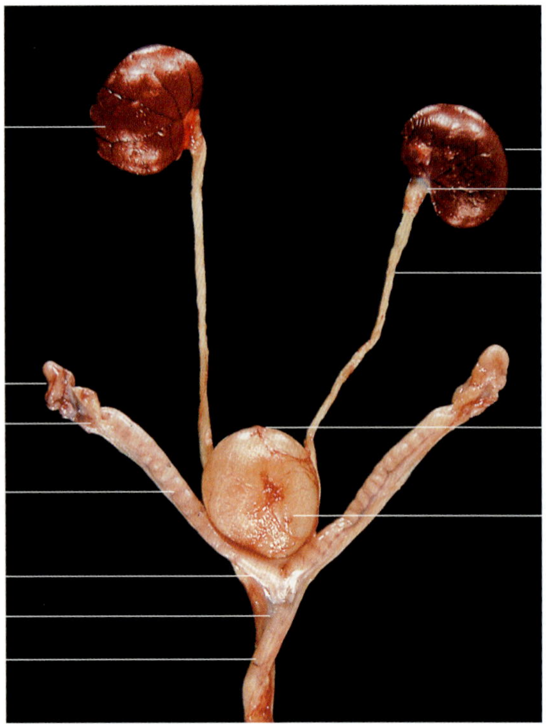


**Abb. 9-25.** Harn- und Geschlechtsapparat einer Katze (Dorsalansicht), König, 1992.

terer kann bei Jungtieren persistieren. Im Rand der Ligamenta vesicae lateralia liegen die zum **Ligamentum teres vesicae** obliterierten Nabelarterien, die sich dagegen aus dem medianen Harnblasenband nach der Geburt vollständig zurückgezogen haben.

Bei der Katze sind in den Seitenbändern **Vater-Pacini-Lamellenkörperchen** als Mechanorezeptoren eingelagert. Vom ehemaligen Allantoisgang bleibt der Apex vesicae nur die Urachusnarbe als Rudiment erhalten. Die seitlichen Harnblasenbänder stellen die Grenze zwischen der **Excavatio pubovesicalis** und der **Excavatio vesicogenitalis** dar. Das Ligamentum vesicae medianum unterteilt die Excavatio pubovesicalis in eine rechte und eine linke Bucht (Abb. 6-29).

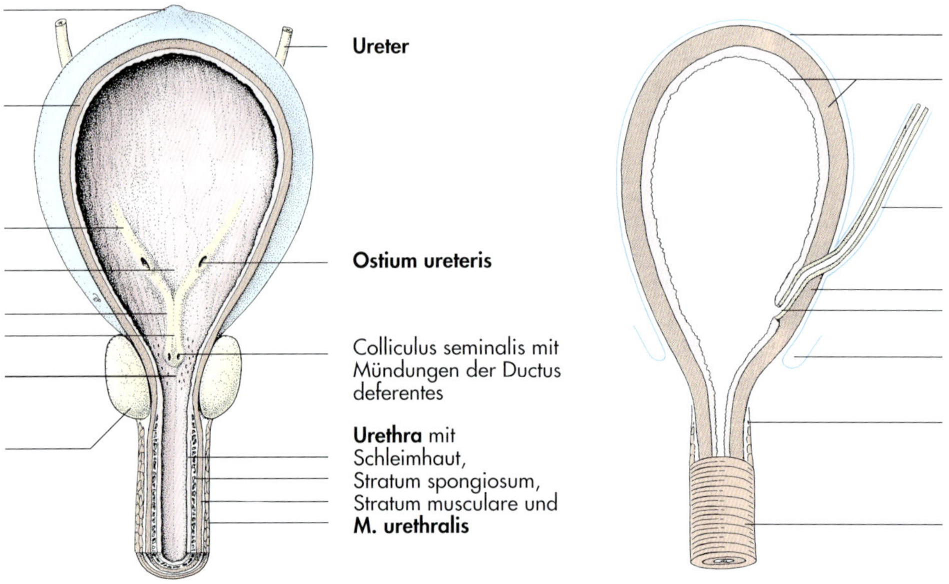


**Abb. 9-26.** Schematische Darstellung der Harnblase des Hundes, ventral eröffnet (linke Abbildung, Ventralansicht), Einmündung des Harnleiters (rechte Abbildung).

Abb. 9-27. Penisteil der Urethra eines Rüden mit Penisknochen (Ventralansicht) (Korrosionspräparat).

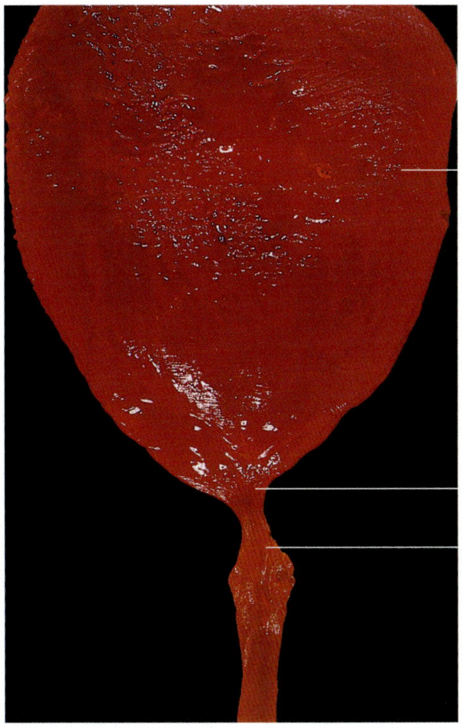


Abb. 9-28. Ausguss der Harnblase und des Anfangsteils der Urethra eines Rüden (Korrosionspräparat).

Die Harnblase ist bis auf kaudale Bereiche der Cervix mit **Peritoneum** bedeckt, das auf die Harnblasenbänder übertritt. Unter der Tunica serosa liegt eine dicke **Muskellage (M. detrusor)**, an der drei Schichten beschrieben werden, die untereinander geflechtartig Fasern austauschen (Abb. 9-26).

Die **Schichten der Muskulatur der Harnblase** sind eine:

- äußere longitudinale bzw. schiefe Schicht,
- mittlere transversale Schicht,
- innere longitudinale Schicht.

Am Blasenscheitel und am Blasenhals sind Muskelschleifen angeordnet. Der am Blasenhals beschriebene, **glatte M. sphincter vesicae** scheint die ihm bislang zugesprochene Funktion als Schließmuskel nicht wahrzunehmen. Heute nimmt man an, dass vielmehr der **quergestreifte M. urethralis** in Verbindung mit **elastischen Elementen** der Blasenschleimhaut für die Kontinenz verantwortlich ist (Abb. 9-26 u. 28).

Die Blasenschleimhaut ist bei entleertem Zustand in **Falten** gelegt, die je nach Füllung verstreichen. Sie wird von **Übergangsepithel** bedeckt. Zwei Schleimhautfalten verstreichen jedoch nicht.

Die Harnleiter wölben beim Durchtritt durch die Harnblasenwand die Harnblasenschleimhaut als **Columnae uretericae** vor. Von den Uretermündungen ziehen diese als **Schleimhautfalten (Plicae uretericae)** bis zum Blasenausgang und vereinigen sich dort zur **Crista urethralis**. Diese setzt sich in das Beckenstück der Harnröhre fort. Sie endet bei männlichen Tieren am Samenhügel. Das zwischen den Plicae uretericae gelegene Feld wird als **Trigonum vesicae** bezeichnet. Es besitzt eine erhöhte Sensibilität (Abb. 9-26).

Die **Blutgefäßversorgung** der Harnblase erfolgt teilweise über die den Vertex vesicae erreichenden **Aa. umbilicales**, die meist obliterieren und nur wenig Blut führen (**A. vesicae cranialis**). Der größte Teil der Blutversorgung erfolgt beidseitig über die **A. vesicalis caudalis**, die aus der **A. prostatica** bzw. der beim weiblichen Tier entsprechenden **A. vaginalis** abzweigt. Die Harnblase gehört in das tributäre Gebiet der **Lymphonodi iliosacrales**.

Die **Innervation** der Harnblase ist autonom. Die sympathischen Fasern stammen größtenteils aus den **Nn. hypogastrici**, die vom **Ganglion mesentericum caudale** in den **Plexus pelvinus** einstrahlen. Die parasympathischen **Nn. pelvini** stammen aus dem sakralen Parasympathicus, dessen **Wurzelzellen im Sakralmark** liegen. Sie verlassen das Rückenmark vorwiegend mit dem **Ventralast** des Nervs des dritten **Sakralsegments**, dem **N. pudendus**. Nach Austritt aus dem Foramen sacrale ventrale zweigen die Nn. pelvini ab, die ebenfalls in den Plexus pelvinus gelangen. Die parasympathischen Fasern innervieren den Harnblasenmuskel. Über den **N. pudendus** gelangen auch **sensible** Fasern an die Harnblase.

Die **Harnblasenpunktion** wird bei der Hündin und bei der Katze vor dem Pecten ossis pubis ausgeführt. Dabei sollte die Kanüle in kaudodorsaler Richtung eingeführt werden, da sonst Aufrissgefahr bei Kontraktion des M. detrusor besteht.
Die Punktion wird heute einer Katheterisierung vorgezogen.

## Harnröhre (Urethra)

Die Harnröhre gehört beim weiblichen Tier ausschließlich zum Harnapparat, während beim männlichen Tier der größte Teil als Harn- und Samenweg fungiert.

Die **weibliche Harnröhre** ist kurz und dehnungsfähig. Sie zieht auf dem Beckenboden ventral des Geschlechtstraktes kaudal. Zwischen Harnblase und Urethra besteht eine strukturelle Kontinuität. Sie durchzieht schräg die Wand der Vagina und öffnet sich im Ostium urethrae externum ventral zwischen Vagina und Vestibulum vaginae.

Länge und Breite der weiblichen Harnröhre variieren beträchtlich unter den Haussäugetierarten. Bei der Stute ist sie kurz und weit. Beim Rind und beim Schwein besitzt die Urethra kurz vor ihrer Mündung ein **Diverticulum suburethrale**. Es muss bei der Katheterisierung berücksichtigt werden. Bei der Hündin ist die Urethra lang. Das Ostium urethrae externum liegt auf einem von zwei Einsenkungen flankierten Hügel und darf **nicht** mit der weiter kaudal befindlichen **Fossa clitoridis** verwechselt werden. Das Ostium urethrae externum der Katze liegt etwa 20 mm kranial der unscheinbaren Klitoris.

Beim **männlichen Tier** gliedert sich die Harnröhre in einen:

- **Beckenteil (Pars pelvina)**:
  - **Pars praeprostatica** (vom Ostium urethrae internum bis zum Colliculus seminalis),
  - **Pars prostatica** (vom Colliculus seminalis bis zum Beckenausgang), und einen
- **Penisteil (Pars penina)** (vom Arcus ischiadicus bis zum Ostium urethrae externum auf der Glans penis), dieser Teil schließt eine:
  - **Pars membranacea** und eine vom Corpus spongiosum penis umgebene
  - **Pars spongiosa** ein.

Vom Ostium urethrae internum am Harnblasenhals bis zum Beckenausgang am Arcus ischiadicus reicht die Pars pelvina. Deren Abschnitt vom Ostium urethrae internum bis zum **Samenhügel (Colliculus seminalis)** wird als Pars praeprostatica bezeichnet. Danach folgt der für den Harn- und Geschlechtsapparat gemeinsame Teil, die **Pars prostatica** des Beckenteils und der Penisteil der Harnröhre. Erstgenannter Teil erstreckt sich bis zum Beckenausgang am Arcus ischiadicus. Daran schließt sich der Penisteil **(Pars penina)** an. Beide Abschnitte werden aufgrund ihrer Doppelfunktion beim Geschlechtsapparat beschrieben.

Der **quergestreifte M. urethralis** umgibt die Harnröhre fast auf ihrer ganzen Länge. Kaudale Muskelbündel umgeben die Harnröhre U-förmig. Ihre Kontraktionen verschließen die Harnröhrenöffnung durch Aneinanderpressen. Der willkürliche M. urethralis wird vom N. pudendus motorisch innerviert. Er erhält auch sympathische und parasympathische Fasern.

Die Tela submucosa der Urethra enthält einen **Venenplexus**, der durch seine erektilen Eigenschaften zur Aufrechterhaltung der Kontinenz beiträgt.

**Klinische Ausdrücke**, die von anatomischen Namen abgeleitet werden: Nephritis, Pyelonephritis, Pyeloskopie, Pyeolographie, Zystoskopie, Ureterstenose, Urographie, Urolithiasis, Urethritis, Urethrographie, Urethrostomie, Urethrozystographie.

# 10 Männliche Geschlechtsorgane (Organa genitalia masculina)

H. E. König und H.-G. Liebich

Die männlichen Geschlechtsorgane setzen sich aus hintereinander gelagerten Abschnitten zusammen, die der Bildung, der Reifung, dem Transport und der Übertragung der **männlichen Keimzellen**, der **Samenzellen (Spermien)**, dienen. In den männlichen Keimdrüsen, den **Hoden (Testis, Orchis)**, werden Spermien und Hormone produziert. Im eng gewundenen **Nebenhodengang (Ductus epididymidis)** des **Nebenhodens (Epididymis)** werden die Spermien bis zu ihrer endgültigen Reife gespeichert und weitertransportiert. Sie gelangen über den langgestreckten **Samenleiter (Ductus deferens)** in das Beckenstück der **Harnröhre (Pars pelvina urethrae)**. In diesem Teil der Harnröhre mischen sich die Sekrete der **akzessorischen Geschlechtsdrüsen (Glandulae genitales accessoriae)** bei, sodass die **Samenflüssigkeit (Sperma, Ejakulat)** entsteht. Diese wird schließlich über die **Urethra**, den gemeinsamen Harn- und Samenweg, während der Begattung mittels des **männlichen Gliedes (Rute, Penis)** in das weibliche Genitale deponiert (Abb. 10-1ff.).

## Hoden (Orchis, Testis, Didymus)

Der Hoden (griech. Orchis, lat. Testis und Didymus) ist ein paarig angelegtes Organ. Er entsteht, wie auch der Eierstock, beidseitig und medial der Urniere in der Lendengegend aus der **embryonalen Urkeimleiste**. Von hier verlagert sich der Hoden aus der Bauchhöhle, umhüllt vom **Scheidenhautfortsatz (Processus vaginalis)**, in den **Hodensack (Scrotum)**. Dieser sog. **Hodenabstieg (Descensus testis)** ist verbunden mit einer Absenkung der Organtemperatur um wenige Grade gegenüber der physiologischen Abdominalwärme, ein Entwicklungsschritt, der für die Produktion männlicher Samenzellen von essentieller Bedeutung ist.

Für den **Hodenabstieg** sorgt das **Hodenleitband (Gubernaculum testis)**. Dieses zieht in den vorgebildeten Processus vaginalis und dehnt sich bis in die **Fascia spermatica interna** aus. Dabei wird durch Schwellung des distalen Teils des **Gubernaculum testis**

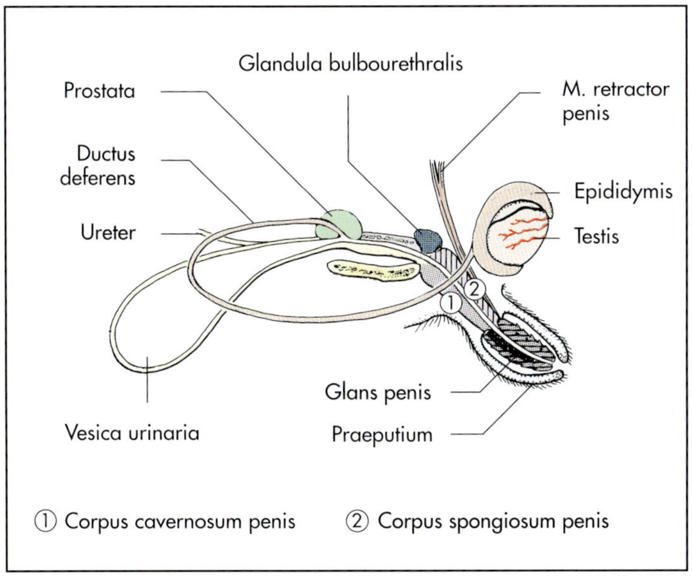


**Abb. 10-1.** Schematische Darstellung der Geschlechtsorgane des Katers.

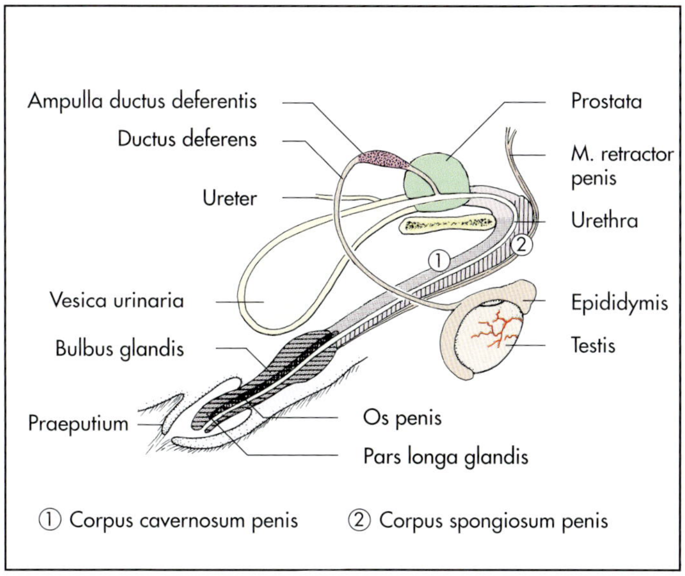


**Abb. 10-2.** Schematische Darstellung der Geschlechtsorgane des Rüden.

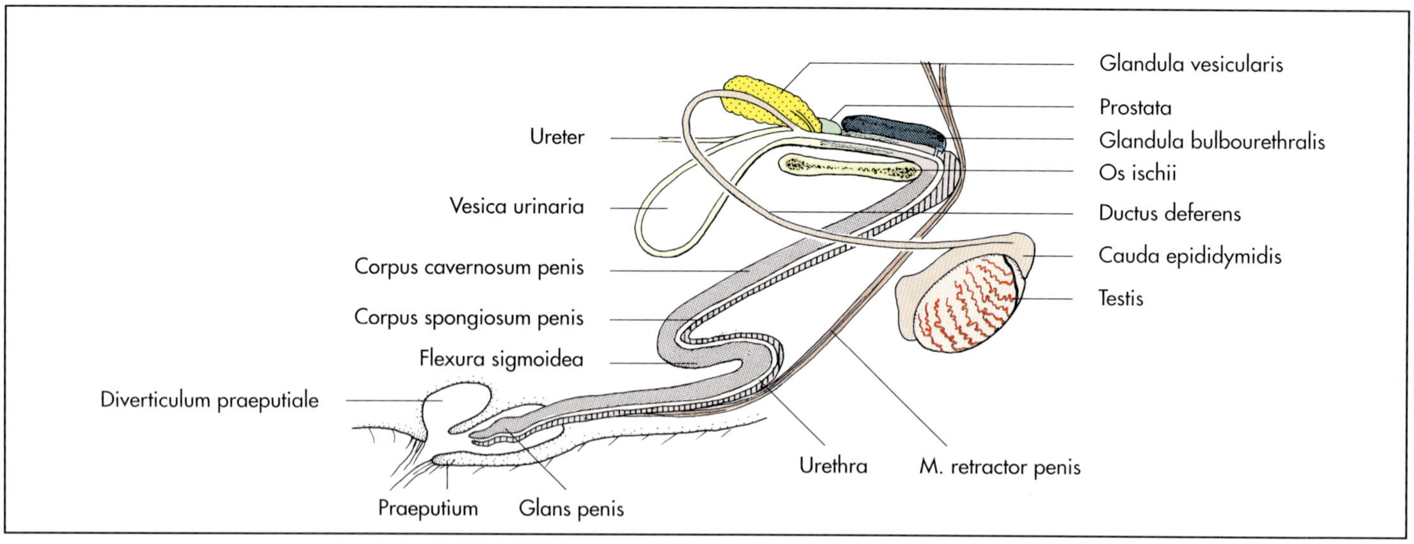


**Abb. 10-3.** Schematische Darstellung der Geschlechtsorgane des Ebers.

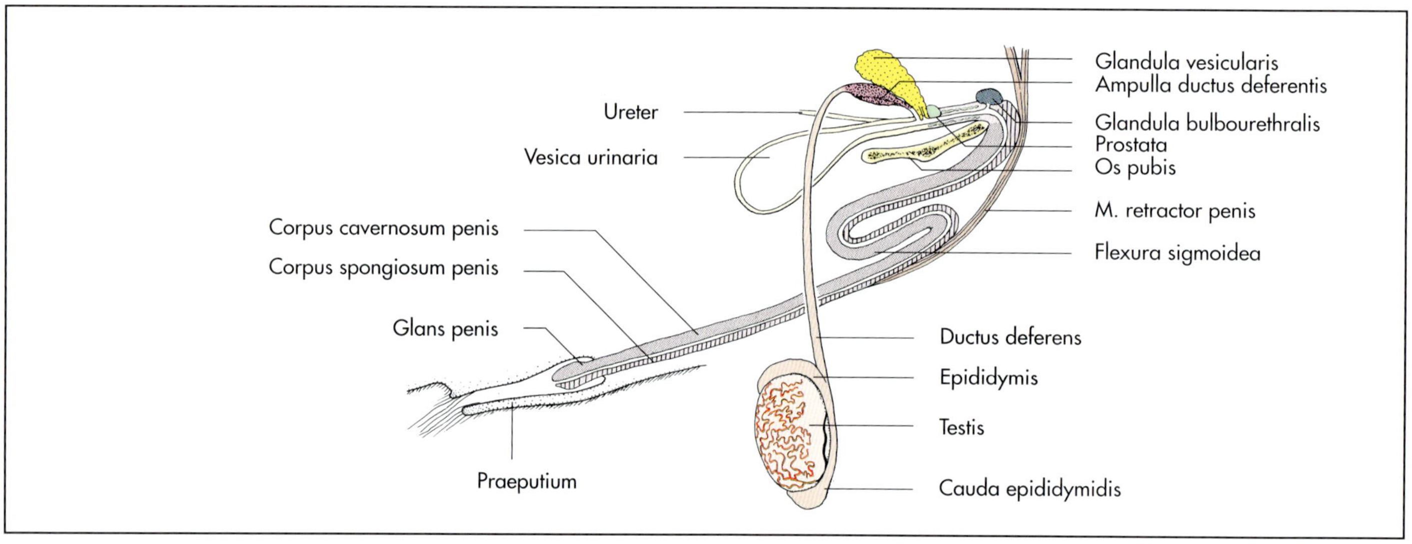


**Abb. 10-4.** Schematische Darstellung der Geschlechtsorgane des Bullen.

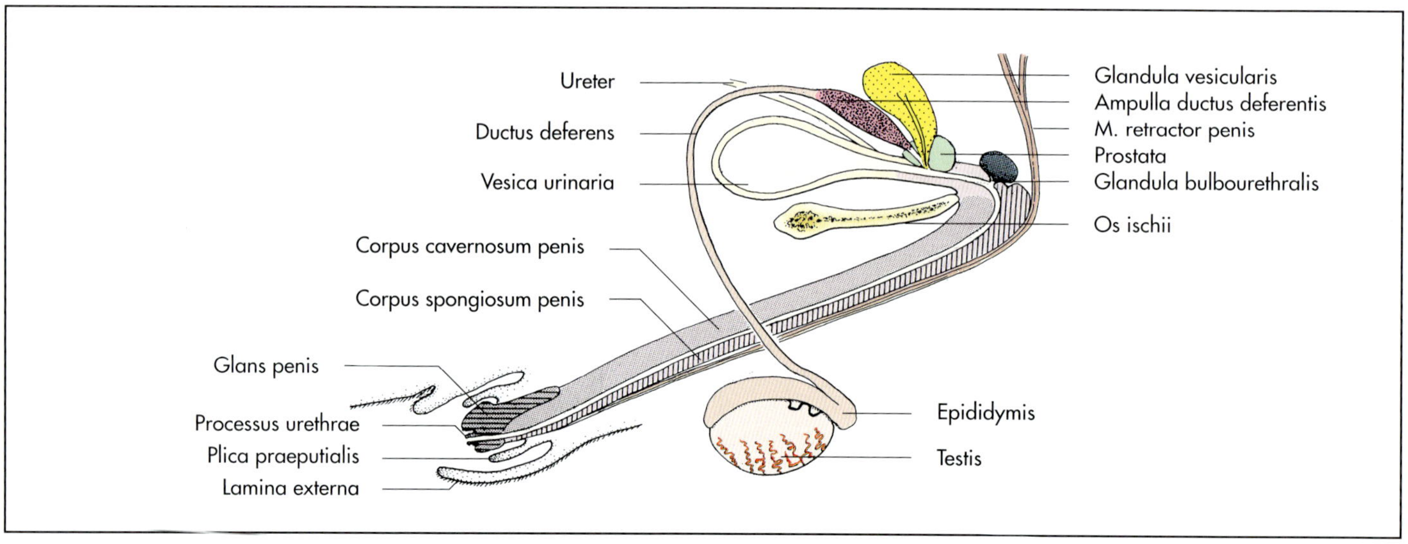


**Abb. 10-5.** Schematische Darstellung der Geschlechtsorgane des Hengstes.

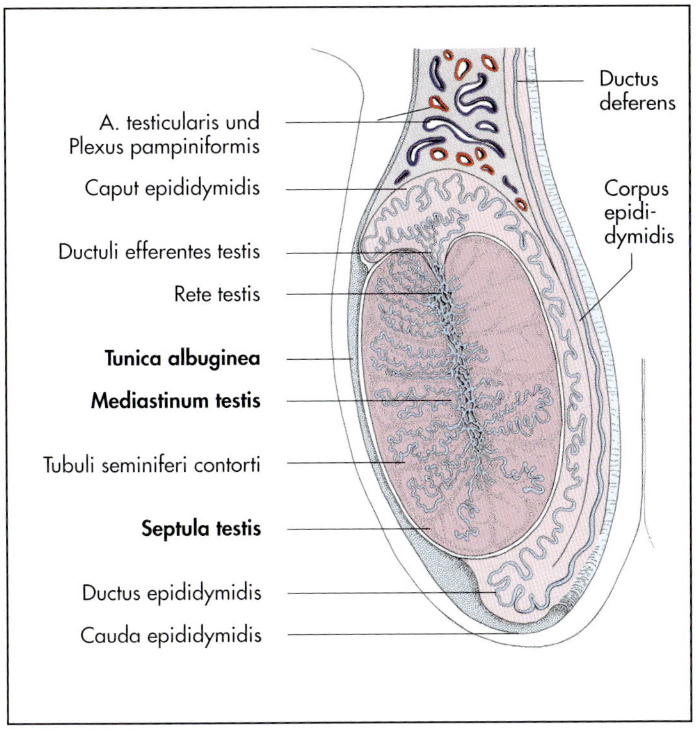


**Abb. 10-6.** Schematische Darstellung eines Hodens des Bullen mit Nebenhodengang und Samenleiter.

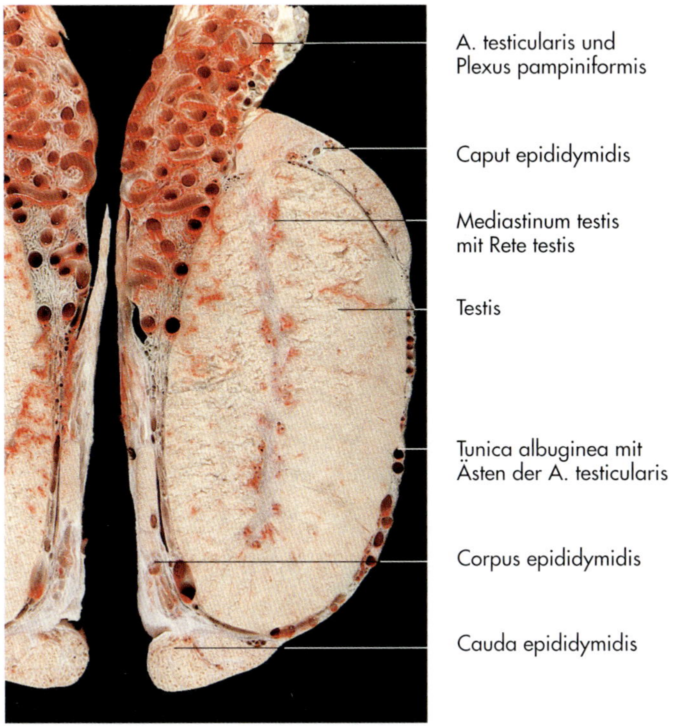


**Abb. 10-7.** Hoden eines Bullen (Medianschnitt, A. testicularis injiziert).

das **Spatium inguinale** erweitert und durch nachfolgende Rückbildung dieses Hodenleitbandes **Zug** ausgeübt. Dadurch gelangt der Hoden in den **Processus vaginalis**. Fasern des Gubernaculum testis dringen beim Hengst und beim Eber bis in die tiefe Schicht der Haut des Hodensacks, der **Tunica dartos** des **Scrotum**, ein.

Diese Tatsache ist insoweit von Bedeutung, als man bei **Kryptorchiden (Pferd)** auf den im **Leistenkanal** verbliebenen Hoden vom Scrotum her einen Zug ausüben kann, um diesen so in den Hodensack zu verlagern. Kryptorchiden sind nicht zur Zucht geeignet, da **Kryptorchismus vererbbar** ist.

## Bau des Hodens

Der Hoden wird von einer derben, 1–2 mm dicken, aus kollagenen Fasern bestehenden **Bindegewebskapsel (Tunica albuginea)** umgeben (Abb. 10-6 u. 11), in der größere Hodenblutgefäße (A. u. V. testicularis) artspezifisch verlaufen. Außen liegt dem Hoden das viszerale Blatt des Processus vaginalis peritonei **(Epiorchium)** als einschichtiger Serosaüberzug auf. Die Tunica albuginea hält das **Hodenparenchym** unter Druck, sodass Volumenvermehrungen, beispielsweise bei einer Entzündung, große Schmerzen verursachen. Die bindegewebigen Anteile des Hodens lassen sich von außen nach innen gliedern in:

- Bindegewebskapsel (Tunica albuginea),
- Bindegewebssepten (Septula testis),
- Bindegewebskörper (Mediastinum testis).

Von der Kapsel strahlen radiär kleinere **Bindegewebssepten (Septula testis)** ins Hodeninnere ein, die das Hodenparenchym in pyramidenförmige **Läppchen (Lobuli testis)** teilen (Abb. 10-6 u. 11). Diese Bindegewebssepten verbinden sich in der **Hodenachse**, oder etwas zum Nebenhoden hin verschoben, zum **Bindegewebskörper (Mediastinum testis)**. Das Hodenparenchym schließt ein:

- Tubuli seminiferi contorti,
- Tubuli seminiferi recti,
- Rete testis mit Ductuli efferentes.

Jedes Hodenläppchen schließt etwa zwei bis fünf gewundene **Hodenkanälchen (Tubuli seminiferi contorti)** ein, die der Bildung der männlichen Keimzellen dienen. Die Wand der Hodenkanälchen enthält **Stützzellen (Sertoli-Zellen)** und **Keimepithelzellen**, die sich während der Spermatogenese über Spermatiden der Akrosomen-, Golgi- und Reifungsphase zu **Spermien** differenzieren (Abb. 10-8, 9 u. 10).

Die Stützzellen dienen der Produktion verschiedener Proteine zur Steuerung der Spermatogenese, der Ernährung der sich entwickelnden Differenzierungsstadien, der Phagozytose von Zytoplasmatröpfchen sowie der Freigabe reifer Spermatiden **(Spermiation)** in das Tubuluslumen. (Näheres s. Lehrbücher der Histologie und der Embryologie der Haussäugetiere.) Die **Hodenkanälchen (Tubuli seminiferi contorti)** verlaufen als in sich stark gewundene Schleifen, deren **geradlinige Enden (Tubuli seminiferi recti)** in das **Hodennetz (Rete testis)** übergehen (Abb. 10-6 u. 11).

Das Hodennetz ist im **Mediastinum testis** eingelagert (Abb. 10-6 u. 11). Im Interstitium zwischen den Tubuli seminiferi, beim Kater auch im interlobulären Bindegewebe, liegen **Leydig-Zwischenzellen**, die die **männlichen Geschlechtshormone**, die **Androgene (Testosteron)**, produzieren. Diese Hormone haben sowohl androgene als auch anabole Wirkung. Aus dem Hodennetz treten 8 bis 12 dicht gewundene **Ausführungsgänge des Hodens (Ductuli efferentes testis)** aus, sie durchbrechen die Tunica albuginea und treten in den Nebenhodenkopf ein (Abb. 10-6 u. 12).

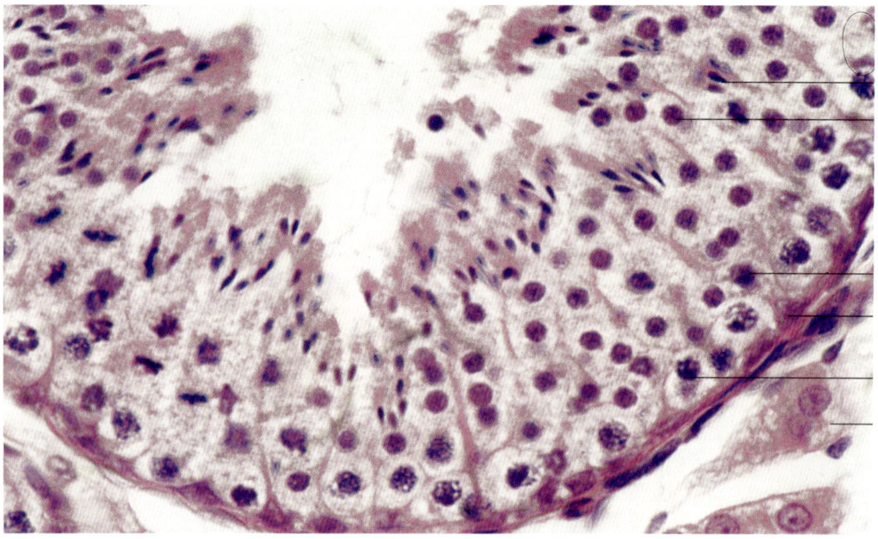


**Abb. 10-8.** Histologischer Schnitt durch die Wand eines Tubulus seminiferus contortus eines Bullen mit Spermatiden während der Akrosomen- und Golgi-Phase.

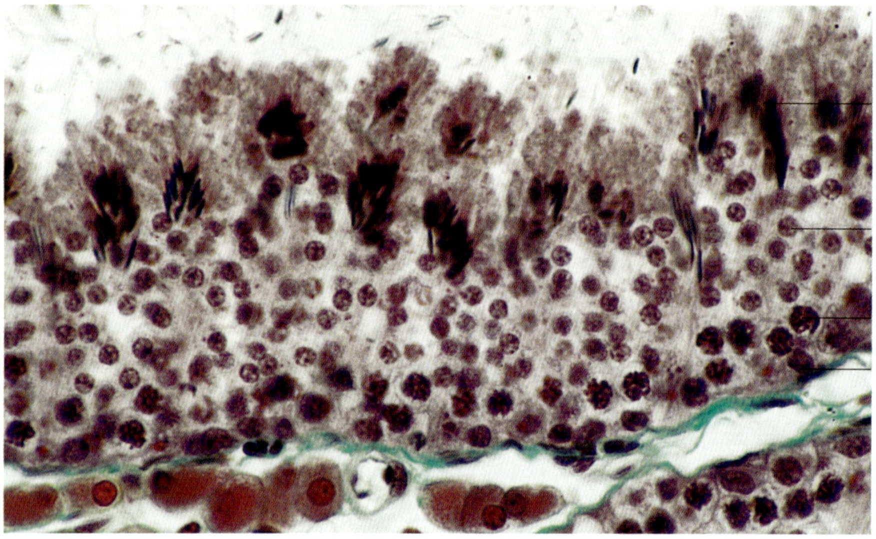


**Abb. 10-9.** Histologischer Schnitt durch die Wand eines Tubulus seminiferus contortus eines Bullen mit Spermatiden während der Reifungsphase.

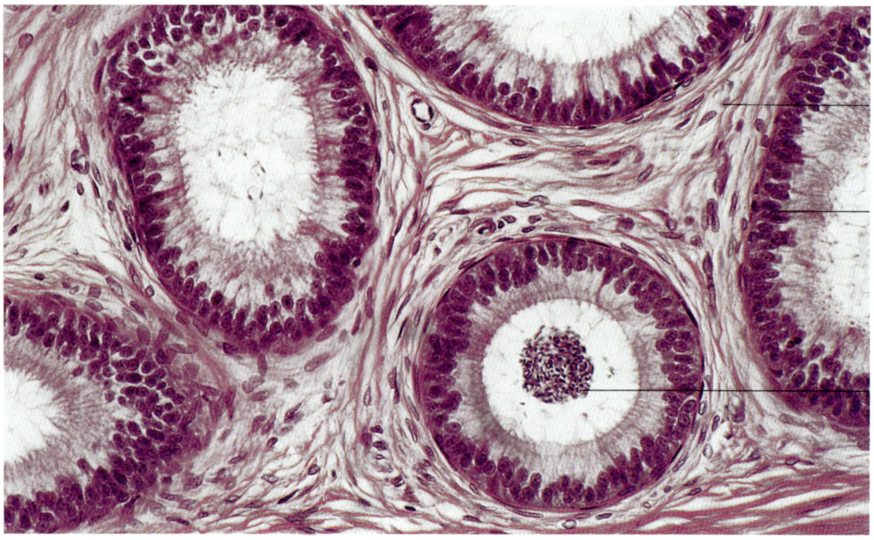


**Abb. 10-10.** Histologischer Schnitt durch den Ductus epididymidis eines Bullen.

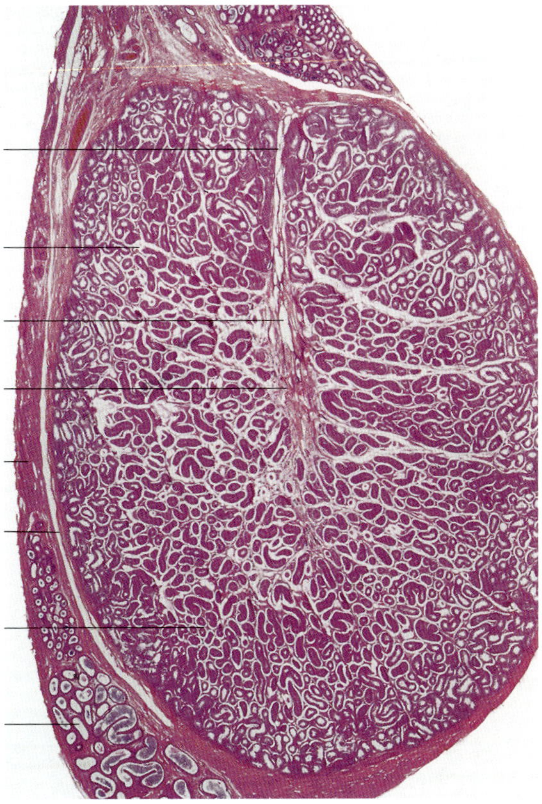


**Abb. 10-11.** Histologischer Schnitt durch den Hoden eines Bullen mit anliegendem Nebenhoden.

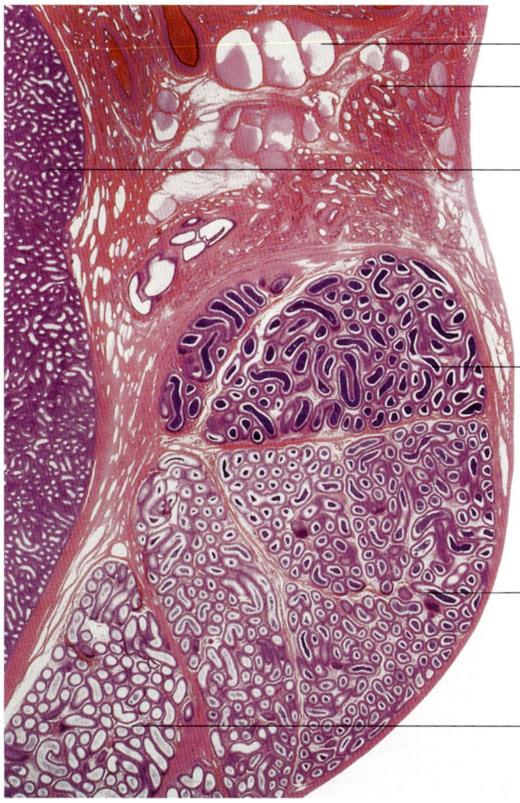


**Abb. 10-12.** Histologischer Schnitt durch den Nebenhodenkopf eines Bullen mit anliegendem Hoden.

# Nebenhoden (Epididymis)

Der Nebenhoden (Abb. 10-6, 7, 16 u. 17) besteht aus:

- Kopf (Caput epididymidis),
- Körper (Corpus epididymidis),
- Schwanz (Cauda epididymidis).

Im **Nebenhodenkopf**, der fest mit dem Hoden verbunden ist, schließen sich die **Ductuli efferentes testis** zum **Nebenhodenkanal (Ductus epididymidis)** zusammen (Abb. 10-12). Der dicht geschlungene Kanal bildet zunächst den **Nebenhodenkörper**, der, fixiert durch das **Nebenhodengekröse (Mesoepididymidis)**, der medialen Hodenlängskontur kaudal bzw. dorsal angelagert ist. Durch diese Anbindung entsteht lateral zwischen Hoden und Nebenhoden eine Bucht, die **Bursa testicularis** (Abb. 10-13, 16, u. 17).

Im **Nebenhodenkanal (Ductus epididymidis)** (Abb. 10-6 u. 10) reifen die Spermien aus (epididymale Spermienreifung) und werden in seinem Endabschnitt, dem Nebenhodenschwanz, bis zur Ejakulation gespeichert. Darüber hinaus werden im Nebenhodenkanal Testikularflüssigkeiten resorbiert, Zellfragmente phagozytiert und spermienernährende Sekrete abgegeben. Die Länge des Nebenhodenkanals der Haussäugetiere wird wie folgt angegeben:

- Hengst: 72–81 m
- Stier: 40–50 m
- Schaf- und Ziegenbock: 47–52 m
- Eber: 17–18 m
- Rüde: 5– 8 m
- Kater: 4– 6 m

Der **Nebenhodenschwanz** ist durch Bänder einerseits am **Hoden (Ligamentum testis proprium)**, andererseits am Grund des Processus vaginalis **(Ligamentum caudae epididymidis)** fixiert (Abb. 10-14). Das Ligamentum caudae epididymidis sendet Fasern bis in die Unterhaut der Hodenhüllen (Tunica dartos), die besonders beim Hengst und beim Eber kräftig sind. Sie werden als **Ligamentum scroti** bezeichnet. Nach Verlassen des Nebenhodenschwanzes setzt sich der Nebenhodenkanal medial des Nebenhodens als **Samenleiter** fort.

# Samenleiter (Ductus deferens)

Der Samenleiter verläuft anfangs leicht geschlängelt, ab der Mitte des Hodens geradlinig entlang der Medialfläche des Hodens. Anschließend zieht dieser medial im **Samenstrang (Funiculus spermaticus)** bis zum Anulus vaginalis (Abb. 10-14). Dort tritt er in die Bauchhöhle ein. Hier bildet er einen kranial konvexen Bogen, ist an der **Bauchwand** mit Hilfe des **Mesoductus deferens** verbunden (Abb. 10-14), kreuzt ventral den Harnleiter und mündet in den **Anfangsteil der Harnröhre** am **Colliculus seminalis** (Abb. 9-25).

Vor seiner Mündung ist der Samenleiter spindelförmig zur **Ampulla ductus deferentis** verdickt (Abb. 10-2, 4 u. 5). Diese **Samenleiterampulle** enthält, selbst wenn sie äußerlich nicht stark verdickt erscheint (Kater und Eber), die **Glandulae ampullae** und wird deshalb auch als **Drüsenteil** des **Ductus deferens** bezeichnet.

Bei den Wiederkäuern und beim Pferd vereinigt sich der **Ductus deferens** vor seiner Mündung mit dem **Ausführungsgang der Samenblasendrüse** (Ductus excretorius) zum **Ductus ejaculatorius**.

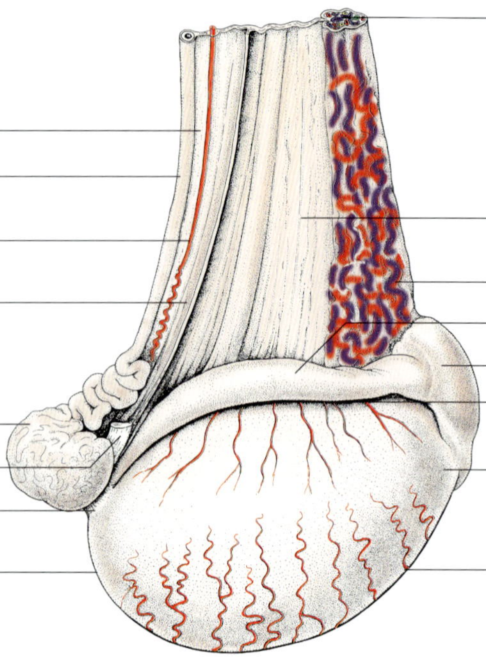


**Abb. 10-13.** Schematische Darstellung des Hodens des Hengstes mit Nebenhoden und Samenstrang (Lateralansicht).

## Hüllen des Hodens

Die **Hodenhüllen** umfassen neben dem Hoden auch den Nebenhoden und Teile des Samenstrangs (Abb. 10-14). Dabei passen sie sich in Form und Umfang diesen Organen an. Hodenhüllen sind Abspaltungen der **Schichten der Bauchwand** und lassen sich, diesen entsprechend, gliedern in:

- **Hodensack (Scrotum)**:
  - äußere Haut,
  - muskulös-elastische Unterhaut (Tunica dartos),
  - zweischichtige Fascia spermatica externa als Abspaltung der äußeren Rumpffaszie,
  - M. cremaster als Fortsetzung des inneren schiefen bzw. queren Bauchmuskels mit Faszie und
- **Scheidenhautfortsatz (Processus vaginalis)**:
  - Fascia spermatica interna als Abspaltung der inneren Rumpffaszie (Fascia transversalis) und
  - Lamina parietalis der Tunica vaginalis.

Die **äußere Haut**, die **Unterhaut** und die **Fascia spermatica externa** legen sich zum **Hodensack (Scrotum)** zusammen. Diese äußere Haut des Hodensacks ist nur spärlich behaart, sie enthält zahlreiche Schweiß- und Talgdrüsen und ist mit der **Unterhaut (Tunica dartos)** fest verbunden. Letztere wird von einer dünnen Bindegewebsschicht, der **Fascia subdartoica**, unterlagert. Die Tunica dartos ist mit glatten Muskelfasern durchsetzt, die die Haut des Scrotum runzeln und somit die **Temperaturregulierung** des Hodens ermöglichen. Die Tunica dartos kann beim Rind bis zu 10 mm dick sein und wird von Laien als **Fleischhaut** bezeichnet. Sie zieht median zwischen die beiden Scheidenhautfortsätze hinein und trennt diese voneinander. Die Trennlinie erscheint außen als **Hodensacknaht (Raphe scroti)** (Abb. 10-14). Die **Fascia spermatica externa** spaltet sich in Höhe des Hodensacks aus dem **tiefen** und **oberflächlichen Blatt der äußeren Rumpffaszie** ab, dabei behält sie ihre oberflächliche und tiefe Schichtung bei. Zwischen beiden Lagen sowie zwischen der Fascia spermatica externa und dem Processus vaginalis findet sich lockeres Bindegewebe. Dieses, zwischen Scrotum und Processus vaginalis lokalisierte lockere Bindegewebe gestattet im Falle der bedeckten Kastration, den Scheidenhautfortsatz nach außen zu verschieben (Verschiebeschicht).

Der **M. cremaster** spaltet sich vom **M. obliquus abdominis internus** und vom **M. transversus abdominis** in Höhe des **inneren Leistenrings** ab (Abb. 10-14). Er bedeckt lediglich teilweise den Processus vaginalis. Außen wird der **M. cremaster** von einer dünnen Lage lockeren Bindegewebes, der **Fascia cremasterica**, bedeckt (Abb. 10-14 u. 18). Der M. cremaster hebt den Processus vaginalis mit seinem Inhalt zur Leistengegend an. Bei Nagern umgreift er den Processus vaginalis löffelförmig und kann, wegen der Weite des Leistenspalts, den Hoden in die Bauchhöhle verlagern. Die **Fascia spermatica interna**, als Fortsetzung der **Fascia transversalis** und die **Lamina parietalis** der **Tunica vaginalis** bilden zusammen eine gemeinsame Aussackung der Peritonealhöhle, den **Scheidenhautfortsatz (Processus vaginalis)**. Dieser zieht zusammen mit dem M. cremaster in die rechte bzw. linke Bucht des Hodensacks, getrennt durch das **Septum scroti** (Abb. 10-14).

## Scheidenhautfortsatz (Processus vaginalis) und Samenstrang (Funiculus spermaticus)

Der Scheidenhautfortsatz bildet als Fortsetzung der **Fascia transversalis** und des **Peritoneum** einen Hohlraum, das **Cavum vaginale** (Abb. 10-14). Das Peritoneum des Processus vaginalis lässt sich in

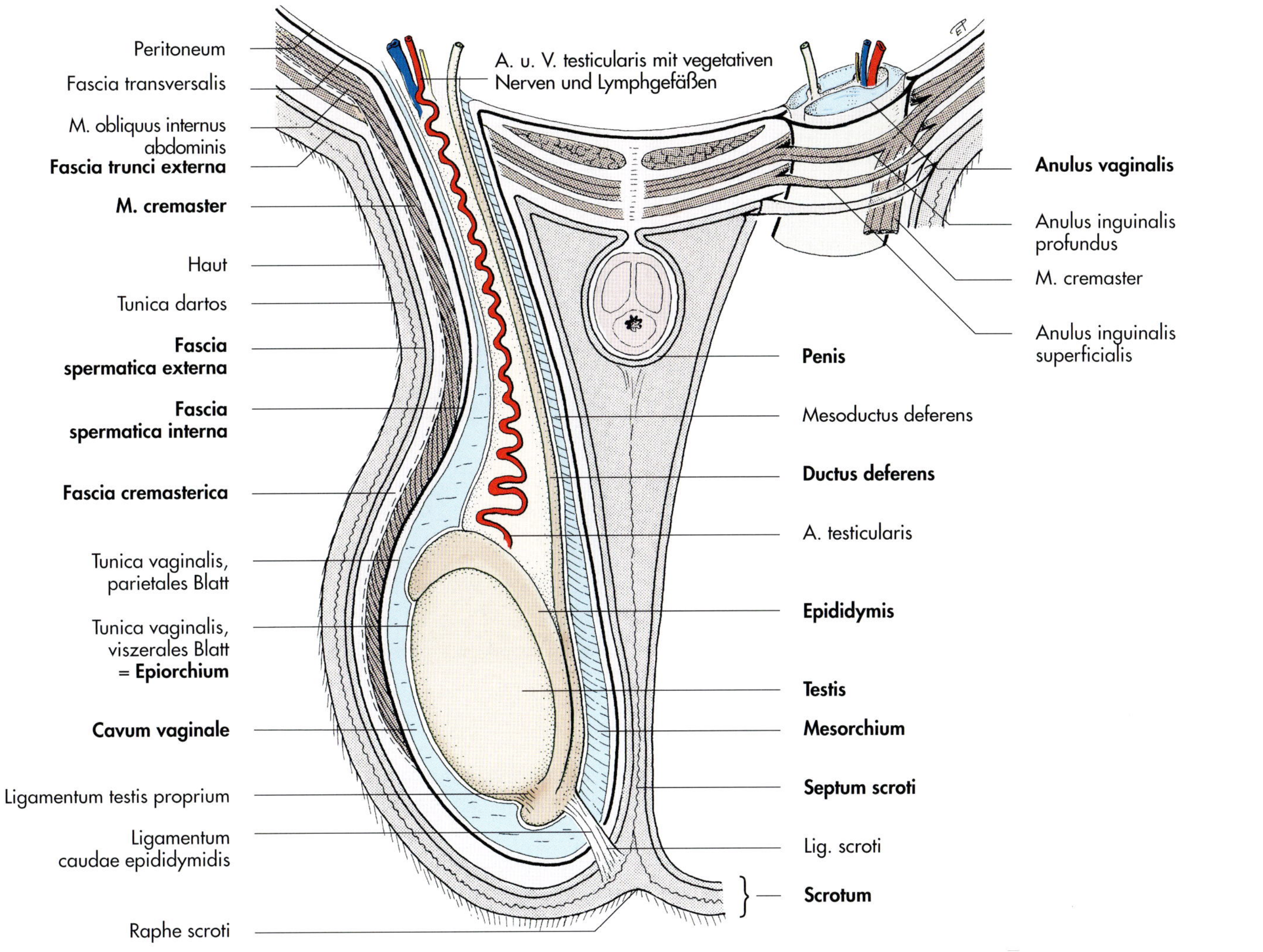


**Abb. 10-14.** Schematische Darstellung der Hodenhüllen des Bullen mit Scheidenhautfortsatz und Samenstrang.

eine äußere Lamina parietalis und eine dem Hoden bzw. Nebenhoden aufliegende innere Lamina visceralis untergliedern. Der Processus vaginalis ist flaschenförmig. Je nach Lage des Scrotum unterscheidet man einen längeren oder kürzeren **engen Abschnitt**, der einem Flaschenhals gleichkommt. Demgegenüber ist ein weiter, der Größe und Form des Hodens angepasster ausgebuchteter Teil entwickelt, der einem Flaschenkörper vergleichbar erscheint.

Das **Cavum vaginale** steht mit der Bauchfellhöhle in Verbindung. So sammelt sich in diesem, wie auch in der Peritonealhöhle, eine geringe Menge Peritonealflüssigkeit, die die Reibung zwischen Wand und Inhalt auf ein Minimum reduziert. Der Zugang zum Cavum vaginale über die Bauchfellhöhle erfolgt über den **Anulus vaginalis** des **Processus vaginalis**. Diese Öffnung liegt vor dem **tiefen, inneren Leistenring (Anulus inguinalis profundus)**.

In den Processus vaginalis können sich Darmteile aus der Bauchhöhle vor allem bei Tieren mit einem weiten Anulus vaginalis verlagern (Pferd und Schwein). Man spricht dann von einem indirekten **Leistenbruch (Hernia inguinalis)**. Beim Schwein scheint die Prädisposition für einen Leistenbruch vererbbar zu sein, sodass Eber, die aus einem Wurf stammen, in dem Leistenbrüche diagnostiziert wurden, nicht zur Zucht verwendet werden sollten.

Im flaschenhalsförmigen Teil des Scheidenhautfortsatzes liegt der **Samenstrang**, der die Leitungsbahnen des Hodens und den Samenleiter enthält. Im Samenstrang verlaufen die Leitungsbahnen des Hodens in der Gekrösefalte des Hodens **(Mesorchium)**, während der Samenleiter mit seinen Gefäßen in einer eigenen Gekrösefalte **(Mesoductus deferens)** liegt. Kurz vor ihrem Übergang auf die Lamina parietalis des Processus vaginalis **(Perifuniculus)** sind Mesorchium und Mesoductus deferens zum **Mesofuniculus** verschmolzen (Abb. 10-18). Das Nebenhodengekröse **(Mesoepididymidis)** faltet sich lateral aus dem Mesorchium kurz vor dessen Ansatz am Hoden ab und markiert so die Grenze zwischen dem **Mesorchium proximale** und **Mesorchium distale**.

## Lage des Scrotum

Der **Processus vaginalis** durchzieht den **Leistenspalt (Spatium inguinale)** und buchtet sich tierartlich unterschiedlich weit kaudal aus. Beim Pferd und bei den Wiederkäuern bleibt das Scrotum in **inguinaler Lage**, sodass auch der flaschenhalsförmige Abschnitt des Processus vaginalis relativ kurz ist. Beim Hengst ist die **Hodenachse kraniokaudal** gerichtet, dies beeinflusst auch die Form des

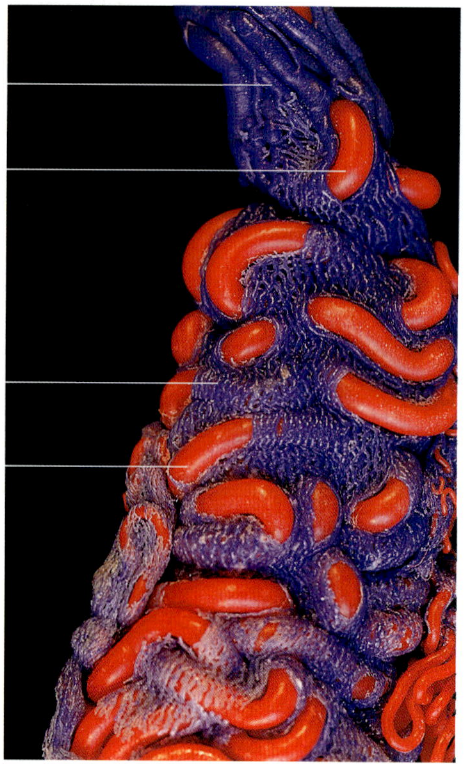


**Abb. 10-15.** Blutgefäße im Samenstrang eines Schafbocks (Korrosionspräparat).

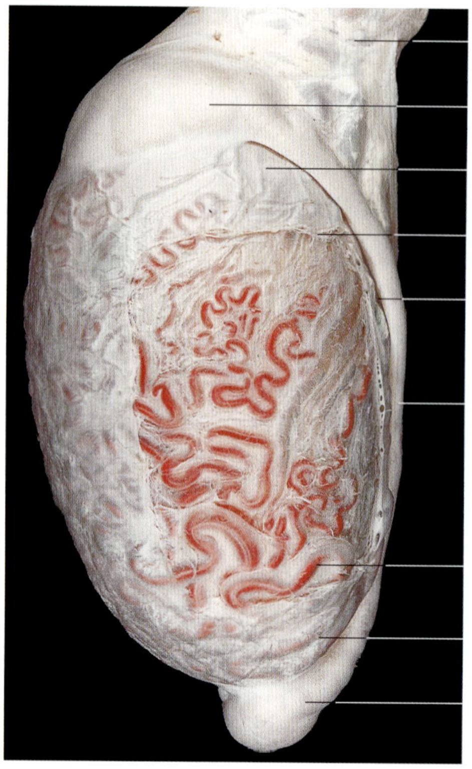


**Abb. 10-16.** Hoden eines Bullen mit Injektion der Gefäße.

Scrotum (Abb. 10-5). Bei den Wiederkäuern ist die **Hodenachse senkrecht** ausgerichtet, der Hodensack pendelt dementsprechend in der Regio inguinalis (Abb. 10-4). Beim Eber ist das Scrotum **perineal** (Abb. 10-3), beim Rüden etwas weiter kranial im **Zwischenschenkelspalt** (Abb. 10-1) und beim Kater **subanal** gelegen (Abb. 10-2).

## Gefäßversorgung und Innervation des Hodens und seiner Hüllen

Die aus der Aorta entspringende **A. testicularis** verläuft zusammen mit der **V. testicularis** im Hodengekröse (**Mesorchium**), das in seinem intraabdominalen Abschnitt auch als **Plica vasculosa** bezeichnet wird. Im Samenstrang legt sich die A. testicularis in unzählige dichte Windungen. Auf einem etwa 10 cm langen Stück Samenstrang errechnete man beim Rind ca. 7 m Arterienlänge. Beim Kater sind weniger Arterienwindungen zu finden (Abb. 10-13, 14 u. 18).

Diese Windungen der **A. testicularis** werden von feinen Verästelungen der **V. testicularis** allseits umsponnen. Das Venengeflecht, auch **Rankengeflecht (Plexus pampiniformis)** genannt, dient der Abkühlung des arteriellen Blutes auf dem Weg zum Hoden (Abb. 10-15). Im Samenstrang wurden arteriovenöse Anastomosen nachgewiesen. Die V. testicularis mündet in die kaudale Hohlvene. Die A. testicularis versorgt außerdem den Nebenhoden durch Rami epididymales sowie den Anfangsteil des Samenleiters durch Rami ductus deferentis.

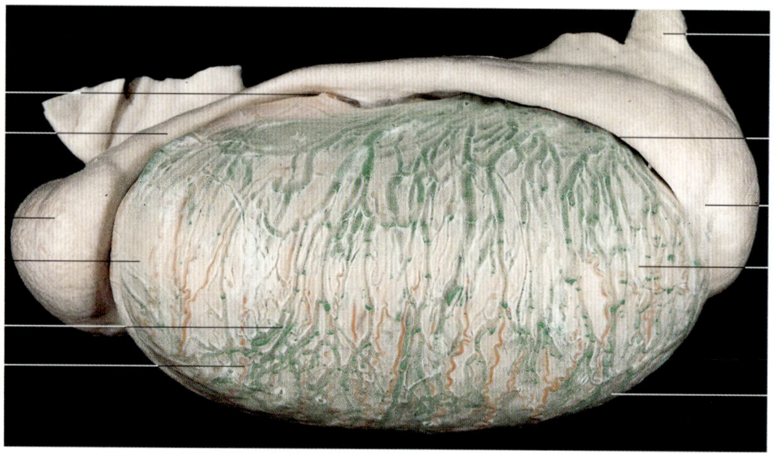


**Abb. 10-17.** Hoden eines Ebers nach Injektion der Lymphgefäße (grün) und der A. testicularis mit ihren oberflächlichen Gefäßschlingen (rot), Aufnahme PD Dr. J. Maierl, München.

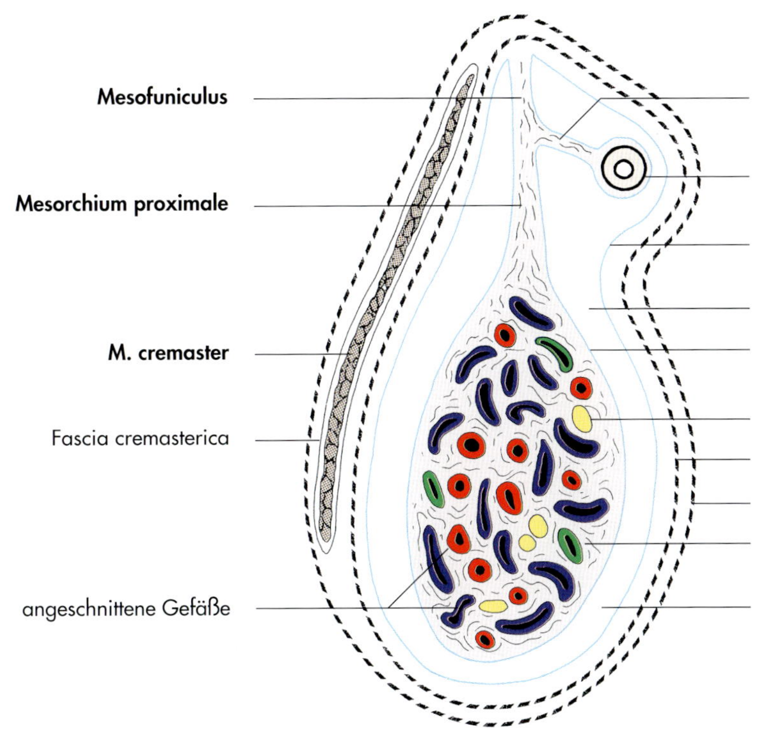


**Abb. 10-18.** Schematische Darstellung eines Schnittes durch den flaschenhalsförmigen Teil des Scheidenhautfortsatzes mit anliegenden Organen und Faszien (Querschnitt), nach Schaller, 1992.

Am Hoden selbst verlaufen die Äste der A. testicularis oberflächlich in der Albuginea. Von diesen zweigen **Zentripetalarterien** ab, die in den Hodensepten zum Mediastinum ziehen. Hier bilden sie knäuelförmige Windungen und ziehen nachfolgend als **Zentrifugalarterien** zur Albuginea zurück. Die Kapillaren für die Hodenkanälchen entstammen den Zentrifugalarterien.

Die **Lymphgefäße** des Hodens ziehen in die **Lymphonodi lumbales aortici** und **iliaci mediales** (Abb. 10-17). Neben den Blutgefäßen dienen sie in erheblichem Maße zum Hormontransport. Bei tumoröser Entartung des Hodens muss sehr schnell operativ vorgegangen werden, da die regionären Lymphknoten dem Chirurgen nicht zugängig sind. Sie liegen hochdorsal in der Bauch- und Beckenhöhle.

Die **Innervation** des Hodens und des Nebenhodens ist **vegetativ**. Parasympathische Fasern sind vom **N. vagus** und vom **Plexus pelvinus** abgeleitet. Die sympathischen Anteile entstammen dem **Plexus mesentericus caudalis** und dem **Plexus pelvinus**.

Die sympathische Innervation des Hodens ist gut ausgeprägt. Im Gegensatz zu anderen sympathisch innervierten Organen liegen hier die Ganglien peripher direkt am Organ. Im Hoden werden nur wenige parasympathische Nervenfasern nachgewiesen.

Die **Hodenhüllen** werden von der **A.** und **V. pudenda externa** vaskularisiert. Die Lymphgefäße fließen in die **Lymphonodi scrotales** oder **inguinales superficiales**. Ihre **Innervation** ist von Ventralästen der Lendennerven abhängig. Es tragen hierzu der **N. iliohypogastricus**, der **N. ilioinguinalis** und der **N. genitofemoralis** bei.

# Harnröhre (Urethra)

Die Harnröhre beginnt am **Ostium urethrae internum**, dem kaudalen Ende des Harnblasenhalses, und reicht bis zum **Ostium urethrae externum** an der Penisspitze. Der erste kurze Abschnitt, die **Pars praeprostatica urethrae**, dient nur als Harnweg. Der folgende, noch in der Beckenhöhle gelegene Teil, die **Pars prostatica urethrae**, dehnt sich vom **Samenhügel (Colliculus seminalis)** und den Öffnungen der Ausführungsgänge der Prostata kaudal bis zum **Arcus ischiadicus** aus und dient als **Harn-** und **Samenweg**. Die Pars praeprostatica und die Pars prostatica der Harnröhre werden als **Beckenteil (Pars pelvina)** zusammengefasst. Sie wird hier mit feinmaschigem Schwellgewebe umgeben und zieht als **Pars penina urethrae** bis zur Penisspitze.

Die **Pars praeprostatica urethrae** trägt dorsal im Lumen eine **Schleimhautfalte (Crista urethralis)**, die am erwähnten Samenhügel endet. Am Colliculus seminalis öffnen sich bei Wiederkäuern und Pferd, gelegentlich auch beim Eber jederseits ein **Ductus ejaculatorius** als gemeinsamer Gang für Samenleiter und Samenblasendrüse sowie die **Ausführungsgänge der Prostata (Ductuli prostatici)**.

# Akzessorische Geschlechtsdrüsen (Glandulae genitales accessoriae)

Die akzessorischen Geschlechtsdrüsen sind dem Beckenstück der Harnröhre angelagert. Grundsätzlich unterscheidet man die:

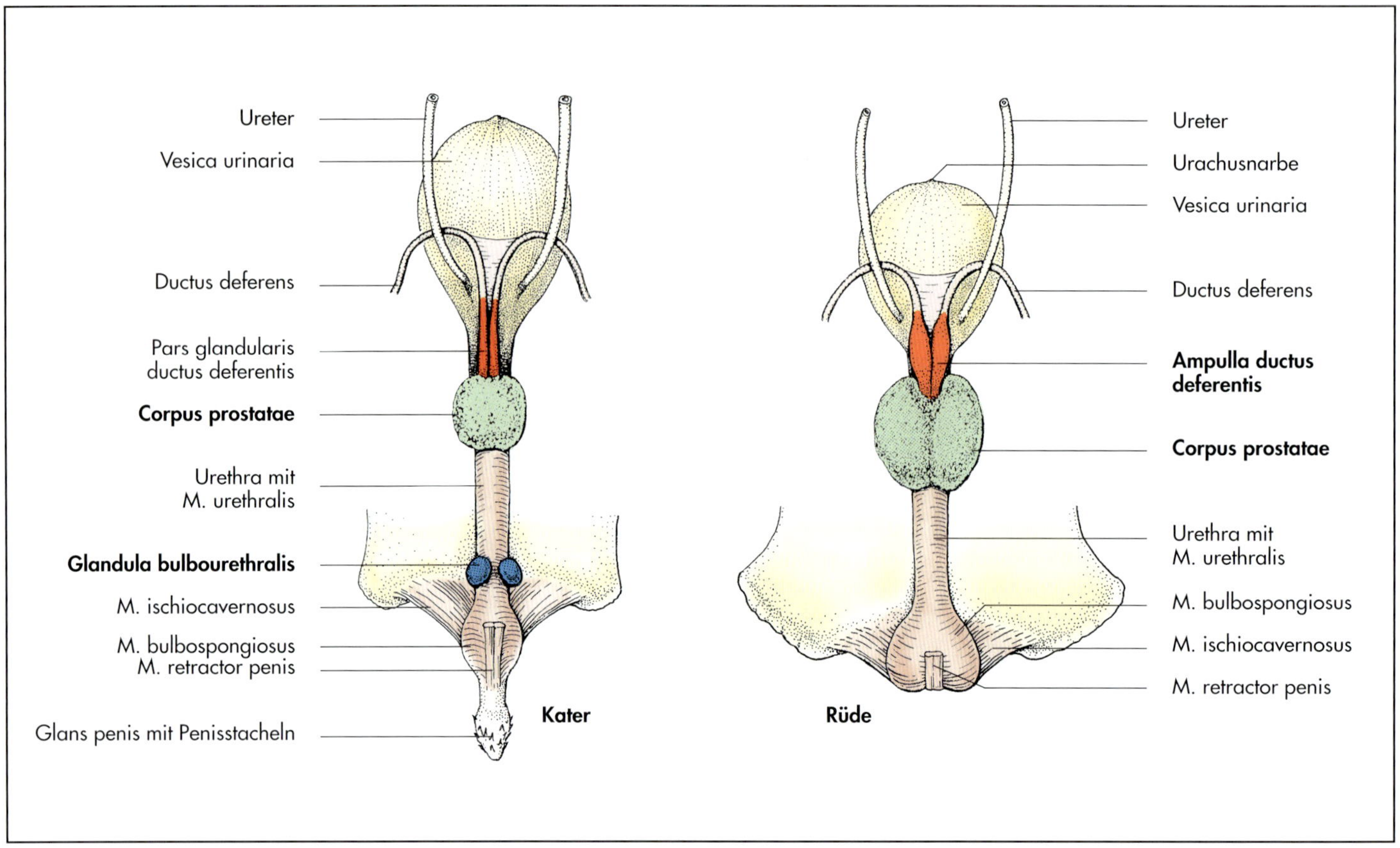


**Abb. 10-19.** Schematische Darstellung der akzessorischen Geschlechtsdrüsen des Katers und des Rüden.

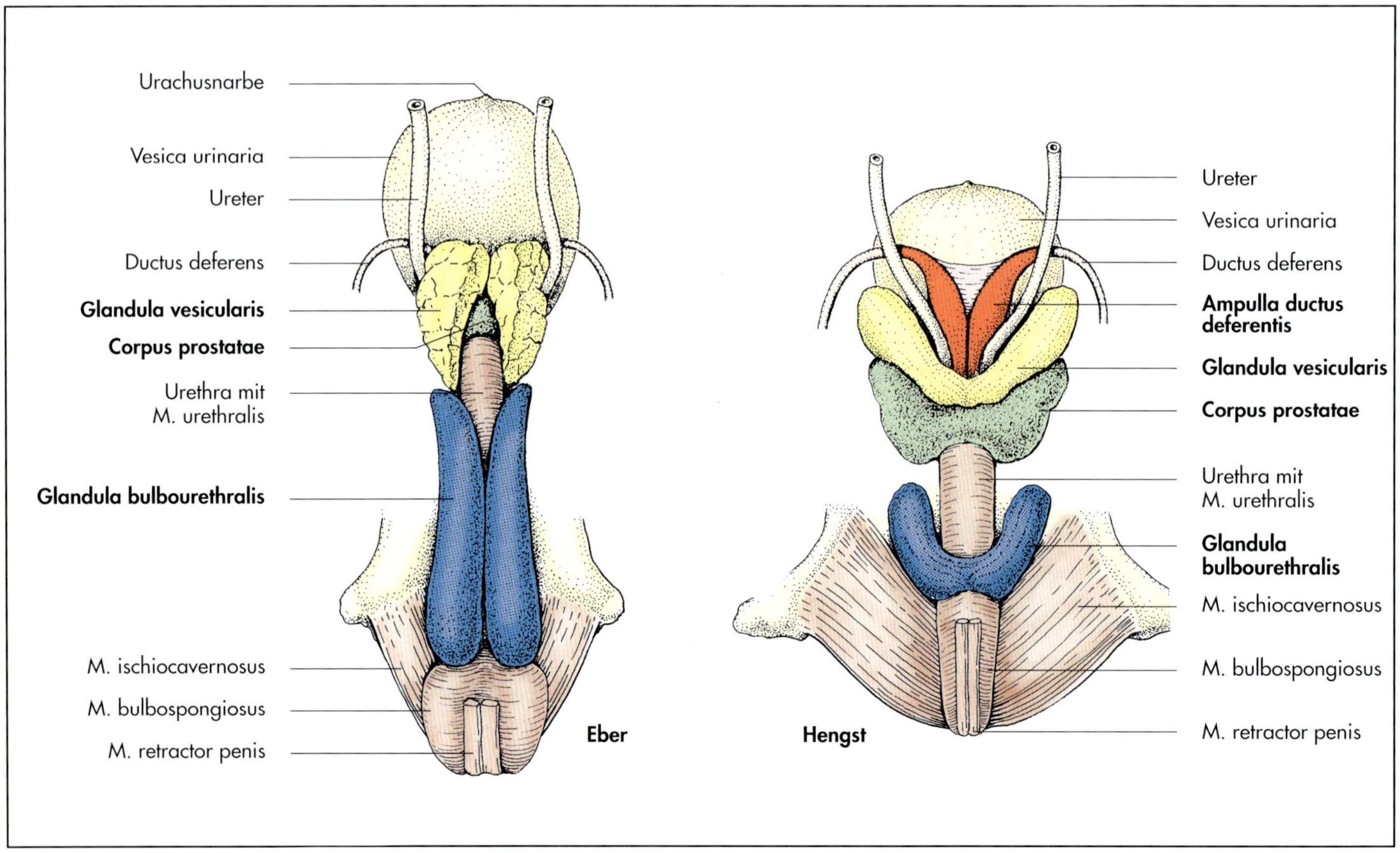


**Abb. 10-20.** Schematische Darstellung der akzessorischen Geschlechtsdrüsen des Ebers und des Hengstes.

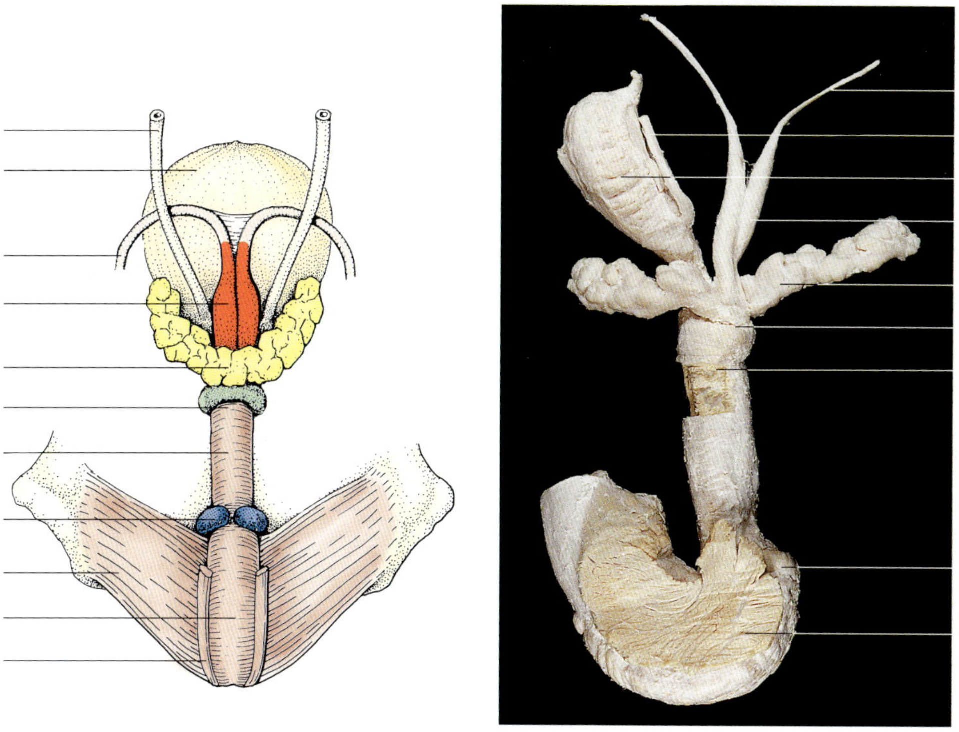


**Abb. 10-21.** Schematische Darstellung und Präparat der akzessorischen Geschlechtsdrüsen des Bullen.

- Samenblasendrüse (Glandula vesicularis),
- Vorsteherdrüse (Prostata),
- Harnröhrenzwiebeldrüse (Glandula bulbourethralis) und
- Samenleiterampulle (Ampulla ductus deferentis).

Diese Drüsen sind bei den Haussäugetieren unterschiedlich angelegt (Abb. 10-1 u. 19ff.). Die **Samenblasendrüse**, die **Vorsteherdrüse** und die **Harnröhrenzwiebeldrüse** sind beim Eber, Bullen und Hengst vorhanden. Der Kater besitzt nur die **Vorsteher-** und die **Harnröhrenzwiebeldrüse**, während beim Rüden allein die **Vorsteherdrüse** vorkommt.

Bei allen Haussäugetieren wird die **Ampulle des Ductus deferens** auch zu den akzessorischen Geschlechtsdrüsen gerechnet. Die darin enthaltenen Glandulae ampullae mischen ihr Sekret der Samenflüssigkeit bei.

## Samenblasendrüse (Glandula vesicularis)

Die Samenblasendrüse (Abb. 10-3ff., 20 u. 21) ist außer beim Rüden und beim Kater bei allen männlichen Haussäugetieren vorhanden und **paarig** ausgebildet. Ihr **Ausführungsgang (Ductus excretorius)** vereinigt sich bei den Wiederkäuern und beim Pferd kurz vor der Mündung mit dem **Ductus deferens** zum **Ductus ejaculatorius**. Beim Eber münden sie in der Regel einzeln neben dem Samenhügel in die Harnröhre. Die Samenblasendrüsen besitzen beim Hengst eine glatte Oberfläche und weisen einen auffällig großen, von einer kräftigen muskulösen Wand umgebenen Hohlraum auf **(Vesicula seminalis)**. Bei den anderen Tierarten ist diese akzessorische Geschlechtsdrüse grobhöckerig. Beim Eber sind die Drüsen besonders umfangreich und von ihrer Form her plump dreieckig. Beim Bullen können die Samenblasendrüsen transrektal palpiert werden.

## Vorsteherdrüse (Prostata)

Die Vorsteherdrüse (Abb. 10-1ff. u. 19ff.) ist bei allen männlichen Haussäugetieren präsent. Sie besteht aus einem Teil, der diffus in der Wand des Beckenteils der Harnröhre liegt, der **Pars disseminata**, und einem zweiten Abschnitt, der der Harnröhre außen aufliegt, dem **Corpus prostatae**. Beim Hengst kommt nur der außen aufliegende kompakte Körper vor. Neben einem kleinen, platten Corpus prostatae ist beim Bullen die Pars disseminata in der Harnröhrenwand entwickelt, Ziegen- und Schafbock besitzen lediglich den letzteren diffusen Drüsenteil. Beim Rüden und beim Kater ist der Prostatakörper umfangreich. Beim Rüden ist die Prostata, außer der Samenleiterampulle, die einzige akzessorische Geschlechtsdrüse. Beim Kater ist außer der Prostata und der Samenleiterampulle noch die paarige Gl. bulbourethralis ausgebildet (Abb. 10-19).

Bei Prostatahypertrophie des Rüden drückt das Corpus prostatae von ventral auf das Rectum und kann in extremen Fällen zu Kotverhalten führen.

## Harnröhrenzwiebeldrüse (Glandula bulbourethralis)

Die Harnröhrenzwiebeldrüse (Abb. 10-3 u. 19ff.) ist außer beim Rüden bei allen Haussäugetieren als paariges Gebilde am kaudalen

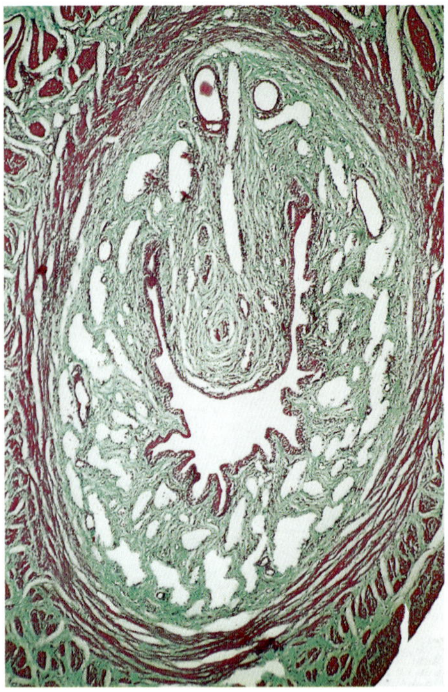

**Abb. 10-22.** Histologischer Schnitt durch die Samenleiterampulle eines Bullen.

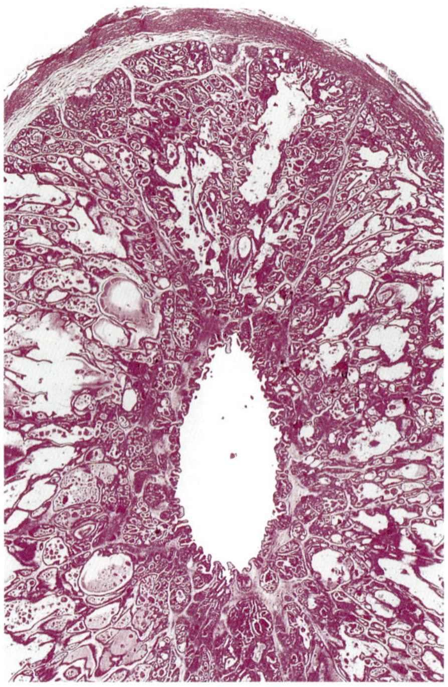

**Abb. 10-23.** Histologischer Schnitt durch die Samenblasendrüse eines Bullen.

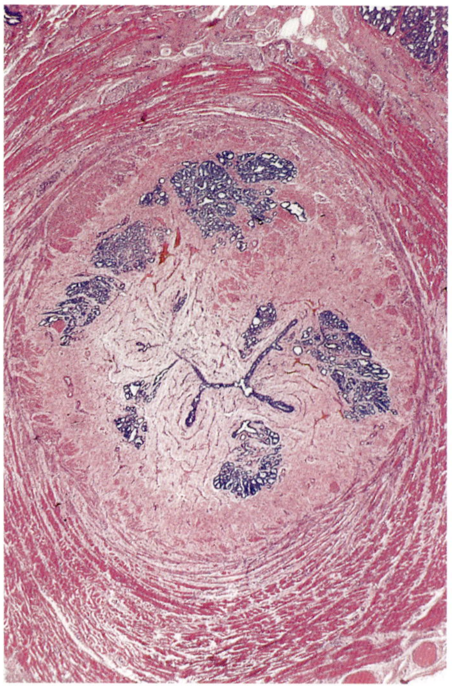

**Abb. 10-24.** Histologischer Schnitt durch die Prostata eines Rüden mit zentraler Harnröhre und anliegender Pars disseminata.

Ende des Beckenstücks der Harnröhre vorhanden. Beim Hengst ist sie walnussgroß, beim Bullen erreicht sie etwa Haselnussgröße. Beim Kater ist sie klein und rundlich. Beim Eber sind diese Drüsen außergewöhnlich groß, walzenförmig und liegen dem Beckenstück der Harnröhre seitlich auf ganzer Länge an. Beim früh kastrierten Tier bleiben die akzessorischen Geschlechtsdrüsen wesentlich kleiner. Dies ist eine Möglichkeit, am Schlachttier zu bestimmen, ob die Kastration erst vor kurzem durchgeführt wurde (Eberfleisch!). Alle akzessorischen Geschlechtsdrüsen besitzen gut entwickelte **bindegewebige Kapseln** und **innere Septen**, die reich an glatter Muskulatur sind. Diese Muskulatur ist vegetativ innerviert, sie presst während der Ejakulation das Sekret aus den akzessorischen Geschlechtsdrüsen. Die **Sekretbildung** wird vom **Testosteron** positiv beeinflusst. Das Sekret, die **Spermaflüssigkeit**, ist reich an Fruktose und Citrat. Es löst die Bewegungen der Spermien aus, dient ihnen als **Transportmittel**, als **Nährmedium** und gleichzeitig als **Puffersystem** gegen das saure Scheidenmilieu.

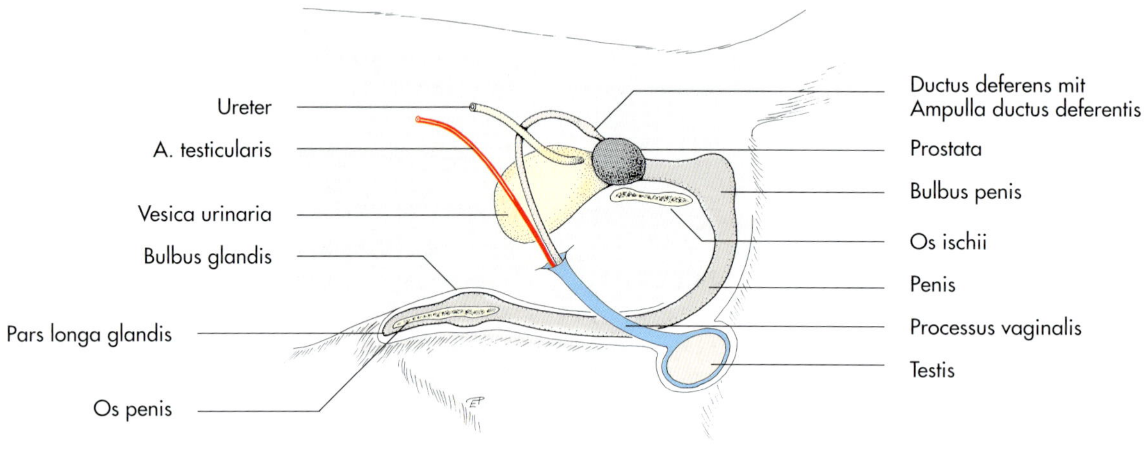


**Abb. 10-25.** Schematische Darstellung der Geschlechtsorgane und der akzessorischen Geschlechtsdrüsen des Rüden, nach Dyce, Sack und Wensing, 2002.

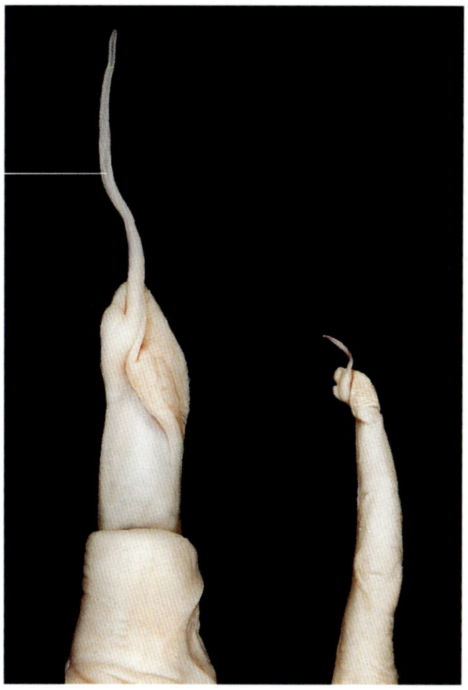


Abb. 10-26. Penisspitze eines Schafbocks (links) und eines Ziegenbocks (rechts).

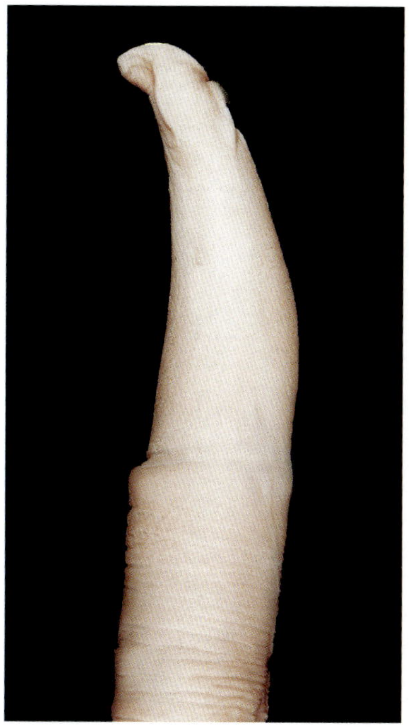

Abb. 10-27. Penisspitze eines Bullens.

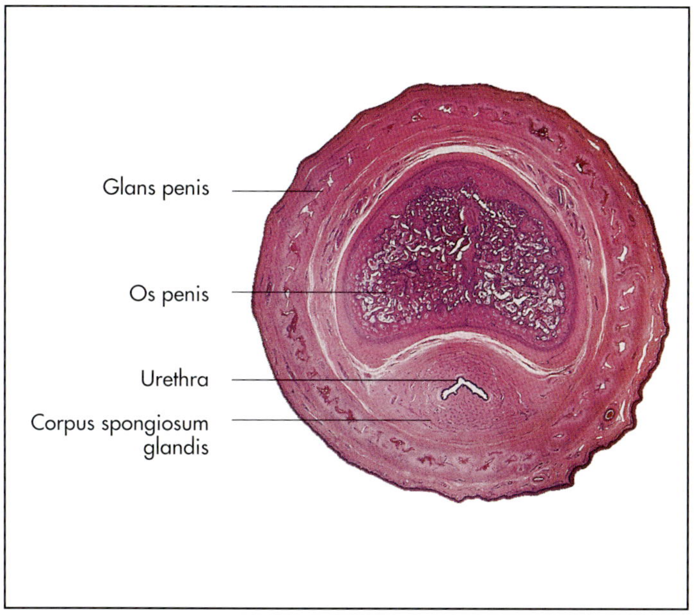


Abb. 10-28. Histologischer Schnitt durch den Penis eines Rüden.

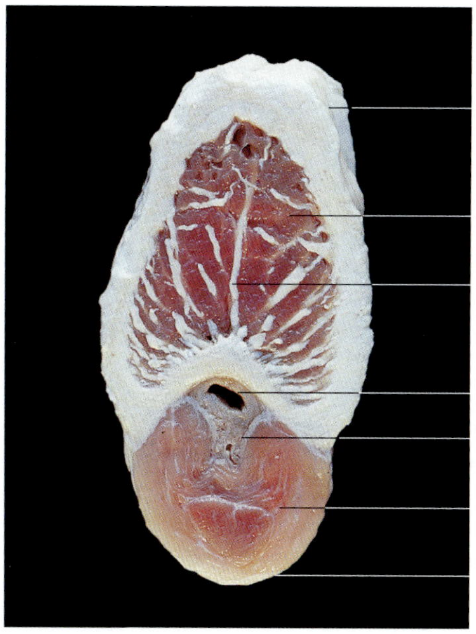


Abb. 10-29. Querschnitt durch den Penis eines Hengstes.

# Begattungsorgan (Penis)

Der Penis, auch Glied oder Rute genannt, entspringt mit **zwei Schenkeln (Crura penis)** am **Arcus ischiadicus**. Diese vereinigen sich und bilden zusammen mit dem **Bulbus penis** die **Peniswurzel (Radix penis)**, die in den **Peniskörper (Corpus penis)** übergeht, der an seinem Ende die **Eichel (Glans penis)** trägt. Außer beim Kater, dessen Penis **kaudal** gerichtet ist, verläuft er im **Zwischenschenkelspalt kranial**, legt sich der ventralen Bauchwand an und endet kaudal der Nabelgegend (Abb. 10-1ff. u. 25). Der Penis umfasst drei Abschnitte, die von drei säulenförmigen Schwellkörpern, den paarigen **Corpora cavernosa penis** und dem unpaarigen **Corpus spongiosum penis**, durchzogen werden (Tab. 10-1).

Die **paarigen dorsalen Schwellkörper (Corpora cavernosa penis)** bilden im Wesentlichen die Schenkel und den Körper des Penis (Abb. 10-29). Seine Spitze (Apex) ist nur zum kleineren Teil an der Bildung der Glans penis beteiligt. Am Körper ist auf dem Schnitt ein mehr oder weniger deutliches **Septum** zwischen den Corpora cavernosa zu erkennen, die aus grobmaschigem Schwellgewebe bestehen und von einer kräftigen **Tunica albuginea** umgeben sind. Dorsal am Corpus penis ist eine seichte **Rinne (Sulcus dorsalis penis)**, ventral eine **tiefe Rinne (Sulcus urethralis)** ausgebildet.

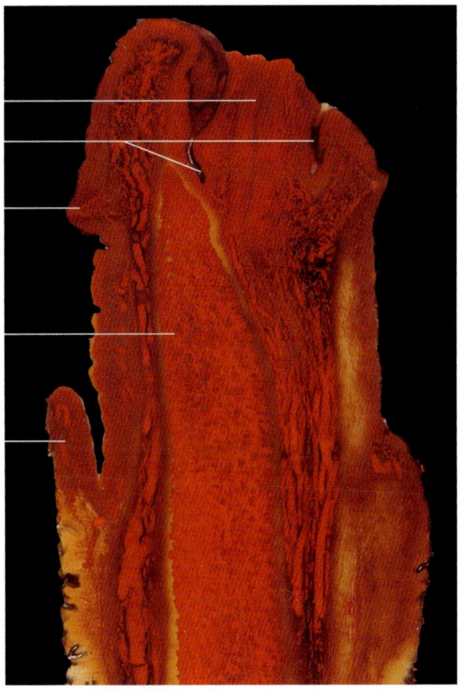


**Abb. 10-30.** Blutgefäße der Penisspitze eines Hengstes (Injektionspräparat, E-12-Scheibenplastinat), Präparat Dr. M.-C. Sora, Wien.

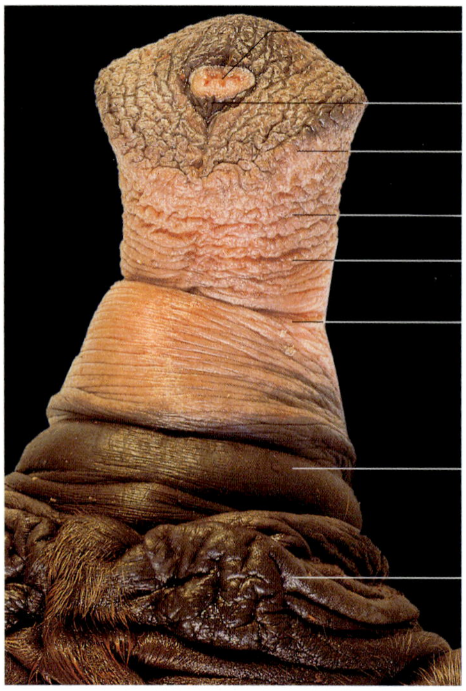


**Abb. 10-31.** Penisspitze eines Hengstes.

Der dritte, **unpaarige Schwellkörper (Corpus spongiosum penis)**, liegt im Sulcus urethralis und umgibt hier auf seiner ganzen Länge die Urethra (Abb. 10-28 u. 29). Dieser unpaarige Schwellkörper, auch **Harnröhrenschwellkörper** genannt, besteht aus feinmaschigem Schwellgewebe. Er beginnt spärlich bereits am Beckenteil der Harnröhre und verdickt sich in der Peniswurzel zum zweigelappten **Bulbus penis,** der sich als Hülle der Urethra fortsetzt. Distal an der Penisspitze bildet der Harnröhrenschwellkörper die **Glans penis**, an der die **Harnröhrenöffnung (Ostium urethrae externum)** zu erkennen ist (Abb. 10-31). Diese sitzt einem mehr oder weniger über die Penisspitze herausragenden **Processus urethrae** auf (Abb. 10-26 u. 31).

Nach dem Aufbau des Corpus cavernosum penis werden bei den Haussäugetieren **zwei Penistypen** unterschieden. Bei den Tierarten, bei denen vorwiegend fibroelastisches Gewebe kleine Bluträume umgibt, spricht man vom **fibroelastischen Penistyp** (Wiederkäuer und Schwein). Am entspannten Penis vom fibroelastischen Typ erkennt man eine, zwischen den Oberschenkeln befindliche, S-förmige Flexur (Flexura sigmoidea penis) ( Abb. 10-3 u. 4). Die Tunica albuginea umgibt am fibroelastischen Penis auch die Urethra.

Sind größere Bluträume von feineren, muskelhaltigen Septen begrenzt, spricht man vom **muskulokavernösen Penistyp** (Pferd, Hund und Kater) ( Abb. 10-1, 2 u. 5). Das **Penisende** ist artspezifisch ausgestattet (Abb. 10-26ff.). Beim Hengst ist die **Eichel (Glans penis)** dem in den Spitzen endenden Peniskörper kapuzenartig aufgestülpt. Sie zeigt eine Einschnürung, das **Collum glandis**, eine **Krone (Corona glandis)** und eine Vertiefung, die **Fossa glandis**, in die der Processus urethrae hineinragt (Abb. 10-31). In die Fossa glandis kann beim sedierten Tier mit dem Finger eingehakt werden, um den Penis zur tierärztlichen Untersuchung oder zu Behandlungszwecken vorzulagern.

Beim Rüden wird die umfangreiche Eichel, die aus einem langen **Vorderteil (Pars longa glandis)** und einem knolligen **Kaudalteil (Bulbus glandis)** besteht, vom rinnenförmigen, nach unten offenen **Penisknochen (Os penis)** getragen (Abb. 10-2, 25 u. 28). Dieser Organknochen, der keine Verbindung zum Skelett besitzt, entsteht durch die Verknöcherung des Distalendes des Corpus cavernosum penis. Im Os penis verläuft ventral die Harnröhre. Am Kaudalende des Os penis können sich in der Urethra **Konkrementbildungen** stauen.

**Tab. 10-1.** Gliederung des Begattungsorgans und Zuordnung der Schwellkörper.

| | Corpora cavernosa penis (paarig) | Corpus spongiosum penis (unpaarig) |
|---|---|---|
| Radix penis | Crura penis | Bulbus penis |
| Corpus penis | Truncus penis | Corpus spongiosum urethrae |
| Glans penis | Apex penis | Corpus spongiosum glandis |
| | (Rüde: Os penis) | |

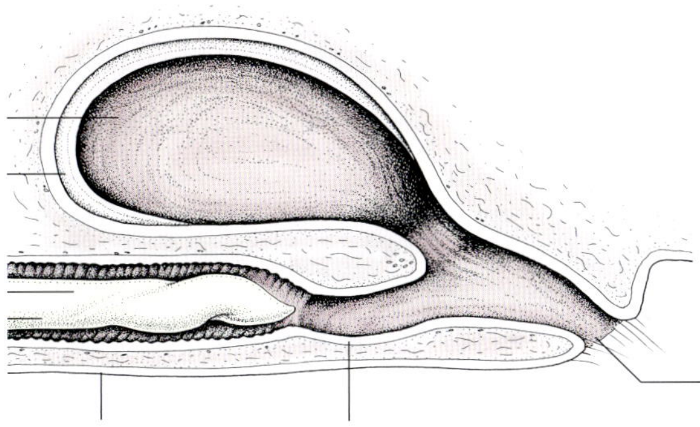


**Abb. 10-32.** Schematische Darstellung der Vorhaut des Ebers mit Glans penis.

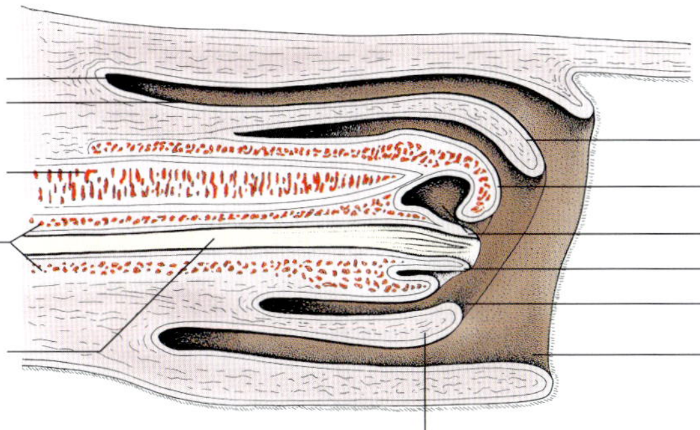


**Abb. 10-33.** Schematische Darstellung der Vorhaut des Hengstes mit Glans penis, nach Schaller, 1992.

Die besondere Form der aus zwei Teilen bestehenden Glans penis des **Rüden** ist für das sog. **»Hängenbleiben«** während der Begattung der beiden Geschlechtspartner verantwortlich. Der Bulbus vestibuli der Vagina fügt sich der Glans des Rüden formgerecht an. Die gewaltsame Trennung eines »hängenden« Rüden von einer Hündin kann zu erheblichen Verletzungen im Genitalbereich führen.

Beim **Kater** ist die **Glans penis** im nichterigierten Zustand **kaudal** gerichtet (Abb. 10-1). Sie enthält einen 5–8 mm langen Penisknochen, der allerdings keine ventral verlaufende Rinne zeigt. Die Glans penis des Katers trägt am nichterigierten Penis proximal gerichtete **verhornte Papillen**, die sich unter Erektion radiär stellen. Sie bilden sich nach der Kastration weitgehend zurück. Während der Erektion wird der Penis des Katers mit Hilfe eines Bandes (Ligamentum apicale penis) nach vorne umgelegt. Bei Katern führen angestaute Harnkonkremente oft zu Urethraobstruktionen.

Das Penisende des **Ebers** erscheint leicht **korkenzieherartig** gedreht (Abb. 10-32). Eine kleine Spitzenkappe liegt ihm als **Glans penis** auf. Trotz eindeutiger Charakteristika, nach denen der Penis des Schweines zum fibroelastischen Typ gehört, wird er heute von manchen Autoren aufgrund histologischer Untersuchungen dem muskulokavernösen Typ zugerechnet. Er erfährt auch eine gewisse Verlängerung während der Erektion. Maßgeblich für die Verlängerung des Penis bei Schwein und Wiederkäuer, ist jedoch das Verstreichen der S-förmigen Flexur (Abb. 10-3).

Der Penisspitze des **Bullen**, die eine **leichte Linksdrehung** aufweist, sitzt die Eichel als gering entwickelte Spitzenkappe auf (Abb. 10-27). Eine kleine Erhebung trägt den kurzen Processus urethrae mit seiner schlitzförmigen engen Öffnung (Ostium urethrae externum). Am Penisende des **Schaf**- und **Ziegenbocks** befindet sich eine **knollig verdickte Eichel**, die vom Processus urethrae extrem weit überragt wird (Schafbock ca. 4 cm, Ziegenbock ca. 2,5 cm) (Abb. 10-26). Der Processus urethrae dieser beiden Spezies enthält erektiles Gewebe.

## Vorhaut (Praeputium)

Das Penisende wird im nichterigierten Zustand von der Vorhaut umgeben. Sie stellt eine einfache **Hautduplikatur** dar, die beim Hengst allerdings eine zusätzliche **innere Ringfalte (Plica praeputialis)** besitzt. Am **Ostium praeputiale** geht die äußere Haut, das **Außenblatt (Lamina externa)**, in den röhrenförmigen Präputialschlauch über, der als **Innenblatt (Lamina interna)** kaudal verläuft, um sich am Fundus praeputialis umzuschlagen und den Penis als **Penisblatt (Lamina penis)** zu überziehen (Abb. 10-33). Hier gelegene modifizierte Talgdrüsen sondern das sogenannte **»Smegma«** ab. Es dient der erleichterten Einführung des erigierten Begattungsorgans in das weibliche Genitale.

Das **Außenblatt der Vorhaut** zeigt in Fortsetzung der Raphe scroti eine undeutliche median verlaufende **Raphe praeputii**. Den Eingang in das Praeputium säumen bei Bullen und Eber lange borstenartige Haare. Beim Rüden, beim Eber und bei Wiederkäuern enthält das Innenblatt des Praeputium auch Lymphknötchen, die beim Rind und Hund auch am Penisblatt zu finden sind.

Beim Eber buchtet sich bauchwärts, über dem Ostium praeputiale, das **Diverticulum praeputiale** aus, das durch ein median gelegenes Septum in zwei Hälften geteilt wird (Abb. 10-32). Es hat ein Fassungsvermögen von ca. 135 ml, beinhaltet Urinreste sowie abgeschilferte Zellen und verursacht den penetranten Ebergeruch.

Das Praeputium kann durch sogenannte **Präputialmuskeln**, die aus dem Hautmuskel entstehen, bewegt werden. Alle Haussäugetiere, mit Ausnahme des Hengstes, besitzen kraniale, die Wiederkäuer zudem auch kaudale Präputialmuskeln.

## Muskeln des Begattungsorgans

Penismuskeln sind **paarig** angelegt (Abb. 10-19ff.). Man unterscheidet:

- M. ischiocavernosus,
- M. bulbospongiosus,
- M. retractor penis.

Der kräftige **M. ischiocavernosus** entspringt am Arcus ischiadicus und umfasst an der Radix penis die Crura penis der Corpora cavernosa penis.

Der **M. bulbospongiosus** gilt als Fortsetzung des quergestreiften **M. urethralis**, der das Beckenstück der Harnröhre umgreift. Er dehnt sich distal auf die Oberfläche des Bulbus penis des Harnröhrenschwellkörpers (Corpus spongiosum penis) aus. Bei Tieren mit fibroelastischem Penistyp bleibt er auf das proximale Drittel des Penis begrenzt, beim Hengst zieht er bis an die Penisspitze. Der **M. retractor penis** zieht von den Schwanzwirbeln seitlich um den Anus im Perineum zum Penis. Bei Tieren, die eine S-förmige Schleife (Wiederkäuer und Schwein) aufweisen, setzt er an ihrer kaudal gerichteten Krümmung an. Bei Spezies mit muskulokavernösem Penistyp verläuft er auf dem M. bulbospongiosus bis zur Penisspitze. Dieser Muskel besteht vorwiegend aus glatten Muskelfasern.

## Gefäßversorgung und Innervation der Harnröhre und des Penis

Die der Harnröhre anliegenden akzessorischen Geschlechtsdrüsen, wie auch die Harnröhre selbst und der Penis, werden von der **A. pudenda interna** versorgt. Für alle in der Beckenhöhle befindlichen Abschnitte der Geschlechtsorgane zweigt von der A. pudenda interna die **A. prostatica** ab. Am Arcus ischiadicus teilt sich die A. pudenda interna in die **A. bulbi penis** (für den Harnröhrenschwellkörper), die **A. profunda penis** (für die Corpora cavernosa penis) und die **A. dorsalis penis**, die bis an die Penisspitze zieht und diese versorgt. Für das freie Ende des Penis kommen noch Äste aus der **A. pudenda externa** hinzu, die mit der A. dorsalis penis Anastomosen eingehen und auch das Praeputium vaskularisieren. Beim Hengst geht die A. dorsalis penis zusätzliche Anastomosen mit der **A. obturatoria** ein (s. auch Kap. 12 »Organe des Herz-Kreislauf-Systems«).

Die **Lymphgefäße** der Beckenhöhlenorgane ziehen in die **Lymphonodi iliaci mediales** und **Lymphonodi sacrales**, die des Penis und des Praeputium zu den **Lymphonodi inguinales superficiales** oder **scrotales**.

Die **Innervation** des Penis ist vom **N. pudendus** abhängig, der zahlreiche parasympathische Fasern führt. Zahlreiche Nervenendkörperchen sind im Bereich des Penisblattes der Vorhaut und der Glans eingelagert.

## Erektion und Ejakulation

Die Erektion setzt mit der Versteifung der Corpora cavernosa ein, nachfolgend füllen sich durch Drosselung der Venen die feinen Räume des Corpus spongiosum. Das Zurückgehen der Erektion nach der Ejakulation erfolgt in gleicher Reihenfolge, zuerst werden die Corpora cavernosa entleert, dann die Räume des Corpus spongiosum. Der M. retractor penis unterstützt dabei das Abschwellen des Begattungsorgans und dessen Rückverlagerung in das Praeputium. Für die **Ejakulation** während des Begattungsvorgangs muss die **Erektion** des **Penis** vollzogen sein.

Die **peristaltischen Bewegungen** während der Ejakulation sind auf **glatte Muskelzellen** in der Wand des Nebenhodenkanals und des Samenleiters zurückzuführen. Diese transportieren die Samenzellen in kontinuierlichem Fluss in Richtung Samenleiterampulle. Die sekretorische Aktivität der Epithelauskleidung des Nebenhodengangs wird von androgenen Hormonen angeregt.

Die Verlängerung des **fibroelastischen Penis** erfordert wenig zusätzlich gestautes Blut und erfolgt durch das Verstreichen der S-förmigen Flexur. Die vollständige Erektion erfolgt daher in einem kurzen Zeitraum. Bei Tieren mit **muskulokavernösem Penis**, also beim Hengst, beim Rüden und beim Kater, sind zahlreiche geräumigere Kavernen mit Blut zu füllen, sodass die Erektion wesentlich mehr Zeit in Anspruch nimmt.

**Klinische Ausdrücke**, die von anatomischen Namen abgeleitet werden: Orchitis, Didymitis, Epididymitis, Funiculitis, Orchiektomie, Prostatahypertrophie etc.

# 11 Weibliche Geschlechtsorgane (Organa genitalia feminina)

H. E. König und H.-G. Liebich

Die weiblichen Geschlechtsorgane werden analog zu den männlichen in **keimbereitende** und **keimleitende** bzw. **keimbewahrende Abschnitte** unterteilt. Die Bildung der weiblichen Keimzellen findet in den **Eierstöcken (Ovaria)**, den weiblichen Keimdrüsen, statt. Das Ovar fungiert zusätzlich als **inkretorische Drüse**. Von den Eierstöcken weg führen die **keimleitenden** und **keimbewahrenden Organe**, der **Eileiter (Tuba uterina)** und die **Gebärmutter (Uterus)**. Sie enden im **Begattungsorgan**, das auch als Geburtsweg fungiert. In seinem letzten Abschnitt, der **Scheide (Vagina)**, mündet auch die **Harnröhre (Urethra)** ein (Abb. 11-1).

## Eierstock (Ovarium)

Der Eierstock entsteht beidseitig aus den **Urkeimleisten** in der Lendengegend medial der Urniere. Hierher wandern aus dem Dottersack **Urgeschlechtszellen** ein, die nachfolgend sog. **Eiballen** bilden. Aus diesen entwickeln sich unterschiedliche Stadien der **Eizellreifung** und deren **Begleitzellen (Follikelzellen)** bis hin zum sprungreifen **Graaf-Follikel**. (Näheres s. Lehrbücher der Histologie und der Embryologie.)

### Lage und Größe

Die Eierstöcke sind paarig angelegt. Sie liegen bei der Hündin und der Katze **hochdorsal in der Lendengegend** kaudal der Nieren. Bei den übrigen Haussäugetieren findet ein **speziesabhängiger Keimdrüsenabstieg (Descensus ovarii)** statt. Bei der Stute entfernen sich die Ovarien 8–10 cm von der Dorsalwand, beim Schwein steigen sie bis etwa in die Mitte der Bauchhöhle ab, während sie beim Rind bis an die ventrale Bauchwand, kranial vom Pecten ossis pubis, wandern.

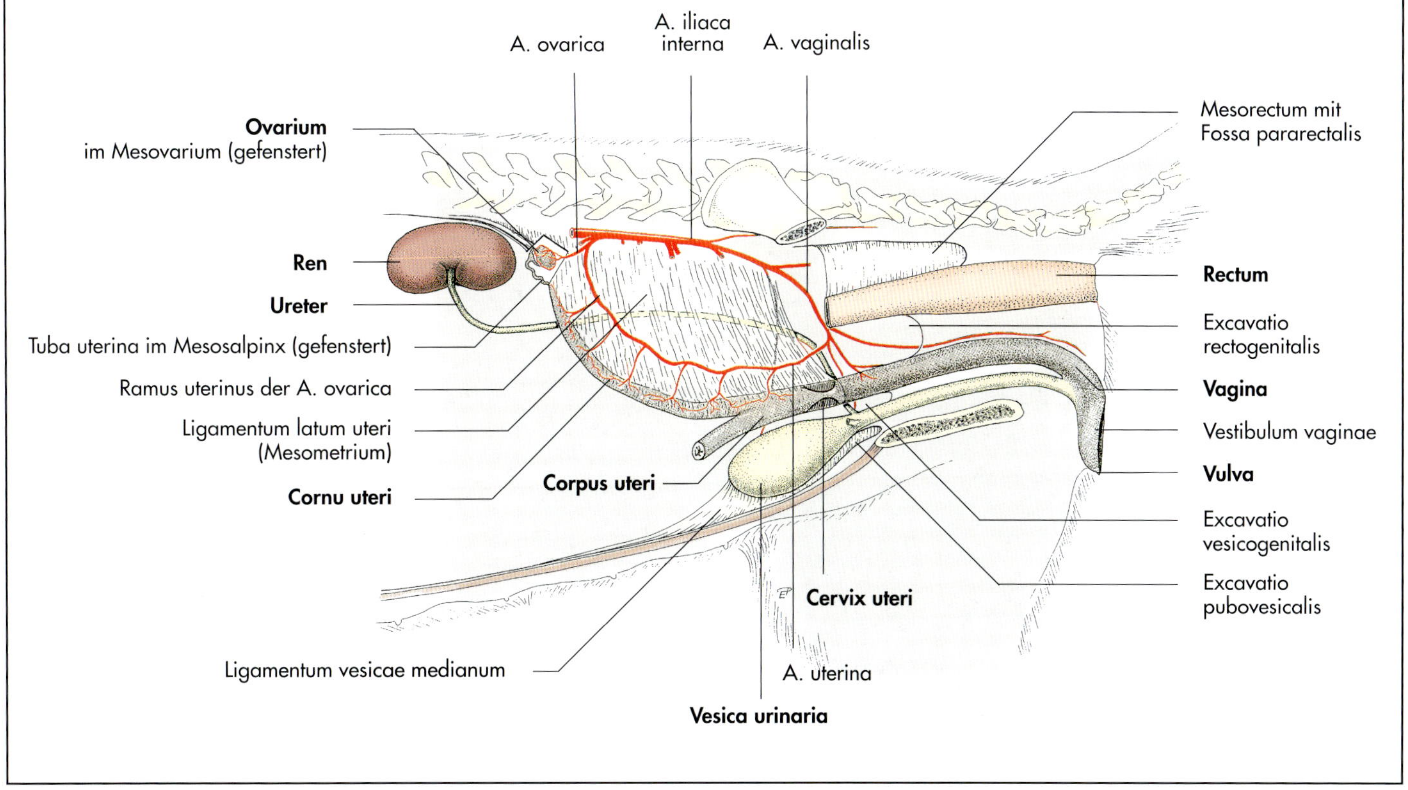


**Abb. 11-1.** Schematische Darstellung der Geschlechtsorgane der Hündin.

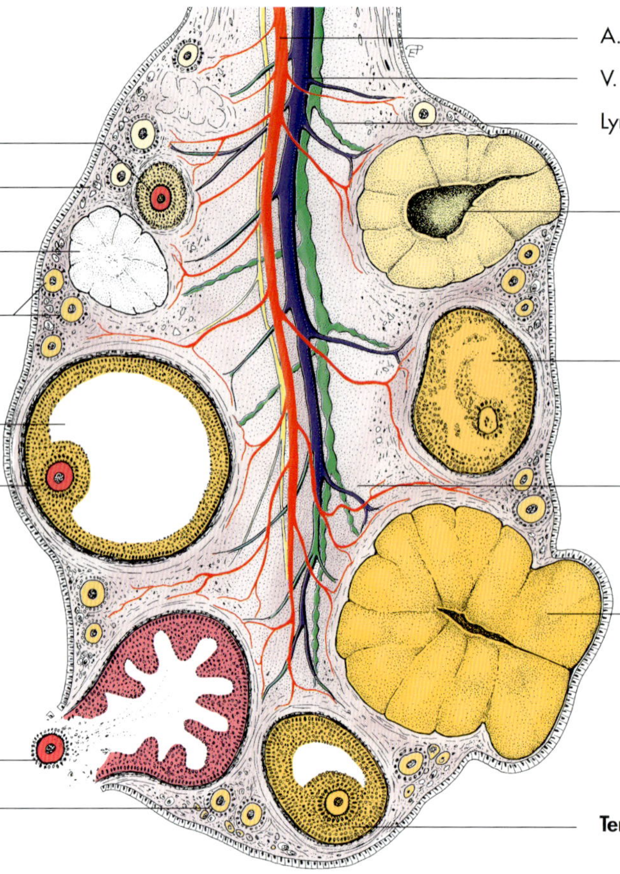


**Abb. 11-2.** Schematische Darstellung des Eierstocks vom Rind mit verschiedenen zyklischen Funktionsgebilden, nach Grau und Walter, 1967.

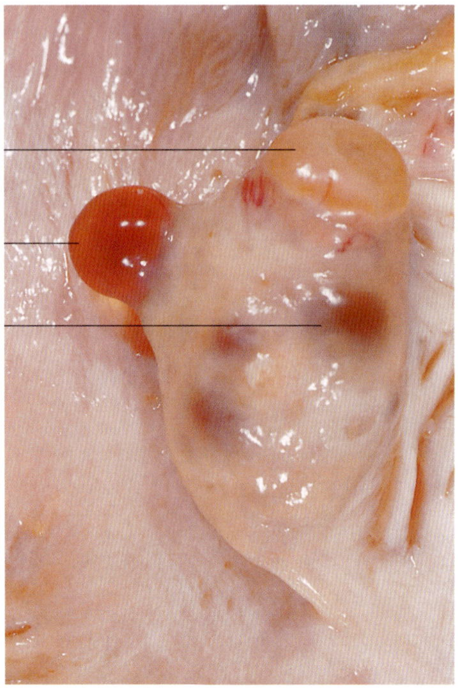


**Abb. 11-3.** Ovar eines Rindes mit Graaf-Follikel kurz vor der Ovulation (Frischpräparat).

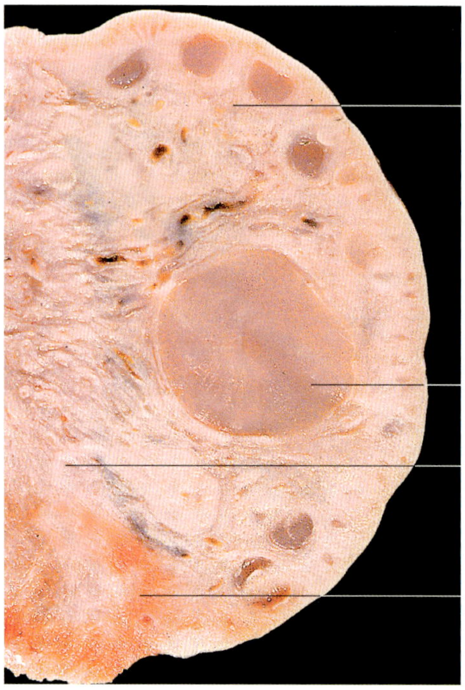


**Abb. 11-4.** Äquatorialschnitt durch den Eierstock eines Rindes (fixiertes Präparat).

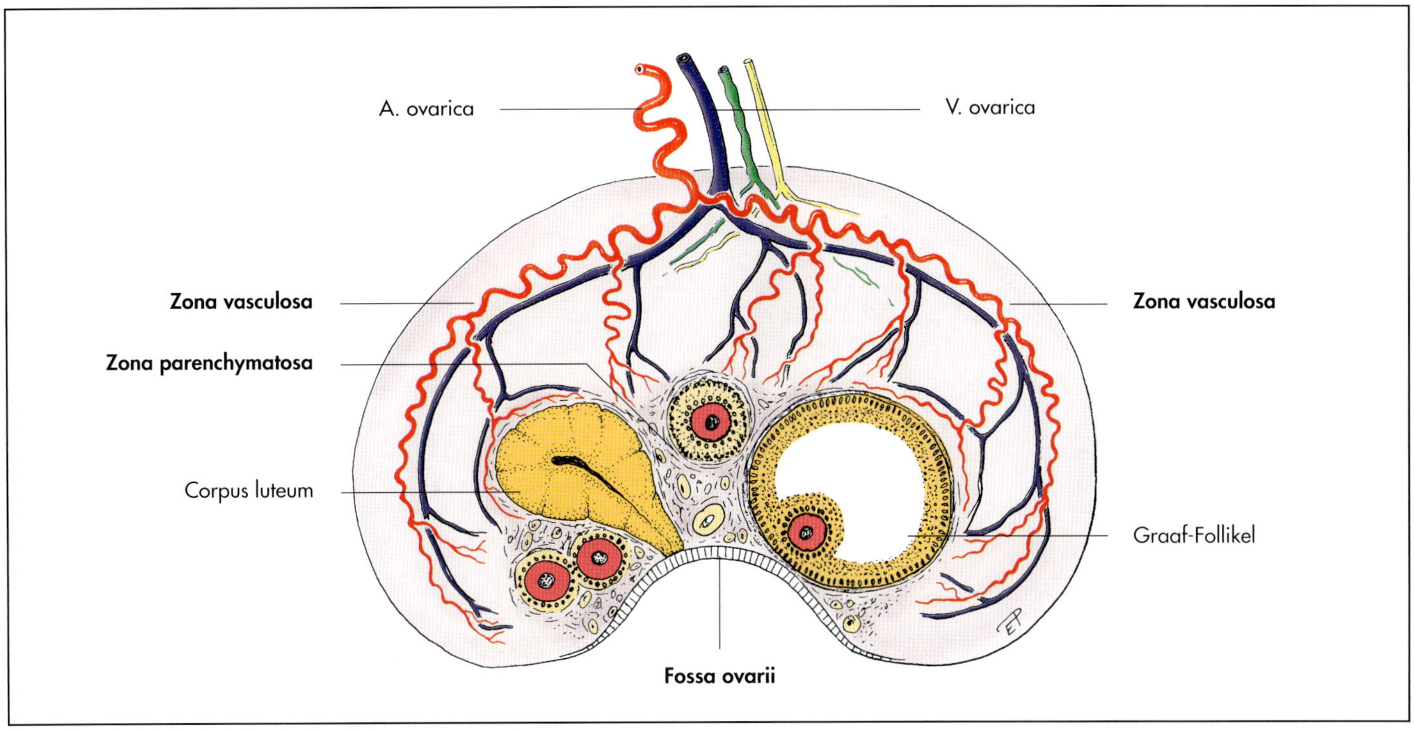


**Abb. 11-5.** Schematische Darstellung des Eierstocks der Stute.

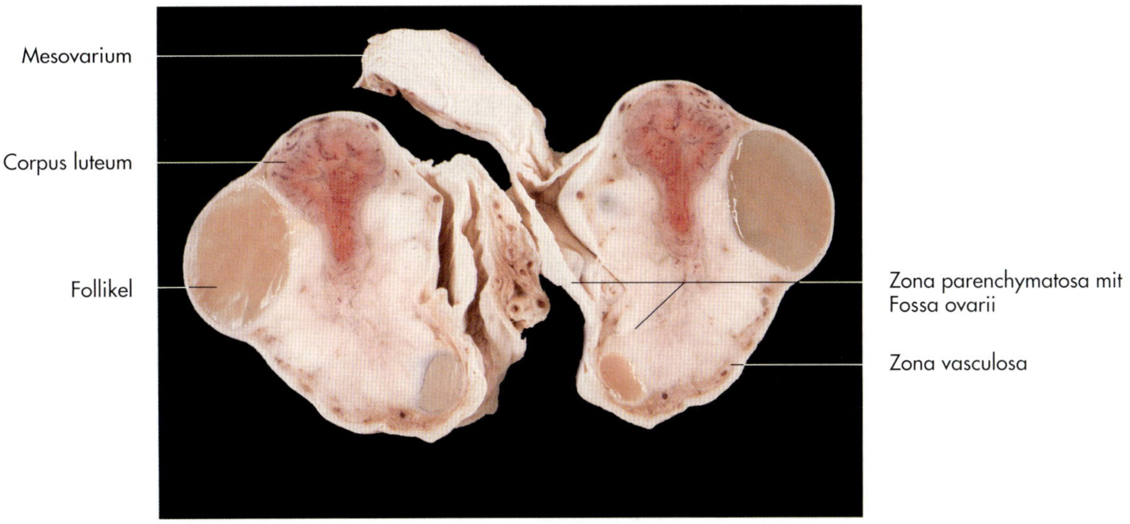


**Abb. 11-6.** Ovar einer Stute (eröffnet).

Die Eierstöcke sind **ellipsen-** bis **nierenförmig**. Ihre Länge beträgt beim Rind ca. 4–6 cm, bei der Stute 8–12 cm, bei Schaf und Ziege 1,5–2 cm, bei der Hündin 1–1,5 cm und bei der Katze 0,8–1 cm.

## Bau des Eierstocks

Ein Schnitt durch den Eierstock zeigt im **Inneren** eine **lockere, gefäßreiche Medulla ovarii (Zona medullaris** seu **vasculosa)** und eine **dichter gefügte, äußere Cortex ovarii (Zona parenchymatosa)** (Abb. 11-2ff.).

Die äußere Schicht wird von einer **Tunica albuginea** begrenzt, die oberflächlich von einem einschichtigen Keimdrüsenepithel überzogen ist. Bei der Stute liegen umgekehrte Verhältnisse vor. Bei dieser Tierart umgibt die gefäßreiche Zona medullaris (Zona vasculosa) glockenförmig die Cortex ovarii (Zona parenchymatosa), die lediglich am freien Rand des Ovars in der **Fossa ovarii** die Eierstockoberfläche erreicht (Abb. 11-5). Man spricht bei der Stute im erweiterten Sinn daher von einer **»Ovulationsgrube«**.

In der **Cortex ovarii** sind in großer Anzahl die **Funktionsgebilde** des Eierstocks, die **Follikel** und die **Gelbkörper**, anzutreffen.

### Ovarialfollikel

Ovarialfollikel entwickeln sich beim geschlechtsreifen Tier in der Cortex ovarii, sie unterscheiden sich in der Größe der sie einschließenden Eizellen und in ihrem Differenzierungsgrad (Abb. 11-8 u. 9). Man unterscheidet:

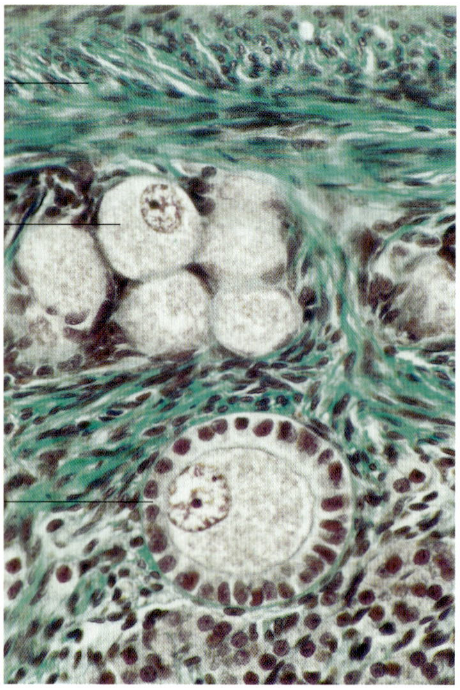


**Abb. 11-7.** Histologischer Schnitt durch die Rindenzone des Eierstocks eines Rindes.

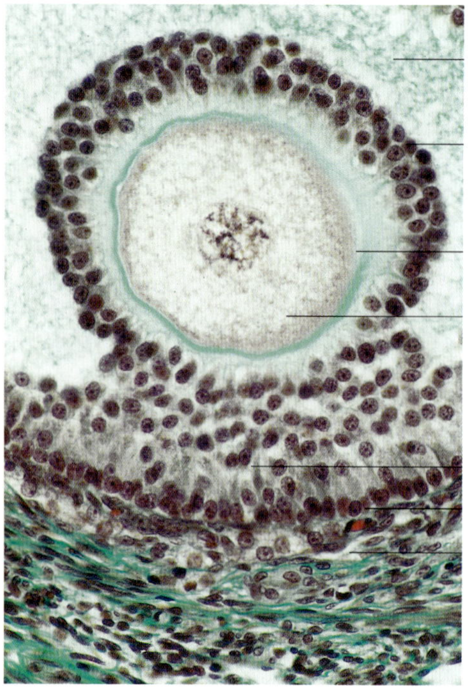


**Abb. 11-8.** Histologischer Schnitt eines Tertiärfollikels aus dem Eierstock eines Rindes.

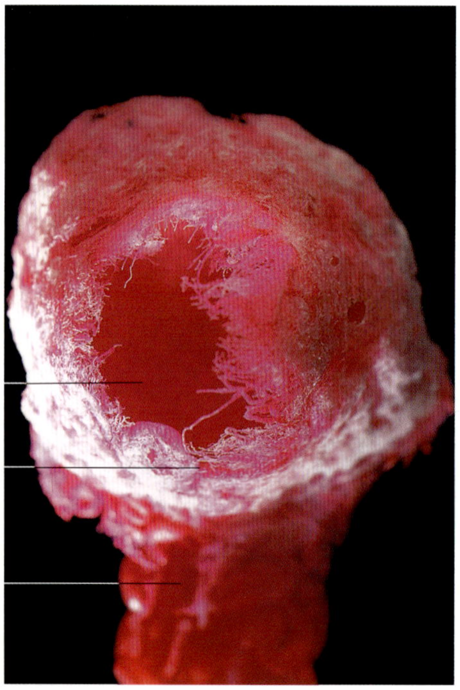


**Abb. 11-9.** Eierstock eines Rindes mit injizierten Gefäßen (Korrosionspräparat).

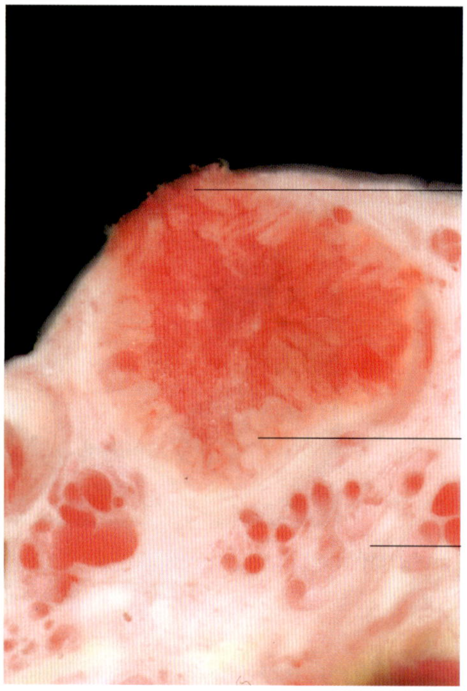


**Abb. 11-10.** Eierstock eines Rindes mit einem Gelbkörper nach dem Eisprung (Gefäße injiziert).

- Primordialfollikel,
- Primärfollikel,
- Sekundärfollikel,
- Tertiärfollikel und
- Graaf-Follikel.

Die **Primordialfollikel** werden von einschichtig flachen Follikelepithelzellen gebildet, die sich in späteren Stadien der Differenzierung in innere Thekazellen umwandeln. Die **Follikel** schließen die **Eizelle (Ovocytus)** ein. Nach Umformung des abgeplatteten Epithels in ein isoprismatisches spricht man von einem **Primärfollikel**. Durch polare Zellvermehrung der Follikelzellen wächst der Primärfollikel zu einem **Sekundärfollikel** heran, der flüssigkeitsgefüllte Spalträume entstehen lässt. Diese konfluieren und werden zur späteren **Follikelhöhle**. Durch weitere Flüssigkeitsvermehrung und Verdickung der **inneren Follikelwandschichten** entsteht der **Tertiärfollikel**. Dieses Stadium geht in das Endstadium der Follikel-

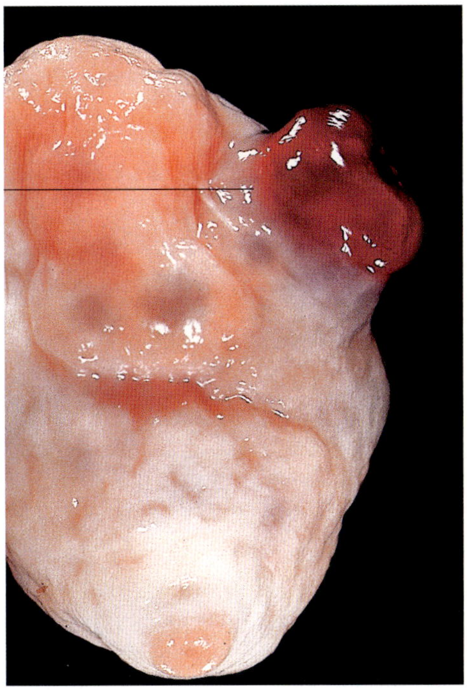


**Abb. 11-11.** Eierstock eines Rindes mit einem Gelbkörper (zweiter Tag).

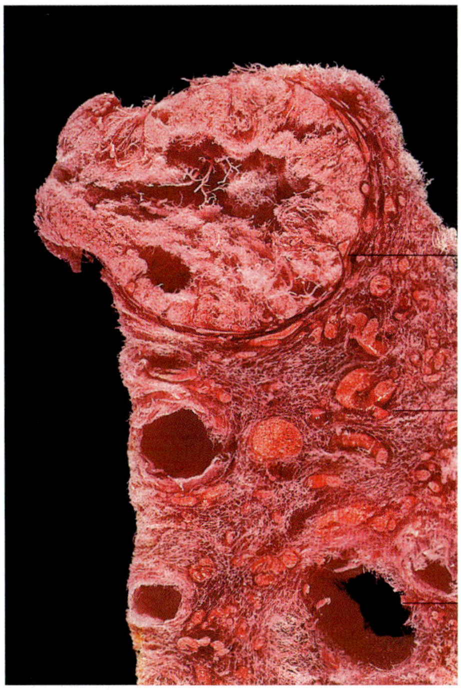


**Abb. 11-12.** Eierstock eines Rindes mit injizierten Gefäßen (Korrosionspräparat, halbiert), König, Amselgruber und Rüsse, 1987.

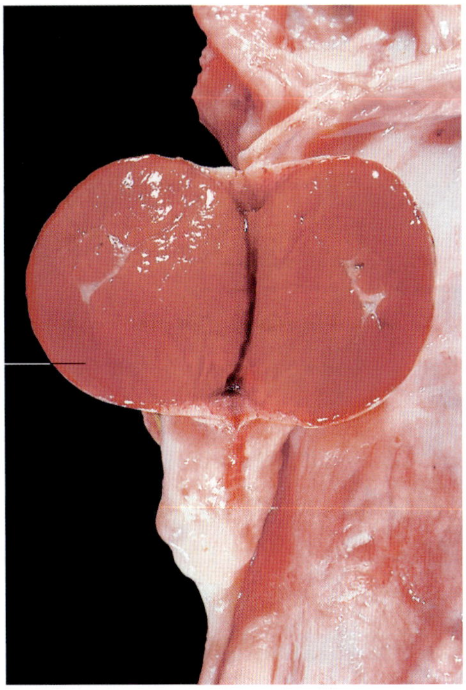


**Abb. 11-13.** Eierstock eines Rindes mit einem Corpus luteum graviditatis (Frischpräparat, halbiert).

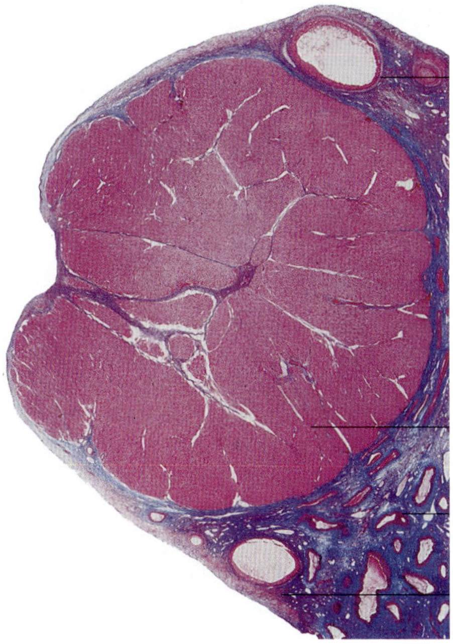


**Abb. 11-14.** Histologischer Schnitt durch einen Gelbkörper eines Schafes mit anliegendem, stark vaskularisiertem Parenchym.

reifung über den sprungreifen **Graaf-Follikel**, der beim Rind mit ca. 2 cm Durchmesser deutlich die Ovaroberfläche überragt. Bei der Stute erreicht dieser Follikel eine Größe von 3–6 cm (Abb. 11-2ff.).

Die Wand des Tertiärfollikels wird von Follikelepithel gebildet, das die Follikelhöhle umschließt. Exzentrisch der Wand angelagert und durch den **Eihügel (Cumulus oophorus)** mit dieser verbunden, liegt in der Follikelhöhle die Eizelle. Die Eizelle wird von einer feinfibrillären Schicht **(Zona pellucida)** umgeben, der außen mehrere Zellagen des Follikelepithels anliegen, die **Corona radiata** (Abb.11-9). Nur ein verschwindend kleiner Teil der embryonal angelegten Follikel und damit der Eizellen erreicht das Stadium eines Graaf-Follikels. Die meisten Follikel unterliegen einer **Rückbildung**, der sog. **Follikelatresie**, und degenerieren. (Näheres siehe Lehrbücher der Histologie.)

Gleichzeitig mit der Differenzierung der Ovarialfollikel verlaufen die **meiotischen Vermehrungs-** und **Reifungsphasen der Eizelle**. Danach vollendet die primäre Ovozyte die **erste meiotische Teilung (Reduktionsteilung)** während der präovulatorischen Rei-

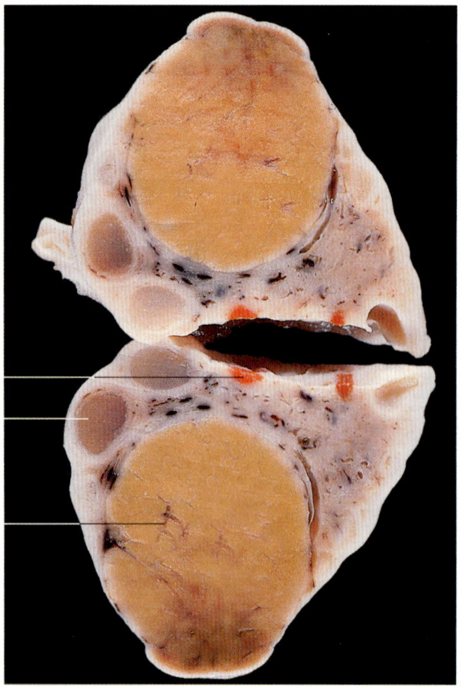


Abb. 11-15. Eierstock eines Rindes mit einem Gelbkörper am Ende der Blütephase (fixiertes Präparat, halbiert).

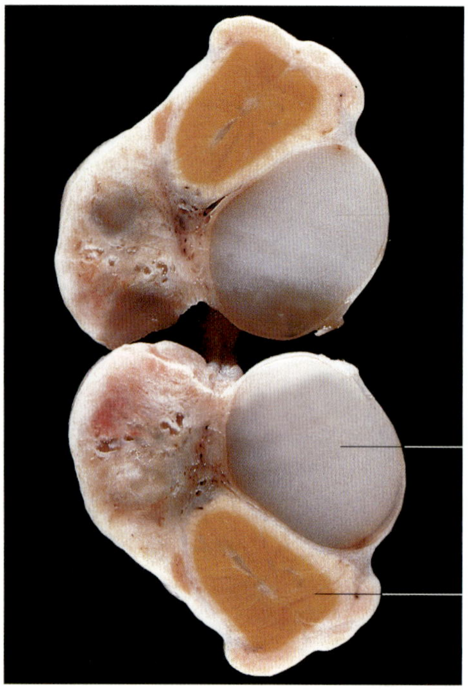


Abb. 11-16. Eierstock eines Rindes mit einem Gelbkörper in der Rückbildung (fixiertes Präparat, halbiert).

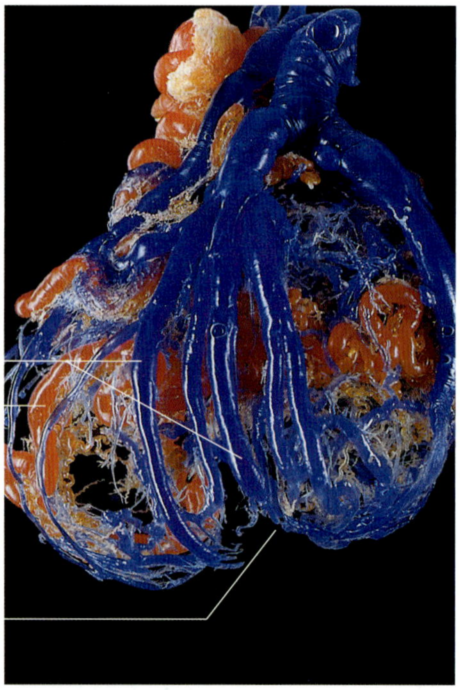


Abb. 11-17. Eierstock einer Stute mit injizierten Gefäßen (Korrosionspräparat).

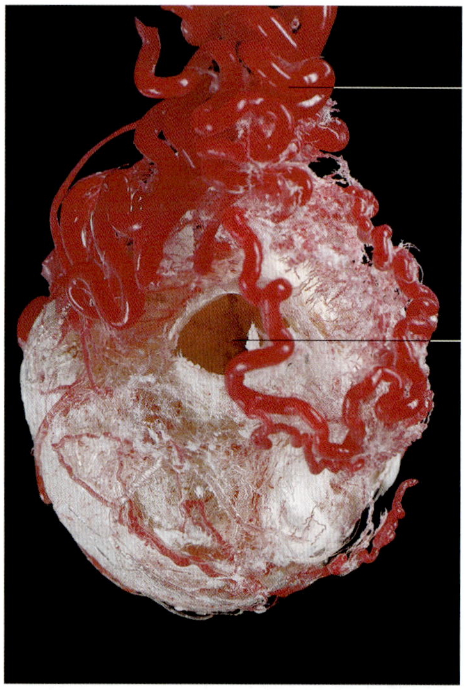


Abb. 11-18. Eierstock einer Stute mit injizierten Arterien und Graaf-Follikel mit einem Durchmesser von 6 cm (Korrosionspräparat).

fungsphase, lediglich bei der Stute und der Hündin findet dieser Prozess erst nach der Ovulation statt. Die **zweite meiotische Teilung (Äquationsteilung)** wird erst im Eileiter nach dem Eindringen des Spermiums in die Ovozyte beendet (= Befruchtung). Komplizierte vaskuläre und enzymatische Umstrukturierungen führen zur Bildung einer präformierten Stelle auf der Oberfläche des Follikels, dem **Stigma** (Abb. 11-3, 10 u. 11). An dieser Stelle reißt der Follikel unter dem Einfluss des **luteinisierenden Hormons (LH)** der Hypophyse ein, der **Eisprung (Ovulation)** wird eingeleitet. Dabei wird die **Eizelle zusammen mit den sie umhüllenden Follikelzellen** durch die **Follikelflüssigkeit (Liquor folliculi)** aus der Follikelhöhle gespült und gelangt in den **Eileitertrichter**. Bei der Katze erfolgt die Ovulation nicht spontan, sondern wird durch den Begattungsakt induziert.

## Gelbkörper (Corpus luteum)

Die Wand der Follikelhöhle faltet sich nach der Ovulation, bedingt durch den Druckabfall, ein. Nachfolgende Abbau- und Proliferati-

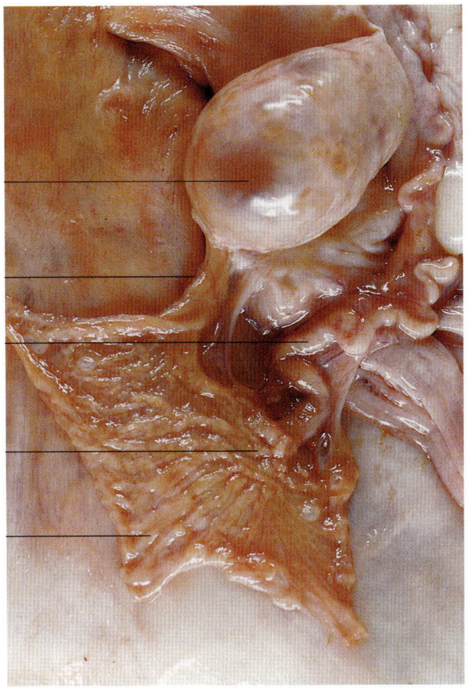


**Abb. 11-19.** Eierstock eines Rindes mit Eileiter.

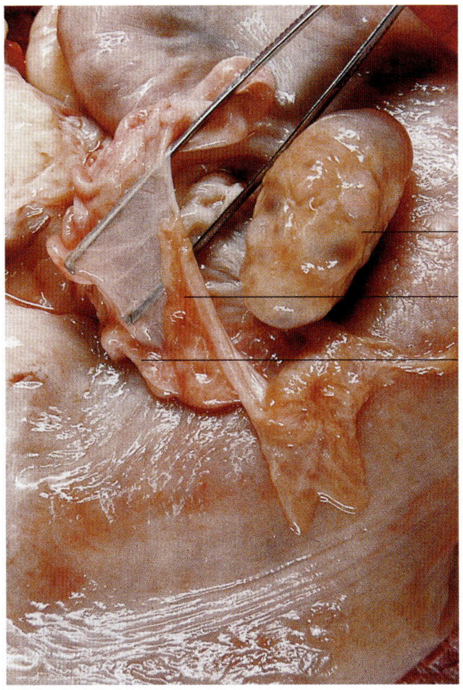


**Abb. 11-20.** Eierstock eines Rindes mit Eierstocktasche (durch eine eingeführte Pinzette erweitert).

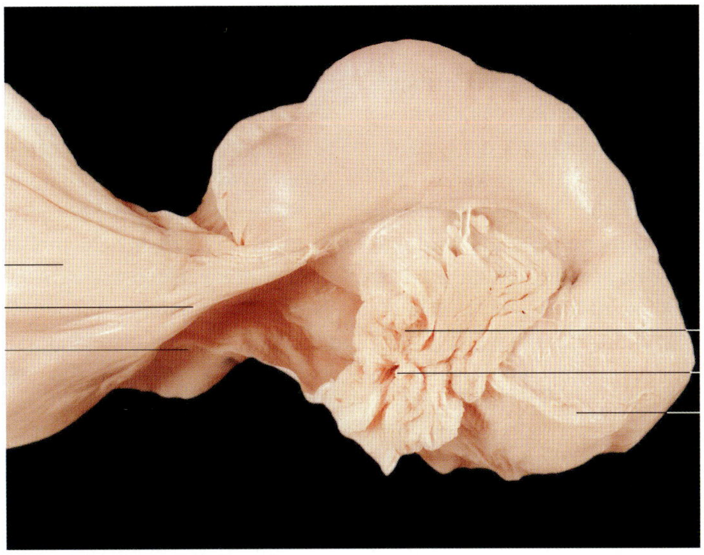


**Abb. 11-21.** Eierstock und Eileiter einer Stute.

onsvorgänge führen unter Einsprossung von Gefäßen zur Bildung des Gelbkörpers (Corpus luteum) (Abb. 11-2, 4, 5 u. 12ff.).

Man unterscheidet am Corpus luteum ein frühes und ein spätes Anbildungsstadium **(Proliferations-** und **Vaskularisationsstadium)**, ein Stadium der **Blüte** und ein Stadium der **Rückbildung**. Der Gelbkörper, der diese Stadien während eines Sexualzyklus durchläuft, wird **Corpus luteum cyclicum** genannt. Bei eintretender Trächtigkeit bleibt der Gelbkörper über längere Zeit aktiv, man spricht von einem **Corpus luteum graviditatis**. Bei der Stute bleibt der Gelbkörper bis zum 150. Tag der Trächtigkeit bestehen. Anschließend übernimmt die Plazenta die Gestagensynthese. Bei Störungen des zyklischen Ablaufs der Sexualvorgänge kann der Gelbkörper sich u.U. nicht mehr zurückbilden **(Corpus luteum persistens)** oder zystös entarten **(Gelbkörperzyste)**.

Die **Thekazellen** bilden die **Wandzellen** des **reifen Follikels** und produzieren **Östrogene**, der **Gelbkörper Progesteron**. Vermehrte Östrogenbildung im Falle des Graaf-Follikels führt zur **Brunst** (Paarungsbereitschaft), während das Progesteron den Uterus für die **Implantation der befruchteten Eizelle** vorbereitet. Die **Rückbildung des Gelbkörpers (Luteolyse)** wird von **Prostaglandinen** ($PgF_{2\alpha}$) eingeleitet, die im **Uterus** produziert werden und beim Rind aus der **V. ovarica** direkt in die ihr eng anliegende **A. ovarica (arteriovenöse Koppelung)** übertreten **(transmuraler Transport)**. Durch diese Koppelung erreichen die Prostaglandine auf kürzestem Wege das Corpus luteum.

Am Ende des Rückbildungsvorgangs bleibt eine Gelbkörpernarbe **(Corpus albicans)**. (Näheres s. Lehrbücher der Embryologie und der Gynäkologie.)

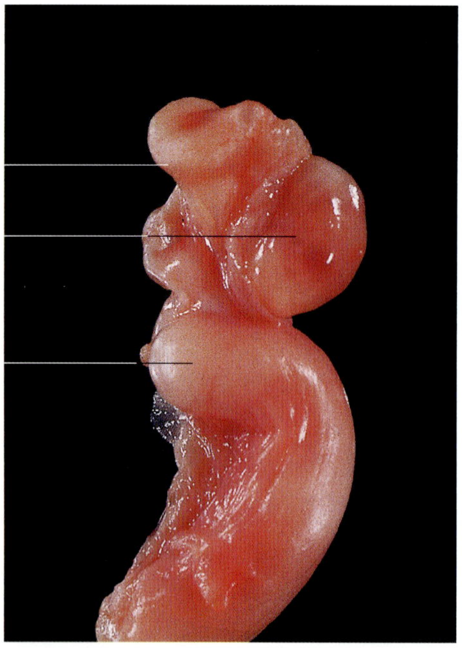


**Abb. 11-22.** Eierstock einer Katze mit Graaf-Follikel, Eileiter und Uterushorn.

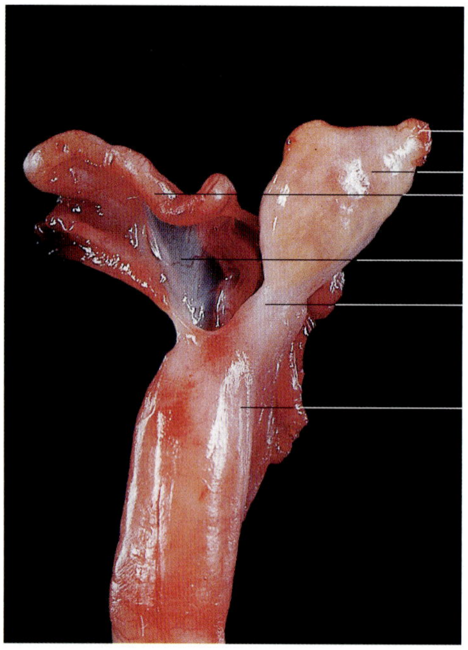


**Abb. 11-23.** Eierstock einer Katze mit Corpus luteum, Eileiter und Uterushorn.

Form und Dimension dieser Funktionsgebilde sind für praktische Belange beim Rind von Bedeutung. Durch **transrektale Untersuchung** können **Gelbkörper** zu Diagnosezwecken **palpiert** werden. Bei der Stute hingegen sind aufgrund der besonderen anatomischen Verhältnisse an den Ovarien diese Funktionsgebilde transrektal nicht so gut erreichbar. Allerdings kann kurz vor der Ovulation bei einem Follikel die Fluktuation der Follikelflüssigkeit gefühlt werden. Nach der Ovulation ist ein deutlicher Krater feststellbar. Die Funktion der Eierstöcke und ihre Hormonproduktion wird von **Hypophysenhormonen** gesteuert. Dysfunktionen führen z.B. zu Eierstockzysten und persistierenden Gelbkörpern. (Näheres s. Lehrbücher der Physiologie und der Endokrinologie.)

# Eileiter (Tuba uterina oder Salpinx)

Die Eileiter sind paarig und verlaufen englumig und gewunden in ihrem **Gekröse**, der **Mesosalpinx** (Abb. 11-19 u. 20). Das ovarseitige Ende des Eileiters hat **Trichterform (Infundibulum tubae uterinae)**, es nimmt die ovulierte Eizelle auf. Seine Innenfläche trägt **Schleimhautfalten**, die am Rande als **Fransen (Fimbriae tubae)** teilweise mit der Oberfläche des Eierstocks verkleben **(Fimbriae ovaricae)**. Die Falten des Infundibulum laufen radiär im Trichterzentrum zusammen und begrenzen so das **Ostium abdominale tubae uterinae**. Diese Öffnung stellt eine Verbindung zwischen Peritonealhöhle und Außenwelt her (Abb. 11-26 u. 27).

Nach dem Infundibulum folgt ein geringfügig erweiterter Abschnitt des Eileiters **(Ampulla tubae uterinae)**. In der Ampulle des Eileiters findet die **Befruchtung** statt.

Die Eizelle bleibt einige Tage in der Ampulle, um dann über den weit längeren, gewundenen und engen Teil des Eileiters **(Isthmus tubae uterinae)** zur Uterushornspitze transportiert zu werden. Die Öffnung zum Uterus **(Ostium uterinum tubae)** liegt bei der Stute und bei der Hündin auf einer **Papille**, die für aufsteigende Infektionen eine Barriere darstellt. Bei den übrigen Haussäugetieren erfolgt der Übergang vom Eileiter in den Uterus allmählich.

## Gekröse und Eierstocktasche

Das **Gekröse** des **Eierstocks**, das **Mesovarium**, geht kaudal kontinuierlich in das **Gekröse** der **Gebärmutter**, das **Mesometrium**, über. Das **Eileitergekröse (Mesosalpinx)** spaltet sich eierstocksnah seitlich aus dem Mesovarium ab und unterteilt dieses so in ein langes **Mesovarium proximale** und ein kurzes **Mesovarium distale**. Im Mesovarium verlaufen dorsal die Gefäße des Eierstocks (A. u. V. ovarica). Zusätzlich zieht am freien kranialen Rand des Mesovarium das bei Katze, Hund und Schwein kräftig ausgebildete **Keimdrüsenband (Ligamentum suspensorium ovarii)** vom vorderen Eierstockpol (Extremitas tubaria) kraniodorsal zum Zwerchfell. Es kann somit an seiner Verlaufsrichtung von den Gekrösen der Eierstockgefäße unterschieden werden.

Bei der Hündin ist, im Gegensatz zur Katze, das Ligamentum suspensorium ovarii **nicht vaskularisiert** und kann daher intraoperativ (z.B. bei Ovariektomie) ohne vorherige Ligatur durchtrennt werden.

Die **Mesosalpinx** zieht über den Eileiter hinaus und bildet einen schleierartigen freien Rand (Abb. 11-20ff. u. 26). Zwischen der **Extremitas uterina des Eierstocks** und der **Uterushornspitze** spannt sich der proximale Abschnitt des kaudalen Keimdrüsenbandes, das **Ligamentum ovarii proprium**. Mesovarium distale, Mesosalpinx und Ligamentum ovarii proprium bilden die **Eierstocktasche (Bursa ovarica)** (Abb. 11-20). Größe und Weite der Eierstocktasche und ihre mediale Zugangsöffnung **(Ostium bursae ovaricae)** sind speziesspezifisch sehr verschieden.

Bei der Stute kann die Eierstocktasche den Eierstock wegen seiner Größe nicht umfassen. Bei den Wiederkäuern und beim Schwein stülpt sich die Bursa ovarica kapuzenartig über den Eierstock. Bei der Katze umschließt die Eierstocktasche den Eierstock, ist aber zur Bauchhöhle hin schlitzförmig weit offen. Bei der Hündin umfasst die mit einem Fettkörper versehene relativ große Eierstocktasche das Ovar vollständig, das Ostium bursae ovaricae ist eng und schlitzförmig.

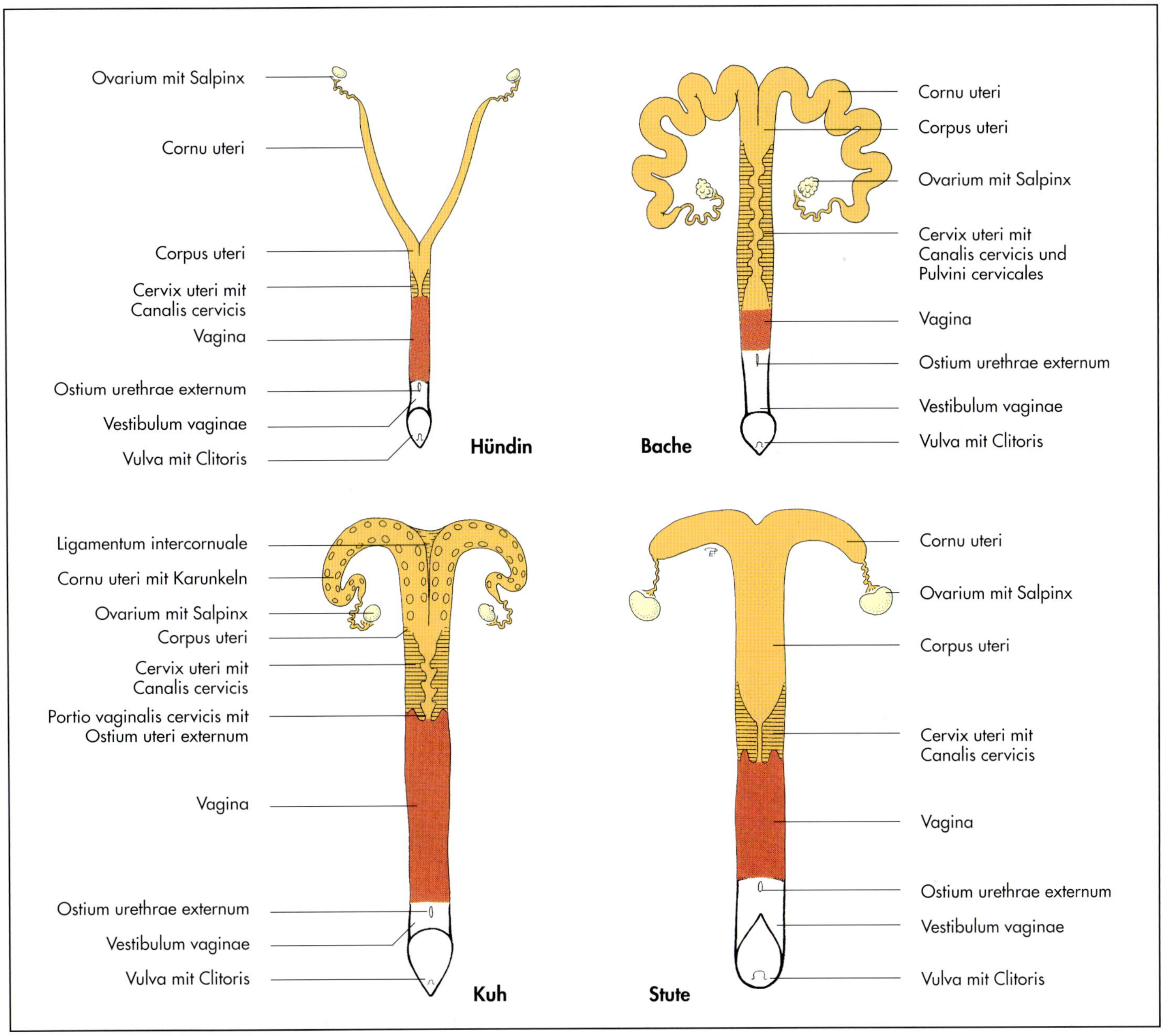


**Abb. 11-24.** Schematische Darstellung der weiblichen Geschlechtsorgane von Haussäugetieren, nach Najbrt und Kaman, 1982.

# Gebärmutter (Metra, Hystera, Uterus)

Die **Gebärmutter** (griech. Metra, Hystera, lat. Uterus) bildet sich embryonal wie die Salpinx und die Vagina aus den **Müller-Gängen**, die bei den Haussäugetieren im kranialen Bereich weitgehend unverschmolzen bleiben (Abb. 11-24ff.). So entsteht der typische **Uterus bicornis**, charakterisiert durch:

- zwei Uterushörner (Cornua uteri),
- einen einheitlichen Uteruskörper (Corpus uteri),
- einen Uterushals (Cervix uteri).

Die Lage und der Wandbau des Uterus ändert sich in Abhängigkeit vom Alter bzw. während der Trächtigkeit z.T. erheblich. Die folgenden Abschnitte beschreiben die Gebärmutter erwachsener, nicht gravider Tiere. Die beiden bleistiftstarken **Uterushörner (Cornua uteri)** ragen bei den Fleischfressern weit in die Bauchhöhle vor und erreichen bei gestrecktem Verlauf die Eierstocktasche, die sich **kaudal der Nieren** befindet.

Beim Schwein sind die Uterushörner, die ebenfalls in der Bauchhöhle liegen, dünndarmschlingenähnlich, besitzen aber eine wesentlich derbere Konsistenz als dieser Darmabschnitt. Beim Rind und bei den kleinen Wiederkäuern sind die Cornua uteri **widderhornartig** gewunden, wobei die erste große Windung eine dorsokraniale Konvexität zeigt. Die Uterushornspitzen liegen **vor dem Pecten ossis pubis** in der Bauchhöhle. Bei der Stute zeigen die beiden Enden der Uterushörner dorsal zu den Nieren, während der kaudal gelegene Abschnitt ventral durchhängt und den Darmschlingen anliegt (Abb. 11-24).

Den geräumigsten **Uteruskörper (Corpus uteri)** besitzt die Stute. Beim Schwein unterteilt ein **medianes Septum** den kranialen Abschnitt des Uteruskörpers, ein ebensolches Septum zieht beim

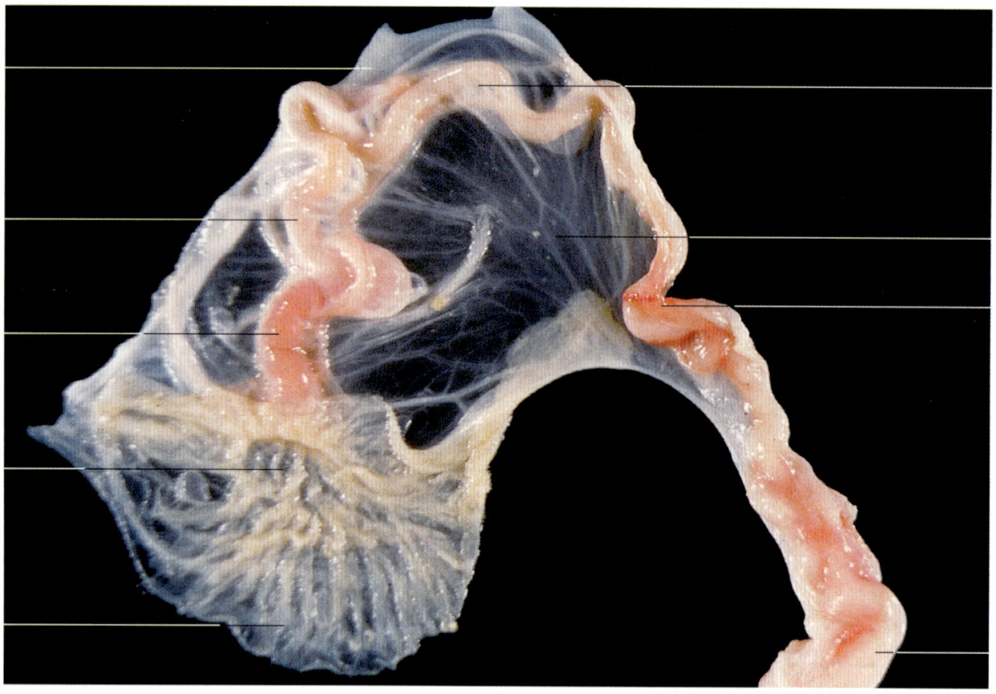


**Abb. 11-25.** Eileiter eines Rindes.

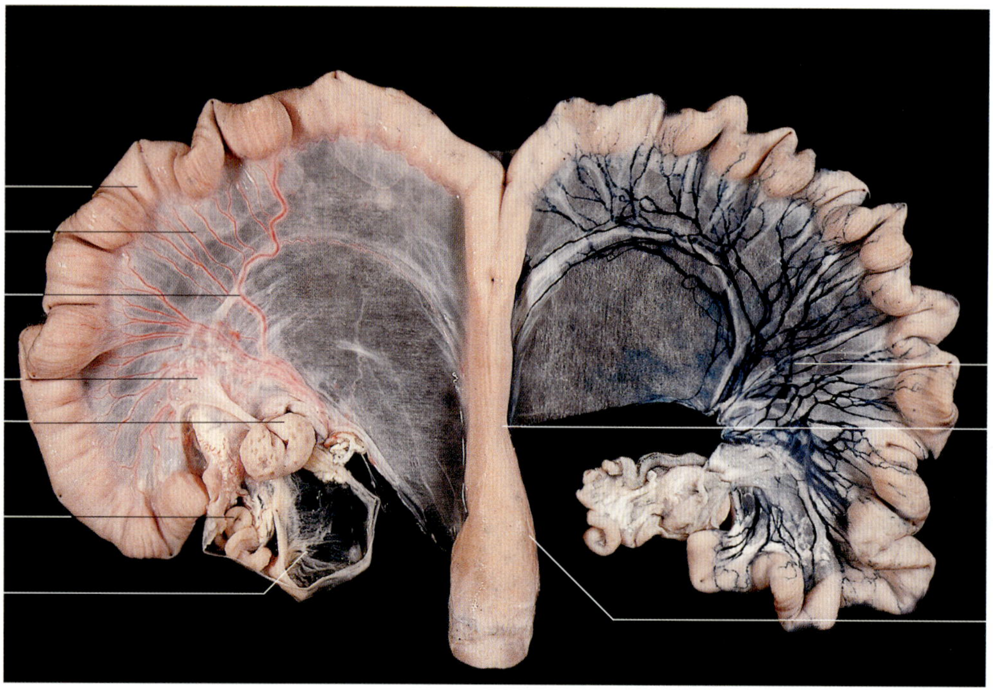


**Abb. 11-26.** Gebärmutter eines Schweines mit injizierten Arterien (linke Seite) und tuscheinjizierten Lymphgefäßen (rechte Seite), Aufnahme PD Dr. J. Maierl, München.

Rind fast bis an die Cervix uteri. Von außen ist diese Unterteilung nicht sichtbar.

Der **Gebärmutterhals (Cervix uteri)** stellt einen dickwandigen, gut palpierbaren **Verschluss** des Uterus dar, dessen Lumen sich lediglich während der Brunst und bei der Geburt öffnet. Der **Canalis cervicis** beginnt mit dem **inneren Muttermund (Ostium uteri internum)**, in der einheitlichen Höhle des Corpus uteri, und endet am **äußeren Muttermund (Ostium uteri externum)**. Dieser geht in die **Scheide (Vagina)** über (Abb. 11-27). Den Verschluss des Canalis cervicis bilden **Schleimhautfalten**, die beim Rind quergestellt ringförmig **(Plicae circulares)** und beim Schwein zapfenförmig **(Pulvini cervicales)** ineinandergreifen (Abb. 11-24). Bei der Stute, der Hündin und der Katze sind hier Längsfalten **(Plicae longitudinales)** zu finden. Das Sekret der Zervikaldrüsen bildet einen **Schleimpfropfen**, der zum optimalen Verschluss des Zervikalkanals beiträgt.

Das **Ostium uteri externum** springt bei der Kuh und bei der Stute als **Portio vaginalis** in die Vagina vor und wird hier vom **Fornix**

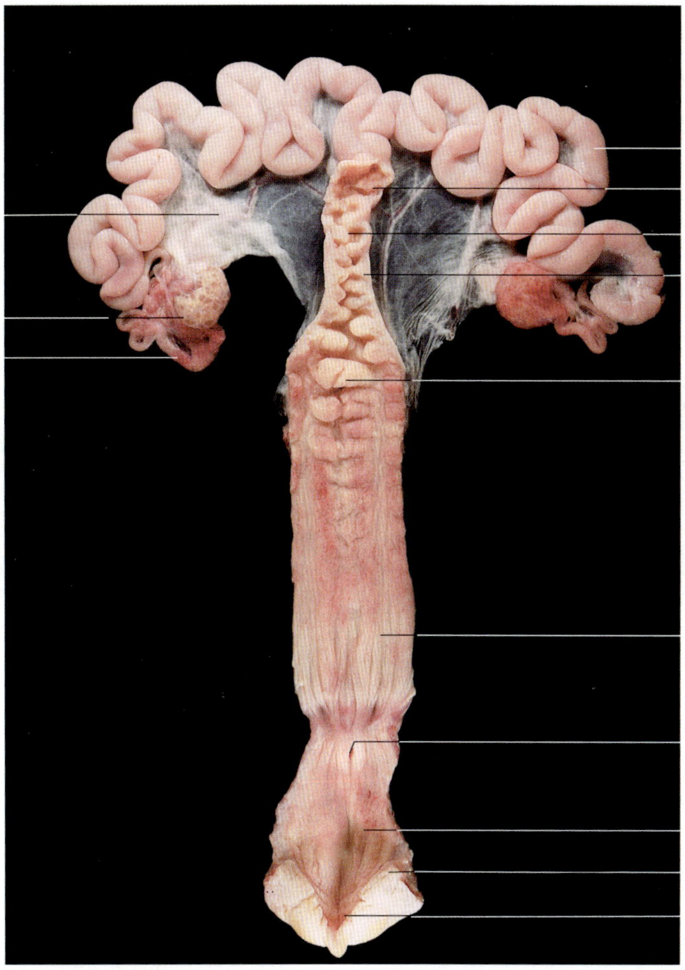


**Abb. 11-27.** Eierstöcke, Eileiter, Gebärmutter, Scheide und Schamlippen eines Schweines (Frischpräparat, teilweise eröffnet), Aufnahme PD Dr. J. Maierl, München.

**vaginae** umgeben. Beim Schwein und bei der Hündin öffnet sich der äußere Muttermund trichterförmig, während bei der Katze hier ein kleiner, knopfförmiger Vorsprung zu finden ist.

## Wandbau des Uterus

Auf einem Schnitt durch den Uterus sind drei Schichten erkennbar, deren Bezeichnungen für die Ableitung von klinischen Begriffen wichtig sind:

- Schleimhautschicht (Tunica mucosa, Endometrium),
- Muskelschicht (Tunica muscularis, Myometrium),
- Serosaschicht (Tunica serosa, Perimetrium).

Die **Schleimhautschicht (Endometrium)** kleidet die Gebärmutter lumenseitig aus. Ihre Stärke ist vom jeweiligen Zyklusstadium abhängig. An ihrer Oberfläche münden zahlreiche **tubuläre Drüsen (Glandulae uterinae)** (Abb. 11-30). Bei den Wiederkäuern finden sich im Endometrium in vier unregelmäßigen Reihen angeordnete Erhöhungen **(Carunculae)** (Rind 80–120), an denen sich die **Placenta fetalis** während der Trächtigkeit mit Hilfe der **Kotyledonen** fest anheftet. Eine Karunkel und das dazugehörige Kotyledon bilden zusammen ein **Plazentom**. An die Schleimhaut schließt sich eine zweilagige muskuläre Hülle, die **Tunica muscularis** oder das **Myometrium**, an (Abb. 11-30). Im **Myometrium** trennt ein bindegewebig durchsetztes, gefäßreiches **Stratum vasculare** die innere **kräftige zirkuläre** von der äußeren **längsgerichteten Muskelschicht** (Abb. 11-30).

Außen wird der Uterus von einer **Tunica serosa (Perimetrium)** bedeckt. An seinem **mesometrialen** Rand weichen die beiden Serosalamellen des **Gebärmuttergekröses (Mesometrium)** auseinander. Hier finden sich zahlreiche Gefäßaufzweigungen, vegetative Nerven und Muskelfasern. Letztere stammen überwiegend aus der Längsmuskelschicht des Myometrium. Dieser Abschnitt des Uterus wird als **Parametrium** bezeichnet (Abb. 11-30).

# Scheide (Vagina)

Als Vagina wird der Abschnitt des Begattungsorgans bezeichnet, der vom **äußeren Muttermund** bis zur **Harnröhrenmündung (Ostium urethrae externum)** reicht (Abb. 11-24, 27, 33 u. 36). An dieser kaudalen Grenze findet sich beim Fohlen und jungen weiblichen Schwein eine Schleimhautfalte, die dem **Jungfernhäutchen (Hymen)** der Frau entspricht. Äußerst selten können hier auch beim Rind Schleimhautfalten oder Spangen auftreten und zu einer Behinderung der Geburt führen. Die lange dünnwandige Vagina, zwischen Rectum und Harnblase gelegen, ist in ihrem kranialen Abschnitt von Peritoneum überzogen. In diesem Bereich ist durch einen Schnitt im dorsalen Scheidengewölbe der Zugang zur Peri-

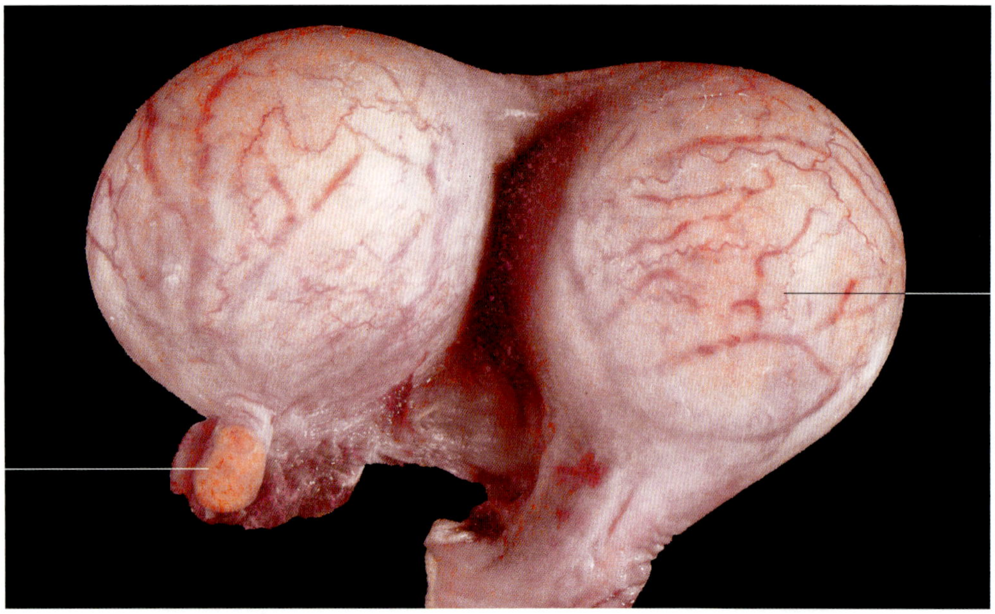


**Abb. 11-28.** Uterushorn einer trächtigen Katze, Aufnahme PD Dr. S. Reese, München.

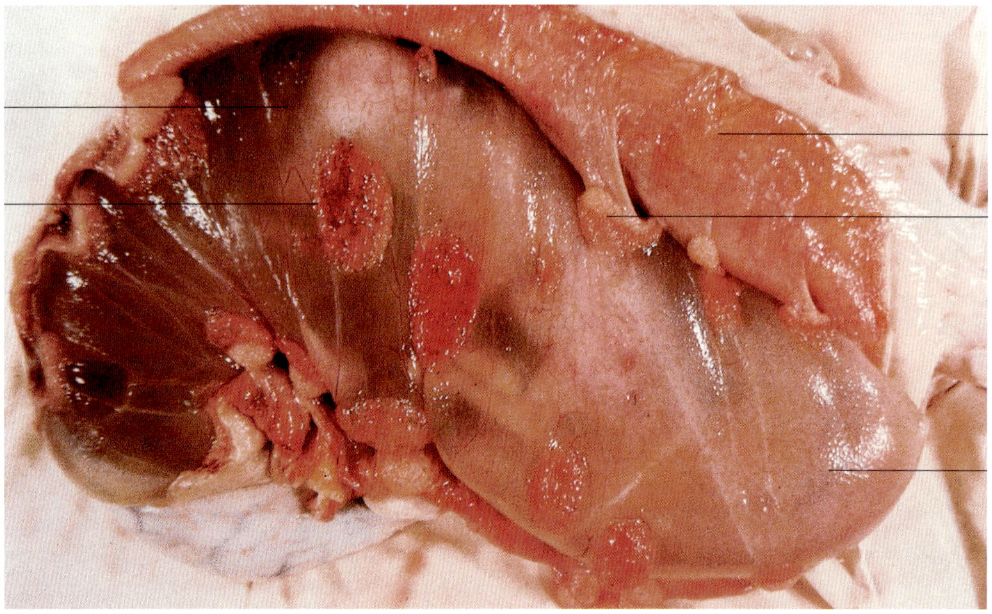


**Abb. 11-29.** Trächtige Gebärmutter eines Rindes mit Aufsicht auf den Fetus (3. Monat).

tonealhöhle möglich (z.B. Ovariektomie der Stute). In der Ventralwand verbieten hier eingelagerte umfangreiche Venengeflechte diesen Eingriff.

Beim Rind und beim Pferd wird das Lumen der Vagina im kranialen Abschnitt durch das Vorspringen der Portio vaginalis auf einen **ringförmigen Raum (Fornix vaginae)** reduziert.

Die Deckzellen der Schleimhaut der Vagina verändern sich während des Zyklus hormonabhängig und werden als zuverlässige Indikatoren zur Brunstbestimmung bei der Hündin herangezogen. Im kranialen Abschnitt der Vaginalschleimhaut finden sich Drüsen.

## Scheidenvorhof (Vestibulum vaginae)

Der Scheidenvorhof (Abb. 11-24, 27 u. 36) beginnt an der Mündung der Harnröhre (Urethra), die an dieser Stelle beim Schwein und beim Wiederkäuer eine ventrale Aussackung, das **Diverticulum suburethrale**, aufweist (cave: beim Katheterisieren!).

Bei der Hündin ragt die Harnröhrenöffnung geringfügig über das Niveau des Vorhofbodens hervor. Sie darf nicht mit der weiter kaudal gelegenen Fossa clitoridis verwechselt werden. Seitlich der Harnröhrenöffnung münden beim Rind gelegentlich die Gartner-Gänge. Sie stellen die Reste der Wolff-Gänge dar und können zystös entarten. (Näheres s. Lehrbücher der Embryologie.)

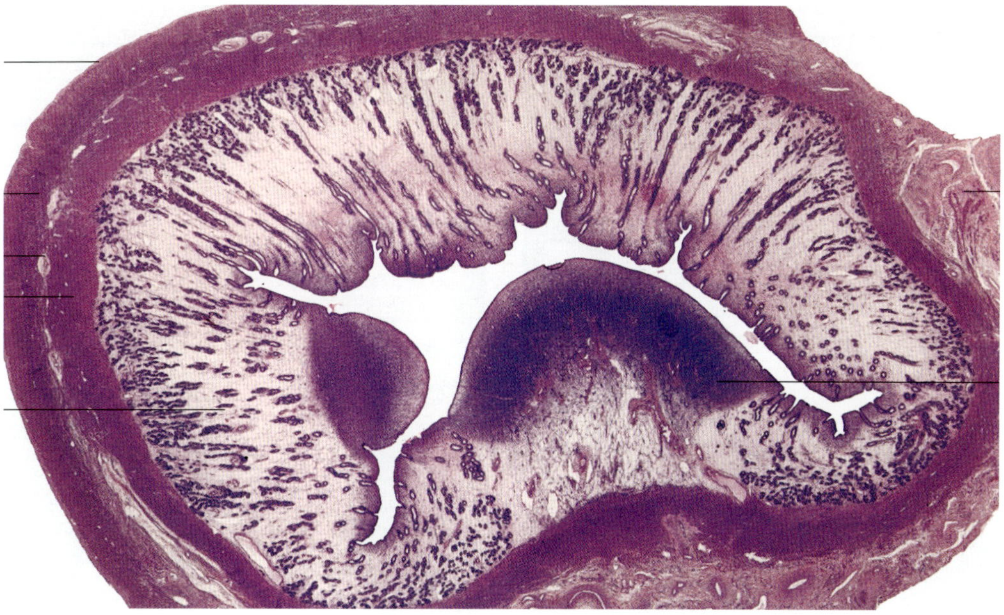


**Abb. 11-30.** Histologischer Schnitt durch die Gebärmutter eines Schafes, Liebich, 2004.

Das Vestibulum vaginae liegt größtenteils kaudal vom Arcus ischiadicus und ist zu den **Schamlippen (Labia vulvae)** hin ventral geneigt. Dieser Verlauf ist besonders bei der Hündin zu beachten, wenn ein Vaginalspekulum eingeführt wird. Die **Schleimhaut des Scheidenvorhofs** wird von Drüsen befeuchtet, die den Begattungsakt erleichtern. Während der Brunst wirkt der Geruch ihres Sekretes sexuell stimulierend auf den männlichen Partner. Bei der Hündin öffnen sich am Boden des Vestibulum vaginae kleinere Vorhofdrüsen **(Glandulae vestibulares minores)** in zwei nach vorne divergierenden Reihen. Über solche Drüsen verfügen auch Schwein, Schaf, Rind und Pferd. Beim Rind sind zusätzlich lateral zwei größere Drüsenpakete **(Glandulae vestibulares majores)** mit je einem einzigen Ausführungsgang vorhanden. Das Schaf besitzt sowohl große als auch kleine Vorhofdrüsen. In die Lateralwand des Scheidenvorhofes ist bei Hund und Pferd je ein **Schwellkörper (Bulbus vestibuli)** eingelagert.

## Scham (Vulva)

Die Scham wird jederseits von einer **Schamlippe (Labium vulvae)** gebildet, die im dorsalen und ventralen Schamwinkel zusammentreffen. Der dorsale Winkel ist abgerundet, der ventrale spitz. Nur bei der Stute ist dies umgekehrt (Abb.11-36 u. 37).

Im Ventralwinkel findet sich der **Kitzler (Clitoris)**. Analog zum Penis setzt auch er sich aus den beiden am Arcus ischiadicus entspringenden **Crura**, dem **Corpus** und der **Glans clitoridis**, zusammen. Die Clitoris ist in der **Fossa clitoridis** des Scheidenvorhofs verborgen. Diese Vertiefung, die dem Praeputium des männlichen Tieres entspricht, kann bei der Stute die Erreger von Deckseuchen beherbergen.

Ferner kommt bei der Stute der **Sinus clitoridis** vor, der dorsal der Clitoris bis zu drei Buchten mit entsprechenden Zugängen aufweist. Die stets vorkommende mediane Bucht ist die größte und wird als Reservoir für den Erreger der kontagiösen equinen Metritis angesehen (CEM) (Abb. 11-37).

## Muskulatur der weiblichen Begattungsorgane

Die Muskulatur des Vorhofausgangs und der Scham besteht aus willkürlich innervierter Skelettmuskulatur (M. constrictor vestibuli, M. constrictor vulvae und M. ischiocavernosus). Zusammen mit Faszien und den Muskeln, die am Arcus ischiadicus liegen, bilden sie einen Teil des Diaphragma pelvis. Das Gebiet zwischen After und Vulva wird als Damm (Perineum) bezeichnet. Bei Schwergeburten kommt es gelegentlich zum Dammriss.

## Gekröse und Bänder des weiblichen Geschlechtsapparates (Adnexa)

Die Gekröseplatte des weiblichen Geschlechtsapparates wird in ihrer Gesamtheit als **breites (Gebär)mutterband (Ligamentum latum uteri)** bezeichnet.

Dieses Band besteht entsprechend den verschiedenen intraperitoneal liegenden weiblichen Geschlechtsorganen von vorne nach hinten aus dem **Mesovarium**, **dem Mesosalpinx** und dem **Mesometrium** (Abb. 11-25 u. 26). Das Ligamentum latum uteri ist insbesondere bei Rind und Pferd durch Einlagerungen glatter Muskulatur, die in das Stratum longitudinale des Myometrium übergeht (Abb. 11-39), verstärkt und besitzt eine aktive Tragefunktion für den Uterus.

Im **Eierstockgekröse (Mesovarium)** ziehen die **Eierstockgefäße (A. u. V. ovarica)** und in seinem kranialen Rand das **kraniale Keimdrüsenband (Ligamentum suspensorium ovarii)** zum Ovar. Bei der Ovariektomie der Hündin kann das Ligamentum suspensorium ovarii hier bei Zug am Ovar als straffes kranial ziehendes Band ertastet und nachfolgend durchschnitten werden, um die Vorlagerung des Eierstocks zu erleichtern. Das **Eileitergekröse**

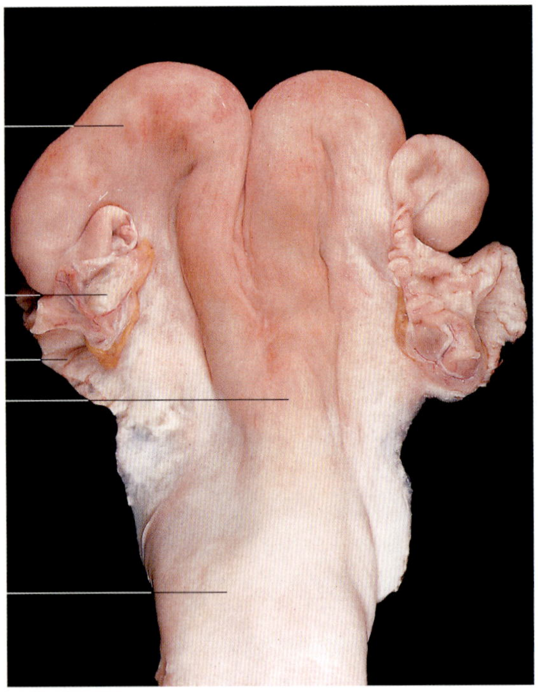


**Abb. 11-31.** Gebärmutter eines Rindes mit Eierstock und Eileiter (Frischpräparat), Aufnahme PD Dr. J. Maierl, München.

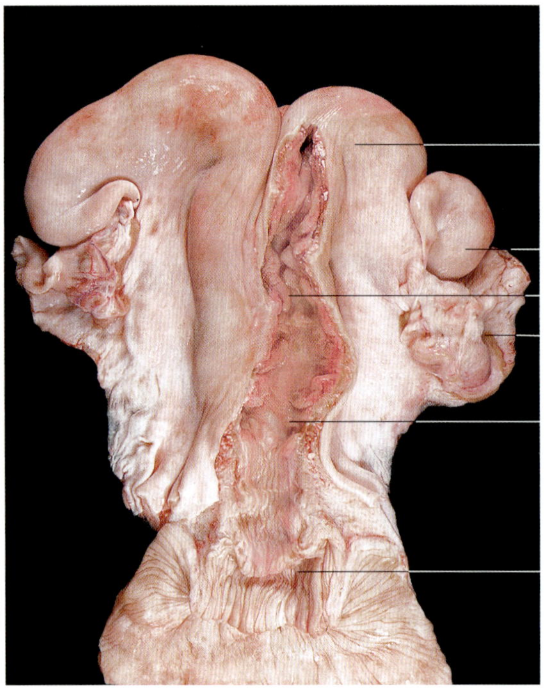


**Abb. 11-32.** Eröffnete Gebärmutter eines Rindes mit Eierstock und Eileiter (Frischpräparat), Aufnahme PD Dr. J. Maierl, München.

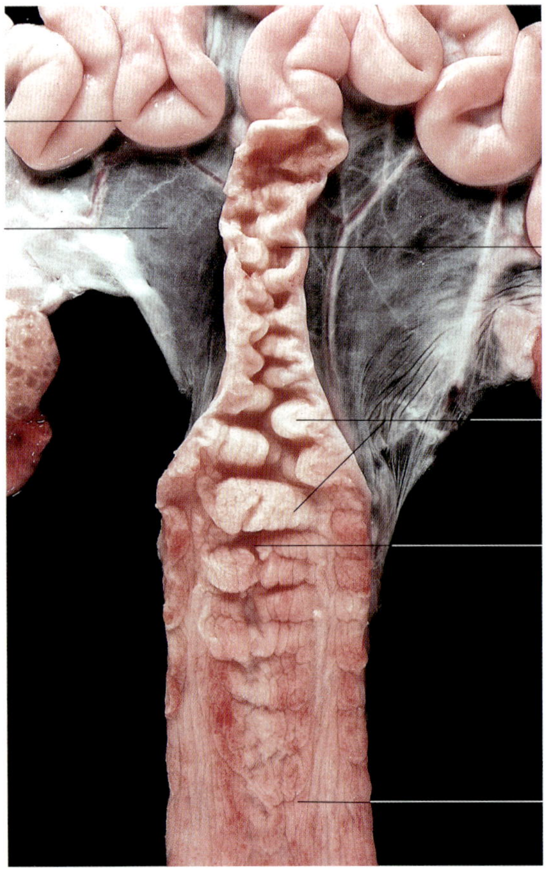


**Abb. 11-33.** Gebärmutterhals und Scheide eines Schweines (eröffnet), Aufnahme PD Dr. J. Maierl, München.

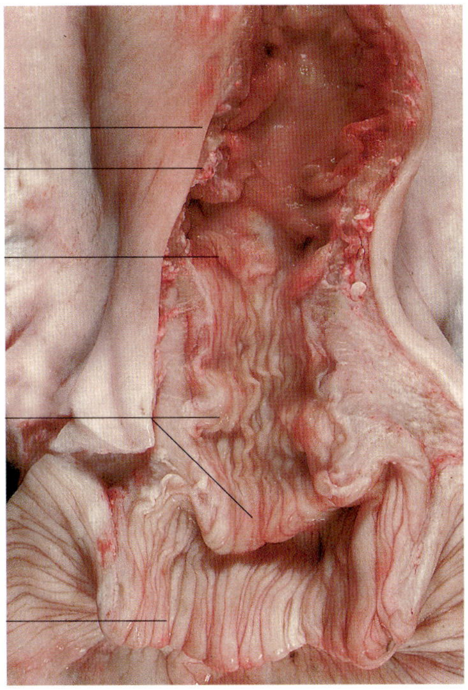


**Abb. 11-34.** Gebärmutterhals eines Rindes (dorsal eröffnet).

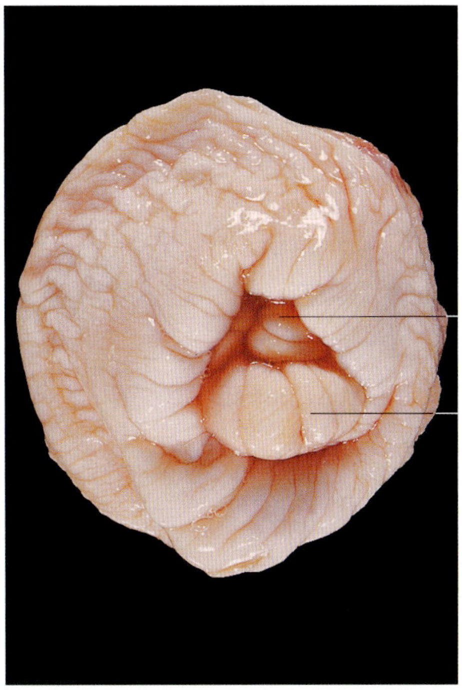


**Abb. 11-35.** Äußerer Muttermund eines Rindes.

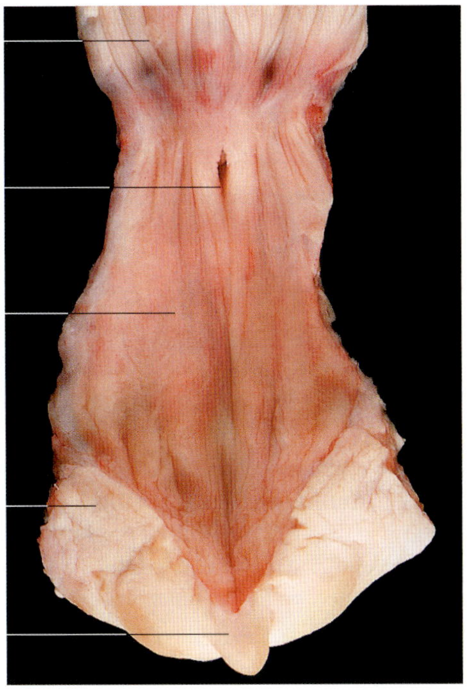


**Abb. 11-36.** Scheide und Scham eines Schweines (dorsal eröffnet), Aufnahme PD Dr. J. Maierl, München.

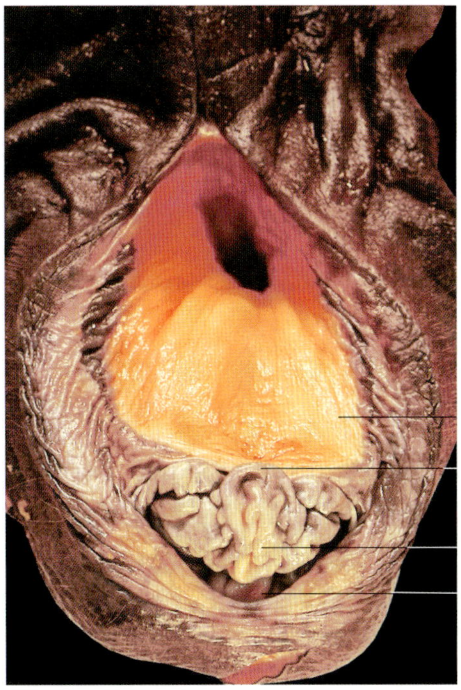


**Abb. 11-37.** Scham einer Stute.

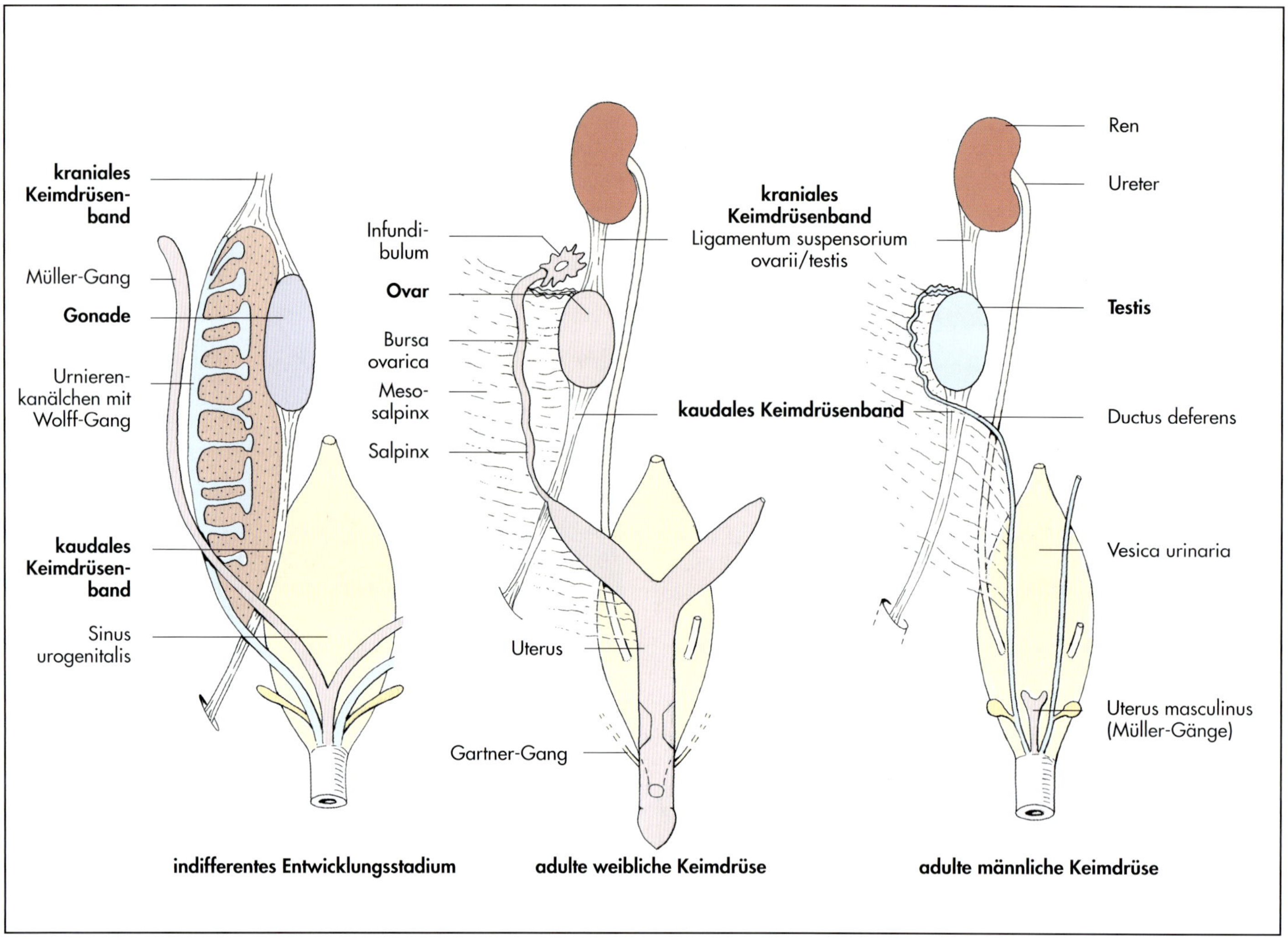


**Abb. 11-38.** Schematische Darstellung analoger Gekröse der weiblichen und männlichen Keimdrüse (s. auch Tabelle 11-1).

**(Mesosalpinx)** hat seinen Ursprung nicht an der dorsalen Bauchwand, sondern spaltet sich eierstocknah lateral aus dem Eierstockgekröse ab und unterteilt dieses in das **Mesovarium proximale** und **distale**. Der tierartlich sehr verschieden weite Raum zwischen dem Mesovarium distale und dem Mesosalpinx bildet die **Eierstocktasche (Bursa ovarica)**, die, außer bei der Stute, den Eierstock umgibt.

Am **Gebärmuttergekröse (Mesometrium)** sind die Cornua und das Corpus uteri befestigt. An der Basis der Cornua uteri tritt die Tunica serosa von einem Uterushorn auf das andere über und bildet zwischen den Uterushörnern das **Ligamentum intercornuale**. Beim Rind ist dieses Band doppelt ausgebildet, sodass eine Nische entsteht, in die man bei der transrektalen Untersuchung einhaken kann, um den Uterus etwas kaudal zu verlagern (Abb. 11-39).

An der Cervix uteri und am Kranialabschnitt der Vagina weichen die beiden Serosalamellen auseinander, sodass die Lateralfläche dieser Organteile retroserös liegt.

An Bändern des weiblichen Geschlechtsapparates lassen sich das oben schon erwähnte **kraniale Keimdrüsenband (Ligamentum suspensorium ovarii)** und das **kaudale Keimdrüsenband (Ligamentum inguinale ovarii)** unterscheiden. Das kaudale Keimdrüsenband kreuzt die keimleitenden Organe am Übergang vom Eileiter in die Uterushornspitze und wird hierdurch in das **Ligamentum ovarii proprium** und das **Ligamentum teres uteri** unterteilt. Das Ligamentum ovarii proprium zieht vom Ovar an die mediale Seite der Uterushornspitze.

Von der Lateralfläche des Mesometrium in der Nähe der Uterushornspitze spaltet sich eine Serosafalte ab, die zum **inneren Leistenring (Anulus inguinalis profundus)** zieht. Sie enthält in ihrem freien Rand das **Ligamentum teres uteri**, einen Strang aus fibrösem Gewebe und glatter Muskulatur. Bei der Hündin endet das Ligamentum teres uteri nicht am inneren Leistenring, sondern zieht durch den Leistenspalt (Canalis inguinalis), umhüllt vom Processus vaginalis peritonei, der im Vergleich zu anderen weiblichen Haussäugetieren nur bei dieser Spezies ausgebildet ist. Bei älteren Hündinnen ist der Processus vaginalis aufgrund reichlicher Fetteinlagerungen deutlich palpierbar und darf nicht mit pathologischen Veränderungen verwechselt werden.

Die Ausbildung des Processus vaginalis disponiert die Hündin zum Auftreten eines Leistenbruchs (Hernia inguinalis), eine Erkrankung, die bei den anderen weiblichen Haussäugetieren nur sehr selten auftritt.

Die Gekröse und Bänder des weiblichen Geschlechtsapparates finden ihre jeweilige Entsprechung beim männlichen Geschlechtsapparat, und werden vergleichend in Abb. 11-38 und Tab. 11-1 dargestellt.

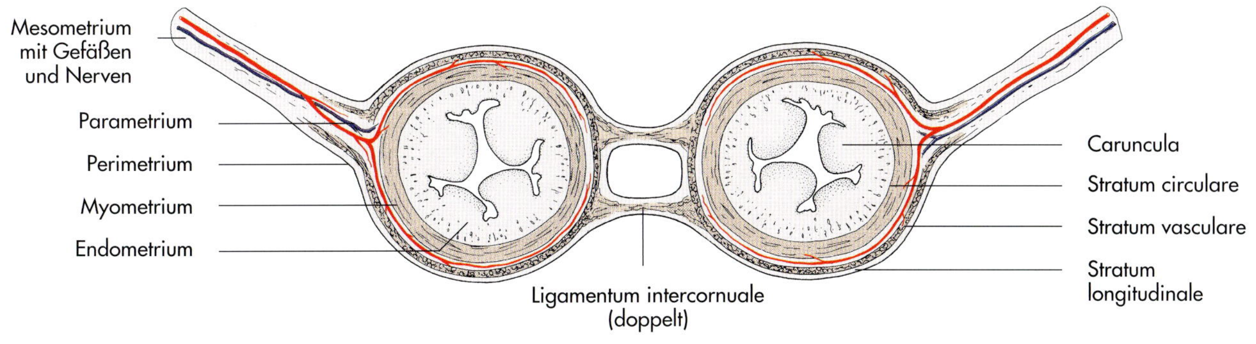


**Abb. 11-39.** Schematische Darstellung der beiden Uterushörner des Rindes in Höhe des Lig. intercornuale.

# Gefäßversorgung und Innervation der weiblichen Geschlechtsorgane

Für die **Vaskularisation** der weiblichen Geschlechtsorgane sind grundsätzlich vier paarige Arterien zuständig (Abb. 11-40), nämlich die:

- A. ovarica,
- A. pudenda interna:
  - A. uterina,
  - A. vaginalis und
  - A. vestibularis.

Die **A. ovarica** entspringt aus der **Aorta abdominalis** und tritt in mäanderartigem Verlauf an den Eierstock heran. Sie entlässt in Eierstocknähe den **Ramus ovaricus**, Äste für die **Tuba uterina** und einen **Ramus uterinus**. Letzterer erreicht die Uterushornspitze und anastomosiert mit der A. uterina. Der Uterus und die nachfolgenden Abschnitte werden von Ästen der **A. pudenda interna** vaskularisiert, wobei die **A. uterina** gemeinsam mit der **A. umbilicalis** entspringt. Bei der Stute ist die A. uterina ein Ast der **A. iliaca externa**. Sie erreicht im Mesometrium den Uterus und gibt hier kranial und kaudal gerichtete Äste ab. Die kranialen Äste anastomosieren mit dem **Ramus uterinus** der **A. ovarica**, die kaudalen mit dem **Ramus uterinus** der **A. vaginalis**.

Die **A. uterina** wird beim Rind zur Bestätigung der **Trächtigkeitsdiagnose** herangezogen. Ab dem 5. Monat der Trächtigkeit wird bei der transrektalen Palpation dieser Arterie ein typisches **»Schwirren«** wahrgenommen.

Die **A. vaginalis** entspricht beim männlichen Tier der **A. prostatica**. Sie geht kranial Anastomosen mit der **A. uterina** ein. Die **A. pudenda interna** gibt, bevor sie als **A. clitoridis** endet, Äste für das Rectum und das Perineum ab. Bei der Hündin und der Katze sind die Vaskularisationsverhältnisse einfacher, da hier eine selbstständig abgehende A. uterina fehlt. Die Blutversorgung des Uterus wird durch den Ramus uterinus der A. ovarica und durch den Ramus uterinus der A. vaginalis (bei Katze und Hund als A. uterina bezeichnet) sichergestellt. Bei der Katze wird außerdem ein Ramus der A. ovarica beschrieben, der im kranialen Keimdrüsenband mäanderartig kranial verläuft und mit der Nebennierenarterie anastomosiert. Dieser Ramus muss bei der Ovariektomie berücksichtigt werden.

Die **Venen** des weiblichen Geschlechtsapparats verlaufen mit den Arterien.

**Tab. 11-1.** Vergleich analoger Gekröse und Bänder der weiblichen und männlichen Keimdrüse (Eierstock bzw. Hoden).

| Gekröse | | Bänder | |
|---|---|---|---|
| **weibliches Tier** | **männliches Tier** | **weibliches Tier** | **männliches Tier** |
| Mesovarium proximale | Mesorchium proximale | kraniales Keimdrüsenband (= Lig. suspensorium ovarii) | kraniales Keimdrüsenband (= Lig. suspensorium testis) |
| Mesovarium distale | Mesorchium distale | kaudales Keimdrüsenband (= Lig. inguinale ovarii) | kaudales Keimdrüsenband (= Lig. inguinale testis) |
| Mesosalpinx | Mesepididymidis | Lig. ovarii proprium | Lig. testis proprium |
| Bursa ovarica | Bursa testicularis | Lig. teres uteri | Lig. caudae epididymidis |

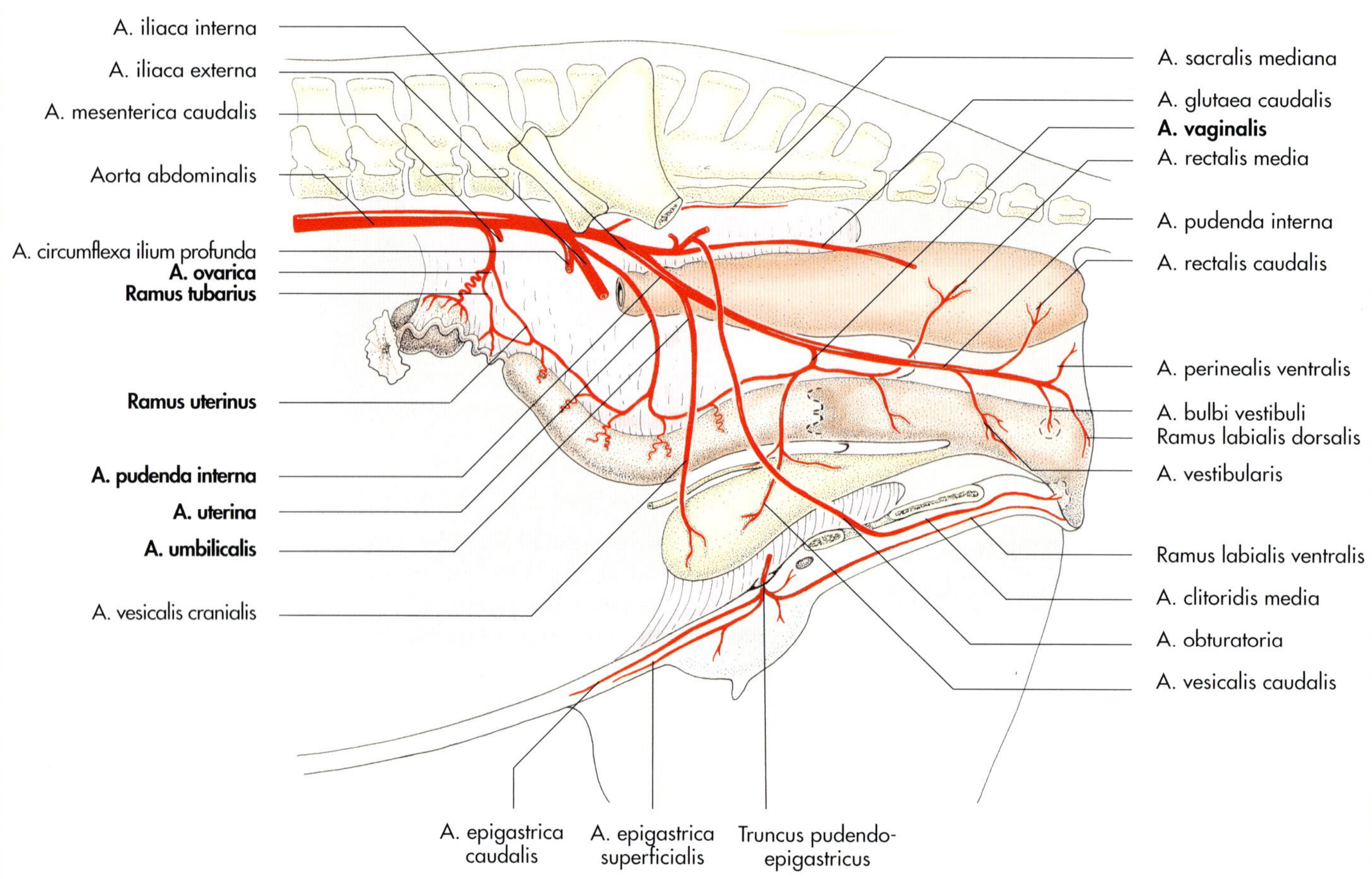


**Abb. 11-40.** Schematische Darstellung der Gefäßversorgung der Geschlechtsorgane der Stute.

Die **V. ovarica** ist wesentlich umfangreicher als die A. ovarica. Sie vaskularisiert den größten Teil des Uterus. Diese Tatsache hat insoweit große Bedeutung, als die A. und V. ovarica eng aneinander gekoppelt verlaufen **(arteriovenöse Koppelung)**. Beide Gefäße sind beim Rind in einer gemeinsamen Bindegewebsscheide untergebracht. Der einander zugekehrte Wandabschnitt ist erheblich dünner als der übrige und erleichtert den Übertritt von im Uterus produzierten Prostaglandinen aus der Vene in die Arterie. Diese Substanzen leiten die Luteolyse des Gelbkörpers ein.

Die **V. uterina** ist sehr viel dünner als die A. uterina. Die V. vaginalis vaskularisiert umfangreiche Plexus in der Vagina und im Vestibulum vaginae.

Die **Lymphgefäße** ziehen vorwiegend zu den **Lymphonodi iliaci mediales**, aber auch zu den **Lymphonodi lumbales aortici**. Bei der Stute kann im Ligamentum latum uteri ein Lymphonodus uterinus vorkommen.

Die **Innervation** der weiblichen Geschlechtsorgane ist **vegetativ**. Der Eierstock erhält parasympathische Fasern vom **N. vagus** und vom sakralen Teil des **Parasympathikus**. Sympathische Fasern stammen vom Plexus intermesentericus oder vom Plexus mesentericus caudalis. Der gesamte übrige weibliche Geschlechtsapparat wird von vegetativen Fasern des **Plexus pelvinus** versorgt.

**Klinische Ausdrücke**, die von anatomischen Namen abgeleitet werden: Ovarialzysten, Ovariektomie, Hysterektomie, Ovariohysterektomie, Adnexitis, Metritis, Endometritis, Myometritis, Perimetritis, Parametritis, Pyometra, Vaginitis etc.

# 12 Organe des Herz-Kreislauf-Systems (Systema cardiovasculare)

H. E. König, J. Ruberte und H.-G. Liebich

Zu den Organen des Herz-Kreislauf-Systems gehören **Herz** und **Gefäße**. In den **Blutgefäßen** zirkuliert das **Blut**. Die **Lymphgefäße** sind als ein **Drainagesystem** angelegt und führen die Körperflüssigkeit in Form der **Lymphe** aus dem Interstitium ins Blut zurück. Die **Aufgabe des Blutes** ist die Versorgung der Gewebe mit Sauerstoff und allen anderen für ihre Funktion notwendigen Substanzen. Gleichzeitig werden Stoffwechselprodukte für den Abbau bzw. zum Zwecke der Ausscheidung in die Leber, die Nieren und die Lunge transportiert. Das Blut zirkuliert in den Blutgefäßen, die ein **geschlossenes Röhrensystem** bilden. Es wird durch die Pumpfunktion des Herzens in Bewegung gehalten. Das Blutvolumen der Haussäugetiere beträgt 6–8% des Körpergewichts. Die einzige Tierart, die hiervon eine Ausnahme macht, ist die Katze, bei der das Blutvolumen lediglich 4% ihres Körpergewichts beträgt. Die Katze ist deshalb anämieanfälliger als andere Spezies. Die **Zirkulationszeit**, die ein Blutkörperchen benötigt, um im Körper den Weg von einer V. jugularis externa zu der gegenüberliegenden zurückzulegen, beträgt für Großtiere ca. 30 s, für mittelgroße Tiere ca. 15 s und für die Katze ca. 7 s.

Im nachgeburtlichen Kreislauf der Haussäugetiere unterscheidet man den **großen** oder **Körperkreislauf** zur Versorgung aller Organe und den **kleinen** oder **Lungenkreislauf**, der den Gasaustausch bewerkstelligt. Beide sind in Form einer »Acht« hintereinander geschaltet, wobei an ihrer Kreuzung das als Saug- und Druckpumpe agierende **Zentralorgan**, das **Herz**, liegt. Der **Weg des Blutes** beginnt im **großen Kreislauf**, im **linken Vorhof des Herzens**, von wo das Blut in die linke Herzkammer gelangt. Von hier wird es durch die Kontraktion der Herzkammer in die **Körperschlagader (Aorta)** gepresst und erreicht über die Arterien und Arteriolen des Körpers die **Kapillargebiete der Gewebe** und **Organe**. Aus den Beckengliedmaßen und der kaudalen Rumpfhälfte fließt das Blut über die **kaudale Hohlvene (V. cava caudalis)**, aus dem Kopf, den Vordergliedmaßen und der kranialen Rumpfhälfte über die **vordere Hohlvene (V. cava cranialis)** in den **rechten Vorhof des Herzens** zurück. Aus der Bauchhöhle wird aus den Kapillargebieten des Darms und den übrigen unpaarigen Organen das Blut zunächst von der **Pfortader (V. portae)** gesammelt, um nach Passage des Leberkapillarbetts ebenfalls über die **kaudale Hohlvene** in den rechten Vorhof zu gelangen (s. auch »Einführungskapitel«).

Der **kleine Kreislauf** beginnt im **rechten Vorhof**, von wo das Blut in die rechte Herzkammer strömt. Diese presst es in den **Truncus pulmonalis** und in die **Lungenarterien** bis ins **Kapillargebiet der Lunge**. Die **Lungenvenen (Vv. pulmonales)** leiten das mit **Sauerstoff** angereicherte Blut in den **linken Vorhof** zurück.

## Herz (Cor)

Das Herz, das **Zentralorgan des Herz-Kreislauf-Systems**, ist ein **vierkammeriges Hohlorgan**, das überwiegend aus dem **Herzmuskel (Myocardium)** besteht. Es wird von dem allseits geschlossenen **Herzbeutel (Pericardium)** umhüllt und liegt in der Brusthöhle im **Mittelfellspalt (Mediastinum)**.

## Herzbeutel (Pericardium)

Der Herzbeutel schmiegt sich eng an das Organ an. Lediglich ein kapillärer Spalt, die **Herzbeutelhöhle (Cavum pericardii)**, füllt den Zwischenraum aus. Dieser schließt die **Herzbeutelflüssigkeit (Liquor pericardii)** ein, die bei Entzündungen vermehrt sezerniert werden kann. Bei Ultraschalluntersuchungen wird der Raum der Herzbeutelhöhle deutlich als echofreie Zone sichtbar. Am Herzbeutel (s. Kap. 6 »Eingeweide und Körperhöhlen«) unterscheidet man von innen nach außen ein:

- Pericardium serosum:
  - Serosa (= Lamina visceralis) (Epicardium),
  - Serosa (= Lamina parietalis) und
- Pericardium fibrosum.

Das **Pericardium serosum** legt sich außen dem Herzen als **Epicardium** in Form der **Lamina visceralis** auf. Es bedeckt den Herzmuskel, die Herzkranzgefäße und das Fett der Herzoberfläche. Die Lamina visceralis geht an der Herzbasis in die **Lamina parietalis** der Serosa des Herzbeutels über. Dabei werden die großen Gefäße von Serosa umscheidet.

Zwischen beiden großen Arterien einerseits und den Venen andererseits entsteht während der fetalen Entwicklung in der Herzbeutelhöhle ein Herzbeuteldurchgang **(Sinus transversus pericardii)**. Zwischen den Umschlagstellen an den Venen bleibt eine Nische **(Sinus obliquus pericardii)**. Außerhalb der Lamina parietalis, der **Serosa des Herzbeutels**, findet sich die **Faserschicht des Herzbeutels (Pericardium fibrosum)**, die aus derben, einander überkreuzenden Kollagenfasern besteht.

Die Faserschicht des Herzbeutels setzt sich ventral in Form von Bändern fort, man unterscheidet dort das:

- Ligamentum sternopericardiacum,
- Ligamentum phrenicopericardiacum.

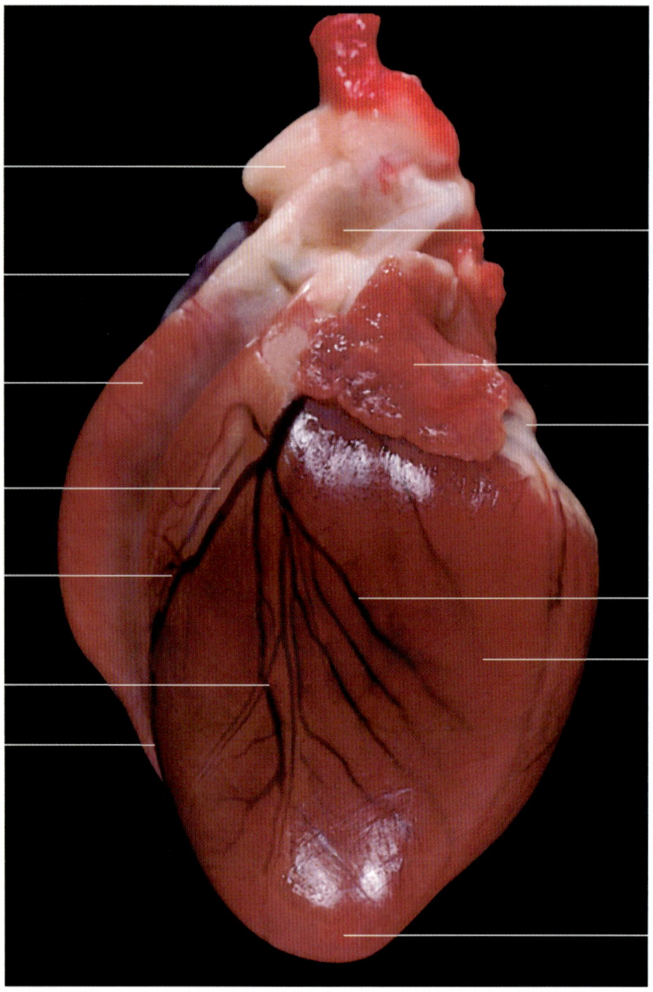


**Abb. 12-1.** Herz einer Katze (Facies auricularis), König, 1992.

Das **Ligamentum sternopericardiacum** heftet die faserige Schicht des Herzbeutels an das Brustbein an, beim Hund auch an das Diaphragma (**Ligamentum phrenicopericardiacum**). Das Pericardium fibrosum wird außen von der **Pleura mediastinalis** überzogen, die hier **Pleura pericardiaca** heißt. Zwischen Pleura und Perikard verläuft an der Herzbasis auf beiden Seiten der **N. phrenicus**.

Der Herzbeutel ist nur eingeschränkt dehnbar. Eine plötzliche Ansammlung von Flüssigkeit im Herzbeutel führt zur sog. »Herzbeuteltamponade«. Das Herz wird dabei komprimiert und in seiner Tätigkeit behindert.

Der Herzbeutel kann sich bei Herzvergrößerung durch anhaltendes Training über lange Zeit sehr wohl vergrößern. Auch bei chronischen Erkrankungen (Pericarditis traumatica des Rindes) kann sich der Herzbeutel beträchtlich erweitern, sodass sich hier auch eine größere Menge an Flüssigkeiten ansammeln kann.

## Lage des Herzens

Das Herz liegt mit dem Herzbeutel im **mittleren Mediastinum**. Etwa 60% des Herzens sind **links von der Medianebene** gelagert. Es befindet sich zwischen der **dritten** und **sechsten Rippe**, bei Katze und Hund reicht es bis zur **siebten**. Die Form des Herzens ist konisch mit der Basis nach oben und der Spitze sternal gerichtet. Beim Hund und bei der Katze ist die Herzachse so gekippt, dass die Basis kraniodorsal und die Spitze mehr kaudoventral zeigt. Die **Herzbasis** liegt etwa in **Höhe einer Horizontalebene durch die Thoraxmitte**. Teile der rechten und der linken Herzfläche sind zusätzlich von den luftgefüllten Lungen umgeben, eine Tatsache, die bei der Katze und beim Hund gut im Röntgenbild zu erkennen ist. Das Herz steht seitlich indirekt mit der Thoraxwand in Kontakt, allein getrennt durch Herzbeutel und Pleuralhöhle (s. auch Kap. 19 »Topographisch-klinische Anatomie«).

Diese Kontaktfläche ist für die klinische Untersuchung von Bedeutung. Als ein umschriebenes Feld kann hier durch Perkussion die sog. **»Herzdämpfung«** festgestellt werden.

Beim Hund liegt dieses linksseitig im 4. bis 6. Interkostalraum zwischen Sternum und Rippenfuge, rechtsseitig im 4. bis 5. Interkostalraum. Beim Rind liegt das Herzdämpfungsfeld beidseitig im 3. bis 4. Interkostalraum und beim Pferd linksseitig in Höhe des Ellbogengelenks im 3. bis 5. Interkostalraum (s. auch Kap. 19).

Der **Kaudalrand** des Herzens ist dem Diaphragma unmittelbar benachbart. Diese Lage kann beim Rind klinische Bedeutung erlangen, da sich dem Zwerchfell kaudal der Netzmagen anlegt. Gelangen mit der Nahrung spitze Fremdkörper in die Haube, können diese u.U. die Wand des Vormagens und das Diaphragma durchbrechen und damit zu einer Verletzung des Herzbeutels und des Herzens führen (Abb. 7-71) (s. auch Kap. 19 »Topographisch-klinische Anatomie«).

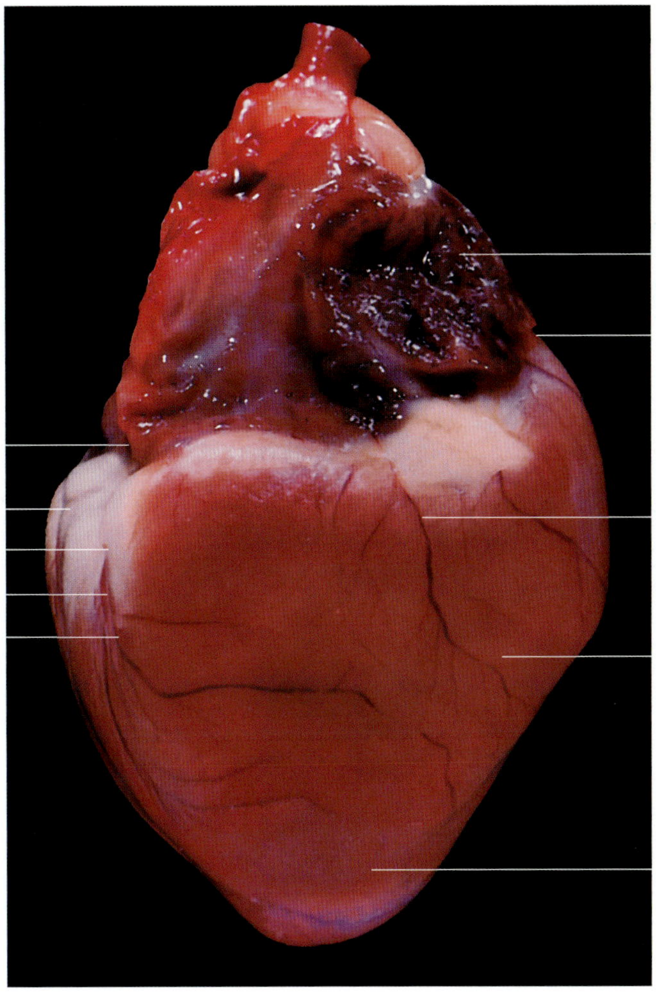


**Abb. 12-2.** Herz einer Katze (Facies atrialis), König, 1992.

# Äußere Form und Einteilung des Herzens

Das Herz besteht aus einer **linken arteriellen** und einer **rechten venösen Hälfte**, die jeweils zwei Kammern, eine **Vorkammer (Atrium cordis)** und eine **Hauptkammer (Ventriculus cordis)**, beinhaltet (Abb. 12-1ff.). Rechte und linke Herzhälfte sind durch eine vollständige **Scheidewand (Septum interventriculare)** voneinander getrennt (Abb. 12-5).

Die **Vorkammern** liegen an der Herzbasis und umgreifen mit ihren nach links gerichteten **Herzohren (Auricula cordis)** den Anfangsteil der **Aorta** und des **Truncus pulmonalis**. Das Herz ist zur **Spitze (Apex cordis)** hin konisch geformt und beidseitig, entsprechend der Thoraxform, abgeplattet. Der **Kranialrand (Margo ventricularis dexter)** ist bei jungen Tieren dem Thymus benachbart. Der **Kaudalrand (Margo ventricularis sinister)** liegt dem Zwerchfell an.

Die **rechte Fläche (Facies atrialis)** zeigt den von der **Herzkranzfurche (Sulcus coronarius)** zur **Herzspitze (Apex cordis)** ziehenden **Sulcus interventricularis subsinuosus** (Abb. 12-2 u. 4).

Auf der **linken Fläche (Facies auricularis)** verläuft vom Sulcus coronarius zum distalen Drittel des Margo cranialis dexter der **Sulcus interventricularis paraconalis** (Abb. 12-1 u. 3). Dieser markiert nach außen die Lage des **Septum interventriculare** (Abb. 12-4 u. 5). Auf der linken Seite des Herzens sind die beiden Herzohren sowie der Truncus pulmonalis und die Aorta sichtbar, auf der rechten Seite die beiden großen Körpervenen und die Vorhöfe.

Der Kranialrand des Herzens ist leichter eindrückbar als der Kaudalrand, da die Wand der rechten Hauptkammer dünner als die der linken ist.

In der Herzkranzfurche und den rechts und links abzweigenden Sulci verlaufen die **Herzkranzgefäße**, teilweise oder ganz von subepikardial gelegenem Baufett umgeben. Der Sulcus coronarius markiert die Lage des **Klappenapparates** des Herzens, eine hier gelegene gedachte Ebene wird **Ventilebene** genannt.

# Kammersystem des Herzens

## Herzvorhöfe (Atria cordis)

### Rechter Vorhof (Atrium dextrum)

Im rechten Vorhof münden die beiden Hohlvenen und der Sinus coronarius (= erweiterte Mündung der Herzvenen). Im Septum atriale findet sich in der Nähe der Mündung der kaudalen Hohlvene die **Fossa ovalis**, Rest des beim Fetus offenen **Foramen ovale**. Zwischen der Mündung der kranialen und der kaudalen Hohlvene ragt ein kammartiger Muskelbalken (Tubercu-

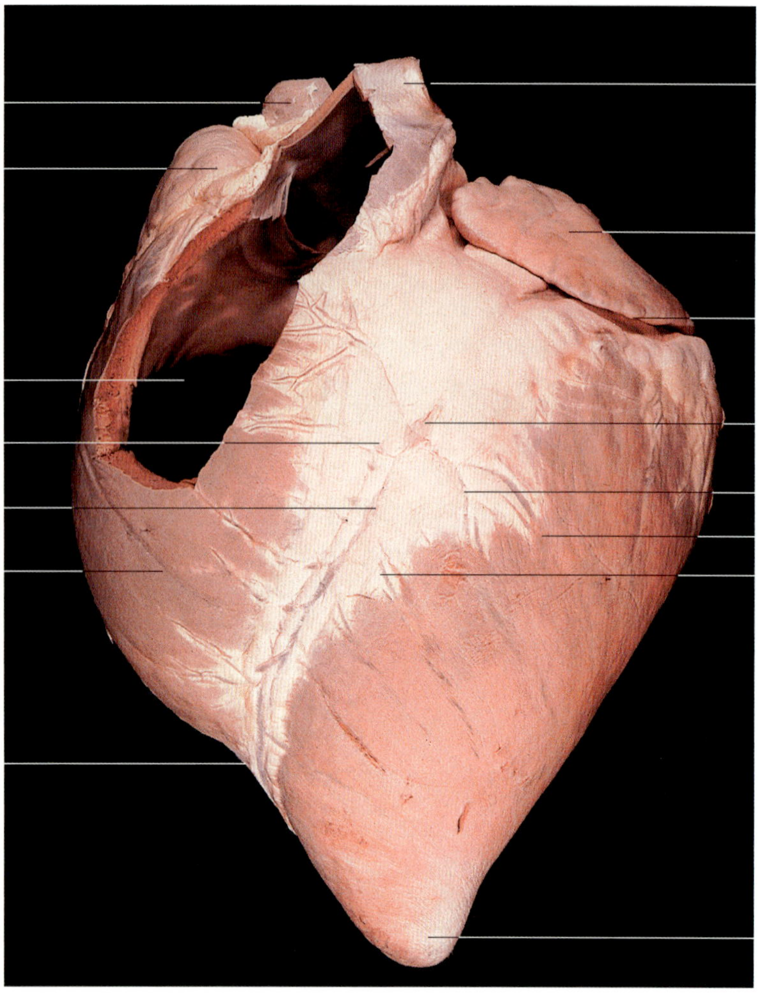


**Abb. 12-3.** Herz eines Pferdes (Facies auricularis), Aufnahme PD Dr. J. Maierl, München.

lum intervenosum) in das Innere des Vorhofs. Er leitet den Fluss des aus den Venen einströmenden Blutes zur Atrioventrikularöffnung.

Die Innenfläche des rechten **Herzohres (Auricula cordis dextra)** (Abb. 12-4 u. 5) besitzt nach innen vorspringende **Muskelleisten (Mm. pectinati)**, die unregelmäßig angeordnet sind (Abb. 12-5 u. 6).

### Linker Vorhof (Atrium sinistrum)

Der linke Vorhof nimmt das sauerstoffreiche Blut auf, das durch die Vv. pulmonales einströmt. Das Herzohr ist dem des rechten Vorhofs ähnlich (Abb. 12-5 u. 6).

## Herzkammern (Ventriculi cordis)

Die Herzkammern bilden die Hauptmasse des Herzens. Sie werden äußerlich sichtbar durch den Sulcus coronarius von den Vorhöfen getrennt (Abb. 12-1ff.).

### Rechte Herzkammer (Ventriculus cordis dexter)

Die rechte Herzkammer liegt kranial halbmondförmig der linken Kammer an, ohne jedoch die Herzspitze zu erreichen (Abb. 12-5ff.). Sie nimmt über die rechte Atrioventrikularöffnung das venöse Blut aus dem rechten Vorhof auf und pumpt es durch die trichterförmige Ausstrombahn, den **Conus arteriosus**, in den Truncus pulmonalis und somit in die Lunge. Der Conus arteriosus wird in der Hauptkammer durch die Crista supraventricularis begrenzt.

Diese **Crista supraventricularis** hat die Form eines Muskelbalkens, der im kranialen Bereich vom Dach der rechten Hauptkammer ventral vorspringt.

In der **rechten Atrioventrikularöffnung** liegt die **dreizipfelige Atrioventrikularklappe (Valva atrioventricularis dextra** oder **Valva tricuspidalis)** (Abb. 12-5ff.). Ihre **Zipfel (Cuspes)** sind am Herzskelett befestigt und am äußeren Rand miteinander verschmolzen. Die Valva tricuspidalis ist des Weiteren mit Hilfe von **Sehnenfäden (Chordae tendineae)** an den nach innen vorspringenden **Warzenmuskeln (Mm. papillares)** verankert. Der wandständige der drei Warzenmuskeln ist größer als die beiden anderen, er wird deshalb auch **M. papillaris magnus** genannt.

Die **einzelnen Zipfel der Atrioventrikularklappen** sind derart an den Mm. papillares fixiert, dass die Chordae tendineae eines Warzenmuskels je zur Hälfte zu zwei benachbarten Klappenzipfeln ziehen. Diese Anordnung beugt einem Durchschlagen der Klappe in den Vorhof während der Systole vor.

Die rechte Herzkammer wird von einem oder mehreren vom Septum zur Außenwand verkehrenden **Muskelbalken (Trabeculae septomarginales)** durchquert (Abb. 12-5). Im unteren Teil der Herz-

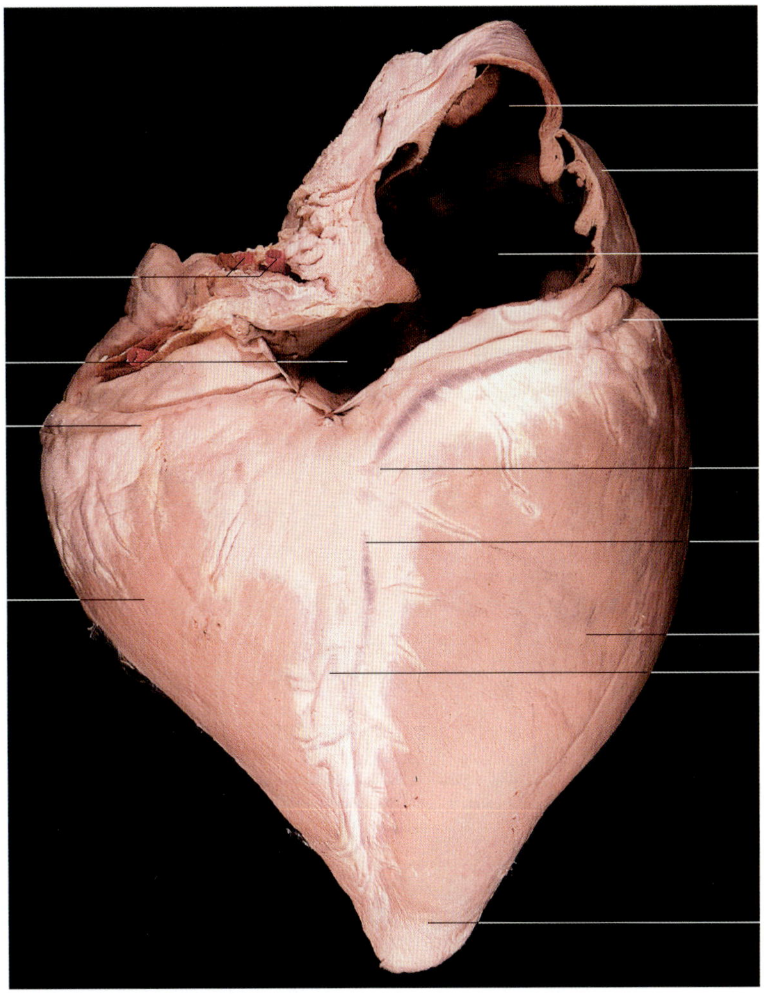


**Abb. 12-4.** Herz eines Pferdes (Facies atrialis), Aufnahme PD Dr. J. Maierl, München.

kammer ragt eine Vielzahl unregelmäßiger **Muskelbälkchen (Trabeculae carneae)** ins Innere. Sie sollen Turbulenzen im Blutstrom verringern. Die Valva atrioventricularis dextra hat die Funktion eines Rückschlagventils. Sie verhindert während der Systole die Rückkehr des Blutes in die Vorkammer. In der darauffolgenden Diastole wird das Blut durch die dreiteilige **Taschenklappe (Valva trunci pulmonalis)** davon abgehalten, aus dem Truncus pulmonalis in die rechte Kammer zurückzufließen (Abb. 12-7). Diese Taschenklappe liegt am Ursprung des Truncus pulmonalis und besteht aus drei halbmondartigen, schwalbennestförmigen **Valvulae semilunares**. Ihr freier Rand ist leicht verdickt und trägt in seiner Mitte je ein kleines **Knötchen (Nodulus valvulae semilunaris)** (Abb. 12-8). Dieses dient der raschen Schließung der Klappe.

## Linke Herzkammer (Ventriculus cordis sinister)

Die linke Herzkammer kommuniziert über das **Ostium atrioventriculare sinistrum** mit dem linken Vorhof. Sie erstreckt sich bis in die **Herzspitze** (Abb. 12-5ff.). Ihre Wand ist wesentlich stärker als die der rechten Kammer, das Volumen beider Kammern ist jedoch gleich. Bei der Katze werden zwei Querbalken, Trabeculae septomarginales, beschrieben, die vom Septum zu den Papillarmuskeln ziehen.

Die **linke Atrioventrikularklappe (Valva atrioventricularis sinistra** oder **Valva bicuspidalis** oder **mitralis)** ist **zweizipfelig** (Abb. 12-7 u. 8). Demnach sind auch lediglich zwei Papillarmuskeln vorhanden, deren Chordae tendineae wie in der rechten Kammer je zur Hälfte zu jeder Klappe ziehen. Die Austreibungsbahn und das Ostium aortae nehmen im Bezug auf das ganze Herz eine zentrale Position ein. Die im Ostium aortae gelegene **Taschenklappe (Valva aortae)** ist ähnlich wie die des Truncus pulmonalis strukturiert (Abb. 12-7 u. 8), die **Noduli valvularum semilunarium** treten jedoch deutlicher hervor. Über den Semilunarklappen wölbt sich die Aorta zum Bulbus aortae, der wiederum aus drei Sinus aortae besteht. Aus dem rechten und linken Sinus entspringen die entsprechenden **Koronararterien**.

# Wandbau des Herzens

Die Herzwand besteht aus drei Schichten (Abb. 12-6), dem:

- Endocardium,
- Myocardium,
- Epicardium.

Das **Endocardium**, eine dünne glatte Schicht, kleidet sämtliche Innenräume des Herzens aus, bedeckt beidseitig die Herzklappen und setzt sich als Intima in die Blutgefäße fort.

Das **Myocardium** bildet die muskulöse Grundlage des Herzens, den Herzmuskel im eigentlichen Sinn. Dieser besteht aus einer

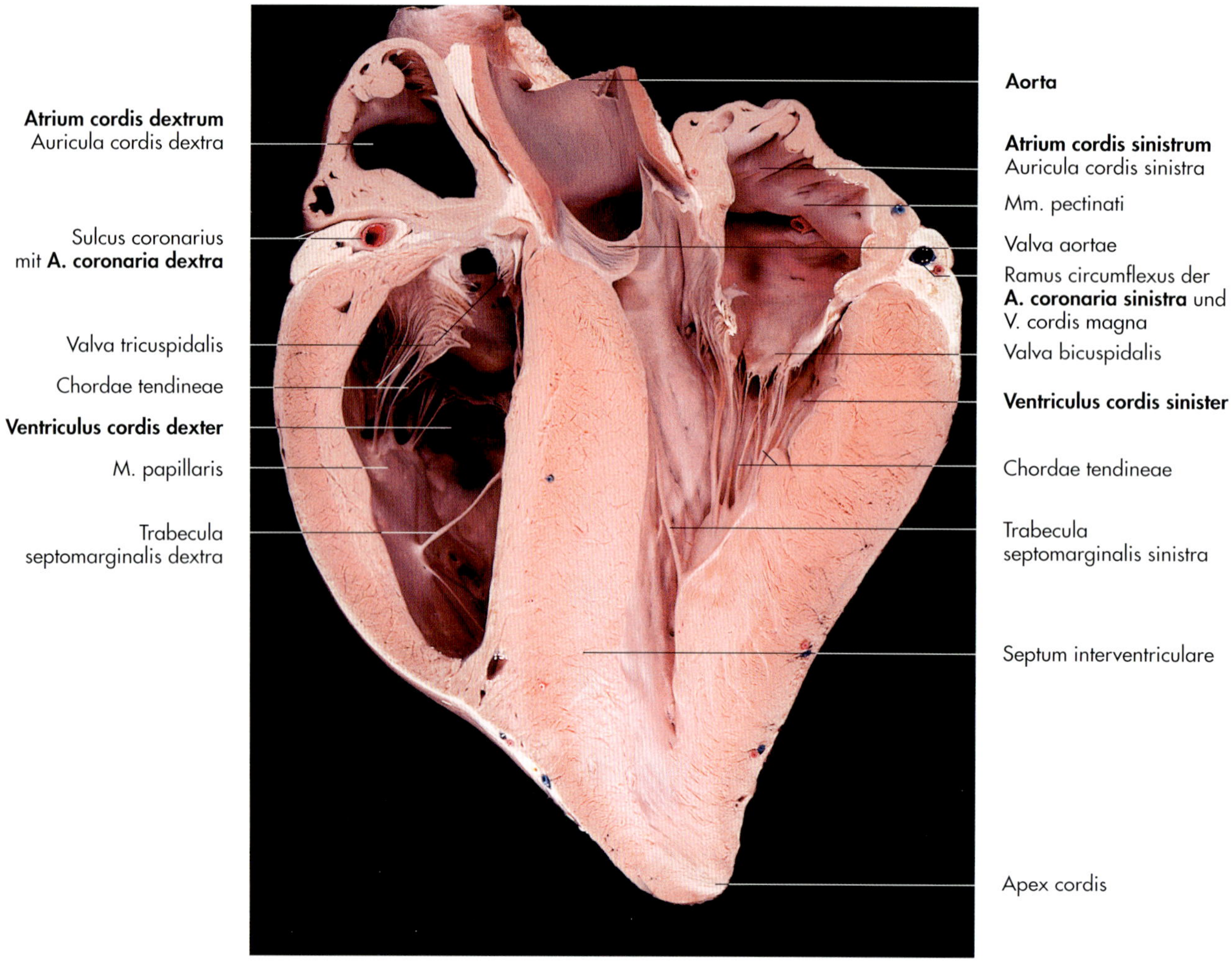


**Abb. 12-5.** Längsschnitt durch das Herz eines Pferdes, Aufnahme PD Dr. J. Maierl, München.

Sonderform von quergestreiftem Muskelgewebe. Die Muskelzellen gehen im Herzmuskel End-zu-End-Verbindungen miteinander ein (Verzweigung), sodass ein Raumgitter entsteht. Die Zellgrenzen werden **Glanzstreifen (Disci intercalares)** genannt. Die Zellkerne liegen zentral inmitten der Muskelzelle. Herzmuskelzellen ermüden nicht, diese sind, obwohl quergestreift, nicht dem zerebrospinalen, sondern dem autonomen Nervensystem unterworfen. Die Reizantwort der Herzmuskelzellen unterliegt dem **Alles-oder-nichts-Gesetz**.

In den **Vorhöfen** verläuft das Myokard bogenförmig, an den Gefäßmündungen sind zirkuläre und schlingenförmige Muskelzüge ausgebildet. Die Fasern setzen am Herzskelett an. Das Myokard der **Herzkammern** besteht ähnlich wie bei anderen Hohlorganen aus einer äußeren Längs-, einer mittleren Ring- und einer inneren Längsmuskelschicht.

Die Muskelzüge der **äußeren Längsschicht** umfassen beide Kammern. Sie verlaufen in nach links gerichteten Schrauben zur Herzspitze und ziehen auf der anderen Seite wieder hoch. Einige Muskelfasern dringen an der Herzspitze nach innen, scheren mit anderen Fasern der Ringmuskelschicht aus und bilden die innerste Längsmuskelschicht. Einige Faserbündel enden an den Papillarmuskeln.

Die **mittlere Ringmuskelschicht** ist vorwiegend im linken Ventrikel und an den Ausstrombahnen vertreten. Sämtliche Muskelfasern des Herzens entspringen und enden am **Herzskelett**. Das Ausmaß der Entwicklung des Herzmuskels in den einzelnen Abschnitten des Herzens stimmt mit deren Beanspruchung überein. Die Wand der Vorhöfe ist muskelschwach, die der rechten Herzkammer **(Lungenkreislauf)** dünner als die der linken (Körperkreislauf). Bei Stenose oder Insuffizienz einer Herzklappe hypertrophiert und/oder dilatiert die Muskulatur der vorgeschalteten Herzkammer, eine Tatsache, die man klinisch am Röntgenbild und mit Ultraschall nachweisen kann.

In Höhe der Ventilebene werden die Aorta, der Truncus pulmonalis und die beiden Atrioventrikularöffnungen von ringförmig organisierten Kollagenfaserbündeln **(Anuli fibrosi)** umgeben. Sie stellen das Stützgewebe, auch **Herzskelett** genannt, dar.

Im **Anulus fibrosus** der Aorta treten Verknöcherungen auf, die **Ossa cordis**. Sie sind vor allem beim Rind zu finden, kommen aber bei anderen Tierarten ebenfalls als Herzknorpel, die im Alter verknöchern, vor. Bei der Katze bleibt dieser als Knorpel bestehen. Das Herzskelett trennt die Vorhofmuskulatur von derjenigen der Herzkammern. Es ist an einer einzigen Stelle perforiert, um dem Reizleitungssystem Durchtritt zu gewähren. Dadurch wird die Voraussetzung für die reibungslose Koordinierung des Zusammenspiels von atrialer und ventrikulärer Tätigkeit gegeben.

Das **Epicardium** überzieht als dünne glatte Schicht außen die Herzwand.

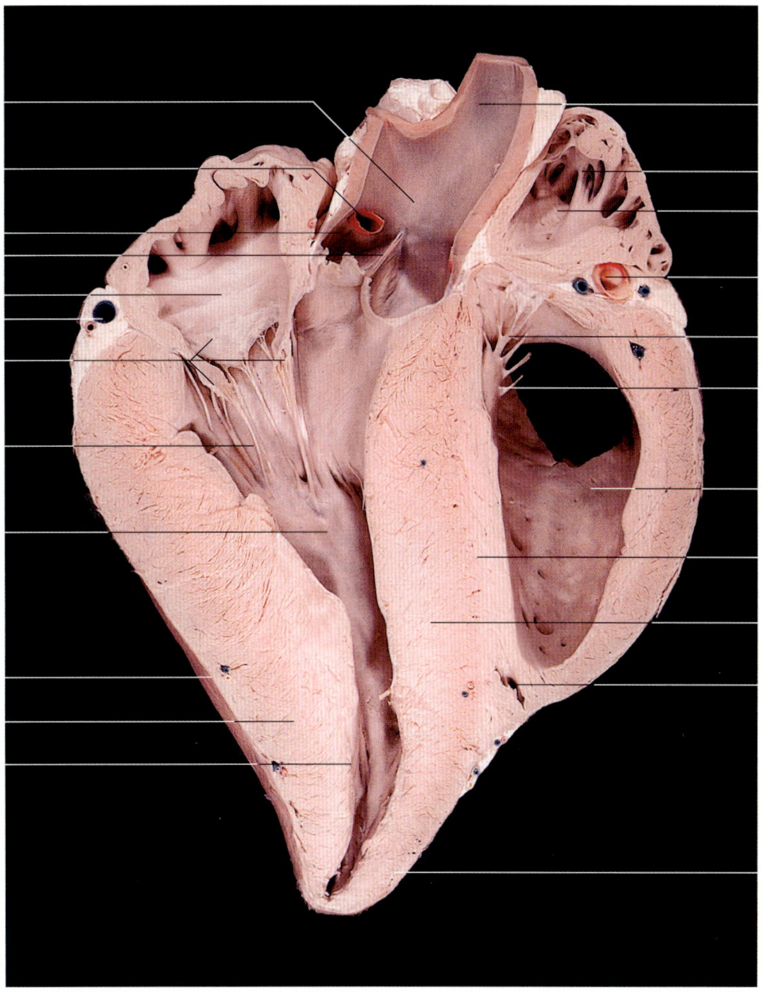


**Abb. 12-6.** Längsschnitt durch das Herz eines Pferdes, Aufnahme PD Dr. J. Maierl, München.

## Gefäße des Herzens

Das Herz wird sehr gut mit Blut versorgt. Beim Menschen werden dafür 5% des Ausstoßes des linken Ventrikels verwendet. Beim Tier soll der Prozentsatz noch höher sein, dies ist sicherlich vom Trainingszustand abhängig. Die **Herzkranz-** oder **Koronararterien** entspringen aus **zwei der drei Sinus der Aorta**, über den Taschenklappen (Abb. 12-6 bis 10). Man unterscheidet die:

- A. coronaria sinistra,
- A. coronaria dextra.

Die **A. coronaria sinistra** entspringt aus dem **linken Sinus** des **Bulbus aortae** (Abb. 12-6). Für gewöhnlich ist sie die größere der beiden. Diese Arterie zieht zwischen dem linken Herzohr und dem Truncus pulmonalis hindurch und erreicht den Sulcus coronarius. Hier teilt sie sich in einen absteigenden und einen in der Herzkranzfurche verlaufenden Ast.

Der absteigende Zweig, der **Ramus interventricularis paraconalis** (Abb. 12-8), folgt dem gleichbenannten Sulcus. Er versorgt die linke Herzwand und große Teile vom Septum. Der im Sulcus coronarius weiterlaufende Zweig, der **Ramus circumflexus** (Abb. 12-5 u. 8), umrundet kaudal die Herzkranzfurche und endet entweder in der Nähe des **Sulcus interventricularis dexter** oder **subsinuosus** (Pferd und Schwein) oder begleitet diesen noch bis zur Herzspitze (Katze, Hund und Wiederkäuer).

Die **A. coronaria dextra** entspringt aus dem **kranial** gerichteten **Sinus des Bulbus aortae** (Abb. 12-7 u. 8). Sie zieht zwischen dem rechten Herzohr und dem Truncus pulmonalis hindurch und erreicht die Herzkranzfurche. Die A. coronaria dextra verläuft kranial in der Herzbasis und endet bei Hund und Wiederkäuern in Höhe des Sulcus interventricularis dexter. Bei Pferd und Schwein zieht sie in diesem bis an die Herzspitze.

Diese Unterschiede in der Herzversorgung führen dazu, dass man von **links-koronarer** (Hund und Wiederkäuer) und **beidseitig-koronarer** (Schwein und Pferd) **Herzversorgung** spricht. Bei der Katze sind mehrere Varianten der Arterienversorgung des Herzens anzutreffen. Beim Menschen haben diese Arterienvariationen große klinische Bedeutung, bei den Haussäugetieren sind diese Kenntnisse jedoch lediglich von theoretischem Wert. Die Arterien des Herzens sind Endarterien. Ihre größeren Äste gehen keine Anastomosen ein.

Beim plötzlichen Verschluss eines größeren Ramus kommt es zum Herzinfarkt. Beim Hund wurde allerdingst festgestellt, dass ausbaufähige Anastomosen bei einem allmählichen Verschluss einen Herzinfarkt verhindern können. Derartige Anastomosen fehlen am Herzen des Schweines.

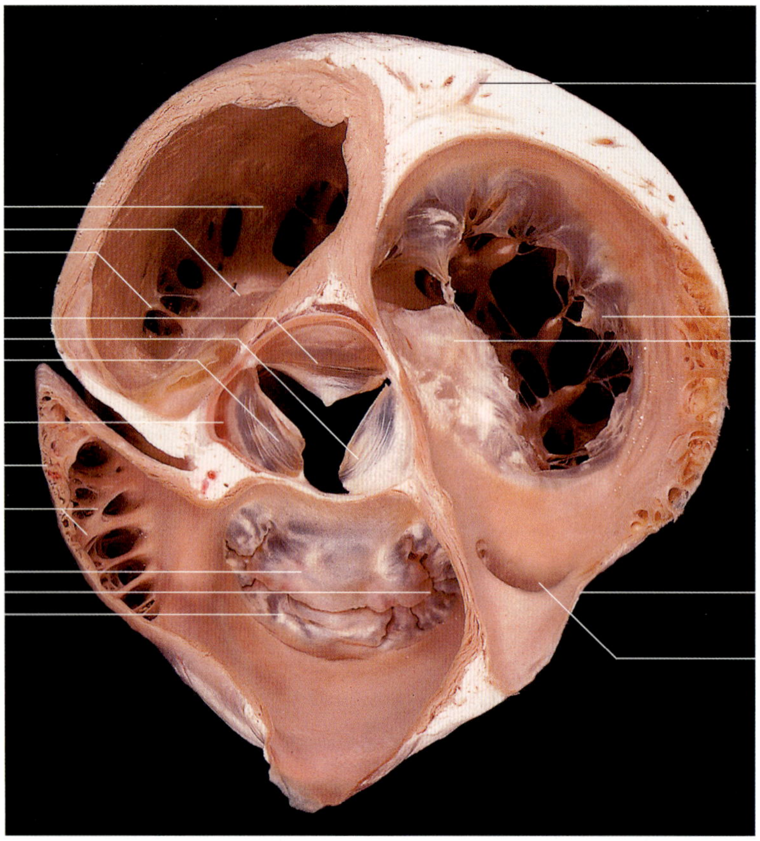


**Abb. 12-7.** Querschnitt durch das Herz eines Pferdes in Höhe der beiden Vorkammern, Aufnahme PD Dr. J. Maierl, München.

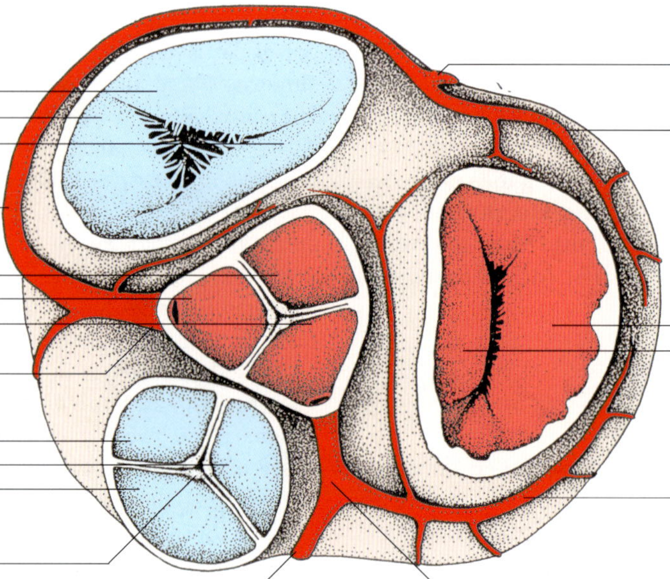


**Abb. 12-8.** Schematische Darstellung eines Querschnitts durch die Herzbasis des Pferdes in Höhe der beiden Vorkammern mit Ursprung der Herzkranzgefäße.

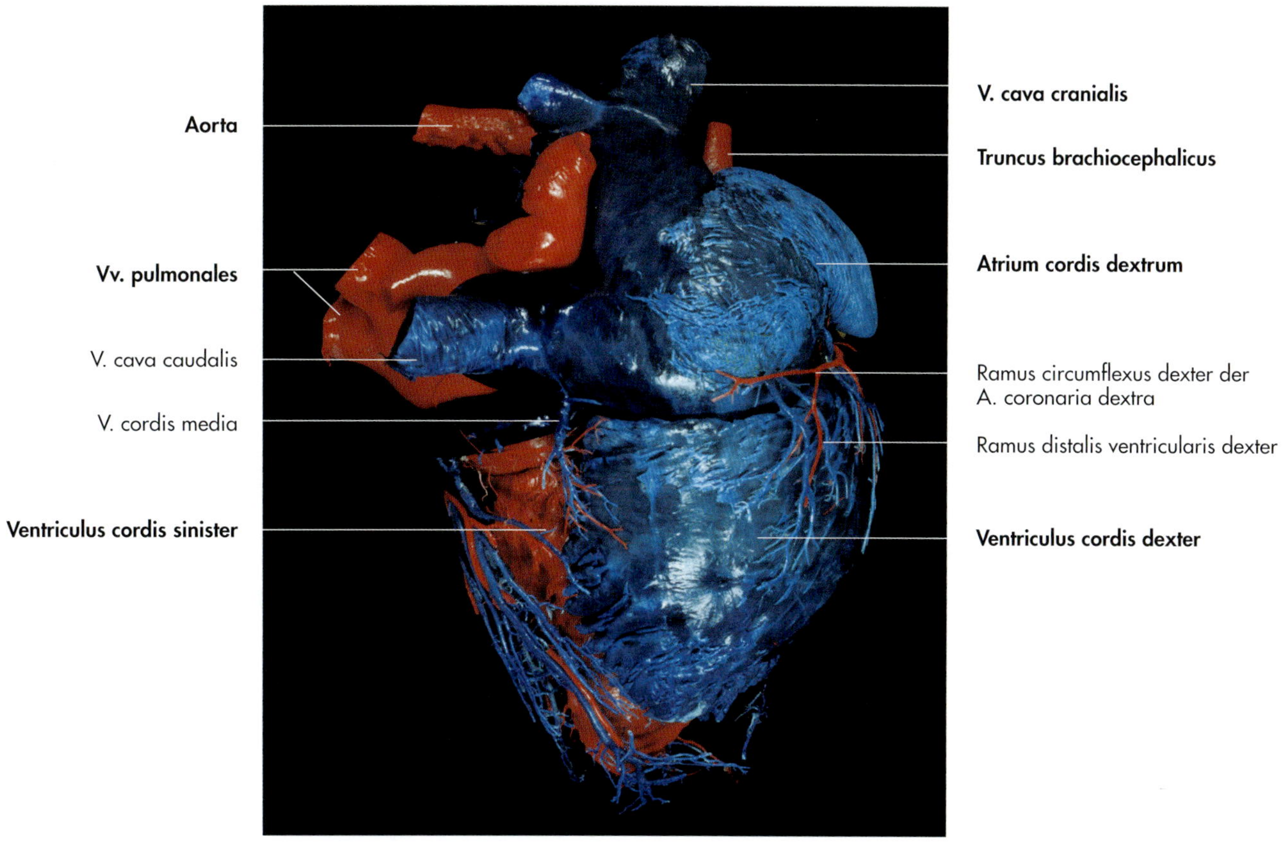


**Abb. 12-9.** Herz eines Hundes (Korrosionspräparat, Ansicht von rechts), Präparat H. Dier, Wien.

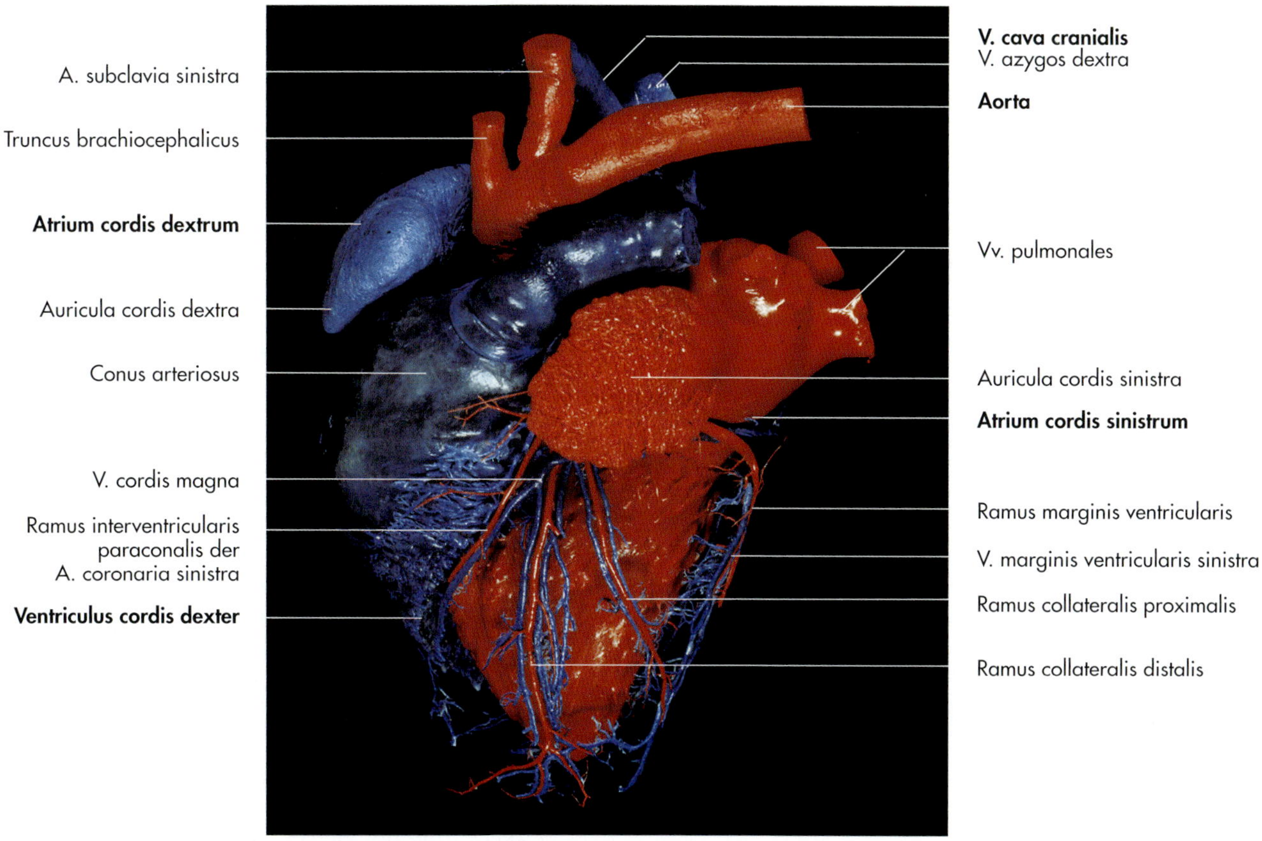


**Abb. 12-10.** Herz eines Hundes (Korrosionspräparat, Ansicht von links), Präparat H. Dier, Wien.

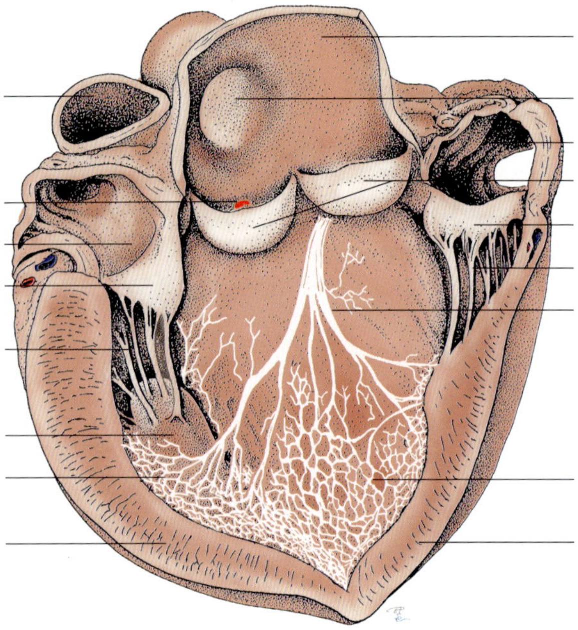


**Abb. 12-11.** Schematische Darstellung des Reizleitungssystems des linken Vorhofs und der linken Kammer mit Aorta (aufgeklappt).

Die **Herzvenen** sammeln sich in der **V. cordis magna**, die im Wesentlichen mit der A. coronaria sinistra verläuft (Abb. 12-5 u. 6). Kurz vor ihrer Mündung in den Sinus coronarius, der eine Ausbuchtung des rechten Atrium darstellt, nimmt sie die **V. cordis media** auf, die im Sulcus interventricularis dexter aufsteigt. **Vv. cordis minimae** ziehen in größerer Zahl auch direkt in die Hohlräume des Herzens.

## Erregungsbildungs- oder Reizleitungssystem

Das Erregungsbildungs- oder Reizleitungssystem besteht aus spezifisch **modifizierten Herzmuskelzellen**, die einen geringfügig größeren Durchmesser als die der Arbeitsmuskulatur besitzen. Sie sind flüssigkeitsreicher, glykogenreicher und fibrillenärmer.

Das **Reizleitungssystem** bildet spontan rhythmisch lokale Erregungen, die auf den übrigen Herzmuskel übergehen und zur Systole führen. Diese im Herzen selbst entstehende Erregung garantiert die sog. »Herzautonomie«. Zum Erregungsbildungs- und Reizleitungssystem gehören (Abb. 12-11 u. 12):

- Sinusknoten (Nodus sinuatrialis),
- Atrioventrikularknoten (Nodus atrioventricularis),
- Fasciculus atrioventricularis (= His-Bündel) mit Crus dextrum und sinistrum und
- Purkinje-Fasern.

Die Erregung des Herzens kann von sämtlichen Abschnitten des Reizleitungssystems ausgehen. Eine herausragende Bedeutung kommt dem **Sinusknoten (Nodus sinuatrialis)** zu, der die Herzaktivität koordiniert (Abb. 12-12). Der Sinusknoten wird deshalb auch der Schrittmacher des Herzens genannt. Er liegt vom Endokard bedeckt in der Wand des rechten Vorhofs ventral der Mündung der kranialen Hohlvene (Abb. 12-12). Beim Menschen ist er ca. 25 mm lang und 2 mm breit. Der **Atrioventrikularknoten (Nodus atrioventricularis)**, auch AV-Knoten genannt, dient ebenfalls der kardialen Erregungsbildung. Dieser Knoten liegt in der interatrialen Scheidewand (Abb. 12-12) nahe der Mündung des Sinus coronarius. Er setzt sich mit dem **Fasciculus atrioventricularis (= His-Bündel)** fort und durchbricht als **Truncus fasciculi atrioventricularis** das Herzskelett.

Am Dorsalrand des muskulären Teils des Septum interventriculare spaltet sich dieser Stamm in zwei Schenkel, das **Crus dextrum** und das **Crus sinistrum**, auf. Diese ziehen, von Endokard bedeckt, beiderseits in der Kammerscheidewand zu den Papillarmuskeln. Der linke Schenkel verbreitert sich flächenhaft, der rechte benützt vorzugsweise die Trabeculae septomarginales. Die Ausläufer der Schenkel des His-Bündels heißen **Purkinje-Fasern**. Sie gehen in die Arbeitsmuskulatur des Myokards über (Abb. 12-12).

Sowohl der Sinusknoten als auch der Atrioventrikularknoten werden reichlich von **vegetativen Nerven** innerviert.

## Innervation des Herzens

Die **Innervation** des Herzens erfolgt durch **vegetative Fasern**. Die **sympathischen** Nerven des Herzens, die Nn. cardiaci cervi-

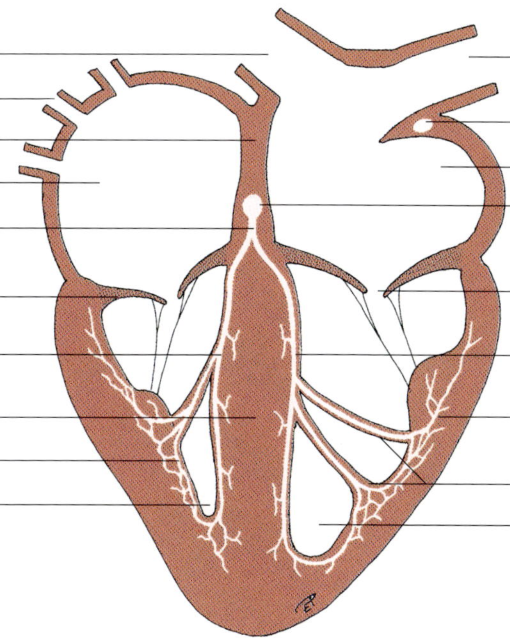


**Abb. 12-12.** Schematische Darstellung des Reizleitungssystems der linken und der rechten Herzkammer mit Verzweigung der Purkinje-Fasern.

cales und thoracici, ihrer Funktion nach auch **Nn. accelerantes** genannt, entspringen aus dem **Ganglion stellatum** und dem **Ganglion cervicale medium**. Ihre Anzahl variiert speziesabhängig, aber auch individuell. Die **parasympathischen** Äste entstammen dem **N. vagus** oder dessen Ast, dem **N. laryngeus cranialis**. Sie führen die Benennung **N. depressor** (s. auch Kap. 14 »Nervensystem«).

Sämtliche vegetativen Äste bilden den **Plexus cardiacus**. Die zum Herzen ziehenden Fasern dienen der **Anpassung der Herzautonomie** an die Bedürfnisse des Körpers. Die sympathischen Nerven fördern Schlagstärke und Schlagfrequenz, die parasympathischen hemmen diese Wirkungen. Die sympathischen Nn. cardiaci führen meist postganglionäre Fasern, die parasympathischen sind präganglionär. Letztere bilden die Synapsen in kleinen Ganglien, die in der Wand der Vorhöfe unter dem Epikard, vorzugsweise in Nähe der großen Gefäße, liegen.

Die **Nervenfasern** ziehen zum **Erregungsleitungssystem** und zu den **Herzkranzgefäßen**. Beide Systeme führen auch efferente Fasern, wobei die des Truncus sympathicus Schmerzen (z.B. bei Angina pectoris) und die parasympathischen Nervenfasern Erregungen aus Dehnungsrezeptoren leiten.

Außer Nerven sind für die Herzaktivität auch **Hormone** (z.B. Adrenalin) verantwortlich. In den Vorhöfen sind außerdem endokrine Herzmuskelzellen enthalten, die in Sekretgranula das **natriuretische Peptidhormon Cardiodilantin** bilden. Dieses inkretorische Produkt dient der Steuerung von Blutdruck und Blutvolumen.

## Lymphgefäße des Herzens

Die **Lymphgefäße** des Herzens entstehen aus feinsten Lymphkapillaren, die sich zu größeren Gefäßen unter dem Epikard zusammenfinden. Sie streben der Herzbasis zu und sammeln sich vor allem in der Nähe des Sulcus coronarius, nahe der Abzweigung des Sulcus interventricularis paraconalis. Sie ziehen zu den Lymphknoten am Hilus der Lunge sowie zu kranialen und mittleren Mediastinallymphknoten (s. auch Kap. 13 »Immunsystem und lymphatische Organe«).

## Funktion des Herzens

Durch die Wechselbewegung von Kontraktion und Erschlaffung des Herzmuskels übt das Herz eine **Pumpfunktion** aus, um das Blut in den Blutgefäßen zirkulieren zu lassen. Die **Kontraktion des Herzmuskels** wird **Systole**, die **Erschlaffung Diastole** genannt. Während der **Systole** kontrahieren sich die Vorhöfe vor den Ventrikeln. Die darauffolgende Kontraktionszeit der Kammern beträgt ca. das Doppelte derjenigen der Vorkammern. Die Dauer der Diastole ist länger als die der Systole und verkürzt sich mit steigender Herzfrequenz. Bei der Katze beispielsweise beträgt die Herzfrequenz in Ruhestellung ca. 120 Schläge pro Minute, damit erfolgen pro Sekunde zwei Herzschläge.

Die Kontraktion der Herzkammerwand erfolgt **simultan**. Dabei kontrahieren sich die **Papillarmuskeln** kurz vor der **übrigen Muskulatur**, wodurch ein Durchschlagen der Atrioventrikularklappen verhindert wird. Die Längsmuskelfasern führen zur **Verkürzung der Herzkammern**. Dabei wird die Ventilebene gegen die Herz-

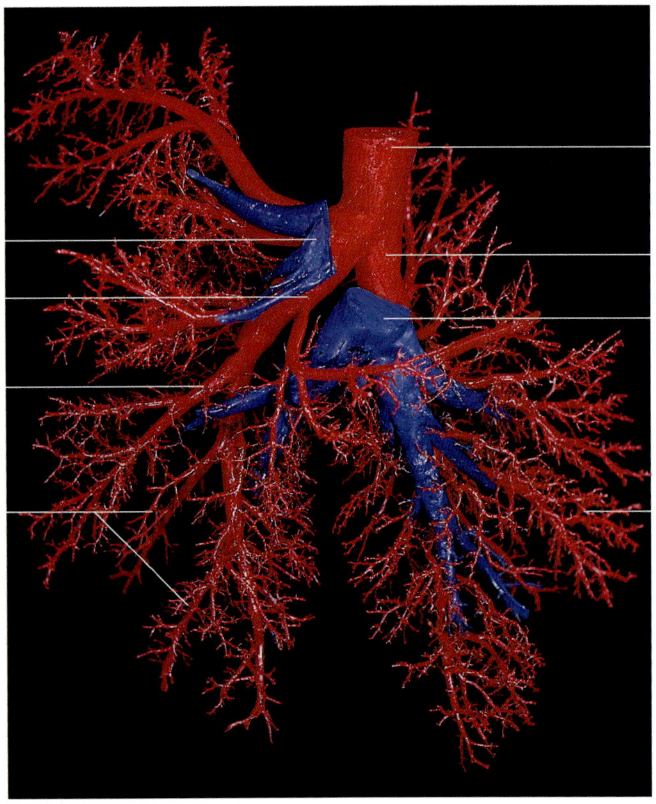


**Abb. 12-13.** Hauptgefäße der Lunge eines Schafes (Ansicht von ventral) (Korrosionspräparat). Die Farben blau und rot entsprechen nicht dem venösen oder arteriellen Blut, Präparat Prof. Dr. M. Navarro u. A. Oliver, Barcelona.

spitze gezogen. Im **linken Ventrikel** kontrahiert sich die Ringmuskelschicht radiär in der Art eines Sphinkters, wobei das Septum mit einbezogen wird. Im **rechten Ventrikel** kontrahiert sich lediglich dessen Außenwand, da das Septum gleichzeitig der Kompression des linken Ventrikels dient.

Die **Gesamtmenge des Blutes**, die während einer **Systole** in die beiden Hauptarterien ausgeworfen wird, bezeichnet man als **Schlagvolumen**. Bei einem ca. 20 kg schweren Hund beträgt dieses ca. 11 ml. Pro Tag bewegt das Herz demnach ca. 1,5 Tonnen Blut.

Während der **Diastole**, der Füllungszeit des Herzens, **erschlafft** der Herzmuskel. Die Ventilebene bewegt sich gegen die Herzbasis zurück und trägt damit zur Vergrößerung der Vorhöfe bei, die einen Sog auf das Blut in den Hohlvenen und Lungenvenen ausüben. Das Herz wirkt dabei wie eine **Saugpumpe**.

Der Rückstrom des Blutes zum Herzen wird von mehreren Faktoren begünstigt, wie Atmung, Kontraktion des Zwerchfells, arteriovenöse Koppelung und Schwerkraft, deren Wirkungen noch nicht bis ins Letzte geklärt sind.

Zur **Überprüfung der Funktion** des Herzens dienen nicht nur der **Puls** und der **Blutdruck**, sondern auch das **direkte Abhören** der **Herzklappentöne (Auskultation)**. Der **erste Ton** wird von der simultanen Schließung der **beiden Atrioventrikularklappen** während der Systole erzeugt. Er ist geringfügig länger und tiefer als der nachfolgende zweite Herzton.

Der **zweite Ton** entsteht zu Beginn der Diastole bei der simultanen Schließung der **beiden Taschenklappen** an der Basis der Aorta und des Truncus pulmonalis. Die **Auskultation** der **einzelnen Klappen (Puncta maxima)** erfolgt beim Pferd wie folgt:

- **links** in Höhe der Horizontalen, die durch das Schultergelenk verläuft:
  - 3. Interkostalraum: Taschenklappe des Truncus pulmonalis,
  - 4. Interkostalraum: Taschenklappe der Aorta,
  - 5. Interkostalraum: linke Atrioventrikularklappe (Valva bicuspidalis),
- **rechts** in Höhe des 4. Interkostalraums:
  - rechte Atrioventrikularklappe (Valva tricuspidalis).

# Gefäße (Vasa)

Die **Lehre von den Gefäßen** (Angiologia, »Angion«, griech. Gefäß) kann nur verstanden werden, wenn man grundsätzliche Kenntnisse über den Bau, die Funktion und die klinische Bedeutung der verschiedenen Gefäße sinnvoll verknüpft.

Die vergleichend anatomische Beschreibung des Verlaufs sämtlicher Gefäße bis hin zu den kleinsten Abzweigungen, Ästen (Rami) und deren Endgebiete ist vorzugsweise Aufgabe der Forschung und wird in Handbüchern der Anatomie ausführlich dargestellt. Für Studium und Praxis ist hingegen das Wissen um die Hauptbahnen der Blutgefäße von Bedeutung (s. auch »Einführungskapitel«).

# Arterien des Lungenkreislaufs

Das Blut wird aus der rechten Herzkammer über den **Truncus pulmonalis**, einer Arterie vom **elastischen Typ**, ausgetrieben (Abb. 12-13). An seiner Basis liegen die **drei Taschenklappen (Valvulae semilunares)** der **Pulmonalklappe (Valva trunci pulmonalis)**. Der Truncus pulmonalis verläuft links von der Aorta. In Höhe des Herzbeutelansatzes ist er über das **Ligamentum arteriosum** mit der Aorta verbunden. Dieses Band ist das Rudiment des **Ductus arteriosus (Botalli)**, durch den im **fetalen Kreislauf** das Blut an der **noch nicht funktionellen Lunge** vorbei in die Aorta geleitet wird (Abb. E-47).

Der Truncus pulmonalis teilt sich ventral der Bifurcatio tracheae in die **A. pulmonalis dextra** und **sinistra**, die sich weiter mit den Bronchien verzweigen und schließlich das Kapillarnetz um die Lungenalveolen speisen. Aus diesem korbartig gestalteten Kapillarnetz schließen sich die **Lungenvenen** zusammen, die in den **linken Vorhof** münden. Im Truncus pulmonalis zirkuliert **sauerstoffarmes**, mit **$CO_2$ angereichertes Blut**, während in den **Lungenvenen sauerstoffreiches Blut** enthalten ist.

# Arterien des Körperkreislaufs

Die Arterien des Körperkreislaufs sollen am Beispiel des Pferdes abgehandelt werden (Abb. 12-29). Allerdings wird auch auf wichtige Besonderheiten bei anderen Tierarten an geeigneter Stelle hingewiesen.

Das Blut wird aus der linken Herzkammer in die Aorta ausgetrieben. Die **Aorta** entspringt aus der **linken Herzkammer**. Sie trägt, wie auch der Truncus pulmonalis, an ihrer Basis drei Taschenklappen (Abb. 12-8) und erweitert sich zum **Bulbus aortae**, aus dem die Koronararterien entspringen. Sie steigt auf der rechten Seite des Truncus pulmonalis kraniodorsal auf **(Aorta ascendens)** und bildet den **Aortenbogen (Arcus aortae)**, an dem sich der Herzbeutel umschlägt. Die Aorta ascendens entsteht embryonal aus der vierten Kiemenbogenarterie, der Truncus pulmonalis aus der sechsten der linken Seite.

Am **Aortenbogen** findet sich, wie bereits erwähnt, das **Ligamentum arteriosum**, Rest des fetalen **Ductus arteriosus (Botalli)** (Abb. E-47). Letzterer verengt sich nach der Geburt, sodass sein Lumen nach ca. einer Woche völlig geschlossen ist. Sofort nach der Geburt, nach Einsetzen der Atmung, kommt es zur Kontraktion der Tunica media des Ductus arteriosus. Anschließend finden Umbauvorgänge in der Tunica intima dieses Gefäßes statt, die das Lumen völlig schließen. Ein persistierendes Lumen im Ductus arteriosus führt zu Kreislaufstörungen, beim Auskultieren kann dabei ein sog. »Lokomotiv«- oder »Maschinengeräusch« wahrgenommen werden (s. auch Kap. 19 »Topographisch-klinische Anatomie«).

Bei Deutschen Schäferhunden kommt gelegentlich eine **fetale Fehlentwicklung** vor, wonach die Aorta aus der vierten Kiemenbogenarterie der rechten Seite entsteht. In diesem Fall überquert das Ligamentum arteriosum dorsal die Speiseröhre und führt zu einer Teilobstruktion und zu einer Divertikelbildung vor dem Hindernis. Die Nahrungsaufnahme der betroffenen Tiere wird stark behindert. Durch operatives Eingreifen im vierten linken Interkostalraum muss der Ductus arteriosus ligiert und durchtrennt werden, um eine Heilung herbeizuführen.

Die **Aorta ascendens** erreicht in ihrem weiteren Verlauf die **Wirbelsäule** in Höhe des **sechsten Brustwirbels**, etwas links der Medianebene, im Mediastinum medium und setzt sich als **Aorta descendens** kaudal fort (Abb. 12-29). In der Brusthöhle wird sie **Aorta thoracica**, in der Bauchhöhle **Aorta abdominalis** genannt. Durch eine Öffnung im Zwerchfell, den **Hiatus aorticus**, tritt sie in die Bauchhöhle über. Ihre **Endaufteilung** erfolgt in Höhe der **letzten Lendenwirbel**.

## Kraniale Äste des Arcus aortae

### Truncus brachiocephalicus

Der Truncus brachiocephalicus entspringt aus dem Arcus aortae und zieht kranial (Abb. 12-29ff.). Er dient der Versorgung der Gliedmaßen, des Halses und des Kopfes sowie ventraler Bereiche des Thorax. Er entlässt folgende Gefäße:

- A. subclavia sinistra,
- A. subclavia dextra,
- Truncus bicaroticus.

Beim Hund, bei der Katze und beim Schwein entspringt die A. subclavia sinistra nach dem Truncus brachiocephalicus aus dem Arcus aortae.

#### Arteria subclavia

Von den Ästen der A. subclavia erlangt die A. vertebralis besondere Bedeutung, da sie beim Rind einen kaudal gelegenen Abschnitt des Gehirns vaskularisiert. Diese Tatsache könnte beim Verschluss einer Halsschlagader zum Überleben des Tieres führen, vor allem, wenn ein langsam fortschreitender Prozess zur Obliteration führt (Abb. 12-15).

Dieser Aspekt muss andererseits auch bei rituellen Schlachtungen bedacht werden. Durch die Versorgung des Gehirns über die A. vertebralis nach Durchtrennung der beiden Halsschlagadern ist bei den betroffenen Schlachttieren eine längere EEG-Normalaktivität vorhanden als bei solchen, die durch Bolzenschuss betäubt wurden.

Zum Verzweigungsgebiet der A. subclavia gehören der Hals, die Vordergliedmaße sowie kraniale und ventrale Abschnitte des Thorax. Verzweigungsmuster der **A. subclavia** des Pferdes (Abb. 12-14ff.):

- **Truncus costocervicalis** mit:
  - A. intercostalis suprema,
  - A. scapularis dorsalis,
- **A. cervicalis profunda**,
- **A. vertebralis**,
- **A. cervicalis superficialis**,
- **A. thoracica interna** mit:
  - A. musculophrenica,
  - A. epigastrica cranialis und
- **A. axillaris** (Fortsetzung der A. subclavia).

Der **Truncus costocervicalis** entlässt die **A. scapularis dorsalis**, die sich an der Halsbasis und im Widerristbereich aufzweigt, und die **A. intercostalis suprema** (beim Hund **A. vertebralis thoracica**), die die ersten Interkostalräume vaskularisiert. Die **A. cervicalis profunda**, eine umfangreiche Arterie, versorgt die obere Halsmuskulatur bis in den Nackenbereich.

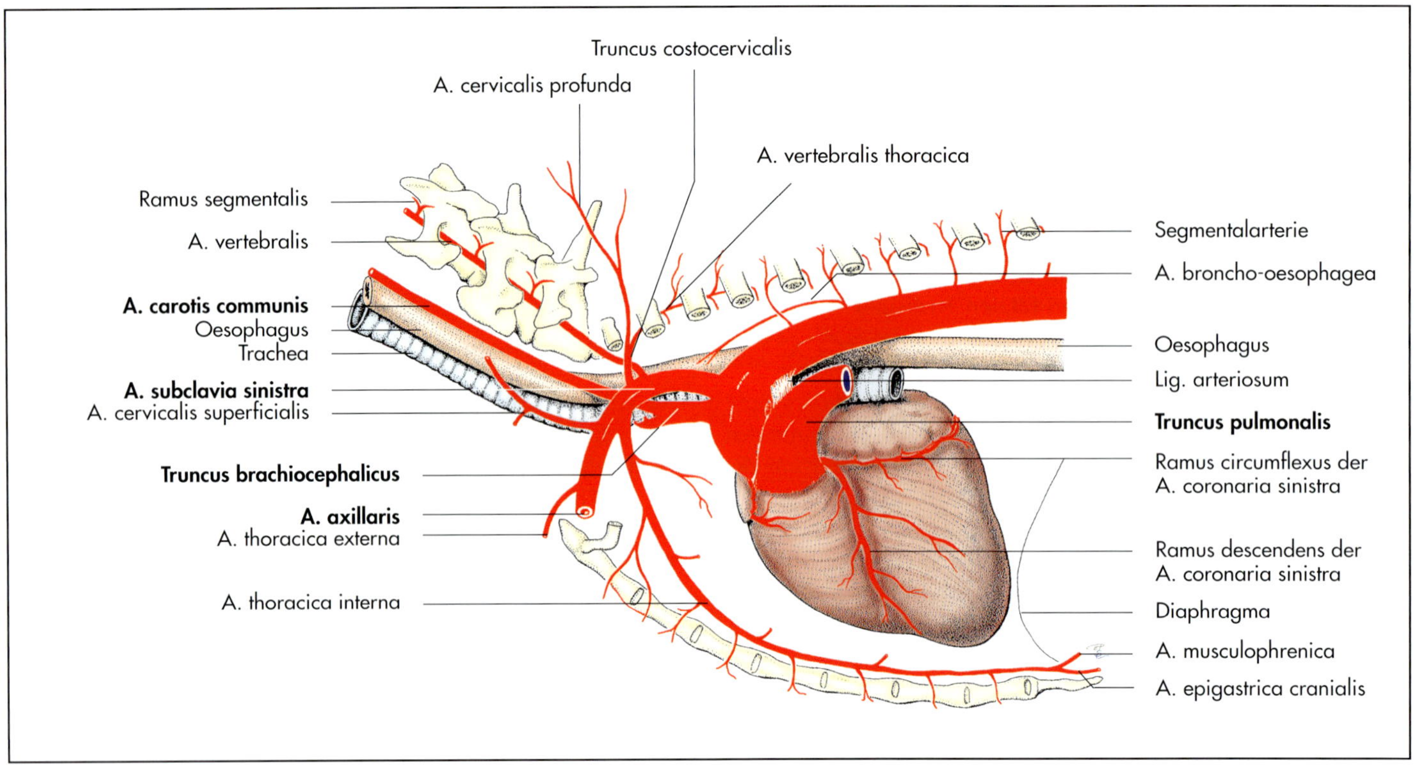


**Abb. 12-14.** Schematische Darstellung der Arterien an der Herzbasis und im kranialen Mediastinum beim Hund (Ansicht von links), nach Ellenberger und Baum, 1943.

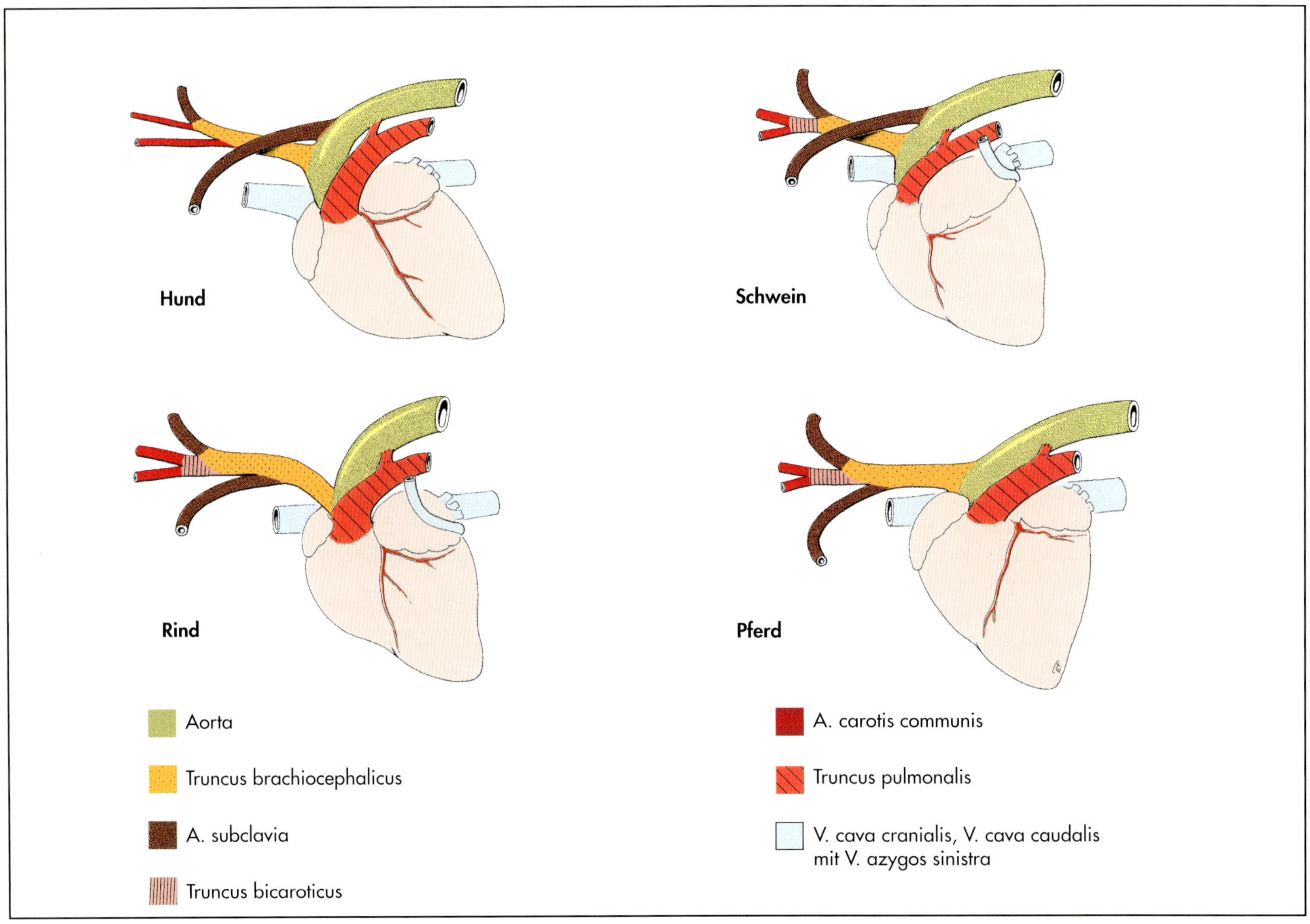


**Abb. 12-15.** Vergleichend-schematische Darstellung der Verzweigung der großen Gefäße an der Herzbasis, nach Ghetie, 1967.

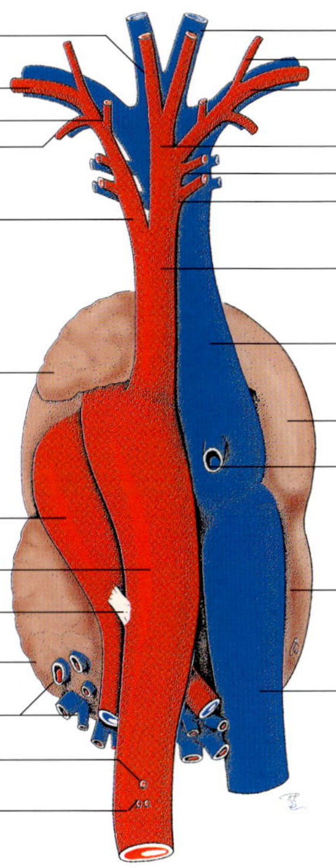


**Abb. 12-16.** Schematische Darstellung der Gefäße an der Herzbasis des Pferdes (Dorsalansicht), nach Ghetie, 1967.

Die **A. vertebralis** verläuft durch den Canalis transversarius der Halswirbel kranial und gibt Segmentaläste für die tiefe Halsmuskulatur und in den Wirbelkanal ab. Die **A. cervicalis superficialis** versorgt den ventralen Abschnitt der Halsbasis.

Die **A. thoracica interna** verläuft über dem Brustbein kaudal. Sie gibt Segmentaläste in die Zwischenrippenräume ab. In Höhe des Zwerchfells teilt sie sich in die **A. musculophrenica**, die das Zwerchfell versorgt, und in die **A. epigastrica cranialis**, die in der Rektusscheide kaudal verläuft und mit der **A. epigastrica caudalis** anastomosiert.

Zahlreiche **Anastomosen**, also direkte Verbindungen zwischen zwei größeren Blutgefäßen, bestehen zwischen der A. cervicalis profunda und der A. vertebralis und, wie eben erwähnt, zwischen der A. epigastrica cranialis und der A. epigastrica caudalis.

Die **A. axillaris** versorgt als Fortsetzung der A. subclavia die Vordergliedmaße (Abb. 12-17ff.). Ihr Anfangsabschnitt ist topographisch eng mit dem **Plexus brachialis** verbunden. Sie verläuft bis in Höhe der **Lymphonodi axillares proprii**, wo sie die A. subscapularis abgibt und ihren Namen in A. brachialis ändert.

Verzweigungsmuster und Versorgungsgebiete der **A. axillaris** des Pferdes (Abb. 12-17ff.):

- **A. axillaris** mit:
  - A. suprascapularis,
  - A. subscapularis,
    - A. circumflexa humeri caudalis,
    - A. circumflexa scapulae,
    - A. thoracodorsalis.

Die A. axillaris setzt sich in die **A. brachialis** fort. Die **A. brachialis** verläuft parallel mit dem **N. medianus**, dem **N. musculocutaneus** und dem **N. ulnaris**. Sie ist die Hauptarterie der **Regio brachialis** und der **Regio cubiti**. Im distalen Bereich des Humerusschaftes zieht sie bei der Katze zusammen mit dem N. medianus durch das Foramen supracondylare. Die Begleitvene verläuft dabei außerhalb dieses Durchtritts.

Bei den anderen Haussäugetieren wird sie hier medial vom M. pronator teres bedeckt. Beim Hund entlässt die A. brachialis in Höhe des distalen Drittels des Oberarms die A. brachialis superficialis, die auf der kranialen Seite des Unterarms, des Karpus und der Metakarpalknochen bis zu den Zehen zieht. Sie verzweigt sich in die dorsalen Zehenarterien.

Die A. brachialis ändert ihren Namen in Höhe des proximalen Teiles des Spatium interosoderm antebrachii, nach Abzweigung der A. interossea communis, in **A. mediana**.

Verzweigungsmuster und Versorgungsgebiete der **A. brachialis** und der **A. mediana** des Pferdes (Abb. 12-17ff.):

- **A. brachialis** mit:
  - A. circumflexa humeri cranialis,
  - A. profunda brachii mit
    - A. collateralis radialis,
  - A. bicipitalis,
  - A. transversa cubiti,
  - A. collateralis ulnaris,
  - A. interossea communis,

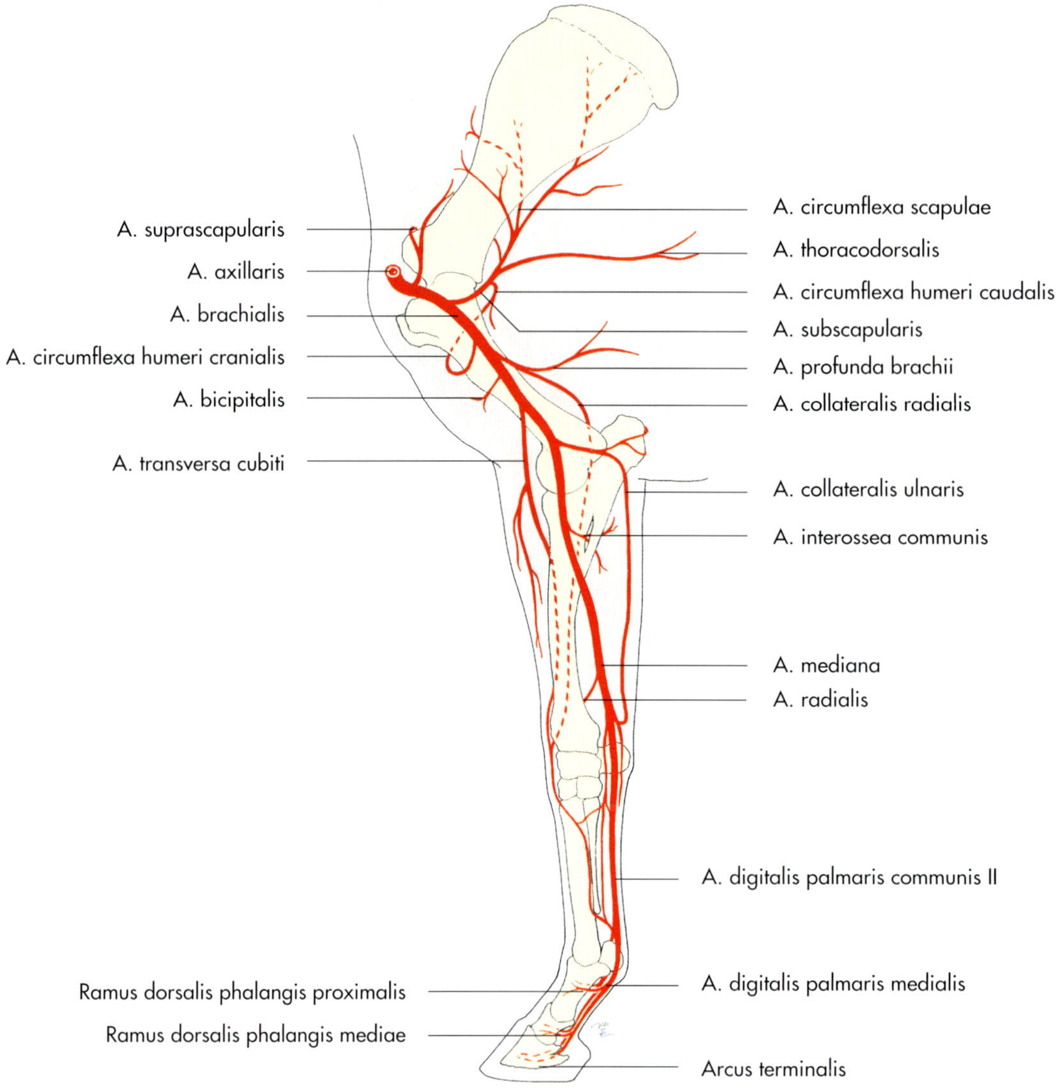


**Abb. 12-17.** Schematische Darstellung wesentlicher Arterien an der rechten Vordergliedmaße eines Pferdes (Medialansicht), nach Ellenberger und Baum, 1943.

- **A. mediana** mit:
  - A. radialis (Karpalgelenk),
  - Ramus carpeus palmaris,
  - Ramus carpeus dorsalis,
- **A. digitalis palmaris communis II (Hauptmittelfußarterie)** mit:
  - A. digitalis palmaris medialis und lateralis.

Die **A. mediana** verläuft kaudomedial am Radius und wird hier vom M. flexor carpi radialis bedeckt. In Höhe des Karpalgelenks gibt sie Äste an das Rete carpi palmare ab und setzt sich als **Hauptmittelfußarterie (A. digitalis palmaris communis II)** fort. An dieser kann bei Hufrehe, einer Entzündung der Huflederhaut, eine verstärkte Pulsation festgestellt werden.

Über dem Fesselgelenk teilt sich die Hauptmittelfußarterie in die **beiden palmaren Zehenarterien (A. digitalis palmaris medialis** bzw. **lateralis)** auf. Im Bereich der Gliedmaßen wird die enge arteriovenöse Koppelung wirksam, dabei fördert die Pulsation der Arterien den Rückstrom des venösen Blutes. Die beiden Zehenarterien anastomosieren im Hufbein und bilden den **Arcus terminalis**.

**Punktionsstellen und Anastomosen**
Eine **Arterienpunktionsstelle** besteht an der Umschlagstelle um die 1. Rippe. Zahlreiche Anastomosen sind zwischen der A. subscapularis und der A. profunda brachii, ferner zwischen der A. circumflexa humeri cranialis und der A. circumflexa humeri caudalis sowie zur Bildung des Ramus carpeus palmaris und des Ramus carpeus dorsalis ausgebildet. Man spricht dann entsprechend ihrer Lage von der:

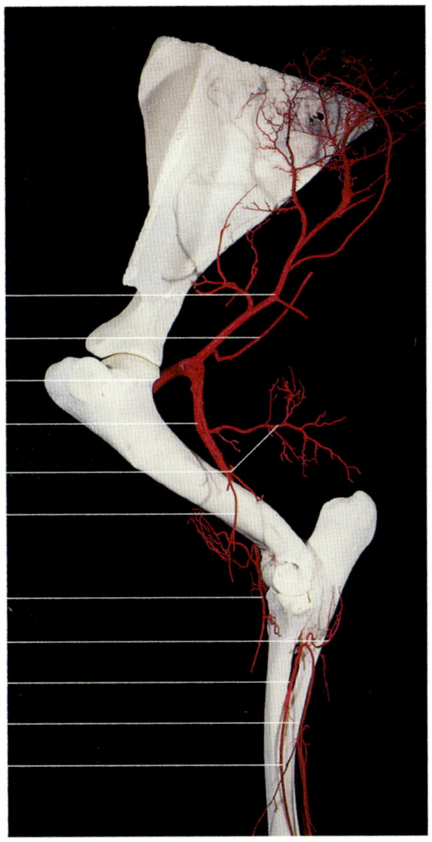


**Abb. 12-18.** Arterien an der Vordergliedmaße eines Schafes (Korrosionspräparat, Lateralansicht), Präparat Prof. Dr. M. Navarro und A. Oliver, Barcelona.

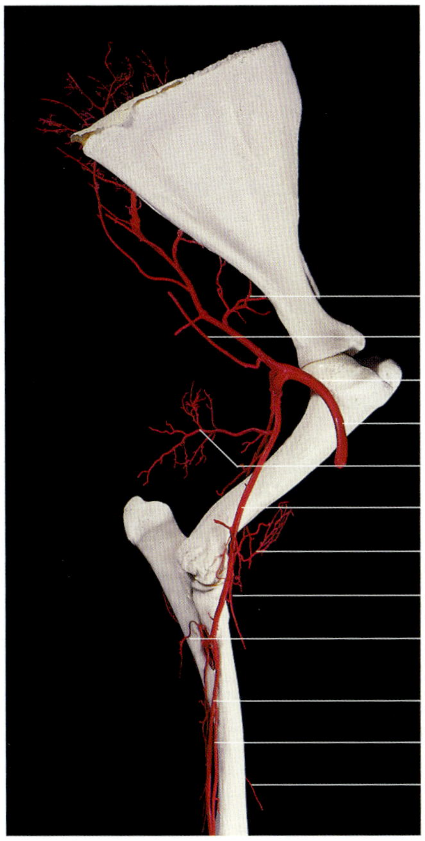


**Abb. 12-19.** Arterien an der Vordergliedmaße eines Schafes (Korrosionspräparat, Medialansicht), Präparat Prof. Dr. M. Navarro und A. Oliver, Barcelona.

- A. collateralis radialis,
- A. collateralis ulnaris,
- A. transversa cubiti,
- A. interossea communis und
- A. radialis.

**Pulsfühlstellen** sind:

- A. brachialis medial vom Ellbogengelenk,
- Hauptmittelfußarterie medial des Beugesehnenpakets, palmar des medialen Griffelbeins.

## Truncus bicaroticus

Der Truncus brachiocephalicus entlässt kranial den **Truncus bicaroticus**, der sich in die beiden Halsschlagadern aufteilt (Abb. 12-15 u. 16). Bei Hund und Katze entspringt in der Regel die linke Halsschlagader vor der rechten, sodass kein gemeinsamer Stamm zu finden ist.

Die **Halsschlagader (A. carotis communis)** durchzieht die **Regio colli ventralis** rechts und links der Trachea (Abb. 12-14, 15, 20, 21 u. 29), ohne nennenswerte Zweige abzugeben. Ausnahmen sind einige kleinere Äste für die Speiseröhre, die Luftröhre und die anliegenden Muskeln.

Die A. carotis communis wird vom **Truncus vagosympathicus** begleitet. An ihrem kranialen Ende gibt sie die **A. thyroidea caudalis** und die **A. thyroidea cranialis** ab (Abb. 12-20). Beide Arterien versorgen die Schilddrüse. Die A. thyroidea cranialis versorgt zudem den Kehlkopf **(A. laryngea cranialis)** und den Pharynx **(A. pharyngea ascendens)**.

Danach teilt sich die A. carotis communis beim Pferd in die **A. occipitalis**, die **A. carotis interna** und den weiterführenden Ast, die **A. carotis externa**, auf (Abb.12-20). In der Nähe dieser Aufteilung findet sich das **Glomus caroticum**, das den Blutdruck und die Zusammensetzung des Blutes kontrolliert.

Die **A. occipitalis** ist insoweit von Bedeutung, als diese nicht nur die Nackenmuskulatur und kaudale Bereiche der Hirnhäute vaskularisiert, sondern auch **Anastomosen** mit der **A. vertebralis** und der **A. spinalis mediana** eingeht. Sie trägt demnach auch zur Versorgung des ZNS bei.

Die **A. carotis interna** bildet beim Pferd und beim Hund an der Schädelbasis eine charakteristische **S-förmige Schleife**. Beim Pferd verläuft die A. carotis interna in einer Falte der **medialen Luftsackbucht**, zusammen mit dem N. vagus, dem Truncus sympathicus und dem Ganglion cervicale craniale. Die **A. carotis interna** vaskularisiert beim Pferd und beim Hund das Gehirn. Bei den übrigen Haussäugetieren wird sie durch Äste der **A. maxillaris** ersetzt, die **Wundernetze** an der Gehirnbasis bilden, aus denen sich durch Zusammenschluss die **A. carotis cerebralis** bildet. Dieses Gefäß versorgt seinerseits das Gehirn (s. auch Kap. 14 »Nervensystem«).

Sowohl diese **Wundernetze (Rete mirabile epidurale)** als auch das Endstück der A. carotis interna (Pferd, Hund) sind an der Schädelbasis mit dem **venösen Sinus cavernosus** gekoppelt und

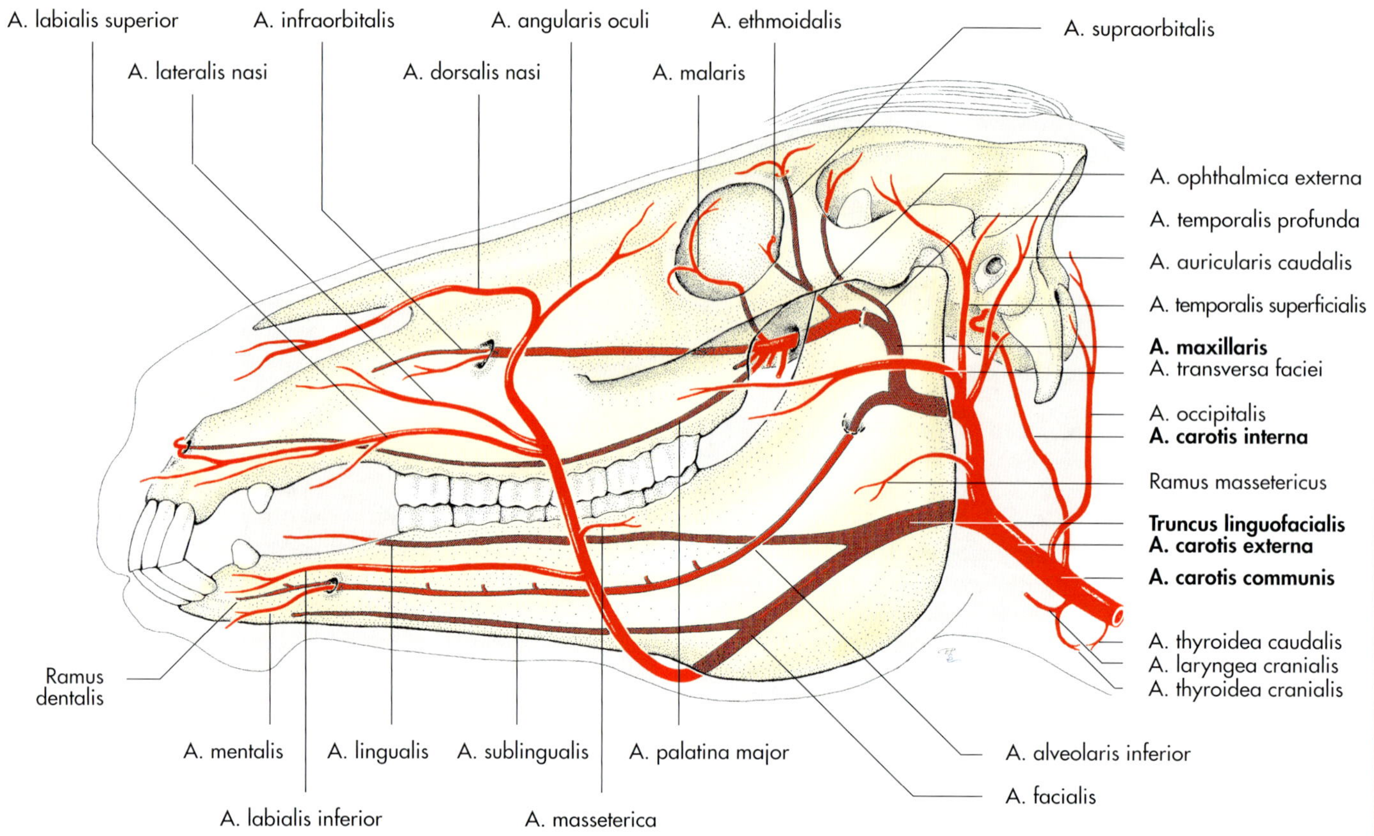


**Abb. 12-20.** Schematische Darstellung der wichtigsten Arterien des Kopfes des Pferdes, nach Dyce, Sack und Wensing, 2002.

tragen so zum Rückfluss des venösen Blutes aus der Schädelhöhle bei.

Die **A. carotis externa** und ihre Fortsetzung, die **A. maxillaris**, versorgen sämtliche Organe, Muskeln und Knochen am Kopf, außer dem Gehirn (Abb. 12-20ff.).

Verzweigungsmuster und Versorgungsgebiete der **A. carotis communis**:

- **A. thyroidea caudalis** (Schilddrüse),
- **A. thyroidea cranialis** (Schilddrüse, Kehlkopf) mit:
  - A. pharyngea ascendens (Schlundkopf),
  - A. laryngea cranialis (Kehlkopf),
- **A. occipitalis** (Nackenmuskulatur) mit:
  - A. meningea caudalis (Gehirnhäute),
- **A. carotis interna** (Gehirn),
- **A. carotis externa** (Kopf außer Gehirn) mit:
  - **Truncus linguofacialis** mit:
    - A. palatina ascendens (Schlundkopf),
    - A. lingualis (Zunge),
    - A. sublingualis (Zunge),
    - A. facialis (Gesicht) mit:
      - A. labialis inferior (Gesicht, Unterlippe),
      - A. labialis superior (Gesicht, Oberlippe),
      - A. lateralis nasi (Gesicht, Nase),
      - A. dorsalis nasi (Gesicht, Nase),
      - A. angularis oculi (Gesicht, Augenlider),
  - **Ramus massetericus** (M. masseter),
  - **A. auricularis caudalis** (Ohrmuschel),
  - **A. temporalis superficialis** (M. temporalis) mit:
    - A. transversa faciei (M. masseter) und
    - A. auricularis rostralis (Ohrmuschel).

Verzweigungsmuster und Versorgungsgebiete der **A. maxillaris** (Fortsetzung der A. carotis externa):

- **A. alveolaris inferior** mit:
  - Rami dentales (Zähne des Unterkiefers),
  - A. mentalis ( Kinn),
- **A. temporalis profunda caudalis** (M. temporalis),
- **A. temporalis profunda rostralis** (M. temporalis),
- **A. meningea media** (Gehirnhäute),
- **A. malaris** (Orbita),

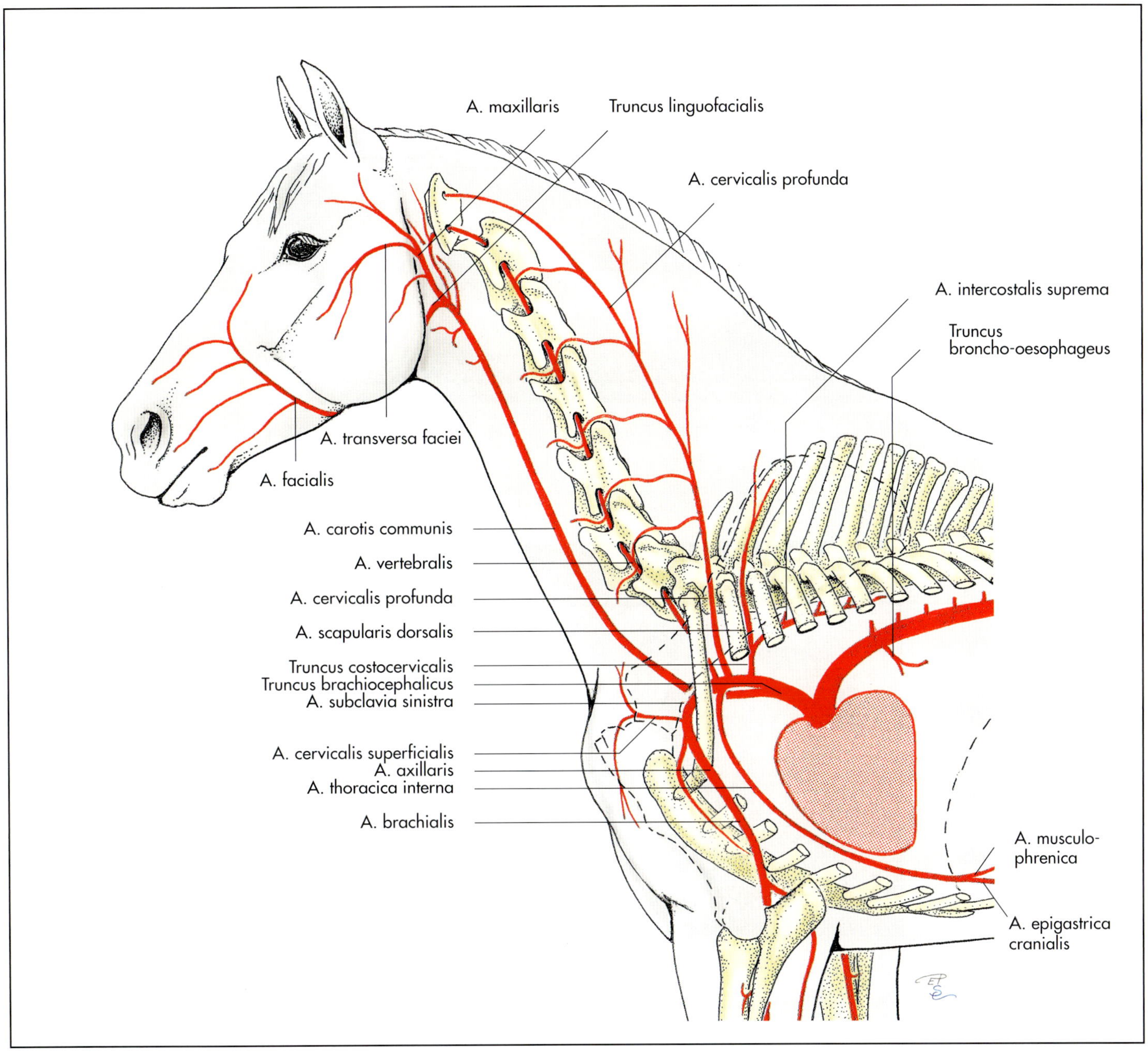


**Abb. 12-21.** Schematische Darstellung des Verlaufs größerer Arterien bzw. deren Abzweigung aus dem Truncus brachiocephalicus und der Aorta thoracica des Pferdes.

- **A. sphenopalatina (pterygopalatina)** (Nasenhöhle),
- **A. palatina major** (harter Gaumen),
- **A. palatina minor** (Gaumensegel),
- **A. infraorbitalis** (Zähne, Oberkiefer und Nase),
- **A. ophthalmica externa** mit:
  - A. supraorbitalis (Stirngegend),
  - A. ethmoidalis (Orbita, Nasengrund),
  - A. lacrimalis (Tränendrüse),
  - A. ophthalmica interna (Netzhaut) und
  - A. buccalis.

Um die Vielfalt der Verzweigungen der Arterien im Kopfbereich zu veranschaulichen, werden Korrosionspräparate der Arterien am Beispiel des Schafes gezeigt (Abb. 12-22 bis 24). Die Arterien des Gesichts entstehen bei dieser Spezies aus der A. transversa faciei und der A. infraorbitalis. Aus der A. maxillaris entwickelt sich an der Schädelbasis ein umfangreiches Wundernetz.

**Anastomosen**
Die A. occipitalis anastomosiert mit der A. vertebralis und der A. spinalis mediana.

**Pulsfühlstellen** beim Pferd sind die:

- A. facialis an der Incisura vasorum facialium und
- A. transversa faciei.

Als **Punktionsstellen** dienen die A. carotis communis am Halsansatz, die A. transversa faciei sowie die A. facialis an der Incisura vasorum facialium.

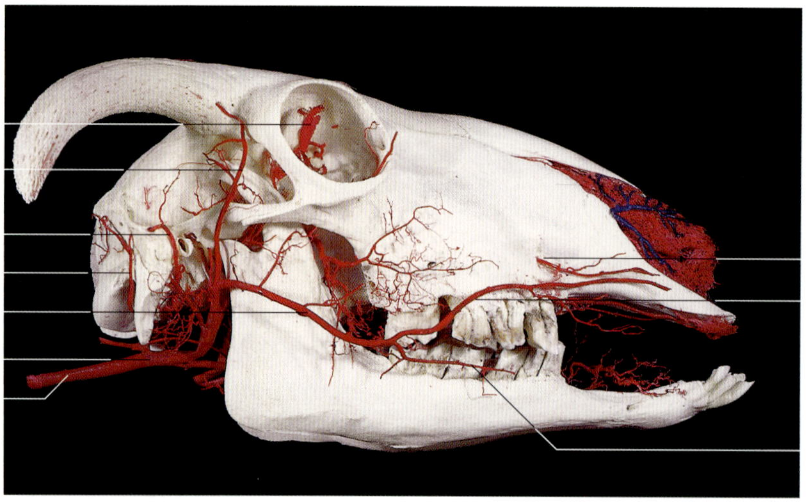


**Abb. 12-22.** Oberflächliche Arterien am Kopf eines Schafes (Korrosionspräparat), Präparat Prof. Dr. Ana Carretero und A. Oliver, Barcelona.

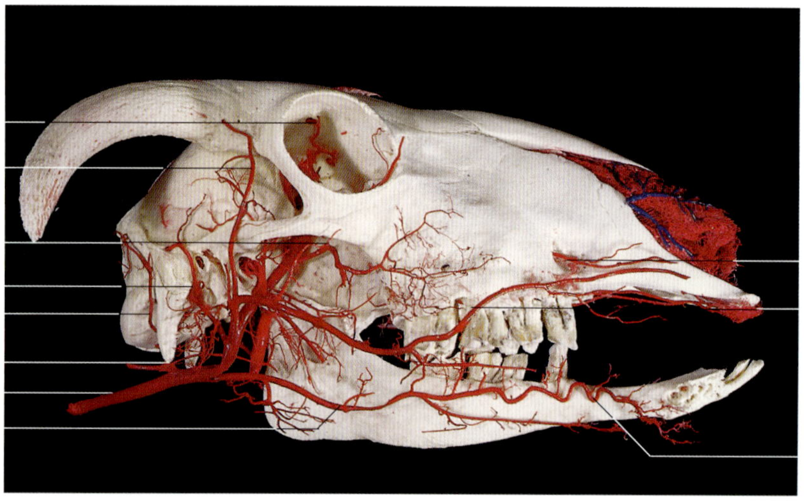


**Abb. 12-23.** Tiefe Arterien am Kopf eines Schafes, die rechte Mandibula wurde entfernt (Korrosionspräparat), Präparat Prof. Dr. Ana Carretero und A. Oliver, Barcelona.

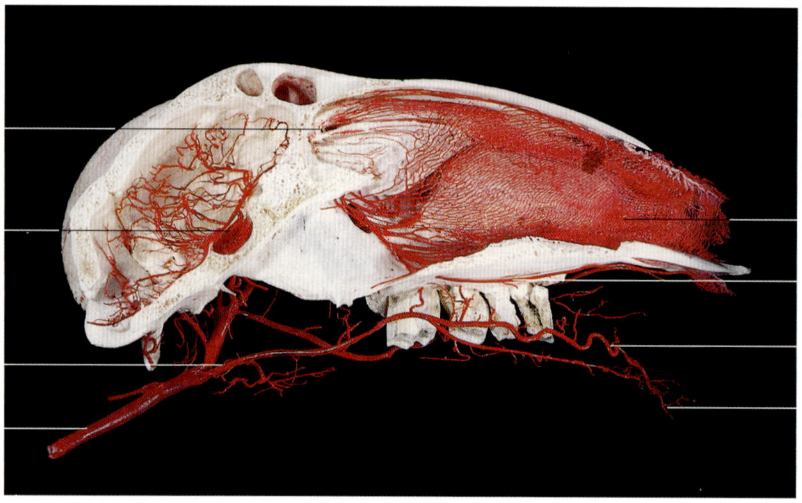


**Abb. 12-24.** Arterien in der Schädelhöhle und der Nasenhöhle eines Schafes (Korrosionspräparat, Medianschnitt), Präparat Prof. Dr. Ana Carretero und A. Oliver, Barcelona.

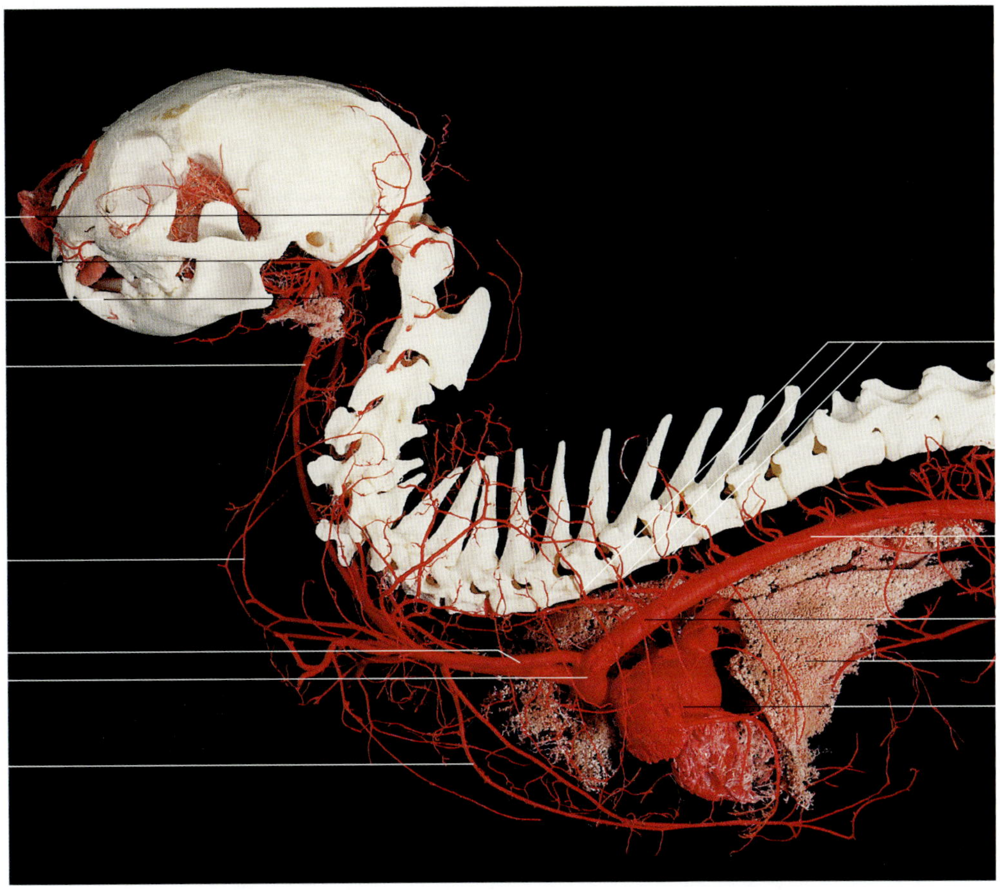


**Abb. 12-25.** Arterien in der Brusthöhle und der Halsregion einer Katze (Korrosionspräparat), Präparat Prof. Dr. M. Navarro und A. Oliver, Barcelona.

## Aorta thoracica und Aorta abdominalis

Die Aorta thoracica und abdominalis entlassen Segmentalarterien, die im **thorakalen Teil Aa. intercostales dorsales** (Abb. 12-25) und im **Lendenbereich Aa. lumbales** genannt werden. Diese versorgen neben der Wand der Brust- und Bauchhöhle auch das Rückenmark. Für Letzteres zweigen **Spinalarterien (Rami spinales)** ab, die jeweils durch das entsprechende **Foramen intervertebrale** in den Wirbelkanal eindringen (s. Kap. 14 »Nervensystem«). Sie versorgen die Spinalganglien und die Meningen und enden in der **A. spinalis ventralis**, die in der Fissura mediana ventralis entlang des gesamten Rückenmarks verläuft.

Im Halsbereich erhält die A. spinalis ventralis von den Ästen der A. vertebralis und von der A. occipitalis Zuflüsse. Im Bereich des Kreuzbeins und des Schwanzes wird die Vaskularisation des Conus medullaris bzw. der letzten Spinalganglien von der **A. sacralis mediana** und der **A. caudalis mediana (coccygea)** übernommen.

Bei einer **Blockade der Aorta** ist die A. spinalis ventralis einer der Umgehungswege für den Blutfluss. Andere Wege sind die arkadenförmigen Anastomosen entlang des Darms oder die Anastomose zwischen der A. epigastrica cranialis und der A. epigastrica caudalis.

Verzweigungsmuster und Versorgungsgebiete der **Aorta thoracica** des Pferdes (Abb. 12-30):

- **Aa. intercostales dorsales** (Brust- und Bauchwand, Rückenmark),
- **A. broncho-oesophagea** mit:
  - Ramus bronchalis (Bronchialbaum),
  - Ramus oesophageus (Oesophagus),
- **A. costoabdominalis dorsalis** (Bauchwand) und
- **A. phrenica cranialis** (Zwerchfell, nur beim Pferd).

Verzweigungsmuster und Versorgungsgebiete der **Aorta abdominalis** des Pferdes (Abb. 12-26 bis 30):

- **A. phrenica caudalis** (Zwerchfell; alle Hsgt., exkl. Pfd.),
- **Aa. lumbales** (Lendengegend),
- **A. coeliaca** (s. Organe) mit:
  - A. gastrica sinistra,
  - A. hepatica mit:
    - A. gastrica dextra,
    - A. gastroduodenalis mit:
      - A. gastroepiploica dextra,
      - A. pancreaticoduodenalis cranialis,
  - A. lienalis mit:
    - A. gastroepiploica sinistra,

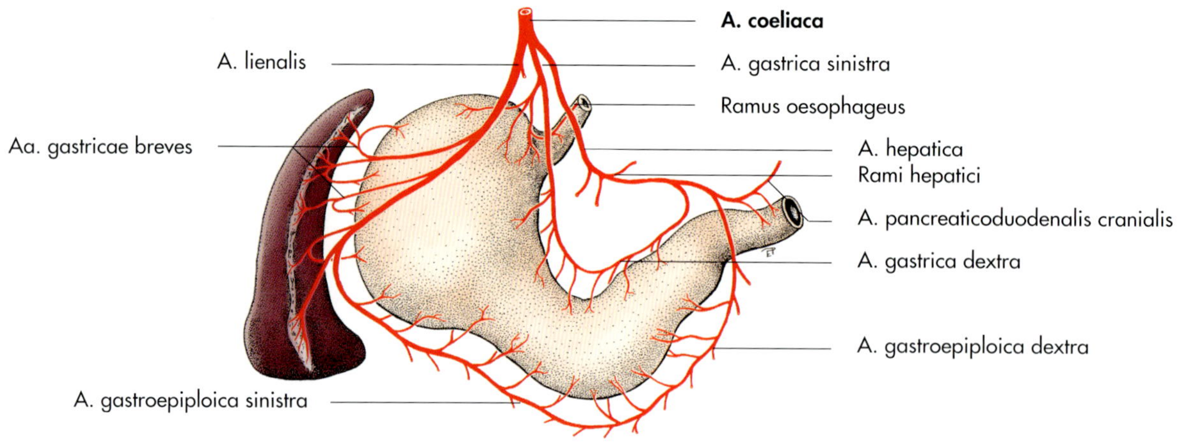


**Abb. 12-26.** Schematische Darstellung der Verzweigung der A. coeliaca des Hundes.

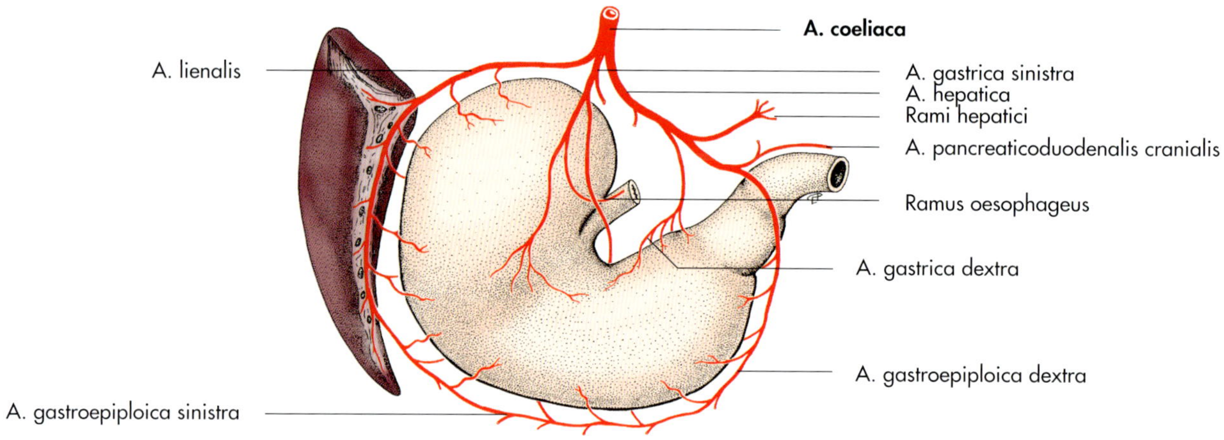


**Abb. 12-27.** Schematische Darstellung der Verzweigung der A. coeliaca des Pferdes.

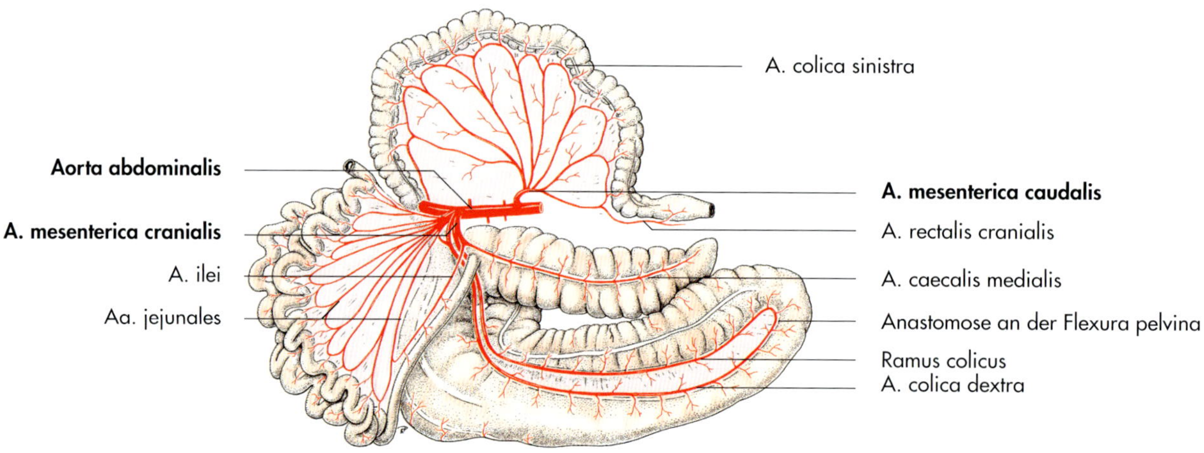


**Abb. 12-28.** Schematische Darstellung der Verzweigung der A. mesenterica cranialis und der A. mesenterica caudalis des Pferdes, Ghetie, 1955.

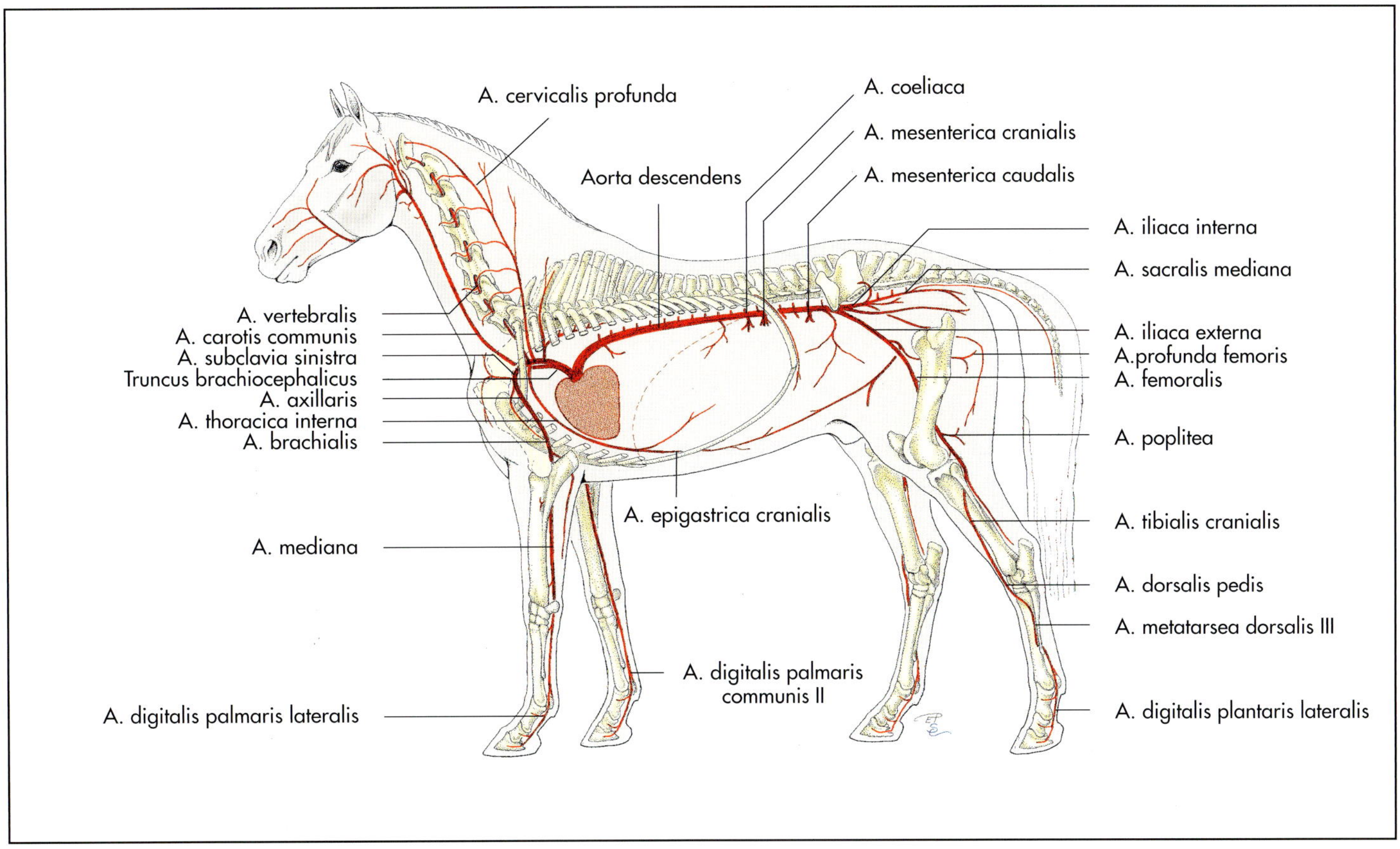


**Abb. 12-29.** Schematische Darstellung des Verlaufs größerer Arterien bzw. deren Abzweigungen aus der Brust- und Bauchaorta, auch am Becken des Pferdes (Überblick).

- **A. mesenterica cranialis** (s. Organe) mit:
  - A. pancreaticoduodenalis caudalis,
  - Aa. jejunales,
  - A. ileocolica mit:
    - Aa. caecales,
    - A. ilei,
    - Ramus colicus (proximales Colon ascendens),
    - A. colica dextra (distales Colon ascendens),
  - A. colica media (Colon transversum),
- **Aa. renales**,
- **Aa. testiculares** bzw. **Aa. ovaricae**,
- **A. mesenterica caudalis** mit:
  - A. colica sinistra (Colon descendens) und
  - A. rectalis cranialis (proximales Rectum).

Die Aorta endet in Höhe des letzten Lendenwirbels, sie verzweigt sich in die:

- **A. iliaca externa (dextra** bzw. **sinistra)**,
- **A. iliaca interna (dextra** bzw. **sinistra)** mit:
  - A. sacralis mediana.

## A. iliaca externa

Die A. iliaca externa ist die **Hauptarterie** zur Versorgung der **Beckengliedmaße**. Sie verläuft parallel mit der gleichnamigen Vene und dem N. genitofemoralis entlang der Darmbeinsäule. Sie entlässt keine Äste für Organe der Beckenhöhle.

Die **A. iliaca externa** gibt in ihrem proximalen Abschnitt die **A. circumflexa ilium profunda** ab, die bei der Katze und beim Hund in der Regel aus der Aorta hervorgeht. Vor dem Eingang in den Schenkelspalt entlässt die A. iliaca externa die umfangreiche **A. profunda femoris**, die in die Oberschenkelmuskulatur eindringt. Ab hier ändert die A. iliaca externa ihren Namen in A. femoralis.

Die **A. femoralis** durchläuft den Schenkelspalt zusammen mit der V. femoralis und dem N. saphenus, zieht durch die Mm. adductores hindurch in die Kniekehle und heißt jetzt A. poplitea. Der **Schenkelspalt (Canalis femoralis)** wird kranial vom M. sartorius, kaudal vom M. gracilis und vom M. pectineus begrenzt (s. auch Abb. 2-17).

Die **A. poplitea** teilt sich im proximalen Abschnitt des Unterschenkels, im Spatium interosseum cruris, in die weiterführende **A. tibialis cranialis** und die weniger umfangreiche **A. tibialis caudalis**. Die A. tibialis cranialis verläuft unmittelbar kraniolateral an der Tibia. In der Tarsalbeuge wird sie **A. dorsalis pedis** genannt. Diese setzt sich als **Hauptmittelfußarterie (A. metatarsea dorsalis III)** fort, welche dorsolateral zwischen dem Röhrbein und dem lateralen Griffelbein verläuft. Die A. metatarsea dorsalis III zieht nachfolgend plantar und teilt sich proximal des Fesselgelenks in die beiden Zehenarterien auf.

Verzweigungsmuster und Versorgungsgebiete der **A. iliaca externa** (Abb. 12-30 u. 31):

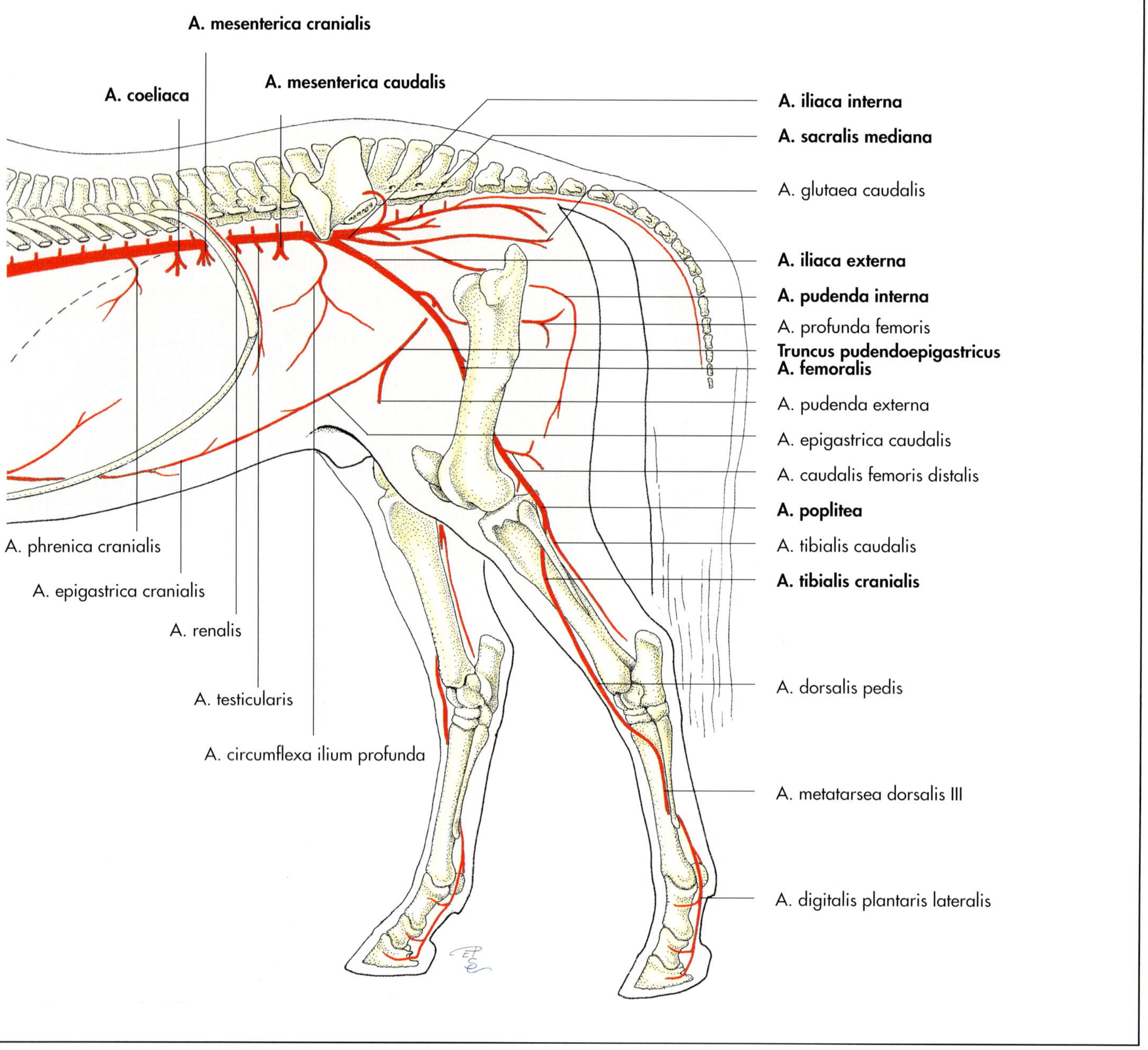


**Abb. 12-30.** Schematische Darstellung des Verlaufs größerer Arterien bzw. deren Abzweigungen aus der Bauchaorta, auch am Becken des Pferdes.

- **A. iliaca externa** mit:
  - A. circumflexa ilium profunda,
  - A. uterina (nur bei der Stute),
  - A. cremasterica,
  - A. profunda femoris (Oberschenkelmuskulatur) mit:
    - Truncus pudendoepigastricus mit:
      - A. pudenda externa (Milchdrüse, Hodenhüllen),
      - A. epigastrica caudalis (Milchdrüse, Bauchmuskulatur),
    - A. circumflexa femoris medialis,
- **A. femoralis** mit:
  - A. circumflexa femoris lateralis (Oberschenkelmuskulatur),
  - A. saphena (Haut, Ober- und Unterschenkel, Zehen),
  - Aa. caudales femoris (Oberschenkelmuskulatur),
- **A. poplitea** mit:
  - Aa. genus (Kniegelenk kaudal),
  - A. genus media (Kniegelenk, innere Anteile),
  - A. tibialis caudalis (Muskeln kaudal am Unterschenkel),
- **A. tibialis cranialis** (Muskeln kraniolateral am Unterschenkel),
- **A. dorsalis pedis** (Tarsalgelenk) mit:
  - A. tarsea perforans sowie
- **A. metatarsea dorsalis III** (Hauptmittelfußarterie) mit:
  - A. digitalis plantaris lateralis und medialis (Zehe).

**Anastomosen**

Anastomosen bestehen zwischen der A. epigastrica caudalis und der A. epigastrica cranialis (Abb. 12-30), der A. profunda

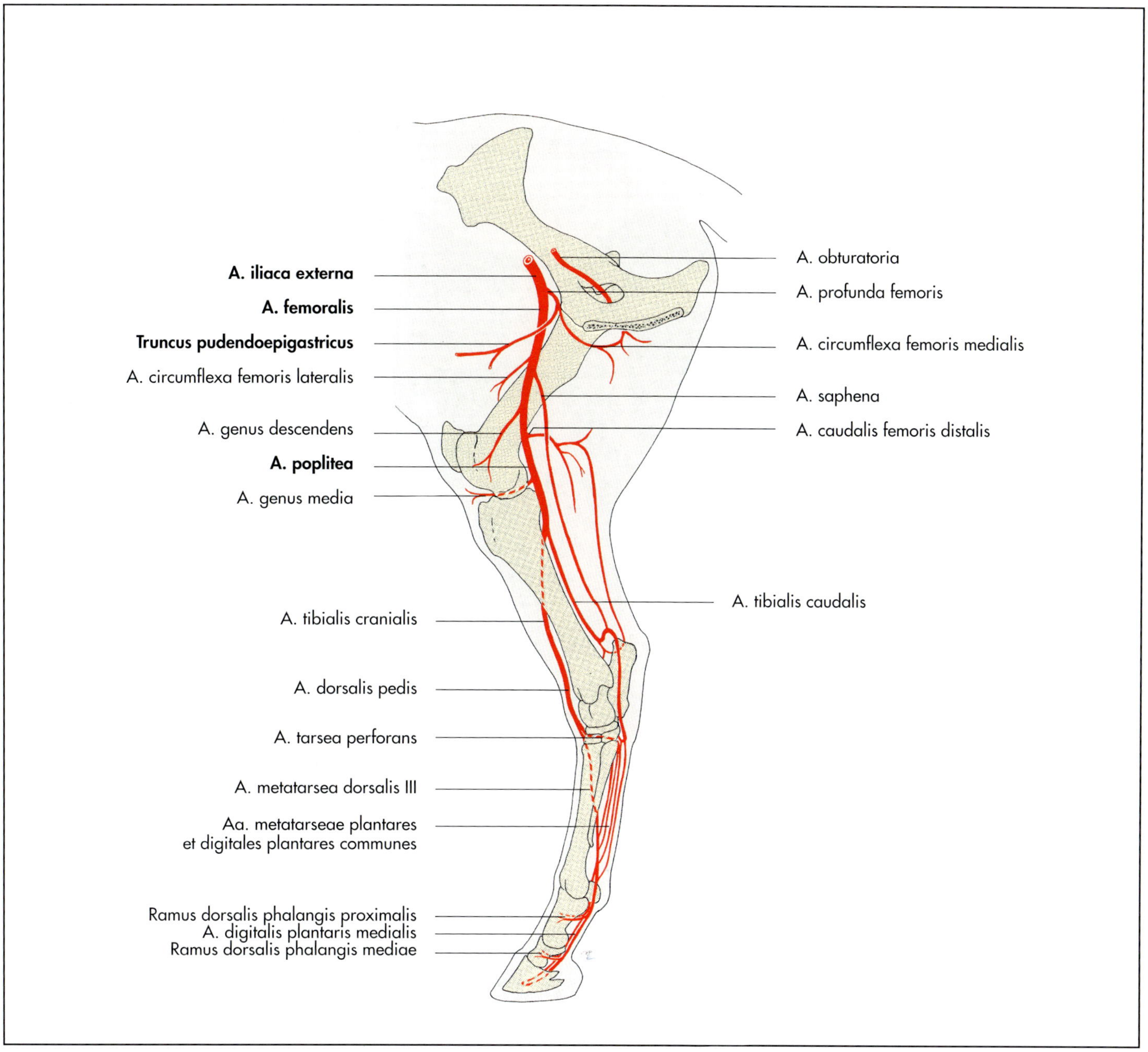


**Abb. 12-31.** Schematische Darstellung der Arterien der Beckengliedmaße des Pferdes, nach Dyce, Sack und Wensing, 1991.

femoris und der A. caudalis femoris distalis, der A. circumflexa femoris lateralis und der A. circumflexa femoris medialis sowie der A. genus descendens (Abb. 12-31) und der A. genus media.

**Pulsfühlstelle** ist:

- bei Hund und Katze die **A. femoralis**. Sie verläuft im Canalis femoralis oberflächlich, die Vene dagegen in der Tiefe.

## A. iliaca interna

Die A. iliaca interna versorgt, im Gegensatz zur A. iliaca externa, die **Organe in der Beckenhöhle** und die **Wand der Beckenhöhle**. In ihrem Anfangsabschnitt gibt die rechte oder die linke A. iliaca interna beim Pferd die **A. sacralis mediana** ab, von der **Segmentalarterien** abzweigen (Abb. 12-30). Für Muskeln der Kruppe und innere Lendenmuskeln zweigen ebenfalls in ihrem Anfangsteil Äste ab.

Die an die A. iliaca interna anschließende **A. pudenda interna** (Abb. 12-30 u. 32) ist ausschließlich für die **Beckenorgane** zuständig. Bei allen Tieren versorgt sie die Ureteren, die Harnblase, die Urethra, die akzessorischen Geschlechtsdrüsen, den Uterus mit der A. uterina, die Vagina, das Vestibulum vaginae bzw. den Penis. Bei der Katze und der Hündin zweigt die A. uterina von der **A. vaginalis** ab. Die A. uterina der Stute geht medial und ventral gerichtet aus dem Anfangsabschnitt der A. iliaca externa hervor. Beim Hengst sind auch Äste der **A. obturatoria** an der Blutversorgung des Penis beteiligt.

Verzweigungsmuster und Versorgungsgebiete der **A. iliaca interna** (Abb. 12-30 u. 32):

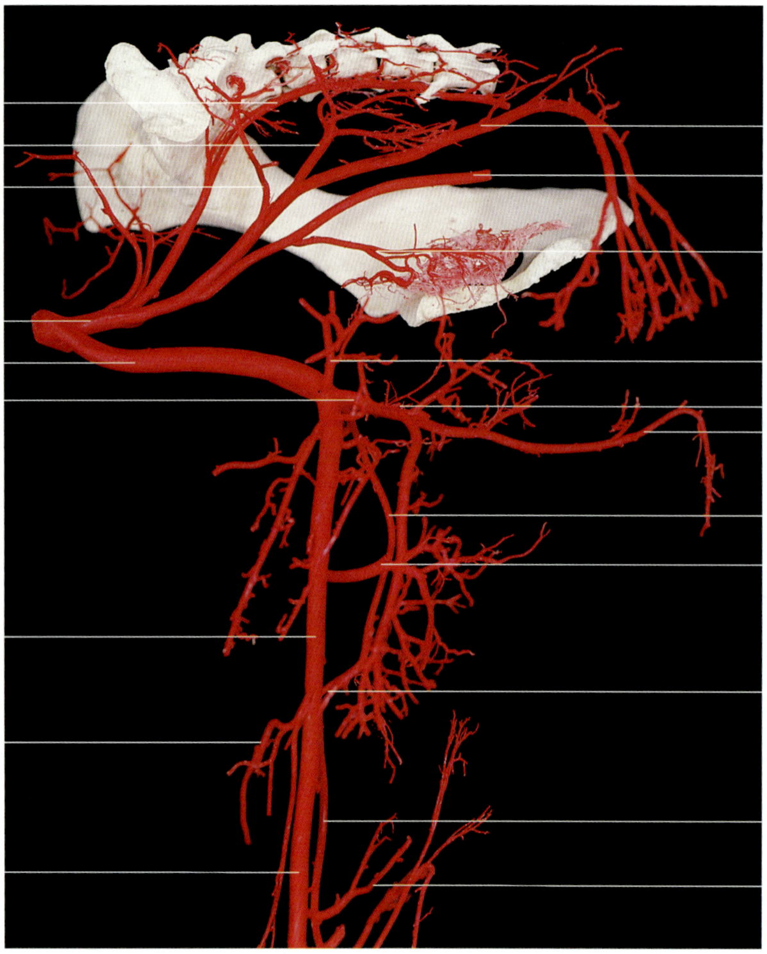


**Abb. 12-32.** Arterien in der Beckenhöhle und im Bereich des Oberschenkels eines Hundes (Korrosionspräparat), Präparat Prof. Dr. M. Navarro und A. Oliver, Barcelona.

- **A. iliaca interna** mit:
  - A. sacralis mediana,
  - A. glutea caudalis mit:
    - A. obturatoria,
    - A. glutea cranialis (Kruppenmuskulatur),
    - A. iliolumbalis (innere Lendenmuskulatur),
- **A. pudenda interna** mit:
  - A. umbilicalis (Harnblase, Samenleiter, Gebärmutter),
  - A. uterina (Gebärmutter, außer Stute),
  - A. prostatica bzw. A. vaginalis (Prostata, Harnblase, Harnröhre bzw. Scheide) mit:
    - A. rectalis media,
  - A. rectalis caudalis,
  - A. perinealis ventralis (Perineum),
  - A. vestibularis (Scheidenvorhof) und
  - A. dorsalis penis bzw. A. bulbi vestibuli.

## Venen (Venae)

Die Venen (griech. Phleb, lat. Vena) leiten Blut von unterschiedlicher Beschaffenheit im Allgemeinen zum Herzen, während die Arterien das Blut vom Herzen weg zu den Organen bringen. Es gibt aber auch Organe wie Leber und Hypophyse, die außer von Arterien auch von Venen versorgt werden. Der Ausdruck **Entsorgung** eines Gebietes durch Venen, der oft auch in Lehrbüchern gebraucht wird, ist deshalb falsch. Unter Entsorgung würde man nur den Abtransport von Abfallprodukten aus den Geweben verstehen. Venen tragen aber genauso wie Arterien zur **Versorgung** des Organismus bei.

Veraltete Beschreibungen der Venen **»entgegen des Blutflusses«** (= retrograd) führen ebenfalls zu Missverständnissen. Venen haben **Wurzelgebiete**, schließen sich zu **größeren Venen** zusammen und münden schließlich in den **rechten Vorhof des Herzens**. Bei retrograder Beschreibung der Venen können die Wirkung einer intravenösen Injektion, der Blutfluss, die arteriovenöse Koppelung und die Orientierung der Venenklappen nicht verstanden werden.

Die Venen des **Lungenkreislaufs**, die sauerstoffreiches Blut führen, öffnen sich in den **linken Vorhof**.

Die meisten Venen begleiten die Arterien und sind auch analog zu diesen benannt.

Die **Beschaffenheit des venösen Blutes** hängt wesentlich vom **Wurzelgebiet** der Vene ab. Venöses Blut aus dem Darm kann mit energiereichen Stoffen, aus der Milz mit weißen Blutkörperchen, aus inkretorischen Drüsen mit Hormonen angereichert sein. Das Blut der Nierenvenen ist arm an Stoffwechselprodukten. Venen transportieren mitunter Gewebshormone, z.B. Prostaglandine, die im Falle der weiblichen Geschlechtsorgane im Uterus gebildet werden. Sie übergeben diese beim Rind transmural, an Stellen enger arteriovenöser Koppelung, an die A. ovarica, sodass sie auf kürzestem Wege die Luteolyse des Gelbkörpers einleiten können. Venen der Muskeln und der Leber transportieren erwärmtes Blut und leisten

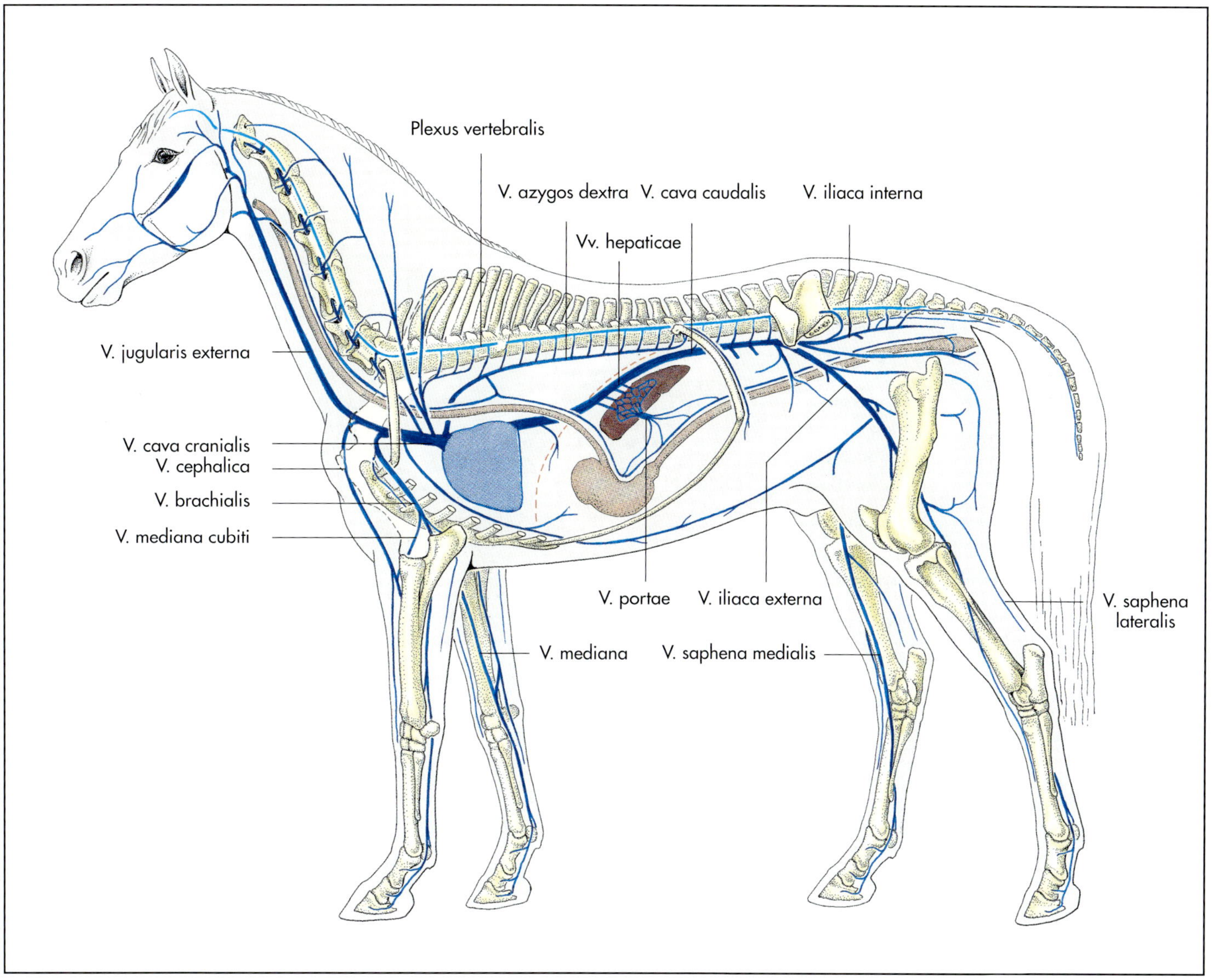


**Abb. 12-33.** Schematische Darstellung des Verlaufs größerer Venen des Pferdes.

ihren Beitrag zum Erhalt der Körpertemperatur. Die Venen sind zwar im Prinzip ähnlich wie die Arterien gebaut, ihre Tunica media ist allerdings wesentlich dünner. Die Tunica intima besitzt **herzwärts gerichtete Klappen**, lediglich die Venen in der Schädelhöhle und im Wirbelkanal sind **klappenlos**. Sie werden **Blutleiter (Sinus)** genannt. Manche Venen in der Schädelhöhle besitzen keine eigene Wand, sondern verlaufen in Duplikaturen der Dura mater, die lediglich von Endothel ausgekleidet sind.

Im Gliedmaßenbereich verlaufen des Öfteren zwei Venen mit einer Arterie gemeinsam in einer Bindegewebsscheide, sodass die Pulsation der Arterie zusätzlich zur Muskelkontraktion das Blut zum Herzen treibt. Die distalen Gliedmaßenvenen besitzen eine verhältnismäßig starke Tunica media.

**Venenkreisläufe**, bei denen das Blut bereits ein Kapillarnetz passiert hat, zu größeren Venen zusammenfließt und sich wiederum in ein zweites Kapillarnetz auflöst, um anschließend wieder in eine größere Vene zu münden, werden **Pfortaderkreisläufe** genannt (z.B. in der Leber und in der Hypophyse).

## Kraniale Hohlvene (V. cava cranialis) und ihre Zuflüsse

Die **kraniale Hohlvene** sammelt das Blut aus den Bereichen Kopf, Hals, Vordergliedmaße und Thorax (Abb. 12-33 u. 35). Sie entsteht in Höhe der Apertura thoracis cranialis aus dem Zusammenfluss der **beiden Drosselvenen**. In die kraniale Hohlvene mündet jederseits die **V. subclavia**, deren Zuflüsse mit den entsprechenden Arterien verlaufen, sowie beim Pferd, bei der Katze und oft auch beim Hund die **V. azygos dextra**. Außerdem fließt in die V. cava cranialis auch die **V. broncho-oesophagea**. In den Anfangsbereich der kranialen Hohlvene, den **Venenwinkel**, mündet der **Ductus thoracicus**, der die Lymphflüssigkeit des Körpers wieder dem Blutkreislauf zuführt. Die kraniale Hohlvene verläuft im **kranialen Mediastinum** rechts des Truncus brachiocephalicus und mündet in den **rechten Vorhof**.

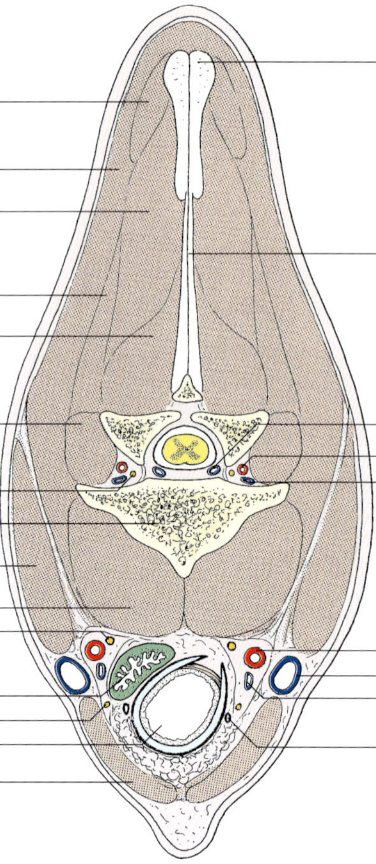


**Abb. 12-34.** Schematische Darstellung eines Querschnitts durch den Hals des Rindes (Ansicht von kaudal).

## Venen des Kopfes und des Halses

Die Venen des Kopfes werden in Venen, die innerhalb und solche, die außerhalb der Schädelhöhle verlaufen, eingeteilt. Auf die klappenlosen Venen innerhalb der Schädelhöhle wird bei der Besprechnung des ZNS eingegangen (s. Kap. 14 »Nervensystem«). Die außerhalb der Schädelhöhle befindlichen Venen verlaufen allgemein mit den Arterien. Einige große Venen, die u.U. auch Erweiterungen (Sinus) zeigen (V. profunda faciei, V. buccalis und V. transversa faciei) liegen in Höhe der Kaumuskeln. Sie fördern bei Kaubewegungen den herzwärts gerichteten Blutfluss (bei gesenktem Kopf) (Abb. 12-35).

Aus der **Vereinigung der V. maxillaris** und der **V. linguofacialis** entsteht die **Drosselvene (V. jugularis externa)** (Abb. 12-35). Kurz vor der Vereinigung mit der V. maxillaris bildet die V. linguofacialis beim Pferd den ventralen Schenkel des **Viborg-Dreiecks**, den chirurgischen Zugang zum Luftsack.

Die V. jugularis externa verläuft subkutan in der **Drosselrinne (Sulcus jugularis)**, die zwischen dem **M. sternocephalicus** und dem **M. brachiocephalicus** ausgebildet ist.

**Punktionsstellen**
Im vorderen und mittleren Halsdrittel liegt die Drosselvene, außer bei der Katze und beim Hund, dem M. omohyoideus auf. In diesem Bereich wird sie bei Pferd, Rind, Schaf und Ziege zu therapeutischen oder diagnostischen Zwecken punktiert. Bei der Katze und beim Hund kann die V. jugularis externa auch punktiert werden. Dabei sollte berücksichtigt werden, dass beide Venen im kranialen Bereich mit Hilfe des unter dem Kehlkopf quer verlaufenden Arcus hyoideus miteinander in Verbindung stehen (V. lingualis – Arcus hyoideus superficialis und profundus).

Bei Fleischfressern, beim Schwein, beim Schaf und Rind ist außer der V. jugularis externa noch eine **V. jugularis interna** ausgebildet. Sie fehlt der Ziege und dem Pferd. Die V. jugularis interna verläuft ventrolateral der Halsschlagader. Die Stelle, an der sich die oberflächliche und tiefe Drosselvene im kaudalen Halsbereich vereinigen, wird **Venenwinkel** genannt. Im linken Venenwinkel mündet der **Ductus thoracicus**, der größte Lymphgang des Körpers. Bei Tieren, die keine tiefe Drosselvene besitzen, wird als Venenwinkel die **Mündungsstelle der V. subclavia** bezeichnet.

## V. azygos

Die **V. azygos** beginnt am Zusammenfluss der **beiden ersten Lumbalvenen**. Bei der Katze, beim Hund und beim Pferd ist lediglich die **rechte V. azygos** vorhanden (Abb. 12-33 u. 35), beim Schwein die **linke**, während bei den Wiederkäuern entweder **nur die linke** oder **beide** ausgebildet sind. Die V. azygos erhält Zuflüsse der kaudalen und mittleren Interkostalvenen und steht damit auch

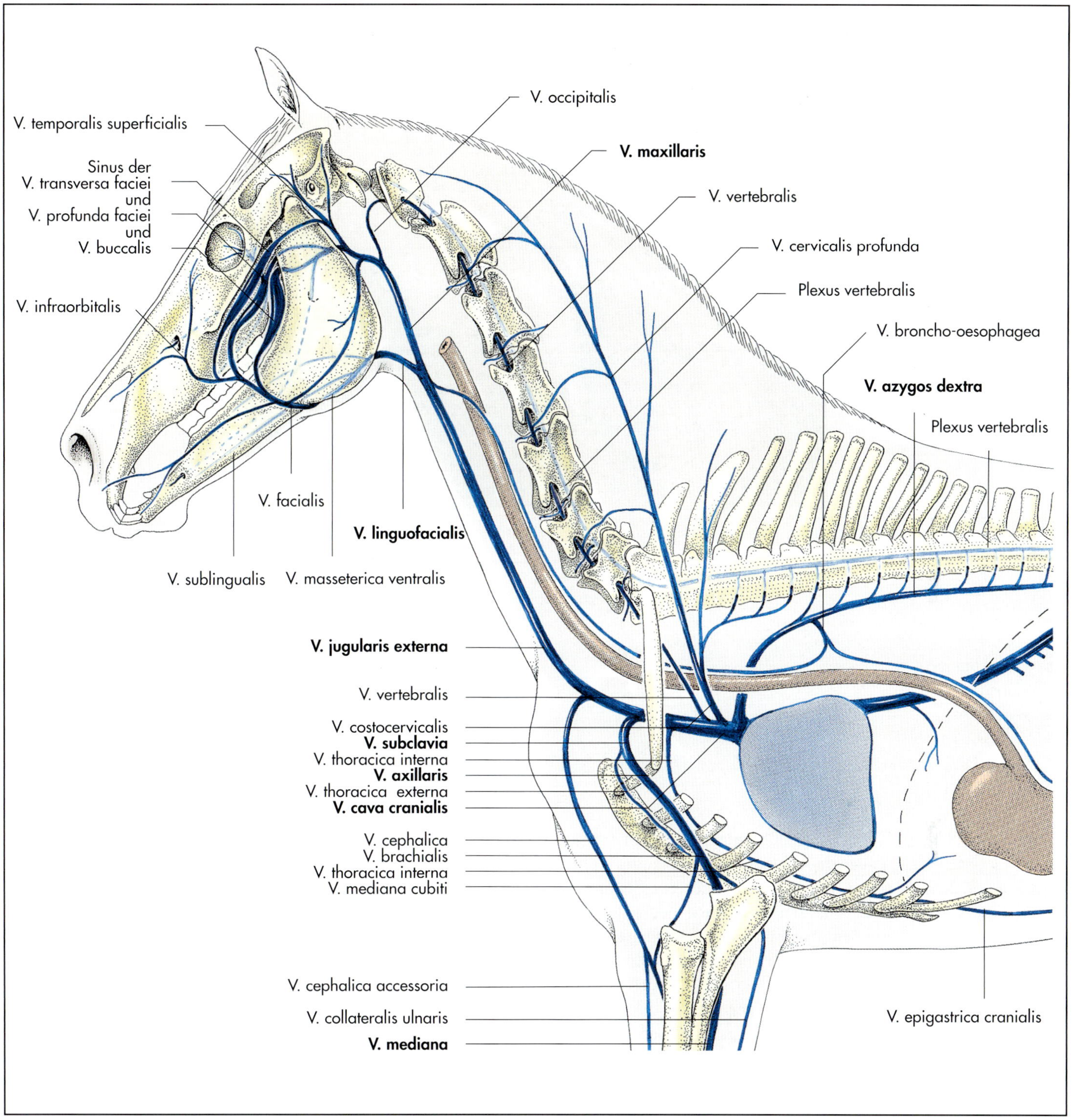


**Abb. 12-35.** Schematische Darstellung des Verlaufs größerer Venen der Vordergliedmaße, des Halses und des Kopfes bzw. deren Zuläufe zur V. cava cranialis des Pferdes.

mit den Wirbelblutleitern in Verbindung. Die rechte V. azygos fließt in die **kraniale Hohlvene**, nahe ihrer Mündung in den **rechten Vorhof**. Die linke öffnet sich direkt in den **Sinus coronarius**.

## Venen der Vordergliedmaße

Die Venen der Vordergliedmaße beginnen als terminale Venennetze im Zehenendorgan, in der Lederhaut und an den Hufknorpeln.

Von dort sammeln sie sich wie folgt (Abb. 12-33 u. 35):

- Vv. digitales palmares medialis bzw. lateralis,
- Vv. metacarpeae,
- V. mediana mit:
  - V. cephalica accessoria,
  - V. cephalica,

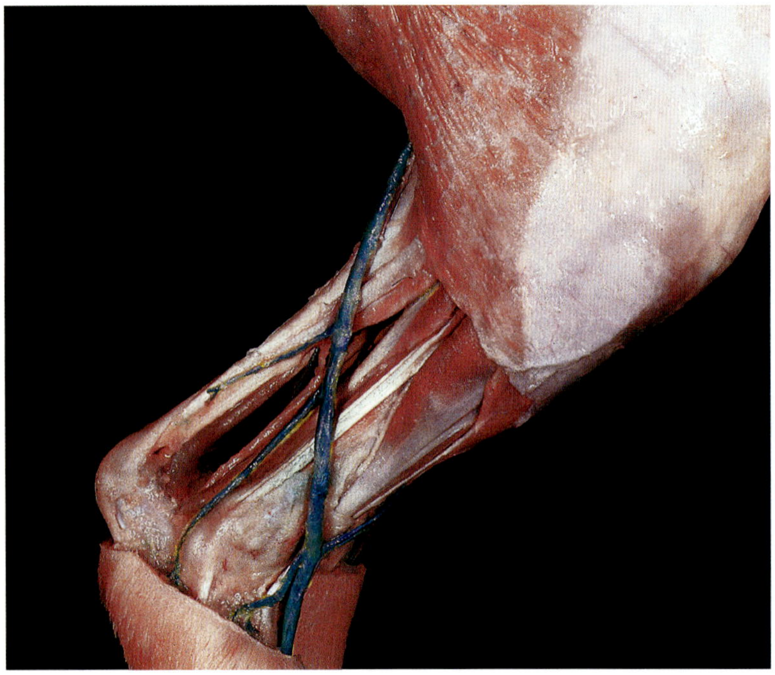

**Abb. 12-36.** Verlauf der V. saphena lateralis am rechten Unterschenkel eines Hundes (Lateralansicht).

- V. brachialis,
- V. mediana cubiti,
- V. axillaris,
- V. subclavia,
- V. jugularis externa und
- V. cava cranialis.

Die meisten Venen der Vordergliedmaße verlaufen mit den Arterien, sie führen deshalb auch analoge Namen. Sie beginnen in **Venennetzen am Zehenendorgan**. Im distalen Bereich der Gliedmaßen zeigen diese Venen eine sehr viel stärkere Tunica media als andere Körpervenen. Sie sind mit den Arterien zur Erleichterung des Blutflusses gekoppelt. Im metapodialen Abschnitt der Gliedmaßen sind mehrere oberflächliche und tiefe Venen ausgebildet, deren Namen bei Bedarf Nomenklaturlisten zu entnehmen sind.

Zusätzlich zum tiefen, arterienbegleitenden Venensystem der Vordergliedmaße ist die subkutan verlaufende **V. cephalica** zu erwähnen. Diese entsteht medial am Karpalgelenk aus tiefen Metakarpalvenen. Sie vereinigt sich im mittleren Drittel des Antebrachium mit der **V. cephalica accessoria**, die sich aus einem Netz dorsal am Karpalgelenk bildet. Die V. cephalica wird üblicherweise in diesem Bereich bei Hund und Katze für die **Blutentnahme** verwendet. Die V. cephalica verläuft am Antebrachium proximal und in der seitlichen Brustfurche hoch bis zur **V. jugularis externa**. In Höhe des Ellbogen- und Schultergelenks anastomosiert sie mit dem **tiefen Venensystem** (**V. mediana cubiti**, medial am Ellbogengelenk).

## Venen der Beckengliedmaße

Die Venen der Hintergliedmaße (Abb. 12-37) gehen, vergleichbar den Verhältnissen an der Vordergliedmaße, aus Venennetzen im Zehenendorgan (Arcus terminalis) hervor. Die Venen verlaufen mit den Arterien gekoppelt proximal. Auch an der Beckengliedmaße wird **ein oberflächliches**, **subkutan gelegenes Venensystem** ausgebildet, das aus der **V. saphena medialis** und der **V. saphena lateralis** besteht (Abb. 12-36 u. 37).

Die von den Verhältnissen beim Pferd abgeleiteten Namen **V. saphena magna** für die **V. saphena medialis** bzw. **parva** für die **laterale** werden heute nicht mehr verwendet. Sowohl die **V. saphena lateralis** als auch die **V. saphena medialis** entstehen aus je einem **Ramus cranialis** und **caudalis** am Sprunggelenk. Hier haben sie Verbindung zu den tiefen metatarsalen Venen. Die beiden Äste vereinigen sich ungefähr in Höhe des mittleren Drittels des Unterschenkels jeweils lateral oder medial.

Die **V. saphena medialis** begleitet die **A. saphena**. Sie mündet im Schenkelspalt in die **V. femoralis**. Die V. saphena lateralis verläuft lateral am Unterschenkel bis zu dessen proximalem Drittel. Hier erreicht sie den N. cutaneus surae caudalis, begleitet diesen in die Tiefe der Regio poplitea und fließt in die **V. profunda femoris**. Bei der Katze verbindet sie sich subkutan mit einem Ast der **V. glutaea caudalis**. Die Venen der Beckengliedmaße lassen sich zusammenfassend folgendermaßen darstellen:

- Vv. digitales plantares medialis bzw. lateralis,
- Vv. metatarseae,
- V. dorsalis pedis,
- V. tibialis cranialis mit:
  - V. saphena medialis,
  - V. saphena lateralis,
- V. poplitea,
- V. femoralis,
- V. iliaca externa,
- V. iliaca interna und
- V. cava caudalis.

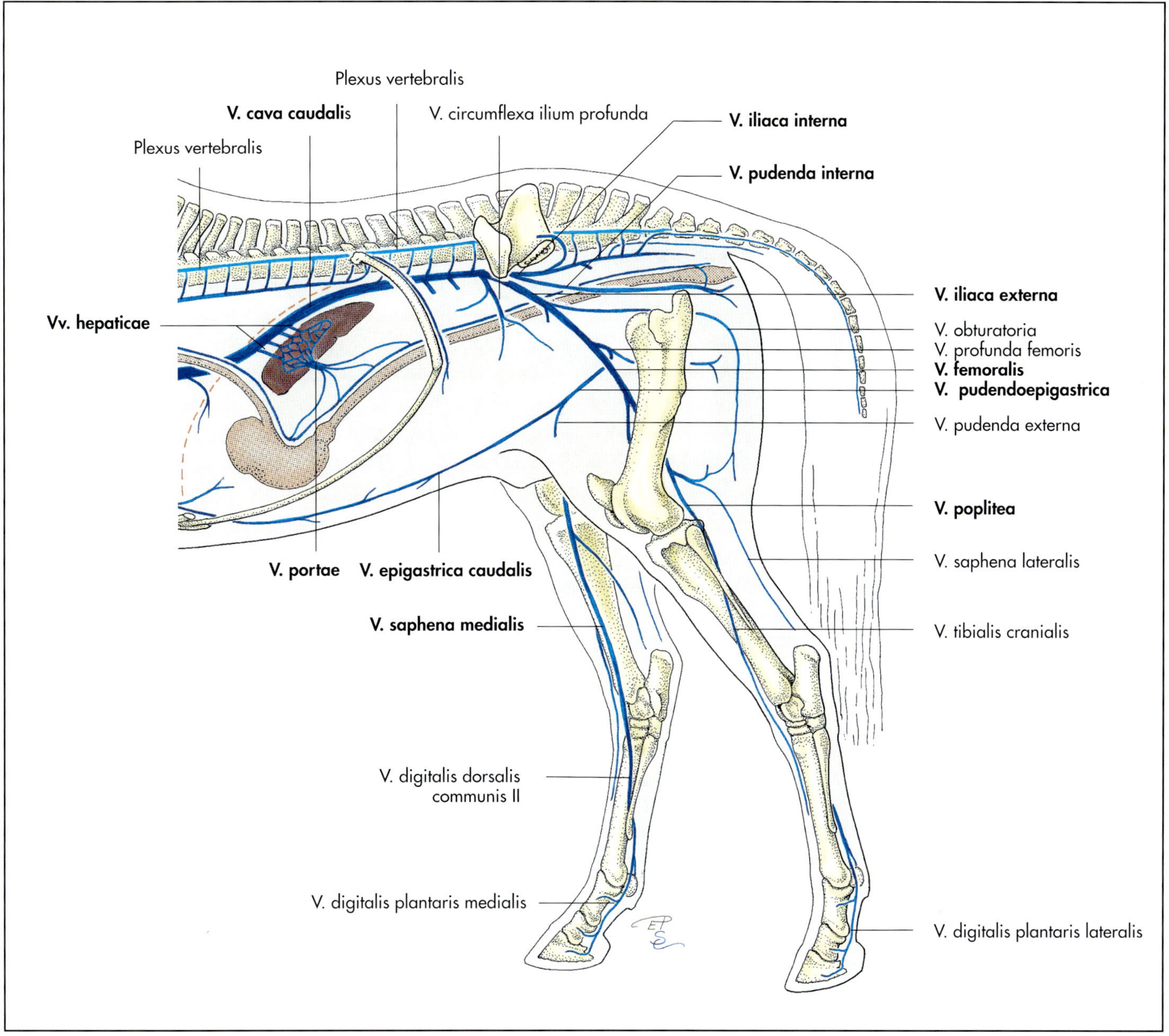


**Abb. 12-37.** Schematische Darstellung des Verlaufs größerer Venen der Beckengliedmaße bzw. deren Zuläufe zur V. cava caudalis des Pferdes.

**Punktionsstellen**
Bei Großtieren ist die **V. saphena medialis** voluminöser als die laterale. Beim Hund ist die V. saphena lateralis die größere und kann in der **Mitte des Unterschenkels punktiert** werden.
Bei der Katze ist wieder die V. saphena medialis kräftiger, sie ist deshalb ebenfalls für die **intravenöse Applikation** von Pharmaka, vor allem bei narkotisierten Tieren, geeignet.

## Kaudale Hohlvene (V. cava caudalis)

Die kaudale Hohlvene entsteht in Höhe der letzten Lendenwirbel durch die Vereinigung der **Vv. iliacae communes**, die ihrerseits jeweils durch den Zusammenfluss der **V. iliaca externa** und **interna** zustande gekommen sind. Die **V. sacralis mediana** mündet ebenfalls hier (Abb. 12-37). Die **V. iliaca externa** sammelt das Blut aus der Beckengliedmaße. Von den Venen der Keimdrüsen und der Nebennieren wird das Hohlvenenblut mit Hormonen angereichert, die unter Umgehung der Leber an ihren Wirkungsort gelangen. In die kaudale Hohlvene münden zudem die **Vv. renales**, die **Lendensegmentalvenen** und die **Venen des Zwerchfells**.

Die **V. iliaca interna** sammelt das Blut aus der Wand und aus den meisten Organen der Beckenhöhle. Sie steht durch die **V. sacralis mediana** mit den Blutleitern der Wirbelsäule (**Plexus vertebralis**) und mit dem Venensystem des Darmrohres in Verbindung.

Die kaudale Hohlvene verläuft ventral der Wirbelsäule rechts der Aorta. Sie orientiert sich zwischen Leber und Zwerchfell ventral, nimmt die **Vv. hepaticae** auf und erreicht das Centrum tendineum des Zwerchfells. Die hintere Hohlvene tritt durch das Foramen venae cavae in die Brusthöhle über. Sie verläuft im eigenen Gekröse rechts vom kaudalen Mediastinum parallel mit dem rechten N. phrenicus zum rechten Vorhof des Herzens.

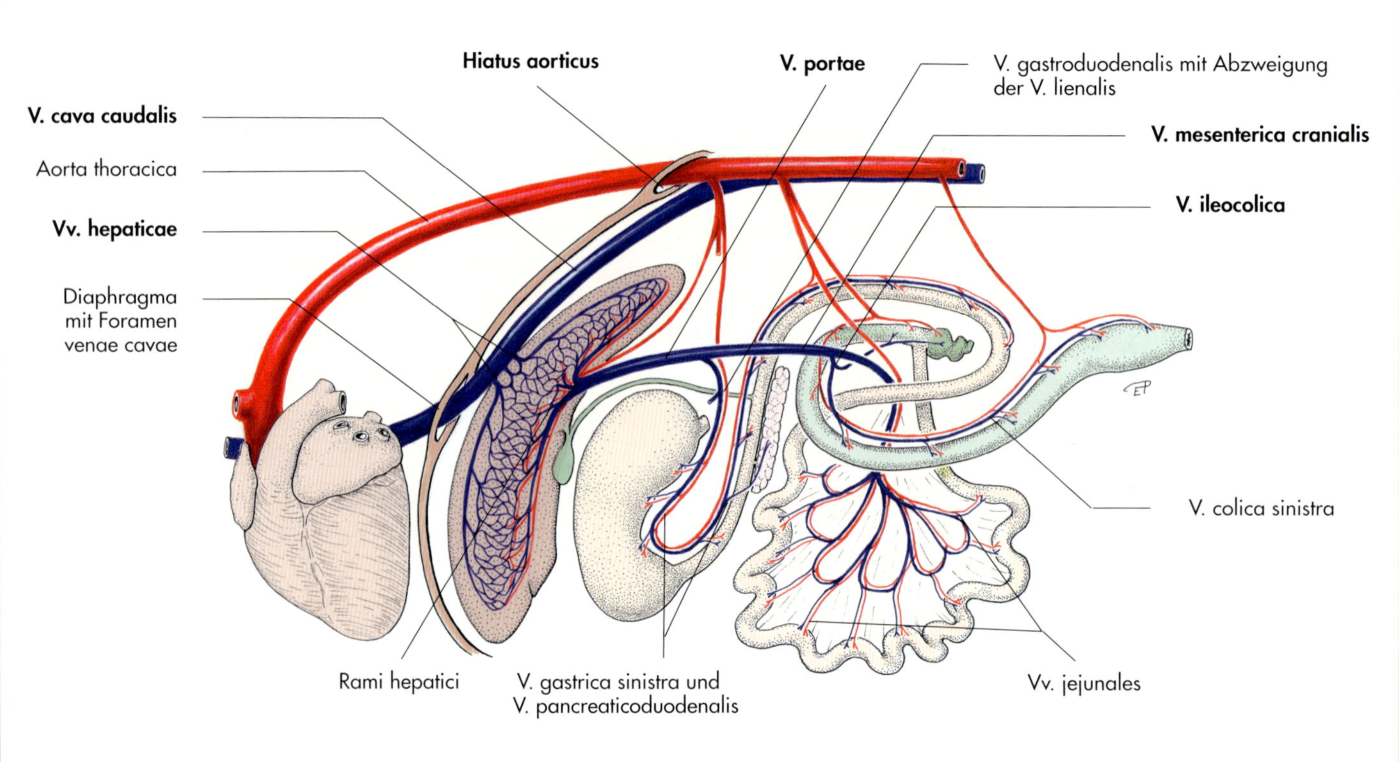


**Abb. 12-38.** Schematische Darstellung des Einzugsgebietes der V. portae des Hundes.

Im **Venensystem** kann es vor allem bei tumorösen, raumfordernden Prozessen zu Stauungen kommen. Das System reagiert darauf durch Benutzung vorgegebener **Umgehungswege**. Einer dieser Wege ist das **klappenlose Blutleitersystem der Wirbelsäule**. Einerseits steht es in Verbindung mit Venen des Kopfes und des Halses und somit mit der kranialen Hohlvene. Andererseits ist die kaudale Hohlvene über ihre Segmentaläste ebenfalls damit verbunden. Bei Stauungen im Halsbereich oder in der kaudalen Hohlvene können aber auch Wege beschritten werden, die die Venen entlang des Darmrohres benützen.

**Kaudale Äste der V. cava caudalis** versorgen das Rectum, sie gehen **Anastomosen mit Ästen der Pfortader**, diese wiederum mit solchen der **V. oesophagea** ein. Diese Venen werden auch bei Lebererkrankungen als Umgehungsweg benützt.

Ein **dritter Venenkreis** schließt sich ventral durch die **Anastomose der Vv. epigastricae** zwischen kranialer und kaudaler Hohlvene.

## Pfortader der Leber (V. portae)

Die Pfortader sammelt als funktionelles Blutgefäß der Leber das venöse Blut von sämtlichen **unpaarig angelegten Organen** der Bauchhöhle (Abb. 12-38). Das venöse Blut des Pancreas enthält die Hormone Insulin und Glucagon. Aus dem **Darm** gelangt mit energiereichen Stoffen beladenes Blut in die Pfortader. In der **Leber** finden Umbau- und Speicherungsprozesse statt. Hierfür teilt sich die Pfortader in immer kleinere Zweige auf und tritt innerhalb der Leberläppchen in **Sinuskapillaren** über. Diese durchziehen von außen nach innen die Leberläppchen, nehmen intralobulär mit den Leberzellen Kontakt auf und sammeln sich zu **Zentralvenen**. Zentralvenen schließen sich zu **Vv. sublobulares** zusammen, die in den **Vv. hepaticae** zusammenfließen. Diese münden in die **V. cava caudalis**, die in der rechten Vorkammer des Herzens endet.

Äste der Pfortader und die Vv. hepaticae sind auf Ultraschallbildern gut zu sehen. Im Röntgenbild sind sie nach intravenöser Applikation von Kontrastmitteln sichtbar. Zusätzliche Verbindungen zwischen Pfortader und kaudaler Hohlvene, sog. **»portokavale Shunts«**, sind oft Reste des fetalen Kreislaufs, bei dem die Leber umgangen wird.

Die Kapillaren der **A. hepatica** münden in die **Sinuskapillaren** des Leberläppchens.

## Gefäße an der Gliedmaßenspitze

An den **Zehen** teilt sich die **Hauptmittelfußarterie** in Zehenarterien auf, deren Anzahl der der Zehen entspricht. Die Zehenarterien verlaufen an der Vorder- und an der Beckengliedmaße in gleicher Weise jeweils palmar (bzw. plantar), medial und lateral an den jeweiligen Zehen entlang. Beim Hund und bei der Katze sind die Zehen auch mit dorsalen Arterien versehen. In Höhe der Phalanx distalis vereinigen sich die palmaren (plantaren) Zehenarterien in diesem Knochen im Arcus terminalis. In der Mitte jedes Zehenknochens geben die Zehenarterien Äste ab, die diesen ringförmig umgeben. Die Venen verlaufen parallel mit den Arterien, es existieren aber auch Venen an der Dorsalseite der Zehe (s. auch Kap. 18 »Allgemeine Körperdecke«).

**Klinische Ausdrücke**, die von anatomischen Namen abgeleitet werden: Arteriitis, Arteriographie, Angiographie, Phlebographie, Ductus arteriosus persistens, Thrombophlebitis, Angiopathie, Pericarditis, Endocarditis, Arteriosklerose, Vaskulitis, Angiitis, Venenbypass, Venenentzündung (= Phlebitis), Koronarinfarkt, Koronarangiographie etc.

# 13 Immunsystem und lymphatische Organe (Organa lymphopoetica)

H. E. König und H.-G. Liebich

Das Immunsystem dient im Wesentlichen der Erhaltung der Unversehrtheit des Körpers. Es wirkt als **unspezifischer** und als **spezifischer Abwehrapparat**. Diese vielfältigen Aufgaben werden von den Immunzellen des lymphatischen Systems übernommen, die in Geweben als **Einzelzellen (diffuses lymphatisches Gewebe)**, in **aggregierter Form (Mandeln)** oder in **lymphatischen Organen (Thymus, Lymphknoten** und **Milz)** auftreten.

Hierbei kommt dem Thymus als übergeordnetem Immunorgan für die Entwicklung der zellulären Immunität besondere Bedeutung zu, indem er aktive Immunisierungsvorgänge steuert und das Wachstum der lymphatischen Organe während der körperlichen Entwicklung beeinflusst.

Von den Immunzellen sind an der Immunabwehr des Organismus die **Lymphozyten** (T- und B-Lymphozyten) entscheidend beteiligt. Sie werden im Knochenmark und in den lymphatischen Organen gebildet und gelangen mit der Lymphe über die Lymphgefäße in das Blut. Mit Hilfe von Oberflächenrezeptoren erkennen sie körperfremde Stoffe und lösen über eine **spezifische Reaktionskette** eine **Immunantwort** aus.

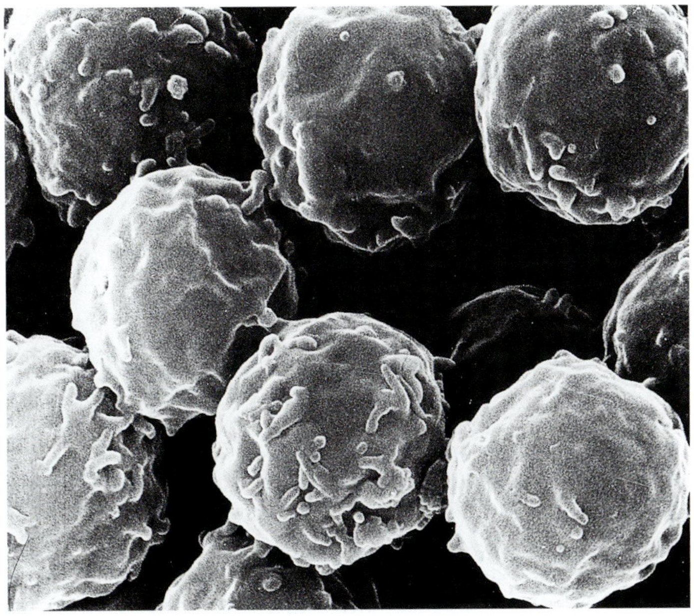

**Abb. 13-1.** Rasterelektronenmikroskopische Ansicht von Lymphozyten.

Die Lymphozyten werden in ihren Aufgaben von den unspezifisch wirkenden **Makrophagen** unterstützt. Diese besitzen die Fähigkeit, Antigene zu inkorporieren, intrazellulär histokompatibel umzubauen **(Histokompatibilitätskomplex)** und an ihrer Oberfläche zu präsentieren **(Antigenpräsentation)**. (Näheres s. Lehrbücher der Physiologie und der Immunologie.)

Diese unspezifischen Immunzellen gehören dem im Organismus weit verbreiteten »**M**ononukleären **P**hagozytose-**S**ystem« **(MPS)**, frühere Bezeichnung »**R**etikulo**e**ndotheliales **S**ystem« (RES), an. Dieses umfasst beispielsweise die Gewebsmakrophagen, das Endothel der Leber-, Milz- und Knochenmarksinusoide, die Alveolarmakrophagen der Lunge, die Langerhans-Zellen der Haut sowie die Mesoglia.

## Lymphgefäße (Vasa lymphatica)

Mit dem Stoffaustausch zwischen Blut und Gewebe tritt auch Flüssigkeit aus den Blutkapillaren. Sie wird von den blindsackartig beginnenden Lymphkapillaren aufgenommen, die sich zu Lymphgefäßen vereinigen. In letztere sind Stationen von Lymphknoten eingeschaltet, die einerseits als biologische Filter fungieren und andererseits Lymphozyten produzieren. Im ZNS sind keine Lymphgefäße zu finden.

Die **Lymphkapillaren** sind von einer kontinuierlichen Endothelzellage ausgekleidet. Zwischen den Endothelzellen treten je nach Bedarf vorübergehend Öffnungen auf, durch die Gewebsflüssigkeit oder kleinste Fetttröpfchen, z.B. während der Verdauung im Darmbereich, übertreten können. Die Lymphkapillaren besitzen eine diskontinuierliche Basalmembran, aber keine Gefäßklappen. Sie öffnen sich zu netzartig untereinander verbundenen **Leitgefäßen**. Diese besitzen Taschenklappen, aber noch keine muskuläre Tunica media.

Die nachfolgenden, geringfügig größeren **Transportgefäße** zeigen eine dünne muskuläre Tunica media, die durch Kontraktionen den Lymphfluss bewirkt. Ihre hintereinander geschalteten Taschenklappen verleihen den Transportgefäßen ein perlschnurartiges Aussehen, das nach Kontrastfüllung im Röntgenbild deutlich wird. Je nach Flussrichtung zum oder vom Lymphknoten weg werden **afferente** und **efferente Lymphgefäße** unterschieden. Gefäße, die die Lymphe zu größeren Venen leiten, werden als **Lymphsammelgänge** bezeichnet.

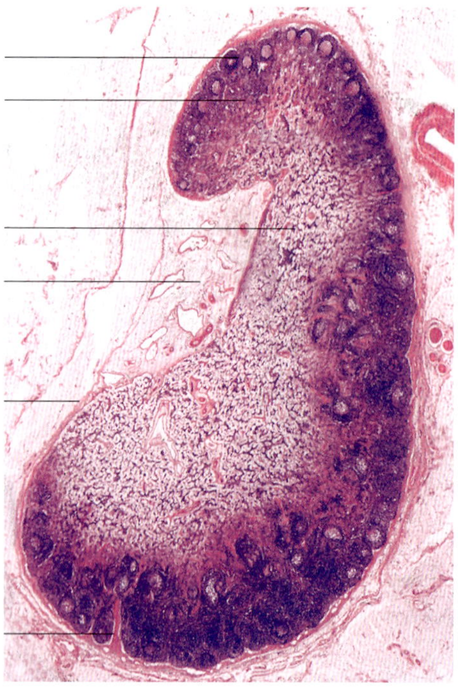


**Abb. 13-2.** Histologischer Schnitt durch den Lymphknoten eines Schafes.

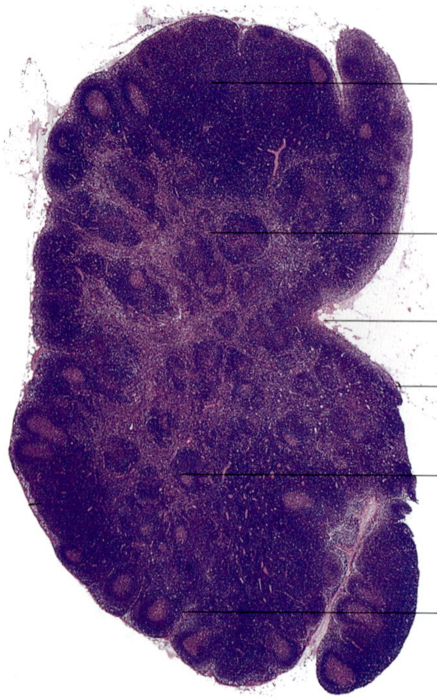


**Abb. 13-3.** Histologischer Schnitt durch den Lymphknoten eines Schweines.

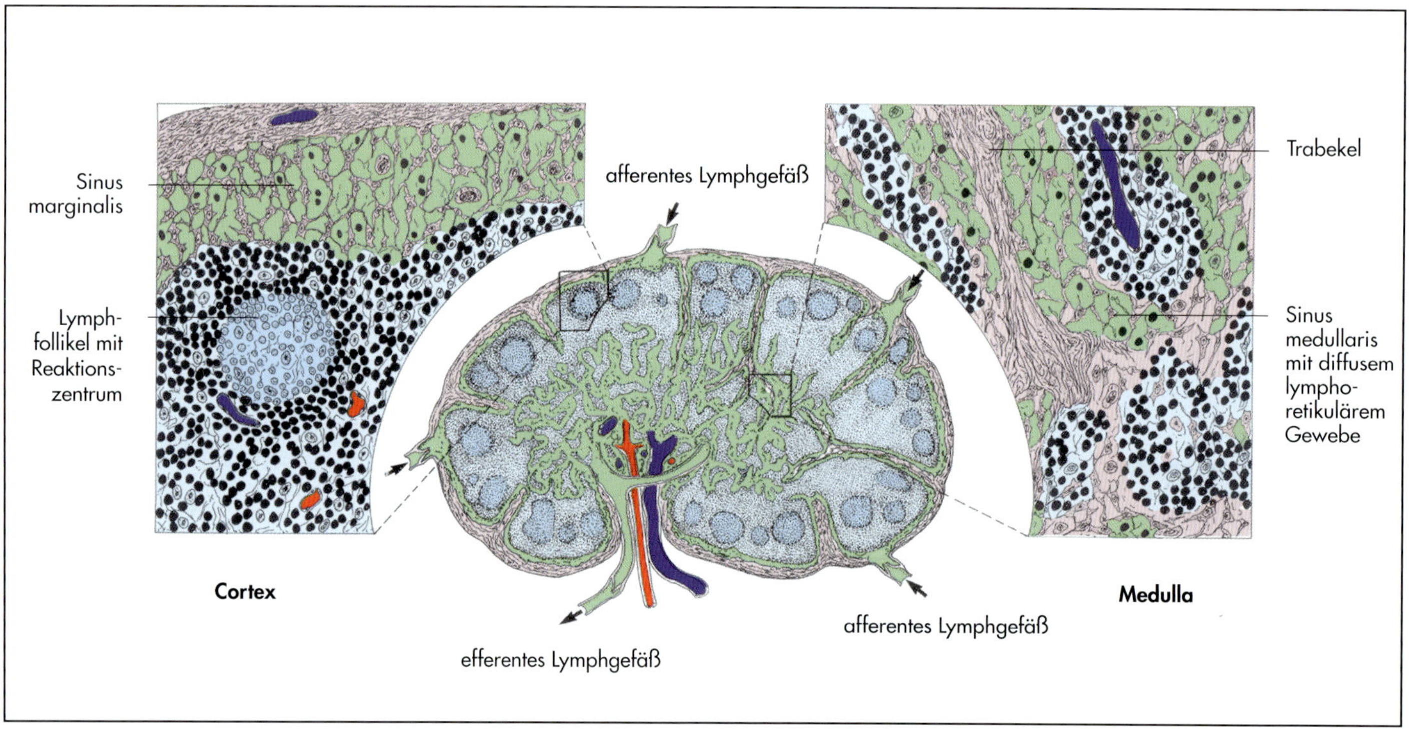


**Abb. 13-4.** Schematische Darstellung eines Lymphknotens mit Rinden- und Markzone, Liebich, 2004.

# Lymphknoten (Lymphonodus, Nodus lymphaticus)

Der Lymphknoten ist von einer **Bindegewebskapsel** umgeben, von der **bindegewebige Trabekel** ins Innere ziehen (Abb. 13-2ff.). **Afferente** Lymphgefäße treten an die Peripherie des Lymphknotens heran, **efferente** verlassen diesen am Hilus. Beim Schwein ist dies umgekehrt. Die **afferenten Lymphgefäße** führen nahezu **zellfreie** Lymphflüssigkeit, während die **efferenten zellreiche** ableiten. Unter der Kapsel ist ein **Randsinus (Sinus marginalis)** gelegen, der von Lymphe durchströmt wird. Diese breitet sich in dem weiter innen gelegenen **Intermediärsinus** aus und sammelt sich im zentral gelegenen **Marksinus (Sinus medullaris)**. Die **Rinde (Cortex)** schließt **Lymphfollikel** ein, während das **Mark (Medulla)** aus **Marksträngen** besteht und keine Lymphfollikel enthält (Abb. 13-4).

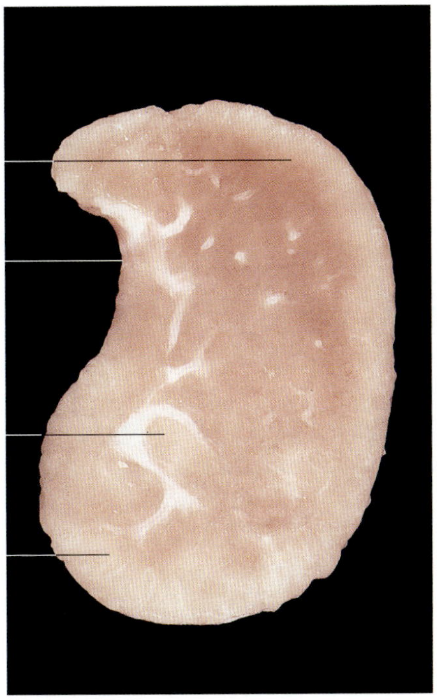


**Abb. 13-5.** Transversalschnitt durch einen Lymphknoten eines Schweines, Aufnahme PD Dr. S. Reese, München.

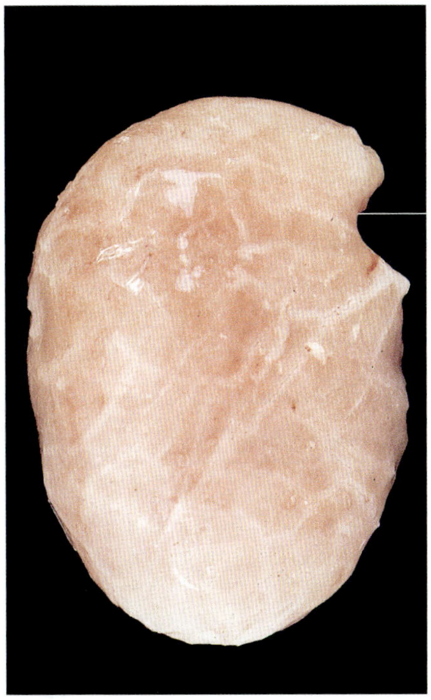


**Abb. 13-6.** Aufsicht auf einen Lymphknoten eines Hundes, Aufnahme PD Dr. S. Reese, München.

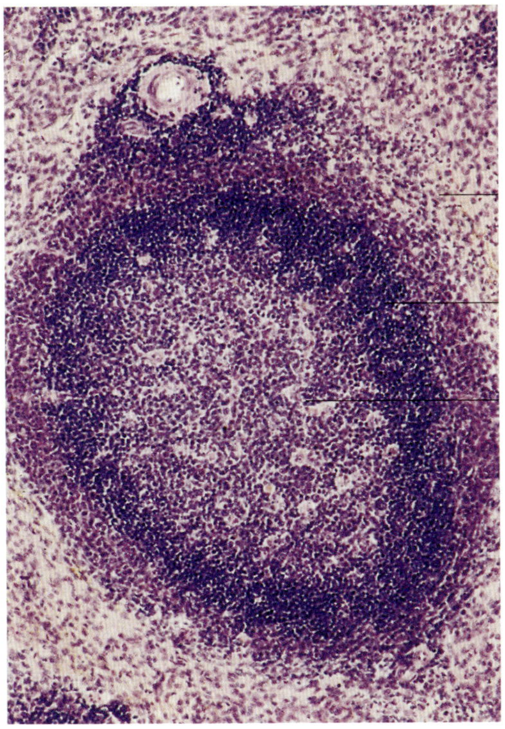


**Abb. 13-7.** Histologischer Schnitt durch einen Lymphfollikel mit »hellem« Reaktionszentrum (»Sekundärfollikel«).

Lymphknoten sind die wichtigsten postfetalen Bildungsstätten von Lymphozyten. Am **Hilus** des Lymphknotens ziehen Blutgefäße ins Innere, die vor allem die Rindenfollikel stark vaskularisieren. Dieses äußerst dichte Netz von Blutgefäßen soll einen erheblichen Beitrag zur Rückresorption von Lymphflüssigkeit leisten.

Jeder Lymphknoten besitzt ein **tributäres Gebiet** (lat. tribuere = zuteilen). **Mehrere Lymphknoten**, die für **benachbarte Regionen** zuständig sind und nicht weit voneinander liegen, werden in der Veterinärmedizin, aus didaktischen Gründen, zu **Lymphzentren (Lymphocentrum = Lc.)** zusammengefasst.

Das Lymphknotengewebe kommt zeitlebens aufgrund seiner Einbindung in das Drainagesystem der Lymphgefäße mit Krankheitserregern oder anderen Fremdkörpern, aber auch in besonderen Fällen mit Krebszellen in Berührung. Diese können im Krankheitsfall zu **Schwellungen** der **Lymphknoten** durch entzündliche Vorgänge oder etwa durch Metastasen führen.

Lymphknoten sind für die **Beurteilung von Fleisch** und **Organen** äußerst wichtig. Das deutsche Fleischhygienegesetz schreibt vor, die Lymphknoten nach dem Schlachten zu untersuchen. Bei krankhaften Veränderungen muss eine bakteriologische Untersuchung des Fleisches vorgenommen werden. Darüber hinaus sind für die klinische Untersuchung Kenntnisse über Größe und Lage der palpierbaren Lymphknoten von Bedeutung.

## Lymphknoten des Kopfes

Die Lymphknoten des Kopfes (Abb. 13-8 u. 9) werden in folgenden Lymphzentren zusammengefasst:

- Lc. parotideum,
- Lc. mandibulare,
- Lc. retropharyngeum.

### Lymphocentrum parotideum

Das Lc. parotideum besteht aus einem oder mehreren Lymphknoten. Sie liegen, von der Ohrspeicheldrüse bedeckt, nahe des Kiefergelenks, auf dem M. masseter. Sein **tributäres Gebiet** umfasst die obere Kopfhälfte, die Orbita und die Kaumuskulatur (Abb. 13-8 u. 12).

### Lymphocentrum mandibulare

Das Lc. mandibulare beinhaltet eine im Kehlgang liegende, gut palpierbare Gruppe von Lymphknoten. Sie sind der Glandula sublin-

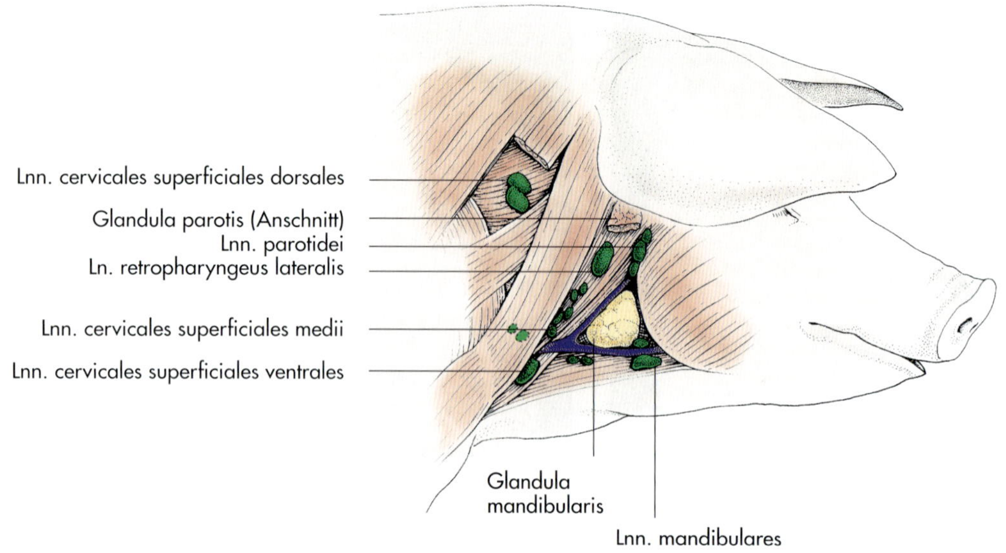


**Abb. 13-8.** Schematische Darstellung der Lymphknoten am Kopf und am vorderen Teil des Halses des Schweines, nach Najbrt, 1982.

gualis major und der Glandula mandibularis benachbart. Beim Pferd sind sie pfeilspitzenförmig mit der Spitze nach vorne gelagert. Beim Rind ist der Ln. mandibularis dem Rostralende der Glandula mandibularis benachbart.

Sein **tributäres Gebiet** umfasst die Mundhöhle, die Zunge, die Speicheldrüsen, das Spatium intermandibulare und die Kaumuskeln (Abb. 13-8, 9 u. 12).

## Lymphocentrum retropharyngeum

Das Lc. retropharyngeum besteht aus zwei Gruppen, den **Lnn. retropharyngei mediales** und den **Lnn. retropharyngei laterales**. Das tributäre Gebiet schließt tiefer gelegene Abschnitte des Kopfes, wie Pharynx, Larynx, Anfangsteil der Trachea und des Oesophagus, ein (Abb. 13-8, 9 u. 12). Die Lnn. retropharyngei laterales liegen beim Pferd am Luftsack und werden auch Luftsacklymphknoten genannt.

Die Lnn. retropharyngei mediales sammeln die Lymphe von allen bisher erwähnten Lymphknoten des Kopfes und leiten sie in den hier beginnenden **Halslymphgang**, den **Truncus trachealis** oder **jugularis**, ab.

Die amtliche Fleischuntersuchung beinhaltet beim **Schwein** in jedem Fall die Palaption und allein im Verdachtsfall das Anschneiden des **Lc. parotideum** und des **Lc. retropharyngeum**. Das **Lc. mandibulare** ist beim Schwein stets anzuschneiden.

Beim **Rind** werden im Rahmen der Fleischuntersuchung ausnahmslos **sämtliche Lymphozentren des Kopfes** durch Anschneiden untersucht.

# Lymphknoten des Halses

In der Regio colli finden sich zwei Lymphzentren:

- Lc. cervicale superficiale,
- Lc. cervicale profundum.

## Lymphocentrum cervicale superficiale

Das Lc. cervicale superficiale liegt kranial des Schultergelenks. Diese, als **Buglymphknoten** bezeichnete umfangreiche Gruppe, wird vom M. brachiocephalicus und dem M. omotransversarius bedeckt. Unterteilungen in dorsale, mittlere und ventrale Lymphknoten sind tierartlich verschieden.

Das **tributäre Gebiet** dieser Lymphknotengruppe ist ausgedehnt und umfasst die Haut und darunterliegende oberflächliche Strukturen der Regio colli, ebensolche des Thorax und den proximalen Abschnitt der Vordergliedmaße (Abb. 13-8 u. 12). Der Abfluss der Lymphe erfolgt in die kaudalen tiefen Halslymphknoten.

## Lymphocentrum cervicale profundum

Das Lc. cervicale profundum besteht aus mehreren Gruppen **tiefer Halslymphknoten (Lnn. cervicales profundi)**, die entlang der Trachea liegen (Abb. 13-9 u. 12). Sie werden in kraniale, mittlere und kaudale eingeteilt. Gelegentlich können die mittleren fehlen. Ihre Verteilung zeigt oft Unregelmäßigkeiten.

Das **tributäre Gebiet** der tiefen Halslymphknoten umfasst die Organe der Regio colli, Schilddrüse, Trachea, Oesophagus und Thymus sowie alle anderen tiefen Strukturen der Region.

Die Lnn. cervicales profundi geben die Lymphe an den **Truncus trachealis** ab, der neben der Trachea, parallel mit der A. carotis communis, kaudal zieht und in den **Venenwinkel** mündet. Der linke vereinigt sich gelegentlich mit dem **Ductus thoracicus**.

# Lymphknoten der Vordergliedmaße

Die Lymphe der Vordergliedmaße wird aus den oberflächlichen und proximalen Bereichen in die Buglymphknoten, im Übrigen aber in die Lymphknoten des **Lc. axillare** abgeleitet (Abb. 13-12).

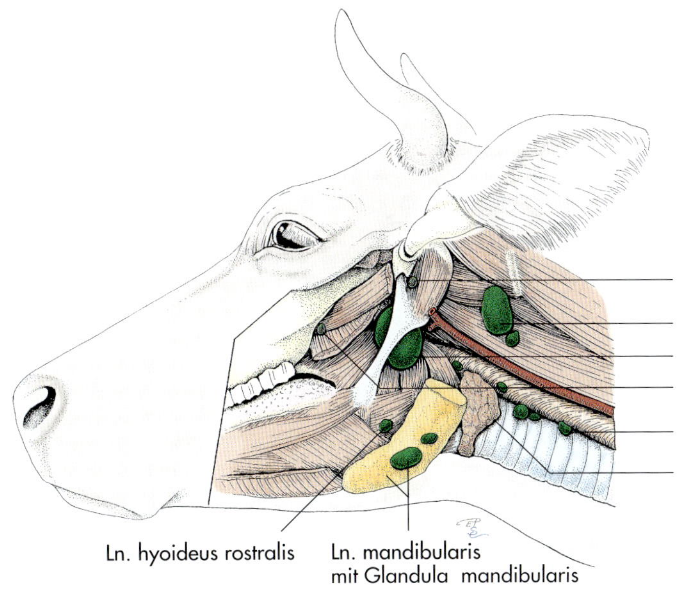


**Abb. 13-9.** Schematische Darstellung der tiefen Lymphknoten am Kopf und am vorderen Hals des Rindes, nach Najbrt, 1982.

### Lymphocentrum axillare

Das Lc. axillare liegt in Höhe der Achselhöhle medial des Schultergelenks an der Aufzweigung der A. axillaris in die A. subscapularis und die A. brachialis. Außer dem hier gelegenen **Ln. axillaris proprius** kann kranial davon ein **Ln. axillaris primae costae** und kaudal davon ein **Ln. axillaris accessorius** vorkommen. Beim Pferd und gelegentlich beim Schaf gibt es weiter distal, medial des Ellbogengelenks, noch die **Lnn. cubiti**.

Das **tributäre Gebiet** des **Lc. axillare** erstreckt sich lateroventral entlang des Thorax, wobei auch hier gelegene Mammarkomplexe dazu gehören. Dieser Umstand muss bei chirurgischem Vorgehen im Falle von Mammatumoren berücksichtigt werden. In das Lc. axillare ziehen außerdem, wie bereits erwähnt, Lymphgefäße der tiefen Strukturen proximaler Abschnitte der Vordergliedmaße sowie die der distalen Teile.

Die abführenden Lymphgefäße des Lc. axillare ziehen jeweils in den entsprechenden Endabschnitt des **Truncus trachealis** oder direkt in die **Venen am Thoraxeingang**.

## Lymphknoten der Brusthöhle und ihrer Eingeweide

Für die **Brusthöhlenwand** sind zuständig das:

- Lc. thoracicum dorsale und
- Lc. thoracicum ventrale.

Für die Organe der **Brusthöhle** das:

- Lc. mediastinale und
- Lc. bronchale.

### Lymphocentrum thoracicum dorsale

Das Lc. thoracicum dorsale besteht aus zwei Lymphknotengruppen, den **Lnn. intercostales** und den **Lnn. thoracici aortici** (Abb. 13-10 u. 12). Zwischen den beiden Gruppen verläuft der Grenzstrang (Truncus sympathicus). Ihre Anzahl ist inkonstant. Bei den Wiederkäuern sind hier oft **Hämallymphknoten (Lnn. haemales)** anzutreffen. Hämallymphknoten sind nicht an die Lymph-, sondern an die **Blutbahn** angeschlossen, sodass in ihrem Sinussystem rote Blutkörperchen zirkulieren. Sie sind aber ähnlich gebaut wie Lymphknoten.

Das **tributäre Gebiet** ist die dorsale Wand der Brusthöhle. Aus dem Lc. thoracicum dorsale zieht die Lymphe in den Ductus thoracicus.

### Lymphocentrum thoracicum ventrale

Das Lc. thoracicum ventrale besteht aus Lymphknoten, die dorsal des Brustbeins und lateral des M. transversus thoracis liegen. Grundsätzlich sind hier **Lnn. sternales craniales** und **Lnn. sternales caudales** zu unterscheiden (Abb. 13-10 u. 12). Die kranialen Brustbeinlymphknoten sind konstant, während die kaudalen bei Wiederkäuern immer, bei der Katze dagegen nur in einem Viertel der Fälle vorkommen.

Das **tributäre Gebiet** liegt in tiefen Abschnitten der ventralen Brustwand. Der Abfluss erfolgt entweder über die Mediastinallymphknoten oder direkt in den Ductus thoracicus.

### Lymphocentrum mediastinale

Das Lc. mediastinale besteht aus **Lnn. mediastinales craniales**, **medii** bzw. **caudales**. Sie sind im entsprechenden Abschnitt des **Mittelfellspaltes** eingelagert. Die Lnn. mediastinales caudales fehlen bei Hund und Katze, wobei bei 25% der Katzen ein **Ln. phrenicus** in der Nähe des Foramen venae cavae vorkommt. Bei Wiederkäuern sind die Lnn. mediastinales caudales zu einem großen Paket vereinigt, das dorsal des Oesophagus liegt (Abb. 13-10ff.). Bei pathologischer Umfangsvermehrung engt dieser Lymphknoten (auch Ln. longissimus genannt) das Lumen der Speiseröhre ein und behindert den Nahrungstransport. Das **tributäre Gebiet** der Mediasti-

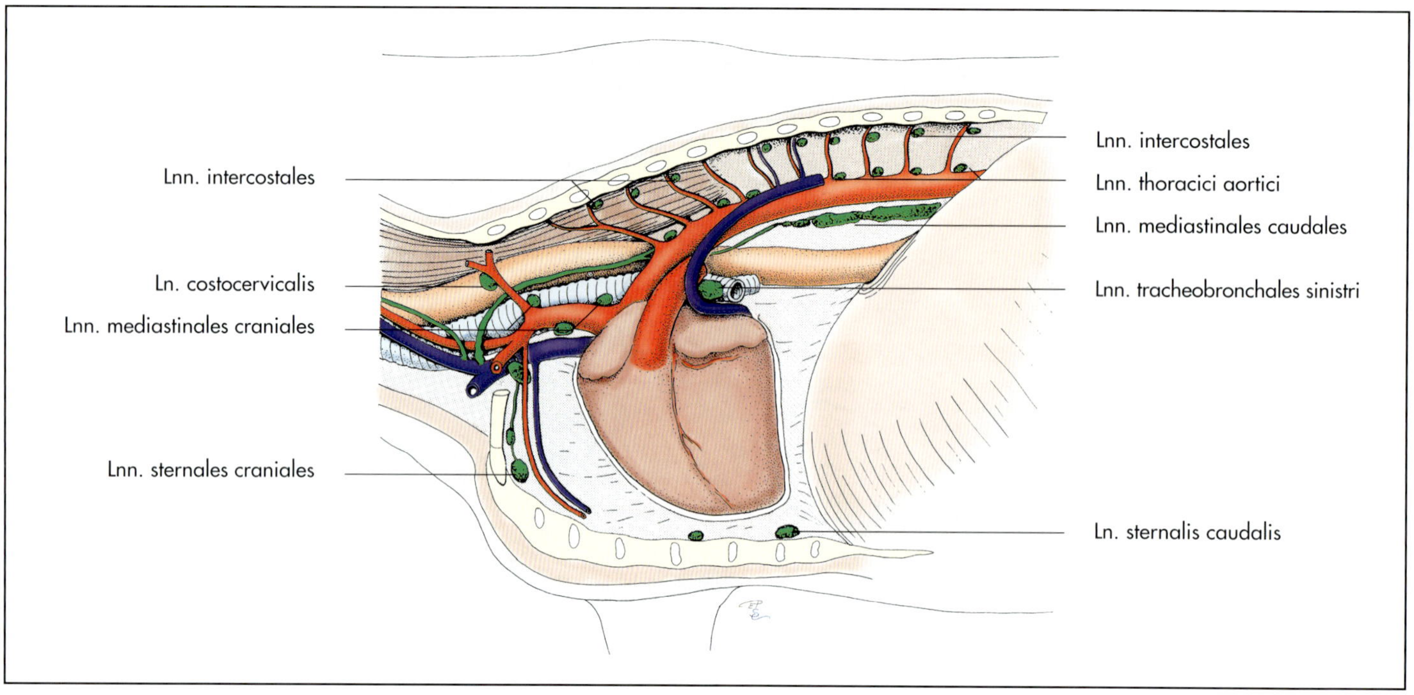


**Abb. 13-10.** Schematische Darstellung der Lymphknoten in der Brusthöhle des Rindes, nach Najbrt, 1982.

nallymphknoten sind die Organe des Mediastinum, wie Trachea, Oesophagus, Thymus und Herz. Sie erhalten zusätzlich Zufluss von den anderen in der Brusthöhle befindlichen Lymphknoten, vom Zwerchfell und auch von Organen der Bauchhöhle, die unmittelbar kaudal des Zwerchfells liegen.

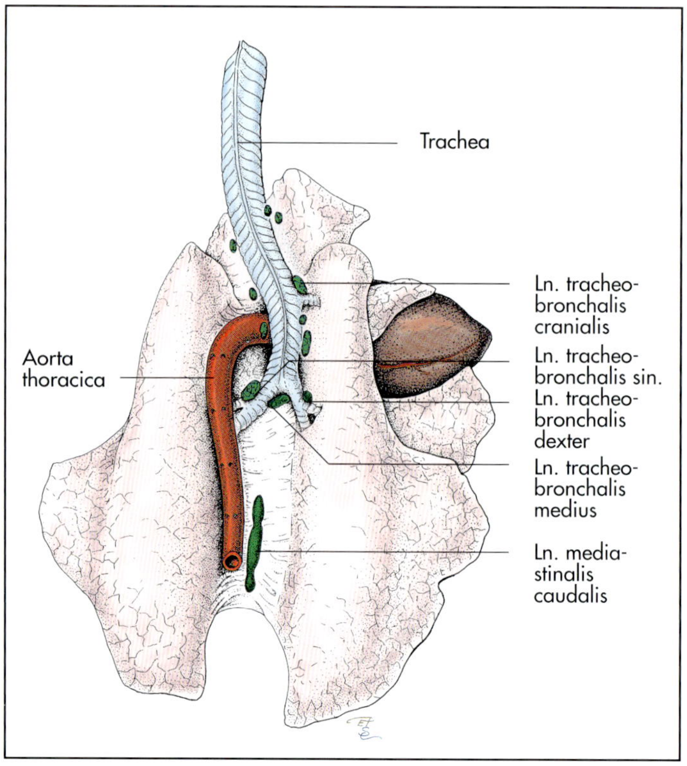


**Abb. 13-11.** Schematische Darstellung der Lymphknoten an der Lunge des Rindes (Dorsalansicht), nach Najbrt, 1982.

## Lymphocentrum bronchiale

Das Lc. bronchale setzt sich aus den **Lnn. tracheobronchales** oder **bifurcationes** zusammen (Abb. 13-10ff.). Es gibt davon eine rechte, eine mittlere und eine linke Gruppe.

Bei Wiederkäuern und Schwein, die einen Bronchus trachealis besitzen, sind zusätzlich **Lnn. tracheobronchales craniales** vorhanden. Im Lungengewebe, entlang der Hauptbronchien, können **Lnn. pulmonales** vorkommen (s. auch Abb. 8-26ff.).

Der rechte Bifurkationslymphknoten wurde früher auch »Polizeilymphknoten« genannt, da er für die Veterinärpolizei als Indikator galt, ob ein Tierarzt die Schlachtkörperuntersuchung gewissenhaft vorgenommen hat. Das **tributäre Gebiet** dieser Lymphknoten ist die Lunge. Sie leiten die Lymphe entweder in **Lnn. mediastinales** oder direkt in den **Ductus thoracicus**.

Für die **amtliche Fleischuntersuchung** sind beim **Schwein** sämtliche Lymphknoten der Lunge allein zu adspektieren und nur im Verdachtsfall anzuschneiden. Beim **Rind** sind sämtliche Lymphknoten, einschließlich der an der Bifurkation und im kranialen und kaudalen Mittelfellspalt gelegenen Lymphknoten anzuschneiden.

Beim Pferd erlangen die **Lnn. bifurcationes** zusätzliche praktische Bedeutung, da sie in der Nähe des **linken N. laryngeus caudalis** oder **recurrens** liegen. Bei Entzündung und Umfangsvermehrung könnten einerseits Toxine, andererseits mechanischer Druck diesen Nerv lähmen, was zur halbseitigen Kehlkopflähmung (**»Kehlkopfpfeifen«**) führt.

## Lymphknoten der Bauchhöhle und ihrer Eingeweide

Die für die Bauchwand und die Organe der Bauchhöhle zuständigen Lymphknoten liegen meist in der Lendengegend und um den Ursprung der Eingeweidearterien in der Nähe der Aorta. Die an den Organen liegenden Lymphknoten werden bei den Organen beschrieben.

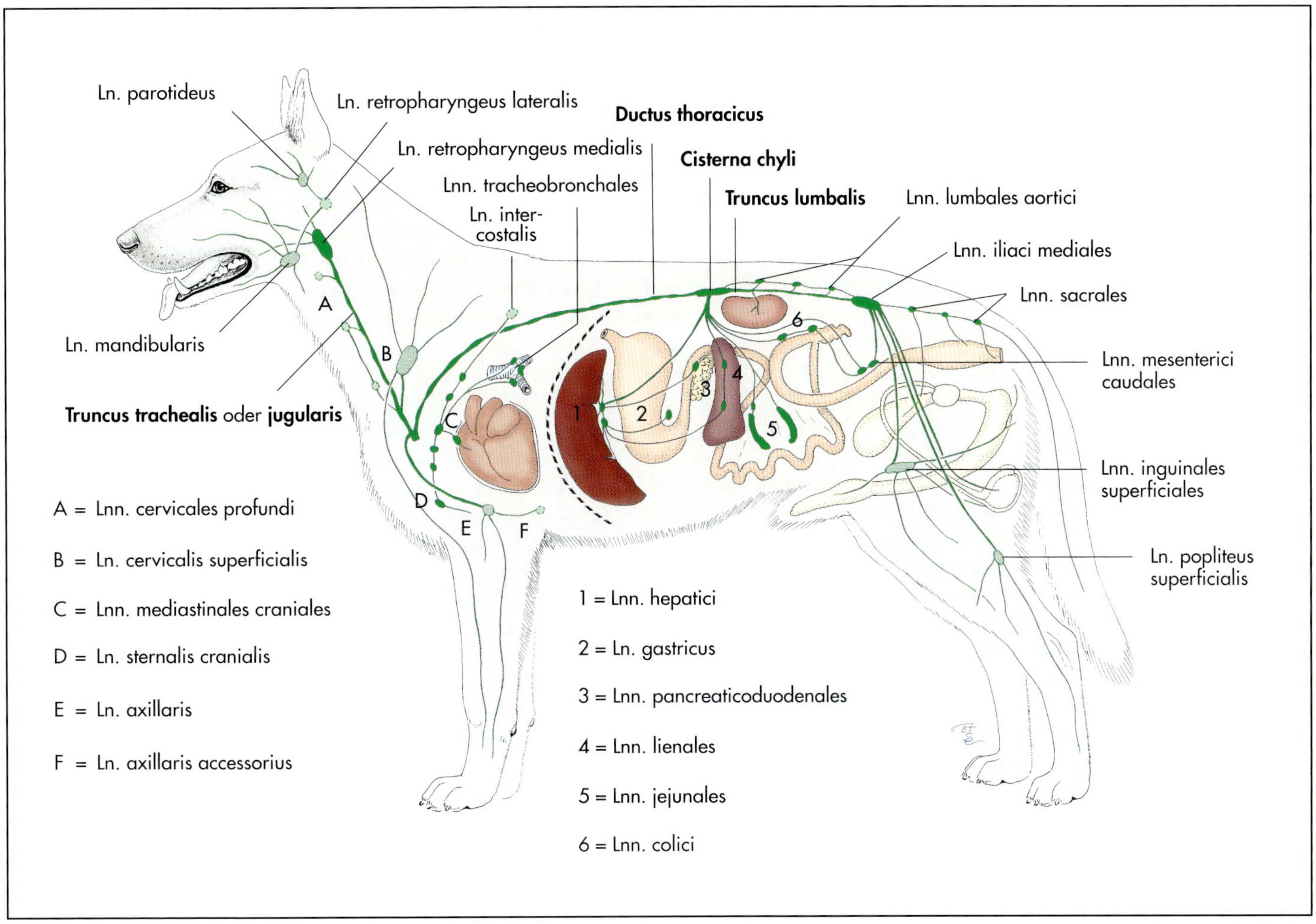


**Abb. 13-12.** Schematische Darstellung des lymphatischen Systems des Hundes (Übersicht), nach Budras, Fricke und Richter, 1996.

## Lymphocentrum lumbale

Das Lc. lumbale umfasst mehrere **Lnn. lumbales aortici**, die zu beiden Seiten der Aorta oder zwischen Querfortsätzen der Lendenwirbelsäule liegen (Abb. 13-12). Bei den Wiederkäuern können auch hier Hämallymphknoten eingestreut sein. In der Nähe der Nieren sind zu dieser Gruppe gehörende **Lnn. renales** zu finden.

Ihr **tributäres Gebiet** ist die Lendengegend, die Nieren, die Nebennieren und bei weiblichen Tieren auch die Geschlechtsorgane. Sie geben die Lymphe in die **Lendenzisterne (Cisterna chyli)** ab.

## Lymphocentrum coeliacum

Das Lc. coeliacum beinhaltet Lymphknoten, die in etwa für das Vaskularisationsgebiet der A. coeliaca zuständig sind. Es sind dies die **Lnn. coeliaci**, **Lnn. gastrici**, **Lnn. lienales**, **Lnn. pancreaticoduodenales** und **Lnn. hepatici** oder **portales** (Abb. 13-12ff.). Entsprechend der Magenabschnitte der Wiederkäuer treten bei diesen Tierarten **Lnn. ruminales**, **Lnn. reticulares**, **Lnn. omasici** und **Lnn. abomasici** auf.

Ihr **tributäres Gebiet** entspricht dem der gleich benannten Organe. Die Lymphgefäße schließen sich zum **Truncus lymphaceus coeliacus** zusammen, der in die **Cisterna chyli** einfließt (Abb. 13-12).

## Lymphocentrum mesentericum craniale

Das Lc. mesentericum craniale umfasst **Lnn. mesenterici craniales**, **Lnn. jejunales**, **Lnn. caecales** und **Lnn. colici**. Sie sind tierartlich, was ihre Form, Lage und Anzahl betrifft, unterschiedlich gestaltet (Abb. 13-12 u.13).

Ihr **tributäres Gebiet** sind Dünn- und Dickdarm bis zum Colon transversum. Die Lymphgefäße vereinigen sich zum **Truncus mesentericus cranialis**, der in die Cisterna chyli einmündet. Wenn dieser sich mit dem **Truncus mesentericus caudalis** vereinigt, wird er als **Truncus intestinalis** bezeichnet (Abb. 13-13).

## Lymphocentrum mesentericum caudale

Das Lc. mesentericum caudale enthält die **Lnn. mesenterici caudales** (Abb. 13-12). Ihr **tributäres Gebiet** ist das Colon descendens. Die Lymphe wird über den **Truncus mesentericus caudalis** in die **Cisterna chyli** abgeführt.

Bei der **amtlichen Fleischuntersuchung** sind beim Schwein und beim Rind die Lymphknoten der gastrointestinalen Eingeweide allein durch Palpation zu untersuchen und nur im Verdachtsfall anzuschneiden.

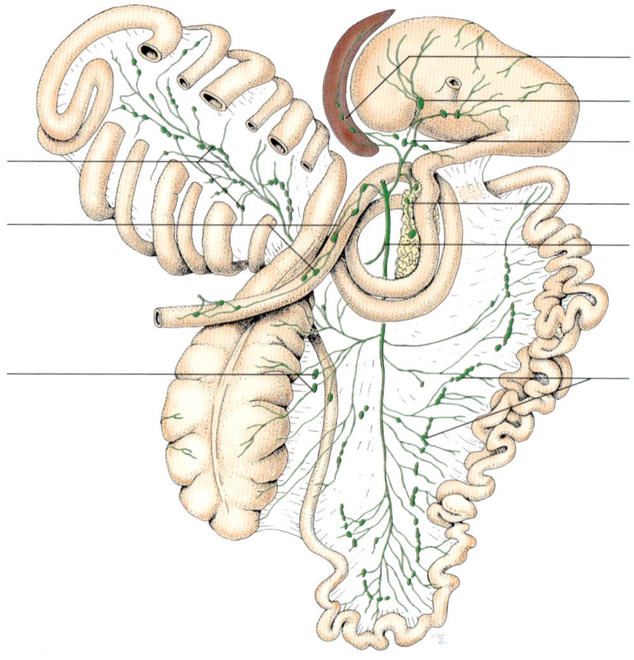


**Abb. 13-13.** Lymphknoten am Darm des Schweines mit anliegenden Lymphknoten des Magens, der Milz, der Leber und der Bauchspeicheldrüse und deren Lymphsammelgefäße, nach Najbrt, 1982.

## Lymphknoten der Beckenhöhle und der Beckengliedmaße

Die Einzugsgebiete dieser Lymphknoten überlappen sich des Öfteren mit solchen an der Bauchwand (Abb. 13-14), vor allem auch mit denen an den Milchdrüsenkomplexen. Letzteres erlangt praktische Bedeutung (z.B. bei Mammatumoren der Hündin).

### Lymphocentrum iliosacrale

Das Lc. iliosacrale beinhaltet:

- Lnn. iliaci mediales,
- Lnn. iliaci laterales,
- Lnn. hypogastrici,
- Lnn. sacrales und
- Lnn. anorectales.

Die **Lnn. iliaci mediales** bilden die Hauptgruppe dieses Zentrums, sie liegen in Höhe der Aortenaufteilung (Abb. 13-14). In diese gelangt, direkt oder indirekt, die Lymphe sämtlicher anderer Lymphknoten der Beckenhöhle, der Beckengliedmaße und der Organe der Beckenhöhle. Äußerst wichtig wird diese Tatsache bei Erkrankungen der Hoden, deren Lymphgefäße ohne Zwischenstation in die medialen Darmbeinlymphknoten einmünden (z.B. bei Hodenkrebs).

Aus den **Lnn. iliaci mediales** wird die Lymphe über die Trunci lumbales zur Cisterna chyli weitertransportiert. Die **Lnn. iliaci laterales** sind inkonstant. Sie liegen an der Gabelung der A. circumflexa ilium profunda. Sie fehlen bei der Katze und beim Hund.

Ihr **tributäres Gebiet** ist die Bauch- und Beckenwand. An der A. iliaca interna gelegene Lymphknoten werden **Lnn. hypogastrici** genannt, die ventral des Kreuzbeins **Lnn. sacrales**, die seitlich des Mastdarms **Lnn. anorectales**. Alle diese letztgenannten Lymphknoten geben die Lymphe in die **Lnn. iliaci mediales** ab.

### Lymphocentrum inguinale profundum oder iliofemorale

Das Lc. inguinale profundum enthält Lymphknoten, die entlang der A. iliaca externa oder im Schenkelspalt (Katze und Pferd) an der A. femoralis liegen (Abb. 13-14).

Ihr **tributäres Gebiet** ist die benachbarte Bauchwand und der Oberschenkel. Sie werden von Lymphe der ihnen vorgeschalteten **Lnn. inguinales superficiales**, bei der Katze und beim Pferd auch der **Lnn. poplitei**, durchzogen. Ihr Abfluss erfolgt in die **Lnn. iliaci mediales**.

### Lymphocentrum inguinale superficiale

Das Lc. inguinale superficiale besteht aus den **Lnn. inguinales superficiales** und dem **Kniefaltenlymphknoten**, **Ln. subiliacus** (fehlt beim Hund, ist bei der Katze selten). Der **Ln. coxalis**, der **Ln. fossae paralumbalis** und die **Lnn. epigastrici** gehören ebenfalls zu dieser Gruppe.

Das **tributäre Gebiet** dieser Lymphknoten ist die Flanke, die kaudoventrale Bauchwand, das Scrotum **(Lnn. scrotales)** und die Milchdrüse **(Lnn. mammarii)** (Abb. 13-14).

Die oberflächlichen Leistenlymphknoten sind bei der operativen Therapie von Mammatumoren bei der Hündin zu berücksichtigen und eventuell zu entfernen. Aus dem Lc. inguinale superficiale zieht die Lymphe in die **medialen Darmbeinlymphknoten**.

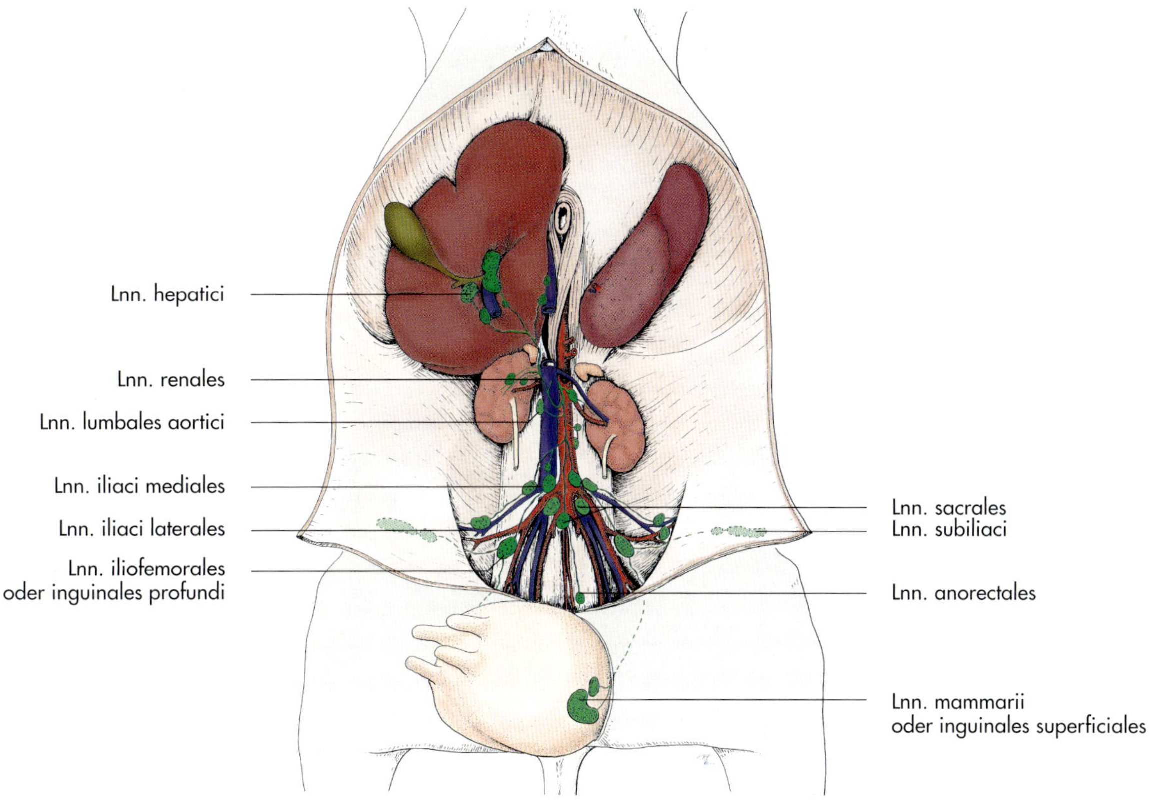


**Abb. 13-14.** Lymphknoten der Bauchhöhle und der Beckenhöhle des Rindes (Teilansicht) mit Lymphsammelgefäßen, nach Baum, 1912.

### Lymphocentrum ischiadicum

Das Lc. ischiadicum enthält den **Ln. ischiadicus**, der in der Nähe des Tuber ischiadicum lateral vom Ligamentum sacrotuberale liegt. Beim Hund fehlt er.

Sein **tributäres Gebiet** ist kaudal am Oberschenkel. Bei der Katze ist er Durchflussgebiet für den Ln. popliteus. Die efferenten Lymphgefäße ziehen zum Lc. iliosacrale.

### Lymphocentrum popliteum

Das Lc. popliteum besteht aus den **Lnn. poplitei**, von denen es oberflächliche und tiefe gibt (Abb. 13-12). Sie liegen kaudal des Kniegelenks in der Regio poplitea. Da sie für keine Organe zuständig sind, gelten sie als sog. »Fleischlymphknoten«. Beim Schwein sind sie nicht in allen Fällen zu finden. Bei der Katze und beim Hund ist der **Ln. popliteus superficialis** vorhanden, der subkutan palpiert werden kann.

Das **tributäre Gebiet** ist der Unterschenkel und der Fuß. Er gibt die Lymphe an die Lnn. iliaci mediales ab.

Für die **amtliche Fleischuntersuchung** gilt, dass bei Schwein und Rind die **Körperlymphknoten** allein durch Adspektion untersucht werden müssen und nur im Verdachtsfall anzuschneiden sind.

## Lymphsammelgänge

Der größte Lymphsammelgang des Körpers ist der **Ductus thoracicus**. Er wird auch **Milchbrustgang** genannt, da er nach fettreicher Futteraufnahme den milchfarbenen **Chylus**, mit Fettkügelchen angereicherte Lymphe, transportiert. Er setzt die zwischen den Zwerchfellpfeilern liegende **Lendenzisterne (Cisterna chyli)** kranial fort und bildet dorsal der Aorta ein strickleiterförmiges Kanalsystem, durch dessen Zwischenräume Interkostalarterien hindurchziehen. Im kranialen Mittelfellspalt tritt er auf die linke Seite der Aorta und bildet hier ein einheitliches Rohr. Vor der Öffnung in den Venenwinkel löst er sich des Öfteren flussdeltaartig wieder in mehrere Arme auf (Abb. 13-12).

Unter dem Begriff **Venenwinkel** (Angulus venosus sinister bzw. dexter) versteht man den Zusammenfluss der V. jugularis externa mit der V. jugularis interna. Fehlt Letztere, dann liegt der Winkel an der Verbindung mit der V. subclavia der jeweiligen Körperseite (s. auch Kap. 12 »Organe des Herz-Kreislauf-Systems«).

In den Ductus thoracicus oder in seiner unmittelbaren Nähe münden am genannten Venenwinkel der **Truncus trachealis** oder **jugularis sinister** und der **Lymphsammelgang der linken Vordergliedmaße**, der aus den efferenten Lymphgefäßen der Lnn. axillares und den Lnn. cervicales superficiales entsteht. Der **rechte Truncus trachealis** oder **jugularis** vereinigt sich mit dem Lymphgang der rechten Vordergliedmaße zum **Ductus lymphaticus dexter** und mündet in den **rechten Venenwinkel**.

Die beiden Trunci tracheales entstehen aus den **Lnn. retropharyngei** und verlaufen neben der Trachea bis zur Mündung in den Venenwinkel.

Die **Lendenzisterne (Cisterna chyli)** hat Spindel- bis Sackform. Sie liegt zwischen den Zwerchfellpfeilern und reicht bis zu den Nierenarterien dorsal der Aorta abdominalis (Abb. 13-12). Der

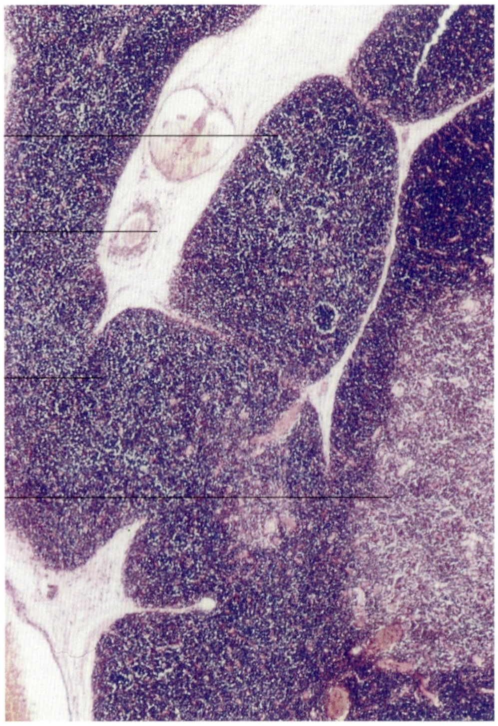


**Abb. 13-15.** Histologischer Schnitt durch den Thymus einer Katze.

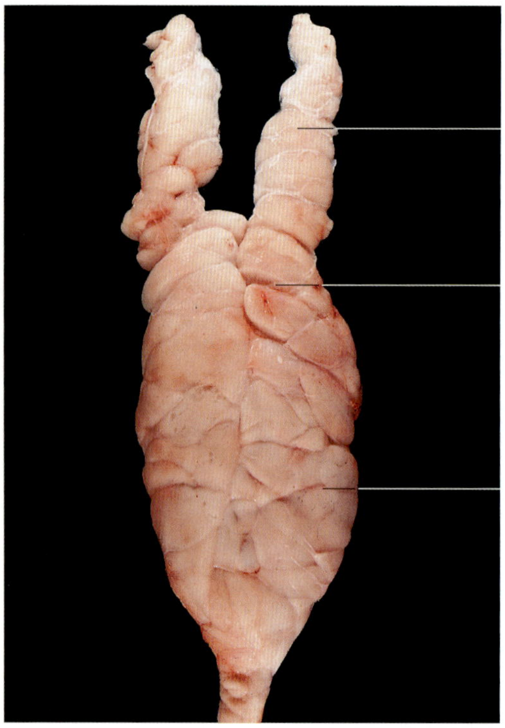


**Abb. 13-16.** Thymus eines Kalbes (Dorsalansicht), Aufnahme PD Dr. S. Reese, München.

Lymphfluss wird durch Atmungsbewegungen der Zwerchfellpfeiler und den Aortenpuls in Gang gehalten. In die Lendenzisterne münden von kaudal zwei oder mehrere **Trunci lumbales**, die aus den Darmbeinlymphknoten kranial ziehen. Von ventral nimmt die Cisterna chyli zudem die Lymphe aus den Bauchorganen auf, die über den **Truncus visceralis** zugeführt wird. Letzterer entsteht aus der Vereinigung des Truncus lymphaticus coeliacus sowie des Truncus lymphaticus mesentericus cranialis und caudalis.

Bei individueller Mündung der jeweiligen Trunci fehlt der Truncus visceralis. Die Trunci mesentericus cranialis und caudalis können sich auch zu einem **Truncus intestinalis** vereinigen.

## Thymus

Der Thymus ist ein übergeordnetes lymphatisches Organ (Abb. 13-15ff.). Er entfaltet seine Aktivität beim jugendlichen Organismus. Seine Bedeutung liegt vor allem in der Differenzierung der aus dem Knochenmark eingewanderten **unreifen T-Vorläuferzellen (Thymozyten)** zu **T-Lymphozyten** (T-Zellen, Thymus-Lymphozyten). Diese T-Lymphozyten werden in der **Thymusrinde** mit Rezeptoren versehen, die körpereigene Proteine erkennen. Beim Eindringen von fremden Zellen (Antigene) aktivieren sie die Abwehrzellen, z.B. die B-Lymphozyten.

Bei Fehlentwicklungen in diesem Prozess kann die Situation auftreten, dass T-Lymphozyten fälschlicherweise körpereigene Zellen nicht erkennen. In diesem Falle kommt es zu selbstzerstörerischen **Autoimmunkrankheiten** wie multipler Sklerose, rheumatoider Arthritis u.a.

Der Thymus entwickelt sich **paarig** aus der dritten Schlundtasche entlang der Trachea kaudal bis zum Herzbeutel. (Näheres s. Lehrbücher der Embryologie.) Diese **Evolution** des Thymus setzt sich postnatal beim Hund bis zur 3., beim Rind bis zur 8. Lebenswoche fort. Beim Schwein ist die Entwicklung bis zum 9. Lebensmonat, beim Pferd bis zum Ende des 1. Lebensjahres verlängert. Unmittelbar nach Abschluss der Evolution bildet sich der Thymus wieder in tierartlich unterschiedlicher Weise, etwa zeitgleich mit dem Erreichen der Pubertät, zurück **(Involution des Thymus)**. Diese kontinuierliche Rückbildung setzt in den vorderen, zervikalen Abschnitten des Thymus ein, sodass in den unteren, thorakalen Bereichen dieses Organ länger erhalten bleibt. Fleischfresser und Pferd bilden allein einen thorakalen Thymusanteil aus.

Man unterscheidet makroskopisch einen unpaarigen **Brustteil (Lobus thoracicus thymi)** und einen paarigen, rechten bzw. linken **Halsteil (Lobus cervicalis thymi)**. Letzterer ist bei Schwein und Wiederkäuer (Abb. 13-16 u. 17) fakultativ und nur rudimentär bei Fleischfressern und Pferd ausgeprägt. Beide Anteile stehen in der Brustapertur durch einen **Lobus intermedius** in Verbindung.

Auf dem Höhepunkt seiner Entwicklung besteht der Thymus aus **Läppchen (Lobuli)**, an denen man mikroskopisch-anatomisch eine **Rinden-** und eine **Markzone** unterscheidet (Abb. 13-15). Das interstitielle Grundgewebe besteht aus einem weitmaschigen bindegewebigen Retikulum.

In der **Rinde (Cortex)** vermehren sich die aus dem Knochenmark eingewanderten lymphopoetischen Zellen, sodass diese nach ihrer Differenzierung von einer dichten T-Lymphozyten-Population besiedelt erscheint. Zahlreiche dieser T-Lymphozyten, die den Rezeptor zur Erkennung körpereigener Zellen nicht entwickelt haben, gehen hier bereits zugrunde. Die anderen gelangen ins Blut.

Im **Mark (Medulla)** sind die Thymozyten weniger dicht. Die Zellen des Grundgewebes lagern sich stellenweise zu **Hassall-Körperchen** zusammen. Bei der Geburt und bei jungen Tieren ist ihre

Zahl am höchsten. Ihre Bedeutung ist nicht eindeutig geklärt. (Näheres s. Lehrbücher der Histologie.)

Beim Hund ist der Brustteil in einen größeren Lobus dexter und einen kleineren Lobus sinister zweigeteilt. Er liegt im präkardialen Mediastinum, ventral dem Sternum aufliegend, und erreicht mit seiner kaudalen Begrenzung kranial den Herzbeutel.

Beim Schwein ist neben einem gespaltenen Brustteil über einem Lobus intermedius meist ein paariger Halsteil entwickelt. Dieser erreicht eine Länge von bis zu 20 cm, der im kranialen Bereich beim Ferkel eine Verlängerung bis unter die Schädelbasis findet. Der Halsteil liegt ventral der Trachea, im vorderen Abschnitt seitlich von dieser.

Beim Wiederkäuer ist der Thymus des Kalbes extrem in einen unpaarigen Lobus thoracicus und einen paarigen Halsteil mit einem Körper und zwei kranialen Schenkeln unterteilt (Abb. 13-16 u. 17). Der Lobus thoracicus thymi liegt auf der linken Körperseite und dorsal im präkardialen Mediastinum. Über einen schmalen, unpaarigen Lobus intermedius setzt dieser sich mit einem ausgeprägten Körper kranial, als Halsteil der Trachea seitlich anliegend, fort.

Beim Pferd wird embryonal meist nur ein Brustteil angelegt, seltener ein zusätzlicher Halsabschnitt. Der Lobus thoracicus liegt im präkardialen Mediastinum dem Sternum auf und reicht bis zur 4.–5. Rippe. Sein größerer linker Lappen reicht dorsal bis an den linken Lungenlappen und an den Truncus brachiocephalicus. Der Brustthymus eines einjährigen Fohlens kann sich bis zu einer Länge von 15 cm und einer Höhe von 12 cm ausdehnen.

Die Funktion des Thymus hängt einerseits mit seiner zentralen Rolle in der Prägung immunkompetenter Zellen zusammen, andererseits wird im Thymus der sog. »Thymusfaktor« gebildet. Thymektomierte neugeborene Mäuse zeigen Kümmerwuchs. Die Entwicklung sämtlicher lymphatischer Organe bleibt zurück, sie sterben innerhalb von zwei Wochen. Der Thymusfaktor stimuliert die Ausdifferenzierung der peripheren lymphatischen Organe.

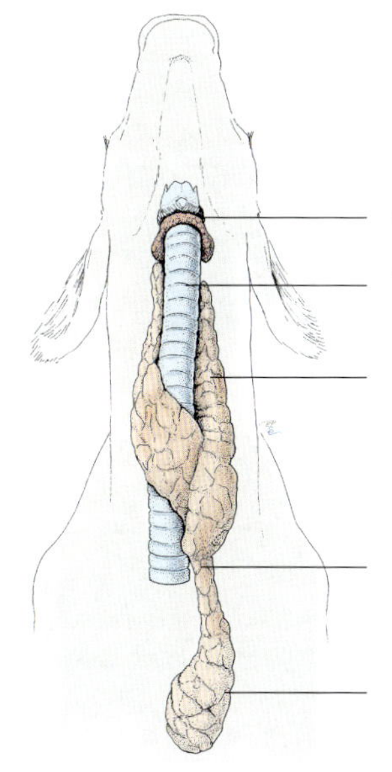


**Abb. 13-17.** Schematische Darstellung der Lage des Thymus eines Kalbes.

# Milz (Lien, Splen)

Die Milz ist ein in den **Blutkreislauf** eingeschaltetes lymphatisches Organ von dunkelroter Farbe. Sie liegt kaudal des Zwerchfells links in Höhe des Rippenbogens. Außer beim Wiederkäuer ist sie völlig intraperitoneal gelagert. Bei den Wiederkäuern wird sie zur Hälfte von Peritoneum bedeckt, zur Hälfte ragt sie in die bindegewebige Verklebungszone zwischen Zwerchfell und dorsalem Pansensack. Sie ist durch das **Ligamentum gastrolienale** am Magen befestigt. Beim Pferd ist sie zudem durch das **Milz-Nieren-Band (Lig. lienorenale)** an die linke Niere angeheftet und es entsteht der **Milz-Nieren-Raum**. In diesen können sich Jejunumschlingen und solche des Colon descendens verlagern und eingeklemmt werden (Kolik).

Die Form der Milz ist tierartlich unterschiedlich (Abb. 13-18ff.). Beim Pferd hat sie die Form eines Sensenblattes, beim Rind die eines breiten Riemens, bei den kleinen Wiederkäuern die eines Blattes, beim Hund und bei der Katze die eines Stiefels und beim Schwein die einer Zunge (Abb. 13-23).

An der Milz kann eine **Facies diaphragmatica** und eine **Facies visceralis** unterschieden werden. Der **Hilus** der Milz ist außer bei den Wiederkäuern durchgehend auf der Facies visceralis zu sehen.

Nebenmilzen entstehen aus versprengten Milzanlagen. Sie kommen einzeln oder in der Mehrzahl vor. Meist liegen sie in der Nähe des Hilus oder im großen Netz.

Die Milz wird von einer an **glatten Muskelzellen** reichen **Bindegewebskapsel** umgeben, die **Trabekel** ins Innere abgibt, deren Zwischenräume von **roter** und **weißer Pulpa** ausgefüllt werden (Abb. 13-25 u. 26). Die rote Pulpa besteht aus **Milzsinus**, die mit Endothel ausgekleidet sind, die weiße Pulpa aus **Lymphfollikeln** und **Lymphsträngen (periarterioläre Scheiden)**. Letztere macht ungefähr ein Fünftel des Milzvolumens aus. (Näheres s. Lehrbücher der Histologie.)

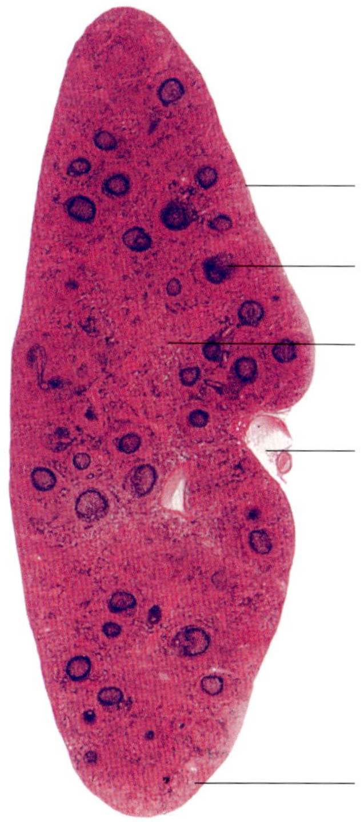


**Abb. 13-18.** Histologischer Schnitt durch die Milz einer Katze, Liebich, 2004.

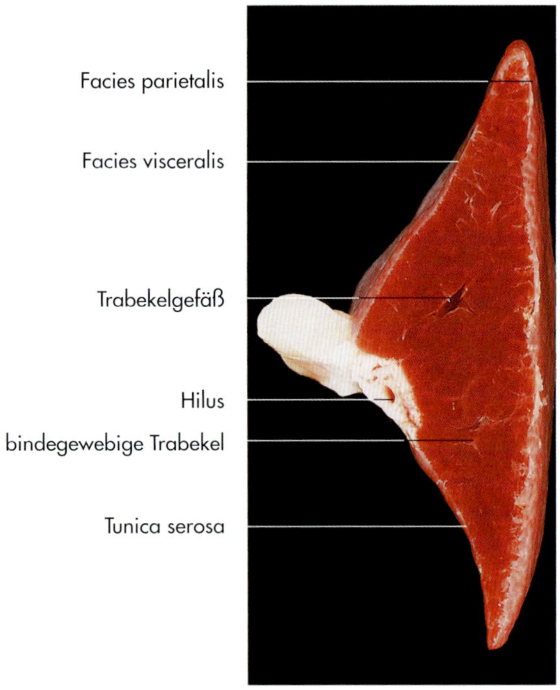


**Abb. 13-19.** Querschnittbild durch die Milz eines Schweines, Aufnahme PD Dr. J. Maierl, München.

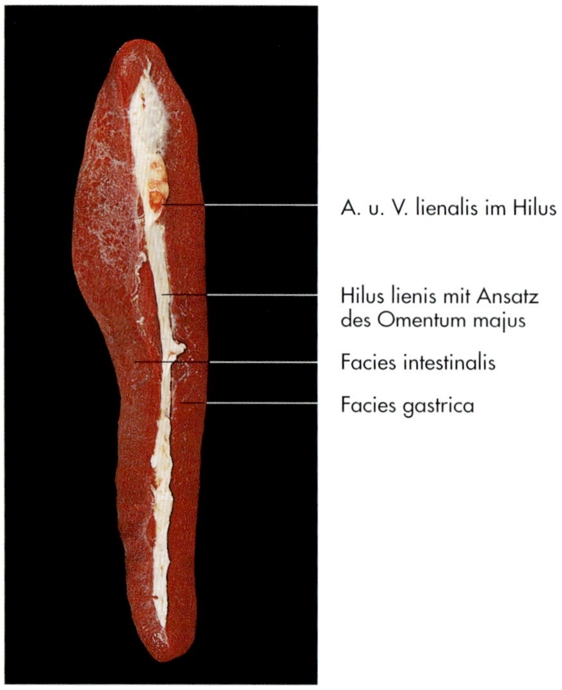


**Abb. 13-20.** Aufsicht auf die Facies visceralis der Milz eines Schweines, Aufnahme PD Dr. J. Maierl, München.

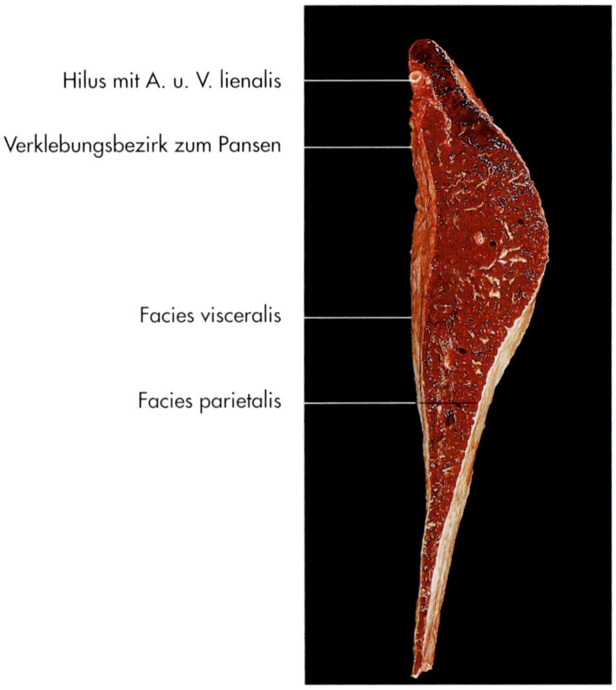


**Abb. 13-21.** Querschnittbild durch die Milz eines Rindes, proximales Ende, Aufnahme PD Dr. S. Reese, München.

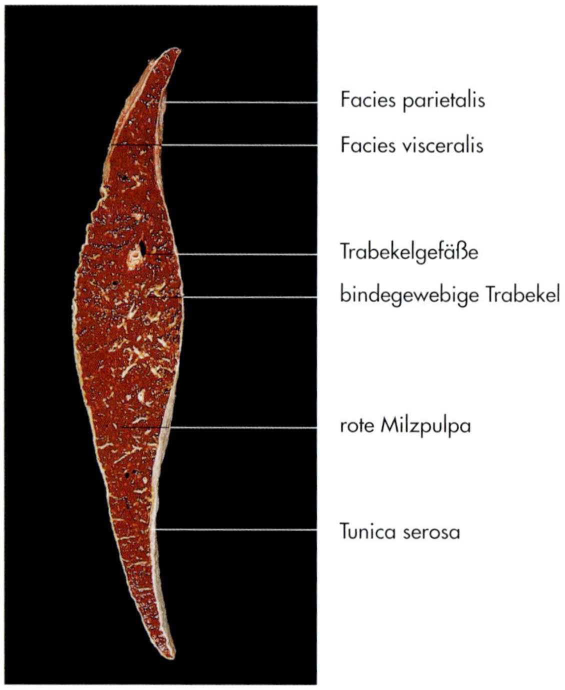


**Abb. 13-22.** Querschnittbild durch die Milz eines Rindes, distales Ende, Aufnahme PD Dr. S. Reese, München.

## Gefäßversorgung und Innervation

Die Milz wird von der **A. lienalis**, die aus der **A. coeliaca** entspringt, und der **V. lienalis**, die in die Pfortader mündet, vaskularisiert. Die größeren Arterienäste sind **Endarterien** (Milzinfarkt, z.B. bei Schweinepest). Sie verlaufen mit den entsprechenden Venen in den Trabekeln (Abb. 13-25). Ihre Verzweigungen, die **Zentralarterien**, sind von Lymphsträngen bzw. Lymphfollikeln scheidenartig umgeben. Die Zentralarterie teilt sich schließlich in ein **pinselartiges Endbäumchen** von ca. 50 Arteriolen, die sich in der roten Pulpa in Kapillaren aufteilen und das Blut zu den **Sinus** bringen. Die Wand, der untereinander kommunizierenden **Milzsinus** besteht aus Endothelzellen, einer unvollständigen Basalmembran und Retikulumzellen. Die Sinus münden in die Venen, die sich zur V. lienalis zusammenschließen. Die Milz wird von parasympathischen und sympathischen Fasern innerviert, die dem Plexus solaris entstammen.

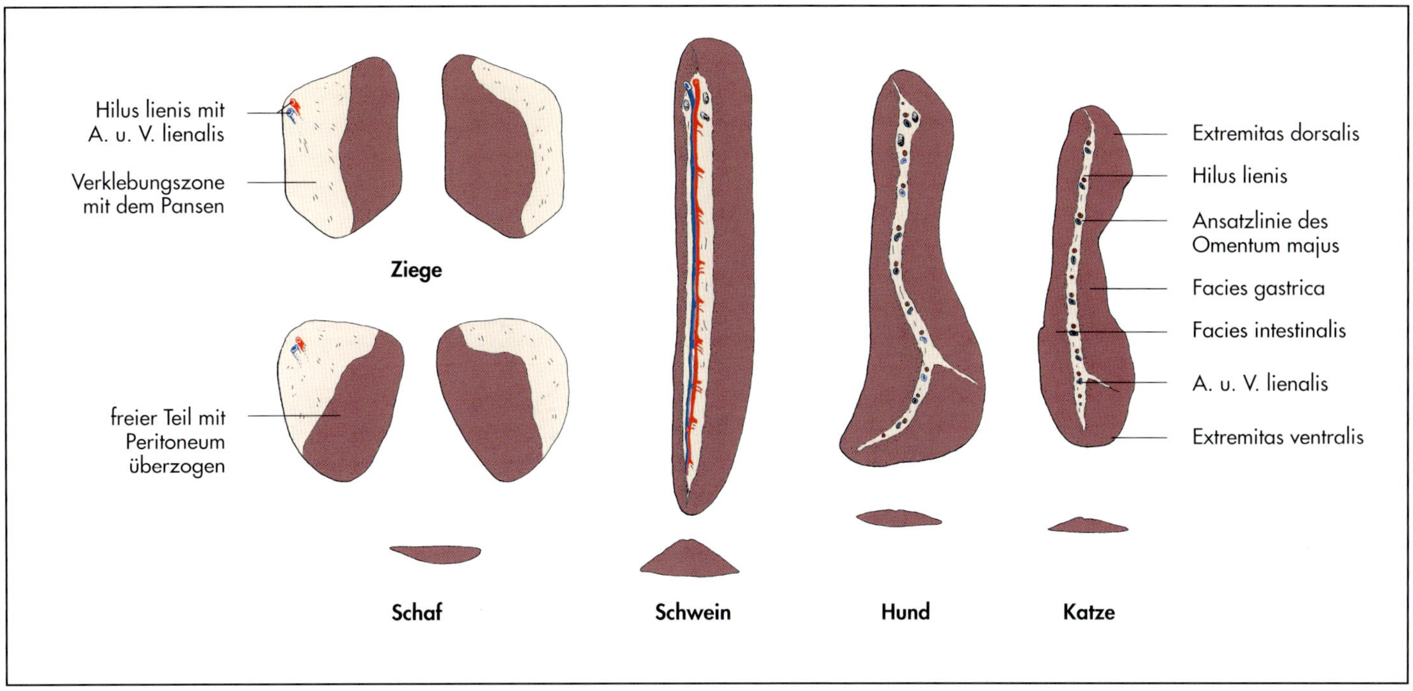


**Abb. 13-23.** Schematische Darstellung der Milz von kleinen Wiederkäuern, Schwein, Hund und Katze (Medialansicht und Querschnitte).

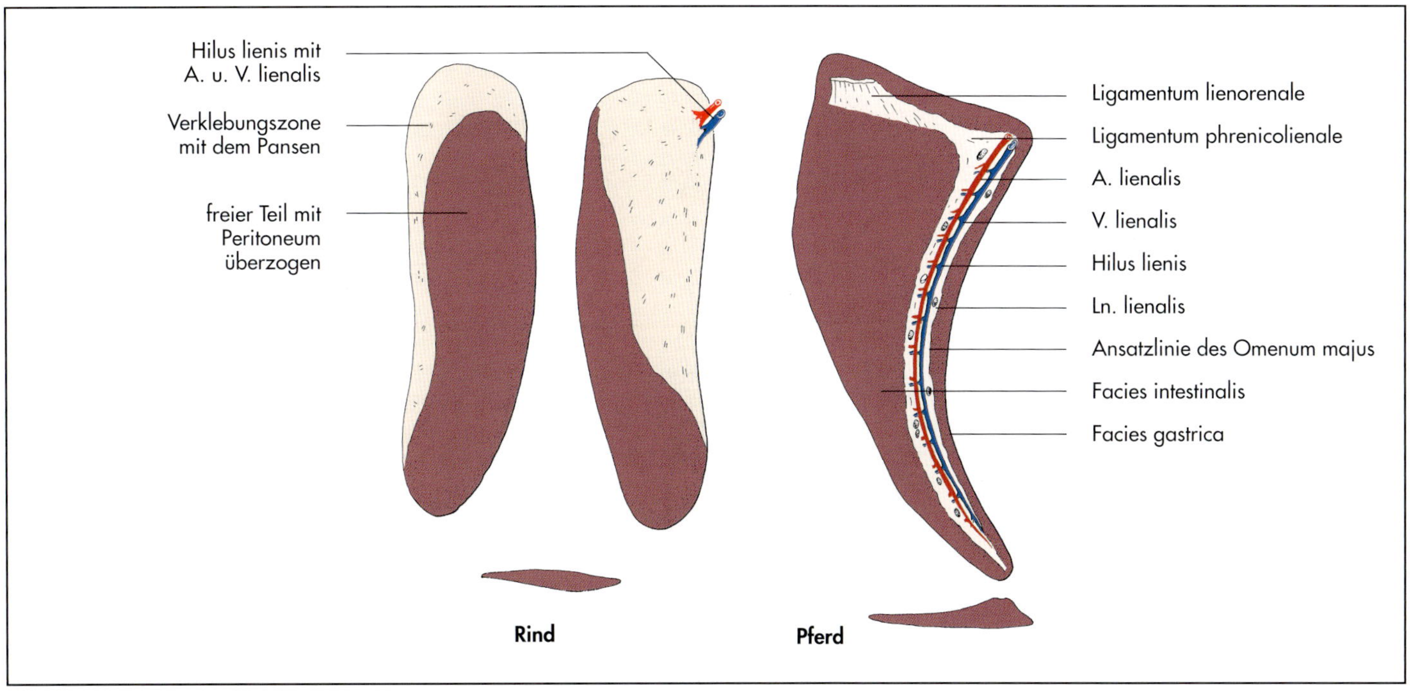


**Abb. 13-24.** Schematische Darstellung der Milz von Rind und Pferd (Medialansicht vom Pferd und Lateral- und Medialansicht vom Rind, Querschnitte).

Die **Lymphgefäße** der Milz münden am Hilus in die **Lnn. lienales**, von hier gelangt die Lymphe in den **Truncus coeliacus** und in die **Lendenzisterne**.

## Funktion

Als **größtes zusammenhängendes Immunorgan** des Körpers nimmt die Milz an immunologischen Vorgängen teil. Bei Knochenmarkinsuffizienz kann die Milz, wie im Fetalzustand, wieder zur Blutbildung beitragen. Sie kann auch eine nicht unerhebliche Blutspeicherfunktion übernehmen.

Die Milz übernimmt auch im Stoffwechselgeschehen des Körpers eine Vielzahl von Funktionen (z.B. Abbau von Erythrozyten, Thermoregulation). In der Milz wird primär das aus dem Abbau der Erythrozyten resultierende Eisen gespeichert. Die Haussäugetiere können ohne Milz, nach Splenektomie, weitgehend beschwerdefrei

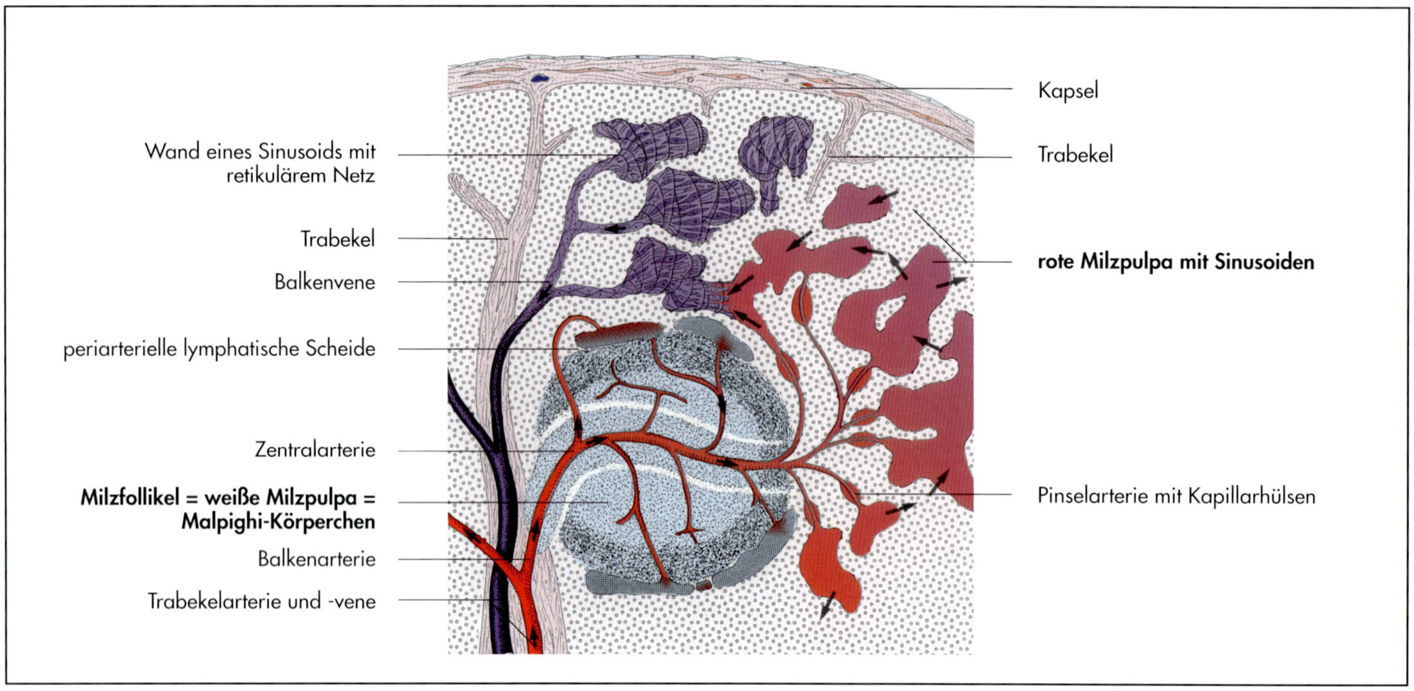


**Abb. 13-25.** Schematische Darstellung der Mikrovaskularisation der Milz mit weißer und roter Milzpulpa, Liebich, 2004.

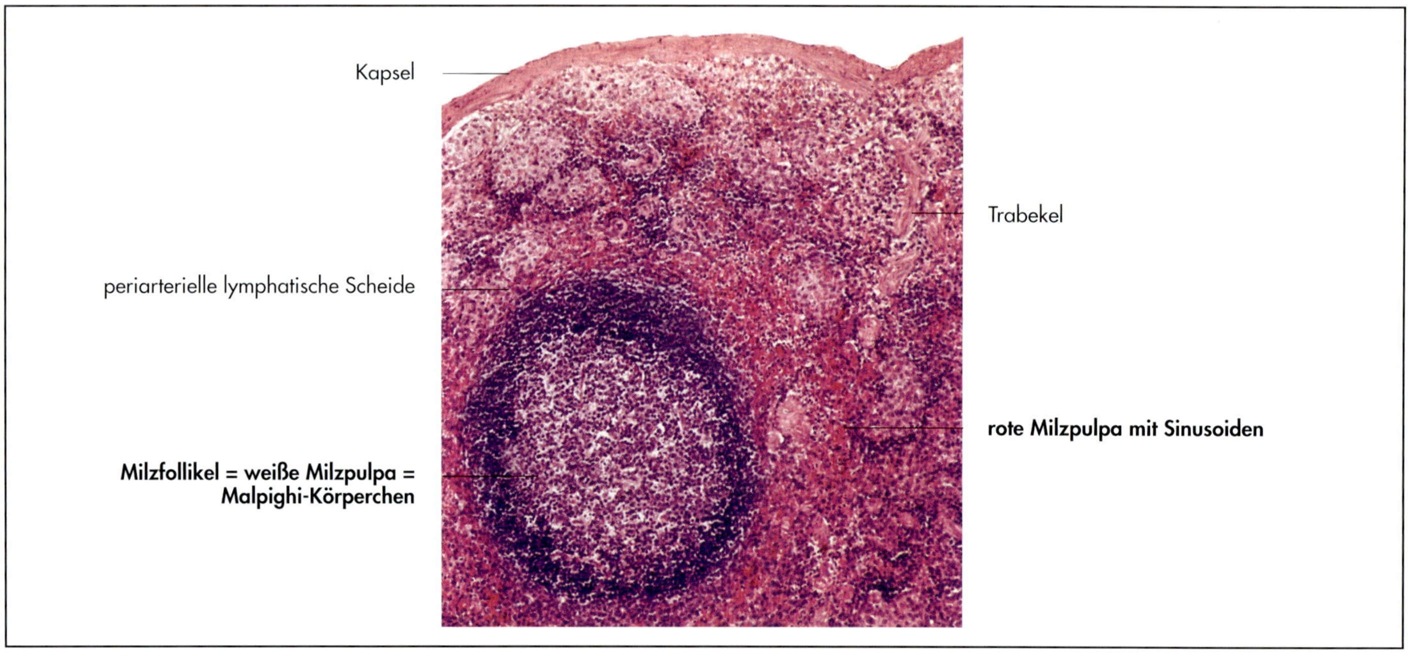


**Abb. 13-26.** Histologischer Schnitt durch einen Milzfollikel mit angrenzender roter Milzpulpa einer Katze, Liebich, 2004.

leben. Bei sportlich genutzten Leistungshunden nimmt allerdings die Belastungsgrenze ab.

**Klinische Fachausdrücke**, die von anatomischen Namen abgeleitet werden: Lymphektasie, Lymphangiitis, Lymphadenitis, Lymphangiogrophie, Lymphknotenhyperplasie, Thymektomie, Thymopathie, Thymushyperplasie, Lienitis, Splenitis, Splenomegalie, Splenopexie, Splenektomie etc.

# 14 Nervensystem (Systema nervosum)

H. E. König, H.-G. Liebich und C. Červeny

Das Nervensystem untergliedert man in das **Zentralnervensystem (Systema nervosum centrale, ZNS)**, das das Gehirn und das Rückenmark einschließt, und in das außerhalb des Gehirns und des Rückenmarks liegende **periphere Nervensystem (Systema nervosum periphericum)**.

Das Zentralnervensystem (ZNS) liegt in der Schädelhöhle und im Wirbelkanal. Von dort treten die Nerven auf den Kopf, den Rumpf und die Extremitäten über. Sie stellen in ihrer Gesamtheit das periphere Nervensystem dar. Diejenigen Nerven, die die Eingeweide, Blutgefäße und Drüsen innervieren, werden zum **vegetativen** (auch **viszeralen** oder **autonomen) Nervensystem** zusammengefasst. Letzteres umfasst den **Sympathicus** und den **Parasympathicus**.

## Zentralnervensystem, ZNS (Systema nervosum centrale)

Das Zentralnervensystem besteht aus dem **Gehirn** und dem **Rückenmark**. Das Gehirn liegt in der Schädelhöhle und ist von einer knöchernen Kapsel umgeben. Das Rückenmark wird von der Wirbelsäule umschlossen. Beide sind von schichtartig übereinander liegenden **Hüllen** umgeben, die einen mit Flüssigkeit gefüllten Raum begrenzen. Das ZNS ist damit allseitig durch knöcherne Wände und die Polsterwirkung des Liquor cerebrospinalis geschützt.

Zwischen Os occipitale und dem ersten Halswirbel geht das Gehirn ohne deutliche Grenze in das Rückenmark über. Als **konventionelle Grenze** gilt eine Querebene zwischen dem letzten Gehirnnervenpaar und dem ersten Paar Halsnerven.

## Rückenmark (Medulla spinalis)

### Form und Lage

Das Rückenmark ist ein **zylindrischer Strang** von weißlicher Farbe, der abschnittsweise dorsoventral leicht abgeplattet ist. Am Übergang von der Halswirbelsäule zur Brustwirbelsäule sowie im Lendenabschnitt tritt je eine spindelförmige **Verdickung (Intumescentia cervicalis** bzw. **lumbalis)** auf. Hier nehmen die Nerven für die Gliedmaßenpaare ihren Ursprung. Am **kaudalen Ende** verjüngt sich das Rückenmark zum **Conus medullaris** und endet als dünner **Strang (Filum terminale)** (Abb. 14-2 u. 4).

Das Rückenmark wird median durch eine auf der Dorsalseite verlaufende **Längsrinne (Sulcus medianus dorsalis)** und eine ventrale **Fissura mediana ventralis** in zwei symmetrische Hälften

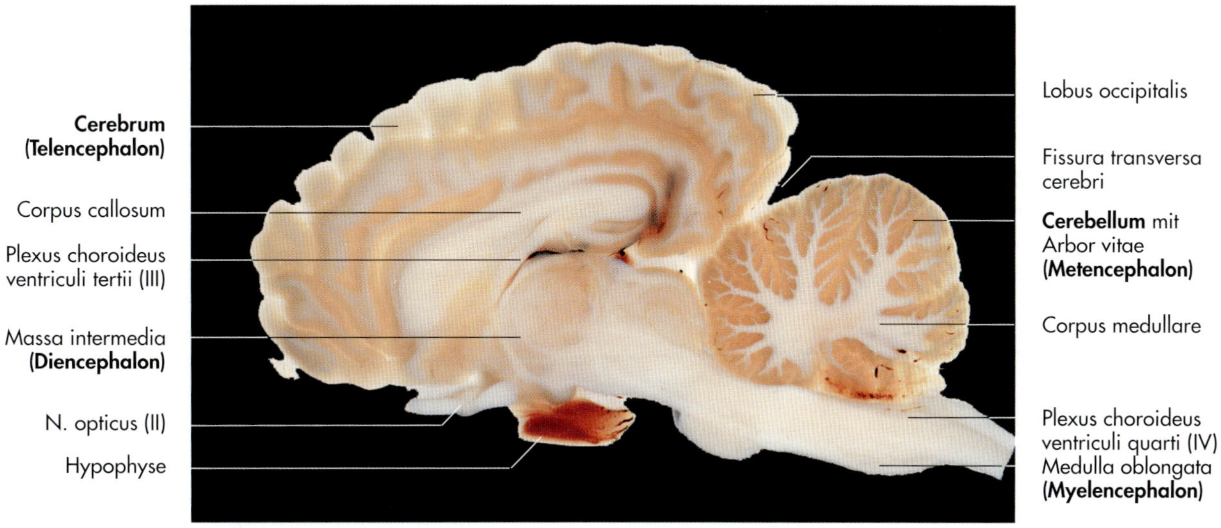


**Abb. 14-1.** Paramedianschnitt durch das Gehirn eines Pferdes (P-35-Scheibenplastinat), Präparat Dr. M.-C. Sora, Wien.

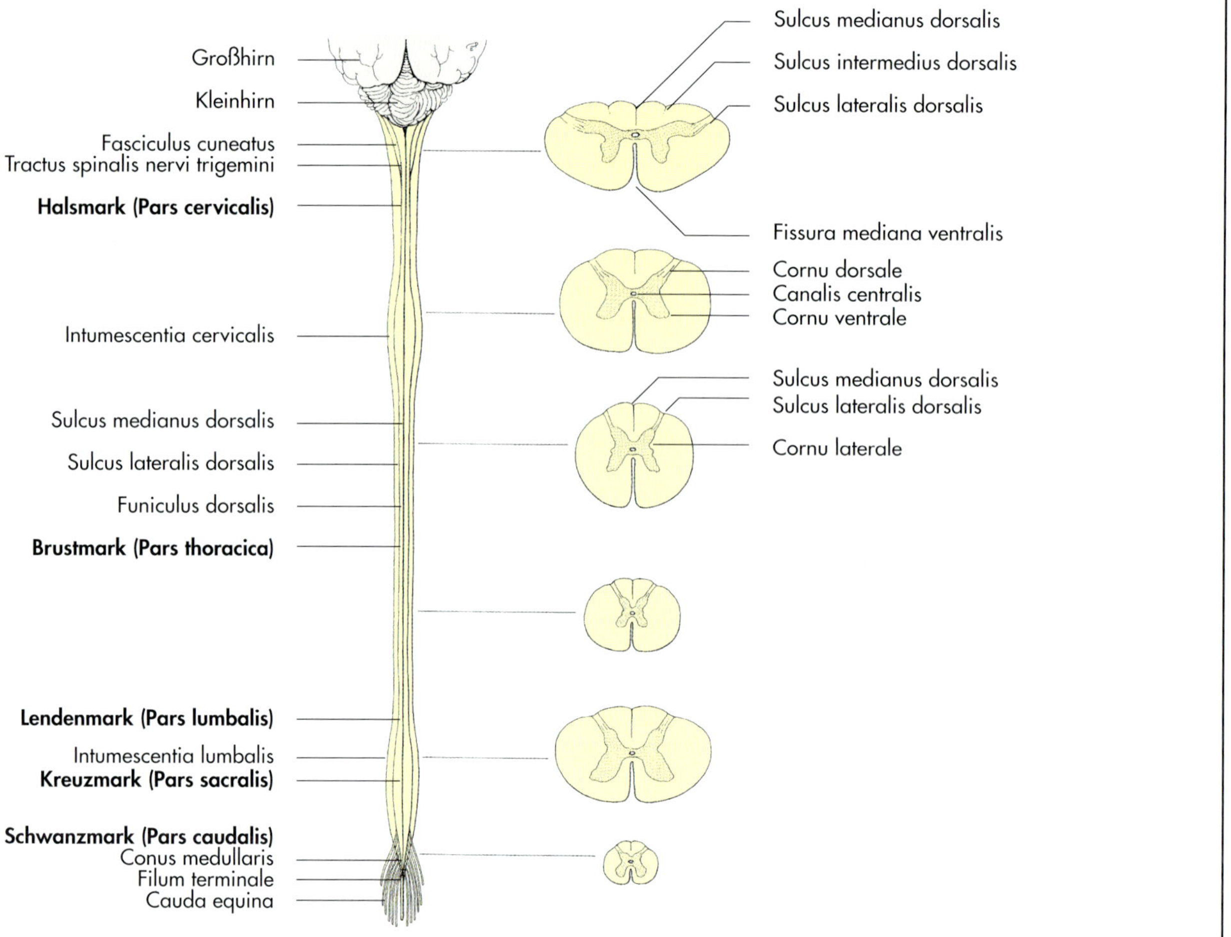


**Abb. 14-2.** Schematische Darstellung des Rückenmarks mit Querschnitten, nach Najbrt, 1982.

geteilt. Zu beiden Seiten des Rückenmarks treten **Nervenwurzeln dorsolateral** ein und **ventrolateral** aus **(Radices dorsales** und **Radices ventrales)** (Abb. 14-5). Je eine Radix dorsalis und ventralis schließt sich in Höhe des **Foramen intervertebrale** zum **Segmentalnerv (N. spinalis)** zusammen.

In den **Dorsalwurzeln** befinden sich die **Spinalganglien**, die die **sensiblen** Wurzelzellen enthalten. Die Radix dorsalis des ersten Halsnervs besitzt kein oder lediglich ein rudimentäres Spinalganglion. Jedes Spinalnervenpaar versorgt **ein Körpersegment**. Das Rückenmark selbst ist **nicht segmentiert**. Erst durch die Bündelung der Nervenfasern in Höhe der Foramina intervertebralia entsteht eine **scheinbare Segmentierung**.

Den verschiedenen Abschnitten der Wirbelsäule folgend wird das Rückenmark eingeteilt in das (Abb. 14-2):

- Halsmark (Pars cervicalis),
- Brustmark (Pars thoracica),
- Lendenmark (Pars lumbalis),
- Kreuzmark (Pars sacralis) und
- Schwanzmark (Pars caudalis).

Rückenmark und Wirbelsäule haben beim Fetus zunächst die **gleiche Länge**, sodass jeder Spinalnerv durch das in gleicher Höhe befindliche Foramen intervertebrale austreten kann. Während der Entwicklung nimmt die **Wirbelsäule** jedoch mehr **an Länge zu** als das Rückenmark. Danach verlagert sich dessen kaudales Ende im Verhältnis zu den umgebenden Wirbeln scheinbar weiter kranial. Die **Spinalnerven** können daher **nicht mehr in gleicher Höhe** aus dem Wirbelkanal austreten, ihre Wurzeln verlaufen vielmehr eine Strecke im Canalis vertebralis kaudal bis zu ihrer entsprechenden Austrittsöffnung. Die Höhe der Spinalnervenaustritte deckt sich damit **nicht** mit der entsprechenden Rückenmarkshöhe.

Vom **Conus medullaris** an enthält der Wirbelkanal nur noch eine dichte Masse von kaudal verlaufenden Spinalnervenwurzeln, die wegen ihrer Ähnlichkeit mit einem Pferdeschweif als **Cauda equina** bezeichnet werden (Abb. 14-2 u. 4).

Auf einem Querschnitt durch das Rückenmark ist innen die **graue Substanz (Substantia grisea)** zu erkennen, die im Zentrum den **Zentralkanal (Canalis centralis)** ausfüllt (Abb. 14-5). Dieser im Inneren des Rückenmarks verlaufende, langgestreckte Kanal stellt die kaudale Fortsetzung der **Binnenräume** des Gehirns (Ventrikel) dar. Er ist von besonders differenzierten Gliazellen, sog. **Ependymzellen**, ausgekleidet und mit **Liquor cerebrospinalis** gefüllt. Außen liegt der grauen Substanz mantelartig die weiße **Substanz (Substantia alba)** an.

Sämtliche Anteile des Rückenmarks werden zusätzlich von einem dichten **Kapillarnetz** durchzogen. Dem Rückenmark liegen außen geschichtete, **bindegewebige Hüllen (Meninges)** an.

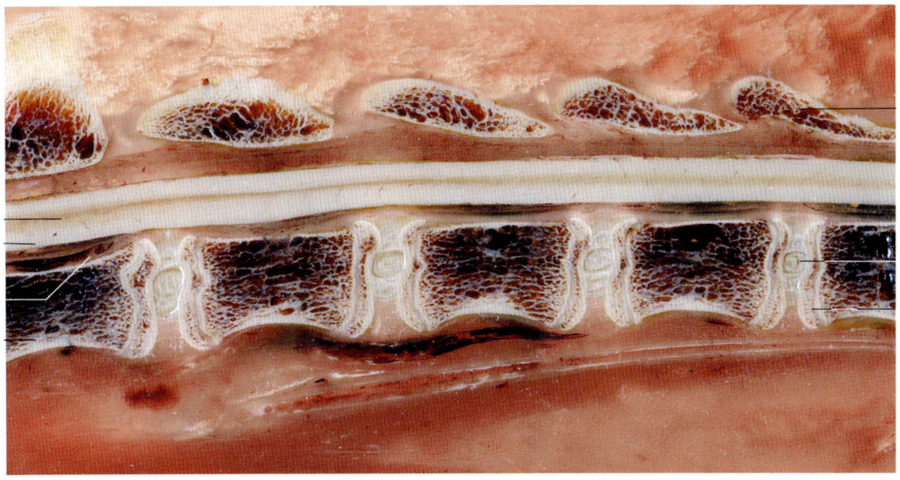


**Abb. 14-3.** Medianschnitt durch die Wirbelsäule eines jungen Hundes mit Rückenmark (Scheibenplastinat), Präparat Dr. M.-C. Sora, Wien.

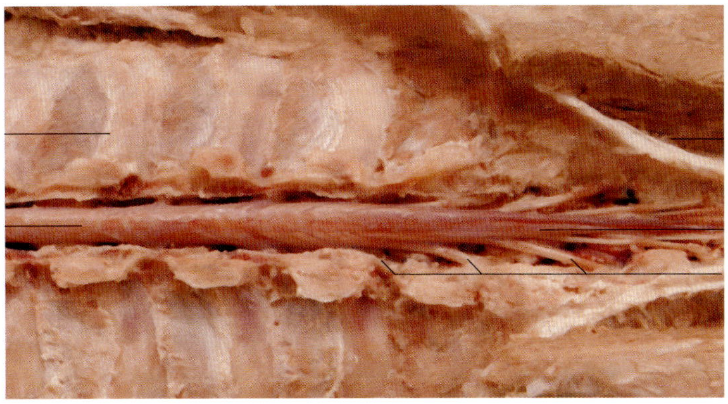


**Abb. 14-4.** Cauda equina eines Schweines (Dorsalansicht), Präparat R. Herbener und S. Friedrich, München.

Im Wirbelkanal sind außerhalb der Rückenmarkshüllen fettreiches Bindegewebe und große Venen gelagert. Das außen anliegende Bindegewebe und die Zerebrospinalflüssigkeit schützen das Rückenmark vor Druckeinwirkungen, die bei Bewegungen der Wirbelsäule entstehen.

## Innerer Aufbau des Rückenmarks

Das Rückenmark ist bilateralsymmetrisch aufgebaut und wird durch unterschiedlich tiefe Einziehungen gegliedert (Abb. 14-7). Man unterscheidet dorsal einen **flachen Sulcus medianus dorsalis** und dessen Verlängerung in die Tiefe, das **mittlere Septum (Septum medianum dorsale)**. Ventral kerbt sich eine **tiefe Furche (Fissura mediana ventralis)** ein. Dorsolateral ist an den Eintrittstellen der **dorsalen Nervenwurzeln (Radices dorsales)** beidseitig ein Sulcus lateralis dorsalis entwickelt. Die Austrittstellen der **ventralen Nervenwurzeln (Radices ventrales)** sind nur mit einer flachen Rinne ausgestattet.

### Graue Substanz (Substantia grisea)

Die graue Substanz des Rückenmarks erscheint im **Querschnitt H-** oder **schmetterlingsförmig** (Abb. 14-5 bis 7). Diese charakteristische Grundform ist auf ein bilateral spiegelbildlich angelegtes schwach entwickeltes **Dorsalhorn (Cornu dorsale)** und ein meist ausgeprägtes **Ventralhorn (Cornu ventrale)** zurückzuführen. Die beiden Hörner werden durch einen **seitlichen Zwischenteil (Pars intermedia lateralis)** und ein im thorakolumbalen Segment auftretendes **seitliches Horn (Cornu laterale)** verbunden. Zusätzlich ist im Halsbereich eine zentral gelegene Formatio reticularis als Nervennetz ausgebildet. Die graue Substanz schließt zahlreiche **Kerngebiete** ein.

Räumlich gesehen formen die Dorsal-, Ventral- und Seitenhörner **säulenartig angeordnete Stränge (Columnae)**, die entsprechend ihrer Lage bezeichnet werden.

Man unterscheidet eine:

- Columna dorsalis (Cornu dorsale),
- Columna lateralis (Cornu laterale),
- Columna ventralis (Cornu ventrale).

In der **dorsal** gelegenen **grauen Säule (Columna dorsalis)** (Abb. 14-5 u. 6) liegen vorzugsweise **somatische** und **viszerale afferente Neurone**, die sich zu **Kerngebieten**, wie z.B. dem Nucleus proprius cornus dorsalis, zusammenfinden. Diese Nervenzellen stehen mit den **sensiblen Wurzelzellen** der in den Dorsalwurzeln gelegenen Spinalganglien in Verbindung.

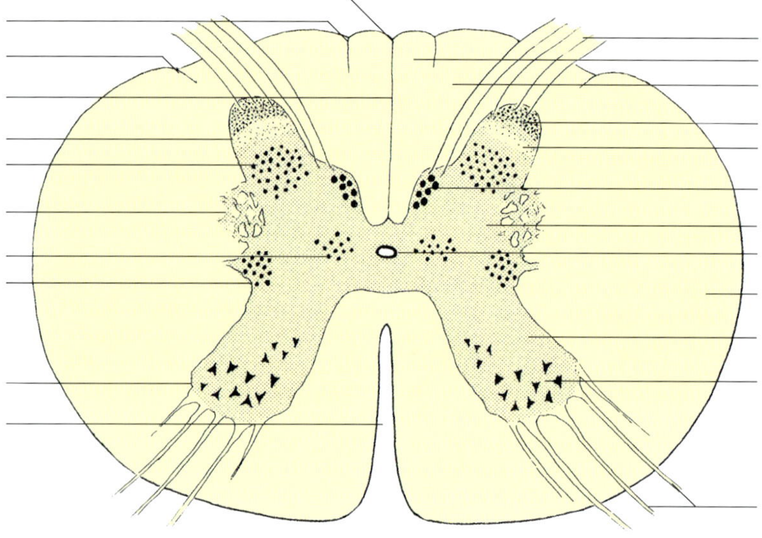


**Abb. 14-5.** Schematische Darstellung eines Querschnitts durch das Halsmark.

Im **thorakolumbalen Abschnitt** des **Lateralhorns (Cornu laterale)** sind die Neurone der **Viszeromotorik** lokalisiert. In der **Pars intermedia** liegen die Kerngebiete des **Nucleus sympathicus (Nucleus intermediolateralis)**. Im sakralen Abschnitt des Lateralhorns häufen sich Nervenzellen, die sich zum **Nucleus parasympathicus (Nucleus intermediomedialis)** zusammenlegen und in Verbindung zum Ventralhorn stehen.

Die **ventrale graue Säule (Columna ventralis)** enthält im Wesentlichen die Neurone der **Körpermotorik**, die sich auf dem histologischen Querschnitt als **Nucleus motorius** darstellen (**motorische Ventralhornzellen**) (Abb. 14-5 u. 7).

Innerhalb der grauen Substanz werden die Nervenzellen im Hinblick auf ihre unterschiedlichen Funktionen untergliedert in **Wurzelzellen** und **Binnenzellen**.

Die Fortsätze der **Wurzelzellen** treten über das Ventralhorn als **Fila radicularia** aus dem Rückenmark aus und schließen sich zur **Radix ventralis** zusammen (Abb. 14-5). Diese Nervenfasern sind Fortsätze motorischer Ventralhornzellen sowie autonomer vegetativer sympathischer und parasympathischer Ganglienzellen.

**Binnenzellen** dienen der **Koordination** innerhalb der grauen Substanz. Diese können direkt Nervenzellen **einer Seite (Schaltzellen)** oder über Kommissuren solche der **gegenüberliegenden**

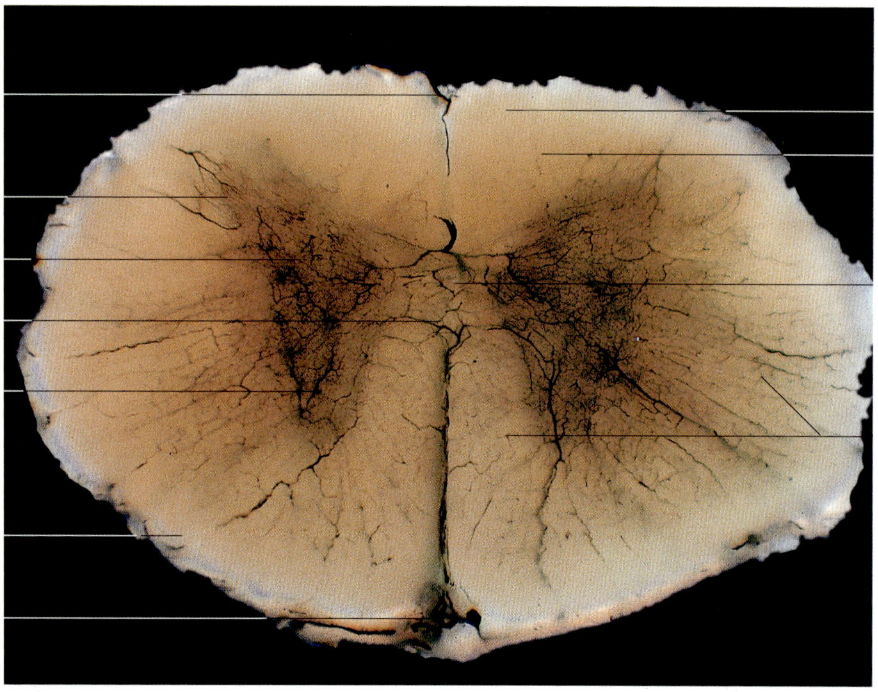


**Abb. 14-6.** Halsmark eines Schafes mit tuscheinjizierten Gefäßen.

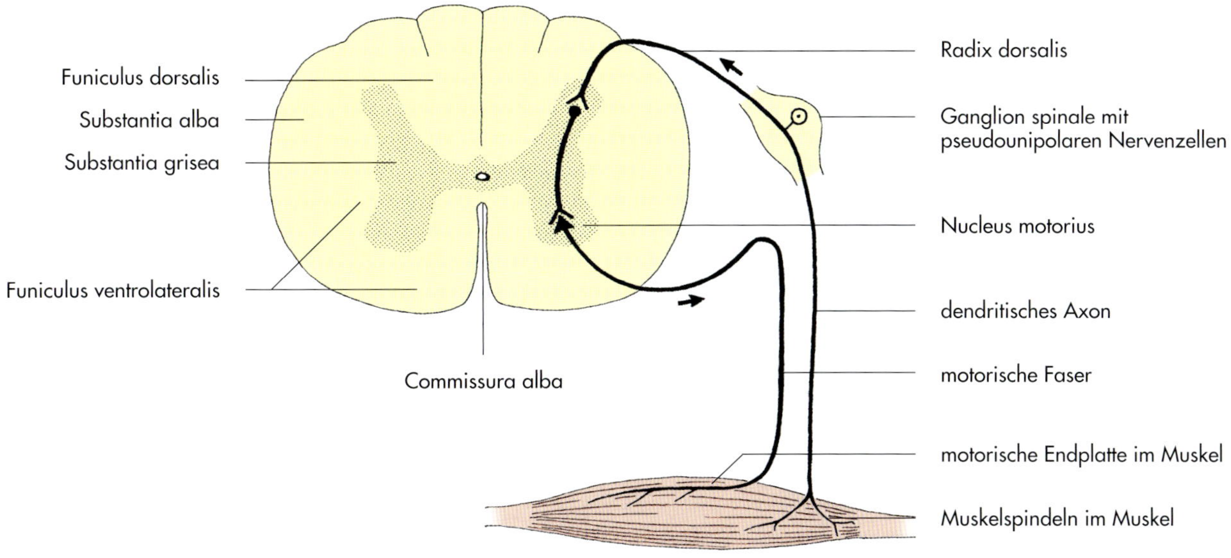


**Abb. 14-7.** Schematische Darstellung eines Querschnitts durch das Rückenmark mit Reflexbogen.

**Seite** miteinander verbinden **(Kommissurenzellen)**. Ihre Neuriten treten zum Teil auch in die weiße Substanz aus, um Kontakte zwischen **unterschiedlichen Rückenmarkabschnitten** oder über weite Strecken bis zum Gehirn herzustellen. Man unterscheidet dabei **Assoziationszellen**, die in auf- und absteigenden Ästen wirken, sowie **Strangzellen**, die nervale Impulse bis in das Gehirn vermitteln.

## Weiße Substanz (Substantia alba)

Die weiße Substanz legt sich der grauen Substanz **außen** an. Sie besteht überwiegend aus längsverlaufenden auf- und absteigenden **markhaltigen Nervenfasern** (Abb. 14-5). Die **Markscheiden** dieser Nervenfasern werden im Rückenmark von **Gliazellen (Oligodendroglia)** gebildet, die in ihrer Gesamtheit dieser äußeren Substanz des Rückenmarks das **weiße Aussehen** verleihen.

Die weiße Substanz wird in **Stränge** untergliedert, die sich in ihrer Lage und in ihren Funktionen unterscheiden. Man untergliedert **Hauptstränge (Funiculi)** und **Unterstränge (Fasciculi)**. Diese schließen in tierartlich unterschiedlicher Weise verschiedene **Nervenbahnen (Tractus)** ein, die neurophysiologisch darstellbar sind. Stränge können unterteilt werden in einen:

- Dorsalstrang (Funiculus dorsalis),
- Ventrolateralstrang (Funiculus ventrolateralis).

Der **Dorsalstrang** wird vom **Sulcus medianus dorsalis**, der sich in einem Gliaseptum bis zur grauen Substanz fortsetzt, und der Ursprungslinie der dorsalen Wurzeln der Spinalnerven begrenzt (Abb. 14-5 u. 7). Der **Ventrolateralstrang** liegt zwischen den dorsalen und ventralen Spinalnervenwurzeln und setzt sich über die Ventralwurzeln bis zur Fissura mediana ventralis fort. Zwischen beiden Rückenmarkhälften liegt ventral die **Commissura alba** (Abb. 14-7).

Im **Dorsalstrang** steigen vorzugsweise Bahnen auf, die Oberflächen- und Tiefensensibilität zum Gehirn leiten. Der **Ventrolateralstrang** führt sowohl aufsteigende (sensible) als auch absteigende (motorische) Bahnen. Darüber hinaus findet sich in unmittelbarer Nähe der grauen Substanz des Rückenmarks dessen **Eigenapparat**. Seine Fasern stellen Verbindungen zwischen verschiedenen medullären Abschnitten her.

**Auf-** und **absteigende Bahnen** können im Rückenmark weder mikroskopisch noch makroskopisch anatomisch gesehen werden. Ihre Lage wurde anhand von pathologischen Befunden oder nach experimentellen Eingriffen bei Tieren festgelegt.

Für den Kliniker ist es von Bedeutung zu wissen, dass im **Dorsalstrang** nur **sensible**, **aufsteigende Bahnen** verlaufen, während im **lateralen** und **ventralen Strang** sowohl **aufsteigende** als auch **absteigende motorische** Bahnen lokalisiert sind. Diese Tatsache ist für die Interpretation von Folgeerscheinungen nach **Rückenmarkläsionen** wichtig. Liegt eine Schädigung der Dorsalstränge vor, kann mit **Sensibilitätsstörungen** gerechnet werden. Bei einer ventralen Läsion, z.B. nach einem Bandscheibenvorfall **(Vorfall des Nucleus pulposus)**, sind sowohl Lähmungen der Muskulatur als auch Sensibilitätsstörungen und vegetative Ausfälle zu erwarten. Dementsprechend sind je nach Lage des geschädigten Rückenmarkabschnittes z.B. lediglich die Beckengliedmaßen oder auch die Vordergliedmaßen sowie unter Umständen auch vegetativ innervierte Organe der Beckenhöhle betroffen.

## Reflexbögen des Rückenmarks

Das Rückenmark ist die erste Anlaufstelle für die Entstehung von Reflexen (Abb. 14-7). Über die **afferenten Fasern der Dorsalwurzel**, die von den Nervenzellen des Spinalganglions ihren Ursprung nehmen, wird die **sensible Erregung** den Dorsalhornzellen des Rückenmarks übermittelt und von diesen zum Gehirn weitergeleitet. Die afferenten Fasern können aber auch **direkt zu den Ventralhornzellen** verlaufen und die Erregung auf sie übertragen. Die so ausgelöste Muskelreaktion bezeichnet man als **Reflex**.

Für die klinische Untersuchung sind der Eigenreflex (Dehnungsreflex) und der Fremdreflex (Fluchtreflex) von Bedeutung. Beim **Eigenreflex** wird ein Muskel durch einen Schlag auf seine

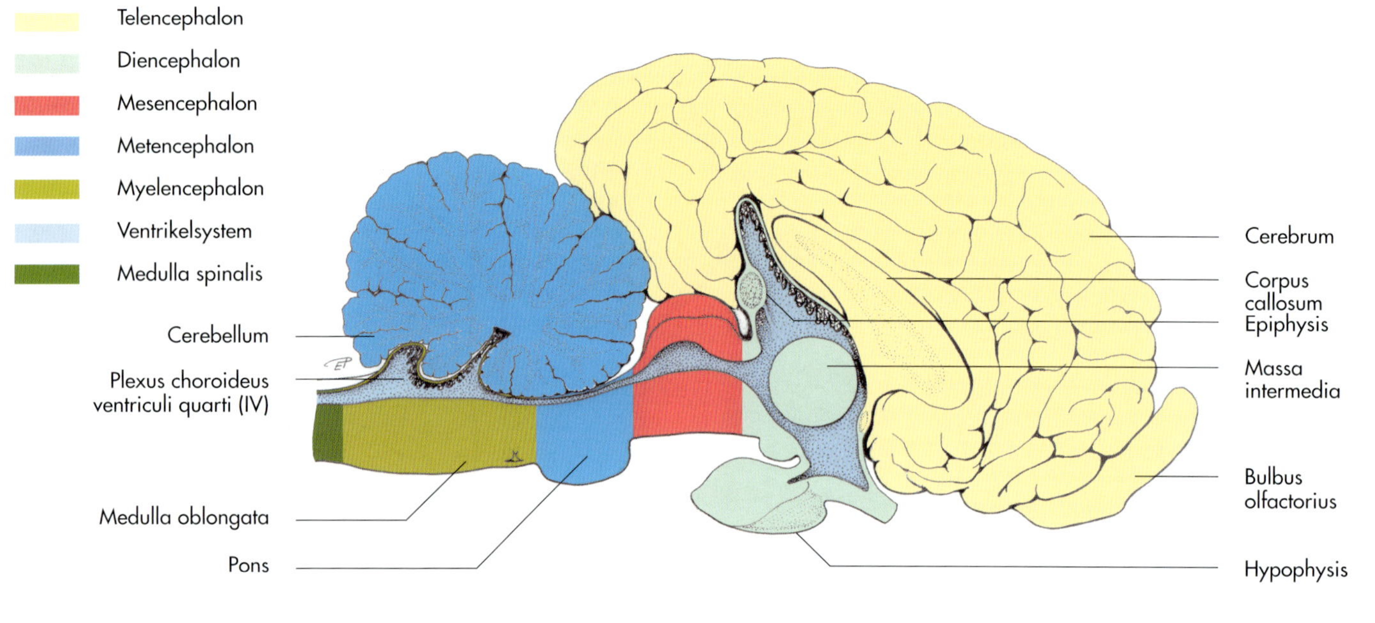


**Abb. 14-8.** Schematische Darstellung der Gliederung des Gehirn eines Pferdes (Medianschnitt).

Sehne kurz gedehnt. Danach kommt es durch die Reizung der **Muskelrezeptoren** als Gegenreaktion zu einer sofortigen Kontraktion des Muskels. Dieser Reflex läuft **in einer Rückenmarkebene** über wenige Nervenzellen ab. Der Kniescheibenreflex ist z.B. ein Eigenreflex.

Im Falle des **Fremdreflexes** werden **Hautrezeptoren** schmerzhaft gereizt und es kommt durch koordinierte Aktion mehrerer Muskelgruppen zu einer Fluchtreaktion. Dabei breitet sich die Erregung über **verschiedene Etagen des Rückenmarks** unter Einschaltung zahlreicher Zwischenneurone aus.

# Gehirn (Encephalon)

## Gehirn als Ganzes

Das **Gehirn als Ganzes** spielt im nervösen Geschehen als übergeordnetes Integrations-, Koordinations- und Regulationsorgan eine große Rolle. Seine Leistungsfähigkeit steht in unmittelbarem Zusammenhang mit seinem morphologischen Aufbau.

Heute stellt man sich die **elementare Funktionseinheit** des Neocortex als vertikale, durch alle Rindenschichten hindurch reichende **Zellsäule** vor. Diese Säule besitzt einen Durchmesser von 200–300 μm. Physiologische Untersuchungen haben gezeigt, dass in den kortikalen Projektionsfeldern jede Zellkolumne mit einem umschriebenen peripheren Bezirk von Sinneszellen verbunden ist. Wenn das periphere Feld gereizt wird, antwortet **immer die ganze Zellsäule**.

Beim Menschen schätzt man, dass der Neocortex aus ca. **4 Millionen Zellsäulen** aufgebaut ist. Man stellt sich die vertikale Kolumne als ein **Modul** vor, in dem eine Gruppe von Zellen eine funktionelle Einheit bildet. Die **Pyramidenzellen** stellen dabei die **efferenten Elemente** der Zellsäule dar. Man schätzt, dass in einer Kolumne ca. 2500 Nervenzellen vorhanden sind, davon etwa 100 Pyramidenzellen. Die Zellsäule ist allerdings keine histologisch abgrenzbare Einheit, sondern ist als solche nur im **funktionellen Sinn** zu verstehen.

Das Gehirn kann aus der Sicht der Ontogenese und Phylogenese in **fünf Hauptabschnitte** unterteilt werden (Abb. 14-8). Danach bilden sich während der fetalen Entwicklung kranial des Rückenmarks folgende Abschnitte, nämlich das:

- **Rautenhirn (Rhombencephalon)** mit dem:
  - Nachhirn (Myelencephalon) und dem
  - Hinterhirn (Metencephalon),
- **Mittelhirn (Mesencephalon)** und
- **Vorderhirn (Prosencephalon)** mit dem:
  - Zwischenhirn (Diencephalon) und dem
  - Endhirn (Telencephalon).

Diese Gliederung soll nachfolgend für die Beschreibung der einzelnen Abschnitte des Gehirns beibehalten bleiben. Abgesehen von der aufgezeigten Einteilung nach embryologischen Gesichtspunkten lässt sich das Gehirn vereinfacht auch gliedern in (Abb. 14-8):

- **Großhirn (Cerebrum)**,
- **Kleinhirn (Cerebellum)** und
- **Hirnstamm (Truncus encephali)**:
  - mit dem verlängerten Mark (Medulla oblongata),
  - der Brücke (Pons) und
  - dem Mittelhirn (Mesencephalon).

Das Gehirn liegt in der **Schädelhöhle**. Diese wird vom **Kleinhirnzelt (Tentorium cerebelli)** in eine rostrale, große Schädelhöhle für das Großhirn und eine kaudal gelegene, kleine für das Kleinhirn unterteilt. Im Verhältnis zum ganzen Kopf nimmt das Gehirn der Haussäugetiere einen relativ kleinen Raum ein. Dieser liegt zwischen

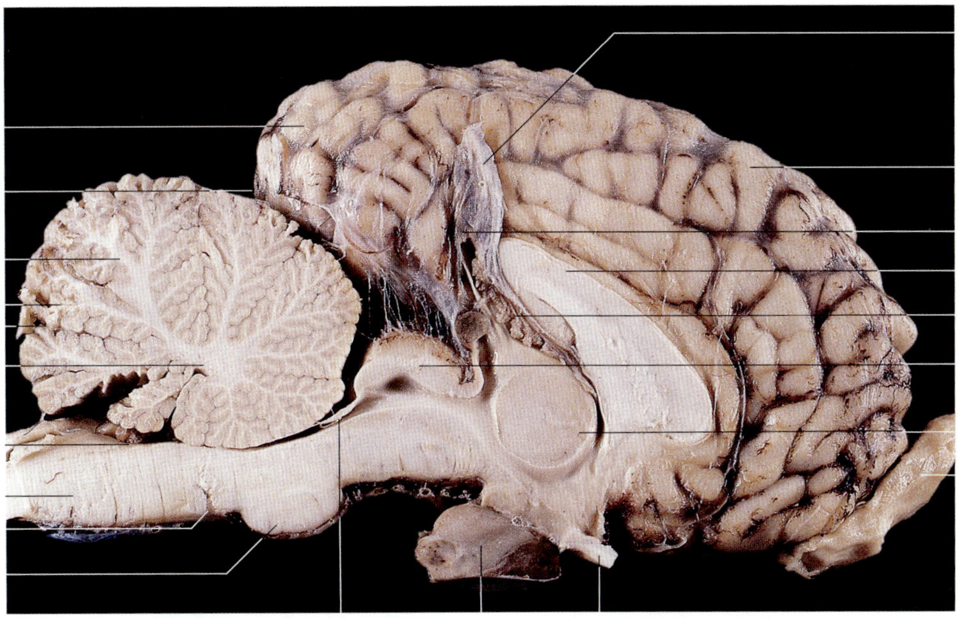


**Abb. 14-9.** Medianschnitt durch das Gehirn eines Pferdes, Präparat Prof. Dr. Sabine Breit, Wien.

einer rostral gelegten Querebene in Höhe des Kaudalrandes des Augenbogens und einer kaudalen Querebene in Höhe des äußeren Gehörgangs.

Das **Kleinhirn (Cerebellum)** unterlagert bei allen Haussäugetieren die **Pars squamosa des Os occipitale**. Beim Rind und beim Schwein wird das Schädeldach von einem Teil des stark gekammerten Sinus frontalis pneumatisiert, wodurch das Großhirn tiefer und weiter von der Lamina externa der Schädeldecke entfernt zu liegen kommt. Bei kurzköpfigen Hunden, bei der Katze und bei nicht horntragenden kleinen Wiederkäuern liegen die Großhirnhemisphären im frontalen und parietalen Abschnitt nahe der Kopfoberfläche.

# Rautenhirn (Rhombencephalon)

## Nachhirn (Myelencephalon)

Das Nachhirn schließt das **verlängerte Mark (Medulla oblongata)** (Abb. 14-8 bis 10), das den kaudalen Teil des **vierten Hirnventrikels (Ventriculus quartus)** enthält, und das sie dorsal bedeckende **hintere Marksegel (Velum medullare caudale)** ein.

### Verlängertes Mark (Medulla oblongata)

Das verlängerte Mark, wegen seiner Erweiterung auch Bulbus genannt, stellt die rostrale Verlängerung des Rückenmarks dar. Lebenswichtige **Kernbezirke** häufen sich im verlängerten Mark, sodass es hier zu einer makroskopisch sichtbaren Massenzunahme und einer Verbreiterung des Nervengewebes kommt. Der Bulbus liegt über dem **Os basioccipitale** in der **Fossa medullae oblongatae**. Als Grenze zum Rückenmark gilt eine gedachte Querebene vor der Austrittsstelle der Wurzeln der ersten Halsnerven.

Das verlängerte Mark schließt eine große Zahl an **Kerngebieten** ein, deren Lage aus der **Nähe zum Rückenmark** abgeleitet werden kann. So führt die rostrale Ausweitung des Canalis centralis des Rückenmarks zum vierten Ventrikel und die Kreuzung von motorischen Bahnen dazu, dass die ursprünglich übereinander gelagerten Säulen der grauen Substanz des Rückenmarks **seitwärts verdrängt** und in **rundliche bis zigarrenförmige Einzelkerne** zergliedert werden. Dabei gelangen die **sensiblen** bzw. **sensorischen Zellen (somatisch afferent)** am weitesten seitwärts, die **vegetativ parasymphatischen Wurzelzellen (viszeral afferent, viszeral efferent)** weniger und die **motorischen (somatisch efferent)** gar nicht. Auf diese Art entstehen u.a. die **Kerngebiete** der **Gehirnnerven**.

In der **Medulla oblongata** liegen die **Kerne** folgender Nerven (Abb. 14-10, 12, 18 u. 51):

- sechster bis zwölfter Gehirnnerv (VI–XII) sowie
- die dazugehörigen parasympathischen Kerne und
- der kaudale Teil des sensiblen Trigeminuskernes (V).

Ferner liegen in unmittelbarer Nähe des vierten Ventrikels, dem sog. **zentralen Höhlengrau (Formatio reticularis)**, **Kerne lebenswichtiger Zentren**, wie des **Atem-** und des **Kreislaufzentrums**.

Die **Ventralfläche des verlängerten Marks** wird durch eine mediane Rinne, die Fortsetzung der Fissura mediana ventralis, in **zwei Hälften** geteilt. Beidseits dieser Rinne erheben sich die wulstartigen, länglichen **Pyramiden (Pyramides)** (Abb. 14-10 u. 12) (s. »Leitungsbahnen im ZNS«, S. 503). Sie stellen die Vorwölbung der Faserbündel der Pyramidenbahn dar. Ihre teilweise Kreuzung ergibt die **Decussatio pyramidum**. Am rostralen Ende der Pyramiden, lateral gelegen, ist als flaches Querband der entwicklungsgeschichtlich zur Brücke gehörende **trapezförmige Körper (Corpus trapezoideum)** ausgebildet (Abb. 14-9 u. 10).

Kaudal der Brücke, im lateralen Winkel zwischen dieser und den Pyramiden, tritt der **N. abducens (VI)** aus (Abb. 14-12). Lateral, am Kaudalende der Pyramiden, wird der **N. hypoglossus (XII)** sichtbar (Abb. 14-12). Kaudal des Corpus trapezoideum zeichnet

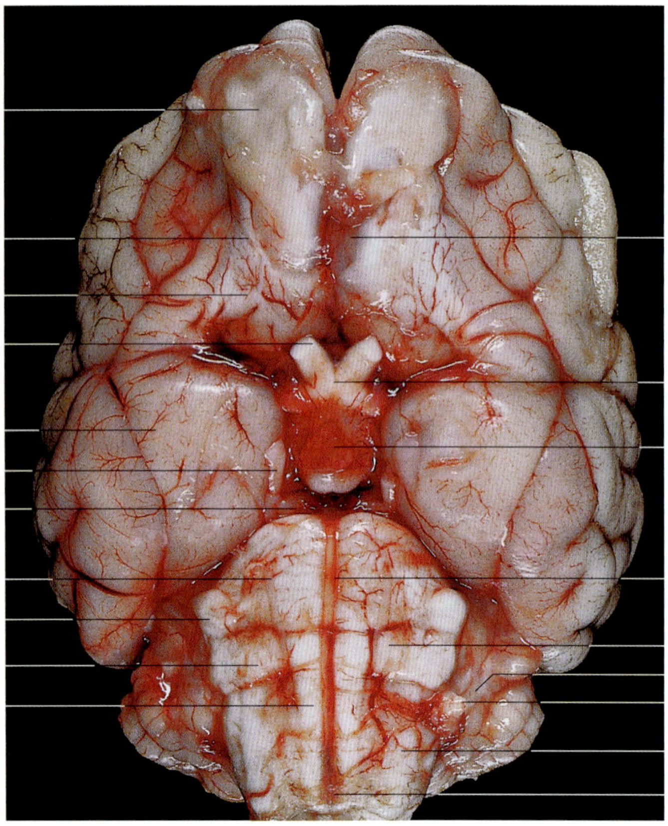


**Abb. 14-10.** Gehirn eines Hundes (Ventralansicht).

sich eine leichte Vorwölbung des **Nucleus motorius** des **N. facialis (VII)** ab (Abb. 14-10 u. 12).

Beiderseits der Pyramiden ist weiter kaudal der wenig auffallende **Olivenkern** als **Eminentia olivaris** zu erkennen. Diese ist dorsolateral vom Pyramidenstrang gelegen und erscheint im histologischen Schnitt als gefaltete Nervenzellschicht. Er ist eine wichtige Stelle zur **Kontrolle der Motorik**. Seitlich am trapezförmigen Körper entspringen die Wurzeln des **N. facialis (VII)** und des **N. vestibulocochlearis (VIII)** (Abb. 14-12). Es folgen weiter kaudal, ebenfalls seitlich an der Medulla oblongata, die Nervenaustritte der **Vagusgruppe**, bestehend aus dem **N. glossopharyngeus (IX)**, **N. vagus (X)** und **N. accessorius (XI)** (Abb. 14-12).

Zum **N. accessorius (XI)** tritt die aus dem Halsmark stammende Radix spinalis. Sie verläuft im Wirbelkanal zwischen den Wurzeln der Halsnerven kranial und vereinigt sich mit den aus der Medulla oblongata stammenden Wurzelfasern des XI. Gehirnnervs (Abb. 14-18 u. 61).

Außer der Pyramidenbahn wird die Medulla oblongata vom **aufsteigenden Lemniscus medialis** durchzogen. Er verbindet sich über die Pedunculi cerebellares caudales mit dem Kleinhirn.

### Funktionen der Medulla oblongata

Das verlängerte Mark **koordiniert** in Abhängigkeit von höheren Zentren die **Atmung** und den **Kreislauf**. Läsionen der Medulla oblongata äußern sich durch Ausfalls- oder Reizerscheinungen im Innervationsgebiet der hier entspringenden Gehirnnerven oder/und durch schwere Allgemeinstörungen vegetativer Art, die zum Tode des Tieres führen können.

Des Weiteren liegt die Bedeutung der Medulla oblongata darin, dass sie die **Kerne der Schutzreflexe** für das Auge **(Lidschlussreflex** und **Tränensekretion)**, für die oberen Luftwege **(Nies-** und **Hustenreflex)** und für die Nahrungsaufnahme **(Saug-** und **Schluckreflex)** beinhaltet. Durch einen **nervalen Eigenapparat** zwischen den verschiedenen Kerngebieten werden in der Medulla oblongata **zentral koordinierte Umschaltungen** von Nervenbahnen ermöglicht, die die Grundlage für das **reflexartige Reagieren** auf eindringende Reize bilden.

## Hinterhirn (Metencephalon)

Das Hinterhirn (Abb. 14-8) bildet den **rostralen Teil des Rautenhirns**. Es besteht aus:

- der querliegenden Brücke (Pons),
- dem Kleinhirn (Cerebellum),
- der Hinterhirnhaube (Tegmentum metencephali) und
- dem Velum medullare rostrale.

### Brücke (Pons)

Die Brücke besteht aus einem **dorsalen Teil (Tegmentum pontis)** und dem **ventralen Abschnitt**. Letzterer bildet einen querliegenden, sich ventral vorwölbenden Wulst aus überwiegend transversal verlaufenden Nervenfasern, die von Kerngebieten durchsetzt sind (Abb. 14-9, 10, 12, 18, 26 u. 51).

Die Brücke ist ventral am Hirnstamm sowohl rostral als auch kaudal scharf begrenzt. Lateral entlässt die Brücke den umfangreichen **N. trigeminus (V)**, dessen **motorischer Kern** zum Pons gehört (Abb. 14-12). Die übrigen Kerngebiete innerhalb der

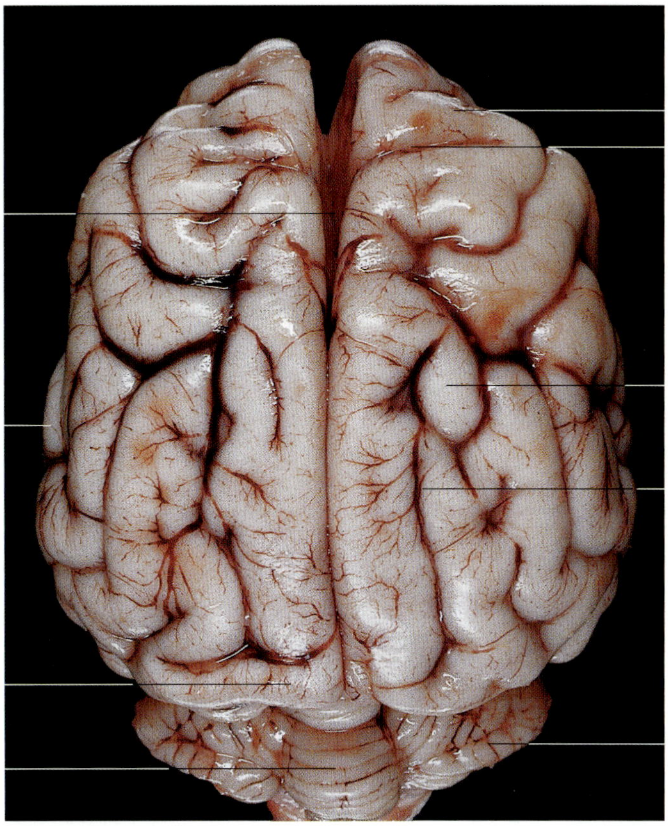


**Abb. 14-11.** Gehirn eines Hundes (Dorsalansicht).

Brücke sind für die **Kontrolle der Motorik** zuständig. Auch im Pons ist die Formatio reticularis mit Nuclei und Fasersträngen präsent. Sie nimmt, wie in der Medulla oblongata, bis zur Hälfte der Querschnittsfläche ein. Der Pons wird, wie auch die Medulla oblongata, von großen **auf-** und **absteigenden Bahnen** durchzogen. Er verbindet sich über die **mittleren Kleinhirnstiele (Pedunculi cerebellares medii)** mit dem **Kleinhirn**.

## Kleinhirn (Cerebellum)

Das Kleinhirn, der zweite große Abschnitt des Hinterhirns, liegt über dem **vierten Ventrikel**. Von außen betrachtet fallen an dem kugeligen Gebilde die blattartig geschichteten **Windungen (Folia cerebelli)** aus grauer Substanz auf. Die **graue Rindenschicht (Cortex cerebelli)** liegt in äußeren Schichten des Kleinhirns und wird innen von der **weißen Substanz**, dem **Kleinhirnmark (Corpus medullare)**, unterlagert (Abb. 14-9). Die weiße Substanz erscheint auf dem Längsschnitt **baumartig** verzweigt und wird daher auch als **Lebensbaum (Arbor vitae)** bezeichnet. Im Kleinhirnmark sind sog. **Basalkerne** eingebettet.

Das Cerebellum (Abb. 14-8, 9, 11 u. 13) gliedert sich in:

- einen medianen Sagittalwulst (Wurm, Vermis) und
- die beiden Kleinhirnhemisphären (Hemispheria cerebelli).

Am **Wurm** (Vermis) (Abb. 14-11 u. 13) unterscheidet man nach phylogenetischen Gesichtspunkten den **Lobus rostralis (Archicerebellum)**, den **Lobus caudalis (Neocerebellum)** und den kaudoventral gelegenen **Lobus flocculonodularis (Palaeocerebellum)**. Kleinere Fissuren unterteilen die Lobi in Lobuli, die ihrerseits, wie oben erwähnt, aus Folia bestehen. Insgesamt werden **neun Lobuli** bezeichnet. Ihre Benennung spiegelt keine funktionelle Bedeutung wider, sondern dient lediglich der Orientierung.

Das Kleinhirn verbindet sich rostral über die **Pedunculi cerebellares rostrales** und das **vordere Marksegel (Velum medullare rostrale)** (Abb. 14-9) mit der Mittelhirnhaube. Ventrolateral ist es über die **Pedunculi cerebellares medii** an die Brücke fixiert. Kaudal steht es schließlich über die **Pedunculi cerebellares caudales** und das **hintere Marksegel (Velum medullare caudale)** mit der Medulla oblongata in Verbindung.

Die **Funktionen** des Kleinhirns können aus seinen **Verbindungen** zu anderen Anteilen des Gehirns abgeleitet werden. Die **Pedunculi cerebellares caudales** bestehen weitgehend aus **efferenten Fasern**, die vom Rückenmark, den Vestibulariskernen, der Olive und der Formatio reticularis an das Cerebellum herantreten. Die **Pedunculi cerebellares medii** enthalten ebenfalls efferente Fasern, die von den Brückenkernen kommen. Die **Pedunculi cerebellares rostrales** enthalten sowohl efferente als auch afferente Fasern. Sie verbinden das Kleinhirn mit dem Mesencephalon. Während die **efferenten Fasern** der Pedunculi cerebellares rostrales zum roten Kern **(Nucleus ruber)** des Mittelhirns, zur Formatio reticularis und zum Thalamus ziehen, erreichen deren **afferente Fasern** vom Rückenmark kommend über dieselben Strukturen das Cerebellum.

Dem Kleinhirn obliegt die **Erhaltung des Gleichgewichts** und die Koordination der der Skelettmuskulatur zufließenden Impulse, somit die **Regelung der Gesamtmotorik**. Der Gleichgewichtssinn ist im Lobus flocculonodularis lokalisiert. Der Lobus caudalis ist für die Kontrolle der motorischen Funktionen zuständig. **Zielgerichtete Bewegungen** werden vom Kleinhirn gesteuert. Der Ausfall des Kleinhirns äußert sich als sog. »zerebellare Ataxie«

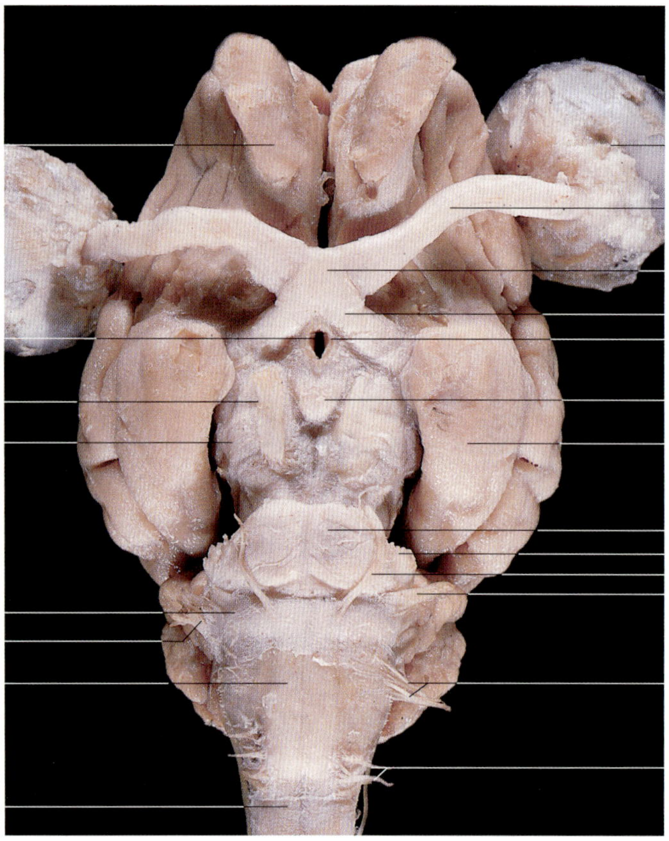


**Abb. 14-12.** Gehirn einer Ziege (Ventralansicht), Schabel, 1984.

in Gleichgewichtsstörungen, unkoordinierten Bewegungen und solchen, die über das Ziel hinausgehen.

### Marksegel (Vela medullaria) und Rautengrube (Fossa rhomboidea)

Die Vela medullaria (Velum medullare rostrale und Velum medullare caudale), dünne markhaltige Membranen, sind zwischen der Rautengrube und dem Kleinhirn zeltartig ausgespannt (Abb. 14-9). Zusammen mit dem Cerebellum decken sie den **vierten Ventrikel** ab. Mit dem kaudalen Marksegel ist die gefäßhaltige **Tela choroidea** des vierten Ventrikels eng verbunden.

Den **Boden des vierten Ventrikels** bildet die **Rautengrube (Fossa rhomboidea)** (Abb. 14-17). Um sie zu betrachten, müssen Kleinhirn und Marksegel abgetragen werden. Ihr rostraler Abschnitt gehört zum Metencephalon, der kaudale zum Myelencephalon. Die Rautengrube wird von einer medianen Rinne (Sulcus medianus) durchzogen. Jederseits davon verläuft der Sulcus limitans, der im rostralen Teil in einer kleinen Vertiefung, dem Locus caeruleus, endet. Unter dieser Vertiefung liegt der **motorische Kern des N. trigeminus (V)**. Das kaudale Marksegel ist im kaudalen Winkel der Rautengrube mit dem Obex verbunden. Der **Obex**, auch Riegel genannt, besteht aus querverlaufender weißen Substanz (Abb. 14-14).

Seitlich des Sulcus limitans, in halber Höhe der Rautengrube, stellt sich die **Area acustica** als Vorwölbung der in der Tiefe gelegenen Kerne des **achten Gehirnnervs** dar. Eine weitere Erhebung **(Eminentia medialis)** ist im kaudalen Bereich der Rautengrube, zwischen der medianen Rinne und dem Sulcus limitans, zu erkennen. Darunter befinden sich die **Kerngebiete** des **neunten**, **zehnten** und **zwölften Gehirnnervs**.

## Mittelhirn (Mesencephalon)

Das Mittelhirn (Abb. 14-8 u. 16) setzt sich zusammen aus:

- dem Mittelhirndach **(Vierhügelplatte**, Lamina quadrigemina oder Tectum mesencephali) dorsal,
- der darunterliegenden **Haube** (Tegmentum mesencephali),
- den **Hirnschenkeln** (Crura cerebri oder Pedunculi cerebri) ventral (Abb. 14-10, 12, 23 u. 26).

Zwischen Letzteren liegt die Fossa interpeduncularis, in der Teile des Hypothalamus in Erscheinung treten.

Die **Vierhügelplatte** bedeckt den **Aquaeductus mesencephali**, der den **dritten mit dem vierten Hirnventrikel** verbindet (Abb. 14-16 u. 23). Die **zwei vorderen Hügel (Colliculi rostrales)** (Abb. 14-23) stellen die Schaltstelle im **optischen System** für die Entstehung von **Augenreflexen** dar. Sie haben mit dem **Corpus geniculatum laterale** Kontakt. Die **hinteren Hügel (Colliculi caudales)** (Abb. 14-14 u. 23) sind durch eine Kommissur verbunden. Als Schaltstelle der **Gehörbahn** ermöglichen sie die Entstehung **akustischer Reflexe**. Sie stehen mit dem Corpus geniculatum mediale in Verbindung.

Die **Haube** befindet sich zwischen der Lamina quadrigemina und den Hirnschenkeln. Sie beinhaltet den **motorischen** und **parasympathischen Kern** des **N. oculomotorius (III)** (Abb. 14-12), den des **N. trochlearis (IV)** sowie den **roten Haubenkern (Nucleus ruber)**. Letzterer wird von einem weiteren Kerngebiet, der in Schichten geordneten sog. Substantia nigra, unterlagert. In die Haube erstreckt sich der **Kern des N. trigeminus (V)** (Abb. 14-12). Das

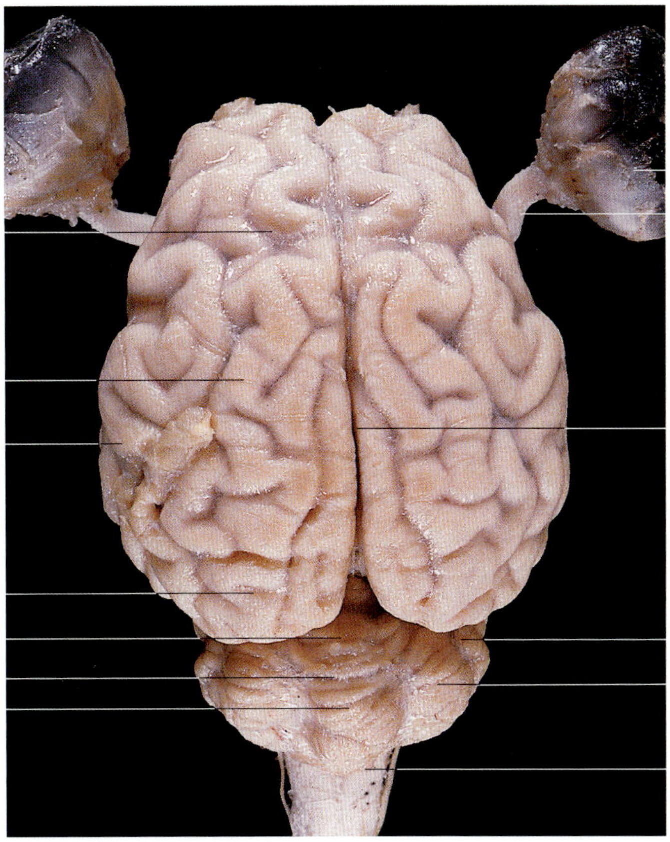


**Abb. 14-13.** Gehirn einer Ziege (Dorsalansicht), Schabel, 1984.

**zentrale Höhlengrau (Formatio reticularis)** nimmt auch im Tegmentum einen beachtlichen Raum ein (Abb. 14-15).

Die **Hirnschenkel** treten kaudal des Tractus opticus an der Gehirnbasis in Erscheinung. Lateral werden sie jederseits vom **Lobus piriformis** und kaudal vom **Pons** begrenzt (Abb. 14-12 u. 18). Zwischen ihnen, in der Fossa interpeduncularis, finden sich das **Corpus mamillare**, das **Tuber cinereum**, der **Hypophysenstiel** und die **Hypophyse**. Ventromedial der Crura cerebri tritt der **N. oculomotorius (III)** aus. Der **vierte Gehirnnerv (N. trochlearis)** verlässt das Mesencephalon **dorsal**, unmittelbar kaudal der Lamina quadrigemina. Die Hirnschenkel enthalten hauptsächlich **absteigende Großhirnbahnen**.

Die **Funktionen** des Mittelhirns sind durch die Kerne des **dritten** und **vierten Gehirnnervs** einerseits sowie andererseits durch seine Lage als Schaltstelle zwischen Rautenhirn und Vorderhirn mit auf- und absteigenden Bahnen sowie als wirksames **Koordinationsorgan der Motorik** bestimmt. Letzteres wird von übergeordneten Zentren gesteuert. Der **Nucleus ruber** ist **Schalt- und Kontrollstelle für motorische Impulse**, die Bedeutung für **Muskeltonus**, **Körperhaltung** und **Fortbewegung** haben. Die **Substantia nigra** soll für den raschen Bewegungsbeginn, die sog. Starterfunktion, wichtig sein.

## Vorderhirn (Prosencephalon)

### Zwischenhirn (Diencephalon)

Das Zwischenhirn (Abb. 14-8) ist von dorsal am Gehirn nicht zu sehen. Teile davon erscheinen ventral zwischen den Pedunculi cerebri. In manchen Lehrbüchern wird das Zwischenhirn zum Gehirnstamm gezählt. Es ist in **übereinander gelagerten Etagen** eingeteilt. Man unterscheidet den:

- Epithalamus,
- Thalamus,
- Metathalamus und
- Hypothalamus.

Der **Epithalamus** enthält die **Zirbeldrüse (Epiphyse)** (Abb. 14-8 u. 26), die auch **Corpus pineale** genannt wird, und die **Habenulae**. Letztere sind Schaltstelle für **olfaktorische Zentren**, die die Epiphyse mit dem Hirnstamm verbinden. In der Nähe der Epiphyse sind die Habenulae über die **Commissura habenularum** untereinander verbunden. Ventrokaudal der Epiphyse verläuft die **Commissura caudalis** als Verbindungsstelle der Großhirnhemisphären.

Der **Thalamus**, aus Thalamus dorsalis und Subthalamus zusammengesetzt, enthält zahlreiche Kerngebiete (Abb. 14-14 u. 15). Im **Thalamus dorsalis** enden die sensiblen und sensorischen Bahnen der Körperoberfläche, des Geschmackssinnes, der optischen sowie der akustischen und vestibularen Bahnen. Ferner stellen efferente Fasern die Verbindung zur Großhirnrinde her.

Der ventral gelegene **Subthalamus** ist die rostrale Fortsetzung des Tegmentum mesencephali und enthält Kerne des extrapyramidal motorischen Systems. Einer der subthalamischen Kerne, der Globus pallidus, wird während der Gehirnentwicklung durch das Einwachsen der Capsula interna vom Zwischenhirn getrennt und gelangt ins Endhirn. Dort gesellt er sich dem Corpus striatum hinzu. Um die mediane Verschmelzung des Thalamus beider Seiten, die **Adhaesio interthalamica (Massa intermedia)**, befindet sich reifenartig der **dritte Gehirnventrikel (Ventriculus tertius)** (Abb. 14-17 u. 26).

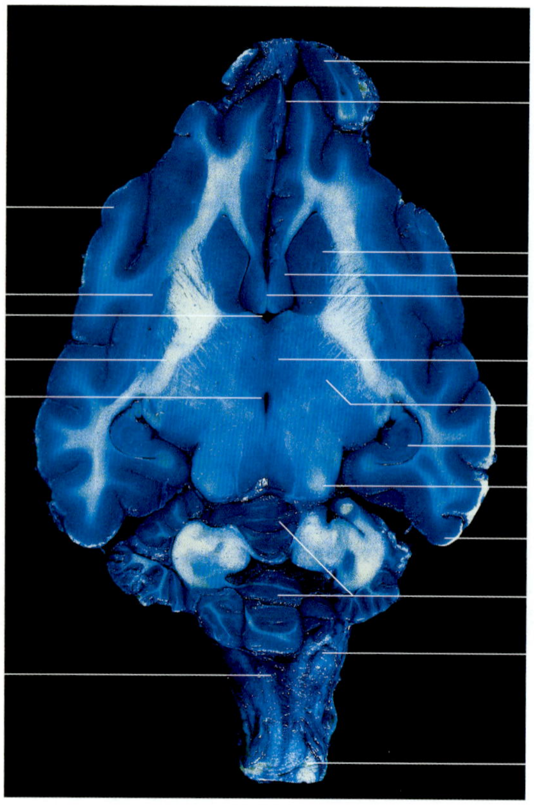


**Abb. 14-14.** Horizontalschnitt durch das Gehirn eines Hundes in Höhe des Foramen interventriculare (gefärbter Horizontalschnitt).

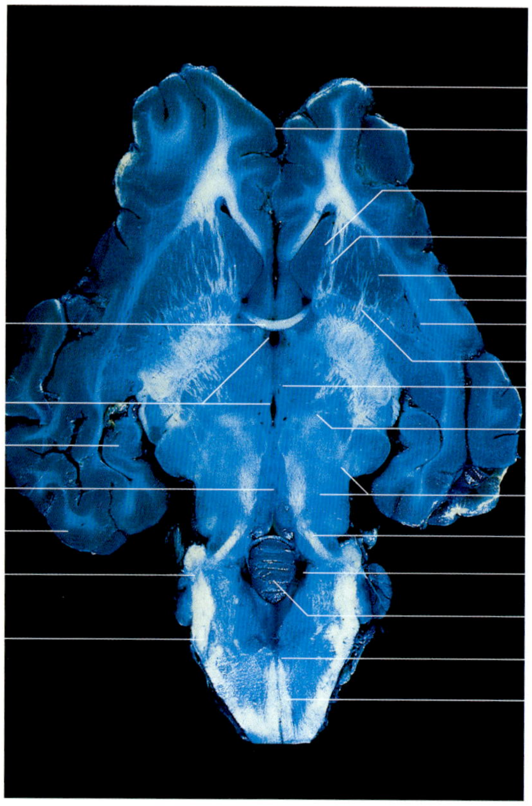


**Abb. 14-15.** Horizontalschnitt durch das Gehirn eines Hundes in Höhe der Commissura rostralis (gefärbter Horizontalschnitt).

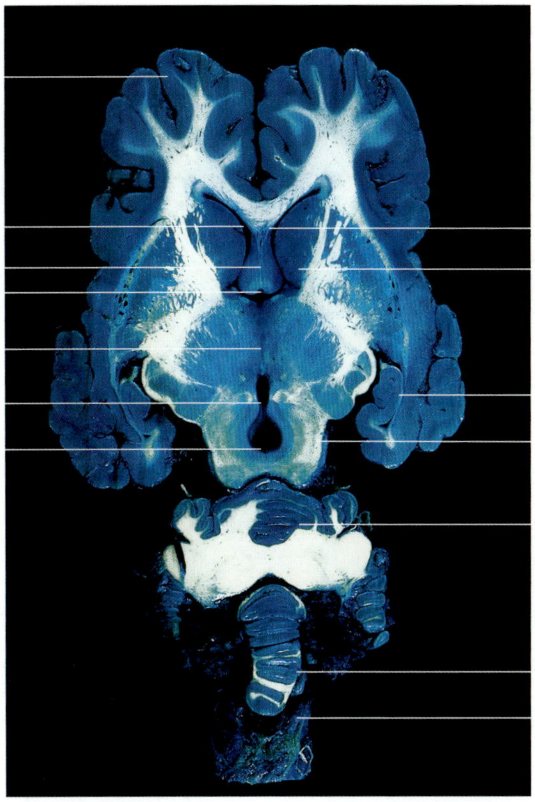


**Abb. 14-16.** Horizontalschnitt durch das Gehirn eines Pferdes in Höhe der Adhaesio interthalamica (Massa intermedia, gefärbter Horizontalschnitt).

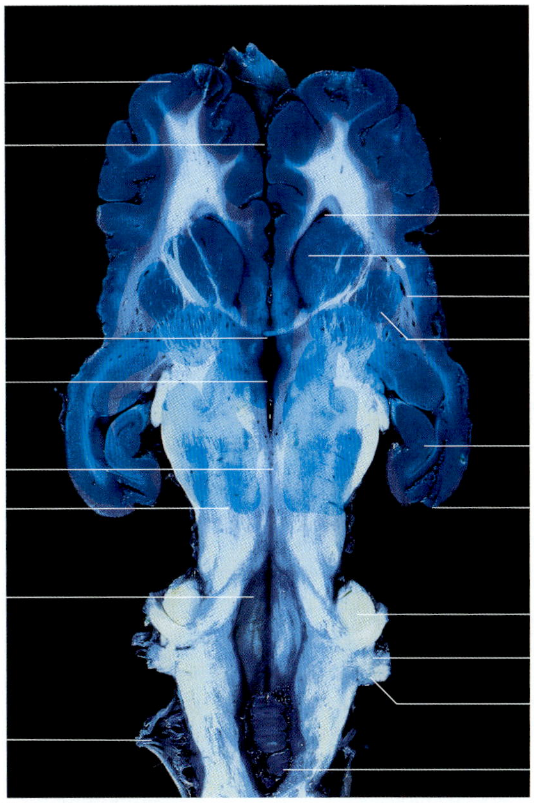


**Abb. 14-17.** Horizontalschnitt durch das Gehirn eines Pferdes in Höhe des Aquaeductus mesencephali (gefärbter Horizontalschnitt).

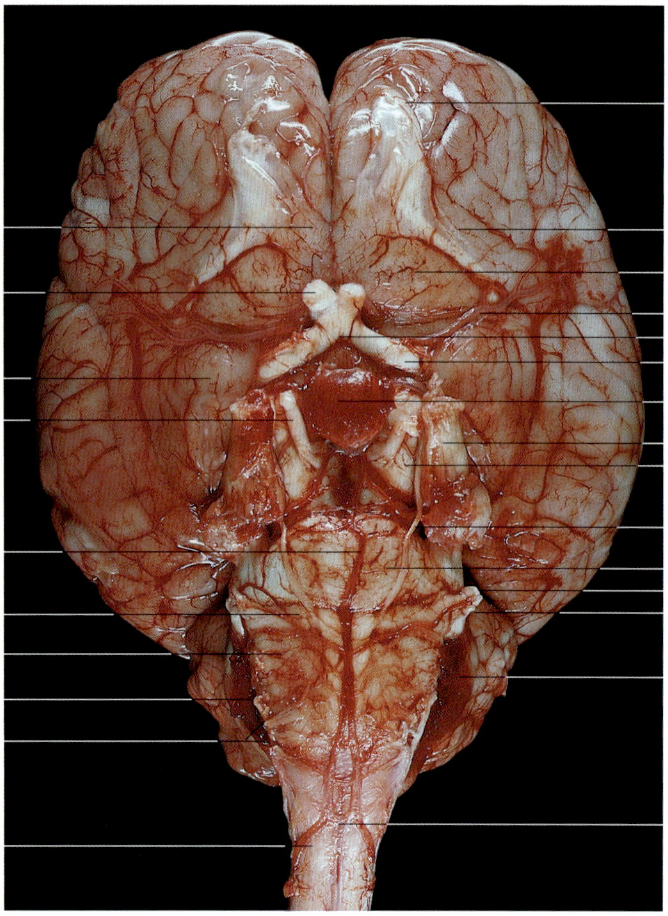


**Abb. 14-18.** Gehirn eines Pferdes (Ventralansicht).

Der **Hypothalamus** (Abb. 14-25) bildet den **Boden des Zwischenhirns**, er besteht aus dem **Chiasma opticum**, dem **Tuber cinereum**, das trichterförmig in den **Hypophysenstiel (Infundibulum)** übergeht, und dem **Corpus mamillare**. Am Hypophysenstiel ist die **Neurohypophyse**, eine Ausstülpung des Hypothalamus, befestigt. Ihr schließt sich rostral die **Adenohypophyse** an.

Als **Metathalamus** werden die bereits beschriebenen **Kniehöcker (Corpora geniculata)** (s. »Mesencephalon«) bezeichnet. Im Kern des Corpus geniculatum laterale enden gekreuzte und ungekreuzte **Optikusfasern**. Die Nervenzellen des lateralen Kniehöckers schicken ihre Fortsätze zur Sehrinde. Das **Corpus geniculatum mediale** ist die dienzephale Schaltstelle der **Hörbahn**. Seine Fasern ziehen zur **Hörrinde des Temporallappens**.

### Funktionen

Die **Epiphyse** wirkt als eine **inkretorische Drüse** und übt Einfluss auf die **Geschlechtsorgane** aus. Sie hemmt die Ausreifung der Gonaden bis zur Pubertät. Sie steuert die zeitlichen Abläufe von Stoffwechselvorgängen im Tag-Nacht-Rhythmus, dem sog. **»zirkadianen Rhythmus«**. Zudem beeinflusst sie die Gonadenaktivität im Jahresablauf, weshalb sie auch als »biologische Uhr« bezeichnet wird. Im **Thalamus** enden die Bahnen sämtlicher **Sinnesorgane** und **peripherer Empfindungen**, außer denen des Geruchsorgans. Sie werden an die **Großhirnrinde** weitergeleitet. Der Thalamus heißt daher treffend das »Tor zum Bewusstsein«, soweit man auch bei Tieren von Bewusstsein sprechen kann. Der **Hypothalamus** ist das **übergeordnete Zentrum des vegetativen Nervensystems** und der **inkretorischen Drüsen**. Er ist eng mit der Hypophyse verbunden.

## Endhirn (Telencephalon)

Das Endhirn (Abb. 14-8), auch Großhirn genannt, besteht aus zwei Hälften, den **Hemisphären**. Die **graue Substanz** liegt, wie im Kleinhirn, als **Großhirnrinde** wie ein **Mantel (Pallium) außen**. Daneben existieren in der Tiefe der Hemisphären **Kerngebiete**, die **Streifenkörper (Corpus striatum)** oder **Basalganglien** genannt werden (Abb. 14-17).

Die **weiße Substanz**, das **Großhirnmark**, besteht aus afferenten und efferenten Fasern sowie Assoziations- und Kommissuralfasern. Das **Pallium** wird nach phylogenetischen Gesichtspunkten in **Palaeo-**, **Archi-** und **Neopallium** unterteilt. Der älteste Abschnitt der Hemisphäre, das **Palaeopallium**, bildet ihre Ventralfläche. Funktionell gesehen stellt das **Palaeopallium** die Zentralstelle des **Riechorgans** dar.

Dorsal davon bilden sich die Kerne des **Corpus striatum**, die entwicklungsgeschichtlich der Hemisphärenwand angehören, sich aber nach innen verlagern. Der mediale, der Fissura longitudinalis cerebri zugewandte Teil der Hirnrinde, das **Archipallium**, rollt sich teilweise zum **Ammonshorn (Hippocampus)** in das Innere der Hemisphäre ein (Abb. 14-16, 17 u. 20). Den größten Teil der Hemisphäre nimmt die entwicklungsgeschichtlich **neue Hirnrinde (Neopallium)** ein. Ventrolateral geht das Neopallium in Höhe der Insel in das **Palaeopallium** über.

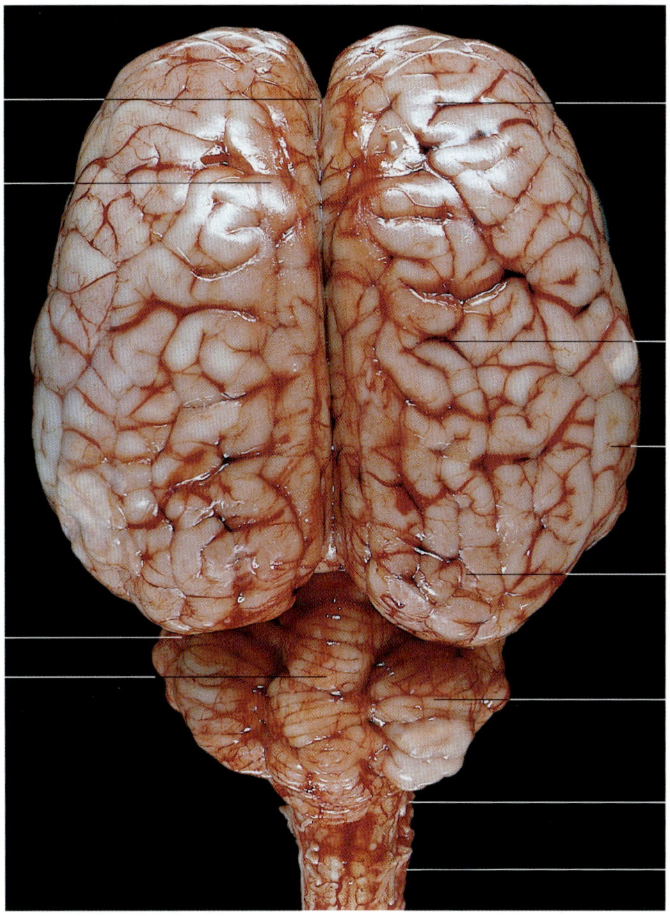


**Abb. 14-19.** Gehirn eines Pferdes (Dorsalansicht).

## Riechhirn

Das Riechhirn beginnt auf jeder Seite mit dem **Riechlappen (Lobus olfactorius),** der rostral den in der Siebbeingrube liegenden **Riechkolben (Bulbus olfactorius)** zeigt (Abb. 14-12, 17 u. 18). Den Riechkolben erreichen die **Riechfäden (Fila olfactoria)** des **Riechnerven**, **N. olfactorius (I)**, durch die Löcher der **Siebbeinplatte** (Abb. 14-21). An den Bulbus olfactorius schließt sich kaudal der **Riechstiel (Pedunculus olfactorius)** an. Er gabelt sich in die schwächere mediale und stärkere laterale Riechwindung, Gyrus bzw. Tractus olfactorius medialis und lateralis. Diese flankieren das **Riechfeld (Trigonum olfactorium)**. Daran schließt sich kaudal die von Gefäßlöchern durchbrochene Substantia perforata rostralis an. Trigonum olfactorium und Substantia perforata rostralis werden zur **Area olfactoria** zusammengefasst.

Der umfangreichere **Gyrus olfactorius lateralis** geht kaudal in den mächtigen, **birnenförmigen Lappen (Lobus piriformis)** über (Abb. 14-17). Medial setzt sich dieser wie auch der Gyrus olfactorius medialis mit der Pars limbica rhinencephali fort. Unter dem Lobus piriformis liegt der **mandelförmige Körper (Corpus amygdaloideum)**, der aus drei Kernen, dem Nucleus centralis, dem Nucleus basalis und dem Nucleus medialis, besteht und von vielen Autoren zum Corpus striatum gerechnet wird (Abb. 14-17, 20, 22 u. 24). Der Lobus piriformis setzt sich medial und innen mit dem Hippocampus in den Seitenventrikel fort.

## Limbisches System

In enger topographischer und funktioneller Beziehung zum Riechhirn steht das limbische System. Es besteht aus **kortikalen** und **subkortikalen** Abschnitten (Abb. 14-20).

Die **kortikalen Teile** liegen an der medialen und basalen Oberfläche der Hemisphäre. Es sind dieses im Wesentlichen der Gyrus cinguli, der Gyrus supracallosus, der Lobus piriformis und der Hippocampus. Zu den **subkortikalen Teilen** zählen der Hypothalamus, das Septum pellucidum, Thalamuskerngebiete, der Nucleus caudatus, das Corpus amygdaloideum und dorsale Teile der Haube.

Das limbische System wird über den Lobus piriformis durch **olfaktorische Impulse** beeinflusst und löst vorzugsweise viszeralmotorische Aktivitäten aus. Diese sind mit emotionalem Verhalten gekoppelt, z.B. Furcht, Wut und Freude. Aber auch Hunger- und Durstgefühl sowie das Sexual- und Lernverhalten stehen mit dem limbischen System in Zusammenhang. Das limbische System ist eng mit der Formatio reticularis des Hirnstammes verbunden.

## Neopallium und Hemisphären

Das Neopallium nimmt dorsolaterale und z. T. auch mediale Gebiete der Hemisphäre ein. Es ist zwischen das ventrale Palaeopallium und das mediale Archipallium eingeschoben. Furchen und Windungen der Hirnrinde dienen der Oberflächenvergrößerung und können zur Orientierung eingesetzt werden. Die beiden Hemisphären werden

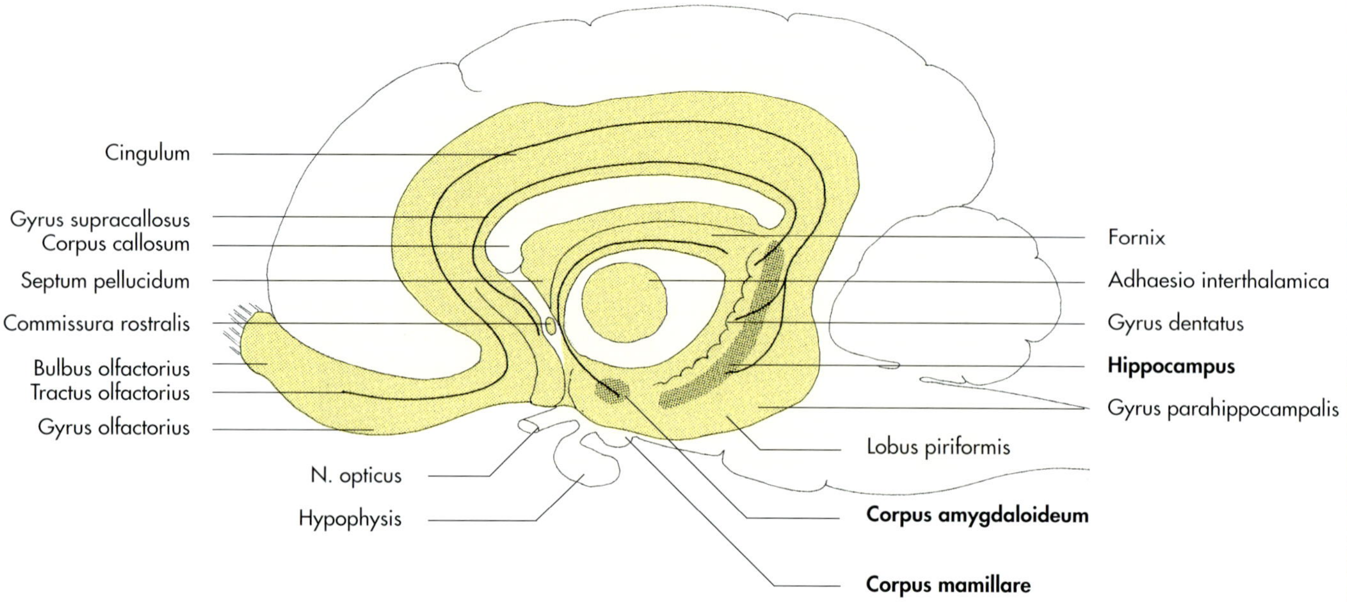


**Abb. 14-20.** Schematische Darstellung des limbischen Systems.

durch die tiefe **Fissura longitudinalis cerebri** geteilt. Beiderseits wird sie von den Sulcus marginalis und suprasylvius flankiert. Auf der lateralen Fläche der Hemisphäre steigt die mittlere Gehirnarterie in der Fissura pseudosylvia auf. Rostral und kaudal davon verläuft der Sulcus ectosylvius rostralis bzw. caudalis. Im rostralen Drittel der Hemisphäre, von der Fissura longitudinalis cerebri ausgehend, liegt quer der Sulcus cruciatus (Abb. 14-19).

Auf der **medialen Hemisphärenfläche** verläuft unmittelbar am Corpus callosum (Abb. 14-16, 25 u. 26) der Sulcus corporis callosi. Rostral vom Balkenknie (Genu corporis callosi) tritt der Sulcus genualis, kaudal vom Splenium corporis callosi der Sulcus splenialis in Erscheinung. Kaudodorsal vom Sulcus splenialis wird der Sulcus ectosplenialis sichtbar. Der Gyrus olfactorius lateralis wird lateral durch den Sulcus rhinalis lateralis vom Neopallium abgegrenzt.

Das **Neopallium** wird analog der angrenzenden Schädelknochen in **vier Lappen** eingeteilt, die ebenfalls zur **Orientierung** dienen. Man unterscheidet dabei den Lobus frontalis, den Lobus parietalis, den Lobus temporalis und den Lobus occipitalis (Abb. 14-11, 13 u. 19). Im **Lobus frontalis** sind überwiegend motorische Areale lokalisiert, die den Ursprung für die Pyramidenbahnen bilden. Im **Lobus parietalis** sind vor allem somatosensorische Rindengebiete zu finden. Der **Lobus temporalis** enthält die Hörrinde, der **Lobus occipitalis** die Sehrinde.

## Innerer Bau der Hemisphären

Im Inneren der Hemisphären lagern in der weißen Substanz große Kernbezirke, die zum **Corpus striatum** zusammengefasst werden (frühere Bezeichnung Basal- oder Stammganglien) (Abb. 14-15, 17, 20 u. 22). Im **Corpus striatum** sind enthalten:

- der geschweifte Kern (Nucleus caudatus),
- das Putamen, Claustrum,
- der Mandelkörper (Corpus amygdaloideum).

Der **geschweifte Kern (Nucleus caudatus)** wölbt sich rostral am Boden des Seitenventrikels empor (Abb. 14-15, 16, 17 u. 23). Lateroventral des Nucleus caudatus liegt das **Putamen**, zwischen beide schieben sich die Fasern der **Capsula interna**. An der lateralen Fläche des Putamen lagert ein schmaler schalenartiger Streifen grauer Substanz, das **Claustrum** (Abb. 14-15 u. 22). Zwischen diesem und dem Putamen verlaufen die Fasern der **Capsula externa**. Das Claustrum wird seinerseits durch die Capsula extrema von der Inselrinde getrennt.

Der ventral gelegene **Mandelkörper (Corpus amygdaloideum)** reicht an die Rinde des Temporallappens und liegt rostral des Cornu temporale des Seitenventrikels (Abb. 14-20, 21, 22 u. 24). Er wird trotz seines Kerncharakters zum Palaeocortex gerechnet.

Die **weiße Substanz des Großhirns**, das **Großhirnmark (Corpus medullare cerebri)**, besteht aus ab- und aufsteigenden Projektions-, Assoziations- und Kommissuralfasern.

Die **Projektionsfasern** bilden zum Großteil die Capsula interna.

Die **Assoziationsfasern** verbinden vorwiegend Rindenbezirke einer Hemisphäre untereinander. Kurze U-förmige Assoziationsfasern verbinden benachbarte Felder miteinander, die langen Fasern verbinden weiter voneinander entfernte Bezirke.

Die **Kommissuralfasern** stellen Verbindungen zwischen Rindenbezirken beider Hemisphären her. Die Commissura rostralis verbindet die beiden Riechlappen und das Corpus amygdaloideum. Die kaudal gelegene Commissura fornicis seu hippocampi liegt ventral des Splenium corporis callosi. Die größte Masse von Kommissural-

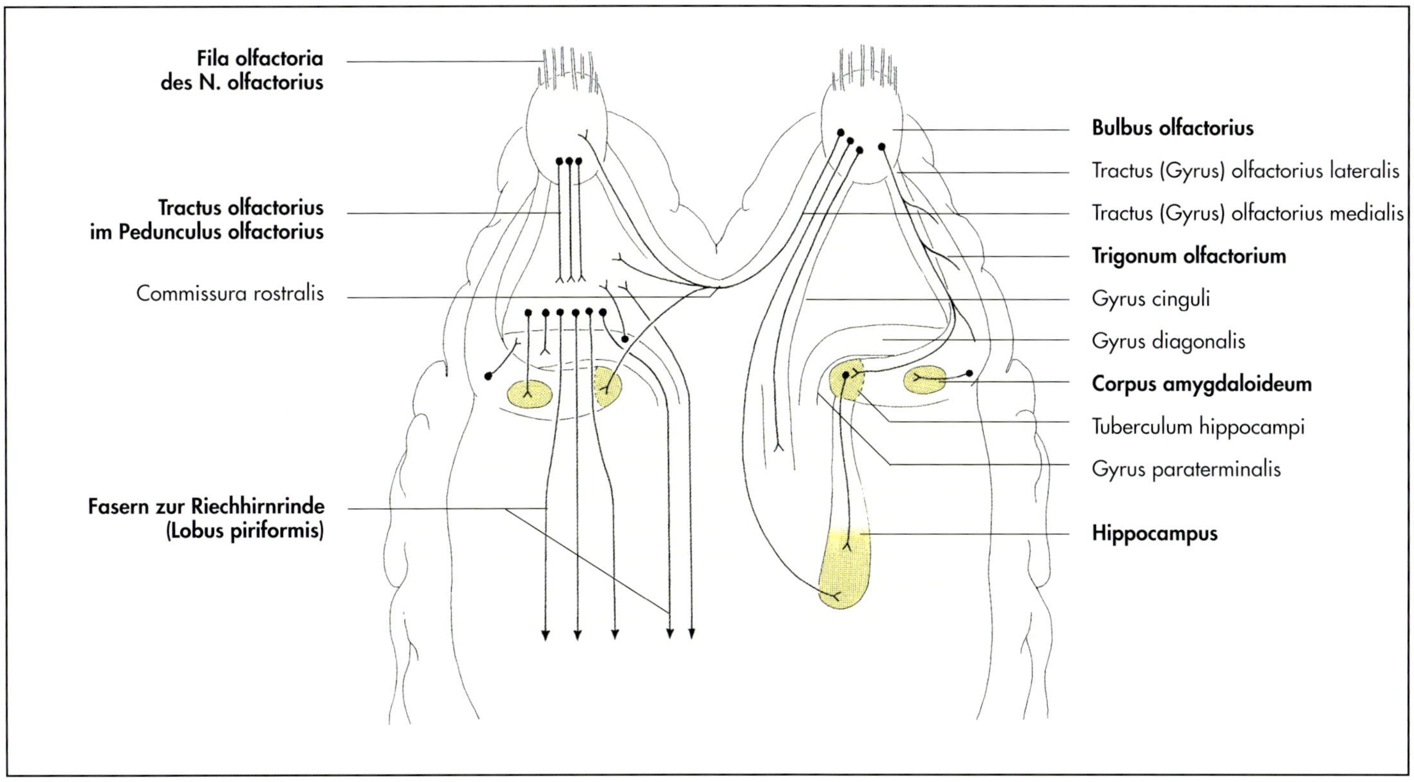


**Abb. 14-21.** Schematische Darstellung der Riechbahnen, nach Najbrt, 1982.

fasern bildet den **Hirnbalken (Corpus callosum)** (Abb. 14-16, 20, 21, 25 u. 26). Auf dem Medianschnitt wird erkenntlich, dass das Corpus callosum rostral als **Balkenknie (Genu corporis callosi)** und kaudal als **Splenium** bogenförmig abbiegt (Abb. 14-26).

Zwischen dem Corpus callosum und dem ventral davon befindlichen **Gewölbe (Fornix)** ist eine dünne Membran, das **Septum pellucidum**, ausgespannt. Dieses trennt median die beiden Seitenventrikel voneinander (Abb. 14-20 u. 26).

## Funktionen des Großhirns

Die Großhirnrinde lässt sich in motorische und sensible bzw. sensorische Projektionsfelder und diese verbindende Binnen- oder Assoziationsfelder einteilen. Die **sensibel-sensorischen Projektionsfelder** empfangen Reize von der gesamten Haut, von tieferen somatischen Geweben und von den Sinnesorganen. Von den **motorischen Rindenfeldern** gehen Impulse an die Skelettmuskulatur

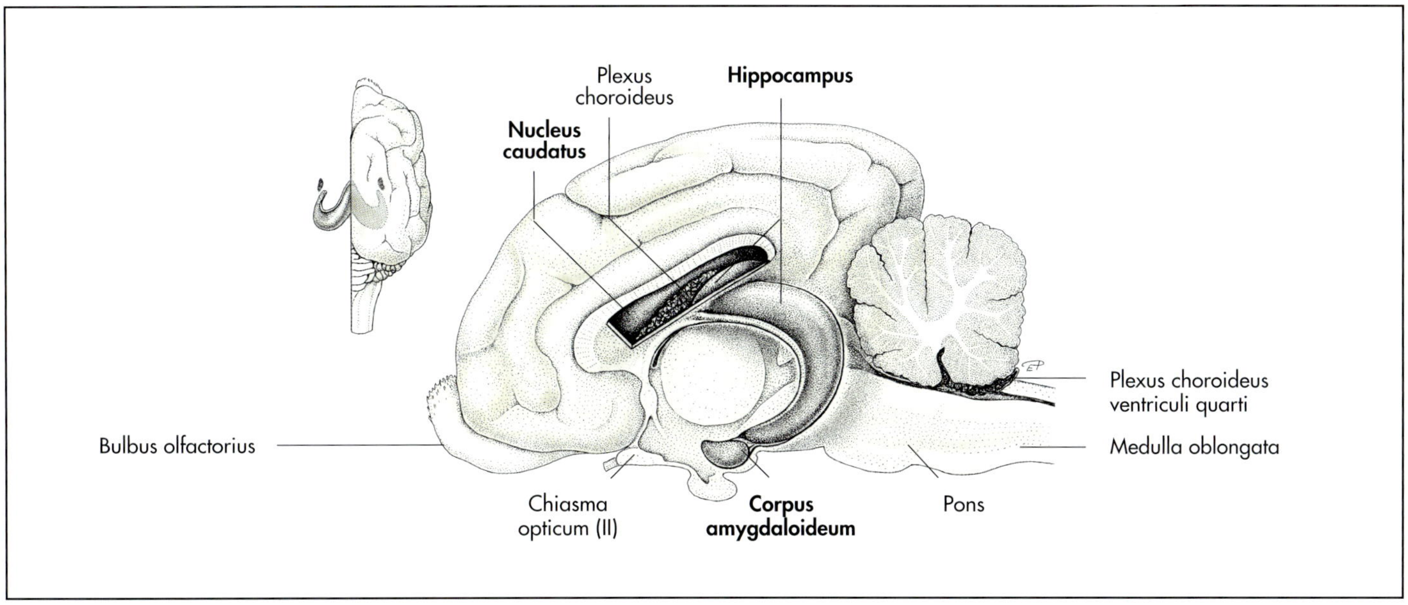


**Abb. 14-22.** Schematische Darstellung der Lage des Hippocampus und des Corpus amygdaloideum.

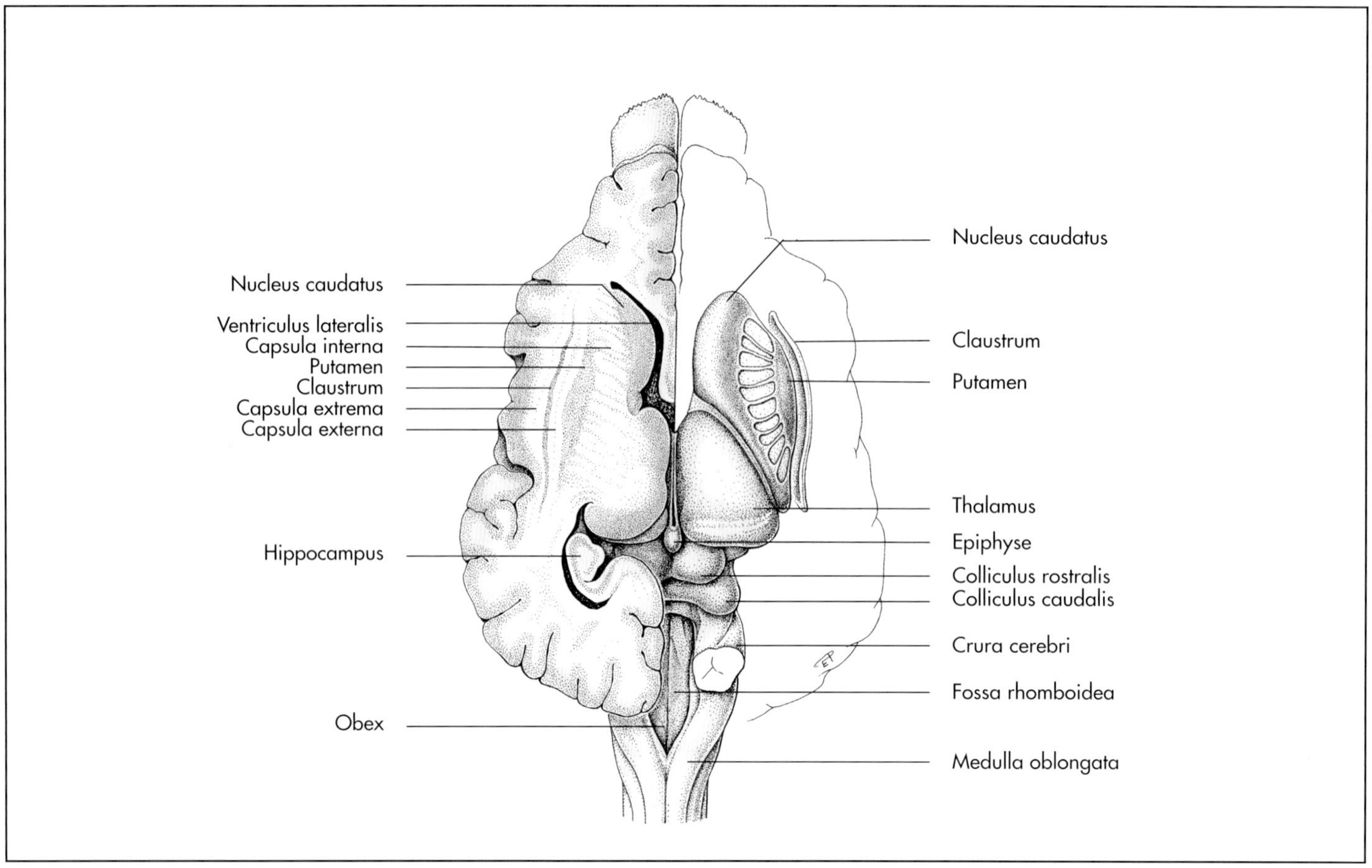


**Abb. 14-23.** Schematische Darstellung des Corpus striatum (links Horizontalschnitt, rechts räumliche Darstellung).

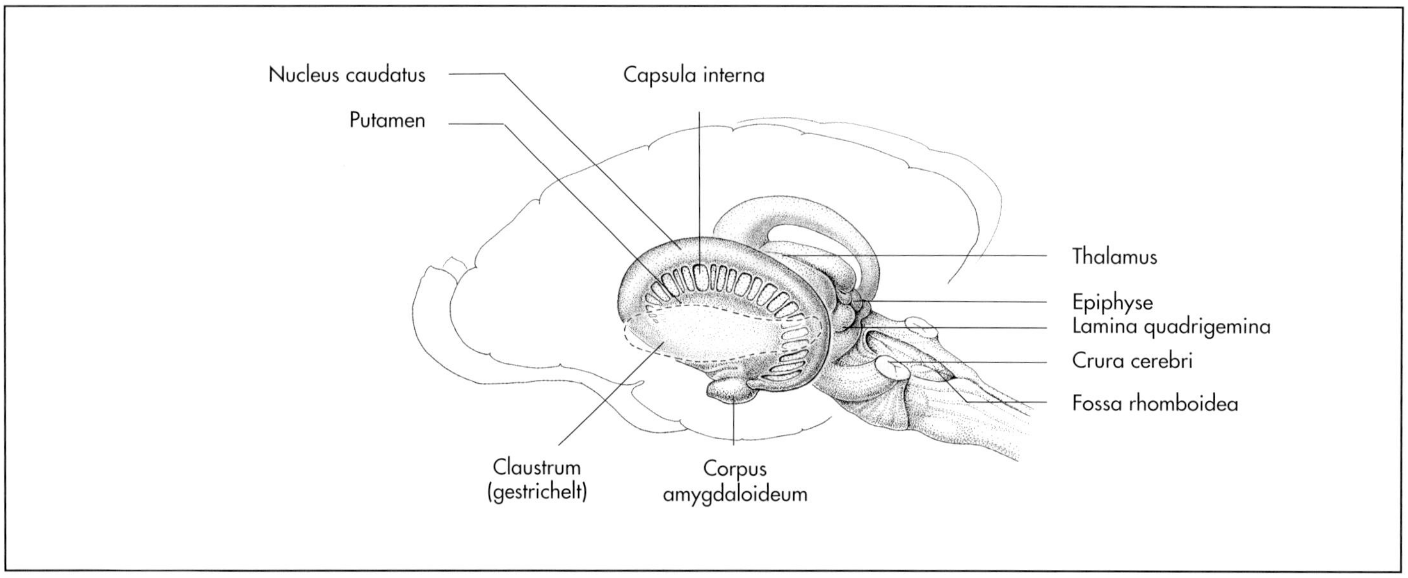


**Abb. 14-24.** Schematische Darstellung der Lage des Corpus striatum.

aus, lösen also **willkürliche Bewegungen** aus. Das **sensible Rindenfeld (Area sensorica)** (Abb. 14-28) nimmt die kaudale Hälfte des Gyrus postcruciatus und den Gyrus suprasylvius rostralis ein. Man unterscheidet Areale, die Impulse der gegenüberliegenden Körperseite empfangen, Areae sensoricae contralaterales, und solche, die von beiden Seiten stimuliert werden können, Areae sensoricae bilaterales. Letztere finden sich im vorderen Schenkel des Gyrus ectosylvius. In den sensiblen Rindenfeldern sind hauptsächlich die Körnerschichten vertreten. (Näheres s. Lehrbücher der Histologie.)

Das **motorische Rindenfeld (Area motorica)** liegt rostral des sensiblen Rindenfeldes. Es nimmt ca. die Hälfte des Gyrus postcruciatus und coronalis sowie den ventrolateralen Abschnitt des Gyrus praecruciatus bis zum Sulcus praesylvius ein. Im motori-

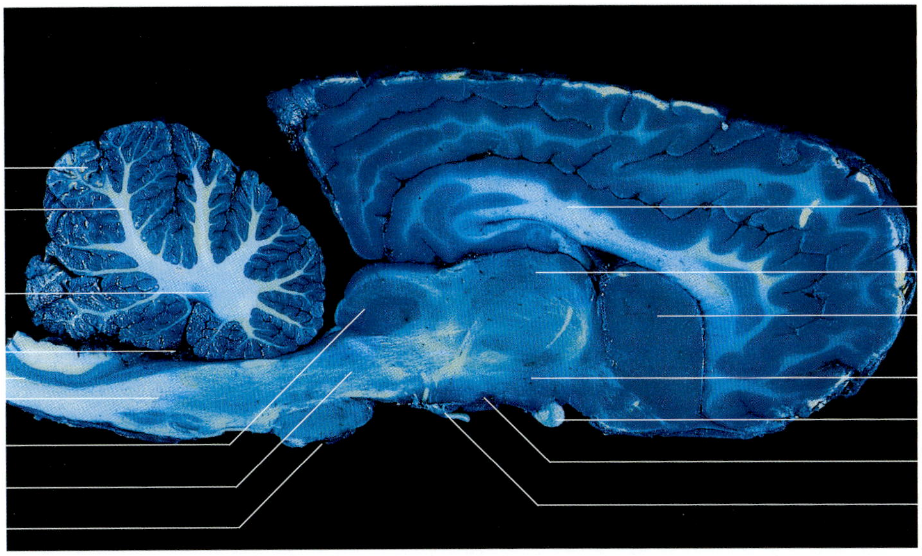


**Abb. 14-25.** Paramedianschnitt durch das Gehirn eines Pferdes (gefärbter Sagittalsschnitt).

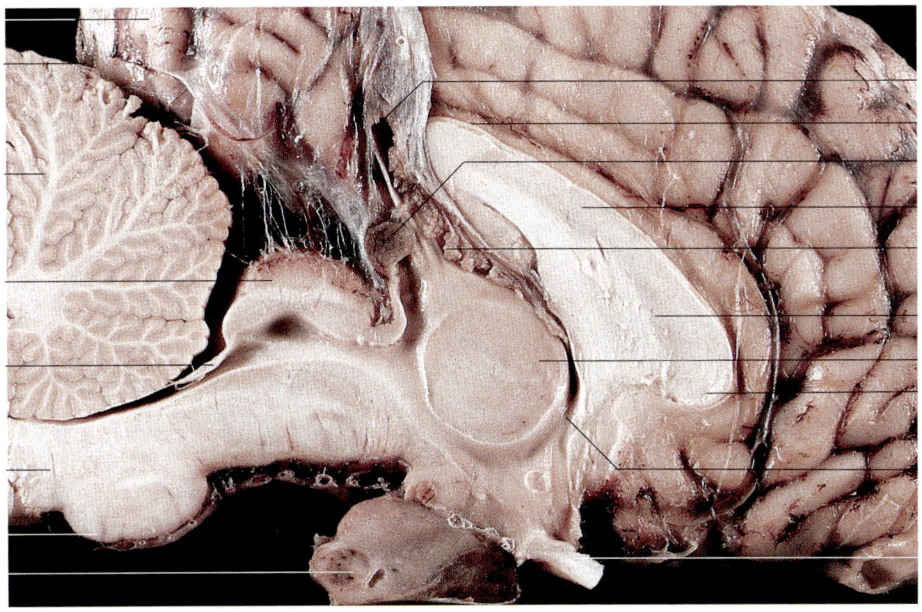


**Abb. 14-26.** Medianschnitt durch das Gehirn eines Pferdes, Präparat Prof. Dr. Sabine Breit, Wien.

schen Rindenfeld erfahren die Pyramidenzellschichten eine Verbreiterung. In bestimmten Bezirken sind sog. Betz-Riesenpyramidenzellen enthalten. (Näheres s. Lehrbücher der Histologie.) Diese besitzen die stärksten und längsten Axone, die beim Menschen bis in das Sakralmark reichen. Vom motorischen Rindenfeld erhalten die Muskelgruppen der Gegenseite über die gekreuzten Pyramidenbahnen die Impulse zur Ausführung willkürlicher Bewegungen.

Die **Sehsphäre (Area optica)** erstreckt sich über die mediale, teilweise auch über die dorsolaterale Fläche des Lobus occipitalis.

Die **Hörsphäre (Area acustica)** (Abb. 14-30) ist im Lobus temporalis, die **Riech-** und **Geschmacksphäre** in der Area olfactoria und im Lobus piriformis lokalisiert.

Das **Riechhirn** dient als Teil des **limbischen Systems** nicht nur der Geruchswahrnehmung, sondern es verkörpert ein wichtiges Integrations- und Koordinationszentrum, von dem sensorische, motorische und vegetative Vorgänge gesteuert werden.

Der **Hippocampus** empfängt optische, akustische, taktile und viszerale Impulse und nur in geringem Maße solche olfaktorischen Ursprungs. Er ist ein **Integrationszentrum**, das über seine Verbindungen mit dem Hypothalamus, dem Septum pellucidum und dem Gyrus cinguli das endokrine, viszerale und emotionale Geschehen beeinflusst. Beim Menschen spielt der Hippocampus in Verbindung mit dem Mandelkörper eine große Rolle in Bezug auf die Lernfähigkeit und das Gedächtnis.

In den **Nervenzellen des Hippocampus** werden bei Tollwut immer typische Einschlusskörperchen (Negri-Körperchen) gefunden.

## Leitungsbahnen im ZNS

Auf- und absteigende Bahnen können am ZNS **nicht gesehen** werden. Ihren Verlauf hat man vielmehr anhand von Erkrankungen oder nach experimentellen Eingriffen rekonstruiert. Zum Verständnis der

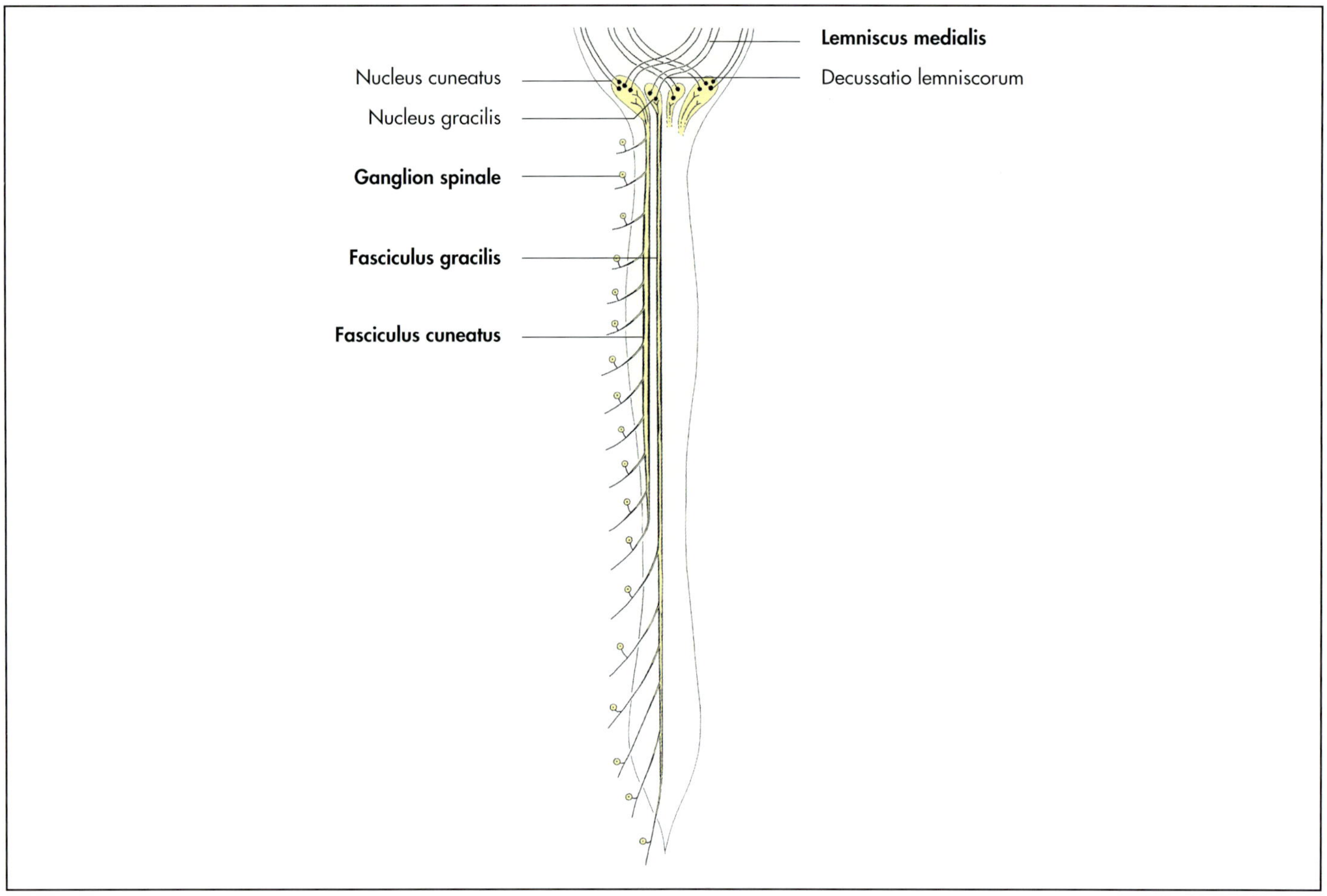


**Abb. 14-27.** Schematische Darstellung der aufsteigenden Bahnen, nach Najbrt, 1982.

Funktion des ZNS, vor allem des Gehirns, sollen nachfolgend nur einige wichtige Bahnen genannt werden. Weitergehende Kenntnisse sind Bestandteile angrenzender Fachgebiete.

## Aufsteigende Leitungsbahnen

In aufsteigenden Bahnen werden **sensible Wahrnehmungen** wie Berührung, Druck, Wärme, Schmerz, Vibrationsempfindungen und Bewegungswahrnehmungen aus Gelenken und Muskeln zum Gehirn geleitet. Die **Wurzelzellen** dieser Bahnen liegen in den **Spinalganglien der Dorsalwurzeln** der Segmentalnerven oder im **Ganglion nervi trigemini (V)**. Es werden in dieser Gruppe zwei Systeme unterschieden:

- mediale Schleifenbahn (Lemniscus medialis),
- extralemniskales System.

Die **mediale Schleifenbahn (Lemniscus medialis)** umfasst die wichtigsten aufsteigenden Bahnen im Gehirn (Abb. 14-28). Sie wird in den Lemniscus spinalis, für Rumpf und Gliedmaßen, und den Lemniscus trigeminalis, für die sensiblen Fasern des Gesichts, unterteilt.

Die aufsteigenden Bahnen verlaufen in den **Dorsalsträngen des Rückenmarks** (Abb. 14-27). Dabei liegen die vom Plexus lumbosacralis und von kaudalen Abschnitten des Rumpfes kommenden Fasern mehr medial **(Fasciculus gracilis)**, die von kranialen Teilen des Rumpfes und vom Plexus brachialis stammenden Fasern hingegen mehr lateral **(Fasciculus cuneatus)**. Die Fasern enden jeweils im Nucleus gracilis bzw. Nucleus cuneatus der **Medulla oblongata**.

Nach der Bildung von Synapsen kreuzen sich die Fasern der Zweitneurone und ziehen als **mediale Schleifenbahn** zu Kerngebieten im **Thalamus**, wo sie nach erneuter Umschaltung in die **somatosensiblen Areale des Cortex** einstrahlen. Zum Lemniscus medialis gesellen sich auch die sensiblen **Trigeminusfasern** des Nucleus nervi trigemini, die sich im Pons kreuzen.

Die **laterale Schleifenbahn (Lemniscus lateralis)** gehört zur **Hörbahn** (Abb. 14-30). Von den Kochleariskernen kreuzt sich ein Teil der Fasern und verläuft auf der Gegenseite zu den Colliculi caudales und weiter zur Hörrinde des Lobus temporalis.

Die **Bahnen des extralemniskalen Systems** verlaufen in den ventrolateralen Strängen der weißen Substanz des Rückenmarks. Von den Wurzelzellen des Spinalganglions gelangen die Impulse in das **Dorsalhorn des Rückenmarks**, wo sie über mehrere Zwischenneurone umgeschaltet schließlich die weiße Substanz erreichen. Sie enden im **Thalamus**, von wo sie sich auf die Großhirnrinde projizieren, wobei sie eine langsamere Erregungsleitung und eine weniger präzise Lokalisation der Schmerzwahrnehmung im Vergleich zu denen des Lemniscus medialis zeigen. Die Informationen **propriozeptiver Leitungsbahnen** werden **nicht bewusst wahrgenommen** und stammen von Muskeln und Sehnenspindeln. Sie werden dem **Kleinhirn** zugeleitet. Von Neuronen des Dorsalhornes verlaufen sie im Tractus spinocerebellaris dorsalis und ventralis.

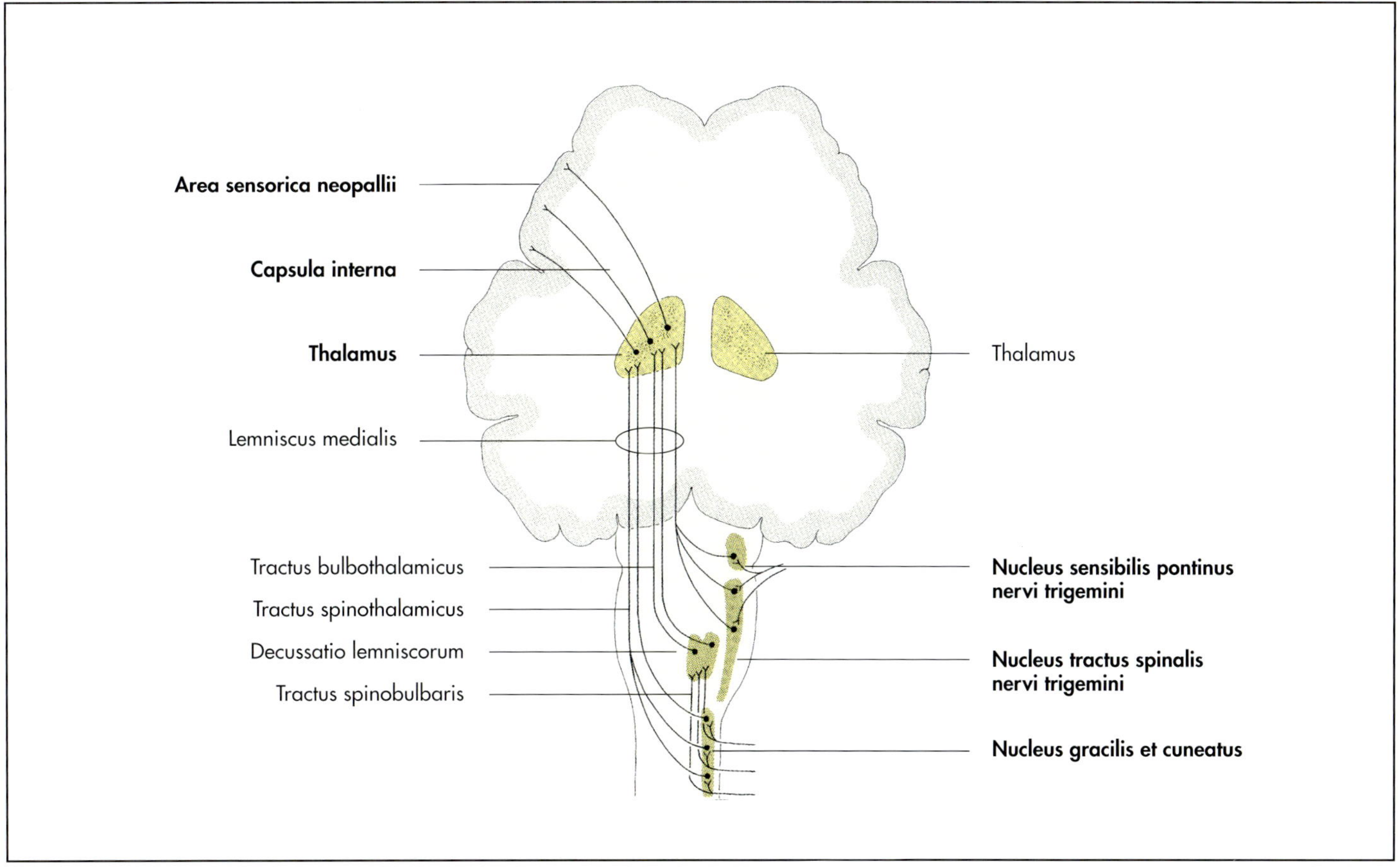


**Abb. 14-28.** Schematische Darstellung der medialen Schleifenbahn, nach Najbrt, 1982.

## Leitungsbahnen der Sinnesorgane

### Optische Leitungsbahnen

**Visuelle Informationen** entstehen in der Netzhaut (Abb. 14-29). Sie werden vom N. opticus seu Fasciculus opticus weitergeleitet. Im Chiasma opticum kommt es zur teilweisen Kreuzung der Fasern. Der Grad der Überkreuzung ist umgekehrt proportional zur binokularen Sehfähigkeit. Bei den meisten Vögeln, die monokular sehen, ist die Überkreuzung vollständig. Bei Hund und Katze, die ein besseres binokulares Sehen besitzen, kreuzen sich ca. 75%, während sich bei Primaten, die ein gutes binokulares Sehen kennzeichnet, nur noch 50% der Fasern kreuzen. Vom Chiasma opticum gelangen die Nervenfasern in den Tractus opticus. Die meisten Fasern enden im Corpus geniculatum laterale, wenige im Thalamus opticus.

Von hier projizieren sich Fasern der Zweitneurone über die Capsula interna als Radiatio optica auf die **Großhirnrinde des Lobus occipitalis**.

Eine geringere Anzahl von Fasern endet auch in den Colliculi rostrales des Mittelhirns, in Kernen des zentralen Höhlengraus und im Nucleus caudatus. Hier entstehen **optische Reflexe** für Augenfolgebewegungen, Akkomodation und Pupille.

### Leitungsbahnen von Gehör- und Gleichgewicht

Informationen zum Gehör und Gleichgewicht entstehen im **Corti-Organ**, den **Bogengängen** und im **Utriculus** bzw. **Sacculus** des **Innenohres**. Die dazugehörigen Wurzelzellen liegen im Ganglion spirale der Schnecke und im **Ganglion vestibulare dorsale** und **ventrale** im Meatus acusticus internus (Abb. 14-30).

Im **VIII. Gehirnnerv**, dem **N. vestibulocochlearis**, erreichen die Fasern beider Sinnesorgane gemeinsam das Corpus trapezoideum und damit den **Hirnstamm**. Fasern des Gleichgewichtsnerven enden an den Vestibulariskernen. Nachdem sie hier Synapsen eingegangen sind, ziehen sie weiter zum Kleinhirn.

Andere ziehen an den Vestibulariskernen vorbei direkt zum **Cerebellum**. Beide Arten von Fasern erreichen das Kleinhirn über die **Pedunculi cerebellares caudales**.

Von den **Vestibulariskernen** (Nuclei vestibulares) (Abb. 14-30) gehen jedoch auch absteigende Fasern zu den motorischen Wurzelzellen des **Ventralhorns des Rückenmarks** und andere zu Kernen der **Gehirnnerven III**, **IV**, **VI**, die die **äußeren Augenmuskeln** versorgen. Zur bewussten Wahrnehmung des Gleichgewichts verlaufen allerdings Vestibularisfasern auch zum Thalamus. Von hier projizieren sie sich auf der **Area acustica** des **Cortex** des **Lobus temporalis**.

Die Fasern des **N. cochlearis** verlaufen ebenfalls durch das **Corpus trapezoideum zum Hirnstamm**. Hier erreichen sie den **Nucleus cochlearis dorsalis** und **ventralis**. Ein Teil der postsynaptischen Fasern aus dem Nucleus cochlearis ventralis gelangt mit der lateralen Schleifenbahn (Lemniscus lateralis) zu den Colliculi caudales des **Mesencephalon**. Eine letzte Gruppe erreicht den Nucleus geniculatus medialis, um von hier in die **Hörrinde** des **Lobus temporalis** einzustrahlen.

Die **postsynaptischen Fasern** der Nervenzellen des Nucleus cochlearis dorsalis vereinigen sich mit dem **Lemniscus lateralis**, um anschließend wie die Fasern des Nucleus cochlearis ventralis zu verlaufen.

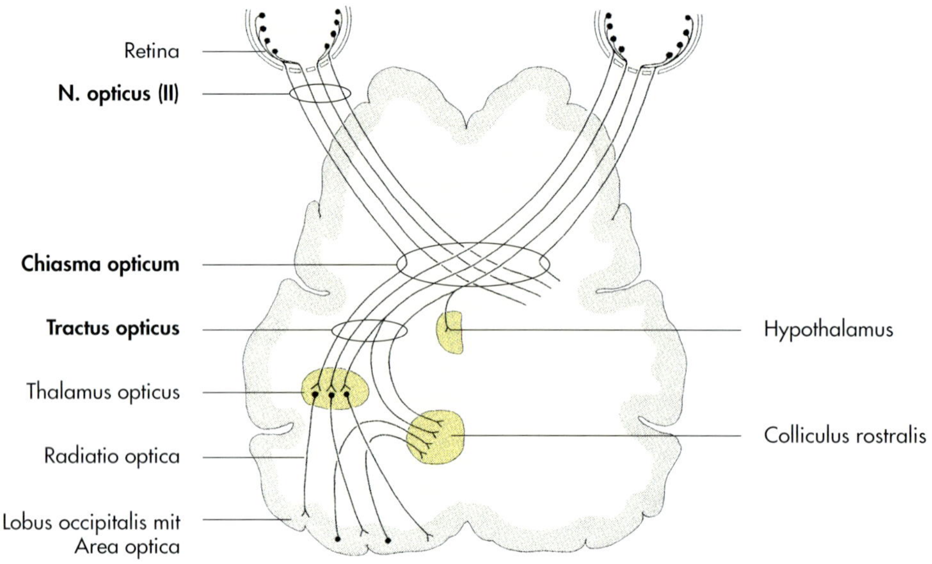


**Abb. 14-29.** Schematische Darstellung der Sehbahn, nach Najbrt, 1982.

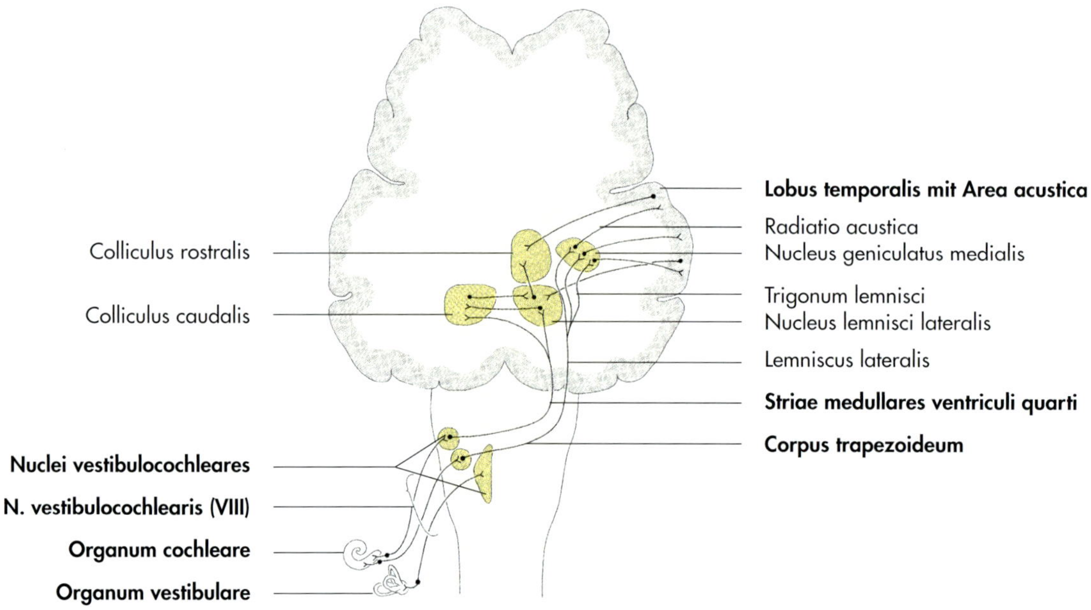


**Abb. 14-30.** Schematische Darstellung der Gehör- und Gleichgewichtsbahnen, nach Najbrt, 1982.

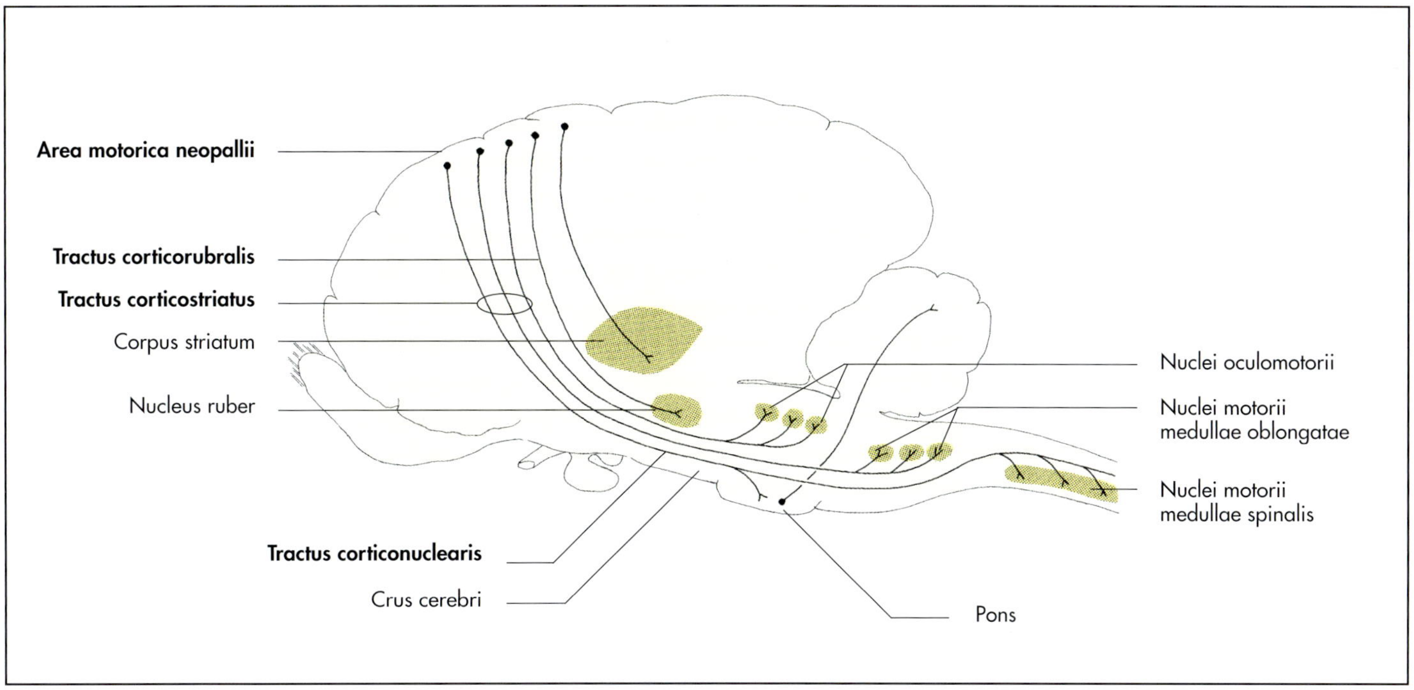


**Abb. 14-31.** Schematische Darstellung der Pyramidenbahn, nach Najbrt, 1982.

## Absteigende, somatomotorische Leitungsbahnen

Die Kontraktion der **quergestreiften, willkürlichen Muskulatur** wird durch zwei im ZNS unterschiedlich lokalisierte Neuronenpopulationen geregelt:

- untere motorische Neurone,
- obere motorische Neurone.

Als **untere motorische Neurone** wird die Gesamtheit der motorischen Wurzelzellen der **Ventralsäule (Ventralhorn)** der grauen Substanz des Rückenmarks und die der motorischen Gehirnnervenkerne bezeichnet. Sie können einfache Reflexe auslösen, werden aber meistens von oberen Neuronen in ihrer Aktivität beeinflusst.

Die **oberen motorischen Neurone** liegen vorwiegend in der **motorischen Zone des Neopallium**, aber auch im Nucleus ruber des Mesencephalon und in der Formatio reticularis. Die motorischen Leitungsbahnen verlaufen in **zwei absteigenden Systemen**, dem **pyramidalen** und dem **extrapyramidalen**. Obwohl beide eng miteinander verknüpft sind, kann das pyramidale System für fein koordinierte Bewegungen, das extrapyramidale für die Kontrolle von gröberen Bewegungen und für stereotype lokomotorische Bewegungsabläufe verantwortlich gemacht werden.

### Pyramidales System

Das pyramidale System ist bei höher entwickelten Tieren besser ausgebildet als bei niederen. Wird bei einem Menschen das pyramidale System schwer geschädigt, folgt eine dauernde Lähmung der willkürlichen Muskulatur der Gegenseite. Bei einem Haussäugetier wäre lediglich eine Störung der kontralateralen Haltungsreaktion die Folge. Das Tier würde sich relativ schnell wieder zumindest teilweise erholen.

Die **Fasern der Pyramidenbahn** haben ihren Ursprung an den riesigen **Betz-Pyramidenzellen** des motorischen Rindenfeldes am **Neopallium**. Sie verlaufen in der **Capsula interna** lateral am Thalamus und erreichen ventral die Großhirnschenkel und kaudal davon den Pons. Sie erscheinen ventral an der Medulla oblongata als Pyramiden (Abb. 14-31).

Im **Pyramidensystem** verlaufen **drei Fasergruppen**: Die eben schon erwähnten **kortikospinalen Fasern**, die längsten des ZNS, verlaufen von der Hirnrinde zum Rückenmark. Die **kortikobulbären Fasern** ziehen zu den Gehirnnervenkernen der gegenüberliegenden Seite und die **kortikopontinen** zu den Kernen der Brücke. Von den **kortikospinalen Fasern** kreuzen einige in der Medulla oblongata auf die andere Seite, der Rest zieht erst kurz vor ihrem Endziel auf die gegenüberliegende Seite (Abb. 14-31).

Die **Pyramidenbahn der Haussäugetiere** ist tierartlich unterschiedlich gestaltet. Bei Katzen und Hunden erreicht sie sämtliche Ebenen des Rückenmarks. Beim Pferd hingegen scheint die Pyramidenbahn bereits in Höhe des Plexus brachialis zu enden. Der Anteil der sich in der Medulla oblongata überkreuzenden Fasern variiert ebenfalls. Bei der Katze und beim Hund überkreuzen sich fast alle, während es beim Pferd nur 50% sind.

### Extrapyramidales System

Die Motorik wird außer von den bereits beschriebenen Pyramidenbahnen noch von zahlreichen anderen Bezirken des Cortex und von subkortikalen Bereichen beeinflusst.

Im Gegensatz zur Pyramidenbahn ist das extrapyramidale System aus **multisynaptischen Neuronenketten** zusammengesetzt. **Kerngebiete** des extrapyramidalen Systems sind das Corpus striatum, der Globus pallidus, der Nucleus subthalamicus, der Nucleus ruber und die Substantia nigra. Mit diesen Kernen stehen weitere motorische Integrationszentren in Verbindung, wie das Kleinhirn, die Thalamuskerne, die Formatio reticularis und die Vestibulariskerne.

Das extrapyramidal-motorische System unterstützt die willkürlichen Bewegungen, indem es Gleichgewicht und Körperhaltung

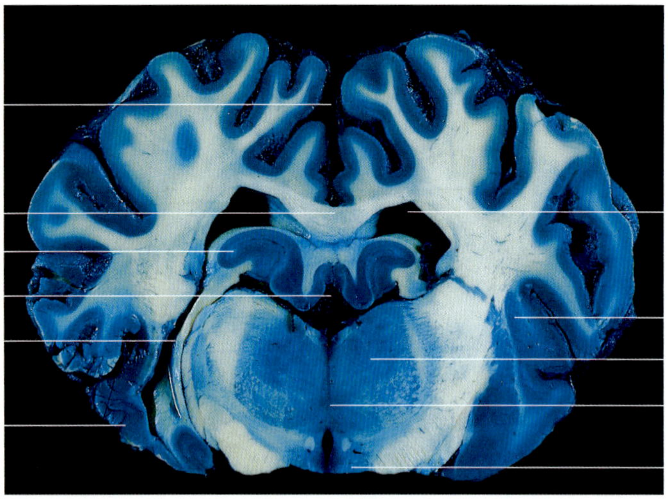


**Abb. 14-32.** Querschnitt durch das Gehirn eines Pferdes in Höhe der Adhaesio interthalamica (gefärbter Querschnitt).

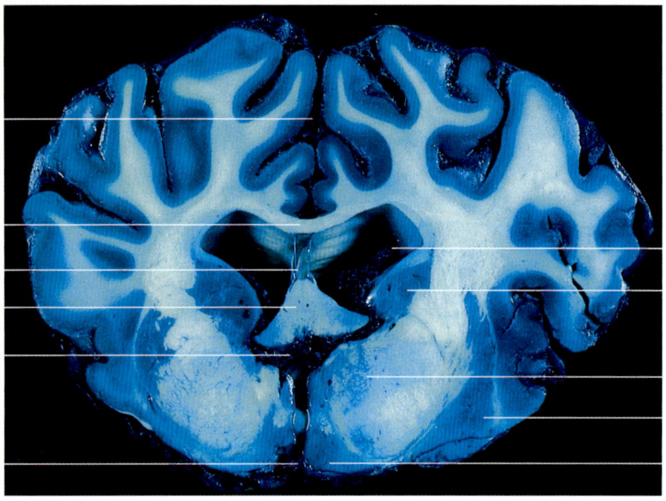


**Abb. 14-33.** Querschnitt durch das Gehirn eines Rindes in Höhe des rostralen Teils des Diencephalon (gefärbter Querschnitt).

durch unbewusste Muskelaktionen beeinflusst. Ohne diese wäre eine geordnete Bewegung nicht möglich. Zahlreiche Rückkoppelungsvorgänge des extrapyramidalen Systems bedingen das Gleichgewicht zwischen anregenden und hemmenden Einflüssen.

Sämtliche Abläufe im extrapyramidalen System stehen unter der **Kontrolle des Kleinhirns**. Afferente Bahnen erreichen das System über das Kleinhirn. Kleinhirnbahnen enden im Nucleus ruber und in Thalamuskernen. Vom Cortex ziehen Fasern zum Corpus striatum, zum Nucleus ruber und zur Substantia nigra.

## Zentrales vegetatives Nervensystem

Das vegetative, viszerale oder autonome Nervensystem (auch idiotrop genannt) sorgt im Dienste der Lebenserhaltung für das harmonische Zusammenspiel der **inneren Organe**. Es regelt die Atmung, den Blutkreislauf, die Verdauung, den Stoffwechsel, die Sekretion, den Wasserhaushalt, die Körpertemperatur, die Fortpflanzung usw. Viele dieser Lebensvorgänge laufen auch bei abgeschaltenem Bewusstsein, im Schlaf und in tiefer Narkose ab, deshalb die Bezeichnung »autonom«.

Das autonome Geschehen wird vom **Hypothalamus** als **zentralem Integrationszentrum** gesteuert. Er regelt die Körperaktivitäten sowohl durch **nervöse** als auch durch **inkretorische Mechanismen**. Vom Hypothalamus ziehen Leitungsbahnen zu vegetativen Kernen im Hirnstamm und zur Medulla spinalis. Sie verlaufen entweder direkt oder über multisynaptische Leitungsbahnen in der **Formatio reticularis**.

Der Hypothalamus erhält **Informationen** über **somatische Aktivitäten** von fast allen Gebieten des Nervensystems. Informationen über die Organfunktion kommen von Kernen des Mesencephalon, von der Formatio reticularis und von telenzephalen Abschnitten des limbischen Systems.

Mit dem Hypothalamus ist die **Hypophyse** verbunden. Ihr kaudaler Teil, die **Neurohypophyse**, wird von **Hypothalamuskernen** (Abb. 14-33) (z.B. Nucleus supraopticus und Nucleus paraventricularis) direkt über Neurosekrete beeinflusst, während der rostrale Abschnitt, die **Adenohypophyse**, die Hormone über ein spezielles **venöses Pfortadersystem** bekommt. Das Zusammenspiel zwischen Hypothalamus und Hypophyse wird über **Rückkoppelungsmechanismen (»Feedback«)** geregelt.

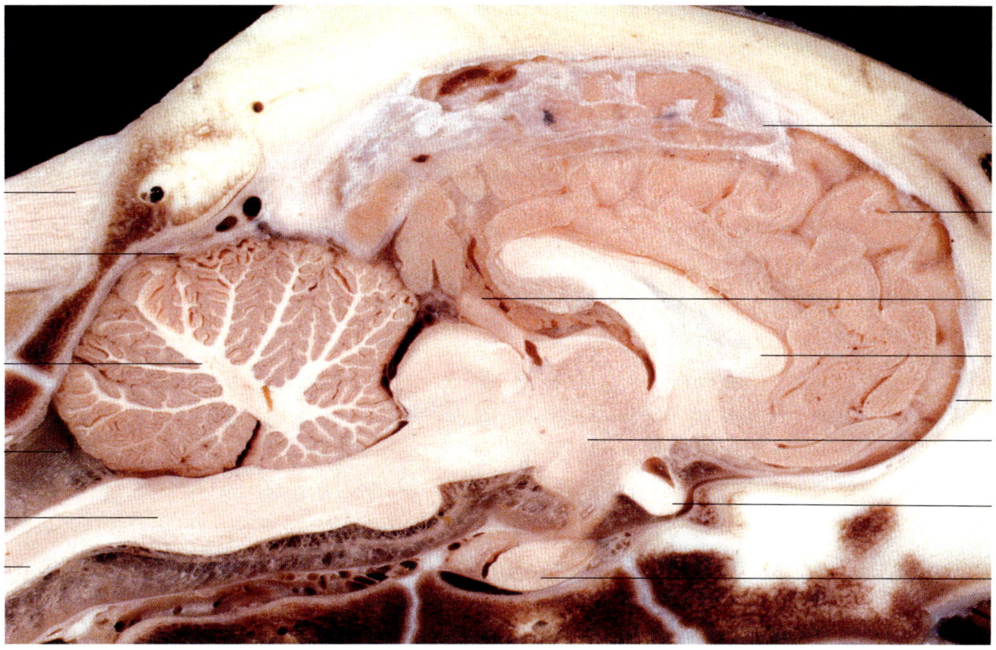


**Abb. 14-34.** Paramedianschnitt durch das Gehirn eines Kalbes mit Gehirnhäuten und Anfangsabschnitten des Rückenmarks.

### Viszerale Leitungsbahnen

Die viszeralen Leitungsbahnen werden in afferente und efferente, letztere wiederum in sympathische und parasympathische unterteilt.

Die **afferenten Leitungsbahnen** stammen entweder aus Wurzelzellen, die in den **Spinalganglien** der Segmentalnerven gelegen sind, oder aus äquivalenten Ganglien der Kiemenbogennerven. Aufsteigende vegetative Leitungsbahnen verlaufen mit dem Schleifenbahnsystem und dem extralemniskalen System.

Sie gelangen zum **Thalamus**, wobei sich wenige auch auf die Großhirnrinde projizieren und »bewusst« werden (Hungergefühl, Völlegefühl, Kotanschoppung im Mastdarm, überfüllte Harnblase usw.) (Abb. 14-32 u. 33). Schmerzen von Erkrankungen innerer Organe gelangen infolge des Informationsaustausches zwischen viszeral-afferenten und kutan-somatischen Leitungsbahnen auch an die Körperoberfläche.

**Neurone**, die diesen Informationsaustausch bewerkstelligen, tragen dazu bei, dass auf der Körperoberfläche die sog. »Head-Zonen« zu finden sind. Jedes Organ hat seine eigene Head-Zone auf der Haut. Durch Einwirkung auf diese (Massage oder Stimulierung) oder auf entsprechende Punkte in der Haut (Akupunktur und Akupressur) kann aufgrund der Verquickung von diesen mit allen Leitungssystemen auf Schmerzzustände im Organbereich lindernd eingewirkt werden. Ähnliche Punkte gibt es auch für Schmerzzustände im somatischen Bereich (Gelenke, Wirbelsäule etc.). Bei den **viszeral-efferenten Bahnen** unterscheidet man sympathische und parasympathische. Ihre zentrale Kontrolle wird von Neuronen im **Hypothalamus** ausgeübt (Abb. 14-34).

Der rostrale Teil des Hypothalamus ist für den parasympathischen Abschnitt, der kaudale für den sympathischen verantwortlich. Die **Wurzelzellen des sympathischen Anteils** liegen im Cornu laterale des Rückenmarks zwischen den ersten Thorakal- und den mittleren Lumbalsegmenten. Ihre präganglionären Fasern schalten sich in paravertebralen Ganglien des Grenzstranges oder prävertebralen Ganglien an der Aorta auf postganglionäre Neurone um. Beide Gangliengruppen liegen in der Nähe der Wirbelsäule.

Die Wirkung des **Sympathicus** äußert sich in der Erhöhung des Blutdrucks, der Beschleunigung des Herzschlages und der Atemfrequenz, einer Erweiterung der Pupillen, einem Sträuben der Haare und vermehrter Schweißabsonderung. Die Motilität des Darmtrakts und der intestinalen Drüsen wird gleichzeitig gedämpft.

Die **parasympathischen Wurzelzellen** liegen in den entsprechenden Kernen des N. oculomotorius (III), des N. facialis (VII), des N. glossopharyngeus (IX) und des N. vagus (X) im Gehirnstamm. Zudem liegen parasympathische Wurzelzellen in der lateralen Zellsäule des Sakralteiles des Rückenmarks. Die Synapsen für die Umschaltung auf postganglionäre Neurone befinden sich in kleinen Ganglien, die in der Wand der Erfolgsorgane (intramural) gelegen sind. Im Kopfbereich liegen die Synapsen in benannten Ganglien (Ggl. ciliare, Ggl. pterygopalatinum, Ggl. linguale und Ggl. oticum). Bei Erregung des **Parasympathicus** werden die Peristaltik und die intestinale Sekretion angeregt, Defäkation und Miktion werden gefördert, Herz- und Atemfrequenz verlangsamt und die Pupillen verengt.

## Hüllen des ZNS

Das gesamte Zentralnervensystem wird von drei übereinander liegenden **bindegewebigen Hüllen (Meninges)** umgeben:

- **harte Hirn- und Rückenmarkhaut** (Pachymeninx oder Dura mater encephali et spinalis),
- **weiche Hirnhaut** (Leptomeninx), bestehend aus:
  - Spinnwebenhaut des Gehirns und des Rückenmarks (Arachnoidea encephali et spinalis) und
  - zarte Hirn- und Rückenmarkhaut (Pia mater encephali et spinalis).

Die **harte Hirnhaut** liegt außen. Ihr folgt in der Tiefe unmittelbar die **Arachnoidea**, darunter die **Pia mater**. Arachnoidea und Pia mater werden zur **weichen Gehirnhaut** zusammengefasst. Nachdem sich diese Hüllen im Gehirnbereich von denen des Rücken-

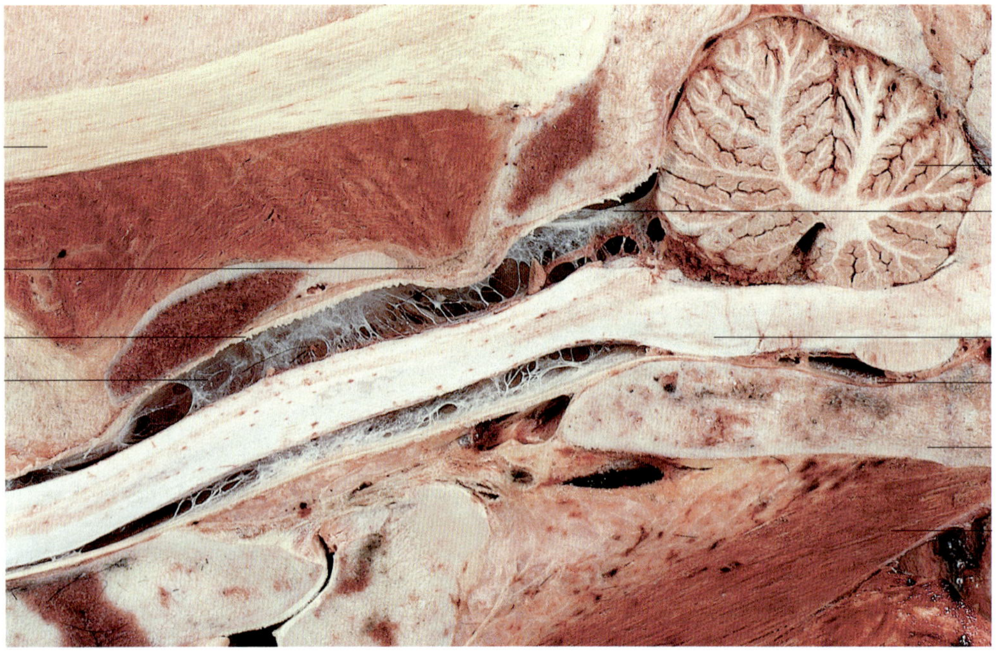


**Abb. 14-35.** Paramedianschnitt durch das Rückenmark und den Gehirnstamm eines Pferdes, Präparat Dr. Gollob-Kammerer, Wien.

marks unterscheiden, werden sie gesondert abgehandelt (Abb. 14-34ff.). Die **Hüllen des Zentralnervensystems** sind gut innerviert, daher **schmerzempfindlich**, während die darunterliegende Nervensubstanz größtenteils **schmerzunempfindlich** ist (Hirntumore sind nicht schmerzhaft).

## Harte Hirnhaut (Dura mater encephali)

Die harte Hirnhaut verschmilzt nach außen mit dem Periost der Innenfläche der Schädelknochen (Abb. 14-38). Nach innen springen kräftige Falten vor. Zwischen den beiden Großhirnhemisphären ragt die **Großhirnsichel (Falx cerebri)** vor (Abb. 14-34 u. 37). Sie beginnt rostral an der **Crista galli** und zieht kaudal bis zur **Protuberantia occipitalis interna**. Hier geht sie in das quer nach beiden Seiten ausgespannte membranöse **Kleinhirnzelt (Tentorium cerebelli membranaceum)** über (Abb. 14-37).

Das Kleinhirnzelt setzt sich meist seitlich am Petrosum bis ventral der Schädelhöhle fort. Sein freier Rand ragt in die Schädelhöhle vor und lässt eine weite Öffnung gemeinsam mit der Schädelbasis für den Durchtritt des Hirnstammes frei. In Höhe der Sella turcica geht das Kleinhirnzelt in das **Diaphragma sellae** über, das in Form einer **Ringfalte** den **Hypophysenstiel** umfasst (Abb. 14-36).

In die Falx cerebri, das Tentorium cerebelli membranaceum und das Diaphragma sellae sind große, **venöse Blutleiter (Sinus durae matris)** eingelagert (Abb. 14-47 u. 48).

Die Dura mater wird von **Segmentalarterien** im spinalen Bereich und von den **Meningealarterien** im Kopfbereich vaskularisiert. Wie auch die Segmentalnerven werden die Gehirnnerven bis zu ihrer Austrittsöffnung von einer Durascheide umgeben, die sich dort am Knochen anheftet. Es entstehen, wie auch im Bereich der Segmentalnerven, in Verbindung mit der Leptomeninx sog. **»Meningealmanschetten«**, die von **Liquor cerebrospinalis** umflossen werden.

Von hier kann eine kleine Menge Zerebrospinalflüssigkeit in die **perineuralen Lymphgefäße** gelangen, umgekehrt können auch Erkrankungen aus dem Lymphsystem auf die Meningen und das Nervengewebe übertragen werden.

## Harte Rückenmarkhaut (Dura mater spinalis)

Die harte Rückenmarkhaut wird von der periostartigen Auskleidung des Wirbelkanals, der **Endorrhachis**, durch einen **Zwischenraum (Cavum epidurale)** getrennt (Abb. 14-38). Dieser Epiduralraum ist von Fettgewebe ausgefüllt. Darin verlaufen kräftige, venöse Blutleiter.

In den **Epiduralraum** können im Bereich des **Spatium lumbosacrale** bzw. zwischen dem letzten Kreuzwirbel und dem des ersten Schwanzwirbels anästhetisierende Substanzen injiziert werden **(Epiduralanästhesie)**. Je nach Menge der eingebrachten Substanz werden mehr oder weniger Spinalnervenpaare in die Betäubung miteinbezogen.

Der **Durasack** endet kaudal blind und setzt sich als **Filum terminale durae matris** fort. Dieser Faserstrang verschmilzt dorsal mit den Wirbelkörpern der Schwanzwirbel. Die Dura mater begleitet die Segmentalnerven bis zu ihrem Austritt aus den Foramina intervertebralia, wo sie mit dem Rand dieser Öffnungen verschmilzt.

## Spinnwebenhaut (Arachnoidea)

Die Spinnwebenhaut liegt der **Innenfläche der Dura mater** dicht an (Abb. 14-38). Ihr äußerer Zellbelag bildet eine fortlaufende Membran. Zwischen Dura mater und Arachnoidea wird von manchen Autoren ein **Spatium subdurale** beschrieben, andere wieder sind der Meinung, dass dieser Raum nur in pathologischen Situationen oder gar als Artefakt nach Eintritt des Todes aufgrund von Anwendung histologischer Techniken auftritt.

Eine **zweite lückenlose Membran** der Arachnoidea schmiegt sich der **Pia mater** an. Zwischen beiden Membranen spannen sich feine Trabekel und Septen aus, die ein Maschenwerk kommunizie-

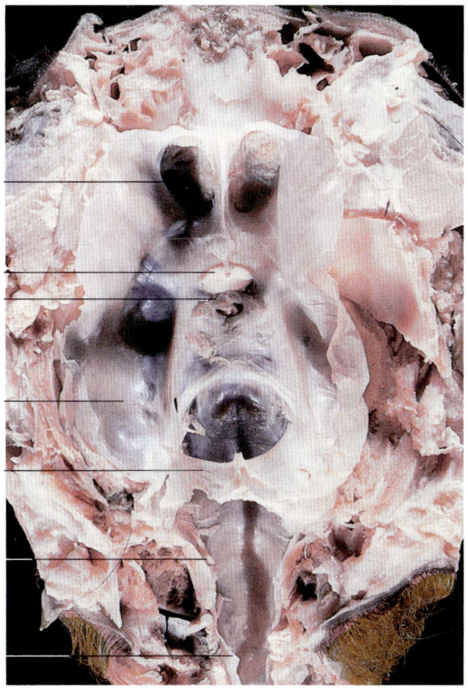


**Abb. 14-36.** Dorsalansicht der Dura mater der Schädelbasis einer Ziege, Schabel, 1984.

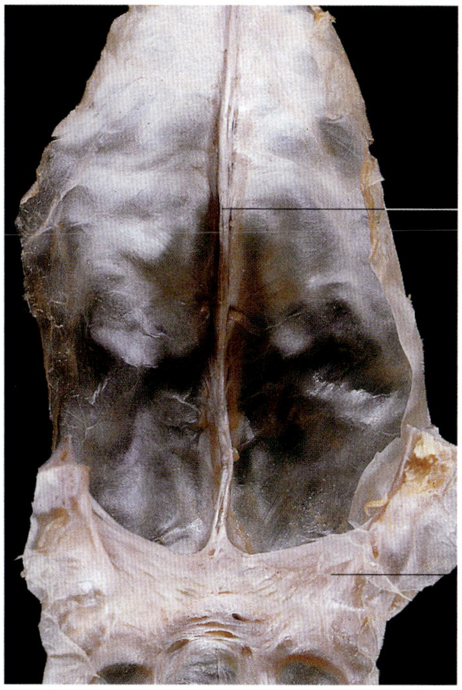


**Abb. 14-37.** Ventralansicht der Dura mater einer Ziege, angrenzend an die Schädeldecke, Schabel, 1984.

render Kammern entstehen lassen, das mit **Liquor cerebrospinalis** gefüllte **Cavum subarachnoideale** (Abb. 14-38).

Aus der Arachnoidea stülpen sich in die großen venösen **Blutleiter pilzförmige Granulationes arachnoideales** vor, die als **Pacchioni-Granulationen** bekannt sind. Im Bereich dieser Granulationen soll Liquor cerebrospinalis ins Blut übertreten. Dem Schaf fehlen sie. Sind Vertiefungen an der Gehirnoberfläche vorhanden, ist das Cavum subarachnoideale zu sog. **»Cisternae arachnoideales«** erweitert.

Eine für die Praxis wichtige Erweiterung ist die **Cisterna cerebellomedullaris** (Abb. 14-34). Sie kann über das **Spatium atlantooccipitale** erreicht werden und dient zur **Liquorentnahme** für diagnostische Zwecke. Im spinalen Bereich kann das Cavum subarachnoideale zum gleichen Zweck im **Spatium lumbosacrale** bzw. zwischen **Os sacrum** und **1. Schwanzwirbel** punktiert werden.

## Weiche Hirn- und Rückenmarkhaut (Pia mater encephali et spinalis)

Die zarte Hirn- und Rückenmarkhaut bedeckt unmittelbar die **marginale Gliaschicht des ZNS** (Abb. 14-38 u. 39). Sie bildet die mesodermale Seite der **Pia-Glia-Grenze**. Die Pia mater ist gut innerviert, in ihr verlaufen auch **zahlreiche Blutgefäße**, die von hier in das Nervengewebe eindringen.

Die **Pia mater spinalis** entlässt an beiden Seiten des Rückenmarks eine zackenförmige Bindegewebsplatte, das **Ligamentum denticulatum**. Seine Zacken verbinden sich mit der Dura mater. Es hält das allseits von Liquor umgebene Rückenmark in seiner Position fest. Im **Gehirnbereich** werden die Gefäße von der Pia mater noch ein Stück in die Tiefe begleitet, sodass **»Piatrichter«** entstehen. Hier soll es größtenteils zum Übertritt des Liquor cerebrospinalis in die Venen kommen.

## Binnenräume des ZNS und Liquor cerebrospinalis

Man unterscheidet als Binnenräume des Gehirns **vier Ventrikel**, nämlich die paarigen seitlichen Kammern **(Ventriculi laterales)** und den unpaarigen dritten bzw. vierten Ventrikel **(Ventriculus tertius** bzw. **quartus)** (Abb. 14-40, 41 u. 43).

In diese Binnenräume des Gehirns wird von den **Plexus choroidei** der **Liquor cerebrospinalis** abgegeben. Diese Plexus bestehen aus einer **Epithelschicht** und dem darunterliegenden gefäßhaltigen **Bindegewebe**, der Pia mater. Die Plexus choroidei werden mit Hilfe einer **Piaduplikatur** an der Wand der Binnenräume befestigt. Die Ansatzlinie der Piaduplikatur wird als **Taenia choroidea** bezeichnet.

Die Plexus choroidei ragen vom **dritten Gehirnventrikel** auch in die beiden Seitenventrikel hinein. Ebensolche ragen vom Dach des Rautenhirns in den **vierten Ventrikel**. Die Plexus choroidei werden hauptsächlich vom N. trigeminus, vom N. vagus und von vegetativen Fasern innerviert.

Der **vierte Gehirnventrikel** stellt die **Erweiterung** des **Canalis centralis** des Rückenmarks im Bereich des Rhombencephalon dar (Abb. 14-40 u. 41). Er setzt sich rostral mit dem **Aquaeductus mesencephali** fort, der sich im Diencephalon zum dritten Ventrikel erweitert. Dieser umgibt wie ein Fahrradschlauch die Adhaesio interthalamica (Massa intermedia). Rostral kommuniziert der dritte Ventrikel über das **Foramen interventriculare** mit den beiden Seitenventrikeln (I und II), die in den Hemisphären des Telencephalon liegen.

Der in die Binnenräume abgegebene **Liquor cerebrospinalis** verlässt diese im Bereich des vierten Ventrikels durch zwei seitlich angelegte **Öffnungen (Foramina Luschkae)** und die beim Menschen und den Fleischfressern in diesem Ventrikel vorhandene Apertura mediana. Die Zerebrospinalflüssigkeit gelangt auf diese

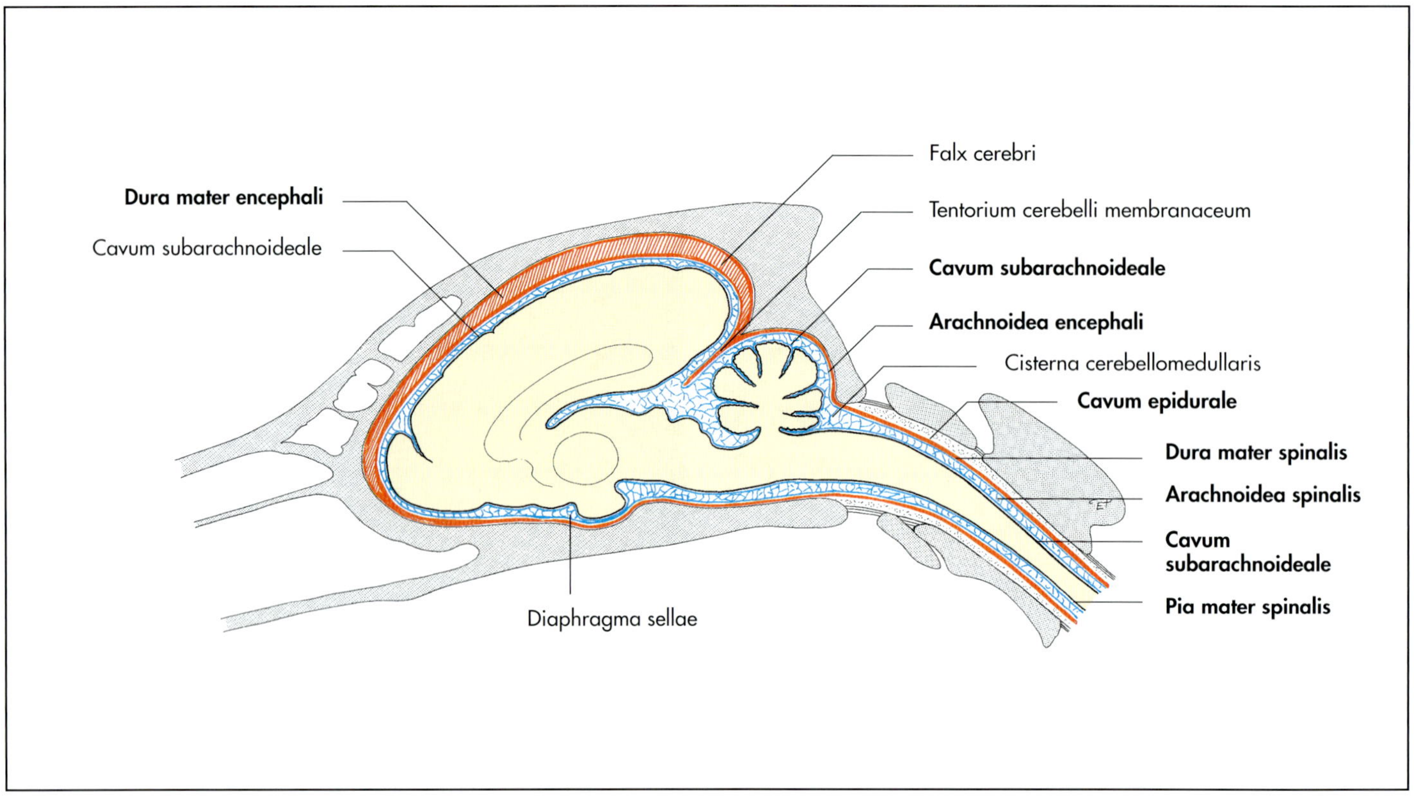


**Abb. 14-38.** Schematische Darstellung der häutigen Hüllen (Meninges) des Gehirns und des kranialen Halsmarks des Hundes. Rot = Pachymeninx, blau = Leptomeninx.

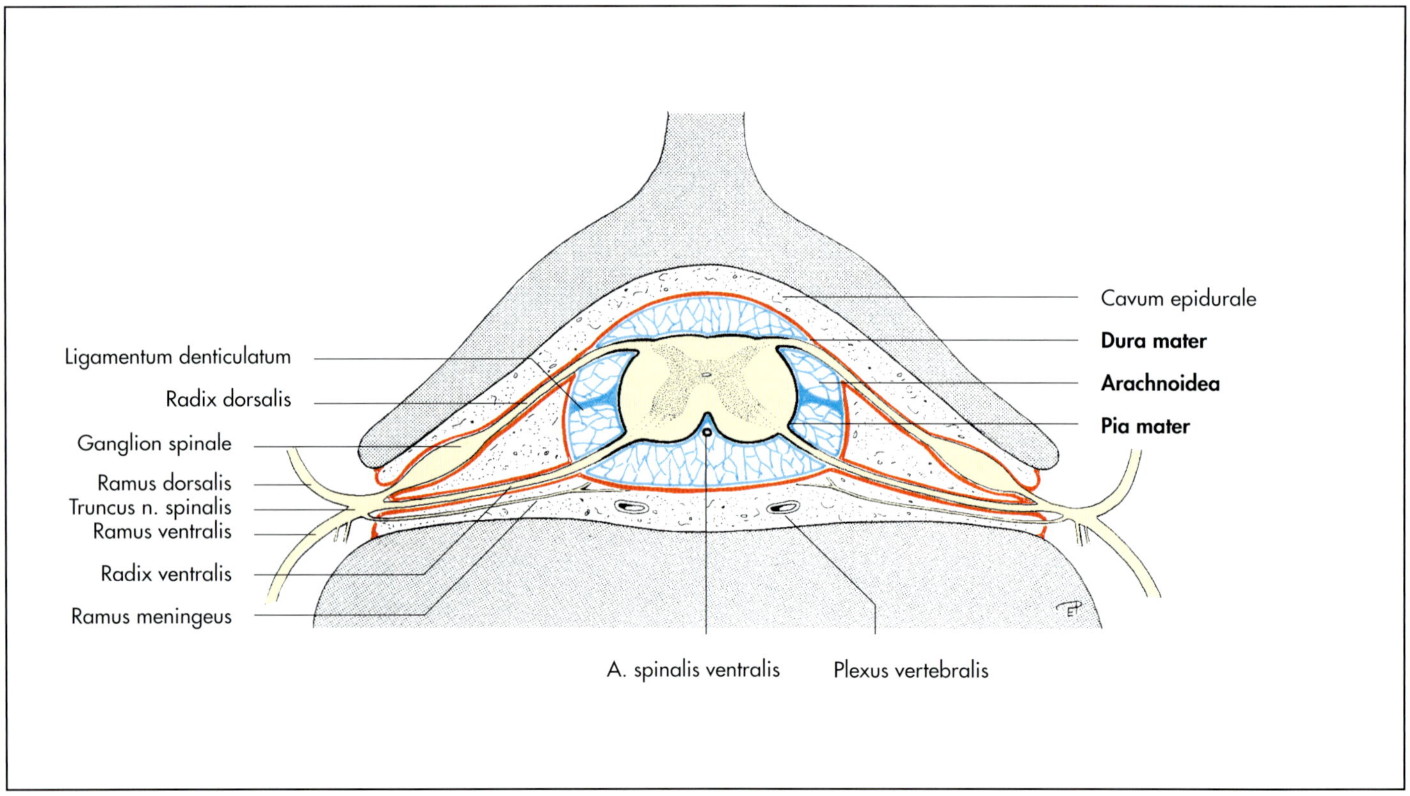


**Abb. 14-39.** Schematische Darstellung der häutigen Hüllen (Meninges) des Rückenmarks des Hundes. Rot = Pachymeninx, blau = Leptomeninx.

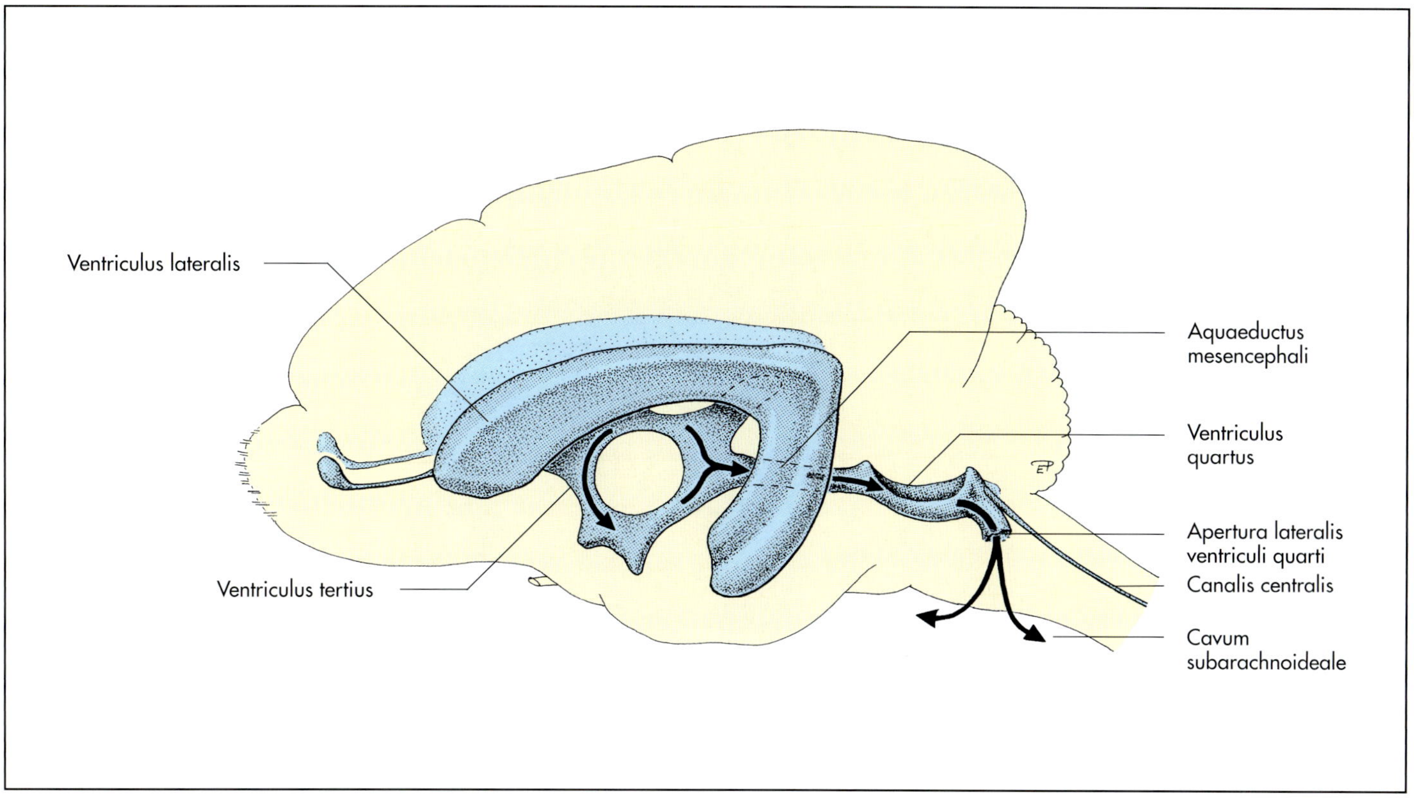


**Abb. 14-40.** Binnenräume des Gehirns des Hundes mit Zirkulation des Liquor cerebrospinalis (Pfeile) (Lateralansicht), nach Anderson und Anderson, 1994.

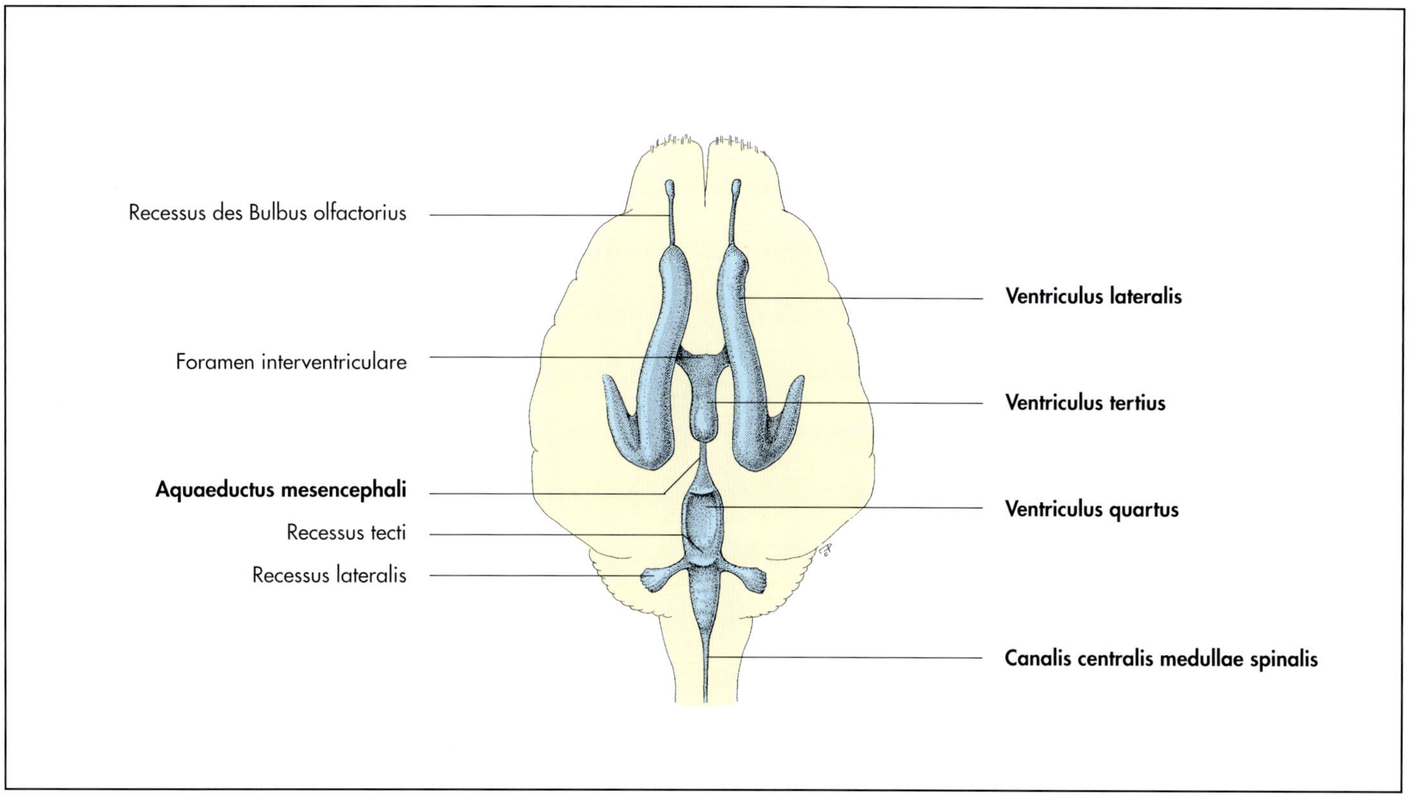


**Abb. 14-41.** Binnenräume des Gehirns des Hundes (Dorsalansicht), nach Anderson und Anderson, 1994.

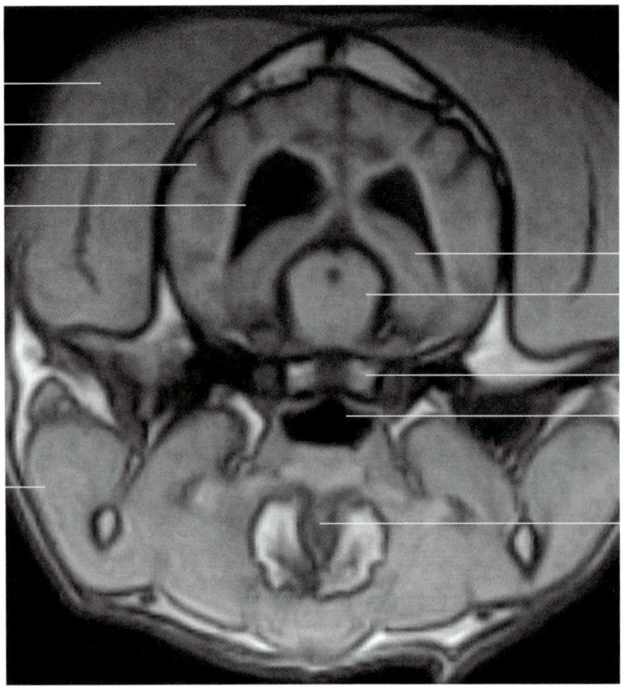


**Abb. 14-42.** Magnetresonanztomogramm des Kopfes eines Hundes (Transversalschnitt rostral der Kiefergelenke, Kaudalansicht), Aufnahme Dr. Sibylle Kneissl, Wien.

Weise in das **Cavum subarachnoidale** und umgibt damit das gesamte ZNS (Abb. 14-38). Die zerebrospinale Flüssigkeit stellt einen mechanischen Schutz für das ZNS dar und **ersetzt die fehlende Lymphflüssigkeit**.

Die **Wände des Ventrikelsystems** werden ähnlich wie der Zentralkanal des Rückenmarks von einer einschichtigen Zelllage, dem **Ependym**, ausgekleidet.

# Blutgefäße des ZNS

## Gefäße des Rückenmarks

Das Rückenmark wird im Halsbereich von **Segmentalarterien** aus den **Aa. vertebrales**, weiter kaudal von solchen der **Aa. intercostales** und der **Aa. lumbales** versorgt. Die Gefäße treten durch die **Fora-**

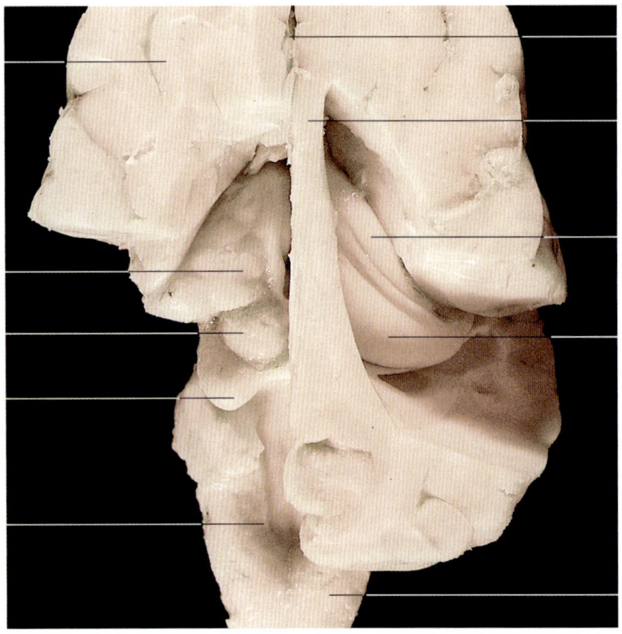


**Abb. 14-43.** Binnenräume des Gehirns eines Hundes (Dorsalansicht), Präparat Prof. Dr. W. Künzel, Wien.

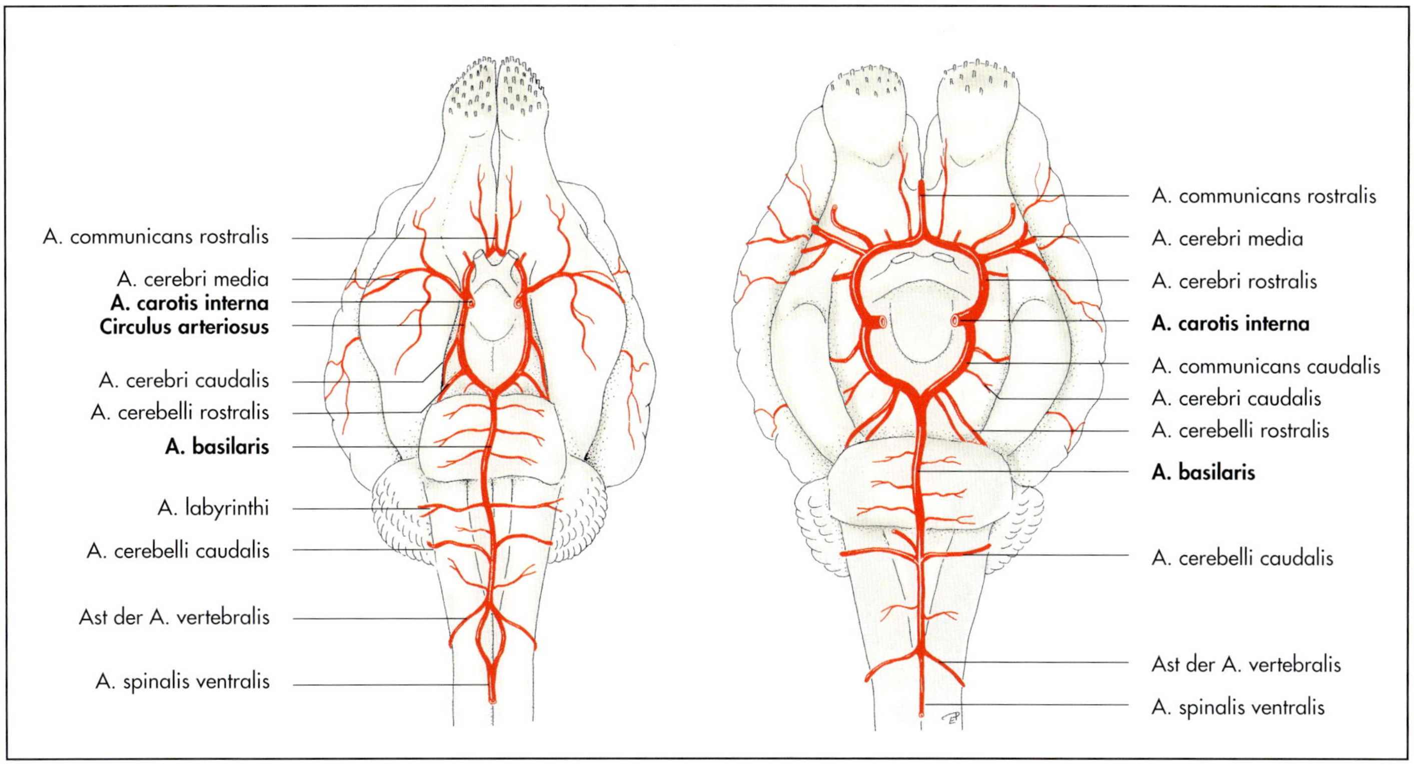


**Abb. 14-44.** Schematische Darstellung des Circulus arteriosus und der Arterien an der Basis des Gehirns des Hundes (Ventralansicht) (linke Abbildung, nach Budras et al., 1996) und des Pferdes (rechte Abbildung, nach Rösslein, 1987).

**mina intervertebralia** in den Wirbelkanal ein und teilen sich in einen **dorsalen** und einen **ventralen Ast**. Diese Rami erreichen mit den Wurzeln der Spinalnerven das Rückenmark. Dort verbinden sie sich durch **Anastomosen**, sodass **drei längsgerichtete Arterien** entstehen.

Die größte, die **A. spinalis ventralis**, verläuft nahe der Fissura mediana ventralis, während die beiden dünneren im Sulcus dorsalis lateralis entlang der Dorsalwurzelaustritte zu liegen kommen (Abb. 14-39 u. 44). An der Oberfläche des Rückenmarks entstehen **Gefäßnetze**, aus denen die **tiefen Anteile** versorgt werden. Die **graue Substanz** wird erheblich **stärker** als die weiße vaskularisiert (Abb. 14-6 u. 50).

Die **spinalen Venen** bilden ein ähnliches Netzwerk wie die Arterien. Auch die abführenden Venen verlaufen mit den Spinalwurzeln. Sie münden in das **epidurale Blutleitersystem**. Diese epidural gelegenen Venenplexus verlaufen beiderseits auf den Wirbelkörpern und stehen segmental jeweils miteinander in Verbindung. Es entsteht das Bild einer **Strickleiter**. Sie sind dünnwandig und **klappenlos**, sodass das Blut in jede Richtung zirkulieren kann. Sie stehen mit den außerhalb der Wirbelsäule gelegenen **Venenplexus** in Verbindung, die **klappentragend** sind und entsprechend ihrer Lage in die **V. vertebralis**, die **V. cava cranialis**, die **V. azygos** oder die **V. cava caudalis** einmünden.

**Stauungen**, die beispielsweise tumorbedingt im Bereich der erwähnten Venen auftreten, führen dazu, dass das Blut auf seinem Weg zum Herzen die Umleitung über die genannten klappenlosen **Wirbelblutleiter (Plexus vertebralis)** nimmt. In diesen Blutleitern fließt das Blut sehr langsam, zeitweise sistiert der Blutfluss sogar. Diese Tatsache macht eventuell verständlich, weshalb sich etwaige im Blut vorhandene pathogene Keime oder Tumorzellen in diesem Bereich leichter als anderswo im Körper ansiedeln können.

Auch bei **operativen Eingriffen** im Bereich der Wirbelsäule **(Laminektomie)** erlangen die Wirbelblutleiter **klinische Bedeutung**. Ihre Verletzung führt zu Blutungen, deren Stillung aufwendig sein kann.

## Gefäße des Gehirns

Das Gehirn wird **arteriell** bei Pferd und Hund hauptsächlich von der **A. carotis interna** versorgt. Bei den Wiederkäuern und bei der Katze, bei denen die A. carotis interna nach der Geburt obliteriert, übernehmen Äste der **A. maxillaris** die Blutzufuhr zum Gehirn. Diese Äste bilden an der Gehirnbasis ein **kompliziertes Arteriennetz**, das **Rete mirabile epidurale rostrale** und **caudale**. Unter dem Begriff Rete mirabile versteht man die Aufteilung einer Arterie in mehrere Äste, die wiederum zu einer Arterie zusammenfließen. Beim Schwein, bei dem die A. carotis interna vorhanden ist, teilt sich diese in das **Rete mirabile epidurale rostrale** auf. Diese arteriellen Wundernetze schließen sich wiederum jederseits zur **A. carotis cerebralis** zusammen.

Die **A. carotis interna** von Pferd und Hund oder die **A. carotis cerebralis** der übrigen Haussäugetiere durchbricht die Dura mater im Bereich des Diaphragma sellae und bildet um den Hypophysenstiel an der Gehirnbasis den **Circulus arteriosus cerebri** (Abb. 14-44 u. 45). Dieser, nach Willis benannte **Arterienring**, ist nur beim Hund geschlossen. Bei den übrigen Tierarten ist er spangenartig und rostral meistens offen.

Der **Circulus arteriosus** wird von kaudal auch über die **A. basilaris** und über die **A. vertebralis** gespeist. Beim Rind ist die Blutzufuhr über die A. vertebralis zum Gehirn erheblich. Aus dem Circulus arteriosus und der A. basilaris entspringen sämtliche Arterien des Gehirns (Abb. 14-44 bis 46).

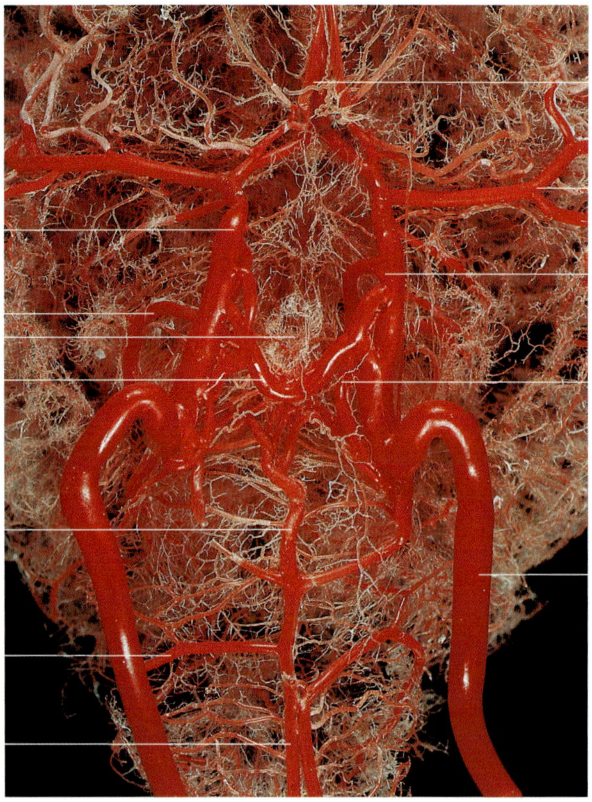


**Abb. 14-45.** Arterien an der Basis des Gehirns eines Pferdes (Korrosionspräparat), Rösslein, 1987.

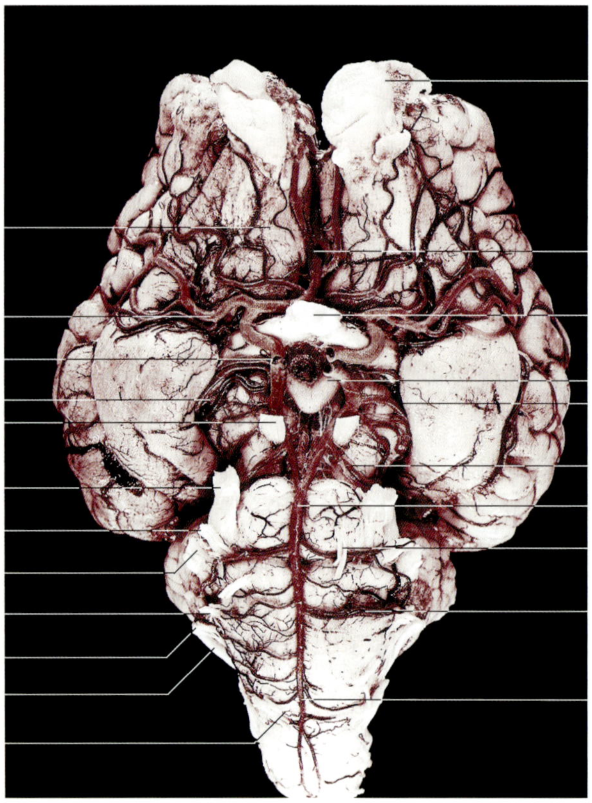


**Abb. 14-46.** Blutgefäße an der Basis des Gehirns eines Rindes, König, 1979.

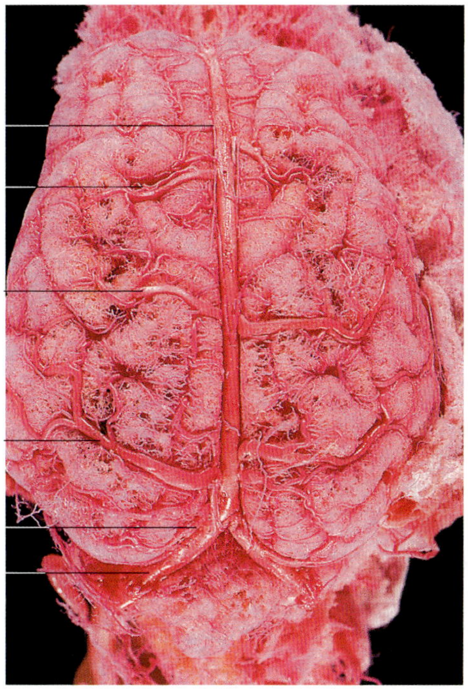


**Abb. 14-47.** Blutgefäße des Gehirns eines jungen Schweines (Korrosionspräparat).

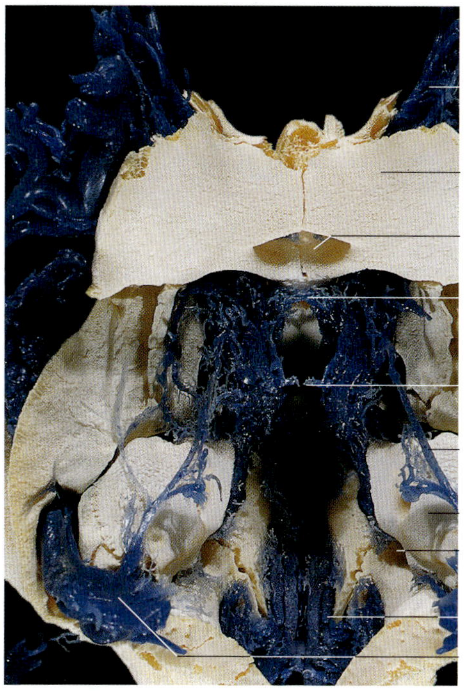


**Abb. 14-48.** Basale Venen (Sinussystem) in der Schädelhöhle eines Kalbes (Korrosionspräparat), König, 1979.

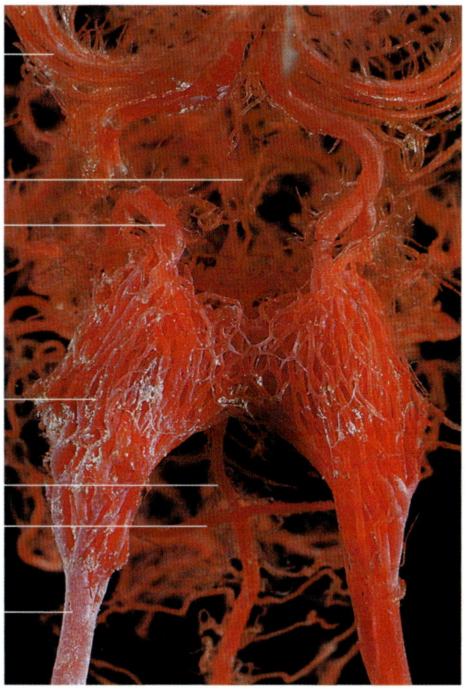


**Abb. 14-49.** Arterien an der Schädelbasis eines Schweines (Korrosionspräparat), Egelkraut, 1987.

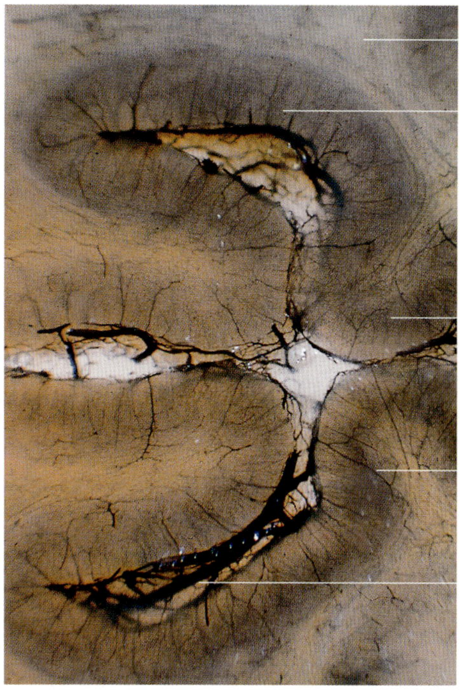


**Abb. 14-50.** Mikrovaskularisation der Großhirnrinde (Tuscheinjektionspräparat), König, 1979.

Hauptäste sind:

- A. cerebri rostralis,
- A. cerebri media,
- A. cerebri caudalis,
- A. cerebelli rostralis und
- A. cerebelli caudalis.

Die **großen** zerebralen **Arterien** liegen ausnahmslos an der **Oberfläche** des Gehirns. Von diesen dringen kleine Arterien und Arteriolen senkrecht in die Gehirnsubstanz ein, um sich dort zu verzweigen. Das **Kapillarnetz** ist in der **grauen Substanz** besonders **dicht**, in der **weißen Substanz** sehr **viel weitmaschiger** (Abb. 14-47 u. 48).

Die Durchlässigkeit zwischen Nervengewebe und den Blutgefäßen wird durch die sog. **Blut-Hirn-Schranke** vermindert. Sie

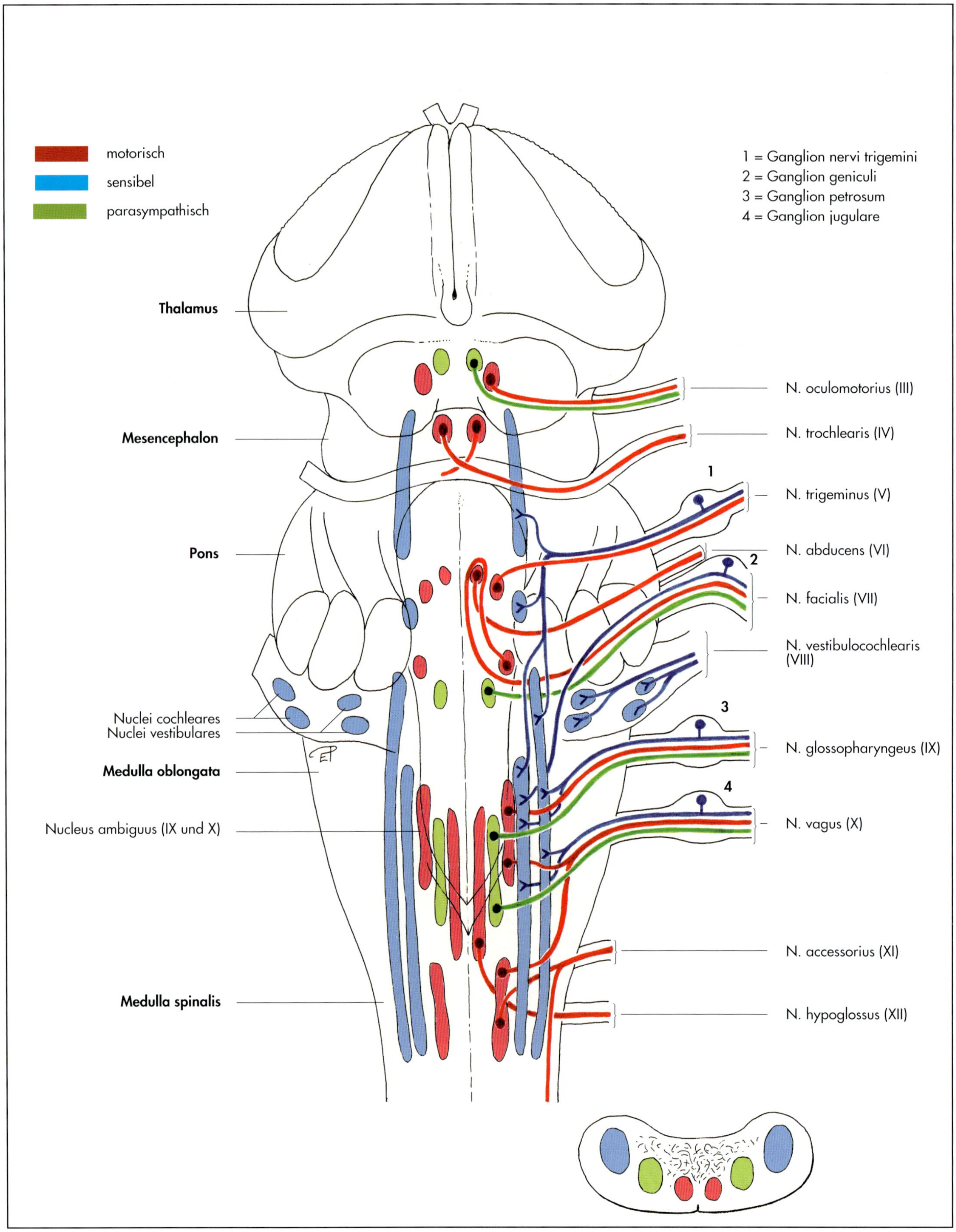


**Abb. 14-51.** Schematische Darstellung der Lage der Kerngebiete der Gehirnnerven (auf der linken Seite sind die Kerne ohne Zugehörigkeit zu den Nerven dargestellt).

wird vom **Endothel der Gehirnkapillaren** einerseits und den umgebenden **Gliazellen** andererseits gebildet.

Die **Arterien des Gehirns** gehen **untereinander kaum Anastomosen** ein. Beim plötzlichen Verschluss einer Arterie durch Blutgerinnsel, Gasbläschen oder Fetttröpfchen (Embolie) geht das Nervengewebe im Versorgungsbereich der entsprechenden Arterie zugrunde. Besonders betroffen sind beim **Menschen** die **A. cerebri media** und ihre Äste.

Die **Venen des Gehirns** werden in **dorsale**, **basale** und **innere** eingeteilt. Sie verlaufen nicht parallel mit den Arterien und besitzen **keine Klappen**. Sie münden in die ebenfalls **klappenlosen Sinus durae matris** (Abb. 14-47 u. 48).

Die **Vv. cerebri dorsales** münden in den **Sinus sagittalis dorsalis**. An seinem kaudalen Ende mündet auch die **V. cerebri magna,** deren proximales Ende zum **Sinus rectus** wird. Sie sammelt das Blut aus den **inneren Bereichen des Gehirns**. Die ventral verlaufenden Venen ziehen entweder in den **Sinus cavernosus** oder in den **Sinus petrosus ventralis**. Hier ist vor allem die **V. rhinalis** zu nennen.

Die **Sinus durae matris** in der Schädelhöhle gehören entweder einem **dorsalen** oder einem **ventralen System** an. Zum dorsalen System gehört der **Sinus sagittalis dorsalis**, der in der Falx cerebri verläuft. Er sammelt das Blut von den dorsalen Abschnitten der Großhirnhemisphären und den Knochen des Schädeldachs. Sein kaudales Ende nimmt den **Sinus rectus** auf und teilt sich dann in die **Sinus transversi**, die quer im **Tentorium cerebelli membranaceum** verlaufen. In die **Sinus transversi** münden die Kleinhirnvenen. Er verbindet sich mit dem **Sinus temporalis**, der sich über das Foramen retroarticulare öffnet, und geht außer beim Pferd Verbindungen mit dem ventralen Sinussystem ein.

Das **ventrale Sinussystem** ist im Wesentlichen durch den **Sinus cavernosus** repräsentiert. Er befindet sich rings um die **Hypophyse** und ist mit dem distalen S-förmigen Ende der A. carotis interna, dem sog. **»Karotissyphon«** bzw. dem **Rete mirabile epidurale**, gekoppelt. In das ventrale Sinussystem fließt die **V. profunda faciei**, die das Blut aus einem Teil des Gesichtsbereichs, aus der Orbita und der Nasenhöhle, sammelt. Dadurch wird das zum Gehirn strömende Blut geringfügig gekühlt.

# Periphere Nerven und Ganglien, PNS (Systema nervosum periphericum)

Sämtliche periphere Nerven und Ganglien stehen mit dem ZNS in Verbindung. Sie stellen damit **keine selbstständige Einheit** dar und sind **ohne das ZNS nicht funktionsfähig**. Sie lassen sich nach morphologischen und funktionellen Kriterien in **zwei große Gruppen** einteilen: **Zerebrospinale (oikotrope) Nerven** und **Ganglien**, die das ZNS mit den Sinnesorganen und der quergestreiften Muskulatur in Verbindung bringen und damit der Auseinandersetzung mit der Umwelt dienen, und **autonome (idiotrope) Nerven** und **Ganglien**, die zum **vegetativen Nervensystem** gehören. Sie setzen das ZNS mit den Eingeweiden und dem Kreislaufsystem in Beziehung und sorgen für das harmonische Zusammenspiel der inneren Organe. Je nach Funktion unterscheidet man dabei einen **sympathischen** und einen **parasympathischen Anteil**.

## Zerebrospinale Nerven und Ganglien

Die zerebrospinalen Nerven werden eingeteilt in:

- Gehirnnerven (Nn. craniales),
- Rückenmarknerven bzw. Spinalnerven (Nn. spinales).

Die zerebrospinalen Nerven bestehen aus **Neuriten** von **Nervenzellen**, die ihren Sitz entweder in Kerngebieten des ZNS oder in unmittelbar neben dem ZNS gelegenen Ganglien haben und, ohne Synapsen, direkte Verbindung zwischen dem Erfolgsorgan und dem Zentralorgan bzw. umgekehrt herstellen.

Bei den **Gehirnnerven** finden sich hingegen neben **gemischten** auch **rein sensorische** oder **sensible** und **rein motorische Nerven**. Einige Gehirnnerven besitzen auch **vegetative Fasern**, die oft eigenwillige Wege benützen.

Die **Rückenmarknerven** besitzen bezüglich ihres **Fasergehaltes gemischten Charakter**. Sie beinhalten **motorische** und **sensible Fasern**, denen sich meistens auch **vegetative** hinzugesellen (s. auch Kap. »Einführung und allgemeine Anatomie«, S. 43).

## Gehirnnerven (Nn. craniales)

Der klassischen Anatomie folgend unterscheidet man **12 Gehirnnervenpaare (Nn. craniales I–XII)**, obwohl die **beiden ersten Paare keine peripheren Nerven** sind. Diese sind Leitungsbahnen des Gehirns. Die Gehirnnerven unterscheiden sich von den Spinalnerven durch mehrere Charakteristika, nämlich:

- keine segmentale Anlage,
- das metamere Gliederungsprinzip ist nicht gegeben und
- sie besitzen keine voneinander getrennten sensiblen und motorischen Wurzeln.

Die **Gehirnnervenpaare** können gruppiert werden in:

- Die Paare I, II und VIII sind reine **Sinnesnerven**:
  - N. olfactorius (I),
  - N. opticus (II),
  - N. vestibulocochlearis (VIII).
- Die Paare III, IV und VI sind **Augenmuskelnerven**:
  - N. oculomotorius (III),
  - N. trochlearis (IV),
  - N. abducens (VI).
- Die Paare V, VII, IX, X und XI werden als **Kiemenbogennerven** bezeichnet, da sie Organe und Körperteile innervieren, die sich aus dem Kiemenapparat entwickelt haben.
  In dieser Gruppe unterscheidet man den:
  - N. trigeminus (V) (1. Kiemenbogennerv),
  - N. facialis (VII) (2. Kiemenbogennerv),
  - N. glossopharyngeus (IX) (3. Kiemenbogennerv),
  - N. vagus (X) (4. Kiemenbogennerv) und
  - N. accessorius (XI) (4. Kiemenbogennerv).
- Das letzte Paar, der XII. Gehirnnerv (N. hypoglossus), entspricht entwicklungsgeschichtlich dem **Rest eines Halsnervs**.

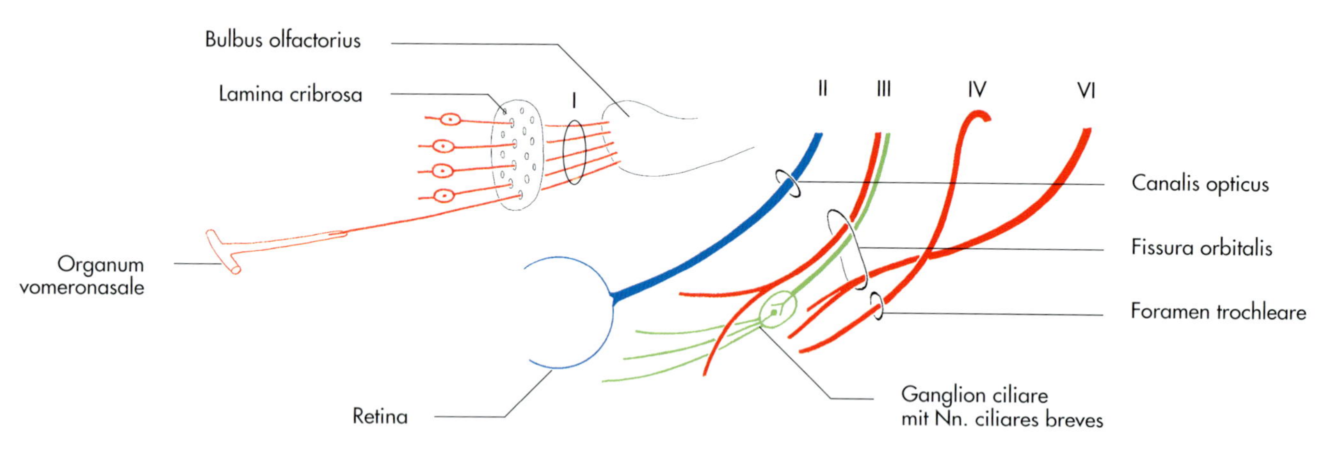


**Abb. 14-52.** Schematische Darstellung des N. olfactorius (I) (hellrot), des N. opticus (II) (dunkelblau), des N. oculomotorius (III), des N. trochlearis (IV) und des N. abducens (VI) (rot), parasympathische Fasern (hellgrün), nach Budras und Röck, 1997.

## Nervus olfactorius (I)

Der N. olfactorius (I) ist im engeren Sinn kein peripherer Nerv. Er besteht aus den Fortsätzen der **Sinneszellen des Riechepithels**, die in den **Bulbus olfactorius** eintreten. Sie sind **marklos** und durchziehen die Löcher der **Siebbeinplatte** des Os ethmoidale. Ein äußerst dünner Ast, der **N. terminalis**, endet im **Organum vomeronasale**. Er entspringt rostral am Rhinencephalon (Abb. 14-21 u. 52 u. Tab. 14-1).

## Nervus opticus (II) (Fasciculus opticus)

Der N. opticus (II), auch Fasciculus opticus genannt, ist ebenfalls kein peripherer Nerv, sondern eine **Leitungsbahn des Gehirns**. Das Ursprungsgebiet der Optikusfasern, die **Retina**, ist zusammen mit dem Pigmentepithel des Bulbus oculi eine **Ausstülpung des Diencephalon**. Er verlässt den kaudalen Pol des Bulbus oculi, zieht leicht S-förmig, von einer Durascheide bedeckt, durch die Orbita und erreicht die Schädelhöhle durch den **Canalis opticus** (Abb. 14-29, 52 u. Tab. 14-1).

Von der **Sehnervenkreuzung (Chiasma opticum)** verlaufen seine Fasern weiter im **Tractus opticus** an der Basis des Gehirns. Sie gehen Synapsen im **Corpus geniculatum laterale**, in den **Colliculi rostrales** der **Vierhügelplatte** sowie in **Thalamuskernen** ein und strahlen schließlich über die **Radiatio optica** in die **Sehrinde des Okzipitallappens des Gehirns** ein (Abb. 14-29).

## Nervus oculomotorius (III)

Der N. oculomotorius (III), ein **somatomotorischer Nerv**, bezieht seine Fasern aus dem **Nucleus motorius** und dem **Nucleus parasympathicus** des **N. oculomotorius**. Beide Kerne liegen eng benachbart im **Tegmentum mesencephali**. Er innerviert die **Muskeln des Bulbus oculi** mit Ausnahme des M. obliquus dorsalis bulbi, des M. rectus lateralis bulbi sowie des lateralen Abschnittes des M. retractor bulbi. Zusätzlich innerviert er den **M. levator palpebrae superioris** (Abb. 14-12, 18 u. 52 u. Tab. 14-1).

Die **parasympathischen Fasern** des N. oculomotorius erreichen das **Ganglion ciliare**. Die postganglionären Neuriten innervieren den **M. sphincter pupillae (Pupillenverengung)** und den **M. ciliaris**. Den parasympathischen Fasern gesellen sich **sympathische** hinzu, die dem **Ganglion cervicale craniale** entstammen **(Pupillenerweiterung)**.

Der N. oculomotorius verlässt den Gehirnstamm an der Ventralseite der **Pedunculi cerebri**. Zusammen mit dem N. ophthalmicus und dem N. abducens zieht er in einer **gemeinsamen Durascheide** rostral, verlässt die Schädelhöhle durch das **Foramen rotundum** bzw. **orbitorotundum** und gelangt in die **Orbita**.

In der Orbita teilt er sich in einen dorsalen und einen ventralen Ast. Der **Ramus dorsalis** gibt einen Zweig an den M. levator palpebrae superioris ab und endet im M. rectus dorsalis bulbi. Mit dem **Ramus ventralis** verlaufen außer den motorischen Fasern für die bereits erwähnten Muskeln auch die **parasympathischen**.

Das **Ganglion ciliare** liegt an der **Abzweigungsstelle** des Astes für den **M. obliquus ventralis bulbi**. Der N. oculomotorius besitzt zudem eine geringe Anzahl **sensibler Fasern**, die in den N. ophthalmicus übertreten und zum **Ganglion trigeminale** gelangen.

## Nervus trochlearis (IV)

Der N. trochlearis (IV) (Abb. 14-52 u. Tab. 14-1), ein ebenfalls **somatomotorischer Nerv**, tritt an der **Dorsalfläche des Mittelhirns** aus und zieht um die Pedunculi cerebri zur **Basalfläche**. Sein Kern liegt ebenfalls im **Tegmentum mesencephali**. Vor seinem Austritt am Kaudalrand der Lamina tecti kreuzen sich seine Fasern in der Decussatio nervorum trochlearium.

Der N. trochlearis durchbohrt die Dura mater im Bereich der ventralen Falte des **Tentorium cerebelli membranaceum** und verläuft lateral des **N. maxillaris** rostral. Durch das **Foramen rotundum** (beim Pferd: Foramen trochleare) gelangt er in die **Orbita** und innerviert den **M. obliquus dorsalis bulbi**. Auch im N. trochlearis wurden **sensible** Fasern nachgewiesen.

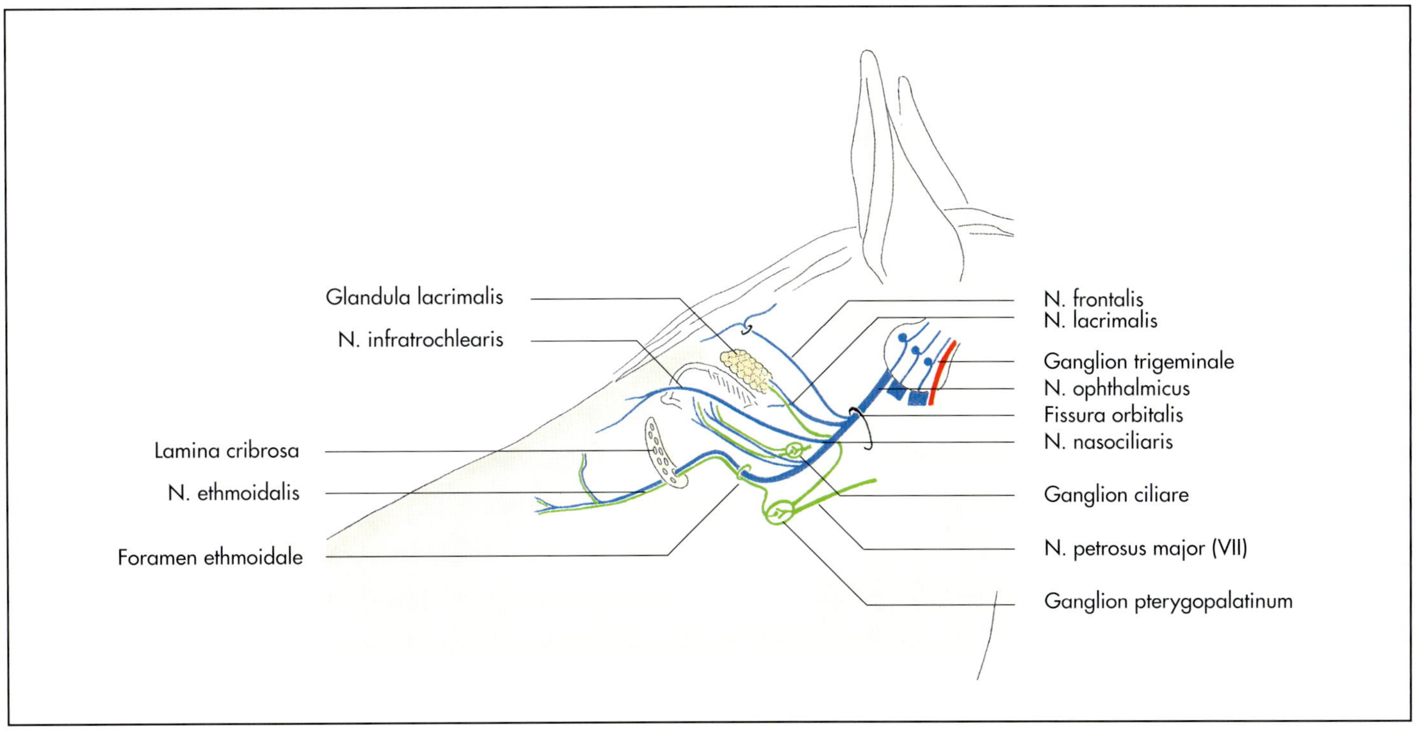


**Abb. 14-53.** Schematische Darstellung der Hauptverzweigung des N. ophthalmicus ($V_1$) des Pferdes, blau = sensible, rot = motorische und grün = parasympathische Fasern.

## Nervus trigeminus (V)

Der N. trigeminus (V) ist ein **gemischter Nerv** von großer Komplexität. Er ist der **umfangreichste sensible Nerv** des Kopfes. Er führt sensible Fasern für die Haut und Schleimhäute im Kopfbereich sowie **motorische Fasern** für die Kaumuskulatur, für den M. mylohyoideus, für den rostralen Teil des M. digastricus und wahrscheinlich auch für den M. tensor veli palatini und den M. tensor tympani (Abb. 14-46, 53, 54, 55, 56 u. Tab. 14-1).

Der **motorische Kern** des Trigeminus **(Nucleus motorius n. trigemini)** findet sich im **metencephalen Teil** des Gehirnstammes, in der Tiefe unter dem Locus caeruleus der Rautengrube. Die **sensiblen Fasern** entstammen den pseudounipolaren Zellen des **Ganglion trigeminale**, deren zentrale Fortsätze in den **sensiblen Trigeminuskernen (Nucleus sensibilis pontinus n. trigemini**, **Nucleus tractus spinalis n. trigemini)** enden.

Der **Nucleus tractus mesencephali n. trigemini** besteht aus pseudounipolaren Nervenzellen, deren Fasern ohne Unterbrechung durch das **Ganglion trigeminale** hindurchziehen. Es sind dieses die **einzigen sensiblen Fasern**, deren Ursprungszellen **nicht** in einem Ganglion außerhalb des ZNS, sondern in einem **Nucleus des Gehirnstammes** liegen. Der Nucleus tractus mesencephalici n. trigemini stellt demnach ein im Gehirn verbliebenes **sensibles Ganglion** dar.

Der **N. trigeminus** tritt **lateral** des **Pons** mit einer **Radix sensoria** und einer **Radix motoria** aus. Das **Ganglion trigeminale** liegt in einer **Duratasche am Felsenbein**. Vom Ganglion trigeminale teilt sich der N. trigeminus in die Hauptäste:

- N. ophthalmicus ($V_1$),
- N. maxillaris ($V_2$),
- N. mandibularis ($V_3$).

## Nervus ophthalmicus ($V_1$)

Der N. ophthalmicus ($V_1$) zieht zunächst in einer gemeinsamen Durascheide mit dem N. maxillaris, dem N. oculomotorius, dem N. trochlearis und dem N. abducens lateral an der Hypophyse vorbei zum **Foramen rotundum** bzw. **orbitorotundum** der **Fissura orbitalis**, durch die er aus der Schädelhöhle in die **Orbita** austritt (Abb. 14-53 u. Tab. 14-1).

Der N. ophthalmicus besitzt, zusammen mit den Begleitnerven, engen Kontakt zum **Sinus cavernosus** bzw. bei Wiederkäuern, Schwein und Katze auch zum **Rete mirabile epidurale**. Er teilt sich in der Orbita in den:

- N. lacrimalis,
- N. frontalis,
- N. nasociliaris mit:
  - N. ethmoidalis und
  - N. infratrochlearis.

Der **N. lacrimalis** (Abb. 14-53) zieht, von der derben Periorbita bedeckt, lateral der Augenmuskelpyramide zur **Glandula lacrimalis** und zum **temporalen Augenwinkel**. Er innerviert die Haut und die Bindehaut im Bereich des temporalen Augenwinkels. Beim Rind steuert er zusammen mit dem **N. zygomaticus** den größten Faseranteil zur Bildung des **Ramus cornualis** bei.

Die **sekretorischen Fasern** zur Innervation der Tränendrüse stammen vom **N. facialis (VII)**. Sie bilden Synapsen im **Ganglion pterygopalatinum**, verlaufen dann mit dem N. maxillaris und dem N. zygomaticus, um schließlich auf den N. lacrimalis überzutreten.

Der **N. frontalis** (Abb. 14-53) zieht ebenfalls unter der Periorbita über die dorsomediale Fläche der Augenmuskelpyramide und gelangt zum **dorsalen Rand der Orbita**. Hier durchbohrt er die Periorbita und schlägt sich um den Orbitarand herum. Beim Pferd durch-

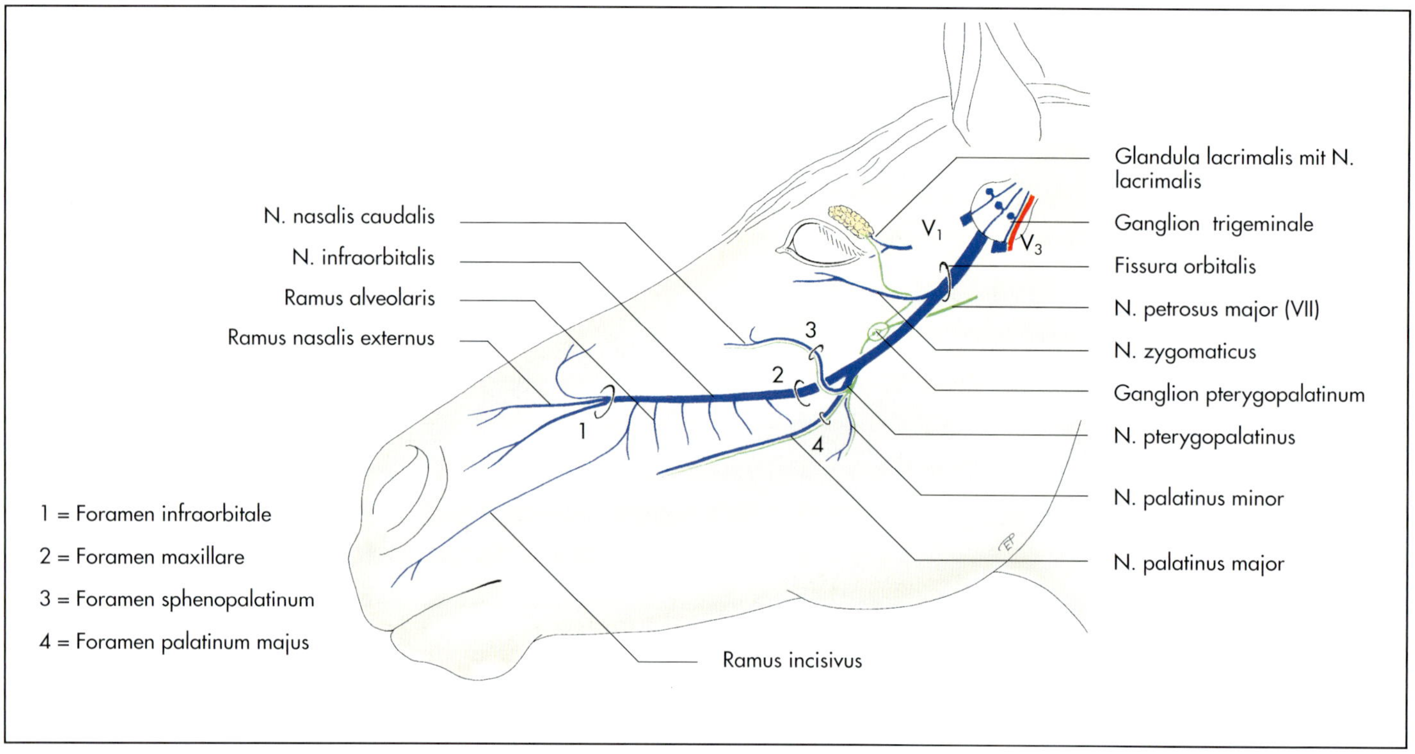


**Abb. 14-54.** Schematische Darstellung der Hauptverzweigungen des N. maxillaris ($V_2$) des Pferdes, blau = sensible, rot = motorische und grün = parasympathische Fasern.

zieht er das **Foramen supraorbitale**. Er innerviert die Haut und die Bindehaut des oberen Augenlides und des nasalen Augenwinkels sowie die Stirnhaut. Er gibt einen Ast an den Sinus frontalis ab.

Der **N. nasociliaris** (Abb. 14-53) ist der **umfangreichste Ast** des N. ophthalmicus. Anfangs verläuft er lateral des N. opticus, tritt dann aber über diesen hinweg zur medialen Wand der Orbita. Der N. nasociliaris teilt sich in den N. ethmoidalis und den N. infratrochlearis. An seiner Aufzweigungsstelle entlässt er feine Äste, die das Ggl. ciliare durchziehen und als **Nn. ciliares breves** zusammen mit den **Nn. ciliares longi** in den Bulbus oculi eintreten. Die **Nn. ciliares** verlaufen zwischen Sclera und Choroidea bis zur Iris. Sie verzweigen sich in der Regenbogenhaut, dem M. ciliaris und in der Cornea.

Der **N. ethmoidalis** (Abb. 14-53) zieht zum **Foramen ethmoidale**, durch das er wieder in die Schädelhöhle eintritt. Hier verläuft er außerhalb der Dura mater bis zum medialen Rand der **Siebbeinplatte**, durchzieht diese und gelangt in die **Nasenhöhle**. Er innerviert die **Riechschleimhaut** mit **sensiblen Fasern** und gibt Äste an die Stirnhöhle und an die Haut des Nasenhöhlendaches bis zur Nasenspitze ab.

Der **N. infratrochlearis** zieht an der medialen Wand der Orbita zum **nasalen Augenwinkel**. Er innerviert die Bindehaut, die Tränenkarunkel und die Nickhaut.

## Nervus maxillaris ($V_2$)

Der N. maxillaris ($V_2$) ist wesentlich stärker als der N. ophthalmicus. In der Schädelhöhle entlässt er einen **Ramus meningeus** für basale Bereiche der Dura mater. Er verlässt die Schädelhöhle durch das **Foramen rotundum** bzw. **orbitorotundum** und zieht zur Fossa pterygopalatina (Abb. 14-54 u. Tab. 14-1). Er teilt sich auf in den:

- N. zygomaticus,
- N. pterygopalatinus,
- N. infraorbitalis.

Mit dem N. maxillaris verbunden liegt auf dessen medialer Seite das **parasympathische Ganglion pterygopalatinum**.

Der **N. zygomaticus** (Abb. 14-54) verläuft an der lateralen Wand der Orbita. Er innerviert zusammen mit dem N. lacrimalis, dem N. frontalis und dem N. auriculopalpebralis die Haut in der Scheitel- und Schläfengegend. Bei horntragenden Wiederkäuern trägt er zur Bildung des **Ramus cornualis** bei. Der N. zygomaticus führt dem N. lacrimalis **parasympathische Fasern** vom **Ganglion pterygopalatinum** zu. Der Katze fehlt der N. zygomaticus.

Der **N. pterygopalatinus** (Abb. 14-54) verlässt den N. maxillaris an seinem Ventralrand. Er verläuft rostral und teilt sich in den:

- N. nasalis caudalis,
- N. palatinus major,
- N. palatinus minor.

Der **N. nasalis caudalis** (Abb. 14-54) tritt durch das **Foramen sphenopalatinum** in die Nasenhöhle und verzweigt sich in einen Ramus medialis und einen Ramus lateralis. Er innerviert **sensibel** ventrale Bezirke der Nasenscheidewand, die Schleimhaut der ventralen Nasenmuschel und die des mittleren und ventralen Nasenganges.

Der **N. palatinus major** erreicht das **Foramen palatinum caudale**, durchzieht den Canalis palatinus und innerviert die Schleimhaut des harten Gaumens. Der dünne **N. palatinus minor** ist für die **sensible Innervation** des Gaumensegels zuständig.

Der **N. infraorbitalis** (Abb. 14-54) ist die Fortsetzung des N. maxillaris. Er erreicht das **Foramen maxillare**, durchzieht den

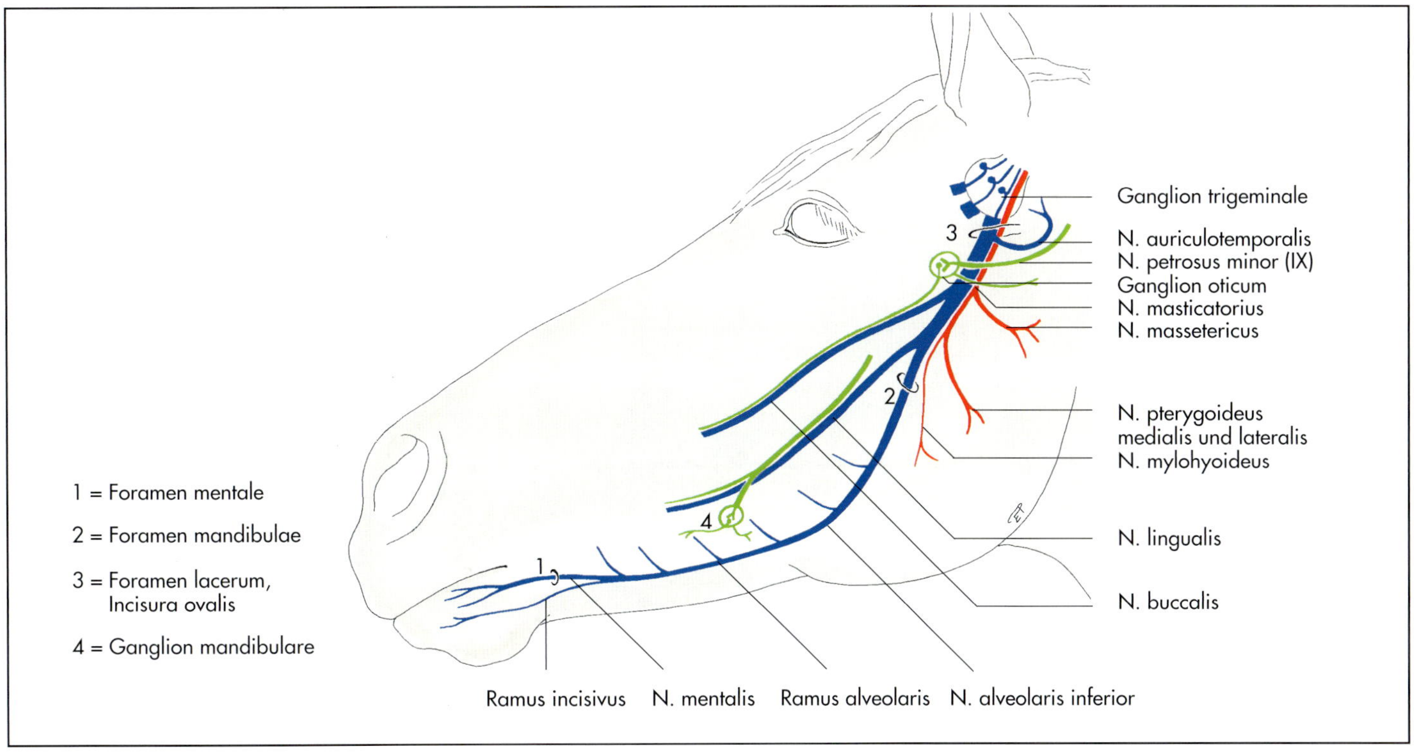


**Abb. 14-55.** Schematische Darstellung der Hauptverzweigungen des N. mandibularis ($V_3$) des Pferdes, die Nn. temporales profundi sind nicht dargestellt, blau = sensible, rot = motorische und grün = parasympathische Fasern.

Canalis infraorbitalis und verlässt diesen am **Foramen infraorbitale**. Er entlässt **Rami alveolares** an sämtliche Zähne des Oberkiefers, innerviert die Haut des Nasenrückens, die Haut und Schleimhaut der Nasenlöcher und die Oberlippe (Nasenbremse beim Pferd). Mit den Ästen des N. maxillaris verlaufen **sekretorisch-parasympathische Fasern** vom **Ganglion pterygopalatinum** zur Tränendrüse und zu Drüsen der Nase und des Gaumens.

## Nervus mandibularis ($V_3$)

Der N. mandibularis ($V_3$) ist ebenso stark wie der N. maxillaris (Abb. 14-55 u. Tab. 14-1). Er enthält als einziger Ast des N. trigeminus auch **motorische Fasern**. Nach Abgabe eines **Ramus meningeus** verlässt er die Schädelhöhle durch das **Foramen ovale** (Incisura ovalis, Pferd). Er teilt sich erneut auf in den:

- N. masticatorius,
- N. buccalis,
- N. auriculotemporalis,
- N. alveolaris inferior und
- N. lingualis.

Der **N. masticatorius** verlässt den N. mandibularis kurz nach seinem Durchtritt durch das **Foramen ovale**. Er teilt sich in den **N. massetericus** und die **Nn. temporales profundi**.

Der **N. massetericus** überquert die Incisura mandibulae und tritt seitwärts in den M. masseter ein. Die **Nervi temporales profundi** innervieren den M. temporalis. Ventromedial entlässt der N. mandibularis den **N. pterygoideus medialis** und den **N. pterygoideus lateralis** für die Innervation der gleichnamigen Kaumuskeln (Abb. 14-55).

In der Nähe des Ursprungs der Kaumuskelnerven liegt am N. mandibularis das **Ganglion oticum**. **Motorische Fasern** für den M. tensor tympani und für den M. tensor veli palatini verlassen den N. mandibularis in Höhe des Ggl. oticum, um von hier zu den genannten Muskeln zu ziehen.

Der **N. buccalis** verläuft zwischen dem M. pterygoideus lateralis und dem M. temporalis rostral zur Backengegend. Er innerviert die Backenschleimhaut **sensibel** und führt den Backendrüsen **sekretorische Fasern** vom Ganglion oticum zu (Abb. 14-55 u. 56).

Der **N. auriculotemporalis** verlässt den N. mandibularis an seinem Kaudalrand (Abb. 14-55 u. 56). Anfangs wird er von der **Glandula parotis** bedeckt. Er teilt sich in einen **Ramus auricularis** und einen **Ramus temporalis**. Der **Ramus auricularis** zieht am Vorderrand des äußeren Gehörgangs zur Ohrmuschel und versorgt zusammen mit dem **N. auricularis rostralis** des **N. facialis** die Haut an der Muschelbasis und an ihrer rostralen Innenfläche.

Der **Ramus temporalis** gibt Äste an den äußeren Gehörgang, die Ohrspeicheldrüse und die Haut in der Backengegend ab. Der N. mandibularis teilt sich schließlich in den **N. alveolaris inferior** und den **N. lingualis**.

Der **N. alveolaris inferior** verläuft zwischen dem M. pterygoideus lateralis und dem M. pterygoideus medialis zum **Foramen mandibulae**. Bevor er in den Unterkieferkanal eintritt, gibt er seinen letzten motorischen Ast, den **N. mylohyoideus**, ab. Dieser innerviert den M. mylohyoideus und den rostralen Bauch des M. digastricus. Im **Canalis mandibulae** entlässt der **N. alveolaris inferior Rami alveolares** für die Zähne des Unterkiefers. Er verlässt den Unterkieferkanal durch das **Foramen mentale (Foramina mentalia)** als **N. mentalis** und innerviert Haut und Schleimhaut an der Unterlippe und am Kinn (Abb. 14-55 u. 56).

Der **N. lingualis** verläuft vorerst lateral vom Stylohyoid, dann medial am M. mylohyoideus zur Zunge, wo er sich in einen ober-

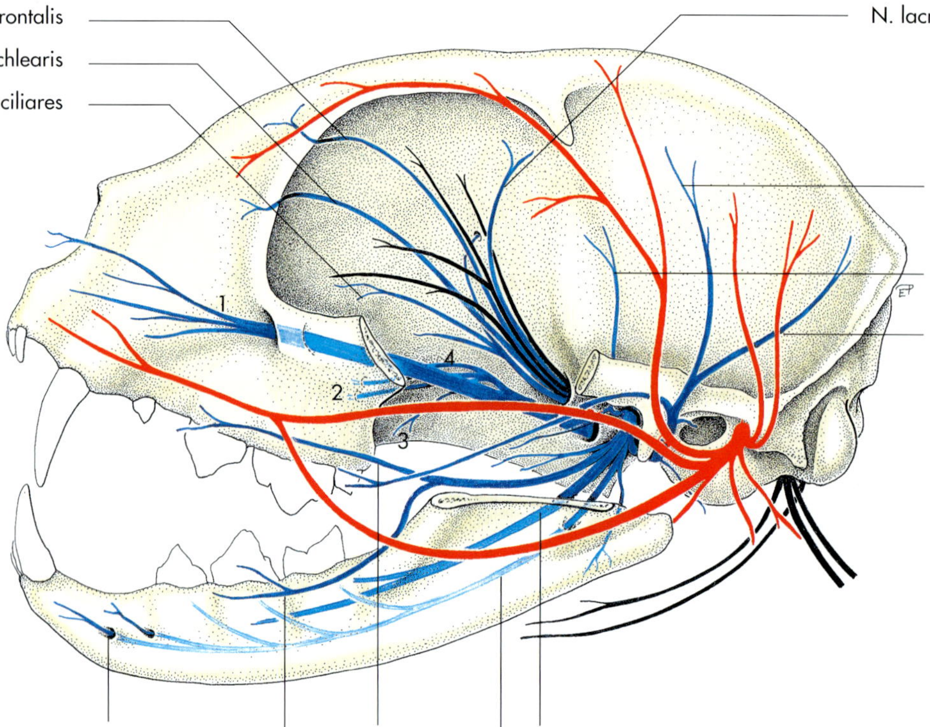


**Abb. 14-56.** Schematische Darstellung der Hauptverzweigungen des N. trigeminus (V) der Katze, blau = sensible Nervenfasern, rote und schwarze Nervenfasern siehe Abb. 14-58, Schleip, 1992.

flächlichen und einen tiefen Ast gabelt. Er versorgt die Schleimhaut der vorderen zwei Drittel der Zunge und die des Mundhöhlenbodens. Am Ursprung des N. lingualis vereinigt er sich mit der **Paukensaite (Chorda tympani) des N. facialis (VII)**. Sie führt dem N. lingualis **sensorische** und **parasympathische Fasern** zu. Die parasympathischen Fasern gehen im **Ganglion mandibulare**, das dem N. lingualis anliegt, Synapsen mit postganglionären Neuronen ein. Sie innervieren die Unterzungendrüsen und die Unterkieferdrüse sekretorisch (Abb. 14-55 u. 56).

Die **Trigeminuslähmung**, auch mastikatorische Gesichtslähmung genannt, tritt vor allem beim Hund auf. Sie ruft den Ausfall der Kaumuskulatur hervor. Als Symptom wird das Herabhängen des Unterkiefers beobachtet. Da die Störung auch mit einer Lähmung des N. hypoglossus assoziiert sein kann, hängt die Zunge aus der Mundhöhle. Die Erkrankung tritt vor allem bei Tollwut, Abszessen und Gehirnblutungen auf.

## Nervus abducens (VI)

Der N. abducens (VI) (Abb. 14-12, 18, 46, 52 u. Tab. 14-1), ein **somatomotorischer Nerv**, hat seinen Ursprungskern, den **Nucleus motorius n. abducentis**, im dorsalen Brückenbereich. Dieser wird von den **motorischen Fasern** des N. facialis (VII) schleifenartig umgeben **(inneres Fazialisknie)** (Abb. 14-57).

Der **N. abducens** entspringt am rostralen Ende des Sulcus ventralis lateralis der **Medulla oblongata**, dort wo dieser am Sulcus pontobulbaris endet. Er verlässt gemeinsam mit dem N. ophthalmicus, dem N. maxillaris, dem N. oculomotorius und dem N. trochlearis die Schädelhöhle durch das Foramen rotundum bzw. orbitorotundum und innerviert den M. rectus lateralis bulbi und das laterale Viertel des M. retractor bulbi.

## Nervus facialis (VII)

Der N. facialis (VII) (Abb. 14-12, 18, 46, 57, 58 u. Tab. 14-1) (frühere Bezeichnung **N. intermediofacialis)** bezieht seine Fasern aus **zwei Kernen der Medulla oblongata**. Der **motorische Kern** liegt ventral am **Übergang des Pons** zur Medulla oblongata. Seine Fasern verlaufen im Gehirnstamm vorerst dorsal, umgeben als **»inneres Fazialisknie«** den Kern des N. abducens, um dann wieder ventral zu ziehen. Der **parasympathische Kern** des N. facialis liegt kaudal des **Nucleus motorius n. abducentis**. Seine Fasern ziehen auf direktem Weg zur Fazialiswurzel. Hinzu kommen noch **sensibel-sensorische Fasern**, deren Wurzelzellen sich im Ganglion geniculi befinden. Der sensibel-sensorische und parasympathische Abschnitt wird oft auch als **Intermedius-Anteil** bezeichnet.

Der N. facialis entspringt lateral am **Corpus trapezoideum** aus der Medulla oblongata. Er verläuft zusammen mit dem **N. vestibulo-**

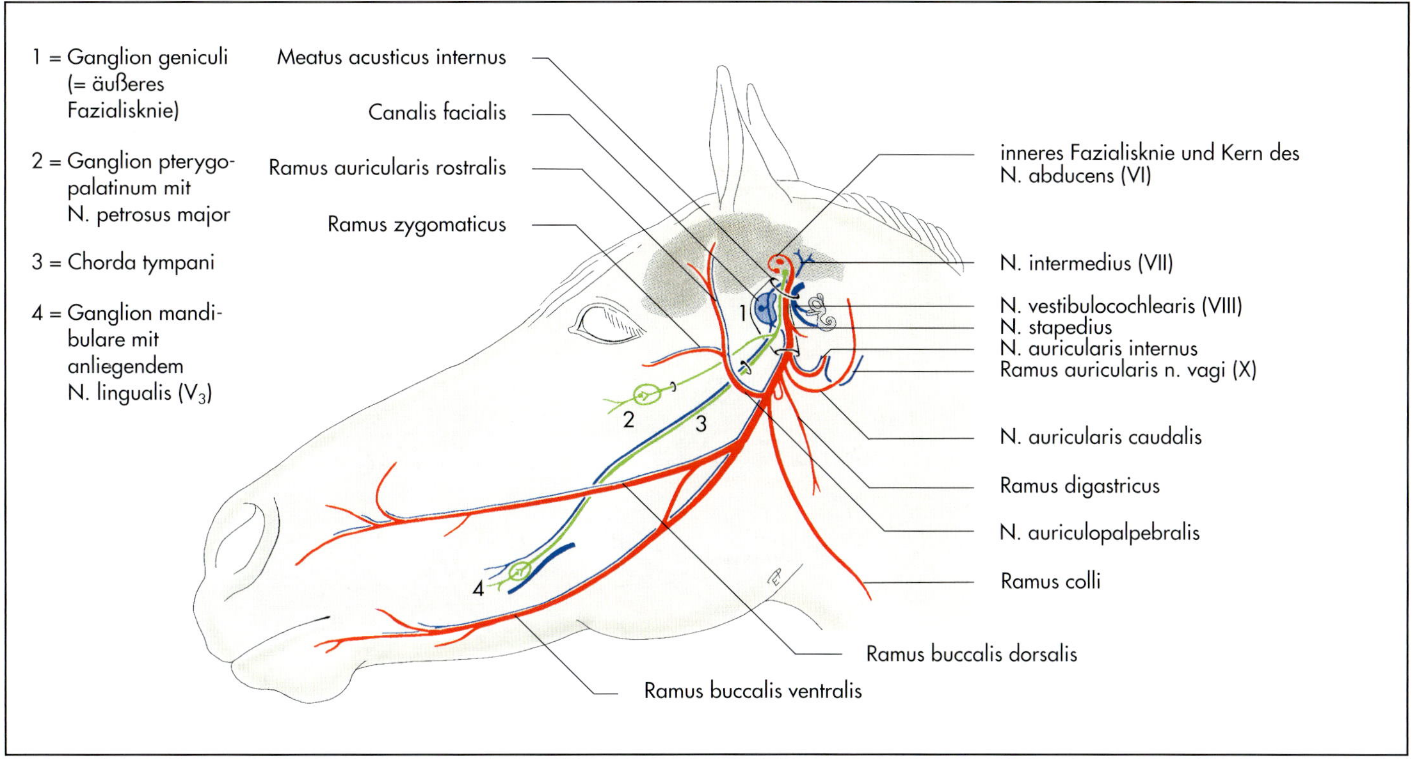


**Abb. 14-57.** Schematische Darstellung der Hauptverzweigungen des N. facialis (VII), blau = sensible, rot = motorische und grün = parasympathische Fasern.

**cochlearis** zum **Meatus acusticus internus**, wo er in den Fazialiskanal eintritt. In diesem gebogenen Kanal des Felsenbeins liegt das **»periphere Fazialisknie«**, an dessen Scheitel sich als Verdickung das **Ganglion geniculi** befindet (Abb. 14-59).

Im Felsenbein ist der Fazialiskanal streckenweise zum **Cavum tympani** schlitzförmig offen, sodass der Nerv nur durch Paukenhöhlenschleimhaut vom Mittelohr getrennt verläuft (Mittelohrerkrankungen können eine Fazialislähmung bedingen). Innerhalb des Canalis facialis entlässt er den **N. petrosus major**, den **N. stapedius** und die **Chorda tympani** (Abb. 14-57 u. 58).

Der **N. petrosus major** enthält hauptsächlich **parasympathische Fasern**, die zum **Ganglion pterygopalatinum** ziehen, hier Synapsen eingehen und postganglionär die Tränendrüse, Nasendrüsen und Gaumendrüsen innervieren.

Der **N. stapedius** innerviert den gleichnamigen Muskel im Cavum tympani. Die **Chorda tympani**, auch Paukensaite genannt, vereinigt sich mit dem N. lingualis des N. trigeminus, bringt diesem Geschmacksfasern für die rostralen zwei Drittel der Zunge und parasympathische Fasern für die Unterzungendrüsen und die Unterkieferdrüse. Der N. intermediofacialis wird nach Abgabe der Intermediusanteile (N. petrosus major und Chorda tympani) im weiteren Verlauf als N. facialis benannt.

Der **N. facialis** verlässt das Felsenbein durch das For. stylomastoideum und führt dann fast ausschließlich **motorische Fasern**. Er versorgt die gesamte mimische Muskulatur, den kaudalen Teil des M. digastricus und zum Teil die Hautmuskeln der Halsregion. Der **erste Ast des N. facialis**, der **Ramus auricularis internus**, innerviert kleine Muskeln am Rücken der Ohrmuschel. Er versorgt anschließend gemeinsam mit einem Zweig des N. vagus den größten Teil der Haut auf der dem Gehörgang zugekehrten Innenfläche der Ohrmuschel.

Der nächste, umfangreichere Ast des N. facialis, der **N. auricularis caudalis**, umgibt den Ohrmuschelgrund kaudal, innerviert die hier gelegenen Ohrmuschelmuskeln und gemeinsam mit dem ersten und zweiten Halsnerv die Haut des Ohrmuschelrückens mit **sensiblen Fasern**. Vom N. auricularis caudalis zweigen beim Hund und bei der Katze auch **motorische Fasern** für das Platysma ab.

Vom N. facialis zweigen schließlich Äste an den kaudalen Bauch des M. digastricus und den M. stylohyoideus ab. Bei den Equiden versorgt der N. facialis auch die kaudale Abspaltung des M. digastricus, den M. occipitomandibularis. Der Gesichtsnerv versorgt demnach die Öffner der Mundspalte.

An der Ohrmuschelbasis zweigt aus dem N. facialis rostral der **N. auriculopalpebralis** ab (Abb. 14-57). Er zieht, von der Ohrspeicheldrüse bedeckt, über den Jochbogen und entlässt Rami auriculares rostrales für die Ohrmuschelmuskeln und den Ramus zygomaticus. Diese Äste des N. auriculopalpebralis vereinigen sich mit Zweigen des N. trigeminus (N. auriculotemporalis, N. lacrimalis und N. frontalis) zum **Plexus auricularis rostralis**. Motorische Fasern erreichen die Muskeln der Augenlider.

Aus dem N. facialis ziehen schließlich Äste in die Ohrspeicheldrüse, zum M. parotidoauricularis und zum M. cutaneus colli. Der zum Halshautmuskel ziehende Ast verlässt den N. facialis an dessen Ventralrand. Er fehlt dem Rind und dem Schaf. Dieser Ramus colli verbindet sich mit Fasern der Ventraläste des ersten Halsnervs.

Der **Stamm des N. facialis** gelangt schließlich am Vorderrand der Ohrspeicheldrüse auf den M. masseter in subkutane Lage. Hier teilt er sich in **Rami buccales** auf, die sowohl tierartlich, oft auch individuell verschieden **plexusartig** untereinander kommunizieren. Die Benennung **Plexus buccalis** ist daher zweckmäßig. Aus diesem Plexus gelangen **motorische Fasern** zu sämtlichen Muskeln der Backen, der Lippen und der Nasenöffnung. Den motorischen Fasern des N. facialis gesellen sich im Gesichtsbereich **sensible** hinzu, die aus dem N. trigeminus stammen. Es sind solche des N. auriculotemporalis und des N. infraorbitalis.

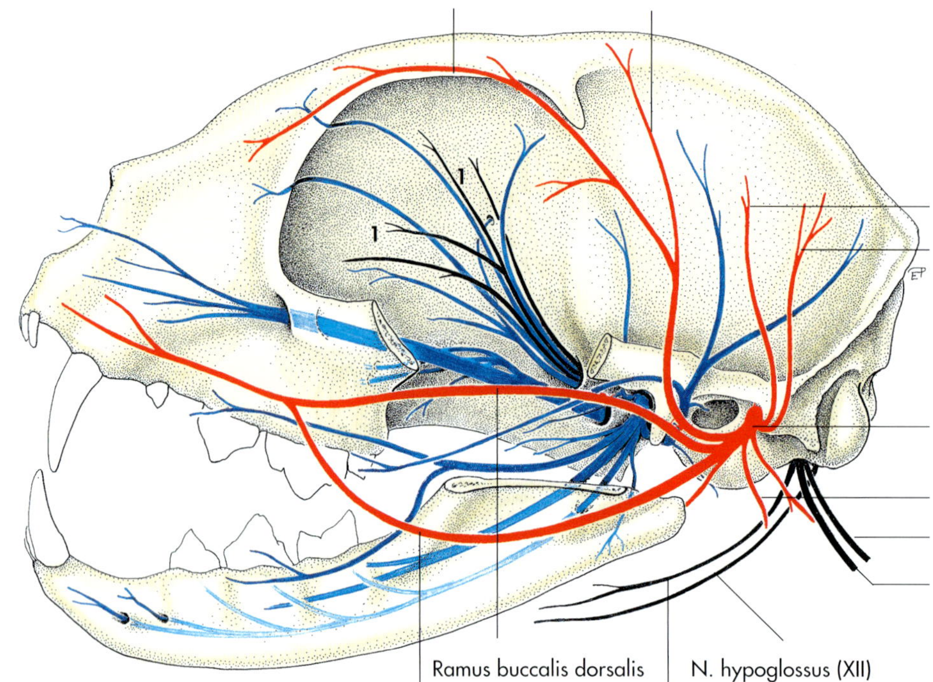


**Abb. 14-58.** Schematische Darstellung der Hauptverzweigungen des N. facialis (VII), rot = motorische Nervenfasern, schwarz = Nervenfasern der Vagusgruppe (IX, X und XI) sowie des N. hypoglossus (XII), blau = sensible Nervenfasern, siehe auch Abb. 14-56, Schleip, 1992.

Die **Schädigung des N. facialis**, die sog. **»Fazialislähmung«**, kann an verschiedenen Stellen erfolgen. Erkrankungen im Bereich des Gehirnstammes führen zur **»zentralen Fazialislähmung«**. Dabei sind auf beiden Seiten sämtliche Ohr-, Lid-, Nasen- und Lippenmuskeln betroffen. Die **»periphere Fazialislähmung«**, deren Ursache im Bereich des Mittelohres (Otitis media) oder im außerhalb des Schädels gelegenen Teil des N. facialis zu suchen ist, betrifft die mimische Muskulatur einer Seite.

Die schlaffe Lähmung der Muskeln der betroffenen Gesichtshälfte führt dazu, dass die Mundpartie herabhängt und die Augenlider nicht mehr geschlossen werden können. Beim Menschen tritt nach Ausfall des M. stapedius erhöhte Schallempfindlichkeit (Hyperakusis) auf. Beim Pferd kann der N. facialis in seinem subkutanen Verlauf über dem M. masseter, durch extremen Druck vom Halfter, verletzt werden. In diesem Fall sind nur Muskeln der Mundpartie und der Nasenöffnung einer Seite betroffen.

## Nervus vestibulocochlearis (VIII)

Der N. vestibulocochlearis (VIII), ein **rein sensorischer Nerv**, setzt sich aus zwei von ihrer Funktion her verschiedenen Komponenten zusammen: dem **Gleichgewichts-** und dem **Gehörnerv** (Abb. 14-30, 46 u. Tab. 14-1). Der **N. vestibularis** ist für das **Gleichgewichtsorgan**, den sog. **»Vestibularapparat«**, zuständig. Seine bipolaren Nervenzellen liegen im Ganglion vestibulare. Es liegt im Fundus des **Meatus acusticus internus** und besteht aus einer **Pars superior** und einer **Pars inferior**. Die peripheren Zellfortsätze enden an den Sinneszellen der **Cristae ampullares** sowie der **Maculae utriculi** und **sacculi**. Die **afferenten Wurzelfasern** der Pars vestibularis treten als **Radix vestibularis** in das Corpus trapezoideum ein und gelangen zu den in der **Area vestibularis** der Medulla oblongata gelegenen **Endkernen (Nucleus vestibularis rostralis, spinalis, medialis** und **lateralis)**. Ein Teil der Fasern erreicht direkt das **Kleinhirn**.

Der **N. cochlearis** ist für das **Gehörorgan** zuständig. Die **bipolaren Nervenzellen** liegen im **Ganglion spirale**. Die peripheren Fortsätze enden an den **Haarzellen** des **Corti-Organs**. Das **Ganglion spirale cochleae** liegt als Zellband am Ansatz der Spirallamelle an der Schneckenspindel.

Die **zentralen Fasern** bilden Bündel, die durch die Löcher der Area cochleae des **Meatus acusticus internus** als **Radix cochlearis** zusammen mit der **Radix vestibularis** zum **Corpus trapezoideum** ziehen, wo sie im **Nucleus cochlearis ventralis** und **Nucleus cochlearis dorsalis** enden. In diesen beiden Kernen beginnt die **zentrale Hörbahn** (Abb. 14-30).

Nach Überkreuzen der Fasern führt sie zum **Corpus geniculatum mediale** und zu den **Colliculi caudales der Vierhügelplatte**. Im Lemniscus lateralis steigen die Fasern der Gehörbahn zur **Gehirnrinde**. Sie projizieren sich über die sog. **»Hörstrahlung«** zur **Area acustica im Temporallappen** der Großhirnrinde (Abb. 14-30).

Zu **diagnostischen Zwecken** können am Präparat beide Teile des Ganglion vestibulare mit einem scharfen Löffel aus dem Meatus acusticus internus entnommen werden. Das Ganglion cochleare kann mit Hilfe eines Schnittes am Präparat, der in einem tierart-

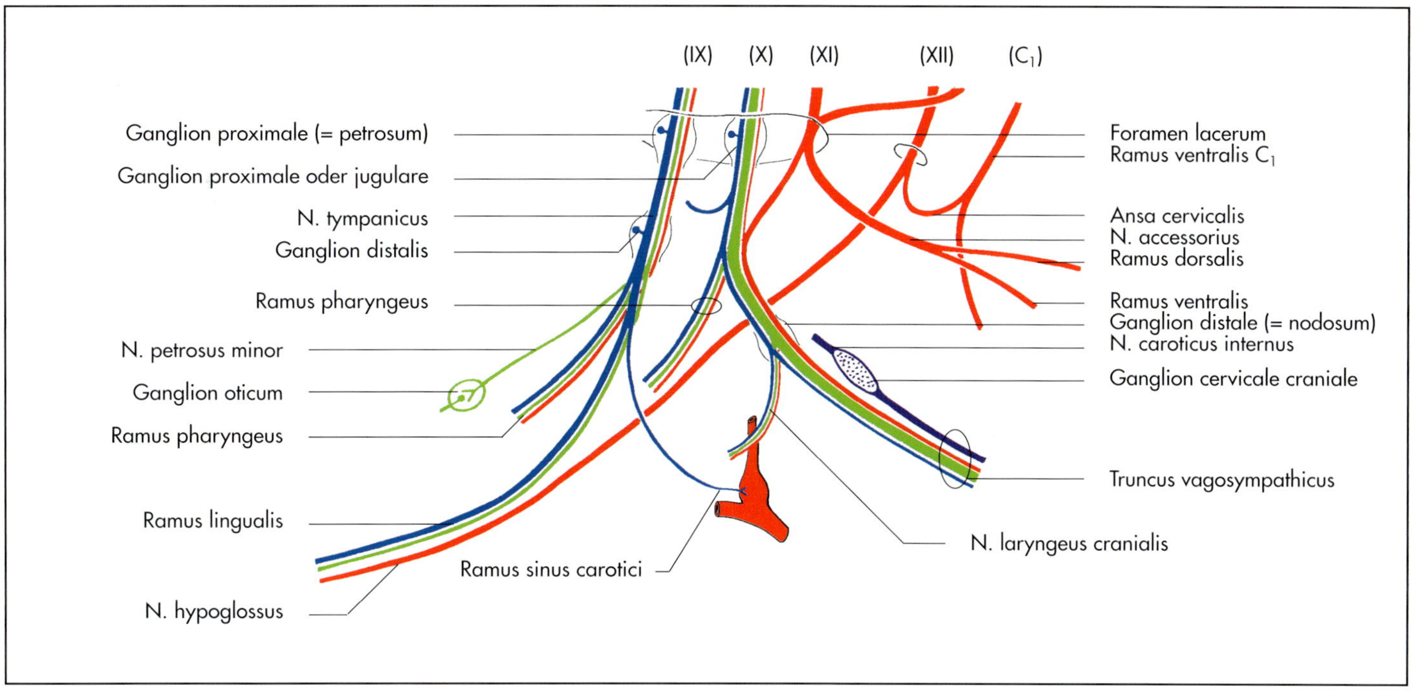


**Abb. 14-59.** Schematische Darstellung der Anfangsabschnitte der Nerven der Vagusgruppe [N. glossopharyngeus (IX), N. vagus (X), N. accessorius (XI)] und des N. hypoglossus (XII) sowie wichtiger Ganglien des Pferdes, nach Budras u. Röck, 1997.

spezifischen, nach vorne stumpfen Winkel (Katze: 50°) zur Schädelbasis, in Höhe des Meatus internus, ausgeführt wird, angeschnitten werden.

## Nervus glossopharyngeus (IX)

Der N. glossopharyngeus (IX) (Abb. 14-46, 59 u. Tab. 14-1), ein **maximal gemischter Nerv**, wird zusammen mit dem N. vagus und dem N. accessorius zur **»Vagusgruppe«** zusammengefasst. Seine **motorischen Fasern** entspringen im rostralen Abschnitt des **Nucleus ambiguus** in der Medulla oblongata. Der Nucleus ambiguus stellt damit einen gemeinsamen Kern für den IX. und X. Gehirnnerv dar. Die **vegetativ-parasympathischen Fasern** haben ihren Ursprung im **Nucleus parasympathicus n. glossopharyngei (Nucleus salivatorius caudalis)**.

Die **sensiblen Wurzelzellen** liegen im **Ganglion distale (= petrosum)**, an dem ein proximaler, noch intrakranial gelegener, und ein distaler Abschnitt unterschieden werden. Er versorgt **sensibel** das Mittelohr, das kaudale Drittel der Zunge und zusammen mit dem N. vagus den Pharynx. **Motorisch** wird von ihm der Schlundkopferweiterer (M. stylopharyngeus caudalis) innerviert. Wahrscheinlich innerviert er auch Muskeln des Gaumensegels.

In Höhe des Ganglion distale entspringt aus dem N. glossopharyngeus der **N. tympanicus**. Dieser bildet zusammen mit sympathischen Fasern, die aus dem **Ganglion cervicale craniale** stammen, den **Plexus tympanicus**, der sich auf dem Promontorium ausbreitet. Aus dem Plexus tympanicus gehen Fasern an die Tuba auditiva und es entsteht der **N. petrosus minor**, der im **Ganglion oticum** endet. Postganglionäre Fasern innervieren sekretorisch die Glandula parotis und die Backendrüsen.

Im **N. glossopharyngeus**, vor allem im Ramus lingualis, sind verstreute, mikroskopisch kleine **parasympathische Ganglien** eingelagert. Vor seiner Aufzweigung in den **Ramus pharyngeus** und den **Ramus lingualis** gibt der N. glossopharyngeus einen Ast an den **Sinus caroticus** ab. Dieser Ramus sinus carotici leitet Informationen über Blutdruck und $CO_2$-Gehalt des Blutes zu den **Vasomotorenzentren** des verlängerten Marks.

Beim Pferd verläuft der N. glossopharyngeus parallel mit dem N. hypoglossus in einer Falte der **medialen Luftsackbucht** rostral. Der **Ramus pharyngeus** (es können auch mehrere Rami pharyngei vorkommen) verzweigt sich zusammen mit dem Ramus pharyngeus des N. vagus im submukös gelegenen **Plexus pharyngeus**. Der **Ramus lingualis** versorgt **sensibel**, **sensorisch** und **parasympathisch** die Schleimhaut des kaudalen Drittels der Zunge.

## Nervus vagus (X)

Der N. vagus (X) versorgt nicht nur wie die übrigen Gehirnnerven Bezirke im **Kopfbereich**, sondern er zieht in den **Thorakal-** und **Abdominalraum** kaudal, wo er sich in den Eingeweiden plexusartig aufzweigt. Er ist der **stärkste parasympathische Nerv des autonomen Nervensystems** (Abb. 14-46, 59 u. 60 u. Tab. 14-1).

Der N. vagus ist anfangs **maximal gemischt**. Seine **motorischen** Wurzelzellen liegen im kaudalen Abschnitt des **Nucleus ambiguus** in der Medulla oblongata. Motorische Fasern übernimmt er aber auch vom N. accessorius.

Die **pseudounipolaren, sensiblen Wurzelzellen** liegen im **Ganglion proximale (= jugulare)**. Sie senden ihre afferenten Fasern an sensible Kerne der Medulla oblongata. Die **parasympathischen Wurzelzellen** liegen im **Nucleus parasympathicus n. vagi**, der unmittelbar kaudal an den des N. glossopharyngeus im **verlängerten Mark** anschließt.

Die langen, präganglionären parasympathischen Fasern des N. vagus enden in **intramuralen Ganglien der Brust- und Baucheingeweide**. Für die parasympathisch vom Vagus innervierten Kopfgebiete liegen die Synapsen im **Ganglion distale (= nodosum)**. Dieses befindet sich in Höhe der Abzweigung des N. laryngeus cranialis (Abb. 14-59).

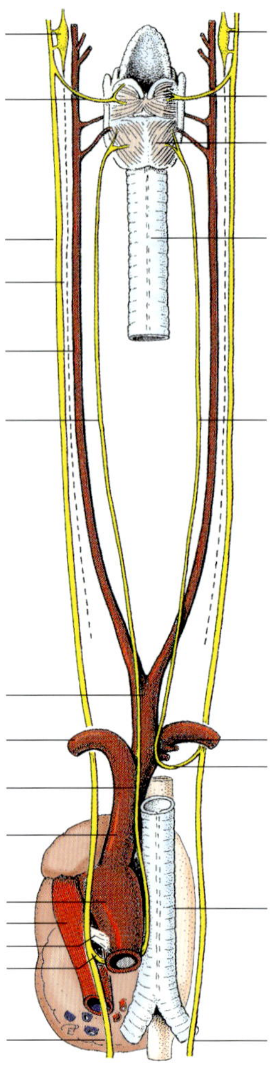


**Abb. 14-60.** Schematische Darstellung der Nn. laryngei recurrentes des Pferdes, nach Grau, 1974.

Der N. vagus entspringt ventrolateral an der **Medulla oblongata** zwischen dem N. glossopharyngeus und dem N. accessorius. Er verlässt die Schädelhöhle mit den beiden Begleitnerven durch das **Foramen jugulare**. Hier liegt das **sensible Ganglion proximale (= jugulare)**. In der Nähe des Foramen jugulare entlässt er einen feinen **Ramus meningeus** und den **Ramus auricularis**, der zusammen mit einem Ast des N. facialis die Haut an der Innenfläche der Ohrmuschel innerviert. Der Ramus auricularis ist der **einzige Vagusast**, der ein Hautgebiet innerviert. Die Lokalisation von Aurikuloakupunkturpunkten in diesem Hautareal wird u.a. mit dem Vorhandensein dieses Vagusastes begründet.

Als **Kopfteil des Vagus** wird sein Abschnitt bis zur Abzweigung des **N. laryngeus cranialis** bezeichnet. Außer dem Ramus auricularis zweigt ein kräftiger **Ramus pharyngeus** und schließlich der **N. laryngeus cranialis** ab (Abb. 14-60).

Der **Ramus pharyngeus** verzweigt sich zusammen mit dem des N. glossopharyngeus im **Plexus pharyngeus**. Der Plexus pharyngeus bildet an der Außenfläche der Muskulatur und in der Tela submucosa des Pharynx ein feines Geflecht mit eingestreuten Nervenzellgruppen. Die Vagusfasern versorgen **sensibel** die Schleimhaut der Trachea, der Epiglottis und des Oesophagus. Äste des Vagus innervieren die Schlundkopfschnürer und erreichen auch die Radix linguae.

Der **N. laryngeus cranialis** verlässt den Vagus distal des **Ganglion distale n. vagi (= nodosum)**. Er innerviert die kaudal gelegenen Schlundkopfschnürer und teilt sich in einen Ramus externus und einen Ramus internus.

Der **Ramus externus** endet im M. cricothyroideus, während der **Ramus internus** den Kehlkopf **sensibel** innerviert. Vor seiner Aufzweigung gibt der N. laryngeus cranialis den **N. depressor** ab, der entweder isoliert oder zusammen mit dem Truncus vagosympathicus zum **Plexus cardiacus** zieht. Seine Wirkung **verlangsamt den Herzschlag**.

Der **N. vagus** erhält vom **Ganglion cervicale craniale** auch **sympathische Fasern**. Das **Ganglion distale n. vagi (= nodosum)** ist beim Hund, bei der Katze und beim Schwein makroskopisch sichtbar. Beim Pferd, Rind und Schaf besteht es aus diffus eingestreuten Nervenzellen, die nur histologisch nachweisbar sind. Bei der Ziege ist sowohl die eine als auch die andere Situation anzutreffen.

Der **Halsteil des N. vagus** beginnt an der Abzweigung des **N. laryngeus cranialis**. Er vereinigt sich mit dem Sympathicus

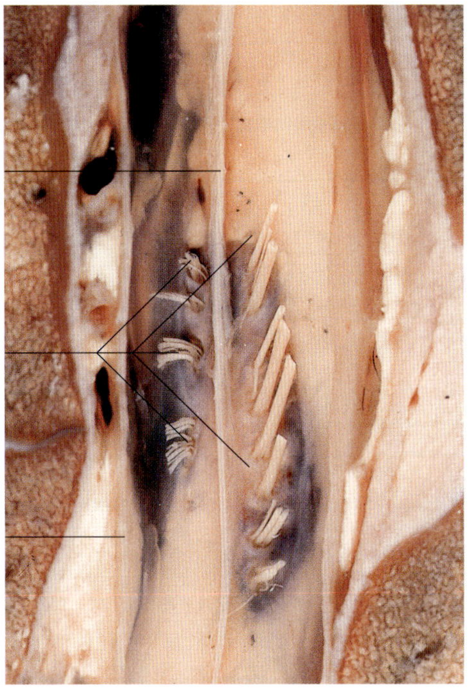


**Abb. 14-61.** Radix spinalis des N. accessorius (XI) eines Rindes, Aufnahme PD Dr. J. Maierl, München.

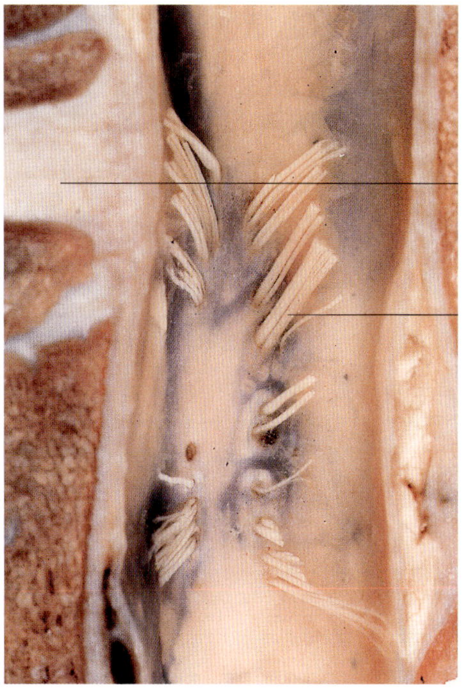


**Abb. 14-62.** Wurzeln eines Halssegmentalnervs eines Rindes, Aufnahme PD Dr. J. Maierl, München.

zum **Truncus vagosympathicus**, der dorsolateral der A. carotis communis brustwärts zieht. Vor dem Brusteingang trennt er sich vom Truncus sympathicus und entlässt, in den Fällen, in denen sich ihm der N. depressor angelegt hat, diesen an die Herzbasis (Abb. 14-60 u. 81).

Der **Brustteil des Vagus** trennt sich vom Sympathicus bereits **vor dem Ganglion cervicale medium**. Anschließend verläuft er ventral der A. subclavia und tritt in das Mediastinum ein. Aus dem Vagus zweigen hier im Allgemeinen wieder **Rami cardiaci** ab, die zusammen mit sympathischen Fasern aus dem Ganglion cervicale medium und dem Ggl. stellatum zum Plexus cardiacus verlaufen (Abb. 14-81).

Ein weiterer Ast aus dem **Brustteil des N. vagus** ist der **N. laryngeus caudalis** seu **recurrens** (Abb. 14-81). Auf der **rechten Körperseite** zweigt er in Höhe des **arteriellen Truncus costocervicalis** (Abb. 14-60), auf der **linken** in Höhe des **Ligamentum arteriosum** ab.

Der **linke rückläufige Kehlkopfnerv**, dessen Axone zu den längsten des Körpers zählen, schlägt sich um die **Aorta** und kommt hier mit den **Lymphonodi bifurcationes** in Kontakt. Beide **Nn. recurrentes** geben von ihrem Anfangsteil einen Ramus an den Plexus cardiacus ab. Die beiden rückläufigen Nerven gelangen entlang der Trachea, medial der A. carotis communis, zum Kehlkopf und innervieren mit Ausnahme des M. cricothyroideus sämtliche Kehlkopfmuskeln und sensibel einen kaudalen Abschnitt der Schleimhaut des Larynx. Im Halsbereich entlassen die Nn. recurrentes feine Äste für die Trachea und den Oesophagus.

Beim Pferd führt die **Lähmung des linken N. laryngeus recurrens** zu der als **»Kehlkopfpfeifen«** bekannten Erkrankung.

Der **fortlaufende Vagusstamm** teilt sich jederseits in Höhe der Lungenwurzel in einen **Ramus dorsalis** und einen **Ramus ventralis**. Diese entsenden **Rami bronchales**, treten dann auf den Oesophagus über und vereinigen sich jeweils mit dem der Gegenseite zum **Truncus vagalis dorsalis** und **Truncus vagalis ventralis**. Nach ihrem Durchtritt durch den Hiatus oesophageus des Zwerchfells werden sie als **Bauchteil des N. vagus** bezeichnet (Abb. 14-84). In der Bauchhöhle verzweigt sich der N. vagus plexusartig **»vage«** (vagus = der Umherschweifende). Er vermischt sich mit **sympathischen Fasern**, um sämtliche Organe des Bauchraumes zu innervieren.

## Nervus accessorius (XI)

Der N. accessorius (XI) gehört ebenfalls zur **Vagusgruppe**. An seinem Ursprung ist er rein **motorisch**, bekommt aber dann vom **Ganglion cervicale craniale** auch **sympathische Fasern**. Sein Kern, **Nucleus spinalis n. accessorii**, liegt im zervikalen Teil des Rückenmarks. Die Nervenfasern treten aus der Seitenfläche des Zervikalmarks zwischen Dorsal- und Ventralwurzel aus und vereinigen sich zu einem Strang, der neben dem Rückenmark durch das Foramen magnum als **Radix spinalis** in die Schädelhöhle gelangt. Dieser schließen sich als **Radix cranialis** Faserbündel an. Aus dem kaudalen Teil des Nucleus ambiguus erhält der N. accessorius Fasern, die er an den N. vagus weitergibt (Abb. 14-46, 59 u. 61 u. Tab. 14-1).

Der N. accessorius verlässt zusammen mit dem IX. und X. Gehirnnerv die Schädelhöhle durch das **Foramen jugulare**. Ventral des Atlasflügels teilt er sich in einen **Ramus dorsalis** und einen **Ramus ventralis**. Der **dorsale Ast** verläuft zwischen dem M. brachiocephalicus und dem M. splenius kaudodorsal. Er innerviert den nur beim Fleischfresser ausgebildeten M. cleidocervicalis und endet im M. trapezius. Der **Ramus ventralis** innerviert den M. cleidocephalicus und den M. sternocephalicus.

## Nervus hypoglossus (XII)

Der N. hypoglossus (XII), der Unterzungennerv, bezieht seine Fasern aus dem kaudal in der **Medulla oblongata** gelegenen **Nucleus motorius n. hypoglossi**. Seine Wurzelfasern treten seitlich der Pyramide aus und durchziehen die Dura mater. Sie vereinigen sich zu einem Stamm und verlassen die Schädelhöhle durch den

**Tab. 14-1.** Zusammenfassung der Innervationsgebiete der Gehirnnerven.

| Nerv | Innervation | | |
|---|---|---|---|
| | **motorisch** | **sensibel/sensorisch** | **parasympathisch** |
| **N. olfactorius (I)** | | Geruchssinn | |
| **N. opticus (II)** | | Gesichtssinn | |
| **N. oculomotorius (III)** | M. levator palpebrae superioris und alle Muskeln des Augapfels, außer M. obliquus dorsalis bulbi und M. rectus lateralis bulbi | | M. ciliaris und M. sphincter pupillae |
| **N. trochlearis (IV)** | M. obliquus dorsalis bulbi | | |
| **N. trigeminus (V):** | | | |
| – **N. ophthalmicus ($V_1$):**<br>– N. frontalis<br>– N. lacrimalis<br>– N. nasociliaris | | Bulbus oculi, Bindehaut, Haut der Augengegend, Riechschleimhaut, Teile der Stirnhöhle | Fasern vom N. facialis für die Tränendrüse |
| – **N. maxillaris ($V_2$):**<br>– N. zygomaticus | | Haut der Schläfen- und Scheitelgegend, unteres Augenlid | |
| – N. pterygopalatinus:<br>– N. nasalis caudalis<br>– N. palatinus major<br>– N. palatinus minor | | Schleimhaut der Nasenhöhle, Kieferhöhle, harter und weicher Gaumen | Fasern vom N. facialis für die Tränendrüse |
| – N. infraorbitalis | | Zähne im Oberkiefer, Haut der Nase und Oberlippe | |
| – **N. mandibularis ($V_3$):**<br>– N. masticatorius<br>– N. pterygoideus lateralis und medialis | M. masseter, M. temporalis<br>M. pterygoideus lateralis und medialis,<br>M. tensor tympani | | |
| – N. buccalis | | Backenschleimhaut | Fasern vom N. glossopharyngeus für die Backendrüsen, Glandula parotis |
| – N. auriculotemporalis | | Haut im Gesichtsbereich | |
| – N. alveolaris inferior | M. mylohyoideus und rostraler Bauch des M. digastricus | Zähne im Unterkiefer, Unterlippe | |
| – N. lingualis | | vordere zwei Drittel der Zungenschleimhaut | Fasern vom N. facialis (Chorda tympani) für Glandulae sublinguales und Glandula mandibularis |
| **N. abducens (VI)** | M. rectus lateralis bulbi, laterales Viertel des M. retractor bulbi | | |

Sensibel = Informationsweiterleitung von Reizen jeder Art aus der Peripherie (PNS) zum Zentralnervensystem (ZNS); sensorisch = Innervation »klassischer Sinne« (Geruchs-, Gesichts-, Gehör-, Gleichgewichts- und Geschmackssinn).
Die sympathische Innervation sämtlicher Kopforgane erfolgt über das Ganglion cervicale craniale.

**Tab. 14-1.** Zusammenfassung der Innervationsgebiete der Gehirnnerven (Fortsetzung)

| **Nerv** | **Innervation** | | |
|---|---|---|---|
| | **motorisch** | **sensibel/sensorisch** | **parasympathisch** |
| **N. facialis (VII)**:<br>– N. stapedius | M. stapedius | | |
| – N. auricularis caudalis | Ohrmuschelmuskeln | Haut der Ohrmuschel | |
| – N. auriculopalpebralis | Muskeln der Augenlider | | |
| – Ramus colli | Halshautmuskel | | |
| – Ramus digastricus | kaudaler Bauch des M. digastricus | | |
| – Rami buccales | Gesichtsmuskeln (Mimik) | | |
| – N. intermedius (Chorda tympani und N. petrosus major) | | Zungenschleimhaut | Tränendrüse, Drüsen der Nasen- und Gaumenschleimhaut, Glandulae sublinguales und Glandula mandibularis |
| **N. vestibulocochlearis (VIII)** | | Gleichgewichts- und Gehörsinn | |
| **N. glossopharyngeus (IX)**:<br>– Ramus pharyngeus | M. stylopharyngeus caudalis, Pharynx | Glomus caroticum | Glandula parotis und Glandulae buccales |
| – Ramus lingualis | M. levator und M. tensor veli palatini | kaudales Drittel der Zunge | |
| **N. vagus (X)**: | | | |
| **– Kopfteil**:<br>– Ramus auricularis | | Hautinnenfläche der Ohrmuschel | |
| – N. laryngeus cranialis | M. cricothyroideus, Larynx | | |
| – N. depressor | | | Plexus cardiacus |
| **– Halsteil** mit Truncus sympathicus verbunden | | | |
| **– Brustteil**:<br>– N. laryngeus caudalis dexter um Truncus costocervicalis, N. laryngeus caudalis sinister um Aorta<br>– Truncus vagalis dorsalis<br>– Truncus vagalis ventralis | alle Kehlkopfmuskeln außer M. cricothyroideus | | Organe in der Brusthöhle |
| **– Bauchteil** | | | Organe in der Bauchhöhle |
| **N. accessorius (XI)**:<br>– Ramus dorsalis | M. cleidocervicalis, M. trapezius | | |
| – Ramus ventralis | M. sternocephalicus, M. cleidomastoideus, M. cleido-occipitalis | | |
| **N. hypoglossus (XII)** | Zungenmuskulatur | | |

**Canalis n. hypoglossi** (Abb. 14-46, 58, 69 u. Tab. 14-1). Der N. hypoglossus verläuft zwischen dem N. vagus und dem N. accessorius rostral. Beim Pferd verläuft er zusammen mit dem N. glossopharyngeus in einer Schleimhautfalte der medialen Luftsackbucht. Er überkreuzt lateral die A. carotis externa und zieht beim Pferd parallel mit dem Truncus linguofacialis zur Zungenwurzel. Er spaltet sich in einen tiefen und einen oberflächlichen Ast auf und innerviert sämtliche Muskeln der Zunge. Er erhält **sympathische Fasern** vom **Ganglion cervicale craniale**.

Beim Pferd können Luftsackerkrankungen zu Schädigungen des N. hypoglossus und des N. glossopharyngeus führen. Sie äußern sich in Lähmungen der Zungenmuskulatur.

## Rückenmarksnerven oder Spinalnerven (Nn. spinales)

Die Anzahl der Spinalnerven ist an die **Anzahl der Wirbel** gebunden. Eine Ausnahme von dieser Regel machen die Halsnerven und die Schwanznerven. Im Halsbereich zieht der erste Zervikalnerv durch das **Foramen vertebrale laterale** des Atlas, die nächstfolgenden sechs treten vor dem **gleichzähligen Wirbel** aus. Der letzte Halsnerv kommt zwischen dem letzten Hals- und dem ersten Thorakalwirbel hervor, sodass es **8 Halsnerven** bei nur **7 Halswirbeln** gibt. Im **Schwanzbereich** kommen weniger Nervenpaare als Wirbel vor.

Die Rückenmarknerven entspringen mit einer **Dorsal-** und einer **Ventralwurzel** aus dem **Rückenmark** (Abb. 14-62). Beide vereinigen sich noch im Wirbelkanal zum **Spinalnerv (N. spinalis)**, der durch das **Foramen intervertebrale** den Wirbelkanal verlässt. Auf der Dorsalwurzel bzw. an der Vereinigungsstelle beider Wurzeln wölbt sich das spindelförmige **Spinalganglion** vor, Sitz der **sensiblen**, **pseudounipolaren Wurzelzellen** (Abb. 14-7, 63 u. Tab. 14-1).

Die **Dorsalwurzel** führt **afferent-sensible**, die **Ventralwurzel motorische** und **vegetative Fasern**. Der gemeinsame, von der Faserqualität maximal gemischte Stamm jedes Spinalnerven teilt sich nach seinem Austritt aus dem Foramen intervertebrale in einen **Ramus dorsalis** und einen **Ramus ventralis** auf.

Jeder **Dorsalast** versorgt mit einem **Ramus medialis** Muskeln, die dorsal von den Wirbelquerfortsätzen gelegen sind, und mit einem **Ramus lateralis** die Haut am Rücken. Die so innervierten Hautgebiete dehnen sich in den kaudalen Körperpartien weiter ventral aus als in den kranialen.

**Hautinnervationsgebiete**, sog. **Dermatome**, erhalten auch **vegetative Fasern**, die Verknüpfungen mit denjenigen der inneren Organe aufweisen und als Head-Zonen bei Organerkrankungen erhöhte Sensibilität zeigen.

Der **Ventralast** innerviert die ventral der Querfortsätze gelegenen Muskeln des Stammes. Jeder Ventralast entlässt grundsätzlich **zwei Hautäste**, einen, der ca. in der Mitte der Seitenfläche des Rumpfes entspringt, und einen zweiten, der, nahe der Linea alba, ventral an die Haut tritt.

Die **Ventraläste** der letzten drei Zervikal- und der ersten beiden Thorakalnerven sowie die Ventraläste der drei letzten Lumbal- und der ersten beiden Sakralnerven **tauschen Fasern untereinander aus** und bilden so den **Plexus brachialis** bzw. entsprechend den **Plexus lumbosacralis**.

### Halsnerven (Nn. cervicales)

Die Dorsaläste der Halsnerven verbinden sich untereinander zum **Plexus cervicalis dorsalis**, die **ventralen** zum **Plexus cervicalis ventralis**. Außerdem werden noch nachfolgende Nerven entlassen (Abb. 14-63).

Der **Ramus ventralis** des **ersten Halsnervs** geht eine Verbindung mit dem letzten Kopfnerv ein, dem N. hypoglossus, sodass die sog. **Ansa cervicalis** entsteht. Ein Ast des **Ramus ventralis** von $C_1$ innerviert die langen Zungenbeinmuskeln: den M. sternohyoideus, den M. sternothyroideus und den M. omohyoideus.

Aus dem **Ramus ventralis** des **zweiten Zervikalnervs** wird der **N. auricularis magnus** entlassen, der zusammen mit dem N. auricularis caudalis des N. facialis den kaudalen Teil der Ohrmuschel und die hier gelegenen Ohrmuschelmuskeln innerviert.

Aus der **Verbindung von Fasern der Ventraläste** der **Zervikalnerven 5, 6** und **7** (bei der Katze auch 4) wird der **N. phrenicus** gebildet, der in der Brusthöhle im Mediastinum zum **Zwerchfell** läuft. Ebenfalls aus Ventralästen entstehen die Nn. supraclaviculares, die die Haut vor dem Schultergelenk innervieren.

**Tab. 14-2.** Zusammensetzung der wichtigsten Nerven des Plexus brachialis, Habel, 1978.

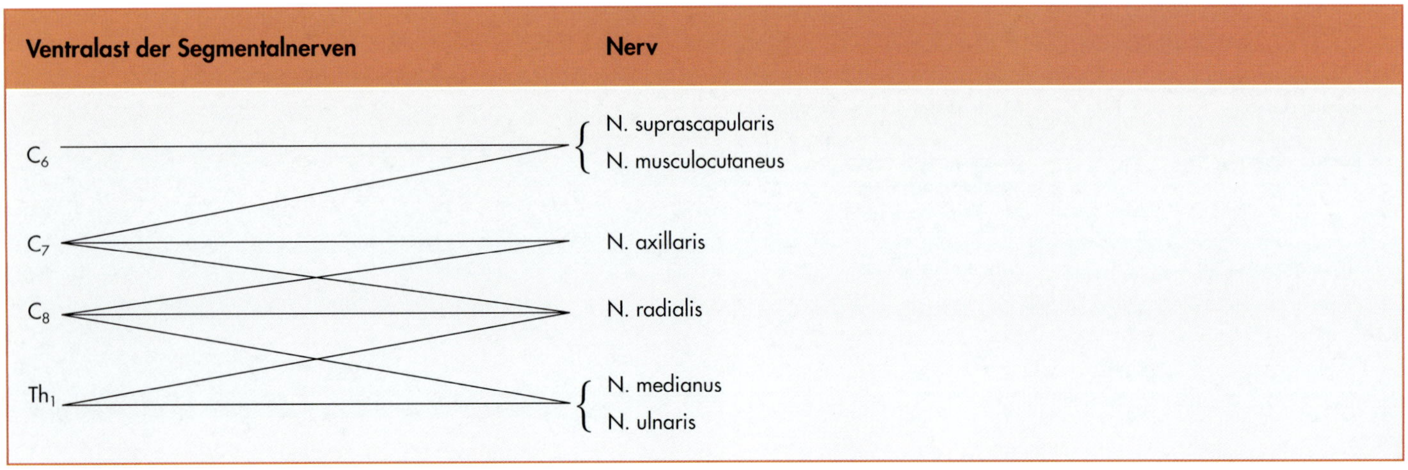

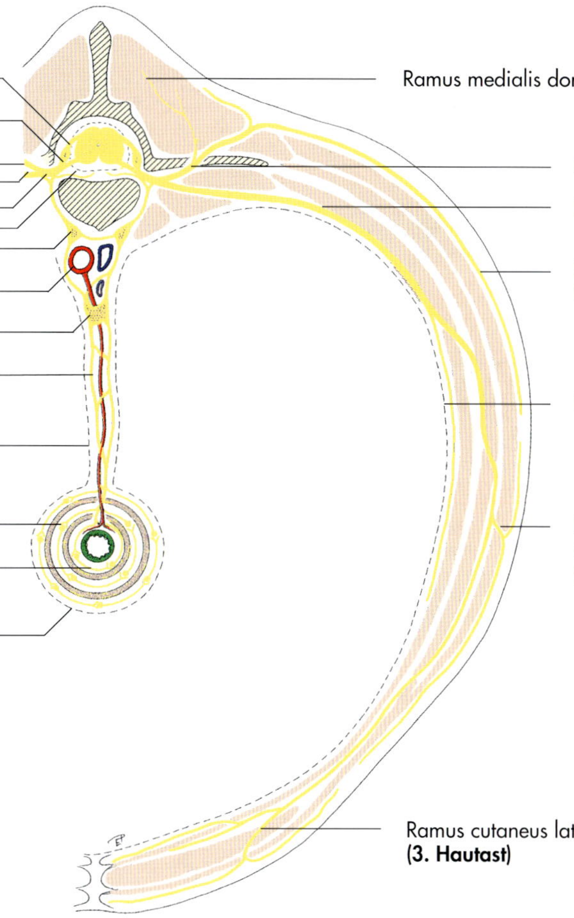


**Abb. 14-63.** Schematische Darstellung eines Rückenmarksnervs im Bauchbereich des Pferdes, nach Grau, 1974.

**Tab. 14-3.** Zusammenfassung der Innervationsgebiete der Nerven des Plexus brachialis, die die seitliche Brustwand versorgen.

| Nerv | motorisch | sensibel |
|---|---|---|
| **Nn. pectorales craniales** | M. pectoralis superficialis, M. subclavius | |
| **Nn. pectorales caudales** | M. pectoralis profundus | |
| **N. thoracicus longus** | M. serratus ventralis thoracis | |
| **N. thoracodorsalis** | M. latissimus dorsi | |
| **N. thoracicus lateralis** | M. cutaneus trunci | Haut seitlich am Thorax und über dem M. triceps brachii |
| **N. intercostobrachialis** | M. cutaneus trunci | Haut seitlich am Thorax und über dem M. triceps brachii |

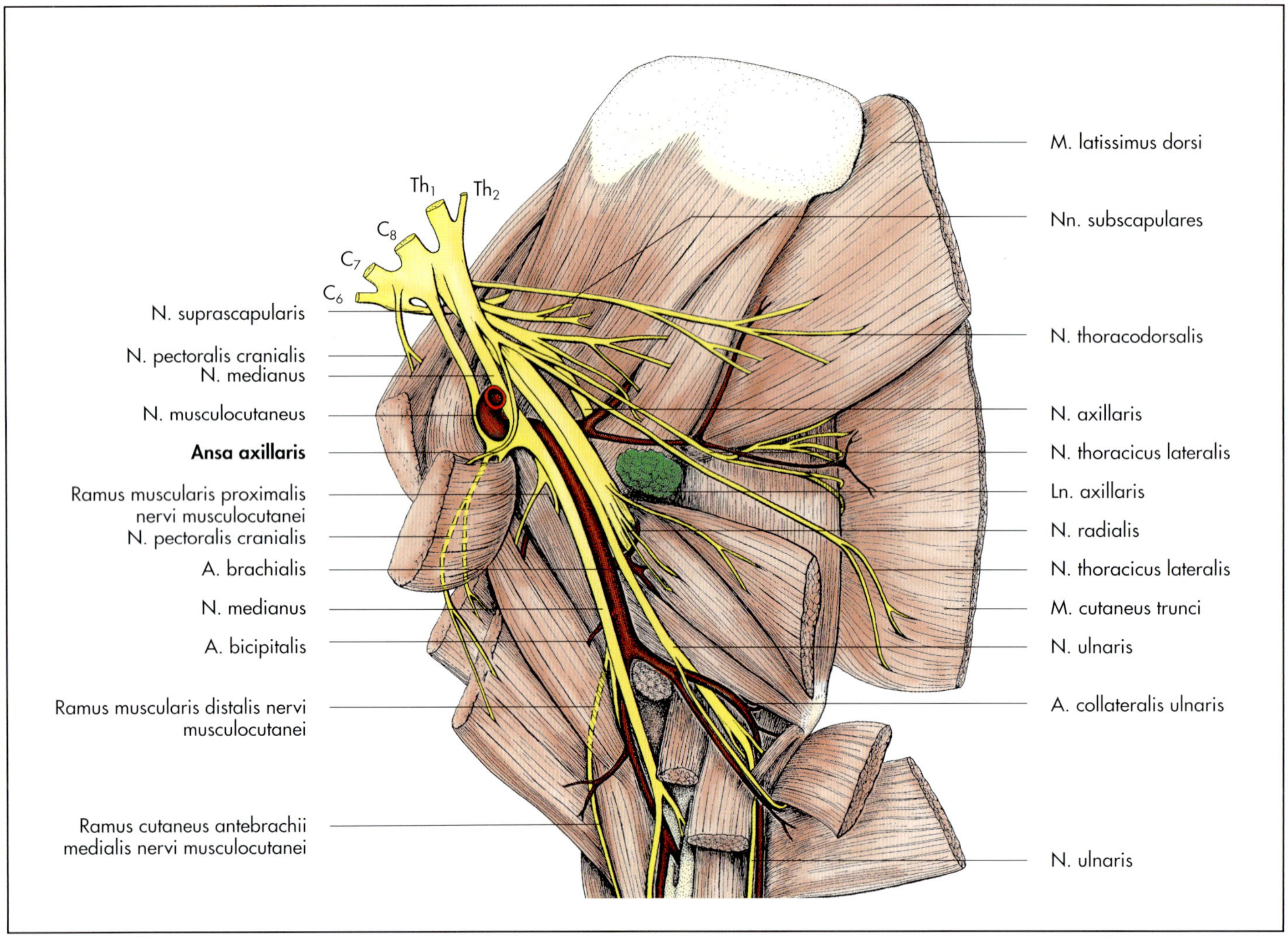


**Abb. 14-64.** Topographie des Plexus brachialis der rechten Vordergliedmaße des Pferdes (Medialansicht).

**Tab. 14-4.** Zusammenfassung der Innervationsgebiete der Nerven des Plexus brachialis, die die proximalen Muskeln der Schultergliedmaße versorgen.

| Nerv | motorisch | sensibel |
|---|---|---|
| **N. suprascapularis** | M. supraspinatus,<br>M. infraspinatus | |
| **N. axillaris** | Beuger des Schultergelenks:<br>M. deltoideus,<br>M. teres major,<br>M. teres minor,<br>M. cleidobrachialis | Haut an der Vorderfläche des Unterarms |
| **Nn. subscapulares** | M. subscapularis | |
| **N. musculocutaneus** | M. coracobrachialis,<br>M. biceps brachii,<br>M. brachialis, zum Teil | Haut medial am Unterarm |

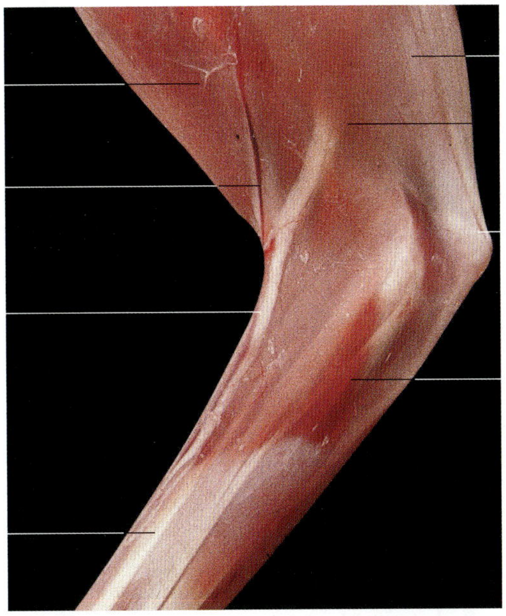


**Abb. 14-65.** Linke Vordergliedmaße einer Katze zur Darstellung der oberflächlichen Lage des N. radialis (Lateralansicht).

## Armgeflecht (Plexus brachialis) und Nerven der Vordergliedmaße

Zum Armgeflecht verbindet sich der größte Teil der **Ventraläste der letzten drei Hals-** und der **ersten beiden Thorakalnerven** (Tab. 14-2). Der plattenartige Anfangsteil des Plexus brachialis zieht durch den **M. scalenus** an die Medialseite der Schultergliedmaße. Er innerviert die Muskeln der Schultergliedmaße sowie Hautbereiche und Teile der Schultergürtelmuskulatur und der seitlichen Rumpfwand (Abb. 14-68ff. u. Tab. 14-3ff.). Vom Armgeflecht werden nicht innerviert: der M. cleidobrachialis, der M. omotransversarius, der M. trapezius und der M. rhomboideus. Die Innervation der Haut im oberen Schulterbereich ist ebenfalls nicht vom Plexus brachialis abhängig. Deren Innervation erfolgt durch Rami dorsales bzw. ventrales der Hals- bzw. Thorakalnerven. Die Äste des Armgeflechts weisen im Allgemeinen **gemischte Faserqualitäten** auf, da sie neben **zerebrospinalen Fasern** aus dem Rückenmark auch **vegetative** aus dem **Ganglion stellatum** erhalten (s. S. 553, Abb. 14-81).

Der **Plexus brachialis** liegt kranial der 1. Rippe zwischen dem M. longus colli und den Mm. scaleni. Die **Wurzeln des Armgeflechts (Radices plexus brachialis)** treten zwischen dem M. scalenus medius und dem M. scalenus ventralis an die mediale Fläche der Schulter (Tab. 14-3ff.). Allein bei Fleischfressern erfolgt der Übertritt ventral des M. scalenus medius. Einige Äste des Plexus brachialis sind klinisch wenig bedeutsam und besitzen an der seitlichen Brustwand ein nur begrenztes Verzweigungsareal. Sie sollen deshalb lediglich kurze Erwähnung finden.

Man kann in dieser Gruppe nachfolgende Nerven zusammenfassen (Abb. 14-68 u. Tab. 14-3):

- N. thoracicus longus,
- N. thoracodorsalis,
- N. thoracicus lateralis,
- Nn. pectorales cranialis et caudalis (N. thoracoventralis) und
- Nn. subscapulares.

Der **N. thoracicus longus** verläuft als breiter Nervenstrang horizontal auf der Lateralfläche der Pars thoracica des M. serratus ventralis kaudal und innerviert diesen Muskel. Die Pars cervicalis dieses Muskels wird von Halssegmentalnerven innerviert.

Der **N. thoracodorsalis** entspringt aus dem letzten Halssegmentalnerv ($C_8$), verläuft kaudal, kreuzt den M. teres major und verzweigt sich auf der Medialfläche des M. latissimus dorsi.

Der **N. thoracicus lateralis** entspringt kaudalen Abschnitten des Plexus ($C_8$ und $Th_1$), verläuft entlang des M. latissimus dorsi und verzweigt sich im M. cutaneus trunci. Er gibt auch Äste ab, die sich mit nahe gelegenen Interkostalnerven zum **N. intercostobrachialis** vereinigen. Letzterer versorgt mit feinsten Geflechten ein Hautgebiet kaudal des M. triceps brachii und ventrale Anteile der Brust- und Bauchhaut. Sensible Fasern entspringen dabei den Interkostalnerven.

Die **Nn. pectorales craniales** und **caudales** entspringen vorderen Abschnitten des Armgeflechts und innervieren die Mm. pectorales. Die kranialen Äste versorgen den M. pectoralis superficialis und bei Ungulaten den M. subclavius.

Die Nn. pectorales caudales ziehen kaudoventral zum tiefen Brustmuskel. Die frühere Bezeichnung **N. thoracoventralis** drückt den Verlauf dieses Nervs besser aus. Die **Nn. subscapulares** gehen einzeln oder als Geflecht mehrerer feiner Äste aus kranialen Anteilen des Plexus brachialis hervor und innervieren den kranialen und mittleren Abschnitt des M. subscapularis. Die drei nachfolgend angeführten Nerven des Armgeflechts erreichen die Gliedmaßenspitze **nicht**, sind aber für die Funktion der Schultergliedmaße von großer Bedeutung (Abb. 14-64, 68 u. Tab. 14-2 u. 4):

- N. suprascapularis,
- N. musculocutaneus,
- N. axillaris.

### Nervus suprascapularis

Der N. suprascapularis verläuft zwischen dem M. subscapularis und dem M. supraspinatus von medial seitwärts. Dabei umrundet er den kranialen Rand des Collum scapulae und innerviert die beiden late-

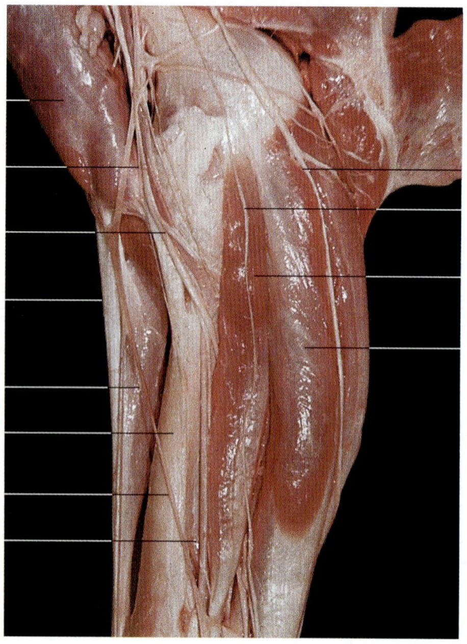


**Abb. 14-66.** Hautnerven am Unterarm der rechten Vordergliedmaße eines Pferdes (Medialansicht), Präparat Dr. R. Macher, Wien.

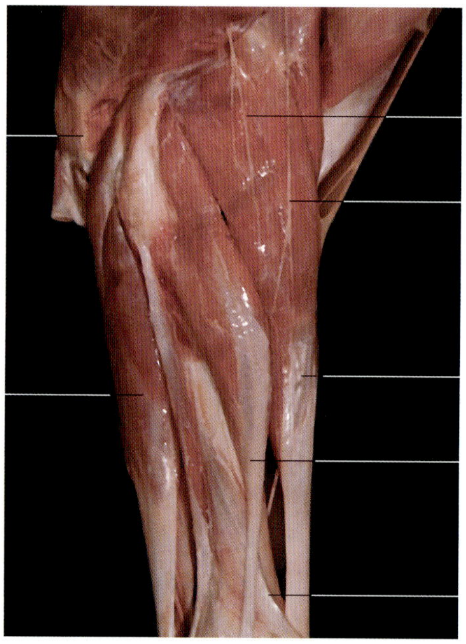


**Abb. 14-67.** Hautnerven am Unterarm der rechten Vordergliedmaße eines Pferdes (Lateralansicht), Präparat Dr. R. Macher, Wien.

ral am Schulterblatt gelegenen Muskeln, den M. supraspinatus und den M. infraspinatus.

Wegen seines Verlaufs in Knochennähe kann es bei **Frakturen** zur **Supraskapularislähmung** kommen. Es folgten Lähmung und Atrophie der beiden von ihm innervierten Muskeln. In stehender Position erscheint das Schultergelenk lateral verlagert, was als »Abblatten« bekannt ist. Während der Vorwärtsbewegung kommt es zum Schulterschleifen. Im englischen Sprachraum wird die Atrophie der Mm. supraspinatus und infraspinatus als »sweeny« bezeichnet. Die Ursache der Supraskapularislähmung kann ein Trauma (Umkippen nach Ausrutschen auf dem Eis) oder eine Überdehnung des Nervs bei gewaltsamer Kaudalverlagerung der Schulter (Zusammenstoß) sein. Die Erkrankung kommt vor allem beim Pferd vor.

## Nervus musculocutaneus

Der **N. musculocutaneus** entspringt kaudal des N. suprascapularis und verläuft parallel zum N. medianus. Er tauscht bei Wiederkäuern und Pferd Fasern mit dem **N. medianus** aus, die um die **A. axillaris** verlaufen und als **Ansa axillaris** bekannt sind. Im **proximalen Abschnitt** des Humerus entlässt er den **Ramus muscularis proximalis**, der zwischen Humerus und dem M. coracobrachialis kranial zieht.

Dieser Ast innerviert den M. coracobrachialis und den M. biceps brachii. Im distalen Drittel des Oberarms trennt sich der fortlaufende Abschnitt des N. musculocutaneus vom N. medianus. Er versorgt den M. brachialis und ein mediales Hautfeld am Unterarm (N. cutaneus antebrachii medialis) (Abb. 14-66).

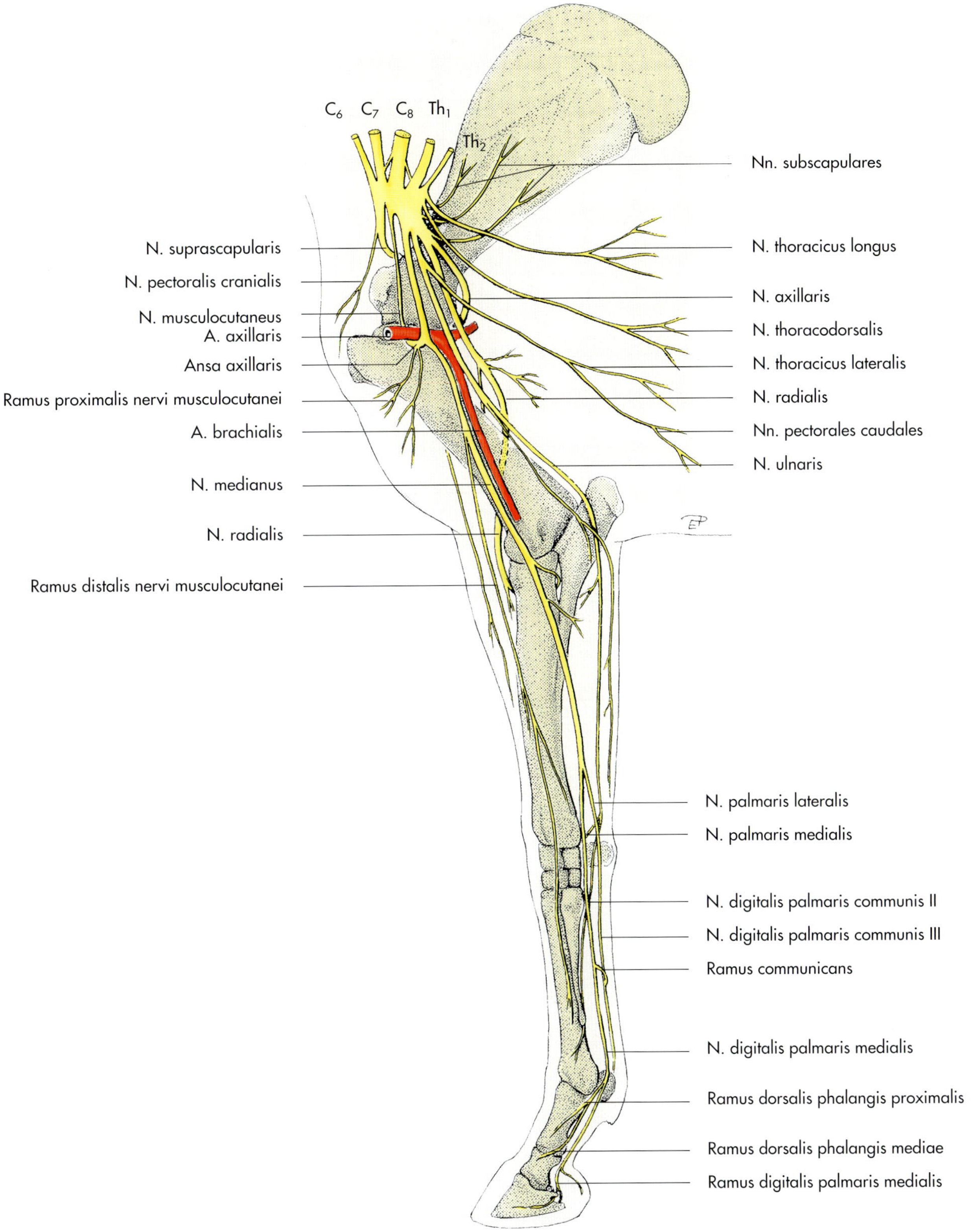


**Abb. 14-68.** Lagebeziehungen des Plexus brachialis und seiner Äste an der rechten Vordergliedmaße des Pferdes (Medialansicht), nach Ellenberger und Baum, 1943.

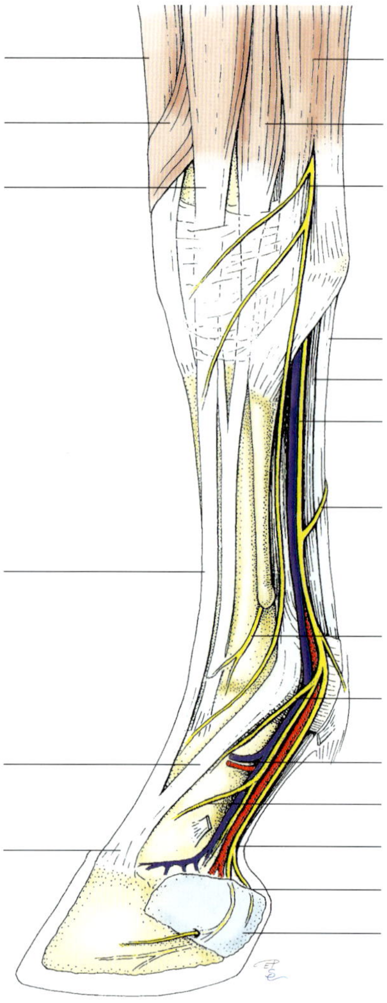


**Abb. 14-69.** Topographie der Zehe an der linken Vordergliedmaße des Pferdes (Lateralansicht, die Sehne des Sporns ist nicht eingezeichnet).

Selten können **Läsionen** des N. musculocutaneus zu **Lähmungen** führen. Nachdem aber der M. brachialis zum Teil auch vom N. radialis versorgt wird, können Beugebewegungen des Ellenbogengelenks trotz Lähmung des N. musculocutaneus ausgeglichen werden. Die Diagnose kann durch den Sensibilitätsausfall eines Hautfeldes medial am Unterarm erhärtet werden.

**Tab. 14-5.** Innervation der Gelenke an der Vordergliedmaße.

| Gelenke | Nerven |
|---|---|
| Schultergelenk | N. axillaris,<br>N. suprascapularis |
| Ellbogengelenk und Karpalgelenk | N. medianus,<br>N. ulnaris |
| Fesselgelenk und Zehengelenke | Nn. palmares,<br>Nn. digitales |

## Nervus axillaris

Der N. axillaris verläuft in der Schultergelenkbeuge von medial seitwärts. Auf der medialen Seite innerviert er den M. teres major und das kaudale Drittel des M. subscapularis. Weiterhin versorgt er den M. capsularis des Schultergelenks, den M. teres minor, verzweigt sich dann im M. deltoideus und gibt einen Ast an den M. cleidobrachialis ab. Sein Hautast (N. cutaneus antebrachii cranialis) gelangt am Ventralrand des M. deltoideus in subkutane Lage und innerviert ein Gebiet kranial am Ober- und Unterarm (Abb. 14-67 u. Tab. 14-5).

Die letzten drei Nerven des Armgeflechts **erreichen die Gliedmaßenspitze** (Abb. 14-64, 68 u. Tab. 14-2, 6). Es sind dies der:

- N. radialis,
- N. medianus,
- N. ulnaris.

## Nervus radialis

Der N. radialis erhält seine Fasern zum größten Teil aus $C_8$. Er ist der **umfangreichste Ast des Plexus brachialis** und besitzt dement-

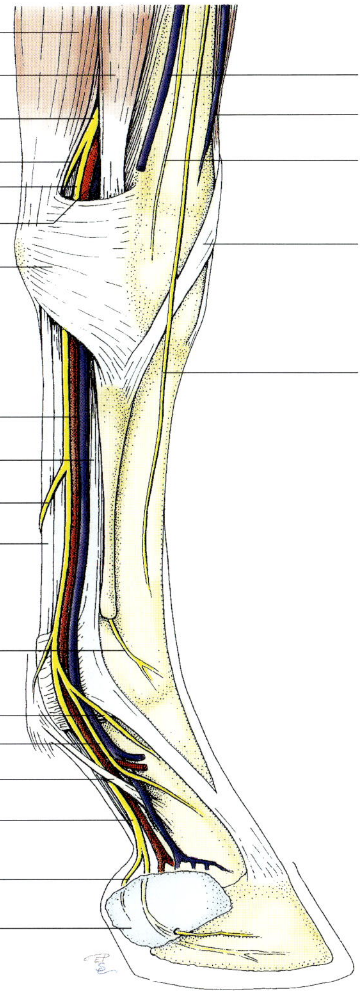


**Abb. 14-70.** Topographie der Zehen an der linken Vordergliedmaße des Pferdes (Medialansicht).

sprechend auch das **größte Innervationsgebiet**. Er innerviert sämtliche **Strecker der Vordergliedmaße**, mit Ausnahme derer des Schultergelenks **(Streckernerv)**. Außerdem versorgt er ein Hautgebiet lateral am Antebrachium, das sich tierartlich unterschiedlich bis distal des Karpus (Pferd) oder bis zur Zehenspitze (andere Haussäugetiere) ausdehnt (Abb. 14-67 u. 68 ff.).

Der N. radialis verläuft zunächst parallel und kaudal der A. brachialis. Im proximalen Drittel vom Oberarm zieht er zwischen dem Caput longum und dem Caput mediale des M. triceps brachii lateral, wobei er auf dem M. brachialis zu liegen kommt.

Im Oberarmbereich zweigen Äste an die Strecker des Ellbogengelenks (M. triceps brachii, M. tensor fasciae antebrachii und M. anconaeus) ab. Fasern vom N. radialis erreichen auch den M. brachialis. Im distalen Drittel des Oberarms zieht er seitlich über den Humerus. An dieser Stelle kann er durch Gewalteinwirkung geschädigt werden. In diesem Bereich entlässt der N. radialis seinen Hautast **(N. cutaneus antebrachii lateralis** seu **Ramus superficialis)**, der die Haut seitlich am Unterarm versorgt (Abb. 14-67).

Die Ursache der **Radialislähmung** kann an verschiedenen Stellen zu finden sein. Bei einem **Schleudertrauma** in Höhe von $\mathbf{C_8}$, beispielsweise nach einem Verkehrsunfall, kann es zu einem Abriss der Wurzeln des N. radialis aus dem Rückenmark kommen. In diesem Fall sind für gewöhnlich auch andere Äste des Plexus brachialis betroffen, die Nerven können sich nicht mehr regenerieren.

Wird der N. radialis in Höhe seines Eintritts in den **M. triceps brachii** geschädigt, fällt die Streckbewegung des Ellbogengelenks, aber auch die des Karpalgelenks und der Zehengelenke aus. Der betroffene Patient kann das Ellbogengelenk nicht mehr belasten, das Tier bricht in diesem Gelenk zusammen und schleift die Vordergliedmaße nach.

Bei einer Verletzung des N. radialis in Höhe des **distalen Humerusdrittels** entfällt die Wirkung der Karpal- und der Zehenstrecker (M. extensor carpi radialis, M. extensor carpi ulnaris und M. abductor digiti I longus sowie M. extensor digitorum communis und M. extensor digitorum lateralis). Das Tier überkötet, es stützt sich auf die Dorsalfläche der Zehe.

## Nervus medianus

Der N. medianus verläuft anfangs zusammen mit dem N. ulnaris medial am Oberarm (Abb. 14-64, 68 u. Tab. 14-5). In Höhe des Ellbogengelenks zieht er zwischen dem M. pronator teres und dem medialen Kollateralband, bei der Katze durch das Foramen supracondylare. Der N. medianus innerviert den M. flexor carpi radialis und

**Tab. 14-6.** Zusammenfassung der Innervationsgebiete der Nerven, die die Gliedmaßenspitze erreichen.

| Nerv | motorisch | sensibel |
|---|---|---|
| **N. radialis** | alle Strecker der Vordergliedmaße, mit Ausnahme derer des Schultergelenks: M. triceps brachii, M. anconaeus, M. tensor fasciae antebrachii, M. brachialis (zum Teil), M. extensor carpi radialis, M. extensor digitorum communis, M. extensor digitorum lateralis, M. extensor carpi ulnaris (Beuger), M. abductor digiti I longus, M. brachioradialis, M. supinator | Haut lateral am Ober- und Unterarm |
| **N. medianus** | M. flexor carpi radialis, M. pronator teres, M. pronator quadratus, M. flexor digitorum profundus (zum Teil), M. flexor digitorum superficialis (zum Teil) | Haut palmar am Mittelfuß und an den Zehen (mit N. ulnaris) |
| **N. ulnaris** | M. flexor carpi ulnaris, M. flexor digitorum profundus (zum Teil), M. flexor digitorum superficialis (zum Teil), Mm. interossei | Haut kaudal am Unterarm, dorsolateral am Mittelfuß und der Zehe |

Anmerkung: Die Nerven des Plexus brachialis sind maximal gemischt. Sie enthalten sowohl motorische, sensible als auch vegetative Fasern.

beteiligt sich, zusammen mit dem N. ulnaris, an der Innervation des M. flexor digitorum profundus und des M. flexor digitorum superficialis. Zusammen mit dem N. ulnaris innerviert er die Zehen (Abb. 14-69). Er teilt sich über dem Karpalgelenk in zwei Palmarnerven **(N. metacarpeus palmaris medialis** und **lateralis)**.

## Nervus ulnaris

Der N. ulnaris verläuft gemeinsam mit dem **N. medianus** kaudal der A. brachialis auf der medialen Seite des Oberarms (Abb. 14-64 u. 68). In Höhe des Ellbogengelenks zieht er kaudal (Tab. 14-5). Bedeckt vom Caput ulnare des M. flexor carpi ulnaris verläuft er in der Ulnarisrinne kaudal am Unterarm.

In seinem **proximalen Verlaufsabschnitt** entlässt der **N. ulnaris** einen Hautast (N. cutaneus antebrachii caudalis), der die Haut kaudal am Antebrachium innerviert (Abb. 14-66). Proximal am Antebrachium entlässt er Äste für den M. flexor carpi ulnaris und, zur gemeinsamen Innervation mit dem N. medianus, Zweige für den M. flexor digitorum profundus und den M. flexor digitorum superficialis.

Proximal vom Os carpi accessorium spaltet sich der **Ramus dorsalis** vom N. ulnaris ab, der dorsal an die lateral gelegene Zehe zieht (Wiederkäuer) und die Haut innerviert. Der fortlaufende Stamm des N. ulnaris verläuft durch den Karpaltunnel und verbindet sich mit dem **N. palmaris lateralis des N. medianus**. Er innerviert den M. interossus medius **(Ramus profundus)** und gemeinsam mit dem N. medianus die Zehen (Abb. 14-69 u. 70).

## Nerven an den Vorderzehen

An jeder Zehe ist, außer beim Pferd, dorsal je ein **N. digitalis dorsalis proprius axialis** und **abaxialis** ausgebildet. Für die am weitesten lateral gelegene Zehe stammt der N. digitalis dorsalis proprius abaxialis vom N. ulnaris, alle anderen dorsalen Zehennerven sind Endäste des Ramus superficialis des N. radialis (Abb. 14-69, 70 u. Tab. 14-5).

Die palmare Seite jeder Zehe wird von einem **N. digitalis palmaris proprius axialis** und **abaxialis** innerviert. Dabei gelangen zur vierten und fünften Zehe lateral gelegene Endäste des N. ulnaris. Für die Innervation der ersten, zweiten und dritten Zehe verzweigt sich der N. medianus.

Für praktische Belange ist wichtig zu wissen, dass im Prinzip jede Zehe von vier Zehennerven innerviert wird: zwei dorsale und zwei palmare (s. auch Kap. 18 »Allgemeine Körperdecke«, Abschnitt »Zehenendorgan«, S. 624).

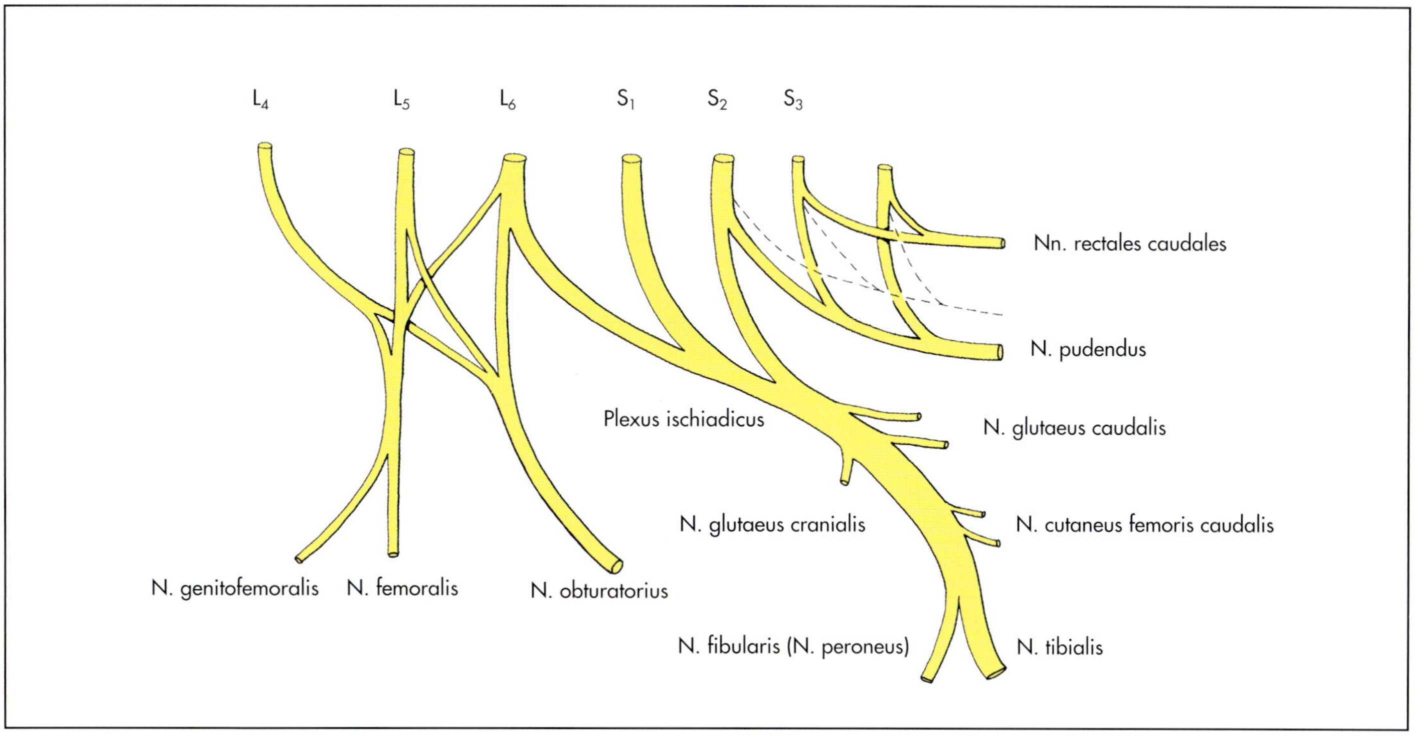


**Abb. 14-71.** Schematische Darstellung der Verflechtung der letzten Ventraläste der Lendennerven mit den ersten drei Sakralnerven zum Plexus lumbosacralis.

### Zehennerven des Pferdes

Proximal des Karpalgelenks teilt sich der N. medianus in den **N. palmaris medialis** und den **N. palmaris lateralis**. Zum **N. palmaris lateralis** gesellt sich der Ramus palmaris des N. ulnaris hinzu. In Höhe des Karpalgelenks entlässt der N. palmaris lateralis den **Ramus profundus** zur Innervation des M. interosseus medius.

Die Palmarnerven verlaufen medial und lateral zwischen dem M. interosseus medius und den Zehenbeugern. Vom N. palmaris medialis zweigt in der Mitte des Metakarpus der Ramus communicans zum N. palmaris lateralis ab. Er ist oftmals tastbar. Am Fesselgelenk setzt er sich jederseitig als N. digitalis palmaris mit dem entsprechenden **Ramus palmaris** fort. Dieser verläuft in der Fesselbeuge palmar der A. digitalis palmaris, oberflächlich der vierzipfeligen Fesselplatte und in der Tiefe der Sehne des Sporns. Im Allgemeinen zweigt von jedem N. digitalis palmaris in Höhe des Fesselbeins und in Höhe des Kronbeins je ein Dorsalast ab. Verzweigungsvarianten sind üblich.

Im Falle einer **medizinischen Indikation**, beispielsweise bei chronischen Entzündungen der Bursa podotrochlearis, können die Rami palmares neurektomiert werden. Eine herausragende Rolle spielen diese Nerven auch in Hinblick auf die Diagnostik, beispielsweise bei der Leitungsanästhesie.

### Rami ventrales der Nervi thoracici

Die ersten beiden Ventraläste der Thorakalnerven sind an der Bildung des **Plexus brachialis** beteiligt. Diese Nerven geben aber auch **Nn. intercostales** ab, die wie alle übrigen Interkostalnerven am Kaudalrand der jeweiligen Rippe im Sulcus costae ventral ziehen. Sie innervieren die Mm. intercostales, den M. transversus thoracis und den M. rectus thoracis. Die letzten 5 bis 10 Interkostalnerven innervieren die Bauchmuskeln. Der Ventralast des letzten Brustnervs wird **N. costoabdominalis** genannt.

Von den jeweiligen **Rami cutanei** der Ventraläste zweigen Äste zu den Mammarkomplexen weiblicher Tiere ab.

## Lendennerven (Nn. lumbales)

Je nach Spezies und Zahl der Lendenwirbel sind **sechs** (Pferd, Wiederkäuer und Schwein) oder **sieben** (Katze und Hund) Lendennervenpaare vorhanden. Sie verzweigen sich ähnlich wie die Brustnerven, nach ihrem Austritt aus dem jeweiligen Foramen intervertebrale, in einen dorsalen und einen ventralen Ast.

Die **Dorsaläste** innervieren mit ihren **Rami mediales** die dorsal der Wirbelsäule gelegenen Rückenmuskeln. Die lateralen Zweige verästeln sich in der Haut der Lenden- und vorderen Kruppengegend. Sie führen hier den Namen **Nervi clunium craniales** (clunis = Hinterbacke, clunes = Gesäß).

Die **Ventraläste** der Lendennerven verbinden sich zum **Lendengeflecht (Plexus lumbalis)**, wobei die ersten drei oder vier untereinander wenig Fasern austauschen. Sie führen Eigennamen. Als Lendengeflecht im engeren Sinn werden die untereinander verbundenen Ventraläste der letzten drei Lendennerven bezeichnet (Abb. 14-71ff. u. Tab. 14-7ff.).

Für **Operationen in der Flankengegend** können die Ventraläste der Lumbalnerven anästhesiert werden. Dafür werden die Querfortsätze der Lendenwirbel palpiert. Die Rami ventrales verlaufen nahe deren Spitzen zwischen dem inneren schiefen und dem Querbauchmuskel, sodass die Injektion hier erfolgt.

Am Plexus lumbalis können folgende Nerven unterschieden werden (Abb. 14-71, 72 u. Tab. 14-7, 8):

- N. iliohypogastricus,
- N. ilioinguinalis,
- N. genitofemoralis,
- N. cutaneus femoris lateralis,
- N. femoralis und
- N. obturatorius.

## Nervus iliohypogastricus

Der N. iliohypogastricus ist der Ventralast des **ersten Lumbalnervs**, er erreicht von medial gesehen zwischen den ersten beiden Lendenwirbelquerfortsätzen an deren Spitze eine subperitoneale Lage (Abb. 14-72). Bei der Katze und beim Hund werden aufgrund der Existenz von 7 Lendenwirbeln die Ventraläste der ersten beiden Lendennerven als **N. iliohypogastricus cranialis** und **caudalis** bezeichnet.

Ventral der Querfortsätze teilt sich der N. iliohypogastricus in einen **Ramus medialis** und einen **Ramus lateralis**. Der **mediale Ast** verläuft, von innen gesehen, lediglich vom Bauchfell bedeckt zur Regio inguinalis. Der **Ramus lateralis** tritt zwischen die Bauchmuskeln, die er innerviert. Er entlässt zwei Hautäste. Der **Ramus cutaneus lateralis** innerviert ein schmales Hautfeld in der Flankengegend. Der **Ramus cutaneus medialis** innerviert, nachdem er Äste an den geraden Bauchmuskel abgegeben hat, die Haut ventral am Bauch, die inguinalen Mammarkomplexe bzw. das Euter sowie ein Mischgebiet an der Haut medial am Oberschenkel. Diese Innervation erfolgt zusammen mit dem Ventralast des zweiten Lumbalnervs, dem N. ilioinguinalis.

## Nervus ilioinguinalis

Der N. ilioinguinalis ist der Ventralast des **zweiten Lumbalnervs**, er verzweigt sich ähnlich wie der erste (Abb. 14-72). Das Hautinnervationsgebiet des **Ramus cutaneus lateralis** schließt in der Flankengegend kaudal an das des N. iliohypogastricus an. Das Hautinnervationsgebiet vermischt sich mit dem des N. iliohypogastricus.

## Nervus genitofemoralis

Der N. genitofemoralis ist der Ventralast des folgenden **Lendennervs**, er erhält seine Neuriten vorwiegend aus dem Ventralast des $L_3$ (Abb. 14-71 u. 72). Dieser Nerv verläuft kaudal, durchzieht die innere Lendenmuskulatur und zieht, eng mit der Tunica adventitia der A. iliaca externa verbunden, bis in die Nähe des **inneren Leistenrings**. Er verläuft gemeinsam mit der A. und V. pudenda externa durch den **Leistenspalt**, nachdem er einen Ramus an den inneren schiefen Bauchmuskel abgegeben hat. Der N. genitofemoralis innerviert die Haut in der Leistengegend und medial am Oberschenkel. Bei männlichen Tieren versorgt er die Hodenhüllen und das Praeputium. Bei weiblichen Tieren innerviert er die kaudal gelegenen Mammarkomplexe bzw. bei der Kuh das Euter, bei der Hündin und bei der Kätzin zudem die Haut bis zur Vulva. Der N. genitofemoralis enthält **vegetative Fasern**, über die der Milchfluss während des Saugaktes geregelt wird.

## Nervus cutaneus femoris lateralis

Der N. cutaneus femoris lateralis bezieht seine Fasern hauptsächlich aus dem Ventralast des vierten Lendennervs (Abb. 14-72). Er gibt Zweige an die innere Lendenmuskulatur ab und verläuft mit dem Kaudalast der A. circumflexa ilium profunda durch die Bauchwand. Er innerviert die Haut lateral und distal am Oberschenkel und am Kniegelenk.

## Nervus femoralis

Der N. femoralis ist ein äußerst kräftiger Nerv, der in seinem proximalen Abschnitt Äste an die innere Lendenmuskulatur entlässt (Abb. 14-71 u. 72). Mit dem M. iliacus und dem M. psoas major, bei Katze und Hund mit dem M. iliopsoas, erreicht er die Lacuna musculorum. Hier entlässt er den **N. saphenus**, der in den Canalis femoralis eintritt. Der N. femoralis innerviert den M. quadriceps femoris. In Höhe der Muskelpforte ist er dem Schambeinkamm benachbart, dies kann bei mechanischen Insulten zur Lähmung des Nervs führen.

**Tab. 14-7.** Zusammensetzung der wichtigsten Nerven an der Beckengliedmaße, nach Habel, 1978.

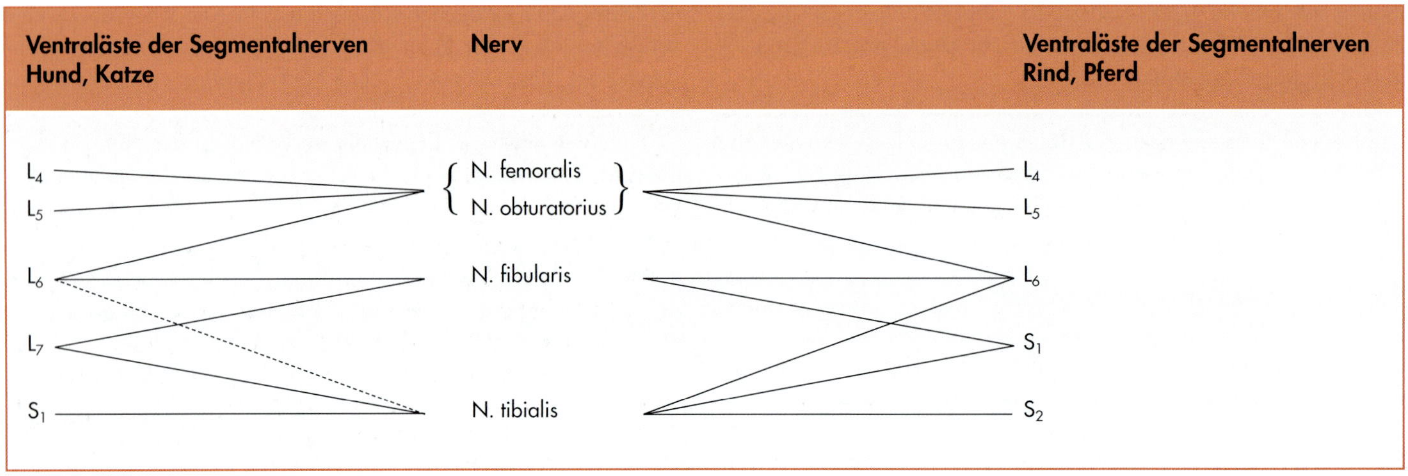

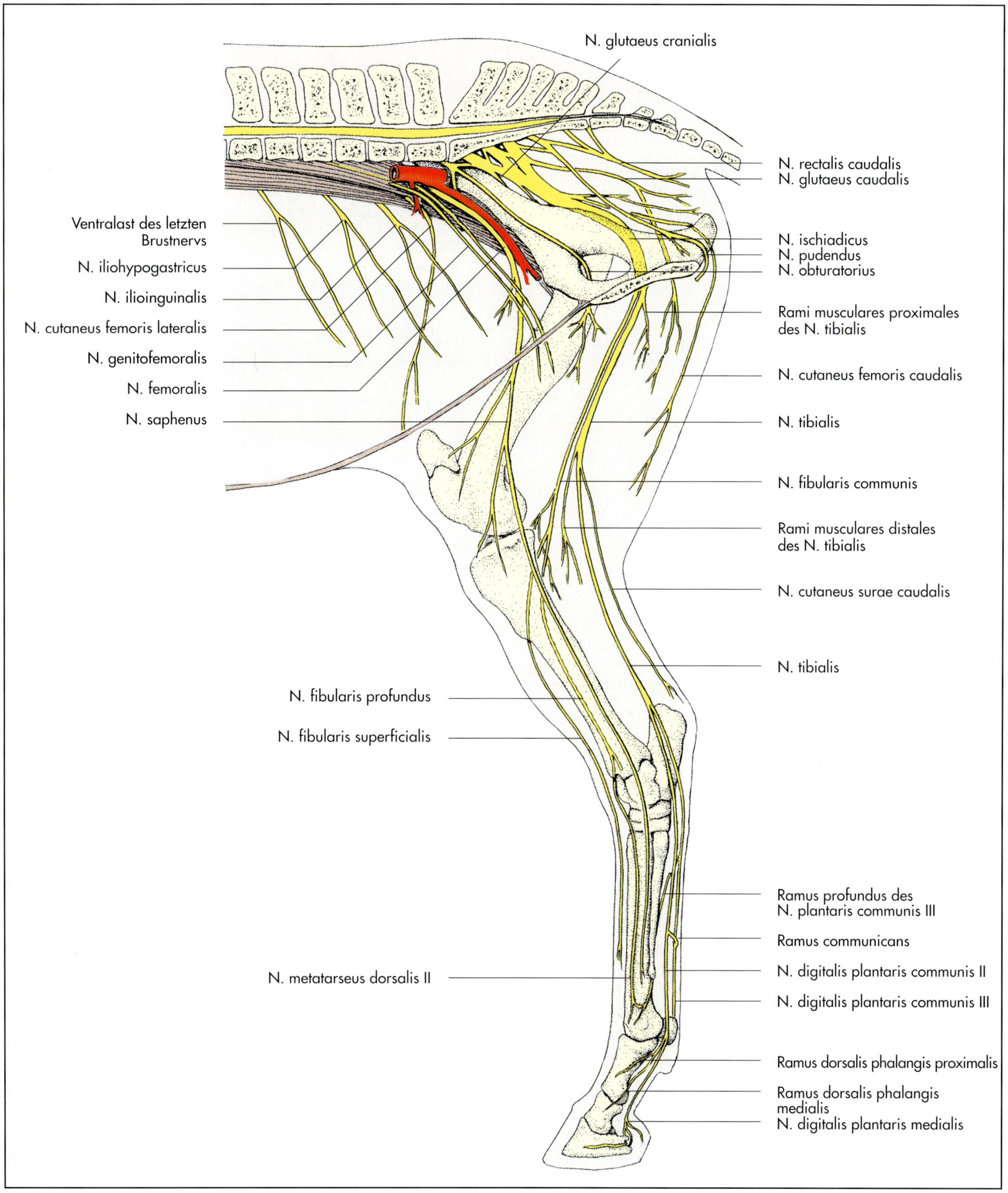


**Abb. 14-72.** Lagebeziehung des Plexus lumbosacralis und seiner Äste an der rechten Beckengliedmaße des Pferdes (Medialansicht), nach Ellenberger und Baum, 1943.

**Tab. 14-8.** Zusammenfassung der Innervationsgebiete des Plexus lumbalis.

| Nerv | motorisch | sensibel |
|---|---|---|
| **Lendengeflecht:** | | |
| **– N. iliohypogastricus** | Bauchmuskeln | Haut ventral in der Bauchgegend und medial am Oberschenkel |
| **– N. ilioinguinalis** | Bauchmuskeln | Haut ventral in der Bauchgegend und medial am Oberschenkel |
| **– N. genitofemoralis** | M. obliquus internus abdominis, M. cremaster | Hodenhüllen, Euter, Praeputium, Haut medial am Oberschenkel |
| **– N. cutaneus femoris lateralis** | M. psoas major | Haut kraniomedial am Oberschenkel und am Kniegelenk |
| **– N. femoralis** | innere Lendenmuskulatur, M. quadriceps femoris | |
| **– N. saphenus** | M. sartorius (zum Teil), M. pectineus (zum Teil), M. gracilis (zum Teil), | Haut medial am Kniegelenk und medial am Unterschenkel |
| **– N. obturatorius** | M. pectineus (zum Teil), M. gracilis (zum Teil), Adduktoren, M. obturatorius externus, Wiederkäuer und Schwein: M. obturatorius internus | |

Die **Femoralislähmung (Quadrizepslähmung)** führt zum Ausfall des M. quadriceps femoris. Die Stützfunktion im Kniegelenk ist gestört, das Tier bricht im Kniegelenk zusammen. Beim Pferd kann unsachgemäße Fesselung des Tieres zum Zwecke der Ablegung zu heftigen Abwehrbewegungen und zur Überstreckung des M. quadriceps femoris und somit zur Femoralislähmung führen. Beckenfrakturen können ebenfalls Grund für die Quadrizepslähmung sein.

Der **N. saphenus** entlässt an seinem Ursprung Äste für den M. sartorius, den M. pectineus und für den M. gracilis (Abb. 14-72, 73 u. 74). Er verläuft im Schenkelspalt am Vorderrand der A. femoralis. In der Mitte des Oberschenkels gelangt er in subkutane Lage. In Höhe des Kniegelenks gibt er Äste zu dessen Innervation ab, die dieses Gelenk zusammen mit der A. genus descendens erreichen. Der **N. saphenus** verläuft parallel zur A. saphena und V. saphena medialis und innerviert ein ausgedehntes Gebiet medial am Oberschenkel und am Unterschenkel bis distal des Sprunggelenks.

### Nervus obturatorius

Der N. obturatorius verläuft medial der Darmbeinsäule in Richtung Foramen obturatum. Er innerviert Muskeln, die bei ihrer Kontraktion die Adduktion der Gliedmaße bewirken. Es sind dies die Mm. pectineus, gracilis, obturatorius externus und die Adduktorengruppe.

Die **Obturatoriuslähmung** wird durch Gewalteinwirkung im Beckenbereich ausgelöst. Beckenfrakturen und unsachgemäß ausgeführte Zughilfe mit zu hoher Kraftanwendung bei Schwergeburten sind beim Rind oft Ursache der Erkrankung.

## Lenden- und Kreuzgeflecht (Plexus lumbosacralis)

Das Lendengeflecht (Plexus lumbalis) verbindet sich mit dem Geflecht der ersten Sakralnerven (Plexus sacralis) zum Lenden- und Kreuzgeflecht (Plexus lumbosacralis). In manchen Lehrbüchern werden auch die ersten vier Ventraläste der Lendennerven zum Plexus lumbalis gezählt, obwohl diese lediglich über feinste Fasern untereinander in Verbindung stehen (Abb. 14-71ff. u. Tab. 14-7 u. 9).

Das Lenden- und Kreuzgeflecht besteht demnach aus:

- Lendengeflecht (Plexus lumbalis) und
- Kreuzgeflecht (Plexus sacralis).

Aus dem vorderen Teil des Plexus lumbosacralis, dem Plexus lumbalis, entspringen die in Tabelle 14-8 genannten Nerven. Der Kaudalteil, der Plexus sacralis, setzt sich distal als Plexus ischiadicus in der Seitenwand der Beckenhöhle fort.

**Tab. 14-9.** Zusammenfassung der Innervationsgebiete des Plexus sacralis.

| Nerv | motorisch | sensibel |
|---|---|---|
| **Kreuzgeflecht:** | | |
| **– N. glutaeus cranialis** | M. glutaeus medius,<br>M. piriformis,<br>M. glutaeus profundus,<br>M. tensor fasciae latae | |
| **– N. glutaeus caudalis** | M. glutaeus superficialis,<br>kranialer Abschnitt des M. biceps femoris<br>(M. glutaeobiceps),<br>Wirbelköpfe des M. semitendinosus<br>und des M. semimembranosus | |
| **– N. cutaneus femoris caudalis** | M. semitendinosus (zum Teil) | Haut der Hinterbackengegend |
| **– N. pudendus** | M. ischiocavernosus,<br>M. bulbospongiosus,<br>M. urethralis,<br>M. retractor penis u. a. | Haut,<br>After,<br>Perineum,<br>Klitoris, Penis |
| **– Nn. rectales caudales** | M. sphincter ani externus,<br>M. coccygeus,<br>M. levator ani | Haut der Aftergegend,<br>kaudaler Teil des Rectum |

Der **Plexus ischiadicus** entlässt folgende Nerven:

- N. glutaeus cranialis,
- N. glutaeus caudalis,
- N. cutaneus femoris caudalis,
- N. pudendus und
- Nn. rectales caudales.

Nach Abgabe dieser Äste setzt sich der Plexus ischiadicus als **N. ischiadicus** fort.

## Nervus glutaeus cranialis

Der N. glutaeus cranialis verläuft gemeinsam mit der A. und V. glutaea cranialis über die Incisura ischiadica major (Abb. 14-72). Seine Zweige innervieren den M. glutaeus medius, den M. piriformis, den M. glutaeus profundus und den M. tensor fasciae latae.

## Nervus glutaeus caudalis

Der N. glutaeus caudalis zweigt kaudal aus dem Plexus ischiadicus ab und verläuft kaudal zum M. biceps femoris bzw. glutaeobiceps (Abb. 14-73). Er innerviert zudem speziesabhängig den M. glutaeus superficialis, den M. abductor cruris caudalis und die Wirbelköpfe der Muskeln der Hinterbacke.

## Nervus cutaneus femoris caudalis

Der N. cutaneus femoris caudalis zieht kaudal in Richtung Tuber ischiadicum (Abb. 14-72). Nachdem er motorische Äste an den M. semitendinosus abgegeben hat, gelangt er in subkutane Lage. Seine Hautäste, bekannt als **Nn. clunium caudales**, innervieren ein ausgedehntes Gebiet um das Tuber ischiadicum und kaudal am Oberschenkel. Er tauscht Fasern mit dem **N. pudendus** aus. Bei den Wiederkäuern, bei denen der **N. cutaneus femoris caudalis** recht dünn ist, wird das entsprechende Gebiet der Nn. clunium caudales vor allem von Ästen des **N. pudendus** innerviert.

## Nervus pudendus

Der N. pudendus besteht hauptsächlich aus Anteilen des Ventralastes des dritten Sakralnervs (Abb. 14-72). Anfangs führt er viele **parasympathische** Fasern. Durch **Rami communicantes** ist er mit dem **N. cutaneus femoris caudalis** verbunden. Er innerviert die Begattungsorgane sowie Muskeln der Anal- und Mittelfleischgegend. Außerdem entlässt er sensible Äste an die Haut des Afters, in die Regio perinealis und in das Innervationsgebiet der **Nn. clunium caudales**. **Motorisch** innerviert er den M. ischiocavernosus, den M. bulbospongiosus, den M. retractor penis, den M. urethralis, den M. constrictor vulvae, den M. coccygeus, den M. levator ani und den M. sphincter ani externus. Beim männlichen Tier verläuft der **N. pudendus** als **N. dorsalis penis** bis zur Penisspitze, wo er sich in der Glans verzweigt. An den feinsten Ästen finden sich sensible Endkörperchen. Bei weiblichen Tieren endet er entsprechend in der Klitoris.

Die **parasympathischen Axone**, die aus dem Lumbosakralmark stammen, trennen sich vom N. pudendus in seinem proximalen Abschnitt und verlaufen außerhalb des Bauchfells als **Nn. pelvini** zum retroserös gelegenen **Plexus pelvinus**. Sie vermischen sich hier mit **sympathischen Fasern** der **Nn. hypogastrici** und **Nn. splanchnici sacrales** und gelangen zu den Organen der Beckenhöhle. Dort bilden sie nach den jeweiligen Organen benannte Plexus. Die Synapsen der parasympathischen Axone liegen in intramural eingelagerten kleinen Ganglien (Abb. 14-80 u. 84).

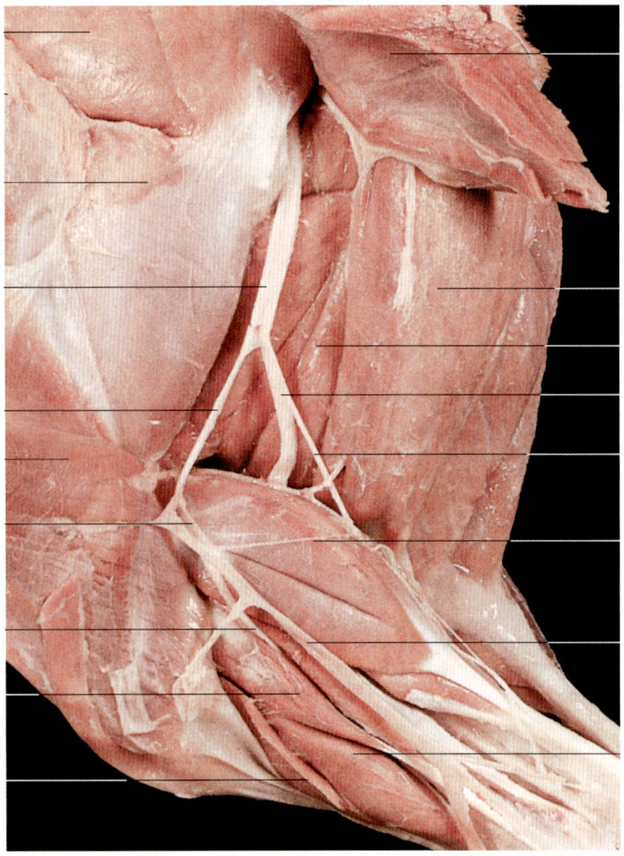


**Abb. 14-73.** Topographie der Nerven am linken Ober- und Unterschenkel eines Hundes (Lateralansicht, plastiniertes Präparat).

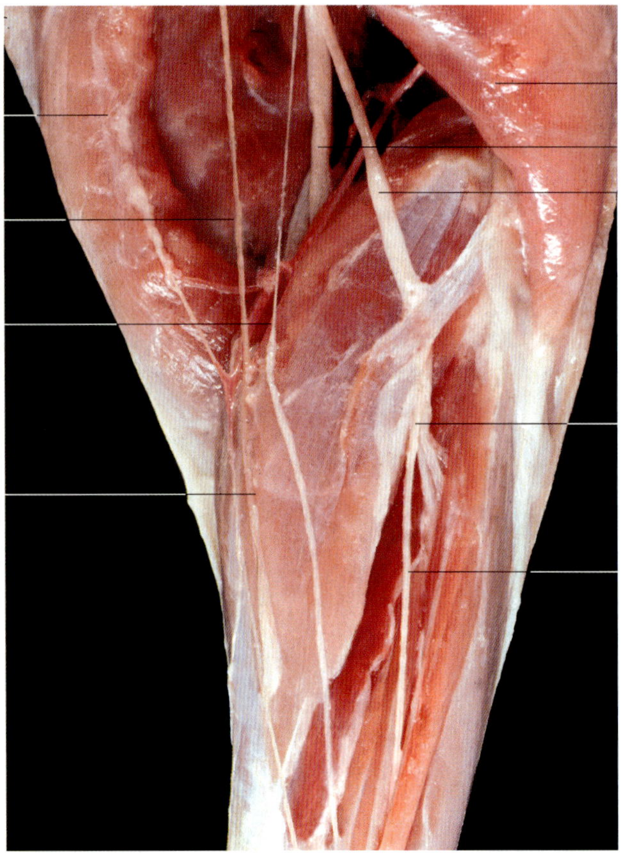


**Abb. 14-74.** Topographie der Nerven am rechter Ober- und Unterschenkel einer Katze (Lateralansicht), Langer, 1994.

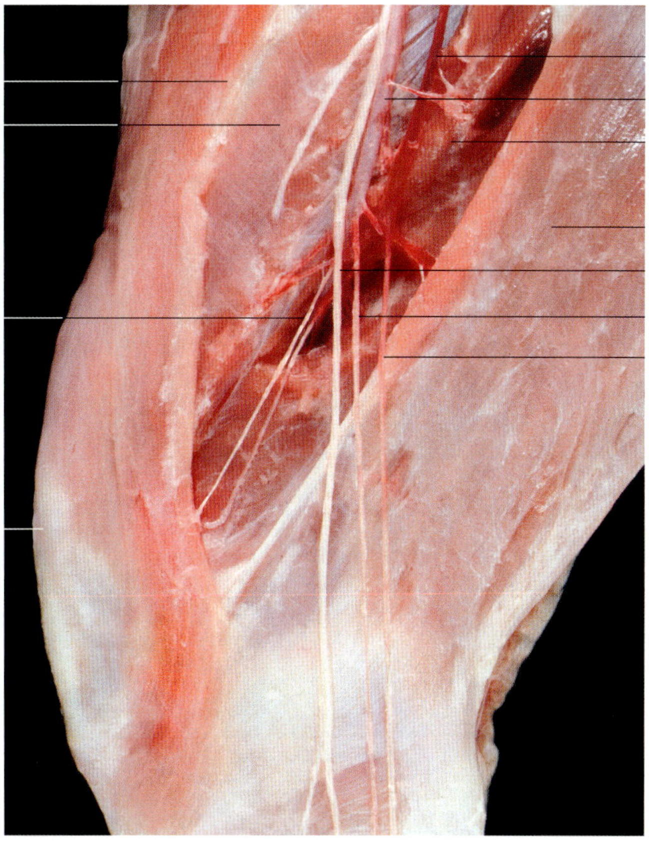


**Abb. 14-75.** Topographie der Nerven und Gefäße im Schenkelspalt und medial am Oberschenkel einer Katze, Präparat Dr. R. Macher, Wien.

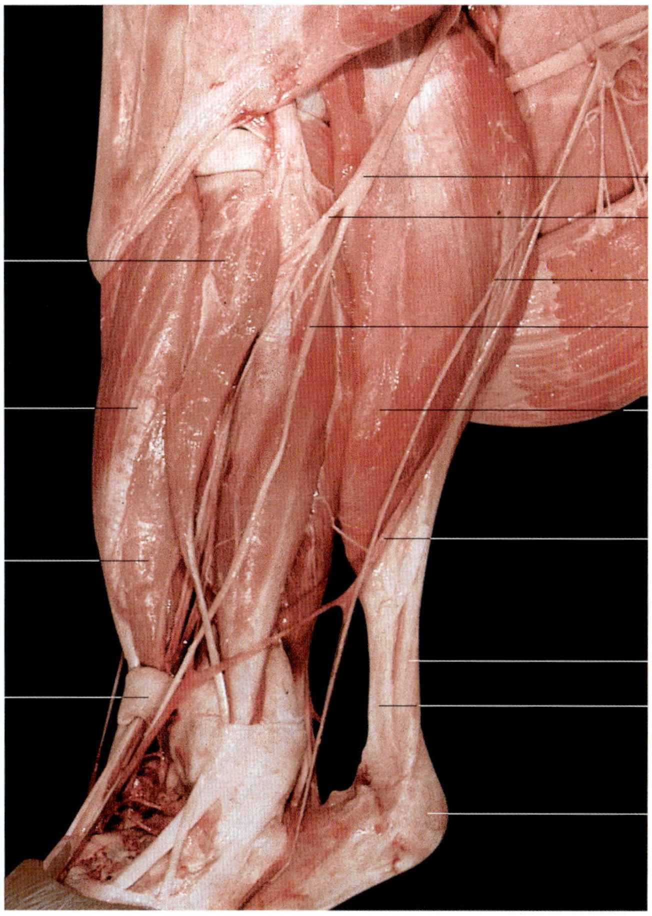


**Abb. 14-76.** Topographie der oberflächlichen Nerven am Unterschenkel eines Rindes (Lateralansicht), Präparat Dr. R. Macher, Wien.

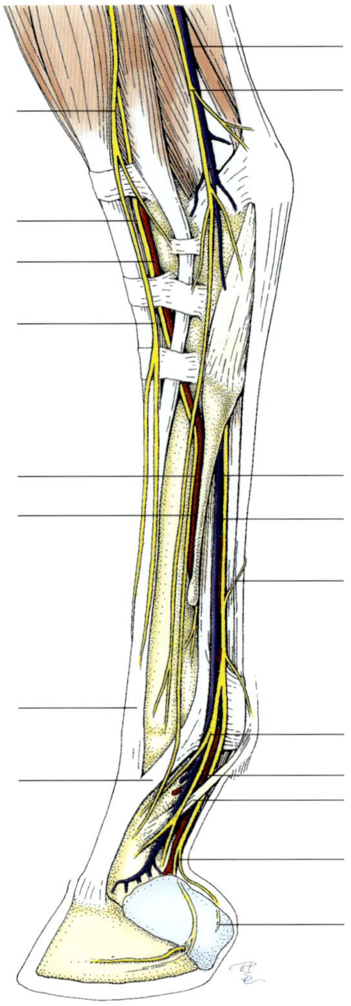


**Abb. 14-77.** Topographie der Zehe an der linken Beckengliedmaße des Pferdes (Lateralansicht).

## Nervi rectales caudales

Die Nn. rectales caudales sind kaudale Äste des Kreuzgeflechts, die u.a. aus dem N. pudendus abzweigen (Abb. 14-72). Sie versorgen kaudale Teile vom Rectum, den M. sphincter ani externus und die Haut im Bereich des Anus.

**Tab. 14-10.** Innervation der Gelenke der Beckengliedmaße.

| Gelenke | Nerven |
|---|---|
| Hüftgelenk | N. ischiadicus |
| Kniegelenk | N. tibialis und N. saphenus |
| Sprunggelenk | N. tibialis,<br>N. fibularis profundus und superficialis |
| Zehengelenke | Nn. plantares des N. tibialis,<br>Zehennerven |

## Nervi sacrales

Die Ventraläste der Kreuznerven verbinden sich zu dem bereits besprochenen **Kreuzgeflecht**.

Die Rami dorsales verlassen den Rückenmarkskanal über die Foramina sacralia dorsalia und verhalten sich wie die der Lendennerven. Ihre Hautäste bilden die **Nn. clunium medii**, die ein Hautgebiet versorgen, das in etwa dem Projektionsgebiet des Beckenkopfes des M. biceps femoris entspricht.

## Nervus ischiadicus

Der N. ischiadicus ist der **stärkste Nerv des Körpers**. Er ist die Fortsetzung des **Plexus ischiadicus** auf die Gliedmaße. Durch die Incisura ischiadica major bzw. durch das Foramen ischiadicum majus verlässt er die Beckenhöhle, gelangt bei Schwein, Rind und Pferd außen auf das Ligamentum sacrotuberale latum und verläuft über den M. glutaeus profundus und das Hüftgelenk auf die Kaudalseite des Os femoris (Abb. 14-73 u. Tab. 14-10 u. 11).

Bei **operativen Eingriffen am Hüftgelenk** kleiner Haussäugetiere ist der Verlauf des N. ischiadicus über das Hüftgelenk zu berücksichtigen. Der N. ischiadicus innerviert den M. glutaeus pro-

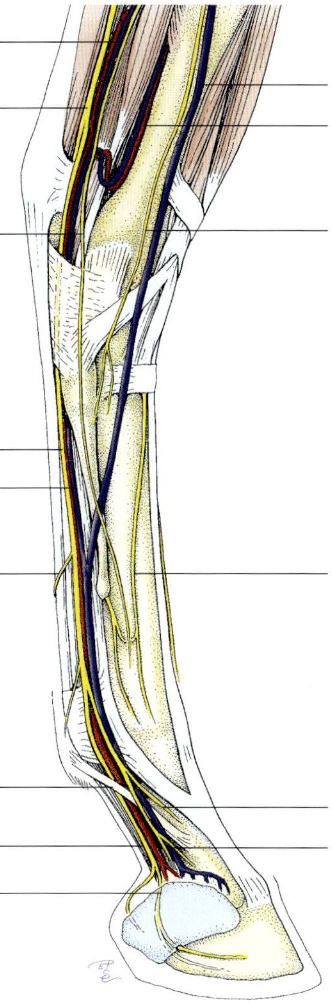


**Abb. 14-78.** Topographie der Zehe an der linken Beckengliedmaße des Pferdes (Medialansicht).

fundus, den M. obturatorius internus, die Mm. gemelli und den M. quadratus femoris. Sensible Äste zweigen an die Gelenkkapsel des Hüftgelenks ab. Im oberen Drittel oder in der Mitte des Os femoris teilt er sich in den N. tibialis und den N. fibularis communis auf (Abb. 14-76ff. u. Tab. 14-11).

## Distale Äste des N. ischiadicus

Der N. ischiadicus teilt sich, etwa in Oberschenkelmitte, in die **zwei wichtigsten Äste** zur Versorgung der Beckengliedmaße auf, nämlich in den mehr medial verlaufenden **N. tibialis** und in den lateral gelegenen **N. fibularis communis (peronaeus)** (Abb. 14-72, 74, 76 u. Tab. 14-10, 11).

Am Unterschenkel werden sämtliche Muskeln, die dorsal oder lateral von Tibia und Fibula liegen, vom **N. fibularis communis**, die kaudal liegenden vom **N. tibialis** innerviert.

## Nervus fibularis communis

Der N. fibularis communis läuft über den lateralen Kopf des M. gastrocnemius hinweg zum Proximalende der Fibula, wo er, lediglich unter der Haut und der Fascia cruris gelegen, tastbar ist. Hier teilt er sich in den N. fibularis superficialis und den N. fibularis profundus. Vor seiner Teilung entlässt er einen feinen Hautast, den N. cutaneus surae lateralis, der die Haut lateral am Kniegelenk und proximal am Unterschenkel innerviert.

Der **N. fibularis superficialis** zieht entlang des lateralen Randes des M. extensor digitorum longus distal (Abb. 14-72 u. 76). Äste gibt er an den M. extensor digitorum lateralis ab. Weiterhin versorgt er die Haut dorsal am Unterschenkel. In der Tarsalbeuge verzweigt er sich in einen **Ramus medialis** und einen **Ramus lateralis**, die sich beide in dorsal verlaufende Zehennerven aufteilen.

Der **N. fibularis profundus** verläuft in der Tiefe des Unterschenkels zusammen mit der A. tibialis cranialis (Abb. 14-72, 73 u. 76). Im proximalen Drittel des Unterschenkels gibt er Äste an die Beuger des Tarsalgelenks und die Strecker der Zehengelenke ab (M. tibialis cranialis, M. fibularis longus, M. fibularis tertius, M. fibularis brevis sowie M. extensor digitorum longus, M. extensor digi-

**Tab. 14-11.** Zusammenfassung der Innervationsgebiete des N. ischiadicus.

| Nerv | motorisch | sensibel |
|---|---|---|
| **N. ischiadicus:** | kleine Beckengesellschaft | |
| – N. tibialis | alle Muskeln, die kaudal dem Os femoris und der Tibia und Fibula anliegen: Beckenköpfe des M. biceps femoris, M. semitendinosus, M. semimembranosus, M. gastrocnemius, M. soleus, M. popliteus, M. flexor digitorum superficialis, M. flexor digitorum profundus | |
| – N. cutaneus surae caudalis | | Haut an der Kaudalseite des Unterschenkels |
| – Nn. plantares | Mm. interossei | Haut am Autopodium |
| **N. fibularis communis:** | | |
| – N. cutaneus surae lateralis | | Haut lateral am Kniegelenk |
| – N. fibularis superficialis | M. extensor digitorum lateralis | Haut dorsolateral am Unterschenkel und am Fuß |
| – N. fibularis profundus | alle Muskeln, die kraniolateral am Unterschenkel liegen: M. tibialis cranialis, M. extensor digitorum longus, M. extensor digitorum lateralis, M. fibularis longus, M. fibularis brevis, M. fibularis tertius, M. extensor digitorum brevis | |

Anmerkung: Die Nerven des Plexus lumbosacralis sind ausnahmslos maximal gemischt. Sie enthalten motorische, sensible und auch vegetative Fasern.

torum lateralis, M. extensor hallucis longus). Wie auch der vorherige teilt er sich in der Tarsalbeuge in einen **lateralen** und einen **medialen Ast** auf. Der laterale Ramus gibt einen Zweig an den M. extensor digitorum brevis ab.

Beide Äste vereinigen sich in Höhe der Zehengrundgelenke mit denen des **N. fibularis superficialis**, um dorsal die Zehen zu versorgen. Beim Pferd kann der **N. fibularis profundus dorsal** bis an das Zehenendorgan gelangen.

## Nervus tibialis

Der N. tibialis ist **stärker** als der **N. fibularis communis**. Er gibt an seinem proximalen Ende, in Höhe des oberen Drittels des Os femoris, mehrere starke **Rami musculares proximales** ab, die die Beckenköpfe der Hinterbackenmuskeln (M. biceps femoris, M. semitendinosus, M. semimembranosus) innervieren (Abb. 14-71, 73 u. 74).

In der Mitte des Oberschenkels entlässt er den **N. cutaneus surae caudalis** (Abb. 14-76). Dieser tritt mit der V. saphena lateralis kaudal am Unterschenkel unter die Haut, um sie dort zu innervieren. In der Regio poplitea tritt der **N. tibialis** zwischen die beiden Köpfe des M. gastrocnemius. Hier gibt er **Rami musculares distales** ab, die den M. gastrocnemius, die drei Köpfe des M. flexor digitorum profundus, den M. flexor digitorum superficialis und den M. popliteus innervieren. Der N. tibialis gelangt schließlich an die mediale Seite des Unterschenkels. Er zieht zwischen den Fersensehnenstrang und den Köpfen des tiefen Zehenbeugers zum Tarsalgelenk. Bei Großtieren ist er hier palpierbar. Am Tarsalgelenk teilt sich der N. tibialis in die **Nn. plantares** (Abb. 14-77 u. 78).

Die **Nn. digitales plantares communes I–IV** spalten sich in Höhe der Zehengrundgelenke in die plantaren Zehennerven **(Nn. digitales plantares proprius axiales et abaxiales)** auf, die ähnlich wie an der Vordergliedmaße verlaufen.

Die als **Ischiadikuslähmung** bezeichnete Erkrankung betrifft die beiden Haupttäste dieses Nervs, den N. tibialis und den N. fibularis communis. Sie kann die Folge einer falsch ausgeführten intramuskulären Injektion sein, aber auch nach Femurhalsfrakturen oder nach Operationen am Hüftgelenk auftreten.

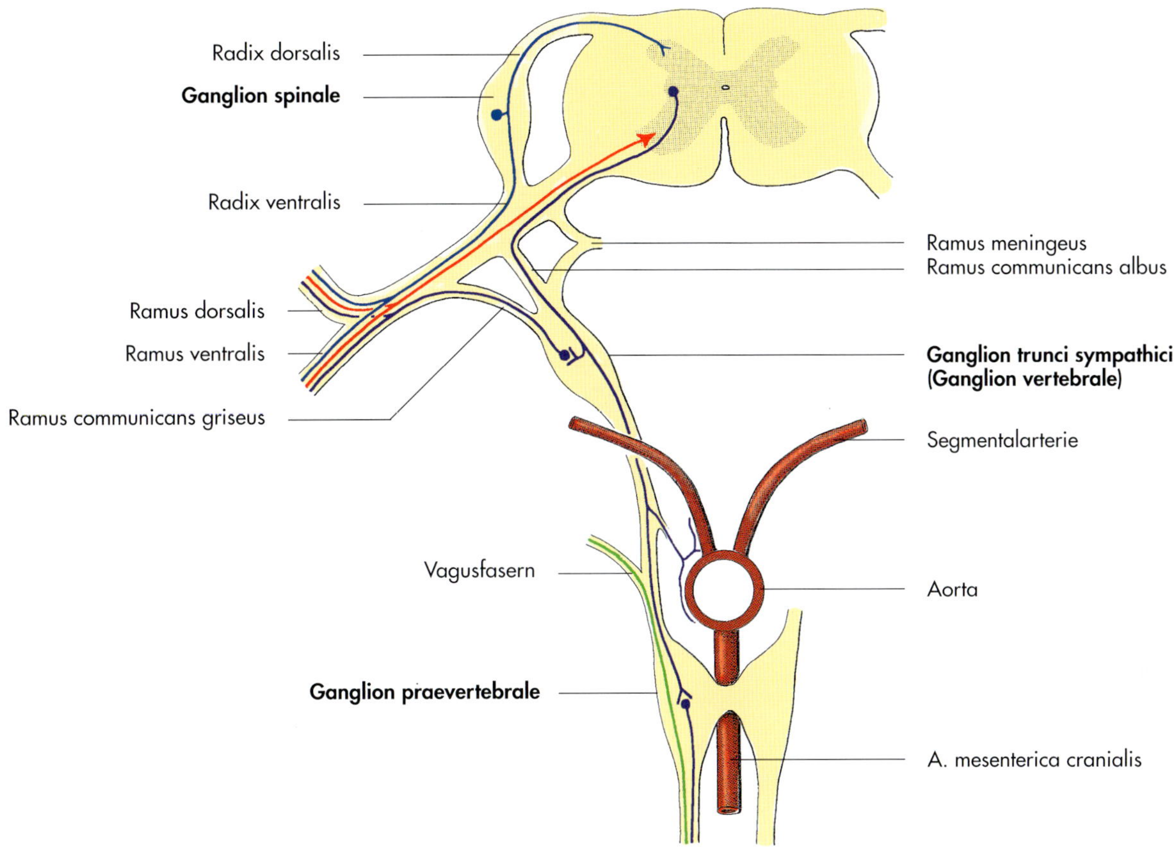


**Abb. 14-79.** Schematische Darstellung viszeraler Anteile des autonomen Nervensystems. Rot = motorische Nervenfasern mit motorischen Nervenzellen, blau = sensible Nervenfasern mit sensiblen Spinalganglienzellen, violett = sympathische Nervenfasern mit prä- und postganglionären Fasern, grün = parasympathische Fasern des N. vagus, nach Ellenberger und Baum, 1943.

Der **Ausfall** der vom N. tibialis und N. fibularis communis innervierten Muskeln führt zu **hochgradigen Lahmheiten**, die bis zur Bewegungsunfähigkeit des Sprunggelenks und der Zehengelenke reichen sowie nachfolgend zu einer rapiden Atrophie der betroffenen Muskeln führen können.

## Autonomes oder vegetatives Nervensystem (Systema nervosum autonomicum)

Das autonome oder vegetative Nervensystem stellt den idiotropen Teil des peripheren Nervensystems dar und ist eng über Gehirn- und Rückenmarknerven mit dem Zentralnervensystem verbunden. Es setzt sich aus einer Vielzahl feinster Nerven, aus Nervengeflechten und kleinen bzw. kleinsten Ganglien zusammen, deren funktionelle Wirkung vorzugsweise in der nervalen Steuerung von Organen und Organsystemen liegt. Das vegetative Nervensystem dient dem funktionellen Zusammenwirken einzelner Organabschnitte in Hinblick auf die Erhaltung des Ganzen. So dient dieser Teil des Nervensystems z.B. der Steuerung der Atmung, des Kreislaufs, der Verdauung, der Sekretion oder der Fortpflanzung. Seine Wirkungsweise vollzieht sich weitgehend **ohne Beeinflussung** durch das Bewusstsein, es ist in weiten Grenzen selbstständig und damit **autonom**.

Diese autonome Wirkungsweise ist eingeschränkt durch die Wechselbeziehungen zum animalischen Nervensystem. So beeinflussen beispielsweise optische Erregungen, aggressive Motivationen oder depressive Stimmungen stimulierend oder hemmend vorzugsweise die Atmung, den Herzrhythmus oder die Magen-Darm-Motilität.

Das vegetative Nervensystem dient weitgehend der **autonomen Innervation** der **glatten Muskulatur** in Organen und Gefäßen sowie der **Steuerung exokriner** und **endokriner Drüsen**. Von besonderer Bedeutung ist die Wechselbeziehung zwischen dem Nervensystem, den inkretorischen Drüsen und dem Immunsystem, deren endogen aktive Wirkstoffe (Transmitter) sich gegenseitig beeinflussen und paraneurokrin wirken. (Näheres s. Lehrbücher der Neurophysiologie und der Immunologie.)

### Bau des vegetativen Nervensystems

Dieser Teil des Nervensystems entspricht in seinen Grundzügen der Struktur des allgemeinen Bauplans von Nervengewebe (s. auch Kap. »Einführung und allgemeine Anatomie«, Abschnitt »Allgemeine Anatomie des Nervensystems«). Danach werden multipolare Nervenzellen in vegetativen Ganglien von Mantelzellen als Gliazellen umgeben. In den knotenartig verdickten Ganglien werden die vegetativen Nervenfasern umgeschaltet und synaptisch mit

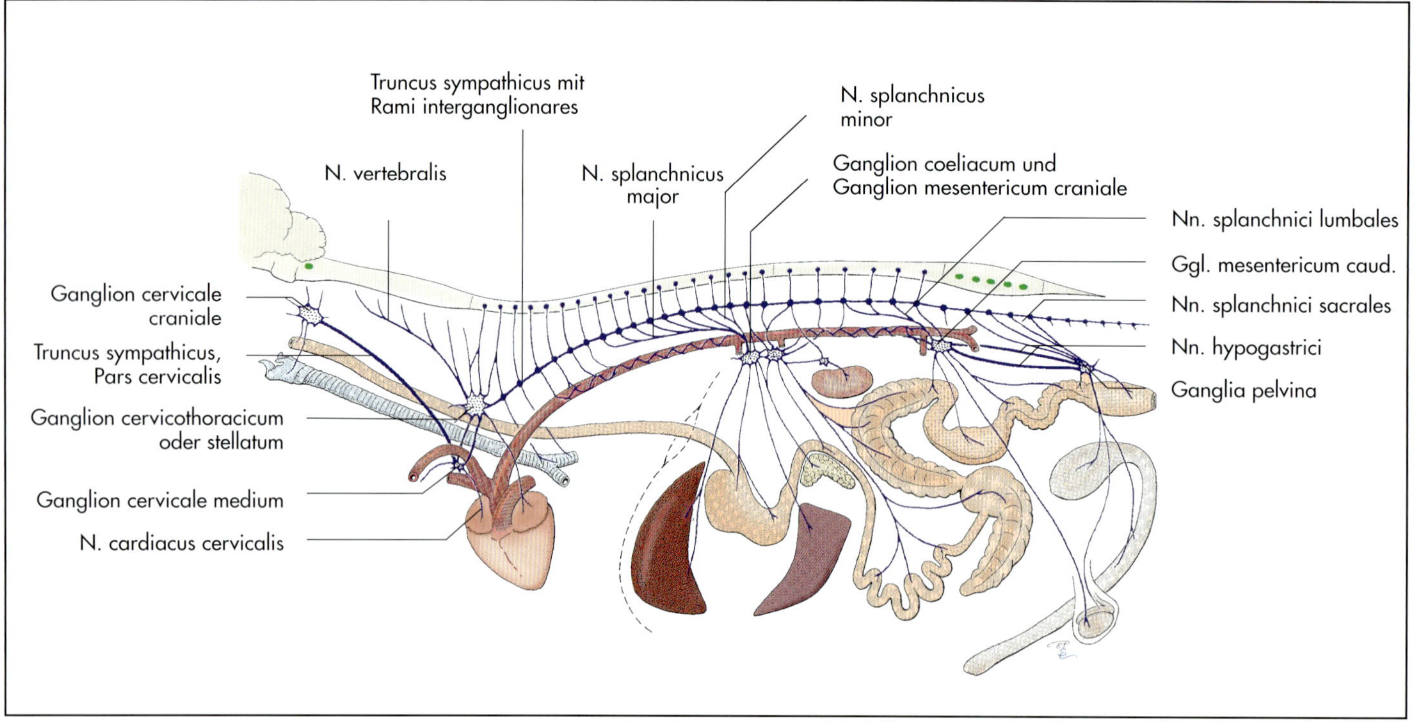


**Abb. 14-80.** Schematische Darstellung der sympathischen Nerven und Ganglien des Pferdes.

anderen Fasern verknüpft (Abb. 14-80). Die **präganglionären Nervenfasern** besitzen eine deutliche **Myelinscheide** und erscheinen **weiß**. Die **postsynaptischen, postganglionären Fasern** werden hingegen nur von einer dünnen Myelinscheide umhüllt. Diese Abschnitte erscheinen dichter und damit **grau**.

Im vegetativen Nervensystem unterscheidet man einen **sympathischen Teil (Pars sympathica)** und einen **parasympathischen Teil (Pars parasympathica)**.

Die **Kerngebiete (Wurzelzellen) beider vegetativer Anteile** liegen ausnahmslos im **Zentralnervensystem**. Diese sind für den Parasympathicus im Gehirnstamm und im sakralen Abschnitt des Rückenmarks, für den Sympathicus im thorakalen und lumbalen Teil des Rückenmarks situiert. Die von den multipolaren Wurzelzellen ausgehenden Axone können an den Erfolgsorganen (z.B. den inneren Organen oder den Blutgefäßen) nicht unmittelbar wirksam werden. Sie müssen vor Erreichen des Zielorgans in einem peripher gelegenen Ganglion eine **Synapse** mit einer hier gelegenen **Nervenzelle** eingehen, deren **Axone** sekundär das Innervationsgebiet erreichen.

**Sympathicus** und **Parasympathicus** wirken immer **zeitgleich**, wobei eines der Systeme je nach Aktivität des Organs stärker oder schwächer agiert. Die Systeme unterscheiden sich allerdings in Bezug auf ihre **Transmitter**. **Adrenalin** und **Noradrenalin** sind **Neurotransmitter** des **Sympathicus**, während **Azetylcholin** beim **Parasympathicus** zum Einsatz kommt. Allgemein sorgt der **Sympathicus** für höheren Energieverbrauch und steigert die körperliche Leistung, während der **Parasympathicus** zu einer Regeneration der Körperreserven führt. (Näheres s. Lehrbücher der Neurophysiologie.)

## Sympathisches System

Die sympathischen Wurzelzellen liegen in den Ursprungskernen des **Seitenhorns des Rückenmarks zwischen $Th_1$ und $L_3$**. Die Axone dieser Zellen ziehen in den **Ventralwurzeln zum Spinalnerv**. Von hier verlaufen sie als **Rami communicantes albi** zu den **Ganglia vertebralia** des **Grenzstranges** (Truncus sympathicus) (Abb. 14-79).

Einige dieser Axone gehen **Synapsen** mit den hier gelegenen Nervenzellen ein, verlassen das Ganglion über **Rami communicantes grisei**, um dann mit den Segmentalnerven vor allem zu Blutgefäßen der Haut zu verlaufen. Die meisten Axone der Wurzelzellen durchziehen die **Ganglia vertebralia**, ohne hier Synapsen einzugehen. Die Synapsenbildung erfolgt für diese Neuriten in einem peripher gelegenen **Ganglion praevertebrale**. Sie sind diejenigen, die dann **innere Organe** innervieren und als **Nn. splanchnici** bezeichnet werden.

### Grenzstrang (Truncus sympathicus)

Der Grenzstrang besteht aus einer Kette von **Ganglia vertebralia**, die untereinander durch Rami interganglionares verbunden sind. Er ist **paarig** und es bestehen Querverbindungen in der Art einer **Strickleiter**. Er setzt sich aus mehreren Abschnitten zusammen:

- Kopf- und Halsteil (Pars cephalica et cervicalis),
- Brustteil (Pars thoracica),
- Bauchteil (Pars abdominalis) und
- Kreuz- und Schwanzteil (Pars sacralis et coccygea).

#### Kopf- und Halsteil des Grenzstranges

Der Kopf- und Halsteil (Pars cephalica et cervicalis) des Grenzstranges ist die kraniale Verlängerung der Pars thoracica, ohne Kontakt zur Wirbelsäule zu besitzen. Im Halsbereich lagert sich der Sympathicus an den Vagus, sodass der **Truncus vagosympathicus**

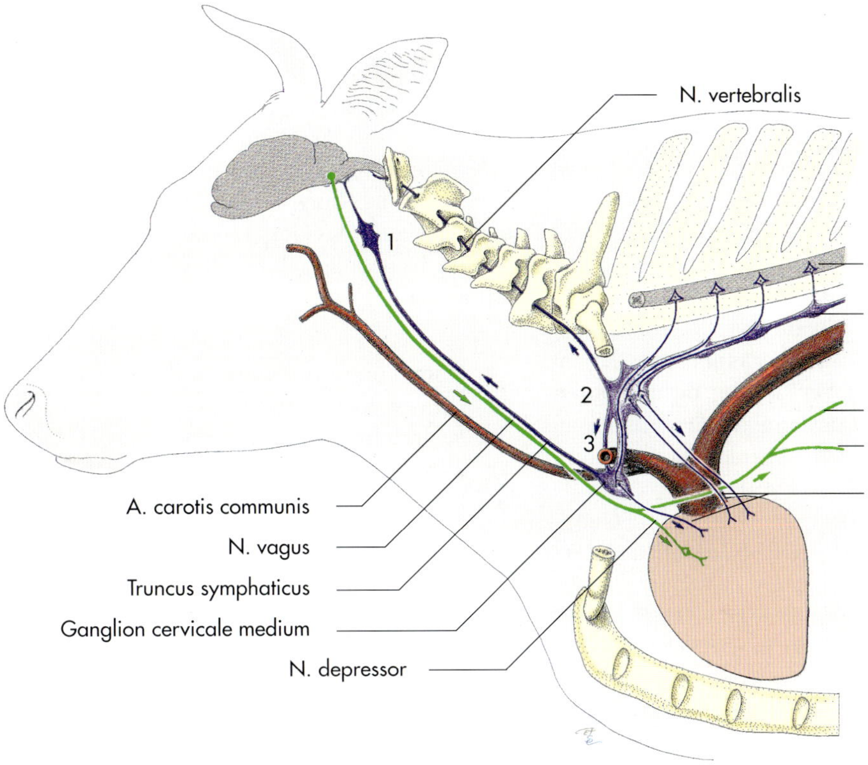


**Abb. 14-81.** Schematische Darstellung der sympathischen und parasympathischen Nerven im Hals-Brust-Bereich des Rindes. 1 = Ganglion cervicale craniale, 2 = Ganglion cervicothoracicum (= Ganglion stellatum), 3 = Ansa subclavia.

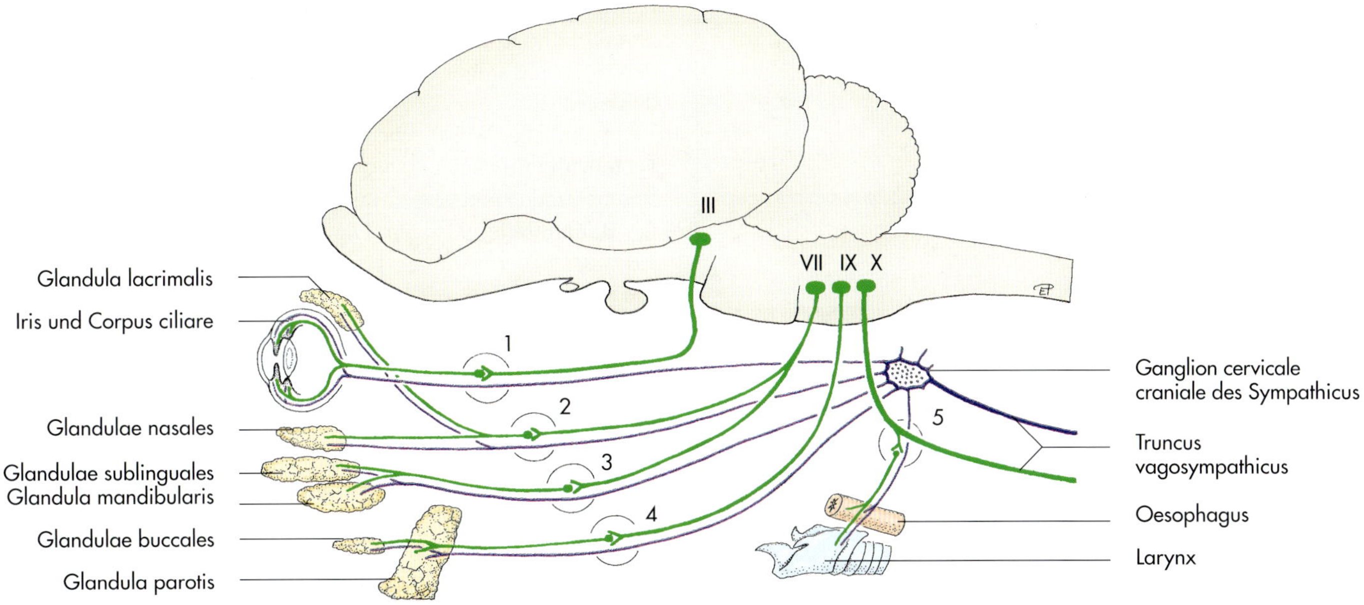


**Abb. 14-82.** Schematische Darstellung der sympathischen (blau) und parasympathischen (grün) Nerven im Kopfbereich. 1 = Ganglion ciliare, 2 = Ganglion pterygopalatinum, 3 = Ganglion mandibulare, 4 = Ganglion oticum, 5 = Ganglion distale nervi vagi. Parasympathische Kerngebiete der Gehirnnerven: N. oculomotorius (III), N. facialis (VII), N. glossopharyngeus (IX) und N. vagus (X), nach Dyce, Sack u. Wensing, 2002.

gebildet wird. Dieser liegt der A. carotis communis dorsal in der sog. »**Karotisscheide**« auf (Abb. 14-80).

Der Halsteil beginnt am **Ganglion cervicothoracicum (Ganglion stellatum)**. Dieses sternförmige Gebilde verbindet sich über die **Ansa subclavia** mit dem kranioventral von ihm gelegenen **Ganglion cervicale medium**, von dem der Halsteil des Truncus sympathicus kranial zieht. An der Halsbasis ist dieser noch nicht mit dem N. vagus verbunden. Bis zum Atlas verlaufen beide Strukturen, wie oben beschrieben, in der **Karotisscheide** (Abb. 14-81).

Am Kopf-Hals-Übergang trennt sich der **Sympathicus** wieder vom **N. vagus** und verläuft nun beim Pferd parallel mit der A. carotis interna in einer kaudal gelegenen Falte der medialen Luftsackbucht schädelbasiswärts. Er endet im großen (beim Pferd ca. 20 mm langen und 5 mm dicken) **Ganglion cervicale craniale**. Aus diesem Ganglion, das für die **sympathische Versorgung des gesamten Kopfbereichs** zuständig ist, werden **postganglionäre Fasern** an die letzten vier Gehirnnerven abgegeben, außerdem in die Tunica adventitia sämtlicher Kopfarterien.

Aus der schädelhöhlenwärts gelegenen Spitze des **Ganglion cervicale craniale** zieht der umfangreiche **N. caroticus internus** in die Schädelhöhle. Dieser wird von der A. carotis interna, die weiter am Luftsack entlang zum Foramen lacerum verläuft, begleitet. Dieser Nerv innerviert die Blutgefäße in der Schädelhöhle, gibt Fasern an den N. trigeminus und andere Kopfnerven ab. Alle Fasern, die das **Ganglion cervicale craniale** verlassen, sind ausnahmslos **postganglionär**.

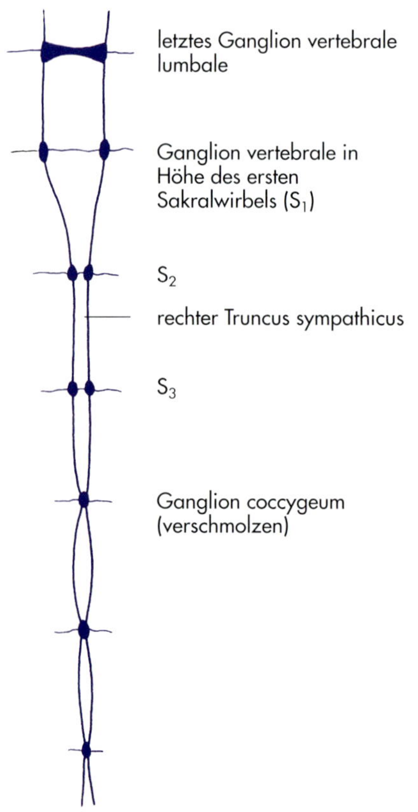


**Abb. 14-83.** Schematische Darstellung des Kreuz- und Schwanzteils des Truncus sympathicus der Katze, Corpancho, 1986.

Das **Ganglion cervicale medium** steht über zwei Stränge der **Ansa subclavia** mit dem **Ganglion cervicothoracicum** oder **stellatum** in Verbindung. Vom Ganglion cervicale medium werden vor allem Äste an den **Plexus cardiacus** entlassen.

Das **Ganglion cervicothoracicum (Ganglion stellatum)** liegt medial der ersten Rippe. Es stellt einerseits das kraniale Ende des thorakalen Teils des Grenzstranges, andererseits das kaudale Ende (oder den Beginn) des Kopf- und Halsteils des Truncus sympathicus dar. Der Name **Ganglion cervicothoracicum** zeigt, dass es aus der Verschmelzung des Ggl. cervicale caudale mit einem oder mehreren Thorakalvertebralganglien entstanden ist. **Äste des Ganglion stellatum** sind:

- **Rami communicantes** zu den ersten zwei Nn. thoracici (Brustsegmentalnerven),
- **N. vertebralis**, dieser verläuft mit der A. und V. vertebralis durch den Canalis transversarius und gibt sympathische Fasern an die Nn. cervicales,
- einen (oder mehrere) **Nn. cardiaci cervicales**, die in den Plexus cardiacus einstrahlen,
- **perivaskuläre Rami** an die A. subclavia und die
- **kaudodorsale Fortsetzung** als Pars thoracica des Grenzstranges.

## Brustteil des Grenzstranges

Der Brustteil des Grenzstranges (Pars thoracica) setzt sich aus einer Anzahl von **Ganglia vertebralia** zusammen, die in etwa der der Brustwirbel entspricht. Die ersten verschmelzen mit dem Ganglion cervicale caudale zum **Ganglion stellatum**. Von den kranial gelegenen Ganglien gehen Äste an den **Plexus cardiacus**, den **Plexus oesophageus** und den **Plexus trachealis** ab (Abb. 14-80). Etwa ab dem **sechsten Ganglion vertebrale** zweigen präganglionäre Äste an den **N. splanchnicus major** ab. Dieser **Eingeweidenerv** verläuft, kaudal stärker werdend, parallel mit dem Grenzstrang zum Zwerchfell, wo er zwischen dem jeweiligen Zwerchfellpfeiler und dem M. psoas minor durch den Arcus lumbocostalis in die Bauchhöhle eintritt.

In ähnlicher Weise gehen von den letzten zwei bis drei **Ganglia vertebralia thoracica** Äste ab, die zum **N. splanchnicus minor** zusammenfinden und gemeinsam mit dem **N. splanchnicus major** in die **Bauchhöhle** gelangen. Die beiden **Nn. splanchnici** erreichen jederseits in der Nähe der A. coeliaca und der A. mesenterica cranialis das **Ganglion coeliacum** und das **Ganglion mesentericum craniale**, beides paarige Bildungen, die aber auch untereinander und individuell unterschiedlich verschmelzen können (Abb. 14-80).

## Bauchteil des Grenzstranges

Der Bauchteil (Pars abdominalis) des Grenzstranges liegt den Lendenwirbeln an. Von den entsprechenden Ganglien ziehen **Nn. splanchnici lumbales** zum **Plexus coeliacus** und zum **Plexus mesentericus cranialis** (Abb. 14-80). Um die **prävertebralen Ganglien** (s.u.), die an der A. coeliaca und der A. mesenterica cranialis liegen, sind zahlreiche vegetative Nervenfasern zu finden, die insgesamt das **Sonnengeflecht (Plexus solaris)** bilden. Als periarterielle Geflechte versorgen sie alle die nach Organen benannten vegetativen Geflechte in der Bauchhöhle (z.B. Plexus entericus, Plexus hepaticus etc.). An der A. mesenterica caudalis ist ähnlich wie an der A. mesenterica cranialis ebenfalls ein **sympathisches prävertebrales**

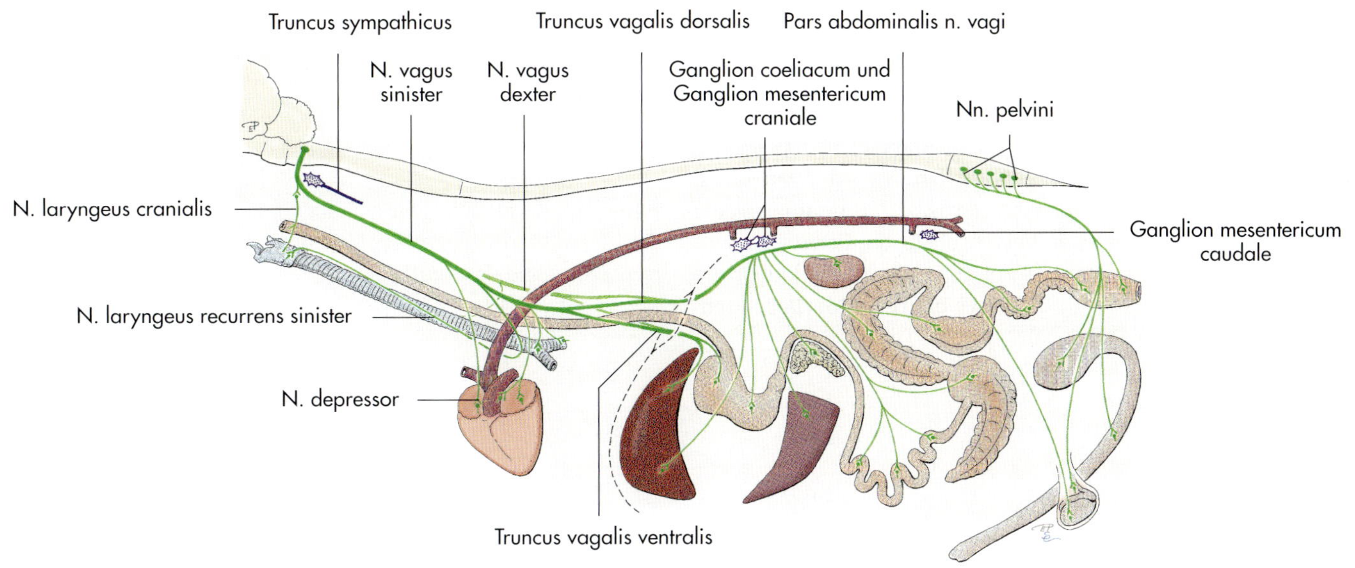


**Abb. 14-84.** Schematische Darstellung der parasympathischen Nerven des Pferdes im Hals-, Brust-, Bauch- und Beckenbereich.

**Ganglion** vorhanden. Dieses **Ganglion mesentericum caudale** ist unpaarig, da in der Regel die Ganglien beider Seiten zu einem Gebilde verschmelzen.

Die **Ganglien**, die an den Eingeweideästen der Aorta abdominalis liegen, werden **prävertebrale Ganglien** genannt. Sie stehen nicht nur über den Grenzstrang und Nn. splanchnici miteinander in Verbindung, sondern auch über den an der Aorta gelegenen **Plexus aorticus abdominalis**. In die um die Ganglia praevertebralia gelegenen Nervengeflechte strahlen zusätzlich noch **parasympathische Fasern** des N. vagus ein.

### Kreuz- und Schwanzteil des Grenzstranges

Der Kreuz- und Schwanzteil (Pars sacralis et coccygea) des Grenzstranges ist die Fortsetzung des Bauchteils (Abb. 14-82). Er verläuft entlang der Kreuz- und Schwanzwirbel. Von den **Ganglia sacralia** zweigen **Nn. splanchnici pelvini** ab, die in den retroserös gelegenen **Plexus pelvinus** einziehen. In dieses Geflecht gelangen auch die **Nn. hypogastrici**, zwei Nervenstränge, die vom Ganglion mesentericum caudale retroserös in die Beckenhöhle ziehen. In den Plexus pelvinus gelangen auch **parasympathische Fasern (Nn. pelvini)**.

## Parasympathisches System

Auch für den **Parasympathicus** liegen die Wurzelzellen im Zentralnervensystem. Sie sind in großer Zahl im Gehirnstamm als Kerne nahe der Kerne von Kopfnerven und im Kreuzteil des Rückenmarks eingelagert. Aufgrund dieser Lage wird das System als **kraniosakraler Parasympathicus** bezeichnet.

Die den **Gehirnnervenkernen benachbarten parasympathischen Nuclei** sind (Abb. 14-51 u. 82):

- Nucleus parasympathicus nervi oculomotorii,
- Nucleus parasympathicus nervi faciali,
- Nucleus parasympathicus nervi glossopharyngei und
- Nucleus parasympathicus nervi vagi.

Die parasympathischen Fasern des **N. oculomotorius** bilden Synapsen im **Ganglion ciliare**. Sie innervieren den M. ciliaris und den M. sphincter pupillae. Die parasympathischen Anteile des **N. facialis** verlaufen mit der **Chorda tympani** zum N. lingualis und mit dem **N. petrosus major** zum N. maxillaris. Die obligaten Synapsen gehen sie im **Ganglion mandibulare** und im **Ganglion pterygopalatinum** ein. Erstere versorgen die Unterkiefer- und die Unterzungendrüse, die des Ggl. pterygopalatinum die Tränendrüse und die Nasen- und Gaumendrüsen.

Der **parasympathische Teil** des N. glossopharyngeus zieht mit dem N. petrosus minor zum **Ganglion oticum**, das dem N. mandibularis anliegt. Die postganglionären Fasern versorgen die Backendrüsen und die Glandula parotis.

Der **größte parasympathische Kern**, der des **N. vagus**, sendet die Axone über den X. Gehirnnerv zu den **Organen der Brust- und Bauchhöhle**. Sie vermischen sich mit sympathischen Fasern. Die obligaten Synapsen gehen sie in den intramuralen Ganglien der entsprechenden Organe ein (Abb. 14-84).

Die **Wurzelzellen des Kreuzteils** des parasympathischen Systems liegen in der **lateralen Säule** der Pars sacralis der Medulla spinalis. Ihre Axone ziehen vor allem mit dem **N. pudendus** aus dem Wirbelkanal heraus, verlassen diesen aber bald und führen den Namen **Nn. pelvini**. Diese vermischen sich mit den sympathischen Fasern im **Plexus pelvinus** und innervieren sämtliche Organe der Beckenhöhle. Sie bilden nach Organen benannte Plexus.

## Intramurales System

Das **intramurale System** umfasst die **Gesamtheit** der in der **Organwand** gelegenen **Nervennetze** und **Ganglien**. Sie garantieren den Funktionsabläufen der Organe eine gewisse **Autonomie**. Nach Durchtrennung von vegetativen Nerven bleibt die Peristaltik beispielsweise noch für eine gewisse Zeit erhalten. An Hohlorganen besteht das intramurale System aus **drei übereinanderliegenden Netzen**:

- Plexus nervorum subserosus,
- Plexus nervorum myentericus (Auerbach-Plexus),
- Plexus nervorum submucosus (Meissner-Plexus).

Diese nervalen Netze sind sowohl horizontal als auch vertikal untereinander verbunden. Das intramurale System umfasst auch nervöse Strukturen in parenchymatösen Organen. (Näheres s. Lehrbücher der Histologie.)

**Klinische Ausdrücke**, die von anatomischen Namen ableitet werden: Neuritis, Enzephalitis, Meningitis, Menigoenzephalitis, Neurom, Neuralgie, Radikulitis etc.

# 15 Endokrine Drüsen (Glandulae endocrinae)

H. E. König und H.-G. Liebich

Endokrine Drüsen (auch Glandulae sine ductibus genannt) produzieren **Hormone**, die in der Regel **direkt in die Blutbahn** abgegeben werden und damit entfernte Körperstellen beeinflussen. Nur eine geringe Anzahl an Hormonen wirkt hingegen unmittelbar am Ursprung ihrer Entstehung auf andere Körperzellen (beispielsweise die einzeln lokalisierten Zellen des gastroenteropankreatischen Systems, s. unten).

Die meisten Drüsen mit einer endokrinen Sekretion sind über **postkapilläre Venolen** an **Venen** angeschlossen, die **nicht in die Pfortader** münden. Damit ist sichergestellt, dass diese Hormone die Leber und damit primär ihren schnellen Ab- oder Umbau umgehen. Über den Blutkreislauf werden die Hormone im ganzen Organismus verteilt. Dort, wo sie auf spezifische Rezeptoren treffen, greifen sie fördernd oder hemmend in Stoffwechselvorgänge ein. Da sie oft mit dem vegetativen Nervensystem agieren, spricht man vom sog. **»neurohormonalen System«**.

Außer den makroskopisch als kompakte Organe ausgebildeten inkretorischen Drüsen kommen in einigen Organen endokrine Zellgruppen vor (z.B. Langerhans-Inseln in der Bauchspeicheldrüse, Leydig-Zwischenzellen im Hoden, Theca folliculi und Corpus luteum im Eierstock). Endokrine Einzelzellen (u.a. G-, D-, S- und EC-Zellen im Epithel des Magen-Darm-Kanals sowie Zellen in der Schleimhaut der Bronchien und der Urethra, aber auch in den Nieren und im Herzmuskelgewebe) üben vorwiegend einen lokal begrenzten Einfluss aus. Die Funktion der endokrinen Drüsen wird über einfache oder komplexe Rückkoppelungsmechanismen (»Feedback«-Mechanismus) reguliert.

## Hypophyse (Hypophysis oder Glandula pituitaria)

Die Hypophyse (Hirnanhangsdrüse) besteht aus zwei embryologisch unterschiedlichen Anteilen, der **Neurohypophyse** und der **Adenohypophyse**. Sie liegt als unpaariges, kleines Organ in der **Fossa hypophysialis** zwischen Sehnervenkreuzung (Chiasma opticum) und Corpus mamillare ventral am Diencephalon (Abb. 15-1). Um ihren Stiel bildet die Dura mater das Diaphragma sellae. Der Hypophysenstiel wird zudem vom Sinus cavernosus umgeben.

Die **Neurohypophyse** liegt kaudal der Adenohypophyse an und ist eine neurale Ausstülpung des **Hypothalamus**. Sie besteht aus dem

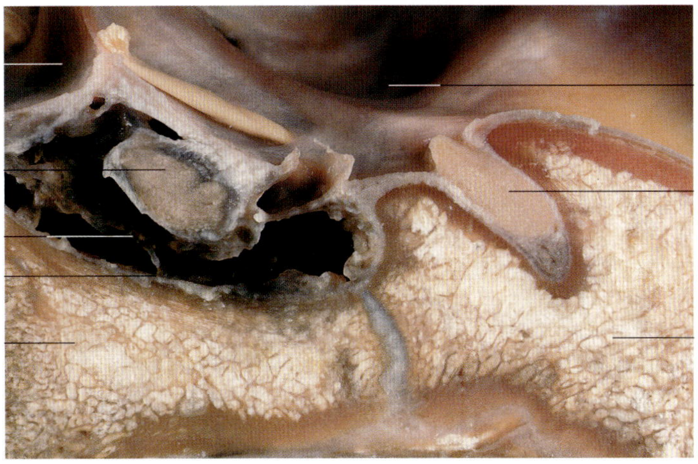


**Abb. 15-1.** Paramedianschnitt durch die Hypophyse eines Pferdes mit angrenzenden Strukturen, Aufnahme PD Dr. J. Maierl, München.

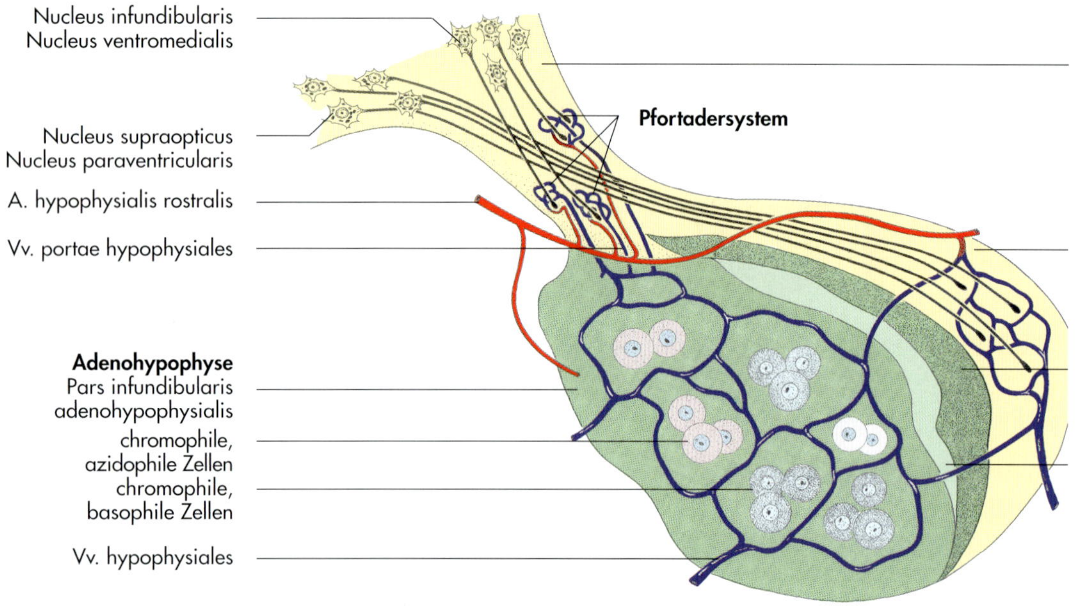


**Abb. 15-2.** Schematische Darstellung des Hypothalamus-Hypophysen-Systems, Liebich, 2004.

**Hypophysenstiel (Infundibulum** oder **Pars proximalis neurohypophysialis)** und dem **Hinterlappen (Lobus nervosus = Pars distalis neurohypophysialis)**. Mit dem Hypophysenstiel ist sie am Tuber cinereum des Hypothalamus befestigt. Durch das Infundibulum stülpt sich der dritte Hirnventrikel als Recessus infundibuli in den Lobus nervosus ein.

Die **Adenohypophyse** entsteht embryologisch aus dem Epithel des dorsalen Rachendachs (Rathke-Tasche) und wird zum **Vorderlappen** der Hypophyse. Sie liegt größtenteils rostral der Neurohypophyse, der Pars distalis neurohypophysialis an und setzt sich auf dem Infundibulum als **Pars infundibularis adenohypophysialis** fort (Abb. 15-2).

Der zur Adenohypophyse gehörige **Zwischenlappen (Pars intermedia adenohypophysis)** schiebt sich zwischen Vorder- und Hinterlappen. Bei Katze, Hund und Pferd umgreift der Zwischenlappen die Neurohypophyse. Vorder- und Zwischenlappen sind außer beim Pferd von der **Hypophysenhöhle (Cavum hypophysis)** voneinander abgegrenzt.

An der Hypophyse ist ein **Pfortadersystem** entwickelt, das für den Transport von Hormonen aus Kernen des Hypothalamus, die im Bereich des Tuber cinereum liegen, zur Adenohypophyse verantwortlich ist. Zur **Neurohypophyse** gelangen, direkt über Neuriten, **Neurosekrete** (Adiuretin und Oxytocin), die im **Nucleus supraopticus** und **Nucleus paraventricularis** in Form von Granula produziert werden. Diese Neurosekrete werden in der Neurohypophyse gespeichert und im Bedarfsfall in die Blutbahn abgegeben. So erfolgt also der Transport von (Boten-)Stoffen zur Adenohypophyse auf vasalem, zur Neurohypophyse dagegen auf nervalem Weg (Abb. 15-2).

Aufgrund der engen Beziehungen zwischen Hypothalamus und Hypophyse spricht man vom **Hypothalamus-Hypophysen-System**.

Die Hormone des Hypophysenvorderlappens steuern die Funktion sämtlicher übriger inkretorischer Drüsen des Organismus so, dass die Hypophyse in dieser Beziehung eine Schlüsselstellung einnimmt.

**Nebenhypophysen** wurden rachenwärts von der Hypophyse in der Dura mater vor allem bei Katzen und Wiederkäuern, selten auch beim Hund, gefunden.

## Zirbeldrüse (Epiphysis cerebri oder Corpus pineale, Glandula pinealis)

Die Zirbeldrüse ist Bestandteil des **Zwischenhirns** und liegt als unpaariges, längliches Organ im **Epithalamus**. Der Name **Corpus pineale** leitet sich von ihrer Form, die einem **Pinienzapfen** ähnlich ist, ab (Abb. 14-23 u. 34). Ihre Größe unterliegt speziesabhängigen, aber auch starken individuellen Schwankungen. Sie steht mit dem **Dach des Diencephalon** über die **Zügel (Habenulae)** und einem kurzen **Stiel (Pedunculus)** in Verbindung.

In die Zirbeldrüse gelangen aus dem **Ganglion cervicale craniale** mit der Adventitia feiner Blutgefäße postsynaptische, sympathische Nervenfasern. Die inkretorischen Zellen der Zirbeldrüse produzieren **Melatonin** und **Serotonin**. Die Sekretionstätigkeit wird über eine Neuronenkette, die von der Retina über den Hypothalamus, den thorakalen Abschnitt des Rückenmarks und das Ganglion cervicale craniale zur Epiphyse gelangt, beeinflusst. Melatonin hat eine **antigonadotrope Wirkung**. Seine Sekretion wird durch zunehmende Lichtreize gehemmt. So kann die Keimdrüsentätigkeit im Frühjahr mit ansteigendem Lichteinfluss zunehmen.

Die Epiphyse fungiert in Abhängigkeit von der Belichtungsintensität der Retina als sog. **»biologische Uhr«**, die nicht nur den

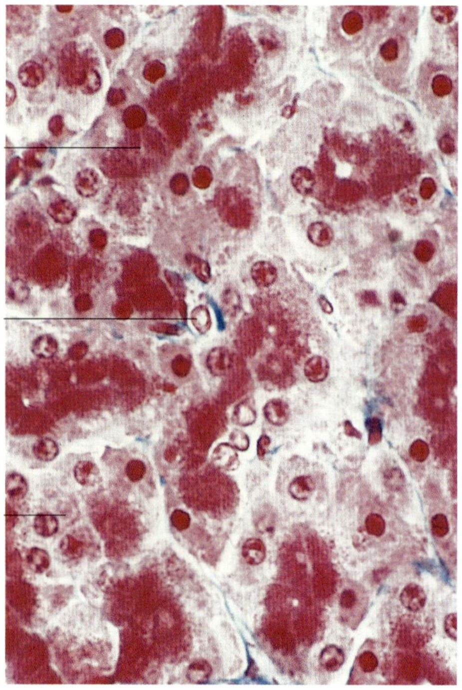


**Abb. 15-3.** Histologischer Schnitt durch die Adenohypophyse eines Rindes.

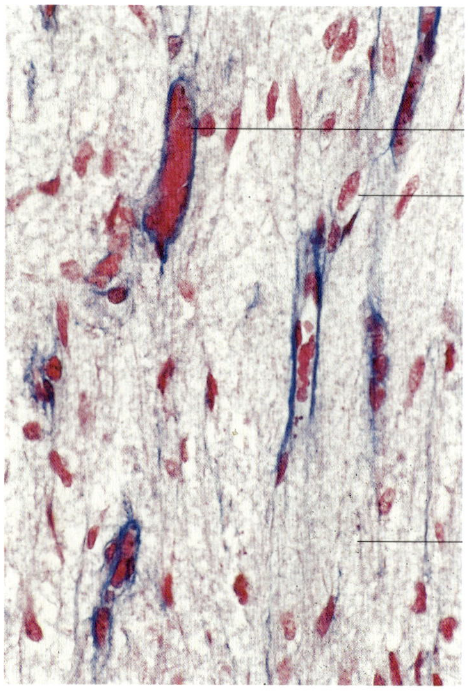


**Abb. 15-4.** Histologischer Schnitt durch die Neurohypophyse eines Rindes.

jährlichen Rhythmus, beispielsweise in der Fortpflanzungsaktivität der Wildtiere, sondern auch die Steuerung des Stoffwechselgeschehens im Tagesverlauf, den sog. **»Zirkadianrhythmus«**, dirigiert.

# Schilddrüse (Glandula thyroidea)

Die Hormone der Schilddrüse steuern nachhaltig den Grundumsatz des Körpers, sie dienen der Wärmeregulation, der Steuerung des Körperwachstums, dem Kohlenhydratstoffwechsel und der Regulation der Kalziumwerte im Blut. Die Syntheseleistungen der Schilddrüse ihrerseits werden durch das Hormon **Thyrotropin (TSH)** der **Adenohypophyse** gesteuert.

Die Produkte der Schilddrüse, die **Hormone Thyroxin (Tetrajodthyronin, $T_4$)** und **Trijodthyronin ($T_3$)** werden im Kolloid der **Drüsenfollikel** gespeichert und je nach Bedarf an das Blut abgegeben. Für die Bildung der Schilddrüsenhormone ist die mit der Nahrung aufgenommene **Jodmenge** von Bedeutung. Chronischer Jodmangel kann zu Kropfbildung **(Struma)** führen. Die Schilddrüse beeinflusst vor allem **Stoffwechselvorgänge**.

Eine **Überfunktion (Hyperthyrose)** führt zu erhöhtem Stoffwechsel (Zunahme der Verbrennungsvorgänge in den Zellen) und zu nervöser Übererregbarkeit. Die **Unterfunktion (Hypothyrose)** bedingt eine Verlangsamung des Stoffwechsels, des Wachstums und beim Menschen auch der geistigen Tätigkeit. Es tritt das Myxödem, gekennzeichnet durch Wassereinlagerung in das subkutane Bindegewebe, auf. Angeborene Unterfunktion führt zu Zwergwuchs.

## Lage und Form

Die Bezeichnung »Schilddrüse« trifft eigentlich nur für den Menschen zu, bei dem dieses Organ tatsächlich auf dem Schildknorpel sitzt, während es bei den Haussäugetieren etwas tiefer halswärts gelegen ist.

Die Schilddrüse der Haussäugetiere besteht, außer beim Schwein, aus einem rechten und einem linken **Lappen**, die an ihrem kaudalen Pol über einen, die **Trachea** ventral umgreifenden, bindegewebigen **Isthmus** verbunden sind (Abb. 15-5ff., 10 u. 11).

Bei der Katze liegen die abgeplatteten, spindelförmigen Lappen der Luftröhre in Höhe der ersten 7–10 Trachealspangen dorsolateral auf. Selten sind sie durch einen 1–2 mm breiten Isthmus miteinander verbunden.

Beim Hund sind die Lappen länglich oval, der Trachea in Höhe der fünften bis achten Trachealspange dorsolateral aufliegend. Ein Isthmus kann in Einzelfällen, vor allem bei großen Hunden, aus Drüsengewebe bestehen (Abb. 15-5).

Beim Schwein ist die Schilddrüse einheitlich, sie liegt der Trachea ventral an (Abb. 15-9 u. 13). Ihr Vorderrand berührt meist den Schildknorpel, während das spitze Kaudalende im Allgemeinen bis zum Brusteingang reicht. Wie auch beim Rind ist die Oberfläche des Organs deutlich grobhöckerig lobuliert.

Beim Rind sind die Lappen unregelmäßig drei- bis viereckig gestaltet, sie liegen weiter dorsal dem M. cricopharyngeus und dem M. cricothyroideus seitlich an (Abb. 15-7). Die Lappen sind durch einen ca. 1 cm breiten Isthmus, der die zweite Trachealspange unterquert, miteinander in Verbindung.

Bei den kleinen Wiederkäuern liegen die spindel- bis walzenförmigen Lappen der Trachea in Höhe der ersten Trachealspangen dorsolateral auf. Der Isthmus fehlt des Öfteren.

Beim Pferd liegen die pflaumengroßen Lappen der Trachea in Höhe der zweiten und dritten Trachealspange dorsolateral auf. Sie fallen durch ihre derbe Konsistenz und die rotbraune Farbe auf. Der Isthmus ist auf einen bindegewebigen Strang reduziert (Abb. 15-8, 9 u. 12).

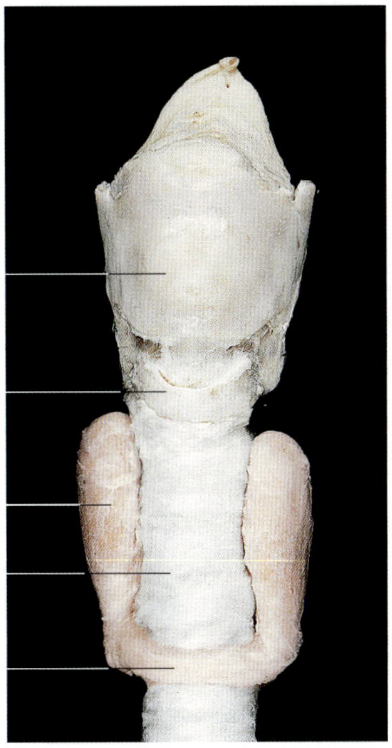


**Abb. 15-5.** Ventralansicht der Schilddrüse eines Hundes mit Kehlkopf und Luftröhre.

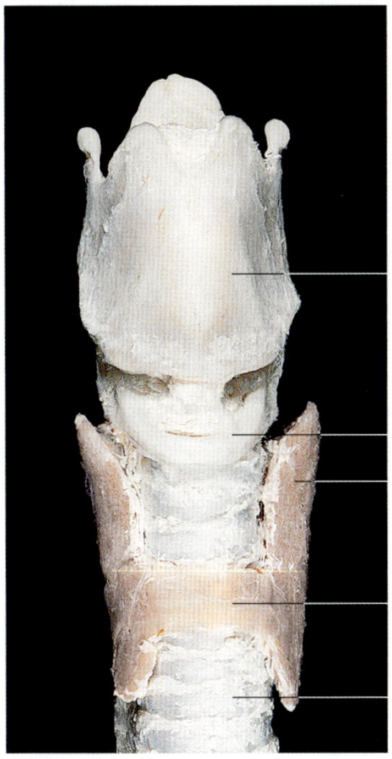


**Abb. 15-6.** Ventralansicht der Schilddrüse einer Ziege mit Kehlkopf und Luftröhre.

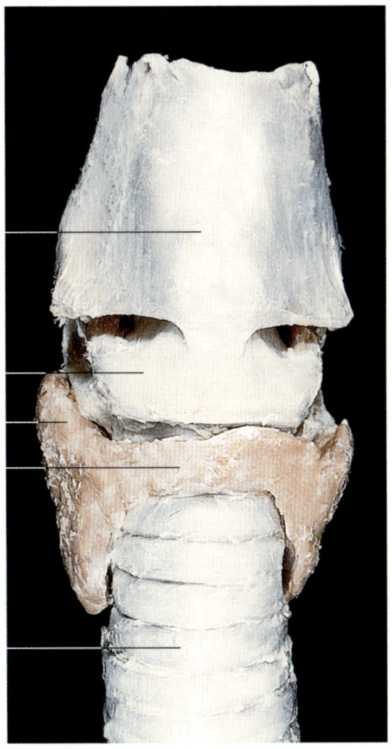


**Abb. 15-7.** Ventralansicht der Schilddrüse eines Rindes mit Kehlkopf und Luftröhre.

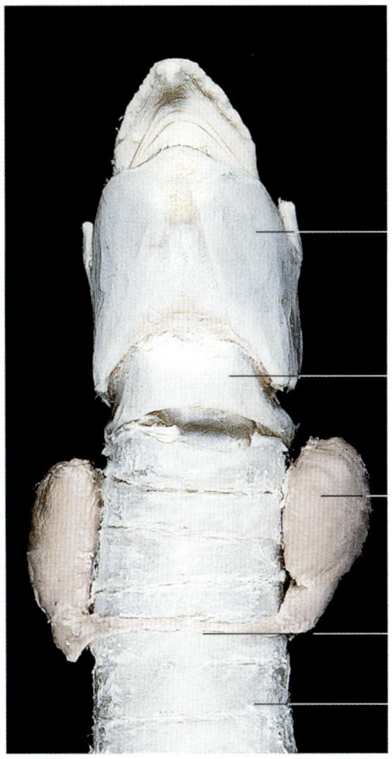


**Abb. 15-8.** Ventralansicht der Schilddrüse eines Pferdes mit Kehlkopf und Luftröhre.

Akzessorische Schilddrüsen liegen gewöhnlich in Schilddrüsennähe. Es wurden aber solche auch in der Zungenbeingegend und im gesamten Halsgebiet entlang der Trachea bis in das Mediastinum medium, bei der Katze auch in der Zungenschleimhaut, gefunden.

## Gefäßversorgung und Innervation

Die **Blutversorgung** der Schilddrüse erfolgt aus der **A. carotis communis**, aus der eine schwächere **A. thyroidea caudalis** und eine kräftige **A. thyroidea cranialis** entspringen. Aus der kranialen Schilddrüsenarterie entstehen auch Äste, die den Kehlkopf versorgen. Die A. thyroidea caudalis fehlt oft beim Rind und bei der Ziege.

Beim Schwein ist die A. thyroidea caudalis das Hauptgefäß. Variationen des Ursprungs und Verlaufs der Schilddrüsenarterien sind des Öfteren anzutreffen.

Die **V. thyroidea cranialis** und die **V. thyroidea media** münden in die **V. jugularis interna** und variieren stark. Zwischen den kranialen Schilddrüsenvenen verläuft bei der Katze und beim Hund

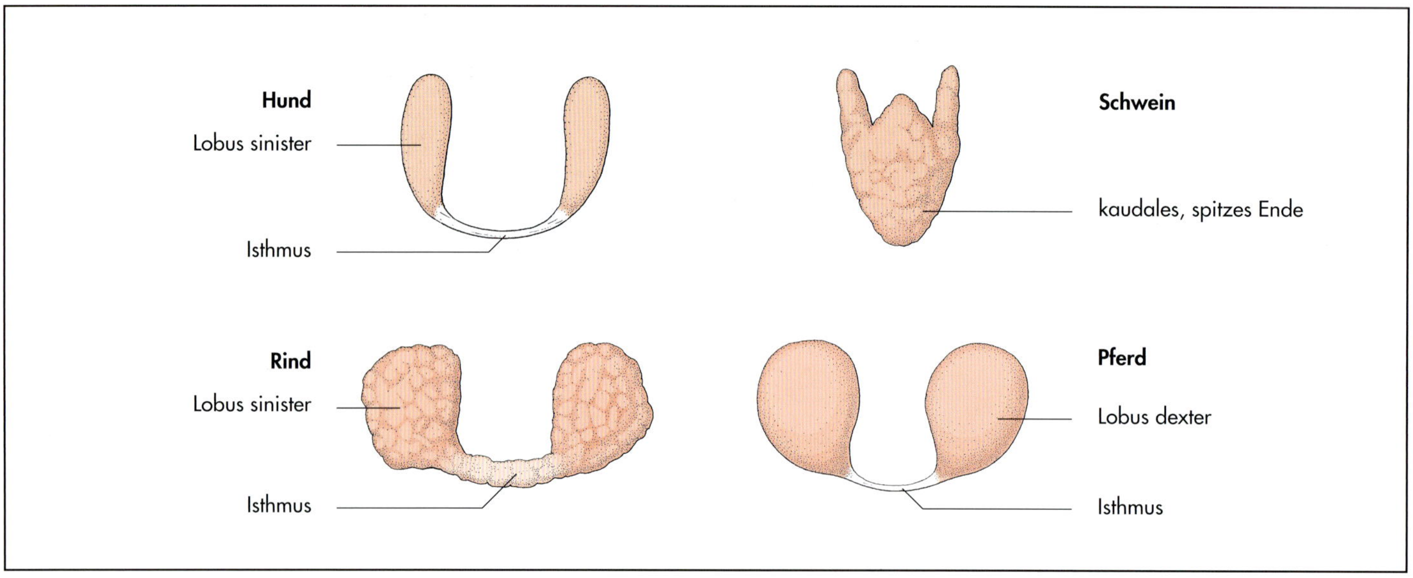


**Abb. 15-9.** Schematische Darstellung der Schilddrüse, vergleichend, nach Ghetie, 1967.

eine Querverbindung, der Arcus laryngeus caudalis. In dieses Gefäß mündet die unpaarige, median verlaufende V. thyroidea caudalis. Beim Pferd, bei dem dieV. jugularis interna fehlt, öffnen sich die Schilddrüsenvenen in die V. jugularis externa.

Die **Lymphgefäße** der Schilddrüse ziehen zu den tiefen Halslymphknoten oder direkt in den Truncus trachealis.

Die **Innervation** ist vegetativ. Die sympathischen Fasern stammen vom Ganglion cervicale craniale, die parasympathischen aus dem N. laryngeus cranialis und dem N. laryngeus caudalis oder recurrens, beides Äste des N. vagus.

# Epithelkörperchen (Glandulae parathyroideae)

Die Epithelkörperchen werden auch als Nebenschilddrüsen bezeichnet. Sie entwickeln sich aus dem Epithel der **dritten** und **vierten Schlundtasche**. Die Epithelkörperchen der vierten Schlundtasche sind gewöhnlich von Schilddrüsengewebe umgeben und werden deshalb als **innere Epithelkörperchen (Glandulae parathyroideae internae)** bezeichnet, während diejenigen der dritten Pharyngealtasche **äußere Epithelkörperchen (Glandulae parathyroideae externae)** heißen und frei in der Nähe des Thymus liegen.

**Akzessorische Epithelkörperchen** wurden in der Umgebung der Schilddrüse, im Halsbereich und im kranialen Mediastinum nachgewiesen.

Die Epithelkörperchen bilden das **Parathormon**. Dieses reguliert zusammen mit seinem Gegenspieler, dem in den C-Zellen der Schilddrüse gebildeten **Calcitonin**, den Kalzium- und Phosphathaushalt.

Parathormon bewirkt über eine verstärkte Osteoklastentätigkeit und die Steigerung der renalen Kalziumrückresorption eine Erhöhung des Kalziumspiegels im Blut. Die Kontrolle des Kalziumspiegels ist von ausschlaggebender Bedeutung für die **neuromuskuläre Erregbarkeit**. Ein zu niedriger Kalziumspiegel führt zur Tetanie, die bei Ausfall der Nebenschilddrüse zum Tode führt.

## Tierartliche Unterschiede

**Katze**
- Ein inneres Epithelkörperchen findet sich im Schilddrüsenparenchym nahe ihrer Medialfläche.
- Ein äußeres Epithelkörperchen liegt am Kaudalrand der Schilddrüse.

**Hund**
- Ein inneres Epithelkörperchen findet sich im mittleren Teil des Schilddrüsenlappens.
- Ein äußeres Epithelkörperchen liegt am Kranialpol oder der Kranialhälfte der Schilddrüse.

**Schwein**
- Innere Epithelkörperchen fehlen.
- Mehrere äußere Epithelkörperchen liegen als rundliche, linsen- bis erbsengroße Gebilde in der Nähe der Aufzweigung der A. carotis communis.

**Kleine Wiederkäuer**
- Ein inneres Epithelkörperchen findet sich am kranialen Pol des Schilddrüsenlappens.
- Ein äußeres Epithelkörperchen liegt am kaudodorsalen Rand der Glandula mandibularis unter dem Atlasflügel, in der Nähe der Aufteilung der A. carotis communis.
- Beim Schaf können mehrere äußere Epithelkörperchen vorkommen.

**Rind**
- Ein inneres Epithelkörperchen findet sich am Dorsalrand, an der Medialfläche oder im Gewebe des Schilddrüsenlappens.
- Äußere Epithelkörperchen liegen medial der Verzweigung der A. carotis communis, in der Nähe des Austritts des N. laryngeus cranialis aus dem N. vagus.

**Pferd**
- Ein inneres Epithelkörperchen findet sich am dorsomedialen oder kranialen Rand oder in der vorderen Hälfte der Medial- oder Lateralfläche der Schilddrüse aufliegend.
- Zwei oder mehrere äußere Epithelkörperchen liegen brustwärts, in der Nähe der kaudalen tiefen Halslymphknoten an der Luftröhre.

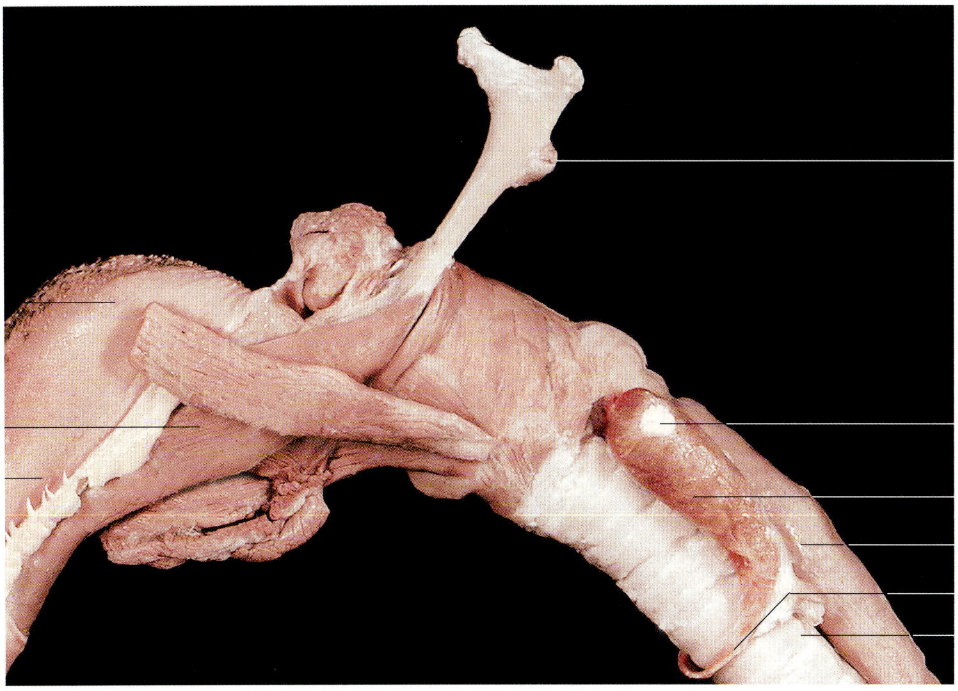


**Abb. 15-10.** Topographie der Schilddrüse und der Nebenschilddrüse eines Schafes mit anliegenden Organen, Präparat H. Dier, Wien.

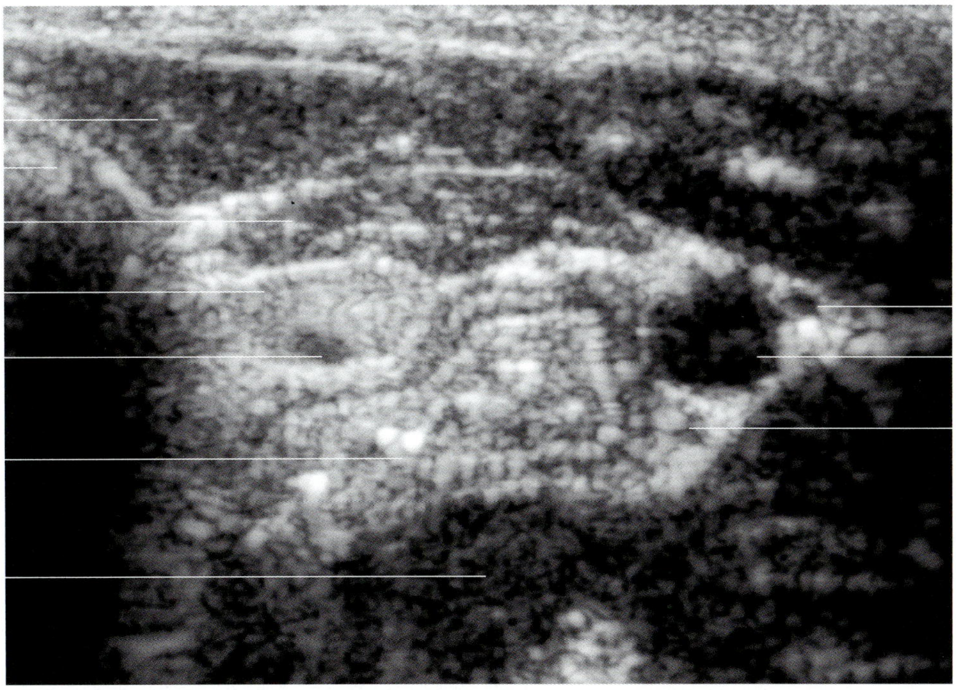


**Abb. 15-11.** Ultraschalldarstellung der Schilddrüse eines Hundes mit innerem Epithelkörperchen, Aufnahme PD Dr. S. Reese, München.

## Gefäßversorgung

Die Epithelkörperchen sind von einem dichten Kapillarnetz umgeben. Es wird von kleinen Ästen der **A. carotis communis** gespeist. Die Venen ziehen in die **V. jugularis**. Die Lymphgefäße verlaufen zu den tiefen Halslymphknoten.

## Innervation

Die sympathischen Fasern stammen aus dem **Ganglion cervicale craniale** und gelangen in der Adventitia der Arterien zu den Organen. Parasympathische Anteile stammen aus dem **N. laryngeus caudalis** oder **recurrens**.

# Nebennieren (Glandulae adrenales oder suprarenales)

Die Nebennieren sind paarig entwickelt und finden sich jeweils medial **nahe des kranialen Nierenpols**, ohne jede funktionelle Bezie-

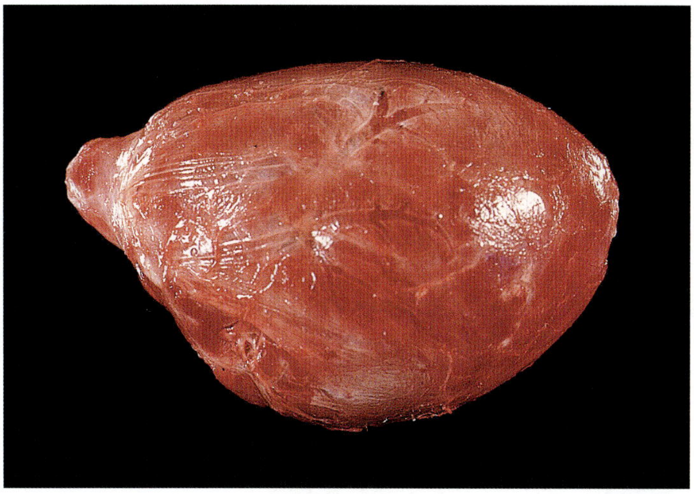

**Abb. 15-12.** Schilddrüse eines Pferdes, Lobus sinister, Aufnahme PD Dr. S. Reese, München.

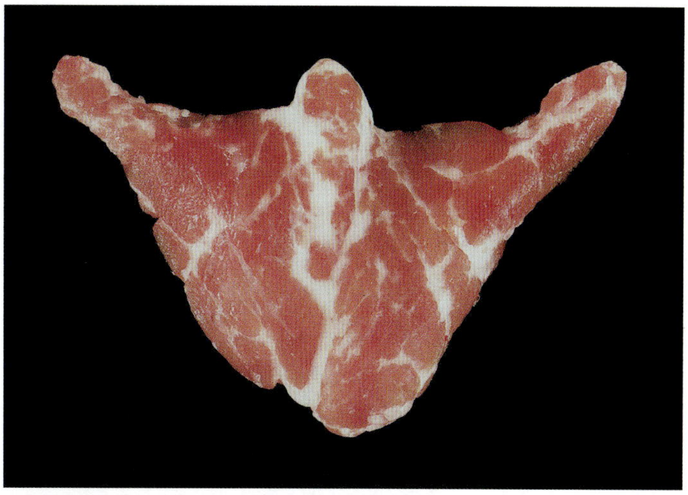

**Abb. 15-13.** Schilddrüse eines Schweines, Aufnahme PD Dr. S. Reese, München.

hung zu den Nieren. Jede Nebenniere enthält zwei nach Entstehung und Funktion verschiedene endokrine Anteile (Abb. 15-14ff.). Man unterscheidet:

- die äußere, radiär gestreifte, für gewöhnlich hellere Rinde (Cortex),
- das dunklere Mark (Medulla).

Die **Rindenzone** ist **mesodermalen** Ursprungs, die **Markzone** entsteht embryologisch aus der **ektodermalen Anlage des Sympathicus**. Letztere ist damit ein **sympathisches Paraganglion**.

Anhand der Schnittfläche kann die Nebenniere von einem Lymphknoten unterschieden werden. Im Zentrum des Schnittes ist meist eine Zentralvene zu erkennen. Die Ventralfläche zeigt eine Furche, die von dem gemeinsamen Stamm der V. phrenica caudalis mit der V. abdominalis cranialis hinterlassen wird. Die Form der Nebennieren ist unregelmäßig. Beim Hund hat die rechte die Form der Ziffer Eins, die linke die einer Acht (Abb. 15-15ff. u. 19).

## Funktion

Die Nebennierenrinde bildet **Hormone (Kortikoide)**. Dabei steuern die **Mineralokortikoide (Aldosteron)** den Mineralstoffwechsel und den Wasserhaushalt, die **Glukokortikoide** den Stoffwechsel der Kohlenhydrate. **Androgene** Hormone der Nebennierenrinde sind außerdem an der Ausbildung der männlichen Geschlechtsmerkmale beteiligt. Die Aktivität der Nebennierenrinde wird vom Hypophysenvorderlappen durch das **adrenokortikotrope Hormon (ACTH)** gesteuert.

Das **Nebennierenmark** bildet die Hormone **Adrenalin** und **Noradrenalin**. Adrenalin stimuliert das sympathische System. In Stresssituationen wird es vermehrt produziert. Noradrenalin dient vor allem der Blutdruckregulation. Bei pflanzenfressenden Tierarten wird mehr Adrenalin, bei fleischfressenden mehr Noradrenalin abgegeben.

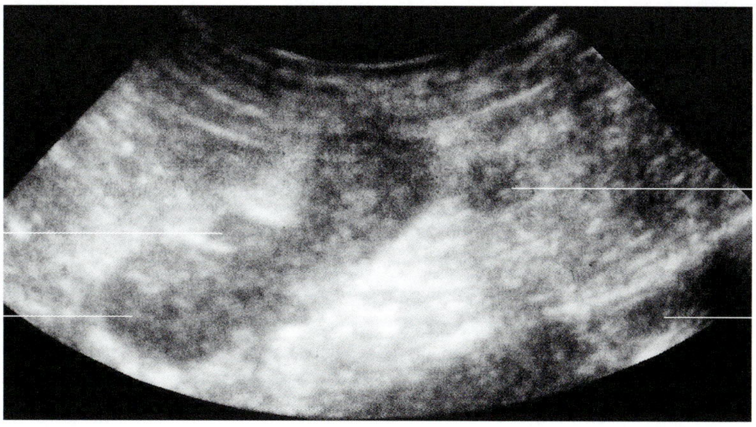


**Abb. 15-14.** Sonographische Darstellung der typisch hantelförmigen linken Nebenniere eines Hundes (Sagittalschnitt), Aufnahme Dr. Christine Ruppert, München.

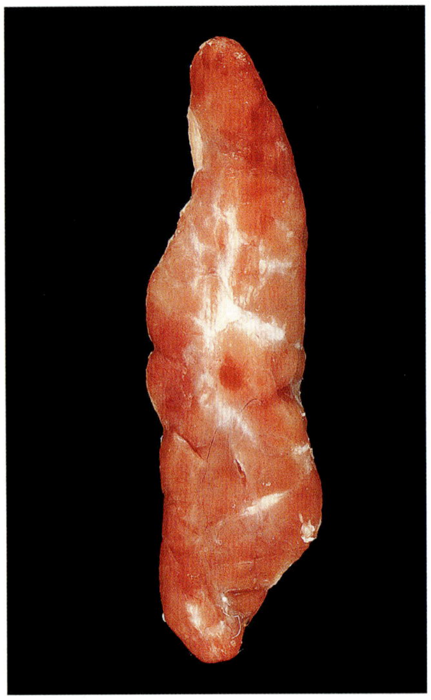

**Abb. 15-15.** Linke Nebenniere eines Schweines (Paramedianschnitt), Aufnahme PD Dr. S. Reese, München.

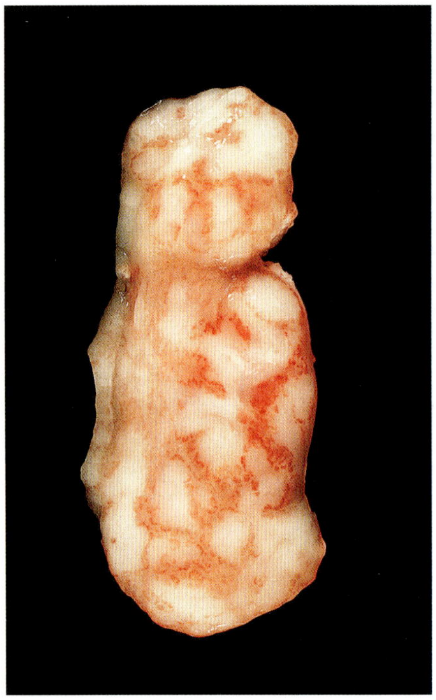

**Abb. 15-16.** Linke Nebenniere eines Schweines (Aufsicht), Aufnahme PD Dr. S. Reese, München.

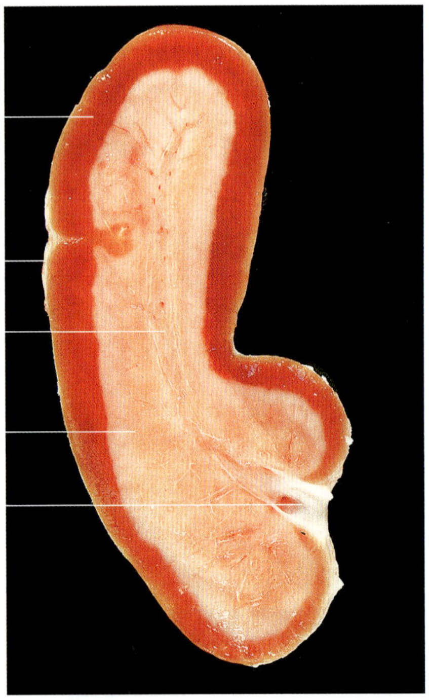


**Abb. 15-17.** Rechte Nebenniere eines Rindes (Medianschnitt), Aufnahme PD Dr. S. Reese, München.

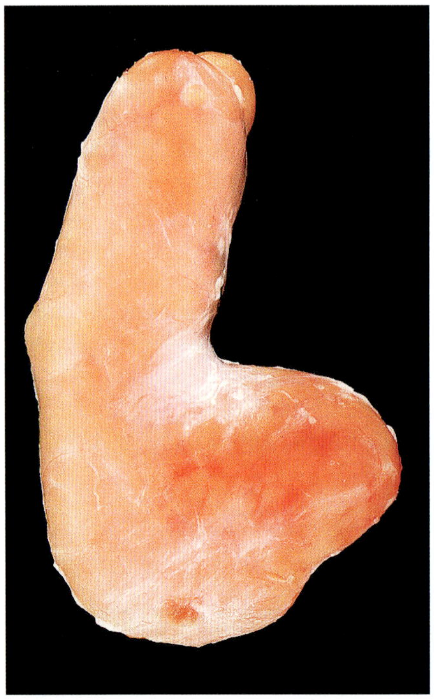

**Abb. 15-18.** Rechte Nebenniere eines Rindes (Aufsicht), Aufnahme PD Dr. S. Reese, München.

## Gefäßversorgung

Die Arterien der Nebennieren sind zahlreich. Sie entspringen aus den in der Nähe gelegenen **großen Arterien (Aorta abdominalis, A. renalis, A. abdominalis cranialis** und **A. phrenica caudalis)**. Aus ihnen gehen radiär gerichtete weite **Rindenkapillaren** hervor, die weiter in das Mark dringen. Im Nebennierenmark kann das Blut durch **muskelstarke Drosselvenen** gestaut werden. Die **Venen** fließen in eine starke, im Nebennierenmark gelegene **Zentralvene**. Aus Letzterer gelangt das venöse Blut mit den darin enthaltenen Hormonen über mehrere mit den entsprechenden Arterien parallel verlaufende Venen (Rami adrenales craniales bei Fleischfressern bzw. caudales bei Wiederkäuern und Pferd) in die **kaudale Hohlvene**. Diese besondere Angioarchitektur soll dazu dienen, dass das

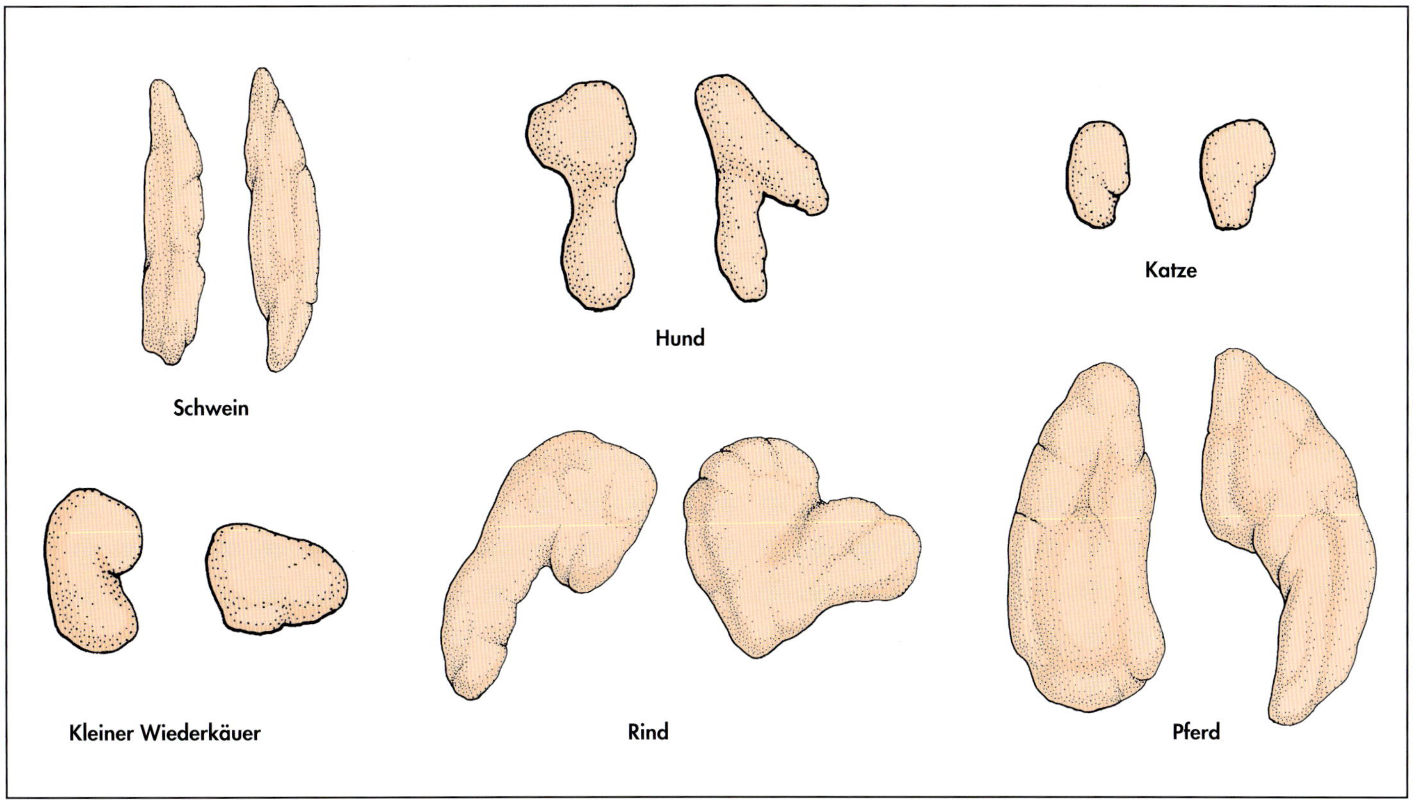


**Abb. 15-19.** Schematische Darstellung der linken und rechten Nebennieren verschiedener Haussäugetiere, nach Ghetie, 1967.

aus der Rinde in das Mark übergeleitete Blut, das Kortisol transportiert, unter Einschaltung eines Enzyms die Umwandlung von Noradrenalin in Adrenalin bewirkt.

Die **Lymphgefäße** bilden im Parenchym und in der Kapsel Kapillarnetze. Die Lymphe fließt in die Lnn. lumbales aortici.

### Innervation

Die Innervation der Nebenniere ist **vegetativ**. Vor allem präganglionäre, sympathische Fasern ziehen in das Nebennierenmark.

## Paraganglien

Paraganglien sind kleine, knötchenförmige Epithelzellhaufen, die aus der **Neuralleiste** entstehen. Sie enthalten **Katecholamine (Adrenalin** und **Noradrenalin)** und werden deshalb dem Sympathicus zugeordnet.

Das **Nebennierenmark** gilt als größtes **Paraganglion des Körpers (Paraganglion suprarenale)**. Die anderen Paraganglien sind zwar stark innerviert, aber auch größeren Arterien unmittelbar benachbart. Sie haben vor allem die Funktion von Chemorezeptoren im Dienst der Atmungssteuerung.

Das als **Glomus caroticum** bekannte **Paraganglion intercaroticum** befindet sich in der Nähe der Aufteilung der **A. carotis communis** auf einem ihrer Äste. Es ist von unregelmäßiger Gestalt. Seine Größe variiert von einem bis zu drei Millimeter Länge und Breite. Es wird von einem Ast des **N. glossopharyngeus**, dem Ramus sinus carotici, innerviert, bekommt jedoch auch Äste vom **Ganglion cervicale craniale** und vom **N. vagus**.

Das **Paraganglion supracardiale (Glomus aorticum)** liegt dem Arcus aortae, in der Nähe der Abzweigung des Truncus brachiocephalicus, auf. Es ist kleiner als das Glomus caroticum und wird vom **N. depressor** des **N. vagus** innerviert.

Das **Paraganglion aorticum abdominale** besteht aus mehreren Zellansammlungen, die in der Nähe der Aorta abdominalis liegen. Sie weisen in ihrer Lage tierartliche und individuelle Unterschiede auf. Ein paarig angeordnetes Paraganglion, das in der Nähe der A. mesenterica caudalis liegt, wird dem **Zuckerkandl-Organ** des Menschen gleichgesetzt. Zellgruppen, die zu den Paraganglien gerechnet werden, wurden in den meisten sympathischen Ganglien beschrieben.

## Inselorgan (Insulae pancreatici)

In der **Bauchspeicheldrüse** liegen Ansammlungen von endokrinen Zellen, die als Langerhans-Inseln (Insulae pancreatici) benannt werden. Ihre Anzahl wird beim Menschen auf 0,5–1,5 Millionen, bei Hund und Katze auf mehrere Tausend geschätzt. Sie sollen im linken Schenkel zahlreicher als im rechten vorkommen. In den Pankreasinseln werden die Hormone **Insulin** und **Glukagon** zur Regulierung des Blutzuckerspiegels und der wachstumhemmende Faktor **Somatostatin** gebildet und in die Blutbahn abgegeben. Das Inselorgan ist die einzige endokrine Drüse, die der **V. portae** angeschlossen ist.

Die Pankreasinseln sind gut vaskularisiert und enthalten weitlumige Kapillaren.

Die Innervation ist **vegetativ**, wobei Sympathicusfasern die Bildung von Glukagon stimulieren und die von Insulin hemmen. Vagusfasern stimulieren die Freisetzung von Insulin.

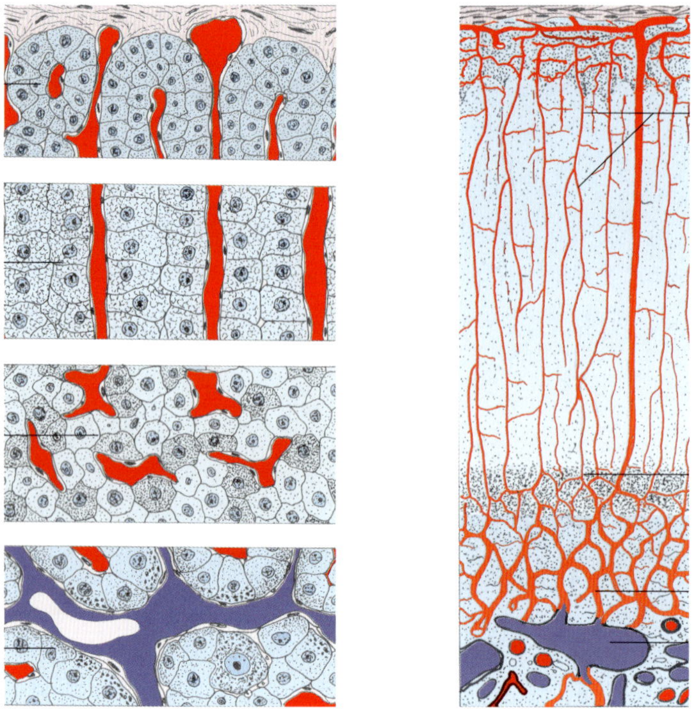


**Abb. 15-20.** Schematische Darstellung der Zonen der Nebenniere und deren Vaskularisation, Liebich, 2004.

## Keimdrüsen als endokrine Drüsen

In den Zellen der den Follikel umhüllenden **Theca externa** und **Theca interna** werden unter der Kontrolle des Hypothalamus-Hypophysen-Systems **Östrogene** gebildet. Nach der Ovulation steuert das gleiche System in Luteinzellen des Gelbkörpers die **Progesteronsynthese**. Periodische Vorgänge in den weiblichen Geschlechtsorganen, die von diesen Hormonen gesteuert werden, bedingen den Sexualzyklus. Männliche Geschlechtshormone, **Androgene**, werden in den **Leydig-Zwischenzellen**, die im lockeren Bindegewebe zwischen den Tubuli seminiferi contorti um Blutgefäße gruppiert liegen, gebildet. Sie beeinflussen die Spermienreifung, die Entwicklung der Geschlechtsorgane und das Auftreten der sekundären Geschlechtsmerkmale.

Geschlechtshormone werden zum kleineren Teil auch in der Nebennierenrinde gebildet.

# 16 Sehorgan (Organum visus)

H.-G. Liebich und H. E. König

Die Sehorgane nehmen aus der Außenwelt rezeptiv Lichtsignale auf, die über perzeptive Abbildungssysteme ins Gehirn übertragen werden. Dabei werden in der Empfängerschicht durch Lichtimpulse lichtempfindliche Substanzen über chemische Reaktionen in neurale Aktivitäten umgesetzt, die ihrerseits über Neuronenketten im Gehirn eintreffende Signale zu Bildern transformieren. Diese Vorgänge sind komplex vernetzt und basieren auf verschiedenen Teilorganen des Sehorgans mit jeweils speziellen Funktionsbereichen, die erst in ihrer Gesamtheit eine vollständige optische Orientierung ermöglichen.

Das Sehorgan setzt sich aus einem Rezeptororgan für die Sinneswahrnehmung im engeren Sinn, dem **Augapfel (Bulbus oculi)**, und Hilfs- und Schutzeinrichtungen als **Nebenorgane der Augen (Organa oculi accessoria)** wie Gefäße, Nerven, Fettpolster, Augenmuskeln, Augenlider und Tränenapparat zusammen. Dem paarigen Sehorgan werden die Leitungsbahnen der Lichtreize, die beiden **Sehnerven (Nn. optici)**, die **zentralen Sehbahnen** und als Perzeptionsfeld das **Sehzentrum (Area optica)** der Großhirnhemisphären zugerechnet.

## Augapfel (Bulbus oculi)

### Gestalt und Größe

Der Augapfel kommt in seiner Gestalt einer Hohlkugel nahe, die bei den verschiedenen Haussäugetieren durch die unterschiedlichen Krümmungsradien der mittleren Längsdurchmesser zum mittleren Querdurchmesser jedoch in keinem Fall eine Kugelform aufweist. Beim Pferd ist der Augapfel breiter als lang bzw. hoch (Querdurchmesser ca. 50 mm, Längsdurchmesser ca. 45 mm, Vertikaldurchmesser ca. 42 mm), bei Fleischfressern mit mittleren Durchmessern von ca. 20–24 mm beinahe kugelförmig. Der Augapfel des Rindes ist grundsätzlich kleiner als der des Pferdes (Bulle ca. 43 mm, Kuh ca. 40–42 mm). Bezogen auf die Körpergröße der verschiedenen Haussäugetiere besitzt die Katze den größten Bulbus oculi, gefolgt vom Hund, dem Pferd, dem Rind und dem Schwein.

Der Augapfel ist nicht einheitlich rundlich, sondern ist durch zwei Kugelsegmente von unterschiedlicher Wölbung und Größe unterteilt. Ein vorderes, kleineres, distales Segment weist einen

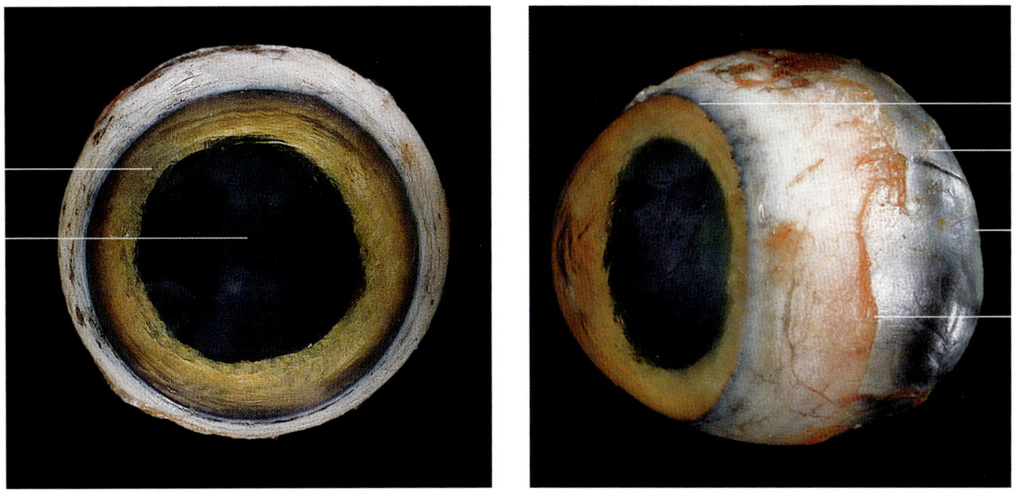


**Abb. 16-1.** Aufsicht auf den Augapfel einer Katze (Frontal- bzw. schräge Seitenansicht), König, 1992.

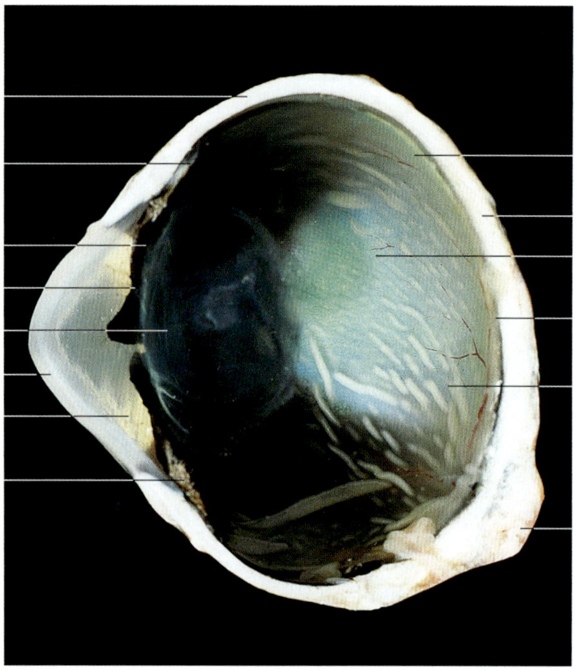


**Abb. 16-2.** Vertikalschnitt durch den Augapfel eines Rindes nach Entfernung des Glaskörpers.

kleineren Krümmungsradius auf und steht dem hinteren, größeren, proximalen Segment gegenüber. Beide Segmente werden durch eine flache Furche, den **Sulcus sclerae**, nach außen sichtbar getrennt (Abb. 16-1).

## Lage- und Richtungsbezeichnungen am Augapfel

Man unterscheidet einen **vorderen** oder **distalen Augenpol (Polus anterior)** und einen **hinteren**, **proximalen** oder **zerebralen Augenpol (Polus posterior)** (Abb. 16-1). Der Äquator des Augapfels ist die gedachte Kreislinie senkrecht zur Augenachse im größten Umfang des Bulbus. Die **äußere Augenachse (Axis bulbi externus)** stellt die Verbindungslinie zwischen dem vorderen und dem hinteren Augenpol dar, die **innere Augenachse (Axis bulbi internus)** die Verbindung zwischen der Rückfläche der Hornhaut und der Innenfläche der Netzhaut. Die **optische Achse (Sehachse, Axis opticus)** ist jene Verbindungslinie, die die verschiedenen lichtbrechenden Medien im Auge (Hornhaut, vordere Augenkammer, Linse, Glaskörper) bis zur Netzhaut durchzieht. Die Meridiane verbinden als Linien außen anliegend den vorderen und den hinteren Augenpol. Durch vertikale und horizontale Hauptmeridiane kann der Augapfel in vier Quadranten unterteilt werden.

Die Augenachsen verlaufen bei den Haussäugetieren meist stark divergierend (Katze 20°, Hund 30–50°, Rind 104°, Pferd 90°). Danach ist das binokulare Gesichtsfeld bei Fleischfressern eingeschränkt, Pflanzenfresser sehen hingegen vorwiegend monokular.

Die besonderen anatomischen Bezeichnungen am Auge stehen in enger Anlehnung an die in der klinischen Ophthalmologie verwandten Begriffe wie z.B. temporale oder nasale Quadranten.

## Bau des Augapfels

Der Augapfel besteht aus drei äußeren Wandschichten (Häuten, Tunicae), die einen Binnenraum umschließen, der die beiden Augenkammern, die Linse und den Glaskörper aufnimmt (Abb. 16-2, 3 u. 5). Dieser Innenraum des Augapfels wird unterteilt in:

- **vordere Augenkammer (Camera anterior bulbi)** zwischen der Hornhaut (Cornea) und der Vorderseite der Regenbogenhaut (Iris),
- **hintere Augenkammer (Camera posterior bulbi)** zwischen der Rückseite der Iris, dem Ziliarkörper, den Zonulafasern und der Linse sowie
- **Glaskörperraum (Camera vitrea bulbi)** hinter der Linse, umgeben von der Netzhaut.

Die Wand des Augapfels (Abb. 16-3) besteht aus drei konzentrischen Schichten:

- **äußere Augenhaut (Tunica fibrosa** oder **externa bulbi)**:
  - weiße Augenhaut oder Lederhaut (Sclera) und
  - Hornhaut (Cornea),
- **mittlere Augenhaut (Tunica vasculosa** oder **media bulbi, Uvea)**:
  - Aderhaut (Choroidea),
  - Strahlenkörper (Corpus ciliare) und
  - Regenbogenhaut (Iris) sowie
- **innere Augenhaut (Tunica interna bulbi, Retina, Netzhaut)**:
  - Pars optica retinae und
  - Pars caeca retinae.

### Äußere Augenhaut (Tunica fibrosa oder externa bulbi)

Die äußere Augenhaut stellt eine derbe bindegewebige Hülle dar, die sich aus einem größeren hinteren Abschnitt, der undurchsichtigen,

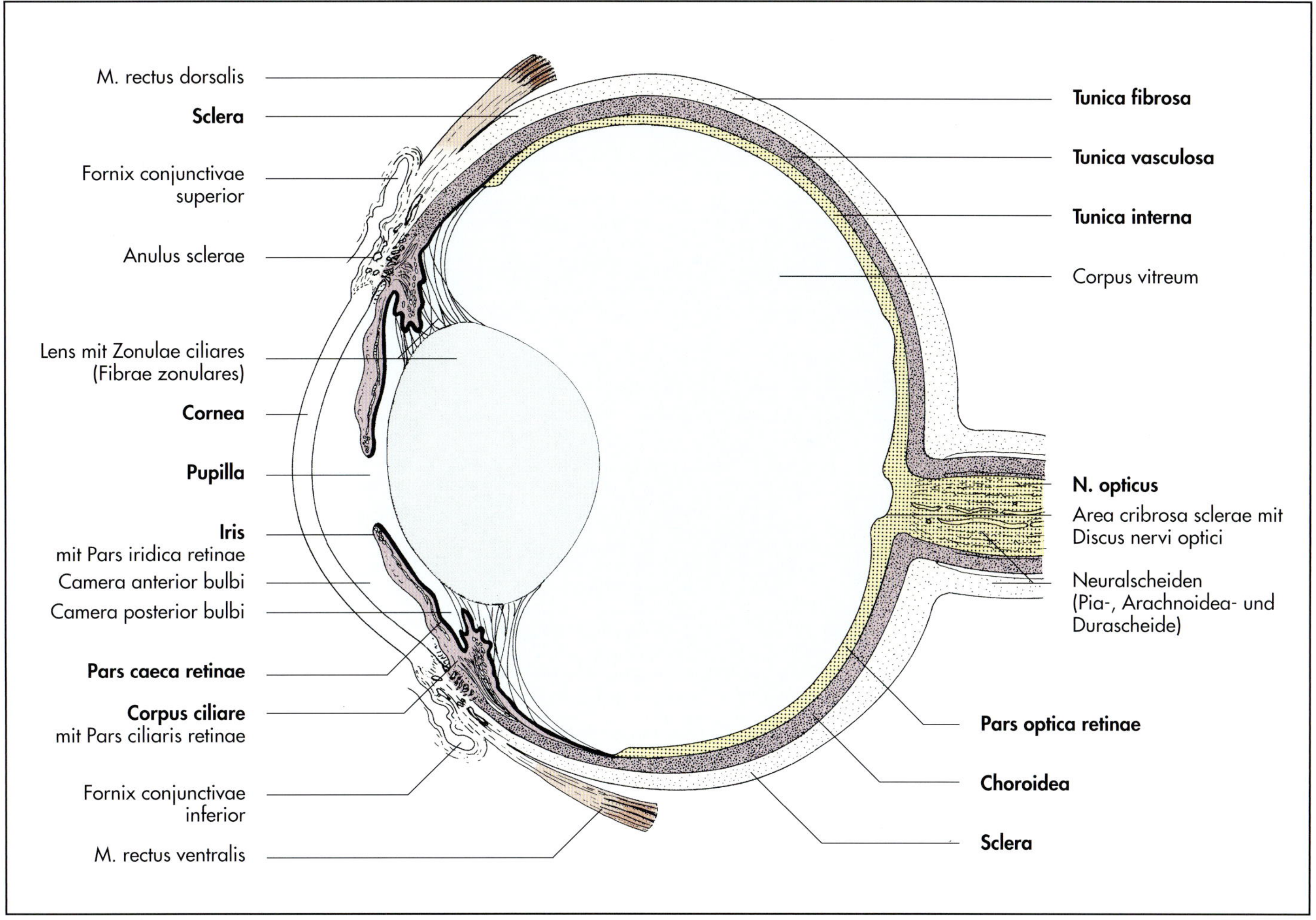


**Abb. 16-3.** Schematische Darstellung des Augapfels (Vertikalschnitt), Liebich, 2004.

weißlichen Augenhaut (Lederhaut, Sclera) und einem vorderen Abschnitt, der transparenten Hornhaut (Cornea) zusammensetzt. Der Übergang beider Anteile wird als Korneoskleralfalz bezeichnet. Die Tunica fibrosa trägt entscheidend zur Formbildung des Augapfels bei (Abb. 16-3).

## Weiße Augenhaut oder Lederhaut (Sclera)

Die Sclera besteht in ihrer **Eigenschicht (Substantia propria sclerae)** aus vorwiegend kollagenen Fasern, sie ist oberflächenparallel geschichtet und stellenweise von elastischen Fasern durchsetzt. Dieser derbe elastische Faserverbund wirkt dem intraokulären Bulbusinnendruck entgegen, seine Außenschichten bieten unter Einwirkung erheblicher Zugspannungen den äußeren Augenmuskeln großflächig Ansatz (Abb. 16-3).

Die Wandstärke der äußeren Augenhaut ist im Bereich des Äquators dünn (bis 0,5 mm) und nimmt zum hinteren Augenpol allmählich bis zu einer Stärke von beinahe 2 mm zu. Die Sclera wird im ventrotemporalen Quadranten des Hintergrundes an der Durchtrittsstelle des N. opticus zusammen mit Gefäßen und Nerven siebartig durchbrochen **(Area cribrosa sclerae)**. In den hinteren Abschnitten umhüllt die Sclera ein lockeres Geflecht kollagener Fibrillenbündel (Lamina episcleralis). Die Sclera ist gefäßarm.

Der vordere Bereich der äußeren Augenhaut bildet die freie Oberfläche des Augapfels, er wird von den Ober- bzw. Unterlidern reflektorisch bedeckt. Diese Fläche der Sclera wird von der **Bindehaut (Tunica conjunctiva sclerae)** überzogen. Die Sclera verdickt sich an der Grenze zur Cornea besonders beim Fleischfresser zu einem Skeralwulst, dem innen der kollagen-elastische Grenzring **(Anulus sclerae)** anliegt. Zwischen diesem und dem Skeralwulst ist der Plexus venosus sclerae ausgebildet, der dem Abfluss des Kammerwassers und damit der Steuerung des Augeninnendruckes dient (s. S. 579). Störungen dieses Abflussmechanismus führen zur Erhöhung des Augeninnendrucks und können Ursache von schmerzhaften Augenerkrankungen sein (z.B. Glaukom = grüner Star).

## Hornhaut (Cornea)

Am vorderen Augenpol wölbt sich die äußere Augenhaut stärker vor, sie ist hier transparent. Dieser umschriebene Bereich der äußeren Augenhaut wird als Hornhaut (Cornea) bezeichnet, deren Grundlage von lamellär geschichteten, parallelfaserigen Kollagenfibrillen **(Substantia propria corneae)** gebildet wird. Dem peripheren Übergang **(Limbus corneae)** steht die zentrale Vorwölbung **(Vertex corneae)** gegenüber. Die Cornea erscheint bei Fleischfressern rund, bei Huftieren queroval, mit einer nasal stumpfen und temporal spitzeren Ausbreitung ( Abb. 16-5 u. 6).

Die Cornea ist geschichtet aufgebaut und lässt eine organspezifische Struktur erkennen. Man unterscheidet:

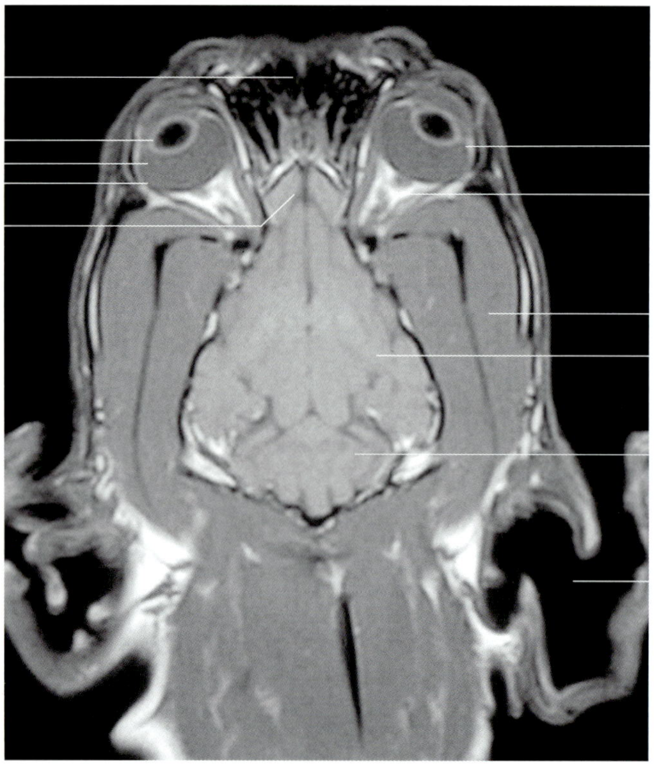


**Abb. 16-4.** Magnetresonanztomographische Darstellung des Kopfes eines Hundes in Höhe des Augapfels (koronaler Strahlengang), Aufnahme Dr. Isa Foltin, Heidelberg.

- vorderes Hornhautepithel (Epithelium anterius corneae),
- vordere Grenzmembran (Lamina limitans anterior, Bowman-Membran),
- Eigenschicht der Hornhaut (Substantia propria corneae),
- hintere Grenzmembran (Descemet-Membran) und
- hinteres Hornhautepithel (Epithelium camerae anterioris).

Das **vordere Hornhautepithel** ist ein mehrschichtiges, unverhorntes Plattenepithel. Es bildet den zentralen Teil der **Augenbindehaut (Tunica conjunctiva bulbi)**. Die äußere Fläche (Facies anterior) wird oberflächlich zusätzlich von einem dünnen Tränenfilm als Schutzschicht überzogen. Dieser präkorneale Tränenfilm ist eine komplexe Flüssigkeitsschicht, die aus einer schleimhaltigen, einer wässrigen und einer fettigen Komponente besteht. Dem Epithel ist eine Lamina limitans anterior aus verdichtetem Bindegewebe unterlagert. Das Hornhautepithel dient als Diffusionsbarriere und verhindert den Einstrom von Wasser in das Stroma der Hornhaut (Abb. 16-6).

Die **Eigenschicht der Hornhaut** besteht aus sich kreuzenden, lamellär geschichteten Kollagenfaserbündeln und einer wässrigen Grundsubstanz. Zwischen den Faserschichten liegt ein dichtes Netz markloser, sensibler und vegetativer Nervenfasern. Die Substantia propria ist gefäßlos. Die Ernährung der Hornhaut erfolgt über Diffusion aus dem peripheren, arteriellen Randschlingennetz, durch die Tränenflüssigkeit sowie durch das Kammerwasser der vorderen Augenkammer. Die **hintere Grenzmembran (Descemet-Membran)** liegt der Substantia propria an. Sie ist feinfibrillär.

Das **hintere Hornhautepithel** überzieht als einschichtiges Plattenepithel die Cornea und bildet gleichzeitig die endotheliale Auskleidung der vorderen Augenkammer. Dieser Deckverband fördert die selektive Diffusion von Wasser zur Aufrechterhaltung der kornealen Transparenz und sezerniert Proteine zum Bau der hinteren Grenzmembran.

## Mittlere Augenhaut (Tunica vasculosa oder media bulbi, Uvea)

Die mittlere Augenhaut liegt der Sclera innen an und wird von einer lockeren Bindegewebsschicht gebildet, die pigmentierte Zellen, elastische Fasern, Nervenfasergeflechte und zahlreiche Gefäße einschließt. Die intensive Pigmentierung der mittleren Augenhaut ist dafür verantwortlich, dass diese Schicht insgesamt auch die Funktion als »Dunkelkammer« des Augapfels wahrnimmt (Abb. 16-3). Die Tunica media kann unterteilt werden in:

- Aderhaut (Choroidea = Chorioidea),
- Strahlenkörper (Corpus ciliare),
- Regenbogenhaut (Iris).

Die Iris formt mit ihrem freien Rand das **Sehloch**, die **Pupille**.

### Aderhaut (Choroidea)

Die Aderhaut liegt im Augenhintergrund und ist eine auffällig stark vaskularisierte Schicht (Abb. 16-24). Die Choroidea lässt von außen nach innen mehrere Schichten (Laminae) erkennen. Durch feinfibrilläre elastische Netze, in die Pigmentzellen eingelagert sind, steht die Aderhaut mit der Sclera in lockerer Verbindung (Lamina suprachoroidea oder Lamina fusca sclerae).

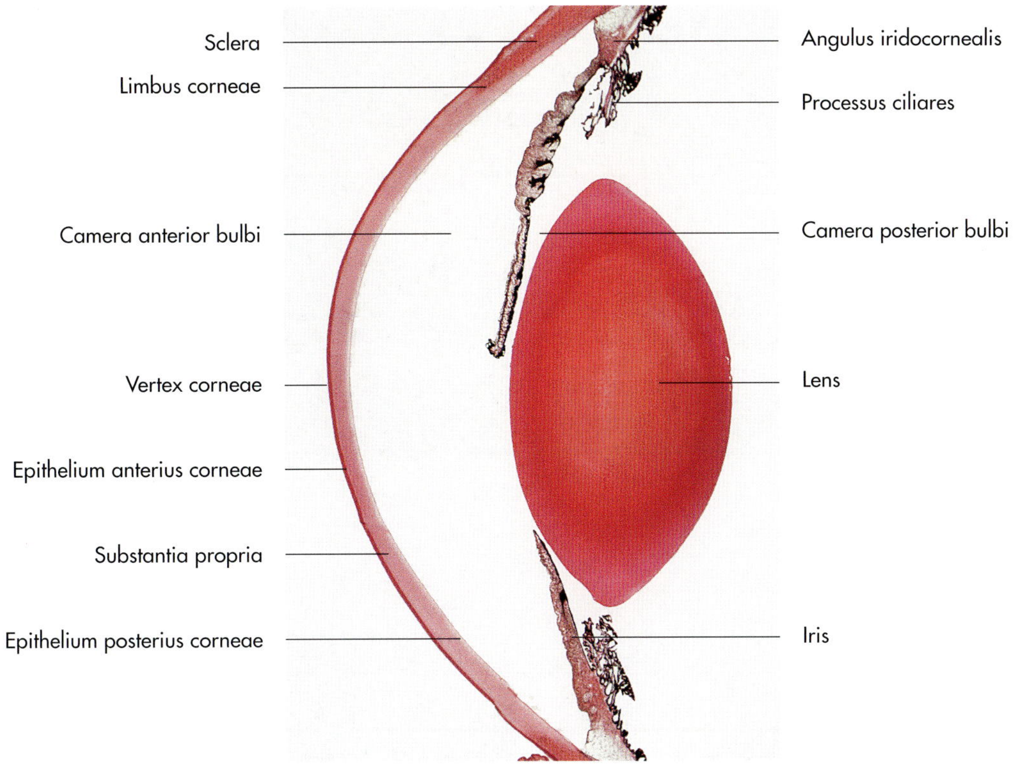


**Abb. 16-5.** Histologischer Schnitt durch den Augenvordergrund einer Katze.

Die mittlere und dickste Schicht der Choroidea ist die **Lamina vasculosa**, sie besteht aus lamellärem Bindegewebe und ist ebenfalls pigmentiert. In dieser Schicht verlaufen die Gefäße zur Versorgung äußerer, nervaler Wandschichten der Retina (z.B. Aa. ciliares, Vv. vorticosae). Diese Gefäßschlingen führen in die Lamina choriocapillaris und bilden dort das innere Kapillarnetz der Choroidea.

Die **Lamina choriocapillaris** formt ein dichtes Kapillarnetz, das der **Ernährung der äußeren Schichten der Retina** (Stäbchen und Zapfen, s.u.) dient. Dieser Schicht liegt nach innen die Lamina vitrea (Complexus basalis, Bruch-Membran) an.

Dorsal der Papilla optica (s.u.) befindet sich zwischen der Lamina choriocapillaris und der Lamina vasculosa bei Fleischfressern, Wiederkäuern und Pferd ein sichelförmiges, lichtreflektierendes Feld, das Tapetum lucidum. Es fehlt dem Schwein.

Das **Tapetum lucidum** besteht bei Fleischfressern aus geschichteten Zelllagen **(Tapetum cellulosum)**, während bei Pflanzenfressern konzentrisch verlaufende Fasern **(Tapetum fibrosum)** entwickelt sind (Abb. 16-20, 22, 23 u. 24). Im Bereich des Tapetum lucidum bleibt das Außenblatt der Retina, das Pigmentepithel (s.u.), unpigmentiert und durchscheinend. Im Tapetum lucidum werden die Lichtstrahlen an eingelagerten Kristallen (Guanin oder Zink) reflektiert und die photosensiblen Rezeptoren der Retina zusätzlich erregt. Dadurch wird ein verbessertes Sehen während der Dämmerung und im Dunkeln ermöglicht. Das Tapetum lucidum färbt sich bei der Katze gelbgrünlich bis goldgelb, beim Hund glänzend goldgrün (Rasseunterschiede), beim Rind blaugrün und beim Pferd grün bis blaugrün.

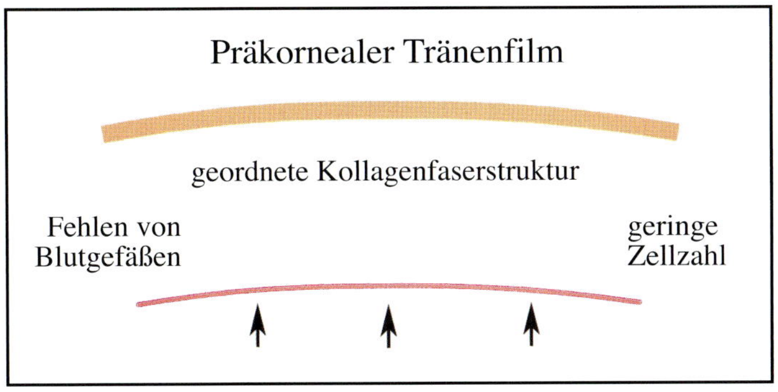


**Abb. 16-6.** Schematische Darstellung der strukturellen Grundlagen und der physiologischen Kontrolle der Transparenz der Hornhaut.

## Strahlenkörper (Corpus ciliare)

Der Strahlenkörper geht distal aus der Aderhaut hervor und setzt sich in Richtung auf den vorderen Augenpol bis zum Ansatz der Regenbogenhaut fort (Abb. 16-18). Das Corpus ciliare liegt in Höhe der **Linse (Lens)** und steht mit dieser durch die **Aufhängefasern (Fibrae zonulares)** in Verbindung. Der Strahlenkörper begrenzt seitlich die hintere Augenkammer und steht mit dem Glaskörper in Kontakt. Außen liegt die Sclera an, innen wird der Strahlenkörper vom lichtunempfindlichen Teil der Retina, **Pars caeca retinae**, mit seinem unpigmentiertem Innenblatt und dem Pigmentepithel bedeckt.

Am Strahlenkörper unterscheidet man:

- Pars plana (= Orbiculus ciliaris),
- Pars plicata (= Corona ciliaris) mit:
  - postlentikulärer Pars plicata und
  - prälentikulärer Pars plicata.

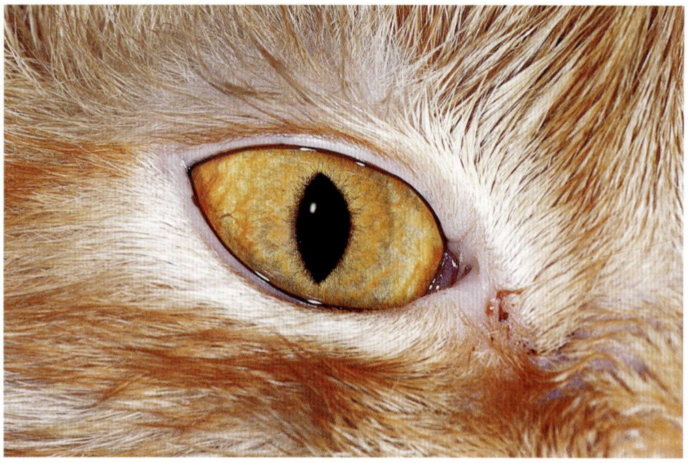

**Abb. 16-7.** Rechtes Auge einer Katze.

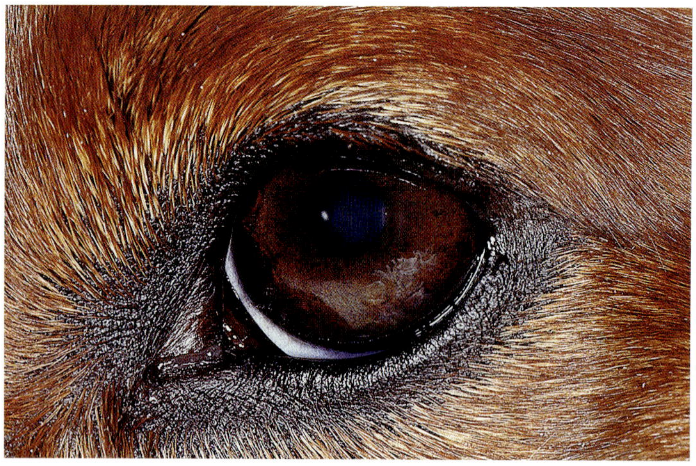

**Abb. 16-8.** Linkes Auge eines Hundes.

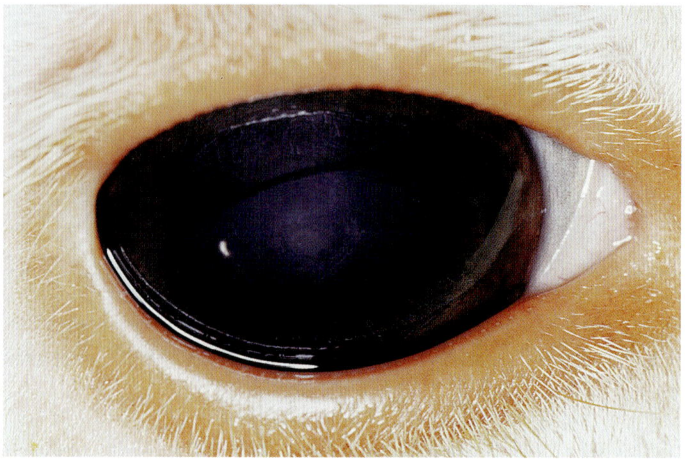

**Abb. 16-9.** Rechtes Auge eines Rindes.

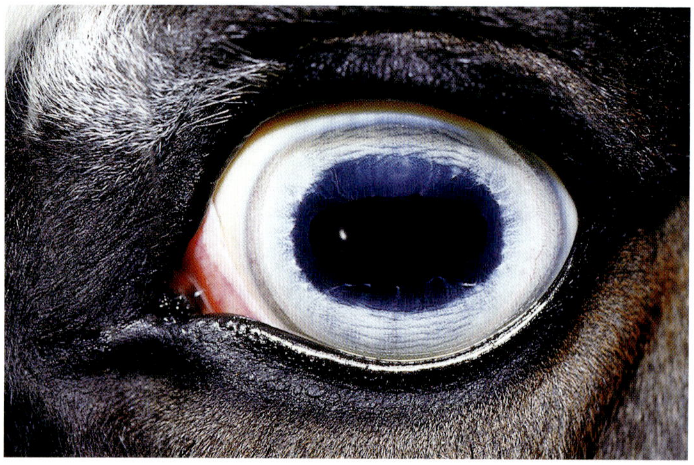

**Abb. 16-10.** Linkes Auge eines Pferdes (Birkauge).

Die **Pars plana** oder **Orbiculus ciliaris** bildet die hintere Fläche des Strahlenkörpers. Ihre Oberfläche ist bis auf feine radiäre Fältchen **(Plicae ciliares)**, die posterior auslaufen, flach. Sie ist bedeckt mit einer dichten Matte aus Zonulafasern, die aus der Pars plicata auslaufen und hier verankert sind. Die hintere Begrenzung zur Pars optica retinae, die **Ora serrata**, ist deutlich, während der Übergang zur Pars plicata fließend ist (Abb. 16-12, 14 u. 15).

Die **Pars plicata** oder **Corona ciliaris** bildet die vordere Hälfte des Strahlenkörpers (Abb. 16-12, 14 u. 15). Hier entlässt er radiäre, strahlenförmig verlaufende Fortsätze **(Processus ciliares)**, die bis in die hintere Augenkammer reichen. Beim Hund wachsen 70 bis 80, beim Rind und Pferd über 100 dieser Ziliarfortsätze aus der Basis des Strahlen- bzw. Ziliarkörpers aus. Im hinteren postlentikulären Teil, der bis zum Linsenäquator reicht, ist der Aufhängeapparat der Linse **(Fibrae zonulares, Zonulafasern)** verankert (Abb. 16-11 u. 18). Im kurzen vorderen prälentikulären Teil, der die seitliche Begrenzung der hinteren Augenkammer bildet bzw. in diese hineinragt, inserieren keine Zonulafasern. Die Ziliarfortsätze besitzen hier eine große gehirnwindungsartig gefaltete Oberfläche (Abb. 16-19). Ihr Epithel bildet das Kammerwasser **(Humor aquosus)** und scheidet dieses über das Ziliarepithel in die **hintere Augenkammer** aus. Das Kammerwasser gelangt sekundär durch das **Sehloch (Pupille)** in die vordere Augenkammer und fließt über den Kammerwinkel im **Plexus venosus sclerae** ab (Abb. 16-11 u. 33).

Der Ziliarkörper ist bei Fleischfressern rund, bei Wiederkäuern und Pferd fehlt nasal die symmetrische Ausbildung, er ist hier zurückgedrängt. Dadurch verlagert sich die sehaktive Fläche der Netzhaut weiter nach vorne und vergrößert bei diesen Tieren die optische Rezeptorfläche.

In das bindegewebige Stroma des Strahlenkörpers sind elastische Fasern, Pigmentzellen, Gefäße und der M. ciliaris eingelagert. Der **M. ciliaris** ist ein **glatter Muskel** und dient der **Akkommodation der Linse**. Dieser Muskel ist beim Pferd relativ schwach, bei den Fleischfressern hingegen verhältnismäßig stark entwickelt. Die Innervation des M. ciliaris erfolgt durch die Nn. ciliares breves sowohl **parasympathisch (Ganglion ciliare = Kontraktion)** als auch **sympathisch (Erschlaffung)**.

## Regenbogenhaut (Iris)

Die Regenbogenhaut bildet als Fortsetzung des Strahlenkörpers den vordersten Abschnitt der mittleren Augenhaut. Sie bedeckt teilweise

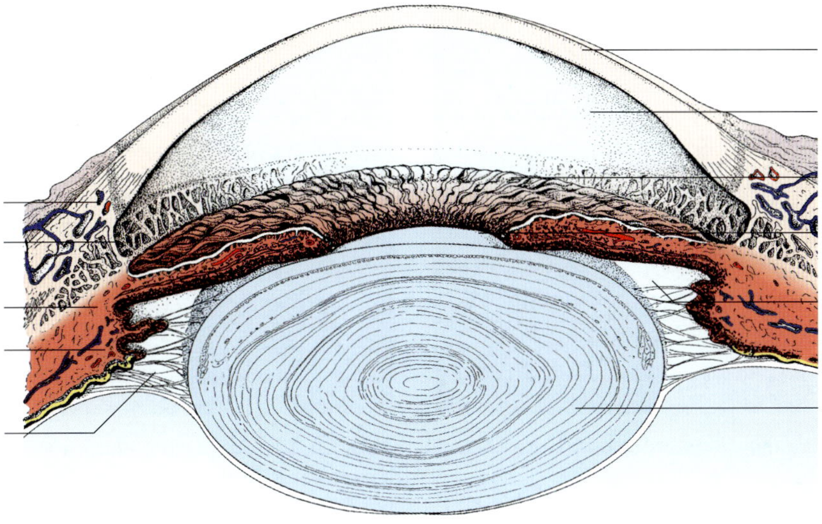


**Abb. 16-11.** Schematische Darstellung des vorderen Abschnitts des Augapfels.

die Vorderfläche der Linse und begrenzt mit ihrem freien Rand (**Margo pupillaris**) das **Sehloch**, die **Pupille**. Die Iris trennt den vorderen Binnenraum des Auges in eine **vordere Augenkammer (Camera anterior bulbi)** und eine **hintere Augenkammer (Camera posterior bulbi)**, die über das Sehloch in Verbindung stehen (Abb. 16-2 u. 11).

Die **Vorderfläche der Iris (Facies anterior)** weist eine unregelmäßige Epithelschicht auf, die von abgeplatteten Bindegewebszellen, Pigmentzellen und Fasern des Irisstroma geformt wird.

Das **Irisstroma (Stroma iridis)** besteht aus zarten kollagenen Faserbündeln mit Gefäßen, glatten Muskelzellen, Pigmentzellen und Nervenfasern. Die Kollagenfasern passen sich sämtlichen Größenveränderungen der Iris während der **Verengung (Miosis)** oder der **Erweiterung (Mydriasis)** der Pupille an. Im Stroma der Iris ist ein ausgeprägtes Gefäßnetz entwickelt (Circulus arteriosus iridis major und minor), das nutritive und mechanisch-stabilisierende Funktionen übernimmt. Die Kollagenfasern umgeben zur Steigerung der Stabilität korbartig die Gefäße und verhindern dadurch Störungen der Mikrozirkulation während der Iriskontraktion bzw. der Irisdilatation. Das Irisstroma schließt **zwei glatte Muskeln** ein, den **M. sphincter pupillae** und den **M. dilatator pupillae**.

Der **M. sphincter pupillae** liegt nahe dem freien Rand der Pupille mit zirkulärem Faserverlauf. Bei Tieren mit einem ovalen Sehloch (Katze, Schaf, Rind) werden diese Muskelzüge am Rande mit scherengitterartig durchflochtenen Fasern verstärkt. Diese kreuzenden Muskelfasern bewirken die schlitzförmige, quer- oder vertikalovale Verengung der Pupille (**Miosis**) (Abb. 16-7ff. u. 14ff.). Der M. sphincter pupillae wird **parasympathisch (cholinerg)** innerviert.

Der **M. dilatator pupillae** leitet sich aus radiär zur Pupille angeordneten Myoepithelien ab, die sich aus pigmentlosen, kontraktilen Fortsätzen der Zellen des äußeren Blattes der Pars iridica retinae (Pigmentepithel, s.u.) entwickelt haben. Der M. dilatator pupillae stellt in seiner Gesamtheit Muskelfaserbündel dar, die das gesamte hintere Stroma der Iris ausfüllen können. Dieser Muskel wird **sympathisch (adrenerg)** innerviert, seine Kontraktion erweitert die Pupille (**Mydriasis**).

Die Iris schließt in den Pigmentzellen **Melaninpigmente** ein, die die Netzhaut vor extremer Lichtintensität und vor Streulicht schützen. Die Größe und Anzahl der Melanosomen bestimmt die Farbe der Iris und damit die »Farbe der Augen«. Die Farbe der Iris ist durch mehrere Gene determiniert, von denen keine dominieren. Dadurch können sich Farbschattierungen in tierartlich unterschiedlicher Weise entwickeln.

Durch Verdichtung der Kollagenfaseranteile bei einem Mangel an Pigmentzellen in der Iris vor der dunkel pigmentierten inneren Augenhaut entsteht die Farbe blaugrau bis grau (Schwein, Ziege). Die dunkelbraune Irisfarbe (Pferd, Rind) ist auf ein dünnes bindegewebiges Stroma und eine große Menge an Pigmenten zurückzuführen. Die hellbraune bis gelbliche Irisfarbe von Hund, Schwein und kleinen Wiederkäuern beruht auf einer geringen Zahl an Melaningranula. Albinismus ist ein Pigmentmangelphänomen (Abb. 16-7ff.).

Die **Hinterfläche** der **Iris (Facies posterior)** wird vom pigmentierten Innenblatt der **Pars caeca retinae (Pars iridica retinae)** und dem **Pigmentepithel** überzogen (s.u.).

Am dorsalen und ventralen Rand des Sehlochs (Margo pupillaris) sind bei Wiederkäuern und beim Pferd **Traubenkörner (Granula iridica)** entwickelt, die Zubildungen des Pigmentepithels darstellen und stark vaskularisiert sind (Abb. 16-16 u. 17). Bei kleinen Wiederkäuern können Traubenkörner einzelne zystenartige Hohlräume einschließen, beim Pferd sind diese zahlreicher und kleiner. Traubenkörner sezernieren möglicherweise Kammerwasser.

## Innervation der Iris und des Ziliarkörpers

Die Muskeln und die Gefäße der Iris und des Ziliarkörpers werden sympathisch und parasympathisch von den **Nn. ciliares breves** innerviert, die aus dem **Ganglion ciliare** hervorgehen. Die postganglionären, sympathischen Fasern versorgen den M. dilatator pupillae und beeinflussen die Blutgefäße der Iris und der Ziliarfortsätze. Die parasympathischen Impulse stammen überwiegend aus Fasern des N. oculomotorius, durch deren Reflexbogen vorwiegend der M. sphincter pupillae und der Ziliarmuskel erregt werden. Dies führt

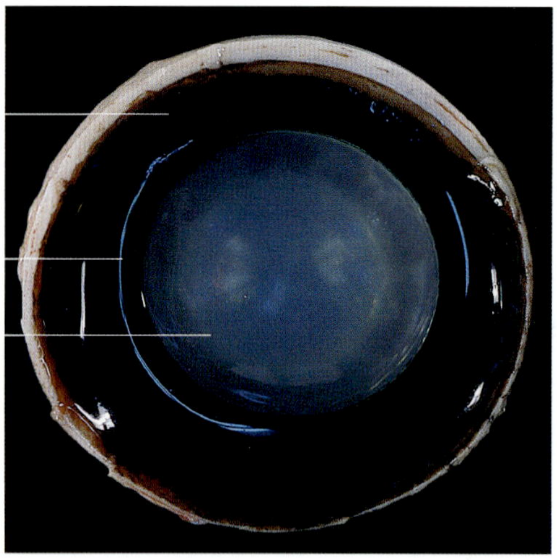


**Abb. 16-12.** Auge einer Katze mit Ziliarkörper und Linse (Äquatorialschnitt, Kaudalansicht).

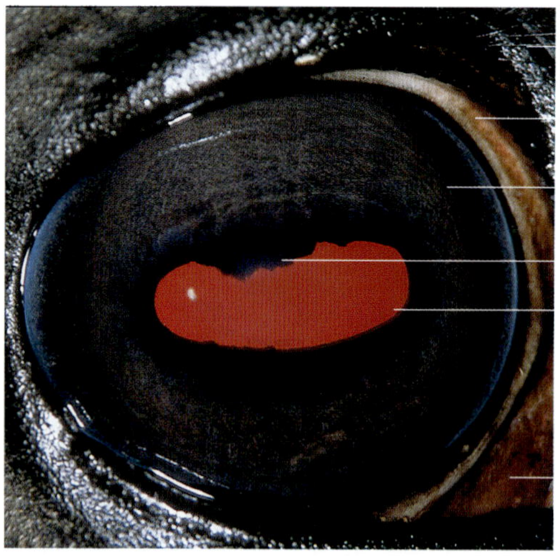


**Abb. 16-13.** Auge eines Pferdes mit Iris, Pupille und Traubenkörnern (Granula iridica) (Frontalansicht), Aufnahme Prof. Dr. H. Gerhards, München.

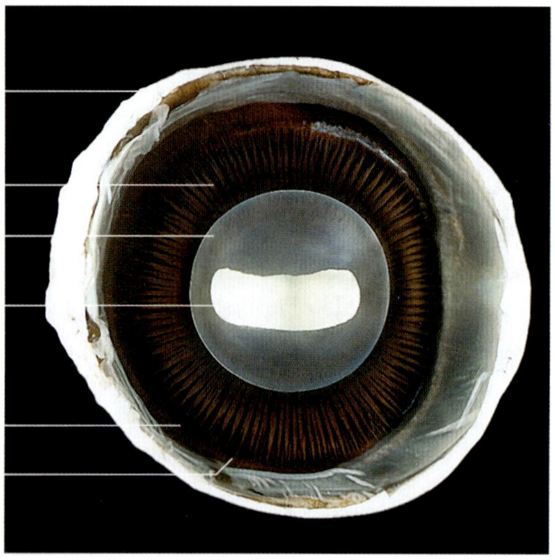


**Abb. 16-14.** Auge eines Rindes mit Ziliarkörper und Linse (Äquatorialschnitt, Kaudalansicht), Mydriasis.

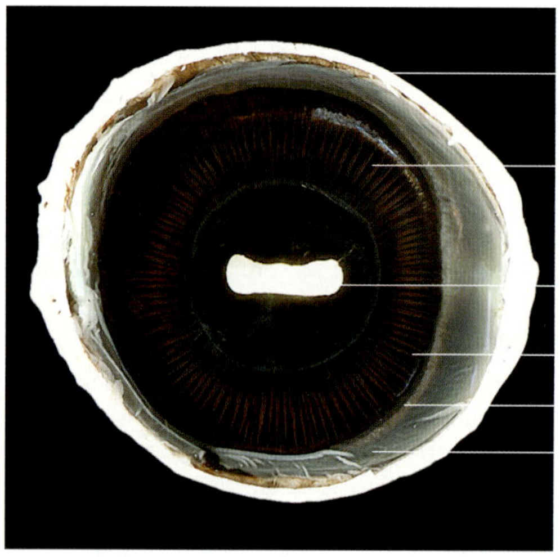


**Abb. 16-15.** Auge eines Rindes mit Ziliarkörper, Linse entfernt (Äquatorialschnitt, Kaudalansicht), Miose.

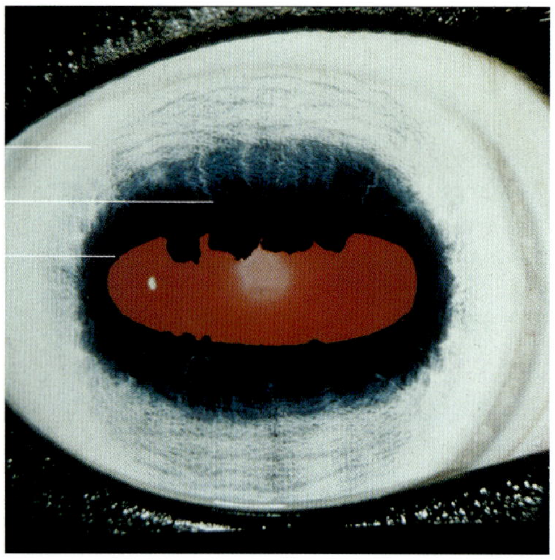


**Abb. 16-16.** Auge eines Pferdes mit Iris, Pupille und Traubenkörnern, Birkauge (Frontalansicht), Aufnahme Prof. Dr. H. Gerhards, München.

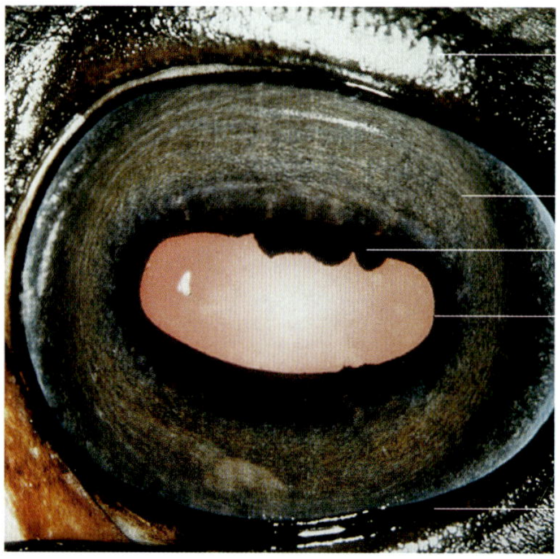


**Abb. 16-17.** Auge eines Pferdes mit Iris, Pupille und Traubenkörnern (Frontalansicht), Aufnahme Prof. Dr. H. Gerhards, München.

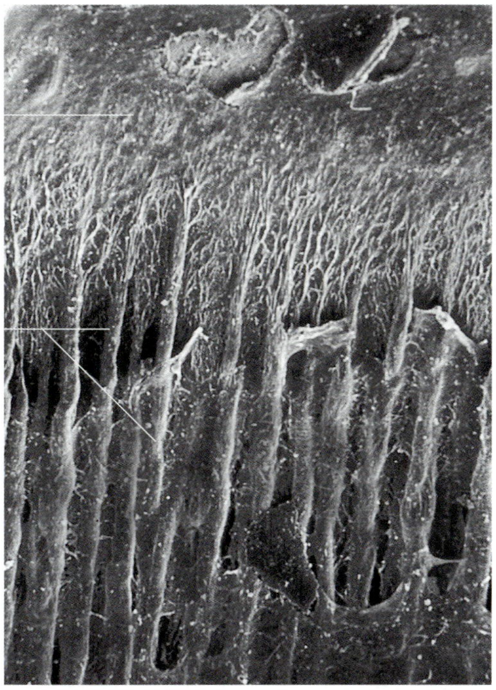


**Abb. 16-18.** Rasterelektronenmikroskopische Aufsicht auf die postlentikuläre Pars plicata des Corpus ciliare (Corona ciliaris) eines Rindes, Aufnahme PD Dr. S. Reese, München.

**Abb. 16-19.** Rasterelektronenmikroskopische Aufsicht auf die prälentikulären Processus ciliares eines Rindes, Aufnahme PD Dr. S. Reese, München.

zur Verengung der Pupille, zur Kontraktion des M. ciliaris und damit zur Akkommodation der Linse.

Parasympathische oder cholinerge Mittel (z.B. Pilocarpin oder Carbachol) stimulieren die Verengung der Pupille und induzieren die Kontraktion des Ziliarmuskels. Die Blockade dieses nervalen Impulses kann durch die pflanzlichen Alkaloide Atropin und Hyoscyn erfolgen (passive Mydriasis und Paralyse der Akkommodation). Das adrenerge System wird durch Noradrenalin, dem sympathischen Neurotransmitter, und durch das zirkulierende Katecholamin Adrenalin erregt.

## Innere Augenhaut (Tunica interna bulbi, Retina, Netzhaut)

Die Netzhaut gliedert sich in einen **vorderen Abschnitt (Pars caeca retinae)**, der ohne lichtempfindliche Rezeptoren ausgebildet bleibt (caecus = blind), und in ein **hinteres lichtsensibles Rezeptorfeld (Pars optica retinae)** (Abb. 16-20ff.).

Die Pars caeca retinae entwickelt sich als Teil der Netzhaut aus dem embryonalen Augenbecher und besteht aus einem einschichtigen Innenblatt und aus einem einschichtigen Außenblatt (Pigmentepithel). (Näheres s. Lehrbücher der Embryologie.)

In Bezug auf ihre Lage zum Ziliarkörper und zur Iris unterteilt man die **Pars caeca retinae** (Abb. 16-3) in eine:

- Pars ciliaris retinae,
- Pars iridica retinae.

Strukturelle und funktionelle Besonderheiten der lichtunempfindlichen Pars caeca retinae sind in den Abschnitten »Strahlenkörper« und »Regenbogenhaut« beschrieben (s.o.). Den Übergang der Pars caeca zur Pars optica retinae bildet die Ora serrata (Abb. 16-14 u. 15). Die **Pars optica retinae** gliedert sich in zwei Blätter, nämlich in ein:

- äußeres Stratum pigmentosum retinae (= Pigmentepithel),
- inneres Stratum nervosum retinae (= Rezeptorenschicht).

### Pigmentepithel (Stratum pigmentosum retinae)

Das Pigmentepithel (Stratum pigmentosum retinae) entwickelt sich aus dem Außenblatt des embryonalen Augenbechers (s.o.) und liegt zwischen der Bruch-Membran der Aderhaut und den Außengliedern der Photorezeptoren (Stäbchen und Zapfen des Stratum nervosum retinae, s.u.). Das Pigmentepithel ist distal im Bereich des Orbiculus ciliaris **(Ora serrata)** und proximal an der Austrittstelle des N. opticus **(Discus n. optici)** mit dem Stratum nervosum retinae fest verbunden. Das Epithel ist einschichtig isoprismatisch und, wie der Name besagt, pigmentiert.

Die Pigmentzellen umgeben kappenartig die Photorezeptoren, die Stäbchen und die Zapfen, diese verstärken das Auflösungsvermögen des Auges und reduzieren die Streustrahlung (Reflexion). Im Bereich des Tapetum lucidum (s.o.) fehlt meist die Pigmenteinlagerung in das Epithel (Abb. 16-24).

### Rezeptorenschicht (Stratum nervosum retinae)

Das Stratum nervosum retinae entwickelt sich als nervöse, lichtempfindliche Schicht aus dem Innenblatt des embryonalen Augenbechers, diese Schicht bildet die **Netzhaut im eigentlichen Sinn**. Sie ist mehrfach geschichtet. Die Netzhaut ist ein Teil des Zwischenhirns und schließt demzufolge Gliazellen (Müller-Stützzellen) und Nervenzellen (Neurone) ein.

Die **Gliazellen (Müller-Stützzellen)** dienen mit Ausnahme der Stäbchen- und Zapfenschicht der nutritiven Versorgung sämtlicher Schichten der nervösen Netzhaut (s.u.) und bilden über Zellaus-

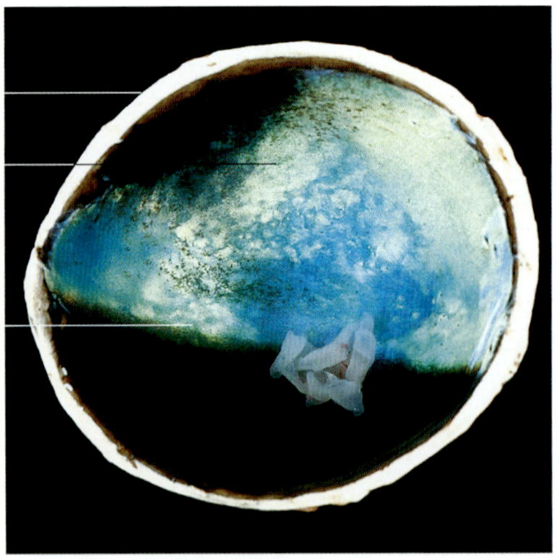


**Abb. 16-20.** Augenhintergrund eines Rindes, Retina zum größten Teil entfernt (Äquatorialschnitt, Frontalansicht).

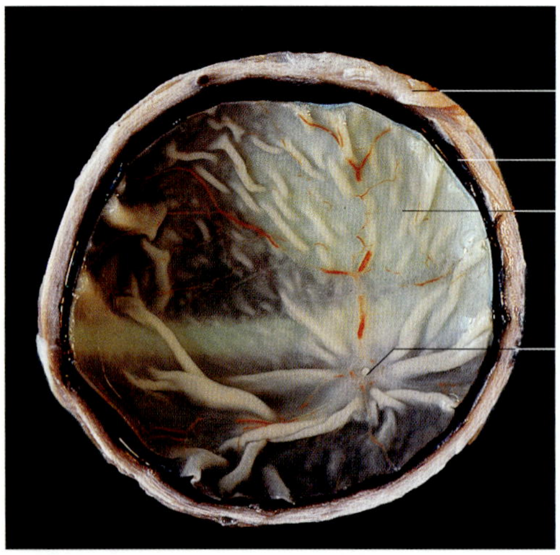


**Abb. 16-21.** Augenhintergrund eines Rindes (Äquatorialschnitt, Frontalansicht).

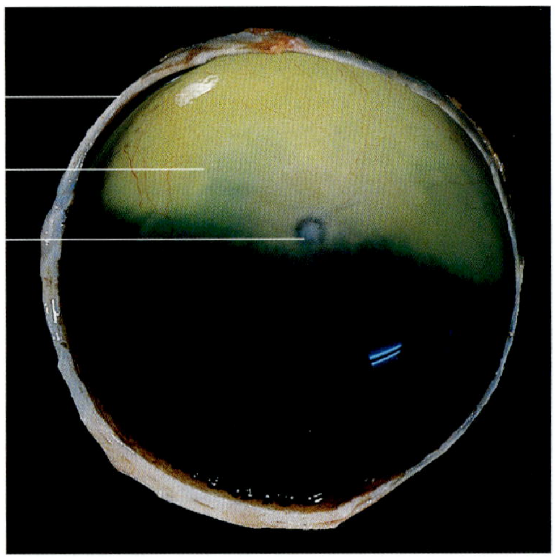


**Abb. 16-22.** Tapetum lucidum einer Katze (Äquatorialschnitt, Frontalansicht), König, 1992.

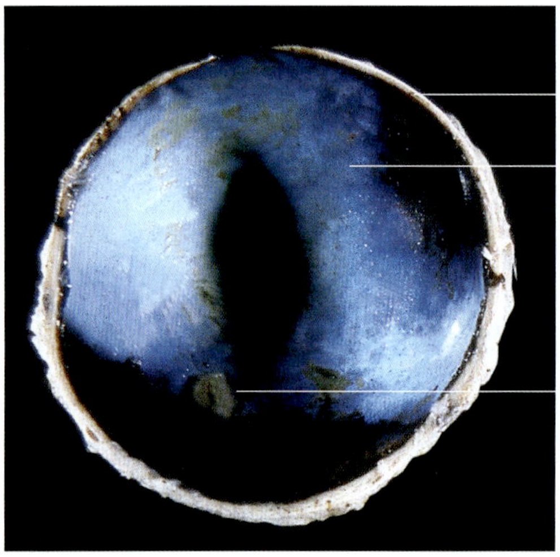


**Abb. 16-23.** Tapetum lucidum einer Katze (Äquatorialschnitt, Frontalansicht).

läufer eine **innere** und eine **äußere**, **gliöse Grenzmembran (Membrana limitans gliae interna** bzw. **externa)**, zwischen denen die Kerngebiete der retinalen Neuronenketten liegen.

Die retinalen **Nervenzellen** bilden **3 hintereinandergeschaltete Neurone**, die deutlich voneinander abgesetzt erscheinen und durch vernetzte Geflechte verbunden werden (Abb. 16-24).

Man unterscheidet im Stratum nervosum retinae von außen nach innen folgende Neurone:

- **1. Neuron:**
  - Schicht der Stäbchen und Zapfen (Stratum neuroepitheliale),
  - äußere Körnerschicht (Stratum nucleare externum),
  - äußere plexiforme Schicht (Stratum plexiforme externum),
- **2. Neuron:**
  - innere Körnerschicht (= bipolare Nervenzellschicht, Stratum nucleare internum),
  - innere plexiforme Schicht (Stratum plexiforme internum),
- **3. Neuron:**
  - Ganglienzellschicht (= multipolare Nervenzellschicht, Stratum ganglionare nervi optici) und
  - Nervenfaserschicht (Stratum neurofibrarum).

Die **Stäbchen-** und **Zapfenschicht** stellt die **photosensible (= lichtempfindliche) Schicht** der Netzhaut dar. Strukturell und funktionell sind die Stäbchen als hochsensible Hell-dunkel-Rezeptoren für das Dämmerungssehen verantwortlich, die Zapfen als Rezeptoren

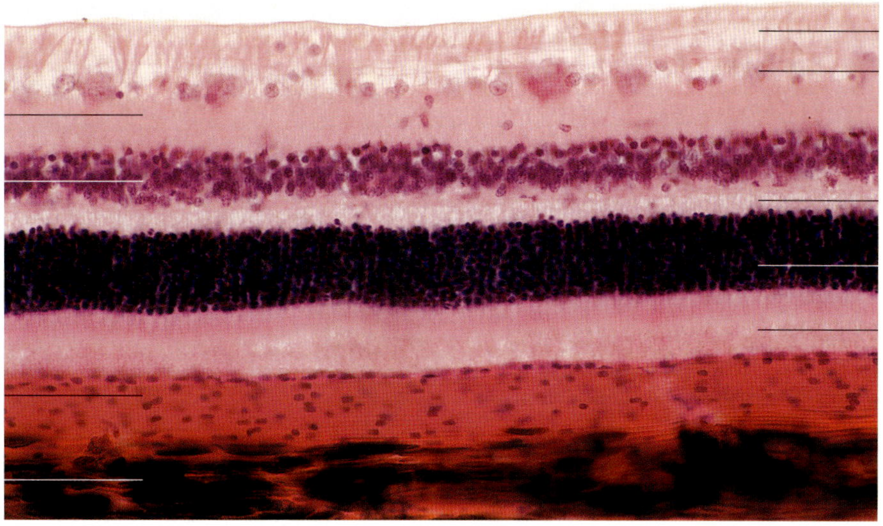


**Abb. 16-24.** Histologischer Schnitt durch die Pars optica retinae im Augenhintergrund eines Pferdes mit Tapetum lucidum, Liebich, 2004.

für das Farbsehen. Die **Stäbchen** enthalten in **Membranscheiben (Disci)** den **Sehpurpur (Rhodopsin)**, an dessen Oberflächen die chemischen Reaktionen für den Sehvorgang ablaufen. Die Membranscheiben werden durch ständige Neubildung kontinuierlich in die Peripherie der Stäbchen geschoben und von Pigmentepithelzellen phagozytiert. Die **Zapfen** ähneln in Größe und Grundaufbau den Stäbchen, diese schließen lichtempfindliche Pigmente ein, vor allem **Jodopsin**. (Näheres s. Lehrbücher der Histologie.)

Alle Haussäugetiere vermögen mit hoher Wahrscheinlichkeit die Farbe Gelbgrün und Blau wahrzunehmen (»Dichromaten«). Erst Primaten entwickeln zusätzlich ein Rot-Opsin (»Trichromaten«).

Die **äußere Körnerschicht (Stratum nucleare externum)** wird von den Zellkernen der bipolaren Nervenzellen gebildet. Die axonalen Zellausläufer dieser Photorezeptorzellen verflechten sich mit den **Dendriten des 2. Neurons** zur **äußeren plexiformen Schicht (Stratum plexiforme externum)**, deren Kerngebiete die **innere Körnerschicht (Stratum nucleare internum)** zusammen mit angrenzenden assoziierenden Horizontalzellen aufbauen.

**Horizontalzellen** verknüpfen interneurale Funktionen zwischen Photorezeptorzellen und bipolaren Körnerzellen des 2. Neurons. Die Axone der bipolaren Nervenzellen gehen mit den Dendriten des 3. Neurons, der Ganglienzellschicht, das Geflecht der **inneren plexiformen Schicht (Stratum plexiforme internum)** ein, an deren äußerer Grenze zusätzlich amakrine Assoziationszellen eingelagert sind. Amakrine Zellen stehen mit Axonen der bipolaren Nervenzellen wie auch mit Dendriten der Ganglienzellen in synaptischer Verbindung. **Amakrine Zellen** sind Interneurone.

Die **Ganglienzellschicht (Stratum ganglionare)** besteht aus multipolaren und kleineren vegetativen Nervenzellen, deren Axone sich zur **Nervenfaserschicht (Stratum neurofibrarum)** vereinigen. Diese Fasern ziehen, der Retina innen anliegend, zum **blinden Fleck (Discus n. optici**, **Papilla optica**, **Macula caeca)** (Abb. 16-20ff.).

Im **blinden Fleck** treten die Nervenfaserbündel als **Sehnerv (N. opticus)** aus dem Augenhintergrund durch die äußere Augenhaut aus, einer präformierten Stelle, die siebartig perforiert **(Lamina cribrosa)** ist (Abb. 16-25). Der blinde Fleck ist eine rundliche, ovale Scheibe, die meist nahe des Tapetum lucidum liegt. Bei der Katze erscheint dieser im ventralen, nasalen, bei den anderen Haussäugetieren im ventralen, temporalen Quadranten, allein beim Hund im senkrechten Hauptmeridian.

## Area centralis retinae

Beim Menschen ist die **Stelle des schärfsten Sehens (Fovea centralis)** ein gelblich gefärbter, umschriebener Bereich der Netzhaut, die **Macula lutea**. Bei den Haussäugetieren fehlt diese Pigmentierung, sodass man allein von einer **Area centralis retinae** spricht. In dieser Fläche überwiegen Zapfen, stark vermehrt sind Ganglienzellen des 1. und des 3. Neurons. Die Area centralis retinae dient dem binokularen Sehen.

## Area centralis striaeformis

Bei Pferd, Wiederkäuern und Schwein sind oberhalb **des blinden Flecks (Discus n. optici)** helle Streifen erkennbar, die als Area centralis striaeformis bezeichnet werden. Diese schließen Zapfen und Nervenzellen des 1. und des 2. Neurons in großer Zahl ein. Die Area centralis striaeformis dient dem monokularen Sehen und dem Erkennen von Bewegungsabläufen.

## Ernährung der Retina

Die photosensiblen Rezeptoren der Netzhaut, die Stäbchen und Zapfen, werden von außen durch Diffusion aus dem Kapillarnetz der Choroidea versorgt. Die Bruch-Membran sowie die Pigmentepithelschicht können als Transport- und Diffusionsstrecke betrachtet werden. Die Membrana limitans gliae externa stellt eine Diffusionsbarriere zu den inneren Retinaschichten dar.

Bei einer Trennung der inneren nervalen Netzhautschicht von der Pigmentepithelschicht ist die nutritive Versorgung der Stäbchen und Zapfen unterbrochen, die Rezeptorschicht löst sich ab (Netzhautablösung) und degeneriert in der umschriebenen Fläche.

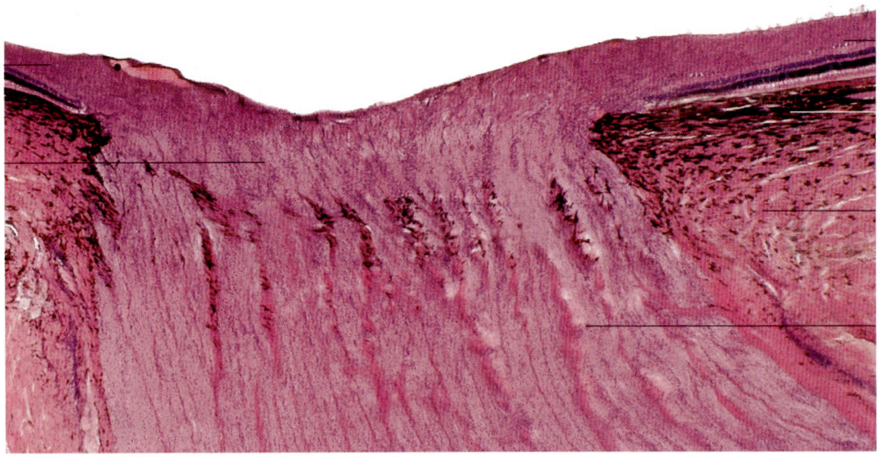


**Abb. 16-25.** Histologischer Schnitt durch die Lamina cribrosa der Sclera einer Ziege mit dem Austritt des N. opticus aus dem Augenhintergrund , Liebich, 1999.

Die innen liegenden Schichten der Retina (1.–3. Neuron) werden direkt durch die Äste der **A.** und **V. centralis retinae** versorgt. Diese treten am Discus n. optici in den Augapfel über, legen sich der Netzhaut innen an und verzweigen sich als Äste der A. und V. centralis retinae in tierartlich unterschiedlicher Weise. Die A. centralis retinae entsteht bei den Haussäugetieren zum größten Teil aus der A. ophthalmica externa, einem Ast der A. carotis externa. Sie entspricht deshalb nicht der A. centralis retinae des Menschen, die dort ein Ast der A. carotis interna ist. Die A. und V. centralis retinae **fehlen** dem **Pferd**.

Bei der Katze strahlen die retinalen Gefäße, kräftig entwickelt, radiär vom blinden Fleck aus. Beim Hund ist eine dreischenklige Aufzweigung charakteristisch, bei Wiederkäuern eine meist sich kreuzende. Die Retina des Pferdes ist bis auf einen kleinen Bezirk um den Discus n. optici, der einen kranzförmigen Verlauf feinster Netze erkennen lässt, **avaskulär** (Abb. 16-48). Rückläufige Venen vereinigen sich zur V. centralis retinae. Der Verlauf der retinalen Gefäße ist von erheblicher Bedeutung in der Augendiagnostik.

## Sehnerv (Nervus opticus)

Der Sehnerv ist die afferent leitende Gehirnbahn des 2. Gehirnnervs. In diesem verlaufen gebündelt die Axone der multipolaren Ganglienzellen der Ganglienfaserschicht (3. Neuron der Netzhaut) über das primäre Sehzentrum des Gehirns, das Corpus geniculatum laterale, zur Sehrinde im Bereich der kaudalen Großhirnrinde. Die vegetativen Fasern des N. opticus ziehen zum Hypothalamus und bilden retinohypothalamische Bahnen **(Nucleus supraopticus** und **paraventricularis)**.

Der N. opticus bündelt sich intraokulär aus marklosen Fasern der **Nervenfaserschicht (Stratum ganglionare n. optici = 3. Neuron)** und tritt im **Discus n. optici (blinder Fleck)** durch die Area cribrosa sclerae aus dem Augapfel aus und in die Orbita über. Ab dort wird der Sehnerv von bindegewebigen Gehirnhäuten, den **Pia-, Arachnoidea-** und **Durascheiden (Markscheiden)** umgeben, die zwischen sich deutliche Subdural- und Subarachnoidealräume entwickeln. In Nähe des Augapfels nimmt der Augennerv ventral die A. und V. centralis retinae auf. Der Querdurchmesser des N. opticus beträgt bei der Katze etwa 1 mm, beim Hund 2 mm und beim Pferd ca. 5 mm.

Der **N. opticus** verläuft retrookulär im M. retractor bulbi und im Fettkörper der Orbita, bildet hier eine leichte Krümmung, tritt durch das Foramen opticum und durch den knöchernen Canalis opticus in die Schädelhöhle ein, kreuzt sich mit den Fasern der anderen Seite im Chiasma opticum (Sehnervenkreuzung) und endet an der Gehirnbasis.

## Bestandteile des Augeninneren

### Linse (Lens)

Die Linse entsteht embryonal aus der ektodermalen Linsenplakode, die sich als Linsenbläschen vom Oberflächenepithel abschnürt. Aus der hinteren Wand des Linsenbläschens wachsen langgezogene Zellen aus, die den Hohlraum des Linsenbläschens allmählich ausfüllen und sich zu hexagonalen, prismatischen Linsenfasern differenzieren.

Die **Linse** ist transparent und bikonvex, sie steht radiär durch die **Zonulafasern (Fibrae zonulares)** mit dem **Ziliarkörper (Corpus ciliare)** in Verbindung (Abb. 16-3, 11, 26 u. 27). Die **Hinterseite (Facies posterior lentis)** ist meist stärker gewölbt als die **Vorderseite (Facies anterior lentis)**. Bei der Akkommodation nimmt insbesondere die Wölbung an der Vorderfläche zu. Die Linse ist frei von Nerven und Gefäßen. Ihre Ernährung erfolgt durch Diffusion aus dem Kammerwasser (s.u.). Besondere Strukturen der Linse sind:

- Linsenkapsel (Capsula lentis),
- Linsenepithel (Epithelium lentis),
- Linsenfasern (Fibrae lentis).

Die **Linsenkapsel** ist eine semipermeable Grenzschicht, durch die metabolisch aktive Stoffe penetrieren. Sie ist lichtbrechend und in der Regel sehr dehnungsfähig, sie entsteht aus Sekreten des Linsenepithels. Am äußeren Rand der Kapsel inserieren die Zonulafasern des Aufhängeapparates der Linse und verbinden sich mit den Filamentbündeln der Linsenkapsel (Abb. 16-30).

Das **Linsenepithel** liegt an der Vorderfläche der Linse unter der Linsenkapsel, es ist einschichtig isoprismatisch. Die Epithelzellen

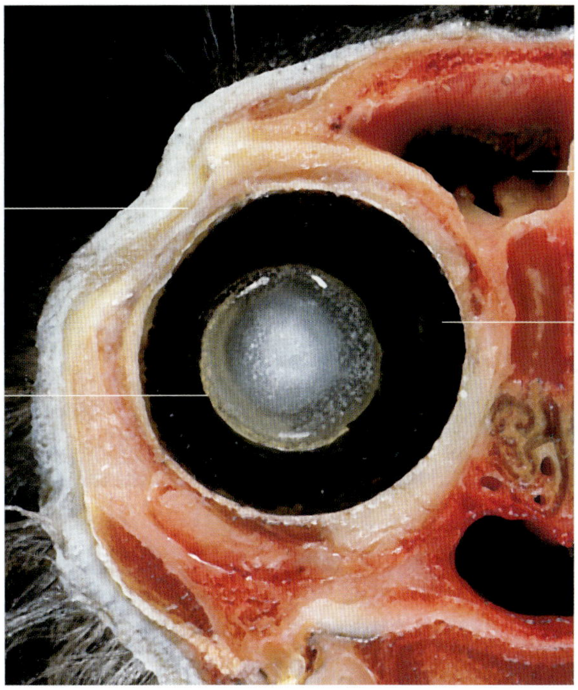


**Abb. 16-26.** Linse eines Hundes mit Aufsicht auf die Iris (Frontalansicht), Aufnahme PD Dr. J. Maierl, München.

der Linse vermögen sich zu teilen, zu verlängern und sich zu Linsenfasern (s.u.) zu differenzieren. Vorzugsweise am **Linsenäquator (Aequator lentis)** lagern sich neugebildete Linsenepithelzellen als neue Linsenfasern appositionell dem vorhandenen Linsenkörper auf. Die Linse wächst zeitlebens. Die Wachstumsgeschwindigkeit korreliert eng mit dem Alter des Tieres.

Die **Linsenfasern** bestehen aus hintereinander gelagerten, sechseckigen Epithelzellen und bilden in ihrer Gesamtheit die Linse (Abb. 16-29). Die Linsenfasern sind konzentrisch geschichtet, sie verdichten sich zum Inneren der Linse und bilden den **Linsenkern (Nucleus lentis)**. Die Linsenfasern schließen neben Wasser (70%) vorzugsweise Membranproteine und Zytoskelettproteine (Mikrofilamente wie Fibronektin, Vimentin, Aktin) ein. Diese bestimmen entscheidend den Bau der Linse. Die einzelnen Linsenfasern stehen durch reißverschlussähnliche Verzahnungen untereinander in Verbindung, die die Plastiziät der Linse ermöglichen.

Die Linsenfasern verlaufen über den Linsenäquator in spiralförmiger Anordnung vom vorderen zum hinteren Linsenpol (Polus anterior bzw. Polus posterior lentis) und umgekehrt. An ihren Endpunkten bleiben kleine Zwischenräume (**Nahtlinien**, **Radii lentis**) offen, die sich summieren und die Form dreistrahliger Sterne annehmen (**Linsensterne**). Die jeweiligen Linsensterne der Vorder- bzw. der Hinterfläche sind gegeneinander um 60° versetzt.

Die geordnete Struktur und der Metabolismus der Linsenfasern ist für die Aufrechterhaltung der Transparenz von entscheidender Bedeutung. Jede Änderung führt zur Trübung der Linse (= **grauer Star**).

## Augenkammern (Camerae bulbi) und Kammerwasser (Humor aquosus)

Die **vordere Augenkammer (Camera anterior bulbi)** wird von der Hinterfläche der Cornea und der Vorderfläche der Iris begrenzt. Dieser vordere Binnenraum des Augapfels steht über die Pupille mit der **hinteren Augenkammer (Camera posterior bulbi)** in Verbindung (Abb. 16-3 u. 31ff.). Die hintere Augenkammer wird von der Hinterfläche der Iris, dem Ziliarkörper, der Vorderfläche des Glaskörpers und der Linse begrenzt. In beiden Kammern befindet sich **Kammerwasser (Humor aquosus)**, eine transparente, wässrige Flüssigkeit mit verschiedenen Elektrolyten, Glukose, Aminosäuren und Ascorbinsäure als Inhaltsstoffe.

Die **Bildung des Kammerwassers** erfolgt an der **Blut-Kammerwasser-Schranke** im Bereich der Ziliarfortsätze zwischen den Kapillarwänden und dem Ziliarepithel durch aktiven Transport von Natriumionen über das Ziliarepithel und durch Osmose in die hintere Augenkammer. Von dort tritt das Kammerwasser durch die Pupille in die vordere Augenkammer über und wird über den **Kammerwinkel (Angulus iridocornealis)** im **Plexus venosus sclerae** abgeführt (Abb. 16-31, 32 u. 33). Der Kammerwinkel wird bei Pferd und Rind von einem lockeren trabekulären Maschenwerk (Spatia anguli iridocornealis) gebildet, dessen Zugang durch ein feinfibrilläres Fasernetz, das **Ligamentum pectinatum anguli iridocornealis**, erfolgt (Abb. 16-32ff.). Das Kammerwasser dient der Ernährung der gefäßfreien Strukturen des Auges, der Cornea und der Linse (s.o.).

## Glaskörper (Corpus vitreum)

Der Glaskörper liegt im **Glaskörperraum (Camera vitrea bulbi)** (Abb. 16-2) und wird von der Linse, dem Ziliarkörper und der Netzhaut begrenzt. Er steht mit der Ora serrata und retinalen Gefäßen in engem Kontakt. Der Glaskörper besteht aus einer gallertigen, farblosen und transparenten Flüssigkeit **(Humor vitreus)** mit einem Wassergehalt von 99%, in die Hyaluronsäure eingelagert ist (Abb. 16-27). Feste Bestandteile sind in geringer Zahl Zellen **(Hyalozyten)**, die fibrilläre Strukturproteine synthetisieren und in ihrer Gesamtheit das **Stroma vitreum** bilden. Diese Mikrofibrillen formen ein feines Gerüstnetz, das durch das Hyaluronidasesystem in

Abb. 16-27. Linse einer Katze mit Glaskörper (fixiertes Präparat).

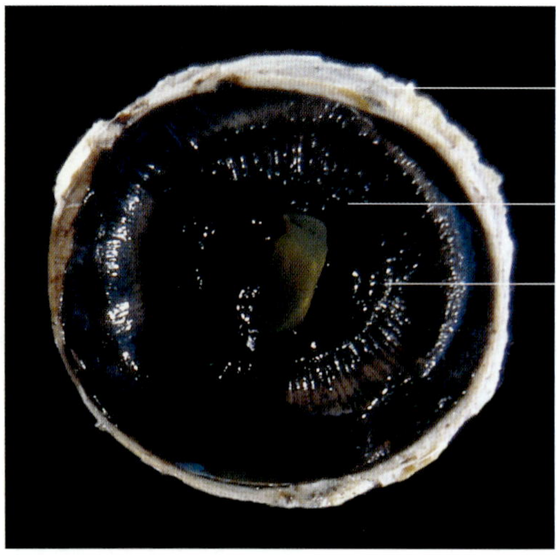


Abb. 16-28. Aufsicht auf die Iris einer Katze nach Entfernung der Linse (Kaudalansicht).

einem optisch transparenten Quellungszustand gehalten wird. Oberflächlich verdichten sich die Mikrofilamente zur **vitreoretinalen Membran (Membrana vitrea)** und liegen der Retina an.

Der Glaskörper grenzt an die Membrana limitans gliae interna der Müller-Stützzellen, getrennt allein durch eine Basalmembran. Bei Rind, Schwein und Fleischfressern ist ein flüssigkeitsgefüllter Raum (Canalis hyaloideus) von der Linse zum Discus n. optici ausgebildet, der als Rest der embryonalen A. hyaloidea bestehen bleibt. Bei Rind, Schaf und Schwein ist der Glaskörper relativ dicht, beim Pferd wird ein strukturarmer Glaskörper mit geringer optischer Dichte ausgebildet. Bei Fleischfressern ist der Glaskörper nur zentral verdichtet, peripher strukturarm.

Der Glaskörper erfährt als **wichtiges dioptrisches Medium des Auges** besondere klinische Bedeutung, er dient dem Metabolismus und der Homöostase der Retina.

Der Glaskörper hält durch Aufrechterhaltung des intraokulären Druckes auch die Netzhaut in ihrer Position zum Pigmentepithel. Sinkt dieser Binnendruck, so kann sich die Retina partiell oder total ablösen (Ablatio retinae).

Abb. 16-29. Rasterelektronenmikroskopische Ansicht der Linsenfasern eines Rindes, Linse gespalten, Aufnahme PD Dr. S. Reese, München.

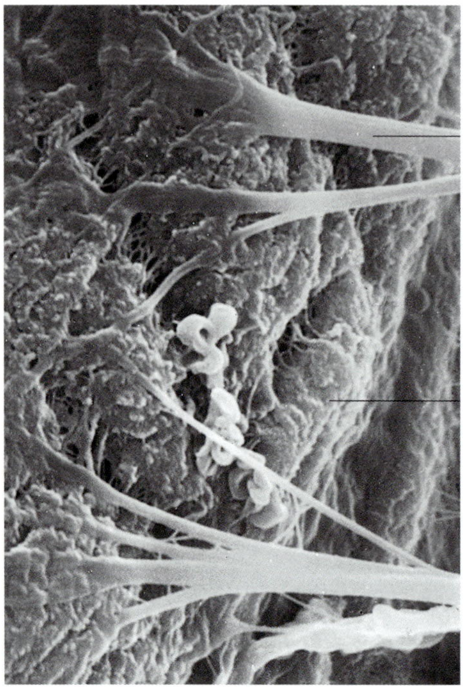


Abb. 16-30. Rasterelektronenmikroskopische Ansicht der Fibrae zonulares an der Insertionsstelle am Linsenäquator einer Katze.

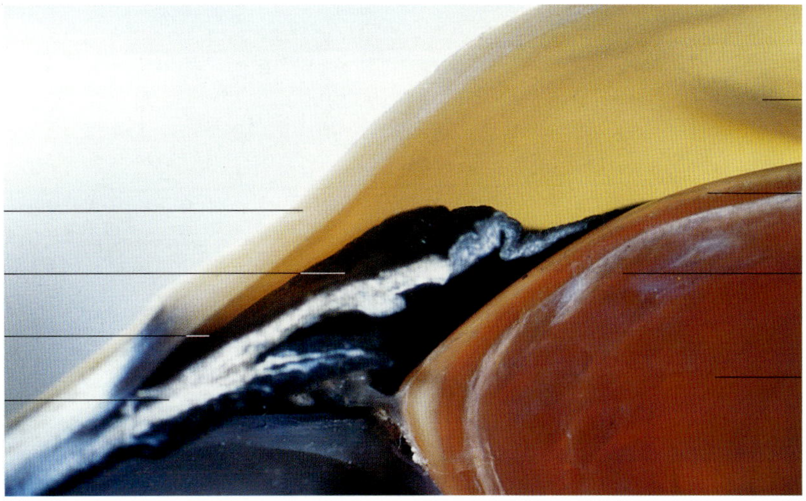


**Abb. 16-31.** Kammerwinkel, Regenbogenhaut und Strahlenkörper eines Rindes (Meridionalschnitt).

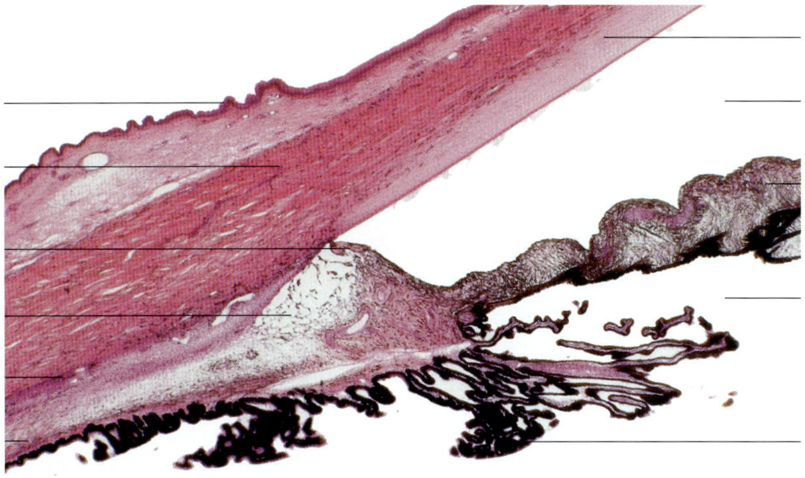


**Abb. 16-32.** Histologischer Schnitt durch den Kammerwinkel eines Rindes, Liebich, 2004.

# Nebenorgane des Auges (Organa oculi accessoria)

Zu den Nebenorganen der Augen werden gerechnet:

- Augenhöhle (Orbita) mit dem Fettkörper,
- Faszien und äußere Augenmuskeln,
- Augenlider (Palpebrae),
- Tränenapparat (Apparatus lacrimalis) und
- Gefäße und Nerven.

## Augenhöhle (Orbita)

Die Augenhöhlen werden medial, dorsal und nasoventral von Knochen der seitlichen Schädelwand begrenzt, sie gehen kaudal in die Fossa temporalis und in die Fossa pterygopalatina über. Bei Wiederkäuern und Pferden wird die Augenhöhle im Orbitalring knöchern, beim Schwein und bei Fleischfressern bindegewebig durch das Ligamentum orbitale geschlossen (s. auch Kap. 1 »Skelett des Stammes«, Abschnitt »Skelett des Kopfes«). Die Augenhöhlen schließen die Muskeln des Auges, Teile des Tränenapparates sowie Gefäße und Nerven ein (Abb. 16-36).

Die **knöcherne Orbita** wird von einer trichterförmigen bindegewebigen Schicht, der **Periorbita**, ausgekleidet, die sich aus dem Periost ableitet (Abb. 16-26). Zusätzlich sind innerhalb der Periorbita **Fettpolster (Corpus adiposum intraorbitale)** eingelagert, die die Faszien, Muskeln, Gefäße, Nerven des Auges und den Sehnerv aufnehmen. Außerhalb der Periorbita eingelagerte **Fettposter (Corpus adiposum extraorbitale)** füllen die Schläfengrube aus.

Die Lage der Orbita ist seitlich im Gesichtsschädel, tierartlich unterschiedlich abweichend vom Achsenwinkel. Dieser beträgt beim Hund 70°, beim Rind über 90° und beim Pferd 115°.

## Faszien und Muskeln des Augapfels

Faszien umhüllen innerhalb der Periorbita den Augapfel, den Sehnerv und die Augenmuskeln. Man unterscheidet:

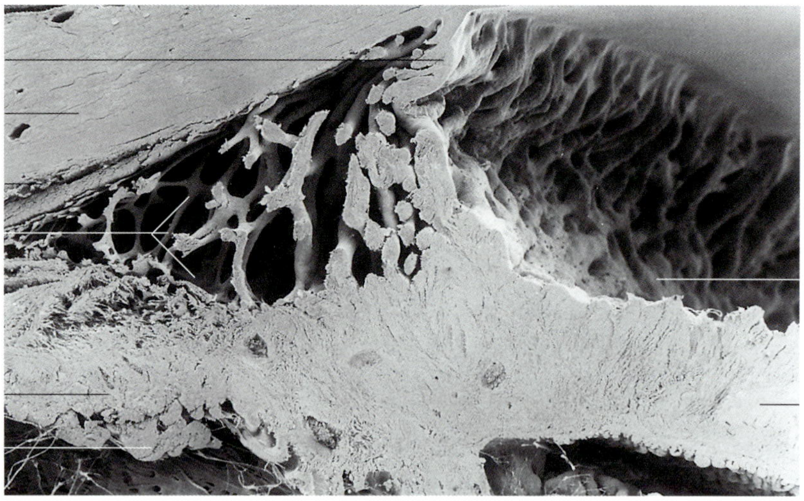


**Abb. 16-33.** Rasterelektronenmikroskopische Aufsicht auf den Kammerwinkel eines Pferdes.

- die **Fasciae musculares**, die feinstrumpfartig die Augenmuskeln umgeben und in die Augenlider einstrahlen, und
- die **Vagina bulbi (Tenon-Kapsel)**, die als Verschiebeschicht zwischen dem Augapfel und dem Orbitalfett wirkt und an der Sclera durch das Spatium episclerale getrennt wird. Diese Scheide legt sich als Vagina n. optici auch dem Sehnerv an und schließt als Muskelfaszie den M. retractor bulbi oculi mit ein.

Die **Muskeln des Augapfels** dienen der Bewegung des Bulbus oculi (Abb. 16-36). Sie sind von den äußeren Augenmuskeln der Augenlider zu unterscheiden (s. auch Kap. 2 »Faszien und Muskeln des Kopfes und des Stammes«, Abschnitt »Extraorbitale Muskeln der Augenlider«). Man differenziert innerhalb der Periorbita:

- vier gerade Augenmuskeln,
- zwei schiefe Augenmuskeln,
- einen M. retractor bulbi und
- einen M. levator palpebrae superioris.

Die vier geraden Augenmuskeln entspringen am freien Rand des Foramen opticum und der Fissura orbitalis, umschließen den Sehnerv, ziehen als platte Muskelzüge dorsal, ventral, lateral und medial an die entsprechenden Außenflächen des Augapfels und inserieren nahe der Hornhaut in der derb-elastischen Sclera. Man unterscheidet nach ihrer Lage einen M. rectus dorsalis, einen M. rectus ventralis, einen M. rectus lateralis und einen M. rectus medalis.

Der **untere schiefe Augenmuskel (M. obliquus ventralis)** umfasst, in der Fossa muscularis entspringend, den Augapfel ventral mit schiefem Faserverlauf zur temporalen Außenfläche des Augapfels und inseriert unter dem seitlichen geraden Augenmuskel.

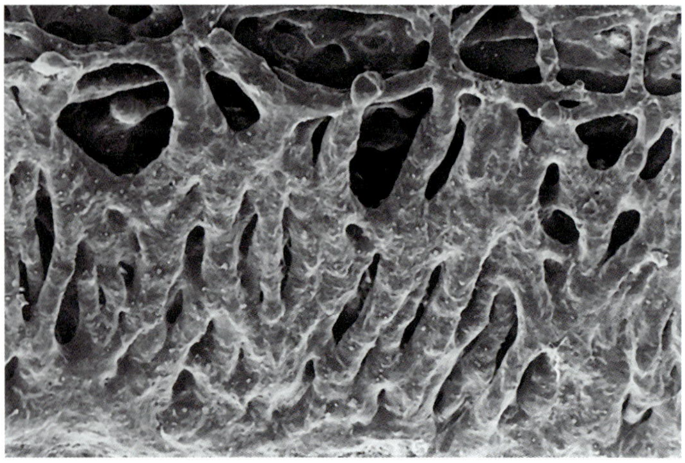

**Abb. 16-34.** Rasterelektronenmikroskopische Aufsicht auf das Ligamentum pectinatum im Kammerwinkel eines Pferdes.

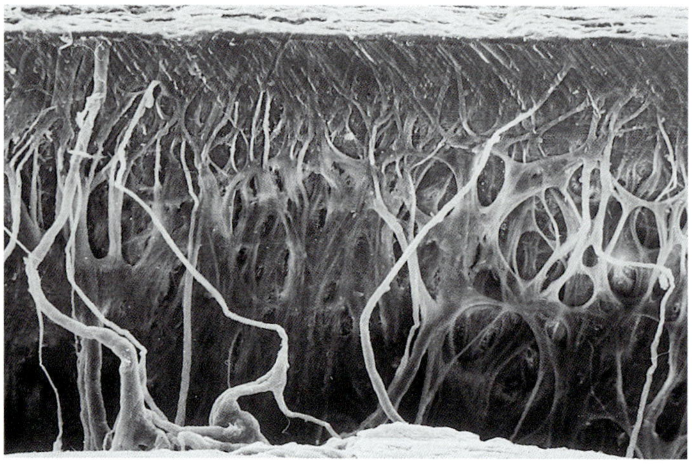

**Abb. 16-35.** Rasterelektronenmikroskopische Aufsicht auf das Ligamentum pectinatum im Kammerwinkel einer Katze.

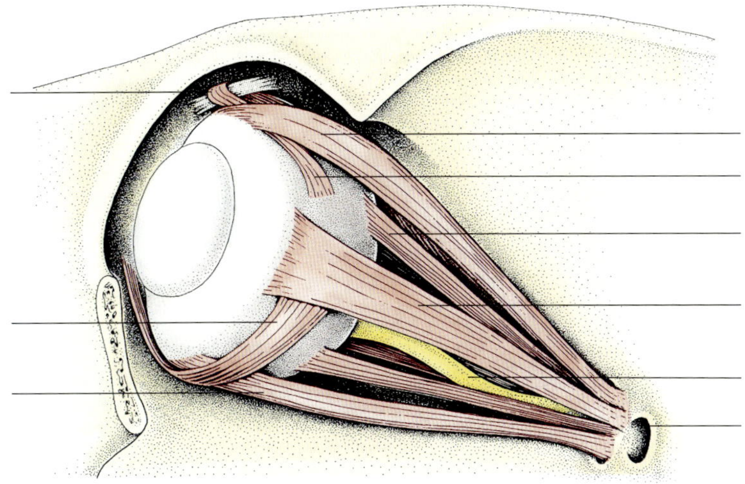


**Abb. 16-36.** Schematische Darstellung der knöchernen Augenhöhle und der Muskeln des Augapfels des Hundes.

Der **obere schiefe Augenmuskel (M. obliquus dorsalis)** entspringt nahe des Foramen ethmoidale, zieht anfänglich zum nasalen Augenwinkel, biegt nachfolgend mit seiner Sehne um den Rollknorpel (Trochlea) zur dorsotemporalen Fläche und inseriert unter dem M. rectus lateralis an der Sclera.

Der **M. retractor bulbi** entspringt nahe des Foramen opticum, ummantelt allseitig den N. opticus und setzt an der Hinterfläche des Augapfels an. Er fehlt dem Menschen.

Der **M. levator palpebrae superioris** zieht vom Foramen ethmoidale zum oberen Augenlid.

Die vier geraden Augenmuskeln führen den Augapfel reflektorisch im funktionellen Zusammenwirken mit dem M. retractor bulbi in die vier Hauptrichtungen des Blickes. Die Bewegungen der Augen werden durch die Kontraktionen der beiden schiefen Augenmuskeln unterstützt, diese bewirken eine Drehbewegung um die Augenachse, der M. retractor bulbi ein Zurückziehen des Augapfels.

Die **Innervation** der meisten Augenmuskeln erfolgt durch den N. oculomotorius (III). Allein der M. obliquus dorsalis wird durch den N. trochlearis (IV), der M. rectus lateralis und der laterale Teil des M. retractor bulbi durch den N. abducens (VI) innerviert.

## Augenlider (Palpebrae)

Die Augenlider stellen Schutzeinrichtungen für den Augapfel dar, sie dienen zusammen mit der Tränenflüssigkeit der Reinigung der Vorderfläche und verhindern dessen Austrocknung. Einen besonderen Schutzmechanismus bildet der Lidschlussreflex. Bei den Haussäugetieren ist neben dem Ober- und Unterlid (Palpebra superior und inferior) noch das 3. Augenlid (Palpebra tertia) entwickelt (Abb. 16-37 u. 38).

Das **obere** und das **untere Augenlid** liegen der freien Fläche des Augapfels an, gemeinsam bilden diese mit ihrem Rand die **Lidspalte (Rima palpebrarum)**. Am Lid unterscheidet man die **freie Lidkante (Margo palpebrae)** und deren vordere bzw. hintere Kante (Limbus palpebrae anterior bzw. posterior). Die vordere Kante überragen die **Wimpernhaare (Cilia)**. Im medialen und lateralen **Augenwinkel (Angulus oculi medialis** und **lateralis)** treffen sich die Lider. Im medialen Augenwinkel liegt die beim Rind und Pferd etwa erbsengroße **Tränenkarunkel (Caruncula lacrimalis)** (Abb. 16-40), unter der beim Hund die **Karunkeldrüse (Glandula caruncuIae lacrimalis)** auftritt.

Zwischen der vorderen und hinteren Lidkante münden die **Tarsaldrüsen (Glandulae tarsales, Meibom-Drüsen)**. Die Glandulae tarsales sind modifizierte Talgdrüsen, tubuloalveolär zusammengesetzt und holokrin sezernierend. Das fettige, talgige Sekret (Augenbutter) der Tarsaldrüsen überzieht die freie Lidkante und verhindert ein Überfließen der Tränenflüssigkeit (Abb. 16-38).

Die Lider weisen als bindegewebige Grundlage eine faserreiche Lidfaszie auf, die sich nahe des freien Lidrandes in die **Lidplatte (Tarsus)** des Ober- bzw. des Unterlids (Tarsus superior und inferior) fortsetzt. Am Lidansatz strahlen quergestreifte Muskelfaserzüge des M. orbicularis oculi in zirkulärer Anordnung in die Lidfaszie und verbinden sich mit der Lidplatte und dem am Oberlid meist glatten **M. tarsalis**. Die Lidplatte besteht aus straffem, kollagenem Bindegewebe.

Auf der **Vorderfläche (Facies anterior palpebrarum)** wird das Augenlid von der äußeren, meist dicht behaarten Haut bedeckt, die an der vorderen Lidkante lange, teilweise ausgeprägte **Wimpern (Cilia)** einschließt.

Die **Hinterfläche des Augenlides (Facies posterior palpebrarum)** überzieht die **Lidbindehaut (Tunica conjunctiva palpebrarum)**. Diese legt sich der gesamten Innenfläche des Augenlids an, bedeckt den Fornix conjunctivae superior und inferior und bildet auf der Vorderfläche von Sclera und Cornea die **Augenbindehaut (Tunica conjunctiva bulbi)**.

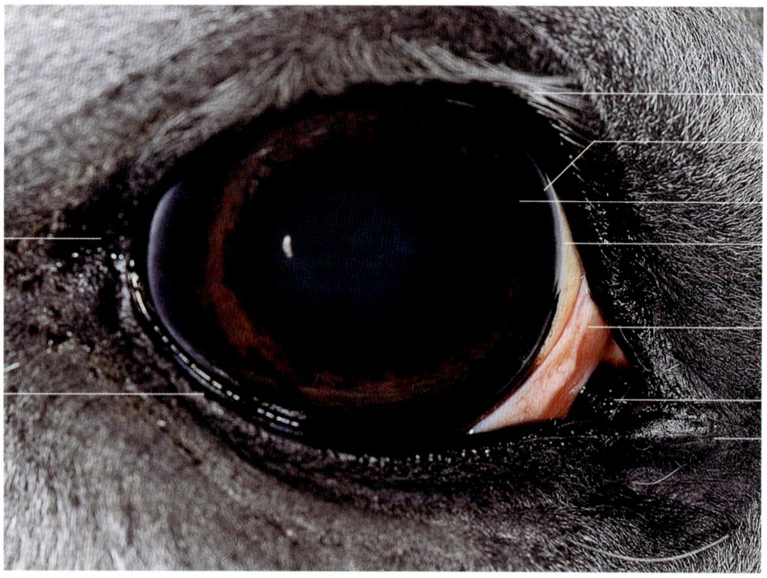


**Abb. 16-37.** Rechtes Auge eines Pferdes mit oberem und unterem Augenlid und Blinz- oder Nickhaut (Membrana nictitans), Aufnahme Prof. Dr. H. Gerhards, München.

Die **Bindehaut (Conjunktiva)** ist ein mehrschichtiges Epithel mit stellenweise eingelagerten Becherzellen. Die **Eigenschicht (Lamina propria)** enthält diffuses, lymphatisches Gewebe als Ausdruck immunologischer Abwehrreaktionen. Im Bereich des Fornix legt sich das Bindegewebe in Vorratsfalten. Auf der Vorderfläche der Sclera geht die Bindehaut allmählich in ein mehrschichtiges, unverhorntes Plattenepithel über, das die Cornea bedeckt.

Das **3. Augenlid (Palpebra tertia, Nickhaut, Membrana nictitans)** liegt am nasalen Augenwinkel und stellt eine senkrecht stehende, sichelförmige **Bindehautfalte (Plica semilunaris conjunctivae)** dar (Abb. 16-39). Die Nickhaut wird teils von einem hyalinen Knorpel (Wiederkäuer und Hund) gestützt, teils von einem elastischen (Pferd, Schwein, Katze). Meist sind in das lockere Bindegewebe des 3. Augenlids lymphatische Ansammlungen (Noduli lymphatici conjunctivales) sowie die **Nickhautdrüsen (Glandulae palpebrae tertiae)** eingelagert. Man unterscheidet eine oberflächliche Drüse **(Glandula palpebrae tertiae superficialis)**, die bei Pferd und Katze serös, bei Rind, Schaf und Hund gemischt und beim Schwein mukös ist. Zusätzlich tritt bei Schwein und Rind eine tiefe, gemischte Drüse **(Glandula palpebrae tertiae profunda, Harder-Drüse)** auf.

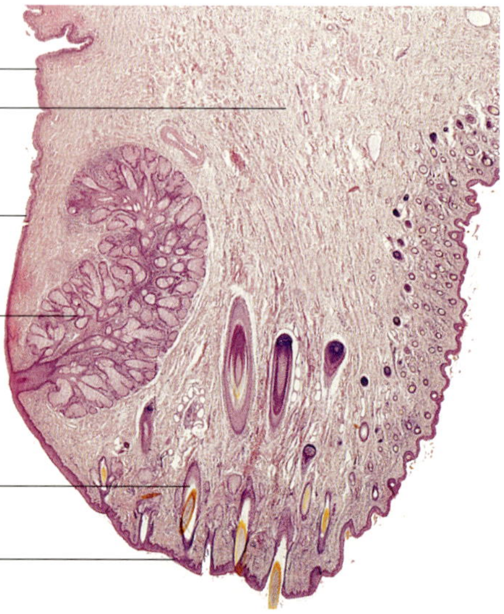


**Abb. 16-38.** Histologischer Schnitt durch das obere Augenlid eines Kalbes.

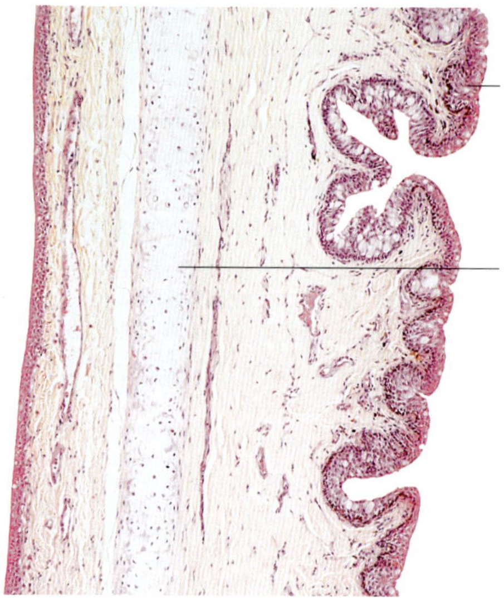


**Abb. 16-39.** Histologischer Schnitt durch das 3. Augenlid eines Pferdes.

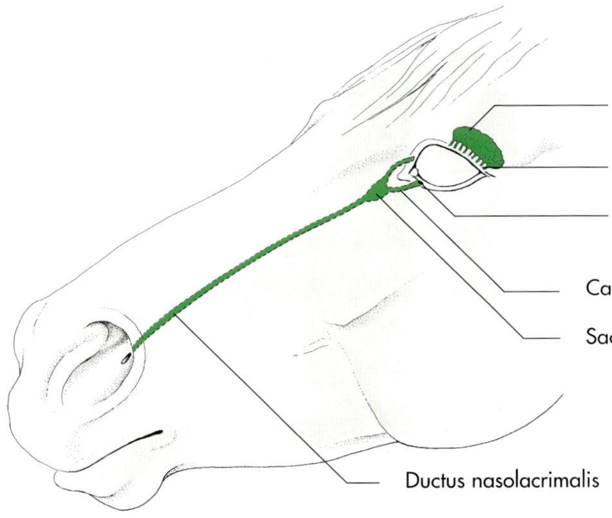


**Abb. 16-40.** Schematische Darstellung des Tränenapparates des Pferdes.

## Tränenapparat (Apparatus lacrimalis)

Der Tränenapparat (Abb. 16-40) setzt sich zusammen aus:

- **tränenproduzierenden Drüsen**:
  - Tränendrüse (Glandula lacrimalis),
  - Nickhautdrüse (Glandula palpebrae tertiae) und den
- **tränenableitenden Wegen**:
  - Tränenröhrchen (Canaliculi lacrimales),
  - Tränensack (Saccus lacrimalis) und
  - Tränenkanal (Ductus nasolacrimalis).

Die **Tränendrüse** liegt dem Augapfel dorsotemporal an, sie ist eine tubuloalveolär zusammengesetzte, seröse Drüse (Ausnahme Schwein: mukös). Bei Fleischfressern bedeckt das Lig. orbitale diese Drüse, beim Pferd senkt sie sich in die Fossa lacrimalis ein. Im Bereich des dorsotemporalen Lidrands münden zahlreiche kleinere **Ausführungsgänge (Ductuli excretorii)** in den Konjunktivalsack (Abb. 16-40).

Die **Tränenröhrchen** sind Bestandteile des tränenableitenden Systems, das mit den **Tränenpunkten (Puncta lacrimalia)** nahe der Tränenkarunkel beginnt. Von dort wird die Tränenflüssigkeit über die Tränenröhrchen in den **Tränensack** geleitet. Die Wand des Tränensacks ist reich an lymphoretikulären Einlagerungen. Diese sackartige Erweiterung liegt in der Fossa sacci lacrimalis des Tränenbeins.

Der sich anschließende **Tränenkanal** (Ductus nasolacrimalis) verläuft als bindgewebiges Rohr durch den knöchernen Tränenkanal des **Tränenbeins** über die Innenfläche der Maxilla auf das Nasenloch zu. Der Tränenkanal weist ebenfalls lymphatische Zellinfiltrate auf sowie einen deutlichen venösen Gefäßplexus. Gegen Ende des Kanals sind in der Lamina propria bei allen Haussäugetieren muköse Drüsen eingelagert.

Die **tränenableitenden Abschnitte** weisen tierartlich unterschiedlich erhebliche Differenzen auf.

Beim Hund sind die oberen Anteile gut sichtbar ausgebildet, distal verläuft der häutige Tränenkanal meist im Sulcus lacrimalis der Maxilla und dem ventralen Seitenwandknorpel bis zum Nasenloch. Er mündet ventral der Flügelfalte an der Seitenwand oder im Nasenvorhof. Bei einem Drittel der Tiere endet der Tränenkanal unterhalb der ventralen Nasenmuschel im **ventralen Nasengang**. Diese Öffnung ist dann klinisch nicht zugänglich.

Beim Pferd sind anfänglich kleine, schlitzförmige Tränenpunkte ausgebildet, die den Zugang zu den Tränenröhrchen ermöglichen. Der Tränensack liegt unter der Tränenkarunkel, bedeckt von der Pars palpebralis des M. orbicularis oculi, im ampullenartig erweiterten, proximalen Teil des knöchernen Ductus lacrimalis. Der Ductus nasolacrimalis verläuft im Sulcus lacrimalis des Oberkiefers zum Foramen infraorbitale und zieht mit seinem verengten Mittelstück in die Schleimhaut des mittleren Nasengangs. Der Tränengang mündet beim Pferd im ventralen Winkel des Nasenlochs des **Vestibulum nasi** mit einer deutlich sichtbaren Öffnung. In seltenen Fällen besitzt der Tränengang mehrere Öffnungen.

# Gefäße und Nerven des Auges

## Gefäße des Auges

Bei den Haussäugetieren erfolgt die arterielle Versorgung des Auges über die **A. ophthalmica externa**, die aus der **A. maxillaris** entspringt. Ein Ramus anastomoticus mit der A. ophthalmica interna ist für die Versorgung der Retina zuständig (Abb. 16-41ff). Eine A. centralis retinae, wie beim Menschen, gibt es bei den Haussäugetieren nicht. Für die ophthalmologische Untersuchung ist von Bedeutung, dass sich die Gefäße des Augenhintergrundes **(Fundus oculi)** alters- und rasseabhängig unterschiedlich entwickeln. Dies gilt insbesondere für Hunde- und Katzenrassen.

Die **A. ophthalmica externa** versorgt die mittlere Augenhaut einschließlich des Ziliarkörpers und die Iris. Dieses Gefäß gibt Zweige nahe des Durchtritts durch die Area cribrosa an die Sclera ab – die Aa. ciliares posteriores breves. Beim Pferd zweigen Seitenäste zum Sehnerv und zum blinden Fleck ab, in dem sie den Circulus vasculosus n. optici (Zinn-Plexus) ausbilden. Aus diesem leiten sich die episkleralen Gefäße ab.

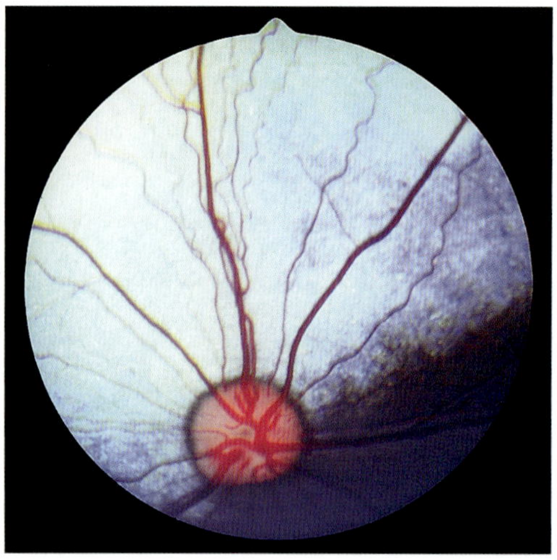

**Abb. 16-41.** Augenhintergrund mit Verzweigungen der Blutgefäße eines Rauhaar-Teckels, 6 Wochen. Azurblaue Aufhellung des Tapetum lucidum mit Venenbogen um den Discus n. optici, Aufnahme Prof. Dr. R. Köstlin, München.

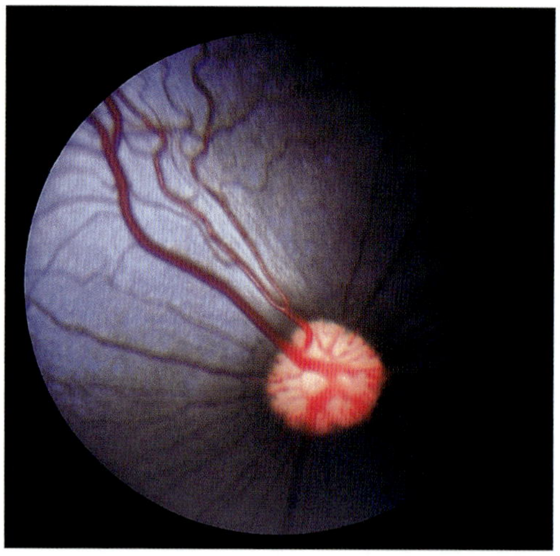

**Abb. 16-42.** Augenhintergrund mit Verzweigungen der Blutgefäße eines Rauhaar-Teckels, 3½ Jahre. Das Tapetum lucidum erscheint pigmentlos und hellblau, die Venenstämme verbinden sich um den Discus n. optici bogenförmig, der tapetumfreie Sektor ist stark pigmentiert (Tapetum nigrum), Aufnahme Prof. Dr. R. Köstlin, München.

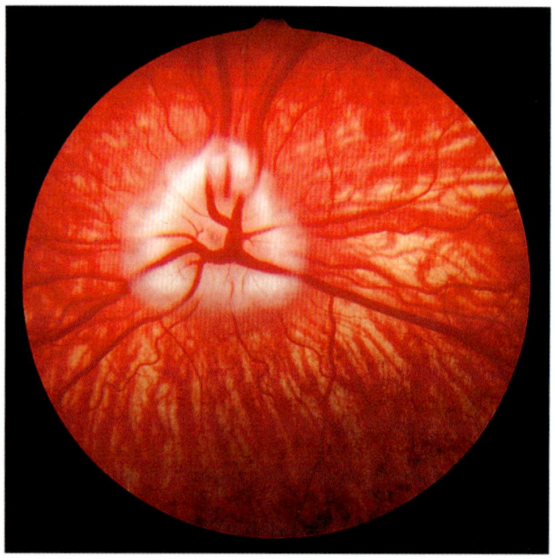

**Abb. 16-43.** Augenhintergrund mit Verzweigungen der Blutgefäße eines Huskys. Infolge eines Pigmentmangels erscheint der Augenfundus albinotisch, Aufnahme Prof. Dr. R. Köstlin, München.

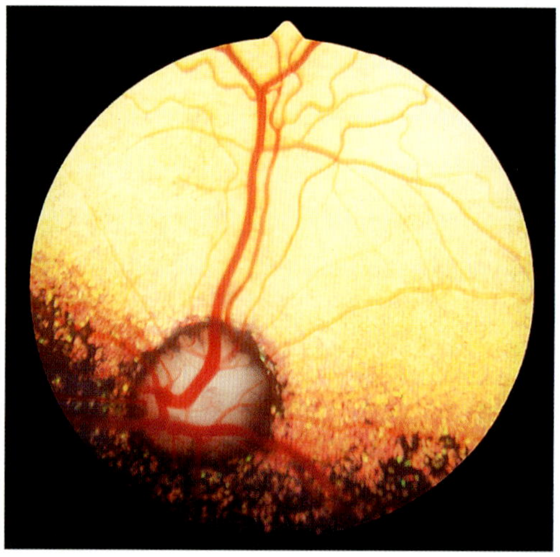

**Abb. 16-44.** Augenhintergrund mit Verzweigungen der Blutgefäße eines Zwergpudels. Das Tapetum lucidum ist ausgeprägt, der pigmentierte Bereich legt sich ringförmig um den Discus n. optici, Aufnahme Prof. Dr. R. Köstlin, München.

In der proximalen, nasalen und temporalen Augenaußenfläche verzweigt sich die A. ophthalmica externa in die **Aa. ciliares posteriores longae** und vernetzt sich mit den begleitenden Venen in der Lamina choroidocapillaris zum Gefäßsystem der Aderhaut.

Im distalen Augensegment entspringt aus den Ziliararterien an der Basis der Iris der **Circulus arteriosus iridis major** zur Versorgung der Iris, des Ziliarkörpers und des M. ciliaris, der zusätzlich aus den **Aa. ciliares anteriores** versorgt wird. Letztere versorgen auch die distalen Anteile der Sclera und die Randschlingen der Cornea. Die Bindehaut wird von einem feinen Gefäßnetz der **Aa. conjunctivales posteriores** und **anteriores** aus Ästen der vorderen Ziliararterien bzw. seitlichen Lidarterien versorgt. Die **Cornea** bleibt **gefäßlos**.

Die **Venen** verlaufen zu den entsprechenden Arterien. Im Augenhintergrund lassen sich entsprechend ihrer Lage Venulae nasales retinae superiores und inferiores bzw. Venulae temporales retinae inferiores unterscheiden.

Als Besonderheit kann die Ausbildung der vier **Vv. vorticosae** angesehen werden, die als Sammelvenen die ableitenden Hauptgefäße der mittleren Augenhaut aufnehmen und zum Plexus ophthalmicus bzw. zu den Vv. ophthalmicae externae führen (Abb. 16-49).

Der Abfluss des Kammerwassers über den Plexus venosus sclerae erfolgt über die **Vv. ciliares anteriores**.

**Abb. 16-45.** Augenhintergrund einer juvenilen Katze mit stark reflektierendem Tapetum lucidum, einem ausgeprägten Discus n. optici und dichtem Fundus, Aufnahme Prof. Dr. R. Köstlin, München.

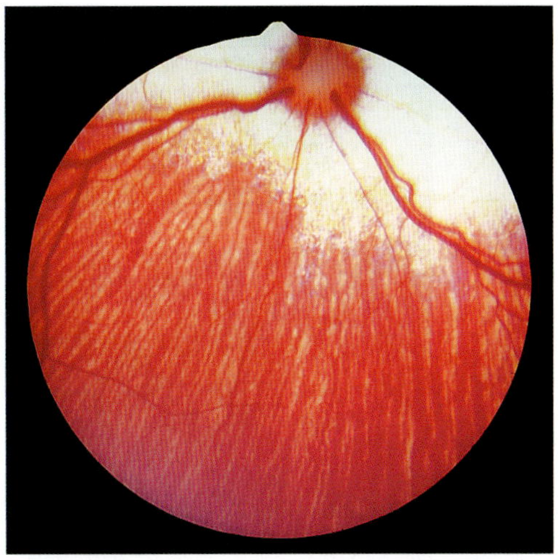

**Abb. 16-46.** Augenhintergrund einer ein Jahr alten, albinotischen Katze mit durchscheinender Sclera, Aufnahme Prof. Dr. R. Köstlin, München.

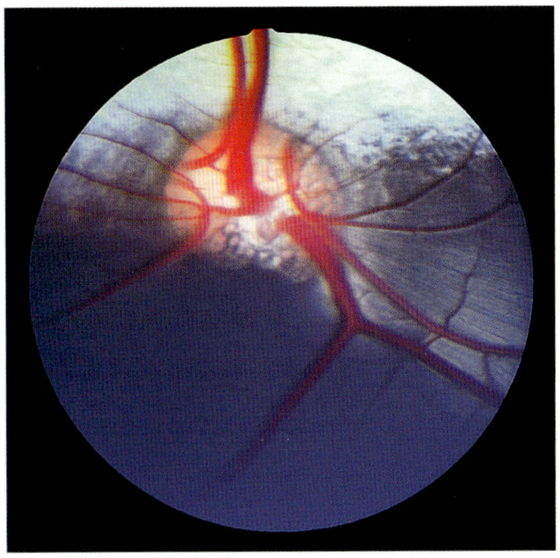

**Abb. 16-47.** Augenhintergrund eines Merino-Schafes, Aufnahme Prof. Dr. R. Köstlin, München.

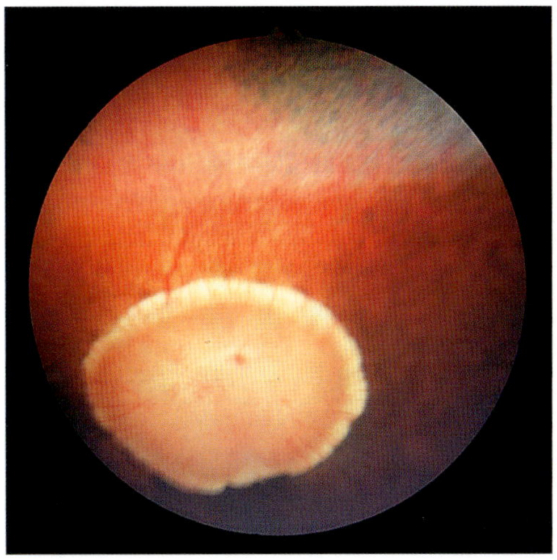

**Abb. 16-48.** Augenhintergrund eines Pferdes mit ausgeprägtem Discus n. optici und physiologischem Fundusalbinismus, Aufnahme Prof. Dr. H. Gerhards, München.

## Innervation des Auges und der Nebenorgane

Die Innervation des Auges und seiner Nebenorgane erfolgt über die **II.–VII. Gehirnnerven** und **Teile des Sympathicus** (s. auch Kap. 14 »Nervensystem«.)

Der **Sehnerv (N. opticus, II)** ist embryologisch eine **Ausstülpung des Gehirns**, er übernimmt als **rein sensorischer** Nerv die Lichtwahrnehmung und Teile der Sehbahn.

Der **N. oculomotorius (III)** dient **motorisch** zusammen mit dem **N. trochlearis (IV)** und dem **N. abducens (VI)** der Bewegung der äußeren Augen- und Lidmuskeln. Der **N. facialis (VII)** innerviert den M. orbicularis oculi.

Der **N. ophthalmicus ($V_1$)** verzweigt sich im Augenbereich vielfältig, er innerviert **sensibel** das Auge und die Augenlider. Im Einzelnen versorgt der N. frontalis das obere Augenlid, der N. lacrimalis die Haut und die Konjunktiva am äußeren Augenwinkel, der N. infratrochlearis nasale Augenpartien. Das untere Augenlid wird **sensibel** durch die Fasern des N. zygomaticus des **N. maxillaris ($V_2$)** versorgt. Der N. trigeminus (V) ist mit den genannten Endästen für die Korneal- bzw. Lidschlussreflexbögen verantwortlich. Der N. nasociliaris versorgt als Ast des N. ophthalmicus die Aderhaut und die Hornhaut sensibel.

Das **Ganglion ciliare** entlässt die **Nn. ciliares breves** mit **sensiblen**, **sympathischen** und **parasympathischen Fasereigenschaften**. Diese steuern vegetativ den Pupillarreflex und die Akkommodation der Linse. Von besonderer klinischer Bedeutung ist die Tatsache, dass über die Nn. ciliares breves mit ihren parasympathischen Anteilen im N. oculomotorius die **Kontraktion des M. sphincter pupillae** und damit die **Verengung der Pupille** geregelt wird. Gleichzeitig wird der M. ciliaris zur Kontraktion mit nachfolgender Abrundung der Linse angeregt (**Nahakkommodation**). Die sympathischen Fasern der Nn. ciliares breves versorgen den M. dilatator pupillae und dienen bei Erregung der Pupillenerweiterung. Der **N. facialis (VII)** versorgt über den N. petrosus major **parasympathisch** die Tränendrüsen.

**Abb. 16-49.** Rasterelektronenmikroskopische Aufsicht auf eine V. vorticosa eines Fohlens.

# Sehbahn und optische Reflexbahnen

Man unterscheidet **periphere** und **zentrale Abschnitte der Sehbahn**. Die peripheren Anteile umfassen die retinalen Neurone, die im blinden Fleck als N. opticus (II) aus dem Augapfel austreten, im knöchernen Canalis opticus die Schädelhöhle erreichen und sich im **Chiasma opticum (Sehnervenkreuzung)** in ihren Fasern partiell (80–90%) kreuzen. Der weiterführende **Tractus opticus** schließt nach der Kreuzung nervale Impulse des zugehörigen Auges sowie des benachbarten Auges ein.

Der Tractus opticus zieht mit seinen zentripetalen Fasern zum **lateralen Kniehöcker (Corpus geniculatum laterale)** des Thalamus, der als subkortikales, **primäres Sehzentrum** ausgebildet ist. Hier endet der periphere Abschnitt der Sehbahn. Das Corpus geniculatum laterale ist Schaltstelle zwischen Netzhaut und Sehrinde und Teil der **optischen Reflexbahnen** zugleich.

Aus dem lateralen Kniehöcker setzt sich die Sehbahn in ihrem **zentralen Abschnitt** als **Sehstrahlung (Radiatio optica)** fort und endet mit der bewussten retinalen Sinneswahrnehmung in der Sehrinde des Hirnmantels. Hierbei übernehmen die Colliculi rostrales des Mittelhirndachs überwiegend **Schalt- und Koordinationsaufgaben**. Die zentrale Sehbahn zieht als **Tractus geniculo-occipitalis** zur Rinde des **Okzipitallappens**. Dort fächern sich die Endfasern auf und verteilen sich in der **Capsula interna** zur **Area optica** oder **Area striata des Hinterhauptlappens** (s. auch Kap. 14 »Nervensystem«).

**Klinische Ausdrücke**, die von anatomischen Namen abgeleitet werden: Ablatio retinae, Cornea plana, Konjunktivitis, Linsenluxation, Linsentrübung, Retinopathie, Uveitis etc.

# 17 Gleichgewichts- und Gehörorgan (Organum vestibulocochleare)

H.-G. Liebich und H. E. König

Das Gleichgewichts- und Gehörorgan dient der Aufrechterhaltung des Gleichgewichts sowie der Orientierung der Lage des Körpers im Raum bzw. der Sinneswahrnehmung von Geräuschen und Tönen. Erstgenannte Funktionen unterliegen den Gesetzmäßigkeiten der Schwerkraft und werden durch komplexe Regelkreise über das Rautenhirn zu den Kerngebieten der Vestibularkerne ins Kleinhirn geleitet (zentrale Vestibularbahnen). Das Gleichgewichts- und das Gehörorgan liegen gemeinsam im Felsenbein, beide sind anatomisch und funktionell durch den N. vestibulocochlearis (VIII) verbunden.

Der Gehörsinn lässt drei Abschnitte erkennen (Abb. 17-1):

- äußeres Ohr (Auris externa),
- Mittelohr (Auris media),
- Innenohr (Auris interna).

Der Gleichgewichtssinn ist auf das Innenohr beschränkt.

## Äußeres Ohr (Auris externa)

Das äußere Ohr setzt sich zusammen aus:

- Ohrmuschel (Auricula) mit den sie bewegenden Ohrmuskeln und dem Schildchen (Cartilago scutiformis),
- äußerem Gehörgang (Meatus acusticus externus),
- Trommelfell (Membrana tympani).

Der äußere Teil des Ohrs dient der Aufnahme der Schallwellen und deren Leitung zum Trommelfell.

### Ohrmuschel (Auricula)

Die Ohrmuscheln weisen für alle Haussäugetiere eine arttypische Form auf (Abb. 17-2 u. 3). Einige rassetypischen Ohrformen von Hunden sind in Tabelle 17-1 wiedergegeben.

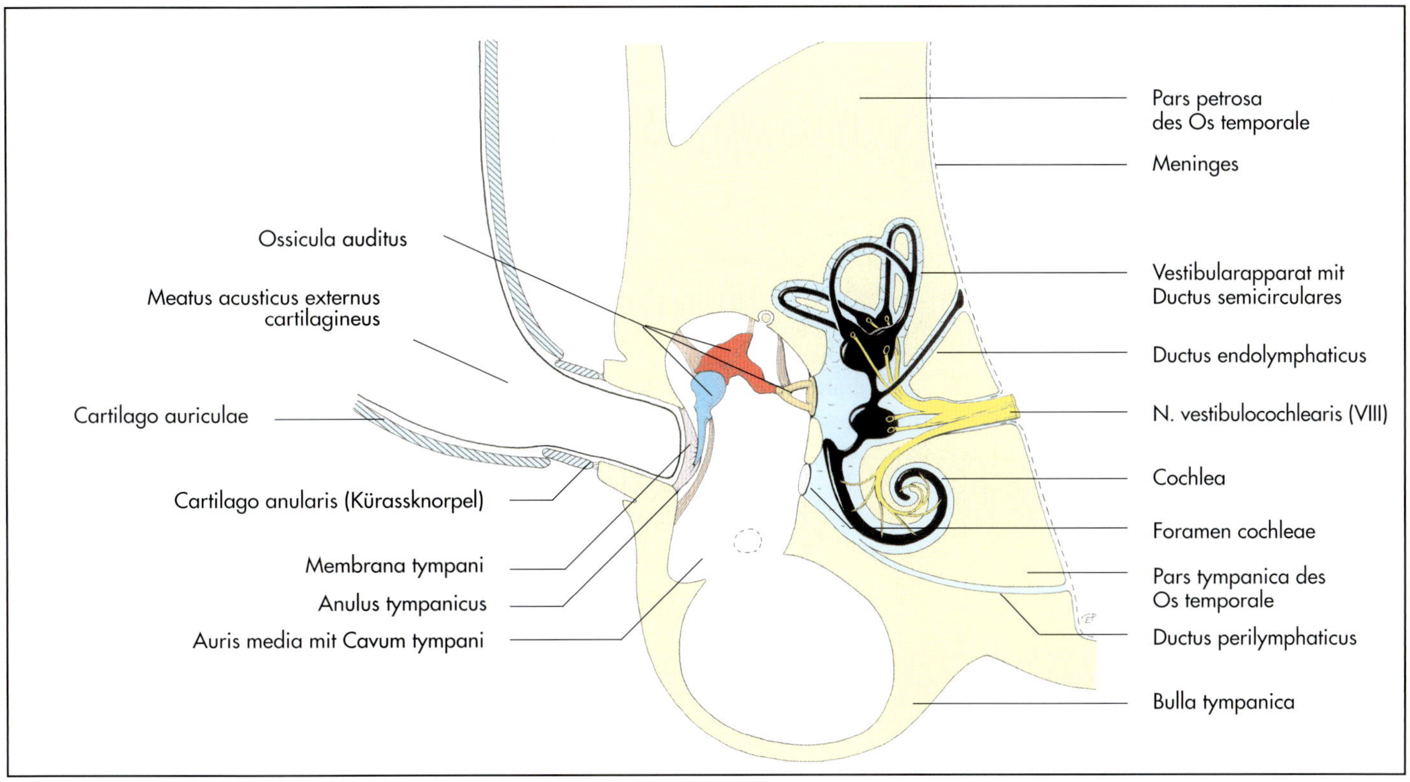


**Abb. 17-1.** Schematische Darstellung des äußeren Gehörgangs, des Mittelohrs und des Innenohrs des Hundes.

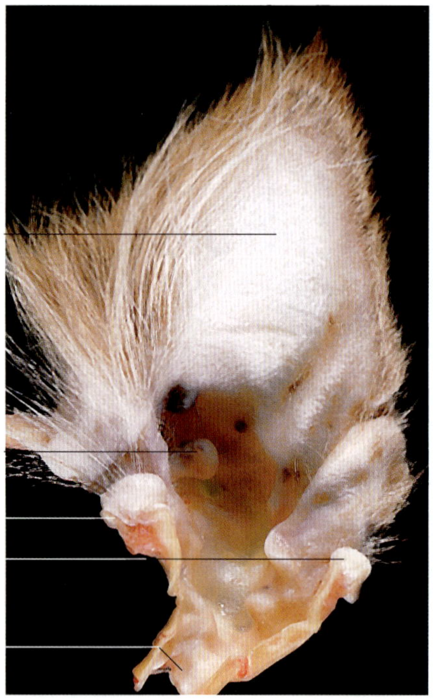


**Abb. 17-2.** Ohrmuschel einer Katze, König, 1992.

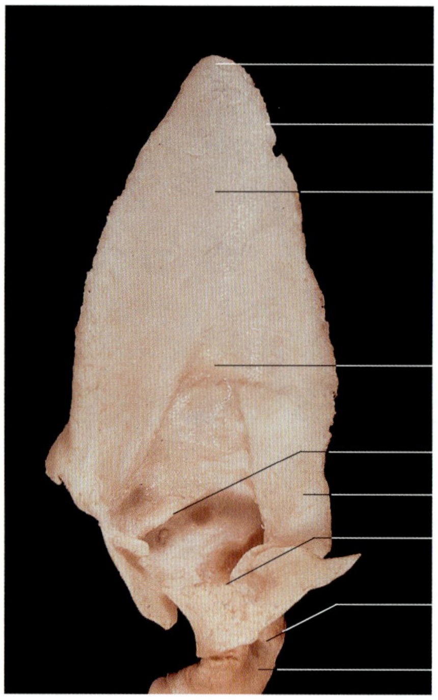


**Abb. 17-3.** Ohrmuschel eines Hundes, Präparat Dr. R. Macher, Wien.

Ihr Bewegungsspiel ist Teil der Körpermimik. Muskeln bewegen die als Schalltrichter fungierenden Ohrmuscheln, um Geräusche besser lokalisieren zu können.

Rostromedial der Ohrmuschel befindet sich das knorpelige **Schildchen (Cartilago scutiformis)**, an dem die meisten Ohrmuskeln ihren Ursprung nehmen und zur Ohrmuschel ziehen. Diese Muskeln sind radiär um die Ohrmuschel angeordnet und können Bewegungen wie Niederziehen, Heben und Drehen der Ohrmuschel bewirken. Wie alle übrigen mimischen Muskeln des Kopfes werden auch die Ohrmuschelmuskeln vom N. facialis innerviert (s. auch Kap. 2 »Faszien und Muskeln des Kopfes und des Stammes«).

Die strukturelle Grundlage der Ohrmuschel ist eine elastische Platte, der **Muschelknorpel (Cartilago auriculae)**, der von einer feinen Haut überzogen ist. Die Ohrmuschel ist tütenförmig, spitz ausgezogen und an der konkaven Innenfläche, der **Tütenhöhle (Scapha)**, planflächig ausgebreitet. Diese Innenfläche weist ein schwaches, leichtverschiebliches Haarkleid auf, mit langen **Schutzhaaren (Tragi)**, die in der Nähe des äußeren Gehörgangs liegen und in der Tiefe der Muschel feiner und spärlicher werden. Die Außenfläche bedeckt ein dichter Haarwuchs, der sich tierartlich und rasseabhängig unterscheidet. Insbesondere bei Hunden mit Hängeohren ist der Haarbesatz oftmals beträchtlich (z.B. beim Cockerspaniel). An der Ohrmuschel unterscheidet man:

- Muschelrücken (Dorsum auriculae),
- (meist) scharfen Muschelrand (Margo auriculae), Helix,
- Muschelspitze (Apex auriculae) und
- tierartlich spezifische Knorpelleisten (Crus helicis medialis und distalis, Incisura intertragica, Anthelix, Tragus, Antitragus) an der Muschelbasis.

Diese Benennungen werden vom menschlichen Ohr abgeleitet, ohne nomenklatorisch für die Haussäugetiere vergleichbar zu sein. Am Kaudalrand der Ohrmuschel buchtet sich die Haut beim Hund und bei der Katze zu einer **Hauttasche (Saccus cutaneus marginalis)** ein, deren Innenwand an ihrem freien Rand rundlich eingekerbt ist. Der Muschelknorpel rollt sich zur tütenförmigen **Concha auriculae** ein, die an ihrer Basis in den äußeren elastisch-knorpeligen Gehörgang übergeht.

## Äußerer Gehörgang (Meatus acusticus externus)

Der **äußere knorpelige Gehörgang (Meatus acusticus externus cartilagineus)** ist bei Fleischfressern und Schwein relativ lang, verläuft anfänglich nahezu senkrecht absteigend und biegt mit einem

**Tab. 17-1.** Rassespezifische Ohrformen.

- Kurze Stehohren: Spitz, nordische Schlittenhunde
- Lange Stehohren: Deutscher Schäferhund
- Fledermausohren: Französische Bulldogge
- Kippohren: Foxterrier, Collie
- Rosenohren mit kaudal anliegenden Ohrspitzen: Windhunde
- Schlaffe Hängeohren: Dogge, einige Jagdhundrassen
- Überlange Hängeohren: Bloodhounds, einige Laufhunde

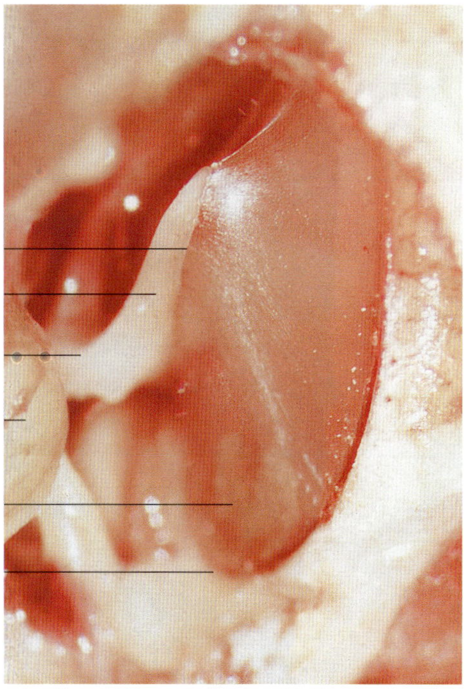


**Abb. 17-4.** Aufsicht auf das Trommelfell einer Katze mit Ansatz des Hammers (Malleus), Innenansicht, Hartmann, 1992.

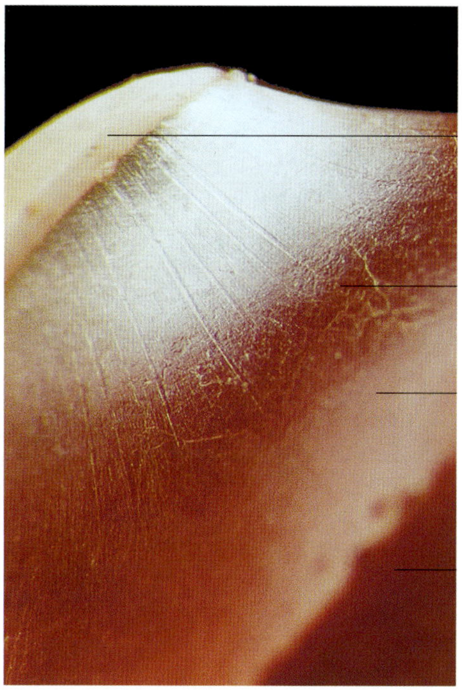


**Abb. 17-5.** Ausschnittvergrößerung der Ansatzstelle des Hammers an das Trommelfell einer Katze, im Trommelfellnabel (Umbo membranae tympani), Hartmann, 1992.

deutlichen Winkel medial und horizontal ab. In Höhe des Knicks geht der Muschelknorpel in einen halbringförmigen Knorpel über, dem sich der selbstständige **Kürassknorpel (Cartilago anularis)** bindegewebig anlegt. Letzterer liegt dem knöchernen äußeren Gehörgang (Meatus acusticus externus osseus) auf (Abb. 17-1 u. 6ff.).

Der **äußere knöcherne Gehörgang (Meatus acusticus externus osseus)** ist röhrenförmig kurz, er liegt der Pars tympanica des Os temporale lateral auf. Dieser Gang endet am spangenförmigen **Paukenring (Anulus tympanicus)**, in dem das Trommelfell wie in einem Rahmen eingespannt ist.

Der äußere Gehörgang (Meatus acusticus externus) ist mit einem mehrschichtigen Plattenepithel ausgekleidet. In der bindegewebigen Eigenschicht sind **Talgdrüsen (Glandulae ceruminosae)** und pigmenthaltige, apokrine Schlauchdrüsen eingelagert. Das Sekret der Schlauchdrüsen ist dünnflüssig und wirkt der Eindickung des **Talgdrüsensekretes (Cerumen)** zu festem Ohrschmalz entgegen. Bei Pferd und Wiederkäuern treten diese Drüsen im knorpeligen Gangabschnitt auf, bei Fleischfressern im gesamten äußeren Gehörgang.

## Trommelfell (Membrana tympani)

Das Trommelfell liegt im Anulus tympanicus am Grund des äußeren Gehörgangs, es trennt das äußere vom mittleren Ohr (Abb. 17-1, 4 u. 5). Das Trommelfell überträgt die Schallwellen auf die Gehörknöchelchen des Mittelohrs. Am Trommelfell unterscheidet man eine:

- äußere Hautschicht (Epidermis) des äußeren Gehörgangs,
- mittlere Bindegewebsfaserschicht,
- innere Deckschicht zur Paukenhöhle.

Die **äußere epidermale Deckschicht (Stratum cutaneum)** ist ein flaches Plattenepithel, das haar-, drüsen- und pigmentlos ist. Diese Schicht wird von einem bindegewebigen, kollagen-elastischen Fasersystem **(Stratum proprium)** als Mittelschicht unterlagert. In dieser verlaufen die Fasern außen radiär **(Radiärfaserschicht)**, innen, der Paukenhöhle des Mittelohrs zugewandt, zirkulär **(Zirkulärfaserschicht)**. Das Trommelfell ist stark vaskularisiert und sensibel innerviert. Die Fasereigenschicht ist durch den **Anulus fibrocartilagineus** mit dem knöchernen **Paukenring (Anulus tympanicus)** verbunden (Abb. 17-1, 4, 7, 10, 14 u. 16).

Das **innere Deckepithel** ist ein vorwiegend einschichtiges Plattenepithel (Stratum mucosum), dieses setzt sich auf die Oberfläche des nachfolgenden ersten **Gehörknöchelchens**, den **Hammer (Malleus)**, fort. Der Hammer ist fest mit der Faserschicht verbunden, seine Ansatzstelle im sog. **Trommelfellnabel (Umbo membranae tympani)** ist als **Stria mallearis** durch den äußeren Gehörgang sichtbar (Abb. 17-4 u. 5). Das Trommelfell wird im Ansatz des Hammers stumpfkegelförmig gegen die Paukenhöhle vorgewölbt. Durch den Stiel des Hammers werden die mechanischen Schwingungen des Trommelfells auf die nachfolgenden Gehörknöchelchen, den **Amboss (Incus)** und den **Steigbügel (Stapes)**, übertragen und zum Innenohr weitergeleitet (Abb. 17-13).

Im dorsalen Abschnitt weist das Trommelfell eine Lücke auf, die als lockerer Teil des Trommelfells **(Pars flaccida, Shrapnell-Membran)** bindegewebig verschlossen wird. Der übrige Flächenanteil des Trommelfells ist straff gespannt **(Pars tensa)**.

Das Trommelfell ist beim Hund auffällig schräg gestellt und oval, bei der Katze spitz ausgezogen. Beim Schwein ist das Trommelfell rund, beim Rind und Pferd oval.

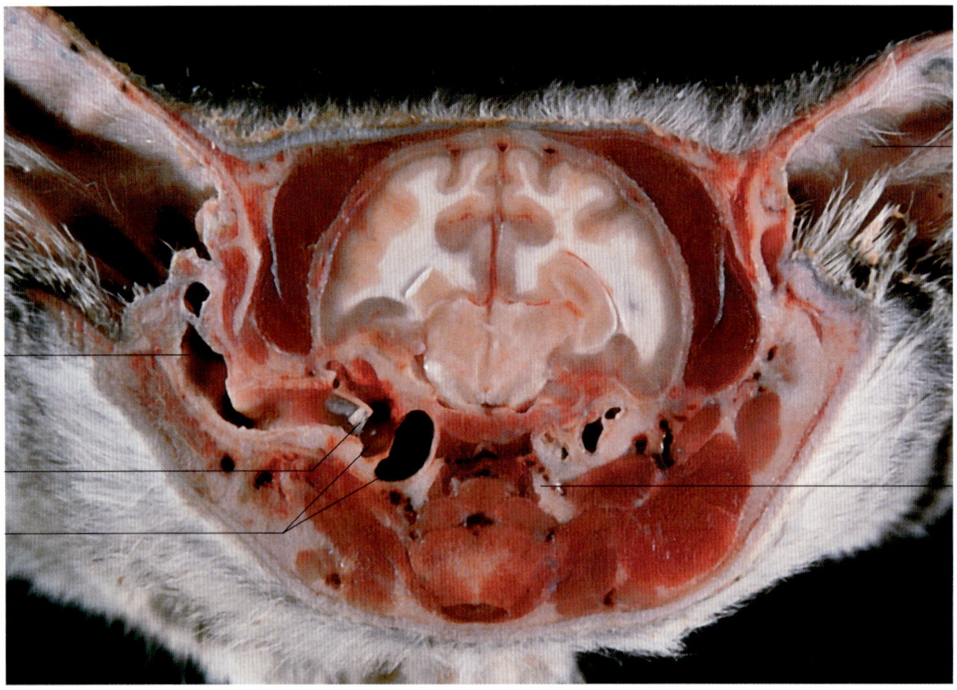


**Abb. 17-6.** Querschnitt durch den Kopf einer Katze mit äußerem Ohr, Mittel- und Innenohr, König, 1992.

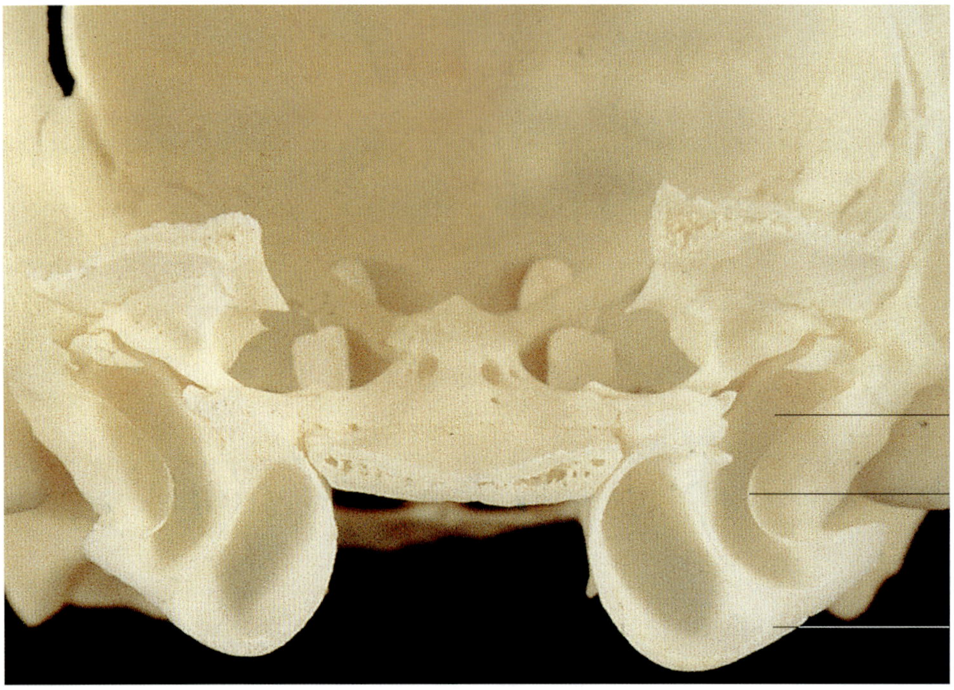


**Abb. 17-7.** Transversalschnitt durch den Schädel eines Hundes mit eröffnetem Cavum tympani.

# Mittelohr (Auris media)

Das Mittelohr (Abb. 17-1, 6, 10ff. u. 13) schließt ein:

- Paukenhöhle (Cavum tympani),
- drei Gehörknöchelchen (Ossicula auditus),
- Ohrtrompete (Tuba auditiva, Eustachio-Röhre).

Zusätzlich ist der **Luftsack (Diverticulum tubae auditivae)** des Pferdes als Ausstülpung der Ohrtrompete anzusehen (Abb. 17-20ff.).

## Paukenhöhle (Cavum tympani)

Die Paukenhöhle liegt im Inneren der Felsenbeinpyramide, in sie wölbt sich von lateral das Trommelfell, von medial das Promontorium des Felsenbeins vor (Abb. 17-13ff.). Ihr dorsaler Abschnitt ist das Epitympanicum, in dem die Gehörknöchelchen und die Chorda tympani lokalisiert sind. Diesem schließen sich das mittlere Mesotympanicum und ventral die **Paukenblase (Bulla tympanica)** als Hypotympanicum an (Abb. 17-7, 10 u. 13). Von der Paukenhöhle zieht zum Pharynx die **Ohrtrompete (Tuba auditiva)** (Abb. 17-20).

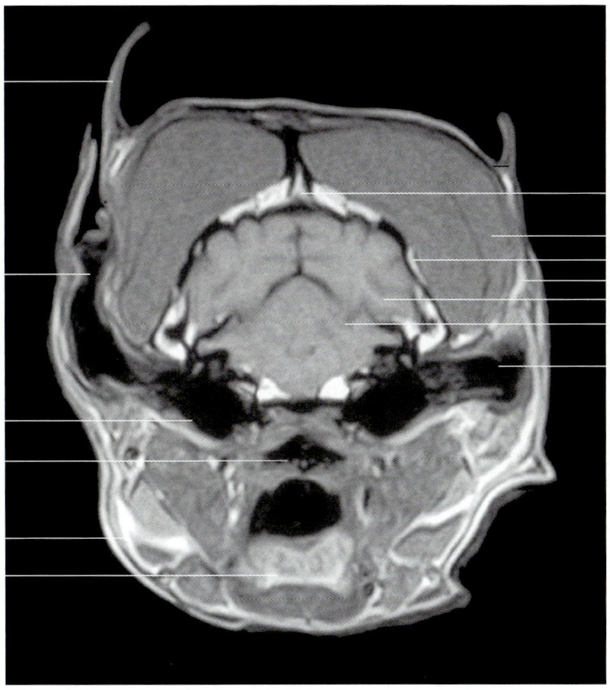


**Abb. 17-8.** Magnetresonanztomographische Darstellung des Kopfes eines Hundes in Höhe des Gehörorgans mit äußerem Gehörgang (transversaler Strahlengang), Aufnahme Dr. Isa Foltin, Heidelberg.

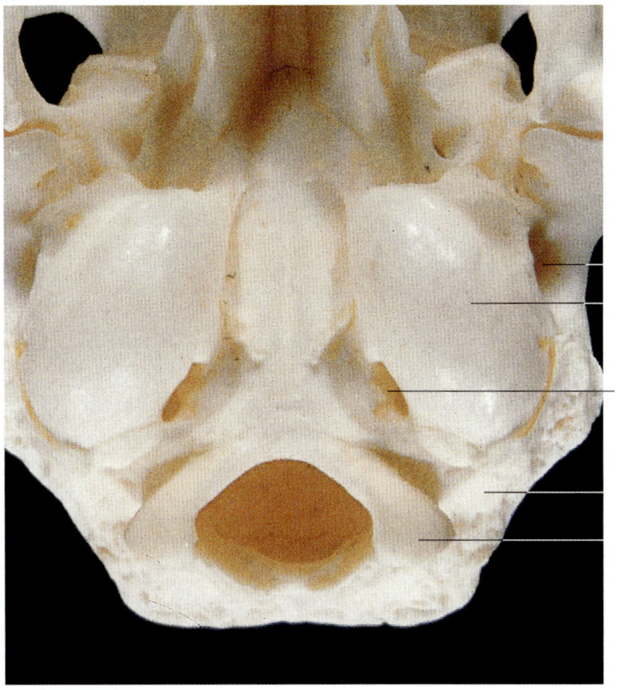


**Abb. 17-9.** Ventralansicht äußerer knöcherner Anteile des Gehörorgans einer Katze.

Sie beginnt am Ostium tympanicum tubae auditivae und endet im Ostium pharyngeum tubae auditivae.

Die mediale Wand ist im Wesentlichen glatt und wird durch zwei Fenster unterbrochen. Man unterscheidet rostrodorsal das **ovale Vorhoffenster (Foramen vestibuli)**, das von der **ovalen Platte des Steigbügels** verschlossen wird. Das Foramen vestibuli mündet in den **Vorhof des Innenohrs**. Diesem Fenster steht das **rundliche Schneckenfenster (Foramen cochleae)** gegenüber, das, mehr ventral gelegen, von der **Membrana tympani secundaria** verschlossen wird.

Die **Paukenblase (Bulla tympanica)** bildet den Boden und große Teile der Seitenwand der Paukenhöhle, sie erscheint als einfach oder mehrfach gekammerter knöcherner Hohlraum (s. auch Kap. 1 »Skelett des Stammes«, Abschnitt »Skelett des Kopfes«).

Die Paukenhöhle wird von einem einschichtigen Epithel ausgekleidet, dieses überzieht die ventralen Abschnitte der Paukenhöhle, die Gehörknöchelchen, das Trommelfell und das ovale Vorhoffenster zum Innenohr. Die bindegewebige Unterlage ist reich an Kapillaren und Nerven.

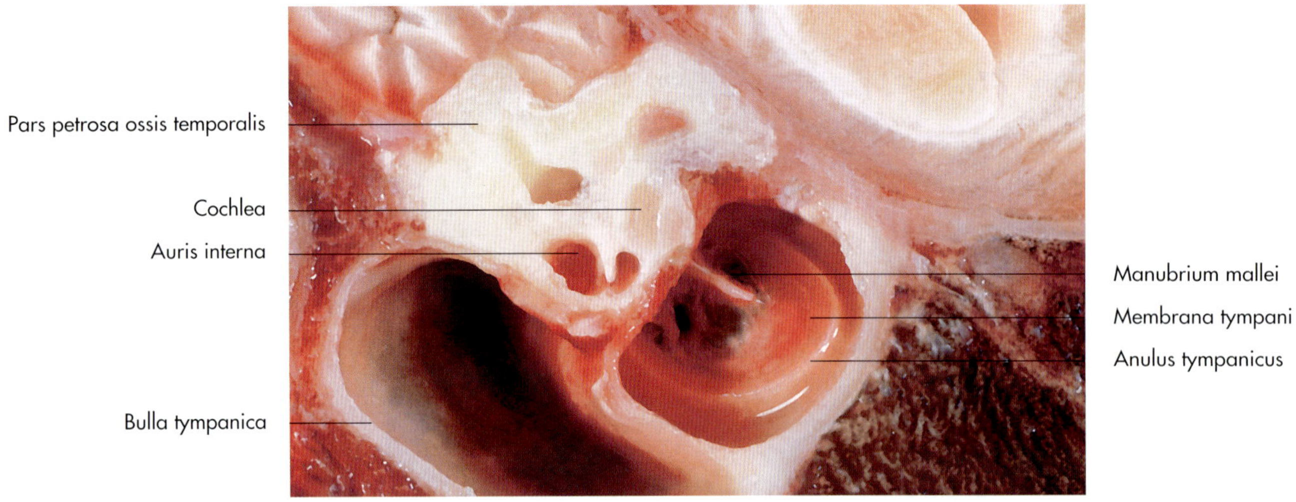


**Abb. 17-10.** Transversalschnitt durch das Mittel- und Innenohr eines Hundes mit Aufsicht von innen auf das Trommelfell, Aufnahme PD Dr. J. Maierl, München.

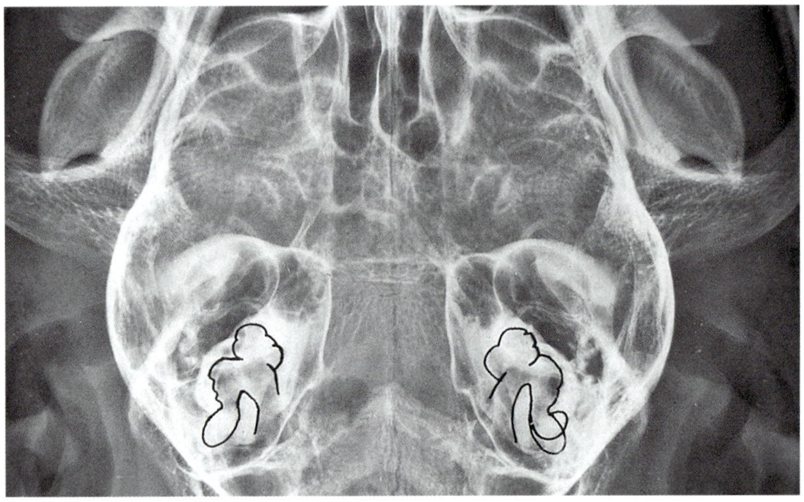

**Abb. 17-11.** Radiologische Darstellung der Lage des Ohres einer Katze, Aufnahme Prof. Dr. Cordula Poulsen Nautrup, München.

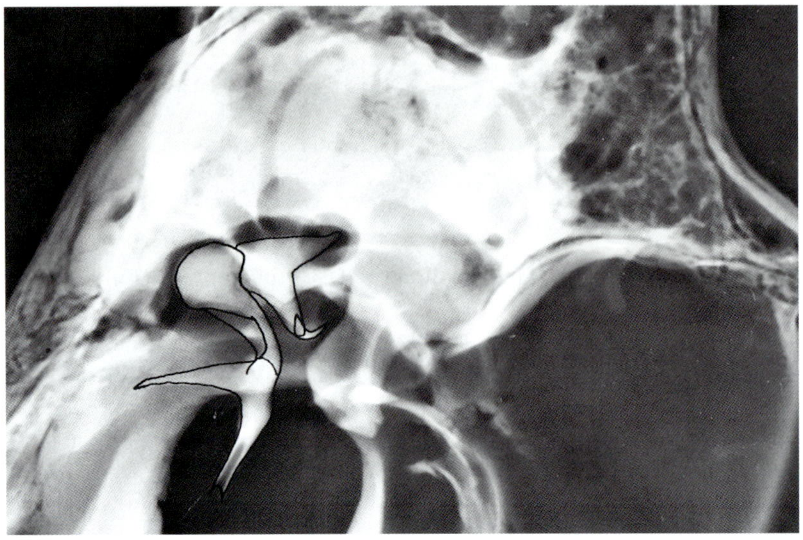

**Abb. 17-12.** Radiologische Darstellung der Lage der Gehörknöchelchen einer Katze, Aufnahme Prof. Dr. Cordula Poulsen Nautrup, München.

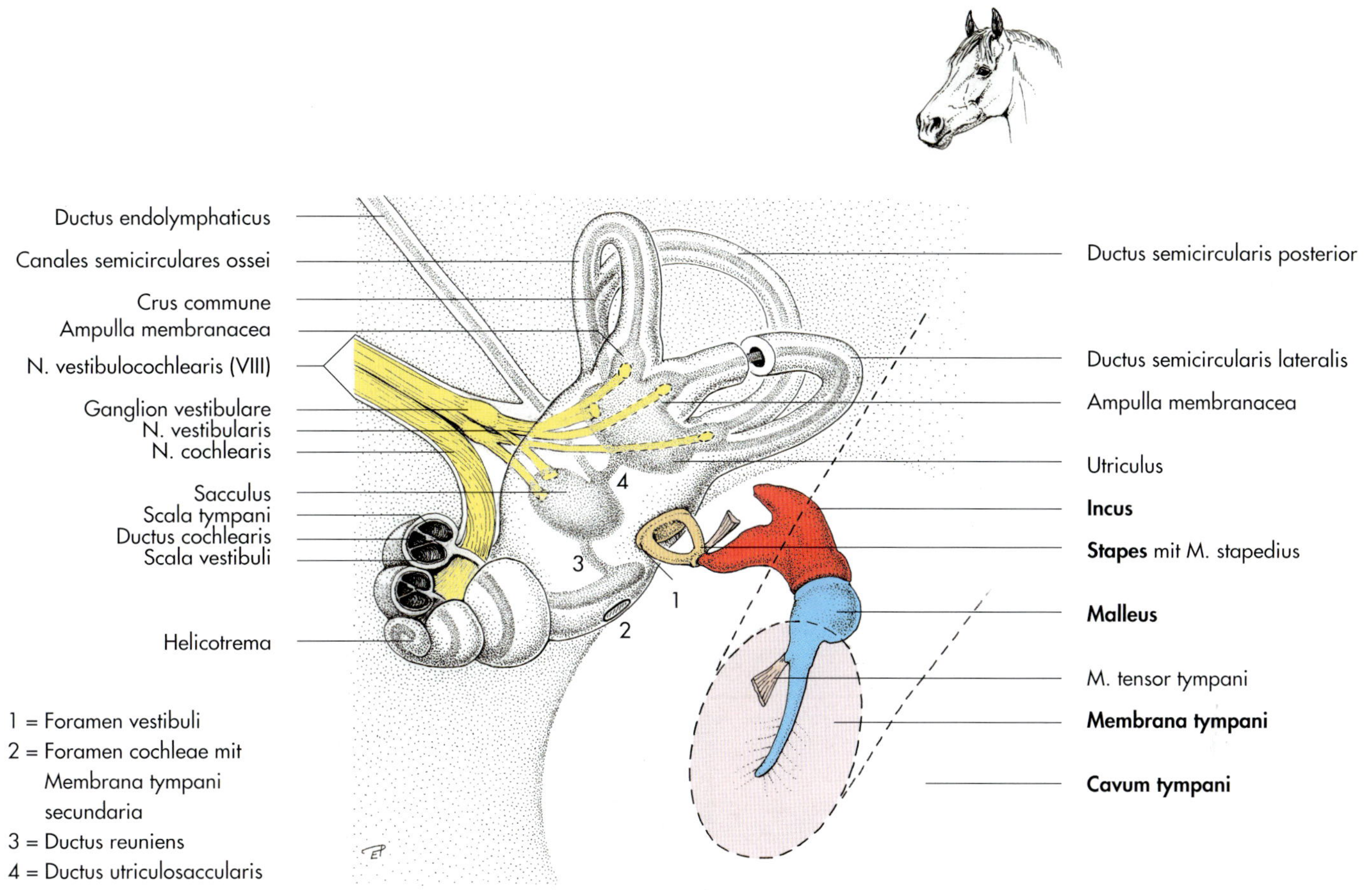


**Abb. 17-13.** Schematische Darstellung des Mittel- und des Innenohrs des Pferdes (Ansicht wie Insert).

## Gehörknöchelchen (Ossicula auditus)

Die Gehörknöchelchen (Abb. 17-12, 13, 16 u. 17ff.) sind **Lamellenknochen**, in denen teilweise Knorpelreste eingelagert bleiben. Man unterscheidet:

- Hammer (Malleus),
- Amboss (Incus),
- Steigbügel (Stapes).

Die Knochen sind gelenkig miteinander verbunden und bilden funktionell eine Kette, die vom Trommelfell zum Vorhoffenster reicht. Das Trommelfell und die Gehörknöchelchen stellen in ihrer Gesamtheit den **Schallleitungsapparat des Gehörs** dar, der die Schallwellen verstärkt.

Zwischen Amboss und Steigbügel kann bei jungen Tieren das **Linsenbein (Os lenticulare)** als eigenständiges Knöchelchen vorkommen. Es verschmilzt später mit dem Amboss.

Der **Hammer** liegt am weitesten lateral und ist mit dem Trommelfell verbunden. Der **Hammerstiel (Manubrium mallei)** ist in der Eigenschicht des Trommelfells verankert (Abb. 17-4, 10, 13 u. 17). Bei einer Untersuchung des Trommelfells ist dieser als Stria mallearis sichtbar. Der Hammerstiel geht mit dem Hals in den Kopf des Hammers über, der einige Millimeter über das Trommelfell hinausragt. Die sattelförmige Gelenkfläche des Hammerkopfes artikuliert mit dem Körper des Amboss.

Der **Amboss** besitzt zwei ungleich lange Schenkel (Abb. 17-13, 16 u. 19). Dem langen Ambossschenkel ist das rechtwinkelig abstehende **Linsenbein (Os lenticulare)** angefügt, das mit einer Gelenkfläche für das **Steigbügelköpfchen (Caput stapedis)** ausgestattet ist.

Der **Steigbügel** weist neben dem Köpfchen zwei Schenkel auf, die auf der **Fußplatte (Basis stapedis)** ruhen (Abb. 17-13, 16 u. 18). Letztere ist am Rande durch das **Ligamentum anulare stapedis** am Vorhoffenster befestigt.

Die Gehörknöchelchen werden durch Bänder und durch gekröseartige Schleimhautfalten in ihrer Lage gehalten. Der Hammerhals ist durch das **Ligamentum mallei laterale** am Anulus tympanicus, und durch das **Ligamentum mallei rostrale** an der Wand des Recessus epitympanicus verbunden.

Der Hammerkopf wird über das **Ligamentum mallei superficiale** am Dach des Recessus epitympanicus befestigt. Hammerkopf und Hammerhals werden zusätzlich von der vorderen und der hinteren Hammerfalte, in der auch die Chorda tympani verläuft, in ihrer Lage gehalten. Nahe dem Epitympanicum, zum Teil nur durch eine Schleimhaut von diesem getrennt, verläuft der N. facialis (VII). Der kurze Schenkel des Amboss und der Ambosskörper werden durch die **Ligamenta incudis** ebenfalls am Epitympanicum verankert. Für die Fixation des Steigbügels dient das oben erwähnte **Ligamentum anulare stapedis**.

Die Gehörknöchelchen leiten die durch Schallwellen initiierten Vibrationen der Membrana tympani zum Innenohr. Die Schallwellen der Luft müssen, um eine Flüssigkeit, die **Endolymphe**, in

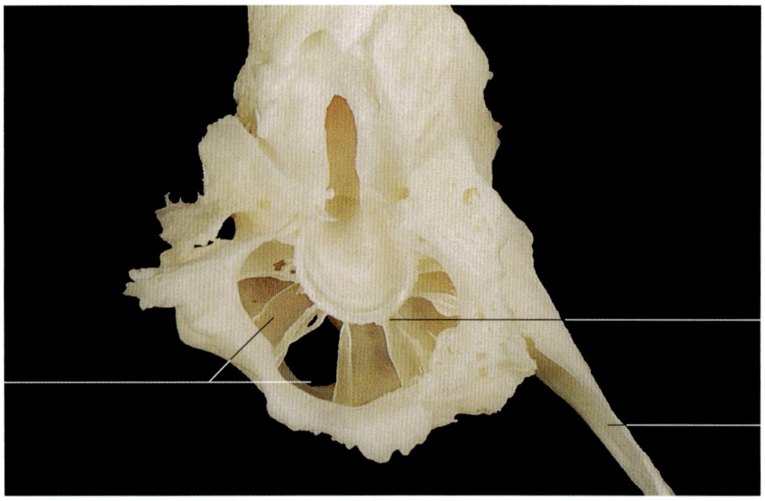


**Abb. 17-14.** Transversalschnitt durch die Pars tympanica der Felsenbeinpyramide eines Pferdes mit eröffneter Paukenhöhle.

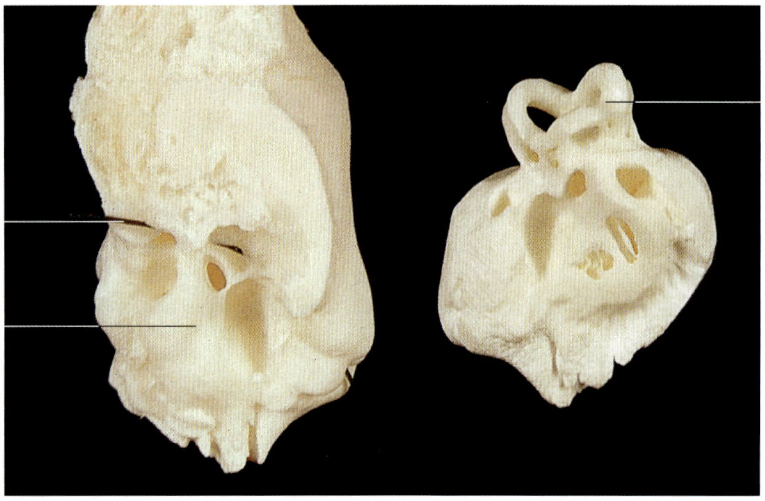


**Abb. 17-15.** Transversalschnitt durch die Felsenbeinpyramide eines Rindes mit eröffneter Paukenhöhle (links), knöchernes Labyrinth (rechts).

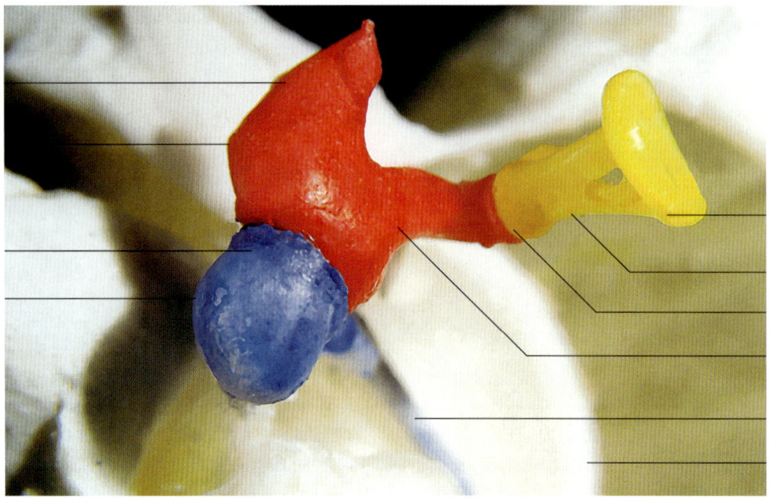


**Abb. 17-16.** Gehörknöchelchen eines Pferdes (koloriert), Präparat H. Dier, Wien.

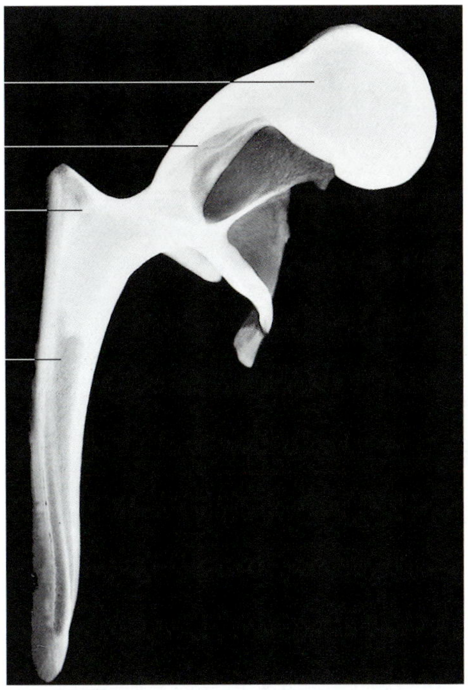


**Abb. 17-17.** Radiologische Darstellung eines Hammers, Aufnahme Prof. Dr. Cordula Poulsen Nautrup, München.

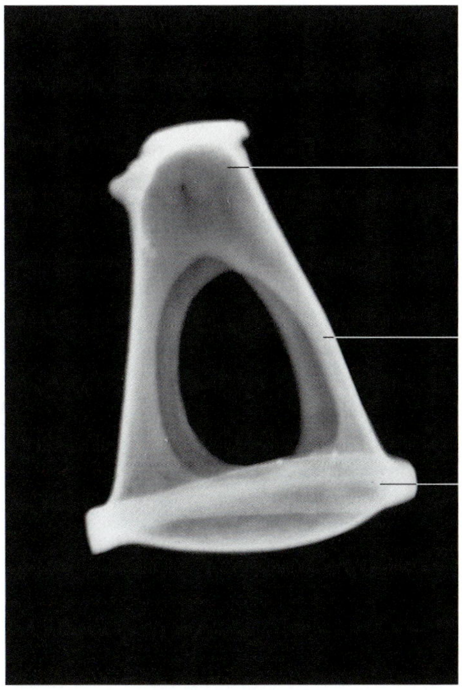


**Abb. 17-18.** Radiologische Darstellung eines Steigbügels, Aufnahme Prof. Dr. Cordula Poulsen Nautrup, München.

Schwingung zu versetzen, erheblich verstärkt werden. Die aneinandergereihten Gehörknöchelchen verstärken die auf das Trommelfell auftreffenden Schallwellen um mehr als 20-mal. Die Kette der Gehörknöchelchen wird durch zwei antagonistisch wirkende Muskeln in ihrem Spannungszustand gehalten: den Spanner des Trommelfells und den Steigbügelmuskel, die aus quergestreifter Muskulatur bestehen.

Der **Spanner des Trommelfells (M. tensor tympani)** hat seinen Ursprung im rostromedialen Winkel der Paukenhöhle und inseriert am Processus muscularis des Hammerstiels. Seine Innervation erfolgt über den N. pterygoideus, einen Ast des N. mandibularis ($V_3$). Dieser Muskel erhöht die Spannung in der Kette der Gehörknöchelchen und damit die Empfindlichkeit der Überleitung. Der **Steigbügelmuskel (M. stapedius)** hat seinen Ursprung zwischen dem Fazialiskanal und der Paukenhöhlenwand. Er endet am Köpfchen des Steigbügels und wird vom N. facialis innerviert. Dieser Muskel hebelt die Fußplatte des Steigbügels aus dem Vorhoffenster heraus und wirkt damit dämpfend auf die Übertragung der Schallwellen (Abb. 17-13).

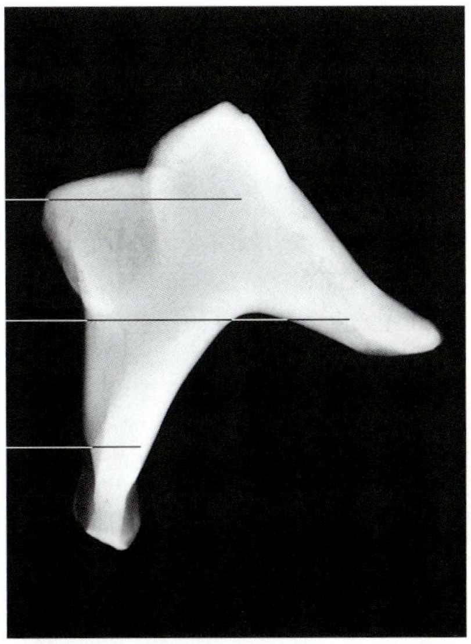


**Abb. 17-19.** Radiologische Darstellung eines Amboss, Aufnahme Prof. Dr. Cordula Poulsen Nautrup, München.

## Ohr- oder Hörtrompete (Tuba auditiva, Eustachio-Röhre)

Die Ohr- oder Hörtrompete bildet eine spaltförmige Verbindung zwischen der Paukenhöhle und der **Pars nasalis pharyngis (Tuba pharyngotympanica)**. Sie mündet im Atmungsrachen mit dem **Ostium pharyngeum tubae auditivae**. Die Tuba auditiva ermöglicht den Druckausgleich des Cavum tympani mit der Außenwelt, da die Schleimhaut des Mittelohrs Luft resorbiert. Darüber hinaus dient die Tuba auditiva dem Abfluss von Sekreten der im Bereich der Mündung gelegenen Drüsen. Die Ohr- oder Hörtrompete umgibt anfangs eine kürzere Knochenrinne, die sich im weiteren Verlauf in ein **knorpeliges Rohr (Tubenknorpel, Cartilago tubae auditivae)** umbildet (Pars ossea tubae auditivae und Pars cartilaginea tubae auditivae) (Abb. 17-20). Beide Anteile sind beim Pferd rinnenförmig und ventral offen (Abb. 17-20). Die Ohrtrompete ist mit einem Flimmerepithel mit Becherzellen ausgekleidet, dem kollagen-elastisches Bindegewebe mit zahlreichen lymphoretikulären Infiltratzellen unterlagert ist. Bei Klauentieren liegen in der Nähe des **Ostium pharyngeum** die Tubenmandeln.

Der **Luftsack (Diverticulum tubae auditivae)** tritt bei den **Equiden** als ventrale Ausbuchtung der Schleimhaut der Tuba auditiva beidseitig an der Schädelbasis auf (Abb. 17-21 bis 24). Durch das Stylohyoideum wird jeder Luftsack in jeweils eine kleinere laterale und eine größere mediale Bucht unterteilt.

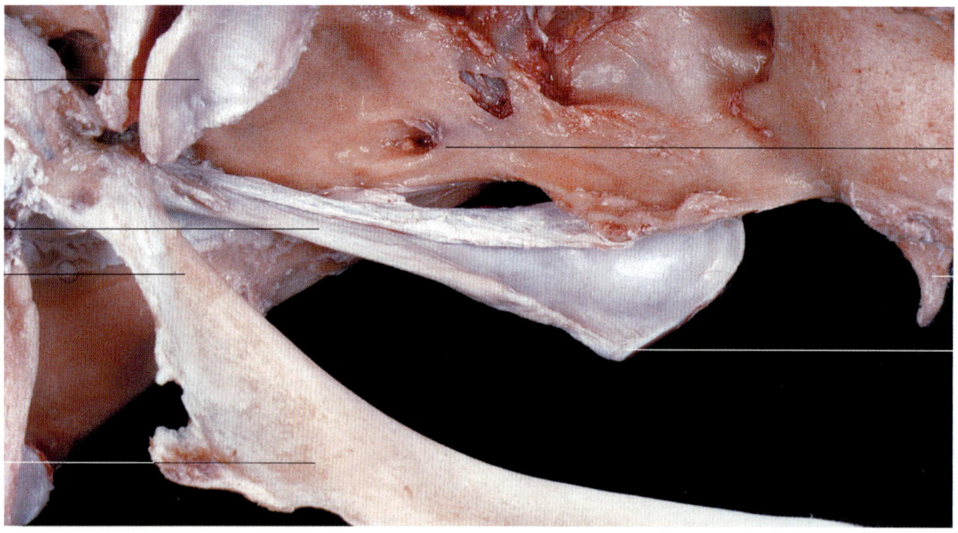


**Abb. 17-20.** Topographie des Tubenknorpels eines Pferdes, Präparat Dr. R. Macher, Wien.

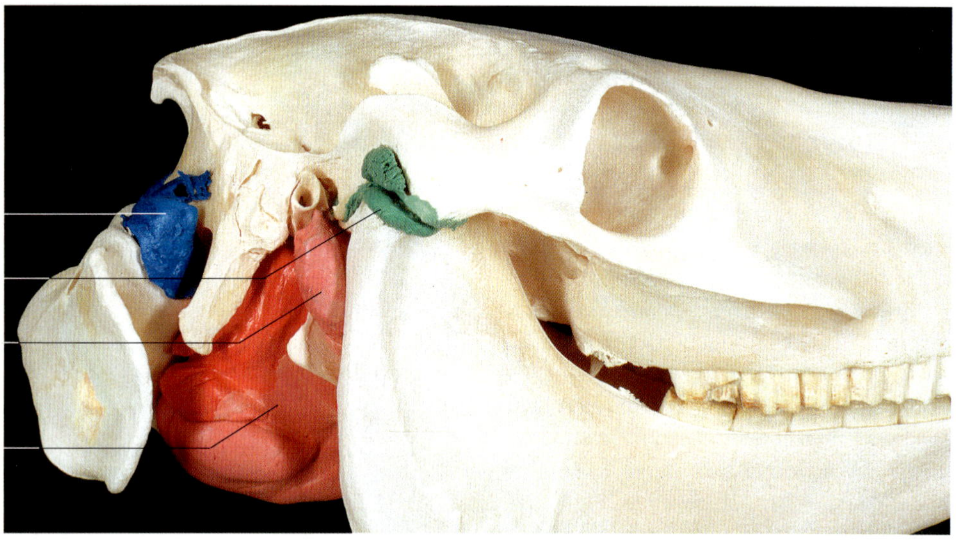


**Abb. 17-21.** Seitenansicht des Luftsackes mit Atlantookzipital- und Kiefergelenk (Ausgusspräparat), Wolf, 1999.

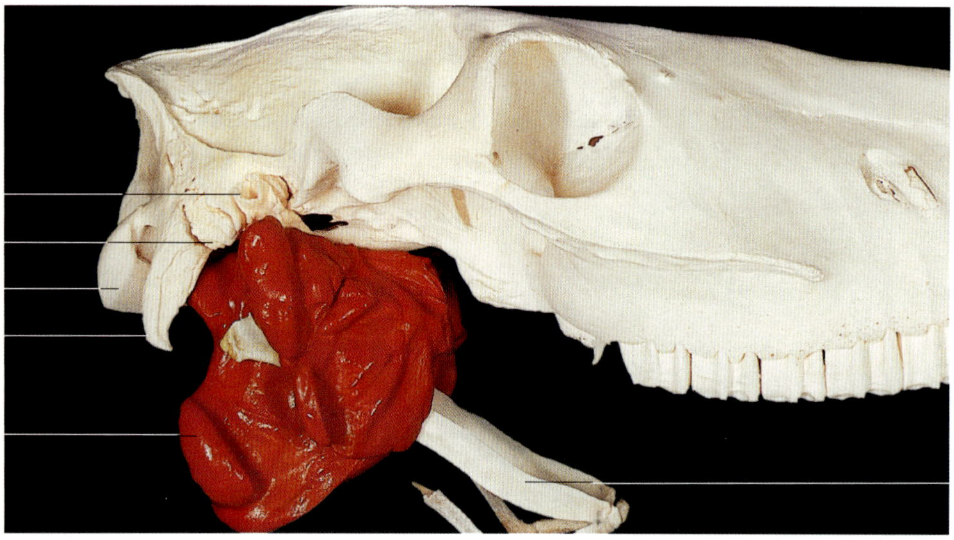


**Abb. 17-22.** Seitenansicht des Luftsacks (Ausgusspräparat).

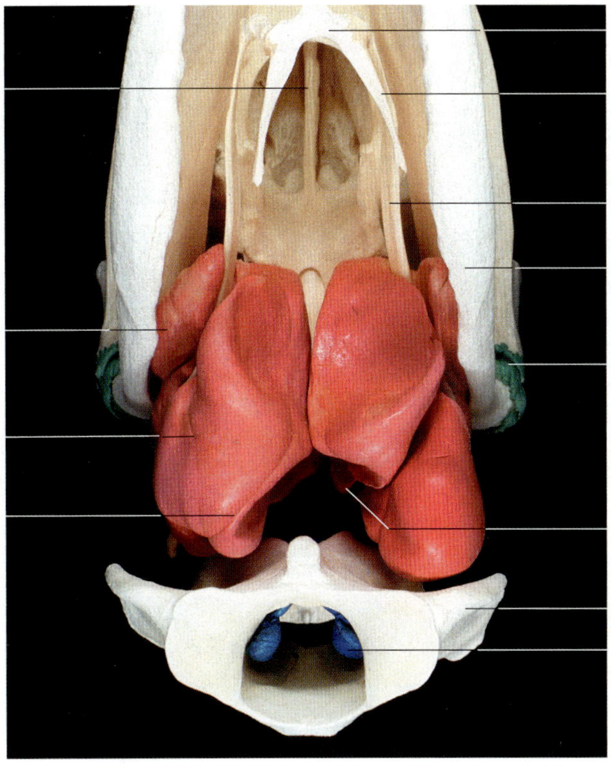


**Abb. 17-23.** Ventralansicht der Luftsäcke mit Atlantookzipital- und Kiefergelenken (Ausgusspräparat), Wolf, 1999.

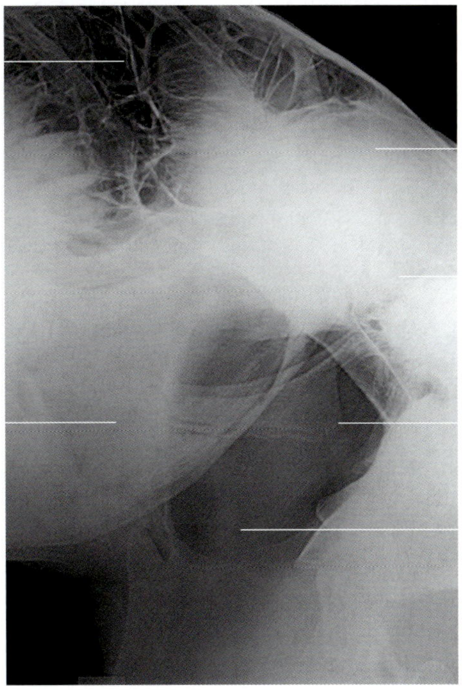


**Abb. 17-24.** Luftsack (Röntgenbild), Aufnahme Prof. Dr. Chr. Stanek, Wien.

An der **lateralen Bucht** zieht seitlich die A. carotis externa hoch. Sie buchtet sich in den Luftsack ein, sodass ihre Pulsation bei einer Betrachtung durch den Luftsackkatheter gesehen werden kann. An der **medialen Bucht** verläuft kaudal in einer Falte die A. carotis interna, begleitet vom N. caroticus internus, dem Ganglion cervicale craniale, dem N. vagus (X) und dem N. accessorius (XI). Die beiden letzteren Nerven ziehen von hier brustwärts, sind demnach nur proximal mit dem Luftsack in Kontakt. Ventral lagern sich an die mediale Bucht der N. glossopharyngeus (IX) und der N. hypoglossus (XII), die von innen gesehen ebenfalls eine Falte bilden.

Der Luftsack wird von einer **respiratorischen Schleimhaut** mit Flimmerepithel und Becherzellen ausgekleidet, die auch lymphoretikuläres Gewebe enthält. Der Luftsack ist in Kontakt mit den **Lnn. retropharyngei mediales** und **laterales**. Das Fassungsvermögen eines jeden Luftsacks beträgt ca. 500 ml.

**Abb. 17-25.** Ausguss des knöchernen Labyrinths eines Hundes, Präparat Prof. Dr. M. Navarro und Prof. Dr. A. Carretero, Barcelona.

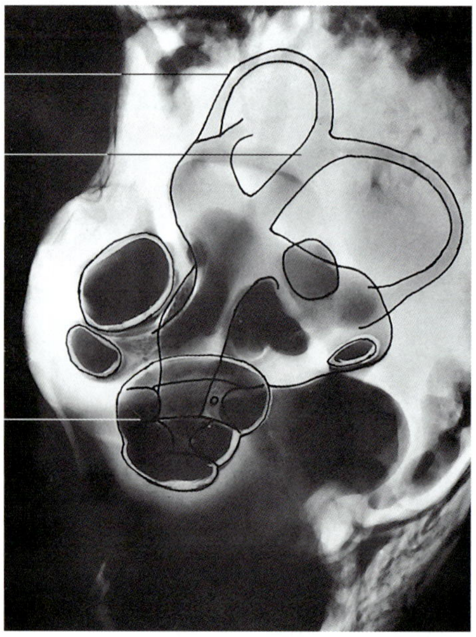


**Abb. 17-26.** Radiologische Darstellung der Paukenhöhle und des knöchernen Labyrinths, Aufnahme Prof. Dr. Cordula Poulsen Nautrup, München.

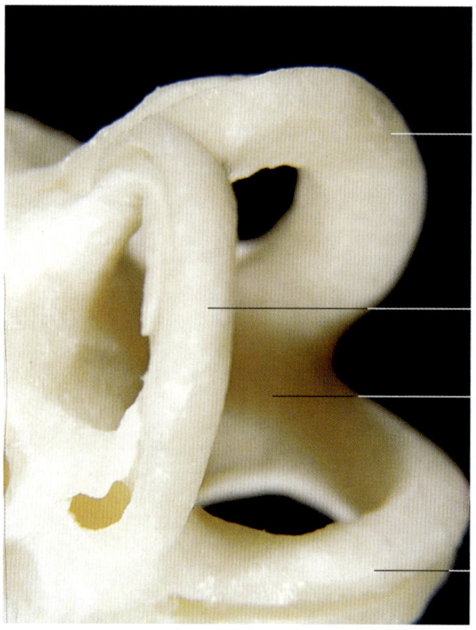


**Abb. 17-27.** Knöcherne Bogengänge (Canales semicirculares).

# Innenohr (Auris interna)

Das Innenohr ist ein zusammengesetztes Organ (Abb. 17-13 u. 25ff.). Es besteht in seinen zentralen Abschnitten aus einem in sich geschlossenen System von membranösen, dünnwandigen Blasen und Kanälen, dem sog. **häutigen Labyrinth (Labyrinthus membranaceus)**.

Dieses Labyrinth schließt in seiner epithelialen Wandauskleidung ein:

- den Vestibularapparat (Apparatus vestibularis) als Rezeptororgan für den Gleichgewichtssinn,
- den Schneckengang (Ductus cochlearis) mit dem Sinnesepithel für den Gehörsinn.

Im **Vestibularapparat** sind Epithelzellen zu **sekundären Sinneszellen** differenziert, die als Macula sacculi und Macula utriculi bzw. in den Bogengängen als Crista ampullaris im Dienste des **Gleichgewichtssinns** stehen (Abb. 17-13).

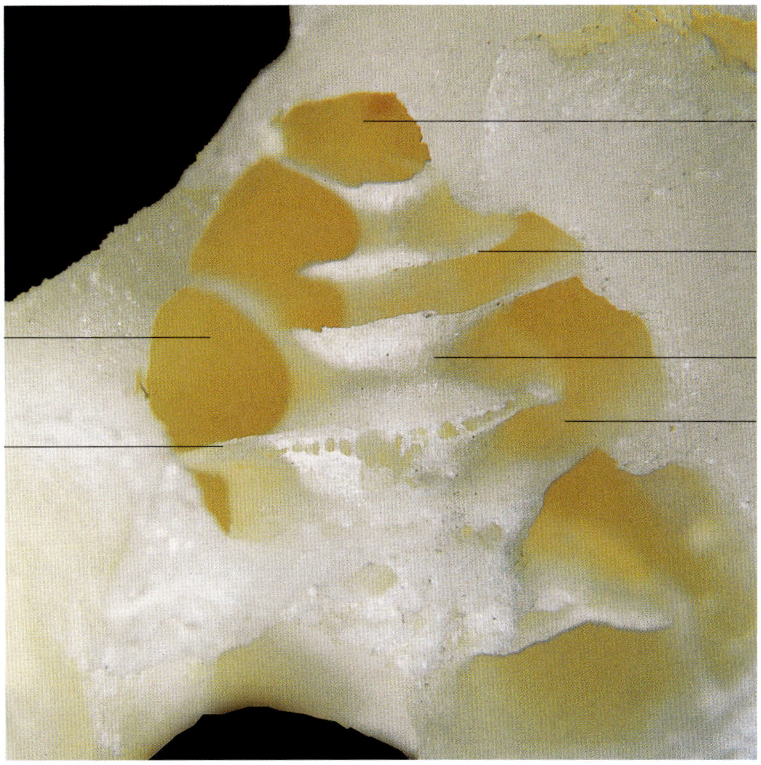


**Abb. 17-28.** Eröffnete Schnecke (Cochlea) einer Katze, Lage bei einem auf dem Rücken liegenden Tier, Hartmann, 1992.

Im **Schneckengang** liegt das **Corti-Organ** als Sitz des **Gehörsinns**. Die Innenräume des häutigen Labyrinths sind mit Endolymphe gefüllt, die in ihrer Zusammensetzung der interzellulären Flüssigkeit ähnelt. Beide Raumsysteme stehen über den **Ductus reuniens** in Verbindung (Abb. 17-13).

Das häutige Labyrinth wird von einer extrem harten Knochenkapsel, dem **knöchernen Labyrinth (Labyrinthus osseus)**, umgeben, das von der Pars petrosa der **Felsenbeinpyramide** gebildet wird. Form und Ausdehnung des knöchernen Labyrinths entsprechen in vergrößerter Dimension in etwa der des häutigen.

Das **knöcherne Labyrinth** (Labyrinthus osseus) setzt sich zusammen aus:

- einem zentralen Hohlraum = Vorhof (Vestibulum),
- kaudodorsal angeschlossenen Bogengängen (Canales semicirculares ossei),
- einer rostroventral angeschlossenen Schnecke (Cochlea) und
- dem inneren Gehörgang (Meatus acusticus internus).

Zwischen den beiden Labyrinthen liegen flüssigkeitsgefüllte Spalträume (**perilymphathische Räume**, **Spatia perilymphatica**), die über den Aquaeductus vestibuli bzw. den Aquaeductus cochleae mit Spalträumen des Subarachnoidealraums der Gehirnhäute in Verbindung stehen. Dieses äußere Spaltensystem wird von einem Plattenepithel ausgekleidet und enthält **Perilymphe**. Sie ähnelt in ihrer Zusammensetzung dem Liquor cerebrospinalis. Die Perilymphe ist arm an Kaliumionen und reich an Natriumionen.

## Gleichgewichtsorgan (Vestibularapparat, Pars statica labyrinthi)

Das Gleichgewichtsorgan ist in der Wand des häutigen Labryinths der beiden Vorhofsäckchen, dem **Sacculus** und dem **Utriculus**, lokalisiert. Zusätzlich sind Rezeptorfelder in den drei **häutigen Bogengängen (Ductus semicirculares)** und ihren **häutigen Ampullen (Ampullae membranaceae)**, die in den **Utriculus** münden, am Gleichgewichtssinn beteiligt (Abb. 17-13).

Die **Bogengänge** sind nahezu rechtwinkelig zueinander angeordnet. Ein rostraler Bogengang liegt transversal, ein hinterer sagittal und ein lateraler horizontal. Jeder Bogengang bildet am Übergang zum Utriculus eine Erweiterung, die entsprechend Ampulla membranacea oder Ampulla ossea genannt wird. Der rostrale und der hintere Bogengang vereinigen sich zu einem gemeinsamen Schenkel (Crus commune).

### Vorhofsäckchen (Sacculus und Utriculus)

Sacculus, Utriculus und die drei Bogengänge bilden den für das **Gleichgewicht** verantwortlichen **Vestibularapparat** (Abb. 17-13).

Die **Wand der Vorhofsäckchen** ist mit einem einschichtigen Plattenepithel ausgekleidet und von lockerem Bindegewebe unterlagert. An der medialen Innenfläche der Vorhofsäckchen verdicken sich in umschriebenen Abschnitten ovale Bereiche, die sich zur Macula sacculi und zur Macula utriculi erheben.

An der **Macula sacculi** und der **Macula utriculi** treten Nervenfaserbündel des N. vestibularis, einem Teil des N. vestibulocochlearis, an die modifizierten Sinnesepithelzellen und innervieren diese. Man unterscheidet zwei Zellformen, Stützzellen und Sinneszellen (**Haarzellen**).

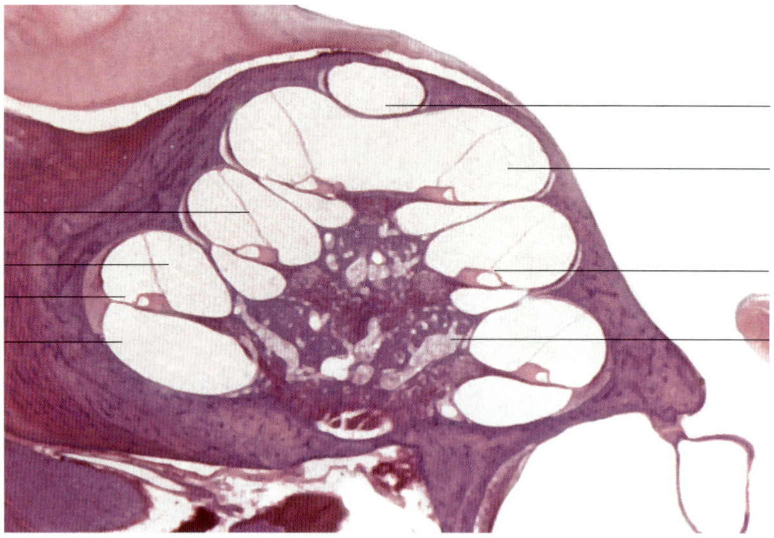


**Abb. 17-29.** Histologischer Schnitt durch die Cochlea eines Schweines, Lage bei einem auf dem Rücken liegenden Tier, Liebich, 2004.

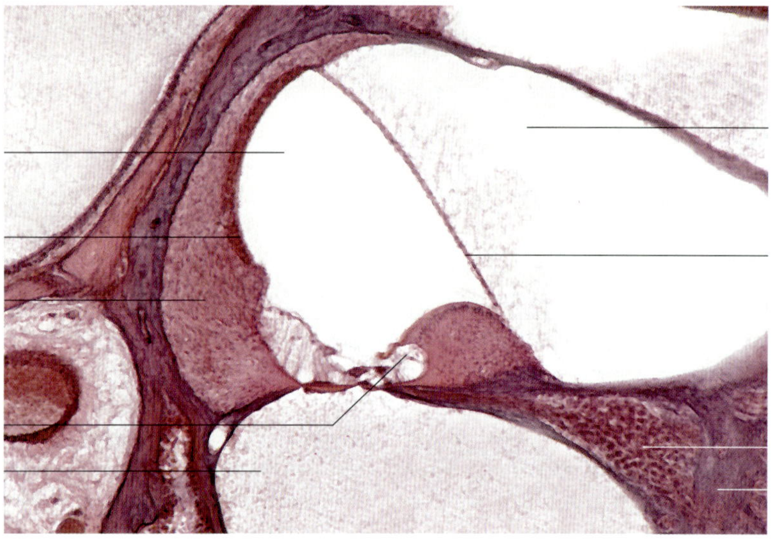


**Abb. 17-30.** Histologischer Schnitt durch die Scala tympani, die Scala vestibuli und den Ductus cochlearis eines Schweines, Lage bei einem auf dem Rücken liegenden Tier, Liebich, 2004.

Sinneszellen sind umgewandelte Epithelzellen, die sekundär die Funktion von Neuroepithelzellen übernehmen. Diese Rezeptorzellen werden basal von einem marklosen Nervenfasergeflecht umsponnen, das sich nachfolgend zum Gleichgewichtsnerven bündelt.

Oberflächlich werden die Sinneszellen von einer gallertigen, glykoproteinreichen Deckplatte, der **Otolithenmembran**, bedeckt, in die die Haarbüschel von Zilien ragen. Dieser Gallertmembran liegen kleine, verkalkte Kristalle (Kalziumkarbonat, Otolithen) auf. Jede Richtungsänderung der Membran führt zur Reizung der Sinneszellen in der Vertikalen oder der Horizontalen (**Linear-** bzw. **Progressivbeschleunigung**). Der entstehende Druck oder Zug auf die Sinneszellen löst über eine elektrische Potenzialänderung eine Impulswelle auf efferente Nervenbahnen aus.

## Bogengänge (Ductus semicirculares)

Der Wandbau der **häutigen Innenauskleidung** der Bogengänge entspricht grundsätzlich dem der Vorhofsäckchen (Abb. 17-13 u. 27). Die drei Bogengänge erweitern sich an ihrer Einmündungsstelle in den Utriculus zu jeweils einer **Ampulle (Ampulla membranacea)**.

An dieser Stelle verdickt sich die Schleimhaut zu einer quergestellten, ins Lumen vorspringenden Leiste und bildet die Grundlage zum Rezeptorfeld der Bogengänge, der **Crista ampullaris**. Dieses schließt an seiner freien Oberfläche Stütz- und Sinneszellen ein, die als **sensorisches Rezeptororgan (Neuroepithel)** wirken.

Der Oberfläche der Crista ampullaris aufgelagert ist eine verdickte, leicht bewegliche Glykoproteinschicht, die **Cupula**. Jede Verschiebung und Formveränderung der Cupula induziert Bewe-

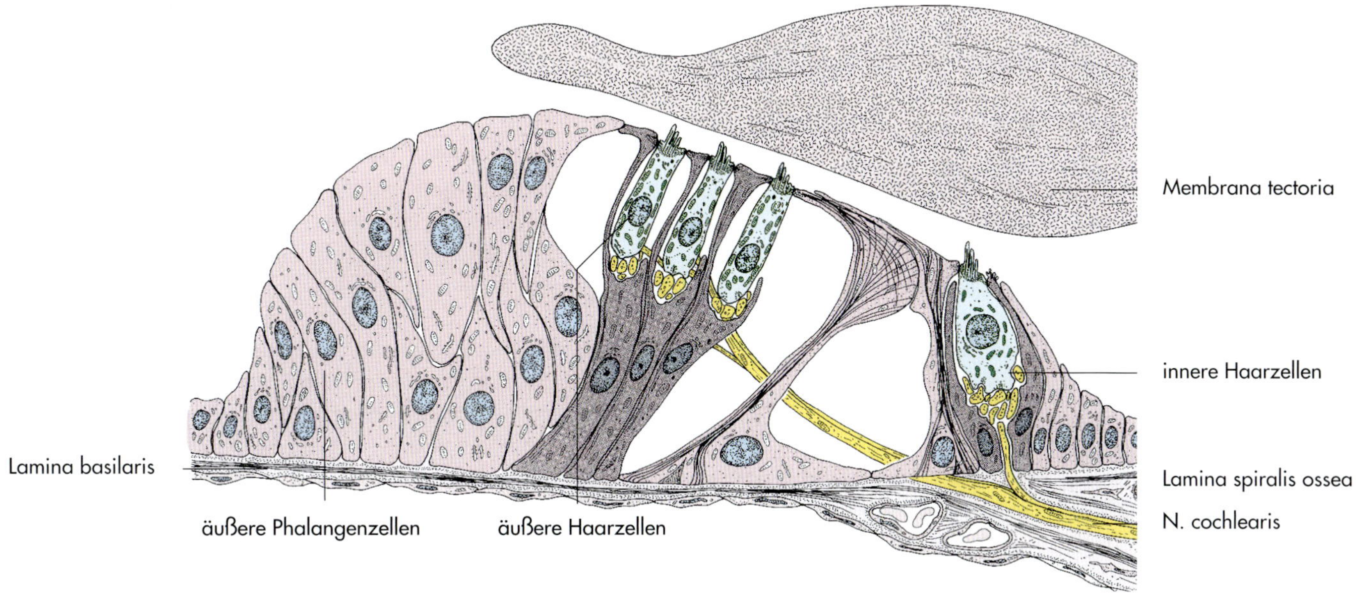


**Abb. 17-31.** Schematische Darstellung des Corti-Organs, Lage bei einem auf dem Rücken liegenden Tier, Liebich, 2004.

gungen der Endolymphe und zeigt eine **Drehbeschleunigung (Winkelbeschleunigung)** in der Ebene des Bogenganges an. (Näheres siehe Lehrbücher der Histologie.)

Das Sinnesepithel der Macula utriculi, der Macula sacculi und der Cristae ampullares wird sensorisch aus Nervenfasern des N. vestibularis des N. vestibulocochlearis (VIII) versorgt. Das dazugehörige Ganglion (Ganglion vestibulare) liegt im inneren Gehörgang (Meatus acusticus internus) und gibt direkte Äste an die genannten Rezeptorfelder ab.

## Gehörorgan (Pars auditiva labyrinthi)

Das Gehörorgan liegt in der Wand des häutigen Labyrinths und besteht aus dem häutigen **Schneckengang (Ductus cochlearis)** einschließlich dem sensorischen Rezeptorfeld, dem **Corti-Organ** (Abb. 17-13 u. 29ff.). Das Corti-Organ ist damit »das Gehör« im engeren Sinn. Der Ductus cochlearis steht über den Ductus reuniens mit den Aussackungen des Vestibularapparats in Verbindung, er ist wie dieser mit **Endolymphe** gefüllt. Durch Vermittlung der Endolymphe werden Schallwellen auf diese inneren Abschnitte des Gehörs übertragen, die von äußeren und mittleren schallleitenden Teilen des Ohres auf das **ovale Fenster (Foramen vestibuli)** und damit auf das Vestibulum des Innenohrs treffen.

Die **Schnecke (Cochlea)** ist Teil des knöchernen Labyrinths, sie wird von einem **spiraligen Knochenkanal (Canalis spiralis cochleae)** gebildet. Dieser weist beim Pferd 2½, beim Rind 3½, beim Schwein 4 und beim Fleischfresser 3 spiralige Windungen um eine zentrale knöcherne **Achse (Modiolus)** auf (Abb. 17-28 u. 29). Der freie Rand des Modiolus springt als **Knochenlamelle (Lamina spiralis ossea)** in das spiralig gewundene Lumen des Schneckengangs vor und unterteilt diesen unvollständig in eine obere **knöcherne Vorhoftreppe (Scala vestibuli ossea)** und in eine untere **knöcherne Paukentreppe (Scala tympani ossea)** (Abb. 17-30 u. 31). In der Lamina spiralis ossea, nahe am Modiolus, liegt das **Ganglion spirale des Gehörnervs (N. cochlearis)**.

In die **knöcherne Schnecke (Cochlea)** sind drei schlauchförmige, häutige Gänge eingelagert, die sich von der Schneckenspindel bis zur Spitze winden (Abb. 17-13 u. 28ff.), nämlich:

- obere Vorhoftreppe (Scala vestibuli),
- mittlerer Schneckengang (Ductus cochlearis),
- untere Paukentreppe (Scala tympani).

Die **Vorhoftreppe (Scala vestibuli)** beginnt an der Steigbügelplatte am ovalen Foramen vestibuli, verläuft mit der Paukentreppe im **knöchernen Schneckengang (Canalis spiralis cochleae)** und geht an der Schneckenspitze, dem **Helicotrema**, in die **Paukentreppe (Scala tympani)** über. Die Paukentreppe endet an der Schneckenbasis mit der Membrana tympani secundaria, die das Schneckenfenster am runden **Foramen cochleae** schließt. Die Binnenräume beider Treppen sind von einem einschichtigen Epithel ausgekleidet und mit Perilymphe gefüllt.

Der **mittlere, häutige Schneckengang (Ductus cochlearis)** liegt zwischen den beiden Treppen und schließt sich deren Verlauf in der knöchernen Schnecke an. Der mittlere Schneckengang beginnt und endet blind. Im Gegensatz zu den beiden Treppen schließt der **Ductus cochlearis Endolymphe** ein.

### Schneckengang (Ductus cochlearis)

Der Ductus cochlearis stellt einen dreieckigen, keilförmigen Spiralgang dar, dessen innerer spitzer Winkel sich an den freien Rand der Lamina spiralis ossea des Modiolus anschließt. Der Schneckengang schließt das **Corti-Organ** ein (Abb. 17-30 u. 31).

An der Wand des Ductus cochlearis können drei verschiedenartig strukturierte Abschnitte unterschieden werden: eine vestibulare, eine seitliche und eine tympanale Seite. Die **vestibulare Seitenfläche (Paries vestibularis ductus cochlearis, Reissner-Membran)** ist eine dünnwandige, bindegewebige Platte, die einerseits mit der **Scala vestibuli**, andererseits mit dem **Ductus cochlearis** in Kontakt steht.

Die seitliche Wandfläche wird vom **Ligamentum spirale** gebildet, das sich als Fortsetzung der Basilarmembran (s.u.) fächerartig vom freien Rand der Lamina spiralis ossea verbreitert und sich fest mit der Knochenhaut verbindet. Diese Wandfläche des Ductus cochlearis ist abschnittsweise reich an Gefäßen. Das **Wandepithel sezerniert die Endolymphe** in den Ductus cochlearis, die entscheidend die Sinneswahrnehmung des Gehörs beeinflusst.

Die tympanale Seitenfläche wird bindegewebig von der **Basilarmembran (Lamina basilaris)** unterlagert, die sich aus dem Periost der **Lamina spiralis ossea**, der **Lamina spiralis membranacea**, entwickelt und in das Lig. spirale der Seitenfläche einmündet. Der feinfaserigen Basilarmembran liegt das Corti-Organ auf.

## Corti-Organ (Organum spirale)

Das Corti-Organ schließt die Sinneszellen für den Gehörsinn ein. Es durchläuft nahezu den gesamten Schneckengang und weist damit einen spiralförmigen Verlauf auf (Abb. 17-29 bis 31). Medial liegt diesem eine gallertige **Membran (Membrana tectoria)** auf, die sich frei über das Corti-Organ legt und dieses überdeckt. Am Corti-Organ lassen sich unterscheiden:

- Stützzellen (Pfeiler- und Phalangenzellen),
- Sinneszellen (Haarzellen).

**Pfeilerzellen** liegen der Basilarmembran auf und bilden an den Enden verbreiterte Kopfplatten, die zusammen mit den Phalangenzellen den Rezeptorzellen des Hörorgans, den **Sinneszellen (Haarzellen)**, ausreichend Stabilität verleihen. Die Sinneszellen sind in Reihen angeordnet und liegen zwischen den Phalangenzellen. Die Haarzellen sind zylindrische Rezeptorzellen, die an ihrer Basis mit einem oder mit mehreren afferenten Neuronen synaptisch verbunden sind. An der freien Oberfläche überragen Sinneshaare in Form von Zilien und Mikrovilli die Sinneszellen (Abb. 17-31).

Die **Schwingungen der Schallwellen**, die über das Trommelfell und nachfolgend die Kette der Gehörknöchelchen verstärkt durch das Vorhoffenster auf die Perilymphe einwirken, erzeugen feinste Bewegungen dieser Flüssigkeit. Die Perilymphe kann aber nicht komprimiert werden, sodass Bewegungen durch die Scala vestibuli, das Helicotrema und die Scala tympani zum Schneckenfenster gelangen und von der Membrana tympani secundaria aufgefangen werden. Dabei werden unterschiedliche Frequenzen über die anliegende Wand der Reissner-Membran an die Endolymphe des Ductus cochlearis und durch diese auf die Membrana tectoria weitergeleitet. Die Schwingungen dieser Gallertschicht induzieren ihrerseits Druck auf die freien Sinneshärchen des Sinnesepithels, das die Eindrücke als sensorische nervale Impulse zum **Ganglion spirale** weiterleitet.

Die Axone der Wurzelzellen des Spiralganglion ziehen als N. cochlearis gemeinsam mit den Ästen des N. vestibularis als N. vestibulocochlearis (VIII) in die Fossa cranii media, um von dort entsprechende Kerngebiete der Medulla oblongata zu erreichen.

**Klinische Ausdrücke**, die von anatomischen Namen abgeleitet werden: Otitis externa, Otitis media, Otoskopie, aurikulotemporales Syndrom, Aurikulotemporalpunkt, Labyrinthschwindel, Labyrinthitis, Labyrinthfunktionsprüfung, Tympanometrie, Tympanoplastik, Tympanoskopie etc.

# 18 Allgemeine Körperdecke (Integumentum commune)

S. Reese, K.-D. Budras, Chr. Mülling, H. Bragulla und H. E. König

Die allgemeine Körperdecke – im allgemeinen Sprachgebrauch fälschlicherweise auch als »Haut« bezeichnet – ist die äußere Grenz- und Kontaktschicht des Organismus zur Umwelt. Sie stellt das größte Organ eines Säugetiers dar und erfüllt eine Vielzahl von Funktionen:

- Barriere gegen mechanische, radiologische, thermische, chemische und biologische Umwelteinflüsse,
- Rezeptor für Druck, Schmerz, Hitze und Kälte,
- Speicher von Wasser, Mineralstoffen, Vitaminen, Fetten,
- Temperaturregulation,
- immunologische Abwehr und
- Kommunikationsfläche.

Ein Verlust von über 25% der Körperdecke durch Verbrennung führt zu schweren Allgemeinstörungen bis zum Tod. Die »Haut« ist ein »Spiegel der Gesundheit« und somit für den Tierarzt von erheblicher Bedeutung, zumal jeder fünfte vorgestellte Patient an einer ihrer vielfältigen Erkrankungen leidet. Verarbeitet zu Leder, Fell, Pelz oder als Wollproduzent hat die allgemeine Körperdecke auch große wirtschaftliche Bedeutung.

Das **Integumentum commune** hat sich in Anpassung an seine komplexen Aufgaben im Laufe der Phylogenese in eine Reihe von Strukturen differenziert, nämlich in:

- Unterhaut (Subcutis, Tela subcutanea),
- Haut (Cutis) mit Haaren (Pili) und in
- Hautmodifikationen in Form von:
  - Hautdrüsen (Glandulae cutis) einschließlich Milchdrüse (Mamma),
  - Ballen (Tori) und
  - Zehenendorgan (Organum digitale) mit:
    - Nagel (Unguis),
    - Kralle (Unguicula),
    - Klaue bzw. Huf (Ungula) sowie
  - Horn (Cornu).

**Abb. 18-1.** Zuchtbulle mit ausgeprägtem Triel (Palear) und Hautfalten (Plicae cutis) am Hals.

**Abb. 18-2.** Kopf eines Ziegenbockes mit den arttypischen Hautbildungen Bart (Barba), Berlocken (Appendices colli) und Hörner (Cornua).

# Unterhaut (Subcutis, Tela subcutanea)

S. Reese

Die Unterhaut bildet eine lockere **Verschiebeschicht** zwischen der **Haut (Cutis)** und der **oberflächlichen Faszie (Fascia superficialis)**. Dabei wird die Fascia superficialis einerseits der äußeren Körperfaszie (Fascia trunci externa), andererseits, als Stratum fibrosum, der Unterhaut zugerechnet.

**Straffe Bindegewebsstränge (Retinaculae cutis)** durchziehen die Unterhaut und fixieren sie an der Unterlage. Die **Hautmuskeln (Musculi cutanei)** liegen zwischen den Blättern der oberflächlichen Faszie, ziehen mit feinen Sehnen durch die Unterhaut in die Haut und ermöglichen ihre aktive Bewegung. Schaf, Hund und Katze besitzen in der Unterhaut reichlich lockeres Bindegewebe. Bei Pferd, Rind und Ziege liegt die Unterhaut dem Rumpf dagegen relativ straff an. Lokal vermehrt auftretendes Unterhautgewebe ermöglicht die Bildung von **Hautfalten (Plicae cutis)** (Abb. 18-1).

Der **Triel** oder die **Wamme (Palear)** des Rindes, der **Kragen (Plica transversa colli)** des Schafes, die **Kniefalten (Plicae lateres)** und die lockere Haut am Kehlgang sind **Hautfalten (Plicae cutis)** mit besonders reichlicher Unterhautbildung. **Glöckchen** oder **Berlocken (Appendices colli)** sind paarige, zylindrische Hautanhänge an der Kehlunterseite von vielen Ziegen, selten auch bei Schwein und Schaf, die neben lockerem Bindegewebe zentral einen Knorpelstab enthalten (Abb. 18-2).

An Lippen, Backen, Augenlidern, Ohrmuscheln und um den After ist **keine Unterhaut** ausgebildet, weshalb die Haut hier unverschieblich der Unterlage aufliegt. Über Knochenvorsprüngen können sich in der Unterhaut **Schleimbeutel (Bursae synoviales subcutaneae)** bilden.

Die **Unterhaut** besteht aus lockerem Bindegewebe und schließt vorzugsweise weißes oder univakuoläres Fettgewebe ein. Es dient als Kälteschutz, Energiespeicher und z. B. in den Ballen als Baufett zur Polsterung. Zusammenhängende **Fetteinlagerungen** in der Unterhaut **(Panniculus adiposus)** bilden beim Schwein den Speck und im Nacken des Pferdes das Kammfett. Das Unterhautfett des Pferdes ist gelblich und ölig, beim Rind weiß und bröckelig (»Talg«) sowie beim Schwein grauweiß und schnittfest (»Schmalz«).

Braunes oder plurivakuoläres **Fettgewebe** ist bei den Haussäugetieren nur in der perinatalen Lebensphase ausgebildet. In der Unterhaut ist es insbesondere im Nacken- und Schulterbereich konzentriert. Es dient der zitterfreien Thermogenese und spielt für den Wärmehaushalt der Neugeborenen eine wichtige Rolle.

# Haut (Cutis)

S. Reese

Die Cutis ist die Haut **im eigentlichen Sinne**. Sie bildet die äußere Hülle des Tierkörpers, die an den natürlichen Körperöffnungen unmittelbar in die Schleimhaut des Verdauungs-, Atmungs- sowie Harn- und Geschlechtstrakts übergeht.

Die **Oberfläche** der Haut ist durch ein Netz aus feinen Furchen **(Sulci cutis)** und schwachen Erhabenheiten **(Cristae cutis)** charakterisiert. An unbehaarten Hautzonen (z. B. Nasenspiegel, Rüsselscheibe und Flotzmaul) sind diese Oberflächenstrukturen besonders

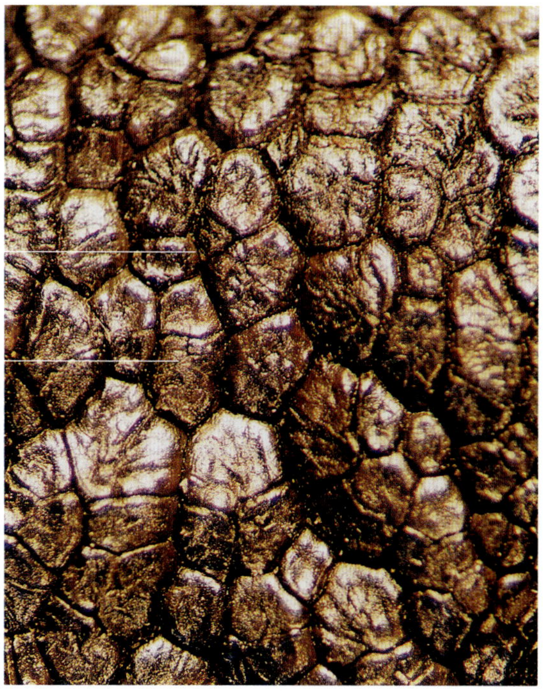


**Abb. 18-3.** Felderung des Nasenspiegels eines Hundes.

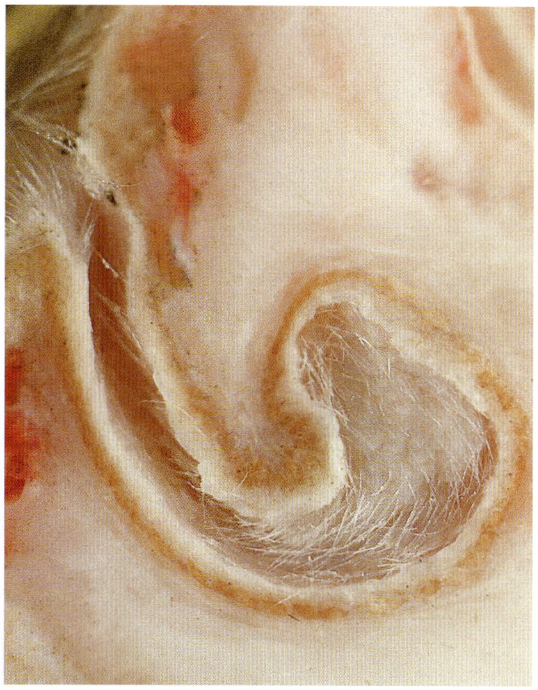

**Abb. 18-4.** Sagittalschnitt durch ein Zwischenklauensäckchen eines Schafes.

deutlich erkennbar (Abb. 18-3). Ähnlich den Papillarlinien der Fingerbeeren des Menschen ist diese Hautfelderung individuell ausgebildet. Diese Tatsache nutzt man zur sicheren Identifizierung, z.B. von Hunden und Rindern mit Hilfe eines Abdrucks (Nasolabiogramm). Zusätzliche knopfartige Erhabenheiten (»Haarscheiben«, Toruli tactiles) mit einem Durchmesser um 0,3 mm wurden inzwischen bei allen Haussäugetieren nachgewiesen. Es handelt sich bei ihnen um Berührungsrezeptoren (s. auch Abschnitt »Nerven und Sinnesorgane der Haut«, S. 610).

Besondere **Hauteinstülpungen (Sinus cutanei)** besitzen das Schaf, Hund und Katze. Abgeschilferte Hautzellen und das Sekret spezieller Hautdrüsen (s. auch Abschnitt »Hautdrüsen«, S. 613) vermischen sich in diesen Sinus zu einer geruchsintensiven Schmiere, die zur Markierung dient. Beim Schaf ist das Infraorbitalorgan (Sinus infraorbitalis, umgangssprachlich »Tränengrube«), die Inguinaltasche (Sinus inguinalis) und an allen vier Gliedmaßen ein Zwischenklauensäckchen (Sinus interdigitalis) ausgebildet (Abb. 18-4). Hund und Katze besitzen Analbeutel (Sinus paranales), deren Inhalt bei jedem Kotabsatz teilweise entleert oder willkürlich durch Kontraktion des M. sphincter ani externus abgesetzt wird. Strukturell lassen sich in der Haut zwei Schichten voneinander abgrenzen:

- Lederhaut (Dermis, Corium) als tiefere bindegewebige Lage,
- Oberhaut (Epidermis) als oberflächliche Epithelschicht.

## Lederhaut (Dermis, Corium)

Die Lederhaut ist die **bindegewebige Grundlage** der Haut. Wie der Name besagt, wird aus ihr das Leder gefertigt. Ihre Dicke macht den **Hauptanteil** der Hautstärke aus. Sie variiert von Tierart zu Tierart und differiert in den verschiedenen Körperregionen. Rinder besitzen unter den Haussäugetieren die stärkste, Schafe und Katzen die dünnste Haut. Vom Rücken zum Bauch und zu den Gliedmaßenenden nimmt die Stärke ab. An den Streckseiten der Gelenke ist sie dicker als in den Beugeseiten. Eine besonders derbe und mächtige Lederhaut, den sogenannten Eberschild, besitzen ältere, unkastrierte Eber an Hals, Schulter und seitlicher Brustwand.

Die Dermis besteht aus **kollagenen Faserbündeln**, die parallel zur Hautoberfläche verlaufen. Die Fasern sind schräg untereinander verflochten und bilden ein dichtes Netzwerk, das der Lederhaut eine **hohe Zugfestigkeit** verleiht. Seine elastischen Eigenschaften beruhen auf einem zusätzlichen Flechtwerk aus **elastischen Fasern**. Diese Fasern verflechten sich mit den bindegewebigen Haarbälgen und bieten den zahlreichen Haaren in der dünnen Epidermis eine stabile und gleichzeitig elastische Verankerung.

Die kollagenen und elastischen Fasern besitzen in den verschiedenen Körperregionen jeweils eine **bestimmte Hauptausrichtung**. Die Kenntnis dieser sogenannten **Spaltlinien** ist für den Chirurgen von großer Bedeutung. Durch sie kommt es nach kreisrunden Einstichen in die Haut zu schlitzartigen Verletzungen. Schnitte quer zu den Spaltlinien führen dagegen zu klaffenden Hautwunden. Die Wundränder von Schnitten längs zu den Spaltlinien liegen spannungsfrei aneinander.

Innerhalb der **Lederhaut** (Abb. 18-8) lassen sich unterscheiden:

- Stratum reticulare,
- Stratum papillare.

Das Stratum reticulare ist ein faserreiches, straffes und zellarmes Bindegewebe, das der Unterhaut unmittelbar aufliegt.

Das **Stratum papillare** liegt direkt unter der Oberhaut (Epidermis), es ist gefäß- und zellreich. Seine Kontaktfläche zur Epidermis ist durch die Ausformung von Leisten und Papillen (Papilla dermalis) stark vergrößert. Diese bilden den **Papillarkörper** (Abb. 18-5), der zwei Funktionen besitzt: Zum einen erhöht dieser den **mechanischen Zusammenhalt** zwischen Lederhaut und Oberhaut, zum anderen **vergrößert er die Kontaktfläche** zur erleichterten Diffusion

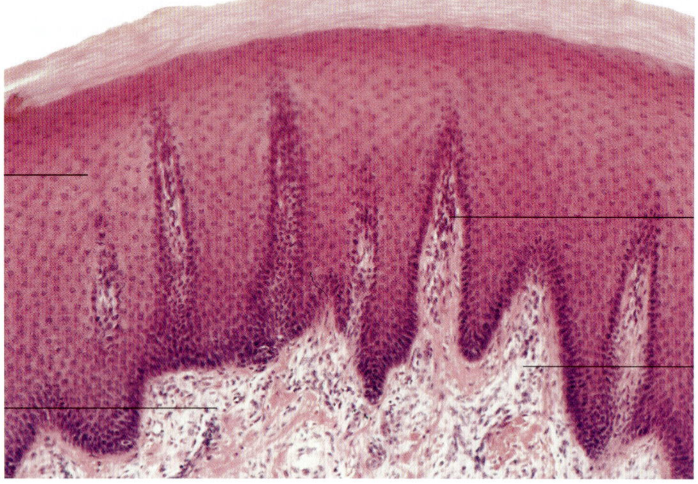


**Abb. 18-5.** Histologischer Schnitt durch den Ballen einer Katze mit ausgeprägtem Papillarkörper.

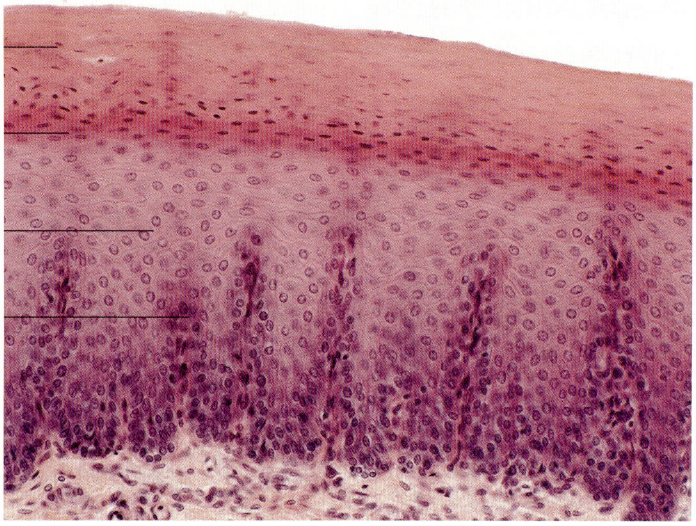


**Abb. 18-6.** Histologischer Schnitt durch die Epidermisschichten aus der Lippe eines Pferdes.

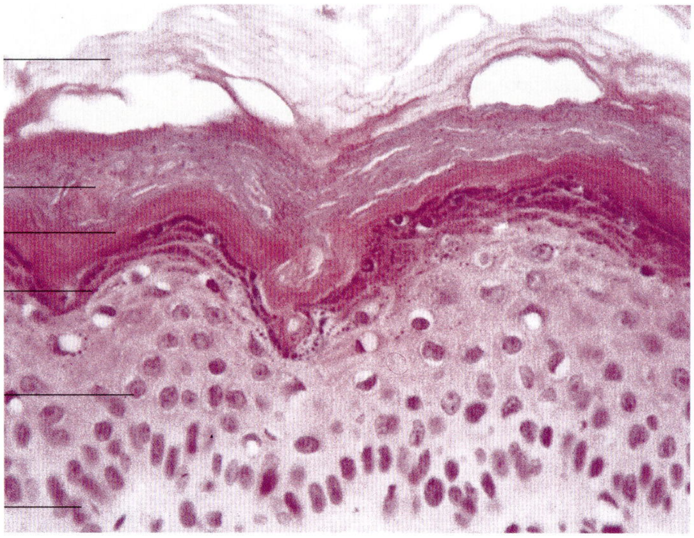


**Abb. 18-7.** Histologischer Schnitt durch die Epidermisschichten aus dem Ballen eines Hundes mit ausgeprägtem Stratum granulosum und verhornten Deckschichten.

von Nährstoffen aus der vaskularisierten Lederhaut in die gefäßlose Oberhaut. Insbesondere unbehaarte Hautzonen mit großer mechanischer Beanspruchung (z.B. Lippen und Ballen) besitzen einen ausgeprägten Papillarkörper. Nährstoffmangel oder ein erhöhter Nährstoffbedarf der Epidermis bewirken eine verstärkte Ausformung (»Zergliederung«) des Papillarkörpers.

## Oberhaut (Epidermis)

Die Oberhaut ist ein **mehrschichtiges, verhornendes Plattenepithel** (Abb. 18-5, 6, 7 u. 8). Der Übergang zu Epithelien angrenzender Schleimhäute an den natürlichen Körperöffnungen ist fließend. Ein sicheres Kriterium zur Abgrenzung der Oberhaut ist das Vorkommen von Bestandteilen des **Epidermalorgankomplexes**, nämlich Haare sowie Talg- oder Schweißdrüsen. Die Stärke der Epidermis variiert stark. In der behaarten Haut ist sie sehr dünn (10–100 µm). An unbehaarten Hautbezirken (z.B. Nasenspiegel) ist sie um den Faktor 10 bis 20 dicker. Die Epidermis der Hautmodifikationen (z.B. Ballen, Huf) wird durch ausgeprägte Hornbildung sogar noch wesentlich stärker (Kronepidermis des Pferdehufes ca. 10 mm). Die Epidermis besteht aus fünf Schichten:

- Stratum basale,
- Stratum spinosum,
- Stratum granulosum,
- Stratum lucidum und
- Stratum corneum.

Die oberflächliche Schicht der abschilfernden Hornzellen wird auch als Stratum disjunctum bezeichnet. Das Stratum lucidum ist ein Lichtbrechungsartefakt junger Hornzellen. Bei den Haussäugetieren tritt dieses regelmäßig im Ballen und am Nasenspiegel von Hund und Katze auf.

Die **Epidermis** schließt vorzugsweise (85%) **Keratinozyten** ein. Diese liegen im Stratum basale der Basalmembran auf, vermehren sich in den basalen Schichten des Epithels durch mitotische Zellteilung und schieben sich zur Oberfläche. Auf diesem Weg durchlaufen die Zellen die mehrstufigen **Differenzierungsprozesse der Keratinisierung** und der **Verhornung**, deren Endprodukt die abgestorbene Hornzelle ist. Der Prozess der ständigen **Neubildung**, **Keratinisierung**, **Verhornung** und schließlich der Abschilferung **(Desquamation)** von Hornzellen wird über einen Feedback-Mechanismus geregelt.

Eine Störung dieses Regelkreislaufs als eine typische Folge von Hautkrankheiten führt häufig zur Ausbildung einer Hyperkeratose.

Ein vollständiger **Generationswechsel** der lebenden Epidermiszellen ist tierartspezifisch verschieden nach 20 bis 30 Tagen abgeschlossen. Die Qualität der Keratinisierung und Verhornung ist wesentlich von der Nährstoffzufuhr abhängig. So ist die Diffusionsfläche an den Seitenflächen der Lederhautpapillen **(peripapillär)** größer als auf den Papillenspitzen **(suprapapillär)** oder zwischen den Papillen **(interpapillär)** (Abb. 18-41). Entsprechend ist das peripapilläre Horn vom inter- und suprapapillär gebildeten Horn strukturell unterscheidbar und besitzt bessere mechanische Eigenschaften. In Hautmodifikationen mit besonders hohen Papillarkörpern führt dies zur Bildung spezifischer Hornzellformationen, beispielsweise zur Differenzierung des Röhrchenhorns (s. auch Abschnitt »Zehenendorgan«, S. 624).

Grundsätzlich kann zwischen einer **weichen** und einer **harten Verhornung** unterschieden werden. Die weiche Verhornung verläuft unter Mitwirkung des Stratum granulosum, die harte Verhornung ohne diese Zellschicht. Für die Epidermis der Haut ist die weiche Verhornung typisch. Der harte Verhornungstyp ist als charakteristische Modifikation in der Epidermis der Zehenendorgane, der Kralle, der Klaue und des Hufes anzutreffen.

**Verhornte Keratinozyten (Hornzellen)** werden durch den Interzellularkitt (»membrane coating material«, MCM) zusammengehalten, weshalb man das Horn auch mit einer Mauer aus Ziegeln (Hornzellen) und Mörtel (Interzellularkitt) vergleicht. Der Interzellularkitt schließt **lipidhaltige Substanzen** ein (z.B. Ceramide), die dem Stratum corneum der Epidermis die Eigenschaft einer semipermeablen Barriere gegen Wasser und wasserlösliche Substanzen verleihen. Fettlösliche Substanzen können die Epidermis dagegen leicht penetrieren. Diese Eigenschaft der Wasserundurchlässigkeit des Stratum corneum ist für die landlebenden Säugetiere und Vögel lebenswichtig und hat deren Landleben überhaupt erst ermöglicht.

Die **Nichtkeratinozyten** stellen zwar nur einen kleinen Teil der Zellen in der Epidermis dar (ca. 15%), sie übernehmen aber wichtige Funktionen in der kutanen Schutzbarriere.

Zu dieser Gruppe sind zu zählen:

- Melanozyten,
- Langerhans-Zellen,
- Merkel-Zellen.

Die Melanozyten sind für die Pigmentierung der Haut verantwortlich. Sie bilden die gelblichen bis schwarzen Pigmentkörnchen **(Melanosomen)**, die sie an benachbarte Keratinozyten abgeben. Intrazellulär bilden die Melanosomen eine »Kappe« über den Keratinozytenkernen und schützen diese so vor der mutagenen UV-Strahlung. In ihrer Gesamtheit verleihen sie der Haut eine Tarnfarbe und tragen mit zur Bildung spezifisch pigmentierter Hautbezirke bei, die eine Signalfunktion für Artgenossen oder Fressfeinde ausdrücken.

Die **Langerhans-Zellen** stehen im Dienste der zellvermittelten Immunantwort in der Epidermis. Langerhans-Zellen werden mit zum **m**ononukleären **P**hagozytose-**S**ystem **(MPS)** gerechnet. Sie spielen eine wichtige Rolle bei Virusinfektionen, Hauttumoren und Kontaktallergien.

Die **Merkel-Zellen** sind insbesondere im Bereich der »Haarscheiben« (Toruli tactiles) zu finden und haben die Funktion von Berührungsrezeptoren. Es sind epitheliale neuroendokrine Zellen, die die Information über einen Berührungsreiz an die intraepithelialen freien Nervenendigungen (s. u.) weitergeben.

## Gefäßversorgung der Haut

Die Blutgefäße zur Versorgung der Haut stammen aus einem **(sub)faszialen, arteriellen Gefäßnetz**, das auch die Unterhaut versorgt. Geschlängelt verlaufende Arterien ziehen in die Lederhaut und bilden hier an der Grenze zur Unterhaut ein weitmaschiges **kutanes Gefäßnetz (Rete arteriosum dermidis)**. Ein zweites engmaschiges **subpapilläres Gefäßnetz (Rete arteriosum subpapillare)** liegt zwischen Stratum papillare und Stratum reticulare und entlässt Kapillarschlingen in die Papillarkörper (Abb. 18-9).

Der Blutabfluss erfolgt über drei koriale **venöse Gefäßplexus (Plexus venosus subpapillaris superficialis et profundus, Plexus venosus dermidis profundus)** (Abb. 18-8). Diese ausgedehnten Gefäßplexus verleihen der Haut die Eigenschaft eines **Blutspeichers**. Über vegetativ steuerbare arteriovenöse Anastomosen kann das Gefäßbett der Haut umgangen werden. Die Beeinflussung der Durchblutungsrate der Haut und damit der Wärmeabgabe ist ein

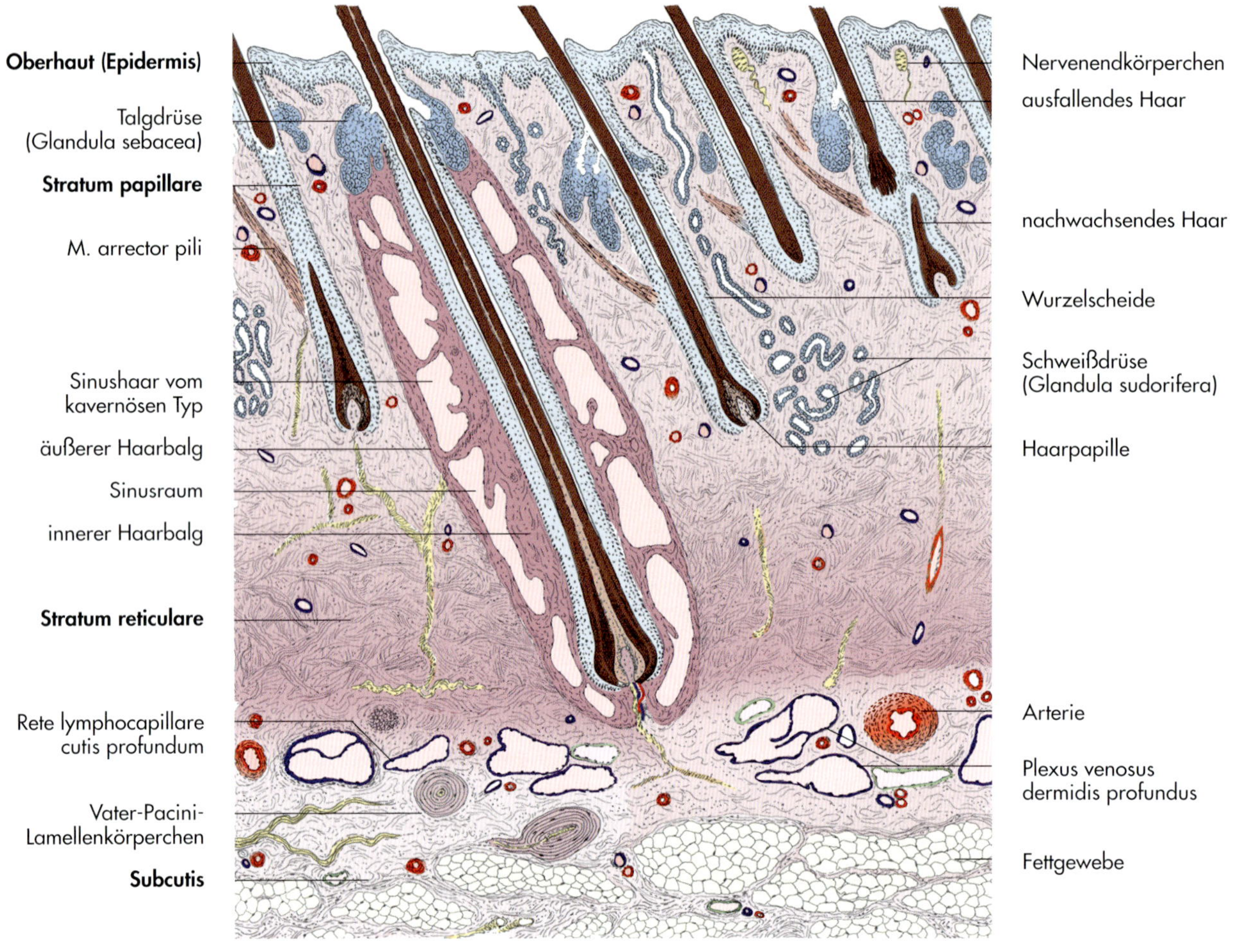


**Abb. 18-8.** Schematische Darstellung der Haut mit der Sonderbildung eines Sinushaars, Liebich, 2004.

wesentlicher Mechanismus der **Thermoregulation des Körpers**. Die Veränderung der Farbe unbehaarter Hautzonen über die Regulation der Durchblutung besitzt eine soziale Signalwirkung (z.B. Erröten des Menschen, Farbveränderungen der Kopfanhänge des Geflügels).

Die **Lymphgefäße** der Haut beginnen unter der Epidermis mit kleinsten Sinusoiden **(Sinus lymphatici initiales)**. Diese münden in modifizierte Lymphkapillaren, die in der Tiefe ein Netzwerk **(Rete lymphocapillare cutis profundum)** bilden, das in das Rete lymphocapillare subcutaneum mündet (Abb. 18-8). Der Abfluss erfolgt über die jeweiligen, meist oberflächlich gelegenen, tastbaren, **tributären Lymphknoten** (z.B. Ln. axillaris, Ln. inguinalis superficialis, Ln. popliteus).

## Nerven und Sinnesorgane der Haut

Die Lederhaut ist – wie auch die Unterhaut – reich an **vegetativen** und **sensiblen Nerven**. Die vegetativen Nerven bilden hier perivaskuläre Geflechte, von denen aus die Blutgefäße, Hautdrüsen und glatte Muskulatur **(Mm. arrectores pilorum)** sympathisch innerviert werden. Eine parasympathische Innervation fehlt in der Haut.

Die sensiblen Nerven bilden Geflechte in der Unterhaut und der Lederhaut **(Plexus nervorum subcutaneus, dermidis et subepidermidis)**. Sie enden hier frei oder mit speziellen Nervenendkörperchen (Abb. 18-8). Ein Teil der freien Nervenenden dringt unter Verlust ihrer Gliascheide auch in die Epidermis ein. Funktionell lassen sich drei Arten von Nervenendigungen (Terminationes nervorum) unterscheiden, die der Druck-, Temperatur- und Schmerzempfindung dienen.

Als **Druck-** und **Berührungsrezeptoren** fungieren die allerorts im Integumentum vorkommenden Nervenmanschetten, die die Haarbälge umschließen. Des Weiteren finden sich in der Epidermis neben freien Nervenendigungen die sog. **»Merkel-Tastscheiben«**, in der Dermis, vorzugsweise im Stratum papillare, die Meissner-Tastkörperchen sowie in der Subcutis die **Vater-Pacini-Lamellenkörperchen** als besondere taktile Strukturen (Abb. 18-8 u. 10).

Die **Temperaturempfindung** erfolgt über Kälterezeptoren (Krause-Endkolben) im Stratum papillare und Wärmerezeptoren (Ruffini-Körperchen) im Stratum reticulare und in der Subcutis (Abb. 18-8). Die **Schmerzempfindung** geht von frei endenden, marklosen und gewundenen Nervenfäserchen aus. Das Rückenmark ist jeweils gleichzeitig für die Innervation bestimmter innerer

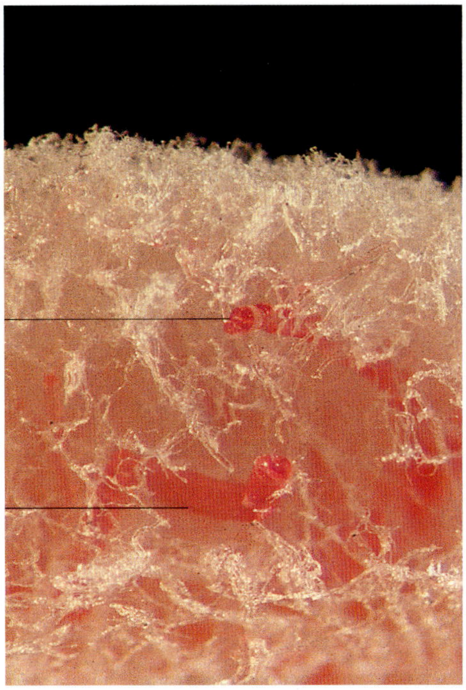


**Abb. 18-9.** Korrosionspräparat der Blutgefäße in der Lederhaut, Präparat Dr. T. Koy, München.

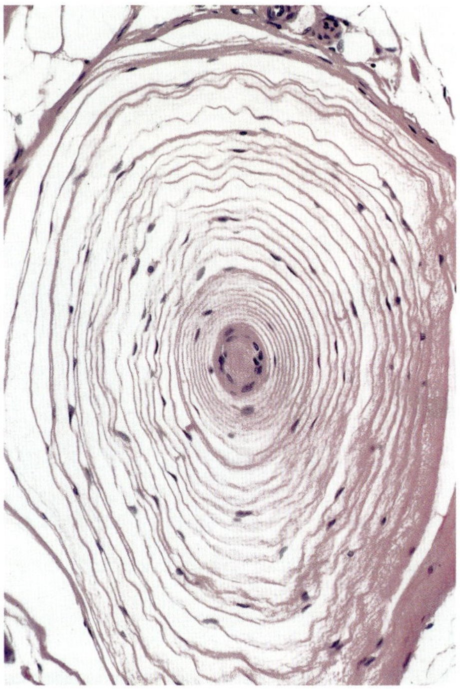

**Abb. 18-10.** Vater-Pacini-Lamellenkörperchen.

Organe und eines bestimmten Hautareals **(Head-Zone)** zuständig. Erkrankungen der inneren Organe können in den zugehörigen Head-Zonen Haarsträuben, Hautrötung und eine herabgesetzte Reizschwelle der Hautsensibilität auslösen **(viszerokutaner Reflex)**. Ein klassisches Beispiel ist die Hypersensibilität der Widerristhaut des Rindes bei einer Fremdkörperretikulitis (Entzündung des Netzmagens nach Verletzung durch abgeschluckten Nagel, Draht etc.).

# Haare (Pili)

## S. Reese

Die Haare sind ein säugetierspezifischer Bestandteil der Haut. Nur wenige Körperregionen (z.B. Nasenspiegel, Ballen, Zitzen, Zehenendorgan etc.) sind haarlos. Auch die Haut der Nackthunde ist nicht wirklich haarlos, sie besitzt vielmehr zahlreiche verkümmerte Haare.

Haare sind elastische, lange und dünne **Hornfäden**, die von der **Epidermis** gebildet werden (Abb. 18-14 u. 15). Am Haar lässt sich das nicht bei jedem Haartyp vorhandene **Haarmark (Medulla pili)** von der **Haarrinde (Cortex pili)** und dem **Haarhäutchen (Cuticula pili)** unterscheiden. Mit ihrem **Schaft (Scapus pili)** ragen sie über die Oberfläche der Haut hinaus. Die **Haarwurzel (Radix pili)**, die nur in der Zeit des Haarwachstums voll ausgebildet ist, steckt schräg in der Lederhaut. Proximal ist sie zur epithelialen **Haarzwiebel (Bulbus pili)** verdickt, die von außen die bindegewebige **Haarpapille (Papilla pili)** umfasst.

Das Haar wird von epithelial-bindegewebigen Schichten umgeben und durch diese in seiner Lage gehalten. Die Haarwurzel steckt in einem **Haarbalg (Folliculus pili)**, der aus einer **epithelialen Wurzelscheide (Vagina epithelialis radicularis)** und einer **bindegewebigen Wurzelscheide (Vagina dermalis radicularis)** besteht (Abb. 18-15). In den Haarbalgtrichter münden in der Regel Talg- und Schweißdrüsen (s. Abschnitt »Hautdrüsen«, S. 613).

Die Haare können durch glatte Muskulatur **(M. arrector pili)** unwillkürlich bewegt werden. Dieser dünne Muskel entspringt im subepidermalen Bindegewebe und inseriert unterhalb der Talgdrüsenmündung in der bindegewebigen Wurzelscheide. Mit ihm können die Haare aufgerichtet werden (Haarsträuben, »Gänsehaut«). Die **Haarfarbe** wird von den in den Hornzellen eingelagerten Melaningranula und dem Grad der Lufteinschlüsse im Haarmark (bedingt die graue Farbe) bestimmt.

## Haararten

Bei den Haussäugetieren können verschiedene Haararten unterschieden werden. Die **Fell-** oder **Deckhaare (Capilli)** sind, mit Ausnahme des Schafes, die für das Fell charakteristischen Haare. Die **Wollhaare (Pili lanei)** sind feine, meist stark gewellte Haare, deren Zahl im Winterfell deutlich höher ist als im Sommerfell. Die Wolle des Schafes wird ausschließlich aus diesem Haartyp gebildet. Beim Hund wird eine unübersichtliche Zahl von nicht sicher definierten Deckhaartypen unterschieden (z.B. Leithaar, Linearhaar, Grannenhaar, Beihaar). Sinnvoller ist die Unterscheidung von **drei Haartypen** nach Bau und Lage des Haarfollikels, nämlich:

- zentrales Primärhaar (Deckhaar),
- laterale Primärhaare (Deckhaare),
- Sekundärhaare (Wollhaare).

Für das Schwein sind die Borstenhaare (Setae) charakteristisch. Sogenannte Gitterhaare sind als Schutz an natürlichen Körperöffnungen ausgebildet (Vibrissae am Naseneingang, Tragi am Gehörgang, Wimpern [Cilia] am Auge) (Abb. 18-11ff.). Langhaar besitzt das Pferd als Mähne (Juba), Stirnschopf (Cirrus capitis), Schweifhaar (Cirrus caudae) und Kötenschopf (Cirrus metacarpeus bzw. Cirrus metatarseus). Der Bart (Barba) der Ziege (Abb. 18-2) und die Schwanzquaste (Cirrus caudae) von Rind und Schwein bestehen ebenfalls aus Langhaar.

**Abb. 18-11.** Feine Gitterhaare (Vibrissae) im Naseneingang eines Pferdes.

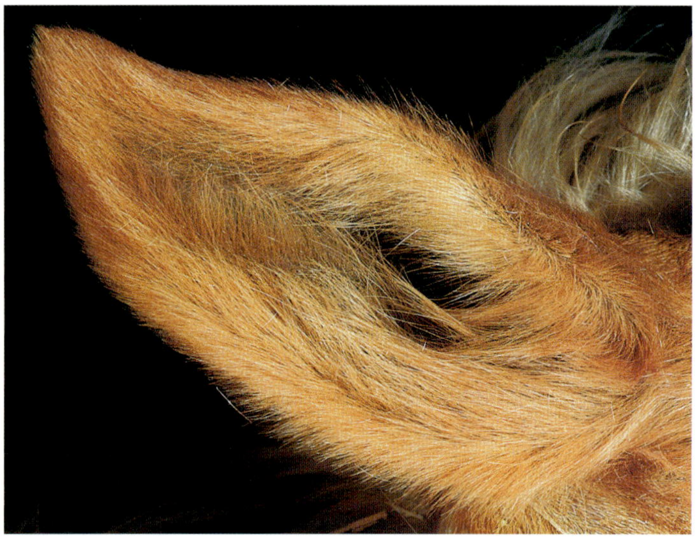

**Abb. 18-12.** Gitterhaare (Tragi) vor dem Eingang in den äußeren Gehörgang eines Pferdes.

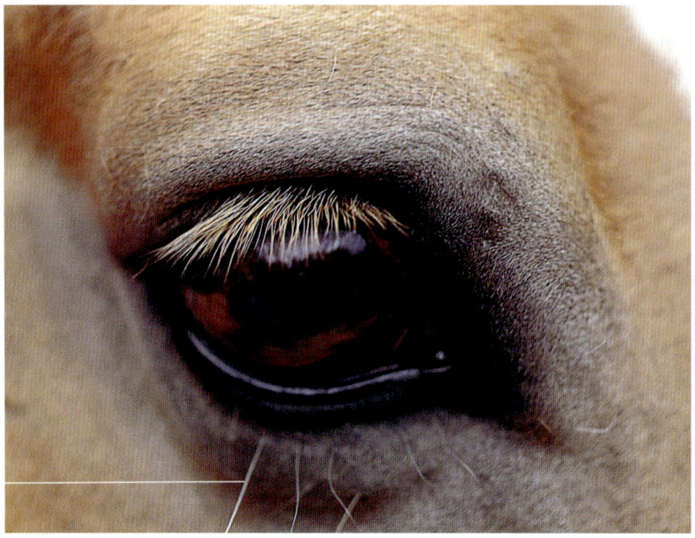


**Abb. 18-13.** Wimpern (Cilia) am oberen Augenlid eines Pferdes.

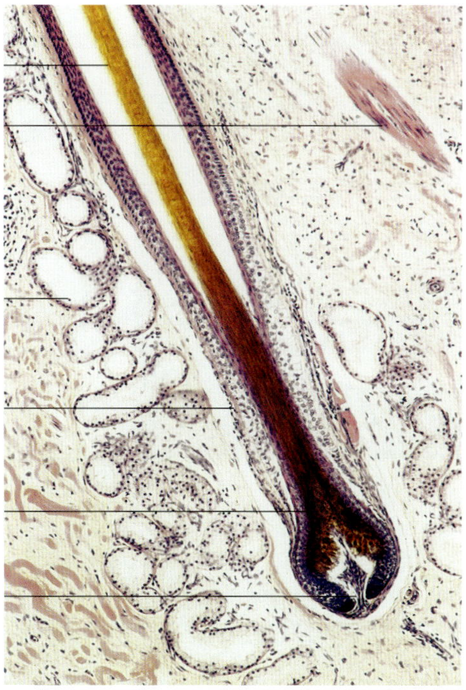


**Abb. 18-14.** Histologischer Schnitt durch eine Haarwurzel, Liebich, 2004.

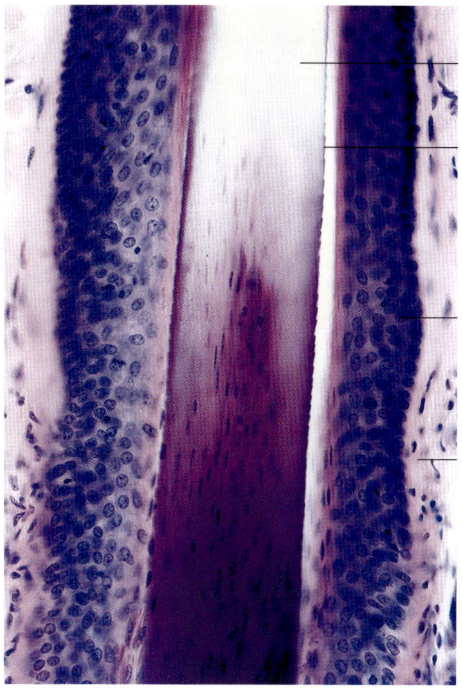


**Abb. 18-15.** Histologischer Schnitt durch ein Haar mit Haarbalg, Liebich, 2004.

**Sinus-** oder **Tasthaare (Pili tactiles)** sind eine Sonderform der Borstenhaare (Abb. 18-8, 16 u. 17). Sie treten – mit Ausnahme der Karpaltasthaare (Pili tactiles carpales) der Katze – nur am Kopf auf. Im bindegewebigen Haarbalg dieser sehr großen und steifen Haare ist ein Blutsinus ausgebildet, dessen Wand von sensiblen Nerven durchflochten ist und das Sinushaar zum hochsensiblen Berührungsrezeptor macht. Nach der Lage werden am Kopf unterschieden:

- Pili tactiles supraorbitales,
- Pili tactiles infraorbitales,
- Pili tactiles zygomatici,
- Pili tactiles buccales,
- Pili tactiles mentales und
- Pili tactiles labiales superiores (»Schnurrhaare der Katze«) et inferiores.

## Haaranordnung

Die Haare stehen bei Pferd und Rind in Reihe, beim Schwein meist einzeln und beim Fleischfresser in Gruppen, die um ein zentrales Haar angeordnet sind. Die gleichmäßige Ausrichtung der schief in der Haut verankerten Haare bewirkt den **Haarstrich (Flumina pilorum)**. Die Anordnung verschiedener Haarstriche zueinander führt zu unterschiedlichen Formationen, die als Haarwirbel (Vortex pilorum convergens et divergens), Haarkamm (Linea pilorum convergens), Haarscheitel (Linea pilorum divergens) und Haarkreuze (Cruces pilorum) bezeichnet werden (Abb. 18-18 u. 19).

Die **Haarlänge** und **-dicke** nehmen vom Rücken zum Bauch ab. Die Haardichte dagegen nimmt vom Rücken zum Bauch zu. Insbesondere bei vielen Hunderassen haben allerdings diese Regeln unter dem Einfluss der Zucht ihre Gültigkeit verloren oder sind vielfach schon in das Gegenteil vertauscht.

## Haarwechsel

**Deck-** und **Wollhaare** durchlaufen einen regelmäßigen Zyklus, der den Haarwechsel im Herbst und Frühjahr bedingt. Gesteuert wird dieser Zyklus von der **Epiphyse (Glandula pinealis)** in Abhängigkeit von der Tageslichtlänge und der Umgebungstemperatur. Nur in seiner Wachstumsphase besitzt das Haar eine voll ausgebildete Haarzwiebel mit teilungsfähigen lebenden Epidermiszellen. Die Mitoserate verringert sich im Laufe des Haarzyklus. Dabei verhornen sämtliche Epidermiszellen, der Bulbus pili bildet sich zurück. Das Haar wird nachfolgend nur noch von der verhornten inneren epithelialen Wurzelscheide im Haartrichter gehalten. Gleichzeitig formen teilungsfähige Zellen aus der äußeren epithelialen Wurzelscheide einen neuen Bulbus pili, der ein neues Haar bildet. Das alte Haar fällt aus, wenn das neu gebildete Haar mit seiner Spitze (Apex pili) die Hautoberfläche erreicht hat.

# Hautdrüsen (Glandulae cutis)

S. Reese

Es werden **zwei Arten** von **Hautdrüsen** (Abb. 18-8) unterschieden:

- Talgdrüsen (Glandulae sebaceae),
- Schweißdrüsen (Glandulae sudoriferae).

Von diesen leiten sich alle anderen Hautdrüsen ab.

Die **Talgdrüsen (Glandulae sebaceae)** sind primär immer mit Haaren vergesellschaftet und münden in den Haarbalgtrichter. Sie werden deshalb auch als Haarbalgdrüsen bezeichnet. Bei so genannten »freien« Talgdrüsen im Gehörgang, am Augenlid (Meibom-Drüsen), an der Lippe und um den After sind die Haare sekundär zurückgebildet. Beim Schwein sind die Talgdrüsen insgesamt nur rudimentär ausgebildet. Das Sekret der Talgdrüsen – der **Talg**

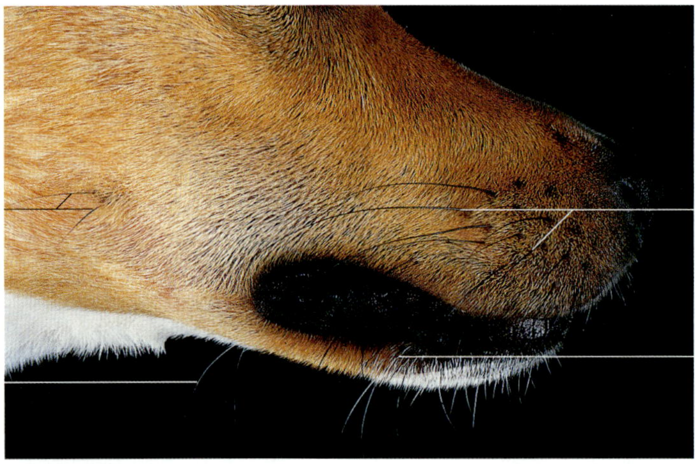


**Abb. 18-16.** Sinushaare am Kopf eines Hundes.

**(Sebum)** – mischt sich mit dem Sekret apokriner Drüsen (s. u.), die ebenfalls in den Haarbalgtrichter münden. Dieses Gemisch bildet einen Lipidfilm auf der Haut, der die Haare und das Stratum corneum geschmeidig hält.

Bei den **Schweißdrüsen (Glandulae sudoriferae)** (Abb. 18-8 u. 14) müssen zwei Typen unterschieden werden, die entweder **apokrin** oder **ekkrin** sezernieren. Die häufigste »Schweißdrüsenart« bei den Haussäugetieren sind **apokrine Drüsen**, die in den Haarbalgtrichter münden. Ihr zähflüssiges bis wässriges Sekret ist leicht alkalisch und für den individualspezifischen Geruch verantwortlich, weshalb diese Drüsenart besser als **Duftdrüse (Glandula odorifera)** zu bezeichnen ist. Beim Pferd sind diese Drüsen besonders zahlreich ausgebildet und münden zusätzlich auf der freien Epidermisoberfläche um die Follikelöffnung. Ihr Sekret ist eiweißreich, weshalb der Schweiß des Pferdes stark schäumt.

Die **ekkrinen Schweißdrüsen** sind nicht an die Haaranlage gebunden und münden deshalb direkt auf der Epidermisoberfläche. Sie produzieren ein saures, wässriges Sekret, den eigentlichen **Schweiß (Sudor)**. Diese Drüsenart ist in der Haut höherer Primaten häufig und für die Ausbildung des Säureschutzmantels beim Menschen verantwortlich (bei den Haussäugetieren pH-Wert 7, beim Menschen pH-Wert 5). Bei den Haussäugetieren findet man sie nur in geringer Zahl und vorzugsweise an schwach bis unbehaarten Hautstellen (z.B. Pfotenballen der Fleischfresser).

## Sonderformen von Hautdrüsen

Hautdrüsen bilden in lokal konzentrierter und teilweise modifizierter Form, teilweise vergesellschaftet mit **Hauteinfaltungen (Sinus cutanei)**, eine Reihe von allgemein oder artspezifisch auftretenden Sonderformen von Drüsen. Bei den einzelnen Haussäugetieren besitzen diese dann besondere Funktionen als **Hautduftorgane**.

Bei Fleischfressern treten modifizierte Drüsen in der Wand der Analbeutel auf, sie werden als **Glandulae sinus paranalis** bezeich-

**Abb. 18-17.** Karpaltasthaare (Pili tactiles carpales) bei einer Katze.

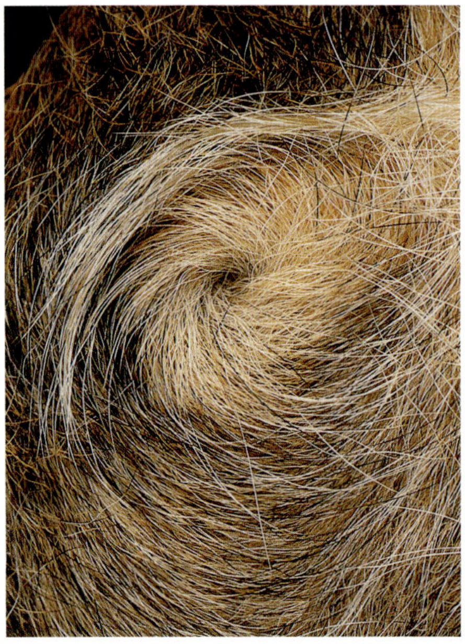

**Abb. 18-18.** Haarwirbel (Vortex pilorum divergens) bei einem Hund.

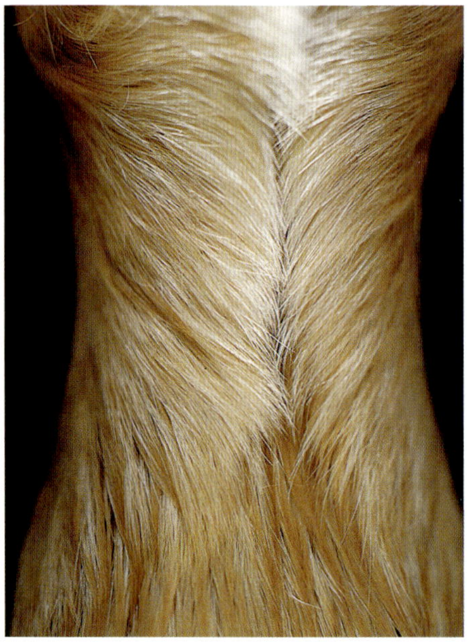

**Abb. 18-19.** Haarkamm (Linea pilorum convergens) bei einem Pferd.

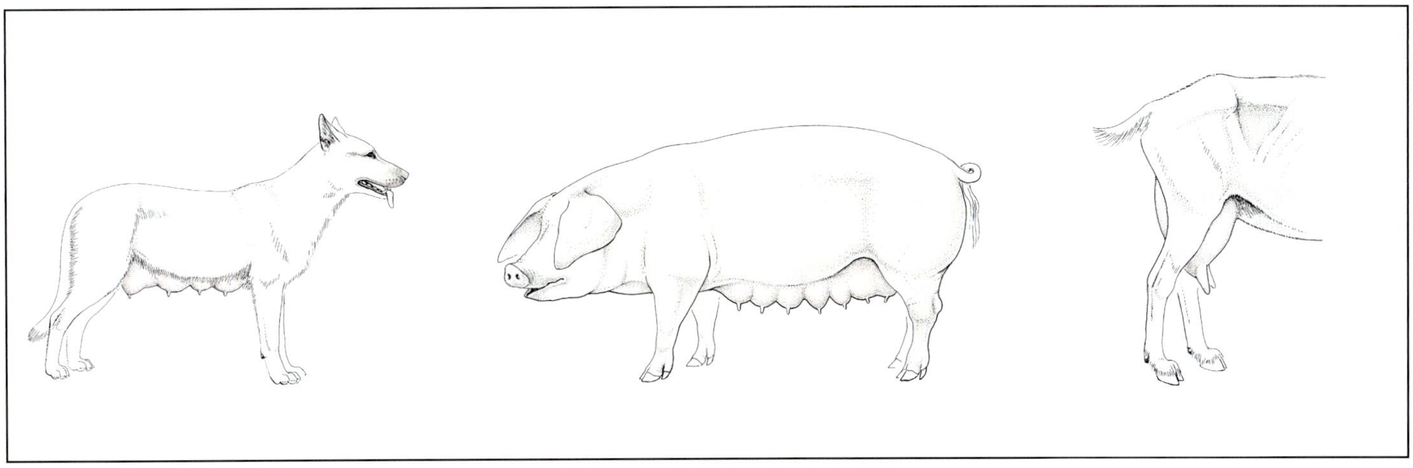

**Abb. 18-20.** Gesäuge bei Hund und Schwein sowie Euter der Ziege.

net. Nur beim Hund sind zusätzlich um den After **Glandulae circumanales** ausgebildet. Bei der Katze und rudimentär beim Hund (klinische Bedeutung insbesondere beim Rüden) bilden Ansammlungen von großen Talgdrüsen auf der Schwanzwurzel **(Glandulae caudae)** das dorsale Schwanzorgan.

Die Katze besitzt um die Mundspalte vergrößerte Talgdrüsen **(Glandulae circumorales)**. Die Drüsen in den Ballen der Fleischfresser und Pferde **(Strahldrüsen)** werden als **Glandulae tori** bezeichnet.

Typisch für das Schwein sind die Kinndrüse oder das **Mentalorgan (Glandula mentalis)** und das **Karpalorgan**, das aus Paketen modifizierter apokriner Drüsen **(Glandulae carpeae)** besteht.

Spezifische Drüsenkomplexe des Schafes sind die **Glandulae sinus infraorbitalis**, die **Glandulae sinus inguinalis** und die **Glandulae sinus interdigitalis** in den entsprechenden Hauteinfaltungen (s. Abschnitt »Haut«, S. 606). Die Ziege besitzt an der Basis der Hörner eine Ansammlung von Talgdrüsen, die **Horndrüse (Glandula cornualis)**.

Sämtliche Haussäugetiere besitzen **Ohrschmalzdrüsen (Glandulae ceruminosae)**, die den **Ohrschmalz (Cerumen)** bilden. Die Befeuchtung der äußeren Nase erfolgt je nach Tierart durch Glandulae plani rostrales, nasolabiales oder nasales. Nur Hund und Katze besitzen im Nasenspiegel keine Drüsen.

Die größte und wichtigste modifizierte Hautdrüse der Säugetiere ist die **Milchdrüse (Mamma)**, weshalb auf deren Bau nachfolgend besonders eingegangen wird.

# Milchdrüse (Mamma)

H. Bragulla und H. E. König

Die Milchdrüse setzt sich aus einer tierartlich unterschiedlichen Anzahl an **Milchdrüseneinheiten (Mammarkomplexen)** zusammen, die bilateralsymmetrisch, parallel der Medianlinie an der ventralen Rumpfwand befestigt sind. Die Milchdrüse der Fleischfresser und des Schweines wird als **Gesäuge** bezeichnet, bei Wiederkäuern und Stuten spricht man vom **Euter (Uber**, griech. **Mastos)** (Abb. 18-20 u. 21). Mikroskopisch-anatomisch ist die Milchdrüse eine **modifizierte exokrine, tubuloalveolär zusammengesetzte Schweißdrüse**, die nur bei den **Säugetieren (Mammalia)** vorkommt. Die **Milch (Lac)** als das charakteristische Sekret der Milchdrüse dient der

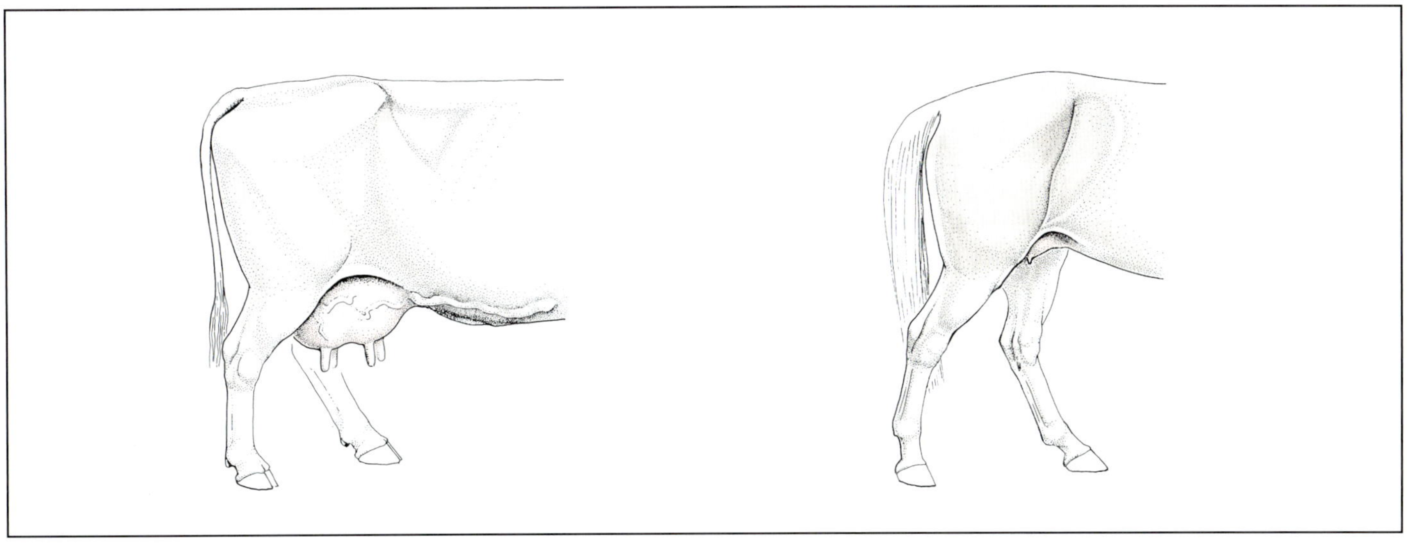

**Abb. 18-21.** Euter von Rind und Pferd.

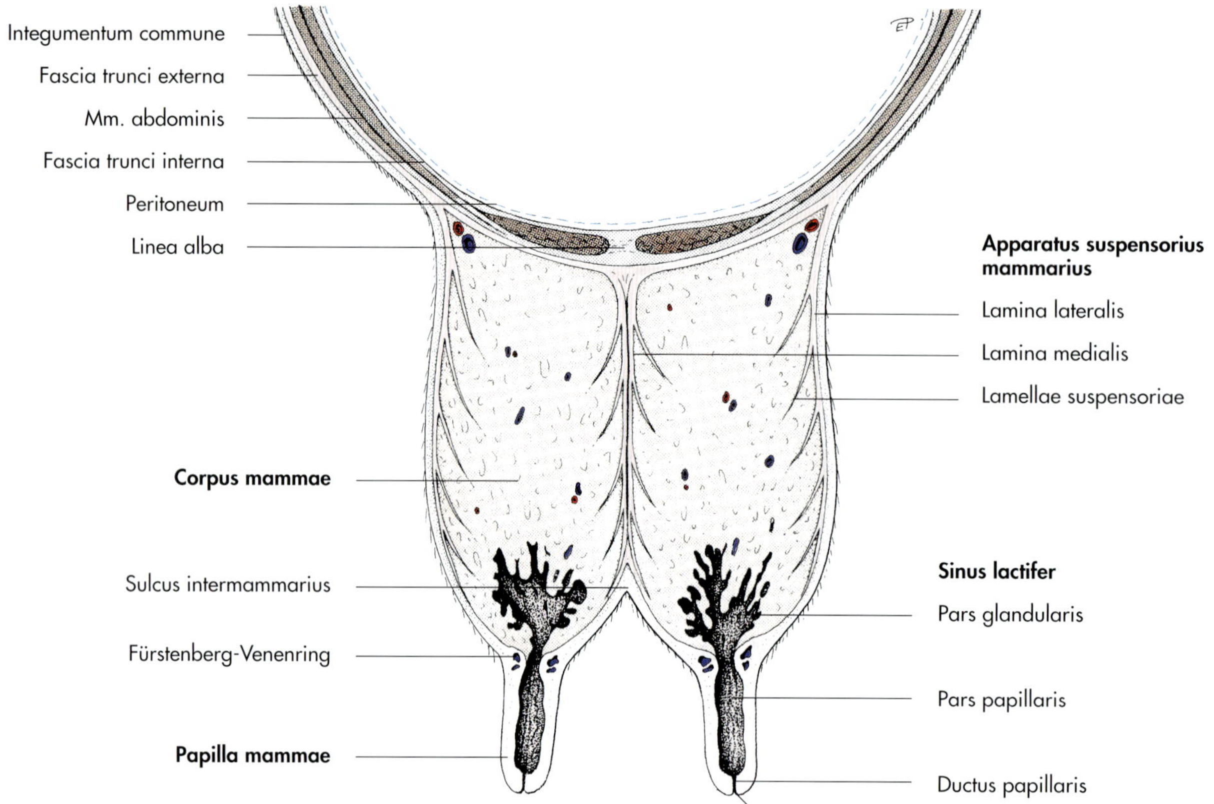


**Abb. 18-22.** Schematische Darstellung des Aufhängeapparates der Milchdrüse (Apparatus suspensorius mammarius), Dyce, Sack und Wensing, 2002.

Ernährung des Neugeborenen. Darüber hinaus verleihen Antikörper (Gammaglobuline), die in der postpartal zuerst sezernierten Milch (Biestmilch, Kolostrum) in hoher Konzentration enthalten sind, dem Säugling eine passive Immunität. Die Milch der Wiederkäuer – insbesondere die des Rindes – ist aufgrund ihrer Zusammensetzung für den Menschen ein hochwertiges Nahrungsmittel. (Näheres s. Lehrbücher der Tierphysiologie und der Ernährungsphysiologie.)

Erkrankungen der Mamma, insbesondere die des Euters und ihre Therapie sind in der tierärztlichen Praxis von vorrangiger Bedeutung. Bei der Hündin kommen tumoröse Erkrankungen des Gesäuges vergleichsweise häufig vor und müssen operativ behandelt werden. Chirurgische Behandlungsoptionen – das Entfernen eines einzelnen Gesäugekomplexes oder einer ganzen Gesäugeleiste (Mastektomie) – setzen anatomische Kenntnisse über den Aufhängeapparat und den Aufbau der Mamma, insbesondere über die Blutgefäßversorgung, die Innervation und das Lymphdrainagesystem voraus.

## Aufhängeapparat der Milchdrüse

Die Milchdrüse ist bei den Haussäugetieren in **unterschiedlicher Ausdehnung** an der ventralen Körperwand, an der **Brust-** und/oder **Bauchwand** (Fleischfresser und Schwein) sowie in der **Leistengegend** (Wiederkäuer und Pferd) befestigt (Abb. 18-20 u. 21). Der **Anheftung der Milchdrüse** dienen Abspaltungen des oberflächlichen und des tiefen Blattes der **äußeren Rumpffaszie (Fascia trunci externa)**, die als **Aufhängeapparat der Milchdrüse (Apparatus suspensorius mammarius)** bezeichnet werden. Der Aufhängeapparat besteht aus den Außen- **(Laminae laterales)** und den elastischen Innenblättern **(Laminae mediales)**, von denen jeweils wiederum dünne Abspaltungen **(Lamellae suspensoriae)** in den Drüsenkörper eindringen (Abb. 18-22).

## Mammarkomplexe

Die Milchdrüse wird in **einzelne Milchdrüseneinheiten** oder **Mammarkomplexe** unterteilt. Die rechten und linken Mammarkomplexe, zusammenfassend auch als linke und rechte **Milchdrüsenleiste** bezeichnet, werden durch einen **Sulcus intermammarius** getrennt. Jeder Mammarkomplex besteht aus einem **Drüsenkörper (Corpus mammae)** und einer **Zitze (Papilla mammae)** (Abb. 18-22).

Die **Größe des Drüsenkörpers** und die **Länge der Zitze** sind individuell verschieden und zudem vom Funktionszustand der Mammae (laktierende oder trockenstehende Milchdrüse) abhängig. Drüsenkörper und Zitze der Mammarkomplexe sind von einer **modifizierten Haut** bedeckt, die auf der einzelnen Zitze haarlos ist und über dem Körper eines Mammarkomplexes tierartlich unterschiedlich spärlich behaart erscheint.

Die **Haut der Milchdrüse** ist normalerweise leicht auf der Unterhaut verschieblich. Bei einer Entzündung eines Mammarkomplexes fehlt diese Verschieblichkeit. Schmerzhaftigkeit, Ödematisierung und erhöhte Temperatur sind meist unvermeidliche Folgen, die mit zur Diagnose von Erkrankungen der Milchdrüse herangezogen werden können.

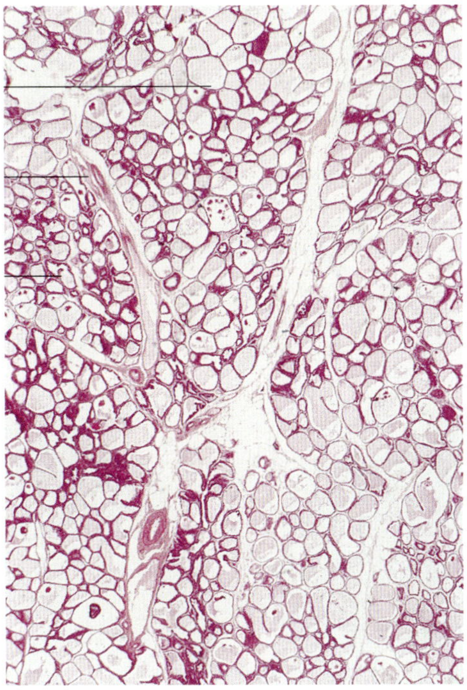


**Abb. 18-23.** Histologischer Schnitt durch das Parenchym einer Milchdrüse eines Rindes mit Drüsenendstücken und bindegewebiger Trennung einzelner Milchdrüsenläppchen (Lobuli glandulae mammariae) (Übersicht).

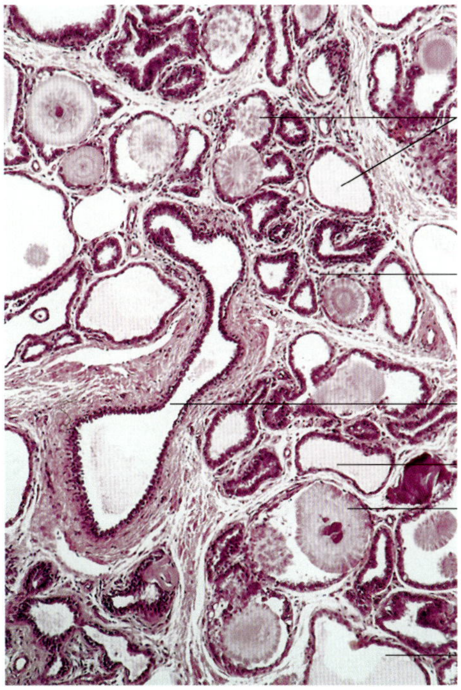


**Abb. 18-24.** Histologischer Schnitt durch das Parenchym einer Milchdrüse eines Rindes (Ausschnitt).

## Bau des Mammarkomplexes

Der einzelne Mammarkomplex enthält einen oder mehrere Milchdrüsenkomplex(e) sowie interstitielles Bindegewebe mit Nerven, Blut- und Lymphgefäßen. Der **Milchdrüsenkomplex** schließt den **Drüsenkörper (Corpus mammae)** ein, der aus dem eigentlichen milchproduzierenden und -sezernierenden **Drüsenparenchym (Glandula mammaria)** und den dazu gehörigen **Leitungsbahnen** im interparenchymatösen **Bindegewebe (Interstitium)** besteht (Abb. 18-22, 25 u. 26). Die Milchdrüsenkomplexe setzen sich nach außen in tierartlich unterschiedlicher Weise in einem Ausführungsgangsystem fort, das in der **Zitze (Strich, Papilla mammae)** endet.

Das **Ausführungsgangsystem** ist als ein vielfach gekammertes **Hohlraumsystem** der jeweiligen Mammarkomplexe zu verstehen, das das Drüsenparenchym mit der **Zitzenöffnung (Ostium papillare)** verbindet. Diese Öffnung wird durch ein tierartlich unterschiedliches muskulöses oder elastisch-bindegewebiges Verschlusssystem ringartig begrenzt.

Man unterscheidet von innen nach außen innerhalb des Drüsenparenchyms verschiedene Abschnitte, denen unterschiedliche Funktionen zukommen (Abb. 18-23ff.):

- Drüsenendstücke (Drüsenalveolen) als Bildungsstätten der Milch,
- Milchgänge (Ductus lactiferi) als Gangsystem für den Transport der Milch und
- Milchzisterne (Milchbucht, Sinus lactifer) als Milchsammelraum.

Die Milchdrüsenläppchen bestehen aus mehreren, zum Teil hintereinander geschalteten Drüsenendstücken (Drüsenalveolen). Diese sind mit einem einschichtigen isoprismatischen Epithel ausgekleidet. Sie bilden und sezernieren die Milch. Diese Konstruktion ist charakteristisch für den Bau einer Stapeldrüse. Zwischen den einzelnen Drüsenendstücken ziehen Bindegewebssepten mit Nerven und Gefäßen. Dickere Bindegewebszüge fassen mehrere Drüsenläppchen zu Milchdrüsenlappen zusammen (Abb. 18-23 u. 24).

In den basalen Buchten der Milchzisterne münden mehrere große **Milchgänge (Ductus lactiferi)**, ausgekleidet mit einem geschichteten isoprismatischen Epithel (Abb. 18-24). Diese Gänge sind stark verzweigt und geben in ihrer Anordnung den Bau der Milchdrüse in Lappen und Läppchen wieder. Danach nimmt jeder einzelne Milchgang die Milch aus einem der verschiedenen **Milchdrüsenlappen (Lobi glandulae mammariae)** auf, die ihm über kleine Drüsengänge aus den einzelnen **Milchdrüsenläppchen (Lobuli glandulae mammariae)** des Drüsenparenchyms zufließt. Die Milchdrüsenläppchen sind in ihrer Struktur als **tubulär zusammengesetzte Drüse** einer Weintraubendolde vergleichbar.

Die **Milchzisterne** wird von der Zitzenöffnung aus durch einen kurzen, engen **Zitzen-** oder **Strichkanal (Ductus papillaris)**, ausgekleidet von einer mehrschichtigen verhornten Schleimhaut, erreicht. Die Zisterne dient als **Sammelraum** für die Milch und lässt einen distalen Abschnitt in der Zitze **(Pars papillaris sinus lactiferi)** und proximal einen Drüsenteil **(Pars glandularis sinus lactiferi)** unterscheiden. Letzterer liegt bereits innerhalb des Drüsenkörpers und stellt sich als mehrfach gekammertes, großlumiges Hohlraumsystem dar (Abb. 18-22, 25 u. 26). Die Grenze zwischen Strichkanal und Zitzenteil wird durch eine Schleimhautfalte, die **Fürstenberg-Rosette**, markiert. Ein Venenplexus, der **Fürstenberg-Venenring**, liegt zwischen Zitzenteil und Drüsenteil. Dieser ist bei einer Amputation der Zitze zu beachten, um einen erheblichen Blutverlust zu vermeiden.

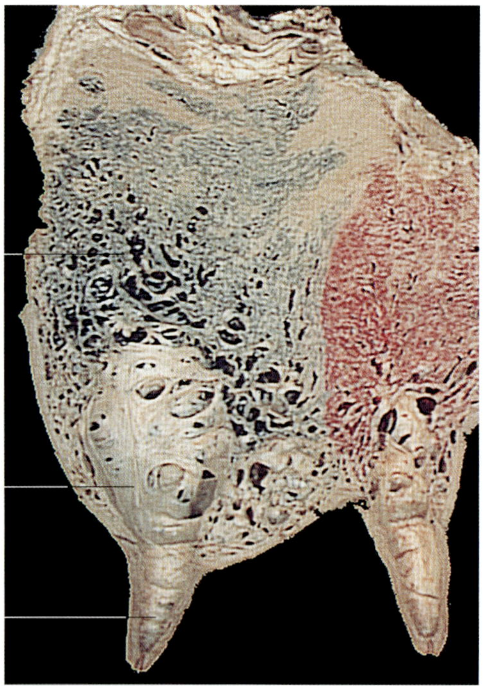


**Abb. 18-25.** Sagittalschnitt durch das Drüsengewebe vom Vorder- und Hinterviertel eines Rindereuters. Die unterschiedlich farbige Markierung verdeutlicht die vollständige Trennung des Drüsenparenchyms.

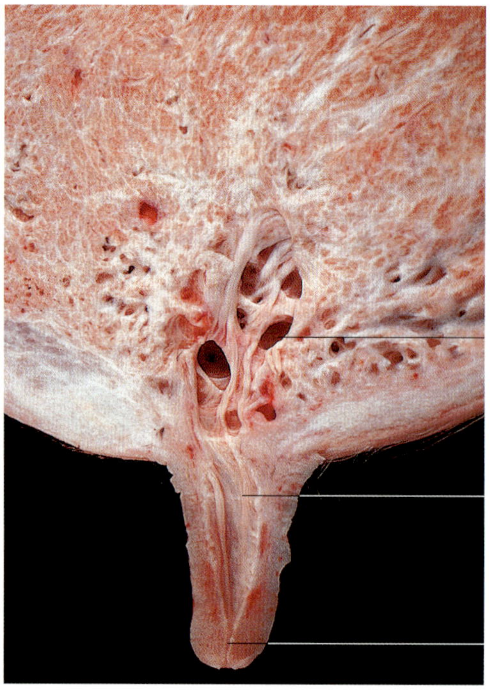


**Abb. 18-26.** Sagittalschnitt durch die Zitze (Papilla mammae) eines Rindes, Aufnahme PD Dr. S. Reese, München.

## Blutgefäßversorgung

Die Blutgefäßversorgung der Milchdrüse leitet sich von den oberflächlichen Gefäßen der ventralen Körperwand ab (Abb. 18-27 u. 29).

### Arterien

Die arterielle Blutzufuhr für die auf der **ventralen Brustwand** gelegenen Mammarkomplexe erfolgt über die Rami mammarii der A. epigastrica cranialis superficialis (Abb. 12-20), die als Ast der A. thoracica interna die ventrale Brustwand durchdringt. Weitere Rami mammarii können aus den segmentalen Rami intercostales ventrales der A. thoracica interna entspringen.

Die an der ventralen **Bauchwand** und in der **Leistengegend** befestigten Mammarkomplexe erhalten das zuführende Blut aus Ästen der A. pudenda externa über die Rami mammarii der A. epigastrica caudalis superficialis. Das Versorgungsgebiet der A. epigastrica caudalis superficialis schließt die kaudalen abdominalen Mammarkomplexe ein, dasjenige der A. epigastrica cranialis superficialis erfasst die thorakalen und die kranialen abdominalen Mammarkomplexe.

### Venen

#### Ventrale Brustwand

Der venöse Blutabfluss aus den **thorakalen Mammarkomplexen** erfolgt in die V. epigastrica cranialis superficialis, die in die V. epigastrica cranialis mündet. Diese Vene leitet das Blut in die V. thoracica interna ab.

#### Ventrale Bauchwand und Leistengegend

Die V. epigastrica caudalis superficialis nimmt das Blut aus den **abdominalen** und **inguinalen Mammarkomplexen** auf und führt es der V. epigastrica caudalis zu, die in die V. pudenda externa mündet. Funktionell bedeutsam für die Blutversorgung sind Anastomosen zwischen den kranialen und kaudalen Aa. epigastricae superficiales bzw. den kranialen und kaudalen Vv. epigastricae superficiales. Die tierartlichen Unterschiede der Blutgefäßversorgung der Milchdrüse werden bei der speziesspezifischen Beschreibung dieses Organs angesprochen.

## Lymphatisches System

Die Lymphe wird aus der Milchdrüse regionären Lymphknoten zugeleitet. Aus den thorakalen und kranialen abdominalen Mammarkomplexen fließt die Lymphe in die Lymphonodi axillares. Die kaudalen abdominalen und inguinalen Mammarkomplexe leiten ihre Lymphe den **Lymphonodi inguinales superficiales** (oder **mammarii**) zu, die an der Basis der inguinalen Mammarkomplexe liegen und hier tastbar sind. Da Tumorzellen aus den Mammatumoren über die Lymphgefäße der Milchdrüse abwandern und in den regionären Lymphknoten abgefangen werden können, werden die Lnn. axillares et inguinales superficiales bei einer Mastektomie prophylaktisch ebenfalls entfernt.

## Innervation

Die Innervation der Milchdrüse erfolgt einerseits über **sensible Leitungsbahnen** der Haut und der Zitzen, andererseits über **autonome (sympathische** und **parasympathische) Nervenfasern**. Die thorakalen Mammarkomplexe erhalten ihre sensible und autonome Innervation über Rami mammarii laterales et mediales der Hautäste der Nn. intercostales, die auch als Ventraläste der Nn. thoracici bezeichnet werden. Die ventralen Hautäste des N. iliohypogastricus (cranialis et caudalis), ilioinguinalis und genitofemoralis stellen die Innervation der Haut der abdominalen und inguinalen Mammar-

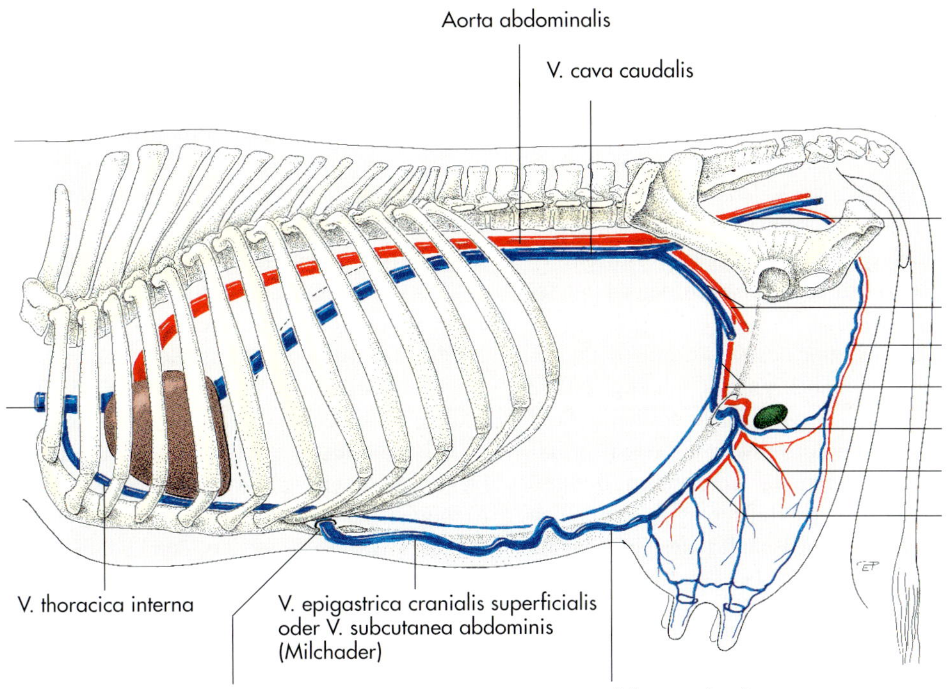


**Abb. 18-27.** Die wichtigsten Gefäße zur Versorgung des Rindereuters.

komplexe her. Darüber hinaus werden die inguinalen Mammarkomplexe durch einen Ramus mammarius des Ramus cutaneus distalis nervi pudendi innerviert. Äste des N. genitofemoralis dringen tief in den Drüsenkörper ein.

### Neurohormonaler Reflexbogen

Die sensible Innervation der Zitzen und der Milchdrüsenhaut stellt den afferenten Schenkel des neurohormonalen Reflexbogens dar, der für das Einsetzen und Aufrechterhalten der Milchsekretion in den einzelnen Mammarkomplexen von besonderer Bedeutung ist. Nervale Reize, ausgelöst durch das **Saugen** an den Zitzen und das **Massieren des Mammarkomplexes**, werden über diesen sensiblen Schenkel zum **Zentralnervensystem** geleitet. In den Kerngebieten des **Hypothalamus** wird daraufhin das Hormon **Oxytozin** produziert, das nachfolgend über die **Neurohypophyse** in das Blutgefäßsystem ausgeschüttet wird und via **Zirkulation** in die Milchdrüse gelangt. Hier löst Oxytozin eine **Kontraktion** der **myoepithelialen Korbzellen** an den Drüsenendstücken der Milchdrüse aus, wodurch die Milch in die Ausführungsgänge und den Sammelraum gepresst wird.

Dieses **»Einschießen«** der Milch wird durch das bei Stress ausgeschüttete Hormon Adrenalin gestört, indem die Oxytozinwirkung an den myoepithelialen Korbzellen unterdrückt wird.

## Entwicklung der Milchdrüse (Mammogenese)

Die Entwicklung der Milchdrüse erfolgt einerseits pränatal im Zuge der fetalen Entwicklung des Individuums, unabhängig vom Geschlecht, und andererseits postnatal nur bei weiblichen Individuen während der Pubertät und der Gravidität. Die Milchdrüse wird auch als akzessorische Geschlechtsdrüse des weiblichen Genitales bezeichnet. Die Entwicklung zum voll funktionsfähigen Organ ist abhängig von den weiblichen Geschlechtshormonen, insbesondere von Progesteron und Prolaktin, und findet deshalb erst gegen Ende der ersten Trächtigkeit statt.

Die Zitze entsteht bei den Wiederkäuern und beim Pferd durch das Wachstum des mesenchymalen Gewebes (Areolargewebe) als **Proliferationszitze**. Bei den Fleischfressern und beim Schwein entwickelt sich durch das Wachstum des Areolargewebes eine von einem Warzenhof umgebene **Eversionszitze**, wie sie für den Menschen charakteristisch ist.

**Postnatal** ist die Milchdrüse bei beiden Geschlechtern relativ unscheinbar, da ihre Zitzen vergleichsweise klein und kurz sind. Die Drüsenkörper sind kaum ausgebildet. Das Ausführungsgangsystem der Milchdrüse besteht nur aus dem Strichkanal, dem Sammelraum (Zisterne) und den Anlagen der Sammelgänge, die als kurze solide Epithelsprossen angelegt sind. In diesem Entwicklungszustand verharrt die Milchdrüse bei männlichen Individuen normalerweise zeitlebens.

**Während der Pubertät** kann auch bei einzelnen männlichen Tieren unter dem vorübergehenden Einfluss eines erhöhten Östrogenspiegels eine weitere Entwicklung der Mammarkomplexe erfolgen, wie sie natürlicherweise nur bei weiblichen Tieren vorkommt.

Im Verlaufe der pubertären Entwicklung reifen bei weiblichen Tieren Follikel in den Eierstöcken, wodurch der Östrogenspiegel im Blut steigt. In der Milchdrüse erfolgt durch die erhöhte Östrogenkonzentration einerseits eine Proliferation des Binde- und Fettgewebes als sogenannter Platzhalter, andererseits wachsen die Epithelsprossen als Anlagen der Ductus lactiferi weiter aus. Dabei teilen sie sich mehrmals, wodurch die kleinen Sammelgänge angelegt werden. Diese Proliferation der Milchdrüsenanlagen ruht dann bis zur ersten Trächtigkeit.

**Während der ersten Trächtigkeit** entstehen weitere Generationen von Ausführungsgängen der Milchdrüse durch Wachstum und Teilung der Epithelsprossen. In der zweiten Hälfte der Trächtigkeit werden unter Verdrängung des platzhaltenden Fettgewebes die teilweise noch soliden Drüsenendstücke der Milchdrüse ausgebildet.

Gegen Ende der Trächtigkeit entwickelt sich unter dem Einfluss von Progesteron, Östrogen und Prolaktin in diesen Drüsenendstücken ein Lumen, die Drüsenzellen beginnen nachfolgend mit der Produktion von Milch (**Laktopoese**).

Dabei erfolgt vorrangig die Sekretion des Kolostrums, der sogenannten **Biestmilch**. Diese ist proteinreich, enthält Immunglobuline und kann durch beigemengte Erythrozyten leicht rötlich gefärbt sein. Dem Kolostrum kommt für die Ausbildung der passiven Immunisierung des Neugeborenen durch die enthaltenen Immunglobuline eine entscheidende funktionelle Bedeutung zu. Zusätzlich wird der Biestmilch auch laxierende Eigenschaft zugeschrieben, die zum Abgang des **Mekonium (Darmpech)** bei den Neugeborenen führen soll.

## Milchsekretion (Laktation)

Die Milchsekretion kann schon einige Stunden bis wenige Tage vor der Geburt einsetzen (erste Milchtropfen auf der Zitzenspitze). Dies wird als Hinweis auf die kurz bevorstehende Geburt angesehen. Post partum wird die Produktion und Sekretion von Milch nur in den Milchdrüsen – respektive Mammarkomplexen – aufrechterhalten, die vom Neugeborenen genutzt werden. Durch das Saugen an der Zitze bzw. durch die Massage des Drüsenkörpers mit den Pfoten oder mit der Schnauze wird der neurohormonale Reflexbogen (s. o.) und damit das Milchdrüsengewebe fortlaufend stimuliert. In den nicht genutzten Mammarkomplexen wird das Drüsengewebe alsbald zurückgebildet.

Die **Rückbildung (Involution)** des Milchdrüsengewebes erfolgt am Ende der Laktationsperiode natürlicherweise nach dem Entwöhnen des Neugeborenen durch das Muttertier oder (künstlich) durch das Absetzen (Trennen) des Jungtieres vom Muttertier. Bei der Involution der Milchdrüse gehen die sezernierenden Drüsenzellen in den Drüsenendstücken und in den Ausführungsgängen zugrunde. Das Drüsengewebe wird durch Fett- und Bindegewebe ersetzt. Diese Umbauvorgänge sind für die klinische Beurteilung der Konsistenz der einzelnen Mammarkomplexe von Bedeutung. Die Größe der Mammarkomplexe nimmt wieder ab, sie erreicht aber keinenfalls wieder die Ausgangsgröße eines Organes, das noch nicht laktiert hat.

### Gesäuge (Mamma) der Fleischfresser

Das Gesäuge besteht bei der Hündin aus einer rechten und einer linken **Gesäugeleiste**, die sich von der ventralen Brustwand bis zur Leistengegend ausdehnt (Abb. 18-20). Dieses wird als **thorakoinguinale Lage** bezeichnet. Jederseits sind in der Regel **fünf Mammarkomplexe** ausgebildet, die entsprechend ihrer Lage als kraniale und kaudale thorakale Mammarkomplexe, als kraniale und kaudale abdominale sowie als inguinale Mammarkomplexe bezeichnet werden. Bei der Katze liegt das Gesäuge auf der ventralen Brust- und Bauchwand (**thorakoabdominale Lage**).

**Jeder Mammarkomplex** enthält bei Hund und Katze zwischen **fünf** und **zwanzig (Milch-)Drüsenkörper**, deren Ausführungsgangsystem mit je einem **Ductus papillaris** bzw. mit je einem **Ostium papillare** auf der Zitzenspitze mündet. Das juvenile, nichtlaktierende Gesäuge ist mit seinen kurzen Zitzen meist im Haarkleid verborgen. Die einzelnen Mammarkomplexe des laktierenden Gesäuges haben annähernd die **Form einer Halbkugel**. Ihre Größe ist rassespezifisch, aber auch individuell sehr variabel. Sie sind durch seichte Furchen voneinander getrennt. Der deutliche **Sulcus intermammarius** trennt die linke und rechte Gesäugeleiste.

Das **Gesäuge der Hündin** wird aufgrund des tierartlich besonderen **Sexualzyklus** bei jedem Zyklus angebildet, auch wenn keine Trächtigkeit vorliegt. Dieses häufige An- und Zurückbilden des Gesäuges und damit des Drüsengewebes wird für das vergleichsweise häufige Auftreten von Mammatumoren mitverantwortlich gemacht.

Die **Blutzufuhr** zu den thorakalen Mammae des Gesäuges der Fleischfresser erfolgt zusätzlich über Rami mammarii laterales der A. thoracica lateralis.

Die **Lymphe** fließt aus dem kranialen thorakalen Mammarkomplex nicht nur dem **Axillarlymphknoten (Lymphonodus axillaris)** zu, sondern gelangt in einzelnen Fällen auch in den **Buglymphknoten (Lymphonodus cervicalis superficialis)**. Aus dem kaudalen abdominalen Mammarkomplex kann die Lymphe auch direkt in die **mittleren Darmbeinlymphknoten (Lymphonodi iliaci mediales)** abfließen.

Die Lymphe aus dem kranialen abdominalen Mammarkomplex kann sowohl dem Axillarlymphknoten als auch den oberflächlichen Leistenlymphknoten (Lnn. inguinales superficiales) zufließen. Darüber hinaus werden auch Lymphgefäßverbindungen zwischen dem Ln. inguinalis superficialis der rechten und dem der linken Seite beschrieben. Diese **Variationen im Lymphabfluss der Mammarkomplexe** sind bei Mammatumoren für das Auffinden von Tumormetastasen von klinischer Bedeutung.

### Gesäuge (Mamma) des Schweines

Das Gesäuge des Schweines besteht aus einer linken und einer rechten **thorakoinguinalen Gesäugeleiste**, die jederseits aus meist **sieben Mammarkomplexen** besteht (Abb. 18-20). Jeder Mammarkomplex wiederum enthält **zwei** oder **drei Milchdrüsen**.

Das **hoch laktierende Gesäuge** des Schweines ist sehr deutlich ausgeprägt. Es hängt an der ventralen Körperwand und besteht aus faustgroßen halbkugeligen Mammarkomplexen, die von vergleichsweise kurzen Zitzen überragt werden. Die **Mammarkomplexe** der rechten und linken Körperseite liegen häufig nicht auf der gleichen Transversalebene, sondern sind **leicht versetzt zueinander** angeordnet. Diese Anordnung soll das Erreichen der Zitzen erleichtern, wenn das Muttertier auf der Seite liegend die Ferkel säugt. Einzelne ungenutzte Mammarkomplexe sind deutlich kleiner als die laktierenden, von den Ferkeln benutzten, wodurch das Gesäuge des Schweines eine unregelmäßige Form erhält. Die ausreichende **Milchleistung** des hochlaktierenden Gesäuges ist beim Schwein insbesondere in den ersten Lebenswochen für den Aufzuchterfolg der Ferkel von besonderer wirtschaftlicher Bedeutung. Dies gilt vorzugsweise für puerperale Erkrankungen der Zuchtsau (**Metritis-Mastitis-Agalaktie-Syndrom**), die eine herabgesetzte Laktationsleistung des Gesäuges zur Folge haben.

Beim Schwein münden **zwei** oder **drei Strichkanäle gemeinsam** auf der **Zitzenspitze** in einer normalerweise nur flachen Tasche. Bei einer Fehlentwicklung der Zitze kann die Tasche so tief sein,

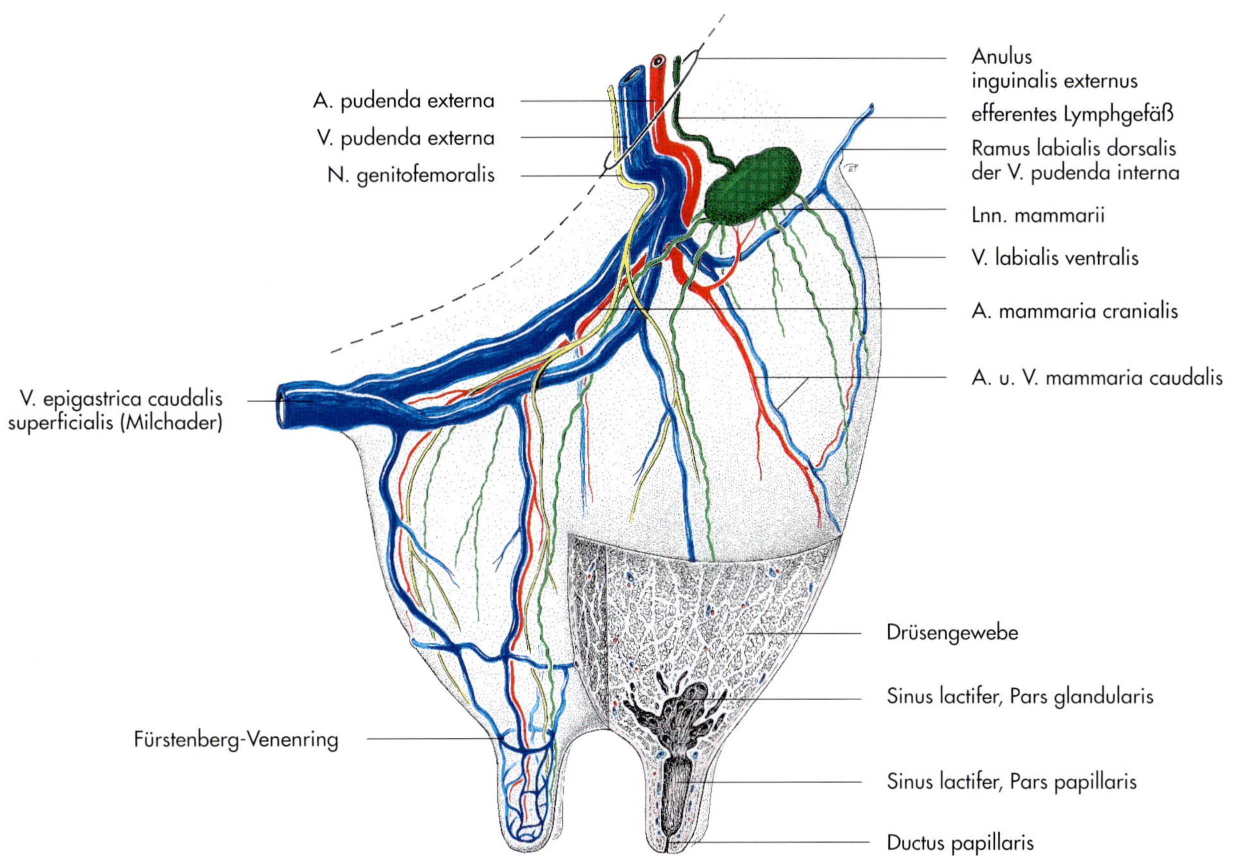


**Abb. 18-28.** Nerven und Gefäße eines Rindereuters, Ellenberger und Baum, 1943.

dass die Ferkel beim Saugen diese Tasche zusammendrücken und dann keine Milch abfließen kann.

Die thorakalen Gesäugekomplexe erhalten beim Schwein ihr Blut zusätzlich über Rami mammarii laterales der A. thoracica lateralis.

## Euter (Uber) der kleinen Wiederkäuer

Bei Ziege und Schaf liegt das Euter in der **Regio inguinalis** (Abb. 18-20). Es besteht aus einer rechten und einer linken Euterhälfte, die nur je **einen Mammarkomplex** enthält. Auf der linken wie auf der rechten Zitze mündet nur ein **Strichkanal (Ductus papillaris)**. Jede Euterhälfte enthält daher nur **einen Drüsenkomplex** mit dem typischen Hohlraumsystem. Die Lymphe aus dem Euter soll beim Schaf auch direkt den Lnn. iliofemorales und iliaci mediales zufließen.

Die Bedeutung der Schaf- bzw. der Ziegenmilch für die menschliche Ernährung zeigt sich in der Züchtung spezieller Rassen, die eine erhöhte Milchleistung aufweisen.

## Euter (Uber) des Rindes

Das Euter des Rindes besteht aus **zwei Mammarkomplexen je Körperseite**, die in der **Regio inguinalis** an der ventralen Körperwand befestigt sind (Abb. 18-21). Umgangssprachlich werden die insgesamt **vier Mammarkomplexe** als **Euterviertel** – rechtes und linkes **kraniales (Bauch-)** bzw. rechtes und linkes **kaudales (Schenkel-)Viertel** – bezeichnet.

Der von kaudal zwischen den Oberschenkeln sichtbare Teil des Euters wird **Milchspiegel** genannt. Die Eignung der Kuhmilch für die menschliche Ernährung führte zur Züchtung von Rinderrassen mit erhöhter Milchleistung und verlängerter Laktationsdauer gegenüber den ursprünglichen Rinderrassen.

Das Euter erreicht in der Hochlaktation je Euterviertel eine **unterschiedlich maximale Größe**. Die **Zitzen** des laktierenden Kuheuters sind dann etwa daumenstark und können sich auf die Länge eines Zeigefingers verlängern (Abb. 18-30). Auf der abgerundeten Zitzenkuppe mündet der Strichkanal. Ein unvollständig geschlossener Strichkanal erleichtert aufsteigende bakterielle Entzündungen des Euters (Mastitis). Ein enger, teilweise verlegter Strichkanal behindert den Milchabfluss.

Mit Milch gefüllt hat ein hochlaktierendes Euter ein **erhebliches Gewicht**, das den **Aufhängeapparat** des Euters, insbesondere die elastischen medialen Aufhängebänder, **stark dehnt**. Die Zitzen eines prall gefüllten Euters weisen deshalb nach vorne und außen, da die elastischen medialen Aufhängebänder des Euters stärker gedehnt werden als die überwiegend aus straffem Bindegewebe bestehenden lateralen Bänder. Auf jeder Zitze mündet nur ein Strichkanal. Jedes Euterviertel enthält dementsprechend nur einen Drüsenkomplex.

Von klinisch-praktischer Bedeutung ist die Trennung der Drüsenkomplexe zwischen den beiden Vierteln einer Körperseite, aber

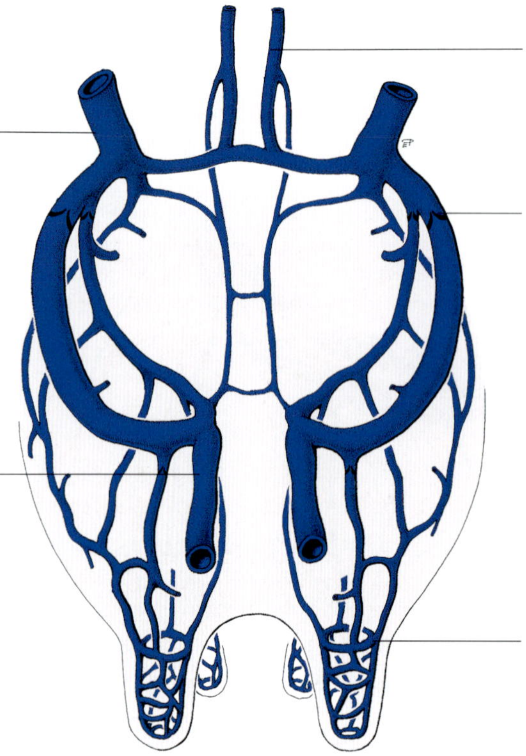


**Abb. 18-29.** Venen des Rindereuters, nach Najbrt, 1982.

auch zwischen den Körperseiten, z.B. bei der Amputation einer Euterhälfte. Entzündliche Erkrankungen der Milchdrüse **(Mastitis)** in Folge einer aszendierenden bakteriellen Infektion können deshalb auf ein Euterviertel beschränkt sein. Antibakterielle Medikamente müssen dann auch in jedes erkrankte Euterviertel separat injiziert werden.

Das Euter verfügt über natürliche Abwehrmechanismen. Bakterielle Infektionen durch den Strichkanal werden durch die speziellen Proteine und Lipide in der Hornzellschicht der Strichkanalschleimhaut verhindert.

Angepasst an die hohe Laktationsleistung ist das **Blutgefäßsystem des Euters**, das die erheblichen Blutmengen, die das Kuheuter durchfließen müssen, zu- bzw. abführt. So durchströmen bis zu 600 l Blut zur Produktion eines Liters Milch das Euter. Diese Gefäße fallen durch ihren großen Durchmesser auf. Sie werden gesondert benannt.

Die **Hauptarterie für das Euter** der Kuh ist die **A. pudenda externa**. Sie durchzieht den Leistenspalt und tritt von dorsokaudal an die Euterbasis heran. Sie bildet eine siphonartige S-förmige Biegung und teilt sich in eine vordere **A. mammaria cranialis** und eine hintere **A. mammaria caudalis** (Abb. 18-27). Die beiden Euterarterien anastomosieren mit der von kranial herantretenden **A. epigastrica caudalis superficialis**, die mit der **A. epigastrica cranialis** in Verbindung steht (Abb. 12-20 u. 21). Von kaudal zieht zusätzlich an das Euter der Ramus labialis dorsalis et mammarius, ein Ast der A. pudenda interna (Abb. 18-27).

Die **V. epigastrica cranialis superficialis** zeichnet sich bei Milchkühen durch die Haut auf der ventralen Bauchwand ab. Diese Vene wird bei den Wiederkäuern, wie bei Schwein und Pferd, als **V. subcutanea abdominis** benannt. Sie weist an der Stelle ihres Eintrittes in die Körperwand eine Erweiterung auf, das sog. **»Milchnäpfchen«**. Beim Rind wird das Blut aus dem Euter zusätzlich über die als V. mammaria caudalis bezeichnete V. labialis ventralis der V. pudenda interna abgeführt (Abb. 18-27 u. 29). Die V. epigastrica caudalis superficialis wird bei den Wiederkäuern auch als **V. mammaria cranialis** bezeichnet.

Der Hauptabfluss des venösen Blutes erfolgt über die **V. pudenda externa**.

Die **Anastomose der V. epigastrica caudalis superficialis** mit der **V. epigastrica cranialis superficialis**, die sog. **»Milchader«**, wird im Verlaufe der ersten Laktation ausgeweitet. Dabei sollen die **Klappen in diesen Venen insuffizient** werden, wodurch ein Blutfluss in beiden Richtungen möglich wird.

Bei der Kuh können **überzählige Mammarkomplexe** am Euter ausgebildet sein. Das Auftreten von überzähligen Zitzen **(Nebenzitze, Zwischenzitze** oder **Afterzitze)** wird als Hyperthelie (griech. thelos = Spross) bezeichnet. Entspringen solche überzähligen Zitzen als sog. **»Beizitzen«** auf der (Haupt-)Zitze eines Euterviertels, behindern sie das Melken und müssen deshalb entfernt werden. Ist an diese zusätzlichen Zitzen auch Drüsengewebe angeschlossen, spricht man von **Hypermastie**. Bakterielle Infektionen der überzähligen Drüsenkomplexe stören das Allgemeinbefinden des Tieres und führen zu einer verminderten Milchleistung.

## Euter (Uber) des Pferdes

Das Euter der Stute liegt in der **Leistengegend** zwischen den Oberschenkeln. Es besteht aus **zwei Euterhälften**, die durch einen tiefen **Sulcus intermammarius** getrennt werden. Jede Euterhälfte besteht nur aus **einem Mammarkomplex** mit je einer kurzen, **bilateral**

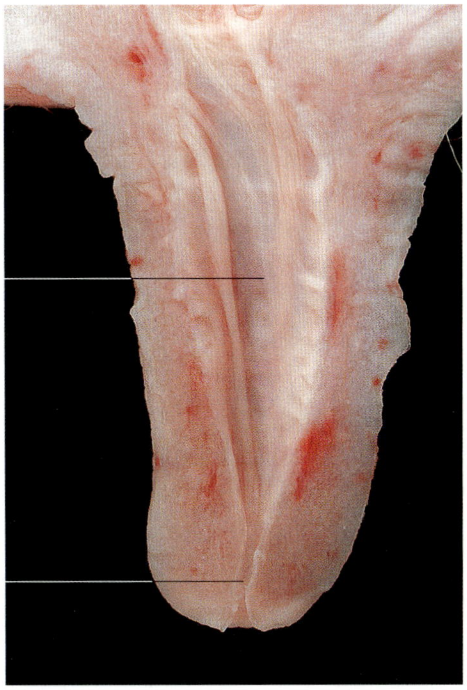


**Abb. 18-30.** Sagittalschnitt durch die Zitze (Papilla mammae) eines Rindereuters mit einem Strichkanal (Ductus papillaris), Aufnahme PD Dr. S. Reese, München.

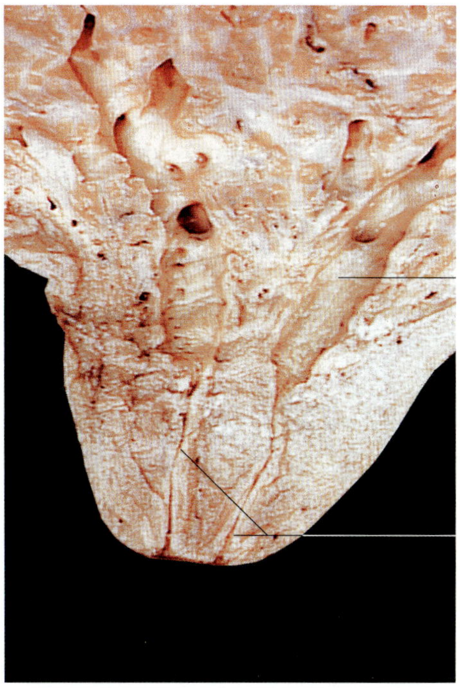


**Abb. 18-31.** Sagittalschnitt durch die Zitze (Papilla mammae) eines Stuteneuters mit zwei Strichkanälen (Ductus papillares).

**komprimierten kegelförmigen Zitze**, deren Haut auffallend stark pigmentiert und schwach behaart ist. Auf der Zitzenspitze münden in der Regel zwei Strichkanäle, zuweilen können auch einer bzw. drei ausgebildet sein. Sollte nur ein Strichkanal entwickelt sein, schließt sich diesem auch nur ein Drüsenkomplex an (Abb. 18-31).

Der einzelne rechte bzw. linke Mammarkomplex enthält **je zwei Drüsenkomplexe**, deren Hohlraumsysteme voneinander getrennt sind, obwohl das Drüsengewebe ohne sichtbare Grenze ineinander übergeht. Bei der Stute entspringen auf der Kuppe der Euterzitze in der Nähe der Strichkanalöffnungen häufig einzelne Haare. Das Auftreten solcher Haare weist auf die (phylogenetische) Entwicklung der Milchdrüse aus einer apokrinen Schweißdrüse hin.

**Klinische Ausdrücke**, die mit anatomischen Namen in Zusammenhang stehen: Mastitits, Mastektomie, Mammographie.

# Ballen (Tori)

## S. Reese

Die Ballen sind stark modifizierte Bezirke des Integumentum commune palmar bzw. plantar an der **Hand (Manus)** bzw. dem **Fuß (Pes)**. Sie fangen die bei der Fußung auftretenden Kräfte elastisch ab **(Stoßbrechung)** und schützen die Hand- bzw. Fußknochen vor **Druckbelastung**. Die Subcutis der Ballen ist zu einem mächtigen Polster entwickelt. Ihre Fettzellen sind inkompressibel und kammerartig von elastischen Bindegewebssepten umgeben, vergleichbar den Gelkissen in Laufschuhen. **Haltebänder (Retinacula)** durchdringen die modifizierte Unterhaut und verankern die Ballen an der Hand- bzw. Fußfaszie. Gut entwickelte Spannbänder der Metakarpal- bzw. Metatarsalballen sorgen für eine feste Verankerung an der knöchernen Unterlage. Der Papillarkörper der Ballenlederhaut ist in Anpassung an hohe mechanische Belastungen stark ausgeprägt. Die Ballenepidermis bildet eine besonders dicke Hornschicht. Grundsätzlich sind **drei Gruppen von Ballen** ausgebildet:

- ein Hand- bzw. Fußwurzelballen (Torus carpeus bzw. tarseus) mediopalmar bzw. -plantar am Karpus bzw. Tarsus,
- die Mittelhand- bzw. Mittelfußballen (Torus metacarpeus bzw. metatarseus) palmar bzw. plantar des Zehengrundgelenks (Art. metacarpophalangea bzw. metatarsophalangea),
- die Zehenballen (Torus digitalis) palmar bzw. plantar am Zehenendglied.

Die Zahl der Mittelhand- bzw. -fuß- und Zehenballen entspricht der Anzahl der ausgebildeten Zehen. Bei den Huftieren ist der Zehenballen in das Zehenendorgan integriert und wird dann als Torus ungulae bezeichnet, dessen detaillierte Beschreibung im Abschnitt »Klaue«, S. 634, bzw. »Huf«, S. 644, erfolgt.

Die proximalen Ballen haben bei den Haussäugetieren mit der Aufrichtung der Gliedmaße zur **digitigraden Fußung** (Fleischfresser) bzw. **unguligraden Fußung** (Huftiere) ihre Funktion verloren. Diese Ballen sind infolgedessen meist nicht oder nur als Rudiment in modifizierter Form (Kastanie, Sporn des Pferdes) ausgebildet.

Voll ausgebildete, aber weitgehend funktionslose **Karpalballen** sind bei Hund und Katze entwickelt. Beim Pferd sind Karpal- und Tarsalballen in stark modifizierter Form als so genannte **Kastanie** ausgeprägt (Abb. 18-33).

Hund und Katze besitzen an jeder Pfote einen **Mittelhand-** bzw. **Mittelfußballen**, der aus der Vereinigung der Ballen der 2. bis 4. Zehe entstanden ist (Abb. 18-32). Bei den Zehenspitzengängern haben auch diese Ballen ihre Funktion verloren und sind deshalb nicht ausgebildet. Eine Ausnahme bildet das Pferd, bei dem als Ballenrudiment der **Sporn (Calcar metacarpeum** bzw. **metatarseum)** vorhanden ist (Abb. 18-34).

**Abb. 18-32.** Ballen am linken Vorderfuß eines Hundes.

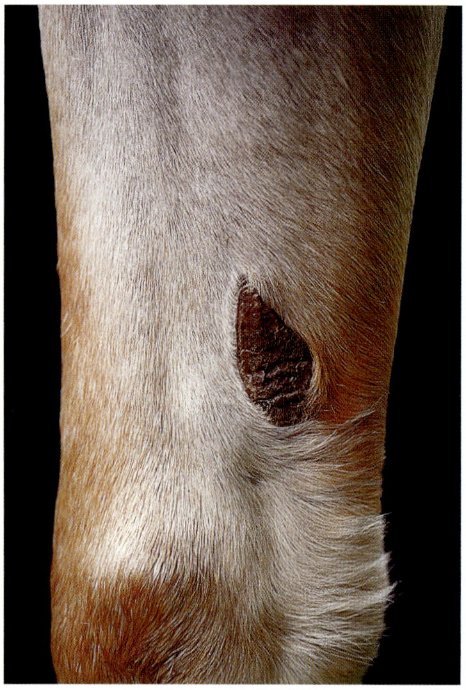

**Abb. 18-33.** Kastanie als Rudiment des Torus carpeus proximomedial des Karpus eines Pferdes.

Distale **Zehenballen** besitzen Hund und Katze an jeder Zehe, wobei derjenige der 1. Zehe nicht in die Fußung einbezogen ist (Abb. 18-32). Zahlreich vorhandene ekkrine Schweißdrüsen (Glandulae tori) bewirken, dass »schwitzende« Hunde und Katzen feuchte Pfotenabdrücke hinterlassen. Alle Klauentiere haben an der 3. und 4. Zehe einen Zehenballen. Nur beim Schwein sind diese auch an der 2. und 5. Zehe ausgebildet (Afterklauenballen) (Abb. 18-35). Beim Pferd wird der distale Teil des Zehenballen wegen seiner besonderen Form als Strahl (Cuneus ungulae) bezeichnet.

# Zehenendorgan (Organum digitale)

K.-D. Budras, H. E. König, Chr. Mülling und S. Reese

Das Zehenendorgan ist die von stark verhornter und modifizierter äußerer Haut umhüllte Gliedmaßenspitze einschließlich der eingeschlossenen Strukturen des Stütz- und Bewegungsapparates. In Anpassung an die verschiedenen Belastungs- und Nutzungsformen haben sich phylogenetisch **drei artspezifische Grundformen** entwickelt, nämlich:

- die **Kralle (Unguicula)** mit dem Zehenballen als häufigste und wahrscheinlich ursprünglichste Form (z.B. bei den Fleischfressern),
- der **Nagel (Unguis)** mit der Fingerbeere als typisches Zehenendorgan der Primaten und
- die **Klaue** bzw. der **Huf (Ungula)** als Anpassung der Paar- und Unpaarhufer (Artiodactyla bzw. Perissodactyla) an den Zehenspitzengang.

## Funktion

Das Zehenendorgan hat sich primär als **Schutz** der Gliedmaßenspitzen gegen ihre hohe mechanische Belastung ausgebildet. Sekundär hat es eine Reihe weiterer Funktionen erhalten. Es dient als:

- Werkzeug (Graben, Scharren, Kratzen, Krallen, Fassen kleiner Gegenstände),
- Sinnesorgan (hohe Berührungssensibilität, insbesondere der Ballen) und
- Waffe.

Seine Bedeutung für die Fußung ist tierartlich sehr verschieden. Katzen schützen die Kralle vor Abnutzung durch Zurückziehen in eine Hautfalte und fußen nur auf den Ballen. Pferde als extreme Zehenspitzengänger fußen dagegen nur auf dem Tragrand des Hufes (entspricht dem Fingernagelrand).

## Segmenteinteilung

Im engeren Sinne versteht man unter dem Zehenendorgan nur die **Hülle aus modifiziertem Integumentum commune**. Diese lässt sich immer in **fünf Segmente** gliedern, die bei den verschiedenen Säugetieren homolog sind. Man unterscheidet (Abb. 18-36):

- Saumsegment (Limbus),
- Kronsegment (Corona),
- Wandsegment (Paries),
- Sohlensegment (Solea) und
- Ballensegment (Torus digitalis bzw. ungulae, die Fingerbeere der Primaten).

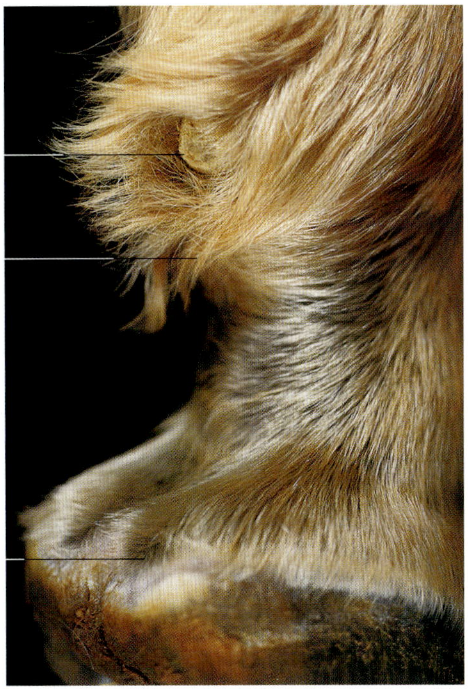


**Abb. 18-34.** Sporn (Calcar metacarpeum) als Rudiment des Torus metacarpeus und Zehenballen (Torus ungulae) eines Pferdes.

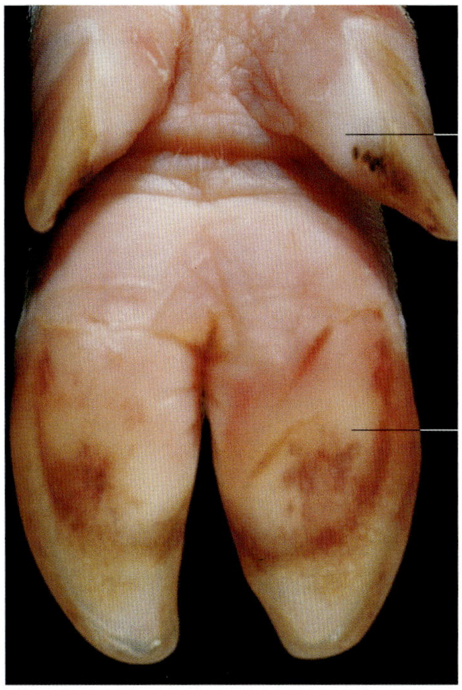


**Abb. 18-35.** Zehenballen an Haupt- und Afterklauen eines Schweines.

Die einzelnen Segmente lassen sich aufgrund ihrer Lage, Struktureigentümlichkeiten und ihrer Hornproduktion eindeutig voneinander abgrenzen. Wesentliche Merkmale, deren Ausprägung allerdings speziesspezifisch stark variieren kann, sind die Ausbildung oder das Fehlen einer Subcutis, die Form des Papillarkörpers (Leisten, Blättchen, Papillen) und die Struktur des Stratum corneum (Verhornungstyp, Hornarchitektur). Sofern die Zuordnung bei äußerer Betrachtung nicht gelingt, ist die Abgrenzung auf dem Längsschnitt durch das Zehenendorgan oder nach Exungulation (Ausschuhen) möglich.

Für die vergleichende anatomische Betrachtung der Segmenteinteilung ist proximal am Nagel des Menschen oder der Kralle der Fleischfresser eine **Einfaltung der Lederhaut** zur **Nagel-** oder **Krallentasche**, die die Nagel- bzw. Krallenwurzel einschließt, ein wichtiger Anhaltspunkt. Die äußere Begrenzung der **Nageltasche (Krallentasche)** durch den **Wall (Vallum)** ist außen mit behaarter Haut bedeckt und innen zum haarlosen saumhornproduzierenden **Wallsegment (Saumsegment)** modifiziert.

Das **Saumsegment** schlägt im knöchernen Krallenfalz in das **Kronsegment** um, zwischen beiden Segmenten befindet sich die Nagel- bzw. Krallenwurzel. An Klaue und Huf dehnt sich durch die extreme Streckung und Verlängerung des Gliedmaßenendes die Einfaltung bis auf den unscheinbaren **Saumfalz (Sulcus limbi)** aus, der dem Grund der Nagel- bzw. Krallentasche entspricht. Im Saumfalz befindet sich ebenfalls die Grenze zwischen dem **Saumsegment (Limbus)** und dem **Kronsegment (Corona)**. Bei allen Spezies schließt sich distal des Kronsegments das **Wandsegment (Paries)** an. Es geht in Höhe des Margo solearis der Phalanx distalis (Os unguiculare bzw. ungulare) palmar bzw. plantar in das **Sohlensegment (Solea)** über. Proximal des Sohlensegments schließt sich das **Ballensegment (Torus digitalis, Torus ungulae)** an, dessen distaler Teil beim Pferd wegen seiner Ausformung als **Strahl (Cuneus ungulae)** bezeichnet wird.

## Hornkapsel (Capsula ungularis)

Das Zehenendorgan bildet – mit Ausnahme des Zehenendorgans Nagel – eine feste Hornkapsel, die das Zehenende umgibt und bei den Fleischfressern als **Krallentüte** sowie bei den Huftieren als **Klauen-** bzw. **Hufkapsel** bezeichnet wird. An der Bildung der Klauen- bzw. Hufkapsel sind alle **fünf Segmente** beteiligt, während der Ballen nicht in die Krallentüte integriert ist.

An der **Hornkapsel** lassen sich eine **Platte (Paries corneus, Lamina)** und eine **Grundfläche (Facies solearis)** unterscheiden (Abb. 18-37).

### Platte (Paries corneus, Lamina)

Die Platte wird vom **Saum-**, **Kron-** und **Wandsegment** gebildet und entspricht dem **Fingernagel (»Nagelplatte«)** der Primaten. Von außen nach innen besteht sie aus einem (Abb. 18-38):

- Stratum externum (Saumhorn, Glasurschicht, Eponychium [griech. Onyx, Onychos = Nagel]),
- Stratum medium (Kronhorn, Schutzschicht, Mesonychium),
- Stratum internum (Wandhorn, Verbindungsschicht, Hyponychium).

### Grundfläche (Facies solearis)

An der **Bildung der Grundfläche** sind beteiligt:

- die distale Kante der Platte, der Tragrand (Margo solearis),
- das Sohlensegment und
- das Ballensegment (nur bei Huf und Klaue).

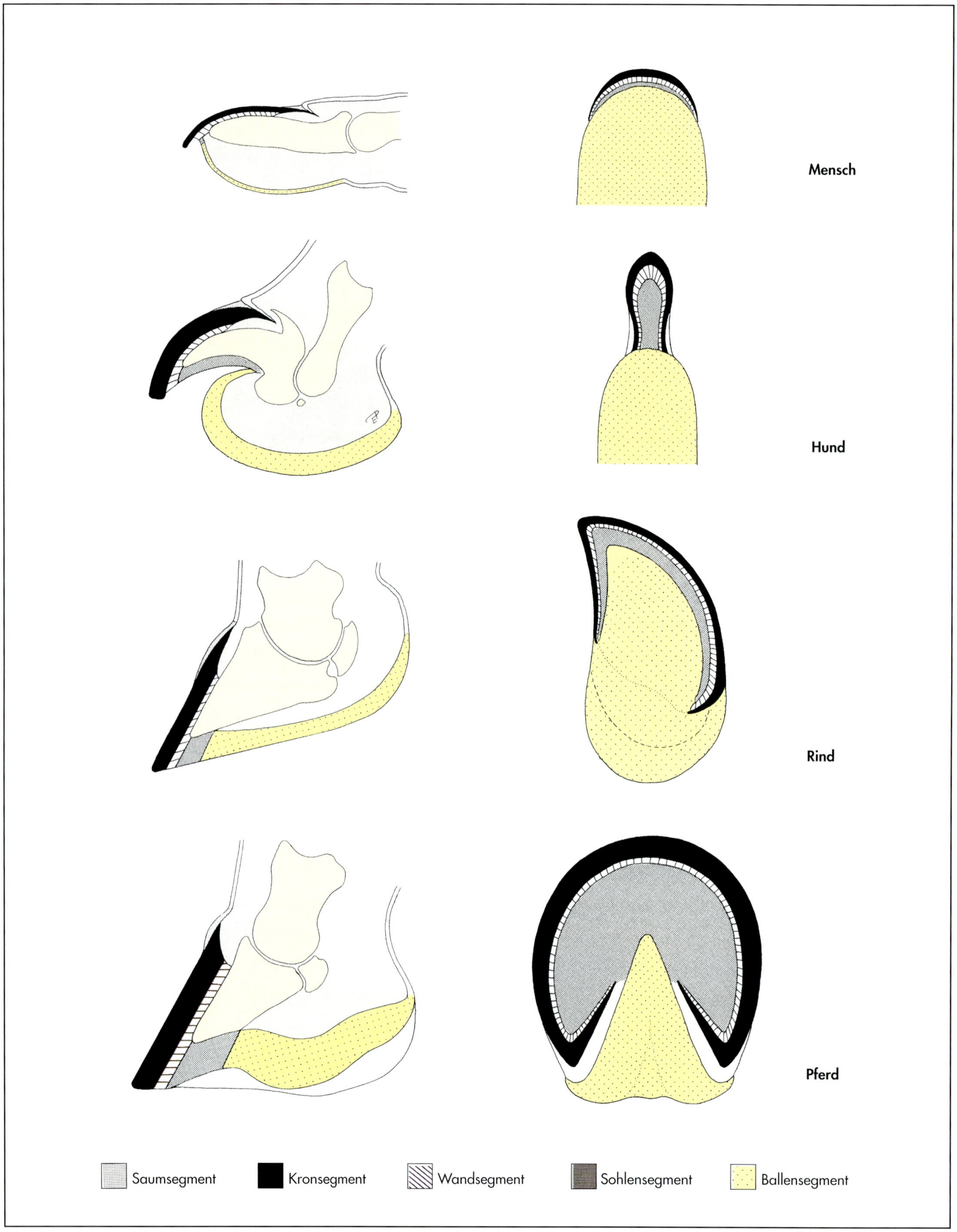


**Abb. 18-36.** Schematische Darstellung der Segmentgliederung der Zehenendorgane (Nagel [Unguis], Kralle [Unguicula], Klaue [Ungula] und Huf [Ungula]) im Sagittalschnitt und in der Ansicht auf die Grundfläche (Facies solearis), nach Zietzschmann, 1918, und nach Mülling, 1993.

**Abb. 18-37.** Sagittalschnitt durch die Hufkapsel (Capsula ungularis) eines Pferdes.

Das am Tragrand sichtbare Stratum internum der Platte (im Wandsegment gebildetes Horn!) ist die Weiße Linie (Zona alba), der anatomisch nicht korrekt häufig auch das innere unpigmentierte (weiße) Kronhorn zugerechnet wird. Die Weiße Linie bildet eine flexible Verbindung zwischen dem Kronhorn, das den weitaus größten Teil der Platte bildet, und dem Sohlenhorn.

Es lassen sich auf der **Grundfläche** an der Fußung beteiligte **Flächen (Facies contactus)** von frei schwebenden Abschnitten **(Facies fornicis)**, deren Ausdehnung tierartlich stark variiert, unterscheiden (Abb. 18-39).

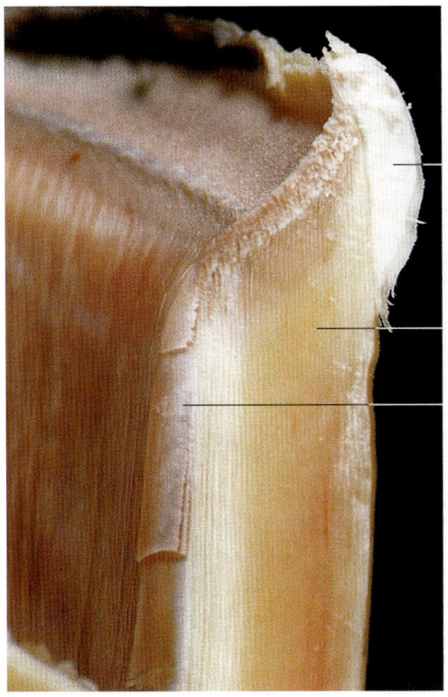


**Abb. 18-38.** Schnitt durch die Platte (Paries corneus) einer Hufkapsel (Capsula ungularis).

## Hinfällige Klauen- bzw. Hufkapsel (Capsula ungulae decidua)

Die Klauen neugeborener Ferkel, Kälber, Lämmer und Fohlen sind mit einer hinfälligen Klauen- bzw. Hufkapsel bedeckt. Diese besteht aus hellgelber, derb-elastischer und sehr wasserhaltiger unvollständig verhornter **Epidermis**, die im **Sohlen-** und **Ballenbereich** besonders kräftig ausgebildet ist. Sie wird entsprechend der permanenten Hornkapsel aus allen fünf Segmenten gebildet. Daher ist der üblicherweise verwendete Begriff **»Eponychium«** für die hinfällige Hornkapsel ungeeignet.

Die **hinfällige Klauen-** bzw. **Hufkapsel** bedeckt die Klaue bzw. den Huf wie ein Kissen (Abb. 18-40). Durch ihre runden Konturen und elastische Beschaffenheit schützt sie Uterus und Vagina beim Geburtsvorgang vor Verletzungen durch die Klaue bzw. den Huf des Fetus. Im Verlauf des ersten Lebenstages trocknet sie rasch ein und wird durch Reibung beim Laufen abgelöst. Zum Vorschein kommt die bereits fetal darunter angelegte permanente Klauen- bzw. Hufkapsel. Auch bei **geburtsreifen Welpen** ist die spitze und scharfkantige permanente Krallentüte zum Schutz der Geburtswege des Muttertieres von unvollständig verhornter weicher Epidermis bedeckt. Auf dem Fingernagel neugeborener Babys findet sich als homologe Struktur ein sogenannter Vornagel.

## Modifikation der Hautschichten in den verschiedenen Segmenten

Die Hautschichten in den verschiedenen Segmenten des Zehenendorgans sind im Vergleich zur äußeren Haut segmentspezifisch im unterschiedlichen Maße modifiziert.

### Unterhaut (Subcutis, Tela subcutanea)

Eine Unterhaut **fehlt** im **Wand-** und **Sohlensegment**, in Segmenten also, in denen eine mechanisch stabile Verbindung zwischen der Lederhaut und dem Os unguiculare bzw. ungulare erforderlich ist. Im Saum-, Kron- und Ballensegment bildet sie keine lockere Verschiebeschicht, sondern ein **Polster (Pulvinus)** von unterschied-

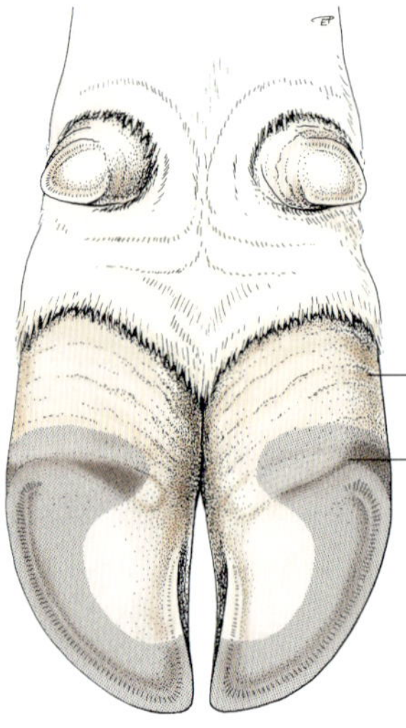


**Abb. 18-39.** Aufsicht auf die Grundfläche (Facies solearis) der Klauen des Rinderfußes mit fußenden (Facies contactus) und freischwebenden Abschnitten (Facies fornicis), nach Clemente, 1979.

licher Ausdehnung und Straffheit. Es besteht aus einem straffen Filz aus kollagenen und elastischen Fasernetzen, in dessen Maschen Fett- und Knorpelinseln eingelagert sind. Besonders an der Fußungsfläche fungieren die Polster als Stoßdämpfer.

## Lederhaut (Dermis, Corium)

Die **Lederhaut des Zehenendorgans** wird auch als **Pododerma** bezeichnet. Sie besteht wie in der Haut aus einem tiefgelegenen **Stratum reticulare** und einem oberflächlichen **Stratum papillare**.

In Segmenten, denen die Unterhaut fehlt, geht das Stratum reticulare kontinuierlich in die **Knochenhaut (Periosteum)** der Phalanx distalis über. Das **Stratum papillare** besitzt eine für die einzelnen Segmente jeweils typische Oberflächenkonfiguration. Die Lederhautoberfläche aller Segmente, mit Ausnahme des Wandsegments, ist zu **Zöttchen (Papillae dermales)** geformt (Abb. 18-41), die entweder direkt aus der planen Oberfläche hervorgehen oder auf niedrigen Lederhautleisten stehen. Ihre Länge variiert spezies- und segmentabhängig stark und erreicht z.B. im Kronsegment des Pferdes bis zu 8 mm.

Im **Wandsegment** liegen dagegen parallel angeordnete **Lederhautblättchen (Lamellae dermales)** vor, die an der Kralle bogenförmig und an Klaue bzw. Huf gerade und proximodistal ausgerichtet sind. Auf dem First des Blättchens reihenförmig angeordnete Zöttchen werden als Kappenpapillen bezeichnet. Auf dem distalen Ende der Blättchen stehen Terminalpapillen.

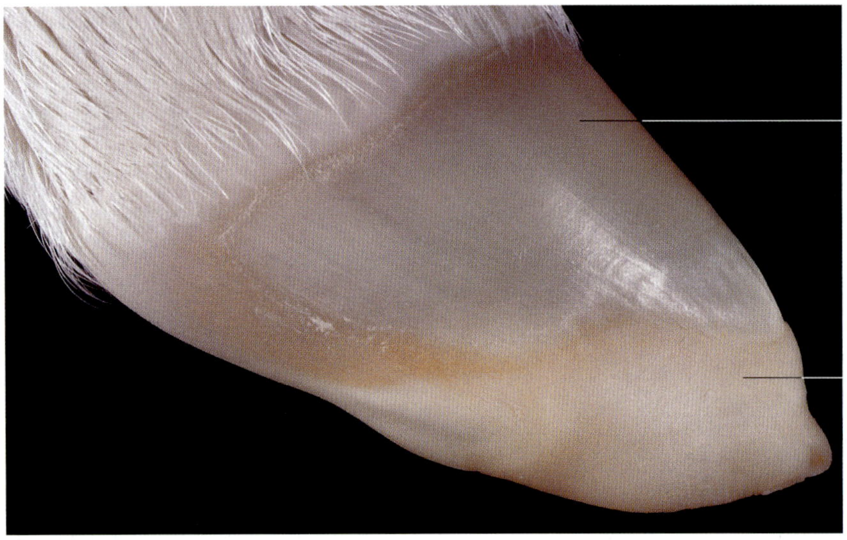


**Abb. 18-40.** Hinfällige Hufkapsel (Capsula ungulae decidua) eines geburtsreifen Pferdefetus über dem distalen Ende der permanenten Hufkapsel (Capsula ungulae), Aufnahme Prof. Dr. H. Bragulla.

### Oberhaut (Epidermis)

Die Oberhaut besteht aus den wenigen Schichten der lebenden unverhornten Zellen des Stratum basale, spinosum und granulosum sowie einer dicken Lage aus abgestorbenen, verhornten Zellen des Stratum corneum – dem **Horn**.

### Lebende Epidermisschichten

In den lebenden Epidermisschichten durchlaufen die Zellen wie in der Haut die Differenzierungsprozesse der **Keratinisierung** und der **Verhornung**. Dabei werden intrazellulär in segmentspezifischer Zusammensetzung **Keratinproteine** und **Interzellularkitt**, der per Exozytose ausgeschleust wird, synthetisiert. Ein für den weichen Verhornungstyp typisches Stratum granulosum wird im Saum- und Ballensegment sowie in der terminalen Epidermis des Wandsegments durchlaufen. Im Kron-, Wand- und Sohlensegment verhornen die Keratinozyten im Allgemeinen ohne Ausbildung eines Stratum granulosum nach dem harten Verhornungstyp und bilden ein mechanisch sehr widerstandsfähiges Horn.

## Stratum corneum (»Horn«)

Die **Hornzellverbände** des Stratum corneum bilden das **Horn**, das in den meisten Segmenten in beachtlicher Menge vorliegt. Das Horn ist ein totes »Baumaterial«, das durch einen **programmierten Zelltod** am Ende der Verhornung aus den lebenden Epidermiszellen entstanden ist. Horn kann also nicht wachsen. Es wird vom Ort seiner Entstehung durch nachfolgende verhornende Zellgenerationen distal geschoben. Im Aufbau ist es vergleichbar einer Ziegelmauer, die Hornzellen entsprechen den Ziegelsteinen und der Interzellularkitt zwischen den Hornzellen dem Fugenmörtel.

Die **Hornqualität** und **Haltbarkeitsdauer** sind segmentspezifisch unterschiedlich und abhängig vom Zytokeratinmuster der Zellen sowie der Menge und Zusammensetzung des Interzellularkitts. Der oberflächliche Zerfall des Horns beruht auf einem Funktionsverlust des Interzellularkitts mit der Folge der Auflösung des Hornzellverbandes.

Die **Haltbarkeit des Horns** variiert stark. Das Kronhorn z.B. zerfällt praktisch nicht und wird erst unter mechanischer Belastung abgenutzt. Geschieht dies nicht im ausreichenden Maße, muss es beschnitten werden. Das Sohlenhorn hat dagegen nur eine kurze Haltbarkeit. Der frühzeitige Zerfall des Sohlenhorns ist am Huf für die Aufrechterhaltung der Sohlenwölbung von Bedeutung.

### Architektur des Hornzellverbandes

Innerhalb aller Segmente verhalten sich Lederhaut und Epidermis wie Prägestempel (**Patrize**) und geprägte Form (**Matrize**) zueinander. Die Oberflächenform der Lederhaut bestimmt das Innenrelief und darüber hinaus die Architektur des gesamten Hornzellverbandes.

Ist die Lederhaut zu **Papillen (Papillae dermales)** geformt, wird die darüberliegende, lebende Epidermis in Röhrchen **(Tubuli epidermales)** angeordnet. Nach der Verhornung der lebenden Epidermiszellen findet sich ein entsprechender Aufbau aus Hornröhrchen und Zwischenröhrchenhorn – das **Röhrchenhorn** (Abb. 18-41).

Ist die Lederhaut zu **Blättchen (Lamellae dermales)** geformt, ist die dazwischenliegende Epidermis ebenfalls als **Blättchen (Lamella epidermalis)** formiert. Das Stratum corneum im Zentrum eines Epidermisblättchens ist entsprechend ein Hornblättchen – es liegt die Architektur von **Blättchenhorn** vor.

### Röhrchenhorn

Die **Hornröhrchen** bestehen aus **Röhrchenrinde** und **Röhrchenmark**. Die Röhrchenrinde wird von der **peripapillären Epidermis** auf den Seitenflächen der Lederhautpapillen gebildet. Die **suprapapilläre Epidermis** über der Lederhautpapillenspitze bildet das Röhrchenmark (Abb. 18-41).

Die **Rindenzellen** keratinisieren und verhornen unter optimalen Ernährungsbedingungen, da ihre peripapilläre Lage auch beim Distalschub für eine lange Zeit eine kurze Diffusionsstrecke zu den Blutgefäßen der Lederhautzöttchen gewährt. Die Hornzellen der Röhrchenrinde sind daher stabil und lange beständig. Die suprapapilläre Epidermis entfernt sich dagegen schnell von den ernährenden Blutgefäßen. Daher sind die Markzellen nur flüchtig verhornt und zerbröckeln frühzeitig. In den soliden Hornzylindern entstehen durch den **Markzellzerfall Röhrchenlumina**.

Zwischen den Lederhautzöttchen **(interpapillär)** wird das **Zwischenröhrchenhorn** gebildet, das mit scholligen, polyedrischen Hornzellen die Räume zwischen den Hornröhrchen ausfüllt.

Mit den Hornröhrchen des Röhrchenhorns ist das materialsparende Bauprinzip eines Hohlzylinders verwirklicht, der die größte Festigkeit bei kleinstem Materialverbrauch aufweist. Röhrchenhorn ist in hohem Maße **druckbelastbar**. Longitudinal belastete Hornröhrchen sind dabei im Querschnitt kreisrund, während schräg belastete Hornröhrchen einen ovalen Querschnitt aufweisen.

Die **Hornröhrchen** sind bei Huftieren überwiegend **formstabil**. So bleibt bei einem Distalschub selbst über längere, z.T. bis zu 10 cm lange Distanzen vom Kronsegment des Hufes bis zum Tragrand die Röhrchenstruktur erhalten. Im Kronhorn der Kralle kommt es während des Distalschubes hingegen zum Strukturverlust. Dabei wird das ursprünglich röhrchenförmige Horn zu einfach geschichtetem Horn deformiert.

### Funktionen des Horns

Dem Horn kommen als Zehenendorgan in seiner Gesamtheit besondere Funktionen zu. Die hohe mechanische Festigkeit ermöglicht die hohe Belastung der Gliedmaßenspitze bei der Fußung und schützt sie vor **Verletzungen**. Horn bietet einen herausragenden **Schutz vor Selbstaustrocknung** und **Flüssigkeitsübersättigung**. Beide Vorgänge mindern die Hornqualität beträchtlich. Ein optimaler, natürlicher Feuchtigkeitsgehalt erhält die Elastizität.

Horn wirkt als **Isolator** gegen Hitze und Kälte. Es hat eine wichtige Funktion als **Barriere gegen eine aufsteigende Keimbesiedlung**. Die Markzellen der Hornröhrchen bilden den schwächsten Anteil dieser **biologischen Schranke**. Eine mikrobielle Überwindung der Hornbarriere kann zu schmerzhaft eitrigen Lederhautentzündungen führen. Schlechte Stallbodenhygiene beeinträchtigt die Integrität des Horns und mindert seine Funktion als Barriere gegen eine Keiminvasion.

Hohe Konzentrationen von Gülle in einem Gemisch von Urin und Kot lösen vorrangig den **Interzellularkitt** auf. Harnstoff zerstört selektiv die Keratine der Hornzellen. Qualitativ minderwertiges (dyskeratotisches) Horn, das im Zuge von Hufkrankheiten wie Hufrehe und Hufkrebs entsteht, lässt in den Hornzellen einen Mangel an Keratinen und im Interzellularspalt einen Überfluss an Interzellularkitt erkennen, der jedoch so minderwertig ist, dass er den inter-

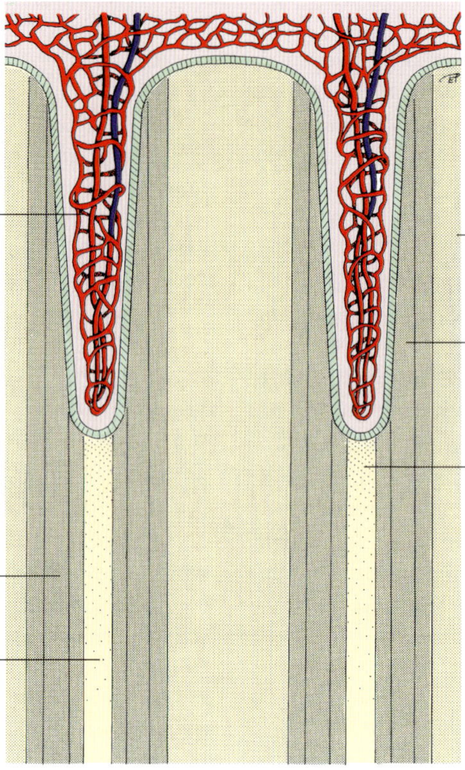


**Abb. 18-41.** Schema zur Entstehung röhrchenförmiger Epidermisformationen (Tubuli epidermales) über einem zöttchenförmigen Papillarkörper der Dermis.

zellulären Zusammenhalt eines Hornzellverbandes nicht aufrecht erhalten kann. Dyskeratotisches Horn ist deshalb besonders anfällig gegen bakterielle Zersetzung.

Die **Hornqualität** weist in Abhängigkeit von genetischen Faktoren **erhebliche individuelle Unterschiede** auf. Auch die Fütterung und Futterzusatzstoffe wie Vitamin H (Biotin) und Zink sind bedeutsam. Eine vaskuläre Minderversorgung der Lederhaut, die durch Bewegungsmangel, Dauerbelastung und Stellungsanomalien von Hufanteilen verursacht sein kann, beeinträchtigt die nutritive Diffusionsversorgung der Oberhaut und mindert die Qualität ihrer Hornprodukte.

# Kralle (Unguicula)

K.-D. Budras

Das Zehenendorgan der Fleischfresser besteht aus dem Zehenballen (s. Abschnitt »Ballen«, S. 623) und der sich apikal anschließenden Kralle. Diese ist bei enggefasster Definition mit der verhornten Krallentüte identisch, und besteht, weitergefasst, aus dieser einschließlich der zentral eingeschlossenen knöchernen Stützteile.

## Kralle des Hundes

Entsprechend der Zehenanzahl besitzt der Hund an jeder **Schultergliedmaße 5** und an jeder **Beckengliedmaße 4 (5) Krallen**. Die Kralle der ersten Zehe der Schultergliedmaße wird auch als **Daumenkralle** bezeichnet. Sie berührt den Boden nicht und ist funktionslos. Häufig wird sie sehr lang, dreht sich stark ein und kann in den Zehenballen einwachsen. Wildcaniden besitzen an der Beckengliedmaße keine erste Zehe. Beim Haushund dagegen ist häufiger eine erste, überwiegend rein häutige Kralle ohne knöcherne Grundlage ausgebildet, die dann als **Wolfskralle (Paraunguicula)** bezeichnet wird. Bei einzelnen Hunderassen (z.B. Bernhardiner) ist sie im Rassestandard vorgeschrieben und kann sogar doppelt ausgebildet sein.

### Form der Kralle

Die **Kralle des Hundes** ist entsprechend der Biegung des Processus unguicularis in Längsrichtung leicht gekrümmt. Im Querschnitt ist sie hochoval bis rundlich. Das Ende ist bei normaler Abnutzung stumpf und bildet zur Längsachse des Krallenbeinfortsatzes einen spitzen Winkel, der auch beim Krallenschneiden eingehalten werden sollte (Abb. 18-43, 44 u. 45).

### Krallensegmente

Die Kralle des Hundes wird entsprechend der Gliederung von Klaue, Huf und Nagel in Segmente unterteilt. Nach diesem Prinzip kann auch beim Hund ein **Saum-**, **Kron-** und **Sohlensegment** unterschieden werden. Die ersten drei Segmente sind proximodistal hintereinandergereiht und bilden das Horn der Krallenplatte (Abb. 18-45). Saum- und Kronsegment treten jedoch nicht oberflächlich auf, sondern sind zur Nageltasche eingefaltet. Zum Wandsegment gehört der Rückenwulst der Kralle, dessen knöcherne Grundlage die dorsale Erhabenheit des Krallenbeins ist. Das **Sohlensegment** liegt im offenen Bereich der Krallenplatte, zwischen deren palmaren bzw. plantaren Rändern.

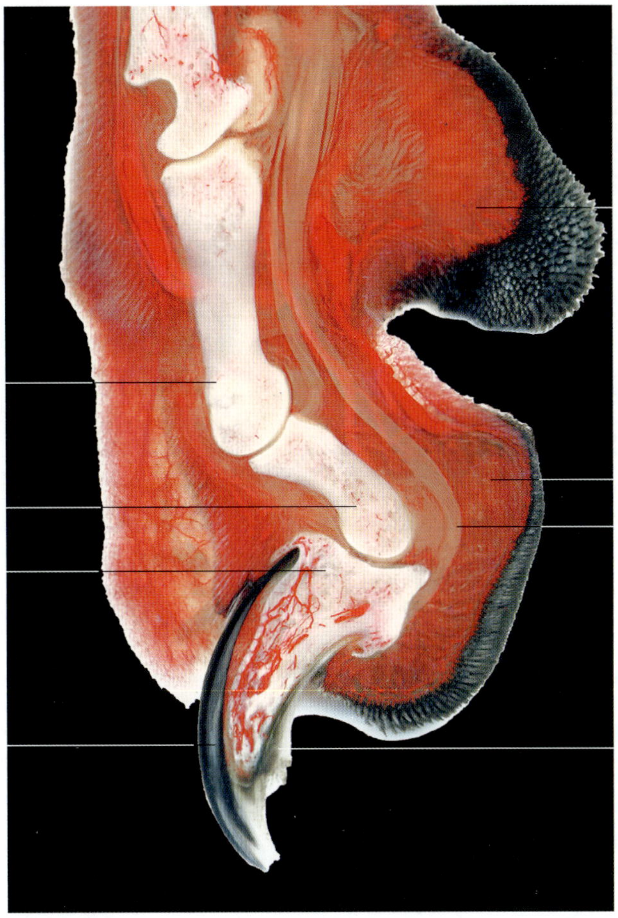


**Abb. 18-42.** Transversalschnitt durch die Zehe eines Hundes (Scheibenplastinat), Präparat H. Obermaier, München.

## Saumsegment (Limbus)

Das Saumsegment bildet das **»Dach« der Nageltasche**. Proximal liegt es der Innenseite der knöchernen **Krallenleiste (Crista unguicularis)** an. Seine Lederhautoberfläche besitzt nur unscheinbare, warzenförmige Erhebungen als Andeutung von Zöttchen. Das Stratum corneum der Saumepidermis ist entsprechend ein röhrchenloses, weiches Horn außen auf der Krallenplatte, das weit vor dem Distalende der Krallentüte abgerieben wird. Es entspricht der Glasurschicht des Pferdehufs und dem Nageloberhäutchen am Fingernagel.

## Kronsegment (Corona)

Das Kronsegment bildet den **»Boden« der Nageltasche**. Seine Breite ist dorsal am größten und verjüngt sich palmar bzw. plantar deutlich. Die Kronlederhaut besitzt einen zöttchenförmigen Papillarkörper. Seine bis zu 0,7 mm langen Zöttchen haben ihren Ursprung teilweise auf Lederhautleisten. Das darüber von der Kronepidermis gebildete Kronhorn besitzt eine Röhrchenformation, die aber beim Distalschub verstreicht. Das Kronhorn bildet den wesentlichen Teil der Krallenplatte, die dorsal entsprechend dem dorsal breiteren Kronsegment dicker ist als an ihren Seitenflächen.

## Wandsegment (Paries)

Die Wandlederhaut liegt dem **Krallenbeinfortsatz (Processus unguicularis)** direkt auf. Seine Oberfläche ist zu Lederhautblättchen geformt, deren Höhe von proximal 5 μm auf distal 0,3 mm zunimmt. In den Seitenteilen des Wandsegments besitzen sie einen bogenförmigen Verlauf. Die distalen Enden der Blättchen tragen bis zu 0,5 mm lange Terminalpapillen. Zwischen den Lederhautblättchen liegen Epidermisblättchen, die zentral nicht verhornen, weshalb das Wandhorn der Kralle keine Blättchenarchitektur besitzt. Über den Terminalpapillen erfolgt die Verhornung der Wandepidermis nach dem weichen Verhornungstyp über ein Stratum granulosum. Das gebildete gummiartige **Terminalhorn** besitzt eine **Röhrchenformation**, füllt die Krallentüte distal der Krallenbeinspitze aus und zerbröckelt wenig distal der dermalen Terminalpapillen. Es ist aufgrund seines hellen Farbtons deutlich von dem meist kräftig pigmentierten Kronhorn zu unterscheiden (Abb. 18-44).

## Sohlensegment (Solea)

Das schmale Sohlensegment liegt mit seiner Lederhaut palmar bzw. plantar der Facies solearis des Krallenbeinfortsatzes, beginnend an der Tuberositas flexoria, bis zur Krallenbeinspitze auf. Seine Lederhautpapillen sind apikal gerichtet und nehmen in Zahl und Länge proximodistal zu. Die darübergelegene Epidermis bildet, im Unterschied zu Klaue und Huf mit **weichem Verhornungstyp**, ein röhrchenloses und weiches Sohlenhorn (Abb. 18-44). Distal des Niveaus der Lederhautpapillen zerbröckelt es und ist so instabil, dass es beim Abziehen (»Ausschuhen«) der Krallentüte zerfällt. Isolierte Krallentüten sind deshalb in typischer Weise zwischen den palmaren bzw. plantaren Rändern der Krallenplatte offen.

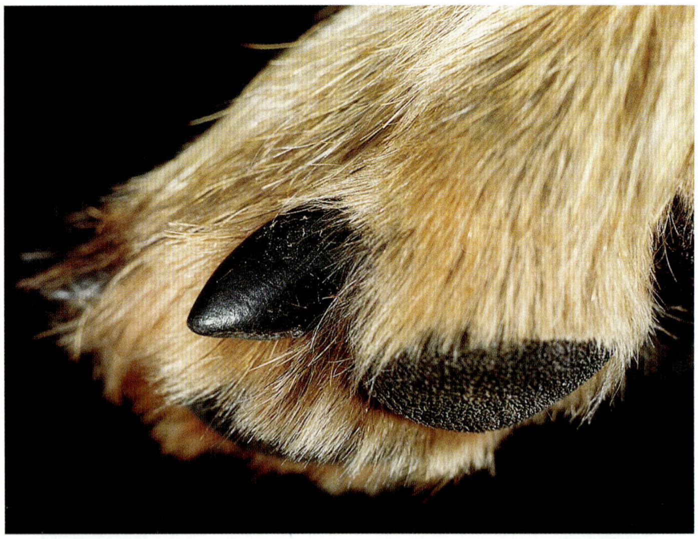

**Abb. 18-43.** Seitenansicht von Kralle (Unguicula) und Zehenballen (Torus digitalis) eines Hundes.

**Abb. 18-44.** Grundfläche der Kralle eines Hundes.

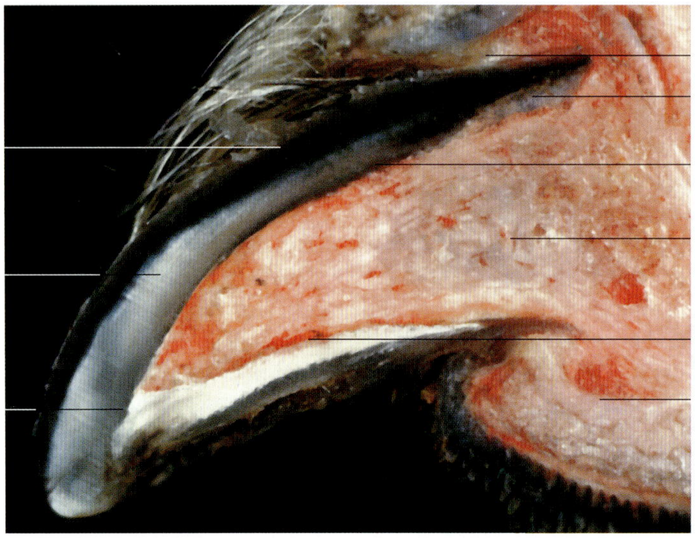


**Abb. 18-45.** Sagittalschnitt durch die Kralle eines Hundes.

**Abb. 18-46.** Seitenansicht der Kralle (Unguicula) einer Katze.

## Ballensegment (Torus digitalis)

Der Zehenballen als Homologon des Ballensegments schließt sich direkt proximal dem Sohlensegment an, beteiligt sich aber nicht an der Bildung der Kralle und wurde bereits im Abschnitt »Ballen«, S. 623, besprochen.

## Blutgefäßversorgung

Kralle und Ballen besitzen eine **intensive Gefäßversorgung**, weshalb Verletzungen in diesem Bereich stark bluten (Abb. 18-47 u. 48). Die Blutzufuhr erfolgt über vier Arterien, die dorsoaxial und -abaxial sowie palmo- bzw. plantoaxial und -abaxial an der Zehe verlaufen und bei einer Krallen- oder Zehenamputation unterbunden werden müssen. Ihre Benennung erfolgt an allen Zehen nach dem gleichen Prinzip. Am Beispiel der 4. Zehe der Schultergliedmaße werden sie bezeichnet als:

- A. digitalis dorsalis propria IV axialis,
- A. digitalis dorsalis propria IV abaxialis,
- A. digitalis palmaris propria IV axialis und
- A. digitalis palmaris propria IV abaxialis.

Die palmaren bzw. plantaren Zehenarterien geben Rami tori digitales zu den Zehenballen und je eine A. coronalis zum Kronsegment ab. Im weiteren Verlauf ziehen sie von axial bzw. abaxial in das Foramen soleare des Krallenbeins und anastomosieren unter Bildung des Arcus terminalis. Ausgehend vom Arcus terminalis ziehen Gefäße in die gesamte Krallenlederhaut. Die schwächeren dorsalen Zehenarterien ziehen bis zum Krallenfalz.

Die **Zehenvenen** verlaufen im Wesentlichen arterienparallel und werden entsprechend benannt. Der venöse Abfluss aus der Krallenlederhaut erfolgt über die Vv. digitales palmares bzw. plantares propriae, die, an den palmaren bzw. plantaren Zehenkanten verlaufend, von der Zehenspitze kommen.

## Lymphabfluss

Der Lymphabfluss aus den Zehen erfolgt an der Schultergliedmaße über den Buglymphknoten (Ln. cervicalis superficialis) und an der Beckengliedmaße über den Kniekehllymphknoten (Ln. popliteus).

## Innervation

### Schultergliedmaße

Die sensible Innervation der 1. Zehe erfolgt ausschließlich durch den N. radialis, während dieser an der 2. bis 5. Zehe nur die Dorsalfläche versorgt. Die palmare Seite der 2. bis 5. Zehe inklusive ihrer Zehenballen wird von Ästen des N. ulnaris und des N. medianus innerviert.

### Beckengliedmaße

Die 1. Zehe und die mediale (abaxiale) Seite der 2. Zehe werden vom N. saphenus innerviert. Die dorsale Innervation der 2. bis 5. Zehe wird vom N. fibularis übernommen, während die plantaren Flächen inklusive der Zehenballen vom N. tibialis versorgt werden.

In der Knochenhaut des Krallenbeinfortsatzes liegen Propriozeptoren, die bei der neurologischen Untersuchung zur Prüfung der Tiefensensibilität durch Quetschung der Kralle mit einer Klemme gereizt werden.

# Kralle der Katze

Die Kralle der Katze ist prinzipiell ebenso geformt wie die Hundekralle, lässt aber einige **artspezifische Besonderheiten** erkennen. Die Katzenkralle ist deutlich bilateral abgeplattet und dorsal stark gekrümmt. In der Seitenansicht erinnert die Kralle mit ihrem stumpf-konvexen Rückenteil und mit ihrer scharfen Spitze sowie ihren scharfen Krallenseitenrändern an ein Baummesser mit seinem stumpfen, konvexen Messerrücken und seiner scharfen, konkaven Schneide (Abb. 18-46).

Die scharfen **Krallenspitzen** und die scharfen **Krallenränder**, die das bröckelige Zerfallshorn der Sohle einrahmen, verleihen der Kralle die Eigenschaft eines **Schneidewerkzeugs**. Die Katze schärft

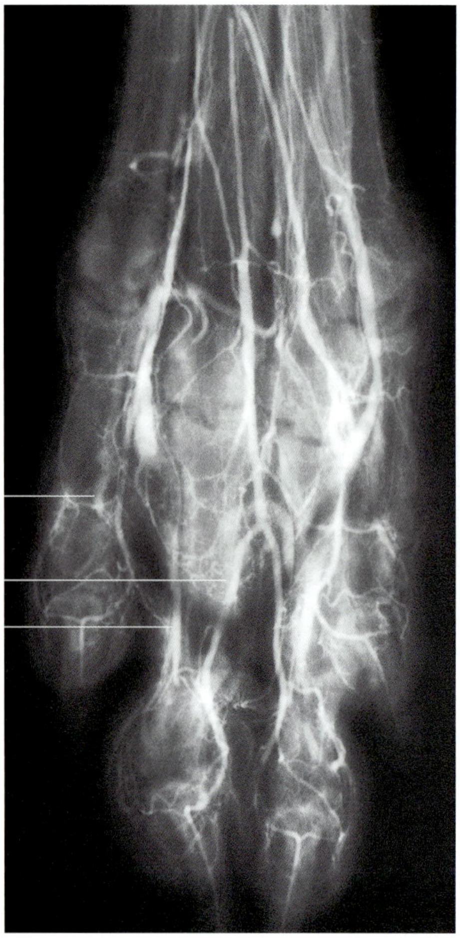


**Abb. 18-47.** Arteriogramm der Pfote eines Hundes im dorsopalmaren Strahlengang, Präparat PD Dr. S. Reese, München.

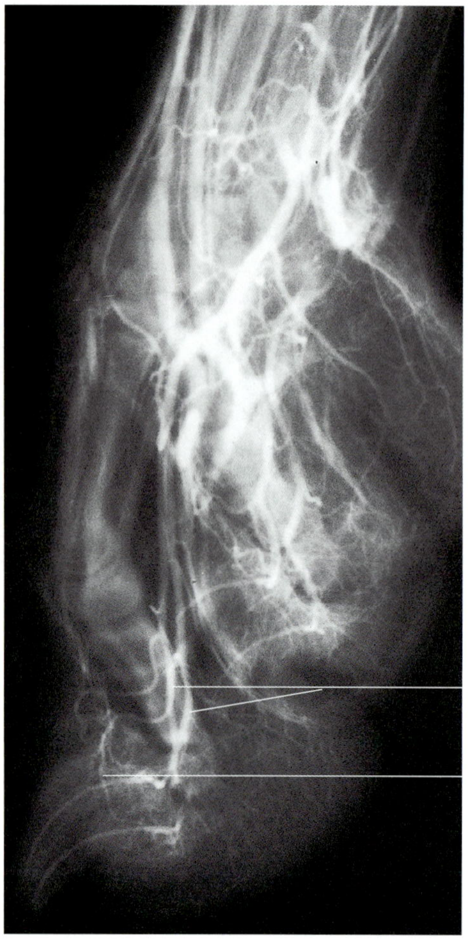


**Abb. 18-48.** Arteriogramm der Pfote eines Hundes im lateromedialen Strahlengang, Präparat PD Dr. S. Reese, München.

ihre Kralle am Kratzbaum, indem sie sich schalenförmige Schichten der verhornten Krallentüte abkratzt. Das ist deshalb möglich, weil die Katzenkralle aus übereinandergeschichteten Hornlagen besteht, deren oberflächliche Lage abgelöst wird.

Die geschärfte Kralle wird durch elastische Bänder in die häutige **Krallentasche** zurückgezogen. Die eingezogenen Krallen und die glatte Hornoberfläche der Zehen- und Metakarpal- bzw. Metatarsalballen sorgen für einen leisen Gang. Nach dem Ausschuhen am anatomischen Präparat durch Einwirkung heißen Wassers tritt der dermale Rückenwulst deutlich in Erscheinung, da er sich an seiner Basis durch eine deutliche Einengung vom lederhautüberzogenen Krallenrücken gut abgrenzt.

### Blutgefäßversorgung

Die Blutgefäßversorgung der Zehen ist bei Hund und Katze prinzipiell gleich.

### Lymphabfluss

Der Lymphabfluss aus den Zehen erfolgt an der Schultergliedmaße im Unterschied zum Hund über den Achsellymphknoten (Ln. axillaris), an der Beckengliedmaße wie beim Hund über den Kniekehllymphknoten (Ln. popliteus).

### Innervation

#### Schultergliedmaße

Die sensible Innervation der 1. Zehe erfolgt wie beim Hund ausschließlich durch den **N. radialis**. Dorsal werden dagegen nur die 2. bis 4. Zehe versorgt, wobei Äste des N. radialis über die Zwischenzehenhäute hinaus auf der palmaren Seite bis an den Rand der Zehenballen ziehen. Palmar werden der 2. bis 4. Zehenballen ausschließlich vom N. medianus innerviert. Die Innervation der 5. Zehe übernimmt vollständig der **N. ulnaris**.

#### Beckengliedmaße

Die Innervation der Zehen der Beckengliedmaße ist bei Hund und Katze prinzipiell gleich.

## Klaue (Ungula) der Paarzeher

Chr. Mülling

Die Klaue ist das **Zehenendorgan der Paarzeher (Artiodactyla)**. Sie besteht aus einem modifizierten, stark verhornten Hautüberzug und den von ihm umschlossenen Strukturen. Klauen besitzen von den Haussäugetieren das Schwein, das Rind sowie das Schaf und die Ziege. Sie werden daher unter der Bezeichnung **Klauentiere** zusammengefasst. Bei gleichem Grundbauplan bestehen tierartliche

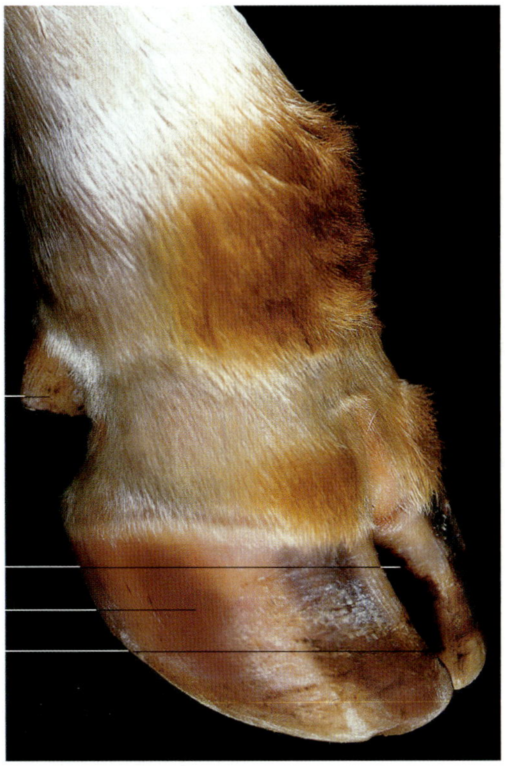


**Abb. 18-49.** Klauen der Vordergliedmaße eines Rindes, Aufnahme PD Dr. S. Reese, München.

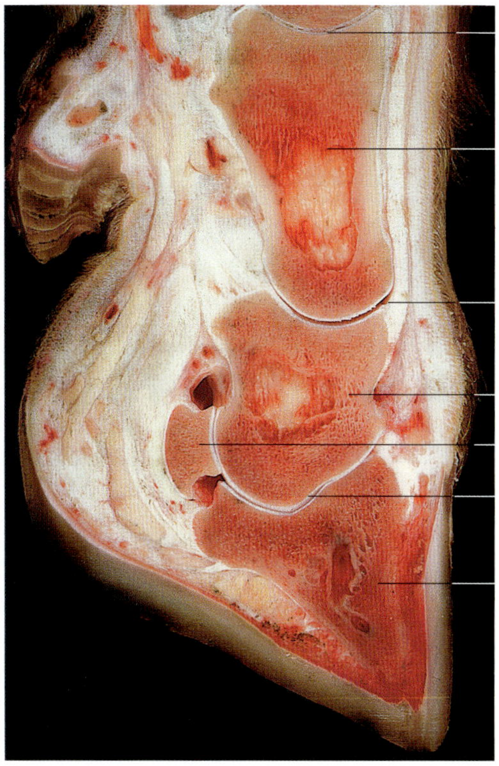


**Abb. 18-50.** Sagittalschnitt durch die laterale Haupt- und Afterklaue der Vordergliedmaße eines Rindes, Aufnahme PD Dr. S. Reese, München.

Besonderheiten im Aufbau der Klaue. Innerhalb der phylogenetischen Entwicklungsreihe nimmt die Klaue eine **besondere Stellung** zwischen der Kralle der Fleischfresser und dem Huf des Pferdes ein. Sie stellt eine **spezielle Form des Hufes der Ungulaten** dar, ist jedoch im Gegensatz zum Huf des Pferdes paarig angelegt.

Klauenerkrankungen, allen voran die Klauenrehe (Laminitis) und Klauengeschwüre, spielen beim Rind im Rahmen der Herdenbetreuung neben den Eutererkrankungen eine herausragende Rolle. Weltweit sind sie nach wie vor die Ursache für erhebliche wirtschaftliche Verluste in der Milch- und Masttierhaltung. Kenntnisse über Aufbau und Funktion der Klaue sind die Voraussetzung für erfolgreiche prophylaktische und therapeutische Maßnahmen, insbesondere für die Durchführung und die Beurteilung der Klauenpflege.

## Definition

Die Klaue ist im engeren Sinne definiert als der **modifizierte Hautüberzug** des Gliedmaßenendes. Im weiteren und gebräuchlicheren Sinne versteht man unter der Klaue den Überzug aus modifizierter Haut im Zusammenhang mit den eingeschlossenen Strukturen. Diese weiter gefasste Definition wird vorzugsweise der funktionellen Einheit aller beteiligten Strukturen gerecht. Vom **modifizierten Hautüberzug** umschlossen sind (Abb. 18-50):

- der distale Teil des Kronbeins (Os coronale),
- das Klauengelenk (Articulatio interphalangea distalis) mit seinem Bandapparat,
- das Klauenbein (Os ungulare),
- das Strahlbein (Os sesamoideum distale),
- die Endabschnitte der Beuge- und Strecksehne mit ihrer Insertion am Tuberculum flexorium bzw. Processus extensorius des Klauenbeins sowie
- die Bursa podotrochlearis zwischen dem distalen Sesambein und der tiefen Beugesehne.

## Klaue des Rindes

An jeder Extremität sind **zwei Hauptklauen** und **zwei Afterklauen** ausgebildet. Die Hauptklauen werden von den beiden Stützzehen, den Digiti III und IV, getragen, die durch den **Zwischenklauenspalt** voneinander getrennt sind. Die beiden Afterklauen sind die reduzierten Klauen der 2. und 5. Zehe. Sie sind deutlich kleiner als die Hauptklauen, prinzipiell aber gleich aufgebaut. Von den zentralen Stützteilen sind meist nur das Kron- und Klauenbein (Os coronale bzw. Os ungulare), mitunter auch nur das Klauenbein ausgebildet. Die Afterklauen sind in Höhe des Fesselgelenks bindegewebig mit der Gliedmaße verbunden. Sie fußen nicht und unterliegen keinem Abrieb, sodass sie beim Rind häufig sehr lang werden und bei der Klauenpflege gekürzt werden müssen (Abb. 18-49, 50 u. 51).

### Klauenform

Die **Klauen der Vordergliedmaßen** sind breiter, stumpfer und kürzer als die der Hintergliedmaßen; der Interdigitalspalt ist etwas weiter als hinten. Der Zehenrückenwinkel zwischen der Bodenfläche der Klaue und der dorsalen Wand beträgt an den Vorderklauen 50–55°, an den Hinterklauen 45–50°. Die Vorderklauen stehen damit steiler als die hinteren.

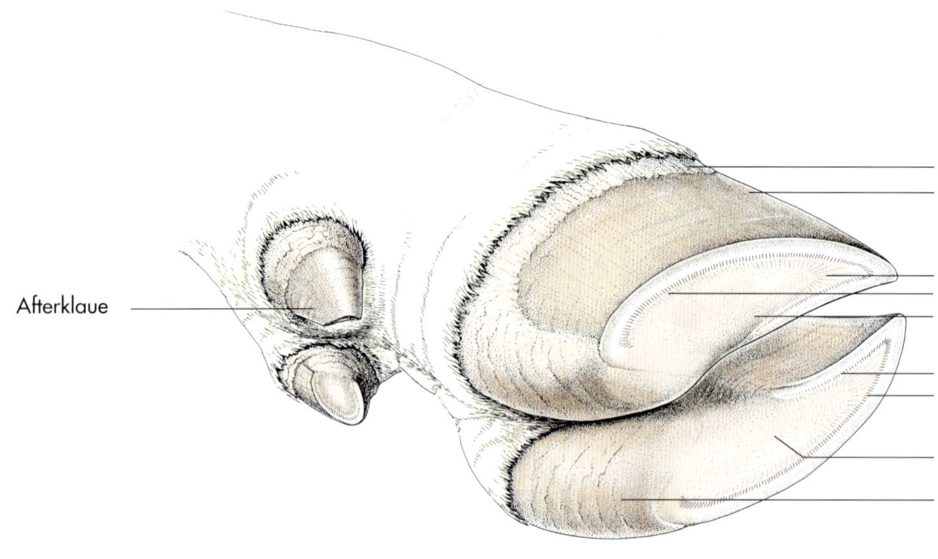


**Abb. 18-51.** Schematische Darstellung der Grundfläche (Facies solearis) der Haupt- und Afterklauen des Rindes mit Weißer Linie (Zona alba).

Die **Klauenplatte (Paries corneus, Lamina)** ist dorsal um die Zehenachse gebogen, sodass am Klauenrücken eine abgerundete Kante **(Margo dorsalis)** entsteht. Neben dem Rücken sind an der Platte eine konvex gewölbte Außenwand **(Pars abaxialis)** und eine konkave Interdigitalwand **(Pars axialis)** zu unterscheiden (Abb. 18-49).

Die **Grundfläche (Facies solearis)** der Klaue, im klinisch-praktischen Sprachgebrauch auch insgesamt als Sohle bezeichnet, ist im Bereich des Tragrandes und des Sohlenhorns sowie des distalen Abschnitts des Ballensegments plan. Axial weist das Ballenhorn eine physiologische Hohlkehlung auf, es beteiligt sich in diesem Areal nicht an der fußenden Fläche (Abb. 18-39).

Durch das kontinuierlich nachgebildete Horn verändert sich die Form der Klauen bei ungenügendem Abrieb fortlaufend. Unter Stallhaltungsbedingungen muss daher ungefähr alle 6 Monate eine Korrektur des Klauenschuhs erfolgen.

## Funktionen

Die Klaue ist eine **Schutzeinrichtung** für die Gliedmaßenspitze gegen mechanische, chemische und biologische Einwirkungen aus der Umwelt. Große Bedeutung erlangt der Schutz der Klauenkapsel gegen biologische und chemische Noxen unter den Bedingungen in der intensiven Stallhaltung bei ungünstiger Beschaffenheit des Untergrundes und permanenter Einwirkung aggressiver Substanzen.

Die Klaue übernimmt auch **stoßbrechende Funktionen** beim Fußen, die in ihrer Wirkung der eines Stoßdämpfers entsprechen. Die während der Lokomotion impulsartig auf die Gliedmaßenspitze einwirkende Kraft wird gedämpft, verteilt und abgeleitet, sodass lokale Überbelastungen vermieden werden. Grundlage dieses Stoßbrechungsmechanismus der Klaue ist das kräftige, stoßbrechende Subkutispolster im Ballensegment. Es bildet eine funktionelle Einheit mit dem elastischen Ballenhorn. Zusätzlich wirkt der **Klauenspreizmechanismus stoßbrechend**. Bei Belastung weichen die Hauptklauen zunächst ein Stück weit auseinander. Sie werden dann jedoch zunehmend vom Ligamentum interdigitale distale gebremst, wodurch ein Überspreizen verhindert wird.

Die epidermale Klauenkapsel übernimmt zum Teil die **Übertragung der Kräfte beim Fußen** durch ihre Aufhängung am Klauenbein. Man spricht daher von einem **Klauenbeinträger**, der aufgrund struktureller Unterschiede jedoch nicht so leistungsfähig wirkt wie der Hufbeinträger des Pferdes. Im Gegensatz zum Pferd, das nur auf dem Tragrand fußt, werden an der Klaue auch Sohle und große Teile des Ballens beim Fußen belastet (40–60%).

Weitere Funktionen der Klaue sind Graben, Kratzen sowie bei wildlebenden Klauentieren die Verteidigung gegen Feinde.

## Klauensegmente

Die Klaue wird in gleicher Weise wie Kralle und Huf in **Segmente** gegliedert. Anhand der Art und Ausprägung der Modifikation der drei Schichten des Integumentum commune können **fünf Klauensegmente** unterschieden werden (Abb. 18-52):

- Saumsegment (Limbus),
- Kronsegment (Corona),
- Wandsegment (Paries),
- Sohlensegment (Solea) und
- Ballensegment (Torus ungulae).

Ihre Einteilung gelingt am besten am Oberflächenrelief der Lederhaut, das nach Exungulation aus der epidermalen Klauenkapsel sichtbar wird.

## Saumsegment

Das Saumsegment schließt sich abaxial an die behaarte Haut an. Es stellt dorsal einen 1 cm breiten Streifen dar, der sich palmar bzw. plantar verbreitert und mit dem Ballensegment verbindet. Axial steht es mit dem Saumsegment der gleichseitigen Hauptklaue in kontinuierlicher Verbindung (Abb. 18-51 u. 52).

Die **Saumunterhaut (Tela subcutanea limbi)** bildet dorsal und abaxial das schwach vorgewölbte **Saumpolster (Pulvinus limbi)**

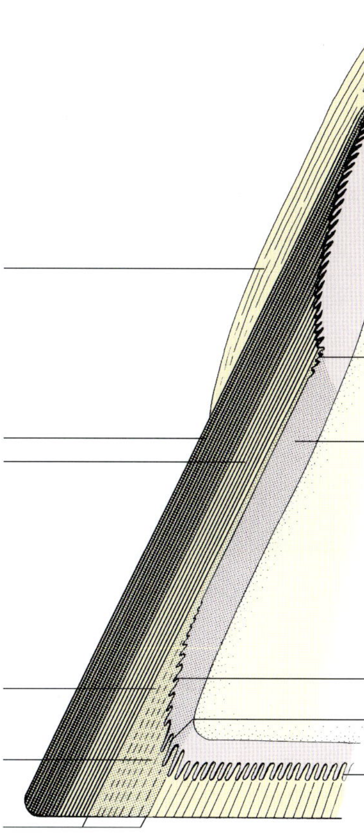


**Abb. 18-52.** Schematische Darstellung des Saum-, Kron-, Wand- und Sohlensegments der Hauptklauen des Rindes.

(Abb. 18-52). Dieses wird palmar bzw. plantar breiter und geht dann in das Ballensegment über.

Die **Saumlederhaut (Dermis limbi)** ist abaxial durch eine flache Rinne von der behaarten Haut abgesetzt. An der Grenze zum distal anschließenden Kronsegment bildet die Saumlederhaut einen besonders abaxial deutlichen Falz aus. Dieser ist ein Charakteristikum der Rinderklaue. Die Lederhautoberfläche ist mit 1–2 mm langen, schlanken, distal gerichteten Papillen besetzt.

Die **Saumoberhaut (Epidermis limbi, Perioplum)** weist eine Röhrchenarchitektur auf. Das weich-bröckelige Saumhorn wird über das Kronhorn distal geschoben. Es schilfert rasch ab und bedeckt somit lediglich das proximale Viertel der Klauenplatte (Abb. 18-51). Ihm wird eine Funktion bei der Feuchtigkeitsregulierung im proximalen Kronsegment zugesprochen.

## Kronsegment

Das Kronsegment schließt sich distal an das Saumsegment an. Es erstreckt sich von der Kronfalzrinne dorsal in einer Breite von etwa 2,5 cm bis zur halben Höhe des Zehenrückens. An der Außenwand wird es palmar bzw. plantar fortlaufend schmaler und geht schließlich in das Ballensegment über. Axial beträgt seine Breite seitlich 1–1,5 cm, an der Trachte nur 0,5 cm (Abb. 18-52).

Seine **Unterhaut** ist zum leicht gewölbten **Kronpolster (Pulvinus coronae)** modifiziert (Abb. 18-52). Dieses Polster lässt die Lederhaut als leicht gewölbten Kronwulst hervortreten.

Die **Oberfläche der Kronlederhaut (Dermis coronae)** ist zu schlanken Zöttchen mit konischer Spitze geformt. Diese Papillen entspringen senkrecht auf der Lederhautoberfläche, sind im weiteren Verlauf aber distal in Vorschubrichtung der Epidermis geneigt.

Die **Oberhaut (Epidermis coronae)** bildet entsprechend der papillären Lederhautformation **Hornröhrchen**. Die dicksten Röhrchen liegen im mittleren Kronhorn. Im äußeren Kronhorn sind sie sehr dünn, während sie im inneren Kronhorn nur schwer erkennbar sind oder völlig fehlen.

Das sehr harte, widerstandsfähige Kronhorn bildet die Schutzschicht **(Stratum medium, Mesonychium)** und damit den überwiegenden Teil der Klauenplatte (Abb. 18-52 u. 53). Der Distalrand der Schutzschicht bildet den äußeren Teil des **Tragrandes (Margo solearis)**.

Im **Trachtenbereich** wird das **Kronhorn** wulstartig vom **Ballenhorn** überdeckt (Abb. 18-51). Zum Interdigitalspalt hin ist das Kronhorn stark zerklüftet. Dorsal und abaxial ist seine Oberfläche mit mehr oder weniger deutlich ausgeprägten horizontalen Rillen versehen.

Das **Kronhorn** ist das **härteste Horn der Klaue** und doppelt so hart wie das Kronhorn des Pferdehufs. Die Hornbildungsrate beträgt rasse-, alters- und fütterungsabhängig 4–8 mm im Monat.

## Wandsegment

Das Wandsegment liegt unter der dicken Schicht aus distal geschobenem **Kronhorn (Schutzschicht)**. Es grenzt proximal an das Kronsegment und reicht distal bis zur Grenze zwischen Wand- und Sohlenlederhaut. In der Klauenspitze ist es scharfkantig lateromedial umgebogen (Abb. 18-52).

**Abb. 18-53.** Klauenkapsel eines Rindes nach Entfernung eines Teils der abaxialen Platte, Aufnahme PD Dr. S. Reese, München.

Ein **Eckstrebenteil (Pars inflexa parietis)**, wie am Pferdehuf, ist an der Klaue nur angedeutet. Das Wandsegment ist palmar bzw. plantar nur auf kurzer Strecke medial eingebogen. Es stellt die Verbindung zwischen Klauenplatte und Klauenbein her, weshalb es auch als Verbindungsschicht bezeichnet wird. Distal stellt die **Weiße Linie (Zona alba)**, das am Tragrand sichtbare Horn des Wandsegments, die Verbindung zwischen dem Kronhorn und dem Sohlen- und Ballenhorn her (Abb. 18-51). Eine Tela subcutanea fehlt im Wandsegment. Die Lederhaut und das Klauenbein sind fest und unverschieblich miteinander verbunden.

Die **Wandlederhaut (Corium parietis)** ist durch proximodistal orientierte **Lederhautblättchen (Lamellae dermales)** gekennzeichnet (Abb. 18-52). In der Klaue ist die Blättchenoberfläche nicht wie im Pferdehuf zu Sekundärblättchen zergliedert. Die Firste der Lederhautblättchen sind in ihrem distalen Drittel mit sehr feinen, kurzen, hakenförmigen Papillen besetzt, den so genannten distalen Kappenpapillen. Wenige kleine Papillen proximal auf dem Blättchenfirst an der Krone-Wand-Grenze werden als proximale Kappenpapillen bezeichnet (Abb. 18-52).

Das Ende der Blättchen biegt sohlenwärts um und geht dann kontinuierlich in die Sohlenlederhaut über. Die distale Kante der Wandlederhautblättchen ist mit langen kräftigen Papillen besetzt. Diese werden aufgrund ihrer Position auf den Blättchenenden Terminalpapillen genannt (Abb. 18-52).

Die **Wandoberhaut (Epidermis parietis)** ist zwischen den Lederhautblättchen zu **Epidermisblättchen (Lamellae epidermales)** angeordnet (Abb. 18-53). Diese sind zunächst nur zentral verhornt. Alternierende, innige Verzahnungen schaffen eine stabile Verbindung zwischen der epidermalen Klauenplatte und dem Papillarkörper und letztendlich dem Klauenbein. Im Gegensatz zum Hufbeinträger des Pferdes ist dieser Apparat jedoch weniger belastet, was seinen Ausdruck u.a. im Fehlen von Sekundärblättchen findet.

Die **Kappen-** und **Terminalpapillen** sind ebenfalls von Wandepidermis bedeckt. Diese ist in Röhrchenformation angeordnet und wird als Terminal- bzw. Kappenepidermis bezeichnet. Ihre Produkte sind das Kappen- bzw. Terminalhorn, das als Teil der Weißen Linie auf der Fußungsfläche erscheint (Abb. 18-52).

Die **Wandepidermis der Rinderklaue** zeichnet sich durch eine sehr hohe **Proliferationsrate** aus. In der distalen Hälfte des Wandsegments bildet die Epidermis zwischen den Lederhautblättchen und über den Firsten derselben große Mengen an Horn, welches aufgrund seiner Lage und Schichtung als Kappenhorn bezeichnet wird. Ermöglicht wird diese hohe Hornbildungsrate durch die Oberflächenvergrößerung des Papillarkörpers in Form von Kappenpapillen.

Die **Sterilbetttheorie**, die der Wandepidermis eine nennenswerte Hornbildung abspricht, ist durch diese Ergebnisse neuerer Untersuchungen eindeutig widerlegt.

## Weiße Linie (Zona alba)

Die Weiße Linie stellt die **Verbindungszone** zwischen dem **Kronhorn** und dem **Sohlenhorn** der Klaue dar (Abb. 18-51 u. 52). Sie besteht aus den **Hornblättchen**, dem **Kappenhorn** und dem **Terminalhorn**, die alle durch Verhornung der entsprechenden Wandepidermis entstehen. Die Weiße Linie ist also ein Produkt des Wandsegments. Die Bereiche zwischen den Hornblättchen sind außen, zum Kronhorn hin, durch das Kappenhorn und innen, sohlenwärts, durch das Terminalhorn ausgefüllt (Abb. 18-52).

Die **Anordnung** dieser strukturellen Komponenten lässt eine Gliederung der Weißen Linie in **drei Anteile** erkennen. Gegenüber dem Kronhorn ist der äußere Teil der Weißen Linie durch einen strichförmigen, auffallend weißen Streifen abgegrenzt. Der mittlere Teil wird von den Mittelabschnitten der Hornblättchen und dem Kappenhorn gebildet, das die Räume zwischen den Blättchen ausfüllt.

Das Terminalhorn füllt die Räume zwischen den sohlenwärtig gelegenen Spitzenabschnitten der Blättchen aus und bildet zusammen mit diesen den inneren Teil der Weißen Linie.

Die **Breite der Weißen Linie** wird durch die Höhe der **Hornblättchen** bestimmt und beträgt im Klauenspitzenbereich 4–5 mm. Durch die alternierende Anordnung von Hornblättchen sowie Kappen- und Terminalhorn erhält die Weiße Linie ein **streifiges Aussehen**. Kappen- und insbesondere Terminalhorn bröckeln vor allem an ungepflegten Klauen zwischen den Hornblättchen an der Oberfläche heraus. Die entstehenden Hohlräume bilden den Ausgangspunkt für eine bakterielle Besiedlung der Weißen Linie, die in einer Infektion der Lederhaut enden kann.

Die **Weiße Linie der Klaue** besitzt im Gegensatz zu der des Hufes und der Kralle einen **axialen** und einen **abaxialen Schenkel** (Abb. 18-51).

Der **axiale Schenkel** verläuft von der Klauenspitze in palmarer bzw. plantarer Richtung leicht konkav gebogen und zunächst parallel zur Tragrandkante. Zu seinem Ende hin nähert er sich der Tragrandkante, ist in der Mitte der Fußungsfläche axial und dorsal abgebogen und endet im Vereinigungspunkt von Kron-, Wand- und Ballensegment.

Der **abaxiale Schenkel** verläuft von der Klauenspitze zunächst in einem stark konvexen, im Bereich der abaxialen Tragrandkante zunehmend flacheren Bogen bis ins proximale Viertel der Fußungsfläche parallel zur Tragrandkante und biegt dann auf einer Länge von 5–8 mm axial in das Ballensegment um.

## Sohlensegment

Das Sohlensegment folgt der Innenkontur der Weißen Linie auf der Klauengrundfläche. Sein **Körper (Corpus soleae)** hat die Gestalt eines engen Halbmondes, von dem zwei schmale, lang ausgezogene **Sohlenschenkel (Crura soleae axiale et abaxiale)** palmar bzw. plantar ziehen. Diese beiden Schenkel enden axial und abaxial kurz vor dem jeweiligen Ende der Weißen Linie (Abb. 18-36 u. 51).

Das Sohlensegment beteiligt sich in seiner **gesamten Ausdehnung** an der **fußenden Fläche** der Klaue und weist eine plane Oberfläche auf (Abb. 18-39). Eine Unterscheidung zwischen Sohlen- und Ballenteil der Klauengrundfläche ist makroskopisch von außen kaum möglich. Auch palpatorisch bestehen keine fühlbaren Unterschiede zwischen Sohlen- und Ballenhorn. Im Sohlensegment ist aber im Gegensatz zum Ballensegment keine Tela subcutanea ausgebildet.

Die **Sohlenlederhaut (Dermis soleae)** weist niedrige Lederhautleisten auf, die die sohlenwärts umgebogenen Enden der Wandlederhautblättchen fortsetzen. Diese Leisten sind mit langen kräftigen **Lederhautpapillen (Papillae dermales)** besetzt (Abb. 18-52). Die Papillen sind reihenförmig angeordnet und im 40°-Winkel zehenspitzenwärts geneigt.

Die **Sohlenoberhaut (Epidermis soleae)** bildet der Lederhautformation entsprechend Hornröhrchen aus. Die Sohlenhornröhrchen zeichnen sich durch einen auffallend großen Durchmesser aus. Dadurch sind sie an der gepflegten Klaue bereits mit bloßem Auge zu erkennen. Das nur in geringer Rate gebildete Sohlenhorn ist von harter Konsistenz. Der Vorschub des gebildeten Hornes erfolgt entsprechend der Papillenorientierung schräg zehenspitzenwärts.

## Ballensegment

Das Ballensegment schließt sich auf der Klauengrundfläche an das Sohlensegment an, von dessen Schenkeln es zum Teil umschlossen wird. Palmar bzw. plantar grenzt das Ballensegment an die behaarte Haut. Der größte Teil der Klauengrundfläche und damit auch der Fußungsfläche der Klaue wird vom Ballensegment gebildet. Aufgrund struktureller und funktioneller Besonderheiten sind innerhalb des Ballensegments ein proximaler (palmarer bzw. plantarer) Abschnitt **(Pars proximalis** bzw. **Basis tori)** und ein distaler (apikaler) Abschnitt **(Pars distalis** bzw. **Apex tori)** zu unterscheiden (Abb. 18-51).

Der **proximale Abschnitt** des Ballensegments **(weicher Ballen)** erstreckt sich von der Grenze zur behaarten Haut bis zu einer Verbindungslinie zwischen dem axialen und abaxialen Ende der Weißen Linie (Abb. 18-36). Er umfasst den nicht fußenden palmaren bzw. plantaren Ballenteil und den Ballenwulst, der Teil der Fußungsfläche ist. Axial grenzt der proximale Abschnitt des Ballensegments an die unbehaarte Haut des Zwischenklauenspaltes und am axialen Ende der Weißen Linie an Saum-, Kron- und Wandsegment. Abaxial grenzt er in proximodistaler Folge an Saum-, Kron- und Wandsegment.

Der **distale Abschnitt** des Ballensegments (harter Ballen) wird von den Schenkeln des Sohlensegments umfasst. Klauenspitzenwärts erstreckt er sich zungenförmig bis an den Sohlenkörper (Abb. 18-36 u. 51).

Die **Unterhaut (Tela subcutanea tori)** ist zu einem gut entwickelten **Ballenpolster (Pulvinus digitalis)** modifiziert. Im proximalen Teil existiert ein kissenartiges, bis zu 2 cm dickes Polster aus straffem Bindegewebe und Fett über die gesamte Breite des Ballens. Dieses Polster wird unter der Beugesehnenkontur zehenspitzenwärts fortlaufend niedriger. Im distalen Ballenteil ist es nurmehr 5 mm hoch und endet apikal am Übergang in das Sohlensegment (Abb. 18-50). Dieses vielfach gekammerte Ballenpolster wirkt in funktioneller Einheit mit dem elastischen Ballenhorn als stoßbrechender Mechanismus beim Fußen.

Die **Ballenlederhaut (Dermis tori)** trägt **Zöttchen**, die aus niedrigen Lederhautleisten hervorgehen. Diese sind im proximalen Teil diskontinuierlich und verlaufen wellenförmig. Im distalen Teil sind sie höher und linear angeordnet. Die kräftigen spitzkegeligen **Lederhautpapillen (Papillae coriales)** gehen senkrecht aus der Lederhautunterlage hervor. Sie sind proximal wirbelartig angeordnet. Im distalen Teil sind sie dann zunehmend zehenspitzenwärts geneigt.

Die **Ballenoberhaut (Epidermis tori)** bildet Röhrchenhorn. Die Ballenhornröhrchen sind von ihrer Größe und ihrem Verlauf her sehr heterogen. Im proximalen Abschnitt erfolgt die Verhornung nach dem weichen Typ. Das gebildete Ballenhorn ist von elastischer, radiergummiähnlicher Beschaffenheit. Die Hornoberfläche ist je nach Pflegezustand der Klaue unterschiedlich stark zerklüftet. Sie zeigt eine gewellte Übereinanderschichtung der Hornmassen bei ihrem Vorschub, die an ungepflegten Klauen deutlich zu erkennen ist. Diese Schichtung ist im Bereich des Ballenwulstes am deutlichsten. Axial greift sie auf die Interdigitalwand und das Kronhorn und abaxial auf das Saumhorn über.

Die **Hornbildungsrate** im proximalen Ballenabschnitt ist mit bis zu 12 mm pro Monat erheblich. Bei ungenügendem Abrieb auf weichem Untergrund werden die Hornmassen des proximalen Abschnitts über den distalen Bereich geschoben. An ungepflegten Stallklauen nimmt dieses Überwachsen zum Teil erhebliche Ausmaße an.

Pathologische Klauenformen wie Pantoffel-, Schnabel- und Posthornklauen sind die Folge. Dies wird missverständlich als »überwachsendes Sohlenhorn« (»sole horn overgrowth«) bezeichnet und führt zu einer unphysiologischen Druckverteilung an der Klaue und unphysiologischem Zug an der Beugesehne. Die resultierende Druckbelastung der Lederhaut in diesen Bereichen ist ursächlich für die Entstehung von Klauengeschwüren.

Im **distalen Ballenabschnitt** erfolgt die Verhornung nach dem harten Typ. Das gebildete Horn ist deutlich härter. An regelrecht geformten Klauen weist das Horn des distalen Abschnitts axial eine Hohlkehlung auf, sodass sich dieser Bereich nicht an der Fußungsfläche beteiligt. Der abaxiale Bereich ist hingegen plan und zeigt eine nur undeutliche parallele Schichtung des Horns.

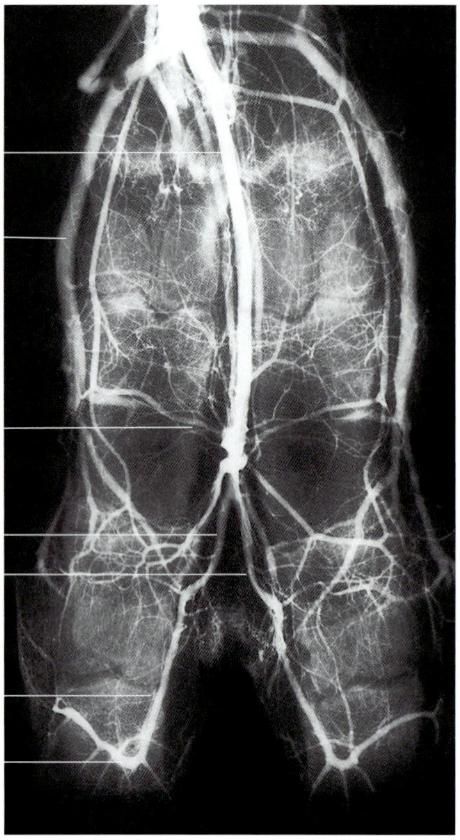


**Abb. 18-54.** Arteriogramm der Hinterzehen eines Rindes im dorsopalmaren Strahlengang, Präparat PD Dr. S. Reese, München.

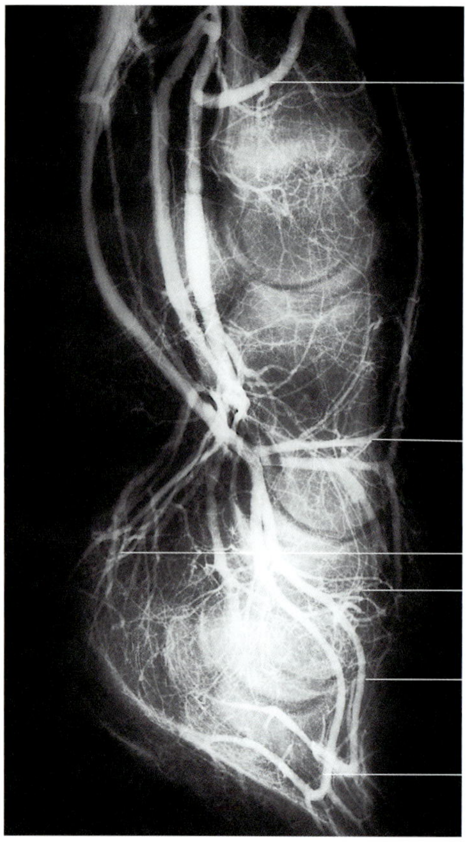


**Abb. 18-55.** Arteriogramm der Hinterzehen eines Rindes im lateromedialen Strahlengang, Präparat PD Dr. S. Reese, München.

**Prädilektionsstellen für Klauenerkrankungen**

An der gesunden Klaue bestehen bereits strukturell bedingte Prädilektionsstellen für Erkrankungen der Klaue. Diese haben eine besondere Bedeutung, da ein Infektionserreger, bevor er innerhalb der Klaue aktiv werden kann, zunächst die Hornschicht durchdringen muss.

Eine derartige Prädilektionsstelle ist der Übergang vom proximalen in den distalen Abschnitt des Ballensegments. Hier liegt die klassische Lokalisation des **Rusterholz-Klauengeschwürs**. In diesem Bereich trifft Horn sehr unterschiedlicher Härte aufeinander. Durch die unterschiedlichen Materialeigenschaften kommt es unter Belastung vermehrt zur Bildung von Mikrorissen, die den Ausgangspunkt für größere, fortschreitende Zusammenhangstrennungen der Hornkapsel bilden.

In der gesamten **Weißen Linie** besteht aufgrund der Heterogenität der Hornanteile ebenfalls eine **Prädilektionsstelle für Zusammenhangstrennungen**. Darüber hinaus bieten die sehr weiten Markräume der Terminalhornröhrchen bevorzugte Eintrittspforten für aufsteigende bakterielle Infektionen. »White line disease«, Tragrandausbrüche und die eitrig-hohle Wand stellen häufige Erkrankungen der Weißen Linie dar bzw. nehmen von hier ihren Ausgang.

## Blutgefäßversorgung

### Arterien

Die **Hauptblutversorgung** der Klaue erfolgt über die palmaren bzw. plantaren Zehenarterien der beiden Hauptzehen, die Aa. digitales palmares bzw. plantares propriae axiales et abaxiales III et IV (Abb. 18-54 bis 56).

Eine **zusätzliche**, aber weniger bedeutsame **Versorgung** erfolgt über die dorsalen Zehenarterien, Aa. digitales dorsales proprii axiales et abaxiales III et IV.

An der **Schultergliedmaße** erhalten die palmaren Zehenarterien ihren Zufluss in der Hauptsache aus der A. digitalis palmaris communis III.

An der **Beckengliedmaße** werden die plantaren Zehenarterien über die A. digitalis plantaris commmunis III und über den Ramus perforans distalis III aus der A. metatarsea dorsalis III gespeist.

Dorsales und palmares bzw. plantares Gefäßsystem sind durch Aa. interdigitales untereinander verbunden.

Die jeweils schwächere abaxiale palmare bzw. plantare Zehenarterie zieht im Bogen abaxial in die Ballenregion. Dort entlässt sie drei bis vier Rami tori. Diese verzweigen sich zum Ballennetz und versorgen die Ballenlederhaut und das Ballenpolster. Ein stärkerer Ramus palmaris bzw. plantaris verläuft über den Ballen distal und verzweigt sich im Bereich der Sohle. An der abaxialen Ballenflanke zieht ein Ramus coronalis zum Kronsegment, wo er mit den Krongefäßen anastomosiert. Ein weiterer Ast zieht zehenspitzenwärts und verbindet sich mit Ästen des Arcus terminalis. Er versorgt die abaxiale Sohlen- und Wandlederhaut.

Die **axialen palmaren** bzw. **plantaren Zehenarterien (Aa. digitales palmares** bzw. **plantares propriae axiales III et IV)** sind wesentlich stärker entwickelt. Sie ziehen entlang der axialen Zehenkontur und dann an der dorsalen Klauenkontur unter den Klauenschuh. Sie geben ursprungsnah je einen Ramus tori digitalis zum Ballen ab, der sich mit dem Ballennetz des abaxialen Gefäßes

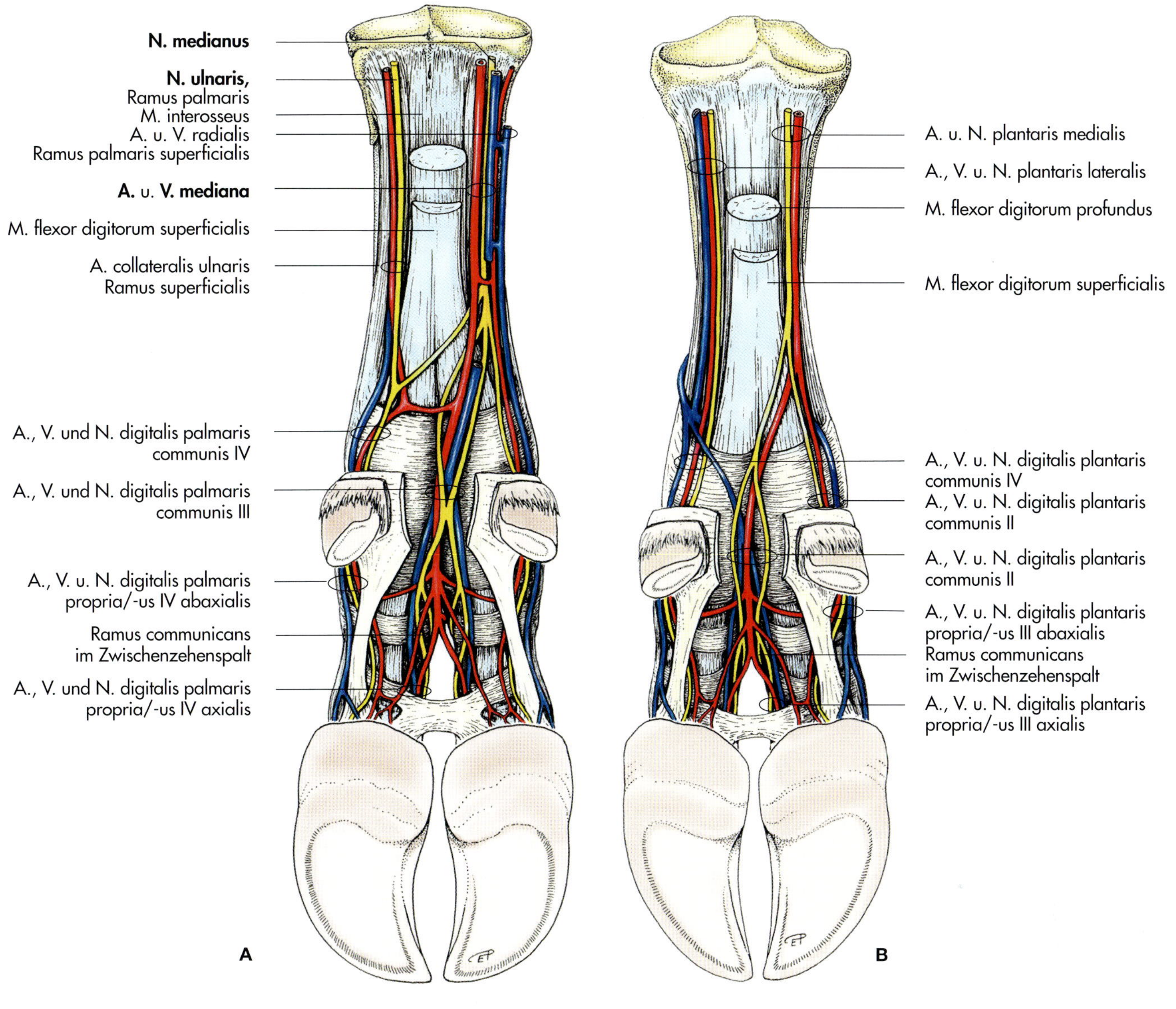


**Abb. 18-56.** Gefäße und Nerven des Autopodium der linken Vorder- und Beckengliedmaße des Rindes (**A** Palmaransicht, **B** Plantaransicht), aus Fiedler, Maierl und Nuss, 2004.

verbindet. Weiter distal geht ein größerer Ramus palmaris bzw. plantaris in Richtung Sohle ab. In Höhe des Distalrandes des Kronbeins geht die **Kronarterie (A. coronalis)** ab. Diese spaltet sich in einen tiefen und einen oberflächlichen Ast zur Versorgung des Kronsegments.

In ihrem weiteren Verlauf dringen die axialen Zehenarterien als **Klauenbeinarterie (A. phalangis distalis)** von axial in das Klauenbein ein. Im Klauenbeinkanal verläuft die Arterie axial fast bis zur Klauenbeinspitze. Dort kehrt sie um und zieht abaxial auf das palmare bzw. plantare Ende des Klauenbeins zu, wo sie durch das Foramen soleare wieder austritt. Im Klauenbeinkanal bildet das Gefäß den Arcus terminalis, der einen Endbogen zwischen den axialen und abaxialen palmaren bzw. plantaren Zehengefäßen bildet.

Vom **Arcus terminalis** gehen zahlreiche Gefäßäste ab, die in kleinen Kanälchen das Klauenbein durchdringen. Sie zweigen sich weiter auf, anastomosieren untereinander und versorgen nach Verlassen des Knochens die Wand- und Sohlenlederhaut sowie Teile der Kron- und Ballenlederhaut. Ein stärkerer proximaler Ast bildet eine Anastomose des Arcus terminalis mit der A. coronalis.

Weitere stärkere Äste ziehen zur Klauenbeinspitze und zur Seitenwand der Klaue. Dort verzweigen sie sich und streben zum Tragrand, wo sie arkadenartig anastomosieren. Diese arkadenartigen Gefäßverbindungen am Sohlenrand bilden in ihrer Gesamtheit die **Sohlenrandarterie (A. marginis solearis)**. Das dichte und weit verzweigte Arteriensystem der Klaue gewährleistet eine möglichst hohe **Durchblutungsrate** der Klauenlederhaut. Diese ist erforderlich, um die darüberliegende gefäßfreie Epidermis in ausreichendem Maße per diffusionem versorgen zu können.

## Venen

Das Blut fließt aus dem Kapillarbett in **weitmaschige Venennetze** der Wand- und Sohlenlederhaut und in ein zusätzliches peripheres dünnmaschiges Venennetz ab. Von diesen gelangt es an jeder Hauptklaue über eine große Zahl kleiner Venen in eine **dorsale Zehenvene**

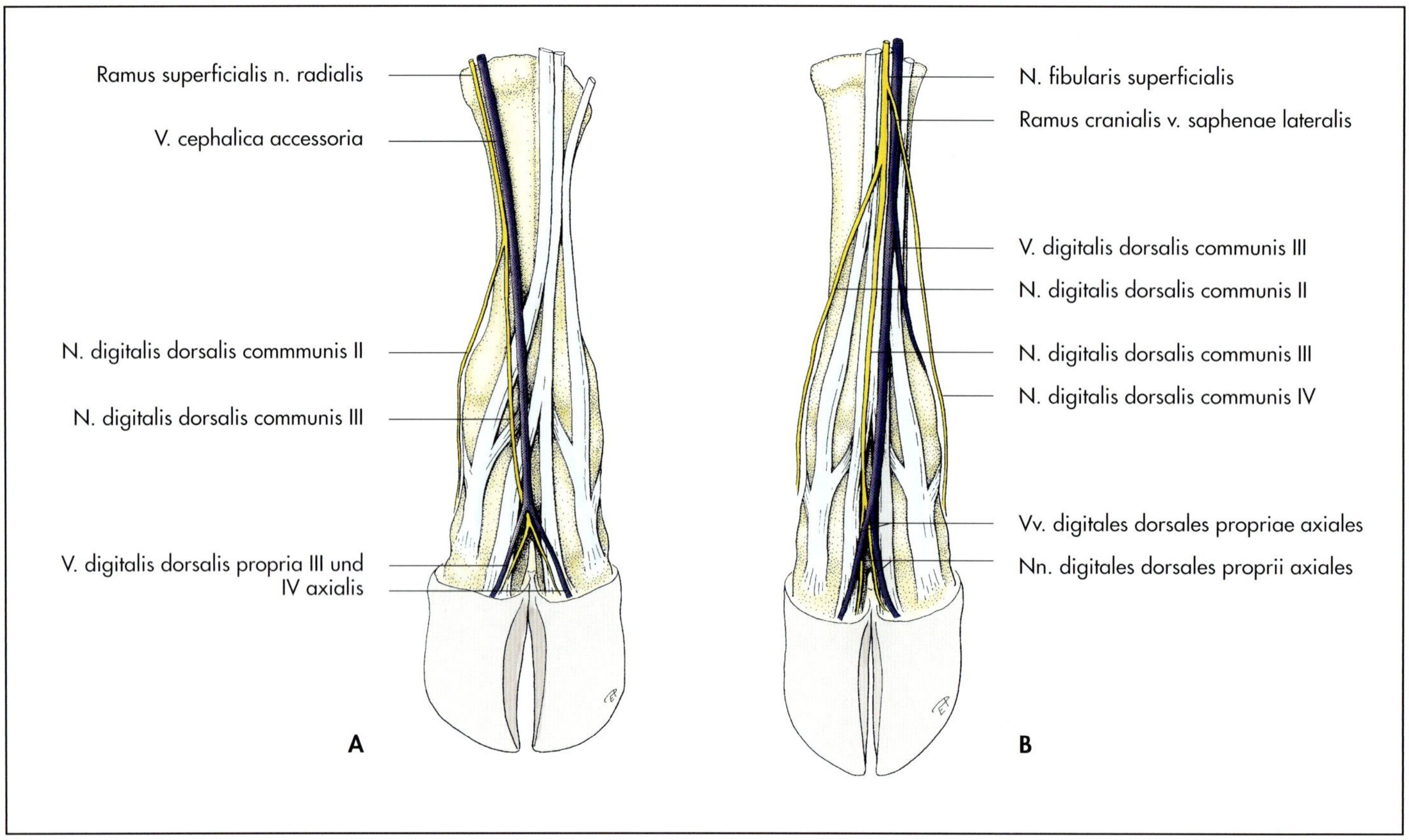


**Abb. 18-57.** Schematische Darstellung der dorsalen Zehenvenen und -nerven der linken Schulter- **(A)** und Beckengliedmaße **(B)** des Rindes.

**(V. digitalis dorsalis propria axialis)** und zwei **seitliche Zehenvenen (V. digitalis palmaris** bzw. **plantaris propria III** bzw. **IV axialis et abaxialis)**. Die venösen Netze der Wandlederhaut und Sohlenlederhaut werden über die seitlichen Zehenvenen drainiert (Abb. 18-57).

Aus den tiefen und oberflächlichen Netzen des Kronbereichs fließt das Blut in alle **drei Zehenvenen** ab. Das stark verzweigte Ballennetz der Ballenlederhaut und des Ballenpolsters wird über zahlreiche Venen, von denen eine im Zwischenklauenbereich mit dem entsprechenden Gefäß der Gegenseite anastomosiert, in die abaxiale seitliche Vene entleert. Das undeutliche Venengeflecht des Klauenbeins findet seinen Abfluss über die axiale seitliche Vene. Die Venen dieser Netze sind mit zahlreichen Klappen ausgestattet.

Die **funktionelle Bedeutung des komplexen Systems** aus Venennetzen liegt darin, **gleichmäßige Perfusionsverhältnisse** zu schaffen. Durch die Venenklappen im Zusammenwirken mit den sich ändernden Druckverhältnissen bei Be- und Entlastung wird der venöse Rückfluss gefördert. Hierbei sollen auch arteriovenöse Anastomosen, also »shunts« zwischen arteriellem und venösem System, eine Rolle spielen.

Der **Blutabfluss aus dem Kronwulst** erfolgt über die beiden **Vv. coronales superficiales axialis et abaxialis**, die in den Ramus dorsalis phalangis mediae münden. In proximoaxialer Richtung geht dieser in die V. digitalis dorsalis propria axialis über, die in die V. digitalis dorsalis communis III mündet.

Die V. digitalis palmaris propria III bzw. IV axialis mündet in die V. interdigitalis, eine starke Anastomose zwischen der V. digitalis dorsalis communis III und der V. digitalis palmaris bzw. plantaris communis III.

## Lymphabfluss

An der Schultergliedmaße gelangen die Lymphabflüsse der Zehen zu den Buglymphknoten (Lnn. cervicales superficiales). Der tiefe Kniekehllymphknoten (Ln. popliteus profundus) sammelt die Lymphe des Fußes an der Beckengliedmaße.

## Innervation

### Vordergliedmaße

Die **palmaren Nerven** der Zehen entstammen überwiegend dem N. medianus und zusätzlich dem Ramus palmaris des N. ulnaris. Die **dorsalen Nerven** gehen aus dem Ramus superficialis des N. radialis und dem Ramus dorsalis des N. ulnaris hervor (Abb. 18-57).

Der **N. digitalis palmaris communis II** teilt sich proximal des Fesselgelenks in den schwachen N. digitalis palmaris proprius II axialis, der zur Afterzehe zieht, und in den fortlaufenden N. digitalis palmaris proprius III abaxialis für den medialen Klauenbereich und den Ballen. Der N. digitalis palmaris communis III ist zumeist doppelt ausgebildet. Beide Äste vereinigen sich am Beginn des Interdigitalspalts. Aus diesem Stamm gehen die Nn. digitalis palmaris proprius III axialis und IV axialis hervor.

Der **N. digitalis palmaris communis IV** teilt sich proximal des Fesselgelenks in die Nn. digitalis palmaris proprius V axialis und IV abaxialis. Diese verhalten sich wie die entsprechenden Nerven der 2. und 3. Zehe. Der **N. digitalis dorsalis communis IV** teilt sich dorsolateral in Höhe des Fesselgelenks in den dünnen N. digitalis dorsalis proprius V axialis für die Afterzehe und den N. digitalis dorsalis proprius IV abaxialis. Letzterer versorgt den Kron- und Ballenbereich der 4. Zehe.

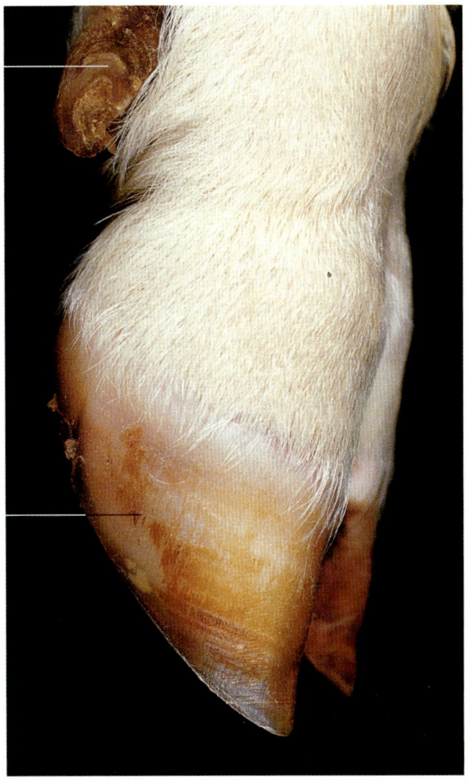


**Abb. 18-58.** Vorderzehen eines Schafes, Aufnahme PD Dr. S. Reese, München.

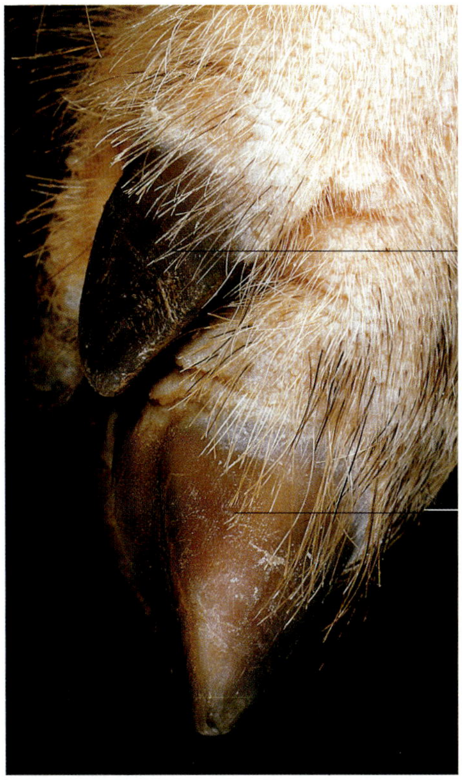


**Abb. 18-59.** Vorderzehen eines Schweines, Aufnahme PD Dr. S. Reese, München.

Der **N. digitalis dorsalis communis II** teilt sich dorsomedial des Fesselgelenks in die Nn. digitalis dorsalis proprius II axialis und II abaxialis. Diese verhalten sich wie die dorsalen Zeheneigennerven der 4. und 5. Zehe. Der **N. digitalis dorsalis communis III** teilt sich am Interdigitalspalt in die Nn. digitalis dorsalis proprius III axialis und IV axialis.

### Beckengliedmaße

Die **plantaren Nerven** des Fußes entstammen dem N. tibialis, die **dorsalen** dem N. fibularis superficialis (Abb. 18-57) und dem N. fibularis profundus.

Der **N. digitalis plantaris communis II** entlässt proximal des Fesselgelenks den dünnen N. digitalis plantaris proprius II axialis für die Afterzehe sowie den N. digitalis plantaris proprius III abaxialis zur Innervation des medialen Klauenbereichs und des Ballens der 3. Zehe. Der **kräftige N. digitalis plantaris communis III** teilt sich in Höhe der Mitte des Fesselbeins in die Nn. digitalis plantaris proprius III axialis und IV axialis. Diese versorgen den interdigitalen Bereich einschließlich des Ballens der 3. und 4. Zehe.

Der **N. digitalis plantaris communis IV** teilt sich in die Nn. digitalis plantaris proprius V axialis und IV abaxialis. Diese verhalten sich wie die entsprechenden Nerven der 2. und 3. Zehe. Der **N. digitalis dorsalis communis IV** teilt sich in Höhe des Fesselgelenks in den schwachen N. digitalis dorsalis proprius V axialis und den weiterziehenden N. digitalis dorsalis proprius IV abaxialis, der den dorsolateralen Kron- und Ballenbereich der 4. Zehe innerviert.

Der **N. digitalis dorsalis communis II** teilt sich dorsomedial des Fesselgelenks in die Nn. digitalis dorsalis proprius II axialis und II abaxialis. Sie verhalten sich entsprechend den Nerven der 4. und 5. Zehe. Der **N. digitalis dorsalis communis III** teilt sich dorsal des Zwischenklauenspalts in die Nn. digitalis dorsalis proprius III axialis und IV axialis.

## Klaue des Schafes und der Ziege

Der Aufbau der Klauen der kleinen Wiederkäuer entspricht dem für das Rind beschriebenen **Grundbauplan** mit der beschriebenen **Segmenteinteilung**. Bezüglich der Klauenform und einiger struktureller Aspekte bestehen jedoch Unterschiede (Abb. 18-58). Die Klauen von Schaf und Ziege sind steiler aufgerichtet. Der Zehenrückenwinkel beträgt je nach Rasse 50–70° bei Schafen und 60–70° bei Ziegen. Die Klaue ist in Relation zur Länge der Platte enger als die des Rindes.

Die **Klauenplatte** ist sehr dünn. Sie ist seitlich stark zusammengebogen, der sehr schmale Klauenrücken ist etwas abgerundet. Die Klauenspitze ist zum Interdigitalspalt eingebogen, sodass eine konkave axiale und eine konvexe abaxiale Fläche entstehen. An ungepflegten, schlecht abgenutzten Klauen ragt das Horn der Platte auf der Fußungsfläche über das Niveau der Sohle distal und biegt nach innen über die Sohlenfläche. Das **Horn der Klauenplatte** ist besonders bei einigen Ziegenrassen deutlich härter als beim Rind und verleiht dem Hornschuh eine außergewöhnliche Festigkeit.

Im **Saum-** und **Kronsegment** existiert abaxial ein sehr gut entwickeltes Subkutispolster, insbesondere bei der Ziege. Dadurch erscheint die Lederhaut als ein gemeinsames Saum-Kron-Band. Im Gegensatz zum Rind ist der Saumfalz bei Schaf und Ziege nur angedeutet. Die **Klauengrundfläche** wird zum größten Teil vom weichen Ballenhorn eingenommen. Der Anteil des weich elastischen Horns, der nach dem weichen Verhornungstyp gebildet wird, dominiert also gegenüber dem harten Horn des distalen Ballensegments und der Sohle.

Den **Afterklauen** der kleinen Wiederkäuer fehlt meist jede knöcherne Grundlage, sie sind reine Hautgebilde, die mit der Gliedmaße nur bindegewebig verbunden sind.

### Blutgefäßversorgung und Innervation

Die Blutgefäßversorgung und die Innervation der Klauen der kleinen Wiederkäuer erfolgen prinzipiell in gleicher Weise wie die der Rinderklaue. Es bestehen nur geringe tierartspezifische Unterschiede in Verlauf und Aufzweigung.

## Klaue des Schweines

Die Klauen des Schweines sind in ihrem Aufbau denen der kleinen Wiederkäuer sehr ähnlich (Abb. 18-59). Die Reduktion des distalen Gliedmaßenskeletts ist beim Schwein nicht so weit fortgeschritten wie beim Wiederkäuer. So besitzen außer der 3. und 4. Zehe auch die 2. und 5. Zehe noch ein vollständiges Stützskelett.

Die **Afterklauen** besitzen also eine vollständige knöcherne Grundlage, die über ein echtes Gelenk mit dem Gliedmaßenskelett verbunden ist. Die laterale Afterklaue ist zumeist länger als die mediale und die Afterklauen der Hintergliedmaße sitzen höher als die der vorderen. Diese Kenntnisse können bei der Zuordnung der isolierten distalen Gliedmaße helfen. Auf festem Boden erreichen die Afterklauen, bedingt durch die Längenreduktion der Zehen, den Untergrund nicht. Sie haben jedoch auf weichem Boden eine wichtige Trage- und Stützfunktion.

Das **Ballensegment** der Schweineklaue ist stark distal vorgewölbt, wodurch das weiche Ballenhorn die palmare bzw. plantare Hälfte der Fußungsfläche einnimmt. Die vordere Hälfte der Klauengrundfläche wird vom harten Ballen- und vom Sohlenhorn eingenommen. An der Grenze zwischen hartem und weichem Horn auf der Fußungsfläche besteht eine Prädilektionsstelle, für Zusammenhangstrennungen der Klauenkapsel. Diese sind gehäuft bei Haltung auf Betonspaltenboden zu beobachten und führen zu erheblichen Klauenproblemen.

### Blutgefäßversorgung und Innervation

Es bestehen im Vergleich zur Wiederkäuerklaue keine wesentlichen, funktionell bedeutsamen Unterschiede im Gefäßversorgungssystem und Innervationsmuster.

# Huf (Ungula) des Pferdes

K.-D. Budras und H. E. König

Der Huf ist das Zehenendorgan des bis auf die **3. Zehe reduzierten Fußes** des Pferdes. Nur in seltenen Fällen wird eine zusätzliche 2. oder 4. Zehe mit einem rudimentären Huf ausgebildet (**Polydaktylie, Form des Atavismus**), die keine Stützfunktion erfüllt. Die Reduktion auf nur einen Huf für jede Gliedmaße stellt hohe Anforderungen an seine Funktionsfähigkeit. Integrität und Gesundheit der Hufe sind deshalb für den extremen Zehenspitzengänger Pferd von besonderer Bedeutung, wenn nicht sogar lebenswichtig.

## Definition

Der Huf wird bei eng gefasster Definition als **elastisch verformbarer Hornschuh** aufgefasst. Bei weitgefasster, klinisch gebräuchlicher Definition gehören auch die vom Hornschuh eingeschlossenen **zentralen Stützteile** hinzu, und zwar der **distale Abschnitt** des **Kronbeins (Os coronale)**, das **Strahlbein (Os naviculare)**, das **Hufbein (Os ungulare)** mit palmar bzw. plantar sich anschließendem **Hufknorpel (Cartilago ungularis medialis et lateralis)** sowie die **Hufrolle (Podotrochlea)**, bestehend aus dem Strahlbein, dem Hufrollenschleimbeutel und dem Insertionsabschnitt der tiefen Beugesehne (Abb. 18-61).

## Hufform

Hufe von **neugeboren Fohlen** sind bilateralsymmetrisch und an allen vier Gliedmaßen gleich geformt. Erst im Zuge der Belastung in den ersten Lebensmonaten kommt es zur Ausbildung der für ausgewachsene Pferde charakteristischen **Hufform**, die eine Unterscheidung von vorderem und hinterem sowie linkem und rechtem Huf möglich macht. Eine Bewegungseinschränkung von Fohlen (z.B. reine Boxenhaltung) verursacht die Ausbildung fehlerhafter Hufformen (z.B. Bockhuf).

Beim **ausgewachsenen Pferd** beträgt der Zehenrückenwinkel an den Hufen der Schultergliedmaßen 45–50°, am stumpferen Hinterhuf dagegen 50–55°. Entsprechend ist die **Höhe (Länge)** des Zehenrückens am Vorderhuf im Verhältnis zu jener der Trachte mit 3:1 größer als am Hinterhuf (2:1). Die Seitenteile der Hufplatte sind zum Erdboden medial steiler gestellt als lateral, wodurch eine Unterscheidung von linkem und rechtem Huf möglich wird. Die Grundfläche des Vorderhufs ist **kreisförmig**. Am Huf der Beckengliedmaße besitzt sie dagegen die Form eines **Hühnereies** mit zum Zehenrücken gerichtetem spitzem Pol (Abb. 18-65).

### Hufplatte (Paries corneus, Lamina)

Die Hufplatte als schräggestellte Außenwand der **Hufkapsel (Capsula ungularis)** wird in verschiedene Abschnitte untergliedert, deren Grenzen parallel zur Längsachse der Kronhornröhrchen verlaufen (Abb. 18-60 u. 66):

- der **Rückenteil (Pars dorsalis)**, auch Zehenteil genannt, reicht bis zu zwei gedachten Hilfslinien, die im Winkel von 45° zur Hufl ängsachse von der Strahlspitze zum Tragrand ziehen,
- die **Seitenteile (Pars lateralis et medialis)** schließen sich palmar bzw. plantar bis zu einer gedachten Querlinie durch die weiteste Stelle des Hufes an,
- die **Trachten (Pars mobilis lateralis et medialis)** bilden den palmaren bzw. plantaren Teil der Platte bis zu ihrem Umschlag an den Eckstrebenkanten (Margo palmaris/plantaris lateralis et medialis) in
- die **Eckstreben (Pars inflexa lateralis et medialis)**.

Die Eckstrebe stabilisiert nach innen den Trachtenteil, der eine vergleichsweise dünne, verformbare Hornplatte aufweist und eine besonders hohe Beweglichkeit besitzt.

### Grundfläche (Facies solearis)

Die Grundfläche der Hufkapsel besteht aus (Abb. 18-65):

- Tragrand (Margo solearis),
- Hornsohle (Solea cornea),
- Strahlhorn (Cuneus corneus) und
- Hornballen (Torus corneus).

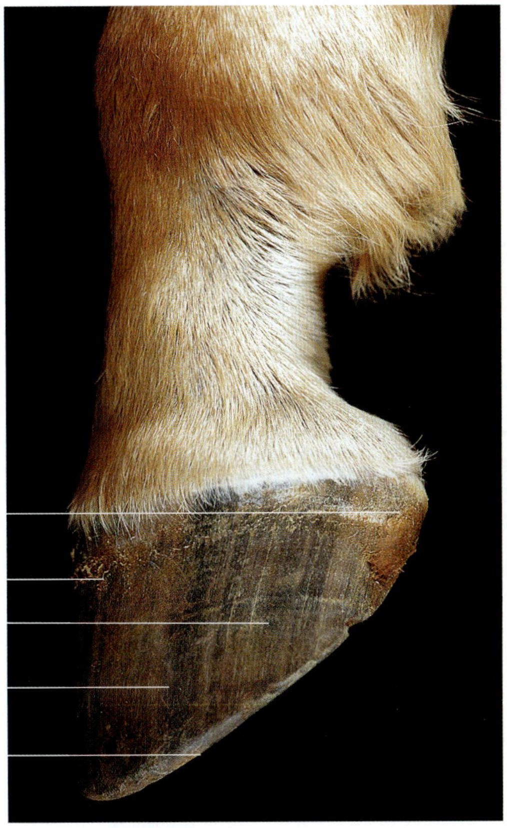


**Abb. 18-60.** Seitenansicht auf das Zehenendorgan eines Pferdes, Aufnahme PD Dr. S. Reese, München.

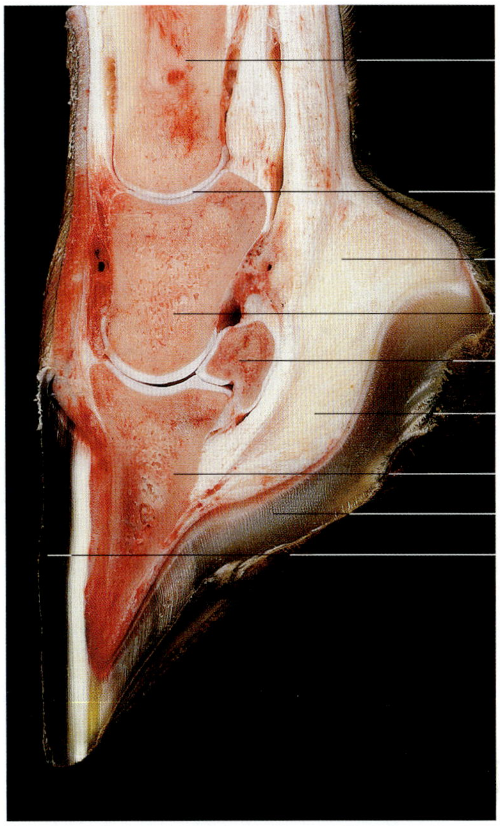


**Abb. 18-61.** Sagittalschnitt durch das Zehenendorgan eines Pferdes, Präparat PD Dr. S. Reese, München.

Der Tragrand ist als Fußungsrand der Hufplatte der entscheidende Teil der Fußungsfläche (Facies contactus) des Hufes, auf ihm ruht im Wesentlichen die Körperlast. Nach innen schließt sich ihm die konkave Hornsohle an, deren Sohlenschenkel (Crus soleae lateralis et medialis) sich ausgehend vom apikalen Sohlenkörper (Corpus soleae) bis zu den Eckstrebenwinkeln (Angulus parietis palmaris bzw. plantaris lateralis et medialis) fortsetzen (Abb. 18-65).

Der **Hornstrahl** liegt, abgegrenzt durch die seitlichen **Strahlfurchen (Sulcus paracunealis lateralis** et **medialis)**, zwischen den Sohlenschenkeln (Abb. 18-63). Im Querschnitt erscheint er W-förmig, wobei die mittlere Einziehung des W der **mittleren Strahlfurche (Sulcus cunealis centralis)** und die abwärts gerichteten Spitzen des W den beiden **Strahlschenkeln (Crus cunei lateralis** et **medialis)** entsprechen (Abb. 18-62).

Apikal vereinigen sich die beiden Strahlschenkel zur **Strahlspitze (Apex cunei)**. Bei Betrachtung der Hufkapsel von innen bildet die mittlere Strahlfurche eine Erhebung, den **Hahnenkamm (Spina cunei)** (Abb. 18-62). Der Strahl wird mit seinen Strahlschenkeln in Abhängigkeit von der Hufform und dem Hufbeschlag sowie der Beschaffenheit des Untergrundes mit zur Aufnahme der Körperlast bei der Fußung herangezogen. An seiner Basis **(Basis cunei)** geht der Hornstrahl in den proximal gelegenen **Hornballen (Torus corneus)** über. Seitlich besitzt dieser in Fortsetzung der Strahlschenkel die **Ballenwülste (Pars lateralis** et **medialis tori)**, die von der **Ballengrube (Fossa intratorica)** als Fortsetzung der mittleren Strahlfurche getrennt werden (Abb. 18-65).

## Hufsegmente

Von den Hufsegmenten lassen sich nur nach dem **Ausschuhen (Exungulation)** an der Innenseite der Hufkapsel und an der Oberfläche der Lederhaut die proximalen **drei Segmente** deutlich abgrenzen (Abb. 18-63):

- Saumsegment (Limbus),
- Kronsegment (Corona),
- Wandsegment (Paries).

Zwischen Saum- und Kronsegment, die beide bandförmig die Semizirkumferenz des Hufes umgeben, liegt der Saumfalz (Sulcus limbi). An der Grundfläche sind abgrenzbar (Abb. 18-64):

- das Sohlensegment (Solea) an seiner konkaven Sohlenwölbung und
- das Ballensegment (Torus digitalis), das beim Pferd in den apikalen (distalen) Strahl (Cuneus ungulae) und den proximalen Ballen (Torus ungulae) unterteilt wird.

### Saumsegment (Limbus)

Das Saumsegment (Abb. 18-63 u. 67) ist ein wenige Millimeter breites Band unterhalb des Haaransatzes und geht palmar bzw. plantar in den Ballen über.

Die **Saumunterhaut (Tela subcutanea limbi)** ist zum Saumpolster (Pulvinus limbi) modifiziert und geht palmar bzw. plantar in das Ballenpolster (Pars torica pulvini digitalis) über.

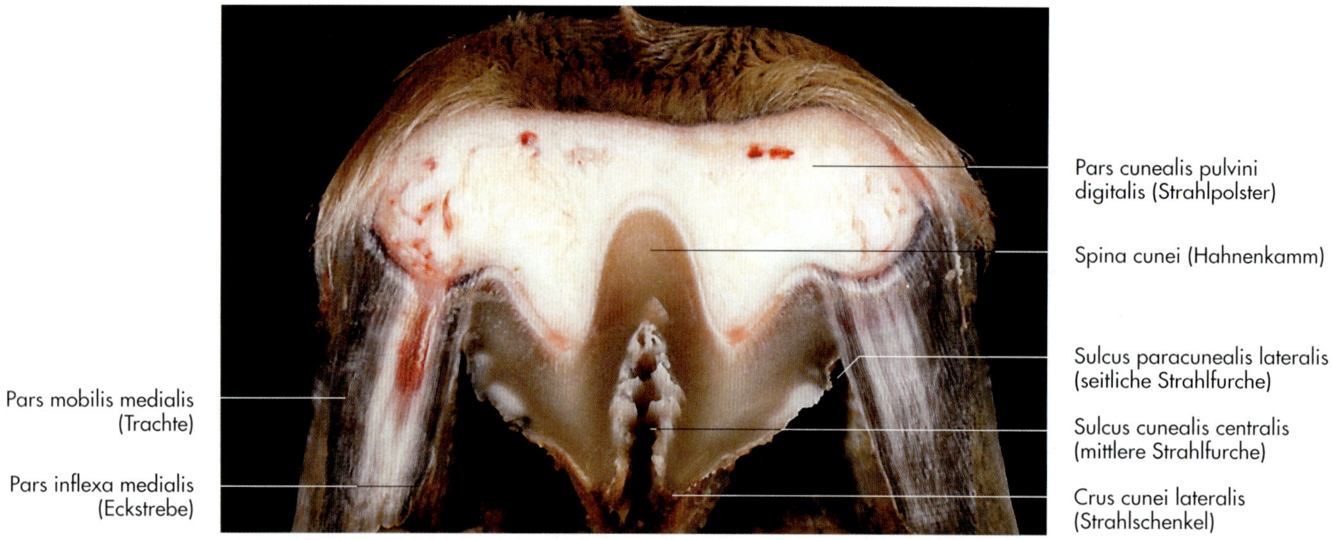


**Abb. 18-62.** Querschnitt durch das Zehenendorgan eines Pferdes in Höhe der Eckstrebenwinkel, Präparat PD Dr. S. Reese, München.

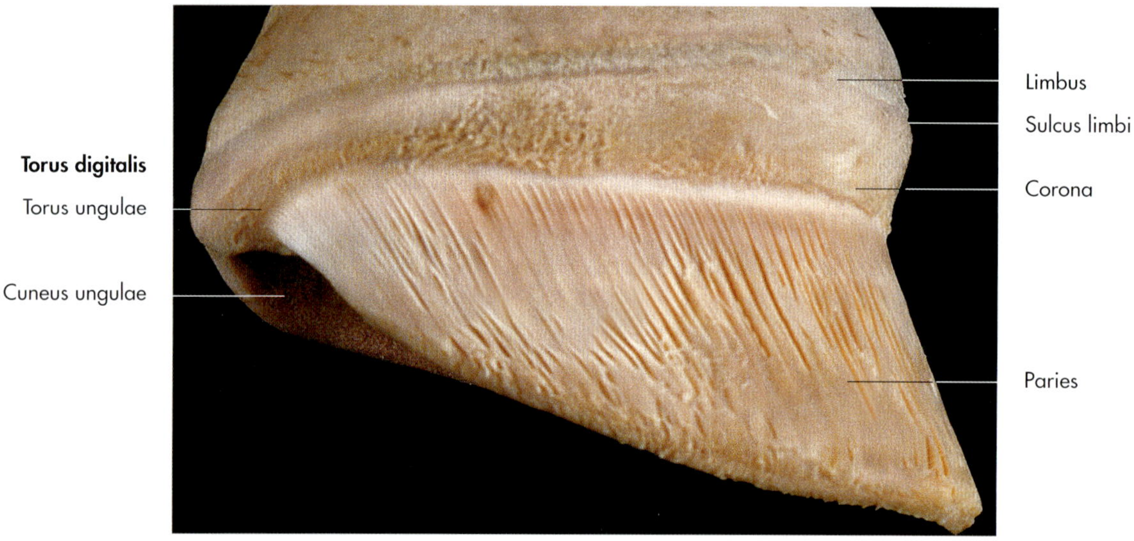


**Abb. 18-63.** Lederhautoberfläche des Zehenendorgans eines Pferdes in seitlicher Betrachtung, Präparat PD Dr. S. Reese, München.

**Abb. 18-64.** Lederhautoberfläche der Grundfläche des Zehenendorgans eines Pferdes, Präparat PD Dr. S. Reese, München.

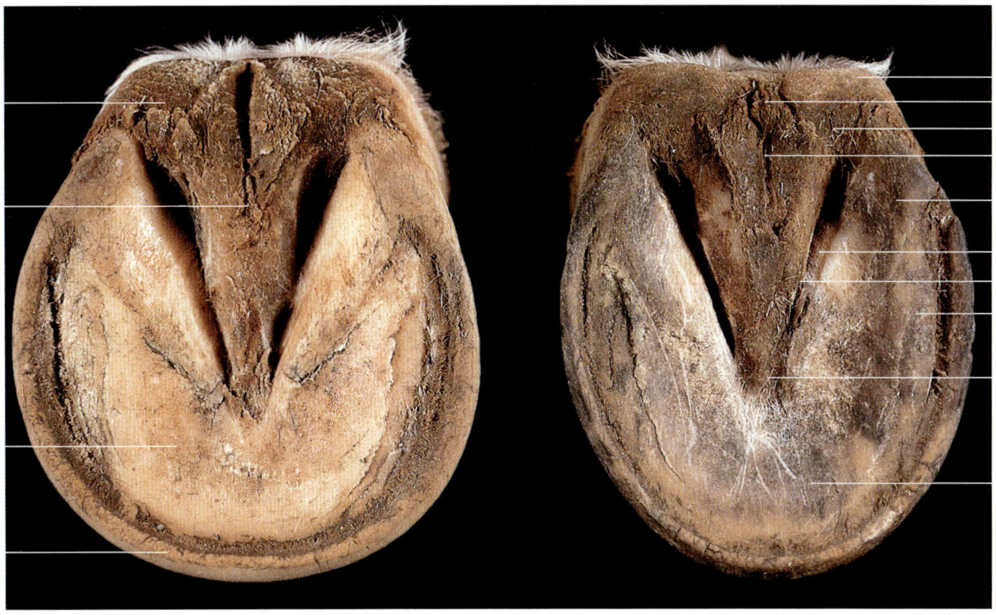


**Abb. 18-65.** Kreisrunde und ovale Grundfläche eines Vorder- und Hinterhufs (linke bzw. rechte Abbildung), Aufnahme PD Dr. S. Reese, München.

Die **Saumlederhaut (Dermis limbi)** ist an ihrer Oberfläche zu schlanken, wenige Millimeter langen Papillen (Papillae dermales) geformt (Abb. 18-67).

Die **Saumoberhaut (Epidermis limbi)** bildet das weiche Saumhorn, dessen Röhrchenarchitektur beim Distalschub verwischt. Proximal unter dem Haaransatz bildet das Saumhorn einen gelbbräunlichen Hornwulst, dessen Zellen wie in einem Schieferbruch aus dem Zellverband herausbrechen (Abb. 18-68).

Distal davon wird das Saumhorn als **dachziegelartige graue Glasurschicht** heruntergeschoben und spätestens nach Erreichen der halben Höhe der Wand abgerieben. Das Saumhorn hat die Funktion eines **Feuchtigkeitsreservoirs**, da die Zellen und der Interzellularkitt unter Aufquellung Feuchtigkeit binden und so das darunter liegende Kronhorn feucht und elastisch halten. Es hat darüber hinaus auch eine versiegelnde Funktion. Sein Interzellularkitt enthält hohe Anteile an Lipiden, die wie eine Feuchtigkeitshautcreme den Feuchtigkeitsgehalt im Horn bewahren. Das Einfetten der Hufplatte, nicht der Sohle und des Strahls, mit geeigneten Huffetten stellt deshalb eine vernünftige Substitution dar.

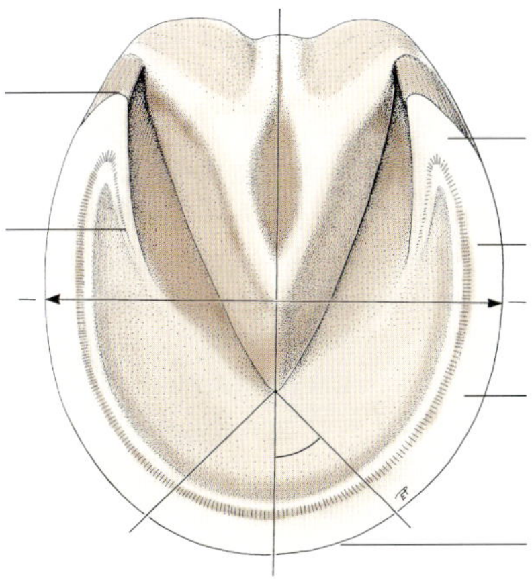


**Abb. 18-66.** Schematische Darstellung zur Einteilung der Hufplatte (Paries corneus).

## Kronsegment (Corona)

Das Kronsegment (Abb. 18-67) schließt sich als bis zu 15 mm breites Band distal an das Saumsegment an. Die **Kronunterhaut (Tela subcutanea coronae)** ist zum dicken **Kronpolster (Pulvinus coronae)** verstärkt, das die Grundlage des Kronwulstes bildet.

Die **Kronlederhaut (Dermis coronae)** ist mit bis zu 8 mm langen, distal gerichteten und in Reihen angeordneten Papillen besetzt, die deutlich stärker sind als die Saumpapillen.

Die **Kronepidermis (Epidermis coronae)** besitzt eine ausgeprägte Röhrchenarchitektur (Abb. 18-66). Ihr Kronhorn ist durch eine hohe Druck- und Zugfestigkeit geprägt. Es wird parallel zur Facies parietalis des Hufbeins distal geschoben und bildet die ca. 1,2 cm dicke Mittelschicht (Stratum medium) der Hufplatte, die wegen ihrer mechanischen Widerstandsfähigkeit auch Schutzschicht genannt wird.

Das **Kronhorn** weist eine **Innen-**, **Mittel-** und **Außenschicht** auf (Abb. 18-67), die jeweils aus bestimmten Röhrchentypen bestehen. Außen überwiegen Röhrchen mit querovalem Durchmesser. In der Außen- und Mittelschicht besteht die Röhrchenrinde aus zwiebelschalenähnlichen Hornzellen, die eine hohe Stabilität gegen radiäre, von außen nach innen gerichtete Druckkräfte aufweisen. Die **Innenschicht des Kronhorns** besteht aus abgerundeten **Hornröhrchen**, deren Rinde spindelförmige, längsangeordnete Hornzellen enthält. Dieser Röhrchentyp nimmt besonders proximodistal wirkende Druckkräfte, vergleichbar einem Stoßdämpfer, auf.

Im **Grenzbereich** zwischen beiden Röhrchentypen, also zwischen der mittleren und inneren Schicht des Kronhorns, treten leicht Hornrisse auf und führen zur Bildung einer hohlen Wand. Ein eingeschlagener Hufnagel findet in diesem Grenzbereich keine optimale Verankerung.

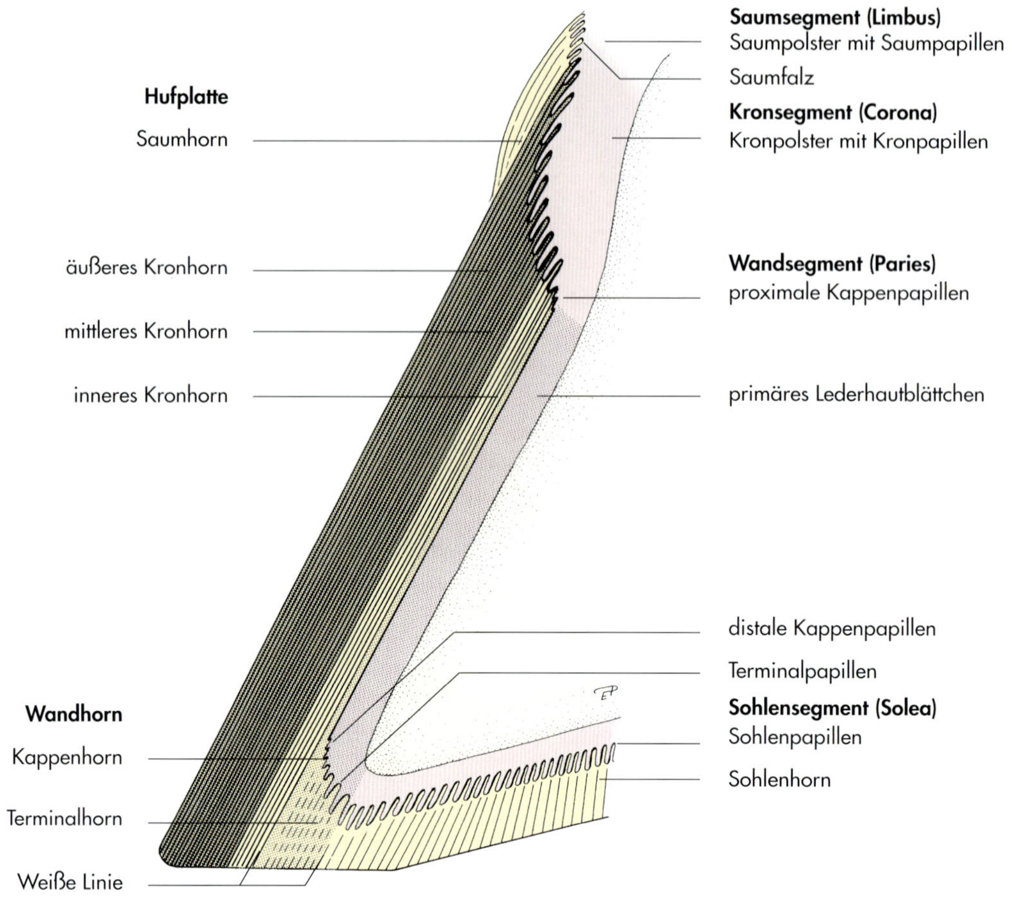


**Abb. 18-67.** Schema des Saum-, Kron-, Wand- und Sohlensegments des Pferdehufs.

## Wandsegment (Paries)

Das Wandsegment (Abb. 18-67) liegt verdeckt unter der aus Kronhorn gebildeten Schutzschicht. Nur distal am Tragrand ist im Wandsegment gebildetes Wandhorn als so genannte **Weiße Linie (Zona alba)** sichtbar. Eine Unterhaut ist nicht ausgebildet.

Die Wandlederhaut (Dermis parietis) ist über ihr Stratum reticulare direkt mit der Parietalfläche des Hufbeins verbunden.

Das **Stratum papillare der Lederhaut** ist zu ca. 600 proximodistal verlaufenden primären **Lederhautblättchen (Lamellae dermales)** geformt, deren Höhe beim Warmblutpferd durchschnittlich 3,5 mm beträgt. Zusätzlich stehen auf diesen jeweils ca. 110 ebenfalls proximodistal ausgerichtete sekundäre Lederhautblättchen (Abb. 18-69). Auf dem First am proximalen Beginn der primären Blättchen nehmen einzelne proximale Kappenpapillen ihren Ursprung. Distale Kappenpapillen finden sich im Gegensatz zur Rinderklaue erst kurz vor dem Ende des Blättchens. Sie stehen in einer kontinuierlichen Reihe mit den fingerförmigen Terminalpapillen, mit denen das Blättchen endet (Abb. 18-67). Die **Wandepidermis (Epidermis parietalis)** ist entsprechend der Form des Papillarkörpers zu **primären** und **sekundären Epidermisblättchen (Lamellae epidermales)** geformt. Nur das primäre Epidermisblättchen besitzt zentral ein Stratum corneum – das **Hornblättchen**. Die Hornblättchen werden durch **ständigen Zellnachschub** distal geschoben und in der **Weißen Linie** als schmale, radiär ausgerichtete, weiße Streifen sichtbar. Über den Firsten der primären Lederhautblättchen wird von der Wandepidermis das **Kappenhorn** gebildet, dessen wenige Hornröhrchen meist schon vor Erreichen des Tragrandes verdämmern.

Die **Wandepidermis** über den papillenbesetzten Blättchenenden verhornt im Gegensatz zur übrigen Wandepidermis nach dem **weichen Verhornungstyp**. Es entsteht das **Terminalhorn**, dessen dicke Hornröhrchen sehr weite Markräume besitzen. Nach seinem Distalschub wird es in der Weißen Linie als gelbbraunes Horn, das die Zwischenräume zwischen den Hornblättchen ausfüllt, sichtbar. Das Wandhorn – die Verbindungsschicht der Hufplatte – bildet die zugbelastbare Verbindung zwischen dem Kronhorn und dem Wandsegment, das mit dem Hufbein fest verbunden ist (s. auch Abschnitt »Hufbeinträger«, S. 650). Die besonders langen, spongiösen Hornzellen der Blättchen mit dem hohen Wassergehalt in ihren Hohlräumen weisen die Elastizität eines unterkammerten Wasserkissens auf und sind entlang der schrägen Zugrichtung des Hufbeinträgers ausgerichtet.

Die **Weiße Linie (Zona alba)** stellt eine flexible Verbindung zwischen dem harten Kronhorn und dem harten Sohlenhorn her (Abb. 18-67). Ihre Breite entspricht der Höhe der Hornblättchen. Der heterogene Aufbau aus **hartem Blättchenhorn** und **weichem Terminalhorn** macht die Weiße Linie zu einem **Schwachpunkt der Hufkapsel** in ihrer Funktion als Barriere gegen mechanische, chemische und biologische Einflüsse. Das früh zerfallende Röhrchen-

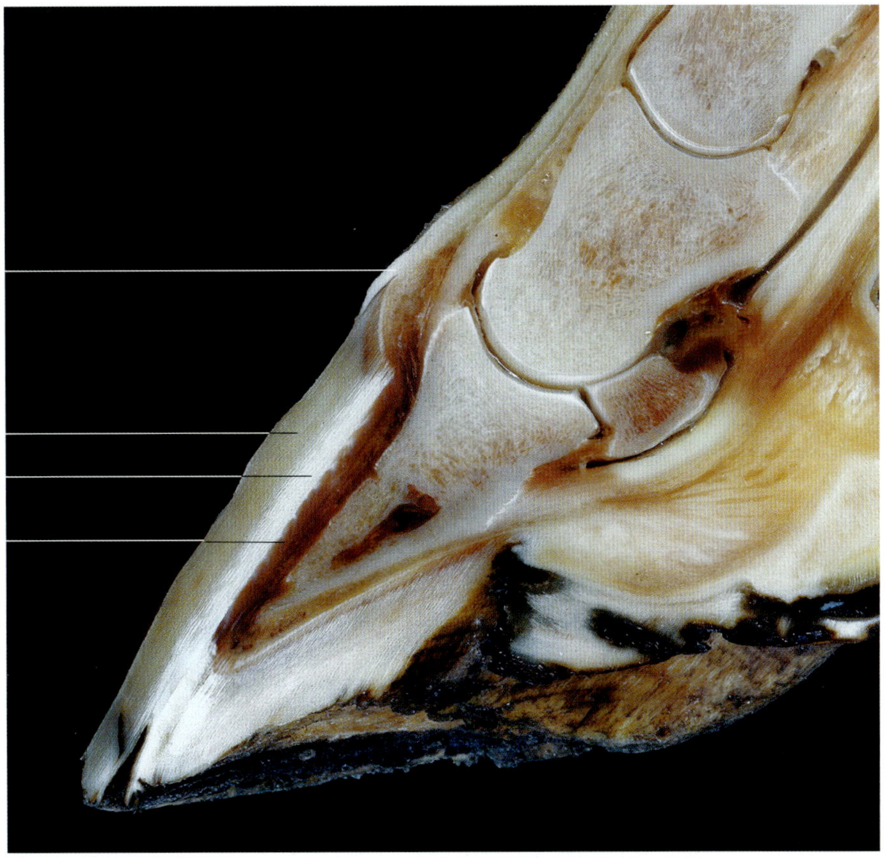


**Abb. 18-68.** Paramedianschnitt im Dorsalteil des Zehenendorgans eines Pferdes, die Hornröhrchen sind sichtbar (plastiniertes, geschliffenes Präparat), Präparat H. Hnilitza, Wien.

mark der Terminalhornröhrchen ist der schwächste Teil der Zona alba gegen aufsteigende Flüssigkeitsströme und eine aufsteigende Keimbesiedelung.

Bei der Stammform des Hauspferdes, dem Przewalski-Pferd, ist diese Barriere wesentlich wirksamer als bei den domestizierten Pferderassen, die bei häufig vorkommenden Erkrankungen der Zona alba (»White line disease«) der Gefahr einer eitrigen Lederhautentzündung (Hufabszess) ausgesetzt sind.

## Sohlensegment (Solea)

Das Sohlensegment mit seiner konkav gewölbten Hornsohle schließt sich nach innen dem Tragrand an und beteiligt sich im Gegensatz zur Klaue nur mit seinem äußeren Rand an der Fußung. Eine Unterhaut ist nicht ausgebildet.

Die **Sohlenlederhaut (Dermis soleae)** sitzt der Facies solearis des Hufbeins fest auf. Seine Oberfläche ist mit langen, leicht apikal geneigten Papillen besetzt (Abb. 18-67).

Die **Sohlenepidermis (Epidermis soleae)** besitzt eine Röhrchenarchitektur (Abb. 18-68). Die Dicke seines Stratum corneum – das Sohlenhorn – variiert regional beträchtlich um Mittelwerte von etwa 1 cm. Das Sohlenhorn ist an der Grenze zur Weißen Linie am dicksten, wodurch diese abgestützt wird. Die tiefen Schichten des Sohlenhorns bestehen aus intaktem, fest miteinander verbundenem, schneidbarem Horn, das dem Kronhorn ähnlich, aber weniger fest ist. An der Oberfläche schilfert das Sohlenhorn bei rissig-bröckliger Beschaffenheit und grauweißer Verfärbung leicht ab, wodurch die natürliche Sohlenwölbung aufrecht erhalten wird.

## Ballensegment (Torus digitalis)

Das Ballensegment wird wie an der Klaue in einen apikalen (distalen) und einen proximalen Abschnitt unterteilt. Der **apikale Strahl (Cuneus ungulae)** liegt wie die Apex tori der Klaue zwischen den Sohlenschenkeln. Der proximale Ballen **(Torus ungulae)** entspricht der Basis tori der Klaue und geht in das Saumsegment sowie die behaarte Haut über (Abb. 18-64 u. 66).

## Strahl (Cuneus ungulae)

Der Strahl ist die wichtigste stoßbrechende Hufstruktur. Unter Belastung wird seine im Querschnitt sichtbare W-Formation (Abb. 18-62) unter Energieabsorption abgeflacht bzw. wie eine Ziehharmonika auseinander gezogen. Die Elastizität des Strahls ermöglicht in der Schwebephase des Hufes die Rückstellung in die ursprüngliche Form.

Seine zum **Strahlpolster (Pars cunealis pulvini digitalis)** verdickte Unterhaut verstärkt noch die stoßbrechenden federnd-elastischen Eigenschaften des Strahls (Abb. 18-62 u. 72).

Die **Strahllederhaut (Dermis cunei)** ist mit dicht stehenden, plumpen und spiralig verlaufenden Zotten bedeckt, die eine geringere Länge haben als die Sohlenpapillen.

Die **Strahlepidermis (Epidermis cunei)** verhornt wie die Epidermis der Apex tori der Klaue nicht über ein Stratum granulosum. Das gebildete Strahlhorn besitzt eine radiergummiartige Konsistenz. Seine Hornröhrchen verlaufen entsprechend den spiralfederartigen Lederhautpapillen spiralig zur Oberfläche. In den Hornstrahl können spitze Fremdkörper wie Nägel oder Holzsplitter ein-

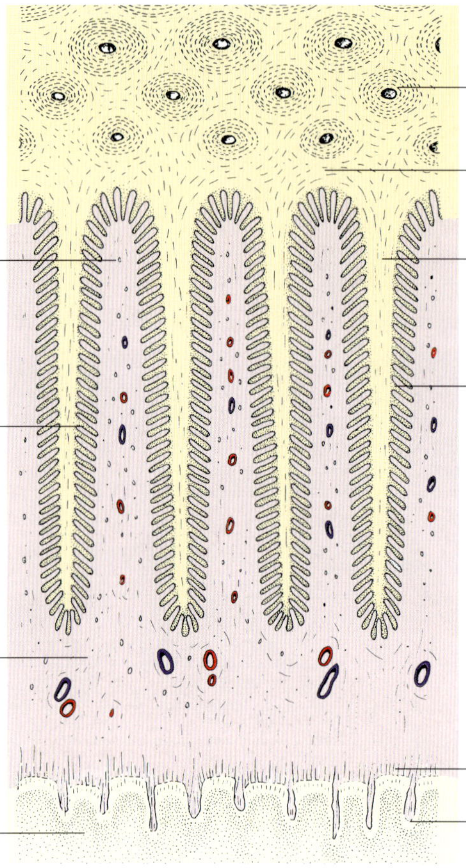


**Abb. 18-69.** Schematische Darstellung des Hufbeinträgers im Horizontalschnitt.

massiert und vorangetrieben werden, wodurch beim so genannten Nageltritt die Gefahr einer eitrigen Lederhautentzündung oder einer eitrigen Hufrollen-Schleimbeutelentzündung besteht.

### Ballen (Torus ungulae)

Das dicke **Ballenpolster (Pars torica pulvini digitalis)** geht kontinuierlich aus dem Strahlpolster hervor. Die **Ballenlederhaut (Dermis tori)** geht ohne sichtbare Abgrenzung apikal in die Strahllederhaut über (Abb. 18-64 u. 72). Die Oberfläche des Ballenpolsters ist mit Papillen besetzt, die den schlanken Saumpapillen ähneln.

Die **Ballenepidermis (Epidermis tori)** verhornt nach dem weichen Verhornungstyp über ein Stratum granulosum. Die relativ dünne Schicht aus weichem Ballenhorn besteht überwiegend aus Zwischenröhrchenhorn. Im Ballen und in der Strahlbasis finden sich als Abkömmlinge der Epidermis Schweißdrüsen, die so genannten Strahldrüsen (Glandulae tori).

## Hufbeinträger

Unter dem Hufbeinträger versteht man die Verbindung zwischen der Wandfläche des Hufbeins und der Innenfläche des Rücken- und Seitenteils der Hufplatte, über die das Hufbein in der Hufkapsel aufgehängt ist. Das über das Gliedmaßenskelett abgeleitete Körpergewicht lastet somit nicht direkt auf der Grundfläche der Hufkapsel, sondern wird über den Hufbeinträger als Zugkraft auf die Hufplatte übertragen.

Der Hufbeinträger besteht aus einem **Lederhaut-** und einem **Oberhautanteil** (Abb. 18-69).

Der Lederhautanteil ist an der Wandfläche des Hufbeins über lineare, proximodistal ausgerichtete Insertionszonen verankert, die oberflächlich aus nichtmineralisiertem und darunter aus mineralisiertem Faserknorpel bestehen. Neben der Verankerung erfüllen die Insertionszonen auch die Aufgabe von knorpeligen Wachstumsfugen und dienen so der physiologischen Umfangsvermehrung **(Dickenwachstum des Hufbeins)**. Zwischen den linearen knorpeligen Insertionszonen sorgt auch das nur hier gelegene Periosteum für eine desmale Osteogenese zur Umfangsvermehrung des Hufbeins.

Der Lederhautanteil des Hufbeinträgers formiert sich mit seinen Kollagenfaserbündeln nach Durchdringen des Stratum reticulare zu den **primären Lederhautblättchen**, die sekundäre Lederhautblättchen zur Verbindung mit dem **Oberhautanteil des Hufbeinträgers** abstrahlen. Die Zugkraft wird auf die sekundären Epidermisblättchen, bestehend aus den epidermalen, lebenden Keimzellen (Matrix), und schließlich auf das Hornblättchen **(primäre Epidermisblättchen)** übertragen, dessen Zellen sich an den Kronhornröhrchen verankern. Vom Hufbein ausgehend wird die schräge proximodorsale Verlaufsrichtung der Kollagenfasern in den primären und sekundären Oberhautblättchen und trajektoriell angeordneten Hornzellen und deren gleichgerichteten intrazellulären Keratinfilamentbündeln bis zur Hufplatte fortgesetzt. Da Pferde extreme Zehenspitzengänger sind und das Körpergewicht fast ausschließlich auf dem Tragrand (vergleichbar mit dem freien Rand unseres Fingernagels) ruht, ist der Hufbeinträger, kenntlich an den sekundären Lederhaut- und Oberhautblättchen, besonders gut entwickelt.

Bei der Hufrehe, einer Erkrankung des Hufbeinträgers, liegt eine Funktionsminderung vor, die sich in einer Hufbeinsenkung oder

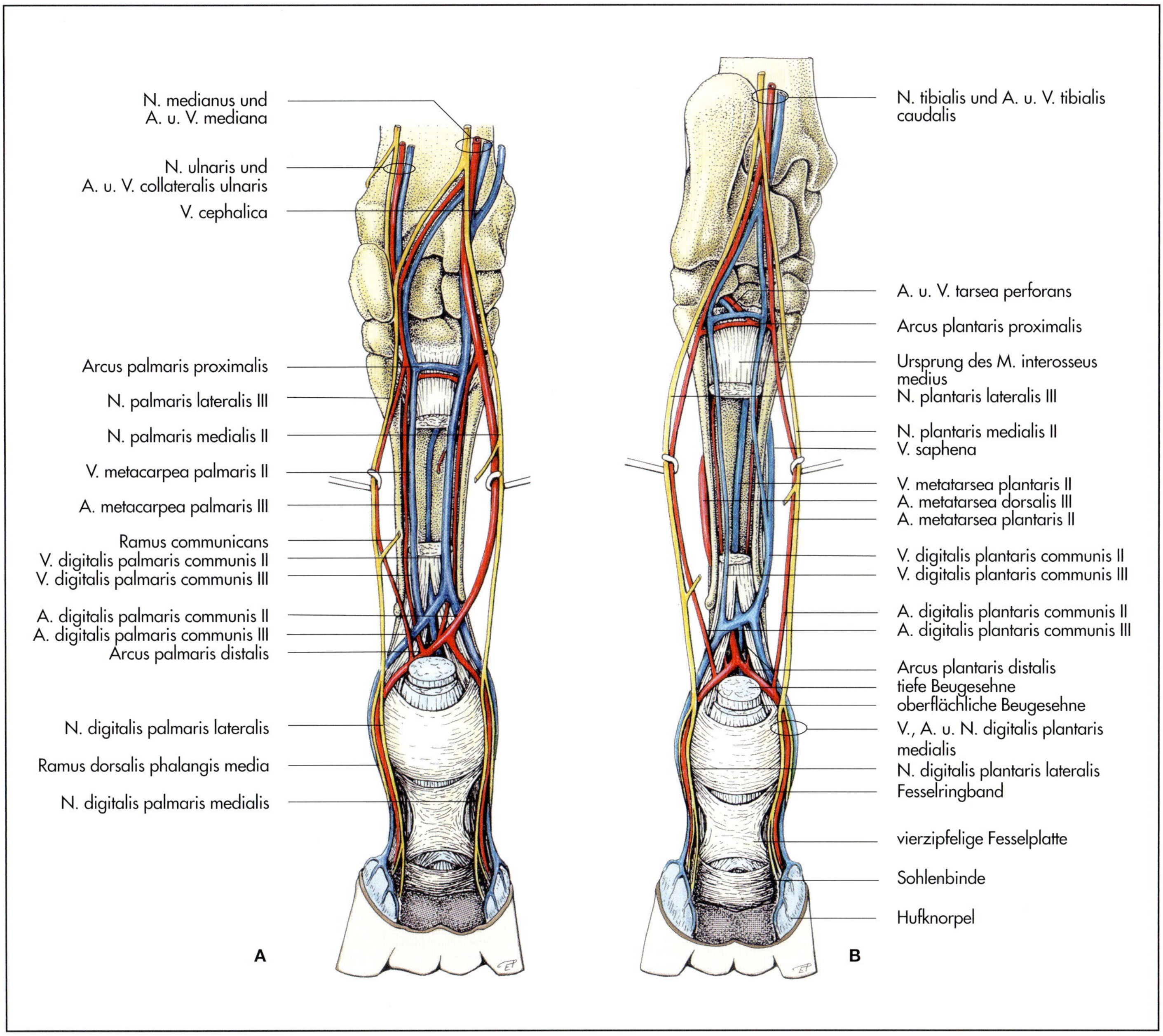


**Abb. 18-70.** Gefäße und Nerven des Autopodium der Vorder- und Beckengliedmaße des Pferdes (**A** Palmaransicht, **B** Plantaransicht).

Hufbeinrotation mit dem Verlust der Sohlenwölbung zeigt. Im extremen Fall kann es infolge eines Funktionsverlusts des Hufbeinträgers zur Exungulation (Ausschuhen) kommen, wenn sich die krankhaften Veränderungen vom Wandsegment auf die übrigen Hufsegmente ausdehnen.

## Hufmechanismus

Durch den Zug des Hufbeinträgers an der Innenfläche der Hufplatte wird beim Fußen der Hufmechanismus ausgelöst. Der proximale Teil des Hufrückens senkt sich nach innen und der Trachtenteil der Hufplatte weitet sich nach außen **(Trachtenbewegung)**. Die Sohlenwölbung flacht sich etwas ab und der Strahl wird breiter, wobei die im Querschnitt erkennbare W-Formation breiter und flacher wird. In der **Entlastungsphase** kehren die genannten Hufanteile in ihre Ausgangslage zurück, dies wird durch die Elastizität der Hufkapsel ermöglicht. Der Hufmechanismus verbietet eine Nagelung des Hufeisens im Trachtenbereich. Im Rücken- und im Seitenteil der Hufplatte wird der Hufnagel außen an der Zona alba angesetzt und in bestimmter Winkelung, gerichtet durch einen speziellen Nagelschliff (»Zwicke«), durch die Hufplatte getrieben.

## Hornbildungsrate

Die Hornbildungsrate ist in den verschiedenen Hufsegmenten sehr unterschiedlich und ist bei erheblichen individuellen Unterschieden bei jungen Pferden vor dem fünften Lebensjahr deutlich intensiver als bei älteren Tieren. Das Kronhorn wird ca. 8–10 cm pro Jahr nachgebildet und erneuert sich dabei im Jahresablauf. Das bedeutet, dass eine Substitution, z.B. mit Biotin- oder Zinkpräparaten, erst nach einem Jahr am Tragrand zur Hornqualitätsverbesserung, etwa zur besseren Verankerung der Hufnägel, führen kann.

Vom Sohlen- und Strahlhorn werden nur ca. 6 cm im Jahr neu gebildet. Bei den Przewalski-Pferden zeigt sich deutlich ein jahres-

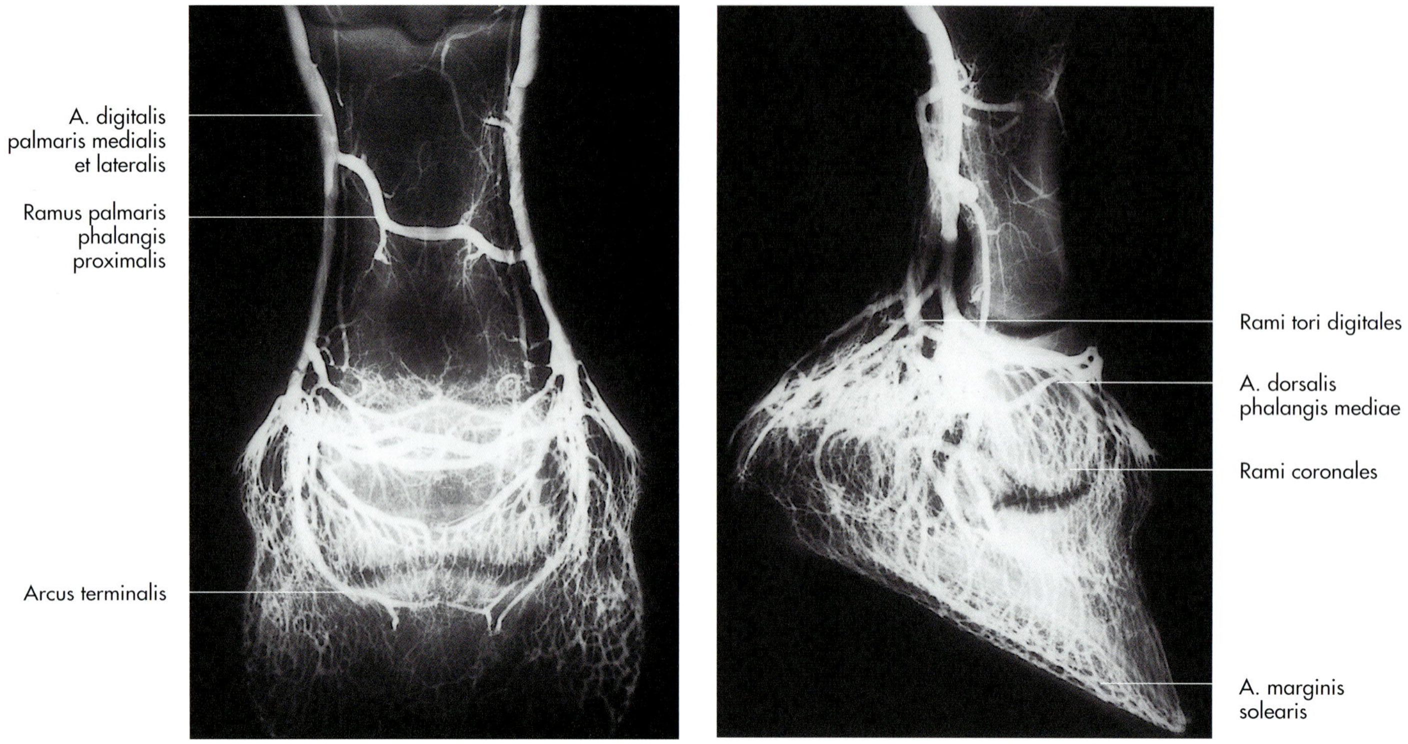


**Abb. 18-71.** Arteriogramme der Vorderzehe eines Pferdes im dorsopalmaren (linke Abb.) und lateromedialen Strahlengang (rechte Abb.), Präparat PD Dr. S. Reese, München.

zeitlicher Rhythmus mit hoher Wachstumsrate in den Sommermonaten und sehr geringer Bildungsrate in den Wintermonaten. Der Hornabrieb korreliert mit der Hornbildungsrate, die von der Nährstoffversorgung der Hufepidermis stark beeinflusst ist.

## Blutgefäßversorgung

### Arterien

Die Blutversorgung der Hufe erfolgt über **zwei Arterien** (A. digitalis palmaris bzw. plantaris lateralis et medialis), die aus der **Hauptmittelfußarterie** (A. digitalis palmaris communis II bzw. A. metatarsea dorsalis III) und zusätzlich an der Beckengliedmaße aus den schwachen Aa. digitales plantares communis II et III hervorgehen. Sie geben in Höhe des Kronbeins Rami tori digitalis zum Ballen und je eine A. coronalis lateralis et medialis zur Krone ab (Abb. 18-70 bis 73). Nach Abgabe von Ästen zum Strahl und zur Wandlederhaut des Zehenrücken-, Seiten- und Trachtenteils treten sie von lateral bzw. medial über das For. soleare in den Hufbeinkanal ein und anastomosieren unter Bildung des Arcus terminalis. Er gibt 8 bis 10 Äste ab, die dorsal aus der Parietalfläche des Hufbeins austreten. Weitere 8 bis 10 Gefäße ziehen distal, treten aus den Sohlenrandlöchern aus und verbinden sich zur Sohlenrandarterie (A. marginis solearis) (Abb. 18-71 bis 73).

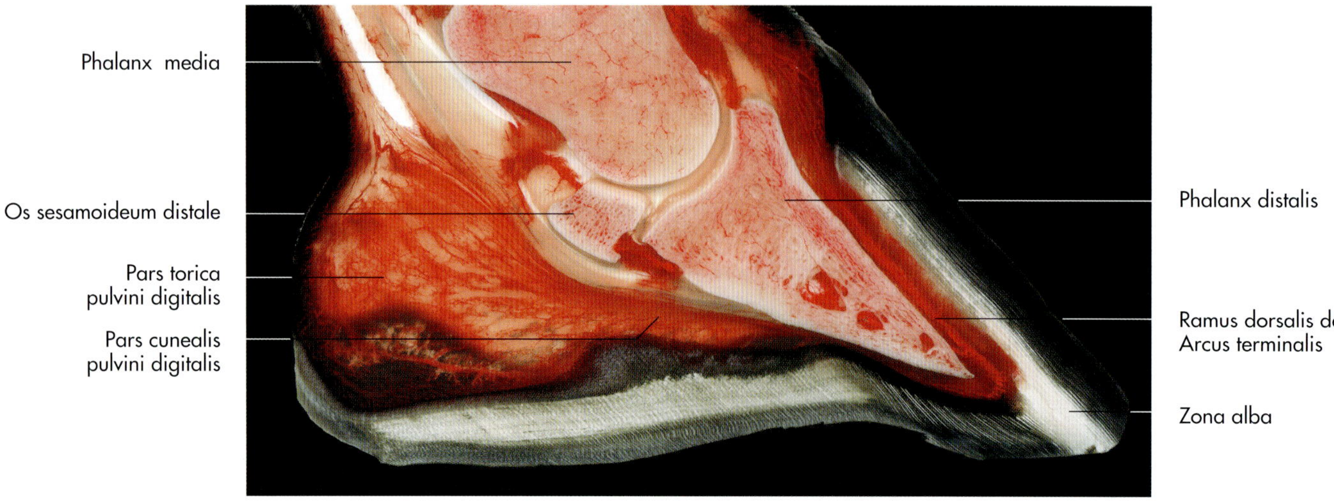


**Abb. 18-72.** Sagittalschnitt durch die distale Zehe eines Pferdes (injiziertes Scheibenplastinat), Präparat H. Obermaier, München.

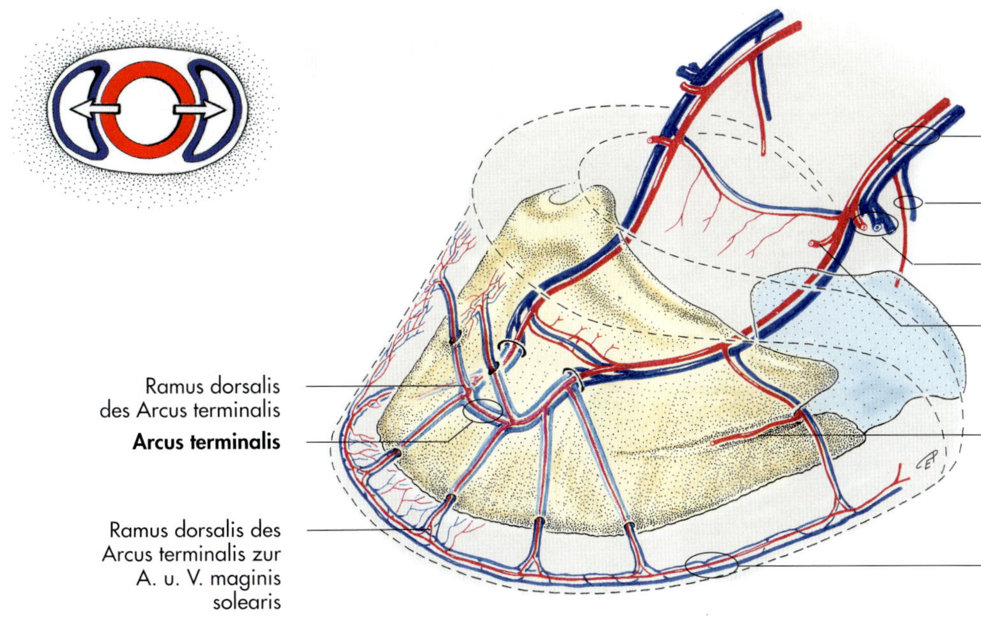


**Abb. 18-73.** Blutgefäße im Zehenendorgan des Pferdes (Insert: Ausschnitt Arcus terminalis).

### Venen

Die Venen bilden ein **dichtes Gefäßgeflecht** in der Huflederhaut, das distal die Sohlenrandvene (V. marginis solearis) bildet und mit dem **venösen Arcus terminalis** in Verbindung steht. Die beiden letzten Venen sind doppelt ausgebildet. Sie nehmen die entsprechende Arterie in die Mitte (Abb. 18-72). Ein weiteres Venengeflecht liegt auf der Innenseite des Hufknorpels, was sich aus dessen Genese aus der Hufunterhaut erklärt. Großkalibrige Venen ziehen quer durch den Hufknorpel und verbinden die Venenplexus von Wand- und Sohlenlederhaut. Der **endgültige Blutabfluss** erfolgt über **zahlreiche Vv. coronales** und Äste der **V. tori digitalis** sowie über die **V. marginis solearis**, die alle in die Vv. digitales palmares bzw. plantares laterales et mediales bzw. ihren Arcus terminalis münden (Abb. 18-70 u. 73).

## Lymphabfluss

Der Lymphabfluss aus dem Huf erfolgt an der Schultergliedmaße über die Ellbogenlymphknoten (Lnn. cubitales) und an der Beckengliedmaße über die tiefen Kniekehllymphknoten (Lnn. poplitei profundi).

## Innervation

### Schultergliedmaße

Die sensible Innervation des Zehenendgliedes erfolgt im Gegensatz zu den anderen Haussäugetieren nur über den N. medianus (Abb. 18-70). Seine Nn. digitales palmares communes II et III gehen nach Abgabe eines Ramus dorsalis, der zum Saum-, Kron- und Wandsegment zieht, in die Nn. digitales palmares laterales bzw. mediales über. Diese geben in der Fesselbeuge Rami tori zu Ballen, Hufgelenk und Hufrolle ab und versorgen im weiteren Verlauf den palmaren Teil der Hufknorpel und der Wandlederhaut sowie Sohle, Strahl und Ballen.

### Beckengliedmaße

Die Nn. digitales plantares communes II et III entstammen dem N. tibialis. Diese verzweigen sich in gleicher Weise, wie dies für die entsprechenden Nerven an der Schultergliedmaße geschildert wurde. Im Zehenrückenteil des Hufes erfolgt zusätzlich eine Versorgung über die Nn. metatarsei dorsales laterales et mediales des N. fibularis profundus (Abb. 18-70).

Die Zuführung von sympathischen Nerven zum Huf erfolgt an Schulter- und Beckengliedmaße über die Adventitia der Zehenarterien. Eine operative Unterbrechung der sympathischen Innervation wird durch Entfernung (»Strippen«) der Adventitia (z.B. der Aa. digitales palmares bzw. plantares) über mehrere Zentimeter erreicht und bei chronisch degenerativen Erkrankungen z.B. der Hufrolle eingesetzt.

# Horn (Cornu)

Chr. Mülling

Das Horn der Hauswiederkäuer besteht wie das Zehenendorgan aus einer knöchernen Grundlage, die von **modifizierter Haut, Integumentum commune**, überzogen ist.

Der **Hornfortsatz (Processus cornualis)** bildet die knöcherne Grundlage des Horns. Er ist mit dem Stirnbein (Os frontale) fest verwachsen und bildet die mechanisch stabile Grundlage für das ge-

Abb. 18-74. Horn einer 8 Jahre alten Kuh mit deutlich ausgebildeten Hornringen.

Abb. 18-75. Längsschnitt durch das Horn eines 1,5 Jahre alten Mastbullen mit beginnender Pneumatisation der Basis des Processus cornualis, Präparat PD Dr. S. Reese, München.

samte Horn. Eine stark modifizierte, haar- und drüsenlose Haut überzieht die raue, gefurchte Oberfläche des Processus cornualis. Die Epidermis dieses Überzuges ist stark verhornt. Sie bildet in ihrer Gesamtheit die sehr harte epidermale Hornscheide bzw. den Hornschlauch, das Horn im engeren Sinne. Am Horn werden eine **Basis (Basis cornus)**, ein **Körper (Corpus cornus)** und eine **Spitze (Apex cornus)** unterschieden. Die Hörner (Cornua) dienen bei wildlebenden Wiederkäuern als wirkungsvolle Waffe und werden auch bei heftigen Rangordnungs- und Brunftkämpfen eingesetzt. Dies erklärt sicher ihre äußerst stabile Konstruktionsweise.

Bei den Hauswiederkäuern tragen in der Regel beide Geschlechter Hörner, eine Ausnahme bilden hornlose Rinder-, Schaf- und Ziegenrassen. Die Hörner der männlichen Tiere sind zumeist stärker entwickelt und weisen eine breitere Basis auf als die der weiblichen Tiere. Die Hörner stellen permanente Bildungen dar, die keinen Umbau in Abhängigkeit von Sexualhormonen aufweisen, wie dies beim Geweih der Cerviden der Fall ist. Bei Letzteren ist das Geweih ein sekundäres Geschlechtsmerkmal.

Größe, Anordnung und Form der Hörner hängen von der Rasse, vom Alter und vom Geschlecht ab.

## Horn des Rindes

### Entwicklung der epidermalen Hornanlage

Bereits im dritten Monat der Trächtigkeit ist beim Rinderfetus makroskopisch die erste Andeutung einer Hornanlage im hinteren seitlichen Stirngebiet zu erkennen. Sie hat die Gestalt eines niedrigen Höckerchens. Diese erste Anlage geht nur von der Epidermis aus.

Beim geburtsreifen Fetus ist die Hornanlage äußerlich durch einen Haarwirbel gekennzeichnet. Die kleinen Hörnchen weisen in der Mitte einen haarfreien Bezirk auf. Vom Zentrum beginnend wird die ganze Hornkappe zunehmend haarfrei.

### Hornfortsatz (Processus cornualis)

Der Hornfortsatz des Rindes entsteht als Exophyse des Stirnbeins. Seine Bildung aus dem Os frontale wird durch die epidermale Hornanlage induziert. Die knöchernen Anteile des Horns beginnen erst sehr spät, sich spezifisch zu bilden. Erst kurz vor der Geburt ist unter der epidermalen Hornanlage eine kleine, buckelartige Verdickung zu bemerken. Diese Verdickung wächst bis zum 5. Lebensmonat zu einem massiven Knochenzapfen heran.

### Pneumatisation des Processus cornualis

Im 6. Lebensmonat beginnt vom Sinus frontalis aus die Aushöhlung des Processus cornualis durch Einwachsen der Stirnhöhlenschleimhaut (Abb. 18-75). Diese Pneumatisation schreitet mit zunehmendem Alter voran, sodass der Processus cornualis letztendlich bis auf die zuerst gebildete, solide Spitze hohl ist. Aufgrund dieser Gegebenheiten wird bei Brüchen des Hornzapfens die Stirnhöhle eröffnet.

Bakterielle Infektionen und eitrige Stirnhöhlenentzündung können die gravierenden Folgen sein. Auch beim Enthornen adulter Rinder ist die weitgehende Pneumatisation zu beachten. Beim üblichen Absägen des Horns an der Basis im Übergang zur Haut wird die Stirnhöhle eröffnet. Es muss daher Vorsorge gegen Verschmutzung und Infektion getroffen werden.

**Abb. 18-76.** Schafschädel mit schneckenförmig gewundenen Hörnern, Aufnahme PD Dr. S. Reese, München.

## Modifizierter Hautüberzug des Horns

### Unterhaut (Tela subcutanea)

Eine Unterhaut ist nicht ausgebildet. Ihre Funktion als Verschiebeschicht wäre ungünstig für die mechanisch stabile Befestigung der Hornscheide auf dem Hornzapfen.

### Lederhaut (Dermis cornus)

Die Lederhautoberfläche ist zu deutlichen **Zöttchen (Papillae dermales** bzw. **coriales)** geformt. Diese sind in Basis und Corpus oberflächenparallel angeordnet, in der Spitze hingegen heben sie sich von der Oberfläche ab. Insbesondere im Bereich des Corpus sind sehr lange Papillen (5–6 mm) ausgebildet, die in Gruppen angeordnet sind und sich der Oberfläche auflegen. Durch diese Formation entsteht der Eindruck von Leisten oder Blättchen.

### Oberhaut (Epidermis cornus)

Die lebenden Epidermiszellen bedecken die gesamte Lederhautoberfläche des Horns. Entsprechend der Ausbildung von Lederhautpapillen entstehen in der Epidermis Röhrchenformationen (Tubuli epidermales). Das Längenwachstum des Horns findet in der Hauptsache durch Hornzubildung an der Hornbasis statt. Die gebildeten Hornmassen schieben die älteren Zellgenerationen distal. Dieser Vorschub erfolgt in Orientierung der Lederhautpapillen hornspitzenwärts. Dadurch überwiegt das Längenwachstum bei gleichzeitig nur geringer Dickenzunahme des Horns.

Die **Hornbildungsrate** ist abhängig von der Versorgung der Epidermiszellen, die wiederum von der Stoffwechsellage des Tieres bestimmt wird. In Zeiten des Futtermangels (jahreszeitlich bedingt bei Wildtieren) oder einer hohen Stoffwechselbelastung bei der Trächtigkeit und Laktation wird weniger Horn gebildet. Durch zyklische Unterschiede in der Versorgung entstehen somit Hornringe an der Oberfläche der Hornscheide. Bei Kühen entsteht bei regelmäßiger Gravidität ein Hornring pro Lebensjahr. Aus der Anzahl der Hornringe plus zwei (Alter bei Erstgeburt) lässt sich das Alter des Tieres bestimmen (Abb. 18-74). Entsprechendes gilt für die Hörner des Gams-, Muffel- und Steinwildes.

An der Hornbasis befindet sich ein Ring aus **weichem Horn (Epikeras)**, das dem Saumhorn des Zehenendorgans entspricht. Diese Zone kennzeichnet den Übergang von der Hornscheide zur äußeren Haut. Sie dient als Orientierung beim Absägen des Horns.

## Blutgefäßversorgung

Die **Aa.** und **Vv. cornuales**, die Endäste der A. und V. temporalis superficialis darstellen, übernehmen die Blutversorgung des Horns.

Die A. cornualis verläuft parallel zur Linea temporalis in Richtung der Hornbasis. Dort teilt sie sich in zwei Äste. Der dünnere dorsale zieht über die Hornbasis und versorgt die Dermis und den Hornfortsatz. Der ventrale Ast läuft unterhalb der Hornbasis. Dort gibt er Rami an die Dermis und den Knochen ab. Nachfolgend verläuft er medial und vereinigt sich mit der entsprechenden kontralateralen Arterie.

Aufgrund dieses Gefäßverlaufs ist es entscheidend, dass die Schnittlinie bei der Amputation des Horns dicht genug am Stirnbein proximal zum Eintritt der Gefäße in den Knochen erfolgt. Andernfalls können die Gefäßstümpfe nicht zur Blutstillung mit einer Klemme erfasst werden. Die **Hornlederhaut** ist sehr gut **durchblutet**. Zusammenhangstrennungen der Hornscheide oder gar ein Abziehen des ganzen Hornschlauchs vom Knochenzapfen führen zu starken Flächenblutungen. Diese sind häufig nur durch Amputation des gesamten Horns an der Basis und nachfolgende, kontrollierte Blutstillung an den Gefäßstümpfen unter Kontrolle zu bringen.

## Lymphabfluss

Die Lymphdrainage des Horns erfolgt über die Lnn. parotidei.

**Abb. 18-77.** Ziegenschädel mit säbelscheidenartig gewundenen Hörnern, Aufnahme PD Dr. S. Reese, München.

## Innervation

Die **Hauptinnervation des Horns** erfolgt über den **Ramus cornualis** des **N. zygomaticotemporalis**. Dieser ist ein Ast des **N. trigeminus (V)**, wobei seine Zuordnung zum N. ophthalmicus ($V_1$) bzw. N. maxillaris ($V_2$) aufgrund der sehr engen Lagebeziehung strittig ist. Eine zusätzliche Versorgung erfolgt über den N. supraorbitalis und den N. infratrochlearis in dessen Verlauf durch die Sinus frontales.

Der **Ramus cornualis** tritt kaudal des Processus zygomaticus des Os frontale aus der Augenhöhle hervor. Er verläuft direkt unterhalb der Linea temporalis in Richtung Hornbasis. Nahe der Orbita ist der Nerv in Fett eingebettet, in der kaudalen Hälfte seines Verlaufs wird er nur von Haut und vom M. frontalis bedeckt.

Die **günstigste Injektionsstelle** für eine Anästhesie des Ramus cornualis liegt kaudal der Mitte zwischen Augenwinkel und Hornbasis, direkt ventral der Linea temporalis. Eine gelegentlich auftretende unzureichende Schmerzausschaltung bei Verwendung dieses Standard-Blocks kann durch abnormalen Verlauf des Ramus cornualis oder zusätzliche Innervation durch Äste des N. infratrochlearis und des N. supraorbitalis verursacht werden.

# Horn des Schafes und der Ziege

Die Hörner der kleinen Wiederkäuer unterscheiden sich durch ihre Form von denen des Rindes; der grundlegende Aufbau stimmt jedoch überein.

Die Hörner der kleinen Wiederkäuer sitzen direkt hinter der Orbita, ihre Lage ist mehr parietal als beim Rind. Die Hörner des Schafes sind schneckenförmig gewunden und alters- und rasseabhängig verschieden weit eingedreht (Abb. 18-76). Die Spitze zeigt zunächst nach hinten außen, später dann nach vorne außen.

Die säbelscheidenförmigen Hörner der Ziege weisen nach oben und alters- und rassebedingt unterschiedlich weit kaudal (Abb. 18-77).

## Knöcherner Hornzapfen

Bei den kleinen Wiederkäuern wird der Hornfortsatz als isolierter Knochenkern (Os cornuale) angelegt, der dann sekundär mit dem Stirnbein (Os frontale) zusammenwächst. Der Querschnitt des Processus cornualis und damit auch der Hornscheide ist beim Schaf dreieckig und bei der Ziege säbelscheidenförmig, flach längsoval.

## Modifizierter Hautüberzug

Die Hornproduktion findet beim kleinen Wiederkäuer in regelmäßigen Schüben statt, wodurch eine Zergliederung der Oberfläche durch zahlreiche, in gleichen Abständen aufeinanderfolgende Ringe entsteht. Diese werden im Gegensatz zu den »Jahresringen« am Rinderhorn als Schmuckringe bezeichnet. Pro Jahr werden 8 bis 14 dieser Schmuckringe gebildet.

## Blutgefäßversorgung und Innervation

Bei Schaf und Ziege liegt das Horn so dicht an der Orbita, dass die **A.** und **V. temporalis superficialis** und der **N. cornualis** direkt dorsal hinter dem Processus zygomaticus verlaufen. Sie liegen im Gegensatz zum Rind auf der Oberfläche des M. frontoscutularis. Der N. cornualis erscheint zwischen den Gefäßen und dem Processus zygomaticus unmittelbar am lateralen Augenwinkel.

Die **Anästhesiestelle** für das Enthornen liegt so dicht wie möglich am kaudalen Ursprung des Processus zygomaticus in einer Tiefe von etwa 1 cm. Zusätzlich muss bei der Ziege der Ramus cornualis des N. infratrochlearis an der dorsomedialen Kante der knöchernen Orbita blockiert werden.

**Klinische Begriffe**, die von den anatomischen Namen abgeleitet werden: Dermatitis, Pododermatitis, »White line disease«, Laminitis, Mastitis, Mastektomie etc.

# 19 Topographisch-klinische Anatomie

H. E. König, P. Sótonyi, A. Probst, J. Maierl und H.-G. Liebich

## Kopf (Caput)

### Stratigraphie

- Cutis,
- Tela subcutanea,
- Fascia capitis superficialis und
- Fascia capitis profunda.

In der **oberflächlichen Kopffaszie** liegen der M. cutaneus faciei, der M. frontalis (Rind) und der M. zygomaticus. Die **tiefe Kopffaszie** ist mit den Muskeln, Gefäßen, Nerven und Drüsen verbunden. Sie steht zum Teil mit der oberflächlichen Kopffaszie in Verbindung und verankert sich an der **Crista facialis** und am **Tuber faciale**. In dieser Faszie liegen folgende Muskeln: M. levator nasolabialis, M. caninus, M. levator labii superioris (Rind: auch M. depressor labii superioris), M. buccinator, M. depressor labii inferioris und M. masseter.

Die großen Blutgefäße und Nerven liegen meist unter den Muskeln und der tiefen Kopffaszie, mit Ausnahme des N. facialis, der den M. masseter überquert. Bei den Fleischfressern liegt die Fascia capitis profunda unter den großen Kopfgefäßen.

### Regionen

Die wichtigsten Regionen des Kopfes sind (Abb. 19-1 u. 2):

- Regio naris,
- Regio oralis,
- Regio mentalis,
- Regio buccalis,
- Regio infraorbitalis,
- Regio masseterica,
- Regio orbitalis,
- Regio intermandibularis und
- Regio temporalis.

Die am Kopf und in den Höhlen des Kopfes (Schädel-, Augen-, Nasen-, Mund- und Rachenhöhle) befindlichen Strukturen sind in den entsprechenden Kapiteln der systematischen Anatomie eingehend abgehandelt. (Näheres s. Kap. 1, 7, 8, 12, 14, 17 u. 18.)

#### Regio naris

Die Regio naris schließt die Gegend um die Nasenlöcher, das Flotzmaul (Rind), den Nasenspiegel (Hund und Katze), die Rüsselscheibe (Schwein) und die weiten Nasenöffnungen des Pferdes ein.

Beim Pferd wird die **Nasenöffnung** durch zwei Flügelknorpel weit gehalten. Die Commissura nasi ventralis ist abgerundet und weiter als die dorsale Kommissur. Durch diese Öffnung gelangt man in das Vestibulum nasi. Im dorsalen Bereich liegt die Nasentrompete, das blind endende **Diverticulum nasi**. Um mit einer Nasenschlundsonde in die Nasenhöhle zu gelangen muss diese ventral der Plica alaris eingeführt werden, da man sonst in das Diverticulum nasi gelangt.

Im Vestibulum nasi öffnet sich an der Grenze zwischen Haut und Schleimhaut der Tränen-Nasen-Gang, das **Ostium nasolacrimale**. Es können u.U. mehrere Öffnungen vorhanden sein. Am Boden des ventralen Nasenganges, im Schleimhautbereich und unmittelbar neben dem Septum nasi, liegt beim Pferd die schlitzförmige Öffnung des **Organum vomeronasale**. Dieses hat beim Pferd nur die dorsale Öffnung.

- **Muskulatur**: M. levator nasolabialis, M. levator labii superioris (seine gemeinsame Aponeurose) und Mm. nasales.
- **Arterien**: A. labialis superior, A. lateralis nasi und A. dorsalis nasi. Die A. palatina major tritt aus dem Canalis interincisivus hervor.
- **Innervation**: N. infraorbitalis (sensibel) und N. facialis (motorisch).

#### Regio oralis und Regio mentalis

Zu diesen Regionen gehören die Oberlippen- und die Unterlippengegend. Die Haut der Lippen ist extrem dünn und kann nicht von der darunterliegenden **Muskulatur**, dem M. orbicularis oris, getrennt werden. In den Lippenwinkel strahlt der M. cutaneus faciei ein, in die Oberlippe der M. levator labii superioris und in die Unterlippe der M. depressor labii inferioris.

- **Arterien**: A. labialis superior und A. labialis inferior.
- **Innervation**: N. infraorbitalis, N. mentalis und N. facialis.

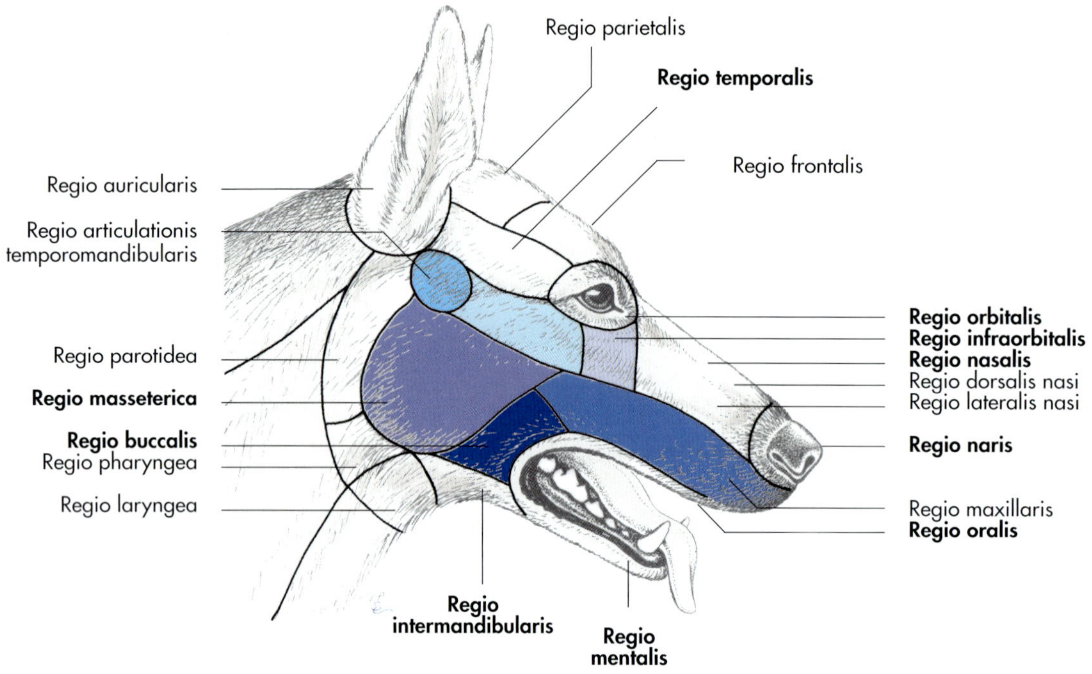


**Abb. 19-1.** Schematische Darstellung der Regionen am Kopf des Hundes.

Zum Vestibulum labiale hin werden die Lippen von Schleimhaut bedeckt. Darunter liegen die **Lippendrüsen**. Das **Foramen mentale** liegt beim Pferd in der Mitte des Corpus mandibulae in Höhe des Lippenwinkels.

Das Foramen mentale kann in Höhe einer Querebene durch den **Kinnwinkel** (Angulus mentalis), etwa 20–30 mm dorsal davon ertastet werden. Dazu muss allerdings der M. depressor labii inferioris nach oben geschoben werden. Es muss damit gerechnet werden, dass das Foramen mentale etwas weiter rostral der genannten Ebene liegt.

## Regio buccalis

Die Backengegend liegt zwischen dem Lippenwinkel und dem rostralen Rand des M. masseter. Unter der Haut befindet sich der M. cutaneus faciei, der am Lippenwinkel ansetzt. Er bedeckt im kaudalen Abschnitt der Region die **Incisura vasorum facialium**. (Pferd: rostral die A. facialis als **Pulsfühlstelle**, in der Mitte die V. facialis und kaudal der Ductus parotideus, s. auch Abb. 19-8).

- **Muskulatur**: Der M. depressor labii inferioris verläuft am Ventralrand des M. buccinator. An seinem Dorsalrand liegt der M. zygomaticus.
- **Arterien**: A. labialis superior, A. labialis inferior und A. buccalis.
- **Innervation**: Ramus buccalis dorsalis und ventralis des N. facialis (motorisch).

Die Backenschleimhaut wird vom N. buccalis (sensibel) innerviert. In der Backenschleimhaut befinden sich die Backendrüsen. Bei Fleischfressern findet sich hier zusätzlich die Glandula zygomatica (Abb. 7-15) und die Papilla parotidea.

## Regio infraorbitalis

Die Region liegt ventral und rostral der Augenhöhle. Nach Abtragen der Haut erscheint der M. levator nasolabialis. Zwischen seinen beiden Ästen zieht der M. caninus hindurch. Darunter verlaufen die A. und V. facialis. Erstere entlässt hier die A. labialis superior und teilt sich in die A. lateralis nasi, die A. dorsalis nasi und die A. angularis oculi.

Das **Foramen infraorbitale** liegt beim Pferd ein bis zwei Fingerbreit kaudal der Mitte einer Verbindungslinie zwischen dem rostralen Ende der Crista facialis und der Incisura nasoincisiva. Aus dem Foramen infraorbitale treten die A. und V. infraorbitalis sowie der N. infraorbitalis aus. In der Tiefe, in der Maxilla, befindet sich der **Sinus maxillaris** und der **Canalis infraorbitalis**.

Beim Pferd ist die Kieferhöhle in einen Sinus maxillaris rostralis und caudalis durch eine Scheidewand geteilt. Zur Behandlung einer Sinusitis maxillaris müssen über einen Zugang von lateral beide Sinus gespült werden. Dazu ist es zweckmäßig eine Trepanation (= Aufbohren der Kieferhöhle) in Höhe des knöchernen Septum sinuum maxillarium vorzunehmen. Das Septum lässt sich mit großer Wahrscheinlichkeit treffen, wenn man die Linie vom rostralen Ende der Crista facialis zum nasalen Augenwinkel halbiert.

## Regio masseterica

Der Name der Region leitet sich von den hier liegenden Kaumuskeln ab. Rostral ist die Gegend der Regio buccalis und dorsal der Regio infraorbitalis benachbart. Der Rand der Mandibula begrenzt

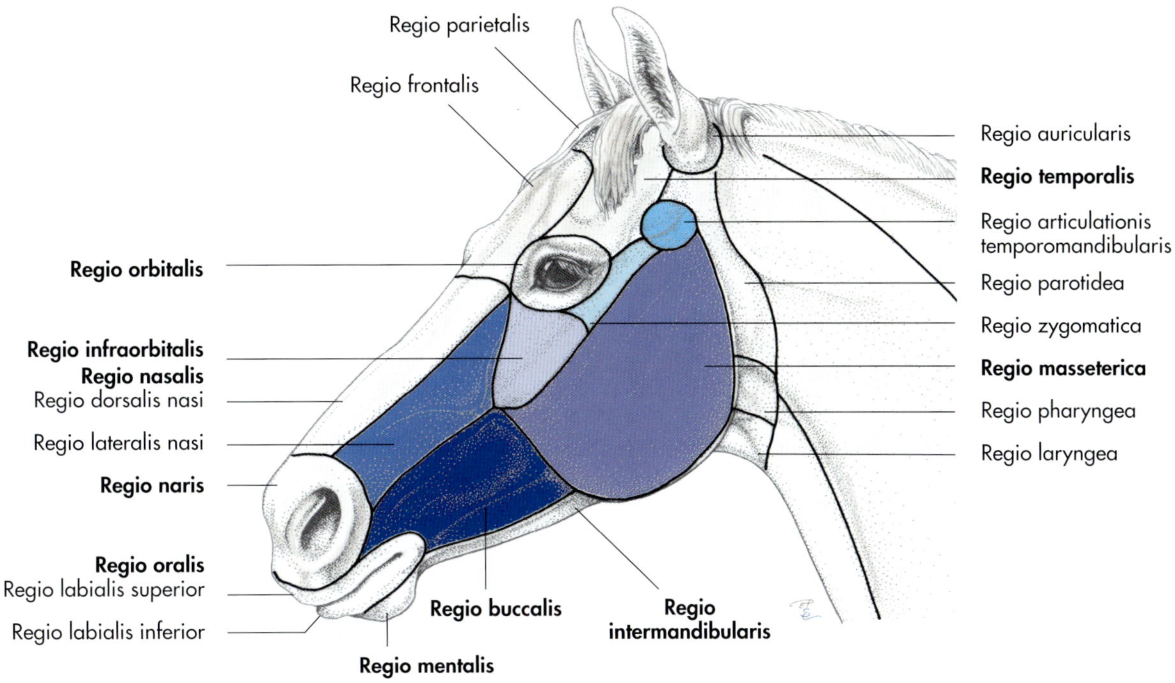


**Abb. 19-2.** Schematische Darstellung der Regionen am Kopf des Pferdes.

die Regio masseterica kaudal und ventral (Regio intermandibularis). Die Dorsalgrenze wird von der Crista facialis und dem Arcus zygomaticus gebildet. Hier verlaufen die A. transversa faciei (weitere Pulsfühlstelle beim Pferd), die V. transversa faciei (Sinus) und der Ramus transversus faciei des N. auriculotemporalis. Über den M. masseter verläuft der N. facialis, der sich hier in einen Ramus buccalis dorsalis und einen Ramus buccalis ventralis aufteilt **(Plexus buccalis)**.

Beim Hund und bei der Katze, oft auch bei den kleinen Wiederkäuern, verläuft der Ductus parotideus quer über den M. masseter (Abb. 19-6). Unmittelbar ventral der Crista facialis verläuft unter dem M. masseter und auf der Maxilla die V. profunda faciei (Sinus). Weiter ventral, Richtung Backe, liegen die A., V. (Sinus) und der N. buccalis.

- **Arterien**: Ramus massetericus aus der A. carotis externa, Ramus massetericus aus der A. transversa faciei und aus der A. facialis.
- **Innervation des M. masseter**: Diese erfolgt durch den N. massetericus aus dem N. masticatorius ($V_3$). Er zieht durch die Incisura mandibulae und verläuft in etwa in einer Verbindungslinie zwischen dem Kiefergelenk und der Incisura vasorum facialium in der Tiefe des Muskels.

## Regio orbitalis

Die Augenhöhlengegend liegt zwischen dem Margo supra- und infraorbitalis. Hier befindet sich der Bulbus oculi mit den Nebenorganen. Das obere und das untere Augenlid ist außen von Haut und innen von Bindehaut bedeckt. Als bindegewebige Grundlage ist eine Bindegewebsplatte, der Tarsus, entwickelt. Die Platte schließt an ihrem freien Rand die Glandulae tarsales (Meibom-Drüsen) ein, die den Lidrand einfetten, der mit Wimpern besetzt ist.

Der **Heber des Oberlides**, der M. levator palpebrae superioris, wird vom **N. oculomotorius (III)** innerviert. Er ist bei einer Fazialislähmung nicht betroffen. Alle anderen Muskeln der Augenlider, der M. orbicularis oculi, der M. malaris und der M. levator anguli oculi medialis, werden vom **N. facialis (VII)** innerviert. Die sensible Innervation der Haut und der Bindehaut geschieht über Äste des **N. ophthalmicus ($V_1$)** und den **N. zygomaticus ($V_2$)**. Dabei innerviert der N. frontalis den mittleren Teil des oberen Augenlides, der N. lacrimalis den Bereich des temporalen Augenwinkels, der N. infratrochlearis den Abschnitt um den nasalen Augenwinkel und der N. zygomaticus das untere Augenlid.

Im nasalen Augenwinkel befinden sich das **Caruncula lacrimale** und die **beiden Puncta lacrimalia**. Ebenfalls hier erscheint das **3. Augenlid** als Nickhaut (Palpebra tertia oder Membrana nictitans). Ihr Knorpel (Cartilago palpebrae tertiae) ragt mit seinem Stiel tief in die Orbita hinein, um den sich die Nickhautdrüsen gruppieren. Beim Hund ist in die Konjunktiva des 3. Augenlides **lymphatisches Gewebe** (Lymphfollikel) eingelagert.

Die **Tränendrüse** (Glandula lacrimalis) liegt unter dem oberen Rand der Orbita. Die Tränenflüssigkeit gelangt über feine Kanälchen in den oberen Konjunktivalsack und wird mit Hilfe des Lidschlags auf der Cornea verteilt. Der Abfluss geschieht über die Puncta lacrimalia, die Tränenröhrchen, den Tränensack und den Ductus nasolacrimalis in das **Vestibulum nasi**.

In der **knöchernen Orbita** und der tütenförmigen, aus kollagenem Bindegewebe bestehenden **Periorbita** liegen der **Augapfel**, seine **Muskeln** und der **N. opticus**. Außerhalb und innerhalb der Periorbita ist Fettgewebe eingelagert. Innerhalb der Periorbita wird der Augapfel zusätzlich von einer feinen Faszie, der Vagina bulbi,

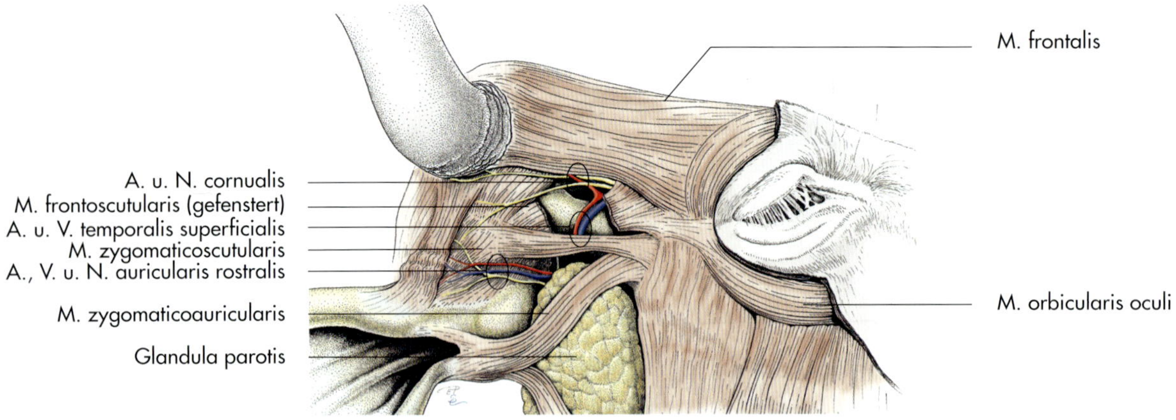


**Abb. 19-3.** Schematische Darstellung der Regio temporalis des Rindes (oberflächliche Strukturen).

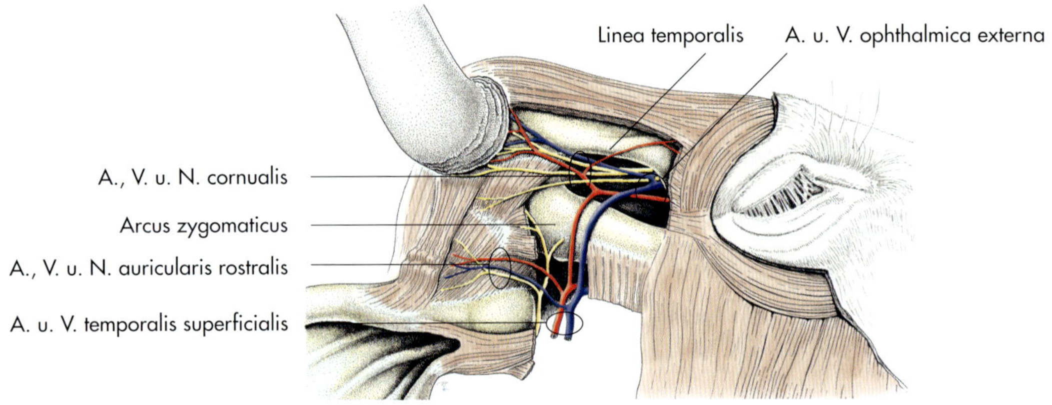


**Abb. 19-4.** Schematische Darstellung der Regio temporalis des Rindes (tiefe Strukturen).

scheidenartig umgeben. Diese dünne bindegewebige Struktur entspringt in der Nähe des N. opticus und erstreckt sich über den ganzen Bulbus bis zum Sulcus sclerae. Der Augapfel liegt dabei wie ein Ei in einem Eierbecher.

- **Arterien**: Die Gegend um den nasalen Augenwinkel wird von der A. malaris, einem Ast der A. maxillaris, bzw. der A. infraorbitalis versorgt. Die übrigen Gebiete um das Auge und der Bulbus oculi selbst werden von der A. ophthalmica externa, einem Ast der A. maxillaris, vaskularisiert. Zum Oberlid gelangen dabei die A. supraorbitalis und die A. lacrimalis.

Für den Bulbus oculi entspringen aus der A. ophthalmica externa drei Gruppen von Gefäßen, nämlich die:

- Ziliararterien,
- Netzhautarterien und
- Bindehautarterien.

Zu den **Ziliararterien** gehören die **Aa. ciliares posteriores breves**, die in der Nähe der Area cribrosa sclerae in die mittlere Augenhaut eintreten, und die **Aa. ciliares posteriores longae**, die die Sclera weiter distal durchbrechen. Die Ziliararterien versorgen die mittlere Augenhaut und gelangen bis in die Iris. Am Übergang der Sclera zur Cornea bilden sie sog. Randschlingen um die Hornhaut.

Die **Netzhautarterien** entstehen ebenfalls aus den **Aa. ciliares posteriores breves**. Sie geben Äste ab, die sich bei allen Haussäugetieren, außer beim Pferd, im Inneren des N. opticus (entspricht der **A. centralis retinae** des Menschen) verbinden. Diese Zentralarterie verteilt sich tierartlich unterschiedlich, vom **Discus nervi optici** ausgehend, in der Retina (Abb. 14-41 bis 48 u. Abb. 19-16). Die Netzhautarterien mit den entsprechenden Begleitvenen können am Augenhintergrund untersucht werden. Beim Pferd entsteht aus Ästen der Ziliararterien ein **Gefäßkranz (Zinn)** um den Discus nervi optici. Die **Bindehautarterien** entstammen den vorderen Ziliararterien und den nasalen und temporalen Lidarterien.

In der mittleren Augenhaut bilden sich vier **Vv. vorticosae**, die dorsal, ventral, nasal und temporal die Sclera in Höhe des Bulbusäquators durchbrechen. Sie münden in den Plexus ophthalmicus bzw. in die V. ophthalmica externa.

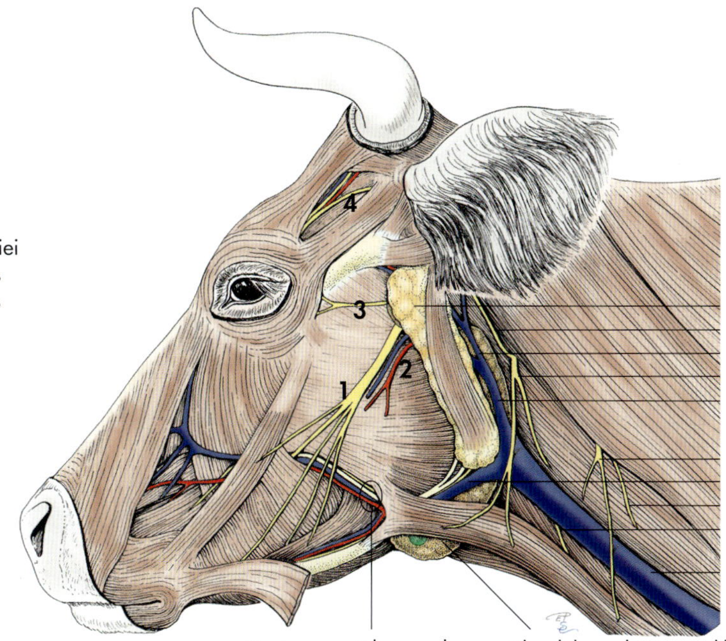


**Abb. 19-5.** Schematische Darstellung der Topographie oberflächlicher Organe und Leitungsbahnen am Kopf des Rindes.

## Regio intermandibularis

Die Gegend des Kehlganges liegt zwischen den beiden Unterkiefern und reicht vom Kinnwinkel bis zur Kopf-Hals-Grenze. Nach Abtragen der Haut erscheint der M. cutaneus faciei. Darunter liegen die Lnn. mandibulares. Seitlich der Lymphknoten verläuft der Truncus linguofacialis und der Ductus parotideus (exkl. Fleischfresser und kl. Wiederkäuer). Im kaudalen Bereich der Region befindet sich die Sehne des M. sternomandibularis. Weiter in der Tiefe liegen der M. mylohyoideus (mit dem N. mylohyoideus, $V_3$), M. digastricus (rostraler Bauch bzw. Abschnitt), M. omohyoideus und M. sternohyoideus. Weiter in der Tiefe verlaufen der M. geniohyoideus, die A. und V. sublingualis, der Ductus mandibularis und der N. lingualis ($V_3$). Es liegen hier zudem die Glandula sublingualis monostomatica (exkl. Pferd), die Glandula sublingualis polystomatica und der M. pterygoideus medialis. Dorsal des M. geniohyoideus sind die Zungenmuskeln (M. genioglossus, M. hyoglossus und M. styloglossus), der N. hypoglossus sowie die Schleimhaut im präfrenulären Mundhöhlenboden bzw. im Recessus sublingualis lateralis zu finden.

## Regio temporalis

Die Schläfengegend ist in Verbindung mit der Regio cornualis bei horntragenden Wiederkäuern von klinischer Bedeutung. Die Regio temporalis liegt zwischen der dorsal verlaufenden Linea temporalis und dem ventral liegenden Arcus zygomaticus. Kaudodorsal befindet sich die Horngegend (Abb. 19-3 u. 4).

Nach Abtragen der Haut erscheint der kräftige M. frontalis, der in der Fascia capitis superficialis eingelagert ist. Darunter und parallel zur Linea temporalis verläuft der Ramus cornualis (Ast des Ramus zygomaticotemporalis des N. zygomaticus, $V_2$). Der Nerv wird lateral von der A. und V. cornualis begleitet (Äste der A. und V. temporalis superficialis). In der Tiefe der Region liegt der M. temporalis. Bei der Ziege wird der Hornzapfen zusätzlich vom Ramus cornualis des N. infratrochlearis ($V_1$) innerviert. Dieser kreuzt die Regio frontalis in Höhe des Foramen supraorbitale und erreicht die Medial- und Dorsalseite des Hornzapfens (s. auch Kap. 18 »Allgemeine Körperdecke«, S. 656).

# Klinische Anwendungen

Im Bereich des Kopfes werden vielfältige klinische Handlungen vorgenommen, da hier eine Fülle von Leitungsbahnen und Organe von Praxisrelevanz zu finden sind. Das Gehirn, die Sinnesorgane und die Gehirnnervenpaare zeigen bei krankhaften Veränderungen vielfältige Symptome, deren Auswirkungen sich nicht nur auf den Kopfbereich beschränken, sondern das Tier oft insgesamt betreffen, bis hin zu Verhaltensstörungen. Die Kopfabschnitte des Verdauungs- und Atmungsapparates stellen zudem wichtige Eintrittspforten für Krankheitskeime dar und bedürfen einerseits der Untersuchung, andererseits auch des kurativen Eingriffs durch den Kliniker. Nachfolgend werden in diesem Sinne daher Organe, Leitungsbahnen und Sinnesorgane im Kopfbereich abgehandelt.

## Kopfdarm

### Mundhöhle

Die Schleimhaut der **Mundhöhle** ist drüsenlos. Beim Rind und bei der Katze sind die **mechanischen Papillen** der Zunge verhornt. Beim Rind treten zudem im Bereich des harten Gaumens, der Backen und des Recessus sublingualis lateralis kaudal gerichtete

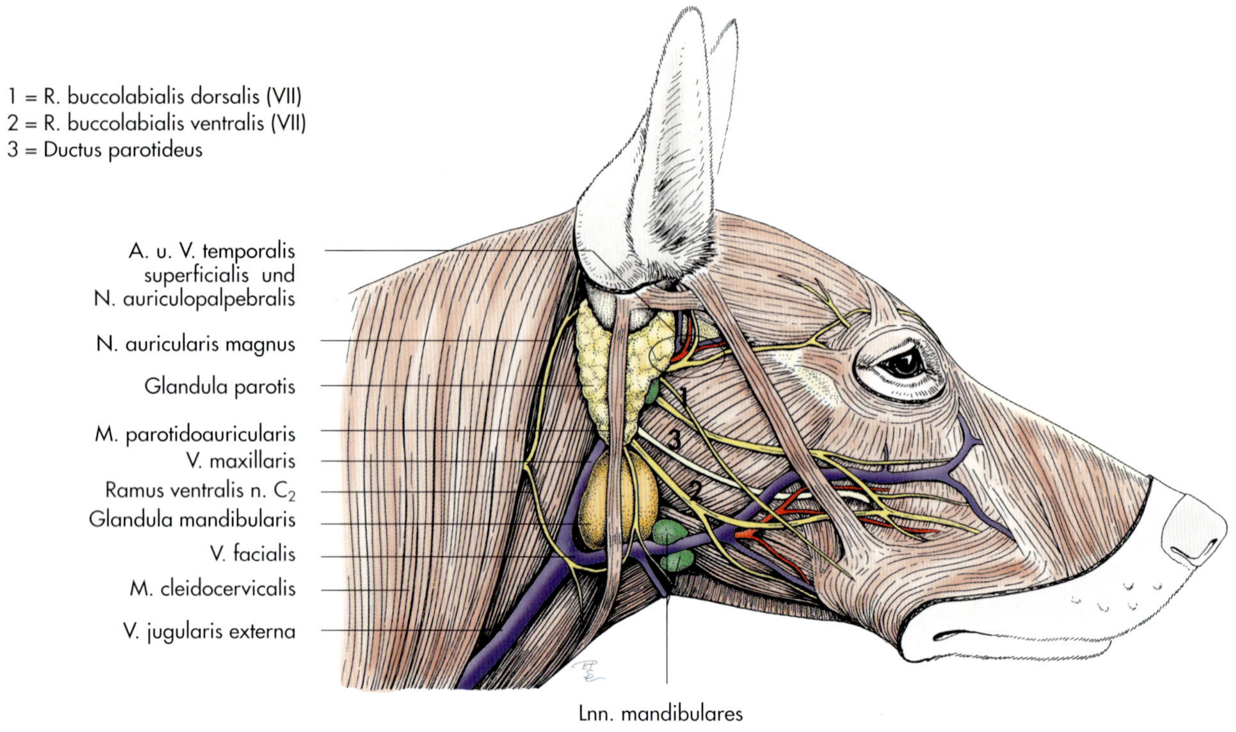


**Abb. 19-6.** Schematische Darstellung der Topographie oberflächlicher Organe und Leitungsbahnen am Kopf des Hundes.

Papillae conicae auf, die zum Abschlucken von Fremdkörpern, die einmal in die Mundhöhle aufgenommen wurden, führen. Beim Rind fehlen die oberen Schneidezähne und die Canini, sie sind durch eine mit verhornter Schleimhaut überzogene **Dentalplatte** ersetzt, die ein Widerlager für die unteren Schneidezähne bildet. Die **Zunge** des Rindes besitzt dorsal einen Wulst (Torus linguae), an dessen rostralem Ende eine Vertiefung (Fossa linguae) zu finden ist. Diese Grube stellt eine mögliche Eintrittspforte für Mikroorganismen dar (s. auch Kap. 7 »Verdauungsapparat«).

Beim Hund kann an der **Unterfläche der Zungenspitze**, an der A. profunda linguae, der **Puls** gefühlt werden, vor allem dann, wenn während einer Operation die üblichen Pulsfühlstellen nicht zugänglich sind. Bei Hunden und Katzen kann bei kollabierten Venen im Extremfall, statt einer intravenösen Applikation, das Mittel in den stark vaskularisierten Zungenkörper injiziert werden. Die nötige Wirkungskonzentration kann so im Blut schneller erreicht werden als nach jeder anderen Applikationsform.

Im **präfrenulären Teil des Mundhöhlenbodens**, in Höhe der Hungerwarze (Caruncula sublingualis), münden die **Glandula mandibularis** und die **Glandula sublingualis major** (exkl. Pferd). Beim Hund können deren Ausführungsgänge obliterieren, was zu einer zystischen Umfangsvermehrung entweder im Mundraum **(Ranula)** oder in der oberen Halsgegend **(Melizeris)** führen kann. In diesem Fall ist es nötig, beide Speicheldrüsen chirurgisch zu entfernen. Die Glandula mandibularis ist im Winkel des Zusammenflusses der V. maxillaris mit der V. linguofacialis, in der **Fossa retromandibularis**, zu finden. Die Glandula sublingualis major liegt unmittelbar am rostralen Rand der Glandula mandibularis. In der Nähe finden sich die Lnn. mandibulares.

## Zähne

Die Zähne des Pferdes, vor allem die unteren Schneidezähne, dienen anhand des Zahnwechsels und des Abriebes der Altersschätzung. Beim Rind wird hierfür der Zahnwechsel genutzt (s. auch Kap. 7 »Verdauungsapparat«, S. 314ff).

Zwischen den Schneidezähnen und den Prämolaren liegt beim Pferd und Rind ein zahnfreier Zwischenraum (Diastema), über den man in die Mundhöhle greifen kann, um die Zunge zu erfassen. Damit wird das Tier gezwungen, die Mundhöhle zu öffnen, sodass diese untersucht werden kann.

Die Entfernung eines erkrankten Oberkieferbackenzahns kann nur nach Trepanation der Maxilla in Höhe der entsprechenden Wurzel erfolgen. Dazu wird der betroffene Zahn über den Zugang durch die Kieferhöhle ausgestempelt und schließlich über die Mundhöhle extrahiert.

Beim Hund besitzen die Canini sowohl im Ober- als auch im Unterkiefer äußerst umfangreiche Wurzeln. Diese reichen kaudal unter die Wurzeln der ersten zwei Prämolaren.

Anhand der Dicke des Ersatzdentins, welches im Laufe der Zeit die Pulpahöhle einengt, kann an den Canini beim Hund mit Hilfe einer Röntgenaufnahme eine Altersschätzung vorgenommen werden.

Von besonderer klinischer Relevanz ist die Tatsache, dass der **obere Reißzahn (P4) dreiwurzelig** ist. Dieser Umstand ist bei seiner Extraktion zu berücksichtigen. Der P4 erkrankt häufig, da er beim Zerkleinern stärkerer Knochen beschädigt werden kann. Es entstehen dabei Fissuren, die zu Entzündungen führen und nachfolgend Wurzelgranulome hervorrufen. Diese können als Fistelkanäle in der Regio infraorbitalis aufbrechen.

## Nasenhöhle und Nasennebenhöhlen

Am **Boden des Nasenvorhofs** (Vestibulum nasi) öffnet sich der Tränen-Nasen-Kanal (Canalis nasolacrimalis). Die Öffnung ist vor allem beim Pferd deutlich am Übergang der äußeren Haut zur Schleimhaut zu erkennen. Bei seinem Durchspülen wird die Bindehaut erreicht (s. auch Kap. 16 »Sehorgan«, S. 585.) Ebenfalls beim Pferd setzt sich der Nasenvorhof dorsal in die Nasentrompete fort. Dieser Hautblindsack sollte beim Einführen der Nasenschlundsonde beachtet werden.

Eine Nasenschlundsonde wird durch den **ventralen Nasengang** (Meatus nasi ventralis) kaudal geschoben. Hier werden auch das Laryngoskop zur Untersuchung des Kehlkopfs und der Luftsackkatheter unter Sichtkontrolle eingeführt. Um an das **Ostium pharyngeum tubae auditivae** zu gelangen, wird außen am Kopf des Pferdes die Distanz vom Nasenloch bis zum temporalen Augenwinkel gemessen, da die erwähnte Öffnung in dieser Höhe im Atmungsrachen (Pars nasalis pharyngis) liegt. Das Ostium pharyngeum tubae auditivae ist medial von einer schleimhautüberzogenen Knorpelplatte, dem vorderen Ende der nach unten offenen Tuba auditiva, bedeckt.

Der **dorsale Nasengang** (Meatus nasi dorsalis) ist eng und endet im Nasengrund in Höhe der Riechschleimhaut, er wird deshalb auch **Riechgang** genannt. Sowohl die Riechschleimhaut als auch die respiratorische Schleimhaut, die den Rest der Nasenhöhle auskleidet, ist sehr stark vaskularisiert. Operationen in dieser Gegend sind deshalb von starken Blutungen begleitet.

In den **mittleren Nasengang** (Meatus nasi medius) öffnen sich die **Nasennebenhöhlen**, er wird deshalb auch **Sinusgang** genannt. Deren Zugänge können allerdings in der Veterinärmedizin, im Gegensatz zur Humanmedizin, klinisch nicht genützt werden. Der Zugang zu den Nasennebenhöhlen geschieht beim Pferd mit Hilfe von **Trepanationen**. Im Falle des Sinus maxillaris, der nur beim Pferd in einen rostralen und einen kaudalen Abschnitt durch eine knöcherne Scheidewand getrennt ist, kann durch das Auffinden dieser Wand in beide Höhlen gleichzeitig eingegangen werden. Die Scheidewand liegt etwa in der Mitte einer Verbindungslinie zwischen nasalem Augenwinkel und rostralem Ende der Crista facialis in der Regio infraorbitalis.

Beim Pferd kann man die **Prämolaren** und die **Molaren** nicht durch die Mundhöhle extrahieren, es sei denn, sie stecken nur noch lose in der Alveole. Die Zähne müssen von der Wurzel aus »ausgestempelt« werden. Dieses geschieht bei den Zähnen des Oberkiefers über den **Sinus maxillaris**.

Von klinischer Bedeutung ist der **Sinus frontalis** des Rindes, da dieser in den Hornzapfen hineinragt, was beim Enthornen zu berücksichtigen ist (Abb. 19-3 u. 4).

Beim Pferd ist der Sinus frontalis mit der Höhle der dorsalen Nasenmuschel zum **Sinus conchofrontalis** vereinigt. Um in den Sinus frontalis zu gelangen, zieht man eine Linie vom temporalen Augenwinkel zur Medianlinie des Kopfes. In der Mitte dieser Linie wird der Trepan angesetzt. Die Mitte einer ähnlichen Linie, die vom nasalen Augenwinkel ausgeht, ergibt die Trepanationsstelle für den **Sinus conchae dorsalis**.

Bei Erkrankungen der **Nasennebenhöhlen** sollte beachtet werden, dass deren Schleimhaut extrem wenig vaskularisiert ist, weshalb die Applikation von Therapeutika am besten an Ort und Stelle erfolgen sollte. Intramuskuläre oder auch intravenöse Verabreichungen von Medikamenten bleiben erfolglos, weil zu wenig von der aktiven Substanz durch die Blutgefäße an den pathologisch veränderten Ort gelangen kann. Sowohl in den Kieferhöhlen, der Nasenhöhle als auch im Pharynx und im Luftsack können beim Pferd Plattenepithelkarzinome auftreten, die mit Hilfe von CT und MRT anhand von Schnittbildern, aber auch endoskopisch diagnostiziert werden können. In den Kieferhöhlen treten manchmal Hämangioendotheliome auf.

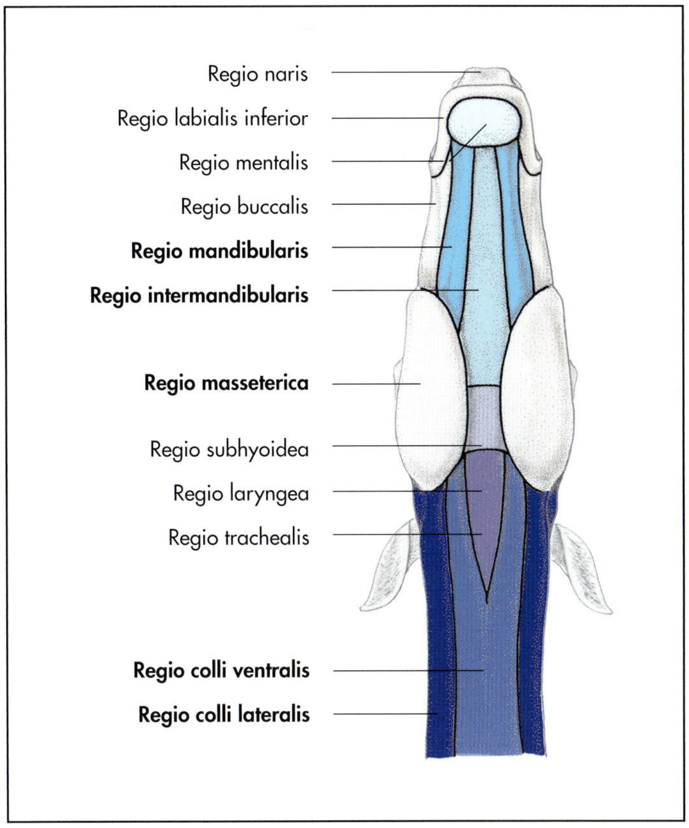


**Abb. 19-7.** Schematische Darstellung der Regionen am Kopf und Hals des Pferdes (Ventralansicht).

## Pharynx

Im Bereich der Pars nasalis des Schlundkopfes sind beim Pferd die Öffnungen der linken und rechten Tuba auditiva **(Ostium pharyngeum tubae auditivae)** als Zugang zum linken und rechten **Luftsack (Diverticulum tubae auditivae)** von besonderer Bedeutung. Das Endoskop wird über den ventralen Nasengang (Meatus nasi ventralis) in den Nasenrachen geschoben und erreicht so die schlitzartigen, schräg kaudoventral verlaufenden Öffnungen in der Rachenwand. Über diese Öffnungen wird das Endoskop zur Luftsackspiegelung und zur Luftsackspülung eingeführt.

Beim Hund liegt in der Pars oralis pharyngis im Arcus palatoglossus, in einer Schleimhautnische verborgen, die walzenförmige **Gaumenmandel** (Tonsilla palatina). Sie befindet sich an der Seitenwand des Pharynx zwischen Radix linguae und dem weichen Gaumen und wird medial von einer Schleimhautfalte (Plica semilunaris) bedeckt. Der Boden der Schleimhautnische enthält **lymphoretikuläres Gewebe**. Bei chronischen Erkrankungen der Tonsillen ist eine Tonsillektomie indiziert. Dabei ist zu beachten, dass die Mandel von zwei kleinen Arterien, die aus der A. lingualis entspringen, der A. tonsillaris caudalis und der A. tonsillaris rostralis, vaskularisiert wird.

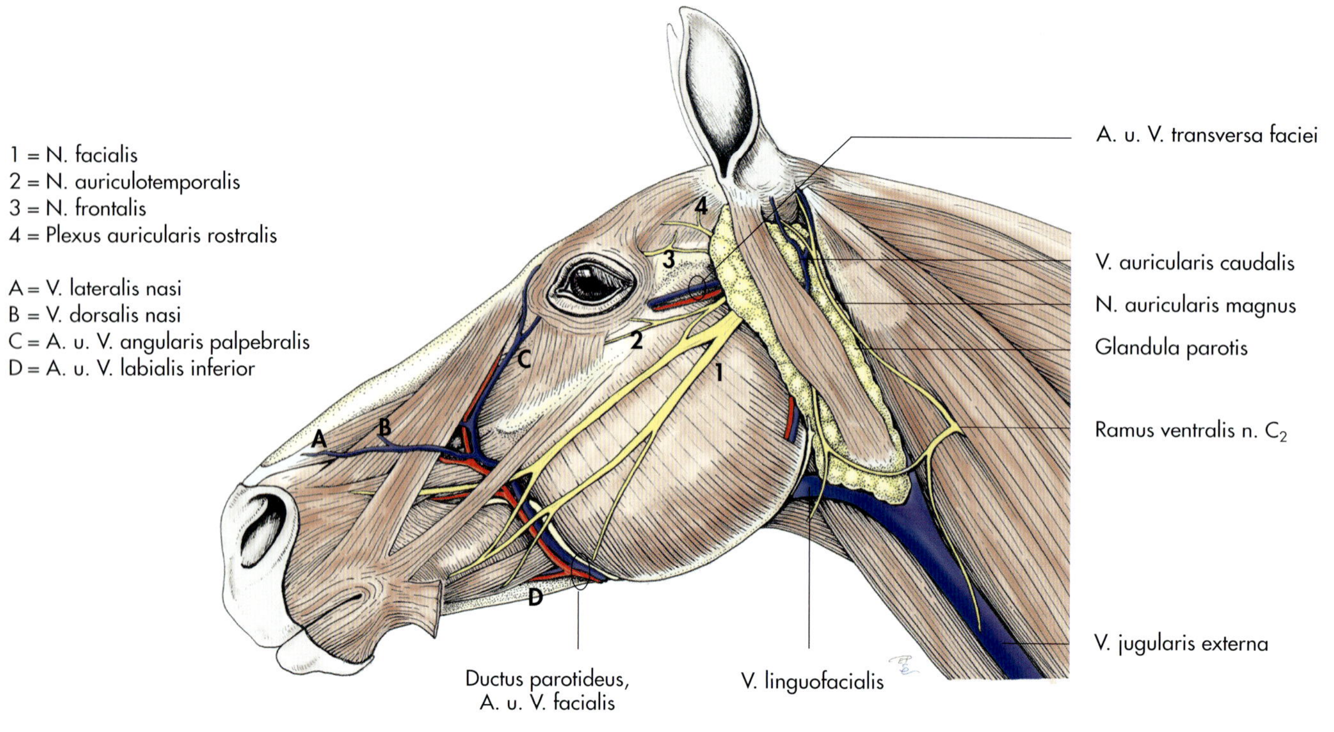


**Abb. 19-8.** Schematische Darstellung der Topographie oberflächlicher Organe und Leitungsbahnen am Kopf des Pferdes.

## Kehlkopf

Von praktischer Bedeutung sind Kenntnisse über den Kehlkopf des Pferdes, insbesondere wegen eines möglichen **»Kehlkopfpfeifens«** (Hemiplegia laryngis). Im Bereich der Kehlkopfenge (Rima glottidis) tritt lateral jederseits die seitliche Kehlkopftasche (Ventriculus laryngis lateralis) in Erscheinung. Sie wird bei der klassischen Kehlkopfpfeiferoperation exstirpiert (s. S. 676). Bei der Betrachtung mittels Laryngoskop wird bei einem »Kehlkopfpfeifer« eine Störung der Kehlkopfbewegung während der Atmung gesehen. Bei der Rima glottidis, die beim Einatmen regelmäßig erweitert wird, beobachtet man einen Bewegungsstillstand auf der **linken Seite**. Dies hängt mit der **Lähmung des linken N. laryngeus caudalis** oder **recurrens** zusammen. Dieser Nerv, der beim Pferd, vor allem bei Tieren mit einem langen Hals, die längsten Axone des Körpers besitzt (bei einem mittelgroßen Pferd ca. 230 cm, rechter N. recurrens dagegen nur ca. 160 cm), schlägt sich um den **Aortenbogen** herum. Anschließend verläuft er rückläufig zuerst im Mediastinum medium, dann im Mediastinum craniale, um entlang der Trachea in deren Tunica adventitia zurück an den Kehlkopf zu gelangen. Im Vergleich dazu umrundet der **rechte N. laryngeus recurrens** den weiter kranial gelegenen **arteriellen Truncus costocervicalis**.

Da es schwierig ist, die Ursache einer linksseitigen Hemiplegia laryngis beim Pferd herauszufinden, wurde von Pathologen der wenig aussagekräftige Ausdruck »distale Axonopathie« geprägt.

Die **Nn. recurrentes** innervieren die Kehlkopfmuskulatur, u.a. auch den **M. cricoarytenoideus dorsalis**, den **kräftigsten Erweiterer** des Kehlkopfs. Die Nervenzellkörper der Neurone des N. laryngeus caudalis liegen im Nucleus ambiguus der Medulla oblongata. Zentrale Schädigungen dieses Kernes, z.B. eine durch Protozoen hervorgerufene Encephalitis, können die Lähmung des N. laryngeus caudalis bedingen (inspiratorische Dispnoe). Die Axone verlassen die Medulla oblongata in der kranialen Wurzel des N. accessorius und wechseln zum N. vagus. Sie treten aus der Schädelhöhle durch den kaudalen Abschnitt des Foramen lacerum aus, der dem Foramen jugulare anderer Haussäugetiere entspricht. Auf seinem Weg in Höhe des retropharyngealen Raumes kann der N. recurrens durch Erkrankungen des Luftsackes (z.B. Aspergillose) oder durch Abszesse der retropharyngealen Lymphknoten in Mitleidenschaft gezogen werden.

In seinem kaudalen Verlauf kann der N. vagus in seltenen Fällen auch durch raumfordernde Prozesse im Halsbereich beeinträchtigt werden, sodass auch in diesem Fall eine Hemiplegia laryngis auftritt. Beim Umschlag um die Aorta kommt der linke N. recurrens außerdem mit deren Pulsation in Kontakt. Er kann allerdings auch durch eine Pleuritis oder durch vergrößerte abszedierende Lymphknoten am Hilus pulmonis geschädigt werden. In seinem rückläufigen Abschnitt gelangt der N. recurrens mit dem Dorsalrand der Schilddrüse in Kontakt, kann demnach durch deren Umfangsvermehrungen oder chirurgische Eingriffe beeinträchtigt werden (auch beim Menschen). Die motorischen Endplatten des M. cricoarytaenoideus dorsalis können schlussendlich durch Botulismustoxine oder eine Myasthenia gravis in Mitleidenschaft gezogen werden. Auch in diesem Fall kommt es beim Pferd als Konsequenz zum »Kehlkopfpfeifen«.

Bei den übrigen Tierarten ist die Anatomie der Kehlkopfhöhle von Bedeutung, um den Tracheotubus bei der Inhalationsnarkose korrekt einführen zu können.

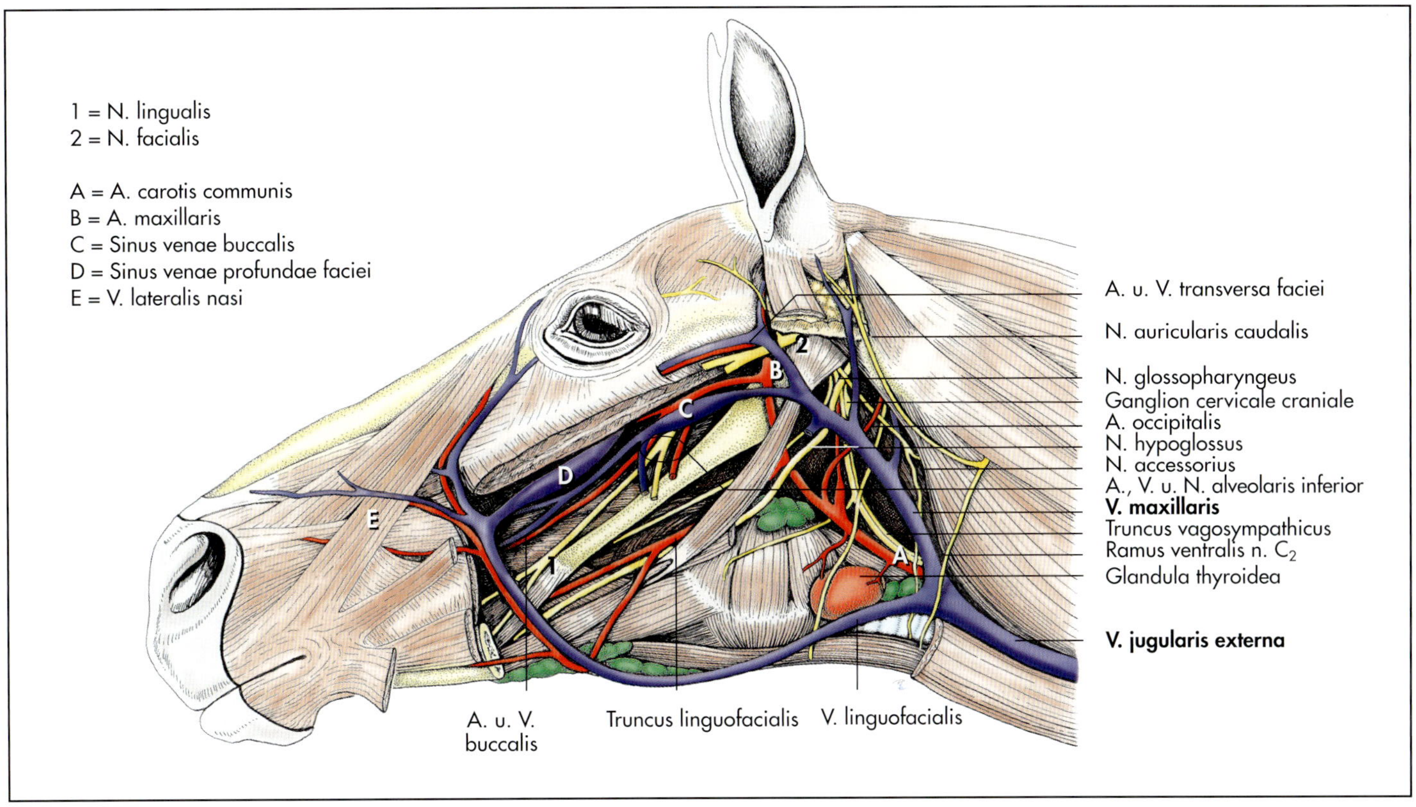


**Abb. 19-9.** Schematische Darstellung der Topographie tieferer Organe und Leitungsbahnen am Kopf des Pferdes.

## Kopfnerven

Von den 12 Gehirnnerven erlangen vor allem der N. trigeminus (V) und der N. facialis (VII) praktische Bedeutung.

Für das Verstehen ihrer Funktion und für neurologische Untersuchungen ist zudem von Interesse, dass die 12 Kopfnerven in Gruppen eingeteilt werden können.

- Die Nervenpaare I (N. olfactorius, Riechnerv), II (N. opticus, Sehnerv) und VIII (N. vestibulocochlearis, Hör- und Gleichgewichtsnerv) sind **reine Sinnesnerven**.
- Vorwiegend **motorische Fasern** enthalten die Nervenpaare III (N. oculomotorius), IV (N. trochlearis), VI (N. abducens), XI (N. accessorius) und XII (N. hypoglossus).
- Die Paare III, IV und VI werden zur Gruppe der **Augenmuskelnerven** zusammengefasst.
- Die Paare IX (N. glossopharyngeus), X (N. vagus) und XI (N. accessorius) werden als **Vagusgruppe** benannt, da sie gemeinsam aus der Schädelhöhle durch das Foramen jugulare austreten.
- Das XII. Gehirnnervenpaar (N. hypoglossus) innerviert allein **motorisch die Zungenmuskulatur** und gilt entwicklungsgeschichtlich gesehen bereits als erster **Halsnerv**.

Der **N. trigeminus** ist der **größte sensible Nerv des Kopfes**. Sein erster Ast, der **N. ophthalmicus ($V_1$)**, innerviert den Augapfel, die Augenlider, den Sinus frontalis und kaudale Bereiche der Nasenschleimhaut.

Seine **Anästhesie** kann durch Blockade in Höhe der Fissura orbitalis vorgenommen werden. Der Einstich erfolgt am Kaudalrand der Orbita in kaudoventraler und medialer Richtung bis zur Fissura orbitalis am Grunde der Orbita. Diese Applikation ist umstritten, da es zu retrobulbären Blutungen kommen kann.

Der zweite Ast, der **N. maxillaris ($V_2$)**, enthält, wie auch der N. ophthalmicus, vor allem sensible Fasern. Er innerviert den Bereich der Oberlippe, die Nase, die Nasenschleimhaut, den harten und den weichen Gaumen sowie die Zähne des oberen Zahnbogens. Der fortlaufende größte Teil des N. maxillaris, der **N. infraorbitalis**, kann an seinem Austritt aus dem Foramen infraorbitale **anästhesiert** werden.

Das **Foramen infraorbitale** kann beim Pferd ermittelt werden, indem man die Incisura nasoincisiva mit dem Beginn der Crista facialis verbindet. Von der Mitte dieser Linie geht man einen Fingerbreit augenwärts. Je nach Menge des injizierten Anästhethikums können in rostrokaudaler Richtung mehr oder weniger die Zähne betäubt werden.

Die starke Verzweigung und damit die intensive Innervation der Nase und der Oberlippe durch den N. infraorbitalis wird beim Pferd beim **Anlegen der Nasenbremse** genutzt (akuter Schmerz, Endorphine, Ablenkung von anderen tierärztlichen Tätigkeiten). Beim Hund befindet sich das Foramen infraorbitale dagegen einen Fingerbreit oberhalb von P 3 bzw. zwischen P 3 und P 4 (P 4 = Reißzahn).

Beim Hund wird die Nervenblockade dann ausgeführt, wenn bei Zahnextraktionen eine Allgemeinnarkose aufgrund des hohen Alters

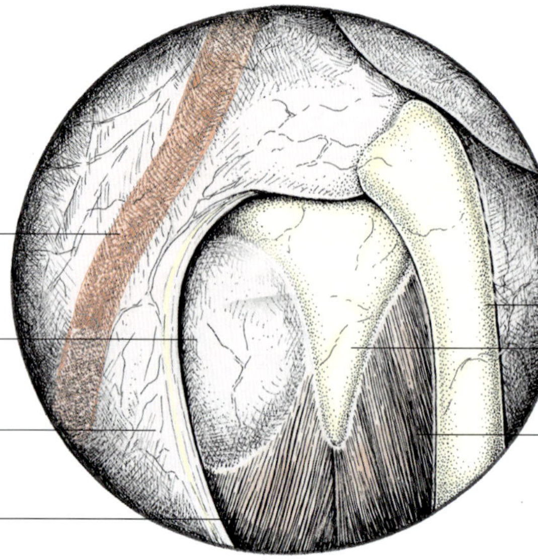


**Abb. 19-10.** Schematisch-endoskopische Darstellung der medialen Luftsackbucht des linken Luftsackes des Pferdes (Ansicht von rostral).

oder des starken Übergewichtes des Patienten nicht ausgeführt werden kann.

Der **N. mandibularis ($V_3$)** ist der einzige Ast des N. trigeminus, der außer sensiblen auch motorische Fasern führt. Letztere innervieren die Kaumuskeln. Die sensiblen Fasern innervieren das äußere Ohr und den ganzen unteren Bereich des Kopfes, ventral einer Linie zwischen Lippenwinkel und Arcus zygomaticus. Der Nerv innerviert sämtliche mandibulären Zähne und die vorderen zwei Drittel der Zunge. Beim Hund kann eine sog. »mastikatorische Gesichtslähmung« die Folge der Paralyse des N. mandibularis sein. Für gewöhnlich ist in so einem Fall auch die Zunge gelähmt (Lähmung auch des N. hypoglossus, XII). Eine herunterhängende Mandibula zeigt, dass der N. mandibularis auf beiden Seiten geschädigt ist. Dieses kann als Folge einer transitorischen Trigeminusneuritis auftreten, aber auch bei Tollwut.

Zum Zwecke der Zahnbehandlung kann der **N. alveolaris inferior** blockiert werden. Für die Schneidezähne wird in das **Foramen mentale** eingegangen, an der Stelle, an der der N. alveolaris inferior aus der Mandibula austritt. Das Foramen mentale liegt beim Pferd zwei Fingerbreit ventral des Lippenwinkels. Beim Hund findet man das größere der Foramina mentalia unterhalb von P1 bzw. zwischen P1 und P2, in der halben Höhe des Corpus mandibulae. Die Kanüle kann entweder von außen durch die Haut (schmerzhaft) oder durch die Schleimhaut des Vestibulum oris eingeführt werden.

Um den gesamten N. alveolaris inferior zu blockieren, wird das **Foramen mandibulae** auf der medialen Seite der Mandibula aufgesucht. Es liegt in der Mitte einer Verbindungslinie zwischen der Incisura vasorum facialium und dem Processus condylaris der Mandibula. Die Kanüle wird im Kehlgang (Regio intermandibularis), medial der Mandibula, auf einer Senkrechten vom temporalen Augenwinkel, je nach Größe des Kopfes des Pferdes, ca. 9–14 cm tief eingeführt.

Beim Hund kann die Anästhesie des N. alveolaris inferior von der Mundhöhle her ausgeführt werden. Das Foramen mandibulae liegt ca. 2 cm kaudal des letzten Unterkiefermolaren (M 3).

Der **N. facialis (VII)** ist wie auch der N. trigeminus gemischt. Er besitzt **motorische Fasern**, die die Gesichtsmuskulatur (Muskeln der Mimik) innervieren. Der Angesichtsnerv ist allerdings auch für die Nahrungsaufnahme von Bedeutung, da er die Öffner der Mundhöhle, den kaudalen Bauch des M. digastricus, beim Pferd auch dessen Abspaltung, den kräftigen M. occipitomandibularis, innerviert. Durch die Innervation des M. buccalis sorgt der N. facialis auch für das Verbringen der zu kauenden Nahrungsteile aus dem Vestibulum oris auf die Kauflächen der Backenzähne.

Der Anfangsabschnitt des Angesichtsnerven, der sog. **Intermediusanteil**, führt **parasympathisch-sensorische Fasern**, die für die Innervation der Zunge, der Tränendrüse, der Drüsen des harten und weichen Gaumens, der Nase und der Backen zuständig sind.

Der **motorische Kern des N. facialis** liegt im vorderen Teil der Medulla oblongata. Seine Fasern bilden noch im Zentralnervensystem eine Schleife, das **innere Fazialisknie**, indem sie zuerst aufsteigen, den Kern des N. abducens (VI) umrunden und dann wieder absteigen. Dieser Schleife schließen sich die parasympathischen Fasern nicht an. Diese ziehen direkt zum Austritt des Angesichtsnerven, der seitlich am Corpus trapezoideum der Medulla oblongata erscheint.

Das **innere Fazialisknie** erlangt praktische Bedeutung wenn zentralnervöse Störungen hier die Nervenleitfähigkeit unterbrechen. Man spricht in diesem Fall von der **zentralen Fazialislähmung**, der sog. »zentralen Diplegie«, die, wie der Name verdeutlicht, beidseitig auftritt (z.B. bei Abszessen, raumfordernden Prozessen, Tollwut). Nach seinem Austritt aus der Medulla oblongata zieht der N. facialis in das Felsenbein. Er verläuft in diesem Knochen dorsal vom Epitympanicum und bildet hier eine zweite Schleife,

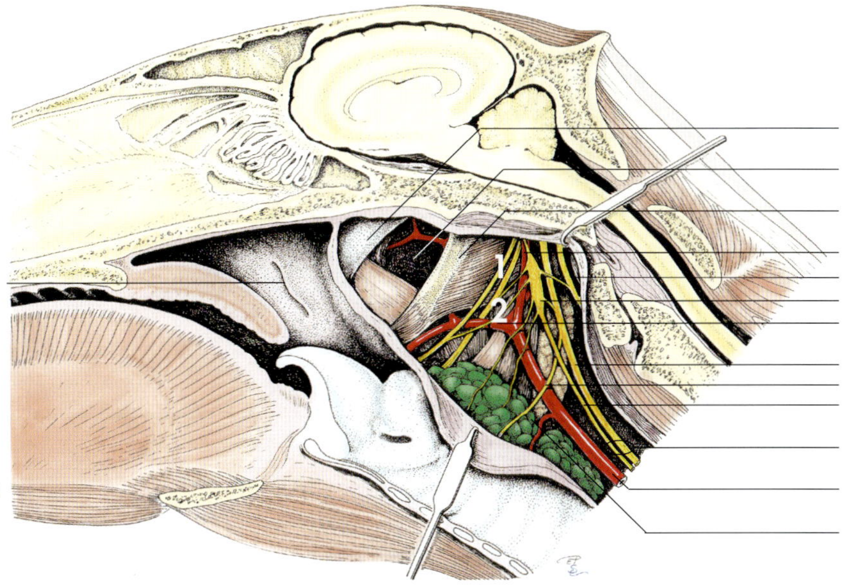


**Abb. 19-11.** Schematische Darstellung der Topographie des rechten Luftsackes (Paramedianschnitt).

das **äußere Fazialisknie**. In Höhe dieser Schleife liegt das sensible Ganglion des N. facialis, das **Ganglion geniculi**. Der in dem Felsenbein liegende Abschnitt des N. facialis verläuft zum größten Teil in Paukenhöhlennähe und ist von dieser lediglich von der Schleimhaut des Cavum tympani bedeckt. Hier zweigen seine parasympathischen Anteile, die **Chorda tympani** und der **N. petrosus major**, ab. Erkrankungen des Mittelohres können aus diesem Grund auf den N. facialis übergreifen, sodass die periphere Fazialislähmung (Monoplegie) als Folge auftreten kann. In diesem Fall ist die Lähmung lediglich einseitig und betrifft die Muskeln der Ohrmuschel, der Augenlider (außer den Heber des oberen Augenlides), der Nase und der Lippen.

Die bei der **Fazialislähmung** auftretende, vor allem beim Menschen empfundene Hyperakusie ist die Folge des Ausfalles des M. stapedius, der dämpfend auf die Schallübertragung durch die Gehörknöchelchen einwirkt. Dieser Muskel wird vom N. facialis innerviert. Beim Hund und bei der Katze können bei einer Otitis media auch die sympathischen Fasern, die durch das Mittelohr ziehen (Plexus tympanicus), in Mitleidenschaft gezogen werden. Als Folge kann das Horner-Syndrom auftreten, das sich u.a. durch eine Mydriasis (Pupillenerweiterung) auszeichnet.

Schließlich verlässt der N. facialis die Pars tympanica des Schläfenbeins durch das **Foramen stylomastoideum**. Er entlässt hier in Ohrnähe Äste zur Innervation der Ohrmuschelmuskeln und der Augenlider und kommt beim Pferd auch mit dem Luftsack in Berührung. Dann legt sich der Angesichtsnerv auf den M. masseter, verläuft in subkutaner Lage, in der Regio masseterica rostral. Hier bilden seine Äste den **Plexus buccalis**. Bei Pferden mit feiner Haut ist er während des Kauens sichtbar. Der Plexus buccalis innerviert die Muskeln der Nase und der Lippen.

Vor allem beim Pferd kann der N. facialis in dieser subkutanen Lage durch den Druck des Kopfgeschirrs beim Ablegen der Tiere geschädigt werden. Eine iatrogene Fazialislähmung entsteht auch bei längerer Seitenlage durch Druck auf diese oberflächlichen Äste. Bei einer oberflächlichen Lähmung ist diese ebenfalls einseitig und betrifft lediglich die Muskeln der Nase und der Lippen.

Die **Fazialislähmung** wird dadurch sichtbar, dass das Gesicht zur gesunden Seite hin, durch den Tonus der nicht gelähmten Muskeln, verzogen erscheint.

## Luftsack des Pferdes

Das **Diverticulum tubae auditivae** ist eine Sonderbildung der Equiden und entsteht dadurch, dass die Tuba auditiva in ihrem knorpeligen Abschnitt ventral schlitzförmig offen bleibt und die Schleimhaut sich hier zum Luftsack ausstülpen kann (Abb. 19-11) (s. auch Kap. 17 »Gleichgewichts- und Gehörorgan«, S. 597, und Abschnitt »Regio parotidea«).

Zwischen den beiden Luftsäcken befinden sich im dorsalen Bereich die beiden Kopfnicker, der M. longus capitis und der M. rectus capitis ventralis. Im ventralen Abschnitt legt sich die Schleimhaut beider Luftsäcke in der Medianen aneinander und wird lediglich durch Bindegewebe getrennt. Jeder Luftsack stülpt sich über das Stylohyoid, sodass an jedem jeweils eine **größere mediale** und eine **kleinere laterale Bucht** entsteht. Damit reitet der Luftsack praktisch auf dem Stylohyoid.

Das Fassungsvermögen eines Luftsackes liegt bei ca. 500 ml. In unmittelbarem Kontakt mit dem Luftsack befinden sich die Lnn. retropharyngei. Bei ihrer Erkrankung können sie in den Luftsack abszedieren (z.B. bei einer Druse bei jungen Tieren, durch Streptococcus equi hervorgerufen).

Der Luftsack kommt auch mit **wichtigen Leitungsbahnen** des Kopfes in Kontakt. Die **A. carotis communis** teilt sich in der Nähe des Kaudalrandes der medialen Bucht in die A. carotis externa, die A. occipitalis und die A. carotis interna. Letztere steigt am kaudalen Luftsackrand in Richtung Schädelbasis auf. Parallel mit der A. carotis interna verläuft der **N. vagus (X)**. Rostral des N. vagus, und in unmittelbarer Nähe von diesem, liegt das spindelförmige, ca. 2 cm lange **Ganglion cervicale craniale**, das sich schädelwärts als **N. caroticus internus** in die Schädelhöhle fortsetzt.

Die **A. carotis interna**, der **N. vagus** und das **Ganglion cervicale craniale** buchten sich gemeinsam kaudal in den Luftsack ein

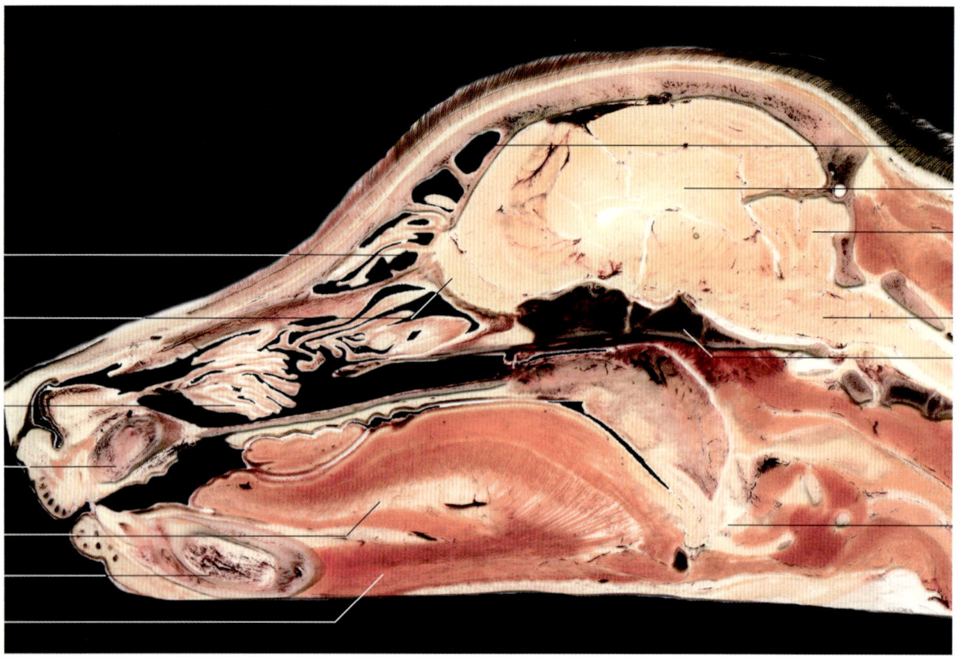


**Abb. 19-12.** Paramedianschnitt durch den Kopf eines Hundes (E-12-Plastinat), Präparat Dr. M.-C. Sora, Wien.

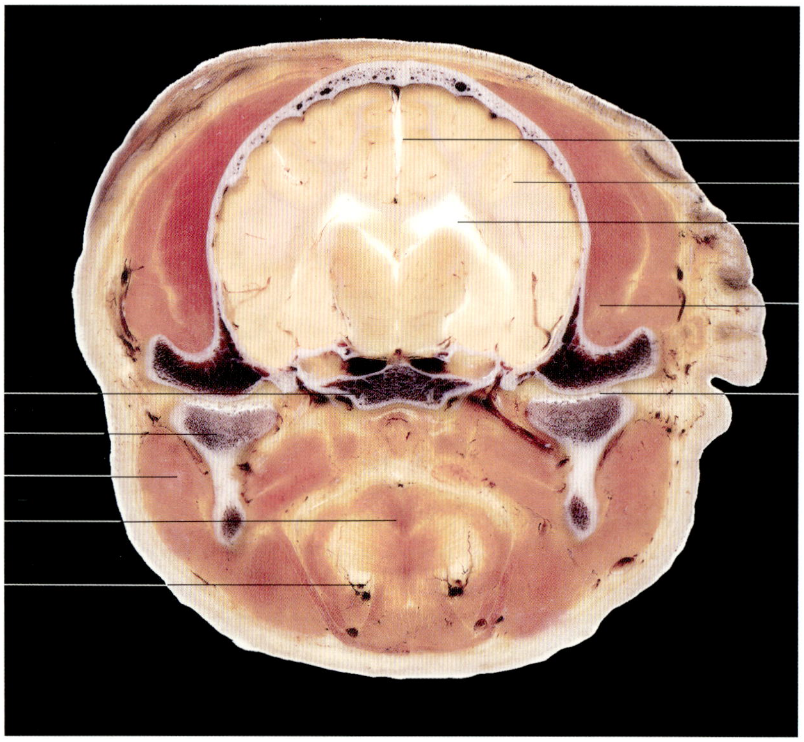


**Abb. 19-13.** Transversalschnitt durch den Kopf eines Hundes in Höhe des Kiefergelenks (E-12-Plastinat), Präparat Dr. M.-C. Sora, Wien.

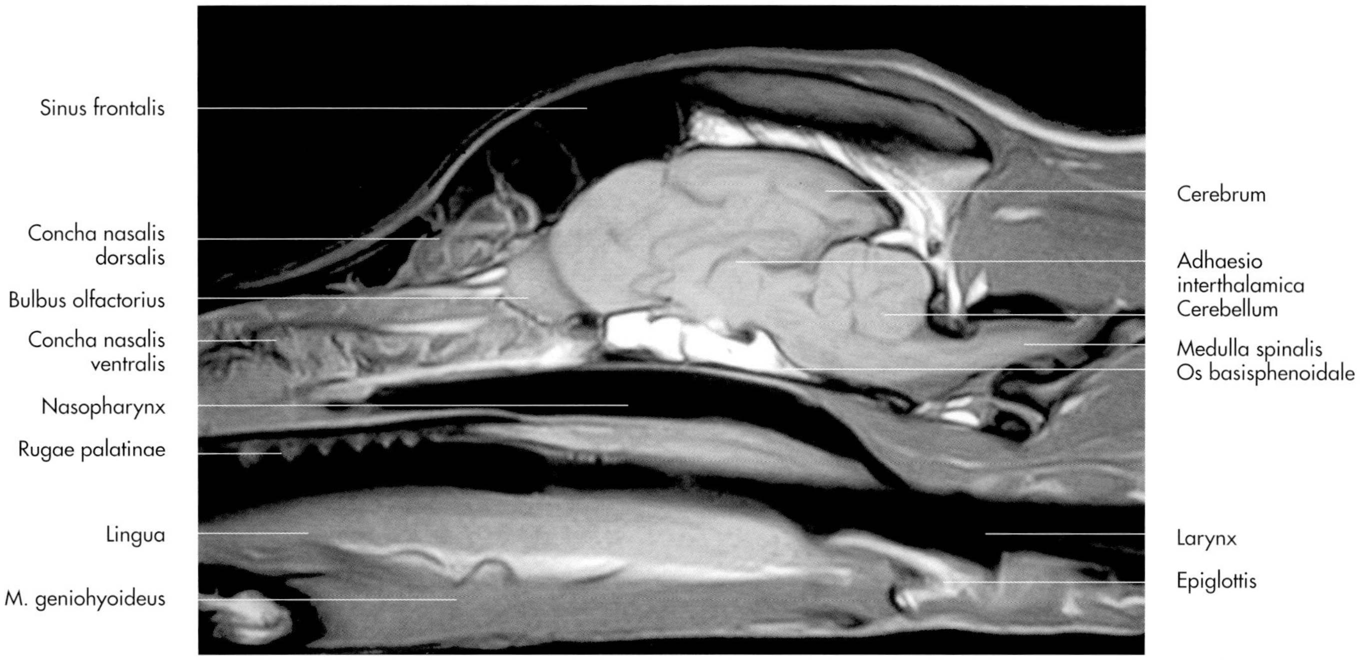


**Abb. 19-14.** Paramedianschnitt durch den Kopf eines Hundes (Magnetresonanztomographie), Aufnahme Dr. Isa Foltin, Heidelberg.

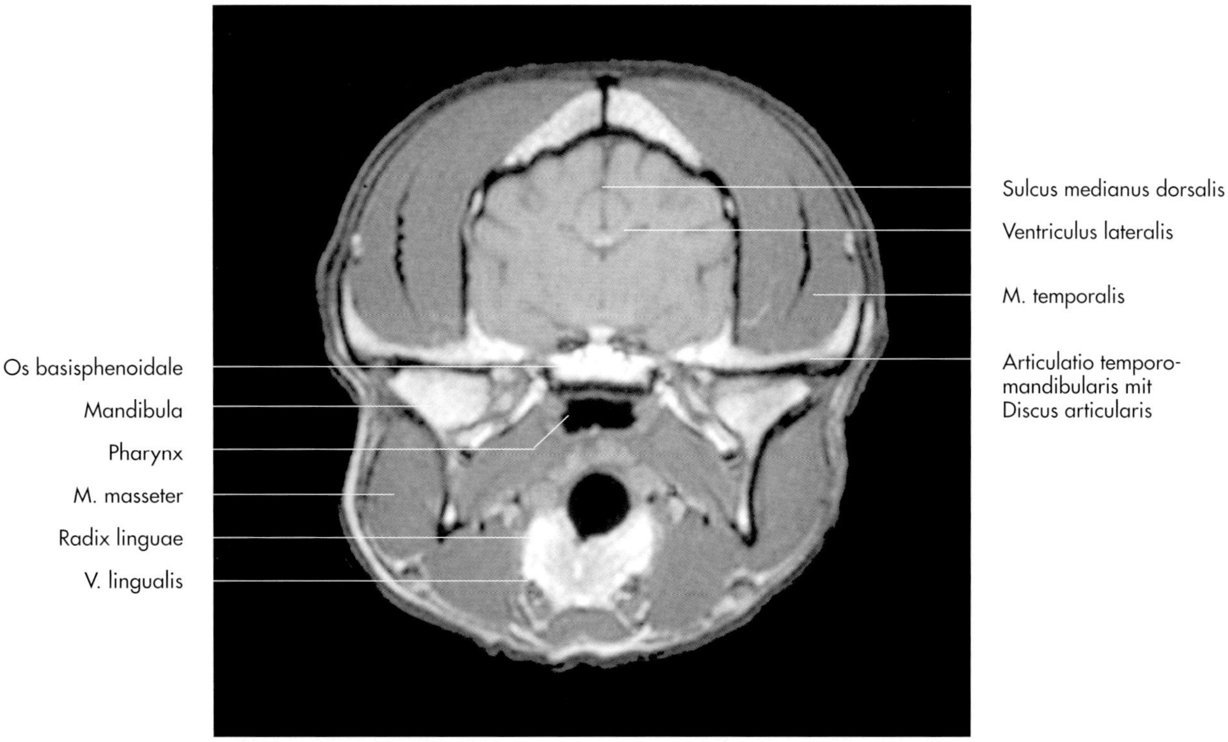


**Abb. 19-15.** Transversalschnitt durch den Kopf eines Hundes (Magnetresonanztomographie), Aufnahme Dr. Isa Foltin, Heidelberg.

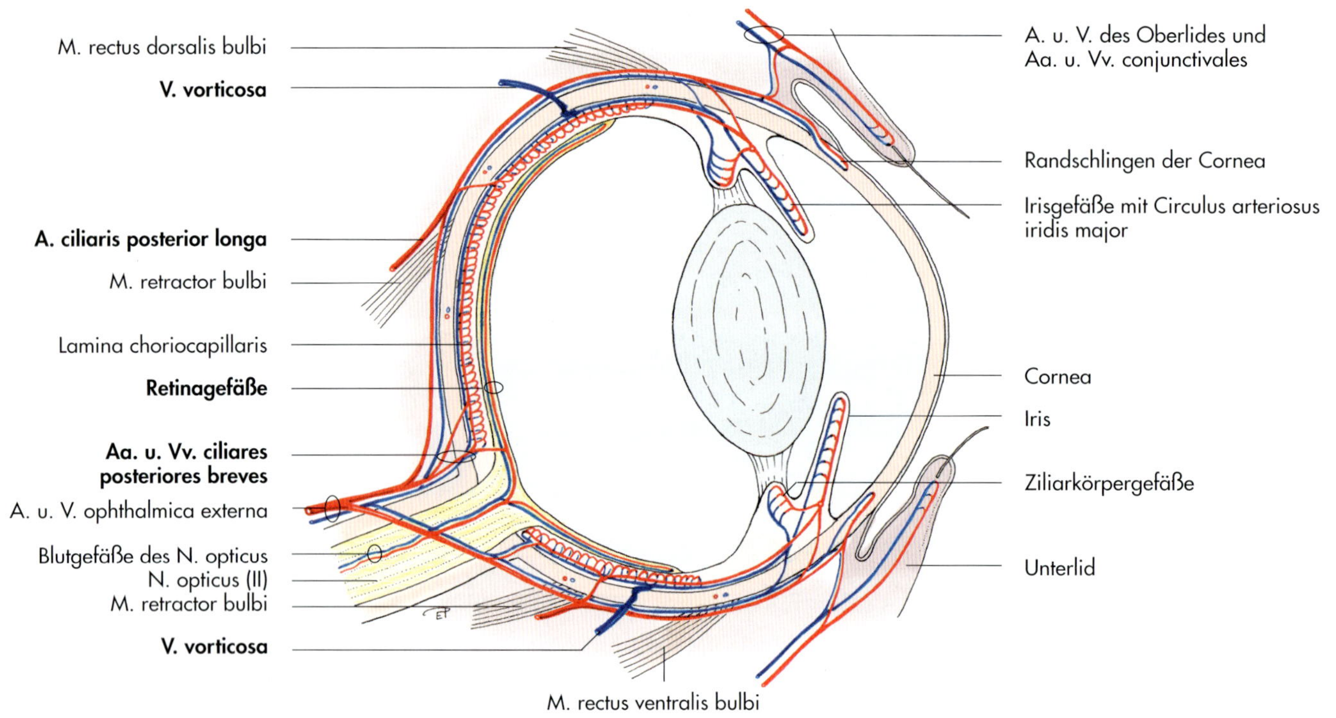


**Abb. 19-16.** Schematische Darstellung der Blutgefäße des Augapfels des Hundes (Medianschnitt).

und sind von innen als Falte zu sehen. Ebenfalls hier befinden sich auch der **N. hypoglossus (XII)** und der **N. glossopharyngeus (IX)**. Sie verlaufen an der Ventralwand der medialen Luftsackbucht parallel in rostroventraler Richtung und sind, bei einer Luftsackspiegelung, als Falte zu sehen.

An der lateralen Luftsackbucht verläuft seitlich die **A. carotis externa** und ihre Fortsetzung, die **A. maxillaris**. Sowohl an der A. carotis externa als auch an der A. maxillaris kann von innen deren Pulsation gesehen werden. Bei Erkrankungen des Luftsackes, vor allem bei einer Aspergillose, können diese Arterien geschädigt werden (Arrosion), es kann zu einer tödlichen Blutung kommen, die sich als heftige Epistaxis äußert. Die hier verlaufenden Nerven können zudem in Mitleidenschaft gezogen werden. Es sind auch iatrogene Fälle von Lähmung des N. hypoglossus nach unsachgemäßen Luftsackspiegelungen denkbar.

An Luftsackausgüssen kann gesehen werden, dass dieser mit dem Kiefergelenk, dem äußeren Gehörgang und mit dem Atlantookzipitalgelenk in Berührung kommt (s. auch Kap. 17 »Gleichgewichts- und Gehörorgan«, S. 597f.). Diese Topographie ist bei Luftsackerkrankungen mit zu berücksichtigen.

Chirurgisch kann der Luftsack über das **Viborg-Dreieck** angegangen werden. Dieses liegt zwischen der Sehne des M. sternomandibularis, der V. linguofacialis und dem Angulus mandibulae im ventralen Bereich der Regio parotidea. Der Luftsack erreicht das Viborg-Dreieck nur dann, wenn sich hier pathologische Sekrete angesammelt haben (Luftsackvereiterung) und dieser ventral absackt. Um einen Abfluss des pathologischen Inhaltes zu garantieren, muss eine dorsale zweite Öffnung zwischen Mandibula und Atlasflügel in Höhe des M. occipitohyoideus, im dorsalen Abschnitt der Fossa retromandibularis gesetzt werden.

## Auge

Unter Auge versteht man den **Augapfel** im engeren Sinn und die **Hilfsorgane des Auges**, die aus dem Tränenapparat, den Augenmuskeln und den Augenlidern bestehen.

Vom Augapfel, der aus drei übereinandergeschichteten Hohlkugeln besteht, ist vor allem die **Hornhaut** (Cornea) der Untersuchung einfach zugänglich. Ihr Oberflächenepithel ist mehrschichtig (Conjunctiva). Anschließend folgt die **Eigenschicht der Hornhaut**, die nicht vaskularisiert, dafür aber sehr intensiv durch den **N. ophthalmicus sensibel innerviert** wird. Verknüpfungen der sensiblen Zellen des Trigeminuskernes mit dem motorischen Kern des N. intermediofacialis, die über die Formatio reticularis in der Medulla oblongata hergestellt werden, sind Ursache für den **Lidreflex** bei Berührung der Hornhaut.

Das innere Epithel, das die vordere Augenkammer auskleidet, stützt sich auf eine Basalmembran (Descemet-Membran). Bei Hornhautverletzungen muss deren Tiefe abgeschätzt werden, um eine Prognose zu erstellen. Penetrationen der Hornhaut, die auch die widerstandsfähige Descemet-Membran betreffen, führen zur Eröffnung der vorderen Augenkammer, sodass deren Flüssigkeit, das Kammerwasser, austreten kann. Als schwere Erkrankung kann dies, falls sie nicht sofort behandelt wird, unter Umständen zum Verlust des Bulbus oculi führen.

Bei **chronischer Reizung der Cornea** kann es in dieser zu **Gefäßneubildungen** kommen, wodurch eine nicht mehr rückgängig zu machende Hornhauttrübung entsteht.

Bei der **mittleren Augenhaut** (Tunica media bulbi, auch Uvea) wird die Regenbogenhaut (Iris) unmittelbar von außen gesehen. Bei Nacht und bei Lichteinstrahlung leuchtet das **Tapetum lucidum** (dieses fehlt dem Schwein). Pigmenteinlagerungen in der Iris bedingen die **Augenfarbe**. Tiere, denen diese Pigmente fehlen, sog. Albinos, haben deshalb rote Augen, da hier die dicht gelagerten Blutgefäße durchscheinen. An den Ziliarfortsätzen ist die Linse mit Hilfe der **Zonulafasern** (Zinn-Fasern) befestigt. Bei dem Versuch, am anatomischen Präparat die Linse zu entfernen, reißen immer Teile der Ziliarfortsätze mit ab.

Insgesamt ist die Tunica media bulbi **stark vaskularisiert**, aber auch sehr stark pigmentiert. Sie stellt deshalb die **Dunkelkammer des Auges** dar. In der Tunica media bulbi verlaufen vier große Venen, die Vv. vorticosae. Sie verlassen den proximalen Abschnitt der Tunica media bulbi, die Choroidea, in Höhe des Bulbusäquators, indem sie die Tunica externa, die Sclera, durchbrechen.

Es wird vermutet, dass Strikturen an den Austrittstellen der **Vv. vorticosae** indirekt zur **Binnendruckerhöhung** im Bulbus oculi beitragen und ein **Glaukom** verursachen können. Umgekehrt führt ein zu niedriger Binnendruck zu einer **Netzhautablösung (Ablatio retinae)**.

Die **Netzhaut** kann am Augenhintergrund mit dem Ophthalmoskop betrachtet werden, wobei vor allem die Blutgefäße bzw. ihre Verzweigungen begutachtet werden können (Abb. 16-41ff.). Eine A. centralis retinae, die der des Menschen entsprechen würde, fehlt bei den Haussäugetieren. Beim Pferd werden die Retinagefäße von Seitenästen der kurzen Ziliararterien gebildet, die den Zinn-Gefäßkranz um den Discus n. optici **(Circulus vasculosus n. optici)** bilden. Hier kann beispielsweise ein erhöhter Blutdruck (Hypertonie) anhand des geschlängelten Verlaufs der Arterien festgestellt werden. Auch bei einer Zuckerkrankheit (Diabetes mellitus) können Veränderungen an den retinalen Gefäßen gesehen werden. Diese äußern sich beispielsweise in vermehrt geschlängelten Venen und Punktblutungen. Beim Hund kann Diabetes mellitus zur Trübung der Linse führen **(diabetischer Katarakt)**.

Der an das Auge herantretende N. opticus verläuft in der Orbita nicht geradlinig, sondern leicht gebogen, sodass bei einem unfallbedingten Exophthalmus unter Umständen der Bulbus oculi ohne weitere Beeinträchtigung der Sehfähigkeit reponiert und dadurch eine Enukleation vermieden werden kann.

An den Augenlidern, auf deren Innenseite und an dem sichtbaren Teil der Sclera (weiß) ist die **Bindehaut** (Conjunctiva) sichtbar. Diese kann bei Erkrankungen verändert sein und dient dem Kliniker als Zeichen für pathologische Zustände. Bei Gelbsucht (Ikterus) ist die Bindehaut gelb verfärbt, bei erhöhter Körpertemperatur und bei Allergien ist eine Rötung zu sehen. Bei einer Anämie oder während eines Schockzustandes erscheint die Bindehaut blass. In den Bereich des unteren Bindehautsackes werden zudem Medikamente appliziert, die lokal auf das Auge einwirken.

Das **dritte Augenlid** wird von einem Knorpel gestützt und enthält Lymphknötchen (Noduli lymphatici conjunctivales). Bei chronischen Entzündungen dieser lymphatischen Strukturen wird beim Hund entweder eine Ausschabung vorgenommen, oder die gesamte Nickhaut wird operativ entfernt.

Die **Tränendrüse** liegt dem Bulbus oculi dorsotemporal an. Ihr Sekret ist für die Befeuchtung der Cornea und auch für deren Ernährung von Bedeutung. Bei Verminderung, Störung oder Sistieren des Tränenflusses trocknet die Cornea aus, wird trüb, und es kommt zur Erblindung. Beim Hund wird eine Operation mit Verlegung des Ductus parotideus in den oberen Bindehautsack beschrieben. Durch die basale Sekretion der serösen Ohrspeicheldrüse soll so die Cornea feucht gehalten werden.

## Ohr

Unter Ohr versteht man das Doppelsinnesorgan für **Gehör- und Gleichgewichtssinn**. Das **äußere Ohr** besteht aus der Ohrmuschel und dem Gehörgang und reicht bis zum Trommelfell.

Die **Ohrmuschel** wird von einem Knorpel gestützt. Die feine Haut der Ohrmuschel ist durch lockeres Bindegewebe mit dem Ohrmuschelknorpel verbunden. In dieser Bindegewebsschicht verlaufen die **Blutgefäße** für die Ohrmuschel. Bei Verletzungen dieser Gefäße löst sich die Haut vom Knorpel und es kommt unter Umständen zu umfangreichen Othämatomen.

Der auf die Ohrmuschel folgende **Gehörgang** (Meatus acusticus) besteht aus einem knorpeligen äußeren und einem knöchernen inneren Abschnitt. Beim Hund und bei der Katze verläuft der **äußere Gehörgang** nicht geradlinig zum Trommelfell, sondern macht einen löffelförmigen Knick. Diese Gegebenheit ist sowohl für die Einführung des Otoskopes als auch für das Reinigen des Ganges von Bedeutung.

Das gut **vaskularisierte Trommelfell** kann mit dem Otoskop betrachtet werden. Dabei kann der Trommelfellnabel (Umbo membranae tympani) gesehen werden. Bei schwerwiegenden Erkrankungen des Mittelohres mit Ansammlung von pathologischen Sekreten wird das Trommelfell durchstoßen (Myringotomie), sodass die Sekrete abfließen können. Der im Trommelfell entstandene Defekt schließt sich nach kurzer Zeit problemlos.

Auch von ventral kann die Bulla tympanica eröffnet werden (Osteotomie der Bulla tympanica). Dabei sollte auf benachbarte Leitungsbahnen, wie den N. hypoglossus (XII) und die A. carotis interna, geachtet werden.

In der oberen Etage des **Mittelohres**, im Epitympanicum, liegt die Kette der **Gehörknöchelchen**. Ebenfalls in der Nähe des Epitympanicum verläuft der N. intermediofacialis (s. dort), sodass Erkrankungen des Mittelohres auch auf den Angesichtsnerven übergreifen können. Das Cavum tympani ist mit dem Pharynx über die Tuba auditiva (Eustachi-Röhre) verbunden. Infektionen des Pharynx können über die Tuba auditiva aufsteigen und das Mittelohr erreichen. Beim Pferd buchtet sich von der ventral schlitzförmig offenen Tuba auditiva der **Luftsack** aus (s. auch Kap. 17 »Gleichgewichts- und Gehörorgan«). Zumindest beim Pferd kommt es deshalb äußerst selten zu aufsteigenden Infektionen aus dem Bereich des Pharynx, da sie im Luftsack versacken. Erkrankungen des Mittelohres können eine **Fazialislähmung** hervorrufen und auch auf das Innenohr übergreifen. Dabei kann es zu Gleichgewichtsstörungen kommen. **Angeborene Hörschäden** sind bei bestimmten Hunderassen (Dalmatinern) bekannt. Genetisch scheinen Hörschäden mit bestimmten Farbschlägen verknüpft zu sein. Bei histologischen Untersuchungen dieser tauben Tiere wird z.B. das Fehlen der Sinneszellen im Corti-Organ festgestellt.

Um bei der Sektion das Innenohr zu untersuchen, ist es manchmal nötig, das **Ganglion vestibulare**, das sich im Meatus acusticus internus befindet, zu entnehmen. Für die Entnahme von Probematerial aus dem **Ganglion spirale** und dem **Corti-Organ** muss ein Schnitt durch die Schneckenspindel angelegt werden. Der Winkel der Schneckenspindel zur Schädelbasis ist von Tierart zu Tierart verschieden.

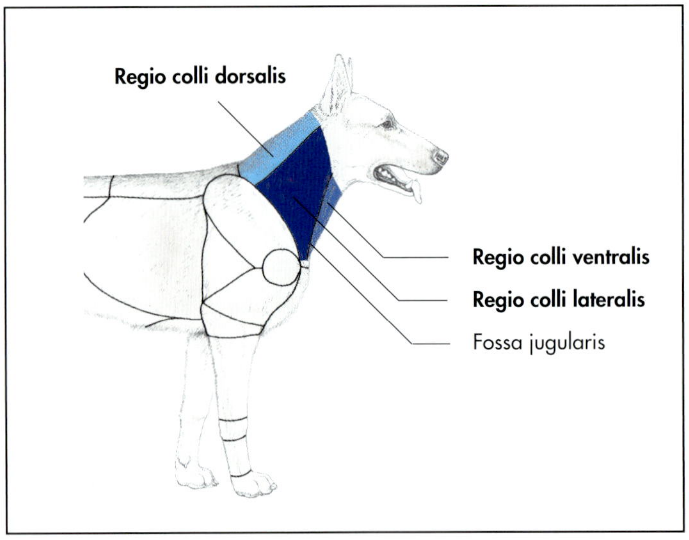


**Abb. 19-17.** Schematische Darstellung der Regionen am Hals des Hundes (Lateralansicht).

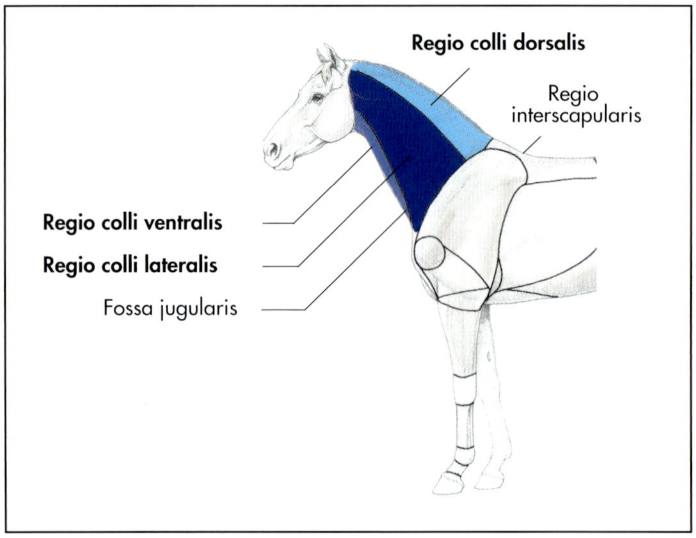


**Abb. 19-18.** Schematische Darstellung der Regionen am Hals des Pferdes (Lateralansicht).

## Gehirn

Schäden im Bereich des Gehirns werden durch Veränderungen des Verhaltens oder durch Funktionsstörungen im Bereich der Gehirnnerven manifest. Beim N. facialis wurde bereits die zentrale Fazialislähmung, auch als Diplegie bezeichnet, erwähnt (s. auch Abschnitt »Gehirnnerven« in diesem Kapitel).

An den **Gehirngefäßen** kann es bei älteren Tieren zu Verengungen und Verschlüssen kommen, sodass Ischämien oder Minderdurchblutungen mit entsprechenden Lähmungserscheinungen auftreten können. Auch Schäden im Bereich der Gehirnrinde können zu Ausfallserscheinungen führen. Bei Tieren sind diese nicht so manifest wie beim Menschen, da die Gehirnrinde insgesamt nicht so hoch entwickelt ist. Aus diesem Grund kann man bei Tieren auch nicht von einer ähnlich hohen Bewusstseinsstufe sprechen, wie sie sich beim Menschen entwickelt hat.

Raumfordernde Prozesse im Bereich des Gehirns können, je nach Lokalisation (z.B. im limbischen System, an der Amygdala), zu **Verhaltensstörungen** führen. Zirkulationsstörungen des Liquor cerebrospinalis im Bereich der Binnenräume des Gehirns, z.B. in Höhe des Aquaeductus mesencephali, rufen auch bei Tieren einen **Hydrocephalus** hervor. Schäden im Bereich des Stammhirns wirken sich entweder an den betroffenen Kopfnerven aus oder die ab- und aufsteigenden Leitungsbahnen werden in Mitleidenschaft gezogen und es kommt zu **Sensibilitätsverlusten** oder **Lähmungen**. Reflexe, die im Stammhirn ihren Ursprung haben, z.B. der Schluckreflex, der

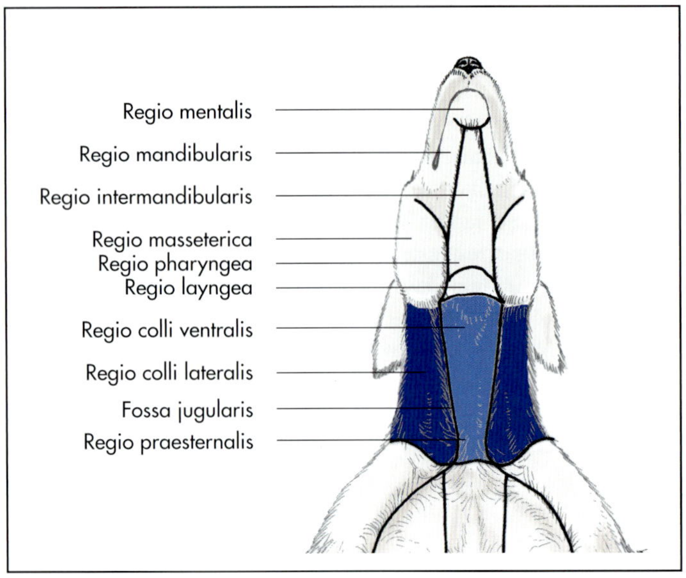


**Abb. 19-19.** Schematische Darstellung der Regionen am Hals des Hundes (Ventralansicht).

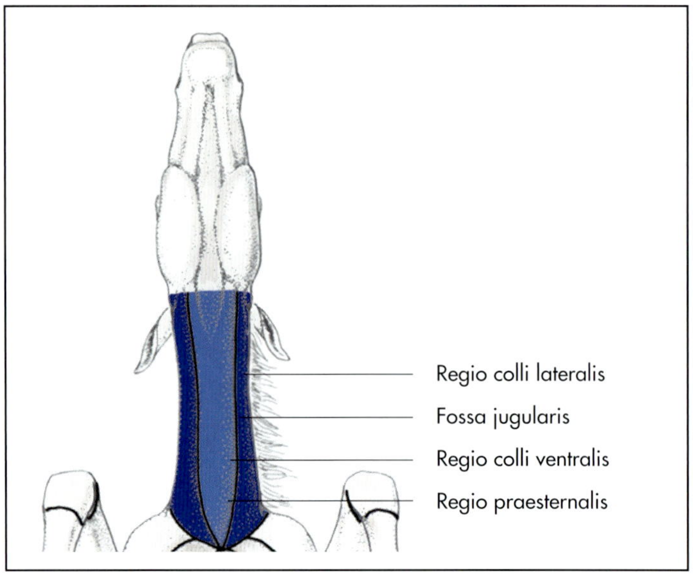


**Abb. 19-20.** Schematische Darstellung der Regionen am Hals des Pferdes (Ventralansicht).

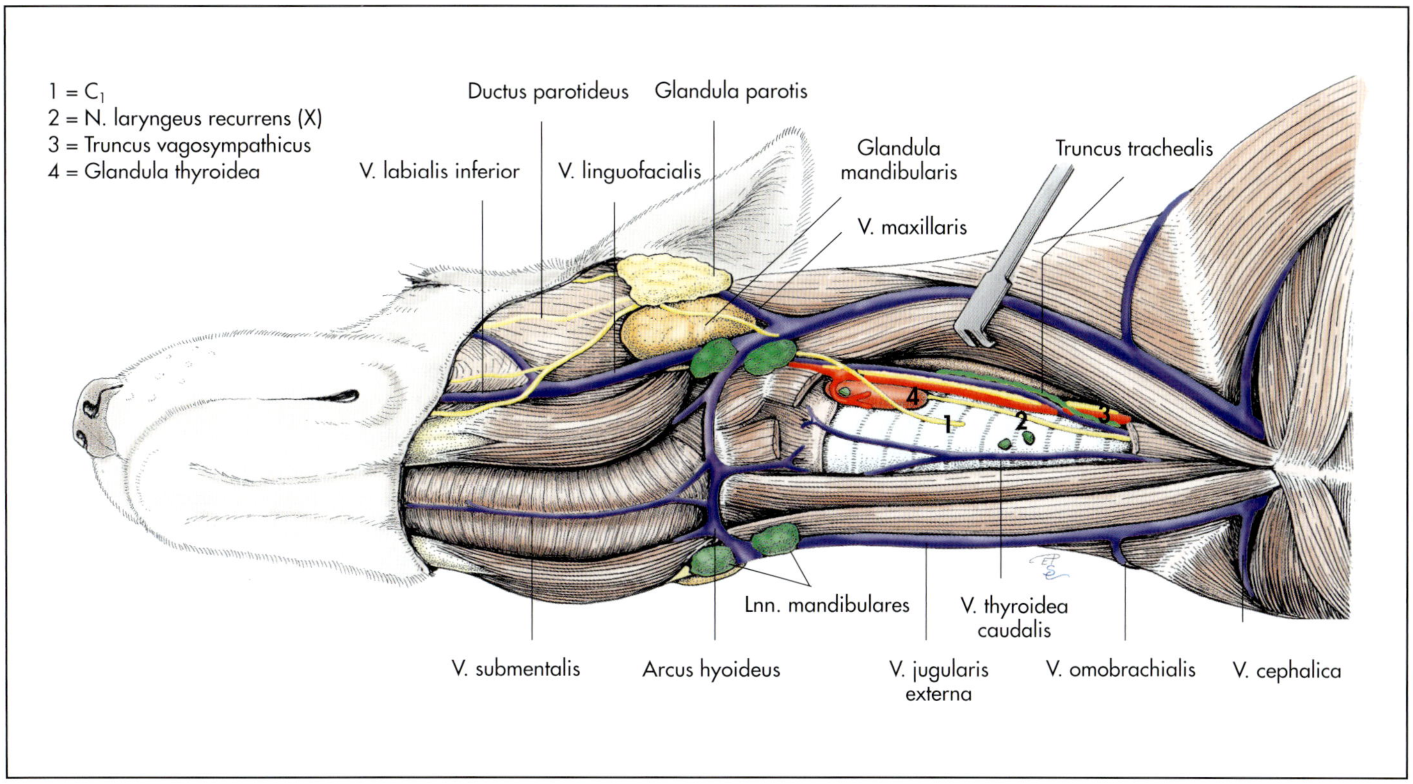


**Abb. 19-21.** Schematische Darstellung oberflächlicher Strukturen am Hals des Hundes (Ventralansicht).

Lidreflex usw. sind gestört. Läsionen im Bereich des **Kleinhirnes** äußern sich in Form von **Gleichgewichtsstörungen**.

Für fundierte Diagnosen im Kopfbereich werden heute auch die mit CT und MRT gewonnenen Schnittbilder benötigt.

Bei Nutztieren, die zur Fleischgewinnung herangezogen werden, sollte die **Lage des Gehirns**, wegen der Betäubung mit Hilfe des Bolzenschussapparates, bekannt sein. Beim Rind und beim Pferd liegt das Gehirn **zwischen zwei Querebenen**:

- Die **kaudale Querebene** befindet sich bei diesen Tieren in Höhe der Hinterkante der Protuberantia intercornualis (Rind) bzw. Protuberantia occipitalis externa (Pferd), bei hornlosen Rindern entspricht diese der Linea nuchae.
- Die **rostrale Querebene** liegt am kaudalen Ende des Processus zygomaticus des Os frontale (hinterer Rand des Augenbogens). Bei den kleinen Wiederkäuern und beim Schwein ist der rostrale Teil des Gehirns, der Frontallappen und der Bulbus olfactorius, weiter rostral zwischen den beiden Bulbi oculi gelagert. Die rostrale Querebene wird deshalb in Höhe der Mitte des dorsalen Orbitarandes gelegt.

Der Ansatz des Bolzenschussapparates erfolgt an der Schnittstelle der Verbindungslinien zwischen temporalem Augenwinkel und gegenüberliegender Ohrbasis.

Beim Rind und beim Schwein ist zu berücksichtigen, dass sich der Sinus frontalis zwischen Kopfoberfläche und Gehirn einschiebt. Zwischen der Tabula ossea externa und interna des Os frontale liegt eine Distanz, die ca. 8 cm und mehr betragen kann.

# Hals (Collum)

## Stratigraphie

- Cutis und Tela subcutanea,
- Fascia parotidea,
- Glandula parotis,
- äußerer Gehörgang, Mm. cleidomastoideus, obliquus capitis cranialis, occipitohyoideus, Pars occipitomandibularis m. digastrici und sternomandibularis,
- Glandula mandibularis, Pharynx, Lnn. cervicales profundi craniales und Glandula thyroidea sowie
- Diverticulum tubae auditivae.

Die **Fascia parotidea** ist Teil der Fascia capitis superficialis. In dieser Faszie liegt ventral der M. cutaneus colli und auf der Glandula parotis der M. parotidoauricularis. Durch die Glandula parotis zieht der N. transversus colli (Ventralast des 2. Halssegmentalnervs), die V. auricularis caudalis (magna) und der N. auricularis magnus (Ventralast des 2. Halssegmentalnervs).

In der **Ohrspeicheldrüse** verlaufen die V. maxillaris, der Ramus auricularis internus (VII und X), der N. transversus colli (2. Halsnerv), die V. temporalis superficialis sowie die A. und V. masseterica. Am ihrem Rostralrand befinden sich die Lnn. parotidei. Nach **Entfernung der Glandula parotis** werden der äußere Gehörgang, die Mm. cleidomastoideus, obliquus capitis cranialis, occipitohyoideus, Pars occipitomandibularis m. digastrici und sternomandibularis sichtbar. Es sind die Glandula mandibularis, der Pharynx, die Lnn. cervicales profundi craniales und die Glandula thyroidea zu sehen.

## Regionen

Die wichtigsten Regionen im Halsbereich sind (Abb. 19-17 bis 20):

- Regio parotidea,
- Regio colli ventralis,
- Regio praescapularis und
- Regio colli dorsalis.

### Regio parotidea

Die Ohrspeicheldrüsengegend ist eine Übergangsregion vom Kopf zum Hals. Sie grenzt dorsal an die Regio auricularis und die Regio colli dorsalis, ventral an die Regio colli ventralis und kranial an den Ramus mandibulae. Die Region erlangt vor allem beim Pferd praktische Bedeutung. Sie wird oft auch **Fossa retromandibularis** genannt.

Im **dorsalen Abschnitt der Region** tritt der N. facialis aus dem Foramen stylomastoideum aus. Er entlässt hier den N. auricularis caudalis, den Ramus auricularis internus, den N. auriculopalpebralis, den Ramus digastricus, den Verbindungsast zum N. transversus colli und den Ramus colli. Ebenfalls hier verlaufen der N. auriculotemporalis ($V_3$), die A. carotis externa und die A. temporalis superficialis. Ventral davon verlaufen der N. accessorius (XI), Ventraläste der ersten beiden Halssegmentalnerven für die Innervation der langen Zungenbeinmuskeln, die V. maxillaris, die V. occipitalis, die A. thyroidea cranialis, die A. pharyngea ascendens und die A. laryngea cranialis. Zu erwähnen ist auch das **Viborg-Dreieck**, das von der Mandibula, der V. linguofacialis und der Aponeurose des M. sternomandibularis begrenzt wird. Über dieses Dreieck kann der operative Zugang zum Luftsack erfolgen.

In der **Tiefe der Regio parotidea** befindet sich der Luftsack, das Diverticulum tubae auditivae. Er wird durch das Stylohyoideum in eine kleinere laterale und eine umfangreiche mediale Bucht unterteilt. An die laterale Bucht legen sich die A. carotis externa, die A. maxillaris und die A. temporalis superficialis. Der medialen Bucht kaudal anliegend befinden sich die A. carotis interna, das Ganglion cervicale craniale, der N. caroticus internus, der Truncus sympathicus, der N. vagus, der N. accessorius und die A. occipitalis. In einer kaudoventralen Falte der Luftsackschleimhaut verlaufen rostral der N. hypoglossus (XII) und der N. glossopharyngeus (IX), dabei liegt der N. hypoglossus lateral und der N. glossopharyngeus medial der A. carotis externa. Nach Entfernen der Luftsackschleimhaut werden die Lnn. retropharyngei und die Lnn. cervicales profundi craniales sichtbar. Ventral erscheint die Dreiteilung der A. carotis communis in die A. carotis externa, die A. carotis interna und die A. occipitalis.

### Regio colli ventralis

Eng gesehen, umfasst die ventrale Halsgegend lediglich den Bereich, welcher der Oberflächenprojektion der Trachea auf die Ventralfläche des Halses entspricht. Zusätzlich werden hier die **Regio laryngea**, der **Sulcus jugularis** und die **Fossa jugularis** besprochen.

Nach Durchtrennen der Haut und der oberflächlichen Halsfaszie erscheinen die Mm. sternohyoidei, omohyoidei (Letzterer nicht bei Hund und Katze) und lateral davon die Mm. sternothyroidei. Im kaudalen Bereich der Region verschmelzen beim Pferd die langen Zungenbeinmuskeln zu einer gemeinsamen Muskelplatte. Beim Hund liegt ventral der Trachea die nahezu median verlaufende V. thyroidea caudalis. In Höhe der 5. bis 8. Trachealspange erscheint der dünne Isthmus der Schilddrüse. Bei kleinen Hunderassen kann dieser fehlen. Beim Pferd ist dieser Isthmus bindegewebig und liegt in Höhe der 3. Trachealspange, bei Wiederkäuern in Höhe der 2. Trachealspange.

Die **oberflächliche Halsfaszie** (Fascia cervicalis superficialis) gliedert sich in ein oberflächliches Blatt und einen tiefen Anteil. Das oberflächliche Blatt setzt dorsal am Ligamentum nuchae an. Seitlich am Hals spaltet sich dieses Blatt auf und nimmt den M. cutaneus colli auf. Der tiefe Anteil bedeckt den Sulcus jugularis. Die oberflächliche Halsfaszie verbindet sich ventral und median zu einer median verlaufenden Raphe.

Die **tiefe Halsfaszie** (Fascia cervicalis profunda) gliedert sich ebenfalls in einen oberflächlichen und einen tiefen Abschnitt. Das **oberflächliche Blatt der tiefen Halsfaszie**, auch **Lamina praetrachealis fasciae cervicalis** genannt, ist die kaudale Fortsetzung der Rachenfaszie. Sie bildet um die Leitungsbahnen nahe der Trachea die sog. **»Karotisscheide«** (Vagina carotica). Darin liegen:

- die A. carotis communis,
- der Truncus vagosympathicus und, außer beim Pferd,
- auch die V. jugularis interna.

Dorsal der Halswirbelsäule gibt das oberflächliche Blatt der tiefen Halsfaszie Septen zwischen die Halsmuskulatur ab.

Das **tiefe Blatt der tiefen Halsfaszie (Lamina praevertebralis fasciae cervicalis)** bedeckt die Ventralfläche des M. longus capitis und des M. longus colli. Sie ist zudem mit Hilfe von lockerem Bindegewebe mit dem **oberflächlichen Blatt der tiefen Halsfaszie** in Verbindung, umgibt den Oesophagus und beteiligt sich an der Lamina praetrachealis fasciae cervicalis und damit an der Karotisscheide. Sie enthält zudem den N. laryngeus recurrens und den Truncus trachealis.

Die Blätter der Halsfaszie bilden Lagen und Spalträume nicht nur für die Leitungsbahnen, sondern auch für Drüsen (Glandula parotis, Glandula thyroidea) und Lymphknoten (Lnn. retropharyngei und Lnn. cervicales profundi).

#### Drosselrinne (Sulcus jugularis)

Die Drosselrinne wird dorsal vom M. brachiocephalicus und ventral vom M. sternocephalicus (Pferd und Rind: nur M. sternomandibularis) begrenzt. Kaudal endet der Sulcus jugularis in der Fossa jugularis. Subkutan liegen hier **Hautmuskeln**. Beim Hund ist im kranialen Abschnitt das Platysma, im kaudalen der M. sphincter colli gelegen. Beim Pferd und beim Rind wird der Sulcus jugularis im kaudalen Abschnitt vom M. cutaneus colli bedeckt. Dieser Muskel wird vom N. transversus colli, einem Ventralast des 2. Halssegmentalnervs, innerviert.

Der **N. transversus colli** verbindet sich im vorderen Teil des Sulcus jugularis, außer beim Rind, auch mit dem Ramus colli des N. facialis. Diese Verbindung wird manchmal auch als **Ansa cervicalis superficialis** bezeichnet (in der Nomina anatomica veterinaria nicht aufgeführt). Als Ansa cervicalis (profunda) wird eine Verbindung zwischen den Ventralästen der ersten beiden Halssegmentalnerven und dem N. hypoglossus bezeichnet.

Ein Ventralast des 2. Halssegmentalnervs, der N. auricularis magnus, verläuft subkutan über den Flügelrand des Atlas zur Rückenfläche der Ohrmuschel. Ventraläste der ersten beiden Halssegmentalnerven ziehen in die Regio colli ventralis, um hier die langen Zungenbeinmuskeln zu innervieren.

Die **V. jugularis externa** wird beim Pferd und bei Wiederkäuern im kranialen und im mittleren Drittel vom M. omohyoideus unterlagert. Beim Hund, der keinen M. omohyoideus besitzt, liegt hier der M. sternomastoideus. In der kaudal des Sulcus jugularis gelegenen Fossa jugularis bekommt die V. jugularis externa aus der Regio praescapularis den Zufluss der V. cervicalis superficialis und den Zufluss der V. cephalica, die im Sulcus pectoralis lateralis verläuft.

Beim Hund mündet etwas weiter kranial die V. omobrachialis ebenfalls in die V. jugularis externa. Sie stellt indirekt die Verbindung zwischen der V. jugularis und der V. axillaris her. In Höhe der Fossa jugularis wird die Haut von Ventralästen des 6. Halsnervs, den Nn. supraclaviculares, innerviert.

## Regio praescapularis

Diese vor dem Schulterblatt gelegene Region ist Teil der Regio colli lateralis. Die Haut wird im ventralen Abschnitt der Region von den Nn. supraclaviculares innerviert. Vor dem Schultergelenk liegen unter dem M. omotransversarius (beim Pferd unter dem M. brachiocephalicus) die Lnn. cervicales superficiales (Buglymphknoten). In der dorsal gelegenen Ecke zwischen dem M. brachiocephalicus, dem M. omotransversarius und dem M. trapezius verläuft der N. accessorius (XI). In Höhe des Buglymphknotens teilt sich die A. cervicalis superficialis in ihre beiden Endäste auf.

## Regio colli dorsalis

### Stratigraphie (in der Medianebene)

- Cutis, Tela subcutanea,
- Fascia cervicalis superficialis,
- Aponeurose des M. cleidocephalicus und des M. splenius,
- Lig. nuchae, lateral davon M. spinalis capitis und M. longissimus capitis,
- M. rectus capitis dorsalis major und minor, lateral davon M. obliquus capitis cranialis,
- Articulatio atlanto-occipitalis, Capsula articularis (Membrana atlanto-occipitalis),
- Periosteum,
- Cavum epidurale,
- Dura mater spinalis,
- Arachnoidea spinalis (äußeres Blatt) und
- Cisterna cerebellomedullaris.

### Schleimbeutel

In der Regio colli dorsalis sind zwei fakultative Schleimbeutel von Bedeutung: die **Bursa subligamentosa nuchalis cranialis** und **caudalis**. Beide unterlagern in der Genickgegend den **Funiculus nuchae**. Vor allem der vordere Schleimbeutel, der den Ursprung des Ligamentum nuchae unterlagert, kann beim Pferd aber auch beim Rind erkranken (Genickfistel bzw. Genickbeule).

# Klinische Anwendungen

Der Hals verbindet den Kopf mit der Brust. Er erstreckt sich auf einer Querebene zwischen Atlas und Os occipitale bis zur Schulter (Sulcus praescapularis).

Der Atlasflügel und die Querfortsätze der Halswirbel 3 bis 6 können getastet werden. Im Halsbereich sind Organe wie Trachea, Oesophagus, bei jungen Tieren auch der Thymus zu finden. Die Schilddrüse liegt am Anfang der Trachea. Wichtige Leitungsbahnen sind: die A. carotis communis, die A. vertebralis, die A. cervicalis profunda, der N. vagus, der mit dem Truncus sympathicus zum Truncus vagosympathicus verbunden ist, der N. laryngeus caudalis oder recurrens sowie der lymphatische Truncus trachealis. Im Wirbelkanal liegt das Rückenmark umgeben von den Meningen.

Bei Pferden kann es durch Fehlbildungen oder durch Traumata in der Halswirbelsäule zur Einengung des Wirbelkanals kommen. Dies führt zu einer Störung der Bewegungskoordination, weswegen die betroffenen Tiere einen stolpernden Gang aufweisen und besonders bei engen Wendungen auf der Hinterhand Probleme zeigen. Aufgrund der klinischen Erscheinungen ist diese Erkrankung unter dem Namen »Spinale Ataxie« (engl. »Wobbler«) bekannt.

### Injektionen

In der Regio colli werden sowohl subkutane als auch intramuskuläre Injektionen vorgenommen. Subkutan wird in der **Regio brachiocephalica** appliziert (Region über dem M. brachiocephalicus). Die intramuskuläre Verabreichung wird in der Mitte eines Dreiecks, das vom Ligamentum nuchae, der Halswirbelsäule und dem am Kranialrand der Scapula gelegenen M. subclavius gebildet wird, ausgeführt. Die Halsfaszien können allerdings im Falle einer Komplikation die Drainage von pathologischen Sekreten erheblich behindern, deshalb ist eine äußerst sorgfältige Desinfektion der Injektionsstelle vorzunehmen.

Die **Drosselrinne** liegt im unteren Bereich der Lateralfläche des Halses. In die hier verlaufende **V. jugularis externa** wird intravenös injiziert. Bei Großtieren ist es von Bedeutung zu wissen, dass im mittleren und kranialen Drittel der Drosselrinne die V. jugularis externa vom M. omohyoideus unterlagert wird. Dieser trennt die oberflächlich gelegene Vene von der in der Tiefe verlaufenden A. carotis communis. Die Venenpunktion wird deshalb nicht im kaudalen Drittel vorgenommen. Außerdem wird im kaudalen Halsdrittel die V. jugularis externa vom hier sehr starken M. cutaneus colli bedeckt, dessen Kontraktion die Punktion verhindern bzw. ihre Zielgenauigkeit beeinträchtigen könnte. Außerdem ist im kaudalen Drittel die Verletzung der in der Tiefe gelegenen A. carotis communis möglich.

Auch beim Hund und bei der Katze kann die Punktion der **V. jugularis externa** vorgenommen werden. Dabei ist zu beachten, dass im kranialen Halsbereich beide Drosselvenen indirekt über eine Queranastomose, den Arcus hyoideus, der zwischen den Vv. linguales verläuft, miteinander verbunden sind. Wegen dieses Gefäßbogens müssen für die Injektion beide Vv. jugulares externae komprimiert werden.

### Liquorentnahme

In der Genickgegend wird die Okzipitalpunktion durchgeführt. Man erreicht dadurch die Cisterna cerebellomedullaris des Subarchnoidalraumes. Beim Pferd wird die Kanüle ca. 8 cm, beim Fohlen ca. 1,5 cm, beim Hund (Schäferhund) ca. 4,8 cm tief eingeführt. Zu beachten ist, dass beim Hund das Spatium atlanto-occipitale sehr eng ist und auch die Zisterne wenig Fassungsvermögen besitzt.

## Schilddrüse

Die Glandula thyroidea liegt bei den Haussäugetieren dorsolateral der Trachea in Höhe der 2.–3. Trachealspange (Pferd) bzw. der 5.–9. Spange (Hund und Katze). Bei einer Umfangsvermehrung kann sie palpiert werden. Heute wird sie vor allem mit Ultraschall unter-

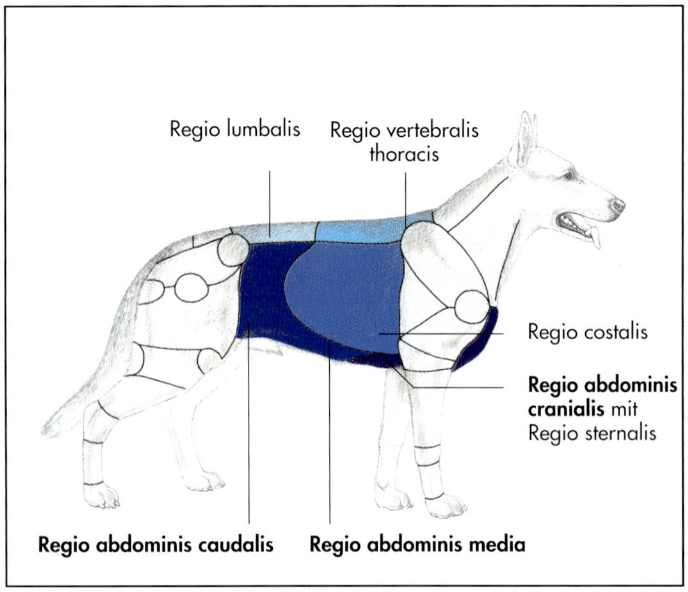


**Abb. 19-22.** Schematische Darstellung der Regionen am Rumpf des Hundes (Lateralansicht).

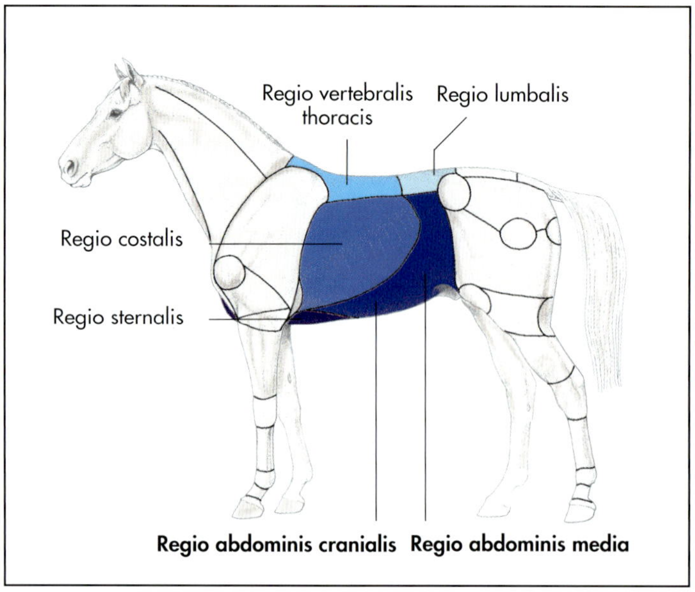


**Abb. 19-23.** Schematische Darstellung der Regionen am Rumpf des Pferdes (Lateralansicht).

sucht. Bei einer Thyroidektomie muss darauf geachtet werden, dass mindestens ein Epithelkörperchen (Nebenschilddrüse) erhalten bleibt, da sonst der Kalziumhaushalt der Tiere gravierend gestört wird und es zu Tetanie mit Todesfolge kommen kann.

## Trachea

Ältere Tiere kleiner Hunderassen zeigen unter Umständen Anzeichen von Atemnot und weisen häufig chronischen Husten auf. Diese Erscheinungen rühren von einem **Trachealkollaps** her, bei dem das Lumen der Luftröhre besonders unter forcierter Atmung eingeengt ist. Mit dem Endoskop wird das eingesunkene Dach der Luftröhre (Schleimhaut und M. trachealis) gut sichtbar.

Im Bedarfsfall wird beim Hund im kranialen Abschnitt der Trachea eine Tracheotomie durchgeführt. Die Eingangsstelle liegt median 2–3 cm kaudal des Larynx. Nach dem Hautschnitt erscheint der M. sphincter colli und darunter die Lamina superficialis der Fascia colli. Cave: Der Schnitt darf kranial nicht verlängert werden, da sonst der venöse Arcus hyoideus durchtrennt wird. Als nächste Schicht folgt die Linea alba colli, ein feiner heller Bindegewebsstreifen, der sich zwischen den beiden Mm. sternohyoidei befindet. Darunter verläuft median auf der ventralen Seite der Trachea die V. thyroidea caudalis, deren Verletzung aber für gewöhnlich nicht vermieden werden kann. Als tiefste Schicht erscheint die Lamina praetrachealis und die Adventitia der Trachea. Ähnlich wird auch bei der Thyroidektomie des Hundes vorgegangen. Nach Durchtrennen der Lamina praetrachealis wird die Glandula thyroidea laterodorsal der Trachea stumpf herauspräpariert. Bei einer Vergrößerung der Schilddrüse sind auch die versorgenden Arterien beträchtlich vergrößert und müssen demnach einzeln ligiert werden.

## Kehlkopf

Für die klassische Operation bei **»Kehlkopfpfeifen«** (s. a. S. 664) wird am Kranialende der Trachea eingegangen. Dabei werden die langen Zungenbeinmuskeln median freigelegt und lateral verschoben. Dann wird die Membrana cricothyroidea, u.U. auch die Cartilago cricoidea, in der Mitte durchtrennt, um so in die Kehlkopfhöhle zu gelangen. Der Ventriculus laryngis lateralis wird auf der erkrankten Seite exstirpiert. Bei der anschließenden Narbenbildung ensteht ein permanenter Zug an der entsprechenden Stimmfalte. Diese wird dadurch seitlich an den Schildknorpel verlagert, wodurch der Luftstrom im Kehlkopfbereich weniger behindert wird.

## Oesophagus

Im mittleren Halsdrittel kann der Oesophagus bei einer **Schlundverstopfung** chirurgisch angegangen werden. Dazu wird von links über einer Magenschlundsonde die Haut und die Fascia cervicalis superficialis mit dem Halshautmuskel eingeschnitten. Schließlich muss die Lamina praetrachealis der tiefen Halsfaszie eingeschnitten werden. Unbedingt zu achten ist auf die Lage der V. jugularis externa und auf die unmittelbare Nachbarschaft der A. carotis communis und des Truncus vagosympathicus zur Speiseröhre.

## Bandscheiben

Bei kleinen Hunderassen kann es zu **Bandscheibenvorfällen** im zervikalen Abschnitt der Wirbelsäule kommen. In diesem Fall wird in der **Regio colli ventralis** eingegangen. Der **Nucleus pulposus** kann entweder seitlich oder dorsal vorquellen. Der seitliche Prolaps trifft die Spinalnerven und ist äußerst schmerzhaft. Der dorsale drückt von ventral auf das Rückenmark. Hier verlaufen vor allem absteigende motorische Bahnen. Als Folge treten Schmerzen, Parese oder Paralyse der Muskulatur auf. Im Halsbereich wird die ventrale Fenestration vorgenommen. Die Präparation erfolgt wie bei der Tracheotomie. Dann werden die Organe und die Leitungsbahnen stumpf präpariert und zur Seite verschoben. Anschließend werden die Wirbelkörper freipräpariert (M. longus colli). Dabei werden nicht nur der veränderte Nucleus pulposus, sondern prophylaktisch auch die Zwischenwirbelscheiben zwischen den übrigen Halswirbeln (insgesamt die Disci C 2/3, C 3/4 und C 5/6) ausgeräumt.

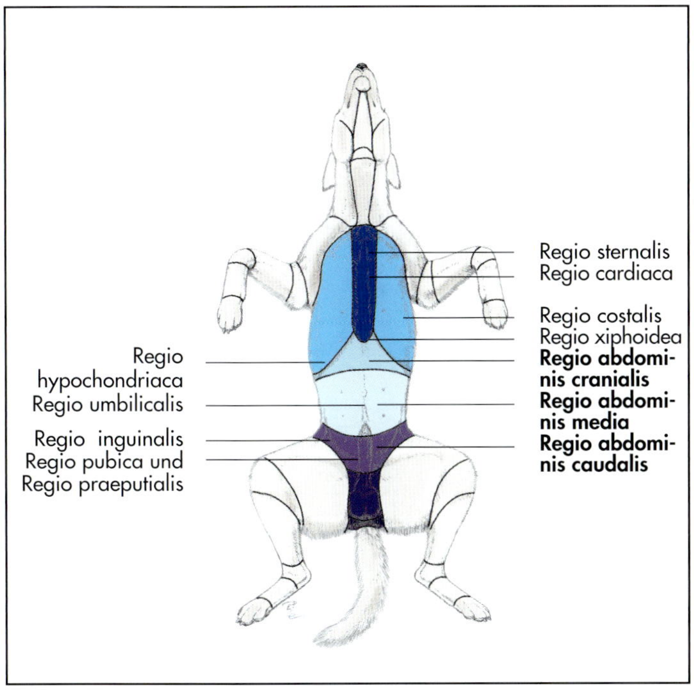


**Abb. 19-24.** Schematische Darstellung der Regionen am Rumpf des Hundes (Ventralansicht).

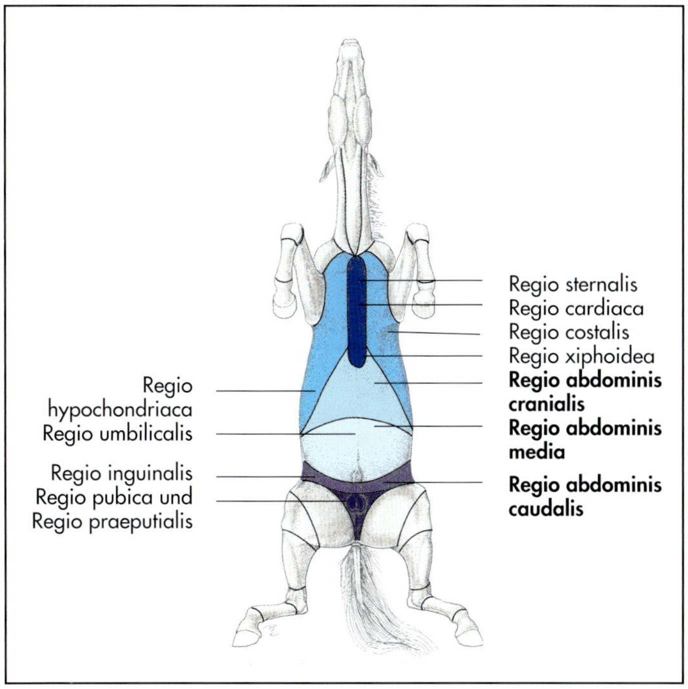


**Abb. 19-25.** Schematische Darstellung der Regionen am Rumpf des Pferdes (Ventralansicht).

# Brustkorb (Thorax)

Unter Brustkorb versteht man den vorderen Abschnitt des Rumpfes. Er stellt die kaudale Fortsetzung des Halses dar. Kranial am Brustkorb findet sich die Apertura thoracis cranialis, die den Oesophagus, die Trachea, kraniale Äste des Arcus aortae (Truncus bicaroticus, A. subclavia dextra und sinistra), die kraniale Hohlvene und die Vv. jugulares, bei jungen Tieren den zervikothorakalen Teil des Thymus, Lymphknoten, Lymphgänge, den N. vagus, den Truncus sympathicus mit dem Ganglion stellatum und dem Ganglion cervicale medium sowie den M. longus colli beherbergt.

Der Brustkorb wird knöchern von den Brustwirbeln, den Rippen und dem Sternum gebildet. Er umfasst die **Brustkorbhöhle** (Cavum thoracis). In diese wölbt sich kranial das Zwerchfell, das die **Brusthöhle** (Cavum pectoris) von der Bauchhöhle trennt. Kaudal des Zwerchfells entsteht dadurch der **intrathorakale Teil der Bauchhöhle**, der im Abschnitt »Bauchhöhle« zur Sprache kommen wird. In der Brusthöhle wiederum sind die **beiden Pleuralhöhlen** (Cava pleurae) enthalten, die zwischen sich das **Mediastinum**, in dem sich Organe und Leitungsbahnen befinden, einschließen.

Durch das **Zwerchfell** verlaufen die Aorta und der Ductus thoracicus, die kaudale Hohlvene, die Speiseröhre, begleitet vom Truncus vagalis dorsalis und ventralis, die Trunci sympathici und die Nn. splanchnici. Lateral wird der Brustkorb zu einem großen Teil durch die beiden Vordergliedmaßen bedeckt, die mit Hilfe der Schultergürtelmuskulatur und durch Faszien am Rumpf befestigt sind.

## Sichtbare und tastbare Knochenpunkte

Je nach Ernährungszustand der Tiere sind die Rippen, die nicht von der Vordergliedmaße bedeckt werden, sichtbar und tastbar. Bei Kleintieren kann zudem die Vordergliedmaße leichter nach vorne verschoben werden, sodass eine größere Anzahl von Rippen und Zwischenrippenräumen getastet werden kann.

## Oberflächliche Brust- und Muskelrinnen

Oberflächliche Muskelrinnen sind:

- die seitliche Brustfurche (Sulcus pectoralis lateralis),
- die mittlere Brustfurche (Sulcus pectoralis medianus),
- der Sulcus musculi tricipitis (Anconaeusrinne), der Margo tricipitalis, der den gleichnamigen Muskel kaudal abschließt.

## Stratigraphie

Im Bereich der Brusthöhle, dort wo diese nicht von der Vordergliedmaße bedeckt ist, sind folgende Schichten zu erwähnen:

- Haut und Unterhaut,
- Fascia trunci superficialis (mit oberflächlichem und tiefem Blatt, zwischen denen der M. cutaneus trunci liegt),
- Fascia trunci profunda,
- skelettführende Muskelschicht (Rippen und Zwischenrippenmuskeln, segmentale Blutgefäße und Nerven),
- Fascia endothoracica und
- Pleura costalis.

## Regionen

Die wichtigsten Regionen des Brustkorbs sind (Abb. 19-22 bis 25):

- Regio praesternalis (Vorderbrustgegend),
- Regio sternalis (Brustbeingegend),
- Regio cardiaca (Herzgegend) und
- Regio costalis (Seitenbrustgegend).

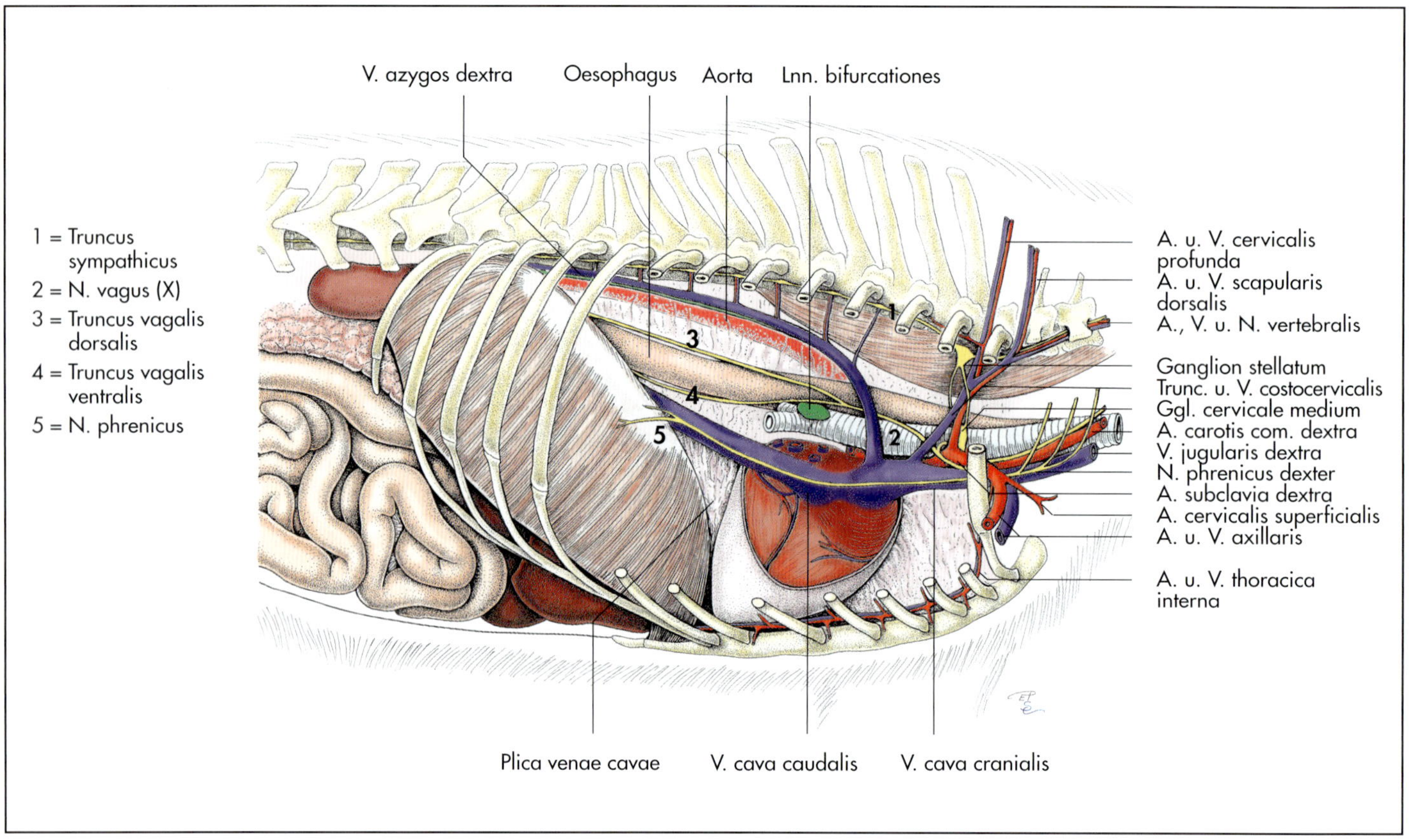


**Abb. 19-26.** Schematische Darstellung zur Topographie von Organen und Leitungsbahnen der eröffneten Brusthöhle des Hundes (Ansicht von rechts).

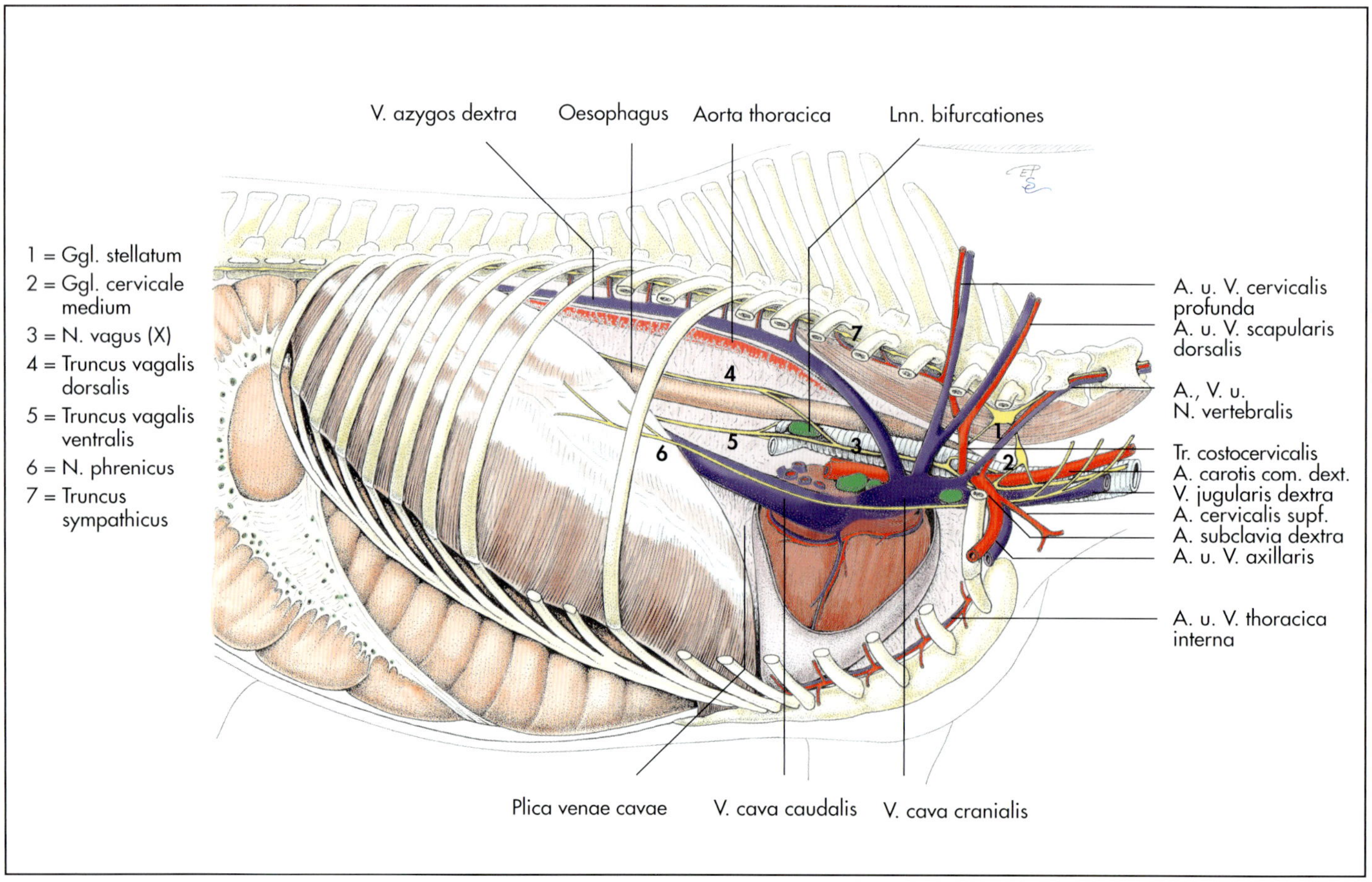


**Abb. 19-27.** Schematische Darstellung zur Topographie von Organen und Leitungsbahnen der eröffneten Brusthöhle des Pferdes (Ansicht von rechts).

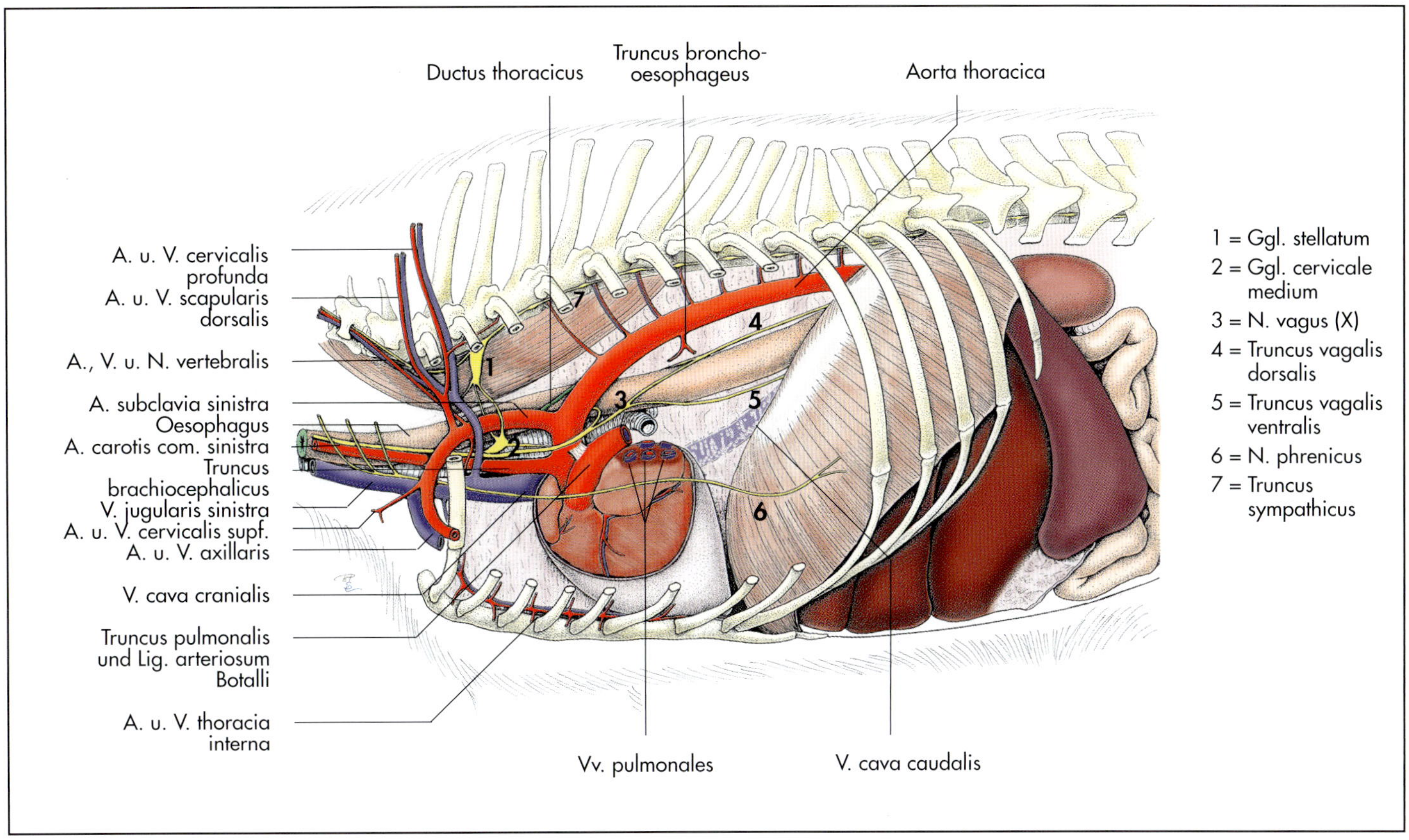


**Abb. 19-28.** Schematische Darstellung zur Topographie von Organen und Leitungsbahnen der eröffneten Brusthöhle des Hundes (Ansicht von links).

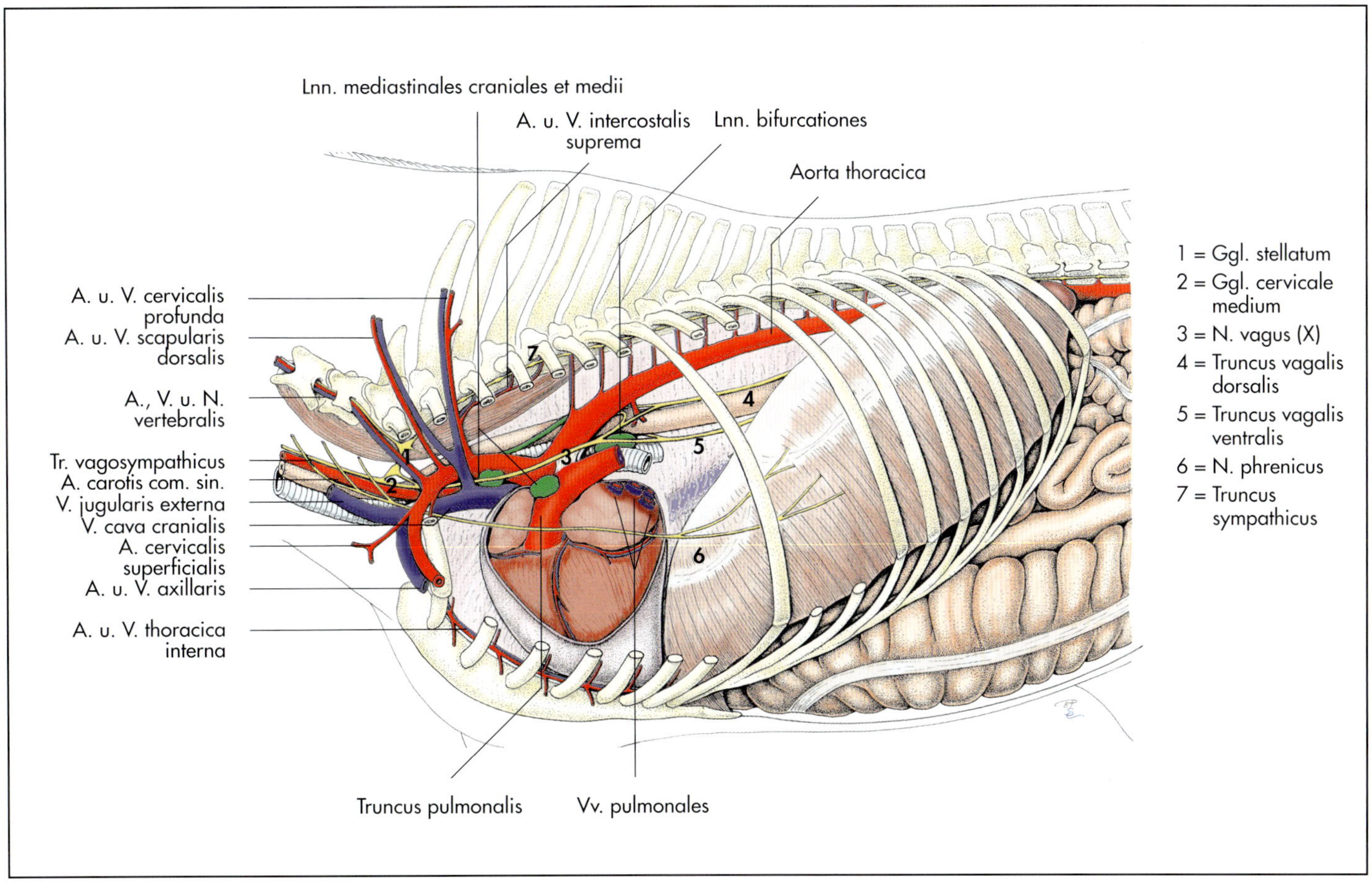


**Abb. 19-29.** Schematische Darstellung zur Topographie von Organen und Leitungsbahnen der eröffneten Brusthöhle des Pferdes (Ansicht von links).

## Klinische Anwendungen

### Gefäßversorgung des Herzens

Beim Hund wurde nachgewiesen, dass zwischen den Koronararterien präformierte Anastomosen vorhanden sind, die die Fähigkeit besitzen, sich im Bedarfsfall zu weitlumigen Gefäßen auszubauen. Diese Tatsache ist vor allem bei einem allmählichen Verschluss von größeren Gefäßen von Bedeutung. Derartige Anastomosen sind beim Schwein im Verhältnis zum Hund kaum ausgebildet und etablieren den Hund gegenüber dem Schwein als Tiermodell für Untersuchungen zur Infarktbekämpfung beim Menschen.

### Ausbildung der Rechtsaorta

Bei Schäferhundwelpen kommt es gelegentlich zur Ausbildung einer Gefäßanomalie, der sog. Rechtsaorta. Normalerweise liegt die Aorta auf der linken Körperseite. Sie entlässt unmittelbar nach dem Ursprung der A. subclavia sinistra, in Höhe der 4. Rippe, den Ductus arteriosus (Botalli). Im Falle der Rechtsaorta liegt die A. subclavia sinistra dem Oesophagus rechts an. Noch in Höhe der 4. Rippe entlässt die Rechtsaorta den Ductus arteriosus, der nun von rechts kommend, in seinem Verlauf zum Truncus pulmonalis den Oesophagus überquert und diesen erheblich einschnürt. Dabei kommt es zur Ausbildung eines umfangreichen Divertikels. Zur chirurgischen Korrektur wird auf der linken Seite im 4. Interkostalraum eingegangen (beachte die Stratigraphie). Der Ductus arteriosus wird ligiert und partiell reseziert.

### Ductus arteriosus persistens beim Hund

Die embryonale Verbindung zwischen dem Truncus pulmonalis und der Aorta muss sich nach der Geburt schließen. Unterbleibt der Verschluss, kommt es in der Regel zu einem Links-rechts-Kurzschluss mit Mischblut in der Lungenarterie durch den Übertritt von sauerstoffreichem Blut aus der Aorta. Die Auskultation, also das Abhören mit einem Stethoskop, bringt den Nachweis eines sogenannten »Maschinengeräusches«. Dieses ist neben dem ersten und zweiten Herzton ein kontinuierlich bestehendes, an- und abschwellendes Geräusch (3. Interkostalraum). Dies bedingt eine geringere Leistungsfähigkeit der betroffenen Tiere mit teils massiven Anzeichen von Atemnot. Der Ductus arteriosus persistens muss daher operativ geschlossen werden.

# Bauch (Abdomen)

Der Bauch schließt kaudal an den Brustkorb an. Die darin enthaltene Bauchhöhle reicht vom Diaphragma bis zur Linea terminalis, einer konventionellen Linie, die den Übergang in die Beckenhöhle markiert. Dabei wird der Raum, der sich kaudal des Diaphragma befindet, als **intrathorakaler Abschnitt** der Bauchhöhle bezeichnet. Dieser Abschnitt reicht bis zu einer Querebene, die kaudal des letzen Rippenpaares verläuft.

In der Bauchhöhle sind Organe des Verdauungsapparates, des Harn- und Geschlechtsapparates sowie inkretorische Drüsen untergebracht. In diesem Bereich verlaufen die dazugehörigen Leitungsbahnen, Gekröse und Bänder.

Das **Dach der Bauchhöhle** wird durch die Wirbelsäule und die dazugehörigen Muskeln gebildet. Die Nieren, die Nebennieren, die Aorta, die kaudale Hohlvene, die lymphatischen Trunci lumbales und die Lumbalnerven liegen retroperitoneal. Die **Seitenwände** und die **Ventralwand der Bauchhöhle** sind für diagnostische Zugänge und Operationen von großer Bedeutung, hier projizieren sich zudem die Organe auf die Körperoberfläche (s. auch S. 714ff.). Für die Kliniker sind diese Regionen besonders wichtig.

## Sichtbare und tastbare Knochenpunkte

Ob Knochenpunkte sichtbar sind, hängt sehr vom Ernährungszustand und vom Haarkleid der Tiere ab. Auf jeden Fall können ab der 6. Rippe die Knochenpunkte gesehen und selbst bei gut genährten Tieren getastet werden. Die Rippen werden kaudal vom ebenfalls tastbaren Rippenbogen abgeschlossen. Die Querfortsätze der Lendenwirbel können beim Rind im Allgemeinen gesehen werden, bei den übrigen Tierarten sind sie tastbar. Ventral können das Brustbein und der Schaufelknorpel des Brustbeins getastet werden. Zur Regioneneinteilung wird der Hüfthöcker und die Kniescheibe getastet (Abb. 19-85 u. 86).

## Oberflächlich sichtbare Blutgefäße

Beim Rind ist die Anastomose der **V. epigastrica caudalis superficialis** und der **V. epigastrica cranialis superficialis** sichtbar. Dieses große, meist geschlängelt verlaufende Blutgefäß wurde früher auch als V. subcutanea abdominis, die sog. **Milchader**, bezeichnet. Sie ist vor allem bei laktierenden Kühen umfangreich und führt das Blut vom Euter in kranialer Richtung bis zum 8. Interkostalraum, wo sich der Durchtritt zur innen verlaufenden V. thoracica interna befindet. Dieser Durchtritt wird auch als **Milchnäpfchen** bezeichnet. Kranial der Milchader ist die V. thoracica externa zu sehen.

### Innervation

Die Innervation der Bauchwand erfolgt **segmental**. Im vorderen Abschnitt sind die **Interkostalnerven** diejenigen, die sich ventral fortsetzen und die Bauchwand innervieren. Kaudal anschließend folgen die **Lendennerven**: N. iliohypogastricus (bei Fleischfressern: N. iliohypogastricus cranialis und caudalis), N. ilioinguinalis, N. genitofemoralis und N. cutaneus femoris lateralis.

### Gefäßversorgung

Die Gefäßversorgung erfolgt ebenfalls über **Segmentalarterien** und **Segmentalvenen**. Zudem gelangen an die Bauchwand die A. epigastrica cranialis, als Fortsetzung der A. thoracica interna, die A. circumflexa ilium profunda, ein Ast der A. iliaca externa, und die A. epigastrica caudalis, die aus dem Truncus pudendoepigastricus entlassen wird. Diese Arterien werden von gleichnamigen Venen begleitet.

Ohne Begleitarterie verläuft subkutan in der seitlichen Bauchgegend die **V. epigastrica caudalis superficialis**, die auch, wie oben erwähnt, als Eutervene, Milchader oder V. subcutanea abdominis bei der Kuh bekannt ist. Sie fällt beim erwachsenen Tier durch ihren geschlängelten Verlauf auf und ist beim Kalb noch nicht vollständig ausgebildet. Die **V. subcutanea abdominis** zieht kranial, durchbohrt den M. rectus abdominis in Höhe seiner zweiten sehnigen Inskription und bildet hier den **Anulus venae mammariae**, das ebenfalls erwähnte **Milchnäpfchen**. Die Vene verläuft dann noch 4–5 cm auf der Dorsalfläche des geraden Bauchmuskels kranial und mündet anschließend in die **V. epigastrica cranialis**, die zwischen dem 9. Rippenknorpel und dem Schaufelknorpel die Bauchhöhle in Richtung Brusthöhle verlässt, um in die V. thoracica interna und mit dieser in die kraniale Hohlvene zu münden.

Die **V. subcutanea abdominis** wird beim Rind bei Bedarf punktiert. Sie ist vor allem bei festliegenden Kühen leichter erreichbar als die V. jugularis externa. Bei Infusionen in die V. subcutanea abdominis ist allerdings zu beachten, dass es manchmal zum Austritt des Blut-Medikamenten-Gemischs ins paravenöse Bindegewebe kommen kann. Dann entsteht eine Thrombophlebitis, vor allem, wenn örtlich reizende Pharmaka appliziert werden.

#### Lymphknoten

Die für die Drainage der Bauchwand zuständigen Lymphknoten sind die Lnn. axillares, die Lnn. sternales, die Lnn. subiliaci (Kniefaltenlymphknoten) und die Lnn. inguinales superficiales. Bei der Exstirpation von Mammatumoren bei der Hündin muss daran gedacht werden, beidseitig neben bereits veränderten auch makroskopisch unveränderte Lymphknoten mit zu entfernen.

## Stratigraphie

Die Stratigraphie im Abdominalbereich wird an den einzelnen Regionen erläutert, zumal in diesen Bereichen oft operativ eingegangen wird.

## Regionen

Die Wand des Abdomens, vor allem die seitliche und die ventrale, wird eingeteilt in die:

- Regio abdominis cranialis,
- Regio abdominis media,
- Regio abdominis caudalis.

### Regio abdominis cranialis

Unter Regio abdominis cranialis versteht man den Teil der Bauchhöhle, der vom Diaphragma bis zu einer Querebene durch das letzte Rippenpaar reicht. In der vorderen Bauchgegend sind drei Unterregionen zu finden:

- Regio hypochondriaca dextra,
- Regio hypochondriaca sinistra,
- Regio xiphoidea.

#### Regio hypochondriaca

Die Regio hypochondriaca umfasst den Abschnitt der Regio abdominis cranialis, der von den Rippen, den Rippenknorpeln und dem Rippenbogen gestützt wird.

##### Stratigraphie

- Cutis und Subcutis,
- zweiblättrige Fascia trunci superficialis mit dem M. cutaneus trunci,
- Fascia trunci profunda und
- M. obliquus externus abdominis.

#### Regio xiphoidea

Die Regio xiphoidea umfasst die Gegend um den Schaufelknorpel des Brustbeins.

##### Stratigraphie

- Cutis und Subcutis,
- Fascia trunci superficialis und Fascia trunci profunda,
- M. pectoralis profundus und V. subcutanea abdominis,
- M. obliquus externus abdominis mit der darunterliegenden Aponeurose des M. obliquus internus abdominis,
- M. rectus abdominis (beim Rind liegt hier das Milchnäpfchen),
- Aponeurose des M. transversus abdominis,
- Fascia transversalis und
- Peritoneum.

In der Regio xiphoidea werden die Leberbiopsie, die Gastrotomie und die Splenektomie durchgeführt.

### Regio abdominis media

Die mittlere Bauchgegend schließt kaudal an die kraniale Bauchgegend an. Ihre kraniale Grenze stellt eine Querebene in Höhe des letzten Rippenpaares dar. Die kaudale Grenze befindet sich in einer Querebene durch das Tuber coxae. Die Regio abdominis media wird unterteilt in:

- Regio abdominis lateralis dextra,
- Regio abdominis lateralis sinistra und
- Regio umbilicalis.

#### Regio abdominis lateralis

Die beiden seitlichen Bauchregionen werden bei Großtieren auch **Flanken** genannt. Sie werden dorsal von den Querfortsätzen der Lendenwirbel und ventral von einer Horizontalen durch die Kniescheibe begrenzt. Ebenfalls bei Pferd und Rind liegt dorsal in dieser Region die dreieckige **Hungergrube (Fossa paralumbalis)**. Diese grenzt dorsal an die Querfortsätze der Lendenwirbel, kranial an die letzte Rippe und kaudoventral an den oberen Rand des M. obliquus internus abdominis. Dieser Rand bildet das sogenannte **Crus costocoxale**.

##### Stratigraphie

- Cutis und Subcutis,
- Fascia trunci superficialis, zwischen deren beide Blätter der M. cutaneus trunci eingelagert ist,
- Fascia trunci profunda (bei Pferd und Rind: Tunica flava),
- M. obliquus externus abdominis (Faserverlauf von vorne oben nach hinten unten),
- M. obliquus internus abdominis (Faserverlauf von hinten oben nach vorne unten),
- M. transversus abdominis (Faserverlauf senkrecht),
- N. iliohypogastricus (Fleischfresser: Nn. iliohypogastrici cranialis und caudalis), N. ilioinguinalis, N. genitofemoralis und A. u. V. circumflexa ilium profunda,
- Fascia transversalis und
- Peritoneum.

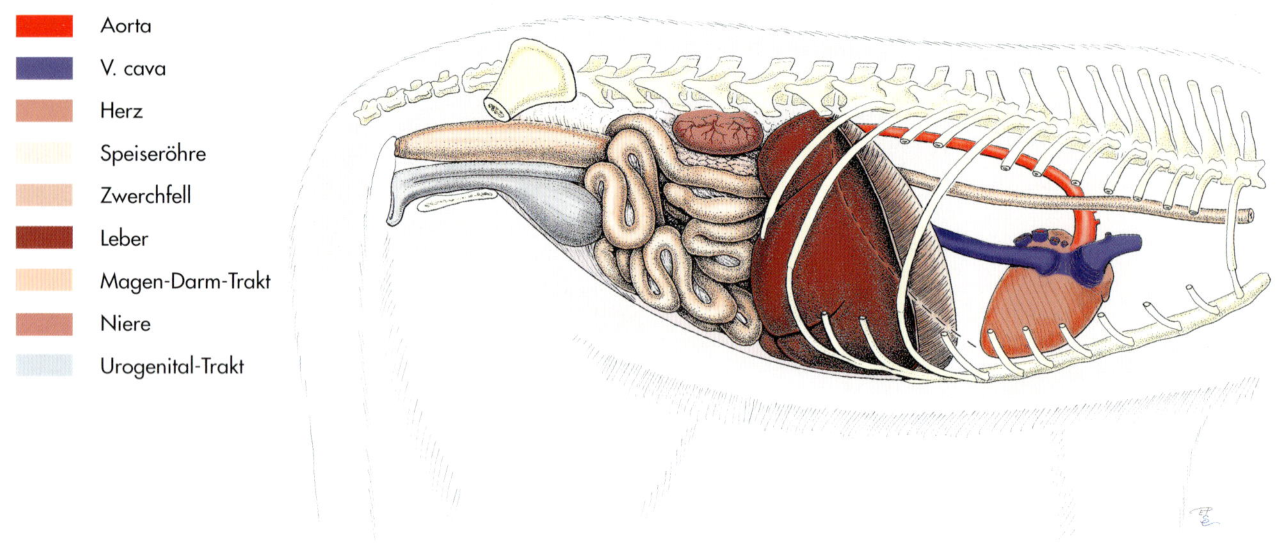


**Abb. 19-30.** Schematische Darstellung von Organen der Bauchhöhle der Katze nach Entfernung der seitlichen Körperwand (rechte Lateralansicht).

## Regio umbilicalis

Die Regio umbilicalis liegt ventral der seitlichen Bauchwand, um den Nabel herum. Sie wird dorsal von der Horizontallinie durch die Patella begrenzt.

### Stratigraphie

- Cutis und Subcutis,
- Fascia trunci superficialis mit eingelagertem M. cutaneus trunci (bei Hund und Rind: die Mm. praeputiales craniales),
- Fascia trunci profunda (Pferd und Rind: Tunica flava),
- Aponeurosen der Mm. obliquus externus und internus abdominis, die im Allgemeinen das äußere Blatt der Rektusscheide bilden,
- M. rectus abdominis mit A. und V. epigastrica cranialis und caudalis,
- M. transversus abdominis und
- Fascia transversalis und Peritoneum.

In der Regio umbilicalis findet sich im Inneren der Bauchhöhle, im **Ligamentum falciforme** beim Hund und bei der Katze, der von Peritoneum bedeckte umbilikale Fettkörper. Bei gut genährten Tieren kann dieser beträchtliche Dimensionen annehmen. Bei Operationen wird er gelegentlich als störend empfunden und deshalb exstirpiert. Dabei muss anschließend darauf geachtet werden, die Ränder des Peritoneums genau zu identifizieren und diese, bevor sie verschlossen werden, exakt zu adaptieren.

Klinische Relevanz erhält die Regio abdominis media wegen der **Laparotomien**, die hier für Kastrationen bei weiblichen Tieren (Kätzin und Hündin), Kaiserschnitte und Operationen am Magen-Darm-Kanal, an den Nieren und an der Milz ausgeführt werden.

Zur Betäubung wird die **Paravertebralanästhesie** vorgenommen, wobei die Segmentalnerven insgesamt in der Nähe des jeweiligen **Foramen intervertebrale** in der Tiefe blockiert werden. Bei der Ausführung der Paralumbalanästhesie werden nur die Ventraläste der Segmentalnerven anästhesiert.

## Regio abdominis caudalis

Diese Region schließt kaudal an die Regio abdominis media an. Sie erstreckt sich bis zur Linea terminalis. Es werden in der kaudalen Bauchgegend zwei Unterregionen unterschieden:

- Regio pubica, die unmittelbar vor dem Pecten ossis pubis liegt,
- Regio inguinalis, paarig, die sich rechts und links zwischen den Oberschenkeln erstreckt.

## Regio pubica

In der Schamgegend ist die Stratigraphie ähnlich wie in der Bauchgegend gestaltet. Es werden hier die Endaponeurosen der Bauchmuskeln, die in der Linea alba verschmelzen, angetroffen. Sie setzen als Tendo praepubicus am Pecten ossis pubis an. Selten kann es bei der Kuh, beispielsweise am Ende der Trächtigkeit zum Abriss dieser Endsehne kommen. Die gesamte Regio abdominis caudalis sackt in diesem Fall ab. Eine chirurgische Behandlung ist unmöglich.

In die Regio pubica reichen die Mammarkomplexe, der Penis und das Praeputium.

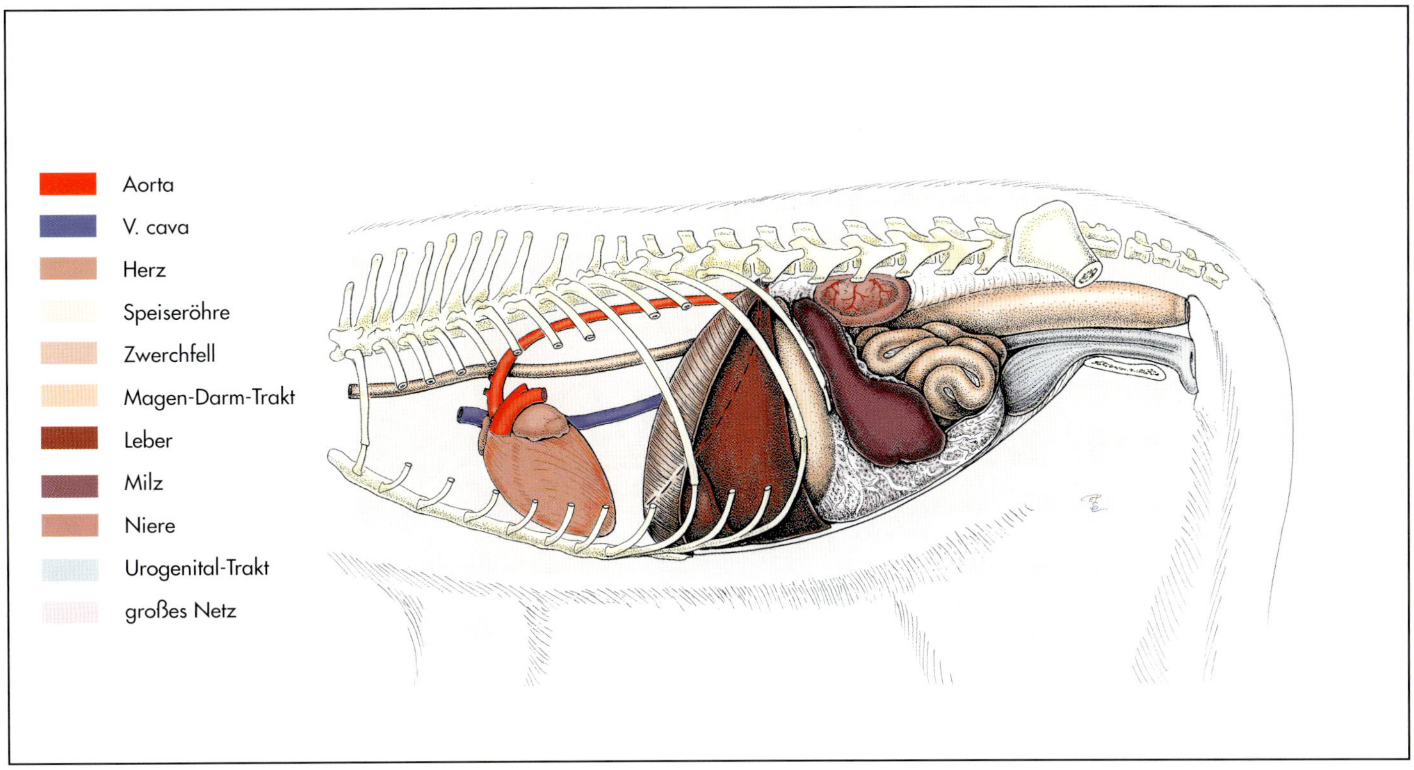


**Abb. 19-31.** Schematische Darstellung von Organen der Bauchhöhle der Katze nach Entfernung der seitlichen Körperwand (linke Lateralansicht).

## Regio inguinalis

Diese Region, die Leistengegend, ist klinisch von großer Bedeutung. Hier liegen bei weiblichen Großtieren sowie bei Schaf und Ziege das Euter, bei der Sau, bei der Hündin und bei der Kätzin die inguinalen Mammarkomplexe. Bei männlichen Tieren befinden sich in dieser Gegend die Hoden mit den Hüllen sowie dazwischen das männliche Begattungsorgan mit dem Praeputium. Bei allen männlichen Tieren, außer beim Elefanten, tritt in der Leistengegend der Scheidenhautfortsatz durch den **inneren** und den **äußeren Leistenring** nach außen.

Einen **Scheidenhautfortsatz** gibt es auch in den meisten Fällen (ca. 80%) bei der Hündin. Sein Inhalt besteht lediglich aus dem Lig. teres uteri (Reste des kaudalen Keimdrüsenbandes). Bei den übrigen Tierarten ist bei weiblichen Tieren der Leistenkanal durch Bindegewebe ausgefüllt, allerdings treten, wie auch beim männlichen Tier, die A. und V. pudenda externa, Lymphgefäße und der N. genitofemoralis hindurch. In der Leistengegend liegen die oberflächlichen Leistenlymphknoten. Sie werden entsprechend bei weiblichen Tieren, vor allem bei Tierarten mit einem Euter, als Lnn. mammarii und bei männlichen als Lnn. scrotales bezeichnet.

### Stratigraphie der Leistengegend

- Cutis und Subcutis,
- Fascia trunci superficialis,
- Fascia trunci profunda (bei Großtieren: Tunica flava),
- Aponeurose des M. obliquus externus abdominis, sie setzt hier am Lig. inguinale an,
- M. obliquus internus abdominis und
- Fascia transversalis und Peritoneum.

Bei männlichen Tieren erlangt die Regio inguinalis große Bedeutung, da hier Kastrationen und Operationen am männlichen Begattungsorgan vorgenommen werden.

### Stratigraphie der Hodenhüllen

- Cutis scroti,
- Scrotum:
  - Subcutis, Tunica dartos,
  - Fascia spermatica externa (zweischichtig),
  - Fascia cremasterica,
  - M. cremaster,
- Processus vaginalis:
  - Fascia spermatica interna,
  - Tunica vaginalis, Lamina parietalis.

### Stratigraphie im Bereich des Gesäuges

- Cutis mit Subcutis,
- Fascia trunci superficialis mit dem eingelagerten M. supramammarius,
- Drüsenparenchym und
- Fascia trunci profunda.

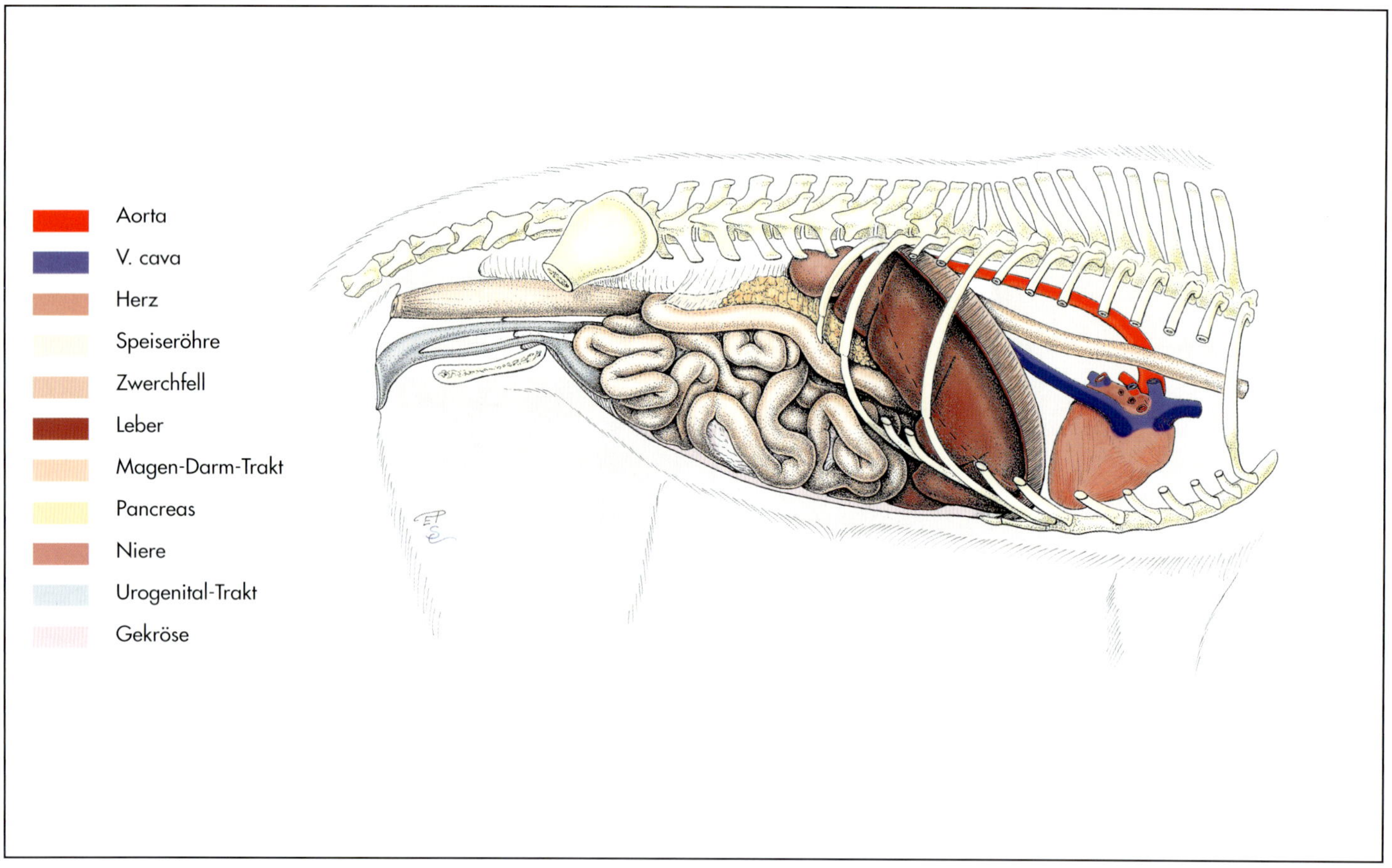


**Abb. 19-32.** Schematische Darstellung von Organen der Bauchhöhle des Hundes nach Entfernung der seitlichen Körperwand (rechte Lateralansicht).

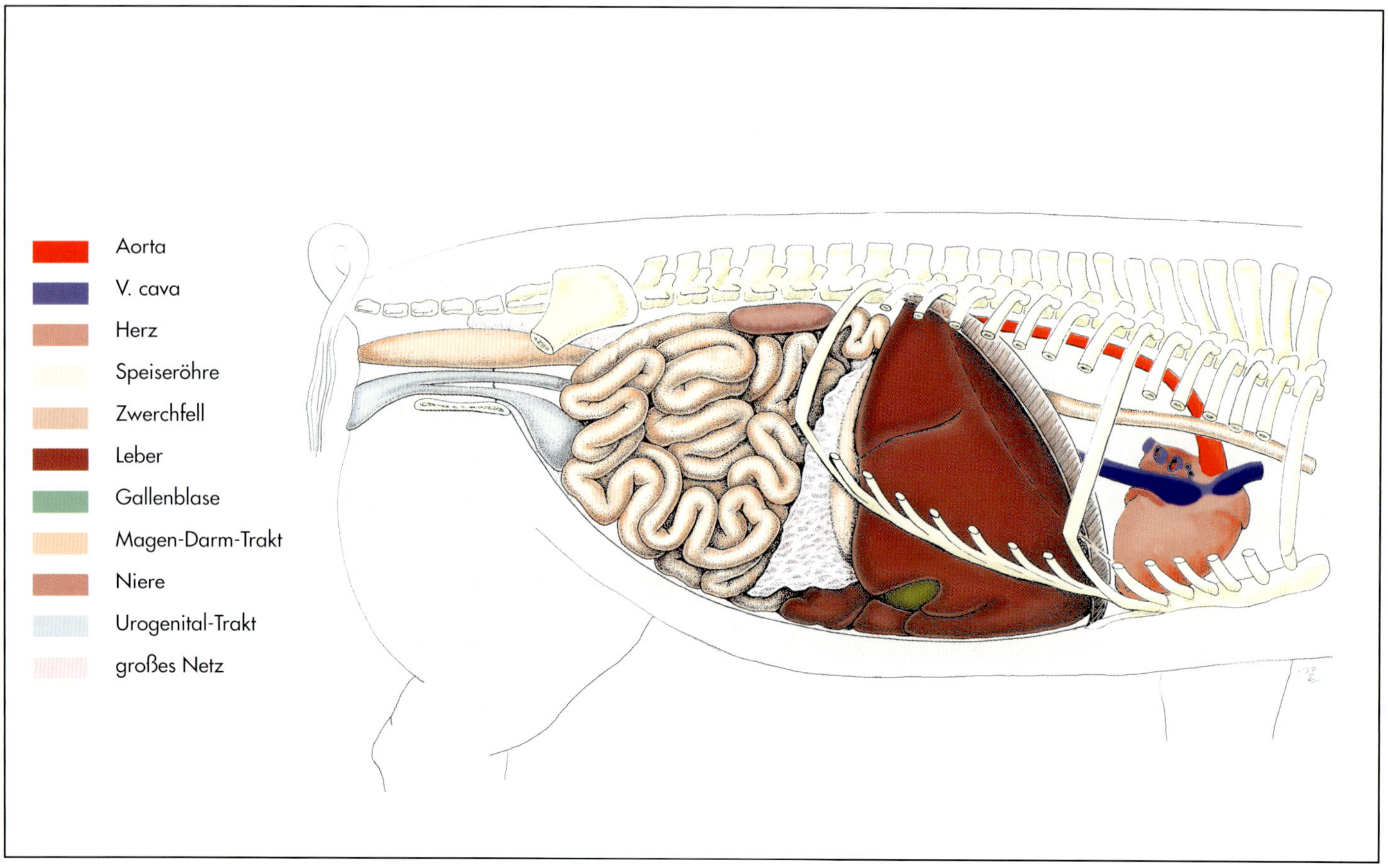


**Abb. 19-33.** Schematische Darstellung von Organen der Bauchhöhle des Schweines nach Entfernung der seitlichen Körperwand (rechte Lateralansicht).

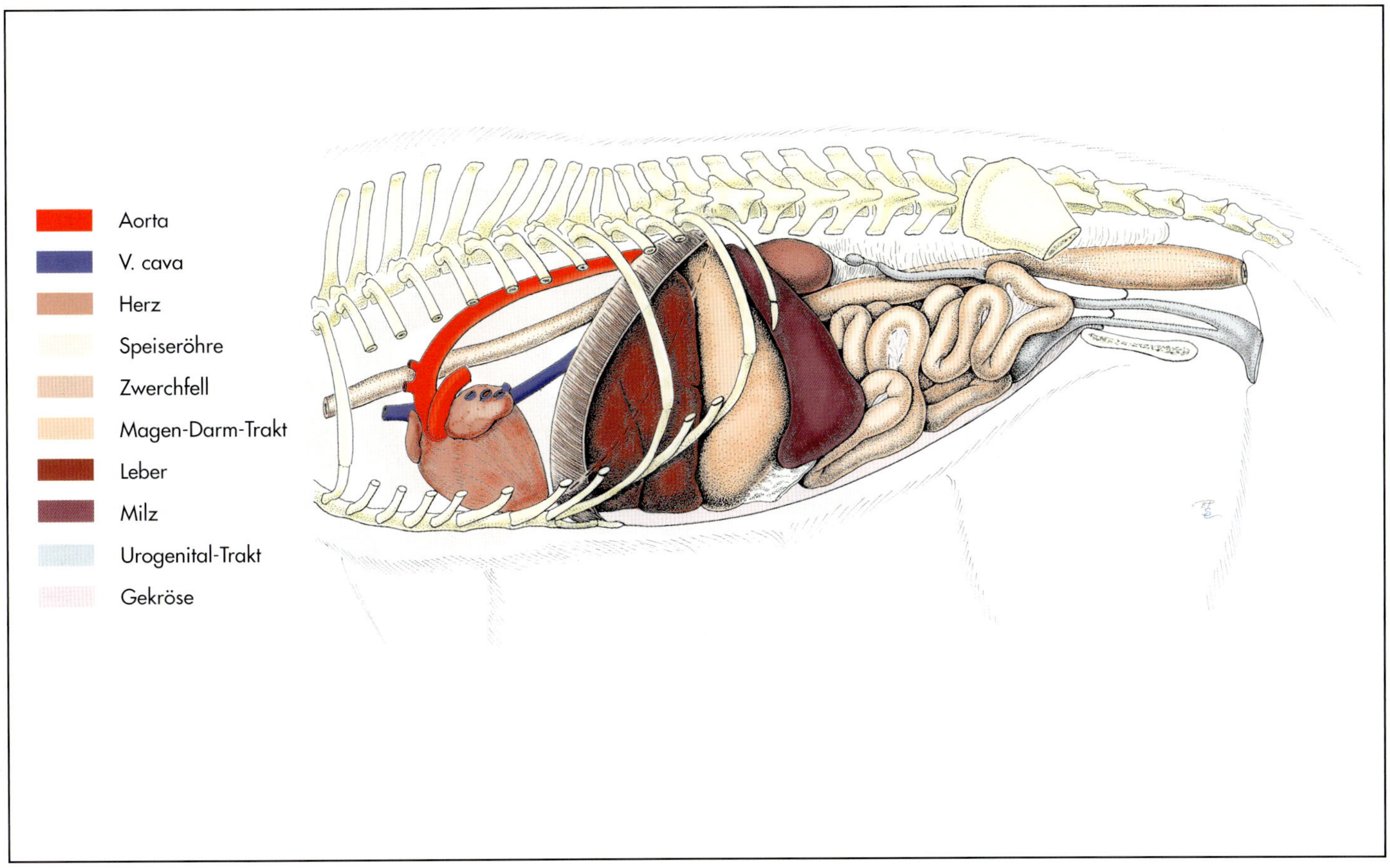


**Abb. 19-34.** Schematische Darstellung von Organen der Bauchhöhle des Hundes nach Entfernung der seitlichen Körperwand (linke Lateralansicht).

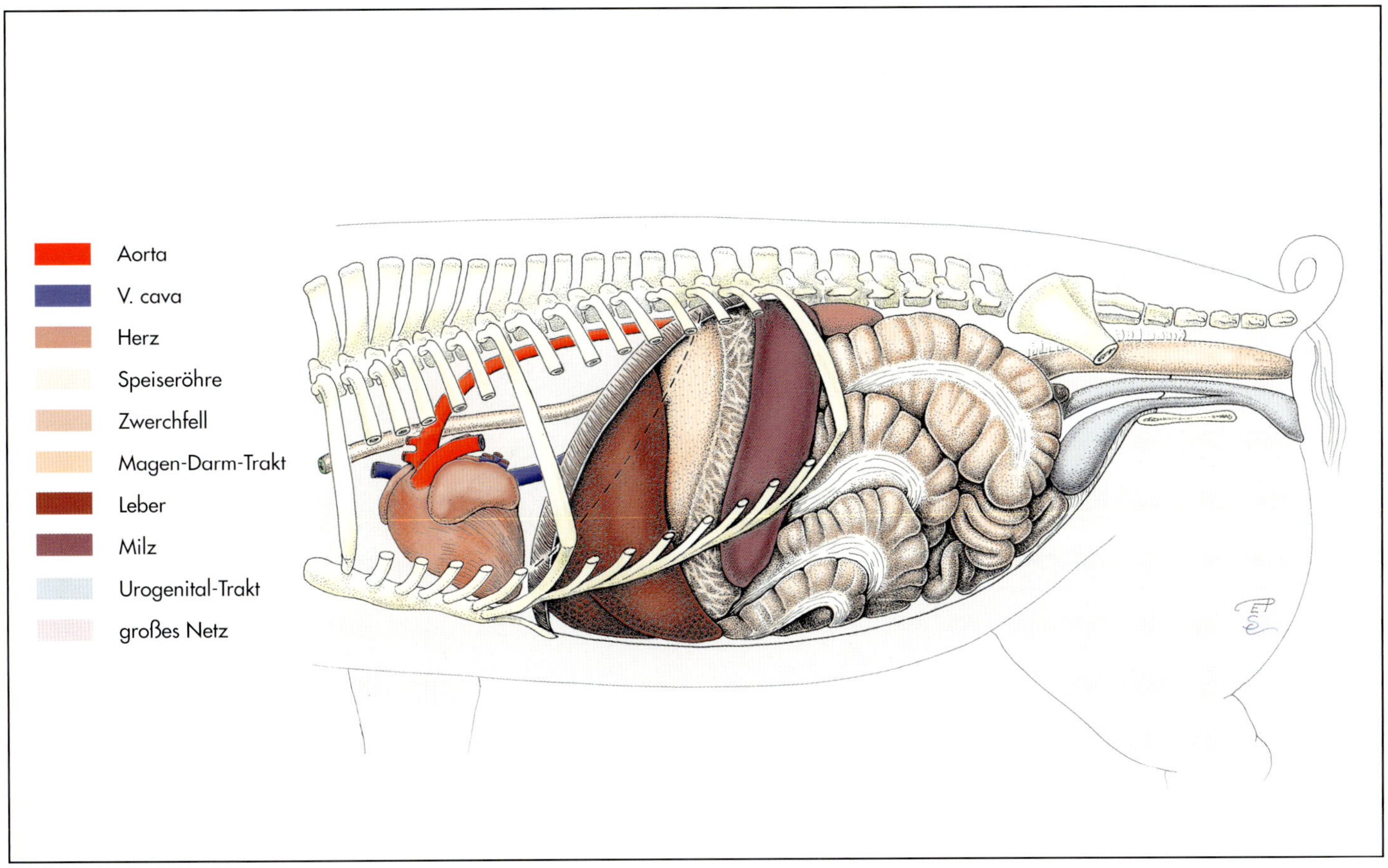


**Abb. 19-35.** Schematische Darstellung von Organen der Bauchhöhle des Schweines nach Entfernung der seitlichen Körperwand (linke Lateralansicht).

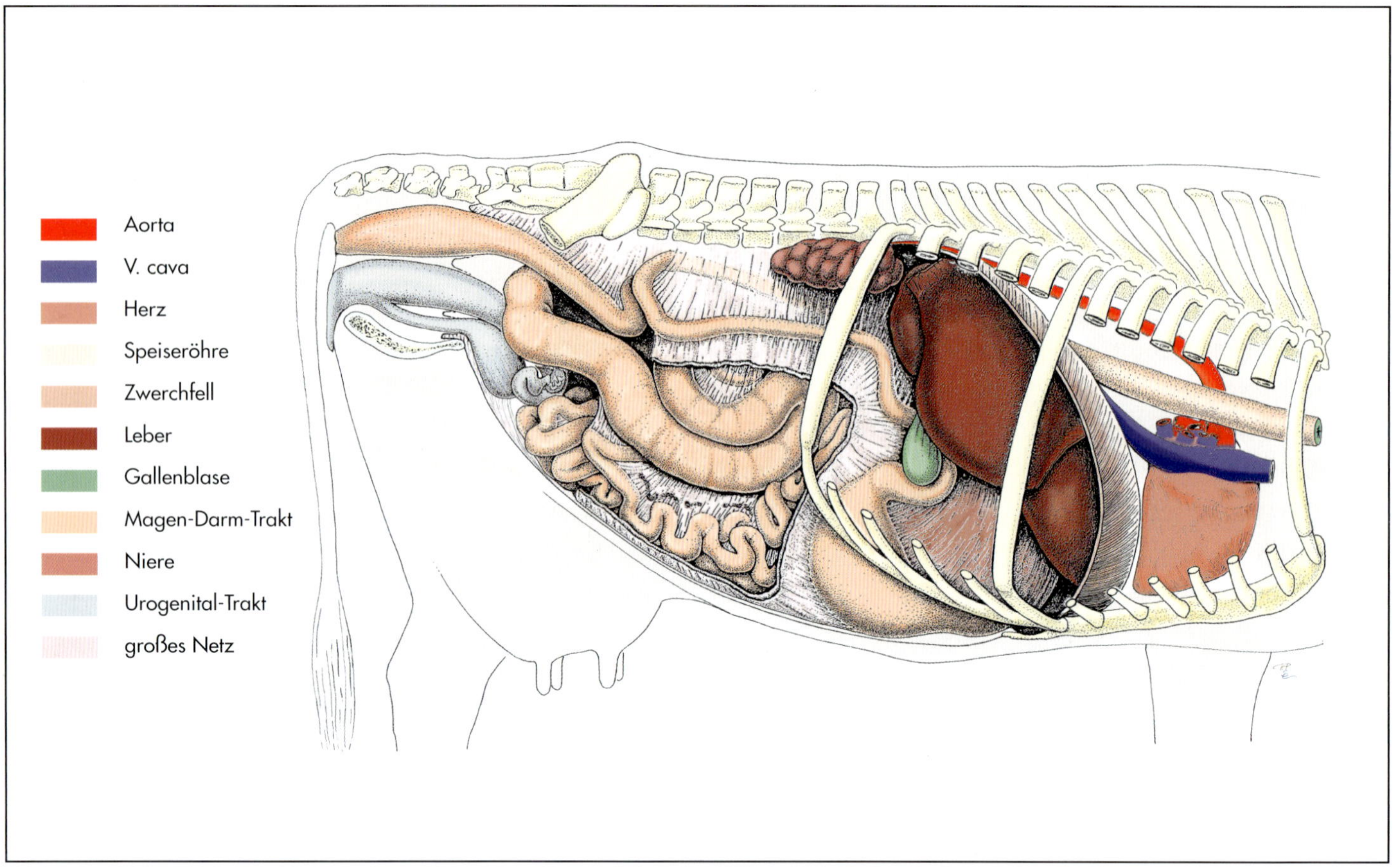


**Abb. 19-36.** Schematische Darstellung von Organen der Bauchhöhle des Rindes nach Entfernung der seitlichen Körperwand (rechte Lateralansicht).

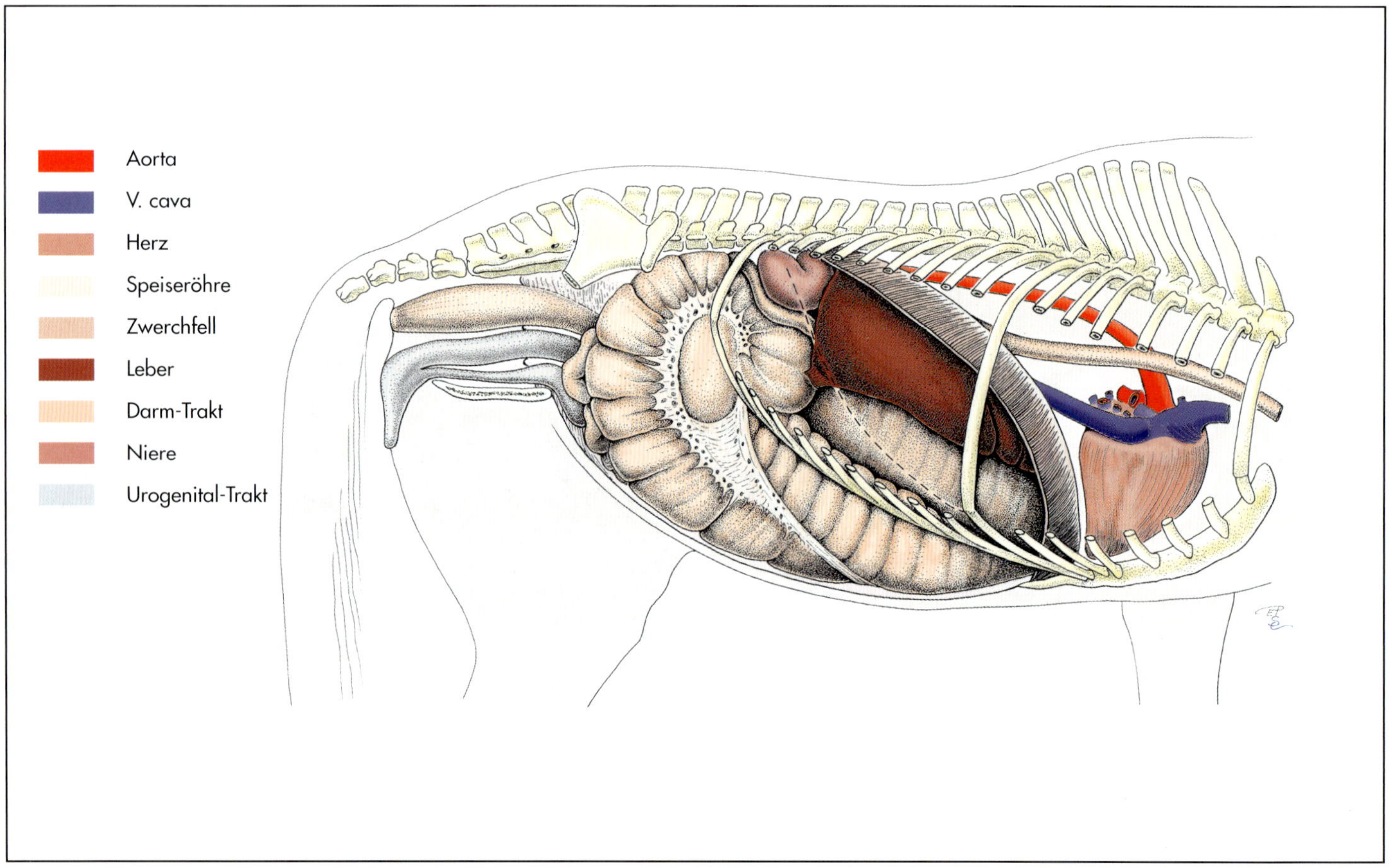


**Abb. 19-37.** Schematische Darstellung von Organen der Bauchhöhle des Pferdes nach Entfernung der seitlichen Körperwand (rechte Lateralansicht).

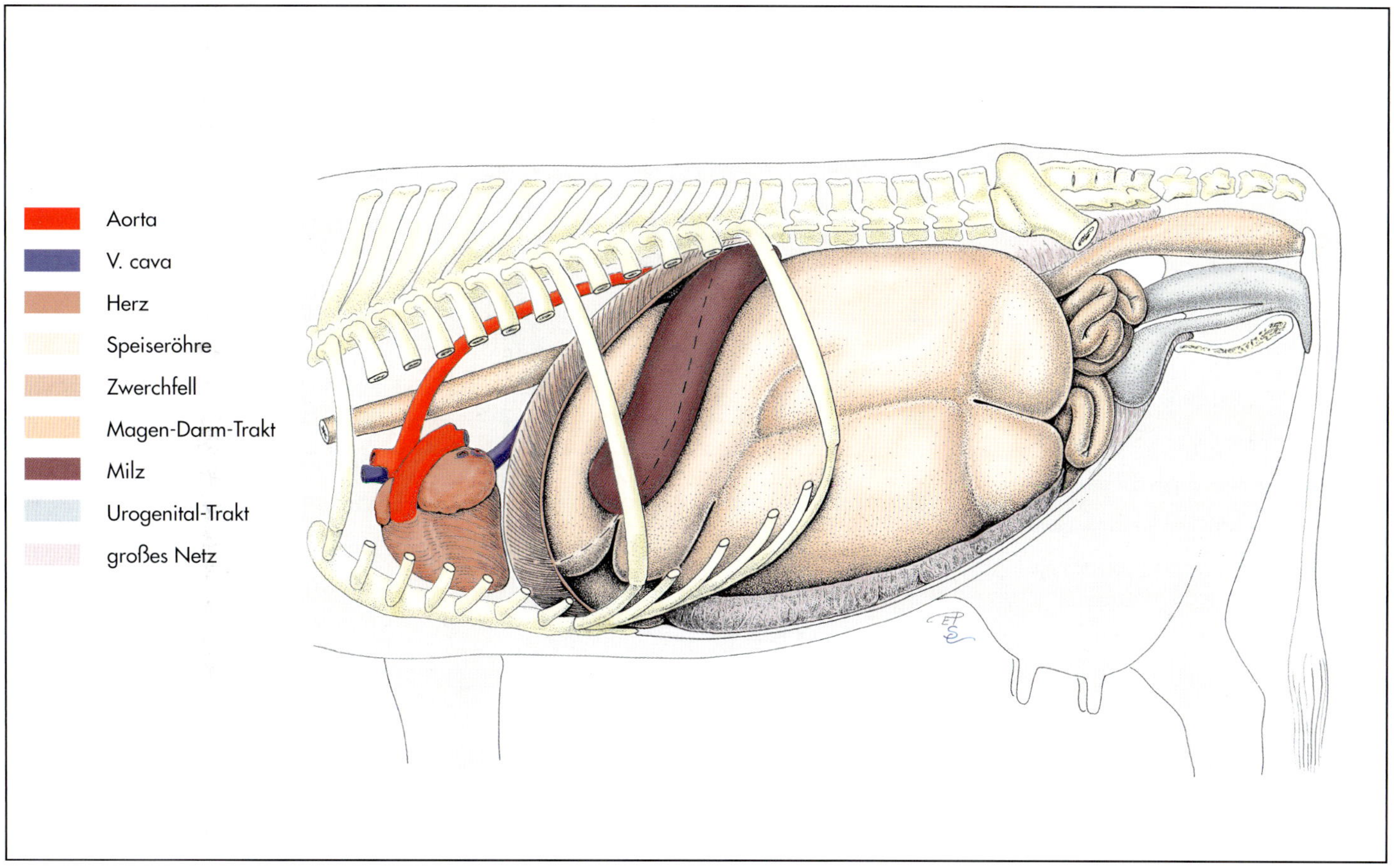


**Abb. 19-38.** Schematische Darstellung von Organen der Bauchhöhle des Rindes nach Entfernung der seitlichen Körperwand (linke Lateralansicht).

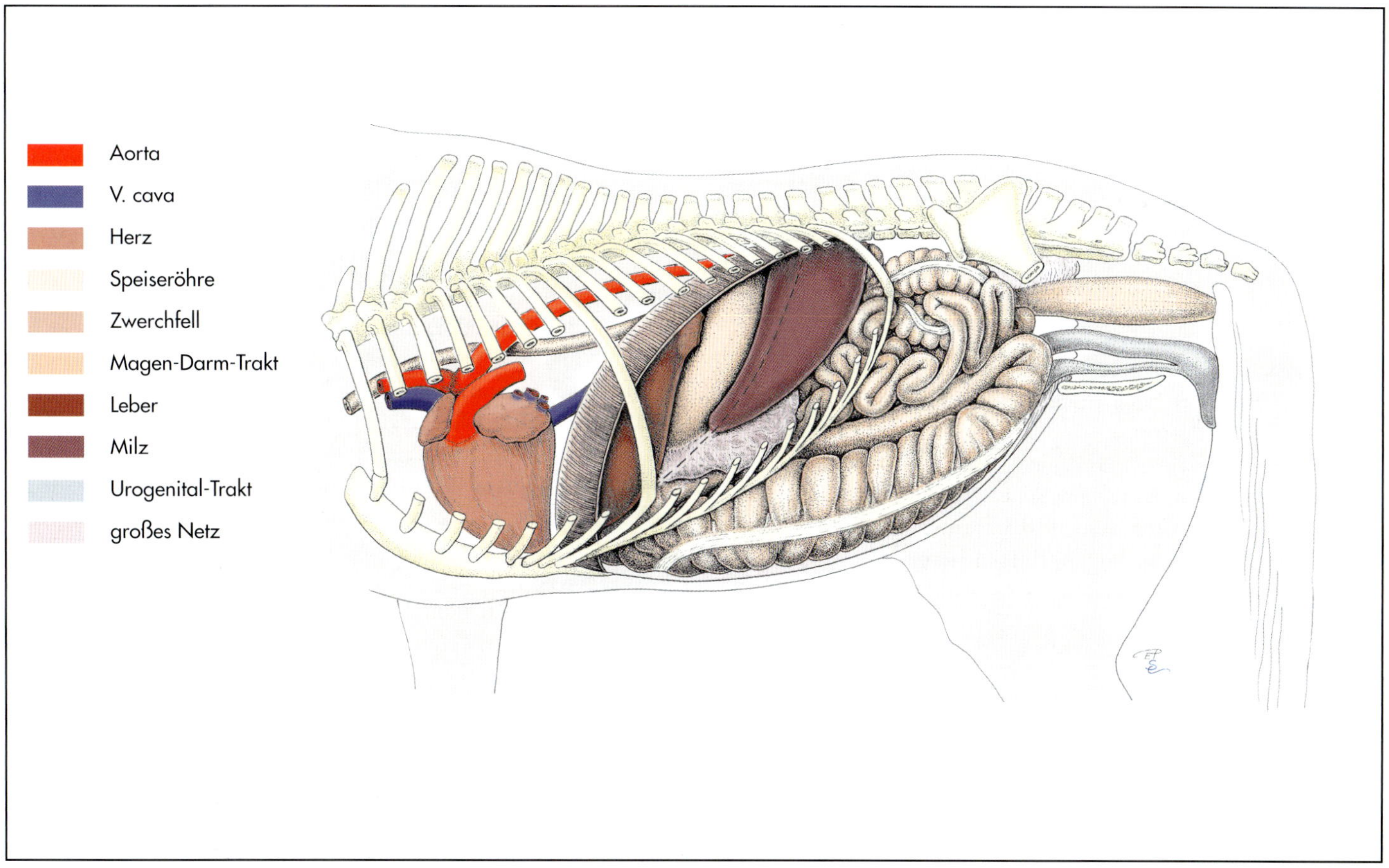


**Abb. 19-39.** Schematische Darstellung von Organen der Bauchhöhle des Pferdes nach Entfernung der seitlichen Körperwand (linke Lateralansicht).

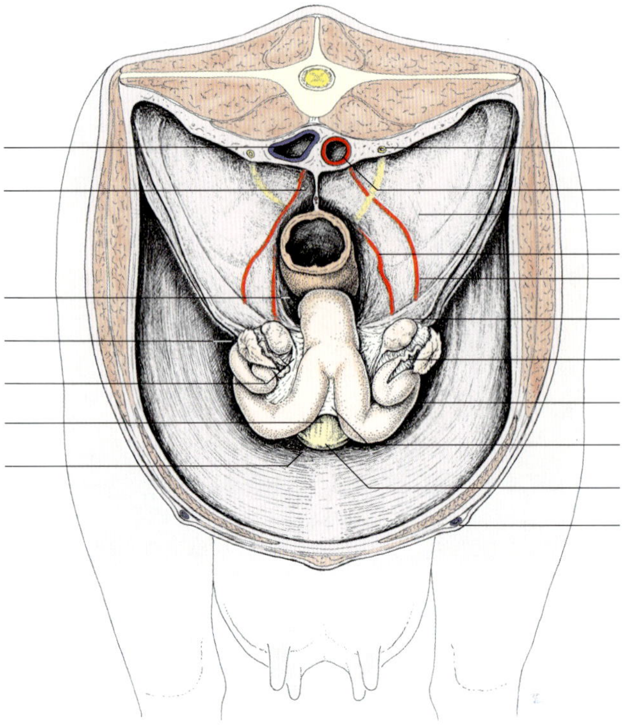


**Abb. 19-40.** Schematische Darstellung der weiblichen Geschlechtsorgane des Rindes in der Beckenhöhle (Kranialansicht).

# Klinische Anwendungen

## Bauchwandhernien

Bauchwandhernien können an jeder Stelle in der Bauchwand entstehen. Unter Bauchwandhernie werden nicht nur der Nabel- und der Leistenbruch verstanden, sondern alle anderen Hernien der Bauchdecke. Tierartspezifische Stellen, an denen derartige **Hernien** am häufigsten anzutreffen sind, treten auf beim:

- **Pferd**: kaudal der letzten Rippe auf der linken Körperseite, aber auch kranial der Regio inguinalis in der Flankengegend,
- **Rind**: in der rechten Flankengegend,
- **Schaf**: meist auf der rechten Seite, aber auch links, bei trächtigen Tieren werden Brüche öfters diagnostiziert als bei nichtträchtigen Tieren.

## Laparoskopie

Die Laparoskopie wird nicht nur zum Zweck der Diagnostik und für Biopsien durchgeführt, es werden auch vermehrt Operationen der sog. **»minimalinvasiven Chirurgie«** damit ausgeführt. Vorteil dieser Methode ist das geringe Trauma der Bauchdecke und die relativ schnelle Erholung des Patienten. Nachteile sind die hohen Kosten, weil ein erheblicher apparativer Aufwand betrieben werden muss. Darüber hinaus besteht jederzeit das Risiko, die Operation auf herkömmliche Weise weiterführen zu müssen.

## Laparotomie

Die Laparotomie in der Linea alba wird vor allem bei Kleintieren für Operationen in der Bauchhöhle eingesetzt.

### Laparotomie beim Pferd

Beim Pferd wird für **Explorationen der Bauchhöhle** dieser Zugang zu den Bauchorganen als Methode der Wahl angewandt. Der Vorteil dieses Zuganges liegt in der Möglichkeit, die Schnittführung je nach Notwendigkeit kranial oder kaudal zu erweitern.

Cutis und Subcutis werden in der gewünschten Länge durchtrennt. Anschließend erfolgt in der Linea alba ein kleiner Einschnitt, der es ermöglicht, den Zeigefinger retroperitoneal einzuführen und die Bauchwand geringfügig anzuheben. Peritoneum und Fascia transversalis werden dargestellt, sodass in der Medianen das Ligamentum falciforme (kranial des Nabels) und das Ligamentum vesicae medianum (kaudal des Nabels) erscheint. Diese medianen Bänder, die jeweils die V. umbilicalis Richtung Leber, und den obliterierten Urachus, Richtung Harnblase, enthalten, werden median gespalten und dienen bei der späteren Peritonealnaht als Verstärkung.

### Laparotomie beim Rind

Beim Rind wird die Laparotomie in der **Flanke am stehenden Tier**, nach örtlicher Betäubung, ausgeführt.

In der **linken Flankengegend**, in der sich lediglich der Pansen befindet, werden die Schichten für gewöhnlich senkrecht durchtrennt. Der Hautschnitt beginnt ventral der Processus transversi der Lumbalwirbel. Ebenfalls vertikal werden sukzessive der M. obliquus externus und der M. obliquus internus abdominis durchtrennt.

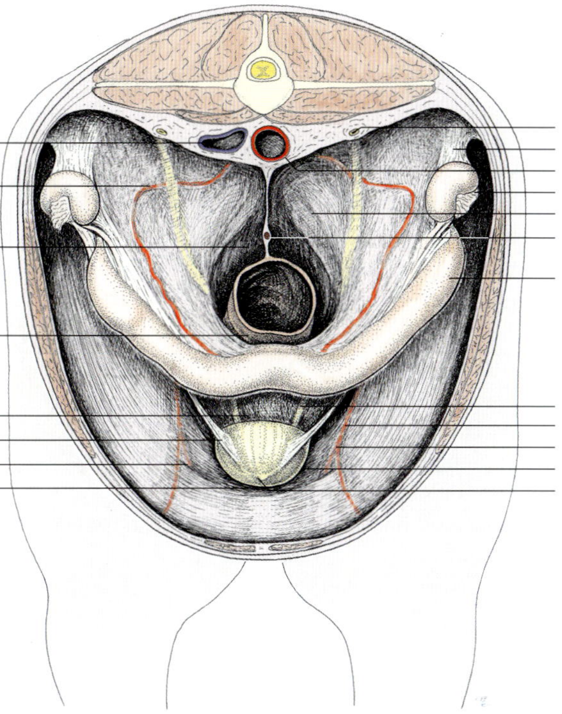


**Abb. 19-41.** Schematische Darstellung der weiblichen Geschlechtsorgane der Stute in der Beckenhöhle (Kranialansicht).

Blutungen, die aus Ästen der A. circumflexa ilium profunda herrühren, müssen gestillt werden. Der anschließende Schnitt durch den M. transversus abdominis muss äußerst sorgfältig ausgeführt werden, damit die darunterliegende Fascia transversalis und das Bauchfell geschont werden.

Anschließend werden die letzten beiden Schichten mit einer Pinzette angehoben, dann wird mit einem Skalpell eine kleine Öffnung angebracht, die schließlich mit einer Schere zur gewünschten Größe erweitert wird. In der linken Flanke wird in deren dorsalem Bereich die Rumenotomie ausgeführt.

In der **rechten Flanke**, in der sich Caecum und weitere Darmabschnitte befinden, wird für gewöhnlich ein Wechselschnitt angebracht. Zunächst werden die Cutis und Subcutis vertikal, dann der äußere schiefe Bauchmuskel in Faserrichtung (kaudoventral), anschließend der innere schiefe Bauchmuskel ebenfalls in Faserrichtung (kranioventral) durchtrennt.

Beim Querbauchmuskel der Fascia transversalis und beim Peritoneum wird wie auf der linken Seite vorgegangen, d.h. es wird ebenfalls ein vertikaler Schnitt angebracht. Es ist wichtig zu wissen, dass jeder Schnitt durch die einzelnen Schichten der Bauchwand kürzer als der vorangegangene sein sollte. Um in der rechten Flanke an Darmteile zu gelangen, muss schließlich noch der Paries superficialis und der Paries profundus des Omentum majus durchtrennt werden.

In der rechten Flanke wird beim Rind auch bei einer Dilatation und Torsion des Caecum sowie der Ansa proximalis des Colon ascendens eingegangen. Ebenfalls in der rechten Flanke, eine Handbreit kaudal der letzten Rippe, wird bei der Korrektur der **rechtsseitigen Labmagenverlagerung** operiert.

Bei **linksseitiger Labmagenverlagerung** wird die Omentopexie durch die linke oder die rechte Bauchwandflanke durchgeführt.

### Paramediane Laparotomie

Dieser Zugang ist vor allem beim Pferd zur Operation des abdominalen Kryptorchismus geeignet. Der Patient muss bei Vollnarkose in Rückenlage gebracht werden. Etwa 7–10 cm lateral des Praeputium, etwas kaudal seiner Öffnung und parallel zur Medianlinie wird der ca. 15 cm lange Hautschnitt angelegt. Die darunterliegende Fascia trunci profunda und die äußere Wand der Rektusscheide werden in gleicher Richtung inzidiert. Der M. rectus abdominis wird anschließend in Richtung seines Faserverlaufes stumpf durchtrennt. Dann wird die innere Wand der Rektusscheide, die Fascia transversalis mit dem Peritoneum, im rechten Winkel zum Hautschnitt gespalten.

Wichtige Indikationen zur paramedianen Laparotomie sind zudem die Abomaso- und Omentopexie beim Rind sowie die links- und rechtsseitige Labmagenverlagerung.

## Kastration

Zwischen der Fascia spermatica externa und der Fascia spermatica interna befindet sich eine, aus lockerem Bindegewebe bestehende Schicht. Diese ist auch als »Verschiebeschicht« bekannt, da der Chirurg bei der Kastration mit Hilfe dieses Gewebes den Processus vaginalis weit vorlagern kann, um ihn schließlich zu ligieren und so mit Inhalt zu entfernen. Eine solche Kastration wird **»bedeckte Kastration«** genannt. Bei einer **»unbedeckten Kastration«** werden nicht nur die Schichten des Scrotum inzidiert, es wird auch der Processus vaginalis eröffnet. In diesem Fall wird der, nur von der Lamina visceralis der Tunica vaginalis, bedeckte Hoden entnommen. Die unbedeckte Kastration wird vor allem beim Kater ausgeführt. Beim Hengst wird die unbedeckte, die bedeckte und zudem eine **»halbbedeckte Kastration«** beschrieben. Bei Letzterer wird wie bei der bedeckten Kastration vorgegangen, dann wird der Processus vaginalis eröffnet und der Hoden vorgelagert. Dabei werden die Ränder des geöffneten Processus vaginalis mit einer Klemme festgehalten, sodass der Samenstrang bedeckt vom Processus vaginalis mit der Kastrierzange abgequetscht werden kann. An der Quetschstelle wird zusätzlich eine Fadenligatur angebracht.

Beim Hund wird die bedeckte Kastration ausgeführt, dabei muss für jeden Proc. vaginalis kaudal das Ligamentum scroti durchtrennt werden. Beim Hund und beim Hengst wird auch eine Methode beschrieben, bei welcher der Hautschnitt in der Medianen vor dem Scrotum durchgeführt wird, sodass die bedeckten Hoden mit dem Processus vaginalis nacheinander durch eine Hautöffnung entfernt werden können. In diesem Fall sollte beim Hund der Hautschnitt besonders sorgfältig durchgeführt werden, um den hier gelegenen Penis nicht zu verletzen. Am Corpus cavernosum können, bei zu tiefem Schnitt, schwer zu stillende Blutungen auftreten.

Bei der Kastration von alten **Zuchtebern** wird die bedeckte Kastration ausgeführt. Dabei muss zuerst das starke kaudal des Hodens gelegene Lig. scroti durchtrennt werden, erst anschließend kann der Proc. vaginalis mit seinem Inhalt vorgelagert werden.

### Operationen am Begattungsorgan

Für Operationen am Begattungsorgan muss eine Anästhesie des Penis, aber auch des Praeputium durchgeführt werden. Dafür werden der N. pudendus und die ersten vier Ventraläste der Lumbalnerven blockiert. Für die Vorverlagerung des Penis ist die Blockade des rechten und linken N. pudendus ausreichend. Diese wird beispielsweise beim Bullen über dem Arcus ischiadicus in der Regio perinealis, handbreit ventral des Anus, in der Mitte zwischen Tuber ischiadicum und der Raphe perinei ausgeführt.

Beim Kater, bei dem der Penis kaudal ausgerichtet ist, wird bei einer Urolithiasis oft die perineale Urethrostomie durchgeführt. Nach Eröffnung der Urethra wird der distale Abschnitt des Penis abgesetzt.

### Untersuchung des Euters

Bei weiblichen Tieren, aus wirtschaftlichen Gründen vor allem bei der Kuh, ist das inguinal gelegene **Euter** von großer klinischer Bedeutung.

Für die Untersuchung des Euters sind Lage und Größe der Euterlymphknoten wichtig. Die **Lymphknoten** der vorderen Mammarkomplexe bei Fleischfressern und Schwein gehören zum Lc. axillare, die kaudal gelegenen zum Lc. inguinale superficiale. Beim Rind besteht dieses aus dem oberflächlichen und dem tiefen Euterlymphknoten. Gut tastbar ist der ca. 7 cm lange, 5 cm breite und etwa 2 cm dicke oberflächliche **Euterlymphknoten**. Die Palpation dieses Lymphknotens geschieht, indem man von kaudal beide Hände zwischen Euterbasis und Oberschenkel möglichst weit dorsal einschiebt.

Für die **Milchproduktion** ist die **Gefäßversorgung** des Kuheuters von großer Bedeutung. Die Hauptarterie, die A. pudenda externa, gelangt durch das Spatium inguinale an die Euterbasis. Vor dessen Erreichen bildet sie eine siphonähnliche S-förmige Schleife. Sie wird von der ebenfalls voluminösen V. pudenda externa begleitet. Kranial der Euterbasis verläuft die V. subcutanea abdominis. Die von kaudal an die Euterbasis herantretende V. labialis caudalis et mammaria der V. pudenda interna scheint, aufgrund der Orientierung ihrer Klappen, kein Blutabflussweg, sondern eher ein dem Euter venöses Blut zuführender Weg zu sein.

Bei der Sau, der Hündin und der Kätzin sind die Mammarkomplexe von thorakal bis inguinal gelagert. Die beiden Reihen von Mammae sind durch eine Zwischenzone in der Mitte getrennt. Während der Säugezeit berühren sich die Mammarkomplexe aufgrund ihrers Wachstums in der Mitte. Bei der Hündin werden aufgrund von Mammatumoren oft die Mammaleisten entfernt.

# Vordergliedmaße (Membra thoracica)

## Regionen

Die wichtigsten Regionen der Vordergliedmaße sind (Abb. 19-42 bis 45):

- Regio scapularis,
- Regio articulationis humeri und Regio axillaris,
- Regio brachii lateralis,
- Regio brachii medialis,
- Regio cubiti,
- Regio antebrachii:
  - Regio antebrachii cranialis,
  - Regio antebrachii medialis,
  - Regio antebrachii caudalis,
- Regio carpi und
- Regio metacarpi sowie die Regionen an der Zehe.

### Regio scapularis

Die Region des Schulterblattes entspricht dem Schulterblatt und dem Schulterblattknorpel. Die Haut dieser Gegend wird in der dorsalen Hälfte von Dorsalästen der Brustsegementalnerven innerviert. Sie umrunden den Schulterblattknorpel bzw. den Dorsalrand des Schulterblattes. Die ventrale Hälfte des Hautfeldes wird kranial von den Nn. supraclaviculares und kaudal vom N. intercostobrachialis innerviert. Unter der Haut befinden sich die Mm. trapezius, omotransversarius und deltoideus. Die zweite Muskelschicht besteht aus den Mm. supraspinatus und infraspinatus und dem unter dem M. deltoideus liegenden M. teres minor.

Am Kaudalrand der Scapula verlaufen die A. und V. subscapularis (aus der A. und V. axillaris). Die A. subscapularis entlässt auf die laterale und mediale Seite der Scapula die A. circumflexa scapulae. Der kräftige N. suprascapularis (Ast des Plexus brachialis) innerviert den M. supraspinatus und den M. infraspinatus. Bei Tieren ohne Acromion ist dieser Nerv lateral durch ein stumpfes Trauma stärker gefährdet als bei Tierarten mit Acromion. Mit ihm verläuft die aus der A. axillaris austretende schwache A. suprascapularis. Die Medialfläche der Scapula wird vom M. subscapularis eingenommen, dessen Innervation mehrere Nn. subscapulares (Äste des Plexus brachialis) übernehmen. Am Dorsalrand der Scapula und auch in Höhe des Schulterblattknorpels liegen die Mm. serratus ventralis und rhomboideus. Am Kaudalrand der Scapula entspringen der M. teres major und das Caput longum des M. triceps brachii.

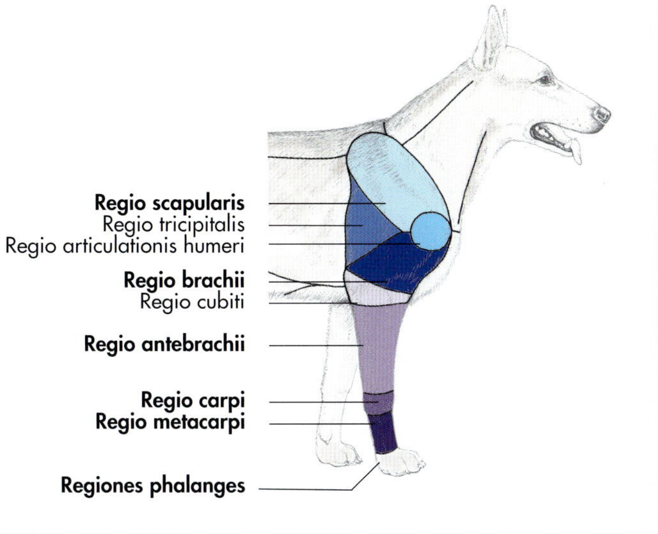


**Abb. 19-42.** Schematische Darstellung der Regionen an der Vordergliedmaße des Hundes (Lateralansicht).

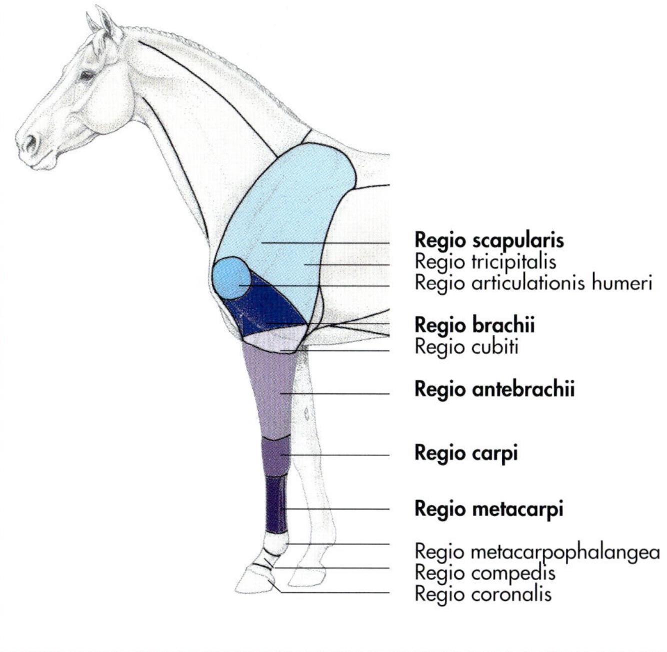


**Abb. 19-43.** Schematische Darstellung der Regionen an der Vordergliedmaße des Pferdes (Lateralansicht).

## Regio articulationis humeri und Regio axillaris

Die Gegend des Schultergelenks, auch Buggelenk genannt, ist von lateral sichtbar und tastbar. Auf dessen medialer Seite befindet sich der Plexus brachialis, der in Höhe des distalen Drittels des Schulterblattes zu liegen kommt. Er ist in der Tiefe der Achselgegend situiert und von hier zugänglich (Abb. 19-46).

### Muskulatur

Das Schultergelenk besitzt keine Seitenbänder. Sie werden als kontraktile Seitenbänder lateral durch die Sehnen des M. infraspinatus und medial des M. subscapularis ersetzt. Die Sehne des M. infraspinatus wird von einem geräumigen Schleimbeutel unterlagert. Kranial des Schultergelenks verläuft der M. biceps brachii. Er gleitet mit Hilfe einer Kapselsehnenscheide (Hund und Katze) oder der Bursa intertubercularis (Pferd und Rind) über den Sulcus intertubercularis hinweg. Bei Kleintieren wird die Sehne vom Ligamentum transversum humeri in Position gehalten. Zusätzliche Muskeln sind lateral die Mm. deltoideus und teres minor, medial die Mm. teres major und coracobrachialis und kranial der M. cleidobrachialis.

Die Regio axillaris ist medial des Schultergelenks zugänglich. Sie wird von der Pektoralismuskulatur bedeckt. Subkutan befinden sich die beiden Anteile des M. pectoralis superficialis (kranial der M. pectoralis descendens, kaudal der M. pectoralis transversus), darunter der M. pectoralis profundus.

### Blutgefäße

A. axillaris, Aa. circumflexa humeri caudalis und cranialis, A. suprascapularis.

### Nerven

N. suprascapularis, Nn. pectorales craniales, Nn. subscapulares, Nn. pectorales caudales, N. thoracodorsalis, N. thoracicus longus, N. thoracicus lateralis und N. axillaris.

### Plexus brachialis

Der Plexus brachialis innerviert die Schultergliedmaße und einen Teil der Rumpfwand. Er entsteht aus den Ventralästen der letzten drei Hals- und der ersten zwei Brustsegementalnerven. Er erhält zudem Fasern vom Truncus sympathicus bzw. vom Ganglion stellatum. Der Plexus brachialis gelangt kranial der ersten Rippe zwischen dem M. scalenus medius und dem M. scalenus ventralis an die mediale Fläche der Schulter. Ebenfalls vor der ersten Rippe treten die A. und V. axillaris aus der Brusthöhle heraus. An der Aufteilung der A. axillaris in die A. brachialis und die A. subscapularis liegen zudem die Lnn. axillares (proprii).

## Regio brachii lateralis

Die Oberarmgegend entspricht dem Humerus, d.h. sie reicht vom Tuberculum majus humeri bis zum Epicondylus lateralis humeri. Die laterale Oberarmgegend wird – im Gegenteil zur medialen Oberarmgegend – von Haut bedeckt. In der darunterliegenden Fascia superficialis ist bei Großtieren der M. cutaneus omobrachialis eingebettet.

### Muskulatur und Nerven

Muskeln dieser Region sind: M. cleidobrachialis, M. brachiocephalicus, M. deltoideus, das Caput laterale des M. triceps brachii und der proximale Teil des M. brachialis. Hier gelangt auch der N. radialis auf die laterale Seite des Humerus. Am Ventralrand des M. deltoideus tritt der N. cutaneus antebrachii cranialis (Ast des N. axillaris) hervor und am Ventralrand des Caput laterale des M. triceps brachii der N. cutaneus antebrachii lateralis (Ast des N. radialis).

### Blutgefäße

Die V. cephalica verbindet sich kranial und im proximalen Abschnitt der Region beim Hund über die V. axillobrachialis mit der zum tiefen Venensystem gehörigen V. brachialis. Die V. cephalica

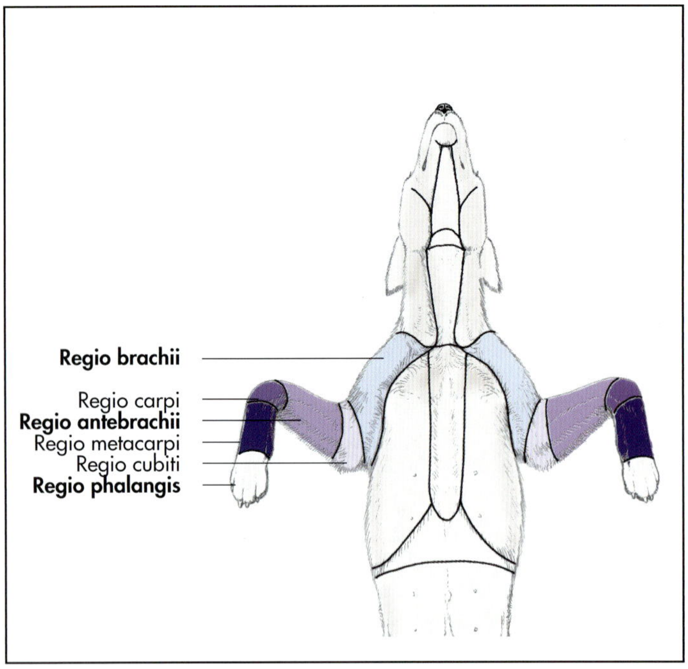


**Abb. 19-44.** Schematische Darstellung der Regionen an der Vordergliedmaße des Hundes (Ventralansicht).

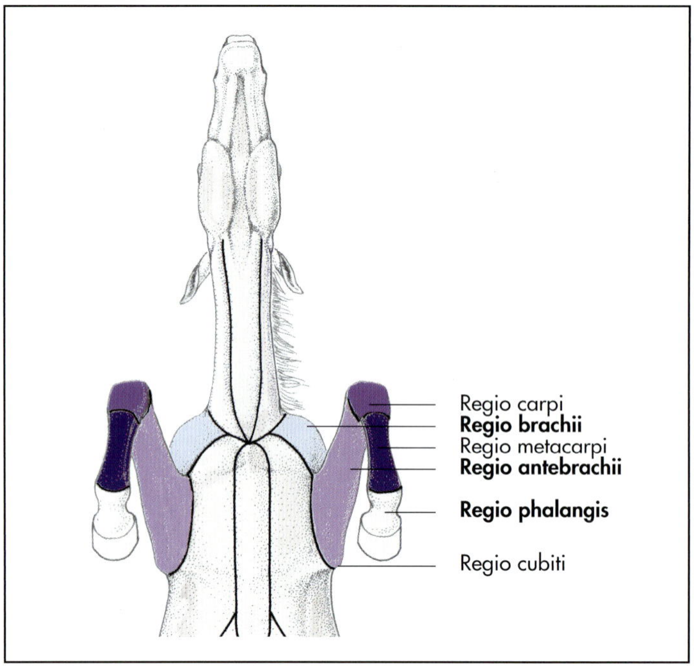


**Abb. 19-45.** Schematische Darstellung der Regionen an der Vordergliedmaße des Pferdes (Ventralansicht).

kommt von der Beugeseite des Ellbogengelenks und zieht zum Sulcus pectoralis lateralis in Richtung V. jugularis externa.

## Regio brachii medialis

Die mediale Oberarmgegend ist nicht von Haut bedeckt, da der Oberarm dem Rumpf anliegt.

### Muskulatur

Auf der medialen Seite des Humerus liegen folgende Muskeln: der M. biceps brachii, der M. coracobrachialis, der M. teres major, das Caput mediale des M. triceps brachii und der M. brachialis.

### Blutgefäße und Nerven

Die A. brachialis wird kranial vom N. medianus und N. musculocutaneus und kaudal von der V. brachialis und dem N. ulnaris begleitet. Bei den Huftieren besteht eine Verbindung zwischen dem N. medianus und dem N. musculocutaneus, die als **Ansa axillaris** bezeichnet wird. Der **N. ulnaris** zieht zuerst gemeinsam mit dem N. medianus, um anschließend kaudal zum Ellbogengelenk zu verlaufen. Die A. circumflexa humeri cranialis zieht mit dem proximalen Ast des N. musculocutaneus zwischen dem M. coracobrachialis und dem Knochen nach vorne. Die A. profunda brachii verlässt die A. brachialis kaudal und vaskularisiert den M. triceps brachii. Sie entlässt die A. collateralis radialis. Die A. collateralis ulnaris verläuft entlang des Distalrandes des Caput mediale des M. triceps brachii zur Medialfläche des Olecranon. Die nach vorne verlaufende A. bicipitalis versorgt den gleichnamigen Muskel. Der **N. medianus** verläuft noch bis in die Mitte des Humerus mit dem N. musculocutaneus zusammen, dann löst sich Letzterer vom N. medianus. Der umfangreiche N. radialis zieht als kräftiger Nerv kaudal des N. ulnaris und der A. brachialis zur Muskelspalte zwischen Caput mediale und Caput longum des M. triceps brachii. Nachdem er starke motorische Äste für den M. triceps brachii entlassen hat, verläuft er mit dem M. brachialis auf die laterale Seite des Humerus.

## Regio cubiti

Die Ellbogengegend wird in eine laterale und mediale eingeteilt. Sie reicht vom Ellbogenhöcker bis zu den proximalen Bandhöckern des Radius. Die morphologische Grundlage dieser Gegend stellt das Ellbogengelenk, ein Scharniergelenk, dar. Auf der lateralen Seite der Region sind unter der Haut, der oberflächlichen Faszie und der darunterliegenden Unterarmfaszie (Fascia antebrachii), der M. triceps brachii (Caput laterale und Caput longum), der M. anconaeus, der M. extensor carpi ulnaris, der M. extensor digitorum lateralis, der M. extensor digitorum communis, der M. extensor carpi radialis und der M. brachialis zu finden.

Auf der medialen Seite befinden sich in subkutaner Lage die gleichen Faszien. Unmittelbar subkutan verläuft die V. cephalica, die beim Hund von der schwachen A. antebrachialis superficialis cranialis und dem Ramus superficialis des N. radialis begleitet wird. Dann erscheint der M. pectoralis superficialis. Darunter verlaufen Leitungsstrukturen wie der N. medianus, die A. und V. mediana, die V. mediana cubiti, die A. collateralis radialis, der N. ulnaris und der N. cutaneus antebrachii caudalis sowie die A. und V. collateralis ulnaris. An der Mündung der V. collateralis ulnaris in die V. brachialis liegen beim Pferd die Lnn. cubitales.

Von den Leitungsbahnen bedeckt befindet sich der M. biceps brachii und der M. triceps brachii (Caput mediale). Zwischen dem humeralen und ulnaren Kopf des M. flexor carpi ulnaris zieht der N. ulnaris in die **Ulnarisrinne**. Beim Hund ist hier noch der M. pronator teres zu finden (beim Pferd: rein sehnig), unter dem die A. und V. mediana sowie der N. medianus verlaufen. Darunter liegen die Gelenkkapsel und die Bänder.

## Regio antebrachii

Auch diese Region kann von kranial, von medial, von kaudal oder von lateral angegangen werden.

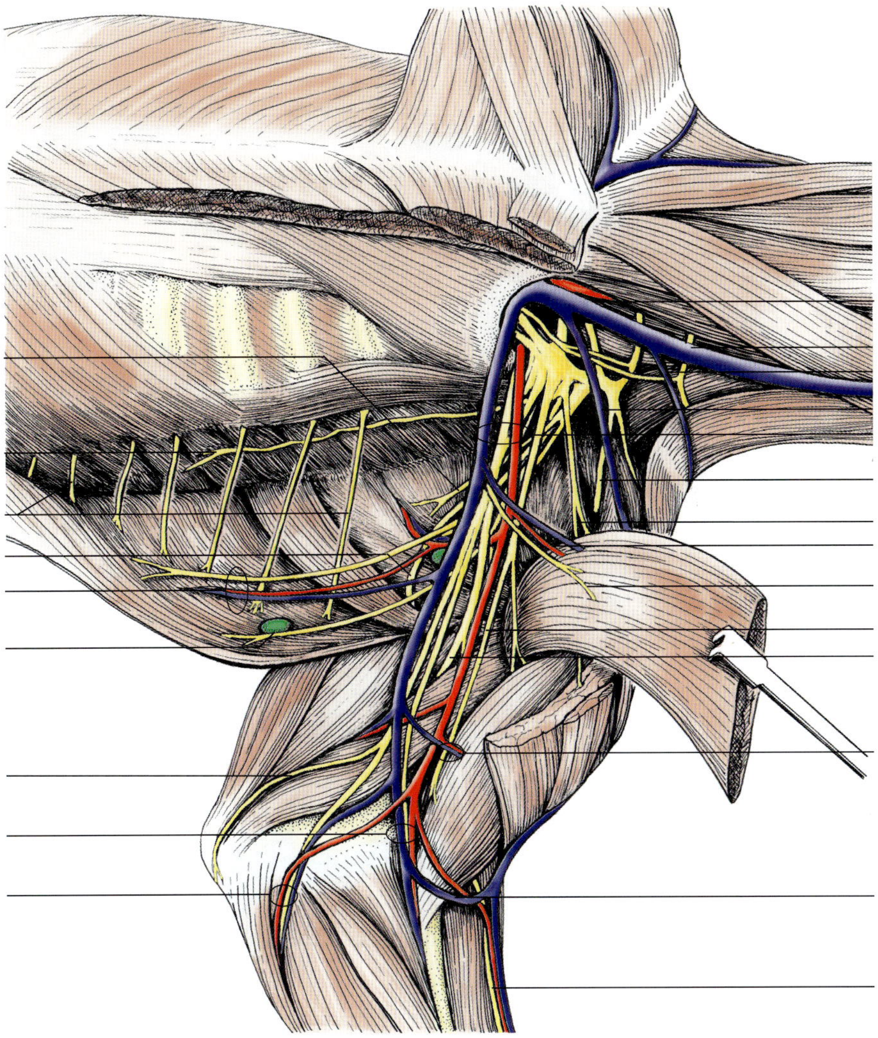


**Abb. 19-46.** Schematische Darstellung des Plexus brachialis des Hundes (Ventrolateralansicht).

## Regio antebrachii cranialis

Unter der Cutis und Subcutis verlaufen die Hautnerven (N. cutaneus antebrachii cranialis und lateralis) und die V. cephalica, die, außer beim Pferd, vom Ramus superficialis des N. radialis begleitet wird. Beim Hund wird die V. cephalica zudem von der schwachen A. antebrachialis superficialis cranialis begleitet. Die V. cephalica erhält im mittleren Drittel des Unterarms den Zufluss der V. cephalica accessoria (Punktion beim Hund und bei der Katze). Unter der Fascia antebrachii finden sich von medial beginnend die Mm. extensor carpi radialis, extensor digitorum communis, abductor pollicis longus und extensor digitorum lateralis. Im distalen Drittel der Region überkreuzt die Sehne des M. abductor pollicis longus die des M. extensor carpi radialis.

## Regio antebrachii medialis

Beim Pferd wird die Regio antebrachii medialis in ihrem proximalen Abschnitt vom M. pectoralis transversus bedeckt, der in die Fascia antebrachii ausstrahlt. Medial am Margo medialis des Radius verläuft in subkutaner Lage die V. cephalica. Beginnend vom Radius finden sich unter der Fascia antebrachii in kraniokaudaler Richtung die Mm. flexor carpi radialis, flexor carpi ulnaris, das sehnige Caput ulnare des M. flexor digitorum profundus und der M. extensor carpi ulnaris. Der M. flexor digitorum superficialis wird vom M. flexor carpi ulnaris bedeckt (exkl. Fleischfresser). Kaudal des Radius, bedeckt vom M. flexor carpi radialis, verlaufen die A. und V. mediana sowie der N. medianus. In Höhe des Spatium interosseum antebrachii, im proximalen Drittel des Unterarmes, endet die A. brachialis, indem sie sich in die A. mediana und in die A. interossea communis aufteilt. Im distalen Drittel der Regio antebrachii medialis teilt sich die A. mediana in die fortlaufende A. digitalis palmaris communis II (Hauptmittelfußarterie), den Ramus palmaris und die A. radialis. Der N. medianus verzweigt sich ebenfalls in den N. palmaris medialis und den N. palmaris lateralis. Letzterer verbindet sich mit dem N. ulnaris. In der sogenannten Ulnarisrinne verlaufen die A. und V. collateralis ulnaris und der N. ulnaris. Letzterer entlässt im distalen Drittel der Region den Ramus dorsalis, der über den M. extensor carpi ulnaris hinweg lateral verläuft. Sein fortlaufender Ramus palmaris verbindet sich mit dem N. palmaris lateralis.

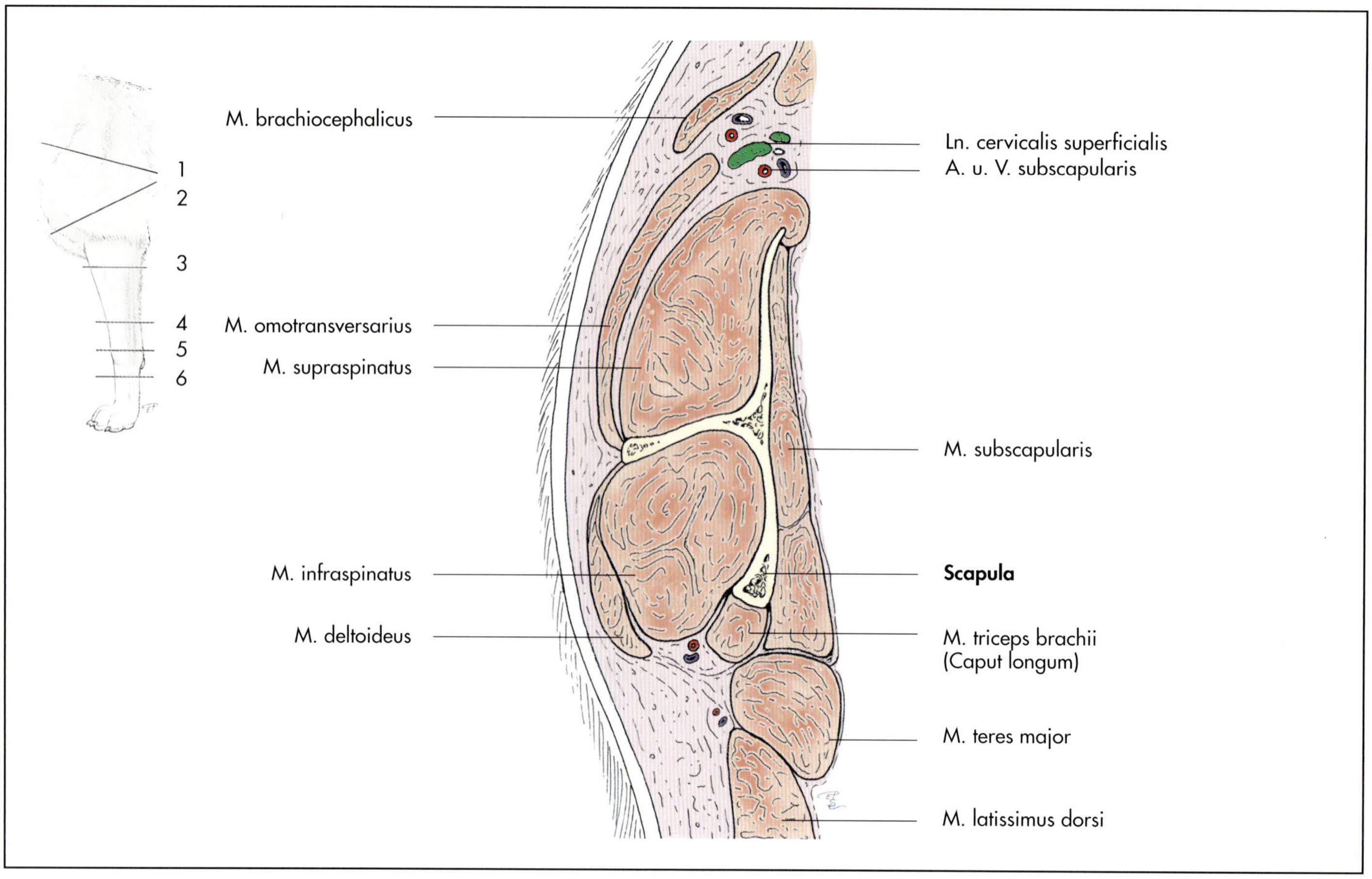


**Abb. 19-47.** Schnittanatomie der linken Schultergliedmaße des Hundes (Querschnittebene 1 der Regio scapularis, siehe Insert).

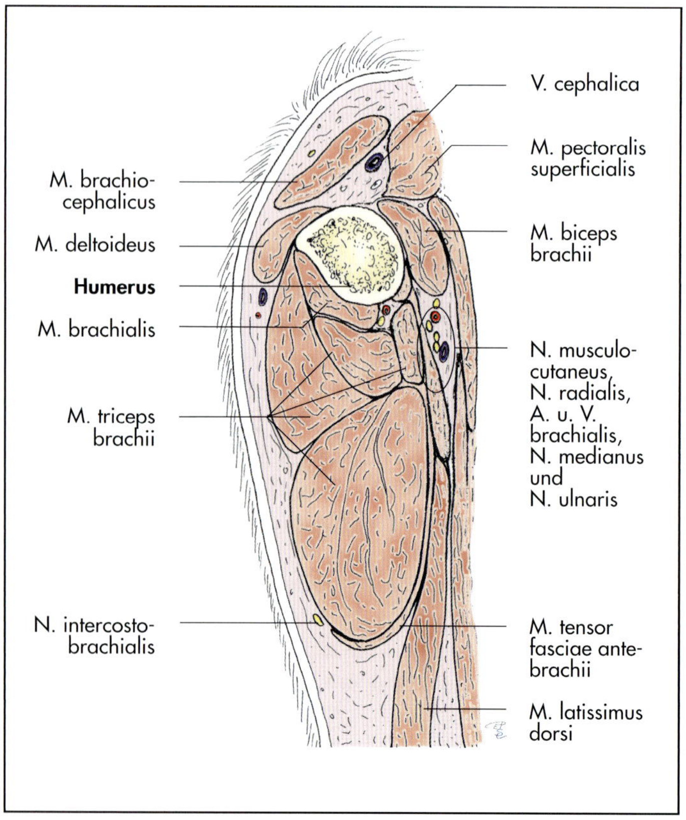


**Abb. 19-48.** Schnittanatomie der linken Schultergliedmaße des Hundes (Querschnittebene 2 der Regio brachialis, siehe Insert Abb. 19-47).

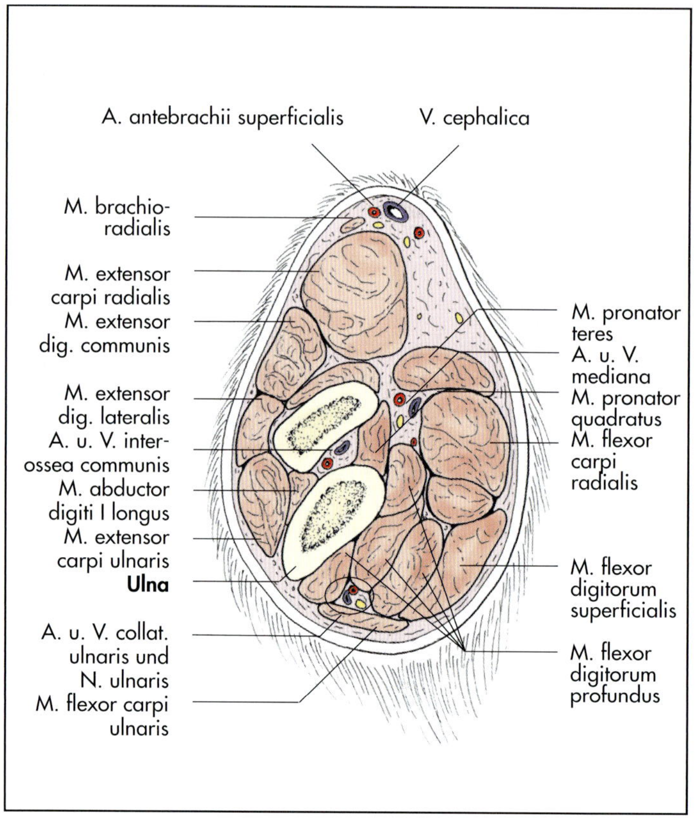


**Abb. 19-49.** Schnittanatomie der linken Schultergliedmaße des Hundes (Querschnittebene 3 der Regio antebrachii proximalis, siehe Insert Abb. 19-47).

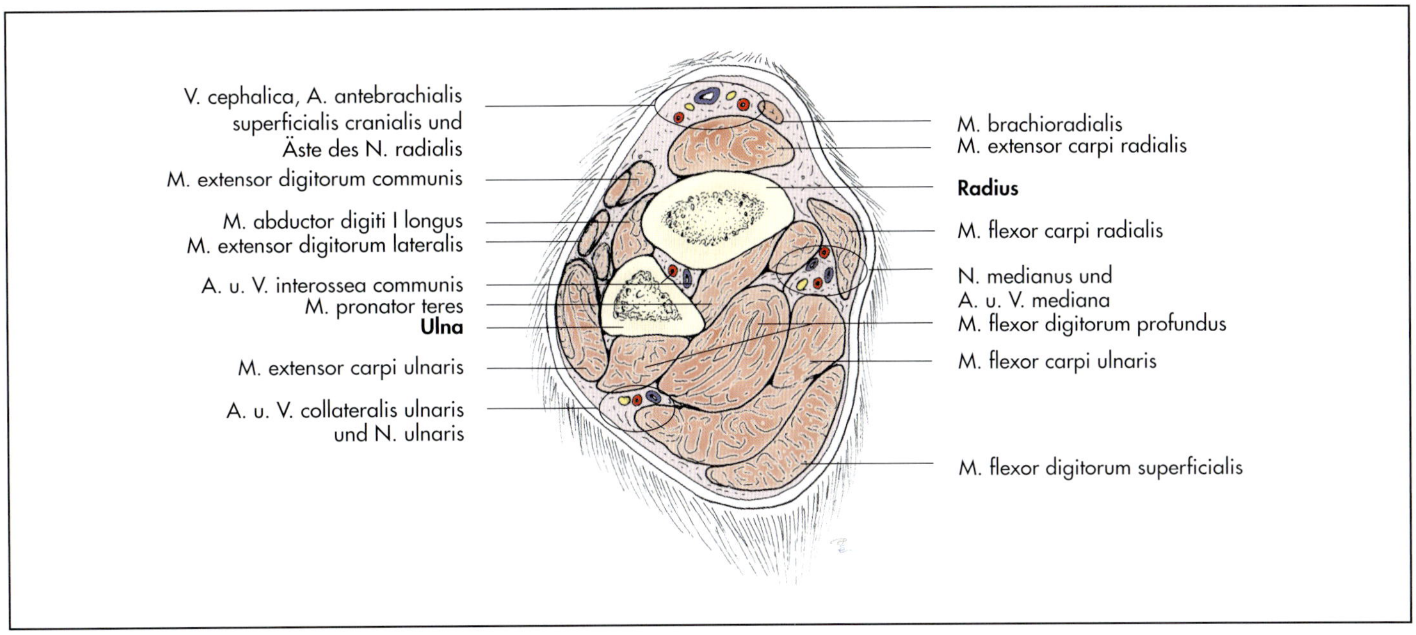


**Abb. 19-50.** Schnittanatomie der linken Schultergliedmaße des Hundes (Querschnittebene 4 der Regio antebrachii distalis, siehe Insert Abb. 19-47).

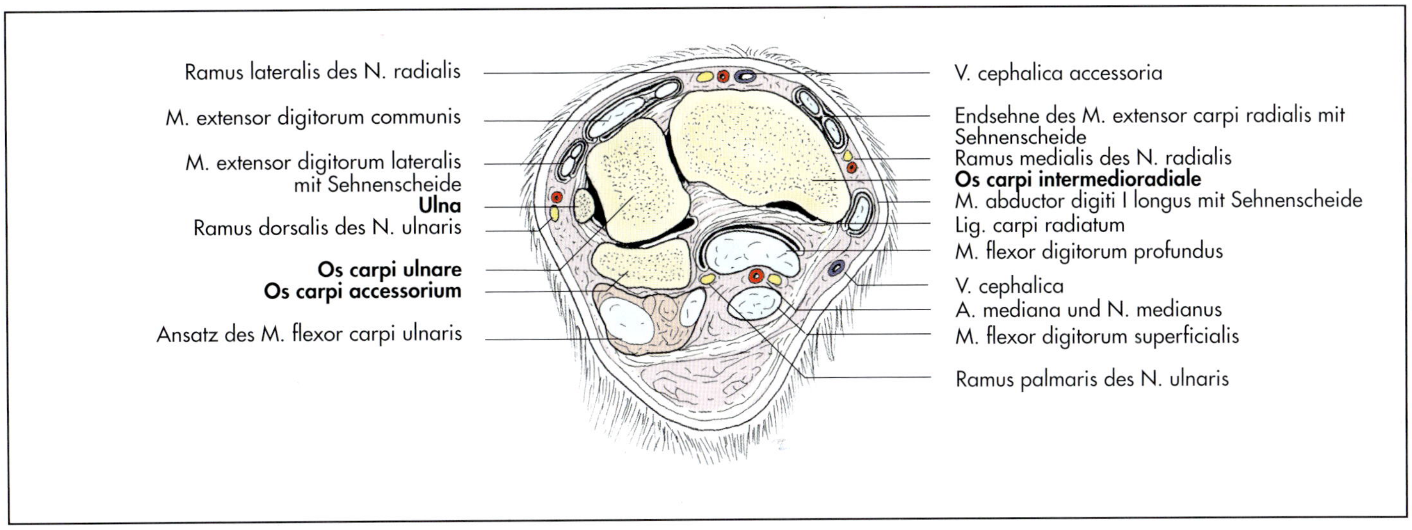


**Abb. 19-51.** Schnittanatomie der linken Schultergliedmaße des Hundes (Querschnittebene 5 der Regio carpi, siehe Insert Abb. 19-47).

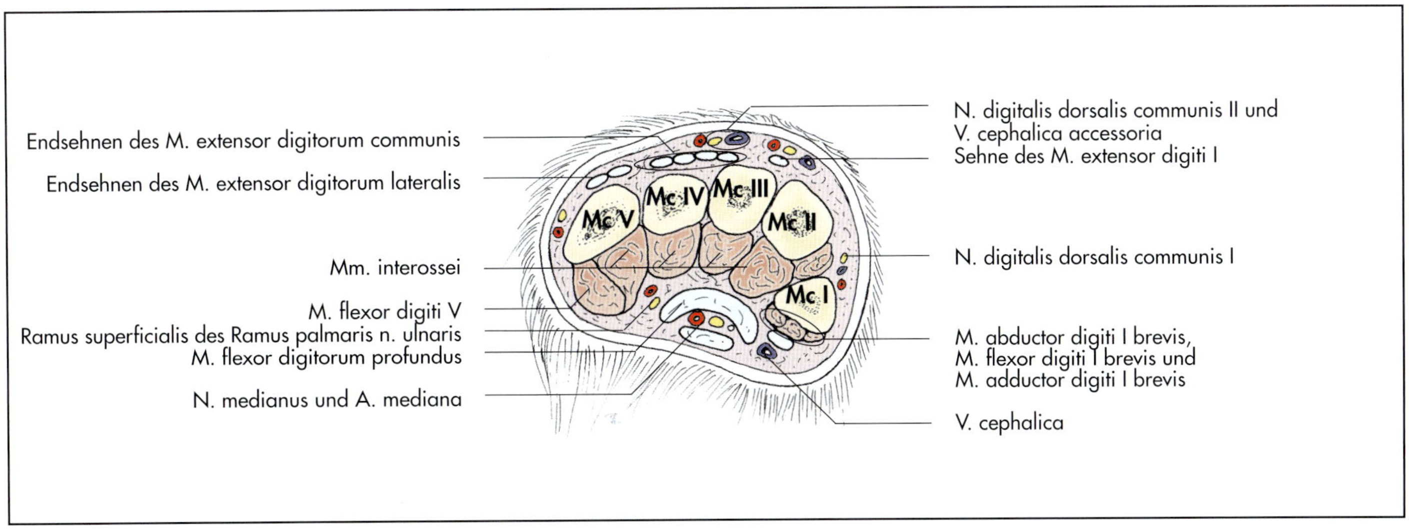


**Abb. 19-52.** Schnittanatomie der linken Schultergliedmaße des Hundes (Querschnittebene 6 der Regio metacarpi, siehe Insert Abb. 19-47).

### Regio antebrachii caudalis

In der Regio antebrachii caudalis werden beim Hund nach Entfernen der Cutis und der Subcutis in kraniokaudaler Reihenfolge, beginnend vom Radius, der M. flexor carpi radialis, der M. flexor digitorum superficialis, der M. flexor carpi ulnaris und der M. extensor carpi ulnaris sichtbar. Medial vom M. flexor carpi ulnaris verlaufen auf der medialen Seite der Region die schwache A. radialis, die A. u. V. mediana und der N. medianus. In der Rinne zwischen dem Caput humerale des M. flexor carpi ulnaris und dem M. extensor carpi ulnaris verlaufen die A. und V. collateralis ulnaris und der N. ulnaris. Letzterer teilt sich im proximalen Drittel der Regio antebrachii caudalis in den stärkeren Ramus palmaris und den schwächeren laterodorsal verlaufenden Ramus dorsalis. Vom M. pronator quadratus bedeckt verläuft die A. interossea caudalis.

## Regio carpi

Die morphologische Grundlage der Karpalgegend stellt das Karpalgelenk (Art. carpi) dar. Die größte Bewegungsmöglichkeit im Karpalgelenk liegt im Bereich der Articulatio antebrachiocarpea. Das Os carpi accessorium unterstützt dabei lediglich beim Hund und bei der Katze auch die Ulna. Funktionell ist das Gelenk bei den Huftieren ein Wechselgelenk, bei den Fleischfressern ein freies Gelenk.

### Sehnen

Die Sehnen, die am Karpalgelenk vorbeiziehen, werden dorsal vom Retinaculum extensorum und palmar vom Retinaculum flexorum bedeckt. Jede Sehne besitzt eine Sehnenscheide. Die größte der Sehnenscheiden, die **Karpalbeugesehnenscheide**, umgibt die Sehne der tiefen und der oberflächlichen Beugesehne. Sie wird beim Pferd punktiert. Ein günstiger Zugang dafür ist lateral im proximalen Drittel des Mittelfußes. Die Kanüle wird dafür parallel zur tiefen Beugesehne proximal geschoben.

### Blutgefäße

Palmar verlaufen die A. mediana (Hauptgefäß) und die schwächere A. radialis, der Ramus palmaris sowie Endäste der A. collateralis ulnaris. Die hier gelegenen Arterien anastomosieren zum Arcus palmaris superficialis und profundus. Dorsal bilden feine Arterienäste das Rete carpi dorsale.

### Nerven

Der N. ulnaris und N. medianus (Nn. palmares) verlaufen auf der palmaren Seite. Dorsal verzweigen sich Äste des N. radialis und des N. musculocutaneus sowie der Ramus dorsalis des N. ulnaris.

## Regio metacarpi und die Regionen an der Zehe

Die Regionen am Metakarpus und an der Zehe sind vor allem beim Pferd von Bedeutung. Auf der palmaren Seite liegt unmittelbar unter der Haut die Fascia metacarpea palmaris. Unter der Faszie verlaufen die Leitungsstrukturen. Medial und lateral des Beugesehnenpaketes verläuft jeweils der N. palmaris lateralis bzw. medialis. In der Mitte der Region überquert der Ramus communicans die oberflächliche Beugesehne. Er zweigt proximal vom N. palmaris medialis ab und verstärkt weiter distal den N. palmaris lateralis. Vom N. palmaris lateralis, der sich mit dem Ramus palmaris des N. ulnaris vereinigt, wird auch der M. interosseus medius innerviert (Ramus profundus des N. palmaris lateralis). Unter dem M. interosseus medius zieht im Winkel zwischen dem Röhrbein und dem Griffelbein auf jeder Seite der N. metacarpeus palmaris lateralis und medialis. Diese tiefen Nerven innervieren die palmare proximale Gelenkbucht des Fesselgelenks und die Gleichbeine.

In Höhe des Fesselgelenkes gibt der jeweilige N. digitalis einen Ramus dorsalis phalangis proximalis und weiter distal einen Ramus dorsalis phalangis mediae ab. Sein fortlaufender Ast heißt im Zehenbereich N. digitalis palmaris medialis bzw. lateralis. Er wird von der Spornsehne X-förmig überkreuzt. Die Topographie der Blutgefäße und Nerven im Zehenbereich stellt sich auf der medialen wie auch auf der lateralen Seite der Zehe wie folgt dar: Parallel und palmar des Unterstützungsastes des M. interosseus medius verläuft der Ramus dorsalis phalangis proximalis, kaudal davon die V. digitalis palmaris, es folgen der Ramus dorsalis phalangis mediae, die A. digitalis palmaris und palmar davon der N. digitalis palmaris. Diese Topographie entspricht der Topographie für die Zehe der Beckengliedmaße, wobei nur der Ausdruck palmar durch plantar ersetzt wird.

Medial des Beugesehnenpakets verläuft die A. digitalis communis II (Hauptmittelfußarterie). Sie verzweigt sich in Höhe der Griffelbeinknöpfchen in die beiden palmaren Zehenarterien.

Die Hauptmittelfußarterie in der Regio metatarsi ist die Fortsetzung der A. dorsalis pedis und verläuft dorsal zwischen dem Röhrbein und dem lateralen Griffelbein. Distal des lateralen Griffelbeinknöpfchens zieht sie auf die plantare Seite.

In Höhe des Metakarpus verlaufen zudem noch kleine Arterien, die entsprechend ihrer Lage zwischen Röhrbein und Griffelbein als A. metacarpea dorsalis II und III sowie als A. metacarpea palmaris II und III bezeichnet werden. Diese kleinen Arterien fließen proximal des Fesselgelenks mit der Hauptmittelfußarterie zusammen. Von der jeweiligen palmaren Zehenarterie, die, wie oben angeführt, vor dem N. digitalis palmaris verläuft, gehen Äste ab, die die Phalanx proximalis und die Phalanx media ringförmig umgeben, wobei sie mit dem gegenüberliegenden Gefäß anastomosieren. Im Hufbereich werden der Ramus tori digitalis und mehrere Äste für die Lederhaut entlassen. Die palmaren Zehenarterien anastomosieren schließlich im Hufbeinkanal und bilden den Arcus terminalis. Die jeweilige palmare Zehenvene verläuft zwischen dem Ramus dorsalis phalangis proximalis und dem Ramus dorsalis phalangis mediae. Sie entsteht aus dem Zusammenfluss von Venen im Hufbereich, die die gleichen Namen wie die Arterien führen. Zwischen Venen und Arterien besteht innerhalb der Hufkapsel meistens eine besondere arteriovenöse Koppelung, in der eine in der Mitte gelegene Arterie von zwei Venen begleitet wird. Zudem sind die Hufknorpel sowohl außen als auch innen von großlumigen Venennetzen bedeckt, deren Blut in die palmaren Zehenvenen einströmt.

### Sehnen

Sehnen dieser Regionen sind die oberflächliche Beugesehne, die tiefe Beugesehne und der M. interossseus medius. Die oberflächliche Beugesehne bildet proximal des Fesselgelenks eine Manschette (Manica flexoria) für den tiefen Zehenbeuger. Die Sehne des tiefen Zehenbeugers wird im proximalen Drittel des Metakarpus durch das Ligamentum accessorium verstärkt. Der M. interosseus medius teilt sich proximal des Fesselgelenks in seine beiden Schenkel auf.

Im Zehenbereich werden die Sehnen von Faszienverstärkungen der Zehenfaszie in ihrer Lage gehalten. In Höhe des Fesselgelenks liegt das **Fesselringband**, in Höhe des Fesselbeines die **vierzipfelige Fesselbeinplatte** und distal davon die **Sohlenbinde**.

Im Zehenbereich sind synoviale Einrichtungen zu erwähnen, wobei die Fesselbeugesehnenscheide, die 7 Aussackungen besitzt, proximal von den Griffelbeinknöpfchen bis in die Mitte des Kronbeins reicht. Zwischen der Aponeurose der tiefen Beugesehne und dem Strahlbein ist zudem die **Bursa podotrochlearis** gelegen.

Beim Rind sind palmar in der Regio metacarpi die Beugesehnen ähnlich denen des Pferdes, lediglich die oberflächliche Beugesehne verbindet sich erst in der proximalen Hälfte des Metakarpus zur einheitlichen Sehne. Die tiefe Beugesehne besitzt kein Lig. accessorium. Sowohl die oberflächliche als auch die tiefe Beugesehne teilen sich proximal des Fesselgelenkes in einen Zweig für die 3. und einen weiteren für die 4. Zehe auf. Der M. interosseus teilt sich beim Rind, anders als beim Pferd, in eine Mittelplatte, zwei Seitenstränge und eine Verbindungsplatte. Letztere verbindet sich mit dem oberflächlichen Zehenbeuger und bildet proximal des Fesselgelenks die als Manica flexoria bekannte Manschette um die tiefe Beugesehne. Im Zehenbereich werden die Sehnen von Retinacula in ihrer Lage gehalten.

In Höhe des Fesselgelenks ist das **Fesselringband**, in Höhe des Fesselbeins ein proximales und ein weiteres distales Ringband und in Höhe des Kronbeins ein distales Ringband zu erwähnen. Letzteres bildet zudem das distale Zwischenzehenband. In Verbindung mit den Retinacula ist die **Fesselbeugesehnenscheide** zu erwähnen. Auf der dorsalen Seite der Regio metacarpi verläuft die Sehne des seitlichen Zehenstreckers zum Kronbein der 4. Zehe. Die des gemeinsamen Zehenstreckers teilt sich in einen lateralen Ast, von dem entsprechend ein Zweig zum Processus extensorius der 3. und ein anderer zu dem der 4. Zehe verläuft. Diese Sehnen besitzen jeweils eine Sehnenscheide. Der mediale Ast des gemeinsamen Zehenstreckers zieht zum Kronbein der 3. Zehe.

### Blutgefäße und Nerven

Die A. mediana (Hauptmittelfußarterie) setzt sich im distalen Drittel des Metakarpus als A. digitalis palmaris communis III fort. Sie verläuft im distalen Drittel des Mittelfußes, gemeinsam mit der gleichnamigen Vene und dem entsprechenden Nerv schräg über den medialen Ast der oberflächlichen Beugesehne. Zusätzlich zur Hauptmittelfußarterie zieht palmar auf der medialen Seite und tiefer gelegen der Ramus palmaris der A. radialis und auf der lateralen Seite und in ähnlicher Lage der Ramus superficialis der A. collateralis ulnaris zehenwärts. Diese letztgenannten Gefäße werden von gleichnamigen Venen und ensprechend vom N. palmaris medialis (Fortsetzung des N. medianus) und vom N. palmaris lateralis (Fortsetzung des N. ulnaris) begleitet. Sie werden im distalen Drittel des Metakarpus entsprechend als A./V./N. digitalis palmaris propria/-us IV abaxialis bzw. A./V./N. digitalis palmaris propria/-us III abaxialis bezeichnet. Der Ramus communicans verbindet den N. palmaris medialis mit dem N. palmaris lateralis und liegt im distalen Drittel des Mittelfußes.

Auf der dorsalen Seite des Metakarpus verläuft der **N. radialis**. Er teilt sich in der Mitte der Region und anschließend im Zehenbereich in den dorsalen abaxialen Zweig der 3. Zehe und die dorsalen axialen Zweige der 3. und 4. Zehe.

Der lateral verlaufende Ramus dorsalis des **N. ulnaris** wird im Zehenbereich zum N. digitalis dorsalis proprius IV abaxialis. Auf der dorsalen Seite des Metakarpus verlaufen keine größeren Arterien. Die **V. cephalica accessoria** bildet sich dorsal im Zwischenzehenspalt aus dem Zusammenfluss der jeweiligen V. digitalis dorsalis axialis III und IV.

Beim Rind sind demnach im Zehenbereich dorsal jeweils ein N. digitalis dorsalis axialis III und IV und ein N. digitalis dorsalis abaxialis III und IV zu finden. Die axialen Nerven werden von Venen begleitet. Im palmaren Bereich sind ähnliche palmare Nerven für jede Zehe vorhanden. Sie werden jeweils von einer Arterie und einer Vene begleitet.

An der Beckengliedmaße wird im Zehenbereich der Ausdruck palmar durch plantar ersetzt. In Höhe des Metatarsus verläuft die Hauptmittelfußarterie dorsal zwischen den beiden miteinander verwachsenen Mittelfußknochen III und IV. Sie gelangt durch den Canalis metatarsi distalis auf die plantare Seite, wo sie sich in die plantaren Digitalarterien verzweigt.

## Klinische Anwendungen

An der Schultergliedmaße werden die Regionen nach den entsprechenden Knochen benannt. **Knochenpunkte** können zur Orientierung bei nicht übermäßig gut genährten Exemplaren gesehen und bei allen getastet werden (Abb. 19-42ff., 85 u. 86.)

An der Scapula erscheint der obere Rand beim Hund und bei der Katze. Bei Großtieren kann hier der Schulterblattknorpel gesehen bzw. getastet werden. Teile der Spina scapulae und das Tuber spinae scapulae sind beim Pferd, das Acromion bei Hund und Katze ebenfalls zu tasten. Weiter distal an den übrigen Gliedmaßenknochen können das Tuberculum majus, die Tuberositas deltoidea, das Olecranon, die mediale Fläche des Radius und das Os carpi accessorium getastet werden. Beim Pferd können im distalen Drittel des Hauptmittelfußknochens die Griffelbeinknöpfchen getastet werden (Abb. 19-86).

Bei Kleintieren (Hund und Katze) kann es nach Unfällen an der Scapula vor allem zu Frakturen des Acromion und des Collum scapulae kommen. Im Bereich des Schultergelenks können oft Knorpelschäden auftreten, die zu **Schuppenbildung (Osteochondrosis dissecans)** führen. Diese können zu Lahmheiten führen, wenn sie sich unter die Endsehne des M. subscapularis oder in die Kapselsehnenscheide des M. biceps brachii einklemmen. Diese Schäden sind beim Hund im Röntgenbild oft nicht sichtbar und erfordern für eine Diagnose und eventuelle Therapie die Eröffnung des Schultergelenks.

Ähnliche Situationen können auch bei schnellwüchsigen, temperamentvollen Fohlen auftreten. Beim Pferd sind im Bereich der Schultergliedmaße **Entzündungen der Bursa intertubercularis**, der Bursa subtendinea des M. infraspinatus und die Lähmung des N. suprascapularis bekannt.

Beim Hund kann sich nach traumatischer Zerreissung von Muskel- und Sehnenfasern ein umfangreicher Bluterguss bilden. Die narbige Ausheilung der Muskelverletzung führt oft zu einer Kontraktur des M. infraspinatus mit hochgradiger Atrophie. Als Folge dieser Erkrankung sind Beugung und Streckung sowie die Außen- und Innenrotation nicht mehr möglich.

Die **Ruptur der Sehne des M. biceps brachii** lässt sich klinisch leicht feststellen, wenn man die Gliedmaße mit der Pfote kaudal und dorsal zieht. Dabei wird das Schultergelenk maximal gebeugt. Das Ellbogengelenk lässt sich im erkrankten Zustand gleichzeitig maximal strecken. Die **Entzündung der Bursa intertubercularis**, die bei Rind und Pferd nicht mit der Schultergelenkhöhle kommuniziert, äußert sich als Schmerzhaftigkeit beim Anheben der Gliedmaße. Beim Rückwärtsgehen (Rückwärtsrichten) wird die Zehe über den Boden zurückgezogen, um den Druck auf den Schleimbeutel möglichst gering zu halten. Die **Entzündung der Bursa subtendinea m. infraspinati** hat zur Folge, dass während der Fortbewegung die Gliedmaße bogenförmig nach außen geführt wird. Dadurch versucht das Tier den Schmerz zu minimieren.

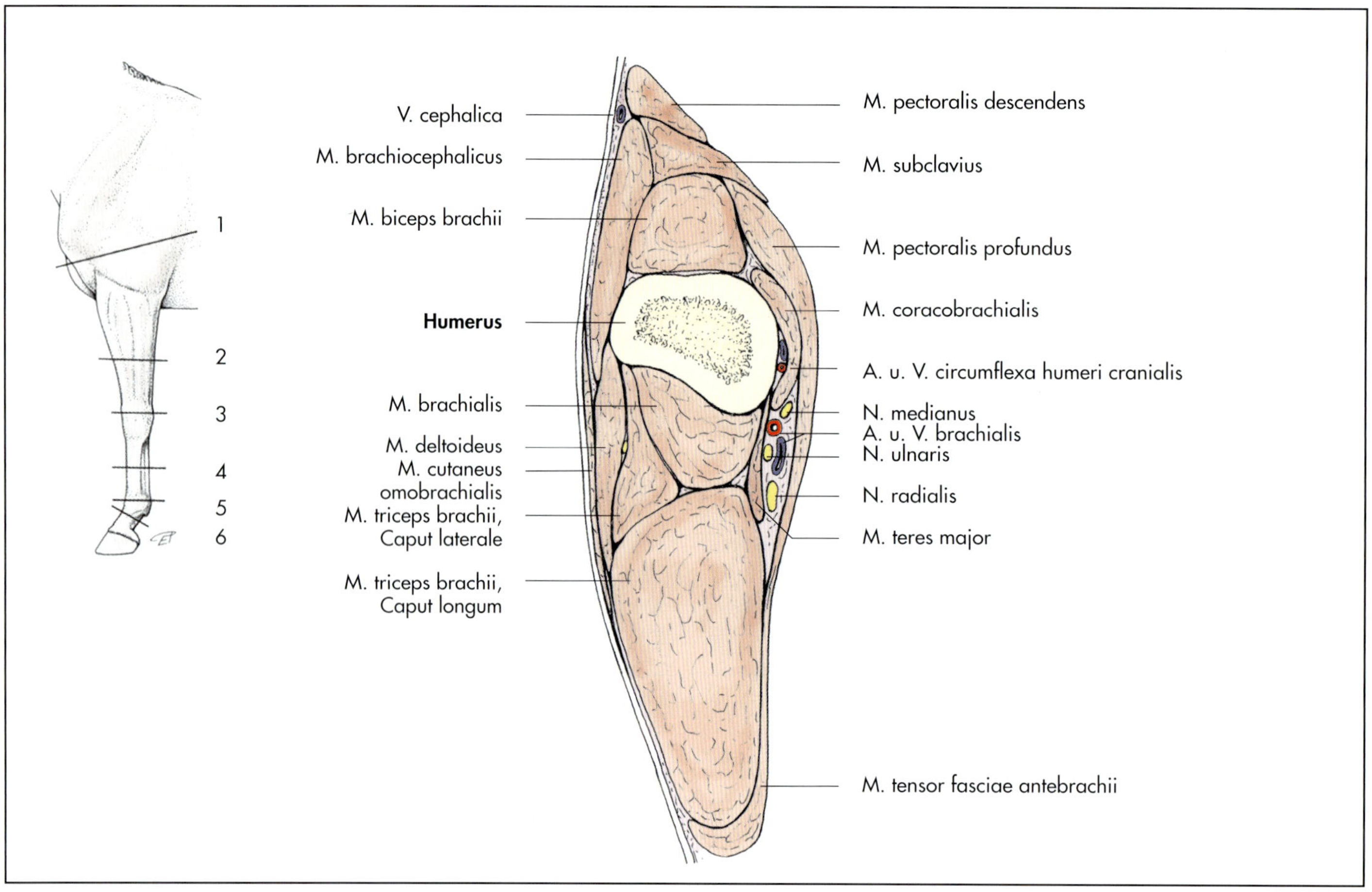


**Abb. 19-53.** Schnittanatomie der linken Schultergliedmaße des Pferdes (Querschnittebene 1 der Regio brachii, siehe Insert).

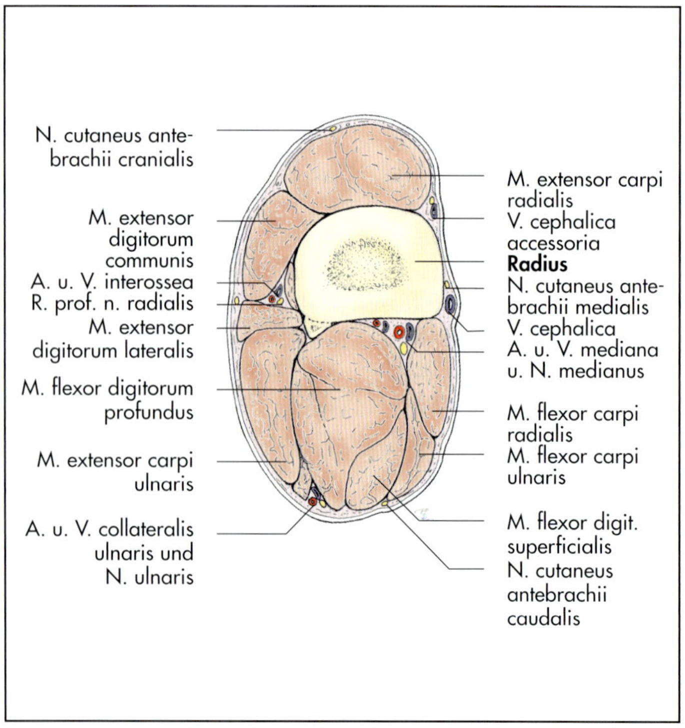


**Abb. 19-54.** Schnittanatomie der linken Schultergliedmaße des Pferdes (Querschnittebene 2 der Regio antebrachii, siehe Insert Abb. 19-53).

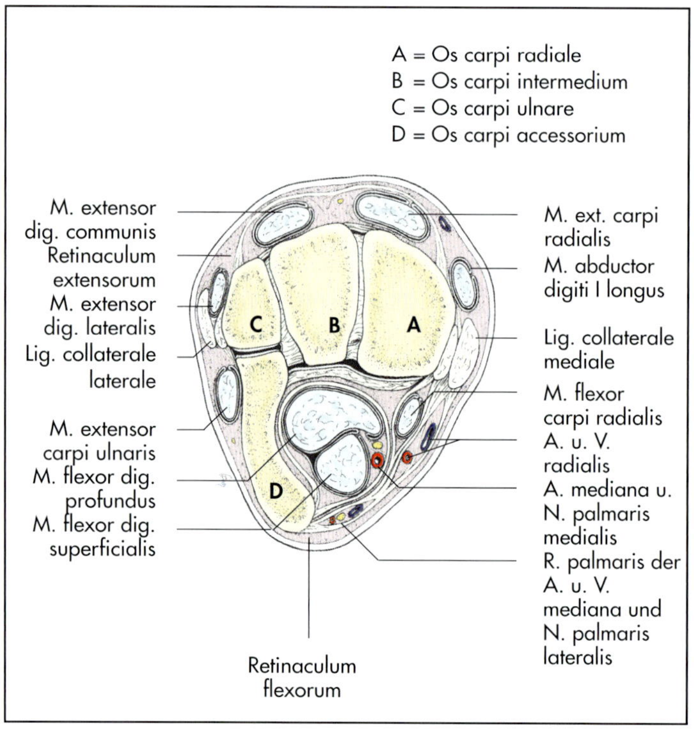


**Abb. 19-55.** Schnittanatomie der linken Schultergliedmaße des Pferdes (Querschnittebene 3 der Regio carpi, siehe Insert Abb. 19-53).

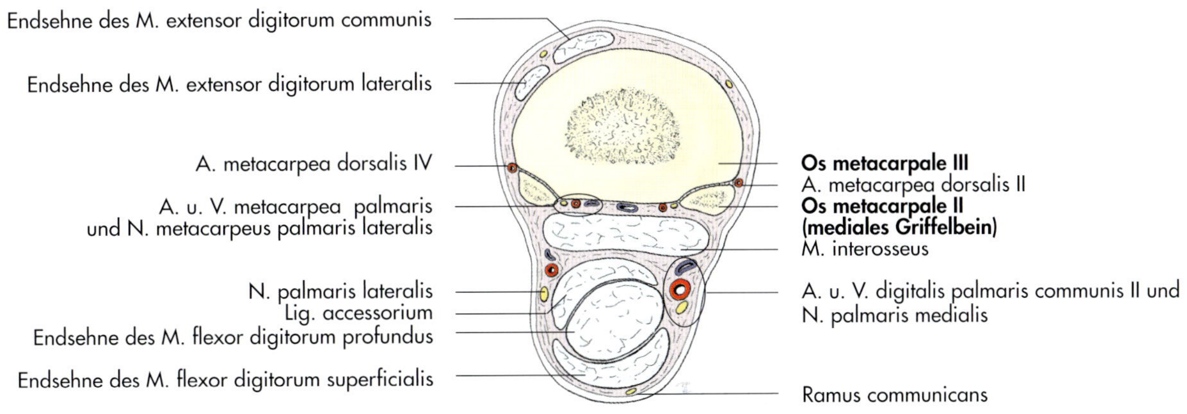


**Abb. 19-56.** Schnittanatomie der linken Schultergliedmaße des Pferdes (Querschnittebene 4 der Regio metacarpi, siehe Insert Abb. 19-53).

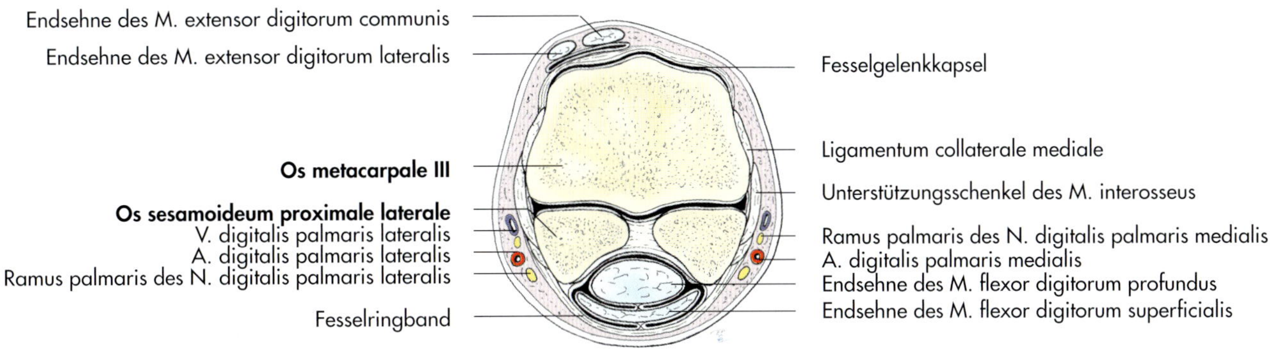


**Abb. 19-57.** Schnittanatomie der linken Schultergliedmaße des Pferdes (Querschnittebene 5 der Regio phalangis, siehe Insert Abb. 19-53).

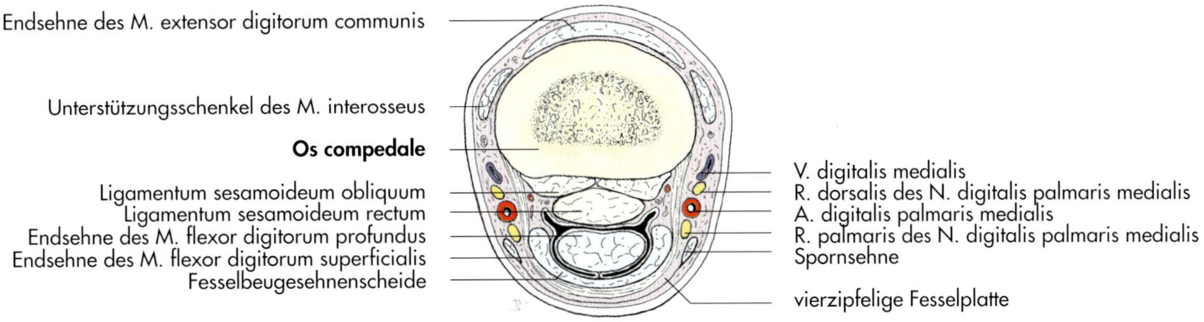


**Abb. 19-58.** Schnittanatomie der linken Schultergliedmaße des Pferdes (Querschnittebene 6 der Regio phalangis, siehe Insert Abb. 19-53).

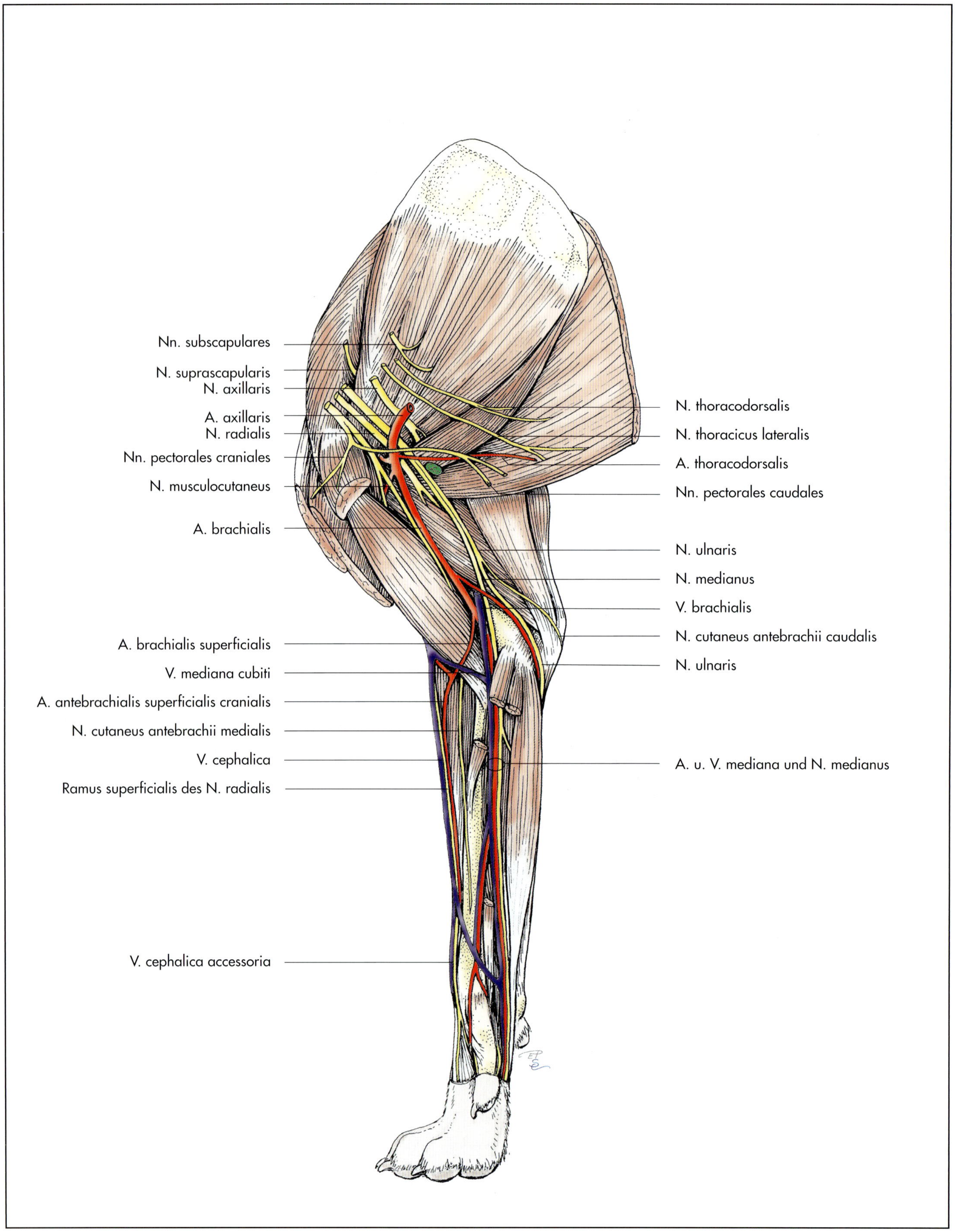


**Abb. 19-59.** Topographie der Leitungsbahnen der Schultergliedmaße des Hundes (Medialansicht).

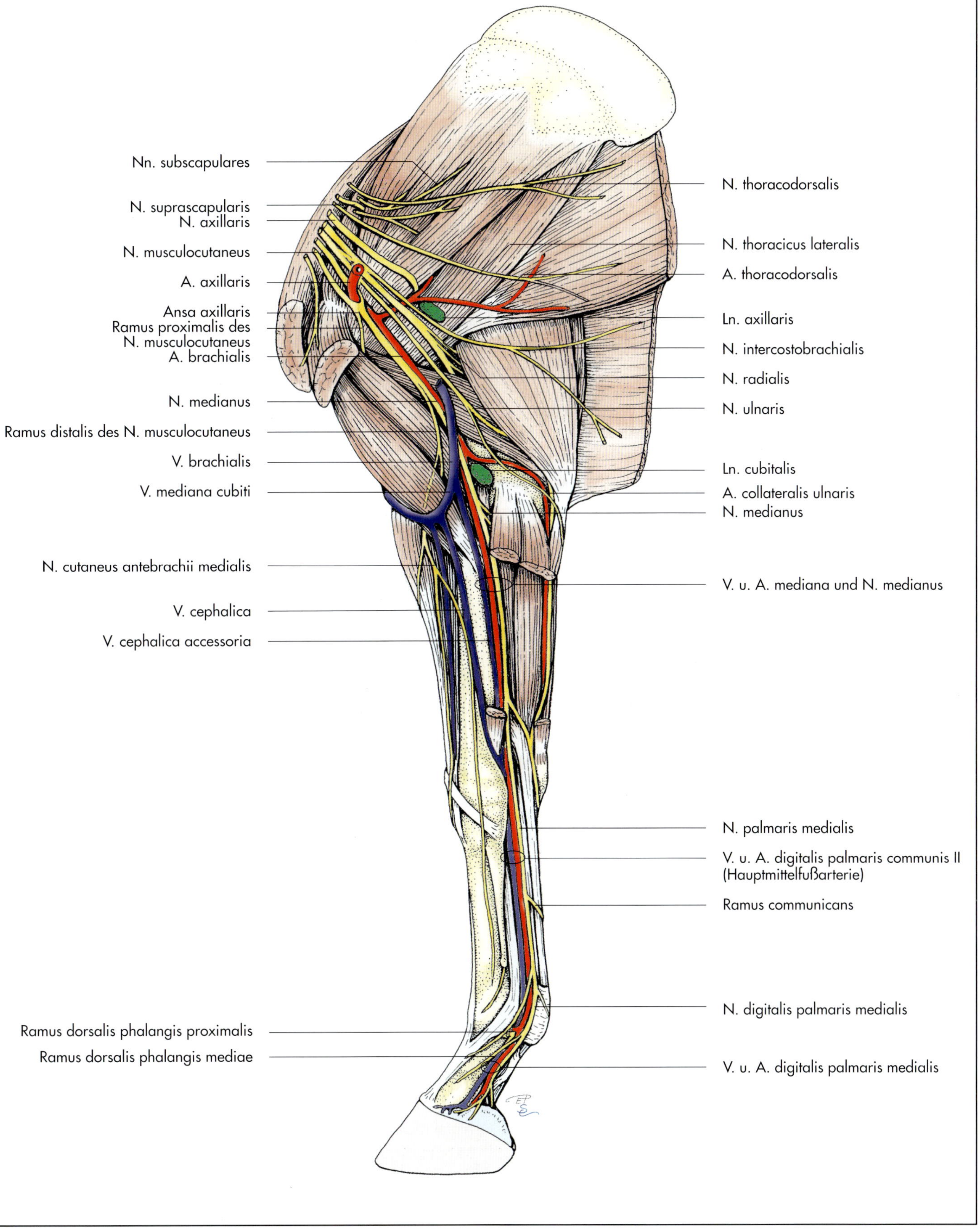


**Abb. 19-60.** Topographie der Leitungsbahnen der Schultergliedmaße des Pferdes (Medialansicht).

Die **Lähmung des N. suprascapularis** führt zum sog. »Abblatten«. Durch den Ausfall des M. infraspinatus (laterales kontraktiles Spannband) verlagert sich das Schulterblatt lateral. Innerhalb kurzer Zeit kommt es zudem zur Atrophie der beiden vom N. suprascapularis innervierten Muskeln, sodass die Spina scapulae deutlich in Erscheinung tritt.

Am Ellbogengelenk ist beim Hund oft die **Loslösung des Processus anconeus** zu erwarten (der operativ entfernt werden muss), während beim Pferd v. a. das Olecranon bei jungen Tieren (bis 36 Monate) durch den Zug des M. triceps brachii frakturieren kann.

Im Bereich des Antebrachium kann beim Pferd das Ligamentum accessorium des M. flexor digitorum superficialis (es wird auch Caput tendineum genannt) praktische Bedeutung erlangen. Es entspringt kaudomedial am Radius. Bei zu schnell wachsender distaler Radiusepiphyse kann es zum Überköten im Krongelenk kommen, sodass das Ligamentum accessorium durchtrennt werden muss. Es liegt subkutan im distalen Unterarmbereich auf der medialen Seite, kaudal des Radius, etwas distal der Kastanie. Bei diesem Vorgang muss auf die V. cephalica und den Hautast des N. musculocutaneus (N. cutaneus antebrachii medialis) geachtet werden.

Beim Hund kann der distale Abschnitt der Ulna (Processus styloideus ulnae) bei Wachstumsstörungen leicht frakturieren, sodass operativ korrigiert werden muss. Im Bereich des Karpalgelenks kann es, wie beim Menschen, auch beim Pferd zu einem sog. »Karpaltunnelsyndrom« kommen. In diesem Fall wird das Retinaculum flexorum durchtrennt.

Beim Hund können nach Sprüngen **Hyperextensionsverletzungen** auftreten, die oft mit einer Ruptur eines der Seitenbänder des Karpalgelenks vergesellschaftet sind. In derartigen Fällen sind palmare Anteile des Bandapparates am Karpalgelenk gerissen (z.B. Ligamentum carpi radiatum, Ligamentum radiocarpeum palmare, Ligamentum ulnocarpeum palmare). Durch angeborene Fehlstellungen im Karpalbereich (Valgusstellung und X-Beinigkeit) kommt es beim Pferd auch zu Fehlbelastungen in den distal gelegenen Gelenken (Fesselgelenk und Zehengelenke).

In der Regio metacarpi sind vor allem beim Pferd wichtige Strukturen zu beachten. Die Griffelbeine haben keine Stützfunktion. Sie können vor allem im distalen Bereich frakturieren. Die dann freien Griffelbeinknöpfchen müssen operativ entfernt werden. Ebenfalls in Höhe des Metakarpus befindet sich das Ligamentum accessorium des tiefen Zehenbeugers. Bei schnellwachsenden Fohlen kommt es dabei zur Bildung des sog. »Bockhufes«. In diesem Fall muss das Ligamentum accessorium des tiefen Zehenbeugers durchtrennt werden. In Höhe des Fesselgelenks kann durch Erkrankung der Beugesehnen eine Striktur des Fesselringbandes auftreten. In diesem Fall muss ähnlich wie beim Retinaculum flexorum des Karpalgelenks vorgegangen werden, indem das Fesselringband durchtrennt wird.

Im Bereich des Zehenendorgans des Pferdes kommt es aufgrund von mechanischen Einwirkungen zu **Frakturen am Hufbein**. Am häufigsten frakturieren dabei die Hufbeinäste.

**Verknöcherungen der Hufknorpel** treten vor allem bei Warmblütern auf. Sie verursachen gewöhnlich keine Lahmheit, schränken aber den Hufmechanismus ein. Krankhafte Veränderungen der Bursa podotrochlearis sind oft Ursache für Lahmheiten. Die Bursa podotrochlearis (Hufrollenschleimbeutel) ist ein Bestandteil der Hufrolle.

Die **Injektion** in den Hufrollenschleimbeutel kann von palmar ausgeführt werden. Dabei muss die Lage der Kanüle entweder röntgenologisch oder sonographisch kontrolliert werden. Die Injektionsstelle liegt in der Medianebene der Zehe (Zehenachse), am Übergang des mittleren in das distale Drittel der Ballengrube. Die Stichrichtung verläuft parallel zur Hufsohle. Die Kanüle durchbohrt dabei das Hufkissen, die Sohlenbinde und die Aponeurose des tiefen Zehenbeugers.

# Beckengliedmaße (Membra pelvina)

## Regionen

Die wichtigsten Regionen der Beckengliedmaße (Abb. 19-61 bis 76) sind:

- Regio glutaea und Regio articulationis coxae,
- Regio perinealis,
- Regio femoris,
- Regiones genus,
- Regiones cruris,
- Regio tarsi,
- Regio metatarsi und
- Regiones phalanges.

### Regio glutaea und Regio articulationis coxae

#### Tastbare Knochenpunkte

Tuber coxae, Tuber sacrale, Trochanter major, Tuber ischiadicum (Abb. 19-85 u. 86).

#### Hautinnervation

Die Innervation der Haut in der Regio glutaea und articulationis coxae erfolgt durch die **Nn. clunium medii** (Dorsaläste der Kreuznerven). Das Hautfeld der **Nn. clunium craniales** (Dorsaläste der Lendennerven) schließt sich kranial in der Lendengegend an, während kaudal das Hautfeld der **Nn. clunium caudales** (N. cutaneus femoris caudalis) angrenzt. Letztere gehören bereits zum **Plexus sacralis**. Bei Wiederkäuern mischen sich vermehrt Äste des N. pudendus hinzu.

Unter der Haut schließt sich die Fascia glutaea an, danach die tierartlich unterschiedliche Glutealmuskulatur. Hierzu gehören der M. glutaeus superficialis, der beim Wiederkäuer mit dem M. biceps femoris zum M. glutaeobiceps verschmolzen ist, der M. glutaeus medius und der M. glutaeus accessorius und profundus (der dem Hüftgelenk dorsal aufliegt).

Man unterscheidet demnach:

- Nn. clunium craniales (Dorsaläste der Lendennerven),
- Nn. clunium medii (Dorsaläste der Kreuznerven),
- Nn. clunium caudales (Äste aus dem N. cutaneus femoris caudalis, welche die Haut kaudal am Oberschenkel innervieren).

#### Muskulatur

M. glutaeus medius, M. piriformis (nur bei Fleischfressern), M. glutaeofemoralis (nur bei der Katze), M. glutaeus superficialis (beim Wdk. mit dem M. biceps femoris zum M. glutaeobiceps verschmolzen); in der Tiefe: M. glutaeus profundus (liegt dem Hüftgelenk dorsal auf). Kaudal des Hüftgelenks befinden sich die tiefen Hüftgelenksmuskeln: M. obturatorius internus (Pfd., Flfr.), M. obturatorius externus, Mm. gemelli (unbedeutend) und der M. quadratus femoris.

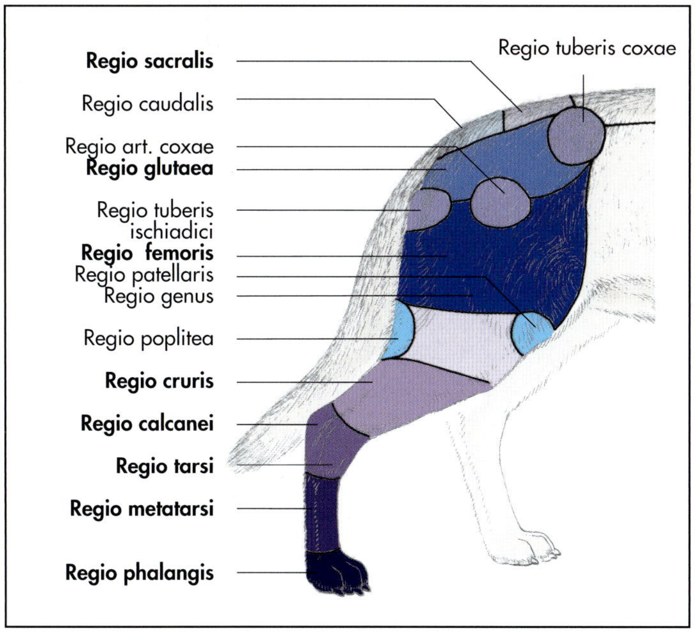


**Abb. 19-61.** Schematische Darstellung der Regionen der Beckengliedmaße des Hundes (Lateralansicht).

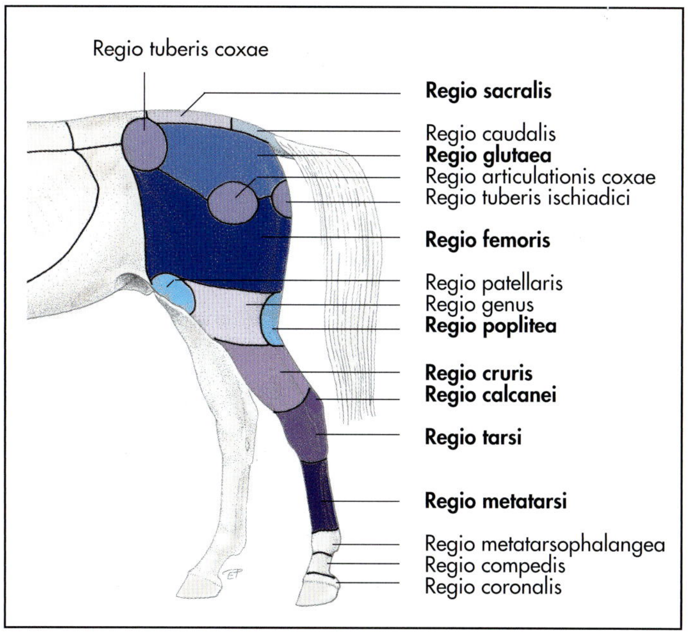


**Abb. 19-62.** Schematische Darstellung der Regionen der Beckengliedmaße des Pferdes (Lateralansicht).

## Innervation in der Tiefe

Die Innervation erfolgt über Nervengeflechte, die aus dem **Plexus lumbalis** und dem **Plexus sacralis (Plexus lumbosacralis)** entspringen:

- **Plexus lumbalis**:
  - N. iliohypogastricus (bei Flfr.: Nn. iliohypogastrici cranialis und caudalis),
  - N. ilioinguinalis,
  - N. genitofemoralis,
  - N. cutaneus femoris lateralis,
  - N. femoralis,
  - N. obturatorius (innerviert auch das Hüftgelenk),
- **Plexus sacralis**:
  - N. glutaeus cranialis,
  - N. glutaeus caudalis,
  - N. cutaneus femoris caudalis,
  - N. pudendus und
  - Nn. rectales caudales.

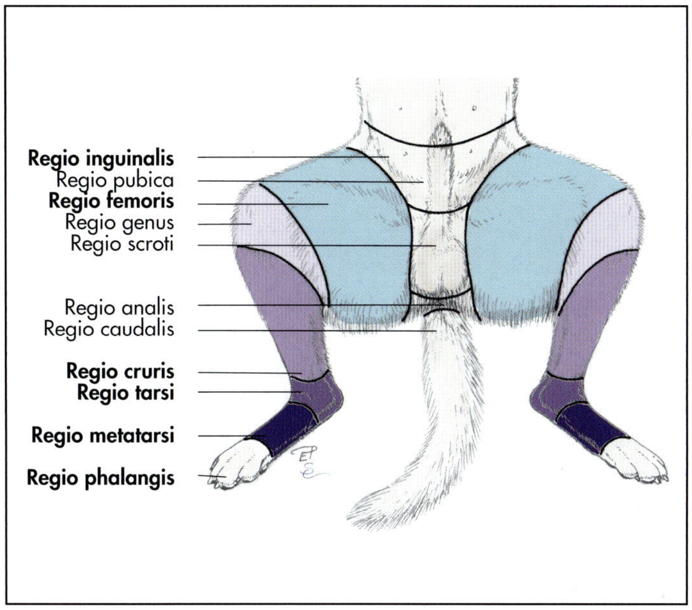


**Abb. 19-63.** Schematische Darstellung der Regionen der Beckengliedmaße des Hundes (Medialansicht).

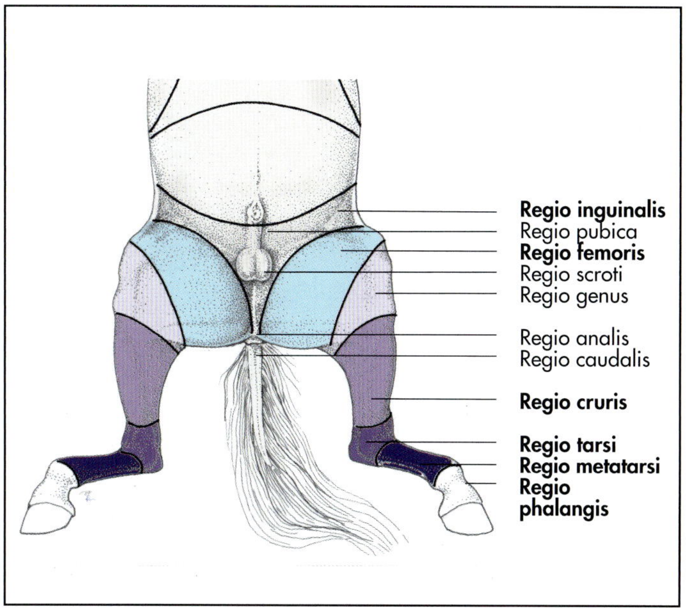


**Abb. 19-64.** Schematische Darstellung der Regionen der Beckengliedmaße des Pferdes (Medialansicht).

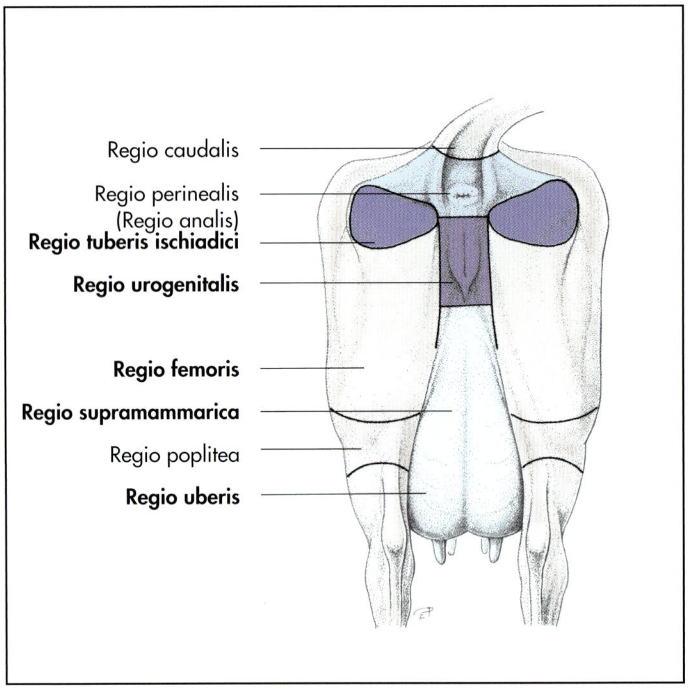


**Abb. 19-65.** Schematische Darstellung des Perineum und proximaler Regionen der Beckengliedmaße des Rindes (Kaudalansicht).

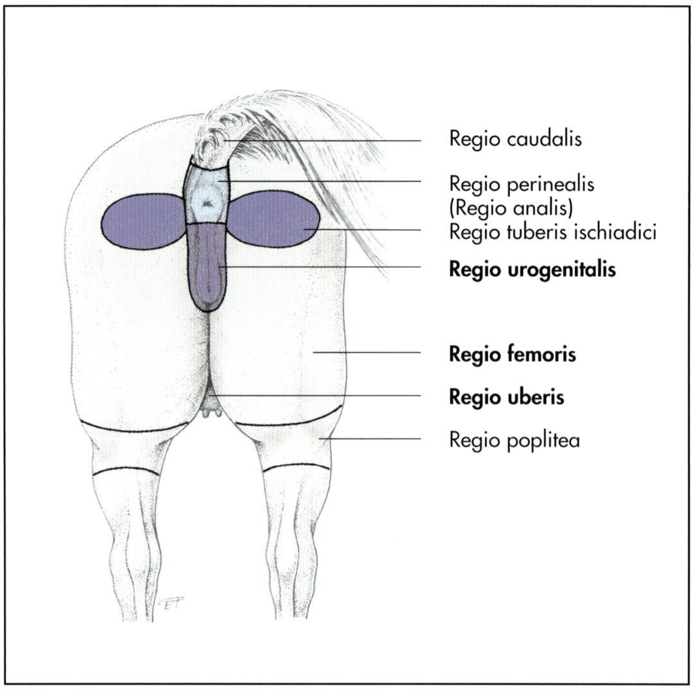


**Abb. 19-66.** Schematische Darstellung des Perineum und proximaler Regionen der Stute (Kaudalansicht).

Der **Plexus ischiadicus** setzt sich in Höhe des Hüftgelenks mit dem N. ischiadicus fort und teilt sich nachfolgend in den N. tibialis und N. fibularis communis. Der N. ischiadicus zieht dorsal des Hüftgelenks nach hinten und auf die kaudale Seite des Os femoris. Er muss bei Hüftgelenksoperationen geschont werden.

### Arterien

- A. iliaca externa (versorgt die Beckengliedmaße),
- A. circumflexa ilium profunda,
- A. circumflexa femoris lateralis und medialis (versorgen beide das Hüftgelenk),
- A. iliaca interna (versorgt die Beckenhöhle, ihre Wand und die Organe der Beckenhöhle); sie entlässt die:
  - A. iliolumbalis,
  - A. glutaea cranialis und
  - A. glutaea caudalis.

Die A. iliaca interna setzt sich mit der A. pudenda interna fort, sie gibt Äste für die Organe der Beckenhöhle ab, versorgt das Perineum und endet in der A. clitoridis (weiblich) oder in der A. dorsalis penis (männlich).

## Regio perinealis

Die Regio perinealis (Mittelfleischgegend) beginnt zwischen der Schwanzwurzel und reicht bis zur Kaudalgrenze des Euters bzw. bis zum Scrotum. Sie schließt die Fossa ischiorectalis (nur bei Fleischfressern und Wiederkäuern) mit ein. In der Tiefe befindet sich das Ligamentum sacrotuberale, das der Katze fehlt.

### Muskulatur

M. levator ani, M. coccygeus.

### Blutgefäße und Nerven

- **dorsal**: A. und V. coccygea, Nn. coccygei,
- **lateroventral**: A. und V. glutaea caudalis und N. cutaneus femoris caudalis,
- **ventral**: A. und V. pudenda interna, N. pudendus (Anästhesie).

## Regio femoris

Die Oberschenkelgegend wird in eine kraniale, mediale, kaudale und laterale Seite eingeteilt. Auf der medialen Seite des Oberschenkels befinden sich die wichtigsten Blutgefäße. Distal der Region ist die **Patella** tastbar (Abb. 19-85 u. 86).

### Muskulatur

- **lateral**: M. tensor fasciae latae; es folgen laterokaudal die sog. Hinterbackenmuskeln: M. biceps femoris (Wdk.: M. gluteobiceps), M. abductor cruris caudalis (nur Flfr.), M. semitendinosus und M. semimembranosus,
- **medial**: M. sartorius, M. gracilis, M. pectineus und die Mm. adductores,
- **kranial** des Os femoris befindet sich die Quadrizepsgruppe: M. rectus femoris, M. vastus lateralis, M. vastus intermedius und M. vastus medialis,
- **medial**: Schenkelspalt (Canalis femoralis) mit Zugang zur Lacuna vasorum (Schenkelring).

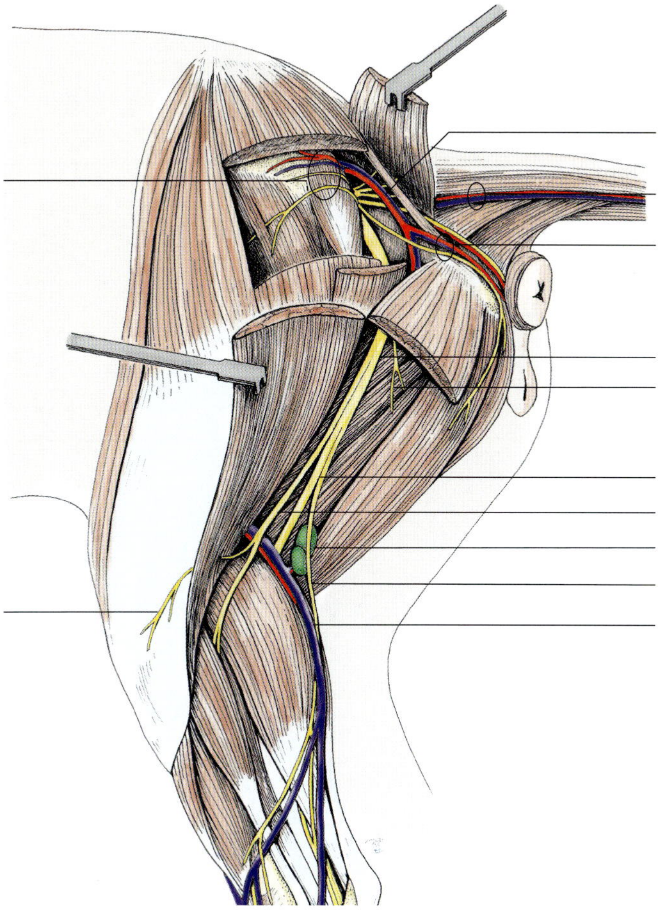


**Abb. 19-67.** Topographie der Leitungsbahnen kaudolateral im proximalen Abschnitt der Beckengliedmaße des Hundes.

Der **Schenkelspalt** wird kranial vom M. sartorius, kaudal vom M. gracilis und dem M. pectineus begrenzt. Beim Wiederkäuer und Schwein bedeckt der M. sartorius den Canalis femoralis. Aus dem Canalis femoralis tritt die A. saphena, ein Ast der A. femoralis, aus. Sie wird von der V. saphena medialis und dem N. saphenus begleitet.

In der **Lacuna vasorum (Schenkelring)** treten die A. und V. iliaca externa sowie der N. saphenus in den Canalis femoralis (Schenkelspalt) ein. Durch ihre oberflächliche Lage ist an der **A. femoralis** der **Puls** bei Hund und Katze gut zu fühlen.

Die **Lacuna musculorum** stellt den Durchtritt für den M. iliopsoas bei Fleischfressern bzw. für den M. psoas major und den M. iliacus dar. Bei Großtieren tritt hier auch der M. sartorius durch. Medial der Lacuna vasorum befindet sich im M. obliquus externus abdominis der **Anulus inguinalis superficialis**.

### Arterien

- A. profunda femoris (entspringt am Übergang der A. iliaca externa in die A. femoralis und entlässt den Truncus pudendoepigastricus),
- A. femoralis (entlässt proximal die A. circumflexa femoris lateralis, distal die A. saphena, die A. genus descendens und kaudale Oberschenkelarterienäste für die kaudale Oberschenkelmuskulatur),
- A. poplitea (als Fortsetzung der A. femoralis).

### Venen

Im tiefen Venensystem verlaufen die Gefäße parallel mit den Arterien und werden daher gleich benannt. Das oberflächliche Venensystem besteht aus der V. saphena medialis und der V. saphena lateralis.

### Nerven

Der N. ischiadicus teilt sich distal des Hüftgelenks in den N. tibialis und den N. fibularis communis (peronaeus). Der N. tibialis entlässt den N. cutaneus surae caudalis (verläuft parallel zur V. saphena lateralis). Proximal verlassen den N. tibialis die proximalen motorischen Äste für die Innervation der Hinterbackenmuskeln. Im distalen Bereich des Oberschenkels entlässt der N. tibialis die distalen motorischen Äste für Muskeln des Unterschenkels. Der N. fibularis communis zweigt den N. cutaneus surae lateralis ab.

## Regiones genus

Voraussetzungen: Kenntnisse über das Kniekehlgelenk und das Kniescheibengelenk, deren Knochen, Gelenkflächen, Menisken, Bänder und synoviale Einrichtungen, sowie der Muskeln, die in der Nähe des Kniegelenks ansetzen oder daran vorbeiziehen. Ursprungssehnen, die mit der lateralen Kniekehlgelenkhöhle in Kontakt treten, gehören zum: M. extensor digitorum longus (Pferd: auch M. fibularius tertius) und M. popliteus.

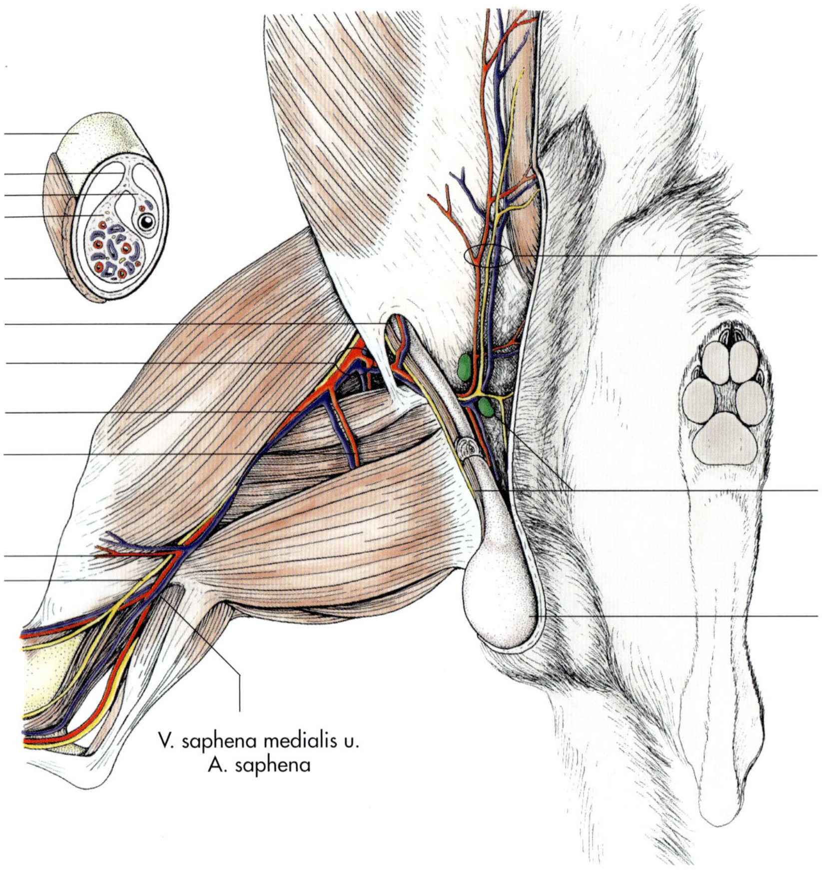


**Abb. 19-68.** Topographie von Leitungsbahnen der Regio inguinalis des Rüden.

## Tastbare Knochenpunkte

Patella, Condylus medialis und lateralis der Tibia, Fibulaköpfchen (außer bei Wiederkäuern), Tuberositas tibiae, Ränder des Sulcus extensorius (Abb. 19-85 u. 86).

## Lymphknoten

Kniekehllymphknoten, Ln. popliteus (Hund und Katze: Ln. popliteus superficialis), sonst Lnn. poplitei superficiales und profundi.

## Hautinnervation

- N. cutaneus surae lateralis (vom N. fibularis communis),
- N. cutaneus femoris lateralis (für die Kniefaltengegend),
- N. saphenus und
- N. cutaneus femoris caudalis (aus dem Plexus ischiadicus).

## Innervation in der Tiefe

- N. fibularis communis (lateral über das Fibulaköpfchen),
- N. tibialis (kaudal der Kniegelenkkapsel, zwischen den beiden Köpfen des M. gastrocnemius), der hier distale motorische Äste entlässt.

## Arterien

- A. genus descendens (aus der A. femoralis),
- Hauptarterien: A. poplitea, A. caudalis femoris distalis,
- Aa. genus (proximal und distal jeweils laterale und mediale Äste),
- A. genus media (innere Anteile des Gelenks, Anastomose mit der A. genus descendens).

Die A. poplitea teilt sich distal des Kniegelenks in die A. tibialis cranialis und in die A. tibialis caudalis.

## Venen

Die Bezeichnungen der tiefen Venen sind mit denen der Arterien identisch. Oberflächliches Venensystem: V. saphena medialis und V. saphena lateralis.

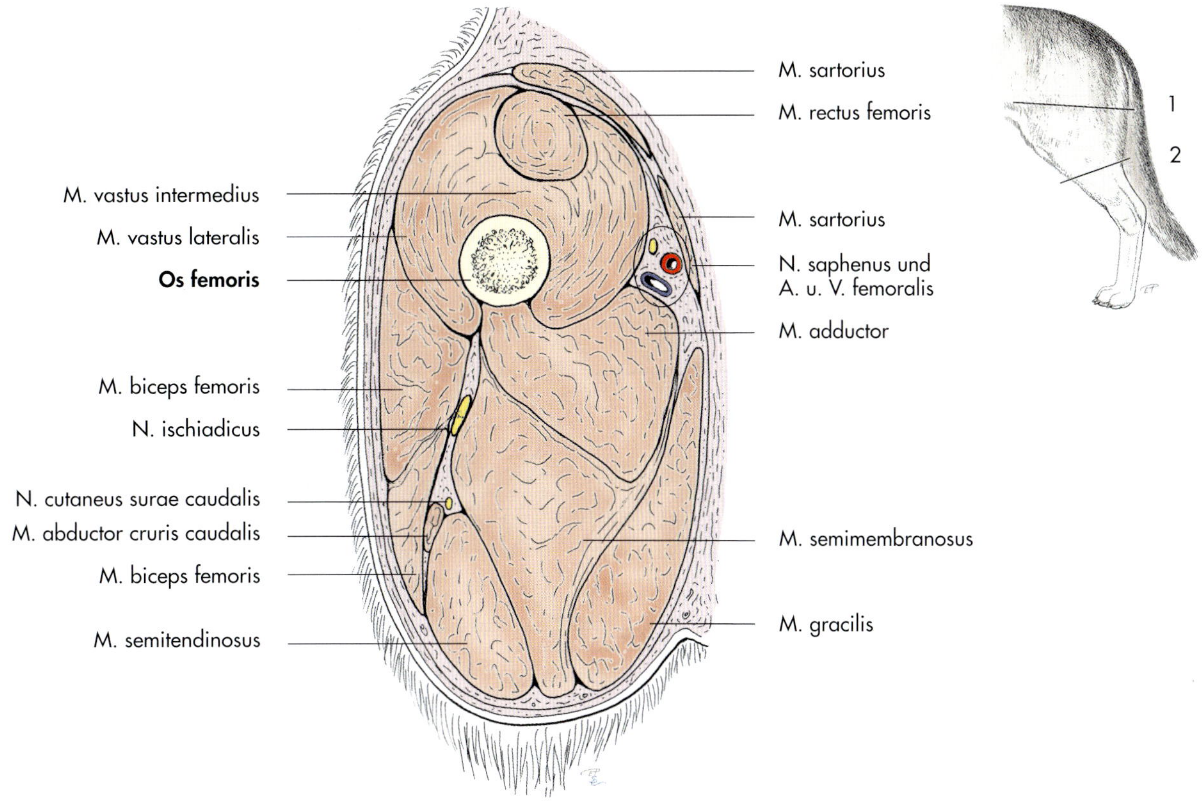


**Abb. 19-69.** Schnittanatomie der Beckengliedmaße des Hundes (Schnittebene 1 der Regio femoris, siehe Insert).

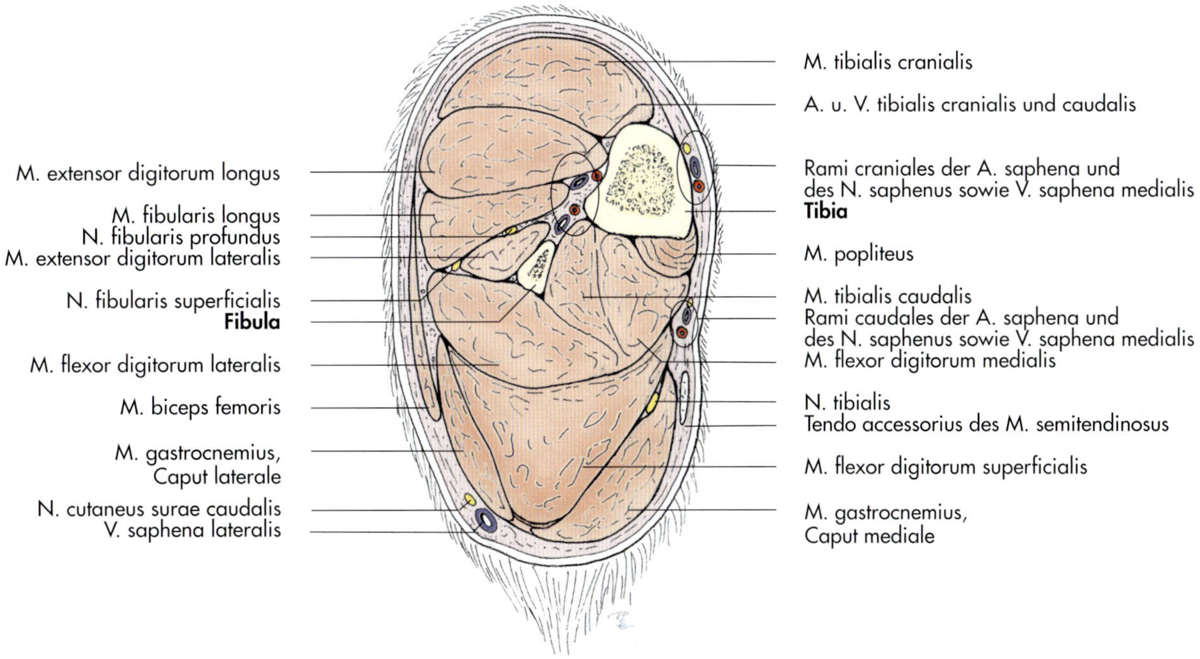


**Abb. 19-70.** Schnittanatomie der Beckengliedmaße des Hundes (Schnittebene 2 der Regio cruris, siehe Insert Abb. 19-69).

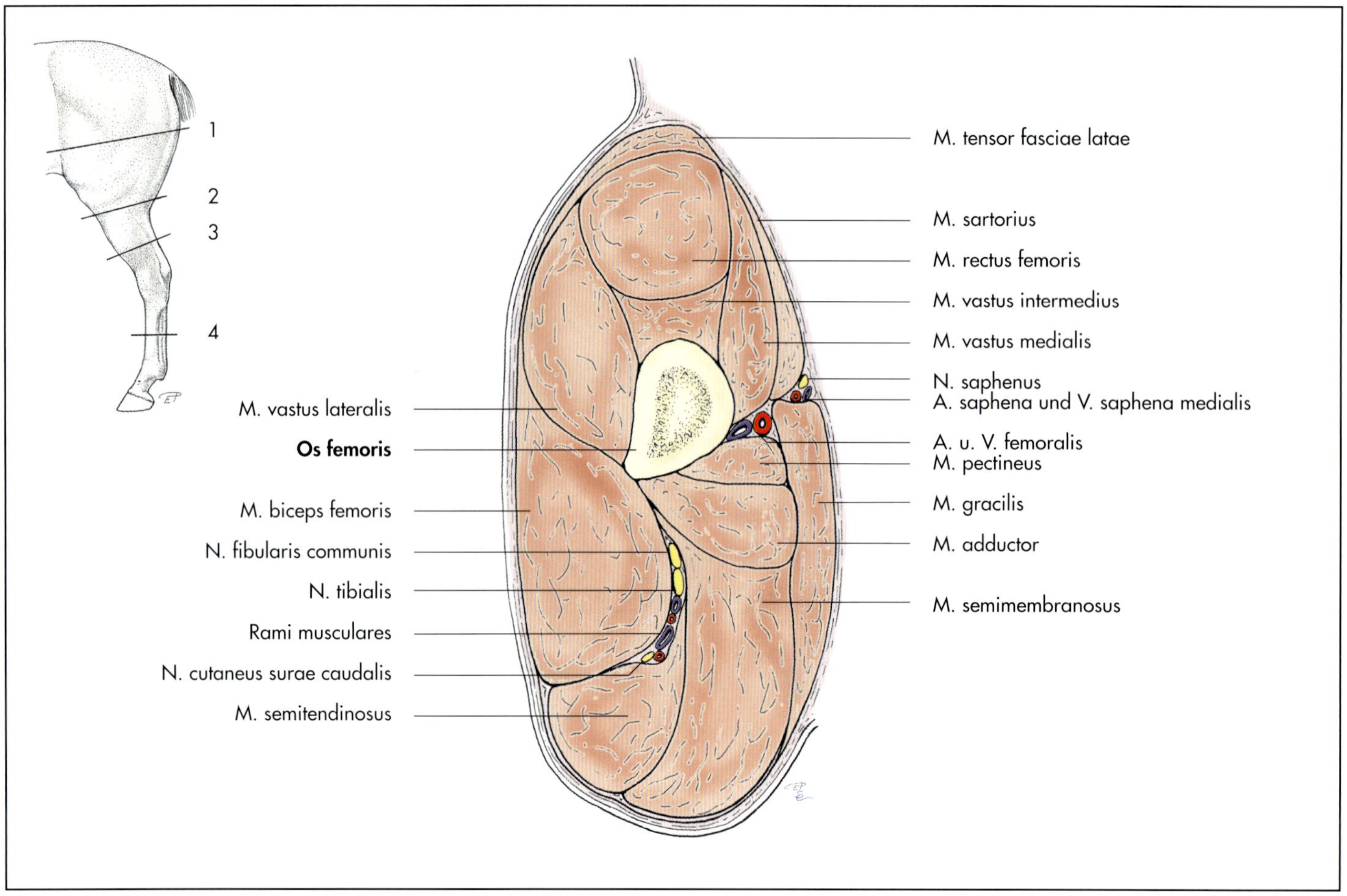


**Abb. 19-71.** Schnittanatomie der linken Beckengliedmaße des Pferdes (Querschnittebene 1 der Regio femoris, siehe Insert).

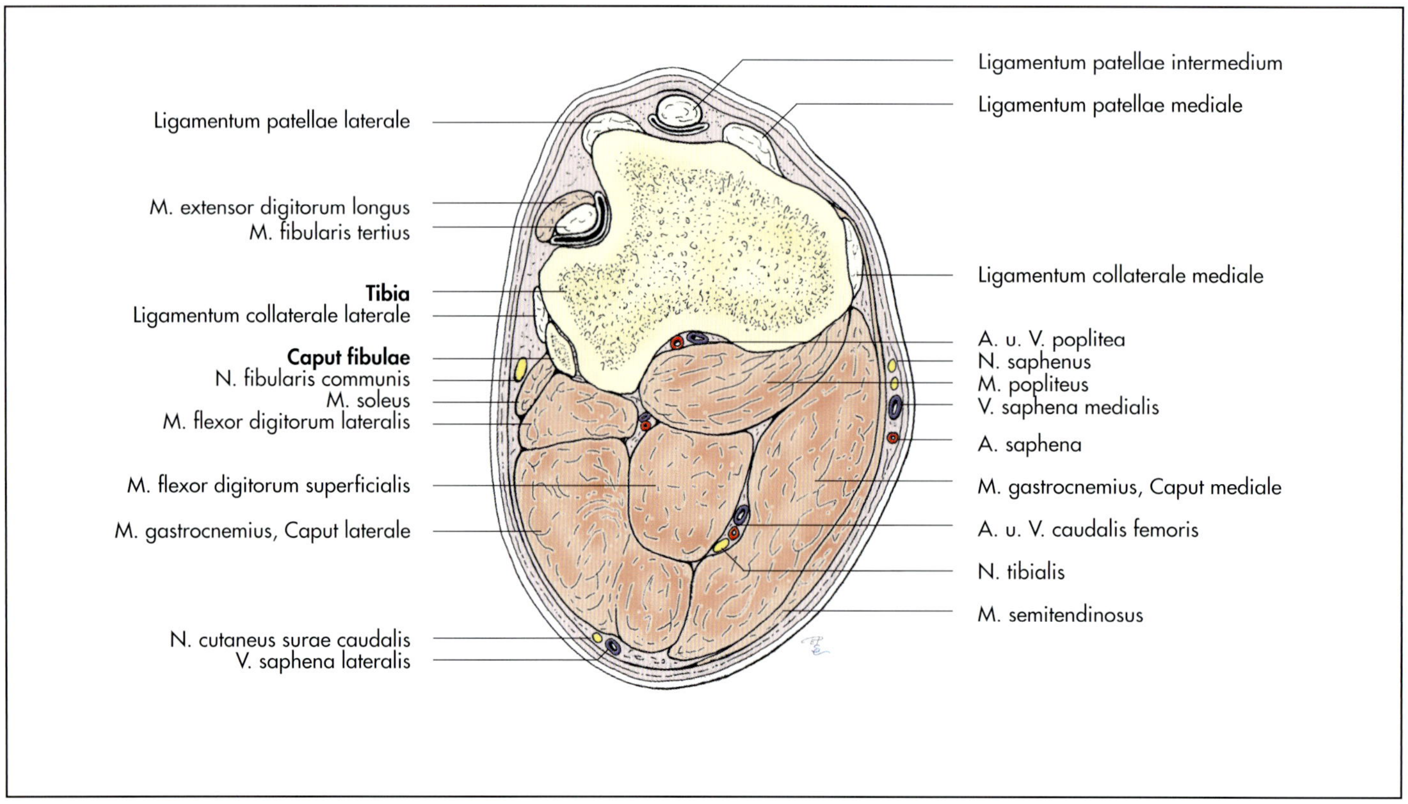


**Abb. 19-72.** Schnittanatomie der linken Beckengliedmaße des Pferdes (Querschnittebene 2 der Regio cruris, siehe Insert Abb. 19-71).

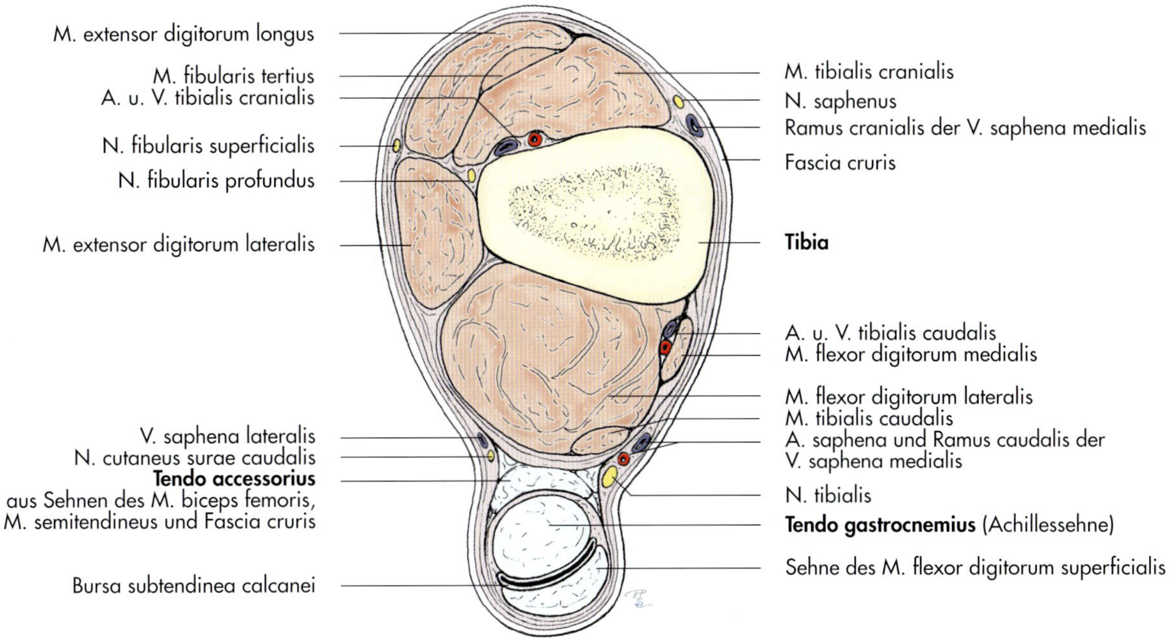


**Abb. 19-73.** Schnittanatomie der linken Beckengliedmaße des Pferdes (Querschnittebene 3 der Regio cruris, siehe Insert Abb. 19-71).

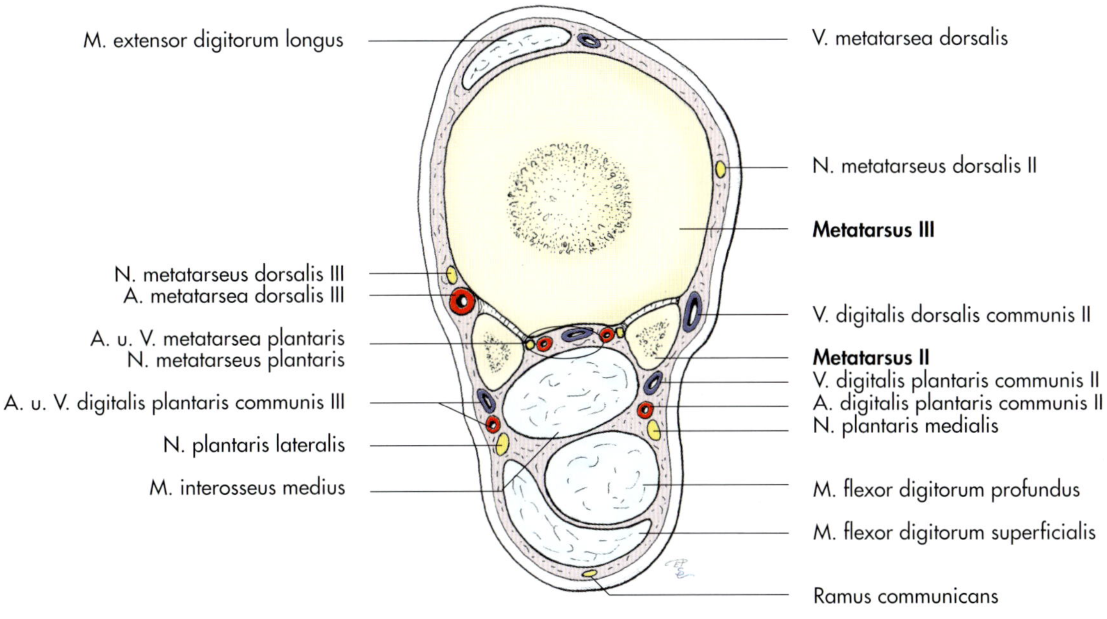


**Abb. 19-74.** Schnittanatomie der linken Beckengliedmaße des Pferdes (Querschnittebene 4 der Regio metatarsi, siehe Insert Abb. 19-71).

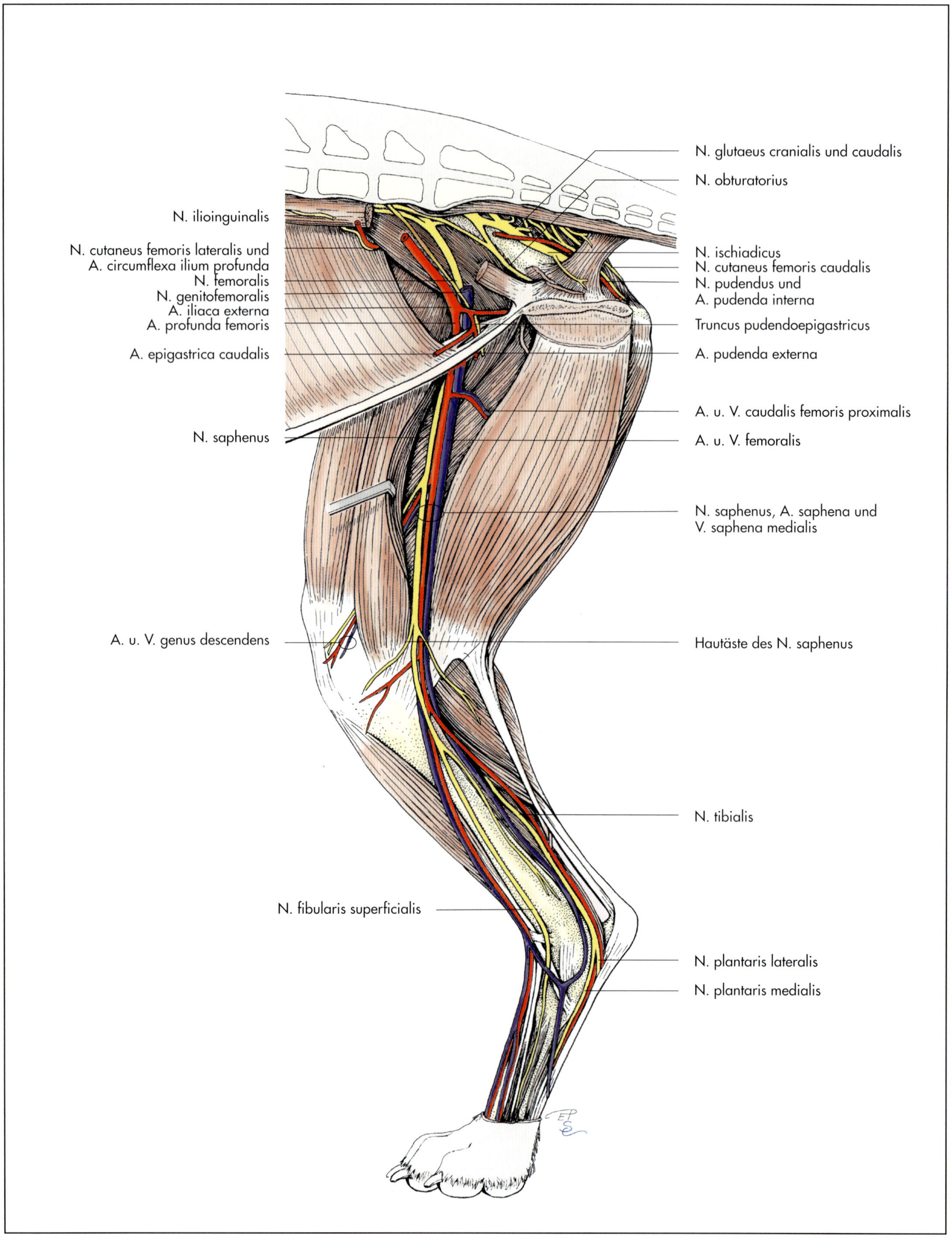


**Abb. 19-75.** Topographie der Leitungsbahnen der Beckengliedmaße des Hundes (Medialansicht).

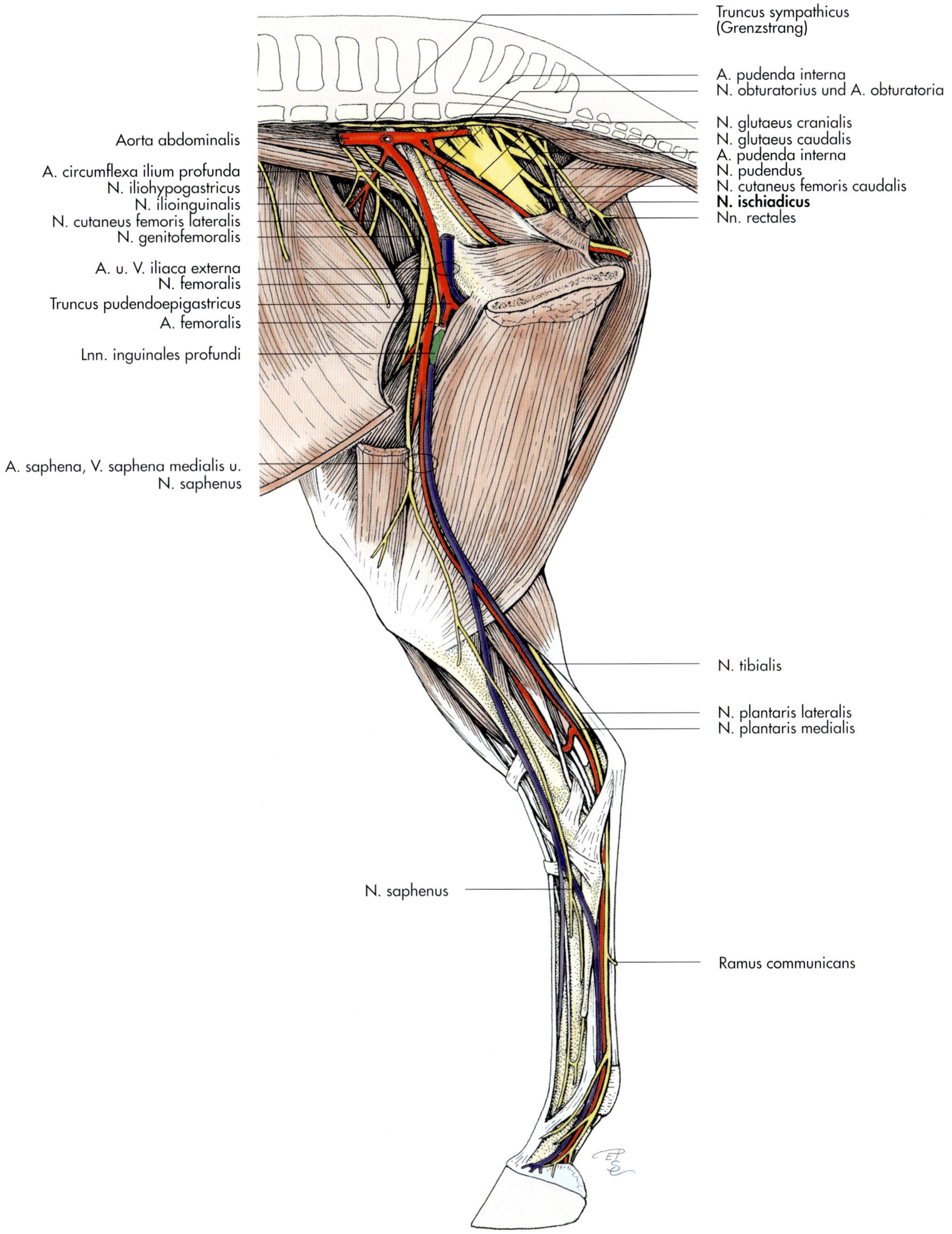


**Abb. 19-76.** Topographie der Leitungsbahnen der Beckengliedmaße des Pferdes (Medialansicht).

## Regiones cruris

Voraussetzungen: Kenntnisse über die Knochen des Zeugopodium, die Muskeln des Unterschenkels (z.B. Strecker des Sprunggelenks, Beuger des Sprunggelenks, Strecker und Beuger der Zehengelenke), Fersensehnenstrang, Tendo calcaneus communis (s. auch Kap. 4 »Hinter- oder Beckengliedmaßen«).

### Tastbare Knochenpunkte

Kondylen der Tibia, Tuberositas tibiae (wie beim Kniegelenk), Ränder des Sulcus extensorius, mediale Fläche der Tibia, Fibulaköpfchen (außer Wiederkäuer).

### Hautinnervation

N. cutaneus surae caudalis, N. fibularis superficialis, N. saphenus.

### Innervation in der Tiefe

N. fibularis profundus, N. tibialis.

### Arterien

A. tibialis cranialis, A. tibialis caudalis.

### Venen

In der Tiefe: Bezeichnung wie bei den Arterien. Oberflächliches Venensystem: V. saphena lateralis und V. saphena medialis.

## Regio tarsi

Voraussetzungen: Kenntnisse über das Sprunggelenk, Knochen, Gelenkhöhlen, Sehnen und Retinacula, Sehnenscheiden und Schleimbeutel (s. auch Kap. 4 »Hinter- oder Beckengliedmaßen«).

### Tastbare Knochenpunkte

Tuber calcanei, Malleolus lateralis (Wiederkäuer: Os malleolare) und Malleolus medialis (Abb. 19-85 u. 86).

### Hautinnervation

Wie in den Regiones cruris.

### Innervation

Plantar: Nn. plantares (aus dem N. tibialis); dorsal: Nn. fibularis.

### Arterien

A. dorsalis pedis (Fortsetzung der A. tibialis cranialis), A. tarsea perforans, A. saphena.

### Venen

In der Tiefe: Bezeichnung wie bei den Arterien. Oberflächlich, sowohl medial als auch lateral: Wurzeln der V. saphena lateralis und medialis.

## Regio metatarsi

Voraussetzungen: Kenntnisse der Knochen und Sehnen im Mittelfußbereich (beachte beim Pferd und Rind den Unterschied im Querschnitt zwischen Metakarpus und Metatarsus).

### Innervation

Hier verlaufen der N. plantaris lateralis und medialis (Ramus communicans beim Pferd weiter distal als im Metakarpalbereich). Vom N. plantaris lateralis zweigt der tiefe Ast für den M. interosseus medius ab. Beim Pferd gelangen die Endäste der Nn. fibulares profundi bis zum Kronrand des Zehenendorgans.

Bei den Wiederkäuern entstammen die plantaren Nerven des Fußes dem N. tibialis, die dorsalen dem N. fibularis superficialis und profundus. Dabei wird plantar der N. digitalis plantaris communis II, III und IV angetroffen. Dorsal findet sich in vergleichbarer Weise der N. digitalis dorsalis communis II, III und IV.

Bei den Fleischfressern liegen im Metatarsalbereich dorsale Metatarsalnerven, die entsprechend den Metatarsalknochen beziffert werden. Sie stammen aus den Nn. fibulares. Die entsprechenden plantaren Nerven entstehen aus dem N. tibialis.

### Arterien

Im Metatarsalbereich verläuft die A. metatarsea dorsalis III beim Pferd als Hauptmittelfußarterie dorsal und lateral zwischen Röhrbein und dem lateralen Griffelbein (**Pulsfühlstelle** bei Hufrehe). Distal der Griffelbeinknöpfchen gelangt die Hauptmittelfußarterie auf die plantare Seite und teilt sich über dem Fesselgelenk in je eine A. digitalis plantaris lateralis und medialis. Auf der plantaren Seite des Metatarsus befinden sich zusätzlich dünne Arterien, die aus der Verzweigung der A. tarsea perforans einerseits und der A. saphena andererseits resultieren (Aa. metatarseae plantares et digitales communes). Diese Arterien vereinigen sich mit den beiden plantaren Digitalarterien. Sie versorgen die Sehnen plantar des Metatarsus.

## Regiones phalanges

Voraussetzungen: Kenntnisse der Zehenknochen, der Gelenke, der Sehnen und der Zehenfaszie.

### Innervation

Bei Tieren mit mehreren Zehen: Dorsal finden sich N. fibularis superficialis und profundus. Diese verteilen sich auf der dorsalen Seite der Metatarsalknochen und der Zehen und bilden hier die Nn. digitales dorsales axiales und abaxiales an jeder Zehe. Entsprechend der Dorsalseite ergeben sich für plantar ebenfalls Nn. digitales plantares axiales und abaxiales. Plantar verzweigt sich der N. tibialis zuerst im Metatarsalbereich und bildet hier die plantaren Metatarsalnerven (s. dort) und anschließend die axialen und abaxialen Zehennerven jeder Zehe, z.B. N. digitalis plantaris IV abaxialis.

Beim Pferd gelangt der N. fibularis dorsal bis an den Kronrand der Hufkapsel, ansonsten verteilen sich die Nervi plantares, die aus dem N. tibialis resultieren, wie an der Vordergliedmaße, z.B. Ramus dorsalis n. digitalis plantaris lateralis, Ramus intermedius n. digitalis plantaris lateralis und Ramus plantaris n. digitalis plantaris lateralis. Entsprechend ist die Aufteilung auf der medialen Seite.

### Arterien

Die Arterien sind Äste der **A. tibialis cranialis**, die in der Regio tarsi zur A. dorsalis pedis wird. Beim Rind verläuft die Hauptmittelfußarterie (A. metatarsea dorsalis III) dorsal zwischen den beiden Metatarsalknochen, um anschließend als Ramus perforans distalis teilweise auf die plantare Seite zu gelangen. Hier verzweigt dieser sich in die plantaren Digitalarterien. Der fortlaufende Teil ist an der Bildung der Zwischenzehengefäße und der axialen dorsalen Eigengefäße der Zehen beteiligt. Beim Pferd zieht die Hauptmittelfußarterie (A. metatarsea dorsalis III) dorsal zwischen dem Röhrbein und dem lateralen Griffelbein. Sie verlagert sich in Höhe des Griffelbeinknöpfchens auf die plantare Seite und teilt sich hier, wie an der Vordergliedmaße, in die Digitalarterien.

Bei Tieren mit mehreren Zehen ist jede Zehe von je einer A. digitalis dorsalis propria axialis und abaxialis und von je einer A. digitalis plantaris propria axialis und abaxialis versorgt. Entsprechend wird die Ordnungszahl der Zehe hinzugefügt. Die plantaren Arterien resultieren im Wesentlichen aus dem R. caudalis der A. saphena, die dorsalen aus der A. tibialis cranialis.

### Venen

Die Venen sind auf der dorsalen Seite Zuflüsse des Ramus cranialis der V. saphena lateralis. Beim Rind sind vor allem axiale Zehenvenen auf der dorsalen Seite anzutreffen (intravenöse Stauungsanästhesie). Plantar sind sowohl axial als auch abaxial Zehenvenen anzutreffen.

## Klinische Anwendungen

Die Beckengliedmaße ist mit der Wirbelsäule über die Articulatio sacroiliaca, ein straffes synoviales Gelenk, fest verbunden. Dislokationen in diesem Bereich sind beim Pferd sehr schwierig zu behandeln. Eine Verschraubung (Arthrodese) ist nicht möglich, da der Synovialspalt auch nach einer Verschraubung eine, wenn auch geringe Beweglichkeit zwischen den Gelenkflächen ermöglicht. Im Bereich des Hüftgelenks ist vor allem beim Hund die **Hüftgelenksdysplasie** (HD) von großer Bedeutung. Die Erkrankung ist erblich. Aus diesem Grund müssen bei Tieren, die zur Zucht zugelassen werden sollen, die Hüftgelenke röntgenologisch begutachtet werden. Bei schwerer HD wird entweder das Gelenk ersetzt oder zur vorübergehenden Schmerzlinderung eine **Pektinektomie** vorgenommen. Der M. pectineus wird dafür proximal an seinem Ursprung und in Höhe seiner Endsehne am Os femoris durchtrennt und entfernt. Durch die Pektinektomie wird die Adduktion vermindert und der Femurkopf passt sich besser in das Acetabulum ein.

Im Kniekehlgelenk sind beim Hund vor allem Meniskusschäden und Bandrisse zu beobachten. Vermehrt tritt die Kombination eines Risses des medialen Kollateralbandes mit der Schädigung des medialen Meniskus auf. Diese Komplikation tritt deshalb ein, weil das mediale Kollateralband mit dem medialen Meniskus bindegewebig verbunden ist. Der laterale Meniskus kann bei mechanischen Insulten leichter ausweichen, zumal sich zwischen diesem und dem lateralen Kollateralband die Ursprungssehne des M. popliteus mit dessen Kapselsehnenscheide befindet.

Klinisch bedeutsam ist beim Hund im Kniekehlgelenk auch die Diagnose eines Kreuzbandrisses. Hier wird die sog. »Schublade« zu Hilfe genommen. Dabei wird die Verlaufsrichtung der Kreuzbänder berücksichtigt. Zunächst müssen das Os femoris und die Tibia mit beiden Händen fixiert werden. Dazu wird mit der einen Hand die Patella und das Sesambein in der Ursprungssehne des lateralen Gastroknemiuskopfes getastet. Mit der anderen Hand werden die Tuberositas tibiae und das Fibulaköpfchen aufgesucht. Lässt sich die Tibia gegenüber dem Oberschenkelbein kranial verschieben, ist das **kraniale (laterale) Kreuzband** gerissen. Wenn die Tibia leicht kaudal verschoben werden kann, ist das **kaudale (mediale) Kreuzband** rupturiert. Sind beide Kreuzbänder betroffen, kann die Tibia sowohl kranial als auch kaudal verschoben werden.

Am Kniescheibengelenk kommt beim Hund, insbesondere bei kleinen Rassen, oft eine **Patellaluxation** vor. Sie wird operativ entweder durch Vertiefung der Trochlea patellae oder durch Versetzung der Tuberositas tibiae behandelt. Die Ligamenta femoropatellaria (Retinacula) müssen dabei gerafft werden.

Beim Pferd kommt am Kniescheibengelenk gelegentlich die sog. »**proximale Patellafixation**« vor. Dabei kann das Pferd nach dem normalen Vorgang des Einhakens der Patella an der Tuberositas des medialen Rollkamms am Oberschenkelbein diese nicht mehr von dort lösen. Die Beugung des Kniegelenks und die damit obligat gekoppelte Beugung des Tarsalgelenks können nicht mehr ausgeführt werden. Daher muss eine **Tenotomie** des medialen geraden Kniescheibenbandes vorgenommen werden, die nahe am Ansatz des Bandes an der Tibia erfolgt, um eine Verletzung der Gelenkkapsel zu vermeiden.

Im Unterschenkelbereich kann durch die Ruptur des M. fibularius tertius (Tendo femorotarseus) die sog. **»Spannsägenkonstruktion«** gravierend gestört werden. Nach einer solchen Erkrankung kann nach entsprechender Zeit eventuell sogar eine Spontanheilung erfolgen.

In Höhe des Sprunggelenks gibt es beim Pferd einige wichtige Strukturen, deren Erkrankungen zu erheblichen Lahmheitserscheinungen führen können.

Die am Fersenbein, mit Hilfe von Retinacula befestigte oberflächliche Beugesehne, kann sich durch Abriss, meist des medialen Retinaculum, lateral verlagern. Bei Arbeitspferden kommt es oft zu einem Abriss an einer der Gliedmaßen. Bei sportlich genutzten Pferden kann der Abriss gelegentlich an beiden Gliedmaßen auftreten.

Die wohl bekannteste Erkrankung am Sprunggelenk des Pferdes ist der »**Spat**«. Diese »**Arthrosis deformans**« im Bereich der straffen Tarsalgelenke entsteht durch übermäßige Belastung der medial gelegenen Abschnitte des Sprunggelenks. Betroffen sind vor allem Traber und Islandpferde. Die **Spatsehne** (mediale Ansatzsehne des M. tibialis cranialis am Os tarsale I und II) gilt als Auslöser der Erkrankung. Eine Tenotomie dieser Sehne soll Linderung bringen. Die Spatsehne wird kurz vor ihrem Ansatz von einem umfangreichen Schleimbeutel unterlagert.

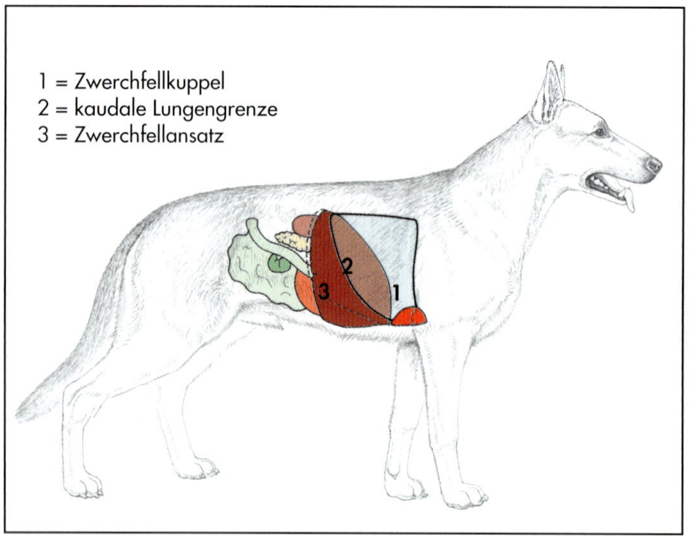


**Abb. 19-77.** Projektion der Organe der Brust- und Bauchhöhle auf die seitliche Körperwand des Hundes (Ansicht von rechts).

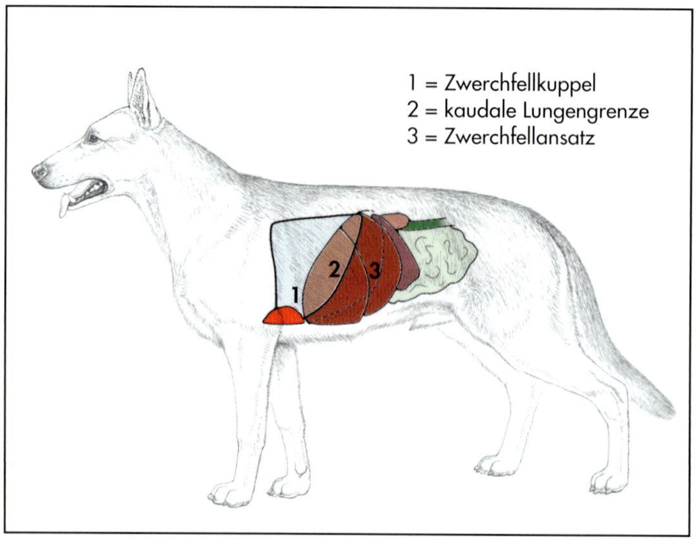


**Abb. 19-78.** Projektion der Organe der Brust- und Bauchhöhle auf die seitliche Körperwand des Hundes (Ansicht von links).

# Projektion der Organe auf die Körperoberfläche*

## Organe der Bauchhöhle

### Rechte seitliche Körperwand des Hundes

#### Rechte Niere

11. bis 12. Interkostalraum, sie liegt mit ihrem Kranialpol in der Impressio renalis der Leber. Ihre Lage variiert je nach Atmungsphase.

#### Leber

Die Leber reicht ventral bis in die Regio umbilicalis. Sie liegt hier dem umbilikalen Fettpolster auf.

#### Pars descendens duodeni

Die Pars descendens duodeni beginnt ventral im 9. Interkostalraum und reicht bis zum 6. Lendenwirbel. Sie ist mit dem rechten Pankreasschenkel in Kontakt.

#### Jejunum

Das Jejunum reicht vom Magen bis zum Beckeneingang und ist hier dem Netzbeutel aufgelagert.

#### Caecum

Es liegt rechts der Wirbelsäule vom 2. bis 4. Lendenwirbel.

Bei ventraler Öffnung der Bauchhöhle erscheinen alle Organe, bis auf die Milz, das Duodenum descendens und die Harnblase, vom Omentum majus bedeckt.

* In diesem Abschnitt werden in verkürzter Form zahlreiche Daten von Berg (1995) verwendet.

### Linke seitliche Körperwand des Hundes

#### Linke Niere

13. Rippe bis 3. Lendenwirbel hochdorsal, ihre Lage variiert je nach Atmungsphase.

#### Magen

Im leeren Zustand liegt er völlig intrathorakal, bei mäßiger Füllung zwischen 9. und 12. Rippe und reicht bei maximaler Füllung weit kaudal.

#### Leber

Sie reicht vom 7. bis zum 9. Interkostalraum.

#### Milz

Im letzten Interkostalraum, bei maximaler Magenfüllung reicht sie weit kaudal in den Bauchraum bis zum 4. Lendenwirbel. Die Milz kann aber auch auf die rechte Körperseite reichen.

#### Colon descendens

Dieses liegt entlang der Lendenwirbelquerfortsätze vom 12. Brustwirbel (hier liegt das Colon transversum) kaudal der linken Niere bis in die Beckenhöhle. Das Colon descendens ist mit der Pars ascendens duodeni durch die Plica duodenocolica verbunden.

#### Harnblase

Sie befindet sich in der Bauchhöhle, nur der Harnblasenhals liegt in der Beckenhöhle. Bei maximaler Füllung erreicht sie die Regio umbilicalis.

**Abb. 19-79.** Projektion der Organe der Brust- und Bauchhöhle auf die seitliche Körperwand des Schweines (Ansicht von rechts).

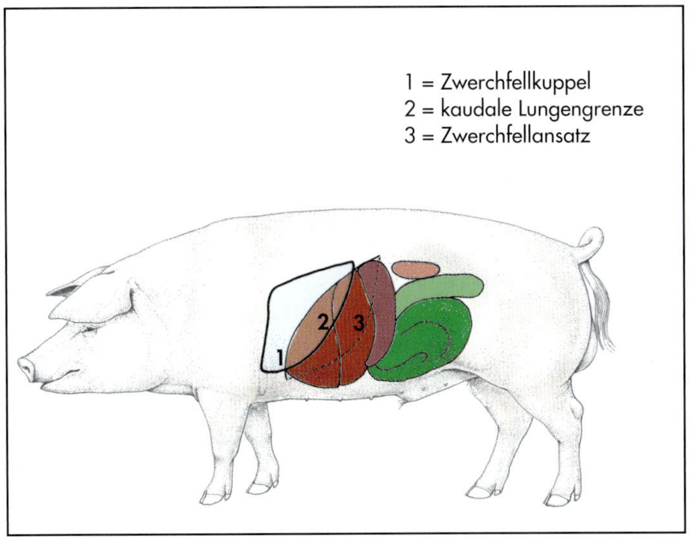


**Abb. 19-80.** Projektion der Organe der Brust- und Bauchhöhle auf die seitliche Körperwand des Schweines (Ansicht von links).

## Rechte seitliche Körperwand des Schweines

### Rechte Niere

Die rechte Niere befindet sich beim Schwein in gleicher Höhe wie die linke und hinterlässt keine Impressio renalis an der Leber. Bei vorhandenem 15. Rippenpaar befindet sich der kraniale Nierenpol im letzten Interkostalraum.

### Magen

Die unterschiedliche Magenfüllung führt zur Verlagerung benachbarter Organe. Im leeren Zustand liegt er im vorderen Teil des intrathorakalen Raumes. Stark gefüllt, nimmt er den Raum zwischen dem 9. und dem 12. Interkostalraum ein.

### Leber

Rechts nimmt sie den Raum zwischen der 11. und 13. Rippe ein.

### Jejunum

Der Leerdarm liegt bei leerem Magen rechts des Kolonkegels.

### Pars descendens duodeni

Der absteigende Teil des Zwölffingerdarms beginnt auf der rechten Körperseite in Höhe der Mitte der 11. Rippe und zieht kaudal bis in Höhe des Kaudalpols der rechten Niere. Seinem Anfangsteil ist der rechte Schenkel des Pancreas angefügt.

## Linke seitliche Körperwand des Schweines

### Linke Niere

Die linke Niere schließt an die letzte Rippe kaudal an.

### Milz

Bei leerem Magen liegt sie völlig intrathorakal, bei gefülltem Magen kaudal des linken Rippenbogens.

### Leber

Die Leber liegt auf der linken Seite in Höhe der 8. Rippe.

### Jejunum

Bei starker Magenfüllung gelangen Jejunumschlingen auf die linke Seite der Bauchhöhle.

### Caecum

Der Blinddarm liegt dorsal etwas links der Medianebene. Sein blindes Ende zeigt kaudal.

### Colon ascendens

Der Kolonkegel befindet sich bei leerem Magen links im ventralen Abschnitt der Bauchhöhle. Bei zunehmender Magenfüllung vollzieht er eine Pendelbewegung nach rechts.

### Eierstöcke

Die Eierstöcke liegen in der Mitte einer Linie zwischen Hüfthöcker und ventraler Bauchwand.

### Uterus

Bei jungen, bislang noch nicht trächtigen Tieren liegt er etwa in der Mitte der Bauchhöhle. Nach einer Trächtigkeit liegen die Uterushörner ventral der Bauchwand an. Sie sind den Jejunumschlingen ähnlich, besitzen aber eine stärkere Wand.

**Abb. 19-81.** Projektion der Organe der Brust- und Bauchhöhle auf die seitliche Körperwand des Rindes (Ansicht von rechts).

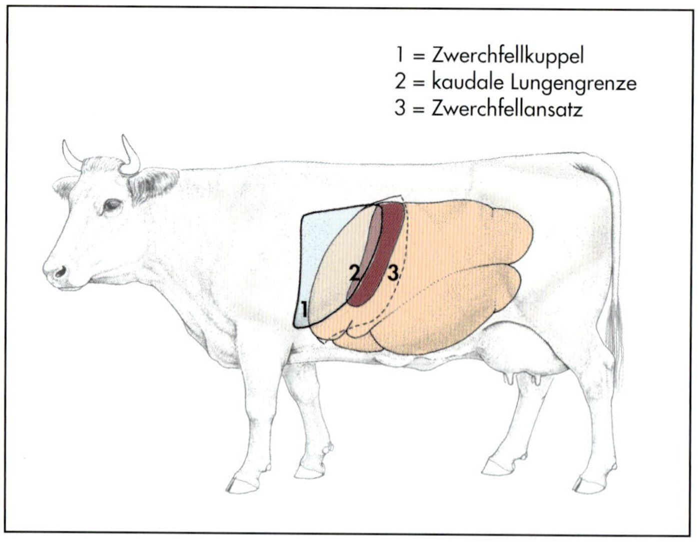


**Abb. 19-82.** Projektion der Organe der Brust- und Bauchhöhle auf die seitliche Körperwand des Rindes (Ansicht von links).

## Rechte seitliche Körperwand des Rindes

### Leber

Die Leber liegt intrathorakal rechts kaudal des Zwerchfells. Sie erreicht dorsal die letzte Rippe. Der Margo acutus verläuft ca. handbreit über dem Rippenbogen und erreicht kranial das 6. Rippenknorpelgelenk. Am dorsalen Abschnitt der Leber fügt sich die rechte Niere ein (Impressio renalis). Die Gallenblase überragt ventral den Margo acutus der Leber und gelangt im 10. Interkostalraum in Kontakt mit der Bauchwand.

### Rechte Niere

Diese reicht von der Leber bis zum 3. Lendenwirbel.

### Linke Niere

Sie liegt in der Medianebene und hängt an einem Mesorenale. Ihr kranialer Pol unterlagert die rechte Niere ein wenig. Sie befindet sich zwischen dem 2. und dem 5. Lendenwirbel.

### Omasum

Der Blättermagen liegt im ventralen intrathorakalen Abschnitt der Bauchhöhle. Zwischen dem 6. bis 11. Interkostalraum kommt er mit der rechten Bauchwand in Kontakt und ragt ventral über den Rippenbogen hinaus.

### Abomasum

Der Labmagen liegt in der Regio umbilicalis der ventralen Bauchwand an. Er nimmt den Raum zwischen dem Schaufelknorpel und den beiden Rippenbögen ein.

### Colon ascendens

Die Kolonscheibe liegt ventral vom Caecum und kaudoventral des Rippenbogens. An ihrem Rand liegen kranzartig die Jejunumschlingen. Zwischen dem Darmkonvolut und der Bauchwand liegen der Paries superficialis und der Paries profundus des Omentum majus.

### Caecum

Der Blinddarm reicht von der Knorpel-Knochen-Grenze der letzten Rippe bis zum Eingang in die Beckenhöhle. Das blinde Ende zeigt kaudal und kann bei starker Füllung in die Beckenhöhle eintreten.

### Duodenum descendens

Der absteigende Abschnitt des Zwölffingerdarms liegt über dem Blinddarm von der Mitte der letzten Rippe bis kurz vor den Beckeneingang. Am Duodenum kommt es zur sekundären Verklebung beider Blätter des großen Netzes.

## Linke seitliche Körperwand des Rindes

### Pansen

Die linke Hälfte der Bauchhöhle wird fast ganz vom Pansen eingenommen.

### Reticulum

Der Netzmagen befindet sich ventral und liegt dem Sternum auf. Er liegt hier in der Zwerchfellkuppel vom 5. bis 6. Interkostalraum.

### Atrium ruminis

Der Schleudermagen liegt in Höhe des 9. Interkostalraums, kaudal der Mündung des Oesophagus, die sich im 8. Interkostalraum an der Grenze zwischen dorsalem und mittlerem Drittel der lateralen Thoraxwand befindet.

### Milz

Die Milz reicht vom dorsalen Ende der letzten Rippe bis zum Rippenknorpelgelenk der 7. bzw. 8. Rippe. Ihr dorsales Ende ist mit der dorsalen Bauchwand und dem Pansen bindegewebig verklebt.

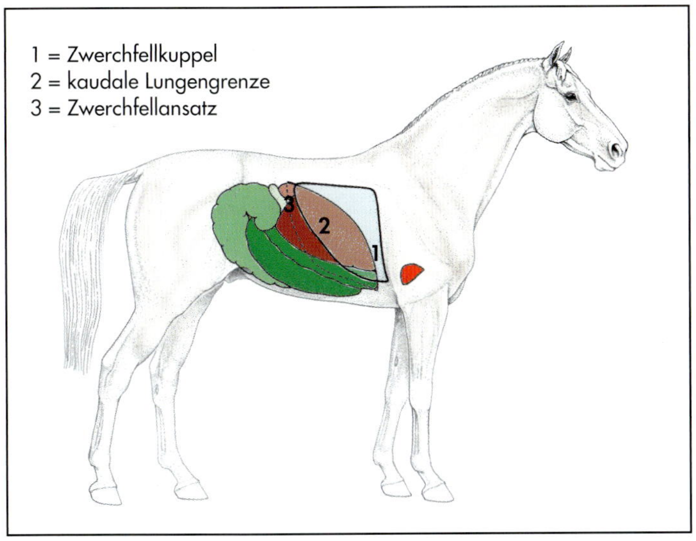


**Abb. 19-83.** Projektion der Organe der Brust- und Bauchhöhle auf die seitliche Körperwand des Pferdes (Ansicht von rechts).

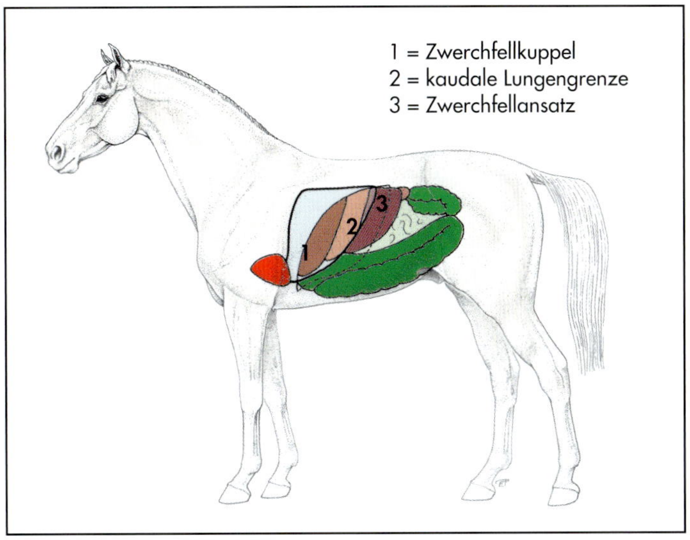


**Abb. 19-84.** Projektion der Organe der Brust- und Bauchhöhle auf die seitliche Körperwand des Pferdes (Ansicht von links).

## Rechte seitliche Körperwand des Pferdes

### Rechte Niere

Die rechte Niere schließt kaudal an die Leber an und besetzt hochdorsal die letzten 3 Interkostalräume.

### Leber

Die Leber liegt vollständig im intrathorakalen Teil der Bauchhöhle und wird zum großen Teil von der Lunge überlagert. Der kaudale Leberrand verläuft im 15. Interkostalraum. An der Symphyse der 15. Rippe biegt er rechtwinklig kranial um und erreicht den 6. Interkostalraum. Eine relative Leberdämpfung tritt bei gesunden Pferden entweder gar nicht auf oder nur auf der rechten Seite.

### Duodenum

Das etwa 1 m lange Duodenum steigt an der Viszeralfläche des rechten Leberlappens auf. Es zieht zwischen Leber und der Ampulla coli kaudal, liegt lateral dem Diaphragma an, verläuft an der rechten Niere und der Basis caeci vorbei und biegt in Höhe des 3. bis 4. Lendenwirbels nach links ab.

### Caecum

Der Blinddarm besetzt die gesamte rechte Flankengegend, vom letzten Interkostalraum bis zum Tuber coxae. Die kaudale Kurvatur ist kaudal konvex und verschwindet nach vorne unter der rechten ventralen Längslage. Die Zäkumspitze legt sich zwischen die beiden Ventrallagen und zeigt auf den linken Ellbogenhöcker.

### Rechte ventrale Längslage des Colon ascendens

Diese Dickdarmlage projiziert sich auf die rechte ventrale Bauchwand und reicht von der Knorpel-Knochen-Grenze der 18. Rippe (Ostium caecocolicum) bis zum 9. Rippenknorpel, wo sie über dem Sternum in die Flexura diaphragmatica ventralis übergeht.

### Rechte dorsale Längslage des Colon ascendens

Die rechte dorsale Längslage geht aus der Flexura diaphragmatica dorsalis hervor und in das Colon transversum über.

## Linke seitliche Körperwand des Pferdes

### Magen

Der Magen des Pferdes besitzt ein vergleichsweise geringes Fassungsvermögen und liegt völlig intrathorakal. Der Saccus caecus überragt die Kardia, erstreckt sich am weitesten kaudal und liegt bei jedem Füllungszustand völlig intrathorakal.

### Milz

Die Lage der Milz ist nur geringfügig vom Füllungszustand des Magens abhängig. Ihre Lateralfläche ist mit der 10. bis 18. Rippe in Kontakt. Die Basis liegt parallel mit der Hüfthöckerlinie (Verbindung zwischen Hüfthöcker und Ellbogenhöcker). Der kaudal konvexe Kaudalrand verläuft in einem Abstand von ca. einer Handbreite oberhalb und parallel zum Rippenbogen. Die Milzspitze liegt in etwa im 9. Interkostalraum in Höhe der Buggelenkslinie.

### Linke Niere

Die linke Niere liegt zwischen der 17. Rippe und dem 2. bis 3. Lendenwirbelquerfortsatz. Sie wird lateral von der Milzbasis überlagert. Hier befinden sich das Ligamentum lienorenale und der Milz-Nieren-Raum (Spatium lienorenale), in diesen können sich Leerdarmschlingen oder solche des Colon descendens verlagern und eingeklemmt werden.

### Jejunum

Die Jejunumschlingen nehmen den linken dorsalen Quadranten des Bauchraumes ein. Sie projizieren sich in der linken Flanke, zwischen der letzten Rippe und dem Beckeneingang. Aufgrund ihres langen Gekröses können sie sich stark verlagern. Die Jejunumschlingen vermischen sich mit ähnlich großen Schlingen des **Colon descendens**. Auch dieses kann sich verlagern (Milz-Nieren-Raum).

### Linke ventrale Längslage des Colon ascendens

Sie beginnt intrathorakal in Höhe des Schaufelknorpels und geht aus der Flexura diaphragmatica ventralis hervor. Sie folgt der ventralen Bauchwand bis zum Beckeneingang und nimmt einen etwa handbreiten Streifen ein, der kranial in Höhe des 9. Rippenknorpels beginnt, entlang des Rippenbogens verläuft und kaudal bis zum

Beckeneingang reicht. Hier geht sie in die Beckenflexur über. Diese liegt in etwa in der Mitte zwischen dem Hüfthöcker und der ventralen Bauchwand. Sie kann sich weit nach rechts, hinter den Blinddarmkopf verlagern.

### Linke dorsale Längslage des Colon ascendens

Die linke dorsale Längslage geht aus der Beckenflexur hervor und verläuft als handbreiter Streifen parallel und dorsal der linken ventralen Längslage kranial bis in Höhe des 6. Rippenknorpels, wo sie in die Flexura diaphragmatica dorsalis übergeht.

# Organe der Brusthöhle

### Hilfslinien

Zur besseren Orientierung am Thorax sind horizontale, virtuelle Hilfslinien von Nutzen, dabei unterscheidet man eine:

- Hüfthöckerlinie (HL),
- Buggelenkslinie = Mitte Thoraxlinie (BL),
- Ellbogenhöckerlinie = seitlich vom Brustbein (EL).

## Lunge

### Kaudale Lungengrenze

Bei den verschiedenen Haussäugetieren verläuft die kaudale Lungengrenze unterschiedlich, sie lässt sich durch eine kaudal konvexe Linie durch die Hüfthöcker-, Buggelenks- und Ellbogenlinie auf die Körperoberfläche projizieren. Man unterscheidet:

| | Hund | Schwein | Wiederkäuer | Pferd |
|---|---|---|---|---|
| **HL** | 11 Ikr. | 11 Ikr. | 11 Ikr. | 16 Ikr. |
| **BL** | 9 Ikr. | 9 Ikr. | 9 Ikr. | 11 Ikr. |
| **EL** | 6 Ikr. | 5 Ikr. | 5 Ikr. | 6 Ikr. |

(Ikr. = Interkostalraum)

### Obere Lungengrenze

Die obere Lungengrenze verläuft längs der Hüfthöckerlinie, seitlich vom M. iliocostalis.

### Kraniale Lungengrenze

Die kraniale Lungengrenze wird durch die kaudale Grenze des Caput longum vom M. triceps brachii (**Anconaeusfurche**) angezeigt. Diese kann bei Kleintieren kranial verschoben werden.

## Verlauf der Zwerchfellkuppel

Der Verlauf des Zwerchfells wird durch eine kranial konvexe Linie durch den vorletzten Interkostalraum (HL), den 6. Interkostalraum (BL) und die Knochen-Knorpel-Grenze der 7. Rippe angezeigt. Das **Foramen venae cavae** liegt an der Grenze zwischen dem dorsalen und dem mittleren Drittel des Brusthöhlenvertikaldurchmessers:

- Hund: 7.–8. Interkostalraum,
- Schwein: 7. Interkostalraum,
- Wiederkäuer: 7. Interkostalraum und
- Pferd: 7.–8. Interkostalraum.

Das **Hohlvenenloch** verschiebt sich beim Einatmen ca. einen Interkostalraum kaudal.

## Herz

### Lage des Herzens

Das Herz reicht dorsal bis zu einer Horizontalebene in Höhe der Mitte der 1. Rippe. Es liegt zwischen der 3. und der 6. Rippe, beim Hund evtl. bis zur 7., beim Schwein und den Wiederkäuern evtl. nur bis zur 5. und beim Pferd evtl. von der 2. bis zur 6. Rippe. Beim Hund und beim Pferd hängt die Lage vom Trainingszustand der Tiere ab.

### Skelettotopie des Herzstoßes

- **Hund**:
  links: 4.–5. Interkostalraum (optimal 5. Ikr.)
  rechts: 4.–5. Interkostalraum
- **Wiederkäuer**:
  links: 3.–5. Interkostalraum (optimal 4. Ikr.)
  rechts: ---
- **Pferd**:
  links: 3.–6. Interkostalraum (optimal 5. Ikr.)
  rechts: 3.–4. Interkostalraum

### Absolute Herzdämpfung

Entspricht dem Recessus costomediastinalis und ist bei der Perkussion von Bedeutung.

- **Hund**:
  links: 4.–6. Interkostalraum
  rechts: 4.–6. Interkostalraum
- **Wiederkäuer**:
  bei diesen Tierarten wird das Herz von der Lunge bedeckt und kommt nicht mit der seitlichen Thoraxwand in Kontakt
- **Pferd**:
  links: 3.–5. Interkostalraum
  rechts: 3.–4. Interkostalraum

### Maximale Audibilität der Herzklappentöne

| | Hund | Rind | Pferd |
|---|---|---|---|
| **Linke Seite**: | | | |
| Linke AV-Klappe | 5. Ikr. | 4. Ikr. | 5. Ikr. |
| Aortenklappe | 4. Ikr. | 4. Ikr. | 4. Ikr. |
| Pulmonalklappe | 3. Ikr. | 3. Ikr. | 3. Ikr. |
| **Rechte Seite**: | | | |
| Rechte AV-Klappe | 4. Ikr. | 4. Ikr. | 4. Ikr. |

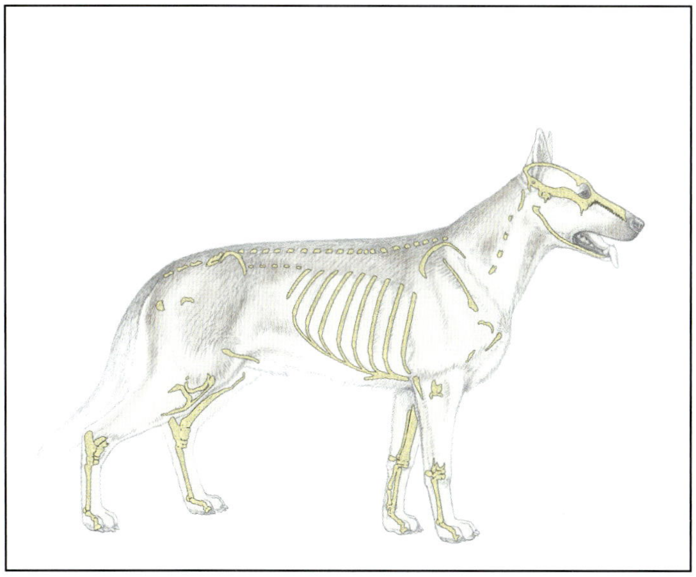

Abb. 19-85. Schematische Darstellung der tastbaren Knochenpunkte des Hundes.

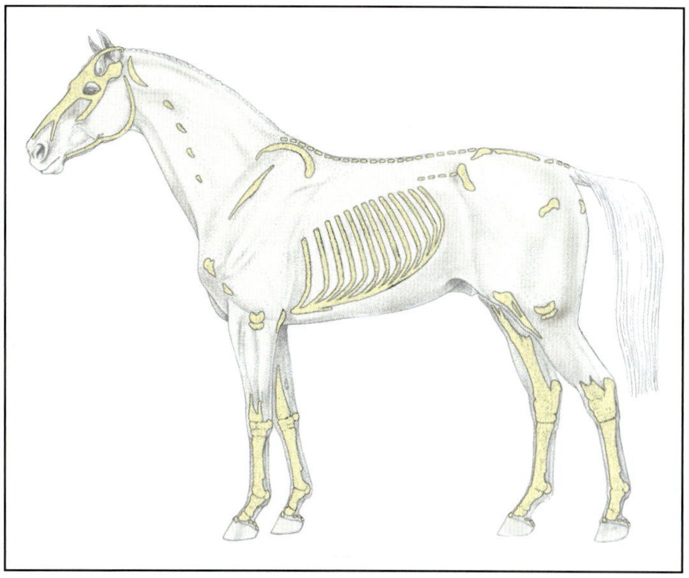

Abb. 19-86. Schematische Darstellung der tastbaren Knochenpunkte des Pferdes.

# Tastbare Knochenpunkte

## Tastbare Knochenpunkte am Kopf

- Os parietale
- Os frontale
- Os nasale
- Orbita
- Crista facialis
- Mandibula

## Tastbare Knochenpunkte am Hals und am Rücken

- Ala atlantis
- Processus transversi der Hals- und Lendenwirbel
- Processus spinosi der Brust- und Lendenwirbel
- Crista sacralis lateralis des Os sacrum
- Processus spinosi und Körper der Schwanzwirbel

## Tastbare Knochenpunkte am Brustkorb

- Rippen und Rippenknorpel (Hund: 3. bis 13., Pferd: 6. bis 18.)
- Sternum

## Tastbare Knochenpunkte an der Vordergliedmaße

- Cartilago scapulae und Spina scapulae
- Tuberculum majus humeri
- Tuberositas deltoidea
- Epicondylus lateralis humeri
- Tuber olecrani
- Radius und Planum cutaneum radii (medial)
- Ossa carpi
- Ossa metacarpalia
- Ossa sesamoidea proximalia mit Os compedale
- Os coronale und Processus extensorius des Os ungulare

## Tastbare Knochenpunkte an der Hintergliedmaße

- Tuber sacrale
- Tuber coxae
- Tuber ischiadicum
- Trochanter major ossis femoris
- Condylus femoris und Condylus tibiae
- Patella mit Bandapparat
- Tuberositas tibiae und Planum cutaneum tibiae (medial)
- Tuber calcanei
- Ossa tarsi
- Ossa metatarsi
- Ossa sesamoidea proximalia mit Os compedale
- Os coronale und Processus extensorius des Os ungulare
- Os penis (Rüde)

# Literatur


Agüera AC, Sandoval JJ. Anatomia aplicada del caballo. Madrid: Harcourt Brace 1999.

Anderson WD, Anderson BG. Atlas of canine anatomy. Philadelphia, Baltimore: Lea & Febiger 1994.

Ashdown RR, Done S. Colour Atlas of Veterinary Anatomy. The Horse. Cleveland, London: Gower Medical Publishing 1987.

Assheuer J, Sager M. MRI and CT Atlas of the Dog. Berlin: Blackwell Wissenschafts-Verlag 1997.

Baker GJ, Easley J. Zahnheilkunde in der Pferdepraxis. Hannover: Schlütersche Verlagsgesellschaft 2003.

Barone R. Anatomie Comparée des Mamifères Domestiques. Vol. 1–5. Lyon: Laboratoire d'Anatomie École Nationale Vétérinaire; Paris: Vigot 1968–1999.

Baum H. Das Lymphgefäßsystem des Rindes. Berlin: August Hirschwald 1912.

Berg R. Angewandte und Topographische Anatomie der Haustiere. 4. Aufl. Jena, Stuttgart: Gustav Fischer Verlag 1995.

Böhmisch R. Anatomische Untersuchungen zur funktionellen Morphologie des Schultergelenks (Articulatio humeri) des Pferdes. Diss med vet, München, 1998.

Böhmisch R, Maierl J, Liebich H-G. Zur topographischen und makroskopischen Anatomie des Schultergelenkes des Pferdes. Pferdeheilkunde 2000; 16: 244–52.

Boseckert S. Funktionell-anatomische Untersuchungen an den Zehengelenken (Articulationes interphalangeae) der Schultergliedmaße des Pferdes. Diss med vet, München, 2004.

Bragulla H. Die hinfällige Hufkapsel (Capsula unguale decidua) des Pferdefetus und neugeborenen Fohlens. Anat Histol Embryol 1991; 20: 66–74.

Breit S. Untersuchungen zur topographischen Anatomie von Hufgelenk und Bursa podotrochlearis beim Pferd. Diss med vet, Wien, 1994.

Breit S, Künzel W. Untersuchungen am Ligamentum intercapitale, seinen synovialen Einrichtungen und Beziehungen zum Discus intervertebralis beim Hund. Wien Tierärztl Mschr 1997; 84: 121–8.

Budras K-D, Habel E. Bovine Anatomy. Hannover: Schlütersche Verlagsgesellschaft 2003.

Budras K-D, König HE. Pathogenese und Ätiologie der Hufrehe. Pferdeheilkunde 2005; 21: 344–5.

Budras K-D, Röck S. Atlas der Anatomie des Pferdes. 5. Aufl. Hannover: Schlütersche Verlagsgesellschaft 2004.

Budras K-D, Richter R, Fricke W. Atlas der Anatomie des Hundes. 6. Aufl. Hannover: Schlütersche Verlagsgesellschaft 2000.

Budras K-D, Bragulla H, Pellmann R, Reese S. Das Hufbein mit Periost und Insertionszone des Hufbeinträgers. Wien Tierärztl Mschr 1997; 84: 241–7.

Carr AP. Zur Topographie der außerhalb der Schädelhöhle verlaufenden Blutgefäße am Kopf des Hundes und der Katze. Diss med vet, München, 1988.

Clemente CH. Operationen an der Klaue des Rindes. Tierärztl Prax 1979; 7: 153–206.

Constantinescu GhM. Clinical Dissection Guide for Large Animals. St. Louis: Mosby 1991.

Constantinescu GhM. Guide to regional Ruminant Anatomy based on the Dissection of the Goat. Ames: Iowa State University Press 2001.

Constantinescu GhM. Clinical Anatomy for Small Animals 1. Ames: Iowa State Press 2002.

Corpancho I. Makroskopische Untersuchungen zur Innervation der Organe in der Beckenhöhle der Katze. Diss med vet, München, 1986.

Cristofol C, Carretero A, Fernandez M, Navarro M, Sautet J, Ruberte J, Arboix M. Transplacental transport of netobimin metabolites in ewes. Europ J Drug Metab Pharmacokin 1995; 20 (3): 167–71.

Cüppers S. Entwicklung einer Sektionstechnik am Innenohr von Haussäugetieren zur Darstellung der Ganglia vestibulare, geniculi und spirale cochleae. Diss med vet, München, 1986.

Dorst A, Poulsen Nautrup C. Duplexsonographie der Schilddrüse bei adulten Warmblut-, Kaltblut- und Haflingerhengsten. Ultraschall in Med Suppl 1999; 20: 71–2.

Dyce KM, Sack WO, Wensing CJG. Textbook of Veterinary Anatomy. 3rd ed. Philadelphia: Saunders 2002.

Egelkraut I. Korrosionsanatomische und topographische Untersuchungen zu den Arterien in der Schädelhöhle des Schweines. Diss med vet, München, 1987.

Ellenberger W, Baum H. Handbuch der vergleichenden Anatomie der Haustiere. 18. Aufl. Berlin: Springer 1943.

Eller D. Anatomische und biomechanische Untersuchungen am Schultergelenk (Articulatio humeri) des Hundes (Canis familiaris). Diss med vet, München, 2003.

Evans HE. Miller's Anatomy of the dog. 3rd ed. Philadelphia, London, Toronto: Saunders 1993.

Fiedler A, Maierl J, Nuss K. Erkrankungen der Klauen und Zehen des Rindes. Stuttgart: Schattauer 2004.

Friker J. Anatomische Untersuchungen am Sprunggelenk des Pferdes. Diss med vet, München, 1997.

Friker J, Maierl J, Liebich H-G. Untersuchung zur Kommunikation zwischen dem distalen Intertarsal- und dem Tarsometatarsalgelenk am Sprunggelenk des Pferdes. Pferdeheilkunde 2000; 16: 352–8.

Fröhlich I. Die Schnittanatomie am Kopf des Hundes, mit besonderer Berücksichtigung des Zentralnervensystems. Diss med vet, Wien, 2002.

Fröhlich I, Probst A, Polgar M, Sora M-C, König HE. Plastinierte P35-Gehirnschnitte des Hundes – eine Basis für die klinische Untersuchung mit modernen bildgebenden Verfahren. Wien Tierärztl Mschr 2003; 90: 62–6.

Ganzberger K. Anatomische Untersuchungen zum Schultergelenk des Hundes insbesondere zum Ligamentum glenohumerale mediale. Diss med vet, Wien, 1993.

Getty R. Sisson and Grossman's the anatomy of the domestic animals. 5th ed. Philadelphia: Saunders 1975.

Ghetie V. Anatomia animalelor domestice. Bucuresti: Editura Didactica si Pedagogica 1967.

Ghetie V. Anatomia animalelor domestice. Bucuresti: Editura Academiei Republici Socialiste Romania 1971.

Ghetie V, Pastea E. Atlas de Anatomia comparativa. Vol. II. Bucuresti: Editura Agro-Silvica de Stat 1958.

Ghetie V, Pastea E, Riga I. Atlas de Anatomia comparativa. Vol. I. Bucuresti: Editura Agro-Silvica de Stat 1954.

Ghetie V, Pastea E, Riga I. Anatomia topografica a Calului. Bucuresti: Editura Agro-Silvica de Stat 1955.

Gollob-Kammerer E. Die sonographische Darstellung des Atlantookzipitalgelenks beim Pferd. Diss med vet, Wien, 1996.

Goody P. Anatomie des Pferdes. Stuttgart: Verlag Eugen Ulmer 2004.

Grau H. In: Ellenberger W, Baum H (Hrsg). Handbuch der vergleichenden Anatomie der Haustiere. 18. Aufl. Reprint. Berlin, Heidelberg, New York: Springer 1974.

Grau H, Walter P. Grundriß der Histologie und vergleichenden mikroskopischen Anatomie der Haussäugetiere. Berlin, Hamburg: Parey 1967.

Gruber M. Makroskopisch-anatomische und rasterelektronenmikroskopische Untersuchungen am Ellbogengelenk der Katze (Felis silvestris f. catus) und des Kaninchens (Oryctolagus cuniculus). Diss med vet, Wien, 1995.

Habel ER. Applied Veterinary Anatomy. Philadelphia: Saunders 1978.

Hartmann FD. Zur topographischen Anatomie des Gleichgewichts- und Gehörorgans der Hauskatze. Diss med vet, München, 1992.

Henninger K. Korrosionsanatomische und topographische Untersuchungen an den Blutgefäßen in der Regio colli des Hundes – unter besonderer Berücksichtigung der Gefäße des Rückenmarks. Diss med vet, München, 1991.

Herndl B, Probst A, Sora M-C, König HE. Dauerhafte, transparente anatomische Schnittpräparate vom Kopf des Hundes – eine objektive Basis für die Schnittbilddiagnostik. Wien Tierärztl Mschr 2004; 91: 127–33.

Kaiser A. Morphologische und biomechanische Eigenschaften des Karpalgelenks (Articulatio carpi) des Hundes (Canis familiaris). Diss med vet, München, 2006.

Kaser W. Untersuchungen zur funktionellen Anatomie des Ellbogengelenks (Articulatio cubiti) des Hundes. Diss med vet, München, 1998.

Kerjes AW, Nèmeth F, Rutgers LJE. Atlas der Großtierchirurgie. Stuttgart, New York: Gustav Fischer Verlag 1986.

Komarek V. Lokomoce Savcu. Vysoka Skola Zemedelska v. Praze, Agronomicka Fakulta, 1993.

König HE. Anatomie und Entwicklung der Blutgefäße in der Schädelhöhle der Hauswiederkäuer (Rind, Schaf und Ziege). Habilitationsschrift. Stuttgart: Enke 1979.

König HE. Anatomie der Katze. Stuttgart: Gustav Fischer Verlag 1992.

König HE. Beitrag zur Blutversorgung des Magens beim Hund – eine korrosionsanatomische und rasterelektronenmikroskopische Untersuchung. Tierärztl Prax 1992; 20: 429–33.

König HE, Amselgruber W, Rüsse I. Zur Mikrozirkulation in Follikeln und Corpora lutea des Rinderovars – eine korrosionsanatomische Studie. Tierärztl Prax 1988; 16: 25–31.

König HE, Böck P, Probst A. Zur Problematik von Corpora lutea ectopica. Dtsch Tierärztl Wschr 2004; 111: 455–8.

König HE, Macher R, Polsterer-Heindl E, Hinterhofer Chr. Der tiefe Zehenbeuger des Pferdes im Bereich des Acropodium. Pferdeheilkunde 2003; 19: 476–80.

König HE, Popescu A, Polsterer-Heindl E, Hinterhofer Chr. Arteriovenöse Koppelung im Zehenendorgan des Pferdes. Pferdeheilkunde 2003; 19: 459–62.

König HE, Lobos A, Probst A, Schoenberg A, Polsterer E, Sora M-C. Investigaciones con el metodo de plastinación E-12 en el digito del equino. Una comparación entre cortes de digitos normales y de digitos de equinos con laminitis (Pododermatitis difusa aseptica). Agro-Ciencia 2005; 21: 23–8.

König HE, Wissdorf H, Probst A, Macher R, Voß S, Polsterer E. Zur Funktion der mimischen Muskulatur und des Organum vomeronasale beim Flehmen des Pferdes. Pferdeheilkunde 2005; 21: 297–300.

König HE, Macher R, Polsterer-Heindl E, Sora M-C, Hinterhofer Chr, Helmreich M, Böck P. Stoßbrechende Einrichtungen am Zehenendorgan des Pferdes. Wien Tierärztl Mschr 2003; 90: 267–73.

Koy T. Untersuchungen zur Anatomie der Synovialmembran beim Kalb. Diss med vet, München, 1999.

Langer S. Zur Topographie des Kniegelenks der Katze. Diss med vet, Wien, 1994.

Leonhardt H. Atlas der Anatomie. Bd. II. Stuttgart: Thieme 1991.

Liebich H-G. Funktionelle Histologie. 4. Aufl. Stuttgart: Schattauer 2004.

Lieser B. Morphologische und biomechanische Eigenschaften des Hüftgelenks (Articulatio coxae) des Hundes (Canis familiaris). Diss med vet, München, 2003.

Maierl J. Zur funktionellen Anatomie und Biomechanik des Ellbogengelenks (Articulatio cubiti) des Hundes (Canis familiaris). Habilitationsschrift, München, 2003.

Maierl J. Die Aufhängung des Klauenbeins – funktionelle Anatomie und Biomechanik der Rinderklaue. Tierärztl Prax 2004; 32 (G): 239–44.

Maierl J, Liebich H-G. Investigations on the postnatal development of the macroscopic proportions and the topographic anatomy of the feline spinal cord. Anat Histol Embryol 1998; 27: 375–9.

Maierl J, Böttcher P, Liebich H-G. 3D-Matching von computertomographischen Datensätzen zur interindividuellen Auswertung der subchondralen Knochendichte am Ellbogengelenk des Hundes. Ann Anat (Suppl.) 2003; 185: 96.

Maierl J, Misof F, Böttcher P, Liebich H-G. Knochendichte und Knorpeldicke am Schultergelenk des adulten Hundes. Ann Anat (Suppl.) 2000; 183: 191.

Maierl J, Weller R, Zechmeister R, Liebich H-G. Arthroscopic anatomy of the equine temporomandibular joint. Polish J Vet Sci (Suppl.) 2000; 3: 28.

Maierl J, Zechmeister R, Schill W, Gerhards H, Liebich H-G. Röntgenologische Darstellung der Wachstumsfugen an Atlas und Axis beim Fohlen. Tierärztl Prax 1998; 26 (G): 341–5.

Matheis F. Makroskopisch-anatomische Untersuchungen einiger prae- und paravertebraler Ganglien der Hauskatze. Diss vet med, München, 1993.

Menger M. Angioarchitektonische Untersuchungen am Blutgefäßsystem der Vordergliedmaße von Katze und Hund – eine vergleichende Studie. Diss vet med, München, 1988.

Müller R. Makroskopisch-anatomische Untersuchungen zum Plexus lumbosacralis der Katze. Diss med vet, München, 1986.

Mülling C, Bragulla H, Budras K-D, Reese S. Strukturelle Faktoren mit Einfluss auf die Hornqualität und Prädilektionsstellen für Erkrankungen an der Fussungsfläche der Rinderklaue. Schweiz Arch Tierheilk 1994; 136: 49–57.

Mülling C, Bragulla H, Reese S, Budras K-D, Steinberg W. How structures in bovine hoof epidermis are influenced by nutritional factors. Anat Histol Embryol 1999; 28: 103–8.

Najbrt R, Červeny C, Kaman J, Mikyska E, Straha O, Sterba O. Veterinari anatomie. Bd. I, Bd. II. Praha: Statni Zemedelske Nakladatelstvi 1982.

Navarro M, Aparicio FJ, Carretero A, Manesse M, Sautet J, Ruberte J. Vascularization of the equine hoof. A macroscopic- and scanning electronmicroscopy study of vascular casts. Rev Med Vet 1994; 145, 12: 953–9.

Nickel R, Schummer A, Seiferle E (Hrsg). Lehrbuch der Anatomie der Haustiere. Bd. I. Frewein J, Wille K-H, Wilkens H (Hrsg). Bewegungsapparat. 8. Aufl. Stuttgart: Parey bei MVS 2004.

Nickel R, Schummer A, Seiferle E (Hrsg). Lehrbuch der Anatomie der Haustiere. Bd. III. Habermehl K-H, Vollmerhaus B, Wilkens H, Waibl H (Hrsg). Kreislaufsystem, Haut und Hautorgane. 4. Aufl. Stuttgart: Parey bei MVS 2005.

Nickel R, Schummer A, Seiferle E (Hrsg). Lehrbuch der Anatomie der Haustiere. Bd. IV. Böhme G (Hrsg). Nervensystem, Sinnesorgane, endokrine Drüsen. 4. Aufl. Stuttgart: Parey bei MVS 2004.

Nöstelthaller A. Zur Blutgefäßversorgung des Herzens beim Hund, insbesondere im Hinblick auf Anastomosen, Kollateralen und Verzweigungsmuster. Diss med vet, Wien, 2001.

Nöstelthaller A, Probst A, König HE. Use of corrosion casting techniques to evaluate coronary collateral vessels and anastomoses in hearts of canine cadavers. Am J Vet Res 2005; 66: 1724–8.

Nöstelthaller A, Probst A, König HE. Branching patterns of the left main coronary artery in the dog demonstrated by use of corrosion casting technique. Anat Histol Embryol 2006; 35: 1–5.

Nuss K, Hecht S, Maierl J, Weller R, Matis U. Zur Punktion der Gliedmaßengelenke beim Rind. Teil 1. Schultergliedmaße. Tierärztl Prax 2002: 30 (G): 226–32.

Nuss K, Hecht S, Maierl J, Weller R, Matis U. Zur Punktion der Gliedmaßengelenke beim Rind. Teil 2. Beckengliedmaße. Tierärztl Prax 2002; 30 (G): 301–7.

Pavaux Cl. Farbatlas der Anatomie des Rindes. Hengersberg: Schober 1983.

Polgar M, Probst A, Sora M-C, König HE. Plastinierte Körperfeinschnitte als neues Hilfsmittel zur Darstellung der Schnittanatomie am Beispiel der Brusthöhle des Hundes. Diss vet med, Wien Tierärztl Mschr 2003; 90: 45–52.

Pont M, Probst A, Böck P, Hinterhofer Chr, Sora M-C, König HE. Schnittanatomie der Zehe des Pferdes – insbesondere zur Feinstruktur des sogenannten Kronbeinschenkels des tiefen Zehenbeugers. Pferdeheilkunde 2004; 20: 415–22.

Popesko P. Atlas der topographischen Anatomie der Haustiere. Bd. I, II u. III. Stuttgart: Enke 1979.

Poulsen Nautrup C, Tobias R. Atlas und Lehrbuch der Ultraschalldiagnostik bei Hund und Katze. 3. Aufl. Hannover: Schlütersche Verlagsanstalt 2000.

Probst A, Henninger W, Willmann M. Communications of normal nasal and paranasal cavities in computed tomography of horses. Vet Radiol Ultrasound 2005; 46: 44–8.

Probst A, Kneissl S, Polsterer E, Sora M-C, König HE. Schnittanatomie – ihre Bedeutung für den Unterricht in der Veterinäranatomie und in der Schnittbilddiagnostik. Wien Tierärztl Mschr 2005; 92: 100–6.

Probst A, Macher R, Hinterhofer C, Polsterer E, Guarda IH, König HE. Anatomical features of the carpal flexor retinaculum of the horse. Anat Histol Embryol 2008; May 29 [Epub ahead of print].

Probst A, Sora M-C, Böck P, Budras K-D, Liebich H-G, König HE. Plastinierte Schnitte von Hufpräparaten: eine didaktisch wertvolle Ergänzung zur Darstellung anatomischer Feinstrukturen. Wien Tierärztl Mschr 2006; 93: 98–102.

Reese S. Sonographische Untersuchungen zur Größe der Schilddrüse des Hundes in Abhängigkeit von Körpergewicht, Alter und Geschlecht. Ann Anat 1999; 181: 151–2.

Reese S, Budras K-D. Synoviale Einrichtungen (Synovialstrukturen) der Beckengliedmaße. In: Budras K-D, Fricke W, Richter R (Hrsg). Atlas der Anatomie des Hundes. 6. Aufl. Hannover: Schlütersche Verlagsanstalt 2000; 86–7.

Reese S, Budras K-D. Gelenke am Kopf. In: Budras K-D, Fricke W, Richter R (Hrsg). Atlas der Anatomie des Hundes. 6. Aufl. Hannover: Schlütersche Verlagsanstalt 2000; 106–7.

Reese S, Büchler F, Kraft W. Die sonographische Schilddrüsenuntersuchung bei der Katze. Tierärztl Prax 2001; 29 (K): 184–90.

Reese S, Gerlach K, Budras K-D. Beiträge zur klinisch-funktionellen Anatomie. In: Budras K-D, Fricke W, Richter R (Hrsg). Atlas der Anatomie des Hundes. 6. Aufl. Hannover: Schlütersche Verlagsanstalt 2000; 174–205.

Riegger KA. Makroskopisch-anatomische Untersuchungen zur Zusammensetzung des Plexus brachialis und zur Topograhie der Nerven an der Vordergliedmaße der Hauskatze. Diss med vet, München, 1988.

Roos H, Vollmerhaus B. Konstuktionsprinzipien an der Vorder- und Hinterpfote der Hauskatze (Felis catus). 1. Mitteilung: Skelett. Anat Histol Embryol 2000; 29: 111–8.

Rösslein C. Angioarchitektonische Untersuchungen an den Arterien des Encephalon und der Meninges beim Pferd. Diss med vet, München, 1987.

Ruberte J, Sautet J. Atlas de Anatomia del Perro del G. Volumen 1, 2 und 3. Universidad Autonoma de Barcelona 1997, 1998.

Ruberte J, Carretero A, Fernandez M, Pons J, Gine JM, Sautet JY. Anatomia de la ubre de la oveja: Datos morfologicos para comprender'la produccion de leche y el ordeno. Ovis 1994; 33: 9–16.

Rümens D, Patan B, Probst A, Polsterer E, Macher R, Stanek C, König HE. Der iliosakrale Übergang – ein Problembereich des Pferderückens. Pferdeheilkunde 2007; 23: 21–6.

Sack WO, Habel RE. Guide to the dissection of the horse. Ithaka, NY: Veterinary Textbooks 1977.

Saeglitz J. Morphologische Grundlagen für ein Forward-Dynamik-Modell der Schultergliedmaße des Deutschen Schäferhundes und invers dynamische Untersuchungen zu den gelenkresultierenden Kräften der großen Gliedmaßengelenke. Diss med vet, München, 2003.

Salomon F-V, Geyer H. Atlas der angewandten Anatomie der Haustiere. 3. Aufl. Stuttgart: Enke 2007.

Sautet J. L'appareil digestif et ses adaptations. In: Jarrige R, Ruckebusch Y, Demarquilly C, Farce MH, Journet M. Nutrition des Ruminants domestiques. Versailles: INRA Editions 1995.

Sautet J, Roberte J, Servantie J. Bases anatomiques de l'endoscopie des voies aériennes du cheval. Le Point Vétérinaire 1989; Vol. 21, n°121.

Schabel E. Makroskopische Untersuchungen zur Topographie der Gehirnnerven an der Schädelbasis der Ziege (Capra hircus). Diss med vet, München, 1984.

Schäfer C. Biomechanische Untersuchungen am Fesselgelenk (Articulatio metacarpophalangea) des Pferdes. Diss med vet, München, 2001.

Schaller O. Illustrated Veterinary Anatomical Nomenclature. 2nd ed. Stuttgart: Enke 2007.

Schebitz H, Brass W. Operationen an Hund und Katze. 2. Aufl. Berlin: Parey 1999.

Schleip D. Makroskopisch anatomische Untersuchungen zur Topographie der Gehirnnerven der Katze (Felis catus). Diss med vet, München, 1992.

Schmidt U. Makroskopische Untersuchungen zum Ganglion distale nervi vagi und zur Innervation des Larynx bei der Ziege. Diss med vet, München, 1987.

Schoenberg A, Probst A, Macher R, Polsterer E, Budras K-D, Böck P, König HE. Passive Haltestrukturen am Hufgelenk des Pferdes. Pferdeheilkunde 2005; 21: 212–6.

Schoenberg R, Probst A, Hinterhofer C, Sora M-C, Böck P, Budras K-D, König HE. Zur Anatomie der Hufknorpel des Pferdes. Wien Tierärztl Mschr 2007; 94: 145–56.

Schuller K. Biomechanische Eigenschaften des Karpalgelenks des Pferdes mit besonderer Berücksichtigung technischer Probleme bei der computertomographischen Datenerhebung und -verarbeitung. Diss med vet, München, 2003.

Schuller S. Magnetresonanztomographische Darstellung des Gelenkknorpels am Schulter- und Ellbogengelenks des Hundes. Diss med vet, München, 2003.

Schünke M, Schulte E, Schumacher U. Prometheus LernAtlas der Anatomie. Allgemeine Anatomie und Bewegungssystem. 2. Aufl. Stuttgart: Thieme Verlag 2007.

Schurman SO, Kersten W, Weijs WA. The equine hind limb is actively stabilized during standing. J Anat 2003; 202: 355–62.

Schweitzer W, König HE. Korrosionsanatomische und rasterelektronenoptische Untersuchungen an den Blutgefäßen des Zehenendorganes der Beckengliedmaße des Rindes. Tierärztl Prax 1990; 18: 13–6.

Sobotta J (Hrsg). Anatomie des Menschen. Der komplette Atlas in einem Band. Putz R, Pabst R (Hrsg). Allgemeine Anatomie, Bewegungsapparat, Innere Organe, Neuroanatomie. 22. Aufl. München: Urban & Fischer bei Elsevier 2007.

Sótonyi P. Anatomia canis. I. Extremitatis cranialis, II. Extremitatis caudalis. Kisálláklinika Kft., H-8000 Székesféhervár, Fütöház u. 1, 1999, multimedia CD-ROM.

Soucek G. Zur Anatomie der Nasenhöhle und der äußeren Nase beim Schwein (Sus scrofa f. domestica). Diss med vet, München, 1999.

Stiglhuber A. Makroskopische und rasterelektronenmikroskopische Untersuchungen zur Anatomie des Fesselgelenks beim Pferd. Diss med vet, Wien, 1995.

Teufel F. Makroskopisch anatomische und rasterelektronenmikroskopische Untersuchungen am Kniegelenk des Pferdes. Diss med vet, Wien, 1997.

Teufel M. Makroskopisch anatomische und rasterelektronenmikroskopische Untersuchungen am Tarsalgelenk des Pferdes. Diss med vet, Wien, 1997.

Vollmerhaus B. Harn- und Geschlechtsapparat. In: Nickel R, Schummer A, Seiferle E (Hrsg). Lehrbuch der Anatomie der Haustiere. Bd. II. Frewein J, Gasse H, Leiser R, Roos H, Thomé H, Vollmerhaus B, Waibl H (Hrsg). Eingeweide. 9. Aufl. Stuttgart: Parey bei MVS 2004; 308–36.

Vollmerhaus B, Roos H. Rumpfdarm. In: Nickel R, Schummer A, Seiferle E (Hrsg). Lehrbuch der Anatomie der Haustiere. Bd. II. Frewein J, Gasse H, Leiser R, Roos H, Thomé H, Vollmerhaus B, Waibl H (Hrsg). Eingeweide. 9. Aufl. Stuttgart: Parey bei MVS 2004; 103–95.

Vollmuth R. Das anatomische Zeitalter. München: Verlag Neuer Merkur 2004.

Von den Driesch A, Peters J. Geschichte der Tiermedizin. 2. Aufl. Stuttgart: Schattauer 2003.

Vüllers ML. Zur Topographie der Venen in der Schädelhöhle des Hundes. Diss med vet, München, 1984.

Wagner S. Makroskopisch anatomische und rasterelektronenmikroskopische Untersuchungen am Karpalgelenk des Pferdes. Diss med vet, Wien, 1996.

Waibl H, Mayrhofer E, Matis U, Brunnberg L, Köstlin R. Atlas der Röntgenanatomie des Hundes. 2. Aufl. Stuttgart: Parey bei MVS 2005.

Walde I, Nell B, Schäffer EH, Köstlin RG (Hrsg). Augenheilkunde. Lehrbuch und Atlas. Hund, Katze, Kaninchen und Meerschweinchen. 3. Aufl. Schattauer 2008.

Weller R, Livesey L, Maierl J, Nuß K, Bowen IM, Cauvin ERJ, Weaver M, Schumacher J, May SA. Comparison of radiography and scintigraphy in the diagnosis of dental disorders in the horse. Equine Vet J 2001; 33: 49–58.

Wilhelm J, Probst A, Witter K, Macher R, Zbynek T, Budras K-D, König HE. Das Hufkissen des Pferdes: eine federnd-elastische Struktur im Zehenendorgan. Pferdeheilkunde 2005; 21: 531–7.

Wissdorf H, Gerhards H, Huskamp B, Deegen E. Praxisorientierte Anatomie und Propädeutik des Pferdes. 2. Aufl. Alfeld-Hannover: Schaper 2002.

Witter K. Frühe Odontogenese beim Hausschaf (Ovis aries). Diss med vet, München, 1999.

Witter K, Egerbacher M, Matulova P, Paral V. Morphologie der Verbindung zwischen Rippenknochen und Rippenknorpel – eine Diskussion der Begriffe „Synchondrosis“ und „Symphysis“. Wien Tierärztl Mschr 2004; 91: 214–21.

Wolf S. Topographische Anatomie des Luftsacks (Diverticulum tubae auditivae) beim Pferd. Diss med vet, Wien, 1999.

Zöggeler E. Plastinationsverfahren als neue Methode zur Darstellung der Schnittanatomie am Beispiel der Bauch- und Beckenhöhle des Hundes. Diss med vet, Wien, 2002.

Zöggeler E, Probst A, Sora M-C, König HE. Plastinierte Körperfeinschnitte als neues Hilfsmittel zur Darstellung der Schnittanatomie am Beispiel der Bauch- und Beckenhöhle des Hundes. Wien Tierärztl Mschr 2002; 89: 115–21.

# Anatomische Schlüsselwörter

| | |
|---|---|
| Ab- | weg von |
| abaxialis | von der Achse weg |
| Abdomen | Bauch |
| abducens | wegführend |
| Abductor | Abzieher |
| accelerans | beschleunigend |
| accessorius | hinzukommend |
| Acetabulum | Essigschälchen |
| Acinus | Beere |
| Acromion | Schulterhöhe |
| Acropodium | äußerstes Gliedmaßenende |
| acusticus | das Hören betreffend |
| acutus | scharf, spitz |
| Adductor | Zuführer |
| Adhaesio | Anhaftung, »Verklebung« |
| Aditus | Zugang |
| adnexus | daranhängend |
| adiposus | fettig |
| afferens | zubringend |
| Ala | Flügel |
| albugineus | weißlich |
| Allantois | embryonaler Harnsack |
| alveolaris | zum Alveolus gehörig |
| Alveolus | kleine Mulde |
| Alveus | Bauch, Aushöhlung |
| Amphiarthrosis | straff-federndes Gelenk |
| Ampulla | kolbenförmiges Gefäß |
| amygdaloideus | mandelähnlich |
| analis | zum After gehörend |
| Anastomosis | Vereinigung, Verbindung |
| anconeus | zum Ellenbogen gehörig |
| Angulus | Winkel |
| Ansa | Schlinge |
| anserinus | gänsefußförmig |
| antebrachium | Unterarm |
| anterior | vorn liegend |
| Antrum | Höhle |
| Anulus | kleiner Ring |
| Anus | Ring, After |
| Aorta | große Körperschlagader |
| Apertura | Öffnung |
| Apex | Spitze |
| Aponeurosis | flache Sehne |
| Apophysis | Auswuchs |
| Appendix | Anhang |
| Aquaeductus | »Wasserleitung«, Liquorraum |
| Arachnoidea | spinngewebsähnliche Haut |
| Arbor | Baum |
| arcuatus | gekrümmt |
| Arcus | Bogen |
| Area | leerer Platz, Fläche |
| areolaris | zum Warzenhof gehörig |
| arrector | Aufrichter |
| Arteria | Schlagader |
| Arteriola | kleine Schlagader |
| Articulatio | Gelenk |
| arytenoideus | gießbeckenähnlich |
| ascendens | ansteigend |
| asper | rau |
| Asthenia | Schwäche |
| Asthma | Atemnot |
| Atlas | Träger, der 1. Halswirbel |
| Atresia | Fehlen einer natürlichen Öffnung |
| Atrium | Vorhof |
| Atrophia | Schwund von Zellen |
| auricularis | ohrförmig, zum Ohr gehörig |
| Auris | Ohr |
| autochthon | an Ort und Stelle entstanden |
| autonomicus | selbstständig |
| Avis | Vogel |
| Axilla | Achselhöhle |
| Axis | Achse, der 2. Halswirbel, Dreher |
| Axon | (Wagen-)Achse, (axonaler) Fortsatz einer Nervenzelle |
| azygos | unpaarig |

| | |
|---|---|
| Basis | Grundlage |
| Basipodium | Fußwurzel |
| biceps | zweiköpfig |
| bicuspidalis | zweizipfelig |
| bifidus | zweigeteilt |
| Bifurcatio | Gabelung |
| bilateralis | zweiseitig |
| biliaris | zur Galle gehörig |
| bilifer | gallefführend |
| Bilis | Galle |
| biventer | zweibäuchig |
| Blast | Bildungsgewebe |
| Blastos | Keim |
| brachalis | zum Arm gehörend |
| brevis | kurz |
| bronchialis | zum Luftröhrenast gehörend |
| Bronchus | Ast der Luftröhre |
| Bucca | Wange |
| buccalis | zur Wange gehörend |
| Bulbus | Zwiebel |
| Bulla | Blase, Kapsel |
| Bursa | Beutel |

| | |
|---|---|
| Caecum | Blinddarm |
| caecus | blind |
| Calcaneus | Fersenbein |
| Calcar | Sporn |
| Calix | Kelch |
| Callus | Verhärtung |
| Calvaria | Schädeldach |
| Camera | Kammer |
| Canaliculus | kleiner Kanal |
| Canalis | Röhre |
| caninus | zum Hund gehörend |
| Capillus | Haar |
| Capitulum | Köpfchen |
| Capsula | kleine Kapsel |
| Caput | Kopf |
| Cardia | Herz, Magenmund |
| Caries | Fäulnis |
| carneus | fleischig |
| Carotis | Kopfschlagader |
| Carpus | Handwurzel |
| Cartilago | Knorpel |
| Caruncula | Fleischwärzchen |
| Cauda | Schwanz |
| caudalis | zum Schwanz hin |
| caudatus | geschwänzt |
| cavernosus | höhlenreich |
| Cavitas | Höhle |
| Cavum | Hohlraum |
| Cellula | kleine Kammer, Zelle |
| centralis | im Mittelpunkt liegend |
| Centrum | Mittelpunkt |
| cephalicus | zum Kopf gehörig |
| Cerebellum | Kleinhirn |
| Cerebrum | Gehirn |
| Cerumen | Ohrschmalz |
| cervicalis | zum Hals gehörig |
| Cervix | Hals |
| Chiasma | Kreuzung |
| Choana | Trichter |
| Chole | Galle |
| choledochus | Galle führend |
| chondro- | Knorpel |
| Chondrosis | Knorpelbildung |
| Chorda | Saite |
| Choroidea | Aderhaut |
| Chylus | Darmlymphe |
| ciliaris | zum Augenlid gehörig |
| Cilium | Wimper |
| Cingulum | Gürtel |
| Circulus | Kreis |
| circum | ringsherum |
| Circumferentia | Umkreis |
| circumflexus | umgebogen |
| Cisterna | Wasserhöhle |
| Claustrum | Verschluss |
| Clavicula | Schlüsselbein |
| clinoideus | bettähnlich |
| Clitoris | Kitzler |
| Clivus | Abhang |
| Cloaca | »Abwasserkanal«, Kloake |
| Clunis | Hinterbacke |
| coccygeus | zum Steißbein gehörig |
| Cochlea | Schnecke |
| coeliacus | zur Leibeshöhle gehörig |
| colicus | zum Grimmdarm gehörig |
| collagenosus | Leim bildend |
| Collapsus | Zusammenbruch |
| collateralis | seitlich liegend |
| Colliculus | Hügelchen |
| Collum | Hals |
| Colon | Dickdarm |
| Colpos | Scheide |
| Columna | Säule |
| Commissura | Verbindung |
| communis | gemeinsam |
| compactus | zusammengedrängt |
| complexus | zusammengefasst |
| compositus | zusammengesetzt |
| Compressio | Zusammendrücken |
| Concha | Muschel |
| Condylus | Gelenkhöcker |

| | |
|---|---|
| congenitalis | angeboren |
| Confluens | Zusammenfluss |
| conjugatus | verbunden |
| conjunctivus | der Verbindung dienend |
| Conjunctiva | Bindehaut |
| Connexio | Verbindung |
| Consecutio | Folge |
| Constrictor | Zusammenzieher |
| contactus | berührt |
| contortus | vielfach gewunden |
| Conus | Kegel |
| convolutus | gewunden |
| Cor | Herz |
| coracoideus | dem Raben(schnabel) ähnlich |
| Corium | Lederhaut |
| Cornea | Hornhaut |
| corniculatus | mit einem Hörnchen versehen |
| Cornu | Horn |
| Corona | Kranz |
| coronoideus | hakenähnlich |
| Corpus | Körper |
| Corpusculum | kleiner Körper |
| Corrugator | Runzler |
| Cortex | Rinde |
| corticalis | zur Rinde gehörend |
| Costa | Rippe |
| Coxa | Hüfte |
| Cranium | Schädel |
| crassus | dick |
| Cremaster | Aufhänger |
| cribrosus | siebartig |
| Cribrum | Sieb |
| cricoideus | ringförmig |
| Crista | Leiste |
| cruralis | zum Schenkel gehörig |
| Crus | Schenkel |
| Crypta | Einbuchtung |
| Cubitus | Ellenbogen |
| Culmen | höchster Punkt |
| cuneatus | keilförmig |
| cuneiformis | keilförmig |
| Cunnus | weibliche Scham |
| Cupula | kleine Kuppel |
| Curvatura | Biegung |
| curvus | gekrümmt |
| Cuspis | Lanzenspitze |
| cutaneus | zur Haut gehörend |
| Cuticula | Häutchen |
| Cutis | Haut |
| cyclicus | kreisförmig |
| cysticus | zur Gallenblase gehörend |
| Cystis | Blase |
| cyto- | Zelle |
| **D**artos | abgehäutet |
| Decidua | hinfällige Haut |
| Declive | Abhang |
| Decussatio | Kreuzung |
| Defaecatio | Stuhlentleerung |
| deferens | herabführend |
| delabens | herabrollend |
| deltoideus | dreieckig |
| Dendritum | Baum |
| Dens | Zahn |
| Dentin | Zahnbein |
| Depressor | Herabdrückender |
| Dermis | Haut |
| descendens | herabsteigend |
| desmal | bindegewebig |
| dexter | rechtsseitig |
| Diameter | Durchmesser |
| Diaphragma | Scheidewand |
| Diaphysis | Mittelstück des Röhrenknochens |
| Diastema | Zwischenraum |
| Diastole | Erschlaffen des Herzkammermuskels |
| Diarthrosis | Gelenk |
| Diencephalon | Zwischenhirn |
| digastricus | zweibäuchig |
| digestorius | der Verdauung dienend |
| digitalis | zum Finger gehörend |
| Digitus | Finger |
| Dilatator | Erweiterer |
| Diploë | Doppelschicht |
| dis- | auseinander |
| Discus | Scheibe |
| disseminatus | verteilt |
| distalis | weiter vom Rumpf entfernt |
| Diverticulum | Aussackung |
| dorsalis | rückseitig |
| Dorsum | Rücken |
| Dromos | Lauf |
| Ductus | Gang |
| Duodenum | Zwölffaches, Zwölffingerdarm |
| durus | hart |
| dys- | fehlerhaft |
| Dysplasia | Fehlentwicklung |
| Dyspnoe | Atemnot |
| **E**cto- | außen, außerhalb |
| Ectopia | Organverlagerung nach außen |
| efferens | herausführend |
| Ejaculatio | Herausschleudern |
| embryonalis | zum Keimling gehörig |
| Eminentia | Erhöhung |
| Emissarium | Abfluss |
| en- | innerhalb |
| Enamelum | Glasur |
| Enarthrosis | Nussgelenk |
| Encephalon | Gehirn |
| endo- | innen, innerhalb |
| Endocardium | Innenauskleidung des Herzens |
| endokrin | nach innen absondernd |
| Enteron | Eingeweide |
| epi- | auf, darauf |
| Epicardium | seröser Überzug des Herzens |
| Epicondylus | auf dem Condylus liegender Fortsatz |
| Epidermis | Oberhaut |
| Epididymis | Nebenhoden |
| epigastricus | auf dem Bauch befindlich |
| Epiglottis | Kehldeckel |
| Epiphysis | Wachstumsfuge des Knochens |
| epiploicus | zum Netz gehörig |
| Epiploon | Netz |
| Epistropheus | Umdreher, 2. Halswirbel |
| epithelialis | zum Deckgewebe gehörig |
| equinus | vom Pferd stammend |
| Erector | Aufrichter |
| ethmo- | Sieb |
| ethmoidalis | siebähnlich |
| Excavatio | Aushöhlung |
| excretorius | ausscheidend |
| exo- | außen, außerhalb |
| Exspiratio | Ausatmung |
| Extensor | Strecker |
| externus | außenliegend |
| extra- | außerhalb von etwas |
| Extremitas | Gliedmaße |
| **F**acialis | zum Gesicht gehörig |
| Facies | Gesicht |
| falciformis | sichelförmig |
| Falx | Sichel |
| Fascia | Binde |
| Fasciculus | kleines Bündel |
| Fastigium | Giebel |
| femininus | weiblich |
| femoralis | zum Oberschenkel gehörig |
| Femur | Oberschenkel |
| Fenestra | Fenster |
| Fetus | Gezeugtes, Leibesfrucht |
| Fibra | Faser |
| fibrosus | faserreich |
| Fibula | Spange |
| fibularis | zum Wadenbein gehörig |
| filiformis | fadenförmig |
| Filum | Faden |
| Fimbria | Franse |
| Fissura | Spalte |
| Fistula | Röhre |
| flavus | gelb |
| Flexor | Beuger |
| Flexura | Biegung |
| Flocculus | kleine Flocke |
| fluctuans | fließend |
| foliatus | blattartig |
| Folium | Blatt |
| Folliculus | Säckchen |
| Fonticulus | kleine Quelle |
| Foramen | Loch |
| Formatio | Bildung |
| Fornix | (Gewölbe-)Bogen |
| Fossa | Graben |
| Fovea | Grube |
| Foveola | Grübchen |
| Frenulum | Bändchen |
| Frons | Stirn |
| frontalis | zur Stirn gehörend |
| fundiformis | schleuderförmig |
| Fundus | Boden |
| fungiformis | pilzförmig |
| Funiculus | kleiner Strang |
| fusiformis | spindelförmig |
| **G**alea | lederner Helm |
| Gallus | Hahn |
| Ganglion | Nervenknoten |
| Gaster | Magen |
| Gastrocnemius | bauchiger Wadenmuskel |
| gemellus | doppelt |
| Genesis | Erzeugung |
| geniculatus | knieähnlich |
| genitalis | zu den Geschlechtsorganen gehörig |
| Genu | Knie |
| Gingiva | Zahnfleisch |
| Glabella | kleine Glatze |
| Glandula | kleine Eichel |
| Glans | Eichel |
| glenoidalis | flache Gelenkfläche |
| Glia | Leim |
| Globus | Kugel |
| Glomerulum | Knäuelchen |
| Glomus | Knäuel |
| Glossa | Zunge |
| Glottis | Stimmapparat |
| Glutaeus | Gesäßmuskel |
| glyco- | süßlich |
| Gomphosis | Einkeilung |
| gracilis | zierlich, dünn |
| Granulatio | Körnelung |
| granulosus | gekörnt |
| Graviditas | Schwangerschaft |
| griseus | grau |
| Gubernaculum | Leitband |

| | |
|---|---|
| gustatorius | dem Geschmack dienend |
| Gyrus | Windung |
| **H**abenula | Zügel |
| haemalis | Blut bergend |
| Haematoma | Bluterguss |
| Hallux | große Zehe |
| hamatus | hakenförmig |
| Hamulus | kleiner Hacken |
| Helix | das Schneckengewinde |
| Hemisphaerium | Halbkugel |
| Hepar | Leber |
| Hernia | Bruch |
| heteros | ungleich |
| Hiatus | klaffende Öffnung |
| Hilus | kleiner Einschnitt |
| Hippocampus | Seepferd |
| homos | gleich |
| horizontalis | waagerecht |
| Humerus | Oberarmknochen |
| hyalos | durchsichtig |
| hydro- | Wasser |
| Hymen | Jungfernhäutchen |
| Hyoid | unterer Teil des Zungenbeins |
| hyper- | über, übermäßig |
| hypo- | unter |
| hypogastricus | unter dem Magen gelegen |
| hypoglossus | unter der Zunge gelegen |
| Hypophysis | unterer Hirnanhang |
| Hystera | Gebärmutter |
| **I**kterus | Gelbsucht |
| Ileum | Krummdarm |
| Ileus | Darmverschluss |
| iliacus | zum Darmbein gehörig |
| impar | ungleich |
| Impressio | Eindruck |
| incisivus | zum Abschneiden geeignet |
| Incisura | Einschnitt |
| Incontinentia | Unvermögen |
| Incus | Amboss |
| inferior | weiter unten gelegen |
| infra- | unterhalb von |
| infraspinatus | unterhalb der Schulterblattgräte gelegen |
| Infundibulum | Trichter |
| inguen | Leiste |
| inguinalis | zur Leiste gehörig |
| Insertio | Ansatzstelle |
| Inspiratio | Einatmung |
| Insufficientia | Unvermögen |
| Insula | Insel |
| insultus | verletzt |
| Integumentum | Hülle |
| inter- | zwischen |
| intercapitalis | zwischen den Köpfchen |
| intermedius | in der Mitte zwischen anderen gelegen |
| internus | innen |
| Intersectio | Einschnitt |
| Interstitium | Bindegewebe |
| intestinalis | zu den Eingeweiden gehörig |
| Intestinum | Eingeweide |
| intimus | innerstes |
| intra- | innerhalb von |
| Intumescentia | Anschwellung |
| Involutio | Rückbildung |
| Iris | Regenbogenhaut |
| ischiadicus | zum Sitzbein gehörig |
| Ischium | Sitzbein |
| Isthmus | Engpass |
| -itis | Endung zur Bezeichnung von Entzündungskrankheiten |
| **J**ejunus | nüchtern, leer |
| Jejunum | Leerdarm |
| jugularis | zur vorderen Halsseite gehörig |
| Jugum | Joch |
| Junctura | Verbindung |
| juvenilis | jugendlich |
| juxta- | nahe bei |
| **K**neme | Wade |
| Kondylos | Gelenkfortsatz |
| Kopros | Schmutz, Kot |
| krinein | abscheiden |
| kryptos | verborgen |
| klast (klaein) | zerbrechen |
| Kyphosis | konvexe Dorsalbiegung der Wirbelsäule |
| **L**abialis | zur Lippe gehörig |
| Labium | Lippe (paarig) |
| Labrum | Lippe (unpaarig), Lefze |
| Labyrinthus | Irrgang |
| Lac | Milch |
| lacrimalis | zu den Tränen gehörig |
| lactiferus | Milch führend |
| Lacuna | Vertiefung |
| Lamella | Plättchen |
| Lamina | Platte |
| laryngeus | zum Kehlkopf gehörig |
| Larynx | Kehlkopf |
| lateralis | seitlich |
| latissimus | sehr breit |
| Latus | Seite |
| latus | breit |
| Lemma | Hülle |
| Lemniscus | Band, Schleife |
| Lens | Linse |
| lentiformis | linsenförmig |
| leptos | weich, dünn |
| Leptomeninx | weiche Hirnhaut |
| Levator | Heber |
| liber | frei |
| Lien | Milz |
| lienalis | zur Milz gehörig |
| Ligamentum | Band |
| Limbus | Saum |
| Linea | Linie |
| Lingua | Zunge |
| lingualis | zur Zunge gehörig |
| Lingula | Züngelchen |
| Liquor | Flüssigkeit |
| Lobulus | Läppchen |
| Lobus | Lappen |
| longissimus | längstes |
| longitudinalis | längsgerichtet |
| longus | lang |
| Lordosis | Ventralbiegung der Wirbelsäule |
| lucidus | hell leuchtend |
| lumbalis | zur Lende gehörig |
| Lumbus | Lende |
| lumbricalis | regenwurmähnlich |
| lunatus | mondförmig, gekrümmt |
| Lupinus | Wolfszahn |
| luteus | gelb |
| Luxatio | Verrenkung |
| Lympha | Lymphe |
| lymphaticus | lymphatisch |
| Lymphonodulus | Lymphknötchen |
| Lymphonodus | Lymphknoten |
| Lysis | Auflösung |
| Lyssa | Tollwut, Wurm in der Zunge |
| **M**acro- | groß |
| Macula | Fleck |
| magnus | groß |
| major | größer |
| malaris | zur Wange gehörig |
| Malleolus | Hämmerchen, Knöchel |
| Malleus | Schlägel, Hammer |
| Mamma | weibliche Brust, Euter |
| mammillaris | brustwarzenähnlich |
| mandare | kauen |
| Mandibula | Unterkiefer |
| Manubrium | Handgriff |
| Manus | Hand |
| Margo | Rand |
| masculinus | männlich |
| Masseter | Kaumuskel |
| masticatorius | zum Kauen dienend |
| mastoideus | brustwarzenförmig |
| Mastos | Euter |
| Mater | Mutter |
| maturus | reif, erwachsen |
| Maxilla | Oberkiefer |
| maximus | größter |
| Meatus | Gang |
| medialis | näher der Symmetrieebene |
| medianus | in der Mitte |
| Mediastinum | Mittelfell |
| medius | in der Mitte gelegen |
| Medulla | Mark |
| Membrana | feine Haut |
| membranaceus | häutig |
| Membrum | Glied |
| Meninx | Hirnhaut |
| Meniscus | Halbmond |
| mentalis | zum Kinn gehörend |
| meros- | Teil, Stück |
| Mesencephalon | Mittelhirn |
| Mesenchym | embryonales Bindegewebe |
| Mentum | Kinn |
| Mesenterium | Gekröse |
| mesialis | zur Mitte hin |
| meso- | mitten, zwischen |
| Mesothelium | Deckzellschicht der serösen Häute |
| meta- | nach, hernach |
| Metacarpus | Mittelhand |
| Metanephros | Nachniere |
| Metaphysis | Wachstumszone des Knochens |
| Metaplasie | Gewebsumwandlung |
| Metastasis | Wanderung |
| Metra | Gebärmutter |
| micro- | klein, fein |
| Mictio | Harnlassen |
| minor | kleiner |
| Miosis | Verengen der Pupille |
| mirabilis | wunderbar |
| Mitralis | zweizipfelige Segelklappe des linken Herzens |
| mobilis | beweglich |
| Modiolus | Achse der Schnecke |
| molaris | zum Mahlen geeignet |
| mollis | weich |
| mono- | allein |
| Mons | Berg |
| Morbus | Krankheit |
| mortalis | sterblich |
| motoricus | beweglich |
| mucosus | schleimig |
| multi- | viele |

| | |
|---|---|
| multifidus | vielfach gespalten |
| Musculus | Mäuschen |
| Mydriasis | Erweitern der Pupille |
| Myelencephalon | Nachhirn |
| Myelos | Mark |
| myentericus | zur Eingeweidemuskulatur gehörig |
| Mylae | Backenzähne |
| Mylo- | Unterkiefer- |
| Myo- | Muskel- |
| Myokard | Herzmuskulatur |
| Myometrium | Gebärmuttermuskulatur |
| **N**ares | Nasenlöcher |
| nasalis | zur Nase gehörig |
| Nasus | Nase |
| natalis | Geburt betreffend |
| neo- | neu |
| Necrosis | Gewebstod |
| Nephros | Niere |
| Nervus | Nerv |
| Neurocranium | Hirnschädel |
| Neuron | Nervenzelle |
| Nidation | Einnistung der befruchteten Eizelle in der Gebärmutter-schleimhaut |
| niger | schwarz |
| nodosus | knotig |
| Nodulus | Knötchen |
| Nodus | Knoten |
| non- | nicht |
| Nucha | Nacken |
| Nucleus | Kern |
| nudus | nackt |
| nutritius | zum Ernähren dienend |
| **O**bliquus | schräg laufend |
| obliterans | nicht mehr in Gebrauch |
| oblongatus | verlängert |
| obturatorius | verstopfend |
| obtusus | stumpf |
| occipitalis | zum Hinterhaupt gehörig |
| Occiput | Hinterhaupt |
| occludens | verschließend |
| occlusalis | zum Verschließen geeignet |
| Oculus | Auge |
| Odus | Zahn |
| Oedema | Gewebewassersucht |
| Oesophagus | Speiseröhre |
| Olecranon | Ellenbogen |
| olfactorius | dem Riechen dienend |
| oligo- | wenig, gering |
| Oliva | Olive |
| Omentum | Netz |
| Omos | Schulter |
| Omphalos | Nabel |
| Ontogenesis | Entwicklung des einzelnen Lebewesens |
| ophthalmicus | zum Auge gehörend |
| Ophthalmos | Auge |
| opponens | gegenüberstellend |
| opticus | zum Sehen dienend |
| Ora | Saum |
| oralis | zum Mund gehörig |
| orbicularis | kreisförmig |
| Orbita | Augenhöhle |
| orbitalis | zur Augenhöhle gehörig |
| Orchis | Hoden |
| Organum | Organ |
| Orificium | Mündung |
| Origio | Ursprung |
| Os | Mund, Knochen |
| osseus | knöchern |
| Ossificatio | Verknöcherung |
| Osteogenesis | Knochenbildung |
| Osteon | Knochen |
| Osteoid | Knochengrundsubstanz |
| Ostium | Mündung |
| oticus | zum Ohr gehörig |
| ovalis | eiförmig |
| Ovarium | Eierstock |
| Ovulation | Eisprung |
| Ovum | Ei |
| **P**achy- | dick, derb |
| Pachymeninx | harte Gehirnhaut |
| Palatum | Gaumen |
| pallidus | bleich |
| Pallium | Mantel |
| Palma | hohle Hand |
| palmaris | zur Handfläche gehörig |
| palpare | abtasten, klopfen |
| Palpebra | Augenlid |
| pampiniformis | rankenförmig |
| Pancreas | Bauchspeicheldrüse |
| pancreaticus | zur Bauchspeicheldrüse gehörig |
| Panniculus | Läppchen |
| Papilla | Warze |
| papillaris | warzenartig |
| para- | neben, längs |
| Parasit | Schmarotzer |
| Parasym-pathicus | ein Teil des unwillkürlichen Nervensystems |
| Parathyreoidea | Nebenschilddrüse |
| Parenchyma | spezifisches Organgewebe |
| Paries | Wand |
| parietalis | zur Wand gehörend |
| Parodontium | Zahnhalteapparat |
| Parotis | Ohrspeicheldrüse |
| Pars | Teil |
| parvus | klein |
| Patella | Kniescheibe |
| Pecten | Weberkamm |
| pectineus | zum Schambeinkamm gehörig |
| pectoralis | zur Brust gehörig |
| Pectus | Brust |
| Pediculus | Füßchen, Stiel |
| Pedunculus | Stiel |
| pellucidus | durchsichtig |
| Pelvis | Becken |
| Penis | Rute, männliches Glied |
| pennatus | gefiedert |
| perforans | durchbohrend |
| Pericardium | Herzbeutel |
| Perichondrium | Knorpelhülle |
| Perikaryon | Zellleib einer Nervenzelle |
| Perineum | Damm |
| Periodontium | Zahnwurzelhaut |
| Periosteum | Knochenhaut |
| Peritoneum | Umspannendes |
| permanens | bleibend |
| peronaeus | zum Wadenbein gehörig |
| perpendicularis | senkrecht |
| persistere | bleiben |
| Pes | Fuß |
| petrosus | felsig |
| Phagie | Fressen |
| Phalanx | Fingerglied |
| pharyngeus | zum Rachen gehörig |
| Pharynx | Rachen |
| Philtrum | Rinne der Oberlippe |
| Phlebos | Vene |
| Phren | Zwerchfell |
| phrenicus | zum Zwerchfell gehörig |
| Phylogenesis | Stammesentwicklung der Lebewesen |
| Pilus | Haar |
| Pinea | Zirbelzapfen |
| pinealis | fichtenzapfenähnlich |
| piriformis | birnenförmig |
| pisiformis | erbsenförmig |
| pius | zärtlich, weich |
| Placenta | Kuchen, Mutterkuchen |
| Planta | Fußsohle |
| Planum | Fläche |
| Platysma | Platte |
| Pleura | Brustfell |
| Plexus | Geflecht |
| Plica | Falte |
| Pneuma | Hauch, Luft |
| pneumaticus | lufthaltig |
| Podos | Fuß |
| Pollex | Daumen |
| Pons | Brücke |
| popliteus | zur Kniekehle gehörig |
| Porta | Tor |
| Portio | Anteil |
| Porus | Durchgang |
| posterior | hinterer |
| prae- | vor |
| praeputialis | zur Vorhaut gehörig |
| Praeputium | Vorhaut |
| primordialis | ursprünglich |
| princeps | wichtigstes |
| principalis | erster |
| procerus | schlank |
| Processus | Fortsatz |
| profundus | tief |
| prominens | hervorragend |
| Promontorium | Vorgebirge |
| Pronator | Neiger, Einwärtsdreher |
| proprius | eigen, allein gehörend |
| Prosencephalon | Vorderhirn |
| Prostata | Vorsteherdrüse |
| Protuberantia | stumpfe (Knochen-)Vorragung |
| proximalis | zum Rumpf hin |
| Psoas | Lende |
| pterygoideus | flügelförmig |
| Pteryx | Flügel |
| Ptosis | Herabsinken des Augenlides |
| Pubes | Schamgegend |
| pubicus | zur Schamgegend gehörig |
| pudendus | zur Scham gehörig |
| Pulmo | Lunge |
| pulmonalis | zur Lunge gehörig |
| Pulpa | Mark |
| pulposus | aus weichem Gewebe |
| Pulvinar | Kissen |
| Punctum | Punkt |
| Pupilla | Sehloch |
| Putamen | Schale |
| Pyelos | Nierenbecken |
| pyloricus | zum Pförtner gehörig |
| Pylorus | Pförtner |
| Pyramis | Pyramide |
| **Q**uadratus | viereckig |
| quadriceps | vierköpfig |
| quartus | vierter |
| **R**adialis | zur Speiche gehörig |
| Radiatio | Ausstrahlung |
| radicularis | zur Wurzel gehörig |
| Radius | (Rad-)Speiche |
| Radix | Wurzel |
| Ramus | Ast |

| | |
|---|---|
| Raphe | Naht |
| Recessus | Zurückweichen, Nische |
| rectalis | zum Mastdarm gehörig |
| Rectum | Mastdarm |
| rectus | gerade |
| recurrens | zurücklaufend |
| Regio | Lage |
| Ren | Niere |
| renalis | zur Niere gehörig |
| resorbere | aufsaugen |
| respiratorius | zur Atmung dienend |
| Rete | Netz |
| reticularis | netzförmig |
| Retina | Netzhaut |
| Retinaculum | Halteband |
| Retractor | Zurückzieher |
| retro- | rückwärts, zurück |
| Rhin, Rhinos | Nase |
| Rhinencephalon | Riechhirn |
| Rhomb-encephalon | Rautenhirn |
| rhomboideus | rautenförmig |
| Rima | Spalte |
| rostralis | rüsselwärts |
| Rotator | Dreher |
| rotundus | rund |
| ruber | rot |
| Ruga | Runzel, Falte |
| Ruptura | Riss |
| Sacculus | Säckchen |
| Saccus | Sack |
| sacer | heilig |
| sacralis | zum Kreuzbein gehörend |
| sagittalis | in Pfeilrichtung |
| Saliva | Speichel |
| Salpinx | Eileiter |
| sanguineus | blutig |
| Saphena | große Hautvene |
| saphenus | verborgen |
| Sarko- | Fleisch- |
| sartorius | zum Schneiden dienend |
| Scala | Treppe |
| scalenus | schief |
| Scapula | Schulterblatt |
| Scapus | Schaft |
| Sclera | harte Augenhaut |
| Scrotum | Sack, Hoden |
| Scutulum | Schildchen |
| sebaceus | talgig |
| Sebum | Talg |
| segmentalis | unterteilt |
| Segmentum | Abschnitt |
| Sella | Sessel |
| Sella turcica | Türkensattel |
| Semen | Samen |
| semi- | halb |
| semicircularis | halbkreisförmig |
| semilunaris | halbmondförmig |
| seminalis | mit dem Samen verbunden |
| seminifer | samenführend |
| semimem-branosus | halbhäutig |
| semitendinosus | halbsehnig |
| sensibilis | empfindsam |
| septalis | zur Scheidewand gehörig |
| septicus | mit Keimen behaftet |
| Septum | Scheidewand |
| serratus | gezähnt |
| serosus | reich an Serum |
| sesamoideus | sesamähnlich |
| sexualis | geschlechtlich |

| | |
|---|---|
| siccus | trocken |
| sigmoideus | sigmaförmig |
| simplex | einfach |
| sinister | linksseitig |
| Sinus | Bucht |
| Situs | Lage |
| sive | oder |
| Skeleton | Knochengerüst |
| skolios | gekrümmt |
| Skoliosis | seitliche Verbiegung der Wirbelsäule |
| solaris | sonnenähnlich |
| Solea | Sohle |
| Soleus | Schollenmuskel |
| solitarius | einzeln |
| Soma | Leib |
| Spatium | Zwischenraum |
| Sperma | Samen |
| sphaeroideus | kugelartig |
| Sphaira | Kugel |
| sphenoidalis | keilförmig |
| Sphincter | Schnürer, Ringmuskel |
| Spina | Dorn |
| spinalis | dornähnlich |
| spinosus | dornenreich |
| spiralis | kreisförmig |
| splanchnicus | zu den Eingeweiden gehörig |
| Splanchnon | Eingeweide |
| Splanchno-cranium | Eingeweideschädel |
| Splen | Milz |
| splenicus | zur Milz gehörend |
| splenius | pflasterförmig |
| Spondylos | Wirbel |
| spongiosus | schwammig |
| Squama | Schuppe |
| squamosus | schuppig |
| Stapes | Steigbügel |
| Stasis | Stillstand |
| stellatus | sternförmig |
| stenos | eng |
| sterilis | unfruchtbar |
| sternalis | zum Brustbein gehörig |
| Sternum | Brustbein |
| Stigma | Zeichen |
| Stoma | Mund |
| Stratum | Schicht |
| striatus | gestreift |
| Struma | Kropf |
| styloideus | griffelförmig |
| Stylos | Griffel |
| sub- | unter |
| Subcutis | Unterhaut |
| Substantia | Grundlage |
| sudoriferus | Schweiß enthaltend |
| Sulcus | Furche |
| super- | über |
| superficialis | oberflächlich |
| superior | weiter oben gelegen |
| Supinator | Aufwärtsdreher |
| Sura | Wade |
| suralis | zur Wade gehörig |
| suspensorius | zum Aufhängen geeignet |
| Sustentaculum | Stütze |
| Sutura | Naht |
| Sympathicus | ein Teil des unwillkürlichen Nervensystems |
| Symphysis | Verwachsung |
| syn- | zusammen |
| Synovia | Gelenkschmiere |
| synovialis | zur Gelenkschmiere gehörig |
| Synthesis | Zusammensetzung |

| | |
|---|---|
| Systole | Zusammenziehen des Herzmuskels |
| Tabula | Tafel |
| Tactus | Tastsinn |
| Taenia | Streifen |
| Talus | Sprungbein |
| Tarsus | Fußwurzel, Lidplatte |
| Tectum | Dach |
| Tegmentum | Haube |
| Tela | Gewebsschicht |
| Telencephalon | Endhirn |
| temporalis | zur Schläfe gehörend |
| Tempus | Schläfe, Zeit |
| tendineus | sehnig |
| tendinosus | sehnenreich |
| Tendo | Sehne |
| Tensor | Spanner |
| Tentorium | Zelt |
| tenuis | dünn |
| teres | rundlich |
| terminalis | Grenze bezeichnend |
| tertius | dritter |
| testicularis | zum Hoden gehörig |
| Testis | Hoden |
| Tetanie | Muskelkrampf |
| Textus | Gewebe |
| Thalamus | Schlafgemach |
| Theca | Kapsel, Hülle |
| therapeuein | heilen |
| thoracalis, thoracicus | zum Brustkorb gehörig |
| Thorax | Brustkorb |
| Thrombus | Blutpfropf |
| Thymus | Thymusdrüse |
| thyroideus | schildförmig |
| Tibia | Schienbein |
| Tonsilla | Mandel |
| Torsio | Drehung |
| Torus | Wulst |
| Trabecula | Bälkchen |
| Trachea | Luftröhre |
| Tractus | Zug |
| trans- | durch, hindurch |
| transversalis | quer |
| transversus | quer verlaufend |
| trapezius | trapezförmig |
| Trauma | Wunde |
| tri- | drei |
| triangularis | dreieckig |
| triceps | dreiköpfig |
| tricuspidalis | dreizipfelig |
| trigeminus | dreifach |
| Trigonum | Dreieck |
| Trochanter | Rollbügel |
| Trochlea | Rolle |
| Trope | Änderung |
| Tropho | Nahrung |
| Trochos | Rad |
| Truncus | Stamm |
| Tuba | Trompete |
| Tuba auditiva | Ohrtrompete |
| Tuba uterina | Eileiter |
| Tuber | Höcker |
| Tuberculum | kleiner Höcker |
| Tuberositas | Rauigkeit |
| Tubulus | kleine Röhre |
| Tumor | Geschwulst |
| Tunica | Gewebsschicht, Hülle |
| turbinalis | gewunden |
| tympanicus | zum Mittelohr gehörend |
| Tympanum | Handpauke |

| | |
|---|---|
| **U**lna | Elle |
| ultra- | jenseits |
| umbilicalis | zum Nabel gehörig |
| Umbilicus | Nabel |
| uncinatus | hakenförmig |
| Unguicula | Kralle |
| unguicularis | zur Kralle gehörig |
| Unguis | Nagel |
| Ungula | Huf |
| Urachus | Harngang |
| Ureter | Harnleiter |
| Urethra | Harnröhre |
| Urina | Harn |
| urogenitalis | zum Harn- und Geschlechtsapparat gehörig |
| Uterus | Gebärmutter |
| Utriculus | Schläuchlein |
| Uvea | Weintraube |
| Uvula | Zäpfchen |
| **V**agina | Scheide |
| vagus | umherschweifend |
| valgus | säbelbeinig, x-förmig gebogen |
| vallatus | umwallt |
| Valva | Klappe |
| Valvula | Kläppchen |
| varus | krummbeinig, o-förmig gebogen |
| Vas | Gefäß |
| vasculosus | gefäßreich |
| vastus | mächtig |
| Velum | Segel |
| Vena | Blutader |
| Venter | Bauch |
| ventralis | bauchwärts |
| Ventriculus | bauchiger Raum |
| ventricularis | zum Bauch gehörig |
| Vermis | Wurm |
| Vertebra | Wirbelknochen |
| vertebralis | zum Wirbel gehörig |
| Vertex | Scheitel |
| verticalis | senkrecht |
| Vesica | Blase |
| Vesicula | Bläschen |
| vesicularis | bläschenartig |
| vestibularis | zu einem Vorraum gehörig |
| Vestibulum | Vorhof |
| Villus | Zotte |
| Vinculum | Band |
| Vita | Leben |
| Vitellus | Dotter |
| vitreus | gläsern |
| Viscera | Eingeweide |
| Visus | Sehen |
| vocalis | tönend |
| Volvulus | Drehung |
| Vomer | Pflugscharbein |
| Vortex | Wirbel |
| Vulva | äußere weibliche Geschlechtsorgane |
| **X**iphoideus | schwertförmig |
| **Z**ele | Bruch |
| Zona | Gürtel |
| Zonula | kleiner Gürtel |
| zonularis | gestreift |
| zygomaticus | zum Jochbein gehörend |

# Sachverzeichnis

**Fett** gesetzte Seitenzahl = Stichwortfundstelle in Abbildungen oder Tabellen

## Haar